ENCYCLOPÉDIE
MÉTHODIQUE,

OU

PAR ORDRE DE MATIERES;

PAR UNE SOCIÉTÉ DE GENS DE LETTRES,
DE SAVANS ET D'ARTISTES;

Précédée d'un Vocabulaire univerſel, *ſervant de Table pour tout l'Ouvrage, ornée des Portraits de MM.* DIDEROT & D'ALEMBERT, *premiers Éditeurs de l'*Encyclopédie.

ENCYCLOPÉDIE
MÉTHODIQUE.

GÉOGRAPHIE-PHYSIQUE.

PAR LE CIT. DESMAREST.

TOME SECOND.

A PARIS,

Chez H. AGASSE, Imprimeur-Libraire, rue des Poitevins, n°. 18.

AN XII. — 1803.

A

AA, rivière qui prend sa source sur les confins du Boulonnois & de l'Artois, & qui, après avoir parcouru le pied des collines qui servent de limites à l'Artois, va se rendre à Saint-Omer, sur les bords du sol organisé par les dépôts de la mer ancienne; c'est là qu'elle circule au milieu d'un terrain de nouvelle formation, & dont nous parlerons par la suite.

Dans le trajet que nous avons indiqué & observé, l'*Aa* rassemble les eaux de quelques rivières latérales qui la grossissent considérablement. Il m'a semblé que cette augmentation s'opéroit successivement le long de son lit, continuellement marécageux depuis Renty jusqu'à Saint-Omer.

En même tems que la rivière *Aa* se jette dans les derniers aterrissemens de la mer actuelle, elle s'accroît encore par l'épanchement des eaux que versent les deux massifs anciens, dont on peut suivre la bordure à l'ouest & à l'est de la vallée de Saint-Omer. Une grande partie de ces sources, que l'on observe jusqu'à Bergues, produit une inondation assez étendue sur le sol des environs de la ci-devant abbaye de Clairmarais & de Bergues.

C'est surtout à l'ouest que j'ai suivi de plus nombreux épanchemens d'eau, dont les produits se réunissent à la rivière *Aa*, & enfin à celle de *Hem*. Ces deux rivières servent à alimenter les watergands dispersés au milieu d'une vaste étendue de terrain bas & coupé de canaux nombreux, après quoi la rivière *Aa* termine son cours à Gravelines, au milieu des sables.

En reprenant le cours de la rivière qui nous occupe, on voit que sa source est alimentée par les eaux que fournissent les croupes d'une assez longue vallée, & qui éprouvent des épanchemens intermittens sur la gauche de son lit. Outre cela, les vallons latéraux & secs, quelque multipliés & étendus qu'ils soient, ont tous des débouchés dans d'autres vallons abreuvés, qui versent définitivement des eaux dans l'*Aa*.

D'un autre côté, cette rivière ne reçoit aucun ruisseau sur la droite de son lit, parce qu'il n'y a ni pente ni sol organisé de manière à recevoir & à verser les eaux pluviales.

Cette rivière a quinze lieues & demie de cours, & est navigable à deux lieues au dessus de Saint-Omer, par le moyen des écluses. C'est de là qu'elle se divise en deux bras, dont le plus petit, vers la droite, se nomme *Colme*, & se rend à Bergues. Celui qui coule vers la gauche, conserve le nom d'*Aa*, sépare la Flandre de la Picardie, & se jette dans l'Océan, au dessous de Gravelines, où il forme un petit port. C'est un des six *fleuves côtiers* de la France. (*Voyez cet article.*)

Il paroît que tous les pays bas & de nouvelle formation, dont nous avons parlé au commencement de cet article, sont le produit des aterrissemens occasionnés par les eaux des rivières & en même tems par les flots de la mer; car on y rencontre des amas de galets, ensuite des vases sablonneuses avec ces galets; enfin, une grande étendue de ces mêmes vases inondées qui composent le fond de plusieurs marais & des *watergands*. Dans certains intervalles des canaux, on trouve des amas de sables rabattus anciennement par la mer, & dans d'autres des tourbes. Et à mesure qu'on s'éloigne de ce sol plat & bas, on rencontre des mélanges de craie & de sable, puis des vases composées d'argile & de craie délayée; enfin, la bordure de ce terrain informe est de craie pure.

On ne peut douter, en examinant cette contrée, que la mer, en détruisant les falaises & les côtes élevées, n'ait laissé à la place ce terrain bas qui n'a aucune organisation par couches suivies & régulières. Ce sont définitivement tous matériaux que les deux rivières ont entraînés dans le bassin de la mer, & que ses flots ont rabattus le long des bords, à mesure qu'elle les détruisoit. Je ne vois pas, dans ce concours d'agens, des dépôts réguliers, comme ils ont lieu au milieu des eaux qui couvrent la partie du bassin de la mer, à une certaine distance de ses bords.

Le vallon de l'*Aa* est très-approfondi vers Saint-Omer; il offre des amas de terres argileuses sur ses bords, ainsi que des tourbes dans les extrémités des plans inclinés. C'est là qu'on reconnoît que le lit de l'*Aa* est tourbeux & marécageux, parce qu'il a très-peu de pente, ainsi que ceux des rivières de cette contrée, d'un certain ordre, & surtout vers leur source. Malgré cela on ne peut douter que les eaux de ces rivières, & en particulier celles de l'*Aa* & de *Hem*, n'aient entraîné une grande partie des matériaux qui ont concouru à la compotion des terrains de dernière formation qu'on observe le long des côtes du Boulonnois & de la Flandre française. (*Voy.* WATERGAND, HEM, BERGUES, LIS, SAINT-OMER, où ces mêmes phénomènes reparoîtront.)

AA, rivière qui a sa source dans le territoire de l'abbaye d'Engelberg, traverse le canton d'Underwald dans toute sa longueur, & va se jeter près de *Buchs*, & vis-à-vis de *Gersau*, dans le lac des Quatre-Cantons. Cette rivière est sujète à de grands debordemens, surtout au commencement de son cours, comme presque toutes les rivières des Alpes, qui sortent des glaciers. Elle cause souvent de grands degâts par les dépôts de debris pierreux qu'elle abandonne le long de ses bords dans les vallées d'Engeberg, &c. (*Voyez* ENGELBERG.)

Nous ne rappellerons pas ici un grand nombre de rivières qui portent le nom d'*Aa*, parce que nous n'avons aucune particularité physique sur leur cours. Nous dirons seulement que cette dénomination indique des contrées chargées d'eaux stagnantes ou courantes, parce que *aa* paroît être un abrégé du mot *aqua*. Nous ajouterons enfin qu'on en compte jusqu'à sept de ce nom dans les Provinces-Unies, trois en Suisse, & cinq en Westphalie; au reste, ce sont toutes petites rivières, & dont le cours a très-peu d'étendue.

AAIN-MARIAM ou FONTAINE DE MARIE. Elle est à deux cents pas du réservoir de Siloë, sous une voûte du Mont-Maria, d'où elle coule par un conduit souterrain.

AAIN-TOGIAR ou FONTAINE DES MARCHANDS. Elle se trouve au milieu des ruines d'une ancienne ville de la tribu d'Absalon, à une lieue du Tabor, à l'orient. Ce lieu est le passage des caravanes qui vont & viennent d'Égypte & de Jérusalem à Damas. Tous les passans juifs, chrétiens & turcs y paient un tribu qui revient à 20 sous de France. Dans ces contrées, les fontaines d'eau vive, ainsi que les puits, sont des points remarquables : c'est pour cette raison que nous avons fait ici mention de ces deux fontaines.

AAMA, province de Barbarie, à quinze journées de Tunis. On pénètre dans cette province par une longue digue fort étroite, construite entre deux rivières nommées les *Mers de Pharaon*. Le sable mouvant que les vents tirent des bords de ces rivières, est si abondant, qu'il couvre souvent la digue, & la dérobe aux voyageurs. Ceci prouve que toutes les terres basses du royaume de Tunis sont exposées à l'invasion des sables qui gagnent de plus en plus, & couvrent dans plusieurs contrées les champs cultivés, comme les habitations des cultivateurs. Cette invasion des sables est un fléau qui peu à peu détruira ces contrées, en les rendant inhabitables. (*Voy.* SABLES, INONDATION DES SABLES, TUNIS.)

AAR ou AR. C'est, après le Rhin & le Rhône, la rivière la plus considérable de la Suisse. Nous distinguerons ici trois sources qui concourent à sa formation : la première, connue sous le nom d'*Aar supérieur*, sort d'un glacier qui fait partie du mont Grimsel; elle coule fort long-tems sous la masse énorme du glacier, avant de paroître au dehors. La seconde sort d'une autre vallée de glace qui est plus vers le nord-est, & qui aboutit aux montagnes du Schreckhorn, vers le Grindelwald. La première source de l'*Aar supérieur*, qui est en partie visible, se nomme l'*Aurbach*; la seconde, qui est invisible, se nomme *Finster-Aar* ou *Aar caché* : on la distingue ainsi de la troisième source, connue sous le nom de *Lauter-Aar* ou *Aar apparent*. Les environs de toutes ces sources sont des montagnes toutes revêtues de pures glaces, dont les extrémités laissent voir les eaux qui ont couru long-tems sous ces masses, & qui s'en échappent en torrent. On voit auprès de l'hospice du Gothard le premier pont de bois construit sur l'*Aar*. Ce torrent coule, en écumant, dans une vallée étroite, sauvage, & d'une profondeur effrayante : il s'y précipite par sauts, avec grand fracas, durant un espace de sept à huit lieues; il se grossit d'un nombre de courans d'eau qui affluent de droite & de gauche en cascades très diversifiées. Lorsque les neiges & les glaces fondent, l'*Aar* roule de grosses pierres mêlées de plus petits fragmens; & enfin, après plusieurs chutes, ce torrent, moins tourmenté, perd peu à peu de sa rapidité, & commence vers Guttamen, à couler un peu plus lentement. Cependant comme il reçoit encore plusieurs torrens et ruisseaux dans le pays d'Hasli, il a un cours précipité avant de se jeter dans le lac de Brientz. Jusqu'à ce lac ses eaux sont troubles, & ses bords jonchés de débris de rochers & de terres qu'il y dépose à la suite de ses débordemens produits par la fonte des neiges. Après avoir traversé le lac de Brientz dans sa longueur, l'*Aar* en sort pour se jeter de nouveau dans le lac de Thoun. En franchissant la digue du premier lac, il réunit ses eaux à celles du Getlauden, torrent long & impétueux, qui m'a paru avoir formé les dépôts du pays d'*Interlaken*. C'est, comme on voit, dans la vallée de l'*Aar* que se trouvent les bassins des deux lacs de Brientz & de Thoun. Dans ces lacs, & surtout dans le premier, les eaux de ce torrent s'éclaircissent, & déposent le limon dont elles sont chargées, comme toutes les eaux des ruisseaux et rivières qui prennent leurs sources dans les glaciers. C'est au sortir du lac de Thoun que l'*Aar* commence à être navigable. La suite de son cours n'a rien de remarquable qu'une grande vitesse. Je ne m'occuperai ni du pays qu'il arrose, ni des villes qu'il baigne, ni des autres rivières qui s'y reunissent jusqu'à ce qu'il se jette dans le Rhin. L'*Aar* est poissonneux; il roule des sables aurifères, mais si pauvres, qu'ils ne paient pas souvent les frais du lavage. Sa navigation est assez dangereuse, à cause des rochers qui se trouvent dans son lit, & des tourbillons d'eau qu'ils occasionnent. (*Voyez* SUISSE, HYDROGRAPHIE.) La vallée de l'*Aar* est une de celles où se trouvent des lacs qui ralentiſſent la vîteſſe des eaux courantes & les éclairciſſent : leurs baſſins font auſſi partie de ces vallées, comme je l'expliquerai au mot *Lac*.

ABA, grande montagne de la Haute-Arménie, à douze milles d'Erzerum. L'Eupharte y a ſa ſource, auſſi bien que l'Araxe. Cette chaîne de montagnes a différens noms chez les auteurs anciens & modernes. Les habitans des environs la nomment aujourd'hui *Caicol*. (*Voy*. EUPHRATE & ARMÉNIE, où toute l'hydrographie de ces contrées ſera décrite, & enfin notre *Atlas*, où tous ces détails ſeront figurés & décrits avec ſoin & d'après les cartes de Danville.)

ABAISSEMENT DES MERS. Pour expoſer bien en détail ce qu'il importe de ſavoir ſur l'*abaiſſement des mers* & ſur l'augmentation des continens en conſéquence de cet *abaiſſement*, il eſt néceſſaire de ſuivre & de diſcuter deux conſidérations également importantes; la première aura pour objet l'etendue des anciens ſéjours de l'Océan à la ſurface des terres fermes actuellement découvertes, & celle des retraites qui l'ont concentrée dans le baſſin qu'il occupe. La ſeconde conſidération fera connoître les principales obſervations qui ont été entrepriſes pour déterminer les démarches les plus récentes de la mer, relativement à ſes rivages; les opinions de certains naturaliſtes ſur leur direction & leurs progrès; enfin, je terminerai le tout en montrant le peu de méthode & d'analyſe que ces ſavans ont mis dans l'examen & la diſcuſſion de ce dernier objet.

L'etendue des anciens ſéjours de la mer doit être naturellement déterminée par les dépôts, en couches régulières, inclinées & horizontales, qu'elle a formés & qu'on peut reconnoître & diſtinguer, d'après les principes de la Géographe-Phyſique, par les amas différens des coquillages, foſſiles & des autres dépouilles des animaux marins. Ces produits immenſes des anciens ſejours de l'Océan ſur nos continens ſont conſtatés par des obſervations multipliées que les naturaliſtes de diverſes contrées & les voyageurs ont faites & décrites avec ſoin; ainſi l'on ne doit avoir aucun doute ſur l'*abaiſſement des mers*; &, quoiqu'on ait trouvé des difficultés conſidérables à expliquer cette marche de l'Océan, ce fait n'en a pas moins été enviſagé comme une des opérations de la Nature les plus certaines & les plus remarquables.

Ce n'eſt pas ſeulement quant à l'étendue de la ſuperficie découverte, qu'on doit conſidérer l'*abaiſſement des mers* & s'occuper de cet événement important ſuivant les principes de la Géographie-Phyſique, il convient encore d'en déterminer les circonſtances les plus curieuſes, en fixant les limites des hauteurs & des points extrêmes de l'ancienne élévation de l'Océan, déſignés par les bancs de coquilles qui ont été trouvés ſur les ſommets de certaines montagnes, juſqu'à quinze cents & deux mille toiſes d'élévation. On peut auſſi conſidérer comme les limites de cette élévation & comme des plateaux que la mer n'a pas couverts, ceux d'un niveau ſupérieur où l'on ne trouve aucunes coquilles ni autres productions marines, ni enfin aucunes couches horizontales ou inclinées, mais des granits & autres matières vitreſcibles. Il eſt vrai cependant que certains ſommets où l'on ne rencontre point de coquilles, & qui ſont entourés de chaînes couvertes de ces produits de l'Océan, indiquent ſeulement, par ce dénuement, que les animaux à coquilles ne s'y ſont pas habitués, & que les mouvemens de la mer n'y ont pas amené les débris de leurs dépouilles, comme dans d'autres parties du baſſin de l'Océan.

D'après ces principes on a donc des preuves évidentes & inconteſtables que les mers ont couvert le continent de l'Europe juſqu'à quinze cents toiſes au deſſus du niveau de la mer actuelle, puiſqu'on trouve des coquilles & d'autres productions marines dans les Alpes & ſur les Pyrénées, juſqu'à quinze cents toiſes de hauteur au deſſus du niveau de la mer actuelle; car on ne peut douter que les eaux de l'Océan, dans le tems de la formation de ces coquilles, ne fuſſent de quinze cents toiſes plus élevées qu'elles ne la ſont aujourd'hui. (*Voyez* PYRENÉES, MONT-PERDU, &c.)

On a les mêmes preuves pour les continens de l'Aſie & de l'Afrique, & même dans celui de l'Amérique, où les montagnes ſont en général beaucoup plus élevées qu'en Europe. On a trouvé des coquilles marines à plus de deux mille toiſes de hauteur au deſſus de la mer du ſud. C'eſt dans un banc fort épais, dont on ignore l'etendue, que D. Ulloa a découvert ces coquilles, leſquelles ſont du genre des peignes ou des grandes pélerines; & à l'appui de cette obſervation, faite dans les Cordillières, à *Cuenca-Velika*, nous pouvons encore rapporter le témoignage d'Alphonse Barba, qui nous apprend qu'au milieu de la partie la plus montagneuſe du Pérou, on trouve des coquilles de toutes grandeurs, les unes convexes, les autres concaves, & très-bien imprimées; ainſi nous indiquons ces bancs élevés de coquilles, comme les anciennes limites de la mer ſur le ſol du Pérou, & ſervant à déterminer l'étendue de la deſcente des eaux de l'Océan & ſon *abaiſſement* au deſſous de ſon plus ancien niveau.

Comment des changemens auſſi conſidérables ſe ſont-ils opérés ? Pluſieurs naturaliſtes ſe ſont plus attachés à recueillir les faits qui pouvoient concerner ce problême important, qu'à en haſarder l'explication; mais d'autres, plus confians dans les moyens que Leibnitz a imaginés, ont adopté l'affaiſſement des voûtes des cavernes, qu'ils ont ſuppoſé exiſter dans l'intérieur du globe. Ils nous disent donc que les différens fonds du bassin de l'Océan, qui servoient de voûtes à des cavernes très-vastes, ayant éprouvé des éboulemens successifs, & ayant présenté des réceptacles nouveaux pour les eaux des mers, celles qui couvroient les Pyrénées & l'Europe entière au même niveau, se sont précipitées dans ces réceptacles, & ont par conséquent laissé à découvert toutes les terres de cette partie du Monde au dessous de ce niveau. La même marche des eaux ayant eu lieu dans les autres parties de la surface de la terre, une semblable retraite de la mer s'y est opérée également.

Je dois faire mention ici de quelques physiciens qui, pour rendre raison de ces changemens, ont admis, sans détours, la diminution absolue des eaux de l'Océan; effet qui a besoin lui-même d'une explication particulière. (*Voyez* DIMINUTION DES EAUX DE LA MER.)

Les uns & les autres naturalistes, au reste, n'ont reconnu & envisagé qu'une seule retraite dans le même ordre, sans oscillation aucune en sens contraire. Ils n'ont pas vu que plusieurs contrées, d'abord couvertes par les dépôts de la mer, ont été premièrement découvertes & exposées à l'action des pluies & des eaux courantes, qui y ont creusé & approfondi des vallées, & qu'ensuite elles se sont trouvées inondées une seconde fois & recouvertes par de nouveaux dépôts qui, depuis la seconde et la dernière retraite de la mer, ayant éprouvé des destructions, ont mis en évidence le premier ordre de choses avec tous les phénomènes qui le caractérisoient.

D'après ces observations, qu'on peut faire dans plusieurs contrées de la terre, toutes assez voisines des bords de la mer actuelle, on ne peut se dissimuler que le problème concernant les causes qui ont concouru, en différens tems, à l'*abaissement des mers* & à leur retraite variée, ne soit plus compliqué & ne présente plus de difficultés que dans l'hypothèse des retraites simples & dans le même sens. (*Voyez*, à ce sujet, GOLFES ANCIENS, RETRAITE DE LA MER, MOUVEMENS DE LA MER, LIMITES DE L'ANCIENNE MER.)

La seconde considération sur l'*abaissement* des eaux de la mer, qui nous occupera dans cet article, est celle qui a pour objet les observations qu'on a faites, de nos jours, sur la retraite actuelle de l'Océan & des Méditerranées, & sur la diminution de leurs eaux le long de certaines parties de leurs rivages. Nous avons déjà rendu compte de tout le travail des savans suédois, italiens & hollandois, & des résultats qu'il avoit eus dans les notices de Ferner & de Lulof; mais nous croyons devoir en faire un examen particulier, en montrant, comme nous l'avons annoncé ci-dessus, les défauts du plan de ces savans & le peu de solidité des principes qui les ont conduits.

Dans la dispute qui a partagé les opinions des savans suédois, ils paroissent, la plupart, s'être bornés à des faits historiques, à des traditions, à des témoignages fort souvent opposés les uns aux autres, au lieu d'avoir embrassé toutes les circonstances dont la discussion devoit entrer naturellement dans la solution du problème qu'ils avoient attaqué. Comment n'ont-ils pas vu d'abord que le premier inconvénient qui devoit résulter du choix de la Baltique pour leurs observations, étoit le peu d'uniformité & de stabilité du niveau des eaux d'un bassin qui recevoit son principal aliment par un grand nombre de fleuves, dont le cours se trouvoit dispersé dans différentes contrées de terres fermes, arrosées plus ou moins par les eaux pluviales qu'elles recevoient? Outre cela les mêmes observateurs, en s'attachant aux rivages d'une Méditerranée peu profonde, ont été réduits à circonscrire leurs examens dans des lacs & des golfes, dont les uns étoient exposés à se combler très-facilement de vases, & les autres à se creuser & à s'approfondir chaque jour, suivant les différens états des fleuves qui y avoient leurs embouchures.

C'est pour ces raisons qu'il nous paroît difficile, après la lecture des Mémoires qu'on a publiés sur ce point important de l'histoire naturelle du globe, d'adopter un des deux partis plutôt que l'autre, vu le peu de certitude & de stabilité des niveaux qu'on a prétendu déterminer; car lorsqu'on envisage les variations du fond de la Baltique, qui, d'un côté, se remplit par les vases que les rivières charient, & qui, d'un autre, éprouve des affouillemens par l'action des eaux torrentielles, on juge qu'il a été impossible aux observateurs de fixer, pour les niveaux qu'ils avoient reconnus, des limites uniformes. On sent que, dans un de ces cas, il étoit nécessaire que l'*abaissement* du niveau se fît en plus grande raison que le comblement du bassin, pour que l'*abaissement* des eaux devînt sensible. Malgré ces incertitudes, plusieurs de ces savans ont conclu de quelques faits isolés qu'ils avoient reconnus & adoptés, que la mer Baltique baissoit de quatre pieds cinq dixièmes de Suède en cent ans; & l'observation qui servoit de base à cette grande & importante assertion, consistoit à ce que le niveau du lac Meler, dont le trop plein se décharge dans la Baltique, se trouvoit, à l'époque de la dispute, à quinze pieds au dessous d'une ligne tracée vers 1565, pour indiquer l'ancien.

En général, dans l'exposition des faits qu'on a cités en faveur des deux opinions, on s'est fixé à des circonstances trop bornées. Pour prouver, par exemple, que la mer s'abaissoit dans une partie d'un golfe, il me paroît qu'il ne suffisoit pas de s'attacher à le prouver par certaines lignes qui auroient attesté son niveau sur un point de ses rivages, mais qu'il falloit encore que l'étendue des plages qu'elle a pu laisser, fût reconnue uniforme & correspondante sur toutes les côtes. Ces témoignages sont d'un ordre bien supérieur aux faits historiques assez peu avérés. Quant à ces plages & aux preuves qu'on auroit pu tirer de leur reconnoissance, on est étonné que quelques-uns des savans suédois, à la tête desquels je trouve Linnée, aient confondu les dépôts de l'ancienne mer avec ceux de la Baltique; qu'ils n'aient pas su distinguer ce qui pouvoit appartenir à cette Méditerranée, de ce qui a été formé dans le bassin de l'ancienne mer; enfin, qu'ils n'ont pas vu que certaines dépouilles des animaux marins ne pouvoient entrer dans les données du problême qui avoit pour objet la marche du niveau des eaux de la Baltique.

Si la mer Baltique actuelle a laissé sur ses bords des dépôts de coquilles, ces coquilles doivent être des mêmes espèces que celles qui se voient dans son bassin; mais on ne peut pas lui attribuer des espèces différentes semblables à celles qu'on trouve au milieu de nos continens, soit en Allemagne, soit en France.

Ces savans ont cru que la Baltique, dont le niveau s'abaissoit, selon eux, étoit la même mer qui avoit couvert les sommets des collines où l'on voit des bancs de coquilles, & que ces couches, abandonnées par l'ancienne mer, appartenoient au même ordre d'opérations dont ils avoient cru reconnoître & constater la suite sur des plages inférieures. Mais ce sont visiblement autant d'erreurs; car ce qui appartient à la Baltique, n'a rien de commun avec ce qui est incontestablement l'ouvrage de l'ancienne mer. On auroit donc tort de considérer ces phénomènes comme une continuité de l'action des mêmes agens. La mer qui a fait les dépôts de coquilles de l'intérieur des terres de la Suède, étoit une mer placée sous un climat différent de celui de la Baltique. Ses produits ne peuvent donc être rangés dans la même classe que ceux de la Baltique, dont le bassin méditerranée a probablement été creusé dans un massif de même nature que celui que cette première mer a formé & ensuite abandonné.

Il s'en faut bien qu'on ait interprété, à l'aide de cette distinction, les différentes observations qu'on cite, & qu'on ait assigné à chaque agent & à chaque époque les effets qui leur appartiennent.

Il s'en faut bien aussi que, dans l'examen des faits que les savans suédois qui ont figuré dans cette dispute, ont allégués de part & d'autre, ils aient su rapprocher des résultats les circonstances locales qui pouvoient y concourir, soit qu'il fût question d'établir l'*abaissement* du niveau ou son élévation, ou qu'ils aient indiqué les variations dépendantes des saisons ou de la quantité d'eau que les fleuves recevoient des pluies & qu'ils versoient dans la mer.

Sans faire précéder un pareil examen, on a osé, d'après de simples remarques, décider, non-seulement la diminution des eaux, mais encore la loi de ses progrès : on n'a pas pensé que les causes de cette diminution pouvoient, par la suite, ne pas agir en même raison que dans les tems qui avoient précédé. Et n'est-on pas fondé à le croire, en observant la disposition des bords de ce bassin méditerranée, & les différens états des lits des fleuves qui servent à l'alimenter. Si la culture, l'habitation d'un pays, les défrichemens doivent être considérés comme influant sur la quantité de l'eau pluviale, il est nécessaire que ces mêmes effets s'étendent sur la masse de l'eau des fleuves, &, par une suite nécessaire, sur celle du bassin où ils se déchargent. Ainsi l'*abaissement* du niveau des eaux de la Baltique ou son élévation, dépendant nécessairement de toutes circonstances qu'on n'a ni envisagées ni suivies comme il convenoit, on n'a pu tirer aucunes conséquences décisives d'après de simples observations locales, bornées à des lacs & à des golfes peu étendus. Nos savans suédois n'avoient donc pas de motifs qui les autorisassent à distribuer, suivant des progressions uniformes, l'*abaissement* total ou l'élévation entière sur une durée prise en gros, & prédire, pour les années suivantes, des effets pareils à ceux qu'ils croyoient avoir observés. Il suffisoit qu'il restât en Pologne, en Prusse, en Russie & même en Suède, des cantons incultes qui pouvoient se cultiver & se peupler, de manière que ces changemens en produisissent proportionnellement sur les *abaissemens* ou les élévations des niveaux de la Baltique, pour qu'on dût être convaincu qu'il étoit impossible d'en déterminer les progrès & de les assujettir à des règles fixes, sans avoir ou prévu ou apprécié l'étendue de ces changemens.

Nous devons rapprocher des raisons précédentes contre l'*abaissement* ou l'élévation du niveau des mers méditerranées, une autre circonstance qui peut avoir influé sur la disposition relative du fond de ces mers & de la surface des parties de la terre ferme qu'on y a comparées. Je veux parler des terrains sujets à des affaissemens un peu considérables. Lorsque les savans dont nous discutons les travaux, ont observé dans les parties des côtes qui éprouvent des affaissemens sensibles & successifs, ils ont prétendu que le niveau des mers voisines haussoit chaque jour. Nous pouvons citer, à cette occasion, Hartsoeker, en Hollande, & Manfredi, à Ravenne. Outre la considération de l'affaissement des terres, ils ont pu ajouter celle des vases que l'eau trouble des fleuves porte annuellement dans le bassin des Méditerranées, le long des rivages sur lesquels ils ont fait leurs observations. Manfredi cite le pavé de la rotonde de Ravenne & du tombeau de Théodoric, qui sont au dessous du niveau actuel de la mer Adriatique. Mais il suffit de remarquer que, dans le sol de Ravenne & de Ferrare, tous les bâtimens d'une certaine masse & d'une élévation un peu considérable ont perdu leur plomb; ce qui prouve que le sol a cédé, & que les fondemens des édifices se sont enfoncés. La nature du sol, qui est un dépôt de terres qui tiennent l'eau, & qui sont dans un état de mollesse continuelle, rend très probables ces effets: or, si le terrain a cédé dans toutes ses parties également, il s'y est opéré un enfoncement général qui aura changé le niveau de toutes les parties des édifices, lequel ne peut plus servir de repaire ni de point de comparaison, relativement à celui de la mer : outre cela la vase peu solide, & qui est le produit des rivières voisines de Ravenne, a servi également à exhausser le fond du bassin de l'Adriatique, & à en resserrer les bords lorsqu'elle s'est élevée au dessus des eaux : elle nous offre donc, dans ces deux états, toutes les circonstances qui ont influé sur les phénomènes que ce golfe a présentés le long de ses rivages.

Les indices de la diminution des eaux de l'Océan, qu'on avoit cru remarquer sur les côtes de la province de Bahus, & que les savans suédois avoient cru pouvoir joindre à l'appui des faits qu'ils avoient recueillis sur les bords de la Baltique, ont été trouvés faux & démentis par d'autres observations plus rigoureuses faites à ce sujet sur les bords de l'Océan, en Norwége, en Angleterre & en Amérique, & ont prouvé qu'il n'y avoit nulle part un pareil *abaissement*, mais seulement quelques aterrissemens remarquables sur certaines côtes; et dans d'autres, des parties de terres fermes recouvertes par la mer. Tous les voyageurs qui ont parcouru avec soin les côtes orientales de l'Amérique méridionale & septentrionale, conviennent qu'ils n'y ont observé que ces différens changemens, & que les aterrissemens surtout se rencontrent près des rivages & des embouchures des grands fleuves : d'où ils ont été portés à croire que tous ces changemens sont occasionnés par les rivières & les fleuves.

Nous pouvons citer beaucoup d'observations particulières & très-précises que l'on peut opposer à l'*abaissement* hypothétique de Celsius & de Linnée. Par exemple, Tournefort assure que lorsqu'il visita, dans l'île de Crète, le port de Cortine, il trouva que la distance de ce port à la ville étoit la même que du tems de Strabon. Il dit aussi que cette île a maintenant la même circonférence que Pline & Strabon lui ont assignée; enfin, il ajoute que le détroit entre le grand & le petit Oëios n'a pas changé davantage, puisqu'il a toujours cinq cents pas. Toutes ces circonstances sont d'un grand poids contre l'*abaissement* du niveau de la mer. Le Père Labat nous fournit un fait aussi décisif; car il a trouvé qu'à Civita-Vecchia les ruines du *Centum cellæ* d'Adrien étoient au niveau de la mer de Toscane. Combien d'autres monumens, d'une époque plus ancienne, se sont trouvé avoir les mêmes rapports avec le niveau de la même mer! Nous ajouterons enfin, à ces preuves de la stabilité du niveau de la mer dans toutes ses parties, que la mer baigne aujourd'hui, à la même hauteur qu'autrefois, les murs de Cadix, qui est un des plus anciens ports de l'Océan.

Je terminerai cette seconde considération par une réflexion qui m'a toujours frappé. Si l'*abaissement* des eaux de la Baltique, des autres Méditerranées & même de l'Océan, avoit lieu suivant les proportions & les lois que les savans suédois ont prétendu nous faire adopter, les plages nouvellement découvertes en conséquence de cette règle hypothétique, seroient d'une très-grande étendue; ce qui est incontestablement opposé aux observations que nous venons de citer & que nous pourrions multiplier s'il étoit nécessaire. Les seules remarques de Tournefort à l'île de Crète suffisent pour écarter les soixante-quatorze pieds d'*abaissement* qui résulteroient, depuis le tems de Strabon, de la proportion indiquée par Celsius, & qui avoit pris le nom de *règle celsienne* parmi les savans de son parti, tant ils croyoient être en état de nous dicter des lois.

Dans la première considération précédente, j'ai indiqué, d'une vue générale, l'étendue de l'*abaissement* des eaux de l'Océan, d'après les limites les plus élevées de son inondation la plus ancienne, ainsi que des dépôts qui en ont été la suite. Il me reste maintenant à faire connoître un autre système de dépôts que j'ai observés en différentes contrées de l'Europe. Je me suis en même tems assuré par ces recherches, que non-seulement les retraites des eaux de la mer avoient éprouvé des oscillations, comme je l'ai remarqué ci-dessus, mais encore que ces eaux avoient été soumises à des repos, en conséquence desquels on retrouvoit à la surface de la terre deux ordres de dépôts qu'il est facile de distinguer quant à leur position relative, quant à la nature des matériaux qui sont entrés dans leur composition, & à leurs époques.

Les dépôts de première date sont les plus élevés dans leurs limites supérieures; mais en suivant leurs couches inférieures, on voit qu'elles sont assujetties à des niveaux fort bas. D'ailleurs, les espèces de corps marins qui y dominent, appartiennent à des familles particulières, dont les analogues, ou ne se trouvent point dans les mers actuelles, ou ne s'y trouvent que très-rarement. Ainsi les coquilles et les autres productions marines qui résident aux plus grandes hauteurs au dessus du niveau des mers, comme les couches horizontales ou inclinées au milieu desquelles ces divers individus ou leurs débris sont renfermés, doivent être rangés dans un ordre de choses à part.

Il seroit donc fort important de recueillir un grand nombre de ces productions marines, & de les comparer avec celles qui sont ensevelies dans les dépôts de la seconde époque. Si jamais on fait des collections de coquillages pris dans ces deux circonstances, & qu'on en désigne les différens gîtes, on sera très en état de prononcer sur les démarches de l'Océan, parce qu'elles en offriront les preuves justificatives les plus décisives dans les diverses contrées du globe.

Outre ces espèces particulières de coquillages marins que renferment les premiers dépôts, il est aisé de voir que leurs débris y sont très-comminués, & qu'en cet état ils ont reçu une infiltration qui les rend susceptibles d'un beau poli comme les marbres.

Le second système de dépôts que je viens d'indiquer, a succédé aux premiers, mais avec des circonstances qu'aucun naturaliste n'a fait connoître jusqu'à présent. D'abord la mer paroît avoir abandonné ces premiers dépôts, & par sa retraite les avoir mis à découvert pendant un intervalle de tems assez considérable, pour que des vallées larges & profondes aient été creusées à leur surface. Ensuite la mer, ayant recouvert de nouveau une partie de ces anciens dépôts, & seulement à un niveau inférieur à leur masse entière, a formé les seconds dépôts. C'est alors que de nouvelles espèces de coquilles ont occupé les golfes que la mer a envahis pour la seconde fois. C'est alors que les sédimens des eaux, que nous pouvons reconnoître aisément depuis les premiers dépôts, jusqu'au niveau actuel des mers, ont été organisés par couches horizontales; ce qui suppose incontestablement un très-long séjour de l'Océan dans cette seconde invasion, & un repos d'une grande durée au milieu des deux tems de ses retraites & de son abaissement total.

Je pourrois noter plusieurs dépôts de l'Océan qui appartiennent à cette dernière époque, mais je me borne à citer les collines de la Toscane & celles qui sont disposées au même niveau le long des deux bordures inférieures de l'Appennin; j'en ai donné une ample description dans les notices de Targioni & de Stenon. C'est aussi dans cet espace de tems que les *vallées-golfes* du Pô & du Rhône ont été comblées en grande partie par les sédimens de toutes sortes que la mer y a formés, & dont on peut suivre les limites & les hauteurs le long des deux bords de ces grandes & larges vallées.

Les séjours tranquilles que l'Océan a faits sur de grandes parties de la surface du globe, aux époques où il a formé les deux ordres de dépôts que nous avons distingués, ayant interrompu sa marche dans l'étendue de l'*abaissement* total qu'il a éprouvé, doivent naturellement fixer notre opinion sur la durée & la stabilité du troisième repos auquel il nous paroît assujetti actuellement dans toutes les parties de son bassin; par conséquent si la Nature est encore soumise aux mêmes lois que dans les âges précédens, le tems du repos dont nous sommes témoins, est bien loin d'être expiré, & doit rendre inutiles toutes les recherches qu'on a faites de nos jours pour découvrir une marche différente, & un système d'*abaissement* totalement opposé à celui qui a eu lieu dans les premiers âges. L'on doit en être convaincu si l'on s'en rapporte aux résultats des opérations de la Nature, dont j'ai fait connoître succinctement les principales circonstances. (*Voyez* LIMITES DE L'ANCIENNE MER, RETRAITES DE LA MER, VALLÉES-GOLFES.) (PÔ, *vallée-golfe du.*) (RHÔNE, *vallée-golfe du.*) C'est dans ces différens articles que je développerai en détail tout ce qui peut avoir pour objet les deux systèmes de dépôts que je viens de distinguer, & que j'indiquerai leurs gîtes & leurs limites.

ABAISSEMENT DES MONTAGNES. Dans le spectacle intéressant que nous offrent les montagnes de différens ordres, tout concourt à nous faire croire à cet *abaissement*. Les météores aqueux, le passage du chaud au froid, les différentes formes des masses montueuses, les matières dont elles sont composées, la nature & la disposition des bases sur lesquelles ces masses sont ordinairement assises, l'inclinaison plus ou moins considérable des couches qui en constituent les différentes parties, toutes ces circonstances, qu'on peut reconnoître dans les diverses contrées où dominent les montagnes, nous font connoître de toutes parts les moyens que la Nature emploie pour dégrader & décomposer ces masses: l'action de ces causes de destruction étant plus ou moins sensible, plus ou moins suivie, ses effets sont en conséquence plus ou moins remarquables, & plus ou moins faciles à apprécier.

Une montagne de pierre de sable, par exemple, perdra beaucoup plus dans ses dimensions, que des montagnes composées de matières dures & bien liées entr'elles: d'un autre côté, une montagne dont la masse principale est organisée par bancs horizontaux, sera dégradée plus difficilement que celle dont les lits seront plus ou moins inclinés à l'horizon, ou dont la disposition approchera plus ou moins de la verticale. L'eau des pluies pénétrera plus facilement entre les lits de la dernière montagne, qu'entre les bancs horizontaux de la première; car ceux-ci présentent à l'eau de grandes surfaces sur lesquelles elle coule sans pouvoir s'y faire jour par une certaine imbibition, au lieu que les bancs inclinés lui offrent un grand nombre d'ouvertures par où elle peut, sans aucune difficulté, s'insinuer de manière à entraîner tous les matériaux qu'elle peut en détacher. Il y a même beaucoup de cas où l'eau, se gelant & se dégelant alternativement, agit avec force contre les parois des bancs, les écarte les unes des autres, & fait tomber les rochers en éclats. C'est alors surtout que plusieurs sortes de débris éprouvent des éboulemens très-étendus, & se précipitent dans les vallées. Ces dégradations sont d'autant plus promptes & plus considérables, que les bancs sont formés d'une matière plus tendre & plus facile à être pénétrée par l'eau. S'ils sont de schiste ou de mauvaise ardoise, la destruction en sera certainement plus prompte que si ces rochers étoient de grès, de granits, & en général de pierres où le quartz seroit dominant. Si les schistes sont calcaires, les décompositions en seront bien plus accélérées.

Nous devons ajouter ici que, dans toutes les montagnes composées de matières distribuées par couches, il y a des circonstances qui contribuent beaucoup à leur destruction; ce sont les *fentes perpendiculaires*, lesquelles exposent l'intérieur des masses à l'action de tous les météores aqueux.

On ne peut voyager dans les Alpes, qu'on ne rencontre, au pied des chaînes de montagnes qui servent de bords aux vallées, des amas immenses de débris, & il est aisé d'appercevoir, en jetant les yeux sur les sommets, comme sur les parties supérieures des croupes, les vides qu'occupoient les matériaux déplacés par les causes que nous avons indiquées ci-dessus, & c'est ainsi qu'on peut comparer les remblais aux déblais.

Les masses de certaines montagnes, reposant sur des bases peu solides, & qui se trouvent humectées par des eaux souterraines, éprouvent des éboulemens considérables, & des déplacemens à la suite de la diminution & dégradation de ces bases. C'est ainsi que de grandes parties de la chaîne de l'Appennin, établies sur des bases horizontales d'argiles, ont cheminé vers les vallées dans lesquelles les argiles ramollies ont coulé.

Les anciens ne nous ont rien laissé de certain sur la hauteur que les montagnes avoient de leur tems, & il y a trop peu de tems que les modernes se sont appliqués à déterminer celle de quelques autres, pour qu'on puisse en conclure le tems qui a été nécessaire pour opérer la dégradation dont nous pouvons observer l'étendue. D'ailleurs, les conclusions que nous pourrions tenter de tirer sur ce point, ne seroient que très-hasardées, puisqu'on concluroit d'un fait particulier au général. Au surplus, il est aisé de remarquer fort souvent que telle montagne a éprouvé les plus grandes destructions, pendant que d'autres masses voisines offrent des sommets élevés qui attestent, par leurs contrastes, l'étendue des changemens qui ont eu lieu. Il est aisé de reconnoître pour-lors les agens que la Nature met en œuvre, lesquels figurent à côté des ravages qu'ils ont produits, ou par des opérations journalières, ou par des accès momentanés.

Toutes ces considérations auxquelles il est si facile d'avoir égard, pour peu qu'on ait occasion d'observer les montagnes, nous persuadent que ces masses éprouvent des dégradations successives, et que leurs sommets s'abaissent. Effectivement, en parcourant les pays de montagnes, il n'est pas possible de ne pas porter son attention sur les effets que les eaux produisent chaque année. A chaque pas on rencontre des effets terribles & effrayans des torrens, tant sur les croupes des montagnes, que dans le fond des vallees. Les ruisseaux, les rivières entraînent ainsi des débris de rochers, dont les pentes des masses montueuses sont couvertes, & qui n'attendent que des averses d'eau pour gagner le fond des vallées.

Dans certaines contrées ce sont des amas énormes de rochers amoncelés sur des plaines immenses; d'autres contrées nous offrent des éboulemens de terres qui ont formé des buttes, des côteaux, lesquels, par la suite des tems, ont pris assez de stabilité pour pouvoir être cultivés jusqu'à leurs pointes ou sommets; ici, des maisons ont glissé dans les plaines avec une base énorme d'argile, qui a conservé des habitations & même des arbres debout; là, il existe un lac dont les eaux sont arrêtées par des masses de rochers tombés d'une montagne voisine; ailleurs, des terres autrefois cultivées ont été depuis recouvertes, & rendues stériles par d'énormes amas de cailloux qui s'y sont accumulés à la suite des lavanges, ravines, &c. Toutes ces dégradations élèvent continuellement le fond des vallées par des dépôts de terre & de pierre qui s'y forment à mesure que les eaux les y voiturent à la suite des violens orages auxquels les pays de montagnes sont exposés fort fréquemment.

Je finirai par faire envisager, sous un point de vue général, une des causes les plus étendues de l'*abaissement des montagnes*. Ce sont les différens agens qui ont creusé les vallées, & surtout les ravines & les ruisseaux qui ont été ébauchés en différens tems sur les sommets les plus élevés. Pour peu qu'on ait occasion de suivre les ravages momentanés qui ont lieu sur les Alpes, les montagnes du ci-devant Dauphiné, des Cévennes, de la Haute-Auvergne & du Limosin, on ne peut se dissimuler les grands déblais qui se sont opérés sur les chaînes qui dominent les principales vallées de ces diverses contrées. Ce qui doit achever de nous convaincre de l'étendue de ces destructions, c'est la considération des grands encombremens qui se trouvent au fond de toutes les vallées, & dont les fouilles, plus ou moins profondes, ont fait connoître les épaisseurs, lesquelles vont en croissant à mesure qu'on s'éloigne des chaînes de montagnes & des collines, & qu'on s'approche des grandes plaines ou des bords de la mer. D'ailleurs, l'examen des matériaux que ces fouilles ont mis à découvert, nous a appris que ces dépôts sont formés d'un mélange de substances entraînées par les eaux torrentielles des parties supérieures des vallées & des débris des croupes que les eaux pluviales ont voiturés dans le fond de ces mêmes vallées.

Enfin, les grands dépôts formés à l'embouchure des fleuves sur les bords de la mer, achèvent de nous donner une idée des remblais immenses qui attestent l'*abaissement des montagnes* & *des collines*, & leurs destructions successives. (*Voyez* DEGRADATION DES MONTAGNES, ATERRISSEMENS DES BORDS DE LA MER, VALLEE, LAVANGES, RAVINES.)

ABAKANSKOI,

ABAKANSKOI, ville de la Sibérie asiatique, sur la rivière de Jeniska, à l'orient de Tomskoi; elle est pourvue d'une garnison qui sert utilement à la chasse des martres & des renards, nombreux dans les environs, & dont les fourrures font un objet de commerce important.

ABANO, petite ville du Padouan, dans l'Etat vénitien, fameuse chez les anciens & chez les modernes, par ses bains chauds. Les eaux y ont trois qualités différentes; les unes sont soufrées, les autres ferrugineuses, & les troisièmes boueuses. On attribue à ces dernières la propriété de guérir les rhumatismes & les paralysies : elle est à cinq milles de Padoue.

ABAS, nom populaire du vent d'ouest : on le dit vent d'*abas* ou d'*aval*, parce qu'il souffle de la partie de la mer qui est la plus basse, vu que les rivieres s'y déchargent. On prétend aussi qu'il est toujours inférieur aux autres, & qu'il souffle dans la région la plus basse de l'atmosphère.

ABASCIE, contrée d'Asie, que l'on peut considérer en général comme faisant partie de la Géorgie. Elle a la Mingrelie à l'orient, la Circassie noire ou tartare au nord, & la Mer-Noire au midi. Il y a peu de villes dans cette contrée, & même peu d'habitations fixes. On nomme ces peuples *Abasses*. Ce sont de très-beaux hommes & bien faits pour la plupart, & par-là ce sont, pour les Turcs qui les achètent, des objets de commerce lucratifs. Les *Abasses* sont lâches & paresseux. Placés sous un beau ciel & sur un terrain qu'on fertiliseroit aisément, ils n'ont rien chez eux qui ne soit inculte. Leurs champs sont comme leurs mœurs.

ABATTAGE, opération des ouvriers qui exploitent les carrières à plâtre des environs de Paris, & dont il nous paroît convenable d'exposer les détails & les principes. On commence d'abord par déblayer certains lits de matières étrangères aux couches de plâtres, & qui leur servent de bases, & lorsque ces déblais sont poussés à une certaine profondeur, on enlève les étais qu'on a mis à la place de ces lits, & dès-lors l'assemblage des couches de plâtre surincombantes eprouve un éboulement général, & leurs débris se trouvent dispersés à côté des autres produits des excavations supérieures. C'est dans ces amas confus que les ouvriers font les triages des matériaux qui leur conviennent; c'est là qu'ils separent les morceaux de plâtre des substances marneuses ou argileuses sèches. On voit combien ces éboulemens accélèrent l'exploitation de ces carrières dans les trois masses, & surtout dans la troisième, qui est plus profonde. (*Voyez* MONTMARTRE.)

Il m'a été facile de reconnoître cette sorte de travail, comme une suite de l'organisation des couches horizontales au milieu desquelles sont les bancs de plâtre. On ne peut rien voir d'ailleurs de plus remarquable au milieu de ces éboulis, que les *intervalles terreux* qui servent à la séparation de chacun des bancs, & en conséquence desquels toutes les substances qui entrent dans leur composition, se trouvent jetees à part. C'est là que j'ai vu avec plaisir les faces des bancs de plâtre offrant des lits marneux très-peu épais, & qui avoient conservé cette humidité, laquelle avoit contribué à leur distinction; c'est dans ces éboulis que j'ai eu les plus grandes facilités d'étudier les moyens que la Nature avoit employés pour établir le systême de la *distinction des couches* dont on fait usage pour leur démolition dans les carrières que l'on exploite. (*Voyez* INTERVALLES TERREUX, DISTINCTION ET SÉPARATION DES COUCHES DE LA TERRE.)

C'est à la suite des éboulemens considérables dont les ouvriers des carrières de Montmartre nous donnent de tems en tems le spectacle après l'enlévement des lits les plus bas de la troisième masse surtout, que j'ai contemplé des assemblages de plus de vingt bancs qui, précipités dans la même chute, étoient détaches exactement les uns des autres. La facilité avec laquelle ces bancs se désunissent, prouve combien ils avoient peu d'adhérence ensemble. Effectivement, comme je l'ai déjà dit, on voit sur les faces des blocs désassemblés, de légères couches de marnes argileuses, qui servent à la distinction & à la séparation des bancs, lesquelles couches, étant toujours pénétrées d'eau, ne prennent jamais aucune consistance, mais elles sont réduites à une telle ténuité, qu'on les prendroit pour une espèce de vernis terreux.

ABATTIS. Ce sont des amas de pierres qui se détachent des voûtes des grottes & des carrières, & qui encombrent le sol de débris & de ruines. Il y a souvent de grandes masses de pierres qui, en se détachant des voûtes, y ont laissé des excavations fort profondes, des espèces de dômes dont on fera mention en parlant des *grottes*. Il y a même des circonstances où ces *abattis* ont occasionné des ouvertures plus ou moins considérables au ciel des carrières, & qui finissent par des *entonnoirs* & des *gouffres*, lesquels donnent issue aux eaux de pluie.

Au reste, nous développerons plus en détail les différentes destructions qui ont pour principes les *abattis* dont il est ici question, soit qu'elles aient eu lieu dans les excavations faites de mains d'hommes, ou dans celles qui sont la suite du travail des eaux souterraines ou des grottes.

ABATOS, île dans le marais de Memphis. C'étoit dans cette ile que croissoit la plante dont les feuilles étoient employées à fabriquer le papier de Papyrus.

ABBEVILLE, ville du département de la Somme, & sur cette rivière. La Somme, avant d'entrer dans *Abbeville*, se divise en deux bras qui se réunissent après avoir traversé cette ville. Le lit de ce fleuve, de même que celui de tous les autres dans lesquels les eaux de la mer remontent, est occupé par une barre un peu au dessous d'*Abbeville*, vis-à-vis le village de Lavier. Depuis cette barre jusqu'à la mer ce lit est sujet à de fréquentes variations, parce que toute cette partie du canal est exposée à l'action des flots dans tous les mouvemens des marées. Tels sont les phénomènes qu'on peut voir à la surface du sol aux environs d'*Abbeville*.

Mais si l'on parcourt avec attention les environs, dans l'intention de reconnoître les aterrissemens sur lesquels cette ville & sa banlieue sont établies, on s'assure aisément que ce sont des dépôts formés par les eaux courantes de la Somme, la plupart du tems refoulées par les eaux de la mer. C'est dans ces sédimens que les fouilles faites à différentes époques ont mis à découvert des tourbes, puis des ostéocolles, & enfin des lits de coquillages.

Les lits de tourbes, alternant avec des couches de sables & d'argiles, se trouvent sous le sol de la partie d'*Abbeville* bâtie dans la vallée : de même on rencontre, à dix pieds de profondeur environ, des bancs de coquilles de mer, alternant aussi avec le sable de mer. Il paroît que les sables & les argiles ayant été entraînés dans la vallée par les eaux latérales, ces matériaux ont servi de bases aux tourbes, ou les ont recouvertes suivant les époques où les tourbes se sont formées.

On a découvert aussi, sous le sol d'*Abbeville*, des ostéocolles assez remarquables : seulement le grain des tufs qui les ont formés, étant très-grossier, les blocs d'ostéocolles sont friables & dépourvus de solidité. En cela ces dépôts diffèrent des ostéocolles d'Albert, dont le grain est très-fin & très solide. Il est probable que la différence dans l'état actuel des deux amas d'ostéocolles vient de la différence dans les matériaux de tuf qui se sont assemblés autour des roseaux, & des positions où se sont trouvés ces sédimens lorsqu'ils ont reçu l'infiltration de l'eau des pluies ou de la rivière à travers les couches superficielles qui les ont recouverts.

Toutes les chaussées jetées à travers la vallée de la Somme, dans les premiers tems de l'habitation de ces contrées, sont encombrées par un lit de tourbes de six pieds d'épaisseur, soit celles qui se trouvent entre Amiens & *Abbeville*, soit celles entre *Abbeville* & Saint-Valery. On a de même rencontré une de ces jetées encombrée sous les sables, en creusant le canal d'*Abbeville* à Saint-Valery. Il est inutile de citer encore d'autres objets appartenans à l'histoire naturelle & aux arts, lesquels ont été trouvés au milieu des tourbes, des sables & des argiles dans la vallée de la Somme, aux environs d'*Abbeville*. Tous ces phénomènes seront présentés en détail à l'article *Somme*. (*Voyez cet article, ainsi que ceux* d'OSTEOCOLLES, de VALLEE & d'AMIENS.)

ABCASSES. Peuple d'Asie, situé entre la Circassie, la Mer-Noire & la Mingrelie. Ils sont, comme les Circassiens leurs voisins, adonnés au brigandage & au vol. Les *Abcasses* donnent en échange des marchandises qu'on leur porte, des hommes, des fourrures, du lin filé, du buis, de la cire & du miel, tous objets produits de leurs vols, de leur industrie ou de l'éducation des abeilles.

ABER. Ce mot, dans l'ancien breton, signifie la chute d'un ruisseau dans une rivière. Telle est l'origine des noms de plusieurs confluens de cette nature, & de plusieurs habitations & villes qui ont été établies dans ces positions. (*Voyez* ABERDEEN, ABERCONWAY, ABER-YSWITH.) Cette dernière est voisine de l'embouchure de l'Yswith.

ABER, nom que les nègres du Sénégal donnent à un petit coquillage du genre des jamboneaux dans les familles des bivalves. Ce coquillage est fort commun autour des rochers de l'île de Gorée.

ABER, lac d'Écosse dans la partie occidentale de la province de *Loch-Aber*. On le nomme aussi simplement *Loch*, comme si on le considéroit comme le lac de la contrée par excellence. Il a quinze à seize milles de longueur ; il est fort étroit. Son bassin paroît être une ancienne vallée creusée par des eaux courantes avant que sa digue ait été formée. Il communique à la mer d'Irlande par un canal fort long, qui à son embouchure prend le nom de *Loch-i-oll*. Ce canal est creusé dans toute l'étendue de la digue du lac. (*Voyez*, par la suite, au mot LAC, ce que je dis des lacs du nord de l'Écosse.)

ABERBROTHIECK, village d'Écosse sur le Tay, célèbre par ses eaux minérales, qui ont beaucoup de conformité avec celles de Spa & de Pyrmont. On les prend ordinairement pour les maladies qui proviennent d'un acide dominant dans les premières voies.

ABERDEEN, ville maritime de l'Écosse septentrionale, divisée en deux. La vieille ville, qui est à l'embouchure de la Done, est considérable par son commerce, & surtout par la pêche du saumon. Il y a une fontaine d'eau minérale dans la nouvelle ville d'*Aberdeen*.

ABEX, contrée maritime d'Afrique, à l'occident de la Mer-Rouge, au midi de l'Égypte & au nord de la côte d'Ajan. Le pays est aride & sablonneux, & ne produit guère que de l'ébène.

ABIAD, ville d'Afrique sur la côte d'Abex, remarquable par son trafic en coton, en ébène & en plantes aromatiques. Elle est située sur une haute montagne, & au milieu d'une atmosphère sans cesse parfumée des odeurs les plus douces & les plus agréables.

ABIME, sorte de cavité fort profonde, ou pleine d'eau ou sans eau. Les Septante se servent particuliérement de ce mot pour désigner l'amas d'eau que Dieu créa au commencement avec la terre, & c'est dans ce sens que l'Écriture nous dit que les ténébres étoient à la surface de l'*abîme*.

On se sert aussi de ce mot pour marquer le réservoir immense qu'on a supposé creusé dans la terre, & où Dieu ramassa toutes les eaux le troisième jour; réservoir qu'on désigne dans les livres saints par le *grand abîme*.

Les fontaines & les rivières, au sentiment des Hébreux, & même de plusieurs philosophes anciens, ont leurs sources dans l'*abîme* ou dans la mer. Elles en sortent par des canaux souterrains, & s'y rendent par des lits qu'elles se sont formés sur la terre. Au tems du déluge, les *abîmes* rompirent leur digue, les fontaines forcèrent leurs sources, & se réunirent aux eaux fournies par les cataractes du ciel pour inonder le Monde.

On voit ici que je rends compte d'un systême dont je ne puis me dispenser d'exposer la suite.

L'*abîme* qui couvroit la terre au commencement du Monde, & qui étoit agité par l'esprit de Dieu ou par un vent impétueux, est ainsi nommé par anticipation; car il composa dans la suite le bassin des mers, ou si l'on veut en croire à certains commentateurs, la terre sortit du milieu de cet *abîme*, comme une île qui sortiroit du milieu de la mer actuelle, & qui paroîtroit tout-à-coup après avoir été long-tems cachée sous les eaux. (*Voy.* le Dictionnaire de la Bible de Calmet, au mot ABÎME.)

Woodward nous a donné des conjectures sur la forme du *grand abîme*, dans son Histoire naturelle de la terre. Il voudroit nous persuader qu'il y a un grand amas d'eaux renfermées dans les entrailles de la terre, lequel forme une masse ronde, occupant les parties intérieures ou centrales du globe, & que la surface de cette eau est couverte & enveloppée par les couches terrestres.

Le même auteur prétend aussi que l'eau de ce *vaste abîme* communique avec celle de l'Océan, par le moyen de plusieurs ouvertures qui sont au fond du bassin de la mer. Il croit de plus que cet *abîme* & l'Océan ont un centre commun, autour duquel les eaux de ces deux réservoirs sont rassemblées, de manière cependant que la surface de l'*abîme* ou du réservoir intérieur n'est pas de niveau avec celle de l'Océan, ni à une aussi grande distance du centre de la terre, étant en partie resserrée & comprimée par les couches solides de la terre qui l'enveloppent; mais partout où ces voûtes sont crevassées ou assez poreuses pour absorber l'eau, celle de l'*abîme* y monte, remplit les fentes où elle peut s'introduire, imbibe tous les interstices où elle pénètre, s'insinue dans tous les pores des terres & des pierres, jusqu'à ce qu'elle se réunisse à la masse des eaux de l'Océan. On voit que cette hydraulique de Woodward n'est fondée sur aucune observation, & que son *abîme* restera toujours au rang des hypothèses, malgré ses explications & peut-être à cause de ses explications.

Ce que nous dirons par la suite sur les pluies, sur la circulation de l'eau dans les couches de la terre, voisines de sa superficie, & sur les sources, sera fondé sur une suite de faits qui feront disparoître tout ce que Woodward a cru devoir imaginer pour expliquer ce que la Bible nous dit du *grand abîme*. Depuis Woodward, les physiciens & les naturalistes ont suivi les phénomènes de la Nature les plus propres à nous faire connoître, avec une certaine précision, la marche de l'eau pluviale dans l'intérieur de la terre, jusqu'à ce qu'elle reparoisse par les fontaines & par les sources. (*Voyez* FONTAINES, SOURCES, PUITS, &c.)

On peut mettre avec plus de fondement au rang des vrais *abîmes*, certains amas d'eaux qui se trouvent au fond de cavités plus ou moins profondes, plus ou moins étendues, d'où l'eau se *dégorge*, ou continuellement, ou par des accès peu durables, & rejette en même tems une quantité considérable de poissons. Telle est la fontaine de *Sablé* en Anjou. (*Voyez* SABLÉ.) On voit aussi dans les environs de Narbonne, dans le ci-devant Languedoc, un grand nombre d'*abîmes* dont nous ferons connoître les singularités les plus remarquables dans des articles particuliers. (*Voyez* aussi ARRIENNES, ARNE, DEGORGEOIRS & GOUFRES.) On ne sauroit douter qu'il ne sorte des vents de *certains goufres* ou *abîmes*. Pour comprendre comment se forment ces *vents*, on peut comparer les cavités souterraines à la cavité d'un éolipyle; les chaleurs intérieures de la terre, à celles du feu sur lequel on met l'éolipyle; les fentes de la terre, les antres, les ouvertures par où les vapeurs peuvent s'échapper, au trou de l'éolipyle. Mettez sur le feu un éolipyle qui contienne un peu d'eau, bientôt l'eau s'évapore, les vapeurs sortent rapidement; forcées de passer en peu de tems d'un grand espace par un petit, elles poussent l'air, & cette action brusque & subite fait sentir une sorte de *vent* & une suite de vapeurs & d'exhalaisons.

Ces exhalaisons, ces vapeurs élancées violemment chassent l'air selon la direction qu'elles ont reçue en sortant de l'*abîme*. L'air chassé communique son mouvement à l'air antérieur: de là ce courant sensible d'air en quoi consiste le *vent*. En donnant cette explication, je ne doute pas que d'autres circonstances ne puissent contribuer à cet effet, & qu'il ne reste beaucoup d'observations à faire dans les souterrains accessibles, & cela dans des vues réfléchies & relatives aux phénomènes singuliers dont nous venons de hasarder l'explication.

ABISSINIE, grand royaume dans la partie orientale de l'Afrique. Il est borné au nord par la Nubie, à l'ouest par la Nigritie, au sud par la Cafrerie, & à l'est par la côte d'Abex & d'Ajan. Cet état renferme les provinces de Tigre, Dambea, Bagamedri, Goyame, Amahara, Narea, Magesa, Ogara, Salait-Holcait, Semen, Segueda, Salao, Ozeca, Doba & Gao. Ce pays est entrecoupé à chaque instant de montagnes & de rochers, sur le sommet desquels on trouve quelquefois des sources d'eau vive, des terres cultivées, des bois & des prairies. Le sol est assez fertile en différens endroits, & produit plusieurs sortes de grains, principalement du millet & des légumes. La boisson ordinaire des *Abissins* est le cidre fait avec des pommes sauvages. Outre un grand nombre d'animaux inconnus en Europe, il y a des bœufs d'une prodigieuse grosseur, & des brebis dont la queue donne une grande quantité de laine. La chaleur de ce climat est très-forte, surtout dans les vallées, car l'air n'est bien tempéré que sur les montagnes.

Les *Abissins* en général sont bien faits, vigoureux, adroits & ne manquent pas d'intelligence, mais ils sont paresseux d'habitude. Le seul commerce qu'ils fassent entr'eux, est celui du sel, dont ils ont de grands amas. Leur tein est, ou noir, ou fort basané. Leur souverain, entouré d'une garde nombreuse, campe, ainsi que ses sujets, sous des tentes neuf mois de l'année; comme trois ou quatre autres mois de l'année sont ceux des pluies périodiques de la Torride, dont le Nil se grossit, ils les passent à Gondar, capitale de l'*Abissinie*; ce n'est guère qu'un gros village. Il n'y a pour ainsi dire aucune ville dans ce grand empire, car toutes les habitations ne sont que des amas de chétives maisons, semés dans les diverses provinces. Leur naturel est fort doux.

C'est dans le milieu de l'*Abissinie* que les Missionnaires portugais découvrirent les sources du Nil, si long-tems inconnues. Les Hollandois sont les seuls Européens qui aient des établissemens dans ces contrées. Ils en tirent, ainsi que les Juifs & les Arabes, de l'or, de l'argent, des épiceries, des plantes médicinales, des aromates & des dents d'éléphant.

ABLE, ABLET ou ABLETTE. (*Cyprinus Alburnus.* Linnée.) C'est un petit poisson de quatre à six pouces de longueur, de l'ordre des Abdominaux & du même genre que la carpe. Il est recouvert d'écailles tenues, peu adherentes, & d'une couleur blanche argentée sur les côtés & sous le ventre seulement. Cette couleur est due à une pellicule argentine, extrêmement mince, dont le corps de l'écaille est garni en dessous. Par le lavage on en détache cette pellicule, qui, préservée de la corruption par des moyens connus du fabricant de fausses perles, porte le nom d'*Essence d'Orient* ou d'*Essence de perles.*

L'Essence de perles, mélangée avec de la colle de poisson, sert à enduire les parois intérieures de petits globes de verre, & c'est ainsi que se font les perles fausses.

L'Able se trouve dans la Seine, le Rhône, le Rhin, le Mein, le Pô, dans plusieurs rivières d'Angleterre & dans les lacs du nord de la Hollande, &c.

ABOUGRI, bois de mauvaise venue, & dont les troncs sont tortueux & les branches mal développées. Nous ne parlons de cette sorte de production végétale, que parce qu'elle se trouve communément à une certaine hauteur sur les montagnes & dans les régions froides & souvent voisines de celles où résident les neiges & les glaciers. Cette position nuit à la végétation, qui demande une certaine température chaude, pour avoir un grand développement & un plein succès. (*Voyez* RABOUGRI.)

ABREUVER, sorte d'opération par laquelle on dirige les eaux de source ou autres sur certains terrains, ou cultivés, ou produisant sans culture des pâturages. On ne sauroit rendre un plus grand service aux différens terrains que nous venons d'indiquer, qu'en leur procurant des arrosemens convenables. On sait que les bestiaux qui cultivent les terres, & les fumiers qui les fertilisent, sont toujours en raison des fourages qu'on recueille. Au moyen de prairies abreuvées souvent, on fait des éleves, on engraisse des bœufs pour la consommation, on entretient des troupeaux de vaches qui fournissent des veaux & toute sorte de laitage; on nourrit de grands troupeaux de moutons, qui donnent les matières premières des manufactures de draps; on se procure des cuirs, des suifs, &c. pour l'usage domestique & pour les ventes.

C'est en *abreuvant* les prés par principes & avec un grand discernement, qu'on augmente, avec les moindres frais possibles, une récolte abondante de fourage; car les prés *abreuvés* ainsi donnent souvent trois & même quatre récoltes par année, si l'on a soin d'en éloigner les bestiaux; & alors il n'est pas rare de tirer d'un arpent quatre ou même huit milliers de foin sec & de bonne qualité. C'est par une pareille ressource que, dans les pays de montagnes surtout, on décuple le produit de plusieurs domaines, surtout en bestiaux.

Le premier moyen qu'on doit employer dans ce système d'amélioration, c'est de se procurer des eaux de source, des réservoirs, des eaux de ruisseaux & de rivières, ou même des égoûts de grands chemins.

Vitruve est entré dans quelques détails sur les signes qui peuvent diriger dans la recherche des eaux souterraines. Il doit être utile de donner ici le précis de ses instructions à ce sujet, en y ajoutant ce que Palladius, Pline le naturaliste, Cassiodore, le P. Kircher, le P. Jean-François & Belidor ont publié dans ces vues.

Ils ont dit, 1°. que si, en se couchant un peu avant le lever du sol il, le ventre contre terre, & considérant la surface de la campagne voisine, on apperçoit en quelqu'endroit des vapeurs s'élever en ondoyant, on peut hardiment y faire fouiller, & que la saison la plus propre pour cette épreuve est le mois d'août, parce que c'est le temps de la sécheresse.

2°. Lorsqu'après le lever du soleil on voit comme des nuées de petites mouches qui volent vers la terre, & qu'elles soient assez constamment attachées à un même lieu, on doit conclure qu'il y a quelqu'amas d'eau intérieure.

3°. Sitôt que, sur ces indices ou sur d'autres, il y a lieu de soupçonner qu'il réside ainsi de l'eau intérieure en quelqu'endroit, il faut, pour s'en assurer encore davantage, faire une fosse de cinq à six pieds de profondeur, sur trois à quatre pieds de largeur, & mettre au fond, sur la fin du jour, un chaudron renversé, dont l'intérieur soit frotté d'huile, ensuite fermer l'entrée de cette sorte de puits avec des planches couvertes de gazon : si le lendemain on trouve des gouttes d'eau attachées au dedans du chaudron, c'est un signe certain qu'il y a au dessous une source. On peut aussi mettre de la laine sous le bassin, qui fera juger, lorsqu'on la pressera, si la source est abondante.

4°. On peut encore poser, avec le même succès, en équilibre dans cette fosse, une aiguille suspendue sur un pivot, à une des extrémités de laquelle on auroit attaché une éponge : s'il y a de l'eau, l'aiguille aura bientôt perdu son équilibre.

5°. Les endroits où l'on rencontre fréquemment des grenouilles se tapir & se presser contre la terre, fourniront sans doute quelques filets de source. Il en est de même de ceux où l'on remarque des joncs, des roseaux & des plantes aquatiques.

6°. Un terrain de craie fournit peu d'eau, & de mauvaise eau; dans le sable mouvant, on n'en trouve guère qu'en très-petite quantité ; dans les terres noires, solides, non spongieuses, elle est plus abondante. Les terrains sabloneux donnent de bonnes eaux, mais peu abondantes : elles le sont davantage dans les graviers; elles sont excellentes & abondantes dans l'argile.

Pour connoître la nature des terrains, on se sert de tarières; & si avec ces moyens on rencontre sous des couches de terre, de sable ou de gravier, des lits d'argile, de marne ou de terre franche & compacte, on obtient très-facilement une source ou quelques filets d'eau.

7°. Au pied des montagnes, parmi les rochers, & surtout au milieu des massifs de schiste & de granit, les sources sont plus abondantes, plus communes, & les eaux plus saines & plus salubres que partout ailleurs : l'eau surtout y réside principalement au pied des pentes qui ont leur exposition au nord ou plutôt aux vents qui amènent la pluie, comme ceux du midi & de l'ouest dans nos contrées. Les montagnes dont les pentes sont douces & couvertes de plantes, paroissent, en cet état, *abreuvées* par des sources assez multipliées. Il en est aussi de même dans les montagnes qui sont coupées par de petites vallées fort étroites, placées à différens niveaux les unes sur les autres : on a particuliérement remarqué que les aspects de l'ouest & du nord-ouest sont ceux qui sont le mieux *abreuvés* par les pluies, & où les arrosemens se font plus facilement.

Dans ces recherches on n'a indiqué que des moyens fondés sur la nature apparente des sols & de leur organisation : on doit en écarter tous les fontainiers charlatans qui ont recours à la baguette divinatoire, & qui l'emploient avec autant de confiance que d'absurdité.

On ne se borne pas à se procurer des eaux d'irrigation par le moyen des sources & des fontaines qu'on tire du sein de la terre ; on se forme aussi des amas d'eaux considérables, en construisant des bassins & des étangs à l'extrémité de quelques vallées où elles se rassemblent par quelques ravins et quelques conduites assorties aux différentes formes de terrains.

On ne doit pas négliger non plus de conduire les eaux des grands chemins sur les prairies qui les avoisinent : une rigole, un simple fossé qu'on renouvelle autant qu'il est nécessaire, suffisent pour entretenir une distribution aussi utile.

Les eaux des égoûts, qui sont grasses & chargées de principes terreux, sont trop précieuses pour ne pas les réunir à propos, & les diriger vers des cultures de jardins ou même des prairies.

Il y a des circonstances où l'on pourroit profiter, avec quelqu'industrie, de l'eau de certains ruisseaux & rivières, lors même que leurs eaux coulent dans des canaux dont les niveaux sont égaux à ceux des prairies : il n'est question que de les prendre dans les parties supérieures de la vallée, & de profiter des pentes favorables, ou bien d'élever le lit des ruisseaux par des machines qui sont peu coûteuses, soit pour être établies, soit pour être entretenues. Enfin, on peut obtenir les mêmes avantages en barrant le courant de la rivière, & procurant une inondation générale sur toute l'étendue des prairies.

On trouve dans Vitruve & dans son commentateur Perrault, plusieurs signes extérieurs pour reconnoître les bonnes eaux : il sera fort utile de les rappeler ici, en y ajoutant de nouvelles observations qui rentrent dans les mêmes vues.

Vitruve dit, 1°. que les bonnes eaux ne font point de tache sur le cuivre;

2°. Qu'elles sont propres à cuire promptement les légumes, les pois, les féves & les lentilles.

3°. La legéreté de l'eau est un indice de sa bonté & de sa salubrité.

4°. Les eaux qui dissolvent bien le savon, qui s'incorporent plus intimement avec lui, qui le font écumer davantage, & qui par son mélange deviennent fort blanches, sont aussi celles qui sont les plus pures, les plus légères, & meilleures que celles dans lesquelles les grumeaux de savon nagent sans se dissoudre.

5°. Toutes ces eaux sont non-seulement bonnes à boire & à blanchir le linge, mais encore à l'irrigation des prés.

6°. Les sources qui sortent du cul-de-sac des vallées, & qui coulent sur leur fond de cuve, sont très-légères & très-bonnes à boire; celles qui sortent des lits de sables, de gravier, sont aussi d'une qualité supérieure.

7°. Les eaux qui s'épanchent par les fentes des lits de grès, de pierre de sable, ne sont pas toujours bonnes ni à boire ni aux arrosemens, parce qu'elles se chargent souvent de principes terreux & ferrugineux.

8°. Les bonnes eaux n'ont ni saveur ni odeur, & on doit les rejeter si elles sont amères, fades, saumâtres, &c.

9°. Les bonnes eaux prennent aisément la couleur, le goût & l'odeur qu'on veut leur donner.

10°. Les bonnes eaux sont naturellement fraîches en été, chaudes & fumantes en hiver. Il en est de même des eaux dont le cours ne gèle que très-difficilement, & qui, dans les diverses saisons, n'éprouvent que très-peu de variation.

11°. Les bonnes eaux se chauffent facilement au feu, & se refroidissent facilement à l'air.

12°. Elles sont bonnes si l'on voit le long de leur cours un gazon vert & frais.

13° Elles sont bonnes lorsqu'elles produisent du cresson, du becabunga & le souci aquatique; si les pierres sur lesquelles elles coulent, prennent un enduit brun, gras, doux au toucher.

14°. Elles sont mauvaises lorsqu'elles couvrent les cailloux d'une espèce de rouille jaune, & très-bonnes lorsqu'elles les couvrent d'une mousse chevelue, longue, épaisse, & d'un vert brun.

15°. Les eaux des ruisseaux poissonneux sont bonnes; & celles où les poissons & les écrevisses ne prospèrent pas, sont de mauvaise qualité.

16°. Enfin, les eaux sont excellentes pour l'arrosement lorsque, dans leur cours & dans les bassins où elles passent, on voit de longs filamens verts, qui ne sont qu'une sorte de mousse aquatique, ou des plantes qui vivent dans l'eau; mais on connoîtra encore beaucoup mieux les bonnes eaux quand on saura les distinguer des mauvaises ou de celles qui sont d'une médiocre qualité.

Eaux de mauvaise qualité. 1°. Ce sont les eaux ferrugineuses & vitrioliques, qui sont sans contredit les plus mauvaises pour l'irrigation des prairies; ce sont celles qui dans leur cours ont rencontré des particules martiales combinées avec l'acide vitriolique, & qui par cet intermède se mêlent & s'incorporent à l'eau. Ces eaux martiales nuisent aux prairies, à moins qu'en même tems elles ne soient chargées d'un limon gras, qui est très-propre à fertiliser les prairies.

2°. Les eaux vitrioliques sont toujours nuisibles : on les reconnoît en y jetant de la noix de galle pilée. Le mélange noircit sur le champ.

3°. Il n'est pas rare de voir un ruisseau qui fournit de très-bonne eau en certain tems, & de très-nuisible dans d'autres. Cet état différent vient de ce qu'il s'y mêle, après de grandes pluies, des eaux étrangères, chargées de matières étrangères & de mauvaise qualité.

4°. Les eaux séléniteuses, topheuses ou pétrifiantes sont funestes aux prairies; chargées de sucs lapidifiques abondans, d'un sable glutineux très-fin ou de substances topheuses, elles les déposent sur les lieux qu'elles arrosent, & les rendent stériles en les couvrant d'incrustations plus ou moins marquées. Les eaux marécageuses sont ordinairement de mauvaise qualité : on appelle de ce nom, non-seulement les eaux qui croupissent & séjournent dans les marais & les terrains bas sans aucun débouché, mais encore les eaux des sources & des ruisseaux, qui, arrêtées dans leur cours sur des terres de mauvaise qualité, s'y corrompent dans le repos. On ne peut faire usage de ces eaux pour l'irrigation, à moins qu'elles ne soient purifiées par un écoulement bien ménagé.

5°. Les eaux chargées de parties séléniteuses ou visqueuses pèchent par ces mélanges. C'est un défaut très-ordinaire aux eaux de puits & à celles qui coulent sur les terres blanches, lourdes & argileuses. Ces terres absorbent & retiennent les eaux comme autant d'éponges, & ne les rendent qu'après leur avoir communiqué une viscosité très-nuisible aux plantes.

Pour découvrir cet état de viscosité dans les eaux, on prend une éponge bien nette, sur laquelle on fait tomber pendant quelque tems l'eau qu'on veut éprouver; si elle dépose une matière huileuse & graisseuse, qui n'est autre chose que du limon fin, produit de la destruction des végétaux, ces eaux peuvent servir aux arrosemens; mais les eaux nuisibles y laissent une viscosité épaisse, gluante, qui insensiblement durcit le terrain, en ferme les pores, & en détruit insensiblement la fertilité. Ces eaux sont surtout pernicieuses aux terres fortes; mais les terres sabloneuses peuvent en profiter à un certain point.

On peut remarquer en général que tant que les eaux coulent sur un lit de gravier, de sable, de cailloux, elles sont de bonne qualité, & ne contractent aucun vice, ou bien elles le perdent si elles en ont un, pourvu qu'elles parcourent ainsi un certain trajet.

6°. Les eaux crayeuses sont en mauvaise réputation parmi les cultivateurs. Les eaux fatiguées sont celles qui, après avoir été fournies par de bonnes sources, ont épuisé leurs qualités en parcourant de longs trajets, qui y ont acquis un certain degré de chaleur, ou se sont chargées de parties glutineuses, vitrioliques ou ferrugineuses.

Les eaux crayeuses sont bonnes pour l'irrigation, pourvu qu'elles ne soient chargées que du principe crayeux pur, qui convient très-bien aux terres argileuses & compactes, & en général sur les sols qui ont besoin de mélange qui les ouvre & les ameublisse.

7°. Les eaux crues ou froides à l'excès sont nuisibles: elles proviennent des neiges & des glaces fondues, & passent par des lieux couverts, profonds, où les rayons du soleil ne peuvent pénétrer. Il faut en détourner le cours de dessus les prés & les terres cultivées, car elles refroidissent le sol & arrêtent la sève au printems & même en été, & contribuent par cet état de fraîcheur permanent, à la production des mousses.

8°. C'est par cette même raison que les eaux qui gèlent profondément en certains tems, ou même certains sols, méritent quelques soins, soit pour changer la nature du terrain, soit pour remédier à son expôsition.

9°. Les eaux limoneuses doivent être employées avec un grand discernement, relativement aux substances dont elles sont chargées, & à la nature des terres qu'elles doivent abreuver. Un limon visqueux ne peut nuire aux terres sabloneuses, mais il augmente la ténacité des terres argileuses. En général, on peut dire que les eaux qui charient des matières d'une nature semblable à celle des terres qu'elles doivent abreuver, réussissent rarement sur ces terres; mais celles qui charient des matières hétérogènes, ou qui peuvent utilement s'associer à leurs fonds, produisent de bons effets. C'est suivant ce systême d'amélioration, que des eaux chargées de principes argileux ou marneux, donnent aux prés dont le sol est sabloneux, une consistance qui favorise sa fertilité; et réciproquement les eaux qui transportent des matières calcaires ou sabloneuses sur les fonds argileux ou schisteux, les échauffent en les rendant plus meubles.

Les eaux qui découlent immédiatement des montagnes dans le tems de la fonte des neiges, sont toujours troubles & limoneuses, mais très-froides, par conséquent on doit les écarter des prairies qui commencent à pousser; c'est à quoi les habitans des montagnes ont la plus grande attention. On a de plus remarqué que les eaux des torrens qui découlent des montagnes, sont quelquefois très-bonnes pour les prairies, au commencement de la végétation; mais elles deviennent souvent en été d'une qualité très-nuisible.

Nous avons déjà observé qu'on empêche les eaux de contracter de mauvaises qualités, en changeant leur cours, en les détournant des fonds où elles pourroient se charger de principes visqueux, topheux, ferrugineux, vitrioliques, en ouvrant à ces eaux des conduits ou des tranchées dont le fond soit garni d'un lit de sable ou de gravier.

Il est question maintenant de s'occuper du mélange des eaux de qualité différente. Lorsqu'on trouve une bonne eau qui n'est pas assez abondante pour exécuter une irrigation suffisante, on peut la mêler avec celle d'une qualité inférieure, pourvu que celle-ci ne domine pas: ainsi, en faisant passer des eaux chargées de principes visqueux & ferrugineux sur les eaux qui sont les égoûts d'un fumier, on opérera un arrosement fort utile. De même, si l'on recueille les sources de qualités différentes, cette réunion rendra les eaux propres à tous les principes d'irrigation dont nous avons fait mention. Cependant il y a certaines circonstances où il peut être utile de faire la séparation des eaux qu'on a réunies; car il y a telle saison où les eaux d'une médiocre qualité doivent être détournées, lorsque celles de première qualité ne sont pas assez abondantes ou manquent totalement pour les détourner.

On corrige souvent les eaux en les rassemblant dans les étangs: c'est là surtout que les eaux froides s'échauffent à un certain point, surtout lorsque les étangs sont exposés au midi. Si l'eau est chargée de tuf, on la laisse séjourner assez longtems & successivement dans des étangs, pour qu'elle puisse former des dépôts qui s'attachent au fond & sur les bords; ensuite on la fait passer dans un dernier étang, où l'on jette du fumier.

Les mauvaises eaux peuvent être corrigées en général par quelques mouvemens violens: c'est ainsi qu'on en degage le tuf & les autres principes terreux; car plus l'eau est battue, plus elle est utile à plusieurs usages. Pour corriger les eaux, on peut employer la filtration. Il n'est pas douteux que si, en imitant la Nature, on faisoit passer les eaux visqueuses, crues, froides, pétrifiantes, peut-être même les eaux ferrugineuses & vitrioliques, au travers d'un banc fort épais de sable, on ne leur enlevât, en tout ou en partie, leurs qualités nuisibles. Les avantages qui résultent de ces moyens de rendre salubres les eaux, sont assez considérables, soit relativement à la boisson ou aux arrosemens, pour ne pas tenter quelques dépenses, & surtout celle des filtrations.

Avant que de conduire des eaux sur une prairie, il faut profiter des pentes que le terrain des environs peut offrir, ainsi que celui de la prairie; & il faut avouer qu'en cela les propriétaires des grands pâturages, dans certaines contrées de la France, & surtout de certains pays de montagnes, ont mis un grand art & une grande adresse dans la conduite & l'emploi des eaux qui servent aux arrosemens, & qu'ils en obtiennent de tous côtés des avantages inappréciables; mais il faut avouer que dans ces cas la Nature semble avoir fait les plus grands frais.

Pour conduire les eaux, Vitruve exigeoit six pouces par cent pieds. Les modernes, qui ont fait à ce sujet les expériences les plus exactes, se contentent de deux pouces par cent toises; mais ils recommandent d'adoucir les coudes & d'unir le fond des conduites. Puisque les ouvriers ont plus de facilité à conduire une tranchée de niveau, il convient de les faire toujours travailler de cette manière, & de procurer, d'intervalle à autre, une chute.

On peut garnir de glaise ou de pierres les conduites d'eau qui traversent des plaines, si le sol n'est ni d'argile ni de terre franche, & qu'il ne boive pas l'eau; & dans les endroits où les pentes sont rapides, on fera un pavé. Si les pentes & les contre-pentes obligent d'approfondir la conduite, on construit des pierrées, ouvrages qui demandent beaucoup de précautions. D'abord, le fond doit être établi sur glaise ou sur terre franche, ou bien sur glaise bien pétrie & bien battue. Les pieds droits ou pierres de côté seront bien assurés & solidement posés. Les dalles ou pierres plates qui doivent servir de couverture, reposeront fermement sur leurs pieds droits, avec environ trois pouces de portées, & en général on aura soin de boucher tous les vides & les interstices avec des éclats de pierres ou de cailloux. Sur les dalles on étendra une couche épaisse de mousse, de foin grossier de marais ou de paille, pour empêcher qu'en recomblant la fouille il ne tombe dans la conduite aucun corps qui puisse y causer le moindre engorgement. Dans les endroits où la terre manque, on fait usage très-avantageusement de gouttières ou chêneaux de bois creux, posés sur des chevalets de pierre ou de bois.

On pourroit fort bien se dispenser de couvrir le canal lorsqu'il est peu profond, & qu'il coule à fleur de terre à travers un terrain solide; mais si le ruisseau étoit dominé par une terre mouvante, graveleuse, friable, il seroit bientôt rempli & obstrué s'il restoit découvert. Enfin, il est absolument nécessaire de ménager un sentier ou une banquette le long de la conduite, lorsqu'elle côtoie une colline escarpée, afin de la pouvoir visiter facilement, & obvier à propos aux inconvéniens qui pourroient résulter des éboulemens. Lorsque la tranchée est profonde & couverte, on établit d'intervalle en intervalle des soupiraux, afin de découvrir plus aisement les endroits où il pourroit survenir quelques obstructions.

Lorsqu'on est forcé de profiter de la pente pour forcer l'eau à remonter, on a besoin de tuyaux, qu'on fait ordinairement de sapin ou de pin, & quelquefois de chêne: on les joint ensemble avec des viroles de fer tranchantes, de trois ou quatre pouces de diamètre, avec autant d'épaisseur; on pose une virole entre deux tuyaux au milieu, bout à bout; à l'extrémité opposée on frappe à grands coups de maillet, jusqu'à ce que la virole entrant en même tems dans l'un & l'autre bout, les tuyaux se touchent exactement par leurs extrémités; & par cet assemblage on forme une conduite peu coûteuse, & très-promptement, dès qu'on a préparé un certain nombre de tuyaux.

Une prairie située sur les bords d'un ruisseau ou d'une rivière pourroit quelquefois être arrosée en ménageant dans les endroits commodes des écluses qu'on ouvriroit ou qu'on fermeroit dans le besoin. Cette même manœuvre pourroit être adoptée lorsqu'il est question d'une prairie placée dans une vallée dont le fond est occupé par un ruisseau ou une rivière qui serpente, à l'aide d'une écluse & de rigoles placées, à une certaine distance, aux points les plus élevés: on pourroit arroser les deux collines opposées avec un même ruisseau.

Si l'on manque de pente pour prendre l'eau à l'entrée de la prairie, on peut examiner s'il n'y auroit pas moyen de s'en procurer en faisant commencer fort haut le canal de conduite. Tel ruisseau dont l'eau se perd, & qui n'est d'aucune utilité, pourroit, avec cette industrie, fournir à des arrosemens capables de fertiliser une vaste prairie. Ici les pentes sont souvent indiquées par la marche ancienne des eaux qui ont creusé les vallées, sur les croupes & dans le fond desquelles les prairies qui doivent être arrosées se trouvent être distribuées.

Dans certaines circonstances, pour jeter l'eau dans la prairie, il suffit de barrer le ruisseau ou la rivière, & d'en faire monter les eaux par une estacade ou une digue quelconque, suivant la pente & la quantité d'eau qu'on veut se procurer.

Si la rivière ou le ruisseau avoit assez d'eau ou de courant, on pourroit, par quelque machine simple, peu coûteuse, & d'un médiocre entretien, en élever l'eau sur la prairie qu'on se propose d'abreuver. Celle dont le P. Deschales donne la description dans son Traité des machines hydrauliques, est fort simple, & ne consiste

consiste qu'en une seule roue mise en mouvement par le courant même de la rivière : elle a été exécutée à Brême, où, suivant cet auteur, elle fournit quarante-huit muids d'eau à chaque tour ; ce qui donne dans la ville une quantité d'eau très-considérable Mais comme, dans le fond, ce n'est que le tympan de Vitruve, elle ne fait monter l'eau qu'à la hauteur de l'axe de la roue.

Si l'on avoit besoin d'élever l'eau à une hauteur plus considérable, on pourroit faire usage d'une roue à godets ou à seaux mobiles, & enfin employer, comme en Hollande, le secours du vent & des machines simples & ingénieuses qu'il fait mouvoir avec tant d'avantage dans la Nord-Hollande.

Avant que d'introduire les eaux sur les prairies, il convient de les disposer à les bien recevoir.

1°. Les prairies seront bien exactement closes & fermées : on ne doit pas les laisser exposées à un libre parcours, car les prés *abreuvés* souffrent beaucoup des pieds des bestiaux & même de leurs dents.

2°. Il est bien nécessaire que le sol en soit bien égalisé, afin que l'eau y circule sans obstacles.

3°. On conçoit que ce sol doit être dégagé de tous les buissons, de toutes les plantations d'arbres, enfin de tous les amas de pierres & de graviers que les ravines auroient pu y entraîner & y déposer.

4°. Les endroits fangeux & marécageux doivent être également desséchés par des saignées, ou comblés par des matières propres à bien niveler solidement le terrain. On peut y faire aussi des saignées, suivant le besoin & la constitution du sol des environs.

Quelquefois il suffit de creuser un fossé qu'on laisse ouvert au milieu de l'espace marécageux, & si l'on peut donner un écoulement aux eaux par le moyen des pentes du terrain, on ne peut trop en profiter, sinon on gagnera davantage à combler le marais si cela est possible.

On emploie souvent, dans ces dernières circonstances, des aqueducs ou conduites couvertes ; en un mot, des pierrées : pour-lors on fait des tranchées qu'on remplit à moitié de cailloux jetés à l'aventure & sans aucune disposition particuliere ; on y joint aussi du sable ou du gravier, & on couvre ce fond pierreux de foin, de mousse, de terre & de gazon. Dans certaines contrées, où le bois est plus commun, on fait usage de chêneaux renversés au fond des fossés, & posés sur de petites traverses de bois, de distance en distance, &c. On y place de même des prismes triangulaires ou des quadrilatères, qui sont assujetris par des traverses de bois qui reposent au fond des tranchées ; enfin, d'autres fois, après avoir creusé profondément & élargi les tranchées, on les remplit à moitié de branchages d'arbres, de saule, d'aulne, de sapin ; le reste se remplit de terre, sans autre précaution que de gazoner par-dessus ces remplissages, qui donnent des prairies qui ne sont plus inondées par le fond, & qui sont suffisamment *abreuvées* de l'eau qui les inondoit anciennement, & qui, y croupissant, altéroit les plantes qui croissoient au milieu des espaces marécageux.

Enfin, on fait de cette manière des saignées, dont les bons effets se soutiennent très-long-tems. On creuse des fosses d'un pied de largeur, & d'une profondeur convenable ; ensuite on plante aux bords de ces fossés des pieux de deux ou trois pouces de diamètre, & de trois pieds ou trois pieds & demi de longueur, & à une distance de quatre à cinq pieds : on les enfonce de manière que leur pointe est dirigée dans un des angles du fond, pendant que l'extrémité supérieure effleure le haut du bord opposé. Vis-à-vis de ce premier pieu on en enfonce un autre dans l'angle opposé, & incliné de même, en sorte que les deux pieux se trouveront en sautoir ou en croix. A cinq ou six pieds de distance, on réitérera la même opération, jusqu'au bout du fossé ; alors on couchera sur ces pieux des fascines liées de deux ou trois liens, de manière qu'elles entrent les unes dans les autres par leurs extrémités : le tout sera recouvert de terre & enfin de gazon qu'on aura mis à part. Quant à la direction qu'il faut donner aux saignées, il est évident qu'elles doivent être assujetties à la pente du terrain, & que leurs ouvertures doivent être tournées vers le débouché naturel des eaux.

Si le terrain est léger ou très-compacte, & qu'on soit à portée de bonnes terres propres à son amélioration, ce sera une bonne économie, que de faire de ces mélanges avant que de conduire les eaux qui produisent de si bons effets sur ces nouveaux sols.

Ces améliorations de sols dans les prairies sont si nécessaires, que les sols ferrugineux ou de mauvaise qualite ne profitent point de l'arrosement des meilleures eaux. On a souvent les ressources qui conviennent pour toutes ces opérations, qu'il faut soigner tous les ans lorsqu'on veut se procurer de bonnes récoltes de fourrages.

Il faut nous occuper maintenant des dispositions générales qu'il faut faire pour préparer les prés à être *abreuvés*. Nous réduirons ces préparatifs à trois principaux : 1°. à creuser des canaux ; 2°. à construire des étangs ; 3°. à faire des écluses.

Les canaux d'irrigation sont de deux espèces : les uns s'appellent *maîtresses rigoles* ; ce sont les canaux de conduite, d'introduction, de dérivation, de détente ; les autres sont de simples rigoles ; savoir : les canaux d'arrosement, de décharge, de repos, de reprise d'écoulement & de desséchement.

Le canal de conduite est celui qui amène l'eau

à la tête du pré ; il est déjà quelquefois tout formé par la Nature, & il n'est alors besoin que d'une écluse, d'un batardeau ou arrêt pour donner entrée à l'eau. Si le pré est considérable & que l'eau ait un long trajet à parcourir, on garnira le fond du canal de gravier ; il tient l'eau fraîche & pure, & non-seulement il l'empêche de se charger de parties terreuses, mais encore il l'en débarrasse. Cette précaution est plus ou moins nécessaire pour les maîtresses rigoles.

Le canal d'introduction est celui qui amène l'eau dans l'intérieur du pré, & particuliérement le long de la partie supérieure, pour que de là on puisse la conduire où l'on voudra, suivant le besoin, & suivant le systême que l'on aura cru devoir adopter pour la distribution générale des eaux d'arrosement.

Ce canal ne doit point déborder, à moins qu'il ne serve en même tems de rigole ou de canal d'arrosement. Souvent il est formé par la disposition naturelle du terrain ; souvent aussi, lorsque l'eau est introduite dans le pré, elle y rencontre le canal de dérivation, qui s'abouche au canal d'introduction pour fournir de suite aux rigoles. Si la prairie n'est pas trop large, le canal de dérivation borde la prairie du haut en bas ; si elle a beaucoup de largeur, on multiplie les canaux de dérivation de manière que la distribution soit bien égale, bien entendu que, si la prairie a des pentes en plusieurs sens, on s'assujettit le plus qu'il est possible aux irrégularités du terrain.

Si l'eau coule naturellement le long de la pente générale de la prairie, comme cela a lieu souvent, on est dispensé de faire un canal de dérivation ; les canaux d'arrosement suffisent pour-lors.

Le *canal de détente* est celui qui reçoit l'eau à la sortie de l'étang, lorsqu'on lâche les eaux & que la bonde est ouverte.

Les *rigoles* sont les ramifications qui partent du canal de dérivation ou de celui qui en tient lieu.

Lorsque le canal de dérivation occupe le milieu du pré, on conçoit aisément que les rigoles sont doubles, & versent également à droite & à gauche.

Ces rigoles ont un pouce & demi de profondeur dans les terres fortes, & seulement un pouce dans les terres legères ; elles ont, outre cela, huit à neuf pouces de largeur vers leur embouchure, & vont en diminuant à mesure qu'elles s'éloignent du tronc. Elles sont tirées au cordeau à trente ou cinquante pieds de distance, suivant la légéreté ou la force du terrain : dans les terres fortes, on ne leur donne presque point de pente, & en cela la Nature favorise souvent l'execution de ce principe, parce que les terres fortes occupent ordinairement les fonds des vallées, où la pente est fort douce ; au lieu que les terres légères dominent sur les croupes, où les pentes sont bien plus rapides.

Lorsque le terrain a beaucoup de pente, on ne fait presque point d'ouvertures aux rigoles.

Un principe général qu'on doit inculquer aux ouvriers chargés de préparer tout ce qui sert à la distribution des eaux, c'est que toutes les tranchées doivent être faites avec régularité, netteté & précision.

Pour former les rigoles, on a des espèces de bêches fortes, pesantes, armées d'un long manche, assez semblables aux haches dont les charpentiers se servent pour parer les poutres après qu'ils les ont dégrossies. Lorsque le gazon est tranché des deux côtés le long du cordeau, on le détache avec une bêche garnie de fer, que l'ouvrier pousse devant lui entre deux terres.

On se sert aussi d'un grand couteau avec deux douilles, au moyen desquelles on y emmanche deux perches : un ouvrier tire à lui celle qui est de son côté, pendant que l'autre ouvrier tire celle qui est du sien. Le gazon se coupe ainsi le long du cordeau, avec beaucoup de propreté & de célérité ; ensuite on le détache, comme nous l'avons dit ci-dessus.

Le *canal de décharge* est celui qui, en tout tems, reçoit le superflu des eaux, ou même le ruisseau en entier, & par un canal direct lorsqu'il ne convient pas d'arroser. Ce canal a pour l'ordinaire une écluse pour mesurer ou pour écarter les eaux. Le canal de dérivation lui-même, lorsqu'il a une issue commode dans son origine, peut servir de décharge ; quelquefois même, suivant les circonstances favorables de la forme du terrain, le canal de conduite ou d'introduction en fait la fonction. On voit par-là qu'il est question de simplifier, autant qu'il est possible, la marche des eaux, pour les rendre à leur direction primitive.

Les *canaux de repos* sont des fossés ou tranchees qui coupent transversalement le pré, & qui ont un peu plus de largeur & de profondeur que les rigoles ; ils servent à porter surtout les eaux sur des endroits trop élevés pour que les rigoles puissent y atteindre : on les emploie dans les prairies qui offrent des pentes en plusieurs sens, & on leur donne le moins de courbure qu'il est possible.

Les *canaux de reprise* sont ceux qui partent des canaux de repos. Leur distribution dépend des inflexions que peuvent avoir les canaux de repos, d'où ils sortent modifiés par les pentes du terrain.

Les *canaux d'écoulement* sont des fossés plus ou moins profonds, placés au dessous des prairies, & où se rendent les eaux après qu'elles ont servi aux arrosemens. Ils peuvent avoir une communication plus ou moins intime avec les canaux de desséchement dont on a parlé plus haut.

Les *étangs* servent, dans l'irrigation, à rassembler les eaux, à rompre leur impétuosité, à les porter sur la hauteur d'un pré fort incliné, ou même plus loin ; à corriger, comme nous l'avons expliqué ci-dessus, des eaux de mauvaise qualité, & à y délayer des fumiers; quelquefois il est plus commode de placer ces engrais le long du canal de détente. L'eau sortant avec impétuosité de l'étang, entraîne ces matières avec elle, pour peu qu'on favorise ce transport, en les remuant à mesure.

Les étangs sont indispensables lorsqu'on a des eaux grasses ou des égoûts de fumier qui méritent d'être distribués avec la plus grande intelligence & ménagement.

Les eaux qui se partagent entre particuliers, exigent aussi la construction des étangs, tant pour profiter en tout tems de son droit, que pour en augmenter le bénéfice.

Ils sont aussi nécessaires pour empêcher que les eaux des grands chemins ou d'autres égoûts ne salissent l'herbe dans le tems que les prés sont en fleurs, & aussi pour retenir le limon qu'on a soin de répandre sur les endroits des prairies qui en ont besoin.

Enfin, les étangs servent à ramasser les eaux succulentes qu'on charie au printems sur les prés, dans des tonneaux, où ces eaux ne peuvent être conduites autrement. Pour construire ces retenues d'eau ou étangs, on s'y prend de cette manière.

Le fond est battu, glaisé ou pavé, suivant les lieux; le pourtour est aussi glaisé.

Le pavé est battu à plusieurs rosées; & à défaut ou refus de demoiselle, on arrose à chaque fois.

Le corroi de glaise du fond ou des côtés doit avoir un pied d'épaisseur. La glaise sera ferme, ductile, point sabloneuse; elle doit s'alonger lorsqu'on veut la rompre, & paroître huileuse & grasse lorsqu'on la manie. C'est la terre dont se servent les tuiliers, les briquetiers, les potiers, &c. Pour préparer la glaise, on la coupe deux ou trois fois avec la bêche ou le tranchant de la houe; on la bat ensuite, & on la pétrit avec la tête d'un outil. Pendant ces opérations, on y répand de tems en tems un peu d'eau, & on l'emploie en la foulant & la pressant à pieds nus, lit par lit, sans y laisser aucun intervalle.

La terre qui environne le corroi, aura une épaisseur & un talus proportionnés à la pression, à la largeur, à la hauteur de l'eau contenue dans l'étang. L'angle doit être depuis quarante degrés & au-dessous. Lorsqu'on en a la facilité, on fait sur le devant un mur de maçonnerie en chaux maigre. Si l'on manquoit de terre glaise, on pourroit faire usage de bonne terre noire, mêlée de terre grasse ordinaire & de fumier gras & consommé : ce mélange forme un corroi fort bon, & qui se pêtrit très-bien.

Lorsqu'on n'a en vue que l'arrosement, il faut que le bassin puisse se remplir en douze ou en vingt-quatre heures au plus, & qu'on l'ouvre à volonté. On a cherché à épargner cet assujettissement d'ouvrir & de fermer l'étang lorsqu'il est plein, en faisant servir l'eau même de l'étang à cette opération.

L'étang n'a ni bonde ni palle pour retenir les eaux; mais au bout extérieur d'un tuyau de fontaine qu'on place au fond pour les vider, on adapte, avec une charnière, une soupape de bois amincie, doublée de feutre ou de peau.

Cette soupape est attachée à la partie inférieure de l'orifice du tuyau, de manière que, lorsqu'elle est appliquée & pressée contre le trou du tuyau, elle le bouche exactement, sans laisser passer une seule goutte d'eau.

Pour tenir la soupape en cet état, on place vis-à-vis & à sa hauteur une bascule de bois de chêne, de trois à quatre pieds de longueur, posée sur des pivots qui roulent sur deux pieux solidement plantés en terre. A la partie antérieure de cette bascule, on fixe sur deux pivots un rouleau de bois dur, de trois pouces de diamètre & de quatre ou cinq pouces de longueur. L'extrémité antérieure de cette bascule est creusée en cuiller, & placée au point de la chute de l'eau, qui, lorsque l'étang est plein, s'échappe par un tuyau au dessus de la chaussée. Le cuilleron se remplit alors, & baisse; la soupape n'étant plus retenue, s'ouvre; l'eau de l'étang fait une pression violente, & l'ouvre toujours davantage. Dès que l'étang est vide, ou qu'il n'y a que peu d'eau, la bascule reprend d'elle-même sa situation horizontale, & referme la soupape, & le fermier, assuré d'un service pareil, dirige l'arrosement en ouvrant ou fermant les rigoles.

Pour empêcher que l'eau, en entrant dans l'étang, ne le creuse ou ne le dégrade, on prend la précaution de la faire tomber sur une planche qui en rompt l'effort; & si le bassin est grand, & qu'on craigne que le vent n'agite l'eau & ne forme des ondes capables de dégrader la chaussée de l'étang, il faut placer quelqu'abri, une toile ou un filet pour rompre les vagues. Malgré ces précautions, il faut souvent construire & réparer les chaussées, les digues, les batardeaux, les arrêts & les écluses.

Les batardeaux se font souvent à peu de frais : quelquefois on trouve sur les lieux de grosses pierres, qui, rangées à travers des ruisseaux, suffisent pour arrêter le cours de leurs eaux, & les élever à une certaine hauteur. D'autres fois il ne faut qu'une pièce d'arbre qui les traverse : on peut aussi former un batardeau avec une grille de bois de chêne, dont les vides se remplissent avec des grosses pierres.

Enfin, une seule écluse qui occupe le lit des ruisseaux, peut en retenir l'eau & en favoriser la conduite, suivant les différens besoins qu'on en a.

A ces écluses il faut joindre celles que nous avons appelées *écluses d'introduction*. Ce sont des portes qu'on ouvre ou qu'on ferme au besoin, ou bien des palles qu'on élève ou qu'on abaisse plus ou moins, à proportion de la quantité d'eau qu'on souhaite.

On construit aussi des écluses à demeure & à trous. Ces dernières sont les plus simples : une ou deux grosses planches ou plateaux de deux pouces d'épaisseur, posées l'une sur l'autre, suffisent. On les perce de plusieurs trous ronds ou carrés, qu'on ferme avec des tampons lorsqu'il le faut. La planche inferieure est enfoncée en terre, & toutes sont exactement jointes.

Enfin, on a besoin de planches mobiles qu'on assûre grossiérement au travers des maîtresses rigoles, pour jeter & détourner les eaux sur les endroits où elles conviennent le mieux.

Voici maintenant les règles qu'il faut suivre dans les arrosemens : 1°. une prairie élevée & découverte demande plus d'eau qu'une prairie basse & ombragée. 2°. Pour les arrosemens ordinaires & réguliers, les eaux doivent être répandues avec plus d'abondance sur une prairie en pente, ou dont la terre est légère, &c. 3°. Les prés dont l'aspect est au midi, sont les plus altérés, mais aussi donnent des récoltes plus abondantes. Les prés dont l'exposition est à l'orient ou à l'occident, tiennent le milieu pour les besoins & les produits. 4°. On court moins de risques à trop arroser avec de bonnes eaux naturelles, qu'avec des eaux de médiocre qualité. 5°. On sent qu'il faut moins arroser dans les années pluvieuses, que dans les années sèches. 6°. L'abondance des eaux de médiocre qualité nuit plus aux terres fortes qui les retiennent avec une certaine opiniâtreté, qu'aux terres légères, qui s'en désaisissent assez promptement. 7°. Tous les terrains qui ont des pentes en divers sens & des contre-pentes, sont sujets à devenir fangeux, surtout dans les fonds, en les arrosant sans ménagement & sans précaution; ainsi on ne peut trop y faire attention. 8°. Quelques personnes pensent qu'un terrain qui est arrosé pour la première fois, doit être *abreuvé* à satiété; d'autres soutiennent, au contraire, qu'il faut l'accoutumer peu à peu à l'effet des irrigations. Il paroît que ceux qui ont consulté l'expérience, se sont convaincus qu'on peut inonder avec succès les terres légères, dont les pentes sont régulières & uniformes; mais qu'il en est tout autrement des terres fortes ou mi-fortes, ou de celles qui ont des pentes en divers sens. 9°. Il paroît que l'arrosement doit être bien suivi & bien abondant au printems, être suspendu à un certain point en été, reprendre en automne, & s'exécuter en hiver avec toute la prudence & l'intelligence que cette saison doit naturellement exiger.

Les régles sur le tems de l'arrosement sont les suivantes : 1°. dès que le dernier foin est recueilli, il faut *abreuver* très-abondamment les prés ; alors toutes les eaux, même les médiocres, peuvent servir. C'est donc une mauvaise économie que d'y faire pâturer le bétail dans cette saison, & surtout d'arroser les prés la nuit, pendant que les bestiaux y pâturent le jour. 2°. On doit bannir des prés l'introduction des eaux médiocres dès que la gelée survient, & n'y laisser entrer que celles qui ne gèlent pas ou qui gèlent peu. 3°. Il ne faut point changer les eaux pendant la gelée, mais attendre, pour les conduire ailleurs, que le dégel soit venu. 4°. Les meilleures eaux sont dangereuses sur les prés lorsque, l'herbe commençant à pousser, l'on craint les gelées blanches. On doit donc être attentif aux premiers avis de froid dans le printems. 5°. Les arrosemens du printems demandent plus de soin & d'attention que ceux d'automne, pour changer l'eau & soigner sa distribution & sa circulation régulière & uniforme. 6°. Lorsque l'eau & la terre sont échauffées par les rayons du soleil, les arrosemens sont nuisibles : aussi les arrête-t-on ; mais on attend, pour changer les eaux, que la chaleur du jour soit baissée. 7°. Les neiges ou les glaces fondues sont pernicieuses aux prairies, surtout dans l'état où elles coulent des montagnes. 8°. On interrompt l'arrosement dès que les plantes des prairies commencent à entrer en fleur, afin de laisser prendre une certaine consistance à ces plantes. 9°. Pendant les pluies froides, on arrose avec de bonnes eaux la plus grande étendue de prairie qu'il est possible. 10°. Si l'année est pluvieuse, on ne doit arroser qu'avec de bonnes eaux. 11°. On n'arrose point pendant qu'il souffle de vents froids. 12°. Il ne faut changer l'eau des prés qu'après que la rosée est évaporée, lorsqu'elle est abondante : les eaux, conduites sur une herbe couverte de rosée, sont nuisibles : on ne les change pas non plus pendant la grande chaleur du jour ; on les change donc le soir avant la rosée, & le matin après qu'elle est dissipée, comme nous l'avons dit.

L'expérience a fait établir plusieurs règles sur la manière de pratiquer les canaux destinés à porter les eaux sur le terrain, & à les répandre, & sur l'emploi de ces canaux. 1°. Toutes les parties doivent profiter de l'irrigation, & elle ne doit nuire à aucune ; 2°. chacune doit être plus ou moins arrosée, suivant sa nature ; 3°. le nombre des canaux de dérivation doit être proportionné à l'étendue de la prairie, soit en largeur, soit en longueur, & de même le nombre des canaux de desséchement doit être en raison des endroits inondés, &c. 4°. la distance des canaux d'arrosement, qu'on appelle *rigoles*, doit aussi varier, suivant la nature du terrain ; ainsi cette distance sera moindre sur les terres légères & sur celles qui ont moins de pente ; mais plus grandes sur les terres fortes & sur celles qui ont plus de pente, & depuis trente jusqu'à cinquante pieds d'inclinaison ; 5°. les rigoles ne doivent pas être trop longues, car l'eau pour-lors n'atteindroit pas à leur extrémité, ou bien y parviendroit trop froide s'il fait froid, ou trop chaude s'il fait chaud : pour diminuer cette longueur, on fera un canal de détente ; de plus, on pavera la rigole jusqu'à une certaine distance, ou on lui donnera plus de pente ; 6°. les rigoles, comme nous l'avons dit, doivent être plus larges à leur entrée, & diminuer insensiblement jusqu'à leur issue : ceci est fondé sur la distribution régulière de l'eau ; 7°. c'est pour cette raison que l'on doit veiller sur les canaux, pour qu'ils ne s'obstruent dans aucune partie de leur cours ; 8°. car les eaux ne doivent ni être arrêtées, ni croupir dans aucun endroit, mais circuler toujours librement, pour entretenir une humidité uniforme partout ; 9°. le canal de conduite ne doit jamais déborder, pour que ses bords ne soient pas détruits ; 10°. au canal d'introduction qui fait la fonction de rigole, l'on doit faire, d'intervalle à autre, de petites ouvertures dans la direction de la pente du terrain ; 11°. ces ouvertures doivent être en biais pour s'adapter à la pente ; 12°. en automne on ne change point le cours de l'eau que le sol ne soit entiérement humecté ; il faut ménager l'eau sur la fin de l'hiver, & même plus encore sur la fin de l'été & au fort de la chaleur du jour, comme nous l'avons déjà dit ; 13°. l'eau doit être distribuée de manière qu'elle coule à la superficie du gazon ; elle ne peut, au reste, produire du bien qu'autant qu'elle pénètre doucement le sol, sans trop inonder les racines des plantes

Les eaux grasses & accidentelles, celles qui lavent les grands chemins & même les rues des villes & des villages, doivent être employées suivant certaines règles que nous allons exposer le plus succinctement qu'il est possible.

1°. On voiture les eaux d'égoûts depuis l'automne jusqu'au printems, sur les prés qui ne peuvent pas en profiter autrement. Dans les autres saisons, il faut conserver ces eaux ou les rejeter sur les fumiers ; 2°. si ces eaux peuvent couler d'elles-mêmes sur les prairies, il faut paver les conduites ; 3°. on creusera ensuite dans l'endroit le plus commode du pré un petit étang bien étanché & pavé, comme nous l'avons dit & expliqué ci-dessus, pour y rassembler les eaux grasses, & l'on répandra ensuite le limon qui s'y déposera sur les endroits du pré qui ont le plus besoin de cet engrais ; 4°. il faut souvent changer la direction de ces eaux, & les faire couler le plus loin qu'il est possible ; 5°. on les détourne dès que l'herbe est parvenue à la hauteur d'environ six pouces ; 6°. quelques fermiers ne transportent ces eaux d'égoûts sur leurs prés, qu'après qu'elles ont séjourné quelque tems dans les étangs.

Pour ce qui concerne les eaux à tems, nous rappellerons quelques pratiques qu'on ne sauroit suivre avec trop de soin. 1°. Il faut paver le canal d'introduction, & même celui de dérivation, jusqu'à une certaine distance de leur ouverture ; 2°. comme l'eau se prend ordinairement le soir, & qu'on la garde jusqu'au lendemain à la même heure, il convient de recevoir dans un étang l'eau qui couleroit pendant la chaleur du jour ; elle serviroit à arroser la nuit suivante ; 3°. les canaux pavés doivent être tenus bien nets & en bon état, afin que toutes ces opérations de l'arrosement se fassent bien réguliérement, comme nous l'avons prescrit.

Pour l'irrigation d'un pré de terre forte, dont la pente est médiocre, les canaux d'arrosement ou les rigoles doivent avoir moins de profondeur qu'elles n'en ont dans les terres légères : il faut aussi les changer toutes les automnes, en coupant le terrain entre deux canaux anciens.

On ne doit pas prodiguer l'eau aux terres fortes qui n'ont que peu de pentes, surtout si elles sont exposées au nord, & que les eaux soient médiocres. Les fumiers sont surtout très-profitables sur ces sortes de terrains. On se sert particuliérement des boues des rues, & en général des fumiers bien consommés, & qu'on a soin de répandre en automne, dans le tems où la végétation est moins active. Au printems, on ramasse les parties de fumier qui n'ont pas été fondues par les gelées & les eaux des pluies.

S'il y a de la mousse sur les prés, il faut l'arracher avec un rateau de fer, avant que de jeter le fumier, ou même, ce qui renouvelle plus avantageusement une prairie, on y sème du blé, & puis du trefle alternativement.

Quelquefois on dissout le fumier dans un étang, d'autres fois on le répand sur la place qu'on se propose d'améliorer ; ailleurs, on le distribue le long du canal de détente : ce qu'il importe le plus, c'est de s'assujettir aux différentes circonstances.

Quant à ce qui concerne les marais, il faut commencer par donner l'écoulement aux eaux qui y croupissent. On élevera des bernes du côté d'où viennent les eaux, afin de les écarter des bas-fonds ; on creusera des tranchées dans ces endroits inondés, & on procurera par ces moyens l'écoulement des eaux surabondantes ; car les terres ne produiroient presque plus si on les privoit d'eau tout-à-fait. On y supplée même par des versemens artificiels, ménagés avec prudence : pour cela on laisse des ouvertures aux bernes, & on y établit des écluses, qu'on ouvre ou qu'on ferme suivant le tems ou les saisons.

On pourroit encore employer des tuyaux percés, qui, couchés dans le massif des digues, boiroient dans les rivières, & feroient l'office de fontaines pour les prairies, suivant le besoin.

On arrose les chenevières, soit par immersion comme les marais, soit par irrigation comme les prés.

Enfin les jardins *s'abreuvent* aussi par irrigation comme les prés, ce qui avance beaucoup la production des légumes. Cette opération se trouve très-facile à faire lorsque le terrain a une pente douce, & qu'on peut disposer d'un cours d'eau ou d'une fontaine.

Je terminerai ce long article par un résumé très-succinct de ce que l'on a exposé ici plus en détail.

L'automne est la vraie saison favorable pour la recherche des sources, parce que, comme alors les eaux sont basses dans les couches de la terre, on peut compter sur la permanence de celles qu'on y découvre.

Après la dernière récolte des prés, il faut visiter tous les canaux, toutes les rigoles, les nettoyer & les réparer : on les change même, en remplissant les anciennes des mêmes gazons qu'on a levés pour faire les nouvelles.

Dès que la pointe de l'herbe est sèche après chaque coupe, il faut mettre de l'eau dans la prairie.

Tous les mois il faut changer le cours de l'eau cinq ou six jours, suivant l'abondance de l'eau & l'abondance du terrain.

En automne, il faut donner de forts arrosemens, & ne pas perdre d'eau ; arracher les mousses, & les portions prêtes à être semées doivent l'être alors. Dans les beaux jours d'hiver, il convient aussi d'achever les ouvrages négligés ; ainsi l'on transporte les fumiers sur les bords du canal de détente, du réservoir ou de l'étang. Les bonnes eaux doivent surtout être répandues sur les prés dans cette saison, & l'on détourne les eaux médiocres.

C'est aussi au printems, comme dans l'hiver, qu'on charie les eaux des égoûts, qu'on délaie les fumiers mis dans les étangs ou à leur issue ; qu'on arrose, excepté qu'on donne une plus grande étendue à la distribution des eaux ; qu'on nettoie les prairies avec les rateaux de bois & la pelle, & qu'on détruit les taupinières ; enfin, qu'on arrache les mauvaises herbes. Et à mesure que la saison avance, on donne une plus grande étendue encore à l'irrigation, afin que tout ce qui a besoin d'eau en reçoive, & en suffisante quantité ; mais dès que les plantes entrent en fleurs, il faut détourner les eaux, parce que ce qui en reste dans le sol, suffit pour achever le degré de maturité jusqu'à la récolte, & on les remet, comme nous l'avons dit, quand la pointe de l'herbe est sèche. On les change ordinairement le soir, quelquefois le matin avant la rosée, ou après qu'elle est dissipée.

On ne change point les eaux quand le vent du nord règne : pendant les pluies froides, on doit arroser autant de terrain qu'on peut avec de bonnes eaux, & écarter les médiocres ; avec ces eaux on prévient les mauvais effets des pluies froides. C'est pour la même raison qu'on détourne les eaux à la fonte des neiges, & même lorsqu'on est menacé de gelées blanches.

Tous ces divers résultats d'une longue expérience prouvent dans quelles circonstances l'eau sert ou nuit à la végétation des plantes, en procure l'accroissement & l'abondance, ainsi que la bonne qualité ; car ce sont toutes ces vues qui occupent les fermiers dans les opérations des arrosemens que je viens de décrire. Rien n'est minutieux, lorsqu'il est question de suivre la Nature, & que tant de circonstances y concourent.

C'est surtout l'examen des différens terrains qu'il importe de soigner davantage ; ce sont les mêmes objets qu'il faut étudier avec le plus grand soin, lorsqu'on veut parvenir à se procurer les meilleures eaux, & souvent les plus abondantes.

Nous exposerons par la suite, dans les articles de la *circulation de l'eau* au milieu des différens massifs de la terre, ces circonstances, ainsi que dans celui de l'*ancienne terre*, qui est si favorable aux arrosemens, & surtout à celui des prairies. C'est parce que je me propose de remonter à tous ces principes, que j'ai cru devoir rapprocher tous les résultats qui se retrouvent dans cet article, & auxquels toute cette théorie de la circulation de l'eau donne du corps, de la consistance & un certain ensemble qui lie tous ces faits, qui sans cela seroient isolés.

ABRI. La *Géographie-Physique*, occupée de l'examen & de la description des différentes formes de terrain qu'on observe à la surface de la terre, doit, par une conséquence naturelle, faire connoître avec soin les secours que l'industrie des cultivateurs a su tirer de ces formes. C'est dans ces vues que je vais exposer ici ce qui concerne les *abris*, relativement aux produits de la culture. Il sera facile de saisir, d'après ces considérations, la liaison de ce que je dirai à ce sujet, avec mon objet principal, ainsi que les limites des discussions auxquelles je serai obligé de me livrer dans les articles où je traiterai des *abris*. On y verra l'exposition des différentes causes qui ont donné naissance aux formes de terrain les plus propres aux *abris*, avec la comparaison des productions qu'on en obtient. Car la *Géographie-Physique* nous montrant les expositions favorables des *bassins*, de leurs enceintes & de toutes les pentes environnantes, nous éclairera sur ces objets de manière à écarter tous les choix vagues & indéterminés des terrains, auxquels se sont livrés des cultivateurs ignorans ou peu instruits.

D'après ces détails préliminaires sur les *abris*, il est évident que j'entends par ce mot, les différentes situations des croupes des collines ou des montagnes, ainsi que les systêmes des pentes variées qui produisent & entretiennent certains degrés de température dans des bassins plus ou moins étendus ; température telle que les cultures qu'on y fait y sont garanties, à un certain point, des vents du nord & de toutes les intempéries des saisons, qui s'opposent partout ailleurs au développement des productions, & surtout à leur maturité parfaite. C'est sous la sauve-garde de ces *abris* que les habitans des diverses contrées de la terre ont essayé plusieurs cultures, & ont varié & étendu leurs récoltes. Ainsi, pour faire connoître les effets particuliers des *abris*, relativement aux productions connues les plus importantes, je décrirai les précieuses contrées qui m'ont offert ces phénomènes, & où se trouvent ces formes de terrains, d'autant plus remarquables, qu'elles m'ont présenté une plus grande suite variée de ces abris.

La cause physique & véritablement déterminante de l'introduction des différens objets de culture, est non-seulement la situation géographique des contrées cultivées, mais surtout l'exposition des terrains & leurs formes : d'où il résulte, comme nous l'avons dit, que tout ce qui concerne les *abris* & leur examen appartient à la *Géographie-Physique*, & qu'on ne peut en discuter les diverses circonstances convenablement, qu'en s'attachant aux principes de cette science. C'est aussi d'après ces principes que je déterminerai non-seulement les lieux propres à certaines cultures, mais encore les limites qui les circonscrivent.

Lorsqu'on parcourt dans ces vues les différens bassins des rivières principales, on reconnoît aisément que les aspects des terrains qui servent d'enceintes à ces vallées, présentent non-seulement des *abris* contre les vents froids, mais encore des moyens dont la Nature fait usage assez constamment pour concentrer la chaleur du soleil & pour hâter la maturité des productions qu'on confie à ces terrains.

Ainsi ce ne sont pas seulement les pentes & les croupes abritées contre les vents froids qu'il importe de considérer comme favorisant les effets des *abris*, mais encore la réunion des contre-pentes qui contribuent à la concentration de la chaleur du soleil, & qui, sous ce second aspect, méritent également l'attention des physiciens, comme le ch ix des cultivateurs.

On ne peut pas douter, d'après ces considérations, que les vallées de tous les ordres, situées à toutes les latitudes, & particuliérement à tous les degrés d'élévation au dessus du niveau de la mer, ne soient plus ou moins favorables à l'extension & à la propagation des diverses productions que les hommes ont répandues à la surface de la terre; que tous les lieux les moins propres à ces cultures ne soient les sommets plats des collines ou les plaines vagues, qui ne sont pas échauffées à un certain degré par les enceintes de bassins approfondis, qui concentrent, comme nous l'avons dit ci-dessus, la chaleur des rayons du soleil. Ainsi les mouvemens & le séjour de la chaleur qui contribue à la maturité de nos belles récoltes, ne se trouve que dans les vallées approfondies. C'est là que les pentes opposées au midi, à l'est ou à l'ouest nous assurent des récoltes précieuses, pourvu que les terrains qui font partie des vallées, contribuent à interrompre le cours des vents froids, ou à les échauffer avant qu'ils atteignent les croupes exposées au nord. Telles sont les principales circonstances qui concourent aux progrès & à l'extension des cultures favorisées par les *abris*; de telle sorte qu'étant données à certaines vallées, il est incontestable que les effets d'une chaleur locale s'y feront sentir, tant relativement à leur intensité, qu'à leur étendue au-delà des limites générales.

Ces nuances d'effets résultans de la concentration d'une chaleur plus ou moins considérable dans les vallées, sont surtout très-remarquables en deux circonstances; 1°. dans les commencemens des vallées, & particuliérement dans les culs de-sacs, où leur approfondissement au pied des montagnes élevées & froides produit un prolongement de chaleur au-delà de certaines limites, & recule celles des productions étrangères au climat général (*voyez*, à ce sujet, l'article QUEBRADE); 2°. tant que les cultures se trouvent concentrées dans les vallées, j'y trouve les productions bien établies, pendant qu'elles ne se montrent plus sur les sommets des collines dont les croupes servent d'enceintes à ces vallées. C'est ainsi que, dans les vallées de la Marne, de l'Aube, de la Seine, de la Loire, &c. on peut suivre la culture des vignes bien avant le terme ou au-delà de celui où elles ont disparu aux sommets des collines qui les bordent à droite & à gauche.

Je vais plus loin encore, & je remarque toutes les modifications de la chal.ur des *abris* dans les vallons lateraux; modifications dont il m'a paru pouvoir apprécier toutes les nuances d'après la qualité même des productions.

En même tems que je me suis attaché à suivre les avantages des *abris*, il m'a paru également important d'en déterminer les limites, convaincu des avantages de les faire connoître aux cultivateurs, afin qu'ils y bornent leurs travaux. Il y a plusieurs contrees, soit par leur situation vers les latitudes froides, soit par le voisinage de certaines côtes de la mer, où les *abris* ne suffisent plus à certaines productions, & alors il faut avoir le courage de n'en pas tenter la culture. Ce sont ces raisons qui m'ont engagé à suivre les nuances & les gradations des bons effets des *abris*. Cette étude m'a souvent servi à recueillir les différens états de nos cultures, comme les résultats des expériences infinies qu'ont dû faire les premiers habitans qui se sont établis dans certaines provinces. Ce sont les résultats de la physique de nos ancêtres, & de la seule physique qui ait pu les occuper, même dans les tems d'ignorance.

Ces limites sont si précieuses à fixer, que ceux

qui se hasardent au-delà, en ont éprouvé chaque jour de grandes pertes, ou n'ont obtenu, le plus souvent, que des productions de mauvaise qualité. Je mets de ce nombre ces laboureurs peu réfléchis qui cultivent le maïs ou blé d'Espagne dans des contrées peu favorables.

D'un autre côté, ceux qui, pour guider les agriculteurs & leur tracer des limites, leur ont assigné des lignes droites, sont bien éloignés de savoir apprécier les bons effets des *abris* dans certaines parties seulement des vallées; car on peut dire que, dans une étendue déterminée de pays ou de climats, il y a autant de terrains contraires à des productions quelconques, que de favorables. Dans ce cas, la seule méthode exacte de tracer ces limites, est d'indiquer des enceintes précises où tout ce qui doit être exclu, l'est d'une manière aisée à reconnoître. C'est d'après ces vues que des contrées ne renferment plus de certaines productions qu'on y avoit risquées.

Jusqu'à présent je n'ai considéré que les pentes des *abris* qui sont concentrées de toutes parts par les enceintes des vallées.

Cependant je dois rappeler ici en même tems ces pentes simples exposées au midi & ayant vue sur le bassin de la mer, comme je les ai suivies le long des rivières de Gênes & des bords de la Méditerranée, en Provence & en Languedoc.

J'y ai reconnu que ce seul ordre de pente suffisoit pour servir aussi utilement à des cultures très-précieuses, que les effets de la chaleur concentrée dans les vallées les mieux exposées.

Une nouvelle considération dans l'examen des effets que produisent les *abris*, est celle de l'époque & de la durée du tems où la maturité des fruits a lieu. On ne peut douter que, sans ces effets, cette maturité ne se compléteroit jamais ou n'auroit pas lieu, parce qu'elle ne seroit pas accélérée par un degré de chaleur suffisant, & avant que les frimats s'étendissent dans tous les réduits de la contrée.

Quand on acclimate certaines productions nouvelles dans un pays, on fait souvent une expérience générale, sans s'attacher à toutes les circonstances des abris qui peuvent en assurer les succès, & alors on court tous les risques, parce qu'on s'expose à toutes les variations des températures de l'atmosphère. Heureux quand les productions se trouvent dans les limites qui leur conviennent, ou du moins entre lesquelles elles ont le moins de risque à courir, & si l'on arrive sur le champ à des résultats auxquels on ne parvient qu'avec des précautions souvent qui, à tout prendre, rentrent dans la doctrine de nos *abris!*

C'est surtout dans les réduits des vallées secondaires que doivent être tentées ces épreuves, car ils présentent, d'une manière plus sensible, les nuances des effets qu'il convient pour-lors d'étudier pour en connoître les emplacemens les plus favorables. En suivant, par exemple, ces vallées secondaires, j'ai vu souvent les points où commence à se montrer une production; ensuite un autre point très-peu éloigné, où elle prospère déjà. Après un certain intervalle, j'ai trouvé la contrée la plus favorable & la plus étendue pour cette même production; puis, pour peu que j'aie suivi cette observation, j'ai remarqué qu'elle diminuoit en qualité, jusqu'à ce qu'elle ait disparu entiérement. Or, ces phénomènes dépendent non-seulement d'une disposition générale, mais de plusieurs modifications particulières dans les formes du terrain, dans les niveaux & dans la nature des sols.

Ceci me conduit naturellement à discuter d'abord ce qui concerne les formes du terrain & leur exposition. On sait, par exemple, que les rayons du soleil échauffent les croupes d'une vallée, qui sont opposées au sud; que la répercussion de cette chaleur se fait sentir aux autres croupes, de telle sorte que les productions y prospèrent avec un certain succès, mais que, sur les sommets élevés, rien de pareil ne réussit, à moins qu'on n'y emploie les secours des abris artificiels. Lorsque la vallée a une certaine largeur, les croupes exposées au midi sont certainement les plus favorables; mais comme la masse de la chaleur se concentre & se distribue uniformément partout, il résulte, de cette concentration, de bonnes productions, dont les degrés de maturité dépendent de l'exposition des sols. Ainsi, il est incontestable que les croupes opposées au midi sont celles qui se distinguent pour les bons effets des abris; mais les autres, quoiqu'offrant des nuances dans les effets de la chaleur, m'ont toujours paru mériter la plus grande attention.

Il y a plusieurs cas où les croupes opposées des vallées profitent également de la chaleur directe des rayons du soleil; telles sont celles de la grande vallée du Rhône & de la Saône. Toutes ces croupes sont également échauffées, soit celles qui regardent le levant, ou celles qui sont exposées au soleil couchant. D'ailleurs, dans l'intervalle du lever au coucher, le soleil agit très-efficacement dans les excavations immenses des vallons latéraux. Enfin, dans les différens réduits des croupes principales, à en juger par les productions où le soleil agit directement, on y trouve non-seulement des expositions favorables, mais encore de grands abris contre le nord & le nord-ouest. Les *quebrades* sont on ne peut pas plus prolongés dans toutes ces vallées secondaires; & la théorie des quebrades, telle que nous l'exposerons par la suite, peut recevoir, dans toutes ces vallées, différemment dirigées, des applications très-belles & très-intéressantes; & pour peu qu'on ait bien saisi cette théorie, partout elle annoncera les ressources les plus intéressantes que la Nature sait mettre à profit. On voit que, dans toutes ces circonstances, l'industrie des agriculteurs & la Nature se disputent à qui des deux saura mettre

plus

plus de ressources pour favoriser les produits des diverses contrées. Je vois ici les grands objets sur lesquels je crois qu'il importe d'éclairer les hommes; car tout ce qui concerne ces abris & leurs effets étonnans, ont à peine été apperçus par les physiciens qui ont voulu guider les habitans des campagnes.

Après avoir parlé des formes des terrains & de leurs expositions, je passe maintenant à ce qui concerne la nature des sols. Ceux qui sont argileux sont très-difficiles à échauffer, comme on sait; mais les fonds crayeux peuvent servir à communiquer la chaleur aux substances terreuses dont on garnit le pied des plantes, & surtout des vignes qui sont établies sur ces fonds. Je dirai, à ce sujet, que les vignerons de Champagne, dans les environs de Rheims, d'Epernay, de Vertus & même de Troyes, ont depuis long-tems découvert, par une suite d'expériences, que le sol crayeux des vallées de la Marne, de la Vesle & des ruisseaux qui y affluent, favorisoit tellement les productions des vignes qu'on avoit établies dans ces contrées, que les fruits y parvenoient à une maturité parfaite, pendant que les vignes établies sur d'autres sols, dans ces mêmes contrées, ne donnoient que des raisins d'une moyenne qualité. Ces effets étonnans du sol ne peuvent être considérés avec trop d'attention, car, à côté du clos de Voujeot, j'ai vu une terre substantielle dans laquel'e on avoit semé des chanvres qui s'étoient élevés à la plus grande hauteur.

Quand on rencontre de ces expériences faites en grand, comme celles des environs d'Epernay, de Rheims & de Troyes, on n'a pas de crainte de risquer des conséquences trop générales; mais dès qu'on revient à Voujeot & à beaucoup d'autres vignobles fameux, comme l'Hermitage, où l'on trouve des terres ordinaires sur des fonds de granit, on voit qu'on ne peut trop modifier les circonstances de la nature des sols, par celles de l'exposition ou autres, comme elles ont lieu à l'Hermitage.

Les niveaux sont encore une considération qu'il faut suivre avec la même attention que les deux autres circonstances dont je viens de développer les divers avantages. Effectivement, il est de fait que, dans une suite d'abris, plus on s'approche des bords de la mer, soit dans une vallée, soit sur l'étendue d'une longue croupe, plus les productions les plus délicates y prospèrent, toutes choses d'ailleurs égales, & ces effets se montrent assez généralement dans tous les pays de la terre. C'est là où se vérifie, comme nous le ferons voir par la suite, toute la théorie des *quebrades*.

Il y a plusieurs niveaux dans les abris, si l'on en juge par les productions. Ainsi les abris qui sont dans les niveaux les plus bas, donnent les fruits les plus délicats & les plus rares, & suppléent aux températures des pays les plus chauds. Les moyens niveaux donnent des fruits qui demandent une certaine chaleur, mais d'un degré inférieur. Je puis indiquer, à cette occasion, les orangers comme occupant, soit sur la rivière de Gênes, soit en Provence, les niveaux, les bas, puis viennent les oliviers; ensuite les deux autres niveaux ou régions plus élevés, nous offrent les vignes, les châtaigners & les arbres verds, depuis les bords de la mer jusqu'à la Bochetta. Nous donnerons, à cette vérité importante, un développement nécessaire dans les articles des *climats agraires* & des *bassins de culture*. Nous y renvoyons.

Jusqu'à présent je n'ai parlé que des abris naturels; il me reste à faire mention de ceux qui ont été établis par l'art. Ceux-ci sont très-variés, & occupent plusieurs situations remarquables, mais ils m'ont toujours paru avoir pour base principale la disposition & la température des abris naturels. Tout, de la part de l'art, consiste à compléter les bons effets de ces deux circonstances des abris naturels. C'est ce que j'ai reconnu dans plusieurs parties de la Hollande, & surtout aux environs de Harlem & de Beverveck, où les abris artificiels sont très-multipliés sous les premiers abris des dunes, &c. Je pourrois de même indiquer plusieurs abris artificiels aux environs de Paris, surtout le long des collines méridionales de Montreuil & des environs d'Argenteuil; mais il faut faire connoître, plus en détail les abris naturels qui ont attiré l'attention des cultivateurs éclairés & attentifs. Il me suffit de les indiquer ici, parce que je me propose de les rappeler à leurs articles.

Après avoir exposé les vues générales qui précèdent sur les abris, vues qui sont les résultats d'un grand nombre d'observations, je dois considérer ces vues comme propres à guider les cultivateurs qui sont à portée d'en faire diverses applications utiles. Pour donner plus de consistance à cette doctrine, je dois indiquer les cultures établies dans diverses contrées, & qui en démontrent les avantages. C'est par tous ces détails que je ferai connoître, 1°. les suites de plusieurs *climats agraires* qui annoncent d'abord la distribution graduée de certaines températures prises depuis les sommets de l'Appennin, jusqu'au niveau de la mer. C'est là où je pourrai faire voir les abris de tous les niveaux, lesquels favorisent la végétation des plantes, & le développement des productions sur le plan d'une seule pente, laquelle se montre depuis le sommet de la Bochetta, jusqu'à Gênes, ou jusqu'aux autres bords de la mer, dans la rivière du Ponent. 2°. J'indiquerai en même-tems, une autre suite d'abris prise sur un même niveau horizontal, & qui offrira chacun de ces *climats agraires*, appropriés à une seule production par laquelle je les caractériserai. 3°. Enfin, en parcourant des parties de nos grandes vallées & de leurs collatérales, je décrirai les abris qui s'y trouvent dispersés, en m'attachant à chacune des productions qui s'y rencontrent. (*Voyez* BASSINS DE CULTURE & ceux des grandes & petites rivières, à leurs différens articles: tels sont les articles du RHÔNE, de la GARONNE, de la LOIRE, de la SEINE, &c. & de leurs latérales, considérées relativement à la culture.)

ABRIS ANCIENS. Comme les *abris* dépendent surtout des formes du terrain & des inégalités de la surface de la terre, & que ces formes sont sujètes à être altérées de telle sorte qu'alors les influences en sont détruites, il n'est pas étonnant que certaines productions aient disparu des contrées anciennement abritées très-favorablement. C'est peut-être par une cause semblable, que l'on trouve des *chapelles de Notre-Dame-des-Vignes* dans des réduits de montagnes élevées, où l'on obtient maintenant, avec peine, les fruits les plus communs; c'est par cette même destruction des formes des terrains favorables aux abris, & aux époques où les cultivateurs se sont établis dans les montagnes, que les productions ont abandonné certaines régions, certaines hauteurs, pour gagner les croupes situées à des niveaux moyens, ensuite les plateaux inférieurs & les vallées les plus basses & les plus profondes de ces contrées exposées à ces révolutions. C'est aussi par une suite des refroidissemens de ces contrées, que les cultures de quelques arbres fruitiers ont quitté les parties supérieures de plusieurs vallées, & ne se montrent plus que dans les régions abritées par des montagnes élevées, & qui ne se terminent qu'à des débouchés étroits dans des plaines basses & échauffées par les rayons du soleil.

Toutes ces considérations sur les abris anciens remontent aux époques les plus reculées de l'habitation de certaines contrées, ou même aux tems qui ont précédé ces habitations. Ici je discuterai, non-seulement ce qui peut avoir constitué les abris, mais encore j'exposerai les preuves qui subsistent encore de leur première existence. Je citerai, à cette occasion, les bois fossiles du *Mont-de-Lens*, que l'on a découverts depuis peu dans une tourbière, laquelle nous semble être l'emplacement naturel où ces arbres ont pris naissance & tout leur accroissement: outre cela j'en désignerai de pareils, ensevelis dans les réduits enfoncés des montagnes du Devolçy & du Gapençois. Ce qui mérite le plus d'être remarqué, c'est que tous ces bois fossiles occupent des lieux dans le voisinage desquels l'on n'en voit plus de semblables espèces végéter, mais seulement à dix-neuf cents ou deux mille mètres au dessous de ces régions.

Cependant les bois actuels du Mont-Genèvre près de Briançon végètent aujourd'hui à deux mille & même deux mille trois cents mètres au dessus du niveau de la mer; ce qui explique pourquoi les bois du *Mont-de-Lens* ont pu prendre naissance, végéter & croître autrefois à deux mille cinq cents mètres. Il n'est question que de rétablir aux environs du Mont-de-Lens les formes des terrains qui offroient des abris aux forêts anciennes, & favorisoient leur végétation dans toutes les circonstances que nous observons aux environs de Briançon & du Mont-Genèvre.

Je puis citer encore, à l'appui de cette opinion, un fait où tout se présente avec les circonstances les plus propres à le faire ranger sous la théorie des anciens abris. Aux environs de la Berarde, à deux myriamètres du Mont-de-Lens, vis-à-vis les sources de la Romanche, dans une gorge entourée de glaciers, se trouve, sous un abri, un bouquet de bois de pin (*pinus silvestris*, L), & à deux mille sept cents mètres d'élévation au dessus du niveau de la mer. On voit par-là que la végétation des bois a lieu maintenant à un niveau de deux cent vingt mètres plus élevé que le plateau des bois fossiles du Mont-de-Lens. Ces faits, bien appréciés, prouvent incontestablement que la destruction de certaines formes des sommets environnans a suffi pour déterminer les végétaux qui se trouvoient dans les contrées voisines du Mont-de-Lens, à descendre à un niveau inférieur de neuf cents mètres dans la couche de l'atmosphère, où ils végétoient à certaines époques anciennes. Pour admettre ces changemens, il n'est question que de supposer les destructions d'un grand nombre de sommets, d'autant plus faciles à démolir, qu'ils étoient plus élevés. Or, ceci est aisé à concevoir lorsqu'on suit la marche des eaux, qui dans ces contrées continue encore des ravages, & d'après l'inspection desquels on peut juger de ceux qui régnoient dans les tems anciens. Il suffit d'observer toutes les montagnes du ci-devant Dauphiné, d'après les principes qui peuvent nous diriger dans l'étude des abris, pour ne pas méconnoître dans ces révolutions, les mouvemens des eaux courantes & torrentielles.

Deux moyens puissans ont donc pu refroidir les environs du Mont-de-Lens, & ce qui doit nous en assurer, c'est que nous les voyons sans cesse en activité sous nos yeux. Le premier est la diminution des montagnes ou, ce qui est la même chose, l'abaissement de leurs cimes, l'approfondissement & l'évasement des vallées qui les environnent, ainsi que des gorges qui les entourent. Le second est la destruction des forêts qui, en arrêtant les vents, procuroient des abris aux plantes & aux arbres.

Actuellement les forêts des environs de Grenoble, comme dans la plupart des cantons de la Suisse & des Alpes, cessent de croître à une ligne horizontale, prise depuis mille sept cents jusqu'à deux mille mètres, tandis qu'à Briançon les forêts règnent encore à deux mille trois cents mètres, c'est-à-dire, à quatre cents mètres plus haut. Il est visible que les cimes couvertes de forêts, aux environs de Grenoble, sont très-isolées, ainsi que les plaines beaucoup plus basses, puisqu'elles ne ſont qu'à deux cent ſoixante-dix mètres au deſſus du niveau de la mer. Ainſi les ſites & les abris intéreſſans qui ſe trouvent dans ces plaines, ne contrediſent point les premières conſidérations que nous avons fait enviſager ſur l'état de température des cimes iſolées.

On voit donc que la dégradation des montagnes & l'amincissement de leurs cimes, par lequel on diminue l'étendue des plateaux qui ſe trouvoient dans les régions des montagnes de Lens, ont pu détruire leur température primitive, & que c'eſt à cette cauſe qu'on doit naturellement imputer le refroidiſſement général de cette contrée.

Une ſeconde cauſe à laquelle les hommes ont coopéré, eſt la deſtruction des bois ; car on ſait que ce ſont les forêts qui s'oppoſent à l'action des vents froids, mais encore aux ravages des eaux courantes torrentielles, leſquelles, ſans leurs ſecours, dépouillent les ſommets des montagnes des terres végétales qui les couvrent, & où croiſſent certaines eſpèces de végétaux.

Des forêts placées dans le voiſinage des montagnes de Lens ou même ſur leurs cimes, briſoient les courans d'air froid, & formoient des abris précieux qui, en protégeant les jeunes arbres, en favoriſoient la végétation & le développement. Mais ces avantages ont diſparu dès que les hommes & les troupeaux ſont devenus les fléaux deſtructeurs des forêts, ſurtout de celles qui ſe trouvoient dans des diſpoſitions où la végétation n'avoit lieu que pendant trois mois de l'année. A meſure que les forêts ont été dégradées, les glaciers voiſins ſe ſont agrandis, leurs embranchemens ont gagné les premières vallées, &c. ainſi les maſſifs de glaces ont augmenté en même proportion que les forêts ont diminué.

On trouve aux environs de Grenoble des preuves bien frappantes des effets que de fréquens abris, produits par les arbres & les rochers eſcarpés, procurent aux végétaux de différentes eſpèces. Il n'eſt pas rare de voir l'Iſère charier des glaçons au pied des montagnes de Nairon, de Rabot & de Tronche, en hiver, pendant que l'amandier fleurit ſur ces montagnes, & que le thérébinthe, le capillaire & l'alaterne y végètent ſpontanément au pied des rochers. Le thermomètre alors eſt d'un côté à 8 ou 10 degrés au deſſous du terme de la glace, tandis qu'il ſe trouve à 4 ou 5 degrés au deſſus de ce terme à un kilomètre de diſtance ſur les montagnes voiſines.

La dégradation des montagnes compoſées de ſchiſtes & la dévaſtation des bois ſont donc viſiblement les deux cauſes les plus marquées qui ont éloigné les bois des montagnes de Lens, de telle ſorte que les arbres ne peuvent plus végéter aujourd'hui qu'à deux kilomètres plus bas que dans les premiers tems.

Au reſte, ce phénomène n'eſt pas particulier à ces montagnes ; car il en exiſte beaucoup de ſemblables dans les Alpes, dans les Pyrénées & dans d'autres contrées montueuſes où les forêts ont diſparu par des cauſes auſſi actives, & qui ſe ſont rencontrées dans de pareilles circonſtances. En préſentant les faits précédens aux naturaliſtes, je leur ouvre une carrière où de pareilles obſervations leur fourniront des analogies intéreſſantes.

ABSORBANS (Cantons). Ce ſont des parties plus ou moins étendues de la ſuperficie du globe, où les eaux courantes ſe perdent dans les entrailles de la terre. Quelquefois ces eaux courantes ſont des rivières ; plus ſouvent ce ſont de ſimples ruiſſeaux ou de petits filets d'eau qui ſont abſorbés dans des trous ou entonnoirs formés par l'affaiſſement de certaines couches ſuperficielles, ou dans des fonds de cuve de vallons fort épais, ou enfin au milieu des amas de ſable terreux, accumulés par les torrens. Ici les rivières ou les ruiſſeaux, après un cours libre plus ou moins long, ſe perdent & ne reparoiſſent plus, ou ſeulement ne reparoiſſent que par des *ſources*. Là les rivières ſe perdent en laiſſant leur lit à ſec ; mais après une interruption plus ou moins conſidérable, elles ſe montrent de nouveau pour couler comme auparavant à plein canal.

Quelques-unes de ces rivières, même conſidérables, diſparoiſſent deſſous des chaînes de montagnes, & reparoiſſent au-delà, en tout ou en partie, pour continuer leurs cours : c'eſt d'après l'examen que j'ai eu lieu de faire de ſemblables diſparutions & réapparutions des rivières, que j'ai cru reconnoître la marche de la Nature dans la formation des *ponts naturels*. (*Voyez* cet article.)

D'ailleurs, l'étude de toutes ces diviſions & ſubdiviſions des eaux courantes m'a paru, en général, d'une grande importance, pour être inſtruit ſur tout ce qui concerne la circulation des eaux pluviales au milieu des couches ſuperficielles du globe, & en même tems ſur la conſtitution des différens ſols qui contribuent à nous montrer ces divers phénomènes. Effectivement, lorſqu'on a bien examiné avec attention certaines contrées abſorbantes, d'une certaine étendue, on ſent aiſément que cette connoiſſance nous éclaire ſur toutes les autres, où la même diſtribution des eaux, les mêmes caractères des ſols, & ſurtout les mêmes diſtinctions des maſſifs ſe remarquent. On ne peut ſe diſſimuler qu'un de ces caractères les plus frappans ne ſoit d'abſorber les eaux courantes par pluſieurs iſſues remarquables.

C'eſt dans ces vues que je me ſuis occupé à former une liſte générale des ruiſſeaux & des rivières qui ſe perdent, ſoit en France, ſoit dans les pays étrangers. Je préſente donc ici le réſultat du dépouillement exact des Nos. de la carte de France, joint à mes propres obſervations, ainſi que celui des notes que j'ai pu tirer de différentes cartes de Danville & d'autres géographes. Le dénombrement de ce que les planches de la carte de

France m'ont offert, fera divifé en deux parties : la première, renfermée dans cet article, comprendra les planches où font figurés les *cantons abforbans*, dans lefquels l'on obferve les pertes, non-feulement les plus nombreufes, mais encore les plus apparentes; la feconde partie nous indiquera de femblables pertes, mais qui fe bornent à des rivières ou ruiffeaux plus ifolés, quoiqu'encore affez dignes de remarque & d'attention. On la trouvera développée dans l'article RIVIÈRES & RUISSEAUX QUI SE PERDENT.

Quant à ce qui concerne les pays étrangers où ces abforptions fe montrent dans les mêmes circonftances, ces détails fe trouveront ici à la fuite de ce que la France nous offrira. On y verra figurer d'abord le Boutan & le Thibet, enfuite la Perfe, puis l'Afie mineure, enfin l'Afrique, & furtout l'Amérique méridionale, où font un grand nombre de ces *cantons abforbans*, bien circonfcrits dans les enceintes de plufieurs *vallons fermés*, & enfin la Carinthie.

Si nous revenons en France, nous verrons figurer, parmi les différens *cantons abforbans* que cette grande partie de la furface de la terre renferme :

Les environs de Paris & les différens entonnoirs de la ci-devant province de Brie ;

Les environs de Laigle & d'Evreux, dans la ci-devant province de Normandie ;

Les environs de la forêt d'Orléans ;

Les environs de la Rochefoucauld & de Ruffec, dans le ci-devant Angoumois ;

Les différentes plaines du ci-devant Dauphiné, dans les planches de Grenoble & de Valence ;

Les environs de Bourg-en-Breffe, département de l'Ain ;

Les environs de Pontarlier & de Befançon, planches de Pontarlier & de Befançon ;

Les *vallons fermés* nombreux, compris dans la planche de Vefoul. (*Voyez* VALLONS FERMÉS & VESOUL.)

Enfin, les différentes pertes d'eaux courantes qu'on peut fuivre dans les planches de Langres, de Dijon, de Joinville, de Neufbrifack, de Lons-le-Saunier, de Pamiers, de Périgueux, de Sarlat, de Semur, de Tonnerre, de Troyes, &c.

Dénombrement des filets d'eau, des ruiffeaux & des rivières qui, en France, fe perdent dans les entrailles de la terre.

PREMIÈRE PARTIE.

Dans cette divifion, ces accidens font défignés de manière que les naturaliftes, en confultant les Nos. de la carte de France, que j'y rappelle, ou bien en parcourant les environs des villes principales qui s'y trouvent indiquées, rencontreront tous les détails intéreffans relatifs à la circulation des eaux courantes; ils pourront même, guidés par cette carte & par ces indications nombreufes & fuivies, faire une étude des différens fols de la France & de fon *Hydrographie*. (*Voyez* cet article.)

N°. 69. ANGOULÊME. *Département de la Charente.*

Nous trouvons, fur cette planche, un des cantons abforbans de la France, le plus curieux & le plus étendu. Aux environs de la Rochefoucauld font trois rivières qui fe perdent dans une fuite d'entonnoirs très-remarquables, & qui font diftribués le long des vallées de ces rivières, dans une longueur d'environ quatre lieues. Ces rivières font le Bandiat & la Tardouère, avec la Ligonne, rivière latérale. Leurs eaux font englouties dans des entonnoirs fi nombreux, que même, dans les tems des crues les plus abondantes, ces rivières ne parviennent point à la rivière principale, qui eft la Charente. On voit effectivement fur la carte, au deffous de la Rochefoucauld, les vallées du Bandiat & de la Tardouère à fec.

Nous remarquerons ici, en paffant, que toutes ces eaux ne font pas perdues pour la ci-devant province d'Angoumois, puifqu'à côté de la contrée où elles font englouties par les goufres, fe voit, avec étonnement, la fource de la Touvre, qui nous reftitue toutes ces eaux, avec lefquelles fe trouve formée une rivière fort large & d'un cours uniforme, fur laquelle eft établie la belle forge de Ruelle & beaucoup d'autres ufines.

Je dois dire que les environs même des vallées des deux rivières qui fe perdent, font compofés d'un fol également perméable à l'eau, puifqu'ils nous offrent quatre à cinq ruiffeaux affez abondans pour faire tourner des moulins, lefquels fe perdent dans des trous ou goufres d'une ouverture plus ou moins large, & ne parviennent point à ces rivières. Il eft vraifemblable que ces eaux abforbées vont gagner, par des canaux fouterrains, les réfervoirs immenfes de la fource de la Touvre, comme celles de Bandiat & du Tardouère.

Au refte, tous ces détails feront rappelés, par la fuite, aux articles LA ROCHEFOUCAULD, ANGOUMOIS, BANDIAT, TARDOUÈRE, TOUVRE, & feront même figurés & décrits dans notre Atlas.

N°. 62. ARGENTAN. *Département de l'Orne.*

Le ruiffeau de la commune de Ferrières prend fa fource près du hameau Lafontaine, & fe perd à l'extrémité d'un cours de mille fept cents toifes, & après avoir fait tourner un moulin à côté du hameau Lebreuil. Il fe trouve dans un vallon ouvert.

La rivière de Muancé, après avoir coulé depuis Estrées jusqu'à Eglise-Neuve, disparoît pour reprendre son cours au gros village de Saint-Silvain, sur la planche de Lisieux (n°. 61). Cette disparution occupe un espace de deux mille quatre cents toises.

N°. 122. AVIGNON. *Département de Vaucluse.*

Un ruisseau à plusieurs branches, & dont le cours est de deux mille quatre cents toises, se perd à quelque distance au nord du bourg de Saint-Saturnin. On trouve aux environs plusieurs systèmes de vallons secs, dans lesquels il n'y a pas d'autre eau courante.

Le ruisseau de la ville de Saint-Remy, qui sort des paluns, se perd au village de Sarret, & reprend son cours vis-à-vis de Beauchamp, après un intervalle de quatre cents toises.

Près de l'angle sud-est de la même planche, à côté de Saint-Martin de la Brasque, le ruisseau de Fontgignouse disparoît au pied d'un petit côteau, & vis-à-vis, dans la même direction, au-delà du côteau, le même ruisseau se montre subitement & fait tourner un moulin : ceci est très-intéressant.

N°. 47. AUXERRE. *Département de l'Yonne.*

Les deux ruisseaux de Chaumot & celui de Marsangi, après avoir abreuvé des étangs, restent à sec dans leurs vallons; mais après un certain intervalle, ils reprennent leur cours, & vont se jeter dans l'Yonne.

Le ruisseau de la paroisse de Collemiers se perd près de Gron, à une certaine distance de l'Yonne, après un cours de dix-sept cents toises.

Autre ruisseau qui prend sa source dans un étang, & se perd après quatorze cents toises de cours, à l'ouest du village de Moncorbon. Son vallon est situé à côté de deux vallons fermés & secs.

Assez près de là le ruisseau de Saint-Loup d'Ordon se perd après un cours de six cents toises.

Le ruisseau de la ferme des Gondons se perd après avoir abreuvé trois étangs au nord-ouest du bourg de la Ferté-Louptière.

Enfin, plusieurs autres ruisseaux qui abreuvent des étangs, n'ont plus de cours aux environs du village de Chevillon.

N°. 94. BAYEUX. *Département du Calvados.*

Les rivières de Drôme & d'Aure réunies se perdent dans la fosse de Soucy, au nord-ouest, & reparoissent un peu avant Port-en-Bassin.

Le ruisseau de Gironde se perd près la commune de Brouay, dans un vallon ouvert, pour reprendre son cours à Sainte-Croix Grantonne, après un intervalle de neuf cents toises.

Vers l'est, & à la même hauteur, le ruisseau de Cheromes se perd dans un entonnoir, vis-à-vis le hameau de Camilly, & reparoît à neuf cents toises au dessous, pour se jeter dans la Muë, rivière.

N°. 118. BELLEY. *Département de l'Ain.*

Un ruisseau dont la longueur est de deux mille trois cents toises, se perd à côté de la commune de Vaux, après avoir fait tourner un moulin. Il a son cours dans un vallon presque sans issue.

Petit ruisseau qui, après avoir abreuvé un étang, se perd au village de Saint-Sulpice.

Autre petit ruisseau de sept cents toises de cours, qui se perd dans un vallon ouvert auprès du village de Miange.

Ruisseau voisin du village & du château de Mépieu, qui, après avoir fait tourner le moulin de Pradebran, se perd de telle sorte, que la partie inférieure du vallon est à sec jusqu'au Rhône.

Ruisseau qui prend son origine dans un lac, se perd après un cours de neuf cents toises au nord-ouest du village de Lhuis.

Trois ruisseaux situés sur les communes de Saint-Aguin & de Charantonnay se perdent. Le premier prend sa source dans un étang, & à douze cents toises de cours. Le second, après un cours de même longueur, pendant lequel il fait tourner trois moulins. Enfin le troisième, après un cours de mille neuf cents toises, pendant lequel il abreuve un étang, se perd dans une large vallée où disparoît aussi le précédent.

En remontant vers le nord, on trouve deux systèmes de ruisseaux, dont le premier aboutit à la Verpillière, & paroît s'y perdre. Ces ruisseaux parcourent un trajet de six mille toises, abreuvent plusieurs étangs, & font tourner plusieurs moulins.

A côté est l'autre système de ruisseaux, composé de deux branches principales qui se perdent après leur réunion, proche le village de Tharabie, & au nord de la commune de Saint-Quentin-Fallenier.

Dans le voisinage de cet assemblage de ruisseaux, on en voit deux autres, dont l'un de douze cents toises de cours, se perd après avoir fait tourner le moulin de Diémoz; l'autre, situé à l'est du village de Chandieu, se perd de même après avoir fait tourner le moulin de Talancier.

N°. 146. BESANÇON. *Département du Doubs.*

Un ruisseau dont la longueur est de huit cents toises, se perd près de la commune de Rancenay.

Grand ruisseau d'environ trois mille toises de cours, lequel, après avoir parcouru les communes de Vèse & de Grandsone, fait tourner plusieurs moulins, & se perd après ce trajet.

Deux ruisseaux voisins l'un de l'autre, & dont l'un fait tourner un moulin pendant un cours de neuf cents toises, se perdent également dans un terrain plat & au nord du village de Tarcenay.

Plusieurs branches de ruisseaux, dont la plus longue a environ sept cents toises de cours, & fait tourner un moulin, se jettent & se perdent dans un lac au nord du bois d'Estalans.

Deux grands ruisseaux, dont l'un prend sa source près du village de Chevigny, & a dix-huit cents toises de cours, & l'autre, à son origine près du village d'Épinois & a deux mille six cents toises de cours, se perdent après leur réunion dans un vallon fort étroit.

A côté, au nord-est, le ruisseau qui fait tourner le moulin de Vercel, se perd dans les bois de cette commune. Un peu à l'est de celui-ci, un autre ruisseau qui prend sa source près de Notre-Dame-des-Malades, se perd à plusieurs reprises, avant d'arriver au ruisseau voisin.

Plus bas, au sud, un ruisseau qui prend sa source près de Vauclens, fait tourner le moulin de Nodz, & qui reçoit ensuite un petit ruisseau latéral, se perd au dessous du village de Nodz, après un trajet de mille cinq cents toises; ensuite il reparoît cinq cents toises plus bas dans le même vallon, & se perd encore au dessus de la commune d'Athose; enfin se montre pour la seconde fois, & se perd définitivement après un trajet de neuf cents toises.

Autre ruisseau qui, après avoir fait tourner plusieurs moulins, sur un trajet de treize cents toises se perd à côté du bois de Ruffex, & à l'est de cette commune. Il n'y a aucune trace de vallon dans le terrain qu'il parcourt.

Le ruisseau du village de Luhier se perd un peu au dessous du moulin du Bef, dans un vallon fort étroit.

Entre Passonfontaine & Gilley, il se perd quatre systèmes de ruisseaux à plusieurs branches chacun; les deux premiers ont peu de cours, & se perdent dans des terrains plats. La principale branche du troisième a deux mille toises de cours, & se perd de même à la superficie d'un terrain plat. Le quatrième système étant contenu dans un *vallon fermé*, sera décrit à l'article de ces sortes de vallons.

Ruisseau dont le cours est d'environ mille toises, & qui se perd au moulin du village d'Aubonne.

A côté de la commune de Levier, un ruisseau, dont la longueur est d'environ cinq cents toises, se perd dans un entonnoir bien ouvert.

Dans les parties orientales de la même planche, on voit le ruisseau voisin de la commune de Cerneux-Péquignot, qui, après un cours de treize cents toises, se perd au moulin de Gigot.

Le ruisseau du bief de la Ranconnière, formé de la réunion de deux branches d'environ dix-huit cents toises de cours chacune, disparoît après leur réunion, au moulin du cul-de-sac des Roches, puis après une interruption de sept cents toises il reprend son cours.

Le ruisseau de Villeneuve d'Aumont se perd après un cours de huit cents toises de longueur, & après avoir fait tourner un moulin.

Le ruisseau de la Morte se perd au dessous du moulin Lacoste, proche Verrières, après un cours de deux mille toises. Il est assez vraisemblable qu'il reparoît de nouveau au dessous de l'Argillat, pour fournir à la continuation de la même rivière.

Le ruisseau de la forêt de la Joux se perd après un cours de deux mille toises, & après avoir fait tourner le moulin de la Roche. Un peu à l'est est un autre petit ruisseau qui se perd aussi dans un vallon du bois de la Godine.

Plusieurs ruisseaux, après un cours d'environ quatre cents toises, & à la suite de leur réunion, se perdent au dessous de Dournon.

Je finirai par indiquer un ruisseau qui n'a guère que cent toises de cours, & qui disparoît après avoir fait tourner un moulin. Il est au sud-ouest de la commune de Barboux.

Par le grand nombre de ruisseaux qui se perdent dans le terrain de cette planche, on peut aisément se convaincre qu'il peut très-facilement absorber les eaux pluviales. Ce qui achève d'en faire connoître la cause, c'est l'examen de la surface du terrain, qui y indique un certain désordre par le peu de suite des vallons, le peu de raccordement qu'on remarque dans leurs distributions, & surtout par le peu d'approfondissemens suivis que les eaux courantes ont suivis dans leur route. Il paroît au reste qu'un grand nombre de ces ruisseaux ne font que disparoître pour de petits trajets seulement; ce qui nous donne lieu de penser qu'à une moyenne profondeur, le sol peut contenir l'eau courante & la restituer pour qu'elle circule ensuite à découvert.

Je dois dire enfin que tous ces détails annoncent un des caractères les plus frappans de la moyenne terre, & surtout de celle du Jura.

N°. 117. Bourg-en-Bresse. *Département de l'Ain.*

Ruisseau qui, après un cours de huit cents toises, se perd au sud du village de Pressiat, dans un terrain plat.

Autre ruisseau formé de deux branches, qui, après leur réunion, se perd dans un vallon bien ouvert au nord-est du village d'Ortau.

A l'extrémité de la planche, à l'est, on voit deux ruisseaux, dont l'un, composé de plusieurs branches, disparoît après avoir fait tourner un moulin, & l'autre se perd à peu près au même endroit. Le cours de ces ruisseaux suit à peu près les limites occidentales de la commune de Bonneville.

Ruisseau de treize cents toises de cours, qui se perd au dessous du hameau de Crepiat, & reparoît ensuite vraisemblablement pour alimenter le ruiſſeau de Bouboïs, dont le cours eſt ſitué au nord-eſt du village de Napt.

Autre ruiſſeau qui ſe perd également après un cours d'environ mille toiſes, pour reparoître & ſe joindre au ruiſſeau de Nevrolles, après trois cents toiſes d'interruption.

Le ruiſſeau qui fait tourner le moulin de l'Epron, après un cours de douze cents toiſes, ſe perd au ſud de la commune de Saint-Martin.

Pluſieurs branches de ruiſſeaux ſe perdent, après leur réunion, au bourg d'Ambérieux, faute de débouché : au nord du même bourg, un petit ruiſſeau de ſept cents toiſes de cours ſe perd également.

Pluſieurs autres branches de ruiſſeaux aſſez conſidérables, quant à la longueur de leur cours après leur réunion, ſe perdent dans un entonnoir ; ceci ſe trouve dans la moyenne terre du Jura, département de l'Ain.

N°. 22. BOULOGNE. *Département du Pas-de-Calais.*

Le ruiſſeau de la commune de l'Enlinghem ſe perd après un cours de dix-huit cents toiſes, & après un intervalle de ſix cents il reparoît pour continuer ſon cours.

Six petits ruiſſeaux ſe perdent dans les ſables des bords de la mer, au ſud-oueſt du village d'Outreau.

Autre ruiſſeau ſitué au bord de la forêt de Boulogne, lequel, après un cours de huit cents toiſes, ſe perd & reparoît à la ſuite d'un intervalle de neuf cents toiſes. La même eau courante, groſſie par la réunion de pluſieurs branches de ruiſſeaux, qui ont chacune environ neuf cents toiſes de longueur, diſparoît définitivement.

Le ruiſſeau de la Flaque ſe perd dans les monticules de ſables, qui ſont ſitués à l'oueſt de la forêt d'Hardelot.

Le petit ruiſſeau voiſin du hameau de Longueroque ſe perd à côté du bourg de Samer, après un cours de quatre cents toiſes.

N°. 68. CHARROUX. *Département de l'Allier.*

Le Lambon, rivière, après un cours de quinze cents toiſes, ſe perd à côté du village de Beauſſay, dans un vallon ouvert, & reparoît à la ſuite du même vallon après un intervalle d'environ ſix cents toiſes.

La Peruſe, rivière, après un cours de ſix mille ſix cents toiſes, ſe perd un peu au deſſus du village de Saint-Martin-du-Clocher ; elle ne reparoît guère qu'un peu au deſſous de la ville de Ruffec, pour ſe jeter dans la Charente ; mais elle ne coule jamais dans la partie du vallon qu'occupe cet intervalle, qu'après des pluies ſoutenues & abondantes.

Le ruiſſeau du moulin de Bouin, après un cours de ſix cents toiſes, ſe perd au milieu d'un terrain plat ; il eſt ſitué à l'oueſt du village de Bouin.

Je ne dois pas omettre de citer ici pluſieurs *entonnoirs* qui ſe trouvent aux environs de la partie du lit de la Peruſe, qui eſt à ſec, & même un vallon fermé d'une certaine longueur, qui eſt à côté du bois de Ruffec. Ces accidens tiennent à la même diſpoſition du terrain, qui occaſionne la perte des eaux des rivières & des ruiſſeaux, ainſi qu'à la forme des *entonnoirs*.

N°. 27. CHARTRES. *Département d'Eure & Loir.*

Au ſud de la commune du Pas Saint-Laumer, un ruiſſeau ſe perd au deſſous de la chauſſée d'un étang où il prend ſa ſource, & près du hameau de la Baroudière, mais il reparoît enſuite auprès du hameau Leſcramparts, & abreuve alors un grand nombre d'étangs dans la même vallée.

Le ruiſſeau du hameau de Bois-Bigeault, après avoir coulé au deſſous d'un étang l'eſpace de neuf cents toiſes, ſe perd au bord d'une forêt.

Le ruiſſeau ſitué au nord-oueſt de la commune de Francé, après avoir abreuvé un étang, ſe perd enſuite dans un vallon ſec & ouvert, à l'extrémité d'un cours de quatre cents toiſes.

Un petit ruiſſeau, après trois cents toiſes de cours, ſe perd dans un terrain plat au deſſous de la chauſſée d'un étang qu'il abreuve, & à l'oueſt de la commune d'Orrouer.

Un autre petit ruiſſeau, après avoir abreuvé trois étangs, ſe perd en face de la ferme du Pont-Bois-Barreau, enſuite il reparoît vis-à-vis la ferme de la Maurinière.

La rivière de Conie-Palue ſe perd, & reparoît à diverſes repriſes, depuis ſa ſource juſqu'aux Petites-Bordes.

N°. 52. CLERMONT-FERRAND. *Département du Puy-de-Dôme.*

Le ruiſſeau du hameau Leſpinaſſe ſe perd après un cours d'environ mille toiſes, dans un vallon ouvert au nord-eſt de la commune de Saint-Ours, à côté d'un ancien courant de laves.

Il en eſt de même du ruiſſeau voiſin du hameau Lebouchet, qui ſe perd dans le bord du vallon qui eſt obſtrué par le courant ſorti de Louchadière : deux ruiſſeaux, dont l'un prend ſa ſource au deſſus de la Vedrine, & l'autre auprès de Marſenat, ſe perdent, après leur réunion, deſſous le maſſif des courans du Puy-de-Nugère, qui ſont au deſſus de Volvie.

Pluſieurs ruiſſeaux, dont l'un venu de Sarſenat, l'autre de Mont-Chatre, & le troiſième du voiſinage des Goules, ſe perdent à Durtul, deſſous le courant de Pariou, & ne reparoiſſent qu'à Nohanent, par une ſource abondante. On voit encore dans cette planche, 1°. un ruiſſeau qui, après avoir couru au dessus de Villeneuve, disparoît au milieu des courans de laves distribués sur la commune d'Orcine;

2°. Un autre ruisseau qui, après avoir couru sur le granit, se perd dans des courans anciens aux environs de Laschamp;

3°. Un troisième ruisseau qui, après avoir cheminé sur les couches horizontales calcaires, dans une étendue de neuf cents toises, se perd sur les bords de la Limagne, au nord-ouest de Mont-Ferrand.

Le ruisseau voisin de Varennes, après un cours d'environ six cents toises, se perd dans des terres marneuses, avant d'arriver au ruisseau de Chanonnat.

Il en est de même de plusieurs ruisseaux des environs d'Omme & de Jussat, qu'on ne détaille pas ici. On doit encore citer un ruisseau qui, après un cours fort long autour du Puy-de-Lansan & de Pomme, se perd sous la chaire du Puy-de-la-Vache.

Enfin, plusieurs ruisseaux réunis se perdent aux environs de Pas-Redon, & reparoissent incontestablement à Fontfroide, par une très-belle source.

Je dois remarquer ici que la disparution de la plupart des ruisseaux dont il a été question ci-devant, est due aux courans de laves anciens & modernes, dessous lesquels les eaux pluviales s'insinuent & coulent pour se montrer, à l'extrémité de tous ces courans, par des sources abondantes, Les ruisseaux n'ont pour-lors de cours assuré que sur le granit & sur les couches horizontales calcaires, non altérées par le feu; ce que j'appelle le *sol intact*. (*Voyez* l'article COURANT, où toutes ces circonstances seront exposées en détail.)

N°. 114. DIJON. *Département de la Côte-d'Or.*

Le ruisseau de la commune de Boussenois se perd dans un large vallon, après un cours de huit cents toises, pendant lequel il fait tourner deux moulins.

Le ruisseau de Sacquenay, après avoir fait tourner un moulin, se perd également dans un vallon ouvert.

La rivière du bourg de Selongey, après un cours de huit mille quatre cents toises, se perd avant de pouvoir joindre la Tille, dont le point de sa disparution totale est éloigné de quinze cents toises. On prétend que les eaux de la rivière de Selongey, qui se perdent pour-lors, contribuent à l'aliment de la source de Bèze, qui est à trois mille six cents toises de la rivière perdue. (*Voyez* ce que je dis de cette source, à l'article BEZE.)

Petit ruisseau qui, dans un cours de cinq cents toises, fait tourner successivement trois moulins, & se perd ensuite au milieu d'un large vallon, à l'ouest du village de Loiselay. En suivant le même vallon, on trouve le goufre de Fonrouse, qui verse ses eaux, en certains tems, dans la rivière de Saint-Quillian.

Le petit ruisseau qui coule au nord de Senecey, se perd avant d'arriver à la Norge.

Le ruisseau de Chaumercanne, après avoir coulé pendant deux cents toises, se perd; ensuite cette même eau courante, après un intervalle de sept cents toises, reprend son cours proche le village de Resie.

Il en est de même du ruisseau de la commune de Chancey, qui disparoît, & se montre à la suite d'un même vallon, vis-à-vis le village de Motet.

Tout auprès de là, vers l'est, le ruisseau de Hugier se perd au commencement de son cours, & reparoît, après un intervalle d'environ quatre cents toises, près de la ferme de Magney-lès-Vignes.

Enfin un ruisseau qui prend sa source dans un étang, se perd au dessous de Neulieu, dans les bois de Broye, & avant d'arriver à l'Oignon.

Je ferai remarquer ici ce dont on peut s'assurer surtout à l'inspection de la planche dont je donne ici l'analyse, qu'il y a de certaines contrées, aux environs de Dijon, où plusieurs ruisseaux disparoissent pour se montrer ensuite, sans interruption, dans une autre constitution de sol.

N°. 115. DOLE. *Département du Jura.*

Le petit ruisseau situé au sud-ouest de Menostey, se perd dans un vallon ouvert, après un cours de trois cents toises, pendant lequel il fait tourner un moulin.

Deux autres ruisseaux se perdent de même, l'un, près de Dannemarie, & l'autre près du bois de Corcoudray. Le premier fait tourner un moulin pendant un cours de six cents toises; il paroît vraisemblable qu'il reparoît à trois cents toises au dessous du point de sa disparution.

Assez près de là, vers l'est, est un autre ruisseau qui, après un cours de trois cents toises, pendant lequel il fait tourner le moulin aux Ladres, se perd definitivement. Plus bas, au sud, le ruisseau de Byans se perd également.

Le ruisseau de Ronchaux, dont le cours est de douze cents toises, se perd après avoir fait tourner un moulin.

Plus bas, au sud, on voit un petit ruisseau qui se perd proche la commune de Mouchard.

Enfin, à une certaine distance, un autre ruisseau, à deux branches, se perd dans un terrain plat, au sud de la commune d'Ivory.

Le ruisseau du bief de Mortas, se perd, après un cours de deux mille trois cents toises, & après a v r reçu le ruiſſeau du bief de Saint-Martin : ils ſont l'un & l'autre ſitués près de la rivière de Berthelange.

N°. 61. ÉVREUX. *Département de l'Eure.*

La rivière d'Iton ſe perd proche le village de Villalet, & reparoît à deux mille quatre cents toiſes au deſſous, proche Gaudreville, à la ſuite du même vallon où elle s'eſt perdue.

Le ruiſſeau de Folainville ſe perd un peu au deſſus de ce village, & n'arrive point à la Seine. Il en eſt de même du ruiſſeau de Fontenay, qui, après un cours de deux mille huit cents toiſes, & avoir fait tourner trois moulins, ſe perd dans les ſables, un peu au deſſous de Guitrancourt.

La rivière de Saint-Martin alimente un grand nombre d'étangs par ſes deux branches, & fait tourner pluſieurs moulins, ſur une longueur de ſept mille ſix cents toiſes; enſuite elle ſe perd près du village de Cachawandière, & après un intervalle de quinze cents toiſes elle reparoît un peu au deſſous du village d'Armentière.

A côté, ſur une ligne à peu près parallèle, le ruiſſeau de Mouſſonvilliers, après avoir alimenté pluſieurs étangs & avoir fait tourner un moulin, diſparoît proche le village de Corbière, & ſe montre enſuite, dans la même vallée, après un intervalle de douze cents toiſes, à la hauteur du village d'Armentière, & continue ſon cours ſans interruption.

La rivière de Lamblore ſe perd à Lamblore, & après une interruption de quatre mille huit cents toiſes elle reparoît à la ſuite du même vallon, vis-à-vis le village du bois de Ruelle.

A côté, à l'eſt, un ruiſſeau qui abreuve pluſieurs étangs, ſe perd au deſſous de leurs baſſins.

Enfin, la rivière de Blevy ſe perd dans un vallon, vis-à-vis Louvilliers-les-Perches, & reparoît neuf cents toiſes plus bas, dans le même vallon.

Je terminerai ce détail en faiſant remarquer que la plupart de ces rivières dont il a été queſtion, ſe perdent dans une bande de terrains qui eſt ſituée à peu près ſur la même ligne; ce qui a lieu dans pluſieurs contrées de la France : outre cela, nous ferons voir, par la ſuite, que cette planche renferme un grand nombre de *vallons fermés*. (*Voyez* cet article.)

N°. 119. GRENOBLE. *Département de l'Isère.*

La rivière de Saint-Jean-de-Bournay, après avoir réuni les eaux de pluſieurs ruiſſeaux dont le cours occupe ſur cette planche & ſur celle de Bellex, une étendue de dix mille huit cents toiſes, ſe perd près du château de *Saves*.

Plus bas, la rivière de Chatonnay, après avoir raſſemblé de même, ſur une longueur de cinq mille quatre cents toiſes de cours, les eaux de pluſieurs ruiſſeaux latéraux, ſe perd à neuf cents toiſes au deſſous de Chatonnay : le ſol ſur lequel circulent toutes ces eaux courantes, eſt couvert de *vallons ſecs*.

A côté, au nord-eſt, un petit ruiſſeau qui prend ſa ſource dans un étang, après trois cents toiſes de cours, ſe perd au milieu d'un vallon ouvert.

Au ſud-oueſt de la rivière de Chatonnay, on voit deux ruiſſeaux qui, après leur réunion, ſe perdent proche le village de Nanthoin.

Au ſud-oueſt de ceux-ci eſt un autre ruiſſeau à deux branches, dont une abreuve deux étangs, leſquelles, après leur réunion, ſe perdent dans une vallée plate, près du village de Commelle.

Si de là nous paſſons dans les environs de la côte Saint-André, nous verrons d'abord quatre ruiſſeaux qui ſe perdent dans deux vallées oppoſées. L'un, après un cours de cinq cents toiſes, ſe perd près du hameau *Saint-Corps ;* l'autre abreuve deux étangs, parcourt enſuite un vallon de huit cents toiſes, & ſe perd dans ce vallon au deſſus de la côte de Saint-André; les deux autres courent à l'eſt de la même ville, & après quatre cents toiſes environ de cours, ſe perdent dans la même vallée, l'un près de la commune de Gillonnay, & l'autre dans les environs du château Pointier.

En avançant vers le nord-eſt on rencontre d'abord la rivière qui prend ſa ſource aux environs de Flachères, & qui reçoit au deſſus d'Eydoche deux ruiſſeaux aſſez conſidérables, & dont leur réunion abreuve pluſieurs étangs des environs de Saint-Didier ; outre cela, cette rivière ſe groſſit des eaux des ruiſſeaux Dornacieux, de Sardieu, de Marnans à Vitiville, & de Théodure. Toutes ces eaux ſe perdent enſuite par pluſieurs iſſues, entre Marſillolles & Théodure.

Il ne faut pas oublier trois autres ruiſſeaux qui ſortent également des collines, et qui ſe perdent au bord de la plaine; le premier, de trois mille ſix cents toiſes de cours dans le voiſinage du village de Breſſieu, ſe perd près le château de Goutefrai ; le ſecond, après avoir parcouru quatre mille toiſes de longueur, ſe perd près la commune de Saint-Siméon ; enfin le troiſieme, après un cours de deux mille toiſes, diſparoît aux environs de Bourgeat.

Si nous ſuivons la même vallée, nous trouverons le Doleur, le Combaud & la rivière de Lentiol, qui ſortent du maſſif des collines, & qui, après leur réunion & un cours d'environ huit mille quatre cents toiſes, ſe perdent dans la plaine, à la hauteur de Saint-Sorlin.

Si nous revenons à la plaine de Saint-André, nous verrons des ruiſſeaux, dont les uns circulent ſur le maſſif des collines, qui ſert de bordure à cette large plaine, & s'y perdent; d'autres s'y déchargent & s'y perdent. En suivant les eaux courantes, on voit que leur disparution a lieu dans deux circonstances bien différentes, mais qui semblent toutes deux appartenir à des limites de terrains dont la nature & la forme varient beaucoup.

En allant plus loin se trouvent trois autres ruisseaux dans les collines; le premier, circulant aux environs de Morette, se perd après un cours de dix-huit cents toises; le second, au sud du premier, rassemble les eaux de plusieurs ruisseaux latéraux, & se perd également après un cours de trois mille toises; enfin un troisième, aussi au midi, se perd après un cours de neuf cents toises : ce dernier ruisseau parcourt les environs de Vinay.

Sur le bord méridional de la vallée de Saint-André, on trouve le ruisseau de Beau-Croissant, qui se perd après quatre cents toises de cours. Viennent ensuite le ruisseau de Saint-Paul à Sillans, celui de la Forteresse, celui de Saint-Didier-de-Brions, qui se réunissent à Saint-Etienne-de-Geoirs pour former le Nivelon ou Rival, qui se perd au milieu des dépôts littoraux de la plaine de Saint-André.

Au sud-est de cette plaine la Mantols, formée de la confluence de cinq ruisseaux, se perd vis-à-vis d'autres absorbans dont nous avons parlé.

Enfin, au nord-est la rivière de l'Auron, formée du Suzon & des fontaines reunies au dessous de Beaurepaire, se perd à la hauteur d'Epinouse, après un cours de quatorze mille quatre cents toises. Nous devons remarquer que les trois rivières, le Lauron, la Mantols & le Doleur disparoissent, à la même hauteur, dans la plaine de Saint-André, qui n'offre dans son fond que de grands amas de cailloux roulés & de sables.

Pour ne rien omettre, nous indiquerons un petit ruisseau qui est au nord de la commune le Pommier, & qui se perd sur les limites septentrionales de la plaine de Saint-André.

Proche Saint-Vallier, entre la Motte-Galaure & Saint-Uzeberthes, sont quatre ruisseaux qui se perdent avant d arriver à la rivière de la Galaure.

Le ruisseau du village de Triors se perd dans le terrain plat de la plaine.

Aux environs de Saint-Marcellin, trois ruisseaux se perdent, 1°. celui qui coule à l'ouest de cette ville, après deux mille quatre cents toises de cours; les deux autres, circulant au nord-est de cette même ville, après un cours de huit cents toises, se perdent dans des vignes avant de parvenir à l'Isère; mais on voit sur le bord de cette rivière, deux sources qui semblent être les débouchés des eaux de ces ruisseaux perdus.

Le ruisseau de la commune Couldevic se perd dans un vallon ouvert, après avoir abreuvé trois petits étangs.

Enfin un ruisseau situé au nord de la commune d'Engins, après un cours d'environ cinq cents toises, se perd dans un entonnoir ouvert.

En jetant les yeux sur la planche de Grenoble, il est aisé de distinguer trois sortes de terrains : d'abord des masses montueuses calcaires à grain fin, en couches inclinées à l'horizon. Nous n'y avons trouvé aucun ruisseau qui se perde. En second lieu, des collines à couches horizontales calcaires qui occupent l'intervalle, entre l'Isère & le Rhône; c'est de ce centre que sortent plusieurs ruisseaux pour se porter le long des limites de la troisième portion du sol renfermé dans cette planche, & qui est proprement la plaine de Saint-André : c'est là que disparoissent toutes les eaux courantes qui circulent à la superficie des deux autres sols. Cette plaine est un amas de cailloux roulés & de sables marins déposés sur les limites de l'ancien golfe du Rhône; & comme ces matériaux n'étoient pas de nature à se distribuer régulièrement par couches, il n'est pas étonnant que la plaine qui en est le résultat, nous ait offert un des cantons absorbans, le plus remarquable qu'il y ait en France.

N°. 93. LA HOUGUE. *Département de la Manche.*

Quatre ruisseaux, dont deux d'un assez long cours, & dans le trajet duquel ils font tourner des moulins, se perdent au milieu de marais voisins du bord de la mer, dans le voisinage du village de Coqueville.

A côté est un ruisseau à deux branches, qui, après avoir fait tourner plusieurs moulins, se jette dans les *mares*, près de Vraville.

Il en est de même des deux ruisseaux voisins de Veville & de Gouberville, lesquels se jettent aussi dans des mares ou lacs. Le dernier a un cours de trois mille toises & fait tourner cinq moulins.

Plus loin, le ruisseau de Reville se perd dans les sables du bord de la mer.

Plus bas, en face de la Hougue, plusieurs ruisseaux disparoissent au milieu des sables de la Grève.

Enfin, deux ruisseaux près de Quineville terminent leurs cours dans les sables.

Nous offrons ici ces détails qu'on peut suivre encore au-delà de la planche, pour donner une idee des aterrissemens & des envasemens plus considerables & plus suivis, que les eaux courantes des continens rencontrent sur les bords de la mer, & qui sont moins faciles à reconnoître.

N°. 174. SAINT-HUBERT. *Département des Ardennes.*

La rivière de Lesse se perd au Trou de Han, & continue à couler sous une montagne pour reparoître à *Han-sur-Lesse*, au-delà de la montagne, & continuer son cours : à côté de la montagne est une vallée où cette rivière paroît avoir coulé à découvert avant de se perdre entiérement sous la masse de la montagne. On verra l'exposition de ce phénomène curieux avec son application intéressante, à l'article des PONTS NATURELS.

N°. 112. JOINVILLE. *Département de la Haute-Marne.*

Le gros ruisseau de Fleurnoy, qui prend sa source à Trois-Fontaines, après un cours de quinze cents toises & avoir fait tourner le moulin de Fleurnoy, se perd dans un grand entonnoir. Il y a grande apparence que cette eau reparoît à la belle source de Brousseval, située dans la vallée de la Blaise (planche de Troyes), un peu au dessus de Vassy.

Les trois ruisseaux de Briancourt, de Rochefort & de Chantraine se perdent, avant de se réunir, dans un vallon commun qui les conduit à Bologne-sur-Marne; ils ne coulent guère qu'après les grandes pluies. On trouve sur le bord de la Marne, à l'embouchure du vallon dont on vient de parler, une source qui paroît être le produit des eaux des trois ruisseaux ci-dessus, qui ont disparu comme nous venons de l'indiquer.

Le ruisseau d'Ecot se perd vers Sainte-Colombe.

Le ruisseau de la commune de Clinchamp abreuve un étang, fait tourner deux moulins, & après un cours de quinze cents toises, se perd vis-à-vis la Chapelle Saint-Charles, au dessus du bois d'Ecot.

Le ruisseau de Vesaigne, après un cours de quinze cents toises, se perd vis-à-vis Saint-Blain.

Les deux rivières de Vicherey & de Tramont se perdent un peu au dessous de l'étang & des moulins de Gemonville, & après un intervalle assez considérable, celle de Vicherey, qui reprend son cours proche la commune d'Harmonville, se perd de nouveau à une demi-lieue de Barisey, & reparoît pour continuer son cours sans interruption.

La Mandre, après un long cours, éprouve des diminutions successives à mesure qu'elle approche du lit de la Meuse, & finit par se perdre entiérement avant que d'y arriver.

Le ruisseau de Sercicourt se perd après avoir fait tourner un moulin: il a huit cents toises de cours.

Sur le bord de la planche, à l'est, deux petits ruisseaux se perdent, l'un au nord-ouest du village d'Aouze, & l'autre au nord-est de la commune de Dammartin-sur-Vraine.

Nous finirons par indiquer ici la Meuse elle-même, qui disparoît au village de Bazoille, & reparoît près de Noncourt, au sud-ouest de Neufchâteau : cette disparution occupe un espace de trois mille toises. A l'ouest & fort près de la Meuse, le ruisseau de Lafol-le-Petit fait tourner trois moulins, & se perd près le village de Saint-Avant, & reprend son cours un peu au dessous de la commune de Morvilliers : ainsi ce sol semble disposé de manière à favoriser ces pertes & ces réapparitions : au reste, nous renvoyons, pour une plus grande explication, à l'article NEUFCHATEAU, où les accidens curieux de la perte & de la réapparition de la Meuse se trouveront décrits avec tous les détails que l'observation la plus soignée a pu me faire connoître.

Je ne dirai rien ici de la rivière de Mouzon, qui se perd, ou au moins qui éprouve des diminutions notables avant de se réunir à la Meuse.

N°. 113. LANGRES. *Département de la Haute-Marne.*

Vers l'angle sud-ouest de cette planche, le ruisseau de Combe-aux-Fontaines se perd sur les limites de celle de Dijon. Le vallon reste à sec dans sa partie inférieure, & l'eau n'y reparoît qu'à Confracour.

Un autre ruisseau qui prend sa source aux environs du village d'Oigney, & qui ensuite abreuve un étang & fait tourner un moulin, se perd dans un entonnoir à la hauteur de la commune de Semmadou.

De même deux autres ruisseaux, après avoir coulé dans le vallon latéral au précédent, se perdent dans un entonnoir au dessous de la commune de Melin ; puis ces eaux absorbées reparoissent à la suite de ces deux vallons près de Gourgeon, & font tourner successivement plusieurs moulins.

En se portant un peu vers l'ouest & sur la même ligne, on voit proche Farincourt un ruisseau formé par la réunion de plusieurs autres, disparoître dans une fosse après un certain intervalle, pendant lequel le vallon reste à sec : l'eau perdue ne reparoît qu'à Fouvent-la-Ville, pour former la rivière de Tallon, qu'on peut suivre dans la planche de Dijon.

Encore sur la même ligne, à l'ouest, un semblable système de ruisseaux réunis en un seul, à Tornay, se perd au moulin Garsin, dans la planche de Dijon.

Sur la même ligne, toujours vers l'ouest, un ruisseau d'un assez long cours & grossi par la réunion de deux autres, se perd dans la fosse Androuts, à la hauteur de la commune de Chassigny.

Enfin le ruisseau qui coule dans le vallon de Saint-Broing, se perd à Suxy, dans la planche de Dijon. La vallée reste à sec, puis d'autres ruisseaux, après avoir coulé dans deux vallons qui confluent au premier, se perdent aussi, & ne reparoissent que vers Choley pour se jeter dans la Vingeanne.

N°. 31. LEBLANC. *Département de l'Indre.*

On voit d'abord un ruisseau à plusieurs branches, qui, après avoir abreuvé six petits étangs, & particuliérement le grand étang de Guier, se perd dans un vallon ouvert.

Près de la commune de Luant & sur le bord de la

forêt de Châteauroux, on voit un petit ruiſſeau qui ſe perd dans un étang, & à côté trois autres étangs, dont les eaux ſe perdent de même au débouché de leurs chauſſées & près de la commune de l'Ourouer.

Plus loin ſont, 1°. un ruiſſeau qui, ſur un cours de huit cents toiſes, abreuve trois étangs, & ſe perd enſuite au ſud-eſt de la commune de Migne.

2°. Deux ruiſſeaux qui ſe perdent également au débouché de la chauſſée des étangs qu'ils ont abreuvés.

A l'eſt, un troiſième ruiſſeau diſparoît après avoir abreuvé deux étangs au nord de la commune de Tendu.

Dans le bois de Ruban, on peut ſuivre pluſieurs étangs dont les ruiſſeaux n'ont pas de ſuite au ſortir de leur chauſſée.

N°. 116. LONS-LE-SAUNIER. *Département du Jura.*

On apperçoit dans cette planche un petit ruiſſeau ſitué au midi de la commune de Freiſſes, lequel ſe perd après avoir fait tourner le moulin Patouillet; enſuite trois autres ruiſſeaux qui ſe perdent dans le même ſyſtème de vallons ſecs & alongés, deux près de la commune de Creſſia, & l'autre au nord du village de Vareſſia, & à côté de celui d'Eſſia. Ils ont peu de cours, & ne font tourner que quelques moulins.

En tirant un peu à l'eſt on rencontre dans la même ſuite de vallons un ruiſſeau à pluſieurs branches, de trois mille toiſes de cours, qui ſe perd proche la commune de Dompierre.

Enſuite un autre ruiſſeau, dont la longueur eſt de ſix cents toiſes, ſe perd au midi du village de Saint-Chriſtophe, après avoir fait tourner un moulin.

Vers l'angle ſud-eſt de la planche, on trouve cinq ruiſſeaux qui ſe perdent dans le même ſol; Le premier, proche Meuſſia; le ſecond, à l'eſt de Chercillat; le troiſième, entre la commune de Prenouvel & les Chaux; le quatrième & le cinquième ont un cours plus étendu que les trois premiers, & ſe perdent chacun dans un lac. L'un eſt ſitué dans la forêt de Château-de-Joux, & l'autre coule à l'eſt de la ville de Moyrans.

Je finis par indiquer un petit filet d'eau qui occupe un eſpace d'environ trois cents toiſes, pendant lequel il fait tourner un moulin, & qui ſe perd à côté du village de Nantel.

N°. 30. LOCHES. *Département d'Indre & Loire.*

Le ruiſſeau voiſin de la commune de Saint-Quentin ſe perd dans un vallon ouvert, après un cours de ſept cents toiſes.

Près de Sublaine, deux grands étangs ne paroiſſent pas avoir de ruiſſeaux au deſſous de leurs chauſſées. Il en eſt de même de huit autres étangs voiſins des communes de Murs & de Villiers, qui ne paroiſſent avoir aucun émiſſaire. J'en trouve également ſept autres près Clerc-Dubois, quatre près Saint-Médard, trois près Habilly, & quatre près de Levroux. Ainſi la partie du ſol de ce canton qui tient l'eau, eſt voiſine de celle qui l'abſorbe dans une aſſez grande étendue de terrain.

N°. 45. MEAUX. *Département de Seine & Marne.*

Un petit ruiſſeau ſitué à l'oueſt du village de Molins, après avoir abreuvé un étang, ſe perd proche le hameau de Morangis, & dans un vallon ouvert & approfondi.

Deux ruiſſeaux réunis à Salrue ſe perdent, après leur réunion, à l'eſt du village de Chailly. Chacun de ces ruiſſeaux a ſix cents toiſes de cours.

Au ſud-eſt de la commune de Saint-Barthélemy en Beaulieu, un ruiſſeau qui abreuve un étang vers ſa ſource, ſe perd dans un vallon ouvert, après un cours de ſix cents toiſes.

Un ſemblable ruiſſeau, qui prend auſſi ſa ſource dans un étang, ſe perd au deſſous du village de Mont-Givroult, après un cours de huit cents toiſes.

Le ruiſſeau qui abreuve quatre petits étangs ſitués à l'oueſt du village d'Aunay-les-Minimes, ſe perd dans un goufre au milieu d'un vallon dont la partie inférieure eſt à ſec, juſqu'à la fontaine chaude où ce vallon s'abouche à deux autres; l'un de ces vallons renferme un ruiſſeau qui abreuve deux étangs proche Villegagnon, & reſte à ſec. Enſuite un troiſième étang eſt abreuvé par un ruiſſeau qui, comme le vallon, prend ſon origine à l'abbaye de Jouy, & ſe perd après un cours de douze cents toiſes. Ces trois vallons réunis, comme on le verra, en un ſeul, ſont, ainſi que je l'ai dit, abreuvés d'un ruiſſeau continu & permanent, qui prend ſa ſource à la fontaine chaude.

A côté, un autre ruiſſeau, après avoir fourni l'eau à trois étangs, ſe perd au milieu d'un vallon ouvert & bien figuré au nord du village de Cerneux.

Le ruiſſeau de Courchamp, après un cours de mille toiſes, ſe perd dans un entonnoir un peu au deſſus du village de Grimbois.

Aſſez près de là, vers l'eſt, eſt un petit courant d'eau qui prend ſon origine dans un étang, & qui ſe perd au goufre de la Bonne-Femme.

En allant encore à l'eſt, on trouve deux ruiſſeaux, dont l'un ſort d'un étang, & ſe perd deux cents toiſes au deſſous de la chauſſée de cet étang, près le village de Reveillon; l'autre, compoſé de deux branches, ſe perd après leur réunion, proche le Haut-Eſcardes, au deſſous des étangs qu'il a abreuvés.

Je pourrois joindre à ces détails les indications des ruiſſeaux qui ſe perdent ſur les planches voiſines de Fontainebleau & de Paris, pour achever de donner une idée de l'étendue de cette *contrée absorbante*. Mais je remets à la faire connoître à l'article Brie, en traitant de cette ancienne contrée de la France, sous ses différens rapports.

N°. 127. Saint-Malo. *Département d'Ille & Vilaine.*

Le ruisseau voisin de la commune de Breville se jette dans un marais, & au sortir de là va se perdre dans les sables des bords de la mer. Il en est de même d'un autre ruisseau qui coule au sud-ouest du village de Saint Martin-le-Vieux : ceci a lieu sur la côte de Granville.

A l'est de la même planche, un ruisseau voisin de la commune de Plurieu, après un cours de six cents toises, se perd au milieu des sables du bord de la mer.

Cette disparution de l'eau des ruisseaux dans les grèves a lieu toutes les fois que les eaux courantes n'ont pas assez de force ni d'énergie pour se faire jour à travers les sables, & s'y former un lit un peu profond; car alors elles se cachent dans les sables accumulés par les vagues, le long des côtes basses.

N°. 92. Montpellier. *Département de l'Hérault.*

On voit d'abord, dans cette planche, deux ruisseaux voisins & parallèles, qui se perdent chacun aux débouchés de leurs vallons, dans un terrain plat, & avant de parvenir à la rivière de Lès; ils sont situés au nord de Saint-Clément-de-Rivière.

Un autre ruisseau, dont le cours est de deux mille deux cents toises, se perd aussi au milieu d'un terrain plat & au débouché d'un vallon ouvert, à l'ouest de la ville de Castries.

Assez près de là un petit ruisseau d'environ quatre cents toises de cours, se perd de même au sud-ouest de la ville de Sommières.

Six petits ruisseaux disparoissent également au débouché de leurs vallons, à quelque distance de l'étang de Maguelonne, & au nord du bourg de Miravaux.

On voit, par ces détails, que ces disparutions d'eaux courantes tiennent à peu près à la même constitution du sol.

N°. 164. Neufbrisack. *Département du Haut-Rhin.*

Le ruisseau du bourg de Stoffen, après un cours assez long, se perd dans un terrain plat, à peu de distance du village de Tunzel, & à environ neuf cents toises du Rhin.

Il en est de même des trois ruisseaux de Collveiller, de Hetercheim & de Popingen, qui se perdent dans les aterrissemens de la plaine voisine des bords du Rhin.

Si l'on suit de même les rivières qui sont à la gauche du Rhin, on en trouvera quatre qui n'ont plus de cours dès qu'elles ont atteint la forêt de la Hart.

C'est ainsi que le ruisseau d'Escheutzwiller, après un cours de deux mille toises & avoir fait tourner un moulin, se perd à deux mille toises du Rhin. Le ruisseau de Diettwiller, réuni à celui de Ernbach, se perd de même au bord de la forêt de la Hart.

Plus, au sud, en remontant la vallée du Rhin, trois autres ruisseaux; savoir : celui d'Ufheim, celui de Bardenheim, & un troisième intermédiaire, quoique leur cours se termine plus près du Rhin, n'y parviennent pas d'une manière apparente.

N°. 91. Nismes. *Département du Gard.*

La rivière de Galeizon disparoît à dix-huit cents toises, sud-est, du village de la Melouse, & reparoît à la suite du même vallon, après une interruption apparente de sept cents toises.

Le Cèze, rivière considérable, éprouve le même accident, & disparoît pendant l'espace de trois cents toises, après quoi il se montre pour continuer son cours.

Deux petits ruisseaux parallèles, d'environ cinq cents toises de cours, se perdent chacun dans un vallon ouvert & bien tracé, au sud de la commune de Saint-Pierre-de-Savignac.

Plus bas, au sud, on rencontre un troisième ruisseau qui se perd au sud-est du village de Sainte-Théodorite.

N°. 43. Noyon. *Département de l'Oise.*

Au midi de la forêt de Bouvresse, on trouve un petit ruisseau qui, après avoir abreuvé deux étangs, se perd dans un terrain plat & à l'est du village de Beaulieu.

En allant vers le nord-est, au milieu de la forêt de Bouvresse, on rencontre un autre ruisseau qui se perd au dessous de la chaussée d'un etang, après un cours d'environ quatre cents toises.

Le ruisseau de Nouvion, après un cours de seize cents toises, pendant lequel il fait tourner trois moulins, & même après avoir reçu le ruisseau du village de Laval, se perd dans un terrain plat, proche la commune d'Etouville.

Au nord est le ruisseau qui traverse le parc du château de Lavergny, se perd dans un terrain plat, près du village d'Athy, apres un cours de deux mille deux cents toises.

Deux petits ruisseaux, après un cours de quatre cents toises, se perdent sur la limite d'un terrain crayeux, entre le village de Ramcour & celui d'Outré.

N°. 147. NOZEROY. *Departement du Jura.*

Le ruiſſeau ſitué à l'eſt du village de la Chapelle-des-Bois, ſe perd après avoir fait tourner un moulin dans une vallée large & indéciſe.

Un autre ruiſſeau diſparoît au deſſous du village de Cracy, après un cours de deux mille trois cents toiſes, & avoir fait tourner deux moulins.

La rivière d'Orbe diſparoît au deſſous du lac des Charbonnières pour ſe montrer à quatorze cents toiſes plus loin, dans le même vallon, mais à un niveau beaucoup plus bas.

N°. 5. SAINT-OMER. *Département du Pas-de-Calais.*

Trois petits ruiſſeaux ſe perdent dans un vallon bien ouvert, & paroiſſent fournir de l'eau à quelques-unes des ſources qui ſe montrent dans le voiſinage; ils ſont à peu de diſtance du village d'Alinctun.

A côté eſt un ruiſſeau à deux branches, qui ſe perd après leur réunion; elles ont environ ſept cents toiſes de cours.

La rivière d'Aa, vers ſa ſource, forme un courant qui ſe montre & diſparoît à pluſieurs repriſes, depuis Bourthes juſqu'à Wicguinghem.

En tirant vers le nord eſt, on voit le ruiſſeau de Wimes, qui ſe perd dans un vallon ouvert, après un cours de huit cents toiſes.

Deux petits ruiſſeaux, fort voiſins l'un de l'autre, ſe perdent dans leurs vallons reſpectifs, après un cours d'environ trois cents toiſes; ils ſont ſitués au ſud-eſt de la commune de Heſtrus.

N°. 8. ORLÉANS. *Département du Loiret.*

Le ruiſſeau voiſin du village de Boeſſe ſe perd au deſſous de la chauſſée d'un étang.

Deux autres ruiſſeaux, après avoir abreuvé pluſieurs étangs diſtribués ſur deux pentes en ſens contraire, viennent ſe perdre vers le village d'Ambert, dans la forêt d'Orléans.

Près de là un autre ruiſſeau ſe perd à côté du village de Robrechien, même forêt.

Plus bas, on voit un ruiſſeau qui ſort d'un très-grand étang, & qui ſe perd après un cours d'environ ſix cents toiſes, près le hameau des Caduls, ſur la liſière de la même forêt.

Le ruiſſeau de la commune de Bellegarde, en Gâtinois, ſe perd dans les pièces d'eau du château, après un cours de douze cents toiſes.

Au nord du village de Boiſmorand, un petit ruiſſeau abreuve un étang, & ſe perd enſuite dans un terrain plat d'aterriſſement.

N°. 39. PAMIERS. *Département de l'Arriège.*

On voit d'abord dans cette planche une rivière qui, après avoir été formée par la réunion de pluſieurs ruiſſeaux, ſe perd proche le village d'Eſcoſſe, environ une demi-lieue avant de ſe réunir à la rivière d'Eſtrigne. Cette rivière peut avoir, avant cette perte, deux mille toiſes de cours.

A côté, deux ruiſſeaux ſe perdent après leur réunion, à l'oueſt du village de Balagné : leur cours eſt de huit cents toiſes. On ne trouve aucune forme de vallon dans le trajet que ces eaux courantes abreuvent.

Entre Cazavet & Balagné ſont deux autres ruiſſeaux, dont l'un a deux branches & ſe perd après un cours de ſix cents toiſes.

L'autre diſparoît ſeulement pendant un petit intervalle, & reparoît enſuite pour ſe jeter dans la rivière de Lavarès, proche le village de Cazavet.

La rivière d'Arize, après avoir raſſemblé dans ſa partie ſupérieure toutes les eaux d'un vallon fermé, débouche par-deſſous une montagne, au-delà de laquelle cette rivière reparoît près du *Mas d'Azil* pour continuer ſon cours.

Toutes ces formes de terrain ſeront rappelées en détail dans l'article PONTS NATURELS.

Si l'on paſſe à la planche de Pau, n°. 108, on trouvera une rivière qui diſparoît ſous une montagne, à l'oueſt du village de Saint-Engrèce, & qui, après avoir traverſé la montagne, continue à couler avec la même maſſe d'eau courante.

N°. 1. PARIS. *Département de la Seine.*

Cette planche nous offre les ruiſſeaux de Frepillon, de Beſſancourt, de Saverny, de Saint-Leu, d'Andilly, qui ſe perdent tous, après un cours d'environ ſix cents toiſes chacun; ils ont leur origine autour du plateau de la forêt de Montmorency.

Le ruiſſeau de la commune de Saint-Mandé ſe perd dans un dépôt de la Seine, après un cours de douze cents toiſes.

Le ruiſſeau du village de Favières, qui prend ſa ſource dans un étang, fait tourner le moulin de Tournam, & ſe perd enſuite, quoique groſſi par l'affluence d'un autre ruiſſeau; mais ces eaux reparoiſſent au deſſus de l'étang de la Madeleine, & puis coulent ſans interruption juſqu'à la rivière d'Yères.

C'eſt dans le lit de la rivière d'Yères que ſe trouvent enſuite ces nombreux entonnoirs, où la plus grande partie de ſes eaux ſe perd. (*Voyez* l'article YÈRES.)

Je dois faire obſerver qu'à côté de la vallée de Tournam eſt une vallée parallèle qui paroît favorable à la circulation des eaux ſuperficielles, car le ruiſſeau qu'elle renferme y a un cours non interrompu, & y fait tourner pluſieurs moulins.

Dans les environs de la forêt des Yvelines eſt

un ruiſſeau qui prend ſa ſource dans un étang, & ſe perd le long de la bordure de cette forêt.

N°. 70. PÉRIGUEUX. *Département de la Dordogne.*

Le ruiſſeau qui coule au nord de la commune de Champagne de Blanzac, ſe perd dans un vallon ouvert, après un cours de trois mille deux cents toiſes.

Près de là, le ruiſſeau de la commune de Villars ſe perd dans un vallon ouvert, & avant de rejoindre le ruiſſeau voiſin : ſon cours eſt de neuf cents toiſes.

Le ruiſſeau qui prend ſa ſource à côté du village de la Fontaine, ſe perd dans un vallon ouvert, après un cours de neuf cents toiſes, & avant de parvenir à la Liſonne.

Au ſud-eſt du village de la Chapelle-Pommiers eſt un ruiſſeau qui ſe perd après un cours de quatre cents toiſes & au milieu de vallons ſecs.

Enſuite un petit ruiſſeau qui prend ſa ſource dans un étang, ſe perd dans un vallon ouvert au ſud-eſt de la commune de Saint-Pierre-de-Colle.

Le grand ruiſſeau qui a ſon cours au nord de la Roche-Chalais, ſe perd dans un terrain plat d'aterriſſement, qui le ſépare de la Drôme.

A côté on voit un ruiſſeau qui abreuve un étang & qui ſe perd au ſud-oueſt du village Oriolles, après un cours de ſept cent cinquante toiſes.

Le ruiſſeau de la paroiſſe de Milhac, après un cours de trois mille toiſes de longueur, ſe perd avant de parvenir à la rivière de Villars.

Cette même rivière de Villars, après un cours de cinq mille neuf cents toiſes, pendant lequel elle abreuve un étang & fait tourner deux moulins, ſe perd dans un vallon ouvert, & à quelque diſtance de la rivière de Colle.

Je finirai par faire remarquer que dans toute cette contrée on ne voit que des vallons ſecs, & qu'excepté les deux rivières de Drôme & de Colle, & les deux ruiſſeaux dont nous venons de parler, & qui ſe perdent, il n'y a point d'eau courante permanente & *fluviale* dans ces vallons, de quelqu'ordre qu'ils ſoient. Ils ſont cependant très-multipliés, & offrent même ſouvent pluſieurs ramifications. Il eſt viſible que la cauſe de leur approfondiſſement ne ſubſiſte plus, quoiqu'elle ne puiſſe être rapportée qu'à l'action des eaux pluviales circulant librement & ſans obſtacles à la ſurface de la terre.

N°. 67. POITIERS. *Département de la Vienne.*

On voit, dans cette planche, 1°. un ruiſſeau dont le cours eſt de deux cents toiſes, & qui ſe perd à l'oueſt du village de Chouppes, au nord de Mirebeau & au pied d'une côte.

En ſuivant la même côte, à l'eſt de Mirebeau, on trouve quatre petits ruiſſeaux qui ſe perdent, de la même manière, dans une plaine où il ne paroît pas que les vallons ſoient tracés.

Plus loin, le ruiſſeau de Curſay ſe perd après un cours de huit cents toiſes. Il y a quelque vraiſemblance qu'il reparoît pour ſe jeter dans la rivière de Lauvigne, proche l'Encloiſtre.

Le ruiſſeau de Champigny, après un cours de douze cents toiſes, & avoir fait tourner deux moulins, ſe perd dans un vallon ouvert.

Les deux ruiſſeaux qui viennent aboutir au village de la Puye, après avoir abreuvé deux étangs & avoir fait tourner un moulin, ſe perdent entièrement.

Le ruiſſeau du hameau le Mont-Godar, ſitué au midi du village de la Chapelle-Viviers, & après avoir fait tourner deux moulins dans un cours de dix-ſept cents toiſes, ſe perd de même.

A côté du même village de la Chapelle, un ſemblable ruiſſeau abreuve un étang, fait tourner trois moulins, & ſe perd après un cours de mille à douze cents toiſes.

Enfin deux petits ruiſſeaux à l'oueſt du village de Laigne-ſur-Fontaine, ſe perdent après avoir fait tourner des moulins.

N°. 16. RHODEZ. *Département de l'Aveyron.*

Le ruiſſeau du village de Rairevigne ſe perd dans un vallon ouvert, après avoir reçu un petit ruiſſeau latéral, & à la ſuite d'un cours de dix-ſept cents toiſes.

Six petits ruiſſeaux, après leur réunion & un cours aſſez étendu, ſe perdent dans un vallon ouvert, proche le bois de Margues, au nord-oueſt de Villefranche.

Aſſez près de là, & un peu plus à l'oueſt, deux autres ruiſſeaux ſe perdent dans des vallons ouverts, l'un proche la commune de Maroule, & l'autre à côté de l'abbaye de Locdieu ; l'un & l'autre font tourner un moulin : ils ont auſſi à peu près chacun dix-ſept cents toiſes de cours.

Un autre ruiſſeau ſe perd également dans un vallon ouvert, au ſud-eſt du village de Sainte-Eulalie ; il a tout au plus cinq cents toiſes de cours.

N°. 77. ROCROY. *Département des Ardennes.*

La Noire, rivière, ſe perd deſſous une montagne près la Forge-de-Saint Roch, & reparoît de l'autre côté de cette montagne, vis-à-vis la commune de Nîmes, pour ſe réunir à la rivière de Marienbourg.

Ruiſſeau qui ſe perd proche le village de Félix-Prat, après avoir abreuvé deux étangs : il a onze cents toiſes de cours.

N°. 25. ROUEN. *Départ. de la Seine Inférieure.*

Le Rhin, ruiſſeau dont la longueur eſt de quinze

cents toises, coule & se perd au milieu d'un terrain plat, proche la paroisse de Cahaignes. Dans les environs, on voit quatre ruisseaux qui se perdent également; l'un à Fontenay, après avoir abreuvé un étang & fait tourner un moulin; le second, proche Requicourt, dans un vallon ouvert; le troisième, près de Fours; & enfin le quatrième, à côté de Champmenil, après un cours de douze cents toises.

Enfin, un cinquième ruisseau se perd dans un vallon ouvert, à côté du village de Champenard, après un cours de neuf cents toises.

N°. 102. Saintes. *Département de la Charente-Inférieure.*

Le ruisseau de la Bridonnerie, après un cours de deux mille trois cents toises, se perd dans les sables, au bord de la mer.

Le ruisseau qui prend sa source près la commune de Bignay, après avoir fait tourner deux moulins successivement, dans un cours d'environ douze cents toises, se perd au milieu d'un vallon ouvert.

Le ruisseau de Beaulieu, qui fait tourner un moulin, se perd près des bois de Royan, après un cours de quinze cents toises.

Le ruisseau voisin du hameau de Brunetaud coule d'abord à la superficie de la terre, sur une longueur de treize cents toises; ensuite il tombe dans une carrière, & se réunit à un courant d'eau souterrain qui, seul même fait tourner un moulin construit au fond de cette carrière. Le courant d'eau souterrain & le ruisseau qui se perd, reparoissent à deux mille toises au dessous, & à l'extrémité du même vallon, par une source abondante. Tous ces détails curieux s'observent, avec surprise, proche le village de Venerand, à côté de la grande route de Saint-Jean-d'Angely à Saintes.

N°. 35. Sarlat. *Département de la Dordogne.*

Entre les villages de Saint-Félix et de Ladouze, on trouve un ruisseau à deux branches, dont la plus longue a huit cents toises, & qui se perd après un cours total de neuf cents toises.

Ruisseau à plusieurs branches, lequel se perd après un cours de quinze cents toises; il est situé près des villages de Salgues & d'Alvignac.

Deux autres ruisseaux, dont l'un coule à côté de la commune de Riniac, & le second proche celle de Prangues, se perdent dans le même terrain; le premier fait tourner un moulin dans un cours de huit cents toises.

Au sud-est de ceux-ci, un ruisseau à deux branches se perd après un cours de deux mille cinq cents toises; il est situé près des villages de l'Hôpital & d'Albiac.

Tous les ruisseaux précédens se perdent dans une contrée où l'on ne voit que des vallons secs & évasés, & point d'autre eau courante. (*Voyez* Vallons secs.)

Je finis par indiquer ici une rivière qui se perd après neuf mille six cents toises de cours, pendant lequel elle fait tourner dix-sept moulins & reçoit cinq ruisseaux latéraux; elle est la seule eau courante que l'on rencontre dans ce canton; elle traverse les paroisses de Bourèze, de Bourzolles & les environs de Souillac, & enfin elle se perd auprès de Puydalon.

N°. 66. Saumur. *Département de Mayenne & Loire.*

A l'angle nord-ouest de cette planche, on trouve deux ruisseaux qui se perdent dans des vallons ouverts: l'un n'a que deux cents toises de cours, & l'autre en a douze cents; dans ce trajet il fait tourner un moulin. Ces ruisseaux coulent près de la commune des *Ulmes.*

Un peu plus à l'est sont également deux petits ruisseaux, l'un de deux cents toises & l'autre de quatre cents, lesquels se perdent proche le village de Saix, dans des vallons bien ouverts.

En s'avançant encore plus vers l'est, on trouve deux ruisseaux qui se perdent également aux environs de la petite ville de Chinon.

A quelque distance de là, un ruisseau d'environ huit cents toises de cours se jette dans un plus grand qui n'a pas de débouché.

Près du village de Louans on voit un ruisseau de cinq cents toises de longueur, qui se perd, & a son cours au milieu d'un terrain plat.

Depuis le village de Roiffé jusqu'à Loudun, on trouve un système de ruisseaux, dont le cours a plus de sept mille deux cents toises, & qui font tourner plusieurs moulins. Toutes ces eaux courantes paroissent se perdre à l'endroit nommé *le Vivier.*

A l'extrémité orientale de la planche, & vers le milieu, proche le village de Cuffay, sont deux ruisseaux qui se perdent; l'un sort d'un étang, & n'a plus ensuite que deux cents toises de cours, & l'autre environ neuf cents toises.

Au sortir du parc du bourg d'Oiron, un petit ruisseau qui prend sa source dans un étang, se perd après trois cents toises de cours.

En se portant ensuite à l'est, on trouve trois petits ruisseaux qui se perdent, l'un près du village de Challaisy, l'autre à côté de Triou, enfin le troisième au nord-ouest de Saint-Clair.

En suivant toujours la même ligne vers l'est, on rencontre deux petits ruisseaux qui se perdent également près du bourg de Monts.

Un peu plus bas trois autres ruisseaux se perdent au voisinage de la commune de Sairres, dans un terrain plat.

Plus bas enſuite, un ruiſſeau ſitué à l'oueſt du bourg de Faye, ſe perd au milieu d'un vallon étroit, après un cours de trois cents toiſes.

Dans un vallon voiſin de la commune de Ligue, un petit ruiſſeau de deux cents toiſes de cours ſe perd également.

Enfin, aux environs de la Guerche, on voit trois ruiſſeaux, dont l'un, de deux cents toiſes de cours, ſe perd dans la forêt, & les deux autres, après avoir abreuvé chacun un étang, ſe perdent dans un terrain plat & aterri.

N°. 83. SEMUR. *Département de la Côte-d'Or.*

Le ruiſſeau du village de Vaugimois, après avoir fait tourner pluſieurs moulins, ſe perd dans un gouffre bien ouvert. Il a ſept mille ſix cents toiſes de cours.

Après celui-là, on en voit un autre de huit cents toiſes de cours, lequel prend ſa ſource dans un étang, & ſe perd à côté du village de Freſne, au milieu d'un terrain plat; & enfin un petit ruiſſeau de cinq cents toiſes de cours, ſe perd au ſud-eſt de Minot.

Le ruiſſeau qui, à la hauteur du ci-devant prieuré Lecartier, abreuve deux étangs, & ſe perd enſuite dans un intervalle de deux mille quatre cents toiſes, reparoît & reprend ſon cours, pendant lequel il fournit de l'eau à un étang, & finit par ſe jeter dans le Lignon.

Plus loin viennent deux ruiſſeaux, dont le premier a ſa ſource dans un étang voiſin de la commune de Sincey, enſuite ſe perd de telle ſorte, que le vallon reſte à ſec juſqu'à la rivière d'Argentalet.

Le ſecond ruiſſeau a deux branches, & après leur réunion il ſe perd au village de Prenois, dans un vallon ouvert & approfondi.

N°. 78. SEDAN. *Département des Ardennes.*

Le ruiſſeau de la commune de Liart, après avoir reçu pluſieurs filets d'eau pendant un cours de mille ſept cents toiſes, & avoir fait tourner un moulin, ſe perd près du hameau Liardeau, au milieu d'un vallon ouvert.

Enſuite deux autres ruiſſeaux, dont le premier, celui de la fontaine Notre-Dame, & le ſecond, celui de la Haye-au-Freſne, diſparoiſſent après leur réunion, pour reparoître à la fontaine du pré d'Aſſaut, à la ſuite du même vallon.

A quelque diſtance de là, un autre ruiſſeau, après avoir abreuvé deux étangs, ſe perd au milieu d'un vallon ouvert au nord de la commune d'Omont. La longueur du cours de ce ruiſſeau eſt d'environ ſix cents toiſes.

Enfin, l'eau de la fontaine de Saint-Leu ſe perd à Sevigny.

N°. 46. SENS. *Département de l'Yonne.*

Le ruiſſeau du village de Bailly, après avoir alimenté deux étangs pendant un cours de quatorze cents toiſes, ſe perd au milieu d'un vallon bien ouvert.

Un ruiſſeau qui prend ſa ſource proche les Bordes-Labbé, abreuve deux grands étangs, & reçoit enſuite les eaux de deux petits ruiſſeaux qui ont alimenté chacun un étang, ſe perd dans un vallon ouvert à deux cents toiſes au deſſous de la chauſſée du ſecond étang qu'il abreuve, & à l'eſt du village de Valence.

Un peu plus au ſud, le ruiſſeau de la commune de Salins ſe perd à côté de Forges, dans un vallon bien ouvert, après un cours de deux mille trois cents toiſes.

Enſuite le ruiſſeau voiſin du bois de Saint-Martin ſe perd après avoir abreuvé un étang.

Enfin pluſieurs ruiſſeaux, après avoir abreuvé ſéparément des étangs & s'être réunis, ſe perdent dans un vallon ouvert au deſſus du village de Bonſac. Cette partie du vallon, quoique creuſée profondément, & à un niveau plus bas, eſt à ſec.

N°. 82. TONNERRE. *Département de l'Yonne.*

Le ruiſſeau qui abreuve pluſieurs étangs de la forêt d'Aumont, ſe perd au midi de la commune de Monceau.

Le ruiſſeau de la commune de Noée, après un cours de deux mille toiſes, ſe perd au nord-oueſt du bourg d'Eſſoyes.

Le petit ruiſſeau de Champignolle ſe perd après avoir fait tourner un moulin; il a ſept cents toiſes de cours.

Le ruiſſeau qui coule dans les parties ſupérieures du vallon d'Autricourt, ſe perd au milieu de ce vallon, proche Laborde, & la partie inférieure de ce vallon ne reçoit de l'eau qu'après de grandes pluies.

Le ruiſſeau de Notre-Dame de Montarviel ſe perd avant d'arriver à l'Armançon, après un cours de mille deux cents toiſes. Il eſt ſitué à l'oueſt du bourg d'Épineuil.

Le ruiſſeau de Lucey, après avoir fait tourner ſucceſſivement trois moulins dans un cours de trois lieues, ſe perd tout-à-coup à une lieue de l'Aube & à Veuxaulles.

Le ruiſſeau de la commune de Serigny près de Tonnerre, ſe perd après un cours de quatre cents toiſes, & un peu au ſud. Le ruiſſeau de la fontaine Gery ſe perd également.

Ce qui eſt fort remarquable, c'eſt que tous ces ruiſſeaux ſe perdent dans des vallons approfondis par les eaux pluviales, comme les autres qui ſont *abreuvés;* ce qui prouve que le ſol a contenu les eaux courantes pendant tout le tems qu'a duré le travail de l'approfondiſſement.

N°. 81. TROYES. *Département de l'Aube.*

Le ruiſſeau de la petite Brie ſe perd après avoir abreuvé un étang. Il eſt ſitué au ſud de la commune de Frampas.

Le ruiſſeau de Ville-ſur-Terre ſe perd au deſſous de ce village, & ne coule juſqu'au bourg de Soulaine qu'après des pluies longues & ſoutenues. Dans les environs, il y a beaucoup d'entonnoirs où ſe perdent les eaux pluviales, qui vont par des voies ſouterraines alimenter la belle ſource de Soulaines. (*Voyez* l'article SOULAINES.)

L'eau de deux ruiſſeaux, qui ſert à abreuver pluſieurs étangs, ſoit avant, ſoit après leur réunion, diſparoît avant d'arriver à la Barſe, entre Girodot & Meſnil-Saint-Père.

Près de là, dans la commune de la Villeneuve-Megrigny, on trouve un petit ruiſſeau qui, après avoir abreuvé deux étangs, ſe perd entiérement.

Il ſe trouve auſſi ſur cette planche pluſieurs ruiſſeaux *intermittens*, dont il ſera parlé à cet article.

N°. 120. VALENCE. *Département de la Drôme.*

L'on voit d'abord une rivière qui, après un cours de quatre mille huit cents toiſes, ſe perd proche le hameau de la Petite-Grange, dans un atterriſſement formé par les eaux courantes.

A côté, le ruiſſeau de la commune de Chanos, qui n'a que ſept cents toiſes de cours, ſe perd également dans la même nature de ſol.

Cinq rivières ſe perdent dans la même contrée & dans le même ſol, après un cours aſſez long. La première eſt la rivière de Barberel, qui reçoit pluſieurs ruiſſeaux latéraux ſur un cours de plus de huit mille toiſes; elle ſe perd au deſſous du bourg d'Alixan.

La ſeconde eſt le ruiſſeau de Barbourier, qui a mille toiſes de cours, & qui ſe perd proche la commune de Bezaye.

La troiſième eſt la rivière Guimand, dont le cours eſt fort étendu; elle ſe perd à quelque diſtance du bourg de Montellier.

La quatrième & la cinquième ont leurs cours, & ſe perdent auſſi dans les environs de ce bourg & dans le même ſol.

Enfin, en allant au midi, la rivière de Maillaſolla, dont le cours a deux mille quatre cents toiſes de longueur, ſe perd également au ſud de la commune de Montendre.

La rivière de Beauregard, après un cours de quatre mille toiſes, ſe perd à la hauteur du village de Hoſtun, avant d'arriver à l'Isère.

Pluſieurs branches de ruiſſeaux, après leur réunion, ſe perdent auprès de la commune de Caſal.

Un peu au nord, un petit ruiſſeau de huit cents toiſes de cours ſe perd dans un vallon bien tracé, entre le village de Bouventes & l'abbaye de Lioncel.

Dans les environs de Loriol, un ruiſſeau à deux branches ſe perd dans les dépôts du Rhône.

A deux lieues environ, au ſud, on trouve un autre petit ruiſſeau qui ſe perd dans les mêmes dépôts, proche le village des Tourettes.

N°. 145. VEZOUL. *Département de la Haute-Saône.*

Cette planche eſt celle, de toute la carte de France, qui renferme le plus grand nombre de ruiſſeaux & de rivières qui ſe perdent: outre cela, il paroît que ces différentes pertes ſe trouvent dépendantes des *vallons fermés* qui y ſont fort nombreux. Je crois qu'il convient de diſtinguer deux ſortes de ces vallons; les uns ſecs, c'eſt-à-dire, qui n'offrent, dans l'étendue de leurs enceintes, aucune eau courante, apparente & ſuperficielle, mais qui laiſſent voir, ſur quelques-unes de leurs extrémités extérieures, des ſources abondantes, produites évidemment par les eaux qui circulent intérieurement ſous le ſol de ces *vallons fermés*. Ces ſources abondantes verſent leurs eaux dans des vallées ouvertes, bien ramifiées, ſe réuniſſent aux grandes rivières, & ne ſe perdent plus à leur niveau.

Fort ſouvent ces *vallons fermés* ſont abreuvés par pluſieurs ruiſſeaux qui y circulent, & dès-lors les ſources conſidérables qui ſe montrent à l'extérieur de leurs enceintes, ſont à un niveau plus bas que les ſources des ruiſſeaux qui ſe perdent au milieu d'eux; ce ſont les produits des eaux des ruiſſeaux qui ſont abſorbés dans les *vallons fermés*.

Après ces obſervations, je vais faire le dénombrement des ruiſſeaux qui ſe perdent, ſoit dans l'enceinte des *vallons fermés*, ſoit dans la ſuite des *vallons ouverts*, en commençant par le nord de la planche, & ſuivant l'ordre de l'oueſt à l'eſt.

Je trouve d'abord, dans le premier carré de la carte, un ruiſſeau qui a huit cents toiſes de cours, & qui ſe perd à côté du village d'Andelard, au milieu d'un terrain plat.

Plus bas, ſur la même ligne, près de Villeguindry, eſt un courant d'eau fort court, qui ſe perd à l'origine d'un large vallon.

Toujours plus au ſud, un ſemblable filet d'eau, voiſin du village de *Levrecey*, après avoir fait tourner deux moulins, ſe perd de même au milieu d'un large vallon.

Encore plus au ſud, un ruiſſeau qui a huit cents toiſes de cours & qui fait tourner le moulin de Mailley & celui d'Enhaut, ſe perd au milieu d'un vallon fort large.

A côté, à l'eſt, ſont deux vallons fermés; d'abord celui de Villefaux, abreuvé d'un petit ruiſſeau qui fait tourner le moulin de ce village; ensuite un autre, abreuvé d'un ruisseau de mille toises de cours, lequel se perd après avoir fait tourner le moulin d'Echenoz & le moulin de la Roche.

Dans le deuxième carré, je trouve un vallon fermé qui renferme le village de Moncey, & un ruisseau de quatre cents toises de cours, lequel se perd dans un fossé.

A l'est est un ruisseau d'environ mille à douze cents toises de cours, & qui se perd à côté du bois de Noroy, & ne coule que dans certains tems, par accès & comme les *dégorgeoirs*.

Au sud on voit un petit ruisseau qui a trois cents toises de longueur, & qui se perd à l'est de la commune de Valleroy-lès-Bois.

Au sud-est on rencontre trois vallons fermés; le premier renferme la commune de Noroy, & un ruisseau qui se perd après avoir fait tourner trois moulins; le second renferme le village de *Cerolès-Noroy*, & est abreuvé d'un ruisseau qui a mille toises de cours, & qui se perd après avoir fait tourner le moulin de la Pie.

Enfin, le troisième *vallon fermé* renferme un ruisseau qui fait tourner le moulin de la Cour: ces deux derniers vallons sont dans le troisième carré, lequel renferme un quatrième vallon fermé, où est située la commune de Borrey avec un ruisseau à deux branches, lequel fait tourner plusieurs moulins pendant un cours de six cents toises.

Dans le quatrième carré on trouve, sur la lisière des bois de Saulnot, un vallon fermé, abreuvé d'un ruisseau qui fait tourner le moulin de la Goute-au-Loup, & qui a sept cents toises de cours; ce vallon renferme aussi la ferme de la Goute-au-Loup.

Au sud, à l'origine d'un vallon voisin de Ville-Chevreux, un ruisseau de mille toises de longueur se perd à côté d'autres ruisseaux dont le cours n'est point interrompu.

Plus au sud, encore un ruisseau, dont la longueur est de mille trois cents toises, se perd dans un large vallon. Les deux extrémités de ce ruisseau aboutissent aux deux communes de Marvelise & d'Onans, où il se trouve un moulin que cette eau fait tourner avant de se perdre.

A l'est de la commune de Saulnot est un long vallon fermé qui renferme plusieurs villages, & un ruisseau à plusieurs branches, lequel fait tourner quelques moulins.

Ensuite, au milieu du cinquième carré, un ruisseau près de Tavey n'a aucune suite, non plus qu'un autre situé entre le cinquième & le sixième carré.

Dans le septième carré deux ruisseaux se montrent sans suite; le premier, à deux branches, près de Rocotagne, & le second près du village de Fontenis.

Le neuvième carré offre, avec le dixième, un grand nombre de vallons fermés, presque tous abreuvés de ruisseaux qui n'ont pas de suite, & qui paroissent servir aux habitations voisines & aux usines.

Je finis par le seizième carré, qui renferme un vallon fermé à six branches, lesquelles fournissent autant de ruisseaux qui se perdent après leur réunion.

Je terminerai ce détail, que je pourrois prolonger sans sortir de cette planche, par faire remarquer que ces filets d'eau, qui ont peu de suite, sont environnés d'habitations qui en tirent le plus de service qu'elles peuvent, soit pour les usages domestiques, soit pour les moulins à blé ou à chanvre.

Au reste, je renvoie ici à l'article VESOUL, où tout ce qui concerne la marche des eaux courantes superficielles, sera décrit plus en détail, ainsi que les formes des vallées qui paroissent assez confuses & désordonnées. (*Voyez* aussi, à l'occasion des environs de Vesoul, l'article FRAIS-PUITS.)

N°. 90. VIVIERS. *Département de l'Ardèche.*

Cette planche nous offre d'abord:

Un ruisseau à plusieurs branches, qui se perd, après un cours de huit cents toises, vis-à-vis le château de Ville-Ruiné, & trois cents toises avant d'atteindre la rivière d'Ardèche.

Ensuite un autre ruisseau qui fait tourner cinq moulins sur une longueur de quatre mille quatre cents toises, & qui se perd près de Ville-fort.

Enfin la rivière d'Ardèche, qui disparoît dans un intervalle de cent cinquante toises, sous une masse de rochers, & continue à couler au-delà; en sorte que ce rocher a été pris avec raison pour un *pont naturel*. Il faut observer qu'assez près de là se trouve un vallon fermé, dans lequel un ruisseau se perd; ce qui nous prouve que le sol est organisé de manière à absorber facilement les eaux courantes superficielles. Toutes ces circonstances, ainsi que beaucoup d'autres que j'ai rappelées dans quelques-unes de ces notices, nous donnent une idée nette & précise de la marche que la Nature a suivie dans la formation des *ponts naturels*. (*Voyez* cet article.)

RÉFLEXIONS *sur la précédente énumération des ruisseaux & de rivières qui se perdent en France.*

Après cette première énumération des ruisseaux & des rivières qui se perdent en France, il me paroît important de rappeler quelques-unes des principales circonstances qui accompagnent le plus souvent ces accidens.

On trouvera peut-être que les indications de ces circonstances sont autant de redites ennuyeuses & inutiles; mais si l'on comprend bien dans quel esprit ce travail a été entrepris, on doit penser que ce sont autant de preuves de la disposition des lits de la terre, qui sont propres non-seulement à absorber les eaux courantes superficielles, mais encore à recéler dans leur sein & à les transmettre à des couches voisines, placées ordinairement à des niveaux inférieurs, & qui les restituent par des sources plus ou moins abondantes.

D'autres fois aussi ces eaux reparoissent sous la même forme, de ruisseaux ou de rivières, qu'elles avoient quand elles ont été absorbées. Il me paroît même qu'en général cette restitution tient à un grand nombre de cas infiniment variés que j'ai cru devoir faire connoître par des indications succinctes. Et c'est en m'attachant aux différentes formes apparentes des terrains, que j'ai cru pouvoir tracer la marche intérieure de l'eau. Ainsi, convaincu par de nombreuses observations, que les sols propres à absorber les eaux & à les rendre, avoient reçu cette disposition à la suite de l'approfondissement des vallons jusqu'à certaines couches, & que ces opérations de la Nature se sont répétées souvent, j'ai cru qu'il importoit fort de ne les pas omettre, & de les rappeler de manière à y rendre attentifs ceux qui consulteroient les numéros des cartes de France où ces résultats sont figurés, ou bien même qui parcourroient les lieux où l'on peut les observer.

Ainsi, quand je dis que les ruisseaux ou les rivières se perdent dans un *vallon ouvert*, je prétends faire connoître que c'est ou un fond de cuve d'une certaine épaisseur qui absorbe ces eaux, ou bien que cet effet est produit par un changement de couches.

De même, lorsque je remarque que la perte des eaux a lieu dans un *vallon fermé*, j'indique que l'eau disparoît dessous les bords de l'enceinte de ce vallon, pour se montrer au-delà sous différentes formes: il en est de même quand il est question de la disparution des eaux courantes dessous une chaîne de montagne, & de sa réapparition au-delà; il est évident que ces grands accidens sont la suite d'une excavation d'une grande largeur & étendue, faite au milieu de couches aisées à entamer & à détruire, & que tels sont les bancs qui constituent la base de ces montagnes.

D'un autre côté, quand je parle d'un *terrain plat, aterri*, qui n'est pas bordé par les croupes d'un lit profond, je prétends indiquer des amas de dépôts terreux ou sabloneux, qui n'ont aucun arrangement régulier, & au milieu desquels les eaux disparoissent.

Quand je fais mention de *vallons secs* ou *vallons abreuvés*, je compare ainsi les sols qui sont au dessus du niveau des sources ou de celui des eaux courantes, avec les sols qui sont pour ainsi dire dans la région des eaux courantes souterraines.

Il résulte évidemment de ces distinctions, que ces différens niveaux sont remarquables par le passage de l'eau superficielle à l'eau souterraine, & à celle des sources, lorsqu'elle se porte depuis les vallons des petits ruisseaux, jusqu'aux vallons des moyens, & de ceux-ci aux vallées des rivières.

Dans mes diverses notices des numéros précédens, j'ai fait mention d'une correspondance remarquable entre les bandes de terrains où deux ou trois rivières d'un cours parallèle se perdoient, & celles où elles se montroient de nouveau, parce que de pareils effets m'ont paru prouver que primitivement, lors de la formation des couches, des matières de nature à s'imbiber d'eau, à s'entamer par leur action, ont été déposées dans une certaine étendue de terrain, pendant que d'autres substances, distribuées sur d'autres bandes voisines, se sont trouvées propres à conserver les eaux sans éprouver aucune altération par leurs mouvemens.

Ce qui semble, par exemple, donner lieu à la perte de la Rille, de l'Iton, de l'Aure, c'est la nature du terrain des contrées par où elles passent. On observe qu'il est en général composé d'un gros sable ou gravier, dont les grains sont peu liés ensemble: quelquefois ces assemblages de fragmens de pierres mal unis s'affaissent tout-à-coup dans certains endroits, & y forment, par leur chute, des entonnoirs; en sorte que lorsque l'eau pluviale coule au milieu de ces plaines, elle y rencontre un grand nombre de ces trous. Si l'on suppose donc que, dans le lit de ces rivières, l'eau puisse séjourner de maniere à se faire jour à travers les couches pierreuses, & à entraîner les sables & la matière qui les lioit, les couches ne formeront plus que des espèces de cribles à travers lesquels les eaux filtreront, surtout si elles trouvent sous terre des passages par où elles puissent avoir un certain cours. C'est ainsi que les trois rivières dont il est ici question, se perdent, & toutes trois de la même manière. Il paroît même que les entonnoirs se sont, par la suite des tems, non-seulement multipliés, mais même agrandis; en sorte que quelques-unes de ces rivières qui se perdoient en partie, ont éprouvé, par la suite des tems, des diminutions plus considérables qu'autrefois; & il y a même, dans la ci-devant province de Normandie, une tradition bien constante à ce sujet.

Le pays compris entre Serigny, Fontaine-Gery, Vrouer, Molosine-la-Fosse, Virey, & dont la ville de Tonnerre est le centre, est beaucoup plus élevé que le bassin de la Fosse-d'Yonne ou de la belle source de Tonnerre. On y trouve des vallons qui dominent la ville & les environs de la source, & qui ont des débouchés peu ouverts. Quelques-uns des ruisseaux qui y coulent, comme à Yrouer & à Serigny, se perdent dans le sein de la terre, tant le sol, composé de couches de pierres tendres, offre d'issues souterraines, non-seulement à l'eau de ces ruisseaux, mais encore à l'eau des pluies. Il est aisé de voir que c'est par ce moyen que la source de Tonnerre se trouve alimentée.

Je dois faire remarquer que tous ces vallons, dont j'ai parlé ci-dessus, sont des *vallons fermés*, où les eaux sont absorbées par les ouvertures des canaux souterrains qui aboutissent incontestablement au réservoir de la source. Ainsi, par l'examen des environs de Tonnerre, on peut s'assurer de la vérité de nos différentes assertions relatives à la marche des eaux dans les vallons fermés & aux environs des sources abondantes.

Il est encore un autre ordre de choses qui mérite l'attention des naturalistes. Ce sont les déplacemens des bancs qui ont lieu, surtout dans le massif de la moyenne terre, comme celle du Jura, tant de Franche-Comté que du Dauphiné. Ces déplacemens ont entraîné, dans la distribution des vallons & dans la circulation des eaux à la superficie de la terre, les plus grandes anomalies, c'est-à-dire, les inégalités multipliées des *combes* & des vallons fermés. (*Voyez* COMBES.)

Je renvoie aussi à ce que je dirai par la suite de la partie orientale du Jura, qui domine les lacs de Neufchâtel & de Brienne. C'est là que l'on rencontre des lacs dont les trop-pleins ou les *émissaires* annoncent des pertes d'eau assez abondantes pour faire mouvoir des usines, au milieu des larges gouffres qui les engloutissent.

Il m'a toujours paru que les cantons les plus étendus, où les rivières se perdent, étoient voisins de l'ancienne terre schisteuse ou graniteuse. Tels sont les environs de Verneuil & de Laigle, dans la ci-devant province de Normandie; ceux de Thiviers, dans le ci-devant Périgord; ceux de Turenne & de Montignac, au département de la Corrèze; ceux de Vezoul, département de la Haute-Saône; ceux de la Rochefoucauld, département de la Charente. Je vais, à cette occasion, insister sur la disposition de ce dernier canton.

Si je considère la partie supérieure du cours du Bandiat & de la Tardouère (*planche d'Angoulême*), je vois une masse d'eau considérable qui, recueillie à la surface de l'ancienne terre graniteuse, se trouve distribuée ensuite sur la nouvelle : c'est là que cette masse d'eau courante a d'abord creusé deux vallées, & qu'elle a suivi les pentes de ces deux vallées sans grande perte. Mais ensuite, à mesure que les premières couches qui tenoient l'eau, ont été entamées, ces rivières se sont perdues par les ouvertures qu'elles ont trouvées au milieu des couches de pierres calcaires remplies de fentes. Ces premières eaux souterraines ayant agrandi les galeries qui les ont reçues, il en est résulté de grands déplacemens dans les couches qui faisoient l'office de voûtes à ces galeries. Aussi voit-on à la Rochefoucauld, des arêtes, des affaissemens considérables, des vallons fermés qui ne conservent point l'eau des pluies, & enfin des entonnoirs. Il paroît que les eaux pluviales, absorbées ainsi, n'ont creusé aucuns vallons suivis & réguliers; en sorte que la surface de la terre, dans toute l'étendue de ce canton appartenant à la nouvelle terre, est plus altérée par les eaux souterraines, que par les eaux des torrens. J'en excepte cependant les deux vallées du Bandiat & de la Tardouère, qui sont creusées à une certaine profondeur, & dont le fond a atteint la couche de pierre aisément perméable à l'eau, par la multiplicité des entonnoirs qu'elle y rencontre.

Je distingue donc trois parties bien remarquables dans ce canton : d'abord, l'eau courante des rivières à la surface du granit; en second lieu, des diminutions successives que cette eau éprouve à mesure qu'elle suit la pente des deux vallées, en s'engouffrant dans des entonnoirs très-apparens, jusqu'à disparoître entiérement; enfin la même eau, devenue souterraine après avoir circulé dans les entrailles de la terre, occupant de grands réservoirs dont le débouché s'annonce par une source abondante, qui est l'origine d'une nouvelle rivière. Nous renvoyons à notre *Atlas*, où la carte de ce canton rendra sensibles tous ces phénomènes, & aux articles TOUVRE & LA ROCHEFOUCAULD, où ces opérations de la Nature seront présentées plus en détail.

Je finis ces réflexions par annoncer que, dans de semblables dénombremens des planches de la *Carte de France*, je les ferai reparoître aux différens articles ETANGS, VALLONS SECS, VALLONS ABREUVÉS, VALLONS FERMÉS, COMBES, & que ces différentes suites de notices pourront servir également à donner une idée générale de la constitution physique du sol de la France, du côté de la circulation de l'eau pluviale & de ses différens usages. On y verra que partout l'industrie des habitans a su mettre à profit la connoissance de l'histoire de la terre, & par conséquent nous serons convaincus de l'importance de cette étude, par les avantages qu'on a su en tirer dans tous les tems. C'est à ces caractères que je crois qu'on doit distinguer les objets dont il convient que s'occupe la *Géographie-Physique*, & les points de vue sous lesquels cette science est particuliérement destinée à les considérer. C'est aussi suivant ces principes, que je traiterai de l'*Hydrographie* de la France, dont j'ai suivi depuis long-tems les grands phénomènes, aussi curieux qu'intéressans.

On doit voir que, par cette marche, j'essaie de faire connoître celle de la *Géographie-Physique* dans les différentes circonstances.

SECONDE PARTIE.

ABSORBANS (*Cantons*) dans les pays étrangers.

Cette seconde partie contiendra les cantons abſorbans que la *Géographie-Phyſique* nous a fait connoître dans les pays étrangers. On verra :

1°. La partie orientale du Jura, qui domine le pays de Neufchâtel ;

2°. La Tartarie chinoiſe ;

3°. Le Tibet ou Boutan ;

4°. La Tartarie, la grande & la petite Bukarie ; le pays de Geté & d'Eygur ; le petit & le grand Tibet ;

5°. La Perſe ;

6°. L'Arménie & la Syrie ;

7°. L'Afrique ;

8°. L'Amérique méridionale.

I. ABSORBANT (*Canton*). Partie orientale du Jura, au deſſus du pays de Neufchâtel.

Je commence cette deſcription par un canton voiſin des frontières de France ; je veux parler de la partie orientale du Jura, de celle qui domine le pays de Neufchâtel. C'eſt là que j'ai eu occaſion d'examiner les petites *combes* & les grandes, dont la plupart ſont les baſſins des lacs deſſéchés, ainſi que ces lacs dont les eaux ſe perdent dans des gouffres fort larges. On auroit tort de conſidérer les *combes* ou les baſſins des lacs deſſéchés, comme des effets qui ne méritent aucune attention. Plus je les ai examinés, plus j'ai reconnu les grands uſages que la Nature a ſu en faire, ainſi que l'induſtrie des habitans.

Une première circonſtance qui m'a rendu les *combes* ou vallons fermés intéreſſans, c'eſt qu'ils accompagnent toujours les ſources abondantes, attendu que ces effets ſont produits par le travail des eaux intérieures qui ont occaſionné ces affaiſſemens, & que les eaux pluviales qui tombent dans ces *combes*, continuent à s'y perdre, juſqu'à ce qu'elles aient trouvé des débouchés ſuffiſans par les ſources.

La ſeconde circonſtance eſt celle des couches inclinées de la moyenne terre, ſemblables à celles du Jura. C'eſt là où j'ai trouvé de même de ces déplacemens qui favoriſent la circulation particulière & locale des eaux courantes, & leur abſorption par des entonnoirs fort multipliés & fort larges.

Il ſe trouve dans les montagnes de Suiſſe, & ſurtout dans la chaîne du Mont-Jura, pluſieurs amas d'eau ou lacs, dont les eaux ſe perdent dans des foſſes très-remarquables ; & ce qui eſt également intéreſſant, c'eſt que ces eaux reſſortent enſuite des entrailles de la terre, ſous des formes de rivières conſidérables dès leur origine. Pour peu qu'on examine avec ſoin les environs de ces foſſes ou entonnoirs où les ruiſſeaux & les eaux des lacs de ces hautes vallées du Jura ſe perdent, il paroît certain qu'elles reparoiſſent dans des vallées plus baſſes. Effectivement, dans cette même chaîne du Jura, où il ſe perd beaucoup d'eaux courantes au milieu de plateaux fort élevés, on obſerve, aux niveaux les plus bas, des ſources abondantes, qui ſont inconteſtablement les produits des rivières perdues, qui, ayant continué leur cours ſous terre, ont reparu ſans aucune diminution ſenſible.

Il eſt facile de retrouver pluſieurs de ces ſources aux environs de Saint-Sulpice, & ſurtout celle de la Reuſſ, qui eſt ſi forte, que, dès l'inſtant où elle ſort des couches de la terre, elle fait mouvoir toutes les batteries d'une belle papeterie & pluſieurs moulins à blé. L'aſpect de cette ſource me rappela celui de la fontaine de Vaucluſe, quoique fort différent à beaucoup d'égards. Je puis citer auſſi l'Orbe, qui ſe perd ſous terre au ſortir du lac des Charbonnières, & reparoît au deſſus de Valorbe, ſe perd enſuite à Eſclay & reprend ſon cours juſqu'au lac d'Yverdon.

J'aurois encore des obſervations à faire ſur ces pertes, ſurtout lorſqu'elles ont lieu par rapport à de grands volumes d'eau, & ſur les craintes qu'on pourroit avoir dans le cas où les entonnoirs & les routes ſouterraines éprouveroient des obſtructions plus ou moins durables.

La vallée, par exemple, de la Chaux-de-Fond ne paroît ſéparée de celle du Locle que par une petite montagne peu conſidérable : les eaux de la Chaux-de-Fond ont leur pente vers l'eſt, & il eſt très-vraiſemblable qu'elles vont, par des routes ſouterraines, former les ſources des ruiſſeaux qui abreuvent les vallées inférieures de la Suiſſe, & qui vont ſe jeter dans les lacs de Neufchâtel & de Bienne. On aſſure même qu'elles forment la ſource qu'on nomme le *Toret*.

Les eaux du Locle, au contraire, vont à l'oueſt frapper contre une côte qui fait la limite de l'état de Neufchâtel & de la France ; & ſi ces eaux vont également, par des routes ſouterraines, former les ſources qui ſont de l'autre côté de la colline, elles doivent ſe jeter dans le Doubs.

Voici maintenant ce qui m'a paru mériter grande attention dans la vallée du Locle.

La côte qui ſépare cette vallée de la France, a pluſieurs cul-de-facs auxquels il n'y a aucune iſſue. C'eſt au fond d'un de ces cul-de-facs qu'on nomme, dans le pays, le *Cul-des-Roches*, que le ruiſſeau va frapper contre la montagne & ſe perdre entièrement, après avoir déjà perdu les trois quarts de ſes eaux dans pluſieurs gouffres qui ſe trouvent le long de ſon cours, lequel eſt à peu près d'une demi-heure, depuis le village du Locle, juſqu'au Cul-des-Roches.

Or, à ce Cul-des-Roches la montagne eſt coupée par le haut juſqu'à ſoixante à ſoixante-dix toiſes au deſſus du fond de la vallée du Locle. Elle eſt coupée, dis-je, des deux côtés, comme ſi ce travail eût été fait de main d'homme : il eſt cependant bien certain que jamais homme n'y a travaillé.

A l'aspect de cette vallée du Locle, entourée de montagnes, sans aucune issue de tous les côtés, & de cette coupure à pic, il m'a paru évident que toute la vallée du Locle a été un lac qui s'étoit ouvert un écoulement par cette coupure, & plusieurs compagnons de voyage que j'avois avec moi, en ont été également frappés.

Nous avons pensé en même tems que l'eau du lac s'étant creusé par le fond de son bassin des issues souterraines, la vallée s'étoit trouvée à sec & dans l'état où elle est à present; mais que si, par quelque malheureuse catastrophe, les conduits souterrains venoient à s'engorger, la vallee redeviendroit un lac dont l'eau s'éleveroit jusqu'au niveau de la coupure, & que le charmant village du Locle, qui est plus riche & plus florissant par l'industrie de ses habitans, que bien des villes de France, seroit totalement submergé. L'ouverture du dernier gouffre est élargie à la vérité, mais ce n'est qu'à la profondeur d'une centaine de pieds: & c'est toujours un gouffre étroit où le moindre encombrement pourroit arrêter le passage des eaux, de manière à les faire refluer sur le fond du Locle.

Au reste, je n'ose assurer qu'un tel accident soit bien possible. Je sais qu'on peut me dire que l'eau s'étant creusé un passage qui a suffi au dessechement du lac ancien, tous ses efforts tendent à l'agrandir plutôt qu'à en permettre l'engorgement. Malgré cela, il seroit téméraire d'assurer que cela ne peut arriver, & j'ai cru qu'il seroit important d'ouvrir un passage au niveau du fond du bassin, à travers la coupure du Cul-des-Roches. J'ajouterai qu'outre l'importance de prévenir le malheur dont j'ai parlé, le chemin qu'on pratiqueroit à travers la montagne, ouvriroit une communication très-facile & très-utile pour le commerce entre cette vallée & la Franche-Comté.

Je dois même dire qu'ayant consulté les gens instruits du pays, & particuliérement le meûnier du Cul-des-Roches, ils m'ont dit que cette idée n'étoit pas neuve, & qu'on s'étoit occupé du projet d'ouvrir cette issue aux eaux & en même tems le chemin.

En second lieu, ils m'ont assuré que, suivant la tradition du pays & d'anciens titres, il est très-vrai que la vallée étoit un lac, dont la coupure de la montagne étoit le débouché.

Outre cela, la crainte de quelque grand malheur se renouvelle quelquefois, lorsqu'il y a des inondations qui s'élevent à une certaine hauteur, & que l'abîme est engorgé assez fortement pour que tous les ouvrages des usines soient suspendus; car alors le meûnier fait tout ce qu'il peut pour dégager les conduits. La communauté du Locle l'aide même dans ce cas, & l'indemnise de ses pertes. En conséquence, les plus intelligens des habitans du Locle conviennent que, dans ces occasions, le salut de la vallée n'a d'autre principe que de la part des eaux qui reprennent leur cours, & debouchent les passages obstrués à un certain point: de là je conclus qu'il n'y a pas à balancer, relativement à l'ouverture totale de la coupure, jusqu'au niveau du fond de la vallée du Locle.

Emploi de ces eaux, qui se perdent.

Voilà ce que j'avois à dire sur la perte des eaux absorbées dans des abîmes, relativement à la Géographie-Physique. Je crois maintenant qu'il convient de faire connoître le parti que la mécanique en a tiré dans ces montagnes de la lisière orientale du Jura.

Depuis que l'industrie s'est établie dans ces montagnes, les habitans ont imaginé d'employer à des usines ces eaux qui se perdent. Le premier usage que j'y ai vu, est à la Chaux-d'Abel: celui-là est moins singulier que ceux dont je parlerai par la suite, parce que l'eau ne tombe pas dans une large ouverture. Le ruisseau tombe d'abord dans une fente ou précipice fort étroit, & où il ne seroit pas possible d'établir le bâtiment d'un moulin ou de toute autre usine; & ce précipice a, suivant mon estime, cinquante à soixante pieds de profondeur.

On y a trouvé seulement la place nécessaire pour l'épaisseur d'une roue à sciaux, & l'on en a etabli une de quinze à vingt pieds de diamètre, qui, par des pièces de communication, fait mouvoir un moulin à scie, construit à côté de l'ouverture du précipice.

L'eau tombante sous cette roue est reçue dans une auge qui la conduit au dessous d'une seconde roue, laquelle, par d'autres renvois, meut un moulin à blé, qui est aussi placé à côté du précipice. La même eau tombe ensuite dans une seconde auge, & va faire tourner une troisième roue & une troisième usine. Après ces trois chutes, l'eau se perd tout-à-fait dans les entrailles de la terre.

J'ai vu ensuite à la Chaux-de-Fond & au Locle de semblables usines souterraines. A la Chaux-d'Abel, une fente naturelle dans le roc invitoit pour ainsi dire l'ouvrier, & le guidoit, relativement à la distribution de l'eau dessous les roues: les curieux vont jusqu'à la dernière sans perdre de vue le ciel, où se trouve l'emplacement des moulins. A la Chaux-de-Fond & au Locle, on a osé travailler dans un abîme vertical: trois meules à la Chaux-de-Fond, & au Locle, quatre travaillent sur terre. On a creusé le roc autour du trou étroit de l'abîme: on y a fait la place d'un rouage qui se trouve sous une voûte naturelle: on n'y peut descendre qu'avec des lumières quand le moulin ne va pas, & il est impossible d'y descendre quand il va. La descente par un escalier est beaucoup mieux entretenue & moins dangereuse à la Chaux-de-Fond qu'au Locle: aussi y ai-je descendu jusqu'à la dernière roue, & au

Locle je n'ai pu descendre que jusqu'à la seconde. Au reste, il vaut mieux observer les usines du puits de la Chaux-de-Fond, que celles de l'abîme du Locle, car les dernières sont construites sur le modèle de l'autre.

Les roues ont douze à treize pieds de diamètre, c'est-à-dire, beaucoup moins qu'à la Chaux-d'Abel. A la Chaux-de-Fond, & je crois aussi au Locle, il y a deux roues accolées l'une à l'autre sur le même axe. La plus grande reçoit l'eau qui les fait tourner toutes deux, & la plus petite est garnie de dents qui, par des renvois, font tourner le moulin placé dans le haut à l'ouverture du précipice. Cette construction a paru nécessaire dans un espace aussi resserré. Il m'a paru que ces roues ne recevoient qu'une assez petite quantité d'eau; mais la grande chute supplée au volume.

Après avoir quitté la Chaux-de-Fond & le Locle, j'allai au lac d'Étalières, & ici ce n'est pas un simple ruisseau qui se perd, c'est le lac tout entier. A l'extrémité de son bassin, les eaux se réunissent en un courant de quelques toises, qui va, comme au Locle, frapper le pied d'une côte & s'y engouffrer. On a fait un aqueduc comme un bief de meûnier, sans doute pour ramasser ces eaux qui se perdoient de côté & d'autre, & au gouffre on a creusé un puits avec trois étages, où sont placées autant de roues qui font mouvoir plusieurs moulins & un soufflet de forge.

Les escaliers qui servent à la descente pour parvenir aux roues, sont mieux entretenus qu'au Locle; mais après être descendu au dessous de la première roue, j'ai trouvé qu'il n'y avoit plus de rampes, que les marches étoient glissantes, & enfin que le précipice étoit à côté; j'ai cru qu'il étoit prudent de ne pas aller au-delà. J'ai appris par le meûnier, qu'au sortir de la première roue l'eau est reçue dans un réservoir, d'où elle tombe sur la seconde, & ainsi de suite sur la troisième: c'est là qu'on voit l'eau se distribuer sur un fond de gravier, à l'extrémité duquel elle s'engouffre dans un trou qu'elle ne remplit pas en entier; car il en sort continuellement un vent capable d'éteindre les lampes avec lesquelles on descend dans ces souterrains.

Dans le tems des grandes eaux, il vient du lac une si grande abondance d'eau, que tout l'édifice souterrain en est plein, & alors, comme on peut croire, les moulins ne tournent pas.

Je sais que du côté du lac de Joux, qui est dans une autre partie du Jura, il y a aussi un ou plusieurs lacs qui n'ont pas d'issues, & dont les eaux s'engouffrent dans des abîmes; mais je n'ai point appris qu'on y ait fait des travaux semblables à ceux que je viens de décrire.

Ces travaux peuvent, à un certain point, se comparer à ceux des salines de Bex, dans le canton de Berne, & à ceux des salines de Franche-Comté, où l'on fait tourner des roues dans des souterrains par l'eau de ruisseaux qui couloient à la surface de la terre & qu'on a fait agir de même par des chutes verticales. Ces chutes sont très-avantageuses, parce qu'on n'y perd pas une seule goutte de cette eau qu'on y fait tomber par une conduite étroite sur les roues, & qu'on la fait tomber de très-haut. Aussi voit-on à Bex, qu'avec un simple filet d'eau on communique le mouvement à une roue d'un très-grand diamètre.

J'observe ici qu'il y a une différence entre les ouvrages de Bex & ceux des environs de Neufchâtel; car les travaux de Bex ont été faits à l'exemple des usines de Salins en Franche-Comté. Or, à Salins il y a une singularité remarquable, c'est que les souterrains immenses de cette saline ont été creusés, & les ouvrages construits dans des tems reculés dont l'histoire ne nous a pas conservé de relation. Il en est de ces salines comme des levées de la Loire, construites dans les tems d'ignorance, & dont les historiens n'ont pas daigné parler, pendant qu'ils nous ont conservé scrupuleusement les moindres faits d'armes, & surtout les dotations de monastères.

Quand je visitai les travaux de Salins (en 1750) on m'apprit que les pompes qui tiroient l'eau des puits, n'alloient que par des chevaux. Ce fut alors qu'un simple meûnier proposa de tirer parti d'un ruisseau qui couloit aux environs des puits & ne se perdoit pas comme ceux des *combes* du Jura. Il imagina de faire tomber l'eau de ce ruisseau dans le souterrain, d'où elle couleroit à l'extérieur par la même pente par laquelle coulent les eaux salées, & de faire agir par ce moyen les pompes qui n'agissoient que par des chevaux.

Ce meûnier a fait usage d'un mécanisme d'une construction très-différente de celle de Bex, & que je ne pourrois faire connoître que par des plans très-détaillés; mais il a toujours fait tomber, dans le souterrain creusé pour la saline, les eaux supérieures coulant à la surface de la terre. Or, il me semble que cette idée, de faire tomber dans des souterrains déjà existans, l'eau courante à la surface de la terre, est toute différente de celle de creuser un puits pour y établir des machines, qui, au lieu de faire agir des pompes sous terre, font au contraire mouvoir des usines sur terre. Au reste, si l'on trouvoit du rapport entre ces deux inventions, & qu'on pensât que l'une a pu faire naître l'autre, il se trouvera peut-être, par les dates, que les machines des Neufchâtelois sont les plus anciennes; mais je dois terminer ces détails par rappeler l'idée vraiment ingénieuse & utile du meûnier de Salins. (*Voyez* SALINS.)

II. TARTARIE CHINOISE, *Première feuille*, Tome IV.

La rivière de Khol-Pira se perd dans Tehahan-Omo, petit lac faisant office d'égoût.

Deux

Deux assez grandes rivières, après leur réunion, se jettent de même dans le lac Tapsoutou-Omo.

Plus à l'ouest le lac Talmor reçoit les eaux de plusieurs rivières.

Plus au nord, la rivière Silim-Pira se perd dans un semblable égoût, nommé Tchaidam-Omo.

Au milieu de la feuille, les ruisseaux de Narcoui-Pira & de Hanhotou-Kiameu se perdent de même dans un égoût.

Troisième feuille. En commençant par le nord, on voit une rivière qui se jette dans Courahan ou Len-Omo, lac-égoût.

Plus bas, petit filet d'eau qui se termine dans un petit lac-égoût.

En tirant vers l'est, & suivant le milieu de la feuille, on trouve trois ruisseaux qui se perdent de même.

Plus bas, vers le sud, aux deux côtés du Hoangho, sont trois rivières qui se jettent dans des lacs avant d'arriver à cette rivière principale.

Ensuite, en se portant à l'est, on trouve quatre lacs-égoûts de plusieurs rivières.

Et en remontant un peu au nord, on rencontre le lac Courchahan-Omo, qui est le rendez-vous de plusieurs ruisseaux : plus bas, trois filets d'eau, & plus bas encore trois filets d'eau qui se perdent dans des égoûts peu étendus.

Dans ce même canton on trouve plusieurs petits amas d'eau que je n'ose pas désigner sous le nom de *lacs*. Ils n'ont ni ruisseaux ni rivières qui y portent de l'eau.

Quatrième feuille. On y voit, dans la partie du sud, deux rivières qui, après leur réunion, se partagent de nouveau pour terminer leur cours dans deux lacs.

Et à l'ouest, sur la même ligne, deux autres rivières viennent se jeter dans un même lac.

Ensuite, sur la même ligne au nord-ouest, on trouve seize petits filets d'eau ou poulacs, sans suite, puis deux lacs simples & isolés ; enfin, dix amas d'eau distribués au milieu des poulacs & des lacs précédens.

Cinquième feuille. Dans un angle de cette feuille, au sud-ouest & sur le bord du désert, cinq rivières se perdent dans des gouffres ; & en remontant le long du désert, deux petits filets d'eau sans suite disparoissent après un cours d'une petite étendue ; puis on trouve cinq petits lacs ou amas d'eau.

Enfin, plus haut, deux grands lacs, dont l'un, nommé *Pouyour-Omo*, est digué par le Kalka, rivière principale.

Un autre lac nommé *Coulon*, qui, après avoir reçu cette rivière principale, paroît avoir été digué par le Kallar, grande rivière à plusieurs branches.

Au milieu de cette feuille est une rivière qui se jette successivement dans trois lacs, & termine son cours dans le troisième.

Plus bas, deux lacs sont dispersés & isolés dans de grandes plaines.

Septième feuille. On trouve dans cette feuille, au milieu d'une large plaine, neuf filets d'eau sans suite, dispersés au milieu de quatorze flaques ou amas d'eau isolés ; puis trois rivières qui se perdent avant de rejoindre le Kerlon-Pira, rivière. Dans l'intervalle de deux de ces rivières sont trois filets d'eau sans suite.

Huitième feuille. Au midi de cette feuille on voit six ruisseaux ou rivières qui terminent leur cours dans autant de lacs.

Trois autres au nord-ouest se perdent dans trois lacs, après avoir parcouru autant de bassins circonscrits par des montagnes.

Au midi, deux petits filets d'eau sans suite sont dispersés au milieu de sept flaques d'eau isolées.

III. Tibet ou Boutan. *Première feuille.*

Tous les ruisseaux & rivières qui sont figurés dans cette feuille, se perdent au milieu des sables du *cobi* ou *désert*, ou se terminent dans des lacs, surtout au voisinage des montagnes.

Vers l'ouest la rivière d'Yerghien, après s'être réunie à celle d'Haiton, termine son cours dans le *Lop-Omo*.

Un peu plus bas le lac Hara, renfermé au milieu de quelques groupes de montagnes, reçoit une rivière d'un assez long cours, grossie par la confluence de plusieurs embranchemens.

A la même latitude, deux rivières d'une médiocre étendue se réunissent dans *Alac-Omo*, & à côté un ruisseau se perd dans un terrain vague.

Puis deux rivières fort longues, après s'être réunies, terminent leur cours dans deux lacs, dont l'un se nomme *Soukour-Omo*, & l'autre *Sopon-Omo*.

En remontant vers le nord-ouest, on trouve un groupe de cinq ruisseaux qui se réunissent dans le lac *Par-Col*. Ce lac & les ruisseaux sont renfermés dans un bassin ceint par des montagnes.

Sur la même ligne, en s'avançant vers l'est, un ruisseau assez considérable & qui a trois embranchemens, lesquels semblent sortir des montagnes, se perd en plaine à Mohaito.

Partant ensuite de l'angle nord-ouest, & suivant les montagnes des deux côtés, on rencontre douze ruisseaux qui se perdent, ainsi que trente-deux filets d'eau plus ou moins étendus, & quelques flaques d'eau : le tout, sans suite, est absorbé dans le terrain. Il paroît que la plus grande partie des ruiſſeaux & des filets d'eau ont leur origine dans les montagnes, & diſparoiſſent toujours en ſe dirigeant vers les plaines de ſable.

Seconde feuille. Vers l'angle ſud-eſt, entre 41 & 39 degrés de latitude, dans une enceinte de montagnes, on trouve le lac *Cas-Omo*, qui ſert d'égoût à pluſieurs petits ruiſſeaux, & deux rivières qui ſe perdent. Ces deux rivières ont leur origine dans une partie des montagnes de l'enceinte au ſud.

En remontant au nord, toujours à côté de la bordure orientale, des ruiſſeaux ou rivières, au nombre de plus de vingt-cinq, ſe perdent après s'être éloignés des montagnes où des courans d'eau prennent leur ſource : trois rivières à pluſieurs embranchemens diſparoiſſent au pied des montagnes qui barrent leur cours.

Enfin, on voit pluſieurs filets d'eau ſans ſuite près de Tourfan, près de la bordure orientale de cette feuille.

Troiſième feuille. En ſuivant la chaîne de montagnes qui eſt figurée dans cette feuille, on voit que tous les ruiſſeaux & filets d'eau qui y ont leur origine, ſe perdent à quelque diſtance dans les ſables. On compte environ une vingtaine de ces ruiſſeaux qui éprouvent ces pertes. Deux rivières d'un cours aſſez étendu ſe jettent, l'une dans *Sikirlic-Omo*, & l'autre dans le lac Kalkol.

Quatrième feuille. On aperçoit d'abord dans cette feuille le *Tchaiteng Pira*, dont les principales ſources ſont dans deux lacs, l'un nommé *Alac-Omo*, & l'autre *Toſon-Omo*, leſquels ſont renfermés dans deux baſſins de montagnes. Cette rivière, qui ſe trouve groſſie par deux embranchemens, ſe perd au milieu d'un entonnoir rempli de ſable.

Plus haut, & toujours au milieu de la feuille, ſont ſept ruiſſeaux qui terminent leur cours dans des lacs ; ils paroiſſent circonſcrits chacun par une enceinte particulière de montagnes.

A côté, vers l'eſt, le grand lac *Ho-Ho-Nor* eſt l'égoût général de ſeize courans d'eau : de ce nombre ſont deux rivières qui ont leur origine dans d'autres lacs. Ces ruiſſeaux & rivières ſont renfermés chacun dans une enceinte particulière de montagnes.

En remontant vers le nord, toujours dans la même bande, on trouve deux rivières qui, après leur réunion, ſe perdent dans deux lacs, l'un *Soukoulc-Nor*, & l'autre *Sopon-Nor*.

Enfin, en ſuivant la bordure ſeptentrionale de cette feuille, de l'oueſt à l'eſt, on trouve trois flaques d'eau dans le milieu d'une enceinte de montagnes, avec un ruiſſeau qui ſe perd ; puis le long d'une chaîne de montagnes, ſix, tant ruiſſeaux que filets d'eau, qui ſe perdent également.

N.B. Les cartes de la *Tartarie chinoiſe* & du *Tibet* ou *Boutan*, dont j'ai tiré tous les détails précédens, font partie de l'atlas qui accompagne l'*Hiſtoire de la Chine*, par le Père du Halde, & je crois devoir y renvoyer. Le mérite de cet atlas, conſidéré ſous le rapport des matériaux qui ont ſervi à ſa compoſition, & du ſavant géographe qui les a rédigés, m'a engagé à mettre dans ce dépouillement la plus grande exactitude, relativement à mon objet ; car on ne peut douter que ces deux grandes contrées ne méritent, ſous ce point de vue, de figurer à la tête de celles que nous offre l'Aſie.

Cependant, malgré les lumières qu'on peut tirer de cet atlas à fort grande échelle, & de la deſcription précédente, j'ai cru devoir faire également uſage de la carte d'Aſie du même géographe, où ſont figurés à peu près les mêmes phénomènes. Comme on y trouvera les mêmes objets dans un rapprochement fort inſtructif, j'ai penſé que ce dépouillement n'offriroit pas des répétions inutiles, d'autant plus que ce dernier travail géographique eſt en grande partie la confirmation du premier.

IV. ABSORBANS (*Cantons*) de la Tartarie, de la grande Bukarie & de la petite Bukarie ; du pays de Geté & d'Eygur ; du petit & du grand Tibet.

1°. Dans la Tartarie :

Je trouve d'abord, au nord de la rivière de Sirr, une rivière qui ſe cache ſous terre, puis reparoît pour ſe perdre dans un lac-égoût.

Aſſez près de là, vers l'oueſt, la rivière de Czui termine ſon cours dans un petit lac.

2°. Dans la grande Bukarie :

En deſcendant au ſud, aux environs de Samarkand, quatre rivières ſe perdent.

D'abord, celle de Zamin, qui prend ſa naiſſance au pied des montagnes, diſparoît au milieu d'une large plaine ;

2°. Celle de Sogd, formée par la réunion de deux ruiſſeaux dans un lac, ſe perd dans un égoût ;

3°. Celle de Kesh, qui a trois embranchemens, leſquels prennent leur ſource au pied des montagnes, ſe perd près de Sirkunt, dans un terrain plat ;

4°. Celle de Cheke-Dalik diſparoît avant d'atteindre le Gihon.

3°. Dans la petite Bukarie :

J'y vois d'abord, vers la ſource du Sirr, deux rivières qui ſe perdent dans la plaine, après un cours d'une moyenne étendue.

Puis, au delà d'une chaîne de montagnes, quatre ruiſſeaux, qui ont leur origine au pied de cette chaîne, ſe perdent dans la plaine, & à côté on trouve une flaque d'eau dans le voiſinage de quelques montagnes.

Plus bas, deux grandes rivières, dont l'une celle d'Ierkien, traverſe le déſert & ſe perd dan le *Lop-Nor* après avoir reçu la rivière d'Haïtou, alimentée par sept ruisseaux qui sortent des montagnes, & se jettent dans deux de ses principaux embranchemens.

L'autre rivière, nommée Hatomni-Solon, disparoît au milieu des sables du désert.

Enfin l'*Auja-Nor*, lac qui est l'égoût de trois ruisseaux, occupe le milieu d'une demi-enceinte de montagnes.

4°. Dans le pays de Geté & dans l'Eygur :

En remontant dans le pays de Geté on rencontre, à l'ouest de la chaîne dont nous avons parlé ci-devant,

D'abord le *Talas*, rivière qui termine son cours dans le lac Sikerlic;

Puis la rivière Shoui, qui se perd également dans le lac Kalkol;

Ensuite on trouve, à l'est de cette même chaîne, neuf ruisseaux qui y ont leur source, & se perdent dans le sol d'une large plaine.

Pour compléter la description de l'hydrographie de ces deux contrées, je commence par le nord-ouest, & j'y rencontre, dans un cul-de-sac de montagnes, deux ruisseaux à plusieurs embranchemens, lesquels se jettent dans *Palcati-Nor*, grand égoût qui reçoit aussi, de la partie de l'est, la rivière *Ili*, grossie par la réunion de cinq ruisseaux; ils ont leur origine dans autant de cul-de-sacs de montagnes.

Si l'on avance vers l'est sur la même ligne, toujours dirigeant ses observations sur les faces des diverses chaînes qui y sont figurées, on trouve d'abord, le long de la face septentrionale, au pied de Parasouta-Tabahan, trois rivières qui se réunissent dans un petit lac-égoût.

Puis neuf ruisseaux qui sortent de divers points de la chaîne, & qui se perdent dans la plaine.

Ensuite neuf autres ruisseaux d'un cours semblable, mais d'une longueur qui varie beaucoup.

Si l'on passe à la face méridionale, on y rencontre d'abord trois ruisseaux à plusieurs ramifications chacun, qui, après leur réunion, se perdent dans la plaine.

Puis se trouve celui d'Alhoet, à deux branches, qui disparoît au milieu d'un bassin fermé par des montagnes.

Ensuite on rencontre quatre ruisseaux sans suite.

Enfin le lac Parkol, renfermé dans une enceinte de montagnes, exactement fermée de tous côtés, reçoit quatre ruisseaux dont le cours est parallèle.

5°. Au milieu du Cobi ou désert de sable, sont :

D'abord le lac-égoût *Cas-Nor*, qui rassemble huit ruisseaux, lesquels sortent de divers points d'une demi-enceinte de montagnes.

Puis, au sud, sur les deux faces d'une petite chaîne de montagnes, deux ruisseaux qui ont leur origine sur la face septentrionale, & un seul qui a sa source au midi, vont se perdre dans la plaine.

Enfin, dans un bassin de montagnes bien fermé, le ruisseau de Serteim se perd, pendant qu'au pied d'une des faces septentrionales de cette enceinte un autre ruisseau naît & disparoît dans la plaine.

6°. Au petit Tibet :

La rivière d'Eskerdou, qui a son origine au pied d'une montagne, va se perdre dans l'extrémité d'un bassin fermé par deux rangs de montagnes.

7°. Au grand Tibet :

En suivant la lisière septentrionale du Turk-Hend, de l'ouest à l'est, on trouve d'abord un ruisseau qui se perd dans *Tarnou-Lac*. Ces eaux sont renfermées dans un assez grand bassin fermé par des montagnes.

A côté, vers l'est, la rivière de Ratshin-Topa, qui coule parallélement à une chaîne de montagnes, se perd également dans un égoût.

Un peu plus à l'est, la rivière de Nacoi, qui a son origine dans un lac au pied d'une chaîne de montagnes, se perd dans le lac Tarouc-Iondsou, qui reçoit également une rivière à huit embranchemens renfermés dans une double enceinte de montagnes.

Enfin, le lac Kiesac reçoit un ruisseau qui sort de la montagne de Tintano.

Le long de cette même lisière sont distribuées cinq flaques d'eau isolées dans quatre bassins bien fermés par des chaînes de montagnes.

RÉFLEXIONS *sur la Tartarie & le Tibet, relativement aux eaux courantes qui se perdent dans ces contrées.*

On trouve de grands déserts dans la Tartarie, & c'est sur le bord de ces déserts que les rivières, les ruisseaux & les filets d'eau se perdent.

Dans tout le cours de mon analyse des *Cartes* de d'Anville, j'ai fait remarquer deux circonstances qu'on ne doit point perdre de vue; c'est d'abord celle des eaux courantes, dont l'origine est constamment aux pieds des chaînes de montagnes; ensuite celle des plaines, des terrains plats, qui se rencontrent partout où les eaux disparoissent. Ce qu'il y a d'étonnant, c'est qu'à côté des parties de plaine où les eaux courantes disparoissent, il y a des flaques d'eau sédentaires, ou même des lacs qui sont les égoûts des environs. Je dois aussi faire remarquer que c'est autour de ces filets d'eau, de ces lacs, que sont distribuées les habitations, parce que les hommes y rencontrent un élément qui fournit à l'un de leurs premiers besoins.

Ces déserts & ces mêmes chaînes de montagnes sans suite, cette même circulation des eaux courantes superficielles, s'offrent à nous dans le Tibet; ainsi l'une & l'autre contrée a la même constitution de sol, quant aux montagnes, & la même perméabilité des plaines & des déserts. Les bassins formés par les diversem branchemens des chaines rassemblent & contiennent également les eaux dans des lacs, ou les absorbent également dans des gouffres.

Au reste, je dois renvoyer, pour un plus grand développement de tous ces phénomènes, à mes articles TARTARIE & TIBET, où je ferai un examen plus étendu du sol de ces contrées singulières, & où je décrirai plus particuliérement leurs montagnes & leurs lacs; & comme quelques-uns des bassins dont j'ai parlé, ressemblent beaucoup aux *vallons fermés*, *secs* ou *abreuvés*, je renvoie aussi à ces articles.

Au moyen de ces rapprochemens, j'ai pour but de faire connoître les rapports des phénomènes semblables, partout où ils se montrent.

V. ABSORBANS (*Cantons*) *de la Perse*.

Je commence cette description par le Sigistan, qui comprend deux bassins abreuvés & fermés.

Le premier est celui d'Arrokage, dont les eaux courantes se rendent dans le lac Vaïhend.

Le second est celui de Raver, arrosé par cinq rivières, qui ont pour égoût commun le lac de Zaré.

En passant de là dans le Khorasan, je trouve d'abord le bassin de Maru, traversé par la rivière de Margab, qui se perd dans les sables.

Ensuite le bassin de Badris, arrose de même par la rivière de Herat, qui termine son cours au milieu des sables à Seraks.

Il en est de même des trois autres petits bassins, Naisabur, Desterain & Bihac, dont les eaux courantes se perdent, avec cette circonstance que celles du dernier sont salées.

En se portant à l'ouest & au midi de la mer Caspienne, dans l'Irakajami, on rencontre dix ruisseaux ou rivières dont les sources sont distribuées le long d'une enceinte de montagnes assez suivies, & qui se terminent & se perdent dans une plaine qui a un enfonçement ou golfe assez profond, & vers laquelle ces rivières ont une tendance commune; ce sont:

1°. Celle de Bistan, dans la province de Comis;

2°. Celle de Me-Hallébag;

3°. Celle d'Aggisu ou Eau-Amère;

4°. Celle de Kière;

5°. Celle de Cazuin;

6°. Celle de Kiaré;

7°. Le ruisseau de Dengé;

8°. La rivière de Sana;

9°. Celle de Komin, qui, après avoir recueilli les eaux d'un bassin particulier, se perd au dessous de Komm;

10°. Celle de Kashan;

11°. Celle de Kara;

12°. Celle de Natens;

13°. Le Zeindé-Rud, qui passe à Ispahan & se perd à Ghau-Cani. J'ajoute ici qu'au sud-est de Hamadan il y a un bassin abreuvé de plusieurs rivières, lesquelles, après leur réunion vers Ava, se perdent dans un lac qui est remarquable, parce qu'il semble donner naissance à la huitième rivière précédente.

Si nous nous portons vers le sud-est, nous trouverons un ruisseau qui a deux embranchemens, & qui se perd au milieu d'un bassin qui n'est que très-peu peuplé.

Ensuite, dans l'Estakar, un semblable ruisseau se perd au milieu d'un désert, où l'on trouve aussi une flaque d'eau.

Puis, au sud-ouest, on voit un grand & long bassin abreuvé par huit embranchemens de rivières sortant d'autant d'enceintes de montagnes particulières, & qui, après leur réunion, se jettent dans le lac Bakteghian, dont les eaux sont salées.

Plus bas se trouvent:

1°. Les rivières de Shiras, qui se jettent dans le lac de Deriassé-Nemet;

2°. La longue rivière de Kafer, qui se jette dans un petit lac;

3°. Vers l'est, un groupe de petits ruisseaux se perd dans le bassin d'Arab-Ghered;

4°. Enfin, plus au sud & dans le Laristan, plusieurs ruisseaux se terminent dans le petit égoût de Kuhré.

Après cette exposition des eaux courantes qui se perdent dans cette grande contrée, je crois devoir renvoyer à l'article PERSE, où je présenterai beaucoup d'autres objets qui peuvent avoir quelques liaisons avec ceux-ci.

VI. ABSORBANS (*Cantons*) *au nord du lac Aral & de la mer Caspienne*.

Les détails qui suivent, sont tirés de la troisième partie de la carte d'Asie de d'Anville.

En remontant au nord de la Tartarie, on trouve des ruisseaux ou des rivières qui se perdent, ou dans des *lacs-égoûts*, ou au milieu de terrains plats.

On voit d'abord *Haebyar*, rivière qui se perd dans un lac de peu d'étendue.

Un peu plus au nord on trouve, 1°. Zilendgik, qui se perd dans l'Ak-Kol ou Lac-Blanc;

2°. Trois rivières d'un cours assez étendu, qui se jettent dans Aksakol, lac-égoût. Ces eaux courantes ont leur origine dans des marais situés au pied d'une chaîne de montagnes;

3°. Le Vil, rivière qui se perd dans le Selenoé-Karakul;

4°. Vers l'embouchure de la rivière d'Yemba, on voit à gauche un ruisseau qui se jette dans un *lac-égoût*.

Puis, à droite de la même rivière, trois ruisseaux, d'un cours parallèle, & dont l'origine est au pied d'une chaîne de montagnes, disparoissent dans de petits égoûts.

Au-delà du Jaïk, à l'ouest, est un ruisseau qui tombe dans un lac salé.

En remontant au nord, à la gauche du Jaïk, est le lac salé Vleytza, qui reçoit un ruisseau à deux branches.

En reprenant la route de l'ouest, au delà du Volga, on rencontre trois ruisseaux qui terminent leur cours dans des lacs-égoûts.

D'abord le ruisseau Kura, qui traverse successivement trois lacs.

Puis le Tumislow, qui se jette aussi dans deux lacs.

Ensuite le Baivala, qui disparoît dans un seul égoût.

En remontant au nord, on rencontre, entre l'Irtisz & l'Oby, un canton au milieu duquel sont dispersées plusieurs flaques d'eau, & le lac Czana, qui réunit cinq rivières, lesquelles y terminent leur cours.

Ces eaux courantes accidentelles ne me paroissent pas extraordinaires dans une contrée remplie de larges bassins affaisés, au milieu desquels on distingue l'Aral & la mer Caspienne.

VII. Absorbans (*Cantons*) *de l'Arménie, de la Karamanie, de la Shamsyrie.*

Dans une des cartes de d'Anville, qui renferme ces provinces, je trouve d'abord deux bassins fermés, au milieu desquels sont situés les lacs de *Van* & d'*Ormia*, que l'on doit considérer comme les égoûts d'un grand nombre de rivières qui s'y réunissent.

Puis j'observe cette grande pente que nous offre le double cours du Tigre & de l'Euphrate.

C'est à l'origine de la pente que suit le Tigre, que l'on voit une branche de ce fleuve, laquelle franchit, par une marche souterraine, une montagne qui fait partie de l'enceinte d'un grand bassin où sont distribuées un grand nombre de branches qui forment proprement la tête de ce fleuve. Je discuterai par la suite ce qui concerne le passage des rivières à travers les montagnes.

Beaucoup plus bas & au sud, dans la contrée de Diar-Modzar, est une rivière à deux embranchemens, lesquels ont leur origine dans une chaîne de montagnes assez remarquables; ces embranchemens se perdent, après leur réunion, dans une vaste plaine près de Harran.

En se portant au nord-ouest, entre l'Anatolie & la Karamanie, on rencontre cinq vallons fermés & abreuvés, qui offrent:

1°. La rivière de Koniett, laquelle se jette dans un lac fort alongé. Ces eaux sont renfermées dans une enceinte de montagnes, exactement fermée;

2°. Le lac Beï-Shehri, lequel reçoit un ruisseau à deux branches, qui abreuve un autre lac;

3°. Le lac Kashaklu, qui reçoit un ruisseau à chacune de ses extrémités. Son bassin est situé entre deux chaînes de montagnes;

4°. Le lac Ak-Shehr occupe le centre d'un grand bassin fermé par des montagnes, au pied desquelles cinq rivières qui s'y jettent, prennent leur source;

5°. Enfin le lac l'Aarkitkan, dont la forme est très bizarre, reçoit quatre ruisseaux, lesquels sortent des montagnes qui forment l'enceinte de ce bassin.

Je supprime ici le lac salé Tazla, situé au milieu d'une vaste plaine, dont il est visiblement l'égoût: j'en parlerai à l'article *lacs salés*.

Je passe maintenant à la Shamsyrie.

J'y trouve d'abord les rivières de la longue vallée d'Halep, qui se perdent dans un petit lac, & à côté de ce lac un autre lac salé.

Plus bas & en tirant vers l'est, la petite rivière de Gadir-Ather disparoît dans l'extrémité septentrionale de la plaine de Tadmor.

Enfin, plus au sud, la vallée de Sel de Palmire n'offre qu'un petit lac.

Au sud-ouest, la rivière de Marra se perd dans un foible égoût après avoir reçu un ruisseau qui s'y réunit.

Puis aussi, au sud-ouest, le bassin de Damas offre le lac du Pré qui reçoit cinq rivières, dont une fort considérable.

Ensuite le bassin particulier & fort long de la *Mer-Morte*, qui renferme le lac *Bahr-el-Houley*, abreuvé de deux ruisseaux, & versant son trop plein dans le lac Tabavich, alimenté en même tems par cinq ruisseaux. Toutes ces eaux se rendent dans la Mer-Morte, qui reçoit aussi cinq ruisseaux, dont un est assez considérable.

A côté de ce bassin, vers l'est, sont deux petits bassins, dont un renferme la rivière de *Bosra*, & l'autre celle de *Karak-Schaubak*. Ces deux rivières ont leur ſource dans des montagnes, & l'extrémité de leur cours dans la plaine.

VIII. ABSORBANS (*Cantons*) *de l'Arabie & de l'Yemen.*

Je joins ici à la province de Shamſyrie, les Arabies & l'Yemen. Ces contrées, à en juger d'après les cartes de d'Anville & des voyageurs danois, renferment un grand nombre de ruiſſeaux qui ſe perdent & qui diſparoiſſent au milieu de ces vaſtes plaines ſèches & arides; en ſorte que, relativement aux eaux courantes & extérieures, ce qui paroîtra le plus extraordinaire, c'eſt leur ſéjour à la ſurface de la terre, qui abſorbe très-facilement l'eau des pluies, ſurtout dans les parties où le calcaire ſe trouve adoſſé aux maſſes granitiques. Mais je reviendrai à cette conſtitution du ſol de l'*Arabie*, dans l'article où je traiterai de tout ce que nous ſavons de ce pays, qui ſoit relatif à la *Géographie-Phyſique.*

On trouve d'abord près de Kalaat & de Nahal un ruiſſeau ſans ſuite, qui prend cependant ſon origine dans les montagnes, & qui diſparoît dans un terrain plat.

Puis au ſud eſt un ſemblable ruiſſeau aux environs de Tebuc, lequel a ſa ſource dans une chaîne de montagnes, & l'extrémité de ſon cours dans une plaine.

Enſuite à *Shefar*, vers le ſud-eſt, on voit *Vadi-Uzzir*, qui de même a ſon origine au pied d'une montagne, & termine ſon cours en plaine à Beled-ul-Kaſam.

Aſſez près de là, vers l'eſt, eſt une flaque d'eau à Sbica.

Plus bas, au ſud, on rencontre, au deſſous de Kaltah, *Vadi-Uſſavan*, qui prend naiſſance au pied d'une montagne & ſe perd dans un terrain plat.

En deſcendant, toujours vers le ſud, on voit *Vadi-al-Kora*, au deſſus de Rohba, dont la ſource eſt dans une montagne, & qui ſe perd au milieu d'un terrain plat.

Enfin plus au ſud, vers Médine, eſt une ſemblable rivière qui prend ſa ſource dans une haute montagne, & qui termine ſon cours dans une plaine.

Au deſſous de Médine eſt, près de Sokai, un ruiſſeau ſans ſuite au milieu d'une plaine.

En ſe portant à l'eſt, dans le Lemama, on trouve à Kermiſe, une rivière qui a ſa ſource dans une chaîne de collines, & ſe perd dans une plaine après un cours de peu d'étendue.

Dans l'Yemen, une rivière à deux branches, leſquelles tiennent chacune à une chaîne de montagnes conſidérables; elles ſe perdent dans un terrain plat après leur réunion.

En ſe portant vers l'eſt, on trouve à *Mareb*, au milieu d'un baſſin fermé exactement par une enceinte de montagnes, pluſieurs ruiſſeaux qui diſparoiſſent après leur réunion.

Au deſſous de la rivière précédente à deux branches, on voit *Vadi-Shirres*, qui a ſa ſource dans un cul-de-ſac de montagnes eſcarpées, & qui ſe perd près de *Chamir.*

Je paſſe maintenant dans l'Yemen, & en ſuivant la carte de cette contrée, telle que Niébuhr l'a publiée, j'en commence le dépouillement par ſon extrémité méridionale, & de là je remonte ſucceſſivement vers le nord, juſqu'à ce que j'aie atteint les *Vadi* renfermés dans l'Arabie, & auxquels j'ai terminé la deſcription précédente.

Je trouve donc, à la hauteur de *Mocha*, le *Vadi-el-Kbir*, qui, après un aſſez long cours, ſe perd à *Muſa*, & ne paroît le continuer au-delà que dans les tems de pluies.

En remontant au nord, vers Bellad-Ibn-Aklan, on trouve deux ruiſſeaux d'un moindre cours, qui ſe perdent même avant d'arriver aux ſables de la plaine.

Plus au nord, on trouve une longue rivière qui paſſe à Hás, & qui diſparoît dans les ſables à Miskit.

A quelque diſtance, vers le nord, une ſemblable rivière qui paſſe à Uddin, ſe perd dans les ſables à Mataa. C'eſt le *Vadi-Zabid.*

En s'avançant toujours vers le nord, on trouve ſix rivières, qui, après avoir coulé dans des vallées, diſparoiſſent au milieu des ſables de la plaine dans les tems de ſéchereſſe. Quelques-unes de ces rivières, qui ont un cours d'une petite étendue au milieu des vallées, ne vont pas même juſqu'à la Mer-Rouge dans le tems des pluies. Tous ces effets dépendent de la longueur du cours des rivières dans les montagnes, & de l'abondance des eaux qu'elles charient.

J'obſerve que le Vadi-Koa, qui a peu de cours dans la montagne, en a un très-peu étendu dans les ſables.

Il en eſt de même de Kulebe-Torrens & de Vadi-Schab, qui ont peu de ſuite dans la plaine au débouché des montagnes, parce qu'ils y ont peu de cours dans les vallées.

Au deſſus de ces rivières, dont le cours dans les montagnes & dans la plaine offre tant de variétés, ſuivant leur abondance & la ſaiſon, on rencontre deux rivières qui ont d'autres directions, qui ſont d'abord *Vadi-Laa*, puis *Vadi-Shirtis*, dont j'ai parlé ci-deſſus, & le *Vadi-d'Orp-Aubert.*

Et à côté, à l'eſt, la *Vadi-Deihan.*

Et enfin, beaucoup plus bas, à l'eſt, proche Mechâder, un ruiſſeau qui ſe perd après avoir pris ſa ſource dans une montagne.

IX. ABSORBANS (*Cantons*) *des différentes parties de l'Afrique.*

Il ſuffit de jeter les yeux ſur la manière irrégulière dont les eaux courantes sont distribuées dans les différentes parties de l'Afrique, pour sentir le besoin d'y suivre en detail les ruisseaux & rivières qui se perdent ou qui disparoissent seulement dans des intervalles plus ou moins étendus. Il est visible que ces effets tiennent à de grands affaissemens qui ont divisé la surface de la terre de l'Afrique en bassins, au milieu desquels les eaux des plus grands fleuves circulent, & finissent par se perdre dans des entonnoirs, la plupart du tems très-rapprochés des sources d'autres grands fleuves. On voit aussi qu'un grand nombre de rivières se perdent dans des égoûts placés sur les extrémités des grands déserts ou amas de sables, qui ont couvert en grande partie l'ancienne organisation par couches ou par masses primitives. Pour donner à ces considérations les développemens convenables, je vais faire l'énumération détaillée des rivières & des fleuves qui se perdent en Afrique, tels qu'ils sont tracés sur la dernière carte de cette partie du Monde, rédigée par Wilkinson. Je commence ce dépouillement par le nord.

En suivant d'abord, de l'ouest à l'est, la circulation superficielle en Barbarie, on trouve la rivière d'Arah, qui, après avoir rassemblé les eaux d'un demi-bassin ceint de montagnes, se perd dans un *lac-égoût* situé sur le bord septentrional du grand désert.

A côté, vers l'est, la rivière de Tafilet, dont la tête est formée de trois ruisseaux réunis qui prennent naissance dans trois réduits de montagnes faisant partie de l'Atlas, termine son cours dans un semblable lac-égoût, & également sur le bord du même désert, bien figuré dans la carte.

Encore plus à l'est, le *Ziz*, rivière qui a sa source dans les mêmes montagnes, se perd de la même manière.

Enfin le *Ghir*, qui prend naissance dans un cul-de-sac de l'Atlas, après avoir arrosé trois villes, se perd aussi dans un lac au bord du désert de Varaclan, faisant partie du grand désert dont il a été question ci-devant.

En remontant vers le nord, on voit la rivière de *Bat*, dont une des branches arrose Mequinés, & qui prend naissance au pied du revers septentrional de l'Atlas, se perdre dans un petit lac avant d'arriver à l'Océan atlantique.

Lorsqu'on se porte ensuite vers l'est, on rencontre :

1°. La rivière *Ved-Jiddi*, laquelle se réunit à celles d'Abead & de Tuggurt, & se perd dans le lac Melgig. Chacune de ces trois ramifications d'eaux courantes prend sa source dans des chaînes de montagnes particulières.

Vers le nord, la rivière de Taaut, à deux branches, se perd dans un petit lac. Ces branches ont aussi leur origine dans une enceinte de montagnes.

Près de là une rivière, qui coule dans une vallée profonde & étroite, & entre deux chaînes parallèles de montagnes, se perd aussi dans un lac.

Ensuite le lac Loudeah occupe un loug bassin, & ne reçoit qu'un foible ruisseau.

En tirant au sud-est, dans le Jerid, le ruisseau *Vad-el-Jear* paroît au milieu d'un terrain plat, sans suite.

En descendant vers le royaume de Fezzan, on rencontre de même une rivière qui n'a ni suite ni origine marquée.

Plus bas, entre les déserts de *Barca* & de *Berdoa*, on voit le Shebarah, filet d'eau & égoût.

Puis l'enceinte d'eau *Araschie*, avec un centre à sec, comme sont les *Oasis*, & entr'autres celle de *Jupiter-Ammon*, comme je le dirai à cet article.

Enfin, vers l'Egypte, on a indiqué l'*Oasis-Magna* & l'*Oasis-Parva*, dont nous exposerons les singularités remarquables à l'article OASIS.

Si l'on se porte vers le sud de cette partie de l'Afrique, que l'on vient de parcourir, on rencontre, au milieu des déserts de sables, dans des espèces d'îles de terrains particuliers, 1°. *Vadan* ou les deux rivières sur le bord du désert de Bilmah ; 2°. la rivière Eyre, sur le bord du désert de Lemta ; 3°. le torrent de Mezz. ran, qui disparoît dans plusieurs parties de son cours ; 4°. Vergela, près Godia, au dessus d'Ahara ; 5°. la rivière Tuggurt, près de Guegueve, dans le désert de Jafar ; 6°. un petit filet d'eau sans suite, dans le désert Azarad, près de *Tascelalat*.

Je dois ajouter ici que les rivières dont nous avons fait mention aux divisions 1, 2, 4 & 5, ont des cours très-peu étendus, & disparoissent fort promptement après leur naissance.

On avoit cru autrefois que tous ces petits terrains que nous trouvons ainsi abreuvés par des rivières & des filets d'eau, étoient de grands bassins d'eaux courantes ; mais, à en juger par la carte de Wilkinson, ce sont des restes de l'ancienne organisation par couches, qui se trouvent à côté ou au milieu des déserts sabloneux.

Si nous gagnons maintenant le centre de l'Afrique, nous y verrons pour-lors de grands bassins, dont le fond paroît propre à contenir les eaux pluviales. Ainsi, entre les déserts de *Bournon*, de *Seth* & de *Zeu*, on trouve des rivières d'un cours de certaine étendue, qui ont leur origine dans des chaînes de montagnes. Telles sont le *Bahr-el-Fittre*, *Gazel* & le *Ghir*, lesquelles se réunissent dans le lac de *Kanga*. Il y a d'ailleurs des habitations le long de ces eaux courantes.

Au sud-ouest sont quatre systèmes d'eau courantes ; d'abord, celui de Darkulla, dont les embranchemens ont tous leur origine dans autant de bassins de montagnes, & disparoissent en plusieurs parties de leur cours.

Puis celui de Wangarà, dont les ramifications ont leur ſource, ou dans des lacs, ou dans des chaînes de montagnes.

Enſuite celui de Zanfara, qui a ſon origine dans les monts *Amedede*.

Enfin celui de Guber, dont deux embranchemens ont leur ſource dans des montagnes.

C'eſt avec ces moyens que le Niger ſe forme & coule juſqu'au lac Dibbie.

Une contre-partie du Niger prend ſa ſource à Sankari, au pied de montagnes qui forment pluſieurs baſſins. C'eſt là auſſi que d'autres rivières ſe réuniſſent à celle de Sankari pour couler à plein canal juſqu'au lac *Dibbie*.

Maintenant, en ſuivant le revers des montagnes de Sankari, on y voit, 1°. pluſieurs autres rivières qui forment la tête du Sénégal, lequel coule ſans interruption juſqu'à la mer;

2°. Au deſſous de l'embouchure du Sénégal, au ſud, eſt celle de la rivière de Gambie, qui éprouve de longues interruptions.

Plus bas encore on remarque, à la même hauteur, trois ramifications d'eaux courantes formant la tête de la grande rivière, leſquelles éprouvent de longues interruptions dans leur cours.

Il en eſt de même de la rivière Meſurada, qui diſparoît pendant un intervalle fort conſidérable, & juſqu'à une petite diſtance du bord de la mer.

Un peu plus à l'eſt, les rivières *Sueiro d'Acosta* & de *Volta* offrent de ſemblables interruptions & réapparitions à une certaine diſtance du bord de la mer, & il y a grande apparence que ces accidens ſont dus aux amas de ſables qui recouvrent certaines parties de ces contrées.

Si nous paſſons maintenant en Éthiopie, nous y trouverons, 1°. la rivière de Maleg, qui éprouve une longue interruption dans les environs de *Sennaar*, & ne reparoît qu'à quelque diſtance de la branche occidentale du Nil.

2°. La rivière Hawash, qui prend ſa ſource dans un baſſin ceint de montagnes élevées, & qui ſe perd à Ancagurel, dans un amas de ſables, lequel rend toutes ces eaux à une rivière qui a ſon origine à l'autre extrémité de ce même amas.

A côté, l'Hamazo, rivière à deux longues branches qui ont leur origine dans deux baſſins de montagnes, ſe perd dans un ſemblable amas de ſables qui rend ces eaux à une autre rivière, ou plutôt à ſa continuation qu'on voit à l'autre extrémité.

Près de la rivière précédente & ſa repriſe eſt celle d'Ancona, qui diſparoît & ſe perd entiérement.

En ſuivant maintenant la côte orientale de l'Afrique, on trouve les rivières de Zorat & de Quilimanci, qui éprouvent des interruptions fort longues avant de reprendre leur cours apparent en approchant des bords de la mer.

Enſuite le Zambeze, qui, après avoir pris ſa ſource dans les montagnes de Butna, éprouve, vers ſon origine, une interruption remarquable.

Le *Fish*, autre rivière qui a ſon origine au revers de ces mêmes montagnes, diſparoît pendant un aſſez long intervalle, & reprend enſuite ſon cours avant de ſe jeter dans l'Océan.

En remontant au nord, & ſuivant la même côte, on voit le Cunemi & la Coanza, qui ſe trouvent dans le même cas que le Fish, inconteſtablement par les mêmes circonſtances que ces eaux courantes rencontrent dans le ſol que leur lit parcourt.

X. Absorbans (*Cantons*) *dans l'Amérique méridionale.*

Les premiers détails que je préſente dans cet article, ſont tirés de la carte eſpagnole de la Cruz. J'ai d'abord analyſé cette carte, particuliérement ſous le rapport de l'hydrographie des rivières principales, qui m'en a paru très-intéreſſante. Outre ſes grands canaux, qui ont des cours très-étendus, ſurtout du côté de l'eſt, j'y ai remarqué & décrit des baſſins de formes très-variées, & dont les eaux ſe perdent. J'en ai compté juſqu'à douze dans les contrées voiſines du Tropique du Capricorne. Entre ces baſſins, j'en ai diſtingué de fort grands, qui renferment des rivières dont le cours ſe termine dans des lacs qu'on doit en conſidérer comme les *égoûts*, & qui, par cette raiſon, ſont tous *ſalés*.

En deſcendant vers le ſud, on rencontre encore une contrée qui contient pluſieurs baſſins ou *vallons fermés*, dont les eaux ont des cours plus ou moins étendus, & finiſſent par ſe perdre dans des lagunes ou des entonnoirs. J'ai penſé que la conſtitution du ſol d'une contrée auſſi perméable aux eaux courantes des ruiſſeaux & des rivières, méritoit une certaine attention, & que d'ailleurs les enceintes élevées des baſſins qui renfermoient ces eaux, annonçoient des opérations de la Nature, ſemblables à celles que j'ai obſervées dans les vallons fermés de la France, c'eſt-à-dire, des affaiſſemens aſſez étendus. (*Voy.* Vallons-fermés.)

En paſſant maintenant aux chaînes de montagnes figurées dans cette belle carte, ſous la dénomination des *Cordillières* & des *Andes*, j'ai reconnu que, ſoit par les produits des ſources qui verſent à l'eſt, ſoit par ceux des ſources qui verſent à l'oueſt dans la grande mer du ſud, les deux chaînes étoient interrompues & découpées très-fréquemment, & offroient des brèches d'une moyenne largeur, qui favoriſoient cette belle diſtribution des eaux, d'où réſultent ſurtout les fleuves de cette partie de l'Amérique.

Il eſt facile d'obſerver de même, en général, que les intervalles des chaînes ſont abreuvés par les

les eaux courantes des fleuves, qui coulent d'abord vers le sud ou vers le nord tant qu'ils restent renfermés dans cette double enceinte aux environs de l'équateur; ce qui semble annoncer d'abord les deux pentes des sols primitifs vers ces points de l'horizon.

Mais, je le répète, ce qui m'a paru mériter le plus d'attention, c'est la marche des eaux qui ont formé des coupures & des brêches à travers lesquelles les rivières débouchent des enceintes, soit qu'elles se précipitent vers la côte du Pérou, soit qu'elles suivent les pentes alongées qui les conduisent à l'Océan atlantique.

Je reviendrai par la suite à ces *coupures* des chaînes de montagnes par les rivières; mais j'ai cru devoir indiquer ici ce premier travail des eaux, dans un article où je m'occupe principalement des exceptions à leur distribution générale dans les vallées régulières.

Après ces considérations, qui sont la suite du premier examen des deux cartes de l'Amérique méridionale de d'Anville & de la Cruz, je passe à l'énumération & à la description des bassins dont j'ai parlé, en commençant par ce que m'a donné le dépouillement de la carte de d'Anville, & terminant le tout par la carte de la Cruz, sans redouter ni les répétitions ni même les différences remarquables.

Énumération des bassins fermés où les eaux se perdent, soit dans des lacs, soit dans des égoûts, soit dans des terrains plats, suivant d'Anville.

Je trouve d'abord le grand bassin du lac *Titicaca*, qui, d'un côté, reçoit la rivière *el Desaguadero*, laquelle traverse la lagune de *las Aullagas*, & de l'autre, une rivière peu considérable. Ce bassin, fort long & fort large, est exactement fermé par des montagnes qui se réunissent aux deux extrémités.

En descendant au sud, vers le désert d'*Atacama*, on rencontre plusieurs *vallons fermés*, parmi lesquels il y en a quatre qui sont *abreuvés* chacun d'une rivière qui se perd: la première porte le nom d'*Antiosa*; la seconde, celui de *Doctrina*; la troisième, celui de *Malfin*; la quatrième, celui de *Salta*.

Un peu plus bas on rencontre le long *Valle Palcipa*, qui renferme une rivière formée par la réunion de cinq ruisseaux, lesquels prennent leur source dans les diverses parties des montagnes qui ceignent ce bassin. Cette rivière se jette dans le petit lac *Machigasta*.

A côté de ce bassin, vers l'est, on voit deux petits bassins à moitié fermés par des montagnes, au pied desquelles deux ruisseaux ont leur origine; d'abord celui de *Sant-Fernando*, puis celui de *Catamanca*, & ensuite l'un & l'autre, après un cours peu étendu, se perdent dans la plaine.

Enfin, un peu plus bas, au sud, les rivières de *Rioja* & de *Pichana*, après avoir pris naissance dans les montagnes, se perdent au milieu d'une plaine.

En se portant vers l'est, on trouve le long *Rio dolce* de *Sant-Yago del Estero*, qui se perd dans les *lagunas saladas de Porongos*, situées au milieu d'une plaine vague. La partie supérieure de ce *Rio dolce* est alimentée par douze ruisseaux qui ont leur origine dans autant de réduits de montagnes.

En revenant vers le sud-ouest, on trouve un long ruisseau qui se jette dans les lagunes de *Guanacache*, après avoir réuni les eaux du *valle Fertil* & des environs de *Sant-Juan de la Frontera de la Cordillera*.

On pourroit croire, par le tracé d'une ligne ponctuée, que l'eau de cette rivière, reçue dans les lagunes de *Guanacache*, auroit un débouché dans la mer; mais il paroît bien douteux.

Dans l'intervalle des deux systêmes d'eaux courantes précédens, qui se terminent à des lagunes alongées, est une nombreuse suite de rivières qui ont toutes leur source dans une chaîne transversale de montagnes, & qui se perdent dans une large plaine.

La première suite est composée de quatre rivières parallèles, & la seconde de deux. Quatre de ces rivières se terminent dans des égoûts bien figurés, & deux autres n'en ont point.

Je dois faire remarquer qu'entre ces deux suites, qui se perdent, il y a une rivière semblablement disposée quant à son origine, & qui traverse la plaine sans aucune interruption, jusqu'à ce qu'elle soit parvenue au Rio de la Plata.

Énumération des bassins où les eaux courantes se rassemblent & se perdent, soit dans des lacs ou lagunes, soit dans des égoûts, soit au milieu de terrains plats, suivant la carte espagnole de la Cruz.

Le premier bassin est celui dont le lac *Titicaca* réunit les eaux qui y affluent, & surtout celles de la rivière *el Desaguadero*. Ce bassin n'y est pas aussi bien terminé que dans la carte de d'Anville. La forme des lacs & des lagunes y est aussi fort différente.

Le second bassin est fort petit; il renferme les eaux de *valle de Antiosa*, qui se perdent dans un petit égoût.

A côté, vers le sud, est un bassin plus alongé, qui renferme la rivière nommée *Malfin*, laquelle se perd dans un égoût peu remarquable.

Au sud-est, on voit un fort grand bassin où les lacs de *Palcipa* & d'*Andalgala* rassemblent les eaux de plusieurs vallées, & en particulier celles du *valle Abaucan* & celles du *valle Andalgala*, qui paroisſent avoir fait des brêches à travers les parties des montagnes qui les ſéparoient du baſſin commun des lacs.

En deſcendant plus au ſud, ſix rivières, contenues dans un aſſemblage de baſſins, ſe perdent, après leur réunion, dans un égoût peu étendu. C'eſt le Rioja de d'Anville.

Plus bas encore, une ſeule rivière, après avoir parcouru une ſuite de baſſins, va ſe perdre également dans un égoût voiſin de l'égoût précédent, & dans le voiſinage de *valle Fertil.*

En ſe portant de là vers l'eſt, on trouve deux ſyſtèmes d'eaux courantes aux environs de Cordova, qui ſe perdent dans deux lacs d'une médiocre étendue. Celui qui eſt au nord, a le nom de *Primero*, & celui qui eſt ſitué au ſud, la dénomination de *Secundo.* Leurs enceintes montueuſes ſont aſſez vagues.

En tirant au nord-eſt, on trouve une grande rivière nommée *Aqua dolce*, & formée par la réunion de dix ruiſſeaux diſtribués dans un large baſſin, laquelle, après avoir reçu deux à trois ruiſſeaux latéraux, ſe perd dans les *lagunas ſaladas de los Porongos.* Cette rivière paſſe à *Sant-Yago del Eſtero.*

En revenant vers le centre de la carte, on rencontre le *Rio quarto*, dont l'origine eſt voiſine des montagnes d'Achala, & qui ſe perd dans un foible égoût alongé.

A côté, vers l'oueſt, la rivière de Concaran, dont les trois embranchemens de la tête prennent leur origine au pied des montagnes, diſparoît au nord-oueſt, au milieu d'une large plaine.

Au ſud-oueſt, le *Rio quinto*, qui paſſe par *Sant Luis de la Punta*, après avoir raſſemblé les eaux de pluſieurs ruiſſeaux qui ont leur origine au pied d'une longue chaîne de montagnes, ſe perd dans un égoût qui, dans le tems des inondations ſe vide, & communique avec la rivière de *Saladillo*, laquelle ſe jette dans Rio de la Plata.

En deſcendant plus au ſud, à côté *de la Cordillera nevada de los Andes*, on trouve une rivière qui prend ſa ſource vers *Jegheu Quin*, & ſe perd dans un égoût ſitué au pied d'une montagne, au-delà de laquelle ſont trois ruiſſeaux qui donnent naiſſance à la rivière de *Chulilau*, & qui paroiſſent le produit de la rivière qui s'eſt perdue ſur le revers de la montagne.

Vers le milieu de la carte, on trouve quatre rivières qui ſe perdent dans des égoûts plus ou moins étendus, & à côté de montagnes qui n'ont aucune diſtribution régulière.

Vers Chaco il y a une rivière d'environ deux lieues de cours, qui ſe perd dans un terrain plat.

ABYLA, nom de montagne & de ville dans le détroit de Gibraltar, ſnr la côte de Mauritanie. On l'a conſidérée autrefois comme une des colonnes d'Hercule, & *Calpe*, ſur la côte d'Eſpagne, étoit l'autre. On croit que la montagne d'Abyla eſt ce que l'on appelle de nos jours *la montagne des Singes.* Ce qui nous intéreſſe le plus dans ce détroit, c'eſt la forme des deux bords de la vallée qui primitivement a ſervi, aux eaux courantes intérieures qui ont ébauché le baſſin de la Méditerranée, de canal de communication & de débouché avec l'Océan.

Je dis *vallée*, parce que je penſe que ce débouché a dû s'ouvrir dès les premiers inſtans où les fleuves ont coulé dans le golfe, & que toute cette ouverture s'eſt approfondie ſur le même ſyſtème que les autres vallées ſe ſont creuſées. *Voyez* VALLÉE, MÉDITERRANÉE & GIBRALTAR, où je ferai connoître mon opinion ſur la formation du *détroit. Voyez* auſſi la *Notice ſur Tournefort*, dans le volume précédent, où je donne quelque développement à cette marche primitive des eaux lors de l'approfondiſſement du baſſin de la *Méditerranée.*

ACADIE, preſqu'île de l'Amérique ſeptentrionale, ſur les frontières orientales du Canada, entre Terre-Neuve & la Nouvelle-Angleterre. Ce pays eſt commode pour la traite des pelleteries & la pêche de la morue. Les terres y ſont fertiles en blé, en pois, en fruits & en légumes. On y nourrit auſſi pluſieurs eſpèces de beſtiaux, & quelques parties de l'Acadie donnent de très-belles mâtures. Les pelleteries dont nous avons parlé, ſont les dépouilles des caſtors, des loutres, des loups-cerviers, des renards, de l'élan, du loup marin & autres animaux que l'on rencontre dans le Canada. *Voyez* CANADA. Quant à la pêche de la morue, elle peut ſe faire dans les rivières & dans les petits golfes de la côte. Le cap Breton s'eſt formé des débris de la colonie françaiſe qui étoit établie dans l'*Acadie.*

Nous joindrons à cet article quelques détails ſur *Miſcou*, île voiſine des côtes de l'Acadie. On trouve à côté une ſource fort abondante, qui fournit de l'eau douce aux habitans qui n'ont pas la reſſource des rivières. A deux cents pas de cette île, on voit ſortir du ſein de la mer un bouillon d'eau douce, de la groſſeur de la jambe, & qui s'élève à une hauteur conſidérable. Cette eau conſerve ſa douceur au milieu de l'eau ſalée, dans une circonférence de vingt pas, ſans que le flux ou le reflux arrête ou trouble ſon cours; de ſorte que le bouillon hauſſe ou baiſſe avec la marée. Les pêcheurs y vont chercher de l'eau avec leurs chaloupes, & la puiſent avec des ſeaux comme dans une fontaine. L'ouverture de cette ſource n'a pas moins d'une braſſe de profondeur aux plus baſſes marées, & l'eau qui environne le bouillon eſt auſſi ſalée qu'en pleine mer.

ACAMBOU, royaume d'Afrique ſur la côte

de Guinée, à l'occident de celui d'Akra. On tire beaucoup d'or de cette contrée.

ACAPULCO, ville & port de l'Amérique dans le Mexique, sur la côte de la mer du Sud. Il paroît que le commerce se fait d'*Acapulco* au Pérou, aux îles Philippines & sur les côtes les plus proches du Mexique. La réputation de ville commerçante qu'a cette ville, ne lui vient que de deux seuls vaisseaux appelés hourques, qu'elle envoie aux Philippines en Orient. Leur charge, au départ d'Acapulco, est composée, partie de marchandises qui viennent au Mexique par la Vera-Crux, & partie de marchandises de la Nouvelle-Espagne. La cargaison, au retour, est composée de tout ce que la Chine, les Indes & l'Orient produisent de plus précieux. Les habitans d'*Acapulco* font aussi quelque commerce d'oranges, de limons & d'autres fruits que leur sol ne porte pas. *Voyez* le *Voyage de Bouguer au Pérou.*

ACCESSIBILITÉ DES MONTAGNES. Quiconque a observé ce que l'on emploie de tems à gravir les montagnes du centre des Alpes, ne sauroit, sans surprise, réconnoître la facilité que l'on trouve, dans les Pyrénées, à parvenir à une élévation très-considérable. Les courses que des voyageurs exercés ont faites dans les unes & les autres montagnes, les ont convaincus de cette différence remarquable. Ainsi, pour ne citer que des montagnes bien connues, le Canigou & le pic du midi de Bigorre sont si accessibles, que, dans un jour, les personnes les moins capables de supporter les fatigues des montagnes, atteignent leur sommet & en descendent, tandis que le Buet, élevé seulement de soixante toises de plus que ce dernier, a été long-tems, dans les Alpes, la plus grande hauteur à laquelle soient parvenus des observateurs enflammés de l'amour des sciences.

L'âpreté des rochers n'entre pour rien dans cette différence; car ceux des Pyrénées ne sont assurément pas moins escarpés que ceux des Alpes; &, toutes choses égales d'ailleurs, on en trouve d'autant plus à gravir, que les neiges, moins étendues, livrent plus de surfaces à la dégradation que causent le contact de l'air & les injures du tems.

La raison de l'*accessibilité* comparative des Pyrénées est toute entière dans le peu d'étendue de leurs amas de neiges & de glaces. Les neiges de ces montagnes participent bien aux mêmes états que celles des Alpes, tantôt dures & glissantes, tantôt molles & promptes à s'effondrer, &c. Elles ont des dangers réels pour le voyageur; mais le péril diminue ici comme les espaces & comme le tems qu'on emploie à les parcourir. Quant aux glaces, toutes semblables aux glaces supérieures des Alpes, elles n'y prennent jamais la forme des glaciers hérissés & fendus que l'on trouve dans les vallées inférieures, & ne sont dangereuses qu'en proportion de leur inclinaison : ordinairement même elles sont aisées à éviter, &, toujours les crampons aux pieds & la hache à la main, on peut se frayer un passage à travers. Combien les glaces des Alpes n'opposent-elles pas d'obstacles plus difficiles à surmonter! Non-seulement, en se prolongeant à une distance considérable du lieu de leur formation, elles s'emparent de toutes les avenues des montagnes, mais encore elles défendent de plus loin l'approche des sommités; & d'ailleurs, la fureur des torrens ravage à un point inconcevable les lieux où elles ne sauroient descendre. A peine est-on élevé de cinq ou six cents toises au dessus du niveau de la mer, que les déserts & les dangers commencent en général dans les montagnes; &, dût-on compter pour rien ce que l'étendue de ces déserts ajoute au nombre de ces dangers, les glaciers seuls, hérissés en tous sens, crevassés de même & se reproduisant partout, forment un danger à part, inconnu dans les Pyrénées. Il faut sonder pas à pas sa route, éviter, se détourner; il faut se traîner lentement sur des pentes qu'on peut parcourir assez rapidement dans les Pyrénées.

Il suffit de savoir que les Andes, sous l'équateur, ne sauroient avoir des glaciers de quelque volume, pour comprendre comment, à quinze cents toises au dessus du niveau de la mer, on y trouve une ville & de riches campagnes. Si leurs sommets ne sont pas moins accessibles que ceux des Pyrénées, c'est qu'à l'égard de la région des neiges permanentes, ils se trouvent dans la même condition; & tant d'autres causes, dépendantes de cette seule cause, ou étroitement liées avec elles, concourent à conserver, dans un état florissant, des vallées qui se trouvent à neuf cents toises au dessous de la ligne inférieure des neiges permanentes, qu'avoir recours, pour expliquer cet état, à la supposition qu'elles sont sorties du fond des eaux plus tard que celles des Alpes, c'est, il me semble, mettre bien gratuitement l'Océan dans des positions très-extraordinaires.

On conçoit, d'après ce que nous venons de dire sur les Pyrénées, que la condition du chasseur d'isard est bien moins fâcheuse que celle du chasseur de chamois dans les Alpes. Je n'ai point ouï dire que, dans les Pyrénées, la passion de cette chasse périlleuse fît beaucoup de victimes. De même que les approches des montagnes sont moins difficiles, les hauteurs moins considérables, les neiges moins étendues, de même les froids de la nuit sont moins rigoureux, les ouragans moins longs, les brouillards moins opiniâtres; &, dans le cas où le chasseur est surpris par le mauvais tems, combien de dangers & de fatigues lui sont épargnés, par cela seul que les déserts sont plus bornés & les habitations plus voisines! D'ailleurs, l'isard ne paroît pas capable d'autant de résistance que le chamois. Sensiblement plus foible, il aime moins les rochers escarpés; il s'élève plus rarement dans les neiges supérieures, & sans doute il participe à ce manque de courage, qui paroît caractériser les animaux des Pyrénées, quand on les compare à ceux des Alpes.

Par une bizarrerie singulière, au reste, si les Alpes ont plus de dangers pour celui qui les parcourt, les Pyrénées opposent plus d'obstacles à celui qui ne fait que les traverser. Aussitôt qu'on s'éloigne des deux mers, on trouve la chaîne fermée; car à peine ose-t-on qualifier de passage des sentiers mal tracés, où l'homme n'a rien fait pour mettre à profit les indications & même les dispositions de la Nature. L'insouciance des deux peuples sur ces communications intermédiaires, fait le plus singulier contraste avec la persévérance qu'ont montrée les habitans des Alpes, quand il s'est agi d'ouvrir, en dépit de la Nature elle-même, celles qui facilitent leur commerce intérieur & extérieur. Ainsi le montagnard des Pyrénées, plein de feu, d'activité & de génie, mais accoutumé par les longues inimitiés qui ont régné entre les deux états, à ne déployer que dans l'art de nuire à ses voisins, le courage & l'adresse dont il est doué, n'a vu dans cette chaîne que des défilés & des remparts, & n'en a pu prendre encore, après une longue paix, une idée différente, quand celui des Alpes, soumettant tous motifs de division à la communication fraternelle des peuples qu'un même intérêt anime, a voulu qu'ils cédassent à l'alliance que contractoient des hommes libres.

Il est vrai que les coupures & les passages qui séparent les parties différentes des arêtes de la chaîne des Pyrénées, sont infiniment moins profondes, & présentent des ouvertures moins faciles que n'offrent les Alpes, parce que les agens qui ont creusé ces vallées, ont moins de force & d'activité dans les Pyrénées que dans les Alpes. La crête, dans ces dernières chaînes, est plus variée, plus interrompue, soit en conséquence de la division des matières pierreuses, que dans les Pyrénées, où toutes ces masses sont plus homogènes, surtout vers la crête principale, où l'on ne trouve que quelques ports d'un accès peu facile & peu ouvert.

ACCLIVITÉ, pente d'un plan incliné à l'horizon, considérée de bas en haut. Ainsi, l'on peut dire l'*acclivité* de cette montagne ou de ces coteaux est plus ou moins rapide lorsqu'on s'élève. L'acclivité des angles saillans dans une vallée est d'autant plus douce, que ces angles sont prolongés davantage; & cette *acclivité* devient d'autant plus roide, que l'on s'approche plus des parties des bords de la vallée qui se trouvent au dessus ou au dessous de la pointe de l'angle saillant & incliné.

Les acclivités des collines & des montagnes ont des formes d'autant plus douces, que les matériaux des parties supérieures se sont démolis plus facilement, & précipités plus abondamment dans les parties inférieures. Si nous voulions suivre ces effets & leurs progrès, il faudroit les considérer sous le rapport de la pente prise de haut en bas, & par conséquent sous celui de la *déclivité*. *Voyez* ce mot.

ACCORE (CÔTE). C'est une côte dont le fon augmente considérablement dès qu'on s'en éloigne, ou dont l'élévation est presque perpendiculaire au dessus de l'eau, & la rend d'un accès for hasardeux pour ceux qui voudroient y descendre Il est difficile d'ailleurs de se sauver lorsqu'on s'échoue à une *côte accore*: outre la difficulté de s'accrocher & de la franchir pour peu qu'il y ait d mer, les vagues poussent & brisent les bâtimen des naufragés contre les rochers, qui toujours for ment une pareille côte. Ce nom d'*accore* lui vien du rapport que lui donne son escarpement & s position perpendiculaire, avec les pièces de boi nommées *accores*, lesquelles entrent dans l'écha faudage qui sert à la construction d'un bâtiment & nous croyons qu'il convient d'adopter cette expression dans la *Géographie-Physique*, & même qu'il seroit fort avantageux de les faire figurer sur les cartes marines, où l'on néglige toujours les formes des côtes de la mer.

ACCRUES. On appelle ainsi les augmentations ou prolongemens qui se sont faits à certaines parties des berges des rivières, en conséquence du mouvement vermiculaire des eaux courantes. Ce sont visiblement les produits des éboulemens successifs qui se font du côté des berges escarpées, & qui vont se déposer aussi successivement dans les parties opposées des plans inclinés de ces berges. Ces nouveaux terrains, ces additions aux bords des rivières, ont des progrès d'autant plus rapides, que les rivières éprouvent des crues plus fréquentes: dans les grandes crues, les graviers mêmes avec les limons se meuvent du fond, & vont continuer des envasemens, des alluvions considérables dans les parties du canal où l'eau jouit d'un certain repos, soit, comme nous l'avons dit, à la pointe des plans inclinés, soit au dessus & au dessous des bancs de sables déjà ébauchés & isolés. Les matériaux détachés des bords par les éboulemens dont nous avons parlé, se joignent à ceux qui viennent d'amont, & les résultats de tous ces déplacemens sont les *accrues* qui, par la suite, se garnissent de saules, de vergnes, d'osiers, &c. c'est même à des productions de ce genre qu'on reconnoît les *accrues* sur les bords de la Marne, de la Seine & de beaucoup d'autres rivières. *Voyez* BERGES; *voyez* MOUVEMENT VERMICULAIRE DES-RIVIÈRES; *voyez* aussi l'*Atlas*, où tous ces mouvemens seront figurés de manière à en faire connoître les causes & les progrès. Il y a eu beaucoup de réglemens sur ces *accrues*; mais nous ne nous occuperons pas à discuter ici ce qui peut servir à décider la propriété de ces terrains factices, relativement aux riverains.

ACIDE. *Des acides en général.*

Nous croyons ne pouvoir donner une définition des acides plus claire & plus précise, que celle du citoyen Fourcroy. « On nomme acides des corps » brûlés ou oxygénés, caractérisés par la saveur » aigre, la propriété de rougir certaines couleurs » bleues végétales, l'attraction forte pour la plupart des corps, & par la formation des sels » quand on les combine avec des bases terreuses, » alcalines ou métalliques. »

Les acides, de quelque nature qu'ils soient, se trouvent purs ou se retirent des substances animales, végétales ou minérales dans la composition desquels ils entrent. Cette considération a fait distinguer trois sortes d'acides : 1°. les acides minéraux; 2°. les acides végétaux; 3°. les acides animaux.

Nous entendons par *acides animaux*, ceux qui n'appartiennent qu'aux matières animales, tels que les acides sébacique, lactique, &c.; ils sont formés d'un radical binaire ou ternaire uni à l'oxygène. Les acides de cette sorte n'étant pas susceptibles d'indications géographiques, nous nous abstiendrons d'en parler.

Nous désignons par les mots *acides végétaux*, ceux dont l'existence n'est encore reconnue que dans les substances végétales. Ils sont tous composés d'un radical binaire uni à l'oxygène. De cette classe sont les acides benzoïque, oxalique, camphorique, citrique, &c. Nous en dirons deux mots à l'article VÉGÉTAL. (*Voyez* VÉGÉTAL.)

Les acides minéraux sont les seuls qui se rencontrent quelquefois purs dans la nature; ils sont tous formés d'un radical indécomposable, uni à l'oxygène. Ces acides appartiennent plus aux corps fossiles qu'aux corps organisés, dans la composition desquels ils entrent cependant quelquefois.

Les acides minéraux peuvent être partagés en trois ordres : 1°. celui des acides minéraux non métalliques, à radical connu. Il renferme les acides carbonique, phosphorique, phosphoreux, sulfurique, sulfureux, nitrique & nitreux, selon que l'oxygène, en plus ou moins grande quantité, se trouve uni au carbone, au phosphore, au soufre & à l'azote. Cinq de ces sept acides existent dans la nature, ou purs ou combinés avec différentes bases. Ces acides sont : le carbonique, le phosphorique, le sulfurique, le sulfureux & le nitrique.

2°. Les acides minéraux du second ordre ou ceux dont les radicaux sont inconnus, se rapprochent beaucoup des premiers, & quelques observations semblent prouver qu'ils n'en sont que des modifications. Ces acides n'ont pas encore été décomposés par l'analyse ni formés par la synthèse; ils sont au nombre de quatre, & trois seulement se rencontrent dans la nature, l'un à l'état pur & à celui de combinaison, c'est l'acide boracique; les autres se trouvent seulement dans ce dernier état, & ce sont les acides muriatique & fluorique. L'acide muriatique oxygéné ne s'est encore trouvé ni à l'état pur ni à celui de combinaison : on le forme dans les laboratoires, en oxygénant l'acide muriatique.

3°. Enfin les acides minéraux du troisième ordre sont ceux composés d'un radical métallique, uni à l'oxygène. Des vingt-un métaux connus, quatre seulement ont la propriété de s'emparer d'une assez grande quantité d'oxygène pour parvenir à l'état d'acide. Ces quatre métaux sont l'arsenic, le molybdène, le schéelin ou tungstein & le chrome. Ils forment, par leur combinaison avec l'oxygène en certaine quantité, des oxydes, & avec une quantité plus considérable, les acides arsenieux, arsenique, molybdique, schéelique & chromique, lesquels se trouvent, dans la nature, à l'état de combinaison.

Les acides minéraux, de quelque ordre qu'ils soient, jouent un grand rôle à la surface de la terre; ils y sont abondamment répandus, soit purs, soit combinés avec des bases quelconques, & dans ce dernier état ils forment des masses considérables. Pour donner une idée de l'immensité d'étendue de quelques-unes de ces masses, nous citerons, pour l'acide carbonique, sa combinaison avec la chaux, laquelle constitue tout ce qui porte le nom de calcaire; pour l'acide sulfurique, les contrées gypseuses, dont les masses sont formées par la combinaison de cet acide avec la chaux; pour l'acide muriatique, nous citerons l'eau salée de la mer, les masses énormes de sel gemme, résultat de la combinaison de cet acide avec la soude, &c.

Nous pourrions encore rappeler une multitude de combinaisons salines, sinon aussi répandues que celles dont nous venons de parler, du moins en quantité assez considérable pour former des collines, des montagnes; pour couvrir des pays entiers d'efflorescences salines, pour communiquer une saveur particulière aux eaux de certains lacs, à celles de certaines fontaines qui, depuis le moment qu'elles commencèrent de couler, en furent imprégnées, & qui les dissolvent depuis des siècles sans en tarir le dépôt.

Dans cet article, nous nous proposons d'indiquer tous les lieux de la terre (qui sont à notre connoissance) où se trouvent les acides à l'état pur ou à celui de combinaison; car ici nous ne considérerons les combinaisons que comme une manière d'être, comme une gangue ou enveloppe des acides. Nous allons donc passer en revue les différens acides & leurs combinaisons. Pour les premiers, nous suivrons l'ordre établi par le cit. Fourcroy, & pour les derniers, celui adopté par le cit. Haüy dans son *Traité de Minéralogie*.

DANS LA NATURE.

L'ACIDE.....	Carbonique existe.........	....	pur.
		combiné avec...........	la chaux.
			la baryte.
			la strontiane.
			la soude.
			le plomb.
			le fer.
			le cuivre.
	Phosphorique existe combiné avec...................		la chaux.
			le plomb.
	Sulfurique existe combiné avec.....................		la chaux.
			la baryte.
			la strontiane.
			la magnésie.
			la soude.
			l'alumine (1).
			le plomb.
			le cuivre.
			le fer.
			le zinc.
	Sulfureux existe..		pur.
	Nitrique existe combiné avec.......................		la chaux.
			la potasse.
	Muriatique existe combiné avec....................		la chaux.
			la soude.
			l'ammoniaque.
			l'argent.
			le mercure.
			le cuivre.
	Fluorique existe combiné avec.....................		la chaux.
			l'alumine (2).
	Boracique existe..........	....	pur.
		combiné avec...........	la magnésie (3).
			la soude.
	Arsenieux existe..		pur.
	Arsenique existe combiné avec.....................		la chaux.
			le cuivre.
			le plomb (4).
			le cobalt.
	Molybdique existe combiné avec....................		le plomb.
	Schéelique existe combiné avec....................		la chaux.
			le fer.
	Chromique existe combiné avec.....................		le plomb.
			le fer.

§. Ier.

ACIDE CARBONIQUE.

Cet acide est le résultat de la combinaison de l'oxygène avec le carbone. Il est, à l'état de gaz, plus lourd que l'air atmosphérique; il se mélange avec l'eau, qui alors rougit les teintures bleues végétales; il n'est propre ni à la combustion ni à la respiration.

Quelquefois il se trouve pur dans la nature; alors les lieux qui le recèlent, sont placés au milieu des matières volcaniques; ces lieux sont :

1°. *La grotte du chien*, près de Naples; elle ren-

(1) Conjointement avec un alcali.
( ) Conjointement avec la soude.
(3) Conjointement avec la chaux.
(4) Conjointement avec l'acide phosphorique.

ferme ce gaz en grande quantité : étant très-lourd, il se tient dans la partie inférieure, à la hauteur d'un ou deux pieds ; il est visible : en se plaçant à l'entrée de la grotte, on le voit flotter, vaciller & se répandre sur un pré situé à côté, sans nuire aux herbages qui y croissent.

2°. *L'estoufi* ; c'est une cave faite dans un courant de lave, sur lequel ont été édifiés le château & les jardins de Montjoly, près Clermont-Ferrand, département du Puy-de-Dôme.

3°. Il y a encore en Vivarais, au hameau de Neyrac, près d'Aubenas, trois semblables réservoirs à gaz acide carbonique, également placés au milieu des laves.

L'acide carbonique est une des parties constituantes de l'air atmosphérique ; car cet air est composé de 27 parties d'oxygène, de 72 d'azote, & d'une partie d'acide carbonique.

Dans la nature on rencontre ce gaz combiné avec des terres, un alcali & des métaux.

Parmi les terres, celles avec lesquelles il se combine, sont la chaux, la baryte & la strontiane. Il constitue avec elles les carbonates de strontiane, de baryte & de chaux. Nous allons indiquer les principaux lieux où se trouvent ces trois sels, en commençant par ceux dans lesquels se rencontre le carbonate de chaux.

1. *Le carbonate de chaux.*

(Chaux carbonatée des minéralogistes, vulgairement spath calcaire, marbres, albâtres, incrustations, spath perlé, fer spathique, &c.) est sans contredit le sel le plus abondant & le plus répandu dans la nature ; il est soluble avec effervescence dans l'acide nitrique, qui s'empare de la chaux & laisse dégager le gaz acide carbonique : sa pesanteur est peu considérable ; il est plus dur que le sulfate de chaux ou sélénite, & moins dur que le fluate de chaux ou spath fluor.

Lorsqu'il est cristallisé, on lui remarque évidemment la réfraction double ; enfin, il est insoluble dans l'eau.

Pour mettre plus d'ordre dans la revue que nous nous proposons de faire des principales variétés de cette substance, & sur-tout des lieux où on les trouve, ce qui fait le principal objet de cet article, nous ferons cinq divisions, lesquelles comprendront : 1°. les carbonates calcaires cristallisés ; 2°. les marbres primitifs & secondaires ; 3°. les pierres calcaires à bâtir, pierres à chaux, pierres calcaires proprement dites, la craie, &c. ; 4°. les albâtres incrustations, & concrétions ; 5°. les spaths perlés & le fer spathique.

1°. *Carbonates calcaires cristallisés.*

Les formes régulières qu'affecte ce sel, sont extrêmement nombreuses ; elles ont été recueillies par le savant citoyen Haüy. Nous nous contenterons d'indiquer les lieux où on les a trouvés jusqu'à présent.

En France, à Cousons, près Lyon ; dans les bancs de pierre calcaire des environs de Paris ; dans le pays d'Aunis, à une lieue de la Rochelle ; près de Castelnaudary, dans le Haut-Languedoc ; dans le ci-devant Dauphiné ; dans la grotte d'Auxelle, en Franche-Comté ; dans un des fauxbourgs de Saint-Julien-du-Sault, département de l'Yonne ; à Bastène, près de Dax ; dans les Landes, &c. (*Voyez* AUXELLE.)

En Angleterre, dans les mines du Derbishire.

En Allemagne, dans les mines d'Andreasberg, au Hartz ; dans celles de Marienberg, en Saxe ; à Belobanya & à Joachimstal, en Bohême ; dans les Geodes d'Oberstein, au pays des Deux-Ponts.

En Espagne, dans l'Arragon.

Les spaths calcaires fibreux & rayonnans se trouvent dans toutes sortes de gangues. Dans les anciennes laves d'Auvergne, elles imitent la zéolithe, à s'y méprendre à la vue. Le citoyen Patrin, dans ses voyages en Sibérie, en a trouvé dans les mines voisines du fleuve Amour.

On voit, en général, que le carbonate de chaux cristallisé est fort abondant : on en rencontre dans les montagnes de premières sortes, & principalement dans les terrains secondaires ; il existe rarement dans ceux de transport ; enfin, on l'observe quelquefois dans les cavités des laves, où il s'est formé depuis leur refroidissement.

2°. *Marbres primitifs & secondaires.*

On appelle *marbres primitifs* ceux qui se trouvent dans les terrains primitifs, & dont la formation paroît contemporaine à celle du granit ; ils ne renferment aucuns débris de corps ; organisés, ils sont disposés en grandes masses confusément entassées ou en couches verticales. Leur tissu est grenu & lamelleux jusque dans leurs moindres parties ; ils renferment de la silice ; ils contiennent quelquefois aussi des grenats & de petits cristaux de fer octaèdre & de fer pyriteux ; ils sont souvent mélangés de feuillets micassés, schisteux, & portent alors le nom de *chipolins*.

Les marbres dits de *Paros* & de *Carrare* sont des marbres primitifs.

Les marbres secondaires, au contraire, sont d'une formation postérieure à celle des roches & des marbres primitifs. Ils contiennent souvent des débris de corps organisés ; ils sont disposés par couches horizontales ou peu inclinées, quelquefois très-étendues : leur tissu est serré, leur cassure, lisse, presque conchoïde, est cependant quelquefois lamelleuse comme celle des marbres primitifs, mais on apperçoit toujours quelques parties ternes & dépourvues d'apparence de cristallisation : ils contiennent d'autant plus de débris de corps marins, que leur formation est plus récente.

Une substance calcaire nommée *dolomie*, quoique primitive, fait le passage des marbres primitifs aux secondaires : elle est composée, sur 100 parties, de 46.1 d'acide carbonique, de 44.29 de chaux, de 5.86 d'alumine, de 1.4 de magnésie & de 0.74 d'oxyde de fer; elle a le grain fin, & ne fait qu'une lente effervescence avec l'acide nitrique; enfin, elle est phosphorescente par la collision & le frottement.

La dolomie se trouve en couches presque verticales, qui s'étendent depuis la base jusqu'au sommet des Alpes du Tyrol. On en rencontre une variété schisteuse à Campo-Longo, dans la vallée Levantine, au nord du lac Majeur.

Les brêches calcaires doivent être rangées parmi les marbres primitifs, dont les couches ont été bouleversées par une cause quelconque.

Elles se trouvent presque partout où il y a des marbres primitifs; ainsi, par exemple, la *brêche de Saravezza* se retire d'une carrière voisine de celles du marbre de Carrare, près de la côte orientale de Gênes. La brêche verte, dite *marbre vert d'Egypte*, se trouve aussi près de Carrare.

Nous allons donner ici l'énumération des marbres primitifs ou secondaires de France, & celle des principaux marbres étrangers.

Marbres de France (1).

Dans le Hainaut, le marbre de Brabançon est noir, veiné de blanc.

Les marbres noirs de Dinan & de Namur répandent, par l'action du feu, une odeur bitumineuse.

Celui de Rance est rougeâtre, mêlé de veines grises & blanches.

Celui de Givet, connu sous le nom de *brêche de Flandre*, est noir, veiné de blanc.

En Picardie, le marbre de Marquise, près de Boulogne, est une espèce de brocatelle à grandes taches jaunâtres, mêlées de filets rouges.

La Champagne fournit des marbres nuancés de blanc & de jaunâtre; c'est aussi une espèce de brocatelle : il y en a un qui est parsemé de petites taches grises, comme des yeux de perdrix.

Le marbre de Caen, en Normandie, est rouge, mêlé de veines & de taches blanches : il y en a de semblable près de Canne en Languedoc.

Les communes de Grimonville, Regneville, Mont-Martin & Hauteville sont situées sur un plateau entiérement composé de marbre gris.

On trouve encore le marbre à Camprond, près de Coutances, aux environs d'Aiglande, sur la Vire, & près de Lestre, entre Montebourg & Saint-Vast.

En Bourgogne, le marbre de la Louère, près Montbar, est à fond gris, semé de taches brunes.

Le marbre de Dromont est une brêche jaune, qui approche du jaune antique.

La brêche de la Rochepot, près de Beaune, est rouge & blanche; elle fut découverte en 1756.

Le marbre de Bourbon-Lancy est gris, veiné de blanc & de jaune doré; ce marbre étoit connu des Romains, qui en ont fait un grand pavé qui subsiste encore dans la salle des bains.

Le marbre de Tournus est mêlé de rouge & de jaune : la pâte en est belle, mais les couleurs n'en sont pas vives.

On a tiré du Bourbonnois les marbres blancs & colorés dont on a refait le pavé de Notre-Dame, à Paris. La carrière fut découverte par Caylus, en 1760.

On découvrit en 1776, dans le Poitou, près de la Bonardelière, une carrière de fort beaux marbres : l'un est d'un rouge foncé, mêlé de taches jaunes; l'autre est en grands blocs, d'une couleur uniforme, ou grise ou jaune, sans aucun mélange.

Dans le pays d'Aunis, on découvrit, en 1775, près de Saint-Jean-d'Angely, un marbre coquillier composé comme les lumachelles, d'une infinité de petites coquilles; ce marbre offre deux variétés, l'une à fond gris & l'autre à fond jaunâtre : l'une & l'autre prennent un beau poli.

Le ci-devant Languedoc est riche en beaux marbres qui méritent d'être employés à la décoration des édifices.

On en tire surtout une grande quantité des environs de Canne, à quelques lieues de Narbonne. Il y en a qui est couleur de chair, avec des veines blanches; d'autres dont le fond est d'un bleu foncé, avec des taches d'un gris clair. On trouve encore aux environs de Canne, le marbre *griotte*, qui est rouge foncé, mêlé de blanc, & le marbre *cervelas*, qui a de petites taches blanches sur un fond rouge.

En Provence, le marbre de Sainte-Baume est renommé : il est taché de rouge, de blanc & de jaune; il approche de celui qu'on appelle brocatelle d'Italie. C'est un des plus beaux qu'il y ait en France.

En Auvergne, on trouve du marbre rougeâtre, mêlé de gris, de jaune & de vert.

Les Pyrénées offrent un grand nombre de carrières de marbre : il est en général gris, d'une seule couleur, ou mêlé de blanc. Il y en a quelques-uns qui ont des couleurs plus brillantes.

Le marbre de Sarrancolin vient dans la vallée d'Aure; il est d'une belle couleur rouge, mêlé de jaune & de gris. La carrière est voisine de la Neste, qui se jette dans la Garonne; elle est aujourd'hui à-peu-près épuisée : on en a tiré des blocs d'un très-grand volume, pour la décoration des maisons royales.

Le marbre de Campan vient des environs des sources de l'Adour, à dix lieues sud-est de Tarbes. Le

(1) Hist. nat. des Min. par Patrin, tom. 2, p. 320.

Le plus connu eſt celui qu'on nomme *vert-campan ;* il eſt d'un beau vert veiné de blanc. D'autres variétés du même marbre ſont mêlées de blanc, de rouge, de vert & d'iſabelle. On a tiré des blocs de vert-campan aſſez conſidérables pour faire des colonnes de quinze à dix-huit pieds d'une ſeule pièce.

Les autres marbres des Pyrénées ſe trouvent dans l'ordre ſuivant, en prenant la chaîne du côté de Bayonne :

Près d'Arrètes, vallée de Barretons, marbre gris.

A Sarrance, vallée d'Aſpe, marbre gris veiné de blanc.

A Sevignac, vallée d'Oſſau, marbre gris coquillier, parſemé de nuſmimales, qui forment des taches rondes de couleur blanche.

A Loubie, même vallée d'Oſſau, marbre blanc primitif ; il eſt quelquefois mêlé de gris.

Toute la vallée de Barège offre, de diſtance en diſtance, des rochers de marbre gris : on en exploite quelques-uns, & notamment à Saint-Sauveur.

Dans la vallée de Baſtan, près les bains de Barège, eſt un marbre blanc veiné de vert.

Campan eſt dans une vallée voiſine de celle de Baſtan.

Serrancolin eſt à l'eſt de Campan.

A Saint-Bertrand, ſur la Garonne, eſt un marbre vert, mêlé de taches rouges & blanches.

A Saint-Béat, vallée d'Arran, marbre gris & blanc.

A Seix, ſur le Salat, pluſieurs variétés de beaux marbres gris d'une ſeule couleur, vert & blanc, violet & blanc, &c. tous mêlés de feuillets ſchiſteux verdâtres, comme le marbre de Campan. On les appelle marbres de la taule. Les carrières ſont maintenant preſque épuiſées.

A Villefranche en Rouſſillon, marbre blanc, vert & rouge.

Marbres étrangers (1).

Entre les différens marbres étrangers, ceux d'Italie ſe font remarquer par leur grand nombre & par leur beauté. Les principaux ſont :

Ceux de Carrare, près la côte de Gênes ; de Saravezza & des autres carrières des environs (ce ſont les marbres ſtatuaires blancs & les marbres dits vert d'Egypte & vert de mer).

On tire encore du territoire de Gênes le marbre *porte-or*, qui ſe trouve dans le voiſinage de Porto-Venere.

Le marbre appelé *polzevera* ſe trouve auſſi ſur la côte de Gênes ; c'eſt un mélange de ſerpentine verte & de marbre blanc par grandes veines, comme celles du vert-campan.

(1) Patrin, hiſt. des Minér. tom. III, p. 4.

Sauſſure a obſervé quelques beaux marbres en Piémont & dans le Milanais, entr'autres un marbre ſtatuaire parfaitement blanc, qui a été découvert peu d'années avant 1780, à Ponté, dans le Canavois, à cinq lieues de Turin.

On trouve à Buſſolin, dans la vallée de Suſe, un marbre vert approchant du *vert antique.*

On trouve auſſi, non loin d'Alexandrie, à Gaſſino, près de la Superga, un marbre gris de la nature de la brêche.

Près de Mergozzo, au bord du lac Majeur, ſont des carrières de marbre primitif, veiné de gris noirâtre, dont la cathédrale de Milan eſt conſtruite.

On trouve à Sainte-Catherine, dans l'île d'Elbe, une carrière abondante de marbre blanc, veiné de vert noirâtre.

En Sicile, on trouve pluſieurs marbres : le plus beau eſt d'un rouge foncé, mêlé de blanc & d'iſabelle : ſes couleurs ſont très-vives, & diſpoſées par grandes taches longues & carrées.

Le marbre primitif de Paros ſe trouve non-ſeulement dans l'île de ce nom, mais encore dans celles de Naxos & de Tinos.

En Eſpagne, comme en Italie & en Grèce, il y a des collines entières de marbre blanc. On voit près d'Alméria, ville maritime du royaume de Grenade, une montagne que Bowles décrit ainſi : « Pour ſe former une juſte idée de cette montagne, il faut ſe figurer un bloc de marbre blanc, » d'une lieue de circuit & de deux mille pieds de » hauteur, ſans aucun mélange étranger. Le ſommet eſt preſque plat : on y découvre le marbre » en pluſieurs endroits, & l'on voit qu'il n'éprouve aucune altération des injures de l'air..... » Il y a un côté de cette montagne coupé preſque » à pic, qui paroît comme une énorme muraille » de mille pieds d'élévation, toute d'une ſeule » pièce, où la plus grande fiſſure n'a pas ſix pieds » de longueur, & à peine deux lignes de largeur. »

Aux environs de Molina, on trouve un marbre couleur de chair & blanc ; un autre qui eſt rougeâtre, blanc & jaune, dont le grain eſt auſſi beau que celui du marbre de Carrare.

Le marbre de Naquera, près de Valence, ſe trouve à fleur de terre, en couches qui ont peu d'épaiſſeur, mais beaucoup de ſolidité ; il eſt d'un rouge obſcur, orné de veines capillaires noires, qui lui donnent une grande beauté.

Dans le Guipuſcoa, & dans la province de Barcelonne en Catalogne, on voit des marbres ſemblables au *ſerrancolin.*

Il y a ſûrement en Aſie encore plus de marbres qu'en Europe ; mais ils ſont peu connus.

Le docteur Shaw parle d'un marbre arboriſé du Mont-Sinaï, & d'un autre qu'on tire près des bords de la Mer-Rouge.

Chardin dit qu'il y a pluſieurs ſortes de marbres en Perſe, du blanc, du noir, du rouge, & d'autres qui ſont mêlés de blanc & de rouge.

Il y a, ſuivant la Loubère, une belle carrière de marbre blanc auprès de Siam.

A la Chine, dans quelques provinces, le marbre eſt ſi commun, que pluſieurs ponts en ſont conſtruits. A douze ou quinze lieues de Pekin, il y a des carrières de marbre blanc.

En Sibérie, les monts Ouràl fourniſſent les marbres les plus beaux & les plus variés. La plupart ſe tirent d'Ekatérinbourg.

Le citoyen Patrin a vu, dans la partie des monts Atlaï, traverſée par l'Irtiche, d'énormes rochers de marbre parfaitement blanc & pur.

Les *lumachelles* ſont des marbres formés preſque entiérement de petites coquilles qui ſe ſont raſſemblées par familles.

La lumachelle de Carinthie ſe trouve dans la mine de Bleyberg, où elle forme le toit d'un filon de plomb.

Les marbres du canton de Bâle ſont remplis d'aſtroïtes & de coralloïdes. Ceux du duché de Brunſwick, d'Altorf en Franconie, de Bareith, de Blankenbourg, abondent en *bélemnites*, en *cornes d'ammon* & en divers genres de *cochlites*. Ceux de Suède & de l'île de Gotland, en orthocéracithes. Ce ſont des coquilles dont la ſtructure interne offre des cloiſons comme les ammonites; mais au lieu d'être tournées en ſpirales, elles ſont preſque droites, comme des bélemnites, d'où eſt dérivé leur nom, qui ſignifie *corne droite*.

Pierres calcaires proprement dites, craie.

Les pierres calcaires ou pierres à bâtir calcaires ſont ordinairement blanches, griſes ou jaunâtres; elles ont le grain plus ou moins fin, contiennent ſouvent de nombreux débris de corps marins; elles ne ſont pas ſuſceptibles de poli.

La France contient une immenſe quantité de pierres calcaires. Cette ſubſtance eſt ordinairement diſpoſée en bancs horizontaux. Ce n'eſt que dans les montagnes primitives qu'on voit ces bancs preſque verticaux ou contournés.

Pour ſuivre un ordre quelconque, nous allons d'abord parler des pierres calcaires des montagnes primitives, qui paroiſſent d'une formation antérieure à celle des pierres calcaires des collines de ſeconde ſorte.

D'après Palaſſau, les principales ſommités des Pyrénées, après le Mont-Perdu, telles que les montagnes de Gabedaille & de Portalet, dans la vallée d'Aſpe; deux montagnes de la vallée d'Oſſau, près de Caze & de Gabbas; les pics d'Allans & Sangue, près de Gavarnies, dans la vallée de Barège; le cirque de Marboré, ſes tours & ſon cylindre, préſentent la pierre calcaire, & principalement du côté de l'Eſpagne, en bancs horizontaux, contournés ou preſque verticaux.

Le calcaire coquillier eſt rare ſur la face ſeptentrionale des Pyrénées; mais il y eſt.

Maintenant que nous avons examiné les lieux principaux où ſe trouve le calcaire groſſier dans les Pyrénées, comme exemple de la ſituation de cette ſubſtance dans les montagnes primitives, nous allons deſcendre aux collines & aux plaines.

Le calcaire coquillier compoſe la longue chaîne qui traverſe la Bourgogne du ſud au nord, & qui prend le nom de *Côte-d'Or*, près de Dijon, & dont les principales carrières ſont celle d'Anières, près de Dijon, ſur la route d'Is-ſur-Thil, & celle d'Is-ſur-Thil, dont la pierre a le grain plus fin.

Celle de Tonnerre a le grain encore plus fin, & eſt ſuſceptible d'une eſpèce de poli.

Enfin celle de Puligny, près Clugny.

La première ligne des montagnes du Jura, qui ſe préſente au deſſus du lac de Genève, a ſa face compoſée de couches qui s'élèvent en s'appuyant contre le corps de la chaîne; ces mêmes couches redeſcendent, du côté oppoſé, dans la vallée de Mijoux.

Entre Pontarlier & Beſançon, on obſerve des collines de la même ſtructure, & ſéparées par de larges vallées, dont les couches ſont horizontales.

Palaſſau a obſervé une ſemblable montagne; c'eſt celle de Lichans, dans le pays de Soule.

Le Jura eſt compoſé en entier de pierres calcaires, mais le cœur de cette montagne eſt d'une eſpèce plus dure & plus compacte. Les couches extérieures, compoſées de pierres jaunâtres, dont le tiſſu eſt lâche, peu ſolide, & qui ſont remplies d'une infinité de coquilles, ſe répandent dans la Franche-Comté & le Bugey.

Enfin la dernière eſpèce de pierre calcaire eſt celle qui forme le fond des plaines calcaires. C'eſt la plus abondante. Le baſſin de la Seine, en grande partie: le Vexin, la Normandie, le Hainault, ſont les lieux où on la trouve. Celle de Valencienne renferme quelquefois des poiſſons pétrifiés, entr'autres des chœtodons.

Les ſables du centre de l'Afrique ſont, en grande partie, les débris de la roche calcaire.

Les mêmes ſables, en partie calcaires, compoſent les énormes amas où de grands fleuves de l'Aſie ſeptentrionale ont creuſé leurs lits à la profondeur de quatre à cinq cents pieds.

Les Indes & les autres parties de l'Aſie méridionale ſont preſque totalement dépourvues de matières calcaires.

On voit que c'eſt preſque à l'Europe ſeule qu'appartient la pierre calcaire, & que la France eſt la partie de l'Europe qui en contient davantage.

La craie eſt une pierre calcaire tendre, à grain fin, ordinairement blanche, & s'écartant peu de cette couleur, preſque toujours diſpoſée par couches horizontales, épaiſſes de pluſieurs toiſes.

Elle eſt toujours ſuperpoſée à d'autres bancs calcaires d'une conſiſtance plus ſolide, & renferme ſouvent des couches de rognons de ſilex ou pierre à briquet.

Toute la partie ſeptentrionale de la France abonde en couches de craie: on en trouve rarement dans nos départemens méridionaux; on la rencontre cependant dans celui de l'Ardêche, aux environs de Rochemaure & dans le département de la Charente.

La colline de Meudon, près Paris, renferme des couches de craie très-considérables, ainsi que la plaine de Boulogne. Le terrain de la Roche-Guyon est crayeux dans sa partie inférieure. On trouve cette substance dans la ci-devant Champagne. Les villes de Troyes, d'Arcy-sur-Aube; celles de Chalons, de Rheims, de Rethel & d'Épernay se trouvent placées en différentes situations de cet amas considérable de craie, dont nous ferons connoître les limites & les allures à notre article CRAIE. (*Voyez* CRAIE.)

C'est là que nous reviendrons plus en détail sur les situations de la craie que nous avons observées.

Nous placerons, à la suite de la craie, l'agaric minéral, qui est une substance blanche, à grain très-fin, douce au toucher, très-friable, spongieuse, très-légère, surnageant un moment avant de tomber au fond de l'eau. Il se trouve très-abondamment en Suisse & auprès de Walkeuried, aux environs de Ratisbonne, &c.

Albâtres, stalactites, concrétions, incrustations.

L'albâtre calcaire est formé par l'infiltration des eaux gazeuses qui dissolvent la matière calcaire dans les grottes souterraines où, elles la déposent plus ou moins promptement, à mesure qu'elles perdent leur acide carbonique.

Lorsque les eaux coulent à l'air libre, elles perdent cet acide plus promptement, & leur dépôt n'est que du tuf calcaire.

C'est ainsi que se forment les incrustations. On voit par-là que c'est le produit des dépôts calcaires qui s'attachent aux différentes parties du lit des *ruisseaux incrustans*. Les mêmes effets se remarquent aussi autour des bassins de certaines sources. *Voyez* RUISSEAUX INCRUSTANS, OSTÉOCOLE, TUF, FONTAINES INCRUSTANTES.

L'albâtre porte dans sa structure l'empreinte de sa formation. Il a, en général, une cassure poliedrique, & présente, dans ses coupes, des zônes ondulées, concentriques, droites ou brisées, différemment colorées; elles paroissent dues aux substances métalliques qui se sont trouvées sur le passage des eaux dissolvantes.

On remarque que l'albâtre se rencontre presque toujours aux environs des carrières de marbre, & que ses couleurs sont assez généralement celles de ces marbres.

On a réservé le nom d'*albâtre* aux grandes nappes de dépôt calcaire, & l'on nomme *stalactiques* & *stalagmites* des cônes ou des cylindres de même nature, qni pendent des parois supérieurs des grottes, ou qui s'élèvent de leurs parties inférieures.

L'albâtre se trouve en Grèce, dans la grotte d'Antiparos & dans quelques autres îles de l'Archipel : il est d'une couleur fauve, quoique les marbres voisins soient blancs.

L'Italie peut être appelée à juste titre la patrie des albâtres. Le seul territoire de Volterra, en Toscane, en fournit une vingtaine de variétés; l'albâtre le plus beau est tiré des carrières de Sienne : & celui de Montauto, dans la même contrée est jaune, demi-transparent, avec des veines ondulées blanches.

Il y en a aussi dans l'île de Malte.

Le sculpteur Puget découvrit, près de Marseille, un albâtre si transparent, que l'œil pouvoit pénétrer dans l'intérieur de sa substance, & y suivre, jusqu'à deux doigts de profondeur, les belles teintes dont il étoit coloré.

Guettard parle de l'albâtre formé par les eaux d'Aix en Provence.

On trouve un bel albâtre dans une carrière de la montagne de Solutrie, à deux lieues sud de Mâcon, & dans les grottes d'Arcy, près de Vermanton. C'est dans ces grottes que Daubenton fit ses observations si lumineuses sur la formation de l'albâtre. Aussi la nature y a-t-elle mis en évidence toutes ses opérations.

Il nous reste à parler de quelques espèces de stalactites qui diffèrent de l'albâtre par les caractères extérieurs, mais point du tout par leur nature.

De ce nombre est, par exemple, la stalactite connue sous le nom de *flos-ferri*. C'est un composé de plusieurs rameaux longs & tortueux, quelquefois bifurqués, qui s'entrelacent & forment des buissons de plusieurs pieds de circonférence. Ajoutez à cela une couleur blanche éclatante, & vous aurez l'idée d'une touffe de *flos-ferri*.

Cette substance ne se trouve que dans les mines de fer, & principalement dans celle de Stirie.

1. *Fer spathique, spath perlé.*

Cette substance ne diffère du spath calcaire que parce qu'elle contient une quantité notable de fer & de manganèse, & qu'elle fait peu ou point d'effervescence avec les acides; elle se trouve dans les terrains primitifs, où elle forme des filons quelquefois considérables.

C'est en cet état qu'on la rencontre en France, à Alvar, en Dauphiné, à Baygorry, dans la Basse-Navarre, à Montgélon, entre Saint-Jean-Pied-de-Port & Mauléon, dans les basses-Pyrénées.

A Eisen-Artz, en Stirie, à Huttenberg, en Carinthie, & enfin en Espagne.

La chaux carbonatée, mélangée avec la magnésie, forme le bitterspath des Allemands. Cette substance raye le carbonate calcaire cristallisé, est soluble sans effervescence dans l'acide nitrique, & se trouve dans les montagnes du Tyrol, du pays de Salsbourg, & dans le Wermeland, province de Suède, au milieu d'un talc feuilleté.

2. *Carbonate de baryte.*

Ce sel, découvert par le docteur Withering, a pour caractère une pesanteur spécifique considérable, une dureté plus grande que celle du carbonate de chaux, & sa dissolution dans l'acide nitrique, en formant d'abord un dépôt d'une belle couleur blanche. Il est composé de 74.5 parties de baryte, & 25.5 d'acide carbonique.

Cette substance, qui est un poison assez violent, se trouve en Angleterre, à Anglesarch, comté de Lancashire, dans une mine de plomb : elle y est accompagnée de sulfate de baryte.

Suivant M. Schmeisser, on peut présumer qu'elle se trouveroit près de Strontian en Écosse, où elle accompagneroit le carbonate de strontiane.

3. *Carbonate de strontiane.*

Ce sel, plus connu sous le nom de *strontianite*, est soluble avec effervescence dans l'acide nitrique. Le papier, imbibé de sa dissolution & séché, brûle en répandant une flamme purpurine. Sa pesanteur spécifique & sa dureté sont moindres que celles du carbonate de chaux. Il est fusible au chalumeau, en répandant une belle lueur purpurine.

Dans cette substance la strontiane est à l'acide carbonique & à l'eau de cristallisation, comme 62 : 30 & à 8.

Le carbonate de strontiane se trouve en Écosse, près de Strontian, dans le comté d'Argyle. Suivant Schmeisser il est accompagné de plomb sulfuré ou galène, & de carbonate de baryte. Le cit. Patrin en a rapporté de la mine de Zméof, dans les monts Altai en Sibérie.

Après avoir examiné les combinaisons naturelles de l'acide carbonique avec les terres, nous devons nous occuper de l'unique combinaison de cet acide avec un alcali, c'est-à-dire, du carbonate de soude.

4. *Carbonate de soude.*

Ce sel alcalin, connu sous le nom de *natron* & d'*alcali fixe minéral*, est soluble dans l'eau, & fait effervescence dans l'acide nitrique ; sa saveur est urineuse ; il s'effleurit par l'action de l'air, & il verdit le sirop de violette.

Sur 100 parties de carbonate de soude, il y a 20 parties de soude, 16 d'acide carbonique & 64 d'eau de cristallisation.

Cette substance se trouve abondamment en Égypte, dans la vallée des lacs de Natron ; elle cristallise dans l'eau de ces lacs, à l'aide de l'évaporation naturelle. Le cit. Bertholet a observé que, quelquefois dans un même lac divisé en deux parties, les eaux n'ont entr'elles presqu'aucune communication. L'une de ces parties ne renferme guère que du muriate de soude ou sel marin, & l'autre du carbonate de soude. Le terrain qui sépare les lacs, est en général couvert d'incrustations salines, dont la plupart sont composées de soude carbonatée, & les autres de soude muriatée. Le cit. Bertholet pense que le carbonate de soude est produit de la décomposition du muriate de soude, par l'intermède du carbonate de chaux, qui est en contact avec elle ; qu'il y a un échange d'acide entre ces deux sels ; que, d'un côté, le carbonate de soude est produit, & de l'autre, le muriate de chaux, lequel, étant très-déliquescent, s'infiltre profondément dans le sol.

Deborn a dit que les plaines de Debreezin en Hongrie fournissoient une grande quantité de carbonate de soude, sous la forme d'une efflorescence répandue à la surface de la terre.

Ce sel tapisse quelquefois les parois des vieux murs, & alors on l'a confondu avec le salpêtre de Houssage.

On le retire des cendres des végétaux, & principalement de celles du salsola soda, du salsola sativa & du salicornia.

Turner dit, *Relation de l'ambassade anglaise au Thibet & au Boutan*, avoir vu le natron déposé sur les bords du lac Ram-Tschieu, aux environs de Chalou dans le Thibet. Il nous apprend que les eaux de ce lac sont fournies par trois sources jaillissantes, & que les ruisseaux des environs sont fortement imprégnés d'alun.

Pallas a observé le natron dans diverses parties de la Sibérie ; en dissolution dans une source près de Zizaan, sous forme d'efflorescences, dans une étendue de terrain qui se prolonge depuis Obanina jusque vis-à-vis Kislaia.

Ce professeur a vu, près de Stahiz, non loin du lac Bekischevo, un fond salin entiérement recouvert de plus de deux pouces de natron en efflorescence, mêlé avec le sulfate de magnésie.

Il ne nous reste plus, pour terminer l'histoire des combinaisons naturelles de l'acide carbonique, qu'à examiner celles où il se trouve uni à une base métallique.

5. *Carbonate de plomb.*

Ce sel métallique est soluble avec effervescence dans l'acide nitrique, noircit par la vapeur du sulfure ammoniacal, & pèse à peu près six fois plus que l'eau ; il est tendre & fragile, se réduit, au chalumeau, en un globule de plomb. 100 parties de cette substance sont composées de 81.2 d'oxide de plomb, 16 d'acide carbonique, 0.9 de chaux, 0.3 d'oxide de fer.

Il se trouve dans les mines de Gazimour en Daourie, dans celles de Zellerfeld au Hartz, de Saint-Sauveur en Languedoc, de Huelgoët en Bretagne, de Przibram en Bohême, de Lacroix en Lorraine & en Sibérie. Il accompagne ordinairement le sulfure de plomb ou galène, & le carbonate de cuivre vert & bleu.

6. *Carbonate de cuivre.*

Le carbonate de cuivre se trouve dans deux états assez différens, pour que les minéralogistes en aient fait deux espèces sous les noms de *cuivre carbonaté bleu* (1) & *cuivre carbonaté vert* (2).

Ces deux substances sont dissolubles dans l'acide nitrique, avec effervescence ; elles sont peu dures ; leur pesanteur spécifique est à peu près la même ; elles sont réductibles au chalumeau, en un bouton de cuivre.

Mais le carbonaté bleu contient moins d'oxygène que le vert ; passé avec frottement sur un papier, il y laisse des traces bleues. Le vert est trop dur pour produire ces effets. La poussière du premier conserve sa couleur bleue dans l'huile ; celle du second, abandonnée à l'action de l'air, devient seulement d'un vert plus pâle.

La dissolution du carbonate vert par l'ammoniaque lui communique une belle couleur bleue.

Le carbonate bleu de cuivre se trouve dans la mine d'argent de Zméof en Sibérie, dans celles de Moldava & de Temeswar en Hongrie ; de Kléopinski dans les monts Atlaï, de Zellerfeld au Hartz, de Saalfeld en Thuringe, &c. &c.

Il se voit communément à la surface du cuivre gris, ou accompagnant le carbonate vert de cuivre.

Celui-ci se trouve dans les mêmes lieux que le précédent ; il recouvre tantôt le cuivre oxidé (hépatique), tantôt le cuivre oxidé rouge, & c'est surtout en Sibérie qu'on remarque cette dernière situation ; il a quelquefois pour gangue une ochre ferrugineuse.

§. II.

ACIDE PHOSPHORIQUE.

Cet acide est liquide, épais, pèse plus que le double de l'eau, est inodore, ne brûle jamais les matières organiques avec lesquelles il est mis en contact ; il rougit un grand nombre de couleurs bleues végétales ; enfin, il est parfaitement incombustible.

L'analyse y a démontré 0.39 parties de phosphore & 0.61 d'oxygène.

L'acide phosphorique ne se trouve jamais pur dans la nature, mais on le rencontre fréquemment dans les matières animales, végétales & minérales, combinées avec les autres bases que lui fournissent ces matières.

Les *phosphates minéraux* qui nous concernent principalement, sont au nombre de deux, le phosphate de chaux & le phosphate de plomb.

1. *Phosphate de chaux.*

Ce sel, connu sous les noms de chrysolite, apatite, &c. est soluble lentement & sans effervescence dans l'acide nitrique ; il n'est pas étincelant sous le briquet ; il ne raye point ou raye légérement le verre. La poussière de la plupart de ses variétés donne une lueur phosphorique par l'injection sur les charbons ardens. Il est infusible au chalumeau.

La variété appelée apatite est composée de 55 parties de chaux & de 45 d'acide phosphorique. Elle se trouve en Saxe & en Bohême, accompagnant l'étain dans les mines de Schlaggenwald, & surtout dans celles d'Ehrenfriedrichsdorf, de Kuttenberg & de Schnéeberg.

La chrysolite réduite en poudre & projetée sur les charbons ardens, ne produit pas la belle lueur bleue qui se fait remarquer dans l'apatite : elle est composée de 54.28 de chaux & de 45.72 d'acide phosphorique. Elle se trouve en Espagne, au mont Caprera, près du cap de Gates, dans le royaume de Murcie, dans le pays d'Arendal en Norwège, dans la mine de Marboë.

Le *phosphate calcaire terreux* se trouve en Espagne, dans l'Estramadure, où il forme des collines entières. Il y est disposé par couches, entrecoupées de quartz. L'analyse chimique nous a appris qu'il étoit composé de 59 parties de chaux, 1.0 d'acide carbonique, de 34.0 d'acide phosphorique, 0,5 d'acide muriatique, 2.5 d'acide fluorique, 2 de silice & 1 de fer.

2. *Phosphate de plomb.*

Cette substance, vulgairement nommée *plomb vert*, &c. se reconnoît par sa réduction au chalumeau, en un bouton polyédrique, irréductible ; par sa dureté plus considérable que celle du carbonate de plomb ; par sa poussière grise, quelle que soit la couleur de sa masse, & par sa non-effervescence dans l'acide nitrique.

Sa couleur varie du jaunâtre au rougeâtre, au gris brun & au vert.

Le phosphate de plomb se trouve à Huelgoët, en Bretagne, à Lacroix dans les Vosges, près de Fribourg en Brisgaw, dans les mines du Hartz, en Daourie, &c.

L'arsenic s'est trouvé combiné ou mélangé avec cette substance, à Rosiers près Pontgibaud, dans la ci-devant Auvergne. Le cit. Fourcroy a retiré de cette mine 29 parties d'acide arsenique, 50 d'oxide de plomb, 4 d'oxide de fer, 14 d'acide phosphorique & 3 d'eau.

§. III.

ACIDE SULFURIQUE.

L'acide sulfurique, vulgairement appelé *acide vitriolique, huile de vitriol*, &c. est à l'état liquide, sans couleur ni odeur, d'une consistance oléagineuse ; il pèse presque le double de l'eau ; il réduit en bouillie noire & charboneuse toutes

(1) Bleu de montagne, azur de cuivre, cuivre oxidé bleu.

(2) Malachite, cuivre soyeux, vert de montagne.

les matières animales ou végétales; il est composé, sur 100 parties, de 71 de soufre & de 29 d'oxygène.

Cet acide se trouve pur dans quelques lieux volcanisés aux environs de Sienne & de Viterbe, près de Saint-Philippe en Italie, au-dessus de quelques eaux minérales sulfureuses. Il y est très-peu abondant; mais en revanche il forme des sels, & des sels si nombreux, qu'il a porté pendant longtems le nom d'*acide universel*. Dans la nature, on le rencontre à l'état de combinaison avec:

Cinq terres: la chaux, la baryte, la strontiane, la magnésie & l'alumine.

Un alcali, la soude.

Quatre métaux: le cuivre, le plomb, le fer & le zinc.

1. *Sulfate de chaux.*

Ce sel, plus connu sous les noms de sélénite, gyps, albâtre gypseux, guhr, pierre à plâtre, chaux vitriolée, &c. a pour caractères principaux & généraux:

Sa dureté, moins considérable que celle du carbonate de chaux; sa fusibilité au chalumeau, en un émail blanc qui tombe en poussière quelques heures après, & sa solubilité dans 500 fois son poids d'eau froide.

Après le carbonate de chaux, on peut bien dire que c'est le sel le plus abondant dans la nature. Il compose une masse de 250 lieues carrées, sur 150 pieds au moins d'épaisseur, dans la ci-devant île de France Il remplit une grande partie du bassin où coulent la Seine, la Marne, l'Aisne & l'Oise.

Il se rencontre très-abondamment aux environs de Brisembourg, vallée de la Charente; dans la vallée de l'Uvone, à trois lieues de Marseille: il compose le terrain des environs de Martigues, dans le val Saint-Pierre; celui de Cotignac, dans la vallée de Chalosse; celui des environs de Draguignan, vallée de l'Artuby, &c.

Le sulfate de chaux cristallisé existe principalement à Freyberg en Saxe, en Espagne, en Sicile, dans les salines de la Haute-Autriche.

La variété fibreuse se voit près de Saint Georges de Lavencas, département de l'Aveyron.

La grotte alumineuse de l'île de Milo, en Grèce, renferme le sulfate de chaux aciculaire.

Plusieurs endroits de la France présentent le sulfate de chaux cristallisé; ainsi on le rencontre aux environs de Mezières, à Saint-Germain-en-Laye, Montmartre & Ménil-Montant près Paris, &c. &c.

L'albâtre gypseux se trouve le plus ordinairement aux environs de Paris, dans les carrières de Montmartre, & surtout dans celles de Lagny.

Saussure a observé le sulfate de chaux aux environs du Mont-Cénis, au Mont Saint-Gothard, près d'Ayrolo, dans la vallée Levantine.

Le cit. Patrin a rencontré cette substance dans les monts Oural.

D'après ce que nous avons dit, on voit que le sulfate de chaux se rencontre aussi dans les montagnes primitives.

Le guhr de Montmartre renferme quelquefois des ossemens d'animaux quadrupèdes, que le cit. Cuvier rapporte à l'ordre des pachydermes.

Partout, dans les pays secondaires & tertiaires, le sulfate de chaux repose sur la pierre calcaire, & partout il alterne avec des couches de marne & de limon, qui contiennent quelques coquilles fluviatiles.

Dans les montagnes primitives, cette substance n'est mélangée d'aucunes couches étrangères; elle ne renferme point de fossiles. Lorsqu'elle est disposée en couches, ces couches sont irrégulières & inégales dans leur épaisseur.

2. *Sulfate de baryte.*

Ce sel (vulgairement appelé *spath pesant*, *spath séléniteux*, *baryte vitriolée*) a pour caractère: sa dureté plus considérable que celle du carbonate de chaux, & moindre que celle du fluate de chaux; sa fusibilité au chalumeau, en un émail blanc solide, & qui tombe en poussière quelques heures après; sa grande pesanteur & la phosphorescence par la chaleur.

Le sulfate de baryte se trouve en France, à Roya, département du Puy-de-Dôme; à Servoz, département du Mont-Blanc; à Montmelard en Mâconois, &c.

Outre cela on le retrouve comme faisant partie d'une brêche composée d'ailleurs de fragmens calcaires, dans le département de la Manche, à une lieue & demie de Quetehon, sur les bords de la mer.

Nous pouvons l'indiquer comme existant d'abord en Angleterre, dans le Derbyshire & dans le Straffordshire.

En Espagne, dans les mines de cinnabre.

En Italie, à Monte-Paterno, près de Bologne.

En Allemagne, à Freyberg, Gersdorf, Mensmendorf, Marienberg & Scharfenberg; en Saxe, à Schmnitz & Felsobanya; en Hongrie, au Hartz; dans les mines de Saint-Etienne, près Offenbanya, & à Kapnick en Transylvanie; à Bleyberg & Huttenberg, en Carinthie; à Andrarum, en Scanie; à Wolfstein dans le Palatinat, à Falkenstein en Tyrol, à Geroldseck en Brisgaw, dans le cercle de Neustadt, dans le pays de Deux-Ponts & en Bohême.

On le voit aussi en Pologne, dans les salines de Wielifzka, & à Lublin en Gallicie.

En Norwège, à Kongsberg.

En Sibérie, à Schlanggenberg.

Cette substance accompagne souvent les mines métalliques, & particuliérement celles d'antimoine, de zinc, de mercure & de fer sulfuré.

3. *Sulfate de strontiane.*

Il colore légérement, en rouge, la partie bleue du dard de flamme produit par le chalumeau; il raye le carbonate de chaux, & est rayé par le fluate de chaux. Sa pesanteur, comparée avec celle de l'eau, est dans le rapport de 3.58 & 3.95 à 1.00.

Cette substance se trouve cristallisée, en Sicile, dans les cavités des couches de soufre des vals de Noto & de Mazara, dans une carrière de plâtre; près de Saint-Médard, département de la Meurthe; sous la forme fibreuse, près de Frankstown, & dans la glaisière de la commune de Bouveron, près de Toul, département de la Meurthe; enfin, cette substance se rencontre à Montmartre, près Paris, en masses informes & d'un aspect terreux.

4. *Sulfate de magnésie.*

Ce sel est connu sous les noms de *sel de sedlitz*, *sel d'epsom*, *sel d'Angleterre*, *vitriol de magnésie*, &c. Il est d'une saveur amère, & d'ailleurs soluble dans une quantité d'eau froide moindre que le double de son poids, & dans une quantité d'eau chaude qui excède à peine la moitié de son poids; il est fusible à la flamme d'une chandelle; il ne détonne ni ne décrépite au feu.

Le sulfate de magnésie se trouve dans les eaux de la fontaine d'Epsom en Angleterre, dans celles de Sedlitz, village de Bohême; dans les eaux d'Egra, ville du même pays. Schmeisser dit qu'il est dans les Alpes & en Suisse, sous une forme pulvérulente, & quelquefois en masse ou à l'état d'incrustation, avec un tissu fibreux. On en a découvert à Montmartre, à l'état pulvérulent. Le cit. Chaptal a trouvé ce sel dans toutes les eaux potables des environs de Montpellier. Il en a rencontré sur une montagne du ci-devant Rouergue, en assez grande quantité pour en permettre l'exploitation; & il observe que les oiseaux de passage en étoient avides. Enfin, on l'a découvert à Aranjuèz, & dans d'autres endroits d'Espagne.

Le cit. Patrin nous apprend, dans son *Histoire naturelle des minéraux*, que tous les déserts de la Sibérie sont couverts chaque année d'efflorescences de sel d'epsom, & que, pendant les chaleurs courtes mais vives qu'on éprouve dans ces climats, ces efflorescences sont quelquefois tellement abondantes, qu'on croiroit marcher dans la neige. Chaque année les pluies & la fonte des neiges entraînent dans les ruisseaux & dans les rivières tout ce sel magnésien, & chaque année voit paroître de nouvelles efflorescences aussi abondantes que les précédentes. Pallas a d'ailleurs reconnu ce sel dans un grand nombre de lacs de la Sibérie méridionale.

Le vitriol de cobalt doit être rangé parmi les sulfates de magnésie, n'en différant que parce qu'il contient un peu de cobalt, dont la présence est indiquée par la couleur bleue que prend le borax fondu au chalumeau avec un petit fragment de cette substance.

On la trouve, sous forme de concrétion & d'une couleur rougeâtre, à Herrengrun & à Uensohl en Hongrie, dans les mines de cuivre gris & de cuivre pyriteux, où elle est accompagnée de quartz & de sulfate de chaux. On la rencontre encore à Nockel & à Léogang, dans le pays de Salzbourg.

5. *Sulfate de soude.*

Le *sulfate de soude* ou sel de glauber se rencontre dans les eaux de toutes les mers, & dans celles des fontaines salées; principalement dans les salines de Durrenbourg, près de Hallein, dans le pays de Salzbourg, dans les salines de Salins, Lons-le-Saulnier, &c.

Il est très-abondant autour d'une source près d'Aranjuèz en Espagne.

L'eau du Tage est même tellement imprégnée de ce sel & de quelques autres, comme du sulfate de chaux & de magnésie, que dans cette partie de son cours elle n'est pas potable, & ne peut même servir au blanchissage.

6. *Sulfate d'alumine.*

Le *sulfate d'alumine* ou *alun* a été regardé pendant long-tems comme uniquement composé d'alumine & d'acide sulfurique. Mais l'analyse que le cit. Vauquelin a faite de cette substance, y a démontré la présence de l'alcali; aussi le cit. Haüy, dans son *Traité de minéralogie*, a-t-il donné à ce sel le nom d'*alumine sulfatée alcaline* (les chymistes l'appellent *sulfate alcalin d'alumine*).

Ce sel, que tout le monde connoît, a une saveur douceâtre & astringente; il n'est pas volatil par le feu: sa cassure est vitreuse; il cristallise en octaèdre régulier, quelquefois en cube lorsqu'il y a excès de base; il est soluble dans l'eau.

L'alun est peu abondant dans la nature; il se rencontre sous forme de filamens dans la grotte de l'île de Milo, & il porte alors le nom d'*alun de plume*.

Pallas a reconnu, dans ses voyages, plusieurs endroits où se trouve l'alun tout formé; mais il l'a toujours vu coloré en jaune, & principalement dans les cavités d'un schiste alumineux, sur la rive gauche du petit ruisseau de Dvorovoia, vers sa réunion avec le fleuve Eniséï.

Dans la montagne d'Onéirtisch, sur la rive droite de la rivière d'Ai, dans les fentes des roches brunes qui bordent le Khilok, près du village de Parkinai.

On le retire par la lixiviation des terres de la solfatare, près Pouzzole, dans le royaume de Naples.

L'alun dit de Rome se trouve à la Tolpha, à quatorze lieues environ de cette ville, dans une pierre assez dure, & que l'on a appelée *pierre aluminaire*.

L'immenſe quantité d'alun employée dans le commerce ſe fait de toutes pièces, ou ſe retire de certains ſchiſtes argileux qui en contiennent ſeulement les principes. *Voyez* ALUN.

7. *Sulfate de plomb.*

L'*acide ſulfurique* ſe trouve combiné avec quatre oxides métalliques, & forme avec eux les ſulfates de plomb, de cuivre, de fer & de zinc.

Le *ſulfate de plomb* n'eſt pas ſoluble dans l'acide nitrique, & eſt réductible à la ſimple flamme d'une bougie.

Cette ſubſtance, ordinairement limpide ou un peu jaunâtre, & d'une conſiſtance peu conſidérable, ſe trouve dans l'île d'Angleſey, où elle occupe les cavités d'une ochre ferrugineuſe d'un brun noirâtre; elle eſt ſituée au deſſus d'une mine de cuivre pyriteux. Il y en a auſſi près de Strontian en Écoſſe & dans les mines d'Andalouſie.

8. *Sulfate de cuivre.*

Le *ſulfate de cuivre* (vulgairement vitriol bleu, vitriol de cuivre, vitriol de Chypre ou couperoſe bleue) eſt d'une belle couleur bleue : il eſt ſoluble dans l'eau; ſa ſaveur eſt ſtiptique. Lorſqu'on trempe un morceau de fer poli dans une diſſolution de ce ſel, il ſe couvre promptement d'un enduit cuivreux.

Cette ſubſtance eſt preſque toujours en diſſolution dans les eaux des ruiſſeaux qui avoiſinent les mines de cuivre, & qui ſont connues ſous le nom d'eaux *cementatoires*. Elle ſe trouve toute formée, ſuivant Soulavie, dans la vallée qui conduit à Leſcrimet, après avoir paſſé Veſſaux, département de l'Ardèche.

9. *Sulfate de fer.*

Le *ſulfate de fer* (vitriol martial, vitriol vert, vitriol de fer, fer vitriolé, couperoſe verte) eſt d'une couleur verte-claire ou blanche. Sa ſaveur eſt aſtringente. Une goutte de ſa diſſolution dans l'eau, miſe ſur l'écorce de chêne, y produit en un inſtant une tache noire. Les aſtringens végétaux, & particuliérement la noix de galle, mêlés à ſa diſſolution, en précipitent le fer ſous une couleur noire. Ce précipité, tenu en ſuſpenſion par une eau gommée, eſt l'encre noire ordinaire.

Le *ſulfate de fer* ſe trouve partout où il y a des pyrites ou ſulfures de fer en état de décompoſition. Le ſoufre, paſſant à l'état d'acide ſulfurique, réagit ſur le fer & forme le ſulfate de fer : il ſe rencontre par conſéquent dans les tourbes & dans les ſchiſtes pyriteux. Il y a une manufacture de ce ſel à Saint-Paul, près Beauvais : la tourbe dont on le retire, ſert enſuite au chauffage des baſſins de raffinage. Ce ſel eſt d'un grand uſage dans la teinture pour la confection des couleurs noires.

10. *Sulfate de zinc.*

Le *ſulfate de zinc* (vitriol blanc, vitriol de goſlar, couperoſe blanche) eſt ſoluble dans l'eau; expoſé au feu, il répand des flocons blancs; ſa ſaveur eſt ſtiptique; il eſt limpide dans l'état de pureté, & diſſoluble dans l'eau.

Cette ſubſtance ſe trouve attachée aux galeries des mines de zinc ſulfuré, à Goſlar en Suiſſe, à Idria en Carinthie, à Schmnitz en Hongrie, &c. &c.

§. IV.

ACIDE SULFUREUX.

Cet acide, ainſi que ſa terminaiſon en *eux* l'indique, réſulte d'une combinaiſon de ſoufre & d'oxygène, dans laquelle l'oxygène eſt en un moindre rapport avec le ſoufre que dans l'acide ſulfurique. L'acide ſulfureux eſt, à l'état de gaz, diſſoluble dans l'eau; ſon odeur, âcre & piquante, eſt celle du ſoufre qui brûle en bleu. Il a d'ailleurs tous les caractères des autres acides; il détruit entiérement quelques couleurs bleues végétales.

L'acide ſulfureux exiſte abondamment dans la nature : on le trouve ſurtout aux environs des volcans. Il ſe dégage de quelques laves en fuſion des terrains ſoufrés & chauds. On ne connoît point encore de *ſulfites* naturels.

A l'état pur, il ſe rencontre dans tous les volcans allumés de l'Europe, & dans les terrains environnans. Le capitaine Cook l'a reconnu très-abondant dans l'île de Tanna & dans le ſol de ſon volcan.

Nous croyons convenable de donner ici la deſcription du gîte de l'acide ſulfureux, & peut-être de l'acide ſulfurique à l'état ſolide dans les environs de Saint-Philippe en Toſcane (1).

Aux environs de Saint-Philippe, dans le territoire de Sienne, on trouve une grotte creuſée au milieu d'une maſſe d'incruſtation dépoſée par l'eau thermale des bains. Cette grotte contient un acide vitriolique pur, naturellement concret & ſans mélange d'aucunes ſubſtances étrangères qui lui fuſſent combinées. Nous allons décrire en peu de mots cette grotte, ſes environs, ſes eaux & les dépôts qu'elles ont formés.

A trente milles environ de Sienne, vers le midi, s'élève une haute montagne appelée *Monte Amiato*, & plus communément encore montagne de *Santa-Fiora*, dont le ſommet paroît une ancienne bouche de volcan; ce que témoignent les laves, les ponces & autres matières volcaniques que Micheli y a trouvés le premier. Sur la pente de cette montagne, au levant, eſt placée une autre petite montagne appelée *Zocolino*, du flanc de laquelle

(1) Cette note eſt tirée du *Journal de phyſique.*

fort l'eau thermale des bains de Saint-Philippe. L'issue actuelle de cette eau est beaucoup plus basse qu'elle n'étoit autrefois ; ce qui est démontré par la continuité des incrustations depuis la bouche ancienne, & par celles qui s'amassent tous les jours à la nouvelle bouche, laquelle s'obstruant bientôt aussi, forcera l'eau à se faire plus bas une autre ouverture.

C'est au milieu de cette masse d'incrustation, vers le nord, que se trouve une vaste grotte dans laquelle on entre par deux endroits, & qui présente, aux yeux d'un naturaliste, un aspect très-agréable. Le fond de la grotte & ses parois, jusqu'à la hauteur environ d'une brasse & demie, sont entiérement recouverts d'une belle croûte jaune de soufre en petits cristaux, & tous les corps étrangers transportés par le vent ou par quelqu'autre cause, dans le fond de cette caverne, y sont enduits d'une couche de soufre plus ou moins épaisse, suivant le tems qu'ils y ont séjourné.

Au dessus de cette bande de soufre, le reste des parois & la voûte de la grotte sont tapissés d'une innombrable quantité de concrétions groupées, qui ressemblent à des choux-fleurs, & qui sont recouvertes d'une efflorescence dont on ne peut donner l'idée qu'en les comparant à de petits poils d'une blancheur éclatante. Ces fleurs, mises sur la langue, y laissent l'impression d'une saveur acide, mais d'un acide parfaitement semblable à celui qu'on retire du vitriol par la distillation, & n'ont rien de ce goût austère & astringent des vitriols & de l'alun. Si on les observe à la loupe ou même attentivement sans aucun secours étranger, on voit qu'elles sont composées de fils très-déliés & de petits cristaux salins rameux, transparens à plusieurs facettes ; mais il n'est pas possible d'en déterminer exactement la figure.

Le fond de la grotte exhale une vapeur chaude qui répand une forte odeur de soufre, & s'élève à la même hauteur que la bande soufrée, c'est-à-dire, à une brasse & demie : cette vapeur paroît sous la forme d'une fumée très-subtile ou d'un léger brouillard : elle suffoque les animaux qui se trouvent enveloppés dans cette atmosphère. On y trouve beaucoup de mouches & de papillons morts. La vapeur qui s'élève du fond de cette grotte, est si forte & si suffocante, que les personnes qui ont l'imprudence d'aller plonger leur tête dans cette atmosphère infecte, sont obligées de la relever promptement pour éviter la suffocation. Cette vapeur est plus forte lorsque le vent du midi souffle, que par le vend du nord. Dans le voisinage de cette grotte, il y en a plusieurs petites qui présentent les mêmes phénomènes ; mais ce qu'il y a de plus remarquable, c'est une large fente ouverte au travers de cette masse d'incrustations, un peu avant la bouche de la grande grotte ; cette fente a plus de trente brasses de profondeur, & en regardant par en haut on voit ses parois entiérement recouvertes de soufre dans la partie basse, & dans la haute des efflorescences aussi blanches que celles dont nous avons parlé.

Cet acide sulfureux détruit les couleurs qu'on y porte avec soi, tel que le papier, même la soie cramoisie. L'argent y devient noir & nuancé de taches jaunes.

§. V.

ACIDE NITRIQUE.

Cet acide résulte de la combinaison de huit parties d'oxygène avec deux parties d'azote ; il est blanc, liquide, répand même, lorsqu'il est étendu d'une assez grande quantité d'eau, une vapeur blanche d'une odeur très-âcre, austère & nauséeuse.

L'acide nitrique, très-abondamment répandu dans la nature, ne s'y rencontre jamais à l'état pur, mais toujours combiné avec plusieurs bases terreuses & alcalines, notamment avec la chaux & la potasse. Il constitue, avec ces deux substances, *les nitrates de chaux & de potasse.*

1°. *Nitrate de chaux.*

Le *nitrate de chaux* est un sel déliquescent, se liquéfiant au feu, & détonant lentement à mesure qu'il se dessèche ; il a une saveur amère, & il est soluble dans l'eau.

Cette substance se forme journellement & en même temps que le nitre ou potasse nitratée sur les parois des murs & dans les caves, les étables, &c. en grande quantité : on le retire de la lessive des vieux plâtres & même de quelques eaux minérales.

2°. *Nitrate de potasse.*

Le *nitrate de potasse* ou nitre n'est pas deliquescent ; il détonne sur les charbons ardens : sa saveur est fraîche.

Il se forme continuellement dans les caves, les écuries, où il se trouve en filamens, tapissant les vieux murs, & surtout ceux revêtus de plâtre.

Quant à la position géographique de ces deux sels, on peut l'indiquer en disant qu'on les rencontre partout où se trouvent des masures, des vieux murs, &c.

On sent d'ailleurs qu'on peut les rencontrer dans tous les lieux, puisque, 1°. leurs bases sont des substances très-répandues ; 2°. que l'air atmosphérique est formé des mêmes principes que l'acide nitrique, à la vérité en proportion différente ; mais il peut arriver que ces proportions changent, qu'il y ait abondance d'oxygène ou soustraction d'azote jusqu'à ce que ce premier soit au second, comme 8 est à 2, & alors voilà l'acide nitrique formé ; cet acide réagit sur la chaux ou sur la potasse, & forme la potasse ou la chaux nitratée.

La potasse nitratée se rencontre dans les craies de la Roche-Guyon, au bord de la Loire, près de Saumur, &c. Il y a long-temps que j'ai fait ces deux observations.

§. VI.

ACIDE MURIATIQUE.

Cet acide est un de ceux dont on ne connoît encore précisément ni la nature, ni le radical, ni les proportions des principes ; mais il se rapproche de ceux à base connue par ses propriétés & ses attractions.

Lorsqu'il est pur, il est, à l'état de gaz, vaporeux & visible, à cause de l'eau qu'il retient en dissolution. Il a une pesanteur d'un cinquième plus grande que celle de l'air ; il a une odeur forte, âcre, piquante & acide, qui a quelque analogie avec celle des pommes de reinettes ou du safran. Il n'est propre ni à la combustion, ni à la respiration ; il altère les couleurs bleues végétales ; enfin, il est très-dissoluble dans l'eau, qui acquiert alors ses propriétés acides.

L'acide muriatique est très-abondant dans la nature. Il paroît qu'il se forme journellement dans les eaux de la mer.

A l'état de combinaison, il est répandu avec profusion sur la surface de la terre : on le trouve combiné avec les bases suivantes : la soude, l'ammoniaque, l'argent, le mercure & le cuivre.

1°. *Muriate de soude.*

Le *muriate de soude* ou sel marin se rencontre dans la nature, 1°. en dissolution dans les eaux, ou, 2°. à l'état solide. Dans le premier cas, il est ordinairement accompagné du *sulfate de soude* ou sel admirable de Glauber ; & dans le second il est pur ou seulement mélangé de sulfate de chaux ou d'autres matières hétérogènes. Il se trouve, 1°. en dissolution dans les eaux de toutes les mers ; il y est mélangé de muriate de chaux & de beaucoup d'autres sels ;

2°. Dans les eaux de certains lacs, & notamment dans celles du lac Soratschya, vers les bords de la rivière Isel ; dans celles du lac Korjeckof, vers Kurtenegsch, & dans celles du lac Jennu. (Ces trois lacs sont situés en la contrée des Tartares Usiens, dans l'Asie septentrionale.)

La Sibérie méridionale renferme une multitude de lacs dont les eaux tiennent en dissolution différens sels ; dans les uns, c'est le muriate de soude ; dans les autres, le sulfate de soude ou le sulfate de magnésie.

Il y en a encore quelques-uns qui contiennent ces trois sels, mélangés deux à deux ou tous ensemble.

On remarque que presque tous ces lacs sont situés sur la surface d'un triangle, qui auroit pour sommets de ses angles Eketerinbourg, Astracan & les rives du lac Baïkal.

3°. Le muriate de soude se trouve en dissolution, dans les eaux de différentes fontaines & sources, situées presque toutes dans des terrains gypseux. Les eaux de ces sources tiennent, en outre, en dissolution des sulfates de chaux & de soude. On en voit principalement :

En Angleterre :

Aux environs de Nortwich, dans le comté de Chester ;

Près de Nanwich & de Midlewich, dans le Chefshire ;

Non loin de Droitwich, dans le Glocestershire ;

A East Chenock, dans le Somersset ;

A Veston, près Strafford ;

A Spathon-Mallet.

En France :

Département du Jura, à Salins, sur les bords du ruisseau *la Furieuse ;* à Moutiers & à Conflans ;

Au roc de Melse, à peu de distance de Daron ;

A la Sausse, sur les bords du ruisseau de la Touvières ;

A Montmorot & à Lons-le-Saulnier.

Département de la Meurthe, à Dieuze, Moyenvic & Château-Salins.

Département de la Sarre, à Layen, près Sarguemines, sur les bords de la Sarre.

Département des Forêts, à Salzbrunn, Creutzaach & Sultz.

Département des Basses-Alpes, à Lambert, Aymar, Moriès, Tartonne & Castellane.

Département des Hautes & Basses-Pyrénées, à Aincille, Camarade, Sallies, Sanguès, Gangeac, près de Saint-Laurent ; au Poui d'Arzet, près du moulin de Saint-Pan-de-Lon.

Département de Saône-&-Loire, à Bourbon-Lancy.

A Bourbon-l'Archambault, département de l'Allier.

A Bourbonne-lès-Bains, département de la Haute-Marne.

A Balaruc, près Frontignan, département de l'Hérault, &c.

En Allemagne :

A Reichenhall en Bavière ;

A Gutiaar, Dutch-Spring, Mettritz & Hackel-Dorn, près de Halle, en Saxe ;

A Unken, dans le pays de Salzbourg ;

A Aldendorf, dans le pays de Hesse.

En Suisse :

A Bex, dans le canton d'Aigle ;

Dans l'électorat de Hanovre, à Lunebourg.

Dans les états du roi de Prusse :

A Salzwdel, dans le Brandebourg ; à Rhène en Westphalie.

En Espagne :

A Servato, dans les Pyrénées ;

A Castillo de las Roquetas, au royaume de Grenade, à quatre lieues d'Alméria;

Près de Monte-Agudo, dans la province de Soria;

Près d'Utreva, royaume de Séville,

Près de Molina, Chinchilla & Pinatas, même province;

Dans la montagne de Burgos, au nord-ouest de Pancorvo, dans la Castille vieille, à peu de distance de la rive droite de l'Èbre;

Au village d'Arcos en Arragon, où l'on emploie la chaleur du soleil pour faire cristalliser le sel dans les marais;

A Salinat, entre Vitoria & Mondragon, dans l'endroit le plus élevé du Guipuscoa.

On rencontre des sources salées en Piémont, à Sarzi, dans l'Outre-Pô-Parvoir; aux environs d'Alexandrie & dans l'Astesan.

Les collines de l'Apennin piémontois, qui sont comprises entre le Tanaro & le Belbe, depuis Ceva jusqu'à Asti, donnent presque toutes de fréquens indices de sources salées : on en rencontre à Nice-de-la-Paille, à Aillan & à Castagnole.

Le muriate de soude se trouve en dissolution dans les eaux de quelques sources de Sicile, & notamment à Castro-Giovani, Camerata, la Cattolica Regalmutto, Caltanisetta, &c.

Il se rencontre en Toscane, à Apone, près Padoue, & dans les eaux du Tettucio, dans la vallée de Nievole, près du Mont-Catani.

En Perse il existe quelques sources salées, principalement à Sallian, sur les bords du fleuve Kur, & un peu au dessus de la jonction de l'Ussolka & de la Jelchanka, dans l'Ussalie.

4°. Le sel marin, à l'état solide, porte le nom de *sel gemme* ou *sel fossile*. Il se rencontre en grandes masses, qui avoisinent le sulfate de chaux:

En Espagne :

A Cardona, dans la Catalogne;

A Mingranilla ou Almingranilla, dans le royaume de Valence;

A Valtiera, village situé sur les bords de l'Èbre, dans le royaume de Navarre.

Le sel gemme se voit encore à Aranjuez & à Ocagna, dans les collines de gypse, de sable & d'argile, qui règnent entre Madrid & la Sierra-Morena; il se trouve aussi à Servato, dans les Pyrénées.

Il se rencontre, *en France*, au *Roc salé* (1), dans le territoire de Saint-Maurice, département du Mont-Blanc, & peut-être à Salins, département du Jura.

En Allemagne :

A Ocria en Valachie;

A Para en Transilvanie;

A Soowar, Marmoros, Ronasek & Eperies, dans la Haute-Hongrie;

A Aussée en Styrie;

A Hall en Tyrol;

A Gmund, Ischel & Hablstadt, dans la Haute-Autriche.

En Bavière.

En Pologne, à Wielieska & à Bochnia en Gallicie.

En Suisse, à Bex, dans le canton de Berne.

En Toscane, à Volterra.

En Calabre, à Altomonte.

En Sibérie, à Orembourg, & à Iletzkaia près d'Orembourg.

Au Chili, dans la province de Copiapio & dans celle de Coquimbo.

Au Pérou, à Julloma & à Yocalla.

Dans le royaume d'Alger, près du fleuve de Longacallo.

Le sel gemme se rencontre encore en Arménie, en Arabie, au Thibet, &c.

Certains cantons sont recouverts d'efflorescences salines, que l'on a reconnues être du muriate de soude. Il y a un semblable canton à Saint-Domingue, l'une des Antilles, & un autre à Sallian en Perse.

2°. *Muriate d'ammoniaque.*

Le *muriate d'ammoniaque* ou sel ammoniac, si remarquable par sa saveur urineuse, son entière volatilisation au feu & sa solubilité dans l'eau, est composé, sur 100 parties, de 40 d'ammoniaque, 52 d'acide muriatique, & 8 d'eau de cristallisation.

Il se trouve, suivant Wallerius, dans la Perse & au pays des Calmouks, tantôt mêlé avec de l'argile ou avec d'autres terres, tantôt en efflorescence ou sous forme pulvérulente. On le trouve aussi en petites masses autour des volcans de Sicile & d'Italie, où il se forme par sublimation.

Le sel ammoniac d'Egypte se retire de la fiente de chameau, brûlée par la sublimation artificielle: on en fabrique dans la Belgique, en faisant brûler à la fois, de la suie, des ossemens, de la houille & de la soude muriatée.

3°. *Muriate d'argent.*

Le *muriate d'argent*, appelé autrefois *mine d'argent cornée*, à cause de sa couleur qui approche de celle de la corne, est fusible & mou comme de la cire; mis en contact avec le fer dans une atmosphère humide, il prend la couleur métallique de l'argent à sa surface.

(1) Struve a observé que les *rocs salés* de l'Autriche, de la Bavière & du Tyrol, ainsi que ceux de Berne, dans le gouvernement d'Aigle, & le roc d'Arbonne, près de Saint-Maurice, sont placés sur une ligne à peu près droite, dont la direction est du nord au sud est.

Cette substance se trouve :

A Johann-Georgen-Stadt & à Freyberg en Saxe ;

A Guadalcanal en Espagne ;

A Sainte-Marie-aux-Mines en France ;

A Annaberg, dans la Haute-Autriche. (C'est la mine d'argent alcaline de Justi.)

Il est, au Pérou, au centre des Cordillières.

Le muriate d'argent se rencontre encore au Mexique & en Sibérie. Dans presque tous les lieux que nous venons de détailler, sa gangue est quartzeuse ou calcaire.

4°. *Muriate de mercure.*

Le *muriate de mercure* ou mine de mercure cornée est d'une couleur grise nacrée ; il est volatilisable par le chalumeau ; ce qui le distingue du muriate d'argent, lequel est réductible, au chalumeau, en un globule métallique. Il est friable, & non pas mou comme le muriate d'argent. Cette substance a été découverte par Woulf, dans les mines de sulfure de mercure du pays de Deux-Ponts. Il y occupe les cavités d'une argile ferrugineuse endurcie.

5°. *Muriate de cuivre.*

Enfin l'acide muriatique, uni à l'oxide de cuivre, forme le muriate de cuivre ou *sable vert du Pérou.* Ce sel est sous forme pulvérulente ; sa couleur est le vert ; il communique à la flamme où on le jette, une couleur bleue ou verte ; il est soluble, sans effervescence dans l'acide nitrique. Cette substance est un poison assez violent : Dombay l'a rapportée du Pérou ; il la tenoit d'un Indien, qui lui dit qu'elle se trouvoit dans une petite rivière de la province de Copiapu ; l'Indien ajoutoit que cette rivière se perdoit dans les sables du désert d'Atacama, qui sépare le Pérou du Chili, & que le sable vert y étoit peu abondant.

§. VII.

ACIDE FLUORIQUE.

L'acide fluorique est un de ceux encore inconnus dans leur nature intime & dans leur composition ; il est, à l'état de gaz, invisible comme l'air, mais il se surcharge facilement d'humidité ; alors il devient vaporeux : son odeur est analogue à celle de l'acide muriatique ; il éteint les bougies & asphixie les animaux ; enfin, son caractère essentiel est tiré de la propriété qu'il a de dépolir & dissoudre le verre avec beaucoup d'activité. Il est dissoluble dans l'eau.

L'acide fluorique se rencontre dans la nature, mais jamais à l'état pur & libre ; il est toujours combiné avec des terres & quelquefois en même tems avec un alcali.

1°. *Fluate de chaux.*

Le *fluate de chaux* (spath fluor) résulte de la combinaison de l'acide fluorique avec la chaux. Sa forme primitive est l'octaèdre ; il est plus dur que le carbonate de chaux, & phosphorescent par chaleur, &c.

Cette substance fait souvent partie de la gangue des mines métalliques. Les métaux qu'elle accompagne, sont ordinairement l'argent, l'or, le mercure & le cuivre ; néanmoins elle se trouve quelquefois dans les roches primitives dépourvues de métaux.

Le spath fluor existe :

En Angleterre :

Dans le Derbyshire, & principalement dans les mines de Castelton, en rognons de plus d'un pied de diamètre, qui ont pour matrice une marne mêlée de baryte, que les mineurs du pays appellent *caulk ;*

Dans le Northumberland ;

Dans la province de Lincoln, près Boston ;

Dans le Cornouailles.

On travaille le spath fluor à Derby, à Matlock, à Ashfort & à Birmingham.

En France :

Dans les montagnes primitives de Gyromagny, faisant partie des Vosges ;

Dans le département de la Haute-Loire, près de Langeac ;

Dans le département de la Loire, à Ambierle ;

Dans le département du Rhône, aux mines de plomb du Mont-Pilat, à quelques lieues sud de Lyon ;

Dans le département du Mont-Blanc, vallée de Chamouny, au rocher dit des *Grandes-Jorasses*, vers le fond du glacier des bois ;

Dans le département du Puy-de-Dôme, aux environs de Royat ;

Dans le département de Saône & Loire, entre le Breuil & Charecey, route du petit Mont-Cénis ; à Châlons-sur-Saône.

En Suisse :

Au mont Saint-Gothard.

En Allemagne :

A Stollberg & à Strasberg en Saxe ;

Au Hartz ;

En Bohême ;

En Souabe, &c.

A Kobola-Pojana, près de Sigeth, dans le comitat de Marmoros, en Haute-Hongrie, dans un filon puissant, avec du quartz.

En Suède, à Ixio.

En Asie septentrionale :

Dans la mine d'argent de Zméof, dans les monts Altaï ;

Dans la Daourie, près du fleuve Amour ; il se trouve rarement dans la montagne d'Odon-Tchelon.

2°. *Fluate alcalin d'alumine.*

Le *fluate alcalin d'alumine* ou cryolithe d'Abildgaar eſt un ſel inſoluble dans l'eau, fuſible à la ſimple flamme d'une bougie, plus dur que le ſulfate de chaux, &c.

Cette ſubſtance a été trouvée au Groënland, par un miſſionnaire qui en porta quelques morceaux à Copenhague, où ils furent analyſés par M. Abildgaard.

§. VIII.

ACIDE BORACIQUE.

L'acide boracique eſt le troiſième & le dernier de ceux dont la nature & la compoſition nous ſont encore inconnues; il eſt ſous forme de petites paillettes blanches, micacées, d'une ſaveur fraîche, ſalée, aigrelette, très-légères, rougiſſant les teintures bleues végétales.

Cet acide exiſte pur, en diſſolution, dans les eaux de pluſieurs lacs de Toſcane, & principalement du lac Cherchiajo, près Monte-Rotondo, dans la province de Sienne.

Combiné avec la magnéſie & la chaux, l'acide boracique forme le ſel connu ſous le nom de *borate-magnéſio calcaire.*

1°. *Le borate de magnéſie.*

Le *borate de magnéſie* a été appelé pendant longtems *borate de chaux;* mais, d'après les analyſes de Vauquelin, Weſtrumb & Schmit, il eſt prouvé que la magnéſie entre, dans ſa compoſition, en plus grande quantité que la chaux. Cette ſubſtance ſe trouve toujours en criſtaux à peu près cubiques, qui ſont électriques par la chaleur, en huit points oppoſés deux à deux; elle eſt plus dure que le verre, & eſt fuſible, au chalumeau, en un émail jaunâtre, hériſſé de petites pointes qui, par un feu prolongé, ſont lancées comme des étincelles.

Le *borate de magnéſie* ſe trouve près de Lunebourg, dans le duché de Brunſwich, au haut d'une montagne appelée *Kalsberg*, en petits criſtaux cubiques, dont les angles & les arêtes ſont remplacés par des facettes. Ils ſont engagés dans des couches de chaux ſulfatées.

2°. *Le borate de ſoude.*

Le *borate de ſoude* (borax tinkal) a une ſaveur douceâtre & ſavoneuſe; il eſt fuſible, avec un bourſouflement conſidérable, en un globule vitreux; il a la réfraction double.

Ce ſel nous vient, en grande partie, de la Perſe, du Thibet. A quinze jours de marche au nord de Teſchou-Loumbon, ſous le 29ᵉ degré de longitude & le 89ᵉ 5′ de latitude, on rencontre un lac gelé la majeure partie de l'année, & qui tient en diſſolution dans ſes eaux une grande quantité de borate & de muriate de ſoude; le premier de ces ſels eſt dépoſé ou formé en criſtaux, dans la vaſe des parties les moins profondes; le muriate de ſoude, au contraire, eſt retiré du milieu du lac (c'eſt le lieu où il y a le plus de profondeur).

Ce lac eſt entouré de tous les côtés, par des hauteurs couvertes de rochers, & l'on n'apperçoit pas un ſeul ruiſſeau ni une ſeule fontaine à l'entour, mais il eſt alimenté par différentes ſources ſalées, dont les habitans du pays ne font aucun uſage; cependant ils retirent le ſel gemme du milieu du lac, & l'emploient. Ils exploitent auſſi le borax, qui fait une des branches principales de leur commerce avec les Européens.

Le borax ſe trouve encore dans quelques cavernes de Perſe, dans l'île de Ceylan, dans la grande Tartarie, & même dans l'électorat de Saxe.

Acides métalliques.

Il ne nous reſte plus à paſſer en revue que quatre ou cinq acides, tous métalliques, c'eſt-à dire, compoſés d'un métal (toujours fragile) uni avec une certaine quantité d'oxygène. Cette quantité, plus ou moins grande d'oxygène, conſtitue ſucceſſivement, 1°. l'oxide métallique; 2°. l'acide métallique, dans la compoſition duquel il entre peu d'oxygène, mais toujours en plus grande proportion que dans les oxides : cette ſorte d'oxide eſt déſignée par la terminaiſon *eux;* 3°. l'acide métallique, muni d'une plus grande proportion d'oxygène que les acides en *eux*, & à plus forte raiſon que dans les oxides. Les acides de cette ſeconde ſorte ſont déſignés par la terminaiſon *ique.*

Parmi les vingt-un métaux connus, quatre ſont ſuſceptibles de former des acides par leur combinaiſon avec l'oxygène : ces métaux ſont l'arſenic, le ſchéelin, le molybdène & le chrome.

On trouve très-rarement dans la nature, l'arſenic à l'état d'acide pur; c'eſt l'acide *arſénieux :* combiné avec diverſes baſes, c'eſt l'*acide arſenique.*

§. IX.

ACIDE ARSÉNIEUX.

L'*acide arſénieux* ou arſenic blanc du commerce eſt blanc & ſolide; il eſt ſoluble dans l'eau, & répand une odeur d'ail par l'action du feu.

Il ſe trouve criſtalliſé, à Joachims-Thal en Bohême, & à Ruſina-Baptiſta en Tranſilvanie.

§. X.

ACIDE ARSENIQUE.

L'acide arsenique résulte de la combinaison de l'arsenic avec l'oxygène, dans le rapport présumé des nombres 5 & 1, l'arsenic étant représenté par 5 & l'oxygène par l'unité; il est déliquescent & non cristallisable; il est dissoluble dans l'eau, & résiste à l'action de tous les autres acides.

Cet acide ne se rencontre jamais à l'état pur, mais bien à celui de combinaison avec la chaux, le cuivre & le cobalt.

1°. *L'arseniate de chaux.*

L'*arseniate de chaux* est un sel nouvellement découvert à Wittichen, dans le Furstemberg en Allemagne; sa gangue est un granite à gros grains, qui est souvent accompagné de sulfates de chaux & de baryte. Cette substance, peu dure & de couleur blanche, répand une odeur d'ail par le chalumeau, & est dissoluble, sans effervescence, dans l'acide nitrique.

2°. *L'arseniate de cuivre.*

L'*arseniate de cuivre* est d'une couleur verte plus ou moins foncée; il est tendre & répand une odeur d'ail par l'action du feu. Cent parties de cette substance en contiennent 39 d'oxide de cuivre, 43 d'acide arsenique & 17 d'eau.

On trouve l'arseniate de cuivre sur le Mont-Karrarach, dans le comté de Cornouailles en Angleterre, près d'une mine de fer brune; il y est accompagné de diverses mines de cuivre. On a cité aussi de l'arseniate de cuivre en Silésie, près de Jonsbach.

3°. *L'arseniate de Cobalt.*

L'*arseniate de cobalt* (vulgairement fleurs de cobalt) a pour caractères principaux, une couleur rouge mêlée de violet, tirant quelquefois sur celles lilas, fleurs de pêcher ou lie de vin, & la propriété de colorer en bleu le verre de borax.

Cette substance est une des parties composantes de la mine d'argent, *merde-d'oie*, laquelle est exploitée à Schmnitz en Hongrie, & à la montagne de Chalanches, près d'Allemont, dans le ci-devant Dauphiné.

L'*arseniate de cobalt* se trouve sans mélange dans une gangue d'oxide noir de cobalt:

A Kitzbichel en Tyrol;
A Saalfeld en Thuringe;
A Freydenstadt, dans le duché de Wirtemberg;
A Scheeberg en Saxe.

Avec le cobalt arsenical, cette substance se rencontre:

A Amaberg en Saxe;
A Wittichen, dans le Furstemberg;
A Joachims-Thal en Bohême;
A Sainte-Marie-aux-Mines, & à Allemont en France.

On a découvert (1) à Rosier, près de Pont-Gibaud en Auvergne, un minerai de plomb d'une couleur jaune-verdâtre, tantôt mameloné, & tantôt en prisme hexaèdre. Sur 100 parties de cette substance, le cit. Fourcroy a trouvé 29 parties d'acide arsenique, 50 d'oxide de plomb, & 14 d'acide phosphorique. Le cit. Haüy a placé ce minéral parmi les plombs phosphatés, sous le nom de *plomb phosphaté arsenié*. La quantité d'acide arsenique, double de celle d'acide phosphorique, pourroit déterminer à placer cette substance avec les arseniates, sous le nom d'*arseniate de plomb*.

§. XI.

ACIDE SCHÉELIQUE.

L'acide schéelique résulte de la combinaison du schéelin ou tungstène avec l'oxygène. Il a porté long-tems le nom d'acide *tungstique*.

Lorsqu'il est pur, il est blanc, pulvérulent, d'une saveur âpre, métallique & acide foible; sa pesanteur est, à celle de l'eau distillée, comme 3.60 est à 1.00.

L'acide schéelique ne s'est pas encore trouvé pur dans la nature, mais à l'état de combinaison, soit avec la chaux, soit avec le fer.

1°. *Schéelate de fer.*

1°. Le *schéelate de fer* (wolfram). Cette mine, d'une couleur brune-noirâtre, légérement métallique, a une pesanteur sept fois & demie plus considérable que celle de l'eau; elle est peu dure, & sa poussière est d'un violet sombre ou d'un brun légérement rougeâtre. Cent parties de cette substance présentent à l'analyse 67 d'acide schéelique, 18 d'oxide de fer, 6 $\frac{1}{4}$ d'oxide de manganèse, & 1 $\frac{1}{2}$ de silice.

Le *schéelate de fer* se trouve à Altenberg en Misnie, à Zinnwalde en Bohême, à Westanfors en Westmanie.

Dans les mines d'étain de la Saxe.

En France, département de la Haute-Vienne, montagne de Puy-lès-Mines, à environ trois mille mètres de Saint-Léonard.

2°. *Schéelate de chaux.*

2°. Le *schéelate de chaux* ou wolfram blanc est d'une couleur blanchâtre non métallique; sa poussière jaunit dans l'acide nitrique chauffé: sa forme

(1) Patrin, Hist. nat, des Minér. tom. 4, p. 248.

primitive eſt le cube ; ſa ſurface eſt un peu graſſe à l'œil & au toucher ; enfin, il pèſe à peu près ſix fois plus que l'eau diſtillée.

Ce ſel ſe trouve à Marienberg & à Altenberg en Saxe ; à Schonfeldt & à Zinnwalde en Bohême ; à Riddarhyttan en Suède, &c.

§. XII.

ACIDE MOLYBDIQUE.

L'acide molybdique, ainſi que ſon nom l'indique, eſt compoſé de molybdène, uni avec l'oxygène pur ; il eſt en poudre blanche, d'une ſaveur aigre & métallique ; il eſt diſſoluble dans l'eau chaude. Cette eau acquiert alors toutes les qualités acides ; & de plus, elle devient bleue lorſqu'on y tient du fer ou de l'étain plongé.

On n'a encore trouvé l'acide molybdique qu'à l'état de combinaiſon avec l'oxide de plomb, qui forme avec lui le *molybdate de plomb.*

Cette ſubſtance renferme près des trois cinquièmes de ſon poids d'acide molybdique ; elle n'eſt ni efferveſcente ni ſoluble dans l'acide nitrique : ſa forme primitive eſt l'octaèdre ; ſa couleur ordinaire eſt le jaune.

Le molybdate de plomb ſe trouve à Bleyberg en Carinthie, où il a pour gangue une chaux carbonatée compacte. Il y eſt ſous forme de petits criſtaux ordinairement peu prononcés.

§. XIII.

ACIDE CHROMIQUE.

L'acide chromique eſt le dernier de ceux dont nous parlerons : il a été découvert depuis peu dans le plomb rouge de Sibérie. Extrait de cette ſubſtance, il eſt en pouſſière rouge ou jaune orangé : ſa ſaveur, âpre & métallique, a quelque choſe de particulier ; il perd ſon oxygène aſſez facilement, & repaſſe à l'état d'oxide vert. Cet acide eſt diſſoluble dans l'eau, &c.

L'acide chromique ne s'eſt encore rencontré qu'à l'état de combinaiſon avec les oxides de plomb ou de fer.

1°. *Chromate de plomb.*

Le *chromate de plomb* ou plomb rouge de Sibérie eſt réductible au chalumeau ; il colore en vert l'acide muriatique : au bout de quelques heures, ſa couleur eſt le rouge mêlé d'une teinte d'orangé, ſa caſſure raboteuſe, &c.

Cent parties de chromate de plomb ſont compoſées, d'après l'analyſe de Vauquelin, de $63\frac{96}{100}$ d'oxide de plomb, & de $36\frac{4}{108}$ d'acide chromique.

Le chromate de plomb ſe trouve :

A Béréſof en Sibérie, à quatre lieues nord d'Ekatérinbourg, & à Piſchminskoi, à quinze lieues de cette même ville.

L'acide chromique s'eſt rencontré, depuis peu de tems, combiné avec le fer.

2°. *Chromate de fer.*

Le *chromate de fer* n'eſt fuſible qu'à l'aide du borax, qu'il colore en beau vert ; il raie le verre, & eſt fragile ſous le marteau. Il a été trouvé par le cit. Ponthier, ingénieur des mines, à la baſtide de la Carrade, près Gaſſin, département du Var.

L'acide chromique entre, comme principe colorant, dans la compoſition du rubis.

ACLIMATER. C'eſt tranſporter les corps organiſés, ſoit végétaux, ſoit animaux, d'un climat chaud dans un climat plus tempéré, de manière que les habitans de ce dernier climat puiſſent retirer de ces nouvelles productions, les mêmes avantages que les habitans du climat primitif. On ſent aiſément que le choix le plus éclairé des divers individus a dû préſider à ces tranſports, & qu'en tout tems ils ont été le fruit des communications les plus intimes que les différens peuples ont eues enſemble.

On a dû d'abord s'attacher de préférence aux végétaux qui pouvoient ſe multiplier & ſe propager par une culture en pleine terre, & recevoir, par des procédés ſimples, des développemens qui aſſuraſſent les applications les plus utiles qu'on pouvoit en faire aux beſoins de la ſociété.

On a cependant diſtingué en même tems les végétaux plus délicats, & dont on a pu ſe procurer la jouiſſance au moyen des abris ou du choix des contrées les plus méridionales du ſecond climat ; mais ces eſſais ont dû conduire à des réſultats plus généralement connus ou répandus ſur une très-grande ſuperficie de terrain.

Ce ſont ces réſultats que nous préſentons dans le tableau ſuivant, que nous devons aux recherches, à l'érudition raiſonnée, enfin à l'amitié du ſavant profeſſeur Desfontaines. Il a ſenti que, dans l'énumération de nos végétaux tranſplantés, on devoit ſe borner aux arbres de la première & ſeconde grandeur, ainſi qu'aux arbriſſeaux & aux arbuſtes. Ces différentes eſpèces y ſont préſentées très-méthodiquement, & d'après un plan qui rapproche & place ſous nos yeux toutes les variétés des mêmes arbres, avec la note de leur pays natal & de leur grandeur.

A ces détails intéreſſans ſuccède, ſur la culture & les uſages de chaque eſpèce, une inſtruction ſuccincte, également propre à guider & à encourager les amateurs occupés de ces améliorations rurales.

Cette expoſition de nos richeſſes en ce genre eſt bien capable de nous prouver qu'il reſte encore beaucoup à faire au commerce & aux recherches des naturaliſtes dans les pays étrangers, parce que tous les arbres qui peuvent être transportés en France, & que nous offrent naturellement l'Amérique septentrionale, les environs du Cap de Bonne-Espérance & les terres australes, ne sont pas encore à notre disposition. Mais, pour peu que le gouvernement seconde les arrangemens projetés, nous pourrons jouir en peu de tems de plusieurs acquisitions nouvelles fort importantes.

Un autre avantage que nous procurera le tableau que nous annonçons ici, c'est qu'en le parcourant, & en suivant les effets de l'air & de la chaleur sur les corps organisés qui y figurent, on prendra du climat de la France une idée plus sûre & plus précise que par l'inspection des cercles de la sphère.

C'est par un tableau à peu près semblable que Linné s'est attaché à nous faire connoître le climat de la Suède : en présentant sous un même point de vue des objets également frappans & nombreux, & en suivant leurs limites, il est parvenu à nous démontrer ce que les géographes ne nous désignoient que par des moyens très-équivoques.

Nous renvoyons le développement des preuves de Linné à l'article CLIMAT, & surtout CLIMAT AGRAIRE : nous croyons devoir citer ce travail de Linné, conjointement avec le tableau du cit. Desfontaines, qui mérite bien de figurer à côté de ce grand maître, & comme appartenant à la *Géographie-Physique*.

Nous nous proposons aussi d'ajouter, dans les mêmes vues, à ce tableau des végétaux, celui des animaux, soit quadrupèdes, soit volatiles, qui ont été transportés de l'Asie, de l'Afrique & de l'Amérique en Europe, & de compléter cette première considération au mot MIGRATION, par l'exposition des transports, qui sont plutôt l'ouvrage des animaux eux-mêmes, que celui des hommes. (*Voyez* MIGRATION & ANIMAL.)

TABLEAU

TABLEAU ALPHABÉTIQUE *des arbres & arbustes qu'on possède en France, & qui peuvent être cultivés en pleine terre, soit dans les départemens du Nord, soit dans ceux du Midi.*

[*Nota.* On a indiqué par un A, les arbres qui s'élèvent au-dessus de 14 mètres ou 45 pieds; par un B, ceux dont la hauteur est depuis 7 mètres jusqu'à 14, ou depuis 21 pieds jusqu'à 45 : les arbrisseaux sont désignés par un C, & les arbustes par un D.]

Abies. — SAPIN.

Abies balsamea. LINNÉ. Sapin baumier de Giléad. Virginie. B
— *canadensis.* HORTUS KEWENSIS. — spruce. Amérique septentrionale. B.
— *nigra.* HORT. KEW. — noir. Amér. sept. A.
— *alba.* — blanc. *Variété.*
— *picea.* — picéa. France, Alpes. A.
— *taxifolia.* — à feuilles d'if ou argenté. France, montagnes. A.

Les sapins ne perdent point leurs feuilles en hiver. Quelques espèces, telles que le sapin argenté, parviennent à une grande hauteur, & sont propres à former de belles avenues. Ceux qui s'élèvent peu, comme le spruce, peuvent être plantés dans les bosquets d'hiver. Duhamel observe que les sapins à feuilles blanches en dessous donnent une térébenthine liquide & transparente, tandis que les picéa produisent une résine sèche & concrète. *Voyez* le *Traité des Arbres & Arbustes*, où l'on trouve des détails curieux sur cet objet.

C'est du baumier de Giléad qu'on retire le baume de Canada.

La sapinette noire & la blanche sont deux jolis arbres, remarquables par leur feuillage un peu glauque, & par leurs petits cônes inclinés. On les cultive dans les bosquets d'hiver. Dans le Canada on fait une bière assez agréable avec les branches de l'épinette ou sapinette blanche. Duhamel, dans son *Traité des Arbres & Arbustes*, en a fait connoître les procédés.

Nota. Linné, qui a réuni le genre *Abies* au genre *Pinus*, a donné le nom de *Pinus picea* au sapin argenté, & celui de *Pinus abies* à l'espèce qui produit la poix. Nous avons cru devoir changer cette dénomination.

Acer. — ÉRABLE.

Acer campestre. LINN. Érable champêtre. France. B.
— *creticum.* LINN. — de Crète. Candie. C.
— *monspessulanum.* LINN. — de Montpellier. Languedoc. B.
— { *montanum.* HORT. KEW. — de montagne. / *spicatum.* LAMARCK. } Amér. sept. C.
— *Negundo.* LINN. — négundo ou à feuilles de frêne. Virginie. A.
— *Opalus.* LINN. — opale. France, Alpes. B.
— *opulifolium.* WILDENOW. — à feuilles d'obier. France, Alpes. B.
— { *pensilvanicum.* LINN. & HORT. KEW. / *striatum.* LAM. } — jaspé. Canada. B.
— *platanoides.* LINN. — plane. France. A.
— *laciniosum.* — lacinié. *Variété.*
— *pseudoplatanus.* LINN. — sycomore. France. A.
— *rubrum.* LINN. — rouge. Virginie, Pensilvanie. A.
— *saccharinum.* LINN. — à sucre. Canada, Pensilvanie. A.
— *tataricum.* LINN. — de Tartarie. Tartarie. B.
— { *tomentosum.* HORTUS PARISIENSIS. / *coccineum.* HORT. KEW. } — écarlate ou cotonneux. Virginie. A.

Les érables se multiplient de graines & de greffes : quelques-uns, comme celui à feuilles de frêne, reprennent de bouture; ils fleurissent, pour la plupart, au commencement du printems. Tous ont les feuilles opposées, & les fleurs disposées en grapes ou en bouquets. On les distingue facilement par le fruit, qui est composé de deux capsules réunies à la base, & terminées par une aile membraneuse, dont le bord intérieur est plus mince que l'extérieur.

L'érable de Tartarie, ceux de Crète, de Montpellier, de Pensilvanie servent à l'ornement des bosquets. Le rouge, le plane, le sycomore, le négundo, sont propres à la décoration des parcs, & l'on peut en faire de belles avenues. L'érable champêtre, l'opale, celui de Montpellier, ont le bois très-dur. Les tourneurs & les ébénistes en font usage. Dans le nord de l'Amérique on retire du sucre de l'érable rouge, & de celui qui est particuliérement désigné sous le nom d'*érable à sucre*.

Thunberg, dans sa *Flore du Japon*, fait mention de plusieurs autres espèces qu'on pourroit vraisemblablement multiplier en France.

Æsculus. — Æsculus.

Æsculus flava. Hort. Kew. Æsculus pavia jaune. Caroline. B.
— *Hippocastanum.* Linn. — Marronier d'Inde. Asie. A.
— *Pavia.* Linn. — Pavia rouge. Caroline. Floride. C.
— *humilis.* — Pavia nain. Caroline. C.

Le marronier d'Inde est un des plus beaux arbres que l'on puisse employer à l'embellissement des parcs & des promenades publiques ; mais son bois, qui est mou, blanc & filandreux, n'est pas d'une grande utilité. On a réussi à enlever presque entiérement aux fruits leur âcreté & leur amertume, par des lotions & des lessives alcalines. On en retire de l'amidon & de la potasse. Les moutons, les cerfs, les chèvres les mangent sans aucune préparation.

Le premier marronier d'Inde dont on ait conservé l'histoire, fut envoyé de Constantinople à Vienne en Autriche, vers l'an 1576, suivant l'Écluse, & l'on assure qu'un particulier nommé *Bachelier* l'apporta également de Constantinople à Paris. Le premier pied fut planté au jardin Soubise en 1615, le second au jardin des plantes en 1656, & le troisième au Luxembourg. Celui du Jardin des plantes est mort en 1767, & l'on en a conservé une tranche pour les galeries du Muséum.

Le pavia rouge, le jaune, le nain apporté depuis quelques années de la Caroline par le cit. Michaux, ont un beau feuillage & de jolies fleurs : on les cultive dans les bosquets. Ils se propagent de graines, de marcotes & de greffes.

Agave. — Agavé.

Agave americana. Linn. Agavé d'Amérique. France mérid. Alger. C.

L'agavé d'Amérique se plaît dans les terrains arides & pierreux ; il vient en pleine terre aux environs de Marseille. A Alger, où cette plante est très commune, on en forme des haies autour des habitations. Les fibres des feuilles sont fortes, fines, & propres à faire de la toile. L'agavé fleurit en été. La tige à fleurs naît du centre des feuilles, & parvient, en peu de jours, à la hauteur de 6 à 7 mètres. Elle est de la grosseur de la cuisse ; revêtue de larges écailles, & partagée en un grand nombre de rameaux étalés, le long desquels les fleurs sont rangées d'un seul côté. On en compte quelquefois jusqu'à cinq ou six mille sur une seule tige : leur couleur est jaune, & les étamines sont beaucoup plus longues que la corolle.

Le tronc périt après la fructification.

Alnus. — Aune.

Alnus communis. Linn. Aune commun. France. A.
— *laciniata* — lacinié. *Variété.*
— *incana.* Hort. Kew. — blanc. France, Alpes. B.
— *oblongata.* Hort. Kew. — oblong. France. A.
— *serrulata.* Hort. Kew. — en scie. Pensilvanie. B.

Les aunes aiment les terrains humides & marécageux. Le bois est recherché des sabotiers, des tourneurs & des ébénistes, parce qu'il prend bien le noir. Il se conserve long-tems dans l'eau, & est très-bon pour des pilotis. On en fait des perches, des échelles, &c. L'écorce donne une couleur noire dont les teinturiers & les chapeliers savent tirer parti.

Nota. Linné a réuni le genre *Alnus* au genre *Betula*.

Alyssum. — Alyssum.

Alyssum halimifolium. Linn. Alyssum à feuilles d'halime. France mérid. D.
— *saxatile.* Linn. — des rochers. France mérid. D.
— *spinosum.* Linn. — épineux. France mérid. D.

Les alyssum sont de jolis arbustes qui fleurissent dans le printems. Le *saxatile*, connu sous le nom de corbeille d'or, à cause de la couleur de ses fleurs, est très-répandu dans les jardins.

Amorpha. — Amorpha.

Amorpha fruticosa. Linn. Amorpha arbrisseau, ou faux indigo. Caroline. C.
— *tomentosa.* — cotonneux. Amér. sept. C.
— *suffruticosa.* — sous-arbrisseau. Amér. sept. D.

Les amorpha sont remarquables par leur feuillage élégant, parsemé de très-petites vésicules transparentes comme celles du millepertuis, & par leurs jolies petites fleurs disposées en grapes. On les cultive pour l'ornement des jardins & des bosquets. Ils se multiplient facilement de drageons & de marcotes. La seconde & la troisième espèce ont été introduites en France, depuis peu d'années, par le cit. Michaux, & elles ne sont pas encore très-répandues.

Amygdalus. — Amandier.

Amygdalus communis. Linn. Amandier cultivé. Barbarie. B.
— *amara.* — amer. *Variété.*
— *nana.* Linn. — nain. Asie, Russie. C.
— *orientalis.* — d'Orient ou satiné. Perse. C.
— *persica.* Linn. — pêcher. Perse. B.
— *pumila.* Linn. — des parterres. Afrique. C.

Les amandiers & les pêchers fleurissent dès le commencement du printems. On les propage de graines, de drageons, de marcotes, & l'on perpétue par la greffe les variétés que l'on préfère.

L'amandier satiné fleurit au milieu de l'hiver, lorsque le froid n'est pas trop rigoureux. Ses amandes sont douces, mais très-petites. C'est à Le Monnier que nous devons cet arbrisseau. Il en avoit reçu des graines de Perse, & il avoit pris soin de le multiplier. L'amandier des parterres est un joli arbrisseau recherché des fleuristes. Ses amandes sont extrêmement amères. Les pêchers à fleurs doubles ont beaucoup d'éclat, & embellissent nos jardins au retour du printems.

Anagyris. — Anagyris.

Anagyris fœtida. Linn. Anagyris fétide. France mérid. Barbarie. C.

Cet arbrisseau est élégant, mais toutes ses parties exhalent une odeur fétide lorsqu'on les froisse.

Andromeda. — Andromède.

Andromeda acuminata. Hort. Kew. Andromède à feuilles aiguës. Amér. sept. C.
— *arborea.* Linn. — arbre. Caroline, Virginie. C.
— *axillaris.* Linn. — axillaire. Caroline. C.
— *caliculata.* Linn. — caliculée. Sibérie, Canada. C.
— *cassinefolia.* Ventenat. — à feuilles de Cassiné. Floride. C.
— *coriacea.* Hort. Kew. — coriace. Amér. sept. C.
— *ferruginea.* Michaux. — ferrugineuse. Amér. sept. C.
— *mariana.* Linn. — de Mariland. Virginie, Mariland. C.

— *polifolia.* LINN. — à feuilles de Polium. Alpes. D.
— *angustifolia.* — à feuilles étroites. *Variété.*
— *latifolia.* — à larges feuilles. *Variété.*
— *racemosa.* LINN. — à grapes. Pensilvanie, Mariland. C.
— *rosmarinifolia.* LINN. — à feuilles de romarin. C.

Les andromèdes sont des arbrisseaux d'ornement qui ont beaucoup de rapport avec les bruyères. Il faut les cultiver à l'ombre & au frais, dans un terreau léger & divisé par du sable. L'Amérique septentrionale en produit encore plusieurs espèces qu'on pourroit élever dans nos climats. On les multiplie de graines & de drageons enracinés.

Anona. — Anone.

Anona triloba. LINN. Anone à trois lobes ou assiminier. Caroline. C.

L'anone à trois lobes, connue aussi sous le nom d'assiminier, est un arbrisseau de trois à quatre mètres, qui fleurit au commencement du printems. Toutes ses parties exhalent une odeur désagréable. Il se plaît à l'ombre, dans les terres grasses & humides. Le fruit, peu estimé, est recouvert d'une peau extrêmement acide. On le multiplie de marcotes & de graines.

Anthemis. — Anthémis.

Anthemis grandiflora. Anthémis à grandes fleurs. Chine. C.

Cet arbrisseau, remarquable par ses grandes & belles fleurs, ressemblantes à celles de la reine-marguerite, & que l'on nomme communément chrysanthème des Indes, *chrysanthemum indicum*, appartient évidemment au genre *Anthémis*, puisque ses fleurs sont entremêlées de paillettes. Il fleurit à la fin de l'automne, & résiste bien à la rigueur de nos hivers. On le multiplie de boutures & de drageons. Nous le devons au cit. Ramatuelle, qui en apporta de Provence un pied, il y a neuf à dix ans, dont il fit présent au Muséum d'histoire naturelle, d'où il s'est répandu dans toute la France.

Anthyllis. — Anthyllis.

Anthyllis barba-jovis. LINN. Anthyllis satinée. France mérid. Barbarie. C.
— *cretica.* LINN. — de Crète. Candie. C.
— *cytisoides.* LINN. — Faux cytise. France mérid. Espagne. C.
— *erinacea.* LINN. — Hérisson. Espagne. Barbarie. D.
— *hermanniæ.* LINN. — Hermanniæ. Orient. C.

Les anthyllis ne peuvent guères être cultivés en pleine terre, que dans nos départemens méridionaux. La première espèce, remarquable par son feuillage soyeux & argenté, a souvent deux mètres de hauteur, & peut servir à l'ornement des jardins.

Aralia. — Aralia.

Aralia spinosa. LINN. Aralia épineuse. Caroline. C.

Cet arbrisseau a de grandes & belles feuilles décomposées; il aime les terres légères, fraîches & un peu ombragées.

Arbutus. — Arbousier.

Arbutus alpina. LINN. Arbousier des Alpes. France, Alpes. D.
— *Andrachne.* LINN. — andrachné ou d'Orient. Orient. C.
— *integrifolia.* LAMARCK. — à feuilles entières. Orient. C.
— { *thymifolia.* HORT. KEW. / *Vaccinium hispidulum.* LINN. } — à feuilles de thym. Amér. sept. D.
— *Unedo.* LINN. — des Pyrénées. Pyrénées, Provence. C.
— *Uva-ursi.* LINN. — busserole. France, Alpes. D.

Les arbousiers ont beaucoup d'affinité avec les andromèdes & les bruyères. Ils conservent leurs feuilles pendant toute l'année. Celui des Pyrénées supporte assez bien la rigueur de nos hivers. L'andrachné veut être abrité dans l'orangerie pendant cette saison; mais on le cultive en pleine terre dans les départemens méridionaux. Ils ont l'un & l'autre un beau feuillage & de très-jolies fleurs en grelots, disposées en panicule. Leurs fruits, ressemblant à des fraises, ont beaucoup d'éclat lorsqu'ils sont mûrs.

On peut greffer l'andrachné sur l'arbousier des Pyrénées.

L'arbousier des Alpes & la busserole sont deux petits arbrisseaux également remarquables par leurs fleurs & leurs fruits. Les baies du premier sont bleues; celles du second sont d'un rouge vif. Les feuilles de la busserole, prises en infusion, excitent fortement les urines, & on les emploie avec succès contre la gravelle. Ils aiment l'ombre & le frais. On les cultive dans le terreau de bruyère, & on les multiplie de drageons, de graines & de marcotes.

Arctotis. — Arctotis.

Arctotis aspera. Linn. Arctotis rude. Cap de Bonne-Espérance. C.

Joli arbrisseau que l'on pourroit cultiver en plein air dans le Midi, pour la décoration des jardins.

Aristolochia. — Aristoloche.

Aristolochia altissima. Desfontaines. Aristoloche élevée. Alger. C.
— *sempervirens.* Linn. — toujours verte. Crète. D.
— *sypho.* L'Héritier. — en syphon. Virginie. C.

L'aristoloche d'Alger & celle de Candie ne résisteroient pas à la rigueur de nos hivers; mais on pourroit les cultiver en pleine terre dans nos départemens méridionaux. Elles conservent leurs feuilles toute l'année. La première monte à une assez grande hauteur lorsqu'elle trouve un appui; la seconde s'élève peu. L'aristoloche en syphon, ainsi nommée à cause de la forme de ses fleurs, perd ses feuilles à la fin de l'automne. C'est un arbrisseau sarmenteux, remarquable par la beauté de son feuillage, & très-propre à former des berceaux. Ses racines ont une forte odeur de camphre. Ces trois espèces d'aristoloche se multiplient facilement de boutures & de marcotes.

Artemisia. — Armoise.

Artemisia abrotannum. Linn. Armoise auronne ou citronelle. France mérid. C.
— *arborescens.* Linn. — en arbre. France mérid. Barbarie. C.
— *argentea.* L'Herit. — argentée. Canaries. C.
— *cœrulescens* Linn. — bleuâtre. Italie. D.
— *corymbosa.* Lam. — corymbifère. Italie. D.
— *valentina.* Lam. — de Valence. Espagne. D.

Les armoises se perpétuent de graines, de drageons, de boutures; elles peuvent croître dans presque tous les terrains. L'armoise en arbre vient au bord de la mer. C'est un grand arbrisseau dont les jeunes tiges & les feuilles sont couvertes d'un duvet blanc comme la neige. L'auronne ou citronelle exhale une odeur agréable & pénétrante, qui approche de celle de l'éther.

Arundo. — Roseau.

Arundo donax. Linn. Roseau à quenouilles. France mérid. C.
— *variegata.* — panaché. *Variété.*

C'est un très-beau gramen, dont la tige s'élève à trois ou quatre mètres. Il aime les terrains humides & marécageux. Dans le Midi de la France, en Espagne, en Barbarie, on en fait des espaliers, des échalas : on en couvre les maisons; on le plante en haie autour des jardins. En Bretagne on le cultive pour en faire des quenouilles à filer. La variété à feuilles panachées est recherchée comme plante d'ornement.

Asclepias. — Asclépias.

Asclepias fruticosa. Linn. Asclépias arbrisseau. Barbarie. C.

Joli arbrisseau de la hauteur d'un homme, qu'on pourroit élever en pleine terre dans le Midi de la France.

Asparagus. — Asperge.

Asparagus acutifolius. Linn. Asperge à feuilles aiguës. France mérid. C.
— *albus.* Linn. — blanche. Barbarie, Orient. C.
— *aphyllus.* Linn. — sans feuilles. Barbarie, Orient, Espagne. D.
— *horridus.* Linn. — à grosses épines. Barbarie, Orient, Espagne. D.

L'asperge à feuilles aiguës résiste à nos hivers, & ne perd point ses feuilles dans cette saison. Ses fleurs sont odorantes. Les autres espèces sont plus délicates; mais on pourroit les élever en pleine terre dans le Midi de la France. Elles viennent dans les terrains arides : on les multiplie de drageons. Sur les côtes de Barbarie on en mange les jeunes pousses cuites dans l'eau.

Asperula. — Aspérule.

Asperula calabrica. Linn. Aspérule de Calabre. Calabre, Orient, Barbarie. D.

Petit arbuste dont les fleurs sont assez jolies. Ses feuilles froissées ont une odeur fétide. On l'abrite en hiver dans l'orangerie.

Aster. — Aster.

Aster fruticosus. Linn. Aster arbrisseau. Cap de Bonne-Espérance. C.
— *sericeus.* Vent. — satiné. Amér. sept. Missouri. D.

Ces deux jolis arbrisseaux pourroient être cultivés pour l'ornement des parterres. On les multiplie de drageons & de boutures. Le premier craint les gelées. On l'abrite dans l'orangerie.

Astragalus. — Astragale.

Astragalus massiliensis. Lam. Astragale de Marseille. France mérid. D.
— *sempervirens.* Lam. — toujours vert. France, Alpes. D.

Ces deux arbustes se plaisent dans les terrains arides & incultes. On les multiplie facilement de drageons. On a cru long-tems que c'étoit l'astragale de Marseille qui donnoit la gomme-adragan du commerce. Le cit. Labillardière a détruit cette erreur en prouvant, 1°. qu'il n'en produit pas dans le Levant; 2°. qu'on la récolte sur deux autres espèces, dont l'une, qu'il a décrite *Journal de Physique*, année 1789, sous le nom d'*astragalus gummifer*, croît sur le Mont-Liban; l'autre, que Tournefort appelle *tragacantha cretica incana, flore parvo, lineis purpureis striato*, cor. 29, voyag. I, pag. 35, est originaire de l'île de Candie.

Atragene. — Atragéné.

Atragene alpina. Linn. Atragéné des Alpes. France, Alpes. C.

L'atragéné est un arbrisseau sarmenteux, qui ne diffère presque pas des clématites. Ses fleurs sont grandes & d'un beau bleu. On le multiplie de boutures, de drageons & de graines.

Atraphaxis. — Atraphaxis.

Atraphaxis spinosa. Linn. Atraphaxis épineux. Arménie. D.
— *undulata.* Linn. — ondulé. Éthyopie. D.

Ces deux arbustes ont les plus grands rapports avec les polygonum. Le premier est remarquable par ses fleurs nombreuses & par les deux grandes divisions du calice, qui se teignent d'un rose vif après la fleuraison. Ils s'accommodent de presque tous les terrains. On les multiplie de drageons, de boutures & de graines. La première espèce est peu délicate.

Atriplex. — Arroche.

Atriplex halimus. Linn. Arroche halime. France mérid. Eſpagne. C.
— *portulacoides.* Linn. — à feuilles de pourpier. France, Eſpagne. C.
— *glauca.* Linn. — glauque. France mérid. Eſpagne. C.

Ces trois arbriſſeaux ſont originaires des bords de la mer, & n'offrent rien de remarquable.

Atropa. — Atropa.

Atropa fruteſcens. Linn. Atropa arbriſſeau. Eſpagne, Barbarie. C.

On abrite cet arbriſſeau dans l'orangerie, ſous le climat de Paris; il ſe multiplie de drageons & de graines.

Aylantus. — Aylante.

Aylantus glanduloſa. Desfontaines. Aylante glanduleux. Japon. A.

Cet arbre, remarquable par la beauté de ſon port & de ſon feuillage, mérite d'être multiplié dans nos forêts. Quoique ſon accroiſſement ſoit très-rapide, le bois acquiert de la ſolidité. Il eſt blanc, ſatiné, & peut être employé à des ouvrages de menuiſerie & d'ébéniſterie. Le Père d'Incarville en envoya des graines de Nankin, en 1751. On a long-tems confondu l'aylante avec le vernis du Japon, dont il diffère beaucoup par les organes de la fructification. Il a été décrit & gravé dans les *Mémoires de l'Académie des Sciences* de Paris, année 1786. Ses fleurs exhalent une odeur forte & déſagréable.

Azalea. — Azaléa.

Azalea glauca. Lam. Azaléa glauque. Virginie, Caroline. C.
— *nudiflora.* Linn. — à fleurs nues. Virginie. C.
— *pontica.* Linn. — de Pont. Arménie. C.
— *procumbens.* Linn. couché. — France, Alpes. D.
— *viſcoſa.* Linn. — viſqueux. Virginie. C.

On cultive les azaléa à l'ombre & au frais, dans le terreau de bruyère. On les propage de drageons & de graines: leurs fleurs ſont belles & odorantes.

Baccharis. — Bacchante.

Baccharis halimifolia. Linn. Bacchante à feuilles d'halime. Virginie. C.

La bacchante eſt cultivée pour l'ornement des boſquets. On la multiplie de graines, de drageons & de boutures. Les aigrettes des ſemences, qui ſont ſoyeuſes & plus longues que les calices, font un très-bel effet.

Balsamita. — Balsamite.

Balſamita ageratifolia. Desfont. Balſamite à feuilles d'agératum. Candie. D.

Arbriſſeau de la famille des compoſées. On le multiplie de graines & de drageons. Il fleurit en été; ſes fleurs ſont d'un beau jaune. On l'abrite dans l'orangerie.

Bejaria. — Béjaria.

Bejaria racemoſa. Vent. Béjaria à grapes. Floride. D.

Arbuſte de la famille des roſacées, remarquable par ſes fleurs blanches, nuancées de pourpre & diſpoſées en grapes.

Berberis. — BERBÉRIS.

Berberis cretica. LINN. Berbéris de Crète. Candie. C.
— *sibirica.* PALLAS. — de Sibérie. Sibérie. C.
— *sinensis.* HORT. PARIS. — de Chine. Chine. C.
— *vulgaris.* LINN. — commune ou épine-vinète. France. C.
— *canadensis.* — de Canada. *Variété.* Canada.
— *violacea.* — violette. *Variété.*

Les berbéris ou épines-vinètes sont des abrisseaux épineux propres à faire des haies. Elles viennent dans presque tous les terrains. On les multiplie de drageons & de graines. Leurs fleurs, disposées en petites grappes pendantes, sont très-jolies, mais elles exhalent une odeur désagréable. Les baies de l'épine-vinète commune sont d'usage en médecine : on en fait des sirops, des confitures, &c. L'écorce de la racine donne une teinture jaune. Commerson en a découvert, au détroit de Magellan, plusieurs espèces qu'on pourroit cultiver dans nos climats. Les étamines des berbéris sont irritables ; elles s'approchent subitement contre le pistil lorsqu'on les touche.

Betula. — BOULEAU.

Betula alba. LINN. Bouleau blanc. France. A.
— *excelsa.* HORT. KEW. — élevé. Amér. sept. A.
— *lenta.* LINN. — mérisier. Virginie, Canada. A.
— *nana.* LINN. — nain. Suisse, Laponie. C.
— *nigra.* LINN. — noir. Virginie, Canada. A.
— *papyracea.* HORT. KEW. — papyracé. Amér. sept. A.
— *populifolia.* HORT. KEW. — à feuilles de peuplier. Amér. sept. A.
— *pumila.* LINN. — à feuilles de marceau. Amér. sept. C.

Les bouleaux s'élèvent de graines ; mais comme ces graines sont fort petites, il faut les semer dans une terre bien divisée & les recouvrir légèrement. Ils viennent bien pour la plupart dans les terrains arides. Le bouleau blanc est remarquable par son port très-pittoresque & par la blancheur de son épiderme, qui s'enlève par feuillets : il est d'ailleurs d'une grande utilité. Le bois des gros bouleaux est recherché des sabotiers : lorsqu'ils sont à hauteur de taillis, on en fait des cerceaux ; les jeunes branches servent à faire des balais. Dans le nord, on couvre les maisons avec l'écorce de bouleau, & vers le printems on en retire, en perçant le tronc, une liqueur fermentescible, d'une saveur agréable. Le bouleau noir, le bouleau mérisier & autres espèces d'Amérique sont de très-beaux arbres qu'il seroit très-utile de multiplier dans nos forêts. On fait avec l'écorce du bouleau noir, de jolis paniers, des porte-feuilles, &c. & ces pirogues légères que les Canadiens transportent sur leur dos d'une rivière à l'autre. On assure que le bois de notre bouleau a beaucoup plus de dureté dans les pays du Nord, que dans nos climats. Le bouleau noir & celui à feuilles de marceau sont deux arbrisseaux qu'on peut planter dans les bosquets. Les lagopèdes, qui sont d'une si grande ressource pour les Lapons, se nourrissent des graines du bouleau nain.

Bignonia. — BIGNONE.

Bignonia catalpa. LINN. Bignone catalpa. Caroline. B.
— *crucifera.* LINN. — crucifère. Caroline. C.
— *radicans.* LINN. — grimpante. Virginie. B.
— *sempervirens.* LINN. — toujours verte. Caroline. C.

Ces bignones ont un beau feuillage & de très-belles fleurs, ressemblantes à celles de la digitale. On les cultive pour la décoration des jardins & des bosquets. Le catalpa veut être abrité contre les vents, son bois se cassant avec beaucoup de facilité : on le multiplie de graines & de marcotes. La bignone grimpante se perpétue facilement de boutures. Ses branches sont sarmenteuses & flexibles ; ses fleurs sont disposées en bouquets & d'un rouge éclatant : on la place le long des murs & sur la pente des rochers. La bignone, toujours verte, doit être abritée dans l'orangerie. La bignone crucifère est moins sensible au froid : elle est ainsi nommée, parce qu'on remarque une croix sur le bois lorsqu'on l'a coupé transversalement.

Bistropogon. — Bistropogon.

Bistropogon canarienſe. L'HÉRIT. Biſtropogon des Canaries. Madère. C.
— *plumoſum.* L'HÉRIT. — plumeux. Madère. C.
— *punctatum.* L'HÉRIT. — ponctué. Madère. C.

Les biſtropogons ſont de petits arbriſſeaux qui ont beaucoup d'affinité avec les menthes, & qu'on pourroit ſans doute cultiver dans nos départemens méridionaux.

Brunnichia. — Brunnichia.

Brunnichia cirrhoſa. GŒTNER. Brunnichia à vrilles. Amér. ſept.

Arbriſſeau grimpant, dont le feuillage eſt agréable. On le cultive en pleine terre.

Budleia. — Budléia.

Budleia globoſa. LINN. Budléia à globules ou palquin. Chili. C.

Joli arbriſſeau d'ornement. Ses feuilles ſont blanches & cotoneuſes en deſſous ; ſes fleurs, jaunes, réunies en boule, exhalent une odeur douce & agréable.

Buphtalmum. — Buphtalmum.

Buphtalmum fruteſcens. LINN. Buphtalmum arbriſſeau. Virginie. C.
— *peruvianum.* LAM. — du Pérou. Pérou. C.

Ces arbriſſeaux conſervent leurs feuilles toute l'année : on les abrite dans l'orangerie. Il eſt vraiſemblable qu'ils paſſeroient l'hiver en pleine terre dans le Midi de la France.

Buplevrum. — Buplèvre.

Búplevrum coriaceum. L'HÉRIT. Buplèvre coriace. Barbarie. C.
— *fruteſcens.* LINN. — arbriſſeau. France mérid. Barbarie. C.
— *ſpinoſum.* LINN. — épineux. Eſpagne. Barbarie. D.

Ces trois eſpèces de buplèvre ne perdent point leurs feuilles en hiver ; mais elles ſont ſujètes à geler lorſque le froid eſt très-rigoureux. Le buplèvre arbriſſeau eſt le moins délicat ; les deux autres ne peuvent guères être cultivés en pleine terre que dans le Midi de la France.

Buxus. — Buis.

Buxus anguſtifolia. HORT. KEW. Buis à feuilles étroites. C.
— *balearica.* LAM. — de Mahon. Mahon. B.
— *ſempervirens.* LINN. — commun. France. B.
— *ſuffruticoſa.* — nain ou d'Artois. *Variété.*

Les buis peuvent être employés à la décoration des boſquets d'hiver : ils ſouffrent le ciſeau, & on peut leur donner toutes ſortes de formes. Le bois, qui eſt très-compacte, ſert à faire des cuillères, des tabatières, des écuelles, des vis, des écrous, des tablettes, des planches pour graver, &c. On l'a auſſi employé en médecine comme ſudorifique. On fait, avec le buis, de belles haies vives & de jolies bordures autour des parterres. Malgré l'extrême dureté de ſon bois, il reprend facilement de boutures & de marcotes. On peut auſſi le multiplier de graines. Il fleurit dès les premiers jours du printems. Le buis de Mahon eſt très-beau, & ſe diſtingue par la largeur de ſes feuilles.

Calendula. — Souci.

Calendula fruticosa. Linn. Souci arbrisseau. Cap de Bonne-Espérance. C.

Joli arbrisseau remarquable par ses demi-fleurons blancs en dessus & violets en dessous. Il réussiroit en pleine terre dans les départemens du Midi.

Callicarpa. — Callicarpa.

Callicarpa americana. Linn. Callicarpa d'Amérique. Caroline. C.

C'est un joli arbrisseau, remarquable par ses petites baies d'une couleur violette. On le multiplie de drageons & de boutures : il ne résiste pas à nos hivers rigoureux, mais on pourroit le cultiver en pleine terre en Provence.

Calycanthus. — Calycanthus.

Calycanthus floridus. Linn. Calycanthus de Floride. Amér. sept. C.
— *præcox.* Linn. — précoce. — Japon. C.

Les fleurs & le bois de ces deux arbrisseaux ont une odeur très-agréable. Le premier fleurit au printems, & le second à la fin de l'hiver. Ils sont très-propres à embellir les bosquets. On les multiplie de drageons & de boutures.

Camellia. — Camellia.

Camellia japonica. Linn. Camellia du Japon. Japon. C.

Charmant arbrisseau qui conserve ses feuilles toute l'année. Il a de l'affinité avec le thé. Ses fleurs, nombreuses, grandes & d'un beau rouge, ont beaucoup d'éclat. Il est souvent représenté dans les peintures chinoises. Il réussiroit en pleine terre dans nos départemens méridionaux. On le multiplie de drageons & de marcotes.

Campanula. — Campanule.

Campanula aurea. Linn. Campanule jaune. Canaries. C.

Joli arbrisseau remarquable par ses fleurs jaunes. On l'abrite dans l'orangerie.

Camphorosma. — Camphrée.

Camphorosma monspeliensis. Linn. Camphrée de Montpellier. France mérid. C.

Les feuilles de la camphrée sont petites, grêles & persistantes : elles ont une odeur approchante de celle du camphre, d'où la plante a tiré son nom. On l'emploie en médecine comme vulnéraire.

Capparis. — Caprier.

Capparis spinosa. Linn. Caprier épineux. Provence, Barbarie. C.

Le caprier a de très-belles fleurs. On peut le cultiver pour l'ornement des jardins. Il se plaît dans les fentes des rochers & des vieux murs. Les jeunes boutons, confits au vinaigre, portent le nom de *capres.* (*Voyez* l'*Histoire du caprier ; Mémoires* pour servir à l'*Histoire naturelle de la Provence*, tom. I.)

Capsicum. — Piment.

Capsicum frutescens. Linn. Piment arbrisseau. Inde. D.

Les fruits ont une saveur poivrée. On les emploie comme assaisonnement. Il faut l'abriter dans l'orangerie.

Carpinus. — Charme.

Carpinus betulus. Linn. Charme des bois. France. B.
— *incisa.* — découpé. *Variété.*
— *orientalis.* Lam. — d'Orient. Orient. B.
— *ostrya.* Linn. — houblon. Italie. B.
— *virginiana.* Linn. — de Virginie. Canada. B.

Les charmes s'élèvent facilement de graines, de drageons & de greffes : ils aiment les terres qui ont beaucoup de fond. On peut en former des haies & de belles palissades. Leur bois est très-dur & bon pour le chauffage. On en fait des maillets, des manches d'outils, des poulies, &c.

Carthamus. — Carthame.

Carthamus salicifolius. Linn. Carthame à feuilles de saule. Canaries. C.

On le multiplie de graines, & on l'abrite dans l'orangerie pendant l'hiver.

Ceanothus. — Céanothus.

Ceanothus africanus. Linn. Céanothus d'Afrique. Cap de Bonne-Espérance. C.
— *americanus.* Linn. — d'Amérique. Caroline. D.

Le céanothus d'Amérique est un joli arbuste remarquable par ses petites fleurs blanches comme la neige, & rapprochées en bouquets aux sommités des rameaux. Il fleurit en été. On le multiplie facilement de drageons. Celui d'Afrique réussiroit vraisemblablement dans nos départemens du Midi.

Celastrus. — Célastrus.

Celastrus scandens. Linn. Célastrus grimpant. Canada. B.

Le célastrus est très-touffu. On peut en former des berceaux. Il se roule autour des arbres, qu'il fait souvent périr en les privant d'air. Les jardiniers l'appellent bourreau des arbres.

Celtis. — Micocoulier.

Celtis australis. Linn. Micocoulier de Provence. France mérid. Barbarie. A.
— *crassifolia.* Lam. — à feuilles épaisses. Amér. sept. A.
— *occidentalis.* Linn. — d'Occident. Virginie, Pensilvanie. A.
— *tournefortii.* Lam. — de Tournefort. Orient. B.

Le micocoulier de Provence & ceux de l'Amérique septentrionale sont de beaux arbres qui méritent d'être multipliés dans nos forêts & dans nos parcs. Leur bois est dur, liant & propre à faire des brancards, des cercles de tonneaux, &c. On les élève de graines & de greffes. Leurs feuilles sont rudes & coupées obliquement à la base. Ils souffrent le ciseau, & l'on peut en former des palissades.

CEPHALANTHUS. — CÉPHALANTHUS.

Cephalanthus occidentalis. LINN. Céphalanthus d'Amérique. Amér. ſept. C.

Cet arbriſſeau a un port agréable. Ses fleurs, blanches & réunies en boule, ſont très-élégantes. Il craint les fortes gelées.

CERATONIA. — CAROUBIER.

Ceratonia ſiliqua. LINN. Caroubier commun. France mérid. Barbarie. B.

Cet arbre a peu d'élévation; ſa tête prend une forme arrondie; ſes fleurs exhalent une odeur déſagréable, comme celles du châtaignier : ſes feuilles, dures & pennées ſans impaire, ne tombent point en hiver. On mange la pulpe des gouſſes; on en nourrit les troupeaux. On ne peut le cultiver en pleine terre que dans les départemens du Midi.

CERCIS. — GAINIER.

Cercis canadenſis. LINN. Gaîner de Canada. Canada. B.
— *ſiliquaſtrum.* LINN. — de Judée. Orient. B.

Ces deux arbres ſont cultivés pour l'ornement des jardins & des boſquets. Ils ſe couvrent, au printems, de jolies fleurs roſes qui ont un vif éclat. Celui d'Orient eſt ſujet à geler dans les hivers rigoureux. On les perpétue de graines & de drageons enracinés. Ils s'accommodent de preſque tous les terrains.

CERCODEA. (HALOGARIS, FORSTER.) — CERCODÉA.

Cercodea erecta. LAM. Cercodéa droite. Nouvelle-Zélande. D.

Petit arbriſſeau de la famille des onagres. On le multiplie de graines & de drageons.

CESTRUM. — CESTRUM.

Ceſtrum parqui. L'HÉRIT. Ceſtrum parqui. Chili. C.

Joli arbriſſeau qui paſſe l'hiver en pleine terre. On le multiplie de drageons. Ses fleurs, nombreuſes & d'un jaune pâle, ſont diſpoſées en panicule. Toutes ſes parties exhalent une odeur fétide lorſqu'on les froiſſe.

CHEIRANTHUS. — GIROFLÉE.

Cheiranthus farſetia. LINN. Giroflée de Farfet. Barbarie. C.
— *littoreus.* LINN. — des rivages. France mérid. D.
— *mutabilis.* HORT. KEW. — à fleurs changeantes. Madère. C.
— *tenuifolius.* — à feuilles grêles. Madère. D.

CHENOPODIUM. — ANSERINE.

Chenopodium multifidum. LINN. Anſerine découpée. Buenos-Ayres. D.

Cet arbuſte réuſſiroit en pleine terre dans le Midi de la France.

Chionanthus. — CHIONANTHUS.

Chionanthus virginiana. LINN. Chionanthus de Virginie. Virginie. C.

Ses fleurs sont blanches, très-nombreuses & disposées en grapes. C'est un charmant arbrisseau qu'on peut planter dans les bosquets du printems. On le greffe sur le frêne.

Chrysanthemum. — CHRYSANTHÈME.

Chrysanthemum frutescens. LINN. Chrysanthème arbrisseau. Canaries. C.
— *pinatifidum.* LINN. — lacinié. Canaries. C.

Ces jolis arbrisseaux se cultiveroient en pleine terre dans le Midi de la France.

Cineraria. — CINÉRAIRE.

Cineraria amelloides. LINN. Cinéraire à feuilles d'Amelle. Cap de Bonne-Espérance. D.
— *aurita.* L'HÉRIT. — auriculée. Madère. D.
— *geifolia.* LINN. — à feuilles de géum. Cap. de Bonne-Espérance. D.
— *lanata.* L'HERIT. — laineuse. Madère. D.
— *lobata.* L'HERIT. — lobée. Madère. D.
— *populifolia.* L'HERIT. — à feuilles de peuplier. Madère. D.

Toutes ces espèces de cinéraires doivent être abritées dans l'orangerie, sous le climat de Paris. Ce sont de jolis arbustes. On les multiplie de drageons, de graines & de marcotes.

Cissus — CISSUS.

Cissus quinquefolia.
— *Hedera quinquefolia.* LINN. } — Cissus à cinq feuilles ou vigne-vierge. Canada. B.
— *orientalis.* — d'Orient. Perse. C.

Les cissus ou vignes-vierges ont, comme les vignes, les tiges sarmenteuses, & des vrilles opposées aux feuilles. La première espèce résiste à nos hivers les plus rigoureux, & est propre à former des berceaux & à masquer des murs. Ses feuilles, qui sont digitées, se teignent d'une couleur de pourpre à la fin de l'automne. Celle d'Orient est plus délicate. On l'abrite dans l'orangerie, mais on pourroit la cultiver en pleine terre dans le Midi de la France.

Cistus. — CISTE.

Cistus albidus. LINN. Ciste blanc. France mérid. Barbarie. C.
— *creticus.* LINN. — de Crète. Candie. C.
— *crispus.* LINN. — crépu. France mérid. Portugal. C.
— *heterophyllus.* DESFONT. — à feuilles changeantes. Alger. C.
— *incanus* LINN. — incane. Orient. C.
— *ladaniferus.* LINN. — ladanifère. Espagne, Barbarie. C.
— *maculatus.* — taché. *Variété.*
— *laurifolius.* LINN. — à feuilles de laurier. France mérid. C.
— *ledon.* LAM. — lédon. France mérid. C.
— *monspeliensis.* LINN. — de Montpellier. France mérid. C.
— *populifolius.* LINN. — à feuilles de peuplier. Portugal. C.
— *purpureus.* LAM. — pourpre. Orient. C.
— *salvifolius.* LINN. — à feuilles de sauge. France mérid. C.
— *symphytifolius.* LAM. — à feuilles de consoude. Afrique. C.
— *villosus.* LINN. — velu. Espagne, Barbarie. C.

Les cistes sont de jolis arbrisseaux qu'on abrite dans l'orangerie, mais qu'on peut élever en pleine terre dans nos départemens méridionaux. C'est celui de Crète, qui donne le ladanum du commerce. L'Espagne, le Portugal, l'Italie, l'Orient, les côtes de Barbarie en produisent encore plusieurs espèces que nous n'avons pas indiquées.

Citrus. — Citronier.

Citrus medica. Linn. Citronier, limon aigre. Aſie, Perſe, Médie. B.
— *cedra.* — cédra.
— *tuberoſa.* — poncir.
— *balotina.* — balotin.
— *limon.* — limon doux.
— *florentina.* — de Florence.
} *Variétés.*
— *Aurantium.* — Oranger. Inde. B.
— *bergamium.* — bergamotte.
— *maximum.* — chadec.
— *multiflorum* — riche dépouille.
— *olyſſiponenſe.* — de Portugal.
— *pampelmous.* — Pampelmouſſe.
— *violaceum.* — violet.
} *Variétés.*
— *ſinenſe.* — de Chine. Chine. C.

Les orangers veulent être abrités en hiver, ſous le climat de Paris. On les cultive en pleine terre dans le Midi de la Provence. Nous nous ſommes bornés à indiquer les principales variétés d'orangers & de citroniers : il en exiſte beaucoup d'autres que nous paſſons ſous ſilence. Tout le monde connoît leurs uſages domeſtiques.

Clematis. — Clématite.

Clematis calycina. Wildenow. Clématite à grand calice. Mahon. C.
— *criſpa.* Linn. — crépue. Caroline, Floride. C.
— *cyrrhoſa.* Linn. — à vrilles. Orient, Barbarie. C.
— *flammula.* Linn. — odorante. France mérid. C.
— *orientalis.* Linn. — d'Orient. Orient, Ruſſie. C.
— *viorna.* Linn. — viorne. Virginie, Caroline. C.
— *virginiana.* Linn. — de Virginie. Virginie. C.
— *vitalba.* Linn. — des haies. France. C.
— *viticella.* Linn. — blanche. Italie, Eſpagne. C.

Les clématites, dont nous faiſons ici mention, ont des tiges ſarmenteuſes. Elles s'attachent aux corps environnans, au moyen de leurs pétioles qui s'entortillent comme des vrilles. On les cultive pour l'ornement des jardins. On peut les multiplier de graines, de marcotes & de boutures. La clématite violette a de très-belles fleurs. Celles de la clématite odorante exhalent une odeur agréable. La plupart des clématites ſont corroſives.

Clethra. — Cléthra.

Clethra alnifolia. Linn. Cléthra à feuilles d'aulne. Virginie, Caroline. C.
— *arborea.* Linn. — arbre. Canaries. C.
— *tomentoſa.* Lam. — velue. Virginie. C.

Les cléthra ſont de très-jolis arbriſſeaux dont les fleurs exhalent une odeur extrêmement agréable. Ceux d'Amérique ſe multiplient de graines, de drageons & de marcotes. Ils aiment le frais, & il faut les cultiver dans le terreau de bruyère. Celui des Canaries eſt fort rare dans nos jardins, & doit être abrité dans l'orangerie pendant l'hiver.

Cneorum. — Cnéorum.

Cneorum tricoccum. Linn. Cnéorum à trois coques. France mérid. Barbarie. D.

Les feuilles de cet arbuſte ne tombent point pendant l'hiver. On le cultive dans les boſquets de cette ſaiſon.

Colutea. — Baguenaudier.

Colutea arborescens. Linn. Baguenaudier commun. France mérid. C.
— *frutescens.* Linn. — arbrisseau. Cap de Bonne-Espérance. D.
— *halepica.* Lam. — d'Alep. Orient. C.
— *orientalis.* Lam. — d'Orient. Orient. C.

Les baguenaudiers s'élèvent de graines & de marcotes. Ils croissent dans tous les terrains : on les cultive dans les bosquets d'été. Leur feuillage est très-élégant & leurs fleurs sont très-jolies. Celles du baguenaudier d'Orient sont rouges. Les gousses de celui d'Alep se teignent en pourpre lorsqu'elles approchent de la maturité. Le baguenaudier arbrisseau a des fleurs écarlates d'une grande beauté : il faut l'abriter dans l'orangerie.

Conyza. — Conize.

Conyza candida. Linn. Conize blanche. Candie. D.
— *rupestris.* Linn. — en spatule. France mérid. Barbarie. D.
— *saxatilis.* Linn. — des rochers. France mérid. D.
— *sordida.* Linn. — à trois fleurs. France mérid. D.

Ces arbustes ont les tiges & les feuilles blanches & cotoneuses. Ils aiment les terrains arides & incultes. On les abrite dans l'orangerie pendant l'hiver. L'Orient, le Cap de Bonne-Espérance, & le Chili produisent plusieurs espèces de conizes que l'on pourroit sans doute élever en pleine terre dans le Midi de la France.

Coriaria. — Redoul.

Coriaria myrtifolia. Linn. Redoul à feuilles de myrte. France mérid. Barbarie. C.

Cet arbrisseau croît en buisson. Il a un port agréable. Ses feuilles ne tombent qu'après les gelées. Dans les pays méridionaux, les feuilles, séchées & réduites en poudre, sont employées par les tanneurs, qui les mêlent avec le tan pour hâter la préparation des cuirs. Les baies passent pour vénéneuses. On le multiplie de graines & de drageons.

Cornus. — Cornouiller.

Cornus alba. Linn. Cornouiller blanc. Sibérie, Amér. sept. C.
— *alternifolia.* Linn. — à feuilles alternes. Pensilvanie. C.
— *Amomum.* Mill. } — bleu. Caroline mérid. Pensilvanie. C.
— *sirecea.* l'Hérit. }
— *circinata.* l'Hérit. — à feuilles rondes. Pensilvanie. C.
— *Florida.* Linn. — de la Floride. Amér. sept. C.
— *mascula.* Linn. — mâle. France. C.
— *paniculata.* l'Hérit. } — en panicule. Amér. sept. C.
— *racemosa.* Lam. }
— *sanguinea.* Linn. — sanguin. France. C.
— *stricta.* l'Hérit. — élancé. Amér. sept. C.

Les cornouillers se multiplient de graines, de marcotes & de greffes. Ils viennent dans presque tous les terrains. Ils ont un beau feuillage & de jolies fleurs blanches en corymbe, qui s'épanouissent au printems. On les cultive dans les bosquets. Leur bois est dur & propre à des ouvrages de tour. Ils souffrent le ciseau & l'on en fait des palissades. Les fruits du cornouiller mâle se mangent confits. On tire de ceux du cornouiller sanguin une huile bonne à brûler.

Coronilla. — Coronille.

Coronilla emerus. Linn. Coronille émérus. France, Alpes. C.
— *glauca.* — glauque. France mérid. C.
— *juncea.* Linn. — jonciforme. France mérid. D.

— *minima*. LINN. — naine. France. D.
— *ſtipularis*. LAM. — à ſtipules. France mérid. Orient. C.

Les coronilles, ainſi nommées à cauſe de la diſpoſition de leurs fleurs, ſont de jolis arbriſſeaux qu'on cultive pour l'ornement des parterres. Elles fleuriſſent au retour du printems. L'émérus réſiſte aux hivers les plus rigoureux. Les autres veulent être abritées dans cette ſaiſon. On les multiplie de graines, de drageons & de boutures.

Corylus. — NOISETIER.

Corylus americana. WALT. Noiſetier d'Amérique. Amér. ſept. C.
— *colurna*. LINN. — de Byſance. Conſtantinople. B.
— *roſtrata*. HORT. KEW. — cornu. Amér. ſept. C.
— *ſylveſtris*. LINN. — ſauvage. France. C.
— *avellana*. — avelinier. *Variété*.
— *rubra*. — avelinier rouge. *Variété*.

Les noiſetiers ſe multiplient de graines, de drageons & de boutures. Leur bois eſt ſouple : on en fait des cercles pour les barils, des fauſſets, &c. Les vaniers l'emploient pour former la charpente de leurs ouvrages. On retire de l'amande une huile douce & agréable. Les noiſetiers ont un beau feuillage : ils fleuriſſent à la fin de l'hiver & quelquefois plus tôt. Celui de Byſance eſt un grand & bel arbre qu'on devroit répandre dans nos forêts.

Crambe. — CRAMBÉ.

Crambe fruticoſa. LINN. Crambé arbriſſeau. Madère. C.
— *ſtrigoſa*. L'HERIT. — ridé. Madère. C.

Ces deux arbriſſeaux, de la famille des crucifères, ne peuvent être cultivés en pleine terre que dans le Midi de la France.

Cratægus. — ALISIER.

Cratægus amelanchier. LINN. Aliſier amélanchier. France. C.
— *arbutifolia*. LAM. — à feuilles d'arbouſier. Virginie. C.
— *aria*. — aria ou allouchier. France, Alpes. B.
— *longifolia*. — à feuilles longues. *Variété*.
— *chamæmeſpilus*. — du Mont-d'Or. France, Alpes. C.
— *latifolia*. LAM. — de Fontainebleau. Forêt de Fontainebleau. A.
— *racemoſa*. — à grapes. Amér. ſept. C.
— *ſpicata*. LAM. — à épis. Amér. ſept. C.
— *torminalis*. — des bois. France. B.

On multiplie les aliſiers de graines, de marcotes & de greffes. L'aliſier de nos forêts a le bois dur; il eſt recherché des menuiſiers & des tourneurs. Ses fruits ſont bons à manger. Celui de Fontainebleau eſt un grand & bel arbre, dont le bois a beaucoup de ſolidité & eſt propre à divers uſages. Les autres eſpèces ne ſont guères cultivées que pour l'ornement des boſquets. Ils fleuriſſent dans le printems.

Les aliſiers diffèrent des épines par leurs fruits, renfermant des pepins cartilagineux, qui lèvent la première année.

Crotalaria. — CROTALARIA.

Crotalaria arboreſcens. LAM. Crotalaria en arbre. Cap de Bonne-Eſpérance. C.

Ce joli arbriſſeau pourroit être cultivé dans le Midi. Son feuillage eſt élégant : ſes fleurs, d'un jaune d'or, & diſpoſées en grapes pendantes, ſe renouvellent pendant tout l'été. Il eſt très-propre à la décoration des jardins.

Cupressus. — Cyprès.

Cupressus disticha. Linn. Cyprès distique ou cyprès chauve de la Louisiane. Amér. sept. A.
— *juniperoides.* — à feuilles de genevrier. Cap de Bonne-Espérance. C.
— *pendula.* L'Hérit. } — pendant ou de Portugal. Portugal, Goa. B.
— *glauca.* Lam. }
— *sempervirens.* Linn. — pyramidal. Candie, Barbarie. A.
— *horizontalis.* — horizontal. *Variété.*
— *thuyoides.* Linn. — à feuilles de thuia ou cèdre blanc. Canada, Pensilvanie. B.

Les cyprès se multiplient de graines. On les sème au commencement du printems, dans du terreau mêlé avec du sable. Ils viennent dans presque tous les terrains, excepté le cyprès chauve, qui n'aime que les lieux aquatiques, & qui est le seul dont les feuilles tombent en hiver. C'est un très-grand arbre qu'il conviendroit de propager en France. Ses racines, phénomène très-remarquable, produisent des exostoses qui s'élèvent, comme des bornes, de distance en distance au-dessus de la surface de la terre. Le cyprès pyramidal a un port très-pittoresque : on le plante auprès des ruines dans les jardins anglois. On étoit anciennement dans l'usage de placer des branches de cyprès à la porte des maisons où quelqu'un étoit mort. *Diti sacra*, dit Pline en parlant de cet arbre, *ideòque funebri signo ad domos posita.* Le cyprès à branches horizontales ne paroît être qu'une variété du pyramidal. Le bois de cyprès est dur, odorant & susceptible d'un beau poli; il est presqu'incorruptible. Les cyprès gèlent quelquefois dans les hivers rigoureux. L'espèce à branches pendantes veut être abritée dans l'orangerie; celles à feuilles de thuia & de genevrier sont destinées à l'ornement des bosquets d'hiver.

Cynanchum. — Cynanque.

Cynanchum erectum. Linn. Cynanque droite. Syrie. C.

Cet arbrisseau vient dans tous les terrains. On le multiplie de boutures & de drageons. Il a un joli feuillage, mais toutes ses parties exhalent une odeur désagréable.

Cytisus. — Cytise.

Cytisus argenteus. Linn. Cytise argenté. France, Alpes. D.
— *austriacus.* Linn. — d'Autriche. Autriche. C.
— *biflorus.* l'Hérit. — biflore. C.
— *capitatus.* Jacquin. — à fleurs en tête. Autriche. C.
— *foliolosus.* Hort. Kew. — feuillé. Canaries. C.
— *hirsutus.* Linn. — velu. France, Pyrénées. C.
— *laburnum.* Linn. — des Alpes ou faux ébénier. France, Alpes. C.
— *latifolium.* — à larges feuilles. *Variété.*
— *nigricans.* Linn. — noirâtre. Allemagne, Italie. C.
— *proliferus.* Linn. — prolifère. Canaries. C.
— *purpureus.* Lam. — pourpre. Carniole, Naples. C.
— *sessilifolius.* Linn. — à feuilles sessiles. France mérid. C.
— *supinus.* — Linn. — couché. France. D.
— *triflorus.* Lam. à trois fleurs. France mérid. C.
— *volgaricus.* Pallas. — du Volga. Sibérie. C.

Les cytises sont cultivés pour l'ornement des bosquets du printems. On les élève de graines & de marcotes. Celui des Alpes, connu aussi sous le nom de faux ébénier, est un arbrisseau charmant. Ses fleurs, nombreuses, jaunes & pendantes en longues grapes, ont beaucoup d'éclat. Son bois est très-dur & très-propre à des ouvrages de tour. Les cytises croissent dans presque tous les terrains.

Daphne. — Daphné.

Daphné alpina. Linn. Daphné des Alpes. France, Alpes. C.
— *cneorum.* Linn. — cnéorum. France, Alpes. D.
— *collina.* Smith. — des collines. Italie. D.

— *gnidium.* LINN. — ſain-bois. France mérid. Barbarie. C.
— *laureola.* LINN. — lauréole. France. C.
— *mezereum.* LINN. — bois-gentil. France, Alpes. C.
— *album.* — blanc. *Variété.*
— *odora* THUNB. } — odorante. Japon. C.
— *ſinenſis.* LAM. }
— *oleoides.* LINN. — à feuilles d'olivier. Orient. C.
— *tartonraira.* — tartonraire. Provence. D.
— *thymelea.* LINN. — thymelée. France mérid. D.

On cultive les daphné pour l'ornement des jardins. Leur écorce, fibreuſe & difficile à rompre, peut être employée à faire des cordes. Les fleurs du bois-gentil, du cnéorum, du ſain-bois, de celui des Alpes, exhalent une odeur agréable. Ces arbriſſeaux ſont corroſifs, & l'on fait des cautères avec l'écorce du ſain-bois, en la tenant pendant quelque tems appliquée ſur la peau. Ils ſe propagent de graines, de drageons & de boutures. Le tartonraira veut être abrité dans l'orangerie pendant l'hiver. La lauréole ſe plaît dans les terrains ombragés.

DIANTHUS. — ŒILLET.

Dianthus arboreus. LINN. Œillet arbriſſeau. Orient. D.
— *fruticoſus.* LINN. — ligneux. Orient. D.

Ces deux jolis arbuſtes pourroient venir en pleine terre dans nos départemens du Midi. On les multiplie de drageons & de marcotes.

DIGITALIS. — DIGITALE.

Digitalis canarienſis. LINN. Digitale des Canaries. Canaries. C.
— *obſcura.* LINN. — à fleurs rouſſes. Eſpagne. D.
— *ſceptrum.* LINN. — de Madère. Canaries. C.

Ces jolis arbriſſeaux veulent être abrités en hiver. Ils réuſſiroient ſans doute dans nos départemens méridionaux. On les multiplie de graines & de drageons.

DIOSPYROS. — PLAQUEMINIER.

Dioſpyros lotus. LINN. Plaqueminier lotus ou d'Orient. Orient. B.
— *virginiana.* LINN. — de Virginie. Virginie. B.

Les plaqueminiers s'élèvent de graines, de drageons & de marcotes. La beauté de leur port & de leur feuillage les rend très-propres à l'ornement des boſquets d'été. Leur bois, qui eſt dur, ſert à divers uſages économiques. On mange les fruits des plaqueminiers. Celui d'Orient eſt plus ſenſible au froid que ceux d'Amérique. Il convient de l'abriter dans l'orangerie pendant l'hiver.

DIRCA. — DIRCA.

Dirca paluſtris. LINN. Dirca des marais ou bois-cuir. Canada. C

Cet arbriſſeau, qui a de l'affinité avec les daphné, fleurit à la fin de l'hiver. Son bois eſt mou, mais très-ſouple & difficile à caſſer; c'eſt pour cela qu'on lui a donné le nom de bois-cuir. Dans l'Amerique ſeptentrionale on fait des cordes avec l'écorce.

DOLICHOS. — DOLIC.

Dolichos lignoſus. LINN. Dolic ligneux. Inde. C.

Joli arbriſſeau ſarmenteux qui croît avec rapidité, & pouſſe un grand nombre de jets grêles & flexibles. Dans les climats chauds il fleurit pendant une partie de l'été : ſes fleurs ſont très-nombreuſes & d'une belle couleur roſe. On en fait des berceaux & on en tapiſſe les murs. Il réuſſit en pleine terre dans nos départemens méridionaux.

Dracocephalum. — DRACOCÉPHALUM.

Dracocephalum canarienſe. LINN. Dracocéphalum des Canaries. Canaries. D.

Cet arbriſſeau, remarquable par ſes feuilles ternées, veut être abrité dans l'orangerie pendant l'hiver; mais on l'éleveroit en pleine terre dans le Midi de la France.

Ebenus. — ÉBÈNE.

Ebenus cretica. LINN. Ébène de Crète. Candie. C.

C'eſt un joli arbriſſeau de la famille des légumineuſes, dont les feuilles ſont pennées & argentées. Ses fleurs, en grapes, ſont d'un rouge très-vif. Il ſe cultiveroit en pleine terre en Provence.

Echium. — VIPÉRINE.

Echium candicans. JACQUIN. Vipérine blanchâtre. Madère. C.
— *giganteum.* LAM. — giganteſque. Canaries. C.
— *ſtrictum.* LAM. — ſerrée. Canaries. C.

On abrite dans l'orangerie ces trois eſpèces de vipérine. Il eſt probable qu'elles réuſſiroient en pleine terre dans le Midi de la France. Ce ſont de jolis arbriſſeaux. On les multiplie de graines & de drageons.

Elæagnus. — CHALEF.

Elæagnus anguſtifolia. LINN. Chalef à feuilles étroites ou olivier de Bohême. Provence, Orient. B.
— *orientalis.* LINN. — d'Orient. Orient. B.

Les oliviers de Bohême viennent dans tous les terrains. On les multiplie de graines, de drageons, de marcotes & de boutures. Ces arbres ſont remarquables par la blancheur de leur feuillage. Leurs fleurs s'épanouiſſent au commencement de l'été: elles exhalent une odeur forte qui ſe répand très au loin.

Empetrum. — EMPÉTRUM.

Empetrum nigrum. LINN. Empétrum noir. France, Alpes. D.
— *album.* LINN. — blanc. Portugal. D.

Les empétrum ſe propagent de graines & de marcotes. Ils aiment l'ombre & le frais. Il faut les cultiver dans du terreau de bruyère. L'eſpèce à fruit blanc eſt ſenſible aux gelées. On fait avec ſes baies une limonade aſſez agréable.

Ephedra. — ÉPHÉDRA.

Ephedra altiſſima. DESFONT. Éphédra élevée. Barbarie. C.
— *diſtachia.* LINN. — à deux épis. France. C.
— *fragilis.* DESFONT. — fragile. Barbarie, Orient. C.
— *monoſtachia.* LINN. — à un épi. France. C.

Les éphédra ſont remarquables par leurs rameaux nombreux, toujours verts, dépourvus de feuilles, & compoſés de pièces articulées comme les prêles. On peut les planter dans les boſquets d'hiver. La première eſpèce croît dans les montagnes de l'Atlas; elle monte ſur les lentiſques & autres arbres touffus, qui n'ont pas une grande hauteur. On l'abrite dans l'orangerie pendant l'hiver. Elle viendroit en pleine terre en Provence.

Epigæa. — Épigæa.

Epigæa repens. Linn. Épigæa rampante. Amér. sept. D.

Arbuste de la famille des bruyères. On le multiplie de drageons; il aime l'ombre & l'humidité.

Erica. — Bruyère.

Erica arborea. Linn. Bruyère en arbre. France mérid. Barbarie. C.
— *australis.* Linn. — australe. Espagne. C.
— *carnea.* Linn. — couleur de chair. Suisse. C.
— *ciliaris.* Linn. — ciliée. France. D.
— *cinerea.* Linn — cendrée. France. D.
— *daboecii.* Linn. — à feuilles de Myrte. France. D.
— *herbacea.* Linn. — herbacée. Europe australe. D.
— *mediterranea.* Linn. — de la Méditerranée. France. C.
— *multiflora.* Linn. — à plusieurs fleurs. France. C.
— *purpurescens.* Linn. — purpurine. Europe australe. C.
— *scoparia.* Linn. — à balais. France. C.
— *tetralix.* Linn. — à quatre feuilles. France. D.
— *vagans.* Linn. — errante. France mérid. Barbarie. C.
— *vulgaris.* Linn. — commune. France. D.

Les bruyères se multiplient de drageons, de marcotes & même de graines. Elles aiment en général les terrains sabloneux & arides. Ces charmans arbrisseaux ont un feuillage élégant & fin, dont ils ne se dépouillent point en hiver. Leurs fleurs présentent des formes très-variées & très-agréables. Le Cap de Bonne-Espérance en produit un grand nombre d'espèces dont nous ne parlons pas ici, mais qu'on pourroit sans doute cultiver en pleine terre dans nos départemens méridionaux.

Eriocephalus. — Ériocéphalus.

Eriocephalus africanus. Linn. Eriocéphalus d'Afrique. Cap de Bonne-Espérance. C.

On pourroit l'élever en pleine terre dans le Midi.

Eucalyptus. — Eucalyptus.

Eucalyptus obliqua. l'Hérit. Eucalyptus oblique. Nouvelle-Hollande. A.

Ce grand & bel arbre ne perd point ses feuilles en hiver. On pourroit peut-être le cultiver dans le Midi de la France.

Euphorbia. — Euphorbe.

Euphorbia dendroides. Linn. Euphorbe arbrisseau. France mérid. Barbarie. C.
— *spinosa.* Linn. — épineux. France mérid. Barbarie. C.

Ces deux arbrisseaux n'ont rien de remarquable. On les abrite dans l'orangerie pendant l'hiver.

Evonymus. — Fusain.

Evonymus americanus. Linn. Fusain d'Amérique. Amér. sept. C.
— *atropurpureus.* Jacq. — noir pourpre. Amér. sept. C.
— *europæus.* Linn. — d'Europe. France. C.
— *latifolius.* Linn. — à larges feuilles. France, Alpes. C.
— *verrucosus.* Linn. — galeux. Autriche. C.

Les fusains s'élèvent de graines, de marcotes, de drageons, de greffes, de boutures; ils ont de jolies fleurs, & leurs baies, qui se teignent en rouge pendant l'automne, ont beaucoup d'éclat. Celui d'Amérique ne perd point ses feuilles en hiver. Le bois du fusain d'Europe est très-dur & propre à des ouvrages de tour : on en fait des fuseaux. Les fruits sont purgatifs & font périr la vermine. On les connoît généralement sous le nom de *Bonnet de prêtre*.

Fagus. — FAGUS.

Fagus castanea. LINN. Fagus châtaignier. France. A.
— *ferruginea.* HORT. KEW. — ferrugineux. Amér. sept. B.
— *pumila.* LINN. — chincapin. Amér. sept. C.
— *sylvatica.* LINN. — hêtre. France. A.
— *purpurea.* — pourpre. *Variété.* Allemagne. A.

On multiplie les châtaigniers de graines, & l'on conserve, au moyen de la greffe, les meilleures variétés. Cet arbre, originaire de Sardaigne suivant Pline, aime les terres sabloneuses qui ont beaucoup de fond, & parvient à une grosseur très-considérable. Son bois sert à faire des meubles & des ouvrages de charpente. Son fruit est d'une grande ressource dans plusieurs cantons : les paysans de Bretagne & du Limousin s'en nourrissent une partie de l'année.

Le chincapin produit des châtaignes fort petites, mais excellentes ; il mériteroit d'être propagé en France.

Le hêtre est un des plus beaux arbres de nos forêts ; il a l'écorce parfaitement unie, un port majestueux & un feuillage très-élégant. On peut le planter en avenues : il se plaît dans les terrains sabloneux mêlés d'argile. Son bois est cassant & léger : on en fait des rames de bateaux, des affûts de canon, des pelles, des caisses, des atèles de colliers de chevaux, &c. & il est très-bon pour le chauffage. Les fruits, connus sous le nom de *faînes*, ont un goût agréable. On en retire, par expression, une huile bonne à manger, & qui se conserve pendant un grand nombre d'années.

Le hêtre pourpre & le ferrugineux, remarquables par la couleur de leur feuillage, sont propres à la décoration des parcs & des bosquets.

Ficus. — FIGUIER.

Ficus carica. LINN. Figuier cultivé. France mérid. Orient. B.

Les figuiers se propagent de graines & de drageons. Leurs tiges sont sujètes à geler lorsque l'hiver est rigoureux. Si l'on veut les cultiver en pleine terre, il convient de les planter dans un terrain exposé au midi & abrité des vents du nord. Il faut avoir aussi la précaution de couvrir les souches avec du fumier pendant l'hiver. Les figues de bonne qualité sont excellentes. En Provence, en Italie, en Espagne & dans tout l'Orient, on fait un grand commerce de figues sèches, qu'on envoie dans les divers pays où le figuier n'est pas cultivé. Sur les côtes de Barbarie & dans les îles de l'Archipel, on emploie la caprification pour avoir une plus grande quantité de fruits. Cette pratique, connue de toute antiquité, & décrite par plusieurs auteurs anciens & modernes, consiste à suspendre avec des fils, sur les figuiers cultivés, des figues sauvages qui renferment de petits insectes du genre *Cynips*. Lorsque ces insectes ont pris des ailes, ils sortent des figues sauvages & pénètrent dans les figues domestiques par l'ouverture placée à leur grosse extrémité, pour y déposer leurs œufs. Ils en hâtent le développement & la maturité, à peu près de la même manière que les vers déposés dans les poires, les pommes ou autres fruits ; & comme les figuiers produisent successivement des figues depuis le printems jusqu'aux approches de l'hiver, les *Cynips* multiplient le nombre des récoltes. On assure aussi qu'il y a des variétés de figues qui ne mûriroient pas sans le secours de la caprification.

Le suc du figuier est corrosif. Les armuriers & les serruriers en emploient le bois à polir leurs ouvrages, parce qu'étant très-spongieux, il s'imbibe d'une certaine quantité d'huile & d'émeril.

Fontanesia. — FONTANÉSIA.

Fontanesia phyllireoides. BILL. Fontanésia à feuilles de filaria. Syrie. C.

Ce joli arbrisseau ressemble beaucoup au troêne; il supporte nos hivers & fleurit dans le printems. On le perpétue de graines & de drageons. Le citoyen Michaux m'a assuré que, dans la Syrie, ses feuilles étoient employées à la teinture.

Fothergilla. — Fothergilla.

Fothergilla alnifolia. Linn. Fothergilla à feuilles d'aune. Caroline. C.
— *lanceolata.* — lancéolée. Amér. ſept. C.

Les fothergilla ont un beau feuillage & de jolies fleurs blanches diſpoſées en grapes aux ſommités des rameaux ; elles s'épanouiſſent au printems. Ces arbriſſeaux aiment l'ombre & le frais ; ils ſe multiplient de marcotes. On les cultive dans le terreau de bruyère.

Fraxinus. — Frêne.

Fraxinus americana. Linn. } Frêne d'Amérique. Nouvelle-Angleterre. A.
— *acuminata.* Lam. }
— *caroliniana.* Lam. — de Caroline. Caroline. A.
— *excelſior.* Linn. — élevé. France. A.
— *argentea.* — argenté. }
— *horizontalis.* — horizontal. }
— *jaſpidea.* — jaſpé. } *Variétés.*
— *pendula.* — pendant. }
— *verrucoſa.* — graveleux. }
— *juglandifolia.* Lam. — à feuilles de noyer. Amér. ſept. A.
— *lentiſcifolia.* } — à feuilles de lentiſque. Orient. B.
— *parvifolia.* Lam. }
— *monophylla.* — à une feuille. Amér. ſept. A.
— *ornus.* Linn. — ornus ou à fleurs. France, Italie. B.
— *pubeſcens.* Lam. — velu. Amér. ſept. A.
— *rotundifolia.* Lam. — à feuilles rondes. Italie. B.
— *ſambucifolia.* Lam. — à feuilles de ſureau. Amér. ſept. A.

Les frênes ſe propagent de graines & de greffes ; ils ſe plaiſent dans les terrains humides. Tous ont les feuilles oppoſées, tous auſſi les ont pennées, excepté le frêne à une feuille, qui les a ordinairement ſimples. Leur bois eſt ſouple, ferme & excellent pour le charronnage : on en fait des pièces de charpente, des planches, des chaiſes, des brancards, &c. Le frêne de nos bois, celui d'Amérique & de Caroline, celui à feuilles de noyer, s'élèvent à une grande hauteur. L'ornus peut être planté dans les boſquets de printems : dans cette ſaiſon il ſe couvre de jolies fleurs blanches, diſpoſées en panicule. C'eſt ſur cette eſpèce qu'on récolte la manne dans la Calabre. J'en ai trouvé ici ſur le frêne à feuilles de lentiſque. Les frênes d'Amérique ſont moins ſujets aux cantharides que ceux de nos climats.

Fuchſia. — Fuchſia.

Fuchſia magellanica. Lam. Fuchſia de Magellan. Détroit de Magellan. C.

Très-joli arbriſſeau d'ornement, dont les fleurs ſont d'un rouge éclatant & d'une forme très-élégante. On le multiplie de drageons, de boutures & de graines ; il ne craint pas les gelées.

Gardenia. — Gardénia.

Gardenia florida. Linn. Gardénia odorant. Inde, Cap de Bonne-Eſpérance. C.

Les fleurs de cet arbriſſeau ſont très-belles, & exhalent une odeur agréable. Sous le climat de Paris on l'abrite dans l'orangerie pendant l'hiver. On peut l'élever en pleine terre dans les départemens du Midi.

Gaultheria. — Gaulthéria.

Gaultheria procumbens. Linn. Gaulthéria couchée. Canada. D.
— *erecta.* Vent. — droite. Pérou. D.

On cultive ces deux arbriſſeaux à l'ombre & au frais, dans le terreau de bruyère. Les Canadiens prennent l'infuſion des feuilles du premier comme du thé. Cette boiſſon eſt agréable & ſalutaire.

Genista. — Genêt.

Genista anglica. Linn. Genêt d'Angleterre. France. D.
— *canariensis.* Linn. — des Canaries. Canaries. C.
— *candicans.* Linn. — blanchâtre. France mérid. C.
— *florida.* Linn. — à bouquets. Espagne. C.
— *germanica.* Linn. — d'Alemagne. France. D.
— *hispanica.* Linn. — d'Espagne. France mérid. D.
— *linifolia.* Linn. — à feuilles de lin. Espagne, Barbarie. C.
— *lusitanica.* Linn. — de Portugal. France, Portugal. D.
— *pilosa.* Linn. — velu. France. D.
— *sagittalis.* Linn. — en flèche. France. D.
— *scoparia.* Vill. — à balais. France mérid. C.
— *sibirica.* Linn. — de Sibérie. Sibérie. C.
— *tinctoria.* Linn. — des teinturiers. France. C.
— *triquetra.* L'Hérit. — triangulaire. Corse. C.

Les genêts se multiplient de graines, de drageons & de greffes : leurs feuilles sont très-jolies ; ils viennent dans tous les terrains. On les plante dans les bosquets de printems. Leurs fleurs donnent une teinture jaune. On confit les jeunes boutons dans le vinaigre. Le genêt des Canaries, celui à feuilles de lin & le *candicans* veulent être abrités dans l'orangerie pendant l'hiver.

Geranium. — Géranium.

Geranium acerifolium. Linn. Géranium à feuilles d'érable. Cap de Bonne-Espérance. C.
— *acetosum.* Linn. — acide. Cap de Bonne-Espérance. D.
— *Anemonefolium.* L'Hérit. } — à feuilles d'Anémone. Cap de Bonne-Espérance. D.
— *Palmatum.* Cav. }
— *betulinum.* Linn. à feuilles de bouleau. Cap de Bonne-Espérance. D.
— *bicolor.* Jacq. — bicolor. Cap de Bonne-Espérance. C.
— *capitatum.* Linn. — à fleurs en tête. Cap de Bonne-Espérance. C.
— *carnosum.* Linn. — charnu. Cap de Bonne-Espérance.
— *cordifolium.* Linn. — à feuilles en cœur. Cap. de Bonne-Espérance. C.
— *crispum.* Linn. — crépu. Cap de Bonne-Espérance. D.
— *cucullatum.* Linn. — en capuchon. Cap de Bonne-Espérance. C.
— *daucifolium.* Linn. — à feuilles de carote. Cap de Bonne-Espérance. D.
— *exstipulatum.* Cav. — sans stipules. Cap de Bonne-Espérance. D.
— *fulgidum.* Linn. — couleur de feu. Cap de Bonne-Espérance. D.
— *geifolium.* Desf. — à feuilles de bénoîte. Barbarie. D.
— *gibbosum.* Linn. — gibbeux. Cap de Bonne-Espérance. D.
— *hybridum.* Linn. — hybride. Cap de Bonne-Espérance. C.
— *inquinans.* Linn. Cap de Bonne-Espérance. C.
— *lobatum.* Linn. — lobé. Cap de Bonne-Espérance. C.
— *papilionaceum.* Linn. — en papillon. Cap de Bonne-Espérance. C.
— *peltatum.* Linn. — en bouclier. Cap de Bonne-Espérance. D.
— *petræum.* Gonau. — des rochers. France, Pyrénées. D.
— *quercifolium.* Linn. à feuilles de chêne. Cap de Bonne-Espérance. C.
— *radula.* Linn. — radula. Cap de Bonne-Espérance. C.
— *scabrum.* Linn. — rude. Cap de Bonne-Espérance. C.
— *tabulare.* Linn. — à longs pédoncules. Cap de Bonne-Espérance. D.
— *terebinthinaceum.* Linn. Cap de Bonne-Espérance. D.
— *tetragonum.* Linn. — tétragone. Cap de Bonne-Espérance. D.
— *triste.* Linn. — triste. Cap de Bonne-Espérance. D.
— *viscosum.* Linn. — visqueux. Cap de Bonne-Espérance. C.
— *vitifolium.* Linn. — à feuilles de vigne. Cap de Bonne-Espérance. C.
— *zonale.* Linn. — à zônes. Cap de Bonne-Espérance. C.

Les génarium du Cap se multiplient de marcotes, de boutures & de graines. La plupart ont de jolies fleurs, & sont cultivés pour l'ornement des jardins. Ils réussiroient sans doute en pleine terre dans le Midi de la France.

Ginko. — GINKO.

Ginko biloba. LINN. — Ginko bilobé. Japon. B.

Cet arbre résiste aux hivers les plus froids; il est remarquable par ses feuilles bilobées au sommet & taillées en éventail. On le multiplie de marcotes. Il n'a jamais fleuri en France.

Gleditsia. — FÉVIER.

Gleditsia monosperma. LINN. Févier monosperme. Caroline. B.
— *sinensis.* LAM. — de Chine. Chine. A.
— *triacanthos.* LINN. — à trois pointes. Louisiane, Virginie. A.

Les féviers sont de grands & beaux arbres qui méritent d'être multipliés dans nos parcs & nos forêts. Leur feuillage est très-élégant, & leur bois a beaucoup de dureté. Comme ils sont armés de nombreuses épines, on pourroit en former de bonnes haies, en les taillant & les empêchant de s'élever.

Globularia. — GLOBULAIRE.

Globularia alypum. LINN. Globulaire alypum. France mérid. C.

Ce petit arbrisseau croît dans les terrains arides & incultes. C'est un violent purgatif. Il faut l'abriter dans l'orangerie pendant l'hiver.

Glycine. — GLYCINÉ.

Glycine frutescens. LINN. Glyciné arbrisseau. Caroline. C.

Arbrisseau sarmenteux, de la famille des légumineuses, remarquable par ses feuilles pennées & par ses grapes de fleurs bleues. On le multiplie de boutures & de marcotes.

Gnaphalium. — IMMORTELLE.

Gnaphalium orientale. Immortelle d'Orient. Orient. C.
— *stœchas.* — stœchas. France mérid. Orient. C.
— *minor.* — nain. *Variété.*

Ces deux immortelles doivent être abritées dans l'orangerie. Le Cap de Bonne-Espérance en produit plusieurs espèces qu'on pourroit vraisemblablement cultiver en pleine terre dans nos départemens méridionaux.

Gordonia. — GORDONIA.

Gordonia lasianthus. LINN. Gordonia à feuilles lisses. Caroline. C.
— *pubescens.* LINN. — à feuilles velues. Amér. sept. C.

Ces deux arbrisseaux ont de belles fleurs, & restent, en hiver, parés de leur feuillage.

Gossypium. — COTONIER.

Gossypium herbaceum. LINN. Cotonier de Malte. Orient. C.

Cette espèce est cultivée dans l'Orient. Il est à présumer qu'elle réussiroit dans nos départemens du Midi. C'est à tort qu'elle porte le nom latin d'*herbaceum*. Dans les pays chauds elle devient un arbrisseau d'un à deux mètres de hauteur.

Grewia. — Grewia.

Grewia occidentalis. Linn. Gréwia d'Occident. Cap de Bonne-Eſpérance, Curaçao. C.

Le gréwia ſe perpétue de marcotes & de graines. Ses fleurs, d'un beau violet, s'épanouiſſent en été; il conſerve ſes feuilles pendant l'hiver. On l'abrite dans l'orangerie. On le cultiveroit en pleine terre dans le Midi de la France.

Guilandina. (*Gymnocladus.* Lam.) — Guilandina.

Guilandina dioica. Linn. Guilandina dioïque. Canada. B.

Cet arbre, de moyenne élévation, a un beau port & un beau feuillage: on le multiplie de drageons; il décore agréablement les boſquets. En hiver, lorſqu'il eſt dépouillé de ſes feuilles, il reſſemble à un arbre mort. C'eſt pour cela que les jardiniers lui ont donné le nom de *chicot*.

Gypsophila. — Gypsophila.

Gypſophila ſtruthium. Linn. Gypſophila ſtruthium. Eſpagne. C.

Cet arbriſſeau ſert à blanchir le linge. On l'éleveroit en pleine terre dans le Midi.

Halesia. — Halésia.

Haleſia diptera. Linn. Haléſia à deux ailes. Caroline. B.
— *tetraptera.* Linn. — à quatre ailes. Penſilvanie. B.

Les haléſia ont un beau feuillage & de jolies fleurs blanches qui s'épanouiſſent au printems. On les plante dans les boſquets de cette ſaiſon.

Halleria. — Halléria.

Halleria lucida. Linn. Halléria luiſante. Cap de Bonne-Eſpérance. C.

Ce joli arbriſſeau ne perd point ſes feuilles en hiver. Ses fleurs ſont rouges & irrégulières. On le multiplie de boutures & de marcotes.

Hamamelis. — Hamamélis.

Hamamelis virginiana. Linn. Hamamélis de Virginie. Virginie. C.

Les feuilles de l'hamamélis reſſemblent à celles du noiſetier. Cet arbriſſeau fleurit en automne; ſes pétales ſont longs, jaunes & déliés: on le multiplie de marcotes & de graines.

Hedera. — Lierre.

Hedera helix. Linn. Lierre commun. France. B.

On élève les lierres de graines, de marcotes, de boutures; ils conſervent leur feuillage toute l'année, & ſont propres à revêtir des murs que l'on veut maſquer. Dans les pays chauds on retire, par inciſion, de leurs branches, une gomme tranſparente, d'une odeur forte & aromatique, qui entre dans la préparation de quelques onguens; elle eſt réſolutive. Les feuilles de lierre ſont déterſives. Dans pluſieurs pays on en nourrit les troupeaux pendant l'hiver.

Helianthemum. — Hélianthème.

Helianthemum alyſſoides. Lam. Hélianthème à feuilles d'alyſſon. France. D.
— *apenninum.* Linn. — des Apennins. France, Alpes. D.
— *barbatum.* Lam. — barbu. France mérid. D.

— *calycinum.* LINN. — à grand calice. Barbarie. D.
— *canarienſe.* LINN. — des Canaries. Canaries. D.
— *fumana.* LINN. — fumana. France. D.
— *glutinoſum.* LINN. — gluant. France mérid. Barbarie. D.
— *halimifolium.* LINN. — à feuilles d'halime. France mérid. C.
— *lævipes.* LINN. — lævipes. France mérid. D.
— *lavandulæfolium.* LAM. — à feuilles de lavande. France mérid. Barbarie. D.
— *lippii.* LINN. — de lippi. Égypte. D.
— *ocymoides.* LAM. — à feuilles de baſilic. Eſpagne, Barbarie. C.
— *œlandicum.* LINN. — d'œland. France, Suiſſe. D.
— *myrtifolium.* LAM. — à feuilles de myrte. France. D.
— *piloſum.* LINN. — velu. France. D.
— *racemoſum.* LINN. — à grapes. Eſpagne. D.
— *ſquamatum.* LINN. — écailleux. Eſpagne, Barbarie. D.
— *thymifolium.* LINN. — à feuilles de thim. France mérid. Barbarie. D.
— *umbellatum.* LINN. — ombellifère. France, Barbarie. D.
— *vulgare.* LINN. — commun. France. D.

Ces jolis arbuſtes peuvent être cultivés, pour la plupart, ſous le climat de Paris; ils viennent dans preſque tous les terrains : leurs étamines ſont irritables ; elles s'éloignent du piſtil lorſqu'on les touche. Linné a réuni ce genre au genre Ciſte, dont il differe par la capſule à trois loges.

Heliotropium. — HÉLIOTROPE.

Heliotropium peruvianum. LINN. Héliotrope du Pérou. Pérou. C.

Nous devons ce charmant arbriſſeau à Joſeph de Juſſieu, qui en envoya des graines du Pérou au Jardin des Plantes de Paris il y a environ ſoixante ans. L'héliotrope ſe propage de boutures, de marcotes & de graines ; ſes fleurs répandent une odeur de vanille. On peut la cultiver en pleine terre dans nos départemens du Midi.

Herniaria. — HERNIOLE.

Herniaria fruticoſa. LINN. Herniole arbriſſeau. Alpes. D.
— *erecta.* DESFONT. }
— *illecebrum ſuffruticoſum.* LINN. } — à tiges droites. D.

Ces deux arbuſtes ſont très-petits & offrent peu d'intérêt aux cultivateurs.

Hibiscus. — HIBISCUS.

Hibiſcus ſyriacus. LINN. Hibiſcus de Syrie ou mauve en arbre. Syrie, Carniole. C.

La mauve en arbre eſt très-répandue dans nos jardins. Cet arbriſſeau a une belle forme & de ſuperbes fleurs : on le propage de graines, de drageons & de boutures ; il ſe plaît dans les bonnes terres ; ſes fleurs ſont émollientes & adouciſſantes comme celles des autres malvacées.

Hippia. — HIPPIA.

Hippia fruteſcens. LINN. Hippia arbriſſeau. Cap de Bonne-Eſpérance. D.

L'hippia ſe propage de graines & de drageons; il reſſemble beaucoup à la tanaiſie : on l'abrite ici dans l'orangerie pendant l'hiver.

Hippophae. — RHAMNOÏDE.

Hippophae rhamnoides. LINN. Rhamnoïde épineux. France. C.

Le rhamnoïde fleurit à la fin de l'hiver. Ses feuilles ne tombent point dans cette ſaiſon ; elles ſont couvertes d'une multitude de petites écailles blanches. Cet arbriſſeau aime les terres ſabloneuses ; il réussit aussi très-bien dans les jardins. On le multiplie de drageons & de graines : on le plante dans les bosquets de toutes les saisons ; il est propre à faire des haies, & on pourroit le cultiver dans les sables sur le bord des mers.

Hopea. — Hopéa.

Hopea tinctoria. Linn. Hopéa des teinturiers. Caroline. B.

Cet arbre croît au milieu des bois marécageux. On retire de ses feuilles une belle teinture jaune. Il seroit utile de le multiplier en France : ses fleurs sont belles, nombreuses & odorantes.

Hydrangea. — Hydrangéa.

Hydrangea arborescens. Linn. Hydrangéa arbrisseau. Virginie. C.
— *hortensis.* Smith. — des jardins ou hortensia. Chine. C.
— *quercifolia.* Wild. — à feuilles de chêne. Floride. C.
— *radiata.* Wild. — rayonnante. Caroline. C.

Les hydrangéa sont de jolis arbrisseaux qui ont de l'affinité avec les saxifrages, & qu'on peut cultiver pour l'ornement des jardins. La seconde espèce, connue sous le nom d'*Hortensia*, porte des fleurs superbes, réunies en grosses masses & ressemblantes à celles de la boule de neige ; elles durent très-long-tems & se teignent d'une belle couleur rose. Cette plante est cultivée dans les jardins des Chinois, & on la voit souvent représentée sur leurs dessins. On la multiplie de boutures & de marcotes ; elle aime une terre fraîche & humide, qu'il faut renouveler de tems en tems lorsqu'on l'élève dans des vases, parce qu'elle est extrêmement vorace.

Hypericum. — Millepertuis.

Hypericum ægyptiacum. Linn. Millepertuis d'Égypte. Égypte, Chypre. D.
— *androsæmum.* Linn. — androsæmum. France. D.
— *balearicum.* Linn. — de Maïorque. Maiorque. D.
— *calycinum.* Linn. — à grand calice. Mont-Olympe. D.
— *canariense.* Linn. — des Canaries. Canaries. C.
— *chinense.* Linn. — de Chine. Chine. D.
— *coris.* Linn. — coris. France, Alpes. D.
— *elatum.* Lam. — élevé. Amér. sept. C.
— *floribundum.* Lam. à fleurs nombreuses. Canaries. C.
— *hircinum.* Linn. — fétide. France mérid. C.
— *kalmianum.* Linn. — de Kalm. Virginie. C.
— *prolificum.* Linn. — prolifère. Amér. sept. C.

Les millepertuis sont remarquables par leur feuillage & par leurs jolies fleurs d'un jaune d'or. On les cultive pour l'ornement des parterres. La plupart aiment l'ombre & la fraîcheur. Ceux d'Égypte, de Mahon & des Canaries doivent être abrités dans l'orangerie pendant l'hiver.

Hyssopus. — Hyssope.

Hyssopus officinalis. Linn. Hyssope officinal. France mérid. Orient. D.
— *myrtifolius.* — à feuilles de myrte. *Variété.* Orient. D.

L'hyssope est un joli arbuste de la famille des labiées, qu'on propage de graines, de drageons, & dont on fait des bordures dans les jardins. Toutes les parties de cette plante ont une odeur aromatique.

Iberis. — Ibéris.

Iberis gibraltarica. Linn. Ibéris de Gibraltar. D.
— *saxatilis.* Linn. — des rochers. France, Alpes. D.
— *semperflorens.* Linn. — toujours fleurie. Sicile, Perse. D.
— *sempervirens.* Linn. — toujours verte. France, Alpes.

Les ibéris sont de jolis arbustes qui fleurissent dans le printems, & qu'on cultive pour l'ornement des parterres. On les perpétue de graines & de drageons. La troisième espèce est plus délicate. On l'abrite dans l'orangerie pendant l'hiver.

Ilex. — Houx.

Ilex æstivalis. LINN. Houx d'été. Madère. C.
— *aquifolium.* LINN. — épineux. France. C.
— *crassifolium.* — à feuilles épaisses.
— *echinatum.* — hérisson.
— *dentatum.* — en scie. } *Variétés.*
— *variegatum.* — panaché.
— *inerme.* — sans épines.
— *balearica.* — de Mahon. Mahon. C.
— *canadensis.* MICH. — de Canada. Canada. C.
— *cassine.* LINN. — cassiné. Caroline. C.
— *angustifolia.* — à feuilles étroites. *Variété.*
— *maderiensis.*
— *perado.* HORT. KEW. } — de Madère. Madère. C.
— *myrtifolia.* LAM. ILL. — à feuilles de myrte. Caroline, Virginie. C.
— *vomitoria.* HORT. KEW. — purgatif ou apalachine. Floride. C.

Les houx se plaisent dans les lieux ombragés, & on les cultive pour l'ornement des bosquets d'hiver : on en fait des haies vives. Leurs baies, qui se colorent d'un rouge vif vers la fin de l'automne, font un agréable contraste avec le vert luisant & foncé de leur feuillage ; elles sont purgatives, & les oiseaux les mangent pendant l'hiver. Le bois est très-dur : on l'emploie à divers usages : l'écorce sert à faire de la glu. Les houx panachés sont très-jolis. Celui de Madère & le cassiné veulent être abrités pendant l'hiver. Le houx purgatif est employé en médecine.

Illicium. — Badiane.

Illicium floridanum. LINN. Badiane de Floride. Floride. C.
— *parviflorum.* VENT. — à petites fleurs. Floride. C.

Les badianes conservent leurs feuilles toute l'année ; elles exhalent une odeur d'anis lorsqu'on les froisse, & on les emploie comme aromates. Elles réussiroient dans le Midi de la France.

Inula. — Aunée.

Inula crithmifolia. LINN. Aunée criste-marine. France. C.

Cet arbrisseau vient aux bords de la mer. On en confit les jeunes feuilles dans le vinaigre.

Itea. — Itéa.

Itea racemiflora. L'HÉRIT. Itéa à grapes. Amér. sept. C.
— *virginica.* LINN. — de Virginie. Virginie. C.

Ces arbrisseaux sont cultivés pour l'ornement des jardins & des bosquets ; ils aiment l'ombre & le frais. On les multiplie de drageons, de marcotes & de graines.

Jasminum. — Jasmin.

Jasminum azoricum. LINN. Jasmin des Açores. Açores. C.
— *fruticans.* LINN. — cytise. France mérid. C.
— *glaucum.* VENT.
— *ligustrinum.* LAM. } — glauque. Cap de Bonne-Espérance. C.
— *grandiflorum.* LINN. — d'Espagne. Inde. C.
— *humile.* LINN. — d'Italie. C.
— *odoratissimum.* LINN. — Jonquille. Canaries. C.
— *officinale.* LINN. — officinal. Inde. C.

Les jasmins sont de jolis arbrisseaux d'ornement, qu'on multiplie de drageons & de marcotes, & qu'on peut greffer en fente. Leurs fleurs se renouvellent pendant toute la belle saison. On fait de très-jolis berceaux avec le jasmin officinal; ses fleurs ne donnent point une eau odorante par la distillation. L'essence de jasmin, employée comme parfum, est de l'huile de ben, aromatisée avec les fleurs de cet arbrisseau.

Voyez Duhamel, *Traité des Arbres & Arbustes*, tom. I, pag. 310.

Le jasmin cytise, celui d'Italie & l'officinal viennent en pleine terre. Il faut abriter les autres dans l'orangerie.

Juglans. — Noyer.

Junglans alba. Linn. Noyer blanc ou ikori. Virginie. A.
— *cinerea.* Linn. — cendré. Louisiane. A.
— *fraxinifolia.* Lam. — à feuilles de frêne. Asie mineure. B.
— *nigra.* Linn. — noir. Virginie. A.
— *pacan.* Hort. Kew. — pacanier. Louisiane. A.
— *regia.* Linn. — commun. Asie mineure, France. A.
— *serotina.* — tardif. *Variété.* A.
— *squamosa.* Lam. — écailleux. Amér. sept. A.

Les feuilles de tous les noyers sont alternes, pennées avec impaire. Elles exhalent, lorsqu'on les froisse, une odeur qui leur est particulière. Ce sont de très-beaux arbres qui se propagent de graines & de greffes. Celui de notre pays est plus délicat que ceux d'Amérique. Il est sujet à geler dans les hivers rigoureux. Il est bien étonnant que cet arbre, venu du royaume de Pont, ne se soit pas encore aclimaté en Europe depuis tant de siècles qu'on l'y cultive. On assure que le noyer de Saint-Jean, dont les feuilles se développent beaucoup plus tard, ne gèle jamais.

Les noyers se plaisent le long des terres labourées, & l'on en fait de belles avenues. On retire du fruit, par expression, une huile douce & savoureuse lorsqu'elle est fraîche, mais qui ne se conserve pas long-temps. L'huile grasse que l'on extrait par le feu, se brûle dans les lampes, & entre dans la préparation de plusieurs vernis & onguens. On fait avec le brou une teinture brune & solide. Le bois, qui est liant, coloré & susceptible d'un beau poli, est recherché pour faire des meubles, des montures de fusil, des tables & autres ouvrages. Les feuilles sont déterfives. Si l'on met tremper dans de l'eau du brou de noix broyé, & qu'on le répande sur la terre, dans un endroit où il y ait des vers, ils sortent aussitôt. C'est un moyen que les pêcheurs emploient quelquefois pour s'en procurer. On prétend que les mouches n'approchent pas, de la journée, d'un cheval épongé avec de l'eau dans laquelle des feuilles de noyer ont été macérées pendant quelque temps.

Le noyer noir, le cendré, le pacanier, sont encore de grands & beaux arbres dont le bois peut servir à faire des meubles, & qu'on devroit multiplier en France. La noix pacane est excellente & fournit de très-bonne huile. On assure que le bois du noyer-pacanier est plus coloré que celui du nôtre, & qu'on en fait de très-beaux meubles. La noix du noyer noir est très boiseuse, mais l'amande se conserve fraîche pendant plusieurs mois.

L'Amérique septentrionale en produit encore plusieurs espèces qu'il seroit avantageux de se procurer.

Juniperus. — Genevrier.

Juniperus bermudiana. Linn. Genevrier des Bermudes. Bermudes. B.
— *capensis.* Lam. — du Cap. Cap de Bonne-Espérance. C.
— *chinensis.* Linn. — de Chine. Chine. C.
— *communis.* Linn. — commun. France. B.
— *suecica.* — de Suède. *Variété.*
— *drupacea.* Bill. — à gros fruit. Syrie. B.
— *oxycedrus.* Linn. — cade. France mérid. B.
— *phœnicea* Linn. — de Phénicie. France mérid. Orient. B.
— *prostrata.* Mich. — couché. Amér. sept. C.
— *sabina mas.* C. B. — sabine mâle. France. C.
— *sabina fœmina.* C. B. — sabine femelle. France. C.
— *thurifera.* Linn. — à l'encens. Orient. C.
— *virginiana.* Linn. — de Virginie. Virginie. B.

Les genevriers sont propres à orner les bosquets d'hiver. La plupart viennent dans les plus mauvais terrains. On les multiplie de graines, de drageons & de boutures. Le cit. Cels en possède une espèce apportée de Chine, qui a été greffée en fente. Leur bois est tendre, léger & odorant. Il répand une bonne odeur lorsqu'on le brûle. On brûle aussi les baies de genevrier pour purifier l'air. Elles sont ſtomachiques. On prépare avec celles du cade un onguent fort uſité dans la médecine vétérinaire, & qu'on dit très-bon pour guérir la gale des moutons. Le genevrier de Virginie eſt un bel arbriſſeau d'ornement; ſes baies ſont bleuâtres. Les ſabines ſont auſſi très-jolies; mais elles ont une odeur forte & déſagréable. Leurs jeunes rameaux réduits en poudre ſervent à nétoyer les ulcères. Elles ſont fortement réſolutives & emménagogues. On les emploie auſſi contre les vapeurs hyſtériques.

Justitia. — Justitia.

Juſtitia adathoda. Linn. Juſtitia adathoda. Ceilan. C.

Ses feuilles ſont grandes, & ſes fleurs, partagées en deux lèvres, ſont fort jolies. On pourroit ſans doute le cultiver en pleine terre dans le Midi. On l'abrite ici dans l'orangerie.

Kalmia. — Kalmia.

Kalmia anguſtifolia. Linn. Kalmia à feuilles étroites. Penſilvanie. C.
— *glauca.* — glauque. Amér. ſept. C.
— *latifolia.* Linn. — à larges feuilles. Caroline, Virginie. C.

Ces charmans arbriſſeaux, remarquables par leurs corolles creuſées en ſoucoupe, ſont employés à la décoration des boſquets. Ils conſervent leurs feuilles en hiver & fleuriſſent au printems. On les multiplie de drageons, de marcotes & de graines. Il faut les cultiver à l'ombre & au frais, dans du terreau de bruyère.

Koelreuteria. — Koelreutéria.

Koelreuteria paullinioides. L'Hérit. Koelreutéria à feuilles de paullinia. Chine. B.

Cet arbre n'eſt point délicat. Il a un beau feuillage, de jolies fleurs jaunes diſpoſées en panicule, & il mérite d'être cultivé pour l'ornement des boſquets. On le multiplie de graines.

Lactuca. — Laitue.

Lactuca ſpinoſa. Linn. Laitue épineuſe. Eſpagne, Barbarie. D.

Petit arbuſte dont les rameaux ſont piquans; il croît dans les fentes des rochers & les terrains arides & pierreux. On l'abrite dans l'orangerie.

Larix. — Mélèze.

Larix americana. — Mélèſe d'Amér. Amér. ſept.
— *cedrus.* Linn. — cèdre du Liban. Aſie mineure. A.
— *europæa.* Linn. — d'Europe. France. A.
— *ſibirica.* — de Sibérie. Sibérie.

Les mélèzes, à l'exception du cèdre du Liban, perdent leurs feuilles en hiver. Celui d'Amérique a le feuillage glauque & de très-petits cônes. Le fruit du mélèze de Sibérie tient le milieu entre celui d'Amérique & celui d'Europe, dont il ne paroît être qu'une variété. Notre mélèze aime les revers des montagnes, du côté du nord. C'eſt un très-grand arbre. Pline parle d'une poutre de mélèze de cent vingt pieds de longueur. Le bois eſt liant & léger. On l'emploie au bordage des vaiſſeaux, & il pourroit ſervir à la mâture. On en retire, en perçant le tronc, la térébenthine de Veniſe. *Voyez* Duhamel, *Traité des Arbres & Arbuſtes*, tom. I, page 133. Cet auteur dit qu'un mélèze vigoureux peut fournir tous les ans ſept à huit livres de térébenthine pendant quarante à cinquante ans. Dans le Briançonnois on ramaſſe une ſorte de manne ſur les feuilles des mélèzes.

Le cèdre du Liban eſt un des arbres les plus majeſtueux de la nature. Il s'élève à une grande hauteur & a un port très-pittoreſque. Lorſqu'une fois il a atteint l'âge de dix à douze ans, ſon accroiſſement eſt très-rapide. Ses branches horizontales, étalées & diſpoſées par étages, préſentent la forme d'immenſes éventails. Sa flèche s'alonge & s'incline conſtamment du côté du nord. Il vit un grand nombre de ſiècles. Son bois eſt ferme, coloré & d'un bon uſage. Cet arbre n'eſt point délicat; il vient dans les mauvais terrains. Tous les agriculteurs devraient réunir leurs efforts pour le propager en France & le multiplier dans nos forêts, dont il ſeroit un des plus beaux ornemens.

Dans Linné le larix eſt réuni aux pins & aux ſapins, dont il ne diffère que par ſes feuilles réunies en faiſceau.

Laurus. — Laurier.

Laurus æstivalis. Linn. Laurier d'été. Virginie. C.
— *benzoin.* Linn. — faux benjoin. Amér. sept. C.
— *borbonia.* Linn. — rouge. Virginie, Caroline. A.
— *camphora.* Linn. — camphrier. Japon. B.
— *fœtens.* Hort. Kew. } — fétide. Madère. B.
— *maderiensis.* Lam. }
— *indica.* Linn. — des Indes. Canaries. B.
— *nobilis.* Linn. — d'Apollon. Orient, Barbarie. B.
— *latifolia.* — à larges feuilles. *Variété.*
— *sassafras.* Linn. — sassafras. Floride. B.

On propage les lauriers de graines, de marcottes & de greffes. Ils sont, pour la plupart, sensibles à la rigueur du froid. Le laurier d'été, le faux benjoin, le sassafras, se dépouillent de leurs feuilles en hiver ; les autres les conservent toute l'année. Le laurier d'Apollon est un très-bel arbre ; son bois est liant quoique mou ; ses feuilles sont employées comme assaisonnement. On retire des baies, en les faisant bouillir, une huile qui surnage à la surface de l'eau ; elle est résolutive & d'un usage très-répandu.

Ce n'est point le laurier benjoin qui produit le benjoin du commerce, comme des auteurs l'ont avancé. On recueille cette substance sur un arbre connu sous le nom de *Terminalia benzoin.* Linné.

Le laurier-sassafras se distingue par ses feuilles à trois lobes. Son bois répand une odeur suave & aromatique quand on le brûle. On l'emploie en médecine pour exciter les sueurs.

Les feuilles du camphrier sont lisses, luisantes, ovales, alongées, marquées de trois nervures, entre lesquelles on voit une petite glande près de la base. Elles exhalent une forte odeur de camphre lorsqu'on les froisse. Cet arbre a des bourgeons écailleux, & il est vraisemblable qu'on pourroit l'élever en pleine terre dans les départemens du Midi ; du moins devroit-on en faire l'essai.

Lavandula. — Lavande.

Lavandula dentata. Linn. Lavande dentée. Espagne, Barbarie. C.
— *abrotanoides.* Lam. — élégante. Canaries. C.
— *indica.* — des Indes. Inde. C.
— *multifida.* Linn. — découpée. France mérid. C.
— *pinnata.* Linn. — pennée. Canaries. C.
— *spica.* Linn. — spic. France mérid. C.
— *stœchas.* Linn. stœchas. France mérid. Orient. C.
— *viridis.* l'Herit. — verte. Canaries. D.

Les lavandes appartiennent à la famille des labiées. On les multiplie de graines, de boutures & de drageons. Leur odeur est aromatique. L'huile de spic du commerce se retire de la lavande commune. Elle fournit aussi, par la distillation, une eau parfumée qui est fort en usage. La lavande dentée, l'élégante, la verte & la pennée veulent être abritées pendant l'hiver.

Lavatera. — Lavatera.

Lavatera arborea. Linn. Lavatera en arbre. France mérid. Orient. C.
— *maritima.* — maritime. France mérid. Barbarie. C.
— *micans.* Linn. — luisante. Espagne, Portugal. C.
— *olbia.* Linn. — olbia. France mérid. C.
— *pseudo-olbia.* Desf. — faux olbia. C.
— *triloba.* Linn. — à trois lobes. Espagne. C.
— *unguiculata.* Desf. — à onglets. C.

On élève les lavatera de graines, de drageons & de boutures, & dans notre climat on les abrite dans l'orangerie. Leurs fleurs sont très-belles, & on peut les cultiver pour l'ornement des jardins. Elles ont beaucoup de rapport avec les mauves. Leur écorce, qui est fibreuse, flexible & difficile à rompre, peut être employée à faire des cordes & du papier, comme celle de presque toutes les malvacées.

LEDUM. — LÉDUM.

Ledum latifolium. LAM. Lédum à larges feuilles. Groënland, Canada. C.
— *paluſtre.* LINN. — des marais. France, Alpes. D.
— *thymifolium.* LAM. — à feuilles de thim. Amér. ſept. D.

Ces jolis arbriſſeaux ſe plaiſent à l'ombre, dans des terrains humides & marécageux. On les multiplie de drageons, de boutures & de graines. Leurs feuilles ont une odeur agréable. En Allemagne, on en met dans la bière lorſqu'elle fermente, pour la parfumer. En Amérique, on prend en infuſion celles de l'eſpèce à larges feuilles, qui y eſt connue ſous le nom de *Thé de Labrador.* Les fleurs ſont blanches & réunies en bouquets au ſommet des rameaux. Elles s'épanouiſſent au printems.

LEPIDIUM. — LÉPIDIUM.

Lepidium ſubulatum. LINN. Lépidium à feuilles aiguës. Eſpagne. D.

Joli arbuſte peu délicat, qui ſe couvre au printems d'un grand nombre de petites fleurs blanches.

LIGUSTRUM. — TROÊNE.

Liguſtrum vulgare. LINN. Troêne commun. France. C.

Les troênes ſe propagent de graines, de drageons & de boutures. On en fait de jolies haies. Ils ne perdent leurs feuilles qu'après les premières gelées. Leurs fleurs ſont blanches & diſpoſées en thyrſe aux ſommités des rameaux. Dans le nord, le ſuc des baies ſert à peindre les cartes à jouer. Il en exiſte une variété à fruit blanc.

LINNÆA. — LINNÆA.

Linnæa borealis. LINN. Linnæa du nord. France, Alpes. D.

Joli petit arbuſte rampant, qui a de l'affinité avec les chèvre-feuilles. Il fleurit au printems. Ses fleurs ſont roſes, odorantes, penchées, & naiſſent deux à deux ſur chaque pédoncule. On le cultive à l'ombre, dans le terreau de bruyère.

LINUM. — LIN.

Linum africanum. LINN. Lin d'Afrique. Afrique. D.
— *arboreum.* LINN. — arbriſſeau. Candie. D.
— *ſuffruticoſum.* LINN. — ſous-arbriſſeau. Eſpagne. D.

Il faut les abriter dans l'orangerie pendant l'hiver. Ils pourroient venir en pleine terre dans le Midi.

LIQUIDAMBAR. — COPALME.

Liquidambar peregrinum. LINN. Copalme à feuilles d'aſplénium. Amér. ſept. C.
— *orientale.* — d'Orient. Orient. B.
— *ſtyraciflua.* LINN. — d'Amérique. Virginie, Penſilvanie. B.

Les feuilles des copalmes d'Orient & d'Occident ont une odeur de bitume lorſqu'on les écraſe. Le bois eſt mou; il brûle difficilement. Ces arbres produiſent une réſine liquide ou concrète, tranſparente & de couleur jaune, dont on fait uſage en médecine. L'eſpèce à feuilles de cétérach eſt très-jolie. On la cultive à l'ombre, dans le terreau de bruyère. Ils ſupportent nos hivers.

LITHOSPERMUM. — GREMIL.

Lithoſpermum ſuffruticoſum. LINN. Gremil arbriſſeau. France mérid. Orient. D.

Arbuſte à fleurs roſes, de la famille des borraginées. On l'abrite ici dans l'orangerie.

Lonicera. — Chèvre-feuille.

Lonicera alpigena. Linn. Chèvre-feuille des Alpes. France, Alpes. C.
— *caprifolium.* Linn. — des jardins. France mérid. C.
— *cærulea.* Linn. — à fruit bleu. Alpes. C.
— *diervilla.* Linn. — diervilla ou d'Acadie. Acadie. C.
— *nigra.* Linn. — à fruit noir. France, Alpes. C.
— *parviflora.* Lam. — à petites fleurs. Amér. sept. C.
— *periclymenum.* Linn. — des bois. France. C.
— *pyrenaica.* Linn. — des Pyrénées. France, Pyrénées. C.
— *sempervirens.* Linn. — toujours vert. Virginie. G.
— *symphoricarpos.* Linn. — symphorine. Virginie. C.
— *tatarica.* Linn. — de Tartarie. Tartarie. C.
— *xylosteon.* Linn. — velu. France, Alpes. C.

Les chèvre-feuilles sont des arbrisseaux d'ornement, que l'on multiplie de graines, de marcotes & de boutures.

Lotus. — Lotier.

Lotus hirsutus. Linn. Lotier velu. France mérid. D.
— *dorycnium.* Linn. — dorycnium. France mérid. D.

Ces deux espèces de lotier sont assez jolies. On les abrite dans l'orangerie pendant l'hiver.

Lycium. — Lycium.

Lycium afrum. Linn. Lycium d'Afrique. Portugal, Afrique. C.
— *barbarum.* Linn. — à feuilles étroites. Chine. C.
— *boerhaaviæfolium.* — Linn. à feuilles de Boerhaavia. Pérou. C.
— *chinense.* Lam. — de Chine. Chine. C.
— *europæum.* Linn. — d'Europe. France mérid. C.

Les lycium ou jasminoïdes sont de jolis arbrisseaux épineux qu'on propage de graines, de marcotes, de drageons. Leurs fleurs, qui se renouvellent pendant toute la belle saison, ressemblent à celles des jasmins. Le lycium de Chine, celui à feuilles étroites, ne sont point délicats; ils poussent un grand nombre de tiges & de rameaux flexibles, courbés vers la terre comme ceux du saule pleureur. On peut en faire de belles haies. L'espèce d'Afrique, ainsi que celle à feuilles de boerhaavia, ne peut être cultivée en pleine terre que dans le Midi de la France.

Lyriodendrum. — Tulipier.

Lyriodendrum tulipifera. Linn. — Tulipier de Virginie. Virginie. A.

Les tulipiers s'élèvent de graines qui nous sont envoyées de l'Amérique septentrionale. Ils aiment les terrains humides & qui ont beaucoup de fond. Cet arbre est un des plus beaux de la nature, par son port majestueux, son superbe feuillage & ses grandes fleurs, presque aussi belles que celles de la tulipe. En Amérique, on fait, avec le tronc, des pirogues d'une seule pièce.

Magnolia. — Magnolia.

Magnolia acuminata. Linn. Magnolia à feuilles aiguës. Pensilvanie. A.
— *auriculata.* Lam. — auriculé. Caroline, Géorgie. B.
— *glauca.* Linn. — glauque. Virginie, Caroline. B.
— *grandiflora.* Linn. — à grandes fleurs. Floride, Canada. A.
— *tripetala.* Linn. — en parasol. Caroline. A.

Les magnolia se multiplient de marcotes & de graines. Le *grandiflora* est délicat, & doit être abrité dans l'orangerie; mais sous un climat un peu plus doux que celui de Paris, il réussit en pleine terre. Le *glauca*, l'*acuminata* & le *tripetala* ne sont point sensibles au froid. Ils fleurissent ici en pleine terre & y produisent des graines. Ils ont un beau feuillage & des fleurs superbes qui exhalent une odeur très-suave. La corolle du *M. grandiflora* a quelquefois près de trois décimètres de largeur ; c'est une des plus grandes que l'on connoisse. Les feuilles de cet arbre ne tombent point en hiver. Il parvient à la hauteur de quinze à vingt mètres. Le fruit des magnolia est composé de plusieurs capsules à deux valves. Lorsqu'elles sont mûres, elles s'ouvrent & les graines restent suspendues à de longs filets. Ces graines sont extrêmement amères.

Malus. — Pommier.

Malus coronaria. Linn. Pommier odorant. Virginie. B.
— *hybrida*. Wild. — hybride. B.
— *sempervirens* — toujours vert. B.
— *sylvestris*. — sauvage. France. B.
— *calvillea*. — de calville. B.
— *prazonilla*. — de reinette. B.

Les pommiers se propagent de graines, de drageons & de greffes. Il est peu d'arbres aussi beaux, lorsqu'au retour du printems ils sont couverts de fleurs. Celles du pommier toujours vert, de l'hybride, de celui de Sibérie, sont très-odorantes. Le bois de pommier, quoique moins dur que ce u de poirier, est néanmoins recherché des menuisiers & des tourneurs. Linné a réuni ce genre à celui du poirier.

Malva. — Mauve.

Malva capensis. Cav. Mauve du Cap. Cap de Bonne-Espérance. C.
— *fragrans*. Cav. — odorante. Cap de Bonne-Espérance. C.
— *virgata*. Jacq. — effilée. Cap de Bonne-Espérance. C.
— *miniata*. Cav. — couleur de minium. Chili. C.

Ces quatre espèces de mauve sont très-jolies, & pourroient sans doute être cultivées en pleine terre dans nos départemens méridionaux. On les élève de graines, de drageons, de boutures. La dernière est sur-tout remarquable par ses fleurs couleur de feu.

Marrubium. — Marrube.

Marrubium acetabulosum. Linn. Marrube à grand calice. Espagne. C.
— *crispum*. Linn. — crépu. Orient, Espagne, Barbarie. C.
— *pseudodictamnus*. Linn. — faux dictame. Orient. C.

Les marrubes sont de jolis arbrisseaux qu'on pourroit cultiver dans le Midi de la France, pour l'ornement des jardins. On les abrite ici dans l'orangerie pendant l'hiver. Le faux dictame est remarquable par ses feuilles revêtues d'un coton blanc, court & très-serré.

Medeola. — Médéola.

Medeola asparagoides. Linn. Médéola sarmenteux. Cap de Bonne-Espérance. C.

Arbrisseau sarmenteux, dont les feuilles sont persistantes, & qui a du rapport avec les fragons & les asperges. On le cultiveroit en pleine terre dans le Midi de la France.

Medicago. — Luzerne.

Medicago arborea. Linn. Luzerne arbrisseau. Orient. C.

Cet arbrisseau pourroit être cultivé dans nos départemens méridionaux. Le citoyen Amoreux a publié une Dissertation intéressante, dans laquelle il a prouvé que c'étoit le cytise des anciens.

MELIA. — MÉLIA.

Melia azedarach. LINN. Mélia azédarach. Syrie, Inde. A.

Ce bel arbre vient en pleine terre dans le Midi de la France. Il a un beau feuillage & de jolies fleurs difpofées en panicule, qui exhalent une odeur très-agréable.

MELIANTHUS. — MÉLIANTHUS.

Melianthus major. LINN. Mélianthus glauque. Cap de Bonne-Efpérance. C.
— *minor.* LINN. — nain. Cap de Bonne-Efpérance. C.

Les mélianthus réuffiroient dans le Midi. Ils ont un beau feuillage & d'affez jolies fleurs, au fond defquelles fe trouve une liqueur brune qu'on peut employer pour écrire. Toutes leurs parties répandent une odeur fétide quand on les froiffe.

MENISPERMUM. — MÉNISPERME.

Menifpermum canadenfe. LINN. Ménifperme de Canada. Canada. C.
— *carolinum.* LINN. — de Caroline. Caroline. C.
— *virginicum.* LINN. — de Virginie. Virginie. C.

Les ménifpermes font des arbriffeaux farmenteux qu'on peut cultiver en pleine terre dans nos climats. La première efpèce, remarquable par fes feuilles en bouclier, eft propre à orner & ombrager des berceaux. On les multiplie de drageons. C'eft à ce genre qu'appartient la coque du Levant dont on enivre le poiffon. *Menifpermum cocculus.*

MERCURIALIS. — MERCURIALE.

Mercurialis tomentofa. LINN. Mercuriale cotonneufe. France mérid. D.

Cet arbufte eft remarquable par la blancheur de fon feuillage. On le multiplie de graines & de drageons.

MESPILUS. — ÉPINE.

Mefpilus aronia. — Épine azérole d'Italie. Italie. C.
— *axillaris.* — axillaire. Amér. fept. C.
— *azarolus.* — azérolier. France mérid. Orient. C.
— *carolina.* — de Caroline. Caroline. C.
— *coccinea.* — écarlate. Virginie, Canada. C.
— *corallina.* — petit corail. Amér. fept. C.
— *cotoneafter.* — cotonéafter. France, Alpes. D.
— *crus-galli.* — pied-de-coq. Virginie. C.
— *germanica.* — néflier. France. C.
— *japonica.* — du Japon ou bibacier. Japon.
— *latifolia.* — à larges feuilles. Amér. fept. C.
— *linearis.* — linéaire. Amér. fept. C.
— *mauroceana.* — de Maroc. Maroc. C.
— *monogyna.* — à un ftyle. Allemagne. C.
— *oxyacantha.* — aube-épine. France. C.
— *plena.* — double. *Variété.*
— *rubra.* — rouge ou de Mahon. *Variété.*
— *prunifolia.* — à feuilles de prunier. Amér. fept. C.
— *pyracantha.* — buiffon ardent. France mérid. Italie. C.
— *pyrifolia.* — à feuilles de poirier. Amér. fept. C.
— *tanacetifolia.* — à feuilles de tanaifie. Orient. C.

On multiplie les épines de drageons enracinés, de greffes & de graines qui ne lèvent que la feconde année. La plupart ont un beau feuillage & de jolies fleurs en bouquets, qui s'épanouiffent au printems. L'épine blanche, celle de Mahon, dont la fleur est d'un rose vif; le buisson ardent, les espèces originaires d'Amérique, sont recherchées pour la décoration des jardins & des bosquets. Le bois des épines est noueux, très-dur, & on peut l'employer utilement. Un grand nombre d'espèces, & particuliérement celles dont les branches ont des épines, sont propres à former des haies autour des habitations & des jardins. On mange les fruits de l'azérole, du néflier, &c. Celui du bibacier est excellent, & il seroit avantageux de multiplier en France cet arbre précieux, qui est peu délicat. Les baies du buisson ardent, du petit corail, de l'épine écarlate, du cotonéaster, ont beaucoup d'éclat en automne, lorsqu'elles sont parvenues à maturité.

L'Amérique septentrionale produit encore plusieurs autres espèces qu'il seroit utile de cultiver en France.

Linné a distingué les *mespilus* des *cratægus*, par le nombre des styles. Nous avons préféré d'établir le caractère sur la graine osseuse dans les *mespilus*, & cartilagineuse dans les *cratægus*. Ceux-ci lèvent dans l'année ; les autres ne germent que la seconde année.

Messerschmidia. — Messerschmidia.

Messerschmidia angustifolia. Linn. Messerschmidia à feuilles étroites. Canaries. C.
— *fruticosa.* Hort. Kew. — arbrisseau. Canaries. C.

Ces deux arbrisseaux, de la famille des borraginées, ont de jolies petites fleurs en panicule, qui se succèdent pendant tout l'été. On les élève de graines, de drageons, de boutures & de marcotes. Il est vraisemblable qu'on les cultiveroit en pleine terre dans le Midi de la France.

Mimosa. — Acacie.

Mimosa farnesiana. Linn. Acacie de Farnèse. Orient, Inde. C.
— *julibrizin.* — julibrizin ou arbre de soie. Constantinople. A.

L'acacie de Farnèse est un grand arbrisseau qu'on cultive en Provence, en Italie, dans l'Orient, &c. à cause de l'odeur extrêmement agréable de ses fleurs. On l'abrite ici dans l'orangerie. L'acacie julibrizin ou arbre de soie s'élève à une grande hauteur. Son feuillage est très élégant. Ses fleurs, jaunes, nombreuses & rapprochées en bouquets, ressemblent à des houpes de soie & font un très-bel effet. On le cultive à Constantinople pour l'ornement des jardins. Il viendroit en pleine terre dans nos départemens du Midi. Il craint les fortes gelées. J'en ai cependant vu un à Versailles, dans le jardin de Lemonnier, qui avoit résisté à un grand nombre d'hivers, & qui fleurissoit tous les ans.

Myrsine. — Myrsiné.

Myrsine africana. Linn. Myrsiné d'Afrique. Cap de Bonne-Espérance. C.

Arbrisseau élégant, toujours vert, dont les feuilles ressemblent à celles du myrte. On l'abrite dans l'orangerie pendant l'hiver.

Morus. — Murier.

Morus alba. Linn. — Mûrier blanc. Orient, France. A.
— *constantinopolitana.* — de Constantinople. B.
— *italica.* Lam. — d'Italie. A.
— *nigra.* Linn. — noir. Italie. B.
— *papyrifera.* Linn. } — à papier. Iles de la mer du sud, Chine. A.
— *Broussonetia papyrifera.* L'Hérit. }
— *rubra.* Linn. — rouge. Virginie. B.

Les mûriers viennent dans tous les terrains; ils préfèrent néanmoins ceux qui sont chauds, légers & qui ont beaucoup de fond.

C'est sous Charles IX que les mûriers blancs ont commencé à être cultivés en France. Henri IV ordonna qu'on en fît des plantations en Languedoc, en Provence & dans le Vivarais. Tout le monde connoît l'utilité de cet arbre pour la nourriture des vers à soie. On le multiplie de graines, de marcotes, de boutures & de greffes. Voyez Olivier de Serres, *Traité du Mûrier blanc*, & Duhamel, *Traité des Arbres & Arbustes*, où l'on trouve des détails très-intéressans sur la culture de cet arbre précieux. L'écorce des mûriers est filandreuſe & propre à faire du papier. Le bois eſt employé à divers uſages. On en fait des caiſſes, des barils, des planches & même des pièces de charpente. On pourroit ſubſtituer le bois de mûrier blanc au bois jaune des Indes, que nous achetons des Hollandois. Ils donnent l'un & l'autre une teinture brune très-ſolide. D'après des expériences faites aux Gobelins, ſur la demande du cit. Faujas, profeſſeur au muſéum d'hiſtoire naturelle, & dont j'ai été témoin, il réſulte que la teinture du bois de mûrier blanc eſt auſſi belle & auſſi durable que celle du bois jaune, & qu'on n'y a reconnu aucune différence.

Le mûrier de Conſtantinople, qui n'eſt peut-être qu'une variété du précédent, s'élève beaucoup moins. Ses feuilles ſont plus rapprochées, plus adhérentes aux rameaux; elles ne ſe découpent point & ont un peu plus de conſiſtance. Quelques agriculteurs les préfèrent pour la nourriture des vers à ſoie.

Le mûrier noir eſt cultivé pour ſon fruit. Les vers à ſoie en mangent auſſi les feuilles, & je me ſuis aſſuré, par expérience, qu'on pouvoit les nourrir avec celles du mûrier rouge de Virginie, & même avec celles du mûrier à papier.

Le mûrier à papier, dont l'Héritier a formé un genre ſous le nom de *Brouſſonetia papyrifera*, eſt un grand & bel arbre qui réſiſte à nos hivers. Son écorce ſert à faire des habits, de la toile, du papier, des cordages. Il donne beaucoup d'ombre, & eſt propre à former des abris impénétrables aux rayons du ſoleil.

Le mûrier rouge de Virginie a pareillement un très-beau feuillage; ſes fleurs ſont dioïques comme celles du précédent; ſes fruits ont une forme cylindrique & ſont très-bons à manger. On peut le greffer ſur le mûrier noir & ſur le blanc. Cet arbre mérite d'être multiplié en France.

Le mûrier d'Italie reſſemble au mûrier blanc par ſon feuillage; mais ſes fruits ſont noirs & le bois des jeunes rameaux eſt rouge. Les vers à ſoie en mangent les feuilles avec avidité.

Myrica. — Myrica.

Myrica cerifera. Linn. Myrica cirier de la Louiſiane. Louiſiane. C.
— *cordifolia.* Linn. — à feuilles en cœur. Cap de Bonne-Eſpérance. C.
— *gale.* Linn. — galé. France. C.
— *penſilvanica.* — cirier de Penſilvanie. Penſilvanie. C.
— *quercifolia.* Linn. — à feuilles de chêne. Cap de Bonne-Eſpérance. C.
— *trifoliata.* Linn. — à feuilles ternées. Cap de Bonne-Eſpérance. C.

Le cirier de la Louiſiane & celui de Penſilvanie ſont deux eſpèces bien diſtinctes que Linné avoit regardées comme des variétés. On retire de leurs graines, en les faiſant bouillir dans l'eau, une ſorte de cire verte & odorante dont on fait des bougies. Quatre livres de graines produiſent environ une livre de cire. Le cirier de Penſilvanie eſt beaucoup moins délicat que celui de la Louiſiane. Il fleurit & fructifie dans nos climats. L'autre ne pourroit être cultivé avec ſuccès que dans nos départemens du Midi. La culture du cirier ſeroit d'autant plus avantageuſe, qu'il ſe plaît dans les terrains marécageux & abandonnés. J'ai vu des bougies faites avec la cire des individus que Lemonnier cultivoit dans ſon jardin. On peut multiplier les ciriers de drageons, de marcotes & de graines. Leurs feuilles exhalent une odeur aromatique, approchante de celle du galé de nos marais. Kalm dit qu'on fait, en Canada, avec la cire du cirier, un ſavon odorant & très-bon pour nétoyer le linge. La décoction des feuilles avec la couperoſe produit une encre fort noire.

Les eſpèces originaires du Cap de Bonne-Eſpérance pourroient ſe cultiver dans le Midi de la France.

Myrtus. — Myrte.

Myrtus communis Linn. Myrte commun. France mérid. Barbarie, Orient. B.
— *boetica.* — d'Andalouſie. *Variété.*
— *belgica.* — moyen. *Variété.*
— *mucronata.* — à petites feuilles. *Variété.*

Les myrtes ſont de charmans arbriſſeaux d'ornement, qu'on élève de graines, de marcotes & de boutures. Ils craignent les fortes gelées. On peut les tailler & leur donner toutes les formes que l'on veut. Pline dit que les baies ſervoient anciennement à aſſaiſonner les alimens; qu'on en exprimoit une ſorte de vin & qu'on en retiroit de l'huile. Les feuilles écraſées ont une odeur aromatique; leur ſaveur eſt amère & aſtringente. Elles ſont déterſives & réſolutives. Dans la Calabre & dans l'Orient, le myrte ſert à tanner les cuirs. L'eau qu'on diſtille de ſes fleurs, eſt recherchée pour ſon odeur.

Nerium. — Nérium.

Nerium oleander. Linn. Nérium laurier-rose. France mérid. Orient, Barbarie. C.
— *album.* — blanc. *Variété.*
— *odoratum.* — odorant. *Variété.*

Le nérium ou laurier-rose est un très-bel arbrisseau d'ornement, dont les fleurs ont beaucoup d'éclat; il craint les gelées & veut être abrité dans l'orangerie : on le propage de graines, de drageons & de boutures; il fleurit en été, & se plaît le long des rivières & des ruisseaux, dont il embellit les rivages. Les Maures d'Afrique emploient le charbon du laurier-rose à la fabrication de la poudre à canon.

Nitraria. — Nitraria.

Nitraria schoberi. Linn. Nitraria de Sibérie. Sibérie. C.
— *tridentata.* Desf. — à trois dents. Barbarie. C.

Les nitraria viennent dans tous les terrains. La seconde espèce veut être abritée en hiver. C'est un arbrisseau touffu & épineux, qui croît naturellement dans les sables arides. On pourroit l'employer à former des haies.

Nyssa. — Tupélo.

Nyssa angulosa. Lam. Tupélo anguleux. Amér sept. A.
— *aquatica.* Linn. — aquatique. Caroline, bord du Mississipi. A.
— *biflora.* Walt. — à deux fleurs. Caroline, Louisiane.
— *canadensis.* Lam. — de Canada. Canada. A.
— *caroliniana.* Lam. — de Caroline. Caroline. A.
— *capitata.* Walt. — à fleurs en tête. Amér. sept. B.
— *tomentosa.* Lam. — cotonneux. Caroline. A.

La plupart des tupélo croissent dans les terrains aquatiques, & mériteroient d'être multipliés en France. La dureté de leur bois les rend propres à beaucoup d'usages. Ceux de Caroline, de Canada, ainsi que l'aquatique, s'élèvent à une grande hauteur.

Olea. — Olivier.

Olea americana. Linn. Olivier d'Amérique. Caroline.
— *europæa.* Linn. — d'Europe. France mérid. Orient. A.

L'olivier est sans contredit un des arbres les plus utiles de la nature. *Olea prima omnium arborum est*, dit Columelle. Cet arbre précieux a été connu dans la plus haute antiquité : il paroît originaire d'Orient. L'histoire de la Bible en fait mention en plusieurs endroits. On croit qu'il fut transporté d'Egypte à Athènes par Cecrops, l'an 1582 avant l'ère chrétienne. Suivant une autre tradition, ce fut Hercule Thébain, qui, au retour de ses glorieuses expéditions, apporta l'olivier dans la Grèce. Il fut, dit-on, planté sur le Mont Olympe, & l'on couronna de ses rameaux les vainqueurs aux jeux olympiques. Les Grecs avoient une si grande vénération pour cet arbre, qu'ils en firent le symbole de la sagesse, de l'abondance & de la paix. Les Hébreux le regardoient aussi comme l'arbre le plus précieux de la terre promise.

On croit généralement que les Phocéens, qui fondèrent Marseille environ six cents ans avant J. C., y apportèrent l'olivier & la vigne, qui de là se répandirent dans les Gaules & dans l'Italie. Il y a dans Pline un passage qui s'accorde assez bien avec cette tradition. Cet auteur assure que, sous le règne de Tarquin-le-Superbe, il n'y avoit point d'oliviers en Europe.

L'olivier se plaît sur les coteaux exposés au soleil. Il réussit dans les terrains pierreux & dans les terres légères; il s'accommode aussi d'un sol gras & fertile; mais alors l'huile qu'il donne est de moins bonne qualité. Il réussit difficilement à de grandes distances de la mer, & il ne supporte pas les fortes gelées.

Les oliviers parviennent quelquefois à une grande hauteur. J'en ai vu en Afrique qui avoient quinze à vingt mètres. Cet arbre croît spontanément dans les montagnes de l'Atlas. On y récolte les olives sauvages, & dans plusieurs cantons on en retire une huile fine & recherchée. La baie de l'olivier est presque la seule qui soit huileuse.

On connoît un grand nombre de variétés de l'olivier. Je ne m'étendrai pas sur ses usages économiques, qui sont inappréciables. On peut consulter à ce sujet un excellent ouvrage du citoyen Bernard de Marseille, imprimé à Aix en 1783. Il renferme tout ce qu'on peut desirer concernant l'histoire de cet arbre.

ONONIS. — ONONIS.

Ononis arborescens. DESF. Ononis en arbre. Barbarie. C.
— *fruticosa.* LINN. — arbrisseau. France, Alpes. D.

On cultive ces arbrisseaux pour l'ornement des parterres. Leurs fleurs sont d'un beau rose. On les élève de graines & de drageons.

ORIGANUM. — ORIGAN.

Origanum dictamnus. Origan dictame. Crète. D.
— *majoranoides.* WILD. — fausse marjolaine. Orient. D.
— *sipyleum.* LINN. — du Mont Sipyle. Orient. D.

Les origans sont de très-jolis arbustes qu'on cultive pour en orner les jardins. On les multiplie de drageons, de boutures & de graines. Il faut les abriter dans l'orangerie en hiver. Leurs feuilles sont très-odorantes. Celles du dictame de Crète se prennent en infusion comme du thé. Ses fleurs sont d'une belle couleur pourpre (1).

OSTEOSPERMUM. — OSTÉOSPERMUM.

Osteospermum moniliferum. LINN. Ostéospermum porte-collier. Cap de Bonne-Espérance. C.
— *pinnatifidum.* L'HÉRIT. — découpé. Cap de Bonne-Espérance. C.
— *spinosum.* LINN. — épineux. Cap de Bonne-Espérance. C.

Les ostéospermum sont délicats, & ne pourroient être cultivés en pleine terre que dans nos départemens méridionaux.

OTHONNA. — OTHONNA.

Othonna cheirifolia. LINN. Othonna spatule. Tunis. D.

Ce joli arbuste, remarquable par ses feuilles glauques & en spatule, qui se conservent toute l'année, est propre à la décoration des bosquets d'hiver. Ses fleurs jaunes & radiées sont assez belles. Le Cap de Bonne-Espérance en produit plusieurs autres espèces qu'on pourroit sans doute propager dans nos départemens du Midi.

OSYRIS. — OSYRIS.

Osyris alba. LINN. Osyris blanc. France. D.

Cet arbrisseau se multiplie de graines & de drageons. On le conserve difficilement dans les jardins.

PALIURUS. — PALIURUS.

Paliurus aculeatus. — Paliurus épineux. Provence. C.

Le paliurus, argalou ou porte-chapeau, est un arbrisseau épineux, qu'on élève de graines & de drageons, & qui est très-propre à former des haies. Il résiste à la rigueur de nos hivers. Linné a réuni ce genre au rhamnus.

---

(1) *Dictamnum genitrix Cretea carpit ab Ida,*
Puberibus caulem foliis, & flore comantem
Purpureo. Énéid. liv. 12, v. 412.

PASSIFLORA. — GRENADILLE.

Passiflora cærulea. LINN. Grenadille bleue. Brésil. C.

La grenadille à fleurs bleues est un arbrisseau sarmenteux, remarquable par son feuillage & par ses fleurs, qui sont grandes & très-belles. On l'emploie à garnir des berceaux : on l'élève aussi en espalier. Lorsqu'on veut la cultiver en pleine terre, il convient de l'abriter des vents du nord & de la couvrir de paillassons pendant l'hiver. Elle se propage facilement de drageons & de boutures.

PASSERINA. — PASSERINE.

Passerina calycina. LAPEYROUSE. Passerine caliculée. France, Pyrénées. D.
— *dioica.* GOUAN. — dioïque. France, Pyrénées. D.
— *filiformis.* LINN. — filiforme. Cap de Bonne-Espérance. D.
— *hirsuta.* LINN. — cotoneuse. France mérid. Barbarie. D.

Les passerines sont des arbrisseaux élégans qui conservent leur feuillage en hiver. Ils ont beaucoup de rapport avec les daphné. Leur écorce est fibreuse & flexible : on pourroit en faire des cordes. La passerine cotoneuse & la filiforme doivent être abritées dans l'orangerie pendant l'hiver. Le Levant, l'Espagne, les côtes de Barbarie, le Cap de Bonne-Espérance en produisent plusieurs autres espèces qui s'aclimateroient vraisemblablement dans nos départemens méridionaux. Les passerines sont âcres & corrosives comme les daphné.

PERIPLOCA. — PÉRIPLOCA.

Periploca angustifolia. BILLARD. Périploca à feuilles étroites. Orient, Barbarie. C.
— *græca.* LINN. — de Grèce. Orient. C.

Les périploca sont des arbrisseaux sarmenteux, de la famille des apocinées, qu'on peut employer à l'ornement des jardins. On les élève de drageons & de boutures. La première espèce craint le froid, & veut être abritée dans l'orangerie pendant l'hiver.

PHASEOLUS. — HARICOT.

Phaseolus caracalla. LINN. Haricot caracolle. Inde. C.

Arbrisseau sarmenteux, remarquable par ses grandes & belles fleurs contournées & très-odorantes. On le cultive en Provence.

PHILADELPHUS — SERINGAT.

Philadelphus coronarius. LINN. Seringat des jardins. Italie. C.
— *nanus.* — nain. *Variété.*
— *inodorus.* LINN. — inodore. Caroline. C.

On multiplie les seringats de drageons & de graines. Ils viennent dans presque tous les terrains. Ce sont de jolis arbrisseaux qui fleurissent au printems. Les fleurs du premier répandent une odeur forte & agréable ; celles du second sont grandes & belles, mais presque inodores.

PHILLYREA. — FILARIA.

Phillyrea angustifolia. LINN. Filaria à feuilles étroites. France, Alpes. C.
— *latifolia.* LINN. — à larges feuilles. France mérid. B.
— *lævis.* — lisse. *Variété.*
— *media.* LINN. — moyen. France mérid.

Les graines des filaria ne lèvent que la seconde année. On les multiplie de drageons. Comme ils ne se dépouillent point de leurs feuilles en hiver, on les plante dans les bosquets de cette saison. Ils fleurissent au commencement du printems.

PHYSALIS.

Physalis. — Physalis.

Physalis somnifera. Linn. Physalis somnifère. Espagne, Barbarie. C.

Cette plante passe pour vénéneuse. On l'abrite en hiver dans l'orangerie. Elle viendroit en pleine terre dans le Midi.

Pinus. — Pin.

Pinus cembra. Linn. Pin cembro. France, Alpes. B.
— *echinata.* Mill. — épineux. Amér. sept.
— *halepensis.* Mill. — d'Alep. France mérid. Barbarie. B.
— *inops.* Hort. Kew. } — de Virginie. Amér. sept. A.
— *virginiana.* Mill. }
— *maritima.* Linn. — maritime. France. A.
— *montana.* Hort. Kew. — de montagne ou Pin mugho. France, Alpes. B.
— *palustris.* Mill. — de marais. Caroline, Géorgie. B.
— *pinaster.* Hort. Kew. — laritcio. Corse. A.
— *pinea.* Linn. — à pignons. France mérid. A.
— *strobus.* Linn. — du lord. Amér. sept. A.
— *sylvestris.* Linn. — sauvage ou de Genève. France. A.
— *rubra.* — rouge. *Variété.*
— *tæda.* Linn. — tæda ou à l'encens. Amér. sept. A.
— *uncinata.* Ramond. — à crochets. Pyrénées. A.

Miller, Duhamel, le baron de Tschoudi & autres agriculteurs ont publié de très-bonnes observations sur les semis & plantations des pins, des sapins & des mélèzes, ainsi que sur leurs usages économiques.

Les feuilles des pins sont grêles, alongées & persistantes. Elles sortent deux à deux ou en plus grand nombre, d'une gaîne dont leur base est enveloppée. Les écailles des cônes ou fruits sont élargies & taillées au sommet en pointe de diamant. Ces deux caractères les distinguent, au premier coup-d'œil, des sapins, qui ont les feuilles solitaires & les écailles minces au sommet. Les feuilles des mélèzes sont disposées en rosette, & leurs écailles ressemblent à celles des sapins.

Le pin cembro, qui a cinq feuilles sortant d'une même gaîne, croît sur les hautes Alpes; il s'élève peu, & son accroissement est très-lent. Ses amandes sont grosses & bonnes à manger.

Le pin épineux tire son nom des petites épines qui terminent ses écailles. Cet arbre, originaire de Virginie, a des feuilles ternées. L'*inops* de l'*Hortus Kewensis* vient des mêmes contrées. Ils parviennent l'un & l'autre à une grande élévation.

Celui de Jérusalem croît sur les côtes méridionales de la Provence & sur les montagnes de l'Atlas. C'est un petit arbre dont le feuillage est fin & assez élégant. Il gèle sous le climat de Paris lorsque les hivers sont très-froids. On peut le planter en massifs.

On cultive le pin maritime dans les environs de Bordeaux. Au moyen d'entailles faites sur le tronc, on en retire de la résine dont on fait le goudron, le brai, &c. *Voyez* Duhamel, *Traité des Arbres & Arbustes*, tom. II, pag. 147.

Le pin mugho est très-petit. Celui à pignons s'élève à une grande hauteur. Il est remarquable par ses longues feuilles, par ses gros cônes d'une forme ovale-arrondie, par ses écailles très-obtuses très-élargies au sommet, enfin par ses grosses amandes. Le bois est blanc, & on en fait de bonnes planches. Les amandes se mangent crues ou rôties, & l'on en retire, par expression, une huile douce & parfumée.

Le pin du lord est un très bel arbre. Son feuillage est fin, élégant & d'un beau vert; il a l'écorce unie, & les feuilles au nombre de cinq dans chaque gaîne. Ses cônes, alongés, lâches & pendans, sont très-résineux. Il est propre à embellir les bosquets d'hiver.

Le laritcio vient sur les hautes montagnes de Corse. C'est un des plus grands arbres de la nature. Il s'élève jusqu'à cinquante mètres, & le tronc en a quelquefois huit de circonférence. Il seroit très-utile de le multiplier dans l'intérieur de la France.

Le pin de marais a les feuilles extrêmement longues, & est facile à distinguer de tous les autres par ce seul caractère. Celui de Genève est très-grand: son bois est résineux & d'un bon usage. Celui de Riga, employé pour la mâture des vaisseaux, n'en est qu'une variété dont il faudroit faire des plantations en France. Le pin à crochets, ainsi nommé à cause de la forme de ses écailles, approche beaucoup de celui de Genève. Il a été trouvé dans les Pyrénées, & décrit par le citoyen Ramond.

Pistacia. — PISTACHIER.

Pistacia atlantica. DESF. Pistachier de l'Atlas. Mont-Atlas. A.
— *chia.* — de Chio. Chio. B.
— *lentiscus.* LINN. — lentisque. France mérid. Orient, Barbarie. B.
— *minor.* — nain. C.
— *narbonensis.* — de Narbonne. Narbonne. B.
— *vera.* LINN. } — cultivé. Orient. B.
— *trifoliata.* LINN. }
— *terebinthus.* LINN. — térébinthe. France. mérid. A.

Les pistachiers se multiplient facilement de graines. Le térébinthe & le vrai pistachier supportent assez bien le froid. Les autres veulent en être abrités; mais ils viendroient tous en pleine terre dans nos départemens du Midi. Celui du Mont Atlas est un grand & bel arbre. Le lentisque s'élève peu & ne perd point ses feuilles, qui sont pennées, sans impaire. Cet arbre, qui, comme on sait, produit le mastic dans l'île de Chio, n'en donne pas sur les côtes d'Afrique, où il est très-commun. On y recueille cette substance appelée *heulc* par les Arabes, sur une variété du pistachier du Mont Atlas, dont je viens de parler. Le pistachier vrai est cultivé dans l'Orient & sur les côtes de Barbarie, à cause de son fruit, qui est très-bon à manger. Le bois des pistachiers est dur & résineux; il est bon pour le chauffage. On retire des baies du lentisque de l'huile à brûler.

Platanus. — PLATANE.

Platanus occidentalis. LINN. Platane d'Occident. Amér. sept. A.
— *orientalis.* LINN. — d'Orient. Candie. A.
— *acerifolia.* — à feuilles d'érable. *Variété.*

Les platanes se propagent de graines & de boutures. Ils aiment les terrains frais qui ont beaucoup de fond. Ils ont un beau port, un superbe feuillage, & s'élèvent à une grande hauteur. On peut en faire de très-belles avenues. L'écorce s'exfolie & tombe par plaques tous les ans; elle est propre au tannage. Le bois n'est pas tres-dur, mais il est agréablement veiné : on en fait des ouvrages d'ébénisterie & de menuiserie. Le platane d'Orient devient très-gros. Pline nous a conservé l'histoire d'un fameux platane de Lycie, dont le tronc avoit été creusé par le tems, & dans lequel un consul romain, nommé Mucianus, passa la nuit avec vingt-une personnes de sa suite.

Polygala. — POLYGALA.

Polygala chamæbuxus. LINN. Polygala faux buis. France, Alpes. D.

Petit arbuste dont les fleurs sont assez jolies.

Polygonum. — POLYGONUM.

Polygonum frutescens. — Polygonum arbrisseau. Sibérie. D.

Cet arbrisseau porte de jolies fleurs, dont les calices se teignent en rose lorsque la graine approche de la maturité.

Populus. — PEUPLIER.

Populus alba. LINN. Peuplier blanc. France. A.
— *canescens.* — blanchâtre. *Variété.*
— *grisea.* — grisaille. *Variété.*
— *angulata.* HORT. KEW. — anguleux. Caroline. A.
— *balsamifera.* LINN. — beaumier. Amér. sept. Sibérie. B.
— *candicans.* HORT. KEW. — blanchâtre. Amér. sept. A.
— *fastigiata.* — d'Italie. France, Italie. A.
— *græca.* HORT. KEW. — d'Athènes. Orient. A.
— *heterophylla.* HORT. KEW. — à feuilles variables. Amér. sept. A.
— *monilifera.* HORT. KEW. — à coliers. Canada. A.

— *nigra*. LINN. — noir. France. A.
— *tremula*. LINN. — tremble. France. A.
— *tremuloides*. MICH. — faux tremble. Amér. sept. A.
— *virginiana*. — de Virginie. Virginie. A.

Tous les peupliers, excepté le tremble, aiment les terrains humides. On les multiplie de marcotes & de boutures. Ces arbres sont très-beaux & croissent avec rapidité. Leur feuillage mobile anime les lieux qu'ils ombragent. Cette mobilité est due à l'applatissement latéral du pétiole, qui n'offre presque aucune résistance à l'action de l'air. Les bourgeons du peuplier-beaumier sont enduits d'une matière visqueuse, odorante & balsamique. Le bois des peupliers est tendre & n'est pas d'une grande utilité. On en fait de petites caisses. Les jeunes rameaux de la variété du peuplier noir, connue sous le nom d'ypreau, servent à faire des liens & suppléent à l'osier.

POTENTILLA. — POTENTILLE.

Potentilla fruticosa. LINN. Potentille arbrisseau. Sibérie. C.

La potentille arbrisseau croît en buisson : on la multiplie de drageons & de boutures.

POTERIUM. — POTÉRIUM.

Poterium ancistroides. DESF. Potérium à feuilles d'ancistrum. Mont Atlas. D.
— *spinosum*. LINN. — épineux. Orient. D.

Ces deux arbustes réussiroient dans nos départemens du Midi. Le premier vient dans les fentes des rochers.

PRASIUM. — PRASIUM.

Prasium majus. LINN. Prasium arbrisseau. France mérid. Orient. C.

Arbrisseau de la famille des labiées : on l'abrite dans l'orangerie, & il se multiplie de drageons, de boutures & de graines.

PRENANTHES. — PRÉNANTHES.

Prenanthes pinnata. LINN. Prénanthes à feuilles pennées. Canaries. C.

Cet arbrisseau a un feuillage très-élégant : on l'abrite dans l'orangerie pendant l'hiver.

PRINOS. — PRINOS.

Prinos glaber. LINN. Prinos glabre. Canada. C.
— *verticillatus*. LINN. — verticillé. Virginie. C.

Ces deux jolis arbrisseaux ont de l'affinité avec les houx : on les cultive en pleine terre.

PRUNUS. — PRUNIER.

* *Cerasi*, Cerisiers.
— *avium*. LINN. — des oiseaux. Asie mineure, France. B.
— *canadensis*. LINN. — de Canada. Amér. sept. C.
— *cerasus*. LINN. — cerisier. France. B.
— *laurocerasus*. LINN. — laurier-cerise. C.
— *lusitanica*. LINN. — azarero. Portugal. C.
— *mahaleb*. LINN. — mahaleb ou de Sainte-Lucie. France, Alpes. C.
— *padus*. LINN. — pade ou mérisier à grapes. France. C.
— *nigra*. — à fruit noir. *Variété*.
— *persicifolia*. — à feuilles de pêcher. C.
— *pumila*. LINN. — ragouminier. Canada. C.
— *virginiana*. LINN. — de Virginie. Virginie. B.

*** *Armeniaca*, Abricotiers.
Armeniaca. LINN. abricotier. Orient. B.
— *dulcis*. — alberge. *Variété*.
— *nigra*. — noir. *Variété*.
*** *Pruni*, Pruniers.
— *brigantina*. VILL. — de Briançon. France, Alpes. B.
— *domestica*. — cultivé. B.
— *acinaria*. — cerisette. } *Variétés*.
— *cerea*. — de Sainte-Catherine.
— *cereola*. — mirabelle.
— *compressa*. — reine-claude.
— *damascena*. — de damas.
— *hungarica*. — noir-hâtif.
— *mirobolana*. — mirobolan.
— *insititia*. LINN. — à greffer. France, Suisse. B.
— *prostrata*. — BILLARD. — couché. Orient, Barbarie. C.
— *sinensis*. — de Chine. Chine. C.
— *spinosa*. LINN. — épineux ou prunelier. France. C.

Les pruniers, les cerisiers & les abricotiers se multiplient de graines & de greffes. Le cerisier est originaire du royaume de Pont, d'où il fut apporté par Lucullus à Rome, l'an 680 de la fondation de cette ville, & c'est le seul avantage qui soit resté de ses conquêtes. Le bois, d'un rouge foncé, est fort recherché pour faire des meubles. Celui du pade & du bois de Sainte-Lucie prennent une couleur brune & répandent une odeur de violette. On en fait des étuis. Ces deux arbres ne s'élèvent pas beaucoup. On les cultive dans les bosquets de printems. L'un porte le nom de mérisier à grapes, à cause de la disposition de ses jolies fleurs; celles du second sont à bouquets & répandent une odeur suave. Le cerisier ou mérisier de Virginie est un bel arbre que l'on cultive aussi pour la décoration des bosquets. Ses fleurs ressemblent à celles du pade. Celui de Portugal, connu sous le nom d'*Azarero*, ne perd point ses feuilles en hiver; mais il craint les gelées: c'est encore un arbrisseau d'ornement. On fait de belles palissades avec le laurier-cerise ou amandé; il fleurit en grapes comme les deux précédens, & son feuillage, qui est très-beau, se conserve dans toutes les saisons. Si l'on met tremper dans du lait quelques feuilles de cet arbre, elles lui donnent un goût d'amande; mais il en faut user avec précaution, parce qu'elles sont vénéneuses.

Tout le monde connoît les usages économiques très-multipliés des abricotiers & des pruniers. Leur bois est coloré & propre à des ouvrages d'ébénisterie & de menuiserie.

Psoralea. — PSORALÉA.

Psoralea bituminosa. LINN. Psoraléa bitumineuse. France mérid. D.
— *glandulosa*. LINN. — glanduleuse. Pérou. C.
— *palæstina*. GOUAN. — de Palestine. Orient. D.
— *pinnata*. LINN. — à feuilles pennées. Cap de Bonne-Espérance. C.

Les psoraléa ont beaucoup de rapport avec les trèfles. On les abrite dans l'orangerie. Celle du Pérou supporte les hivers lorsqu'ils ne sont pas très-rigoureux. On les multiplie de graines & de drageons.

Psydium. — GOYAVIER.

Psydium pyriferum. LINN. Goyavier poire. Inde, Antilles. C.

Le goyavier est de la famille des myrtes. Ses fruits ont la forme d'une poire & sont bons à manger. Son bois est dur & coloré. Quoique cet arbre soit originaire de la zône torride, on a réussi à le cultiver en pleine terre dans le Midi de la Provence, où il a porté des fruits.

Ptelea. — PTÉLÉA.

Ptelea trifoliata. LINN. Ptéléa à trois feuilles. Virginie, Caroline. C.

Cet arbre a un joli feuillage & porte des fleurs blanches en bouquets, qui s'épanouissent au printems. Ses feuilles répandent une odeur désagréable lorsqu'on les froisse. On le propage de graines.

Punica. — Grenadier.

Punica granatum. Linn. Grenadier cultivé. Tunis. C.
— *flavum.* — jaune. *Variété.*

Le grenadier se multiplie de graines & de marcotes. C'est un arbrisseau charmant, de deux à trois mètres de hauteur. Ses fleurs sont d'un rouge écarlate; ses feuilles sont ondées & d'un vert luisant; ses fruits, ronds & de la grosseur du poing, sont revêtus d'une peau coriace, & partagés intérieurement, par des cloisons membraneuses, en plusieurs loges remplies d'une multitude de grains charnus, aqueux, renfermant chacun un pepin. Suivant Pline, le grenadier est originaire des environs de l'ancienne Carthage. *Circa Carthaginem, punicum malum cognomine sibi vindicat.* Plin. liv. 13, c. 19.

L'écorce de la grenade étoit autrefois employée & l'est encore aujourd'hui à tanner les cuirs. *Corticis major usus*, dit Pline, *ad perficianda coria.* C'est avec elle qu'on teint les maroquins en jaune. Les fleurs, connues sous le nom de balaustes, sont d'usage en médecine; elles servaient anciennement à la teinture. *Flos balaustium vocatur, & medicinis idoneus, & tingendis vestibus, quarum color inde nomen accepit.* Plin. *Hist. ib.*

Pyrus. — Poirier.

Pyrus baccata. Linn. Poirier à baies. Sibérie. B.
— *cydonia.* Linn. — coignassier. France, Crète. B.
— *lusitanica.* — de Portugal. *Variété.*
— *polverina.* Linn. — cotonneux. Allemagne. B.
— *salicifolia.* Pallas. — à feuilles de saule. Orient. C.
— *communis.* Linn. — sauvageon. France. B.
— *pompeiana.* — de bon-chrétien d'hiver. } *Variétés.*
— *rufescens.* — de rousselet. }
— *liquescens.* — de beuré. }

On multiplie les poiriers, de graines, de drageons & de greffes. On connoît les usages domestiques de leurs fruits. Le bois du poirier sauvageon est dur & pesant. Il est fort recherché des menuisiers, des ébénistes & des tourneurs. Le poirier à feuilles de saule, que nous ne possédons que depuis peu d'années, a le feuillage blanc & cotonneux. Il mérite d'être cultivé dans les bosquets. Ses fruits, petits, acerbes & graveleux, n'offrent aucune utilité.

Quercus. — Chêne.

Quercus ægylops. Linn. — Chêne velani. Orient, Crète. B.
— *æsculus.* Linn. — grec. Orient, Dalmatie. B.
— *alba.* Linn. — blanc. Caroline, Virginie. A.
— *aquatica.* Hort. Kew. — aquatique. Amér. sept. B.
— *ballota.* Desfont. — à glands doux ou ballote. Espagne. Alger. B.
— *cerris.* Linn. — Cerris. France. B.
— *coccifera.* Linn. — au kermès. France mérid. Barbarie. C.
— *crenata.* Lam. — crenelé. France. B.
— *ilex.* Linn. — yeuse. France mérid. B.
— *longifolia.* — à longues feuilles. *Variété.*
— *fastigiata.* — pyramidal. Pyrénées. A.
— *virens.* Hort. Kew. — verdoyant. Amér. sept. B.
— *phellos.* Linn. — à feuilles de saule. Virginie, Caroline. A.
— *longifolia.* — alongé. *Variété.*
— *prinus.* Linn. — à feuilles de châtaignier. Amér. sept. A.
— *pseudo suber.* Desfont. — faux liège. Barbarie. A.
— *robur.* Linn. — rouvre. France. A.
— *pedunculata.* — pédonculé. France. A.
— *rubra.* Linn. rouge. Virginie. A.
— *suber.* Linn. — liège. France mérid. Barbarie. A.
— *taussin.* — taussin. France mérid. B.

Les chênes se multiplient de graines. Ce sont de beaux arbres dont les usages économiques sont très-nombreux. Les uns perdent leurs feuilles l'hiver; les autres les conservent dans cette saison.

Le rouvre de nos forêts a un port majestueux. Son bois est extrêmement utile dans les constructions navales & civiles. L'écorce fournit d'excellent tan; les fruits servent à engraisser les porcs. Les calices du velani sont employés dans la teinture. Le chêne cyprès ou pyramidal a une forme pittoresque : on le plante dans les jardins anglois. Le chêne blanc d'Amérique, le rouge, celui à feuilles de saule, sont de beaux arbres qu'on devroit répandre dans nos forêts.

Le chêne au kermès, ainsi appelé à cause de l'insecte de ce nom qui se nourrit de ses feuilles, est un joli arbrisseau dont on peut décorer les bosquets d'hiver. On sait que le kermès fournit une belle teinture écarlate.

Le bois de l'yeuse est très-dur & bon pour le charronnage. On en fait des essieux, des leviers, des poulies, &c. Cet arbre craint les fortes gelées. Comme il ne perd point ses feuilles, on le place dans les bosquets d'hiver.

Les glands du chêne ballote n'ont aucune amertume. On les mange crus ou rôtis : ils sont très-nourrissans & d'une grande ressource dans les pays où cet arbre utile s'est propagé. Les habitans de l'Atlas s'en nourrissent une partie de l'année. Le bois est bon pour le chauffage. Le chêne à glands doux differe peu de l'yeuse; il étoit connu des anciens. Pline en a parlé. Il dit qu'il y a des glands qui font la richesse de plusieurs nations, même pendant la paix, & que dans les tems de disette on fait une sorte de pain avec ces fruits. *Glandes opes esse multarum gentium etiam pace gaudentium constat, nec non & inopiâ frugum arefactis molitur farina, spissaturque in panis usum.* Pline, liv. 16, chap. 5. — Mém. de l'Acad. des Sciences de Paris, année 1790. Il seroit avantageux de multiplier cet arbre dans nos départemens du Midi.

Les liéges se plaisent dans les terres sabloneuses; mais ils craignent le froid, & sous le climat de Paris on les abrite dans l'orangerie. Le bois du liége est dur & bon pour le charronnage. Son écorce est d'un usage journalier. On la brûle dans des vaisseaux fermés, pour en faire ce qu'on appelle le noir d'Espagne.

Lorsque les liéges sont parvenus à l'âge de douze à quinze ans, on peut déjà les écorcer, & on renouvelle cette opération au bout de sept à huit ans; mais alors l'écorce n'est bonne que pour faire du noir. Ce n'est que lorsqu'ils ont atteint l'âge de vingt-six à vingt-sept ans qu'on l'emploie pour faire des bouchons. Un liége qu'on écorce tous les huit ou dix ans en peut vivre cent cinquante, suivant Duhamel. L'été est la saison la plus convenable à cette opération. On fend l'écorce depuis les branches jusqu'aux racines, avec une hache dont le manche se termine en coin, puis on fait une incision circulaire aux deux extrémités de la première. Si l'arbre est gros, on coupe longitudinalement l'écorce en plusieurs endroits, on la frappe pour la détacher, & on achève de l'enlever en introduisant entr'elle & le bois le manche de la coignée, ayant bien soin de laisser sur le bois quelques lames de liber, sans quoi l'arbre périroit infailliblement. Cette opération finie, on flambe le liége pour en rétrécir les pores.

Le chêne faux liége ou de Gibraltar est un grand & bel arbre qui croît en forêts dans le Mont Atlas. Il a aussi l'écorce fongueuse & épaisse; elle pourroit servir aux mêmes usages que celle du liege. Ce chêne viendroit en pleine terre dans le Roussillon, le Languedoc & la Provence.

L'Orient & sur-tout l'Amérique septentrionale produisent beaucoup de chênes qu'il conviendroit de propager sur le sol de la France. Le cit. Michaux vient de publier une histoire très-complète de ceux d'Amérique, ornée de belles gravures. Cet ouvrage est d'un grand intérêt pour les botanistes & les agriculteurs.

Rhamnus. — Nerprun.

Rhamnus alaternus. Linn. Nerprun alaterne. France mérid. Barbarie. C.
— *monspeliensis.* — de Montpellier. *Variété.* C.
— *hispanicus.* — d'Espagne. *Variété.* C.
— *rotundifolius.* — à feuilles rondes. *Variété.* Mahon. C.
— *alnifolius.* l'Herit. — à feuilles d'aune. Amér. sept. C.
— *alpinus.* Linn. — des Alpes. France, Alpes. C.
— *buxifolius.* Linn. — à feuilles de buis. Espagne, Barbarie. C.
— *catharticus.* Linn. — cathartique. France. C.
— *erithroxylum.* Pallas. — lancéolé. Russie. C.
— *frangula.* Linn. — bourgène ou bourdaine. France. C.
— *hybridus.* l'Herit. — hybride. Amér. sept. C.
— *infectorius.* Linn. — graine d'Avignon. France mérid. C.
— *linearis.* Linn. — linéaire. Espagne, Barbarie. C.
— *lycioides.* Linn. — faux lycium. France mérid. Barbarie. C.
— *pumilus.* Linn. — nain. France, Alpes. D.

— *saxatilis*. Linn. — des rochers. France, Alpes. D.
— *volubilis*. Linn. — grimpant. Caroline. C.

Les nerpruns s'élèvent de graines, de drageons & de greffes. Les baies du nerprun cathartique sont employées en médecine. On en retire une couleur verte, connue sous le nom de vert de vessie, dont les peintres font usage. Celles de l'infectorius ou graines d'Avignon donnent une couleur jaune qui sert à teindre les étoffes.

Le charbon de bourgène est employé dans la fabrication de la poudre à canon. L'écorce est purgative.

Les alaternes conservent leurs feuilles pendant l'hiver. On les cultive dans les bosquets de cette saison. Ils craignent les fortes gelées.

Rhododendrum. — Rhododendrum.

Rhododendrum ferrugineum. Linn. Rhododendrum ferrugineux. France, Alpes. C.
— *hirsutum*. Linn. — velu. France, Alpes. C.
— *maximum*. Linn. — d'Amérique. Amér. sept. C.
— *ponticum*. Linn. — de Pont. Asie mineure. C.
— *punctatum*. Vent. — ponctué. Amér. sept. C.

Les rhododendrum sont de très-jolis arbrisseaux qui ne perdent point leurs feuilles en hiver, & qu'on élève de graines, de marcotes & de drageons pour l'ornement des jardins. Ils aiment l'ombre & le frais. On les cultive dans le terreau de bruyère.

Rhodora. — Rhodora.

Rhodora canadensis. Linn. Rhodora de Canada. Canada. C.

Cet arbrisseau fleurit au printems ; ses fleurs sont roses ; il aime une terre humide & mélangée de sable.

Rhus. — Sumac.

Rhus canadense. Sumac de Canada. Amér. sept. B.
— *coriaria*. Linn. — des corroyeurs. France, Orient. B.
— *copallinum*. Linn. — copale. Amér. sept. C.
— *cotinus*. Linn. — fustet. France mérid. C.
— *glabrum*. Linn. — glabre. Amér. sept. B.
— *oxyacanthoïdes*. — à feuilles d'aube-épine. Orient. C.
— *radicans*. Linn. — rampant. Virginie, Canada. C.
— *thezera*. Desfont. — thézera. Barbarie. C.
— *toxicodendrum*. Linn. — vénéneux. Amér. sept. C.
— *typhynum*. Linn. — de Virginie. Virginie, Caroline. C.

On multiplie les sumacs de graines & de drageons. La plupart tracent beaucoup. Ils ont un beau feuillage & méritent une place dans les bosquets. Leurs feuilles servent au tannage. Le thézera, l'espèce à feuilles d'aube-épine, doivent être abrités en hiver dans l'orangerie. Quelques-uns, tels que le *radicans* & le *toxicodendrum*, ont un suc corrosif & vénéneux. Le fustet est un arbrisseau d'ornement, dont le bois donne une teinture jaune. L'Amérique septentrionale produit encore quelques espèces de sumacs qui réussiraient dans nos climats. Ceux du Cap de Bonne-Espérance, qui sont très-nombreux, pourroient être multipliés dans nos départemens du Midi.

Ribes. — Groseillier.

Ribes alpinum. Linn. Groseillier des Alpes. France, Alpes. C.
— *cynosbati*. Linn. — cinosbati. Canada. C.
— *diacantha*. Pall. — à deux épines. Sibérie. C.
— *grossularia*. Linn. — à maquereau. France. C.
— *nigrum*. Linn. — Cassis. France. C.
— *orientale*. — d'Orient. Mont-Liban. C.
— *floridum*. l'Hérit. — de Pensilvanie. Pensilvanie. C.
— *petræum*. Jacq. — des rochers. France, Alpes. C.

— *proſtratum*. L'HÉRIT. — couché. Canada. C.
— *rubrum*. LINN. — rouge. France. C.
— *album*. — blanc. *Variété*. France. C.
— *uva criſpa*. LINN. — à fruit velu. France. C.

Les groſeilliers ſe propagent de marcotes. Ils fleuriſſent dans le printems. Le groſeillier à grapes, celui à maquereau, le caſſis, ſont cultivés pour leurs fruits.

Ricinus. — Ricin.

Ricinus communis. LINN. Ricin commun. Orient, Barbarie. B.
— *inermis*. — ſans pointes. B.

Les ricins ſont remarquables par la beauté de leur feuillage. Le ricin commun, qui eſt un arbre dans les pays chauds, eſt une plante annuelle & herbacée dans nos climats, parce qu'il eſt de nature à produire des fleurs & des fruits la première année, & qu'il gèle au commencement des hivers. On retire de ſes graines une huile purgative & vermifuge; mais pour qu'elle ſoit douce & ſalutaire, il faut avoir ſoin de ſéparer l'embrion de la graine avant de l'écraſer, parce qu'il eſt âcre, corroſif & fortement purgatif. Cette qualité nuiſible eſt commune aux embrions de la plupart des plantes de la famille des euphorbes.

Robinia. — Robinia.

Robinia althagana. PALL. Robinia althagana. Sibérie. C.
— *caragana*. LINN. — caragana. Sibérie. C.
— *chamlagu*. L'HERIT. — chamlagu. Amér. ſept. C.
— *frutescens*. LINN. — arbriſſeau. Sibérie. C.
— *halodendrum*. PALL. — ſatiné. Sibérie. C.
— *hiſpida*. LINN. — roſe. Caroline. C.
— *inermis*. — ſans épines. Amér. ſept. B.
— *pſeudo acacia*. LINN. — faux acacia. Amér. ſept. A.
— *pygmæa*. PALL. — nain. Sibérie. C.
— *ſpinoſa*. LINN. — épineux. Sibérie. C.
— *viſcoſa*. VENT. — viſqueux. Amér ſept. B.

On cultive les robinia pour l'ornement des jardins & des boſquets. Ils fleuriſſent au printems. Ils ſe propagent de graines, de drageons & de greffes. Leur feuillage a beaucoup d'élégance & leurs fleurs ſont très-jolies. Le robinia roſe eſt un charmant arbriſſeau qui ne fructifie point dans notre climat. Son bois eſt très-caſſant, & il faut l'abriter des vents impétueux. On le greffe ſur le faux acacia. Le halodendrum eſt remarquable par ſes feuilles argentées. On pourroit l'employer à faire des haies. Le faux acacia a un beau feuillage & de belles fleurs blanches diſpoſées en grapes, qui répandent une odeur douce & agréable. Le bois eſt jaune, dur, ſatiné & ſuſceptible d'un beau poli. Il eſt recherché des tourneurs & bon pour faire des meubles. Cet arbre eſt d'une grande reſſource dans l'Amérique ſeptentrionale, où il croît naturellement. Le robinia ſans épines a un feuillage extrêmement touffu. Il eſt propre à former des abris impénétrables aux rayons du ſoleil. Le robinia viſqueux a été introduit en France depuis quelques années par le citoyen Michaux. On le greffe ſur le faux acacia. Son feuillage eſt agréable & ſes fleurs ſont couleur de roſe.

Rosa. — Rosier.

Roſa alba. LINN. Roſier blanc. France. C.
— *alpina*. LINN. — des Alpes. France, Alpes. C.
— *arvenſis*. LINN. — des champs. France. C.
— *berberifolia*. PALL. — à feuilles d'épine-vinette ou à une feuille. Perſe. D.
— *bracteata*. VENT. — à bractées. Chine. C.
— *burgundiaca*. — de Bourgogne ou pompon. C.
— *campagniana*. — de Champagne. C.
— *canina*. LINN. — de chien. France. C.
— *caroliniana*. LINN. — de Caroline. Caroline. C.
— *centifolia*. LINN. — à cent feuilles. C.

— *muſcoſa.* — mouſſeuſe. *Variété.*
— *cinnamomea.* LINN. — canelle. France, Alpes. C.
— *diverſifolia.* VENT. — à feuilles changeantes. Chine. C.
— *eglanteria.* LINN. — églantier ou ponceau. France. C.
— *lutea.* — jaune. *Variété.* France. C.
— *francofurtenſis.* — de Francfort. C.
— *gallica.* LINN. — de Provins. France. C.
— *verſicolor.* — panachée. *Variété.* C.
— *glauca.* — glauque. France, Alpes. C.
— *maxima.* LINN. — de Hollande. C.
— *moſchata.* — muſquée. Barbarie. C.
— *pumila.* JACQ. — d'Autriche. Autriche. C.
— *rubiginoſa.* LINN. — églantier odorant. France. C.
— *ſemperflorens.* LINN. — de tous les mois. C.
— *ſempervirens.* LINN. — toujours vert. Allemagne. C.
— *ſinica.* LINN. — de Chine. Chine. C.
— *ſpinoſiſſima.* LINN. — très-épineux. France. C.
— *ſulphurea.* HORT. KEW. — ſoufré. Orient. C.
— *villoſa.* LINN. — velu. France, Alpes. C.

On multiplie les roſiers de graines, de drageons, de greffes, de boutures. Tous ces arbriſſeaux ſont remarquables par la beauté de leurs fleurs & de leur feuillage. Les eſpèces les plus recherchées pour l'ornement des parterres ſont la roſe à cent feuilles, la mouſſeuſe, celles de tous les mois, de Hollande, de Francfort, de Bourgogne, de Champagne; la roſe ponceau & ſa variété jaune ont beaucoup d'éclat, mais leur odeur eſt déſagréable. Celle de Provins eſt employée en médecine. Elle eſt aſtringente, tandis que les eſpèces à fleurs pâles ſont purgatives. La roſe muſquée eſt encore très-belle, & recherchée pour ſon odeur. C'eſt de cette eſpèce qu'on retire l'eſſence de roſe à Tunis. On prend en infuſion, comme du thé, les feuilles de l'églantier odorant. On diſtille des roſes une eau très-parfumée, dont l'uſage eſt fort répandu.

ROSMARINUS. — ROMARIN.

Roſmarinus officinalis. LINN. Romarin officinal. France mérid. C.

Le romarin vient dans tous les terrains. On le multiplie de boutures & de marcotes. Il craint les fortes gelées. Ses feuilles ne tombent point en hiver : elles ont une odeur aromatique qui leur eſt particulière. On retire des fleurs, par la diſtillation, une eau parfumée.

ROYENA. — ROYÉNA.

Royena glabra. LINN. Royéna glabre. Cap de Bonne-Eſpérance. C.
— *hirſuta.* LINN. — velu. Cap de Bonne-Eſpérance. C.
— *lucida.* LINN. — luiſant. Cap de Bonne-Eſpérance. B.
— *villoſa.* LINN. — ſoyeux. Cap de Bonne-Eſpérance. C.

Les royéna conſervent leurs feuilles en hiver. Il eſt très-vraiſemblable qu'on les cultiveroit en pleine terre dans les départemens méridionaux.

RUBUS. — RONCE.

Rubus cæſius. LINN. Ronce à fruit bleu. France. C.
— *idæus.* LINN. — framboiſier. France. C.
— *fruticoſus.* LINN. — des haies. France. C.
— *multiplex.* — double. } *Variété.*
— *inermis.* — ſans épines. } *Variété.*
— *laciniatus.* — lacinié. } *Variété.*
— *tomentoſus.* — cotoneux. } *Variété.*
— *occidentalis.* LINN. — d'Occident. Amér. ſept. C.
— *odoratus.* LINN. — de Canada. Canada. C.
— *vulpinus.* — de Renard. C.

On élève les ronces de drageons & de graines. On cultive les framboisiers pour leur fruit. Celui des ronces proprement dites se mange aussi, mais il est astringent & peu agréable. La ronce-arbrisseau est propre à former des haies : la variété à fleurs doubles est très-jolie & peut être cultivée pour l'ornement des jardins. Les feuilles & les jeunes pousses sont détersives & employées en gargarisme pour les maux de gorge. La ronce de Canada a un beau feuillage & de jolies fleurs roses. Son fruit est peu estimé : ses feuilles ont une odeur aromatique.

Rumex. — RUMEX.

Rumex lunaria. LINN. Rumex des Canaries. Canaries. C.

Cet arbrisseau veut être abrité dans l'orangerie pendant l'hiver, sous le climat de Paris.

Ruscus. — FRAGON.

Ruscus aculeatus. LINN. Fragon épineux. France. D.
— *androgynus.* LINN. — androgyn. Canaries. C.
— *hypoglossum.* LINN. — à foliole. Italie. D.
— *hypophyllum.* LINN. — sans foliole. Italie, Barbarie. D.
— *racemosus.* LINN. — à grapes. Italie. C.

Les fragons sont de jolis arbrisseaux qui conservent leurs feuilles toute l'année, & qu'on cultive dans les bosquets d'hiver. Les racines du fragon épineux ont une saveur amère, & sont fortement diurétiques. Dans quelques cantons, on en mange les jeunes pousses bouillies & assaisonnées comme des asperges. Les baies rouges des fragons ont de l'éclat & contrastent agréablement avec le vert foncé de leur feuillage. Dans toutes les espèces, excepté le fragon à grapes, les fleurs naissent sur les feuilles. Le fragon androgyn veut être abrité pendant l'hiver. Ils viennent dans presque tous les terrains, mais ils se plaisent beaucoup à l'ombre.

Ruta. — RUE.

Ruta graveolens. LINN. Rue puante. France. C.
— *sylvestris.* LINN. — sauvage. France. C.

Les rues répandent une odeur forte & désagréable. On les propage de drageons & de graines. Si on en applique pendant quelque tems sur la peau des feuilles broyées, elles y produisent des ampoules. Elles sont fortement emménagogues : leurs étamines sont irritables ; elles s'approchent du pistil au moment de la fécondation, & s'en écartent après y avoir versé leur pollen.

Salicornia. — SALICORNE.

Salicornia fruticosa. LINN. Salicorne arbrisseau. France. C.

On en confit les jeunes rameaux dans le vinaigre.

Salix. — SAULE.

Salix alba. LINN. Saule blanc. France. A.
— *amygdalina.* LINN. — à feuilles d'amandier. France. A.
— *arbuscula.* LINN. — arbrisseau. France, Alpes. C.
— *arenaria.* LINN. — des sables. France. C.
— *aurita.* LINN. — auriculé. France. C.
— *babylonica.* LINN. — de Babylone. Orient. B.
— *caprea.* LINN. — marceau. France. B.
— *ulmifolia.* — à feuilles d'orme. *Variété.* France.
— *cinerea.* LINN. — cendré. France. A.
— *fragilis.* LINN. — fragile. France.
— *fusca* LINN. — brun. France. C.
— *glauca.* LINN. — glauque. France. B.
— *hastata.* LINN. — hasté. France.

— *herbacea*. LINN. — herbacé. France, Alpes. D.
— *helix*. LINN. — hélix. France. B.
— *hermaphrodita*. LINN. hermaphrodite. France. B.
— *incubacea*. LINN. — des Dunes. France. C.
— *lanata*. LINN. — laineux. C.
— *lapponum*. LINN. — de Laponie. C.
— *monandra*. LINN. — à une étamine. France. C.
— *myrſinites*. LINN. — myrſinitès. France. C.
— *myrtilloides*. LINN. — faux myrtil. C.
— *pentandra*. LINN. — à çinq étamines. France.
— *purpurea*. LINN. — pourpre. France. B.
— *repens*. LINN. — rampant. France, Alpes. C.
— *reticulata*. LINN. — à réſeau. France, Alpes. D.
— *retuſa*. LINN. — obtus. France, Alpes. D.
— *roſmarinifolia*. LINN. — à feuilles de romarin. France. C.
— *triandra*. LINN. — à trois étamines. France. B.
— *viminalis*. LINN. — flexible. France. B.
— *vitellina*. LINN. — jaune. France. B.

On multiplie les ſaules de boutures ou de drageons. Ils aiment les terrains humides. Le ſaule de Babylone a un port très-pittoreſque. Le ſaule blanc ſe fait remarquer par ſon feuillage argenté. Pluſieurs ont des uſages économiques. On cultive l'oſier jaune, le rouge, &c.; leurs rameaux flexibles ſont excellens pour faire des liens. Il en exiſte encore un grand nombre d'eſpèces dont nous n'avons pas fait mention, parce qu'elles ne ſont pas bien déterminées. Au reſte, ce genre eſt un des plus difficiles qui exiſtent en botanique, parce que les mêmes ſaules varient beaucoup à raiſon du ſol, du climat, & qu'étant dioiques, on eſt ſouvent expoſé à prendre le mâle pour une eſpèce, & la femelle pour une autre. Pluſieurs ſaules s'élèvent à une grande hauteur lorſqu'on les laiſſe croître en liberté.

SALSOLA. — SOUDE.

Salſola brevifolia. DESF. Soude à feuilles courtes. Barbarie. C.
— *caneſcens*. — blanche. C.
— *fruticoſa*. LINN. — arbriſſeau. France. C.
— *oppoſitifolia*. DESF. — à feuilles oppoſées. Barbarie. C.
— *proſtrata*. LINN. — couchée. Aſie. C.

Les ſoudes viennent ſur le rivage de la mer. On en retire, par la combuſtion, un ſel connu ſous le nom de ſoude ou barille. La ſoude à feuilles oppoſées eſt un joli arbriſſeau de la hauteur d'un homme, dont les calices prennent beaucoup d'accroiſſement, & ſe teignent d'une belle couleur roſe après la fleuraiſon.

SALVIA. — SAUGE.

Salvia acetabuloſa. LINN. Sauge à grands calices. Orient. C.
— *africana*. LINN. — d'Afrique. Cap de Bonne-Eſpérance. C.
— *aurea*. LINN. — dorée. Cap de Bonne-Eſpérance. C.
— *auriculata*. — à oreillettes. C.
— *canarienſis*. LINN. — des Canaries. Canaries. C.
— *cretica*. LINN. — de Crète. Crète. C.
— *difermas*. LINN. — diſermas. Syrie. C.
— *fœtida*. DESF. — fétide. Barbarie. C.
— *latifolia*. — à larges feuilles. C.
— *officinalis*. LINN. — officinale. France mérid. C.
— *alba*. — blanche. }
— *tricolor*. — tricolor. } *Variétés*.
— *variegata*. — panachée. }
— *paniculata*. LINN. — en panicule. Cap de Bonne-Eſpérance. C.
— *pomifera*. LINN. — à pommes. Crète. C.
— *tenuior*. — de Catalogne. France mérid. C.

On propage les fauges de graines, de drageons & de boutures. Toutes leurs parties font aromatiques. La fauge officinale, fes variétés, celle à larges feuilles, celle de Catalogne fe cultivent en pleine terre dans nos climats; les autres veulent être abritées en hiver. En Crète on confit & on mange les galles qui viennent fur les feuilles de la fauge à pomme. La fauge panachée & celle à trois couleurs font très-jolies. On prend en infufion les feuilles de la fauge officinale, de celle de Crète & de Catalogne.

Sambucus. — Sureau.

Sambucus canadenfis. Linn. Sureau de Canada. Canada. C.
— *nigra.* Linn. — noir. France. B.
— *laciniata.* Linn. — lacinié. *Variété.* B.
— *racemofa.* Linn. — à grapes. France, Alpes. C.
— *virefcens.* — vert. B.

Les fureaux viennent dans prefque tous les terrains. On peut les multiplier de graines, de marcotes & de boutures; ils ont un beau feuillage & de jolies fleurs blanches. Le fureau noir peut être cultivé dans les fables du bord des mers. Le bois devient très-dur. Les tourneurs l'emploient à divers ouvrages. Il fleurit à la fin du printems. Les fleurs font réfolutives, & on en met dans le vinaigre pour lui donner un goût agréable : l'écorce eft purgative. Le fureau lacinié a un feuillage très-élégant. Celui à grapes fleurit au commencement du printems : fes baies fe teignent d'un rouge vif à l'automne. On le plante dans les bofquets.

Santolina. — Santoline.

Santolina chamæcypariffus. Linn. Santoline petit cyprès. France mérid. C.
— *rofmarinifolia.* Linn. — à feuilles de romarin. Efpagne. C.

Jolis arbriffeaux d'ornement, qu'on propage de marcotes & de graines. Toutes leurs parties ont une odeur douce & agréable.

Satureia. — Sariette.

Satureia capitata. Linn. Sariette à fleurs en tête. Orient. D.
— *græca.* Linn. — grecque. Orient. D.
— *juliana.* Linn. — de Saint-Julien. Italie. D.
— *montana.* Linn. — de montagne. France. D.
— *thymbra.* Linn. — thymbra. Orient. D.

Les fariettes font des arbuftes très-odorans, qui appartiennent à la famille des labiées, & qui ont du rapport avec les thyms. On les perpétue de graines, de marcotes & de boutures. Toutes, à l'exception de celle de montagne, font fenfibles au froid de nos hivers, & veulent être abritées dans l'orangerie.

Schinus. — Schinus.

Schinus molle. Linn. Schinus *mollé.* Pérou. B.

Cet arbre, d'un port élégant & pittorefque, s'élève à une grande hauteur, & vient en pleine terre dans nos départemens du Midi. Ses rameaux font inclinés vers la terre, comme ceux du faule pleureur; il appartient à la famille des térébinthes. Les feuilles froiffées font odorantes, & quand on les caffe, & qu'on en jette les parcelles fur la furface d'une eau limpide, elles fe meuvent par fecouffes en différens fens. Ces mouvemens, qui durent affez long-tems, font dus à un fuc réfineux qui s'échappe fubitement de l'ouverture des vaiffeaux rompus, & donne une impulfion aux fragmens des feuilles. On retire, par incifion, de la tige, une réfine approchante de la gomme élémi. Les baies font employées à affaifonner les alimens.

Scrophularia. — Scrophulaire.

Scrophularia frutefcens. Linn. Scrophulaire arbriffeau. Portugal, Barbarie. C.

On abrite cet arbriffeau dans l'orangerie pendant l'hiver.

Sempervivum. — Joubarbe.

Sempervivum arboreum. Linn. Joubarbe en arbre. Portugal, Barbarie. C.

La joubarbe en arbre pourroit être cultivée dans le Midi de la France pour l'ornement des jardins. Ses feuilles, en spatule, très-rapprochées & disposées en rose, lui donnent un aspect très-remarquable. Ses fleurs sont jaunes, nombreuses, & en panicule au sommet des rameaux. On la multiplie de boutures; elle fleurit au commencement du printems.

Senecio. — Seneçon.

Senecio halimifolius. Linn. Seneçon à feuilles d'halime. Cap de Bonne-Espérance. C.
— *ilicifolius.* Linn. — à feuilles de houx. Cap de Bonne-Espérance. C.
— *longifolius.* Linn. — à longues feuilles. Cap de Bonne-Espérance. C.
— *rigidus.* Linn. — rude. Cap de Bonne-Espérance. C.

Les seneçons ont de jolies fleurs jaunes en corymbe; ils conservent leurs feuilles en hiver. Il est probable qu'on pourroit les cultiver en pleine terre dans le Midi de la France.

Sideritis. — Crapaudine.

Sideritis canariensis. Linn. Crapaudine des Canaries. Canaries. C.
— *cretica.* Linn. — de Crète. Candie. C.
— *incana.* Linn. — blanche. Espagne. D.

Ces jolis arbrisseaux, extrêmement remarquables par leurs rameaux & leurs feuilles drapées, veulent être abrités dans l'orangerie pendant l'hiver. On les multiplie de boutures & de drageons.

Sideroxilon. — Bois-de-fer.

Sideroxylon lycioides. Linn. Bois de-fer à feuilles de saule ou bois laiteux. Louisiane. C.
— *tenax.* Lam. — satiné. Caroline. B.
— *spinosum.* Linn. — épineux ou argan. Maroc. A.

Les bois-de-fer se perpétuent de graines qui nous sont envoyées de l'Amérique septentrionale & de Maroc. Le bois de l'espèce à feuilles de saule répand un suc laiteux lorsqu'on le blesse; il se dépouille de ses feuilles en hiver. La seconde espèce est remarquable par ses feuilles, dont la surface inférieure est satinée. L'argan conserve les siennes toute l'année; c'est un grand arbre : son bois est fort dur, & l'on retire de ses amandes une huile très-douce, & qui le dispute à celle de l'olive.

Silene. — Silène.

Silene fruticosa. Linn. Silène arbrisseau. Allemagne. D.

Joli arbrisseau d'ornement, qu'on multiplie de drageons & de graines.

Smilax. — Smilax.

Smilax aspera. Linn. Smilax épineux. France mérid. C.
— *auriculata.* — auriculé. Espagne. C.
— *caduca.* Linn. — caduque. Canada. C.
— *excelsa.* Linn. — élevé. Orient. C.
— *laurifolia.* Linn. — à feuilles de laurier. Virginie, Caroline. C.
— *mauritanica.* Desf. — de Mauritanie. Barbarie. C.
— *rotundifolia.* Linn. — à feuilles rondes. Canada. C.
— *tamnoides.* — Linn. — faux tamnus. Amér. sept. C.

Les ſmilax ſont des arbriſſeaux pour la plupart ſarmenteux, armés d'épines ou ſans épines, dont le pétiole des feuilles eſt muni de deux vrilles latérales. C'eſt à ce genre qu'appartient la ſalſepareille du commerce. Il eſt à préſumer que les autres eſpèces ſont également ſudorifiques, & qu'elles pourroient lui être ſubſtituées.

Solanum. — Solanum.

Solanum bonarienſe. Linn. Solanum à bouquets. Buenos-Ayres. C.
— *dulcamara.* Linn. — douce-amère. France. C.
— *pſeudo-capſicum.* Linn. — faux-piment. Madère. C.

La douce-amère eſt une plante ſarmenteuſe de nos climats, uſitée en médecine comme adouciſſante. Les deux autres ſont des arbriſſeaux d'ornement, l'un, connu ſous le nom de *pomme-d'amour*, eſt ainſi nommé à cauſe de ſes baies rouges, liſſes & très-jolies; l'autre fleurit une partie de l'été: ſes fleurs ſont blanches & en bouquets. On les abrite dans l'orangerie pendant l'hiver.

Sonchus. — Sonchus.

Sonchus fruticoſus. Linn. Sonchus arbriſſeau. Canaries. C.

Cet arbriſſeau a un beau feuillage & de belles fleurs jaunes. On l'abrite dans l'orangerie; il ſe perpétue de drageons & de graines.

Sophora. — Sophora.

Sophora japonica. Linn. Sophora du Japon. Japon. A.
— *microphylla* — à petites feuilles. Nouvelle-Zélande. B.
— *tetraptera.* — à quatre ailes. Nouvelle-Zélande. B.

Le ſophora du Japon eſt un grand & bel arbre d'ornement, qui fleurit & fructifie dans nos climats: ſes racines ont un goût de régliſſe, & ſon bois eſt fort compacte. Les deux autres eſpèces ſe cultiveroient en pleine terre dans le Midi de la France.

Sorbus. — Sorbier.

Sorbus aucuparia. Linn. Sorbier des oiſeleurs. France. B.
— *domeſtica.* Linn. — cormier. France. A.
— *hybrida.* Linn. — hybride ou de Laponie. Suède. B.

Les ſorbiers ſe propagent de graines & de greffes. Celui des oiſeleurs a un feuillage élégant & de très-belles fleurs blanches diſpoſées en corymbe. Ses fruits, qui ſe teignent d'une couleur de feu vers la fin de l'été, ont beaucoup d'éclat, mais ils ſont très-âpres. Dans le nord on en retire une liqueur fermentiſcible. Les grives les mangent lorſqu'ils ont été frappés de la gelée. Cet arbre eſt employé à l'ornement des boſquets. Greffé ſur le cormier, il prend plus d'accroiſſement.

Le ſorbier de Laponie eſt auſſi un joli arbre d'ornement. Ses rameaux ſont plus ramaſſés, ſon feuillage a moins d'élégance.

Le cormier s'élève plus que les deux autres. On peut en former de belles allées. Le fruit, mûri ſur la paille, eſt bon à manger, & on en fait du cidre. Le bois eſt très-dur, & eſt employé à faire des varlopes, des rabots, des vis de preſſoir, des écrous, des manches d'outils, des tables, des meubles, &c.

Spartium. — Spartium.

* *Inermia.*
Spartium album. l'Hérit. Spartium à fleurs blanches. Portugal. C.
— *anguloſum.* Linn. — anguleux. C.
— *complicatum.* Linn. — entrelaſſé. France. C.
— *junceum.* Linn. — genêt d'Eſpagne. France mérid. C.
— *monoſpermum.* Linn. — monoſperme. Eſpagne. C.
— *nubigena.* l'Hérit. — à grapes. Canaries. C.
— *purgans.* Linn. purgatif. France. C.
— *radiatum.* Linn. — étoilé. Italie. D.

— *ſcoparium.* LINN. — à balais. France. C.
— *ſphærocarpon.* LINN. — à fruit rond. France mérid. C.
— *virgatum.* L'HÉRIT. — effilé. Madère. C.
— *umbellatum.* DESF. — ombellifère. Barbarie. D.
** *Spinoſa.*
— *aſpalathoides.* DESF. — faux aſpalat. Barbarie. C.
— *creticum.* — de Crète. Candie. D.
— *ferox.* DESF. — à groſſes épines. Barbarie. C.
— *lanigerum.* DESF. — laineux. Barbarie. C.
— *ſcorpius.* LINN. — hériſſé. France mérid. C.
— *ſpinoſum.* LINN. épineux. France. C.

Les ſpartium ſont de jolis arbriſſeaux qu'on cultive pour l'ornement des jardins. On les élève de graines, de marcotes & de greffes ; ils viennent bien dans les terrains arides & même dans les ſables. Pluſieurs des eſpèces épineuſes, telles que le faux aſpalat, le ſpartium épineux, le ſcorpius, le ferox, pourroient ſervir à former des haies. Les fleurs du genêt d'Eſpagne exhalent une odeur très-agréable : ſon écorce peut être convertie en toile, & il vient dans les plus mauvais terrains. On confit dans le vinaigre les jeunes pouſſes du genêt à balais. Le monoſperme, celui à fleurs blanches, ſont propres à la décoration des jardins ; ils ſont délicats, ainſi que la plupart des épineux, & on doit les abriter dans l'orangerie pendant l'hiver.

Spiræa. — SPIRÆA.

Spiræa crenata. LINN. Spiræa crenelée. Sibérie. C.
— *hypericifolia.* LINN. — à feuilles de millepertuis. Canada. C.
— *lævigata.* LINN. — liſſe. Sibérie. C.
— *opulifolia.* LINN. — à feuilles d'obier. Virginie, Canada. C.
— *ſalicifolia.* LINN. — à feuilles de ſaule. Sibérie. C.
— *ſorbifolia.* — à feuilles de ſorbier. Sibérie. C.
— *tomentoſa.* LINN. — cotonneuſe. Penſilvanie. C.

On multiplie les ſpiræa de graines, de drageons, de marcotes & de boutures ; elles aiment les terrains un peu ſecs : ce ſont de jolis arbriſſeaux qu'on cultive pour l'ornement des jardins. Leurs fleurs ſont blanches & s'épanouiſſent au printems.

Stæhelina. — STÆHÉLINA.

Stæhelina arborea. LINN. Stæhélina arbriſſeau. Orient, France mérid. C.
— *chamæpeuce.* LINN. — chamæpeucé. Crète. C.
— *dubia.* LINN. — à feuilles de romarin. Marſeille, Orient. D.

Ces jolis arbriſſeaux doivent être abrités dans l'orangerie ſous le climat de Paris. On les multiplie de drageons & de graines.

Staphylea. — STAPHYLÉA.

Staphylea pinnata. LINN. — Staphyléa à feuilles pennées. France. C.
— *trifoliata.* LINN. — à trois feuilles. Virginie. C.

Les ſtaphyléa s'élèvent de graines & de drageons. Ces deux charmans arbriſſeaux fleuriſſent au printems. On les plante dans les boſquets de cette ſaiſon. Leurs fleurs ſont blanches & diſpoſées en grapes pendantes. Leurs fruits ſont véſiculeux. On retire des amandes une huile douce & réſolutive.

Statice. — STATICÉ.

Statice faſciculata. VENT. Staticé faſciculé. Corſe. D.
— *minuta.* LINN. — nain. France mérid. D.
— *monopetala.* LINN. — monopétale. France mérid. Orient. C.
— *ſuffruticoſa.* LINN. — ſous-arbriſſeau. Sibérie. D.

Sterculia. — Sterculia.

Sterculia platanifolia. Linn. Sterculia à feuilles de platane. Inde. B.

Cet arbre eſt remarquable par ſes grandes & belles feuilles lobées; il n'eſt pas très-délicat. J'en ai vu un individu dans le jardin de Lemonnier, à Verſailles, qui avoit réſiſté à pluſieurs hivers, & qui étoit très-vigoureux.

Stewartia. — Stewartia.

Stewartia malacodendron. Linn. Stéwartia malacodendron. Caroline. C.
— *pentagyna.* Linn. — à cinq ſtyles. Virginie. C.

Ces deux arbriſſeaux ont un beau feuillage & de très-belles fleurs. On pourroit les multiplier pour l'ornement des boſquets. On les élève de graines qui viennent d'Amérique; ils ne ſont pas très-délicats.

Styrax. — Styrax.

Styrax officinale. Linn. Styrax officinal ou aliboufier. Provence, Orient. B.
— *lævigatum.* Hort. Kew. — glabre. Caroline. B.

Les ſtyrax ſe propagent de graines & de marcotes. On les cultive à l'ombre. Leurs fleurs ſont blanches; elles s'épanouiſſent au printems. Le ſtyrax officinal, connu ſous le nom d'*aliboufier*, donne une gomme réſine, d'une odeur agréable, qu'on emploie en médecine; elle découle des inciſions faites à l'écorce, & eſt connue ſous le nom de *ſtorax calamite;* elle nous vient du Levant; & Duhamel dit avoir vu des écoulemens abondans de cette ſubſtance ſur le tronc des aliboufiers de Provence.

Syringa. — Lilas.

Syringa perſica. Linn. Lilas de Perſe. Perſe. C.
— *laciniata.* — lacinié. *Variété.*
— *vulgaris.* Linn. — commun. Perſe. C.

On multiplie les lilas de graines, de marcotes & de greffes; ils viennent dans toutes ſortes de terrains. Ces charmans arbriſſeaux ſont un des plus beaux ornemens des jardins & des boſquets au retour du printems.

Tamarix. — Tamarix.

Tamarix gallica. Linn. Tamarix de France. France mérid. Barbarie. B.
— *germanica.* Linn. — d'Allemagne. France, Alpes. C.

Les tamarix ont un port élégant, ſurtout la première eſpèce. On les élève de boutures, de marcotes & de graines; ils aiment les terres légères. On peut les cultiver dans les jardins.

Tarchonanthus. — Tarchonanthe.

Tarchonanthus camphoratus. Linn. Tarchonanthe odorante. Cap de Bonne-Eſpérance. C.

La tarchonanthe eſt un grand arbriſſeau à feuilles blanches, perſiſtantes, & ſemblables à celles de la ſauge officinale; elle fleurit en automne, & on l'abrite dans l'orangerie pendant l'hiver. On la multiplie de drageons. Toutes ſes parties ont une odeur aromatique lorſqu'on les froiſſe entre les doigts.

Taxus. — If.

Taxus baccata. Linn. If commun. France. A.

L'if s'élève de graines, de marcotes & de boutures; il vit plusieurs siècles, & son tronc devient très-gros. Le bois d'If est dur, liant, d'une belle couleur rouge, & susceptible d'un beau poli. On le cultive dans les bosquets d'hiver. Ses feuilles persistent toute l'année, mais elles sont d'un vert sombre. Il souffre le ciseau, & on peut lui donner toutes sortes de formes. Les jeunes branches sont propres à faire des liens. Les anciens regardoient l'if comme vénéneux, & il est prouvé, par un grand nombre d'expériences, qu'il fait périr les animaux qui en mangent beaucoup.

Teucrium. — Germandrée.

Teucrium asiaticum. Linn. Germandrée d'Asie. Asie. D.
— *betonicum.* l'Hérit. — à feuilles de bétoine. Canaries. C.
— *canariense.* Linn. — des Canaries. Canaries. C.
— *capitatum.* Linn. — à fleurs en tête. France mérid. D.
— *chamædrys.* Linn. — chamædrys. France. D.
— *major.* — élevée. *Variété.*
— *Flavicans.* Lam. — jaunâtre. France mérid. Espagne. D.
— *fruticans.* Linn. — arbrisseau. France mérid. Barbarie. C.
— *lucidum.* Linn. — luisante. France mérid. D.
— *macrophyllum.* Lam. — à grandes feuilles. Canaries. C.
— *Marum.* Linn. — Marum. France mérid. Espagne. C.
— *massiliense.* Linn. — de Marseille. France mérid. D.
— *montanum.* Linn. — de montagne. France. D.
— *multiflorum.* Linn. — à fleurs nombreuses. Espagne. D.
— *Polium.* Linn. — Polium. France mérid. D.
— *rubrum.* — rouge. *Variété.*
— *rosmarinifolium.* Lam. — à feuilles de romarin. Crète. C.

Les germandrées s'élèvent de boutures; celles des Canaries, d'Orient, d'Espagne ne pourroient venir en pleine terre que dans le Midi de la France. Ce sont de jolis arbrisseaux. Les chats aiment beaucoup le marum. On en retire une huile plus pesante que l'eau.

Thea. — Thé.

Thea bohea. Linn. Thé bou. Chine. C.
— *viridis.* Linn. — vert. Chine. C.

Le thé conserve ses feuilles en hiver; il croît en Chine & au Japon sur la pente des coteaux, & dans le voisinage des rivières. On le trouve depuis Canton jusqu'à Pekin, dont le climat approche de celui de Paris. Il n'est pas sensible au froid, & je crois qu'il réussiroit en France. Si l'on en avoit une assez grande quantité pour faire des essais de culture, on trouveroit sans doute celle qui lui convient. Linné raconte qu'ayant reçu de la Chine plusieurs pieds de thé, quelques-uns passèrent l'hiver en pleine terre à Upsal. Cette observation doit encourager les agriculteurs.

C'est vers l'an 1641, que l'on a commencé à faire usage du thé en France. *Tulpius*, médecin d'Amsterdam, & *Jonquet*, médecin françois, en firent un grand éloge, & peu à peu son usage s'accrédita. On prétend qu'on parfume le thé, qui est naturellement inodore, avec les fleurs de l'olivier odorant; suivant d'autres, c'est avec celles du curcuma. Il est légérement astringent. Les feuilles, pulvérisées & infusées dans une dissolution de vitriol, donnent une couleur noire. Il seroit extrêmement important de multiplier le thé en France. Si on pouvoit s'en procurer des graines fraîches à la Chine, il faudroit les mettre aussitôt en terre, & elles leveroient sur le vaisseau pendant la traversée. Comme elles sont huileuses, elles rancissent & se détériorent promptement. C'est pour cela que presque toutes celles qu'on apporte ne germent pas.

Thuia. — Thuia.

Thuia articulata. Desf. Thuia articulé. Barbarie. B.
— *occidentalis.* Linn. — d'Occident. Amér. sept. B.
— *orientalis.* Linn. — d'Orient. Chine. B.

Les thuia se distinguent par leurs rameaux applatis. Comme leur verdure est perpétuelle, on les plante dans les bosquets d'hiver. Le bois est très-bon, & se pourrit difficilement. Dans le Canada on en fait des palissades autour des villes de guerre. Le thuia d'Occident a les rameaux étalés; celui d'Orient au contraire les tient redressés de manière qu'il présente la forme d'une pyramide. Ce dernier est très-propre à être planté le long des murs dont on veut masquer la vue. Le thuia articulé est sensible au froid; il faut l'abriter dans l'orangerie pendant l'hiver. Cette espèce donne la résine connue sous le nom de *sandarack*.

Thymus. — Thim.

Thymus mastichina. LINN. Thim mastichine. Espagne, Barbarie. C.
— *minimus.* — grêle. Espagne. D.
— *piperella.* LINN. — piperelle. Espagne. D.
— *vulgaris.* LINN. — commun. France. D.
— *latifolius.* — à larges feuilles. *Variété.*
— *Zygis.* LINN. — zygis. Espagne. D.

Les thims sont de jolis arbustes très-odorans, qu'on élève de marcotes & de boutures. On fait de belles bordures avec le thim commun.

Thymbra. — Thymbra.

Thymbra spicata. LINN. Thymbra à épis. Orient. D.

Joli arbuste de la famille des labiées, qui a du rapport avec les sariètes & les thims. Ses feuilles ont une odeur agréable. On le multiplie de drageons. Il peut être cultivé en pleine terre dans nos départemens du Midi.

Tilia. — Tilleul.

Tilia americana. LINN. Tilleul d'Amérique. Virginie, Canada. B.
— *alba.* HORT. KEW. — argenté. Amér. sept. B.
— *europæa.* LINN. — d'Europe. France. A.
— *pubescens.* HORT. KEW. — velu. Caroline. B.
— *sylvestris.* — sauvage. France. A.

Les tilleuls sont de très-beaux arbres d'ornement. Leurs fleurs exhalent une odeur douce & balsamique. Elles sont anti-spasmodiques. On élève les tilleuls de graines qui ne lèvent que la seconde année. On les multiplie aussi de drageons, de marcotes & de greffes. Ils aiment les terrains frais. Celui d'Europe acquiert quelquefois une grosseur énorme. Son bois est tendre & liant. Les menuisiers en font des ouvrages légers. Les sculpteurs l'emploient également, parce qu'il cède au ciseau sans s'éclater, & que de plus il n'est point sujet à la vermoulure. L'écorce est propre à faire des cordes qu'on vend à bon marché. On écrivoit anciennement sur les lames intérieures du liber. Les Grecs les appeloient *phylira*.

Vaccinium. — Mirtil.

Vaccinium corymbosum. LINN. } Mirtil corymbifère. Amér. sept. C.
— *amœnum.* HORT. KEW. }
— *frondosum.* LINN. feuillé. Amér. sept. C.
— *glaucum.* MICH. — glauque. Amér. sept. C.
— *macrocarpon.* HORT. KEW. — à gros fruit. Amér. sept. D.
— *mucronatum.* — pointu. Amér. sept. C.
— *myrsinites.* LAM. — myrsinités. Floride. C.
— *Myrtillus.* LINN. — Lucet ou airelle. France. D.
— *oxycoccos.* LINN. — canneberge. France. D.
— *pensilvanicum.* LAM. — de Pensilvanie. Pensilvanie. D.
— *resinosum.* HORT. KEW. — résineux. Amér. sept. C.
— *stamineum.* LINN. — à longues étamines. Amér. sept. C.

— *uliginosum*. LINN. — des marais. France. D.
— *vitis-idaa*. LINN. — ponctué. France. Alpes. D.

Ces jolis arbrisseaux appartiennent à la famille des bruyères. On les multiplie de graines, de drageons & de marcotes. Ils aiment les terres légères, humides & ombragées. Il en est plusieurs, tels que le lucet, dont on mange les fruits. On en connoît encore beaucoup d'espèces dans l'Amérique septentrionale & au détroit de Magellan, qu'on pourroit cultiver dans nos climats.

Vella. — Vella.

Vella pseudocytisus. LINN. Vella faux cytise. Espagne. C.

Petit arbrisseau de la famille des crucifères, dont les feuilles sont persistantes; il fleurit en été, & on l'abrite dans l'orangerie pendant l'hiver.

Verbascum. — Molène.

Verbascum spinosum. LINN. Molène épineuse. Orient. D.
— *undulatum*. LAM. — ondée. Orient. C.

Ces deux espèces sont blanches & cotonneuses. La première, très-petite, est remarquable par ses tiges dures & épineuses; la seconde, par ses belles feuilles ondées. Linné l'a confondue avec la molène sinuée, dont elle diffère beaucoup. Il faut les abriter dans l'orangerie.

Verbena. — Verveine.

Verbena triphylla. LINN. Verveine à trois feuilles. Pérou. C.

Ce joli arbrisseau n'est pas très-délicat : on le multiplie de drageons, de boutures, de marcotes & de graines. Ses feuilles répandent une odeur très-agréable lorsqu'on les froisse. On peut les prendre en infusion.

Viburnum. — Viorne.

Viburnum acerifolium. LINN. Viorne à feuilles d'érable. Virginie. C.
— *cassinoides*. LINN. — faux cassiné. Amér. sept. C.
— *dentatum*. LINN. — dentée. Virginie. C.
— *longifolium*. — à longues feuilles. *Variété*.
— *lantana*. LINN. — lantana. France. C.
— *canadensis*. — de Canada. *Variété*.
— *lentago*. LINN. — lentago. Canada. C.
— *nudum*. LINN. — nue. Virginie. C.
— *opulus*. LINN. — obier. France. C.
— *sterilis*. — boule de neige. *Variété*.
— *prunifolium*. LINN. — à feuilles de prunier. Virginie, Canada. C.
— *punicifolium*. — à feuilles de grenadier. Virginie. C.
— *pyrifolium*. — à feuilles de poirier. Virginie. C.
— *Tinus*. LINN. — Laurier thim. Espagne, Barbarie. C.
— *latifolius*. — à larges feuilles. *Variété*.
— *variegatus*. — panaché. *Variété*.

Les viornes fleurissent au printems : leurs fleurs sont blanches & disposées en corymbe. On les cultive pour l'ornement des bosquets. Le laurier-thim conserve ses feuilles toute l'année. Les boules-de-neige sont très-belles. On multiplie les viornes de graines, de marcotes & de boutures.

Vinca. — Pervenche.

Vinca major. LINN. Pervenche grande. France. D.
— *minor*. — petite. France. D.

Les pervenches croissent dans les lieux ombragés, dans les fentes des vieux murs, &, comme elles ne perdent pas leurs feuilles en hiver, on les emploie à la décoration des bosquets de cette saison. Leurs fleurs sont bleues, quelquefois blanches. Leurs tiges sont grêles & sarmenteuses. On les multiplie de drageons & de marcotes. On emploie les feuilles en cataplasme pour dissiper les épanchemens laiteux.

Viola. — Violette.

Viola arborescens. Linn. Violette arbrisseau. Espagne, Barbarie. D.

Ce petit arbuste viendroit en pleine terre dans le Midi; il se plaît dans les fentes des rochers.

Viscum. — Gui.

Viscum album. Linn. Gui blanc. France. D.

Le gui est un arbuste parasite dont Duhamel a très-bien decrit la germination, qui est très singulière & très-différente de celle des autres plantes. On peut faire germer des graines de gui sur des pierres, des bois morts, & même sur la terre; mais il n'y prend jamais d'accroissement, & Duhamel a prouvé qu'il pouvoit vivre indistinctement sur tous les arbres de nos climats, & même sur plusieurs espèces exotiques.

Lorsque la graine du gui germe, elle pousse communément deux ou trois radicules terminées par un corps rond. Ces radicules s'alongent insensiblement, & dès qu'elles ont atteint l'écorce, les corps ronds s'ouvrent : leur orifice présente la forme d'un petit entonnoir, dont la surface intérieure est tapissée d'une substance grenue & visqueuse. Du centre & des bords de ces orifices sortent de petites racines qui s'insinuent entre les lames de l'écorce & parviennent jusqu'au bois sans y pénétrer. Si on les y trouve engagées, c'est parce qu'elles ont été recouvertes par les couches ligneuses qui se forment chaque année entre le bois & l'écorce. Il est bien prouvé qu'elles n'entrent jamais d'elles-mêmes dans le bois, & qu'au contraire elles rebroussent chemin dès qu'elles le rencontrent. Il arrive souvent, phénomène très-remarquable, que si la graine est tirée fortement en sens contraire par les trompes des radicules, elle se partage en autant de morceaux qu'il y a de trompes. Les feuilles seminales ne sont pas nécessaires au développement de la jeune plante; car si on coupe la plumule au dessous, les petites plantes qui ont subi l'opération, repoussent bientôt après. Un fait qui mérite encore d'être rappelé, c'est que la racine & la tige du gui peuvent croître dans toutes les directions possibles.

Le cit. Decandolle a lu à l'institut national, un Mémoire qui renferme quelques expériences curieuses sur le gui, dont les résultats serviront à compléter l'histoire de cet étonnant végétal. Il voulut savoir d'abord si le gui tire directement sa nourriture de l'arbre sur lequel il végète : pour s'en assurer il coupa une portion de branche de pommier, sur laquelle un gros pied de gui se trouvoit implanté, & il la mit tremper pendant cinq jours dans de l'eau colorée en rouge avec de la cochenille. Après avoir disséqué le tronçon de pommier & le gui, il trouva que la liqueur avoit teint le bois, & surtout l'aubier du pommier, & qu'elle avoit également pénétré dans les fibres du tronc & des branches du gui, où elle offroit même une couleur plus foncée que dans le pommier. La même expérience réussit quatre fois sur des individus différens.

Après s'être assuré que les sucs passent du pommier dans le gui, il essaya de faire passer de l'eau colorée du gui dans le pommier. Pour cela il coupa une branche du pommier chargée d'un pied de gui, qui fut plongée pendant treize jours dans de l'eau colorée en rouge. Ayant fendu la tige & les branches, il suivit les traces de la liqueur : les fibres des racines étoient aussi fortement teintes, & elle avoit pénétré jusque dans le bois du pommier. Cette expérience fut répétée deux fois avec un égal succès.

L'auteur voulut ensuite connoître si les feuilles du gui avoient, comme celles des autres plantes, la faculté de faire monter la seve dans les tiges. Pour s'en assurer, il choisit deux branches de pommier, chargées chacune d'un pied de gui à peu près d'égale grandeur, l'un garni, l'autre dépouillé de ses feuilles. Les branches furent introduites séparément dans deux tubes de verre égaux, remplis d'eau; leur orifice supérieur fut bouché & luté avec le tronc du gui, & l'on plongea l'extrémité inférieure des tubes dans une jatte de mercure. L'expérience fut faite à onze heures du matin. La branche de gui, garnie de feuilles, éleva, dans une demi-heure, le mercure à 36 millimètres. Aux approches de la nuit il étoit monté à plus d'un décimètre; il s'éleva encore de 15 millimètres plus haut au bout de trois heures; puis il commença à descendre, & le lendemain matin il étoit au niveau de celui de la cuvette. La branche de gui, dégarnie de feuilles, ne tira le mercure qu'à 6 millimètres dans une demi-heure, & le soir il ne monta qu'à 27 millimètres.

S'étant assuré, par les expériences précédentes, que le gui adhérent au pommier, pouvoit élever le mercure à une assez grande hauteur, & que les feuilles & les tiges même avoient une force de succion assez considérable, il voulut savoir si, après avoir été séparé du pommier, il jouiroit encore de la même faculté. Pour cet effet il fit choix de deux pieds de gui à peu près d'égale grandeur, dont l'un tenoit à une portion de branche, & dont l'autre en avoit été séparé. Il les introduisit, par la base, chacun dans un tube de verre plein d'eau, plongé inférieurement dans une cuvette de mercure, comme dans l'expérience précédente : le gui adhérent au pommier fit monter le mercure à 117 millimètres dans l'espace de vingt-quatre heures, tandis que dans l'autre tube le mercure resta constamment au niveau de celui de la cuvette. La même expérience fut répétée sur un tronc de gui beaucoup plus gros & plus vigoureux, qui, séparé du pommier, n'éleva le mercure qu'à 11 millimètres dans l'espace de neuf heures.

Dans les cantons où le gui est très-abondant, on le donne à manger aux troupeaux. Cet arbrisseau a beaucoup d'amertume. On l'a employé pour guérir la folie. Les grives en mangent le fruit, mais la graine est entourée d'une substance visqueuse & gluante qui ne se digère point dans leur estomac; ces oiseaux la rendent avec leurs excrémens, & elle se colle aux branches des arbres; de sorte que ce sont eux qui la sèment d'un arbre à l'autre. On dit qu'elles sont purgatives. On fait de la glu avec l'écorce du gui. Les Druides le regardoient comme un arbrisseau sacré. *V.* Pline, *lib.* 16, *c.* 43, & les *Mémoires de l'Académie des Inscriptions & Belles-Lettres.*

Vitex. — Vitex.

Vitex agnus-castus. Linn. Vitex agnus-castus. Italie, Barbarie. C.
— *albidus.* blanc. *Variété.*
— *incisa.* Lam. — découpé. Chine. C.
— *alba.* blanc. *Variété.*

Les vitex sont de jolis arbrisseaux qu'on élève de graines, de boutures & de marcotes; ils viennent dans tous les terrains, & même dans les eaux thermales fort chaudes. Les feuilles froissées ont une odeur désagréable. Ils fleurissent en été, & peuvent servir à la décoration des bosquets. Leurs fleurs sont disposées en grapes au sommet des rameaux. Les graines de l'*agnus-castus* passent pour anti-aphrodisiaques.

Vitis. — Vigne.

Vitis arborea. Linn. Vigne en arbre. Caroline, Virginie. B.
— *labrusca.* Linn. — sauvage. Amér. sept. B.
— *laciniosa.* Linn. — laciniée. A.
— *vinifera.* Linn. — cultivée. France. A.
— *vulpina.* Linn. — de renard. Virginie. A.

La vigne réussit dans les pays chauds & tempérés. On la cultive dans ceux où elle peut croître, à cause de son utilité; elle pousse avec une vigueur surprenante, & lorsqu'on ne la taille pas, elle peut s'élever en peu d'années au dessus des plus grands arbres. Les anciens la marioient à l'ormeau & au peuplier. *In campano agro,* dit Pline, *populis nubunt, maritasque complexæ atque per ramos earum, procacibus brachiis, geniculato cursu scandentes, cacumina æquant;* & il ajoute : *Ulmos quidem ubique exsuperant.* Le même auteur assure que le bois de vigne est presqu'incorruptible : *nec ullo ligno æternior est natura;* & il parle d'un temple de Métapont, qui étoit soutenu sur des colonnes de vigne, & d'une statue de Jupiter, faite du même bois, qui s'étoit conservée pendant plusieurs siècles. Les usages précieux & multipliés de la vigne sont si bien connus, que nous croyons inutile d'en parler ici. L'Amérique septentrionale en produit plusieurs espèces que l'on cultiveroit en France avec succès.

Ulex. — Ajonc.

Ulex europæus. Linn. Ajonc d'Europe. France. C.
— *humilis.* — nain. France. C.

L'ajonc croît dans les terrains incultes, sablonneux & arides : il est propre à former des haies. Ses tiges & ses rameaux sont hérissés d'épines, & ses fleurs, jaunes & nombreuses, ont beaucoup d'éclat. Dans la ci-devant Bretagne, où cet arbrisseau est très-commun, on en broie les jeunes rameaux avec des maillets, & on en nourrit les troupeaux pendant l'hiver.

Ulmus. — Ormeau *ou* Orme.

Ulmus americana. Linn. Ormeau ou orme d'Amérique. Amér. sept. B.
— *campestris.* Linn. — champêtre. France. A.

— *latifolia.* — à larges feuilles.} *Variété.*
— *fungosa.* — fongueux. }
— *chinensis.* — de Chine. Chine. B.
— *crenata.* LINN. — crénelé. Russie B.
— *pedunculata.* FOUGEROUX. — pédonculé. Russie. A.
— *pumila.* LINN. — nain. Sibérie. C.

Les ormeaux se multiplient facilement de graines, de drageons & de greffes. L'orme champêtre s'élève à une grande hauteur, & l'on en fait de belles avenues; mais ses racines tracent fort au loin, & nuisent aux champs cultivés. L'orme souffre le ciseau, & l'on peut, en le taillant, l'empêcher de s'élever & le tenir même à la hauteur d'un arbuste. Le bois est dur & liant : on l'emploie au charronage : on en fait aussi des presses, des tables, des corps de pompe, &c. Les troupeaux en mangent les feuilles. C'est, en un mot, l'un des arbres les plus utiles de nos forêts. La dureté du bois d'orme, comme de tous les autres arbres, varie suivant la nature du sol. Ceux d'Amérique, l'espèce à longs pédoncules, & l'orme crénelé, méritent d'être répandus dans nos forêts.

URTICA. — ORTIE.

Urtica arborea. — Ortie arbrisseau. Canaries. C.
— *canadensis.* LINN. — de Canada. Canada. C.

La première espèce doit être abritée dans l'orangerie pendant l'hiver.

YUCCA. — YUCCA.

Yucca aloifolia. LINN. Yucca à feuilles d'Aloès. Jamaique. C.
— *filamentosa.* LINN. — filamenteux. Amér. sept. C.
— *gloriosa.* LINN. — superbe. Canada. C.
— *pendula.* — à feuilles pendantes. Amér. sept. C.

Les yucca se multiplient de drageons : leur tige, qui ressemble un peu à celle des palmiers, est également couronnée d'une touffe de feuilles persistantes. Les fleurs naissent de son sommet; elles sont blanches, inclinées, très-nombreuses, & disposées en une large panicule; elles ont la forme de celles de la tulipe. Les yucca craignent les fortes gelées; mais on les cultiveroit en pleine terre dans nos départemens méridionaux. Le gloriosa résiste à nos hivers, pourvu qu'on ait soin de le couvrir.

ZANTHORIZA. — ZANTHORIZA.

Zanthoriza apiifolia. L'HÉRIT. Zanthoriza à feuilles de céleri. Géorgie, Caroline. D.

Joli arbrisseau de la famille des renoncules; il fleurit dans le printems.

ZANTHOXYLUM. — ZANTHOXYLUM.

Zanthoxylum fraxinifolium. — Zanthoxylum à feuilles de frêne. Amér. sept. C.

Cet arbrisseau, qu'on a confondu mal à propos avec le *clava-herculis*, est armé de fortes épines rapprochées deux à deux; il ne craint point le froid & fleurit dans le printems. On le multiplie de graines & de drageons. Ses semences ont une saveur extrêmement poivrée.

ZIZYPHUS. — JUJUBIER.

Zizyphus sativus. Jujubier cultivé. Orient. B.
— *lotus.* — lotos. Barbarie. C.

On multiplie les jujubiers de graines & de marcotes; ils se plaisent dans les terrains arides. Le jujubier cultivé résiste à la rigueur de nos hivers; le lotos est plus délicat, & veut être cultivé dans l'orangerie pendant cette saison. Les jujubes sont bonnes à manger & employées en médecine comme adoucissantes. Les fruits du lotos ont une forme ronde & sont beaucoup plus petits. Leur saveur est agréable. Les peuples d'Afrique, qui habitoient sur le bord des syrtes, en firent autrefois leur principale nourriture, & c'est de là qu'ils prirent le nom de *lotophages*. *Voyez* les *Mémoires de l'Académie des Sciences de Paris*, année 1788. (DESFONTAINES.)

Il résulte de ce tableau :

1°. Que nous avons en France cent huit arbres qui s'élèvent au dessus de treize mètres, & dont trente-quatre seulement sont indigènes, en y comprenant même le micocoulier de Provence, l'olivier, le mûrier blanc, le noyer & la vigne, introduits très-anciennement ;

2°. Que le nombre des arbres qui ont depuis sept jusqu'à treize mètres, est de cent trente-huit ; quarante sont naturels à la France, & parmi ces derniers nous comptons encore l'amandier, le pêcher, le figuier, le cerisier, l'abricotier, le prunier, le coignassier & le frêne à fleurs, parce qu'ils sont très-répandus, & que l'époque de leur naturalisation remonte à plusieurs siècles ;

3°. Enfin, que sur huit cent trente arbrisseaux & arbustes ou à peu près, il n'y en a que deux cent trente d'indigènes.

Il est donc évident que nos richesses agricoles ont considérablement augmenté. C'est aux voyages des botanistes, à un petit nombre de vrais agriculteurs, & particuliérement au Muséum d'histoire naturelle qu'on en est redevable.

Le nombre des espèces est bien plus considérable dans notre tableau, que dans le *Traité des Arbres & Arbustes* de Duhamel, parce que nous y comprenons les espèces qui peuvent être cultivées dans les divers départemens de la France, tandis qu'il n'indique que celles qu'on peut naturaliser sous le climat de Paris. D'ailleurs, nous en avons acquis un grand nombre depuis que ce célèbre agriculteur a publié son ouvrage.

L'Amérique septentrionale, l'Asie mineure, le Japon, le nord de la Nouvelle-Hollande en produisent encore beaucoup qu'on aclimateroit facilement en France, & dont on retireroit de grands avantages.

Le lin de la Nouvelle-Zélande, *Phormium tenax*, réussiroit probablement chez nous. Ses fibres, plus fortes que celles du chanvre, serviroient à fabriquer d'excellens cordages.

Il existe aussi dans des climats plus chauds plusieurs arbres qu'on devroit propager dans nos colonies : tels sont le litchy, le mangoustan & le nephelium, dont les fruits sont délicieux ; le sagoutier d'Amboine, le ravensara de Madagascar, le caoutchoux ; le pin du Chili, si utile pour les constructions navales ; le palmier saguert, qui donne du sucre dans l'île d'Amboine ; le quinquina du Pérou, &c.

L'exécution d'un tel projet est digne d'un gouvernement éclairé & ami des sciences. Il suffiroit d'envoyer à la recherche de ces productions quelques botanistes instruits. Ces paisibles conquêtes seroient peu dispendieuses, & deviendroient pour la France une nouvelle source de prospérité.

ACLIMATÉS (ANIMAUX).

Je joins ici, comme je l'ai annoncé ci-dessus, des listes d'animaux qui ont été transportés dans différens climats, & qui y ont réussi : la première comprend un certain nombre de quadrupèdes, dont la plupart sont domestiques. Effectivement, c'est à ceux-là que les hommes qui se sont occupés de ces choix & de ces transports, ont dû s'attacher particuliérement, dans la vue sans doute de remplir les différens besoins des sociétés qui se formoient à mesure que l'industrie & le commerce ont exigé les secours de ces divers individus, soit pour les travaux mécaniques, soit pour les vêtemens & la nourriture, soit même pour les agrémens, &c.

En parcourant cette liste, où les espèces sont distribuées suivant l'ordre naturel, on verra que les animaux s'accoutument, beaucoup plus aisément qu'on ne le croit, à des températures très-différentes de celle à laquelle la nature les a soumis. Ils s'y habituent même lorsque, vivant dans une très-grande indépendance, ils pourroient trouver, dans des contrées plus chaudes ou plus froides que leur nouveau séjour, tous les avantages qu'ils peuvent desirer. Nous en citerons un exemple frappant dans l'espèce du *cheval*. Lors de la découverte de l'Amérique méridionale, plusieurs individus de cette espèce, conduits dans cette partie du nouveau continent, furent abandonnés ou s'échappèrent dans des contrées inhabitées, voisines du rivage sur lequel on les avoit déposés ; ils s'y multiplièrent de telle sorte, qu'il en est résulté des troupes très-nombreuses de chevaux sauvages qui se sont répandus à des distances très-considérables de la mer, se sont éloignés de la ligne équinoxiale, & sont parvenus très-près de l'extrémité australe de l'Amérique, où ils occupent de vastes déserts sans y avoir perdu aucun de leurs attributs ; & même il paroît qu'ils y ont été plutôt améliorés qu'altérés par leur nouvelle manière de vivre, quoiqu'ils y soient exposés à un froid assez rigoureux pour qu'ils se trouvent souvent obligés de chercher leur nourriture sous la neige qu'ils écartent avec leurs pieds, & néanmoins on ne peut disconvenir que le cheval, comme nous le verrons par la suite, ne soit originaire du climat brûlant de l'Arabie.

Il n'y a que les animaux nés dans les environs des cercles polaires, dont la nature, modifiée par le froid, est devenue pour ainsi dire assortie à tous les effets des frimats, qui ne paroissent pas pouvoir résister à une température différente de celle à laquelle ils ont toujours été exposés. Il semble que la raréfaction produite par une forte chaleur est, pour les animaux quadrupèdes, un changement bien plus dangereux que l'accroissement de ton & de force que les solides peuvent recevoir par l'augmentation du froid. Voilà pourquoi on n'est pas parvenu à faire vivre, pendant long-tems, dans les climats de la France, les rennes qu'on y avoit amenés des contrées boréales de l'Europe. Voilà pourquoi même les rennes ne réussissent pas mieux lorsqu'elles sont transportées dans certaines provinces de la Suède & du Danemarck, voisines de la Laponie.

Nous ajouterons même que l'homme supporte plus aisément le grand froid, lorsqu'il n'est pas excessif, que le grand chaud; c'est pour cette raison qu'on a regretté, pour les François, le Canada, quoique plus froid que les contrées les plus septentrionales de la France, parce que le commerce dans le nord de l'Amérique éprouvoit une moindre perte d'hommes que dans les îles du golfe du Mexique.

Le furet, le rat, la souris.

Les *furets*, qui ont été apportés d'Afrique en Europe, où ils ne peuvent subsister sans les soins de l'homme, ne se sont point trouvés en Amérique. Nos *rats* & nos *souris* étoient inconnus dans ce nouveau continent. Ces trois animaux y ont passé avec nos vaisseaux, & ils y ont prodigieusement multiplié.

Le cavia ou cochon d'Inde.

Le *cochon d'Inde* est un petit animal originaire des climats chauds du Brésil & de la Guinée, qui ne laisse pas de subsister & de produire dans les climats tempérés, & même dans les pays froids, pourvu qu'on ait soin de le mettre à l'abri du froid & de l'humidité.

Le lapin.

Le *lapin*, originaire des pays chauds, ne se trouvoit autrefois, en Europe, que dans la Grèce & l'Espagne. Il s'est depuis naturalisé dans des climats plus tempérés, comme en Italie, en France, en Allemagne; mais dans les climats du nord on ne peut l'élever que dans les maisons. Il aime au contraire le chaud excessif, & il se trouve dans toutes les parties méridionales de l'Asie & de l'Afrique. On le trouve aussi dans nos îles d'Amérique, où il a été transporté d'Europe, & où il a très-bien réussi.

Le cochon.

L'espèce du *cochon*, quoique fort abondante & fort répandue en Europe, en Asie & en Afrique, ne s'est point trouvée dans le Nouveau-Monde; mais elle y a été transportée par les Espagnols, qui ont jeté des *cochons* noirs dans le continent & dans presque toutes les grandes îles de l'Amérique : ils s'y sont multipliés & sont devenus sauvages en beaucoup d'endroits.

Le chameau.

Le *chameau* paroît être originaire d'Arabie, car c'est non-seulement le pays où il se trouve en plus grand nombre, mais c'est aussi celui auquel il est plus approprié. Dans les sables brûlans du désert, le chameau est pour ainsi dire le seul animal qui puisse subsister & lutter contre l'horrible tourment de la faim & de la soif. Quoique naturel aux pays chauds, cet animal craint cependant les climats où la chaleur est excessive. Son espèce ne peut subsister ni dans la zône torride ni dans les climats doux de la zône tempérée. Elle paroît confinée dans une zône de trois ou quatre cents lieues de largeur, qui s'étend depuis la Mauritanie jusqu'à la Chine. On a inutilement essayé de multiplier les *chameaux* en Espagne : on les a vainement transportés en Amérique; ils n'ont réussi ni dans l'un ni dans l'autre climat; & dans les grandes Indes on n'en trouve guère au-delà de Surate & d'Ormus.

Le renne & l'élan.

Il paroît, par d'anciens témoignages, que le *renne* & l'*élan* èxistoient autrefois dans les forêts des Gaules & de la Germanie, & qu'il s'en trouvoit même encore, il y a quelques siècles, dans les hautes montagnes des Pyrénées. Le climat de la France étant autrefois beaucoup plus humide & plus froid, par la quantité des bois & des marais, qu'il ne l'est aujourd'hui, il n'est pas invraisemblable que ces animaux aient pu y subsister; mais il est certain qu'ils ne se trouvent actuellement que dans les pays septentrionaux, l'*élan* en deçà, & le *renne* en delà du cercle polaire en Europe & en Asie : on les retrouve en Amérique à de moindres latitudes, parce que le froid y est plus grand qu'en Europe. Le *renne* n'en craint pas la rigueur, même la plus excessive : on en voit au Spitzberg; il est commun en Groënland & dans la Laponie la plus boréale, ainsi que dans les parties les plus septentrionales de l'Asie. Le *renne* du Canada ou *caribou* est, comme tous les animaux du Nouveau-Monde, plus petit que dans l'ancien continent. Lorsqu'on lui fait changer de climat, il meurt en peu de tems. Ainsi la Nature semble avoir consigné cette espèce dans la région des glaces & des neiges.

Le buffle.

Le *buffle*, originaire des climats les plus chauds de l'Afrique & des Indes, n'a été transporté & naturalisé en Europe que vers le septième siècle. Cet animal, inconnu des anciens, est actuellement très-répandu en Grèce & en Italie, où il est devenu domestique. Les Marais Pontins & les Maremmes de Sienne sont, dans ce dernier pays, les endroits qui nourrissent le plus de *buffles*, & qui leur sont plus favorables.

Les *buffles* sauvages habitent les contrées de l'Afrique & des Indes qui sont arrosées de rivières, & où se trouvent de grandes prairies.

Les *buffles* du Tonquin sont grands & robustes; ceux de la côte du Malabar sont presque tous sauvages. Aux îles Philippines ils sont sauvages & paissent en troupes. Les *buffles* du Cap de Bonne-Espérance sont plus gros que ceux d'Europe, & sont d'un rouge obscur.

Le bœuf.

Le *bœuf* domestique tire son origine d'une race de *bœufs* sauvages qu'on trouve encore dans la Moscovie, & qu'on appelle *aurochs*. Ce *bœuf* sauvage ne diffère de notre taureau commun, qu'en ce qu'il est plus grand & plus fort; mais on ne peut douter qu'il ne soit de la même espèce, puisque de jeunes *aurochs*, enlevés à leur mère & élevés, ont produit avec les taureaux & les vaches domestiques.

La race de l'*auroch* ou de notre *bœuf* d'Europe occupe les zônes froides & tempérées, & ne s'est pas étendue au-delà de l'Arménie & de la Perse en Asie, & au-delà de l'Egypte & de la Barbarie en Afrique; mais dans les contrées du Midi, aux Indes, aussi bien que dans le reste de l'Afrique, & même en Amérique, on trouve une race de *bœufs* qui ont une bosse sur le dos, le poil beaucoup plus long, plus doux, plus lustré que nos *bœufs*. Ces *bœufs* à bosse se nomment *Bisons*; ils sont plus légers à la course, plus propres à suppléer au service du cheval; ils ont le naturel moins brut & moins lourd, plus d'intelligence & de docilité que nos *bœufs*; mais ces différences qui se remarquent entr'eux, ne sont que des variétés accidentelles, occasionnées par l'influence du climat, la qualité de la nourriture & l'éducation; & ces différences n'empêchent point qu'on ne doive regarder ces *bœufs* comme de la même espèce que les nôtres, puisqu'ils se mêlent & produisent ensemble.

Le *bœuf* d'Europe, transporté dans l'Amérique méridionale, y a multiplié plus qu'en aucun lieu du monde. A Buenos-Ayres, & à quelques degrés encore au-delà, ces animaux remplissent tellement le pays, que personne ne daigne se les approprier; les chasseurs les tuent par milliers, & seulement pour avoir leur peau & leur graisse.

La chèvre.

Le *bouquetin*, que nous regardons comme le *bouc* sauvage, ressemble entiérement & exactement au *bouc* domestique, par la conformation, l'organisation, le naturel & les habitudes physiques. Tout porte à croire que le *bouquetin* est la tige mâle, & le chamois la tige femelle de l'espèce des *chèvres*; en effet, ces animaux ont tous deux les mêmes habitudes, les mêmes mœurs & la même patrie; ils diffèrent peu par les formes; enfin, pris jeunes & élevés avec les *chèvres* domestiques, ils s'apprivoisent aisément, s'accoutument à la domesticité, vont comme elles en troupeaux, & reviennent de même à l'étable; seulement le *bouquetin* non apprivoisé ne se mêle jamais au troupeau des *chèvres* domestiques, comme fait le *chamois*. Ce grand nombre de ressemblances extérieures, joint à une parfaite conformité des parties intérieures, nous paroît décisif en faveur de l'identité d'espèce dans ces animaux.

Le *bouquetin* & le *chamois* ne se trouvent que dans les déserts, & surtout dans les lieux escarpés des plus hautes montagnes. Les Alpes, les montagnes de la Grèce & celles des îles de l'Archipel sont presque les seuls endroits où l'on rencontre ces animaux.

L'espèce de la *chèvre* domestique est beaucoup plus répandue que celle de la brebis, & l'on trouve des *chèvres* semblables aux nôtres dans plusieurs parties du monde. On voit en Guinée, à Angola & sur les autres côtes d'Afrique, une *chèvre* à laquelle on a donné le nom de *bouc de Juda*, & qui ne diffère de la nôtre qu'en ce qu'elle est plus petite, plus trapue & plus grasse.

En Syrie on trouve une *chèvre* appelée *chèvre d'Angora*, à oreilles pendantes, à poil très-long & très-fourni. Dans le même pays, ainsi qu'en Egypte & aux Indes orientales, on rencontre la *chèvre mambrine* ou *chèvre du Levant* à longues oreilles pendantes.

Les *chèvres* ont été transportées en Amérique, & ne se sont multipliées que dans les contrées chaudes ou tempérées.

La brebis.

Le *mouflon* paroît être la souche primitive de toutes les *brebis*, auxquelles il ressemble plus qu'aucun animal sauvage; il est plus grand, plus vif, plus fort & plus léger qu'aucune d'entr'elles; il a la tête, le front, les yeux & toute la face du *bélier*; il lui ressemble aussi par la forme des cornes & par l'habitude entière du corps : enfin, il produit avec la *brebis* domestique; & la seule disconvenance qu'il y ait entr'eux, c'est que le *mouflon* est couvert de poil au lieu de laine; mais la laine n'est pas un caractère essentiel, ce n'est qu'une production des climats tempérés, puisque dans les pays chauds les *brebis* sont toutes couvertes de poil, & que dans les pays très-froids leur laine est encore aussi grossière, aussi rude que le poil.

On trouve le *mouflon* dans les montagnes de Grèce, dans les îles de Chypre, de Sardaigne, de Corse & dans les déserts de la Tartarie.

Notre *brebis*, telle que nous la connoissons, ne se trouve qu'en Europe & dans quelques parties tempérées de l'Asie; transportée dans les pays chauds, elle perd sa laine & se couvre de poil: elle y multiplie peu, & sa chair n'a plus le même goût. Dans les pays très-froids, elle ne peut subsister; mais on trouve dans ces mêmes pays froids, & surtout en Islande, une race de *brebis* à plusieurs cornes, à queue courte, à laine dure & épaisse, au dessous de laquelle existe une seconde fourrure d'une laine plus douce, plus fine & plus touffue.

Le *mouton de Barbarie* ressemble entiérement à notre *brebis* domestique, à l'exception de la queue, qui est fort chargée de graisse. Dans le Levant, cette *brebis* est revêtue de fort belle laine. Dans les pays plus chauds, comme à Madagascar & aux Indes, elle est couverte de poil; elle est domestique comme la nôtre, & se trouve communément en Tartarie, en Perse, en Syrie, en Égypte, en Barbarie, en Éthiopie, à Mosambique, à Madagascar, & jusqu'au Cap de Bonne-Espérance.

On voit dans les îles de l'Archipel, & principalement dans l'île de Candie, une race de *brebis* domestique qui ne diffère de nos *brebis* ordinaires que par les cornes, qu'elle a droites & cannelées en spirale.

En Syrie, les *brebis* ont la toison d'une beauté parfaite, & la *brebis d'Angora*, de même que le chat & la chèvre de la même contrée, semble être vêtue de soie plutôt que de laine ou de poil.

Les *grandes brebis de Flandre* sont d'une plus forte taille que nos *brebis;* elles produisent ordinairement quatre agneaux par an, & sont originaires des Indes orientales.

Enfin, dans les contrées les plus chaudes de l'Afrique & des Indes, on trouve une race de grandes *brebis* à poil rude, à cornes courtes, à oreilles pendantes, avec une espèce de fanon sous le cou. Elle est connue des naturalistes, sous les noms de *bélier du Sénégal*, *brebis d'Angola*, &c.

Les *brebis* n'existoient point en Amérique; elles y ont été transportées d'Europe, & elles ont réussi dans tous les climats chauds & tempérés de ce nouveau continent; mais, quoiqu'elles y soient assez prolifiques, elles y sont communément plus maigres, & les *moutons* ont en général la chair moins tendre & moins succulente qu'en Europe. Le climat du Brésil est celui qui leur convient le mieux.

Le cheval.

Le *cheval* paroît originaire d'Arabie : on le trouve encore sauvage dans le pays des Tartares, Mongous & Kalkas, dans quelques parties de la Chine, ainsi qu'aux environs du Cap de Bonne-Espérance & dans le royaume de Congo.

On sait que l'espèce du *cheval* n'existoit pas en Amérique lorsqu'on en a fait la découverte; mais, en moins de deux cents ans, le nombre de *chevaux* qu'on y a transportés d'Europe, s'y est si fort multiplié, surtout au Chili, qu'ils y sont à très bas prix. Tous les *chevaux* qui sont dans les Indes espagnoles viennent des *chevaux* qui furent transportés d'Andalousie, d'abord dans l'île de Cuba & dans celle de Saint-Domingue, ensuite à celle de Barlovento, où ils multiplièrent si fort qu'il s'en répandit dans les terres inhabitées, où ils devinrent sauvages, & pullulèrent d'autant plus, qu'il n'y avoit point d'animaux féroces dans ces îles qui pussent leur nuire, & parce qu'il y a de l'herbe verte toute l'année.

Selon le Père Dutertre, ce sont les François qui ont peuplé les Antilles de *chevaux;* les Espagnols n'y en avoient pas laissé comme dans les autres îles & dans la terre-ferme du nouveau continent. M. Aubert, second gouverneur de la Guadeloupe, a commencé le premier pré dans cette île, & y a fait apporter les premiers *chevaux.* Ceux qu'on a transportés aux Philippines, y ont aussi prodigieusement multiplié.

Les *chevaux* transportés à l'île Saint-Hélène y sont devenus si farouches & si sauvages, qu'ils se jetteroient du haut des rochers dans la mer, plutôt que de se laisser prendre.

L'âne.

L'*âne* paroît être venu primitivement d'Arabie, & avoir passé de là dans les autres pays. L'*onagre* ou l'*âne sauvage* est assez abondamment répandu dans la Tartarie orientale & méridionale, la Perse, la Syrie, les îles de l'Archipel & toute la Mauritanie. Il ne diffère de l'*âne* domestique que par les attributs de l'indépendance & de la liberté.

On n'a pas trouvé d'*ânes* en Amérique; mais ceux que les Espagnols y ont transportés d'Europe, y ont beaucoup multiplié, & l'on y trouve, en plusieurs endroits, des *ânes* devenus sauvages, qui vont par troupes, & que l'on prend dans des pièges comme les chevaux sauvages.

ACLIMATÉS (OISEAUX).

Avant de passer en revue les principales espèces d'oiseaux aclimatés, nous ferons remarquer que toutes ces espèces, ou du moins la plus grande partie, appartiennent à l'ordre des gallinacés, à celui qui renferme les espèces les plus utiles à l'homme; enfin, à celui qui est à la classe des oiseaux, ce que l'ordre des ruminans est à la classe des mammifères.

Le paon.

Le *paon* est originaire des Indes : c'est de là qu'il a passé dans la partie occidentale de l'Asie, où, selon le témoignage positif de Théophraste, cité par Pline, il avoit été apporté d'ailleurs; au lieu qu'il ne paroît pas avoir passé de la partie la plus orientale de l'Asie, qui est la Chine, dans les Indes; car les voyageurs s'accordent à dire que, quoique les *paons* soient fort communs aux Indes orientales, on ne voit à la Chine que ceux qu'on y a transportés de divers pays; ce qui prouve au moins qu'ils sont très-rares à la Chine.

Élien assure que ce sont les Barbares qui ont fait présent à la Grèce de ce bel oiseau, & ces Barbares ne peuvent guère être que des Indiens, puisque c'est aux Indes qu'Alexandre, qui avoit parcouru l'Asie, & qui connoissoit bien la Grèce, en a vu pour la première fois : d'ailleurs, il n'est point de pays où ils se soient plus généralement répandus, & en aussi grande abondance, que dans les Indes, mais particulièrement dans les territoires de Baroche, de Camboya & de Broudra.

Des Indes ils auront facilement passé dans la partie occidentale de l'Asie : aussi voyons nous Diodore de Sicile nous dire qu'il y en avoit beaucoup dans la Babylonie ; la Médie en nourrissoit aussi de très-beaux, & en si grande quantité, que cet oiseau en a eu le surnom d'*Avis Medica*. Philostrate parle de ceux du Phase, qui avoient une huppe bleue, & les voyageurs en ont vu en Perse.

De l'Asie ils ont passé dans la Grèce, où ils furent d'abord si rares, qu'à Athènes on les montra pendant trente ans, à chaque néoménie, comme un objet de curiosité, & qu'on accouroit en foule des villes voisines pour les voir.

On ne trouve pas l'époque certaine de cette migration du paon de l'Asie dans la Grèce ; mais il y a preuve qu'il n'a commencé à paroître dans ce dernier pays, que depuis le tems d'Alexandre, & que sa première station, au sortir de l'Asie, a été l'île de Samos.

Les *paons* n'ont donc paru dans la Grèce que depuis Alexandre ; car ce conquérant n'en vit pour la première fois que dans les Indes, & il fut tellement frappé de leur beauté, qu'il défendit de les tuer sous des peines très-sévères ; mais il y a toute apparence que peu de tems après Alexandre, & même avant la fin de son règne, ils devinrent fort communs ; car nous voyons dans le poëte Antiphanes, contemporain de ce prince, & qui lui a survécu, qu'une seule paire de paons apportée en Grèce, s'y étoit multipliée à un tel point, qu'il y en avoit autant que de cailles ; & d'ailleurs Aristote, qui ne survéquit que deux ans à son élève, parle en plusieurs endroits des paons, comme d'oiseaux fort connus.

En second lieu, que l'île de Samos ait été leur première station à leur passage d'Asie en Europe, c'est ce qui est probable par la position même de cette île, qui est très-voisine du continent de l'Asie, & de plus, cela est prouvé par un passage formel de Menodotus.....

Les *paons* ayant passé de l'Asie dans la Grèce, se sont ensuite avancés dans les parties méridionales de l'Europe, &, de proche en proche, en France, en Allemagne, en Suisse, & jusque dans la Suède, où, à la vérité, ils ne subsistent qu'en petit nombre, à force de soin, & non sans une altération considérable de leur plumage.

Enfin, les Européens, qui, par l'étendue de leur commerce & de leur navigation, embrassent le globe entier, les ont répandus d'abord sur les côtes d'Afrique & dans quelques îles adjacentes, ensuite dans le Mexique, & de là dans le Pérou & dans quelques-unes des Antilles, comme Saint-Domingue & la Jamaique, où l'on en voit beaucoup aujourd'hui, & où, avant cela, il n'y en avoit pas un seul, par une suite de la loi générale du climat, qui exclut du Nouveau-Monde tout animal terrestre, attaché par sa nature aux pays chauds de l'ancien continent, loi à laquelle les oiseaux pesans ne sont pas moins assujettis que les quadrupèdes.

Le faisan.

Le *faisan* étoit confiné dans la Colchide : ce sont des Grecs qui, en remontant le Phase pour arriver à Colchos, virent ces beaux oiseaux répandus sur les bords du fleuve, & qui, en les rapportant dans leur patrie, lui firent un présent plus riche que celui de la toison d'or.

Encore aujourd'hui les *faisans* de la Colchide ou Mingrelie, & de quelques autres contrées voisines, sont les plus beaux & les plus gros que l'on connoisse. C'est de là qu'ils se sont répandus, d'un côté, par la Grèce à l'Occident, depuis la mer Baltique jusqu'au Cap de Bonne-Espérance & à Madagascar ; & de l'autre, par la Médie, dans l'Orient, jusqu'à l'extrémité de la Chine & au Japon..... Ils sont en fort grande abondance en Afrique, surtout sur la côte des Esclaves, la côte d'Or, la côte d'Ivoire, au pays d'Issini, & dans les royaumes de Congo & d'Angola..... On en trouve assez communément dans les différentes parties de l'Europe, en Espagne, en Italie, surtout dans la campagne de Rome, le Milanez & quelques îles du golphe de Naples ; en Allemagne, en France, en Angleterre ; mais, dans ces dernières contrées, ils ne sont pas généralement répandus.

Le coq.

L'espèce du *coq*, qui paroît originaire des pays chauds de l'Asie, n'existoit pas en Amérique lors de la découverte de ce continent ; elle y a été transportée par les Européens, & elle s'y est multipliée partout. On trouve encore le *coq* sauvage dans les forêts de l'île de Java.

La pintade.

La *pintade*, élevée autrefois à Rome avec beaucoup de soin, s'étoit perdue en Europe, puisqu'on n'en retrouve plus aucune trace chez les écrivains du moyen âge, & qu'on n'a recommencé à en parler que depuis que les Européens ont fréquenté les côtes occidentales de l'Afrique, en allant aux Indes par le Cap de Bonne-Espérance. Non-seulement ils l'ont répandue en Europe, mais ils l'ont encore transportée en Amérique.

Il paroît donc que la *pintade* est originaire des côtes de Guinée.

On trouve la *pintade* à l'île de France & à l'île de la Réunion, où elle a été transportée assez récemment, & où elle s'est fort bien multipliée ; elle existe à Madagascar, où elle a reçu le nom d'*acanque*, & au Congo, où elle porte celui de *quetèle* ; elle est fort commune dans la Guinée, à la côte d'Or, où elle n'est privée que dans le canton d'Acra ; à Sierra-Leona, au Sénégal, dans l'île de Gorée, dans celle du Cap-Verd, en Barbarie, en Égypte, en Arabie, en Syrie. On ne dit point s'il y en a dans les îles Canaries ni dans celle de Madère.

Cet oiseau s'est fort multiplié à Saint-Domingue & à l'île de Juan-Fernandez ; il est même devenu sauvage dans ce dernier lieu.

Le dindon.

Le *dindon* ou *coq-d'inde* n'est pas originaire des Indes, ainsi que son nom semble l'indiquer. Tout concourt à prouver que l'Amérique est le pays natal des *dindons ;* &, comme ces sortes d'oiseaux sont pesans, qu'ils n'ont pas le vol élevé, & qu'ils ne nagent point, ils n'ont pu en aucune manière traverser l'espace qui sépare les deux continens pour aborder en Afrique, en Europe ou en Asie ; ils se trouvent donc dans le cas des quadrupèdes, qui, n'ayant pu, sans le secours de l'homme, passer d'un continent à l'autre, appartiennent exclusivement à l'un des deux ; & cette considération donne une nouvelle force au témoignage de tant de voyageurs, qui assurent n'avoir jamais vu de *dindons* sauvages, soit en Asie, soit en Afrique, & n'y en avoir vu de domestiques que ceux qui y avoient été apportés d'ailleurs.

Une tradition populaire fixe dans le seizième siècle, sous François Ier, l'époque de leur apparition en France. Les auteurs de la *Zoologie britannique* avancent comme un fait notoire, qu'ils ont été apportés en Angleterre sous le règne de Henri VIII, contemporain de François Ier.

On trouve encore le *dindon* sauvage dans les forêts de la Caroline du sud.

ACLIMATÉS (POISSONS).

La liste de ces poissons nous paroît réduite à trois espèces, que nous trouvons indiquées ainsi par la Cépède :

« C'est avec beaucoup de précautions que, dès » le seizième siècle, on a répandu, dans plusieurs » contrées de l'Europe, des espèces précieuses de » poisson dont on étoit privé. C'est en employant » ces précautions, qu'il paroît que Maschal a in» troduit la carpe en Angleterre en 1514 ; que » Pierre Oxe l'a donnée au Dannemarck en 1550 ; » qu'à une époque plus rapprochée on a natura» lisé l'*acipensère sterlet* en Suède, ainsi qu'en Po» méranie, & qu'on a peuplé de *cyprins dorés de* » *la Chine* les eaux, non-seulement de la France, » mais encore d'Angleterre, de Hollande & d'Al» lemagne. »

AÇORES (ÎLES). Les Açores furent découvertes pour la première fois, en 1439, par des vaisseaux flamands. Plusieurs familles des Pays-Bas s'établirent à l'île de Fayal, & une des paroisses porte encore le nom de *Flamingos ;* c'est pour cela que quelques-uns des anciens géographes les ont appelées *îles flamandes.* En 1447, les Portugais découvrirent l'île de Sainte-Marie, qui est la plus orientale de ce groupe, ensuite Saint-Michel & Tercère. On reconnut successivement les îles de Saint-Georges, de Graciosa, du Pic & de Fayal, & on y fit des établissemens. Enfin, on découvrit les deux plus occidentales du grouppe, & on les appela *Flores* & *Corvo*, à cause de la grande quantité de fleurs qu'il y avoit sur l'une, & de corneilles qui se trouvoient sur l'autre.

On croit devoir offrir sous un même tableau la description de toutes les îles qui composent le grouppe des *Açores.* Le lecteur saisira mieux l'ensemble de toutes ces terres, que de les classer suivant la marche ordinaire des dictionnaires ; mais on trouvera à chacun des noms qu'elles portent, le renvoi au titre de cet article.

L'île de Fayal est une des plus grandes du grouppe ; elle a neuf lieues de long de l'est à l'ouest, & environ quatre lieues de large. La baie ou la rade de même nom gît, à son extrémité est, devant la ville de Horta & en face de l'extrémité occidentale du Pico ; elle a deux milles de large, trois quarts de mille de profondeur, & une forme demi-circulaire. Il y a de vingt à dix & six brasses d'eau, fond de sable, excepté près de la côte, & en particulier près du Cap sud-ouest, en travers duquel le fond est de roche ; il l'est également en dehors de la ligne qui joint les deux pointes de la baie, de sorte qu'il n'est pas sûr de mouiller fort avant au large. Malgré cela, ce n'est point du tout une mauvaise rade ; mais les vents les plus à craindre sont ceux qui soufflent entre le sud-sud-ouest & le sud-est ; le premier n'est pas si dangereux que le dernier, parce qu'avec celui-là on peut toujours mettre en mer. Outre cette rade, il y a une petite anse autour de la pointe sud-ouest, appelée *Porto-Pierre*, dans laquelle un ou deux vaisseaux sont en sûreté. A une demi-lieue de la rade, au sud-est, sur une même ligne, entre cette direction & la côte sud du Pic, on assure qu'il y a un rocher submergé, couvert de vingt-deux pieds d'eau, & sur lequel la mer brise dans les coups de vent qui viennent du sud.

La marée est forte entre *Fayal* & *Pico.* Le flot porte au nord-est, & le jusant au sud-ouest. Au large, la marée est est & ouest. La mer est haute dans les pleines & nouvelles lunes, à douze heures, & l'eau s'élève de quatre ou cinq pieds.

La ville de Horta, chef-lieu de l'île de Fayal, est située au fond de la baie, près des bords de la mer : son aspect est assez beau quand on l'examine de la rade. Elle est pavée de grandes pierres assez propres, parce qu'on y marche peu. Les maisons sont construites exactement comme celles de *Madère*, avec des balcons avancés, couvertes d'un toit au sommet, & garnies de jalousies.

Les collines qui sont derrière la ville, sont remplies de belles maisons, de jardins, de bocages, & de différens bâtimens qui annoncent une grande population & donnent l'idée de l'abondance. On aperçoit des champs bien cultivés & en bon état. Le blé que sèment les insulaires est surtout de l'espèce barbue. Près des maisons on aperçoit des champs de concombres, de gourdes, de melons ordinaires & de melons d'eau. Les vergers fournissent des citrons, des oranges, & leurs fleurs odoriférantes embaument l'air de leur parfum délicieux. On y voit aussi des prunes, des abricots, des figues, des poires & des pommes : il y a peu de choux, & les carotes dégénèrent & deviennent blanches; ce qui oblige les habitans de faire venir chaque année des graines d'Europe. Ils plantent une grande quantité de patates qu'ils vendent à bon marché, parce qu'ils ne les aiment pas. Les oignons & l'ail, dont les Portugais font grand cas, sont abondans sur cette île, ainsi que les fraises & le *solanum lycopersicon*, dont ils appellent le fruit *tomatos*.

Du haut de ces collines on jouit d'un charmant coup-d'œil : on voit à ses pieds la ville & la rade, & devant soi l'île du Pic, éloignée de deux ou trois lieues. On entend de toutes parts le chant harmonieux des canaris & d'autres oiseaux. On se promène dans des bocages délicieux & parmi des arbrisseaux de plusieurs espèces. On y aperçoit une grande quantité de myrtes au milieu des trembles, des bouleaux ou des hêtres, qui, étant appelé *faya* (*fagus*) en langue portugaise, ont, à ce qu'on dit, donné à l'île le nom de *Fayal*.

Près du village de Notre-Dame de la Luz, d'autres collines offrent un site aussi varié qu'agréable. A quelque distance un ruisseau embellit le paysage & vivifie les plantes. On traverse, pour aller examiner son cours, des collines & des bocages pittoresques : bientôt on découvre une belle plaine de champs de blé & de pâturages, au milieu de laquelle se trouve le village dont on vient de parler, & qui est entouré de trembles & de hêtres. Parvenu enfin auprès du ruisseau, on est un peu étonné de voir le lit large & profond d'un torrent presqu'entiérement sec, excepté à un endroit où le ruisseau, peu considérable, semble rouler ses eaux parmi les rochers & les pierres. Le lit de ce ruisseau, à ce qu'on dit, est plein jusqu'au bord en hiver, tems ordinaire des pluies dans cette île.

Au nord de la ville, les collines présentent de charmans points de vue : tous les chemins sont bordés de grands arbres touffus, & des deux côtés on est environné de champs de blé, de jardins & de vergers. Au sommet d'une des collines, à environ neuf milles de la ville, il y a une profonde vallée circulaire. Cette cavité a environ deux lieues de circonférence : la pente de ses flancs est uniforme partout, & couverte d'herbes abondantes : on y voit paître des moutons, qui sont presque sauvages quoiqu'ils appartiennent à des particuliers. Il y a un lac d'eau douce, rempli de canards : on dit que l'eau y a partout quatre ou cinq pieds de profondeur. Cette excavation, est appelée la *caldéira* ou la *chaudière*, à cause de sa figure. La montagne remarquable, qui s'éleva en 1638 tout près des îles de Saint-Michel, à la surface de la mer, en formant une nouvelle île, a sans doute été produite par un volcan considérable; & quoiqu'elle soit retombée dans les entrailles de la terre peu de tems après sa formation, son apparition momentanée prouve que les pics les plus élevés du monde ne renferment pas seuls des feux intérieurs. L'île qui se montra tout à coup entre Tercère & Saint-Michel, au mois de novembre 1720, étoit exactement de la même nature que les autres volcans. Le sommet élevé de *Pico* vomit constamment de la fumée, & quand le ciel est très-clair on aperçoit de grand matin cette fumée de *Fayal* même. Les tremblemens de terre sont aussi très-communs sur toutes les Açores. Il paroît donc que presque toutes les îles de l'Océan atlantique, comme celles de la mer du sud, conservent des traces d'anciens volcans ou contiennent encore à présent des montagnes brûlantes.

Fayal, quoique la plus célèbre des îles des Açores pour le vin, n'en produit pas une quantité suffisante pour sa consommation : il s'en fait beaucoup plus au Pico, où il n'y a point de rade pour les bâtimens; mais comme on l'amène à la baie de Horta, & que de là on l'embarque pour les pays étrangers, surtout pour l'Amérique, il a acquis le nom de vin de *Fayal*.

On a vu que les productions végétales & les fruits sont abondans sur cette île. Le règne animal n'offre pas moins de ressources. On y trouve beaucoup de bœufs, de cochons & de moutons. Les deux premières espèces sont très-bonnes; mais les moutons sont petits & fort maigres.

Des volailles, des canards, un nombre prodigieux de cailles ordinaires, des bécasses d'Amérique, une petite espèce de faucon, enrichissent cette terre, & ajoutent aux jouissances de ses habitans.

Les chevaux sont petits & paroissent mauvais; mais les ânes & les mules sont plus nombreux, & peut-être plus utiles dans cette île remplie de collines. Les chemins sont meilleurs qu'à Madère, et en général tout y annonce une plus grande industrie, une plus grande activité : partout on trouve les insulaires occupés aux travaux de la campagne, ou livrés dans leurs maisons à différens ouvrages.

L'île de *Pico* (ou du Pic) tire son nom du Pic ou d'une haute montagne souvent couverte de nuages, qui, par leur direction & leur quantité, tiennent presque lieu de baromètre aux insulaires. Cette île, la plus grande & la plus peuplée des Açores, contient trente mille habitans : il n'y a point de champs de blé; mais elle est couverte de vignes, qui forment un coup-d'œil enchanteur sur la pointe des montagnes. Le blé & les autres denrées de consommation se tirent de Fayal : la plupart des principales familles de cette dernière île ont des possessions considérables sur la partie occidentale du Pic. La saison des vendanges est celle de la gaieté & de la joie; alors le quart ou le tiers des habitans de Fayal se rendent au Pic :

on croit que le raisin qui se mange alors, produiroit trois mille pipes de vin, quoiqu'il n'y ait pas de peuple plus sobre & plus frugal que les Portugais. Cette île fournit à peu près dix-huit à vingt mille pipes de vin. Le meilleur se fait sur la côte occidentale, dans les vignes qui appartiennent à Fayal. Celui de la côte opposée se change en eau-de-vie : on tire une pipe d'eau-de-vie de trois ou quatre pipes de vin. Le meilleur vin est vert, mais agréable ; il a du corps, & il s'améliore quand on le conserve.

Tercère est, après le Pic, la plus grande de toutes les Açores : il y a beaucoup de blé, & elle produit un peu de mauvais vin. Comme c'est ici que résident le gouverneur-général & la cour supérieure de justice, elle jouit de quelque importance par-dessus les autres. On compte qu'il y a vingt mille habitans, & ses exportations consistent en blé, qu'on envoie à Lisbonne.

L'île de *Corvo* est la plus petite des Açores, & elle contient à peine six cents habitans, qui cultivent surtout du blé, & qui nourrissent des cochons : ils exportent annuellement une petite quantité de lard. On trouve sur cette terre une grande quantité de corneilles.

L'île de *Flores* est un peu plus grande, plus fertile & plus peuplée : ses exportations montent à six cents *muids* de blé, outre le lard ; mais comme on ne fait point de vin dans ces deux îles, les habitans sont obligés d'en tirer de Fayal pour leur consommation. On y voit une grande variété de fleurs, & les doux parfums qu'elles exhalent, rendent l'air de ce canton d'une extrême salubrité.

Saint-Georges est une petite île étroite, très-escarpée, & d'une hauteur considérable : elle est habitée par cinq mille personnes, qui cultivent beaucoup de ble & très-peu de vin.

Graciosa a une pente plus douce que Saint-Georges : elle est très-petite ; elle produit principalement du blé, & elle a trois mille habitans : on y fait aussi de mauvais vin ; il en faut cinq ou six pipes pour une pipe d'eau-de-vie. Graciosa & Saint-Georges ont des pâturages, & elles exportent du fromage & du beurre.

Saint-Michel est d'une étendue considérable, très-fertile & très-peuplée ; elle contient environ vingt-cinq mille habitans : ils ne cultivent point de vin, mais beaucoup de blé & de lin : avec le lin on fabrique des toiles, dont on charge annuellement trois vaisseaux pour le Brésil.

Santa-Maria, l'île la plus au sud est de toutes les Açores, produit une grande quantité de blé. Il y a cinq mille habitans : on y travaille une sorte de poterie de terre dont on fournit les autres îles.

Entre Saint-Michel & Santa Maria, il y a un banc de rocher appelé *Hormingam*.

Telles sont les îles qui composent le grouppe des Açores. D'après les différentes productions qui y croissent, il est aisé de juger de la bonté du sol & du parti qu'en savent tirer les habitans laborieux.

La chaleur y est grande ; cependant en général le climat des Açores est salubre & tempéré : on n'y éprouve jamais les rigueurs de l'hiver : à la vérité, les vents sont quelquefois impétueux & les pluies fréquentes ; mais il ne gèle & il ne tombe de la neige que sur les parties les plus hautes du Pic. Le printems, l'automne & la plus grande partie de l'été sont délicieux, car une jolie brise y rafraîchit communément assez l'air pour adoucir les rayons brûlans du soleil.

En général les habitans sont plus blancs que ceux de Madère ; leurs traits ont quelque chose de plus doux : leur manière de se vêtir est aussi plus agréable. Parmi les femmes, on en voit qui sont jolies, & qui possèdent l'avantage d'avoir un teint très-blanc ; elles ont beaucoup de politesse : leur prononciation est fort douce & sur un ton chantant, qui paroît d'abord affecté ; mais ce qui détruit cette idée, c'est que les insulaires de tous les rangs parlent de même. Ils sont peu curieux de cultiver les sciences, & leur froideur à cet égard ressemble à celle des Portugais, d'où ils tirent leur origine.

J'ajoute à tous ces détails les faits que j'ai pu tirer des *Mémoires de l'Académie des Sciences*, sur les éruptions des feux souterrains dans quelques-unes de ces îles ou bien aux environs.

On trouve dans les Açores, des terres sulfureuses & des scories qui prouvent que les feux souterrains ont brûlé de grandes parties de ces îles. De nos jours même on a été témoin de ces effets, qui s'y sont montrés d'une manière bien frappante.

Le 10 octobre 1720, on vit auprès de l'île de Tercère un feu assez considérable s'élever de la mer : des navigateurs s'en étant approchés, ils aperçurent une île qui n'étoit que feu & fumée, avec une prodigieuse quantité de cendres jetées au loin comme par la force d'un volcan sous-marin. Il se fit en même tems un tremblement de terre qu'on ressentit dans les îles circonvoisines, & on remarqua sur la mer une grande quantité de pierres-ponces, surtout autour de la nouvelle île. On sait que ces pierres voyagent, & on en a même trouvé de grands & nombreux convois au milieu même des grandes mers.

La nuit du 7 au 8 décembre, il y eut un grand tremblement de terre dans les îles de Tercère & de Saint-Michel, distantes l'une de l'autre de vingt-huit lieues, & l'île neuve sortit. On remarqua en même tems que la pointe de l'île du Pic, qui en est à trente lieues, & auparavant jetoit du feu, s'étoit affaissee & n'en jetoit plus ; mais l'île neuve jetoit continuellement une grosse fumée. Un pilote qui s'étoit approché de l'île & en avoit fait le tour, ayant jete la sonde du côté du sud, fila soixante brasses sans trouver de fond : du côté de l'ouest il trouva les eaux fort chargées ; elles sembloient d'un bleu & vert qui annonçoient du bas-fond, & cette apparence s'étendoit à plus d'une lieue : elles paroissoient vouloir bouillir. Au nord-ouest, qui étoit l'endroit d'où sortoit la fumée, il trouva quinze brasses fond de gros sable; il jeta une pierre à la mer, & il vit, à l'endroit où elle étoit tombée, l'eau bouillir & sauter en l'air avec impétuosité : le fond étoit si chaud, qu'il fondit deux fois de suite le suif qui étoit au bout du plomb. Le même pilote observa encore de ce côté-là, que la fumée sortoit d'un petit lac borné par une dune de sable. La nouvelle île étoit ronde, & assez haute pour être aperçue de sept à huit lieues dans un tems clair.

En 1722, l'île neuve avoit considérablement diminué de hauteur, car elle étoit presque à fleur d'eau; de sorte qu'il paroît qu'elle s'étoit affaissée de manière à faire croire qu'elle pouvoit encore diminuer. Au reste, comme l'endroit d'où sortoit la fumée, n'étoit qu'à quinze brasses de profondeur sous l'eau, il y a grande apparence que ceci, comparé avec les profondeurs ordinaires de l'Océan environnant cet endroit, est un sommet de montagne sous la mer.

Il paroît que ce volcan de mer avoit une communication souterraine avec des volcans de terre, puisque le sommet du volcan du pic Saint-Georges, dans l'île de ce pic, s'abaissa lorsque la nouvelle île se forma.

Ce pic est considéré comme une montagne aussi élevée que le pic de Ténériffe : elle se présente, au reste, de loin en mer sous une forme arrondie & d'une grande masse.

On doit observer que ces nouvelles îles volcaniques ne se montrent jamais qu'à côté des anciennes, aussi volcaniques, & qu'on n'a pas d'exemples qu'il s'en soit élevé de nouvelles dans les hautes mers. On doit donc les considérer comme une continuation des îles voisines; & lorsque ces îles ont des volcans, il n'est pas étonnant que leurs appendices contiennent des matières propres à en former de nouveaux, qui éprouvent de fortes & violentes éruptions, & telles sont les nouvelles îles des *Açores* & de *Santorin*. *Voyez* SANTORIN.

ACQUAPENDENTE, ville d'Italie dans la province d'Orviette. Elle est située sur un rocher d'où tombe une cascade naturelle qui a donné son nom à la ville. Lorsqu'on a passé la Paglia & le ruisseau qui descend de Borsello, on aperçoit en pierres perdues, sur la croupe qui conduit à la ville d'Acquapendente, des matières fondues & cuites en différens états, & même mêlées de scories. A mesure qu'on s'élève sur cette pente rapide, on y distingue d'abord des couches d'argile & d'albarèse, qui sont adossées à des granits cuits & déplacés. Quelques masses de matières fondues sont d'un grain fin & serré; d'autres, d'un grain plus ouvert, se taillent aisément : on en fait des cordons de murs, des chambranles, des croisées & des portes.

Ce sont toutes ces matières qui forment une partie des croupes d'*Acquapendente*, & c'est sur ce fond solide que coule l'eau de la cascade. C'est lui qui, résistant à son action, a conservé l'escarpement qui occasionne la chute brusquée des eaux.

ACQUA, bourg du grand-duché de Toscane où sont des bains qui ont de la réputation : on le nomme *Bagno a Aqua*.

ACRAMAR ou LAC DE VAN. C'est un lac qui occupe un bassin fort étendu sur les frontières de la Perse, & qui rassemble les eaux de dix rivières, dont il peut être considéré comme le rendez-vous. Il paroît qu'une partie de l'enceinte de ce bassin est formée par la chaîne des montagnes du Diarbekir, au sud-est d'Erzerum. Une des rivières qui s'y jettent, nommée Baud-Machi, nourrit une grande quantité de poissons d'une espèce plus grande que celle du Pelamide, fort recherché en Perse.

Ce lac & son bassin se trouvent dans le voisinage d'un autre lac & bassin isolés, dont nous ferons mention sous le nom d'*Ormia*.

Il n'est pas étonnant que ces deux grands bassins se trouvent situés dans une contrée qui en renferme plusieurs autres, & surtout ceux de *la Caspienne*, de l'*Aral*, &c. Nous en parlerons en détail à l'article de la mer *Caspienne* & du royaume de *Cachemire*.

ACRIDOPHAGES, peuples ainsi nommés, parce que l'on pensoit qu'ils vivoient de sauterelles; ce que signifie ce mot *Acridophages*. On a placé les *Acridophages* dans l'Éthiopie, proche des déserts. On a dit que dans le printems ils faisoient une grande provision de sauterelles, qu'ils salaient & gardaient pour tout le reste de l'année : on a même ajouté qu'ils ne vivoient que jusqu'à quarante ans, & qu'ils mouroient communément à cet âge, de vers ailés qui s'engendroient dans leur corps.

Quoiqu'on raconte de ces peuples des circonstances capables de faire passer une grande partie de ce qu'on en a écrit comme fabuleux, M. Bruce nous assure qu'il a vu des *Acridophages* en Éthiopie. (*Voyez* ce qu'en cite Buffon dans ses Supplémens.) Nous savons, au reste, que dans le royaume de Maroc, lorsque des nuages de sauterelles viennent s'y abattre, les habitans, dont ces insectes ravagent les récoltes, ramassent les sauterelles qui survivent aux autres, & en font des mets dont ils se nourrissent. Quelques voyageurs européens qui ont été curieux d'en goûter, nous ont appris que c'étoit une assez mauvaise nourriture. Mais enfin, ils en font des ragoûts qui ne peuvent être considérés comme des alimens d'une certaine ressource.

ACTINOTE. Le citoyen Haüy a donné ce nom, qui signifie *corps rayonné*, à la pierre connue sous celui de *rayonnante* de Saussure. Cette substance a pour forme primitive le prisme rhomboïdal de 124 degrés & demi, & 55 degrés & demi : elle est fusible en émail grisâtre, ce qui la distingue de l'amphibole ou schorl noir (*voyez* AMPHIBOLE); enfin, elle est assez dure pour rayer le verre. On la rencontre ordinairement en prismes plus ou moins déliés, fasciculés ou croisés, quelquefois réunis en nœuds. Elle varie, pour la couleur, du vert de différentes teintes, au gris verdâtre, au noirâtre & au blanc; pour la transparence, elle est tantôt translucide, tantôt opaque.

L'actinote (1) appartient au sol primitif, surtout à celui dans lequel la magnesie domine; il y existe comme partie constituante de beaucoup de roches d'espèces différentes, parmi lesquelles il en est plusieurs dont il forme la base. Le plus pur, celui dont les cristaux sont le mieux prononcés & ont la plus grande longueur, a pour enveloppe un talc feuilleté blanc ou vert : telle est l'actinote qui vient du Zillerthal. Ailleurs, cette substance est engagée dans la chaux carbonatée aluminifère ou (*dolomie*), dans les roches micacées & dans le pétrosilex.

Saussure (2) a trouvé cette pierre à peu de distance de Zumloch, au bord de l'Egina ou Aigesse, torrent qui vient du glacier de Gries; elle étoit enveloppée d'une couche de mica pur en grandes lames, d'un brun noirâtre & brillant; la roche qui la contenoit, étoit un gneiss à feuillets très-fins.

Ce voyageur a encore rencontré l'*actinote* au Saint-Gothard, un peu au dessus du pont Tremola, sur le Tessin; il y étoit mélangé de pierres calcaires. Saussure dit qu'on a depuis trouvé l'*actinote* dans plusieurs autres endroits du mont Saint-Gothard.

Le citoyen Brochant (3), d'après les Catalogues de Leske, indique l'*actinote*,

A Raschau, près Schwarzenberg en Saxe.

Aux environs de Bareith & dans le Bannat.

D'après Emmerling, il indique cette substance,

A Schneeberg, près Sterzingen en Tirol.

L'actinote de Raschau est mélangé de cuivre carbonaté & de fer sulfuré; il se trouve au milieu d'une couche toute pyriteuse. Celui de Bareith gît au milieu des serpentines & des stéatites.

Il dit encore que cette substance se rencontre à Erhenfriedersdorf & à Gieshubel en Saxe.

(1) Traité de Minéralogie du citoyen Haüy, tom. 3, p. 77.

(2) Voyages dans les Alpes, n°. 1728.

(3) Traité élémentaire de Minéralogie, tom. 1, p. 506.

On assure qu'elle existe dans le pays de Salzbourg & en Norwège.

« En général (1), l'*actinote* est commun dans » les Alpes piémontaises, lombardes & tirolaises, » & il abonde surtout dans la vallée de Zillerthal » en Tirol. »

ADAM (pic d'). La plus haute montagne de Ceilan est *le pic d'Adam*, qui peut avoir environ quinze à seize cents toises d'élévation. Vers le sommet est un lac d'où sortent plusieurs ruisseaux qui s'écoulent par torrens le long des croupes de la montagne, & qui, après un certain trajet dans lequel ils ramassent d'autres eaux courantes, forment trois rivières considérables, lesquelles servent à l'arrosement & à la fertilisation des plaines.

La masse qui sert de base au pic d'Adam, sépare l'île de Ceilan en deux, qui présentent un contraste de saisons fort singulier, & dont ailleurs, & sur les côtes de Coromandel & de Malabar, nous avons cité des exemples de semblables phénomènes très-connus.

Quand les vents d'ouest soufflent, toutes les parties occidentales de l'île reçoivent de fréquentes pluies; c'est alors la saison propre à la culture de la terre : pendant ce tems toutes les contrées dont l'exposition est au levant, jouissent d'un ciel découvert & sans nuages, & l'on y éprouve une grande sécheresse : c'est pour elles le tems de la récolte. Quand au contraire ce sont les vents d'est qui y règnent, on a la pluie dans la partie orientale de l'île, qui par-là devient propre à la culture, tandis que les contrées occidentales, jouissant de la belle saison, voient mûrir leurs grains & peuvent faire leurs récoltes. Ce qu'il y a de remarquable, c'est que les pluies d'une part, le beau tems de l'autre, ont des limites très-précises & déterminées par les chaînes de montagnes qui occupent le milieu de l'île. En sortant d'une contrée bien trempée, on passe, sans faire un grand trajet, sur un terrain sec & même brûlant; & cette différente constitution de l'atmosphère, & ces divers états du sol dépendent, comme on voit, des vents, soit d'ouest, soit d'est, qui règnent successivement pendant six mois, & se partagent ainsi l'année dans toutes ces vastes contrées de l'Inde renfermées entre les tropiques.

ADAMIQUE (terre), *Adamica terra*.

Le fond de la mer est enduit d'un limon salé, gluant, gras, & semblable à de la gelée : on le découvre aisément après le reflux de l'Océan; ce limon rend les plages que les eaux de la mer ont abandonnées, si glissantes, qu'on n'y marche qu'avec peine. Il paroît que c'est un dépôt des principes mucilagineux & huileux dont sont chargées les eaux de la mer, & qui, se précipitant continuelle-

(1) Haüy, Traité de Minéralogie, tom. 3, p. 77.

ment

ment comme ceux que les eaux douces laissent tomber dans les vaisseaux qui les contiennent, forment une espèce de vase qu'on appelle *terra adamica*. On conjecture que la grande quantité de poissons & de plantes qui meurent continuellement, & qui pourrissent dans la mer, contribue à la formation de cette *terre* & de cette vase glaireuse. *Mémoires de l'Académie*, an. 1700, p. 29.

ADDA, rivière du pays des Grisons; elle prend sa source en partie dans le val de Freel, au comté de Bormio, & en partie aux amas de glace qui se trouvent sur le mont *Braglio* lui-même. Malgré la réunion de ces eaux, l'Adda est encore bien foible; mais insensiblement dans son cours, tant à travers le comté de Bormio, que le long de la belle vallée de la Valteline, il grossit par la jonction de plusieurs ruisseaux grands & petits, au point qu'il devient considérable. Cette rivière procure de grands avantages au pays qu'elle parcourt; mais aussi quelquefois elle cause de grands dégâts par ses debordemens. La droite de la vallée de l'Adda, depuis Sondrio jusqu'à Morbegno, est, de même que la gauche, bordée de vignobles qui commencent dès le village de Leprèse, à l'entrée de la Valteline. L'Adda n'est pas navigable au dessus de Nigola, parce que beaucoup de rochers embarrassent son lit; mais à son entrée dans le lac de Come il est si rapide, qu'on peut en observer le cours dans le lac pendant trois à quatre milles d'Italie; il en ressort près de Lecco, sous le même nom, & se jette dans le Pô, au dessus de Crémone, après avoir parcouru les dépôts immenses de cailloux roulés qui servent de digue au lac de Come, & les avoir coupés par des vallées assez profondes, où ces amas de cailloux sont à découvert, & où je les ai observés avec le plus grand soin.

Au dessus du lac de Come, où se jette l'Adda, on voit un autre système d'eaux courantes, qui mérite les mêmes détails que nous avons exposés pour l'Adda & la Valteline. On trouve d'abord deux vallées : ce sont celles de la *Maïra*. La première, qui a le nom de *Chiavenne*, est abreuvée par la *Maïra*, qui prend sa source dans les culs-de-sac de Casaccio & de l'Osteria. Après ces deux embranchemens premiers, la vallée offre onze courans d'eau latéraux, dont six à droite & cinq à gauche, qui se rendent dans le tronc principal de la Maïra.

La seconde vallée, celle de San-Giacomo, est occupée par la *Lora*, qui reçoit à droite les eaux de deux vallons, & à gauche celles d'un grand embranchement de ruisseaux.

Après la réunion de ces deux vallées, la Maïra continue son cours au fond d'une seule vallée qui se trouve abreuvée par les eaux de trois vallées à droite, & par celles d'une vallée arrondie à gauche.

C'est à la suite de toutes ces eaux courantes que se trouve le *lac de Chiavenne*, qui a deux milles de diamètre, & dont le bassin, placé dans le lit de la Maïra, m'a toujours paru digué par les dépôts sablonneux de l'*Adda*, qui sont au dessous du lac; outre cela, je dois dire que son trop plein se jette, par un canal peu large, dans le lac de Come.

J'ai remarqué depuis long-tems toutes ces circonstances, parce qu'elles sont une confirmation bien importante de mes principes sur la formation des bassins des lacs & de leurs digues; car les premières cartes que j'ai consultées à ce sujet, avoient tout confondu dans ce qui concerne le lac de Chiavenne, & le cours de l'Adda qui a contribué à le diguer; mais j'ai eu soin de tout restituer dans les descriptions précédentes & dans les cartes de l'Atlas, où sont représentés, & la Valteline, & les bassins des lacs de Chiavenne & de Come, avec autant de soin que de précision. *Voyez* les *cartes* de *Danville* & *d'Albe*. Au reste, tous ceux qui examineront avec ces dernières cartes, les eaux courantes de la *Maïra* & de l'*Adda*, doivent diriger leurs observations sur les considérations que nous avons exposées, surtout relativement à la formation des digues des lacs. *Voyez* CHIAVENNE (*lac*), COME (*lac*).

ADDITIONS successives faites au globe de la terre.

J'ai vu plusieurs personnes qui, sans trop approfondir leurs idées, pensent que le globe de la terre est maintenant dans l'état où il a été formé d'abord & créé suivant eux; ils ne croient pas aux révolutions qu'il a éprouvées, aux superfétations qu'il a reçues, & dont les preuves se trouvent cependant partout. Pour dissiper leurs préjugés, en agrandissant leurs vues courtes, il suffit de leur montrer que les assemblages de couches qu'on trouve à la surface de certaines parties de nos continens, sont formés de matériaux immenses qui ont passé par la vie animale, & que le Créateur du globe n'a pas employé, dans l'état primitif de son ouvrage, les dépouilles des animaux qui n'avoient pas encore existé. Ainsi le globe de la terre n'est pas sorti, avec ces superfétations, des mains du Créateur; mais comme la vie animale & son organisation sont antérieures à la formation de la partie de nos continens, qui est organisée par couches, il s'ensuit que cet état ne date point de la première époque. Qu'opposera-t-on aux faits que nous avons cités? Ceux qui veulent s'étourdir sur la vieillesse du Monde, ne peuvent se les dissimuler; car qui doutera qu'il ait fallu des siècles pour que les animaux qui ont fait des dépôts immenses de leurs dépouilles, existassent dans nos mers?

Les chronologistes sont des enfans qui croient que leur grand-père est le premier homme qui ait existé, qui pensent que les livres doivent tout dire, comme si la surface du globe n'étoit pas un autre livre où les opérations de l'eau & des autres agens de la Nature sont écrites & consignées en caractères très-reconnoissables ; mais il faut apprendre cet alphabet & à lire dans ce livre. D'un autre côté, combien de gens, parce qu'ils supposent que la Nature a fait quelque chose, devinent sans lire & sans parcourir les divers feuillets de ce livre !

Je n'ai cité jusqu'à présent que la dernière & la plus moderne des additions faites au globe par les dépôts de la mer. Cette addition la plus moderne se trouve en conséquence placée sur tous les autres massifs, soit qu'ils appartiennent à de semblables dépôts sous-marins, soit que jusqu'à présent on les ait considérés comme des masses sans aucunes couches distinctes.

Parmi les additions plus anciennes, je placerai donc le massif qui est organisé par couches, dont un grand nombre se trouvent inclinées à l'horizon, où la substance calcaire offre un grain plus fin, plus fondu & plus infiltré que la substance calcaire des derniers massifs, où les amas de coquilles qui s'y trouvent, offrent des familles différentes de celles qu'on rencontre dans les massifs les plus modernes.

Je renvoie aux diverses coupes des terrains du globe que renferme notre Atlas, pour achever de donner une idée de ces additions, qui y figurent sous la dénomination de nouvelle & de moyenne terre calcaire. On les y verra placées sur l'ancienne terre graniteuse que je ne comprends pas dans les additions, mais que je considère comme un noyau fort ancien, au-delà duquel aucunes observations décisives ne me permettent pas de rien supposer. *Voyez* COUPE.

En rappelant maintenant, suivant l'ordre de leur assemblage, les différens massifs qui ont pour base l'*ancienne terre*, on reconnoît aisément que la *moyenne terre*, soit schisteuse, soit calcaire, y a été ajoutée la première immédiatement dans plusieurs parties de la surface du globe ; que, bien postérieurement, la *nouvelle terre* a été superposée à cette moyenne terre, ou bien même a été formée par une suite de dépôts établis sans aucune masse intermédiaire, le long des limites de l'*ancienne terre*. Comme tous ces phénomènes se montrent dans un très-grand nombre de circonstances semblables, on ne peut faire aucune difficulté d'admettre les conséquences générales que j'en tire ici. Je les développerai encore plus en détail aux articles *Ancienne terre*, *Moyenne terre*, *Nouvelle terre*, en les considérant comme autant de massifs qui attestent les *additions* faites au globe de la terre. Pour en donner une première idée, je crois devoir renvoyer les lecteurs qui prennent quelque intérêt à ces considérations, à la Notice de Rouelle & à celle de Buffon, tom. I, ainsi qu'à l'article *Analyse du globe*.

Je dois ajouter ici que l'ordre de la disposition des différens massifs dont il a été question précédemment, étant bien saisi, il sera plus facile, non-seulement de recueillir les faits de même date que nous présentera l'Histoire de la terre, mais encore de les rapprocher d'une manière claire & instructive. Ainsi en prenant pour base toutes ces considérations, il seroit très-curieux de tracer les limites de l'ancienne terre graniteuse partout où elle est à découvert ; ensuite celles de la moyenne déposée sur le premier noyau ou à côté ; enfin, l'enceinte de la nouvelle dans toute la ligne où elle coïncide avec l'ancienne & la moyenne. Une pareille carte offriroit toutes les sortes d'organisations qui se montrent à la superficie du globe, ainsi que la suite des époques auxquelles il convient de les rapporter, d'après ce principe incontestable, que les massifs qui servent de base aux autres, sont d'un âge antérieur à celui des dépôts établis sur ces bases. *Voyez* ÉPOQUES.

ADEL, royaume d'Afrique, sur la côte d'Ajan, près la pointe de Guardafui. Il est borné au nord par le détroit de Babel-Mandel & l'Abyssinie ; au sud, par le royaume d'Adéa, & à l'orient par la mer des Indes. Ses principales villes sont Adel, Auçagurel & Barbara, toutes places de commerce. Quoiqu'il ne pleuve que très-peu dans ce pays, il ne laisse pas d'offrir beaucoup de productions, particuliérement dans les plaines, qui sont arrosées par plusieurs rivières. C'est là aussi où est la race des moutons dont nous avons parlé à l'article *Aclimater*, & dont la queue pèse environ vingt livres.

ADERSBACH. On trouve près de ce village, situé dans le voisinage de Trautenau en Bohême, sur les confins de la Silésie, un massif de rochers singuliers, dont les desseins seront placés dans notre Atlas : cette chaîne a quatre milles d'étendue. On découvre de très-loin une forêt de rochers distribués au milieu d'une plaine immense. A mesure qu'on en approche, leurs dimensions apparentes augmentent, & le nombre de ces grouppes devient plus considérable. Chacun des piliers est isolé, & au milieu d'eux on en aperçoit qui ont depuis cent & cent cinquante jusqu'à deux cents pieds de hauteur ; leur forme générale est conique & fort peu régulière : ils sont tellement rapprochés, qu'un homme peut passer difficilement dans les vides qui les séparent. Ils occupent d'abord un espace de trois milles d'Allemagne de circonférence, & leurs intervalles ouvrent une espèce de labyrinthe dont il seroit difficile de se tirer sans guide.

La substance de ces rochers est un grès siliceux très-tendre, & presque friable lorsqu'il est imbibé d'eau : c'est une sorte de pierre à filtrer qui attire puissamment l'humidité de l'air. L'eau des pluies, ainsi que les rosées & les brouillards, pénètrent très-facilement son tissu ; & lorsqu'il est ensuite frappé des rayons du soleil, l'eau dont il est imbibé, suinte de toutes parts, & entraîne avec elle des particules de la substance des rochers : de là vient que les sentiers tortueux qui serpentent autour de ces masses isolées, sont pour la plupart occupés par des ruisseaux dont l'eau est très-limpide, parce qu'elle découle comme d'une masse de pierres à filtrer, & que le sable qu'elle charie, se dépose immédiatement sous la forme de gravier.

Lorsque l'eau courante sort du pied des piliers coniques, l'on peut pour lors distinguer les traînées de sables qu'elle charie : outre cela, de petites sources débouchent du lit des ruisseaux, & les effets qu'elles produisent au milieu des sables, sont infiniment variés.

Il est très-probable que ces grouppes de rochers coniques isolés formoient autrefois le noyau d'une montagne que les eaux souterraines ont décomposée; de manière que les rochers mis à nu, & exposés à l'action combinée de l'eau & de la gelée, ont pris un tissu tendre & spongieux. Cette dégradation est si prompte, qu'elle s'opère pour ainsi dire sous les yeux des observateurs, pour peu qu'ils soient en état d'en suivre les effets. Il résulte de-là un comblement dans les sentiers, qu'il est facile de reconnoître & d'apprécier au bout de huit à dix ans. Partout où l'eau coule le long des plans inclinés qu'offrent les cônes depuis leurs sommets jusqu'à leurs bases, elle dépose des sédimens si abondans, que les observateurs qui parcourent les sentiers, entrent jusqu'à mi-jambe dans les amas de sables accumulés.

Les eaux même ont attaqué par la base quelques-uns de ces rochers coniques, de telle manière que leur masse entière, toute énorme qu'elle est, demeure en équilibre sur un pivot qui a tout au plus un pied cube de solidité.

Si l'on compare ces cônes entr'eux, ils annoncent tous des caractères correspondans d'une origine commune; car les couches dont ils sont composés, font voir un parallélisme entr'elles & à l'horizon si constant, qu'on en peut conclure incontestablement une ancienne continuité entre les couches de tous les cônes.

Lorsqu'on pénètre dans cette forêt de rochers coniques, on y trouve les sites les plus variés, & les traces des torrens qui ont entraîné des arbres & des fragmens de rochers dans des vallons profonds, au milieu desquels ils sont ensevelis.

On peut dire que les rochers d'Adersbach sont le squelette d'une montagne pleine & entière; & lorsqu'on pénètre bien avant dans l'intérieur des grouppes, & qu'on parvient à la partie de la montagne qui est encore une masse continue couverte de terre végétale & de forêts, on aperçoit aisément que sa destruction commence à s'opérer plus ou moins sensiblement dans ces contrées, & il faut avouer que cette circonstance rend plus intéressant le spectacle qui a précédé; car on peut voir dans ce même lieu tous les degrés successifs de dégradation dont une montagne de cette nature peut être susceptible dans une excavation profonde qui n'a ni toit ni voûte. La température cependant est à peu près uniforme, & ne varie que très-peu d'une saison à l'autre; car on y éprouve en été la fraîcheur la plus agréable, & on ne s'y aperçoit que foiblement du froid en hiver. Il y a, vers les limites des grouppes de ces rochers coniques, un écho remarquable : il répète sept syllabes jusqu'à trois fois sans confondre les sons; le centre de ces sons est à une petite distance des côtés du grand cône dans lequel est le principal foyer des sons réfléchis. Les mots prononcés à voix basse sont répétés distinctement à la distance requise; mais lorsqu'on s'avance ou qu'on recule de quelques pas, la voix la plus forte ne produit aucun écho.

Si nous revenons aux formes coniques des rochers isolés qui nous ont occupés dans cet article, nous y trouverons un effet des eaux opéré sur différens points d'un massif de grès : or, il nous paroît que l'opération de la Nature, qui a précédé ces dégradations multipliées, a commencé par une infinité de fentes perpendiculaires & de dessications qui ont isolé tous les centres des cônes que l'eau a continué par la suite à dégrader & à détruire, comme nous les observons maintenant : ici les nuances du travail de la Nature s'observent d'une manière très-instructive; ce qu'elle n'offre pas partout.

M. Gmelin dit avoir vu en Sibérie plusieurs masses de rochers semblables à celles des environs d'Adersbach. Nous devons rappeler ici cette observation, comme nous offrant un objet de rapprochement très-important.

ADIGE, fleuve d'une fort grande importance, tant par l'étendue de son cours, que par les contrées intéressantes qu'il arrose. C'est pour présenter comme il convient tous ces beaux détails de géographie-physique, que je diviserai en trois parties ce que je me propose d'en dire dans cet article. La première renfermera l'hydrographie de ce fleuve, avec l'indication de toutes les rivières affluentes contenues dans son bassin; la seconde offrira l'histoire naturelle lithologique de son bassin; enfin, la troisième présentera une discussion succinte & rapide sur les differens États où se trouvent les materiaux roulés qui ont été transportés dans les parties de la *vallée-golfe* de ce fleuve, & surtout déposés dans les contours de ses anciens rivages où la mer a éprouvé les plus fortes oscillations. C'est au moyen de ces mouvemens que les débris des montagnes du Tirol ont été non-seulement polis & arrondis, mais encore distribués dans les positions variées où nous les trouvons, depuis la *Chiusa* & Roveredo, jusqu'aux environs de Véronne & du lac de Garde.

I. ADIGE. Je commence par son hydrographie. On peut considérer la source ou plutôt la tête de l'*Adige* comme formée par deux systèmes de ruisseaux; d'abord ceux du bassin de Munster, qui se réunissent à Glurens avec ceux du grand bassin de la Taufers. Les ruisseaux du bassin de Munster ont cela de remarquable, qu'ils font terminés par trois fommets fort élevés chargés de glaciers, & dont les revers méridionaux offrent l'enfemble des eaux courantes qu'on peut envifager comme la tête de l'*Adda* au deffus de *Bormio*. On y voit d'abord *monte Criftallo*, enfuite viennent *monte Braglio*, & enfin la chaîne glacée de l'*Ofen*.

D'un autre côté, le baffin de la *Taufers* a de même pour limites deux embranchemens qui fe terminent à deux appendices du *mont Brenner*, un des plus forts glaciers du Tirol.

Au deffous de Glurens, l'Adige, jufqu'à Méran, reçoit à droite quatre ruiffeaux qui abreuvent autant de baffins particuliers, dont le premier, le troifième & le quatrième ont leur origine dans les amas de glaces méridionaux du mont Brenner. A gauche, l'Adige augmente fes eaux par la réunion de deux ruiffeaux qui ont leur origine entre trois appendices ou prolongement de *monte Forno*. A Méran, l'Adige fe trouve groffi à droite par une rivière confidérable, dont les embranchemens primitifs s'étendent d'un côté, jufqu'aux glaces du *mont Brenner*, & de l'autre jufqu'à celles de l'*Hoch-Grindle*.

Au deffous de Méran, l'Adige ne reçoit à gauche, jufqu'à Michèle, que le ruiffeau de *Veltenthal*, qui prend naiffance au pied d'un des appendices de *monte Forno*, & qui coule enfuite dans un vallon fort long & fort étroit. Le refte de la vallée de l'Adige, de ce côté, eft bordé par une longue chaîne de montagnes qui la fépare du baffin du *Nos*, lequel offre la réunion de trois fyftèmes de ruiffeaux, dont deux font alimentés par les glaciers de *monte Forno* & de *monte Tornal*.

Si nous remontons à Botzen, nous trouverons l'Adige groffi confidérablement à fa droite par l'affluence de l'Eifach, formé lui-même de deux grandes rivières, l'une qui fe prolonge au nord dans une vallée affez étroite; l'autre, qui eft proprement l'Eifach, fe termine, après un cours affez étendu, par deux grands embranchemens, dont le premier, qui paffe à *Prunecken*, reçoit les eaux de plufieurs baffins qui prennent leur naiffance au glacier de *Zemer*, & l'autre, prolongé par Sterzing & au-delà, a fon origine dans deux baffins qui fe terminent au glacier de l'*Hoch-Grindle*.

Au deffous de Michaèle, où l'Adige reçoit la rivière de Nos à gauche, ainfi que nous l'avons dit, ce fleuve fe trouve groffi à droite par l'*Avifio-Rivo*, dont le cours eft fort alongé, & qui occupe le fond d'une vallée affez étroite.

Je remarque que depuis Botzen, en defcendant à Trente & à Roveredo, on obferve à droite, tant de l'Adige que de l'Eifach, ainfi que des rivières latérales, des ruiffeaux qui tombent tous à angles droits; ce qui annonce une diminution confidérable dans la pente du terrain de cette contrée. Après avoir franchi Roveredo, l'Adige eft renfermé dans une vallée fort refferrée jufqu'à Buffolengo, & ce n'eft qu'au deffous de cet endroit, & aux environs de Vérone & de Legnago, qu'il reçoit les rivières de douze vallées étroites & parallèles entr'elles, appartenantes aux Baffes-Alpes, parmi lefquelles on doit diftinguer le val Polifella, le val Pantana, le val Squaranto, les vallons dei Luffi, ceux de Prantagna, de l'Alpon, de l'Aldego & d'Agno. C'eft fur les bords de ces vallées que j'ai obfervé les produits des feux fouterrains qui font recouverts de dépôts fous-marins; c'eft dans ce trajet que le lit de l'Adige, tournant à l'eft, fe dirige vers le golfe, & qu'il reçoit toutes ces eaux fous un angle aigu. C'eft à *Caftel-Baldo* & à Badia que ce fleuve fe divife en plufieurs canaux, & paroît réunir les eaux vagues qui coulent parallélement à fon lit. Effectivement, les différentes branches de l'Adige, à mefure qu'il s'approche du golfe & qu'il chemine dans une plaine vafeufe, m'ont paru annoncer l'ancienne étendue de la mer Adriatique dans ces contrées, & une pente infenfible d'un fol nouvellement formé.

Si l'on parcouroit de fuite toute l'enceinte du golfe de Venife fur la même lifière, on trouveroit la même marche des eaux courantes aux extrémités des lits de tous les fleuves : ces phénomènes me paroiffent devoir s'étendre jufqu'à la hauteur de la ville d'Aquilée & même un peu au-delà. J'en parlerai plus en détail à l'article *Adriatique*.

II. ADIGE. Hiftoire naturelle de fon baffin.

La route de Vérone à Infpruck paffe toujours au travers d'une vallée profonde & étroite, revêtue des deux côtés de hautes montagnes, & le chemin fuit conftamment les bords de quelques rivières & furtout de l'*Adige*. On ne quitte point cette dernière rivière de Vérone à Bolzano : quelquefois la chauffée s'élève fur les croupes des montagnes qui bordent la vallée. Le pays eft plat depuis Vérone jufqu'à la montagne de *Chiufa*, qui paroît le débouché général des matières roulées qu'on trouve aux environs de Vérone, comme nous le verrons par la fuite.

Au-delà de *Volarni* on voit des montagnes calcaires blanches, enfuite des rouges, dans lefquelles il y a des fragmens de cornes d'ammon: c'eft là qu'on trouve le marbre rouge ordinaire du Véronois; enfin, des montagnes calcaires grifes, au nombre defquelles eft le *monte Baldo*, au travers & au bas defquelles l'*Adige* s'eft formé un lit bien intéreffant; car on trouve le long de cette rivière, fur la chauffée de Vérone à Neumark, de grands amas de pierres roulées, telles que, 1°. du porphyre tacheté de blanc, pareil à celui qu'on rencontre auffi en morceaux détachés entre *Bergame*, *Brefcia* & *Vérone*, & qui forment dans le Bergamafque des montagnes entières; 2°. du porphyre noir avec des taches blanches oblongues, femblable au *ferpentino verde antico*; 3°. du granit gris ou *granitello*; 4°. entre *San-Michaele* & *Neumark* il y a beaucoup de morceaux détachés d'un porphyre qui compofe les montagnes qui font au-delà de Neumark. Immédiatement après cette ville, on voit des montagnes de porphyre qui occupent une étendue considérable : elles sont formées de porphyre noir avec des taches blanches ; en second lieu, de porphyre avec des taches de spath dur rougeâtre ; en troisième lieu, de porphyre rouge avec des taches blanches : il y en a d'un rouge clair, d'un rouge foncé & de couleur de foie : enfin, le porphyre rouge est parfaitement semblable à celui qu'on nomme *sarrès* dans le Bergamasque, avec cette différence cependant que, dans les morceaux détachés du *sarrès*, les taches du spath dur sont devenues opaques & couleur de lait par l'action de l'air, tandis que dans les montagnes de porphyre rouge ces taches sont en partie du spath dur couleur de chair, & en partie une espèce de schorl vitreux d'une forme indéterminée. Ces hautes montagnes, qui renferment du porphyre de différentes couleurs, s'étendent jusqu'à *Brandsol*. Je me suis attaché surtout à reconnoître le gîte de ces porphyres, parce que j'en avois trouvé de grands amas de cailloux roulés entre Vérone, Brescia & Bergame, & qu'il m'importoit de savoir d'où les eaux de la mer avoient pu en tirer les fragmens primitifs avant de les rouler & de les déposer sous cette forme dans le golfe de l'Adige & du Pô. *Voyez* ALPES DU TIROL & VALLON-GOLFE DU PÔ.

Les masses de porphyre des environs de *Brandsol* paroissent partout divisées en grandes & petites colonnes, généralement quadrangulaires, à sommet tronqué & uni ; les faces des colonnes contiguës sont lisses ; leur figure enfin est si régulière, qu'on ne peut la considérer comme accidentelle.

J'ai toujours considéré ces diverses formes comme les effets de la dessication. Les angles des sommets tronqués sont pour la plupart inclinés, d'où il résulte que le diamètre des colonnes est communément rhomboïdal ; quelques-unes cependant ont la forme de vrais parallélipipèdes rectangles. Il y a beaucoup de ces colonnes plantées sur la chaussée : on suit tous ces résultats singuliers de la dessication, de Neumarck à Brandsol, c'est-à-dire, sur un trajet de deux à trois lieues.

Près de *Brandsol* on rencontre des montagnes de schiste, les unes argileuses micacées, & les autres mêlées de quartz : on y voit aussi du schiste de corne compacte d'une seule couleur foncée. Viennent ensuite des montagnes de quartz gris mêlé de petits rayons de schorl noir ; après quoi les différentes hauteurs qui accompagent la route sont toutes formées, jusqu'à *Brixen*, de schiste argileux micacé, ou bien de schiste corné, de la nature du *gneiss*.

Immédiatement après *Brixen*, on trouve des montagnes de granit gris, de la variété qu'on nomme *granitello* ; il est composé de quartz & de mica taché & rayé par une petite quantité de spath dur. Après ce granit, il y a des schistes argileux, du talcite corné micacé, & enfin du granit gris à taches blanches farineuses de spath dur : ces roches se succèdent alternativement jusqu'à *Sterzing*.

Au-delà de *Sterzing* on remarque un mélange de substance calcaire dans le schiste corné, mélange qui produit une pierre à chaux schisteuse très-dure, & d'un gris bleuâtre ; ensuite vient la pierre à chaux pure, blanche, schisteuse ; après quoi on trouve encore du schiste corné : ces roches se suivent sans ordre. Je reprends maintenant tous les objets que nous avons observés & décrits.

Dans la route de la Lombardie en Allemagne, par le Tirol & la belle vallée de l'*Adige*, on traverse d'abord des montagnes calcaires, ensuite des masses schisteuses, & enfin des chaînes de granit : ces dernières chaînes sont les plus élevées ; ensuite on redescend par des montagnes schisteuses, & ensuite par des calcaires.

Je puis faire remarquer à la suite de ces observations, qu'on rencontre le même ordre de substances en traversant les autres chaînes de montagnes considérables qu'on trouve en Europe, comme cela se voit dans les monts Carpathes, les montagnes de la Saxe, du Hartz, de la Silésie, des Pyrenées, de l'Écosse & de la Laponie. C'est la même disposition générale en Auvergne, autour des monts d'Or ; en Vélay, autour du Mézin ; en Lorraine, dans les Vosges ; en Limosin, tout autour de la masse immense du granit qui domine dans les départemens de la Haute-Vienne & de la Corrèze. On peut en tirer la juste conséquence que le granit forme les montagnes les plus élevées, & en même tems les massifs les plus anciens & les plus profonds que l'on a pu observer en Europe : de telle sorte qu'un très-grand nombre des autres masses montueuses sont appuyées & reposent sur le granit. Il s'ensuit aussi que le schiste argileux, soit pur, soit mêlé de quartz & de mica, soit qu'il existe sous forme de schiste corné ou de *gneiss*, a été établi sur le granit ou à côté ; qu'enfin les montagnes calcaires & les assemblages de couches, ou inclinées, ou horizontales, de pierres de sables, ont été placés & déposés dessus les schistes, ou même immédiatement sur les granits. *Voyez* à ce sujet les Notices de Rouelle & de Léhmann, tom. Ier. ; enfin, les articles *Ancienne*, *Moyenne* & *Nouvelle terre*, où la correspondance de ces différens massifs sera discutée d'une manière particulière.

D'après l'exposition suivie & raisonnée de l'histoire naturelle du bassin de l'Adige, on doit voir de quelle importance il peut être de faire l'examen des bassins des rivières & des fleuves, sur les principes de la géographie physique, & le peu de lumière au contraire qui doit résulter de la simple indication de ces bassins, surtout lorsque cette indication n'est pas guidée par leur topographie, ni précédée par l'hydrographie de ces rivières décrites suivant les vues que j'ai adoptées & suivies ci-dessus pour l'*Adige*.

III. ADIGE. Il me reste à rendre compte des

différens États où se trouvent les débris des montagnes qui forment les enceintes des principales vallées du bassin de ce fleuve. On a cru jusqu'à présent que les gros cailloux roulés qui sont dispersés dans les plaines de Vérone, & parmi lesquels j'ai reconnu tous les beaux granits, tous les porphyres dont les montagnes du Tirol m'avoient offert de si précieuses collections, avoient été transportés & déposés par les eaux courantes de l'Adige, & que, pour arriver où ils reposent, ils ont évidemment passé par la même gorge qui, à *la Chiusa*, sert de débouché à cette rivière pour se rendre du Tirol en Lombardie; mais lorsque j'ai comparé le poids de ces roches arrondies avec celui des sables qu'apporte maintenant l'*Adige*; lorsque j'ai reconnu que les eaux des plus grandes crues de cette rivière ne pouvoient parvenir jusqu'aux lieux où ces cailloux roulés se trouvent en très-grande quantité, il m'a paru certain que leur arrivée dans les environs de Vérone ne peut être la suite que de l'invasion de la mer dans le golfe de la Lombardie & dans une grande partie du bassin de l'Adige, où l'Océan a opéré de la même manière que dans la grande & belle *vallée-golfe* du Pô.

Une observation qu'on ne peut omettre, & qu'on a lieu de faire souvent, c'est que les différentes routes tenues par ces cailloux ont été détruites depuis le tems de leur dernier dépôt, de telle sorte que c'est à la suite des premiers déblais que ces matériaux étrangers se sont trouvés entassés sur des plateaux isolés; car il est visible que la destruction de toutes les masses circonvoisines a fait disparoître les pentes en faveur desquelles ces matériaux mobiles se trouvent élevés sur ces hauteurs.

L'étendue & la singularité de ces phénomènes ne peuvent s'expliquer que par l'introduction de l'Océan dans la vallée de l'*Adige*, & par le prolongement de son séjour autant de tems qu'il lui en a fallu pour former tous les dépôts qui datent d'une première époque, ensuite par la supposition de la retraite de la même mer, pendant laquelle les anciennes rivières ont repris leurs cours, & ont opéré toutes les excavations dont leurs eaux courantes étoient capables; & c'est dans cette nouvelle vallée que l'Océan a fait une seconde invasion, & que de seconds dépôts ont recouvert les premiers dans l'état de destruction où les eaux courantes les avoient mis pendant l'intervalle de tems qu'a duré la première retraite. Il n'est plus question maintenant que de la seconde & dernière retraite de la mer, & de ce que les eaux courantes de l'Adige & des autres rivières affluentes ont pu opérer dans le *golfe* redevenu *vallée* pour la seconde fois. Or, on ne peut trouver aucune difficulté à voir les causes de l'état actuel dans les mouvemens continuels de ces eaux courantes de l'Adige & des autres rivières affluentes.

Si nous reprenons maintenant ce qui concerne les cailloux roulés, leur grand volume, les longs transports qui en ont été faits dans la *vallée-golfe* de l'Adige, enfin les amas considérables que nous en trouvons aux environs de Vérone & sur les bords du lac de Garde, nous pourrons facilement rendre raison de tous ces phénomènes par le mouvement des eaux de l'Adige supérieur, qui, à la faveur des pentes fort rapides, ont voituré le long des bords du golfe les débris des montagnes servant d'enceinte à ses vallées, ensuite par l'agitation des flots de la mer le long de ces mêmes rivages du golfe, lesquels ont pu rouler, arrondir & transporter loin de leurs gîtes primitifs les porphyres, les granits, les fragmens de marbres, &c. qu'on rencontre surtout dans la partie inférieure de la vallée de l'*Adige* : tout s'explique aisément en assignant à chaque opération le tems & la cause qui lui conviennent. Au reste, nous discuterons tous ces faits plus en détail lorsque nous parlerons de la *vallée-golfe du Pô*, dont celle de l'Adige doit être considérée comme faisant partie; & ce sera pour lors que toutes ces opérations de la Nature offriront un ensemble raisonné qu'on pourra considérer comme une théorie de l'histoire des fleuves.

C'est au milieu des Alpes calcaires ou montagnes secondaires que se trouvent les gros blocs de granit, de quartz, de porphyre & d'autres pierres qui viennent des *montagnes primitives* du Tirol : on les voit épars dans les champs & sur les plaines des environs de *Gallio*, d'*Asiago*, de *Campo di Rovere* & d'autres lieux qui sont dépendans de ce qu'on appelle les *Sette communi*, tous situés beaucoup au dessus du niveau de la mer Adriatique.

Ces mêmes pierres roulées se rencontrent aussi en différens endroits des Alpes, comme à *Feltrino* dans l'ancien État vénitien : il n'est séparé des villages dont nous venons de faire mention, que par le vallon de la *Brenta*, & est placé au même degré d'élévation. Il y a aussi de ces blocs qui sont déposés au milieu des montagnes voisines du côté du couchant, depuis *Astico* jusqu'à l'*Adige*.

C'est à *Tonnezza* & dans les environs de *Folgaria*, bourgs situés dans les États de l'empereur, qu'on peut voir & reconnoître le plus grand nombre de ces blocs de différentes grandeurs, & semblablement épars.

Je remarquerai encore que les montagnes au milieu desquelles ces pierres adventices se trouvent, sont formées entiérement de couches calcaires, & qu'ainsi elles n'ont pu fournir de ces débris.

Comment ces roches détachées peuvent-elles avoir été transportées où on les voit? Elles sont semblables, il est vrai, à celles qu'entraînent dans leurs cours l'*Adige* & la *Brenta* en traversant les montagnes du Tirol; mais il est visible que ces rivières n'ont pas déposé ces blocs roulés en des lieux élevés aujourd'hui de plusieurs toises au dessus de leur lit actuel, parce que toute la violence de leurs eaux courantes dans les débordemens les plus forts, n'ont pu porter à une hauteur aussi considérable des roches d'un si grand poids. Il en résulte donc que l'*Adige* & la *Brenta* ont eu leurs cours au même niveau où l'on voit maintenant ces roches, & que c'est une des premières circonstances qu'il faut admettre pour rendre raison de ces dépôts. Je dois dire d'ailleurs que beaucoup d'autres circonstances ont concouru aux differens transports de ces pierres, à leur arrondissement, & enfin à leur déposition dans les lieux où nous les voyons; car ce n'est pas seulement le paisible courant des rivières qui a pu suffire à couper, à approfondir leurs vallées beaucoup au dessous du niveau de celles qu'elles arrosoient autrefois, il a fallu outre cela qu'elles aient été aidées par la mer, qui a fait deux invasions dans ces vallées, & a favorisé un travail aussi extraordinaire que celui dont nous pouvons observer maintenant les produits & les différens vestiges.

ADIMAIN. On dit que c'est un animal privé assez semblable à un mouton, à laine courte & fine, dont il n'y a que la femelle qui porte des cornes, qui a l'oreille longue & pendante : on ajoute qu'il est de la grosseur d'un veau; qu'il se laisse monter par les jeunes enfans qu'il peut porter à la distance d'une lieue; enfin, qu'il compose la plus grande partie des troupeaux qu'entretiennent les habitans de la Lybie.

ADOS (*sillons relevés sur*). Cette méthode de disposer les champs a ses avantages & ses inconvéniens; elle empêche le séjour des eaux de l'hiver, si nuisibles aux blés; elle donne plus de fond aux terres qui en manquent, & en augmentant la surface du sol elle augmente aussi les influences de l'atmosphère; mais d'un autre côté, si les eaux séjournent dans les raies, il n'y croît absolument rien, & d'ailleurs le blé n'est pas vigoureux dans les parties qui bordent immédiatement les raies. Dans les terres fortes & dans les terrains plats qui retiennent les eaux, on est forcé de labourer à sillons relevés, & de sacrifier une partie du sol pour tirer partie du reste; cependant, dans les terres légères qui absorbent aisément les eaux, où il semble qu'on ne devroit pas avoir recours à cette méthode, on en trouve l'usage assez répandu pour faire croire qu'il en résulte quelques avantages.

ADOS. J'appelle ainsi, dans la description des différentes formes de terrains qu'on observe sur les croupes des vallées, les *arétes* du sol, relativement aux pentes opposées qui versent les eaux; je m'en sers surtout dans l'indication des diverses formes des plans inclinés & des bords escarpés. J'ai cru qu'il convenoit d'employer des dénominations particulières pour faire connoître des formes considérées sous de nouveaux points de vue, & surtout relativement aux causes dont on développe la marche. *Voyez* VALLONS, PLANS INCLINES.

ADOVES, briques crues chez les anciens Péruviens. On se sert de ces matériaux au Pérou, parce que l'expérience a prouvé qu'ils résistent en cet état à toutes les injures du tems pendant des siècles. On peut citer à ce sujet les restes de plusieurs monumens péruviens.

On peut rapporter à cet emploi les *tapias* ou murs de terre battue avec de la paille hachée, & placée entre deux planches ou deux claies.

Pour fabriquer ces *adoves*, on pétrit de l'*icho* haché avec la terre qu'on emploie; on met ce mélange dans des moules, puis on expose à l'air ces briques pour sécher convenablement avant d'entrer dans les constructions auxquelles on les destine.

Pline nous apprend qu'on élève en Afrique & en Espagne, des murs qu'il appelle *formaceos*, parce qu'ils sont formés de terre qu'on tasse entre deux tables qui en soutiennent les deux faces; il ajoute que ce travail dure des siècles sans être altéré par les pluies, les vents ni le feu même. On voit encore en Espagne les tourelles des sentinelles d'Annibal, élevées & construites suivant ces principes sur les montagnes.

Frezier rapporte, tome Ier., page 261, que les maisons d'Arica ne sont la plupart que des assemblages de fascines formées avec une sorte de glayeul appelée *totora*, liées debout les unes contre les autres avec des lanières de cuir, & maintenues par des cannes ou bamboux qui servent de traverse : il y en a même qui sont construites avec des cannes posées debout, & dont les intervalles sont remplis de terre.

L'usage des *adoves* ou briques crues est réservé pour les églises & les maisons des habitans les plus distingués. Comme il n'y pleut jamais, il n'y a d'autre couverture qu'une natte; ce qui donne à ces édifices l'aspect de bâtimens en ruines.

On trouve dans la vallée de Guachipa, à trois lieues de Lima, les restes d'un ancien village d'Indiens, qui offrent des maisons ou huttes construites en *tapias*, & qui ont résisté depuis très-long-tems aux injures de l'air; elles ne paroissent même endommagées que parce que les Indiens les ont abandonnées.

ADOUR (*Aturus*). Cette rivière a sa source dans les montagnes de Bigorre, au pied du pic du Midi & de celui d'Espade, qui sont l'un & l'autre deux des plus hautes montagnes des Pyrénées; elle passe par Campan, Bagnères, Mont-Gaillard & Tarbes; elle arrose une partie de la plaine de Bigorre & une partie de l'Armagnac; elle commence à être navigable à Grenade, deux lieues au dessus de Saint-Sever; plus bas, elle traverse l'ancienne élection des Landes, où elle reçoit la

Douze à une lieue au dessous de Tarbes; elle est grossie ensuite successivement par les Gaves d'Oleron, de Mauléon, & par le Gave béarnois; bientôt après elle reçoit la Bidouze, qui vient de Bidache; enfin, elle se réunit à la Nive à la porte de Bayonne. L'Adour est guéable partout depuis sa source jusqu'à Aire, à dix-huit lieues de Bayonne; mais depuis Aire jusqu'à la mer il ne se trouve aucun gué, & il faut la passer, ou sur des ponts, ou dans des bateaux.

Cette rivière coule autour des murs de Bayonne, où l'on trouve un beau pont de charpente de cent trente-sept toises de longueur, la largeur de l'Adour à Bayonne étant de cent trente toises ou environ.

Le cours de cette rivière au dessous du pont, entre la ville & la citadelle, forme un port qui, sans la barre qui se trouve à son entrée, seroit un des plus beaux ports de France, par l'étendue, la profondeur & les bords de son bassin, qui sont stables & bien déterminés.

Elle peut porter des vaisseaux de trente à quarante canons jusqu'au dessus de la ville, & depuis la ville jusqu'à Saint-Sever on y peut voiturer toutes sortes de marchandises & denrées avec des bateaux plats & autres petits bâtimens.

Son embouchure à la mer est distante de Bayonne de trois mille toises. Cette embouchure étoit autrefois à *Cap-Breton*, trois lieues nord au dessus de l'embouchure d'aujourd'hui, où la rivière couloit dans les sables au milieu des dunes; alors la navigation des bâtimens, soit pour entrer en rivière, soit pour leur sortie à la mer, étoit beaucoup plus difficile qu'elle ne l'est à présent. Sous le règne de Henri III, il fut fait une nouvelle embouchure. Louis de Foix, fameux ingénieur, ferma la rivière par une digue en maçonnerie & en pierres de taille, dont on voit les restes. Pendant la construction de la digue, cet ingénieur fit creuser à travers les dunes de petits canaux dans lesquels la rivière, soulevée au moyen de la digue, entra & se creusa une nouvelle embouchure à la mer, & forma ainsi le *nouveau boucaut*. Il résulta de cette opération bien concertée, que l'Adour, qui faisoit plus de trois lieues dans les sables entre les dunes, fut redressé, & que son cours se trouva racourci par le nouveau canal, de cinq à six cents toises, & fut assujetti à une direction plus naturelle.

L'ancien lit de l'Adour s'est comblé par la suite des tems, & son embouchure, qu'on reconnoît encore sous le nom de *vieux boucaut*, est presque entiérement fermée, ne servant qu'à fournir un débouché à quelques petits ruisseaux, & aux eaux pluviales qui s'amassent entre les dunes de ces contrées.

A la nouvelle embouchure de l'Adour il s'est formé une *barre* qui laisse néanmoins aux eaux de la rivière & aux vaisseaux un passage de cinquante à soixante toises; cette barre a de basse mer environ six pieds d'eau dans son milieu, situé entre deux basses de sable qui tiennent à la grève tout le long de la côte des deux côtés, & avancent quatre ou cinq cents toises dans la mer; au dessus de ces basses, il n'y a que deux pieds & demi d'eau de basse mer. Les vaisseaux qui entrent dans la rivière ou qui en sortent, sont obligés d'enfiler le passage que nous avons dit avoir cinquante ou soixante toises de largeur, & pour peu qu'ils s'en écartent, ils se trouvent échoués sur les sables ou même perdus en certains cas.

Ce n'est pas le seul inconvénient que rencontre la navigation à l'entrée de l'Adour; car la barre ou le passage change souvent, & se trouve à deux ou trois cents toises de l'endroit où elle étoit auparavant : elle s'approche de la côte ou s'avance dans la mer, suivant que les grands vents ou quelques tempêtes la déterminent. La violence des vents & l'agitation de la mer sont cause que les flots entraînent les sables, les font mouvoir & changer de place; il arrive que les pilotes de la rivière sont quelquefois obligés d'aller à la recherche de la *barre* la sonde à la main, afin de faire passer les vaisseaux dans l'ouverture.

On peut juger d'après cela que la barre de l'Adour est très-difficile à passer; car aux difficultés que nous venons d'exposer, nous ajouterons qu'il n'est pas possible d'approcher de la barre pour faire sortir ou entrer les vaisseaux pour peu que la mer soit grosse, que le vent soit contraire ou que la marée perde.

Les balises qui sont placées sur la grande dune au dessus de la digue neuve, marquent le milieu du passage, & toutes les fois que la barre change, les balises se changent aussi. Il y a des tems que la barre se trouve si bien placée, qu'on entreroit en rivière sans le secours d'un pilote; mais cette heureuse disposition de la barre est fort rare. Les balises servent aussi aux vaisseaux qui sont en mer à reconnoître positivement le lieu où est la rivière, & en conséquence ils prennent le tems propre pour s'approcher en profitant de la marée.

Pour faciliter aux vaisseaux les moyens de s'introduire en rivière, on a établi douze *pilotes de la barre*, qui ont chacun une chaloupe armée de huit hommes; ils font entrer & sortir les vaisseaux qu'ils vont prendre quelquefois au-delà de la barre, ou que d'autres fois ils attendent sur la barre ou en dedans. Dès qu'ils ont atteint le navire, les chaloupes, au nombre de deux ou de trois, remorquent le navire jusque dans la rivière, & ne le quittent que lorsqu'il est hors de tout danger. Les pilotes de la barre font sortir les navires de la même manière & avec les mêmes précautions.

Ces pilotes demeurent à Bayonne ou aux environs, & se trouvent toujours prêts au moindre signal lorsqu'ils aperçoivent quelque vaisseau en mer, ou quand ils savent qu'il y en a à la rade ou dans la rivière qui se disposent à sortir. Au reste, il faut que la mer soit belle, le vent bon & la marée favorable, pour que tous ces secours soient employés à propos.

On a fait venir depuis quelque tems par l'*Adour* des mâts de vaisseaux : ces mâts entrent dans l'Adour par les Gaves d'Oleron & par la Niève. Ceux qui viennent par la première voie, sont ordinairement très-beaux. On les tire des montagnes d'Ast & de Baraton dans les Pyrénées, & on les transporte par terre jusqu'aux Gaves, & là ces bois sont mis en radeaux & conduits jusqu'à l'Adour. Les mâts qui viennent par la Niève sont beaucoup plus petits, quoique de bon service.

Le cours de l'Adour, depuis sa source jusqu'à son embouchure, est de quarante-cinq lieues ou environ.

Bassin de l'Adour.

Je reprends maintenant ce qui a pour objet le cours de l'Adour, relativement aux circonstances physiques qui ont contribué à la forme & à la direction de sa vallée.

L'Adour, de même que la Garonne, a rassemblé les eaux de tous les Gaves, qui suivent une pente moyenne entre celle du sud au nord & celle de l'est à l'ouest. Dans ce système de distribution des eaux, c'est le plus grand égoût & celui qui est le plus éloigné du pied des Pyrénées.

Le bassin de l'Adour est séparé de celui de la Garonne par une ligne qui, d'un côté, se remarque dans les Landes de Bordeaux, & se prolonge entre les sources des rivières qui tombent dans la Garonne, d'une part, & celles des ruisseaux qui se jettent dans l'Adour; l'autre partie du bassin de cette belle rivière se dessine en partant du sommet des Pyrénées, & en suivant cette cime depuis le pic du Midi jusqu'aux sources de la rivière de Nième, de celle de Saint-Jean-de-Luz & de la Bidassoa.

L'Adour, d'après cette vue générale, est le rendez-vous de toutes les eaux que versent toutes les vallées qui sillonnent ces croupes multipliées : en conséquence elle semble avoir été forcée par les Gaves & leurs dépôts, à embrasser dans son cours une grande étendue de terrain; car elle n'a été que très-foiblement repoussée vers le pied de la chaîne par les eaux extérieures qui affluent de la partie des Landes, surtout jusqu'à Bidache.

Il y a eu plus de mouvemens dans les eaux depuis l'Adour jusqu'à l'embouchure de la rivière de Bourette, trajet où se trouvent des vestiges de l'ancien lit de l'Adour, & onze étangs liés ensemble, qui n'ont point d'autre débouché que l'ancienne embouchure.

Outre cela trois étangs intérieurs, dont le plus considérable est celui d'Orx, sont alimentés par plusieurs ruisseaux, & versent leur trop plein dans d'autres étangs qui se réunissent au même débouché.

Ainsi l'on rencontre dans cette partie deux systèmes de lacs ou étangs digués par les amas de sables renfermés dans les environs de l'ancien lit de l'Adour, & dans l'espace contenu entre l'embouchure de Bourette & l'ancienne embouchure de l'Adour, connue sous le nom de *vieux boucaut;* outre cela neuf étangs, qui ne reçoivent aucuns ruisseaux de l'intérieur des Landes, versent leurs eaux en partie dans l'embouchure de Bourette, pendant que l'autre reçoit au contraire l'eau des débordemens du vieux boucaut. Il faut avoir visité ces contrées sablonneuses, pour être convaincu que ces cours irréguliers tiennent aux différens mouvemens des sables & aux anciennes pentes du terrain.

Effectivement, c'est à la suite des pentes qu'offrent encore les bords de l'ancienne vallée de l'Adour, que l'étang de Tosse, situé au-delà du second rang des dunes, & qui reçoit les eaux de plusieurs ruisseaux & se décharge dans l'étang de *Soussons*, qui lui-même est encore abreuvé par huit ruisseaux & une petite rivière, a pour dernier débouché le *vieux boucaut.* Cette ancienne embouchure de l'Adour reçoit enfin la rivière de Moliet, dont le cours traverse l'intervalle qui est ouvert entre les anciennes & les nouvelles dunes, & sert en même tems à lier trois étangs, dont le plus considérable est celui de Moissac.

A ces détails, qui nous font connoître la partie hydrographique du bassin de l'Adour, je crois devoir joindre l'histoire naturelle du sol de ce *bassin* en deux mémoires séparés; le premier contenant des vues générales sur *le pays adjacent aux Pyrénées*, & le second traitant de *la nature & de l'emploi des terrains qui composent le sol du pays adjacent.* Dans ces deux écrits j'envisage à peu près le même objet sous différens points de vue, & surtout relativement aux agens qui ont pu concourir à la formation de ce vaste dépôt & aux états successifs par lesquels il a passé. Je présente ce travail sans crainte des redites ou des doubles emplois, & comme les résultats d'observations recueillies en divers tems, & faisant connoître des opérations de la nature qu'il importe de distinguer avec d'autant plus de soin, que plusieurs écrivains les ont toujours confondues.

I. *Pays adjacent aux Pyrénées.*

On doit considérer le pays adjacent aux Pyrénées, & où se trouve la plus grande partie du *bassin de l'Adour*, sous deux aspects différens : 1°. quant aux matières qui en composent le massif superficiel, & quant à leur disposition & structure intérieure; 2°. quant aux dégradations que ce massif a pu éprouver par les eaux courantes depuis la retraite de la mer.

Le sol du pays adjacent aux Pyrénées est composé en grande partie par les débris de ces montagnes, & dans d'autres cantons, par des dépôts sous-marins, souvent même ces matériaux se trouvent mêlés ensemble; outre cela, cet assemblage de matériaux disparates est établi sur une base pierreuse de même nature & de même structure que celle des Pyrénées elles-mêmes.

On y voit d'abord un amas considérable & souvent confus de pierres dures, usées, arrondies par des frottemens prolongés; ce sont des quartz, des granits, des schistes, des marbres, des serpentines, des pierres calcaires à grain fin; enfin, les mêmes substances pierreuses dont les carrières ou gîtes primitifs se retrouvent partout dans la masse des Hautes-Pyrénées: aussi ne rencontre-t-on communément dans chaque contrée du pays adjacent, que celles de ces matières qu'on observe dans les montagnes qui la commandent, & dans les bases pierreuses sur lesquelles ces dépôts sont assis.

On a découvert aussi parmi ces débris pierreux, des arbres entiers ou brisés qui sont enfouis à des profondeurs plus ou moins considérables, autres débris des forêts qui couvroient ces montagnes.

Malgré la confusion des matériaux disparates qui constituent le *pays adjacent*, on y remarque une fort grande régularité dans l'arrangement des différentes substances; elles sont constamment disposées par couches horizontales ou peu inclinées: il est vrai que ces couches ont peu d'étendue; car on voit souvent un amas de *cailloux roulés* succéder tout à coup à un dépôt terreux; ce qui annonce des mouvemens irreguliers dans les transports des diverses matières, mais en même tems une stratification uniforme & régulière par les eaux de la mer qui couvroient ce golfe.

On trouve que les cailloux roulés diminuent de grosseur à mesure que leurs amas sont plus éloignés du pied des montagnes; cependant on ne peut guère en faire une loi générale, car à très-peu de distance des montagnes il y a des cantons fort étendus, dont le sol n'est composé que de cailloux roulés d'un très-petit volume.

La surface de la base pierreuse qui a reçu ces divers dépôts est fort inégale; quelquefois même elle s'élève & se montre à découvert au dessus, mais le plus souvent elle se trouve enfoncée à de grandes profondeurs. Cette base est ordinairement calcaire ou schisteuse, disposée par couches régulières & parallèles comme dans les hautes montagnes, & sa direction est en général d'occident en orient, & assujettie à celle de la chaîne des Pyrénées. La disposition de ces couches n'est jamais horizontale; elle varie beaucoup, mais en général elle approche beaucoup de la verticale: on y trouve d'ailleurs des courbures singulières; mais il est difficile de bien étudier cette base, parce qu'elle ne paroît à découvert que dans le lit des rivières, dont les bords sont déblayés & balayés par des eaux vives & rapides.

Passons maintenant à la forme extérieure que le pays adjacent présente actuellement. On y remarque d'abord une pente générale régulière & suivie depuis le pied des montagnes élevées jusqu'aux Landes, d'un côté, & aux bords de la mer de l'autre. Cette surface est d'ailleurs coupée par une très-grande quantité de vallons où coulent des ruisseaux & des rivières: les vallons des ruisseaux sont petits & étroits; ceux des rivières, larges, alongés & souvent profonds. Ces grands vallons sont la suite des vallées qui ont leur origine dans les montagnes élevées, & se terminent par de vastes plaines qui font la richesse & la beauté du pays adjacent.

Les petits vallons ne prennent naissance qu'au pied des montagnes & au revers d'une grande cavité dont nous donnerons la description à l'article *Pyrénées*; ils sillonnent cette portion du pays adjacent qu'on nomme pays de coteaux, pour le distinguer du pays de plaines, plus éloigné des montagnes.

Les grands vallons, qui sont, comme nous l'avons dit, la continuation des vallées des Pyrénées, traversent toute l'étendue du pays adjacent, le plus souvent dans une seule & même cavité, sans se distribuer en plusieurs plaines. Cependant je pourrois citer quelques-uns de ces vallons qui se subdivisent en embranchemens, lesquels donnent naissance à plusieurs plaines qui règnent dans toute l'étendue de ce pays.

C'est ainsi que le grand vallon qui descend des montagnes des quatre vallées du Couserans, du Comminge & du pays de Foix, ne forme qu'une seule & même plaine qui passe à Saint-Martori, Rieux & Toulouse, &c.; tandis que celui qui sort des montagnes de Bigorre se divise, à son débouché des montagnes, en trois branches principales qui aboutissent à trois plaines, lesquelles font la richesse & la beauté des provinces de Béarn & de Bigorre.

C'est à Lourde que se fait cette triple division. L'une de ces plaines passe à Saint-Pée, Bétharan, Pau, Lescar, Orthès & Pérhourade, où elle se confond avec les Landes de Bordeaux.

L'autre passe à Poyferré, Pontac, Hauteville-de-Pau, Hauteville-de-Lescar, Saint-Amon & Dax, où elle se confond aussi avec la plaine des Landes.

La troisième passe à Saux, Ade, Ossun, ainsi qu'à Lusignan, Escourbé & Louey, laissant une montagne pour île au milieu de son canal; elle va se réunir ensuite avec la petite plaine qui descend des montagnes de Campan pour former ensemble la belle & vaste plaine de Bigorre qui passe à Tarbes, Rabasteins, Montbourguet, Aire, Saint-Séver, où elle va également se réunir à la grande plaine des Landes.

La largeur totale des plaines qui parcourent le pays adjacent, a toujours une certaine proportion avec l'étendue des montagnes dont la pente & le pendant des eaux débouchent dans ces plaines. Cette loi a lieu, soit que ces plaines se subdivisent en plusieurs branches, comme celles qui ont leur origine dans les montagnes de Bigorre, soit qu'elles se trouvent concentrées dans une seule & même vallée.

De même quand plusieurs plaines viennent à se réunir ensemble, la largeur totale est augmentée, mais non pas suivant le nombre & la largeur des plaines séparées avant leur réunion.

Les larges vallées qui parcourent le pays adjacent, sont creusées à une certaine profondeur dans les dépôts de toute espèce qui constituent le sol de ce pays, & pour lors elles laissent entre elles des plateaux élevés, dont l'étendue est plus ou moins grande. C'est ce que nous avons déjà indiqué sous le nom de *pays de coteaux* & *de collines*, & c'est aussi dans ces contrées que l'on observe les petits vallons dont nous avons fait mention ci-devant.

La plupart de ces petits vallons prennent naissance au revers septentrional de la longue cavité qui règne au pied des monts Pyrénées. Après leur première ébauche, ils se réunissent plusieurs à un centre commun, & vont aboutir aux rivières principales en affluant, soit à leur gauche, soit à leur droite.

Le centre de ces réunions se trouve toujours situé vers le débouché principal des grandes vallées qui sortent de la chaîne, & souvent à l'endroit où le canal de ces grandes vallées, en abandonnant sa direction primitive, se courbe pour suivre celle de la grande *cavité* dont nous avons parlé ci-devant.

Ainsi, au point où le grand canal de la vallée d'Ossau se courbe à Arudi pour suivre la grande cavité vers Oleron, on voit se former les vallons particuliers de Laveron, de Laurence, du Bastadère, du Camdeloup, & plusieurs autres au nombre d'une trentaine, qui tous semblent s'attacher à prendre leur origine en remontant vers le centre commun du débouché de la vallée d'Ossau à Arudi.

Il en est de même de la grande vallée d'Aure, où l'on voit naître vis-à-vis de sa courbure les vallons de Lavezaguet, du Lène, du Bonès, qui tous se dirigent vers le centre commun placé vis-à-vis le débouché de cette vallée au dessous de Sarancolin.

Souvent ces vallons secondaires se communiquent entr'eux latéralement par des *cols* qui sont la suite de l'abaissement des collines intermédiaires; alors le vallon qui devient récipient, augmente en largeur & profondeur au dessous de ces cols. Tel est le vallon de la Bayse d'avant, qui s'est épanché dans celui de la Bayse d'arrière par les cols du Puy-d'Arrin, près de Trie en Bigorre; & tel est aussi ce dernier qui s'est ensuite lui-même épanché dans le Bonès par les *cols* de Villambits & Vidon : c'est à ce point que le vallon du Bonès paroît avoir acquis au moins le double de sa largeur ordinaire; outre cela, ce même vallon est approfondi d'environ cent pieds au dessous du lit des deux autres.

Les mêmes accidens sont quelquefois arrivés aux grandes plaines; les plus élevées semblent avoir rompu leurs digues latérales pour se précipiter dans les plus basses. C'est ainsi que la plaine du Pont-Long s'est épanchée dans celle du Gave béarnois par la rupture de la colline qui les séparoit depuis le château de Bizanos jusqu'à la hauteur de Beyrie. On voit que le dernier épanchement de la plaine du Pont-Long dans la plaine inférieure du Gave a creusé le grand vallon de Lousse, lequel n'est qu'une ravine d'une demi-lieue de largeur, qui raccorde sous Pau la pente de ces deux plaines, quoique celle de Pont-Long soit élevée d environ cent pieds au dessus de celle du Gave à Pau & à Lescar.

Les vallons secondaires du pays de coteaux & de collines se réunissent entr'eux comme dans tous les autres pays, mais leurs réunions vont toujours se rendre à de grandes plaines & à de grandes rivières; elles augmentent l'étendue des unes & l'abondance des autres.

II. *Premières considérations sur la composition intérieure & supérieure du* pays adjacent *aux Pyrénées.*

Il est visible d'abord, par les détails qui précèdent, que le *pays adjacent* est en grande partie formé de matériaux detachés des Hautes-Pyrénées; en second lieu, que parmi ces débris il y a des dépôts calcaires tres-étendus, qui sont dus aux dépouilles d'animaux marins; enfin, que toutes ces substances diverses sont distribuées par couches horizontales bien suivies. J'ajoute que, sur les limites extérieures du pays adjacent, ces dépôts sous-marins sont la partie dominante, & se lient avec ceux qui composent les plaines, soit celles des Landes, soit celles des contrées voisines : en sorte que la formation du sol des vastes plaines comprises depuis Toulouse jusqu'à Bordeaux date du même tems que celle du pays adjacent, & est la suite du travail de la même mer. Il est vrai que la partie du bassin de cette ancienne mer, qui se trouvoit voisine du pied des Hautes-Pyrénées, a dû recevoir les avalaisons que les eaux courantes en détachoient & qu'elles voituroient le long des côtes, & que c'est à cette circonstance seule qu'on doit naturellement attribuer, 1°. la plus grande épaisseur des dépôts qui s'observent le long de sa limite intérieure, &, 2°. le grand nombre de cailloux roulés dont il a été question dans la description générale de ce pays.

Effectivement, nous remarquerons d'abord que la disposition régulière & uniforme des matériaux qui composent le pays adjacent, est l'effet d'une masse d'eau immense qui a séjourné à sa surface, y a joui d'un certaine tranquillité, étant contenue dans un bassin constant, & balancée de manière que tous ces matériaux y ont été stratifiés successivement à mesure qu'ils y étoient voiturés ou formés par les animaux marins. En second lieu, il est également évident que les différens débris des montagnes qui se sont trouvés exposés à l'action des flots & de la marée, ont été roulés, usés, polis & arrondis, particulierement le long des bords du golfe, ainsi qu'ils se rencontrent au milieu des couches.

III. *Secondes considérations sur la conformation extérieure du* pays adjacent.

Les dépôts du pays adjacent ayant été formés dans le bassin de la mer, comme nous venons de le faire connoître, ont été mis ensuite à découvert par sa retraite, & en conséquence de cette retraite les vallées des hautes montagnes qui versoient des eaux courantes plus ou moins abondantes dans ce bassin, lorsqu'il s'étendoit jusqu'au pied des Pyrénées, auront continué à fournir une semblable quantité d'eau, laquelle traversant les nouveaux dépôts, a erré d'abord par des courans vagues suivant les pentes primitives de la superficie nouvellement découverte & non encore sillonnée, & s'y est creusé des lits particuliers. Ainsi tout ce que nous avons décrit ci-dessus, tout ce qu'on peut observer en parcourant le pays adjacent & même un peu au-delà, est la suite de ce travail continuel de l'eau, qui, par des courans abondans & rapides, par une marche dilatée suivant les pentes variées du terrain, a fait des enlévemens & des transports successifs, & a creusé les vallons de tous les ordres.

Il est aisé de montrer que toutes les formes extérieures du sol que nous pouvons observer dans le pays adjacent, c'est-à-dire, les vallées principales, les vallons latéraux, les cols, les plaines de tous les niveaux, sont dans chaque contrée le résultat d'une quantité d'eau fort peu supérieure à celle que nous voyons circuler actuellement, tant dans les hautes montagnes & dans les collines secondaires, que dans le plat pays : il faut seulement envisager tous ces effets comme opérés par des progrès insensibles & sur une longue suite de siècles, & pour lors les agens connus suffiront, sans qu'il soit nécessaire d'avoir recours à des moyens & à des catastrophes extraordinaires. En supposant aussi quelques accès peu durables d'inondations moyennes qui ont contribué à vider les matériaux déposés dans les ralentissemens des eaux courantes, on aura toutes les ressources que la nature a pu employer pour approfondir les différentes vallées.

IV. *Troisièmes considérations sur les anciens dépôts de l'Océan, qui servent de base aux différens matériaux de la composition supérieure au* pays adjacent.

J'aurois dû commencer par traiter, dans ces considérations, des plus anciens dépôts de l'Océan, formés pendant son premier séjour sur le sol du *pays adjacent*, & qui servent de base aux seconds dépôts, lesquels se montrent, comme nous l'avons dit, à la superficie de cette belle & intéressante contrée ; mais comme il a fallu faire une étude des derniers dépôts, & les décrire avant de parvenir aux premiers & plus profonds, masqués & couverts en grande partie par eux, j'ai dû adopter la marche analytique que me dictoit la meilleure méthode d'observation. C'est ainsi que j'ai obtenu les résultats suivans.

En rapprochant tous les faits exposés ci-dessus, il me fut facile d'en conclure, 1°. que les dépôts des couches calcaires & schisteuses, & surtout des pierres de sables farcies de cailloux roulés, sur lesquelles sont établis les matériaux qui composent le *pays adjacent*, ou contre lesquelles ils sont adossés, sont l'ouvrage d'une ancienne mer qui d'abord a fait un fort long séjour dans ces contrées, à en juger par l'épaisseur de ces couches ; 2°, que ces mêmes dépôts anciens ont été sillonnés & détruits de mille manières différentes par les eaux courantes qui avoient leur origine dans les hautes montagnes, & qui ont fait tout ce travail pendant la retraite de cette ancienne mer.

C'est en conséquence de cette action des eaux que l'on trouve tant d'inégalités dans les dispositions de la superficie de cette base, telles qu'on les peut observer sur les bords ou dans les fonds de cuve des vallées les plus profondes ; qu'elle y forme des îles & même une lisière entiérement apparente sur les limites intérieures de ce pays.

Ainsi l'on ne peut douter que ce ne soient les résidus de ces deux premières opérations de la nature, sur lesquels les produits d'un second séjour de l'Océan ont été établis, comme je l'ai fait voir bien en détail, ou contre lesquels ils ont été adossés, ainsi que je m'en suis convaincu en visitant toutes ces contrees.

Il résulte donc de tous ces faits, que les dispositions du terrain, soit à la superficie, soit à certaines profondeurs, ne pouvant être expliquées dans la supposition d'un seul séjour & d'une seule retraite de la mer, il est nécessaire d'en admettre deux séjours & deux ordres de dépôts formés pendant ces séjours ; outre cela, deux retraites à la suite de chacun de ces dépôts, & deux ordres de vallons creusés pendant que ces deux retraites ont mis à découvert chacun de ces dépôts.

Ce qui peut venir à l'appui de toutes ces suppositions, c'est que, dans la configuration des bords de plusieurs vallées, il est facile de reconnoître plusieurs excavations modernes ajoutées à d'anciennes qui n'avoient été comblées qu'en partie pendant le second séjour de la mer. Et c'est ainsi qu'en déterminant les effets de l'eau qui dépose, & les comparant avec ceux de l'eau qui creuse & approfondit, on peut trouver la solution de tous les problêmes intéressans que nous offre la singulière composition du pays adjacent pris dans toutes ses dimensions. Au reste, comme cette explication se raccordera par la suite avec celle que j'en donnerai à l'article *Pyrénées* & à celui *Vallées-Cassées*, je crois qu'il convient d'y renvoyer ceux qui prendroient quelque intérêt à l'histoire physique de ces parties de nos continens.

V. *De la nature & de l'emploi des terrains qui composent le sol du pays adjacent aux Pyrénées, & particuliérement le* bassin de l'Adour.

La composition physique de la grande langue de terre dont les bords sont battus à l'est par les flots de la Méditerranée, & par ceux de l'Océan au couchant, est remarquable par la prodigieuse quantité de débris de la chaîne des Pyrénées. Le naturaliste qui considère la profondeur de ces ruines & la vaste étendue du massif qu'elles ont formé, est curieux de faire un sérieux examen de ces énormes dépôts que la retraite des eaux, dont une grande partie de cette terre étoit couverte, a mis au grand jour. Les pierres coquillères qu'on trouve dans *ce pays adjacent*, & même sous les sables des Landes, & leur disposition par couches, prouvent, comme nous l'avons dit dans le mémoire précédent, l'ancien séjour de la mer dans cette contrée. Elle est devenue une portion de notre continent par les sédimens sous-marins & par les transports des rivières, dans le même tems qu'elles creusoient de grandes vallées au sein des Pyrénées, & qu'elles entraînoient un mélange confus de pierres & de leurs débris. Ainsi toutes ces différentes matières s'accumulant peu à peu au nord de cette chaîne de montagnes, ont élevé le terrain dans un espace assez étendu pour séparer l'Ocean de la Méditerranée.

A la description des rochers des Pyrénées, on doit naturellement faire succéder celle du terrain formé des débris de ces montagnes. Dans ce travail, notre attention sera principalement fixée sur les amas les plus considérables des débris que les torrens ont transportés au pied de cette chaîne, en même tems que les eaux pluviales détruisoient les sommets & les croupes de ces grandes masses.

Comme l'étendue des décombres est proportionnée à la hauteur des montagnes & au volume d'eau qui a charié & déposé les débris dont ils sont formés; nous trouvons en conséquence les grands amas de pierres roulées au pied de la partie de la chaîne la plus élevée, & qui en occupe le milieu. C'est aussi cette partie qui donne naissance aux plus grandes rivières dont l'Adour rassemble les eaux.

En suivant l'examen de ces ruines de la nature, nous laisserons à côté de nous, vers l'occident, la région qu'habitent les Basques, & dans laquelle on ne trouve pas aussi abondamment de ces débris. Ce n'est qu'en nous attachant au cours du Gave, qui sort des montagnes d'Aspe & d'Ossau, que l'on peut observer de grands dépôts & la fertile plaine qui s'étend depuis les environs d'Oleron jusqu'au-delà de Sauveterre.

Cette plaine offre partout des débris des montagnes au pied desquelles on l'observe; car on y découvre les mêmes matières dont les Pyrénées présentent des masses continues : ce sont des blocs de granit, des fragmens de pierres calcaires & argileuses, dont les formes sont arrondies & les angles usés par le frottement.

Le terrain au milieu duquel résident ces différentes pierres détachées & isolées, est un mélange qui provient visiblement de leur décomposition, & qui, par la différente nature de ses principes, a répandu partout la fécondité. Quoique ces riches & anciens dépôts ne présentent pas une grande épaisseur (effectivement, à quelques pieds au dessous de la surface de la terre, on remarque des couches marneuses, argileuses & calcaires, au milieu desquelles les eaux du Gave ont creusé le canal encaissé où il coule), il est visible que toute cette vallée & celles qui s'y réunissent, ont été approfondies par les eaux courantes dès que leur marche a été fixée dans un lit constant. Au reste, il est évident que l'ouvrage des torrens & des rivières se présente ici sous les mêmes formes que partout ailleurs.

En examinant maintenant les bords du Gave béarnois, séparé de celui d'Oleron par des coteaux fort élevés, on trouve qu'ils sont formés en quelques endroits de bancs réguliers & horizontaux de pierres à chaux blanches, ainsi qu'on les observe en particulier à *Coste-Blanque* de la Neube. Plus bas, vers Moncin, ce sont des pierres roulées, de nature siliceuse; & en descendant vers *Salies*, lieu remarquable par une fontaine salée, on rencontre un terrain composé de couches de marnes. Si l'on porte ses pas jusqu'à Caresse, non loin du confluent du Gave d'Oleron & du Gave béarnois, on retrouvera des masses de granit, quoique dans un assez grand éloignement des montagnes. Cette observation fait connoître que cette ancienne roche est la base des couches horizontales dont nous venons de faire mention.

On observe aussi au village de Caresse, des masses d'ophite, de pierres calcaires, & de plâtre renommé par son extrême blancheur; & entre les deux Gaves, des masses très-étendues d'argiles & de marnes sillonnées par un grand nombre de ruisseaux.

Toute l'étendue de cette montueuse région, qui a pour bornes les deux Gaves, étoit anciennement couverte de forêts qui ont fait place à de grandes cultures, à des pâturages & à de nombreuses habitations dispersées.

Comme parmi les sédimens des coteaux situés entre les deux Gaves, on découvre rarement des matières semblables à celles que les torrens transportent des Pyrénées, on ne peut douter qu'ils ne doivent leur formation à la mer, & ce qui achève de le prouver, c'est leur disposition par couches horizontales; d'ailleurs, ces coteaux ne sont pas composés des mêmes matières. On remarque dans quelques-uns, des débris semblables à ceux que les eaux courantes transportent des montagnes,

& qui sont situés d'ailleurs dans le voisinage de la plaine du Gave béarnois.

Si l'on se porte sur les rives de cet impétueux torrent près de la ville de Pau pour examiner la composition du sol, on trouvera de grands amas de blocs de granits roulés, mais plus rarement des fragmens de marbres & de schistes arrondis semblablement. Tous ces amas & les transports qui les ont formés, ne peuvent être considérés comme les produits des eaux courantes actuelles, mais comme ceux des anciens Gaves qui les ont voiturés dans le bassin de la mer, lequel s'étendoit jusqu'au pied des Pyrénées.

On se tromperoit beaucoup si l'on attribuoit, d'après l'opinion de quelques naturalistes, la formation de ce massif & de la plaine que le Gave traverse, aux matières qu'il transporte actuellement des Pyrénées : c'est l'ouvrage de la partie supérieure de ce Gave dans le bassin de la mer, & enfin de tout le cours de ce Gave après la retraite de l'Océan. On voit aisément que, dans toutes ces circonstances, il importe de distinguer les effets que les flots de la mer ont opérés sur les débris des Pyrénées, de ce que les transports bruts y ont introduit.

La plaine du Gave béarnois a beaucoup plus de largeur que celle où coule le Gave d'Oleron ; mais quoique très-fertile, elle ne produit pas la même abondance de moissons ; car la grande quantité de sables graniteux, mêlés avec les débris des pierres calcaires & schisteuses, paroît nuire à un certain point aux productions qu'on en retire ; au lieu que les débris des Pyrénées, voiturés par le Gave d'Oleron, & déposés par lui dans le bassin de la mer, offrent une surabondance de matières calcaires qui sont constamment les principes de la fertilité. Ainsi le sol des campagnes qu'arrose le Gave béarnois, conservera sa fertilité tant que la croûte calcaire & argileuse qui couvre les masses inférieures de granit des anciennes Pyrénées, continuera de couvrir les environs de son lit de débris favorables à la culture.

Nous savons que partout les terres provenantes de la décomposition des granits sont les moins propres à la culture : nous pouvons nous en convaincre en parcourant le ci-devant Limousin, dont le sol est presque entiérement composé des débris de cette roche. Il en est de même de la partie graniteuse de la ci-devant province de Bourgogne, au milieu de laquelle on remarque *le Morvan*. Si l'on observe toute l'étendue du trajet compris entre la Palice & la ville de Lyon, il est facile de se convaincre que cette espèce de terrain n'est pas aussi fertile que celui qui offre un mélange de principes argileux, quartzeux & calcaires, où ces derniers dominent.

Quant à la partie du sol voisine de la commune de *Pau*, il est visible qu'en général elle est formée de pierres roulées de la nature du granit, avec un mélange d'argile friable : l'on voit que ces pierres ont été voiturées ici par les eaux courantes des Pyrénées, & roulées ensuite par les flots de la mer, qui y ont déposé les terres argileuses qui les empâtent.

C'est aux mêmes circonstances qu'on doit attribuer la formation du sol qui constitue la plaine du *Pont-Long :* cependant il reste à savoir quelles sont les eaux courantes qui ont pu modifier ce vaste dépôt ; car, comme aucune des rivières actuelles qui parcourent cette vaste plaine, ne prend sa source dans les Pyrénées, on ne peut leur attribuer les transports de ces matériaux. Et quoiqu'aux environs de Lourde, à l'entrée de la vallée du Lavedan, on rencontre les vestiges de l'ancien cours du Gave, dont les eaux ont probablement cessé de couler au milieu de la plaine de Pont-Long à l'époque où les aterrissemens considérables formés près de Lourde les ont forcées de se détourner, on ne peut leur attribuer la plus grande partie de ces vastes dépôts.

Effectivement, l'observateur, dont l'attention est fixée par les débris pierreux près de Pau, sur la terre végétale de *Pont-Long*, s'étonne en voyant qu'ils ne présentent que des amas de roches primitives ; car on n'y trouve aucuns vestiges de pierres calcaires. Cependant les montagnes graniteuses d'où les torrens ont transporté ces débris au milieu de toutes ces contrées, sont entourées d'autres montagnes composées de marbres. Ainsi il est difficile de donner le dénouement de ces dispositions.

On a observé depuis long-tems que les pierres roulées qui composent le sol du *Pont-Long* aux environs de Pau, étoient graniteuses ou quartzeuses : mais je dois ajouter ici que les fragmens de la roche granitique sont en général dans un état de décomposition remarquable ; car dans ces sortes de granits, les différens principes n'adhèrent que très-foiblement entr'eux, & surtout depuis que les fragmens roulés sont exposés à l'action de l'air ; car ils n'offrent plus qu'un assemblage de substances terreuses ramollies, au milieu desquelles l'argile domine.

La décomposition des pierres granitiques roulées a lieu, comme on sait, de la circonférence au centre, & pour lors on en trouve dont les noyaux sont fort durs, pendant que les parties voisines de la surface s'égrainent & tombent facilement en poussière. Souvent le principe terreux du feld-spath prend toutes sortes de formes & se pétrit comme l'argile ; souvent l'argile blanche a presque passé à l'état de kaolin. A quelque profondeur que ces cailloux roulés se trouvent placés, on rencontre tous ces effets variés dans les décompositions du granit au milieu des anciens dépôts : on ne voit rien de semblable dans les cailloux qui sont dans le lit des torrens. Il paroît que c'est dans les terrains humides que les granits s'altèrent plus facilement, & se décomposent en général comme nous l'avons dit.

Il semble inutile de dire ici qu'aucune apparence d'altération ne se montre dans ces mêmes contrées, sur les fragmens de quartz ou de silex qu'on y rencontre.

Maintenant nous passons à un autre objet fort important, & nous dirons que l'observateur qui porte ses regards & ses recherches non loin de la rive gauche du Gave, sur les coteaux de *Jurançon*, y trouvera une organisation différente de celle qu'offrent le *Pont-Long* & la plaine du Gave; il y remarquera surtout des fragmens de marbre arrondis & de terres argileuses ou marneuses colorées. Voilà les matériaux dont sont composés ces coteaux dans la partie qui domine le cours du Nés; les fragmens de marbres sont de même nature que les masses pierreuses dont sont composées partie des montagnes qui s'élèvent vers l'entrée de la vallée d'Ossau, & qu'on trouve d'ailleurs dans presque toutes les montagnes inférieures de la chaîne des Pyrénées. Ce qu'il y a de remarquable, c'est que ces fragmens de marbres sont des assemblages de corps organisés, contre la prétention de quelques naturalistes, qui ont voulu nous faire croire que les pierres calcaires des Pyrénées étoient des pierres primitives qui n'offroient aucuns vestiges de corps marins.

Les bancs calcaires & argileux qui, dans les Pyrénées, se succèdent alternativement, & qui se prolongent à des distances considérables, sont l'ouvrage d'une mer qui jadis enveloppoit de ses ondes cette chaîne de montagnes; d'ailleurs, les corps marins pétrifiés qu'un grand nombre de ces fragmens de marbres renferment, prouvent cette vérité, à l'appui de laquelle les observations faites dans ces derniers tems au Mont-Perdu, viennent se réunir & rendent incontestable.

Les pierres calcaires que l'on trouve sur les coteaux de *Jurançon*, sont en général beaucoup plus grosses que les pierres roulées de la plaine du Gave & du Pont-Long; car j'en ai vu qui ont trois pieds & demi de longueur sur deux pieds & demi d'épaisseur: il y en a même qui sont placées au sommet de coteaux fort élevés; ce qui prouve que ces transports sont dus à des eaux courantes qui avoient leurs lits à ces hauteurs. Outre cela, on trouve des vestiges manifestes du cours de ce même torrent en plusieurs autres endroits, & particuliérement en deçà de Savignac, où la surface de la terre est jonchée de blocs de schistes, de marbres & de granits. Le Gave, qui descend des montagnes d'Ossau, a pu transporter ces débris dans un tems où son lit étoit au niveau du sommet de la colline qui sépare aujourd'hui la vallée d'Ossau du vallon qu'arrose le Nés. Les blocs de ces granits ont été probablement transportés par les eaux courantes des hautes montagnes graniteuses situées dans les environs de Gabas.

Ces déplacemens ne paroîtront pas impossibles à ceux qui savent que les vallées profondes des Hautes-Pyrénées sont l'ouvrage des eaux qui les ont creusées par des progrès insensibles, ainsi que le prouve la correspondance des matières qui se montrent sur les bords opposés des rivières. Il n'est donc pas étonnant de voir dans des lieux élevés de plusieurs toises au dessus de leur lit actuel, les débris qu'elles ont anciennement entraînés des montagnes. Voyons maintenant en détail les pierres qu'on rencontre sur les coteaux de *Jurançon*.

On y voit d'abord des fragmens de granits à petits grains, dans un état de décomposition surprenant, au milieu d'autres débris calcaires; ils se brisent au moindre choc & se réduisent en poussière : il y en a même dont les principes font effervescence avec les acides, parce que le calcaire qui étoit entré dans la composition du feldspath, se trouve entiérement dégagé de toute combinaison. Cette décomposition, au reste, des granits, ne se remarque que dans les plus anciens dépôts. Cependant il est bon de faire observer que, dans les mêmes circonstances, les morceaux de marbres sont restés intacts. On doit en conclure que les pierres composées, comme les granits, prêtent plus à la décomposition que les pierres simples.

Nous avons dit que les fragmens de pierres calcaires sont d'un volume plus considérable que les blocs de granit. Il est visible que cette différence a été produite par l'éloignement des montagnes dont ces matières calcaires & graniteuses ont été détachées. Les marbres arrondis que l'on remarque sur les coteaux de *Jurançon*, ont été transportés de la partie antérieure des Pyrénées, distante seulement d'environ quatre lieues; les granits au contraire, placés primitivement dans des gîtes plus éloignés, ont dû, avant que d'arriver au *Pont-Long*, éprouver une plus grande diminution par le choc des autres pierres, lorsque l'action des eaux courantes les voituroit & les rouloit; mais ces effets ont été beaucoup plus sensibles lorsque l'action des flots de la mer s'est réunie à celle des eaux douces ordinaires.

Si l'on suit maintenant le cours des autres rivières, on pourra se convaincre de cette même vérité; car on voit les pierres qu'elles roulent diminuer ou augmenter de volume, suivant qu'on se rapproche ou qu'on s'éloigne des Pyrénées. On en trouve au pied de cette haute chaîne, qui sont surtout remarquables par leurs volumes. Tels sont les blocs de granit que les eaux ont transportés jusqu'aux environs d'Arudi, dans la vallée d'Ossau, & ceux qui recouvrent en quelques endroits les couches calcaires & horizontales des collines entre Pérouse & Lourde : ils sont d'une telle grosseur, qu'on auroit peine à concevoir quel est l'agent capable d'imprimer le mouvement à ces grandes masses, si l'on ne voyoit de pareils effets dans des gorges étroites où des rivières rapides coulent à la surface inclinée des rochers, comme on l'observe au-delà des eaux chaudes, à Cautères, à Barèges, & dans presque toutes les gorges serrées des Pyrénées. Mais la solution de ces difficultés devient plus facile, si l'on y fait intervenir l'action des flots de la mer, quoiqu'il soit assez vraisemblable que ces blocs sont parvenus jusqu'aux environs de Lourde & d'Arudi à une époque où les rivières se précipitoient de rochers en rochers dans ces mêmes vallées d'Ossau & de Lavedan. Pour que les torrens puissent mouvoir de pareilles masses, il ne faut que des plans inclinés, composés de rochers très-durs : ces blocs, se heurtant les uns & les autres dans leur chute, se transportent à des distances assez considérables ; mais lorsqu'il est question de leur arrondissement, qui supposent des balancemens réitérés, on ne peut les expliquer que par l'action des flots assujettis aux mouvemens du flux & reflux.

D'habiles observateurs, qui ont rencontré dans les Alpes de grands amas de pierres granitiques arrondies, semblables à ceux qu'on voit aux environs d'Arudi & de Lourde, ont cru qu'un grand volume d'eau étoit nécessaire pour le transport de ces énormes blocs, & que ces transports & ces formes arrondies n'avoient pu s'opérer que par les flots de la mer, agités & concentrés dans certains golfes bien circonscrits. Je ne doute pas qu'il ne faille avoir recours ici à la mer pour expliquer tous ces effets ; mais il est nécessaire que l'action des flots soit combinée avec celle des eaux courantes, comme on la trouve dans les lieux voisins d'une pente rapide, à la faveur de laquelle ces blocs déplacés & transportés ont pu naturellement rouler dans les parties qui séparent maintenant les amas de ces blocs, des montagnes d'où ils ont été détachés. Mais il est facile de voir que leur déplacement & même leur arrondissement a précédé l'approfondissement des vallées, qui sont l'ouvrage des torrens dans le *bassin de l'Adour*.

Si nous passons maintenant dans le Vicbilh & la Chalosse, nous trouverons les terres marneuses & argileuses de ces contrées, plantées de vignes & semées en blés ; mais si nous approchons ensuite des Pyrénées, nous ne verrons plus, surtout du côté de Morleas, une culture aussi variée, car on n'y remarque plus que des champs cultivés ; les vignes en ont disparu ou bien le vin y est de mauvaise qualité.

Le sol est en général composé de pierres roulées où les quartz dominent. Il y a aussi des masses d'argile dans les intervalles de ces débris, & pour lors on y voit croître du *roure* ou des chênes *tausin*. La première espèce de chêne prospère dans un terrain argileux, & la Nature semble avoir destiné l'autre à ombrager un sol aride ; car on trouve le chêne *tausin* dans des contrées où la terre a peu de profondeur, & principalement sur la cime des collines dans les Landes sablonneuses. Quant au châtaignier, toutes ces diverses contrées possèdent cet arbre utile parmi les masses d'argile & au milieu des pierres quartzeuses dont on vient de parler. On a découvert dans quelques endroits des bois fossiles enfouis dans des couches argileuses : ce sont encore des débris des Pyrénées.

En laissant à part maintenant les communes du Vicbilh, où le terrain est presque partout argilo-marneux, on arrive dans la plaine de Tarbes, dont le sol, par le bienfait de l'Adour, est d'une merveilleuse fécondité. Cette plaine paroît d'abord formée de débris des grandes montagnes, car on y voit des pierres que les eaux ont détachées des Pyrénées, & principalement des fragmens de granit, qui, par leur dureté, ont résisté beaucoup plus que les autres pierres schisteuses, aux chocs qu'ils ont éprouvés dans leur transport. Il est vrai que ces granits disparoissent, au pied de la côte du Ger, sous les amas d'une terre argileuse que les eaux courantes ont transportée des coteaux voisins. Il est facile de reconnoître la composition de ce sol dans les excavations que l'on a faites près de la grande route, pour en tirer des graviers. Les campagnes sont plus fertiles à mesure qu'on approche des bords de l'Adour, où l'on trouve les débris des hautes montagnes qui dominent sur les matières propres à l'ancien bassin de la mer.

Les environs de la côte du Ger ne sont pas les seuls endroits où les dépôts d'une formation plus récente ont modifié la nature du sol par leur mélange avec les simples débris des montagnes. En suivant, au sortir de Tarbes, la belle route qui mène à Bagnières, on admire la richesse des moissons ; mais dès qu'on arrive à cette partie de la plaine située entre les villages de Momères & de Montgaillard, des productions moins abondantes annoncent le changement du sol, & un terrain formé par les alluvions de l'*Adour*. En effet, on ne voit plus à la surface de la terre les pierres que cette rivière a d'abord entraînées des hautes montagnes, & que la mer a roulées dans son bassin ; une terre argileuse survenue depuis dans ce bassin, & transportée des collines qui sont dans le voisinage, par les eaux courantes dilatées, couvre ces pierres ; mais sitôt que l'on a passé Montgaillard, la plaine que l'Adour arrose, offrant des débris de différente nature dégagés de l'argile, montre de nouveau sa fécondité ordinaire.

Les aterrissemens de l'Adour comme ceux du Gave de Béarn ont une profondeur telle, que l'on n'y découvre ni les masses continues ni les bancs de pierres qui leur servent de base ; l'étendue & l'épaisseur de ces amas paroissant, comme nous l'avons annoncé, proportionnées à la hauteur des montagnes d'où les eaux ont charié les matières dont ils sont formés. C'est ainsi que, dans la plaine où coule le Gave d'Oleron, & qui est dominée par des montagnes d'une moindre hauteur que celles qui donnent naissance au Gave béarnois, on aperçoit facilement des couches calcaires sous des amas de pierres roulées, usées & arrondies ; on chercheroit en vain sous la plaine de Pau la base sur laquelle reposent immédiatement les ma-

tières

tières de ces dépôts; il faut descendre jusqu'aux environs d'Orthès pour trouver des couches continues de pierres calcaires que les dépôts secondaires n'ont pu couvrir, & dont les bords du lit du Gave sont composés. C'est enfin par cette raison que la plaine de Tarbes, qui s'étend jusqu'au pied de montagnes plus hautes que celles qui dominent dans la partie occidentale de la chaîne des Pyrénées, n'offre nulle part les mêmes couches à découvert.

L'espace compris entre l'Adour & la Neste, de même que celui qui se trouve entre les autres rivières qui prennent leurs sources dans les Pyrénées, présente en général un terrain montueux composé de terres argileuses. Dès que l'on quitte la plaine de Tarbes en suivant la route de Tournay, on trouve du côté de *Pietat*, des coteaux où l'argile propre à fabriquer des tuiles est fort abondante : ces amas se font remarquer jusqu'aux environs de Mont-Rejan, où l'on rencontre en plusieurs endroits cette terre mêlée à des pierres roulées. Comme, parmi ces différentes substances pierreuses, on n'en trouve guère qui soient de la nature de celles qu'ont fournies les hautes montagnes, il est vraisemblable que ce sont les débris des coteaux dont on vient de faire mention. J'ajouterai cependant que, dans certaines parties escarpées, l'on trouve des granits roulés, surtout dans la vallée où coule la Neste, rivière qui prend sa source dans les montagnes de la vallée d'Aure. Les fragmens de granit roulés se font pareillement remarquer sous Mont-Rejan; & enfin, il en existe quelques amas en deçà de Saint-Gaudens, vers l'extrémité de la plaine où cette commune est située.

Maintenant si l'on considère la grande profondeur & la vaste étendue des dépôts formés des différens débris des Pyrénées, & que l'on se représente en même tems la prodigieuse quantité de substances pierreuses dont la plus grande partie a été réduite en sables, & que les eaux courantes de différens ordres ont dû transporter à la mer du sein des grandes vallées qu'elles y ont creusées, il sera facile de concevoir que la hauteur de cette chaîne a dû considérablement baisser depuis les deux séjours de la mer qui couvroit ces terrains, & qui y a formé successivement deux golfes.

Non-seulement ces énormes masses tombent en ruines chaque jour & éprouvent des abaissemens considérables, mais encore les débris que les eaux en ont détachés & en détachent sous nos yeux, se ramollissent, deviennent terreux, & achèvent de se décomposer après avoir perdu une grande partie de leur volume en roulant au milieu des eaux torrentielles des Gaves; car nous avons vu que certains granits se convertissoient en argile; & que les feldspaths qui entroient dans leurs compositions, se réduisoient à leurs élémens calcaires. Mais en même tems que les cimes des montagnes s'abaissent, la surface des plaines s'élève, les corps les plus durs subissent les plus grandes altérations: tout atteste, dans ces hautes montagnes & à leur pied, que le tems, chaque jour, change la face du globe. Enfin, il reste encore plusieurs autres considérations à joindre aux différens faits que nous avons exposés : nous les réservons pour l'article *Pyrénées*, où nous nous attacherons à rapprocher toutes les vues qui peuvent nous faire connoître l'histoire de ces montagnes.

ADRIATIQUE (mer). (Golfe de Venise.)

De sa formation.

Lorsqu'on examine ce *golfe*, les différentes formes de ses bords & la grande quantité de baies & d'îles qu'on rencontre vers les embouchures des rivières que reçoit cette mer, on voit qu'un grand nombre de causes qui ont contribué à sa formation, continuent de concourir à son entretien & même à son agrandissement, & que ce sont sans contredit les eaux courantes qui sortent de la Lombardie, du Tirol & de la Carinthie, qui ont donné naissance à ce golfe. On voit aussi que les détroits qui servent à la séparation des îles, sont de nouvelle formation, vu le peu de profondeur de ces divers canaux; & si l'on pouvoit suivre les différens rapports des sondes d'après ces vues, il est incontestable qu'on auroit lieu de reconnoître les diverses embouchures des fleuves qui ont contribué à l'approfondissement de ce vaste bassin; on pourroit se convaincre d'ailleurs que tels sont les effets des eaux continentales & courantes dans cette mer. Si l'on se borne à la considération de leur marche ordinaire, comment se fait-il que, malgré cet examen & ces preuves convaincantes du travail des eaux le long de certains rivages du golfe, on ait imaginé qu'il avoit été creusé par une irruption de l'Océan asiatique, qui, en s'ouvrant le bassin de la Mer-Rouge, auroit continué cet approfondissement au milieu des terres dont ce golfe occupe l'emplacement? En sorte que les mêmes courans qui ont poussé une masse d'eau dans l'ouverture de Babel-Mandel, leur auroient fait continuer ses ravages jusqu'aux environs de Venise en franchissant l'isthme de Suez, qu'on suppose en même tems avoir été desséché, soit par la retraite de la Méditerranée, soit par la diminution de la Mer-Rouge; car ces mêmes érudits ont cru reconnoître à la superficie de l'isthme des preuves de ce séjour de l'Océan.

Cependant lorsqu'on considère la forme du bassin de la Mer-Rouge, & le golfe qui auroit succédé à cette irruption prétendue de la mer & à son inondation, il s'en faut beaucoup qu'on y voie d'autres résultats que ceux que nous avons indiqués en expliquant la formation du golfe Persique. Ainsi, d'après ces vues très-raisonnables, il paroît que le principal effort des eaux qui ont donné naissance au golfe Arabique, ne peut venir que de l'intérieur des terres. On voit que l'Océan n'a fait qu'agrandir & élargir la vallée d'une ancienne rivière qui a commencé l'ébauche du golfe. Si ce sont ces forces locales qui ont contribué à l'état actuel de la Mer-Rouge, la prétendue masse d'eau qu'on imagine sortie de l'Océan, ne s'est donc pas aventurée jusqu'à la mer Adriatique, dont le bassin n'a été creusé & agrandi visiblement que par le travail successif des eaux de l'intérieur des terres, qui en forment surtout la ceinture à l'ouest & un peu au nord.

Voilà, ce me semble, comme on doit envisager chaque effet naturel. En circonscrivant ainsi les causes locales, on n'ira pas se hasarder à évoquer des Indes des forces pour organiser nos mers d'Europe. Ici, je vois les moyens naturels de la formation dans ceux de l'entretien, & réciproquement les moyens de l'entretien m'autorisent suffisamment à remonter à ceux de la formation.

J'ajoute ici que la formation des golfes en général ne peut être envisagée que comme l'effet d'un travail lent, & non comme le résultat d'une catastrophe subite & extraordinaire dont on ne peut nous indiquer les causes. Nous renvoyons au reste aux articles *Golfe* & *Méditerranée*, où nous ferons connoître plus en détail le système de la Nature dans l'approfondissement des anses, des détroits, & de toutes les dentelures des côtes de l'Océan & des mers intérieures. En attendant, je puis même renvoyer à ce que j'ai dit à ce sujet dans la Notice de Tournefort, où je discute ce que peuvent opérer les eaux courantes de l'intérieur des continens, lesquelles sont les seules forces, les seuls agens dont la marche & l'activité continuelle soient propres à produire tous ces effets.

Niveau de la mer Adriatique & état de ses rivages.

La mer Adriatique gagne journellement du côté de Zara : on en juge par la marée, qui atteint & couvre des lieux qu'elle ne devoit pas aborder lorsqu'ils furent bâtis. On peut citer dans le même sens les anciens pavés de la place Saint-Marc de Venise, qui sont beaucoup au dessous du niveau moyen actuel de la mer. Enfin, un grand nombre d'autres monumens concourent à prouver ce fait. La mer étend constamment son lit malgré les fleuves qui prolongent ses rivages, en déposant à leurs embouchures des sables & de la vase. Soit que les rivages du golfe de Venise soient marécageux, sablonneux ou de rochers, on y trouve toujours des ruines d'anciens édifices submergés; ce qui paroît établir incontestablement l'élévation du niveau de la mer : on peut s'en convaincre aussi en examinant le refoulement de l'eau des fleuves à leurs embouchures, & les stagnations étendues qu'ont produites les vagues de la marée montante, quelque foible qu'elle soit, ainsi que les écroulemens des montagnes & des collines minées sur les côtes orientales par la mer. On pourra voir dans plusieurs articles de ce Dictionnaire, qui contiennent la description de différentes îles de la Dalmatie, des preuves de tous ces changemens & révolutions qui se sont étendus partout.

De la nature du fond de la mer Adriatique.

En examinant le fond de la mer Adriatique on a remarqué d'abord qu'il n'y avoit aucune différence, quant à la disposition des matières, entre le fond du golfe & la surface des côtes qui en forment l'enceinte; car on y découvre également des inégalités, des cavernes, des sources, des fontaines & des eaux courantes : on a vu qu'il étoit formé en grande partie de différentes couches horizontales & parallèles à celles des îles. On trouve toutes ces dispositions sur les bords de l'Istrie, de la Morlaquie, de la Dalmatie & de l'Albanie. Donati, à qui nous devons ces observations & ces remarques, a cru voir que le fond de la mer dans cette partie, étoit formé d'une masse de marbre semblable à la pierre de Dalmatie, dont on se sert à Venise dans les constructions, & qui est quelquefois interrompue par des bancs composés de testacées, qui font une croûte d'une épaisseur de quatre à cinq cents pieds, près de Sebenico, & qui paroissent s'être pétrifiés au fond même de la mer. Il en a conclu que le fond de la mer Adriatique éprouvant cette augmentation contiuuelle, son niveau devoit s'élever en même raison; ce qui est cependant contredit par plusieurs faits que nous avons cites ci-dessus, en observant que ces augmentations du fond de la mer par les testacées ou madrépores, telles que les a remarquées Donati, ne peuvent être que locales, & circonscrites dans d'assez petites étendues.

Golfe ADRIATIQUE, *considéré relativement à sa navigation, à l'état de ses côtes & à l'établissement de Venise.*

Le golfe Adriatique s'avance dans l'intérieur des terres à la distance de quatre-vingt-dix myriamètres environ, & forme une anse large à peu près de quinze myriamètres réduits. La côte occidentale qui sert de bords à l'Italie, est plate, malsaine, sans abri ; les navigateurs ne la fréquentent pas; ils se rangent le plus souvent vers la côte opposée, où les provinces d'Istrie, de Dalmatie & d'Albanie sont couvertes par un grand nombre d'îles, entre lesquelles il y a un bon mouillage, & où l'on aborde à des ports sûrs, commodes, où l'on trouve des secours en hommes, en vivres, en munitions navales autant qu'on en peut desirer. Pendant toute la belle saison la navigation est facile dans le golfe; le vent dominant est favorable pour en sortir, & par conséquent contraire pour aller à Venise : il faut dix-huit à vingt jours pour s'y rendre du golfe de Tarente ou de Corfou, pendant qu'il suffit souvent de trois à quatre jours pour retourner à ces deux points, qu'on pourroit regarder comme les musoirs des bords naturels qui forment l'enceinte de l'Adriatique. Pendant l'hiver les vents de sud-est font des ravages affreux dans le golfe; il est impossible aux vaisseaux de se soustraire à leur violence : à chaque pointe qu'il faut doubler, le vent change, & toujours il est debout. Les lames sont courtes & profondes, & quelque attention qu'on y fasse dans la manœuvre, il est impossible de les éviter : la seule ressource est de chercher un mouillage dans les Archipels ou les ports de la côte du nord. Il suffit de jeter un coup-d'œil sur la carte (1), pour juger que le premier effet des tempêtes est nécessairement de porter les alluvions de ses deux rives à leur point de réunion. Il est évident que les coups de vent de nord-est au nord-ouest ne peuvent détruire les dépôts qu'ont apportés ceux du sud-ouest au sud-est, puisque les premiers sont arrêtés par les montagnes du Frioul, tandis que les autres ne trouvent aucun obstacle depuis les rivages de l'Afrique, à plus de trois cents myriamètres de distance.

Une autre source non moins féconde apporte encore des vases sur cette plage : ce sont les fleuves qui viennent s'y décharger, & qui, dans les tems de crues, entraînent avec eux une immense quantité de limon, de sable & de cailloux; le *Pô*, l'*Adige*, le *Bachiglione*, la *Brenta*, le *Marsenego*, le *Silé*, la *Piave*, la *Livenza*, le *Tagliamento*; toutes ces rivières & torrens ont leurs embouchures sur un développement qui n'a pas vingt myriamètres de longueur, & presque toutes prenant leurs sources à très-peu de distance dans les montagnes de la Carniole, du Frioul & du Tirol, ont un cours extrêmement rapide, sont sujètes à des exendations fréquentes, ravagent les pays qu'elles arrosent, & précipitent leurs débris dans la mer. La lisière de terre comprise entre le pied des montagnes & la mer, dans tout le pourtour des lagunes, est le résultat des dépôts anciens qui se prolongent sans cesse, & les fleuves ont établi leurs cours naturels avec mille sinuosités dans ces terres d'alluvion. L'art y a réuni quelques canaux factices, & les campagnes qui restent entre ces eaux courantes, couvertes elles-mêmes d'eaux dormantes & marécageuses, ne produisent que des joncs, des roseaux, des saules, des insectes & des vapeurs mal-saines.

Là, comme partout ailleurs, la Nature a fondé au milieu des eaux un barrage naturel qui établit une limite entre les aterrissemens formés par les tempêtes de la mer & ceux qui résultent des dépôts fluvials : il en résulte une digue qui s'étend aujourd'hui depuis les embouchures de l'*Adige*, de la *Brenta*, jusqu'à celle de la *Piave*. L'espace renfermé en arrière de cette digue est tranquille au milieu des orages : c'est un vaste marais qui peut avoir dix à douze myriamètres de superficie; sa figure est à peu près celle d'un triangle isocèle qui auroit sept à huit myriamètres de base, sur trois à quatre de hauteur; il est rempli d'îles, de bancs, de bas-fonds, parmi lesquels se sont formés, par l'action même des eaux ou par la main des hommes, quelques canaux plus profonds qui servent à la navigation. Voilà ce qu'on appelle les *lagunes*. Les îles les plus considérables sont habitées, & Venise en occupe seule plusieurs. *Voy*. l'article LAGUNE, où ces détails se trouvent développés.

Cette position désagréable & mal-saine, mais isolée, a fait aux habitans une indispensable nécessité de la navigation : elle ne produit que les résultats des pêches. Il lui faut entretenir des relations non interrompues avec le continent, pour satisfaire à tous ses besoins; mais il semble que le génie de ses fondateurs ait eu particuliérement en vue d'imprimer plus fortement à l'esprit national une tendance habituelle vers les opérations maritimes, en multipliant par tous les moyens possibles leurs premiers élémens. Venise n'a point de rues : toutes les maisons sont entourées d'eau; elles ne se communiquent point ou presque point autrement que par eau; chacune entretient plusieurs bateliers pour son service & plusieurs bateaux. Il y a peu de villes dans le Monde où l'on trouve autant de chantiers, de barques & de marins qu'à Venise : il y en a peu où l'esprit de la navigation doive être aussi généralement répandu qu'à Venise; il y en a peu où l'industrie soit aussi vivement sollicitée à prendre cette direction.

Dès le Ve. siècle, il avoit été bâti des villes dans les lagunes. L'empereur Héraclius y avoit fondé la ville d'Héracliane, que les réfugiés rebâtirent parce qu'elle tomboit en ruine. Ils peuplèrent successivement onze autres îles, sur lesquelles ils n'avoient trouvé que des habitations de pêcheurs. Enfin, la totalité des soixante-douze îles qui forment cet Archipel, fut couverte de maisons de pêcheurs & de commerçans; elles furent remplies de canaux, de ponts, de barques & de mariniers. D'abord les intérêts furent divisés, & chaque peuplade eut ses lois; ensuite de plus puissans intérêts les rapprochèrent, & elles se réunirent en corps de nation : ces mutations eurent lieu dans les VIe. & VIIe. siècles. On ne peut pas douter que la seule ressource de ces peuples, quand la terre leur étoit interdite par un vainqueur féroce, n'ait été la pêche & le commerce. L'homme fait toujours bien ce qu'il a un grand intérêt à bien faire; les Vénitiens ne tardèrent pas à supplanter dans tous les comptoirs les habitans des villes maritimes circonvoisines, parce que ceux-ci partageoient leurs moyens entre la culture des terres & le négoce, entre le commerce de l'intérieur & la navigation, tandis que les autres se livroient à la mer sans partage.

(1) *Voyez* l'Atlas, au mot *Adriatique*.

D'abord on fit des alliances & des traités, au moyen desquels les Vénitiens donnoient seulement leur savoir faire, & recevoient en échange, dans la Romagne, des bois, des chanvres, des toiles; dans la Poléfine, des toiles, des draps; dans les marches Trévisanes & le Frioul, des mâts, des bois de construction & du fer; dans l'Istrie & la Dalmatie, outre les mêmes productions en très-grande abondance, des comestibles de toute espèce, des marins en quantité, un asyle sûr dans les meilleurs ports du Monde; de tous côtés, des grains de la meilleure qualité : avec ces moyens, Venise s'empara du commerce de la Méditerranée; & comme la seule communication de l'Asie avec l'Europe avoit lieu par le port d'Alexandrie & le Caire, elle en usurpa le privilége exclusif. Ses alliés devinrent bientôt sa conquête. Elle eut de grandes forces navales, & s'empara des îles qui pouvoient assurer sa domination, & de toutes les provinces limitrophes de l'Adriatique, dans lesquelles tous les élémens nécessaires à l'entretien d'une marine militaire & commerciale se trouvoient réunis avec assez d'abondance pour qu'on pût, au moyen d'une sage administration, se promettre de ne les épuiser jamais.

Tel étoit l'état physique de Venise au moment de sa plus grande splendeur, tel il étoit encore à l'époque de la révolution françoise; mais son état politique avoit subi de terribles changemens. La découverte du passage aux Indes par le Cap de Bonne-Espérance, lui avoit enlevé le commerce de l'Orient. Quatre puissances politiques s'étoient formées sur l'Océan, & successivement une ou plusieurs d'entr'elles avoient dominé dans la Méditerranée. La marine vénitienne restoit cachée dans les lagunes, quand toutes les mers voyoient flotter tant de pavillons européens; quand toutes les mers, soumises à l'empire de quelques hommes du nord, étoient quelquefois le théâtre de leur gloire, & presque toujours celui des entreprises qu'entraîne une cupidité sans bornes.

Cependant le commerce de Venise avoit repris ou conservé une grande partie de son activité. Je parle ici de Venise elle-même & de quelques autres villes des *lagunes*; car cette prospérité ne s'étendit pas jusqu'aux possessions continentales. La ville dominante la devoit d'abord à sa situation, qui, en lui donnant exclusivement le droit d'approvisionner le midi de l'Allemagne, lui faisoit partager avec Gênes celui d'approvisionner l'Italie; il la devoit ensuite à la sagesse & à la pusillanimité du gouvernement. Le sénat, convaincu de sa nullité, n'entretenoit une marine militaire que par luxe, & des forces de terre que pour contenir les provinces continentales. Son arsenal si fameux ne devoit sa grande célébrité qu'au mystère impénétrable dont le despotisme oligarchique l'entouroit. Venise avoit pour remparts ses lagunes, & surtout son peu d'importance dans la balance politique. L'art des gouvernans se réduisoit à observer une religieuse neutralité dans toutes les guerres, & le commerçant, sous la protection d'un pavillon respecté par les nations belligérantes, trouvoit, dans les fléaux qui les désoloient, la source de grands bénéfices. Pour compléter ce que je viens d'exposer succinctement sur la marine & le commerce vénitien, je renvoie à l'article *Lagune*, où toute la constitution du golfe Adriatique se trouvera exposée de manière à faire connoître la forme des côtes & des îles qui en établissent la bordure la plus importante.

Je dois rappeler ici la différence qui se trouve entre les côtes de la mer Adriatique orientales & occidentales, différence qui consiste non-seulement dans la nature & dans la constitution des rivages, mais encore dans la partie du bassin de la mer qui les baigne. Les côtes occidentales sont basses, & reçoivent outre cela des envasemens considérables par les fleuves qui y ont leurs embouchures; d'un autre côté, les côtes orientales sont non-seulement élevées, mais encore escarpées, & dominent sur une mer profonde.

Ces différens états sont dus à l'action des vents, lesquels ajoutent aux dépôts des fleuves, des vases qui forment un banc très-remarquable situé à une certaine distance des côtes occidentales. Il est aisé de distinguer les effets de ces deux causes, tant par leur nature que par leur position. Le dernier dépôt est sensiblement modifié par la direction des vents, & surtout par celle du sud-est.

Lorsqu'on parcourt, sur la carte d'Albe ou sur celle de notre Atlas, les différentes embouchures des fleuves, depuis le Pô jusqu'au Tagliamento, il est aisé d'y reconnoître les aterrissemens qui s'y sont formés; car les différentes formes des côtes & des îles nous les montrent de manière à nous en indiquer les origines, qui sont d'autant plus remarquables, que, vers le fond du golfe, les terres se resserrent davantage, & présentent un front qui n'a que très-peu d'étendue.

En s'occupant de l'étendue & de la forme des envasemens qui ont été déposés le long des côtes occidentales, il est important d'insister également sur la nature, l'état & la position des matériaux qui les composent. Or, pour peu qu'on observe ce que le Pô, l'Adige, la Brenta, le Zéro, le Sile, la Piave, la Livenza, le Limone & le Tagliamento ont déposé à leurs embouchures, on voit que ces envasemens participent des matières primitives dont leurs eaux ont charié les débris, suivant qu'elles ont traversé, ou les pays de couches calcaires horizontales ou inclinées, ou les contrées graniteuses, ou schisteuses, ou sablonneuses.

Périple du golfe Adriatique, où l'on trouve non-seulement l'indication des pays qui en occupent les côtes, mais encore celle de toutes les îles qui sont distribuées le long des mêmes rivages.

1°. Pays qui occupent les côtes de ce golfe.

L'Albanie, La Dalmatie, La Croatie, } dans la Turquie d'Europe.
L'Istrie, dans l'Etat de Venise.
La Carniole, dans le cercle d'Autriche.
L'Etat de Venise.
Le département de Bologne.
L'Etat de l'Eglise.
Le royaume de Naples.

2°. Les principales îles de ce golfe sont:

Fanu, à l'entrée.
Merlère, de même.
Pelagosa, Meleda, Agusta, Curzola, Cazzola, Cazza, Saint-André, Lissa, Lesina, Brassa, Bua, Solra, Grossa, Melada, Scardo, Pago, Arbe, } dans la mer de Dalmatie.
Offero, Cherso, Veglia, } dans le golfe de Guarnero.
Grado, au fond du golfe.
Les îles où Venise est bâtie.
Les îles de Tremiti.

Nota. Je rappellerai la plupart de ces îles dans des articles particuliers, lorsqu'elles m'offriront quelques détails intéressans concernant la géographie-physique.

3°. Plusieurs petits golfes qui s'y trouvent.

Ceux de { Drin. Cattaro. Narenza. Guarnero. Trieste. Manfredonia.

4°. Plusieurs bras de mer qui prennent leur nom des côtes voisines.

Telles sont les mers { d'Albanie. de Dalmatie. de Guarnero. d'Istrie. de Puglia.

5°. Les principales villes ou forts établis sur les côtes du golfe.

Venise, presque au fond du golfe.
Chioza, dans une petite île près des lagunes.
Pola, dans l'Istrie.
Spalatro, dans l'Etat de Venise.
Curzola, dans l'île de ce nom.
Zara, dans la Dalmatie vénitienne.
Antivari, entre les golfes de Drin & de Cattaro.
Budua, dans la Dalmatie vénitienne.
Cattaro, au fond du golfe de ce nom.
Trau, en Dalmatie vénitienne.
Sebenico, en Dalmatie.
Castel-Nuovo, en Dalmatie, sur le golfe de Cattaro.
Raguse, dans les Etats de cette république.
Docigno, dans l'Albanie.
Castelli del Porto di Mala-Mocco, en l'île du même nom.
Segna, dans la Morlaquie en Croatie.
Lesina, dans l'île de ce nom.
Ancône, port, dans la marche d'Ancône, Etat de l'Eglise.
Fano, dans l'île du même nom.
Marano, dans le Frioul, dépendant de l'Etat de Venise.
Sinigaglia, dans le duché d'Urbin.
Castel del Porto di San-Nicolo, dans l'île de ce nom.
Ravenne, dans le département de Bologne.

6°. Des principaux fleuves qui se jettent dans ce golfe.

En commençant par le nord & le fond du golfe, & suivant à l'ouest, on trouve le fleuve *Lisonzo*, qui réunit quatre embranchemens considérables dispersés dans les terres.

Ensuite viennent les rivières des environs d'*Aquilée.*

Puis le Stale, qui a son embouchure près de Marano.

Enfin, le *Tagliamento*, fleuve important.

Plus au sud on trouve *Limene*, la *Livenza* & le *Zenzoni*; puis le *Sile* & le *Zéro*, qui se jettent dans les lagunes de Venise avec le *Taglio Nuovo* & la *Brenta.*

En suivant toujours la même côte, on rencontre plusieurs des divisions de l'embouchure de l'*Adige*, puis les diverses branches du Pô, & enfin toutes les rivières du Bolonois, qui se réunissent au *Porto-Primaro.*

Je ne présenterai pas en détail les rivières de la Romagne, du duché d'Urbin, de la marche d'Ancône, de Fermo, des Abruzzes, du comtat de Molise & de la Capitanate, attendu qu'elles sont peu considérables, ne parcourant qu'une très-petite étendue depuis l'Appenin jusqu'au golfe. Au reste, je dois faire remarquer ici que ce golfe n'est guère abreuvé que des rivières qui s'y rendent des parties de l'ouest; car il y vient si peu d'eau de la Carniole & de l'Istrie, que je n'indiquerai aucune des rivières qui se jettent dans le golfe de *Trieste :* le Tagliamento, l'Adige, le Pô & les rivières du Bolonois fournissent la principale masse des eaux que ce *golfe* reçoit de la terre-ferme.

ADVENTICES (*terres végétales*).
Le globe est couvert, dans la plus grande partie de sa surface, de certaines couches superficielles, au milieu desquelles les végétaux croissent, ou naturellement, ou par le secours de la culture. Je nomme ces matières si différentes, & par leur nature, & par leurs qualités, *Terres végétales.*

On s'est beaucoup exercé à classifier les substances qui composent les *terres végétales*, & à les réduire à certaines espèces qu'on pût désigner par des caractères précis; mais jusqu'à présent on n'a rien donné de satisfaisant, rien qui pût guider en même tems le cultivateur & le naturaliste. La principale cause de ces classifications incomplètes vient de ce que l'on n'est pas remonté jusqu'à l'origine de chaque espèce de terre en particulier. Ces considérations sont cependant les seules capables de faire démêler leurs principes primitifs, soit avant leurs altérations, soit avant leurs mélanges, & par conséquent à ramener ces substances à la distribution primitive qu'en avoit fait la Nature, d'après les différens mixtes dont ces terres pouvoient être une destruction ou une décomposition.

La terre végétale effectivement est due à plusieurs causes : ou bien elle est *naturelle* au sol qu'elle recouvre, ou bien elle est étrangère, ayant été transportée, par différens moyens, des contrées voisines plus ou moins éloignées. Si elle est naturelle au sol, elle est certainement le produit de la décomposition des pierres, ou du délitement des terres elles-mêmes; si elle est *étrangère* ou *adventice*, on verra facilement les trajets qu'elle a parcourus. C'est en observant, d'après ces distinctions, les différentes contrées qui nous offrent les terres végétales, que nous trouverons les moyens de déterminer leur origine & leur nature.

La nouvelle & la moyenne terre nous offriront d'abord, dans la première classe, des argiles, des marnes argileuses & des marnes calcaires, des craies, des détritus de coquilles, & des sables, ou quartzeux, ou spathiques.

Les argiles se trouvent en lits interposés au milieu des couches ou bancs de pierres calcaires; il en est de même des marnes argileuses, des marnes calcaires : il n'est donc pas étonnant que quelquefois ces lits soient à découvert, ou sur les croupes des vallées, ou bien à la superficie des plaines, & que l'eau pluviale en produise le mélange ou la dispersion. Les terres calcaires ou sabulo-calcaires sont de même le produit des couches de pierres calcaires qui se délitent par l'action successive de l'humidité & de la sécheresse. On peut suivre aisément les progrès de cette décomposition, qui a lieu dans tous les cas où les pierres calcaires ne sont pas trop solidement infiltrées.

Je pourrois remonter jusqu'à l'ancienne terre graniteuse pour montrer la production des terres végétales, débris des granits, des talcites & des schistes; mais je supprime tous ces détails pour passer à ce qui concerne particuliérement les *terres végétales adventices*, dont nous nous occupons dans cet article.

Il est visible d'abord que cette terre, étrangère au sol, y a été amenée à la suite de deux grands ordres d'événemens; d'abord par les eaux *torrentielles* qui ont couvert la surface des plaines de la *nouvelle terre* par des convois de matériaux enlevés à l'ancienne, ensuite par les eaux *fluvio-torrentielles* qui ont inondé les bords élevés des rivières, de la nouvelle terre & de la moyenne, ainsi que leurs plaines fluviales, de sables, de vases & de différens principes terreux.

Une des circonstances qui a le plus contribué aux transports & aux dépôts des *terres végétales adventices*, ce sont les invasions de l'Océan dans les *vallées-golfes*, & à la suite de ces invasions, les transports des matières détachées de l'ancienne terre qui servoit de bords au golfe, & déposées plus ou moins abondamment dans ces golfes : maintenant c'est à la suite des retraites de la mer, que ces matières se sont retrouvées à la superficie des plaines fluviales élevées, & en même tems sur celle des plaines fluviales basses. Je pourrois indiquer ces différens amas dans la vallée du Rhône. *Voyez* VALLEE-GOLFE.

D'ailleurs, les eaux torrentielles ont produit sur les *terres végétales adventices* un effet très-remarquable; c'est le transport des terres qui se délaient facilement dans l'eau, & dont les eaux courantes se sont chargées assez abondamment. En conséquence, les transports des substances terreuses se sont faits à des distances considérables, parce que l'eau des rivières, dans les crues, reste trouble pendant long-tems, quoiqu'elle parcoure un assez long trajet. Outre cela, les eaux pluviales qui tombent sur les pays calcaires, font beaucoup plus de ces enlévemens, que les eaux qui tombent & circulent à la surface des pays de l'ancienne terre, parce que la terre végétale n'est qu'un débris de granit qui n'est pas beaucoup soluble dans l'eau.

Dans les pays de pierres de sable ou *brasier*, dans les contrées où les terres sont colorées par le fer, les eaux entraînent beaucoup de sables & d'ocre; enfin, dans les pays de schistes, les eaux pluviales, délayant aisément des argiles noirâtres, déposent des vases qui ont la même couleur.

D'après ces données, j'ai reconnu partout les produits de ces différens déplacemens opérés par les eaux des rivières, surtout après avoir fait l'examen des contrées qu'elles ont lavées dans les parties supérieures de leurs cours; car l'étude d'une partie doit être faite toujours relativement à ce qui s'observe dans l'autre, & dans ces observations il me paroît néceſſaire de comparer les déblais aux remblais. Ces réſultats ſe rencontrent le long de l'Appennin, depuis l'embouchure du Tanaro juſqu'à celle du Reno. On y trouve deux ſortes de remblais ; d'abord ceux qui ont été formés par les matériaux entraînés dans le baſſin de la mer, & organiſés par elle en couches horizontales : ce ſont les dernières couches formées dans la *vallée-golfe* du Pô ; enſuite ceux qui ont été dépoſés par les torrens dans toutes leurs vallées actuelles, & où l'on trouve de grands amas de terres végétales adventices. Ce que je dis de la Lombardie & de la grande vallée-golfe du Pô peut être appliqué à pluſieurs vallées ſemblables que je pourrois indiquer en France ; telles ſont les vallées du Rhône, de la Loire, de l'Allier, de la Dordogne, de la Garonne & même de la Seine.

Ainſi l'on ſe convaincra facilement, par les réſultats de toutes ces obſervations, que les terres végétales *adventices* ſont toutes les ſubſtances terreuſes qui ſont produites par la décompoſition des maſſifs & des couches, & tranſportées ſur des fonds qui leur ſont étrangers : elles ſe trouvent, comme on a vu, dans différentes poſitions ; les unes, & les plus communes, dans les plaines fluviales de pluſieurs vallées, & viennent toutes d'amont : auſſi eſt-il facile de retrouver leur ancien giſſement, le lieu de leur formation primitive, & de ſuivre même quant à préſent les progrès de leurs tranſports. Je puis indiquer ici les plaines fluviales des grandes rivières où ces matériaux réſident après avoir été dépoſés ſur les fonds de cuve & même ſur les plans inclinés des vallées. Une ſemblable diſpoſition ſe remarque dans les vallons des rivières du ſecond ordre, où ces *terres végétales adventices* ſont diſtribuées de la même manière à peu près, & par de ſemblables eaux courantes.

Ailleurs, j'ai vu ces terres végétales adventices diſperſées ſur les ſommets plats des collines : cet arrangement m'a d'abord frappé, & une étude ſuivie de ces différens ſols m'a convaincu qu'elles étoient originaires de l'ancienne terre, & ſurtout des parties de l'ancienne terre, qui avoient ſervi de bords à la mer : les eaux circulant à la ſurface de l'ancienne terre, ayant entraîné ces matières, les ont dépoſées à la ſuperficie de la nouvelle terre, dans les premiers tems de ſa découverte, par la retraite des eaux de la mer ; & comme, dans ces contrées nouvelles, il n'y avoit point encore de vallées, toutes les eaux formoient des nappes diſperſées qui parcouroient la ſurface des terrains, leſquels, par la ſuite des tems, ſont devenus des collines à meſure que les vallées ſe ſont approfondies. C'eſt ainſi que les ſommets plats des collines du Périgord ſont recouverts de matières fournies par l'ancienne terre du Limouſin, où je les ai reconnues. Les ſables, les argiles, les cailloux roulés ſont des débris de granits roulés par les vagues de l'ancienne mer, le long de ſes bords, & enſuite dépoſés ſur les ſommets des collines. Ces terres végétales ſont d'un mauvais produit, parce que ce ſont des ſables ſecs & arides, ou des argiles courtes, ocreuſes & compactes : en ſorte que les ſeules terres végétales d'une certaine fertilité en Périgord ſont les terres végétales natives, produites par la décompoſition des pierres du maſſif de la nouvelle terre opérée pendant & après le travail de l'eau pluviale, laquelle en a creuſé les vallées.

Je trouve ces mêmes dépôts dans l'Angoumois & dans le Poitou, par une ſuite des mêmes événemens. Il eſt viſible que ces dépôts n'ont pas été formés dans le baſſin de la mer, mais après ſa retraite, & par les eaux torrentielles : la diſpoſition des dépôts prouve & établit ces circonſtances d'un manière inconteſtable.

En rapprochant toutes les circonſtances où ſe trouvent les terres végétales adventices, on verra que ces ſubſtances peuvent être rapportees à pluſieurs époques & à pluſieurs natures de matériaux. C'eſt ſur ces deux caractères qu'on doit en faire l'examen & en déterminer la nomenclature.

1°. Je vois qu'il y a eu des déplacemens de matériaux, faits pendant le ſéjour de la mer, & formés en dépôts dans ſon baſſin : ces dépôts pour lors occupent la ſuperficie de grandes parties de nos continens, & ſurtout celles qui ont fait partie des anciens bords de la mer ; c'eſt ce que je nomme *dépôts littoraux*. Je les trouve, comme je l'ai remarqué ci-deſſus, dans les vallées-golfes, & particuliérement dans celle de l'Adour. *Voyez* cet article, où toutes ces conſidérations ſont bien développées, vu l'avantage que m'a offert la liſière du pays adjacent des Pyrénées.

2°. Il y a eu des déplacemens de terres faits par les eaux courantes de l'ancienne terre, qui les ont tranſportées à la ſurface de la nouvelle dans les premiers tems de la retraite de la mer : auſſi ces terres occupent les ſommets des collines de cette nouvelle terre, les plaines hautes, &c.

3°. Il y a eu des déplacemens de terres opérés depuis la retraite de la mer, tant des débris de l'ancienne terre, que de ceux de la nouvelle, qui ont été voiturés à la ſurface de l'une & l'autre terre, enfin dépoſés dans les plaines hautes & baſſes, & dans les fonds de cuve des vallées & vallons de tous les ordres. Ainſi les terres végétales adventices qui appartiennent à cette époque, laquelle ſe continue même à préſent, ſe retrouvent dans les vallées, dans les plaines fluviales, mais non dans les plaines hautes.

Si nous examinons maintenant ces terres, quant à leur nature & à leur production, nous y trouverons des variétés très-remarquables. Ainſi les débris des granits où dominent les ſables quartzeux, ſont de mauvais ſols ; mais auſſi lorſque les débris du feldſpath ou de quelques principes argileux ſe trouvent mêlés aux premières ſubſtances, on peut ſe promettre quelque avantage de leur culture.

Au reſte, les ſuites de terres adventices ſont dues à tant de débris entraînés & altérés par les eaux, qu'il n'eſt pas facile de les ramener à des origines préciſes. Mais j'ai remarqué ſouvent que c'eſt la baſe & la ſituation où ſe trouvent les matériaux tranſportés, qui décident de la beauté & de l'abondance de leurs productions.

Si l'on eût ſuivi la méthode d'analyſe dont je viens d'indiquer les principes, pour mettre de l'ordre dans les terres végétales *adventices*, on auroit été en état de déterminer leur nature, & de juger de ce qu'elles pouvoient produire : ſans ces moyens, on n'aura qu'une fauſſe nomenclature qui n'éclairera ni le cultivateur ni le naturaliſte. Ce n'eſt qu'en analyſant les événemens qui ont contribué à la formation de la terre végétale, qu'on ſera en état de les claſſer comme il convient, ſurtout en y joignant les productions. Je renvoie une ébauche de cette nomenclature à l'article *Terre végétale*.

ADULA, nom d'une contrée des Alpes, qui eſt compriſe entre les pays des Griſons, des Suiſſes & le Valais ; c'eſt là que ſont les ſources du Rhin, du Teſſin, du Rhône, de l'Aar & de la Reuſſ. Elle renferme le mont Saint-Gothard, celui de la Fourche, & le mont *Adula* qui lui donne ſon nom, & d'où ſort la ſource la plus méridionale du Rhin. C'eſt le centre de la diſtribution des eaux par tous ces fleuves vers les principaux aſpects de l'horizon ; c'eſt de là que les eaux ſuivent les pentes qui les entraînent vers l'eſt, le nord, l'oueſt & le midi. On en a conclu avec quelque fondement, que cette contrée étoit une des plus élevées des Alpes ; mais elle eſt dans le cas de beaucoup de plateaux ſemblables, & qui ne ſont pas les plus élevés des contrées où ils ſe trouvent. Tel eſt le plateau de Langres, qui n'eſt pas, à beaucoup près, auſſi élevé que les Voſges, ni même que le Jura. Cependant ceux qui n'ont rien comparé par les moyens qui donnent des réſultats précis, ont cru que le plateau de Langres étoit le plus élevé de toute la France, & ce ſont des naturaliſtes célèbres, & même des géographes, qui raiſonnent d'après cette fauſſe ſuppoſition. *Voyez* le mot LANGRES, où toutes ces illuſions ſont diſcutées & détruites.

AFFAISSEMENT *des terrains & des couches de la terre*. On obſerve un grand nombre de ces affaiſſemens, & ſurtout des couches de la terre, dans pluſieurs circonſtances que je crois devoir rappeler de manière à en faire connoître les cauſes les plus remarquables. J'en ai rencontré, par exemple, de fort nombreux & de très-étendus aux environs des grandes ſources & des entonnoirs où les eaux de certaines rivières ſe perdent. On en voit de même au voiſinage des grottes & des cavernes dont les voûtes de ces galeries ſouterraines s'approchent à un certain point de la ſurface de la terre. *Voyez* SOURCES, GROTTES, CAVERNES, RIVIÈRES *qui ſe perdent*.

Les affaiſſemens qu'on obſerve aux environs des rivières qui ſe perdent, ſont indiqués par pluſieurs entonnoirs plus ou moins ouverts. Il eſt évident que l'eau qui eſt abſorbée pour lors, eſt aſſez abondante pour ſe creuſer des galeries ſouterraines, & que pour peu qu'elles s'élargiſſent, les voûtes qui ſoutiennent les maſſifs qui les recouvrent, & qui ſont ordinairement d'un grand poids, ne pouvant ſuffire, il en réſulte des *affaiſſemens* qui mettent à découvert une épaiſſeur de couches & de lits très-remarquable.

Souvent, comme nous l'avons dit, ces *affaiſſemens* ſe bornent à des entonnoirs diſtribués ſur une même ligne, & particuliérement le long du canal des ruiſſeaux ou rivières qui ſe perdent.

On voit auſſi un grand nombre de ces parties de la ſurface de la terre affaiſſées, qui reçoivent les eaux pluviales, leſquelles s'y rendent de toutes parts, ſuivant que les pentes du terrain favoriſent cette réunion de courans vagues. On ſent aiſément que c'eſt par ces points abſorbans que s'alimentent les réſervoirs des grandes ſources.

Mais les affaiſſemens les plus conſidérables ſont ceux qu'on rencontre en pluſieurs contrées de la moyenne terre, où les couches ſont *inclinées*. Nous ferons voir, à cet article, que les déplacemens & les *affaiſſemens* de certaines parties des couches ſuperficielles n'ont été occaſionnés que parce que les baſes qui les ſoutenoient dans leur ſituation naturelle & primitive, leur ont manqué. Ces phénomènes annoncent une deſtruction très-étendue de certains lits intérieurs d'argiles ou de marnes ; & l'on peut, d'après ces principes, eſtimer les différens degrés de deſtruction, par les différens degrés d'affaiſſemens que les bancs ont éprouvés.

Quoique ces phénomènes ſoient très-multipliés, & occupent de grandes parties de la ſurface de la terre, ils n'ont encore été obſervés que d'une manière fort imparfaite, parce qu'on n'a pas ſu encore comparer ces déplacemens avec les parties de couches voiſines où l'état primitif ſubſiſte & peut ſe reconnoître aiſément.

Cependant quoique ces effets ſoient très-variés, ils préſentent, malgré cela, des circonſtances qu'on peut ramener, ſans difficulté, aux opérations ſimples des eaux qui circulent au milieu des couches voiſines de la ſuperficie de la terre.

On y voit d'abord des excavations, ou par des eaux courantes intérieures, ou par des eaux courantes ſuperficielles, puis des *affaiſſemens* qui ont été produits à la ſuite des premiers vides occaſionnés par la marche de ces eaux : le reſte des phénomènes ſe réduit aux déplacemens ſucceſſifs qu'entraîne néceſſairement le défaut d'équilibre que ſuppoſent les premiers *affaiſſemens*. Je ne vois rien que de très-ſimple dans ces déſordres, & je

ſuis

suis porté à croire que tous ces effets, pourvu qu'ils soient saisis dans l'ordre convenable, peuvent satisfaire à ce que l'on observe de plus varié & de plus compliqué dans les contrées à *couches inclinées*. Je le répète : il est visible que ces *affaissemens* n'on été produits que par l'enlèvement inégal des bases qui soutenoient ces couches ; ce qui a formé des vides où de certaines parties de ces couches se sont précipitées, pendant que d'autres parties des couches sont restées en place, ou bien ont été soulevées en même raison que l'autre extrémité s'est affaissée.

Une fois que l'équilibre a été rompu, les parties primitivement déplacées & affaissées ont continué à se déplacer, & continuent même à se déplacer de proche en proche, & s'affaissent chaque jour, non-seulement le long des croupes des vallées de tous les ordres, mais même sur les lisières des sommets escarpés qui dominent ces vallées.

Pour concevoir ces progrès, il suffit de suivre la marche des eaux courantes, soit intérieures, soit superficielles, & d'être à portée de voir ce qui a lieu à la suite de certaines pluies abondantes dans les orages de l'été, ou de la fonte des neiges au retour de la belle saison.

On doit comprendre dans tous ces effets produits par les *affaissemens*, dont nous nous occupons dans cet article, les couches brisées, rompues, courbées & pliées de différentes manières ; ce sont incontestablement les produits des déplacemens successifs & journaliers en conséquence d'un premier défaut d'équilibre.

Affaissemens. Je les ai reconnus dans les *combes* ou les *vallons fermés* du Jura. On auroit tort de considérer ces *combes*, & par conséquent les *affaissemens* des couches, comme des effets rares & étonnans, & dont les causes fussent difficiles à indiquer. Une première circonstance qui m'a fait connoître ces causes, c'est que ces affaissemens accompagnent toujours les sources abondantes, & sont visiblement produits par le travail des eaux intérieures qui se rassemblent dans les réservoirs des sources, soit que ces eaux viennent de loin en circulant entre les couches, soit que les pluies ou la fonte des neiges les accumulent dans les souterrains, & y occasionnent des vides que sont venus remplir ces terrains *affaissés*.

Une seconde circonstance est celle des couches inclinées qui s'offrent de même à la surface du Jura, & qui ne sont, à tout prendre, que des *affaissemens partiels* en conséquence de vides incomplets produits par l'enlèvement de certaines bases terreuses qui soutenoient les bancs solides de la superficie, lesquels on fait bascule : on reconnoît là le travail des eaux intérieures qui ont occasionné ces affaissemens, & ces déplacemens dans les bancs primitivement horizontaux.

A la suite de ces effets, je crois devoir indiquer les *fausses combes* que j'ai eu occasion d'observer en Dauphiné, dans le prolongement du Jura, connu sous le nom de *Vercor*; ce sont des suites de *bassins* ou *vallons fermés* qui n'ont aucune communication avec les autres vallons ordinaires, & qui par conséquent n'ont pu être creusés ni approfondis par les eaux courantes superficielles. Il est donc nécessaire que ces excavations aient été faites par les eaux intérieures qui ont donné lieu à ces *affaissemens*, lesquels annoncent, par leur forme, les vides que le cours de ces eaux a dû naturellement produire. Je puis faire connoître plusieurs preuves très-remarquables de l'existence de cette cause active souterraine : d'abord on observe le plus souvent, soit à l'extrémité des suites de ces *bassins*, soit à côté, des sources qui se montrent, & qui donnent naissance à des ruisseaux plus ou moins considérables ; il est visible qu'alors la nature décèle sensiblement son secret en montrant à découvert l'agent qu'elle a mis en œuvre. Dans d'autres contrées voisines au contraire, plusieurs petits ruisseaux qui franchissent les limites de quelques uns de ces *bassins* ou *vallons fermés*, viennent s'y perdre, & à côté on découvre également des entonnoirs où les eaux, soit pluviales, soit produites par la fonte des neiges, sont absorbées : dans cette circonstance on ne peut méconnoître l'origine de ce même agent dont il a été question dans cet article. *Voyez* les articles Absorbans, Combes, Vallons fermés, Vercor, Jura, Rivières qui se perdent, où ces faits seront développés dans toute leur étendue.

Affaissemens. Je dois indiquer encore quelques-uns de ces effets qu'il est important de connoître, & qui ont lieu même sous nos yeux par des progrès fort lents, mais dont les résultats sont assez remarquables. Nous avons observé, dans l'Apennin du Plaisantin, des masses de bancs calcaires portant sur des lits d'argile fort épais, qui sont humectés par des filtrations d'eaux souterraines, de manière que, ramollies & délayées à un certain point, ces argiles s'épanchent dans les vallées qui entourent ces masses, & remplissent la plus grande partie de ces vallées presque jusqu'au niveau des lits d'argile. Il résulte de là que les masses surincumbantes des rochers descendent & s'*affaissent* en même raison que leurs bases argileuses diminuent d'épaisseur ; que souvent elles perdent leur premier à-plomb, & que, perdant leur premier équilibre, elles éprouvent des déplacemens considérables, & même des chutes subites & désastreuses.

Ces grands *affaissemens* & déplacemens se remarquent particulièrement dans les montagnes de l'Apennin des environs de l'ancienne ville de *Velleia*, & c'est par la suite de ces affaissemens & déplacemens que cette cité intéressante, même par ses ruines, fut abîmée & détruite.

Je me propose de faire connoître, à l'article *Velleia*, la marche de ces causes par les vestiges de leurs effets, qui se montrent encore au milieu des désordres de la destruction de cette cité, & que je rendrai plus sensibles par une carte figurée de cette contrée. *Voyez* VELLEIA.

AFFAISSEMENS. On a vu un exemple remarquable de ces effets dans la province de Kent, auprès de *Folkstone*. Le sommet des collines environnantes commença d'abord à baisser de distance en distance, par un mouvement insensible, sans que cet effet eût été produit par un tremblement de terre; & à la suite de cet *affaissement*, assez général, qu'éprouva la masse de ces collines, composée de pierres, il y eut un déplacement qui précipita ces pierres & ces terres dans la mer voisine.

En 1678, il y eut une grande inondation dans les Pyrénées, causée par l'*affaissement* de quelques fragmens de montagnes, qui fit sortir les eaux contenues dans les cavités souterraines de ces montagnes. En 1680, il en arriva encore une plus considérable en Irlande, laquelle avoit aussi pour cause l'*affaissement* d'une masse montueuse dans des cavernes remplies d'eau. On peut concevoir aisément la cause de ces débordemens. On sait qu'il y a des eaux souterraines dans un grand nombre de montagnes surtout; ces eaux déplacent peu à peu les sables & les terres à travers lesquels elles passent, & par ce travail, continué long-tems, elles détruisent peu à peu les couches de terre sur lesquelles portent les bancs supérieurs des rochers; & cette couche de terre venant à manquer plutôt d'un côté que de l'autre, la montagne se renverse; mais si cette base manque également partout, la montagne s'*affaisse* dans toute sa masse: de là l'éruption subite & abondante des eaux contenues dans les vides qu'elle remplit. *Voyez* FOLKSTONE.

AFFAISSEMENS *des terrains & des couches de la terre*. Ces phénomènes ne sont pas de fausses considérations, nous l'avons montré ci-dessus; mais on n'en peut faire, comme Stenon l'a prétendu, une explication générale de l'excavation de toutes les vallées; car, comme les vallées affectent toutes des contours & des formes semblables à celles que les eaux courantes ont dû leur donner à la superficie de la terre, il faudroit prouver qu'il y auroit eu sous la terre des cavernes répandues dans la plus grande partie de nos contrées, & qui auroient affecté aussi régulièrement ces formes. Or, aucune observation ne nous autorise à supposer que les eaux souterraines aient suivi la même marche. On ne peut donc pas dire qu'en général le vide de nos vallées ait été produit par l'*affaissement* de toutes les masses de terrains qui y manquent, mais parce que ces terrains ont été fouillés & emportés par les eaux courantes superficielles qui, en sillonnant la surface de la terre, ont produit toutes les formes régulières que nous observons dans les bords alternatifs des vallées.

Mais, d'un autre côté, on ne peut s'empêcher de reconnoître les effets infiniment variés de ces *affaissemens* de terrains, dans un grand nombre de circonstances que nous avons indiquées & que nous avons cru devoir rapprocher. Il nous reste à suivre encore de nouveaux rapprochemens, & à nous procurer, par ce moyen, la solution de difficultés assez grandes que nous présentent fort souvent les inégalités & même les irrégularités de la surface du globe: nous adopterons en cela la marche de Boulanger, qui s'est cru autorisé à former une théorie de ces *affaissemens*, dont nous rendrons compte, parce que nous la croyons fort plausible.

Lorsque la superficie des continens, qui s'élève au dessus des mers, est de peu d'étendue, & ne présente que des contrées bornées ou des îles entiérement détachées de la terre-ferme, leur sommet n'est ordinairement qu'un point autour duquel, comme centre, les eaux des sources & des pluies s'écoulent & se distribuent vers les rivages. Si ces superficies sont plus longues que larges, comme sont les îles de Java, de Sumatra, & comme se trouve une grande partie de l'Europe depuis le Portugal jusqu'en Moscovie, le sommet général de la distribution des eaux forme une ligne dirigée à peu près suivant la longueur du continent, & alors les eaux n'ont que deux principales directions, dont l'une est entiérement opposée à l'autre.

Dans le cas où les parties élevées au dessus des mers sont d'une étendue très-considérable en longueur & en largeur, pour lors ce qui forme le sommet n'est plus une seule ligne, c'est une grande superficie de terrains qui, à proportion de leur étendue, & surtout à la suite de cette souplesse qu'on peut supposer dans les différentes couches des continens, ayant fléchi & s'étant affaissés, ont formé des bassins dont les revers, opposés aux pentes des rivages de la mer, ont déterminé les eaux vers des centres où elles se rassemblent en lacs ou en marais méditerranés: ces dernières dispositions sont celles que nous offrent les trois parties du Monde, l'*Asie*, l'*Afrique* & l'*Amérique méridionale*.

D'abord l'Asie n'envoie que les eaux de ces bords & de son contour dans les mers qui les baignent; mais on voit toutes ses eaux intérieures rassemblees dans différens *lacs*, dont celui de la mer Caspienne est le plus considérable. Cette partie du Monde n'est pas divisée, comme l'Europe, par un seul sommet; mais elle en offre un circulaire qui est marqué par les montagnes de l'Arménie, du Caucase, du Taurus, de l'Imaüs, &c. Ainsi cette ceinture renferme des bassins particuliers & de très-vastes contrées séparées les unes des autres par des sommets très-variés. L'on y trouve aussi des déserts sablonneux d'une immense étendue, & des plaines couvertes d'excellens pâturages sans eaux courantes néanmoins, quoique l'herbe ne cesse pas d'y croître d'une hauteur extraordinaire. En général, la plupart des contrées centrales sont si élevées au dessus du niveau de la mer, qu'il n'y a guère de sources abondantes ni rivières. Ce ne sont que des regions mal constituées, qui n'offrent aucunes de ces ressources naturelles propres à y fixer des populations sédentaires, car elles y sont toujours errantes & vagabondes comme les Tartares, &c.

Les déserts de la Barbarie, les grandes contrées de la Nigritie & des autres royaumes de l'intérieur de l'Afrique offrent les mêmes indices de la souplesse des couches de la terre; car le sommet de cette partie du Monde, dans sa partie septentrionale surtout, n'est qu'une enceinte de montagnes qui renferment au milieu d'elles de très-grandes *régions fermées*, dont la nature, à la chaleur près de la zône torride, ressemble fort à celle des bassins de l'Asie. Les arêtes de ces bassins distribuent, par leur revers extérieur, des eaux dans l'Océan atlantique & indien, ainsi que dans la Méditerranée; & vers le centre elles les versent dans quelques rivières, dans des lacs, dans des marais ou dans des déserts sablonneux où elles disparoissent.

Il y a aussi quelques-uns de ces bassins, mais en plus petit nombre & sous une plus petite forme, dans l'Amérique méridionale; mais la septentrionale en renferme un plus grand nombre & d'une plus grande étendue.

Lorsque les continens n'ont point été assez larges ni assez souples pour conserver des bassins concaves dans leur centre, ni assez étroits pour n'avoir qu'une ligne pour point de partage aux eaux, on trouve dans leurs parties supérieures des plaines dont les pentes ont été indécises, ou qui n'en ont point eu du tout. Les sources de ces plaines ont formé une multiplicité de petits lacs & de vastes marécages où ont pris naissance les rivières & les fleuves qui ont tracé leurs vallées sur les deux revers. Tels sont, en Europe, les marais de la Lithuanie & de Moscovie, d'où le Boristhène, le Volga & autres rivières tirent leurs sources. Tels sont, en Canada, ces lacs d'où le Mississipi & le fleuve Saint-Laurent descendent, & ceux du Paraguay, d'où le grand fleuve de la Plata tire son origne.

On voit, dans les détails précédens, les grands ensembles sous lesquels on peut considérer les irrégularités de la surface de nos continens, & qui, suivant Boulanger, sont la suite de l'*affaissement des couches*. J'ai envisagé ces irrégularités, relativement à la distribution des eaux & à leur perte, à l'article *Absorbans* : on me permettra d'y renvoyer le lecteur; car cette considération est bien propre à compléter la connoissance de ces grands continens, & à nous instruire plus particulièrement des parties de leur géographie qu'on avoit négligées jusqu'à présent.

Je crois devoir ajouter ici encore deux notes d'*affaissemens* remarquables. Les mers de la Chine ont éprouvé des accidens pareils assez étendus : il y a des preuves, par exemple, que la Corée a été unie à la Chine, & que l'ouverture du golfe qui l'en sépare présentement, est assez moderne. La montagne de Ki-Cherang, qui étoit un promontoire du territoire d'Yong Ping-Fu, est aujourd'hui à cinquante lieues en mer. Le Whanzho passoit au pied de cette montagne avant que d'arriver à la mer, & l'*affaissement* qui s'est fait du nord au midi pour produire ce grand changement, a tellement altéré le cours du fleuve, qu'au lieu de déboucher au 40e. degré, comme il faisoit il y a environ trente siècles, quand l'empereur y fit travailler après de grandes inondations qui ravagèrent la Chine, il se décharge aujourd'hui dans la rivière de Whanzo, province de Nanquin, vers le 34e. degré.

La seconde note a pour objet les parties du nord de l'Amérique qui sont nouvellement connues : elles n'offrent que des bassins rompus, que des contrees où sont plusieurs *affaissemens*. La multitude des lacs, le grand nombre de sauts & de cataractes dont toutes les rivières & les détroits des lacs sont embarrassés, nous donnent lieu de soupçonner que cette contrée a eu primitivement une autre disposition, & que des accidens semblables à ceux dont nous avons reconnu les vestiges dans nos grands continens, ont eu lieu à peu près aux mêmes époques.

AFFAISSEMENT. Nous ne comprendrons pas dans ces effets les *affaissemens des voûtes* des prétendues cavernes qu'on a suppose exister dans les massifs primitifs de la terre, & dont on n'a donné aucune preuve. Les seules raisons de leur existence sont les besoins qu'on a eus de leur destruction, pour avoir une cause toujours subsistante & graduellement agissante de la diminution des eaux de la mer. Je le répète : on ne nous a fait voir, dans aucune partie de l'ancienne terre granitique, aucune sorte de grotte ou de *caverne*; car celles que nous connoissons, que nous avons visitées, se trouvent dans la moyenne terre calcaire, ou plus souvent encore dans la nouvelle.

J'ajoute ici que les mouvemens de la mer, dont l'on prétend nous offrir l'explication par l'*affaissement* des cavernes primitives, n'étant pas de simples retraites, mais étant sujets à des retours qui ne peuvent trouver aussi leur dénouement dans ces *affaissemens*, toutes ces machines hypothétiques ne doivent être conservées comme des moyens raisonnables & avoués des physiciens naturalistes instruits. *Voyez* à ce sujet la *Notice de Leibnitz*.

AFFECTIONS (*Affectiones telluris*). C'est ainsi que le savant Varenius désigne les phénomènes de différens ordres dont on doit s'occuper dans la géographie, soit générale, soit spéciale. Dans la géographie universelle il considère la terre sous des aspects généraux, & il croit qu'il convient d'exposer ses *affections* ou phénomènes sans s'attacher à aucunes régions particulières. Dans la géographie spéciale au contraire, il pense qu'il convient de faire connoître la constitution des diverses contrées de la terre, &, pour exécuter ses vues intéressantes, il indique deux sortes de moyens, la chorographie & la topographie; le premier moyen offrant la description physique des contrées d'une moyenne étendue, & le second n'embrassant qu'un lieu circonscrit entre des limites très-resserrées. Malgré ce double plan, Varenius n'a traité, dans son excellent ouvrage, que de la géographie universelle, qu'il divise en trois parties également intéressantes: la partie *absolue*, la partie *respective* & la partie *comparative*.

Dans la partie *absolue*, il considère ce qui concerne la constitution interieure de la terre, ses diverses parties & *affections propres*, telles que sa figure, sa grandeur, ses mouvemens, ses continens, ses mers, ses fleuves, ses lacs, ses montagnes, &c.

Dans la partie *respective*, les *affections* régulières & accidentelles, qui sont la suite de l'influence des corps célestes.

Enfin, dans la partie *comparative*, il nous donne l'explication de toutes les *affections* qui résultent de la comparaison des diverses parties de la terre entr'elles.

Le développement de ces trois parties de la géographie générale se partage en plusieurs articles.

Ainsi la partie absolue présente les *affections* générales de la terre en cinq sections.

Dans la première on doit traiter d'abord de sa figure.

Ensuite de ses dimensions.

Puis de ses mouvemens & de sa situation dans le système du monde.

Enfin des différentes substances dont sa masse est composée.

Dans la seconde section on doit s'occuper:

1°. De la division des parties de la terre par l'Océan qui les baigne;

2°. Des montagnes en général;

3°. Des diverses formes des montagnes & de leurs *affections accidentelles*;

4°. Des forêts, des déserts & des mines.

Dans la troisième section il doit être question:

1°. De la division de l'Océan, relativement aux parties de la terre qu'il baigne;

2°. De l'Océan & de ses propriétés;

3°. De ses mouvemens, & surtout du flux & reflux.

4°. Des ruisseaux, des rivières & des fleuves, & de toutes les eaux courantes;

5°. Des lacs, des étangs & des marais;

6°. Des eaux minérales.

Dans la quatrième section, Varenius traite:

Des changemens de terres en mers & de mers en terres; ce qui peut comprendre différens objets.

Dans la cinquième section il convient de traiter:

1°. De la constitution de l'atmosphère;

2°. De ses météores;

3°. Des vents généraux;

4°. Des vents particuliers;

5°. Des tempêtes & ouragans.

La partie *comparative* doit s'occuper également, comme nous l'avons dit, des *affections* de la terre dépendantes de l'influence des corps célestes, en plusieurs articles ainsi distribués:

Le premier traitera des *affections* célestes en général.

Le second, de la latitude du lieu & de l'élévation du pôle.

Le troisième, de la division de la terre en zônes.

Le quatrième, de la longueur des jours & de la division de la terre en climats.

Le cinquième, de la lumière & de la chaleur, & des saisons de l'année.

Le sixième, des ombres & de la situation des différens lieux de la terre, relativement à la projection des ombres.

Le septième, de la comparaison des phénomènes célestes en différens lieux où l'on traite des antisciens, des périsciens & des antipodes.

Le huitième, de la comparaison des tems en différens lieux de la terre.

Le neuvième, de la différence du lever du soleil, de la lune & des autres corps célestes.

La partie comparative offrant toutes les affections ou phénomènes qui resultent de la comparaison de deux lieux ensemble, il doit y être question:

1°. De la longitude des lieux;

2°. De la situation respective de deux lieux;

3°. De la determination de leur distance;

4°. De l'horizon visible ou apparent;

5° De la connoissance des vents & de leurs différens rhumbs.

Les *affections* ou les différens ordres de phénomènes dont doit s'occuper la géographie particulière ou spéciale, & qui méritent d'y être développées pour l'instruction publique, sont distribuées en trois classes, qui comprennent les *affections célestes*, les *terrestres*, & ce que Varenius appelle les *affections humaines*.

Les *affections célestes*, qui dépendent du mouvement apparent du soleil & des étoiles, sont au nombre de huit; savoir :

1°. L'élévation du pôle ou la distance en degrés de latitude d'un lieu à l'équateur;

2°. L'obliquité du mouvement diurne des étoiles au dessus de l'horizon de ce lieu;

3°. La durée du plus long ou du plus court jour de ce lieu;

4°. Son climat & sa zône;

5°. La plus grande chaleur & les plus grands froids de ce lieu avec la distinction & la suite des saisons de l'année, l'indication des tems de pluies, de neiges, de vents & des autres météores.

Quoique ces *affections* puissent être considérées comme ayant beaucoup de rapport avec les *terrestres*, on les range parmi les *célestes*, parce qu'elles dépendent principalement du mouvement du soleil & de son influence sur les saisons.

6°. Le lever des étoiles, leur mouvement apparent & sa durée au dessus de l'horizon d'un lieu;

7°. La note des étoiles qui passent par le zénith de ce lieu;

8°. La vitesse du mouvement par lequel, suivant le système de Copernic, un lieu de la terre parcourt, chaque heure, certaine partie de son cercle de révolution.

Nous passons maintenant aux *affections terrestres* qui peuvent être remarquées dans chaque lieu : on en distingue ordinairement dix; savoir :

1°. Les limites d'un pays, déterminées par les contrées qui forment son enceinte, suivant les différens aspects de l'horizon;

2°. Son aspect & sa topographie;

3°. Son étendue;

4°. Les inégalités de la surface du terrain, qui comprennent ses montagnes, leurs chaînes, leurs noms, leur situation, leur hauteur & la nature des matières qu'elles renferment;

5°. Son hydrographie, c'est-à-dire, ses eaux courantes ou stagnantes, tels que les sources, les rivières, les fleuves, la largeur de leur lit, l'étendue de leurs cours, la masse d'eau qu'ils voiturent, la vitesse de leur mouvement, leurs cataractes & leurs embouchures; enfin les mers qui le baignent, ses lacs & ses marais;

6°. Les forêts & les déserts;

7°. Les degrés de fertilité & de stérilité de ce pays avec l'indication de ses productions végétales;

8°. Ses minéraux & ses fossiles;

9°. Ses animaux, soit sauvages, soit domestiques;

10°. Son degré de longitude.

Le troisième ordre des *affections* qui méritent d'être envisagées dans chaque pays, celles que Varenius appelle *humaines* parce qu'elles ont un rapport intime avec les habitans des diverses contrées, sont au nombre de dix; ce sont :

1°. La taille des peuples, leur figure, leur couleur, la durée commune de leur vie, leur origine, leur nourriture ordinaire & leurs boissons;

2°. Leur industrie & les profits qu'ils en retirent, les marchandises & les denrées qu'ils exportent dans les pays étrangers;

3°. Leurs vertus & leurs vices, leurs connoissances, leur esprit naturel & leurs écoles;

4°. Les cérémonies qu'ils observent aux naissances, aux mariages & aux funérailles;

5°. Leur langue;

6°. Leur gouvernement politique;

7°. Les principes de leur religion & leur culte public;

8°. Les villes & les lieux les plus remarquables;

9°. Les principaux points de leur histoire, les anecdotes les plus remarquables;

10°. Les hommes célèbres, les artistes & les inventions qu'ils ont faites dans chaque pays;

Telles sont les trois classes d'*affections* dont il convient qu'on s'occupe dans les Traités de géographie particulière. Cependant Varenius, bon juge en cette partie, pense que les objets de la troisième classe sont improprement du ressort de la géographie; mais cependant il est porté à les admettre, parce qu'il croit qu'il faut accorder quelque chose à l'usage & à la curiosité des élèves. Il en résulte en conséquence qu'il faut être très-réservé & très-succinct dans l'exposition de ces dernières *affections*. Par conséquent il n'y a pas de doute qu'il n'eût condamné les articles de plusieurs nouveaux Traités de géographie, où l'on perd de vue les parties essentielles de cette science : tels sont ceux de l'Histoire, auxquels on a donné une étendue presqu'égale à tous les autres articles; au lieu que Varenius ne tolère que les histoires mémorables, *historiæ memorabiles*. C'est cette étendue qu'on a donnée aux articles de l'Histoire qui a fait omettre plusieurs autres articles très-essentiels à la géographie, & en même tems les plus propres à en assurer les progrès : telles sont surtout les affections terrestres, qui se trouvent pour la plupart négligées dans ces Traités où l'Histoire domine.

Je ferai observer cependant que, dans la troisième classe, il y a plusieurs *affections* qui tiennent tellement au physique, qu'on ne pourroit les supprimer sans inconvénient : ainsi la taille des peuples, leur couleur, la durée de la vie commune, leur nourriture & leurs boissons sont des circonstances qui dépendent tellement du climat des contrées qu'ils habitent, qu'on doit nécessairement donner à ces articles les plus grands développemens : je comprendrois même, dans ces articles, l'origine & la suite des migrations de ces différens peuples; ce qui peut être une suite des révolutions du globe dans certaines contrées. *Voyez* d'ailleurs la *Notice de Varenius*, où tout ce qui concerne la géographie générale est présente suivant le plan adopté & suivi par ce savant géographe. *Voyez* GÉOGRAPHIE ÉLÉMENTAIRE.

AFFLUENCE se dit d'une rivière qui se jette dans une autre; & *confluence*, de deux rivières qui se réunissent. Il en est de même des mots *affluent* & *confluent*: ainsi l'on dit *à l'affluent de la Marne dans la Seine* & *au confluent de la Seine & de la Marne*. Dans la navigation de l'intérieur des terres, les mariniers s'arrêtent ou donnent rendez-vous à l'*affluent de la Marne dans la Seine*, de l'Yonne dans la Seine, de l'Ourque dans la Marne, &c.: l'on ne considère pour lors que la forme du lit d'une rivière latérale qui se jette dans une autre.

Au lieu que dans la seconde circonstance où il est question du *confluent*, on considère en même tems les deux rivières & la forme des deux lits qui s'y réunissent.

La première circonstance dont nous ferons mention dans les *affluences*, c'est celle de l'angle sous lequel la rivière la plus foible, que l'on considère aussi comme l'*affluente*, se réunit à la rivière principale; car dans le cas où l'angle est aigu, c'est une indication que l'eau de la rivière coule sur des terrains en pentes fort rapides; au lieu que lorsqu'il est obtus, ces terrains sont fort plats, & les eaux affluentes n'ont aucun cours précipité: outre cela, dans les points de l'*affluence*, elles éprouvent une grande dilatation & un arrondissement considérable.

Lorsque l'angle d'*affluence* est droit, souvent l'eau qui *afflue*, descend le long d'une croupe très-rapide, & gagne le pied d'une montagne, contre lequel coule la rivière principale.

Une seconde circonstance qu'il importe de considérer dans les *affluences*, est celle des courbures infiniment variées des croupes des deux vallées qui s'y réunissent. Je renvoie à ce sujet à notre Atlas, où la totalité de ces formes variées sera non-seulement décrite, mais encore figurée avec tous les details qui peuvent intéresser l'hydrographie.

C'est surtout dans les *affluences* que se sont formées les plus larges plaines, & que les vallées se sont élargies considérablement au dessus comme au dessous de la jonction des eaux courantes; car les vases entraînées avec moins de rapidité, y ont trouvé le plus souvent des eaux mortes & des remous, à la faveur desquels elles se sont déposées suivant la disposition des lieux & la direction de chacune des *affluences*.

Ces dépôts ont affecté toutes sortes de figures: on les verra toutes à peu près représentées dans la planche où seront toutes les formes des *affluentes* possibles qui se rencontrent dans la nature, ainsi que les courbures des croupes de chacune des vallées particulières & les angles de leurs incidences; car les moindres ruisseaux comme les rivières du second ordre, qui tombent dans celles du premier ordre ou dans les grands fleuves, nous offrent à peu près les mêmes phénomènes.

Quant à la disposition des dépôts qui se sont formés dans les *affluences*, nous dirons qu'on la rencontre presque toujours dans la plus petite vallée, parce que l'action des deux courans étant inégale, le plus puissant fait refluer ses vases dans le lit du plus petit: cependant les pentes rapides de la vallée du plus petit ruisseau, jointes à sa plus grande vitesse, ont occasionné quelquefois de grands changemens dans ces effets.

AFFLUENCE. C'est un système général que la Nature paroît avoir adopté dans la distribution des eaux courantes qui circulent à la surface de nos continens. Je vois que ces *affluences* ont lieu particuliérement pour la réunion de toutes les rivières que renferment les différens bassins qui ont leur débouché dans les mers quelconques.

Les effets de ces *affluences* graduelles & successives dependent surtout de la distribution des pentes du terrain, qui se réunissent toutes à un dernier niveau, lequel se rapproche plus ou moins de celui du bassin de la mer. Si l'on parcourt, par exemple, tous les bassins des principales rivières de France, l'on y trouvera ces suites d'*affluences* distribuées le long de la tige qui en occupe la partie la plus basse & la plus encaissée; en sorte que le rang d'*affluence* y est déterminé par le niveau des bassins partiels dont les produits peuvent plus facilement se réunir à cette tige.

AFFLUENCE. Ce n'est pas seulement aux eaux courantes des continens que l'on doit faire l'application du système de l'affluence générale, tel que je viens de l'exposer; je crois qu'il convient également de faire envisager un autre système d'*affluence*, au moyen duquel la Nature est parvenue à abreuver en partie la Méditerranée, les *golfes* longs & étroits, les *anses* d'une certaine forme peu étendue & un assez grand nombre de *lacs*. C'est par cette distribution que des ruisseaux & des rivières affluent assez souvent à angles droits aux côtes & aux rivages des divers amas d'eaux dont je viens de faire mention.

Pour donner une idée de cette partie de l'hydrographie terrestre, je crois devoir citer à ce sujet:

En Europe:

La Méditerranée.

Puis la *Baltique*, & surtout le *golfe de Bothnie*, dont je donne un carte sous ce point de vue dans l'*Atlas*.

Ensuite les lacs *Ladoga*, *Onega*, *Ilmen*.

En Asie:

La mer de *Kamschatka*, la Mer-Noire, la mer d'*Azof*; le lac *Baikal*, ceux du *Vologda*, de *Van*, d'*Ormia*, de l'Asie mineure, de la Palestine.

En Amérique septentrionale:

Le *fond* du *golfe* du Mexique, la *baie* de Honduras, l'embouchure du *fleuve Saint-Laurent*; les lacs *Supérieur*, *Michigan*, *Ontario*.

En Amérique méridionale :

La laguna de *Maracaybo ;* les lacs *Parima*, *Titicaca*, &c.

J'ai reconnu, par un grand nombre d'observations, que les rivières principales qui prennent naissance dans les hautes montagnes, sont, vers leurs sources, très-profondément encaissées par des arêtes ou chaînes fort élevées ; en sorte que leurs eaux, à ces points voisins du sommet général du partage de ces eaux, ont été déterminées par ces chaînes, à suivre la direction qu'elles ont prises d'abord ; mais ensuite ces rivières, après avoir parcouru leurs vallées profondes & avoir rassemblé les eaux des ruisseaux latéraux qui en sillonnent les croupes, ne se sont plus trouvées séparées que par des plateaux ou par des arêtes très-peu élevées. C'est pour cette raison qu'elles se sont rencontrées, parce qu'elles ont pu franchir les terrains qui les séparoient, se réunir dans une même vallée, enfin couler dans un même canal ; & ces réunions ou *affluences* ont eu lieu à mesure que les rivières, en sortant des limites de l'ancienne ou de la moyenne terre, ont gagné les vastes plaines de la nouvelle : telles sont surtout la Loire & l'Allier. A leurs sources & dans les parties supérieures de leurs vallées, elles sont séparées par de grands massifs de l'ancienne terre graniteuse ; mais après avoir parcouru ces contrées, & s'étant rapprochées de la limite de la nouvelle terre, elles coulent dans de vastes plaines à l'extrémité inférieure desquelles se fait actuellement leur *affluence*, laquelle avoit lieu autrefois vers leur extrémité supérieure. *Voyez* les articles LOIRE & ALLIER, où toutes ces circonstances de leurs cours seront exposées en détail. *Voyez* aussi BEC D'ALLIER.

Il en est de même des rivières du ci-devant Limousin & de la Marche, ou des départemens de la Creuse & de la Haute-Vienne, qui, après un cours séparé & prolongé au milieu des montagnes de l'ancienne terre & dans des vallées profondes, ne commencent à se réunir, ou entr'elles, ou avec d'autres rivières du second ordre, que lorsqu'elles ont gagné les plaines de la nouvelle terre du Berry & du Poitou, c'est-à-dire, les départemens du Cher, de l'Indre, de la Vienne, de la Loire & du Cher ; enfin, de l'Indre & Loire : telles sont la Creuse & la Gartampe, les rivières du Cher & de l'Indre, puis la Vienne, lesquelles ne se réunissent, soit entr'elles, soit avec d'autres d'un ordre inférieur, que dans les contrées de la nouvelle terre au dessous du niveau des montagnes granitiques. C'est ainsi que l'on rencontre l'*affluence* de la Bore au Cher au dessous de Bourges, de la Gartampe à la Creuse dans les plaines de Châteauroux, ensuite l'*affluence* de ces deux-ci, réunies à la Vienne ; enfin, celle de l'Indre au Cher. Je pourrois terminer cette considération en faisant envisager le Cher & la Loire réunis, comme l'égoût général de toutes ces rivières.

Quoique dans des circonstances un peu différentes, je vois que les trois rivières de Seine, de Marne & d'Aube offrent, quant à leur *affluence* entr'elles ou avec celles d'un rang inférieur, les mêmes dispositions générales que les précédentes ; d'abord, vers leurs sources & à leur origine commune au pied du plateau de Langres, elles coulent, fort encaissées, dans des vallées profondes & exactement séparées entr'elles ; ensuite leurs *affluences*, soit entr'elles, soit avec les rivières d'un ordre bien inférieur, ne se montrent que dans des vallées dont les bords sont fort peu élevés, abaissés & dégradés par des pentes insensibles depuis le sommet de Langres.

Je dois faire remarquer ici que, dans l'examen des rivières qui prennent leur naissance sur les plateaux des montagnes des départemens de la Creuse & de la Haute-Vienne, j'aurois pu faire aussi mention des *affluences* des ruisseaux qui sont assujettis aux croupes de leurs vallées, ainsi que de celles des embranchemens plus ou moins alongés qui se trouvent vers leurs sources. Je les ai omises, parce qu'elles dépendent des dispositions du sol, totalement différentes de celles dont je m'occupe dans cet article, & qui a pour but de faire connoître le systême de la Nature dans la distribution des *affluences* des rivières principales depuis le sommet général du partage des eaux jusqu'aux mers respectives.

On voit, par les détails qui précèdent, que les rivières du premier ordre ont leurs sources dans les grandes montagnes, & qu'après avoir parcouru, dans ces contrées élevées, les parties supérieures de leurs vallées, elles parviennent aux chaînes de collines adossées à ces grands massifs ; que pour lors les vallées s'élargissent ; que les bords des vallées sont abaissés de manière que, dans les premiers tems, les eaux courantes sont parvenues à franchir les sommets aplatis des collines, à s'y pratiquer différentes coupures par lesquelles se sont opérées toutes les *affluences* des rivières secondaires avec les principales, & des rivières secondaires entr'elles.

Lorsqu'il est question de rivières d'un ordre inférieur dont le cours est entiérement engagé dans les pays de collines, on y rencontre pour lors de fréquentes *affluences*, vu la facilité qu'ont eue les eaux pluviales de se frayer des routes à travers les intervalles qui séparoient leurs lits des vallées de toutes les rivières d'un ordre supérieur.

Il est évident, d'un autre côté, que ces coupures n'ont pu se faire, dans ces massifs d'un ordre inférieur, qu'autant que les eaux des lits supérieurs ont coulé dans un canal ébauché, dont le fond s'est trouvé au niveau du sommet des collines. Cette correspondance, dans les niveaux & dans les pentes suivies, a produit ces passages des eaux courantes d'un certain ordre de massifs à un massif d'un ordre inférieur. Pour faire connoître la marche de la Nature dans ces différentes opérations, nous indiquerons par la suite, dans les articles des différentes rivières principales, les limites des hautes montagnes de l'ancienne & de la moyenne terre, puis celles des collines des différens ordres, & surtout des plus basses, voisines des bords de la mer, au milieu desquelles nous verrons circuler les rivières côtières : au moyen de ces détails on pourra facilement saisir un ensemble, dont les divers aspects se trouvent exposés dans cet article. *Voyez* LOIRE, ALLIER, SEINE, AUBE, CREUSE, VIENNE, GARTAMPE, CHER, ARNO, fleuve de Toscane. En attendant, je vais terminer ceci par cette réflexion.

Lorsqu'on suit ainsi sur le terrain les ruisseaux & les rivières, & qu'on remarque que chaque lit, chaque canal est disposé comme la quantité d'eau qu'il verse l'a exigé & continue à l'exiger, il est visible que toutes les configurations & ces petites subdivisions de vallons sont une suite du travail des eaux courantes sur la partie sèche du globe. On ne doute plus que ces grands vallons, ces vallées immenses ne soient dus à l'eau qui les traverse en différens sens, & en quantité plus ou moins grande. On doit donc trouver très-absurde l'hypothèse qui attribue leur formation & leur distribution aux courans de la mer, qui n'ont pu, étant en grande masse, creuser une issue, un passage plus ou moins étroit, plus ou moins profond, suivant la quantité des eaux qui y circulent, ni parcourir un trajet plus ou moins étendu, comme nous l'observons partout. Il est donc évident que toutes les excavations des vallons, étant assorties à la force & à la masse des eaux courantes, ont été approfondies par elles & pour elles.

AFFLUENTES (*eaux doubles*).

Il y a des contrées fort étendues, tant dans le centre de la France, que dans l'Asie septentrionale, où l'on trouve des rivières principales qui reçoivent un très-grand nombre de ruisseaux & de rivières affluentes qui s'y réunissent des deux côtés sous des angles droits ou aigus. En France, ce sont surtout les contrées de l'ancienne terre du Limousin & de l'Auvergne, où l'on voit autant de ruisseaux que de petits vallons qui sillonnent les croupes opposées des vallées. Je crois devoir faire remarquer ces assemblages d'*affluentes* comme un des caractères de l'ancienne terre. J'ajoute ici que les vallons au fond desquels circulent ces eaux, se trouvent creusés constamment dans un fond de granit, à la superficie duquel l'eau transsude par une marche bien différente de la circulation souterraine qui se termine par des *sources* plus ou moins abondantes dans la moyenne & la nouvelle terre. *Voyez* ces assemblages d'eaux affluentes doubles, figurés dans les cartes de l'Atlas, d'après les planches de *Limoges* & de *Mauriac*. On pourra juger, par l'ouverture des angles suivant lesquels les affluentes se réunissent aux troncs des rivières principales, de la disposition des deux croupes sur lesquelles coulent les deux systèmes de ruisseaux affluens. On y remarquera surtout aussi que les ruisseaux les plus courts sont ceux qui ont le cours le plus rapide.

Si nous passons en Asie, nous y trouverons des fleuves & des rivières qui offrent, dans leurs bassins, un grand nombre d'eaux affluentes doubles, particuliérement dans la Sibérie, dans la Tartarie russe & chinoise.

Je puis citer ici l'*Obi* & le *Jenisséa*, tant dans les parties qui avoisinent leurs sources, que dans le milieu de leurs cours; puis la *Lena* avec l'*Aldan*, le *Witim* & l'*Olekma*, trois de ses premiers embranchemens; la *Lana*, l'*Olenek*, la *Kowina* avec la *Bolszaia*, rivières latérales, & l'*Anadyr*; enfin, le *fleuve Noir* dans la partie de son cours qui avoisine son embouchure, & dans celles qui sont aux environs des sources de l'*Amur*. Je finis par indiquer le petit bassin de l'*Uda*, qui se jette dans la mer de Kamschatka.

Il me reste à parler aussi des affluences nombreuses qui affectent un seul côté de certaines rivières principales. Les principales circonstances que j'indiquerai aussi dans l'Atlas, se réduiront à certaines contrées sablonneuses & arides, qui occupent les côtés des rivières, qui ne reçoivent aucune eau courante, & à des chaînes de montagnes qui côtoient l'autre partie opposée du bassin, & qui en versent beaucoup de plusieurs points de leurs croupes. *Voyez* la *troisième partie* de la carte d'Asie de Danville, & la deuxième de l'Amérique méridionale.

AFRIQUE, l'une des quatre parties de notre globe, la plus grande après l'Asie & l'Amérique : elle a la forme d'une pyramide, dont la base fait face à la Méditerranée & à l'Europe, & dont le sommet avance dans l'Océan méridional. Ce continent ne tient aux deux autres, l'Europe & l'Asie, que par l'isthme de Suez, qui le joint immédiatement à l'Asie. Il forme d'ailleurs une péninsule environnée & bornée de toutes parts par les mers; au nord, par la Méditerranée; à l'occident, par la mer Atlantique; au midi, par l'Océan méridional, & à l'orient, par la mer des Indes & la Mer-Rouge. Son étendue n'est pas la même partout. Il a, depuis Tanger jusqu'à Suez, environ huit cents lieues; depuis le Cap-Verd jusqu'au Cap-Guardafui, sur la côte d'Ajan, quatorze cent vingt lieues, & depuis le Cap de Bonne-Espérance jusqu'à Bone, quatorze cent cinquante.

L'Afrique a été connue sans contredit des anciens, mais rien de ce qu'ils y ont fait ne nous intéressant, nous supprimons ces détails. Le tour ou le périple de l'Afrique n'a jamais été fait avant Vasco de Gama, portugais, qui, en 1497, doubla le Cap de Bonne-Espérance, ouvrit par ce moyen une nouvelle route au commerce des Indes, & anéantit celui qui se faisoit par Venise & Alexandrie. Cependant cette grande région n'est encore guère connue que sur les côtes, & il seroit assez difficile

difficile de déterminer positivement quelles sont les parties de l'Afrique moderne qui répondent aux divisions & aux dénominations des anciens.

L'Egypte étoit le pays de l'Afrique le mieux connu, & celui sur lequel il y avoit moins d'équivoque. Nous renvoyons ce que nous avons à en dire à l'article *Egypte*.

Les deux plus grands fleuves de l'Afrique sont le Nil & le Niger, & les rivières les plus considérables sont le Sénégal, le Zaïre, la rivière de Gambie, celle de Coanza sur la côte occidentale, & celles du Saint-Esprit & de Zambèze, sur la côte orientale. Par rapport à son hydrographie, nous renverrons à l'article *Absorbant*, où nous nous sommes plus particuliérement occupés des eaux qui se perdent dans cette partie du Monde.

Ses montagnes les plus considérables & les plus célèbres sont le mont Atlas & les montagnes de la Lune. La première chaîne, fort élevée, s'étend d'occident en orient, depuis l'Océan atlantique jusqu'à une certaine distance de l'Egypte, servant de limites à la Barbarie, à soixante & quatre-vingts lieues de la mer Méditerranée. Sa cime est toujours couverte de neige. Les montagnes de la Lune environnent le Monomotapa, & se prolongent assez loin au midi : elles sont aussi couvertes de neige, quoique situées dans la zône torride.

Dans la Guinée on voit celles de Sierra-Leona.

La pointe méridionale de l'Afrique est aussi couverte de longues chaînes de montagnes fort élevées, dont les plus remarquables sont celles de *Lupata* ou de l'*Epine du Monde*, & ensuite celles qui ceignent le Cap de Bonne-Espérance, nommées la *montagne de la Table*, celles *du Diable* & *du Lion*, sur les sommets desquelles il se forme de fréquens orages.

Quant aux îles de l'Afrique sur les côtes de la Méditerranée, on en compte quatre : Pantalarée, Lampadosa, Linosa & Zerbe.

Dans l'Océan atlantique on trouve Tercère & les Açores, qui font partie de l'Afrique, & non de l'Amérique, comme l'ont prétendu certains géographes, ensuite les Canaries & les îles du Cap-Verd; celles de la Guinée, qui sont l'île de Ferdinand-Po; l'île du Prince, de Saint-Thomas & de Saint-Mathieu; enfin, à une certaine distance dans l'Océan atlantique méridional, les îles de l'Ascension & de Sainte Hélène. *Voyez les articles de ces îles*. Dans la mer des Indes, vis-à-vis la côte orientale de l'Afrique, on rencontre Madagascar, l'Ile-de-France, celle de la Réunion, &c. dont nous parlerons par la suite.

Quoique l'Afrique soit en grande partie sous la zône torride, & qu'en général le climat y soit partout fort chaud, la température cependant y est telle, que, du tropique du cancer à celui du capricorne, l'intérieur du pays & les côtes surtout ne laissent pas d'être assez peuplés. On peut en conclure de là que cette chaleur excessive n'est pas contraire aux indigènes; qu'elle peut l'être tout au plus pour les étrangers fatigués d'un long voyage, & dont la santé se trouve altérée par plusieurs causes.

Le sol de l'*Afrique* n'est pas également bon partout : il y a des contrées extrêmement fertiles en blés, en fruits excellens, en plantes très-utiles, en vins délicieux, & en pâturages où l'on entretient des animaux dont la chair est d'un goût exquis. Il y en a d'autres qui ne sont que de vastes *déserts* entiérement arides, dont les sables brûlans désolent l'avide voyageur à qui la soif de l'or fait affronter ces dangers.

Cette partie du Monde nourrit les mêmes animaux que l'Europe, & beaucoup d'autres que l'on n'y voit point : tels sont les éléphans, les lions, les tigres, les léopards, les onces, les panthères, les rhinocéros, les chameaux, les girafes, les zèbres, les gazelles de différentes espèces, des singes, des autruches, des ânes sauvages, des crocodiles, & quantité de serpens, dont quelques-uns sont d'une grandeur extraordinaire. La Barbarie produit des chevaux excellens, dont nous estimons la race au dessus de toutes les races connues.

L'Afrique est remplie de mines d'or. C'est surtout du Sénégal, du royaume de Galam & de la côte de Guinée, appelée aussi *côte d'Or*, qu'on en tire la plus grande quantité. Les habitans ne sont pas obligés d'aller chercher l'or dans les montagnes & de l'extraire des filons qui peuvent le contenir : il leur suffit de gratter la terre ou de laver le sable des rivières, qui sont remplis de paillettes d'or. Il paroît que ces mines d'or ont été formées par les torrens & par les rivieres d'un fort long cours qui arrosent les contrées de Bambouc & de Tambaoura, voisines de la rivière de Gambie, & qui ont laissé ces riches dépôts dans leurs vallées fort larges & fort étendues.

La religion n'y est pas partout la même. Il y a des Chrétiens en Egypte & dans l'Abissinie. Le mahométisme règne en plusieurs contrées; une autre partie est idolâtre. Ces peuples ne paroissent pas avoir des principes de morale bien raisonnés. On les accuse de férocité, de cruauté, de perfidie, de lâcheté & d'indolence, & cette accusation paroît avoir quelque fondement. L'ignorance profonde où la plupart sont ensevelis, l'éducation barbare & militaire qu'ils ont presque tous reçue, ont suffi pour étouffer chez eux les moindres idées de droit naturel.

Les Européens n'ont guère commencé le commerce d'*Afrique* que vers le milieu du quatorzième siècle : il ne se fait presque que sur les côtes, & il y en a peu depuis les royaumes de Maroc & de Fez jusqu'aux environs du Cap-Verd. La plupart des établissemens sont vers ce cap, & entre la rivière de Sénégal & de Sierra-Leona. Il n'y a que les Anglois & les Portugais qui soient établis sur la côte de Sierra-Leona; mais les quatre nations commerçantes peuvent y aborder. Les Anglois seuls résident près du Cap de Misérado. Les François font quelque commerce sur les côtes de Maláguette ou de Grève. Ils en font davantage au petit Dieppe & au grand Sestre. La côte d'Ivoire ou des Dents est fréquentée par tous les Européens; ils ont presque tous aussi des habitations & des forts à la côte d'Or. Le Cap-Corse est le principal établissement des Anglois. On tire de Benin & d'Angola beaucoup de nègres. On ne fait rien dans la Cafrerie. Les Portugais sont surtout à Sofala, à Mozambique & à Madagascar: ils font aussi le commerce de Mélinde. Les principales denrées que l'on tire de l'Afrique sont, le blé, les dattes & autres fruits qui s'exportent de Barbarie; la malvoisie de Madère; les vins des Canaries, de Constance, du Cap-Verd; la gomme & le miel du Sénégal; la poudre d'or, l'ivoire & les épiceries de la Guinée, du Congo, de Mélinde & de l'Abissinie.

Afrique (peuples de l').

On divise l'Afrique en deux parties générales, & qui nous intéressent, surtout quant aux effets physiques du climat qu'on y observe très-distinctement: ce sont les pays des blancs ou basanés & les pays des noirs.

Les pays des blancs comprennent l'Egypte & la Barbarie divisée en six parties, qui sont la province de Barca, les royaumes de Tunis où est Tripoli, & de Trémécen où est Alger; ensuite ceux de Fez, de Maroc & de Dara: on met aussi dans cette division le Biledulgerid & le Zaara ou le grand Désert.

Les pays des noirs sont, sur les côtes, la Nigritie, la Guinée, le Congo, la Cafrerie, la côte de Sofala, celles d'Abex, de Zanguebar & d'Ajan.

Les pays situés dans l'intérieur des terres sont la Nubie, l'Ethiopie ou l'Abissinie, le Monoémugi & le Monomotapa.

Les peuples de la Perse, de la Turquie, de l'Arabie & de l'Egypte peuvent être regardés comme une même nation. Les Egyptiens sont grands & leurs femmes petites.

Si nous achevons de parcourir l'Afrique, les peuples qui sont au-delà du tropique, depuis la Mer-Rouge jusqu'à l'Océan atlantique, sont des espèces de Maures, mais si basanés, qu'ils paroissent presque tous noirs: ils sont mêlés de beaucoup de mulâtres.

Les nègres du Sénégal & de Nubie sont très-noirs, excepté les Ethiopiens & les Abissins. Les Ethiopiens sont olivâtres; ils ont la taille haute, les traits du visage bien marqués, les yeux beaux & bien fendus, le nez bien fait, les lèvres petites & les dents blanches. Les Nubiens au contraire ont les lèvres grosses & épaisses, le nez épaté & le visage fort noir.

Il y a, sur les frontières des déserts de l'Ethiopie, un peuple appelé *Acridophages*. *Voyez* cet article.

En examinant les différens peuples qui composent les races noires, on y remarque autant de variétés que dans les races des blancs, mêmes nuances du brun au noir, que du blanc au brun.

Les habitans des îles Canaries ne sont pas des Nègres; ils n'ont de commun avec eux que le nez aplati. Ceux qui habitent le continent de l'Afrique à la hauteur de ces îles, sont des Maures assez basanés, mais appartenans visiblement à la race des blancs. Les habitans du Cap-Blanc sont encore des Maures, & ces Maures s'étendent jusqu'à la rivière du Sénégal, qui paroît les séparer d'avec les Nègres. Les Nègres sont au midi & absolument noirs.

Les Maures en général sont petits, maigres, de mauvaise mine, avec de l'esprit & de la finesse. Les Nègres sont grands, gros, bien faits; mais niais & sans génie.

Il y a, au nord & au midi du fleuve, des hommes qu'on appelle *Foules*, qui semblent faire la nuance entre les Maures & les Nègres. Les *Foules* ne sont pas tout-à-fait noirs comme les Nègres, mais ils sont bien plus bruns que les Maures.

Les îles du Cap-Verd sont toutes peuplées de mulâtres venus des Portugais & des Nègres qui s'y trouvèrent lors de la conquête: on les appelle *Nègres couleur de cuivre*.

Les premiers Nègres qu'on trouve en Afrique sont sur le bord méridional du Sénégal: on les nomme *Jalofes*; ils sont tous fort noirs, bien proportionnés, d'une taille assez avantageuse, & moins laids de visage que les autres Nègres. Ils ont les mêmes idées de la beauté que nous; ils aiment de grands yeux, une petite bouche, des lèvres fines & un nez bien fait, mais la couleur très-noire & fort luisante. A cela près, leurs femmes sont belles; mais elles donnent cependant la préférence aux blancs, & c'est ce goût qui fait tant de mulâtres. En général les Négresses sont fort fécondes.

L'odeur des Nègres du Sénégal est moins forte que celle des autres Nègres. Ils ont les cheveux noirs, crépus & semblables à de la laine frisée: c'est par les cheveux & la couleur qu'ils diffèrent principalement des autres hommes.

Si le nez est épaté, si les lèvres sont grosses en quelques contrées, par artifice, il est certain que dans d'autres ces traits sont donnés par la Nature.

Les Nègres de Gorée & du Cap-Verd sont bien faits & très-noirs. Ceux de Sierra-Leona ne sont pas tout-à-fait si noirs que ceux du Sénégal. Ceux de Guinée, quoique sains, vivent peu: c'est une suite de la corruption des mœurs.

Les habitans de l'île de Saint-Thomas sont des Nègres semblables à ceux du continent voisin. Ceux de la côte de Juda & d'Arada sont moins noirs que ceux du Sénégal & de Guinée. Les Nègres du Congo sont noirs, mais plus ou moins. Ceux d'Angola sentent si mauvais lorsqu'ils sont échauffés, que l'air des endroits par où ils ont passé en reste infecté pendant plus d'un quart-d'heure.

Quoiqu'en général les Nègres aient peu d'esprit, ils ne manquent pas de sentiment. Ils sont sensibles aux bons & aux mauvais traitemens. Nous les avons réduits, je ne dis pas à la condition d'esclaves, mais à celle de bêtes de somme : & nous sommes étonnés qu'ils sentent la rigueur de leur état !

On ne connoît guère les peuples qui habitent les côtes & l'intérieur des terres de l'Afrique, depuis le Cap-Nègre jusqu'au Cap des Voltes : on sait seulement que les hommes y sont moins noirs, & qu'ils ressemblent aux Hottentots dont ils sont les voisins.

Les Hottentots ne sont pas des *Nègres*, mais des *Cafres*, qui se noircissent avec des graisses & des couleurs ; cependant ils ont les cheveux laineux & frisés : on pourroit les considérer, dans la race des noirs, comme une espèce qui tend à se rapprocher des blancs, ainsi que dans la race des blancs, les Maures peuvent être regardés comme une espèce qui tend à se rapprocher des noirs.

Les femmes des Hottentots sont petites. Elles ont une excroissance de chair ou de peau dure & large qui commence au dessus de l'os pubis, & qui leur tombe jusqu'au milieu des cuisses comme un tablier ; outre cela, l'usage est de ne laisser aux hommes qu'un testicule.

Les Hottentots ont tous le nez épaté & les lèvres grosses. On dit qu'une petite fille enlevée de chez ce peuple, & nourrie en Hollande, y devint blanche. Les habitans de la terre de Natal sont moins mal-propres & moins laids que les Hottentots : ils ont cependant les cheveux frisés & le nez plat.

Les habitans de Sofala & du Monomotapa sont encore mieux que ceux de Natal, & les peuples de Madagascar & de Mozambique, quoique noirs, ne sont pas Nègres.

Il paroît que les Nègres proprement dits diffèrent des Cafres, qui sont des noirs d'une autre espèce. Mais ce qui résulte de ces observations, c'est que la couleur est principalement un effet du climat, & que les traits dépendent des usages.

L'origine des noirs a fait de tout tems une grande question. On les a regardés autrefois comme la dernière nuance des peuples basanés. *Voyez* l'article Nègres.

Afrique (climats de l').

L'équateur divise la zône torride en deux parties égales, l'une au nord & l'autre au sud de l'équateur. Sous la torride est située une grande partie de l'Afrique.

Le tropique du cancer passe un peu au-delà du mont Atlas, sur la côte orientale de l'Afrique, sur les frontières de la Lybie & autres contrées de l'intérieur de l'Afrique, par Sienne en Ethiopie.

Le tropique du capricorne passe par la partie méridionale ou langue d'Afrique, le Monomotapa, Madagascar, &c.

Ce n'est pas le froid qui fait l'hiver sous la zône torride, ce sont les pluies ou une chaleur moindre que dans l'été. Pareillement il n'y a, dans bien des endroits de la zône torride, que deux saisons par an ; savoir, l'hiver & l'été, & plusieurs causes pour lors contribuent à diversifier ces saisons, la chaleur, le froid, les pluies, les productions d'un pays, sa fertilité & sa stérilité.

Les pays situés à l'ouest de l'Afrique, depuis le tropique du cancer jusqu'au Cap-Verd, qui est à 14 degrés de latitude nord, sont tous fertiles en blé, en fruits de plusieurs sortes, en bestiaux, & d'ailleurs les habitans y sont robustes. La chaleur n'y est guère au dessus d'un juste milieu. Les habitans sont ordinairement nus, excepté les riches qui portent des habits. Les causes de cette fertilité & de l'air tempéré qui y règne, quoique sous la zône torride, sont premiérement plusieurs rivières, dont les principales, le Sénégal & Gambie, arrosent le pays & rafraîchissent l'air, ainsi que quelques lacs ; 2°. le voisinage de la mer, d'où il vient des vapeurs humides & des vents frais.

Dans les parties méridionales de l'Afrique, qui s'étendent à l'est & à l'ouest, & qui sont à 4 degrés au plus de latitude nord, il y règne une chaleur continuelle sans aucune fraîcheur, & dans certains mois il y tombe des pluies abondantes : on y éprouve des orages avec tonnerre & éclairs terribles. Les campagnes y restent désertes pendant les mois pluvieux, & le blé n'y croît pas ; mais quand ils sont passés, on creuse le terrain qui est à sec, qui a bu toute la pluie : on y mêle du charbon pilé au lieu de fumier, on l'y laisse séjourner pendant dix jours ; après cette préparation de la terre on sème, & en peu de tems on recueille la moisson.

Les tempêtes, les éclairs & les pluies semblent provenir de ce que le soleil enlève une grande quantité de vapeurs de la mer & d'exhalaisons inflammables à la surface de la terre en Guinée, lesquelles ne sont pour lors dissipées par aucun vent constant. Quand ces pluies tombent, l'air est tiède, le soleil est vertical, & la chaleur qui domine cause une grande difficulté de respirer.

Quoique les campagnes soient en friche pendant les mois pluvieux, les arbres portent sans cesse du fruit. La durée des jours y est presque toujours égale à celle de la nuit pendant toute l'année. Le soleil se lève & se couche à six heures ; mais on le voit rarement se lever & se coucher, car il se lève le plus souvent couvert de nuages épais, & il se couche après avoir été enveloppé de ces mêmes nuages qui reparoissent à l'horizon.

Viennent ensuite les pays situés dans la langue de terre d'Afrique, dans le sommet de la pyramide, lesquels s'étendent au nord & au sud, comme le Manicongo, Angola, &c. depuis le deuxième degré de latitude nord, jusqu'au tropique du capricorne; car le royaume de Congo commence au second degré de latitude sud. L'hiver y est à peu près comme le printems en Italie, d'une chaleur tempérée : on n'y change point d'habits, & il fait chaud même sur le sommet des montagnes. L'hiver pluvieux y arrive avec le mois d'avril, & dure jusqu'au milieu de septembre; alors l'été commence & dure jusqu'au 15 mars, & pendant tout cet intervalle l'air y est toujours serein; mais en hiver on voit rarement le soleil, parce que cette saison des pluies amasse continuellement des nuages. Il n'y pleut pas néanmoins tout le jour, mais seulement deux heures avant & deux heures après midi.

Dans la province de Loango, qui borde la mer & n'est pas loin du Congo, à 4 degrés de latitude sud, il y a aussi des mois d hiver pluvieux & des mois d'été fort clairs; mais ce qui est singulier, c'est que les pluies arrivent en des mois différens dans ces deux contrées voisines.

Quand on tourne autour du Cap de Bonne-Espérance, & qu'on parcourt la côte orientale de la langue de terre d'Afrique où sont situés Sofala, Mozambique & Quiloa, jusqu'à l'équateur, on trouve que l'hiver y dure depuis le premier septembre jusqu'au premier février, & que l'été y règne pendant tout le reste de l'année.

Les autres pays situés depuis cette côte jusqu'à l'embouchure de la Mer-Rouge, & de là jusqu'au tropique du cancer, nous sont trop inconnus pour exposer en détail l'arrangement de leurs saisons : nous savons seulement que cet espace de terre est stérile, sablonneux, extrêmement chaud, & sans presqu'aucune rivière qui l'arrose.

Dans presque toute la *Barbarie* (c'est ainsi qu'on nomme les pays d'Afrique situés sur la Méditerranée) il commence à régner, après le milieu d'octobre, un froid assez vif, & des pluies auxquelles succède, aux mois de décembre & de janvier, un froid plus violent encore, comme partout ailleurs sous la zône tempérée; mais ce n'est que le matin. Au mois de février, la plus grande partie de l'hiver est passée, quoique le tems reste inconstant. Au mois de mars, les vents de nord & d'ouest soufflent fortement, & les arbres sont alors chargés de fleurs. En avril les fruits sont formés; de sorte qu'à la fin de ces mois on a des cerises. Au milieu de mai on commence à cueillir des figues sur les arbres, & l'on trouve des raisins mûrs, dans les endrois abrités, vers la mi-juin. Enfin, la récolte des figues est en état d'être faite au mois d'août.

Le printems terrestre commence le 15 février & finit le 18 mai, & pendant cette saison on éprouve toujours les avantages d'un vent frais. S'il ne tombe pas de pluie entre le 25 avril & le 5 mai, on regarde cet état de sécheresse comme un mauvais présage. On compte aussi que l'été dure jusqu'au 15 août : le tems est alors fort chaud & serein. On place l'automne entre le 17 août & le 16 novembre : aussi n'éprouve-t-on pas une fort grande chaleur dans ces deux mois. Cependant les anciens comptoient que le tems le plus chaud se trouvoit entre le 15 août & le 15 septembre, parce que c'étoit celui où les figues, les coings & les autres fruits mûrissoient, & ils plaçoient leur hiver depuis le 15 novembre jusqu'au 15 février, qu'ils s'occupoient de la culture des plaines. Ils étoient persuadés qu'il y avoit toujours dans l'année quarante jours de grandes chaleurs qui commençoient le 12 juin, & autant de jours de froid qui commençoient le 12 décembre. Les 16 de mars & de septembre sont les jours de leurs équinoxes, & par la même raison ceux des solstices arrivent les 16 juin & 16 décembre.

Sur le mont Atlas, qui est à 30 degrés 20 minutes de latitude nord, on ne divise l'année qu'en deux parties; car on a un hiver constant depuis octobre jusqu'en avril, & l'été y dure depuis avril jusqu'au mois d'octobre : cependant il n'y a pas un seul jour où le sommet de l'Atlas ne soit couvert de neige.

Les saisons de l'année passent aussi fort vîte en Numidie : on y recueille le blé en mai & les dattes en octobre. Le froid commence au milieu de septembre & dure jusqu'en janvier. Quand il ne tombe pas de pluies en octobre, les cultivateurs perdent l'espérance de pouvoir semer. Il en est de même quand il ne pleut pas en avril. Léon l'Africain nous assure que, dans le voisinage du tropique du cancer, il y a beaucoup de montagnes chargées de neige, qui contribuent à modifier les saisons de ce pays.

Quant à ce qui concerne l'Abissinie, l'Egypte & l'Arabie, nous en ferons connoître les saisons à leurs articles. *Voyez* ABISSINIE & EGYPTE. Par les détails qui suivent, sur les pays placés au sud de l'Egypte, & qui renferment la Nubie turque, le pays de Barabra, les royaumes de Dongala, de Sennaar & de l'Habesch, on pourra juger de leurs productions & de leur commerce actuel.

Nous commencerons par faire observer que ces pays formoient l'ancienne Ethiopie. D'ailleurs, on croit communément que les Egyptiens sont sortis de l'Habesch. En suivant le cours du Nil, cette nation a laissé des traces de son passage par la construction des temples qui subsistent depuis la cataracte de Gemmades jusqu'aux bords de la Méditerranée. Le Nil seul & ses bords offroient à ces essains surabondans les moyens d'existence si nécessaires dans les grandes transmigrations : ils suivirent le cours du fleuve jusqu'à l'emplacement de Memphis.

Les barques remontent la cataracte de Sienne dans le tems de l'inondation du Nil : on les fait séjourner dans le havre de Morrade, d'où on les tire dans l'occasion, pour les employer à la navigation de la partie du fleuve qui s'étend entre les deux cataractes. Cette navigation offre des difficultés. Dans certains endroits, comme à Giesche, on rencontre des écueils nombreux; dans d'autres, les passes sont à peine assez larges pour une seule barque, quoiqu'on ait soin de les construire plus petites qu'en Egypte; ailleurs, les détours obligent de faire usage de la cordelle. Les vents manquent souvent, & des calmes fréquens interrompent la marche des voyageurs : il paroît que, dans cette partie, l'escarpement des bords rend le chemin difficile pour les gens de pied. Les barques s'arrêtent à la cataracte de Gemmades : on en trouve extrêmement peu au dessus.

Le pays qui s'étend des deux côtés du Nil, entre Sienne & Moscho, au-delà de la cataracte de Gemmades, est connu sous le nom du pays de Barabra : une portion de cette contrée est désignée, par les géographes, sous le nom de Nubie turque.

La largeur moyenne des terres cultivables n'est pas, dans toute cette étendue, de plus de cinq cents toises sur les deux rives du fleuve. La datte & le doura sont les seules nourritures des habitans : ils sont fort misérables; aussi émigrent-ils continuellement en Egypte, où ils servent les Turcs en qualité de portiers. La couleur de leur peau est maron foncé; elle forme la nuance entre celle des Cophtes, qui est olivâtre, & celle des Nègres de l'intérieur de l'Afrique. On peut remarquer ici à cette occasion, d'un manière franche & distincte, la différence des teintes qu'offrent les peuples établis sur les bords du Nil. Ce fleuve est un de ceux qui présentent, dans les peuples, des échantillons de toutes les nuances qui caractérisent les individus des deux couleurs.

Les traits des Barbarins ne ressemblent point à ceux des Nègres : ils sont plus fins & plus doux. Leurs cheveux ne sont point crépus; ils les laissent croître, & les nattent avec beaucoup de soin : au surplus, ces hommes ont encore les usages & les habitudes que leurs ancêtres avoient du tems de Strabon.

La montagne qui borde le Nil jusqu'à Gennadel, se termine à trois ou quatre lieues au dessus de Philé, & n'est plus granitique comme aux environs de la cataracte de Sienne.

On peut évaluer à six journées la distance qui sépare la cataracte du village de Moscho, qui sert de limite au pays de Barabra, dont l'étendue en longueur est de vingt-deux journées.

La largeur des terres cultivables est d'une demilieue. Le terrain est fertile en *doura*, espèce de millet qui fournit aux habitans des bords du Nil le pain qui leur est nécessaire.

De Takaki ou Napata au confluent du Tacazé, autrefois *Artaboras*, & du Nil, il y a cinq journées de marche. Ces deux fleuves, avant de se joindre, renferment une grande presqu'île que les anciens appeloient *Meroë*. Pline rapporte que quatre philosophes y ont séjourné, & y ont reçu les leçons des prêtres. Une partie de cette presqu'île s'appelle maintenant l'*Atbura*; elle est habitée par de nombreuses tribus d'Arabes : elles font paître leurs troupeaux dans l'immense plaine de l'Atbura, qui faute de culture ne paroît pas différer beaucoup du désert. Les chevaux qu'on y élève sont les plus beaux de l'Afrique pour la taille & les formes; ils ne le cèdent en rien aux chevaux de l'Arabie, d'où ils descendent, & qu'ils surpassent de beaucoup pour la grandeur.

Un peu au sud de Gerry se trouve le confluent du *Bahr-el-Ablad* ou du Fleuve-Blanc & du Nil. La presqu'île qu'ils forment entr'eux est la partie la plus riche & la plus fertile du royaume de Sennaar: sa largeur moyenne est d'environ dix lieues; elle est coupée en tout sens par un grand nombre de petits canaux toujours couverts de barques : on y voit une grande quantité de villages, au milieu desquels se distingue la ville de Sennaar.

Le climat est défavorable à la population de ces contrées : les animaux même y périssent si on ne les envoie pas chaque année passer plusieurs mois dans le désert, qui, auprès de Sennaar, n'est pas totalement stérile.

La culture principale est celle du *doura* ou millet: celle du riz & du froment y est connue, quoique moins répandue. Les chameaux, les bœufs, les moutons, la volaille, s'y trouvent en quantité & à un prix modique.

Le commerce de Sennaar consiste principalement en dents d'éléphant, en plumes d'autruche, tamarin, civette, gommes, poudre d'or & esclaves; la plus grande partie de ces objets est conduite en Egypte, d'où l'on rapporte en échange des épiceries, du laiton, du fer, des armes, de la verroterie, des ciseaux, du savon & des miroirs.

Les Sennaris sont grands & robustes, mais ils vivent peu. Leur couleur est entièrement noire : leurs traits diffèrent des noirs occidentaux, en ce que la lèvre supérieure est plus saillante que l'inférieure.

L'été commence en janvier & finit en avril, & la saison des pluies lui succède dans les mois suivans : pendant sa durée la mortalité est très-considérable. Le thermomètre de Réaumur, dans cette dernière saison, s'élève jusqu'à 39 degrés.

La longueur totale de cet État est d'environ trois cent trente lieues, & sa largeur moyenne peut être évaluée à dix lieues; ce qui donne une surface de trois mille trois cents lieues carrées de terres cultivables, non compris l'*Atbura*, qui diffère très-peu du désert. En fixant la population à cinq cents hommes par lieue carrée, on peut en conclure qu'elle s'élève en entier à un million six cent cinquante mille habitans.

A douze journées au sud de Sennaar le Nil traverse une chaîne de montagnes qui s'étendent, de l'est à l'ouest, dans une longueur inconnue, & sur une largeur de vingt-cinq lieues environ. La navigation est impraticable dans cet endroit; ces montagnes y forment trois cataractes, dont la plus forte, celle d'*Alata*, a bien quarante pieds de chute : elles portent le nom d'*Ire-le-Tégéa*, & séparent le *Sennaar* de l'*Habesch* au sud. Au sud-est les frontières respectives de ces deux Etats se retrouvent à onze journées de Gondar & à quinze de Sennaar. Ainsi quatre-vingt-deux jours de marche sur les bords du Nil conduisent les voyageurs de Sienne à la capitale de l'Habesch.

De l'Habesch ou *Abissinie.*

L'Habesch, dans ses plus grandes dimensions, s'étend entre le 9e. & le 15e. degré de latitude, & entre le 50e. & le 58e. de longitude. Sa surface peut être évaluée à dix mille lieues carrées.

Douze provinces composent ce royaume : leurs productions & leurs températures varient comme leurs sites. Le pays est montueux & fort élevé au dessus du niveau de la mer; outre cela il est couvert de forêts : quatre-vingts rivières & ruisseaux connus l'arrosent dans toutes ses parties.

La chaleur, dans certaines vallées, est presque insupportable, & dans d'autres endroits elle surpasse à peine celle des provinces méridionales de l'Europe, & en général on peut dire qu'elle est inférieure à celle qu'on éprouve dans le Sennaar. Quoique plus rapproché de la ligne, l'Habesch est plus habitable que ce dernier royaume. La saison des pluies succède à celle de l'été & des chaleurs; elle commence en avril & finit en septembre; elle est accompagnée, pendant une durée de six mois, de tonnerre & de tempêtes; dans les six autres mois le ciel est sans nuages : pour lors les jours sont fort chauds & les nuits sont froides. Pendant les trois premiers mois de l'été, des maladies nombreuses & aiguës affligent les habitans : les exhalaisons humides paroissent en être les causes principales.

Les productions principales de ce pays sont le blé, le maïs, l'orge, le riz, l'eusète & le tess, plantes dont les habitans se font des nourritures agréables. Outre cela, la canelle, le cardamome, le gingembre, l'aloé, le séné, la casse, le tamarin & plusieurs plantes médicinales s'y cultivent en plus ou moins grande quantité. Les cannes à sucre y prospèrent tellement, que ce pays pourroit approvisionner l'Europe entière. Le coton & le lin y sont très-beaux en général, & l'on peut présumer que toutes les plantes des Indes orientales s'y naturaliseroient très facilement.

L'encens, les gommes, le sel fossile, les émeraudes surtout, l'ivoire, le fer, & l'or que les rivières roulent dans leurs eaux, y sont assez communs pour en former des objets d'exportation.

De gras & d'immenses pâturages nourrissent de nombreux troupeaux de bœufs & de moutons. Les chevaux y sont vigoureux & beaux. Les ânes & les mulets s'y multiplient avec succès. On y voit des forêts d'orangers, de citronniers & de grenadiers.

Malgré tous ces grands avantages, cet Etat éprouve souvent des famines cruelles : elles sont occasionnées par les ravages des sauterelles. On y entretient le plus grand commerce avec l'Egypte par les caravanes, & avec l'Arabie par la voie de Musnach. On y envoie les marchandises déjà nommées à l'article des productions, & on en tire des toiles de coton de Surate, grosses & fines; du coton en balles, des cristaux, des miroirs & de vieux cuivres. L'industrie est presque nulle dans ce pays. La fabrication des toiles y est très-imparfaite : c'est là cependant que la culture donne le plus beau lin.

Les Mahométans forment à peu près le quart des sujets de l'empire; ils s'occupent du commerce, & c'est par leur entremise que l'Habesch trafique avec les Turcs de Masnah & des contrées littorales de la Mer-Rouge & de l'Arabie.

Les Abissins sont d'une belle taille; leur couleur naturelle est le brun-foncé; ils n'ont aucun des traits caractéristiques des Nègres : le nez est bien pris, les lèvres sont fines, & les yeux grands & vifs.

Depuis le départ des Portugais, le chef-lieu de l'Habesch est fixé à Gondar. Nous ajouterons à cette remarque la mention des deux ports qui appartiennent à l'Habesch sur les côtes de la Mer-Rouge. Le plus important est celui d'Arkecko ou Masnah : c'est une rade spacieuse où les plus grands vaisseaux trouvent un mouillage sûr & profond.

Souakem est le second port : il est situé sous le 19e. degré de latitude : les Turcs en sont maîtres.

La possession de l'Habesch, ou du moins un commerce soutenu avec ce pays & le Sennaar, en satisfaisant à tous les besoins de l'Egypte, suffiroit non-seulement à rendre l'Egypte indépendante de l'Europe, mais encore à multiplier les objets sur lesquels cette colonie pourroit établir sa correspondance la plus lucrative avec la France.

Je terminerai cet article par une comparaison fort intéressante des contrées situées aux deux extrémités de l'Afrique, le Cap de Bonne-Espérance d'un côté, & l'Egypte de l'autre.

On a trouvé depuis peu, aux environs du Cap de Bonne-Espérance, une rivière qui est sujette, comme le Nil, à des crûes annuelles & périodiques : c'est la rivière d'*Orange*. En prenant pour points de comparaison ces deux fleuves, des voyageurs instruits ont saisi une correspondance très-frappante entre plusieurs autres phénomènes semblables.

L'Egypte & la colonie du Cap de Bonne-Espérance sont situées sous des latitudes égales : elles ont à peu près la même température, &, outre cela, la même nature du sol, les mêmes plantes & les mêmes animaux.

L'Egypte, sans le Nil, ne seroit qu'un vaste désert réduit à quelques plantes salines, comme celles du grand Karroo, où il pleut aussi rarement.

Au moyen des débordemens de l'*Orange*, la terre sablonneuse des environs du Cap est aussi fertile que celle de l'Egypte.

Les pluies, dans les montagnes de l'Abissinie, commencent ordinairement en mai, & font déborder le Nil en juin, jusqu'à la fin de septembre.

Les pluies, dans les grandes montagnes situées au-delà de la Cafrerie & des Tambookios, & au pied desquelles coule la rivière d'*Orange*, que grossissent à son passage les ruisseaux voisins, commencent en novembre, & produisent des inondations vers le pays des Ramaques en décembre, époque qui correspond aux débordemens du Nil, les deux contrées étant situées à peu près à la même distance de l'équateur, mais sur les deux côtés opposés, c'est-à-dire, dans deux zônes correspondantes. On a remarqué, sur les femmes égyptiennes, la même conformation qui a lieu chez toutes les femmes des Hottentots.

Le singulier animal nommé *caméléopard* (la girafe), passe pour habiter l'Ethiopie, plus près de la ligne que l'Egypte, & on le retrouve dans les parties méridionales du même continent, au-delà du cours de l'*Orange*, qui s'approche aussi plus près de la ligne qu'aucune des parties de la colonie du Cap.

On pourroit citer d'autres phénomènes correspondans, remarquables dans ces deux contrées, mais ce que nous en avons cité nous paroît bien suffisant pour établir une ressemblance frappante entre les deux extrémités de l'Afrique.

Combien de semblables comparaisons pourroient nous offrir des correspondances aussi intéressantes sur le globe, lesquelles seroient très-propres à enrichir la géographie-physique? Aussi serons-nous très-attentifs à les saisir.

Afrique. Réflexions sur la constitution de son sol.

Il y a des écrivains qui ont supposé que, dans l'écoulement particulier des mers lors de leur retraite, l'eau avoit rencontré un grand nombre d'obstacles, & qu'elle avoit été retenue par les sommets des différens bassins qui se trouvoient tous fermés sur le fond qu'elles abandonnoient; en sorte qu'après la retraite de l'Océan, la plus grande partie de nos continens, & surtout de l'Afrique & de l'Asie, n'a dû montrer qu'une multitude singulière de lacs & de petites mers particulières & différemment configurées.

Mais ils n'ont pas décidé si ces continens sont restés long-tems en cet état, & si tous ces lacs ont disparu tout de suite, tous ensemble, ou peu à peu & séparément. Ils pensent même que la Nature, dans cet état de crise, se sera servie de tous ces moyens pour dessécher entièrement nos continens. Au reste, je pense que, pour déterminer au juste l'existence de ces lacs, leurs emplacemens & leurs desséchemens successifs, comme on a fini par le supposer, il auroit été nécessaire d'être instruits plus particuliérement que nous ne le sommes sur toutes les inégalités de la surface de la terre, & surtout sur la disposition des bassins terrestres qui subsistent encore au centre de l'Asie, de l'Afrique & de l'Amérique, soit septentrionale, soit méridionale: on sauroit à présent si ces bassins, aujourd'hui desséchés & sans aucune communication avec les mers, ont subsisté long-tems couverts d'eau, ou bien s'ils ont été desséchés par des conduits souterrains ou par une évaporation lente & successive.

D'après la description que quelques voyageurs nous ont donnée des contrées intérieures de l'Afrique, de ces contrées fameuses par les amas de sables dont elles sont encombrées, il sembleroit qu'en ces endroits les dernières eaux des anciennes mers auroient été absorbées dans le sein de la terre. Cette grande contrée du *désert*, appelée aujourd'hui *mer sans eau* par les Arabes, à mesure qu'on la parcourt, offre un fond qui se creuse plus profondément en certains endroits & se perd comme en des abîmes, puis se relève pour s'abaisser encore & se perdre dans un autre entonnoir aussi profond. Ces vastes trous sont en très-grand nombre: on y voit aboutir de toutes parts de larges canaux ou ravines, & néanmoins toutes ces inégalités de la surface de la terre n'offrent que des déserts sablonneux qui renferment des pétrifications sans nombre, les plus dignes de la curiosité des naturalistes. S'il en faut croire tous les voyageurs, qui s'accordent tous à considérer ces affreux *déserts* comme des bassins d'anciens lacs & de mers desséchées, on y rencontre assez fréquemment des débris de vaisseaux & autres bois fossiles. *Voyez* Desert.

A quel tems, à quelle époque peut-on rapporter l'existence de ces lacs & leur desséchement? Peut-on croire d'abord que ces lacs aient été formés à la suite de la retraite de l'Océan, qui a eu lieu incontestablement comme les dépôts sous-marins abandonnés par lui le prouvent? Peut-on croire que leur desséchement s'est opéré lentement par cette multitude d'entonnoirs qui se sont ouverts, & à travers lesquels les eaux se sont fait jour en se rendant, par des canaux souterrains, dans des vallées latérales creusées depuis, & qui leur avoient présenté des débouchés faciles.

Nous connoissons de même les vastes plaines de sables dont les bassins intérieurs de l'Asie sont couverts, & même nous y trouvons figurées sur les cartes de Danville, comme sur celles d'Afrique par Wilkinson, les eaux courantes qui s'y perdent, & se débouchent ensuite par des vallées latérales qui sont au-delà des enceintes de ces bassins. *Voyez* à ce sujet notre article Absorbans, & la description du plateau de la Tartarie & du *Thibet* dans ce Dictionnaire & dans l'Atlas.

Il y a grande apparence que toutes ces eaux ont disparu de ces contrées par l'ouverture latérale des grandes vallées qui y ont leur origine, vallées qui sont très-nombreuses, & qui renferment les sources des fleuves les plus considérables de l'Asie septentrionale, comme on peut le voir dans la carte particulière de notre Atlas.

L'Asie nous offre, outre cela, plusieurs de ces bassins couverts de terre, & où se trouvent des plaines immenses qui donnent d'excellens pâturages. Comme ces grandes contrées ne présentent aucunes destructions par les eaux courantes, & que d'ailleurs, comme celles de l'Afrique, elles n'ont aucun débouché vers l'Océan, il y a grande apparence que, dans ces deux parties du Monde, les eaux n'ont disparu qu'insensiblement & par une longue succession de tems.

Au reste, nous n'avons aucunes observations sur les circonstances qui ont concouru à la formation primitive de ces vastes plaines & au desséchement qui a pu succéder à leur inondation; enfin, à l'état où elles se trouvent aujourd'hui, c'est-à-dire, sur ce qui a donné naissance à d'immenses contrées fertiles & très-unies, mais où l'on ne voit aucune de ces formes qui caractérisent les autres contrées de la terre plus communes, & d'où il paroît que les eaux ont fait une retraite plus subite sans doute, soit par une marche superficielle, soit autrement.

Ainsi l'on est porté à croire que les bassins qui se trouvent sur les limites de l'Asie & de l'Afrique, se sont desséchés par un écoulement superficiel, attendu que les obstacles qui s'opposoient à cet écoulement étoient peu considérables, & pouvoient céder à l'action des eaux & être entraînés par ces eaux, lesquelles, dans certaines crûes ou accès, se rendoient en masses dans les mers voisines.

On pourroit croire aussi que ces accidens ont pu arriver de même à quelques-uns des bassins du centre des deux continens qui nous occupent, parce que quelques-uns de ces bassins ayant rompu leurs digues, qui étoient fort foibles, ont versé les unes dans les autres, & par cette gradation de chutes successives les eaux de plusieurs bassins auront pu se réunir dans ceux qui se trouvoient aux niveaux les plus bas, en forcer les digues, & se creuser alors des vallées latérales jusqu'à la mer. C'est ainsi que les vestiges de plusieurs contrées d'Afrique nous autoriseroient à supposer que s'est opérée la dernière évacuation des eaux de l'Océan.

Enfin, on est tenté de croire que c'est à quelques-uns de ces accidens que nous devons des lacs qui existent dans certaines contrées & ceux qu'on sait y avoir existé autrefois, quoiqu'il ne subsiste plus que des parties de leurs bassins assez récemment comblées.

Toutes ces différentes opérations de la Nature, tant générales que particulières dans la retraite de la mer, ont été considérées aussi comme ayant influé beaucoup sur la formation des principales vallées que nous trouvons à la surface de la terre, ainsi que sur celle des escarpemens réguliers que nous y remarquons, sans se borner, comme nous l'avons fait dans plusieurs de nos articles, à la seule action des eaux courantes des fleuves qui y coulent actuellement.

On peut objecter contre ces suppositions, qu'il n'est pas possible d'imaginer que, dans des massifs récemment sortis des eaux, la mer eût pu, par sa retraite, entamer tous les rochers tranchés à plomb, & tous les bords escarpés de nos vallées & des montagnes; car on doit distinguer ici les anciens dépôts, les dépôts consolidés, ou les massifs graniteux & schisteux qui ont dû résister à l'action des eaux de la mer abandonnant nos continens, & qui auroient pu s'escarper ou bien même qui l'étoient, de manière que ces eaux ont suivi, dans plusieurs golfes, les anciens lits des fleuves & un certain frayé qui existoit lors de l'invasion de la mer. On voit que, dans bien des circonstances, elle n'a fait qu'augmenter, élargir & approfondir les anciennes vallées lorsqu'elle les occupoit; qu'elle les a alongées en réunissant à un seul cours les vallées de différens bassins; enfin, en enlevant par ses flots les matériaux les plus mobiles.

Mais, nous le répétons, en vain voudroit-on se borner au seul écoulement des eaux de la mer pour creuser les vallons; car il faut définitivement avoir recours à la marche plus ou moins abondante, plus ou moins constante des eaux pluviales qui ont succédé à la retraite de la mer, & qui ont élargi une ancienne vallée qui étoit l'ouvrage d'une ancienne eau courante lorsque cette partie du continent étoit libre & à sec avant l'invasion de l'Océan. Nous développerons tous ces moyens & toutes ces circonstances lorsque nous décrirons les différentes *vallées-golfes* de la France. *Voyez* VALLEES-GOLFES.

Nous reprendrons d'ailleurs toutes ces discussions sur l'Afrique dans notre Atlas, où nous ferons une description suivie & raisonnée de tous ces objets, qui recevront des éclaircissemens particuliers, par une application nette & précise, aux cartes les plus modernes, que nous comparerons à celles du savant Buache, sur la géographie-physique de l'Afrique. *Voyez* l'article AFRIQUE dans l'Atlas.

AGATHE. C'est une pierre ignescente, vitreuse & plus ou moins transparente. Elle a pris son nom du fleuve *Achates* en Sicile, sur les bords duquel les premières agathes furent trouvées. On la rencontre en morceaux ronds, isolés & détachés dans les vallées & dans les champs; mais elle a toutes sortes de formes au milieu des couches.

L'agathe ne diffère du *silex*, connu sous le nom de *pierre à fusil*, que par sa couleur & son degré de demi-transparence; car d'ailleurs sa substance est la même. Ainsi lorsque la pâte ou matière du silex a un certain degré de finesse, de pureté & de de transparence ou des couleurs marquées, on lui donne le nom d'*agathe*, & cette pâte prend un plus beau poli que le *silex* ordinaire.

On distingue deux sortes d'agathes par rapport à la netteté, à la transparence, à la dureté & à la beauté de son poli; savoir : l'*agathe orientale* & l'*agathe occidentale*.

La première réunit presque toujours les plus belles qualités. Cependant on en trouve quelquefois d'*occidentales* qui le disputent pour la beauté aux *orientales*.

L'agathe orientale vient ordinairement des pays orientaux, comme son nom le désigne. On trouve l'occidentale dans les contrées occidentales, en Allemagne, en Bohême, &c. On reconnoît l'*agathe orientale*, comme nous l'avons dit, à la netteté, à la transparence & à la beauté du poli. Au contraire, l'*agathe occidentale* est obscure, sa transparence est terne, & son poliment n'est pas aussi égal que celui des agathes orientales. Au reste, les agathes que l'on trouve en Orient n'ont pas toujours les qualités qu'on leur attribue ordinairement.

Si la couleur naturelle du caillou est laiteuse & mêlée de jaune ou de bleu, c'est une *chalcédoine*: si le caillou est de couleur orangée, c'est une *sardoine*; s'il est rouge, c'est une *cornaline*.

On voit par cette distinction, qu'il y a peu de variétés dans la couleur des agathes orientales : elles sont blanches, ou plutôt elles n'ont point de couleur. Au contraire, l'agathe occidentale a plusieurs couleurs & différentes nuances dans chaque couleur : il y en a même de jaunes & de rouges, que l'on ne peut pas confondre avec les *sardoines* & les *cornalines*, parce que le jaune de l'agathe occidentale, quoique mêlé de rouge, n'est jamais aussi vif ni aussi net que l'orangé de la *sardoine*. De même le rouge de l'agathe occidentale semble être lavé & éteint, en comparaison du rouge de la cornaline.

On voit souvent la matière demi-transparente de l'agathe mêlée, dans un même morceau de pierre, avec une matière opaque, telle que le jaspe; & dans ce cas on donne à la pierre le nom de *jaspe-agathe* si c'est le jaspe qui domine; & on l'appelle *agathe jaspée* si la matière de l'agathe en fait la plus grande partie.

L'arrangement des taches & l'opposition des couleurs dans les couches dont l'agathe est composée, font des caractères pour en distinguer différentes espèces : ce sont d'abord l'*agathe proprement dite*, l'*agathe onyx*, l'*agathe œillée* & l'*agathe herborisée*.

L'*agathe simplement dite* est d'une seule couleur ou de plusieurs, qui ne forment que des taches irrégulières, posées sans ordre & confondues les unes avec les autres. Les teintes & les nuances des couleurs peuvent varier presqu'à l'infini, de sorte que, dans ces mélanges & dans cette confusion, il s'y rencontre des hasards aussi singuliers que bizarres : il semble même quelquefois qu'on y voit des ruisseaux & des paysages, des terrasses, des animaux & des figures d'hommes. Mais il faut en cela ne point se livrer à l'imagination, qui pousseroit le merveilleux au-delà des bornes que la nature s'est prescrites dans ces sortes de jeux. On ne voit sur les agathes que quelques traits toujours trop imparfaits pour être considérés comme la moindre esquisse du plus petit tableau.

L'*agathe onyx* est de plusieurs couleurs; mais ces couleurs, au lieu de former des taches irrégulières comme dans l'agathe simplement dite, offrent des bandes ou des zônes qui représentent les différentes couches dont l'agathe a été composée, chacune de ces couleurs étant terminée par un trait net & distinct.

L'*agathe œillée* est une espèce d'*agathe onyx*, dont les couches sont circulaires. Ces couches forment quelquefois plusieurs cercles concentriques à la surface de la pierre : elles peuvent être plus épaisses les unes que les autres; mais l'épaisseur de chacune d'elles en particulier est ordinairement égale dans toute son étendue. Ces couches ou plutôt ces cercles ont quelquefois une tache à leur centre commun. Alors la pierre ressemble en quelque façon à un œil; c'est pourquoi on les a nommées *agathes œillées*. Il y a souvent plusieurs de ces *yeux* sur une même pierre. C'est visiblement un assemblage de plusieurs cailloux qui se sont formés les uns contre les autres & réunis ensemble en grossissant. On monte en bague les *agathes œillées*, & le plus souvent on les travaille pour les rendre plus ressemblantes à des yeux. Pour cela on diminue l'épaisseur de la pierre dans certains endroits; on met dessous une feuille couleur d'or. On ne manque pas aussi de faire une tache noire au centre de la pierre en dessous, pour représenter la prunelle de l'œil si la nature n'a pas fait cette tache.

On donne à l'agathe le nom d'*herborisée* ou de *dendrite*, lorsqu'on y voit des ramifications qui représentent des mousses & même des buissons & des arbres. Les traits sont si délicats, le dessin est quelquefois si bien conduit, qu'un peintre pourroit à peine copier une belle *agathe herborisée*; mais elles ne sont pas toutes aussi parfaites. Les belles agathes herborisées présentent des images qui imitent parfaitement les mousses & les plantes : aussi a-t-on découvert que ces images étoient dues à ces corps naturels enveloppés dans l'agathe herborisée.

Les ramifications de ces agathes sont d'une couleur brune ou noire, sur un fond dont la couleur dépend de la qualité de la pierre.

Les *agathes* & les *jaspes* se peuvent facilement teindre; mais nous ne nous occuperons pas ici de ces procédés, quelqu'ingénieux qu'ils soient & quelqu'agréables que soient leurs résultats. Nous passons à l'indication des différens endroits où se trouvent les agathes.

C'est à Hadramont, contrée d'Asie dans l'Arabie heureuse, que se trouvent les plus beaux *onyx* & les plus belles *agathes* de tout l'Orient. Il y a dans ce pays une montagne nommée *Schibum*, d'où l'on tire ces précieuses productions naturelles.

On nomme *pierres de Moka* de belles agathes herborisées, qui sont presqu'aussi claires & transparentes que du cristal de roche; ce qui fait que l'on y distingue parfaitement les buissons & les branches d'arbres que ces pierres renferment.

On connoît sous le nom de *léontésère* une des plus variées de toutes les agathes des Indes orientales & des plus rares. Son fond est jaune, veiné d'un rouge de flamme, de blanc, de noir & de vert. Ces deux dernières couleurs s'y trouvent ordinairement disposées en cercles concentriques : quelquefois aussi toutes ces couleurs y sont semées fort irréguliérement.

Woodward appelle *nicomia* une espèce d'agathe grisâtre avec des veines rouges : elle est très-dure, demi-transparente. On en trouve dans la province d'Yorck & en plusieurs autres endroits d'Angleterre : elle est par couches.

On connoît les agathes d'*Oberstein*, toutes agathes occidentales. D'après les différens renseignemens que j'ai pu recueillir de l'examen des échantillons de ces agathes & des carrières d'Oberstein, il m'a paru que ces pierres se trouvoient dans un sol argileux qui, en recevant l'impression d'une chaleur souterraine, a éprouvé de certaines *retraites*, desquelles il est résulté des vides la plupart arrondis; que des infiltrations postérieures ont rempli ces vides & y ont formé des espèces de géodes, au milieu desquels sont des cristallisations de la nature des *agathes*.

Il suffit d'examiner avec attention la pâte argileuse au centre de laquelle se rencontrent les géodes pleines des cristaux qui constituent les différentes formes d'agathes, pour être convaincu que toute cette masse a été chauffée dans les premiers tems par les feux souterrains.

Je dois faire remarquer d'ailleurs que cette circonstance des vides occasionnés par le degré de cuisson qu'avoit subi la masse argileuse, ne suffiroit pas pour expliquer le phénomène de la formation des agathes aux environs d'Oberstein; qu'il est nécessaire de supposer en même temps dans cette masse cuite un dégagement & une préparation par l'action du feu, des matières propres à cette formation; dégagement qui a été tel, que l'eau infiltrante qui a pénétré les masses cuites, s'est chargée aisément & abondamment de ces matières pour les déposer dans les différens vides.

C'est d'après ces mêmes principes que j'ai cru pouvoir expliquer la formation des agathes & des chalcédoines de toutes formes, telles que je les ai observées dans plusieurs endroits volcanisés de l'Auvergne & du Velay.

Je vais plus loin encore, & je dis que cette théorie me paroît devoir être appliquée à tous les sols qui n'ont été que cuits & chauffés par une chaleur intérieure qui a pénétré les masses sans les pousser à un degré de fusion, laquelle les auroit réduites, ou à l'état de scories & de laves spongieuses, ou bien à celui de laves compactes & de basalte.

Je le répète : cette contrée est un ancien fonds de terre argileuse ou de schiste, qui a été chauffé assez vivement pour avoir éprouvé une retraite considérable en conséquence de cette cuisson. L'effet principal de cette retraite a été de produire dans toute cette masse plusieurs cavités qu'une infiltration a remplies de principes propres à la formation des agathes en lames & en géodes. Lorsque l'on a saisi la suite de toutes ces opérations de la nature, tous les phénomènes que présentent les agathes d'Oberstein s'expliquent aisément, & surtout leur forme arrondie, ainsi que l'état de cuisson de la pâte au milieu de laquelle ces cristaux se trouvent dispersés. Nous devons nous borner ici à ces considérations.

Cependant il seroit curieux de voir s'il n'y auroit pas des centres d'éruption autour desquelles le feu, se développant au dehors, auroit donné une forme de laves, soit compactes, soit trouées & spongieuses, aux matières à travers lesquelles le feu se seroit fait jour. Pour appuyer convenablement cette nouvelle considération, il faudroit observer toute la contrée sous ces différens rapports, et il en résulteroit des consequences très-instructives sur la marche des feux souterrains & sur celle des infiltrations qui ont eu lieu incontestablement au milieu de tous les massifs ou amas soumis à ces feux, suivant les différens degrés de leur action.

AGATHES. Après ces diverses considérations sur les agathes, nous croyons devoir faire l'énumération succinte de ces sortes de pierres, suivant le plan particulier de cet ouvrage, en parcourant leurs diverses espèces colorées & les lieux qui nous les fournissent.

Nous désignons donc ici par le nom général d'*agathes* toutes les pierres siliceuses à grain fin & à poli brillant, connues dans le commerce sous les diverses dénominations de *chalcédoines*, *cornalines*, *sardoines*, *prases*, *opales*, &c. suivant les couleurs dont elles sont ornées.

L'*agathe chalcédoine* se trouve ordinairement dans les anciennes laves dont elle remplit les vides; elle y est sous forme de géodes, dont l'intérieur est tapissé de cristaux quartzeux : elle se rencontre en morceaux de dix à douze livres dans les couches calcaires des environs du Havre.

L'Islande & les îles de Feroé sont les contrées de l'Europe qui fournissent les chalcédoines les plus fines & en même tems les plus volumineuses.

Elles se trouvent, comme nous l'avons dit ci-dessus, en grande quantité dans les collines volcaniques d'*Oberstein*, au ci-devant Palatinat. (*Voyez* l'article OBERSTEIN.)

Les nombreuses collines de la *Daourie*, aux environs du fleuve *Amour*, fournissent abondamment des chalcédoines demi-transparentes comme de la gelée.

Dans les mêmes contrées on rencontre des *chalcédoines* sous forme de géodes, dont l'intérieur est rempli de *malte* ou poix minérale.

Nous avons en Auvergne un canton bitumineux près le Pont-du-Château, où l'on rencontre sous différentes formes des morceaux nombreux de *chalcédoine*. (*Voyez* dans l'article *Auvergne* la description de ce canton bitumineux. *Voyez* aussi les *Mémoires* de l'académie des sciences pour l'année 1773, pages 633 & suivantes, où les agathes ou chalcédoines renfermées dans les laves se trouvent indiquées & décrites.) Ces détails reparoîtront à l'article *Lave*.

On trouve dans le ci-devant Dauphiné & dans le Velay de petites chalcédoines de forme lenticulaire, qu'on a nommées *pierres d'hirondelles*, parce qu'on en a vu, dit-on, dans les nids d'hirondelles.

On voit dans le Vicentin de petites géodes qui renferment des gouttes d'eau, & qui sont de la nature des chalcédoines, si friables & si poreuses, qu'elles ressemblent à un tuf volcanique, & qu'on connoît sous le nom d'*enhydres*. (*Voyez* ce mot.)

Les agathes de couleur rouge ont reçu celui de *cornalines*. Les plus belles se ramassent sur les bords de l'Euphrate, près de l'ancienne Babylone, ainsi que dans l'Arabie heureuse, le long du golfe Persique & de la Mer-Rouge : on en trouve aussi sur les bords du fleuve Amour en Daourie, avec les *chalcédoines* dont nous avons parlé.

Les agathes de couleur orangée portent, comme on sait, le nom de *sardoines* : elles viennent des mêmes contrées que les *cornalines*. On nous dit que les anciens en faisoient grand cas, car on nous apprend que Mithridate en avoit quatre mille variétés.

On appelle *onyx* un mélange de diverses sortes d'agathes, dont les couleurs sont disposées en bandes ou en couches parallèles ou concentriques. Les anciens tiroient les onyx de l'Egypte : elles viennent maintenant par le commerce de l'Asie mineure & de l'Arabie.

Les plus belles agathes herborisées se tirent de Surate, dans le golfe de Cambaye; elles y sont apportées par les vaisseaux qui fréquentent les côtes de Moka en Arabie.

On nomme *chrysoprase* une belle sorte d'agathe de couleur verte, qui se trouve près de Kosmitz en Silésie, & dans le duché de Munsterberg, au milieu d'une lave qui est totalement décomposée, & qui sert de gangue à plusieurs variétés d'agathes & même à des *opales*.

Les *opales* sont des calcédoines presque transparentes, qui reflètent les couleurs de l'iris : elles se trouvent, comme les chalcédoines, dans les anciennes laves décomposées, en Saxe, en Chypre, en Arabie, dans les Indes; mais les plus belles viennent de la Hongrie dans une suite de collines volcanisées, au pied du mont Krapach, près du village de Czarniska, à quelques milles d'Eperies, capitale du comté de Saros dans la haute-Hongrie.

L'*hydrophane* ne paroît être qu'une *opale* peu transparente & qui a perdu la propriété de réfracter les couleurs de l'arc-en-ciel, mais qui a acquis celle de devenir transparente dans l'eau : elle se trouve aux mêmes endroits que les opales. Saussure a parlé des hydrophanes de Musinet, à deux lieues à l'ouest de Turin : elles avoient été découvertes par le docteur Bonvoisin.

AGDE, ville située sur la rivière d'Eraut : son territoire produit du vin, du blé, de l'huile, de la soie & du salicot, herbe dont les cendres font de la soude. Ses environs offrent des vestiges de volcans éteints & des produits du feu très-variés & de formes différentes. Toute la contrée est remplie de laves, principalement depuis le cap d'Agde, qui est lui-même un volcan éteint, jusqu'au pied de la masse des montagnes qui commencent à cinq lieues au nord de cette côte, & sur le penchant desquelles sont situés les villages de Livran, Peret, Fontès, Nefiez, Gabian & Faugères. On trouve, en allant du midi au nord, un cordon fort remarquable, qui commence au cap d'Agde & qui comprend les monts de Saint-Thibery & de Causse, le pic de la tour de Valros, le pic de Montredon & celui de Sainte-Marthe auprès de Cassan, dans le territoire de Gabian. Ce canton a cela de remarquable, qu'il n'est presque qu'une masse de lave, & qu'on observe au milieu une bouche ronde d'environ deux cents toises de diamètre. Si c'est celle d'un volcan, il est bien ancien. On trouve dans tous ces lieux de la lave & des pierres-ponces. Presque toute la ville de Pézenas est pavée de laves. Le *rocher d'Agde* n'est que de lave très-dure, & toute cette dernière ville est bâtie de cette lave compacte, qui est très-noire. Presque tout le territoire de *Gabian*, où l'on voit la fameuse fontaine de Pétrole (*voyez Gabian*), est parsemé de laves compactes & de pierres-ponces.

On trouve aussi au Causse de Basan & de Saint-Thibery une quantité considérable de basaltes, qui sont ordinairement des prismes à six faces, de dix à quatorze pieds de long. Ces basaltes se voient dans un endroit où les vestiges d'un ancien volcan sont on ne peut pas plus reconnoissables.

Les bains de Balaruc nous offrent partout les débris d'un volcan éteint. On n'y rencontre que des pierres-ponces de différentes grosseurs.

Dans tous les volcans qu'on peut observer aux environs d'Agde, on a lieu de remarquer que les pierres qui sont sorties de ces foyers ont différentes formes; les unes sont en masses contiguës, très-dures & pesantes, comme le *rocher d'Agde*; d'autres ne sont point en masse; ce sont des pierres détachées, d'une pesanteur & d'une dureté considérables. On avoit cru y trouver de la pozzolane, & on en avoit fait l'essai à Toulon avec celle du Vivarais; mais cet essai, quoique bien prôné d'avance, n'a eu aucun succès ni quant aux unes ni quant aux autres matières.

AGE *des continens comparés ensemble.*

Pour déterminer & comparer en même tems l'*âge des continens*, il m'a paru qu'il convenoit de fixer la durée des différentes opérations de la nature, dont les résultats peuvent s'analyser & se reconnoître facilement, tant à leur surface que dans leur intérieur. Il faudroit donc s'attacher d'abord à la distribution des eaux courantes, ainsi qu'à leurs effets dans les époques successives qu'on pourra parcourir, & reconnoître ensuite les différens massifs en circonscrivant leurs limites : ce travail s'exécuteroit en commençant par les massifs de la nouvelle terre, puis se continueroit par ceux de la moyenne, & se termineroit enfin par l'examen des massifs de l'ancienne terre. Dans chacune de ces discussions il seroit aisé de faire voir que ces trois ordres de massifs se correspondent dans les quatre parties du Monde.

Ceci conduiroit naturellement à traiter des ruisseaux, des rivières & des fleuves, ainsi que des vallées de tous les ordres. Toujours suivant cette correspondance, on parleroit dans les mêmes vues des montagnes & des collines, & surtout de leurs organisations par bancs, par couches, &c.

On a prétendu que les différentes parties du Monde avoient été formées successivement par la mer, & mises à découvert par la retraite de l'Océan, également successive. Mais pour peu qu'on compare les résultats des observations qui ont été faites depuis quelque tems dans ces diverses contrées, on verra en général que tous les massifs qui se montrent à la superficie de la terre, annonçoient le même travail de la nature, un semblable concours des mêmes agens dans des circonstances parfaitement égales.

On y a vu, par exemple, 1°. les chaînes de montagnes également élevées, les pentes semblablement adoucies, les vallées de différens ordres creusées plus ou moins profondément, les canaux des rivières principales distribués depuis les montagnes les plus élevées jusqu'aux bords de la mer. On a pu y suivre les affluences des rivières latérales & secondaires, lesquelles se réunissent, dans le même ordre, aux troncs principaux qui parcourent le fond des plus larges vallées. Enfin on a pu y reconnoître également, le long des bords de la mer, une semblable distribution des rivières côtières.

Mais ce qui contribue le plus à jeter du jour sur l'*âge des continens*, ce sont les dépôts des embouchures des grands fleuves & l'étendue de leurs deltas, qui se trouvent partout les mêmes, & surtout dans la proportion des volumes & de la force des eaux courantes.

Si nous reprenons maintenant toutes les observations que l'on a faites dans les diverses contrées des continens, semblablement placées, nous y trouverons la même composition & organisation dans les dépôts de toutes sortes; enfin les mêmes démolitions opérées par les eaux courantes, surtout dans leurs oscillations au milieu des grandes vallées.

Tous ces résultats que les observateurs & les voyageurs les plus attentifs ont saisis fréquemment, & dont ils nous ont fait part, annonçant non-seulement les mêmes agens, mais encore la même durée dans leur travail & dans les mêmes circonstances plus ou moins favorables à leur action, nous ne pouvons douter que la condition des continens n'ait été la même dans tous les tems. Instruits maintenant par tous ces faits, sur quels principes viendra-t-on nous dire que certaines parties du Monde sont plus anciennes que d'autres? qu'elles ont été découvertes par l'Océan à des époques bien différentes? Toutes ces assertions, toutes ces hypothèses sont, comme on voit, détruites & démenties par les observations que nous venons de citer, auxquelles nous pourrions en ajouter beaucoup d'autres relatives à d'autres opérations de la nature.

Je veux bien que l'Asie soit, en certaines contrées, plus élevée que d'autres parties du Monde. Mais je persiste à croire que cette disposition de certains plateaux élevés ne doit pas former une différence assez grande entre l'Asie & les autres continens, pour que la découverte de certaines parties de l'Europe & de l'Amérique septentrionale ait été postérieure à celle de l'Asie; qu'en un mot leur apparition au dessus des eaux de la mer qui en baigne les côtes, soit aussi récente qu'on le prétend.

Il y a dans l'Asie, comme dans les trois autres parties du Monde, des contrées fort basses, composées de couches horizontales de la *nouvelle terre*, & qui sont visiblement les produits du dernier séjour de l'Océan. On a parcouru de même d'autres contrées formées de couches inclinées, d'une date bien antérieure, & qui sont les produits de l'avant-dernier séjour de la mer. Enfin dans beaucoup d'autres contrées on rencontre des granits entièrement à découvert, ou bien servant de base aux deux massifs précédens. Or, je sais que ces trois sortes de massifs correspondans se rencontrent non-seulement en Europe & particuliérement en France, mais encore dans l'Amérique septentrionale, aux environs de Philadelphie.

Les fossiles qu'on nous a envoyés de la Chine sont parfaitement semblables à ceux de l'Europe & de l'Amérique septentrionale. Si partout les granits sont formés des mêmes substances, il y a donc eu dans les quatre parties du Monde une formation simultanée de toutes les masses granitiques correspondantes. Que seroit-ce si nous en comparions les différens niveaux?

Age *des continens*, considéré relativement aux vallées.

On a voulu nous faire croire que tous les héros qui prétendirent aux honneurs de l'apothéose, firent servir leur génie & leurs bras aux desséchemens des plaines abandonnées par la mer : on a dit qu'ils creusèrent des lits aux eaux que le défaut de pente empêchoit de circuler, & changèrent chaque lac en un fleuve dont les eaux pures & vives se sont prêtées aux besoins de l'agriculture & du commerce. C'est d'après ces suppositions que les premiers bienfaiteurs de la Chine ont passé pour avoir créé le fleuve Jaune, que les brames ont fait couler le Gange dans l'Indostan, & que le législateur *Oannès* prépara le Tigre & l'Euphrate pour arroser les superbes métropoles des monarchies de Ninive & de Babylone. Ce n'est pas une foible hypothèse de la part de ces philosophes, qui nous disent que tous les demi-dieux se sont également occupés à dessécher le globe, & qui mettent de ce nombre l'Hercule grec, dont les travaux ont tiré de dessous les eaux la Thessalie, en ouvrant la vallée de Tempé. C'est aussi suivant ces suppositions qu'Eurotas, qui régnoit sur les plaines marécageuses de la Laconie, fit creuser un lit au fleuve qui porte son nom.

Voilà la fable dont nous pourrions alonger des détails merveilleux. Voici la vérité : je trouve d'abord que les grands-hommes n'ont pu rechercher la célébrité en desséchant les plaines abandonnées par la mer ; car les terrains abandonnés par la mer n'avoient pas la forme de plaines ; car ces plaines ne subsistent que par les effets des eaux courantes, qui ont travaillé leur lit pendant longues années, & ce seroit à la suite d'un travail irrégulier de la part de l'eau, si ces plaines avoient eu besoin d'être desséchées. Ainsi à quelque époque que soient venus les grands-hommes qui ont pu rendre quelques services à la société dans ce genre d'entreprises, ils n ont pas trouvé de quoi montrer leur courage. Ici l'on réunit sans raison deux opérations qui ont été bien éloignées les unes des autres ; car la retraite de la mer est une opération de la nature, qui date de tems très-reculés, & le desséchement des vallées se rapproche de nous de tout celui qu'il a fallu à l'eau pluviale pour les creuser. Ainsi l'on n'a pu placer les travaux des grands-hommes à des époques voisines de la retraite de la mer. Il étoit donc nécessaire d'attendre l'époque où les formes des terrains ont été figurées par l'eau, de manière à exiger l'enlévement des envasemens & des attérissemens les plus considérables qui auroient pu nuire à l'établissement des villes, des ports, des navigations, &c. Mais dans aucun autre cas on ne peut supposer que le lit d'un fleuve ou d'une rivière ait été creusé par un de ces héros.

On conçoit aisément qu'après la retraite de la mer il a été nécessaire que l'eau pluviale, reçue par une surface quelconque, mise à découvert, ait eu son écoulement & ait formé la trace de son lit dans toute la longueur du trajet qu'elle pouvoit parcourir, depuis les plus grandes hauteurs jusqu'à l'embouchure de ces eaux courantes dans la mer. La pente du terrain étant donnée, c'est la continuité du mouvement de cette eau qui a ouvert le lit. Sans cette énergie active, il n'y a rien eu d'ébauché, de tracé à la surface du globe abandonnée par la mer. C'est enfin la suite non interrompue de cette marche qui a creusé les vallées, & je ne vois rien dans toutes les formes de terrain que nous offrent ces approfondissemens, qui annonce le travail de l'homme.

Il ne suffit pas de dire que la vallée de Tempé a été ouverte par l'Hercule grec : il a fallu que de tout tems cette belle & délicieuse vallée ait donné passage continu aux eaux du Pénée, pour que le lit de ce fleuve fût ouvert au dessus de cette vallée. Jamais donc les deux montagnes qui en forment les croupes n'ont été unies, ou si elles l'ont été, cet état a eu lieu dans un tems où les eaux de la Thessalie étoient assez élevées pour franchir d'abord l'ouverture naturelle qui existoit entre les deux montagnes, & ensuite creuser la brêche à la profondeur où elle se trouve maintenant à l'embouchure du Pénée. Je le répète : on n'a aucune idée de la marche de la nature dans tous les progrès de l'approfondissement des vallées, si l'on fait creuser les lits des fleuves par les héros. Dans tout ce que les auteurs anciens ont débité à ce sujet, en mélant la fable à l'histoire, on voit aisément qu'ils ont défiguré le peu de vérités qu'ils avoient recueillies par tradition, avec le merveilleux dont ils n'avoient pu se debarrasser. Il auroit été à desirer que plusieurs écrivains modernes n'eussent pas suivi leurs traces.

Plus on étudiera les vallées & leurs formes, plus on trouvera que dans toutes les contrées elles nous offrent les mêmes configurations, & que par conséquent on doit y reconnoître le même agent & une marche semblable partout, tant en Asie qu'en Europe, & en Europe comme en Amérique. Si l'action de l'eau pluviale & de l'eau courante a produit les mêmes effets, elle a eu, toutes choses égales d'ailleurs, une même durée. Il est vrai que la retraite de la mer ayant eu lieu dans certaines contrées de la terre à des époques plus anciennes que dans d'autres, les vallées doivent y être plus approfondies que dans d'autres. Or, l'on trouve ces nuances d'effets dans l'Amérique comme dans l'Asie, & dans l'Europe comme dans l'Asie. Pourquoi donc a-t-on imaginé que les parties voisines des montagnes élevées ont été plutôt abandonnées par la mer en Asie qu'en Europe, & en Europe qu'en Amérique, sans qu'on ait été en état de nous indiquer aucune différence dans l'une & l'autre partie du Monde, laquelle n'auroit pas dépendu de la nature des matières au milieu desquelles ces lits des eaux ont été creusés, ou des pentes de ces lits, ou enfin de l'abondance des eaux ou de la fréquence de leurs accès? Partout nous pouvons invoquer à notre secours la lumière de l'analogie, qui peut nous guider bien sûrement & nous convaincre que, dans toutes les parties du Monde, la mer a suivi la même marche dans ses retraites, & que l'extrémité de la ligne où l'Océan s'est arrêté, offre les mêmes niveaux & les mêmes natures de sols.

Dans la détermination des différentes époques des vallées que nous avons reconnues en Europe, & qui doivent avoir également leur application dans les autres parties du Monde, il me paroît qu'on doit employer trois élémens, dont les premiers appartiennent à l'ancienne terre, les seconds à la moyenne, & les troisièmes à la nouvelle; & voici comme je crois qu'on en doit suivre l'appréciation. D'abord je mets dans le premier rang les vallees qui ont été approfondies dans les massifs de l'ancienne terre, comme étant incontestablement les plus anciennes; puis je considère les dépôts de la mer, qui ont dû succéder à ces premiers vides & qui appartiennent aux differens massifs de la moyenne terre, dont la plupart sont en couches inclinées. En troisième lieu, les vallées qui ont été creusees à ces deux premières epoques ayant été examinées, on a reconnu aisément que parties des vides en ont eté remplies par les couches horizontales de la nouvelle terre & par l'introduction de l'Ocean, qui est revenu dans les contrées même qu'il avoit abandonnées d'abord après la formation de la moyenne terre.

Si cette suite de vallées ou d'approfondissemens, ainsi que les remplissages qui leur ont succédé, se retrouve dans les continens d'Asie & d'Amérique, comme ils sont en Europe, comment a-t-on pu supposer que tout ce qui constitue les différentes parties du Monde ne date pas des mêmes tems, car on ne peut se dissimuler que chacune des opérations de la nature exigeant de longues periodes, elles ont dû se correspondre dans chacun des continens, dès qu'on sait que la dernière, produite par le dernier niveau de l'Océan, s'y montre sur toute l'étendue des côtes actuelles?

L'ancienne terre qui sert de base à tous les dépôts additifs dont nous avons parlé à l'article ADDITIONS *successives du globe*, doit être la même en Asie comme en Amérique, & surtout présenter les mêmes variétés dans tous ses massifs. Elle se montre sur les hautes montagnes comme sur les bords de la mer, tant en Europe qu'en Amérique. Par des renseignemens correspondans, je sais que dans ces deux parties du Monde on a reconnu non-seulement des approfondissemens considérables au milieu des granits dans les sommets élevés, mais encore sur les bords de la mer, où les remplissages semblables des couches horizontales sont composés des mêmes espèces de coquillages.

Je pourrois en dire de même de la moyenne & de la nouvelle terre, dont j'ai pu recueillir les échantillons. Ainsi l'on peut assurer que tous ces massifs appartiennent aux mêmes époques, non-seulement quant à leur composition, mais encore quant à leurs destructions. Si nous passons maintenant aux retraites de la mer, quoiqu'on n'en puisse indiquer ni les causes ni les époques, on ne doit pas pour cela douter de ses différens retours, quoiqu'un grand nombre de naturalistes, bien loin d'avoir supposé des retours dans les démarches de l'Océan, comme je les ai reconnus moi-même en plusieurs contrées de la France, n'aient pensé qu'à une seule marche déterminée par la diminution absolue de l'eau de la mer. En cela ils se sont trompés, comme je le ferai voir dans d'autres articles. Buffon & Bourguet ont regardé comme la clé de la théorie de la terre les angles saillans & rentrans, & dans ces vues ils ont généralisé ces formes sans aucun fondement & sans en avoir indiqué les vraies circonstances ni les avoir analysées. Aujourd'hui je termine cette discussion sur l'*âge des continens* par renvoyer aux *vallées-golfes*, qui sont d'une toute autre importance, relativement au travail des eaux, à la superficie du globe. C'est dans les *vallées-golfes* que l'on peut trouver tous les details les plus intéressans sur l'approfondissement des vallées dont j'ai parlé ci-dessus, & sur les remplissages qui leur ont succédé par la double invasion de l'Ocean dans les vides de ces vallées, poussée jusqu'à un certain point.

On y verra les témoins de toutes les opérations de la nature, dont nous avons présenté l'ordre & la suite dans cet article, c'est-à-dire, les vides que les eaux pluviales & courantes y ont opérés, & les dépôts successifs formés par l'Océan, qui s'y est insinué en y formant de grands *golfes*. (*Voyez* GOLFE, VALLÉE-GOLFE.)

AGE *des continens*.

Correspondance des différens massifs renfermés dans les continens, quant aux dates successives de leur formation & à leurs niveaux.

Si l'on part du niveau de l'Océan, toutes les côtes à couches horizontales annonceront incontestablement les produits du dernier séjour de la mer à la surface de tous les continens, & particuliérement leur date, qui doit être partout la même. Voilà le premier ordre analytique des massifs auxquels je crois qu'on doit s'attacher dans l'étude de l'histoire naturelle de la terre. On voit aisément que cette disposition des dépôts sousmarins, comme leur examen, doit embrasser toute l'étendue des côtes de la mer. Quelle instruction ne résulteroit-il pas d'un périple général formé sur ces vues?

Si l'on examine ensuite la constitution physique des contrées qui se trouveroient placées à des niveaux supérieurs, il n'y a pas de doute qu'elles n'offrissent des massifs d'une organisation différente, lesquels dateroient de tems plus reculés & correspondans d'une contrée à l'autre. Après la détermination de ces deux résultats, on verroit que c'est à tort qu'on a osé avancer que l'Europe étoit d'une constitution plus moderne que l'Asie, & que l'Amérique étoit d'une époque de beaucoup postérieure à l'Europe, comme si la formation de ces continens suivoit le même ordre que leurs découvertes & leur habitation.

Lorsqu'on a hasardé ces assertions, on ne savoit pas ou l'on s'étoit dissimulé qu'on trouvoit sur les côtes de l'Océan atlantique, en France, des *amas de coquilles* des mêmes espèces que sur les côtes de la grande mer, de la mer du Sud, en Chine : à quoi nous ajouterons que nous avons reçu des Etats-Unis de l'Amérique septentrionale, une liste de coquilles fossiles, aussi complète à peu près que celle qu'on tire des amas des villes des environs de Paris. On ne peut douter que ces dépouilles des animaux marins n'aient été formées dans la même mer, & qu'elles n'aient été déposées dans des bassins placés à peu près au même niveau au dessus de la mer atlantique actuelle. Or, ces *amas* établissent entre les côtes de l'Amérique septentrionale & celles de France une correspondance très-importante à connoître pour écarter les assertions dont nous avons parlé ci-devant, & replacer à la même époque la construction de ces parties de nos continens d'Europe & d'Amérique.

Je ne doute pas qu'on ne rencontrât d'autres semblables amas de coquilles sur les mêmes côtes correspondantes, & qu'ils ne servissent à établir la même vérité & à détruire les mêmes erreurs. Je place au même rang les couches de pierres calcaires à grain serré & inclinées, qui se retrouvent également en Europe & en Amerique, même le long des côtes. On ne peut se dissimuler que l'examen de ces mêmes massifs ne concourût à faire placer l'Amérique dans le même ordre de constitution & de formation que l'Europe. On voit par-là que le périple dont j'ai parlé ci-dessus, & dont je crois avoir tracé le plan de manière à guider les observateurs dans ces circonstances, nous procureroit les moyens d'assurer à l'histoire naturelle du globe des points de vue précis, & surtout les grandes lumières qu'on pourroit tirer de l'observation des côtes de la mer. Il nous offriroit incontestablement la première base de l'ensemble qui doit réunir & éclairer les observations de détail dans l'intérieur des terres, & constater la correspondance de l'*âge de tous les continens*. (*Voyez* CONTINENS.)

AGGRÉGATION. Il y a plusieurs sortes de pierres qui sont formées par *aggrégation ;* telles sont les pierres de sables, les grès, les poudingues, les pierres coquillières, les marbres coquilliers & surtout les brêches : elles sont composées de fragmens de pierres d'une nature & d'une texture différentes, qui faisoient autrefois partie d'autres tous homogènes. Ces fragmens ont été détachés de ces masses & puis reliés ensemble par des cimens plus ou moins solides, en sorte qu'il y a telle de ces pierres qui porte l'empreinte de plusieurs changemens arrivés à la surface du globe : ce sont surtout ces divers monumens, aussi intéressans que remarquables, qui nous occuperont dans cet article.

Les différentes contrées de la surface du globe annoncent des révolutions bien marquées par les massifs qui s'y rencontrent, & par les résultats des opérations successives : telles sont l'ancienne terre graniteuse & schisteuse, la moyenne argileuse & calcaire, & enfin la calcaire nouvelle, & c'est dans ces massifs que la nature a pris les différens fragmens dont elle a composé les *pierres aggrégées*. Par l'examen que l'on peut faire des différentes matières renfermées dans les couches que l'ancien séjour de la mer a construites, on y reconnoît que l'ancienne terre qui a précédé la moyenne, n'étoit ni plus simple ni moins composée dans les substances dont elle a été formée. Il en est de même de la moyenne schisteuse, &c. Si nous analysons une infinité de *pierres aggrégées*, nous y trouverons parmi les matières qui les composent, des fragmens de granits, de talcites, de serpentines, d'ophites & une multitude de jaspes, de pierres calcaires de divers grains, noyées dans un limon qui n'en a fait qu'un tout. Or, il n'y a pas de doute que comme la construction de ces brêches, qui forment la masse de plusieurs grandes contrées, est due à la destruction de terrains plus anciens, toutes les pièces detachées & indépendantes autrefois les unes des autres, dont ces brêches sont composées, n'aient été chacune auparavant les parties d'un tout de même nature qu'elles, c'est-à-dire, les diverses parties d'anciens terrains démolis maintenant jusqu'à un certain point.

Si nous examinons maintenant chacun de ces fragmens séparément, le jugement que nous en porterons sera de même le jugement du tout dont il subsiste des parties plus ou moins considérables. Nous voyons, par exemple, que quelques-uns de ces fragmens sont des pierres rayées qui ont les vestiges de leurs feuilles & de leurs lits ; qu'elles sont les résultats de dépôts successifs de terres & de vases colorées. Nous y trouvons les mêmes principes que dans les pierres modernes ; & comme elles ne sont ni plus simples ni plus composées, tout y est placé avec la même apparence de succession. Il est visible que la nature des fragmens de telle ou telle pierre brisée est aussi étrangère au tout & indépendante du tout, que la pierre brisée est elle-même indépendante du banc & étrangère par sa nature au banc où elle se trouve comprise avec beaucoup d'autres.

Cette pierre n'a visiblement pu être construite ailleurs que dans la mer, dans l'eau & par l'eau. Mais l'analyse de la partie étant aussi l'analyse de la masse totale qui n'est plus, les massifs autrefois entiers dont elle a été détachée ont donc dû aussi leur construction au travail des eaux. Outre cela il faut croire qu'ils n'ont pas toujours été continens découverts, & qu'il y a eu un tems où ils ont été, par rapport à d'autres habitans, ce que les lits de nos vallées sont par rapport à nous.

Toutes ces pierres détachées, déposant ainsi d'une manière invincible qu'elles ont été les parties d'un tout de même nature qu'elles, nous apprennent aussi qu'avant l'accident qui les en a détachées, ces tous subsistoient comme nous l'avons dit; qu'enfin ces tous eux-mêmes n'ont dû leur construction & leur composition qu'à la démolition & à la décomposition de massifs préexistans à leur formation. Les anciens continens n'étoient donc point simples?

Je pourrois peut-être le prouver plus en grand par la variété & la disposition même des bancs de nos continens; mais je supprime ces discussions pour me borner aux *pierres aggrégées*.

Les pièces détachées dont les poudings sont composés, pouvant être considérées comme des débris d'autres aggrégés encore composés, il n'y a pas de doute que toutes ces pièces ne soutînssent une autre analyse semblable à celle dont nous avons annoncé la marche & les détails, & qui nous indiqueroit des époques fort anciennes. Le marbre, dit le Père Castel dans son *Traité de la Pesanteur universelle*, liv. I, §. I, est le fruit de mille générations successives.

Rien ne peut mieux le prouver que les observations de l'abbé Sauvage sur le rocher de cailloutage, connu à Alais sous le nom d'*ameula:* on verra dans ses résultats & dans l'exposition des détails de cette grande collection de fragmens de pierres, la plus grande conformité avec les principes que nous venons d'analyser. Nous renvoyons en conséquence à l'article AMEULA, où tous ces phénomènes seront développés. Le marbre n'est pas le seul composé dont l'analyse mène aussi à une autre analyse. Dans les carrières de nos pierres communes l'on trouve des blocs isolés de différens grains, de différentes constructions; des morceaux de grès, de cailloux, de pierres à fusil, roulés, dont la forme & la position annoncent qu'ils ne sont pas dans le lieu où ils ont été originairement produits. Ces morceaux sont aussi eux-mêmes remplis de matière souvent si étrangère à celle qui les renferme : on ne peut douter pour lors qu'avec un examen sérieux l'on n'y découvrît des indices de productions animales & végétales, qui offriroient les preuves d'une situation différente & plus ancienne. Enfin on ne peut rien trouver dans les différens massifs qui ne puisse donner lieu à une analyse semblable plus ou moins suivie; & il est sûr que si l'on interroge le moindre fragment de pierre égaré dans les fonds de cuve de nos vallées, il n'y en a pas un qui ne nous conduise à une suite d'époques très-alongée. Cependant nous devons dire ici qu'au-delà de deux ou trois de ces révolutions, nous ne pouvons plus distinguer nettement la succession des faits, & que toutes ces matières se soustraient à notre analyse par la petitesse de leurs élémens, par leur altération & par la multitude de leurs subdivisions.

Si nous voulions ici faire quelques recherches sur la durée des différens massifs qui ont éprouvé quelques destructions, sur l'époque de leur existence, ce seroit une entreprise qui nous écarteroit de notre objet.

L'analyse des composés dont nous nous sommes occupés ne nous a pas mené à un résultat plus simple. Nous n'avons découvert que des opérations successives & semblables; & à l'égard des matières terrestres, le dernier terme où nous sommes parvenus n'a différé en rien du premier : ce sont des substances également composées, également sujètes à la décomposition. Nous n'y avons vu pour dernier terme que ce qui demande d'avoir été précédé d'une infinité d'autres. Nous trouvons constamment des mélanges de cristaux, de cailloux, de graviers, de glaises, de dépouilles d'animaux, de débris de végétaux. Nous y rencontrons mêmes dispositions dans toutes les parties, quoique sous différens aspects : toujours des bancs & des lits, toujours des mers & des continens, toujours des effets d'une organisation successive, lente, semblable à la plus récente; toujours aussi les mêmes lois & par conséquent la même marche dans la nature. Toutes ces considérations doivent nous porter à croire que tant que nos analyses ne nous éloigneront pas plus des matières & des formes que nous connoissons, & ne nous les offriront point plus simples dans leur nature & dans leur arrangement, nous pouvons croire, dis-je, que nous sommes toujours infiniment éloignés de l'organisation primitive & de la première époque de toutes choses.

Cependant, dira-t-on, si tout ce qui existe de plus entier sur la terre ne nous rappelle que des ruines; s'il n'y reste rien qui ait quelque rapport à sa forme & à son organisation primitive; si nous n'y pouvons voir autre chose, sinon qu'elle n'a point été subitement construite, dans l'état où elle est, avec des bancs de pierres, de craies, d'argile, de marbres & des groupes de montagnes, laquelle organisation n'a pas été ainsi constituée par une opération subite & simultanée: effectivement, comment tous les bancs renfermeroient-ils des cristaux de forme & nature différentes, des sables, des graviers, des coquillages & autres substances terrestres & animales, s'ils avoient été créés subitement à cet effet? Si toutes ces substances ne nous annoncent ensemble ou séparément que des successions d'opérations fort longues & antérieures à toutes les époques connues, quelle idée faut-il donc se former du Monde avant qu'il y eût des bancs de pierres, de sables, de marbres, d'argile, de grès? avant qu'il y eût des vallées & des montagnes? Quel tout pouvoit-il constituer

constituer si toutes ces parties n'existoient pas?

A ces importantes questions, je réponds que rien dans la nature ne pouvant retracer le premier instant, le premier spectacle qu'a pu offrir une terre naissante, c'est une recherche qui est au dessus de notre intelligence & de nos connoissances actuelles. Il suffit au reste, pour être convaincu de ce que nous ne pouvons nous représenter, de nous attacher à tout ce qui prouve que la terre n'a point existé de tout tems telle qu'elle est. Nous ne pouvons nous dissimuler que sans des eaux presqu'universelles, il étoit impossible de faire intervenir dans nos aggrégés des vases & des dépôts de toutes sortes, les distribuer autour de la terre bancs sur bancs, & répandre partout les sels, les principes d'une infinité de substances végétales, enfin les débris des animaux & des poissons de toute espèce. Comment sans eau faire vivre & multiplier ces coquillages dont les depouilles font la masse de nos pierres, comme nos pierres composent presque toute la masse de nos continens? L'eau ne devoit-elle pas paroître aux hommes, non-seulement la matrice de tout ce monde, tel qu'il s'est montré construit à leurs premiers regards? Comment donc le plus grand nombre de ces observateurs a-t-il eté d'abord tellement surpris, qu'il a osé appeler *désordre* la marche la plus simple, la plus générale que pouvoit choisir la nature?

Ce sera donc sur ces principes que nous suivrons bien en-deçà du premier terme l'analyse & la réunion de tous ces différens résultats des opérations de la nature, soit qu'ils soient au dedans ou au dehors de la terre, parce que nous pourrons lire dans ces monumens, & surtout pénétrer à une certaine profondeur dans son sein. D'ailleurs, comme il est arrivé à l'intérieur & à l'extérieur de cette grande masse, dans les seules & petites parties que nous en connoissons, tant de changemens, ne sommes-nous pas autorisés à soupçonner une infinité d'autres révolutions dans ce que nous ne connoissons pas? Ne semble-t-il pas que c'est peu hasarder présentement, que de regarder le globe de la terre comme un être qui a cela de commun avec tous les autres êtres actifs & passifs, de renfermer au dedans de lui-même des principes de vie & de mort, de pouvoir être dérangé & troublé par une infinité d'agens? C'est peu hasarder de le considérer dans sa masse totale comme on considère chaque partie de la matière qui ne périt pas, mais qui change sans cesse. C'est peu hasarder que de le considérer enfin comme un composé qui, exposé à l'action & au travail continuel de quelques parties & de certains agens extérieurs, doit, ainsi que tout ce qui est organisé, s'affoiblir, s'épuiser peu à peu & se détruire, c'est-à-dire, changer de forme, de position, &c.

En reprenant maintenant les conséquences qu'on peut déduire de tout ce qui précède, il me paroît s'ensuivre d'abord, 1°. que la formation des couches ne remonte pas jusqu'à l'antiquité la plus reculée; 2°. que tous les rochers composés de coquilles ont été formés d'un limon & d'une pâte molle qui ont servi à envelopper les coquillages; 3°. que les montagnes & les couches sont postérieures à la génération & à la vie des coquillages qu'elles contiennent; 4°. que le mélange & l'intime union des coquillages avec les rochers bouleversés prouvent que les uns & les autres eurent le même sort; que le limon & les coquillages se pétrifièrent d'abord dans le même tems; qu'ils furent élevés à la fois au dessus des plaines; qu'ils ont éprouvé ensemble les mêmes révolutions & les mêmes bouleversemens.

Toutes ces conséquences sont extrêmement sensibles, & se déduisent d'axiômes très-simples: il ne faut que des yeux pour les observer & les reconnoître; car il n'y a pas un seul endroit de la terre qui ne nous montre plusieurs constructions & démolitions antérieures à la plus ancienne disposition que nous pouvons lui supposer. Les *marbres* que nous appelons *brèches*, ne sont composés que de pierres brisées, qui ont leurs veines particulières & leur grain différent de la matière qui les lie. Ces marbres sont rarement par bancs, mais ordinairement par *rognons*, par blocs entassés les uns sur les autres, & isolés. Or, il est facile de se retracer le plan des époques que ces amas de marbres nous font connoître.

Ainsi donc, 1°. il y eut un tems où les eaux ont fait un dépôt en un lieu quelconque; 2°. il fut un tems pendant lequel ce dépôt s'est durci & pétrifié; 3°. il fut un tems où de certains mouvemens ont brisé ce dépôt & l'ont réduit en fragmens, qui ont roulé long-tems & qui se sont à la fin accumulés dans une vase étrangère; 4°. il fut un tems où ce nouveau mélange, composé de vase & de fragmens roulés, s'est aussi durci & pétrifié en une seule masse & en une seule couche; 5°. il fut un tems où ces débris consolidés ensemble ont été de nouveau ebranlés, soulevés & brisés en quartiers de rochers que l'action des différens agens qui les ont bouleversés, a dispersés dans certains lieux & a entassés irréguliérement dans d'autres.

C'est un fait certain & indubitable, par tout ce que nous avons dit & par tout ce que l'on peut observer, que l'ordre & la disposition de nos terrains sont entiérement l'ouvrage de l'eau: il est visible que la terre lui doit tout, & quant à la disposition intérieure de ce que nous connoissons de sa masse, & quant à celle de sa superficie. Sans parler de deux grands effets qu'elle a opérés dans les crises de la nature, tous les jours l'eau la tourmente en détail, entraîne peu à peu ses débris & les dépose en tous lieux: elle les reprend & les abandonne, en forme des composés & les détruit. Cet élément est toujours agissant sur la terre, qui lui est soumise lorsqu'il est en mouvement. Mais les parties de la terre, en cédant, obéissent toujours à la loi de la pesanteur à laquelle l'eau elle-même est soumise : elles tendent toujours à s'approcher du centre vers lequel l'eau les entraîne. Chaque particule terrestre à laquelle l'eau a communiqué son mouvement, prend une place inférieure à celle qu'elle occupoit auparavant par la loi générale, celle qui domine dans tout le Monde, celle qui durera autant que le mouvement; l'eau coulant toujours vers les bas, y conduit tout ce qu'elle emporte. C'est par cette marche qu'elle a formé, d'une grande partie de ces matières, des constructions régulières sous les grands bassins des mers.

C'est en conséquence de cette loi qu'il faut conclure, en voyant des lits de vases, de limons, de sables, &c. répandus & placés uniformément partout, que ces amas peuvent seulement provenir des lieux supérieurs, d'où l'eau les a entraînés dans les tems anciens. Si l'on suit cette marche, il sembleroit que les terrains devroient être plus simples dans les hauteurs & plus composés dans les bas, & qu'à partir du niveau des mers, les rivages devroient être composés d'un plus grand nombre de diverses matières que les sommets des montagnes voisines; celles-ci plus que les contrées supérieures, dont les terrains devroient devenir encore plus simples à mesure qu'elles s'approcheroient des montagnes les plus hautes : il semble que ces hautes montagnes, ces sommets du Monde devroient être les terrains les plus simples de tous, & nous montrer la première constitution de la terre. Cette dégradation du simple au composé est fort naturelle; mais les accidens qui ont dégradé la terre, n'ont pu le faire qu'avec une succession telle que les terrains les plus élevés de tous aient fourni les décombres qui ont recouvert les terrains inférieurs; que les terrains démolis aient ensuite servi à d'autres constructions plus basses, & que cet ordre a dû s'ensuivre aujourd'hui & toujours jusqu'à ce que ces matières dispersées, mélangées à l'infini & entraînées vers les bas, soient arrivées à un centre de repos; mais cette progression d'un composé vers un autre plus composé encore est bien loin de faire trouver le premier terme de composition, même dans les hautes montagnes. Je puis indiquer, pour le prouver, ce que nous avons vu à l'article du bassin de l'*Adour*, où les débris des Pyrénées sont venus se réunir à d'autres débris aussi composés que ceux des hautes montagnes. Nous avons vu que, pour pouvoir mettre de l'ordre dans cette marche des compositions & des décompositions, il étoit nécessaire de distinguer d'abord les différens massifs du globe, d'en suivre les fragmens, & d'ailleurs tout ce que la mer a pu y ajouter dans ses séjours pendant lesquels ces eaux ont reçu les décombres des hautes montagnes, & les ont organisés avec les dépouilles des animaux marins dans les vallées-golfes. C'est ainsi que, dans la *vallée-golfe de l'Adour*, la mer a reçu les débris des Pyrénées, & les a réunis avec les coquillages & les produits de leur comminution, & que se sont formés de grands amas de *pierres aggrégées*, composés de fragmens infiniment variés.

AGITATION DE LA MER. La mer, comme une masse de fluide contenue dans un bassin, est naturellement dans un état tranquille : ainsi l'agitation plus ou moins forte, mais continuelle, dans laquelle elle est, ne peut provenir que de causes étrangères. Entre ces causes on peut en distinguer deux principales : l'une agite la masse entière des eaux, & la remue dans toute son étendue & dans toute sa profondeur; & c'est à la combinaison des forces d'attraction de la lune & du soleil, que les physiciens les plus instruits attribuent ces effets aussi réguliers qu'étonnans. Cette *agitation* ou ce mouvement de la mer s'appelle *flux & reflux*. (*Voyez* FLUX ET REFLUX. *Marée.*)

L'autre cause de l'*agitation* de la mer est l'effort du vent ou la pression qu'il exerce sur sa surface; *agitation* qui se trouve réduite à la seule partie des mers où cet effort se fait sentir.

La première de ces causes, agissant sur toute la masse des eaux en même tems & d'une manière douce & progressive, ne produit aucun effet sensible à leur surface. (J'en excepte cependant les *courans*, qui sont bien une agitation dépendante du flux & reflux, mais dépendante aussi d'une autre cause, & qui n'occasionnent d'ailleurs aucune agitation de la mer dans le sens où je la considère.)

Mais la seconde des causes agite violemment la mer, la sillonne & produit ce qu'on appelle *houle*, *lame*, *vague* & *lame sourde*; la lame & la vague sont occasionnées par la pression du vent, & sont conséquemment proportionnelles à sa force; compensation faite toutefois des circonstances qui peuvent l'accompagner, comme la pluie qui, en frappant la surface de l'eau, empêche le plus souvent cette surface de s'altérer.

Lorsque les vents ont régné un certain tems d'une même partie, les vagues qui se succèdent les unes aux autres, ont acquis dans ce sens un mouvement qu'elles conservent long-tems encore après la cessation du vent. Souvent même un vent opposé ne peut détruire cette ondulation de la mer, & on éprouve alors deux lames en sens contraire : l'une, plus nouvelle & régnant plus à la surface, est la lame du second vent régnant; & l'autre, plus ancienne & plus creuse, est ce qu'on appelle *lame sourde*.

Le long des côtes la lame, élevée & poussée par le vent, s'étend sur les plages à une distance où elle n'atteindroit pas naturellement, & d'où son propre poids la fait refluer avec d'autant plus de vitesse, que la pente de cette plage est plus rapide. Il se forme donc alors un conflit de mouvemens en sens contraire, qui se font sentir à une certaine distance, & forment une inégalité dans le prolongement des lames, qui caractérise la *houle*

& la différencie. Sur les accores d'un banc, à une différence subite de profondeur d'eau, sur un fond inégal & coupé de roches, en des endroits battus en peu de tems par différens vents, la mer y est *houleuse* & *patouilleuse*. Le même effet se fait sentir aussi dans les mers resserrées, & qui ont conséquemment plus de côtes à proportion de la masse d'eau battue par le vent. La mer houleuse fatigue beaucoup les vaisseaux, parce qu'elle leur communique des mouvemens plus vifs & plus irréguliers.

Il est inutile de distinguer ces différentes sortes d'*agitations*, & même d'établir des nuances entre les grosseurs des vagues. Outre la mer *houleuse* & la mer battue de *lames sourdes* dont nous avons parlé, il semble qu'on pourroit distinguer plusieurs degrés dans les *lames* & les *vagues*; ce qui constitueroit divers degrés d'*agitation* dans la mer.

AGNANI, petite ville dans la campagne de Rome, sur la route de Rome à Naples par le mont Cassin. Nous l'avons prise pour centre de la description de l'histoire naturelle de cette partie de cette route intéressante, que nous continuerons aux articles *Palestrine*, *Frusinone*, *Ciprano*, *San-Germano*, *Miniano*, *Calvi & Capoue*, de manière que, par la réunion de ces détails, on ait une connoissance succinte de la géographie-physique de tout ce trajet peu connu des naturalistes mêmes.

Le trajet de Palestrine à Longnano offre le même sol, le même terrain que celui de *Losteria de la Colomna* à Palestrine, matières cuites, fondues, &c. Longnano est situé au commencement d'une des branches d'un vallon approfondi, & coupé pour ainsi dire dans le massif de la plaine, qui est composé superficiellement de matières cuites & fondues. On voit à découvert des deux côtés du vallon les coupes des couches à peu près horizontales de terres cuites, parmi lesquelles il y a des amas peu suivis de matières fondues : on y voit aussi le tufa au dessus des substances pulvérulentes. Ce vallon continue proprement jusqu'à Valmontone. A Pimperina, château ruiné qui est sur une butte composée d'un amas considérable de pierres fondues & de lits de terres cuites & pulvérulentes, le vallon s'élargit, les croupes s'abaissent & il s'abouche à d'autres qui y versent des eaux dont la réunion forme la rivière torrentielle de Valmontone. Ce sont ces eaux torrentielles qui ont excavé en plusieurs points le massif du sol, qui est fort aisé à creuser, vu la mobilité de certaines parties & le peu de solidité des autres. La plaine haute, qui domine toutes les ramifications de ces vallons, est fort unie, ainsi que le fond de cuve de la plaine fluvio-torrentielle du vallon principal.

La culture est très-peu animée dans le trajet de Palestrine à Valmontone : on y voit quelques champs en seigle & en froment, ainsi que des cannes. A côté de Longnano il y en a davantage; mais l'intervalle de Valmontone est un désert, ainsi que les environs de Pimperina.

A la Signa nous avons trouvé, dans les croupes du vallon, les mêmes matières volcanisées dont nous avons parlé ci-devant : elles sont aussi dispersées dans la plaine fluviale. Les sommets alongés & aplatis de ces croupes forment une plaine très-étendue, qui se prolonge jusqu'au pied de deux chaînes de montagnes très-élevées sur la droite & sur la gauche, lesquelles appartiennent à l'Appennin, & sont composées de couches de pierres calcaires inclinées, d'un grain fort fin infiltré, & de marbres d'une certaine blancheur.

On reconnoît aisément, d'après ces caractères, la distinction de ces massifs différens. Il paroît qu'en général toutes les substances volcanisées qui forment le sol de la plaine, sont sorties des montagnes de Frescati, où il y a quelqu'apparence de centre d'éruption à l'est. Au reste, tout ce massif de la plaine, soit qu'il ait été volcanisé en place, soit qu'il soit venu des montagnes dont j'ai parlé, offre une étendue immense, & paroît avoir été dilaté par les eaux.

Un peu au-delà de Losteria de la Signa, on trouve encore des matières cuites, fondues ou à moitié fondues, jusqu'à Castelleto. La route a quitté pour lors la plaine fluviale du Valmontone, & a gagné le niveau de la plaine élevée; ensuite elle redescend dans le canal d'une autre rivière considérable & torrentielle en grande partie. Nous avons vu sur ses bords des matières fondues & cuites; & lorsque nous sommes parvenus sur les hauteurs qui sont au-delà, nous avons rencontré, pour la première fois, des débris de pierres calcaires en couches horizontales, lesquelles disparoissent dans la hauteur qui suit, & qui n'offre encore que des matières cuites & ochreuses.

A mesure qu'on s'avance sur ce même niveau, on voit le mélange intéressant des terres cuites & des débris des pierres calcaires, & en conséquence de cette terre végétale la culture nous a paru fort animée; elle se fait à bras par les habitans d'*Agnani*, qui se répandent dans la plaine voisine chaque jour de travail, & retournent ensuite dans la ville placée sur une montagne secondaire. Il y a cependant quelques habitations dans la plaine, où l'on fait la culture avec des buffles & des bœufs.

Au pied de la montagne ou butte d'Agnani, on voit du tuf ou de l'ostéocolle calcaire, dont certaines parties ont acquis la dureté du travertin. Plus haut on trouve des couches inclinées de brasier ou mollasse, & de pierre serène d'un grain fort gros, avec des rognons d'une pierre serène plus compacte : ceci est mêlé de lits de terres marneuses. On reconnoît aisément que la ville d'Agnani est établie sur le systême des couches de brasier & de pierre serène, qui est entiérement isolé des montagnes de pierres calcaires d'un grain fin, lesquelles se continuent au levant & au couchant, &

forment l'enceinte de la plaine fort large d'*Agnani:* elles sont pelées & incultes. L'aspect des coteaux dispersés dans cette plaine annonce un pays riche & fertile, *quos dives Agnania pascit.* Les oliviers, les vignes, les prairies en font un paysage orné qui contraste avec les croupes du fond, qui ne sont peuplées que de foibles arbrisseaux très-rares : la plaine est coupée par les rivières de Valmontone & de Castelleto.

En montant sur la butte d'Agnani, nous trouvâmes quelques sources qui sortoient de quelques-unes des couches dont nous avons indiqué le détail ci-dessus; mais les plus abondantes sortent au dessous de quelques masses de travertin assez étendues. Je ne doute pas que ces eaux n'aient contribué & ne contribuent encore à la formation de ces dépôts.

La chaussure des hommes & des femmes à Agnani est en brodequins de cuirs assez mal tannés. Les tabliers des femmes sont des morceaux de serges sans aucuns plis, ainsi que les jupons.

Ce qui nous a paru contribuer principalement à la fertilité des coteaux d'Agnani, ce sont les débris de la décomposition du brasier ou de la pierre de sable, mêlés avec les marnes; ainsi la terre végétale, n'étant formée que de ces principes, doit être d'un bon produit.

Dans la plaine, c'est un mélange de terres cuites avec celle des coteaux, dans certaines proportions très-variables : d'où il résulte un sol très-meuble & propre à toutes les productions dont nous avons fait mention.

Il est assez étonnant que la plaine qui occupe l'intervalle considérable qu'on rencontre entre les montagnes à couches inclinées de pierres calcaires, offre seule les produits du feu, & que le massif des matières fondues & cuites soit très-épais, pendant que le seul coteau où est établie la ville d'Agnani, fait une exception au milieu de ces dépôts immenses. La disposition horizontale qu'ont prise toutes les matières volcanisées, peut avoir eu pour principe, ou l'écoulement des matières en fusion, ou les eaux torrentielles des rivières que nous avons traversées, ou celles de la mer, qui se seroient répandues dans cette plaine dont elles auroient fait un golfe, ou la distribution primitive des matériaux brûlés en place. Il paroît assez difficile de concevoir l'écoulement des matières fondues sur toute cette superficie, quoiqu'elles se trouvent placées au dessous des croupes de l'extrémité orientale de la chaîne de Frescati. En général, le centre de ces courans de laves est assez difficile à trouver. Si les eaux torrentielles ont fait ce travail, elles auront ensuite détruit leur propre ouvrage en creusant les vallons dont nous avons parlé; ce qui n'est pas sans exemple.

D'un autre côté, les couches horizontales calcaires qui sont près de Castelleto, prouvent que la mer a fait une invasion dans cette plaine, & y a séjourné assez long-tems pour avoir dispersé & distribué par couches, par lits, les matières cuites & fondues. On voit au pied des couches calcaires inclinées des dépôts qui annoncent bien cette dernière invasion, & qui sont pareilles à ceux de Tivoli.

Au reste, la détermination de toutes ces circonstances, qui ont chacune leur probabilité, comme je le ferai voir par la suite, demanderoit un grand nombre d'observations, tant dans cette contrée que dans d'autres. J'insisterai sur chacun de ces moyens, suivant que l'occasion s'en présentera par la suite de ce voyage.

A la hauteur de Losteria de la Signa nous apperçûmes, le 14 novembre, des amas de neiges sur les sommets les plus élevés de la chaîne occidentale de l'Appennin.

On parcourt, depuis Agnani jusqu'à Fiorentino, une plaine dont le fond est un tuf calcaire ou ostéocolle, mêlé de travertin en différens états : ce fond est recouvert d'une terre végétale calcaire, fort meuble, mais très-peu épaisse; cependant elle m'a paru bien cultivée & d'un bon produit. Le tuf présente des couches qui occupent certaines parties de la plaine à découvert : elles sont terminées & circonscrites par des rebords escarpés. Il y a même en tuf des espèces de murs qui coupent la plaine, & qui paroissent plus ou moins élevés au dessus de son niveau : ce sont les anciens canaux où l'eau, chargée de tous ces principes terreux, a coulé autrefois, & qu'elle a revêtus de couches additives qui ont élevé son lit. Tout ceci annonce bien visiblement son ouvrage & des dépôts de nouvelle formation, faits par les sources qui s'échappoient des grandes montagnes & qui s'extravasoient dans la plaine.

AGNANO (*Lago d'*). Ce lac est considéré, ainsi que celui d'Averne, comme occupant le cratère d'un ancien volcan : il a un demi-mille de diamètre, & l'eau en bouillonne de tems en tems en quelques endroits de son rivage, sans qu'elle soit chaude. Il s'élève aux environs de ce lac des vapeurs ardentes, qui dénotent la présence d'un foyer de chaleur souterraine. Les étuves de *San-Germano* sont voisines de l'endroit où l'on observe le plus fréquemment des bouillons. Il est donc naturel que cette chaleur dilate l'air & le force à s'échapper à travers l'eau; ce qu'il ne peut faire sans former des bulles. L'eau n'en acquiert pas un certain degré de chaleur, parce que le feu est apparemment à une grande profondeur. Il y a près du cap *Passero*, en Sicile, un *lac sulfureux*, dont les eaux froides bouillonnent comme celles du lac *Agnano*. Il suffit d'observer attentivement les environs de ce lac & les différentes masses de laves fort élevées qui en forment l'enceinte d'un côté, pour être convaincu qu'il n'occupe pas le cratère d'un ancien volcan; car presque toutes ces masses de laves qui y aboutissent, entre autres celle dessous laquelle se trouve la grotte du Chien, sont des courans qui viennent d'ailleurs, & dont il seroit facile de reconnoître l'origine si l'on avoit l'habitude d'apprécier les changemens arrivés dans les masses qui peuvent appartenir aux différens centres d'éruption fort anciens; changemens qui, la plupart du tems, ont fait disparoître les formes anciennes des cratères, comme je l'ai expliqué aux articles *Cratère*, *Epoques des Volcans & Lacs*.

Les environs de ce lac sont infectés de mauvais air en été; aussi la plupart des habitans de ce canton l'abandonnent-ils pour se retirer alors vers la montagne des Camaldules, & éviter dans ces lieux élevés les effets de ce mauvais air.

C'est dans ce lac que l'on jette les chiens qui sont asphixiés par les vapeurs de la grotte du Chien; cette immersion rétablit leur respiration interrompue par l'air fixe.

AGRAIRES (*Climats*).

On n'a pas fait attention à cette grande vérité, que les *abris*, joints à la nature des sols, ont décidé, en France comme partout ailleurs, les différens genres de cultures. Comme c'est sur ce fondement que j'ai suivi & distingué les *climats agraires*, il faut montrer que j'ai trouvé en cela le secret de la nature & celui de l'art.

Si nous tirons une ligne depuis Gênes jusqu'à Saint-Sébastien, dans la province de Guipuscoa en Espagne, en traversant les contrées méridionales de la France, nous y trouverons cinq grands climats différemment situés sous le même degré de latitude, & que nous distinguerons ici par une suite de productions très-remarquables par tout voyageur qui parcourroit rapidement chacune de ces contrées.

Le premier de ces climats est le pays des orangers, des oliviers & des vignes; il occupe toute l'étendue de la rivière du Ponent, & depuis Gênes jusqu'à Toulon on y voit les orangers en pleine terre, & l'on n'en trouve plus dans le reste de la Provence ni dans le Languedoc. Comme cette culture est précieuse & lucrative, il est à croire que l'on a fait plusieurs tentatives dans les lieux voisins de ceux où elle est établie, & que si elle n'y est pas introduite, c'est une preuve que le climat ne l'a pas permis & que les essais n'y ont pas réussi. A Toulon, par exemple, les orangers sont cultivés dans les jardins; mais les rigueurs de l'hiver leur seroient souvent funestes si on ne les en garantissoit avec soin par des abris artificiels. Mais à Hières, qui n'en est éloigné que de quelques lieues, à Grasse, à Vence, à Cannette, à Nice, à Monaco & en plusieurs endroits de la rivière du Ponent jusqu'à Gênes, la culture des orangers est solidement établie, & l'arbre naturalisé dans tout ce trajet. L'exposition de ce climat est au sud, le long du bord de la Méditerranée & presqu'à son niveau. Les montagnes qui servent à l'*abriter* & à le garantir très-complétement des vents du nord, sont peu éloignées de la côte & coupées presqu'à pic; aussi doit-on considérer toutes ces croupes comme faisant fonction d'espaliers contre les vents du nord & les collatéraux. J'ajoute que ce premier climat n'occupe qu'une bordure d'une largeur fort peu étendue.

Je ne dirai pas ici que la nature de la terre végétale contribue au succès de la culture des orangers; car elle change depuis Toulon jusqu'à Fréjus, où le sol offre un massif de talcite volcanisé; ensuite il redevient calcaire, ainsi qu'avant Toulon. Ainsi l'on ne peut attribuer un effet constant à une cause aussi variable.

Ce n'est pas non plus parce que ces cantons sont plus au midi; car j'ai observé qu'à Rome même les orangers ne réussissent pas en pleine terre, comme à Nice & aux environs d'Hières. Je le répète: la circonstance qui me paroît la plus favorable est la manière dont ces contrées sont abritées contre les vents froids. On voit aisément que cette longue lisière de côtes a la mer au midi; mais outre cela elle est immédiatement adossée contre des montagnes escarpées, qui non-seulement y concentrent la chaleur, mais encore la garantissent des vents du nord. Ce pays, comme je l'ai déjà dit, doit être considéré comme un espalier exposé au midi.

Il est bon d'observer d'ailleurs que, dans cette lisière abritée, il est des endroits qui jouissent plus que les autres des avantages de l'espalier, & que ce sont ces points favorisés du ciel où l'oranger prospère. Il y en a quatre au plus en Provence, que j'ai déjà indiqués: ce sont les environs d'Hières, ceux de Cannette, de Grasse & de Vence. L'on voit, en examinant bien ces pays à orangers, que ce ne sont pas de vastes plaines couvertes de cet arbre, mais des parties de plaines les mieux abritées, non-seulement des vents du nord, par des montagnes élevées qui les entourent de tous côtés & les garantissent du nord & du nord-ouest par des prolongemens de collines collatérales. Ce sont là les lieux privilégiés où l'on plante les orangers en pleine terre.

Le second climat est le pays des oliviers & des vignes, sans orangers. Tout le sol qu'il occupe est également exposé au midi, & s'abaisse vers la Méditerranée: il diffère du premier en ce que les hauteurs qui l'abritent contre le nord, sont plus éloignées de la côte, & que le terrain où se trouvent ces cultures a beaucoup plus de largeur & offre des plaines assez étendues. Je l'ai suivi en Provence, depuis Toulon & Marseille jusqu'au Rhône, & depuis le Rhône jusqu'à Carcassonne. Ainsi la même température règne dans tout ce pays qui est couvert d'oliviers. Il ne s'en trouve plus après Carcassonne, & même ceux qui sont dans son voisinage y réussissent fort mal. De même, si l'on parcourt ce pays dans l'intérieur des terres, on lui trouve dans la vallée du Rhône la ville de Montelimart pour limite.

Le troisième climat agraire, qui s'étend sur la même ligne & au même degré de latitude, est le pays de vignes sans orangers & sans oliviers : il occupe une fort grande étendue en largeur au-delà de Carcassonne, aux environs de Toulouse & presqu'au pied des Pyrénées : il a vers le sud les Pyrénées & dans un certain éloignement. Le seul abri qu'il ait contre le nord, si c'en est un, peut lui être procuré par les montagnes du Rouergue & du Limousin.

Dans certaines collines peu éloignées des Pyrénées, comme à Jurançon, à Dax, à Bayonne, dans ce que l'on appelle les landes de Bordeaux, le climat est plus chaud que dans le Haut-Languedoc, soit parce que le sol est entiérement sablonneux, soit parce que le pays est moins élevé au dessus du niveau de la mer; aussi les vins y sont-ils d'une qualité supérieure.

Dans ce pays de landes on trouve quelques cistes qu'on ne rencontre pas dans le Haut-Languedoc; & d'ailleurs, à Bayonne les curieux cultivent en pleine terre la caracelle, qu'on ne peut élever à Paris qu'en orangerie.

Aux environs même de Bordeaux, au dessus & au dessous de cette ville, la force des vins caractérise la chaleur du climat, & le cyprès y étoit autrefois naturel dans le pays qu'on nomme l'*Entre-deux-mers*. Ce sont les hommes qui ont détruit cet arbre. Cependant on ne pourroit pas y cultiver l'olivier comme en Provence & en Bas-Languedoc; car quelques cultivateurs instruits & bons botanistes, ayant tenté d'en établir la culture dans leurs possessions, l'ont abandonnée faute de succès.

On doit donc considérer certaines parties de la plaine qui s'étend depuis Bordeaux jusqu'à Bayonne, comme un climat mitoyen & moins chaud que le Bas-Languedoc, mais plus chaud d'un autre côté que le Haut-Languedoc, par les raisons que nous venons de dire. Nous pourrions donc en faire un cinquième climat; mais nous ne croyons pas devoir le faire entrer dans l'enumération de ceux dont nous nous occupons ici, parce que nous n'en voulons établir la suite & la distinction que d'après des objets de culture remarquables & généralement établis.

Après avoir fait connoître ainsi le troisième climat comme pays de vignes, passons maintenant au quatrième, qui est un climat sans vignes & réduit à la seule production des pommes à cidre. Il a au sud les Pyrénées, & ces montagnes sont si voisines, qu'elles l'*abritent* des vents du sud & forment une exposition au nord. Ce climat, malgré cela, est aussi méridional que Toulon, & beaucoup plus que Grasse, Nice, Monaco & toute la côte de la rivière du Ponent, & enfin Gênes.

Voyons maintenant toutes les circonstances qui concourent à établir la température de ce quatrième climat. En sortant de Bayonne pour aller au port du Passage & à Saint-Sébastien, capitale de la province de Guipuscoa en Espagne, on traverse la rivière de Bidassoa, qui sépare la France de l'Espagne; dès-lors on ne trouve plus de vignes. Les pommiers y sont cultivés comme dans la ci-devant province de Normandie, & la boisson commune des habitans est le cidre. La seule différence qui se trouve entre les cultures de ces deux provinces, c'est que les sauvageons d'Espagne sont naturels & n'ont pas besoin d'être greffés, tandis que les sauvageons de la ci-devant province de Normandie donneroient, sans être greffés, un fruit dont la liqueur ne seroit pas potable.

Il est aisé de voir pourquoi la province de Guipuscoa est aussi froide sous le parallèle du 43e. degré, & comment le climat y est plus propre au pommier qu'à la vigne, sous la même latitude à peu près où il y a des orangers en pleine terre. Il suffit de remarquer que cette province est adossée aux Pyrénées, qui en sont si voisines, que, par son exposition générale, elle s'y trouve garantie des vents du sud; mais qu'elle regarde le nord & reçoit directement l'influence des vents de cette partie & du nord-ouest, au contraire des autres pays qui sont exposés au midi & se terminent à la mer, pendant que celui-ci a les sommets des Pyrénées qui interceptent toute la chaleur qui vient de cette partie, & reçoit en même tems l'influence du nord.

J'ajoute que du côté de Saint-Jean-Pied-de-Port, dans la Navarre françoise, on voit encore quelques plantations de pommiers à cidre, parce que ce pays est également exposé immédiatement au nord & à couvert des vents du midi par la chaîne des Pyrénées, au pied desquelles cette contrée se trouve aussi placée.

Ce que nous venons de dire de la position de la province de Guipuscoa & des circonstances qui influent sur la culture d'une de ses principales productions, est tellement établi sur la théorie des *abris*, que si l'on s'enfonce dans les Pyrénées jusqu'à la hauteur de Pampelune, que l'on se soustraie à l'action des vents du nord, & qu'on s'approche des aspects du midi, on retrouve les vignes & de fort bons vins. Ainsi le pays de cidre se trouve concentré, comme on voit, entre deux limites fort resserrées & déterminées par deux sortes d'abris qui donnent du vin.

Dans les quatre climats agraires ou quatre genres d'abris, dont on vient de faire l'énumération, il pleut rarement. Les montagnes placées le long de leurs parties septentrionales attirent, par leurs sommets & par les forêts qui les couvrent, les nuages que charient les vents du midi, & ceux chassés par les vents du nord sont poussés fort loin dans la mer. Dans l'un & l'autre cas il faut un conflit de plusieurs directions de vent pour que le pied de ces montagnes & son terrain, jusqu'à la mer, soient arrosés par les convois de nuages qui roulent sur leurs sommets avec la plus grande célérite. Sans l'humidité qui s'élève de la Méditerrasée par les vents de sud-est & de sud, & qui humecte les plantes, aucune ne pourroit végéter.

D'un autre côté, il est aisé de faire voir par-là pourquoi il pleut beaucoup à Toulouse. Cette ville est couverte au sud, à une certaine distance, par la chaîne des Pyrénées, & au nord à peu près à la même distance par les montagnes du Rouergue; de sorte que les nuages qui se détachent de part ou d'autre de ces sommets élevés, se précipitent dans l'intervalle qu'ils ont à parcourir, parce qu'ils ne peuvent se soutenir dans la longueur de ce trajet, au milieu duquel se trouve la ville de Toulouse.

RÉCAPITULATION des cinq climats agraires *précédens.*

Nous trouvons d'abord dans cette énumération, 1°. le pays d'orangers, d'oliviers & de vignes, sur la côte de la Méditerranée, presqu'au niveau de la mer, depuis Gênes jusqu'à Fréjus, pays abrité du nord, du nord-est & du nord-ouest par les montagnes des Alpes & de l'Appennin, voisines & fort escarpées.

2°. Le pays d'oliviers & de vignes sans orangers, situé de même sur la côte de la Méditerranée, un peu au dessus de son niveau, mais abrité du nord par des montagnes assez éloignées, de telle sorte que ce pays occupe des plaines & des vallées assez larges.

3°. Le pays de vignes sans orangers & sans oliviers : il est au nord des Pyrénées, mais à un certain éloignement; il éprouve quelqu'abri par les montagnes du Rouergue & du Limousin.

4°. Le pays où il n'y a pas même de vignes, mais seulement des pommiers à cidre. Ce pays est masqué au sud par une partie des Pyrénées; ce qui lui dérobe l'aspect du midi. D'un autre côté, les plaines en sont ouvertes au nord par des gorges fort larges qui se trouvent entre les diverses montagnes qui se détachent des Pyrénées. Ainsi cette province de Guipuscoa est un espalier au nord, comme la côte de Fréjus à Gênes est un espalier au midi.

On pourroit ajouter à cela le climat du Haut-Languedoc, où l'on trouveroit une température mitoyenne, entre le climat de Pau, de Dax & de Bayonne, & celui de la province de Guipuscoa; mais la simple indication que nous en avons donnée ci-dessus suffit.

On auroit pu entrer dans l'énumération des plantes que les botanistes sont à portée d'observer dans ces climats; mais nous avons cru qu'il suffisoit de se borner à certaines productions plus communes que peut remarquer tout voyageur un peu attentif qui parcourt rapidement un pays. C'est ainsi qu'en partant du climat le plus chaud, qui admet le plus de productions, nous sommes arrivés par voie d'exclusion au climat le moins chaud, d'où toutes ces productions ont disparu entièrement, & ont fait place à une autre inconnue dans ces premiers pays.

C'est ainsi que les productions végétales ont été considérées comme les graduations de l'échelle du thermomètre agraire. On voit par-là que plus on aura de productions pour un degré de température, plus on aura de moyens, soit pour comparer des climats, soit pour les rapprocher. C'est par tous ces moyens qu'on pourra multiplier les graduations de notre thermomètre agraire, de manière à connoître les nuances plus ou moins sensibles que suit la nature pour la distribution de la chaleur dans les différens pays.

AGRAIRES (*Climats*), abris, &c.

Nous ferons voir dans plusieurs autres articles de ce Dictionnaire, les nuances semblables de température, dépendantes des différentes expositions des lieux consacrés à telle ou telle culture. On y exposera la nature de ces sols & leurs niveaux déterminés relativement aux *abris* qui en enveloppent certaines parties, &, ce qui en est une suite, les variétés des productions qui se montrent en conséquence de toutes ces circonstances. D'après tous ces détails, nous en conclurons qu'un *climat agraire* est un bassin d'une certaine étendue, qu'on peut déterminer par une production quelconque. Ainsi la suite de ces climats sera désignée par la série des productions qu'on en retire, lesquelles exigent le plus de chaleur dans la circonscription de chacun de ces abris.

Souvent une même contrée sera présentée dans ce Dictionnaire comme *abri* & comme *climat agraire*, & l'on indiquera pour lors les différentes circonstances qu'il importera de connoître pour faire envisager cette contrée sous ces deux rapports. Nous pouvons citer l'article l'*Aigle*, où nous exposerons ces détails intéressans. C'est d'après ces principes que nous ferons l'examen de tout ce que nous présenteront la *Thessalie*, le *Mont Athos*, la *Macédoine*, l'*Antiliban*, &c.

Dans ce travail nous serons également attentifs à parler des productions, pour passer de là aux circonstances des *abris*, & à faire connoître que nous avons deux moyens d'apprécier la température des contrées dont nous aurons lieu d'observer les cultures, le thermomètre d'un côté, & de l'autre l'énumération de certaines productions, surtout celles qui exigent une chaleur fort considérable.

Lorsqu'on voudra parcourir dans ces vues les diverses contrées de la France ou même des pays voisins, qu'on desirera y suivre & y étudier les effets variés des *abris*, on y trouvera les raisons physiques & déterminantes de certaines cultures toujours subordonnées, comme nous l'avons dit, à la nature des sols, à la disposition des niveaux & aux différens aspects de ces lieux.

Ce que nous dirons en parlant des bassins des rivières de France, de tous les *abris* qui s'y trouvent & de la manière d'en reconnoître l'influence & les effets, suffira, je pense, pour mettre chaque cultivateur instruit en état de réfléchir sur les genres de culture les plus appropriés & les plus convenables à son pays, & cela d'après l'expérience dirigée sur les meilleurs principes. Dès-lors il sera en garde contre tous ces systèmes de cultures qui embrassent de grandes parties de la France, & où l'on prétend généraliser des opérations qui doivent être bornées à des limites très-précises, d'après la reconnoissance des inconvéniens qui se rencontrent dans le vague des cultures hypothétiques. Je pourrois mettre de ce nombre la culture du maïs, qu'on a voulu introduire sans mesure dans plusieurs pays où ce grain n'acquiert pas le degré de maturité convenable avant qu'il soit surpris par les gelées d'automne, qui forcent à brusquer ses récoltes. Un principe qu'on ne doit pas abandonner légérement dans le choix des cultures, c'est que celles qui subsistent dans un pays, sont les résultats de plusieurs tentatives qui ont déterminé l'adoption des unes & l'exclusion des autres.

D'après toutes ces considérations il paroît qu'en général il vaut mieux perfectionner les méthodes de son canton, que de tenter des changemens qui ne peuvent être adoptés que d'après des expériences aussi longues que multipliées : ainsi les nouveaux plans de cultures ne peuvent être proposés raisonnablement qu'autant qu'ils seront autorisés, soit par des faits précis, soit par la science des *abris.*

AGRICULTURE. Je ne dois pas m'occuper ici des differentes parties de cet art sur lesquelles on a tant écrit, & sans s'attacher à cet ensemble qui suppose des recherches fort étendues sur les diverses contrées des pays cultivés, pays qui different autant par la nature de leurs sols, que par les formes des terrains & leurs expositions. C'est pour ramener les observateurs à ces vues, que nous avons parcouru certains *abris* & plusieurs *climats agraires* (*voyez* ces articles), & que d'ailleurs nous avons indiqué les *météories agraires*, les *bassins de culture*, les differentes natures des *terres végétales natives & adventices*, & enfin les *températures* convenables aux végétaux & aux animaux renfermés dans ces contrées. C'est en consultant ce que nous avons dit sur les départemens relativement aux cultures des grains, des vignes, des pommiers à cidre, que l'on pourra décider les vrais degrés de température de quelques grandes contrées de la France, par ceux qui conviennent à chacune de ces productions, & surtout par les circonstances qui concourent à procurer aux fruits qui sont renommés dans ces provinces la plus parfaite *maturité.*

Ce sont toutes ces considérations que comporte la géographie-physique ; aussi nous avons dû nous y borner.

AGUAS, peuples de l'Amérique méridionale. La province qu'il occupe est la plus fertile & la plus étendue de toutes celles que les Espagnols ont découvertes sur les bords du fleuve des Amazones ; elle a plus de deux cents lieues de longueur ; elle est si peuplée, que les villages se suivent à très-peu de distance les uns des autres. Le Père d'Acugna nous apprend que, dans un bourg de cette nation, où il s'arrêta pendant trois jours, il sentit un si grand froid, qu'il fut obligé de se vêtir davantage. Les gens du pays lui dirent qu'ils éprouvaient ce froid tous les ans durant les trois mois de juin, juillet & août. L'auteur qui nous fait part de ces faits, n'en trouve point de raison plus naturelle que celle-ci ; savoir : que du côté du sud, bien avant dans les terres, il y a une chaîne de montagnes couvertes de neiges ; que, durant ces trois mois, le vent souffloit de ce quartier-là ; ce qui rafraîchissoit l'atmosphère, même dans le voisinage de la ligne : cela posé, on ne doit pas être surpris, ajoute-t-il, si la terre y rapporte en abondance du froment avec toutes sortes de grains & de fruits, aussi bien que dans la province de Quito, située également sous la ligne, & où l'air est également rafraîchi par les vents qui passent sur les montagnes couvertes de neiges.

L'habitation des *Aguas* s'étend si peu en largeur le long du canal de la rivière des Amazones, que de ses bords on découvre leurs villages en terre ferme. Ils ont parmi leurs habitations une infinité de petites rivières qui se jettent dans l'Amazone, & dont ces peuples se servent comme d'autant de canaux pour le transport de toutes les denrées dont ils ont des besoins journaliers. Ainsi la nature du sol & la distribution des eaux sont également favorables à cette nombreuse population.

AI, vignoble fameux par l'excellente qualité de ses vins. Cette réputation m'engage à m'en occuper sous deux considérations fort importantes. J'indiquerai dans la première l'aspect & l'exposition de ses coteaux, qui m'ont paru présenter un *abri* favorable à la maturité des raisins, situé à l'extrémité de la montagne de Rheims, tant à l'est qu'au sud. Dans la seconde, je ferai mention de la nature du sol au milieu duquel se font les plantations des ceps & leur culture.

On y remarque d'abord une distinction de deux ordres de substances terreuses qui composent la totalité de la côte : ce sont, dans la partie inférieure, le massif de la craie qui s'étend sous la montagne, & vers le haut des lits de terres jaunes, marneuses, argileuses, mêlees de sables, &c. dont les eaux entraînent les débris le long des pentes & en recouvrent le fond de craie. C'est ainsi que la nature elle-même distribue, dans cette heureuse contrée, l'engrais nécessaire à ce fond de craie ; & si les eaux ne réparent pas ce qu'elles enlèvent quelquefois, le vigneron y supplée très-facilement, soit par les transports de ces mêmes mélanges naturels,

naturels, soit par ceux de mélanges factices qu'il a soin de préparer d'avance par l'association des lits de terres jaunes & de fumier ordinaire. (*Voyez* les articles *Epernay*, *Hautvillers*, où la constitution générale du sol de cette contrée, relativement à la culture de la vigne, sera décrite en détail.)

AJACCIO. C'est la plus belle ville de toute la Corse, tant par ses promenades & par sa situation, que par le caractère de ses habitans. Son port est sûr, commode, pourvu d'un bon môle : les plus grands vaisseaux y abordent sans peine. L'on y pêche le corail rouge, le blanc & le noir : elle a encore l'avantage d'avoir un territoire qui produit d'excellent vin. On voit, dans les environs de cette ville, les restes d'une colonie de Grecs qui, en 1677, vinrent s'établir dans la Corse. Cette colonie avoit presque triplé avant les malheurs qui la détruisirent en partie. Si, à l'exemple de Gênes, la France accordoit un asyle en Corse à tous les Grecs qui voudroient s'y réfugier, il n'est pas douteux que cette île, dont la population a grand besoin d'être refaite, ne se trouvât riche & industrieuse en beaucoup moins de temps qu'il lui en faudra pour le devenir si on la réserve exclusivement pour les naturels du pays. Les Grecs sont encore à *Ajaccio*, & y vivent dans la misère : ils s'attendoient que, protégés par la France, ils rentreroient en possession de leurs anciens établissemens. Ils attendent encore cette justice, car on ne peut pas dire cette grace. Ils ont conservé le costume grec, la religion grecque, reconnoissant pourtant le pape & parlant le grec vulgaire, bien différent de cette langue harmonieuse que parloient Homère, Socrate, Platon, Anacréon. Ils sont grands & assez bien faits, & en général les hommes comme les femmes sont d'une plus belle race que les Corses.

AJAN. Comme c'est un principal lieu de la côte orientale de l'Afrique, j'ai cru devoir prendre occasion de cet article pour faire connoître ce qui concerne la température de cette côte & les différentes circonstances qui y concourent. J'observe d'abord que le soleil passe deux fois l'année sur ces climats. Du mois de mars au mois de juin, il va de l'équateur au tropique septentrional; du mois de juin au mois de septembre, il revient du tropique septentrional à l'équateur. Malgré ces différentes dispositions du soleil on ne compte que deux saisons dans toute cette étendue de pays, la saison sèche & la saison des pluies : du mois de juin au mois de septembre, dans le temps du retour du soleil depuis le tropique septentrional jusqu'à l'équateur, commence la saison des pluies & des débordemens des rivières; elle dure plus de cinq mois. C'est aussi justement le temps de l'année où la chaleur seroit la plus forte & où le soleil rendroit ces pays absolument inhabitables si les pluies ne procuroient une température plus supportable.

Au-delà de l'équateur jusqu'au tropique austral, on trouve une partie de la côte de Zanguebar, depuis Jubo jusqu'à l'embouchure du Zambezé; enfin le Monomotapa & le royaume de Sofala jusqu'au cap des Courans. Les habitans de ces contrées voient aussi le soleil passer deux fois sur leur tête; mais le premier passage se fait de l'équinoxe de septembre au solstice de décembre, & le retour a lieu depuis ce solstice jusqu'à l'équinoxe de mars. C'est aussi dans ces trois derniers mois que s'établit la saison des pluies, qui, dans quelques contrées, s'étend au-delà de ce terme, & commence en novembre pour se terminer à la fin d'avril. Les fleuves de Zaire & de Zambezé, & les autres qui ont leurs sources dans cette partie de l'Afrique, ont aussi, comme le Nil & le Sénégal, leurs débordemens réguliers, répondant à la saison des pluies. Ainsi, d'un tropique à l'autre, l'année est divisée en deux saisons, la saison sèche & la saison des pluies : cette dernière répond toujours au temps où le soleil revient des tropiques à l'équateur, & c'est à cette heureuse distribution que les pays situés sous ces latitudes doivent leur fertilité & leur population. Il y a cependant une observation à faire sur les lieux placés directement sous la ligne, & qui sont également éloignés des deux solstices : le temps des pluies est double pour eux, & répond au moment où le soleil passe sur l'équateur.

Une observation non moins importante à faire relativement à la température de cette côte orientale, c'est celle des vents qui changent plus ou moins l'état de l'atmosphère. On a reconnu effectivement que les côtes occidentales de l'Afrique, sous la même latitude, sont plus chaudes que les côtes orientales. Il est aisé de voir d'abord qu'une des causes principales de cette différence est dans le *vent d'est*, qui règne d'un tropique à l'autre pendant toute l'année. Les côtes orientales le reçoivent immédiatement de la mer, & les occidentales n'en ont l'influence que lorsqu'il a traversé une grande étendue de terres brûlantes. Ces réflexions nous donnent lieu de considérer la partie septentrionale de l'Afrique comme terminée à l'est par un golfe très-étroit & peu capable d'influer sur la nature & la chaleur de ce vent, & le recevant comme immédiatement de l'Arabie, pays vaste, aride & brûlant. Aussi cette portion de l'Afrique est-elle la plus chaude & la plus ardente; c'est celle qui renferme la Nubie, la Nigritie, le Sahra & le Sénégal. Au contraire, la partie méridionale, plus rétrécie & bordée à l'orient par une mer immense, est la moins aride & la plus fertile, surtout dans la lisière voisine des côtes.

Mais ce n'est pas la seule observation que nous fournissent les vents, relativement à la température de la côte orientale qui nous occupe. Effectivement, le vent d'est n'est pas le seul qu'on ait à considérer ; lui-même éprouve des variations qu'il est important de faire connaître : & de plus, vers les côtes il est coupé par des vents secondaires qui soufflent alternativement de la terre vers la mer, & de la mer vers la terre.

Le vent d'est dont il vient d'être parlé, n'a ni toujours ni partout la direction d'est plein.

D'abord nous dirons que le vent de sud-est règne seul dans la mer des Indes, entre Madagascar & la Nouvelle-Hollande ; mais, 1°. entre la côte de Sofala, de Mozambique & le commencement de celle de Zanguebar, il souffle d'octobre au mois de mai un vent *sud-est*, & de mai en octobre un vent *ouest* ou même *nord-ouest*, qui, passé Madagascar, est ramené vers l'équateur & souffle alors *sud-ouest*, & même prend beaucoup du sud. Quand ce vent vient à changer, il devient froid avec des pluies & des orages, tandis que les vents d'est directs sont toujours doux & agréables.

2°. Le long des côtes de Zanguebar, au dessus de Madagascar & le long des côtes d'*Ajan*, jusqu'à l'entrée de la Mer-Rouge, les vents sont variables d'octobre à la mi-janvier : les plus ordinaires sont les vents de *nord*, violens, orageux avec pluies, depuis janvier jusqu'en mai. Ces vents sont *nord-est* & *nord-nord-est*, & accompagnés de beau temps. Depuis mai jusqu'en octobre ils sont *sud*, & en juillet, août & septembre il y a des calmes qui durent jusqu'à six semaines dans les golfes de *Pata* & de *Melinde*.

3°. Cependant au nord de l'équateur, vers la même côte d'*Ajan*, il règne d'avril en octobre un vent *sud-ouest* impétueux, orageux, avec de grosses pluies, & d'octobre en avril il règne un vent *nord-est* moins violent, accompagné de beau temps : il faut ajouter que ceci a lieu proche des terres & le long des côtes.

Tels sont les vents généraux qui règnent dans les contrées d'Afrique, situées entre les tropiques; mais il en existe encore d'autres qui soufflent de même entre les tropiques, & qui sont subordonnés aux vents généraux. Ces vents sont plus sensibles dans les pays & dans les temps où les vents généraux soufflent moins fortement ; ce sont les *vents de terre et de mer*. (*Voyez* cet article.)

Il ne me reste plus qu'à montrer, dans chacune des contrées situées le long de la côte orientale de l'Afrique, les différens effets des causes générales, telles que je les ai décrites ci-devant. Ces contrées s'étendent depuis le tropique ou le cap des Courans, jusqu'au cap de Guardafui. Beaucoup de fleuves arrosent toutes ces contrées ; mais le plus considérable de tous est le Zambezé ou le *Cuama*, qui est le Nil de ces contrées : il a ses débordemens réguliers dans les mois de la saison pluvieuse, qui se rencontrent avec le retour austral du soleil à l'équateur. Ces pays sont très-fertiles, unis & plats vers les côtes, & en quelques endroits très-humides & insalubres : plus profondément ils sont montagneux. Il y a grande apparence que ces montagnes sont très-fertiles. Les habitans en sont noirs.

Dans la partie de la côte de Zanguebar, depuis le détroit jusqu'à l'équateur, les côtes sont plates, humides & mal-saines. A Mosambique & à Quiloa, elles sont arrosées & fertiles ; plus avant dans les terres, il y a des forêts & des montagnes. Les endroits les plus voisins de la mer & les îles qui bordent les côtes sont habités par des colonies européennes ou arabes. Les naturels noirs sont plus éloignés de la mer ; & c'est à cause de ce mélange d'habitans, qu'on a donné à cette côte le nom de *Cafrerie mélangée*. La rivière qui coule au dessous de Melinde, & qui est connue sous le nom de *Guilmanci*, prend sa source dans les montagnes d'Abissinie, & elle vient se décharger de l'autre côté de l'équateur, à trois degrés sud de cette ligne ; en sorte que les débordemens devroient coïncider avec ceux du Nil, tandis que la saison des pluies au sud de l'équateur se trouve nécessairement dans un trimestre opposé. Toutes les autres rivières de cette côte vont à peu près de l'ouest à l'est, & ne sont pas assujetties aux débordemens du même ordre que ceux de la rivière Guilmanci. Leurs débordemens doivent naturellement se rencontrer avec la saison des pluies propres aux pays qu'elles arrosent. Je finis par remarquer ici en général, que la température de ces côtes est beaucoup plus douce que la latitude ne semble le comporter ; ce qui est dû sans doute à l'humidité qui y règne, à la quantité de rivières qui les arrosent, ainsi qu'aux effets qui résultent nécessairement de l'action du vent d'est général dont il a été parlé bien en détail.

Le reste de la côte orientale, depuis l'équateur jusqu'au cap Guardafui, est compris sous le nom de la côte d'*Ajan*. La partie la plus méridionale de cette côte est fertile & arrosée comme la côte de Zanguebar, que quelques géographes étendent jusqu'à Magadoxo : la partie septentrionale est déserte & aride. Dans la partie habitée les naturels noirs, comme dans tout le reste de la côte, sont retirés dans l'intérieur des terres. Les côtes mêmes sont occupées par des Arabes qui, à Brava, se sont réunis en république. Les rivières les plus étendues de cette côte, comme nous l'avons indiqué ci-dessus & à l'article *Absorbant*, section de l'*Afrique*, viennent des montagnes de l'Abissinie.

AIDAT (*Lac d'*). Cet amas d'eau est formé par le courant moderne du Puy de la Vache, qui est venu prendre en flanc les eaux du ruisseau d'Aidat, & a fait fonction d'une digue qui les a soutenues à une certaine hauteur dans le vallon où elles couloient, & se réunissoient avec les eaux de Verneughes, de la Cassière & d'Espirat : outre cela la lave, en s'emparant du lit de ces eaux, les a forcées à faire çà & là différentes stagnations, & par conséquent il a fallu, ou qu'elles s'élevassent sur la lave, ou qu'elles filtrassent dans les fentes.

& allassent se montrer définitivement à l'extrémité du courant qui les masque, & qui s'oppose à leur évaporation pendant la plus grande partie de leur marche souterraine.

Tels sont les caractères généraux des différens courans de laves qui appartiennent à la classe des volcans de la dernière époque, de l'époque la plus récente. Non-seulement ils forment des chaussées assez remarquables au fond des vallons actuels plus ou moins approfondis, mais encore ils recouvrent les anciens ruisseaux qui y avoient un lit. Un des courans le plus intéressant en ce genre est celui dont nous avons indiqué les effets, celui des Puys de la Vache & de Las-Solas. Les laves sorties de ces deux cratères, soit qu'elles aient coulé en même temps ou à différentes époques, ont gagné la même vallée, ont dérangé dans plusieurs endroits le cours des eaux, & sont venues s'engouffrer dans le bassin de Saint-Saturnin, vers Saint-Amand & Talende, où elles ont arrêté leur marche.

En visitant en détail les effets de ce grand courant, on trouve que les laves ont occasionné différentes stagnations, telles que les lacs de Randane, de Verneughes, de la Cassière, d'Espirat & surtout d'Aidat. Celui de Randane est à sec dans les étés chauds : il est formé par une division du grand courant qui, un peu au dessus de Vichatel, a barré l'écoulement des eaux de la prairie de Randane. Lorsque ces eaux peuvent pénétrer entièrement à travers les parties du courant qui s'oppose à leur débouché, la prairie est à sec. Mais dans l'hiver & même en été, si ces eaux sont abondantes, il se forme un amas auquel on a donné le nom de *lac de Randane*.

Environ une demi-lieue plus bas, le lac de Verneughes devoit sa formation au même courant qui, en interceptant le débouché de l'eau des fontaines de ce village, les a soutenues de manière qu'elles formoient un lac qu'on est parvenu à dessécher au moyen de certaines excavations qui ont conduit les eaux du lac vers des amas de laves & de scories qui les ont absorbées à mesure qu'elles affluoient.

Mais l'effet le plus remarquable de ce grand courant, celui qui donne lieu à cet article, est le *lac d'Aidat*. Il est aisé de remarquer que la lave versée par les Puys de la Vache & de Las-Solas, après avoir parcouru un fort grand espace, s'est précipitée dans le vallon d'Aidat, a comblé le lit du ruisseau abondant qui y couloit en toute liberté, & a formé une digue d'une hauteur considérable le long d'une masse de granit qui domine les bords de l'ancien vallon. Comme les eaux ont été soutenues de toutes parts entre des collines fort élevées & d'une certaine solidité, elles se sont élevées jusqu'à la superficie de la lave. Après en avoir couvert les parties les plus basses, & avoir enveloppé celles qui étoient isolées, leur trop plein a fini par se vider par dessus les parties du courant qui étoient les moins élevées, & y a formé un ruisseau apparent qui est tracé sur notre carte.

J'ajoute ici que les lacs de *la Cassière* & d'*Espirat* n'ont pas eu une autre origine. J'exposerai dans un article particulier ce qui m'a paru le plus remarquable à celui de *la Cassière*.

Je dois dire ici que ce même courant, en suivant le vallon vers Saint-Amand & Talende, a atteint le lit d'une rivière latérale qui s'y rendoit aussi, & l'a resserré tellement contre la montagne de Perreneire, qu'on apperçoit dans certains endroits quelques vestiges de stagnations. Mais il paroît que les eaux ont entamé les croupes de pierres calcaires, & s'y sont ouvert des issues fort profondes par la facilité qu'offroit à l'eau la matière des croupes. La lave du Puy de la Vache, qui domine aujourd'hui à une hauteur considérable cette vallée, sous le nom de *Cherre de Saint-Saturnin*, se trouvera bientôt suspendue sur le fond de cette vallée, qui est visiblement l'ouvrage de la mone, postérieur à l'écoulement de la lave.

D'ailleurs, il paroît que dans certains endroits cette lave commence à se décomposer, & que, dans la Cherre de Saint-Saturnin, outre la belle forêt de la Pradat, il s'y trouve quantité de bois particuliers, lesquels annoncent une époque assez reculée pour l'écoulement de ce courant. Cependant on doit remarquer que ces bois occupent de grandes parties de l'ancienne vallée, qui n'appartiennent point à celles qu'a couvertes le courant.

AIGLE. Je ferai connoître dans cet article les salines de Bexvieux & d'Aigle, appartenantes au canton de Berne.

Un long usage avoit fait connoître aux magistrats administrateurs de Berne, que des bâtimens de graduation d'une seule colonne de fascines étoient sujets à perdre des portions de sel, parce que, lorsqu'il y a beaucoup d'agitation dans l'air, les particules d'eau salée s'écartent de la perpendiculaire, & sont emportées hors de leurs divisions. Pour remédier à cet inconvénient ils firent construire un bâtiment de graduation, auquel ils ont donné vingt-cinq pieds de largeur, au lieu de dix-huit pieds qu'avoient seulement les anciens, & ils y ont placé double colonne de fascines, qui n'ont que l'ancienne largeur par le haut, mais qui, s'accroissant par le bas, ont la forme d'une pyramide tronquée.

Le mécanisme des bâtimens de graduation paroît très-simple, & quand on l'a vu pendant vingt-quatre heures, on croit l'avoir saisi dans son entier, & le posséder à fond. Cependant il y a une infinité de particularites intéressantes qui ne se présentent que successivement; & sans avoir toutes ces connoissances réunies, on court risque de tomber dans des erreurs qui coûtent cher.

La saline de *Bexvieux* & celle d'*Aigle* sont situées vis-à-vis Saint-Maurice, à l'entrée de la gorge du Valais, à deux lieues l'une de l'autre.

Il n'y a qu'une ſource à la ſaline de Bexvieux; elle ſort d'une montagne appelée *le fondement ;* elle fut découverte en 1664, & l'on pénétra fort avant dans le roc pour en raſſembler les filets. Mais on n'eſt parvenu à la maintenir dans un haut degré de ſalure qu'en y creuſant de tems en tems, par la raiſon que les terres qu'elle parcourt, ne contenant, ſelon toute apparence, que des portions & des rameaux de ſel, ces rameaux s'épuiſent par le mouvement continuel des eaux, qui ne reprennent une haute ſalure qu'en leur frayant une route nouvelle; en ſorte que cette ſource eſt actuellement plus baſſe de deux cent cinquante pieds, que le niveau du terrain où on l'a trouvée originairement; ce qui a obligé de faire des galeries à différentes hauteurs pour en procurer l'écoulement.

Mais comme, en approfondiſſant la ſource, le travail des galeries ſe multiplioit, & que la dépenſe croiſſoit à proportion, les adminiſtrateurs de Berne, prévoyant que cette entrepriſe deviendroit très-coûteuſe s'ils ne rencontroient un moyen plus ſimple, firent conſulter les plus habiles ingénieurs. Ce fut à cette occaſion que le baron de Boëux leur inſpira un deſſein fort vaſte, qui conſiſtoit à introduire un gros ruiſſeau dans l'intérieur de la montagne & par la cime du rocher, pour faire mouvoir pluſieurs corps de pompes, au moyen d'une grande roue de trente-ſix pieds de diamètre, poſée à plus de huit cents pieds au deſſous de l'entrée du ruiſſeau dans la montagne. Comme cette maſſe eſt compoſée de marbre, d'albâtre & de pierre dure, un mineur n'en emportoit guère plus d'un pied cube en huit jours. Cependant cette montagne eſt percée à jour dans pluſieurs endroits, & il y a cinq galeries de trois pieds de large & de ſix pieds de hauteur. La nature de ce travail, le tems qu'il a duré, la dépenſe qu'il a occaſionnée, & enfin la grandeur de l'entrepriſe, ſont autant de ſujets d'étonnement pour le voyageur, & autant de preuves du cas que l'état de Berne fait de ſon tréſor, & du deſir qu'il a de ſe paſſer de l'étranger.

Le degré de la ſource eſt fort variable. Quand elle eſt à ſa plus grande richeſſe, elle porte juſqu'à vingt & vingt-deux parties, épreuve du feu; ce qui feroit près de vingt-huit à l'épreuve du tube : ſon plus bas a été de huit à dix. Elle produit ordinairement cinq cents livres peſant d'eau par quart d'heure. Ces eaux ſont conduites de la ſource par leur pente naturelle à la ſaline de Bexvieux, par des tuyaux de bois de ſapin, ſur une diſtance de cinq quarts de lieue, où elle eſt reçue dans des réſervoirs, & de là repriſe par un mouvement de pompes que l'eau fait agir pour la porter dans de grandes galeries appelées *bâtimens de graduation*, dont nous avons parlé au commencement de cet article, & qui peuvent la fortifier juſqu'à vingt-ſept degrés : de là elle paſſe, en ſuivant ſa pente naturelle, dans les bernes ou bâtimens de cuite.

La même montagne fournit encore une autre ſource foible, qu'on ſépare des produits de la précédente, & qui eſt conduite par des canaux de ſapin juſqu'à l'Aigle, lieu diſtant de deux lieues.

L'eau de cette ſource eſt fort chargée de ſoufre & de bitume; l'odeur en eſt forte, & l'on en voit ſortir l'exhalaiſon en tourbillon de fumée, même pendant l'été, à l'iſſue des galeries qui donnent entrée dans la montagne. Les lampes des mineurs enflammoient quelquefois cette matière, ſurtout dans les parties des galeries qui formoient des cul-de-ſacs, & où il n'y avoit point d'air qui circulât en liberté. Alors elle chaſſoit avec impétuoſité tout ce qui lui réſiſtoit, brûloit, pénétroit les corps, & pour lors pluſieurs ouvriers ſe ſont trouvés bleſſés & étouffés. Pour éviter ces inconvéniens, on a établi des ſoufflets de forges, que l'on agitoit ſans ceſſe pour chaſſer la vapeur malfaiſante. Cependant le ſel qu'on tire de cette ſource eſt beau, bon, ſain, criſtallin & blanc comme la neige, le ſoufre contribuant à lui donner cette blancheur ſans lui laiſſer aucune odeur.

On aſſocie à cette dernière ſource celle de la montagne de Panet, & leurs eaux vont, mêlées dans les réſervoirs ou bâtimens de graduation, prendre, de foibles qu'elles ſont, juſqu'à vingt-cinq & vingt-ſept degrés de ſalure. On pourroit les pouſſer plus loin; mais l'eau, trop chargée de ſel, devient gluante, pâteuſe, & ne coule plus aiſément par les petits robinets deſtinés à la répandre en forme de pluie ſur différens étages de faſcines qu'elle doit traverſer pour arriver à ſon baſſin : elle s'y attache, ſe fige, empêche l'effet de l'air, & par conſéquent celui de l'évaporation quand le tems eſt convenable, c'eſt-à-dire, gai & ſec. On pouſſe l'évaporation depuis un degré & demi juſqu'à dix en vingt-quatre heures. Avant cette découverte il falloit ſix cordes & demie de bois pour fournir vingt-cinq quintaux de ſel : maintenant trois cordes & demie en donnent quatre-vingts. Il eſt inutile d'inſiſter ſur l'importance dont il eſt d'économiſer le bois dans ces ſortes de travaux.

Comme ce n'eſt point ici un ſyſtème nouveau dont le réſultat ſoit équivoque, que c'eſt au contraire une expérience confirmée par un grand nombre d'années à la ſaline de Slutz en Alſace, dans les deux *ſalines* de Suiſſe & dans celle de Moutiers en Savoie, c'eſt refuſer un avantage certain que de ne pas profiter de cette découverte. (*Voyez Moutiers.*)

Aigle. Le ſol & la forme des environs de la ville d'Aigle, dans le canton de Berne, m'a paru fournir un exemple des *abris*, dont j'ai ci-devant expoſé les bons effets. (*Voyez Abris.*)

La température de l'air y eſt ſi douce dans les trois villages des environs d'Yvorne, qu'on y cultive des vignes dont le vin eſt fort bon. Les grenadiers, les amandiers y végètent en pleine terre, & les rochers y sont, comme dans les contrées méridionales de la France, couverts de thim & de romarin, tandis que dans le bailliage de Gessenay qui est limitrophe, la température est à peu de chose près égale à celle des Vosges. C'est sur les montagnes de ce dernier bailliage que paissent les vaches dont le lait est employé à former les bons fromages de Gruyères. Pour peu qu'on ait visité avec soin le territoire de l'Aigle & les environs, on découvre aisément que toutes les circonstances qui concourent à montrer l'influence des *abris* s'y rencontrent, quoique cette contrée se trouve au milieu de montagnes fort froides & à une très-grande distance des pays de vignes, de grenadiers & d'amandiers. (*Voyez* l'article *Abri* & celui *Agraires* (*Climats*).

J'ajouterai ici que ce beau pays est désolé souvent par des inondations qu'occasionne le voisinage des montagnes qui le terminent vers le nord.

AIGLE (*l'*), petite ville en Normandie, située dans la vallée de la Rille. Le sol du pays, dans un arrondissement de trois ou quatre lieues, est généralement composé d'une couche d'argile & de débris de pierres à chaux. On y trouve des silex ensévelis dans cette terre calcaire, & de l'argile blanche d'une grande pureté.

Les mines de fer y sont assez communes; mais on en trouve fort peu d'assez riches pour être exploitées avec profit.

Le canton de l'Aigle offre aussi beaucoup de sources d'eaux minérales, celles de Saint-Santin, de Cernière, de Grandville, d'Iray, de Moulins & de Saint-Evroult : elles sont gazeuses, acidules, minérales, froides, & contiennent, avec différentes terres absorbantes & réfractaires, une bonne quantité de fer sous la meilleure forme.

Nous reprendrons par la suite, en général, ce qui concerne la constitution physique de ce pays, lorsque nous parlerons de sa partie hydrographique, en traitant des rivières d'*Iton* & de *Rille*. (*Voyez* ces articles.)

AIGUADE. C'est le lieu où les vaisseaux qui abordent en quelque rade, envoient les gens de l'équipage pour renouveller leur provision d'eau douce. Ainsi l'on dit : on trouve dans cette rade une aiguade excellente. Souvent au lieu de ce mot d'aiguade, on dit : *nous fîmes de l'eau;* ce qui est fort laconique, & s'indique sans nous faire connoître aucunes des circonstances qui contribuent à former ces *aiguades*. Cependant ces détails pourroient contribuer à perfectionner la topographie de ces côtes, & souvent leur géographie physique.

AIGUEBELLE, grosse bourgade sur la rivière d'Arche en Savoie : elle est resserrée entre de hautes montagnes. Vis-à-vis d'*Aiguebelle*, & de l'autre côté de la rivière, on voit un effet remarquable des lavanges. Des amas de terres mêlées de fragmens de pierres amoncelées par des eaux torrentielles, au village de Randan, y ont enséveli l'église, de telle sorte que la surface de ce sol factice se trouve au niveau du clocher.

AIGUEPERSE, petite ville de la ci-devant Basse-Auvergne : elle est située sur la rivière de Lizon, dans une belle plaine. On voit près de là une fontaine dont l'eau bouillonne, quoiqu'elle soit froide au toucher. A une très-petite distance se trouve aussi la butte de Montpensier, qui renferme des lits de plâtre qui alternent avec des couches calcaires. Le sol est formé de couches de pierres calcaires, mêlées à des lits de marnes terreuses : le tout est couvert d'une couche de terre végétale très-productive. Cette terre végétale est bien certainement le résultat du délitement des pierres & du mélange des terres marneuses que le labour & l'action de l'air ont réduites en une terre meuble & très-divisée : on peut ajouter à cela des sables entraînés dans différentes parties de la surface de la plaine par les eaux qui viennent des montagnes voisines.

Ce sol s'étend jusqu'à l'enceinte de ces montagnes élevées au sud, & qu'on côtoie jusqu'à Riom; elles paroissent appartenir à un autre ordre de substance & d'une nature différente : elles offrent du granit en masse & sans aucune distinction de couches.

C'est au pied de ce massif graniteux que se termine, d'une manière nette & précise, le sol de pierres calcaires & de terres marneuses. Mais ces limites ne sont pas tout-à-fait immédiates : dans l'intervalle on voit des sables & des matériaux, débris de ces montagnes, qui sont aussi disposés par couches horizontales, comme les pierres calcaires, comme les marnes. L'épaisseur de ces dépôts littoraux, formés entre le granit & les bancs calcaires, varie beaucoup : on en voit de l'étendue d'un quart de lieue, d'une demi-lieue, d'une ou de deux lieues, & cette bordure se trouve malgré cela réguliérement distribuée le long de l'amas des couches calcaires d'un côté, & du granit de l'autre.

AIGUES-CAUDES, source d'eau minérale dans les environs d'Oleron, ville voisine des Pyrénées. Ces eaux sont tièdes, huileuses, savonneuses & spiritueuses : on les recommande pour les plaies & les ulcères.

AIGUES-MARINES. (*Voyez* ÉMERAUDES.)

AIGUES-MARINES ou beril, *gemma, aqua-marina dicta*, pierre précieuse, la septième en dureté dans la liste des gemmes : elle est ainsi nommée à cause du rapport de sa couleur avec celle de la mer.

Les *aigues-marines* diffèrent entr'elles par le plus ou moins de dureté ou d'intensité de couleur. Les unes sont *orientales* : ce sont les *berils* ; & les autres sont *occidentales* : ce sont les *aigues-marines*. Les premières sont plus dures ; le poli en est plus vif ; la teinte bleue, ou domine sur la verte, ou est égale en nuance : aussi sont elles plus belles, plus rares & plus chères que les *aigues-marines occidentales*. La couleur verte domine sur le bleu dans ces dernières.

On trouve des aigues-marines sur les bords de l'Euphrate, au pied du mont Taurus & dans l'île de Ceilan. Les occidentales viennent de Saxe, de Bohême, de Sicile & de l'île d'Elbe : on en a découvert en Sibérie, en quilles semblables à celles du cristal de roche, mais dont les canons sont tronqués.

AIGUES-MORTES, petite ville de France au département du Gard : elle est entourée de marais qui lui ont fait donner le nom qu'elle porte. Cette ville étoit jadis un port de la Méditerranée, où Saint-Louis s'embarqua en 1248 pour passer en Afrique. Aujourd'hui que les aterrissemens du Rhône ont intercepté sa communication avec la mer sur une étendue d'environ deux mille toises, elle n'a plus de port.

AIGUILLAT. Ce poisson, suivant la description qu'en a faite M. Broussonnet, est ainsi nommé dans les provinces méridionales de la France, à cause de deux aiguillons qu'il a sur le dos : il est de la section des chiens de mer, qui ont des *trous aux tempes, mais sans nageoires derrière l'anus*. Les ouvertures des ouïes, au nombre de cinq de part & d'autre, sont placées vers les nageoires pectorales, dans une direction un peu oblique. La forme du corps de l'aiguillat est presque cylindrique, & empêche qu'on ne le confonde avec le lamentin, qui l'a triangulaire.

On trouve abondamment l'*aiguillat* dans l'Océan & la Méditerranée. Fabricius nous apprend qu'on le prend en Groenland pendant l'hiver, au moyen des trous qu'on pratique dans la glace : on le voit dans la mer du Sud & dans toutes les mers de l'Amérique. On en fait en Ecosse des pêches très-considérables : quand sa chair est séchée, on la vend aux montagnards. Le foie des individus les plus forts sert à faire de l'huile. Sa peau est employée par les tourneurs pour polir les ouvrages en ivoire, en bois & même l'albâtre.

L'*aiguillat* se voit assez souvent à Paris, & du tems de *Belon* on y en apportoit une assez grande quantité, surtout en automne ; mais il y est actuellement moins commun. L'*aiguillat* pèse jusqu'à vingt livres.

AIGUILLE (*Mont*). Cette forme de montagne a passé long-tems pour une merveille du Dauphiné : c'étoit un de ces phantômes que la crédulité de nos pères avoit produits. Cette merveille s'est réduite à un rocher vif & escarpé, détaché de tous côtés & établi sur une base ordinaire dans le petit pays de Trièves, à deux lieues de Die & à neuf de Grenoble.

On a donné ce mont, jusqu'au commencement du siècle dernier, pour une pyramide ou cône renversé : l'on assuroit pour lors très-sérieusement qu'il étoit beaucoup plus large par le haut que par le bas : cette opinion même fut presqu'autorisée par l'*Histoire de l'Académie royale des sciences*, année 1700 ; car on y lit que la pyramide n'avoit par le bas que mille pas de circuit, & qu'elle en avoit deux mille par le haut. Il est vrai que l'historien ajoute que cette pyramide se seroit peut-être redressée si elle avoit été examinée par M. Dieulamant.

On fut bientôt après, c'est-à-dire en 1703, que rien n'étoit plus faux que cette prétendue figure extraordinaire d'un cône renversé, qu'on donnoit à ce mont, & que sa base étoit, comme elle devoit naturellement être, plus large que son sommet. Comme ce mont étoit à la vérité fort escarpé, & qu'il ne présentoit de tous côtés que le roc nu & dégarni de terre & d'arbres, il étoit assez difficile & fort inutile d'y grimper ; mais il s'en falloit beaucoup qu'il fût inaccessible. Les paysans des environs y montoient tous les jours, & il y avoit plus de deux cents ans qu'ils le pratiquoient. Aimard de Rivail, conseiller au parlement de Grenoble, auteur d'une histoire manuscrite du pays des Allobroges, & qui écrivoit en 1520, le dit formellement : *Hodiè frequens est in eum montem ascensus*. Ce sont les termes cités par M. Lancelot, de l'Académie des inscriptions. Quel cas doit-on faire après cela de l'histoire de dom Julien, gouverneur de Montelimar, qui y monta le premier par ordre de Charles VIII, le 26 juin 1492, avec dix autres personnes ; qui fit dire la messe sur son sommet, & qui manda au premier président du parlement de Grenoble, que c'étoit le plus horrible & le plus épouvantable passage qu'on pût se figurer ? En conséquence ce gouverneur enthousiaste y fit planter trois croix, qu'on n'a pas vues depuis. On ne sait pas encore assez, remarque Fontenelle, jusqu'où peut aller le génie fabuleux de l'homme, & surtout des gens qui ressemblent à dom Julien, gouverneur de Montelimar.

AIGUILLES. Ce sont des sommets de montagnes en pointes aiguës & saillantes, lesquels appartiennent aux massifs granitoïdes, où le gneiss domine. Telle est l'aiguille du dru ou du midi, qui est à la droite du glacier des bois, aux environs de Chamouni, & dont la base est aussi environnée de glaciers. Ces *aiguilles* sont des formes qu'ont prises & que prennent chaque jour certaines parties de montagnes, les plus élevées & du premier ordre. L'examen de ces formes & des circonstances qui y ont concouru, entre comme partie essentielle dans l'étude des montagnes; aussi les indiquerons-nous seulement ici, en attendant que nous puissions, en joignant les *aiguilles* aux autres sommets, en présenter un ensemble intéressant.

Nous réduirons donc ici les diverses formes des cimes à trois espèces; savoir : aux dos larges & alongés, aux arêtes longues & escarpées, & enfin aux pics aigus ou *aiguilles* droites & isolées. Ces derniers sommets nous paroissent composés de lames ou feuillets verticaux. Ainsi c'est à la nature des substances & à la structure des couches qu'elles doivent leurs formes. D'ailleurs, comme les roches feuilletées sont moins dures que les graniteuses, mais plus dures que les autres sortes de pierres, il n'est pas étonnant que les massifs des aiguilles se soient prêtés facilement à l'action suivie des eaux pluviales ou de la fonte des neiges, & que de là les démolitions extérieures se soient opérées assez régulièrement, pendant que les centres se sont conservés très-solidement.

Nous devons dire ici que c'est dans ces sommets que certains observateurs ont cru voir des *formes d'artichaux*, & ont voulu nous les faire envisager comme les formes primitives des rochers des Alpes. Cependant il y a grande apparence que ce sont les résultats des destructions des masses graniteuses, rayées ou talcites, découpées en partie par l'action des eaux & la fonte des neiges au retour de la belle saison.

AIGUILLES (*Cap des*). Il est à l'extrémité la plus méridionale de l'Afrique, au trente-cinquième degré de latitude australe. Il y a devant ce cap un grand banc de sable connu sous le nom de *Banc du cap des Aiguilles*. Ce cap a reçu cette dénomination, parce que c'étoit un des points remarquables faisant partie de la ligne le long de laquelle l'*aiguille aimantée* n'avoit point autrefois de déclinaison.

AIGUILLON, petite ville de l'ancienne province de l'Agénois, située au confluent de la Garonne & du Lot, dans une vallée très-fertile. Cette dénomination indique la forme que les lits des deux rivières ont prise lors de leur réunion. Ce qui me paroît singulier dans l'article *Aiguillon*, au Supplément de l'*Encyclopédie*, c'est qu'il n'y est question que des établissemens politiques, qui ne donnent aucune idée de la situation naturelle de cette ville, & de l'angle de confluence des deux rivières, qui a dû cependant frapper les premiers habitans qui ont donné à ce lieu, auquel la ville a succédé, le nom d'*Aiguillon*.

AIMANT, *Magnes*, mot tiré de Magnésie, lieu de sa découverte, pierre ferrugineuse qu'on trouve assez ordinairement dans les mines de fer. Sa couleur n'est pas partout la même. Dans les Indes orientales, à la Chine, & dans toutes les contrées du nord, l'aimant est de couleur de fer non poli. En Macédoine il est noirâtre. Dans le midi de l'Europe sa couleur tire pour l'ordinaire sur le noir. Celui de Devonshire est d'un brun rougeâtre; celui de Lorraine est gris; celui de l'île d'Elbe est brunâtre. L'aimant est plus abondant en Norwège qu'en tout autre pays de l'Europe.

Nous savons d'ailleurs qu'une montagne qui fait partie de la Cordillière, & qu'on nomme *Cerro de Sancta Innes*, est presque toute composée d'aimant. Il y a, suivant M. Gmelin, dans la Tartarie sibérienne, une montagne dont le sommet est une espèce de jaspe d'un blanc jaunâtre. A huit toises au dessous on trouve des pierres d'aimant de trois cents livres, qui, quoique couvertes de mousse, attirent un couteau par sa lame à un pouce de distance : ce qui est exposé à l'air a plus de force que ce qui réside dans l'intérieur de la terre, quoiqu'il soit plus tendre. M. Gmelin ajoute que ces pierres sont composées de plusieurs aimants qui agissent suivant différentes directions.

Ce n'est que depuis le treizième siècle qu'on connoît la propriété qu'a l'aimant de se diriger vers les poles du Monde. Quelle révolution n'a pas fait, dans le Monde, la découverte de cette propriété? L'aimant a établi une communication entre les différentes parties du globe; c'est par ce secours qu'on a fait la découverte du Nouveau-Monde & d'une nouvelle route aux Indes orientales, &c.

L'acier s'aimante beaucoup plus facilement que le fer. Une aiguille d'acier aimantée, suspendue sur un pivot, tourne toujours constamment une de ses pointes vers un des poles : tel est le guide qui conduit tous nos navigateurs au milieu des mers.

Direction de l'aiguille aimantée.

L'aiguille aimantée ne pointe droit au nord que dans très-peu d'endroits & en différens tems; elle a *décliné* tantôt à l'est & tantôt à l'ouest, & même avec beaucoup de variations : ainsi elle ne montre juste ni le nord ni le sud.

A l'une des Açores, appelée *Corvo*, il n'y avoit point autrefois de déclinaison, & l'aiguille pointoit fort exactement au midi. Il en est de même de quelques autres endroits, mais non pas dans toutes les parties de leurs méridiens. Dans les lieux situés à l'est de *Corvo*, jusqu'au promontoire d'Afrique, nommé *Cap des Aiguilles*, à peu de distance du Cap de Bonne-Espérance, l'aiguille décline à l'est très-inégalement : de sorte qu'aux îles de Tristan d'Acunha, & à soixante-dix degrés au-delà, la déclinaison augmentoit jusqu'à environ treize degrés, & ensuite elle diminuoit jusqu'aux lieux voisins du *Cap des Aiguilles*, où il ne se trouvoit plus de déclinaison. En allant de ce Cap aux Indes, la déclinaison avoit lieu vers l'ouest. A Hambourg elle étoit de neuf degrés, à Amsterdans de cinq degrés environ, quoiqu'autrefois elle y fût plus grande.

On voit par-là que la déclinaison n'est pas toujours la même, mais qu'elle change par succession de tems. En 1580, on a trouvé qu'elle étoit, à Londres, de onze degrés quinze minutes à l'est; mais en 1622 elle n'étoit que de six degrés treize minutes, & en 1634 de quatre degrés six minutes. En 1640, on l'observa, à Paris, de trois degrés aussi à l'est, & en 1610 elle avoit été remarquée, dans la même ville, de huit degrés. De semblables variations ont été notées dans d'autres lieux.

Avant qu'on eût découvert que la variation de l'aiguille aimantée changeoit, ou étoit différente dans le même lieu en différens tems, quelques physiciens avoient supposé que la disposition générale de l'aiguille vers le nord & vers le sud, qui cependant n'étoit pas tournée exactement vers ces points dans tous les endroits, ou plutôt qui n'étoit telle qu'en bien peu de pays, étoit occasionnée par des veines d'aimant placées dans une position latérale à l'aiguille, &c. Mais cette opinion fut bientôt détruite quand on eut découvert que cette variation même n'étoit pas constante; car si la position de l'aiguille, soit directement au nord & au sud, ou avec quelqu'éloignement du méridien, que nous nommons déclinaison, eût été toujours la même dans un même lieu, on auroit été fondé à croire que cette position étoit occasionnée par des rochers, ou de fer ou d'aimant, placés dans les entrailles de la terre à une certaine distance de ces lieux. Mais dès qu'on trouva que la déclinaison varioit, il fallut chercher quelqu'autre cause de la position ou direction différente de l'aiguille aimantée. Ainsi, pour pouvoir aller en avant, je placerai ici, au lieu de principes physiques, quelques observations authentiques sur a variation de l'aimant, rangées par ordre, avec le tems où elles ont été faites, afin de prouver que, quelqu'irrégulière que paroisse la déclinaison de l'aimant, on peut en quelque sorte la réduire à un mouvement régulier.

On reconnut donc :

En 1580, à Londres...	11 d.	17 m.	à l'est.
1622, ...	6	13	
1634, ...	4	6	
1640, à Paris.... .	3	0	
1666, à Londres...	0	34	à l'ouest.
1670, ...	2	6	
1701, dans le canal.	7	30	

Cette suite d'observations sur la variation de la direction de l'aiguille aimantée prouve ce que j'ai déja dit, que non-seulement sa déclinaison varioit, mais que ces changemens se faisoient avec une certaine régularité, puisqu'elle a été de plus de onze degrés à Londres, vers l'est, en 1580, & qu'elle a diminué ensuite par degrés à six, à quatre, à trois, & enfin à trente-quatre minutes; & sans doute il y a eu, entre 1640 & 1666, un tems où il n'y avoit point de déclinaison à Londres, puisqu'en 1666 la déclinaison s'est trouvée à l'ouest, & qu'elle a augmenté depuis assez considérablement. Il n'y avoit que le tems qui pût nous apprendre jusqu'à quel point la déclinaison se devoit porter vers l'ouest avant que de parvenir à son dernier période. Nous ne savons pas non plus quelles étoient ses bornes à l'est avant l'année 1580, ni en quel tems elle les avoit atteintes; mais ce qu'il y a de certain, c'est que ces mouvemens successifs nous conduisent naturellement à suivre avec la plus grande attention les détails que nous offre la théorie du célèbre docteur Halley, au sujet des poles de l'aimant, &c. C'est pour mettre nos lecteurs en état de faire cette étude, que nous allons joindre ici les résultats de toutes ses observations.

Système du docteur Halley sur la marche des déclinaisons de l'aiguille aimantée.

Le savant docteur Halley ayant rassemblé les observations les plus exactes qu'il put se procurer sur la déclinaison de l'aiguille aimantée, & les ayant examinées & comparées avec soin, en a tiré les conclusions suivantes :

Il a vu, 1°. que dans l'année 1683 la variation étoit à l'ouest dans toute l'Europe, mais beaucoup plus forte dans les contrées orientales que dans les occidentales.

2°. Que sur la côte d'Amérique, vers la Virginie, la Nouvelle-Angleterre & Terre-Neuve, la déclinaison s'observoit pareillement à l'ouest, & qu'elle augmentoit toujours pour ceux qui voyageoient vers le nord, le long de la côte, jusqu'au point qu'elle étoit de plus de vingt degrés à Terre-Neuve, de près de trente au détroit d'Hudson, & de cinquante-sept dans la baie de Baffin; mais elle diminuoit pour ceux qui voyageoient à l'est de cette côte, & il lui sembloit que ces deux sortes d'observations prouvoient qu'il devoit n'y avoir point de déclinaison à l'est quelque part entre l'Europe & le nord de l'Amérique, & que l'on pourroit conjecturer que cela avoit lieu vers la plus orientale des îles Tercères.

3°. Que, sur la côte du Brésil, il y avoit une variation à l'est, qui augmentoit considérablement quand on alloit vers le sud; jusque-là qu'elle étoit de douze degrés au Cap Frio, de vingt & demi vis-à-vis la rivière de la Plata, & qu'en allant de là au sud-ouest, au détroit de Magellan, elle diminuoit jusqu'à dix-sept degrés, & qu'elle n'étoit plus que de quatorze degrés à l'embouchure occidentale de ce détroit.

4°. Qu'à l'est du Brésil proprement dit, cette variation à l'est diminuoit de manière qu'elle n'étoit plus que fort peu de chose aux îles de Sainte-Hélène & de l'Ascension, & qu'elle disparoissoit entiérement vers les dix-huit degrés à l'ouest du Cap de Bonne-Espérance, où l'aiguille étoit dirigée au nord & au sud plein.

5°.

5°. Qu'à l'eſt de ces lieux on commençoit à découvrir une déclinaiſon à l'oueſt, qui continuoit dans tout l'Océan indien, & étoit de quatorze degrés ſous l'équateur vers le méridien de la partie ſeptentrionale de Madagaſcar. Près du même méridien, à trente-neuf degrés de latitude ſud, la déclinaiſon étoit de vingt-ſept degrés & demi. En allant de là à l'eſt, on trouvoit que la variation à l'oueſt diminuoit inſenſiblement, de ſorte qu'elle étoit à peine de deux degrés au Cap Comorin, de trois ſeulement ſur la côte de Java, & qu'il n'y en avoit preſque point du tout vers les Moluques. La même choſe arrivoit preſqu'à l'oueſt de la terre de Van-Diemen.

6°. Qu'à l'eſt des Moluques & de la terre de Van-Diemen, ſous la latitude ſud, on trouvoit une autre variation à l'eſt, qui étoit moindre que l'autre en degrés & en étendue; car elle étoit ſenſiblement plus petite à l'île de Roterdam que ſur la côte orientale de la Nouvelle-Guinée. Pour obſerver la proportion dans laquelle elle décroiſſoit, Halley ſoupçonnoit qu'elle ceſſoit à environ vingt degrés plus loin à l'eſt, ou à environ deux cent vingt-cinq degrés de longitude à l'eſt de Londres, & à vingt degrés de latitude ſud, où l'aiguille commençoit à décliner à l'oueſt.

7°. Que les variations obſervées à Baldivia & à l'entrée occidentale du détroit de Magellan, faiſoient voir que la variation à l'eſt, développée dans la troiſième obſervation, décroiſſoit fort vîte, & ne pouvoit pas raiſonnablement s'étendre à beaucoup de degrés dans la mer du ſud, depuis la côte du Pérou & du Chili, & qu'elle faiſoit place à une petite variation à l'oueſt dans cet eſpace du Monde inconnu qui eſt entre le Chili & la Nouvelle-Zélande, & entre l'île de Hound & le Pérou.

8°. Qu'en allant au nord-oueſt depuis l'île de Sainte-Hélène, par l'île de l'Aſcenſion, juſqu'à l'équateur, la variation à l'eſt continuoit à être fort petite, ou qu'elle étoit preſque toujours la même; de ſorte que, dans cette partie de l'Océan atlantique, le trajet où il ne paroît pas de variation, ne s'étendoit dans le plan d'aucun méridien, mais plutôt vers le nord-oueſt.

9°. Qu'à l'entrée du détroit d'Hudſon & à l'embouchure de la rivière de la Plata, quoiqu'à peu près ſous le même méridien, l'aiguille varioit dans l'un de vingt-neuf degrés & demi à l'oueſt, & de vingt degrés à l'eſt dans l'autre : d'où l'on voit l'impoſſibilité d'expliquer ces variations, en ſuppoſant deux poles magnétiques & un axe incliné ſur l'axe de la terre : d'où il s'enſuivroit que, ſous le même méridien, la variation devroit partout être la même.

Pour expliquer ces phénomènes, M. Halley ſuppoſe avec beaucoup de ſagacité, que le globe de la terre eſt un grand aimant qui a quatre poles magnétiques, deux du côté du nord, & deux autres aux environs du pole ſud de la terre, & que chacun de ces poles gouverne l'aiguille de manière que la vertu du pole le plus proche l'emporte ſur celle du pole le plus éloigné.

Mais comme on exigeoit de ce ſavant bien des choſes pour déterminer exactement les lieux de ces poles, il les a indiqués ainſi par conjecture; il place le pole magnétique du nord le plus proche de nous auprès ou ſous le méridien de la pointe de l'Angleterre, & à environ ſept degrés du pole du nord : ce pole magnétique gouverne principalement les variations qu'on remarque dans toute l'Europe, dans la Tartarie & dans la mer du nord.

Quoique l'aiguille ſoit un peu affectée par cet autre pole magnétique du nord, ſitué dans un méridien qui paſſe par le milieu de la Californie, & à environ quinze degrés du pole ſeptentrional du Monde, l'aiguille obéit à celui-ci dans toute l'Amérique ſeptentrionale, & dans les deux Océans des deux côtés, depuis les Açores à l'oueſt, juſqu'au Japon & au-delà.

Les deux poles magnétiques du ſud ſont un peu plus écartés du pole méridional du Monde; l'un en eſt à environ ſeize degrés dans un méridien, à vingt degrés à l'oueſt du détroit de Magellan, où à quatre-vingt-quinze degrés à l'oueſt de Londres; il commande à l'aiguille dans toute l'Amérique méridionale, dans la mer du ſud, & dans la plus grande partie de l'Océan éthiopique.

Le quatrième pole eſt celui qui paroît avoir le plus de vertu & qui s'étend le plus loin; il eſt auſſi le plus éloigné du pole du Monde, & à environ dix degrés, dans un méridien qui paſſe par la Nouvelle-Hollande, par Célébes, à environ cent vingt degrés du méridien de Londres. Ce pole domine au milieu de l'Afrique, en Arabie & dans la Mer-Rouge; en Perſe, dans l'Inde & dans ſes îles, & dans tout l'Océan indien, depuis le Cap de Bonne-Eſpérance à l'eſt, juſqu'au milieu de la grande mer du Sud, qui diviſe l'Aſie de l'Amérique.

Il reſte à faire voir que les conſéquences expoſées ci-devant ſont déduites de cette hypothèſe. Pour mieux entendre ceci, il faut avoir un globe ou une carte où les quatre poles magnétiques ſoient placés dans les ſituations qu'on vient de dire.

Premiérement, il eſt clair que notre pole magnétique ſeptentrional d'Europe étant dans le méridien qui paſſe par la pointe de l'Angleterre, tous les lieux qui ſont ſitués plus à l'eſt, l'auront plus à l'oueſt de leurs méridiens, & que conſéquemment l'aiguille qui y pointe au nord, aura une variation à l'oueſt, qui augmentera toujours pour ceux qui voyageront à l'eſt juſqu'à quelque méridien de Ruſſie, où elle ſera parvenue à ſon plus haut point, & qu'enſuite elle doit commencer à décroître. Ainſi la variation n'eſt que d'un degré trois quarts à Breſt, de quatre degrés à Londres,

& à Dantzick de sept degrés à l'ouest. A l'ouest des méridiens de la pointe de terre l'aiguille doit avoir une variation à l'est; mais en approchant du pole septentrional d'Amérique, qui est situé à l'ouest du méridien, & semble avoir le plus de vertu, elle en est attirée vers l'ouest avec une force qui balance la direction du pole d'Europe, & qui forme une petite variation à l'ouest dans le méridien de la pointe de terre. M. Halley suppose même que, vers le méridien de l'île Tercère, notre pole le plus voisin doit influer au point de donner à l'aiguille une petite secousse à l'est. Quoique ce ne soit que dans un petit espace, le contre-balancement de ces deux poles ne permet pas une variation considérable dans toutes les parties orientales de l'Océan atlantique dans le voisinage des côtes occidentales d'Angleterre & d'Irlande, de France, d'Espagne & de Barbarie.

Mais à l'ouest des Açores, la vertu du pole d'Amérique étant plus forte que celle du pole d'Europe, l'aiguille en est principalement gouvernée, & tourne toujours plus de son côté à mesure qu'on en approche : d'où il arrive que, sur les côtes de Virginie, de la Nouvelle-Angleterre, de Terre-Neuve & dans le détroit d'Hudson, la variation se fait à l'ouest, & qu'elle décroît à mesure qu'on se rapproche d'Europe, & qu'enfin elle est moindre en Virginie & à la Nouvelle-Angleterre, qu'à Terre-Neuve & au détroit d'Hudson.

Cette variation à l'ouest diminue encore à mesure que l'on traverse l'Amérique septentrionale, & vers le méridien du milieu de la Californie l'aiguille pointe encore au nord plein : de là vers l'ouest, à Iedzo & au Japon, la variation se fait sans doute à l'est, & à moitié de la mer Pacifique elle n'est pas moindre que de quinze degrés. Il proposoit ceci comme un essai, d'après l'hypothèse précédente, afin que par-là on eût occasion de l'examiner toute entière. Cette variation à l'est s'étendoit, à ce qu'on croyoit, sur le Japon, Iedzo, la Tartarie orientale & une partie de la Chine, jusqu'à ce qu'enfin la variation devenoit occidentale, & se trouvoit gouvernée par le pole du nord d'Europe.

Le même résultat arrivoit vers le pole du sud, avec cette différence qu'ici la pointe du sud de l'aiguille étoit attirée : il s'ensuivoit de là que la variation devoit être occidentale sur la côte du Brésil, à la rivière de la Plata, & jusqu'au détroit de Magellan, si l'on supposoit un pole situé à environ vingt degrés plus à l'ouest que le détroit de Magellan. Cette variation de l'est s'étendoit à l'est sur la plus grande partie de la mer d'Ethiopie, jusqu'à ce qu'elle fût contre-balancée par la vertu de l'autre pole du sud, comme elle l'étoit en effet vers le milieu de l'espace entre le Cap de Bonne-Espérance & les îles de Tristan & d'Acunha.

A l'ouest de ce point, le pole asiatique prenant le dessus & attirant l'aiguille, il se faisoit une variation à l'ouest, bien considérable par sa quantité & son étendue, à cause de la grande distance de son pole magnétique au pole du Monde. Ainsi, dans tout l'Océan indien jusqu'à la Nouvelle-Hollande & au-delà, il y a constamment une variation à l'ouest, de sorte que, sous l'équateur même, elle s'élève à dix-huit degrés quand elle est à son plus haut période. Vers le méridien de l'île Célèbes, qui est pareillement celui de ce pole, la variation de l'ouest cesse & fait place à celle de l'est, qui s'étend, suivant l'hypothèse, jusqu'au milieu de la mer du sud, entre la Nouvelle-Zélande & le Chili, & elle est remplacée par une petite variation à l'ouest, causée par le pole du sud d'Amérique, qu'on a montré devoir se trouver dans l'Océan pacifique, suivant les sixième & septième observations.

Jusqu'ici on n'a considéré que la variation simple, & l'on n'a fait mention que de deux poles magnétiques à la fois; mais sous l'équateur & dans toute la zône torride, il convient d'avoir égard à tous les quatre, & surtout avoir bien égard à leur position, autrement il ne sera pas facile de déterminer la marche des variations; car le pole le plus proche étant toujours le plus fort, non cependant au point qu'il ne puisse être contre-balancé par la force réunie de deux poles plus éloignés. Nous en avons un exemple remarquable dans notre huitième observation, où l'on trouve qu'en faisant voile de l'île de Sainte-Hélène, par celle de l'Ascension, jusqu'à l'équateur, en dirigeant la route au nord-ouest, la variation à l'est est peu considérable & ne change pas dans tout ce trajet, parce que le pole du sud de l'Amérique, qui est beaucoup plus voisin de ces lieux, & qui demanderoit une grande variation à l'est, est contre-balancé par l'attraction contraire du pole du nord de l'Amérique & de celui d'Asie, qui tous les deux séparément sont plus foibles que le pole du sud de l'Amérique; car dans la route par le nord-ouest on ne change guère de distance avec ce dernier. A mesure qu'on s'éloigne du pole asiatique, la balance est toujours maintenue, parce qu'on approche davantage du pole du nord d'Amérique, & il n'est pas nécessaire d'avoir égard, ou du moins bien peu, au pole du nord d'Europe, parce que son méridien est un peu écarté du méridien de ces lieux, & que par lui-même il produit les mêmes variations que nous remarquons ici. On peut raisonner de même sur les autres variations qui ont lieu sous la zône torride.

Ainsi l'on voit que, par une simple hypothèse, M. Halley a résolu avec beaucoup de probabilité les phénomènes de la declinaison de l'aimant : cependant il reste une ou deux difficultés à discuter, car c'est une chose nouvelle & extraordinaire de donner à un aimant plus de deux poles, & cependant cette hypothèse en attribue quatre à la terre. De plus, la variation se trouve différente au même lieu, dans des tems différens; ce qui ne peut pas s'expliquer par la supposition de la situation fixe &

invariable des poles magnétiques. C'est pourquoi M. Halley, détourné par ces considérations, a crû devoir abandonner toutes recherches à ce sujet, pendant plusieurs années; mais enfin il les a reprises, & par une nouvelle hypothèse risquée, à la vérité, il a levé heureusement les difficultés; car en comparant ensemble les observations faites sur les variations des variations, il a montré d'abord que, de quelque part que puissent venir ces différences, l'aimant doit se mouvoir d'orient en occident; 2°. que ce mouvement ne peut se faire brusquement & par sauts, mais par une marche graduelle & continuelle, parce que la déclinaison de l'aiguille change par degrés & régulièrement; 3°. qu'il doit y avoir là quelque force puissante, capable de produire un seul & même effet dans des pays de la terre fort éloignés; 4°. que comme on ne connoît aucun fluide qui ait tant soit peu de vertu & de force magnétiques, il n'est pas probable que cette variation vienne du mouvement d'aucun fluide logé dans les entrailles de la terre; 5°. que quelque corps que ce pût être, il ne pourroit que se mouvoir circulairement autour du centre de la terre, sans changer le centre de gravité du globe terraquee, & ainsi sans occasionner de grands changemens à sa surface, tels que les reflux étranges de la mer & les inondations des terres, dont il ne paroît point de signes dans l'histoire.

Il résulte de tout ceci, qu'un certain corps solide & grand, qui est contenu dans la terre, & séparé de tous côtes comme ayant un mouvement qui lui est propre, & qui est renfermé comme une amande dans un noyau, tourne circulairement de l'est à l'ouest, comme la terre fait une révolution contraire dans son mouvement journalier; par où il est aisé d'expliquer la supposition des quatre poles magnétiques attribués ci-dessus à la terre, ou en attribuer deux au noyau, & deux autres à la terre extérieure; & comme les deux premiers changent continuellement de situation par leur mouvement circulaire, leur vertu, comparée avec les poles extérieurs, doit être différente en differens tems; & conséquemment la variation de l'aiguille doit changer perpétuellement.

M. Halley attribue au noyau le pole du nord d'Europe, & un pole du sud d'Amérique, pour expliquer la variation des variations qu'on observe près de ces grandes contrées, laquelle est beaucoup plus grande que vers les deux autres poles. Il conjecture que ces poles finiront leur révolution dans sept cents ans environ, & qu'après ce tems les poles reprendront encore la même situation qu'ils ont maintenant, & qu'ainsi les variations seront encore les mêmes par tout le globe, de sorte qu'il faut plusieurs siècles avant que cette théorie soit vérifiée.

Pour expliquer la révolution circulaire du noyau, M. Halley apporte cette cause probable, que le mouvement journalier, étant imprimé du dehors, ne se communiquoit pas si exactement aux parties intérieures, que de leur donner précisément la même vitesse de rotation qu'aux parties extérieures: d'où il résulte que le noyau, étant laissé en arrière par la terre extérieure, semble se mouvoir lentement dans une direction contraire, ou de l'est à l'ouest, par rapport à la terre extérieure, considérée comme en repos par rapport à l'autre.

Pour écarter les préjugés qu'on peut avoir contre cette hypothèse, M. Halley soutient tous les moyens probables que nous venons d'exposer comme très-propres à résoudre les difficultés qu'on peut lui opposer.

Halley a fait une carte où il a tracé les différentes déclinaisons de l'aiguille à la surface de la terre, pour l'année 1700; ainsi, dans les années suivantes, on n'y a plus trouvé les déclinaisons peu différentes à proportion du tems, & ce peu de différence, pourvu qu'il suive du système de Halley, en est une pleine confirmation; c'est ce que plusieurs physiciens ont trouvé en différens tems, en dépouillant les observations des navigateurs dans les différentes parties de l'Océan. La ligne courbe, exempte de déclinaison, tracée par Halley autour du globe, a éprouvé elle-même quelque mouvement. On a reconnu de même que la déclinaison ne varioit pas également & uniformément par toute la terre. Ainsi, d'après ces détails, on a dû espérer de voir le système de Halley se confirmer de jour en jour.

L'Académie des sciences de Paris a trouvé en conséquence l'hypothèse de Halley, sur les variations de l'aimant, très-belle & très-digne d'être suivie avec attention. C'est d'après ces vues que l'application de l'hypothèse aux observations faites à la Chine & dans l'Inde, en a établi leur conformité avec le système du savant Anglais.

Outre la ligne exempte de déclinaison, qui n'est ni un méridien ni un cercle, mais une courbe fort irrégulière, la variation, en chaque lieu particulier, demandoit que cette ligne fût mobile. On a donc reconnu, par les observations, qu'elle l'étoit: il y a bien de l'apparence aussi qu'elle change de figure, parce que les variations de déclinaison, dans un lieu, ne sont pas toujours proportionnelles à celles d'un autre. Cette ligne, sur la carte de Halley, passe, d'un côté, par les Bermudes, dans la mer du nord; & de l'autre, par la Chine, à cent lieues de Canton à l'est. Outre cela, nous indiquerons une autre ligne exempte de déclinaison, qui traversoit la mer du sud à peu près comme un méridien, & nous devons la considérer ici comme une addition importante au système & à la carte de Halley, où la mer du sud manquoit entiérement.

Nous ferons remarquer ensuite une grande différence entre deux lignes ou portions de lignes, dans la carte de Halley & celles qu'on a découvertes depuis. A l'orient de la ligne exempte de déclinaison, qui passe par les Bermudes, la déclinaison est nord-ouest, & nord-est à son occident. C'est le contraire pour la ligne qui passe par la Chine ; mais à l'égard de celle de la mer du sud, la déclinaison est nord-est des deux côtés. Cette différence leur donne à chacun un caractère qui, s'il est invariable, servira très-utilement à les distinguer toujours, quelque chemin qu'elles fassent.

En recherchant avec soin à démêler quelques traces du mouvement que doivent avoir eu les trois lignes pour parvenir à la position qu'elles ont, on est tenté de croire que celle qui passe par les Bermudes, est la même qui, vers 1600, passoit par le *Cap des Aiguilles*, par la Morée & par le Cap-Nord ; mais depuis ce tems jusqu'en 1712 elle a fait quatorze cents lieues par sa partie septentrionale, & cinq cents seulement par sa partie méridionale, de sorte qu'elle se trouvoit, en cette dernière année, fort inclinée à son ancienne position.

Sa partie septentrionale passa par Vienne en Autriche, en 1638 ; par Paris en 1666, par Londres en 1667 ; car ces lieux-là furent exempts de déclinaison dans ces années : on croit même que la ligne qui, en 1710, étoit à cent lieues de Canton, est celle qui, en 1700, passoit par cette ville : d'où il suit qu'elle a cheminé d'occident en orient. Au contraire de l'autre, & fort lentement par rapport à elle, ces deux lignes ont continué leur route.

Comme on n'a pas d'observations anciennes de la mer du sud, on n'a rien dit ni soupçonné sur la ligne qui y passe. On ne sait pas si c'est la même qui passoit autrefois par les Açores, & qui se seroit mue d'orient en occident. On a trouvé qu'en différens lieux les différences en déclinaison ne sont pas proportionnelles aux distances de ces lieux à leur ligne exempte de déclinaison, où (ce qui est la même chose), à un degré de différence de déclinaison de l'aiguille, répondent des distances très-différentes sur la surface du globe de la terre.

Dans un même lieu la déclinaison ne varie pas également. Malgré toutes ces anomalies, on apperçoit cependant quelque progression & quelque régularité dans les mouvemens de la force magnétique, & tous ces apperçus ont suffi pour encourager les physiciens à suivre la marche systématique de l'aimant, & à s'attacher avec le plus grand soin à la base que le savant docteur Halley leur a laissée comme le meilleur moyen qu'ils eussent de saisir les irrégularités, pour les rapprocher des mouvemens qui annonçoient plus de suite & plus d'ordre apparens. C'est dans ces vues que nous avons comparé, dans notre Atlas, la carte du docteur Halley avec les résultats que les observations postérieures nous ont donnés.

En résumant ce que nous donne une partie de ces résultats, nous dirons que depuis plus d'un siècle l'aiguille aimantée décline à Paris, tous les ans, du même sens, d'environ dix minutes ; car, en 1610, elle déclinoit de huit degrés vers l'est, & en 1760 de dix-huit degrés vingt minutes vers l'ouest ; en sorte qu'elle a varié de vingt-six degrés vingt minutes dans l'intervalle de cent cinquante ans ; & cela paroît surtout remarquable depuis 1740, car la même aiguille dont Maraldi s'est toujours servi, est plus avancée de trois degrés vers l'ouest, qu'elle ne l'étoit alors ; ce qui fait neuf minutes par année. On trouve dans les *Transactions philosophiques*, an 1757, une table générale des déclinaisons de l'aiguille aimantée, qui donne aussi un progrès de dix minutes par an. (*Voyez Déclinaison.*)

Albert Euler a traité amplement cette matière dans l'*Histoire de l'Académie de Berlin*, année 1757. En supposant deux poles magnétiques, mobiles, placés à la surface du globe, il prétend rendre raison de la déclinaison de l'aiguille aimantée, telle qu'il l'avoit déduite des observations : effectivement, depuis le travail de Halley & ses succès, il n'y a pas d'autres moyens de suivre ces phénomènes & de les expliquer.

AIMÉ (*Mont-Aimé*), colline isolée au département de la Marne, dans la ci-devant province de Champagne. Cette colline est séparée de la chaîne de Vertus d'environ un quart de lieue ; elle a environ cinq cents pieds de hauteur, & cinq cents toises de longueur sur quatre cents de largeur : elle paroît avoir fait partie de la montagne de Vertus, & avoir été ainsi détachée par un travail de la nature, qu'il sera facile de joindre aux opérations générales des eaux qui ont creusé les vallées de ces contrées, lorsqu'on saura bien en reconnoître la marche.

La terre calcaire qui domine dans une marne jaune, forme la terre végétale à la superficie de cette colline ; ensuite vient un lit de pierre calcaire, tendre, renfermant un amas de coquilles fort nombreuses. Sous ce lit se trouvent distribués par couches suivies & distinctes, l'argile, la marne, le sable, le grès & des débris de pierres calcaires. Enfin, on rencontre, après cet assemblage de bancs, le massif de craie, qui se trouve ainsi à quarante-cinq pieds au dessous de la terre végétale, & au même niveau où la craie s'observe dans presque toutes les collines de la chaîne de Vertus.

Je dois ajouter ici que le *Mont-Aimé*, île terrestre, détachée, comme je l'ai dit, de toutes les masses voisines auxquelles il étoit lié & contigu, est au centre de la distribution des eaux qui se portent vers trois aspects de l'horizon, & que c'est en conséquence de cette action des eaux courantes, suivant ces différentes pentes, qu'on trouve autour du marais de Saint-Gond un grand nombre de semblables îles terrestres. J'en ai compté & distingué jusqu'à treize de différentes formes & grandeurs.

On voit d'abord, à la hauteur de *Mont-Aimé* & autour d'Étrechy, trois îles terrestres, puis celles de Charmont, de Loisy, de Vert & de Toulon sur le bord septentrional du marais de Saint-Gond. En parcourant ensuite le bord oriental & méritional de ce marais, on rencontre les îles terrestres d'Oye, de Mondement, de Reuvre, du petit Brouffy, du grand Brouffy, où est le moulin d'Aouft. On doit remarquer que ces îles terrestres font les restes des destructions opérées par les eaux torrentielles tout autour de leurs points de partage. C'est à ces destructions qu'a succédé le vaste marais de Saint-Gond, digue, par les transports des terres qui occupoient les intervalles de ces îles. (*Voyez Vertus, Iles terrestres, Marais de Saint-Gond.*)

AIN, rivière qui a sa source au Val-de-Neige, dans le Mont-Jura, & à l'ancien bailliage de Salins, dans la ci-devant Franche-Comté, & qui a donné son nom à un département qui a Bourg pour chef-lieu. Cette source de l'Ain se trouve à une demi-lieue au dessus de la célèbre fontaine de Siros. Après avoir recueilli les eaux de cette fontaine & de plusieurs autres ruisseaux assez considérables, distribués autour de Nozeroi, cette rivière passe à Sirod, Château-Villain, Lachaux, Monsaugeon, Coudes, Constans, Poncin, Pont-d'Ain, Varembon & Loyettes, où elle se jette dans le Rhône. On pêche dans cette rivière d'excellens petits poissons appelés *ombres*.

Nous allons maintenant remonter vers la source de l'*Ain*, pour faire connoître les détails qui peuvent nous intéresser, & nous y joindrons ensuite ce qui concerne la célèbre fontaine de Siros, qui se trouve dans la même contrée.

La source de la rivière d'Ain se trouve dans une anse ou un cul-de-sac d'une montagne coupée à pic, & au pied de laquelle se voient des bassins profonds, remplis d'une eau claire & limpide, & qui en sort abondamment dans certains tems. Outre cela plusieurs sources ou filets d'eau se montrent le long des bords latéraux du cul-de-sac, & fournissent avec celle des bassins une eau courante, assez considérable pour porter des canots & couvrir un lit fort large. Plusieurs de ces sources, qui ont sillonné les bords de l'anse, sont absorbées par des amas terreux, mais qui n'en interceptent cependant pas le cours souterrain ; car elles se rendent au lit commun par plusieurs débouchés qui se suivent aisément. Tel est l'assemblage des eaux qui forment la *source de l'Ain*.

Dans l'état habituel de cette rivière, toutes ces eaux refluent vers les bassins ; & à juger de leur hauteur par les bords de l'anse, il paroît qu'elles s'élèvent de neuf à dix pieds au dessus de la surface des bassins dans le tems de sécheresse. C'est alors que la source débouche des puits d'une grande ouverture, qui sont au fond des bassins. C'est là enfin que les rochers, bases des croupes du cul-de-sac, paroissent creusés à plusieurs pieds de profondeur dans tout le pourtour de sa concavité.

Lorsqu'on s'élève sur la plaine qui domine l'anse au fond de laquelle on a reconnu & observé la source de l'Ain, on voit au milieu de ce vaste plateau un grand nombre de vallons secs. Ces vallons & ces plateaux, fort étendus, m'ont toujours paru servir, dans ces parties des sommets du Jura, à absorber les eaux qui alimentent non-seulement la belle source de l'Ain, mais encore celles, tant des ruisseaux qui arrosent les environs de Nozeroi, que de ceux qui se rendent dans le bief de la Sène & dans l'origine de la vallée du Doubs.

A une demi-lieue de la source de la rivière d'Ain on voit une papeterie dont les usines sont mises en activité par l'eau de la fontaine de Siros. L'ouverture qui verse les eaux de cette source a la forme d'un cône renversé, dont la base a soixante-six pieds de diamètre. C'est un puits creusé naturellement, d'où l'eau s'élance verticalement en tout tems avec une égale abondance. Ce puits donne environ dix-huit pieds cubes d'une eau très-vive, qui ne gêle jamais, quoique dans un pays où les froids sont tous les ans fort longs & très-rigoureux. Le cours uniformément abondant de cette source prouve non-seulement qu'elle est alimentée par un réservoir immense & inépuisable, mais encore que le canal souterrain par lequel cette eau se rend à l'ouverture du puits, est d'une capacité toujours égale & bien solide dans toute son étendue. Voilà pourquoi dans tous les tems le puits fournit exactement la même quantité d'eau. Outre cela, comme son jet fait continuellement le même effort pour remonter par l'ouverture conique d'où on le voit sortir, il est nécessaire que l'eau souterraine descende d'une certaine hauteur toujours constante. Il est vrai qu'on ne sait pas jusqu'à quel point elle s'éleveroit si l'on exhaussoit l'ouverture & qu'on resserrât les bords du puits ; mais on peut présumer qu'elle s'éleveroit bien davantage, comme on en a une preuve dans la source de *Soulaine*, dont les eaux franchissent une enceinte de murs de douze à treize pieds. (*Voyez* cet article.) Ici l'évasement de l'orifice du puits, qui facilite la division de la masse d'eau & la détermine à former un courant dès qu'elle est au haut de cette espèce d'entonnoir & qu'elle n'a plus d'appui, fait qu'elle ne peut s'élancer dans l'air autrement que par un gros bouillon.

Cette belle source, qui n'a guère que vingt pieds au dessus du niveau de l'*Ain*, ne sort qu'à cent pas de son lit, où ses eaux vont se confondre avec celles de cette rivière. J'ai donc cru pouvoir en parler dans le même article.

Cette rivière, étant sujète à des crues qui la rendent torrentielle, se porte d'abord à l'ouest en débouchant de la montagne du Jura où elle prend sa source, & vient frapper le pied des collines dont la chaîne se nomme *la Cotière*, & forme une bordure qui suit le Haut-Jura. Entre Pont-d'Ain & Varembon elle reprend sa direction vers le sud, en longeant *la Cotière*. C'est à ce point de son cours qu'elle rencontre la plaine du *Bas-Bugey*, laquelle s'étend à l'est & y dépose beaucoup de graviers qu'elle charie dans ses crues. C'est aussi là qu'elle attaque le pied de *la Cotière*, & y produit des éboulemens d'autant plus étendus, que les collines qui la forment, ne sont composées que de matériaux mobiles, déposés par les eaux courantes.

En parcourant de Molon à Drouillat le bord occidental de la vallée de l'*Ain*, qui se trouve coupé en plusieurs endroits par les eaux de cette rivière, on y a d'abord reconnu des amas de substances noires & inflammables, où l'on peut encore observer les tissus ligneux de plusieurs espèces de bois, parmi lesquelles on distingue le chêne, le peuplier, &c. avec les nœuds & les noyaux des troncs.

A mesure qu'on a fouillé plus avant, le tissu des troncs fossiles s'y est trouvé plus altéré. On a remarqué d'ailleurs que ces veines minérales de bois enfouis, mises à découvert près de Varembon par l'action des eaux courantes, étoient concentrées, tant dans le lit actuel de la rivière, qu'à de très-petites distances de ce lit; outre cela, que ces matières inflammables reposoient assez communément, sans former aucune couche suivie sur des amas d'argile ou au milieu de bancs de graviers & de cailloux : on trouve aussi, parmi ces substances étrangères, des pyrites sulfureuses, martiales; des géodes, &c.

Les collines qui forment *la Cotière* terminent à l'est le grand massif ou plateau qui occupe l'intervalle entre la Saône & l'Ain. On voit aisément que chacune de ces rivières l'ont entamé le long des vallées qu'elles parcouroient; que sa superficie est inégale, étant remplie de monticules, de bassins, de petites vallées. On y retrouve souvent des couches calcaires, semblables à celles qui recouvrent les matières inflammables : elle est outre cela semée de petits bouquets de bois qui ont été autrefois plus étendus. Enfin on y rencontre aussi des amas d'argile, des étangs, des bruyères, &c. qui en rendent l'aspect triste & sauvage.

Rien ne constate au reste que les matières inflammables & les bois fossiles, dont nous avons fait mention ci-dessus, soient ensévelies dans certaines parties de ce massif. Jusqu'à présent elles ne se sont trouvées en certaine quantité que sur les bords de l'*Ain* & aux lieux où cette rivière ronge & détruit le terrain au pied de *la Cotière*, où les arbres ont de tout tems fait partie des éboulemens qui ont eu lieu dans son lit, & qui ont été également recouverts des terres & des graviers qu'il charie dans ses crues, & qu'il dépose dans le tems où ses eaux ralentissent leur cours.

Je dois dire aussi que plusieurs des ruisseaux latéraux qui se jettent dans l'Ain, paroissent avoir concouru, avec cette rivière principale, à toutes les destructions des terrains & aux éboulemens de leurs bords. C'est là où l'on a rencontré de plus grands amas d'arbres fossiles; c'est le long des vestiges de tous les anciens lits, qu'un plus grand nombre d'espèces d'arbres ont été accumulés & ensévelis, de manière à pouvoir attirer l'attention de ceux qui ont été à portée de faire des recherches dans ce genre.

Pour peu qu'on ait suivi dans ces vues la vallée d'Ain & la marche des eaux de cette rivière, on a pu s'assurer que l'Ain ronge continuellement, & enlève, au pied de *la Cotière*, le terrain de ses bords escarpés; que ses ravages sont si rapides, qu'en peu de tems les champs, les prairies, sont envahis & en proie à ses inondations. Il résulte des observations qu'on a pu faire dans ces derniers tems, que si l'Ain a coulé anciennement le long des coteaux de l'ouest, son lit inconstant a été porté ensuite vers l'est dans la plaine, & que par cette marche des terrains considérables ont été abandonnés, & que ces terrains, d'abord composés de graviers secs, ont été insensiblement recouverts de terres végétales amenées par les eaux pluviales, qui en ont dépouillé le plateau supérieur, & qu'ainsi des prairies & des champs fertiles ont succédé à des plages arides.

Tels sont les effets les plus remarquables que m'a offerts en plusieurs endroits de son cours la rivière de l'Ain, lorsque j'ai eu occasion d'en suivre la vallée. Je crois devoir m'y borner, convaincu que les personnes instruites que renferme ce département nous en donneront un ensemble plus instructif.

AIN (*Département de l'*). Ce département est ceint à l'est & au sud par le Rhône : la Saône en forme la limite entière à l'ouest, & la rivière d'Ain le coupe du nord au sud.

La bordure orientale, qui comprend le ci-devant Bugey, est remplie de montagnes élevées qui font partie de la chaîne intéressante du Jura.

On voit à l'est de la partie occidentale, composée de la ci-devant Bresse & de la ci-devant Dombes, une suite de collines connues dans ces contrées sous le nom de *Revermont*. Ce qui s'étend au-delà est proprement une plaine, dont la surface souvent inégale offre des terrains de bonne nature, tant le long des bords de la Saône, que dans les bassins des rivières de Chalaronne, Reyssouse, Veyle, Suran, &c. Mais on y trouve beaucoup de bois en mauvais état, des communaux sans produit, des landes multipliées, des terrains incultes, & au moins soixante-dix lieues carrées en étangs.

La couche de terre végétale y est peu épaisse : on y trouve des lits de terre calcaire à peu de profondeur, & assez souvent de la marne où l'argile domine. On trouvera une idée plus complète de l'histoire naturelle de cette partie dans l'article précédent.

Ce département renferme des domaines en petites cultures, parce que les propriétés y sont fort divisées, & communément closes de haies vives & de fossés.

Il est divisé en quatre arrondissemens, dont les

chefs-lieux sont : *Bourg*, *Nantua*, *Belley* & *Trévoux*. Ils sont à peu près égaux en étendue & très-distincts, tant par leur topographie, que par leurs productions & le caractère de leurs habitans.

Dans l'arrondissement de *Bourg* le sol est de bonne qualité en général, & les terres presque toujours en produit dans un assez grand nombre de communes : elles donnent du froment, du seigle, de l'orge, du sarrasin, du chanvre, des graines à huile, des légumes secs, des pommes de terre & du maïs. Telles sont les denrées qui s'y succèdent, & présentent dans les saisons convenables d'abondantes récoltes. La main des cultivateurs y seconde parfaitement la nature. Les labours se font avec des bœufs. Tout ce qu'on récolte est de bonne qualité, &, ce qui doit paroître extraordinaire, le maïs y croît vigoureusement, & ses cannes y ont ordinairement plus d'un mètre de hauteur, parce que les abris fréquens dans ces contrées contribuent à sa parfaite maturité.

Comme les terres sont assez généralement argileuses, quoique fréquemment mêlées de marne & de sable, le plus grand soin du cultivateur est d'empêcher le séjour de l'eau : en conséquence il donne à ses champs une douce convexité, qui les préserve de cet inconvénient.

D'immenses & de superbes prairies enrichissent les bords de la Saône. Les villages qui avoisinent cette belle rivière sont rapprochés, riches & peuplés. Les terres y sont profondes, mêlées de sable & de débris calcaires : aussi le chanvre y atteint une grande hauteur & est très-propre à l'usage de la marine.

Les bassins de la Reyssouse & de la Chalaronne offrent des prairies fort étendues & très-productives. Celles de la Veyle sont moins productives, & donnent des foins d'une qualité inférieure.

Cet arrondissement renferme plusieurs grandes forêts de chênes, qui offriroient de précieuses ressources pour notre marine si elles étoient mieux conservées.

Les vignes du *Revermont*, exposées au couchant, sont cultivées sans principes : le raisin y mûrit mal, & la négligence qu'on met dans la façon du vin achève le mal. On recueille d'assez bon vin blanc dans les environs de Pont-de-Veyle.

On engraisse dans cet arrondissement beaucoup de bœufs, de porcs & de volailles ; ce qui fait, avec les grains, un objet de commerce assez considérable. La délicatesse & la beauté des volailles de Bresse sont connues.

On remarque près Pont-de-Veyle des sources d'eaux minérales, ainsi qu'aux villages de Saint-Jean de Reyssouse & de Céseriat.

Le second arrondissement dont nous parlerons, est celui du nord-est, qui contient l'ancien district de *Nantua* & la Haute-Bresse. C'est entièrement un pays de montagnes, où l'on trouve quelques vallées assez bonnes, mais où l'on ne recueille pas assez de grains pour la nourriture des habitans. Les coteaux du *Revermont*, premier degré de cette masse montueuse, sont garnis de vignobles dans une étendue de sept à huit lieues. Les vignes exposées au couchant sont cultivées d'une manière défectueuse & sont d'un rapport médiocre : outre cela le raisin mûrit mal & le vin se fait avec peu d'attention. Cependant l'expérience prouve en divers endroits de ces vignobles, que le vin a plus de qualité quand on le fait avec intelligence.

De vastes forêts de sapins couvrent les montagnes élevées & orientales de cet arrondissement : outre cela elles abondent en pâturages excellens, & l'on y fait de bons fromages. Les moutons y réussissent & leur laine a quelque qualité.

L'élévation des montagnes, la profondeur des vallées, l'aspect sombre des forêts noires, les torrens impétueux offrent une nature grande & imposante. Les bords escarpés de l'Ain, l'encaissement de sa vallée au milieu de montagnes taillées à pic ; plus loin la disparution du Rhône & sa brillante sortie des cavernes qu'il a parcourues, les lacs de Nantua & de Silant, le lac souterrain de Dron, les vallées curieuses de Chezeri & de Lelex, la montée du Cerdon, sont tous objets qui ont offert aux curieux des sujets d'admiration, & à nos recherches des articles instructifs pour ce Dictionnaire. (*Voyez Cerdon*, *Nantua*, *Silant*, *Rhône*, *Valsereine*, *Dron*.)

Une mine abondante d'asphalte se montre même extérieurement dans les environs de Seyssel : elle occupe une assez grande étendue de terrain. Le gypse est assez abondant près de *Champfromier* & de Thoirette : ce dernier amas est d'un grain très-fin & du plus beau blanc ; mais il ne tient pas un certain tems à l'action de l'air.

Au reste, l'industrie, seule ressource des habitans de cet arrondissement, est très-active. On doit mettre en ligne de compte, dans cette industrie lucrative, le travail de plusieurs citoyens qui parcourent les départemens de la Sarthe, de la Meurthe, du Haut & du Bas-Rhin, pour y peigner le lin & le chanvre, & y colporter la futaillerie, pour en rapporter de quoi payer leurs contributions & suppléer à leurs récoltes.

Arrondissement du Belley.

Le Rhône & l'Ain environnent de trois côtés cet arrondissement du sud-est : les montagnes se prolongent jusqu'à son extrémité ; elles ont leurs pieds dans le Rhône, mais leurs sommets sont moins élevés que dans l'arrondissement de Nantua. Dans cette section, on trouve des contrées aussi fertiles qu'agréables, telles que le Valromey, les environs de Belley & le Bas-Bugey ; l'exposition en est favorable, le sol fertile & les terres bien cultivées.

Les terres produisent toutes sortes de grains, de légumes, de fruits, du vin, du chanvre ; & dans la plupart de ces contrées on trouve plusieurs *abris* qui font prospérer un grand nombre de productions. Autour de la ville de Belley on voit plusieurs *hautains*, dont les intervalles, ensemencés en grains, en fourrages artificiels, présentent d'abondantes récoltes.

Les autres vignobles, outre cela, sont nombreux & bien cultivés. Effectivement, les vins du Valromey & des environs du Belley sont agréables à boire, l'on distingue même le blanc de certains lieux : ceux du Bas-Bugey sont d'une qualité inférieure, mais fort abondans.

On trouve aussi, dans cet arrondissement, plusieurs belles forêts de sapins, de chênes & d'autres espèces d'arbres, tels surtout que des châtaigniers & des noyers.

Il résulte de là que cet àrrondissement offre de toutes parts de beaux villages, des rivières poissonneuses, des sources abondantes, de riches vignobles, de beaux arbres & une végétation vigoureuse ; ce qui annonce un beau climat agraire par la multiplicité des *abris*.

Il ne me reste plus qu'à indiquer des eaux minérales, ferrugineuses, au village de Thoui ; & à Peyrieu, une fontaine intermittente, dont les retours méritent d'être observés & déterminés avec soin. Enfin, je dois dire que l'on contemple avec plaisir, à Glandieu & à Serverieu, deux superbes cascades où l'art semble s'être réuni à la nature.

Arrondissement de Trévoux.

Si de ces contrées intéressantes on passe dans la section sud-ouest de ce département, le contraste est frappant. De vastes champs de seigles, des bois mal entretenus, beaucoup de terrains vagues, des étangs très-multipliés sur une grande etendue de terrain ; des rassemblemens rares, auxquels on donne le nom de *villages ;* des habitans au tein livide, vieux à trente ans, cassés & décrépits à quarante, présentent, dans cet arrondissement, une scène bien affligeante pour les amis de l humanité & de l'agriculture.

Cet arrondissement, placé entre la Saône & l'Ain, renferme plus de cinquante lieues quarrées en étangs. Un marais considérable nommé *les Echets*, reste d'un ancien lac ; une plaine caillouteuse, aride & brûlante, sont, après cette masse d'eau stagnante, les principaux objets sur lesquels s'arrêtent les méditations & les regrets des observateurs.

Les étangs, mis successivement *en eau* & *à sec*, fournissent une grande quantité de poissons dans le premier état, & dans le second produisent de l'orge, de l'avoine & d'autres grains. Il est malheureusement certain, 1°. que cette nature de propriété donne, dans ces tristes cantons, un revenu très-considérable, sans exiger beaucoup de soins ni de main-d'œuvre ; 2°. que son desséchement total exigeroit de grandes avances pour l'établissement des fermes & des bestiaux ; 3°. que ces ressources ne peuvent se rencontrer en même tems sur une grande étendue de terrain qui s'en trouve dépourvue. L'espèce de bestiaux qu'on y voit, y est languissante comme celle des hommes, mais celle des chevaux y est assez belle.

Les rivages de la Saône consolent de la tristesse de l'intérieur du pays ; il est peuplé, fertile & rempli de vignobles : le cours de la rivière & les superbes campagnes du Beaujolois achèvent d'embellir cette grande vallée.

Nous terminerons cette courte notice du département de l'Ain par quelques vues sur l'histoire naturelle de l'emplacement de la ville de Bourg, qui en est le chef-lieu. Quoiqu'elle ne puisse rien présenter de bien digne d'attention, le sol est en général couvert de cailloux quartzeux, parmi lesquels on trouve des jaspes rouges & verts, des poudingues, des variolites, des roches de cornes, des cailloux micacés, des schorls verts & autres pierres roulées : leur transport tient à l'ancien séjour de la mer au pied des montagnes contre lesquelles la ville de Bourg est adossée ; car les montagnes de cette contrée, & même des contrées voisines, n'offrent aucuns rochers semblables à ces cailloux roulés. (*Voyez* l'article VALLEE-GOLFE, où nous donnerons la solution de ce problême curieux.)

AIR, fluide inodore, mobile, sans couleur, transparent au point d'être invisible, & qui est répandu autour de la terre jusqu'à une certaine hauteur.

En considérant la fluidité de l'air, sa mobilité, son expansion (lorsqu'il est exposé à l'action de la chaleur), on conçoit aisément que la nature produit sur cette masse qui enveloppe notre globe, une circulation dont il importe de connoître la marche & les circonstances. L'air, échauffé entre les tropiques, s'élève à une certaine hauteur, & sa place est remplie par les vents du nord & du sud, qui viennent des régions plus froides. L'air plus léger, parce qu'il est plus échauffé, flottant au dessus d'un autre air plus froid & plus dense, doit se répandre vers le nord d'un côté, & vers le sud de l'autre, & descendre près des deux poles, pour remplir la place de celui qui s'est porté à l'équateur : les directions différentes & même opposées des nuages demontrent celles des airs de différentes pesanteurs. (*Voyez Vents.*)

AIR (*Température de l'*). La température de l'Amérique a beaucoup changé depuis que les Européens ont commencé à s'y établir, au moins dans l'étendue des plantations angloises. Ce changement, attesté par tous les colons, est attribué généralement, & non sans raison, à la diminution des forêts, dont on a abattu une grande quantité, & au défrichement des terres. Cependant la température d'Irlande a aussi changé considérablement, sans que ces mêmes causes y aient influé ; ce qui prouve que le changement arrivé en Amérique ne vient

vient pas des causes auxquelles on l'attribue, ou bien que différentes causes peuvent produire les mêmes effets; car s'il est vrai, comme plusieurs le prétendent, que l'Irlande étoit plus peuplée & mieux cultivée avant la dernière guerre, qu'elle ne l'est à présent, elle devroit, suivant le raisonnement qu'on fait sur le changement de la température de l'Amérique, être devenue moins tempérée par le défaut de culture; mais on observe ici le contraire, & tout le monde commence à s'appercevoir que ce climat devient chaque année de plus en plus tempéré.

On n'examine pas si l'Irlande est en effet moins peuplée qu'elle ne l'étoit; mais on est sûr au moins que depuis seize à vingt ans, ni l'augmentation du nombre des habitans ni les progrès de l'agriculture n'ont été tels qu'on puisse leur attribuer le grand changement de température dont on s'apperçoit. Il n'étoit pas extraordinaire, il y a quelques années, de voir la gelée & une neige épaisse durer jusqu'à trois semaines de suite, & cela deux ou trois fois & même plus en hiver : on a vu même de grandes rivières & des lacs entiérement gelés; mais en dernier lieu, & surtout depuis deux ou trois ans, on n'a presque point eu de gelées ni de neige dans ce royaume. On ne peut attribuer ce changement au concours fortuit des circonstances requises pour produire le beau tems; car le changement s'est fait graduellement, chaque année ayant été plus tempérée que la précédente.

En Irlande, le vent est ordinairement entre le nord-ouest & le sud, rarement à l'est, & plus rarement au nord ou au nord-est. Plusieurs personnes assurent que pendant les trois quarts de l'année au moins le vent est ici à l'ouest.

Air. On distingue, dans cette masse, trois sortes de régions prises dans sa hauteur; la première ou la plus basse est celle que les hommes & les animaux habitent; la seconde ou moyenne est celle où se forment les nuages, la grêle, la neige & la pluie; enfin, la troisième ou la plus élevée commence depuis l'extrémité supérieure de la moyenne région, jusqu'au haut de l'atmosphère : c'est la plus froide.

La moyenne région est fort froide aussi dans la partie la plus élevée : elle paroît se terminer à la ligne neigée, c'est-à-dire, au point où la neige ne fond jamais sous l'équateur, & même au tems où le soleil est vertical. Au reste, toutes ces dispositions varient beaucoup suivant la marche du soleil & la situation des lieux.

Ainsi plus un lieu est voisin du pole ou éloigné du tropique, plus la région où se forment & résident les neiges est proche de la terre : il en est de même de la grêle & de la pluie; car les rayons du soleil tombant plus obliquement sur les lieux situés vers les poles, que sur ceux qui approchent de l'équateur, les échauffent moins, & y laissent subsister un certain froid. Nous développerons ces vérités plus en détail à l'article *Atmosphère*.

Il y a de certains lieux sur la terre où l'air, soit dans la première ou la seconde région, a offert des effets remarquables aux voyageurs & aux observateurs. Ainsi, par exemple, il ne pleut jamais ou presque jamais en Egypte, & si par hasard il y tombe un peu de pluie en certains tems, cette pluie occasionne des maladies, telles que des catarres, des fièvres, des asthmes, &c. L'inondation du Nil & les gelées blanches du matin suppléent au défaut de la pluie. De même on n'a presque jamais vu de pluies d'un autre côté dans certaines contrées du Pérou; mais il y a plusieurs provinces dans ce royaume, & surtout celles qui sont situées sous l'équateur, où il pleut pendant six mois entiers, & où il fait un tems clair les six autres mois de l'année. (*Voyez* l'exposition de tous ces phénomènes vraiment remarquables à l'article Pérou & à celui de Saisons *sous la zône torride*.)

L'air est fort mal-sain dans les îles de Java & de Sumatra, & surtout à Batavia, à cause de plusieurs lacs d'eaux dormantes qui s'y trouvent. Il en est de même dans plusieurs lieux, tels que Malacca dans le Nouveau-Mexique.

L'île de Saint-Thomas, située sous l'équateur, est de tous les pays celui dont l'air est le plus chargé de vapeurs & le plus mal-sain. Il en est de même dans plusieurs îles voisines de l'embouchure du Sénégal; cependant leur sol est fort fertile, & donne des récoltes abondantes en toutes sortes de productions végétales.

Les vents sont si violens aux Açores, & l'air y est si chargé de vapeurs âcres, qu'il ronge en assez peu de tems les plaques de fer, & réduit en poussière les tuiles qui servent à couvrir les toits.

Au contraire, l'air est si pur & si sec dans le Chili, que les lames de fer poli, exposées à cet air, ne s'y rouillent pas. On cite même une lame d'épée qui, quoique mise long-tems à l'air, n'y prit aucune tache de rouille.

L'air, suivant qu'il est chargé d'exhalaisons, qu'il est chaud, froid & plein d'humidité, produit différens effets sur le corps humain : d'où l'on peut inférer que la première attention qu'on doit avoir en choisissant les emplacemens des villes & en traçant leurs rues, est de procurer la circulation de l'air, telle, qu'il soit facilement dégagé de toutes les vapeurs qui peuvent l'altérer.

On sait que le fer & le cuivre se rouillent à l'air de certaines contrées. Ainsi Acosta nous apprend qu'au Pérou l'air dissout le plomb.

Lorsque les Hollandois eurent fait abattre les gérofliers dans l'île de Ternate, il en résulta un tel changement dans l'air, qu'on ne vit que maladies dans toutes les parties de l'île; ce qui fait voir combien étoient salutaires les corpuscules aromatiques que répandoient dans l'air les gérofliers.

On ne sauroit nier que la très-grande sécheresse ou une humidité soutenue ne produise des effets remarquables dans certaines contrées,

En Guinée, la chaleur, jointe à l'humidité, cause une telle décompoſition dans les meilleures drogues, qu'elles perdent en peu de tems toute leur vertu.

Dans l'île de San Jago, on eſt obligé d'expoſer le jour les confitures au ſoleil, pour en diſſiper l'humidité qu'elles ont contractée pendant la nuit, ſans quoi on ne pourroit les conſerver.

Les habits de ſoie ſe gâtent bientôt à la Jamaïque ſi on les laiſſe expoſés à l'action de l'air. Les taffetas jaunes portés au Bréſil, y deviennent en peu de jours d'un gris de fer.

A quelques lieues au-delà du Paraguay, les blancs prennent une couleur tannée; mais dès qu'ils quittent de nouveau cette contrée, ils redeviennent blancs en peu de tems.

Ces faits, & une infinité d'autres qu'on pourroit recueillir des voyageurs les plus éclairés, ſuffiſent pour nous convaincre que, nonobſtant toutes les découvertes qu'on a faites ſur l'air, il reſte encore beaucoup de choſes à découvrir; mais auſſi on doit recommander aux voyageurs de vérifier avec la plus grande attention les faits extraordinaires, en déterminant leurs vraies cauſes.

Je dois placer au rang des pays dont l'air eſt fort mal-ſain les Maremmes de Sienne en Toſcane, les environs de *Rome*, & ſurtout les villes de *Porto* & *d'Oſtie*, où les criminels qu'on y envoie ne vivent pas plus de deux ans; enfin les environs des *marais Pontins*, où pluſieurs fontaines qui verſent des *eaux ſoufrées*, répandent dans l'air des vapeurs infectes. Nous parlerons plus en détail de ce *mauvais air* d'Italie à ſon article, & nous nous bornons ici à cette citation générale, où l'on peut comprendre la plus grande partie des côtes occidentales du royaume de Naples.

Ariſtote dit qu'on ne ſent, ſur le mont Olympe, aucune haleine de vent ni même aucun courant d'air; que les caractères qu'on y trace ſur le ſable y ſont, au bout de quelques années, auſſi entiers que s'ils venoient d'être faits, & que ceux qui y montent ne peuvent pas y vivre, à moins que d'y porter avec eux des éponges humides, à l'aide deſquelles ils reſpirent. Nous citons ces *anecdotes*, de la part de ce célèbre écrivain, pour donner une idée de l'amour des Anciens pour le merveilleux, & pour avoir occaſion de détruire ces erreurs; car nous ſavons, par Busbeck & par pluſieurs autres voyageurs qui ont viſité le mont Olympe dans toutes ſes parties, que ſes ſommités ſont toutes couvertes de neiges, & que l'on n'y éprouve aucune difficulté de reſpirer par défaut d'air, attendu que pluſieurs obſervateurs ſont parvenus & ont ſéjourné ſur des montagnes plus élevées, ſans aucune incommodité conſidérable.

En Amérique, lorſque les Eſpagnols paſſèrent de Nicaragua à la province du Pérou, pluſieurs des ſoldats, en traverſant les montagnes de la Cordillière avec leurs chevaux, furent tellement tranſis de froid, qu'ils moururent & reſtèrent ſur la place comme autant de cadavres glacés. On ſait depuis que l'air, dans cette traverſée, répand un froid ſi pénétrant, qu'il détruit la reſpiration des hommes & des animaux, de manière qu'il leur eſt fort difficile d'y réſiſter.

L'air eſt ſi chargé de l'odeur des épices dans le voiſinage des îles de l'Océan indien & de la côte orientale de l'Afrique, que, lorſqu'on ſe trouve au deſſous du vent, les matelots s'en apperçoivent à trois ou quatre milles de diſtance, ſurtout lorſque certaines fleurs ſont en maturité.

L'air de mer eſt plus rude que celui de terre, & moins agréable à reſpirer: en général, la différence eſt bien ſenſible pour les marins mêmes quand ils approchent des côtes, car ils jugent qu'ils ne ſont qu'à un mille du rivage par l'air ſeul qu'ils reſpirent. On ſait que les matelots de Sofala, ſur la côte orientale de l'Afrique, ne ſe trompent jamais ſur leur ſituation relative à la côte.

Nous ajouterons ici les obſervations faites par David Frœlichius, dans les monts Krapacks en Hongrie, telles que les cite Varenius, ſur le même objet qui nous occupe, & particuliérement pour nous donner lieu de former un jugement ſur l'état de l'*air dans ſes différentes régions*.

« Les Krapacks ſont les principales montagnes » de Hongrie : ce nom leur eſt commun avec » toute la ſuite des montagnes de Sarmatie, qui » ſéparent celles de Hongrie d'avec celles de » Ruſſie, de Pologne, de Moravie, de Siléſie, » & de celles de la partie de l'Autriche au-delà » du Danube; leurs ſommets élevés & effrayans, » qui ſont au deſſus des nuages, s'apperçoivent » à Céſaréopolis. On leur donne quelquefois un » nom qui déſigne qu'ils ſont preſque toujours » couverts de neiges, & une autre dénomination » qui ſignifie qu'ils ſont nus & chauves. En effet, » les rochers de ces montagnes ſont très-eſcarpés » & pleins de précipices. Elles ſont outre cela » très-peu acceſſibles, & perſonne n'y voyage, » que ceux qui ſont curieux d'aller admirer les » merveilles de la nature.

» C'eſt dans cette intention que j'y montai au » mois de juin 1615. Quand je fus parvenu au » ſommet des premiers rochers, j'en apperçus » d'autres fort eſcarpés & beaucoup plus élevés; » je gravis par-deſſus de grands blocs mal aſſurés, » dont une partie ayant gliſſé, en entraîna avec » elle un grand nombre d'autres, qui furent précipités avec un bruit ſi violent, qu'on auroit cru » que toute la montagne écrouloit..... Toutes » les fois que je jetois les yeux ſur les vallées inférieures, qui étoient couvertes d'arbres épais, » je n'y appercevois qu'une couleur d'un bleu » céleſte, telle qu'on en voit ſouvent en l'air » quand le tems eſt beau; car les autres objets, » à cauſe de leur grand éloignement, ſembloient » diminués & confus. Mais lorſque je montai encore plus haut, je me trouvai envéloppé dans

» des nuages épais ; je n'étois pas pour lors fort » éloigné du sommet, & je voyois bien distinctement les nuages blancs, au milieu desquels » j'étois, se mouvoir au dessous de moi, & j'apperçus clairement au dessus d'eux l'étendue de » quelques milles de pays où se trouvoient des » montagnes. Je vis aussi d'autres nuages, les uns » plus hauts & d'autres plus bas, & quelques-uns » enfin également éloignés de la terre : d'où je » conclus ces trois choses, 1°. que j'avois franchi le commencement de la moyenne région » de l'air ; 2°. que la distance des nuages à la terre » varioit en différens lieux, suivant les bases qu'ils » rencontroient ; 3°. que la hauteur des nuages » les plus bas n'est pas de soixante-onze milles » d'Allemagne, comme quelques-uns l'ont prétendu, mais seulement d'un demi-mille.

» Quand je fus arrivé au sommet de la montagne, l'air étoit si pur & si calme, qu'on n'auroit pas vu remuer un cheveu, quoique j'eusse » senti un grand vent au dessous : d'où je trouvai » que le mont Krapack a un mille de hauteur, à » prendre depuis sa base jusqu'à la plus haute région de l'air, où l'on ne ressent aucun vent. Je » tirai un coup de pistolet au sommet, qui d'abord ne fit pas plus de bruit que quand on casse » un bâton ; mais un moment après il se fit un » long retentissement d'une vive explosion, qui » remplit les vallées & les bois qui étoient » dessous.

» En descendant par les anciennes neiges dans » les vallées, je tirai encore un coup de pistolet, » & alors ce coup rendit un bruit semblable à » celui d'un canon, & qui fut si violent, que je » crus que la montagne alloit tomber sur moi, & » le bruit dura bien un demi-quart d'heure, jusqu'à ce qu'étant parvenu à certains réduits de » la montagne, placés à un certain niveau inférieur, il éprouva des augmentations fort vives » & fort violentes.

» Il grêle ou il neige sur ces hautes montagnes, » même dans le cœur de l'été, c'est-à-dire, aussi » souvent qu'il pleut dans les vallées voisines : » j'en ai fait plusieurs fois l'expérience. Ce qu'il » y a de remarquable, c'est qu'il est fort aisé de » distinguer les neiges de différentes années par » leur couleur, & par les limites des couches, » qui sont plus fermes & plus solides que l'intérieur ».

AIR *des montagnes*. C'est une chose connue, & souvent éprouvée, que l'air des montagnes du premier ordre est aussi destructif de l'économie animale, que celui des montagnes inférieures lui est favorable. Nombre de personnes ont été gravement incommodées au sommet des Alpes. Dans les Pyrénées, les mêmes accidens se sont reproduits, & l'on a vu des voyageurs, dans leurs expéditions au pic du Midi de Pau, éprouver des vertiges & de l'engourdissement. Les symptômes de ces incommodités se déclarent à des hauteurs très-diverses ; ils sont eux-mêmes très-variés & d'une nature tout-à-fait singulière. Une débilité extrême du corps & de l'esprit, l'assoupissement, la léthargie, les vomissemens, les angoisses nerveuses, les vertiges, sont les plus communs. D'autres fois on ne ressent nulle incommodité, mais la peau du visage devient livide & flasque comme une vessie détendue ; les yeux sont fixes ; tout le monde d'ailleurs n'est pas également affecté de ces maladies. Plusieurs personnes ne ressentent rien à des hauteurs où d'autres souffrent beaucoup. Rien, en un mot, de constant dans les effets ; & pour ce qui est de la cause, les uns ont cru la trouver dans la simple fatigue, quand d'autres l'ont vue tout simplement dans la raréfaction de l'air.

Quant aux premiers, il est singulier de voir à quel point Lebuet semble les démentir : il est élevé de quinze cent soixante toises au dessus du niveau de la mer ; c'est un glacier, & l'accès en est prodigieusement difficile & fatigant. Or, on y a vu un naturaliste s'engourdir & perdre connoissance, parce qu'il y étoit immobile ; on y a vu d'autres fois les guides dans le même état, pour être demeurés quelque tems sans mouvement ; enfin, on y a vu toujours que de semblables accidens avoient été prévenus par l'agitation & par une occupation intéressante.

Il est certain cependant qu'une fatigue trop violente n'occasionne pas moins ces incommodités, qu'un repos trop absolu ; mais alors les symptômes sont différens, & l'on s'apperçoit aisément que s'il est une cause générale qui agit dans tous les cas, il est plusieurs causes incidentes qui modifient les effets de la première, selon les circonstances & les lieux. Il y a des voyageurs observateurs qui ne peuvent rien décider à ce sujet par leur propre expérience ; car aucune des hauteurs où ils sont parvenus, soit dans les Alpes, soit dans les Pyrénées, ne leur a fait éprouver rien de pareil. Il y a eu d'ailleurs des voyageurs qui, n'ayant éprouvé aucune incommodité sur les plus hauts sommets des Alpes, en ont ressenti en montant au sommet du Mont-Blanc, c'est-à-dire, à une élévation qu'ils n'avoient pas atteinte avant ce voyage.

On a remarqué, outre cela, que la rapidité de l'ascension contribuoit à hâter l'apparition des mal-aises dus à l'état des couches supérieures de l'atmosphère ; en sorte que ces symptômes n'ont plus lieu lorsque la marche est lente & modérée. C'est dans une marche rapide que souvent les voyageurs éprouvent cette soif brûlante ; ces maux de cœur insoutenables, cet assoupissement involontaire à cinq ou six cents toises d'élévation, pendant qu'on ne les ressent ordinairement qu'à des hauteurs plus considérables, lorsqu'on modère sa marche comme il convient : il paroît même que ces incommodités, si différentes de celles que cause la simple fatigue, ont une autre origine, & que c'est à une hauteur fixée pour chaque homme, par son tempérament, qu'on devenoit susceptible d'en être affecté, en y comprenant cependant toujours les modifications qu'y apporte le mouvement ou le repos; mais en même tems on ne sauroit douter que ce ne soit l'état de l'air qui détermine particuliérement le moment où la fatigue a de pareilles suites, puisqu'à une certaine élévation, le plus long repos ne sauroit rendre la faculté de faire de grands efforts, faculté que l'on ne retrouve que plus bas, & après avoir ajouté à la fatigue de monter la fatigue de descendre. Bien des personnes qui ont atteint sans incommodité le pic du Midi, peuvent être du nombre de celles à qui de pareilles hauteurs causent, en certains cas, de très-fortes angoisses, & n'imaginent pas dans quel état elles y auroient été si par exemple, au lieu d'y trouver du repos, elles y avoient trouvé la necessité de se mouvoir avec quelque force & quelque continuité.

Quoi qu'il en soit, ces incommodités ne paroissent point s'être jamais manifestées au dessus de mille toises d'elévation absolue; & ceux qui les attribuent à la seule raréfaction de l'air, ont le droit de s'appuyer de ce fait; mais aussi, nulle personne, nul montagnard n'en a été exempt, en Europe, au dessus de deux mille toises. On a été fortement incommodé, non-seulement au sommet du Mont-Blanc, le baromètre y étant à seize pouces une ligne, mais à quatre cent cinquante-six toises au dessous, le baromètre n'y étant qu'à dix-sept pouces onze lignes, & même à quatre-vingt-quinze toises plus bas.

Or, les académiciens françois envoyés au Pérou sont parvenus, eux & leur suite, sans nulle incommodite quelconque, au sommet du *Pinchinca*, où le baromètre ne se soutenoit qu'à seize pouces; & au sommet du *Coraçon*, où il descendit deux lignes plus bas, le premier, inférieur de vingt toises au Mont-Blanc; l'autre, plus élevé de la même quantité: & ce n'est pas tout, ils ont habité vingt-quatre jours à une petite distance au dessous du *Pinchinca*.

Quelque pouvoir que nous devions donc attribuer à la raréfaction de l'air, pouvoir qui a été reconnu dans l'ascension au Mont-Blanc, à des caractères qui ne sont point équivoques, les académiciens françois n'ayant point éprouvé au Pérou les mêmes effets à la même hauteur, il faut, à cette circonstance, en ajouter une autre qui puisse satisfaire à tous les phénomènes. Et en effet, quand on songe que la fréquence de la respiration dont on s'est plaint sur le Mont-Blanc, n'a été ressentie en aucune manière par les savans qui ont gravi au sommet du *Coraçon*, & quand on considère que cette fréquence provenant directement de ce que la nourriture propre au poumon est rare, & que le besoin d'en reprendre se renouvelle souvent, & ne provient qu'indirectement de ce que l'air lui-même est raréfié, puisque ce n'est pas l'air tout entier, mais une seule de ses portions qui le nourrit, & que cette portion doit diminuer de quantité suivant des lois différentes de celles que l'air observe dans sa raréfaction, on conçoit aisément que les effets constans de la raréfaction de l'air sur l'économie animale doivent être modifiés par les effets variables de sa composition, & qu'il faut comprendre dans l'explication des incommodités singulières que l'on éprouve sur quelques montagnes, les diverses proportions qu'affectent, à différentes hauteurs, en différens tems, en differens lieux, les ingrédiens du mixte que nous respirons; proportions qui influent immédiatement sur l'organe qui le digère, & par lui sur le sang, sur la chaleur vitale, sur tous les organes & sur la disposition générale à ressentir les effets mêmes de la raréfaction de l'air. Or, l'air vital, celui qui forme seul notre aliment, & qui seul entretient la combustion comme la vie, est, dans les composans de l'air, l'un des plus lourds & des moins capables de se soutenir dans les régions supérieures. Il se présente donc une nouvelle donnée à faire entrer dans l'explication générale du phénomène, & il est facile d'entrevoir qu'elle pourra bien n'avoir pas une modification aussi uniforme que la raréfaction de l'air. Quand on ajoute à ces considérations, que l'air vital seroit le produit de la décomposition de l'eau par les organes des végétaux, dès-lors toutes les variétés du phénomène semblent expliquées. D'une part, la hauteur où l'existence sera gênée, sera celle où l'air vital cesse de former un tiers de l'air atmosphérique. De l'autre, cette hauteur, considérée en général, sera placée au dessus du terme le plus élevé du terme de la végétation, de toute la quantité dont l'air vital peut s'élever en une dose suffisante pour rendre l'air respirable. Considérée en particulier, cette hauteur obéira d'abord aux extensions & aux pertes des zônes de glace, aux anticipations & aux retraites des végétaux; elle obéira ensuite aux saisons; car en hiver, tandis que les créatures respirantes useront les provisions d'air vital que les trois saisons de la végétation leur ont préparées, & que les rayons du soleil n'en développent qu'une petite quantité, les hautes régions s'en dépouilleront en faveur des couches inférieures de l'atmosphère; enfin elle variera selon les lieux, par mille accidens que l'on ne peut décrire en détail, & dont les courans d'air & les aspects sont les principaux. L'air vital, porté d'un sommet livré à la végétation, sur un sommet qui en est dénué, retardera sur ce dernier l'instant où son atmosphère n'est plus respirable, & cet atmosphère cessera d'être respirable, presqu'au milieu de la végétation, sur une montagne qui partage ses vivifiantes émanations avec des montagnes arides qui l'environnent. Mais toutes choses égales d'ailleurs, & tous accidens compensés, l'air demeurera respirable un peu plus haut dans les Pyrénées que dans les Alpes; & les académiciens qui montèrent sur le *Coraçon*, ne s'y trouvant qu'à cent toises au dessus de la végétation, purent n'éprouver en aucune manière les incommodités que l'on a souffertes au Mont-Blanc, depuis huit cents jusqu'à treize cents toises au dessus des limites générales des végétaux.

Ainsi la hauteur où l'homme cesse d'exister commodément est celle où finit l'empire des saisons & où commence celui du froid constant, & les hauteurs accidentelles sont variées à la fois par les accidens simples & très-faciles à détailler que subit la zône glaciale, par les accidens plus composés & plus nombreux que subit la zône végétale, & enfin par les accidens compliqués que la vie animale apporte dans l'Univers avec son aptitude à en modifier les effets.

Rempli de l'idée des secours mutuels que se prêtent, comme on voit, toutes les parties de l'Univers, on ne peut douter qu'il n'y ait un commerce d'émanations plus ou moins favorables aux êtres qui y participent; que l'air des hauteurs moyennes n'acquière pas le tribut que lui portent des végétaux d'élite, des animaux sains, cette heureuse combinaison de fluides qui le rend le plus propre à la respiration, & que le meilleur air ne soit celui où les échanges des diverses émanations sont maintenus dans la meilleure proportion qui convienne à tous les êtres qui le respirent.

Toute la terre se partage, avec plus ou moins d'égalité, ce mélange vivifiant des émanations des trois règnes. Le souffle des vents contribue infiniment à ces mélanges, en transportant sans cesse les émanations de certaines contrées favorisées d'un hémisphère à l'autre. C'est ainsi que l'air doux & pur de l'Arabie heureuse & fertile va ranimer la caravanne qui traverse lentement l'aride étendue du désert couvert de sable.

Mais ces échanges que les distances les plus lointaines ne bornent point, ne peuvent s'opérer entre les émanations de la surface de la terre & les hauteurs où, dans un air plus rare, les principes constituans se mêlent moins intimement. De la région supérieure à la région inférieure, ce n'est plus ce mélange dont l'égalité faisoit la base, & qui étoit propre aux êtres vivans : les décompositions dont les sommets des montagnes sont témoins, ayant d'autres causes, ont aussi un autre but. Là doit se faire la séparation des fluides qui sont confondus à la surface de la terre. D'autres combinaisons remplacent sur les hauteurs celles qui sont détruites. Il s'agit, dans ces laboratoires élevés, de la formation & de la dissolution des nuages; il s'agit du régime des saisons & de la distribution de l'abondance ou de la stérilité, & c'est par les météores que l'hiver & l'été succèdent l'un à l'autre.

Les lieux où s'opèrent ces grands travaux ne peuvent pas être long-tems le séjour de l'homme: l'air qu'il y respire est trop dépouillé des émanations de la terre habitable : ses forces, que la fatigue épuise, ne peuvent lui être rendues dans une région qui souffre avec peine ce qui est vivant & sensible. Il faut donc qu'il retrouve non-seulement ses forces, mais encore son bien-être dans l'air qu'il respire & dans tout ce qui l'environne, & qui est fait pour satisfaire à ses besoins sans cesse renaissans.

AIR *des hautes cimes au Pérou.* Quoiqu'il se passe peu de jours sans pluie pendant l'hiver des hauts pays du Pérou, l'air y est sec en tout tems. Les murs des maisons sont couverts d'eau qui s'introduit par la porosité des matériaux, & le sol est très-humide pendant les pluies, sans qu'il en résulte aucune incommodité pour la santé. Il en est tout autrement dans les basses contrées : les pluies y sont très-fines & forment à peine quelques gouttes sensibles. Cependant l'*air* y est très-humide; le fer, l'acier, y sont promptement attaqués de la rouille, & tout y est à proportion imprégné de cette humidité.

Cette différence qu'il y a entre cette contrée & le haut pays ne vient que de la différente densité de l'air, qui a toujours plus de disposition à dissoudre les particules aqueuses à proportion de ce qu'il est plus épais, & qui les laisse échapper lorsqu'il se trouve plus léger & plus rare. Or, ceci vient de ce que l'air n'ayant pas assez de corps pour retenir les molécules flottantes, elles se précipitent sous forme de pluie & laissent ainsi l'air libre. Outre cela, comme la chaleur du soleil se fait sentir dans ces contrées élevées tout autrement que dans les pays bas, de même le froid s'y fait sentir d'une manière différente que dans les climats naturellement froids, à cause de l'obliquité des rayons solaires. Dès qu'on a quitté les contrées basses pour se rendre aux pays élevés, on éprouve une sensation plus pénible que le froid même. Aucun abri ne peut en garantir ni en modérer l'impression. Le feu n'y procure non plus aucun adoucissement. Le lit le mieux préparé & le plus mollet n'est d'aucun soulagement. Cette pénible sensation, qui dure plusieurs jours, jusqu'à ce que le corps commence à s'acclimater, est beaucoup plus grande pendant la nuit que pendant le jour. Le sentiment du froid qu'on éprouve, malgré tous les moyens possibles de se réchauffer, pénètre tout l'intérieur du corps, de même que le froid qui se fait sentir dans l'accès d'une fièvre tierce.

La raison de ce sentiment pénible ne peut être que le passage subit d'une température modérée à un climat froid. Les pores n'ayant pas eu le tems de se resserrer dans une proportion convenable, les particules de cet air froid s'y introduisent fort librement, affectent les fibres délicates des muscles & des nerfs, & y causent une sensation d'où il résulte l'état pénible de tout le corps. Voilà pourquoi aucune précaution, aucune chaleur ni même le mouvement ne peuvent en garantir.

Cette incommodité dure vingt à trente jours, jusqu'à ce que le corps soit fait au climat; car alors on n'est plus si sensible au froid que dans les contrées dans lesquelles il y a une grande différence entre la température de l'été & de l'hiver. On y a peu pensé à garantir les maisons du froid. Quant aux habits, on y porte constamment ceux d'hiver, mais sans être doublés, comme sembleroit l'exiger la dureté de la saison. On n'y fait pas de feu pour se chauffer, & l'on se comporte à cet égard comme si l'on étoit au printems, quoiqu'on ait des preuves du contraire dans l'état de l'aspérité de la peau des mains, dans les gerçures des lèvres & dans la sécheresse de la peau. On voit par-là combien la nature s'accommode facilement aux différentes températures de l'air lorsqu'elles sont continues.

D'après les détails que nous venons d'exposer, on comprend aisément que les températures doivent varier au Pérou, à proportion de la grande élévation où se trouvent les terrains, ou de leur abaissement, & que dans cette partie du Monde les terrains élevés diffèrent totalement des autres quant à leurs températures. En effet, les règles générales diffèrent tellement ici, que les saisons & leurs effets se trouvent dans un ordre renversé; car on y a l'hiver quand ce devroit être le printems. Les vents régnans sont contraires à ceux des bas pays. Il y pleut beaucoup, & l'air est froid & sec. Il gèle, & c'est alors que mûrissent les récoltes : au moins elles y arrivent au dernier degré de maturité, quoiqu'il y ait peu de plantes qui y réussissent. Enfin, le froid & la chaleur s'y font sentir d'une toute autre manière que dans les autres contrées. La chaleur brûle pendant que le froid pénètre tout l'intérieur des corps organisés.

Ceux qui ne sont pas habitués à fréquenter ces contrées, y sont encore sujets à une autre incommodité que les impressions de froid dont nous venons de parler; c'est le *maréo de la puna*. Il est rare qu'ils n'en soient pas attaqués. C'est une incommodité toute semblable qu'on éprouve sur mer : elle en présente tous les symptômes & a les mêmes progrès : la tête tourne, on sent de fort grandes chaleurs, & il survient de fortes nausées suivies de vomissemens bilieux. Les forces tombent, le corps s'abat, la fièvre s'y joint, & le seul soulagement que l'on y trouve, c'est de vomir. Cela dure ordinairement un jour ou deux; après quoi le calme & la santé se rétablissent. Lorsqu'on a une fois éprouvé cette incommodité, il est extraordinaire qu'on en soit repris en passant par la *puna*, ou en y remontant des pays bas ou de toute contrée chaude.

On ne peut sans doute attribuer ces accidens au froid; car s'il en étoit la seule cause, on les éprouveroit communément dans tous les pays froids. Il faut donc qu'ils viennent d'une certaine qualité de l'*air*. On n'éprouve pas ce mal dans les hautes contrées des environs de Quito, contrées cependant aussi élevées que celles du Pérou; car le *maréo de la puna* est différent de l'affection que l'on appelle *paramarsa* : au moins ne l'a-t-on pas éprouvé lorsqu'on a fait les observations astronomiques, au lieu qu'il est ordinaire dans les pays qui conduisent à ces autres contrées des *punas*.

Il faut encore observer que ceux qui sont disposés à vomir en mer le sont aussi *aux punas*, tandis que ceux sur qui la mer ne fait pas d'impression n'éprouvent pas cette incommodité sur ces cimes.

On sent quelque chose d'assez semblable sur les hautes montagnes de l'Europe & sur d'autres chaînes de montagnes. Ces accidens sont particuliers aux personnes délicates; mais ils n'y sont pas si sensibles, si graves ni même si généraux que dans ces contrées de l'Amérique. Ce qu'on éprouve en Europe n'est produit que par la rareté de l'air & le froid qui règne sur ces hauteurs, deux circonstances qui doivent causer quelques altérations dans l'état des voyageurs.

On observe encore dans ces climats un autre accident auquel les animaux mêmes sont aussi sujets. Dès qu'ils passent des plaines à ces hauteurs ou *punas*, ainsi que des pays habités aux cimes qui les environnent, la respiration leur devient si difficile, que, malgré les différentes pauses qu'ils font pour reprendre haleine, ils tombent & meurent.

Les hommes qui arrivent nouvellement dans ces climats, éprouvent de semblables accidens : ils sentent en marchant une fatigue comme suffocante & très-pénible, qui les oblige de se reposer long-tems. Cela leur arrive même dans le plat pays. Or, il ne peut y avoir d'autres causes de ces incommodités, que la subtilité de l'air; mais à mesure que les poumons se font à cet atmosphère, la gêne devient moindre. Cependant on y éprouve toujours une difficulté plus ou moins grande de respirer lorsqu'on veut monter quelque côte, ce qui est inévitable; au lieu qu'on évite ces inconvéniens dans les autres contrées où l'atmosphère a une densité régulière.

Cette légéreté de l'air devient favorable aux asthmatiques, devenus tels dans un air plus épais: aussi ceux qui en sont attaqués dans les basses contrées, se rendent dans les hautes, quoiqu'ils n'y guérissent pas entiérement. Ceux au contraire qui sont devenus tels dans les hauts pays, se trouvent bien dans les bas. Ainsi le changement d'air devient un soulagement assuré dans cette espèce d'incommodité.

On remarque aussi à un certain point cette difficulté de respirer dans les hautes contrées de la province de Quito; mais elle y est moins pénible. Cela vient sans doute de ce que l'une de ces contrées est sous l'équateur ou fort près, tandis que l'autre en est éloignée. On en a conclu que les *punas* ou cimes du Pérou sont moins froides & l'air moins âpre que dans les autres contrées. Pour mieux faire comprendre les causes de ces différens effets, il faut observer que ce qu'on appelle *puna* au Pérou, se nomme *paramo* au royaume de Quito, & que tout ce pays froid & désert, où il n'y a aucune habitation, a le même nom, quoiqu'il s'y trouve des *punas* ou cimes plus hautes les unes que les autres, selon l'élévation des bases : de là vient qu'on appelle le soleil brûlant *Soleil de puna*, & que les vents froids, âpres & incommodes ont aussi la même dénomination.

Ce que dom Ulloa rapporte des propriétés de l'air des hautes montagnes du Pérou & de leurs effets sur le corps de l'homme & des animaux, s'accorde parfaitement avec les observations d'Acosta. Après avoir parlé des vomissemens qu'on éprouve en mer, dont il croit que la cause est l'air même de la mer, il ajoute : J'ai fait mention de ce vomissement pour expliquer un singulier effet que l'air ou le vent dominant produit dans certaines contrées des Indes occidentales. On y éprouve donc les mêmes accidens que sur mer, mais à un degré beaucoup plus violent. Je vais rapporter ce que j'ai éprouvé moi-même. Il y a au Pérou une très-haute chaîne de montagnes, qu'on nomme *Sierra Pariacaca*. J'avois ouï parler des effets que sa traversée produisoit sur le corps humain : je m'y étois préparé; malgré cela, je fus à peine sur la cime de ces monts, que j'éprouvai une anxiété presque mortelle, & je crus que j'allois tomber au bas de ma mule. Nous marchions en assez grand nombre; mais chacun s'empressoit de passer cet endroit dangereux aussi promptement qu'il lui étoit possible, sans s'occuper de ses compagnons de voyage. Voilà pourquoi je me trouvai bientôt seul avec un Indien, que je priai de m'aider à descendre de ma mule. A l'instant je vomis d'abord le manger que j'avois pris, ensuite des glaires, une bile jaune & verte; enfin du sang, & même avec un si grand mal d'estomac, que je crus que j'allois mourir.

Ce dérangement ne dura que trois ou quatre heures. Nous arrivâmes alors dans un pays plus bas & dans un climat plus favorable. J'y retrouvai mes compagnons au nombre de treize à quatorze, mais si abattus, que plusieurs demandoient à se confesser, croyant qu'ils n'avoient plus long-tems à vivre. Quelques-uns avoient mis pied à terre, épuisés par de violens vomissemens; d'autres enfin étoient restés morts au passage.

On n'y éprouve ordinairement aucun autre mal considérable que ce vomissement & cette anxiété qu'on ressent pendant tout le tems qu'on met au passage. On est exposé à ces accidens, non seulement sur la route de *Pariacaca*, mais encore sur presque toutes les routes où l'on traverse les autres cimes de la Cordillière, lesquelles occupent un intervalle de cinquante lieues. Cependant ces effets singuliers ne se montrent pas partout au même degré : c'est surtout en se portant des plaines basses sur les cimes, car on n'a pas remarqué qu'on y soit exposé en descendant des montagnes dans la plaine. J'ai aussi voyagé dans plusieurs autres passages de ces montagnes par les *Lucanas*, les *Soras*, les *Collaguas*, enfin en différens côtés, & j'ai partout ressenti dans ces contrées de semblables dérangemens dans l'économie animale, mais jamais au même degré que quand je traversai le *Pariacaca*. Je pourrois citer un grand nombre de voyageurs qui ont éprouvé les mêmes incommodités.

Il paroît hors de doute que ce mal étrange est l'effet de l'*air* ou d'un vent dominant dans ces contrées. En effet, le seul moyen qu'on connoisse pour en être le moins affecté, & qui est bien essentiel, c'est de se couvrir la bouche, le nez & les oreilles, mais surtout l'estomac avec ses habits; car l'air y est si subtil, qu'il pénètre tout le corps. Les animaux, comme nous l'avons dit, y sont exposés aux mêmes dérangemens. On les voit quelquefois si abattus, qu'il n'y a aucuns moyens qui puissent les faire avancer d'un seul pas.

Je regarde ces cimes comme les lieux les plus élevés du globe, car les *Puertos-Nevados* d'Espagne, les Pyrénées, les Alpes mêmes, paroissent auprès de ces cimes, comme des maisons ordinaires auprès des hautes tours. C'est ce qui m'a fait croire que l'air, y étant si délié, si subtil, n'est plus propre à la respiration, comme le devient un air plus épais, tel qu'il réside dans une région moins élevée de l'atmosphère; c'est aussi la cause des vives douleurs qu'on y sent à l'estomac, & celle de tout le dérangement que l'économie animale éprouve. Il est vrai qu'on ressent, sur les plus hautes montagnes de l'Europe, un froid fort pénible, qui oblige de se bien couvrir; mais ce froid n'ôte point l'appétit, il l'augmente même plutôt : on n'y éprouve pas ces nausées, ces vomissemens; on ressent seulement quelques douleurs aux pieds, aux mains; en un mot, ce n'est qu'une affection externe.

Les montagnes de l'Amérique méridionale ne font au contraire éprouver aucune incommodité aux pieds, aux mains ni à aucune autre partie du corps; ce sont les parties internes seules, les entrailles, sur lesquelles l'air qu'on y respire, porte son activité; mais ce qui étonne davantage, c'est que le soleil est même chaud à certain degré, & c'est ce qui me persuade que le mal vient de l'*air* même qu'on respire, & qui est singuliérement raréfié : le froid doit aussi y contribuer, car il est fort pénétrant.

Cette Cordillière est ordinairement déserte : on n'y voit aucune habitation, & presque jamais de voyageur, car aucun ne trouveroit un gîte pour s'y retirer la nuit. Aucun animal, ni utile ni nuisible, ne s'y rencontre, si l'on excepte les vigognes: l'herbe y paroît comme brûlée par la chaleur & entiérement noircie. Cette chaîne déserte a trente lieues de large sur cinquante de longueur, comme on l'a marqué ci-devant.

On voit encore, dans le Pérou, d'autres cimes abandonnées, ou des *paramos* qu'on connoît sous le nom de *punas*. L'air y est extrêmement mal-faisant, & donne la mort sans avoir fait éprouver aucun dérangement antérieur. Les Espagnols passoient autrefois du Pérou au Chili, par la chaîne des montagnes ; ils s'y rendent à présent par eau, & quelquefois en suivant la côte. Cette route est fort pénible & même dangereuse, mais non autant que celle de ces hautes cimes, où l'on voit des plaines élevées où nombre de personnes ont perdu la vie. Si d'autres ont échappé à la mort, elles en sont revenues estropiées ou même mutilées. Il y règne un air qui, sans affecter fortement, y est si pénétrant, qu'il tue sans qu'on ait rien senti ; ou bien les voyageurs voient avec étonnement les doigts des pieds & des mains se détacher comme si on les avoit coupés, & sans la moindre douleur.

Un général & un prélat dominicain m'ont confirmé tous ces faits, dont ils avoient été témoins. Ils étoient convaincus que l'air étoit si pénétrant dans ces contrées, qu'il détruisoit toute chaleur dans le corps, & supprimoit l'action qu'elle pouvoit avoir pour entretenir la vie; mais ils ont éprouvé que cet *air* étoit en même tems si sec, qu'il s'opposoit à la pourriture des corps, parce que cette pourriture est, comme on sait, la suite de la chaleur & de l'humidité combinées.

Zarate nous décrit les difficultés que dom Diegue d'Almagro eut à vaincre pour se rendre au Chili par cette chaîne de montagnes, & ces détails sont encore plus effrayans que ceux que nous avons exposés ci-dessus; le grand froid fut surtout ce qui causa le plus grand désastre à son armée. Le capitaine Ruydias, qui accompagnoit dom Diegue, vit plusieurs de ses soldats tués par le froid & rester roides morts sur la route. Les chevaux n'y furent pas moins maltraités. Dom Diegue, retournant à Cusco cinq mois après, trouva en plusieurs endroits les cadavres de ses soldats gelés avec leurs chevaux, sur lesquels ils étoient encore, & appuyés contre les rochers près desquels ils s'étoient retirés. Ce froid excessif les avoit préservés de la moindre putréfaction, & l'on en trouva les chairs aussi fraîches que s'ils venoient de mourir.

Le rapport de Bouguer vient à l'appui de ce que dom Ulloa & d'Acosta nous ont appris sur tous ces phénomènes, quoique l'académicien françois diffère beaucoup dans la manière dont il détermine les causes de ces étranges accidens ; mais Bouguer n'a fait ses observations que sur le Pichinca, dans le royaume de Quito, & n'a point visité les contrées que cite d'Acosta ; par conséquent il n'a pu être témoin des accidens funestes dont celui-ci & dom Ulloa nous font le récit.

L'extrême raréfaction de l'*air* devint très-pénible à Bouguer & à ses compagnons : ceux qui avoient la poitrine délicate sentirent encore plus la différence de l'air, & saignèrent souvent du nez. Bouguer attribue avec raison ces accidens à la plus grande légèreté de l'air, qui ne pesoit plus assez pour maintenir le sang dans les vaisseaux. Quant à lui, il ne remarqua point que cette incommodité lui devînt plus pénible en montant encore plus haut : peut-être, dit-il, est-ce parce que je m'étois déjà accoutumé à ce pays, ou parce que le froid empêchoit que la raréfaction de l'air ne fût aussi considérable qu'elle auroit dû l'être sans cela. Plusieurs tombèrent en foiblesse en montant, & vomirent souvent ; mais ces accidens lui parurent plutôt les effets de la fatigue que de la difficulté de respirer : ceci lui sembla démontré, en ce que l'on n'étoit pas exposé à ces incommodités si l'on montoit à cheval, ou lorsqu'on étoit arrivé à une cime où l'air étoit plus raréfié. Il ne nie cependant pas que la grande raréfaction de l'air n'ait contribué à cette fatigue pénible & à l'abattement qu'on éprouvoit, puisque la respiration, qui devenoit très-difficile pour peu qu'on s'agitât, ne l'étoit plus si l'on restoit en repos.

Après ces détails concernant ce qui arriva aux académiciens sur la montagne de Quito, Bouguer nous apprend ce qu'ils éprouvèrent sur le Pichinca. Le froid y étoit si fort, que plusieurs eurent des symptômes scorbutiques. Les Indiens & plusieurs personnes du pays qu'ils avoient prises à leur service, sentirent de violentes douleurs internes, vomirent du sang & furent contraints de descendre : cette incommodité se manifestoit lorsqu'on s'arrêtoit pour quelque tems sur la cime des rochers ; mais, selon Bouguer, elle n'étoit due qu'au froid extrême auquel ils n'étoient pas accoutumés : la raréfaction de l'air ne lui parut pas en être la cause.

Bouguer nous parle aussi du passage de *Guanacas*, par lequel on traverse les Cordillières de l'est, & par où il lui fallut revenir au fleuve de la Magdeleine : c'est une route que l'on ne fait qu'avec crainte & danger, surtout lorsqu'on vient du dehors. Les mulets y sont encore plus exposés que les hommes ; car, outre le froid excessif qu'ils doivent éprouver comme eux, ils ont outre cela la fatigue de plus, & ils y perdent souvent toutes leurs forces. La route, qui a deux lieues de longueur, est si remplie d'ossemens de mulets qui y sont morts, qu'on peut à peine poser le pied sans en rencontrer ; mais Bouguer se ressentit peu de la fatigue de ce passage, parce qu'il prit par le milieu des Cordillières. Il est, outre cela, bien différent de traverser des pays bas & d'un climat modéré, & de s'élever sur ces hautes cimes où le froid est excessif & l'*air* extrêmement raréfié, ou de quitter ces monts & de descendre de ces climats rigoureux dans les pays bas, où l'on rencontre une température de plus en plus modérée, comme le remarque d'Acosta.

Quant à la cause des anxiétés & des vomissemens auxquels sont exposés les voyageurs au Pérou, nous croyons qu'on doit l'attribuer en même tems au froid & à la grande raréfaction de l'air, suivant l'opinion de d'Acosta. Bouguer au contraire ne l'attribue qu'à la fatigue : la preuve qu'il en donne est presqu'opposée aux faits que cite d'Acosta, dont les compagnons de voyage, ou périrent, ou furent si incommodés ; car ces accidens ne peuvent assurément pas être attribués à la fatigue. D'ailleurs,

D'ailleurs, il paroît, par ce que nous apprend Ulloa, que Bouguer ne s'est pas trouvé sur les lieux où il auroit pu observer ces accidens au degré de violence dont ils sont susceptibles dans certains passages, & il est à croire qu'il auroit changé d'opinion.

Des symptômes qui se manifestent, surtout lorsqu'on s'élève des pays bas sur les cimes hautes, & qui disparoissent lorsqu'on descend des cimes hautes aux pays bas, ne semblent-ils pas dus à l'action d'un *air* raréfié & froid? Car la moindre action que fait cet *air* sur les fibres & les muscles d'un corps organisé qui s'y trouve plongé, peut bien occasionner de la foiblesse dans ses mouvemens, & donner lieu de présumer à ceux qui s'élèvent sur ces cimes, qu'ils ont une respiration gênée.

J'ajouterai encore ici, pour jeter quelque jour sur ces phénomènes, les observations qui ont été faites sur les plus hautes montagnes de l'Europe, concernant les qualités de l'air, & les effets qu'il a produits sur le corps humain. Ulloa, qui les compare avec ceux qu'on éprouve dans les Cordillières d'Amérique, ne trouve qu'un rapport très-éloigné, relativement aux accidens qui en résultent.

Effectivement, quant aux effets que produit l'air froid raréfié sur le corps des voyageurs, lorsqu'ils sont parvenus au plus haut degré d'élévation où ils peuvent arriver sur les monts glacés de l'Europe, on les trouve infiniment moindres que ceux dont nous parlent Ulloa & Bouguer. Dans le dernier voyage que M. Deluc fit au mont Sixte, il remarqua que la peau se ridoit & devenoit fort pâle, de sorte qu'elle ressembloit assez à une vessie ridée : on n'éprouvoit cependant là d'autre incommodité que celle du froid & du vent; la poitrine & tout le reste du corps faisoient librement leurs fonctions. En effet, aucune gêne, aucune sensation désagréable, ne firent sentir à ces voyageurs que l'air qu'ils respiroient, étoit presque d'un quart moins pesant que dans la plaine, & qu'il exerçoit sur leur corps une pression à peu près moindre de cent quintaux. M. Deluc cite à cette occasion l'exemple des gens qui chassent aux chamois, & celui des femmes du village voisin du mont Sixte, qui tous les jours vont des vallées profondes au plus haut point des cimes sans en ressentir la moindre incommodité.

Enfin je dirai que M. de Saussure nie formellement qu'on sente sur les Alpes la moindre gêne dans la respiration; mais il convient qu'on y éprouve un abattement extraordinaire, une envie de dormir, & que la peau y pèle.

Voilà donc à peu près à quoi se réduisent les observations que l'on a faites concernant les sensations dont on est affecté sur les plus hautes montagnes de l'Europe. Il est aisé de voir qu'elles ne nous présentent qu'une très-foible partie de ce qui arrive sur les Cordillières de l'Amérique; mais ces montagnes sont d'un quart plus hautes que les sommets les plus élevés de l'Europe.

AIR COUVERT. C'est surtout dans le Pérou & dans le plat pays, que l'on trouve cette disposition de l'air. La foiblesse des vents du sud, & quelquefois leur cessation totale pendant plusieurs jours, donne lieu à la formation du nuage qui couvre le soleil dans cette partie basse. Comme il n'y a point de vent qui en agite l'air, les vapeurs humides qui s'élèvent de la terre s'y arrêtent. Ce nuage n'est jamais aussi élevé que la partie haute de la terre, & se tient à une hauteur moyenne déterminée. Les vents du *sud*, qui sont continuels dans les mers qui bordent la côte du Pérou (on les appelle ainsi quoiqu'ils soient *sud-ouest*), perdent leur force dans la région basse de l'atmosphère, & la conservent dans celle qui est plus élevée. Comme ils parcourent un espace supérieur aux nuages, ils se trouvent au niveau de la partie haute, & la traversent sans aucun obstacle. De cette manière ils empêchent non-seulement qu'il s'y forme des nuages, mais même ils les dissipent, parce qu'ils y sont constans.

Revenons maintenant aux nuages qui règnent sur la partie basse du Pérou. Comme ils se trouvent interposés entre les rayons du soleil & la surface d'une terre basse, on doit les considérer comme un rideau naturel qui s'oppose à l'effet de ses rayons, & ne leur permet pas de passer outre : d'où il arrive que la contrée sur laquelle ils devoient tomber, & qu'ils auroient nécessairement échauffée à un certain degré, n'éprouve que des chaleurs d'autant plus modérées, que ce nuage reste plus long-tems interposé.

C'est à la suite de ce brouillard épais, dont la terre est couverte aux environs de Lima, & qui intercepte les rayons du soleil, que l'on éprouve une certaine température fort douce dans cette contrée; car, comme nous l'avons vu, les vents soufflent sous ces brouillards, & entretiennent le froid qu'ils apportent des contrées d'où ils soufflent. Ces brouillards paroissent aussi épais dans les vallées du plat pays qui sont au nord de Lima : ils ne sont pas même bornés à la côte. On les voit aussi couvrir une partie de la mer du sud.

C'est réguliérement pendant toute la matinée qu'ils couvrent la terre, & ils sont si épais qu'ils obscurcissent tous les objets. Vers dix à onze heures avant midi ils s'élèvent, se partagent, mais non entiérement. Les nuages ne dérobent plus la vue des objets de la région inférieure; cependant ils cachent toujours le soleil pendant le jour, & même les étoiles pendant la nuit.

On voit que le ciel est continuellement caché dans cette saison. La seule différence qu'on y remarque, est que le brouillard est tantôt plus & tantôt moins près de la terre. De tems à autre ces vapeurs se divisent, laissent appercevoir le disque du soleil; mais ses rayons ne font sentir aucune chaleur. Il est à propos de remarquer qu'à deux ou trois lieues de Lima, ces vapeurs se divisent beaucoup plus que dans la ville même. On y voit entiérement le soleil qui modère le froid de ces contrées par son action. Voilà pourquoi l'hiver est plus doux & le tems plus serein au Callào, qui n'est qu'à deux lieues & demie de Lima.

Cependant il arrive, comme on l'a déjà dit, que ces brouillards se convertissent en bruines qui humectent la terre. Alors les croupes des montagnes & des vallées, qui dans les autres saisons paroissent arides & stériles, se couvrent de toutes sortes de plantes. Ces bruines ne sont jamais assez épaisses pour empêcher de se mettre en route : elles sont si fines, que les habits mêmes les plus légers n'en sont pénétrés qu'après un tems assez long. Mais comme elles durent tout l'hiver sans que le soleil puisse percer à travers, elles humectent assez le sol pour le rendre susceptible de donner le branle à la végétation dans des contrées desséchées en d'autres tems, & qui d'ailleurs sans ces circonstances singulières n'offriroient aucune plante.

Air ou Ayr, ville d'Ecosse, à l'embouchure de la rivière de ce nom : il y a une *barre* qui est fort dangereuse pour les bâtimens qui s'y introduisent.

AIROLE, village au pied du mont Saint-Gothard. Nous prendrons ce point pour le centre de plusieurs routes ou trajets, dont nous nous proposons de faire connoître l'histoire naturelle : d'abord celle d'Obergestelen à *Airole*, ensuite celle d'*Airole* au haut du mont Saint-Gothard.

A un quart de lieue d'Obergestelen on prend le vallon à gauche, & l'on commence à monter la montagne de Lauffen. Des nappes, des chutes d'eau, se précipitent de tous côtés. C'est le torrent de Laigesse qui descend de cette montagne. Les rochers qui la composent, sont toujours des schistes mêlés de micas & de quartz, dont les couches sont souvent perpendiculaires. Plus loin le feld-spath s'y trouve dispersé. Ce sont, comme on sait, toutes ces parties qui composent le granit proprement dit. Cette sorte de rocher n'en diffère que par son arrangement par bandes. Ce n'est au reste que dans ces grandes masses, qui se présentent sous différens aspects, qu'on peut faire cette remarque. Dans le granit ordinaire, le quartz, le feld-spath & le mica sont mêlés & confondus exactement : on n'y voit aucune couche, mais plusieurs fentes en plusieurs sens : d'où il résulte qu'il s'en détache plusieurs morceaux irréguliers, & que le tems le détruit sans qu'il conserve de formes décidées. Ici on voit des lits & des couches de différentes épaisseurs, qui suivent une même direction dans leurs fentes & dans leurs cassures. Des masses énormes & régulières dans leurs fractures, de forme cubique, parallélépipède ou très-approchante, remplissent des fonds & de petits vallons : elles sont tombées de rochers à pic d'une hauteur effrayante.

Ce canton ne produit que des mélèzes ; ce qui n'est pas étonnant, car on est plus élevé qu'Obergestelen, pays déjà fort haut. La végétation commence à être moins active, & après cinq quarts d'heures de marche toujours en montant, on ne trouve plus d'arbres ; ce sont encore, comme nous l'avons remarqué, des buissons d'aunes rabougris, qui finissent par être la production végétale en arbres qu'on rencontre aux plus grandes hauteurs.

La nature des masses pierreuses a également changé ; elles sont micacées, argileuses, sans mélange de quartz & feuilletées très-minces. On parvient à une espèce de plate-forme produite par une quantité de sable & de gravier amenés par des torrens & par différentes chutes d'eau. L'égalité du terrain, qui est aussi plus abrité, a permis à quelques bouquets d'aunes de s'élever & de croître plus vigoureusement : ils sont d'ailleurs au bord des eaux dont ce terrain est abreuvé. Les rochers qui dominent à de grandes hauteurs dans les environs, sont des mêmes schistes qui viennent d'être décrits. Après avoir passé un pont de pierres, on apperçoit un beau glacier qui est entre la montagne de *Gries* à droite, dont le glacier a pris le nom, & le *Blint-Horn* à gauche. Il s'en précipite une superbe cascade qui tombe d'une très-grande hauteur. Ce glacier descend entre ces deux montagnes sur un terrain fort en pente ; ce qui est cause qu'il n'a pas d'enceinte ou de *marème* en avant. Le haut du glacier est en amphithéâtre & par gradins, & sur sa pente il est entrecoupé de larges fentes, & il est fort uni dans le haut, où se trouve un passage ordinaire pour les mulets qui vont au Val-Levantine : il a une demi-lieue de large dans cet endroit. Un pic fort élevé le domine.

Sur la gauche on voit un autre glacier, *Imrhot-Thal*, & dans les fonds on voit des pâturages entre les montagnes. Cette route, toute sauvage & déserte qu'elle est, offre une quantité de belles cascades & des chutes d'eau fournies par les glaciers. Cette partie de montagnes est composée de schistes argileux, micacés, dont les couches sont fort minces & de couleur bleu-foncé, & quelquefois d'un beau vert.

Après avoir monté trois heures, on arrive sur le haut de cette montagne, c'est-à-dire, à l'entrée d'une espèce de vallon où est le passage, car le haut de cette montagne est encore surmonté de pyramides & de masses de rochers qui paroissent avoir plus de cent toises d'élévation, dont la plupart sont à pic. La neige est permanente toute l'année dans ce vallon & sur les masses escarpées qui le dominent. Ce qu'il y a de remarquable, c'est que tout ce haut de montagne est composé de schiste argileux, noirâtre au premier aspect, & dans une grande décomposition : les feuillets en sont très-minces, se lèvent & se détachent sans effort.

En les regardant de plus près, on y apperçoit un mica argentin, très-fin, entre les feuillets. Sur les faces exposées à l'air il y a une grande quantité de mamelons & de rugosités, comme de petits pois ou des lentilles : il y en a de plats, de ronds, d'autres alongés, & une grande partie sont ochreux. Après avoir bien examiné, dans différens endroits, tous ces schistes, & les avoir trouvés partout conformes, & couverts plus ou moins de ces parties protubérantes, il fut aisé de reconnoître qu'ils étoient ochreux & ferrugineux dans l'intérieur, & qu'originairement ils étoient sous forme pyriteuse : l'humidité qui a décomposé la pyrite, a distendu les parties ferrugineuses, & a occasionné le renflement des petits mamelons.

Outre cela, on n'y apperçoit point les couches & les lits aussitôt qu'on est parvenu au point où il n'y a plus de décomposition. De plus, cette roche schisteuse fait beaucoup d'effervescence avec les acides, au point qu'elle paroît mi-partie calcaire & mi-partie argileuse.

La sorte de schiste que nous venons de décrire est celle qui compose les pics élevés & le haut de cette montagne. Elle étoit couverte d'une grande quantité de neige glacée & comme battue, & si tassée, que les fers des chevaux n'y marquoient pas d'empreintes ; elle étoit glacée & grenue, mais n'avoit pas la transparence de la glace, comme sur les glaciers. Les autres substances minérales que l'on trouve sur cette montagne, mais qui sont isolées, & dont on ne rencontre pas de masses faisant corps, sont :

1°. Une pierre schisteuse, brunâtre & sablonneuse, qui fait effervescence, entre les couches de laquelle sont interposées d'autres couches de mica, dont les feuillets sont d'une belle couleur gris de perle chatoyante.

2°. Autre, par feuillets très-minces, toute micacée, jaunâtre, & faisant effervescence.

3°. Schiste feuilleté, mince, peu dur, luisant, rayé & ondulé. Entre les couches il y a des noyaux ou mamelons, dont le schiste prend la forme ; ils sont fort durs, noirs & luisans dans la fracture, comme le jayet, & font feu au briquet.

4°. Pierre schisteuse, argileuse, d'un gris verdâtre, avec des micas qui y forment des mamelons ou petites élévations en long, qui, au premier coup-d'œil, paroissent être des schorls verts.

5°. Des blocs parallélépipèdes d'une pierre blanche d'un granit fort fin & un peu rude au toucher, médiocrement dure, mêlée de parties micacées, blanches, très-petites, ne faisant point feu au briquet, & faisant peu d'effervescence.

La descente de cette montagne est brusque & difficile parmi un amas étonnant de pierres roulantes & de rocs détachés. Il y a eu de grands éboulemens de ce côté, & l'abondance des eaux de neiges fondues a entraîné les terres & les sables qui pouvoient servir de liaison à tous ces matériaux détachés.

On voit partout de belles chutes d'eau. Quand on arrive un peu plus dans le fond, des masses énormes de rochers le couvrent, & ils sont eux-mêmes couverts de pâturages. Le premier petit arbrisseau qu'on y trouve, est le rosier des Alpes. Les côtés du vallon sont de roches schisteuses, micacées, quelques-unes sablonneuses & mêlées de beaucoup de quartz. Plus loin sont des schistes où il y a beaucoup de mica bleuâtre. A une demi-lieue, où l'on a commencé à voir le rosier des Alpes, on trouve des mélèzes. On apperçoit des eaux abondantes partout, & de belles cascades qui tombent de deux lacs qui sont à droite. Après six bonnes heures de marche pour passer cette montagne, on arrive à un hospice dépendant du Val-Levantine, pays sujet du canton d'Uri.

On apperçoit différens glaciers sur les hauteurs. Celui qui est du côté du Vallais se nomme *Avilla* : il est fort élevé, entouré de hautes aiguilles de rochers, & il y a une marème ou enceinte considérable. A droite est celui de *Vallecia*, qui est couvert de hautes pyramides de glaces : sur un de ses côtés il présente un mur de glace fort élevé ; des granits ordinaires descendent d'un torrent entretenu par un glacier qu'on ne voit pas de ce fond, & appelé *Imbrune* ; ce torrent a formé diverses petites monticules des débris qu'il a amenés ; ils sont actuellement couverts de pâturages. Après avoir laissé le petit village d'*Avilla* à gauche, on rencontre un autre torrent qui ne charie que des pierres schisteuses, micacées, mêlées de beaucoup de quartz.

A une lieue environ de l'hospice, on trouve le village de *Fontana*. Après avoir passé le torrent, on trouve du beau gypse blanc, mêlé de mica jaune : on ne voit que des torrens, des ravins & des monticules formées des décombres du mont Saint-Gothard ; on passe un vallon fort étroit, où il n'y a de place que pour le Tessin. Le chemin est à mi-côte & sur des rochers micacés, remplis de quartz. Le Tessin roule ses eaux dans un lit de roches calcaires qui s'élèvent à environ un tiers de la montagne : cette pierre calcaire règne des deux côtés à même hauteur, & n'est réellement qu'adossée contre la roche schisteuse, micacée, qui forme le noyau & le centre de cette montagne. On peut présumer que cette roche de pierre calcaire correspond, par rapport à la hauteur, avec celle que nous avons vue se trouver entre Obergestelen & Oberwald, dans le Haut-Vallais, à l'article du *Glacier du Rhône* & du *Vallais*. D'ailleurs, l'identité des productions végétales qui se trouvent aux deux endroits, peuvent faire présumer qu'elles se trouvent à la même hauteur. Ces hauteurs, constatées dans différens endroits où se trouvent les derniers lits de pierres calcaires, seroient à peu près des indices pour les hauteurs où la mer a séjourné : je dis à peu près, car les lits de pierres calcaires peuvent avoir été détruits en partie & dégradés par les eaux ; mais cet à peu près suffit d'ailleurs, quant à l'usage qu'on peut faire de cette détermination, relativement à la théorie de la terre. Enfin, on arrive à Airole, où le vallon est un peu plus ouvert : il y a cependant peu de culture. Le Tessin, qui descend du mont Saint-Gothard, passe à peu de distance de ce village, & traverse la vallée étroite de Livenon ; il précipite son cours entre des rochers perpendiculaires, fort élevés, entre lesquels il s'est ouvert un passage où il n'y a de place que pour son lit : on a taillé dans le roc un chemin au bord de l'eau ; les rochers y ont les formes les plus bizarres & les plus belles.

Route d'Airole au haut du Saint-Gothard.

On commence à monter, en sortant d'*Airole*, par un chemin qui est pavé jusqu'au haut du Saint-Gothard, à l'exception des endroits où le roc solide sert lui-même de chemin. L'abondance des eaux & des torrens, pendant la fonte des neiges, auroit bientôt rendu impraticable cette communication nécessaire, si l'on n'avoit pas pris une pareille précaution. On rencontre, dans le bas, des granits roulés & des pierres schisteuses, argileuses, micacées, mêlées de quartz, d'autres mêlées de schorls noirs.

A une petite demi-lieue d'Airole les rochers sont blanchâtres, gris ou bleuâtres, feuilletés ou schisteux, médiocrement durs, quelquefois tendres quand ils sont dans l'état de décomposition : ils sont composés de parties micacées, brunes, jaunâtres ou d'un jaune brillant & d'un peu de sable quartzeux ; quelques parties sont ochreuses : dans d'autres, des schorls noirs traversent cette roche en différens sens & en suivant cependant la tranche des lits. Ces schorls se réunissent souvent en faisceaux, & divergent en partant du point de la réunion. Des grenats, ordinairement gros comme des noisettes, sont incrustés dans ces micas & parmi ces schorls : ils sont dodécaèdres, opaques, ordinairement de couleur de brique, & paroissent être dans l'état de décomposition : il y en a de petits qui ont conservé leur couleur & leur brillant vitreux. Ces grenats sont plus durs que la roche dans laquelle ils sont incrustés : ils sont restés saillans dans la roche qui sert de chemin & de passage aux chevaux & aux mulets. Plus loin on rencontre des rochers schisteux & micacés, mais sans grenats & sans schorls.

Après avoir marché une heure toujours en montant, de grandes parties de rochers se présentent aux environs de la chapelle Sainte-Anne : elles sont disposées par couches ; elles sont de nature quartzeuse, composées d'un sable très-fin. C'est un véritable grès par couches, mais tout parsemé de petits cristaux de schorl noir, dont un grand nombre sont placés dans le sens des couches de la pierre ; les autres sont placés irréguliérement. Quelques-uns de ces cristaux ont jusqu'à quatre lignes.

Le Tessin, qu'on a côtoyé jusque-là, tombe en belles cascades. Les arbres cessent de paroître, après avoir diminué insensiblement : ce sont toujours des arbres conifères & résineux, & les mélèzes sont la dernière espèce qu'on rencontre. Les roches schisteuses continuent : elles sont mêlées de beaucoup de rognons & de filons de quartz.

On passe le Tessin sur un pont qui est au bas du mont *Trémola*. Un torrent venant de la montagne coule au pied de la montagne, & se jette dans le Tessin. C'est la moitié du chemin jusqu'au haut du Saint-Gothard. Les rochers des environs sont composés de couches micacées d'un sable très-fin, & de couches alternatives minces de mica brun, le tout parsemé de très-petits grenats. Entre le Tessin & le chemin il y a un bloc de beau schorl vert, traversé par quelques filons de spath calcaire blanc, quelquefois jaunâtre : on y remarque des faisceaux larges d'un doigt : il y en a de moindres. Ils ont aussi quelquefois une espèce de centre d'où partent & se divergent les rayons en différens sens. Toutes les aiguilles sont d'un beau vert ; elles sont striées, luisantes & vitreuses.

Dans le milieu du vallon il y a beaucoup d'énormes masses isolées & roulées de granit ordinaire avec le feld-spath, sans qu'on rencontre aucun rocher de cette sorte de pierre ; car ceux qu'on trouve aux environs sont toujours micacés, mêlés de schorls & de grenats, & par couches verticales. Le Tessin, avec grand bruit, tombe souvent par sauts. Une montagne se voit ensuite, composée de lits & de couches fort minces & alternatives de mica noir & de sable quartzeux blanc. Quelques filons de quartz de trois à quatre pouces traversent la totalité de la masse. Ces couches s'étendent très-réguliérement d'un côté de la montagne à l'autre, après avoir encore monté quelque tems. Un mamelon très-considérable s'élève & semble sortir d'entre ces montagnes : il n'est composé que de granit ordinaire ; c'est un mélange de quartz, de mica & de feld-spath. Les grosses masses dont nous avons parlé au pied du mont *Trémola* étoient de la même sorte, & ont été probablement détachées de ce rocher & précipitées plus bas par les torrens. Les granits roulés qui se trouvent à peu de distance d'*Airole*, sont de la même composition & viennent du même endroit.

A côté de la montagne de granit dont il est question, une autre s'élève presqu'à la même hauteur ; mais celle-ci est schisteuse, & composée de quartz & de mica de différentes couleurs. On rencontre ensuite un autre pont sur le Tessin, aux environs duquel il y a de belles chutes d'eau. Enfin, après avoir fait trois lieues on arrive sur le haut du Saint-Gothard. Si cette montagne ne paroît pas bien élevée de ce côté, c'est que le point d'*Airole* d'où nous sommes partis, est très-élevé par lui-même. Il faut se souvenir qu'il n'y a presque point de culture aux environs d'*Airole*, & qu'il n'y avoit que des pâturages, quoique son exposition soit du côté du midi. Il faut se souvenir aussi qu'il y a une bonne lieue & demie sans qu'on rencontre aucune végétation ligneuse, c'est-à-dire, qu'il n'y a plus d'arbres ni arbrisseaux.

Nous ajouterons ici ce que l'on observe dans le vallon de *Sorrescia alla Sadia* & dans les montagnes adjacentes qui sont du côté d'*Airole*. A commencer du premier pont en montant le Gothard, la partie supérieure du mont *Trémola* est comprise dans cet examen. Toute cette partie & ces hauteurs sont composées en général de roches schisteuses, micacées, dans lesquelles il y a des schorls noirs, dont les aiguilles ont différentes grosseurs ou des dispositions différentes dans la roche. On y trouve aussi des grenats de différentes grosseurs.

On trouve enfin, au haut du mont *Trémola*, du schorl vert, adhérent, & faisant partie de la masse, & à côté des schorls noirs dans leurs rochers micacés : il n'y a point de parties micacées jaunes jointes aux schorls verts, mais seulement, comme nous l'avons déjà observé, quelques filons de spath s'y trouvent mêlés.

Vu la disposition des lieux & la pente de la montagne, il n'est pas douteux que le bloc que l'on trouve au bas de la montagne ne provienne des rochers qui sont dans le haut; car les schorls verts des deux masses, comparés ensemble, ont été trouvés avoir les mêmes caractères. La seule différence, qui n'est qu'accidentelle & dépendante des circonstances locales, est que celui qui est sur la montagne est plus tendre & plus friable.

Une autre observation & remarque qu'on peut faire, est que les couches minces & alternatives de mica noir & de sable quartzeux blanc sont les mêmes au haut de la montagne, comme elles ont été trouvées dans le bas & des deux côtés.

Aire *en Artois*. Ce qu'il y a de plus intéressant pour nous dans cette ville est une fontaine située sur la grande place, & qui fournit de l'eau abondante & salutaire au très-grand soulagement des habitans & de la garnison. Cette fontaine est le produit d'une fouille qui fut faite en 1750, jusqu'à cent trente-sept pieds de profondeur.

On a fait l'inscription suivante pour être placée au frontispice de l'ouvrage construit pour décorer cette source :

Pace levamen,

Obsidione salus.

M. Chevalier, ingénieur en chef de cette place, & commandant du fort Saint-François, y a aussi percé une semblable fontaine qui fait les délices des militaires qui habitent ce fort voisin de la ville. On y a placé de même les deux vers suivans :

Quam formidandis cinxisti manibus arcem
Fontibus hanc recreas ingeniosa manus.

Il n'est pas rare de voir dans cette ci-devant province, ainsi que dans une partie de la Flandre françoise, de semblables fontaines fournissant continuellement de l'eau vive & abondante, & dont l'origine a été primitivement recherchée par des fouilles profondes. (*Voyez* l'article *Artois*, où nous donnons une idée précise & détaillée des principes qui dirigent ces fouilles, & qui peuvent nous éclairer en même tems sur la marche des eaux souterraines dans ces belles & riches contrées, laquelle autorise à ces recherches.)

AISNE, rivière de France, qui prend sa source au dessus de Clermont, près de Sainte-Ménéhould, dans la ci-devant province de Champagne, & qui, après avoir traversé partie du département des Ardennes, parcourt celui auquel elle donne son nom, en passant par Neufchâtel, Berry-au-Bac, Pontavert, Beaurieux, Vailly, Soissons & Vic-sur-Aisne. Elle se jette dans l'Oise, un peu au dessus de Compiègne : elle commence à être navigable à Château-Porcien. César en parle dans ses Commentaires, sous le nom d'*Axonia*.

Les rivières qui s'y jettent dans l'étendue du département de l'Aisne, sont la Suippe, la Vesle, la Crise & le Ru-de-Vendy.

J'ai suivi avec quelqu'attention la vallée de l'Aisne, & j'y ai d'abord remarqué des graviers calcaires plats, fort usés & polis, dont les premiers matériaux ont été incontestablement fournis par les parties supérieures de son cours. Ils s'observent, surtout dans son canal au dessus & au dessous de Réthel, sur un fond de craie : ils ont été visiblement transportés par les eaux courantes sur ce fond, qui ne pouvoit les fournir. C'est aussi à ces mêmes transports que l'on doit rapporter les amas de marnes & de glaise qui se trouvent au milieu de son canal à Réthel, & dont les fabricans de cette ville font usage avec succès pour fouler & dégraisser leurs étoffes de laine.

Tous ces transports ne peuvent étonner ceux qui ont été témoins des fréquens accès de débordemens auxquels l'Aisne est sujète, & dans lesquels cette rivière recouvre toute l'etendue de sa plaine fluviale, qui est fort large & fort plate dans ce pays de craie.

Cependant je dois faire remarquer que la vallée de l'Aisne est beaucoup plus encaissée que celles de toutes les autres rivières qui ont leur cours dans la craie, & que d'ailleurs les bords de cette vallée sont figurés très-régulièrement au dessus & au dessous de Réthel, quoique les pentes latérales du terrain l'aient comblée à un certain point des débris de meulières, de grès, de craie & de terres jaunes, & enfin de sables, &c. parce que les eaux pluviales peuvent y entraîner facilement ces matériaux mobiles. (*Voyez Craie, Champagne*, &c.)

Aisne (*Département de l'*). Ce département,

dont Laon est le chef-lieu, tire son nom de la belle rivière dont nous venons de parler. Le sol de ce département est, pour la plus grande partie, calcaire, soit sous forme de craie, soit sous celle de pierres calcaires à grain plus ou moins serré, plus ou moins coquillier; une autre partie, surtout celle qui est voisine de Vervins, offre des schistes & une terre végétale qui en est le débris; à côté, ou au milieu de ces différens systèmes de massifs, sont des amas de marnes & de glaise.

Mais nous devons parler ici d'une couche de tourbe martiale, qui s'étend du nord-ouest au sud-est, depuis Pienne & la Terrière, entre le Catelet & Cambray, jusqu'à Beaurieux, sur le bord de l'Aisne, entre Laon & Rheims. Sa largeur, du nord-est au sud-est, occupe l'espace compris entre Humblières & Itancourt, jusqu'au-delà des fouilles de Golancourt, entre Ham & Noyon.

Dans cette vaste superficie, cette mine est souvent interrompue, tant par des dépôts de diverses natures, que par les vallées de l'Escaut, de la Somme, de l'Oise, de l'Aisne, & d'autres rivières & ruisseaux qui ont approfondi ces terrains mobiles. Les filons ont depuis un pied jusqu'à quinze & dix-huit d'épaisseur. Les parties exploitées qui en ont le moins, ont ordinairement trois pieds d'épaisseur.

On a commencé, il y a dix à douze ans, la fouille de deux ou trois carrières près des bords de l'Aisne & dans le voisinage de Soissons. On se sert plus communément de cette tourbe martiale comme d'engrais, après l'avoir laissé effleurir à l'air, & cet engrais est connu, parmi les cultivateurs, sous le nom de *cendres noires*.

Il y a deux établissemens dans lesquels on emploie le produit de cette mine à fabriquer de la couperose que l'on en extrait.

Nous ne parlerons pas ici des tourbes légères, connues sous le nom de *bouzin*, & qui semblent s'y reproduire par la végétation successive des roseaux. Nous renvoyons à l'article *Somme* l'exposition de tout ce qui concerne cette *tourbe*, & à celui *Tourbe*.

Les arrondissemens de Saint-Quentin & de Vervins, & une grande partie de celui de Laon, n'ont point de vignes : cette culture ne commence qu'au midi de Laon, & règne le long des coteaux qui bordent le cours des rivières d'Aisne & de Marne; aussi trouve-t-on d'assez nombreuses plantations de pommiers dans l'arrondissement de Saint-Quentin & dans l'ancien district de Chauny, qui fournissent du cidre à ces contrées & à celles de l'arrondissement de Vervins : cette liqueur, avec la bière, fait la boisson ordinaire de la partie septentrionale du département. J'ai indiqué cette culture comme une preuve de la *météorologie agraire* de cette partie du département, & de la différente température qui y règne, avec celle des pays de vignobles : circonstances intéressantes que la géographie-physique doit suivre avec le plus grand soin, en prenant les productions comme autant de degrés qui en règlent les décisions.

AIX-LA-CHAPELLE. Je me propose de faire connoître les différens massifs du sol naturel qui environne cette ville intéressante, & c'est ainsi que je donnerai une idée de sa géographie-physique. Je commence cette description depuis Mastricht, & la prolongeant jusqu'à Verviers, nous suivîmes d'abord un premier dépôt que nous ont offert les croupes de la vallée de la Meuse; ensuite nous en gagnâmes un second qui est aussi fertile que le premier : ils sont l'un & l'autre composés de sables & de pierres roulées. En suivant un plan incliné assez rapide, on s'élève, au milieu de grands amas de terres mobiles où le sable domine parmi un mélange de cailloux roulés, quartzeux & schisteux, jusqu'aux couches horizontales de pierres calcaires, semblables à celles de la carrière de Saint-Pierre & au même niveau : cet assemblage de bancs est recouvert, à sa plus grande hauteur, par des dépôts de terres, de sables & de cailloux roulés, semblables aux premiers dont nous avons parlé : tout ceci se continue jusqu'à Colpen & même un peu au-delà. Ce dépôt se rapproche beaucoup de celui que j'ai appelé le second, & qu'on parcourt de même depuis Ruremonde jusqu'à Mastricht; mais il diffère du dépôt des landes de Bois-le-Duc & de Gemertz.

Ce sol naturel, distribué par couches, est composé d'une pierre coquillière, tendre, fort blanche, & dont les lits sont plus ou moins épais, & farcis de silex fort noirs & sous formes bizarres; ce sol, dis-je, continue jusqu'à Aix-la-Chapelle, mais la couverture du dépôt ne se prolonge pas à beaucoup près jusque-là. 1°. Ce dépôt est fort altéré par l'approfondissement de plusieurs vallons qui ont contribué à troubler la continuité, & l'ont déplacé en lui faisant recouvrir les croupes nouvelles, & en le mêlant avec les débris du sol naturel & primitif; car on trouve pour lors, dans tout ce trajet, l'association étonnante de fragmens de pierres calcaires, de silex, de quartz roulés, de sables, de débris de terres calcaires blanches, mêlés de sables.

Il est visible que ce sont les eaux des ruisseaux qui circulent dans ces vallées multipliées, qui les ont creusées : l'organisation en est très-régulière, & le désordre des matériaux qui sont dispersés sur leurs croupes, s'explique aisément dès qu'on est remonté jusqu'aux deux époques primitives qui ont précédé l'état actuel. En arrivant à *Aix-la-Chapelle*, l'extrémité de ces dépôts horizontaux de couches calcaires semble mettre à découvert la base de l'ancienne terre, qui est, ou talcite, ou schisteuse.

La culture est fort bonne dans tout ce trajet, & particuliérement dans toute l'étendue des plaines hautes & des croupes couvertes de terres meubles & profondes; car lorsque la pierre est à découvert il y a peu de productions. On y cultive le froment, le seigle avec le trèfle, l'avoine avec le trèfle, le colza & les féves avec le trèfle, le blé noir, les pommes de terre, &c.

Arrivés à Aix nous nous sommes occupés à faire l'examen du sol naturel qui sert d'emplacement à la ville. Nous avions vu d'abord les sources d'eaux chaudes de Borsette. L'eau sort par deux ouvertures: l'une, qui est plus élevée, est couverte, & l'on én dirige les eaux par des conduits, pour servir à l'usage des bains, aux lavages des laines employées dans les fabriques de draps, & pour les différens besoins du ménage. Cette eau dépose sur les bords de ses canaux des stalactites abondantes, & d'ailleurs n'annonce aucune autre qualité sensible, soit au goût, soit à l'odorat, que celles de l'eau chaude. Un puits inférieur au niveau de cette première source présente la seconde à découvert, qui s'élance avec des traînées de bulles d'air. Ces sources sortent l'une & l'autre d'un schiste grisâtre, à petites lames verticales ou inclinées, avec plusieurs fentes de dessication.

L'eau minérale qui est dans la ville d'Aix, & qu'on boit, a une source particulière qui n'a rien de commun avec ces deux premières dont je viens de parler: elle est conduite dans des bâtimens appropriés aux bains, & outre cela dans la fontaine où elle se boit. Elle a une odeur très-forte de foie de soufre, & donne dans lès différens conduits plusieurs sublimations de fleurs de soufre.

Il paroît, par cet examen, que le fond du sol où est bâtie la ville d'Aix est un schiste sous forme trapézoïdale, plus ou moins dûr; c'est de ce schiste que sortent les eaux minérales de diverses natures, dont nous avons fait mention. Il ne faut pas prendre le change à l'aspect des collines élevées qui environnent cette ville, & qui sont calcaires; car elles recouvrent une base schisteuse, primitive, semblable à celle que la formation du vallon où cette cité se trouve, a mise à découvert. Cette pierre calcaire & crayeuse est, comme nous l'avons dit, farcie de silex distribués par lits. Outre cela, ces couches de craie sont couvertes de terre jaune plus ou moins sablonneuse, le tout surmonté d'un lit de sable, au milieu duquel se forment des rognons de grès plus ou moins nombreux. Cette réunion de substances hétérogènes ressemble singuliérement à ce que l'on observe dans les contrées de la France, où se trouve la craie, & surtout aux environs de Paris. Mais cet ordre de choses ne se remarque plus le long des croupes où les sables, les silex, les grès & quelques fragmens de pierres coquillières offrent les suites de quelques démolitions assez étendues; car les mêmes eaux pluviales & torrentielles qui ont creusé le vallon d'Aix, & mis à découvert la base que recouvroit la superfétation des couches horizontales, crayeuses, marneuses & sablonneuses, continuent à tourmenter ces mêmes bancs qui, n'ayant pas conservé une certaine épaisseur, & étant composés de matériaux très-tendres & fort mobiles, s'éboulent chaque jour, de manière que les débris des parties les plus élevées se voient sur les croupes les plus basses en désordre & sans suite.

Dès qu'on gagne un certain niveau dans tout le bassin de la ville d'Aix, les schistes reparoissent. C'est ainsi qu'après avoir franchi la première hauteur qu'on rencontre sur le chemin de Verviers, & sur le sommet de laquelle on observe la craie avec ses silex, la terre jaune & les sables, on voit les schistes au milieu desquels se trouve la mine de calamine. Ce massif règne dans tout le fond de la vallée; mais dès que la route remonte à un certain niveau, la craie reparoît avec des silex, des oursins, des madrépores & quelques fragmens de bois pétrifiés, & ces premiers dépôts sous-marins sont encore constamment recouverts par des lits de terres jaunes, marneuses, de sables & de rognons de grès. On parvient ainsi à Henry-la-Chapelle, d'où l'on découvre un double système de vallées, dont l'aspect étonne & réjouit également par le grand nombre d'habitations qui s'y trouvent dispersées.

En suivant les pentes alongées de ces vallées, on voit que les parties les plus élevées des croupes offrent des couches de craie, des terres jaunes & des sables avec des rognons de grès; qu'à un niveau inférieur ce sont des systèmes de croupes secondaires, formés par l'éboulement de tous ces matériaux tendres & mobiles, déplacés, & enfin dans le fond des vallées les schistes se montrent sous les formes les plus bizarres.

Toutes ces vallées sont semées d'habitations, à côté desquelles sont des clos, ou en pâturages, ou en vergers. Il y a peu de cultures: l'on n'en trouve guère qu'aux environs de Henry-la-Chapelle, de Baptiste, d'Audimont & de Verviers.

Lorsqu'on est parvenu à Henry-la-Chapelle, on descend à Baptiste par une arête fort étroite, où la craie est conservée avec les sables. Vers Audimont & un peu au dessus, le massif des schistes est à découvert. Ce qu'il y a de singulier, c'est que l'on trouve dés anomies, des madrépores & des cames, qui sont empâtés dans les schistes. Enfin on arrive à Verviers, dont l'établissement est un fond de schistes trapézoïdaux, qui offrent quelques fragmens de pierres calcaires, coquillières, aussi empâtés dans ces schistes.

Il est visible que ce pays renferme deux systèmes de matériaux, qui, tant par leur nature que par leur organisation, tiennent à deux ordres de choses bien hétérogènes: d'abord aux schistes qui sont distribués par couches verticales, inclinées, horizontales, ondées, pliées dans tous les sens; les schistes argileux, mêlés de couches calcaires; les schistes à lits épais avec les schistes à lames minces, ceux-ci offrant plus de variétés que les épais; mais les uns & les autres m'ont paru pouvoir être rapportés aux seuls effets de la dessication & à la seule distinction des pâtes primitives, ensuite aux matériaux distribués par couches horizontales & appartenans à la nouvelle terre, établis constamment sur les premiers. Cet ensemble annonce incontestablement deux dépôts différens. C'est dans le massif de ces deux époques que les eaux pluviales ont creusé les vallées. Les plus profondes atteignent les schistes les plus trapézoïdaux; elles offrent des croupes ou bords escarpés ou inclinés, suivant les formes générales de l'approfondissement des vallées. Dans les parties les plus basses il n'est resté que les vestiges des anciennes formes des schistes, les superfétations de la nouvelle terre ayant été détruites par les eaux.

AIX, ville principale de la Provence. Elle est entourée de collines qui vont en s'abaissant jusqu'à l'étang de Berre, lequel communique à la mer. Ces collines sont en général de deux espèces. Celles qu'on voit au levant sont couvertes de pierres calcaires à demi-arrondies, & abandonnées ensuite par les eaux : plusieurs masses de ces pierres sont réunies par un gluten solide, & forment un marbre-brêche estimé; les petites montagnes ou collines qui sont au nord & au couchant d'hiver, sont gypseuses, mais le gypse propre aux arts n'y est pas extérieur, comme aux environs de Paris : on est obligé de le chercher à quinze ou vingt toises de profondeur. Les carrières qu'on exploite, sont aux environs du chemin d'Avignon, & à une demi-lieue de la ville. On y trouve, lorsqu'on a creusé dix ou douze toises, une marne blanchâtre, dure & feuilletée, dans laquelle sont de belles empreintes de poissons : il y en a de plusieurs espèces & dans toutes sortes de positions. Quelques naturalistes ont cru y reconnoître une murène bien conservée.

Au bas de la petite montagne où sont les plâtrières, & à quatre ou cinq cents toises de la ville, se trouve le rocher où l'on a découvert des ossemens; il est à cinq lieues de la mer de Marseille, & à plus de six cent quarante-huit pieds au dessus de son niveau; il se prolonge sous une terre marno-argileuse, & on le retrouve à une assez grande distance, mais il ne contient pas partout des ossemens; il ne se montre extérieurement que par des pointes assez éloignées les unes des autres; il est en général composé d'une pierre très-dure, & forme un banc dans lequel on n'apperçoit aucune couche. Ce rocher est calco gypseux & néanmoins scintillant; il doit cette dernière propriété à des quartz roulés, plus ou moins atténués, & qui sont mêlés avec la matière calcaire. Cet énorme banc contient aussi quelques pierres calcaires roulées : on y découvre aussi des coquilles fossiles, telles que des vis & des cames.

C'est dans cette masse que sont renfermés un grand nombre d'ossemens : ils y sont sans ordre & dans toutes sortes de positions, verticale, horizontale & inclinée. Les uns sont cassés & par débris; tous sont incorporés dans la roche, comme les coquilles fossiles le sont ordinairement dans la pierre qui les contient. La substance de ces os est pleine, & le tissu cellulaire ne s'apperçoit que dans quelques-uns; ils sont blancs comme de la chaux, quelques-uns sont parsemés de dendrites; ils sont en général friables : il y en a cependant quelques-uns de durs, comme ceux que l'on trouve à Montmartre; mais ils sont rares, car il n'y a guère que les dents qui aient conservé leur dureté & leur email : ceux qui sont cassés, ont leurs cavités remplies de la matière qui forme le rocher; les parties les plus déliées de la pierre, en s'insinuant à travers les os qui sont entiers, ont formé dans leurs trous médullaires de superbes cristallisations spathiques, dont l'intérieur est revêtu comme une grotte l'est souvent de stalactites.

Parmi les pétrifications qu'on a tirées de ce rocher, il y en a de si bien caractérisées, qu'on peut, sans craindre de se tromper, en déterminer l'espèce. Les corps qu'on a pris pour des têtes humaines, en ont bien à peu près la grosseur, mais ils en diffèrent essentiellement par leur forme & par leur structure. Il est visible que ces corps ne sont pas des noyaux de nantilles ou de cornes d'Ammon, mais de vraies tortues pétrifiées. M. le baron de la Tour-d'Aigues en a une depuis longtems dans son cabinet : il ne la regarde pas comme une tête humaine; il a même été le premier à lui donner sa véritable dénomination.

On n'a trouvé des pétrifications de ce genre dans aucun autre lieu de la France.

Le même rocher contient encore des ossemens de toute espèce, comme des tibias, des fémurs, des côtes, des dents, des mâchoires & des rotules; mais il faudroit une grande connoissance de l'anatomie comparée, & surtout de celle des poissons de mer, pour décider à quelle espèce d'animaux ces ossemens ont appartenu. A Aix, ainsi qu'à Montmartre, les ossemens sont dans une pierre calco-gypseuse, & à l'un & à l'autre endroit il y a des empreintes de poissons.

Hapellius, cité par Henckel, dit qu'en 1583, en faisant sauter un petit rocher près de la ville d'Aix, on trouva dans le milieu un cadavre humain pétrifié, de sorte qu'on voyoit dans la substance du rocher les impressions de tous ses membres.

Dans le mois de juillet 1779, un particulier voulant faire sauter la pointe d'un rocher qu'il y avoit dans son champ, on le trouva rempli d'ossemens. Mais comme on n'en a pas donné la description, on peut présumer qu'ils étoient de la même nature que ceux dont nous venons de parler.

La colline qui fournit le plâtre à la ville d'Aix peut avoir environ cent cinquante toises au dessus du niveau de la mer. Les couches de la partie supérieure sont inclinées vers le nord, d'un angle de quinze à vingt degrés.

Les couches de la colline à plâtre sont toutes, ou calcaires, ou gypseuses, ou marneuses, ou renferment

renferment un mélange de marne & de pierres calcaires : on rencontre parmi de très-petits lits de charbon de terre, de deux ou trois lignes d'épaisseur.

Le sommet de la colline n'est composé que de couches calcaires, au milieu desquelles on trouve quelques feuillets de silex.

Voici la note des différentes couches qui recouvrent le premier banc de plâtre, à commencer par le sommet de la colline :

Terre végétale, mêlée de nombreux débris de pierres calcaires, trois pieds.

Couche de débris de pierres calcaires, un pied.

Couche calcaire, avec des veines de silex, trois pouces.

Couche de pierre calcaire très-dure, trois pouces.

Plusieurs couches de pierres calcaires brisées, trois pieds six pouces.

Couche calcaire de pierre dure, renfermant quantité de coquilles sur sa face inférieure, cinq pouces.

Quatre couches calcaires assez dures, deux pieds six pouces.

Une couche de craie plus ou moins légère, deux pieds.

Deux couches calcaires dures, trois pieds quatre pouces.

Sept couches de terre crayeuse, un pied.

Un banc de pierre calcaire propre à bâtir, trois pieds.

AIX, ville de Savoie, sur le lac du Bourget; elle est entre Annecy, Rumilly & Chambéry : il y a des bains renommés, où l'on distingue trois sources qui donnent chacune des eaux de différente nature, *celles des bains du roi*, *celles des bains soufrés*, & enfin *celles des bains d'alun*. Ces eaux sont très-abondantes : on voit aussi les restes d'un arc de triomphe, qui annoncent que cette ville a été considérable sous les Romains.

AIX, petite île située dans le golfe de Gascogne, entre l'île d'Oleron & l'île de Rhé, vers l'embouchure de la Charente. Il est évident qu'elle a fait partie de la terre ferme, dont elle n'est pas fort éloignée, car on y trouve les mêmes couches & les mêmes bancs de coquillages que renferme la côte de l'Aunis au bord de la mer.

ALABASTRITE, pierre gypseuse, ordinairement blanchâtre ou demi-transparente : elle se travaille facilement, se polit de même ; mais en général son poli est moins brillant que celui du marbre, parce qu'elle n'a pas la même solidité & la même infiltration. Les Allemands, & maintenant les Français à leur imitation, font avec cette pierre, des colonnes, des décorations de pendules, des vases & quelques figures agréables ; mais ils confondent l'alabastrite, qui est indissoluble aux acides, avec l'*albâtre* calcaire. Il y a de ces alabastrites qui ont des teintes de couleurs variées, comme on les voit dans les albâtres calcaires. On a découvert depuis quelque tems des couches d'*alabastrite* au Carnetin, proche Lagny, qui occupent la partie inférieure d'une carrière de plâtre, & qu'on peut observer à découvert sur le bord de la Marne. On en verra une description raisonnée au mot *Carnetin*. Plusieurs de nos sculpteurs ont tiré un assez grand parti des blocs de cette carrière, en leur communiquant des couleurs variées très-agréables.

ALAGNON, rivière de l'Auvergne, qui prend sa source dans les montagnes du Cantal, & qui va ensuite d'un cours rapide se jeter dans l'Allier. Sa vallée forme une branche du *golfe de l'Allier*, car on y trouve des fragmens de couches horizontales calcaires dans la partie qui est au dessus de Murat. Cette rivière paraît même avoir détruit une grande suite de ces dépôts aux environs & au dessous de cette ville. Quelques-uns de ces dépôts, non-seulement sont coupés par la rivière, mais encore sont recouverts par des courans de laves. Ainsi cet ensemble de matériaux est fort important, car il offre les preuves de tous les événemens qui ont eu lieu le long du cours de cette belle rivière. Les dépôts calcaires indiquent d'abord le séjour de la mer ; ensuite leur destruction, l'action des eaux courantes qui ont repris leur ancienne marche après la retraite de la mer ; enfin, les courans qui recouvrent certaines parties des dépôts, annoncent l'époque des éruptions de tous les volcans, qui datent d'un tems postérieur à la retraite de la mer. Ces opérations singulières de la nature, dont la suite & les époques sont inconnues, se trouvent ici déterminées par les vestiges qui en restent au milieu de cette vallée latérale. (*Voyez Vallée-Golfe de l'*ALLIER.)

ALAINS. La nation scythe étoit formée de l'assemblage de différentes nations, qui toutes avoient les mêmes mœurs & les mêmes usages. Les Scythes les plus célèbres en Europe, par les secousses qu'ils donnèrent à l'Empire romain, furent les *Alains*, les Huns & les Taifales. Ce furent surtout les premiers, qui passèrent pour les plus belliqueux. On dit que, dans leur origine, ils habitoient ce que nos historiens ont nommé la *Grande-Hongrie*. S'étant confondus avec les Huns, qui s'étoient rendus maîtres d'une partie de la Sibérie, ils fondèrent des établissemens sur les bords du Pont-Euxin, d'où ils portèrent leurs armes sur les bords du Gange. Ptolomée les dérive du mot *alin*, qui signifie montagne, parce qu'en effet ils habitoient dans des montagnes avant de passer au Midi, où ils s'établirent dans des plaines qui sont situées au nord de la Circassie & de Derbent. Mais, au reste, ce grand peuple nomade occupa tantôt une région & tantôt une autre.

Vers l'an 73 de l'ère chrétienne, ils formèrent une alliance avec le roi d'Hircanie, qui leur facilita le passage du détroit de Derbent pour exercer leurs brigandages dans la Médie. Le roi des Parthes ne se crut pas assez fort pour opposer une digue à ce torrent qui se répandoit dans les plus belles provinces de l'Asie. Quarante ans après cette expédition ils en tentèrent une nouvelle sous Adrien; mais ils en furent chassés par Arrien. Après avoir essuyé ce revers ils tournèrent leurs armes contre l'Occident. Gordien, alarmé de cette irruption, marcha contr'eux avec une armée qui fut taillée en pièces par ces barbares dans les campagnes de Philippes en Macédoine. Après cette victoire ils s'établirent sur la rive gauche du Danube.

A la suite de la défaite de Gordien, les Alains devinrent si redoutables, que des bords du Danube ils ébranlèrent les provinces de l'Empire les plus éloignées. Alors la domination des *Alains* s'étendit depuis les plaines de la Sarmatie & les Palus Méotides, jusqu'aux montagnes de l'Inde & des sources du Gange, & tous les peuples compris dans cette vaste étendue furent connus sous le nom d'*Alains*. C'étoit peut-être moins parce qu'ils obéissoient au même maître, que par la conformité de leurs mœurs & de leurs usages, qu'ils portèrent le même nom.

Les *Alains* nomades, comme les autres Scythes & Tartares, n'avoient d'autres maisons que leurs tentes & leurs chariots, qu'ils transportoient avec leurs troupeaux dans les contrées les plus abondantes en pâturages. Leur bétail étoit leur unique richesse; ils en mangeoient la chair & en buvoient le lait. Tandis que les femmes, les enfans, les vieillards, étoient sédentaires sous des tentes, la jeunesse, qui n'avoit d'autre occupation que la guerre, portoit les ravages chez ses voisins, et revenoit chargée de leurs dépouilles. Ammien Marcellin prétend que, de tous les Scythes, les Alains furent les plus humains & les plus civilisés: ils respectoient le droit des nations & la foi des traités. Conquérans sans être destructeurs, ils cherchoient à fertiliser les pays dont ils se rendoient maîtres. Leur taille étoit haute & régulière: cela paroît d'autant plus conforme à la vérité, que les Circassiens qui en descendent, sont encore aujourd'hui célèbres par la régularité de leurs traits, & que c'est parmi leurs femmes que les monarques asiatiques cherchent les objets de leur amour.

Quoiqu'on confonde ordinairement les Huns avec les Alains, parce qu'ils habitoient à peu près les mêmes contrées, il paroît qu'ils formèrent deux peuples distincts. L'histoire rapporte que les Huns Basckires firent une irruption dans la Sarmatie asiatique, où ils trouvèrent les *Alains* établis. Ces barbares, jaloux de la prospérité des anciens possesseurs, entreprirent de les dépouiller de leurs terres, & ils laissèrent partout les vestiges de leur valeur brutale. Ils firent un grand carnage des Alains, dont les uns se réfugièrent dans les montagnes de la Circassie, où leur postérité est encore établie aujourd'hui; d'autres se fixèrent sur les bords du Danube, où, s'étant unis aux Suèves & aux Vandales, ils ravagèrent conjointement la Germanie, la Belgique & les Gaules. Ils auroient poussé plus loin leurs brigandages; mais ils ne purent franchir les monts Pyrénées, & ils parurent fixés au pied de ces montagnes, d'où ils portèrent les ravages dans les villes & les provinces voisines. Un certain nombre de ces guerriers de la faction commune s'établirent dans les Gaules, & surtout dans la Bretagne & la Normandie, où leurs descendans ont hérité de leurs inclinations guerrières.

L'an 409 les troupes chargées de veiller à la défense du passage des Pyrénées arborèrent l'étendard de la rebellion. Utace, roi des *Alains*, profita des circonstances pour entrer en Espagne avec les Suèves & les Vandales, qui partagèrent entr'eux ces riches provinces: la Galice & la Bétique échurent aux Suèves & aux Vandales; la Lusitanie & la province de Carthagène furent soumises aux Alains.

Un spectacle bien surprenant est de voir un peuple sorti de la Sibérie traverser une vaste étendue de pays, se fixer ensuite sur les bords de la Méditerranée & de l'Océan, c'est-à-dire, dans des climats bien différens de ceux qu'il avoit primitivement habités. Les peuples modernes, aussi courageux, pourroient-ils résister à toutes ces excursions & à ces fatigues?

Utace, maître paisible de la Lusitanie, pouvoit jouir, sans être inquiété, du fruit de sa conquête; mais dévoré d'ambition, il succomba à la tentation d'asservir ceux qui l'avoient aidé à vaincre. Les Suèves & les Vandales, attaqués par un allié perfide, se fortifièrent de l'alliance d'Honorius, qui aima mieux les secourir que de les avoir pour ennemis. L'ambitieux Utace fut vaincu. Les débris de son armée se réfugièrent dans la Galice, où ils se soumirent aux lois du vainqueur. Ceux des Alains qui n'avoient pas pris les armes, se rangèrent volontairement sous la domination des Suèves.

Un peuple qui n'avoit d'autre métier que la guerre, et qui ne formoit plus de corps de nation, fut forcé de trafiquer de son sang avec l'étranger. Ainsi c'est en qualité de mercenaires qu'on les voit combattre dans l'armée de Radagaise contre Stilicon. Ce fut encore sous ce titre qu'ils formèrent le centre de l'armée à la bataille qui se livra dans les plaines de Châlons contre Attila, qui y fit la funeste expérience de leur valeur. Ce fut ainsi qu'après avoir été les fléaux de l'Empire, ils en devinrent les défenseurs. Ils combattirent avec d'autant plus d'opiniâtreté contre Attila, qu'ils conservoient une haine invincible contre les Huns, qui avoient chassé leurs ancêtres de leurs possessions.

Quand la Terre eut pris une constitution nouvelle, & que de nouveaux Empires se furent formés de celui des Romains, les *Alains* prirent les noms des nations où ils trouvèrent des établissemens. On a souvent donné leur nom aux Massagètes, aux Huns & aux autres brigands sortis du Pont-Euxin, quoiqu'on dût remarquer entre les Alains & ces barbares la même différence qu'on trouve aujourd'hui entre les Tartares Calmoucks & ceux de la Crimée. Les Alains, dans le tems de leur splendeur, avoient donné leur nom à leurs alliés & à leurs tributaires. Dans leur décadence ils furent compris sous le nom de ceux qui les avoient soumis. C'est une observation qu'on doit faire en lisant l'histoire de toutes les nations nomades. Tel avoit été autrefois le destin des *Mèdes*, qui prirent le nom de *Perses* quand ils eurent été subjugués par Cyrus, souverain d'une province de ce nom. Les *Perses* à leur tour furent connus sous le nom de *Parthes*, lorsqu'ils passèrent sous la domination d'Arsace, roi de la Parthie, petite province qui donna son nom à un des plus vastes Empires de l'Orient. (*Voyez* NOMADES.)

ALAIS, ville de France, située dans le département du Gard, sur une branche du Gardon : elle se trouve au milieu de plusieurs chaînes de montagnes, dont les détails m'ont paru mériter l'attention des naturalistes. Ainsi pour rendre cet article intéressant, j'ai cru devoir rapprocher un nombre considérable d'observations lithologiques, qui ont été faites par l'abbé Sauvage dans les environs de cette ville, & que j'ai vérifiées moi-même en grande partie. Ces observations roulent principalement sur les coquillages fossiles, sur les différens sucs pétrifians & grains des pierres, sur la suite des divers massifs, enfin sur les dérangemens arrivés dans les dépôts primitifs de la surface du globe.

Ces sujets, distingués sensiblement les uns des autres, se trouvent liés & distribués par *chaînes* qui renferment une continuité de sols de même nature, & de fossiles de même grain. Cette division m'a paru d'ailleurs fort remarquable & très-intéressante pour la géographie-physique : on y voit les effets des changemens arrivés à la surface du globe, & dont nous nous sommes surtout occupés à l'article *Aggrégation*. Il y a long-tems que l'historien de l'Académie des sciences avoit prédit qu'à la suite de nos observations & de nos recherches, on parviendroit à connoître l'histoire, quoique si ancienne, des révolutions du globe, & que les naturalistes en fourniroient les mémoires & les pièces justificatives.

Les *chaînes* dont il est ici parlé, ont toutes, à peu de chose près, la même direction, qui est celle du nord-est au sud-ouest; elles sont outre cela toutes à côté les unes des autres : aucune n'a au-delà d'un quart de lieue de largeur; la plupart en ont moins, & pour leur longueur on en a suivi qui ont jusqu'à dix lieues. On comprend dans ces *chaînes*, non-seulement les rochers, mais encore leurs débris avec la chaîne qui les environne, parce que la nature de celle-ci est la même, dans une chaîne quelconque, que celle des rochers, & qu'ils paroissent avoir eu pour principe l'un & l'autre une masse commune, dont une partie s'est consolidée pendant que l'autre a éprouvé une certaine comminution : il faut en excepter seulement les terres qui ont été mêlées avec les débris annuels des plantes & des animaux.

Cette espèce de terreau ne s'étend qu'à quelques pieds de profondeur dans les endroits qui n'ont pas éprouvé des accroissemens ou des enlévemens notables : dans les autres, tels que les environs des ruisseaux & des rivières, il faut creuser plusieurs toises, percer différentes alluvions, pour pénétrer jusqu'aux *terres* qu'on peut appeler *natives*, qui apartiennent aux rochers renfermés dans les entrailles de la terre.

Première chaîne.

Elle est la plus éloignée d'Alais & à environ deux lieues de distance. Le rocher tendre & calcaire, dans lequel on a creusé de profondes carrières, est disposé par lits & se trouve d'un blanc éblouissant. La pierre de taille qu'on en tire, connue sous le nom de *navicelle*, se travaille aisément au sortir de la carrière, lorsqu'elle est encore fraîche; mais elle acquiert ensuite une grande dureté lorsque l'humidité qui en écartoit les différentes parties, s'est évaporée. C'est une propriété commune à toutes les pierres qu'on a extraites de quelque profondeur, pourvu qu'elles soient pénétrées de sucs pierreux qui en lient les différens principes.

On distingue très-bien ces sucs pierreux dans les rochers de *navicelle*, au moyen de certains noyaux qui se trouvent distribués dans les couches, & dans lesquels ce suc se trouve cristallisé. Ces noyaux, qui résistent aux marteaux des tailleurs de pierre, ne sont que des coquillages que la pétrification a défigurés. Le *test* des coquilles s'est changé en une matière sphatique qui en a pris la place.

Seconde chaîne.

Cette chaîne, qui vient immédiatement après la première, & qui se rapproche d'Alais de même que les suivantes, passe à Ners & à Mons. Les rochers qui y règnent dans toute la longueur, ont une constitution uniforme & de même grain, jusqu'à une fort grande profondeur; ils donnent un mauvais marbre blanchâtre, par lits de différente épaisseur, qui ne se séparent les uns des autres qu'avec peine. Ces lits ne sont tissus que d'un amas prodigieux de petits coquillages, parmi lesquels les tellines paroissent dominer très-sensiblement. Le peu d'espace que chacun de ces corps marins laissent entr'eux, est rempli par un limon qui en lie les différentes parties : ces coquillages ont pris la couleur & le grain du reste du rocher : on en reconnoît d'ailleurs bien les formes, lesquelles approchent beaucoup de celles des tellines que nous trouvons sur nos côtes.

Il y a une chose fort remarquable dans ces tellines pétrifiées, c'est que, dans presque toutes, les valves sont deux à deux & se correspondent, les unes ouvertes & les autres fermées, de façon cependant que les unes & les autres se joignent à l'endroit de la charnière. Cette position feroit soupçonner, avec raison, que l'animal renfermé dans la coquille étoit vivant, ou qu'il n'étoit mort que depuis peu de tems lorsqu'il se trouva engagé dans le limon; ce qui semble prouver que ces coquillages n'auroient pas passé par degré de la mer dans le continent, ou qu'ils n'y auroient pas été déposés peu à peu. On peut au moins dire sur cette situation des valves, ou que le coquillage étoit plongé dans l'eau lorsqu'il fut enveloppé du limon, ou qu'il en étoit récemment tiré, puisque tous ceux qu'on trouve sur nos rivages hors de l'eau, ont leurs valves séparées les unes des autres, soit par la pourriture, soit par le desséchement des ligamens de la charnière.

Je dois faire remarquer que la quantité de coquillages pétrifiés de cette chaîne est si prodigieuse, au moins dans l'étendue d'une lieue, qu'on doit considérer cet endroit comme étant l'ancien fond de mer, où cette nombreuse famille vivoit rassemblée, de telle sorte qu'elle n'a point éprouvé de déplacement notable. Je ne vois seulement d'autre déplacement nécessaire que celui de la mer, à la suite duquel sont survenues les inégalités de la surface de la terre dans ces contrées. Ainsi lorsqu'on voit, comme dans cette chaîne & dans les suivantes, des coquillages pétrifiés sur le sommet des collines, & seulement dans quelques-unes de leurs couches inclinées à l'horizon, on ne peut s'empêcher de reconnoître un déplacement, non-seulement dans les eaux de la mer, mais encore dans le terrain de son ancien lit.

Il paroît d'ailleurs, en suivant toujours les mêmes vues, qu'à raison des différens tems où les coquillages fossiles ont été déposés dans leurs premiers gîtes, & ont été mis à découvert par la retraite de la mer, on pourroit en faire deux ordres, & les diviser en anciens & en modernes : les premiers seroient ceux qui font partie de certains rochers dont le grain est très serré, & les seconds sont ceux qui sont engagés dans des couches dont le grain est fort gros, & dont la pétrification n'est pas perfectionnée au même point que les rochers de la première classe. Mais nous traiterons par la suite de cette distinction dans les dépôts de la mer & surtout à l'article Uzès, dont les terrains offrent de tous côtés les caractères décisifs qui nous autorisent à l'établissement de ces différens ordres.

Avant de terminer ce qui concerne cette chaîne, nous devons rappeler qu'elle ne contient presque que des tellines. Cette uniformité se trouve encore plus marquée dans une veine de terrain qui traverse le chemin d'Alais à Uzès, près du petit pont de la Bousqueraffe. Cette veine, qui n'a environ que deux toises de largeur, est bordée d'un côté par une terre forte d'un limon gris, & de l'autre par des amas de sables. L'un & l'autre de ces terrains, d'une assez vaste étendue, sont d'ailleurs de niveau & continus avec la veine étroite qui les sépare; ils forment ensemble une même colline, dans laquelle les trois sortes de terrains sont très-distinctes. Ce qu'il y a de remarquable, comme je l'ai dit, c'est que la seule veine étroite du milieu contient des coquillages pierreux liés ensemble par une marne blanchâtre : ils sont fort nombreux & de la même espèce fort rare.

Ce coquillage a la forme d'une corne un peu courbe vers la pointe : on le diroit composé de plusieurs godets posés l'un dans l'autre : plusieurs de ces coquillages étoient groupés ensemble & collés les uns avec les autres dans toute leur longueur, de façon que leurs pointes & leurs ouvertures étoient régulièrement tournées du même sens. Ce coquillage est du genre de ceux qui sont chambrés. Au reste, je tâcherai de faire connoître plus en détail cette espèce de coquillage à l'article de l'*Angoumois*.

Troisième chaîne.

Cette chaîne n'est guère remarquable que par les matières bitumineuses qui y abondent : on y voit d'ailleurs, auprès de Servas, régner, dans une colline d'une grande étendue, un banc de marbre qui pose sur un lit terreux, & qui est recouvert par un autre. Ce marbre est blanc naturellement; mais sa couleur est si fort altérée par l'asphalte qui le pénètre, qu'il est vers sa surface supérieure d'un brun clair & ensuite très-foncé, à mesure que le bitume approche de la partie inférieure du banc : plus bas le terrain n'est pas pénétré du bitume, à la réserve des endroits où la tranche du banc est exposée au soleil; il en découle en été du bitume qui a la couleur & la consistance de la poix noire végétale, & il en surnage sur les eaux d'une fontaine voisine : on l'appelle la fontaine de *la Pegue*.

Dans le fond de quelques ravines & au dessous du rocher précédent, imprégné de bitume, on voit un terrain formé alternativement de lits de sables & de charbon de terre, tous parallèles à l'horizon. Les premiers ne sont guère liés; les rognons se cassent aisément, & renferment dans leur épaisseur beaucoup de petits *turbinites*, qui sont entiers & peu altérés. Il ne paroît pas que les corps marins aient été pénétrés comme tous ceux qui se trouvent au milieu des sables marins, & comme je l'indiquerai par la suite à l'article *Dumery*.

Les couches de charbon ne sont mêlées d'aucune matière étrangère : leur surface est seulement couverte d'une légère couche de coquillages tous écrasés & aplatis, qui ne paroissent pas différer des limaçons de terre ordinaires, & qui ont conservé tout le luisant de leur vernis.

Il ne faut pas confondre ce charbon fossile avec le charbon de terre ; ils diffèrent principalement en ce que le charbon de cette chaîne est d'un tissu continu, au lieu que le charbon de terre est écailleux, outre qu'il est plus pesant & plus luisant. Les chaufourniers s'en servent comme de l'autre pour cuire la chaux ; mais il en faut le double. Le charbon de pierre flambe beaucoup plus que l'autre.

On doit regarder comme une suite du terrain bitumineux la qualité des eaux que donnent les fontaines minérales d'Iouzet & de Saint-Hippolyte : ces eaux sont renommées pour les bons effets qu'elles produisent sur les poitrines foibles & délabrées.

Quatrième & cinquième chaîne.

Il n'y a aucun coquillage fossile dans le terrain de ces deux chaînes. La pierre de taille de *Mejanne* vient de la première ; elle est tendre, calcinable & d'un grain fin : pour peu qu'on la frotte elle répand une odeur de bitume.

La pierre de taille de l'autre chaîne, qui est connue sous le nom de *salindre*, est bien plus solide ; c'est un rocher graveleux, dont les menus grains arrondis sont de marbre ; le reste, de caillou vitrifiable. Tout est fortement lié, soit par un limon qui bouche les vides & dont la pétrification est plus tendre que celle des grains particuliers de la pierre, soit par les sucs pétrifians qui ont pénétré partout. Ce suc y est cependant peu sensible, de même que dans les autres pierres composées de sable ou de gravier : on n'y voit point de ces veines blanches qui tranchent sur la couleur de la pierre, & qui, dans ces rochers de marbre, sont les produits des épanchemens du suc pierreux dans les gerçures de la matière première, lorsqu'elle a éprouvé une certaine dessication. (*Voyez Marbre.*) Il n'est pas étonnant que les rochers graveleux n'offrent rien de pareil. Un terrain formé de sable ou de gravier, quelque sec qu'il soit, même après qu'il aura été humecté par les eaux de la pluie, ne se gerce point : les sucs pétrifians peuvent s'y distribuer sans former des veines, & également partout ; ce qui n'a pas lieu dans une terre dont les parties sont liées entr'elles, comme sont les masses d'argile.

Les rochers des deux chaînes sont disposés par bancs un peu inclinés à l'horizon, & de la même manière dans chaque chaîne ; c'est ce qu'on peut remarquer dans beaucoup d'autres collines dont les massifs sont par couches. On est tenté de croire que ces couches se sont affaissées tout d'une pièce & d'un seul côté, qui a disparu dans le sein de la terre.

Ceci cependant n'est point général dans toutes les montagnes ou collines dont les matériaux sont par banc. Il y en a qui semblent s'être pliés & avoir pris la courbure convexe des croupes : quelquefois même des bancs de rochers qui tiennent à deux croupes, sont enfoncés en gondole dans le fond du ruisseau qui coule entre deux.

Outre cela on peut faire, sur les deux chaînes qui nous occupent, les remarques suivantes :

1°. Leurs terrains se touchent sans se confondre, si on les examine jusqu'à une certaine profondeur ; mais il n'est pas étonnant qu'il se soit opéré quelques mélanges à la surface extérieure, soit par les eaux des pluies, soit par les travaux de la culture.

2°. Dans cet amas de pierres & de terres, qui renferme une même chaîne, on y découvre un certain ordre qui sans doute est un reste de celui qui y régna autrefois. Les rochers & les terrains d'un même grain se trouvent réunis ensemble sur une grande étendue, & si l'on rencontre des rochers de différente nature, ils sont par lits séparés très-distincts & conservent toujours le même rang ; & lorsque ces terrains ont éprouvé quelques dérangemens ou déplacemens, ils n'ont point détruit l'uniformité primitive qui subsiste encore.

3°. Les différens terrains élevés ne se montrent à découvert que sur les mêmes croupes d'un vallon ; en sorte que les massifs de même nature ou organisation occupent les mêmes montagnes, les mêmes collines, l'eau ayant le plus souvent suivi la démarcation des massifs. (*Voyez Grain des pierres.*)

Sixieme chaîne.

Cette chaîne, dans le trajet de Montmoira à Rousson, lequel forme une étendue de deux lieues, se distingue sensiblement des autres par la forme de ses pierres & par leur disposition générale. Les rochers qu'offrent ses coteaux & ses collines ne sont point distribués par lits suivis ; ils sont entièrement formés de *rognons* nombreux de pierre à chaux de différentes grosseurs, plus ou moins arrondis, d'un grain fin, serré, & si bien lié, qu'en choquant ces pierres elles rendent un certain son assez net. Pour peu qu'on creuse, on trouve que tous les vides qui séparent ces rognons, sont exactement remplis d'un intervalle terreux ; ou s'il a été pétrifié, son grain est plus grossier que celui du rognon, & pour lors cette terre a été si bien pétrifiée, qu'elle ne fait, avec les rognons qui forment le noyau, qu'un même bloc ; en sorte qu'on ne peut souvent les détacher qu'avec la poudre.

On voit, à la cassure de ces rognons, que la

terre qui les lie, est partout roussâtre, & que les rognons eux-mêmes sont de différentes couleurs; ce qui donneroit, si cette pierre étoit taillée & polie, une assez belle espèce de *brèche*.

Je développerai par la suite les causes de cette constitution de rochers, lorsque je traiterai de la *séparation des couches* & des *intervalles terreux*. Ainsi je crois devoir renvoyer à ces articles.

Ce rocher de cailloutage, connu à Alais sous le nom d'*amenla*, est de la nature des marbres, & fait une excellente chaux d'une prise prompte & solide, même dans les constructions qu'on fait au milieu des eaux.

Le rocher d'*amenla* ne va pas à une grande profondeur, comme ceux des autres chaînes: on en voit, dans quelques ravins, les fondemens ou la base, qui se trouve quelquefois mêlée de couches d'un rocher jaunâtre de pierre morte. Ce rocher, sur lequel porte l'*amenla*, est fort commun dans tous les lieux par où passe cette chaîne.

On trouve constamment le long de cette chaîne les mêmes espèces de coquillages fossiles, & des espèces dont on n'a pas rencontré les analogues dans les différentes mers; telles sont les pinnes cannelées dans leur longueur, de grands nautiles chambrés & renflés comme les coquillages appelés *tonnes*, des huitres aplaties par un des côtés, enfin une prodigieuse quantité d'échinites: ces derniers sont faits en cœur, émoussés par la pointe, & tous de la grosseur d'une noix.

Nous avons déjà remarqué un certain ordre dans les coquillages fossiles de la seconde chaîne: ceux-ci étoient couchés de même à plat dans les rochers, & nous verrons, dans l'examen de la dixième chaîne, qu'ils n'occupent que certains bancs à l'exclusion des autres. Dans la chaîne dont nous parlons, le rocher porte toutes les marques de bouleversemens & d'un désordre qui a confondu les pierres avec les coquillages fossiles; car on les trouve indifféremment répandus dans toute l'épaisseur du rocher, & dans les endroits les plus profonds où sa base aboutit.

De ce désordre & de la forme arrondie des pierres, il paroît qu'on peut conclure, 1°. que la pétrification des morceaux arrondis du rocher d'*amenla* & des coquillages qui s'y trouvent mêlés, est de beaucoup antérieure à celle de la terre qui les lie les uns aux autres; 2°. que tout le rocher est étranger dans la place qu'il occupe; 3°. que les pierres d'*amenla* pourroient bien s'être arrondies en roulant les unes sur les autres, de la même manière que les galets de la mer. Voici les raisons sur lesquelles je me fonde pour établir ces assertions:

1°. La terre qui lie les pierres d'*amenla* de différentes couleurs, est elle-même d'une couleur toujours uniforme, & d'un grain plus grossier que celui de ces pierres. Cette terre n'est jamais si bien pétrifiée, qu'à la fin elle ne se gerce & ne se délite à l'air lorsqu'elle y est long-tems exposée: aussi la surface des rochers d'*amenla* où l'on n'a pas touché, est toute en morceaux détachés, tandis que les pierres arrondies, ou l'*amenla* proprement dit, restent dans leur entier & n'en deviennent que plus dures; c'est ce qui arrive à tous les marbres appelés *brèches*. C'est ainsi qu'un mur de maçonnerie pêche moins communément du côté de la pierre que de la part du mortier, quelque dureté que celui-ci ait acquise. Les matières durcies en différens tems & liées ensemble sont, toutes choses d'ailleurs égales, non-seulement d'une consistance différente, mais elles ne sont jamais si bien liées, que si elles n'avoient formé d'abord qu'une même pâte homogène qui ait été pétrifiée en même tems & dans un même gîte.

C'est à cette cause qu'il faut attribuer la facilité qu'ont les couches d'un rocher de se séparer les unes des autres, & c'est ce qui m'a fait conclure que le rocher d'*amenla* est le produit de deux pétrifications faites en des tems différens; d'abord celle des pierres arrondies ou des *amenlas*, & ensuite celle du ciment qui les lie.

2°. Dans la cassure d'un bloc composé de plusieurs *amenlas* liés par un ciment bien durci, on voit souvent des veines blanches de suc pierreux qui traversent un morceau arrondi d'*amenla*; mais ces veines ne s'étendent pas au-delà dans le ciment ou terre durcie, qui n'a de pareilles veines dans aucun endroit. La veine du caillou n'a pas de suite; elle se termine nettement à ses bords: c'est ce qu'on peut remarquer également dans plusieurs *marbres brèches*, qui sont dans le même cas que les *amenlas*. (*Voyez* l'article *Brèche*.)

Ces observations prouvent que, non-seulement la pétrification des cailloux & du ciment qui les lie n'a pas été faite, comme nous l'avons dit ci-dessus, ni dans un même lieu ni dans un même tems, car autrement la veine blanche traverseroit indifféremment tout le bloc, & passeroit de la pierre arrondie dans le ciment qui s'est durci autour, mais elle indique encore que les pierres d'*amenla* aujourd'hui arrondies, & probablement anguleuses autrefois, sont des morceaux détachés d'une plus grande masse. Dans tous les rochers de pierres à chaux traversés par des veines de suc pierreux, ces veines parcourent une assez grande étendue avant de disparoître: c'est ce que nous observons tous les jours dans les rochers de pierres à chaux & dans les bancs de marbres veinés. Or, il est incontestable que les *amenlas* sont dans le même cas.

3°. Les coquillages fossiles, dans cette chaîne, sont partout confondus avec les pierres d'*amenla*, jusqu'à la pierre morte qui leur sert de base, mais ils ne vont point au-delà; ce qui est une assez forte présomption pour croire que, d'un côté, les *amenlas* ont été portés & roulés dans le bassin de la mer, & que les coquillages s'y sont trouvés naturellement.

4°. Les *amenlas* sont arrondis comme les galets

des bords de la mer : aussi ne sont-ils que d'une moyenne grosseur ; ils sont outre cela de grains & de couleurs differentes. Ces pierres ont appartenu originairement à différentes montagnes éloignées les unes des autres, en ont été détachées, & ensuite entraînées dans quelque golfe où elles ont été arrondies par les flots de l'ancienne mer qui s'étendoit jusque-là.

Ce que nous venons de dire indique l'état primitif des morceaux d'*amenla*, qui étoit d'être anguleux, & que leur arrondissement est la suite de leur état secondaire opéré par le roulement sur les bords de la mer.

J'ajoute à cela que la plupart des huitres renfermées dans cette chaîne sont aussi arrondies, de manière que leurs angles les plus saillans ont été emportés ; en sorte que leur état actuel des frottemens unit & arrondit les différens côtés du coquillage qui se trouvent entamés.

Ce que je viens de dire des huitres est aussi remarquable dans quelques échinites. Comme ils sont plus petits & plus arrondis naturellement que les huitres, & par-là moins exposés aux chocs, ils sont d'ailleurs couverts d'une croûte mince & chagrinée, qui est le test du coquillage incorporé avec le noyau pierreux qui s'est formé dans l'intérieur. Cette croûte est si usée dans un grand nombre d'échinites, que le noyau ou la pierre est entiérement à découvert, à la réserve des endroits où le coquillage a des enfoncemens dans lesquels le test subsiste en entier ; mais à partir de là il s'amincit de plus en plus, & enfin il disparoît à mesure qu'il approche des endroits plus exposés à l'action du frottement.

Je conclus donc définitivement que les pierres d'*amenla*, comme les coquillages qui s'y trouvent mêlés, ont été usés & arrondis en roulant, ayant été balancés par les flots de la mer au milieu du golfe où l'Océan les a abandonnés par sa dernière retraite.

Cette chaîne n'a plus rien de remarquable qu'une espèce de carrière de cristal d'Islande, dont les effets sont connus : ainsi nous n'entrerons dans aucun détail à ce sujet. Nous passons donc à la septième chaîne.

Septième chaîne.

Ce titre ne peut s'appliquer qu'à trois ou quatre montagnes qui ont une direction semblable à celle des précédentes, excepté qu'elles ne sont pas aussi suivies. Cependant comme les rochers de cette chaîne se distinguent de ceux des chaînes voisines, comme ayant pour fond un marbre gris-de-fer, j'en ferai un article à part.

Les rochers de marbre de cette chaîne sont composés, en quelques endroits, de morceaux qui laissent entr'eux des vides ; dans d'autres, ce sont des blocs informes, mais très-exactement appliqués les uns sur les autres : ailleurs on ne voit que des masses continues, & c'est dans ces dernieres masses qu'on trouve d'un côté des grotes, pendant que dans les premières on rencontre des vestiges de plusieurs déplacemens.

Les dérangemens se manifestent, ou par les morceaux de rochers brisés, ou par les veines qui les traversent.

Quoique le rocher ne fasse aujourd'hui qu'un tout dont les parties sont bien unies ensemble, il paroît visiblement qu'il a été brisé en bien des endroits qu'on découvre tous les jours au moyen de la mine. Les morceaux ressoudés sont fort anguleux & les angles sont bien conservés : il y en a dont les pièces cassées sont un peu écartées, & où l'on voit aisément que les parties déplacées & cassées sont correspondantes, & qu'elles s'assembleroient très-exactement si on pouvoit les rapprocher l'une de l'autre lorsque l'espace que les morceaux laissent entr'eux est rempli d'une substance terreuse qui s'y est pétrifiée. Cette substance est de différente couleur & de différent grain que celui du rocher, & par conséquent d'une consistance différente ; ce qui est une preuve que les morceaux primitifs du rocher étoient déja pétrifiés lorsqu'ils ont été brisés & déplacés, & qu'ils formoient autrefois un tout différent de celui qu'on voit maintenant.

La plupart des vides que les morceaux du rocher laissent entr'eux, & qui n'ont point été remplis d'une substance terreuse, l'ont été par une eau chargée de sucs pierreux de la seconde époque de la pétrification : ces sucs ont été déposés sur les parois de la cavité à la manière des sels.

Les veines blanches des sucs pierreux indiquent aussi, en beaucoup d'endroits, un dérangement qui a fait glisser des blocs les uns sur les autres. On y voit des veines qui étoient la continuité de semblables veines en pareil nombre, & qui ont outre cela la même largeur : on est donc autorisé à conclure qu'un des blocs a glissé de tout l'espace qui sépare maintenant les extrémités de ces veines correspondantes ; & comme ces dérangemens des veines sont très-fréquens, on ne peut douter que les causes qui ont ainsi brisé & déplacé ces morceaux rayés, n'aient agi assez fortement en plusieurs occasions dans toute la masse de la montagne qui nous occupe.

Il y a maintenant une seconde considération que nous ne devons pas omettre, c'est celle qui concerne la soudure des morceaux cassés & déplacés. Or, on ne peut voir sans étonnement la solidité qui règne dans toutes les lignes qui indiquent maintenant cette soudure, & qui malgré cela est encore assez remarquable pour faire connoître ce travail secondaire de la pétrification.

Je dois ajouter ici qu'on observe encore, sur plusieurs blocs des mêmes rochers, des marques incontestables de déplacemens de certaines masses, qui ont glissé sur d'autres avant que la pétrification les eût entiérement durcies.

Des grotes.

Dans les quartiers de la même chaîne, où les rochers semblent être formés d'une même masse de pâte, & qui ne sont par conséquent ni par bancs ni par blocs, il y a des *grotes* taillées par la nature : il y a peu de pays qui n'ait les siennes, & dont on ne manque guère d'exagérer les beautés. On vante surtout, dans les environs d'*Alais*, la grote de Meyrveys & celles de Saint-Hippolyte, de Saint-Jean-de-Corbez, & beaucoup d'autres dans lesquelles on a remarqué :

1°. Qu'il n'y a pas de grotes dans les rochers de granits, de talcites, ni dans aucune des masses qu'on nomme *lause* dans les Cevennes.

2°. On ne les trouve que dans les rochers de marbres, dans les rochers qui sont par bancs & par couches, & dans l'intérieur desquels l'eau souterraine circule abondamment & forme les réservoirs des grandes sources. (*Voyez Grotes, Cavernes.*) C'est à ces articles que je traiterai ce qui concerne les concrétions pierreuses que les grotes renferment; ainsi je supprime ici ces détails.

Huitième chaîne.

On ne trouve dans cette chaîne, non plus que dans la précedente, que très-peu de coquillages fossiles : ce sont principalement des cornes d'ammon mêlées sans ordre dans les blocs de rocher; mais il ne paroît pas, ni à la couleur ni au tissu de la pierre, qui est un marbre, qu'il y ait aucun reste du test des coquilles.

Cette chaîne, qui passe au dessus d'Alais, à Anduse & à Saint-Hippolyte, n'est d'ailleurs remarquable que par ses coupures & par ses brêches, qui ne se trouvent précisément qu'à la rencontre d'une rivière ou d'un ruisseau dont les eaux ont beaucoup de pente, comme descendant de montagnes élevées.

Plus on examine ces interruptions, plus on les trouve dignes d'attention. Dans cette contrée surtout les plus petits ruisseaux, comme les grandes rivières, éprouvent partout un écoulement par une pente qui n'est point arrêtée, & qui est plus ou moins grande, selon que le terrain est élevé au dessus du niveau de la mer. Lorsque le cours en est traversé par une chaîne de montagnes & de rochers, la chaine est à coup sûr interrompue dans cet endroit si la riviere n'a pu se détourner sur les côtés.

C'est ce qu'on remarque à Anduse & à Saint-Hippolyte, où la chaîne se trouve coupée par deux différentes rivières. Mais je renvoie ce que j'ai à dire à ce sujet à l'article *Anduse*, où cette question importante sera discutée comme les formes du terrain m'autorisent à le faire. (*Voyez* ANDUSE.)

Neuvième chaîne.

Cette chaîne a été suivie sur une étendue d'environ dix lieues : la bande qu'elle forme, est remarquable par une suite de mines de fer & de terres jaunes martiales, qu'on aperçoit de loin; aussi se distingue-t-elle des autres chaînes par les minéraux qu'elle contient, & surtout par la nature de son terrain & de ses rochers. Partout où le terrain ocreux & les mines de fer disparoissent, on y trouve une espèce de grès dont le grain est quartzeux, grisâtre, irrégulier, de différentes grosseurs, & dont on pourroit se servir pour tailler des meules à aiguiser. Le terrain qui accompagne ces rochers, qui tantôt sont par blocs, tantôt par bancs, paroît être formé de leurs débris : il est de même nature, & il ne contient, non plus que les rochers, aucune pétrification du règne animal. On n'a pu y découvrir le moindre fragment de coquillage fossile, tandis qu'on en voit communément dans les deux chaînes voisines, dont le sol est composé de terres limoneuses & de pierres calcaires.

C'est dans cette chaîne que se trouvent les mines de vitriol, les carrières de dendrites & de plantes pétrifiees, dont il a été question précédemment. Je suivrai pour le reste les mines de charbon de terre; les fossiles qui les accompagnent, quelques fontaines minérales, & d'autres sources remarquables par les concrétions pierreuses.

Les mines de charbon de terre règnent dans différens endroits de cette chaîne; elles affectent toujours ceux dont le terrain ou les rochers sont de cette espèce de grès dont on a parlé. Les principales mines de charbon, celles qui en fournissent à presque toute la province du Languedoc, sont aux environs d'Alais.

Les premières sont ordinairement par veines, & resserrées entre deux rochers au fond d'un vallon; le charbon paroît y être par amas, sans aucune forme de lit : on ne tire d'abord que de la terre noirâtre; à mesure qu'on creuse, le grain de cette terre devient plus ferme, plus noir & plus luisant; c'est le charbon qu'on emploie pour les fours à chaux : on ne creuse que des galeries pour en faire l'extraction : il coûte moins que celui qu'on emploie dans les forges, & qui se tire à de plus grandes profondeurs. Il est difficile de distinguer à l'œil ces deux sortes de charbons. Ce n'est qu'en les faisant brûler qu'on en reconnoît bien la différence : le charbon des fours à chaux se réduit en une terre rougeâtre, très-friable, au lieu que celui des forges produit, par sa combustion, des masses dures qui, se mêlant avec les scories du fer, forment des croutes noires, fermes, spongieuses, connues sous le nom de *machefer*

Quoique les mines de charbon soient à l'abri des eaux pluviales, elles ne laissent pas d'être quelquefois humectées par des sources bitumineuses aussi anciennes que les mines, & elles sont plus

plus fréquentes à mesure que les mines sont plus profondes. Les ouvriers assurent qu'il n'y a pas de meilleur charbon que celui qui est dans le voisinage de pareilles sources.

Les mineurs ont à combattre quelque chose de plus dangereux que ces eaux: ce sont les mofètes qu'ils nomment *touffes*, & qui les forcent souvent d'abandonner un puits ou une galerie. Ce n'est au reste que dans le tems des chaleurs que la *touffe* se manifeste.

Les mines de charbon sont toujours accompagnées, mais seulement d'un seul côté, de deux espèces de schistes, connues parmi les ouvriers sous le nom de *fisse*: on trouve aussi, dans le voisinage, des *géodes* & des *pierres d'aigle*.

La première espèce de *fisse*, qu'on appelle aussi la *garde du charbon*, parce qu'elle lui est immédiatement appliquée, & qu'elle l'accompagne partout, est une pierre bitumineuse, mince, tendre & noire; elle ne differe de l'*ampelite* ordinaire que parce qu'elle est pliée ou ondée, & qu'elle a très-souvent le poli & le luisant du jais travaillé.

Au dessus de cette première *fisse* on en trouve une autre, dont les couches sont plus nombreuses & plus aplaties: c'est une ardoise feuilletée, tantôt noire, tantôt rousse; elle se distingue de la première par les empreintes qu'elle offre de différentes plantes, les unes étrangères, les autres fort approchantes des fougères du pays.

Les géodes sont fort communes dans cette chaîne; ils tiennent toujours un peu de la nature du fer: on trouve aussi, parmi ces pierres, des œtites ou pierres d'aigle, qui ne diffèrent pas des géodes, car elles sont les unes & les autres naturellement arrondies & formées de plusieurs couches minces qui se séparent aisément.

On peut considérer dans les géodes, de même que dans les pierres naturellement arrondies, ou qui se sont accrues par différentes couches, la séparabilité ou la facilité qu'elles ont de se séparer, parce qu'elles paroissent avoir conservé une distinction marquée les unes des autres; car il est à croire qu'elles ont été appliquées les unes sur les autres pendant qu'il subsistoit sur la couche inté rieure une matière propre à conserver cette distinction, comme nous la trouvons dans l'intervalle des bancs ou des lits horizontaux: outre cela, les couches sont distinguées dans les géodes, parce qu'elles se sont formées à différentes reprises.

La même chaîne nous offre encore deux sortes de fontaines, les unes minérales, & les autres pétrifiantes: les fontaines minérales tirent leurs propriétés des mines de vitriol, de fer & de charbon qu'elles traversent; ainsi elles sont saines ou mal-faisantes, selon la nature des principes qu'elles contiennent, & selon que la dose en est plus ou moins forte.

Presque toutes les fontaines minérales se ressemblent par le sédiment ou l'ocre jaune qu'elles déposent sur leur lit. Cependant nous pouvons en indiquer deux qui diffèrent des autres, & qui ne teignent leur lit d'aucune couleur, & donnent une eau claire & limpide; ce qui prouve que les principes dont ces eaux sont chargées, sont bien dissouts.

Les fontaines pétrifiantes sont celles qui forment, sur le fond des canaux de leurs premiers débouchés, des tufs, des concrétions, des incrustations pierreuses sur tous les corps solides qu'elles rencontrent. On n'a placé les fontaines pétrifiantes dans cette chaîne, que parce qu'elles se trouvent sur les lisières, ou qu'elles sont engagées dans les terroirs de grès & de gravier; car d'ailleurs elles sortent toujours d'une terre forte & limoneuse, dont les tufs ont le grain & la couleur; & ils ne doivent leur accroissement qu'au limon qui trouble l'eau au tems des pluies, & à un suc pierreux séléniteux, semblable à celui qui concourt à la formation des pierres à chaux ou à celle des marbres.

La principale de ces sources pétrifiantes est celle de *Russau*: l'eau en est très-abondante; elle fait tourner plusieurs moulins. L'eau de cette fontaine forme, le long de son cours, plusieurs sortes de concrétions: les unes sont toujours exposées à l'air; les autres plongent alternativement dans l'eau & dans l'air. Les premières doivent leur origine à l'épanchement de l'eau du canal, qui, coulant sur les mousses, les incruste & les lie ensemble. L'incrustation ne gagne que le bas des mousses, qui est couvert par les ramifications des sommités. Ces sommités sont vivantes & très-vertes, tandis que la base de la plante est incrustée. A mesure que les sommités croissent, l'incrustation s'élève & fait des progrès.

La mousse est plus sujète à être incrustée que les autres plantes, parce qu'elle arrête, par ses branchages serrés & entrelacés, le cours de l'eau, dont elle se charge, comme le feroit une éponge. Par ce moyen elle arrête & retient plus long-tems les sucs pétrifians, à qui elle présente des points d'appui. Toute la plante en est continuellement abreuvée. Il n'y a cependant que la partie qui est cachée & qui est à couvert de l'action du grand air, qui s'incruste, & ces concrétions sont toujours plus tendres & plus lâches que celles qui sont en pleine eau, & qui en sont entiérement couvertes.

On remarque sur ces dernières concrétions, qui sont plus compactes & plus pesantes que les précédentes:

1°. Qu'il s'en forme très-peu dans le canal, où l'eau coule rapidement. Depuis près de deux cents ans que ce canal subsiste, les concrétions pierreuses y ont à peine un pouce d'épaisseur: il n'y en a même que sur les bords & à fleur d'eau. La rapidité de l'eau est certainement un obstacle à la formation de ces concrétions; elles se font par une espèce de cristallisation. Or, toute cristallisation exige que le fluide, qui sert de véhicule aux parties élémentaires des criſtaux, jouiſſe d'un certain repos ou n'ait qu'un mouvement fort lent.

2°. Les concrétions des réſervoirs ſe font dans une eau dormante; pour lors les ſucs pierreux ou les molécules criſtallines ont le tems de s'appliquer peu à peu l'une contre l'autre, & de former des couches conjointement avec le limon qu'apportent pluſieurs fois dans l'année les eaux troubles de la pluie. Ces concrétions ſont ſi conſidérables dans le premier réſervoir, celui qui eſt le plus élevé, qu'elles croiſſent d'environ un demi-pied chaque année, & qu'on eſt obligé de tems en tems de les enlever avec le pic pour conſerver au réſervoir ſa largeur & ſa capacité ordinaires. L'accroiſſement de ces concrétions eſt moins ſenſible dans les réſervoirs inférieurs, dont les eaux ſont plus dépouillées de molécules pétrifiantes. Il eſt évident que la plus grande partie de ces principes ayant été dépoſée dans le premier baſſin ou réſervoir, il doit fournir ſeul, dans un tems égal, plus de tuf que tous les autres enſemble.

3°. Le baſſin le plus élevé, qui eſt un carré long, eſt formé d'un côté par le terrain coupé en talus, & des trois autres par des murs en maçonnerie. Les concrétions ou les tufs ne s'attachent que ſur les murs ou ſur les *lichen pulmonaires* qui les tapiſſent, & rien ne s'attache & ne prend une certaine conſiſtance ſur le terrain limoneux, qui fait un des côtés du réſervoir, ni ſur le fond qui eſt couvert de vaſe, à moins qu'il ne s'y trouve quelque pierre ou quelque racine d'arbre ſur leſquelles il ſe forme des congélations. Les molécules élémentaires des tufs ſuivent ici les lois de la criſtalliſation, à qui il faut des corps ſolides pour en être attirés, pour s'y appliquer, & former pluſieurs lits les uns ſur les autres.

4°. Le baſſin dont nous avons parlé ſe remplit & ſe vide alternativement pour le moulin, deux fois en vingt-quatre heures. Les tufs des parois plongent par conſéquent, tantôt dans l'eau & tantôt dans l'air. Cette alternative contribue ſans doute à la forme particulière que prennent ces tufs. Lorſque le réſervoir ſe vide, l'eau, en s'égoutant peu à peu de la ſurface des tufs, les fait croître de haut en bas. Les inégalités qui s'y trouvent, s'incruſtent & s'arrondiſſent. Ces tubéroſités s'alongeroient dans la partie inférieure, comme les ſtalactites des grottes. Mais le retour de l'eau, qui s'élève peu à peu & qui couvre de nouveau les tufs, ſoutient les molécules criſtallines & le limon, & empêche que les grumeaux ne ſe terminent par le bas en des pointes alongées.

On peut croire, d'après ces obſervations, qu'en général, pour qu'un corps ſerve de baſe à une pétrification, il doit être long-tems abreuvé du liquide qui en contient les principes, & il faut pour cela qu'il ſoit couvert d'eau, ou de terre, ou de quelqu'autre choſe qui l'entretienne dans une certaine humidité, & le garantiſſe de l'action de l'air, qui procureroit une trop prompte évaporation.

Ne ſeroit-ce point à un pareil procédé ſuivi par la nature, que nous devons la formation des rochers au tems où s'exécuta la grande pétrification? Il eût ſuffi, pour la produire, que les différens maſſifs de la terre fuſſent pénétrés de ſucs pétrifians. C'eſt alors que les eaux couvrirent ces maſſifs, & qu'après leur départ les terres de la ſurface empêchèrent une évaporation trop prompte dans les couches inférieures ou dans celles qui réſidoient à une plus grande profondeur; c'eſt ainſi que les ſucs pétrifians lièrent tous les principes terreux, qu'ils en firent des rochers, tandis que les terres de la ſurface ſe deſſéchèrent, de manière à n'offrir aucun corps ſolide.

C'eſt ſans doute en conſéquence de ce que je viens de ſuppoſer ici, que, dans les endroits qui ont été expoſés à l'action des ſucs pétrifians, ainſi que nous les avons vu opérer, on trouve d'abord de la terre végétale plus ou moins abondante & plus ou moins meuble, de la terre franche, de la pierre morte, & enfin des bancs compoſés de matières plus ou moins compactes; ce qui va juſqu'à la ſolidité de la pierre vive & des rochers qui, ſelon les plus habiles mineurs, ſe trouvent toujours durs, plus élaborés dans la même eſpèce, à meſure qu'on pénètre à une plus grande profondeur.

Les variétés, au reſte, du plus ou moins de dureté, de ſolidité, de compacité, qu'on remarque dans les différentes eſpèces de rochers, peuvent être, avec raiſon, attribuées à la différence de leur baſe plus ou moins propre à être liée, ſuivant la fineſſe & la régularité de leur grain, & aux différentes eſpèces des ſucs pétrifians qui ont opéré dans les différens maſſifs de la terre. (*Voyez* PÉTRIFICATION.)

5°. Dans le côté le plus bas du fond du réſervoir il y a un canal ou plutôt un trou par où l'eau s'écoule lorſqu'on en a ramaſſé ſuffiſamment pour faire tourner le moulin. Ce canal eſt revêtu de planches qui s'incruſtent d'une ardoiſe auſſi unie que les planches auxquelles cette matière s'applique. Cette ardoiſe eſt d'un grain fin, ſerré; elle ſonne quand on la frappe; elle ſe ſépare nettement de la planche, & l'on peut diſtinguer alors pluſieurs couches parallèles de différentes épaiſſeurs, ſuivant que l'eau devient bourbeuſe pluſieurs fois dans l'année, & l'a été à chaque fois plus ou moins de tems. Toute l'ardoiſe n'acquiert en un an qu'environ cinq ou ſix lignes d'épaiſſeur, tandis que les accroiſſemens en général ſont, dans le même eſpace de tems, d'environ cinq ou ſix pouces dans les autres concrétions du réſervoir. Cette différence me paroît provenir de ce que l'eau paſſe rapidement deux fois par jour dans le canal, & qu'elle entraîne les ſucs pétrifians & le limon, qui ſont encore peu liés & peu affermis, tandis qu'ailleurs elle ne fait que baiſſer, s'élever & s'égouter peu à peu ſans rien détruire.

On pouvoit, en plongeant & en fixant dans

du canal des tables de bois, des planches de sapin ou de toute autre espèce de bois, dont les mailles sont très-marquées & qui peuvent se conserver dans l'eau, & les faire incruster d'une belle ardoise qui prendroit la forme & les contours de la table, mais surtout l'impression en creux ou en relief des mailles du bois, &c. On obtiendroit par-là un travail de la nature très-propre à donner une idée de cette sorte de dépôts formés par l'eau chargée de principes terreux très-fins.

Dixième chaîne.

Cette chaîne, qui est la dernière dont nous ferons l'examen, est sur les lisières des Cevennes: ses rochers sont la plupart d'un marbre grossier qui donne une chaux maigre; ils sont distribués par bancs inclinés à l'horizon de la même manière, dans une même montagne, mais offrant des variétés sensibles & remarquables d'une montagne à l'autre. Les coquillages fossiles qui sont enfermés dans ces rochers, sont pour la plupart fort entiers & bien conservés, de même que ceux des chaînes précédentes. La Chenaye de Sauvages, qui est une montagne de cette chaîne fort élevée, offre, dans les deux ou trois premiers bancs de son sommet, une ostracite connue sous la dénomination d'*ostracites testa crassa, vel griphites Luidici*; ensuite on n'apperçoit de limon durci dans ce rocher, que ce qu'il en faut pour remplir les vides que laissent ces fossiles.

Dans les bancs qui suivent immédiatement au dessous, on ne voit aucun coquillage; mais après un certain intervalle les suivans offrent une quantité prodigieuse d'astéries ou pierres etoilées, de bélemnites, de cornes d'ammon, de pinnes marines, de pétoncles, &c.

Les pierres étoilées, à cause de leurs formes ou de leurs fréquentes articulations qui les ont rendues fort fragiles, sont toujours, sur cette même montagne, coupées en des tronçons qui n'ont pas au-delà d'un pouce de longueur : il y a des morceaux de différentes grosseurs, quoique de même espèce.

La plupart des morceaux de pierres étoilées sont détachés des rochers; ce qui peut faire croire que ce fossile, dont on connoît l'analogue marin, & qui appartient aux bras d'une étoile de mer qu'on nomme *tête de Méduse*, fut non-seulement cassé, mais encore pétrifié au point de donner des étincelles sous le fusil.

Les bélemnites de la chaîne qui nous occupe, sont de formes qui sont fort rares : les plus grandes ont à peine un pouce & demi de longueur, pendant que leur base a neuf à dix lignes de diamètre, & que leur cavité cónique s'étend presque jusqu'au sommet de la pierre. Au reste, il suffit de faire attention à leurs formes régulières & constantes dans chacune des espèces, pour lever tous les doutes que quelques naturalistes ont élevés sur la nature de ce fossile, & pour le faire regarder comme appartenant à la famille des animaux testacés.

On ne découvre de coquillages fossiles & pétrifiés dans la montagne dont il est question, que dans un banc qui est à dix ou douze toises au dessous de ceux qui renferment les ostracites, les bélemnites & les pierres étoilées : ce banc est formé entiérement de pétoncles qui sont tous de la même espèce & d'une grosseur égale, sans qu'il s'en trouve, parmi cet amas, un seul individu d'une espèce & d'un volume différent. On observe ce banc avec les mêmes fossiles dans deux endroits éloignés, à la même hauteur; ce qui fait voir que cet amas de fossiles occupe une grande superficie. L'état de pétrification où se trouve ce coquillage, est tout différent de celui où sont les coquillages du sommet de la montagne, qui, comme nous l'avons remarqué, sont silifiés; au lieu que les pétoncles sont dans l'état de pierre calcaire. On ne les distingue du reste du rocher, ni par le grain ni par la couleur : ils se séparent nettement, & on ne les reconnoît que par la forme des deux valves bien appliquées l'une sur l'autre : je dis les *valves*, quoiqu'il ne reste que le moule intérieur entiérement semblable au rocher. Cependant ce qui nous a convaincus que la pétrification n'a pas dissout, dans cette position, le *test* de la coquille, c'est qu'il n'y a aucun vide entre le moule intérieur & l'extérieur ou le rocher, car l'un & l'autre se joignent exactement.

On peut remarquer sur cette chaîne, & en particulier sur la montagne de la Chenaye de Sauvages, ce qu'on a déjà dit ailleurs; savoir : que dans les rochers par bancs, de quelque manière qu'ils soient inclinés, les coquillages fossiles y ont une position uniforme & régulière. On ne les trouve en grande quantité que dans certains bancs, tandis qu'il n'y en a que peu ou point dans les bancs, tant supérieurs qu'inférieurs. On reconnoît là l'effet des différens dépôts, dont les uns ont été de pur limon, après que les autres ont été formés par un mélange de limon & de coquillages, où cependant les coquillages dominoient le plus souvent.

Il est naturel encore de conjecturer que les dérangemens survenus aux montagnes par bancs ont été postérieurs aux dépôts de ces bancs ou couches, & de plus, qu'ils ont eu lieu lorsque les rochers avoient déjà quelque consistance. On voit d'ailleurs que ce ne sont que de simples déplacemens uniformes; au lieu que dans les montagnes & dans les rochers par blocs il y a eu plus d'irrégularité dans les dépôts, les blocs ayant été séparés par des intervalles terreux plus multipliés (*voyez Intervalles terreux*); aussi les coquillages, dans ces rochers, sont non-seulement plus rares, mais encore répandus confusément dans toute la masse.

La même montagne nous a fourni quelques

autres observations que nous ajouterons ici. On rencontre, au dessous des bancs inférieurs, une veine étroite & peu profonde, qui semble partir horizontalement de la montagne : elle est d'un terrain ou d'un gravier tout différent de celui qui l'entoure dessus, dessous, par les côtés, & dans tout le reste de la montagne, dont les rochers sont partout de pierre à chaux, au lieu que ce gravier est de pierre dure & vitrifiable.

On peut en distinguer de trois à quatre espèces : chaque morceau est arrondi : il y en a même qui ont un poli fort luisant; ils sont posés par couches, qu'on distingue l'une de l'autre par la différente grosseur des grains & par leurs différentes formes. On remarque quelque chose d'approchant dans les sables & dans les graviers de nos rivières; & il y a grande apparence que les graviers & les cailloux de notre chaîne ont été arrondis de la même manière que ceux de la mer & des rivières, en roulant sur les sables, & qu'ils ont été ensuite déposés de même.

Ce qui semble trancher tous les doutes, c'est que parmi ces mêmes cailloux il y en a qui leur ressemblent, & par la forme, & par le volume : ce sont des fragmens d'ostracites & de pierres étoilées, pétrifiés en silex comme ceux du reste de la montagne; mais les fragmens de ceux-ci ont des angles tranchans à vive arête, au lieu que ceux qui sont répandus dans la veine dont il est question, sont non-seulement plus menus, mais leurs parties anguleuses ont été visiblement émoussées & usées, enfin arrondies par les frottemens, de telle sorte qu'on a quelquefois de la peine à reconnoître le coquillage; & comme ces fragmens ont suivi une loi commune aux autres morceaux qui composent cette veine ou filon, il paroît qu'ils ont tous participé à un roulement général.

On peut se rappeler à cette occasion les conséquences que j'ai tirées des coquillages & des pierres arrondies de la sixième chaîne : il me semble être également autorisé à en tirer de semblables de l'état où se trouvent les fragmens du filon dont je parle, car ils ont les mêmes formes, & se présentent dans les mêmes circonstances.

Il paroît donc, par ce que nous venons de dire, que cette veine de terrain isolée est comme étrangère à la montagne, dont les pierres ont un grain & une couleur totalement différens, car ce sont des pierres à chaux qui n'affectent aucune forme ni aucun volume déterminés; au lieu que les fragmens du filon, outre qu'ils sont vitrescibles, n'excèdent jamais la grosseur d'un œuf de pigeon.

Il s'ensuit de là encore que la montagne a souffert un dérangement dans l'endroit de la veine. Ceux qui ont étudié les caractères de continuité des terrains, ont reconnu qu'ils se conservoient les mêmes sur une grande étendue de la surface de la terre; qu'une ou plusieurs montagnes, qu'une même plaine, si vastes qu'elles fussent, offroient partout le même grain de terre & de rocher; ou s'il se trouve des rochers de différentes natures, ils sont par couches ou par masses séparées, & placées les unes au dessus des autres. Lorsque cet ordre est interrompu, lorsque le terrain est coupé ou traversé brusquement par une veine de terre ou de pierre d'une autre nature qui tranche sur les environs, c'est une forte présomption qu'il y a eu un dérangement survenu dans l'organisation primitive.

Il est vrai qu'il n'est pas aisé de connoître souvent les lois que ces dérangemens ont suivies, ni de donner en même tems des raisons de la suite & de la continuité des terrains; car il faut bien connoître toutes ces circonstances pour avoir la solution de ces différens problêmes, souvent de la plus grande importance. Il seroit à souhaiter, d'après ce point de vue, que ceux qui s'intéressent aux progrès de l'histoire naturelle, déterminassent, par des observations rigoureusement suivies, les limites des terrains, leurs interruptions, leurs différens grains, & toutes les variétés qu'ils peuvent offrir : l'exécution de ce travail jetteroit beaucoup de jour sur les différens changemens qui ont lieu dans les sols de plusieurs contrées, & sur les causes qui ont pu y concourir. Les détails que nous venons d'exposer sur les chaînes précédentes peuvent faire connoître à un certain point les principes d'après lesquels on peut diriger ces observations. (*Voyez Grain des pierres*, *Amas de coquilles*, *Massifs*, &c.)

ALAMPY, ville d'Afrique, sur la côte d'Or, à l'est du Grand-Ningo, & à quatre lieues de la haute montagne de Rédundo, qui se présente en forme de pain de sucre au nord.

ALAND, île de la mer Baltique, entre la Suède & la Finlande : elle peut avoir trente à quarante lieues de circuit; & quoiqu'elle s'étende au-delà du soixante-unième degré de latitude septentrionale, il est rare qu'elle ne produise pas assez de grain chaque année pour nourrir ses habitans. Il y a, outre cette culture, des pâturages abondans qui leur fournissent les moyens de faire un gros commerce de beurre & de fromage. On y trouve aussi de belles forêts, d'où l'on exporte beaucoup de bois & de charbon : il y a d'ailleurs des carrières de pierres calcaires dont on tire un grand parti. Elle est environnée de rocs & de bas-fonds qui en rendent les abords difficiles & même dangereux. Elle est à la tête d'une chaîne d'îles assez nombreuses, qui ferment l'ouverture du golfe de Bothnie.

ALANDES (îles). La bouche du golfe de Bothnie est remplie d'un groupe prodigieux de petites îles & de rochers dangereux pour la navigation. L'île d'*Aland* est la principale, & celle qui a donné son nom aux autres : c'est une masse de rochers surprenante, ainsi qu'un grand nombre d'autres. Le fond de ces îles est un granit rouge & gris. De là le golfe de Finlande s'étend droit à l'est, & il a, sur sa côte nord, une chaîne pareille d'îles semblables, & quelques autres semées dans le canal. Toute la côte & ces îles sont des masses de granit rouge & gris, ainsi que les côtes de Suède; elles sont mêlées seulement de pierres de sables, de bancs de pierres calcaires & de morceaux de granit isolés. Nous en parlerons plus en détail dans nos considérations générales sur la *Baltique*.

ALAPA, montagnes de Sibérie, dans la Russie asiatique : elles s'étendent depuis le lac Jaiokaia jusqu'aux confins de la Baskyrie. On y exploite avec succès des mines de cuivre très-riches.

ALASCHKA, péninsule sur la côte occidentale de l'Amérique septentrionale, au nord de la rivière de Cook, & au milieu de côtes, de baies & d'îles dont les détails ne peuvent être que très-intéressans. En quittant l'entrée de la rivière de Cook, paroît le Cap Saint-Hermogène : c'est une terre haute & nue, d'environ six lieues de circuit, & séparée de la côte par un canal large d'une lieue; il est situé à la latitude de cinquante-huit degrés quinze minutes, & couvre la vaste *péninsule d'Alaschka*, qui commence entre l'embouchure de la rivière de Cook & la baie de *Bristol*, qui borde son isthme. Elle a sa pointe au sud-ouest, & semble dans la direction du croissant d'îles qui traverse la mer depuis *Kamtschatka*. La terre, à l'ouest de la rivière de Cook, s'élève par une suite de sommets coniques fort serrés les uns contre les autres, & la côte, assez souvent escarpée, s'élève brusquement en forme de tours; au devant de la côte règne un front d'îles groupées, avec des amas d'écueils & de rochers à fleur d'eau.

Parmi les îles, celles de *Shoumazin* sont les plus considérables; la principale est la plus reculée vers l'ouest, & s'appelle *Kadjak*; elle peut avoir cent verstes de longueur, & depuis vingt jusqu'à trente de largeur, & elle est très-peuplée. Les habitans parlent un langage différent de ceux d'*Ounalaschka* : on l'a jugé un dialecte du groënlandois. Les habitans paroissent être de la même nation que ceux du *détroit du prince Guillaume*. Leurs chemises sont faites de peaux d'oiseaux, de celles de la marmote sans oreilles, des renards, des ours marins & de quelques poissons. On y a vu des chiens, des ours, des loutres de l'espèce commune & des hermines. Cette nation paroît avoir été plus loin que ses voisins dans l'art de construire ses habitations, de tisser ses étoffes & de préparer les peaux qu'elle vend.

L'île est surtout composée de collines mêlées de terres basses; elle abonde en racines bulbeuses & en fruits sauvages qui servent de nourriture aux habitans. Il y croît des arbustes & même des arbres assez gros pour être creusés en canots propres à contenir cinq personnes : ces espèces de bateaux établissent une différence entr'eux & les Groënlandois.

En face de l'extrémité de la péninsule d'*Alaschka* est l'île d'*Holibut*, latitude cinquante-quatre; elle s'élève, en forme de montagne pyramidale, à une grande hauteur à l'opposite du détroit resserré & peu profond qui est entre *Alaschka* & l'île d'*Oonemaka*. On voit de là la chaîne correspondante du continent s'élever à des hauteurs si considérables, qu'elles atteignent le niveau de la neige constante; & parmi ces sommets neigés, on en distingue plusieurs isolés qui ont la forme conique : une de ces têtes détachées vomissoit des tourbillons de fumée à une grande élévation, le vent les rabattoit ensuite & les chassoit devant lui en formant un nuage alongé d'une grande étendue : ce volcan est à cinquante-quatre degrés quarante-huit minutes de latitude : c'est évidemment un anneau de la chaîne volcanique qui se trouve dans les environs du détroit de Bereing.

L'extrémité d'*Alaschka* finit par se trancher à pic; aussi voit-on, en face de cette terre escarpée, l'île d'*Unmak*, d'une largeur à peu près correspondante à la coupure du continent. Le canal qui sépare l'île est étroit & peu profond; il est situé à la latitude de cinquante degrés trente minutes, & conduit à la *baie de Bristol*. L'île d'*Unmak* a cent verstes de longueur, & de sept à quinze de largeur; elle renferme un volcan qui brûle. Dans une région inférieure aux massifs qui alimentent ces feux souterrains, sont des fontaines chaudes & jaillissantes comme celles d'Islande : les habitans s'en servent pour cuire leur viande & leur poisson; ils se plaisent aussi à se baigner dans celles dont la chaleur est tempérée.

A l'ouest de ces îles sont les petites îles d'*Oonella* & d'*Acootan*, & à peu de distance d'elles celle d'*Ounalaschka* : on donne à celle-ci cent vingt verstes de longueur & dix à dix-huit de largeur. C'est le dépôt le plus éloigné des colonies russes, qui ont aujourd'hui des établissemens dans la plupart des îles entre l'Asie & l'Amérique : toutes sont sous la direction de particuliers entreprenans, qui ont porté jusque-là leurs spéculations de commerce. Le voyage, depuis Ochotsk ou Kamtschatka jusqu'à ces îles, dure trois ou quatre ans, & il a pour objet principal les peaux de loutre de mer. A présent les naturels de ces îles n'ont que des canots couverts de peaux, & ils n'en construisent les côtes ou flancs que de bois flottés que le hasard leur procure. Ils ressemblent aux Esquimaux dans leur habillement & quant à leurs armes. Leur langage est un dialecte de cette nation. Ils enterrent leurs morts sur les sommets des collines, & élèvent dessus des amas de pierres. (*Voyez* OUNALASCHKA.)

ALAVA, petite contrée d'Espagne, comprise

dans la Biscaye; elle s'étend le long de la rivière d'*Ebre*: le sol en est très-fertile en seigle, en fruits de plusieurs espèces & en vin. On y exploite des mines de fer, & on fabrique sur les lieux mêmes une grande quantité d'armes & d'ustensiles qui forment un grand objet de commerce pour tout ce pays.

ALBANIE, province de l'ancienne Grèce, & aujourd'hui faisant partie de la Turquie d'Europe, sous le nom de *Chirvan*. Parmi ses rivières, la plus remarquable est le Délichi. On y voit quelques lacs, entr'autres celui de Scutari, & plusieurs montagnes, dont les plus remarquables sont les Acrocérauniennes ou les monts de la Chimère. Le sol du pays est très-fertile en fruits, & particuliérement en vins excellens. Ses habitans sont forts, courageux & bons soldats: on les distingue, dans la milice turque, sous le nom d'*Arnautes*.

ALBANIE, petit pays de la province de Perth en Ecosse: il est borné au sud par le pays d'Argyll, & au nord par celui de l'Ochabyr; il occupe précisement le milieu du royaume, dont il est regardé comme la partie la plus élevée & la plus froide. Son territoire est fort montueux: on n'y trouve guère que des pâturages où l'on élève de nombreux troupeaux de brebis, dont les laines sont fort estimées.

ALBANI, ville de l'Amérique septentrionale, dans la Nouvelle-York; elle est située sur la rivière d'Hudson. C'est près de cette ville qu'est une fort belle cataracte qui a environ cinquante pieds de chute, & qui est précédée de plusieurs *courans rapides*. (*Voyez Cataracte.*) Cette cascade produit un brouillard dans lequel on apperçoit, lorsque le soleil luit, un arc-en-ciel qui change de place à mesure qu'on s'en eloigne ou qu'on en approche.

ALBANO, petite ville située auprès du lac du même nom; elle est à un mille de Castel-Gandolfo, & le chemin qui y conduit est superbe: il est composé de deux allées, l'une qui règne le long du lac, l'autre qui est à droite: elles sont presqu'entiérement formées par des chênes d'une grosseur prodigieuse. Il y a aussi des chênes ordinaires.

L'avenue qui est sur le bord du lac est admirable: le couvert est charmant, & l'air qu'on y respire est fort salubre. Tous les villages des environs communiquent aussi entr'eux par des avenues bien plantées & en bon air. Les paysages qu'on y voit, sont très-propres aux études de la peinture, la nature y étant aussi belle que variée.

Le lac d'Albano ou de Castel-Gandolfo présente un point de vue très-beau: il a sept à huit milles de circuit; sa forme est plus longue que large & très-irrégulière, & il est environné de montagnes assez escarpées. Le canal de ce lac est un des ouvrages les plus anciens & les plus singuliers des Romains; c'est un déchargeoir ou *emissario*, par lequel les eaux du lac vont se rendre dans la plaine qui est au-delà de la montagne lorsqu'elles sont trop hautes. Cette entreprise fut exécutée dans le cours d'une année. On perça la montagne qui borde le lac à l'endroit où est le château de Castel-Gandolfo: on y creusa, dans la longueur de douze cent soixante toises, un canal qui a trois pieds & demi de large, sur environ six pieds de hauteur au dessus du fond; mais il n'y a que trois pieds d'eau. On y a pratiqué deux châteaux d'eau; l'un est à l'entrée du canal, vis-à-vis du lac, & l'autre à l'issue du canal dans la plaine. Cet ouvrage étonnant fut construit avec tant de solidité & tant d'exactitude, qu'il sert encore au même usage sans avoir besoin de réparation. Mais les Romains travailloient pour l'immortalité, & ce canal prouve bien qu'on savoit dès-lors l'architecture hydraulique & le nivellement.

Parmi les montagnes qui sont dans ce canton, on distingue *Monte Cavo*, autrefois *Mons Albanus*. Le nom moderne qu'il a reçu, vient de ce qu'il forme, du côté de Rome, une espèce d'enfoncement ou de concavité.

Cette montagne d'Albano, si célèbre par les événemens de l'Histoire romaine, est remarquable encore par sa formation & les phénomènes qu'elle présente à un naturaliste: c'est une éminence presque détachée des autres montagnes du Latium, couverte de matières qui sont tantôt homogènes, tantôt hétérogènes: on y trouve des blocs de pierre qui renferment des minéraux & des matières vitrifiées: on y reconnoît des pierres-ponces & des laves semblables à celles du mont Vesuve.

Le lac d'Albano a un sable noir & blanc, qui contient des débris de mica noir & de quartz. On trouve, sur une montagne des environs, une terre cendrée & des morceaux considérables de mica noir, mêlés dans cette cendre. Sur le chemin de Grotta Ferrata à Palestrine, on voit des terres cendrées, des pouzolanes, des pierres calcinées, avec des brillans noirs, qui sont des espèces de schorls.

Le lac d'Albano & le lac de Nemi, renfermés dans le sein de cette montagne, sont environnés de rochers fort élevés; le premier a huit milles de tour, & le second quatre milles: ils ressemblent l'un & l'autre à des entonnoirs de volcans. Tite-Live dit que la terre s'ouvrit autrefois près du mont Albano, & forma un goufre horrible; que sur la montagne même il tomba des pierres du ciel, en forme de pluie. L'histoire ne nous a pas conservé la date ni même le souvenir des événemens qui sont arrivés dans les siècles antérieurs; mais on en reconnoît la trace en voyant les bords de ces lacs formés d'une espèce de lave ferrugineuse & à moitié vitrifiée; elle est disposée par lits inclinés du côté extérieur, c'est

-à-dire, vers les campagnes où elle a dû couler, & les collines qui partent du lac Albano, comme autant de rayons, sont elles-mêmes formées de lits disposés de la même manière.

Une autre lave, plus légère & moins homogène, qui se trouve en abondance du côté de Marino & de la Riccia, paroît mêlée de différentes substances minérales; c'est une espèce de *peperino* ou pierre propre à bâtir. Cette lave se trouve, non dans l'intérieur de la montagne, mais à la surface de la terre, & disposée par lits, comme si elle se fût répandue par-dessus les bords du bassin lorsqu'elle étoit coulante, & qu'elle se fût condensée ensuite par le refroidissement. On trouve, dans l'intérieur de cette pierre, du talc, des pyrites en forme de prisme à huit & à douze faces; un charbon fossile, du bitume, des fragmens de cailloux, de marbre & des scories ou écumes: toutes ces substances sont empâtées & incrustées dans cette pierre; mais il y a moins de matières ferrugineuses dans la première lave dont nous avons parlé: elle ressemble assez à la cendre du Vésuve & à cette espèce de pouzolane qui a recouvert Herculanum & Pompeïa, mais qui, au lieu d'avoir été divisée & dispersée par une éruption plus forte, est restée en masse; elle devoit avoir un peu plus de matière coulante que celle du Vésuve, parce qu'elle n'avoit pas été torréfiée par un feu aussi violent.

Les environs de la montagne sont remplis de pierres qui paroissent brûlées, & de gros sable qui est une véritable pouzolane: il a la propriété de faire un ciment de la plus grande dureté: cela vient des parties brûlées & des parties métalliques, qui s'unissent avec la chaux; ainsi le peperino & la pouzolane paroissent ne pas différer essentiellement, mais seulement par le degré de vitrification.

On trouve encore des vestiges semblables de volcans près des lacs *Regillo*, *Sabatino*, *Cimino*, *Volsiniese*. Le docteur Lapi est persuadé que la vallée d'Aricie & le *Monte Cavo* sont également des restes de volcans; que les villes d'Albe, de Lanuvium, d'Arricia, de Tusculum & de Rome même ont été bâties sur des masses de laves, de verre, de bitume, de cendres, de pierres-ponces & autres matières brûlées: on en retrouve des vestiges jusqu'à Radicofani, qui est à trente lieues au nord de Rome.

On trouve aussi à Albano un silex noir, qui paroît différent des laves.

Il croît aux environs de cette ville un champignon à tête ronde, qui a souvent un pied de diamètre, dont la texture est si délicate & le goût si agréable, qu'on le réserve pour la table des princes.

ALBANO (*Monte*). Je vais donner une description géographique, avec le secours de laquelle on pourra se former une idée de la situation de cet ancien volcan & de ses dépendances, après toutefois que j'aurai fait connoître la constitution physique de cette masse principale & de ses environs.

En allant de Palestrine à Frascati, on rencontre un amas de terres cuites ou de tuf volcanique, mêlé d'une quantité considérable de petits cristaux de grenats d'un blanc farineux: on y voit aussi de grands blocs de lave noire, vestiges d'anciens courans, parmi lesquels sont dispersés des cristaux de schorl noir, feuilleté, que la pluie a détachés de leur matrice: tous ces amas volcaniques forment une plaine de huit à neuf milles d'étendue, coupée par de très-petits monticules, dont tout le terrain n'est composé que de terres cuites ou tuf volcanique. Mais avant de monter à *Frascati* il faut franchir des montagnes de tuf assez élevées, comme les monts *Algido* & *Porcio*: on y rencontre aussi quelques courans de lave noire compacte.

Ces hautes montagnes s'étendent en une même chaîne du côté de *Marino*, d'*Albano*, de *Gensano*, jusqu'à Velletri: elles décrivent un cercle & rejoignent le *Monte Algido* par le *Monte dell' Ariano*. Cette circonférence renferme tout le *Monte Cavo* ou *Albano* & d'autres montagnes volcaniques environnantes, au milieu desquelles se trouvent les lacs de *Nemi* & de *Castello* ou d'*Albano*. Pour suivre avec plus de facilité ces détails géographiques, nous renvoyons à la carte des environs de Rome de notre Atlas.

Le *Monte Cavo* ou *Albano* est un amas de terres cuites ou de tuf volcanique, gris ou d'un brun jaunâtre, mêlé de petits cristaux de grenats blancs, farineux; de pouzolane & de ponce rouge: les terres cuites, d'une gris verdâtre, sont durcies; elles renferment du schorl noir, feuilleté; des grenats blancs & de petites pierres-ponces, quelques morceaux de quartz avec du mica, quelques débris de granit noir, que le feu a rendus friables: c'est ce mélange qu'on nomme *peperino*: enfin, de la lave poreuse & des blocs de lave noire compacte, dans lesquels on voit des cristaux de grenats blancs.

Ces laves & ces terres cuites sont posées les unes sur les autres, sans ordre, comme elles ont été rejetées par le *Monte Albano* & les autres centres d'éruption de cette chaîne. Ces laves & les *peperinos* renferment outre cela des morceaux plus ou moins considérables de pierres calcaires plus ou moins chauffées & altérées par le feu; du schorl feuilleté & du mica, qui ont été de même touchés par le feu.

Les produits volcaniques du *Monte Albano* sont, comme on voit, à peu près de la même nature que ceux du Vésuve: du haut de cette montagne on a une vue intéressante, qui s'étend sur la plaine de Rome jusqu'à la mer: on y découvre *Terracine*, les marais Pontins, Rome & le cours du Tibre jusqu'à son embouchure, & en revenant sur *Monte Cavo*, les lacs de *Nemi* & d'*Albano*, qui sont à mi-côte de cette montagne. Ces deux lacs sont ovales, & séparés l'un de l'autre par une hauteur qui peut avoir deux milles de largeur. Quelques naturalistes, même instruits, ont cru & avancé que ces deux lacs ont été les cratères des anciens volcans, par la raison qu'on ne voit point de bouche au *Monte Albano* ni aux autres montagnes de la chaîne dont nous avons parlé. Cependant si on eût bien réfléchi sur la marche & les opérations du feu des volcans, on auroit vu que le *Monte Cavo* & beaucoup de montagnes de la chaîne ont été les centres des éruptions qui ont produit tous ces amas de laves & de matières volcaniques, qui semblent, lorsqu'on les examine avec attention, avoir leur origine dans les points les plus élevés, & de là s'être étendus sur les pentes de toutes ces montagnes, comme les courans du Vésuve. Ceci paroît si marqué, que les masses, non-seulement de laves, mais encore de terres cuites, de tufs volcaniques, de peperines, semblent avoir eu des écoulemens plus ou moins étendus depuis certaine région élevée, & certainement au dessus de la bouche des lacs, & s'être ensuite prolongés dans une région inférieure. Or, ceci ne paroît pas avoir eu pour origine aucune partie du bassin de ces lacs. Comment conçoit-on que les laves & les matières volcaniques qui forment le *Monte Albano*, aient été produites par les cratères qu'on placeroit dans les lacs, quelques déplacemens qu'on supposât s'être opérés dans la disposition de toutes les parties qui environnent le sommet le plus élevé.

Ceci s'explique par la théorie des *culots*, qui ont pris la place des cratères. (*Voyez* cet article.)

Le *Monte Albano* est à environ douze milles de Rome: sa base & celle de toutes les parties de la chaîne environnante peuvent avoir seize milles de circonférence. Cette masse paroît, ainsi que le Vésuve, divisée en deux parties principales; 1°. d'abord ce sont deux sommets les plus élevés; savoir: le *Monte Cavo* ou *Monte Albano*, qui paroît avoir été le principal centre d'éruption; 2°. le *Monte Algido*, ensuite les collines qui environnent le *Monte Cavo*, & qui sont entiérement composées de terres cuites & de *peperino*, & dont les sommets sont nus & dépouillés de tous bois. Le *Monte Porcio*, le *Monte Compatro*, le *Monte Colonna* qui est détaché du sommet principal, & la colline sur laquelle est *Civita-Lavigna*, sont au nombre de ces grandes collines.

Velletri est situé au pied du *Monte Albano*, du côté des marais Pontins, & les matières volcaniques s'étendent jusque-là.

Marino Rocca di Papa est du côté de Rome.

Rocca Priora est bâti sur le sommet le plus élevé des monts Tusculans, vis-à-vis la crète de *Monte Algido*.

Aricia est situé entre *Albano* & *Gensano*. Les matières légères, volcaniques ont été lancées par le volcan du *Monte Albano*, dans ses éruptions, jusqu'à *Poli*, qui est situé dans les Appennins, à environ huit milles du *Monte Cavo*.

Le *Lago di Rigilla* est au bas de la colline de *Colonna*. Il ne faudroit redouter aucune sorte de supposition, si l'on plaçoit un cratère dans ce lac; il en est de même du *Lago di Castiglione*, qui est fort éloigné du *Monte Cavo* ou *Albano*.

Les carrières de *peperino*, dont on se sert à Rome pour bâtir & pour les impelliciatures, sont à Marino, à l'extrémité de ces courans de terres cuites dont j'ai parlé ci-dessus.

La lave noire compacte du volcan de *Monte Albano*, qu'on nomme *selce*, se tire du voisinage de la ville d'*Albano*. On se sert de cette lave, à Rome & dans les lieux circonvoisins, pour bâtir, & surtout pour paver les rues & certaines routes: on en fait aussi des statues modernes, & on en répare d'anciennes statues de basalte oriental. Il y a, dans cette lave d'Albano, comme dans celle du Vésuve, du schorl noir & des grains de cailloux verdâtres & jaunâtres.

On lit dans Tite-Live, que le *Monte Albano* a éprouvé des éruptions, dont la dernière date de l'an de Rome 540, & il annonce ces événemens sous le nom de *pluies de pierres : in Albano Monte biduum continenter lapidibus pluit*. Et ailleurs il dit: *In Monte Albano haud aliter quàm cùm grandinem venti glomeratam in terras agunt, crebri cecidere cœlo lapides*.

En allant de *Monte Cavo* par Gensano, à Rezia, on traverse une colline volcanique, dont la pente est fort douce; elle décrit une courbe autour d'une partie du plat pays. En retournant à Rome de Marino, le terrain ne paroît composé que de terres cuites, de débris de pierres-ponces, de scories, de laves, de petits cristaux de grenats dans l'état farineux, de schorls & de micas feuilletés, de grains de pierres calcaires ou de chaux, &c.

Il suit de cette observation, que, dans les volcans de l'Etat ecclésiastique, le feu s'est fait jour à travers des sommets calcaires, & que les matières qu'ils ont vomies, ont enséveli les contrées les plus basses, & n'ont laissé à découvert que les collines les plus élevées, & qui n'étoient pas à portée de recevoir leurs courans ou leurs décombres.

ALBATRE. Cette pierre est d'un tissu un peu moins serré que le marbre; elle a outre cela fort souvent une demi-transparence plus ou moins nette: sur un fond plus ou moins blanc elle offre les couleurs les plus vives & les plus douces en même tems. D'ailleurs, si l'on suit leur formation, on trouve que les agens qui y ont concouru, leur ont donné les formes de veines, de bandes & de zônes. C'est d'après ces distributions variées de différens principes colorés, qu'en comparant ces résultats aux agathes fines, on les appelle *albâtres onyx*. Il y en a de même où sont figurées des parties de végétaux, qui peuvent autoriser la dénomination d'*albâtres herborisés*.

Au reste, nous indiquerons toutes ces différentes variétés de cette sorte de travail de la pétrification, d'après l'examen d'une collection d'albâtres d'albâtres fort complète, & dont la plus grande partie vient de l'Italie.

L'albâtre, que l'on doit considérer comme le résultat du transport de l'eau & de ses dépôts dans les vides qu'elle rencontre au milieu des couches de la terre voisines de sa superficie, n'est le plus souvent qu'une stalactite ou stalagmite bien infiltrée : malgré cela l'albâtre n'est pas susceptible de prendre un poli aussi beau & aussi vif que celui du marbre, parce qu'il n'a pas en général un tissu aussi serré.

On distingue deux sortes d'albâtres, l'*oriental* & le *commun*; l'oriental est celui dont la matière est la plus pure & la plus fine, la demi-transparence la plus nette, & enfin dont les couleurs sont les plus vives : ces sortes d'albâtres sont plus récherchés que les albâtres ordinaires. Celui-ci n'est pas rare : on en trouve en France & ailleurs dans presque toutes les grotes : il y en a des masses assez abondantes aux environs de Cluny, dans le ci-devant Mâconnois, mais surtout en Italie aux environs de Rome, & dans plusieurs provinces d'Espagne : ceci appartient à l'albâtre calcaire, qui ne se rencontre que dans la moyenne & la nouvelle terre. Mais les Allemands ont donné le nom d'*albâtre* à une sorte de pierre à plâtre, singuliérement à celle qui est assez pure & qui a la couleur du marbre le plus blanc. Cette pierre, qui est un vrai gypse, se trouve en différentes provinces d'Allemagne, & en particulier aux environs de Modane. Cette même masse se prolonge depuis ce village jusqu'au Mont-Cénis, & le bassin du lac qu'on rencontre sur le sommet de cette dernière montagne en est formé en grande partie.

On en a découvert, depuis une vingtaine d'années, une très-belle carrière aux environs de Paris, près Lagny, & qu'on exploite avec succès : les échantillons qu'on en extrait prennent un beau poli. Nous en parlerons plus en détail aux articles *Gypse* & *Carnetin*.

Mais, nous le répétons, le véritable albâtre, & surtout celui que nous nommons *albâtre oriental*, dont on fait de fort beaux ouvrages, & dont la plupart des statues, des urnes, des vases anciens sont faits, doit être considéré comme une substance calcaire, puisqu'il fait effervescence avec les acides; & pour peu qu'un voyageur soit éclairé, il reconnoîtra que l'albâtre est une stalactite infiltrée, & formée au milieu des couches de pierres calcaires, dont l'excavation, soit naturelle, soit artificielle, a donné lieu à ces dépôts spathiques.

CATALOGUE des différentes variétés d'albâtre, considérées par rapport à leur formation & à leur constitution.

Dans cette nomenclature on emploie souvent les mots *orientale*, *vena*, *rosa*, *salino*, *fiorito*, qui peuvent avoir besoin d'explication.

Orientale ne signifie pas précisément qu'un albâtre a été tiré de l'Orient, mais qu'il a de belles couleurs, vives & franches, & un tissu net & susceptible d'un beau poli : ce même mot s'applique aux pierres précieuses dans le même sens.

Vena est proprement une ligne un peu large & colorée. Je traduis ce mot par *rubané*.

Rosa est le résultat d'une ou de plusieurs lignes colorées qui forment l'enceinte d'un point. Je le traduis par *rose*.

Salino est l'assemblage de plusieurs grumeaux entassés pour former un fond grenu, comme une cristallisation de sel irrégulière, où les élémens sont tumultuairement assemblés : c'est la base de plusieurs albâtres.

Fiorito, *fleuri*, est un assemblage de points colorés, mêlés de points blancs, & qui forment des espèces de tiges.

Agatato, agaté. C'est souvent la couleur qui détermine cette dénomination; mais souvent aussi le fond lamelleux.

D'après ces notions préliminaires, toute la nomenclature qui suit, sera plus aisée à comprendre.

1°. *Alabastro orientale transparente.* Albâtre demi-transparent oriental.

C'est le bel albâtre des anciens : on a encore, de cette belle matière, des statues & des colonnes qui font plaisir à voir.

2°. *Alabastro salino, cotognino, orientale.* Albâtre à fond blanc, salin, couleur jaune cotignac.

Cet albâtre est d'un blanc d'albâtre, dont les poëtes ont entendu parler lorsqu'ils lui ont comparé certaines parties dont le blanc fait plaisir : un sein d'albâtre, par exemple.

3°. *Alabastro salino, cotognino a giaccione orientale.* Albâtre salin veiné, couleur de cotignac, glacé.

Cet albâtre se trouve à l'extrémité des gros morceaux du précédent.

4°. *Grosso salino orientale.* Gros salin oriental.

C'est un dépôt de la même espèce que l'espèce qui précède; mais les lames du *salino* sont plus marquées.

4°. *bis. Alabastro orientale salino, fiorito a vena.* Albâtre oriental salin, rubané & fleuri.

C'est un fond salin avec des rubans colorés, parsemés de points rouges & blancs.

5°. *Alabastro fiorito, venato, agatato, orientale.* Albâtre fleuri, rubané, agaté, oriental.

6°. *Alabastro orientale a vena mischiato.* Albâtre oriental rubané, de couleurs mêlées.

On trouve ici toutes sortes de combinaisons de dépôts colorés, & les couleurs en sont vives & franches.

7°. *Orientale venato, agatato.* Oriental veiné, agaté.

C'est le même fond de pâte agatée, avec des rubans colorés.

8°. *Orientale agatato, venato a rosa.* Oriental agaté, rubané avec roses.

Cet albâtre est rubané, & les lignes colorées sont assemblées autour de plusieurs centres.

9°. *Orientale fiorito a vena.* Albâtre oriental fleuri & veiné.

C'est le même fond coloré que le précédent. On remarque là, comme dans tous les albâtres à roses, que tous les rubans qui sont distribués autour d'un centre pour former la rose, ont la même teinte dans tout le contour.

10°. *Orientale salino, venato a rosa.* Albâtre oriental salin, rubané avec roses.

Le fond est salin, avec des rubans colorés toujours semblablement, soit que ces rubans soient distribués par lignes parallèles & droites, soit qu'ils décrivent des lignes qui forment des roses.

11°. *Orientale salino, agatato fiorito a vena.* Oriental salin agaté, fleuri avec roses.

Ce qui précède doit servir à expliquer ce bel échantillon, où se trouvent réunis beaucoup de caractères des albâtres.

12°. *Orientale a pecorella.* Oriental à floccons de laine.

C'est un dépôt de rouge & de blanc mêlés, comme seroient des floccons de laine de deux couleurs : ce mélange est bien oriental.

13°. *Orientale a pecorella venato.* Oriental à floccons de laine, rubané.

Dans cet échantillon les parties, colorées en rouge & blanc, sont distribuées par bandes.

14°. *Orientale a pecorella venato.* Oriental à floccons de laine, en rubans contournés.

C'est une autre distribution des mêmes matières.

15°. *A pecorella salino.* A floccons de laine, salin.

Cet échantillon a été pris sur les extrémités des morceaux précédens.

16°. *Alabastro commune agatato, venato.* Albâtre commun agaté & rubané.

C'est un albâtre à lames, comme sont les centres des colonnes de stalactite ordinaire : les rubans sont couleur d'agate.

17°. *Commune, agatato a vena.* Commun, agate & rubané.

17°. *bis. Alabastro commune, agatato a vena.* Albâtre commun, agaté & rubané.

Cet albâtre a des rubans ou lignes colorées, plus marquées & plus suivies que le précédent.

18°. *Orientale agatato a occhi.* Oriental agaté, rempli d'yeux.

C'est le même fond agaté, avec des points ronds.

19°. *Alabastro a tartaruca venato, agatato.* Albâtre à tortue, agaté & rubané.

Le fond du travail est d'une couleur agatée, avec des vides comme les écailles à tortues, & rubané.

20°. *A tartaruca venato.* Albâtre écaillé, rubané.

On voit, dans cet échantillon, les caractères de l'albâtre à tartaruca ou écaillé : ce sont visiblement des lames de gros salin, distribuées de manière à former des cloisons semblables aux intervalles des écailles des tortues. Le fond de couleur est aussi propre à cette espèce.

21°. *Di Caserta moderno.* Albâtre de Caserte moderne.

Cet échantillon présente, sous deux couleurs, des additions successives & rubanées.

22°. *Commune agatato.* Commun agaté.

Ceci est encore un assemblage de lames arrangées par trapézoïdes, lesquels occupent ordinairement le centre des stalactites par colonnes.

23°. *Salino venato.* Salin rubané.

Ceci est l'assemblage des différentes additions qui se font autour du centre du numéro précédent.

24°. *Salino venato.* Salin rubané.

C'est le même travail que ci-dessus.

Les trois dernières espèces, avec celles des numéros 4°., 16°. & 17°., présentent la base des albâtres de toute espèce, qui sont des stalactites & des dépôts faits par l'eau sous formes de colonnes.

ALBÂTRES factices aux bains de Saint-Philippe en Toscane.

Cette manufacture est unique en son genre, & une de celles qui prouvent le mieux combien les objets les plus simples peuvent devenir utiles lorsque leurs propriétés ont été apperçues par un observateur industrieux.

Le docteur de Vegni, Toscan, est le premier qui ait conçu les moyens de tirer un grand parti d'une source d'eau bouillante, chargée d'une substance terreuse, très-fine & très-blanche. Cette source est située dans une montagne qui forme un des côtés de la partie inférieure de celle de Santa-Fiora, voisine de Radicofani en Toscane, & se termine à la petite rivière de la Paglia. L'eau de cette source est très-chaude, & sort continuellement à gros bouillons, chargée de la terre dont on vient de parler, & qui paroît n'être qu'une dissolution d'un mélange de parties calcaires & sulfureuses, dont tout le fond de cette partie de la montagne doit être composé à une grande profondeur : une odeur assez vive de foie de soufre se répand à plus d'un mille aux environs ; elle paroît être entiérement semblable à celle de l'*acqua-zolfa* de Tivoli, & des *bulicames* de Viterbe. L'eau, en sortant de la source, coule en vastes nappes sur le penchant de la montagne, entiérement couvert d'une couche profonde d'un dépôt d'une blancheur éblouissante, d'une dureté & d'une compacité plus ou moins considérable, selon la rapidité de l'eau & l'obliquité de la chute.

C'est l'aspect de ces dépôts, joint à l'observation des circonstances qui produisent leurs différences, qui a donné l'idée au docteur de Vegni de demander au grand-duc de Toscane la permission d'établir, sur cette montagne, une manufacture d'*albâtres factices*. Cette manufacture est extrêmement curieuse par ses résultats, par la simplicité de ses procédés, & par la singularité, tant des matières premières qu'elle emploie, que du lieu où elle est établie. Voici, en abrégé, en quoi consistent ses opérations. Le docteur de Vegni fait venir des moules en plâtre des meilleurs auteurs en bas-reliefs de Rome & des autres endroits de l'Italie ; ces moules servent à en former d'autres, tous en creux, avec le soufre.

Pour cet effet on frotte d'huile de lin cuite le modèle de plâtre, & on en enveloppe la circonférence d'un petit rebord de plâtre d'environ un pouce ou plus, selon l'épaisseur que l'on veut donner aux bas-reliefs. On verse ensuite sur le moule en relief du soufre fondu, & qui n'ait été chauffé que pour le mettre précisément au point de fusion : le rebord de plâtre empêche qu'il ne se répande tout autour. Jusqu'ici ce n'est que le procédé connu de tous les modeleurs. Le moule en soufre étant fait, on le porte dans une espèce de cuve de bois grossiérement faite de pièces de rapport, & dont le diamètre du fond est moins considérable que celui de l'ouverture ; de sorte que cette cuve ou tonneau est un cône tronqué renversé, & ouvert par ses deux bases. Au dedans du tonneau sont des traverses de bois en croix, qui se terminent à sa surface intérieure, & qui ont environ trois pouces de largeur, pour que l'eau, qui vient frapper dessus, puisse rencontrer assez de surface. Au dessus de ces traverses, le long des parois, sont des chevilles posées pour suspendre les moules de soufre, qui s'appliquent sur le tonneau par toute leur surface postérieure : on place le tonneau sous une chute d'eau qui provient de la source bouillante, & de manière qu'elle tombe au centre des traverses. Pour éviter que le vent ne la porte ailleurs, le tonneau est placé dans une cour très-basse & environnée de murs fort élevés. Cette eau rejaillit contre la surface intérieure du tonneau, & y laisse, en coulant dessus, une portion de terre composée des principes qu'elle contient, & propres à former un dépôt ; de sorte qu'après un certain tems, non-seulement le creux des moules est rempli, mais qu'il se forme encore au dessus une couche de l'épaisseur qu'on juge convenable. Cette couche est formée par une suite d'ondulations plus sensibles & plus régulières que celle des autres dépôts. Le grand secret de la dureté de ces espèces de stalactites artificielles, réduites à la forme qu'on veut leur donner, consiste dans le degré d'obliquité du moule destiné à recevoir l'eau qui rejaillit. Plus le moule approche de la situation horizontale, moins la matière est dure ; de sorte que le plus grand degré possible de dureté doit se trouver dans la position verticale, parce que, dans ce dernier cas, l'eau, tombant plus rapidement, entraîne avec elle les parties les plus grossières de la terre qu'elle tient en dissolution, & ne laisse après elle, sur le moule, que ce qu'il y a de plus fin. Il est à observer de plus que, dans le même degré d'obliquité du moule, le degré de dureté de la couche additionnelle est en raison de la rapidité de l'eau dans sa chute. C'est pour se procurer une eau plus épurée, qu'on la fait passer par différens circuits, & qu'on creuse même des fosses de distance en distance, aux points principaux de changement de direction, pour qu'étant arrêtée, elle dépose ses parties terreuses les plus grossières. Une autre observation essentielle, c'est que plus les matières moulées ont de dureté, moins elles sont blanches ; de sorte que, pour procurer à ces ouvrages un certain degré de blancheur, M. de Vegni est obligé de ne leur donner qu'une dureté moyenne ; mais celle-là même est supérieure à celle du marbre de Carrare le plus dur, & de plus a l'avantage de le surpasser en blancheur ; ce qui seul doit faire sentir l'importance de ce nouvel art. On dit nouveau, parce que, quoique le fond du procédé que l'on vient de décrire fût connu, il restoit à en faire une application aussi heureuse pour les beaux-arts. Le tems qu'exige la fabrication de ces bas-reliefs, varie selon l'épaisseur qu'on leur donne : les plus minces ne sont guère terminés qu'au bout d'un mois, & les plus épais de ceux qui ont été faits jusqu'à présent, exigent trois à quatre mois au moins. Au reste, l'on sent que cela dépend des formes que l'on veut donner à la terre précipitée. M. de Vegni n'a encore travaillé que sur des bas-reliefs, dont quelques-uns sont d'une grande beauté & imitent parfaitement leurs originaux. Mais il seroit possible de parvenir à faire, avec la même matière, & à peu près par les mêmes procédés, de grands vases, des urnes, des tables & même des statues; ce seroit la perfection de l'art à laquelle il est permis d'espérer qu'on arrivera après quelques années d'essais; car on doit regarder cet art comme dans son enfance : rien ne seroit plus précieux que l'imitation des chefs-d'œuvre de sculpture qu'on admire à Rome, à Florence, & faits en albâtres factices, très-durs & d'une seule pièce.

M. de Vegni a beaucoup travaillé pour colorer ses albâtres de différentes couleurs, & à force d'essais il est parvenu jusqu'à leur donner même une belle couleur noire : il imite aussi parfaitement bien la couleur de chair. Pour colorer l'eau, dont la dépuration doit former les bas-reliefs, on met à la source un vase à demi plein de la couleur qu'on veut donner à l'ouvrage en entier ou à telle de ses parties que ce soit; de sorte qu'on varie à volonté les couleurs des couches, toujours à l'imitation de la nature. Quand on veut donner au fond du tableau une autre teinte que celle des figures, on cache celles-ci, de sorte que l'eau ne rejaillisse que sur le fond, *& vice versâ.*

Le docteur de Vegni se sert avec succès des végétaux pour colorer ses albâtres, & il prétend que les couleurs qu'ils produisent, sont aussi tenaces que celles qui proviennent des minéraux; que d'ailleurs elles sont plus variées : cela seroit sans doute difficile à bien prouver. Indépendamment des couleurs dont on vient de parler, & dont la matière durcie est profondément imprégnée, le docteur de Vegni imprime sur ses albâtres des figures gravées en taille-douce, & en telle couleur qu'il veut : cette impression est très-solide. Revenons au reste de l'opération.

Lorsque le moule de soufre ainsi posé sur le tonneau, soit obliquement, soit verticalement (ce qui est très-rare), est suffisamment couvert, & que le fond du bas-relief qui doit soutenir les figures saillantes, a acquis l'épaisseur convenable, c'est-à-dire, depuis deux ou trois lignes, jusqu'à neuf lignes & davantage, selon la grandeur de la pièce, on frappe légérement sur la cheville de bois qui soutenoit le moule, pour le casser; ensuite on brise à petits coups de marteau tout l'albâtre durci qui est autour du moule, & ne fait qu'un corps avec celui qui le couvre, en l'unissant avec la couche en forme de stalactites ondulées, dont toute la surface intérieure du tonneau est incrustée. Lorsque cette croûte environnante est cassée, on donne un coup sec sur le tonneau près du moule, qui se sépare facilement de la partie modelée, mais ordinairement en se cassant. On donne plus de blancheur & d'éclat à ces albâtres travaillés, en les frottant avec un pinceau de crin un peu rude & à poils courts, & en passant ensuite la paume de la main dessus, fortement & à plusieurs reprises.

On s'est servi, dans le cours de cette description, du mot d'albâtre, faute d'un meilleur, pour exprimer le *tartaro* des Italiens, lequel ne répond pas toujours à ce que nous entendons par *tartre*, mais en général à toute espèce de *dépositions aqueuses & durcies avec le tems.* Il semble cependant que dans ce cas-ci il ne seroit pas ridicule d'appeler *tartre* cette espèce de terre que déposent les eaux de Saint-Philippe. On est porté à croire, avec fondement, que c'est un mélange formé d'une terre calcaire presqu'entiérement saturée d'acide vitriolique; car lorsqu'on verse de l'acide nitreux, tant sur la terre en poudre que sur les pièces modelées, on voit que quelques parties font effervescence, tandis que les autres (c'est le plus grand nombre) n'en donnent aucun signe. L'inspection des environs de la source fait soupçonner encore que les eaux doivent contenir beaucoup de parties gypseuses. Il ne seroit pas très-difficile de se procurer en France quelques manufactures de l'espèce qu'on vient de décrire, parce qu'il y a beaucoup d'endroits où les eaux courantes forment des stalactites en abondance (comme celles d'Arcueil), & sont par conséquent propres à faire des dépôts, ainsi que celles de Saint-Philippe. On peut douter seulement que les ouvrages qui en seroient formés, eussent la blancheur de ceux que fournissent les eaux chaudes d'Italie, les bulicames surtout. (*Voyez Bulicames.*)

Dans le même lieu où le docteur de Vegni a établi sa manufacture, étoient des bains d'eaux chaudes connus dès le tems des Romains; & qui ont duré jusqu'à ces derniers tems, puisqu'on y voit, par une inscription, que Ferdinand de Médicis, grand-duc de Toscane, fut guéri par l'usage de ces bains.

ALBATROS. C'est le plus gros des oiseaux palmipèdes : il est reconnoissable par sa corpulence massive : ses ailes ont dix pieds d'envergure. Le bec, comme celui de la *frégate*, du *fou* & du *cormoran*, est composé de plusieurs pièces qui semblent articulées. Les jambes sont avancées vers le milieu du corps, & plus courtes que le corps : elles sont dégarnies de plumes par le bas. Le pied n'a que trois doigts, qui sont tous dirigés en avant, & joints ensemble par une membrane : le doigt du milieu a près de sept pouces de longueur. Il y a des albatros d'un gris brun, d'un brun foncé, &c. le sexe & l'âge produisant ces différentes teintes. Les albatros n'habitent que les mers australes, & se trouvent dans toute leur étendue, prise depuis la pointe du Cap de Bonne-Espérance, jusqu'à celle de l'Amérique méridionale & les côtes de la Nouvelle-Hollande : on n'en a jamais rencontré dans les mers de l'hémisphère septentrional.

C'est au-delà du Cap de Bonne-Espérance, vers le sud, qu'on a trouvé les premiers albatros : ils ne vivent guère que de mollusques, de zoophytes, d'œufs & de frai de poisson que les courans charient. Malgré leur force ils vivent en paix au milieu des autres oiseaux de mer, & ne paroissent se tenir en garde que contre les mouettes. Les albatros, comme la plupart des oiseaux qui vivent sur les mers australes, ne prennent un vol élevé que dans les gros tems & par la force du vent. D'ailleurs, ils se portent à de très-grandes hauteurs en mer, se reposent & dorment sur les eaux tranquilles. On ne rencontre d'albatros nulle part en plus grand nombre, qu'entre les îles de glaces des mers australes, depuis le 48e. degré, jusqu'aux glaces solides qui bordent ces mers au 65e. ou 66e. degré. On dit que leur chair est assez bonne à manger.

ALBE-JULIE, ville de Transilvanie, au midi de la rivière d'Ompax. Ses environs sont rians & fertiles : on n'y voit que des champs semés de grains, & des coteaux plantés de vignes. L'air y est très-sain.

ALBENGA, ville de l'état de Gênes, sur la côte occidentale. Ses environs, plantés d'oliviers & très-bien cultivés, produisent beaucoup d'huile : on y recueille aussi des chanvres, dont le rouissage contribue à corrompre l'air, qui y est pour lors malsain.

ALBERT, carrière d'ostéocole : elle est à trente-six ou même quarante pieds au dessous du niveau des terres. On contemple la variété & la beauté de l'ostéocole dans une excavation de cent quinze pieds de longueur, sur une largeur de cinq ou six pieds : on y voit une voûte qui offre des pétrifications ou moules d'une infinité de roseaux, d'argentines, de mousses & de plusieurs plantes marécageuses : on y voit aussi en particulier un tronc d'arbre, d'où sortent plusieurs branches qui s'élèvent au milieu d'un groupe de roseaux pétrifiés.

Pour découvrir la cause de ces productions naturelles, il faut remarquer les différentes sortes de terre que la tranchée de l'excavation montre à découvert. On y voit d'abord une terre blanche & légère, dans laquelle se trouvent les roseaux & les plantes qui forment le fond des ostéocoles : dans une autre terre brune plus forte sont ensevelis quelques morceaux de roseaux cassés & incrustés. Ces roseaux sont plus serrés & plus lourds que ceux de la couche précédente. Dessous cette terre brune il y a du sable, tantôt gris, tantôt brun ; il renferme des ostéocoles de roseaux beaucoup plus pesans & plus denses que ceux dont on vient de parler : il y en a même qui ressemblent au grès.

Enfin, dessous ces espèces de corps différens il y a un banc de glaise, qui a sept ou huit pouces d'épaisseur, & dans l'intervalle qui est entre les roseaux en forme d'ostéocole & la glaise se montrent certains coquillages : il y en a même entre les branches de roseaux pétrifiés.

Il paroît que le banc de glaise a retenu & amassé les eaux qui ont détaché les principes des différentes terres sous lesquelles les roseaux & les plantes marécageuses ont été ensevelis & incrustés. Ainsi, si l'on remonte à l'origine des choses, il paroît qu'avant les changemens qui ont dû se faire dans le lieu où est actuellement Albert, le terrain qui renferme l'ostéocole n'étoit qu'un marais peu élevé, & que traversoit la petite rivière d'Ancre, qui arrose les environs de cette ville. Ainsi, la carrière n'étoit qu'un terrain qui faisoit le fond de la prairie présentement comblée, & qui offroit un lit à la rivière. C'est ce que confirme la ligne que décrit la carrière, semblable à ces petits ravins que les eaux forment dans les terres : elle s'étend en serpentant du midi au nord. Il est donc évident que c'est à l'accumulation des dépôts de la rivière & aux eaux qui ont pénétré ces dépôts, qu'on doit attribuer ces incrustations de roseaux & de toutes les plantes marécageuses qui s'y sont trouvées ensevelies. Les eaux, en filtrant dans les terres de dépôts, en ont détaché une infinité de molécules qui ont incrusté les plantes, durci l'incrustation, & en ont formé autant de colonnes qu'il s'est trouvé de roseaux & de plantes propres à recevoir les principes pétrifians. Cet amas d'ostéocoles est véritablement digne de la curiosité des physiciens-naturalistes ; il est situé dans le milieu du faubourg d'Albert, ville de Picardie, du côté de la porte qui conduit à Amiens. (*Voyez* OSTEOCOLE.)

ALBI, ville considérable dans le département du Tarn. Pour rendre cet article aussi intéressant qu'il nous est possible, suivant notre plan de travail, nous nous attacherons aux ouvrages qui ont été publiés sur la minéralogie & la culture de son diocèse. La connoissance de ce grand arrondissement, quant à ces objets, m'a paru très-propre à remplir toutes nos vues de Géographie Physique.

Le diocèse d'Albi est situé entre deux rivières, l'Adou & le Viaur. La première le borde du côté du midi. La seconde, qui se jette dans l'Aveyron, forme, avec cette dernière, ses limites du côté du nord, & le sépare du Rouergue & du Querci.

Le Tarn, qui prend sa source dans les Hautes-Cevennes, traverse ce diocèse par le milieu, dans toute sa longueur de l'est à l'ouest, & y arrose environ quatorze lieues de terrain. C'est au bord de cette belle rivière qu'est située la ville d'*Albi*, à peu près au centre de ce grand arrondissement. Elle occupe une plaine très-fertile, qui est visiblement formée par les dépôts du Tarn. C'est dans cette plaine qu'on cultive le pastel avec grand succès, & c'est à Albi qu'on le prépare pour servir à la composition de la cuve de bleu chez quelques-uns de nos teinturiers qui en font usage.

Cette plaine, outre cela, qui offre des terres de bonne qualité & bien cultivées, produit toutes sortes de grains, dont le froment & le maïs composent la principale récolte; mais à mesure que l'on s'éloigne d'Albi, & qu'on parcourt les territoires de Creissans, de la Bastide & de Fagerolles, les coteaux qui s'élèvent en formant des enceintes, des culs-de-sac ou vallons où coulent les ruisseaux qui coupent ce territoire, offrent à la vue un sol fort varié & des cultures qui nous ont paru bien assorties. On voit là que le sol ne produit pas indifféremment toutes sortes de denrées. On y a distingué avec intelligence les terres propres à la production du froment & du maïs, d'avec celles qui ne peuvent donner que du seigle ou du blé noir; car alors ces dernières terres ne sont composées que de débris de schistes, au lieu que les autres sont des dépôts de terres fortes, argileuses, calcaires & fort meubles. En s'éloignant d'Albi, vers la commune de Mouzieis, les terres végétales y deviennent encore moins productives, & ne donnent quelques récoltes que par le secours d'engrais abondans: on y voit cependant des vignobles assez bons au bas des pentes & des coteaux, qui offrent des abris favorables.

Lorsqu'on est parvenu au bord de la rivère d'Assou, on trouve de très-belles prairies qu'elle arrose depuis sa source, près Cambon-du-Temple, jusqu'à Saint-Christophe: ici le vallon s'élargit & présente une plaine fort large & un sol très-favorable à la culture, & cette qualité se continue dans les territoires de Saint-Salvi, de Franches & de Prugna.

On remarque aussi de fort belles prairies le long d• la petite rivière de Lezert. Comme les collines s'élèvent davantage, leurs sommets sont plus couverts de bois; & ce qui nous paroît aussi fort remarquable, leur base est une roche schisteuse ardoisée, comme on l'observe aussi très-constamment à l'égard de toutes les masses montueuses qui sont à l'est de ce diocèse.

Il y a de belles forêts de chênes aux environs de la Chapelle, sur le bord de l'Adou, surtout près de Grandval, Lavaule & Paulin. On pourroit employer utilement ces bois à des établissemens de forges dans cette contrée, où il y a des mines de fer assez abondantes, particulièrement à Montcouyoul près Grandval, & à Plagnes près Saint-Jean-de-Jeannes, & à Saint-Jean-de-Jeannes même.

En remontant ensuite la rivière d'Adou, on rencontre la cascade de Saint-Michel, qui a trente pieds de chute au dessus du bord de la rivière. La source du ruisseau qui éprouve cette chute, n'est éloignée que d'un quart de lieue: elle est si forte, que, dans les plus basses eaux, elle fournit toujours de quoi faire tourner un moulin.

En continuant de suivre le cours de l'Adou & le chemin qui conduit de Fausse à la belle forêt de Fournet, on trouve des indices d'une mine de plomb, & des vestiges abondans d'une ancienne forge de fer.

On ne voit presqu'aucune vigne dans tous ces cantons élevés & froids, non plus que dans les environs de Massaguies. Le plus grand nombre des vallées offre des prairies assez bonnes, & les parties supérieures des croupes sont cultivées, quoique les terres soient d'une médiocre qualité. Comme nous l'avons déjà remarqué, les terres sont des débris de schistes; elles ne produisent que du seigle & du blé noir. D'ailleurs, ces contrées sont les plus élevées de tout le diocèse. On voit aussi que le village d'Alban est un point de partage des eaux de plusieurs ruisseaux, dont les uns se jettent dans le Tarn, sur deux pentes, pendant que les autres, par une autre pente, se réunissent à l'Adou.

Dans les environs d'Alban il y a des filons de mine de plomb, composés d'un très-beau spath laiteux, & mêlés de mine de fer qui en forme le toit.

En descendant au dessous de Fraisse, on trouve beaucoup de mines de fer roulées, & à Saint-Jean-de-Salles les meilleures & les plus riches du pays.

Si l'on se rapproche de la rivière du Tarn, on rencontre, sur les territoires de Cambon, de Saint-Salvi & de Bonneval, des productions bien différentes de celles qu'on observe aux environs d'Alban. Au lieu de chênes forts & vigoureux qui couvrent les montagnes voisines de l'Adou, celles voisines du Tarn sont couvertes de châtaigners, qui y sont d'un excellent produit. Les fonds des vallons, fort resserrés, offrent de bonnes prairies; les coteaux, des terres labourables qui produisent toutes sortes de grains. D'ailleurs, les plaines que le Tarn arrose, & qu'on appelle *les Cambons*, sont d'une excellente qualité: on y recueille surtout beaucoup de froment & de maïs. La cause de cette grande fertilité provient de ce que les terres sont formées par les dépôts vaseux que le Tarn charie & dépose dans ses débordemens; ce qui ne peut produire qu'un sol de grand rapport. Il y a, le long du vallon, quelques vignes plantées aux pieds des coteaux.

Au-delà du Tarn, la qualité du sol change dans les territoires de Courris & d'Assac, qui sont fort arides & de mauvaise qualité: les châtaigners même y sont rabougris & languissans, & une bonne partie de cette contrée y est inculte, & ne présente que des pâturages.

En continuant l'examen de ce pays & en s'élevant sur la montagne où est situé le village de Saint-Cirque, & dont le sommet se prolonge jusqu'à Valence, on trouve un sol semblable à celui qu'on vient d'indiquer.

Si l'on se rapproche de la vallée du Tarn, on rencontre la singulière position d'Ambialet, village situé sur une roche, dont la rivière a formé une presqu'île en l'embrassant dans la plus grande partie de son contour, à l'exception d'une partie par où l'on peut entrer dans la presqu'île : ce passage est un roc qui n'a que cinq ou six toises de largeur ; & comme le Tarn gagne beaucoup de pente en faisant le tour de la presqu'île, on a percé ce roc pour profiter de cette pente, & l'on a construit un moulin à l'extrémité de la dérivation de la rivière. Cette disposition nous a paru fort ingénieuse.

Il y a, au territoire d'Ambialet, sur la pente d'une montagne, des filons de mine de plomb, mêlés de cuivre & d'argent ; ces filons se dirigent de l'est à l'ouest : on y a fait des travaux assez considérables, qui prouvent que le minéral y étoit abondant. Au pied de la montagne, une source minérale traverse ces différens filons, & est chargée de leurs principes.

En se portant ensuite du côté de Villefranche & de Montels, & parcourant successivement les territoires de Puy-Gousson & de Mont-Salvy, jusqu'à la ville d'Albi, on voit que ce trajet offre des coteaux peu élevés & couverts de beaux vignobles, & des terres labourables de bonne qualité, qui produisent des grains de toute espèce, surtout du froment & du maïs.

Si l'on continue l'examen des terrains situés du côté de Saint-Pierre-de-Benajean & de Lombers, on y rencontre la petite rivière d'Asson, qui coule au milieu d'un large & fertile vallon. Cette rivière est sujète à des débordemens qui gâtent les récoltes ; mais en revanche les vases qu'elle dépose dans toute l'étendue de la plaine qu'elle arrose, en ont fertilisé le sol à un point, qu'il donne des récoltes considérables en froment, en maïs & en autres grains.

Le pays élevé qui est entre Lombers & Réalmont est au contraire fort sablonneux, & par conséquent d'un médiocre produit ; mais en approchant de Réalmont on rencontre un sol meilleur sur les coteaux qui sont entre cet endroit & la Fenasse, & où l'on voit de très-beaux vignobles.

A un demi-quart d'heure de la Fenasse, en remontant la rivière d'Adou, sur le chemin qui conduit à Travenet, il y a un très-beau filon de mine de plomb : cette veine a plus d'une toise de largeur ; elle est recouverte d'une mine de fer & de blende parsemée de grains de galène.

En descendant la même rivière, on voit quelques indices de charbon de terre qui n'ont aucune suite.

Si l'on visite ensuite les territoires de Bouterie, de Bruc & de Saint-Mesmi, on trouve que tout ce pays consiste en terres labourables d'une fort bonne qualité, lesquelles produisent du froment & du maïs qui en forment les principales récoltes ; outre cela les coteaux sont couverts de beaux bouquets de bois. Ce même système de productions règne jusqu'à Candel, où le terrain change, car il n'y a plus que quelques cantons propres au froment, le surplus ne donnant que du seigle ; mais le pays continue à être bien garni de bois.

On trouve aux environs de Candel beaucoup de marnes, dont on fait usage avec tant de succès, que les sols marnés, qui, dans l'état naturel, ne produiroient que du seigle, donnent de beaux fromens & même du maïs.

On suit aussi la méthode du marnage dans les territoires de Saint-Laurent-de-Theou & dans tous les cantons du voisinage ; mais la marne de Theou n'est pas, à beaucoup près, pure ni même sablonneuse comme celle de Candel : ici c'est une vraie argile marneuse.

Les marnes qu'on emploie du côté de Brens, sont extrêmement sablonneuses, & peu propres aux sols de ces cantons, qui sont arides & de fort mauvaise qualité : l'on y voit aussi quantité de terrains incultes, qui sont connus sous le nom des *vacans de Brens*.

Les terrains sont beaucoup meilleurs dans les communes de Montans, de Saint-Martin-du-Larn & de Davignonnet : ce sont des terres fortes ; cependant les parties élevées, entre Montans & Parisot, sont très-maigres & incultes, à quelques bois près.

Le territoire de Parisot est assez bien cultivé dans les parties qui ne sont pas couvertes de bois : on y emploie avec avantage les marnes pour l'engrais des terres ; & comme elle est beaucoup plus pure que celles dont nous avons parlé précédemment, elle fait un très-bon effet.

Parmi ces différentes qualités de marnes, on en distingue qui sont bien meilleures que d'autres, parce qu'elles fertilisent les terres pour un plus long espace de tems : cela varie depuis quinze jusqu'à trente ans ; c'est-à-dire que si, dans ces cantons, on a répandu sur un champ de la bonne marne, il est engraissé pour trente ans ; ce qu'on regarde avec raison comme un grand avantage. On remarque aussi une variété dans ces effets, suivant la qualité primitive des différens sols.

Si l'on suit les rivages de l'Adou depuis son embouchure dans l'Agou jusqu'à Graulhet, & qu'on passe par Saint-Anatols, Saint-Peipet & Larmes, on rencontre des terres labourables d'un bon rapport en froment, en maïs & en autres grains. Les coteaux qui bordent ce vallon sont couverts de très-bons vignobles & de quelques bouquets de bois.

De Graulhet à la ville d'Albi, sur la route d'Orban à Pouzols, les territoires présentent un mélange de bois sur les coteaux, & de terres labourables fort productives dans les plaines.

Après avoir décrit succinctement la partie du diocèse d'Albi, qui est au midi du Tarn, nous allons parcourir, dans les mêmes vues, toute la suite des territoires que nous offrira la partie qui est au nord de cette rivière.

En traversant la commune de l'Escure, qu'on peut diviser en deux parties, la haute & la basse, on trouve que cette dernière, qui occupe la plaine du Tarn, indépendamment du froment & du maïs, produit tous les légumes nécessaires à l'approvisionnement de la ville d'Albi. Quant à la partie haute, moins cultivée, elle est couverte de bois, surtout dans le vallon où circule le Coulés, & qui fournit beaucoup de bois de chauffage à la ville d'Albi.

Le territoire de Val-de-Riez consiste en ce qu'on appelle *terres de caus*. On distingue sous ce nom les terres qui sont assises sur de grands bancs de pierres calcaires, & qui participent de leurs qualités, parce qu'elles en sont visiblement les débris : elles produisent communément des fromens de bonne qualité. On voit également, au Val-de-Riez, quelques vignobles & quelques bouquets de bois dispersés sur les coteaux, & à mesure qu'on avance vers Saint-Michel on rencontre des châtaigneraies fort étendues.

A peu de distance du moulin de Brioude sont les indices d'une veine de charbon de terre, sur laquelle on a fait des travaux.

On continue à trouver beaucoup de châtaigners en allant de Saint-Marcel vers Pampelone & Ranus : il y a aussi quelques chênes; mais en général les terres labourables y sont fort légères, & ne produisent que des seigles : on y remarque seulement quelques prairies dans les fonds.

Proche Tanus, le long de la côte, on trouve, dans une roche schisteuse, de la mine de plomb où galène fort riche; ensuite, en descendant la rivière de Viaur, on rencontre les traces d'un ancien travail sur une mine de plomb tenant argent.

De ce point, en revenant vers Saint Gemme, les terres schisteuses continuent à ne produire que des seigles, mais beaucoup meilleurs que les précédens. Ce qui occupe surtout les cultivateurs dans tous ces cantons, & principalement dans le vallon de Céret, c'est l'éducation des pommiers & des pruniers : les fruits de ce dernier arbre se sèchent en pruneaux, dont on fait un commerce fort lucratif.

En descendant la rivière de Céron, entre Rosières & Carmeaux, on voit les vestiges d'un travail sur une mine de cuivre, dont l'exploitation a donné principalement du *vert de montagne*.

Parvenus à Carmeaux, on apperçoit un vallon assez large, dont les bords, situés à la droite de la rivière, sont fort escarpés, pendant que ceux qui leur sont opposés à la gauche vers le sud-est, n'offrent que les pentes douces d'un plan incliné : c'est là aussi que les cultivateurs ont placé des terres labourables & des vignes.

Dans cette dernière partie on trouve les fameuses mines de charbon de terre qu'on exploite depuis très-long-tems, & dont les travaux se continuent toujours. On a remarqué que plus ces veines sont près de la surface de la terre, plus elles sont minces & de peu de valeur, & qu'elles augmentent en force à mesure qu'elles sont plus profondes; que les couches de grès qui les accompagnent, étoient dans le même cas. On a reconnu aussi qu'il y avoit communément à la surface de la terre un banc d'argile, qui est ordinairement de l'épaisseur de deux toises; qu'ensuite venoit un lit de gravier qui couvroit la première couche de grès : outre cela, que le banc ayant acquis une épaisseur d'environ vingt toises, la veine de charbon qui étoit dessous, présentoit cinq ou six pieds d'epaisseur. Le charbon qu'on tire de cette mine est de très-bonne qualité.

De Carmeaux on parcourt un terrain dont la base est une roche calcaire; & lorsqu'on se rend à la bastide Gabausse les plaines sont très-fertiles, & produisent du froment & du maïs; mais les hauteurs, étant peu garnies de terres végétales, sont d'un bien petit rapport. On y voit aussi quelques vignes placées dans les endroits où les roches calcaires ne se montrent pas au jour.

De Virac, en passant par Salles pour arriver à Saint-Marcel, on rencontre un beau & fertile vallon couvert, dans son fond de cuve, de très-belles prairies & de vignes sur ses croupes.

En approchant de Saint-Marcel on rencontre une grande quantité de bancs de grès séparés par des veines de schiste, qui sont de véritables indices de charbon de terre. Ce qui confirme cette indication, c'est qu'en montant vers Saint-Marcel on trouve, à mi-côte de la colline, une carrière d'où l'on tire une espèce d'ardoise qui n'est qu'un grès feuilleté, parmi lequel on remarque de petites veines de véritable & bon charbon de terre : ces petites veines annoncent la présence de ce fossile en plus grandes masses dans le voisinage.

Si l'on se rend de Saint-Marcel à Mouziez, en passant par Bournazel, on rencontre, jusqu'à la Capelle, des terres de *caus*, qui produisent partout des fromens de bonne qualité. Il y a aussi des vignobles qui donnent des vins estimés.

En descendant de Mouziez à Marnaves, on voit des carrières de plâtre, composées de deux bancs placés l'un au dessus de l'autre; le premier, qui est de couleur de brique, est excellent, &, dans les constructions où on l'emploie, il se soutient beaucoup plus que le blanc. La couche inférieure est du plâtre blanc d'une grande beauté.

En descendant la rivière de Céron jusqu'à son embouchure dans l'Aveyron, on traverse la commune de Milhars, dont le territoire est coupé de coteaux couverts d'excellens vignobles, dont les vins ont beaucoup de réputation, & s'exportent tant à Albi que dans le Querci.

En se portant vers Roque-Reinou, on voit à Soladie, près de l'endroit où le ruisseau appelé *Rioucouvert* se perd dans les terres, des vestiges d'une prétendue mine de cuivre : ce ne sont que des roches calcaires qui renferment du quartz sauvage. On apperçoit aussi dans cet endroit le commencement du beau vallon que forme le Céron, depuis Marnaves, jusque près de Cordes, & au au fond duquel sont de belles prairies & des terres labourables qui produisent beaucoup de froment, de maïs & de seigle : ces terres sont fertilisées de tems à autre par le limon que la rivière de Céron y dépose, & dont les débordemens couvrent quelquefois toute cette plaine. Les coteaux sont couverts de quelques vignobles intercalés à de nombreux bouquets de bois.

En montant sur le sommet de ces collines, dans les territoires d'Alayrac & de Tounac, on voit des sols calcaires très-arides & d'un très-petit produit. La plus grande partie des terres y est inculte : dans les fonds seulement il y a quelques cultures de froment & de maïs. On remarque la même nature de terroir depuis Tounac jusqu'à Viors : c'est près de cet endroit que commence la vaste *forêt de Grésigne*, qui couvre plusieurs montagnes fort élevées, & qui a six à sept lieues de tour.

Au nord de cette forêt, près du village de Saint-Paul, du côté de Pennes, on a fait anciennement l'ouverture d'une mine de charbon, qu'on a ensuite abandonnée, par la raison que le gîte du charbon étoit fort profond.

En parcourant successivement les territoires de Campagnac, Saint-Bauzille, la Motte, le Verdier, jusqu'à Castelnau, il est facile de se convaincre qu'en général tous ces sols sont excellens; les terres, qui y ont une bonne profondeur, sont assises sur de grands bancs de roches calcaires qui leur servent de base; aussi les productions des fromens & des autres grains sont abondantes : on y voit aussi quelques vignobles dispersés çà & là.

Le vallon qui est au bas de la montagne sur laquelle est située la ville de Castelnau, & qui est arrosé par la petite rivière de Verre, offre des deux côtés de la rivière, de belles prairies & deux lisières de terres labourables qui produisent d'abondantes récoltes de froment & de maïs; mais la partie élevée qu'on appelle *le Caus de Castelnau*, est un pays très-aride & fort ingrat : il y a quelques fonds qui donnent de petits produits.

A Brugnie on remarque quelques veines de charbon de terre; ensuite, après l'intervalle sablonneux de la Capelle & des Barrières, on rencontre à Salvagnac, sur les bords de la petite rivière de Tescou, des terres meilleures, qui en général donnent de beaux maïs & des récoltes abondantes de froment, & sur les coteaux quelques vignes.

C'est le même système de culture vers Lajasse & Saint-Jérôme, à quoi il faut ajouter de beaux bouquets de bois, & en particulier, près de Montel, du côté de Cahusac, la belle forêt de la Broze.

Les territoires de Mauriac, Faissac, Bonneval, Castanet & Villeneuve sont généralement d'un bon produit en grains de toute espèce : le tout est parsemé de vignes & de bois.

C'est principalement dans les communes de Castairols, Linquarques & Noails, qu'on cultive l'*anis*, qui, lorsqu'il réussit, forme un revenu considérable aux habitans de ces contrées; mais la récolte en est fort casuelle.

Si l'on se rapproche du Tarn en parcourant les territoires de Senouillac & de la Bastide, très-fertiles, & les environs de Gaillac, où se trouve la riche plaine qui règne le long du Tarn, depuis Rabasteins, l'Isle, jusqu'au dessus d'Albi, on est en état d'apprécier les produits des dépôts très-étendus de la rivière, & la nombreuse population qu'ils entretiennent.

On peut juger, d'après les détails concernant la culture & la nature des différens sols qui se rencontrent dans le vaste arrondissement que présente l'ancien diocèse d'Albi, quels avantages on peut en tirer. On voit d'abord qu'il est arrosé par un grand nombre de rivières de tous les ordres, & par une quantité considérable de ruisseaux affluens. Son territoire, si on en excepte les sommets plats & élevés des collines, est d'un bon produit, & donne abondamment toutes sortes de grains, & surtout du froment & du maïs : on y trouve aussi beaucoup de prairies arrosées par les moyennes rivières, & qui sont en général fort abondantes : les récoltes du chanvre & du lin paient les soins des cultivateurs. Les vignobles y sont nombreux, & les vins, qui sont en général de bonne qualité, se consomment dans le pays : il n'y a que ceux de Gaillac & de quelques autres endroits choisis, dont une quantité assez considérable descend à Bordeaux par le Tarn & la Garonne, avec ceux de Milhars. Une bonne partie des montagnes & collines, & surtout de celles qui avoisinent le Tarn & le Viaur, sont peuplées de châtaigners, dont la récolte est préparée & conservée avec soin. Ce pays abonde aussi en bois où le chêne domine, & dont les glands forment un objet précieux pour l'engrais des cochons. Les plaines & les pentes des coteaux où se trouvent de bons abris, produisent beaucoup de fruits de toute espèce, surtout des pommes & des prunes, qui sont de fort bonne qualité. Enfin les hautes montagnes fournissent des pâturages abondans, sur lesquels on a soin de distribuer des bestiaux de toute espèce. Le pastel qu'on cultive aux environs d'Albi, fait un objet dont la récolte est assez importante, quoique son usage en teinture ait beaucoup diminué depuis qu'on emploie l'indigo pour la cuve de bleu.

Si nous reprenons ce qui a pour objet le sol de cet arrondissement, nous trouverons qu'il y varie depuis le granit jusqu'à la pierre calcaire ou le *caus;* aussi y avons-nous indiqué des schistes, des grès qui enveloppent les belles mines de charbon de terre qu'on exploite avec avantage, sans parler des autres indices qui sont fort nombreux. Il y a également des mines de cuivre & de plomb dont l'exploitation peut être avantgeuse : celles de fer surtout pourroient y former un objet de commerce fort utile, tant parce qu'elles y sont abondantes & de bonne espèce, que parce que l'établissement des forges où on les mettroit en valeur, faciliteroit la consommation des bois, qui y sont fort abondans, & dont on ne tire pas un certain avantage.

Nous finirons par une considération économique fort importante pour ce pays, c'est celle des débouchés & de la circulation des denrées, qui seule peut non-seulement donner la véritable valeur à celles qu'on peut récolter dans l'état actuel des choses, mais encore contribuer à leur multiplication par l'encouragement de la culture.

La nature semble avoir préparé cette disposition des débouchés par le Tarn, qui commence à être navigable au point de Gaillac : il n'est question que d'y diriger des moyens d'affluence pour les denrées que le besoin d'exportation peut y déterminer. Ici les raisons qui peuvent faire ouvrir des canaux de navigation, sont palpables pour une vaste contrée placée au milieu des terres, & où la nature semble provoquer toutes les ressources de l'art. L'exposition générale que nous avons faite des avantages de cette contrée, est, ce me semble, le meilleur mémoire qu'on puisse faire sur la nécessité de ces canaux & de leur utilité.

ALBINOS, peuples d'Afrique, qui ont les cheveux blonds, les yeux bleus & le corps très-blanc; mais à mesure qu'on les examine de plus près, on découvre des nuances dans leur couleur, qui les distinguent des blancs. La blancheur de leur teint n'est point une couleur vive & naturelle ; elle est pâle & livide comme celle d'un mort. Leurs yeux sont foibles & languissans : ce qu'il y a de remarquable, c'est qu'ils sont très-brillans à la clarté de la lune. Les nègres regardent ces *Albinos* comme une espèce dégénérée; cependant on peut conjecturer qu'ils sont une variété de l'espèce humaine chez qui la progression des forces & la perfection des sens n'ont encore acquis qu'un degré médiocre : il est à croire même que si on associoit cette race avec une autre plus forte & plus robuste, elle se perfectionneroit assez promptement.

Quelques voyageurs qui ont été en Afrique, parlent des *Albinos* comme d'une espèce de nègres qui, quoique nés de parens noirs, ne laissent pas d'être blancs comme les Européens, & même de conserver cette couleur toute leur vie. Il est vrai que tous les nègres sont blancs en venant au monde, mais peu de jours après leur naissance ils deviennent noirs; au lieu que ceux dont nous parlons, conservent leur blancheur. Ils ajoutent que ces *nègres blancs* sont d'un blanc livide ; qu'ils ne voient qu'au clair de la lune ; que leurs cheveux sont, ou blonds, ou roux, ou blancs & crépus. On trouve un assez grand nombre de ces nègres blancs dans le royaume de Loango. Les noirs de Loango les détestent, & sont perpétuellement en guerre avec eux ; ils ont soin de prendre leurs avantages avec eux & de les combattre en plein jour ; mais ceux-ci prennent leur revanche pendant la nuit. Cependant on nous dit que les rois de Loango ont toujours un grand nombre de ces nègres blancs à leur cour, qu'ils y occupent les premières places de l'Etat, & qu'ils remplissent les fonctions de prêtres ou de sorciers, auxquelles on les élève dès la plus tendre jeunesse.

Les savans ont été très-embarrassés de savoir d'où provenoit la couleur des nègres blancs : l'expérience a fait connoître que ce ne pouvoit être du commerce des blancs avec les négresses, puisqu'il ne produit que des mulâtres. D'autres se sont imaginé que la couleur de ces nègres venoit d'une espèce de lèpre dont leurs parens étoient infectés; mais cela n'est pas probable, vu qu'on nous les dépeint comme des gens qui ne sont pas affoiblis par cette maladie.

On prétend qu'on a trouvé pareillement des nègres blancs dans différentes parties des Indes orientales, dans l'île de Bornéo, dans la Nouvelle-Guinée. On a vu à Carthagène en Amérique, un nègre & une négresse dont tous les enfans étoient blancs comme ceux qu'on vient de décrire, à l'exception d'un seul qui étoit blanc & noir. (*Voyez* DARIENS) Peut-être que, lorsqu'on connoîtra mieux l'intérieur de l'Afrique, on sera plus en état de se décider sur la véritable origine de cette race d'hommes singulière.

ALBOURS, montagne voisine du mont Taurus, à huit lieues de Hérat. C'est le plus fameux volcan que l'on connoisse dans les îles de l'Océan indien : son sommet fume continuellement ; il jette aussi fréquemment des flammes & d'autres matières en si grande abondance, que la campagne des environs est couverte de cendres. (*Voyez* BUFFON, tom. II.) Il est fâcheux que nous ne sachions de cette montagne brûlante que ces faits, qui n'offrent aucune particularité intéressante, & qui ne méritoient pas la mention que Buffon en a faite. Au reste, si nous en parlons dans ce Dictionnaire, c'est pour inviter les voyageurs qui seront à portée d'observer ce volcan, de nous apprendre d'autres faits sur la situation de sa cheminée, & sur les différens états des laves qu'il a pu verser au dehors.

ALCAI, montagne très-haute & très-fertile dans le royaume de Fez, à douze lieues de la capitale de ce nom. Plusieurs propriétaires des environs y habitent, parce qu'ils y trouvent une température bien assortie à leurs besoins.

ALCARRAZAS. On appelle ainsi en Espagne des vases de terre très-poreux, destinés à faire rafraîchir l'eau que l'on veut boire, au moyen de l'évaporation continuelle qui a lieu sur toute leur surface. Tous les ménages de Madrid ont de ces vases, qui portent les différens noms de *jarres*, de *botisas* & de *cantaros*, selon leur grandeur. On sait qu'ils ont été introduits dans ce pays par les Arabes, & qu'ils sont également en usage en Syrie, en Perse, en Egypte, à la Chine, &c. Ceux de Madrid sont faits avec une terre marneuse, prise sur les bords du ruisseau Tanusoro, à un quart de lieue de la ville d'Andusar, dans l'Andalousie : elle contient, d'après une analyse facile, un tiers environ de terre calcaire, un tiers d'argile, un tiers de silex & une très-petite portion de fer.

Pour fabriquer les *alcarrazas*, après avoir fait sécher la terre on la divise en petits morceaux de la grosseur d'une noix, qu'on répand dans un bassin : on les arrose d'eau, de manière à les en couvrir, en sorte qu'elle les détrempe entiérement, & après une imbibition de douze heures on les pétrit : c'est dans un état de pâte qu'on les étale par couches de l'épaisseur de six doigts, sur un plateau uni qu'on recouvre avec des briques, & sur lequel on a répandu un peu de cendre tamisée. On laisse cette terre en cet état jusqu'à ce que, par le progrès de la dessiccation, il s'y soit formé des fentes par la retraite. Alors on en détache la cendre, & après l'avoir déposée dans un lieu carrelé & propre, on y mêle une vingtième partie de son poids de sel marin si l'on doit en faire des *jarres*, & la quarantième seulement lorsqu'elle est destinée pour des vases d'une plus petite capacité.

On pétrit de nouveau ce mélange avec les pieds, & on le soumet au tour après en avoir enlevé avec soin les pailles ou petites pierres qui pourroient y rester : on transporte enfin ces vases dans des fours à potier, mais on ne leur donne qu'une demi-cuisson : c'est à cela & à l'addition du sel marin qu'ils doivent leur porosité ; car on fabrique avec cette même terre des poteries ordinaires, en n'y ajoutant point de sel, & en leur donnant le degré de cuisson convenable & ordinaire.

On fait dans l'Estramadure, à un lieu nommé *Salvatierra*, des vases rouges appelés *bucaros*, qui servent aussi à rafraîchir l'eau, & qui lui communiquent un goût argileux désagréable, mais cependant recherché des femmes de Madrid. Les filles ont une affection particulière pour cette espèce de poterie, & en mangent lorsqu'elles ont les pâles couleurs.

Des vases à peu près semblables servent, en Portugal, à humecter le tabac : on les plonge pour cela dans l'eau, après les avoir remplis de tabac en poudre.

On voit que partout on trouve des amas de terres marneuses propres à cette espèce de poterie, & qu'on pourroit très-facilement en introduire l'usage en France & dans les autres pays de l'Europe où ils sont inconnus, si on ajoutoit à la base que la nature offre partout, les petits procédés que l'art a dans sa disposition partout où l'on fabrique de la poterie.

A ces détails nous ajouterons ce qui a été fait en France, ainsi que les réflexions auxquelles ce nouveau travail a pu donner lieu.

Art de rafraîchir l'eau & les boissons habituelles.

L'art de rafraîchir l'eau & généralement toutes les liqueurs qui servent de boisson habituelle, est suivi avec plus d'attention dans les pays chauds que dans les climats tempérés. Les habitans de ces contrées n'ayant pas de moyens pour se procurer de la glace, non plus que les autres agens auxquels nous avons recours en France & en Italie lorsque nous voulons produire des rafraîchissemens artificiels, ont imaginé de recourir à des procédés simples, peu dispendieux & assez prompts, au moyen desquels ils parviennent à rafraîchir leurs boissons à un certain point où elles sont, & plus agréables, & plus salubres.

Quoique les procédés pour arriver à un semblable résultat varient suivant les pays, il est certain cependant qu'ils sont fondés sur ce principe bien connu, que tout liquide qui s'évapore spontanément, emporte avec lui une partie du calorique des corps qu'il touche & du liquide même dont il faisoit partie ; en sorte que le liquide restant ainsi que le vase dans lequel il étoit contenu, acquièrent nécessairement une température moindre que celle de l'air environnant.

Que le hasard ou l'observation raisonnée ait conduit les habitans des pays chauds à construire leurs vaisseaux rafraîchissans d'après ce principe, c'est ce qu'il sera difficile à décider. Mais ce qu'il nous importe de savoir, c'est que, quelle que soit la forme des vaisseaux, le refroidissement est toujours dû à la plus ou moins prompte évaporation du liquide contenu dans ces vaisseaux, ou de celui dont on a mouillé la surface.

On n'a eu en France une connoissance bien détaillée de ces vaisseaux, que par l'introduction de ceux dont on fait usage en Espagne sous le nom d'*alcarrazas*, que M. Lasterie nous a apportés avec les procédés de leur fabrication, tels que nous les avons exposés précédemment.

Ce sont ces différentes formes qui ont servi de modèles au citoyen Fourmy, qui les a imitées avec succès.

Comme le refroidissement qu'éprouve l'eau qu'on met séjourner dans les *alcarrazas* ne peut, ainsi que nous l'avons dit, être produit que par l'évaporation partielle de ce fluide, il s'agissoit de fabriquer ces vaisseaux avec une matière qui, en même tems qu'elle seroit poreuse pour permettre l'exundation, ne fût pas susceptible d'altérer l'eau qui devoit être refroidie.

L'argile a paru la matière à laquelle on devoit s'arrêter d'abord ; ensuite on s'est occupé des différens degrés de cuisson qu'il convenoit de lui donner. Pour remplir toutes ces vues on a fait exécuter deux modèles d'*alcarrazas*, dont l'un eſt foiblement cuit, & l'autre l'eſt complétement.

Quant à ce qui concerne les formes qu'il convenoit de leur donner, on a cru devoir s'attacher en même tems à celle des *alcarrazas* d'Eſpagne & à celle des *gargouillettes* de l'Inde : outre cela, au lieu de les ſuſpendre à des cordes & de les balancer ainſi ſuſpendues, comme cela ſe pratique dans les pays où ces vaiſſeaux ſont journellement employés, M. Fourmy les a établis ſur un pied percé de pluſieurs trous, à travers leſquels l'air trouve des iſſues fort larges, & peut circuler aſſez facilement pour agir ſur le cul du vaſe comme ſur les autres parties de ſa ſurface.

Pluſieurs expériences ont été faites avec ces nouveaux vaſes, & ſurtout avec ceux qui ſont cuits complétement, & l'on a reconnu qu'en aſſez peu de tems la température de l'eau dont on les avoit remplis, étoit changée aſſez ſenſiblement pour engager à faire uſage de cette poterie, & pour pouvoir s'applaudir du ſuccès de cette imitation.

ALCMAER, ville principale de la Nort-Hollande, dont les rues ſont très-bien alignées & d'une grande propreté. C'eſt dans les environs de cette ville qu'on peut obſerver les différens niveaux de l'eau des canaux, tant ceux qui recueillent les eaux du ſol naturel, que ceux qui reçoivent les eaux que les moulins des polders verſent au dehors de ces terrains digués. Je renvoie l'expoſition de cette hydrographie intéreſſante à l'article de la NORT-HOLLANDE.

ALCYON, eſpèce d'hirondelle, célèbre, ſous le nom de *ſalangane*, dans les Indes par le commerce & l'uſage qu'on fait de ſes nids à la Chine & à la Cochinchine. Il paroît que cet oiſeau a toutes les inclinations des *hirondelles de rivages*, & que c'eſt dans des rochers qui bordent la mer, qu'il établit ſon nid. Quant à la ſubſtance qu'il emploie pour le conſtruire, nous devons écouter à ce ſujet un obſervateur éclairé, M. Poivre, bien capable de nous décider ſur ces deux circonſtances. Il nous apprend qu'étant entré dans une caverne creuſée dans le rivage d'un îlot, près de Java, il en trouva les parois tapiſſés de petits nids en forme de bénitiers, très-adhérens au rocher; que ces nids, tranſportés à bord du vaiſſeau, furent reconnus, par des perſonnes qui avoient fait pluſieurs voyages à la Chine, pour les mêmes qu'on recherche & qu'on met à ſi haut prix dans cet Empire. Il ajoute que, dans les mois de mars & d'avril, les mers qui s'étendent depuis Java juſqu'en Cochinchine au nord, & depuis la pointe de Sumatra à l'oueſt, ſont couvertes de *rogue* ou frai de poiſſon, qui forme ſur l'eau comme une colle forte à demi-délayée. M. Poivre dit avoir appris des peuples qui habitent le long des côtes de ces mers, que la *ſalangane* fait ſon nid avec ce frai de poiſſon, & que tous s'accordent ſur ce point.

Le même obſervateur ayant ramaſſé de ce *frai*, & l'ayant fait ſécher, l'a trouvé ſemblable à la matière du nid des *ſalanganes*. Ainſi, la matière dont ſont conſtruits les nids des *alcyons*, démontre la vérité de l'aſſertion de M. Poivre; & comme ces nids ſont très-recherchés en Aſie, ſurtout en Chine, il ſeroit poſſible que des matelots chinois euſſent depuis long-tems l'induſtrie de contrefaire ces nids en ramaſſant du même frai, & lui donnant cette configuration à fur & meſure qu'il prend une certaine conſiſtance; & dans ce cas la prétention de Kempfer, qui dit que les nids des *ſalanganes*, tels qu'on nous les apporte de l'Inde, ſont une préparation faite par les matelots chinois, ſeroit fondée en raiſon.

C'eſt à la fin de juillet & au commencement d'août, que les Cochinchinois font la récolte des véritables nids d'*alcyons*; & comme c'eſt en mars & en avril que ces oiſeaux multiplient, l'eſpèce n'en ſouffre pas : on ne la trouve que dans cet archipel immenſe qui borne l'Aſie. M. Poivre aſſure que ces nids ne ſont recherchés des Chinois que comme une ſubſtance très-nourriſſante, & que lui-même n'a jamais rien mangé de ſi reſtaurant qu'un potage de bonne viande garni de nids d'*alcyons*. Comme ces nids ſont inſipides, les Chinois les font bouillir avec du gingembre ou avec un autre aromate qui en relève la ſaveur. Ils eſtiment ces nids comme un remède alimentaire pour les perſonnes épuiſées, & dont l'eſtomac fatigué fait mal ſes fonctions. Ceux qu'on nous apporte de l'Inde, & qu'on voit en Europe dans les cabinets des curieux, ſont d'un blanc gris, à demi-tranſparens: leur ſubſtance reſſemble à de la colle de poiſſon qui a une forte conſiſtance : ils ont tous une forme hémiſphérique irrégulière, & qui paroît avoir été déterminée par la baſe à laquelle ils ont adhéré primitivement.

ALENÇON. Nous indiquerons les environs de cette ville, qui font partie du département de l'*Orne*, comme la contrée appartenante à l'*ancienne terre granitique* la plus voiſine de Paris, & où l'on peut prendre une idée préciſe de la conſtitution phyſique de cette *terre*, & en particulier de ſes *limites*. On verra dans la *Notice de la doctrine de Rouelle*, ce que nous entendons par *ancienne terre*. Comme ces détails ſe lient à pluſieurs autres objets de l'hiſtoire minéralogique de cette contrée, nous en préſenterons l'enſemble à l'article d'*Argentan*, qui en occupe à peu près le centre : nous y comprendrons le précis des principales obſervations que nous y avons faites, depuis le Merleraut juſqu'à Falaiſe. (*Voyez* ARGENTAN.)

ALÉOUTES (*Nation des*). La poſition de cette nation, diſperſée dans un grand nombre d'îles entre l'Aſie & l'Amérique, m'a paru aſſez intéreſſante pour piquer notre curiosité sur ce qui concerne la religion, les mœurs, les usages & l'industrie de ces insulaires. C'est pour remplir ces vues que nous rassemblerons dans cet article tous les détails qui peuvent nous instruire sur ces objets.

Les *Aléoutes* sont en général très-superstitieux, mais on doit dire que leur théologie est modifiée d'après l'état d'esclavage où ils se trouvent. Ils croient que les *kouhgas* ou démons russes sont plus puissans que les leurs, & que depuis que les étrangers, protégés par leurs démons, viennent parmi eux, ils ont été abandonnés au malheur par les leurs: ils pensent que quand même ils rendroient à ces démons le culte que les chrétiens rendent aux leurs, cela ne leur serviroit en aucune manière.

D'après ces idées, les *Aléoutes* s'imaginent que les étrangers qui paroissent curieux de voir leurs cérémonies, n'ont d'autre intention que d'insulter à leurs *kouhgas*; aussi évitent-ils avec soin de faire connoître leurs magiciens. Cependant ils ont conservé leurs danses annuelles, où ils se couvrent d'un masque & se peignent le visage : les masques se nomment aussi *kouhgas* comme les démons, parce que ces ornemens dont ils se parent dans leurs cérémonies, sont regardés comme des talismans qui ont la vertu de les garantir de tout accident funeste, soit à la chasse, soit à la guerre : il est vrai que présentement ces insulaires ne font plus la guerre.

Les *Aléoutes* disent qu'ils viennent de l'occident, où ils savent, sans doute par tradition, qu'il existe un pays immense & très-peuplé. Cette tradition est fort précieuse, & nous paroît constater qu'ils tirent leur origine des côtes orientales de l'Asie.

Quoiqu'autrefois ces insulaires eussent des endroits où ils déposoient les produits de leur chasse, ils n'avoient point coutume de les conserver pour l'hiver. Chaque village ne gardoit que ce qu'il lui falloit, lorsque c'étoit à lui à fêter les autres; cependant, comme alors les îles étoient bien peuplées & les villages très-étendus, cette méthode avoit à peu près le même avantage que si chacun d'eux avoit fait des provisions pour lui seul. Les habitans des différens villages se visitoient mutuellement, & les convives restoient chez leurs hôtes jusqu'à ce qu'il n'y eût plus rien à consommer. Ces arrangemens arrivoient toujours avant que la saison de la chasse & de la pêche recommençât : alors on consultoit le *kikaga-dogok*; & les magiciens, qui s'occupoient de leurs *incantations* pour procurer au peuple une pêche & une chasse heureuses, assuroient les *kouhgas* que rien de ce qu'on avoit obtenu par leur secours, n'avoit été perdu ni prodigué.

D'après les renseignemens qu'on a pu se procurer en 1792, sur la population des îles aléoutiannes, le nombre des indigènes mâles, en y comprenant les enfans, n'excédoit pas onze cents; dont cinq cents des plus robustes & des plus agiles étoient employés par les chasseurs russes. Autrefois un des villages d'Ounalaschka contenoit une population bien plus considérable que n'est à présent celle de tout cet Archipel. L'île d'Ounalaschka avoit alors un chef suprême qui portoit le titre de *kikaga-dogok*, parce qu'il étoit choisi par tous les insulaires parmi les *dogoks* ou chefs des villages, les autres habitans étant vassaux & distingués sous le nom de *Thatas*.

Les *Aléoutes* ont des hameçons d'os. Ils ont des lignes faites avec des espèces de *gouëmon* qui croît de sept pieds de haut, & d'autres qu'ils tirent des nageoires de baleine, coupées fines & bien égales. Lorsque les insulaires pêchent les plies dans les endroits où il y a soixante-dix à quatre-vingts brasses d'eau, ils amènent souvent avec la ligne de très-belles tiges blanches, avec leurs racines, sans écorces & sans branches. Ces tiges sont d'abord aussi élastiques que des baguettes de baleine; mais au bout d'un certain tems elles ressemblent au corail blanc & sont très-cassantes comme lui.

Les dards dont les insulaires se servent, sont peints, les uns en rouge, & les autres en noir. Leurs différentes peintures se font au moyen de terres colorées, broyées & mêlées avec l'huile de poisson; ils en ont de noires, de blanches, de rouges & de bleues. Ils tirent ces terres d'une montagne voisine du village d'*Amada*.

Tout ce que font les *Aléoutes* surpasse de beaucoup l'idée qu'on se forme ordinairement de l'esprit & de l'intelligence des nations sauvages.

L'ordre établi parmi eux & le respect qu'ils portent aux chefs qu'ils ont choisis pour leur commander, dérivent certainement de leurs principes religieux & de la vénération que leur inspire un être invisible & suprême. Ils cherchent sans cesse à mériter la protection bienveillante de cet être, non-seulement dans ce monde, mais dans l'autre, car ils croient fermement à l'existence d'une autre vie : aussi leur conduite n'est ni injuste ni barbare; ils sont au contraire doux, humains & hospitaliers.

La justesse des proportions & l'élégance des canots ou *baïdars* des Aléoutes, de leurs armes, de leurs ustensiles & de leurs vêtemens prouvent qu'ils sont bien éloignés d'être *stupides*, épithète que quelques Européens donnent si libéralement aux nations qu'ils appellent *sauvages*.

Il est très-fâcheux que les Aléoutes soient soumis au caprice & à l'avidité des Russes qui font la chasse dans ces contrées, & qui sont infiniment plus barbares qu'aucun des peuples indigènes qu'on rencontre dans ces îles. Le seul espoir qu'on peut avoir de les voir délivrés de leurs oppresseurs, n'est fondé que sur la destruction totale des animaux auxquels ils font la chasse; & il y a grande apparence que, d'après la quantité de ces animaux qu'ils tuent chaque jour, les espèces en seront bientôt anéanties.

Comme nous avons parlé, dans cet article, des chasseurs russes, nous pensons qu'il convient de présenter ici une suite des opérations qu'ils ont cru devoir adopter dans leurs différentes expéditions. Les galiotes des chasseurs sont construites à *Okhotsk* ou à *Neizchni-Kamtzchatka*. Le gouvernement, voulant encourager le commerce des pelleteries, a donné des ordres aux commandans de ces deux villes, pour qu'ils favorisassent autant qu'ils le peuvent les aventuriers qui entreprennent ces expéditions. Les objets qu'on sauve des bâtimens de transport qui font naufrage assez souvent, servent ordinairement à former les équipages des galiotes des chasseurs; ce qui diminue beaucoup les frais d'armement : quant aux matelots, ils conviennent de recevoir une certaine part dans les profits. On doit, d'après cela, prendre une idée de ce qui concerne les vaisseaux & les équipages.

La cargaison est composée d'environ cinq cents livres de tabac, d'un quintal de grains de verroterie, d'une douzaine de haches, de quelques couteaux de mauvaise qualité, d'un nombre immense de pièges pour prendre les renards, de beaucoup de saumon séché & salé; d'une petite provision de jambons, de beurre, avec quelques sacs de riz & de farine de froment qu'on distribue aux gens de l'équipage les dimanches & les jours de fêtes, car on ne les accoutume pas à manger du pain tous les jours. On leur fournit en même tems des carabines, de la poudre & des balles pour leurs différens besoins.

Étant ainsi équipés, les chasseurs mettoient en mer, &, dès qu'ils arrivoient dans une île des Aléoutes, il avoient coutume de prendre un certain nombre de femmes & d'hommes pour leur servir d'ôtages. A présent ils s'emparent des villages, & après avoir halé leur galiote sur la plage, ils distribuent les pièges aux insulaires, pour qu'ils puissent prendre des renards; ensuite ils envoient des gens de divers côtés, les uns pour chercher des bois de chauffage, & les autres pour pêcher & chasser les animaux marins. Quelques chasseurs ne se contentent pas des secours qu'ils trouvent dans certaines îles; ils passent dans les îles voisines, & exigent les plus grands travaux de la part des insulaires, qu'ils chargent de ce que leurs expéditions ont de plus pénible, pendant qu'ils se livrent à l'indolence; ils distribuent aux femmes une petite quantité de ce qu'ils appellent les articles de commerce, afin de s'assurer de leur attachement, & les hommes sont quelquefois recompensés d'une pénible journée de travail par une feuille de tabac.

Depuis que Schelikof a formé un établissement à Kadiak, aucun autre aventurier n'a osé faire d'expédition à l'est des îles Schoumagin. Il est à croire que le navire de l'*Oukhanin* sera le dernier bâtiment qui tentera une expédition dans les îles *Aléoutes*, pour en rapporter des pelleteries : il est probable qu'il n'y a guère trouvé que des renards qui, à la vérité, y sont encore si communs, que, quand il fait froid, ils entrent la nuit par troupes dans les villages pour y trouver quelque proie.

Si l'on formoit par la suite le projet d'obtenir du gouvernement russe un privilége exclusif pour faire le commerce des îles *aléoutiannes*, & qu'on l'obtînt, on ne pourroit s'y livrer que dans le cas où, la rareté des pelleteries augmentant, le succès des expéditions rendroit nécessaire une augmentation de capitaux pour découvrir de nouvelles sources de commerce, & alors il est à présumer que les directeurs des nouvelles compagnies seroient forcés d'envoyer leurs navires sur les côtes du continent de l'Amérique; & si ces longues traites ne donnoient pas des profits proportionnés aux frais qu'elles occasionneroient, on ne peut douter qu'ils n'abandonnassent entiérement leurs spéculations pour jouir tranquillement des avantages qu'ils auroient obtenus des premières. D'après ces considérations, on peut prévoir que les habitans des îles *aléoutiannes* seront rendus à leur état naturel, duquel les opérations du commerce des Russes les ont si étrangement écartés.

ALÉOUTIANNES, ALÉOUTES ou ALEUTIANES, suite d'îles qui sont à l'est de la presqu'île de Kamtzchatka, & qui forment une chaîne entre l'Asie & l'Amérique. Ces îles méritent de notre part la plus grande attention, tant par leur position relative, que par leur constitution physique. Outre cela, comme nous les avons connues sous deux époques différentes, nous croyons devoir en parler en deux articles séparés, qui comprendront des détails différens : ils nous paroissent trop intéressans pour être réunis, & pour ne pas attendre de nouvelles expéditions maritimes, qui mettront la vérité dans tout son jour.

ALEUTIANES. Ces îles nous sont présentées d'abord sous la forme d'un croissant, & comme partagées en trois groupes; celui des *Aleutianes*, puis les *Andréanoffskies*, enfin les *îles du Renard*.

Nous mettrons à la tête des *Aleutianes* les *îles de Béring* & *de Mednoi* ou *de Cuivre*, ainsi que deux autres peu considérables : ces dernières sont à environ cent cinquante verstes à l'est de l'embouchure de la rivière de Kamtzchatka. Celle de *Béring* est à la latitude de cinquante-cinq degrés. C'est là que le grand navigateur de ce nom fit naufrage en novembre 1741, au retour de ses découvertes en Amérique, & périt après avoir essuyé les plus cruelles infortunes. La plus grande partie de son équipage mourut du scorbut. Le naturaliste Steller, un de ceux qui survécurent, gagna le Kamtzchatka au mois d'août 1742, dans un petit vaisseau construit des débris du navire naufragé. L'île de Béring a environ soixante-dix ou quatre-vingts verstes de longueur : elle consiste en hautes montagnes de granit, hérissées de rochers & de pics, & qui, vers les promontoires, se changent en pierres calcaires. Toutes les vallées sont dirigées du nord au sud. Les amas de sables, formés par les eaux de la mer dans leur plus grande élévation, les bois flottés & les squelettes d'animaux marins, se trouvent à une grande distance du rivage, & à trente brasses de hauteur perpendiculaire au-dessus du niveau actuel de l'Océan dans les grandes marées : ce sont des monumens & des preuves visibles des violentes inondations produites dans ces mers par quelques accidens, dont nous ne connoissons ni les causes météoriques ni les époques. Si l'on ajoute à cela le travail des pluies & l'effet puissant des gelées, qui font éclater & tomber les rochers de la côte, & précipiter chaque année de grandes masses de pierres dans la mer, on aura une idée des agens qui changent sans cesse la forme de l'île. On peut aisément se persuader que les autres îles sont dans le même cas.

Il est donc très-probable que ces îles ont graduellement diminué, & que par conséquent la communication a été anciennement plus facile, d'un continent à l'autre, avant que les destructions opérées par la suite des siècles, les ravages des feux souterrains & d'autres catastrophes aient, par des progrès plus ou moins rapides, diminué l'étendue & peut-être le nombre des îles qui forment la chaîne dont nous allons parler. On ne peut douter enfin que les côtes de l'Asie n'aient éprouvé de même de grands changemens, si l'on en juge par les traces visibles des divers éboulemens que produit chaque jour l'action des flots, soit dans les marées ordinaires, soit dans les ouragans que ramène fréquemment l'hiver de ces contrées.

L'île *Béring* offroit, dans le tems de sa découverte, de nombreux troupeaux de loutres de mer qui disparurent en mars. Le veau marin oursin leur succéda en aussi grand nombre, mais il quitta cette terre à la fin de mai. Le veau marin lion, le grand veau marin & le *manati* y étoient abondans, & fournissoient à la nourriture des malheureux naufragés pendant leur séjour dans l'île. Ils y virent aussi des troupeaux de *renards arctiques*, qui complètent la liste de tous les quadrupedes qui fréquentoient cette île. On y remarqua aussi tous les oiseaux qui habitent les rochers du Kamtzchatka, & les mêmes espèces de poissons qui remontent dans les rivières de cette péninsule. Les marées s'élèvent ici de sept à huit pieds, & le fond de la mer, le long des côtes, offre des rochers qui correspondent, tant par leur nature que par leur forme, avec les promontoires de l'île.

Enfin on voit, dans la note suivante, le petit nombre de plantes qui lui sont propres, & qu'on n'a pas retrouvées au Kamtzchatka. Ces plantes, avec quelques saules rampans, forment la totalité des végétaux qui ont été découverts dans l'île *Béring*.

Campanula. GMEL. Sibér. La campanule.
Leontodon taraxacum. Dent de lion ou pissenlit.
Hieracium murorum. Herbe à l'épervier, des murs.
Tanacetum vulgare. La tanaisie vulgaire.
Gnaphalium dioicum. L'herbe blanche.
Senecio. GMEL. Sibér. Le séneçon.
Arnica montana. Bétoine des montagnes.

MEDNOI ou *île de Cuivre* est un peu au sud-est de la précédente. Une grande quantité de cuivre natif se trouve dans un schiste situé au pied d'une rangée de montagnes calcaires qui regardent l'est, & peut se recueillir en grandes masses, que certains naturalistes ont cru avoir été fondues par les feux souterrains ; car cette île est pleine de monticules qui offrent à leurs sommets les formes de cratères encore ouverts. On ne peut guère douter que cette terre n'ait essuyé plusieurs secousses de tremblemens de terre, qui n'aient contribué à l'isoler de plus en plus du continent & des autres îles voisines.

Parmi les bois flottés qu'on ramasse sur les côtes de cette île, on a distingué des troncs de camphriers & d'autres bois odoriférens, que les naturalistes attribuent aux courans de l'Océan, qui ont leur origine sur les rivages du Japon. C'est ainsi que dans une seule île on voit, suivant qu'on peut être instruit, les monumens de plusieurs agens que la nature met en action le long des côtes orientales de l'Asie.

ALEUTIANES. Le groupe des îles *Aleutianes* est situé dans la courbure du croissant qui occupe à peu près le milieu du canal ouvert entre l'Asie & l'Amérique, latitude, cinquante-deux degrés trente secondes, & à la distance d'environ deux cents verstes de l'*île de cuivre*. On n'y a reconnu jusqu'à présent que les trois îles d'*Attoh*, de *Schemija* & de *Semitchi*. La première paroît plus grande que l'île *Béring* ; mais elle lui ressemble ainsi que les deux autres, & quant aux différens matériaux qui les constituent, & quant à leur forme. *Attoh* paroît être l'île que Béring nomma le *Mont-Saint-Jean*. Ces trois îles sont habitées par une nation qui parle un langage différent de celui des peuples asiatiques du nord : elle paroît être une émigration ou une colonie venue d'Amérique, car elle parle un dialecte de ce continent.

Ces îles furent découvertes en 1745, par *Michel Novodtsihof*, natif de *Tobolsk*, qui fit un voyage aux frais d'une société de marchands, pour la recherche des pelleteries, le grand objet de ces navigations, & des découvertes qui se font dans cette mer. Ce voyage fut marqué par d'horribles barbaries exercées sur les pauvres habitans de ces îles. Il devoit y avoir à cette époque, & quelque tems après, de nombreux troupeaux d'animaux marins. On cite à cette occasion des aventuriers, qui transportèrent de ces îles à Kamtzchatka les peaux de dix-huit cent soixante-douze loutres de mer, parmi lesquelles il y avoit neuf cent quarante femelles & sept cent quinze petits. Un autre parti tua, sur une petite île adjacente à ces trois premières, sept cents pères ou mères de ces mêmes loutres, & cent vingt petits, & outre cela dix-neuf cents renards bleus, cinq mille sept cents veaux marins-oursins & treize cent dix de leurs petits.

Les renards bleus abondoient effectivement dans ces îles : ils y étoient apportés par les glaces, & d'ailleurs ils y multiplioient considérablement. La variété bleue est en général dix fois plus nombreuse que la blanche, & c'est le contraire en Sibérie. Ils se nourrissent de tous les poissons morts que la marée porte & jette sur les rivages. Les naturels de ces îles percent leur lèvre inférieure, & y insèrent des dents taillées dans les os de la vache marine : outre cela ils couvrent leurs canots de la peau de ces animaux.

A une grande distance du premier groupe en est un second. Tout ce que nous savons des îles qui le composent, c'est que ces seconds insulaires ressemblent aux premiers. D'après le vaste trajet de mer que Pallas place entre ces deux groupes, le capitaine Cook est pleinement disculpé d'avoir omis dans sa carte le grand nombre d'îles qui, dans les cartes russes, forment une chaîne assez suivie depuis l'île *Béring* jusqu'à la côte occidentale de l'Amérique. Pallas ne paroît s'en être rapporté, dans la distinction des groupes, qu'aux preuves les plus authentiques. Ainsi Cook & Pallas s'accordent en ce que l'on a, sans fondement, multiplié ces îles par la méprise des aventuriers navigateurs qui se seront trompés dans ce compte, parce que, voyant la même île de différens points de vue, ils lui auront donné autant de fois des noms différens.

Iles André. Viennent ensuite les *Andréanoffskies*, ainsi nommées d'*André Tolstyk*, qui les a découvertes en 1761, & par conséquent longtems après l'expédition de Béring & celle des autres aventuriers dont nous avons parlé. La seule particularité remarquable dont nous ait instruit *André*, c'est qu'il y a plusieurs volcans enflammés dans ces deux îles.

Iles du Renard. Ce troisième groupe d'îles tire son nom de la grande quantité de renards noirs, gris & rouges qui s'y sont pris autrefois : leurs peaux sont mauvaises & de peu de valeur. Les naturels se percent le nez & les lèvres, & y insèrent des os pour leur servir de parure. Parmi les dernières îles de ce groupe est celle d'*Ounalascha*, qui a été visitée par le capitaine Cook. Elle est si voisine de la côte d'Amérique, qu'elle peut à très-juste titre passer pour lui appartenir.

On a considéré toutes ces îles, à mesure qu'on les a découvertes, comme les restes de l'ancien isthme qui réunissoit l'Asie à l'Amérique, & qui a servi à la population de ce dernier continent, comme nous le ferons voir par la suite à l'article *Amérique*. (*Voyez* cet article & ceux d'*Ounalaschka*, de *Béring*, *Mednoi*, *Tschutski*.)

ALOUTIANNES ou ALÉOUTES. Après avoir fait connoître ces îles d'après les instructions que j'ai pu tirer des voyages de Gmelin, de Pallas & du capitaine Cook, je vais ajouter dans ce nouvel article ce que le voyageur *Saver* nous apprend de la suite de l'expédition du commodore Billings, faite dans la mer d'Anadyr & sur les côtes septentrionales de l'Amérique, depuis 1785 jusqu'en 1794.

Nous trouvons d'abord l'île *Béring*, qui est une des plus occidentales & qui a pris son nom, comme nous l'avons dit ci-dessus, du naufrage qu'y fit ce capitaine en 1741. Cet événement l'a rendue redoutable aux matelots, qui craignent d'en approcher parce qu'elle est entourée de récifs nombreux. On peut indiquer en particulier un rocher détaché, & dont le gissement est vis-à-vis la pointe nord-ouest de l'île. La partie occidentale de cette île est couverte de montagnes ordinairement chargées de neiges, & dont on ne peut souvent appercevoir les sommets, parce que, vu leur élévation, ils sont enveloppés d'épais brouillards qui y flottent : la pointe septentrionale est très-basse ; aussi les neiges n'y séjournent pas. Il y a du côté de cette pointe deux baies où hivernent les galiotes marchandes ; mais il y a peu d'eau, & l'entrée en est dangereuse : d'ailleurs, elles sont exposées aux vents du nord. Chacune de ces baies reçoit les eaux d'un ruisseau dans lequel on trouve des cailloux blancs & transparens. Quelquefois, après des coups de vents du nord, la mer jette sur la plage de cette île de petits fragmens de mine de cuivre natif.

L'île de Cuivre, qui est plus à l'est, est montueuse ; elle gît à vingt-sept milles au nord-est, & à soixante-cinq degrés de la pointe méridionale de l'île *Béring*. Il y a beaucoup de rochers entre ces deux îles : ils sont visiblement les restes & les preuves de leur ancienne union. Ces rochers sont en dehors de l'extrémité méridionale de chacune de ces deux îles.

A la latitude de cinquante-trois degrés quarante-trois minutes nord, & à la longitude de cent soixante-dix degrés douze secondes est, les navigateurs rencontrèrent une très-haute montagne couverte de neiges, & qui restoit à trente degrés au sud-est.

Ensuite vient l'île d'*Attou*, qui est montueuse, & dont les principaux sommets sont couverts de neiges : son extrémité occidentale se montre au sud à soixante-un degrés est de la pointe méridionale de l'île *Béring*, à la distance de deux cent quinze milles. Plusieurs rocs détachés entourent l'extrémité occidentale de cette île, & dans la partie méridionale il y a de petites anses qui paroissent être commodes, mais qui sont exposées aux vents du nord.

Agattou se présente ensuite. De l'est d'*Attou* à la pointe occidentale d'*Agattou* la distance est de vingt milles. La direction d'*Agattou* est sud-est quart :

quart est : cette île s'étend à l'est environ seize milles. Il paroît qu'il y a également, dans cette étendue, de petites anses, mais que l'entrée en est barrée par des récifs. La pointe occidentale de l'île d'*Agattou* est fort basse sur le bord de la mer ; mais elle s'élève graduellement dans l'intérieur des terres, en sorte qu'à huit milles de la pointe basse paroissoit une haute montagne dont le sommet étoit caché aux navigateurs par des nuages, ainsi que ceux des montagnes qui occupoient la partie orientale.

A dix milles au nord d'*Agattou* gît la petite île de *Semitch*, & en dehors de sa pointe orientale est une autre île encore plus petite.

Bouldyr est au nord-est, quatre-vingts degrés d'*Agattou*, & à la distance de soixante-dix milles. Cette île n'est, à tout prendre, qu'un rocher excessivement élevé, & dont le contour paroît ovale. Elle a dix milles de diamètre du nord au sud, & quatre milles de l'est à l'ouest. En dehors de ses extrémités orientale & occidentale il y a beaucoup de rochers, & ceux qui gissent vers l'ouest s'étendent à une distance considérable. Nous ne pouvons trop faire remarquer ces récifs comme les ruines de l'ancien état des choses.

Kiska paroît ensuite dans le sud-est, ainsi qu'un îlot de rocher, à soixante-quatre degrés au sud-est. L'extrémité septentrionale de *Kiska* est à l'est de l'extrémité méridionale de *Bouldyr*. *Kiska* d'ailleurs s'étend dans une direction sud quart est. Il a vingt-six milles de longueur, & est terminé par une pointe peu élevée. La plus grande largeur de cette île est de vingt milles. Il y a du côté de l'est quelques plaines, à côté desquelles on apperçoit beaucoup de rochers. On détermina la latitude de cette île de cinquante-deux degrés vingt-cinq minutes vingt secondes, & sa longitude de cent soixante-dix-sept degrés est.

En suivant la même ligne on apperçoit un groupe d'îles, dont la plus considérable est indiquée sous le nom de *Sigoula*, & est à quatorze milles à l'est de Kiska.

Sigoula est presque ronde & a neuf milles de circonférence.

Krissey, situé à peu près à la même distance au sud-est de *Kiska*, est petite & hérissée de rochers.

Amtchitka, qui vient ensuite, est à environ huit milles à l'est-nord-est de *Krissey*, & s'étend à l'est dans un espace d'environ soixante milles. Il a une baie fort exposée aux vents du sud. Le côté septentrional ne peut être abordé que par des canots ; il est bordé par un trop grand nombre d'îlots & de rochers pour que les vaisseaux osent approcher.

En partant de la pointe orientale d'*Amtchitka* & allant droit au nord, on trouve, à la distance de vingt-huit milles, l'île de *Semi-Sopischnoï*, qui a vingt-deux milles d'étendue de l'est à l'ouest.

Tanaga se présenta ensuite aux navigateurs, d'abord sous la forme d'une montagne très-élevée, stérile & en partie couverte de neige : c'étoit son extrémité nord-ouest. Sa masse énorme & inégale ressembloit à un groupe de montagnes, dont l'une, ayant la forme conique, s'élevoit à une excessive hauteur, & vomissoit de tems en tems une fumée fort épaisse. Les divers sommets parurent chargés de neiges qui, descendant en avalanches jusqu'à mi-côte, les avoient noircies par une grande quantité de cendres que les tourbillons de fumée enlevoient & précipitoient à chaque instant. Cette montagne s'étend à huit milles vers le sud, & à six milles vers l'est quart nord. Au sud-sud-ouest de l'île, & à huit milles de la pointe nord-ouest, la montagne est terminée par un rocher très-avancé qui forme un cap, & est entourée de plusieurs rocs détachés & fort aigus.

Gorelloi, volcan, est ouest-nord-ouest, à la distance de vingt-deux milles du mouillage de *Tanaga*. Sa base est fort escarpée : son étendue est de six milles du nord au sud, & de trois milles de l'est à l'ouest : outre cela cette montagne se trouve au sud, quatre-vingts degrés est de l'île de *Krissey*, dont elle est distante de cent sept milles. On n'y peut aborder du côté du sud qu'avec des canots, & seulement dans les tems calmes.

Nous avons décrit la partie nord-ouest de Tanaga, jusqu'aux rochers aigus qui s'inclinent au sud-sud-ouest dans un espace de huit milles. Ces rochers sont à l'extrémité septentrionale du bassin où l'on jeta l'ancre, & qui a environ deux milles & demi de circonférence. A l'entrée du bassin est une aiguade fort commode : cette petite baie n'a d'autre inconvénient que d'être exposée au vent de nord-ouest. De l'extrémité de la baie, la côte s'incline à l'est quart nord, jusqu'à la distance de huit milles : elle est basse, tapissée de verdure, & terminée par une pointe sablonneuse, au-delà de laquelle l'île s'étend de quinze milles au sud quart-ouest. Toute l'île, à l'exception de la partie septentrionale, est basse, & offre à sa surface quelques petites collines au milieu desquelles sont des lacs d'eau douce. C'est dans cette partie que l'on voit les demeures des indigènes : il y avoit des huttes de terre qui renfermoient une vingtaine de femmes, un petit nombre d'hommes, les uns & les autres vieux & infirmes. Ce sont ces vieillards, avec quelques petits enfans, qui constituent présentement la population de cette île. Tous les hommes & femmes en état de travailler, & tous les jeunes gens, ont été enlevés par Loukhanin & ses gens, qui en ont fait des chasseurs d'amphibies.

Tanaga étoit autrefois très-bien peuplée, mais les Russes l'ont rendue presque déserte par ces enlévemens, & ils en ont fait autant dans toutes les autres îles de l'ouest, que nous avons parcourues ci-devant.

Les habitans de Tanaga s'habillent précisément comme ceux d'*Ounalaschka*, mais leurs femmes portent moins d'ornemens que celles de cette dernière île ; ils parlent une dialecte de la même langue d'où est dérivée celle des Ounalaschkans ; cependant ils ont des danses & des jeux qui ne ressemblent pas à ceux de ces derniers; ils ont de la grâce dans leurs mouvemens, où ils ne s'écartent jamais de la plus modeste décence, bien différens en cela de tous les autres sauvages, dont les danses sont fort lascives.

Les baïdars des indigènes de Tanaga sont faits de la même manière que ceux des *Ounalaschkans*, mais ils sont plus grands & plus lourds.

Les habitans de Tanaga n'ont d'autres moyens d'exister que de fouiller la terre pour en extraire des racines sauvages bonnes à manger, & de ramasser des coquillages qui abondent sur les plages sablonneuses des mers environnantes, surtout les pétoncles : ces derniers sont même d'une grosseur extraordinaire.

On trouve aussi sur les rochers de cet archipel plusieurs sortes de moules & de lepas qui y sont attachés, & qui ne dépassent pas la ligne où l'eau de la mer reste à marée basse. Les chasseurs russes donnent le nom de *baïdar* à une espèce de ces coquillages qui est très-abondante, & qui ressemble à leurs petits canots découverts. Les indigènes en font très-grand cas, & les mangent aussi bien crus que cuits.

Des baleines sont souvent jetées sur la plage sablonneuse de la pointe de Tanaga, & fournissent alors aux habitans de l'île de quoi se nourrir & s'éclairer long-tems.

Il en est une espèce qui échoue fréquemment sur les rivages des îles *aléoutes*, ainsi que sur la côte de Kamtzchatka, & dont les indigènes ne mangent pas ; ils se contentent d'en extraire la graisse pour brûler.

L'île de Tanaga est la seule où l'on ait vu l'oie à duvet (l'édredon). Il y en a beaucoup dans les lacs d'eau douce des parties basses de l'île. Les robes & les manteaux que font les sauvages avec la peau & les plumes de cet oiseau, font les plus estimés de ce genre, parce qu'ils sont plus doux, plus chauds & plus forts que ceux fabriqués dans les autres îles.

Nous devons remarquer qu'à l'ouest de Tanaga il y a plusieurs îles *rocheuses*, lesquelles étoient autrefois la retraite des loutres de mer & de plusieurs autres espèces d'amphibies ; mais à présent elles sont desertes, depuis que le nombre de ces animaux a été considérablement diminué par la chasse des Russes.

Kanaga se trouve à la suite de Tanaga, & à la distance de sept milles. C'est à la surface de cette île qu'on apperçoit une fumée abondante qui s'exhale d'une source chaude, laquelle sort du pied d'une montagne où il y avoit anciennement un volcan en activité.

C'est de ce point qu'on découvre, à douze milles de distance, & à peu près à la même latitude, la petite île de *Bobrovoï*, qui doit son nom à la grande quantité de loutres de mer qu'on y trouvoit autrefois.

L'île basse d'*Illouk* est éloignée d'environ douze milles de l'extrémité sud-ouest de *Tanaga* ; puis, entre Illouk & Gorelloi, suit une rangée de plusieurs îles rocheuses, distrib[illegible]ées à peu près sur la même ligne.

A la suite de cette terre divisée ainsi, on voit *Adach*, qui est d'une certaine étendue, & à la distance de dix-sept milles une autre île moins considérable ; & plus loin encore paroît un groupe de quinze petites îles montueuses, alongé vers l'est; elles se présentent sous des formes différentes, & au milieu d'elles on distingue celle de *Gorelloi*, qu'il ne faut pas confondre avec le pic du même nom.

Lorsqu'on a franchi l'île d'*Archka*, qui est assez considérable, on reconnoît, après un trajet de cent vingt-huit milles, le promontoire d'*Oumack*, qui annonce une île importante en avant d'*Ounalaschka* : outre cela, dans ce trajet, sont distribuées uniformément neuf à dix petites îles toujours régulièrement assujetties à la même ligne que les grandes îles, & dans la direction de l'ouest à l'est.

Nous nous contenterons d'indiquer ici *Ounalaschka*, qui est la plus étendue de toutes les îles *aléoutes*. Il y a ensuite *Dounemak*, où l'on apperçoit trois montagnes coniques fort élevées : celle-ci se trouve située près de la pointe d'*Alaska*. Nous y reviendrons, à l'article OUNALASCHKA, où nous donnerons un précis de l'histoire naturelle de ces îles. Nous pouvons citer aussi notre Atlas, où toute cette chaîne d'îles sera figurée dans le plus grand détail, à l'article ALÉOUTIANNES. *Voyez* aussi KADIAK, où toute l'anse de la rivière de Cook sera décrite ; enfin l'article ANADYR, où l'on donnera la description du bassin de cette mer, de ses îles, de ses côtes, &c.

ALEP. C'est assez près de cette ville de l'ancienne Syrie, & à trois ou quatre milles au sud-est de Palmyre, que se trouve la fameuse vallée *de sel*, dont le sol est imprégné de *sel marin* à une très-grande profondeur. Il suffit de creuser la terre d'environ un pied, pour que l'eau de pluie qui s'y rend, & qui se charge très-abondamment du sel, forme dans ces fosses une croûte solide, dont le sel est très-blanc & très-pur. La manière d'exploiter cette denrée est fort simple. Les uns le cassent & le brisent avec des bâtons armés de grosses têtes de cloux ; d'autres mettent les morceaux de sel dans des tonneaux ; & sans aucune autre préparation le portent à Alep, à Damas & dans d'autres villes voisines, pour leur consommation. L'étendue de la plaine de sel est immense, & cet amas de sel se trouve, comme beaucoup d'autres, fort éloigné de la mer, de telle sorte qu'on ne peut en aucune manière attribuer ce dépôt salin à la Méditerranée actuelle, en supposant qu'elle s'étendît jusque-là; mais il faut avoir recours au séjour d'une mer totalement différente, & dont le bassin étoit beaucoup plus étendu. C'est le cas de joindre à l'examen de cet amas de sel, l'observation des circonstances qui peuvent en déterminer l'époque.

ALET, ville qui fait partie du département de l'*Aude*. Nous nous proposons de faire connoître ses environs dans un arrondissement qui comprendra une superficie à peu près égale à celle de son ancien diocèse.

Lorsqu'en partant de Limoux on approche des gorges qu'on appelle *le détroit d'Alet*, on apperçoit cinq à six veines de charbon de terre assez considérables; elles traversent la rivière d'Aude, & se prolongent fort loin dans les montagnes, tant à la droite qu'à la gauche de cette rivière.

Tout le territoire des montagnes qui viennent à la suite de ce filon, offre des terres rouges & ochreuses qui annoncent le voisinage des charbons de terre. En montant le long de ces gorges, on rencontre quelques vignobles placés dans les endroits *abrités*; & comme ils occupent des coteaux très-rapides, ils sont exposés à être souvent dégradés par les grandes averses auxquelles ces contrées sont fort sujètes. On ne connoît pas ici ces murs pratiqués en amphithéâtre, qui soutiennent les terres & qui font la richesse des Cevennes & du Vivarais. Il en est de même des terres labourables qu'on voit à la droite sur les croupes opposées à celles des vignes.

Tous les environs d'Alet sont occupés par l'éducation des arbres & des jardinages, dont les récoltes servent à l'approvisionnement des marchés de Limoux.

En sortant de la ville d'Alet on trouve une source d'eau thermale, qui est connue sous le nom de *bains d'Alet*. Ces eaux sont ferrugineuses & peu chaudes, car elles ne vont guère qu'au vingt-quatrième degré du thermomètre de Réaumur.

A deux cents toises de cette source, en suivant la vallée de l'Aude, on a mis au jour, par les travaux d'une nouvelle route, trois riches veines de très-bonne qualité. Le minéral est d'un rouge brun, & l'on y apperçoit le fer presque tout formé. Cette découverte, au reste, ne doit pas étonner, car tout ce pays abonde en charbon de terre, & il est rare de ne pas trouver des mines de fer dans leur voisinage.

A peu de distance de Couisa, qui est le premier village qu'on trouve au dessus d'Alet, on rencontre plusieurs veines de charbon de terre très-bien caractérisées; ces veines, ainsi que celles dont on a parlé ci-dessus, ont toutes leur direction du levant au couchant, & inclinent toutes au nord.

Immédiatement après avoir passé le pont du village de Campagne, on trouve encore deux à trois veines de charbon de terre qui se prolongent dans les montagnes de part & d'autre de la rivière. Ce qui est remarquable, c'est qu'elles ont la même direction que les précédentes: seulement elles paroissent s'incliner vers le midi; elles ont d'ailleurs cela de particulier, que leur toit ou les roches qui les couvrent, sont de gros bancs de plâtre. Ces bancs de plâtre se prolongent vers le petit village de Fa, où on les exploite, & d'où l'on tire du plâtre de la plus grande beauté.

A une fort petite distance du village de Campagne on voit une forte source d'eau thermale, semblable à celle d'*Alet*; elle dépose un limon ochreux, & a un goût ferrugineux bien sensible: elle avoit autrefois une chaleur de vingt-quatre degrés au thermomètre de Réaumur; mais cette chaleur a été altérée par les eaux d'un canal qu'on a ouvert un peu au dessus pour un moulin à scie; ce qui a réduit cette eau au sixième degré.

Ici la qualité des terres change totalement: ce ne sont plus que des terres grisâtres, légères & d'un modique produit. Il y a cependant quelques prairies assez bonnes le long de la rivière, & quelques vignes; mais les sommets de toutes ces montagnes sont couverts de bruyères, & n'offrent que des pâturages vagues.

A une lieue au dessus du village de Campagne on commence à voir le vallon de Quillan; il présente en quelque sorte un cul-de-sac entouré de hautes montagnes & de roches escarpées: il peut avoir une demi-lieue de diamètre, dont une partie est en plaine, & l'autre en pente légère, jusqu'au pied des roches escarpées. On y remarque quelques prairies & des terres labourables: le surplus est occupé avantageusement par d'excellens vignobles garnis de figuiers. Il n'y a pas un pouce de terre qui ne soit mis à profit: les vins en sont excellens, & les figues de ce vallon passent pour être les meilleures de tout ce pays.

On fait dans la petite ville de Quillan un commerce considérable en bois de charpente & en planches de sapin, qu'on y amène des forêts immenses du *pays de Sault*, dont nous parlerons bientôt.

A un quart d'heure de cette ville on voit quatre sources singulières, distantes de quelques toises les unes des autres. Deux de ces sources donnent des eaux chaudes ou thermales, & les deux autres des eaux fort froides. Les eaux chaudes sont au vingt-cinquième degré du thermomètre de Réaumur; elles sont très limpides, ne déposent aucun sédiment, & n'ont absolument d'autre goût que celui de l'eau ordinaire la plus pure: elles ont cependant la réputation d'être efficaces contre les douleurs internes, les rhumatismes, & très-favorables aux poitrinaires.

Les eaux des deux sources froides, qui sont voisines des deux premières, ne se boivent pas sans inconvénient.

Lorsqu'on monte sur la haute montagne, depuis Quillan jusqu'à Coudons, & qu'on gagne les sommités du pays de Sault, on remarque plusieurs bancs de marbre noir veiné de blanc. Nous dirons ici à cette occasion que ces montagnes, tant celles du pays de Sault que des Fenouillèdes, ſont entiérement compoſées de maſſes calcaires, aſſiſes ſur une baſe de ſchiſte noir plus ou moins compacte. On reconnoît que ce banc d'ardoiſe règne dans toute l'étendue de ce pays, parce qu'il ſe découvre dans tous les lieux où les rivières ont détruit les rochers calcaires juſqu'à leur baſe. Nous ajouterons ici que la même diſpoſition ſe remarque dans les montagnes des *eaux* du Gévaudan & des Cevennes, qui ſont également toutes calcaires & établies ſur un banc de ſchiſte noir, & dans quelques endroits ſur des veines de charbon de terre. On trouvera les mêmes obſervations dans les articles Adige, Alais & beaucoup d'autres, d'après leſquels il nous ſemble qu'on pourra en faire une *loi générale*. Ce phénomène ne laiſſe aucun doute ſur l'origine de ces bancs calcaires : on voit clairement qu'ils ne ſont que le produit de la décompoſition des coquillages marins & des autres ſubſtances animales, enſuite pétrifiés ſur de vaſtes lits de vaſes & de limons argileux que la mer a dépoſés de même, & qui, en ſe conſolidant, ont formé ces bancs de ſchiſtes que nous obſervons maintenant au deſſous des roches calcaires.

A un quart de lieue de Coudons on commence à voir les grandes forêts de ſapins qui couvrent la plupart des hautes montagnes du *pays de Sault*. On entre ici dans une large plaine bordée par ces ſommets élevés : elle offre des prairies & des terres labourables d'un modique produit, car il n'y croît que du ſeigle & quelques légumes de bonne qualité.

Le ſol de cette plaine eſt ſi élevé, qu'il n'y vient aucun arbre fruitier, pas même des hètres ou des chênes : cela n'empêche pas qu'il ne s'y ſoit établi pluſieurs villages aſſez conſidérables, tels que Belvin, Beaucaire, Roquefeuille, Eſpeſel : ils ſont tous adoſſés au pied des montagnes & des forêts de ſapins dont cette plaine eſt entourée.

Lorſqu'on a traverſé la plaine, & qu'on pénètre dans les gorges de la rivière de Rebenti, on trouve les villages de Niort, Merial & Lafajolle, tous trois ſitués ſur les bords de la rivière, au pied des roches. Tout ce qui peut être cultivé y eſt mis à profit. Les coteaux y ſont trop rapides pour que les terres végétales s'y ſoutiennent. On ne comprend pas même comment ces villages ne ſont chaque année engloutis ſous les avalanches de neiges dont ce pays eſt couvert une grande partie de l'année. Ces accidens auroient lieu infailliblement ſi ces neiges n'étoient pas retenues par les ſapins qui couvrent ces montagnes.

On voit auprès de ces villages des moulins à ſcie, où l'on débite annuellement en planches neuf cent cinquante pieds de ſapins. Ces planches ſont portées à dos de mulet juſqu'à Quillan, d'où elles deſcendent par l'Aude dans le Bas-Languedoc.

On trouve à la montagne du col de Léon-David pluſieurs belles veines de mines de fer, dont cette montagne eſt pénétrée de toutes parts, & qui peut avantageuſement alimenter la forge de Merial. Dans la forêt qui eſt au pied de l'étang de Rebenti il y a une autre mine d'une excellente qualité. Ces deux minéraux, mêlés enſemble dans des proportions convenables, peuvent donner un fer d'une qualité excellente. Nous dirons à cette occaſion qu'il y a dans le *pays de Sault*, comme dans celui des *Fenouillèdes*, autant de mines de fer que dans le pays de Foix & dans le Rouſſillon.

Dans le voiſinage du village de Fajolle il y a un très-beau filon de mine de cuivre de couleur de gorge de pigeon. On voit des indices de pareille mine dans le vallon appelé le *Trou-d'Argent*.

Au-delà de Merial eſt un joli vallon qui renferme les trois villages de Camurac, Comus & Montaulieu. Le ruiſſeau qui arroſe les excellentes prairies de ce vallon, forme la ſource du *Lers*. Les terres labourables y ſont très-bonnes & bien cultivées : on y entretient beaucoup de beſtiaux & ſurtout des bêtes à cornes. Les récoltes en ſont tardives, mais ordinairement fort bonnes. On ne recueille ici que des foins, des blés & ſurtout des légumes, car il n'eſt pas poſſible d'obtenir aucuns fruits dans ces contrées élevées.

En ſe repliant de Camurac vers la plaine de Sault, on trouve les gros villages de Beaucaire & de Roquefeuille : ils ſont l'un & l'autre ſitués dans un vallon étroit, mais fertile. Les terres labourables y ſont bonnes, & les prairies ſurtout d'un grand produit ; ce qui eſt une grande reſſource dans un pays qui a beaucoup de beſtiaux, & qui eſt ſix mois de l'année ſous la neige.

En ſe rendant d'Eſpeſel au village de Mazuby, on rencontre un banc de kaolin qui peut ſervir de terre à foulon : cette terre eſt très-blanche & fort ſavonneuſe. De là, lorſqu'on a paſſé le Rebenti, on arrive à Rodome & à Aunat. Il y a ici beaucoup de prairies & des terres labourables d'un aſſez bon produit, dans une terre noire qu'on peut regarder comme une eſpèce de pouzzolane, parce que tout ce vallon eſt rempli de laves : il y en a beaucoup de blanches parmi les noires, & le village de Rodome en eſt bâti. Toutes ces laves paroiſſent être ſorties de deux volcans ou centres d'éruption qu'on voit aux ſommets des deux montagnes de *Caſels* & de *Serre-Meje*, ſituées à l'oppoſite l'une de l'autre, & des deux côtés du vallon.

D'Aunat on paſſe à la Beſſède, pauvre village ſitué à l'extrémité des gorges qui vont ſe joindre à la rivière d'Aude, vers le Clat, au bas du Donezan. Il y a auprès de ce village pluſieurs filons de mine de plomb : ce minéral eſt de l'eſpèce de ceux qu'on connoît dans le pays ſous le nom de *vernis*, & dont les potiers font un ſi mauvais uſage dans la couverte des vaiſſelles communes.

Un peu au dessus du village on apperçoit plusieurs veines d'un très-beau plâtre.

Lorsqu'on est parvenu à Axat sur la rivière d'Aude, on commence à voir quelques petits vignobles & quelques arbres à fruits près le village d'Artigues; mais comme le sol y est schisteux, il y est en conséquence d'un médiocre produit.

Dans le canton des environs d'Axat sont de beaux bois de hêtres, de pins & de sapins, dont on tire parti dans des forges & des moulins à scie. Puis en montant à Pradelles, le vallon qu'on suit, offre de bonnes cultures dans les fonds, & des bouquets de bois & des friches au pied des montagnes.

Le village de Pradelles ou plutôt la rivière de Boulzane qui l'arrose, sépare le pays de Sault de celui des Fenouillèdes. C'est à ce point que finissent les belles forêts dont nous avons parlé, & dont on ne doit la conservation qu'aux défenses rigoureuses d'en laisser approcher aucune espèce de bétail. Ces forêts seront toujours peuplées de beaux sapins tant qu'on aura les mêmes précautions, & qu'on suivra la méthode raisonnée d'exploitation qu'on a eue le bon esprit d'adopter & de suivre. Comme les sapins n'acquièrent leur force ordinaire que dans soixante-dix à quatre-vingts ans, on a soin de ne couper que ceux qui ont acquis cet âge & toute leur hauteur. Au lieu d'exploiter ces bois par coupes réglées, comme on le fait dans les forêts de chênes & de hêtres, on choisit les arbres qui sont dans l'état que nous avons dit, & on les abat. Alors on prend dans ces arbres tout ce qui est propre à être mis en pièces de charpente ou en planches : le surplus, c'est-à-dire les cimes & les branchages. est coupé sur trois ou quatre pieds de longueur, dont on fait des meules ou fourneaux de huit à dix charges de charbon.

En coupant ainsi ces arbres par choix, il en pousse de jeunes à leur place, & la forêt se trouve toujours également peuplée. Outre que, par ce système d'exploitation, on donne de l'air aux jeunes arbres voisins, qui n'en poussent que mieux, on obtiendroit un meilleur succès si l'on faisoit usage d'une méthode que j'ai vu pratiquer dans les Alpes. Dès qu'on y a coupé des sapins ou des mélèses, on arrache les souches, qui donnent encore beaucoup de bois qu'on emploie en charbonnage : l'on est assuré que dans l'année d'après on voit pousser aux endroits où l'on a arraché les souches, & où la terre a été remuée, plusieurs jeunes pieds d'une très-belle venue. De cette manière ces forêts, loin de s'éclaircir & de se détruire par la coupe des vieux arbres, n'en deviennent que plus peuplées par ceux qui viennent à leur place.

En montant de Pradelles à Salvesines, on trouve d'abord le village & le petit vallon de Puy-Laurent, qui est très-bien cultivé : c'est une espéce de cul-de-sac entouré de hautes roches, la plupart à pic. Il y a quelques vignobles, des prairies abondantes, & d'assez bonnes terres labourables.

Près de Salvesines on trouve un grand nombre de mines de cuivre, qui sont la plupart du genre des malachites ou terres vertes, qu'on peut exploiter avec avantage.

De ce village en se portant à Gincla, on voit un martinet & deux forges voisines l'une de l'autre; outre cela, des prairies & des terres labourables d'un fort bon produit.

En descendant de ces gorges, & surtout de celle de Montfort, on trouve le beau vallon des *Fenouillèdes* : il s'étend, depuis Pradelles jusqu'à Saint-Paul, sur une longueur de plus de trois lieues. Le sol qui forme la plaine de ce vallon est presqu'entiérement schisteux, c'est-à-dire, de terres noires ardoisières. C'est ce même banc dont nous avons parlé plus haut, & sur lequel toutes ces montagnes de couches calcaires sont assises. Il y a un grand nombre d'endroits où ces schistes, corrigés par la culture, forment d'excellentes terres labourables. Les environs de Caudiez & de Saint-Paul sont très-bien cultivés : il y a même beaucoup de vignobles d'un bon produit; ce qui n'empêche pas que de grandes parties de ce territoire ne soient en friche.

Les montagnes qui bordent au nord & au midi ce beau vallon, sont couvertes de bruyères, & l'on n'y remarque pas un seul arbre de belle venue. Ces montagnes étoient ci-devant couvertes de chèvres qui en ont détruit tous les bois; mais depuis quelques années on les a écartées rigoureusement de ces contrées.

Il seroit fort facile de rendre ce pays riche & abondant en y faisant des plantations de châtaigners qui y réussiroient parfaitement, parce que ces arbres aiment les terres schisteuses, & que la température du pays y seroit très-propre : ces sortes d'arbres donneroient dans ce pays la plus grande partie de la subsistance du peuple, qui manque de cette ressource. On a planté près de Caudiez quelques-uns de ces arbres, qui sont très-beaux & fort vigoureux.

On voit près de Saint-Paul une très-belle source d'eau thermale : elle a quarante degrés de chaleur au thermomètre de Réaumur. Cette eau ne dépose aucun sédiment & laisse sur la langue un léger degré d'acidité.

On exploite à l'Esquerde & à Rasiguières de belles carrières de plâtre, dont la plus grande partie passe en Roussillon, & particuliérement à Perpignan.

Lorsqu'on quitte le pays des *Fenouillèdes* on se rend, par le col Saint-Louis, au village de Bugarach : ce village est considérable : il y a de très-bonnes terres labourables & des prairies d'un grand produit. Le sol en général est calcaire, mais cependant on y remarque beaucoup de cantons schisteux. Les amateurs de coquillages fossiles pourroient y faire une abondante récolte, car il y en a de nombreuſes eſpèces, ſurtout des ourſins, des turbinites, des cornes d'ammon, &c. On trouve tous ces amas au deſſous des bancs calcaires, & engagés dans la ſuperficie des lits ſchiſteux.

Nous ferons obſerver ici que ces coquillages ſe conſervent plus communément bien entiers dans les couches de ſchiſtes, que dans les bancs calcaires, au milieu deſquels ils ſont en plus grande partie diſſous, & dans un état de décompoſition, à la ſuite duquel ils forment des couches calcaires plus ou moins compactes, & même ſouvent des lits de marbres d'un grain fin & ſerré. Il paroît que les ſchiſtes concourent à former des enveloppes favorables à la conſervation des coquilles, au lieu que, pendant leur ſéjour dans le baſſin de la mer, elles ont éprouvé une comminution ſi parfaite, qu'il en eſt réſulté des couches dont le grain eſt d'autant plus ſerré, que les débris ſont plus minces & plus homogènes.

On fabriquoit autrefois à Bugarach quantité de petits ouvrages de jayet, dont les habitans tiroient un certain profit; mais l'uſage & le débit de cette matière ainſi préparée ſont entiérement paſſés de mode. Les mines de ce foſſile ſont ſituées à près de deux lieues de diſtance de Bugarach, entre la Brelaſſe & les bains de Rennes.

On trouve au lieu appelé *Capitaires*, à une demi-lieue à gauche du pic, de très-bonnes mines de plomb, & à gauche du moulin des mines de fer de la première qualité : elles ſont abondantes, & beaucoup plus à portée des forges de ces contrées, que de celles de Foix & de Rouſſillon.

En deſcendant de Bugarach aux bains de Rennes on eſt à portée des mines de jayet, ſur leſquelles il y a eu des travaux conſidérables. Ce minéral n'eſt autre choſe qu'une ſorte de charbon de terre, ou, ſi l'on veut, du bitume qui a pris une certaine conſiſtance, d'une couleur très-noire, & qui prend un beau poli. Il y en a ici deux ou trois veines conſidérables.

Ce que l'on appelle les bains de Rennes n'eſt qu'un petit village, dont les habitations bordent la petite rivière de Sals. Il y a trois ſources principales qui ont différens degrés de chaleur : celle qu'on appelle les bains chauds, a ſoixante degrés de chaleur au thermomètre de Réaumur. Les eaux de cette ſource ne ſervent guère que pour les douches, parce que leur chaleur ne permettroit pas de réſiſter long-tems dans ce bain.

La ſource appelée les bains de la reine eſt au trente-ſixième degré de chaleur.

La troiſième ſource, connue ſous le nom de bains moyens ou *bains doux*, eſt au trente-deuxième degré de chaleur : ceux-ci ſont les plus fréquentés. Il y a un bain pour les hommes & un pour les femmes; mais par une négligence condamnable, les eaux ſe communiquent d'un bain à l'autre. Au ſurplus, les eaux thermales de Rennes ne dépoſent aucun ſédiment; ce qui caractériſe la diſſolution bien entière des principes dont elles ſont chargées.

Un peu au deſſous des bains il y a une ſource qui n'eſt que tiède, & dont on boit l'eau ; on la regarde comme fort ſalutaire dans bien des cas.

Au deſſous du village des bains on trouve à mi-côte le village de Mont-Ferrant : il y a ici un vallon bien cultivé; il offre des vignes, des arbres fruitiers & quelques terres labourables.

Le vallon compris depuis les bains juſqu'au village d'Arques eſt couvert de vignobles, qui s'étendent juſqu'au pied des roches eſcarpées. Le territoire change vers Peyrolles : ce ne ſont plus que des terres ſablonneuſes de mauvaiſe qualité, où l'on remarque pluſieurs indices & veines de charbon de terre, qui correſpondent à celles dont nous avons fait mention en parlant des environs de Couiſia.

Pour terminer cet article, il ne nous reſte plus qu'à rapprocher ſuccinctement, par des conſidérations générales, les principaux objets que nous ont offerts les environs d'*Alet* en les parcourant. Cette contrée du département de l'Aude, toute hériſſée de montagnes la plupart eſcarpées, ne trouve pas dans ſa culture des denrées ſuffiſantes pour la ſubſiſtance de ſes habitans : le ſeul moyen d'y ſuppléer, c'eſt l'encouragement du commerce & de l'induſtrie; ce qui ne peut ſe faire qu'en liant ce pays avec les *Corbières*, le *pays de Sault*, le *pays de Foix* & le *Rouſſillon*. Nous avons vu auſſi combien ſeroient avantageuſes à la ſubſiſtance du peuple les plantations de mûriers & de châtaigners, qui s'y trouveroient dans un ſol très-convenable, & ſurtout dans pluſieurs endroits incultes & ſuffiſamment élevés au deſſus du niveau de la mer : tels ſont les environs de Bugarach, les coteaux des Fenouillèdes, depuis Pradelles juſqu'à Saint-Paul; ces arbres ont même la propriété de ne pas nuire aux pâturages qu'ils recouvrent, lorſqu'ils ont acquis une certaine hauteur.

Nous devons faire enviſager auſſi la méthode qu'on ſuit dans la conſervation des forêts précieuſes qui couvrent certaines parties des montagnes élevées, comme méritant la plus grande attention de la part du gouvernement.

Nous ne pouvons non plus perdre de vue la compoſition de ces maſſes montueuſes & élevées, qui nous offrent, ainſi que dans l'*arrondiſſement d'Albi*, l'aſſociation des bancs calcaires & des lits ſchiſteux qui leur ſervent de baſe; enfin les amas de coquillages foſſiles qui en occupent l'intervalle dans pluſieurs parties où la baſe ſe montre à découvert par la deſtruction de certaines ſommités. (*Voyez* AUDE, ALBI, PYRÉNÉES.)

ALICANTE. Dans le voiſinage de cette ville on trouve des grotes ſouterraines qui offrent partout de belles ſtalactites, & qui préparent journellement & lentement pour les races futures des carrières d'*albâtre*. Ce même travail de la nature est bien plus avancé près de Villena, où l'on voit de grosses veines d'albâtre encaissees dans des rochers blancs calcaires, au milieu desquels étoient autrefois des grotes qui se trouvent entiérement comblés par ce travail de la nature.

En revenant du Cap Martin vers *Alicante*, on traverse des montagnes à couches de pierres calcaires, au pied desquelles sont des collines de pierre à plâtre. Enfin, à une lieue & demie de cette même ville, on rencontre dans les champs une grande quantité de pierres lenticulaires ou numismales de différentes grosseurs.

La forteresse d'Alicante est située sur un rocher de pierres calcaires de plus de mille pieds de hauteur, au pied duquel les flots de la mer viennent se briser. Cependant, à la cime de cette masse élevée, on trouve des coquilles marines fossiles à moitié pétrifiées, & dans sa partie orientale du silex ondé de couleur rouge, & même des morceaux d'agate enchâssés dans le rocher calcaire.

A deux lieues d'*Alicante* on voit une montagne appelée *Alcorai*, qui est composée de pierres calcaires : elle est escarpée de tous côtés, à l'exception d'un croupe qui s'élargit vers le vallon. C'est dans cette partie que se trouve un filon de cinnabre. Dans des fentes du rocher calcaire des amas de sables pesans, d'une belle couleur rousse, ont donné onze onces de mercure par once de matière.

Sur la superficie de cette montagne, & dans le voisinage d'un banc de plâtre rouge, on trouve différentes espèces de corps marins pétrifiés : on y voit entr'autres des moules & des morceaux de madrépores minéralisés par le fer. A quinze pieds de profondeur sont des morceaux d'ambre : on rencontre dans le même gîte des pierres qui renferment des coquilles pétrifiées, des morceaux d'ambre opaques, semblables à la colophane, & des veines de cinnabre. Lorsqu'on envisage ces mélanges formés de plâtre, d'ambre, de coquillages pétrifiés, & enfin de cinnabre, il semble que cette dernière substance y ait été introduite postérieurement à toutes les autres.

ALIMENA, pays voisin de Girgenti, en Sicile. Ses environs offrent beaucoup d'objets intéressans aux yeux des naturalistes. On y voit, entr'autres choses, un monticule de sel qui s'élève hors de terre, sous la forme d'une masse à couches irrégulières & verticales. Cette roche renferme des veines de sel très-dur, très-compacte, rayé horizontalement, comme si ces raies de différentes couleurs étoient les effets de dépôts formés successivement par lits. Derrière cette masse, & au dessus d'elle, sont des blocs de couches calcaires, mêlés de grandes veines de parties gypseuses, qui, par leur abondance & leur mélange, forment de toutes ces pierres, soit par leur destruction ou leur fracture, un singulier spectacle. Cette mine de sel est exploitée journellement : on distribue le produit de cette exploitation dans tous les environs; on le brise, on le réduit en poudre dans la carrière même, & on le transporte dans des sacs.

Il y a, aux environs de cette mine de sel, des fontaines d'eau douce : ce sont les produits des pluies qui ne circulent qu'au milieu des couches calcaires & dans des lits de gypse; ils n'atteignent aucunement les parties de la mine de sel dont ils pourroient se charger.

ALIMENS de l'homme dans les différens climats. En Europe, & dans la plupart des climats tempérés de l'un & de l'autre continent, le pain, la viande, le lait, le fromage, les œufs, les légumes & les fruits sont les alimens ordinaires de l'homme; & le vin, le cidre, la bière, forment sa boisson, car l'eau pure ne suffiroit pas aux hommes de travail pour entretenir leurs forces.

Dans les climats plus chauds, le sagou, qui est la moëlle d'un arbre, sert de pain, & les fruits des palmiers suppléent aux autres fruits. On mange effectivement beaucoup de dattes en Égypte, en Mauritanie, en Perse; & le sagou est d'un usage commun dans les Indes méridionales, à Sumatra, Malacca & dans les Moluques. Les figues sont l'aliment le plus commun en Grèce, en Morée & dans les îles de l'Archipel, comme les châtaignes dans le Limousin, l'Auvergne, le Rouergue, l'Italie & l'Espagne.

Dans la plus grande partie de l'Asie, en Perse, en Arabie, en Égypte, & de là jusqu'à la Chine, le riz est la principale nourriture. Dans les parties les plus chaudes de l'Afrique, le gros & le petit millet sont la principale nourriture des Nègres.

Le maïs, dans les contrées tempérées de l'Amérique.

Dans les îles de la mer du sud, le fruit d'un arbre qu'on nomme l'*arbre à pain*.

En Californie, le fruit appelé *pitahaia*.

Dans toute l'Amérique méridionale, la cassave, les pommes de terre, les ignames & les patates.

Dans les pays du nord, la bistore, surtout chez les Samojèdes & les Jakuts.

La saranne au Kamtzchatka.

En Islande & dans les pays encore plus voisins du pole, on fait bouillir des mousses & du varec.

Les Nègres mangent volontiers de l'éléphant & des chiens.

Les Tartares de l'Asie & les Patagons de l'Amérique vivent également de la chair de leurs chevaux.

Tous les peuples voisins des mers du nord mangent la chair des phoques, des morses & des ours.

Les Africains mangent aussi de la chair des panthères & des lions.

Dans tous les pays chauds de l'un & l'autre continent on mange de presque toutes les espèces de singes.

Tous les habitans des côtes de la mer, soit dans les pays chauds, soit dans les climats froids, mangent plus de poisson que de chair. Les habitans des îles Orcades, les Islandais, les Lappons, les Groënlandois ne vivent pour ainsi dire que de poisson. Le lait sert de boisson à quantité de peuples. Les femmes tartares ne boivent que du lait de jument. Le petit lait tiré du lait de vache est la boisson ordinaire en Islande.

ALISÉS (*Vents*). Ce sont certains vents réguliers qui soufflent, ou toujours du même côté, ou bien alternativement, pendant certains mois, d'un côté, & pendant d'autres mois du côté opposé, &c. Comme, dans cet article, nous embrasserons ce grand phénomène météorique dans toute son étendue, que nous suivrons ses variations & leurs causes, que nous indiquerons les zônes du globe que ces vents parcourent, & les explications physiques que d'habiles physiciens nous en ont données, & celles que nous avons cru devoir y joindre pour former un ensemble instructif, nous avons cru devoir diviser tout ce travail en trois sections. La première contiendra tous les détails qui se trouvent dans l'ouvrage d'Halley sur ces vents. La seconde, après une exposition méthodique des phénomènes, renfermera une explication nouvelle, substituée à celle du physicien anglais. Dans la troisième enfin, je déterminerai par le calcul l'étendue des différentes zônes où régnent ces vents, les modifications qu'y produit l'action du soleil par sa marche annuelle, &c.

On pourra trouver des redites, des répétitions, mais nous n'avons pas cru devoir supprimer, dans chacune de ces sections, des faits qui entrent nécessairement dans les discussions qu'elles renferment.

I. Alisés (*Vents*). Nous nous attacherons à faire, dans cette section, l'histoire de ces vents périodiques, constans, telle que nous l'avons tirée des observations des gens de mer & des voyageurs. Il n'est question ici que des vents qui règnent sur les différentes parties de l'Océan, car il y a tant de variation & d'inconstance dans les vents de terre, qu'on ne peut en rien conclure de constant.

Avant tout, il faut diviser l'Océan en trois grandes parties; 1°. la Mer atlantique; 2°. l'Océan indien; 3°. la grande Mer, ou la Mer du sud & pacifique: puis il convient de decrire par ordre les vents qui règnent en général dans chacune de ces mers.

I. Le vent d'est règne toute l'année dans l'Océan atlantique, & de manière cependant qu'il éprouve quelques détours vers le sud ou vers le nord, suivant la disposition différente des lieux. Tel est l'ordre de ces changemens.

1°. Les gens de mer qui habitent le long des côtes d'Afrique, observent que quand ils ont fait voile par-delà les îles Canaries, à environ vingt-huit degrès de latitude nord, le vent souffle fortement du sud-est. Ce vent les accompagne, dans leur route, vers le sud, jusqu'à ce qu'ils parviennent au dixième degré de latitude nord, pourvu qu'ils se soutiennent à cent lieues ou plus de la côte de Guinée, & entre ce degré de latitude nord il y a des calmes & des ouragans qui se succèdent fréquemment.

2°. Ceux qui naviguent aux îles Antilles, s'apperçoivent, en approchant des côtes de l'Amérique, que le vent de nord-est décline de plus en plus à l'est, de sorte qu'il devient quelquefois est plein. Quelquefois aussi, mais rarement, il tourne un peu au sud, & ces navigateurs remarquent que pour lors ce vent va toujours en diminuant.

3°. A l'égard des vents constans, ils ne s'étendent pas à une distance plus considérable de vingt-huit degrés de latitude nord jusqu'à la côte d'Afrique, & près des bords de l'Amérique ils vont jusqu'à trente, trente-un & trente-deux degrés. On peut faire la même observation au sud de l'équateur, où les limites de ces vents, près du Cap de Bonne-Espérance, sont de trois ou quatre degrés plus éloignés de la ligne équinoxiale, que sur la côte du Brésil.

4°. Depuis le quatrième degré de latitude nord, jusqu'aux limites dont je viens de parler au sud de l'équateur, on a remarqué que le vent souffle des parties intermédiaires du sud & de l'est, quoique le plus souvent entre l'est & le sud-est. Cependant ceux qui naviguent près de la côte de l'Afrique, ont le vent tourné plutôt vers le sud; mais ils observent qu'auprès de l'Amérique il décline si fort à l'est, qu'il devient est presque plein. Les voyageurs qui ont séjourné quelque tems sur cette partie de l'Océan, parmi lesquels je puis citer le docteur Halley, ont trouvé alors des changemens si fréquens, qu'ils ont employé beaucoup de tems à ces observations. Ils ont donc trouvé que le vent occupoit presque toujours le troisième ou le quatrième point du compas, à partir de l'est. Ils ont reconnu que toutes les fois que le vent s'approchoit de l'est, il souffloit avec plus de force & devenoit orageux, mais qu'il étoit beaucoup plus doux, & qu'il nétoyoit l'atmosphère lorsqu'il souffloit des points situés plus au sud.

5°. Ces vents sont sujets à quelques changemens qu'on attribue aux différentes saisons de l'année; car, quand le soleil est un peu au-delà de l'équateur vers le nord, ce vent de sud-est décline un peu plus au sud, comme celui de nord se dirige plus à l'est, surtout dans le trajet de mer étroit qui est entre la Guinée & le Brésil. De plus, quand le soleil entre dans le tropique du Capricorne, le vent de sud-est s'approche plus de l'est, ainsi que celui du nord-est du nord.

6°. On trouve dans l'Océan atlantique un certain espace de mer, qui, près de la côte de Guinée, s'étend l'espace de cinq cents lieues depuis

depuis le mont Léo jusqu'à l'île Saint-Thomas, où les vents de sud & de sud-ouest soufflent constamment, car le vent de sud-est, ayant une fois passé l'équateur, devient constant. On a vu ci-devant, dans la quatrième observation, qu'il souffloit au sud de l'équateur. A environ quatre-vingts ou cent lieues de la côte de Guinée, il décline insensiblement au sud; & après qu'on a passé ce point, il décline vers ceux qui s'approchent de l'ouest, jusqu'à ce que, touchant la côte, il atteigne ou le point de sud-ouest, ou celui qui est immédiatement entre celui-ci & l'ouest plein. Ces sortes de vents sont fixes sur cette côte; quoique souvent interrompus par des calmes qui règnent indifféremment dans tout l'atmosphère. Aussi les marins y trouvent-ils quelquefois, malheureusement pour eux, les vents de l'est, qui sont très-mal-sains, parce qu'ils sont accompagnés de nuages & de brumes très-épaisses.

7°. Entre les dixième & quatrième degrés de latitude nord, dans l'espace borné par les méridiens du Cap-Vert & celui des îles qui y sont adjacentes, on ne sait si l'on peut dire qu'il règne un vent réglé ou variable, car le calme y est presque perpétuel, les tonnerres & les éclairs fréquens; les pluies si abondantes, que cette *traversée* en a pris le nom de *pluvieuse*. S'il s'y trouve quelques vents, ils ne soufflent que par bouffées & d'une manière si inconstante, qu'ils ne durent pas une heure sans calme, & que les vaisseaux de la même flotte, qui sont tous à la vue les uns des autres, ont chacun un vent particulier. A ce compte, il est si difficile de naviguer dans ces lieux, que quelquefois les vaisseaux ont beaucoup de peine à traverser ces six degrés en un mois entier.

Les trois observations précédentes doivent expliquer deux choses que les marins éprouvent en voguant entre l'Europe, la Guinée & l'Inde.

En premier lieu, quoique cette mer, dans la partie la plus étroite entre la Guinée & le Brésil, ne s'étende pas moins de cinq cents lieues, nous savons que les vaisseaux ont beaucoup de peine, en gouvernant au sud, à passer ce trajet, surtout dans les mois de juillet & d'août; ce qui nous paroît venir de ce que durant ces mois le sud-est, qui souffle au sud de l'équateur, passe ses bornes ordinaires de quatre degrés de latitude nord, & que de plus il tourne tellement au sud, que quelquefois il part précisément de ce point, & quelquefois des points moyens entre le sud & l'est. Quand donc il faut voguer contre le vent? Si c'est vers le sud-ouest, on a un vent qui tourne de plus en plus à l'est à mesure qu'on s'éloigne du continent d'Afrique; mais le plus grand danger que les navigateurs puissent courir, se rencontre dans le cas où ils passent la côte du Brésil, où l'on trouve des bancs de sable fort fréquens. Mais si l'on veut aller vers le sud-est, il faut nécessairement s'approcher de la côte de Guinée, d'où l'on ne peut se retirer autrement qu'en faisant route à l'est jusqu'à l'île de Saint-Thomas.

2°. Ce qu'il nous importe de savoir, c'est ce que les vaisseaux qui passent de Guinée en Europe sont obligés de faire, suivant les raisons exposées dans la sixième observation; car il souffle près de la côte un vent de sud-ouest avec lequel ils ne peuvent ni voguer, la terre s'y opposant, ni aller contre ce vent pour diriger leur route au nord, afin de se rendre en Europe. Ils tiennent donc une route tout-à-fait différente de celle qu'ils voudroient tenir, c'est-à-dire qu'ils vont, ou au sud, ou vers le point le plus proche du sud-est. En suivant cette route, en vérité, ils s'éloignent de la côte, mais ils ont de plus en plus le vent contraire, & sont obligés de gouverner encore plus à l'est, jusqu'à ce qu'ils gagnent l'île de Saint-Thomas ou le Cap Lopès, où, trouvant un vent qui décline du sud à l'est, ils font voile avec ce vent vers l'ouest, jusqu'à ce qu'ils arrivent au quatrième degré de latitude sud, où ils trouvent un vent de sud-est qui souffle continuellement.

Attendu ces vents constans, tous les navigateurs qui vont en Amérique ou à la Virginie gouvernent d'abord au sud, afin de pouvoir être portés à l'ouest à l'aide de ce vent réglé d'est. Par la même raison, ceux qui viennent de ces pays-là pour se rendre en Europe, prenant leur route au nord, tachent, autant qu'il est possible, d'arriver au troisième degré de latiude nord; car ils y trouvent d'abord des vents variables, qui cependant soufflent plus fréquemment des points du sud-ouest.

II. Dans la mer Atlantique aussi bien que dans l'Océan indien, les vents sont en partie constans & en partie périodiques, c'est-à-dire, qu'ils soufflent d'un point pendant six mois, & d'un point tout opposé les six mois suivans. Ces deux points, & les saisons dans lesquelles les vents sautent d'un côté à un autre tout opposé, diffèrent suivant les lieux; & quoiqu'il soit fort difficile d'observer comment on peut définir les trajets de mer quand ils sont sujets à chaque vent périodique ou *moussons*, comme on les appelle, cependant les observateurs qui ont donné beaucoup d'application à ces dispositions, n'ont pas hésité à croire aux particularités suivantes :

1°. Entre les dixième & trentième degrés de latitude sud, dans tout l'espace de mer borné par l'île Saint-Laurent & la Nouvelle-Hollande, le vent de sud est règne toute l'année, de façon cependant qu'il approche un peu plus de l'est que du sud, comme nous avons fait voir qu'il étoit à peu près à la même latitude dans l'Océan atlantique.

2°. Ce vent de sud-est souffle depuis le mois de mai jusqu'en novembre au second degré de l'équateur, & au mois de novembre les troisième & dixième degrés de latitude sud près du méridien qui passe par la partie septentrionale de l'île de Saint-Laurent, ainsi qu'entre le deuxième & le douzième degré, vers Sumatra & Java, il s'élève un vent contraire au premier, c'est-à-dire, un vent de nord-ouest qui règne pendant les six autres mois, par exemple, depuis novembre jusqu'en mai. On trouve que ce mouvement des vents se fait sentir jusqu'aux îles Moluques.

3°. Vers le nord, depuis le troisième degré de latitude sud dans toute la mer d'Arabie ou de l'Inde, & dans la baie du Bengale, depuis Sumatra jusqu'à la côte d'Afrique, on observe un vent différent du précédent, qui souffle des climats du nord-est depuis octobre jusqu'en avril, & qui pendant les six mois suivans se lève des points opposés, c'est-à-dire, du sud-ouest. Alors il souffle avec plus de violence, & produit des nuages & de la pluie. Mais quand le vent du nord-est souffle, le ciel devient serein. Il faut observer que dans la baie de Bengale les vents ne conservent ni leur force ni leur direction avec la même constance que dans la mer de l'Inde. De même aussi, auprès de la côte d'Afrique, les vents de sud-ouest déclinent plus au sud, & plus à l'ouest auprès de l'Inde.

4°. Au midi de l'équateur le trajet de mer qui est situé entre l'Afrique & l'île Saint-Laurent, & qui s'étend jusqu'à l'équateur, semble être soumis aux mouvemens des vents que nous venons d'expliquer, car dans ces lieux le vent de sud-ouest souffle depuis le mois d'octobre jusqu'en avril un peu plus près du sud. Mais ceux qui voyagent au nord s'apperçoivent qu'il décline vers l'ouest, & qu'à la longue il se confond avec le vent de sud-ouest périodique, qui souffle dans cette saison de la partie du nord de l'équateur; mais on ne peut déterminer sûrement quels vents règnent dans cette mer le reste de l'année, parce que nos marins, en revenant de l'Inde, prennent leur route au-delà de l'île de Saint-Laurent. Tout ce qu'on a pu apprendre à ce sujet, c'est que le vent vient le plus souvent des points de l'est, & décline quelquefois au nord & quelquefois au sud.

5°. A l'est de Sumatra & au nord de l'équateur, de même que sur les côtes de Camboya & de la Chine, les vents périodiques du nord-est approchent du nord, comme ceux du sud-ouest approchent du sud, & l'on sait que cela ne manque pas d'arriver jusqu'à ce qu'on ait passé les îles Philippines à l'est, & jusqu'au Japon vers le nord. Il s'élève un vent frais du nord au mois d'octobre ou de novembre, & en mai un vent du sud qui continue tout l'été; mais il faut remarquer que les points des vents ne sont pas si bien fixés dans ces contrées que dans les autres mers, de sorte que les vents de sud déclinent quelquefois d'un ou de deux points vers l'est, comme ceux du nord vers l'ouest; ce qui paroît venir de la situation des terres, qui sont partout avancées dans cette mer.

6°. Vers la même longitude au sud de l'équateur, c'est-à-dire, dans l'espace qui est entre les îles de Sumatra & Java, situées à l'ouest, & la Nouvelle-Guinée à l'est, il souffle du nord & du sud à peu près les mêmes vents périodiques, mais de manière que les vents du nord inclinent à l'ouest, & ceux du sud à l'est. Ces vents sont aussi inconstans, & sautent d'un point à un autre aussi brusquement que ceux du quartier dont on a parlé ci-devant; mais les mouvemens de l'air y commencent cinq ou six semaines plus tard que dans cette mer.

7°. Le changement de ces mouvemens n'arrive pas tout à la fois & subitement; mais il survient des calmes dans certains endroits, & des vents variables dans d'autres : souvent il arrive sur la côte de Coromandel vers la fin du mouvement accidentel, & dans les deux derniers mois il s'élève de furieuses tempêtes dans la mer de la Chine avec le vent périodique au sud.

Toute la navigation se règle nécessairement sur ces vents; car si les marins laissent passer la saison & attendent que le mouvement contraire commence, ils sont obligés de retourner en arrière ou d'entrer dans les ports pour attendre le retour du vent réglé.

III. La troisième mer, c'est-à-dire, l'Océan Pacifique, est presque aussi étendue elle seule que les deux précédentes, prises ensemble, car elle embrasse cent cinquante degrés depuis la côte occidentale de l'Amérique jusqu'aux îles Philippines; mais comme il n'y a guère que les Espagnols qui la fréquentent depuis la Nouvelle-Espagne jusqu'aux Manilles, & cela une seule fois par an, tandis qu'ils suivent toujours la même route, elle est restée jusqu'à présent inconnue pour nous. Aussi nous ne saurions la décrire aussi exactement que les autres mers; ainsi il est certain, tant par les observations des Espagnols que de quelques autres navigateurs, que les vents qui y soufflent, ont une grande correspondance avec ceux de la mer Atlantique; car le vent de nord-est souffle au nord de l'équateur, & le vent de sud-est au nord du même point, avec tant de force & de persévérance, que l'on peut, en dix semaines de tems, parcourir la vaste étendue de cet Océan sans changer les voiles : on n'y voit point arriver de tempêtes; de sorte que la navigation y est plus commode que partout ailleurs, puisque le vent n'y manque point & qu'on n'a rien à craindre de sa violence : d'où quelques-uns s'imaginent que le voyage est aussi court d'aller à la Chine & au Japon par le détroit de Magellan, que de doubler le Cap de Bonne-Espérance.

Ces vents réglés ne s'étendent pas à plus de trente degrés de latitude aux deux côtés de l'équateur, de même que dans l'Océan atlantique. C'est ce qui résulte en partie de la route que tiennent les Espagnols en retournant de Manille à la Nouvelle-Espagne; car au moyen du vent du sud qui souffle dans ces îles pendant les mois de l'été, ils naviguent au sud jusqu'à la latitude du Japon, où ils commencent à trouver des vents variables qui se portent à l'est : cela résulte aussi en partie des observations de Schouten & autres navigateurs, qui, allant aux Indes par le détroit de Magellan, trouvèrent presqu'à la même distance des vents au sud de l'équateur. Les vents de la mer Pacifique se rapportent aussi en cela avec ceux de l'Océan atlantique, que près de la côte du Pérou ils s'approchent du sud, de même que sur la côte d'Angola.

Pour mettre le lecteur en état de s'en former une idée plus juste, nous ajouterons dans notre Atlas une carte qui offrira aux yeux les quartiers & les points de tous les vents. Les limites de chaque trajet sont marquées par de petites lignes, tant dans la mer Atlantique, où elles séparent les vents variables d'avec les permanens, que dans l'Océan indien, où elles séparent aussi les différens moussons les uns des autres. La méthode la plus facile pour marquer les quartiers des vents a paru celle de se servir d'une suite de petites lignes qui pointent alternativement vers les parties de l'horizon d'où les vents soufflent ; mais comme l'Océan Pacifique est extrêmement vaste, on n'a pas représenté le tout pour éviter de rendre la carte trop étendue inutilement.

De ce qui a été dit jusqu'à présent, diverses questions s'ensuivent, lesquelles méritent l'attention des physiciens-naturalistes. Je joins ici les principales : 1°. Pourquoi le vent souffle-t-il toujours de l'est dans les mers Atlantique & Pacifique, jusqu'à la distance de trente degrés aux deux côtés de l'équateur? 2°. Pourquoi ne trouve-t-on pas le même vent constant au-delà de ces limites? 3°. Pourquoi règne-t-il un vent d'est perpétuel près de la côte de Guinée? 4°. Pourquoi, dans la partie septentrionale de l'Océan indien, les vents conspirent-ils pendant six mois avec les vents précédens, & soufflent-ils les autres six mois d'un point tout opposé, tandis que cette partie du même Océan, située au midi de l'équateur, n'a point d'autres vents que ceux qu'on rencontre dans les autres mers? 5°. Pourquoi au nord de l'équateur les vents constans inclinent-ils vers le nord, & au sud de l'équateur du côté du sud? 6°. Pourquoi enfin remarque-t-on, surtout dans la mer de la Chine, que les vents ont une pente marquée vers le nord?

Pour résoudre ces problêmes, voici les réflexions que le docteur Halley a proposées aux savans qui se sont occupés de ces objets intéressans.

« On définit ordinairement le vent un courant ou un mouvement de l'air, qui, pour être constant ou perpétuel, doit avoir une cause constante ou permanente. Quelques physiciens croient trouver cette cause dans la révolution annuelle de la terre autour de son axe. On pourroit adopter cette raison si l'on ne trouvoit pas auprès de l'équateur des calmes presque continuels dans la mer Atlantique, & sous l'équateur, des vents d'ouest sur la côte de Guinée, & des vents réglés d'ouest dans l'Océan indien. D'ailleurs, l'air étant un corps qui a de la pesanteur, il peut acquérir la même vitesse que la terre ; & comme il tourne avec elle dans son mouvement annuel, il sembleroit devoir le faire à plus forte raison dans son mouvement diurne, qui n'est pas au plus d'un neuvième aussi prompt que l'autre. Il faut donc chercher quelqu'autre cause.

Je suis porté à croire, dit le docteur Halley, que l'action du soleil, qui parcourt continuellement l'Océan, jointe à la nature du sol des pays voisins, en est la véritable cause.

Car, suivant les lois connues de l'hydrostatique, la partie de l'air qui est la plus raréfiée par la chaleur, est la plus légère, & conséquemment les autres tendent à s'y mêler, jusqu'à ce qu'il y ait un équilibre parfait. Or, comme le soleil se meut continuellement vers l'ouest, il est évident que l'air, étant échauffé par ses rayons directs, doit se mouvoir aussi du même côté, & par conséquent toute la masse de l'air inférieur. Par ce moyen il se forme un *vent d'est* général qui, mettant en mouvement toutes les parties de l'air qui étoient tranquilles sur le vaste Océan, chacune de ces parties conserve son mouvement jusqu'au retour du soleil, d'où il arrive que le vent d'est est perpétuel.

Il s'ensuit de là que le vent au nord, ou au sud de l'équateur, doit incliner vers le nord ou vers le sud, car, comme l'air voisin de l'équateur reçoit directement les rayons du soleil, & perpendiculairement deux fois par an, & jamais plus inclinés que de trente degrés, il doit être extrêmement raréfié par une si grande chaleur. Le soleil est vertical aussi pendant un tems considérable auprès des tropiques ; mais comme il en est éloigné de quarante-sept degrés pendant un aussi long-tems, l'air y devient si froid, qu'il ne peut pas être porté ensuite au même degré de chaleur qu'il reçoit à l'équateur. Ainsi l'air, étant moins raréfié des deux côtés de l'équateur, coule vers le milieu, & ce mouvement, étant combiné avec le vent d'est dont on a parlé, explique tous les phénomènes des vents généraux, de telle sorte que si la surface de la terre étoit partout couverte de mers, ces vents souffleroient avec la même persévérance qu'ils font dans l'Océan atlantique & éthiopien.

Mais comme l'Océan est interrompu par de grands *trajets* de terre, on doit avoir égard à la nature du sol & à la disposition des hautes montagnes, qui sont deux circonstances auxquelles on doit attribuer les changemens des vents ; car quand un pays situé près de l'équateur est bas & sablonneux, la chaleur du soleil que le sable réfléchit, est si grande, qu'on a peine à le croire. Aussi l'air de ces contrées étant fort raréfié, les parties plus denses de l'air doivent se mouvoir nécessairement de ce côté pour rétablir l'équilibre : d'où l'on juge que, près de la terre de Guinée, le vent doit souffler constamment vers la terre, comme il est certain que les parties inférieures de l'Afrique sont très-échauffées, puisque même les contrées les plus septentrionales de l'Afrique ont fait croire aux anciens, à cause de leur chaleur, que toutes les terres au-delà des tropiques étoient inhabitables.

On peut expliquer par-là ces calmes fréquens dont il a été question dans la sixième observation; car, comme cette partie de l'Océan atlantique est située entre les vents d'ouest qu'on apperçoit près de la côte de Guinée, & les vents constans de l'est qui soufflent dans les parties un peu plus occidentales, l'air qui s'y trouve, ne donnant passage à aucun de ces vents contraires, conserve sa place & fait un *calme*, & l'air étant incapable de supporter les vapeurs que la chaleur y élève en abondance, comme étant plus léger & plus raréfié, les vents opposés occasionnent fréquemment des tempêtes & de grosses pluies.

Il paroît par-là que la partie de l'air raréfiée par la chaleur, étant toujours comprimée de tous côtés par l'air plus froid & plus dense qui l'environne, doit continuellement être chassée en haut comme une espèce de vapeur, & y être dispersée de tous côtés pour maintenir l'équilibre, de sorte que le courant ou le mouvement supérieur de l'air sera contraire à celui de dessous. Ainsi par une espèce de mouvement circulaire les vents constans qui soufflent près de terre, produisent un autre vent qui a un cours opposé dans des régions supérieures de l'air. Cette conjecture est aussi confirmée en grande partie par l'expérience; car quand les gens de mer ont passé les limites des vents réglés, ils trouvent immédiatement après un vent qui part d'un côté opposé. Cela peut encore servir à expliquer les phénomènes des vents périodiques ou le retour des moussons. Comme on ne peut guère l'expliquer autrement, cela confirme beaucoup l'hypothèse de Halley sur le mouvement circulaire de l'air.

En supposant ce mouvement circulaire des vents, il faut observer que la partie septentrionale de l'Océan indien est partout environnée de terres qui s'étendent dans les limites des vents périodiques, comme l'Arabie, la Perse, l'Inde, &c., & que ces pays éprouvent, quand le soleil est dans les signes septentrionaux de l'éclyptique, les mêmes chaleurs dont nous avons parlé au sujet des parties intérieures de l'Afrique. Mais quand le soleil décline au sud, ils ont un air tempéré. Il faut l'attribuer en effet aux longues chaînes de montagnes, dont le sommet est ordinairement couvert de neiges en hiver; ce qui rafraîchit beaucoup l'air. Par cette raison le vent général de nord-est qui souffle dans l'Océan indien, est tantôt plus chaud & tantôt plus froid que le vent apporté circulairement du sud-ouest, qui est le plus chaud de ces vents contraires quand il souffle dans la région plus élevée de l'air. Il s'ensuit que le courant inférieur de l'air se meut tantôt du nord-est & tantôt du sud-ouest, du premier en hiver, & du dernier en été, comme on l'a observé en expliquant les phénomènes des vents réglés.

C'est par la même cause, à ce qu'il paroît, que le vent de nord-ouest succède à celui de sud-est dans un certain espace de l'Océan indien, situé au-delà de la ligne équinoxiale, dans le tems que le soleil approche du tropique du capricorne.

Mais il ne faut pas cacher ici qu'on a bien de la peine à rendre raison pourquoi, dans la même latitude de l'Océan indien où l'on trouve ces vents, il y a dans la mer Atlantique un vent d'est perpétuel qui n'éprouve aucune variation.

Il est bien difficile aussi d'expliquer pourquoi les limites des vents constans passent à peine au-delà de trente degrés de latitude, comme aussi pourquoi les moussons ne se trouvent que dans la partie septentrionale de l'Océan indien, tandis qu'il règne continuellement un vent de nord-est dans la partie méridionale. (*Voyez* VENT, VENT D'EST, MOUSSONS.)

II. ALISÉS (*Vents*). Ces vents sont de différentes sortes; quelques-uns soufflent pendant trois ou six mois de l'année du même côté, & ensuite pendant une égale durée du côté opposé: ils règnent dans de grandes parties de la mer des Indes, de la mer du Sud, de l'Océan atlantique, éthiopien, &c. On les appelle *Moussons*. (*Voyez* cet article.)

Quelques autres vents alisés soufflent constamment du même côté: tel est ce vent continuel qui règne entre les deux tropiques, & qui souffle tous les jours sur la mer, d'orient en occident.

Ce dernier vent est celui qu'on appelle proprement *vent alisé*: il règne toute l'année dans la mer Atlantique & dans la mer d'Ethiopie, entre les deux tropiques, mais de telle manière qu'il semble souffler en partie du nord-est dans la mer Atlantique, & en partie du sud-est dans la mer d'Ethiopie.

Aussitôt qu'on a passé les îles Canaries, à peu près à la hauteur de vingt-huit degrés de latitude septentrionale, il règne un vent de nord-est qui prend d'autant plus de l'est, qu'on approche davantage des côtes d'Amérique, & les limites de ce vent s'étendent plus loin sur les côtes d'Amérique que sur celles d'Afrique. Ces vents sont sujets à quelques variations, suivant la saison; car ils sont assujettis à la marche du soleil. Lorsque le soleil se trouve entre l'équateur & le tropique du cancer, le vent de nord-est, qui règne dans la partie septentrionale de la terre, prend davantage de l'est, & le vent de sud-est, qui règne dans la mer d'Ethiopie, prend davantade du sud. Au contraire, lorsque le soleil est dans la partie méridionale de la terre, les vents du nord-est de la mer Atlantique prennent davantage du nord, & ceux de sud-est de la mer d'Ethiopie prennent davantage de l'est.

Le vent général d'*est* souffle aussi dans la mer du Sud: il est vent de nord-est dans la partie septenrionale de cette mer, & de sud-est dans la partie méridionale, & ces deux vents s'étendent de chaque côté de l'équateur jusqu'aux vingt-huitième & trentième degrés. Ces vents sont si constans & si forts, que les vaisseaux traversent cette mer, depuis l'Amérique jusqu'aux îles Philippines, en dix semaines de tems ou environ; car ils soufflent avec plus de violence que dans l'Atlantique & dans la mer des Indes. Comme ces vents règnent constamment dans ces parages sans aucune variation & presque sans orages, il y a des marins qui prétendent qu'on pourroit arriver plus tôt aux Indes en prenant la route du détroit de Magellan par la mer du Sud, qu'en doublant le Cap de Bonne-Espérance, & de là à la Chine.

Quant à la cause physique de ces vents, voici ce que plusieurs physiciens observateurs en ont pensé. Descartes, Rohault, rapportent le *vent* général au mouvement de rotation de la terre, & tirent tous les vents particuliers de ce vent général. L'atmosphère, disent-ils, enveloppe la terre, & tourne autour d'elle; mais elle se meut moins vîte que la terre, de sorte que les points de la terre, qui sont, par exemple, situés sous l'équateur, se meuvent plus vîte d'occident en orient, que la colonne d'air qui est au dessous. C'est pourquoi ceux qui habitent ce grand cercle, doivent sentir continuellement une espèce de résistance dans l'atmosphère, comme si l'atmosphère se mouvoit à leur égard d'orient en occident.

Ce qui semble confirmer cette hypothèse, c'est que les vents généraux n'ont guère lieu qu'entre les tropiques, c'est-à-dire, dans les latitudes où le mouvement diurne est le plus prompt; mais on en voit aisément l'insuffisance par les calmes constans de la mer Atlantique vers l'équateur, par les vents d'ouest qui soufflent à la côte de Guinée, & les moussons d'ouest périodiques dans la mer des Indes sous l'équateur.

D'ailleurs, l'air, adhérant à la terre par la force de la gravité, a dû, avec le tems, acquérir la même vitesse que celle de la surface de la terre, tant à l'égard de la rotation diurne, qu'à l'égard du mouvement annuel autour du soleil, qui est environ trente fois plus considérable. En effet, si la couche d'air voisine de nous se mouvoit autour de l'axe de la terre avec moins de vitesse que la surface du globe qui lui est contiguë, le frottement continuel de cette couche contre la surface du globe terrestre l'obligeroit bientôt à faire sa rotation en même tems que le globe; par la même raison la couche voisine de celle-ci en seroit entraînée, & obligée à faire sa rotation dans le même tems, de sorte que la terre & son atmosphère parviendroient fort promptement à faire leur rotation dans le même tems autour de leur axe commun, comme si l'un & l'autre ne faisoient qu'un seul corps solide; par conséquent il n'y auroit plus alors de *vents alisés*.

C'est ce qui a engagé le docteur Halley à chercher une autre cause qui fût capable de produire un effet constant, & qui, ne donnant point de prise aux mêmes objections, s'accordât avec les propriétés connues de l'eau & de l'air, & avec les lois du mouvement des fluides. Halley a cherché cette cause, tant dans l'action des rayons du soleil sur l'air & sur l'eau pendant le passage continuel de cet astre sur l'Océan, que dans la nature du sol & la situation des continens voisins. Voici une idée générale de son explication.

Suivant les lois générales de la statique, l'air qui est le moins raréfié par la chaleur, & qui est conséquemment le plus pesant, doit avoir un mouvement vers celui qui est plus raréfié, & par conséquent plus léger. Or, quand le soleil parcourt la terre par son mouvement diurne apparent, ou plutôt quand la terre tourne sur son axe & présente successivement toutes ses parties au soleil, l'hémisphere oriental sur lequel le soleil a déjà passé, contient un air plus chaud & plus raréfié que l'hémisphère occidental; c'est pourquoi cet air plus raréfié doit, en se dilatant, pousser vers l'occident l'air qui le précède; ce qui produit un *vent d'est*.

C'est ainsi que le vent général d'orient en occident peut être formé dans l'air sur le grand Océan. Les particules de l'air, agissant les unes sur les autres, s'entretiennent en mouvement jusqu'au retour du soleil, qui leur rend tout le mouvement qu'elles pourroient avoir perdu, & produit ainsi la continuité de ce vent d'est.

Par le même principe, il s'ensuit que ce vent d'est doit tourner vers le nord dans les lieux qui sont au septentrion de l'équateur, & tourner au contraire vers le sud dans les lieux qui sont plus méridionaux que l'équateur; car près de la ligne l'air est beaucoup plus raréfié qu'à une plus grande distance, à cause que le soleil y donne à-plomb deux fois l'année, & qu'il ne s'éloigne jamais du zénith de plus de vingt-trois degrés & demi; & à cette distance la chaleur, qui est comme le carré du sinus de l'angle d'incidence, n'est guère moindre que lorsque les rayons sont verticaux: au lieu que sous les tropiques, quoique le soleil y frappe plus long-tems verticalement, il y est un tems considérale à quarante-sept degrés de distance du zénith; ce qui fait une sorte d'hiver, dans lequel l'air se refroidit assez pour que la chaleur de l'été ne puisse pas lui donner le même degré de mouvement que sous l'équateur. C'est pourquoi l'air qui est vers le nord & vers le sud, étant moins raréfié que celui qui est au milieu, il s'ensuit que, des deux côtés, l'air doit tendre vers l'équateur.

La combinaison de ces mouvemens avec le premier vent général d'est suffit pour rendre raison des phénomènes des *vents* généraux *alisés*, lesquels souffleroient sans cesse & de la même manière autour de notre globe, si toute sa surface étoit couverte d'eau comme l'Océan atlantique & éthiopien. Mais comme la mer est entrecoupée par de grandes bandes de continens, il faut pour lors avoir égard à la nature du sol & à la position des hautes montagnes ; car ce sont les deux principales causes qui peuvent altérer les règles générales des vents. Il suffit, par exemple, que le sol soit plat, bas, sablonneux, tels qu'on nous rapporte que sont les déserts de la Lybie, pour que les rayons du soleil s'y mêlent, & échauffent l'air d'une manière si prodigieuse, qu'il se fasse un courant d'air continuel, c'est-à-dire, un vent de ce côté-là.

On peut rapporter à cette cause le vent des côtes de Guinée, qui porte toujours vers la terre, & qui est ouest au lieu d'être est ; car on imagine bien quelle doit être la chaleur prodigieuse de l'intérieur de l'Afrique, puisque les seules parties septentrionales sont d'une chaleur si considérable, que les anciens avoient cru que tout l'espace renfermé entre les tropiques ne pouvoit pas être habité.

Il ne sera pas plus difficile d'expliquer les calmes constans qui règnent dans certaines parties de l'Océan atlantique vers le milieu ; car dans cet espace, qui est également exposé aux vents d'ouest vers la côte de Guinée, & aux *vents alisés* d'est, l'air n'a pas plus de tendance d'un côté que de l'autre, & se trouve par conséquent en équilibre. Quant aux pluies, qui sont fréquentes dans ces mêmes lieux, elles sont encore aisées à expliquer, à cause que, l'atmosphère diminuant de poids par l'opposition qui est entre les vents, l'air ne peut plus retenir les vapeurs qu'il reçoit.

Comme l'air froid & dense doit, à cause de son excès de pesanteur, presser l'air chaud & raréfié, ce dernier doit s'élever par un courant continuel & proportionnel à sa raréfaction ; &, après s'être ainsi élevé, il doit, pour arriver à l'équilibre, se répandre & former un courant contraire : en sorte que, par une sorte de circulation, le vent *alisé* de nord-est doit être suivi d'un vent de sud-ouest. (*Voyez* COURANT, COURANT INFÉRIEUR.)

Les changemens instantanés d'une direction à celle qui lui est opposée, lesquels ont lieu lorsqu'on est sur les limites des *vents alisés*, semblent nous assurer que l'hypothèse qui précède, n'est pas une simple conjecture ; mais ce qui la confirme encore davantage, c'est l'explication qu'elle nous donne du phénomène des moussons, dont on ne sauroit rendre compte sans son secours. (*Voyez* MOUSSONS.)

Supposant donc la circulation dont nous venons de parler, il faut considérer que les terres qui touchent de tous les côtés à la mer septentrionale des Indes, telles que l'Arabie, la Perse, l'Inde, &c. sont pour la plupart au dessous de la latitude de trente degrés, & que dans ces terres, ainsi que dans celles de l'Afrique, qui sont voisines de la Méditerranée, il doit y avoir des chaleurs excessives lorsque le soleil est dans le tropique du cancer ; qu'au contraire l'air y doit être fort tempéré lorsque le soleil s'approche de l'autre tropique, & que les montagnes voisines des côtes sont, suivant que les voyageurs nous le rapportent, couvertes de neiges, & capables par conséquent de refroidir l'air qui y passe. Or, de là il suit que l'air qui, suivant la règle générale, vient du nord-est à la mer des Indes, est quelquefois plus chaud & quelquefois plus froid que celui qui, par cette circulation, retourne au sud-ouest, & par conséquent il doit arriver que le vent ou courant inférieur vienne tantôt du nord-est & tantôt du sud-ouest.

Les tems où les moussons soufflent, montrent suffisamment qu'ils ne sauroient avoir d'autre cause que celle qu'on vient d'exposer ; car en avril, lorsque le soleil commence à réchauffer ces contrées vers le nord, les moussons sud-ouest se lèvent & durent tout le tems de la chaleur, c'est-à-dire, jusqu'en octobre. Le soleil s'étant pour lors retiré & l'air se refroidissant dans les parties du nord, tandis qu'il s'échauffe dans les parties du sud, les vents de nord-est commencent & soufflent pendant tout l'hiver jusqu'au retour du printems ; & c'est sans doute par la même raison que, dans les parties australes de la mer des Indes, les vents de nord-ouest succèdent à ceux de sud-est lorsque le soleil approche du tropique du capricorne. Voilà l'idée générale de l'explication du docteur Halley : quelqu'ingénieuse qu'elle soit, il semble qu'elle est un peu vague, & qu'elle manque de cette précision nécessaire pour porter dans l'esprit une lumière parfaite. Cependant la plupart des physiciens l'ont adoptée. Ces savans ne paroissent pas avoir pensé à une autre cause générale des vents, qui pourroit être aussi puissante que celle qui provient de la chaleur des différentes parties de l'atmosphère ; cette cause est la gravitation de la terre & de son atmosphère vers le soleil & vers la lune ; gravitation qui produit le flux & le reflux de la mer, & qui doit produire aussi nécessairement dans l'atmosphère un flux & un reflux continuels.

Cette hypothèse ou cette explication de la cause des vents généraux a cet avantage sur celle de Halley, qu'elle donne le moyen de calculer assez exactement la vitesse & la direction du vent, & par conséquent de s'assurer si les phénomènes répondent aux effets que le calcul indique ; au lieu que l'explication de l'astronome anglois ne peut guère fournir que des raisons fort générales ; car, quoiqu'on ne puisse nier que la différente chaleur des parties de l'atmosphère ne doive y exciter des mouvemens, c'est à peu près à quoi se bornent nos connoissances à ce sujet. Il paroît difficile de démontrer en rigueur de quel côté ces mouvemens doivent être dirigés.

III. ALISÉS (*Vents*). L'expérience a appris

qu'il existoit trois genres particuliers de vents, les uns constans, les autres variables, & enfin les troisièmes périodiques. Les *vents constans* soufflent à droite & à gauche de la ligne équinoxiale, environ entre trente degrés de latitude nord & trente degrés de latitude sud : c'est dans cette zône que les vents soufflent sans interruption, du moins à la surface des mers : on les nomme aussi *vents alisés*.

Les vents alisés peuvent être regardés à quelques égards comme le vent primitif, & peut-être suffiroit-il lui seul à imprimer du mouvement à la masse entière de l'atmosphère. Pour s'en convaincre, il faut jeter les yeux sur les deux cartes réduites des deux hémisphères de notre Atlas, qui ont pour objet les *vents* : on y verra la vaste bande des *vents alisés*, placée au milieu du globe, & séparant en deux les régions des *vents variables*. Dans cette carte, qui ne s'étend de chaque côté qu'à soixante degrés de latitude, ces degrés, ainsi que dans toute autre carte réduite, croissent en s'éloignant de l'équateur, dans une proportion qui pourroit en imposer à l'œil, & faire penser que la bande des *vents alisés* n'est qu'une petite partie de la surface du globe, en la comparant aux deux autres ; mais le calcul peut rectifier à cet égard l'erreur de ces premiers apperçus. Soit le globe de la terre représenté par une boule : on conçoit que la ligne conduite d'un pole à l'autre, & qui passe par le centre de la terre, est son diamètre. Le grand cercle de l'équateur ainsi que les deux cercles parallèles à l'équateur, étant tracés à trente degrés de distance de ce cercle, marqueront la zône & les limites des *vents alisés*. Or, avec ces élémens il est facile de connoître le rapport de la surface occupée par les *vents alisés* avec la surface totale de la terre. En effet, on sait que la surface d'une sphère est égale au produit de la circonférence de son grand cercle par la longueur de son diamètre, & en même tems qu'une surface d'une zône ou bande sphérique est égale au produit de la circonférence du grand cercle par sa portion du diamètre, qui mesure la hauteur ou la largeur de cette surface.

Or, si l'on applique ces principes à la terre & au problême qui est à résoudre, voici ce qui en résultera : le degré de la terre valant vingt lieues, il s'ensuit que la circonférence totale de la terre est de trois cent soixante fois vingt lieues, ou de sept mille deux cents lieues ; mais comme le diamètre de la terre est à peu près de deux mille deux cent quatre-vingt-douze lieues, on aura pour la surface totale du globe de la terre, seize millions cinq cent deux mille quatre cents lieues carrées.

Actuellement, pour avoir la surface de la zône des *vents alisés*, il faut multiplier la même circonférence de sept mille deux cents lieues par la partie du diamètre qui exprime la largeur de cette zône, c'est-à-dire, par une ligne qui mesure la distance à l'équateur des deux cercles parallèles qui servent de limite à la zône des *vents alisés*, c'est-à-dire, par une ligne qui est le sinus d'un arc de trente degrés, & égale à la moitié du rayon, il s'ensuit que les deux distances donneront la valeur du rayon entier. Par conséquent, en multipliant sept mille deux cents lieues par onze cent quarante-six lieues, on aura pour la surface de la zône des *vents alisés* huit millions deux cent cinquante-un mille deux cents lieues carrées, c'est-à-dire, précisément la moitié de la surface totale de la terre.

Ceci justifie ce que plusieurs auteurs ont dit, que le *vent alisé* pourroit peut-être seul donner du mouvement à la totalité de l'atmosphère, & du moins cet effet peut-il être supposé quant à la partie inférieure de l'atmosphère, qui est le siége & la région des vents en général. (*Voyez* l'article VENT.)

La parfaite correspondance qu'il y a entre le cours du soleil, les phénomènes de la chaleur & les *vents alisés*, ne laisse aucun lieu de douter que cet astre n'en soit la cause & le moteur. Nous observerons cependant que, par la chaleur du soleil, nous entendons sa chaleur réfléchie, qui a une puissance très-active ; mais comme la région des *vents alisés* comprend dans la plus grande partie la zône torride, quelquefois nous pourrons confondre les deux zônes ensemble. D'ailleurs, la zône torride étant la partie de notre globe que le soleil échauffe avec une force d'autant plus grande, que ses rayons y agissent plus verticalement, & que la terre qui les reçoit, les réfléchit plus abondamment, il s'ensuit que les courans d'air produits par ces effets du soleil, doivent y être plus marqués : il en résulte aussi que l'air échauffé dans ces circonstances se dilate, se raréfie de manière qu'il ne peut s'échapper par les côtés, parce qu'il est environné partout de colonnes d'air plus dense qui le forcent de s'élever, & il le fait avec d'autant plus de facilité, qu'il devient plus léger par sa raréfaction même. Mais il est un terme à l'élévation de cet air, au-delà duquel il se refroidit & se condense ; il gravite alors & se répand pour se mettre de niveau. Assez souvent dans ces mouvemens il se réunit au cours de l'atmosphère inférieure : quelquefois cependant il se répand dans tous les sens, comme il est aisé de s'en convaincre en observant, dans la zône torride, le cours des nuages élevés, qui est différent de celui des nuages inférieurs, mais même entiérement opposé à la direction du vent constant qui règne dans la région basse de l'atmosphère.

L'air cependant ne peut se dilater ainsi dans tout l'espace exposé à l'action du soleil, sans que les colonnes latérales, composées d'un air plus dense & conséquemment plus pesant, ne viennent remplir le vide qui s'y forme pour être raréfiées, & élevées à leur tour à mesure qu'elles se trouvent exposées aux rayons du soleil, & faire place ainsi à de nouvelles colonnes qui éprouvent les mêmes effets & suivent la même marche. Si le soleil agissoit toujours sur le même centre, il n'est aucun doute que l'air n'accourût & ne se précipitât de tous les points vers ce foyer; mais la terre, par sa rotation, oppose à chaque instant des centres nouveaux à l'action du soleil; & comme l'action de cet astre se porte successivement vers les parties occidentales du globe, ce sont donc les colonnes d'air orientales qui se refroidissent, pendant que celles plus à l'ouest s'échauffent & se dilatent. Ce sont donc les parties de l'atmosphère plus à l'orient qui, se condensant, acquièrent un poids & une force qui les déterminent à se précipiter vers le vide successif que le soleil forme à l'ouest. Voilà donc une force active & un déplacement successif, enfin un courant d'air déterminé entre les tropiques.

Telle est l'économie de la nature dans la formation des *vents alisés*; vents aussi constans dans leur action, que la marche de l'astre qui en est le principe. Entrons maintenant dans quelques détails, & voyons si les faits sont conformes à cette théorie. Nous devons négliger ici les exceptions qui peuvent avoir leurs causes dans le voisinage des terres, ou dans quelques circonstances rares & particulières, dont nous tâcherons de donner une explication satisfaisante à l'article des *Vents variables*. Nous ferons remarquer d'abord que, la marche du soleil étant sensiblement égale, & ses effets sensiblement égaux, le *vent alisé* doit être aussi régulier que les circonstances qui le produisent: c'est en effet ce que l'expérience démontre. Le *vent alisé* n'est jamais accompagné de tempêtes, & très-rarement, excepté sous la ligne, comme nous le montrerons par la suite, est-il réduit au calme Les vaisseaux parvenus dans les parages où règnent ces vents, comptent alors avec assez de certitude le nombre de jours qu'ils ont à tenir la mer, d'après la connoissance qu'ils peuvent avoir de la distance où ils sont du lieu de leur destination, & un bâtiment d'une marche moyenne doit estimer qu'il fera environ trente lieues par jour.

Une autre observation qui confirme fort bien nos principes, c'est que non-seulement les *vents alisés*, mais même les vents d'est, par un beau tems, reprennent une activité très-marquée pendant le jour, c'est-à-dire, pendant que le soleil est sur l'horizon, & qu'ils sont plus calmes pendant la nuit.

Peut-être voudroit-on objecter le peu de force qu'a le *vent alisé*, qui, dépendant de la marche du soleil, devroit avoir une vitesse proportionnelle à celle du mouvement de la terre sur son axe; car ce vent ne fait qu'environ dix pieds par seconde, tandis que l'équateur en parcourt quatorze cent vingt-cinq dans le même espace de tems.

Mais cette difficulté paroîtra sans force si l'on considère que le soleil n'agit à la fois que sur une partie de l'atmosphère, & qu'il a conséquemment beaucoup de résistance à vaincre à chaque instant, tant pour échauffer que pour déplacer les masses d'air sur lesquelles il agit. Effectivement, on doit considérer comme un principe, dans ce grand effet physique, que l'action du soleil a la même étendue de l'est à l'ouest, que celle qu'on lui connoît du nord au sud: il doit donc agir à la fois sur environ soixante degrés de longitude; ce qui forme la sixième partie de trois cent soixante degrés, & la sixième partie seulement de la bande des *vents alisés*. D'ailleurs, l'atmosphère supérieure, qui ne participe point à cette action du soleil, forme un obstacle; la surface du globe, hérissée de montagnes, en présente un autre; à quoi il faut ajouter un troisième frottement, ou plutôt une décomposition de forces, très-propre à retarder le mouvement de l'atmosphère, & que nous allons développer.

Le soleil, agissant par sa chaleur sur une zône aussi étendue que celle des *vents alisés*, ne peut avoir une action égale sur tout cet espace, & l'on conçoit facilement que lorsqu'il est dans l'équateur, la partie de l'atmosphère qui répond verticalement à ses rayons, est plus échauffée que celle qui se trouve à trente degrés de distance vers le nord ou vers le sud. Il en résulte donc que les colonnes d'air du nord ou du sud pressent sur les colonnes orientales, qui, en se refroidissant, viennent remplacer les vides que le soleil produit par sa chaleur vers l'ouest. Ainsi dans l'hémisphère boréal le *vent alisé* doit prendre en partie du nord, & dans l'hémisphère austral le même vent doit prendre en partie du sud, & c'est ce qui arrive en effet. Or, ces deux vents, en se rencontrant vers l'équateur, s'affoiblissent nécessairement par leur choc & par la destruction des directions opposées, & il en résulte, sous la ligne même, un vent directement à l'est, mais calme, qui est est-nord-est & est-sud-est, & plus frais à quelque distance de l'équateur, & qui est presque nord-est & sud-est sur les limites respectives des *vents alisés*. L'expérience, qui confirme tout cela, justifie encore ce que nous pouvons en conclure, c'est que sous la ligne, indépendamment du calme qui doit y régner & qui y règne effectivement, la réunion des nuages du nord est & du sud-est doivent y occasionner de grosses pluies & des orages, qui y sont, comme on sait, habituels, & qui produisent, sur les terres comme sur les mers, plusieurs phénomènes que nous décrirons dans des articles particuliers. (*Voyez* PLUIES, *voyez* HIVER DE LA TORRIDE.).

Le soleil est tellement la cause des effets que nous venons d'indiquer, que ce que nous avons dit exister sous la ligne, a lieu, pour parler plus exactement, sous le parallèle du soleil; de sorte que, par la même latitude boréale, où le vent étoit est nord-est, tandis que le soleil parcouroit l'équateur, le vent y devient est lorsque cet astre est parvenu à cette hauteur, & par une suite de ces changemens

changemens on le voit est-sud-est à l'équateur lorsque le soleil est dans le voisinage du tropique du cancer. La sphère d'activité du soleil s'étend alors plus au nord, & dans cette saison les vaisseaux qui partent d'Europe, rencontrent les *vents alisés* plus tôt. Les calmes, les nuages, les pluies, les orages, se rencontrent de même sous le parallèle du soleil, ou du moins ils s'y montrent fort fréquemment & d'une manière très-remarquable. Si cependant ces effets n'ont jamais toute l'étendue qu'ils sembleroient devoir acquérir, c'est que cet astre agit principalement par réflexion, & que la terre a toujours moins de chaleur acquise vers les tropiques que sous l'équateur, dont le soleil ne s'écarte que de vingt-trois degrés vingt-huit minutes au plus, & où il agit verticalement à chaque équinoxe.

Tout se passe à peu près de la même façon dans la partie australe. A mesure que le soleil approche du tropique du capricorne, sa sphère d'activité s'étend vers le sud, & elle se resserre vers le nord. Les vaisseaux qui partent d'Europe dans cette saison, ont plus tard les *vents alisés*. Il y a cependant dans l'hémisphère austral une différence très-remarquable à cet égard, & qui prouve de plus en plus en faveur de la théorie que nous avons exposée ci-dessus. Le *vent alisé* est en général, dans cette partie, plus frais & plus déterminé que dans la partie opposée. Les calmes & les orages y sont plus rares; & lors même que le soleil est à l'équateur, on ne les trouve guère au-delà de deux degrés de latitude sud, quoique ces mêmes effets s'étendent alors jusqu'à huit & neuf degrés de latitude nord. Pourquoi donc le vent de sud-est a-t-il cet avantage sur le vent de nord-est, & résiste-t-il plus à l'action du soleil que son antagoniste? En voici la raison: l'hémisphère austral, à latitudes égales, est beaucoup plus froid que le nôtre. Nous indiquerons ailleurs les causes connues ou soupçonnées de cet effet: nous nous bornons à citer ici l'expérience qui démontre incontestablement cette vérité. L'atmosphère étant en général plus dense dans l'hémisphère austral, il est nécessaire qu'en conséquence du vide que cause le soleil en raréfiant l'air, les colonnes amenées par le sud-est aient un surcroît de force proportionné à la différence de leur pesanteur spécifique sur celles du nord-est. Aussi quelques navigateurs ont-ils appelé les *vents alisés* de la bande du sud de la ligne, *vents généraux*, pour les distinguer des vents de nord-est, auxquels seuls ils donnoient la dénomination de *vents alisés*.

Ce que l'on a dit sur la raréfaction de l'air par la chaleur, & sur la pression des colonnes d'air plus froides, a été mis hors de doute par la célèbre expérience de M. Clarc, rapportée dans son *Traité du mouvement des fluides*. Au milieu d'un grand plat plein d'eau froide il plaça un petit plat rempli d'eau chaude; puis ayant une chandelle allumée, il la souffla, & pendant qu'elle fumoit encore il l'approcha du bord du plat plein d'eau chaude; la fumée se porta aussitôt au dessus du milieu de ce plat, & ce ne fut qu'alors qu'elle s'eleva en suivant une ligne verticale. Ayant changé ses dispositions de manière que le petit plat du milieu fût rempli d'eau froide, & que le grand plat contînt l'eau chaude, il plaça la chandelle fumante au dessus de l'eau froide, & pour lors la fumée, au lieu de s'élever perpendiculairement, se dirigea au contraire au dessus de l'eau chaude du grand plat, entraînée par l'air froid qui se portoit vers l'air que cette eau chaude avoit raréfié.

Il se présente ici une observation qui ne doit pas nous échapper, c'est que, suivant nos principes, les îles & les continens, étant plus susceptibles que la mer de recevoir & de réfléchir la chaleur des rayons du soleil, peuvent être considérés comme le plat d'eau chaude dont on vient de parler, placé au milieu de l'Océan, qui sera le plat d'eau froide. Il en doit donc résulter que, sur les côtes occidentales, non-seulement le *vent alisé* soit sans effet, mais que l'air plus condense de la mer soit porté au contraire vers les terres au dessus desquelles l'air est plus raréfié. Aussi ces effets ont-ils lieu réellement, non pas à la vérité aux îles très-petites, telles que les Antilles & l'Ile-de-France, qui par-là sont incapables de déranger le cours général de l'atmosphère; mais les vents de mer existent vraiment & constamment aux côtes occidentales de l'Amérique, de l'Afrique & de la Nouvelle-Hollande, situées dans la zône torride.

En jetant les yeux sur la carte, & observant la diversité des gissemens des côtes de l'Afrique, on trouvera même une nouvelle preuve de ceci dans les différentes sortes de vents qui y règnent, qui sont nord-ouest aux côtes de Maroc, sud & sud-sud-ouest à celles de Guinée, & ouest aux côtes d'Angola. Le principe & la cause de tous ces effets sont actuellement trop évidens pour qu'il ne soit pas facile de sentir que la force & l'étendue de ces vents dépendent de la quantité de chaleur que la terre est susceptible de réfléchir. Aussi n'en est-il pas de plus marqués que ceux d'Afrique, à cause du sol sablonneux & des vastes déserts secs & arides de cette partie du Monde, que l'on sait être la plus chaude de la terre. Ces vents, qui ont leur plus grande force dans le voisinage des terres, se font sentir à plusieurs degrés au large. Là le *vent alisé* reprend son cours ordinaire; & pour qu'il ne reste aucun doute sur la cause, nous devons citer les calmes que l'on trouve dans ces parages, & qui sont une suite nécessaire du balancement qu'éprouve l'air entre le vent général d'est & les vents particuliers qui se portent vers les côtes.

Par la même raison on y trouve encore des nuages, de grosses pluies & des orages que les vapeurs abondantes & stagnantes y occasionnent, & dont le résultat est de purifier l'air & d'en rétablir l'équilibre. On doit d'ailleurs sentir qu'il y a, sur plusieurs parties des continens, plusieurs exceptions à ces phénomènes, parce qu'à la chaleur du soleil, cause puissante & principale, il se joint souvent d'autres causes locales dues surtout aux aspects & aux dispositions des terres. Les montagnes élevées, & dont quelques-unes, telles que les Cordillières, recèlent des frimats continuels, doivent former nécessairement des obstacles au cours du *vent alisé*, en occasionnant des condensations diverses, dont on verra toute la puissance à l'article des *Vents variables*. Aussi la surface plane des mers est-elle le champ vrai, ainsi que le plus vaste, pour les observations sur lesquelles on doit le plus compter.

Au reste, les *vents alisés* ne sont point totalement exempts d'irrégularités; quelquefois ils ont un surcroît de force, quelquefois ils sont calmes, quelquefois même ils varient, & c'est dans les régions où ils règnent, qu'éclatent ces terribles ouragans, dont nos coups de vent nous donnent à peine une idée. Tous ces faits cependant ne contredisent point notre théorie, & nous tenterons de les expliquer à mesure que l'occasion s'en présentera en traitant des vents variables.

On a vu, par tous les détails qui précèdent, que le soleil produit par sa chaleur de grands mouvemens dans l'atmosphère, & que ces mouvemens étoient d'autant plus marqués, que cette chaleur y agissoit plus puissamment. On a vu que le cours invariable de cet astre entraînoit & déterminoit celui de l'air & ses déplacemens, & que c'étoit ainsi que se formoient les *vents alisés* dans la zône que le soleil parcourt. Nous exposerons dans d'autres articles quels sont les vents qui règnent dans les autres parties du Monde, & les circonstances qui les produisent.

ALKATIF, ville d'Asie, dans l'Arabie déserte, sur le golfe Persique, à six journées de Bassora, au sud: elle communique avec la mer par un canal que les plus forts vaisseaux peuvent remonter quand la marée est haute. Il croît aux environs une grande quantité de dattes, & il s'y fait une pêche de perles dont les profits sont considérables.

ALLEMAGNE (*Mer d'*). C'est ainsi qu'on nomme la mer qui baigne les rivages de la Grande-Bretagne & de l'Ecosse d'un côté, & celles de la Flandre, de la Hollande & du Jutland de l'autre: son extrémité nord s'étend entre *Dungsky-Head*, latitude cinquante-huit degrés trente-cinq minutes nord, & la même latitude au sud de la Norwège. Avant que l'Angleterre fût séparée du continent de la Gaule, on ne pouvoit considérer cette mer que comme une vaste baie. Les marées y furent du nord-est au sud-ouest, en suivant la direction de la côte; mais dans la haute mer le reflux court au nord à travers le grand canal qui est entre les îles Shetland & la Norwège. La profondeur de l'eau au tems des plus hautes marées, dans le détroit de Calais, est de vingt-cinq brasses; elle augmente jusqu'à trente-une entre *Lowstoff* & l'embouchure de *la Maës*: elle gagne encore, entre les bancs d'*Well* & de *Dogger*, mais dans un seul endroit, quelques brasses de plus. Au-delà de *Dogger-Banc* elle s'approfondit, depuis quarante-huit jusqu'à soixante-douze brasses. Entre le *nez* de Buchan & le *nez* de Shut en Norwège, elle a depuis quatre-vingt-six jusqu'à cent brasses; ensuite elle décroît vers les Orcades & les îles de Shetland, de soixante-quinze à quarante. Mais entre les îles de Shetland & Bergen, extrémité septentrionale de cette mer, la profondeur est de cent vingt à cent cinquante brasses.

Depuis Dungsky-Head jusqu'au Cap de Flamborough, les côtes sont hautes & tranchées à pic, & peuvent être apperçues de la mer, depuis sept jusqu'à quatorze lieues. Depuis ce dernier Cap jusqu'à Spurn-Head, c'est encore une côte saine & nette, sans bancs ni brisans; mais le reste de la côte de Norfolk & de Suffolk est bas, & ne s'apperçoit qu'à une petite distance, & devient très-dangereux par le nombre de bancs de sable qui s'avancent très-loin dans la mer. Après qu'on a passé *Spurn-Head*, les navigateurs gouvernent entre les Dousing extérieur & intérieur, vers le fanal flottant, à bord d'un petit vaisseau construit pour ce service, & toujours à l'ancre, au bord intérieur d'un banc de sable qu'on appelle l'*écueil de Dogshon*, à huit lieues de la côte de *Lincolnshire*, sur environ quinze brasses d'eau.

Heureusement cette mer, au nord, est beaucoup plus remarquable par ses bancs de sable, utiles à la pêche, que par des écueils funestes à la navigation; & elle n'auroit jamais été si fréquentée sans la multitude de poissons qui, dans les différentes saisons, suivant leur espèce, viennent se rendre sur les bords de ces bancs du fond des mers du nord, attirés, ou par la variété des nourritures qu'ils y trouvent, ou par le besoin d'y déposer leurs œufs en sûreté.

Le premier banc dont on doit faire mention n'est pas susceptible d'être décrit ici, & cependant on ne peut le passer sous silence, parce qu'il appartient à l'histoire naturelle de la mer d'Allemagne. Il court à travers le canal qui est entre *Buchaness* & l'extrémité nord du *Juts-Riff*. La moindre profondeur qu'on trouve sur ce banc est de quarante brasses, en sorte qu'on ne l'auroit pas remarqué si la mer n'annonçoit pas une profondeur subite à côté, pour former ce qu'on nomme *les abymes de Buchan*.

Le *long Banc* ou le *banc Fortys* porte à l'est-sud-est de Buchaness, qui est à la distance d'environ quarante-cinq milles, & s'étend au sud jusqu'en face de Newcastle: il a environ cinquante lieues de longueur sur sept de largeur, & l'on y trouve depuis trente-deux jusqu'à quarante-cinq brasses d'eau. Le fond est un gros sable mêlé de plantes marines, & il passe pour une bonne pêcherie.

Le *Banc de Mur* est situé entre le précédent & le rivage opposé à Bervich ; sa forme est ovale : il a environ quinze milles de longueur, vingt-six brasses d'eau à sa surface, & environ quarante sur ses bords.

Le banc appelé *Monrose Pits* est un peu à l'est du milieu de *Long-Fortys ;* il a cinquante milles de longueur, & il est très-remarquable par cinq grands puits ou trous de trois à quatre milles de diamètre, sur les bords desquels on ne trouve que quarante brasses, pendant que la sonde descend jusqu'à soixante-dix & même jusqu'à cent, sur un fond doux & limoneux, au milieu de ces puits. Le fond des bords est graveleux. Ces puits, malgré leur profondeur brusquée, n'occasionnent aucun mouvement extraord naire dans les eaux de la mer, dans toute l'étendue de ce banc.

Vient ensuite le fameux *Dogger-Banc ;* il commence à douze lieues de distance du Cap Flamboroug, &, se prolongeant à travers de la *mer d'Allemagne* vers l'est, sur une étendue d'environ soixante-douze lieues, il va joindre *Horn-Riff*, langue de sable très-étroite sur la côte du Jutland ; sa plus grande largeur est de vingt lieues : il n'a communément que dix à douze brasses d'eau, & dans certaines parties jusqu'à vingt-quatre & vingt-cinq brasses.

Au midi de *Dogger-Banc* est un grand banc de sable, nommé dans ses différentes parties le *Banc d'Well*, le *Banc Stuart*, le *Banc Brun :* ces différentes parties sont couvertes d'une suffisante profondeur d'eau. Entre ceux-ci & les côtes de l'Angleterre sont l'*Ower* & le *Lemon*, redoutés des matelots par des naufrages sans nombre. Le canal entre le *Dogger-Banc* & le *Well-Banc* a jusqu'à quatre cents brasses de profondeur, & il est connu par les navigateurs sous le nom de *Siker-Pits :* il est renommé surtout pour la pêche de la morue, qui garnit les marchés de Londres. La morue aime les endroits de la mer un peu profonds, & le poisson plat les bas-fonds.

Nous ne suivrons pas ici en détail les côtes d'Angleterre & d'Ecosse, qui bordent la mer d'Allemagne ; nous parlerons seulement des côtes qui avoisinent le Cap Flamborough, parce que la mer participe, quant à son fond, de la nature des rochers de cette côte : aussi aux environs de ce Cap & à quelques milles au nord les rivages sont pleins de rochers qui offrent des retraites aux écrevisses & aux autres crustacées. Ensuite plusieurs bancs de sable fin, qui ont depuis un mille jusqu'à cinq milles de largeur, s'étendent vers l'est, & depuis leurs bords jusqu'à ceux de *Dogger-Banc* c'est un fond inégal, hérissé de rochers caverneux avec une mer profonde, & presque partout revêtu de corallines & autres productions marines.

La disposition du rivage procure aux habitans de cette côte une pêcherie avantageuse ; car d'un côté le rivage, ainsi que nous venons de le décrire, & de l'autre les bords du *Dogger-Banc*, peuvent être considérés comme les côtes d'un piége, qui servent à diriger la multitude infinie des espèces de morue qui viennent annuellement de l'Océan septentrional, séjourner, s'égayer & déposer leur frai dans les parties adjacentes aux côtes de l'Angleterre : elles trouvent une nourriture abondante dans les plantes qui sont attachées aux rochers du fond & dans les vers des sables, & un abri pour leur frai dans les creux & les cavernes de ce fond : elles le déposent dans le canal qui est entre les grands bancs & ceux du rivage : c'est là qu'on en fait une pêche fort avantageuse, ou bien dans le canal qui se trouve entre *Dogger-Banc* & *Well-Banc ;* car elles évitent l'agitation de l'eau, telle qu'elle a lieu sur les surfaces sans profondeur. Au contraire, les raies à peau dure, les *holibutes*, les carrelets & autres poissons plats s'ensévelissent dans les sables, & s'y mettent à couvert du mouvement des vagues.

Une prodigieuse multitude de merlus visitent cette côte à des périodes marquées ; généralement ils arrivent vers le mois de décembre, & s'étendent à trois milles du rivage, & en longueur depuis le Cap Flamborough jusqu'au château de Tinmouth & encore au-delà. Une armée de goulus de la petite espèce bordent les flancs de ce banc de merlus pour en faire leur proie. Quand les pêcheurs jettent leurs lignes plus loin qu'à trois milles de la terre, ils ne prennent que ce poisson vorace.

J'ajouterai ici que toutes les parties de la côte de la Grande-Bretagne, qui offrent des rochers élevés & escarpés, servent de retraites à d'innombrables oiseaux de mer d'une grande variété d'espèces : on y voit les canards à édredon, les becs à rasoir, les guillemots, les cormorans, les nigauds, &c.

Si ces hauteurs leur manquent, ils se retirent dans les rochers que la mer environne, comme dans des lieux qu'ils croient inaccessibles à l'homme. Les cinq espèces de guillemots & de pingouins paroissent dans le printems, & disparoissent dans l'automne : les autres oiseaux conservent pour retraites les lieux qui les ont vu naître, ou se reposent sur les rivages voisins.

De Bamborough jusqu'à l'embouchure de la Tweed on trouve un rivage sablonneux, qui se rétrécit à mesure qu'il s'approche de l'Ecosse. Linderfarne ou l'île Sainte (Holy Island), avec sa cathédrale & son château ruinés, est loin du rivage, & accessible lorsque la mer est retirée. Il y a grande apparence qu'elle a été séparée du Northumberland par le travail des flots. Les marées ne montent pas sur cette plage avec leur énergie ordinaire & par une marche graduée ; mais l'eau, par un progrès insensible, sort doucement du sein des sables, qui d'abord n'offrent qu'un fond marécageux, & bientôt elles enveloppent le voyageur surpris d'une plaine d'eau brillante & unie comme une glace, & qui réfléchit les images variées des rivages circonvoisins.

Nous suspendons ici ce que nous devons dire sur la *mer d'Allemagne* & ses côtes du côté de l'Angleterre & de l'Ecosse, & nous le renvoyons aux articles ECOSSE & ANGLETERRE, où nous décrirons dans le plus grand détail ces rivages, relativement à leur constitution physique & à la pêche, & nous passons le détroit de Calais pour suivre les côtes qui sont en terre ferme.

Cotes méridionales & orientales de la mer d'Allemagne.

Calais est situé sur un terrain bas & humide, & toute la côte, depuis ce port jusqu'à l'extrémité de la Hollande, est basse & sablonneuse, & bordée de collines, de sables dans certains endroits où le pays le plus bas avoit besoin du plus puissant rempart contre la fureur des flots.

La côte de Flandre est dangereuse par le grand nombre de bancs de sable disposés parallélement à cette côte. Il en est de même des côtes de Hollande : on trouve dans leur voisinage de semblables bancs de sable; mais, entr'eux & la terre, il y a un canal fort libre pour la navigation. Depuis Calais & Dunkerque jusqu'à la Scarp, à l'extrémité du Jutland, c'est une terre basse qu'on n'apperçoit au large qu'à une petite distance, excepté à Camperden en Hollande, à Heilgeland, en face de l'embouchure de l'Elbe & du Weser, & à *Robsmont* & *Har sshal* dans le Jutland. Tandis que les côtes opposées de l'Angleterre sont, par comparaison, assez hautes, & que la mer voisine est assez profonde, celles-ci sont basses & ensablées presque partout. Les grands fleuves de France & d'Allemagne amènent, dans leurs cours & leurs inondations, d'étonnantes quantités de sables & de limon, qui sont arrêtées, vers leurs embouchures à la mer, par la violence des vents d'ouest & de nord, qui soufflent les deux tiers de l'année. Ces vents, joints à l'effort de la marée, arrêtent le progrès des sables en pleine mer, & forment ces bancs nombreux, qui, tout funestes qu'ils sont aux navigateurs, font la sûreté de la Hollande, & la garantissent des invasions de la mer.

A Calais, la marée s'élève à la hauteur de vingt pieds; à la tête du mole de Douvres, à vingt-cinq pieds. On attribue la cause de cette variation à la différence d'éloignement où sont les deux moles de la limite de la basse marée, qui est à Douvres d'un demi-mille, & à Calais de cinquante toises.

A Ostende, la marée monte à dix-huit pieds; à Flessingue, elle s'élève de seize pieds & demi; à Hellevoet-Sluys & au Texel, de douze pieds, & sur les côtes du Holstein & du Jutland, où la mer s'étend à une largeur considérable, les marées sont plus irregulières, & diminuent de force & de hauteur. A l'embouchure de l'Elbe, les marées ne passent pas sept à huit pieds; sur la côte de Jutland elles montent seulement à deux ou trois pieds, phénomène singulier, tandis qu'elles sont si hautes sur les côtes correspondantes de l'Angleterre. Le flot, sur la côte occidentale de Hollande, pousse au nord dans un sens contraire aux marées des côtes orientales de l'Angleterre & de l'Ecosse.

Les rivières principales qu'on trouve sur ces côtes sont l'Escaut, la Meuse, le Rhin & l'Elbe. Il est probable que les deux premières ont très-peu varié dans leurs embouchures, mais la troisième a éprouvé des changemens très-considérables. Le bras droit du Rhin couloit pendant un certain espace dans son ancien lit lorsqu'il formoit le lac *Flévo*, & qu'ensuite, reprenant la forme d'un fleuve, il alloit se décharger à la mer à l'endroit appelé encore *le Flie-Stroom*, entre les îles *Flie-Landt* & *Schelling*, à l'embouchure actuelle du Zuyderzée. On ne connoît pas la suite des événemens qui ont élargi le lac Flévo & qui en ont fait le Zuyderzée, & ont brisé la côte en ce grand nombre d'îles qui maintenant font face au rivage jusqu'à la bouche du Weser. Quelques auteurs attribuent ces changemens à une inondation qui eut lieu en 1421; mais il paroît qu'ils ont été l'ouvrage d'un laps de tems considérable.

A l'opposite de l'embouchure du Weser & de l'Elbe est le reste de l'*île Sacrée* ou *Heilgeland*, qui formoit jadis une terre d'une étendue considérable; mais differens coups de mer l'ont réduite à sa petitesse actuelle. (*Voyez* son article.) La grande île de *Nord-Strand*, qui n'en est pas éloignée, fut, par la même cause, réduite à une paroisse au lieu de vingt qu'elle contenoit. Telles sont les calamités auxquelles sont exposées ces basses terres.

Viennent ensuite le Jutland & le Holstein, dont les côtes se terminent à la basse pointe appelée *le Skagen*, & s'étendent en forme de presqu'île bornée par la mer du Nord & le Categat. On présume que les inondations maritimes auxquelles cette côte a été sujète de tout tems, ont fort diminué cette côte, & on croit reconnoître les restes des terrains détruits dans *le Juts-Riff* & autres bancs de sable voisins. On prolonge le continent depuis l'extrémité du Jutland, qui commence à *Skagen*, jusqu'au midi de Bergen, peu loin de la terre. Mais nous devons ajouter ici que les différentes embouchures de la Baltique, dans la mer d'Allemagne, ont dû encore fort altérer la forme de ces côtes en différens tems. (*Voyez* JUTLAND, HOLSTEIN, SCANDINAVIE & BALTIQUE)

ALLIER, rivière de France, qui a sa source dans le Gévaudan : elle traverse l'Auvergne, le

Bourbonnois & une partie du Nivernois, avant de se réunir à la Loire au *Bec d'Allier*.

Quand on considère combien de vallées creusées profondément concourent à verser l'eau dans une grande rivière comme l'Allier; les déplacemens immenses de pierres & de terres qu'a exigés l'approfondissement de ces vallées; quelle longueur de tems supposent ces enlévemens, on ne peut pas croire que tous ces canaux soient l'ouvrage de la mer; car dans combien de contrées il est visible que la mer n'a pas laissé de dépôts, & au milieu desquelles on voit cependant de grandes vallées ainsi creusées! C'est donc une ignorance de toutes les opérations de la nature en ce genre, qui a présidé à la prétention de ceux qui ont voulu nous faire croire que les vallées ont été creusées dans le bassin de la mer. Tous les raccordemens des pentes & des confluences des vallées latérales aux principales sont incompatibles avec cette hypothèse peu raisonnée.

Je puis même dire que je suis en état d'indiquer plusieurs vallées creusées avant le séjour de la mer, & qui ont été visiblement comblées par ses dépôts à la suite de son invasion. Il résulte donc de ces faits, qui sont incontestables, 1°. que l'eau courante à la superficie des continens secs a seule creusé ces vallées, & lorsque le sol par conséquent ne résidoit pas sous la mer; 2°. que la mer s'y est introduite ensuite, & qu'elle a comblé ces vallées de couches horizontales, circonscrites par les croupes de ces vallées. On peut suivre ces couches horizontales comme indiquant, d'une manière très-remarquable, les anciens bords du bassin de la mer, & comme démontrant que ce bassin n'a jamais été propre à l'approfondissement des vallées.

Suivant l'hypothèse de Buffon sur la formation des vallées, elles auroient été creusées par les courans de la mer au milieu de ses dépôts & à mesure qu'ils se formoient. Il s'ensuivroit qu'il n'y auroit de vallées que dans les contrées où se trouvent les dépôts de la mer, parce que ses courans ont pu y exercer leur action. Mais comme il y a des vallées dans les contrées qui n'offrent que des massifs de granits, lesquels ne doivent point être rangés parmi les dépôts horizontaux de la mer, il s'ensuit que, suivant cette hypothèse, les vallées nombreuses & profondes qui sont dans les pays de granit, ne peuvent être considérées comme l'ouvrage de la mer.

Mais je vais plus loin, & j'observe, 1°. que des vallées creusées primitivement au milieu des granits ont été comblées sous la mer depuis qu'elle s'est introduite dans ces contrées.

2°. Qu'il est impossible qu'un bassin quelconque, rempli par l'eau de la mer, comme il le seroit à la suite de son invasion, pût recevoir, par le mouvement de ses eaux en masse, les formes que nous remarquons sur les croupes de nos vallées, & qu'ainsi ce ne peut être, comme nous l'avons déjà dit, que dans les contrées qui sont à découvert & à la superficie de nos continens, que les eaux pluviales ont couru & imprimé leur action sur les croupes des vallées qu'elles ont approfondies. C'est là surtout qu'elles ont laissé les vestiges de leurs oscillations, dont nous pouvons observer les traces dans un grand nombre de circonstances très-remarquables.

Ce que j'ai dit ci-dessus des rivières & de leurs vallées me paroît avoir une application bien marquée à l'époque de la circulation des eaux torrentielles qui ont ébauché les vallées de tous les ordres. C'est alors que les torrens de la Loire & de l'Allier, après avoir creusé la partie supérieure de leurs vallées, se sont réunis à la sortie des montagnes, & ont circulé sur les sommets des plaines de la nouvelle terre.

Ces réflexions sont également applicables à toutes les rivières latérales, qui appartiennent à leurs bassins particuliers : telles sont, pour l'Allier, la *Dore*, la *Sioule* & l'*Alagnon*, dont les vallées sont plus ouvertes & plus prolongées que toutes les autres latérales; à quoi il convient d'ajouter, sur la gauche de la rivière principale, la *Clamouze*, puis l'*Ance*, la *Verdiange*, le *Suéjols*, la *Dège* & enfin la *Cronce*, avec leurs nombreux embranchemens qui recueillent les eaux des différentes croupes de la *Margeride*, & donnent une certaine force à l'Allier dans les environs de sa source; car il ne reçoit presque rien du côté de la droite à pareille hauteur.

J'ai déjà indiqué l'*Alagnon*, qui reçoit les eaux d'*Arcueil*; c'est la première rivière qui vient à la suite de celles qui occupent la gauche, à laquelle je réunis la *Couse*, la *Crouse*, la rivière de *Champeix*, la *Monne*, la *Veyre*, le *Lauson*, les ruisseaux des environs de Clermont-Ferrand, de Riom & d'Aigueperse.

Je termine cette suite de vallées, la plupart intéressantes, par la *Sioule* réunie à la *Bouble*, qui coule dans une longue vallée à part, & qui a son origine même dans les monts d'Or. Je dois dire, outre cela, que toutes ces rivières du second ordre offrent la plupart, jusque dans les parties les plus élevées de leurs cours, des dépôts sous-marins, semblables à ceux dont nous avons parlé ci-devant à l'article *Alagnon*, & que nous rappellerons par la suite en discutant ce qui concerne ces dépôts dans la *vallée-golfe* de l'*Allier*, & c'est dans ces vues que nous avons fait l'énumération de ces rivières.

Si nous passons maintenant à la droite de l'*Allier* nous y trouverons, à une fort grande distance de la source, la rivière de *Sénouire* réunie au *Boulon*, & dont les embranchemens ont une fort grande étendue; puis les ruisseaux qui coulent sur l'extrémité du granit dans des lits qui ont très-peu de profondeur, depuis Brioude jusqu'à Issoire. C'est après ce trajet que viennent la rivière d'*Ailloux*, qui tombe à Parentignac, puis celles de *Billom*

& de *Culhat*, qui ont leurs sources dans plusieurs culs-de-sacs où se trouvent les *culots de laves* couverts de couches horizontales, & qui indiquent également, par une ligne très-remarquable, les limites des bassins de la *Dore* & de l'*Allier*.

Les rivières latérales dont je viens d'offrir le dénombrement, & qui suivent le même plan incliné que celles du Gévaudan que reçoit l'*Allier*, obéissent à une pente rapide & uniforme, & ne se réunissent que dans le voisinage de la rivière principale : outre cela, dans ce voisinage, on ne trouve que de simples ruisseaux sans embranchemens; & si quelques-uns de ces ruisseaux ont quelques embranchemens, il est visible que les tiges & leurs ramifications sont soumises à la pente latérale, prise depuis les arêtes dominantes de la *Margeride* jusqu'au canal de l'*Allier*, ainsi qu'à celle du courant de l'*Allier*. Enfin, on remarque en général qu'il n'y a dans ce grand bassin d'autres pentes ni d'autres directions d'eaux courantes que celles que nous venons d'indiquer.

Je reviens en conséquence aux différentes croupes qui s'étendent depuis la *Margeride* jusqu'à l'*Allier*, & je remarque que, dans le même tems que l'eau creuse le fond des vallons où elle circule, elle enlève aussi à la superficie du terrain non excavé une quantité de matières assez considérable, & que leur enlèvement détruit une partie du premier effet de l'excavation. C'est ainsi que les pentes deviennent de plus en plus rapides, & que les ruisseaux continuent à creuser leur lit par un déplacement latéral. Le tronc principal ou la tige est dans le même cas que les branches; car à mesure que les eaux se portent contre un des bords de l'excavation, ces bords s'abaissent en même raison, & ceux des canaux qui reçoivent les eaux des embranchemens, éprouvent de même un déplacement proportionnel dans la direction de la pente principale. C'est ainsi que j'ai reconnu, sur cette grande & belle pente du Gévaudan, une marche des eaux courantes, qui tend à abaisser le fond des canaux latéraux, & à déplacer leurs embranchemens dans la direction de l'égoût général.

Il n'y a rien de plus important dans un point quelconque d'histoire naturelle, que de suivre tous les phénomènes qui croissent ou qui diminuent dans le même ordre, & de n'en rien omettre d'important. On ne trouve pour lors aucune difficulté à se rendre compte de l'ensemble; car dans la nature tout est lié, parce que toutes les parties ont une marche combinée & correspondante. Je ne vois rien d'aussi rare que des observateurs qui voient & saisissent ces ensembles; la plupart du tems ils désunissent ce que la nature a lié intimement par la suite d'un système qu'on ne peut trop admirer dans le monde physique.

C'est pour remplir ces vues que je vais présenter le bassin de l'*Allier* sous la considération de *vallée-golfe*, de *golfe ancien* ou *golfe terrestre*. Je trouve d'abord que les eaux courantes de l'*Allier* ont creusé primitivement la longue & large vallée où la mer a fait une invasion & a formé ce *golfe*. J'ajoute que cette invasion de la mer suppose nécessairement l'excavation de la vallée par les eaux courantes, dont la marche a dû être entiérement libre, & par conséquent à la superficie de la terre, dégagée des eaux. Sans ces conditions on ne peut concevoir que l'approfondissement de cette vallée se soit opéré; & ce qui est évident, c'est que les seuls flots de la mer n'ont pu détruire ses rivages à cette profondeur, & pénétrer de vive force dans des vallées qu'ils auroient creusées par des efforts latéraux, & qui auroient eu l'étendue des vallées de la *Loire* & de l'*Allier*. L'examen le plus exact que j'ai fait des bords de l'ancienne terre m'a convaincu qu'on ne trouve aucun enfoncement pareil le long de ses bords, à moins qu'il n'y ait eu un courant d'eau bien déterminé & d'une certaine force. Ainsi on ne peut douter que l'invasion de la mer dans le *golfe* de l'*Allier* ne soit postérieure à son entière excavation. Je considère ensuite que c'est pendant son long séjour dans ce golfe que l'Océan a formé des dépôts qu'il est aisé d'y reconnoître, & dont les vestiges y existent de toutes parts. Ces dépôts sont visiblement de deux ordres. Les premiers appartiennent à la moyenne terre, & les seconds font partie de la nouvelle : ces dépôts sont, selon moi, les caractères les plus remarquables des *vallées-golfes*, & je crois qu'il nous convient de les indiquer ici d'une vue générale, nous proposant de les décrire en détail dans certains articles particuliers. (*Voyez* surtout LIMAGNE.)

Je mets à la tête des dépôts qui appartiennent à la moyenne terre les mines de charbon de terre, & je les trouve à *Brassac*, *Sainte-Florine*, &c. : elles occupent une grande étendue de la plaine aux environs de la rivière principale.

Quant aux autres dépôts de la moyenne terre, je les ai observés à *Langeac* & aux environs, à *Vic-le-Comte* & aux environ de *Cousde* : il est aisé aussi de les reconnoître dans les environs de *Clermont-Ferrand*, où ils servent de base aux autres dépôts, & où ils renferment plusieurs fontaines minérales chaudes.

On en voit de gros massifs aux environs de *Thiers* & le long de la vallée de la *Dore*; ce sont des pierres de sable, débris de granits & micacés.

Quant aux dépôts qui font partie de la nouvelle terre, ils sont fort considérables, & beaucoup plus étendus; car ils se trouvent dispersés dans les vallées latérales que nous avons indiquées ci-dessus, & à une assez grande hauteur dans ces vallées.

Ce qu'il faut bien remarquer, c'est qu'ils se trouvent placés sur les premiers dépôts de la moyenne terre, & qu'ils y occupent des niveaux plus élevés. J'en ai trouvé qui s'élèvent actuellement jusqu'à deux cents toises, malgré la dégradation qu'ils ont pu éprouver depuis qu'ils sont exposés à l'action des météores & des pluies, c'est-à-dire, comme nous le verrons par la suite, depuis la retraite de la mer.

J'ai reconnu ces dépôts dans certaines collines qui occupent non-seulement le centre de la Limagne, mais encore les bords de la vallée entre Clermont & Riom, entre Clermont & Talende, entre Bresle & Brioude, &c.

Je puis citer aussi les anciens centres d'éruption, les *culots* ou amas de laves, les courans qui en sont sortis, tant ceux qui occupent le milieu de la vallée en très-grand nombre, que ceux qui se trouvent le long des bords du bassin : tous ces produits du feu y sont recouverts par des couches horizontales de terres & de pierres calcaires.

Il est aisé de concevoir que les premiers dépôts appartenans à la moyenne terre, abandonnés ensuite par la retraite de l'Océan, ont été entamés de nouveau & creusés par les eaux de l'*Allier*, qui y ont repris un nouveau cours; après quoi une seconde invasion de l'Océan & un second séjour y ont laissé les dépôts du second ordre, dont j'ai indiqué les différens emplacemens. Ainsi on doit distinguer ici quatre époques bien marquées par leurs effets & par les résultats dont nous avons donné une connoissance fort précise, lesquels ont exigé chacun un espace de tems considérable.

1°. L'approfondissement de la première vallée a dû exiger le tems nécessaire aux eaux courantes pour enlever le massif immense qui occupoit cette large & profonde vallée, telle que nous l'avons décrite.

2°. De même lorsqu'on jette les yeux sur les premiers dépôts dont nous avons indiqué les différentes dispositions, on ne doute pas que le séjour de l'Océan n'ait été fort long dans le golfe.

3°. On voit avec le même étonnement quelle a dû être la longueur du tems nécessaire à l'ancien courant de l'*Allier*, pour creuser de nouveau les premiers dépôts formés dans l'époque précédente, & les entamer, comme nous pouvons en juger par les vestiges qui en restent; par conséquent quelle a été la durée de la retraite de la mer.

4°. Nous pouvons de même juger, par la grandeur des dépôts du second ordre, ainsi que par l'étendue & l'épaisseur des couches horizontales que nous pouvons observer dans le bassin de l'*Allier*, que le second séjour de l'Océan y a été prolongé pendant tout le tems que la nature a employé à la formation de deux cents toises de couches horizontales calcaires.

Nous ne parlerons pas ici du tems qu'il a fallu aux eaux courantes de l'*Allier* & des rivières latérales, & en général aux eaux pluviales, pour mettre la *vallée-golfe de l'Allier* dans l'état où elle est depuis que l'Océan, par sa seconde retraite, a laissé toute liberté d'agir à ces eaux & aux météores sur ces derniers dépôts. Il est aisé de voir que les destructions qui ont eu lieu sont très-considérables, & ont exigé une longue suite de siècles.

Comme nous nous proposons d'exposer, relativement à la vallée de la *Loire*, les mêmes phénomènes, & d'en suivre la comparaison avec ceux que la *vallée-golfe* de l'*Allier* nous a offerts, nous y renvoyons pour un plus grand détail : c'est là surtout que nous nous proposons de faire connoître une correspondance dans les opérations de la nature, qui autorisera l'établissement d'une théorie importante, & qu'on trouvera aux articles GOLFE TERRESTRE, VALLÉE-GOLFE : c'est là surtout que nous ferons le dénombrement de toutes les grandes vallées qu'on peut ranger dans la même classe que l'*Allier* & la *Loire*, soit en France, soit dans l'Italie, &c. (*Voyez* LOIRE.)

Nous devons prévenir nos lecteurs que l'établissement de notre théorie supposant des changemens successifs dans le bassin de la mer, & ces changemens contrariant certaines opinions, certains systèmes, nous nous attacherons surtout à appuyer ces changemens sur des observations multipliées & incontestables qu'on pourra vérifier facilement, & dont les circonstances s'annonceront par des caractères déjà connus des naturalistes comme des géographes.

ALLIOS, *Allioste*, *Roussette*. C'est une mine de fer sablonneuse, qu'on trouve à une certaine profondeur dans les landes de Bordeaux, dans celles du Maine, de Bois-le-Duc & de Bréda. C'est un sable lavé, qui est plus ou moins étroitement uni par un lien ferrugineux. Cet *allios* se rencontre aussi abondamment dans certaines plaines fluvio-torrentielles, fort larges, dans les grands dépôts formés sur les limites de l'ancienne & de la nouvelle terre, & enfin dans le voisinage des mines de fer par transport; c'est la plupart du tems une mine de fer dilatée, *minera ferri* [illegible], & déposée au milieu des amas de sables.

L'*allios* se voit aussi dans quelques plaines de l'ancienne terre, recouvertes de débris de granits & infertiles, & qui le deviendroient encore davantage si l'on divisoit les principes du fer par l'écobuage, comme quelques ignorans cultivateurs l'ont proposé. Les landes de Bretagne entre Nantes & Rennes, entre Lamballe & Dinant, certains cantons du Limousin, ceux de Charonnat, sont infectés d'*allioste*.

La partie de la mine de fer qui est soluble par l'eau, est aussi un agent de la pétrification; car les élémens des pierres & même certains fragmens de pierres s'unissent fortement par les dépôts ferrugineux que font les eaux pluviales à une certaine profondeur : ainsi certains poudings ont cette mine pour principe de liaison.

L'*allios*, surtout dans les landes de Bordeaux, où je l'ai observé avec le plus grand soin, tient l'eau de la pluie, & l'empêche de pénétrer à un certain point dans ces amas de sables; ce qui non-seulement rend cette eau mal-saine, parce qu'elle se trouve chargée de tous les principes des plantes qui pourrissent sur cette croute ferrugineuse. Il en résulte aussi que l'eau, résidant à la surface de cette vaste plaine, se trouve évaporée pendant l'été par les rayons brûlans du soleil; ce qui produit pour lors dans les landes un état de desséchement qui s'oppose à l'accroissement de toutes les plantes dont les habitans pourroient tenter la culture.

D'un autre côté, cette même mine, retenant l'eau des pluies à l'approche de l'hiver & pendant toute cette saison, fait que les landes sont inondées par une nappe d'eau superficielle, qui, étant presque partout de niveau, ne peut avoir aucun écoulement. Ainsi l'on voit que les landes de Bordeaux, par la constitution physique de cette mine, passent, dans l'intervalle de l'hiver à l'été, de l'inondation la plus complète à un desséchement qui est tel, qu'il amène la plus grande stérilité.

C'est donc à l'*allios* qu'on doit attribuer la difficulté de mettre en valeur la plus grande partie des landes de Bordeaux, & d'en tirer quelques avantages, soit en y établissant des prairies, soit en les cultivant de toute autre manière.

Cet *allios* peut nous donner une idée de certaine mine de fer que renferment les attérissemens de la Guyanne, & que quelques naturalistes peu instruits ont pris pour des produits du feu des volcans. Je dois dire ici qu'un examen suivi de nombreux échantillons de cette mine, ramassés à une petite distance de Cayenne, m'a prouvé que le feu n'avoit aucune part à son état, & qu'elle est une suite des dépôts formés au milieu des grands attérissemens qui sont dispersés le long des bords de la mer, & que nous ferons connoître en détail à l'article CAYENNE.

Pour terminer convenablement ce qui concerne l'*allios*, j'ajouterai ici que cette mine de fer sablonneuse se trouve dans les vastes landes du Brabant, comprises depuis Anvers jusqu'au Maërdick, de l'ouest à l'est, & depuis Berg-Op-Zoom & la mer d'Allemagne jusqu'à Maëstricht, du nord au sud. Cette couche de pierre jaunâtre, ferrugineuse & pyriteuse, réside sous les sables, quelquefois à quatre & cinq pieds, & d'autres fois seulement à un pied de la surface de la terre. Le rapport de cette couche avec le banc d'*allios* que j'avois observé dans les grandes landes de Bordeaux, me donna lieu d'en suivre exactement la position & l'étendue dans mon voyage en Hollande, & d'en remarquer les effets qui m'ont paru parfaitement semblables.

J'ai reconnu que, dans ces contrées voisines de la Hollande, les seules landes du Brabant, dont j'ai indiqué les limites ci-dessus, renferment sous les sables notre couche de mine de fer graveleuse & pyriteuse, & que c'est par ce caractère surtout qu'on doit distinguer ces vastes landes de celles de la Dreuthe & de la province d'Owerissel, où le sable de la superficie repose sur des roches granitiques, talqueuses, schisteuses, quartzeuses, & même sur des fragmens de laves. Mais je renvoie l'exposition des circonstances de tous ces phénomènes à l'article LANDES, où je donnerai une description succincte & comparée des landes de *Bordeaux*, du *Brabant*, de la *Gueldre*, de la *Dreuthe*, de l'*Owerissel*, &c. ainsi qu'à chacun de ces articles particuliers.

ALLURE des différens massifs qui sont à la surface de la terre. Cette observation est très-importante, & mérite d'occuper les naturalistes & surtout ceux qui se proposent de représenter ces formes sur les cartes, d'après la méthode que nous avons exposée à la tête de ce Dictionnaire. C'est ainsi que nous avons figuré l'*allure* des principales mines de charbons de terre & celle de leurs couches ou filons. Cet ensemble de l'*allure* est un des grands avantages qui peuvent résulter du travail propre à perfectionner la géographie-physique; & lorsqu'on est parvenu à faire connoître les détails les plus étendus de cette *allure*, on est autorisé à en tirer un grand nombre de conséquences infiniment précieuses sur la structure des parties superficielles du globe, qu'il nous intéresse particuliérement de connoître, vu l'utilité qu'on peut retirer de chacun de ces massifs. On pourroit de même faire des recherches pareilles sur les massifs des craies & leurs *allures*, sur les amas de silex & leur *allure*, sur les amas de coquilles fossiles & leurs *allures* : on ne pourroit qu'en tirer de nouvelles vues sur la constitution du sol de la terre dans les diverses contrées. Nous sommes encore fort éloignés d'une connoissance aussi précise de toutes ces *allures*; mais nous devions en montrer les avantages, ainsi que les principes d'après lesquels il importe surtout de les déterminer sur des cartes particulières, afin de se procurer ces avantages. (*Voyez* FILONS, MASSIFS, CHARBONS DE TERRE, LIMITES de l'ancienne & de la nouvelle terre, &c.)

ALLUVION, sorte d'accroissement qu'éprouvent les rivages de la mer ou les bords d'un fleuve par les dépôts qu'y forment les eaux : ces dépôts se font insensiblement & à mesure que les eaux chargées de terres les laissent précipiter en conséquence du rallentissement qu'elles éprouvent dans leur cours. Il y a aussi de ces dépôts qui se font par l'action réitérée des vagues qui poussent les sables contre les bords, ou des fleuves, ou de la mer.

Si l'on observe la marche des eaux courantes des rivières ou des fleuves, on remarque aisément que l'eau forme des *alluvions* du côté qu'elle qu'elle abandonne, pendant qu'elle se porte contre le côté opposé qu'elle mine & qu'elle creuse : la suite de ces *alluvions* s'étend assez considérablement en formant des avances & des plans inclinés fort alongés. (*Voyez* l'article ACCRUES, où la marche de tous ces dépôts est exposée dans un détail convenable.)

J'ai comparé les faits que M. de Buffon apporte pour établir les changemens de mer en terre & de terre en mer, avec le plan hypothétique de la marche successive de l'Océan, qui s'achemine de l'est à l'ouest tout autour du globe, & j'ai trouvé que M. de Buffon apportoit autant de faits & même plus contre cette marche successive, que pour cette marche. Je ne vois pas, pour le bien dire, de faits & d'observations qui l'établissent le moins du monde; je vois qu'il n'y a que ces *alluvions* des fleuves de bien prouvées, ainsi que leur prolongement, qui occupent des terrains neufs produits par les fleuves, & abandonnés par les fleuves & la mer : hors cela je ne connois rien en fait de changemens de mer en terre. Tout ce que rapporte M. de Buffon se réduit à ce genre de travail : ainsi la Hollande est faite par le Rhin, comme le Delta par le Nil, comme une partie du Languedoc & de la Provence par le Rhône, comme le Bas-Médoc par la Garonne, comme toute la Louisiane par le Mississipi, comme toute la terre basse du Brésil & de Cayenne par l'Amazone & les autres fleuves. Ce dernier dépôt surtout est bien contraire à l'idée de M. de Buffon; car il paroît qu'il y a plus de trois à quatre cents lieues en sens contraire de la marche qu'il suppose à l'Océan, c'est-à dire, de l'ouest à l'est. (*Voyez* ATTÉRISSEMENS, RHÔNE, MISSISSIPI, AMAZONE, &c.)

ALMADEN, mine de cinnabre, dans le royaume de la Manche, en Espagne : elle est renfermée dans une colline composée de pierres de sable. Du sommet du coteau sort une crête de bancs inclinés, tachetés de cinnabre, qui naturellement servent d'indices à ceux qui exploitent l'intérieur de la mine. Dans le reste du coteau on voit quelques petites veines de schistes avec des veines de mine de fer. Tout le pays abonde en mines de fer, & même on trouve dans la mine d'Almaden des échantillons où le fer, le mercure & le soufre sont mêlés si intimement, que ces substances ne font qu'un même corps.

Les coteaux voisins d'Almaden sont composés de la même sorte de rochers, que celui sur lequel ce village est construit.

Il y a deux filons qui traversent la colline dans sa longueur : ils ont depuis deux jusqu'à quatorze pieds de large; dans certains endroits il s'en détache des rameaux suivant des directions différentes. La pierre qui contient ces filons & qui leur sert de matrice est une pierre de sable, & le cinnabre y est plus ou moins abondant, suivant que les grains de sable sont plus ou moins fins : d'où il arrive que des morceaux du même filon contiennent jusqu'à dix onces de vif argent par livre, tandis que d'autres n'en contiennent que trois onces.

En général les deux filons principaux sont accompagnés de quelques couches qui, dans presque toutes les mines, séparent les filons & les enveloppent, tantôt d'un côté, tantôt des deux : ces couches ou bandes, qu'on appelle *salbandes*, sont composées, à Almaden, d'une ardoise noire & sans consistance, qui renferme beaucoup de cinnabre & de grosses pyrites jaunes martiales.

Indépendamment de ces pyrites on trouve, dans la mine d'Almaden, des morceaux de quartz blanc, qui renferment beaucoup de cinnabre : on y voit aussi du spath cristallisé, rempli de la même matière, tantôt en forme de rubis, tantôt en feuilles; enfin quelques ardoises sont dans le même cas. Le hornstein est pénétré de cinnabre, qui se présente comme des pointes de cloux; enfin on rencontre le vif argent pur & coulant dans les fentes des ardoises & des pierres de sable.

La direction du monticule d'Almaden est du nord-est au sud-ouest : il peut avoir cent vingt-cinq pieds d'élévation; il est, comme toutes les collines de la Manche, composé de deux systèmes de couches inclinées, qui viennent se réunir au sommet. Tous les gros bancs qui composent l'intérieur du monticule, ont à peu près la même inclinaison.

Les morceaux de ces pierres énormes sont coupés par des fentes verticales, quoiqu'elles soient inclinées vers le midi.

La colline d'Almaden est coupée verticalement par deux filons de ces pierres, plus ou moins remplies de cinnabre, qui, comme je l'ai remarqué, ont depuis deux jusqu'à quatorze pieds de large : ils se joignent vers la partie la plus voisine du sommet de la colline : de cette union il en est résulté cette grande richesse de la mine.

Une couche de pierres non calcaires, de deux ou trois pieds de large, s'étend du nord au midi. En traversant le monticule elle coupe les deux filons, de manière qu'au-delà de cette coupure on ne voit plus aucun indice de cinnabre. Ces espèces de couches sont appelées en allemand *clufft* : elles coupent ordinairement les filons métalliques, parce qu'elles sont antérieures à leur formation; & comme les filons qui trouvent ces couches de pierres durcies ne peuvent les pénétrer, ils sont obligés de se détourner de la ligne droite.

ALOÉ PITTE (*Aloe disticha*), espèce d'*agave* fétide, dont la racine est tubéreuse & pousse des feuilles longues de quatre à cinq pieds. Cette plante ne réussit pas indistinctement dans toutes les îles de l'Amérique : on la rencontre à Saint-Domingue, dans les bois de certains quartiers, comme au Mirebalais, à l'Artibonite, &c. Elle supplee au chanvre & au lin.

Il est bon d'observer que la seconde écorce de cette plante est toute composée de fils très-forts : ces fils offrent une grosse toile tissue par la nature, & qui, étant enlevée à de grands *aloés pittes* dans leur pays natal, peut être très-utile. C'est des feuilles de cette plante, précédemment battues ou écrasées, & privées de leur suc, que les Indiens de la Guyanne tirent des fils très-forts, très-longs & fort beaux, dont ils fabriquent des hamachs, des voiles, des cordes & d'autres ouvrages, même de grosses toiles d'emballage. Les Portugais du Brésil en font des gants & des bas. On teille le *pitte* comme le chanvre : on en fait des étoffes qu'on apporte en Europe sous le nom d'*écorces d'arbre*.

On retire des autres *aloés* des fils approchant de la nature de ce premier. Les Espagnols & les habitans du Roussillon faisoient autrefois des dentelles avec la filasse de l'*aloé* ordinaire. La filasse d'*aloé* qu'employoit M. Berthe, ancien propriétaire d'une manufacture de sparterie, étoit tirée de l'*aloé* commun, le même qui vient naturellement dans les provinces méridionales de la France, où quelques paysans en plantent à l'extrémité de leurs champs, le long des chemins, pour en former des haies qui sont impénétrables aux hommes comme aux animaux. Cette espèce d'*aloé* a les feuilles de six à neuf pouces de large, sur cinq à six pieds de longueur, armées de pointes très-aiguës : ses tiges se terminent par une quantité fort considérable de rameaux de fleurs agréables. La plante meurt après avoir étalé toute sa beauté; mais elle dédommage les cultivateurs en laissant à sa place des milliers de jeunes plants vigoureux en état de la remplacer.

Cet *aloé* commun n'exige ni beaucoup de terre ni un sol excellent, puisqu'il vient sur les montagnes arides de la Provence : on le trouve aussi dans le Languedoc & dans le Roussillon. Perpignan est entouré de beaux *aloés*, & cependant on ne fait pas mettre à profit cette production naturelle. Il seroit à desirer que les cultivateurs, qui en forment des haies, s'occupassent aussi à en retirer la filasse : le procédé n'en est pas difficile; il suffit de mettre les feuilles nouvellement coupées sur une dalle de pierre unie, d'en exprimer le suc avec un rouleau de bois, & de les peigner avec un peigne de fer, après les avoir fait sécher. De ces petites opérations résultoit une filasse avec laquelle M. Berthe faisoit fabriquer des cordons de montres, de cannes, de sonnettes, de rideaux, des guides & des rênes de voitures.

La plante de l'*aloé* commun est venue de l'Amérique méridionale en 1561, & s'est naturalisée dans nos provinces méridionales, de même qu'en Portugal, en Espagne, en Italie, en Sicile, en Corse, &c.

ALOÉ, plante dont il y a beaucoup d'espèces : ses feuilles sont en général nombreuses, disposées en rond, fort grandes, très-épaisses, charnues, longues, la plupart armées de piquans sur les bords; cassantes, fermes, convexes en dessous, concaves à la partie supérieure, cylindriques, remplies d'une substance gluante, claire, verdâtre, qui devient violette en séchant.

Les plantes de ce genre ont un goût extrêmement amer; elles croissent naturellement en Perse, sur les côtes de Malabar, au Cap de Comorin & autres lieux de l'Inde; en Egypte, en Ethiopie, en Arabie, en Italie, en Espagne, en France, dans le Languedoc, dans les îles de l'Amérique & dans tous les pays chauds.

Les différentes variétés d'Aloés que nous devons indiquer comme appartenant à plusieurs pays, & bordés de dents épineuses, sont l'*aloé à feuilles bordées de rouge*, de l'île Bourbon; l'*aloé succotrin à fleurs pourprées*, de l'île de Soccotora; l'*aloé vulgaire* ou le *kadanaka* de Malabar, l'*aloé maculé* d'Afrique, l'*aloé corne de bélier;* c'est celui des *aloés* qui s'élève le plus (*aloe arborescens*); l'*aloé mitré* d'Afrique, l'*aloé moucheté* d'Afrique, les *aloés* à dents de brochet, celui à *épines rouges*, celui surnommé l'*artichaut*, & l'*aloé nain*, tous d'Afrique.

Les *aloés non bordés de dents épineuses* sont l'*aloé patte d'araignée* d'Egypte, l'*aloé perlé* d'Afrique, l'*aloé pouce écrasé* d'Afrique, l'*aloé veineux* du Cap de Bonne-Espérance, l'*aloé triangulaire* d'Ethiopie, l'*aloé épi de blé & piquant* d'Afrique, l'*aloé panaché* ou *bec de perroquet* d'Ethiopie, l'*aloé langue d'aspic & à verrues blanches* d'Afrique, l'*aloé langue de chat* du Cap de Bonne-Espérance, l'*aloé en éventail* de la montagne de la Table, au Cap de Bonne-Espérance; l'*aloé à feuilles longues & étroites* du Cap de Bonne-Espérance.

On retire par expression, dans les pays chauds, un suc gommo-resineux de quelques-uns des aloés dont nous venons d'offrir les espèces : ces sucs, étant desséchés par l'évaporation, diffèrent en pureté, en couleur & en odeur; aussi sont-ils connus dans le commerce sous des noms différens : ainsi, 1°. l'*aloé succotrin* se retire de l'*aloé à feuilles d'ananas* : on nous l'envoie de l'île de Soccotera : c'est le plus estimé de tous.

2°. Une autre sorte de ces sucs est l'*aloé hépatique*, parce qu'elle a la couleur du foie des animaux : son odeur est plus désagréable, & son goût plus amer que l'odeur & le goût de l'*aloé succotrin*.

3°. La dernière & la plus grossière de toutes ces espèces, & la moins bonne, est connue sous le nom d'*aloé caballin*, parce qu'elle est employée pour les chevaux : ces deux dernières se retirent de l'aloé ordinaire.

Il y a encore l'*aloé en calebasse* ou l'*aloé des Barbades*, qui est mollasse étant nouveau, mais qui, étant gardé, devient caſſant & tranſparent : il eſt fort recherché des curieux.

Nous ne parlerons pas de l'uſage que les médecins & les maréchaux font de ces ſucs : ceci n'eſt pas de notre objet.

ALOSE, poiſſon de mer, du genre du *clupe.* Nous le citons ici pour donner un exemple de poiſſons qui remontent de la mer dans les rivières. Sa longueur ordinaire eſt d'un pied & demi; ſa tête eſt d'une groſſeur médiocre, comparée au volume de ſon corps. La gueule a une grande ouverture. La mâchoire inférieure eſt un peu plus longue que la ſupérieure : celle-ci eſt partagée en deux & comme fourchue à ſon extrémité; elle eſt garnie ſeulement ſur ſes bords de très-petites dents, dont la mâchoire inférieure eſt dépourvue. Le ventre ſe termine latéralement en forme de carêne aiguë. Le dos eſt d'une couleur noirâtre, & les côtés & le ventre ſont argentins.

Le printems eſt la ſaiſon où l'*aloſe* remonte dans nos rivières principales, telles que la Seine, la Loire, &c. dans leſquelles elle s'engraiſſe, & où ſa chair prend un bon goût. Ces poiſſons vont en grandes troupes & nagent à fleur d'eau, montrant leurs nageoires dorſales. On en pêche ſouvent à la fois un grand nombre. On les voit quelquefois ſuivre des bateaux chargés de ſel, juſqu'à une grande diſtance de la mer. Rondelet nous apprend qu'il a vu prendre dans l'Allier plus de douze cents, tant *aloſes* que *ſaumons*, d'un ſeul coup de filet.

Il faut que ce poiſſon ait ſéjourné quelque tems dans l'eau douce de nos rivières, & ſurtout dans celle de la Loire, en remontant contre leur cours, pour s'y engraiſſer, prendre une bonne chair & d'une ſaveur agréable ; car, comme nous l'avons dit, au ſortir de la mer il eſt ſec, maigre & de mauvais goût : auſſi eſt-ce un proverbe à Orléans & ſur la Loire à une certaine hauteur : *Jamais riche n'a mangé bonne aloſe, ni pauvre bonne lamproie.* L'*aloſe* bien fraîche & priſe loin de la mer eſt un poiſſon délicat, & ſe ſert ſur les bonnes tables.

On vend à Paris, dans le printems, ſous le nom de *pucelle*, un poiſſon fort peu recherché, qui n'eſt qu'une petite *aloſe :* on la nomme *pucelle* parce qu'elle n'a pas d'œufs. Quelques perſonnes qui ne ſavent pas manger le poiſſon, redoutent l'*aloſe* à cauſe de la multitude de petites arêtes qu'on trouve dans le corps de ce poiſſon. On dit même à ce ſujet que les Grecs ont appelé l'*aloſe* (*theriſſa*), dénomination qui indiqueroit un poiſſon *plein de cheveux.*

L'*aloſe* fraie dans les rivières en mars ou en avril : elle ſe nourrit de vers, d'inſectes & de petites eſpèces de poiſſons. Elle a pour ennemis les brochets & les perches pendant qu'elle eſt encore jeune & foible; mais lorſqu'elle eſt parvenue à une certaine grandeur, elle n'a preſque plus à craindre que l'homme, qui s'occupe, pendant une partie de l'année, à en faire la pêche.

On pêche l'*aloſe* dans preſque toutes les grandes rivières de l'Europe, de l'Aſie & de l'Afrique ſeptentrionale. Il y a preſque partout, dans la ſaiſon convenable, à l'embouchure des grandes rivières, des parcs & des étangs où l'on force l'*aloſe* de ſe rendre dans le tems où elle entre dans l'eau douce, & dans les parties ſupérieures de leur lit on pratique des batardeaux armés de naſſes & des traîneaux permanens, uniquement deſtinés à les arrêter dans leur courſe.

La Loire eſt la rivière de France où l'on voit le plus d'*aloſes.* On emploie à leur pêche des bateaux pointus des deux bouts, & des ſeines d'une longueur conſidérable. La ſaiſon la plus favorable eſt depuis la fin de mars juſqu'à la fin de mai. On en prend auſſi dans la Seine avec des ſeines ordinaires. Ces dernières ſont plus eſtimées à Paris, que celles qui viennent de la Loire. En général ce poiſſon, comme le ſaumon, fait toujours effort pour vaincre les obſtacles qu'on oppoſe à l'inſtinct qui le porte vers la ſource des rivières; c'eſt pourquoi on en prend beaucoup au bas des digues qui les barrent : telles ſont celle du moulin qui eſt ſur l'Hérault, au deſſus de la ville d'Agde ; la première écluſe du canal du Midi du côté de Béziers, & la barre qui traverſe la rivière de l'Allier au Pont-du-Château en Auvergne.

I. ALPES, hautes montagnes qui, dans une longueur d'environ trois cents lieues, ſur une largeur fort variable, règnent depuis l'embouchure du Var, dans la Méditerranée, juſqu'à celle de l'Arſia, ſur les côtes du golfe de Veniſe. Ainſi les Alpes, dont nous allons nous occuper d'abord, forment la chaîne la plus longue & la plus large qu'il y ait en Europe. Cette grande maſſe, conſidérée dans ſes diverſes parties, porte des noms différens. Les anciens nommoient *Alpes maritimes* la chaîne qui s'étend depuis Vado, dans le comté de Nice, juſqu'aux ſources du Var ou même juſqu'à celles du Pô; *Alpes cotiennes*, la chaîne qui va de la ſource du Var à la ville de Suze; *Alpes grecques*, la chaîne qui va de Suze au mont Saint-Bernard; *Alpes pennines*, la chaîne qui borde le Valais, depuis le mont Saint-Bernard juſqu'au Saint-Gothard; *Alpes rhétiennes* ou *griſonnes*, la chaîne qui s'étend depuis le mont Saint-Gothard juſqu'aux ſources de la Piave, dans le Tirol; enfin *Alpes juliennes*, *noriques* ou *carniennes*, la grande chaîne qui occupe l'intervalle entre la Piave & l'Arſia, vers les ſources de la Save, fleuve de Hongrie.

Dans ces différentes chaînes on trouve des gorges profondes & des vallées, par leſquelles on peut communiquer de la France & de la Suiſſe en Italie; mais on eſt obligé de franchir des *cols* fort élevés & fort reſſerrés, même à l'origine de ces gorges.

La correspondance & la liaison de ces chaînes se fait par des systèmes différens dans leur distribution : les unes se réunissent à un point, comme les branches d'un arbre à leur tronc; plusieurs autres sont parallèles entr'elles; enfin, des deux principales chaînes, celle du nord qui est en Suisse, & celle du sud qui borde l'Italie, se détachent plusieurs rameaux irréguliers encore fort élevés : il y en a même qui sont entiérement isolées de ces troncs par de profondes vallées. C'est particuliérement dans les *Voyages* de M. Grouner, qu'on peut prendre une idée générale de la distribution des diverses chaînes des Alpes que je viens d'indiquer. Il seroit bien à desirer qu'on eût une carte fidelle des Alpes; cela vaudroit mieux que les descriptions qu'on nous en a données depuis quelques années, & où l'on a défiguré, par un style emphatique, la majestueuse simplicité de la nature dans ces grandes masses.

On doit observer que c'est dans les différens centres des chaînes des Alpes, dont j'ai fait mention ci-dessus, que les plus grands fleuves de l'Europe prennent leurs sources : ainsi le Tésin, qui a son cours vers le sud; le Rhône, qui se porte au couchant; le Rhin, la Reuss & l'Aar au nord, partent toutes du mont Saint-Gothard. Une autre grande masse de montagnes élevées, & qui se trouve au pays des Grisons, fournit les eaux de plusieurs rivières, telles que l'Albula, l'Inn, la Maïra, l'Adda & l'Adige. La troisième masse est celle des hautes montagnes de la Savoie, qui se lie avec la chaîne de Saint-Bernard, dont le centre est le Mont-Blanc, avec les autres montagnes voisines, & qui fournit les eaux à l'Arve & surtout au Pô & aux rivières qui s'y réunissent vers les commencemens de son cours, ainsi que la grande & petite Doire, &c.

Si l'on considère les Alpes avec attention & dans leur ensemble, & qu'on suive les changemens que ces montagnes ont dû subir pendant une longue suite de siècles, on sera conduit à se représenter les principales chaînes comme ayant originairement formé une seule & même masse, qui, par l'effet de divers agens destructeurs, a pris les diverses formes que l'on y observe aujourd'hui. De ces causes, la principale sans doute est le travail des eaux que reçoivent les sommets de ces montagnes, ou en pluies, ou en neiges, & qu'elles versent continuellement par les ravins & les canaux des torrens & des rivières. C'est cet agent qui a creusé & qui creuse encore toutes les vallées qui séparent toutes les chaînes qui étoient autrefois réunies.

C'est de ce travail continuel de l'eau que se sont formés les divers aspects des Alpes, les torrens, les cascades, les lacs, toutes ces pentes douces ou escarpées; enfin, c'est ce travail qui a mis à découvert les différentes substances qui font entrées dans la composition des Alpes, & qui a fait connoître la nature des matériaux qui les constituent; enfin l'organisation ou la disposition de ces matériaux.

Ainsi, en partant du mont Saint-Gothard, je vois que le centre de cette masse énorme est le granit, qui est en même tems la base de rochers calcaires à couches horizontales ou inclinées, & qui par leur superposition sont d'une formation postérieure à celle du granit. En descendant la vaste & longue ravine du Vallais je trouve, à côté du granit & dans le fond de la ravine, du schiste qui sert aussi de base aux mêmes rochers calcaires, lesquels portent sur les granits de Saint-Gothard; & c'est ainsi que le travail de l'eau me donne une facilité de décomposer en quelque sorte la masse énorme des Alpes, & de reconnoître les massifs de diverse nature qui ont été accumulés, à différentes époques, les uns sur les autres pour composer les Alpes. (*Voyez* l'article VALLAIS, où je ferai connoître cette composition bien plus en détail.)

A l'égard de la hauteur des sommets les plus élevés des Alpes, elle n'a été déterminée que pour un petit nombre, & cette considération est assez importante pour exiger un article particulier, où je donnerai une comparaison raisonnée de ces diverses hauteurs.

Quand on monte sur quelques-uns de ces sommets, on remarque différens aspects des montagnes voisines, d'après lesquels on ne peut guère juger de leur hauteur ni de leur position, attendu qu'elles se couvrent les unes & les autres, & que la plupart des gorges & des vallées qui les séparent, ne peuvent pas se découvrir en même tems. D'ailleurs, il est des points élevés d'où les montagnes d'une moyenne élévation ne se détachent plus du fond des plaines au milieu desquelles elles sont dispersées. Ainsi, l'étude des pays de montagnes ne peut se faire qu'en les parcourant sous toutes leurs faces, & en visitant dans le plus grand détail chaque chaîne & chaque ramification de vallées adossées à une vallée principale. Ce ne seroit même qu'en assujettissant ses courses aux différens systèmes de vallées, qu'on pourroit parvenir à se former une idée vraie des Alpes, & à les faire connoître aux naturalistes & aux géographes.

La plus grande partie des hauts sommets des Alpes est couverte de neige qui ne fond jamais; mais quelquefois aussi ce qu'on prend pour de la neige est une glace produite par la fonte des neiges qui se sont regelées sur le champ. Les assemblages des neiges sur les sommets élevés, & des glaces produites par les neiges fondues & regelées dans une région inférieure, forment ce que l'on nomme les *glaciers* : ils occupent des sommets & des vallées d'une certaine étendue. (*Voyez* GLACIERS.) Lorsque les glaces rencontrent des vallées favorables, elles y cheminent & y descendent à un niveau de beaucoup inférieur à celui des neiges. C'est à l'extrémité de ces amas de glaces que sortent, surtout en été & à certaines heures du jour, des torrens plus ou moins abondans, qui donnent naissance aux grandes rivières, telles que l'Arve, le Rhône, l'Aar, la Reuss, le Rhin, &c.

Les rivières qui prennent leur source dans les glaciers sont sujètes à des débordemens, ou périodiques, ou accidentels, en conséquence desquels ces rivières charient beaucoup de matières que la fonte abondante des glaciers entraîne, & que le tems d'intermittence leur fait déposer le long des bords de leur canal : outre cela, la pente rapide des terrains que parcourent ces rivières torrentielles, augmente encore leurs ravages.

Ces accidens ont lieu généralement avant que les rivières dont il est question se jettent dans des lacs; car au sortir des lacs les eaux de ces rivières ne sont chargées d'aucune matière : outre cela, leur lit a moins de pente; car les bassins des lacs occupent en général la partie du cours des rivières où se terminent les vallées à pente rapide, & où commencent les plaines : ce sont ces mêmes circonstances qui ont favorisé la formation des digues des lacs; ce qui a fixé l'étendue de leur bassin, quant à sa longueur.

J'ai d'ailleurs observé que toutes les rivières qui se réunissent aux rivières principales, qui traversent les lacs, & qui prennent leur origine aussi dans les glaciers, comme les rivières principales, sont celles qui ont contribué à la formation de la digue des lacs. (*Voyez* l'article LAC.)

La bordure septentrionale du Vallais est aussi élevée & aussi frappante que celle qui lui est opposée; aussi offre-t-elle des glaciers dans lesquels l'*Aar* prend sa source : cette rivière dirige son cours au nord-ouest, & abreuve les bassins des lacs de Brientz & de Thoun.

Au nord du Saint-Gothard on voit la source de la Reuss, qui coule dans la direction du midi au nord, parcourt toute la vallée d'Uri, & va se jeter de même dans le lac des quatre cantons. A quelque distance de là, au nord-est, sort la Lints, qui se jette dans le lac de Zurich après avoir parcouru le canton de Glaris.

A l'est du Saint-Gothard se trouvent les différentes sources du Rhin, qui réunissent leurs eaux dans le pays des Grisons. Ce fleuve ainsi grossi se jette dans le lac de Constance, après avoir pris sa direction vers le nord.

On trouve encore dans ces mêmes contrées deux autres masses qui appartiennent aux Alpes. Dans la première, propre au pays des Grisons, on voit se former & courir l'Inn, l'Adda, la Maïra & l'Albula. La première de ces rivières coule au nord, & se jette dans le Danube : elle pourroit même être considérée comme la source la plus élevée & la plus éloignée du Danube. Les deux suivantes coulent au sud-ouest, & se jettent dans le lac de Cosme; & la dernière tend à l'ouest, & forme une des principales sources du Rhin.

L'autre masse, placée sur les limites du canton d'Appenzel & du comte de Toggenbourg, offre plusieurs sommets élevés, couverts de neiges qui alimentent des glaciers. Deux torrens, la Thour & la Sittel, se réunissent pour se jeter dans le Rhin au dessous de Schaffouse.

Telle est en gros la disposition des Hautes-Alpes de la Suisse; disposition que nous avons fait connoître en indiquant les pentes que suivent les eaux qui en découlent sous les divers aspects de l'horizon.

C'est aussi ce que l'on trouvera figuré dans une carte particuliérement rédigée sous ce point de vue. (*Voyez* ALPES dans notre Atlas.) Ces Hautes-Alpes occupent une étendue d'environ soixante-dix lieues, depuis la frontière de la Savoie jusqu'à celle du Tirol; de sorte qu'avec les montagnes secondaires qui en terminent les contours, ces masses couvrent les deux tiers de ce pays. Diverses chaînes les unissent avec les Alpes de la Haute-Allemagne & de l'Italie supérieure, dont les branches s'étendent vers les bords septentrionaux du golfe adriatique d'un côté, & vers la Méditerranée de l'autre.

Les *pointes* les plus apparentes des Hautes-Alpes appelées *Horn* (Cornes) dans la Suisse allemande, *Dents* ou *Aiguilles* dans la Suisse françoise, *Pezi* par les Lombards, s'élèvent & se montrent avec une majesté imposante : le soleil à son lever éclaire les premières, & les dernières à son coucher. Elles ont toutes sortes de formes toujours dépendantes de l'organisation des masses dont elles sont composées, & des décompositions qu'elles ont éprouvées.

C'est aux pieds de ces pointes, revêtues & entourées de neige, que l'on trouve les glaciers produits par la fonte des neiges & par la congélation prompte & subite de l'eau de ces fontes : ces glaces s'accumulent sur la pente & les flancs des plus hautes Alpes d'abord, ensuite elles s'étendent & se prolongent dans les parties des vallons les plus élevées & les plus voisines des neiges. Ce travail successif de la fonte des neiges & de la congélation de l'eau que produit cette fonte, a formé des amas de glaces qui étonnent par leur étendue & leur épaisseur. Le glacier le plus épais que l'on connoisse en Suisse, est celui du mont Avicula, au dessus d'une des principales sources du Rhin; il forme un massif de glace solide, distribué entre différentes pointes plus élevées & couvertes de neiges, lequel a plus de cent toises de hauteur perpendiculaire. Ailleurs, la vallée de glace la plus étendue qu'on connoisse, se trouve ouverte le long de la bordure qui sépare le Vallais du canton de Berne : sa longueur, avec quelques interruptions peu considérables, est d'environ trente lieues. Enfin, on connoît les noms de plus de trois cents cimes couvertes de neige, avec ces appendices de glaces qui sont innombrables.

Quoiqu'on sache, à n'en pas douter, que ces

amas de glaces ont commencé à se former depuis très-long tems, que quelques-uns ont fait des progrès assez sensibles dans des tems peu éloignés du nôtre, il n'est pas moins vrai que plusieurs glaciers ont aussi beaucoup diminué, & qu'en général la nature a tracé une ligne au dessous de laquelle la neige & la glace fondent tous les étés, & cette ligne est à peu près, dans toutes les Hautes-Alpes, à quinze cents toises au dessus du niveau de la mer.

Au dessous de ce point d'élévation on ne trouve souvent aucune trace de végétation : le roc, dépouillé de terre végétale par les fontes des neiges & leurs éboulemens, ne présente qu'un sol stérile : aussi le tableau si majestueux de ces sommets élevés ne présentera bientôt, à l'œil d'un observateur, que le triste aspect d'un vaste désert. D'ailleurs, comme les vapeurs se ressemblent abondamment en conséquence d'une température froide autour de ces sommités, elles sont le plus souvent enveloppées d'épais nuages, d'où il tombe ensuite une prodigieuse quantité de neige pendant la moitié de l'année, ainsi que des pluies abondantes dans l'autre.

Tel est en général l'état de la région supérieure des Alpes ; & c'est pour le mieux faire connoître, que nous croyons devoir résumer les considérations précédentes.

On peut prendre une idée de la position des Hautes-Alpes & de la distribution de leurs diverses branches, en suivant sur la carte le cours des fleuves qui en découlent : on y suivra depuis leurs sources, le Rhône, l'Aar, la Reuss, le Rhin, l'Adda & le Tésin, & tant d'autres rivières ou torrens qui se jettent dans ces fleuves ; & cette disposition des eaux courantes, jointe à d'autres circonstances, est une preuve que, dans l'intérieur de ce circuit, se trouvent les cimes les plus élevées des Alpes. Un détail succinct achevera d'en convaincre.

Le Saint-Gothard & les montagnes qui y sont liées sont au centre de ce massif immense. Des glaciers de la Fourche, au midi du Saint-Gothard, sort le Rhône ; il traverse le Vallais dans toute sa longueur de l'est à l'ouest, & se jette dans le lac de Genève. Cette grande vallée est bordée des deux côtés par deux chaînes des Hautes-Alpes ; celle qui la borde au midi sépare la Suisse de la Savoie, & va joindre les glaciers du Faucigny : c'est dans cette bordure qu'on voit le Simplon & le grand Saint-Bernard. On voit que la partie la plus basse des vallées & des massifs qui les séparent, est la seule susceptible de culture ; les terrains plus élevés donnent des pâturages, le reste est couvert de forêts & de productions qui dégénèrent de plus en plus à mesure qu'on approche de la région des glaces & des neiges.

La partie occidentale & septentrionale de la *Suisse* occupe un grand district du Jura, autre chaîne de montagnes séparée des Alpes, & beaucoup moins élevée, qui s'étend, en suivant les frontières de la France, depuis les rives du Rhône au dessous de Genève, jusqu'à celle du Rhin au dessous de Bâle : elle présente une succession alternative de vallées & de cimes assez élevées, qui cependant ne conservent la neige que jusque vers le commencement de juin.

Entre ces deux systèmes de montagnes, les Alpes & le Jura, on trouve, depuis les bords du lac de Genève jusqu'au Rhin & au lac de Constance, dans la direction du sud-ouest au nord-est, un pays ouvert & fertile, entrecoupé seulement de collines, où sont situés les lacs dont les bassins occupent les lits des rivières ; quelques-unes de ces rivières, en sortant de ces lacs, sont navigables : c'est dans cette région qu'on voit une culture très-animée de grains, d'arbres fruitiers & de vignes.

Nous terminerons ce que nous avons dit en général des Alpes, par trois considérations assez importantes.

La première a pour objet les amas de pierres arrondies, ou isolées, ou liées ensemble sous la forme de poudings.

La seconde concerne les grotes & cavités d'où l'on tire le *cristal de roche*.

Enfin, la troisième est relative aux transports des matériaux qui ont été faits hors des Alpes, par les eaux courantes, lors de l'excavation des vallées qui en séparent les différentes parties.

On trouve, dans les Alpes & autres grandes montagnes qui les avoisinent, des amas & des massifs de pierres arrondies ou poudings, qui ont les couleurs les plus belles & les plus variées, & qui sont visiblement formés par l'assemblage d'un grand nombre de petits fragmens collés les uns aux autres par un *gluten* ou lien qui souvent est aussi dur que les cailloux mêmes qu'il tient unis. On voit que ces pierres sont des fragmens de quelques roches de la même nature qu'elles ; qu'ils ont été emportés par les eaux qui les ont roulés & arrondis. On a imaginé de grandes révolutions pour expliquer l'arrondissement des cailloux dont ces poudings sont composés. Ce qu'il y a de certain, c'est que leur rondeur annonce qu'ils ont été roulés & polis avant que d'être collés & réunis ensemble. Au reste, nous discuterons en particulier ce qui concerne ces pierres roulées, dans un article où nous ferons connoître surtout la part que les flots de la mer ont eue dans leur arrondissement. En attendant, nous croyons devoir indiquer les cailloux roulés comme occupant dans les Alpes des positions singuliérement remarquables, d'un côté fort élevées, & de l'autre les parties les plus basses. Nous pouvons citer ici l'article ADIGE, où nous avons commencé à faire envisager les principales causes de ces dispositions.

Les rochers dont les Alpes sont composés, offrent, en quelques endroits, des cavités & des grotes d'où les habitans de la Suisse vont tirer le *cristal de roche*. On reconnoît la présence de ces cavités lorsqu'en frappant avec de grands marteaux de fer sur les roches, elles rendent un son creux. Ce qui les indique encore d'une manière plus sûre, ce sont des veines ou filons de quartz blanc, qui coupent les roches en différens sens : ces veines sont beaucoup plus dures que le reste des massifs, qui sont ordinairement de talcites.

Un autre signe auquel on connoît la présence d'une cavité renfermant du *cristal de roche*, c'est lorsqu'il suinte de l'eau au travers du roc, dans le voisinage des endroits où l'on a remarqué les indices qui précèdent. Lorsque toutes ces circonstances se réunissent, on ouvre la montagne avec une grande apparence de succès, soit à coups de ciseau, soit à l'aide de la poudre à canon : on forme ensuite une ouverture semblable aux galeries des mines. On a remarqué qu'il se trouvoit toujours de l'eau dans ces grotes ; elle s'amasse dans les réduits inférieurs, après être tombée goutte à goutte des différentes parties des voûtes.

Il y a quelque lieu de croire qu'on acquerroit beaucoup de connoissances sur la formation des *cristaux de roche*, si l'on examinoit la manière dont la nature opère dans les grottes, & même si on analysoit, par les moyens que fournit la chimie, les eaux qu'on y rencontre, & auxquelles peuvent être dus partie des phénomènes qu'on y remarque. (*Voyez* CRISTAL DE ROCHE.)

C'est particuliérement sur le Grimsel, montagne de Suisse, aux confins du Haut-Valais, que l'on trouve une des plus riches mines de cristal, & d'où l'on tire des pièces de quelques quintaux. M. Haller nous assure avoir vu la plus grande pièce de cristal qu'on en ait extraite. Elle pesoit six cent quatre-vingt-quinze livres.

On a beaucoup parlé des inégalités de la surface du globe & des transports de matériaux d'une contrée à une autre ; mais on n'a fait envisager que de petites causes & des effets proportionnels qui n'étoient d'aucune importance. Cependant on pouvoit citer de grandes opérations des eaux courantes, dont les résultats s'offrent partout, & nous annoncent des déplacemens de matériaux très-étendus ; les uns, qui occupoient le fond des grandes & des petites vallées creusées par les eaux courantes ; les autres, qui sont venus remplir les premiers vuides hors de ces vallées & jusqu'à de très-grandes hauteurs.

Les premiers matériaux déplacés sont ceux qui remplissoient toutes les vallees grandes & petites, principales & latérales, qui ont été approfondies, comme nous l'avons dit ci-dessus, au milieu des *Alpes*.

Les autres matériaux déplacés sont ceux qui sont venus remplir ensuite une partie des premiers vuides produits lors de l'excavation des vallées. On voit aisément qu'ils ont dû former des masses considérables dans les plaines qui sont au dehors de ces vallées. C'est là que les premiers transports ont eu lieu, & qu'ils se continuent encore chaque jour ; mais une circonstance qui nous fournit un moyen bien sûr d'apprécier à peu près la quantité de ces matériaux, ce sont les remplissages qui se sont faits à l'extrémité inférieure des bassins de tous les lacs qui occupent les différentes bordures des Alpes ; remplissages dont on peut juger à peu près par la profondeur des lacs eux-mêmes, laquelle, comme on sait, a été trouvée très-considérable ; car, comme les bassins de ces lacs faisoient autrefois partie de ces vallées, il s'ensuit que le fond du bassin des lacs, qui nous représente l'ancien niveau de toutes les parties supérieures & inférieures des vallées où ils se trouvent situés, atteste en même tems l'épaisseur des matériaux qui ont formé la digue, laquelle soutient les eaux du lac à leur hauteur actuelle : cela nous donne en même tems un moyen de déterminer quelle a été à peu près la profondeur primitive des vallées extérieures à la masse des Alpes, & ce n'est pas seulement dans les environs de la digue des lacs qu'on trouve l'accumulation des matériaux transportés hors des vallées intérieures, mais encore dans presque toute l'étendue des plaines recouvertes visiblement par ces mêmes matériaux, dont la plus grande partie est formée de pierres roulées. (*Voyez* LAC, CAILLOUX ROULES.)

II ALPES SUISSES. Ces grandes montagnes renferment, 1°. la chaîne qui court entre le Vallais & le canton de Berne ; 2°. la chaîne du grand Saint-Bernard : j'ajoute à cela les massifs énormes qui s'étendent vers le *Saint-Gothard* ; c'est là que j'ai vu le mont de la Fourche, le *Schreck-Horn* d'un côté, & le *Simplon* de l'autre. C'est ici que sont les sources des grands fleuves qui parcourent les différentes contrées de l'Europe ; c'est de là qu'on peut suivre le Tésin, qui verse ses eaux dans l'Adriatique par le Pô ; le Rhin, qui parcourt la Suisse, l'Alsace, une grande partie de la Westphalie, & qui se rénd par deux branches dans la mer d'Allemagne ; le Rhône, qui va se jeter dans la Méditerranée ; enfin l'Inn, qui porte ses eaux dans la Mer-Noire, conjointement avec celles du Danube.

On voit par-là que le groupe des montagnes que je viens d'indiquer est le centre des principales vallées qui découpent le grand massif *des Alpes* ; quelques-unes même des montagnes qui sont à la tête de ces vallées, ont jusqu'à quatorze mille pieds d'élévation perpendiculaire au dessus du niveau de la mer, & s'apperçoivent de plus de quatre-vingts lieues de distance.

Les Alpes suisses séparent l'Italie de la France, & commencent aux bords de la Méditerranée, près de Monaco, entre l'État de Gênes & l'État de Nice ; elles longent le Piémont, qu'elles divisent de la Provence & du Dauphiné ; elles couvrent la Savoie, la plus grande partie de la Suisse, & jettent plusieurs rameaux le long des limites du canton de

Berne ; & enfin sur partie des sept autres cantons, d'où elles se dirigent vers le sud & l'orient, parcourent le pays des Grisons, l'intervalle entre la Valteline & le Tirol, & se terminent d'un côté vers la Lombardie, de l'autre à la mer Adriatique au golfe de Quarnero, entre l'Istrie & la Croatie, après avoir formé une chaîne non interrompue de plus de cent soixante lieues de longueur.

Dans cette masse générale on distingue plusieurs parties qu'il est bon de rappeler ici, quoique nous les ayons indiquées ci-devant. On nomme *Alpes maritimes* celles qui du voisinage de la mer vont à la source du Var; *Alpes cottiennes*, celles qui des sources du Var s'étendent jusqu'à Suze & au-delà; *Alpes grecques*, celles qui de Suze atteignent le grand Saint-Bernard ; *Alpes pennines*, celles qui se prolongent entre le Mont-Blanc & le mont Saint-Gothard : c'est la chaîne même du grand Saint-Bernard & du Simplon ; elles servent de limites au Vallais du côté du midi.

Si nous nous portons vers l'est, nous franchirons les *Alpes rhétiennes* ou *grisonnes*, celles qui occupent l'intervalle qu'il y a entre le mont Saint-Gothard & la source de l'Inn ; les *Alpes juliennes*, *carniennes*, qui s'étendent de la source de l'Inn à la mer Adriatique ; enfin les *Alpes lepontiennes*, qui sont entre Coire & la Valteline, d'où nous reviendrons au mont Saint-Gothard, qui paroît être un des centres de ces dernières chaînes.

Entre un grand nombre de rameaux les *Alpes* en jettent deux principaux qui sont très-étendus. L'un est l'Appennin, qui s'en détache après la côte de Gênes, & se prolonge dans toute la longueur de l'Italie & jusqu'à l'extrémité du royaume de Naples.

L'autre est le Mont-Jura, qui est adossé aux Alpes dans la direction du nord au midi, & règne dans le Dauphiné & la Franche-Comté. Les sommets du Jura les plus élevés n'ont guère que six cents toises d'élévation au dessus du niveau de la mer. On peut considérer cette dernière chaîne comme faisant partie des montagnes sous-alpines de la Provence. (*Voyez* les articles *Appennin*, *Jura*, *Provence*, *Dauphiné*.) Les plus hautes montagnes des Alpes suisses sont d'abord le *Mont-Blanc* à la jonction du grand & du petit Saint-Bernard ; viennent ensuite le *Volan*, qui en est voisin ; le *Gemmi*, le *Metelberg*, le *Veterhorn*, le *Schreckhorn*, le *Grimsel*, le *Crispalt* ; & en allant à l'est le *Luchmanier*, le *Vogelsberg*. Le sommet le plus élevé est le *Mont-Blanc*, qui est aussi la plus haute montagne du continent ; le *Schreckhorn* l'emporte après le Mont-Blanc sur tous les autres sommets les plus élevés des *Alpes*.

Ce n'est pas seulement par la hauteur & l'élévation des masses, que les Alpes méritent l'attention des naturalistes ; c'est surtout par la nature des matériaux, par leur organisation intérieure & la disposition respective des massifs qui en forment l'ensemble. C'est d'après tous ces caractères qu'on doit juger des *Alpes*, de la suite des chaînes & de leur prolongement ; car une chaîne n'est véritablement la même qu'autant qu'elle a la même base, les mêmes sommets & la même forme dans ce qui la constitue montagne en toutes ses parties : ce n'est plus la même chaîne si la base disparoît, ainsi que l'ordre des masses qui recouvrent cette base, & si d'autres systèmes de substances occupent les intervalles d'une partie à l'autre.

Il s'en faut beaucoup qu'on ait toujours suivi & étudié les Alpes d'après ces principes ; c'est cependant par la reconnoissance de tous ces caractères qu'on peut s'assurer de la continuité & de la correspondance des rameaux, & surtout de l'époque à laquelle on peut rapporter ces masses.

C'est aussi d'après ces principes qu'on ne doit pas considérer les chaînes de nos montagnes alpines comme non interrompues ; ainsi les Alpes de la Suisse ne se prolongent point au-delà d'une certaine distance ; elles tiennent bien aux Alpes de la Savoie & du Dauphiné, mais elles ne s'étendent pas au-delà du Rhône. Ainsi l'on ne peut pas dire que les Alpes de la Suisse, qui nous occupent maintenant, communiquent aux Alpes des Pyrénées ni aux Krapachs. Il y a entre ces deux dernières masses & les Alpes des intervalles immenses qui ne peuvent être considérés comme les prolongemens de ces montagnes alpines, ni quant à l'élévation, ni quant aux matériaux & à leur organisation, deux caractères qu'il faut reconnoître avant de décider la continuité des masses & leurs prolongemens. Nous ne sommes plus au tems où l'on se bornoit à considérer les montagnes comme de simples masses, sans distinguer la nature des matériaux qui étoient entrés dans leur composition. On sent plus que jamais combien il importe de connoître la nature de ces diverses substances, leur organisation & la disposition respective, parce que tous ces caractères annoncent non-seulement les agens qui ont contribué à leur formation, mais encore les époques successives de cette formation.

C'est d'après toutes ces vues, que nous avons décrit dans le plus grand détail qu'il nous a été possible, 1°. les *Alpes calcaires* ; 2°. les *Alpes du Vicentin, du Veronnois & du Brescian* ; 3°. les *Alpes du Tirol* ; 4°. les *Alpes du Frioul & de la Styrie* ; 5°. les *montagnes alpines & sous-alpines de la Provence*, auxquelles on peut ajouter ce que nous nommerons les *Alpes américaines*, les *Alpes écossaises & britanniques*, les *Alpes de Norwège*, enfin les *Alpes de Sibérie*.

III. Alpes calcaires, *montagnes calcaires des Hautes-Alpes*. Les montagnes calcaires des Hautes-Alpes étant établies sur des bases de schistes, il n'est pas étonnant qu'elles aient éprouvé différentes sortes de destructions, & que ces destructions continuent chaque jour : leur forme la plus commune, la plus constante est d'être coupées à pic : il en est résulté plusieurs sortes de remblais aussi étonnans les uns que les autres. Les premiers sont

sont formés des débris que les eaux ont dispersés sur toute la superficie du fond des vallées, & qui s'étendent aussi des vallées latérales sur les principales. Le fond de ces sortes de vallons est de niveau : c'est ainsi, par exemple, que le vallon de Meiringen est nivelé sur trois lieues de longueur jusqu'au lac de Brientz, à la suite duquel est le même terrain nivelé qui va jusqu'au lac de Thouun.

La seconde sorte de remblais opérés par la destruction des montagnes calcaires, & la plus remarquable, sont ces hors-d'œuvres, ces adossemens, ces montagnes mêmes formées au pied des masses montueuses calcaires qui ont pour bases les schistes. Des masses considérables de rochers, des monceaux de pierres entassées, descendus des hauteurs, couvrent le pied de ces montagnes, & produisent à la longue des talus en forme de pain de sucre, adossés contre les parties escarpées; les plus grosses pierres roulent, & servent de point d'appui aux nouveaux matériaux qui s'y arrêtent, augmentent la hauteur des talus en élargissant les bases, & finissent par devenir des montagnes très-considérables, & qui augmentent chaque jour en raison de la quantité des décombres qu'ont pu fournir les sommets les plus élevés. Ces montagnes sont, comme on voit, composées des ruines de celles qui les dominent.

Ces montagnes d'ailleurs sont d'autant plus fertiles, que les pierres sont plus comminuées, & qu'il s'y trouve un mélange plus exact de terres calcaires & argileuses : aussi sont-elles couvertes par des arbres forts & vigoureux, des forêts d'autant plus belles, des pâturages d'autant plus abondans, qu'elles sont composées d'un plus grand nombre de matériaux comminués.

Il nous reste maintenant à expliquer quelles sont les circonstances qui concourent à cette destruction. Nous avons déjà vu que les montagnes calcaires étoient assises sur des couches & des lits d'ardoise ou de schiste, qui, par l'arrangement de leurs feuillets, paroissent aussi avoir été disposés & formés successivement & sur un plan toujours le même. C'est sur des bancs de schistes mêlés de longs filons de quartz, que sont élevés ces murs de pierres calcaires qui sont à pic. Quelquefois les lits des bases schisteuses sont inclinés; & ce qui repose dessus ayant fléchi de même, il s'en est suivi la chute des rochers calcaires supérieurs. Avant les éboulemens les couches schisteuses devoient être à découvert à une grande hauteur, & se trouver, par cette disposition, exposées aux injures du tems & des saisons, se détruire & se décomposer plus aisément. Peut-être que l'enveloppe calcaire qui les couvroit, n'a été détruite que par l'approfondissement des vallées, qui a mis à découvert la couverture calcaire & sa base; & cette base ayant été exposée à la destruction, toutes les destructions dont nous avons parlé, ont dû s'ensuivre, & continuer tant que les schistes cédant entraîneront la ruine des pierres calcaires. Il est vrai que, dans plusieurs endroits où les schistes sont couverts & enterrés par ces immenses debris en talus dont nous avons parlé, ils sont non-seulement préservés de l'action de l'air, mais encore aidés, par ces espèces de contre-forts, à supporter plus long-tems les prodigieuses masses sous lesquelles ces schistes sont ensévelis.

Il y a encore d'autres principes de destruction des montagnes calcaires. D'abord le séjour des neiges, leur fonte, l'eau des pluies & la gêlee, l'intempérie des saisons, tourmentent beaucoup les sommets élevés des montagnes calcaires; & les fentes multipliées qui entament les bancs sur leur épaisseur, facilitent encore ces destructions, ces démolitions par blocs considérables. Les pierres qui sont exposees à l'air & à l'eau sont remplies de trous & de crevasses, & elles finissent par être réduites, par la multiplication des pores, à la simple charpente de la pétrification.

D'ailleurs, on voit que de tous côtés les eaux s'insinuent & se perdent dans le corps de ces montagnes; car d'abord l'arrangement de ces masses par couches facilite cette entrée des eaux dans l'intérieur, pour aller donner naissance à des sources, à des torrens & à d'assez fortes rivières qui sortent du pied de ces montagnes; ce qui doit produire des dérangemens considérables dans l'ordre & la disposition des assises primitives.

Lors de la fonte des neiges, l'eau n'est pas versée par-dessus les sommets des montagnes calcaires, comme elle l'est à la surface des masses granitiques qui absorbent très-peu les eaux. Ainsi l'on doit sentir combien le travail de cette eau doit occasionner de destructions intérieures, dont le résultat est le déplacement des rochers, & ensuite leur chute.

On doit juger surtout des destructions que les sommets des montagnes calcaires ont éprouvées d'abord par la disposition des sommets qui sont en demi-comble, parce que la montagne a fléchi du côté où elle a été moins soutenue, & on juge du progrès que ce genre de déplacement fait tous les jours par les différens degrés d'inclinaison que présentent ces demi-combles. En second lieu, on doit juger de l'étendue des destructions par les aiguilles qui surmontent les masses plus considérables des rochers de même nature qui les soutiennent; elles ont ordinairement la forme conique, ayant été arrondies par l'enlévement de toutes les parties saillantes & anguleuses: outre cela la plupart de ces masses énormes sont couvertes de neiges.

Ce ne sont pas au reste les seules masses de rochers calcaires qui méritent d'attirer l'attention des naturalistes, lesquels s'occupent des changemens opérés chaque jour dans les hautes montagnes des Alpes. Les masses schisteuses, mêlées de quartz & de micas, les masses granitiques, présentent aussi de grandes preuves de destruction, & quant à leurs formes de pics, & quant aux éboulemens considérables qu'on trouve à leur pied. Nous ne répéterons pas ici ce que nous avons dit en décrivant les différentes parties des Alpes, & en faisant connoître en détail tous les phénomènes que ces chaînes présentent suivant leurs divers aspects. On peut voir à ce sujet ces différens articles, & entr'autres *Gemmi*, *Loiche*, *Grindelwald*, *Grisons*, &c.

IV. Alpes *du Vicentin*, *du Véronois & du Brescian*. Je dois comprendre dans la description des Alpes ce que les observateurs naturalistes nous ont appris sur les montagnes du Vicentin, du Véronois & du Brescian, lesquelles ont beaucoup d'analogie entr'elles. Nous les diviserons, d'après les observations que nous en avons faites nous-mêmes, en *primitives*, en *secondaires*, & en *collines de la troisième classe*, relativement à leur position supérieure ou inférieure, & à la différence des époques de leur formation. J'appellerai donc ici *montagnes primitives* celles composées de bases schisteuses, qui s'étendent par dessous les superfétations calcaires, & qui par conséquent doivent avoir existé avant ces espèces de couvertures.

Je considérerai ensuite comme *montagnes secondaires* les hauts sommets, qui consistent en assemblages de bancs calcaires d'un grain solide & compacte, & au milieu desquels se trouvent des corps marins pétrifiés, & qui, avec la base des montagnes primitives, composent la plus grande partie de cette grande chaîne des Alpes qui sépare l'Italie de l'Allemagne.

Enfin je ferai envisager comme *montagnes tertiaires* les *collines* peu élevées, formées de petites couches de pierres à chaux qui renferment des corps marins fort nombreux, avec des intervalles assez fréquens de lits peu épais de sable & d'argile. Cet assemblage de couches paroît avoir été adossé aux montagnes secondaires à des époques bien postérieures, & même placé sur des parties de ces montagnes, & enfin dans les vuides que les eaux courantes y avoient formés en creusant des vallées assez profondes.

I. *Des Montagnes primitives, schisteuses.*

Le schiste dont sont formées ces montagnes est argileux & communément très-micacé, & par-là même quelquefois argenté : il est, outre cela, feuilleté, traversé par plusieurs petites veines de quartz, & disposé en divers massifs par couches tortueuses & ondulées.

L'on n'a jamais pénétré dans le Vicentin ni dans le Véronois au dessous de ce sol, & l'on ignore s'il en est de même ici qu'en d'autres contrées & pays de montagnes, c'est-à-dire, s'il y a au dessous de ce schiste du granit, ce qui est très-probable ; car le granit pénètre fort avant, & s'élève au dessus du schiste dans les hautes montagnes du Tirol : outre cela, le granit gris ou granitelle se montre à découvert du côté de *Tassino* & de *Primiero* en Autriche, où la rivière de *Cismonoë*, qui se jette dans la *Brenta*, prend sa source. Il y a, dans le Vicentin, du côté de *Schio*, des montagnes entières de porphyre, qui est d'ailleurs fort abondant dans le Trentin & dans le Tirol.

C'est le schiste qui renferme ici, comme dans beaucoup d'autres endroits, le plus grand nombre de veines métalliques. Effectivement, les filons métalliques se trouvent communément entre le schiste & les couches de pierre à chaux, dans les lieux où cette pierre touche le schiste. Il en est ainsi de la veine considérable de pyrite cuivreuse d'*Agorth*, à l'endroit où les montagnes schisteuses du Tirol se plongent sous les Alpes calcaires de l'État vénitien.

En suivant cette position relative du schiste & de la pierre calcaire tout le long de la chaîne des Alpes, on trouve différentes minières & veines métalliques entre la partie supérieure des montagnes schisteuses & la base des calcaires. Lorsqu'on va, par exemple, de la vallée *Imperina* vers le couchant, on voit à *Feltrino* des mines de mercure que le magistrat de Venise a fait exploiter nombre d'années, & qu'il a par la suite abandonnées.

Le filon principal de la minière du *Monte-Nero* à *Schio* suit aussi cette séparation du schiste, qui lui sert de *mur*, & de la pierre calcaire qui forme son *toit*. Ce filon donne de la mine de plomb, de la pyrite cuivreuse, de la blende, de la calamine blanche, de la pyrite & de la manganèse dans du spath calcaire.

On exploitoit autrefois, dans les montagnes de *Saint-Ulderic*, au Vicentin, quelques mines d'argent : on y trouve encore aujourd'hui du spath rhomboïdal fort pesant & qui contient du plomb.

Il y a encore d'anciennes mines aux environs de *Recoaro* : cet endroit est entiérement dans le schiste. Non loin de *Recoaro* sont des eaux minérales qui tirent leur source d'un terrain calcaire, & qui forment de belles incrustations.

II. *Des Alpes calcaires ; Montagnes secondaires.*

Nous avons dit que les *montagnes secondaires* étoient, pour la plus grande partie, formées d'une pierre calcaire dont le grain est serré & compacte ; que cette pierre a rarement un *tissu salin* ; qu'elle est disposée par couches, & que l'on y trouve des corps marins pétrifiés. Ces couches diffèrent entre elles par leur dureté, leur finesse, leur composition, leur tissu feuilleté, leur densité, leur couleur, la quantité de leurs fentes perpendiculaires ; & enfin par la variété de leurs pétrifications, qui changent d'une couche à l'autre, de telle sorte, qu'on ne rencontre qu'une seule espèce dans la même couche.

Les couches de ces Alpes calcaires, de la base au sommet, consistent pour la plupart dans les suivantes :

1°. En considérant ces montagnes calcaires depuis leur pied jusqu'à la moitié de leur hauteur, on les trouve composées d'un nombre infini de très-petites couches, coupées sur leur longueur par une infinité de fentes perpendiculaires. Les pétrifications qu'on rencontre assez rarement dans le premier lit, n'offrent communément que de petites moules & tellines striées, creuses, dont il n'existe quelquefois que le noyau; souvent l'intérieur de la coquille est rempli de cristaux de spath calcaire.

2°. Ce premier lit est surmonté d'un autre de pierre à chaux plus dense, plus blanche & moins découpée, dont on peut faire usage pour des chambranles de portes, de fenêtres, &c. au lieu que les fentes de la couche précédente en rendent les pierres inutiles.

3°. Le troisième lit calcaire consiste ordinairement en beaucoup de petites couches qui ne renferment aucun corps étranger dans certaines parties, mais qui dans d'autres renferment chacune différentes espèces de coquilles marines pétrifiées. Les couches les plus voisines du quatrième lit sont des composés de grandes & petites *oolites*.

4°. Ce quatrième lit est encore formé d'un grand nombre de petites couches calcaires; les unes, d'où l'on tire le marbre rouge de Vérone, rempli de cornes d'ammon qui pèsent jusqu'a cent cinquante livres; les autres, blanches, n'offrent que très-peu de ces mêmes cornes d'ammon.

5°. Il y a encore par-dessus ce quatrième lit une prodigieuse quantité de petites couches d'une pierre calcaire blanche; quelques-unes de ces couches, surtout celles des plus hautes montagnes, ne renferment aucun corps marin, mais quelques autres en renferment de telle sorte, que chacune d'elles contient des espèces de coquilles différentes.

6°. La couverture supérieure de ces Alpes est nommée *scaglia*; c'est une couche calcaire, remplie de cailloux de différentes couleurs, placés par nids & par rognons, & qui font feu avec l'acier. Cette croûte couvre la superficie des Alpes; elle s'enfonce sous les *montes berici* de la troisième classe, & reparoît au-delà de ce massif, vers les montagnes volcaniques du Padouan, sous les pentes desquelles elle se trouve avoir plusieurs points d'appui. Il paroît que la *scaglia* a, dans cette partie, été soulevée par d'anciennes éruptions de volcans qui se sont fait jour à travers.

La *scaglia* n'accompagne pas partout la superficie des Alpes; car les différentes révolutions que ces contrées ont essuyées, l'ont détruite en plusieurs endroits.

Il sort de la *scaglia*, qui repose sur la pente de certaines collines volcaniques, des sources d'eaux chaudes sulfureuses, qui répandent une odeur de foie de soufre. On en voit de cette nature près de Padoue.

La nature avoit disposé horizontalement les différentes couches des parties des Alpes que nous venons de décrire, comme celles des autres montagnes; mais cette position primitive paroît avoir été changée par diverses causes. Certaines montagnes se sont entr'ouvertes: il s'est formé des affaissemens, des crevasses, des fentes perpendiculaires, &c.; & par toutes ces révolutions les couches déplacées, affaissées en quelques endroits, élevées en d'autres, d'horizontales qu'elles étoient, sont devenues, ou inclinées, ou verticales, quelquefois même ont été entiérement renversées. Les eaux pluviales & torrentielles, dont le cours a été sans doute souvent changé, ont également occasionné, dans ces *Alpes*, de ces mouvemens: d'où il est résulté des dérangemens & des déplacemens considérables.

Ce qui nous paroît le plus étonnant dans les résultats de ces déplacemens, ce sont de gros fragmens de granits, de quartz & d'autres pierres dures qui viennent des *montes primarii* du Tirol, & qui sont épars à la surface des plaines environnant *Gallio*, *Astago*, *Campo di Rovero*, & d'autres lieux qui appartiennent à ce que l'on appelle les *Sette communi*; enfin, dont la plupart sont situés sur des hauteurs élevées au dessus du cours des rivières actuelles & du niveau de la mer.

Ces mêmes pierres se trouvent en différens autres endroits des Alpes, comme à *Feltrino*, dans l'Etat vénitien, qui n'est séparé de tous ces villages que par la *Brenta*, & placé au même degré d'élévation. C'est à *Tounezza* & près de *Folgaria*, bourgs situés dans les montagnes appartenantes à l'empereur, qu'on rencontre le plus grand nombre de ces blocs épars de différens volumes. Les cailloux & les substances vitrifiables qui les composent, sont d'un grain fort gros.

Cependant les montagnes au milieu desquelles l'on trouve ces pierres détachées & roulées, sont entiérement formées de couches calcaires, qui renferment des corps marins pétrifiés; & l'on ne découvre point d'ailleurs, dans le corps de ces montagnes, aucune espèce de roche de la nature de ces fragmens ou cailloux roulés.

Comment ces roches détachées peuvent-elles avoir été transportées & déposées où on les voit? Elles sont, il est vrai, de la même nature que celles qu'entraînent dans leurs cours l'*Adige* & la *Brenta*, en traversant les montagnes du Tirol. Mais il ne paroît pas possible que ces rivières aient déposé ces roches roulées en des lieux élevés aujourd'hui de plusieurs toises au dessus de leur lit. Toute la violence de ces eaux courantes, dans leurs plus vastes débordemens, n'est pas capable de porter à une hauteur aussi considérable des blocs d'un volume & d'un poids aussi considérables. On peut donc supposer naturellement que l'*Adige* & la *Brenta* avoient autrefois leur cours à la hauteur où l'on voit maintenant ces roches, & qu'elles les y ont déposées pour lors. Si les paisibles courans des eaux ont pu, à un certain point, creuser des lits, & les approfondir au dessous de ceux qu'ils avoient d'abord ébauchés, comme nous en sommes témoins chaque jour, à plus forte raison doit-on croire que des inondations violentes, des irruptions de l'Océan, ont opéré ces effets qui nous étonnent, & surtout les transports & les arrondissemens de ces blocs immenses. Je dois à ce sujet renvoyer à l'article ADIGE, où j'ai essayé de rendre raison de ces phénomènes. J'ai cru convenable d'en présenter ici de nouveau les principales circonstances, comme appartenantes aux montagnes des *Alpes* & aux vallées qui les ont coupées, percées & dégradées de différentes manières.

Les Alpes calcaires ou montagnes secondaires renferment beaucoup de grotes revêtues de stalactites & d'incrustations dont on peut tirer des albâtres. On trouve aussi, dans la pierre à chaux dense & ferme, qui forme le premier lit principal de ces montagnes, quelques petites veines métalliques qui ne se soutiennent point; elles ne sont jamais situées entre les différentes couches de ce lit : on ne les apperçoit que dans les crevasses & constamment dans la proximité du schiste, qui est au dessous de ce lit; de manière qu'elles ne sont que des ramifications des filons principaux qui se rencontrent dans le schiste. Les crevasses des montagnes secondaires, remplies de matières volcaniques, contiennent aussi quelques minéraux, comme on le voit à *Schio*. Il ne se trouve point de minéraux dans les couches supérieures des *Alpes calcaires*, qui sont également feuilletées & très-écailleuses. Effectivement, comme nous l'avons remarqué, les minéraux sont toujours placés dans les lits les plus solides & les plus compactes de ces montagnes, & dans le voisinage de la base schisteuse.

III. *Des Collines ou des Montagnes tertiaires.*

Quoique les *collines* & les *montagnes tertiaires* ne fassent pas partie des Alpes, dont nous nous occupons dans cet article, cependant je crois qu'il convient d'en ajouter ici une description succincte, pour faire connoître l'enceinte & la bordure du grand massif des *Alpes*, bien déterminé à en offrir tous les détails les plus intéressans à l'article des *Collines* & à ceux du *Véronois* & du *Vicentin*.

Les *collines* & les *montagnes tertiaires* de ces belles contrées sont d'une origine bien moins reculée que les montagnes secondaires, puisqu'elles sont posées sur partie de ces dernières, & que d'ailleurs les unes sont placées dans les vallons, & que d'autres se trouvent déposées à des hauteurs considérables; elles doivent leur origine à des parties détachées des montagnes secondaires, qui ont rencontré des couches de sable & d'argile. On y trouve aussi des couches suivies & régulières, même un grand nombre de corps marins pétrifiés.

Cette classe de montagnes a été, comme les montagnes secondaires, exposée aux éruptions des feux souterrains. C'est à la suite de ces causes réunies, que de gros fragmens de pierres à chaux, de pétrifications & d'autres corps étrangers se trouvent au milieu des laves & des autres produits volcaniques. Vraisemblablement la lave, étant encore dans l'état de fusion, a enveloppé tous les corps qu'elle a rencontrés, & en a formé des amas solides en se refroidissant.

Une partie des collines & des montagnes tertiaires n'a été formée par la mer qu'à des époques postérieures aux éruptions des volcans : aussi c'est sur ces produits volcaniques que de grandes parties de couches calcaires sont assises.

Dans plusieurs endroits du Vicentin, du Véronois & d'autres contrées de l'Etat vénitien, quelques-unes de ces collines offrent des couches de charbon de terre, qui renferment quelquefois des corps marins pétrifiés.

Plusieurs de ces collines du Vicentin & du Véronois sont renommées par le grand nombre & la beauté de leurs pétrifications. Les *monti berici* sont de ce nombre.

On découvre dans le vallon de *Spesse* un ancien dépôt sous-marin prodigieusement fourni de madrepores, de fungites, & de grandes & de petites coquilles exotiques. Rien n'est plus intéressant que de voir, sur les bords de ce vallon, le mélange des corps marins & des matières volcaniques.

La *Favorita* est une colline isolée du Vicentin, dans laquelle on a trouvé des os & des dents de crocodiles.

Mais une des montagnes du Véronois, la plus remarquable en ce genre, est la *Ronca*, haute colline de la vallée *del Buso* : son sommet est entièrement volcanique. Au dessous on trouve des couches de pierres à chaux, qui renferment des bivalves pétrifiés; plus bas, une lave noire, très-dure, brisée en petits morceaux prismatiques; au dessous, de l'argile rouge avec de la marne farcie de corps marins; plus bas, une autre lave avec des ponces, & enfin des brêches composées de laves mastiquées avec de la substance calcaire.

Le *Bolka*, haute colline fort roide, formée de grandes couches de pierres calcaires, offre dans des vallées latérales plusieurs foyers de volcans. C'est dans quelques-unes de ces parties que l'on trouve ces fameuses impressions de plantes & de poissons dans du schiste calcaire. (*Voyez* BOLKA.)

Je finis cet article en indiquant les montagnes volcaniques ou les vestiges des ravages de tous les volcans qui peuvent s'observer dans le Véronois & le Vicentin. Je me bornerai à dire que leur foyer étoit à une grande profondeur dans le schiste, & que leurs éruptions se sont fait jour à travers les montagnes secondaires & tertiaires, comme la simple vue de ces contrées le démontre clairement. (*Voyez* VOLCANS, VICENTIN, VERONOIS, où les parties de cet ensemble seront présentées en détail.)

V. ALPES *du Tirol*. Le Tirol est sans doute un pays très-montagneux, & malgré cela beau, agréable & fertile. Jusqu'à Brixen on cultive des vignes à l'italienne, du maïs, mais peu de figuiers, de mûriers, & point d'oliviers. On sème le maïs jusqu'à quelques postes d'Ausbourg. La route de Vérone à Inspruck suit une vallée profonde & étroite, bordée des deux côtés par de hautes montagnes, & le chemin paroît assujetti aux bords de quelques rivières.

On ne quitte point l'Adige de *Vérone* à *Bolzano*: de *Bolzano* à *Brixen* on suit la vallée d'Eisack, qui passe à Sterzing & va jusqu'à *Schauberg*. Lorsqu'on est parvenu à Inspruck, on trouve une autre pente; c'est celle de la vallée de l'*Inn*. Le pays est plat depuis Vérone jusqu'à la montagne *di Chiusa*.

Au-delà de *Volarni* on voit d'abord des montagnes de pierres calcaires blanches, ensuite des montagnes à pierres calcaires rouges, d'où l'on tire le marbre rouge ordinaire du Véronois, qu'on nomme *breccia rossa di Verona*: on y trouve des fragmens de cornes d'ammon, après quoi on rencontre des montagnes à pierres calcaires grises en fortes couches horizontales, d'un tissu ferme, au travers & au bas desquelles l'*Adige* s'est creusé un lit jusqu'à *Neumark*. Le *Monte-Baldo* fait partie de la chaîne de ces montagnes grises.

On peut observer, sur la chaussée de *Vérone* à *Neumark*, de grands amas de pierres roulées, comme je l'ai marqué à l'article de l'ADIGE: tels sont, 1°. des fragmens de porphyre rouge, tacheté de blanc, pareil à celui qu'on voit en morceaux détachés entre *Bergame*, *Brescia* & *Vérone*, qui forment, dans la Lombardie, des collines entières, & qu'on y connoît sous le nom de *sarre*; 2°. une espèce de porphyre noir avec des taches blanches, oblongues, semblables, à la couleur près, au *serpentino verde antico*; 3°. du granit gris ou *granitello*; 4°. entre *San-Michaele* & *Neumark* il y a beaucoup de morceaux détachés d'un porphyre, dont sont principalement composées les montagnes qu'on trouve au-delà de *Neumark*.

Elles sont formées, 1°. de porphyre noir avec des taches blanches, transparentes, rondes, de la nature du schorl; 2°. de porphyre avec des taches de spath dur, rougeâtre; 3°. de porphyre rouge avec des taches blanches: il y en a d'un rouge clair, d'un rouge foncé jusqu'à la couleur du foie; 4°. le porphyre rouge est assez semblable aux cailloux roulés du Bergamasque & des autres parties de la Lombardie, voisines de cette lisière, avec la différence seulement que, dans les morceaux détachés du *sarres* ou cailloux roulés, les taches de spath dur sont devenues opaques & couleur de lait par l'action de l'air, tandis que, dans les montagnes de porphyre rouge, ces taches sont en partie formées de spath dur couleur de chair, & en partie d'une espèce de schorl vitreux, transparent, pareil à celui des cristaux en forme de grenats qu'on trouve dans les laves du Vésuve; mais le schorl du porphyre n'a point adopté de figure réguliere. D'ailleurs, les taches transparentes blanches du porphyre, numéro premier, paroissent un schorl vitreux, dont les formes sont ou oblongues, ou indéterminées.

On a cru que la ressemblance de ces espèces de porphyres avec les différentes laves du Vésuve étoit si grande, que les montagnes voisines de Neumark devoient être considérées comme des produits du feu: on a pensé d'ailleurs que leurs formes quadrangulaires, & pour la plupart rhomboidales, étoient de nouvelles preuves de cette opinion, & que la qualité qu'avoit ce porphyre d'adopter ces figures en se fendant & en se rompant, étoit parfaitement semblable à la propriété qu'ont les laves de prendre les formes prismatiques du basalte. Mais il me paroît qu'on auroit dû nous donner d'autres preuves tirées de la disposition des matières volcanisées qui auroient dû conserver les formes d'anciens courans, &c.

Car quoique, dans ces hautes montagnes qui s'étendent jusqu'à *Brandsol*, le porphyre soit partout divisé en grandes & en petites colonnes généralement quadrangulaires, à sommet tronqué & uni, on ne peut décider que la masse primitive ait été un produit du feu. Toutes ces masses montueuses, malgré les formes des porphyres dont elles sont composées, ne m'ont point paru offrir les dispositions des anciens centres d'éruption, non plus que celles de courans sortis de ces centres: la retraite seule, à la suite de la dessication que ces masses montueuses m'ont paru avoir éprouvée, est une cause suffisante pour avoir produit toutes ces formes qui en ont imposé à certains naturalistes. Pour moi, je n'y ai point vu les caractères de laves basaltiques.

En suivant la route on trouve, près de *Brandsol*, des montagnes de schiste, les unes argileuses, micacées; les autres farcies de quartz: on y voit aussi du schiste corné compacte, ensuite des montagnes composées de quartz gris, mêlé de petites lames de schorl noir ou d'un vert noirâtre: après quoi les montagnes, jusqu'à *Brixen*, m'ont paru formées entièrement de schiste argileux, micacé, ou bien d'un schiste corné, de la nature du *gneiss*, composé de quartz & de mica.

Immédiatement après *Brixen*, il y a des montagnes de granit gris, de l'espèce qu'on nomme en Italie *granitello*; il est composé de quartz & de mica taché ou rayé par un mélange de spath dur. Après ce granit on retrouve des schistes argileux, des schistes cornés, micacés, & du granit gris à taches blanches farineuses de spath dur. Ces roches se succèdent alternativement jusqu'à *Sterzing*.

Au-delà de *Sterzing* est une pierre calcaire schisteuse dans le schiste corné, mélange qui produit une pierre à chaux schisteuse, d'un gris bleuâtre; ensuite il y a de la pierre à chaux pure, blanche, schisteuse, & encore du schiste corné: ces roches se succèdent sans ordre.

Au-delà de *Brenner*, non la haute montagne du Tirol, très-connue, on obſerve quantité de pierres qu'on a employées à l'entretien de la chauſſée : 1°. du ſchiſte argileux verdâtre, mêlé de veines de ſpath calcaire ; 2°. du gabbro noir ou vert, avec des veines blanches de ſpath calcaire ; 3°. du quartz verdâtre, qui renferme de petits grenats rouges.

Au-delà d'*Inſpruck* il y a des collines peu élevées, compoſées de différentes couches de pierres calcaires tendres & farineuſes, ou dures & compactes: la couleur de ces pierres eſt d'un gris clair ou d'un gris noirâtre, avec des veines de ſpath calcaire blanc. Ces collines s'élèvent peu à peu, de manière qu'au-delà de *Barwis*, elles forment de hautes montagnes calcaires griſes, compoſées de fortes couches, & ſe réuniſſent, entre *Neſſareit* & l'*Ermos*, aux Alpes calcaires, qui y ſont très-élevées.

Près de l'*Ermos* eſt une haute Alpe calcaire formée de pierre calcaire griſe, qu'on nomme *Watterſtein*. On exploite, au pied de cette montagne, les mines de *Silberleuten*, qui donnent du plomb & de l'argent. (*Voyez* l'article Adige, où l'on parle des glaciers du Tirol.)

Je terminerai tous ces détails par des remarques générales qui me paroiſſent fort importantes. Dans mon retour de l'Italie par le Tirol, j'ai d'abord traverſé des montagnes calcaires, enſuite des montagnes ſchiſteuſes, & enfin des montagnes de granit : ces dernières étoient les plus élevées; enſuite je ſuis deſcendu de cette partie, la plus élevée du Tirol, en ſuivant des montagnes ſchiſteuſes qui m'ont conduit aux calcaires. Je dois obſerver qu'on trouve la même diſtribution de maſſifs lorſqu'on monte les autres chaînes de montagnes un peu conſidérables de l'Europe, comme nous le ſavons d'ailleurs d'après les voyageurs qui ont viſité les montagnes de la Saxe, du Hartz, de la Sileſie, de la Suiſſe, des Pyrénées, de l'Ecoſſe, de la Norwège, de la Laponie ; en ſorte qu'on peut en tirer la juſte conſéquence que le granit forme les montagnes les plus élevées, & en même tems les plus profondes & les plus anciennes que l'on connoiſſe en Europe, puiſque toutes les autres montagnes ſont appuyées & repoſent ſur le granit ; que le ſchiſte argileux pur, ou mêlé de quartz & de mica, eſt poſé ſur le granit ou à côté de lui, & que les montagnes calcaires, ou autres couches de terres ou de pierres dépoſées par les eaux, ont encore été placées par-deſſus le ſchiſte. (*Voyez* Tirol.)

VI. Alpes *du Frioul & de la Styrie.* Au ſortir de Vienne on apperçoit du côté de la Hongrie, de l'Autriche & de la Styrie, de longues chaînes de montagnes ſuivies & contiguës, qui ſe déploient ſous différens aſpects de l'horizon, & que je conſidère dans le moment préſent comme *les appendices des Alpes*. On ne quitte pas ces montagnes depuis Vienne juſqu'à *Wippach*.

Une grande partie de ces montagnes s'élève juſqu'aux nues ; elles s'écartent & laiſſent entr'elles de larges vallons & de vaſtes plaines, arroſées par des rivières qui prennent leurs ſources dans les ſommets les plus élevés & les cul-de-ſacs les plus profonds.

C'eſt à Wippach que l'on commence à s'appercevoir par les productions du pays & par la température de l'air, de la douceur du climat de l'Italie. Une partie de cette chaîne ſuit la gauche, & traverſe le Frioul, s'étend le long de la mer Adriatique, dans l'Iſtrie, la Dalmatie, & juſque dans l'Archipel ; l'autre partie va joindre ſur la droite les *Alpes du Tirol*, qui communiquent aux montagnes du Trentin & du Véronois.

L'eſpace contenu entre ces deux grands chaînons eſt un plat pays bien cultivé, planté de vignes, ſemé de maïs, de blé noir, de millet & de ſorghau : il y a peu de froment & de ſeigle. La pierre calcaire qui forme les montagnes eſt généralement d'un gris-blanc ; mais ſa couleur devient entiérement foncée, ou bien elle eſt ſeulement parſemée de cônes noirâtres : il y en a même de toute noire. Outre cela ces pierres calcaires diffèrent par la dureté. Il y a en Autriche, en Styrie & en Carniole des cantons d'où l'on tire de très-bons marbres : communément le grain de cette pierre eſt fin, ſerré & fort compacte ; elle eſt rarement écailleuſe & rarement ſaline, comme le marbre de Carrare ; elle renferme de grands & de petits coquillages pétrifiés, mais en médiocre quantité.

La partie de ces montagnes qui eſt en Autriche, & qui s'étend juſqu'aux confins de la Styrie, offre en général à la vue des vignobles & des terres labourables, ſans forêts, au lieu que les montagnes de la Styrie ſupérieure, plus élevées, ſont couvertes de pins & de ſapins, tandis que les vallons qu'elles bordent, ſont peuplés d'arbres à feuillages.

Il croît ſur les montagnes de la Styrie inférieure & de toute la Carniole, des bouleaux, des hêtres & des châtaigners, à l'exception d'un très-petit nombre d'entr'elles, qui portent des ſapins & des pins ; elles ſont toutes formées de couches horizontales, plus ou moins épaiſſes, entaſſées les unes ſur les autres, & qui ont pour baſe un véritable ſchiſte argileux, c'eſt-à-dire, une ardoiſe bleue ou noire, ou bien un *ſchiſte corné*, mélangé de quartz & de mica pénétré d'une petite partie d'argile. Dans cette contrée l'on a preſqu'à chaque pas l'occaſion de ſe convaincre que ce ſchiſte s'étend preſque ſans interruption ſous ces montagnes calcaires, quelquefois même on le voit à découvert s'élever au deſſus de la ſurface du terrain ; mais auſſi après s'être montré pendant un certain tems, il s'enfonce de nouveau deſſous la pierre calcaire.

C'eſt dans ce même ſchiſte & au deſſous des couches accumulées de pierres calcaires ſtériles, qu'on exploite les mines de plomb de la Styrie & les mines de *mercure d'Idria*. Je pourrois citer plusieurs observations sur le Tirol, qui prouvent qu'il en est de même dans cette province limitrophe.

Il y a des mines de charbon fossile à *Votschberg* à cinq ou six lieues de Feistritz, & de meilleures encore à *Luim*, à dix milles de là dans la Styrie supérieure. En suivant la *Moor* jusque par-delà Goriz, la vallée que cette rivière arrose, paroît devoir son origine à l'action des eaux courantes qui ont peu à peu rongé les montagnes.

Depuis *Ernhausen* jusqu'à *Marbourg* on descend constamment une haute montagne formée de pierre calcaire grise. On trouve aussi le long de la route quelques vestiges de pétrifications detachées des couches; & lorsqu'on est parvenu au pied de la montagne & qu'on poursuit sa route dans le vallon, on n'apperçoit plus la moindre trace de pierres calcaires. C'est alors que se montrent l'ardoise noire & blanche, ainsi que le schiste corné, & les morceaux de pierres détachées, & destinés à l'entretien du chemin, sont de la même nature. Dès qu'on recommence a monter, on retrouve la pierre calcaire grise, qui renferme quelques grands coquillages, comme *ostracites*, *pectinites*, &c. Le grain de cette pierre est encore serré; mais une partie de la couche supérieure, plus lâche & plus poreuse, ressemble au tuf: il s'y trouve des cailloux roulés & autres fragmens de pierres liées ensemble. On y voit aussi de la pierre à chaux noire avec des veines blanches, & même entre *Ernhausen* & *Marbourg* différentes pierres détachées, bleuâtres, plates, de trapp & des cristaux de schorl à quatre facettes, de grandeur médiocre. On voit même entre *Feistritz* & *Cornwitz* des morceaux détachés de schorl vert spathique, qui renferment de grands grenats rouges; quelques-uns de ces morceaux de schorl sont écailleux & d'un tissu micacé; quelques-uns offrent de grands rayons noirs dans du quartz blanc, & enfin dans du jaspe vert. Enfin les montagnes calcaires sont encore couvertes, dans cette partie, d'une légère couche de cailloux roulés, liés ensemble par un ciment calcaire.

L'ardoise noire feuilletée se montre entiérement à découvert en allant de *Franitz* à *Uswald*: cette ardoise s'élève à une assez grande hauteur, & s'étend à découvert jusque vers *Laubach*; mais on ne perd pas de vue les montagnes calcaires limitrophes, qui en couvrent les prolongemens avant qu'elle ait pris son essor.

Entre *Laubach* & *Ober-Laubach*, d'autres sols schisteux, semblables au précédent, se montrent encore de la même manière au dessous de la pierre à chaux qui les couvroit. Depuis *Ober-Laubach* jusqu'à *Idria* l'ardoise est recouverte de pierre à chaux ordinaire, qui, pendant un certain trajet, est d'un gris blanc, & devient noire dans quelques parties.

En allant de *Planina* à *Adelsberg*, on traverse cette fameuse forêt qui doit s'étendre jusqu'en Turquie, & qui étoit autrefois infestee de bandits turcs qui ravageoient les villages voisins, à la sûreté desquels des garnisons impériales veillent depuis quelque tems.

Il y a, dans les montagnes calcaires des environs de *Planina* & d'*Adelsberg*, diverses grandes grotes souterraines, dont les galeries sont revêtues d'une grande quantité de stalactites très-variées par leurs formes : ces grotes ont quelquefois jusqu'à deux milles d'étendue dans le sein des montagnes. C'est dans ce même canton qu'un fort grand nombre de rivières se perdent & sont absorbées au milieu des terres, parce qu'elles se précipitent dans différentes parties des grotes, à l'excavation desquelles ces eaux souterraines ont contribué & contribuent encore. C'est ainsi que la rivière de *Poique* se jette dans la grote qui est voisine d'*Adelsberg*. Nous savons d'ailleurs que le fameux lac de *Czirnitz*, en Carniole, situé à deux lieues de *Planina*, qu'on pêche, qu'on ensemence, & dans lequel on fait quelques récoltes dans la même année, s'écoule dans une semblable caverne. (*Voyez* CZIRNITZ.)

De *Wippach* à *Maistro* on traverse une plaine fertile en vins, plantée de figuiers, de mûriers, semée en maïs, & décorée de plusieurs plantations des pays chauds.

VII. ALPES AMÉRICAINES. L'espace intermédiaire entre la source du Mississipi, celle du fleuve Saint-Laurent & celle de la rivière Bourbon, est la plus haute terre de l'Amérique septentrionale, & forme des plans inclinés jusqu'aux embouchures de ces rivières.

Cette terre si élevée fait partie des *montagnes brillantes*, rameaux de la longue chaîne qui traverse tout le continent de l'Amérique. On peut bien en fixer le commencement à l'extrémité méridionale où la Terre de feu & *Staten-land* sortent de la mer comme des anneaux isolés, &, s'élevant à une certaine hauteur, offrent à leur surface des pics escarpés & pyramidaux souvent couverts de neiges. On peut ajouter la nouvelle Géorgie comme un autre anneau, & se détachant plus loin vers l'est.

Les montagnes qui environnent le détroit de Magellan s'élèvent effectivement à une étonnante hauteur, & bien supérieure à celle de l'hémisphère septentrional sous le même degré de latitude. Dans le continent de l'Amérique méridionale, elles forment, à travers les royaumes du Chili & du Pérou, une chaîne continue qui se maintient dans le voisinage de la mer du sud, & en plusieurs endroits leurs sommets sont les plus élevés qu'on connoisse sur le globe. Il n'y en a pas moins de douze, qui ont depuis deux mille quatre cents jusqu'à trois mille toises au dessus du niveau de la mer. Pichincha, voisin de Quito, n'est qu'à trente-trois lieues de la mer, & sa cime s'élève à deux mille quatre cent trente toises au dessus de son niveau. Cayambé, qui est précisément placé sous l'équateur, a plus de trois mille toises, & Chimborazo est plus haute encore de deux cents toises.

La plupart de ces montagnes ont été volcaniques, & il paroît qu'à différentes époques elles ont éprouvé des éruptions violentes. Elles s'étendent de l'équateur à travers le Chili, où l'on trouve une suite de sommets volcanisés, depuis vingt-six degrés de latitude sud, jusqu'à quarante-trois degrés trente minutes.

Sur le flanc oriental de ces Alpes on trouve une suite de plaines & de plans inclinés d'une étendue immense. La rivière des Amazones coule sur un sol fort plat, couvert de forêts depuis les différens réduits d'où elle sort à Pongo de Borgas, jusqu'à son embouchure, où elle ressemble à une mer qui se joint à l'Océan atlantique comme un golfe.

Dans l'hémisphère septentrional les *Andes* se continuent par l'isthme étroit de Darien, traversent le royaume du Mexique, & se conservent à une fort grande hauteur : quelques-uns de ces sommets ont été volcanisés. La montagne *Popocatepec* éprouva une violente éruption durant l'expédition de Cortez.

Du royaume du Mexique cette chaîne se prolonge au nord, à l'est de la Californie; ensuite elle tourne tellement à l'ouest, qu'elle ne laisse qu'un intervalle peu considérable entr'elle & l'Océan pacifique. Souvent des branches detach es du tronc vont former, sur le bord de la mer, des promontoires que plusieurs navigateurs ont remarqués, avec des portions de la chaîne même.

Un pays en plaine, peuplé de bois & couvert de prairies dans les intervalles, sert de retraite aux bisons ou buffles, aux cerfs, aux daims de Virginie, aux ours & à une grande variété de gibiers; ce pays occupe une prodigieuse étendue, depuis les grands lacs du Canada, jusqu'au golfe du Mexique.

Il est borné vers l'est par une autre chaîne de montagnes connues sous le nom d'*Apalaches*, qui sont les *Alpes* de cette partie de l'Amérique septentrionale : on peut soupçonner qu'elle commence vers le lac Champlain & le lac Georges, & jette différentes branches qui s'avancent obliquement jusqu'au fleuve Saint-Laurent. D'autres s'étendent en diminuant graduellement de hauteur jusqu'à la Nouvelle-Ecosse. La principale chaîne passe à travers la province de New-York, où elle est distinguée par le nom de *Hautes-Terres*, & située à quarante milles de l'Atlantique. Elle s'éloigne ensuite de la mer à mesure qu'elle se prolonge vers le sud, & près de son extrémité dans la Caroline méridionale; elle est à trois cents milles de l'Océan. Elle est composée de plusieurs chaînes parallèles, divisées par des vallées fertiles, & généralement peuplées de forêts. Ces chaînes s'élevent graduellement depuis l'est, l'une au dessus de l'autre, jusqu'à la chaîne centrale, d'où elles vont s'inclinant, & descendant par degré, vers l'ouest, dans les plaines immenses du Missisipi. La chaîne du milieu est d'une masse considérable & d'une grande élévation. Toutes ensemble ces chaînes occupent une largeur de soixante-dix milles : elles ont en plusieurs endroits de grandes ouvertures ou brèches pour la décharge des rivières nombreuses qui naissent au milieu de ces montagnes, & versent leurs eaux dans l'Océan atlantique après avoir procuré de grandes facilités aux provinces qu'elles arrosent pour le transport par eau de leurs denrées. (*Voyez* la carte de LA VIRGINIE & l'article de cette province, où ces coupures sont tracées.)

Nous avons parlé de la haute & immense plaine qui occupe une grande partie de l'Empire russe: nous en retrouvons une pareille dans l'Amérique septentrionale, dont nous devons faire mention après ce détail des *Alpes américaines*. Ce vaste pays, appelé les *Hautes-Plaines*, est une terre extraordinairement fertile : elles commencent à la rivière de Mohock, s'étendent fort près du lac Ontario, & vers l'ouest se confondent avec les vastes plaines de l'*Ohio*, d'où elles se prolongent fort loin au-delà du Missisipi. De grandes rivières y prennent leurs sources, & coulent vers tous les points de l'horizon dans le lac *Ontario*, dans la *rivière d'Hudson*, dans la *Delavare* & dans la *Susquehama*.

La marée de la rivière d'Hudson remonte très-loin dans son lit profond, & même jusqu'à une petite distance de la source de la Delavare, qui, après un cours précipité sur une longue pente interrompue par des rapides, rencontre la marée fort près de son embouchure dans l'Océan atlantique.

Les matériaux qui composent les montagnes dont nous venons de parler, ressemblent beaucoup à ceux des montagnes situees au nord de l'Asie; c'est une roche grise ou granit, composée de feldspath, de schorl & de quartz. Le schorl est ordinairement fort noir, & le quartz coloré en rouge. Près du fleuve Saint-Laurent, la base des montagnes est une espèce de pierre à chaux feuilletée : de larges lits de pierres calcaires de diverses couleurs se voient adossés aux massifs de granit, & sont remplis de cornes d'ammon & de différentes sortes de coquilles fossiles, particuliérement d'une petite espèce de petoncle avec plusieurs variétés de madrépores, soit branchus, soit etoilés. Les couches de pierres calcaires se montrent aussi près de la base de la chaîne des Apalaches.

Les roches schisteuses, feuilletées & fendues en divers sens, soit sur un plan horizontal, soit sur un plan vertical, se trouvent aussi adossées également aux montagnes de granit de l'Amérique septentrionale. L'on y rencontre des mines, ainsi que dans le granit. Nous ajouterons ici qu'il reste

reste beaucoup de détails à suivre sur la distribution de ces différentes matières ; mais nous ne doutons pas que des recherches ultérieures ne confirment, par rapport à cette partie de l'Amérique, les mêmes distributions de matériaux que les naturalistes ont trouvés, soit en Europe, soit en Asie, dans les mêmes latitudes à peu près correspondantes. (*Voyez* AMÉRIQUE.)

VIII. ALPES ÉCOSSAISES ET BRITANNIQUES. Ces montagnes sont face à l'Océan atlantique, & courent à l'occident de Cathness. Parmi ces sommets élevés on distingue *Morvern* & *Scaraben*, *Benhop* & *Benlugal*. La province de Sutherland, ainsi que les comtés de *Ross* & d'*Inverness*, sont entiérement couverts de ces chaînes, dont les plus hautes sont *Mealfouvounich*, le *Coriarich*, *Benevich*, près du fort Guillaume. La dernière montagne a, dit-on, sept cent vingt-cinq toises; ce qui fait une moyenne hauteur.

Une grande partie du comté d'*Aberdeen* est comprise dans l'espace occupé par ces Alpes: ce comté se vante d'un autre *Morvern*, qui s'élève bien au dessus des autres sommets, & qui est au centre des collines de *Grampian*, & peut-être la plus haute de toutes celles de la Grande-Bretagne, au dessus du niveau de la mer. Les *Alpes écossaises* embrassent encore une grande partie du comté de Perth, & vont finir aux magnifiques rivages de *Look-Lomond*, à l'occident duquel s'élève, d'une manière distinguée, *Ben-Lomond*. Depuis cet endroit le reste du nord de l'Angleterre présente seulement des chaînes de collines fort basses; mais dans le Cumberland, dans une partie du Westmoreland, dans les comtés d'York, de Lancastre & de Derby, les Alpes se relèvent; & après un intervalle assez long de plaines & de pays fort unis, on voit la longue & sublime chaîne du pays de Galles. Depuis *Lord* les grandes montagnes occupent l'intérieur du pays, & laissent entre leurs bases & la mer un plateau immense, qui oppose aux vagues un massif de hauts rochers, jusqu'à la petite crique de *Staxigo*.

Nous n'avons cité ici que les montagnes qui se distinguent par leur hauteur au dessus des pays voisins; mais nous ne devons pas nous borner à cette seule considération : la nature des matériaux qui entrent dans leur composition, nous intéressent bien davantage encore, ainsi que leur arrangement & leur disposition. Nous nous en occuperons aux articles ANGLETERRE & ECOSSE.

IX. ALPES *de la Norwège, de la Suède & de la Scandinavie.* Dès qu'on a passé le Sund on trouve le promontoire de *Naze*, visible à huit ou dix lieues de distance; ensuite le Bommel & le Drommel, hautes montagnes à l'est, & la haute terre de *Lest*, vaste montagne qui s'élève graduellement vers l'ouest, depuis le rivage de la mer, sont des masses connues des marins, & qui leur servent de guides. Les montagnes qui suivent en Norwège, pourroient devenir un grand objet d'observation pour les voyageurs. Leur étendue est considérable: on y trouve un grand nombre de filons d'argent natif, de plomb, de cuivre, &c. Il est difficile de dire où commence cette chaîne énorme. En Scandinavie elle part du grand rocher *Koelen*, à l'extrémité du Finmarck; elle entre ensuite dans la Norwège par le diocèse de Drontheim, se dirige à l'ouest vers la mer, & s'y termine à un vaste précipice qu'on peut voir à l'*Heirefoss*, environ à trois milles norwégiens de *Lister*.

Une autre branche sépare la Norwège de la Suède; plus loin elle occupe la plus grande partie de la Laponie, & forme les sommets remarquables & connus des savans, surtout sous les noms d'*Horrilakero*, d'*Avasaxa* & de *Kittis*; enfin elle se termine par des masses de granit, éparses & détachées dans la basse province de Finlande. Dans la plus grande partie de son cours elle enferme la Scandinavie sous forme de fer à cheval, & la sépare des vastes plaines de la Russie. L'ancien nom de cette chaîne étoit *Sevo Mons*, qu'elle conserve encore aujourd'hui sous la dénomination de *Sevaberg*. Pline la compare aux monts Riphées, & nous apprend qu'elle forme une baie immense, laquelle s'étend jusqu'au promontoire Cimbrien; ce qui se trouve confirmé par l'observation. Les montagnes & les îles, où ces masses sont brisées sous mille formes différentes, pourroient fournir aux dessinateurs de quoi exercer leurs crayons. Aussi a-t-on déjà commencé à nous offrir des Recueils intéressans de ces objets, où la nature se montre par des traits bien vrais & bien frappans. Les vues, les montagnes des Sept-Sœurs dans le *Helgeland*, & l'étonnant roc de *Tog-Hatten*, s'élevant majestueusement du sein de la mer avec sa caverne à jour, longue de six mille pieds, haute de trois cents, frappée des rayons du soleil, qui par fois brillent à travers, sont les principales & les plus singulières, sans compter les sommets de plusieurs autres, présentant des formes de tours, d'édifices gothiques, &c.

Je suis convaincu, avec plusieurs naturalistes, que la hauteur des montagnes de la Scandinavie a été exagérée par l'évêque *Pontoppidan*: elles ne sont nullement à comparer avec celles des Alpes suisses, & encore moins avec plusieurs montagnes de l'équateur. Les calculs modérés que les habiles physiciens du nord ont donnés, confirment incontestablement l'opinion raisonnable qu'ont adoptée plusieurs observateurs naturalistes, qu'il y a une augmentation progressive de hauteur dans les montagnes, depuis le pole jusqu'à l'équateur. *Ascanius*, professeur de minéralogie à Drontheim, soutient que, d'après quelques mesures récentes, les plus hautes de ce diocèse n'excèdent pas six cents toises au dessus du niveau de la mer; que les montagnes s'abaissent vers l'ouest à la distance de huit à dix milles norwégiens, & de quarante vers l'orient;

que la plus haute est *Dovre-Fiæl* dans le Drontheim, & *Tille* dans le *Bergen* : elles s'élèvent par une lente gradation, & ne frappent pas la vue comme *Romsdale-Horn* & *Hornalen*, qui s'élancent avec majesté du sein de la mer.

En Suède, il n'y a guère qu'une montagne qui ait été mesurée avec soin jusqu'à la mer. Nous savons en conséquence que *Hinnehulle*, dans la Gothie occidentale, n'a que huit cent quinze pieds anglois de hauteur au dessus du lac *Wener*, ou neuf cent trente-un au dessus du niveau de la mer, & que celles qui suivent, n'ont été mesurées que jusqu'à leurs bases ou jusqu'aux eaux adjacentes. *Aorshata*, montagne isolée du *Joemtland*, située à environ quatre ou cinq milles suédois des plus hautes Alpes qui séparent la Norwège de la Suède, a, dit-on, six mille cent soixante-deux pieds anglois au dessus des rivières les plus voisines. *Swuckusiol*, dans les confins de la Norwège, en a quatre mille six cent cinquante-huit au dessus du lac *Famund*, & l'on croit que ce lac est élevé de deux ou trois mille pieds au dessus du niveau de la mer. Enfin *Sylfœllen*, sur les confins de *Joemtland*, a trois mille cent trente-deux pieds de hauteur perpendiculaire du sommet à la base. On sait que Pontoppidan donne aux montagnes de Norwège trois mille toises de hauteur, & Browallius suppose à celles de Suède deux mille trois cent trente-trois toises; ce qui les rendroit presqu'égales aux plus hautes Alpes de Suisse, & même aux plus hautes cimes des Andes du Pérou.

Dans le Finmark les montagnes, en quelques endroits, se projettent le long du bassin de la mer; dans d'autres endroits elles s'en tiennent à des distances considérables, & laissent des plaines fort étendues entre la mer & leurs bases. Leur plus grande hauteur est sur le *Fiœll-Riggen*, *Dorsum Alpium*, ou dos des Alpes, nom qu'on donne à l'anneau le plus élevé de la chaîne. Leurs sommets sont couverts d'une neige éternelle. Tout autour est une ceinture de montagnes plus basses, composées d'une terre dure & sablonneuse, dépourvue de toute végétation, excepté aux endroits où elle est mêlée de fragmens de rochers, sur lesquels se montrent diverses espèces de saxifrages : la sanicle *diapensia lapponica*, *azalea procumbens*, *andromeda cærulea* & l'hypnoïdes y sont clair-semés. Plus bas sont de vastes forêts de bouleau, arbre utile aux Lapons comme aux Indiens du nord de l'Amérique. Sur les Alpes moins élevées croît en abondance le lichen des rennes, la seule nourriture de leur bétail. Ces trois arbres, le bouleau nain, l'érable & le saule, dont il y a jusqu'à vingt-trois espèces, composent tous les arbres de la Laponie. Tous les autres qui croissent en Suède, s'évanouissent à l'approche de cette froide contrée.

Il y a une grande analogie entre les plantes de ces Alpes du nord & celles des hautes terres d'Ecosse. Un botaniste n'est jamais surpris de rencontrer des plantes semblables sur les montagnes de même hauteur, quelque grande que soit leur distance locale.

Les Alpes, les bois & les marais de la Scandinavie renferment nombre de quadrupèdes qui sont inconnus en Angleterre & dans plusieurs autres contrées de l'Europe. Ceux qui bravent les froids rigoureux de l'extrémité septentrionale de cette contrée, sont surtout l'élan & le renne, auxquels nous nous bornerons ici, renvoyant tous les autres détails de zoologie à l'article NORWÈGE.

Si nous revenons maintenant au *Cap-Nord*, très-haut & très-plat sur le sommet, & que les marins appellent pour cette raison *Table-Land* ou Terre de la Table, l'île de *Maggeroe* & plusieurs autres, répandues devant la côte à soixante-onze degrés trente-trois minutes de latitude nord, ne sont que la continuation de la chaîne de montagnes qui, comme nous l'avons vu, divise la Scandinavie, & tantôt s'enfonce, tantôt se relève dans l'Océan, d'intervalle à autre, jusqu'aux *Sept-Sœurs*, vers la latitude de quatre-vingts degrés trente minutes, la dernière terre que nous connoissions vers le pole.

La première apparence de cette chaîne au dessus de l'eau est à l'*Ile Chérie*, latitude soixante-quatorze degrés trente minutes, terre déserte & solitaire, un peu plus qu'à moitié chemin entre le *Cap-Nord* & le *Spitzberg* : sa figure est presque ronde; sa surface s'élève en cimes hautes, montueuses, escarpées, & couvertes d'une neige perpétuelle. L'une de ces montagnes est nommée, avec bien de la vérité, le *Mont Misère*.

Il est à remarquer que l'*Ile Chérie* produit d'excellent charbon de terre : on y trouve aussi des mines de plomb, &c. (*Voyez* NORWÈGE, SCANDINAVIE.)

XI. ALPES *du nord de l'Asie orientale*. Les géographes modernes ont fort exagéré la hauteur des montagnes alpines de la Sibérie. *Isbrand Ides*, qui les traversa dans son ambassade en Chine, assure qu'elles ont cinq mille brasses ou toises de hauteur. D'autres naturalistes disent qu'elles sont couvertes d'une neige éternelle. Cette circonstance peut être vraie, surtout dans les parties septentrionales; mais certains voyageurs assurent que, dans les autres parties, leurs sommets sont dégagés de toute neige pendant trois ou quatre mois de l'année.

Les hauteurs d'une partie de cette chaîne ont été mesurées par l'abbé Chappe, qui soutient que celle de la montagne *Kyria*, près de *Solihamshaia*, latitude soixante degrés, n'excède pas quatre cent soixante-onze toises au dessus du niveau de la mer, ou deux cent quatre-vingt-six au dessus du sol qui lui sert de base. Mais, suivant Gmelin, *Pauda* est beaucoup plus haute, puisqu'elle a sept cent cinquante-deux toises au dessus du niveau de la mer. De Pétersbourg à cette chaîne est une vaste plaine entrecoupée de quelques élévations & plateaux, comme des îles au milieu de l'Océan : le côté oriental descend graduellement, & pénètre sur un long trajet, dans les bois & les marais de la Sibérie ; ce qui forme un immense plan incliné vers la mer Glaciale. Cette disposition est évidente, si l'on en juge d'après le cours de toutes les grandes rivières qui prennent leur source dans ces contrées : quelques-unes, à la distance prodigieuse du quarante-sixième degré, & après un cours de vingt-sept degrés, vont tomber dans la mer Glaciale à la latitude de soixante-treize degrés trente minutes. Le seul *Jaïk*, qui a son origine près de la partie méridionale du côté oriental, prend une direction au midi, & va se jeter dans la mer Caspienne. La *Dwina*, la *Peczora*, & un petit nombre d'autres rivières de la Russie européenne, démontrent l'inclinaison de cette partie : toutes se rendent dans la mer du Nord ; mais leur cours, en comparaison de celui des autres, n'est pas fort alongé. Une autre inclinaison dirige le Dnieper & le Don dans la Mer-Noire, & le large Volga dans la mer Caspienne.

La chaîne Altaïque, limite méridionale de l'Asie, commence à la vaste montagne de *Bogdo*, passe au dessus de la source de l'*Irtisch* & de l'*Oby*, ensuite prend un cours inégal, montueux, escarpé, plein de précipices couverts de neiges, & riche en minéraux dans le plateau qui occupe l'intervalle entre l'Irtisch & l'Oby : de là cette chaîne s'avance près du lac *Téleczoi* & dans le voisinage de la source de l'Oby, puis elle se courbe pour embrasser les grandes rivières qui se réunissent à la tige principale du *Jéniseï*, & qui sont comme enfermées dans ces hautes montagnes. Enfin, sous le nom de *Sainnes*, elle continue sans interruption jusqu'au lac *Baïkal*. Une branche s'insinue entre les rivières *Onon*, *Ingoda* & *Ichikoi*, comprenant de fort hautes montagnes qui s'étendent sans interruption au nord-est, & séparent ces sources de celles de la rivière d'Amour, qui se décharge à l'est vers l'Empire de la Chine, depuis la rivière de *Léna* & le lac *Baïkal*.

Une troisième branche se prolonge le long de l'*Olecma*, traverse la *Léna* au dessous d'*Iakoutsh*, & se continue le long des deux rivières *Tongouska* jusqu'au *Jéniseï*, où elle se perd dans des plaines couvertes de bois & de marécages.

La principale chaîne, hérissée de rocs anguleux & de pics, s'approche des rivages de la mer d'Ockhozt & s'y maintient à une certaine hauteur, &, passant près des sources des rivières *Outh*, *Aldan* & *Maia*, se distribue en petites branches dirigées dans les intervalles des rivières orientales qui vont tomber dans la mer Glaciale.

Nous ferons envisager outre cela deux branches principales, dont l'une, tournant au sud, traverse toute la presqu'île du *Kamtzchatka*, & se brise au Cap de *Lapatha*, dans les nombreuses îles *Kuriles*, & à l'est forme l'autre chaîne marine d'*Aléoutiannes*, qui règne depuis le *Kamtzchatka* jusqu'en Amérique. La plupart de ces îles, comme la Kamtzchatka même, sont remarquables par des volcans enflammés, & par les vestiges de leurs violentes éruptions. La dernière chaîne va former le grand Cap *Tschutsky*, avec ses promontoires & ses rivages escarpés & hérissés de rochers. C'est ainsi que se terminent ces *Alpes*, qui nous présentent la base de toutes les formes du terrain de cette vaste région, ainsi que la charpente de toute son hydrographie. (*Voyez* SIBÉRIE, KAMTZCHATKA, KURILES & ALEOUTIANNES.)

ALPINES (*Montagnes*). On appelle ainsi les masses de montagnes dont les sommets s'élèvent à une certaine hauteur au dessus du niveau de la mer. Ce sont d'abord les botanistes qui ont admis cette distinction ; ils l'ont déterminée par le moyen des plantes qui ne croissent qu'à de certains niveaux, & auxquelles ils ont donné la dénomination de *plantes alpines*. Aujourd'hui que les naturalistes ont étudié plus en détail la constitution des massifs qui forment les *montagnes alpines*, il est important d'ajouter aux caractères des botanistes d'autres caractères tirés de cette constitution, & qui seront également sûrs & instructifs.

Nous commencerons d'abord par les *Montagnes alpines* & *sous-alpines* de Provence, réservant les parties correspondantes du Dauphiné & de la Franche-Comté pour les articles JURA & DAUPHINÉ, où tous ces phénomènes reparoîtront avec les détails particuliers que nous offriront les localités, toujours dans la vue de faire connoître l'objet principal qui nous a occupés dans plusieurs articles, c'est-à-dire, *les Alpes*. Ensuite nous donnerons le tableau des *plantes alpines*, qui terminera ce que nous croyons devoir présenter ici de relatif aux grandes montagnes.

ALPINES (*Montagnes*) & *sous-alpines de Provence*. Les montagnes qui séparent la partie méridionale de la Provence d'avec la septentrionale, forment une chaîne qui s'étend depuis la Méditerranée jusqu'aux frontières du Dauphiné. Toutes ces montagnes paroissent être de la plus ancienne origine : on ne peut en disconvenir si l'on considère leur organisation intérieure, leurs sommets élevés, dont quelques-uns sont taillés à pic, & séparés les uns des autres ; enfin leurs blocs énormes sans couches régulières, quoique la plupart de nature calcaire, qui les composent. Ces montagnes diffèrent totalement de celles qu'on nomme *secondaires* ou de nouvelle formation, & qui ont été formées à une époque plus moderne par la retraite des eaux de la mer, & par leurs dépôts successifs, comme il le paroît par les couches parallèles ou inclinées à l'horizon, & par les débris des corps marins qu'on trouve dans leur intérieur. L'état des collines ou des montagnes secondaires ne présente jamais cet ordre, cette continuité qu'on observe dans les primitives.

Les montagnes sous-alpines de Provence sont séparées des montagnes alpines par des coteaux de nouvelle formation, couverts de plantes aromatiques jusqu'au pied des Alpes, ainsi que les montagnes de la partie moyenne de la province: leurs couches sont posées différemment les unes sur les autres, & l'on y trouve souvent des coquilles pétrifiées. Toutes les montagnes qui les entourent, sont très-élevées, & tiennent à la chaîne générale des Alpes, tant par leur organisation intérieure, que par les divers fossiles qu'elles contiennent, & par les plantes qui y croissent: telles sont les montagnes de Sisteron, de Digne, de Norante, de la Palud, d'Eiguines, de Triguance, de Thorame, de Bargème, de Lachen, de Seranon, de Cheiron, &c. Lorsque ces montagnes ont des parties schisteuses, & que la pierre est feuilletée en quelques endroits, comme à Bargème, à Cheiron & ailleurs, c'est toujours à leur base ou dans des endroits nus, exposés à l'action de l'air, à l'impétuosité des vents, à la rapidité des eaux torrentielles & à la chaleur du soleil; car c'est à ces causes que les irrégularités de la pierre calcaire sont dues. Effectivement, les marbres, les gypses, les terres marneuses, les argiles, les ochres, ne se trouvent que dans des collines formées de dépôts successifs.

Les terres comprises dans l'espace des montagnes sous-alpines, quoique fort étendues, ne sont point assez fertiles pour nourrir leurs habitans: les coteaux commencent à être pelés, parce que le terrain est emporté par les averses dans les ruisseaux inférieurs; les défrichemens qu'on y a pratiqués sans les précautions convenables l'ont rendu si mobile, qu'il s'y forme partout des ravins qui en sillonnent la superficie; le fond des vallons s'exhausse, tandis que la cime des coteaux s'écroule, entraîne rapidement les arbustes qui les couvroient auparavant. La vallée de Traichau, dans le diocèse de Gap, à trois lieues de Sisteron, est quelquefois exposée à ces terribles accidens. Il n'y a que les parties septentrionales des montagnes qui soient à l'abri de pareils événemens, par les forêts antiques que la coignée du bucheron n'a point encore attaquées. Le climat diffère peu de celui des montagnes alpines: les froids y sont aussi piquans & les gelées presqu'aussi fortes en hiver. La neige qui couvre les montagnes sous-alpines au mois de novembre y fond plus tôt, surtout sur leur partie méridionale; car la septentrionale est long-tems exposée aux rigueurs des frimats. L'air y est pur & favorable aux phthisiques.

Les montagnes alpines se distinguent facilement de celles qui leur sont inférieures par leur élévation & leur enchaînement, tandis que celles-ci paroissent comme isolées, & ne tenir pour ainsi dire à la chaine des Alpes que par des collines intermédiaires. Les alpines portent leur cime plus haut, s'étendent au loin, forment des gorges étroites, des vallées plus spacieuses, & influent autant sur l'atmosphère qui les environne, que sur la constitution des habitans de ces contrées. Leur disposition intérieure est en gros blocs entassés les uns sur les autres sans couches intermédiaires: le quartz, le granit, la pierre cornée & les schistes concourent à leur formation: la pierre calcaire s'y trouve plus abondamment; mais elle est toujours plus serrée, plus dense que dans les montagnes inférieures. On ne trouve plus de coquilles pétrifiées ni de traces de testacées dans ces grandes masses calcaires d'origine primitive: ce n'est que dans les montagnes secondaires que l'on observe les diverses couches, les dépôts successifs que les eaux de la mer ont laissés en se retirant. Si l'on y voit des schistes ou des pierres feuilletées, c'est presque toujours dans les bases des montagnes & dans des lieux exposés à l'action de l'air, des vents & des eaux; d'ailleurs, ces schistes tiennent un peu de la pierre & se rapprochent de l'ardoise.

Les métaux sont renfermés dans le sein de ces montagnes, non pas en blocs désunis & séparés, comme on le voit dans les autres, mais bien en filons, en longues veines, qui serpentent, s'enfonçent profondément dans les vallées pour venir se montrer dans la même direction du côté opposé. Les montagnes qui sont couvertes de bois & de gazon ont presque toujours leur exposition principale au nord. Les rivières qui en sortent, ne sont considérables qu'après la fonte des neiges ou les pluies d'automne. Les ravins, les ruisseaux, grossissent alors, & vont se précipiter tumultueusement dans ces rivières.

Quoique les plantes qui croissent dans ces lieux aient beaucoup de rapport avec celles des montagnes sous-alpines lorsqu'elles sont au même degré d'élévation, on observe une grande différence par les gazons perpétuels dont leurs sommets sont couverts, & par de nouvelles plantes qu'on y trouve. Les arbres résineux se multiplient beaucoup mieux dans les montagnes alpines, tandis qu'il n'y a guère, aux sous-alpines, que de petits chênes, des érables, des hêtres, & rarement des sapins & des ifs.

La chaîne des Alpes de Provence commence à *Seine*; elle s'étend du levant au couchant par la vallée de Barcelonette (*voyez ce mot*), pour se joindre aux Alpes maritimes du Piémont & du comté de Nice; elle forme des vallées & des gorges fort étendues, telles que les vallées d'Asture, de Saint-Estève, d'Entraunes & de Colmars. Cette chaîne va se lier avec les montagnes de Gap & d'Embrun, du nord à l'est.

Les hivers sont rudes & de longue durée dans ces contrées septentrionales: le thermomètre y descend souvent jusquà dix & même douze degrés au dessous de la glace. Il fait beaucoup moins froid dans les montagnes sous-alpines. (*Voyez* CLIMAT, son influence sur les habitans.)

Le printems est déjà bien avancé dans les parties méridionales de la Provence, qu'à peine ses douces influences commencent à se faire sentir aux Alpes. La terre ne se couvre de verdure que lorsque les neiges ont fondu : les vents d'est & de sud hâtent ce moment desiré. Un jour de nuages & de vent de mer fait plus que le tems la plus serein & le plus beau soleil. Les montagnards qui passent l'hiver dans le pays bas, connoissent si bien cet instant, qu'ils s'empressent d'arriver avant le dégel. Lorsque la pente des montagnes n'est pas rapide, cette fonte de neiges est avantageuse ; elle abreuve le sol, le pénètre, nourrit les racines des plantes & favorise la végétation naissante ; mais quand la pente est rapide & que le terrain est pierreux, dénué d'arbustes & de plantes ; qu'on l'a défriché sans le soutenir par de petits murs, que les terres remuées depuis peu de tems sont faciles à être entraînées, cette fonte cause de grands ravages : les eaux se précipitent du haut des monts, grossissent à vue d'œil, &, acquérant plus de vélocité par leur chute, elles entraînent tout, dépouillent les terres, roulent les pierres, & donnent lieu à ces accidens dont nous avons parlé & qu'on nomme *avalanges*.

Montagnes sous-alpines inférieures.

La partie de l'est de ces montagnes, située dans le diocèse de Vence, forme une chaîne qui s'étend jusqu'au bord de la mer. La vallée de Taurenc, les montagnes de Cheiron & de Coursegoule, sont renfermées dans cette enceinte. La vallée de Taurenc se prolonge à quelques lieues vers l'ouest : sa largeur est d'environ un quart de lieue ; elle est bornée au levant par la montagne de Cheiron, que plusieurs coteaux intermédiaires lient aux montagnes opposées. Le sommet de Cheiron a près de six cents toises d'élévation au dessus du niveau de la mer : les végétaux qui y croissent, se rapprochent beaucoup de ceux des montagnes alpines, dont celle-ci a toutes les apparences. La partie méridionale de Cheiron & celle qui regarde l'ouest sont entièrement pelées ; elles n'offrent que quelques petits arbustes, que quelques plantes attachées aux pierres. La montagne de Cheiron est de nature calcaire : ses extrémités vers le couchant & vers le midi, du côté de Grolières, sont couvertes de schistes. Peut-être que l'air, les orages, les vents impétueux & les pluies ont contribué, ici comme ailleurs, à rendre la pierre calcaire *fissile*, & l'ont pourrie en quelques endroits ; ce qu'on observe à la base de plusieurs montagnes entièrement nues. Il y a, sur le sommet de celle-ci, une plaine assez étendue, couverte de gazon. La vue se promène à l'ouest sur les montagnes sous-alpines, qui s'abaissent insensiblement vers le bord de la mer. Elle est bornée au midi par le Cap de Teoules, le Cap Roux & les promontoires voisins ; mais elle se porte à une distance plus éloignée du côté du levant, où l'on voit les montagnes de Tendes presque toujours couvertes de neige, lesquelles separent la Provence de l'Italie. La montagne de Cheiron se lie avec celles de Coursegoule & de Grolières, villages situés dans une étroite vallée que la rivière du Loup sépare du diocèse de Grasse. Le climat s'adoucit de plus en plus aux approches des côtes méridionales : il y a quelques vignobles dans ces cantons. On trouve des indices de charbon de terre dans le terroir de Coursegoule : les veines en sont très-apparentes, & on en a même retiré quelques échantillons. Ces mines, qui s'étendent fort loin, seroient d'un grand secours si elles étoient exploitées. La terre bitumineuse qui les couvre, s'enflamma autrefois par les issards qu'on y avoit pratiqués tout auprès, & jeta long-tems des étincelles pour peu qu'on la remuât.

La commune du Caire, auprès de Tourrettes, termine les montagnes sous-alpines au midi ; elle contient également des mines de houille, qui ont été exploitées autrefois. Les veines de ce fossile se prolongent du levant au couchant, tout le long de la montagne, derrière le château. Les schistes argileux qui les couvrent, brûlent au feu en jetant beaucoup de fumée, & sont entiérement bitumineux. Les couches de charbon qui sont au dessous, paroissent pyriteuses ; mais il n'est pas douteux qu'en creusant plus profondément on ne trouvât le bon charbon dans une pierre dure, de la nature de celles qui composent les montagnes supérieures, ces schistes n'étant qu'un débris des couches argileuses & calcaires. Il seroit à desirer qu'on mît ces mines de houille en valeur, parce que le bois commence à devenir rare dans ces cantons.

Les montagnes de Coursegoule & de Cheiron viennent se joindre par de petits coteaux au débouché oriental de la vallée de Taurenc. Ces coteaux ne sont plus aussi pelés que ceux que nous avons parcourus : les érables, les cornouillers, les coudriers, y sont nombreux, ainsi que les pins plantés par bouquets tout le long de la vallée, & qui forment même de petites forêts en quelques endroits.

La rivière du Loup prend sa source dans la vallée d'Andon, qui est séparée de celle de Taurenc par une chaîne de montagnes à droite ; elle coule à travers les terroirs de Cipières & de Grolières, descend des montagnes sous-alpines, dans les campagnes de Bar, de Roquefort, de la Colle, de Villeneuve, & va se jeter dans la Méditerranée près d'Antibes.

Les montagnes qui bordent la vallée de Taurenc sont autant de masses *pierreuses*, dont les matériaux sont la plupart du tems disposés par couches dont les cimes pelées s'élèvent tantôt en pyramides, tantôt en groupes de rochers pointus &

détachés les uns des autres. Ces couches sont horizontales, & quelquefois verticales; elles sont toutes de nature calcaire: le quartz & le cristal de roche y sont fort rares. Le revers septentrional est couvert de bois, & présente des forêts d'érables, de hêtres & de pins. On voit de grands blocs de rochers qui ont été détachés de la masse totale: quelques-uns, en roulant dans les vallons, sont restés à mi-chemin; d'autres, tenant encore à la montagne, n'attendent qu'une dernière impulsion pour se précipiter dans les bas-fonds. Les eaux pluviales qui pénètrent à travers les fentes des couches pierreuses, dissolvent lentement le gluten qui les unit, & causeront tôt ou tard leur chute. Le terrain de la vallée de Taurenc & de Seranon est très-fertile: celui de Taurenc le seroit encore plus si l'on pouvoit le mettre à l'abri des eaux pluviales & des ruisseaux qui l'inondent très-souvent.

La vallée de Roure, dans le diocèse de Fréjus, est voisine de celle de Taurenc; elle est terminée par le château de Seranon, bâti sur un roc, d'où naît, un peu plus haut, la rivière d'Artabi, qui coule vers l'ouest, passe par Comps & Trigance, où elle reçoit la rivière de Jabron, & va grossir à son tour les eaux du Verdon. La vallée d'Andon, plus méridionale que celle de Taurenc, vient se joindre à celle de Caille. Les prairies de Caille sont entourées de montagnes: les eaux pluviales viennent s'y rendre & y forment un grand bassin, d'où, se filtrant à travers les montagnes du sud, elles donnent naissance à plusieurs ruisseaux, & notamment à une branche de la rivière de Siagne, qui sépare le territoire de Saint-Vallier d'avec celui d'Escragnolle, & va se jeter dans les deux branches réunies qui viennent du côté de Mons. Il y a une grote garnie de stalactites dans une montagne vis-à-vis du village de Caille: son entrée est très-difficile. Mais dès qu'on a pénétré dans l'intérieur, on est surpris de son élévation, de sa vaste enceinte & de la quantité de belles stalactites attachées à la voûte, bien différentes, par leur transparence, de celles qui se forment dans les Tussières. La vallée de Caille communique avec celle de Seranon, qui est séparée de celle de Roure par une chaîne de montagnes parallèles aux montagnes de la Roque; elles vont toujours en s'abaissant du côté de l'est.

Les hameaux d'Escragnolle, le village de Saint-Vallier, au dessus de Grasse, ont des positions fort favorables à la végétation. Le climat en est si tempéré, qu'il permet aux habitans d'y cultiver la vigne & l'olivier, tandis que les montagnes qui environnent les petites vallées ne produisent que du blé. La vallée de Seranon est bornée par la plaine de Feniers, qui communique par une gorge située entre deux hautes montagnes qui sont les plus élevées des sous-alpines, quoiqu'elles soient les dernières de ces contrées. C'est ce qui en rend le climat beaucoup plus froid que celui dont nous venons de parler.

La montagne de Lachen, qui commence à la Roque & à la Bastide, a plus de six cents toises d'élévation au dessus de la mer. Sa pente, du côté du couchant, en est rude: on y monte avec un peu plus de facilité du côté du midi. Sa partie septentrionale est couverte de bois de pins & de sapins, à l'ombre desquels végètent quantité de plantes alpines, comme la gentiane, l'angélique, la véronique. Lachen se prolonge par une chaîne qui va en s'abaissant du côté du levant jusqu'au dessous d'Escragnolle & de Saint-Vallier, après quoi on ne trouve plus que des coteaux qui remplissent les intervalles des plaines jusqu'à la mer, & qui présentent des fonds convenables à la végétation de la vigne & de l'olivier. Le sommet de Lachen forme une espèce de cône couvert de gazon: il s'y trouve une source qui n'est surmontée d'aucune montagne. Les pierres numismales & lenticulaires sont communes à Lachen: les plantes de cette montagne ont beaucoup de rapport avec celles qui végètent plus haut dans les Alpes. Sa position & sa forêt leur fournissent à peu près le même climat & le même sol. Comme cette montagne n'est couverte d'arbres que dans sa partie septentrionale, phénomène dont nous donnerons par la suite la cause, les plantes s'y trouvent en petite quantité: outre cela on ne trouve, du côté du midi, que de petits arbustes, comme le néflier, les groseilliers épineux, & lorsqu'on est parvenu au sommet on rencontre de petits gazons & des fraisiers stériles. Les gazons qui sont sur la cime, sont formés par des chiendents, par l'oseille des Alpes & l'eufraise.

La montagne de Brouïs, qui commence au dessus de la Bastide, & s'étend jusqu'au-delà de Bargème, est inférieure de deux cents toises à celle de Lachen, qui en a cinq cents. Sa partie méridionale est encore pelée; elle entoure la vallée de la Roque avec les montagnes de Malai & de Broves qui lui sont opposées. La pierre calcaire domine dans ces montagnes; le quartz y est rare: il y a en divers endroits des coquilles pétrifiées, surtout vers leur base, de même que des cantons de terre pourrie ou réduite en schistes: on y trouve aussi des pierres numismales & lenticulaires, surtout à Lachen.

La montagne de Brouïs est couverte sur sa partie septentrionale, d'une forêt considérable de sapins; elle s'étend à près de deux lieues, & est si épaisse en quelques endroits, qu'on a de la peine à y pénétrer. Un botaniste s'y étant égaré, y passa deux jours & deux nuits, & faillit y mourir de peur & de faim.

Les plantes de cette montagne ont beaucoup d'analogie avec celles qui végètent plus haut dans les Alpes. Sa position & sa forêt leur fournissent à peu près le même climat & le même sol.

La vallée de Bargème & de la Roque est traversée dans sa longueur par une éminence de trois ou quatre pieds de hauteur; car elle est formée d'une pierre coquillière qui contient une quantité de testacées univalves & bivalves : on en détache des coquilles d'huitres & des oursins pétrifiés, qui sont aussi répandus dans la plaine. La petite rivière qui traverse cette plaine tarit souvent en été, quoique par sa position elle dût contenir une plus grande quantité d'eau. Toutes les rivières des montagnes sous-alpines sont à peu près dans le même cas : ce sont plutôt des ruisseaux qui arrosent ces contrées. Les eaux pluviales & de neige enflent, pendant quelque tems, les ruisseaux & les petites rivières; mais leur terrain léger, maigre & graveleux favorisant l'évaporation, tout le pays éprouve bientôt une sécheresse égale à celle des contrées méridionales montueuses. Plus on descend à l'est, plus les montagnes s'abaissent, plus les pétrifications des coquilles qui farcissent les rochers sont nombreuses; telles sont les grandes cornes d'ammon, les huitres, les cames, &c. Comme les vallées s'élargissent, les montagnes laissent entr'elles un plus grand intervalle.

Les montagnes sous-alpines s'étendent depuis la terre d'Esclapon jusqu'à Mons, & bien loin audelà vers le couchant, en abaissant graduellement leur sommet & dégénérant en coteaux qui bornent les terres de Calian, de Seillans, de Bargemon & d'Aups. Tel est l'état de la partie montueuse de la Provence, qui la sépare à l'est des côtes maritimes.

Ceux qui ne connoissent la Provence que par sa latitude, ou qui n'ont parcouru que sa partie moyenne, s'imaginent que son climat est doux & tempéré, que rien n'est plus agréable que la position des villes qui sont situées sur les bords de la mer & dans des plaines fertiles & riantes; que les montagnes dont ces plaines sont coupées en quelques endroits, y tempèrent les chaleurs de l'été, & lui procurent plutôt un zéphyr & des pluies douces qui rafraîchissent l'air, qu'elles n'occasionnent des vents froids. Cependant si l'on suit toutes les causes qui peuvent contribuer à l'irrégularité de la température dans un grand nombre de contrées, on se détrompera aisément. Ce qui achevera de le faire, c'est la description des montagnes sous-alpines que nous venons de faire. L'étendue de ces montagnes, qui font au moins le tiers de la Provence, doit influer, comme nous venons de le dire, sur son climat en général, & sur la santé de ses habitans. Il convient d'ailleurs à leur bien-être & à leur aisance, qu'il y ait une correspondance fort animée entre les habitans des montagnes & ceux du plat-pays; de telle sorte que les premiers soient fixés dans les régions froides où ils sont accoutumés dès l'enfance, qu'ils s'y occupent à défricher les terrains stériles, à exploiter les mines que nous avons indiquées, sans être tentés de passer l'hiver dans des contrées plus méridionales & chaudes, où leur tempérament dégénère peu à peu & s'affoiblit à la longue.

Le montagnard, si robuste autrefois, si patient dans ses travaux, si industrieux même dans la culture des terres, n'est plus le même aujourd'hui. C'est le contraire aux montagnes alpines, que l'habitation continuelle des hommes & des troupeaux améliorent chaque jour; & quoique le luxe y ait pénétré également, la misère ne s'y fait pas sentir comme dans les sous-alpines, où l'on jouit de la plus grande aisance. Il y a dans cette dernière région des villages si pauvres, qu'on ne doit pas être surpris de les voir inhabités pendant la plus grande partie de l'année. C'est à une administration paternelle & libérale à trouver les vrais moyens d'améliorer ces régions froides & stériles en y fixant des habitans & des cultivateurs; ce qui en changeroit peu à peu la face, & rendroit ces contrées septentrionales de la Provence presqu'aussi florissantes que les méridionales. (*Voyez* l'article ABRI, où nous avons fait connoître les avantages qu'offrent aux cultivateurs les environs d'Hières & de Grasse pour l'éducation des orangers en pleine terre.)

ALPINES (*Montagnes*). Nous considérerons ici ces montagnes sous le rapport des végétaux qui y croissent en différens pays. On sait que, parmi ces végétaux, un grand nombre se plaît dans les climats tempérés; que les uns veulent la zône torride, les autres les régions les plus froides des zônes glaciales; & qu'au milieu de ces positions variées, les contrées qui renferment les différens *tractus* de *montagnes alpines*, présentent un grand nombre de ces espèces. Si le froid y domine, on y éprouve des changemens de température inconnues dans les pays des grandes plaines ou des collines, même dans ceux des montagnes moyennes. En hiver le soleil brille quelquefois sur leurs sommets, tandis que nos plaines sont couvertes de brouillards & de brumes épaisses & froides. Dans l'été ces hautes montagnes, après avoir éprouvé des chaleurs très-fortes dans leurs vallées pendant le jour, sont exposées pendant la nuit à des retours de froids plus ou moins rigoureux.

D'un autre côté, si le froid des montagnes alpines est long & plus considérable que celui des plaines ou des plats-pays, les neiges qui sont amoncelées sur leurs cimes élevées, maintiennent les plantes & leurs semences dans une douce température, & nous voyons outre cela sous la neige, les lichens & les mousses servir de couvertures aux racines de ces mêmes plantes.

Pendant la canicule, la vivacité des rayons du soleil y est d'autant plus violente, que leur action y est moins interrompue, & qu'elle s'y trouve souvent concentrée par les différens rochers qui la reçoivent, la répercutent & la conservent; mais il faut avouer que, malgré la sérénité dont on jouit quelquefois sur les montagnes alpines, on ne peut se flatter d'en jouir constamment. Une vapeur épaisse, un brouillard humide, précédés par certains vents & poussés par eux, viennent assez souvent répandre, après quelques belles journées, des nuages sombres & froids qui couvrent même insensiblement toutes les plus grandes sommités; & si la pluie ou les orages succèdent à cette révolution, bientôt le froid devient égal à celui que l'on ressent l'hiver dans les plaines; j'ajoute même qu'il y est plus sensible, parce qu'il succède plus promptement à la chaleur.

De cette vicissitude de température résulte un climat particulier, qui est celui des *montagnes alpines*, & qui constitue un pays nouveau, où le concours de certaines circonstances semble changer les lois mêmes de la végétation, en contraignant certaines plantes de se développer, de croître, de fructifier dans un très-court espace de tems.

Néanmoins ce climat convient tellement à plusieurs productions végétales, qu'il devient impossible de les cultiver dans nos jardins, quoique l'art soit parvenu assez souvent à suppléer à la chaleur, à la fraîcheur des ombrages & aux sols humides; il ne peut imiter l'inconstante température des lieux élevés. Les *plantes alpines*, en un mot, ne peuvent conserver leur constitution physique & prospérer que dans les *Alpes* mêmes.

Ainsi, pour décider quelles sont les montagnes alpines, d'après les productions végétales, les botanistes ont formé quelques classes de plantes bien caractérisées, qui sont bien propres à nous faire connoître ces différens sols. Il est vrai que les géographes & les naturalistes y ont joint d'autres caractères aussi frappans, en s'attachant à leur élévation au dessus du niveau de la mer, à la nature des matériaux qui entrent dans leur composition, & surtout à leur organisation.

C'est particuliérement aux différens degrés de hauteur des sols où croissent les végétaux, que les botanistes ont attaché les principales circonstances qui les distinguent. Je dois mettre à leur tête le célèbre Linné, qui a le mieux saisi cette distribution des plantes, relativement aux niveaux des terrains: il remarque, par exemple, que M. de Tournefort, dans son *Voyage au Levant*, trouva dans les plaines basses qui entourent le fameux mont *Ararat*, les plantes ordinaires de l'Arménie; qu'en gagnant le pied de la montagne il reconnut celles qui sont propres à l'Italie; qu'élevé à une certaine hauteur il vit celles des environs de Paris, plus haut celles de Suède; & qu'enfin auprès des neiges dont est couvert le sommet de son vaste cratère, il rencontra les plantes des Alpes de la Suisse & de la Laponie.

Celles qui croissent à ces dernières hauteurs, sont les *saxifrages*, les *petites cariophillées*, les saules rampans, les *rhododendron*, les *arecia*, les *androsaca*, si communes sur les cimes des Alpes de la Suisse, du Piémont, du Bourg-d'Oisan & des environs de Briançon.

Ces plantes vraiment *alpines* portent en général certains caractères extérieurs qui les distinguent des autres végétaux, même des plus rares qui croissent sur les montagnes de moyenne hauteur ou sous-alpines. Plutôt vivaces qu'annuelles, elles sont presque toutes printanières, odorantes, aromatiques, âcres, de petite stature, d'une consistance ferme. On y voit des arbrisseaux tortueux, croissant à l'ombre; des plantes grasses fixées dans les fentes des rochers. Ordinairement nourriés dans un terreau noir & fertile, produit de la destruction des autres plantes, elles jouissent, comme nous l'avons dit, d'une courte, prompte & vigoureuse végétation; mais comme elles sont battues des vents, elles s'élèvent peu, & rampent la plupart sur la terre & au milieu des fentes des rochers. Cette race de végétaux, qui sont aux plantes ordinaires ce que les Lapons sont aux hommes du centre de l'Europe, ne sauroit venir, & ne se montre point sur les montagnes de moyenne hauteur, parce que l'élévation de ces montagnes n'est pas assez considérable ni leur climat assez rigoureux.

ALPINES (*Plantes*). On désigne sous ce nom toutes les productions végétales qui croissent naturellement sur les hautes montagnes de première sorte, telles que les Pyrénées, les Alpes, &c.

Ces plantes alpines sont distribuées sur deux zônes ou régions distinctes.

La première ou *région boisée* ne renferme que les grands arbres, tels que les chênes; les hêtres, les châtaigniers, &c.

La seconde ou *région des arbustes* ne renferme que des arbustes & arbrisseaux dont la hauteur diminue progressivement à mesure qu'ils s'approchent du sommet de la montagne. A partir de l'alizier & du coudrier, arbustes de première grandeur, on passe à des rosiers ou à d'autres arbrisseaux du même volume; de ceux-ci à des thymelées, & enfin à de petites espèces de saules qui n'ont pas plus de six lignes de hauteur. Ces dernières sont les plus éloignées de la base de la montagne, & terminent la seconde région ou celle des arbustes (1).

La *région des neiges* ou *troisième région* qui vient ensuite, ne renferme plus aucune plante à tige ligneuse; elle présente seulement quelques plantes herbacées, lesquelles ne diffèrent de celles d'entr'elles qui croissent dans les plaines, que parce qu'elles sont en général plus petites, & qu'elles offrent quelques variations dans leurs parties.

A la hauteur de trois mille deux cents mètres on ne trouve plus aucune plante sur les montagnes: le froid, la neige & les glaces continuelles y arrêtent toute végétation.

Nous joignons ici une liste de plantes alpines de France, laquelle nous a été communiquée par le citoyen Sébastien Léman, jeune botaniste fort instruit, & qui promet de suivre avec succès les traces des célèbres botanistes dont il est l'émule.

(1) Les pins & les sapins forment la lisière qui sépare les deux régions boisées.

LISTE DE PLANTES ALPINES.

Nota. Les plantes désignées par le signe ♄ sont toutes ligneuses & à tiges persistantes.

Celles marquées d'un astérisque se trouvent seulement dans les montagnes.

Enfin celles qui ne sont précédées d'aucun signe, croissent également sur les montagnes & dans les plaines.

Acer. — Érable.

Acer campestre. ♄. Linné. Syst. Nat. ed. 12. Érable champêtre.
— *platanoides.* ♄. Linn. — plane.
— *pseudoplatanus.* ♄. Linn. — sycomore.

Achillea. — Achillée.

* *Achillea alpina.* Linn. Achillée des Alpes.
* — *atrata.* Linn. — noirâtre.
* — *compacta.* Lam. Dict. Encycl. — à fleurs compactes.
* — *cuneifolia.* All. Fl. pedem. — à feuilles en coin.
* — *macrophylla.* Linn. — à larges feuilles.
* — *nana.* Linn. — naine.
* — *nobilis.* Linn. — odorante.
* — *serrata.* Linn. — à feuilles en scie.
* — *tanacetifolia.* Linn. — à feuilles de tanésie.

Aconitum. — Aconit.

* *Aconitum anthora.* Linn. Aconit salutifère.
* — *cammarum.* Linn. — tue-loup.
* — *lycoctonum.* Linn. — grand tue-loup.
* — *napellus.* Linn. — napel.
* — *paniculatum.* Lam. Dict. Encycl. — paniculé.
* — *pyrenaicum.* Linn. — des Pyrénées.
* — *variegatum.* Linn. — panaché.

Actæa. — Actée.

Actæa spicata. Linn. Herbe de Saint Christophe.

Æthusa. — Aéthuse.

* *Æthusa bunius.* Lam. Dict. Encycl. Aéthuse de montagne.

Agrostis. — Foin.

* *Agrostis alpina.* Vill. Fl. dauph. Foin des Alpes.
— *arundinacea.* Linn. — en roseau.
* — *calamagrostis.* Linn. — argenté.
* — *festucoides.* Vill. Fl. dauph. — festucoïde.
* — *setacea.* Vill. Fl. dauph. — sétacé.

Aira. — Canche.

* *Aira alpina.* Linn. Canche des Alpes.
— *carulea.* Lam. Dict. Encycl. — bleue.
* — *cristata.* Vill. Fl. dauph. — crêtée.

— *flexuosa.* Linn. — flexible.
— *montana.* Linn. — de montagne.

Ajuga. — Bugle.

* *Ajuga alpina.* Linn. Bugle des Alpes.
— *genevensis.* Linn. — de Genève.
— *pyramidalis.* Linn. — pyramidale.
— *reptans.* Linn. — rampante.

Alchemilla. — Alchimille.

* *Alchemilla alpina.* Linn. Alchimille des Alpes.
* — *argentea.* Lam. Fl. franç. — argentée.
* — *pentaphillea.* Linn. — quinte-feuille.

Alium. — Ail.

* *Alium angulosum.* Linn. Ail anguleux.
* — *grandiflorum.* Vill. Fl. dauph. — à grandes fleurs.
* — *narcissiflorum.* Vill. Fl. dauph. — à fleurs de narcisse.
* — *schœnoprasum.* Linn. — civette.
— *ursinum.* Linn. — à feuilles pétiolées.
* — *victorialis.* Linn. — à feuilles de plantain.

Alopecurus. — Vulpin.

* *Alopecurus Gerardi.* Vill. Fl. dauph. Vulpin de Gérard.

Alyssum. — Alysse.

* *Alyssum alpestre.* Linn. Alysse des Alpes.
— *montanum.* Linn. — de montagne.
* — *spinosum.* ♄. Linn. — épineux.

Androsace. — Androsacé.

* *Androsace carnea.* Linn. Androsacé à fleurs roses.
* — *lactea.* Linn. — lacté.
* — *septentrionalis.* Linn. — septentrional.
* — *villosa.* Linn. — velu.

Andryala. — Andryale.

* *Andryala lanata.* Linn. Andryale à feuilles cotonneuses.

Anemone. — Anémone.

* *Anemone alpina.* Linn. Anémone des Alpes.
* — *apennina.* Linn. — à fleurs bleues.
* — *baldensis.* — Linn. — du mont Balde.
* — *halleri.* All. Fl. pedem. — de Suisse.
— *hepatica.* Linn. — hépatique.
* — *narcissiflora.* Linn. — à fleurs de narcisse.
— *ranunculoides.* Linn. — à fleurs jaunes.
* — *vernalis.* Linn. — printanière.

Angelica. — Angélique.

* *Angelica archangelica.* Linn. Angélique d'Archangel.
* — *paniculata.* Lam. Dict. Encycl. — en panicule.

Anthemis. — CAMOMILLE.

* *Anthemis alpina.* LINN. Camomille des Alpes.

Anthericum. — PHALANGE.

* *Anthericum caliculatum.* LINN. Phalange caliculée.
— *liliago.* LINN. — des jardins.
* — *liliastrum.* LINN. Lis de Saint Bruno.
* — *serotinum.* LINN. — printanière.

Anthoxatum. — FLOUVE.

Anthoxatum odoratum. LINN. Flouve odorante.

Anthyllis. — ANTHYLLIDE.

* *Anthyllis montana.* LINN. Anthillide de montagne.
— *tetraphylla.* LINN. — à quatre folioles.
— *vulneraria.* LINN. — vulnéraire.

Antirrhinum. — MUFLIER.

* *Antirrhinum alpinum.* LINN. Muflier des Alpes.
* — *genestifolium.* LINN. — à feuilles de genêt.
— *linaria.* LINN. — linaire.
* — *origanifolium.* LINN. — à feuilles d'origan.

Aquilegia. — ANCOLIE.

* *Aquilegia alpina.* LINN. Ancolie des Alpes.
— *vulgaris.* LINN. — commune.

Arabis. — ARABETTE.

* *Arabis alpina.* LINN Arabette des Alpes.
* — *bellidifolia.* LINN. — à feuilles de paquerette.
* — *cærulea.* ALL. Fl. pedem. — à fleurs bleues.
* — *Halleri* — HALLER, Opusc. t. 1, f. 1.
* — *pinnatifida.* LAM. Dict. Encycl. — à feuilles pinnatifides.
* — *serpyllifolia.* LAM. Dict. Encycl. — à feuilles de serpolet.
— *thaliana.* LINN. — commune.

Arbutus. — ARBOUSIER.

* *Arbutus alpina.* ♄. LINN. Arbousier des Alpes.
* — *pumila.* ♄. LINN. — nain.
* — *uva ursi.* ♄. LINN. — traînant.

Arctium. — BARDANE.

* *Arctium-personnata.* LINN. Bardane à feuilles ciliées.

Arenaria. — SABLINE.

* *Arenaria biflora.* LINN. Sabline biflore.
* — *cerastoides.* LAM. Fl. franç. — à feuilles de cérastie.
* — *cherlerioides.* VILL. Fl. dauph. — cherleroïde.
* — *ciliata.* LINN. — ciliée.
* — *Halleri.* HALLER. Hist. Stirp. Helv. — d'Haller.
— *laricifolia.* LINN. — à feuilles de mélèse.
— *media.* LINN. — moyenne.
— *montana.* — LINN. de montagne.
— *rubra.* LINN. — à fleurs rouges.
* — *striata.* LINN. — striée.
* — *tetraquetra.* LINN. — à fleurs sessiles.
* — *triflora.* LINN. — à trois fleurs.
* — *verna.* LINN. — printanière.

Aretia. — ARÉTIE.

* *Aretia alpina.* LINN. Arétie des Alpes.
* — *helvetica.* LINN. — de Suisse.

Argemone. — ARGÉMONE.

* — *Argemone pyrenaica.* LINN. Argémone des Pyrénées.

Arnica. — ARNICA.

* *Arnica doronicum.* LINN. Arnica à feuilles de doronic.
* — *montana.* LINN. — de montagne; *vulgairement* tabac des Vosges.
* — *scorpioides.* LINN. — scorpioïde.

Artemisia. — ARMOISE.

* *Artemisia atrata.* LAM. Dict. Encycl. Armoise noirâtre.
* — *chamemælifolia.* LAM. Dict. Encycl. — à feuilles de camomille.
* — *glacialis.* LINN. — glaciale.
* — *insipida.* VILL. Fl. dauph. — insipide.
* — *rupestris* LINN. — des rochers.
* — *tanacetifolia.* LINN. — à feuilles de tanésie.
* — *umbelliformis.* LAM. Dict. Encycl. — en ombelle.
* — *vallesiana.* LAM. Dict. Encycl. — du Valais.

Asperula. — ASPÉRULE.

Asperula cynanchica. LINN. Herbe à l'esquinancie.
— *odorata.* LINN. — petit muguet.
* — *pyrenaica.* LINN. — des Pyrénées.
* — *saxatilis.* LAM. Dict. Encycl. — des rochers.

Aster. — ASTÈRE.

* *Aster alpinus.* LINN. Astère des Alpes.

Astragalus. — ASTRAGALE.

* *Astragalus alopecuroides.* LINN. Astragale queue de renard.
* — *alpinus.* LINN. — des Alpes.
— *campestris.* LINN. — champêtre.
* — *depressus.* LINN. — nain.
* — *monspessulanus.* LINN. — de Montpellier.

* — *montanus*. LINN. — de montagne.
* — *onobrychis*. LINN. — esparcette.
* — *pilosus*. LINN. — velu.
* — *purpureus*. VILL. Flor. dauph. — à tête pourpre.
* — *sempervirens*. VILL. Fl. dauph. — toujours vert.
* — *uralensis*. LINN. — soyeux.
* — *vesicarius*. LINN. — vésiculeux.

ASTRANTIA. — ASTRANCE.

* *Astrantia major*. LINN. Astrance à larges feuilles.
* — *minor*. LINN. — à feuilles étroites.

ATHAMANTA. — ATHAMANTE.

Athamanta cervaria. LINN. Athamante, grand persil de montagne.
* — *cretensis*. LINN. — de Crète ou de Candie.
* — *libanotis*. LINN. — des Pyrénées.
* — *meum*. LINN. — à feuilles fines.

ATRAGENE. — ATRAGÈNE.

* *Atragene alpina*. ♄. LINN. Atragène des Alpes.

AVENA. — AVOINE.

* *Avena distichophylla*. VILL. Fl dauph. Avoine distique.
— *fragilis*. LINN. — fragile.
— *pubescens*. LINN. — pubescente.
* — *rupestris*. HALL. Hist. Stirp. Helv. — des rochers.
* — *sempervirens*. VILL. Fl. dauph. — toujours verte.
* — *versicolor*. VILL. Fl. dauph. — versicolore.

AZALEA. — AZALÉE.

* *Azalea procumbens*. ♄. LINN. Azalée rampante.

BARTSIA. — BARTSIE.

* *Bartsia alpina*. LINN. Bartsie des Alpes.

BETONICA. — BÉTOINE.

* *Betonica alopecurus*. LINN. Bétoine queue de renard.
— *hirsuta*. LINN. — velue.

BETULA. — BOULEAU.

Betula alba. ♄. LINN. Bouleau blanc.
* — *viridis*. ♄. VILL. Fl. dauph. — vert.

BISCUTELLA. — BISCUTELLE.

Biscutella apula. LINN. Biscutelle à feuilles hérissées.
— *auriculata*. LINN. — auriculée.
* — *coronopifolia*. LINN. — à feuilles de coronopus.
* — *lævigata*. LINN. — lisse.

BRASSICA. — CHOU.

* *Brassica alpina*. LINN. Chou des Alpes.

BRIZA. — AMOURETTE.

Briza media. LINN. Amourette des prés.

BULBOCODIUM. — BULBOCODE.

* *Bulbocodium vernum*. LINN. Bulbocode du printems.

BUPHTHALMUM. — BUPHTHALME.

* *Buphthalmum grandiflorum*. LINN. Buphthalme à grandes fleurs.

BUPLEVRUM. — BUPLÈVRE.

* *Buplevrum angulosum*. LINN. Buplèvre à tige anguleuse.
* — *baldense*. ALL. Fl. pedem. — du mont Balde.
— *falcatum*. LINN. — à feuilles en faulx.
* — *longifolium*. LINN. — à longues feuilles.
* — *odontites*. LINN. — des Alpes.
* — *petræum*. LINN. — des rochers.
* — *pyrenæum*. GOUAN. Illustrat. — des Pyrénées.
* — *ranunculoides*. LINN. — ranunculoïde.
* — *stellatum*. LINN. — étoilée.

BUXUS. — BUIS.

Buxus sempervirens. ♄. LINN. Buis des jardins.

CACALIA. — CACALIE.

* *Cacalia alpina*. LINN. Cacalie des Alpes.
* — *hirsuta*. VILL. Fl. dauph. — velue.

CAMPANULA. — CAMPANULE.

* *Campanula alpestris*. ALL. Fl. pedem. Campanule alpestre.
* — *alpina*. LINN. — des Alpes.
* — *barbata*. LINN. — barbue.
* — *Bellardi*. ALL. Fl. pedem. — de Bellard.
* — *cenisia*. LINN. — du mont Cénis.
* — *cervicaria*. LINN. — cervicaire.
* — *cespitosa*. VILL. Fl. dauph. — en gazon.
* — *cochlearifolia*. LAM. Dict. Encyl. — à feuilles de cochléaria.
— *glomerata*. LINN. — à fleurs en tête.
* — *linifolia*. LAM. Dict. Encycl. — à feuilles de lin.
* — *patula*. LINN. — en touffes.
* — *rhomboidea*. LINN. — rhomboïdale.
— *rotundifolia*. LINN. — à feuilles rondes.
— *spicata*. LINN. — à épis.
* — *thyrsoidea*. LINN. — à fleurs en thyrse.
— *trachelium* LINN. — à feuilles d'ortie.
* — *uniflora*. LINN. — uniflore.
* — *valdensis*. ALL. Fl. pedem. — du Piémont.

CARDAMINE. — CRESSON.

* *Cardamine bellidifolia.* LINN. Creſſon à feuilles de paquerette.
* — *chelidonia.* LINN. — chélidoine.
— *impatiens.* LINN. — élaſtique.
* — *parviflora.* LINN. — à petites fleurs.
* — *petræa.* LINN. — des rochers.
* — *reſedifolia.* LINN. — à feuilles de réſéda.
* — *thalictroides.* LAM. Dict. Encycl. — thalictroide.

CARDUUS. — CHARDON.

* *Carduus carlinoides.* GOUAN. Illuſtr. Chardon carlinoide.
* — *glomeratus.* LAM. Fl. franç. — gloméruIé.
* — *haſtatus.* LAM. Dict. Encycl. — à feuilles haſtées.
— *helenioides.* LINN. — hélénioïde.
* — *medius.* GOUAN. Illuſtr. — moyen.
— *parviflorus.* LINN. — à petites fleurs.
* — *pyrenaicus.* GOUAN. Illuſtr. — des Pyrénées.
* — *tataricus.* LINN. — de Tartarie.

CAREX. — LAICHE.

* *Carex alpeſtris.* LAM. Fl franç. Laiche de montagne.
* — *alpina.* HALL. Hiſt. Stirp. Helv. — des Alpes.
* — *atrata.* LINN. — à épis noirs.
* — *baldenſis.* LINN. — du mont Balde.
* — *brizoides.* LINN. — amourette.
* — *curvula.* ALL. Fl. pedem. — courbe.
— *digitata.* LINN. — digitée.
* — *fœtida.* ALL. Fl. pedem. — fétide.
* — *frigida.* ALL. Fl. pedem. — des glaces.
— *leporina.* LINN. — des lièvres.
* — *lobata.* ALL. Fl. pedem. — lobée.
— *paniculata.* LINN. — paniculée.
* — *pedata.* LINN. — pédière.
— *precox.* LAM. Dict. Encycl. — précoce.
* — *ſcarioſa.* LAM. Dict. Encycl. — ſcarieuſe.
* — *ſylvatica.* VILL. Fl. dauph. — des bois.
* — *tomentoſa.* LINN. — tomenteuſe.
— *vulpina.* LINN. — hériſſée.

CARLINA. — CARLINE.

* *Carlina acaulis.* LINN. Carline ſans tige.
* — *acanthifolia.* ALL. Fl. pedem. — à feuilles d'acanthe.
* — *pyrenaica.* LINN. — des Pyrénées.

CENTAUREA. — CENTAURÉE.

* *Centaurea alpina.* LINN. Centaurée des Alpes.
* — *montana.* LINN. — de montagne.
* — *pectinata.* LINN — pectinée.
* — *pullata.* LINN. — colletée.
* — *rhapontica.* LINN. — rhapontique.
* — *uniflora.* LINN. — uniflore.
* — *variegata.* LAM. Fl. franç. — panachée.

CERASTIUM. — CÉRAISTE.

* *Ceraſtium alpinum.* LINN. Céraiſte des Alpes.
* — *lanatum.* LAM. Dict. Encycl. — velue.
* — *latifolium.* LINN. — à larges feuilles.
* — *molle.* VILL. Fl. dauph. — douce.
* — *refractum.* ALL. Fl. pedem. — rompue.
* — *ſtrictum.* LINN. — graminée.
* — *ſuffruticoſum.* LINN. — ſuffruteſcente.
* — *tomentoſum.* LINN. — tomenteuſe.

CHÆROPHYLLUM. — MIRRHIS.

* *Chærophyllum alpinum.* VILL. Fl. dauph. Mirrhis des Alpes.
* — *aureum.* LINN. — doré.
* — *bulboſum.* LINN. — bulbeux.
* — *cicutaria.* VILL. Fl. dauph. — à feuilles de ciguë.
* — *hirſutum.* LINN. — velu.

CHEIRANTHUS. — GIROFLÉE.

* *Cheirantus alpinus* LINN. Giroflée des Alpes.
— *eryſimoides.* LINN. — éryſimoïde.

CHERLERIA. — CHERLERIE.

* *Cherleria ſedoides.* LINN. Cherlerie faux-ſedum.

CHRYSANTHEMUM. — CHRYSANTHÈME.

* *Chryſanthemum alpinum.* LINN. Chryſanthème des Alpes.
* — *graminifolium.* LAM. Dict. Encycl. — à feuilles de graminée.

CHRYSOCOMA. — CHRYSOCOME.

Chryſocoma linoſyris. LINN. Chryſocome chevelure d'or.

CHRYSOSPLENIUM. — DORINE.

Chryſoſplenium alternifolium. LINN. Dorine à feuilles alternes.
— *oppoſitifolium.* LINN. — à feuilles oppoſées.

CINERARIA. — CINÉRAIRE.

* *Cineraria alpina.* LINN. Cinéraire des Alpes.
* — *cordifolia.* LINN. — à feuilles en cœur.
* — *ſiberia.* LINN. — de Sibérie.

CIRCÆA. — CIRCÉE.

* *Circæa alpina.* LINN. Circée des Alpes.

CISTUS. — CISTE.

Ciſtus apenninus. ♄. LINN. Ciſte des Appennins.
— *helianthemum.* ♄. LINN. — doré ou herbe du ſoleil.

* — *hispidus*. ♄. LAM. Dict. Encycl. — hispide.
* — *marifolius*. LINN. — à feuilles de marum.
* — *myrtifolius*. LAM. Dict. Encycl. — à feuilles de myrte.
* — *olandicus*. ♄. LINN. — de montagne.
— *poliifolius*. ♄. LINN. — à feuilles de polium.

Cnicus. — Cniquet.

* *Cnicus centauroides*. LINN. Cniquet fausse-centaurée.
* — *erysithales*. LINN. — érysithale.
* — *spinosissimus*. LINN. — épineux.

Cochlearia. — Cranson.

* *Cochlearia officinalis*. LINN. Cranson ou cochléaria des boutiques.
* — *groenlandica*. LINN. — du Groënland.

Convallaria. — Convallaire.

Convallaria multiflora. LINN. Convallaire multiflore.
— *polygonatum*. LINN. — sceau de Salomon.
* — *verticillata*. LINN. — verticillée.

Conyza. — Conyze.

* *Conyza bifrons*. LINN. Conyze bifrons.
* — *saxatilis*. ♄. LINN. — saxatile.
* — *sordida*. LINN. — gnaphaloïde.

Coronilla. — Coronille.

* *Coronilla coronata*. LINN. Coronille couronnée.

Cortusa. — Cortuse.

* *Cortusa Matthioli*. LINN. Cortuse de Matthiole.

Corylus. — Noisetier.

Corylus avellana. ♄. LINN. Noisetier commun.

Crassula. — Crassule.

* *Crassula alpestris*. LINN. Crassule des Alpes.

Crataegus. — Alisier.

* *Crataegus alpina*. ♄. LINN. Alisier des Alpes.
* — *aria*. ♄. LINN. — commun ou alouchier-cirier.
— *amelanchier*. ♄. LINN. — amélanchier ou alisier à feuilles rondes.

Crepis. — Crépide.

* *Crepis albida*. LINN. Crépide blanchâtre.
* — *alpina*. LINN. — des Alpes.
* — *rubra*. LINN. — à fleurs rouges.

Crocus. — Safran.

* *Crocus sativus, vernus*. LINN. Safran à fleurs bleues.

Cucubalus. — Cucubale.

Cucubalus behen. LINN. Cucubale béhen.

Cynoglossum. — Cynoglose.

* *Cynoglossum apenninum*. LINN. Cynoglose des Apennins.
* — *montanum*. LAM. Dict. Encycl. — de montagne.

Cynosurus. — Crételle.

* *Cynosurus durus*. VILL. Fl. dauph. Crételle dure.
— *caeruleus*. LINN. — bleue.
* — *echinatus*. LINN. — hérissée.

Cypripedium. — Cypripède.

* *Cypripedium calceolus*. LINN. Cypripède ou sabot de Vénus.

Cytisus. — Cytise.

* *Cytisus laburnum*. ♄. LINN. Cytise ou ébénier des Alpes.

Daphne. — Thymélée.

* *Daphne alpina*. ♄. LINN. Thymélée des Alpes.
* — *calicina*. ♄. LAM. Dict. Encycl. — à calice.
* — *cneorum*. ♄. LINN. — odorante.
* — *dioica*. ♄. LINN. — dioïque.
— *mezereum*. ♄. LINN. — bois-gentil.

Dentaria. — Dentaire.

Dentaria bulbifera. LINN. Dentaire bulbifère.
* — *digitata*. LAM. Dict. Encycl. — digitée.
* — *pinnata*. LAM. Dict. Encycl. — à feuilles ailées.

Dianthus. — Œillet.

* *Dianthus alpinus*. LINN. Œillet des Alpes.
— *arenarius*. LINN. — des sables.
— *barbatus*. LINN. — de poëte.
* — *cespitosus*. LAM. Dict. Encycl. — en touffes.
— *deltoïdes*. LINN. — deltoïde.
* — *plumarius*. LINN. — élégant.
* — *pyrenaeus*. GOUAN. Illustr. — des Pyrénées.
— *superbus*. LINN. — magnifique.
* — *virgineus*. LINN. — des rochers.

Doronicum. — Doronic.

* *Doronicum bellidiastrum*. LINN. Doronic fausse-paquerette.
* — *hirsutum*. LAM. Dict. Encycl. — velu.
* — *pardalianches*. LINN. — à feuilles en cœur.

Draba — Drave.

* *Draba aizoides*. LINN. Drave aizoïde ou à fleurs jaunes.

* — *alpina.* LINN. — des Alpes.
* — *ciliaris.* LINN. — ciliée.
* — *hirta.* LINN. — velue.
* — *incana.* LINN. — cendrée.
* — *pyrenaica.* LINN. — des Pyrénées.

DRACOCEPHALUM. — DRACOCÉPHALE.

* *Dracocephalum austriacum.* LINN. Dracocéphale d'Autriche.
* — *ruyschiana.* LINN. — de Ruysch.

DRYAS. — DRYADE.

* *Dryas octopetala.* LINN. Dryade à huit pétales.

EMPETRUM. — EMPÊTRE.

* *Empetrum nigrum.* ♄. LINN. Bruyère noire.

EPILOBIUM. — ÉPILOBE.

* *Epilobium alpinum.* LINN. Épilobe des Alpes.
* — *anagallidifolium.* LAM. Dict. Encycl. — à feuilles d'anagallis.
— *angustifolium.* LINN. — à feuilles étroites.
* — *dodonæi.* LINN. — nain.
* — *origanifolium.* LAM. Dict. Encycl. — à feuilles d'origan.

EPIMEDIUM. — ÉPIMÈDE.

* *Epimedium alpinum.* LINN. Épimède des Alpes.

ERIGERON. — VERGERETTE.

* *Erigeron alpinum.* LINN. Vergerette des Alpes.
* — *uniflorum.* LINN. — uniflore.

ERINUS. — ÉRINE.

* *Erinus alpinus.* LINN. Érine des Alpes.

ERIOPHORUM. — LINAIGRETTE.

* *Eriophorum alpinum.* LINN. Linaigrette des Alpes.
— *vaginatum.* LINN. — vaginée.

ERYNGIUM. — PANICAUT.

* *Eringium alpinum.* LINN. Panicaut des Alpes.
* — *bourgati.* GOUAN. Illustr. — des Pyrénées.
— *planum.* LINN. — herbe des serpens.
* — *spinâ albâ.* VILL. Fl. dauph. — à épines blanches.

ERYSIMUM. — VÉLAR.

Erysimum cheirantoides. LINN. Vélar fausse-giroflée.
— *hieracioides.* LINN. — à feuilles d'éperviere.

ERYTHRONIUM. — ÉRYTHRONIUM.

* *Erythronium dens canis.* LINN. Érythronium dent de chien.

EVONYMUS. — FUSAIN.

* *Evonymus latifolius.* ♄. VILL. Fl. dauph. Fusain à larges feuilles.

EUPHORBIA. — EUPHORBE.

* *Euphorbia hiberna.* LINN. Euphorbe d'hiver.

EUPHRASIA. — EUPHRAISE.

* *Euphrasia alpina.* LAM. Dict. Encycl. Euphraise des Alpes.
* — *latifolia.* LINN. — à larges feuilles.

FAGUS. — CHATAIGNIER.

Fagus castanea. ♄. LINN. Châtaignier ordinaire.
— *sylvatica.* ♄. LINN. — hêtre.

FESTUCA. — FÉTUQUE.

Festuca amethystina. LINN. Fétuque améthyste.
* — *aurea.* LAM. Dict. Encycl. — dorée.
* — *pumila.* VILL. Fl. dauph. — naine.
* — *spadicea.* LINN. — en épis.
— *sylvatica.* VILL. Fl. dauph. — des forêts.

FILAGO. — COTONNIÈRE.

* *Filago leontopodium.* LINN. Cotonnière pied de lion.

FRITILLARIA. — FRITILLAIRE.

Fritillaria meleagris. LINN. Fritillaire tachetée.
* — *pyrenaica.* LINN. — des Pyrénées.

FUMARIA. — FUMETERRE.

Fumaria bulbosa. LINN. Fumeterre bulbeuse.

GALIUM. — CAILLE-LAIT.

* *Galium austriacum.* VILL. Fl. dauph. Caille-lait d'Autriche.
* — *boreale.* LINN. — boréal.
* — *campanulatum.* VILL. Fl. dauph. — campanulé.
* — *harcynicum.* ROTH. Fl. germ. — du Hartz.
* — *Jussieui.* VILL. Fl. dauph. — de Jussieu.
* — *lævigatum.* VILL. Fl. dauph. — lisse.
— *maritimum.* LINN. — maritime.
* — *megalospermum.* LAM. Dict. Encycl. — à gros fruits.
* — *mucronatum.* LAM. Dict. Encycl. — mucroné.
* — *pumilum.* LAM. Dict. Encycl. — nain.
* — *pyrenaicum.* GOUAN. Illustr. — des Pyrénées.

* — *rotundifolium.* ALL. Fl. pedem. — à feuille rondes.
* — *saxatile.* LINN. — des rochers.

GENISTA. — GENÊT.

* *Genista germanica.* ♄. LINN. Genêt d'Allemagne.
— *hispanica.* ♄. LINN. — d'Espagne.
* — *humifusa.* ♄. LINN. — couché.

GENTIANA. — GENTIANE.

* *Gentiana acaulis.* LINN. Gentiane acaule.
* — *asclepiadea.* LINN. — asclépiade.
* — *aurea.* LINN. — dorée.
* — *bavarica.* LINN. — de Bavière.
* — *campestris.* LINN. — champêtre.
* — *caulescens.* LAM. Dict. Encycl. — caulescente.
* — *ciliata.* LINN. — ciliée.
* — *lutea.* LINN. — jaune.
* — *nana.* LINN. — naine.
* — *nivalis.* LINN. — des neiges.
* — *pumila.* LINN. — petite.
* — *punctata.* LINN. — à fleurs ponctuées.
* — *purpurea.* LINN. — à fleurs pourpres.
* — *pyrenaica.* LINN. — des Pyrénées.
* — *utriculosa.* LINN. — utriculeuse.
* — *verna.* LINN. — printanière.

GERANIUM. — GÉRANIUM.

* *Geranium alpinum.* LAM. Dict. Encycl. Géranium des Alpes.
* — *argenteum.* LINN. — argenté.
— *batrachioides.* LAM. Dict. Encycl. — batrachioïde.
* — *cinereum.* LAM. Dict. Encycl. — cendré.
— *lucidum.* LINN. — luisant.
* — *nodosum.* LINN. — noueux.
* — *petræum.* GOUAN. Illustr. — des rochers.
* — *pyrenaicum.* LINN. — des Pyrénées.
* — *rupestre.* LAM. Dict. Encycl. — de montagne.
— *sylvaticum.* LINN. — des forêts.

GEUM. — BÉNOITE.

* *Geum montanum.* LINN. Bénoîte de montagne.
* — *reptans.* LINN. — rampante.
— *rivale.* LINN. — à fleurs rougeâtres.

GLADIOLUS. — GLAYEUL.

Gladiolus communis. LINN. Glayeul commun.

GLOBULARIA. — GLOBULAIRE.

* *Globularia cordifolia.* LINN. Globulaire à feuilles en cœur.
* — *nudicaulis.* LINN. — à tige nue.
* — *repens.* LAM. Fl. franç. — rampante.

GNAPHALIUM. — GNAPHALIUM.

* *Gnaphalium alpinum.* LINN. Gnaphalium des Alpes.
— *dioicum.* LINN. — dioïque.
* — *supinum.* LINN. — couché.

GYPSOPHILA. — GYPSOPHILE.

* *Gypsophila prostrata.* LINN. Gypsophile couchée.
* — *repens.* LINN. — rampante.
— *saxifraga.* LINN. — petit œillet d'amour.

HEDYSARUM. — SAINFOIN.

* *Hedysarum alpinum.* LINN. Sainfoin des Alpes.
* — *atticum.* VILL. Fl. dauph. — de montagne.
* — *obscurum.* LINN. — obscur.
* — *saxatile.* LINN. — des rochers.

HELLEBORUS. — HELLÉBORE.

* *Helleborus viridis.* LINN. Hellébore vert.
* — *niger.* LINN. — noir.
* — *thalictroides.* LAM. Fl. franç. — faux pigamon.

HERACLEUM. — BERCE.

* *Heracleum alpinum.* LINN. Berce des Alpes.
* — *angustifolium.* LINN. — à feuilles étroites.
* — *austriacum.* LINN. — d'Autriche.
* — *pyrenaicum.* LAM. Dict. Encycl. — des Pyrénées.
— *spondylium.* LINN. — fausse branc-ursine.

HERNIARIA. — HERNIOLE.

* *Herniaria alpina.* VILL. Fl. dauph. Herniole ou turquette des Alpes.

HIERACIUM. — ÉPERVIÈRE.

* *Hieracium albidum.* VILL. Fl. dauph. Épervière blanchâtre.
* — *alpestre.* LINN. — alpestre.
* — *alpinum.* LINN. — des Alpes.
* — *amplexicaule.* LINN. — à feuilles amplexicaules.
* — *aurantiacum.* LINN. — à fleurs rouges.
* — *aureum.* LAM. Dict. Encycl. — dorée.
* — *andryaloides.* LAM. Dict. Encycl. — andryaloïde.
* — *cerinthoides.* LINN. — à feuilles de cerinthe.
* — *conyzoides.* LAM. Dict. Encycl. — à feuilles de conyze.
* — *cotoneifolium.* LAM. Dict. Encycl. — à feuilles tomenteuses.
* — *glaucum.* LAM. Dict. Encycl. — glauque.
* — *grandiflorum.* LAM. Dict. Encycl. — à grandes fleurs.
* — *helveticum.* LINN. — d'Helvétie.
* — *intybaceum.* LAM. Dict. Encycl. — à feuilles de chicorée.

* — *lampsanoides*. LAM. Dict. Encycl. — lampsanoïde.
— *murorum*. LINN. — pulmonaire des Français.
* — *paludosum*. LINN. — des marais.
— *pilosella*. LINN. — piloselle.
* — *porrifolium*. LINN. — à feuilles de poreau.
* — *prenanthoides*. LAM. Dict. Encycl. — prenanthoïde.
* — *prunellæfolium*. GOUAN. Illustr. — à feuilles de prunellier.
* — *pumilum*. LINN. — naine.
* — *pyrenaicum*. LINN. — des Pyrénées.
— *sabaudum*. LINN. — des Savoyards.
* — *staticefolium*. ALL. Fl. pedem. — à feuilles de statice.
* — *taraxaconis*. ALL. Fl. pedem. — à feuilles de pissenlit.
* — *tubulosum*. LAM. Dict. Encycl. — tubuleuse.
* — *villosum*. LINN. — velue.

HIPPOPHAE. — ARGOUSSIER.

Hippophae rhamnoides. ♄. LINN. Argoussier rhamnoïde.

HORMINUM. — HORMIN.

* *Horminum pyrenaicum*. LINN. Hormin des Pyrénées.

HYACINTHUS. — HYACINTHE.

Hyacinthus hispanicus. LAM. Dict. Encycl. Hyacinthe d'Espagne.

HYOSERIS. — DORMEUSE.

Hyoseris fœtida. LINN. Dormeuse puante.
— *minima*. LINN. — naine.

HYPERICUM. — MILLEPERTUIS.

* *Hypericum fimbriatum*. LAM. Fl. franç. Millepertuis frangé.
* — *hyssopifolium*. VILL. Fl. dauph. — à feuilles d'hysope.
* — *nummularium*. LINN. — à feuilles de nummulaire.
— *quadrangulare*. LINN. — quadrangulaire.

HYPOCHÆRIS. — PORCÉLIE.

* *Hypochœris helvetica*. LINN. Porcélie d'Helvétie.

JASIONE. — JASIONE.

* *Jasione montana perennis*. LINN. Jasione fausse scabieuse vivace.

IBERIS. — IBÉRIDE.

* *Iberis cepæfolia*. ALL. Fl. pedem. Ibéride à feuilles d'orpin.
* — *pinnata*. LINN. — à feuilles pinnées.
* — *rotundifolia*. LINN. — à feuilles rondes.
* — *saxatilis*. LINN. — des rochers.
* — *sempervirens*. LINN. — toujours vert, thlaspi des jardiniers.

ILEX. — HOUX.

Ilex aquifolium. LINN. Houx ordinaire.

ILLECEBRUM. — ILLÉCÈBRE.

* *Illecebrum capitatum*. LINN. Illécèbre à fleurs en tête.
* — *origanifolium*. VILL. Fl. dauph. — à feuilles d'origan.
* — *polygonifolium*. LINN. — à feuilles de polygonum.

IMPERATORIA. — IMPÉRATOIRE.

* — *Imperatoria ostrutium*. LINN. Impératoire de montagne.

INULA. — INULE.

* *Inula bifrons* LINN. Inule bifrons.
— *montana*. LINN. — de montagne.
* — *saxatilis*. LINN. — des rochers.

ISOPYRUM. — ISOPYRE.

Isopyrum thalictroides. LINN. Isopyre à feuilles de pigamon.

JUNCUS. — JONC.

* *Juncus alpinus*. VILL. Fl. dauph. Jonc des Alpes.
— *Jacquini*. LINN. — de Jacquin.
* — *luteus*. ALL. Fl. pedem. — à fleurs jaunes.
— *niveus*. LINN. — à fleurs blanches.
* — *spadiceus*. ALL. Fl. pedem. — brun.
* — *spicatus*. LINN. — à fleurs en épi.
— *stygius*. LINN. — piquant.
* — *trifidus*. LINN. — trifide.
* — *triglumis*. LINN. — à trois glumes.

JUNIPERUS. — GENÉVRIER.

Juniperus communis. ♄. LINN. Genévrier commun.
— *lycia*. ♄. LINN. — de Provence.
— *sabina*. ♄. LINN. — savinier.

LACTUCA. — LAITUE.

Lactuca saligna. VILL. Fl. dauph. Laitue à feuilles de saule.

LAMIUM. — LAMIER.

Lamium maculatum. LINN. Lamier taché.

LASERPITIUM. — LASER.

* *Laserpitium Halleri*. VILL. Fl. dauph. Laser de Haller.
* — *hirsutum*. LAM. Dict. Encycl. — velu.

— *latifolium*.

— *latifolium*. LINN. — à grandes feuilles.
* — *siler*. LINN. — à feuilles de céleri.
* — *simplex*. LINN. — simple.
* — *trilobum*. LINN. — à trois lobes.

LEONTODON. — LION-DENT.

* *Leontodon alpinum*. LINN. Lion-dent des Alpes.
* — *aureum*. LINN. — à tête d'or.
* — *austriacum*. VILL. Fl. dauph. — d'Autriche.
* — *montanum*. LAM. Dict. Encycl. — de montagne.
* — *pyrenaicum*. GOUAN. Illustr. — des Pyrénées.
* — *squamosum*. LAM. Dict. Encycl. — écailleux.
— *taraxacum*. LINN. Le pissenlit.

LEPIDIUM. — PASSE-RAGE.

* *Lepidium alpinum*. LINN. Passe-rage des Alpes.
* — *petraum*. LINN. — des rochers.

LIGUSTICUM. — LIVÈCHE.

* *Ligusticum austriacum*. LINN. Livèche d'Autriche.
* — *cicutæfolium*. VILL. Fl. dauph. — à feuilles de ciguë.
— *levisticum*. LINN. — ache de montagne.
* — *peloponense*. LINN. — du Péloponèse.
* — *pyrenaum*. GOUAN. Illustr. — des Pyrénées.

LILIUM. — LIS.

* *Lilium bulbiferum*. LINN. Lis bulbeux.
* — *martagon*. LINN. — martagon.
* — *pomponium*. LINN. — à fleurs penchées.
* — *pyrenaicum*. GOUAN. Illustr. — des Pyrénées.

LINUM. — LIN.

* *Linum alpinum*. LINN. Lin des Alpes.
— *perenne*. LINN. — vivace.
— *tenuifolium*. LINN. — à fleurs roses.

LONICERA. — CHÈVRE-FEUILLE.

* *Lonicera alpigena*. ♄. LINN. Chèvre-feuille des Alpes.
* — *cærulea*. ♄. LINN. — à fruits bleus.
* — *nigra*. ♄. LINN. — à fruits noirs.
* — *pyrenaica*. ♄. LINN. — des bois.
* — *xylosteum*. ♄. LINN. — camérisier des bois.

LUNARIA. — LUNAIRE.

Lunaria annua. LINN. Lunaire annuelle.
* — *rediviva*. LINN. — à feuilles opposées.

LYCHNIS. — LYCHNIDE.

* *Lychnis alpestris*. LINN. Lychnide alpestre.
* — *alpina*. LINN. — des Alpes.

MERENDERA. — MÉRENDÈRE.

* *Merendera bulbocodium*. RAMOND. Bull. Soc. Phil. n°. 41. Mérendère bulbocode.

MESPILUS. — NÉFLIER.

* *Mespilus chamæmespilus*. ♄. LINN. Néflier du Mont-d'Or.

MYAGRUM. — CAMÉLINE.

* *Myagrum saxatile*. LINN. Caméline des rochers.

MYOSOTIS. — SCORPIONNE.

Myosotis cappula. LINN. Scorpionne des rochers.
* — *nana*. VILL. Fl. dauph. — petite scorpionne.

MYRTUS. — MYRTE.

Myrtus communis. ♄. LINN. Myrte commun.

NARCISSUS. — NARCISSE.

* *Narcissus bulbocodium*. LINN. Narcisse bulbocode.
— *hispanicus*. GOUAN. Illustr. — d'Espagne.
— *poeticus*. LAM. Dict. Encycl. — à fleurs blanches.
* — *tazetta*. LINN. — d'hiver.
* — *triandrus*. LINN. — triandre.

NARDUS. — NARD.

Nardus stricta. LINN. Nard à épis courts.

ONONIS. — BUGRANE.

* *Ononis cenisia*. LINN. Bugrane du Mont-Cénis.
* — *cherleri*. LINN. — fluette.
— *fruticosa*. ♄. LINN. — en arbre.
* — *rotundifolia*. LINN. — à feuilles rondes.

OPHRYS — OPHRYS.

* *Ophrys alpina*. LINN. Ophrys des Alpes.
— *antropophora*. LINN. — pantine.
— *monorchis*. LINN. — à une bulbe.

ORCHIS. — ORCHIS.

Orchis globosa. LINN. Orchis globuleux.
— *incarnata*. LINN. — incarnat.
— *militaris*. LINN. — casque de militaire.
— *sambucina*. LINN. — sambucin.
— *simia*. LAM. Fl. franç. — singe.
— *ustulata*. LINN. — charbonneux.

Observation. Les deux genres Ophrys & Orchis se composent d'un très-grand nombre d'espèces, parmi lesquelles on en trouve beaucoup dans les bois & dans les prairies des montagnes; mais comme elles se retrouvent avec la même abondance partout ailleurs, nous n'avons indiqué que quelques-unes de celles qui sont les plus particulières aux montagnes de notre patrie.

ORNITHOGALLUM. — LAIT-D'OISEAU.

Ornithogallum minimum. LINN. Petit ornithogallum.
— *pyrenaicum*. LINN. — des Pyrénées.

OROBUS. — OROBE.

* *Orobus luteus*. LINN. Orobe des bois.
* — *pyrenaicus*. LINN. — des Pyrénées.

PANICUM. — PANIC.

Panicum crus corvi. LINN. Panic pied de corbeau.

PAPAVER. — PAVOT.

* *Papaver alpinum*. LINN. Pavot des Alpes.
* *cambricum*. LINN. — des Pyrénées.

PASSERINA. — PASSERINE.

* *Passerina nivalis*. RAMOND. Bull. Soc. Phil. n°. 41. Passerine des neiges.

PEDICULARIS. — PÉDICULAIRE.

* *Pedicularis comosa*. LINN. Pédiculaire touffue.
* — *flammea*. LINN. — à fleurs cramoisies.
* — *foliosa*. LINN. — feuillue.
* — *gyroflexa*. VILL. Fl. dauph. — du Dauphiné.
* — *incarnata*. LINN. — à fleurs incarnates.
* — *palustris*. LINN. — des marais.
* — *rostrata*. LINN. — à fleurs en forme de bec.
* — *tuberosa*. LINN. — tubéreuse.
* — *verticillata*. LINN. — verticillée.

PEUCEDANUM. — PEUCEDAN.

* *Peucedanum alpestre*. LINN. Peucedan des Alpes.

PHACA. — PHACA.

* *Phaca alpina*. LINN. Phaca des Alpes.
* — *australis*. LINN. — austral.

PHALARIS. — ALPISTE.

* *Phalaris alpina*. BARRELIER. Pl. rar. Alpiste des Alpes.

PHELLANDRIUM. — PHELLANDRIE.

Phellandrium mutellina. LINN. Phellandrie de montagne.

PHLEUM. — FLÉAU.

Phleum alpinum. LINN. Fléau des Alpes.
— *Gerardi*. VILL. Fl. dauph. — de Gérard.

PHYTEUMA. — RAPONCULE.

* *Phyteuma betonicafolia*. VILL. Fl. dauph. Raponcule à feuilles de bétoine.

* — *charmelii*. VILL. Fl. dauph. — de Charmel.
* — *comosa*. LINN. — colletée.
* — *hemisphærica*. LINN. — hémisphérique.
— *orbicularis*. LINN. — herbe d'amour.
* — *pauciflora*. LINN. — pauciflore.

PIMPINELLA. — BOUCAGE.

Pimpinella dioica. LINN. Boucage à fleurs dioïques.

PINGUICULA. — GRASSETTE.

Pinguicula alpina. LINN. Grassette des Alpes.
— *grandiflora*. LAM. Dict. Encycl. — à grandes fleurs.
— *villosa*. LINN. — velue.

PINUS. — PIN.

* *Pinus abies*. ♄. LINN. Sapin ou pesse.
* — *cembra*. ♄. LINN. — cembro.
* — *larix*. ♄. LINN. — mélèse.
— *picea*. ♄. LINN. — à la poix, épicia ou sapinette.
* — *pinea*. ♄. LINN. — à pignons.
* — *rubra*. ♄. VILL. Fl. dauph. — rouge.
— *sylvestris*. ♄. LINN. — sauvage.

PLANTAGO. — PLANTAIN.

* *Plantago alpina*. LINN. Plantain des Alpes.
* — *argentea*. VILL. Fl. dauph. — argenté.
— *lagopus*. LINN. — velu.
— *subulata*. LINN. — subulé.

POA. — PATURIN.

* *Poa alpina*. LINN. Paturin des Alpes.
— *bryzoides*. LINN. — amourette.
* — *disticha*. JACQ. Misc. Austr. — distique.
* — *divaricata*. VILL. Fl. dauph. — à panicule étalé.
— *eragrostis*. LINN. — élégant.
* — *tenella*. LINN. — délicat.

POLYGALA. — LAITIER.

Polygala chamæbuxus. ♄. LINN. Laitier buxiforme.

POLYGONUM. — PERSICAIRE.

Polygonum bistorta. LINN. Persicaire bistorte.
* — *viviparum*. LINN. — vivipare.

POTENTILLA. — POTENTILLE.

* *Potentilla alba*. LINN. Potentille à fleurs blanches.
* — *alchimilloides*. LINN. — à feuilles d'alchimille.
* — *aurea*. LINN. — à fleurs jaunes.
* — *caulescens*. LINN. — caulescente.
* — *frigida*. VILL. Fl. dauph. — petite potentille.

— *grandiflora*. LINN. — à grandes fleurs.
* — *intermedia*. LINN. — intermédiaire.
* — *monspeliensis*. LINN. — de Montpellier.
— *nitida*. LINN. — luisante.
* — *nivalis*. LAPEYROUSE. Act.Tol. — des neiges.
* — *nivea*. LINN. — blanche.
* — *pilosa*. VILL. Fl. dauph. — poilue.
* — *rupestris*. LINN. — des rochers.
* — *subacaulis*. LINN. — presque sans tige.
* — *sulphurea*. LAM. Fl. franç. — à fleurs soufrées.
* — *valderia*. LINN. — élégante.

PRENANTHES. — PRÉNANTHE.

* *Prenanthes purpurea*. LINN. Prénanthe à fleurs pourpres.
* — *tenuifolia*. VILL. Fl. dauph. — à feuilles capillaires.

PRIMULA. — PRIMEVÈRE.

* *Primula acaulis*. VILL. Fl. dauph. Primevère sans tige.
* — *auricula*. LINN. — oreille d'ours.
— *farinosa*. LINN. — farineux.
* — *glutinosa*. LINN. — gluant.
* — *integrifolia*. LINN. — à feuilles entières.
* — *villosa*. LINN. — velu.
* — *viscosa*. ALL. Fl. pedem. — visqueux.
* — *vitaliana*. LINN. — arétioïde.

PRUNELLA. — PRUNELLE.

Prunella grandiflora. VILL. Fl. dauph. Prunelle à grandes fleurs.

PRUNUS. — PRUNIER.

Prunus mahaled. ♄. LINN. Prunier bois de Sainte-Lucie.
— *padus*. ♄. LINN. — pade ou mérisier à grapes.

PYROLA. — PYROLE.

Pyrola uniflora. LINN. Pyrole uniflore.

QUERCUS. — CHÊNE.

Quercus robur. ♄. LINN. Chêne roure ou chêne ordinaire.

RANUNCULUS. — RENONCULE.

* *Ranunculus aconitifolius*. LINN. Renoncule à feuilles d'aconit.
* — *alpestris*. LINN. — des Alpes.
* — *amplexicaulis*. LINN. — amplexicaule.
* — *glacialis*. LINN. — glaciale.
— *lanuginosus*. LINN. — velue.
* — *laponicus*. LINN. — de Laponie.
* — *nivalis*. LINN. — des neiges.
* — *parnassifolius*. LINN. — à feuilles de parnassie.
* — *platanifolius*. LINN. — à feuilles de platane.
* — *pyrenaeus*. LINN. — des Pyrénées.
* — *rutaefolius*. LINN. — à feuilles de rhue.
* — *thora*. LINN. — vénéneuse.

RESEDA. — RÉSÉDA.

* *Reseda glauca*. LINN. Réséda glauque.
— *sesamoides*. LINN. — sésamoïde.

RHAMNUS. — NERPRUN.

* *Rhamnus alpinus*. ♄. LINN. Nerprun des Alpes.
* — *pumilus*. ♄. LINN. — petit nerprun.
* — *saxatilis*. ♄. LINN. — des rochers.

RHINANTHUS. — COCRETTE.

* *Rhinanthus alpinus*. LAM. Dict. Encycl. Cocrette des Alpes.

RHODIOLA. — RHODIOLE.

Rhodiola rosea. LINN. Rhodiole orpin rose.

RHODODENDRUM. — ROSAGE.

* *Rhododendrum ferrugineum*. LINN. Rosage ferrugineux.
* — *hirtum*. ♄. LINN. — velu.

RIBES. — GROSEILLER.

* *Ribes alpinum*. ♄. LINN. Groseiller des Alpes.
* — *petraeum*. ♄. LINN. — des rochers.
— *rubrum*. ♄. LINN. — rouge.
— *uva-crispa*. ♄. LINN. — vrai.

ROSA. — ROSIER.

* *Rosa alpina*. ♄. LINN. Rosier des Alpes.
— *villosa*. ♄. LINN. — velu.

RUBUS. — RONCE.

* *Rubus saxatilis*. ♄. LINN. Ronce des rochers.

RUMEX. — OSEILLE.

Rumex acetosella. LINN. Oseille.
* — *alpinus*. LINN. — des Alpes.
* — *digynus*. LINN. — à fleurs digynes.

RUTA. — RHUE.

* *Ruta montana*. LAM. Fl. franç. Rhue de montagne.

SALIX. — SAULE.

* *Salix arbuscula*. ♄. VILL. Fl. dauph. Saule, arbrisseau.
* — *herbacea*. LINN. — herbacé.
— *monandra*. ♄. LINN. — à fleurs monandres.

* — *myrsinites*. ♄. LINN. — à feuilles transparentes.
* — *myrtiloides*. ♄. LINN. — myrtiloïde.
— *repens*. ♄. VILL. Fl. dauph. — rampant.
* — *reticulata*. ♄. LINN. — réticulé.
* — *retusa*. ♄. LINN. — émoussé.

Observation. Les salix *herbacea*, *reticulata* & *retusa* se trouvent dans les parties les plus élevées des montagnes, & ils sont les derniers arbrisseaux que l'on y trouve.

SAMBUCUS. — SUREAU.

* *Sambucus racemosa*. ♄. LINN. Sureau à grapes.

SANTOLINA. — SANTOLINE.

* *Santolina alpina*. LINN. Santoline des Alpes.

SATUREJA. — SARRIETTE.

Satureja montana. LINN. Sarriette de montagne.

SATYRIUM. — SATYRION.

* *Satyrium albidum*. LINN. — Satyrion blanchâtre.
* — *nigrum*. LINN. — noir.

SAXIFRAGA. — SAXIFRAGE.

* *Saxifraga ajugifolia*. LINN Saxifrage à feuilles d'ajuga ou bugle.
* — *aizoides*. LINN. — aizoïde.
* — *aizoon*. LINN. — aizoon.
* — *androsacea*. LINN. — androsacée.
* — *aspera*. LINN. — rude.
* — *autumnalis*. LINN. — d'automne.
* — *biflora*. ALL. Fl. pedem. — biflore.
* — *bryoides*. LINN. — bryoïde.
* — *cæsia*. LINN. — bleu.
* — *cespitosa*. LINN. — en gazon.
* — *cotyledon*. LINN. — cotylédon.
* — *cuneifolia*. LINN. — à feuilles en coin.
* — *exarata*. VILL. Fl. dauph. — droite.
* — *geum*. LINN. — benoîte.
* — *groenlandica*. LINN. — du Groënland.
* — *hirculus*. LINN. Petite saxifrage.
* — *hirsuta*. LINN. — velue.
* — *hypnoides*. LINN. — hypnoïde.
* — *muscoides*. LINN. muscoïde.
* — *nivalis*. LINN. — des neiges.
* — *oppositifolia*. LINN. — à feuilles opposées.
* — *pedemontana*. ALL. Fl. pedem. — du Piémont.
* — *pyrenaica*. VILL. Fl. dauph. — des Pyrénées.
* — *quinquefida*. LAM. Fl. franç. — à feuilles quinquefides.
* — *retusa*. VILL. Fl. dauph. — émoussée.
* — *rotundifolia*. LINN. — à feuilles rondes.
* — *sedoides*. LINN. — faux orpin.
* — *stellaris*. LINN. — étoilée.
* — *umbrosa*. LINN. — grande saxifrage.

Observation. On trouve un bien plus grand nombre de saxifrages dans les montagnes : nous nous sommes bornés à citer celles qui sont les plus connues.

SCABIOSA. — SCABIEUSE.

* *Scabiosa alpina*. LINN. Scabieuse des Alpes.

SCANDIX. — CERFEUIL.

* *Scandix odorata*. LINN. Cerfeuil odorant.

SCHEUCHZERIA. — SCHEUCHZÉRIE.

Scheuchzeria palustris. LINN. Scheuchzérie des marais.

SCILLA. — SCILLE.

* *Scilla umbellata*. RAMOND. Bull. Soc. Phil. n°. 41. Scille en ombelle.

SCIRPUS. — SCIRPE.

* *Scirpus ferrugineus*. LINN. Scirpe ferrugineux.
— *setaceus*. LINN. — sétacé.

SCORZONERA. — SCORZONÈRE.

Scorzonera hispanica. LINN. Scorzonère d'Espagne.
— *humilis*. LINN. Petite scorzonère.

SCUTELLARIA. — SCUTELLAIRE.

* *Scutellaria alpina*. LINN. Scutellaire des Alpes.

SEDUM. — ORPIN.

* *Sedum atratum*. LINN. Orpin panaché.
* — *dasyphyllum*. LINN. Petit orpin à feuilles glauques.
* — *hirsutum*. ALL. Fl. pedem. — velu.
* — *paniculatum*. LAM. Fl. franç. — paniculé.
— *reflexum*. LINN. — relevé.
* — *rupestre*. LINN. — des rochers.
* — *villosum*. LINN. — poilu.

SEMPERVIVUM. — JOUBARBE.

* *Sempervivum aracnoideum*. LINN. Joubarbe aracnoïde.
* — *globiferum*. LINN. — globuleuse.
* — *montanum*. LINN. — de montagne.

SENECIO. — SENEÇON.

Senecio abrotanifolius. LINN. Seneçon à feuille d'abrotanum ou de citronelle.
* — *doronicum*. LINN. — doronic.
* — *incanus*. LINN. — cendré.
* — *montanus*. LAM. Fl. franç. — de montagne.
* — *sarracenicus*. LINN. — sarracénique.

SERAPIAS. — SÉRAPIAS.

Serapias grandiflora. LAM. Fl. franç. Sérapias à grandes fleurs.
— *longifolia.* LINN. — à longues feuilles.
— *rubra.* LINN. — à fleurs rouges.

SERRATULA. — SERRÈTE.

* *Serratula alpina.* LINN. Sarrète des Alpes.

SIBBALDIA. — SIBBALDIE.

* *Sibbaldia procumbens.* LINN. Sibbaldie couchée.

SILENE. — SILENE.

* *Silene acaulis.* LINN. Siléné sans tige.
* — *alpestris.* JACQ. Fl. austr. — des Alpes.
* — *quadrifida.* LINN. — quadrifide.
* — *rupestris.* LINN. — des rochers.
* — *saxifraga.* LINN. — brise-pierre.
* — *vallesia.* LINN. — du Vallais.

SINAPIS. — MOUTARDE.

Sinapis pyrenaica. LINN. Moutarde des Pyrénées.

SISON. — SISON.

Sison verticillatum. LINN. Sison verticillé.

SISYMBRIUM. — SISYMBRE.

* *Sisymbrium bursifolium.* LINN. Sisymbre à feuilles en bourse.
* — *dentatum.* ALL. Fl. pedem. — denté.
* — *monensc.* VILL. Fl. dauph.
* — *pyrenaicum.* LINN. — petite roquette.
* — *strictissimum.* LINN. — à feuilles lancéolées.
* — *tanacetifolium.* LINN. — à feuilles de tanésie.

SOLDANELLA. — SOLDANELLE.

* *Soldanella alpina.* LINN. Soldanelle des Alpes.

SOLIDAGO. — VERGE D'OR.

* *Solidago minuta.* LINN. Petite verge d'or.

SONCHUS. — LAITRON.

* *Sonchus alpinus.* LINN. Laitron des Alpes.
* — *montanus.* LAM. Dict. Encycl. — de montagne.
— *plumieri.* LINN. — de Plumier.

SORBUS. — SORBIER.

* *Sorbus ancuparia.* ♄. LINN. Sorbier des oiseaux.
— *hybrida.* ♄. LINN. — hybride.

SPARGANIUM. — RUBANIER.

Sparganium natans. LINN. Rubanier petit ruban d'eau.

SPERGULA. — SPARGOUTTE.

Spergula saginoides. LINN. Spargoutte saginoide.

SPIRÆA. — SPIRÉE.

* *Spiræa aruncus.* LINN. Spirée à fleurs dioiques.

STACHYS. — ÉPIAIRE.

Stachys alpina. LINN. Épiaire des Alpes.

STATICE. — STATICE.

Statice armeria. LINN. Statice gazon d'olympe.

STELLARIA. — STELLAIRE.

* *Stellaria cerastoides.* LINN. Stellaire cérastoide.
* — *uliginosa.* VILL. Fl. dauph. — uligineuse.

STIPA. — PANACHE.

* *Stipa juncea.* LINN. Panache joncée.

SWERTSIA. — SWERTIE.

* *Swertsia carinthiaca.* LINN. Swertie de Carinthie.
* — *perennis.* LINN. — gentiane vivace.

TAXUS. — IF.

Taxus baccata. ♄. LINN. If commun.

TEUCRIUM. — GERMANDRÉE.

Teucrium lucidum. LINN. Germandrée luisante.
— *montanum.* LINN. — de montagne.
— *polium.* LINN. — à feuilles cotonneuses.
* — *pyrenaicum.* LINN. — des Pyrénées.
* — *tomentosum.* LAM. Fl. franç. — tomenteuse.

THALICTRUM. — PIGAMON.

* *Thalictrum alpinum.* LINN. Pigamon des Alpes.
* — *angustifolium.* LINN. — à feuilles étroites.
* — *aquilegifolium.* LINN. — à feuilles d'ancolie.
— *minus.* LINN. Petit pigamon.

THESIUM. — THÉSION.

* *Thesium alpinum.* LINN. Thésion des Alpes.

THLASPI. — THLASPI.

* *Thlaspi alpestre.* LINN. Thlaspi alpestre.
* — *alpinum.* LINN. — des Alpes.
* — *montanum.* LINN. — de montagne.
* — *saxatile.* LINN. — des rochers.

TILIA. — TILLEUL.

Tilia europæa. ♄. LINN. Tilleul d'Europe.

Tormentilla. — TORMENTILLE.

Tormentilla erecta. LINN. Tormentille droite.

Tozzia. — TOZZIE.

* *Tozzia alpina.* LINN. Tozzie des Alpes.

Trifolium. — TRÈFLE.

Trifolium alpestre. LINN. Trèfle alpestre.
* — *alpinum.* LINN. — des Alpes.
— *angustifolium.* LINN. — à feuilles étroites.
— *flexuosum.* ROTH. Fl. germ. — coudé.
— *montanum.* LINN. — de montagne.
— *rubens.* LINN. — rouge.
— *spadiceum.* LINN. — brun.
* — *spumosum.* LINN. — écumeux.
* — *thalii.* VILL. Fl. dauph. Petite trèfle.

Trolius. — TROLIUS.

* *Trolius europæus.* LINN. Trolius d'Europe.

Tulipa. — TULIPE.

Tulipa sylvestris. LINN. Tulipe sauvage.

Turritis. — TOURETTE.

* *Turritis alpina.* LINN. Tourette des Alpes.
— *glabra.* LINN. — glabre.

Tussilago. — TUSSILAGE.

* *Tussilago alba.* LINN. Tussilage blanc.
* — *alpina.* LINN. — des Alpes.
* — *frigida.* LINN. — des glaces.
— *petasites.* LINN. — pétasite.

Utricularia. — UTRICULAIRE.

* *Utricularia alpina.* LINN. Utriculaire des Alpes.

Uvularia. — UVULAIRE.

* *Uvularia amplexifolia.* LINN. Uvulaire ou laurier alexandrin des Alpes.

Vaccinium. — AIRELLE.

* *Vaccinium myrtilis.* ♄. LINN. Airelle myrtille.
* — *uliginosum.* LINN. — veinée.
* — *vitis idæa.* LINN. — ponctuée.

Valeriana. — VALÉRIANE.

* *Valeriana celtica.* LINN. Valériane celtique.
* — *cornucopiæ.* LINN. — corne d'abondance.
— *dioica.* LINN. — des marais.
* — *montana.* LINN. — de montagne.
* — *pyrenaica.* LINN. — des Pyrénées.
* — *saxatilis.* LINN. — des rochers.
* — *tripteris.* LINN. — à trois ailes.
* — *tuberosa.* LINN. — tubéreuse.

Veratrum. — VÉRATRON.

* *Veratrum album.* LINN. Vératron blanc.
* — *nigrum.* LINN. — noir.

Verbascum. — MOLÈNE.

* *Verbascum myconi.* LINN. Molène sans tige.

Veronica. — VÉRONIQUE.

* *Veronica alpina.* LINN. Véronique des Alpes.
* — *aphylla.* LINN. — à tige sans feuilles.
* — *Bellardi.* ALL. Fl. pedem. — de Bellard.
* — *bellidioides.* LINN. — à feuilles de paquerette.
* — *carnea.* HALL. Hist. Stirp. Helv. — de Suisse.
— *chamædrys.* LINN. Petit chêne.
* — *fructiculosa.* LINN. — en arbrisseau.
* — *latifolia.* LINN. — à larges feuilles.
— *montana.* LINN. — de montagne.
* — *nummularia.* GOUAN. Illustr. — à feuilles de nummulaire.
— *officinalis.* LINN. — officinale.
— *prostrata.* LINN. — couchée.
* — *pumila.* ALL. Fl. pedem. Petite véronique.
* — *saxatilis.* ♄. LINN. — des rochers.
— *spicata.* LINN. — à épis.
* — *tenella.* ALL. Fl. pedem. — délicate.
* — *Tournefortii.* VILL. Fl. dauph. — de Tournefort.
— *verna.* LINN. — printanière.

Vicia. — VESCE.

Vicia incana. VILL. Fl. dauph. Vesce cendrée.

Viola. — VIOLETTE.

* *Viola biflora.* LINN. Violette biflore.
* — *calcarata.* LINN. — éperonnée.
* — *cenisia.* LINN. — du Mont-Cénis.
* — *cornuta.* LINN. — cornue.
* — *grandiflora.* LINN. — à grandes fleurs.
— *montana.* LINN. — de montagne.
* — *nummularifolia.* ALL. Fl. pedem. — à feuilles de nummulaire.
* — *pinnata.* LINN. — à feuilles pinnées.

ALPNACH, lac qui n'est proprement qu'un bras du lac des quatre cantons, auquel il se joint près de Strantzstad : il n'a qu'une lieue & demie de longueur, sur une demi-lieue de largeur ; son bassin est formé par l'embouchure d'une rivière latérale qui tombe dans le lac.

ALPSÉE, petit lac dont le bassin, situé sur un pur roc, est d'une profondeur extraordinaire, il a outre cela une lieue de longueur. C'est dans ce lac que la Sitter, principal torrent du canton d'Appenzel, prend sa source. Il y a encore, dans ce même canton, deux autres petits lacs qui sont fort poissonneux.

ALPUJARRAS, hautes montagnes d'Espagne, dans le royaume de Grenade, au bord de la Méditerranée. Elles s'étendent depuis la rade d'Almeric jusqu'à Settenil, frontières d'Andalousie. Cette contrée est une des plus peuplées & des mieux cultivées de l'Espagne. Ces montagnes offrent un grand nombre de villages & de gros bourgs entourés de vergers & de vignobles : elles sont situées entre les villes de Grenade, de Motril & d'Almeric; elles sont entrecoupées de vallées & de plaines qui produisent du froment, du vin, des fruits & de bons pâturages. Les collines participent aussi à cette abondance; le vin & les fruits y sont excellens : on y suit aussi l'éducation des vers à soie, qui donnent de très-bonnes récoltes. Les habitans sont Maures d'origine. On les distingue aussi des autres Espagnols leurs voisins, par la simplicité de leurs mœurs, la grossiéreté de leur langage, & surtout par leur assiduité au travail, qui seconde la bonté du sol. D'ailleurs, la température du climat y est très-favorable à la santé des habitans & à la fécondité de la terre. On trouve dans ces montagnes une grande quantité de plantes de diverses espèces, qu'on doit annoncer aux botanistes curieux d'augmenter leurs richesses & leurs connoissances en ce genre.

ALSACE. Quoique la géographie-physique ne doive pas s'astreindre aux différentes divisions politiques qui sont distribuées sur la surface de la terre habitée, j'ai cru cependant qu'il convenoit de suivre ces divisions, pour faire connoître les différens phénomènes physiques qui peuvent intéresser les naturalistes dans la conscription de certaines provinces anciennes. Telle m'a paru la province d'Alsace, renfermée d'un côté dans le revers oriental des Vosges, & de l'autre dans certaines parties de la vallée du Rhin, qui reçoivent les eaux de ce revers. Cette correspondance de phénomènes, qui a déterminé ainsi les premiers habitans à donner des limites précises à des portions de grands pays, mérite d'être conservée, & je m'y suis attaché, comme on le verra dans la suite de l'article *Alsace*, rédigé sur ces principes. J'ajoute ici que je traiterai de même les contrées circonscrites dans de certaines limites dont je conserverai les dénominations, ainsi que celles des provinces célèbres, en y conservant la distinction de *haut* & de *bas*, que les habitans ont adoptée par des considérations relatives à leur histoire naturelle.

ALSACE, ancienne province que renferment les départemens du Haut & du Bas-Rhin. Son étendue est d'environ quarante-six lieues du midi au nord, & de huit à treize de l'orient à l'occident. Comme cette province occupe une partie considérable de la grande & belle vallée du Rhin, ainsi que les vallons latéraux des ruisseaux & rivières qui s'y jettent, j'ai cru devoir commencer cet article par son hydrographie, qui se trouve figurée dans les planches de *Strasbourg*, de *Colmar* & de *Neuf-Brisach*, de la carte de France, ouvrage de l'Académie des Sciences.

On peut distinguer le terrain de la planche de Strasbourg en trois parties. Le premier, & le plus élevé, est celui qui s'étend jusque dans les Vosges graniteuses, & qui est couvert de bois & de forêts. Le second est un terrain moins élevé, adossé aux Vosges, & dont les pentes sont plus douces & plus alongées. Le sol est composé de couches de pierres de sable & calcaires, inclinées à l'horizon. Le troisième terrain comprend la plaine du Rhin, où coule ce fleuve, avec plusieurs rivières alimentées par les eaux que fournissent les deux premières sortes de terrain, & qui, après leur réunion, se jettent dans le Rhin.

On voit sur ce revers oriental des Vosges les origines des ruisseaux, qui se montrent à toutes les hauteurs, depuis les sommets des montagnes jusqu'aux limites de la plaine. Je dirois presque qu'on trouve des sources à toutes les hauteurs; car, malgré le massif de granit qui occupe certaines parties de cette pente, & qui ne donne pas de sources, les pierres de sable à couches horizontales ou inclinées, qui sont dispersées dans le premier terrain & à tous les niveaux, en fournissent de plus ou moins abondantes, & contribuent, avec les couches calcaires du second terrain, à cette distribution des eaux, si facile à reconnoître par tous ceux qui voyagent dans cette contrée avec l'intention de s'instruire, comme je l'ai fait, de cette économie de la nature.

Les différens ruisseaux qui gagnent la plaine du Rhin en parcourant ce revers des Vosges, trouvent apparemment une certaine pente; car ils se réunissent entr'eux sous des angles fort aigus, preuve, comme nous l'avons déjà remarqué plusieurs fois, que le terrain sur lequel ces eaux coulent, leur offre des pentes rapides.

Le canal du Rhin est rempli d'îles fort nombreuses & fort alongées dans le sens du courant, & les rivières qui y tombent de droite & de gauche, suivent, parallélement à ce fleuve, de très-grands trajets dans la plaine avant de s'y réunir; ce qui nous donne une idée de l'état du sol de la plaine, qui est visiblement comblée de dépôts fluvials très-abondans, outre ceux de la mer, dans le tems qu'elle avoit fait un golfe de cette vallée.

Si l'on passe de la planche de Strasbourg à celle de Colmar, on ne trouve plus que deux sortes de terrain, qui sont d'abord les montagnes des Vosges couvertes de bois & de forêts, & la plaine du Rhin, coupée par des rivières qui y coulent aussi parallélement à ce fleuve.

Les îles sont moins nombreuses dans cette partie du canal du fleuve, qu'aux environs de Strasbourg. On y trouve aussi plusieurs rivières dont le cours est parallèle à celui du Rhin, & dont la plus considérable est celle de l'Ill.

Les sources des eaux courantes de cette vaste plaine, qui sont distribuées sur le revers oriental des Vosges, se montrent, comme dans la planche de Strasbourg, à toutes les hauteurs. Outre cela, le plus grand nombre des ruisseaux confluent à angles aigus sur toute l'étendue de la pente du revers. Il faut en excepter cependant les embranchemens latéraux en petits ruisseaux, qui se réunissent sous un angle droit aux ruisseaux principaux; disposition que j'ai reconnue sur les lieux pour être la suite d'une chute rapide & presque verticale de ces filets d'eau qui se précipitent dans les ruisseaux courans au milieu de certaines vallées fort profondes & très-étroites.

Je finirai par observer que le même système de distribution des eaux se continue dans la plus grande partie de la planche de *Neuf-Brisach*, ainsi que la forme du terrain, soit sur les croupes des Vosges, soit au milieu de la large plaine du Rhin; ainsi nous n'entrerons pas dans un plus grand détail à ce sujet.

Il ne me reste plus, après ces considérations générales, qu'à indiquer les différentes vallées du revers oriental des Vosges, qui donnent naissance aux ruisseaux & aux rivières qui se rendent dans la plaine du Rhin.

Je trouve d'abord dans la planche de Remiremont la partie supérieure de la vallée de *Massevaux*, qui est abreuvée par la rivière de *Dolleren*, laquelle se rend dans l'Ill au commencement de la planche de *Neuf-Brisach*.

Viennent ensuite les demi-vallées de *Busbach* & d'*Aspach*, dont les eaux se réunissent au *Dolleren* avant sa confluence à la rivière de l'Ill.

Plus au nord on rencontre la belle & longue vallée de Saint-Amarin, à l'extrémité inférieure de laquelle est la ville de Thann, & au fond de laquelle coule *la Thuren*, qui se réunit aussi à l'*Ill*, au dessous d'Eisesheim.

Si l'on jette les yeux sur la rivière de l'*Auch*, qui figure dans la plaine du Rhin, à côté de l'Ill, on trouve qu'elle est alimentée par plusieurs ruisseaux. J'en compte quatre qui sortent des vallées voisines de *Sultz*. Si l'on s'attache ensuite à la tige principale que fournit la vallée de *Guebweiller*, & à laquelle se réunit la rivière de *Lombach*, on a la totalité des eaux courantes qui forment l'*Auch*.

Je n'indiquerai pas ici en particulier quatre à cinq ruisseaux qui se trouvent dans l'intervalle de la vallée de *Guebweiller* à celle de *Munster*, fort longue & fort chargée de ruisseaux latéraux. Cette contrée est une partie du revers oriental des Vosges, la plus abreuvée d'eaux courantes, parce qu'elle est la plus couverte de ces forêts qui fixent les nuages & déterminent la chute des pluies.

C'est dans cette vallée que coule *la Fecht*, qui, après avoir réuni les eaux de cinq ruisseaux versés par autant de vallées fort courtes, reçoit celles de la vallée de *Kaysersberg*, qui se termine, dans sa partie supérieure & près du sommet des Vosges, par trois grandes ramifications fort étendues, celles d'Orbe, du Bon-Homme & de Freland.

En franchissant quatre à cinq demi-vallées, on parvient à celles de *Sainte-Marie-aux-Mines* & de *le Lièvre*, qui, avec la vallée de *Villé*, nous donnent les rivières de *Giesen* & de *Milbach*.

De même, après avoir parcouru les entrées de cinq autres demi-vallées qui versent les ruisseaux de Schernetz, d'Orteno, de Kerneck, de Doeshbach & de Fahn, on se trouve à la grande ouverture de la vallée de *Moutzich* & de *Framont*, où coule *la Bruche*, qui rassemble les eaux de huit ramifications fort étendues.

Je ne parlerai plus que de la rivière de *Zorn*, qui, après avoir pris naissance dans le flanc septentrional des Vosges, passe à Saverne, traverse la plaine du Rhin, & se jette dans ce fleuve près du fort de Rothweiller.

(*Voyez* notre Atlas à l'article des VOSGES, où toutes ces vallées & les ruisseaux qui les arrosent, sont notés & figurés dans le plus grand détail.)

Montagnes de l'Alsace.

La hauteur des *Vosges* diffère de celle des Alpes & des Pyrénées. En effet, elle n'excède nulle part six cents toises; communément elle n'est que de trois à quatre cents, souvent de deux cents, & à mesure qu'on se rapproche de la plaine du Rhin cette hauteur diminue jusqu'à soixante. La végétation s'y maintient par conséquent à toutes les hauteurs, & l'on n'y rencontre point, comme dans les Alpes, des régions où elle cesse; seulement elle perd quelquefois de sa vigueur sur les sommets les plus élevés, où les chênes & les sapins restent toujours nains & un peu rabougris.

La Haute-Alsace compte au nombre de ses plus hautes montagnes le *Ballon de Murbach*, qu'il ne faut pas confondre avec le *Ballon de Giromagny*; le *Hoheneck*, d'où l'on apperçoit les sources de la Moselle & de la Fecht, & le *Bon-Homme* au couchant de Kaysersberg.

La Basse-Alsace range dans cette classe la *Sainte-Odille*, le *Champ-du-Feu* & le *Pigeonnier* près de Weissembourg. C'est à *Sainte-Odille*, placée près d'Obernheim, qu'affluent principalement les curieux qui desirent prendre une idée des Vosges & du coup-d'œil qu'elles présentent. Les prétendus miracles de la Sainte qui lui donne son nom, l'attachement que lui portent les habitans de Strasbourg, accoutumés à consulter l'état du ciel & à en juger par les phénomènes météoriques que leur offre son sommet dans les changemens de tems & des saisons (car cette montagne est située au sud-ouest de leur ville); quelques traces d'antiquités romaines, la proximité de la plaine, les belles routes qui y conduisent de toutes parts, & le le beau pays, lui attirent à bon droit cette préférence qu'on lui accorde.

Le *Champ-du-Feu*, dans le Ban-de-la-Roche, s'élève à l'opposite du *Donon*, montagne du pays de Salm. La hauteur de ces deux montagnes paroît absolument la même. Les géographes appellent le Donon *Mont-de-Fer* ou *Framont;* les uns font dériver ce nom des mines de fer qu'on y trouve, & les autres le tirent des restes d'un monument placé au sommet de cette montagne, & qu'une tradition fabuleuse fait passer pour être le tombeau de Pharamond.

Nous observerons ici que les Vosges sont en général plus élevées & plus escarpées du côté de l'Alsace à l'est, que du côté de la Lorraine à l'ouest; outre cela, que leurs vallées principales, celles qui partent du centre de la chaîne, ont leur ouverture immédiate dans la plaine du Rhin, suivent quelquefois sa direction ou la traversent obliquement; ensuite nous dirons que le plus souvent elles prennent leur cours perpendiculairement à cette direction sans en affecter aucune.

L'Alsace est d'une grande fertilité, & offre des plaines immenses chargées des plus riches moissons, abondantes en grains de toute espèce. La côte des Vosges est chargée de vignobles d'un grand rapport, dont les vins sont recherchés, tant par leur qualité, que par l'avantage qu'ils ont de se conserver long-tems. Il y a outre cela des pâturages excellens, des fruits & des légumes de toutes sortes, beaucoup de chanvres qui descendent dans les Pays-Bas, & des lins qui s'emploient dans les manufactures du pays. Plusieurs cantons y produisent encore quantité de tabac; enfin, l'on y récolte beaucoup d'huile qui s'exprime des pavots & des navettes que le sol donne abondamment : cette huile s'emploie tant à brûler qu'à peindre, & à d'autres usages.

Cette province a de belles & grandes forêts, beaucoup de mines de différens métaux, & des sources d'eau minérale. On y rencontre des sapins de cent vingt pieds de hauteur. Le gibier, la volaille & le poisson y abondent. On y compte sept cent cinquante communes, dans lesquelles un demi-million d'habitans se trouve dispersé.

Le commerce du pays consiste en tabac, eaux-de-vie, chanvre, garance, safran, cuirs tannés. Le commerce de la Basse-Alsace se fait surtout en bois, comme planches de sapin, &c. que fournissent les scieries des Vosges; celui de la Haute-Alsace est en vins, eaux-de-vie, vinaigres, fromens, seigles & avoines.

Les Suisses tirent de l'une & l'autre Alsace, des porcs, des bestiaux, du safran, de la térébenthine, du chanvre, du lin, du tartre, du suif, des châtaignes, des prunes & des graines sèches : l'exportation des châtaignes, des prunes & autres fruits se fait à Cologne, à Francfort & à Bâle.

Quant aux mines d'Alsace, elles sont en grand nombre, & donnent la plupart des produits considérables.

Les mines de Giromagny, le Puix & Auxel-le-Haut sont situés au pied des montagnes des Vosges, vers l'extrémité de la Haute-Alsace. La mine de Saint-Pierre, située dans la montagne appelée *le Mort-Jean*, banc de Giromagny, a jusqu'à sept puits d'exploitation. Ensuite on trouve la mine de Saint-Daniel, banc de Giromagny, qui a trois puits; celle de Saint-Nicolas, qui s'exploite aussi par trois puits. Nous ne nous étendrons pas davantage sur ces travaux, qui mériteroient, pour être exposés convenablement, de plus grands détails que nous ne pouvons en donner ici. D'ailleurs, ces mines ne sont pas les seules qu'on exploite en Alsace : Sainte-Marie-aux-Mines donne du fer, du plomb & de l'argent; le val de Villé, du charbon de terre & du plomb; le Ban-de-la-Roche, du fer ordinaire; Framont, du fer ordinaire; Molsheim, du fer ordinaire, du plâtre & du marbre; Sultz, de l'huile de pétrole & autres bitumes. Ces mines ont leurs usines & leurs hauts fourneaux au val Saint-Amarin pour l'acier, au val de Munster pour le laiton, à Kingdall pour les armes blanches, à Baao pour le fer & l'acier.

Nous renvoyons à l'article VOSGES, où tout ce qui concerne les travaux des mines & les différentes carrières de pierre sera indiqué comme il convient pour l'histoire naturelle minéralogique d'*Alsace*; & à l'article RHIN pour la constitution physique de la vallée de ce fleuve, lorsque nous traiterons de sa *vallée-golfe*.

ALSEN, île de Danemarck dans la mer Baltique, auprès de Fleensbourg, sur la côte orientale du Holstein. Cette île, qui peut avoir quinze lieues de contour, produit abondamment toutes sortes de grains, excepté le froment. Plusieurs sortes de fruits y croissent même avec succès ; le bois n'y manque pas, non plus que le gibier. On y voit quelques lacs d'eau douce qui sont fort poissonneux. Sonderbourg en est la capitale.

ALTAIQUE (*chaîne*). Cette chaîne de montagnes, limite orientale de l'Europe & de l'Asie, commence à la vaste masse du Bogdo, passe ensuite au dessus des sources de l'Irtisch & de l'Oby, & présente des masses d'une hauteur inégale, escarpées, pleines de précipices, couvertes de neiges en certains endroits, & riches en minéraux, jusqu'au lac *Teleskoi*, source de l'Oby; plus loin elle se courbe pour terminer le bassin des grandes rivières qui forment le Jenisey; enfin, sous le nom de *Sainnes*, elle se prolonge jusqu'au lac *Baïkal :* une branche s'insinue entre les sources des rivières *Ozon*, *Ingoda* & *Ichiloi*, & embrasse ainsi des montagnes fort élevées, qui s'étendent sans interruption au nord-est, & séparent ces sources de celles dont les eaux circulent dans le bassin de la rivière d'Amour, qui se décharge à l'est dans l'empire de la Chine.

Une autre branche suit le cours de l'*Olecma*, traverse la *Lena* au dessous de *Jakoutsh*, & se continue le long des deux rivières Tongouska jusqu'au Jenisey, où elle se perd au milieu de plaines marécageuses & couvertes de bois.

La principale chaîne, composée de rochers sous la forme de pics, s'approche des rivages de la mer d'Ockhozt & se maintient à une certaine hauteur; ensuite, passant près des sources des rivières *Outh*, *Aldan* & *Maia*, elle se distribue en petites branches dirigées entre les rivières qui tombent dans la mer Glaciale, parmi lesquelles nous distinguons deux branches principales, dont l'une, tournant au sud, traverse tout le Kamtzchatka, & semble se prolonger dans les nombreuses îles *Kuriles*, & forme une chaîne marine tracée par les îles situées depuis le Kamtzchatka jusqu'à l'Amérique. La plupart de ces îles sont remarquables par de terribles volcans ou par les produits des feux souterrains, qui sont éteints depuis longtems. Enfin, la dernière chaîne va se terminer au grand Cap Tschutsky, avec ses promontoires & ses rives escarpées & hérissées de rochers.

En indiquant ces diverses parties de montagnes sous le même nom & dans un même article, il s'en faut beaucoup que j'aie l'intention de les faire envisager comme liées sans interruption les unes aux autres, & composées de la même nature de matériaux. J'ai lieu de croire au contraire qu'il en est, de ce qu'on nous a décrit sous le nom de *chaîne altaïque*, comme des autres montagnes qui parcourent l'Europe, & que nous connoissons plus en détail : elles éprouvent de grandes interruptions, & varient quant à la nature des matériaux.

ALTAY, montagnes de la grande Tartarie en Asie. Witsen les place sous le quarante-quatrième degré de latitude, & entre le cent dixième & le cent quinzième degré de longitude. Elles font partie d'une longue chaîne de montagnes qui s'étendent depuis la rivière Jaune, aux confins de la Chine, jusqu'au lac Altin. Ces montagnes se terminent à cent treize degrés de longitude, & à quarante-six degrés vingt minutes de latitude nord. Le mont Kisien & le mont Tienken en sont les branches. (*Voyez* l'article ALPES *du nord de l'Asie orientale*.)

ALTORF, ville de Franconie. Près de cette ville, au pied d'une montagne qui est couverte de pins & de sapins, on voit une fente qui a environ mille pas de profondeur; ce qui présente une espèce d'abîme ou de précipice, dont l'aspect est fort effrayant au premier coup-d'œil. A cette ouverture on trouva, dans une sorte de grès fort dur, de grands charbons semblables au jayet. On s'apperçut en même tems que l'on avoit travaillé dans cet endroit fort anciennement. On y remarqua des galeries souterraines que l'on avoit percées dans le roc, vraisemblablement parce qu'on avoit espéré trouver, en fouillant plus avant, des filons continus du charbon que l'on n'avoit rencontré qu'en échantillons épars çà & là. Dans l'espace d'une demi-lieue on vit toujours des traces de ces charbons, qui étoient tantôt renfermés dans une roche très-dure, tantôt dispersés dans une terre argileuse. On fit des expériences avec ce charbon pour voir quelle pourroit être l'utilité qu'on en retireroit, & voici les principaux phénomènes qu'il présenta: 1°. Ces charbons étoient disposés sur des plans horizontaux. 2°. Les morceaux les plus gros étoient des cylindres comprimés, c'est-à-dire, qu'ils présentoient une figure ovale dans leur diamètre. 3°. Il y avoit une grande quantité de pyrites sulfureuses près de ces charbons. 4°. Plusieurs de ces charbons fossiles parurent pénétrés entièrement de la substance pyriteuse; ils se décomposoient, & tomboient en efflorescence à l'air après y avoir été exposés pendant quelque tems; & quand on en faisoit la lexiviation avec de l'eau, & qu'on faisoit évaporer la lessive, on en obtenoit du vitriol martial. 5°. Il s'est trouvé dans cet endroit des morceaux de charbon qui avoient un pied & plus de largeur, sept à huit pouces de diamètre & plusieurs aunes de longueur. 6°. Ces charbons étoient très pesans, très-compactes & très solides. 7°. On essaya de s'en servir pour forger du fer, & ils chauffoient très-fortement. 8°. Le feu les réduisoit entiérement en une cendre blanche & légère, dont il étoit facile de tirer du sel alkali fixe, comme des cendres ordinaires. 9°. Ces charbons, après avoir été quelque tems exposés à l'air, se fendoient aisément suivant leur longueur, & pour lors ils ressembloient à du bois fendu. 10°. Il s'est trouvé quelques morceaux qui n'étoient pas entiérement réduits en charbon, l'autre moitié n'étant que du bois pourri.

Ces différens phénomènes remarqués dans ces charbons ont paru assez singuliers, tant par eux-mêmes, que par leur situation dans une pierre fort dure, pour qu'on ait cru en offrir ici les principaux détails aux naturalistes qui s'occupent de ces sortes de fossiles. (*Voyez* CHARBON FOSSILE.)

ALTORF. C'est le chef-lieu du canton d'où nous allons décrire la route au Saint-Gothard, en montant par le côté septentrional de cette grande masse. On trouve aux environs d'*Altorf* de grands terrains couverts de pierres roulées, dont la plus grande partie est amenée par le Schoechen, torrent qui descend de la vallée du même nom, & l'autre par la Reuss, qui descend du Saint-Gothard. Altorf est entouré de très-hautes montagnes, & situé au débouché de plusieurs vallons qui y aboutissent de tous côtés, parce qu'il se trouve à l'extrémité du lac de Lucerne, qui rassemble une grande quantité d'eau, vu que son bassin est très-bas. Le vallon est assez ouvert dans la partie inférieure, & même cultivé dans certaines parties : on y voit même des arbres fruitiers.

C'est surtout aux environs de Burglen qu'on rencontre beaucoup de pierres roulées, & même des blocs de pierre amenés par les eaux.

Les rochers sont de pierre calcaire, & continuent jusqu'à Silenen, à deux lieues d'Altorf. Les montagnes sont fort hautes & fort escarpées des deux côtés du vallon, & de belles prairies en occupent le fond. Quelques arbres fruitiers, & surtout des noyers, sont à mi-côte, & entre les rochers on voit des forêts de sapins. Avant d'arriver à Silenen, on apperçoit le glacier de *Titlis:* il est sur le territoire d'Engelberg, où l'on trouve encore quelques hêtres. Derrière les montagnes boisées il s'en présente d'autres nues & arides.

La chaleur concentrée dans ce vallon y fait mûrir différentes productions peu recherchées à la vérité : ce sont des fruits fort communs, excellens pour le pays, parce qu'on n'y en connoît pas de meilleurs. C'est du petit village Zum-Stoeg, entouré de fort hautes montagnes, qu'on commence à monter au Saint-Gothard, pris en général ; le chemin devient plus roide. La Reuss y est plus resserrée, & roule ses eaux dans un lit fort profond. Des torrens, des cascades tombent de différens endroits des deux côtés de ce vallon, & de belles forêts de sapins, où il y a des arbres prodigieux pour la hauteur, garnissent les rochers.

On s'élève par des chemins rapides, beaucoup au dessus du fond de la vallée. L'exposition plus heureuse de certains terrains y a fait cultiver du jardinage, des arbres fruitiers & des chanvres.

La Reuss semble toujours s'enfoncer davantage à mesure qu'on monte : partout elle roule ses eaux avec un grand bruit. Il n'y a point d'endroit où l'on puisse mieux voir l'étonnant travail des eaux de la Reuss, que sur le pont de *Pfaffenprung*, à une demi-lieue de Vassen : on y voit le progrès de l'approfondissement successif de la vallée. Les rochers ont des sinuosités & des angles arrondis, rentrans & saillans alternativement de chaque côté, & dont les saillans sont opposés aux rentrans, de telle sorte qu'il reste très-peu d'espace pour appercevoir l'eau, ce canal profond n'ayant pas plus de deux toises & demi de large.

Depuis Silenen on ne voit plus de pierres calcaires. Les rochers sont schisteux, argileux, mêlés de beaucoup de quartz ; cependant le lit de la Reuss est rempli de granits, mais qui viennent des montagnes supérieures.

Au dessus du pont dont nous venons de faire mention, on rencontre un passage qui offre des moulins, des scieries, des chutes d'eau, & qui est dominé par le village de Vassen. On y voit des montagnes très-extraordinaires. A côté d'un torrent qui fait aller un moulin, on trouve beaucoup de pierres detachées.

On monte beaucoup après avoir passé Vassen : ses environs présentent des objets très-variés, des nappes d'eau, des cascades qui se précipitent de roche en roche, formant dix à quinze chutes ; des rochers de mille formes différentes. Enfin, on y voit une forêt rasée & abattue par une avalanche. Des sapins de plus de cent pieds de longueur, dépouillés de leurs feuilles, permettent à la vûe de passer à travers cette immense quantité de bois & de branches entrelacées de mille manières différentes, & d'appercevoir des rochers épars & des eaux qui circulent autour. Quand on pense à la force & à la violence des agens qui ont occasionné un pareil accident, on en est effrayé. Quoique Vassen soit fort élevé, on y cultive encore quelque jardinage, & l'on y trouve aussi quelques cerisiers sauvages. Il y a environ cinq lieues jusqu'à Altorf.

Après avoir passé Vassen, on rencontre cinq ou six superbes cascades formées par la Reuss, qui font un bruit étourdissant, surtout dans les chaleurs de l'été, où la fonte des neiges est abondante. Les rochers de droite & de gauche sont partout à pic, & de granit jaunâtre en différens endroits ; dans d'autres, il se détruit sous la forme de l'argile : là on apperçoit des quartiers de rochers, des parties de montagnes, & partout où il y a quelques pâturages on voit des chalets & des habitations solitaires. Le vallon se rétrecit beaucoup avant d'arriver à Gestinen. On a élevé partout des murailles pour faire la route ; de gros blocs de granit sont rangés sur les bords du chemin, pour servir de barrières dans les endroits les plus dangereux. Après avoir passé différens ponts, avoir remonté differentes cascades formées par la Reuss, & d'autres qui tombent des rochers qui bordent le vallon, on apperçoit une brume ou nuage ; c'est de l'eau réduite en poussière par une chute très-haute. C'est la Reuss qui se précipite avec un bruit terrible au dessus du pont du Diable, & continue, par différens sauts, à rouler & à blanchir en passant sous le pont.

Cette rivière torrentielle s'est creusé un lit d'une grande profondeur entre les rochers qui dominent cette partie ; ils sont à pic. On ne peut s'empêcher, dans ce passage effrayant, d'être étonné du fracas & du mugissement des eaux de la Reuss. Ce bruit annonce ici les agens de ce vaste approfondissement.

La distance depuis Gestinen jusqu'au pont du Diable, qui est d'environ deux lieues, suffit pour prouver le courage & la persévérance de la nation suisse, qui a rendu praticable un pays inaccessible sans les travaux des communications que l'industrie y a entrepris & terminés. Cette vallée, qu'on nomme *Schollenen*, offre à chaque pas des rochers franchis, des intervalles comblés.

Après avoir passé le pont du Diable on monte une rampe assez rapide, qui conduit à une ouverture dans le rocher. C'est le seul passage qui se présente : on le nomme *Urner-Loch*. C'est une galerie souterraine, pratiquée dans le roc, de façon qu'un homme peut y passer à cheval. On a pratiqué dans le milieu une ouverture pour donner du jour. Cette roche est toute de granit, ainsi que toutes celles qui sont aux environs du pont du Diable.

En sortant de ce passage obscur on est surpris d'entrer dans une plaine ouverte & couverte de verdure, & de voir couler à côté de son chemin une rivière limpide & tranquille. Cette plaine est unie, de forme ovale, offrant plusieurs prairies, au milieu desquelles serpente doucement la Reuss. Sur ses bords il y a quelques buissons & des aulnes: des chalets isolés & solitaires sont répandus çà & là au milieu de la plaine. Dans le fond on voit le bâtiment de l'hôpital, situé sur le penchant d'un coteau. Les montagnes de Saint-Gothard servent de fond au tableau; elles sont trop éloignées pour laisser appercevoir leur aridité. Des montagnes nues, couvertes d'une verdure légere, sans arbres & sans buissons, bordent les deux côtés du vallon.

Ce vallon offre des objets de remarque intéressans pour l'histoire naturelle : sa position, sa forme, son nivellement, ne laissent aucun doute que cet emplacement n'ait été le séjour des eaux. En examinant les bords du lit de la Reuss, on reconnoît que le terrain de ce vallon est, par couches horizontales, de pierres argileuses. Le pied des montagnes qui entourent le vallon est de pierres calcaires grises. A la même hauteur & à mi-côte sur la gauche on trouve de la pierre ollaire. Voilà encore une circonstance où il seroit intéressant de connoître la hauteur exacte de cette pierre calcaire, & de pouvoir comparer son niveau avec celui de beaucoup d'autres massifs semblables, que nous avons vus déposés au pied des hautes montagnes, dans de petits vallons qui paroissent correspondans à celui dont il est ici question.

Une autre chose remarquable dans ce vallon, c'est qu'au sortir du passage souterrain qui est creusé dans le roc, il y a tout à côté, sans interruption & formant la même masse de rocher, de la pierre schisteuse, micacée, mêlée de quartz, dont les lits sont perpendiculaires à l'horizon, se fendant & tombant par morceaux qui ont la forme de poutres ou de bois équarris. Cette roche est aussi élevée que celle de granit, & composée, dans des proportions différentes, des mêmes parties intégrantes que le granit.

Ce vallon est d'une bonne lieue de longueur, sur une demi-lieue de largeur. Au haut de la montagne qui est au dessus du village d'*In-der-Matt*, il y a un petit bois de sapins, auquel il est défendu de toucher sous peine de la vie, parce qu'il est réservé contre les avalanches : ce sont les seuls arbres qu'on voie sur les hauteurs environnantes. Derrière ce bois on apperçoit un glacier, d'où sort un torrent qui va se jeter dans la Reuss : il entraîne, ainsi que les autres qui descendent de ce côté, des pierres schisteuses, micacées, mêlées de quartz de même nature que celle qui est à côté du passage souterrain. On monte par un beau chemin au village de Lhôpital, qui dépend aussi du pays d'*Urseren*. Tout ce canton est renommé pour ses excellens fromages. Il n'y a que des pâturages & point de cultures. Le bois, qui est de première nécessité dans un pays aussi froid, aussi élevé & toujours entouré de neige, y manque totalement. Nous indiquerons comme des ressources quelques broussailles qu'on trouve entre les villages de Lhôpital & de Zum-Dorff : les habitans s'en servent, ainsi que du *rhododendron ferrugineum*. On sait qu'il y avoit autrefois des forêts dans la vallée d'*Urseren*, & surtout au pied de la Fourche ; mais elles ont été détruites, soit par la mauvaise économie des habitans, soit par les avalanches, qui, même aujourd'hui, y font des ravages considérables.

Le village de Lhôpital est situé sur des roches schisteuses, mêlées de mica & de quartz ; elles sont bleues, verdâtres & grises. C'est à Lhôpital qu'est la rencontre de différens chemins pour passer le Saint-Gothard : il y en a un qui, venant du Vallais, passe à côté du glacier du Rhône & par la montagne de la Fourche ; un second, qui vient des Grisons, passe par Disentis & Chiamut, entre les sources du Bas-Rhin : ce sont des sentiers.

Sur la droite du village de l'hôpital est un vallon où est le village de *Zum-Dorff*, à une grande demi-lieue. Il y règne une couche de pierre calcaire à la même hauteur qu'au bas de la montagne qui renferme le vallon. Il faut remarquer que cette pierre calcaire est aussi sur la droite comme dans ce premier endroit, & que sur la gauche il y a de la pierre ollaire. Une masse énorme de cette pierre, sous laquelle on travailloit pour en tirer de quoi faire des poëles, ayant perdu son équilibre, est tombée sur le côté. Les rochers qui dominent ces deux masses sont schisteux, micacés & mêlés de quartz. Le village de *Zum-Dorff* fait partie de la vallée d'*Urseren*. C'est le pays habité le plus élevé qu'on connoisse en Suisse, & les habitans en sont forts & robustes. Les montagnes de ce canton étant nues, arides & fort roides, les avalanches y sont fréquentes.

ALTUR ou ALFOR, ville maritime de l'Arabie pétrée, en Asie : elle est au couchant du mont Sinaï, vers l'extrémité la plus occidentale de la Mer-Rouge. Ses maisons sont bâties de corail blanc, que les vagues du golfe Arabique amènent sur ses bords. Les moines du mont Sinaï y ont un couvent. Son port, pareil à celui de Suez, ne peut recevoir aucun grand vaisseau : il n'y entre que des nacelles dont les planches sont liées avec des cordes de chanvre goudronnées. C'est dans ces frêles barques que les marchandises des Indes viennent du port de Dschedda vers la Mecque, jusqu'à celui d'Altur.

ALTOMONTE, bourg du royaume de Naples, dans la Calabre citérieure, situé au pied de l'Appennin; c'est à un mille de là que se trouvent des mines de sel marin, qui sont en pleine exploitation. On ne peut, sans admiration, visiter les longues galeries qu'on a creusées dans la montagne, & dont quelques-unes ont jusqu'à deux milles de longueur. C'est dans ces souterrains qu'on extrait le sel qui se trouve par couches horizontales.

ALVAREDO, rivière de l'Amérique méridionale, située à vingt lieues de la pointe de terre qu'on nomme de *Saint-Martin*, à quelque distance de la Vera-Cruz. Cette rivière a plus d'un mille de largeur à son embouchure; outre cela, son canal est plein de bas fonds qui se prolongent sur une longueur de plus de deux milles à quelque distance du bord de la terre-ferme, & qui sont distribués d'un rivage à l'autre. Il y a d'ailleurs deux lits ou canaux qui séparent ces terres basses. Celui du milieu est le plus commode pour la navigation; car on y trouve douze à treize pieds d'eau le long des deux rivages: dans le voisinage de l'embouchure il y a des dunes qui ont environ deux cents pieds de hauteur.

La rivière d'Alvaredo coule dans cette contrée, divisée en trois branches qui se rejoignent à son embouchure, où elle est fort profonde.

Il seroit bien à desirer que tous les canaux de cette rivière, ainsi que la disposition de ses rivages, fussent bien connus & décrits, & qu'en particulier toutes les circonstances qui contribuent à la formation de ses dunes, fussent observées & exposées avec soin.

ALVENEW, gros village de Suisse, au bord de la rivière Albula, aux frontières de la ligue de Caldée. Près de ce village il y a des bains d'eau soufrée. Cette eau est froide & abondante: on la conduit dans une chaudière, où l'on chauffe l'eau pour servir de bain. Le soufre qui y domine, surnage en filamens, & s'attache aux parois du canal, de même qu'aux autres corps solides qu'il trouve dans ce trajet.

Outre cela, dans la chaudière où l'on fait chauffer cette eau soufrée, il s'amasse un tuf blanchâtre & insipide, semblable aux autres tufs des eaux minérales. Au reste, le soufre se fait sentir à l'odorat, à une certaine distance de la source & du canal.

ALUMINIÈRES *de la Tolfa*. I. On compte onze milles de *Civita-Vecchia* aux carrières d'alun de la Tolfa: on monte constamment en traversant des bois, & l'on rencontre successivement sur cette route les terrains suivans:

1°. Près de Civita-Vecchia, du schiste marneux, d'un gris blanc & rougeâtre;

2°. Plus loin, de la pierre calcaire, d'un gris blanchâtre;

3°. Du schiste marneux, d'un gris bleuâtre ou couleur de perle;

4°. De la pierre calcaire;

5°. Un vrai schiste argileux, gris noirâtre & gris bleuâtre; il est en quelques endroits pénétré de parties ferrugineuses;

6°. De la marne blanche ou rougeâtre, assez ferme & plus ou moins calcaire;

7°. Et enfin des collines très-hautes, blanches, argileuses, compactes, non schisteuses. A peine y remarque-t-on quelques fentes horizontales: c'est de cette argile blanche que l'on tire l'alun de Rome.

On peut voir, d'après ces détails, que tout le trajet depuis *Civita-Vecchia* jusqu'à *la Tolfa*, est calcaire, & qu'il est plus ou moins mêlé d'argile. Il n'y a guère que le schiste argileux du n°. 5, qui soit absolument dépourvu de toute partie calcaire. Les montagnes alumineuses du n°. 7 contiennent elles-mêmes si peu de principes calcaires, qu'on ne peut point les regarder comme parties constituantes de ce massif argileux. Le peu de terre à chaux qu'il contient, se décèle à la Tolfa, dans la fabrication de l'alun; elle se sature d'acide vitriolique, & produit un peu de sélénite.

Il n'est guère possible d'observer les différens rapports de la disposition de ces couches entr'elles, ni de voir si elles sont placées au dessus ou à côté les unes des autres. On ne peut pas plus reconnoître si la manière dont elles se suivent à la superficie du terrain, ne proviendroit pas de quelques variétés dans les mélanges, ou s'il en seroit de même dans cette contrée, que dans d'autres d'Italie, où la pierre à chaux est posée sur le schiste argileux ou sur l'argile blanche alumineuse, & si les argiles que l'on vient de décrire ne s'élèveroient pas par accident, & en quelques endroits seulement, au dessus de la pierre calcaire. Cette dernière conjecture m'a toujours paru la plus vraisemblable.

Les montagnes alumineuses, disposées en rochers blancs comme de la craie, & très-élevés, sont séparées par un vallon qui a plusieurs petites issues sur les côtés, & qui ne doit son origine qu'à l'immensité de pierres alumineuses qu'on en a tirées de la même manière qu'on tire les pierres des carrières. Les mineurs, soutenus par des cordes, sur les bords escarpés de ces rochers auxquels ils sont adossés, font, dans cette situation, des trous qu'ils chargent de poudre; ce qui étant fait, on les hisse en haut. Ils allument des paquets de feuilles sèches, qu'ils ont l'adresse de jeter à la place où il faut mettre le feu. Le coup étant parti, ils redescendent & détachent avec le fer ce que la poudre a fait éclater.

L'argile alumineuse est d'un gris blanc ou entiérement blanche comme la craie, très-compacte & assez dure. En la raclant avec le couteau, on la réduit en poudre argileuse, qui ne fait effervescence avec aucun acide ; car, outre qu'elle est pénétrée par l'acide vitriolique, sa base est une terre argileuse.

On trouve, dans la carrière, des morceaux schisteux d'un gris bleuâtre, que l'on jette au rebut. Je les considère comme des parties de ce terrain argileux, dans l'état où il étoit primitivement, avant qu'il ait été pénétré & blanchi par l'acide vitriolique.

Il y a aussi, dans les mêmes carrières, une argile molle, blanche comme la craie; & une autre d'un gris bleuâtre, que l'acide a commencé à tacher de blanc. D'après ces faits, il est probable que ce sont des vapeurs souterraines qui ont fourni & qui fournissent l'acide aux montagnes de *la Tolfa*.

Il est possible encore qu'il y ait, dans le voisinage de la Tolfa, d'anciens volcans ou l'équivalent. Ce qu'il y a de sûr, c'est qu'on se sert de laves pour les murs des fourneaux qui sont sous les chaudières.

La pierre d'alun de la Tolfa est donc une argile pénétrée & blanchie par l'acide vitriolique. Elle peut renfermer quelques principes calcaires qui se forment en sélénite pendant la fabrication de l'alun, & qui s'attachent pour lors aux différens vaisseaux. Cette argile ou pierre d'alun composée, sans être schisteuse, forme un massif dans la montagne, & n'offre aucune organisation par couches.

Les masses d'argile blanche de la Tolfa sont traversées, depuis leur pied jusqu'au sommet, par diverses petites veines de quartz gris blanc, presque perpendiculaires & de trois ou quatre pouces de largeur.

Il y a de la pierre d'alun blanche, à taches rougeâtres, qui ressemble à un savon marbré rouge & blanc. Cette couleur rouge semble produite par un *crocus martis* ou *colcothar*.

La pierre d'alun, détachée des rochers, est transportée dans des fours placés à une petite distance de la mine, pour être calcinée. Les fours sont ronds & ont la forme de cônes renversés & tronqués. Le diamètre de l'ouverture supérieure peut avoir environ huit pieds. On commence par garnir de bois la chauffe, & l'on jette la pierre alumineuse par-dessus, de manière que le tas qui est en dessus & en dehors du four, ait autant de hauteur que le four a de profondeur, c'est-à-dire, neuf à dix pieds. On allume le bois par une ouverture latérale carrée, & l'on grille la pierre pendant trois heures environ.

Cette calcination se fait pour rompre l'aggrégation des principes de cette pierre, & pour développer l'acide sulfurique embarrassé dans quelque substance que le feu dissipe, au moyen de quoi cet acide s'unit à l'alumine ; si bien qu'avant cette calcination, la pierre d'alun, qui n'a aucune saveur, étant grillée, annonce fortement l'alun qu'elle renferme. Les ouvriers ne m'ont parlé que d'environ quatre heures de calcination ; cependant, dans tous les mémoires qui ont paru sur cette exploitation, il est question de douze à treize heures. Il me paroît qu'on peut concilier cette différence, en observant qu'on pousse le feu pendant les quatre premières heures, & qu'ensuite on laisse agir la chaleur que les pierres ont contractée pendant les huit heures suivantes. On ne peut douter que l'acide sulfurique n'existe dans la pierre d'alun avant la calcination, & qu'il ne soit pas produit par le feu ; car, quand on donne un degré de feu trop fort, il n'y a plus moyen d'obtenir d'alun, preuve qu'un grillage convenable ne fait que dégager cet acide de matières hétérogènes, & que, bien loin d'être une production du feu, il s'évaporeroit totalement si l'action du feu étoit trop forte.

La pierre étant calcinée, on la conduit à la fabrique, qui est à environ un mille de la carrière: on la met dans de grands caissons de bois placés en terre, en plein air, & on l'arrose d'eau. On fait la macération de cette pierre, pour que l'eau sépare & dissolve d'autant mieux les différentes parties salines. Par ce moyen, la pierre d'alun s'amollit tellement, qu'elle se réduit en une espèce de pâte ; & c'est cette pâte qu'on transporte dans des chaudières remplies d'eau, que l'on chauffe modérément pour la mettre en digestion. Lorsque l'eau est suffisamment chargée de sel, on la fait écouler par les côtés des caissons, dans des rigoles qui aboutissent à de grands caissons carrés, placés sous un toît, pour que la vase se dépose. La saumure clarifiée passe par d'autres canaux de bois, dans des chaudières de cuivre où on l'évapore. Lorsqu'elle est au point de cristallisation, on la fait couler de ces chaudières dans d'autres vaisseaux de bois, aux parois desquels l'alun s'attache, en se refroidissant, en cristaux blancs & quelquefois rougeâtres. En faisant couler la saumure des chaudières dans les vaisseaux de cristallisation, on la retient un peu dans les rigoles, pour lui laisser le tems de déposer une sélénite rougeâtre : on ajoute à la saumure un peu d'urine & de chaux pendant l'évaporation.

Les murs qui sont sous les chaudières, sont construits avec une espèce de lave grise, dans laquelle il y a de grands cristaux de schorl blanc en colonnes, qui occupent plus d'espace que les parties de lave qui leur servent de matrice. On dit qu'il y a de gros blocs détachés de cette lave à neuf ou dix milles de *la Tolfa*. (*Voyez* TOLFA.)

II. La mine d'alun de la *solfatare* de Naples est la plus ancienne ALUMINIÈRE que l'on connoisse en Italie. Pline le naturaliste, dans la description des différens endroits dont on retiroit l'alun de son tems, fait mention de l'alun de la solfatare de Naples, appelée par les anciens *Forum Vulcani*. Cet endroit, dont on peut voir le plan dans la description du cabinet d'histoire naturelle de Clément XI, intitulée *Metallotheca Vaticana*, est une plaine située à environ quatre milles de Naples, & parsemée de soupiraux qui exhalent continuelsement des vapeurs : les ouvertures, dans plusieurs de ces soupiraux, sont incrustées de soufre, de sel ammoniac, &c. sublimation qui dénote assez la force & la violence de la chaleur souterraine.

Jamais la nature ne rassembla dans un même espace des phénomènes aussi curieux & aussi variés.

La terre alumineuse qu'on en tire est assez semblable à celle de la Tolfa : ce sont en grande partie des pierres très-blanches qui ne paroissent pas contenir du vitriol, mais qui, ayant été calcinées sur le plan de la solfatare, donnent beaucoup d'alun lorsqu'on les fait bouillir dans l'eau. Les pierres blanches des collines qui forment l'enceinte de la solfatare, ont été pour la plus grande partie calcinées par une longue & douce chaleur & effervescence; en sorte qu'elles se réduisent aisément en poussière. On voit de la fleur d'alun sur plusieurs de ces pierres : aussi la chaleur que ces pierres éprouvent est-elle plus sensible qu'ailleurs, & par conséquent l'effervescence y est plus grande.

En général les terres alumineuses sont fort communes aux environs des volcans, où l'on en voit souvent dans les interstices de la lave du Vésuve. (*Voyez* SOLFATARE.)

ALUN, sel fossile qui se trouve dans plusieurs contrées de l'Europe & sous différentes formes. Tournefort trouva, dans l'île de Milo, de l'alun naturel liquide. Voici ce qu'il rapporte des mines de ce sel dans la relation de son voyage du Levant :

« Les principales mines sont à une demi-lieue de la ville de Milo, du côté de Saint-Vénérand : on n'y travaille plus aujourd'hui. Les habitans du pays ont renoncé à ce commerce, dans la crainte que les Turcs ne les inquiétassent par de nouveaux impôts. On entre d'abord dans une caverne, d'où l'on passe dans d'autres cavités qui ont été creusées à mesure qu'on en tiroit l'*alun*. Ces cavités sont en forme de voûtes hautes seulement de quatre ou cinq pieds, sur neuf ou dix de largenr. L'alun est incrusté presque partout sur les parois de ces souterrains; il se détache en pierres plates, de l'épaisseur de huit ou neuf lignes & même d'un pouce. A mesure qu'on tire ces pierres il s'en détache de nouvelles par dessous. La solution de cet alun naturel est aigrelette & styptique; elle fait effervescence avec l'huile de tartre & elle la coagule. On trouve aussi dans ces cavernes de l'alun de plume : il se présente par gros paquets composés de filets déliés comme la soie la plus fine, argentés, luisans, longs d'un pouce & demi ou deux; ces faisceaux de filets s'échappent à travers des pierres qui sont très-légères & friables. Cet *alun* a le même goût que l'*alun en pierre* dont on vient de parler, & il produit les mêmes effets quand on le mêle avec l'huile de tartre.

» On rencontre, continue Tournefort, à quatre milles de la ville de Milo, vers le sud, sur le bord de la mer, dans un lieu fort escarpé, une grote d'environ quinze pas de profondeur, dans laquelle les eaux de la mer pénètrent quand elles sont agitées. Cette grote a ses parois revêtues d'alun sublimé, aussi blanc que la neige dans quelques endroits, & en cristaux roussâtres & dorés dans d'autres. Parmi ces concrétions on distingue deux sortes de fleurs très-blanches, & déliées comme des brins de soie; les unes sont alumineuses & aigrelettes, & les autres insipides & simplement pierreuses. Les filets alumineux n'ont que trois ou quatre lignes de longueur, & ils sont attachés à des concrétions d'alun; ainsi ils ne diffèrent pas de l'alun de plume. Les filets simplement pierreux sont plus longs, un peu plus flexibles, & ils sortent des rochers.

» On trouve de semblables concrétions d'alun sur tous les rochers qui sont autour de cette grote; mais il y en a qui sont de sel marin sublimé. On voit des trous dans lesquels l'alun paroit pur & comme friable : ces concrétions font effervescence à froid avec l'huile de tartre.

» A quelques pas de distance de cette grote Tournefort en trouva une autre dont le fond étoit rempli de soufre enflammé. La terre des environs fumoit continuellement, & jetoit même souvent des flammes. On voyoit dans quelques endroits du soufre pur & comme sublimé, qui s'enflammoit à chaque instant; dans d'autres endroits il distilloit goutte à goutte une solution d'alun d'une stypticité corrosive : si on la méloit avec l'huile de tartre, elle faisoit une vive effervescence. »

On seroit porté à croire que cette liqueur seroit l'alun liquide dont Pline a parlé, & qu'il dit se trouver dans l'île de Milo. (*Voyez* MILO, CIMOLY, POLINO & SANTORIN.)

Le mines d'alun les plus ordinaires sont, 1°. les rocs un peu résineux; 2°. les mines de charbon de terre; 3°. toutes les terres combustibles brunes & feuilletées, comme l'ardoise. La mine de charbon de terre de Laval au Maine a donné de l'alun en assez grande quantité, plusieurs autres terres tirant sur le gris brun. Il y en a une veine courante sur terre dans les environs de Prades, dans la ci-devant province de *Roussillon*, qui a depuis une toise jusqu'à quatre de largeur, sur une longueur de près de quatre lieues, & où l'alun est fort abondant.

L'Angleterre, la Flandre, la France, l'Italie, sont les principaux endroits où l'on trouve de l'alun, & où on l'exploite par des procédés particuliers.

Les mines où se prépare l'*alun de Rome* sont aux environs de Civita-Vecchia : on les appelle l'*aluminière della Tolfa :* on y tire une sorte de pierre fort dure, qui contient l'*alun*. Pour en séparer ce sel on commence par extraire la pierre de la mine, comme on tire ici la pierre à bâtir.

Après avoir brisé ces pierres en gros moëlons, on les assemble dans un fourneau semblable à nos fourneaux à chaux, & on les y fait calciner pendant douze à quatorze heures. On retire du fourneau les pierres calcinées, & on en fait plusieurs tas dans une grande aire : les tas n'y sont pas élevés; on les sépare les uns des autres par un fossé rempli d'eau : cette eau sert à humecter les tas trois ou quatre fois par jour pendant l'espace de quarante jours, jusqu'à ce que la pierre se décompose, se délite & se couvre d'une efflorescence d'une couleur rouge; alors on met ce résidu dans des chaudières pleines d'eau que l'on fait bouillir pendant quelque tems pour faire fondre le sel; ensuite on transvase l'eau imprégnée de sel, & on la fait bouillir pour la réduire à un certain degré, & sur le champ on la fait couler toute chaude dans des vaisseaux de bois de chêne : l'alun se cristallise en huit jours dans ces vaisseaux; il se forme sur leurs parois une croûte de quatre à cinq doigts d'épaisseur, composée de cristaux transparens & d'un rouge pâle : c'est ce qu'on appelle *alun de roche*.

Il y a aussi en Italie une autre mine d'alun à une demi-lieue de Pouzzole, dans le voisinage de Naples : elle se trouve dans la *solfatare*. On voit dans cet endroit de la fumée pendant le jour & des flammes pendant la nuit : ces exhalaisons sortent d'une fosse longue de quinze cents pieds & large de mille : on en tire beaucoup de soufre & d'alun. L'alun paroît sur la terre en efflorescence : on ramasse chaque jour cette efflorescence avec des balais, & on la jette dans des fossés remplis d'eau, jusqu'à ce que l'eau soit suffisamment chargée de ce sel; alors on la filtre, & ensuite on la verse dans des vaisseaux de plomb qui sont enfoncés dans la terre. Après que la chaleur souterraine, qui est considérable dans ce lieu, a fait évaporer une partie de l'eau, on filtre de nouveau le résidu, & on le verse dans des vaisseaux de bois; la liqueur s'y refroidit & l'alun s'y cristallise. Les cristaux de ce sel sont blancs & transparens.

On trouve aussi dans la solfatare des pierres dures, qui contiennent également de l'alun : on les travaille de la même manière que celles de la Tolfa.

Les mines d'alun d'Angleterre, qui se trouvent dans les provinces d'Yorck & de Lancastre, sont dans des pierres bleuâtres, assez semblables à l'ardoise : ces pierres contiennent aussi beaucoup de soufre; c'est une espèce de pyrite qui s'enflamme au feu & s'effleurit à l'air : on pourroit retirer du vitriol de son efflorescence. On fait des tas de cette pierre, & on y met le feu pour faire évaporer le soufre qu'elle contient : le feu s'éteint de lui-même après cette combustion; alors on met en digestion dans l'eau la pierre calcinée, ensuite on transvase dans des chaudières de plomb l'eau chargée d'alun. On fait bouillir cette eau avec une lessive d'algue marine, jusqu'à ce qu'elle soit réduite à un certain degré d'évaporation; alors on y verse une assez grande quantité d'urine pour précipiter au fond du vaisseau le soufre, le vitriol & les autres matières étrangères à l'alun; ensuite on dépose la liqueur dans des baquets de sapin; peu à peu l'alun se cristallise & s'attache aux parois des vaisseaux : on l'en retire en cristaux blancs & transparens, que l'on fait fondre sur le feu dans des chaudières de fer. Lorsque l'alun est en fusion dans des tonneaux, il s'y refroidit, & y forme des masses qui prennent la figure du tonneau qui lui sert de moule. On a aussi appelé cet alun *alun de roche*, parce qu'il est en grandes masses, ou parce qu'il est tiré d'une pierre, comme l'alun de la Tolfa, quoiqu'elle ne soit pas semblable. Dans les mines d'alun d'Angleterre on fait couler sur les pierres alumineuses une eau claire d'un goût styptique : on retire aussi l'alun de cette eau en la faisant évaporer.

On trouve en Suède une sorte de substance dont on peut tirer de l'alun, du vitriol & du soufre; c'est une belle pyrite fort pesante & fort dure, d'une couleur d'or, brillante, avec des taches de couleur d'argent. On fait chauffer cette pierre, & on l'arrose avec de l'eau froide pour la faire fendre & éclater; ensuite on la casse aisément : on met les morceaux de cette pierre dans des vaisseaux convenables sur un fourneau de réverbère. Le soufre que contient la pierre se fond, & coule dans des récipiens pleins d'eau. Lorsqu'il ne tombe plus rien, on retire la matière qui reste dans les vaisseaux, & on l'expose à l'air pendant deux ans; en cet état elle se réduit en cendres bleuâtres dont on peut retirer du vitriol par les lotions, les évaporations & les cristallisations. Lorsque le vitriol est cristallisé, il reste une eau crasse & épaisse que l'on fait bouillir avec une huitième partie d'urine & de lessive de cendres de bois; il se précipite au fond du vaisseau beaucoup de sédiment rouge & grossier : on filtre la liqueur, on la fait évaporer jusqu'à un certain degré de concentration; ensuite il s'y forme des cristaux d'alun bien transparens, que l'on appelle *alun de Suède*.

A Cypsèle en Thrace on obtient de l'alun en faisant calciner lentement des marcassites, & en les faisant ensuite dissoudre à l'air par la rosée & les pluies; après quoi on les fait bouillir dans l'eau, & on laisse cristalliser le sel.

Il y a une mine d'alun fort abondante à trois lieues de Liége & à deux lieues de Huy. Les montagnes des environs de la mine de DAUGE (*voyez* ce mot) sont couvertes de bois de plusieurs espèces. Les terres rapportent des grains de plusieurs natures, & donnent du vin : l'eau des fontaines est légère. La pierre des rochers est d'un gris bleu céleste : elle a le grain dur & fin; elle est calcaire. C'est derrière ces rochers qu'on trouve les *bures* pour le soufre, l'alun, le vitriol, le plomb & le cuivre.

Plus

Plus on s'enfonce dans les profondeurs, plus les matières sont belles : on y descend quelquefois jusqu'à quatre-vingts toises ; on suit les veines de rochers en rochers. On rencontre de très-beaux minéraux, quelquefois du cristal. Il sort de ces mines une vapeur qui produit des effets surprenans. Trois hommes commencent une bure : ils tirent les terres ; les autres les étançonnent avec des perches coupées en deux. Quand le percement est poussé jusqu'à une certaine profondeur, on place à son entrée un tour avec lequel on tire les terres au moyen d'un panier. Six hommes sont occupés à tirer le panier, trois d'un côté du tour, & trois de l'autre. Un brouetteur reçoit les terres au sortir du panier, & les emmène au tas. Quand on est parvenu à cinquante pieds de profondeur, les femmes, occupées au tour, tirent jusqu'à deux cents paniers en huit heures. A dix pieds on commence à rencontrer de la mine qu'on néglige : on ne commence à mettre à part & à recueillir que celle qui se trouve à vingt & vingt-cinq pieds. Quand on la trouve de bonne qualité on la suit par des routes souterraines qu'on se fraie à mesure que se fait l'extraction. On étançonne toutes ces routes avec des morceaux de bois, qui ont six pouces d'équarrissage sur six pieds de haut : on place ces étais à six pieds les uns des autres sur les côtés : on garnit le haut de petits morceaux de bois & de fascines. Quand les ouvriers craignent de rencontrer l'eau ils remontent leurs galeries ; mais s'il arrive qu'on ne puisse éviter l'eau, on pratique un petit canal souterrain qui conduise les eaux dans une bure qui a quatre-vingt-dix pieds de profondeur, & qui est au niveau des eaux. C'est de cette bure qu'on l'en retire avec des pompes.

On jette le minéral qui contient l'alun, dans de gros tas qui ont vingt pieds en hauteur sur soixante en carré. On le laisse en cet état pendant deux ans ; au bout de ce tems on en fait de nouveaux amas pour y mettre le feu : ces amas sont construits de manière qu'il y a un lit de fagots & un lit de minéral : on a soin de donner de l'air à ces amas dans les endroits où l'on s'apperçoit qu'ils ne brûlent pas également. Nous renvoyons au mot DAUGE les principaux procédés de la purification de ce sel.

ALYRE (*Fontaine de Saint-*). Cette source d'eau aérienne, martiale, chaude, se trouve dans un des faubourgs de Clermont-Ferrand, ville principale de la ci-devant province d'Auvergne, département du Puy-de-Dôme ; elle sort d'une pierre de sable infiltrée : il en est de même des sources de Saint-Mars & de la porte de Jodde.

Cette eau, chargée d'une terre calcaire, martiale, abondante, qu'elle entraîne, la laisse précipiter dans les parties voisines de sa source, à mesure qu'elle se refroidit. C'est à cause de l'abondance & de la singularité de ses dépôts, que nous nous en occuperons ici. Comme elle sourdit dans un point un peu élevé sur les bords d'un ruisseau, & qu'elle incruste le fond de son lit, elle a formé un mur de plus de cent toises de longueur sur une largeur de dix à douze pieds, & sur quinze à vingt pieds de hauteur. C'est par le prolongement successif de toutes les dimensions de ce mur, qu'il est résulté de ce travail singulier de l'eau une voûte, sous laquelle coule un ruisseau qui fait tourner deux moulins : cette voûte est consolidée de manière à présenter un pont sur lequel on passe fort aisément, au moyen de degrés taillés sur les deux extrémités, & qui en facilitent la montée & la descente.

Dans l'examen que j'ai fait de tous les dépôts formés en différens tems par les eaux de cette *fontaine*, j'ai remarqué que l'eau, qui sort tiède de la source, donne, à mesure qu'elle s'en éloigne & qu'elle se refroidit, des sédimens plus abondans, & que c'est ainsi que les dimensions du mur, relativement à sa hauteur, ont augmenté de manière à combler le vide de la pente que l'eau a rencontrée entre la source & le ruisseau ; 2°. que, dans le voisinage du ruisseau & sur ses bords, l'augmentation des incrustations est plus sensible, parce que l'eau, ayant moins de pente que dans le milieu du mur, y a séjourné davantage.

Outre cela cette eau, ayant éprouvé plusieurs chutes verticales le long des bords du ruisseau, les a garnis de filets de stalactites fort nombreux, parce que ces chutes ont favorisé l'évaporation de l'eau & les précipités qui en sont la suite. C'est par la réunion de toutes ces circonstances, que tous les principes terreux dont l'eau est chargée, se sont attachés à tous les corps solides qu'elle a rencontrés aux environs du ruisseau, comme morceaux de bois, plantes, murailles, &c. ; & comme ces sédimens ont trouvé l'eau courante du ruisseau, ils s'y sont arrêtés & portés naturellement d'un bord à l'autre, surtout sur les deux faces de l'extrémité du mur, à mesure qu'elle débordoit sur le canal du ruisseau. C'est ainsi que les deux bords élevés du canal offrent des espèces de pilastres ou colonnes, assez semblables à ceux qu'on observe dans les grotes.

Si l'on suppose maintenant que les colonnes ou pilastres établis sur les premiers bords du ruisseau, & les incrustations qui ont continué, tant sur le sommet du mur que sur les côtés, se soient trouvées à environ vingt pieds d'élévation au dessus du niveau de l'eau du ruisseau, elles auront atteint le second bord, & y auront formé des colonnes ou des pilastres très-propres à soutenir solidement les parties de l'incrustation, qui étoient plus élevées qu'elle. C'est ainsi que la seconde culée du pont a pris naissance avec la partie de la voûte qui s'achevoit. Il est aisé maintenant de concevoir comment ce travail de l'eau, parvenu au point où nous l'avons conduit, se sera consolidé de manière à terminer le pont dans l'état où nous le voyons aujourd'hui, & sur lequel on traverse le ruisseau. On croit même en général que l'eau de la *fontaine de Saint-Alyre* auroit formé d'autres murs & une nouvelle voûte à côté de la première, laquelle auroit favorisé la descente des incrustations le long des bords du ruisseau, & auroit obstrué une partie de son canal si le meûnier, pour parer à ces inconvéniens, n'eût détourné la marche de l'eau & rompu les prolongemens de ses sédimens, qui auroient couvert une partie du ruisseau, & lui auroient ôté la facilité de déblayer toutes les stalactites qui auroient bouché son cours.

J'ajoute ici qu'un de mes amis s'est occupé de l'analyse des eaux minérales de Saint-Alyre, dans laquelle il a cru, avec raison, devoir comprendre dans des opérations séparées, 1°. l'examen des sédimens que l'eau de la source dépose dans son lit; 2°. celui des eaux minérales encore chaudes, telles qu'elles se comportent au sortir de la source, & il a reconnu dans les dépôts, que l'eau minérale, évaporée à siccité, contenoit une substance ferrugineuse avec un sel de la nature du sel marin, & un principe calcaire fort abondant.

AMAS *des coquilles fossiles*. Je reprends à la tête de cet article ce que j'ai dit sur cet objet important de l'histoire naturelle de la terre, dans ma Notice de la doctrine de Rouelle : on y verra en même tems les principes d'après lesquels ce grand chimiste a cru devoir établir la distinction des *amas*, & les conséquences relatives à la formation de la moyenne & nouvelle terre.

En parcourant la nouvelle terre, & en observant avec soin les différens corps marins qui se trouvent si fréquemment & si abondamment dans les couches horizontales, Rouelle & plusieurs autres naturalistes après lui reconnurent que ces corps n'étoient pas jetés au hasard à la surface du globe, ni dans l'état de confusion & de desordre avec lequel quelques écrivains les avoient présentés dans leurs ouvrages. Il vit que toutes ces coquilles n'étoient pas les mêmes dans toutes les contrées; que certains individus se rencontroient constamment ensemble, tandis que d'autres ne se trouvoient jamais dans les mêmes lits, dans les mêmes couches; ce qui, d'après ces considérations, est très-remarquable. Rouelle vit que ces collections de coquilles fossiles, distribuées à la surface de certaines parties de nos continens, étoient dans le même état d'arrangement que dans le bassin de la mer, où des animaux testacés affectent de vivre ensemble, attachés aux mêmes parages, & d'y former des espèces de sociétés plus ou moins nombreuses; enfin, d'y habiter en familles, comme plusieurs plantes qui sont rassemblées dans des contrées particulières à la surface des continens. Ces deux faits correspondans parurent très-précieux à Rouelle, relativement aux conséquences qu'on est naturellement autorisé à en déduire. Il pensoit, par exemple, qu'il seroit impossible de rendre raison de cette disposition générale des coquilles, si l'on prétendoit attribuer au déluge universel la distribution de ces corps marins, suivant l'ordre qu'il avoit remarqué, soit dans le sein de la terre, soit à la superficie de certaines contrées; il ne doutoit pas, au contraire, que ces arrangemens ne s'expliquassent facilement, en supposant que certaines parties des continens que nous habitons aujourd'hui ont été un fond de mer mis à sec par une révolution qui a opéré, sans aucun bouleversement, sans aucun dérangement dans les dépôts, la retraite des eaux de l'Océan dans son bassin actuel.

En effet, une inondation passagère, telle que le déluge, & comme on nous l'annonce, auroit dû mettre le désordre & la confusion partout si les eaux eussent, dans leurs crues & leurs invasions, transporté les corps marins du bassin de la mer à la surface des continens à sec, & les eussent distribués dans l'intérieur des terres, comme certains naturalistes l'avoient imaginé, puisqu'au lieu de cette confusion on reconnoît un ordre constant dans l'arrangement des coquilles fossiles, dont certaines espèces font bande à part & ne se confondent point avec d'autres qui ont aussi leurs familles séparées. Il faut reconnoître dans ces arrangemens que nous avons sous les yeux, non-seulement le travail des animaux marins au milieu du bassin où ils ont vécu, mais encore la conservation de ce travail, malgré les événemens qui ont mis à découvert les grandes contrées de la nouvelle terre où nous les avons observés. Nous devons dire maintenant que Rouelle a cru qu'il convenoit de distinguer sous le nom d'*amas*, toutes ces collections de coquilles fossiles qui figurent dans certaines contrées de la terre.

Dans ces sortes de collections il y a des espèces de coquilles qui sont les plus nombreuses. Rouelle donnoit aux *amas* le nom de ces coquilles. Ainsi, comme l'*amas* qui occupe les environs de Paris, à une fort grande distance de cette ville, offre très-abondamment des *visses* & de grosses vis, il nous l'annonçoit comme l'*amas des vis*, qui non-seulement se montroit dans certaines couches de pierres à bâtir des environs de Paris, mais encore étoit dispersé d'un côté vers Chaumont en Vexin, de l'autre jusqu'à Courtagnon & les environs de Rheims, & enfin au sud-ouest à Grignon. Je lui indiquai en même tems un second *amas* qui comprenoit les bélemnites, les gryphites, les cornes d'ammon, les nautilites des vis doubles & des huitres. Je lui avois donné toutes les indications qu'il pouvoit desirer sur cet amas, parce que j'en avois suivi la marche & les limites sur une étendue de plus de quarante lieues, & que j'avois reconnu de plus que les cornes d'ammon, les bélemnites & les gryphites se trouvoient placées dans leurs gîtes à une moyenne profondeur en certaines parties, & notamment sur la ligne qui séparoit l'ancienne terre du *Morvan* de la nouvelle terre du Nivernois. C'est là que j'avois trouvé abondamment les bélemnites & les cornes d'ammon, déposées sur les massifs du granit, qui servoient de bords à l'ancienne mer, dans le bassin de laquelle la nouvelle terre s'étoit formée. Je concluois de ces observations, que les naturalistes qui avoient décidé que la disparution totale des analogues, des cornes d'ammon & des bélemnites, dans l'Océan actuel, avoit pour cause l'habitude où étoient ces animaux d'habiter le fond des mers, n'étoient pas fondés, & que la disposition de leurs dépouilles dans cet *amas* prouvoit le contraire.

Nous ferons connoître par la suite que ce second amas, que j'appellerai celui des *ammonites & des gryphites*, occupe une large bande le long de la bordure orientale de la craie superficielle de la Champagne, & se prolonge au sud & au nord, beaucoup au-delà de ce massif.

AMAS DIFFÉRENS DES CORPS MARINS FOSSILES.

Nous allons faire maintenant l'énumération des *amas* de coquilles fossiles, examinées d'après ces principes.

LE PREMIER AMAS, celui dont on a reconnu avec plus de soin les différentes espèces de coquilles, ainsi que ses différens gîtes, son étendue & ses limites, est celui des environs de Paris. Les principaux dépôts de cet amas, & ceux qui ont été le plus visités par les naturalistes, sont à Chaumont en Vexin, à Grignon, dans les environs de Versailles, à Mary & à Lisy, à Courtagnon & à Damery.

Nous reprenons ici les gîtes de *Grignon* & de *Chaumont* en Vexin, pour indiquer les principales circonstances que ces dépôts nous ont offertes, en attendant que nous puissions offrir des détails plus raisonnés & plus instructifs.

Dans les *gîtes* de Grignon & de Chaumont en Vexin les coquilles sont en différens états de conservation, & disposées de la manière suivante :

Les premières couches, recouvertes de terre végétale, sont composées de pierres calcaires, dures & évidemment formées de débris de coquilles; mais ces débris sont tellement atténués, qu'il est difficile de trouver des fragmens assez grands pour qu'on puisse distinguer les formes primitives des diverses espèces de coquilles.

Les couches qui viennent ensuite sont d'une pierre calcaire plus évidemment coquillière, & d'autant plus qu'elles sont placées plus bas; les coquilles qui les forment, sont reconnoissables, mais tellement agglutinées ensemble, qu'il est difficile de les détacher les unes des autres sans les casser.

Enfin, au dessous de ces couches il s'en trouve une autre dont l'épaisseur varie d'un endroit à l'autre, mais qui n'excède jamais deux pieds, & qui se trouve quelquefois reduite à cinq ou six pouces. Cette couche est formée de détritus ou de sable de coquilles, dans lequel on peut ramasser les coquilles les mieux conservées.

A la côte de Reuilly près Chaumont, ainsi qu'à Gomer-Fontaine, la couche qui renferme les coquilles entières est à la surface de la terre & à découvert, & n'est surmontée que par le lit de la terre végétale. On observe dans le voisinage de Bertichères, comme à Grignon, les deux premières couches de pierres coquillières, dures, lesquelles présentent une berge de quinze pieds de hauteur.

A Grignon on a enlevé, sur un espace de trente pieds carrés, les deux couches supérieures, & l'on a mis à découvert la couche de débris de coquilles, laquelle a environ un pied & demi d'épaisseur, & au dessous on voit un lit de pierre calcaire parfaitement semblable à celle dont les couches supérieures sont composées.

Les coquilles les plus communes à Chaumont sont des mactres & des cames d'un grand volume, ainsi que des vis qui ont jusqu'à un pied de long, mais souvent mutilés par la bouche.

A Grignon on trouve plus de quatre cents espèces de coquilles, dont les plus communes sont des *cames* de moyenne grandeur, des *fuseaux* & des *pyrules* : on y trouve aussi des *oublis* ou tarières, & une prodigieuse quantité de valves dépareillées, de tellines & de conques de Vénus, qui ont conservé leur brillant nacré. Il y a de même une volute fort commune, qui n'a pas perdu ses couleurs, & sur laquelle on remarque encore de nombreuses raies parallèles entr'elles & transversales, d'un assez beau jaune, surtout vers la bouche.

Les mactres y sont rares; cependant on en ramasse quelquefois avec les deux valves.

La scalata y est rare aussi.

Les térébratules incomplètes s'y rencontrent fréquemment.

Il y a plusieurs casques, quelques grandes vis toujours mutilées, plus de vingt espèces de cérillies ou de pleurotomes, qui sont communes, abondantes & en général bien conservées.

On y rencontre aussi deux ou trois espèces de dentales qui ne sont pas rares.

Les pelures d'oignons & autres espèces de coquillages voisins des huitres y sont abondantes.

On est étonné d'y trouver des *vermiculaires & serpulaires*; enfin quelques *pholades*, mais toujours incomplètes. Il n'y a point d'oursins, mais on ramasse fréquemment de leurs pointes qui conservent encore leur brillant naturel.

Les madrépores proprement dits sont rares à Grignon; mais les petites fungites y sont nombreuses, & en espèces, & en individus.

Les osselets des étoiles marines s'y rencontrent quelquefois.

Les porcelaines & les cônes sont rares.

Dans la pierre calcaire des couches supérieures on voit des empreintes de fucus très-nettes & bien conservées : on y remarque les articulations avec les espèces de semences qui les accompagnent : on y distingue même les fibres longitudinales.

Des collines calcaires des environs de Chaumont sortent plusieurs sources, dont l'eau est tellement chargée de principes calcaires, qu'elle les dépose à peu de distance des sources, sous forme de tuf grossier, sur tous les corps qu'elle baigne pendant quelque tems.

Mary & Lisy, département de Seine & Marne, offrent, quant à la position des coquilles fossiles qui s'y trouvent abondamment & en grand nombre d'espèces, les mêmes circonstances que nous avons exposées ci-dessus, relativement aux amas de Grignon & de Chaumont.

C'est surtout à la montagne de Lorrain qu'on peut ramasser, dans des couches particulières qui ont plus de quarante pieds d'épaisseur, ces coquilles fossiles. Ces couches sont formées de débris de coquilles & de sable fin ; elles sont aussi recouvertes par d'autres couches de pierres calcaires assez dures.

Ce qu'il y a de particulier dans cet amas, c'est qu'on y trouve des cailloux roulés, semblables à ceux qu'on observe en Picardie, aux environs de *Crèvecœur* : ce sont des silex bien arrondis & polis.

En suivant le bord escarpé de la Marne, au dessus de Mary jusqu'à Chivres, on rencontre un vallon profond, sur les bords duquel on retrouve une coupe correspondante du banc de coquilles fossiles de Mary, ensévelies dans des sables, des grais, des debris de coquilles, avec leur couverture de couches de pierres calcaires dures.

En général, on peut dire que dans tout ce trajet les collines les plus élevées présentent à leur surface un lit de meulières, auquel succèdent, dans les parties inférieures, des sables, des grès, des couches de pierres calcaires coquillières & dures, & enfin l'amas des corps marins fossiles, dont la plupart sont de la plus belle conservation.

Damery, département de la Marne. La partie du cours de la Marne, qui m'a paru la plus intéressante, est cette belle vallée comprise entre Dormans & Épernai d'un côté, Vinceiles & Damery de l autre.

Le fond de la vallée est la craie qui s'enfonce à mesure qu'on suit cette vallée vers Dormans : sur les deux côtés sont les systèmes de couches qui recouvrent la craie. C'est d'abord la terre jaune marneuse, puis le banc de coquilles fossiles, qui règne probablement avec quelques interruptions, depuis Mary & Lisy, jusqu'à Damery & Courtagnon, qui en sont visiblement les limites orientales. C'est surtout à *Damery* que l'on peut prendre une idée de l'épaisseur de ce dépôt dans cette contrée, & reconnoître aisément qu'il a de trente à quarante pieds d'épaisseur, comme à Mary. C'est là aussi où l'on peut faire une collection de coquillages de la famille des vis, ces coquilles étant ensévelies dans un sable formé en partie de tritus de coquilles & d'autres débris mobiles. Outre cela, au dessus de ce banc sont des couches de pierres calcaires, recouvertes d'un lit de pierres meulières, empâtees dans une argile qui tient l'eau : ce lit est très-épais, & les meulières paroissent avoir reçu différens degrés d'infiltration.

Un de mes amis, à qui j'avois communiqué les résultats de mes observations sur les amas de coquilles fossiles que javois distingués, d'après les principes de Rouelle & de Jussieu, dans les différentes contrées de la France que j'avois parcourues, & qui fut frappé en même tems des conséquences que j'en avois tirées relativement aux diverses circonstances de la formation des dépôts sous-marins, mit à profit les premiers loisirs dont il put jouir dans la Caroline & la Virginie, provinces des États-Unis, où ces fossiles se trouvent abondamment, & s'est attaché sans relâche à rassembler tous les individus des espèces de coquilles qui composoient l'amas qu'il y rencontra. Il nous en fit, à M. de la Rochefoucauld & à moi, des envois qui renfermèrent le plus grand nombre des genres & des espèces correspondans aux genres & aux espèces que nous ramassons chaque jour dans les gites des environs de Paris, que je viens d'indiquer ci-dessus.

Nous avons conclu, dans le tems, de la comparaison que nous fûmes bientôt en état d'en faire, que les dépôts de coquilles faits par l'Océan dans certaines contrées de l'Amérique septentrionale, étoient composés des mêmes individus & des mêmes familles que nous trouvons en Europe ; que les uns & les autres dépôts qui sont à découvert en Amérique & en Europe, doivent être considérés comme les produits de mers qui ont appartenu aux mêmes climats, qui travailloient sous les mêmes époques, enfin qui ont dû faire leur retraite dans le même tems. Effectivement, les mêmes familles d'animaux marins résidans dans différens parages, annoncent les mêmes circonstances que je viens d'exposer. En conséquence, les contrées du continent de l'Amérique, qui renferment les dépôts du *premier amas*, correspondent pour tous les cas à celles qui le renferment en France. Comment, d'après ces faits, ne rapporterions-nous pas, surtout aux mêmes époques, la formation & la découverte des deux parties de continens dont le même Océan atlantique baigne les bords ? D'après ces faits précis, ne sommes-nous pas autorisés à écarter les observations vagues & mal analysées que certains écrivains ont alléguées pour reculer la formation & la découverte de l'Amérique septentrionale à des tems plus modernes ?

Le second amas est, comme nous l'avons dit ci-dessus, celui des bélemnites, des ammonites ou cornes d'ammon, des nautilites, des gryphites, des doubles vis & des huitres. Il occupe les limites de l'ancienne terre du *Morvan* & de la nouvelle terre du Nivernois. C'est là que j'ai trouvé abondamment les bélemnites, les cornes d'ammon déposées sur le massif du granit qui servoit de bord à l'ancienne mer, dans le bassin de laquelle la nouvelle terre à couches horizontales calcaires se formoit.

Outre cela, ce même amas se continue le long de la bordure orientale de la craie superficielle de la ci-devant province de Champagne, & se prolonge jusqu'à la ville de Mézières, aux environs de laquelle cet assemblage de corps marins se retrouve très-abondant en nature ou en noyaux.

C'est surtout à *Soulaines*, département de l'Aube, que j'ai eu la facilité d'observer cet *amas*, ainsi que ses produits en couches de pierres, au milieu desquelles les huitres dominent en parcourant les vallées où l'eau a mis à découvert les bancs les plus chargés de fossiles : on peut étudier leur composition formée de débris d'huitres, de buccins, de boucardites, de poulettes, de nautilites & de noyaux de ces coquilles. Les débris des huitres sont les mieux conservés & ceux qui dominent sur tous les autres, parce que leur constitution naturelle est la plus solide. Il y en a de différens volumes, & même de très-petites liées ensemble par une pâte fort dure, très-infiltrée, en sorte que leur ensemble présente des portions de marbres loumachelles très-susceptibles de prendre le poli.

Je dois faire remarquer que nulle part on n'observe plus aisément les principes de la composition des couches de ces pierres coquillières, que sur le fond du *rut de la fosse aux chats*. Comme l'excavation de ce *rut* montre les extrémités de ces couches, on peut y distinguer une petite pente du sud au nord, mais cependant moins rapide que celle du fond du rut. Au moyen de cette disposition, les différentes parties de ces couches se détachent très-aisément comme des fragmens de pâtes aplatis & appliqués les uns sur les autres, & les uns à côté des autres. La plupart de ces fragmens sont distingués les uns des autres par des principes terreux visiblement les mêmes, qui contribuent à la séparation des couches de quelque nature qu'elles soient. (*Voyez* Soulaines & Bar-sur-Aube.)

C'est à la superficie de ces couches coquillières empâtées, comme je l'ai dit, que se trouvent les corps marins bien conservés, & composant le *second amas*, ainsi que leurs noyaux. Une grande partie d'ailleurs de ces fossiles est ensévelie au milieu du banc d'argile qui sépare le *massif* de la craie superficielle du *tractus* des couches coquillières dont je viens de parler. Outre cela, ce même amas s'étend au sud dans le bassin de Bar-sur-Aube, en sorte qu'il occupe, dans cette contrée, plus de quatre à cinq lieues de largeur. (*Voyez* les articles Bar-sur-Aube & Fossiles.)

Je ne puis quitter ce *second amas* sans faire observer qu'il m'a paru avoir encore deux gîtes fort suivis; le premier, le long de la bordure de l'ancienne terre du Bas-Poitou, département de la Vendée, dans le voisinage de Fontenay, & le long des bords occidentaux de l'ancienne terre des Vosges. C'est dans ces deux gîtes surtout que j'ai reconnu, comme sur les limites du Morvan, combien étoit peu fondée la prétention de ceux qui distinguent les fossiles en *littoraux* & en *pélasgiens*, & qui mettent dans la seconde classe les belemnites & les cornes d'ammon; car ces fossiles reposent exactement sur les rivages de l'ancienne mer, qu'on peut reconnoître le long des Vosges, du Bas-Poitou, de la Vendée & du Morvan, & à une très-petite profondeur. D'ailleurs, leurs dépouilles occupent la ligne précise que suivoit le bord de la mer.

Le troisième amas dont j'ai reconnu les gîtes, ainsi que les limites, renferme des *ostracites chambrés*, *avec syphons*, *arêtes longitudinales intérieures & extérieures*, & enfin *cannelures circulaires*.

J'ai fait une nombreuse collection de toutes les espèces variées de ces fossiles dans les ci-devant provinces de Périgord, d'Angoumois & de Saintonge, département de la Dordogne, de la Charente & de la Charente-Inférieure; j'ai mis d'autant plus de soin dans ce rassemblement, que leurs analogues marins ne sont pas plus connus que les fossiles eux-mêmes.

On en trouve surtout des suites considérables aux environs de Barbesieux & d'Angoulême. Les collines de cette dernière ville sont composées, dans une grande partie de leur épaisseur, des débris des plus petites espèces.

Nous donnerons ici des notes succinctes sur la disposition de ces fossiles, tels que nous les avons recueillis dans la Saintonge, l'Aunis & l'Angoumois. On jugera d'abord par ces notes, de l'étendue de terrain que cet *amas* occupe, & des premiers phénomènes qu'il peut offrir aux observateurs. Nous donnerons plus de développement à ces observations aux articles Fossiles & Angoumois.

Dans le trajet de Châteauneuf à Jarnac, on trouve des couches de pierres formées des débris des *ostracites* de l'Angoumois.

Près de Bourg, ostracites de Barbesieux fort abondans; ensuite dans un village qu'on rencontre avant l'Eschassier, & enfin aux environs de l'Eschassier, grand débris des ostracites d'Angoulême. Entre Cognac & Saintes, ces ostracites offrent des couches de quinze à vingt pieds d'épaisseur. Plus loin on retrouve ces mêmes fossiles à Charente : il y en a même en spirales avec des cannelures singulières, & dans l'intérieur desquels on trouve des noyaux avec des cloisons, des arêtes & des filets extérieurs.

Dans les carrières de Saint-Saturnin on voit abondamment des ostracites de Barbesieux, soit droits, soit en spirales, avec des arêtes intérieures très-nettement dessinées. Ces fossiles forment des couches inférieures à celles où sont des amas d'huitres à cabochon, des cornes d'ammon & autres de la même famille.

Après Taillebourg, lits suivis des ostracites de Barbesieux.

D'après ces détails, je considère qu'il y a plusieurs bancs de fossiles qui different entr'eux, & qui sont établis les uns sur les autres dans un même endroit, de manière qu'on est souvent embarrassé sur le choix des fossiles qui doivent recevoir leur nom de tel ou tel canton. Lorsque deux dépôts sont également abondans, ceux qui occupent les couches supérieures dans certains lieux, ont souvent disparu dans d'autres, & ont laissé à découvert le dépôt du fond; en sorte que le supérieur ne paroît que par intervalle, quoique dans la disposition primitive il dût couvrir continuellement de grandes parties de la surface des derniers dépôts sous-marins.

Je crois devoir remarquer que, dans tout ce trajet, il y a des débris de coquilles reconnoissables, formant des couches épaisses dessous des bancs de coquilles entières, liées entr'elles avec une pâte des mêmes débris; de manière cependant qu'il est difficile de décider si ces débris ont été fournis par des coquilles d'une espèce différente de celles qui sont conservées.

Aux environs de *Barbesieux*, de Condon & de Reignac, les ostracites, que nous avons distingués jusqu'à présent sous le nom de *Barbesieux*, sont dessous des bancs d'huitres à cabochon, boucardites, peignes, poulettes, cornes d'ammon, madrépores silifiés. Il en est de même vers le bourg de Solignac.

Les collines des environs d'Angoulême sont formées, comme nous l'avons dejà dit, d'un grand nombre de petits ostracites chambrés, soit groupés ensemble, soit mutilés. On reconnoît dans la pierre beaucoup de vides occasionnés par leur comminution imparfaite.

Vers la ci-devant abbaye de la Couronne, les ostracites offrent une charpente fort grosse & fort épaisse; quelques-uns ont la forme de spirales avec cannules à l'extérieur, & avec cloisons & syphons dans l'intérieur. Cet amas s'étend jusqu'à Roulet, avec plusieurs variétés dans les formes & dans les volumes de ces fossiles, distribués en général & constamment par bancs horizontaux.

Cependant j'ai remarqué que les bancs offroient des interruptions assez remarquables dans leurs alignemens; de manière que ces fossiles ne se trouvoient groupés ensemble qu'en certain nombre. D'ailleurs, il m'a paru que les fossiles des bancs supérieurs étoient établis sur les ostracites des bancs inférieurs, comme sur des bases immobiles & occupant le fond de la mer.

Je conçois d'ailleurs que certaines formes d'individus ont dû s'attacher à des parages d'une petite étendue; car il y a des interruptions qui ont jusqu'à une lieue d'étendue, & près lesquelles les individus semblables reparoissent, & au même niveau. Le plus souvent les intervalles occupés par les interruptions sont remplis par des mélanges d'individus de formes différentes & très-variées, & particuliérement de petites espèces à côté des grosses.

On doit conclure de ces premiers apperçus sur la disposition des fossiles de l'Angoumois, que les dépôts peuvent offrir des détails infinis, soit relativement aux formes des ostracites, & à leur distribution dans le bassin de la mer, soit enfin aux résultats de leur destruction & comminution, formant des couches de pierres qui ont succédé à la retraite de l'Océan, & qui nous offrent un grain aussi varié que l'organisation primitive des corps marins. Or, tous ces éclaircissemens ne se peuvent obtenir que d'après un grand nombre d'observations faites dans des vues d'unité & de rapprochemens raisonnés, très-propres à écarter toute hypothèse : c'est ce que je tâcherai d'offrir à l'article ANGOUMOIS.

Si l'on pénètre en Périgord jusqu'aux environs de Périgueux, & que l'on parcoure les collines qui forment l'enceinte de l'ancien emplacement de l'abbaye de *Chancelade*, & particuliérement celles qui sont placées le long des bords de la rivière de l'Isle, aux environs de Beaulieu, on y rencontrera les formes les plus singulières de ces *ostracites chambrés*, dont la plupart sont en état de silex. Ensuite, sur le chemin de Brantome à Mareuil & à la Roche-Beaucourt, les plus grosses espèces se voient dispersées dans leur position naturelle, d'où on en a tiré de grandes provisions pour l'entretien de la route.

Le *second gîte* que j'indiquerai ici est une des chaînes de montagnes des environs d'*Alais*, que l'abbé Sauvages a décrites dans un Mémoire inséré parmi ceux de l'Académie des Sciences pour l'année 1746, & où l'on peut voir gravé un individu de ces ostracites, qui a la forme d'un cornet, avec cannelures circulaires extérieures.

Le *troisième gîte* se trouve dans la partie basse des Pyrénées, connue sous le nom de *Corbières*, & occupe l'intervalle compris depuis Mont-Ferrand jusqu'à Songragne, à l'est des bains de Rennes, au ci-devant diocèse d'Alet. (*Voyez* l'article ALET, département de l'*Aude*.)

Enfin j'ai vu un *quatrième gîte* de ces mêmes ostracites aux environs du mont Cassin, dans l'Apennin, dont cependant je n'ai reconnu ni l'étendue ni les limites; seulement il m'a paru que ces fossiles étoient renfermés dans une pierre à grain fin & infiltrée, du centre de la chaîne de l'Apennin.

LE QUATRIÈME AMAS, que j'ai eu occasion d'étudier pendant les divers séjours que j'ai faits à Bordeaux, est celui dont les débris se trouvent dans les carrières de Roc-de-Tau, de Bourg & de Saint-Emilion. Ayant ramassé d'abord, sur les limites des landes proche *Mérignac*, plusieurs coquilles & madrépores bien conservés, & dont il me fut facile de retrouver les analogues dans les carrières de pierres de taille qui sont sur les bords de la Garonne & de la Dordogne, je reconnus dans ces circonstances tous les caractères d'un *amas* de coquilles bien conservées d'un côté, & leurs débris de l'autre, employés par la nature à la composition des couches de pierres de taille plus ou moins tendres. Comme la plupart des pierres dont on fait usage à Bordeaux dans les constructions, se délitent & s'égrainent facilement, j'ai profité de cette circonstance pour mettre à part les débris des coquilles & des autres corps marins trouvés à *Mérignac;* & après avoir fait une collection assez nombreuse & fort exacte de ces débris, je m'apperçus qu'un certain nombre de ces débris, qui composoient environ le *tiers* de deux à trois bancs des carrières du Roc-de-Tau & de Saint-Emilion, n'avoient pas leurs analogues dans les fossiles de Mérignac. Quoique ces débris eussent une forme particulière assez constante, je ne pus d'abord reconnoître à quelles espèces de corps marins ils avoient appartenu. J'étois occupé depuis quelque tems de cette recherche, lorsque le hasard me favorisa singuliérement pour cette découverte.

J'avois tiré de la mer plusieurs poissons plats, que M. Tenon, de l'Académie des Sciences, se proposoit de disséquer, & parmi ces poissons il se trouva plusieurs espèces d'étoiles de mer, que je mis macérer dans l'eau douce pour les dépouiller de leur peau. Quelque tems après ayant visité ces étoiles, je les trouvai toutes décomposées, & au fond du vase un grand nombre d'osselets de différentes formes & totalement séparés les uns des autres par la destruction des ligamens de toutes sortes, qui formoient visiblement la charpente intérieure de ces étoiles. En comparant ces différentes formes d'osselets avec les débris que m'avoient fournis certaines pierres de taille du Roc-de-Tau, je reconnus que le grain de ces pierres m'offroit un mélange de ces petits corps, avec quelques débris fort gros des madrépores & des coquilles de Mérignac. Tous ces debris en général me parurent réunis ensemble par une légère infiltration qui me permit de distinguer ceux des étoiles marines de ceux des coquilles bivalves; & suivant que l'une ou l'autre espèce de matériaux y dominoit, j'y remarquois un *grain* différent. Les corps marins étrangers aux étoiles sont des vis, des buccins, des boucardites, des madrépores à réseau & branchus. Cependant comme les débris des étoiles dominoient le plus souvent, je crus qu'il convenoit d'appeler cet *amas* des environs de Bordeaux, AMAS DES DÉBRIS D'ÉTOILES MARINES.

Quant à son étendue, je dois dire que, non-seulement on exploite les pierres formées de ces débris à Roc-de-Tau, à Bourg, à Livourne & à Saint-Emilion, mais encore dans l'entre-deux mers, & même, en remontant la Garonne, jusqu'à Sainte-Marie, & en descendant la Gironde, jusqu'à Royan. Ces pierres ont à peu près le même grain, & l'on y découvre une composition semblable de matériaux de même forme & de même nature. (*Voyez* BORDEAUX, GRAIN DES PIERRES, ROC-DE-TAU & FOSSILES.)

CINQUIÈME AMAS. Cet amas est fort connu: on le decouvrit en 1720, dans la Touraine, près Sainte-Maure, département d'Indre & Loire. On sait que les débris des coquilles de cet *amas* ont formé le *falun* de la Touraine. (*Voyez* Mémoires de l'Académie des Sciences, pour l'année 1720.) Cet *amas* offre, dans certaines parties, des coquilles entières, qui ont seulement perdu leur brillant nacré, & dans d'autres les mêmes corps marins, brisés en fragmens plus ou moins fins. L'on donne en conséquence le nom de *falun* à la portion la plus comminuée des coquilles, & à celle surtout qui présente les plus petits débris.

Les falunières du département d'Indre & Loire ont trois grandes lieues & demie de longueur, sur une largeur moins considérable, mais dont les limites varient & ne sont pas précisément connues. Cet amas m'a paru, dans la visite que j'en ai faite, comprendre toute l'étendue de terrain qu'on trouve depuis la petite ville de Sainte-Maure jusqu'au Matelan, & renfermer les communes circonvoisines de Sainte-Catherine, de Fierbois, de Louan & de Bossée.

Outre cela il présente un massif dont l'épaisseur n'est pas bien déterminée: on sait seulement qu'il a plus de vingt pieds de profondeur. Voilà donc un banc de coquilles d'environ neuf lieues carrées de superficie, sur une épaisseur qui sera pour le moins de vingt pieds. Il est évident que cette masse prodigieuse, quoique située dans une contrée de notre continent à plus de trente-six lieues de la mer, est l'ouvrage de l'Océan, & qu'il s'est formé comme toutes les autres couches de pierres voisines, lesquelles renferment également des coquilles plus ou moins réduites que celles-ci.

Le falun qu'on tire après les premières couches est d'une grande blancheur; outre cela les coquilles entières qu'on y trouve, sont toutes placées horizontalement sur le plat; ce qui démontre que cet amas a été formé, comme tous les autres, dans le bassin de la mer, & qu'il n'a pas été déposé, comme quelques écrivains l'ont cru, par un mouvement violent & une irruption de l'Océan dans les terres.

D'ailleurs cet amas, à mesure qu'on approfondit les fouilles qu'on y fait pour en extraire le *falun* qui sert d'engrais aux terres, offre des couches distinctes; ce qui prouve qu'il est le résultat de plusieurs dépôts successifs, & qu'il est incontestablement l'ouvrage du séjour constant & durable d'une mer tranquille sur le sol qu'il occupe.

Outre certaines espèces les plus communes de la côte du Poitou (telles que les palourdes, les levignans, les huitres ordinaires), cet amas abonde en espèces inconnues, telles que les *mères-perles*, la *concha imbricata*, les *huitres* différentes de celles qu'on pêche sur nos côtes, certains madrépores & retépores; enfin, les champignons de mer.

Il est visible que ces corps, à mesure qu'ils ont séjourné sous les eaux dans leur premier état, & qu'ils ont reçu les eaux pluviales, se sont décomposés & réduits en une poussière qui a servi à lier ensemble ceux qui sont restés entiers. C'est ainsi qu'ils ont formé un massif sans inégalités, sans vuides intérieurs, sans aucune fente de dessication. (*Voyez* FALUN DE TOURAINE.)

Nous profiterons de l'occasion de cet amas, pour annoncer, suivant le vœu de l'historien de l'Académie des Sciences, qui en a rendu compte dans les Mémoires de 1720, les grands avantages qu'on retireroit pour les progrès de l'Histoire naturelle de la Terre, de recueillir toutes les observations qu'on pourroit faire sur les amas des corps marins déposés par l'Océan, & de les rassembler sur des cartes particulières, où l'on en circonscriroit les limites, de manière à réunir les débris de ces coquilles & les bancs de pierres qui sont les produits de ces débris, aux amas de ces coquilles entières. C'est le résultat de ce plan de travail que nous avons essayé de faire connoître dans cet article. C'est la marche que nous indiquent les principes de la géographie-physique, d'après lesquels toutes nos recherches ont toujours tendu à mettre en évidence des faits généralisés sans effort.

SIXIÈME AMAS. Cet amas renferme un grand nombre de madrépores branchus, dont la plus grande partie est dans l'état de silex plus ou moins avancé. Je me contenterai d'en indiquer ici succinctement les principaux gîtes que j'ai reconnus dans mes différentes courses. Le premier est celui des environs de Lisieux, département du Calvados. Ces espèces de corps marins y sont fort variées & très-nombreuses; elles ont été recueillies & décrites par l'abbé Bacheley, correspondant de l'Académie des Sciences; elles s'étendent jusqu'aux environs d'Évreux & de la Rocheguion, département de l'Eure. On trouve à peu près les mêmes fossiles entre Tours & Sainte-Maure, département d'Indre & Loire; enfin, département de la Doidogne, entre Bergerac & Périgueux. J'ajouterai ici que j'en ai rencontré de grands tas & *murgées* à Montmoreau, à Mareuil, à Ribérac, à Availles, la plupart déplacés des couches au milieu desquelles ils étoient primitivement distribués. Ils sont en général accumulés sur plusieurs plateaux élevés, où les cultivateurs paroissent les avoir déposés après la destruction des lits de marne dans lesquels ils étoient ensévelis. Il en est de même des madrépores silifiés, situés au milieu des craies de la Rocheguion. (*Voyez* MURGÉES.) Il seroit fort utile qu'on déterminât avec soin la marche & l'étendue de ces différens gîtes d'un *amas*, dont peu de naturalistes se sont occupés jusqu'à présent.

SEPTIÈME AMAS. Cet *amas* est celui *des numismales*. Ces corps, dont les analagues marins ne sont pas encore bien connus, se trouvent distribués en très-grande abondance à la superficie de la terre, aux environs de Compiegne, de Liancourt & de Clermont, département de l'Oise. C'est dans ce département que j'ai observé les circonstances les plus remarquables de la disposition de ces corps singuliers par couches bien suivies. Il seroit beaucoup plus avantageux à l'Histoire naturelle de la Terre, de déterminer l'étendue & les limites de cet amas & de son épaisseur, que de s'occuper, comme on l'a fait jusqu'à présent sans grand succès, de la recherche des animaux dont ces corps organisés, si nombreux, sont visiblement la dépouille.

RÉFLEXIONS SUR LES AMAS DE COQUILLES FOSSILES.

Première considération.

Il nous manque une suite d'observations sur tous les amas de coquilles fossiles. Ces amas une fois bien caractérisés par les espèces de coquilles dominantes, & (ce qui est très-important pour la Géographie-Physique) très-exactement circonscrits, il ne nous resteroit aucune difficulté, ni sur les époques qui leur conviennent, ni sur les massifs qui les renferment. C'est d'après ces principes que j'ai reconnu l'amas des *bélemnites* & des *cornes d'ammon*, & son premier gîte situé le long des rivages de la mer, qui servoit de limites à l'ancienne terre du *Morvan*; que d'ailleurs j'ai suivi ce même assemblage dans les dépôts de la pleine mer, où l'on ne retrouve pas de massifs graniteux, mais des sédimens calcaires & argileux qui servent, dans certaines contrées, de limites à la craie de la ci-devant province de Champagne; enfin, que j'en ai vu le prolongement jusqu'à Mézières, dans le voisinage de l'ancienne terre. Il seroit à desirer qu'on eût pu faire sur cet amas des recherches assez étendues pour déterminer le nombre des fossiles qui composent la famille, leur disposition & la nature des matériaux qui les enveloppent & les environnent.

Seconde considération.

Peut-on comparer comme *gîtes correspondans* les amas composés des mêmes coquilles fossiles, lorsqu'ils diffèrent relativement à leur niveau? Ainsi, lorsqu'on lorsqu'on trouve les bélemnites & les cornes d'ammon au sommet du *Mont-Perdu* dans les Pyrénées, n'est-il pas incontestable que ces fossiles ont été déposés dans le bassin d'une mer qui n'a rien de commun avec celui de la mer où se sont formés les dépôts des amas du Morvan, des Vosges & de la Vendée? Je présume que ces trois derniers dépôts, tels que je les ai reconnus, distribués sur les limites de l'ancienne & de la nouvelle terre, sont placés aux mêmes niveaux, & appartiennent aux semblables *dépôts littoraux*. (*Voyez* ce mot.) Mais lorsque les niveaux diffèrent, comme ceux que nous avons indiqués ci-dessus, pourroit-on rapporter les amas au même ordre de dépôts, & les considérer surtout comme appartenans aux mêmes époques?

Troisième considération.

Dans l'examen de ce que renferment la moyenne & la nouvelle terre, j'ai trouvé qu'il étoit fort intéressant de distinguer les espèces de plantes & les familles de coquilles fossiles qu'on rencontroit dans chacun de ces deux massifs. En même tems que j'ai reconnu, par exemple, que telle famille de coquillages appartenoit à la nouvelle terre, je me suis convaincu que telle autre s'offroit au milieu des couches inclinées de la moyenne; & cette double observation m'a été quelquefois d'autant plus facile, que les amas étoient en recouvrement l'un de l'autre, les lits supérieurs renfermant ce qui me paroissoit de la dépendance de la nouvelle terre, & les bancs inférieurs s'annonçant par tous les caractères que j'avois toujours considérés comme appartenans à la moyenne terre.

Il est vrai que, dans beaucoup d'autres circonstances, les gîtes d'un même amas se sont offerts à moi à de grandes distances les uns des autres, & d'ailleurs dans les limites des deux massifs bien déterminées par d'autres caractères aussi remarquables, surtout par le *grain des pierres* qui devoient leur composition aux débris de ces corps marins. Il est donc fort utile de reconnoître les amas de coquilles qui se trouvent dans un grand nombre de contrées de la moyenne terre, et qui sont étrangers à la nouvelle. Mais en même tems il est également important de savoir distinguer dans quelles circonstances un même amas se rencontre dans la moyenne comme dans la nouvelle terre. C'est ainsi, par exemple, que les *ostracites chambrés* de l'Angoumois, qui se trouvent aux environs d'Angoulême, en Saintonge, dans l'Aunis & le Périgord, contrées qui appartiennent incontestablement à la nouvelle terre par tous les caractères les plus marqués, se sont offerts à moi aux environs d'Uzès & d'Alais, dans les Corbières & dans les montagnes de l'Apennin, voisines du mont Cassin. Ces dernières contrées renferment les *ostracites* au milieu de couches calcaires inclinées & à grain fin, qui appartiennent à la moyenne terre. Mais en même tems qu'on reconnoît dans ces deux circonstances les mêmes élémens de la composition des pierres, on distingue facilement leurs différens degrés d'élaboration & d'infiltration, & par conséquent on ne peut pas conclure, d'après l'identité des amas, celle des massifs qui présentent d'ailleurs des caractères de distinction très-nombreux & très-remarquables. D'ailleurs, les avantages qui résultent de l'étude & de la circonscription des amas, tels que nous les avons indiqués ci-dessus, & dont nous pourrions augmenter le nombre, ne seront pas raisonnablement contestés; car les limites des deux massifs dont nous venons de parler, offrant un contraste marqué entre l'état des coquilles fossiles comme entre celui des autres substances qui les environnent, on ne peut redouter aucune méprise à ce sujet.

Effectivement, en comparant les amas de coquilles avec les bancs au milieu desquels ces corps marins se trouvent résidans, on trouve aisément la correspondance de deux produits naturels, je veux dire entre les dépôts de coquilles entières & conservées avec les résultats de leurs débris; considérations qu'on n'a pas réunies avec assez de soin. Cependant on ne peut contester les avantages qui résultent de cette réunion; car une fois qu'on sait que tel amas a donné tel grain de pierre, on pourra réciproquement conclure de tel grain un certain amas composé de telles & telles espèces de coquilles. (*Voyez* par la suite *grain des pierres*, où nous faisons connoître sa dépendance, non-seulement avec les amas que nous avons décrits ci-dessus, mais encore avec beaucoup d'autres qui résident dans les différentes contrées de la France, & que nous exposerons en détail.)

Quoique j'aie indiqué plusieurs *gîtes* dans un amas, & quelquefois assez éloignés les uns des autres, cependant je n'ai pas prétendu que ces dépôts de corps marins fussent séparés entièrement les uns des autres, surtout lorsque ces gîtes paroissoient appartenir au même massif. Ainsi je suis très-porté à croire que l'amas des environs de Paris n'éprouve pas d'interruption marquée. Ce qui m'autorise à penser ainsi, ce sont les carrières de pierres qui, dans l'intervalle & dans le voisinage de ces différens gîtes, m'ont paru offrir le même *grain*, produit de la comminution des coquilles semblables qui se rencontrent bien conservées dans les gîtes dont j'ai fait mention. Il en est de même de l'amas des bélemnites, cornes d'ammon, nautilites, petites huitres, &c. dont les *gîtes* ont été désignés ci-dessus, d'abord le long des bords de l'ancienne terre du Morvan, ensuite à Bar-sur-Aube & à *Soulaines*, & enfin aux environs de Mézières. J'en ai suivi la liaison, non-seulement par l'observation du grain des pierres qui forment les couches qu'on rencontre dans les intervalles des gîtes, mais par la plus grande conservation des corps marins & de leurs noyaux disséminés sur la même ligne en assez grand nombre pour faire connoître la continuité du dépôt sous-marin. Au reste, nous le répétons, tout ce qui constitue plus particuliérement chacun de ces amas & leurs différens états à la surface de la terre dans plusieurs contrées de la France, se trouvera soigneusement exposé à l'article *grain des pierres*, & surtout aux articles de chacun des amas principaux, où nous entrerons dans des détails les plus curieux & les plus instructifs sans crainte des redites.

AMASSER *les eaux des sources*. Il faut examiner d'abord si la source est découverte & peu profonde, ensuite si elle n'est point apparente & qu'elle soit enfoncée dans les terres, & l'on opère différemment suivant ces deux circonstances.

Lorsque la source est découverte & qu'elle se montre sur la croupe d'une montagne ou d'une colline, pour *amasser les eaux* qu'elle fournit, il suffit de creuser un fossé carré, en soutenant les terres qu'on en tire par le moyen des pierres sèches, & à l'endroit où l'on desire de procurer de l'écoulement à cette eau amassée ; ainsi on pratique une rigole dans les terres qu'on recouvre de pierres & ensuite de terre, jusqu'à l'endroit où l'on desire de conduire cette eau.

Si la source se trouve à une certaine profondeur, on creusera plusieurs puits éloignés de trente à quarante pas, & joints par des tranchées qui serviront à rassembler toutes les eaux qui s'épancheront des différentes couches de la terre, coupées par l'approfondissement des puits. Lorsque ces eaux seront ainsi rassemblées, il sera facile d'en faire usage, soit en les puisant avec des sceaux, soit en employant des pompes.

Dans le cas où la source est enfoncée à certaine profondeur dans les terres, on entreprend des fouilles latérales, ayant soin de retenir les terres avec des planches & des étrésillons lorsque le massif dans lequel on fait la recherche des eaux n'a pas de consistance. On continue ce même travail des fouilles jusqu'à ce que la source donne suffisamment d'eau, & on conduit cette eau dans une grande tranchée de recherches approfondies, de manière qu'elles puissent rassembler tous les filets d'eau qu'auront produits les fouilles particulières. Cette sorte de travail se fait surtout avec grand succès dans les pays de granits, où domine surtout le gneiss, qu'il suffit de creuser par des galeries souterraines pour obtenir des eaux abondantes des espèces de *fontaines artificielles* qui fournissent à un écoulement continu, lequel remplit tous les besoins d'une ferme ou d'un domaine. (*Voyez* la description de ces tranchées, de ces regards de prises & du réservoir qui fournit au tuyau de la fontaine artificielle, dans l'Atlas, au mot *amasser*, & à l'article *circulation de l'eau dans l'ancienne terre*.)

AMATTAFOA ou *Toofoa* (île). L'île d'Amattafoa est une de celles qui composent le vaste archipel des *Iles des Amis*, dans l'Océan pacifique. Le canal qui la sépare d'*Oghao* a environ deux milles de largeur : on n'y trouve point de fond, & la navigation y est sûre. Ces deux îles sont à l'ouest-nord-ouest d Annamooka, à la distance de onze ou douze lieues. Toutes deux sont habitées ; mais ni l'une ni l'autre ne paroissent fertiles.

Cette terre a environ cinq lieues de circonférence. Quoiqu'elle soit remplie de rochers escarpés, elle est couverte en quelques endroits de verdure & d'arbrisseaux. Vers la mer, & surtout du côté d'*Oghoa*, les rochers semblent brûlés, & un sable noir couvre la côte. Les rochers vers le passage sont caverneux, & quelques-uns ont la forme de colonnes. A travers la brume on voyoit la fumée s'élever avec impétuosité ; & avant qu'on eût passé le détroit, elle paroissoit sortir de l'autre côté de la montagne qui renferme le volcan. Cette illusion prouve que le sommet de la montagne est creux, ou forme un cratère d'où jaillit la vapeur. Au côté nord-ouest de l'île, un peu au dessous de l'endroit où l'on voit la fumée sortir, on appercevoit un coin qui sembloit avoir été brûlé depuis peu ; il étoit dépouillé de verdure, quoique la montagne des deux côtés fût revêtue de diverses plantes. Quand les navigateurs anglais furent exactement sur la ligne par où le vent conduisoit la fumée, ils essuyèrent une petite ondée de pluie, & les gouttes qui tomboient dans leurs yeux étoient piquantes & dures : cette pluie étoit probablement imprégnée de quelques particules vomies par le volcan. Le peu de tems que le capitaine Coock resta sur cette île ne permit pas d'autres observations, quoiqu'elle soit bien digne de l'attention des savans qui recherchent les révolutions que subit notre globe.

Cette terre renferme de l'eau douce, des noix de cocos, des bananes & des fruits à pepin. On y voit beaucoup de palmiers & de bois de massue.

AMAZONES (*Rivière des*). La source principale de cette rivière, qui arrose une grande partie de la terre-ferme de l'Amérique méridionale de l'ouest à l'est, n'est pas encore bien connue. Plusieurs voyageurs pensent qu'elle a son origine dans les andes de Lagune.

Le fleuve des Amazones coule vers le sud dans une étendue de douze degrés : de là ce fleuve, se dirigeant vers le nord, passe entre les provinces de Mogobamba & Chacha Poyas, jusqu'à la ville de Jaën. Là elle forme un coude & descend vers l'est jusqu'à la mer. On compte de Lagune à Jaën plus de cent cinquante milles, & de Jaën à la mer, plus de quatre cent cinquante milles en ligne droite, & plus de six cent vingt-cinq milles si l'on compte tous les détours, & en tout huit cent vingt-cinq milles de Lagune à l'Océan.

Plusieurs rivières viennent se réunir au fleuve des Amazones : une des principales est l'Apurimac, dont le canal est si large & si profond, & les eaux si rapides, qu'elles forcent la rivière des

Amazones à rebrousser chemin & à remonter vers sa source.

Dans la contrée qu'on trouve entre le confluent du fleuve des Amazones & la rivière de Saint-Iago, jusqu'à l'embouchure de l'Ucayale dans le même fleuve, on trouve la rivière de Guallaga, qui s'y réunit également.

A l'est d'Ucayale la rivière des Amazones reçoit les eaux de la rivière de Jabari & de quatre autres; mais comme les pays qu'elles arrosent ne sont habités que par les Indiens, on a peu de notions sur leurs cours : tout ce qu'on sait, au rapport des Indiens, c'est qu'elles ne sont navigables qu'en certains tems de l'année.

Une autre rivière très-remarquable, qui tombe dans le fleuve des Amazones, est *la Madeire*, qui prend son origine dans les mines du Potosi, & qui parcourt dix-sept degrés & demi de latitude sud. Depuis l'embouchure de la Madeire jusqu'à la mer, les Portugais donnent au Maragnon le nom de rivière des Amazones.

Entre le Rio Negro & la Madeire, le fleuve des Amazones a un mille de large, & dans les endroits où il renferme des îles il a quelquefois trois ou quatre milles de largeur, & souvent même il déborde sur une grande étendue de pays compris entre ces îles.

Non loin de la Madeire on trouve la rivière de Topanos, qui est une des plus considérables de celles qui viennent grossir le fleuve : elle prend sa source dans le pays des mines du Brésil.

Plusieurs ruisseaux qui prennent naissance dans les montagnes de Zoja & de Zomora forment, par leur réunion, la rivière de Saint-Iago, au bord de laquelle demeure une peuplade d'Indiens.

La rivière Marona prend son origine dans les montagnes Sangua, & coule au sud-est jusqu'à ce qu'elle soit parvenue au Maragnon.

La Pastara & le Tigre naissent dans le territoire de Riobamba : le *Coca* & le *Napo* viennent des montagnes de Cotopaxi; & après que ces deux dernières rivières ont parcouru, dans un assez grand éloignement l'une de l'autre, un vaste espace, elles se réunissent sous le nom de *Coca*, & elles se jettent dans le fleuve des Amazones, après avoir parcouru plus de cent cinquante milles en ligne droite de l'ouest à l'est.

Il y a trois routes qu'on peut prendre de Quito pour gagner le fleuve des Amazones, & ces trois routes sont très-périlleuses, à cause de la quantité de roches & de pierres qu'on y rencontre; de sorte qu'on est obligé d'en faire les trois quarts à pied.

La première de ces routes passe par Nouèze & Archidona, & aboutit à Napo, où l'on s'embarque. La seconde passe par Patata & au pied du volcan Tunguragué. On passe de là dans la province de Canelos, où l'on s'embarque sur une eau extrêmement rapide, qui forme la Pastara, & se jette ensuite dans le fleuve des Amazones. La troisième route passe par Cuença, Loxa, Valladolid & Jaën. Près de cette dernière ville, on s'embarque sur le fleuve, qui n'est navigable que dans ces environs. Au reste, nous devons dire que le Maragnon passe à travers les Cordillières, & qu'après avoir coulé quelque tems vers le nord, il se dirige vers l'est & poursuit cette route dans un trajet de cent cinquante milles, & que presque partout son lit est creusé entre deux rochers qui s'élèvent perpendiculairement. (*Voyez*, sur les différentes largeurs du Maragnon, M. de la Condamine, pag. 26 & 27, ainsi que sur les Lagunes; *voyez* aussi notre Hydrologie du Maragnon, où tous ces détails sont fort régulièrement suivis.)

Quatre-vingts milles au dessous de Rio Negro le fleuve des Amazones se rétrécit dans un endroit que les Portugais appellent *Pongo de Pauxis*. Quoiqu'il y ait encore de là à la mer cent cinquante milles ou, selon le Père d'Achuna, deux cent soixante-dix milles, on s'apperçoit déjà dans ce détroit des effets du flux & du reflux. M. de la Condamine, qui les a vus & examinés, pense que ces mouvemens de flux & reflux ne correspondent pas avec le mouvement actuel de la mer, mais avec celui qui a eu lieu les jours d'avant.

Le fleuve des Amazones forme, à l'endroit où il tombe dans l'Océan, plusieurs îles considérables, dont quelques-unes sont extrêmement fertiles. Une des principales est Marayo, qui peut bien avoir vingt milles de longueur sur un mille & demi de largeur.

Entre le cap Nord & la terre-ferme, dans un espace de sept à huit milles, sont plusieurs îles de différente grandeur; mais elles sont trop basses pour être habitées. Les navigateurs craignent d'en approcher. M. de la Condamine en ressentit les effets en 1744.

L'Arowari coule au-delà du cap Nord, dans une anse qui a un mille & demi de large.

Le Rio Negro ne coule point du nord au sud, comme Delisle le marque sur ses cartes, d'après Fritz, mais à l'est-sud-est & à l'est dans les parties de son cours, voisines de son embouchure, qui est tellement parallèle au fleuve des Amazones dans lequel le Rio Negro se jette, qu'on prendroit ce fleuve pour le Rio Negro si celui-ci ne conservoit pas pendant long-tems une couleur qui l'en distingue.

M. de la Condamine nous apprend que l'Orenoque communique avec le fleuve des Amazones par le Rio Negro; ce qui offre le phénomène rare d'un fleuve qui partage son lit en deux canaux distribués en deux pentes différentes. (*Voyez* ORENOQUE, MARAGNON & POROROKA; *voyez* aussi l'art. HYDROGRAPHIE de l'Amérique méridionale, où tout ce qui peut concerner les parties supérieures du bassin du Maragnon est exposé fort en détail, & de manière à faire connoître les branches principales du grand arbre de l'Amazone, & où tout ce que nous connoissons de plus précis sur ce fleuve eſt expoſé très-nettement, ſurtout d'après la carte de l'Amazone, rédigée par la Condamine, & d'après celle de Danville, où l'on reconnoît ſon talent.)

AMBERT, principale ville d'Auvergne, ſituée dans la vallée de la Dore : c'eſt le centre du *Livradois*. Comme je me propoſe de faire connoître la nature du ſol de cette contrée & ſon hydrographie, je renverrai en conſéquence aux articles LIVRADOIS & DORE, où tous ces objets ſeront décrits avec le même ſoin & dans le même détail qu'ils ont été obſervés.

AMBÈS (*Bec d'*). Il eſt queſtion ici de la langue de terre renfermée entre la Garonne & la Dordogne, laquelle ſe termine au point de leur confluence, & qu'on nomme en général *Bec d'Ambès*. Dans la viſite que j'ai faite de la commune d'*Ambarès* & de ſes marais ou *palus*, j'ai reconnu que la grave régnoit ſur la plus grande partie de la paroiſſe, & juſqu'au rideau qui borde le marais du côté de la Dordogne. Il me parut même que les hauteurs qui ſe prolongeoient juſqu'au-delà de la maiſon de M. de la Treſne formoient une pointe élevée, qui formoit dans les premiers tems l'ancien *Bec d'Ambès*, & que ce *bec* ſe trouvoit maintenant maſqué des deux côtés, & vers la Garonne, & vers la Dordogne, par un dépôt qui s'étendoit le long des bords actuels des deux rivières, & juſqu'au *Bec d'Ambès actuel*.

J'ai parcouru d'abord le marais d'*Ambès*, après avoir ſuivi le chemin de *la Vie*, qui eſt une chauſſée formée avec la grave tirée du rideau élevé, & qui eſt fort ſolide dans la partie ſupérieure. Elle ſe trouve interrompue par une eſpèce d'excavation profonde, qui ſert à verſer les eaux de la droite dans le foſſé de la gauche. La grave, non-ſeulement diminue de hauteur vers ſon extrémité inférieure, mais encore cette chauſſée ſe rétrécit beaucoup vers le bourg d'*Ambarès*, & paroît avoir été ainſi reſſerrée par les anticipations des propriétaires qui y ont creuſé des foſſés. On attribue ce chemin aux Romains; mais rien ne prouve cette origine. Il n'y a là de remarquable que les métairies qui bordent cette chauſſée à droite & à gauche, tant ſur la hauteur dont le fond eſt un ſable dépoſé par les eaux & mêlé de grave, que dans le marais.

Ce marais eſt de la même nature que celui de Saint-Simon & de Saint-Loubès. La partie la plus baſſe & la plus expoſée aux inondations eſt celle qui ſuit les différentes ſinuoſités du rideau de graves dont j'ai parlé ci-deſſus. On y trouve des joncs le long du chemin de *la Vie* & au-delà de l'*eſtey principal*. Au midi du chemin de *la Vie* il y a des prairies & des barrails cultivés en légumes & en froment; dans la partie inférieure, en froment & en vignes de palus; & tout ce terrain m'a paru être dans le meilleur rapport, à l'exception du communal rempli de joncs, & qui ſe trouve tant le long du chemin de *la Vie*, qu'au-delà de l'*eſtey principal*, dans la partie qui avoiſine le rideau; car dans celle qui approche le plus du bord de la Dordogne, il y a de bonnes métairies.

C'eſt au-delà de tout ce terrain qu'on rencontre le grand communal où ſe trouve une prairie qui ne produit aucun jonc, mais une herbe fort touffue. On y voit toujours la diſpoſition générale de tout ce terrain qui s'élève dans la partie voiſine du bord de la rivière, & qui s'abaiſſe dans celle voiſine du rideau; auſſi ce grand communal éprouve-t-il une inondation plus ou moins étendue dans cette dernière partie. Mais le ſol eſt bien ſenſiblement élevé au deſſus des eaux dans la large bordure qui s'approche du bord de la Dordogne, & plus on s'en approche, plus on voit de *barrails* cultivés en légumes, en fromens, en avoines & en vignes. Les bords élevés des foſſés qui forment les ceintures des *barrails* ſont mis à profit, étant plantés en ſaules & en frênes qui viennent bien. Le petit communal qui eſt le long du chemin de *la Vie* a été brûlé dans une partie où il n'y vient plus de joncs, & particuliérement dans les endroits où l'incendie paroît avoir agi ſur une couche ſuperficielle du terrain, de l'épaiſſeur de ſix pouces, l'herbe y eſt bien abondante. Il m'a paru que le feu, en détruiſant les racines des joncs, avoit fourni aux autres végétaux qui s'y ſont ſemés depuis un terrain neuf, dégagé du jonc paraſite qui les étouffoit, & qui ne ſervoit d'ailleurs qu'à faire une mauvaiſe litière. Ainſi, un moyen fort prompt de bonifier ce communal ſeroit d'y mettre le feu dans les parties où le jonc pourroit donner un aliment ſuffiſant à la flamme.

D'ailleurs, pour achever de mettre ce communal en valeur, il ſeroit néceſſaire d'y faire un plus grand nombre de foſſés qu'il n'y en a, tant le long du rideau intérieur, que parallélement au chemin de *la Vie*, & de procurer, par l'approfondiſſement & l'élargiſſement de l'*eſtey principal*, qui n'eſt pas ſuffiſant dans l'état où il ſe trouve, ainſi que par l'addition d'autres foſſés latéraux, un écoulement facile aux eaux ſupérieures. On auroit ſoin auſſi d'empêcher le reflux des eaux de la rivière en tenant exactement les chauſſées qui bordent les eſteys bien élevées dans toute leur longueur, & en s'oppoſant à leur dégradation, qui a lieu, ſoit par les particuliers, ſoit par les beſtiaux.

L'autre partie du même communal, ſituée au-delà de l'eſtey, demanderoit les mêmes ſoins & les mêmes améliorations; car elle eſt inondée & couverte de joncs.

Quant au grand communal, il ſeroit néceſſaire de faire un foſſé de ceinture dans la partie voiſine du rideau, comme pour les autres communaux dont il a été queſtion, & de conduire les eaux de ce foſſé par des eſteys avec écluſes ſi on le jugeoit convenable. Au reſte, ce grand communal m'a paru offrir, dans ſa partie élevée au deſſus des eaux, un ſol très-propre à la culture; ce qui doit encourager à tous les travaux dont j'indique ici les projets, pour tirer de dessous les eaux la partie qui se trouve maintenant inondée.

J'ai examiné le fond du sol de ces différentes parties de marais, & je l'ai trouvé parfaitement semblable à celui du marais de *Saint-Simon*. La terre est un débris de végétaux & de racines de joncs, dans de grandes parties voisines des rideaux; mais dessous on trouve une terre compacte, argileuse, grise, ardoisée, & qui, nouvellement tirée de ce gîte, répand une odeur de gaz hydrogène sulfuré. A mesure qu'on s'avance vers la Dordogne, les débris des végétaux sont plus fondus & la terre argileuse plus profonde. Dans les parties incendiées, dessous le sol qui produit l'herbe ou les joncs, on voit une couche de terre d'un jaune d'ocre assez foncé, dessous une terre noire & tourbeuse. Plus loin la terre noire est plus compacte & plus grise; enfin, plus jaune vers le bord de la rivière, dont elle paroît être un dépôt & non le produit de la décomposition des végétaux. Mais, toujours dessous ce dépôt, du moins à une certaine distance du bord de la rivière, comme vers l'extrémité du chemin de *la Vie*, qui est *grevée*, la terre argileuse, compacte reparoît en couches suivies. J'ai fait ces observations dans plusieurs parties du grand communal, & même dans celles qui sont les plus élevées.

Dans les parties du communal où la terre noire tourbeuse est formée de dépôts mêlés avec les débris de végétaux bien fondus ensemble, on sème du froment sans engrais : outre cela, les prairies y sont fort belles, ainsi que les vignes qui donnent abondamment du bon *vin de palus;* mais dans ces parties cultivées on a multiplié avec grand soin les fossés, pour se débarrasser des eaux & égouter ces terrains.

Par ces détails on voit que les communaux d'*Ambarès* exigent quelques travaux pour être préservés de l'inondation des eaux supérieures, & qu'il suffira d'y suivre le même système d'amélioration dont on a fait usage pour dessécher les autres marais, je veux dire d'y creuser des fossés de ceinture & des chenaux avec des fossés latéraux.

J'ajoute ici qu'il seroit avantageux de mettre les parties des communaux qui sont remplis de joncs en meilleur rapport, en détruisant les joncs par l'action du feu.

On peut prendre une première idée de l'histoire naturelle des différentes parties du sol de tous les marais d'*Ambarès*, par les descriptions que nous avons faites de leurs cultures. Nous compléterons, au reste, cette histoire par notre travail sur les marais de *Saint-Simon* & de *Saint-Loubès*, qui se trouvent à peu près dans les mêmes circonstances; ainsi nous renvoyons à ces articles, comme aux réflexions que cet examen nous autorisera naturellement à y joindre.

J'ai fait, sur le *Bec d'Ambès*, plusieurs observations particulières que je vais présenter comme je les ai recueillies, sans ordre & sans liaison.

L'air des marais d'Ambarès est fort mal-sain, par plusieurs raisons : 1°. au retour des chaleurs & pendant leur durée, il s'élève de certains fonds des vapeurs qui répandent une odeur de *foie de soufre;* c'est surtout le banc d'argile qui tient l'eau, & sur lequel réside la terre noire tourbeuse, qui produit ces vapeurs. D'ailleurs, l'eau qui séjourne sur cette base y contracte une mauvaise qualité, surtout lorsqu'elle n'est pas renouvelée par les pluies.

Les cultivateurs évitent surtout de pousser le travail de la terre jusqu'à cette argile, parce qu'elle ne peut servir de matrice favorable au développement des racines : outre cela, elle durcit très-fortement lorsqu'elle est exposée à l'action de la chaleur. On laboure avec des bœufs & quelques chevaux. D'ailleurs, le système de culture est le même que celui des environs de Bordeaux, & dirigé sur les mêmes principes.

Il y a quelques troupeaux de moutons; & comme c'est la même race que celle qu'on a introduite dans le Médoc, & qu'on y entretient depuis long-tems sans mélange, la laine qu'ils donnent est également estimée, & employée dans les étoffes qu'on fabrique à Sainte-Foy & à Bergerac.

Dans les marais qui n'ont pas besoin d'engrais, on sème alternativement des légumes & du froment.

Sur le rideau & dans la grave on cultive le maïs, le froment & le seigle, suivant les différentes qualités du sol ou les engrais.

Les sillons sont fort petits & élevés sur l'Ados.

Les cailloux roulés sont abondans le long du double rideau qui occupe le centre de ce *bec*. En partant de ce rideau le terrain forme deux plans inclinés, qui vont se terminer au bord des deux rivières.

On fait beaucoup de fumier avec les moutons & les brebis, ainsi qu'avec les joncs qui viennent dans les marais.

Les foins m'ont paru de la meilleure qualité dans les barrails situés au midi du chemin de *la Vie*.

L'eau, dans les puits du marais, ne réside qu'à trois pieds de profondeur, & sur le rideau elle est à douze ou treize pieds.

Il y a des sources le long du rideau, qui sont intermittentes; elles ne versent guère que l'eau des pluies après le retour de l'automne & de l'hiver, car elles tarissent au milieu de l'été.

Il ne nous reste plus qu'à parler de la constitution du sol des bords de chacune des deux rivières, un peu avant la pointe du bec & au bec même. En un mot, au-delà de l'ancien rideau dont j'ai fait mention ci-devant, on trouve des dépôts qui sont de nouvelle formation. Ainsi les bords de la droite de la Garonne sont très-escarpés, pendant une demi-lieue, au dessous de Lormont; ensuite ils s'abaissent par un saut assez rapide, & forment un terrain plat jusqu'au *Bec d'Ambès*. Il en est de même le long du bord opposé de la Dordogne. Toute cette étendue de côtes basses, qui présentent la surface d'un marais, ainsi que leur réunion à la pointe, a été successivement occupée & abandonnée par les deux rivières confluentes, la Dordogne d'un côté, & la Garonne de l'autre. J'ai fait connoître en détail la nature de ce fond marécageux, & tout ce qui établit le progrès & le concours des causes de sa formation nouvelle, en décrivant les diverses parties du sol de la paroisse d'Ambarès, car partout les mêmes causes ont produit de semblables effets.

Il me reste maintenant à indiquer la marche des eaux des deux rivières aux environs du *bec*, & les circonstances de l'agrandissement de ces dépôts. C'est surtout du Roc-de-Tau que l'on découvre tout le canal de la Gironde avec ses îles, & surtout la réunion de la Garonne & de la Dordogne dans le tems du descendant, ainsi que leur séparation dans le tems du montant au *Bec d'Ambès*. C'est effectivement de ce point de vue qu'on peut suivre aisément les courans du montant, lesquels se réfléchissent contre l'île Caseau, & tracent leur route par les bancs de sable qu'ils accumulent sur les limites de la portion du canal de la rivière qu'ils occupent, depuis l'île Caseau jusqu'au *bec*. C'est à cette abondance des eaux fournies par les courans, que les circonstances déterminent en plus grande quantité dans la Dordogne que dans la Garonne, qu'on peut attribuer une partie des phénomènes du Mascaret. (*Voyez* ce mot, ainsi que l'article SAINT-PARDON, où ces phénomènes sont décrits.)

On a vu ci-devant que la grave ne se trouvoit que sur les rideaux élevés & au dessus des dépôts vaseux qui forment les palus, comme à *la grave* & dans l'intérieur de la paroisse d'*Ambarès*. J'ajoute aussi qu'elle a été semblablement déposée sur les hauteurs qui regardent le *bec*, dont nous venons d'indiquer la forme & la disposition. Une considération que nous ne devons pas omettre, c'est que les rideaux semés dans l'intérieur de la paroisse d'Ambarès sont au même niveau que ceux qu'on voit dans le voisinage de *Cubjac* & de *Saint-André-de-Cubjac*, & que toutes ces espèces de collines sont couvertes de grave, qui n'a pu y être déposée que par les eaux torrentielles qui circuloient à ce niveau. On ne peut rendre raison de tous ces dépôts qu'en admettant plusieurs changemens dans l'action des eaux courantes des deux rivières, qui, dans une certaine époque, ont détruit une partie de leurs dépôts, & y ont formé dans d'autres des remplissages dont nous avons suivi les traces & les limites. (*Voyez* CONFLUENCES, BEC, où toutes ces révolutions seront exposées & expliquées en détail.)

AMBLETEUSE, petite ville de France dans le Boulonois, avec un petit port de mer d'où les vaisseaux peuvent sortir par un vent de nord : elle est située à deux lieues de Boulogne & à quatre ou cinq de Calais. Sa rade est bonne ; l'air y est sain, & les eaux y sont belles & abondantes. On voit de là aisément les côtes d'Angleterre, qui n'en sont éloignées que de six lieues. C'est Louis XIV qui a fait nétoyer ce port, qui étoit rempli & comblé de sables, & qui étoit devenu une plage habitée seulement par quelques pêcheurs. La petite rivière de Selaque, qui traverse la ville, contribue à nétoyer le port, & enfin forme sa communication avec la mer.

C'est pour conserver une position aussi avantageuse, & pour pouvoir l'agrandir de manière à faciliter les opérations maritimes & de commerce de ce port, que le Gouvernement vient de consacrer des sommes considérables à la plantation des dunes sur plusieurs points de cette côte, spécialement aux abords des ports d'Ambleteuse & de Wissent, & pour l'élargissement du canal de la Selaque, entre l'écluse de Vauban & celle d'Ambleteuse. (*Voyez* SELAQUE.)

AMBOINE, île d'Asie dans l'Océan oriental, où elle fait partie des Moluques. On comprend sous ce nom diverses îles voisines l'une de l'autre, & dont celle d'Amboine est la plus considérable. Cette île a quinze à seize lieues de tour : il y a un golfe qui a la forme d'une rivière, à l'extrémité duquel l'île n'a qu'un quart de lieue de large. Si cette espèce de digue étoit emportée, Amboine feroit deux îles. Ces parties de terre-ferme sont sujètes aux tremblemens de terre, qui y causent bien des désastres, tant dans les massifs des montagnes, que dans les constructions des villages & des négreries.

Les îles qui produisent la plus grande quantité de cloux de girofle, & où habitent ceux qui en livrent le plus, sont Amboine, Omo, Anemo & Nesselouw.

Quelques-uns mettent l'île d'Amboine au nombre des Moluques, parce qu'elle produit aussi du clou de girofle, & qu'ils prétendent qu'il n'en croît ailleurs que dans les Moluques. Au reste, *Célèbes*, *Gilolo*, *Amboine* & celles qu'on nomme *Moluques*, ne sont pas fort éloignées les unes des autres. Les Moluques même étoient comprises sous les Sindes, si bien qu'il a pu se faire que l'arbre qui produit le clou de girofle ait été apporté des îles voisines à Amboine, où les habitans ont appris peu à peu la manière de le cultiver.

Il y a plusieurs races de nations dans l'île, & chaque *race* a son habitation particulière.

L'air y est sain ; le pays est arrosé d'excellentes eaux : il y a de très-bons fruits & passablement de poissons. Le riz y croît fort bien : il n'est pas besoin d'aller chercher du pain ailleurs, y ayant des sagus suffisamment pour en fournir. Elle fournit plus de six cents barres de cloux de girofle, en y comprenant celui qui vient de Cambelou & de Luho, où il y en a plus qu'à Amboine. Cette île gît dans une position fort propre à maîtriser & à conserver la propriété de toutes celles qui l'environnent. D'ailleurs, les bois de construction n'y manquent pas.

Les pluies commencent à paroître au mois de mai dans l'île d'Amboine, lorsque le vent qui souffle du côté du levant & celui qui vient du sud-est sont une fois bien établis; ensuite ces pluies continuent jusqu'au mois d'août : pour lors il pleut sans interruption pendant six semaines; mais cet état du ciel ne règne pas également dans les îles voisines. On a remarqué que souvent, lorsqu'il pleut à Amboine, le ciel est très-serein dans les autres îles situées à l'occident, & que si le tems est pluvieux vers la partie orientale, le tems est sec à la partie occidentale, quoique néanmoins l'humidité & la saison pluvieuse s'étendent jusqu'à l'île de Célèbes.

AMBOISE, ville située sur le bord de la Loire, à gauche & à l'extrémité inférieure de l'*île Saint-Jean*, enfin au confluent de la Marsa, rivière latérale, qui prend sa source dans l'étang de *Sudais*.

C'est à Amboise qu'on peut suivre, dans l'escarpement du bord de la Loire, les couches dont il est composé, parce que les intervalles terreux y sont bien régulièrement interposés entr'elles, & qu'ils n'éprouvent aucune interruption.

Je remarquerai ici que les bords des deux côtés de la Loire, dans les environs d'Amboise, sont parallèles entr'eux, & ne paroissent pas avoir été excavés par des mouvemens d'oscillation; c'est l'effet de la marche torrentielle des eaux de ce fleuve. La Loire, au dessous de Blois, quitte le bord de la droite pour se jeter, par un détour précipité, contre le bord de la gauche, vers Cande, où elle a trouvé deux rivières latérales assez considérables, le Cosson & le Beuvron, qui ont déterminé ce détour. Ce dernier bord de la gauche est plus escarpé, plus élevé que l'autre opposé; il paroît avoir été moins altéré depuis les derniers éboulemens; aussi y découvre-t-on, comme nous l'avons déja dit, des couches de pierres de taille bien apparentes, & de belles carrières dont les fouilles offrent des bancs propres à être taillés. Il y a plusieurs grains de pierre; & celui qui m'a le plus frappé, c'est le plus fin, que j'ai retrouvé à Châtelleraulr. C'est en parcourant la large & vaste plaine de la Loire, aux environs d'Amboise, qu'on jouit de ce spectacle.

Il est aisé de voir que la Loire a rempli considérablement sa plaine fluviale de sables; il paroît, outre cela, que son état torrentiel a contribué à en vider de grandes parties : malgré cela, les matériaux entraînés par les rivières latérales du Landezon, de la Ramberge & de la Branle ne paroissent pas dominans.

La vallée de la Loire continue au dessous de Blois jusqu'à Tours, & c'est à peu près au milieu de ce trajet que se trouve située la ville d'Amboise. Le canal actuel du fleuve tend toujours à s'éloigner de la rive droite de la vallée, pour se rapprocher de la rive gauche, au bas de laquelle est Amboise. Les bords de la droite s'abaissent & s'inclinent à mesure que la Loire se rapproche des bords de la gauche, qui s'élèvent & sont de plus escarpés. La levée qui suit la Loire sur la droite rend le même service qu'elle a rendu sur la gauche, depuis Saint-Dié jusqu'à Blois. Sa situation est une suite de la tendance qu'a l'eau de se rapprocher des bords de la gauche, & de préserver des inondations une grande partie de la vallée. Au moyen de cette disposition, elle contient les eaux de la Loire du côté où elles ont moins de tendance, & où il se trouve en même tems plus de terrain à mettre à couvert des crues de ce fleuve. J'ajoute que les considérations qui ont réglé le choix des emplacemens de la *levée* sont les preuves les plus convaincantes de la régularité des formes qu'ont prises les croupes de la vallée & de ses plaines fluviales; formes qu'indique toujours la situation du canal actuel.

Je remarquerai ici, par occasion, que la levée paroît être dans certains endroits trop assujettie aux contours du dernier lit de la Loire; ce qui lui fait présenter souvent le glacis dans certaines parties, perpendiculairement à l'action de l'eau courante. Si l'on eût tracé ces parties en ligne droite, les faces de la levée n'auroient jamais éprouvé que l'effort latéral, qui est toujours plus foible que le premier.

La levée d'Amboise à Tours se rapproche des bords de la droite de la vallée, au pied desquels la Loire, réunie à la Branle, s'est portée à trois quarts de lieue avant Tours; aussi ces bords redeviennent-ils escarpés & coupés à pic. Ceux de la gauche, en s'éloignant, s'abaissent, & se perdent dans le lointain pour se réunir à la plaine fluviale, qui s'élargit beaucoup à Tours, parce qu'elle est l'ouvrage des eaux réunies de la Loire & du Cher. Nous nous étendrons par la suite, & à l'article TOURS, sur les différentes formes des bords de la belle vallée où se trouve cette ville; maintenant nous revenons aux environs d'Amboise.

Le bord de la gauche de la Loire, sur lequel est placé le château d'Amboise, est une masse de pierres calcaires grises & tendres, dans laquelle se font des excavations & des logemens souterrains. On y remarque à certaines couches des rangées de silex d'une forme très-bizarre, & qu'on nomme *chenards* dans le pays. Ces silex sont assez semblables à ceux qu'on voit dans la craie : ils ont seulement une croûte non encore silifiée, plus épaisse; mais leurs formes sont à peu près les mêmes, ainsi que leur disposition, par rangées suivies & horizontales : outre cela on remarque sur les parties éclatées de ces silex des taches blanches & noires, mais aucune trace de corps marins. D'ailleurs, on rencontre dans des lits des parties de pierres calcaires, plus duresque le reste, & qu'on nomme *nœuds*. Je ferois porté à croire que ces nœuds font dus à la décompofition de groffes coquilles bivalves, & qu'ils ont reçu une certaine infiltration qui a réuni ces matières en boules irrégulières, pendant que la roche qui les renferme, n'étant formée que par les débris de petits tuyaux marins, de madrépores à réfeau & branchus, réduits en poudre, peu infiltrés, n'a pas la même confiftance; auffi ces fortes de pierres font fujètes à fe décompofer, furtout dans les parties où l'infiltration n'a pu fe faire affez complétement, parce que les corps marins n'ont pas éprouvé une comminution affez grande, qui ait permis à l'eau de les diffoudre en quelque forte, & de fe combiner avec ces débris; auffi ces couches de pierres calcaires s'égrainent-elles aifément fous les doigts. J'ai diftingué, dans certaines parties de cette roche, des tuyaux marins, des débris de petits madrépores encore affez bien confervés, & qui indiquent l'origine des autres bancs. Tout ce maffif, que j'ai pu obferver en détail aux environs d'Amboife, paroît avoir beaucoup de correfpondance avec celui qu'on peut reconnoître également à Blois, furtout relativement aux filex & à leurs formes fingulières. Il paroît cependant que d'autres corps marins ont fourni la fubftance de ce maffif, parce qu'à Blois la confiftance, la couleur & le grain des pierres diffèrent beaucoup. Le maffif d'Amboife, tel que nous venons de le décrire, fe continue jufqu'à Tours, où l'on trouve auffi des excavations fouterraines dans les premières couches.

Dans l'épaiffeur de tout cet efcarpement on diftingue cinq couches : les deux fupérieures font d'une pierre qui a peu de confiftance, comme nous l'avons dit; c'eft dans ces bancs que les nœuds & les chenards fe trouvent difperfés plus ou moins réguliérement. Dans les trois couches inférieures, qui font fort épaiffes, on tire des moëllons pour bâtir.

Le fable de la Loire eft fort fin à Amboife. La chaux mêlée avec ce fable fait un mortier d'une dureté confidérable : on en a une preuve bien fenfible dans une partie de mur d'une tour de l'ancien château; les pierres s'étant détruites, le ciment qui les lioit forme feul le mur & repréfente affez bien une efpèce de gauffre folide.

Dans la vallée de la Loire la terre végétale eft d'une fort bonne qualité, & d'intervalle à autre on apperçoit fenfiblement que l'argile eft furabondante aux autres fubftances terreufes. Sa culture eft affez femblable à celle qu'on rencontre dans la même vallée au deffus de Blois : la terre furtout y eft d'un meilleur produit vers les ruiffeaux & rivières qui viennent fe jeter dans le lit de la Loire. Partout le fol cultivé eft divifé en petits fillons élevés fur l'ados : cette forme m'a paru déterminée par le fable qui domine dans la plus grande partie de la plaine, & par des eaux ftagnantes qui fe trouvent auffi diftribuées fréquemment dans cette même vallée.

Au jardin des Minimes d'Amboife on voit des galeries fouterraines, creufées dans le bord efcarpé de la Loire, & au milieu d'un roc dont nous avons déjà parlé. Sur la face verticale du roc coupé à pic, & élevée d'environ cent pieds, fe découvrent trois grandes ouvertures. Environ vingt pieds au deffus du fol du jardin, deux de ces ouvertures s'élèvent jufqu'à dix à douze pieds de la terre végétale qui recouvre le roc. La troifième ouverture n'a que le tiers de l'élévation des deux autres. Dans l'intérieur du roc font trois efpèces de galeries parallèles, féparées par deux maffifs, & auxquelles on peut communiquer par deux portes pratiquées au fond de ces galeries. Les deux premières galeries ont trois étages féparés par deux voûtes furbaiffées, taillées dans le roc. Les murs des deux étages inférieurs font inclinés depuis le bas jufqu'en haut, & fe terminent à la naiffance des voûtes qu'ils foutiennent. Leur inclination vers les voûtes eft d'autant plus marquée, que l'on s'enfonce davantage vers l'extrémité intérieure des galeries. On a recouvert d'un bon mortier fait de chaux & de fable de la Loire tous ces murs & les voûtes, depuis le fond jufqu'à une grande largeur.

La troifième galerie, qui n'a qu'un étage, n'eft pas finie; elle offre de tous côtés des maffes de pierres qui font taillées à moitié, & qui n'ont pas été enlevées : il y a de même des imperfections dans les deux autres.

Au fond du premier étage de la feconde galerie eft une porte affez étroite, qui communique à une efpèce de coupole taillée dans le même roc, & revêtue, dans toutes fes parties, de briques, dont les faces extérieures ne font recouvertes d'aucun ciment. Au milieu de la voûte, qui fe trouve arrondie en très-belle forme, fe voit une ouverture circulaire d'environ deux pieds de diamètre; elle correfpond à une femblable qui occupe également le centre du cercle de la bafe de la coupole. L'ouverture fupérieure du dôme tire fon jour & répond à l'enfoncement du troifième étage d'une des galeries. L'ouverture inférieure pénètre dans la voûte d'une cave creufée au deffous des galeries dans un rez-de-chauffée, laquelle a autant de profondeur qu'elles.

Cette coupole, percée dans fa voûte fupérieure & dans fa bafe, qui communique d'un côté à un fouterrain élevé, & de l'autre à une cave, & au furplus placée à l'extrémité d'une galerie de trois étages, ne me paroît pas l'effet d'une difpofition fortuite. En vifitant la cave, j'ai remarqué dans la voûte trois trapes femblables à celle qui correfpond à la première coupole, & placées fur la même ligne, & à travers deux de ces trapes on apperçoit le jour comme au travers de la première. Ainfi l'on peut croire qu'il y a deux autres coupoles

coupoles placées à côté de la première, & qui aboutissent aussi au troisième étage de la même galerie.

On a abattu les voûtes du premier & du second étage des deux premières galeries, ce qui fait un seul souterrain de l'assemblage des trois étages anciens; ainsi l'on n'y voit plus d'autres distinctions que quelques parties de la naissance des voûtes & la trace de sa courbure sur le mur du fond des galeries.

Il seroit utile de faire prendre des mesures & des coupes de ces souterrains, d'ouvrir les trois coupoles, de visiter la profondeur du troisième étage, dont l'escalier est bouché. M. Piganiol de la Force, dans sa *Description de la France*, à l'article *Touraine*, parle de ces souterrains comme de greniers anciens, & considère les coupoles comme de foudres destinées à mettre du vin; mais il décrit ces monumens d'une manière si imparfaite, qu'on n'en peut prendre aucune idée nette dans son livre.

Au reste, la forme des coupoles, l'inclinaison progressive des murs qui s'arc-boutent pour soutenir les voûtes, le récrépi dont les murs sont couverts, les escaliers qui versent à droite & à gauche, tout indique un but dans la construction de ces galeries, & de l'intelligence dans leur distribution; ce qui doit encourager à en rechercher l'usage. (*Voyez* les articles BLOIS, TOURS & LOIRE.)

AMBRE GRIS, sorte de matière résineuse, odorante, qui vient de la mer, & qui se trouve sur les côtes en morceaux d'une certaine consistance : elle est d'une couleur cendrée & parsemée de petites taches blanches; elle est légère & grasse au toucher; elle a une odeur forte & pénétrante, qui la fait reconnoître aisément, mais qui n'est cependant pas aussi active ni aussi pénétrante dans l'ambre brut, qu'elle le devient après qu'il a été préparé, & surtout après qu'il a été mêlé avec une petite quantité de musc & de civette. C'est par ces moyens qu'on nous développe son odeur dans les diverses préparations où l'on fait entrer ce parfum : il s'enflamme & il brûle. En le mettant dans un vaisseau sur le feu, on le fait fondre & on le réduit en une résine liquide, de couleur jaune ou même dorée : il se dissout en partie dans l'esprit-de-vin, & il en reste une partie sous la forme d'une matière noire, visqueuse. Les naturalistes n'ont pas encore été d'accord sur l'origine & la nature de l'*ambre gris*. Les uns ont cru que c'étoit l'excrément de certains oiseaux qui vivoient d'herbes aromatiques aux îles Maldives ou à Madagascar; que ces excrémens étoient altérés, affinés & changés en ambre gris sur les rochers où ils restoient exposés à toutes les vicissitudes de l'air. D'autres ont prétendu que ces mêmes excrémens étoient fondus par la chaleur du soleil sur les bords de la mer, & entraînés par les flots; que les baleines les avaloient & les rendoient ensuite convertis en ambre gris, qui étoit d'autant plus noir, qu'il avoit demeuré plus long-tems dans le corps de ces animaux. On a soutenu que l'ambre gris étoit l'excrément du crocodile, du veau marin & principalement des baleines, surtout des plus grosses & des plus vieilles. On en a trouvé quelquefois dans leurs intestins; mais on n'est pas sûr d'en trouver dans toutes. On a même voulu expliquer la formation de l'ambre gris dans le corps de la baleine, en disant que c'est une véritable concrétion animale qui se forme en boule dans le corps de la baleine mâle, & qui est enfermée dans une grande poche ovale au dessus des testicules, à la racine du pénil. Ce qu'il y a de certain, c'est que des boules d'ambre gris, qui ont jusqu'à un pied de diamètre & qui pèsent jusqu'à vingt livres, se trouvent dans les cachalots qu'on prend aux Bermudes & sur les côtes de la Nouvelle-Angleterre.

Ailleurs on a dit que l'ambre gris étoit une sorte de gomme qui distille des arbres & qui tombe dans la mer, où elle se change en ambre. D'autres ont avancé que c'étoit un champignon marin, arraché du fond de la mer par la violence des tempêtes; d'autres ont cru que c'étoit une production végétale, qui naissoit des racines d'un arbre, qui s'étendent dans la mer. On a dit aussi qu'il venoit de l'écume de la mer; enfin, on a même assuré que l'ambre gris n'étoit autre chose que des rayons de cire & de miel que les abeilles faisoient dans les fentes des grands rochers qui sont au bord de la mer des Indes; que cette matière se cuit & s'ébauche au soleil; que, se détachant ensuite, elle tombe dans la mer & achève de s'y perfectionner. Je dois faire remarquer ici qu'aucun de ceux qui ont avancé les opinions dont je viens de faire mention, n'a observé par soi-même les faits qu'il rapporte à l'appui de son opinion.

Geoffroy dit expressément dans le premier volume de son *Traité de matière médicale*, qu'il n'y a pas lieu de douter que l'ambre gris ne soit une espèce de bitume qui sort de la terre sous les eaux de la mer : il est d'abord liquide; ensuite il s'épaissit; enfin il se durcit : alors les flots l'entraînent & le jettent sur le rivage. En effet, c'est sur le rivage de la mer & surtout après les tempêtes que l'on trouve l'ambre gris. Ce qui prouveroit qu'il est liquide quand il sort de la terre, c'est que l'ambre gris solide, tel que nous l'avons, contient des corps étrangers, qui n'auroient pas pu s'introduire dans sa substance si elle avoit toujours été également sèche & solide. On y trouve, par exemple, de petites pierres, des coquilles, des os, des becs d'oiseaux, des ongles, des rayons de cire encore pleins de miel, &c. On a vu des morceaux d'ambre gris, dont la moitié étoit de cire pure. Il y a eu encore d'autres chimistes qui ont nié que cette matière fût une substance animale, parce qu'elle ne leur avoit donné, dans l'analyse qu'ils en avoient faite, aucun principe animal.

Ainsi l'on a cru, dans tous les tems, que l'ambre gris étoit une matière bitumineuse. Les Orientaux pensoient qu'il sortoit du fond de la mer, comme le naphte distille des rochers, & ils soutenoient qu'il n'y en avoit des sources que dans le golfe d'Ormus, entre la Mer-Rouge & le golfe Persique. (*Voyez* ASPHALTE.)

L'ambre gris est en morceaux plus ou moins gros & ordinairement arrondis : ils prennent cette forme en roulant dans la mer ou sur le rivage. On en apporta en Hollande, sur la fin du siècle dernier, un morceau qui pesoit cent quatre-vingt-une livres : il étoit presque rond, & il avoit plus de deux pieds de diamètre. On ajoute que ce morceau étoit naturellement de cette grosseur, & qu'il n'y avoit pas la moindre apparence qu'on eût réuni plusieurs petits morceaux pour le former.

Il y en a une assez grande quantité dans la mer des Indes, autour des îles Moluques : on en ramasse sur la partie de la côte d'Afrique & des îles voisines, qui s'étend depuis Mozambique jusqu'à la Mer-Rouge; dans l'île de Sainte-Marie, dans celle de Diego-Ruis, près de Madagascar; dans l'île Maurice, qui n'en est pas fort éloignée; aux Maldives & sur la côte qui est au-delà du Cap de Bonne-Espérance. Il y en a aussi sur les côtes des îles Bermudes, de la Jamaïque, de la Caroline, de la Floride; dans les rades de Tabago, de la Barbade & des autres Antilles; dans le détroit de Bahama & dans les îles Sambales. Les habitans de ces îles le cherchent d'une façon assez singulière; ils le guètent à l'odorat, comme les chiens de chasse cherchent le gibier. Après les tempêtes ils courent sur les rivages, & s'il y a de l'ambre gris ils en sentent l'odeur. Il y a aussi certains oiseaux sur ces rivages, qui aiment beaucoup l'ambre gris, & qui le cherchent pour le manger. On trouve quelques morceaux d'ambre gris sur le rivage de la mer Méditerranée, en Angleterre, en Ecosse, sur les côtes occidentales de l'Irlande, en Norvège & sur les côtes de Moscovie & de Russie.

On distingue trois sortes d'ambre gris : la première & la meilleure est de couleur cendrée au dehors, & parsemée de petites taches blanches au dedans; la seconde est blanchâtre : celle-ci n'a pas tant d'odeur & de vertu que la première. Enfin, la troisième est de couleur noirâtre & quelquefois absolument noire; c'est la moins bonne & la moins pure. On a cru que cette variété n'étoit noire que parce qu'elle avoit séjourné dans l'estomac des poissons; mais cette couleur noire peut venir, ou du mélange de matières terreuses, ou de certaines drogues avec lesquelles on sophistique l'ambre gris naturel.

L'ambre gris est rarement pur : on y trouve des fragmens de becs de sèches, des arêtes de poissons, du gravier, des portions de coquilles, &c.

Tous les animaux sont extrêmement friands de l'ambre gris, & accourent à son odeur pour le dévorer. Il paroît contenir des parties nutritives. Les poissons, les crabes, les cétacées, les oiseaux, les quadrupèdes le recherchent avec passion; mais il paroît qu'ils ne le digèrent pas, & le rendent avec ses qualités & son odeur; car des excrémens d'oiseaux de mer, qui en ont avalé, conservent plusieurs des propriétés de l'ambre gris, & surtout son odeur.

D'après ce que nous avons dit ci-dessus, il n'est aucune substance sur l'origine de laquelle on ait proposé autant d'opinions que sur celle de l'ambre gris; mais de toutes ces opinions, celle qui paroît prévaloir aujourd'hui, & qui se trouve appuyée sur plusieurs observations assez précises, est celle qui attribue l'ambre gris aux cétacées, & particuliérement aux cachalots. Le docteur Swediaux publia, dans les Transactions philosophiques de l'an 1783, un Mémoire qui fut traduit dans le *Journal de Physique* de 1782, tome II, page 278, dans lequel il annonce par des faits bien précis, que l'ambre gris est l'excrément endurci du cachalot à grosse tête, ou de l'animal qui produit aussi le blanc de baleine. Effectivement, les pêcheurs trouvent fréquemment de l'ambre gris dans le ventre de ces cétacées, depuis quelques onces jusqu'à cent livres. Un pêcheur d'Antigoa en a trouvé une masse de cent trente livres dans une baleine. Ils ont observé en même tems des becs de la *sepia octopodia* de Linné, tant dans l'ambre qu'ils avoient tiré de la mer, que dans celui qu'ils avoient extrait du ventre des baleines. Tous les cachalots à grosse tête ne contiennent pas de l'ambre gris : ces baleines à ambre sont maigres, engourdies & languissantes, de sorte que cette substance paroît être pour elles une production morbifique. Cette matière est alors très-mollasse, de la couleur & de l'odeur des excrémens naturels de la baleine.

Beaucoup d'autres écrivains nous apprennent d'ailleurs qu'on en a rencontré fréquemment dans les intestins des cachalots. On peut mettre à la tête Kempfer, qui rapporte que les Japonois tirent principalement leur ambre gris d'une baleine assez commune dans leurs parages. Les habitans du Chili, suivant Molina, *Histoire du Chili*, nomment l'ambre gris *Mayène*; ce qui signifie excrément de baleine. Clusius rapporte aussi qu'il tient d'un voyageur, que l'ambre se trouvoit dans l'estomac de la baleine qui vivoit de seches & de polypes, & que la baleine en vomissoit assez souvent lorsqu'elle ne pouvoit les digérer. Les livres arabes sont remplis de faits qui annoncent que l'ambre se trouvoit dans les baleines, suivant ce que Jules Scaliger a recueilli de ces ouvrages. Les lieux où se rencontre principalement cette production, sont très-fréquentés par les baleines. En 1781, le capitaine d'un navire baleinier anglais, venant de pêcher sur la côte de Guinée, rapporta trois cent soixante onces d'ambre gris, qu'il avoit recueillies presque totalement dans le ventre d'un cachalot femelle. Le comité du commerce des plantations de la

Grande-Bretagne lui fit diverses questions à ce sujet : il avoit vu sortir de l'ambre gris du cachalot par le fondement, & avoit trouvé le reste dans ses intestins. L'animal étoit vieux, maigre & malade ; il ne paroissoit se nourrir que de sèches à huit pieds, dont les becs se retrouvoient dans l'ambre. (*Philos. Transa.t.* 1791, & *Journal de Physique*, 1792, *janvier.*)

De tous ces faits il résulte que les minéralogistes ne doivent plus considérer l'ambre gris comme un bitume fossile ou minéral, mais comme une production purement animale.

Maintenant nous allons indiquer les divers lieux où l'ambre gris se trouve. Nous dirons d'abord que l'ambre gris se ramasse communément dans la mer ou sur les rivages qu'elle baigne : il se pêche assez fréquemment sur quelques côtes de l'île de Madagascar & de l'île de Sainte-Marie, suivant Flacourt. On en ramasse à la baie de Honduras, ainsi que nous l'apprend Dampier, tome I, pag. 20. Molina nous dit qu'on en tire de la mer au Brésil & sur les côtes des Aranques & au Chili, dans l'archipel de Chiloë. Nous avons vu ci-devant que Kempfer nous annonçoit qu'il s'en ramassoit près des rivages du Japon : on en pêche sur les bords de l'Océan atlantique, dans la province de Sui, au royaume de Maroc (Marmol. *Afrique*, tom. II, pag. 30) ; aux embouchures de la rivière de Gambie, de San-Domingo, d'après Vander Broech (tom. IV, pag. 308) ; aux îles du Cap-Verd, selon Robertz (*Histoire générale des Voyages*, tom. II, pag. 323) ; à Mozambique & à Sofala (Tavernier, *Voyage*, tom. IV, pag. 73) ; à l'île de Jolo, une des Manilles ou Philippines (Le Gentil, *Voyage dans les mers de l'Inde*) ; aux Bermudes & aux îles Lucayes, selon Robert Lade (*Voyage*, tom. II, pag. 48, 72, 99, 492), & même sur les côtes de France, dans le golfe de Gascogne, où l'on sait qu'il vient échouer assez souvent des baleines (*Journal de Physique*, 1790, *mars*). Mandeslo rapporte aussi qu'on en ramasse sur les rivages du Bengale & du Pégu (suite du *Voyage* d'Oléarius, tom. II, pag. 139). Les Malais & les habitans de Timor en recueillent beaucoup, suivant Rumphius (*Cabinet d'Amboine*, pag. 255), ainsi que les habitans des îles Maldives (Lopes de Castagnetta, *Faits des Portugais dans les Indes orientales*, ch. 35), &c. L'ambre gris de Sumatra & de Madagascar passe pour être de la meilleure qualité : celui-ci se vend depuis 24 jusqu'à 38 fr. l'once, & surtout lorsqu'il n'est pas falsifié.

AMBRE *jaune* ou *succin*, matière dure & fossile, de couleur jaune, citrine, rougeâtre : il est d'un goût âcre & approchant de celui des bitumes ; il attire, après avoir été frotté, les corps minces & légers. Les naturalistes ont débité plusieurs assertions aventurées sur son origine. Pline rapporte qu'il découle de certains arbres du genre des sapins, qui croissoient dans les îles de l'Océan septentrional ; que cette liqueur tomboit dans la mer après avoir été épaissie par le froid, & qu'ensuite les flots rejetoient l'*ambre jaune* sur les bords du continent le plus prochain. Ce récit de Pline se trouve confirmé, en grande partie, par tout ce que les auteurs modernes en ont écrit : ils nous apprennent effectivement que l'ambre jaune se trouve le plus ordinairement sur les côtes de la mer Baltique, dans le royaume de Prusse. Quand de certains vents règnent, ils en jettent sur le rivage, & les habitans vont le ramasser au fort de la tempête ; ils en trouvent des morceaux de diverses figures & de différentes grosseurs. Ce qu'il y a de surprenant, c'est qu'on pêche quelquefois des morceaux de cet ambre, au milieu desquels on voit des feuilles d'arbres, des fétus de paille, des insectes qui ne vivent que sur la terre. Effectivement, si l'on ne considère que le lieu actuel qui nous fournit l'ambre, on trouveroit de la difficulté à expliquer comment des fétus & des insectes qui nagent toujours sur l'eau à cause de leur légéreté, peuvent se rencontrer dans des morceaux d'ambre que la tempête tire du fond de la mer. Mais il s'en faut beaucoup que les naturalistes qui ont médité sur ces circonstances, croient que ces morceaux d'ambre se soient ainsi durcis & aient pris consistance dans le bassin de la mer ; ils sont même fort éloignés de croire que l'ambre jaune soit une résine qui puisse être produite par les arbres résineux qui croissent sur les bords de la mer : ils pensent que ce fossile appartient à des arbres d'un autre climat, & qu'il s'est trouvé enseveli au milieu des couches qui le recèlent actuellement dans des tems fort reculés, & que l'eau de la mer n'a aucunement contribué à sa préparation ni aux accidens qu'il offre à ceux qui le pêchent. Ce qui vient à l'appui de cette opinion, c'est qu'on a découvert, en plusieurs endroits de la terre, des morceaux d'ambre jaune, qui sont de la même nature, les uns ayant été jetés sur les bords de la mer par l'agitation des flots, & les autres tirés du sein de la terre. On trouve la première sorte, comme nous l'avons dit, sur les côtes de la Prusse, les vagues en jetant des morceaux sur les rivages, que les habitans du pays courent ramasser : on sait d'ailleurs que le terrain de ces côtes contient beaucoup d'*ambre jaune* semblable ; car presque dans tous les endroits où l'on ouvre la terre à une certaine profondeur, en Prusse & en Poméranie, on est sûr de rencontrer ce bitume. Hartman, qui a fait un Traité sur l'ambre jaune, croit que tout le fond du territoire de Prusse & de Poméranie est d'*ambre jaune*, à cause de la grande quantité qu'on y en trouve ; mais les principales mines ou dépôts sont sur les côtes de Sudvie. Il y a sur ces côtes des hauteurs composées d'une sorte de terre qui ressemble à des écorces d'arbres. La couche extérieure du terrain est sèche & de couleur cendrée. La seconde couche est bitumineuse, molle & noire.

Sous ces deux couches est une matière grise, semblable à du bois fossile, à cette différence près qu'il n'y a pas de fibres transversales. On trouve de l'*ambre jaune* partout où l'on rencontre de ce prétendu bois fossile.

L'ambre jaune se trouve aussi dans les montagnes de la Provence & auprès de la ville de Sisteron, aux environs des villages de Salignac, sur les côtes de Marseille. On en a trouvé aussi dans des couches aux environs de Laon & de Noyon; ce qui prouve que c'est à l'époque de la formation de ces couches qu'il faut remonter, pour dater de l'origine de ce fossile, comme nous l'avons déjà remarqué en Pologne, en Silésie, en Suède, en Danemarck, dans le Jutland & le Holstein, sur les côtes de Samogitie, de Courlande & de Livonie, & dans l'intérieur des terres. Mais l'ambre jaune qui vient de ces pays, n'est ni si beau, ni si pur, ni en aussi grande quantité que celui qu'on trouve en Poméranie, depuis Dantzick jusqu'à l'île de Rugen, & surtout en Prusse, dans le pays appelé *Sambie*, depuis Nevetiff jusqu'à Vrantz-Vrug.

On a trouvé aussi de l'ambre jaune en Italie, sur les bords du Pô, dans la Marche d'Ancône, dans le duché de Spolette, mais nulle part aussi abondamment & d'aussi belle qualité qu'aux environs de la ville de Catane & de Girgenti; & ce sont ces détails-là que nous allons faire connaître par la suite.

Bocc[illegible], dans son *Muséum de Physique*, décrit plusieurs endroits où l'on trouve de l'ambre, & qui ne sont pas éloignés, ainsi qu'il l'observe, de quelques sources de pétrole ou de naphte. Mais ce qu'il ajoute, que cette matière va par des conduits souterrains jusqu'à la mer, où elle se condense & prend une certaine consistance, n'est pas également assuré; car, quoique l'ambre se trouve sur les bords de la mer où les vagues le jettent, il peut être détaché du fond de son bassin, où il résidoit auparavant dans l'état de bitume solide, comme on le trouve au milieu des terres & dans les dépôts de la mer.

Dans la vallée de Demona, l'une des trois provinces dans lesquelles la Sicile est divisée, on voit un petit canton & un village appelé *Petrolio*, où l'on trouve de l'huile de naphte & de pétrole. Voici la manière dont on ramasse cette huile : on conduit dans un réservoir les eaux de différentes sources qui, passant sur des bitumes liquides, résidans au milieu de différentes couches de la terre, emmènent avec elles une certaine quantité de ces substances huileuses; & comme ces substances sont plus légères que l'eau, elles surnagent, & forment dessus une couche plus ou moins épaisse, qu'on enlève avec des éponges tous les matins : on les conserve dans de petits vases pour être vendus aux apothicaires de la Sicile.

Ces bitumes liquides, dispersés dans tout le canton *delle Petrolie*, & que les eaux entraînent & déposent dans les puits ou réservoirs qu'on y creuse à cette intention, diffèrent beaucoup des bitumes solides, & surtout du *succin* qu'on trouve seulement dans les couches de la terre & au milieu des continens, dans un état dur & solide. C'est donc sans fondement qu'on a supposé que l'ambre jaune étoit originairement un bitume liquide, comme le pétrole, & que, conduit dans la mer par des conduits souterrains, il y avoit pris consistance par l'effet de l'eau de la mer; car on peut dire que l'ambre qui se trouve au milieu des terres n'a pas été dans la mer, & que, s'il y a résidé lors de la formation des couches, il n'est pas certain qu'il n'ait pas eu d'abord une consistance solide en coulant de l'arbre qui l'a produit. D'ailleurs, comme les bitumes liquides se trouvent au milieu des mêmes couches où l'on rencontre l'ambre, il s'ensuit que les bitumes n'ont pas pris consistance dans l'ancien bassin de la mer, & n'en acquerroient pas plus facilement dans le bassin actuel. Quoi qu'il en soit, la mer jette deux sortes d'ambres sur les plages de Catane, l'une noire, & l'autre jaune. La diversité de ces deux couleurs nous paroît devoir être attribuée à la différence des principes bitumineux qui se sont durcis dans le sein de la terre.

Ainsi l'ambre noir paroît provenir d'une espèce de bitume de la nature du jayet, qui se trouve d'ailleurs dans quelques montagnes de la Sicile, surtout à *Rogosa*, ville de la province de Noto, d'où l'on tire une grande quantité d'ambre noir & d'ambre jaune fossile; mais le succin noir est regardé dans ce canton comme n'ayant aucune valeur, parce qu'on n'en fait point d'usage.

Ainsi le succin que les vagues de la mer jettent sur ses bords peut venir, ou de l'intérieur des terres par les eaux torrentielles qui viennent à la suite des orages, ou du fond du bassin de la mer, miné insensiblement par l'action de ces vagues. Lorsqu'il survient quelques pluies très-fortes dans l'île, ce qui a lieu le plus souvent au commencement de l'hiver, plusieurs matelots & les gens du peuple de Catane, surtout les enfans, courent sur les bords de la mer, dans l'espoir fondé d'y trouver quelques morceaux d'ambre. Ils vont les chercher dans des monceaux d'algue & autres matières rejetées & déposées par les flots sur le rivage; c'est ce que les Siciliens appellent *spralare*, du mot *prala*, qui signifie *plage* dans leur langue. L'ambre qu'on ramasse ainsi ressemble à une pierre couverte de rouille; mais lorsque cette croûte est enlevée, l'ambre paroît intérieurement d'un jaune de topaze, c'est-à-dire, d'un jaune tirant sur le vert.

On remarque souvent, dans ces morceaux d'ambre, différens insectes, tels que des fourmis, des cousins, des sauterelles, des mouches, des araignées. Ces singularités s'expliquent aisément, en considérant que ces animaux ont pu être facilement empâtés par le bitume qui découloit des arbres autour desquels ils voltigeoient.

Les morceaux d'ambre qu'on trouve sur les rivages de la Sicile sont ordinairement d'un très-petit volume & au dessous du poids d'une once, & on n'en ramasse guère du poids de trois onces, & ceux qui pèsent une livre sont très-rares.

Les paysanes des environs de Catane, & celles qui habitent les villages qui sont en grand nombre sur les croupes de l'Etna, ont coutume, d'après un usage antique, de se parer avec des colliers faits de gros grains d'ambre. Plusieurs ouvriers de Catane savent, par leur industrie, mettre à profit ce don de la nature, & le travaillent dans une grande perfection; aussi s'occupent-ils très-peu à envoyer au dehors cette matière, puisqu'ils en trouvent le débit sur les lieux.

L'ambre se façonne sur le tour comme l'ivoire, & l'on en fait différens ouvrages, différens ornemens pour femmes, des bijoux, des tabatières, des boîtes de montres, des pommeaux d'épées, de cannes, des boutons de vestes, de manches, & surtout des boucles d'oreilles pour les dames, ou des amulettes en forme de cœur, qu'on fait porter aux enfans. On finit par donner le poli à tous ces ouvrages avec la pierre-ponce pulvérisée & humectée, & enfin leur dernier lustre avec de l'huile & de la potée d'étain.

On a trouvé en 1680, dans un retranchement voisin des portes de Virtemberg, plusieurs morceaux de succin de différentes grosseurs; les uns avoient une belle couleur d'or; celle des autres étoit plus pâle: quelques-autres offroient une teinte brunâtre; mais tous ressembloient parfaitement au succin de Prusse: ils répandoient, outre cela, la même odeur lorsqu'on en jetoit des fragmens sur les charbons ardens. Cette substance étoit renfermée dans une terre légère & assez semblable au sable mouvant. On rencontra d'ailleurs dans les environs un bitume sous forme concrète, du charbon de terre & du jayet, lequel ressembloit beaucoup à du succin qui auroit éprouvé une légère action du feu.

Bartholin nous apprend qu'en creusant les fossés neufs de la ville de Copenhague, on trouva de même plusieurs morceaux de succin de diverses grosseurs, adhérens à des fragmens d'écorce: quelques autres fragmens auxquels le succin adhéroit, étoient noircis de manière à offrir toute l'apparence d'un bitume ou d'un ambre noir.

Le même auteur nous instruit qu'on rencontre de petits morceaux de succin dans les montagnes de la Zélande, & qu'un paysan, en labourant la terre à Tigestrup, déterra avec le soc de la charue un morceau de succin fort gros.

Tout paroît prouver, ajoute Bartholin, que le succin a été d'abord une substance molle, 1°. parce qu'on rencontre quelquefois des morceaux de succin flexibles; 2°. parce qu'on voit, dans plusieurs, des gouttes d'eau qui flottent; 3°. parce qu'ils renferment des insectes bien conservés & caractérisés, &c.

Outre les différentes contrées d'Europe que nous avons citées, & dans lesquelles se trouve le succin ou l'ambre jaune au milieu de couches horizontales, ce qui prouve que ce fossile fait partie des dépôts de la mer, nous devons faire mention de deux gîtes de cette substance, qu'on a découverts dans les contrées méridionales de la France. MM. Cassini & Maraldi l'ont rencontré près de Bugarach, dans l'ancien diocèse d'Alet & dans un éloignement de la mer, de vingt-sept mille six cents toises. Les habitans se servent de cet ambre jaune pour brûler dans leur lampe; aussi ressemble-t-il assez à une résine un peu molle, & n'a pas la même dureté que le succin de Prusse.

Le second gîte s'est trouvé dans les rochers de Provence, les plus dépouillés & les plus stériles. On y a recueilli des morceaux d'ambre jaune, & l'on a annoncé cette première découverte dans les *Mémoires de l'Académie des sciences* pour l'année 1700. On jeta pour lors quelques doutes sur l'origine végétale du succin, parce qu'il se rencontroit au milieu des rochers stériles. Mais ce qu'on nous apprend d'ailleurs me semble rectifier cette méprise, en annonçant que le succin trouvé sur le bord de la mer à Marseille avoit été détaché des rochers que les flots battoient dans les gros tems, & qu'il y étoit dans les mêmes circonstances que le succin de Prusse qu'on ramasse sur les bords de la mer Baltique, à quelque distance de Dantzick.

Nous dirons aussi qu'on a observé le succin dans l'île de Corse, aux environs de Boulogne en Italie, vers Ancône dans l'Ombrie, au milieu des terres & fort loin de la mer.

M. le marquis de Bonnac assuroit à l'Académie avoir vu lui-même (*voyez* en 1705) en Suède, fort loin de la mer, de l'ambre jaune, semblable à celui qu'on ramasse le long de ses bords.

Tous ces faits semblent décider que c'est une substance fossile qu'on tire des couches de la terre, & qui ne peut être une production de la mer.

Mais comment cette substance est-elle engagée dans l'intérieur des couches de la terre, si ces couches sont le produit des dépôts formés dans le bassin de la mer?

Celui qu'on tire de la mer est certainement de la même nature que celui qu'on tire des côtes & des couches de l'intérieur des terres; c'est donc par la destruction des couches qui servent de lit à la mer le long de ses côtes, que le succin est dans la mer par accident.

Si, comme le disent Hartman dans son Histoire du succin de Prusse, & Bartholin dans celui de Danemarck, le succin se trouve mêlé à des écorces d'arbres & à des fragmens de bois, ces circonstances semblent décider que son origine est végétale. Outre cela, la nature même de cette résine le prouve incontestablement.

Je finirai cet article par observer que j'ai trouvé de l'ambre jaune, en grumeaux nombreux, enveloppés dans des couches horizontales, en Angoumois, assez près de la limite de l'ancienne terre du Limousin, & dans les environs de la Rochefoucauld.

AMBRYM (Ile d'). L'île d'Ambrym est du nombre des terres qui composent le groupe des Nouvelles-Hebrides : elle est distante de deux lieues & demie de l'île de la Pentecôte, en partant de l'extrémité méridionale de celle-ci, & se portant au côté septentrional de celle dont il est question dans cet article. Ambrym a sept lieues environ de circonférence : la terre est basse sur les bords de la mer, d'où elle s'élève inégalement pour former, dans le milieu de l'île, une montagne d'une médiocre hauteur : on voit sortir de cette montagne des colonnes de fumée.

Toute la côte sud-ouest forme, en s'inclinant, une plaine très-belle & très-étendue, de laquelle on voit jaillir des tourbillons de fumée entre les bocages les plus riches qu'on puisse jamais contempler, après ceux d'O-Taiti. L'aspect fertile de la contrée & le nombre des feux annoncent que l'île est bien peuplée, & qu'elle produit tout ce qui est nécessaire au soutien de la vie de ses habitans. (*Voyez*, pour les productions de cette terre & le caractère physique & moral des insulaires, le mot HEBRIDES NOUVELLES.)

AMELAND, île des Provinces-Unies, dans la mer d'Allemagne, sur la côte de Frise, d'où elle est séparée par un canal de mer nommé *le Vadt*. Il y a quatre villages dans cette île : un dans la partie orientale, appelé *Nez*; les trois autres so.t, *Bellum*, dans la partie orientale; *Kaminga*, vers la côte méridionale, & *Hollum*, au nord : elle a l'île de *Schelling* au couchant d'hiver, & celle de *Schiermonickoog* à l'orient d'été. Ameland a été exposée à de grands ravages par les tempêtes qui règnent dans ces parages, & les habitans montrent au-delà des digues, surtout dans la partie de l'ouest, des collines sablonneuses qui couvrent actuellement les terres autrefois cultivées par leurs pères.

On rencontre avec plaisir, dans cette île, les mêmes mœurs que dans les beaux villages de la Nort-Hollande, & particuliérement dans celui de *Broek*.

J'ajouterai ici que les îles qui accompagnent Ameland, telles que le *Texel*, *Eyerland*, *Ulieland* & *Schellind*, ont été séparées, soit entr'elles, soit de la terre-ferme, par les mouvemens violens de la mer le long de cette côte. Nous ferons par la suite l'énumeration des autres îles qui sont au-delà d'*Ameland* vers l'est, & dont la disposition & les formes sont dues à la même violence des flots. En attendant, nous observerons que les côtes de toutes ces îles sont ensablées sur une très-grande épaisseur; que d'ailleurs il y a de nombreux bancs de sables dans les canaux qui se trouvent entre la Frise & à l'ouverture du Zuyderzée, tous les passages étant ouverts au milieu de ces bancs de sable, qui se prolongent dans l'intervalle des îles & même dans l'intérieur du Zuyderzée, entre l'île de *Grind* & *Harlingen*.

Il est visible que cette chaîne d'îles a été détachée de la Nort-Hollande d'un côté, & de la Frise de l'autre. Comme la mer y éprouve souvent des agitations violentes, c'est à la suite de ce travail suivi des eaux, que cette langue de terre est ainsi découpée par îles. (*Voyez* TEXEL, SCHELLING, DOLLART, WATTES.)

AMENLA, sorte de brèche formant un massif fort considérable dans les environs d'Alais, département du Gard. Cette chaîne de rochers, qui règne depuis Montmoirac jusqu'à Rousson, se distingue par la forme des morceaux de pierres qui entrent dans sa composition, & par leur arrangement. On n'y remarque, par exemple, aucune sorte de lits ou de bancs distincts : c'est un amas immense de morceaux de pierres à chaux de différente grosseur, tous arrondis, d'un grain extrêmement fin, serré, & si bien lié qu'en choquant ces pierres elles retentissent comme si elles étoient d'une seule pièce. Celles qui sont à la surface du massif sont peu liées entr'elles; mais pour peu qu'on creuse, on trouve tous les intervalles qui sont entre ces morceaux, exactement remplis d'une terre dont le grain est plus grossier que celui de ces pierres. Cette terre a été si bien durcie, qu'elle ne fait, avec les morceaux arrondis, qu'une même masse, dont on ne détache des blocs qu'au moyen de la mine. On voit à la cassure de ces rochers, que la terre qui lie les différens morceaux, & que je nomme *ciment*, est partout roussâtre; mais les morceaux eux-mêmes sont de différentes couleurs; ce qui donne, lorsque cette pierre est taillee & polie, une assez belle *brèche*.

Effectivement, ce rocher de cailloutages est de la nature de ces marbres, & je l'indique ici comme un exemple très-instructif de *brèche*, & comme nous offrant, d'une manière claire & palpable, les circonstances de la formation de cette sorte de marbre.

Le massif d'*amenla* ne va pas à une grande profondeur, comme les assemblages de couches calcaires qui sont dans les environs : on en voit, dans quelques parties, les fondemens formés d'un massif de pierre d'une nature différente; ils ont été mis à découvert par des ravines que les eaux ont creusées.

On trouve aussi, dans cette chaîne, des coquillages fossiles de différentes espèces, comme des pinnes cannelées sur leur longueur, de grands nautiles chambrés, des huitres applaties par un des côtés; enfin, une prodigieuse quantité d'échinites. Ces échinites sont pleins de noyaux terreux. Ces espèces de coquillages sont confondus avec les morceaux de pierres à chaux, & liés semblablement par le même ciment.

Du mélange de tous ces matériaux si disparates, de la forme arrondie des pierres & de leur liaison avec un ciment grossier, on peut conjecturer, 1°. que les morceaux de pierres calcaires d'un grain fin sont étrangers à la place qu'ils occupent; qu'ils ont été tirés d'ailleurs, où ils formoient un tout continu & des couches suivies; qu'ils ont été entraînés & roulés les uns sur les autres, de la même façon que les galets de la mer; enfin, qu'ils ont été abandonnés par les eaux qui les ont accumulés ici en désordre.

La terre ou ciment qui lie les pierres d'*amenla* de différentes couleurs, est d'une teinte uniforme & d'un grain particulier; elle n'est jamais si bien pétrifiée, qu'elle ne se gerce & ne se réduise à l'état terreux à l'air lorsqu'elle y a été long-tems exposée : ceci arrive à tous les marbres où les premiers élémens sont mal liés, & qui *terrassent*, comme on dit. C'est ainsi qu'un mur de maçonnerie pèche moins du côté de la pierre que de la part du mortier. Les matières durcies en différens tems, & liées ensemble à ces époques successives, sont non-seulement d'une consistance différente, mais outre cela leur liaison n'est jamais si solide & si parfaite que si le tout n'avoit fait qu'une pâte homogène, qui eût été durcie & infiltrée à la fois.

D'après ces principes, je conclus que le rocher d'*amenla* est le produit de deux sortes de pétrifications faites en deux tems différens : d'abord celle des pierres arrondies d'*amenla* dans leur couche primitive, & ensuite celle de la terre ou du ciment qui les lie. Il en résulte aussi que ces deux opérations se sont faites, non-seulement dans des tems différens, mais encore dans différens lieux. En suivant ce raisonnement, on voit que les pierres calcaires arrondies aujourd'hui étoient anguleuses autrefois, lorsque ces morceaux ont été rompus & détachés d'une plus grosse masse. Les veines, les teintes de couleur variées qui se trouvent dans ces morceaux, achèvent de prouver que leur forme arrondie est l'effet des frottemens qu'ils ont éprouvés en roulant dans le même état de dureté & de pétrification qu'ils nous offrent au milieu du massif.

Si nous passons maintenant aux coquillages fossiles qui sont confondus avec les morceaux d'*amenla*, & qui ne s'étendent pas au-delà, nous verrons qu'ils y ont été transportés en même tems : c'est alors que la plupart des huitres se sont arrondies, & que leurs apophyses les plus saillantes ont été émoussées. Ce n'est point par des cassures que ces coquillages ont été raccourcis, mais par des frottemens qui ont usé les parties saillantes, & les ont emportées. Il est donc prouvé, par tous ces détails, que les *pierres d'amenla*, de même que les coquillages, se sont usés & arrondis en roulant les uns contre les autres, ayant été balottés par les flots de la mer. Il n'est plus question maintenant que de donner une idee nette & précise du travail de la nature dans la composition de cette brèche singulière. Les eaux ont visiblement entraîné, roulé & déposé les pierres d'*amenla* & les coquillages qui y sont mêlés : elles ont aussi transporté la vase qui s'y trouve dispersée, & il est à croire que tout ce mélange a été ainsi disposé sur le bord de la mer; c'est donc à la suite de sa retraite que l'eau est venue pénétrer la vase, a durci & lié, par le travail d'une seconde petrification, les morceaux de pierres d'*amenla* & les coquillages, & qu'elle a ainsi formé cette brèche solide lorsqu'elle étoit couverte d'une croûte de matières qui favorisoit le travail de l'infiltration. (*Voyez* BRÈCHE, INFILTRATION, GALET.)

AMÉRIQUE. SA POPULATION. La mer, depuis le détroit de Bering jusqu'aux îles situées en forme de croissant entre les deux continens, est très-peu profonde. A partir de ce détroit elle devient plus profonde, à peu près comme nous l'avons montré à l'article de la *Manche*, depuis la ligne de Calais à Douvres : les sondes augmentent jusqu'à ce qu'elles se perdent dans l'Océan pacifique; mais on ne trouve cette forme du fond de la mer qu'à une certaine distance des îles & au midi; car entr'elles & le détroit la sonde ne donne que depuis douze jusqu'à cinquante-quatre brasses, excepté seulement devant le cap de Sainte-Taddée, où l'on a trouvé un canal d'une grande profondeur.

On pourroit croire d'ailleurs, avec une grande vraisemblance, que le détroit étoit autrefois entiérement fermé; car si l'on considère, non-seulement la disposition du fond de la mer dont nous venons de parler, mais surtout l'état des côtes des îles, dont la plupart sont volcaniques, & dont les autres annoncent des principes de destruction très-actifs, on rétablira, sans aucune supposition hasardée, la langue de terre solide qui a dû former, entre l'Asie & l'Amérique, le plain-pied qui ouvroit une communication aisée, & facilitoit l'émigration de tous les animaux.

Si ce grand changement a précédé ou suivi la population totale de l'Amérique, c'est ce qu'il est aussi peu utile qu'impossible de décider. C'est aux découvertes modernes sur la correspondance des côtes de l'Amérique & de l'Asie que nous devrons la détermination du point du globe d'où a dû partir & s'est faite cette population. Elles prouvent qu'il est un lieu où la distance entre l'un & l'autre continent n'est que de trente-neuf milles ou de treize lieues, & non pas, comme l'avoit prétendu un écrivain célèbre, de huit cents lieues. Ce détroit a encore, dans son milieu, deux îles qui ont dû faciliter beaucoup le passage des peuples de l'Asie dans le continent de l'Amérique, en supposant qu'elle se soit opérée par le moyen des canots. On peut encore ajouter que ce detroit est souvent, en été, rempli de larges glaçons; que, dans l'hiver, il est couvert de glaces immobiles, & que, dans l'un ou l'autre cas, il a toujours offert aux hommes curieux & entreprenans un passage facile.

Dans le dernier cas, ce trajet sur la glace offroit aux quadrupèdes une route courte & prompte; & dès-lors on ne peut disconvenir que le continent de l'Amérique a pu en recevoir de nombreuses colonies par le nord de l'Asie.

Mais où fixer, dans la vaste étendue des côtes septentrionales de l'Asie, qui ont pu être unies avec celles de l'Amérique, les premières tribus qui ont contribué à peupler le nouveau continent, maintenant habité d'un bout à l'autre. Cependant ne peut-on pas croire que le nord de l'Asie auroit pu, dans cette longue suite de siècles qui a précédé la découverte de l'Amérique, être pour ce continent la même source féconde de population, que le nord de l'Europe l'a été pour ses parties méridionales. La contrée surchargée d'hommes jusqu'à l'est des monts Riphées a dû nécessairement se débarrasser de ses habitans. Le premier grand flot du peuple a été poussé en avant par le flot qui lui succédoit; des flots nouveaux suivant toujours, ont laissé peu de repos à celui qui s'étoit répandu sur un territoire plus à l'orient. Troublé à diverses reprises, il s'est déplacé pour couvrir de nouvelles régions. A la fin, parvenu aux limites les plus reculées de l'ancien Monde, un nouveau qui s'est offert avec un ample espace à occuper sans trouble pendant une suite de siècles, jusqu'à ce que Colomb les ait découverts. Les habitans du Nouveau-Monde ne consistent pas dans les descendans d'une seule nation : différens peuples, à différentes périodes, y sont arrivés, & l'on ne peut assurer qu'il s'en trouve aujourd'hui un seul sur le lieu de son premier établissement. D'après les lumières que nous venons d'acquérir sur l'état de correspondance qui a existé & qui existe entre le nord de l'Asie & de l'Amérique, il est impossible d'admettre que l'Amérique ait pu recevoir ses habitans, au moins leur masse principale, d'aucun endroit que de l'Asie orientale. On peut ajouter aux grandes preuves que nous avons exposées, celles qu'on peut tirer des coutumes, des vêtemens, de la manière de vivre communs aux habitans des deux Mondes. Mais comme ces objets n'entrent pas précisément dans notre plan, nous ne ferons que les indiquer ici.

La coutume d'enlever la chevelure du crâne des vaincus étoit une barbarie usitée chez les Scythes: cet usage, comme les Européens le savent par une cruelle expérience, est encore continué de nos jours en Amérique. La férocité des Scythes envers leurs prisonniers s'étendoit aux extrémités les plus reculées de l'Asie. Les Kamtzchadales, même au tems qu'ils furent découverts par les Russes, mettoient à mort leurs captifs dans les tortures les plus cruelles; pratique qui est encore dans toute sa vigueur parmi les Américains.

Une race de Scythes passoit pour être anthropophage. Le peuple du détroit de *Nootka* fait encore des festins de la chair de ses semblables, ainsi que plusieurs sauvages du Canada.

On a dit que les Scythes se transformoient en loups pour un tems, & qu'ensuite ils reprenoient la figure humaine. Les Américains nouvellement découverts autour du détroit de *Nootka* se déguisent aujourd'hui sous des habillemens faits de peaux de loups & autres bêtes sauvages, & même ils en portent des masques pour tromper les animaux à la chasse.

Dans leurs marches, les Kamtzchadales ne vont jamais de front, mais ils se suivent sur la même ligne & la même marche; coutume exactement observée par les Américains.

Les Tunguses, nation la plus nombreuse de la Sibérie, se piquent le visage de petits points avec une aiguille, & sur des distributions différentes, & ensuite ils frottent les piqûres avec du charbon de bois : cette coutume se retrouve encore en différentes parties de l'Amérique. Les Indiens adossés à la baie d'Hudson font actuellement la même opération & de la même manière : les Virginiens avoient aussi cet usage lorsque les Anglais pénétrèrent les premiers dans ce pays.

Les canots des Tunguses sont faits d'écorce de bouleau, étendue sur des côtes de bois & proprement cousues ensemble. Les Canadiens & plusieurs autres nations d'Amerique ne se servent pas d'autres canots. Les pagaies ou rames des Tunguses sont larges par les deux bouts; celles du peuple voisin de la rivière de Coock & d'Oonalascka ont la même forme.

Mêmes pratiques dans la manière d'ensevelir leurs morts & de former des tombeaux. On pourroit trouver encore mille traits de ressemblance dans l'emploi des dépouilles des animaux de toute espèce. Ils sont très-marqués parmi les peuples de l'Asie & de l'Amérique.

Quant aux traits du visage & aux formes du corps, presque toutes les tribus trouvées le long de la côte occidentale de l'Amérique ont quelque ressemblance avec les nations tartares, & conservent encore les petits yeux, les petits nez, les joues élevées & les larges faces; ils varient en taille, depuis le nerveux Calmouck jusqu'au petit Nogaien. Les Américains de l'intérieur, tels que les cinq nations indiennes, qui sont d'une haute stature, robustes dans leur charpente, avec le visage oblong, dérivent d'une variété qui existe parmi les Tartares même. La belle race des *Tschutski* paroît être la souche dont sont issus en général les Américains, & les Tschutski eux-mêmes paroissent provenus de cette belle race de Tartares, les *Kabardinski*.

Mais vers le détroit du Prince-Guillaume commence une race qui, par la forme de ses vêtemens, par ses canots & ses instrumens de chasse, est très-distinguée des tribus établies à leur midi. Ici commence la nation des Esquimaux ou la race connue sous ce nom dans les hautes latitudes & sur les côtes orientales du continent d'Amérique : on peut les diviser en deux variétés. Près de ce détroit sont ceux de la plus haute taille; elle décroît à mesure qu'ils avancent vers le nord, jusqu'à devenir ces tribus naines qui occupent une partie des côtes de la Mer glaciale & les contrées maritimes de la baie d'Hudson ou du Groënland, & de la terre de Labrador. Il en est de même quant aux instrumens de chasse de ces nations; car cette ressemblance se continue jusqu'au Groënland.

La portion de notre continent, qui a peuplé l'Amérique de l'espèce humaine, y a versé pareillement les animaux par la même route & par les mêmes moyens. Très-peu de quadrupèdes font leur habitation constante dans le Kamtzchatka : on n'en trouve que vingt-cinq qui ont pu pénétrer dans le Nouveau-Monde. Dix-sept des quadrupèdes de Kamtzchatka se trouvent en Amérique; les autres sont communs seulement à la Sibérie ou Tartarie & à l'Amérique, ayant, pour des causes que nous ignorons, évacué entiérement le Kamtzchatka, & s'étant, comme on voit, partagés entre l'Amérique & ces parties intérieures de l'Asie.

On pourroit objecter que nombre de ces espèces que nous supposons avoir passé en Amérique, auroient pu trouver un séjour convenable dans les montagnes de l'Asie, au lieu d'errer jusqu'aux Cordillières du Chili; se contenter des plaines immenses de la Tartarie, au lieu de faire des voyages de plusieurs milliers de milles, jusqu'aux plateaux de l'Amérique méridionale; qu'ainsi le lama & le pacos auroient pu continuer d'habiter les hauteurs de l'Arménie & quelques montagnes voisines, au lieu de se fatiguer à gagner les Andes du Pérou. Pourquoi, nous dira-t-on, les nombreuses variétés des singes ne sont-elles pas restées dans les forêts de l'Asie, au lieu de se partager pour habiter l'Indostan & les forêts profondes du Brésil, &c.

Il faut considérer que la migration des animaux que nous supposons, doit être l'ouvrage de plusieurs siècles; que, dans le cours de leurs progrès, chaque génération s'est, par degrés, endurcie au climat qu'elle avoit atteint, & qu'après leur arrivée en Amérique ils se seront également acclimatés par degrés, sous des zônes de plus en plus chaudes, dans leur passage du nord au midi, comme ils avoient fait d'abord en remontant du midi au nord. Nous ne discuterons pas plus en détail les difficultés que peuvent présenter les migrations de certains animaux plutôt que d'autres, de l'ancien Monde dans le nouveau : nous nous contenterons de dire qu'aucun des animaux concentrés dans l'Afrique ne se trouve en Amérique que parce que la voie du nord ne leur a pas été aussi facile à trouver qu'aux animaux qui pouvoient pénétrer dans le nord de l'Asie, la seule partie d'où le Nouveau-Monde a pu recevoir ses animaux.

Nous le répétons : les dernières découvertes qui ont été faites dans le détroit de Beering prouvent que les limites du Monde ancien & du nouveau s'approchoient jusqu'à treize lieues; que le détroit qui les sépare est souvent glacé entiérement : outre cela, l'examen des îles qui sont semées dans l'intervalle porte à croire que les deux continens ont été unis par un isthme dont les îles faisoient partie. Ainsi voilà une large communication de l'Asie & de l'Amérique établie par toutes les circonstances que la géographie peut faire valoir, & cette communication tient à un climat qui n'est pas plus rigoureux que celui qui convient à plusieurs espèces d'animaux pour pénétrer en Amérique, & passer ensuite par gradation jusqu'au plus grand degré de chaleur.

En effet, tout autre systême de population de l'Amérique ne peut plus subsister : nous n'aurons plus recours ni à l'atlantide ni à d'autres moyens précaires, puisqu'ils ne sont pas fondés sur les faits & les observations précises.

D'après cette discussion, il est maintenant curieux de faire voir d'un coup d'œil les animaux qui habitent l'Amérique septentrionale, & qui lui sont propres ou qui se trouvent dans d'autres contrées. Ce tableau indiquera la route qu'ils ont suivie dans leur migration, & elle réduira, comme nous l'avons dit, à la seule portion de l'Asie le pays originel d'où ils sont sortis. (*Voyez* le tableau des animaux.)

Quelques vues nouvelles sur la population de l'Amérique.

Tout ce que nous venons de dire sur la population de l'Amérique nous paroît fondé sur les moyens les plus faciles que la nature a offerts aux habitans de l'Asie septentrionale & orientale pour s'y établir. Cependant nous avons quelques motifs pour croire que les habitans ont pu y parvenir par d'autres routes, & avoir été fournis par d'autres établissemens. D'après ces vues nouvelles, voici la direction qu'on peut présumer que ces peuplades ont pu prendre pour se rendre dans la partie de l'Amérique septentrionale, vers le 45e. degré de latitude septentrionale.

On sait que les Esquimaux, qui occupent la côte septentrionale, depuis l'Atlantique, dans les environs du détroit & de la baie d'Hudson, & sur les deux rives de la rivière de Mackensie & même plus loin encore, se sont toujours portés à l'ouest; qu'ils ne quittent jamais leurs côtes; que leurs mœurs, leur habillement & leur langage ressemblent à ceux des habitans du Groënland; que les Algonquins, qui ont incontestablement la même origine, habitent la côte de l'Atlantique, les bords du fleuve de *Saint-Laurent* avec les terres adjacentes, & qu'enfin ils se portent vers l'ouest. Voilà donc une source très-probable de population.

Les Chepewhians, au contraire, & les nombreuses tribus qui parlent leur langue, occupent tout l'espace entre le pays des Kristinaux & celui des Esquimaux, s'étendant derrière la côte des naturels de l'Océan pacifique, au 52e. degré de latitude septentrionale, sur la rivière de Colombia. Leur marche est de l'ouest à l'est, &, d'après leurs propres traditions, ils viennent de la Sibérie. Ceci rentre, comme on voit, dans notre premier moyen de population. Ce qui confirme leurs traditions, c'est qu'ils ont conservé dans leurs mœurs & dans leur manière de se vêtir, beaucoup de conformité avec les peuples qui se trouvent aujourd'hui sur les côtes de l'Asie.

Quant aux autres habitans de la côte de la Mer pacifique, nous savons qu'ils sont stationnaires. Mais les Nadowaff ou Assinibouëls, aussi bien que les tribus qui habitent les plaines qu'on trouve à la source des rivières qui naissent dans ces contrées, viennent de l'ouest & s'étendent au nord-ouest.

D'après ces différentes directions, il paroît que nous avons à peu près les traces différentes des routes qu'ont suivies les premiers peuples qui sont venus occuper l'Amérique septentrionale : je dis à peu près, parce que nous n'avons qu'une connoissance très-imparfaite de ces contrées & de leurs habitans. Mais comme le gouvernement des Etats-Unis y a ordonné des recherches précises qui ont pour objet tout ce qui doit nous intéresser, nous croyons que nous pourrons tirer de leurs résultats des éclaircissemens particuliers sur le sujet qui nous occupe.

AMERICAINS. On a beaucoup écrit sur les peuples qui habitent l'intérieur du nouveau continent: on a même fait des systèmes sur la constitution physique de ces peuples. Nous allons tâcher de faire connoître ce qui concerne les différentes nations qui occupent les contrées de l'Amérique les plus remarquables & les mieux connues, pour qu'on puisse en prendre une idée générale plus complète.

Quelques auteurs ont prétendu & avancé que les Américains, quoique légers & agiles à la course, étoient destitués de force; qu'ils succomboient sous le moindre fardeau; que leur constitution flegmatique étoit cause qu'ils n'avoient pas de barbe, & que leur tempérament froid étoit la cause qu'ils étoient chauves; que les mêmes hommes qui n'ont pas de barbe ont, comme les femmes, de longues chevelures, & qu'aucun Américain n'avoit les cheveux crepus & ne grisonnoit jamais. D'après ces faits & d'autres aussi peu avérés, ces auteurs en ont conclu que tous les Américains étoient un peuple dégradé, tant pour le corps que pour l'esprit.

Cependant on ne peut pas se dissimuler que les Caraïbes, les Iroquois, les Hurons, les habitans de la Floride, du Mexique, du Pérou & des provinces differentes de l'Amérique septentrionale ne soient des hommes nerveux, robustes, fort courageux, & même se comportant avec beaucoup plus d'intrépidité que l'infériorité de leurs armes à celles des Européens ne sembloit le permettre. Il est vrai que, dans quelques contrées de l'Amérique méridionale, surtout dans les parties basses du continent, telles que la Guiane, l'Amazone, les terres basses de l'isthme de Panama, les naturels du pays paroissent moins robustes que les Européens qu'on y a transportés; mais c'est par des causes locales & particulières. A Carthagène les habitans, soit Indiens, soit étrangers, vivent pour ainsi dire dans un bain chaud pendant six mois de l'été; une transpiration trop forte leur donne une couleur pâle & livide; leurs mouvemens se ressentent d'un climat qui relâche les fibres : on s'en apperçoit même par les paroles qui sortent de leur bouche à voix basse & par intervalles longs & fréquens. Dans la partie de l'Amérique située le long des bords de l'Amazone & du Napo, les femmes ne sont pas fécondes, & leur stérilité augmente lorsqu'on les fait changer de climat : elles se font néanmoins avorter assez souvent. Les hommes sont foibles & se baignent trop fréquemment pour pouvoir acquérir des forces. Le climat d'ailleurs n'est pas sain, & les maladies contagieuses y sont fréquentes. Mais on doit considérer ces effets comme des exceptions ou pour mieux dire des différences communes aux deux continens; car dans l'ancien les hommes des montagnes & des contrées élevées sont sensiblement plus forts que les habitans des côtes & des autres terres basses. En général tous les habitans de l'Amérique septentrionale & ceux des terres élevées dans la partie méridionale, telles que le nouveau Mexique, le Pérou, le Chili, étoient des hommes peut-être moins agissans, mais aussi robustes que les Européens. Nous savons, par un temoignage respectable, qu'en vingt-huit ans la population de Philadelphie, sans secours étrangers, a eté doublée. Dans un pays où les Europeens multiplient si promptement, où la vie des naturels du pays est plus longue qu'ailleurs, il n'est guère possible que les hommes dégénèrent.

On n'a trouvé que des hommes forts & robustes en Canada & dans toutes les autres contrées de l'Amérique septentrionale. Tous les voyageurs sont d'accord là-dessus. Les Californiens, qui ont été découverts les derniers, sont bien faits & robustes : ils sont plus basanés que les Mexicains, quoique sous un climat plus tempéré; mais cette différence provient, comme nous l'avons fait voir ailleurs, de ce que les côtes de la Californie sont plus basses que les parties montagneuses du Mexique, où les habitans ont d'ailleurs toutes les commodités de la vie, qui manquent aux Californiens.

Au nord de la presqu'île de Californie s'étendent de vastes terres découvertes par Drake en 1578, auxquelles il a donné le nom de Nouvelle-Albion, & au-delà de ces terres découvertes par Drake se trouvent, dans le même continent, d'autres terres vues par Martin d'Aguilar en 1603. Enfin cette longue lisière de côtes a été reconnue en plusieurs endroits, depuis le 40e. degré de latitude, jusqu'au-delà du 65e., c'est-à-dire, à la même hauteur que les terres de Kamtzchatka, par les capitaines Tschirikow & Beering. Nous en avons parlé dans d'autres articles de ce Dictionnaire, d'après le dernier voyage du capitaine Coock. Il paroît, d'après ces différens voyageurs, que les habitans de la partie de l'Amérique la plus voisine de Kamtzchatka sont aussi sauvages que les Koriaques & les Tschutskis: leur stature est avantageuse; ils ont les épaules larges & rondes, les cheveux longs & noirs, les yeux noirs, les lèvres grosses, la barbe foible & le cou court. Leurs culottes & leurs bottes, qu'ils font de peaux de veau marin, & leurs chapeaux faits de plantes pliées en forme de parasols, ressemblent beaucoup à ceux des Kamtzchadales. Ils vivent, comme eux, de poissons, de veaux marins & d'herbes douces qu'ils préparent en même tems; ils font sécher l'écorce tendre du peuplier & du pin, qui leur sert de nourriture dans les cas de nécessité. Cette même nourriture est connue, non-seulement à Kamtzchatka, mais aussi dans la Sibérie & la Russie, jusqu'à Viatka; mais les liqueurs spiritueuses & le tabac ne sont point connus dans cette partie nord-ouest de l'Amérique. Voici encore les autres caractères de ressemblance qui se trouvent entre les Kamtzchadales & les Américains. D'abord ces deux sortes de peuples se ressemblent, 1°. par la figure; 2°. ils mangent de l'herbe douce de la même manière les uns que les autres; chose qu'on n'a pas remarquée ailleurs; 3°. ils se servent de la même machine de bois pour allumer le feu; 4°. ils se servent de haches faites de pierres ou d'os; 5°. leurs habits & leurs chapeaux ne diffèrent aucunement; 6°. ils teignent les uns & les autres les peaux avec la décoction d'aulne; 7°. ils portent pour armes un arc & des flèches; 8°. les Américains se servent de canots faits de peaux qui, comme ceux des Koriaques & des Tschutskis, ont quatorze pieds de longueur : les peaux sont de chiens marins; elles sont teintes en rouge. Ils se servent d'une seule rame, avec laquelle ils vont contre les vents contraires. Leurs canots sont si légers, qu'ils les transportent d'une seule main. 9°. Quand les Américains voient aborder sur leurs côtes des gens qu'ils ne connoissent pas, ils rament vers eux : cet usage est aussi pratiqué par les habitans des îles Kuriles.

Tels sont les détails que nous ont fournis les Russes sur les Américains de la côte occidentale de ce continent; mais M. Coock nous les a fait connoître d'une manière encore plus intéressante, & nous suivrons cet habile observateur dans ce qu'il nous reste à dire sur les habitans de l'Amérique septentrionale.

Amérique. Ses montagnes & ses rivières. Nous ne nous occuperons, dans cet article, que de considérations générales sur le Nouveau-Monde, d'abord des rivières de l'Amérique septentrionale, & ensuite de ses montagnes.

L'Oregon ou la grande rivière de l'ouest, celle de Bourbon ou du port Nelson, qui tombe dans la baie d'Hudson; celle de *Saint-Laurent*, qui coule à l'est, & le Missisipi, qui se verse dans le golfe du Mexique, ont, à ce qu'on prétend, leurs sources sur un plateau qui n'a pas trente milles d'étendue : l'espace intermédiaire doit être la plus haute terre de l'Amérique septentrionale, d'où se prolongent des plans inclinés jusqu'aux embouchures de toutes ces rivières. On a placé cette haute terre à la latitude de 47 degrés, & à 98 degrés de longitude, en partant du méridien de Londres, entre un lac d'où coule l'Oregon, & un autre lac nommé le *lac de l'Ours blanc*, d'où sort le Missisipi.

Cette terre haute fait partie des montagnes brillantes qui appartiennent à la vaste chaîne qui traverse tout le continent de l'Amérique : on peut bien en placer le commencement à la terre de Feu. Les montagnes des environs du détroit de Magellan s'élèvent à une grande hauteur d'abord, ensuite elles forment, au travers des royaumes du Chili & du Pérou, une chaîne continue qui se maintient dans le voisinage de la mer du Sud. En plusieurs endroits leurs sommets sont les plus élevés qu'on connoisse à la surface de la terre : il n'y en a pas moins de douze, qui ont depuis deux mille quatre cents, jusqu'au-delà de trois mille toises au dessus du niveau de la mer. La plupart de ces montagnes sont des volcans, ou actuellement enflammes, ou anciennement éteints; & l'on doit dire que ces hauteurs sont un peu exagérées à la suite des éruptions des volcans : mais indépendamment de cela, la base de ces pics est fort élevée & forme une chaîne d'une hauteur très-considérable. Sur le côté oriental de cette longue chaîne est une plaine d'une vaste étendue en longueur & en largeur. Plusieurs rivières, & surtout celle des Amazones, rassemblent les eaux de cette plaine, &, parcourant ensuite l'intervalle des plans inclinés qui la séparent d'un autre système de plaines qui bordent le rivage de la mer, elle arrive au *Pongo*; ensuite elle coule sur un terrain plat, revêtu de forêts jusqu'à son embouchure, où elle ressemble à une mer qui communique à l'Océan atlantique.

Dans l'hémisphère septentrional, les *Andes*, qui sont le prolongement & la dégradation de la Cordillière du Pérou, traversent l'isthme étroit de

Panama, en se soutenant cependant à une hauteur considérable, & offrant dans certains endroits des têtes volcaniques, & entr'autres la montagne de Popocatepec.

Du royaume du Mexique cette chaîne se continue au nord & à l'est de la Californie; ensuite elle tourne tellement à l'ouest, qu'elle ne laisse que peu d'espace entr'elle & l'Océan pacifique, & souvent des branches détachées de cette chaîne vont former des promontoires saillans sur le bord de la mer. Le capitaine Coock a suivi cette chaîne & ses appendices dans sa visite de cette partie de la côte occidentale de l'Amérique septentrionale.

Une plaine riche en bois & en prairies, couverte de buffles, de cerfs, de daims de Virginie, d'ours & d'une grande variété d'autres animaux, occupe une prodigieuse étendue, depuis le grand lac du Canada jusqu'au golfe du Mexique, & en tirant vers l'est jusqu'à l'autre grande chaîne des Apalaches, qui sont les Alpes de cette partie de l'Amérique septentrionale. On peut supposer qu'elle commence vers le lac Champlain & le lac Georges, & qu'elle jette plusieurs branches qui s'avancent obliquement jusqu'à la rivière de *Saint-Laurent* à l'est, s'élevant ensuite au-delà du canal de ce fleuve, pendant que d'autres branches s'étendent en décroissant graduellement jusqu'à la Nouvelle-Ecosse.

D'un autre côté, la principale chaîne vient passer à travers la province de la Nouvelle-Yorck, où elle est distinguée par la dénomination de *hautes terres*, & situées à quarante milles de l'Océan atlantique; ensuite, à mesure qu'elle se prolonge vers le sud, elle s'éloigne de la mer. Cependant, dans la Caroline méridionale & dans la Virginie, elle est composée de plusieurs chaînes parallèles, divisées par de larges vallées, & généralement ornées d'une grande quantité de forêts. Ces chaînes parallèles s'élèvent graduellement de l'est à l'ouest, jusqu'à la chaîne centrale, d'où elles redescendent & se trouvent placées à des niveaux inférieurs vers l'ouest, dans les plaines immenses qui appartiennent au bassin du Mississipi.

La chaîne centrale est d'une masse & d'une élévation considérables: toutes ensemble, ces chaînes embrassent une largeur de soixante-dix milles. C'est à travers ces chaînes que de larges & nombreuses rivières se sont ouvert des passages multipliés, & qu'elles les coupent perpendiculairement, tant pour verser leurs eaux dans l'Océan atlantique, que dans le golfe du Mexique par le Mississipi. Ces mêmes rivières procurent aussi tous les avantages d'une navigation animée aux provinces qu'elles arrosent.

Au-delà de la branche des monts Apalaches, appelée *Monts sans fin*, il est une plaine d'une étendue très-considérable & presqu'aussi élevée que les montagnes elles-mêmes, & connue sous la dénomination des *hautes plaines*; c'est une terre extraordinairement fertile: elles commencent à la rivière de Mohock, s'étendent presque jusqu'au lac Ontario, & vers l'ouest elles se lient aux vastes plaines de l'Ohio, d'où elles s'étendent à une distance inconnue le long du bord occidental du Mississipi: de vastes rivières y prennent leurs sources, & coulent de là vers tous les points de l'horizon, c'est-à-dire, dans le lac Ontario, dans la rivière d'Hudson, dans la Delaware & la Susquehanna.

La marée de la rivière d'Hudson remonte très-loin dans son lit profond & même jusqu'à une très-petite distance de la source de la Delaware, qui, après un cours précipité sur une longue descente interrompue de tems en tems par des *rapides*, rencontre la marée assez près de son embouchure dans l'Océan.

Une grande étendue de basses terres situées entre le pied des Apalaches & la mer, surtout dans la Caroline & dans la Virginie, paroissent appartenir à la nouvelle terre: en mille endroits on trouve une suite d'éminences composées de coquillages, &, dans toutes les plaines, des lits de semblables dépouilles des animaux marins, mais qui n'appartiennent pas à la mer voisine actuelle: le tout est recouvert d'une couche épaisse de glaise & de marne, & enfin au dessus se trouve un lit de terre végétale très-productive.

Il ne faut pas pour cela considérer cette partie de l'Amérique comme ayant été récemment abandonnée par l'Océan; car il n'est pas douteux que cette nouvelle terre a été mise à sec en même tems que les pays d'une même composition, d'une même facture, & situés aux mêmes niveaux que celle-ci en Europe, &c.

On ne doit pas confondre non plus les vastes plaines du Mississipi avec ces parties de la nouvelle terre; car dans les premières on trouve toujours, en creusant, du sable & des coquilles de mer exactement semblables à celles qu'on trouve dans la mer actuelle, sur les rivages près de *Pensacola.* Ainsi ces dépôts appartiennent à la mer actuelle, & non à l'ancienne disposition de l'Océan lorsqu'il formoit la nouvelle terre par ses dépôts. Ce n'est que d'après ces principes qu'on peut prononcer sur l'époque de la formation de certaines parties de la surface de la terre, de leur découverte par la retraite de la mer, & enfin de leur habitation par les hommes & par les animaux. Ainsi les plaines de la Caroline & de la Virginie sont en état de recevoir des habitans depuis un aussi long tems que les plaines de la nouvelle terre, qui sont en Europe & en Asie, l'Amérique ayant été certainement découverte en même tems.

La matière qui compose les hautes montagnes d'Amérique est de même nature que celle dont sont formées les montagnes du nord de l'Asie: c'est le granit composé de feldspath, de quartz, de mica ou de schorl noir & ferrugineux. Près de la rivière de *Saint-Laurent*, cette pierre forme la base de toutes les éminences qui sont, quant à la partie supérieure, une suite de couches & de lits de pierres calcaires, feuilletées ou d'une certaine épaisseur. En descendant des montagnes de granit on trouve à leur pied des lits de pierres à chaux, remplis de cornes d'ammon & de différentes espèces de coquillages, particuliérement d'une petite espèce de pétoncle, avec plusieurs débris de coraux & de madrépores de diverses espèces. Les couches de pierre calcaire se montrent aussi près de la base des différentes parties de la chaîne centrale des Apalaches.

C'est dans des sortes de pierres graniteuses que se trouvent les mines de plomb & d'argent du Canada, comme elles se trouvent dans les parties septentrionales de l'Asie.

Au reste, l'Amérique septentrionale n'a pas été encore examinée & décrite méthodiquement & d'après certains principes par des physiciens & des naturalistes. La révolution de l'Amérique, jointe aux lumières des Anglo-Américains, nous donne les plus grandes espérances que cette riche & intéressante contrée sera la mieux connue de toute l'Amérique, & surtout mieux que toutes les possessions espagnoles.

AMÉRIQUE SEPTENTRIONALE.

I. L'Amérique septentionale anglaise comprend:
La Nouvelle-Bretagne.
Le Canada.
La Nouvelle-Ecosse.

LA NOUVELLE-BRETAGNE ou le pays situé aux environs de la baie d'Hudson, communément appelé *pays des Esquimaux*, comprenant aussi le *Labrador*, est bornée au nord par des terres inconnues & la Mer glaciale; à l'est, par l'Océan atlantique; au sud, par le fleuve *Saint-Laurent* & le Canada, & à l'ouest par des terres inconnues.

Les montagnes de ce pays, situees vers le nord, étant continuellement couvertes de neiges, les vents de cette région, les trois quarts de l'année, y causent, dans l'hiver, un degré de froid que l'on n'éprouve dans aucune autre partie du Monde à la même latitude.

Dans tout ce pays, la partie la plus fréquentée & la plus connue offre beaucoup de rivières, de détroits, de baies, de caps, & surtout des lacs, ou groupés avec les rivières, ou isolés.

Les principales baies sont celles d'Hudson & de James, & les détroits, ceux d'Hudson, de Davis & de Belle-Isle.

Quant aux rivières, nous indiquerons d'abord ici celles qui se jettent dans la pointe méridionale de la baie de James, & dont le cours est semé assez bizarrement de lacs.

Je trouve, en premier lieu, la rivière *Albany*, qui a deux embranchemens, lesquels prennent leur origine dans deux lacs; viennent ensuite les rivières *Berray*, *Mensi-Sipi* & d'*Abitibis*, qui se jettent dans un même golfe: la dernière sort des lacs du Labyrinthe & des Abitibis. Puis la rivière de *Franchman*, formée de la grande décharge du lac des *Mistassins* & du trop plein du lac *Nemiskau*.

Je dois ajouter ici que le lac des *Mistassins* en réunit deux autres dans sa partie méridionale, & reçoit au nord une rivière qui a plusieurs embranchemens semés de petits lacs, & dans l'intervalle desquels il y a un groupe de lacs isolés.

Enfin la sixième rivière qui se jette dans la baie de James est celle de *Slude*, qui reçoit avec un autre canal la décharge de huit lacs grands & petits, & enfile par autant de ruisseaux, dont un a plusieurs chutes.

En parcourant maintenant le pays compris entre le grand lac *Astchikounipi* & le fleuve *Saint-Laurent*, on trouve plusieurs rivières qui ont pour centres des lacs avec des affluentes plus ou moins alongées, qui sortent d'autant de petits lacs: outre cela, plusieurs lacs isolés sont dispersés dans les vides de ceux qui abreuvent les rivières. Il paroît en général que ces rivières, toutes d'un cours assez irrégulier, ont pour égoûts ou rendez-vous, d'un côté, le lac *Astchikounipi*, & de l'autre l'embouchure du fleuve *Saint-Laurent*.

Ainsi, par exemple, le lac *Astchikounipi* reçoit trois systèmes d'eaux courantes, semés de lacs enchaînés, qui occupent une grande partie de la Nouvelle-Bretagne; ils ont pour principes des lacs assez considérables: un de ces systèmes a pour centre le lac *Pirtibi*, qui verse également, & vers le nord, & vers le sud. Le dernier produit du sud est une rivière qui, avant de se rendre au fleuve *Saint-Laurent*, éprouve sept à huit chutes.

Si nous parcourons maintenant les rivières que reçoit l'embouchure du fleuve *Saint-Laurent*, nous y rencontrerons la rivière de *Sagenai*. Ce système d'eaux courantes, très-remarquable, a pour centre le lac *Saint-Jean*, qui reçoit trois grandes rivières semées de lacs & de chutes, & dont *Sagenai* est proprement la décharge avec beaucoup de chutes.

J'ajoute ici qu'à l'ouest des embranchemens du lac *Saint-Jean* est un fort grand bassin où sont dispersés plusieurs lacs liés ensemble, sans ordre, par un égal nombre de rivieres. Ce bassin est fermé exactement par des montagnes qui courent depuis le nord jusqu'au sud, en passant par l'ouest: il n'est ouvert que du côté de l'est. C'est aussi par-là que tous ces amas d'eau communiquent par une rivière avec les embranchemens du lac *Saint-Jean*.

On trouve aussi sur les limites du pays des Esquimaux le lac *Achouanipi*, entiérement isolé, qui est l'égoût de cinq rivières qui y affluent. En partant de là & se portant vers le sud on voit une longue suite très-nombreuse de flaques d'eau isolées.

Je reviens maintenant au bord de l'embouchure du fleuve *Saint-Laurent*, &, en partant des *trois rivieres* dont j'ai déjà parlé, je reconnois que presque toutes les rivières qui y affluent, & qui sont en très-grand nombre, prennent naissance dans des lacs, & en rassemblent plusieurs sans ordre dans leur cours, qui est fort irrégulier & plus ou moins alongé.

J'ai remarqué depuis long-tems que cette grande contrée de l'Amérique septentrionale, voisine du pôle nord, étoit semée de lacs & de rivières d'un cours assez irrégulier, & que ces phénomènes étoient assez semblables à ceux que nous offre la pointe septentrionale de l'Europe, comprise entre le 50e. & le 70e. dégré de latitude nord.

Il suffit de jeter les yeux sur ces deux contrées, pour être frappé de leur ressemblance : on y trouve également des eaux stagnantes & courantes, dont la marche incertaine ne paroît assujettie à aucune pente suivie : outre cela, des cataractes & des chutes fréquentes annoncent, dans l'un & l'autre pays, des inégalités multipliées, en sorte qu'on ne rencontre aucun pays aussi étendu, qui offre des lacs groupés & enfilés de la même manière. Au reste, je renvoie ici à l'article LAC, où je traiterai en détail de tous les points qui peuvent rendre cette comparaison intéressante.

VÉGÉTAUX. Ce pays est entiérement aride au nord de la baie d'Hudson : on n'y voit même plus de pins ni d'autres arbres verts, & la terre ne produit guère que de misérables arbrisseaux tout rabougris. Toute espèce de semence d'Europe, jetée dans ce dur climat, y a péri.

ANIMAUX. On trouve, dans ces contrées, des cerfs, des buffles, des loups, des renards, des castors, des loutres, des linx, des martres, des écureuils, des hermines, des chats sauvages & des lièvres. Parmi les oiseaux on y compte les oies, les outardes, les canards de différentes espèces, des perdrix, &c. Les poissons sont des baleines, des vaches marines, des veaux marins, des morues, & un poisson blanc, préférable au hareng. Dans les fleuves & les lacs se pêchent en abondance des brochets, des perches, des carpes & des truites.

Tous les animaux ont une fourrure serrée, douce & chaude. Dans l'été on remarque, comme dans les contrées du nord, un changement dans la couleur de leurs peaux; mais quand cette saison, qui ne dure guère que trois mois, est passée, ils prennent tous la livrée de l'hiver, & les quadrupèdes, ainsi que les oiseaux, prennent la couleur blanche. Un phénomène aussi remarquable, c'est que les chiens & les chats qui ont été transportés de l'Europe sur les côtes de la baie d'Hudson, ont, à l'approche de l'hiver, changé d'habit, & se couvrent d'un poil plus long & plus épais que celui qu'ils avoient apporté d'Angleterre.

CANADA. Cet Etat est borné au nord & à l'est par la Nouvelle-Bretagne & la baie d'Hudson; au sud, par la Nouvelle Ecosse, la Nouvelle-Angleterre & la Nouvelle-Yorck, & à l'ouest par des terres inconnues.

Le climat de cette province n'est pas fort différent de celui des colonies dont nous ferons mention; mais comme elle est plus éloignée de la mer & plus au nord qu'aucune de ces colonies, elle éprouve un hiver plus rigoureux : les étés y sont fort chauds, comme dans tous les pays de l'Amérique, qui ne sont pas situés trop au nord.

Quoique le climat soit froid & l'hiver fort long, le sol, qui en général est bon, produit plusieurs sortes de grains : le tabac même y croît bien & y est avantageusement cultivé. L'île d'Orléans, près de Quebec, ainsi que les bords du fleuve *Saint-Laurent* & des autres rivières, est remarquable par sa fertilité.

Les pays incultes de l'Amérique septentrionale renferment les plus grandes forêts du Monde; elles ne forment qu'un bois continu : rien n'est plus majestueux que ces amas d'arbres dont les sommets se perdent dans les nues, & où les espèces sont si variées, que les botanistes qui se sont donné le plus de peine pour en faire le dénombrement, n'ont pu en connoître la moitié. Nous renvoyons à l'article FORÊTS tous les détails qu'on a pu recueillir à ce sujet sur les forêts du Canada. Nous passons de là aux *fleuves* & aux *rivières*, pour continuer l'*hydrographie* de ces provinces de l'Amérique septentrionale.

Les *rivières* qui arrosent ce pays sont très-nombreuses, & plusieurs d'entr'elles ont un lit aussi large que profond : les principales sont la rivière des *Outawas*, qui sépare le Canada supérieur de l'inférieur; la *Chambley* ou *Sorelle*, qui reçoit les eaux du lac Champlain; *Lofwegatchée*, *Seguiney*, les *trois Rivières*, *Montmorency* & la *Chaudière*. Les deux dernières forment chacune une cataracte très-considérable : celle de la rivière Montmorency tombe d'une hauteur perpendiculaire de deux cent quarante pieds, sans rencontrer aucun obstacle dans sa chute : la largeur de la rivière au sommet de la cataracte n'est que de cinquante pieds. Les eaux produites par cette chute sont retenues dans un bassin creusé au milieu d'un rocher d'une seule pièce, d'où elles s'échappent continuellement & coulent dans le fleuve Saint-Laurent, qui n'en est éloigné que de trois cents pas au dessous de Quebec.

La hauteur de la cataracte qu'on voit dans le cours de la rivière de *la Chaudière*, n'est pas de moitié aussi grande que celle de Montmorency; mais sa largeur a plus de cent cinquante pieds : d'ailleurs, les environs en sont infiniment plus agréables.

Le fleuve *Saint-Laurent* peut être considéré comme prenant sa source dans le lac *Ontario*, &, se dirigeant ensuite au sud-est, il passe à Montréal, où il forme l'île de ce nom, après avoir reçu la rivière des *Outawas*, dix lieues au dessous de Montréal. En continuant le même cours il rencontre le flot du montant à plus de cent cinquante-trois lieues de la mer, où il est navigable pour de grands vaisseaux. Au dessous de Quebec, à cent sept lieues de la mer, il devient si large & si profond, que, dans la guerre du Canada, des vaisseaux de ligne contribuèrent à la prise de cette capitale. Après avoir reçu dans son cours une multitude de ruisseaux & de rivières, ce grand fleuve tombe dans l'Océan au cap des Roziers, où il a trente lieues de large, & où la mer est fort agitée. Dans son cours il forme une grande variété de baies, de ports & d'îles, dont plusieurs sont très-fertiles & d'un aspect agréable.

Le fleuve *Saint-Laurent* est le fleuve sur lequel il y ait des établissemens de quelque importance. Mais en jetant un coup d'œil dans l'avenir, on voit qu'il n'est pas impossible que le Canada & ces régions de l'ouest soient un jour en état d'établir un commerce considérable sur les grands lacs d'eau douce; & comme ce fleuve est l'issue naturelle de ces lacs, nous devons croire qu'il sera toujours le centre & le débouché de toutes les opérations commerciales de ce pays, parce que c'est le canal qui conduira toutes les denrées superflues à l'Océan atlantique.

NOUVELLE-ECOSSE. Cette province est bornée au nord par le fleuve *Saint-Laurent*, à l'est, par le golfe que forment l'embouchure de ce fleuve & la Mer atlantique; au sud, par la même mer & la Nouvelle-Angleterre, & à l'ouest par le Canada & la Nouvelle-Angleterre.

Toute cette contrée est arrosée par un grand nombre de rivières dont le cours est semé de lacs, comme celles du Canada, dont nous avons parlé à l'article de cette province. J'y vois d'abord *Penobscot*, la rivière de *Sainte-Croix* & celle de *Saint-Jean*, qui s'étendent jusqu'aux limites méridionales de la province de Quebec, & se jettent dans la baie de Fundi : elle est bornée au nord par ces mêmes limites, jusqu'à l'extrémité de la *baie de Chaleur*. Les rivières *Ristigouche*, *Miguaqua* & *Nipisignit* tombent dans le golfe *Saint-Laurent*.

Les mers qui baignent ces côtes sont, comme on voit, l'Océan atlantique, la baie de Fundi & le golfe Saint-Laurent : les petites baies sont, *Gaspé*, la *baie de Chaleur*, *Miramichi*, la *baie Verte*, la *baie de Chediboucttou*, celle de *Sainte-Marie* & la *baie des Iles*. Je pourrois encore multiplier ces indications, y ajouter les ports nombreux qui s'y trouvent, pour faire connoître les diverses dentelures que cette côte a éprouvées par l'action de l'Océan, qui en a détaché plusieurs îles, & surtout les îles *Saint-Jean* & *Royale*, &, pour achever de faire connoître tout ce que la terre a souffert de l'Océan, faire l'énumération des caps les plus remarquables, qui sont au nombre de plus de quinze à seize. Je finirai par indiquer, dans l'intérieur, environ une vingtaine de petits lacs qui tiennent aux rivières, & qui annoncent la même inégalité de terrain & la même distribution des eaux que nous avons décrite dans le Canada. Ainsi la Nouvelle-Ecosse doit être comprise dans la contrée voisine du pôle que nous offre l'Amérique septentrionale, que nous avons comparée à celle de la pointe nord de l'Europe, & que nous ferons reparoître à l'article LAC.

ANIMAUX. Les quadrupèdes font la partie la plus curieuse & jusqu'ici la plus intéressante de l'histoire naturelle du Canada : c'est à leurs dépouilles que l'Angleterre est redevable des matières premières de ses manufactures & de son commerce avec les pays que nous venons de décrire. Les animaux qui habitent les immenses forêts du Canada, & qui parcourent les contrées incultes de ce vaste continent, sont des cerfs, des daims, des ours, des renards, des martres, des chats sauvages, des furets, des belètes, des écureuils gris & de grande taille, des lièvres & des lapins. Les parties méridionales renferment un grand nombre de bœufs sauvages, de daims de la petite race, diverses espèces de chevreuils, de chèvres, de loups, &c. Les marais, les lacs & les étangs, qui sont fort nombreux dans ce pays, abondent en loutres & en castors, dont les blancs, qui sont fort rares, sont très-estimés, ainsi que ceux d'un beau noir. Le castor de l'Amérique, quoique ressemblant à l'animal connu en Europe sous ce nom, a plusieurs qualités qui le rendent le quadrupède le plus curieux que nous connoissions; il a près de quatre pieds de longueur, & pèse soixante à soixante-dix livres : les femelles ont ordinairement quatre petits par an, par quatre portées successives. Cet animal amphibie ne reste pas longtems dans l'eau; mais il ne peut vivre sans s'y baigner souvent. Il y a des castors de différentes couleurs, noirs, bruns, blancs, jaunes; mais on remarque que moins ils ont de poils & plus la couleur de leur peau est légère, moins le climat qu'ils habitent est rigoureux. Outre la fourrure, ce précieux animal produit le *castoreum* contenu dans des sacs intérieurs au bas-ventre : on connoît la valeur de cette drogue.

Le rat musqué est le diminutif du castor auquel il ressemble, excepté par la queue : il pèse environ cinq à six livres, & fournit du musc très-fort.

L'élan est de la grandeur du cheval ou du mulet : sa couleur est un mélange de gris léger & de rouge foncé. Il recherche les pays froids; & quand l'hiver ne lui fournit pas d'herbe, il ronge l'écorce des arbres.

Le buffle, espèce de taureau sauvage, ressemble assez à ceux d'Europe; il a le corps couvert d'une espèce de laine noire fort estimée. Les cuirs du buffle sont aussi doux & aussi maniables que ceux du chamois; mais si forts, que les boucliers qui en sont formés & dont les Indiens font usage, résistent en quelque sorte à une balle de fusil.

Le chevreuil du Canada ne diffère en aucune chose de celui d'Europe. Les loups sont rares au

Canada, mais ils fourniſſent les meilleures fourrures du pays. Les renards noirs ſont fort eſtimés & fort rares, mais ceux des autres couleurs ſont très-communs : il y en a ſur le Haut-Miſſiſſipi, qui ſont de couleur d'argent, & d'ailleurs très-grands. Ils ſe nourriſſent d'oiſeaux aquatiques.

Le putois du Canada a l'eau de la plus grande blancheur. La nature ne lui a donné aucun autre moyen de défenſe que ſon urine, qui eſt d'une odeur inſupportable. Le rat des bois du Canada a une belle couleur d'argent, avec une queue touffue; il eſt deux fois auſſi gros que celui d'Europe: la femelle a ſous le ventre une poche qu'elle ouvre & ferme à volonté, & quand elle eſt pourſuivie elle y met ſes petits.

Il y a trois eſpèces d'écureuils. Celui qui a le nom de *volant* ſaute de quarante pas d'un arbre à l'autre : ce petit animal s'apprivoiſe aiſément. Le porc-épic eſt un peu au deſſous d'un chien de moyenne taille. Les lièvres & les lapins diffèrent très-peu de ceux d'Europe; ſeulement ils deviennent gris dans l'hiver.

Il y a en Canada deux eſpèces d'ours, l'un rougeâtre, & l'autre noir; mais la première eſt la plus féroce & la plus dangereuſe : il n'y a rien que les Indiens ne faſſent avec plus de ſolennité que la chaſſe aux ours, & l'alliance d'un fameux chaſſeur d'ours, qui en a tué pluſieurs en un jour, eſt fort recherchée : la raiſon en eſt que cette chaſſe donne à une famille de la nourriture & des vêtemens.

Les oiſeaux qui dominent dans ces contrées ſont des aigles, des faucons, des vautours, des perdrix griſes, rouges & noires, & des outardes. Les beccaſſines & autres oiſeaux aquatiques y ſont très-abondans : on y diſtingue vingt-deux eſpèces de canards, auxquelles il faut ajouter un grand nombre de cignes, d'oies, de ſarcelles, de poules d'eau, de grues & d'autres oiſeaux de même genre. On y trouve des grives & des chardonnerets; mais le principal oiſeau qui brille pour le chant eſt l'*oiſeau blanc*, remarquable comme notre roſſignol, en ce qu'il annonce le retour du printems.

Parmi les reptiles de ce pays, il ſuffit d'indiquer le ſerpent à ſonnettes, qui eſt connu & redouté en Amérique comme la vipère la plus dangereuſe.

Quelques voyageurs penſent que les pêches du Canada, dans des tems favorables, fourniroient aux habitans de plus grandes reſſources que le commerce des peaux. Le fleuve *Saint-Laurent* eſt peut-être le fleuve du Monde qui renferme la plus grande variété & la plus grande abondance des meilleures eſpèces de poiſſons. D'ailleurs, les autres rivières & les lacs en ſont également pourvus. Mais en général nous pouvons dire que, tant ſur les bords de la mer que dans l'intérieur du pays, on peut pêcher des loups de mer, des vaches marines, des marſouins, des *lencornets*, des plies, des ſaumons, des truites, des tortues, des écreviſſes, des eſturgeons, des *archigaux*, des dorades, des thons, des aloſes, des lamproies, des éperlans, des congres, des maquereaux, des ſoles, des harengs, des anchoix & des pélamides. La vache marine eſt plus groſſe que le loup de mer : elle a deux dents de la groſſeur & de la longueur du bras d'un homme, qu'on peut tourner comme l'ivoire. Les marſouins du fleuve *Saint-Laurent* donnent beaucoup d'huile, & de leurs peaux on fait des veſtes qui ſont à l'épreuve des balles de fuſil. L'eſturgeon eſt à la fois un poiſſon de mer & d'eau douce, que l'on prend ſur la côte du Canada & dans les lacs; il a huit à douze pieds de longueur, & eſt gros en proportion. L'archigau & la dorade ſont des poiſſons qui ſe pêchent ſurtout dans le fleuve *Saint-Laurent*.

Quelques rivières de ce pays ont une eſpèce de crocodile qui ne diffère que fort peu de celui du Nil.

On y a tranſporté pluſieurs eſpèces de quadrupèdes & d'oiſeaux d'Europe, & ils y ont réuſſi.

Vers la fin de mars le poiſſon commence à frayer, & il remonte dans les rivières en grandes troupes. Le hareng vient en avril; l'eſturgeon & le ſaumon en mai. Mais nous devons citer ici, relativement aux pêches de la Nouvelle-Ecoſſe, la côte du *Cap de Sable*, le long de laquelle eſt une chaîne continue de bancs de ſable, où l'on pêche la morue.

Quant à ce qui concerne les îles voiſines de l'Amérique angloiſe, nous renvoyons à leurs articles. (*Voyez* TERRE-NEUVE, CAP-BRETON & SAINT-JEAN.)

ÉTATS-UNIS DE L'AMÉRIQUE.

États-Unis du nord.

II. Ces Etats comprennent :

La Nouvelle-Angleterre.
Vermont.
New-Hampshire.
Main.
Maſſachuſſets.
Rhode-Iſland.
Connecticut.

NOUVELLE-ANGLETERRE. Cette contrée eſt ſituée entre le 41ᵉ. & le 46ᵉ. degré de latitude nord, & entre 1 degré 30 minutes, & 8 degrés de longitude eſt de Londres : elle eſt bornée au nord par le Bas-Canada; à l'eſt, par la province de New-Brunſwick & l'Océan atlantique, qui la termine auſſi au ſud, & à l'oueſt elle a pour limites l'Etat de New-Yorck.

Le climat de la Nouvelle-Angleterre eſt très-ſain : il y a beaucoup de vieillards. Les vents d'oueſt, de nord-oueſt & de ſud-oueſt ſont ceux qui y règnent le plus ſouvent; les vents d'eſt & de nord-eſt ſoufflent le plus ſouvent ſur les côtes : ils ſont peſans & déſagréables.

Les

Les vents soufflant des mêmes plages n'ont point le même caractère météorologique dans l'Amérique septentrionale & en Europe. Dans la Nouvelle-Angleterre les vents d'est & de nord-est sont pesans & désagréables, c'est-à-dire qu'ils ont le caractère des vents d'ouest d'Europe, lesquels à leur tour, & particuliérement le sud-ouest, sont pluvieux en France. La cause de cette différence est facile à concevoir; elle dépend certainement de la situation relative des mers, par rapport aux continens. Le vent d'est & de nord-est est un vent de mer pour l'Amérique, & ce vent, au contraire, ne souffle en Europe qu'après avoir parcouru un vaste continent. Le vent d'ouest & de sud-ouest apporte en Europe les vapeurs de l'Océan & de la Méditerranée; mais il est pour l'Amérique septentrionale un vent de terre aussi sec que le nord-est doit l'être en Europe, parce qu'il ne leur arrive qu'après avoir traversé tout le continent de l'Amérique septentrionale.

Le tems, dans la Nouvelle-Angleterre, quoique plus variable qu'en Canada, l'est sensiblement beaucoup moins que dans les Etats du centre, & surtout que dans ceux du sud. Le thermomètre de Réaumur varie depuis 9 degrés au dessous de la glace, jusqu'à 30 au dessus de zéro, c'est-à-dire, depuis 20 degrés de Farenheit au dessous de la glace, jusqu'à 100 au dessus; & la moyenne de la température est de 48 jusqu'à 50 degrés, c'est-à-dire, 7 & demi & au dessus du thermomètre de Réaumur.

L'atmosphère est habituellement d'une sécheresse remarquable, & l'on attribue à cette circonstance la facilité avec laquelle on y supporte les grandes chaleurs.

Il tombe annuellement dans cette contrée quarante-deux pouces d'eau, tandis qu'en Angleterre il n'en tombe que vingt-quatre, & en France, que dix-huit. Cependant on s'y plaint plus de la sécheresse que dans les contrées de l'Europe. L'hiver commence ordinairement au milieu de décembre, & les bestiaux sont nourris dans les étables, depuis le 20 novembre jusqu'au 20 mai, dans les contrées septentrionales de la Nouvelle-Angleterre, & un peu moins long-tems dans les méridionales. Dans ce pays on a observé des gelées légères tous les mois, pris sur différentes années.

La Nouvelle-Angleterre est un pays inégal, montueux & fort élevé au dessus du niveau de la mer; cependant les montagnes n'y sont pas hautes, & la direction de leurs chaînes sensiblement parallèles paroît assez constamment du nord au sud.

Les vallées qui varient en largeur, depuis deux milles jusqu'à vingt, sont traversées par de fort grandes rivières où viennent se joindre de nombreux ruisseaux.

Les inégalités du terrain, dans celles de ces grandes vallées qui sont encore couvertes de bois épais, présentent du sommet des montagnes un spectacle qui, aux yeux d'un naturaliste instruit, annonce le travail des eaux courantes. Il n'y a que les ignorans qui peuvent y voir, d'après les idées de Buffon, les effets d'une mer orageuse. En général le sol des vallées est gras & productif; les plaines du voisinage de la mer sont sablonneuses. Plusieurs montagnes offrent de grandes ressources aux cultivateurs, pour un grand nombre de productions, par la variété des *abris* : on voit de ces montagnes qui, dans ces circonstances, sont cultivées jusqu'au sommet.

Les grandes rivières de la Nouvelle-Angleterre sont, la *Penobscot*, la *Kenebeck*, l'*Amerifcoggin*, la *Saco*, la *Merimack*, la *Connecticut*, la *Housatonick* & la rivière d'*Onion*.

Les prairies sont une très-grande partie de la culture de la Nouvelle-Angleterre : presque tous les bords des ruisseaux nombreux qui se jettent dans les rivières principales des vallées, sont garnis de riches prairies. Les terrains plus élevés produisent des trèfles & des paturages excellens : aussi la Nouvelle-Angleterre fournit-elle les plus beaux bestiaux de l'Amérique septentrionale; car on a tué des bœufs dans Rhode-Island & Connecticut, qui pesoient jusqu'à deux mille cinq cents livres. L'éducation des moutons devient chaque jour l'objet des habitans de ce pays.

Vermont. Les bornes de l'Etat de Vermont sont, au nord, le Bas-Canada; à l'est, la rivière de Connecticut; au sud, Massachussets; à l'ouest, l'Etat de New-Yorck. Les montagnes vertes, dont le pays tire son nom, le séparent en deux parties presque égales.

La ligne des montagnes vertes se prolonge à distance à peu près égale, c'est-à-dire, de vingt à trente milles entre le lac Champlain & la rivière de Connecticut. Les parties les plus élevées conservent de la neige jusqu'au mois de mai, quelquefois en juin, pendant que leur pente du côté de l'ouest est couverte d'arbres toujours verts.

La neige tombe quelquefois dans ces contrées dès le commencement de novembre; mais ce n'est que vers le 10 décembre qu'elle couvre la terre d'une manière permanente, & empêche la gelée de pénétrer à une grande profondeur. La neige fond au retour de la saison & au mois d'avril, & pour lors les progrès de la végétation se montrent d'une rapidité surprenante.

Les rochers sont aussi rares dans l'Etat de Vermont, que les montagnes & les collines y sont communes. La culture ne s'étend guère à une grande distance des rivières; ce qui prouve que la température nécessaire à la végétation ne se trouve actuellement que dans le fond des vallées. C'est cette considération qu'il ne faut pas perdre de vue si l'on veut prendre une idée générale de la température des contrées de l'Amérique septentrionale, à mesure que la culture & la population y prennent des accroissemens successifs.

New-Hampshire. Cet Etat est borné au nord

par le Bas-Canada; à l'est, par le district de *Main* & l'Atlantique; au sud, par l'Etat de Massachussets; à l'ouest, par la belle rivière de Connecticut.

Cet Etat, sur dix-huit milles de côtes, n'a qu'un seul port à l'embouchure de la *Piscataqua*. La côte est basse & ne présente que des plaines plus ou moins sablonneuses, à la distance de vingt à trente milles de la mer. Quatre chaînes de montagnes redoublées à des distances inégales se présentent en amphithéâtre dans cet Etat. La principale chaîne se prolonge & s'élève de plus en plus vers le nord, en séparant les eaux du bassin de la *Connecticut* de ceux où coulent les rivières de *Merrimack* & de *Saco*. Les pays situés à l'ouest de cette chaîne donnent d'excellens paturages qui règnent sur les bords de la *Connecticut*. La montagne de Monadnock, qui appartient à la grande chaîne, est élevée de trois mille deux cent cinquante-quatre pieds au dessus du niveau de la mer. Celle d'*Ossapi* fait éprouver à ses habitans le singulier phénomène de coups de vent furieux & subits, qui sont quelquefois assez violens pour enlever les toits des maisons.

Les montagnes blanches sont probablement les plus élevées des Etats-Unis : on les voit à la distance de quatre-vingts milles. On assure qu'on les voit depuis les environs de Quebec. Les sauvages ont une ancienne tradition qui dit que le pays fut submergé, & que Powaw & sa femme furent préservés des flots sur le sommet le plus élevé de ces montagnes. Ils ont conservé une vénération superstitieuse pour ces lieux elevés, dont les neiges défendent l'accès, & s'interdisent toute tentative pour y pénétrer. Les plaines qui forment la base de cette masse énorme de montagnes n'ont pas moins de soixante milles de circuit, & les croupes qui en tracent l'enceinte sont encore couvertes d'épaisses forêts. Parmi les nombreux sommets qui se découvrent au loin, le mont *Washington*, l'un des plus apparens, est accessible. Une pente égale de dix milles de longueur conduit de la plaine de *Pigvacket* aux hauteurs où se partagent les eaux de la *Saco*, qui coulent au sud, & celles de l'*Amerifcoggin*, qui coulent vers le nord. Ce sommet ou point de partage des eaux est estimé de trois mille pieds au dessus du niveau de la mer. On monte de là par une arête rapide, au milieu des bois de sapin, sur une mousse verte, épaisse & longue, qui réunit les fragmens des rochers, & peut supporter le poids d'un homme. Ces rochers n'offrent aucune pierre calcaire : ce sont des *schistes* d'abord, puis des *pierres quartzeuses* & du *quartz* mêlé de *mica* lorsqu'on approche du sommet. Il faut cinq à six heures de marche pour parvenir au sommet le plus élevé. C'est une plaine assez étendue & couverte de bruyères. C'est dans ce plateau que s'élève un pic de rochers granitiques, nommé le *Pain de sucre*, à la cime duquel on peut parvenir en une heure & demie. Le voyageur qui a la force & la persévérance nécessaires pour atteindre cette hauteur, est bien dédommagé par le spectacle qui s'offre à sa vue : au sud-est, à la distance de soixante-cinq milles, il découvre l'Océan; au nord & à l'ouest sa vue s'étend jusqu'à la chaîne des montagnes de Vermont; au sud, enfin, elle domine sur toutes les montagnes du Hampshire, jusqu'au lac *Vinipiscoggée*. La hauteur de ce beau point de vue a été estimée à environ dix mille pieds au dessus du niveau de la mer.

Les neiges de ces masses énormes, qui composent les montagnes blanches, sont les inépuisables reservoirs des grands fleuves qui en découlent. Les eaux, dont la réunion contribue à les former, offrent, dans leur cours & dans leurs chutes au travers des bois epais, parmi les rochers culbutés & déplacés, mille accidens divers, qu'on peut cependant rapporter toujours au travail des eaux elles-mêmes. La nature a tout fait sur une grande échelle dans ces contrées sauvages, comme partout ailleurs dans les pays des grandes montagnes.

La chaîne de ces montagnes présente, dans la partie de l'ouest, un passage nommé *le Notch* : c'est un défilé étroit & profond, entre des rochers à pic ou à côté d'un ruisseau qui le resserre encore : on a pratiqué une route qui communique au district des *Upper-coos*. Ce passage ouvre un débouché pour pénétrer dans le Canada.

Cinq des plus grandes rivières de la Nouvelle-Angleterre ont leur source dans le New-Hampshire; savoir : la *Connecticut*, l'*Amerifcoggin*, la *Saco*, la *Merrimack* & la *Piscataqua*.

La *Connecticut* prend sa source entre le district de Main & le Canada; coule d'abord vers le sud-ouest, puis au sud : elle reçoit des montagnes du Hampshire sept rivières plus ou moins considérables, dont quelques-unes arrosent des cantons très-fertiles, principalement des prairies. Dans l'espace qui sépare les Etats de Vermont & de New-Hampshire, la *Connecticut* a deux grandes chutes, à l'une desquelles, *Bellow's Fall*, on a formé des écluses.

L'encaissement étroit de la rivière au dessus de cette chute est une masse de rochers, qui sépare le canal en deux parties; ce qui a facilité la construction d'un pont de bois de trois cent soixante-cinq pieds de longueur. C'est dans ce lieu que les pêcheurs se suspendent pour prendre le saumon qui a remonté le courant, malgré l'excessive rapidité de la chute.

La *Merrimack* prend sa source dans les montagnes blanches, & se jette dans l'Océan à *Newbury*. Dans un cours de quatre-vingt-dix milles elle reçoit douze rivières latérales, & sa navigation est embarrassée par trois chutes considérables; c'est sur ces chutes qu'on s'est attaché à construire des ponts de bois.

A l'endroit où la *Coutoo-Coock* se jette dans la *Merrimack*, on voit une petite île célèbre par tion courageuse d'une femme qui tua huit sauvages qui l'avoient enlevée. Le cours entier de la *Piscataqua* se trouve renfermé dans le New-Hampshire, qu'elle sépare du district de Main : sa source est dans les environs de Vakefield, d'où elle coule l'espace de quarante milles au sud-sud-est, jusqu'à la mer, en recevant plusieurs rivières, & changeant plusieurs fois de nom : son embouchure s'unit près de la mer à un grand nombre de baies, où la marée pénètre abondamment.

Les principaux lacs du New-Hampshire sont ceux de *Vinipiscoggée*, de *Squam*, de *Sunnapée* & d'*Ossapée*. Le premier est le plus considérable ; il a environ cinquante milles de circuit : sa navigation est facile, & même la communication est aussi très-active entre les villes qui l'entourent, au moyen des traîneaux, pendant les trois mois que la glace le recouvre.

Les bords des rivières qui, dans cet Etat, sont sujètes à des inondations abondantes & réglées, sont les parties les plus fertiles de toutes les contrées de cet Etat. Le sol des vallées même, formé par les avalaisons des pluies, est en général riche & profond. Toutes les productions de Vermont sont cultivées avec succès dans le New-Hampshire; cependant les arbres fruitiers y réussissent beaucoup mieux.

MAIN (*District de*). Il est borné au nord par le Bas-Canada; à l'est, par la rivière de *Sainte-Croix* & une ligne qui se dirige au nord, depuis la source de cette rivière, jusqu'aux montagnes nommées *Highlands ;* au sud, par l'Océan atlantique ; à l'ouest, par le New-Hampshire.

Quoique le district de *Main* soit un pays élevé, il n'est pas proprement montueux : la plus grande partie est propre à la culture des grains, & excessivement fertile, particuliérement les terrains compris entre les rivières de *Penobscot* & de *Kenebeck*. Les terres du voisinage de la mer sont d'une qualité fort inférieure ; mais elles jouissent, comme par compensation, de l'avantage des engrais que donnent fort abondamment certains varechs qui croissent sur les bords de la mer, dans toute la partie recouverte par la marée. Le desséchement des marais & des étangs procure un sol gras & riche. Le climat ne diffère pas, au reste, de celui du reste de la Nouvelle-Angleterre ; mais il est moins variable. Pendant trois mois & demi la permanence de la neige & des glaces permet l'usage des traîneaux. Si la végétation du printems est moins hâtive que dans les Etats plus au sud, elle a un développement bien accéléré. L'élévation du pays, le nombre & la qualité des végétaux, le grand nombre de ruisseaux & de rivières & la constance de la température font de cette contrée un pays très-sain.

Sur deux cent quarante milles de côtes, le district de *Main* présente un grand nombre de ports sûrs & commodes. Les rivières y sont en grand nombre : la *Penobscot*, la *Kenebeck*, l'*Amerifscoggin* & la *Saco* sont les plus considérables. La première prend sa source dans les montagnes qui bordent le Canada, & à vingt milles seulement du point de partage des eaux qui coulent dans le fleuve *Saint-Laurent ;* sa navigation est coupée par une chute qui est à cinquante milles de la mer : son cours est navigable pour les bateaux dans un espace de treize milles. Enfin, depuis l'endroit où la marée est sensible, jusqu'à la mer, c'est-à-dire, dans un espace de cinquante-cinq milles, les vaisseaux de trente tonneaux y naviguent en sûreté.

La *Kenebeck*, plus considérable encore, prend sa source dans la même ligne de montagnes, près de la rivière *Chaudière*, qui coule dans le fleuve *Saint-Laurent*. Les vaisseaux de cent cinquante tonneaux la remontent à quarante milles. L'*Androscoggin*, qui prend sa source dans les montagnes blanches, n'est en quelque sorte qu'une branche occidentale de la *Kenebeck*, dans laquelle elle se jette à vingt milles de la mer. La *Saco* ne peut être remontee par les vaisseaux qu'à six milles de l'Océan. La chute qui barre la navigation à cette distance est garnie de moulins à scie, qui débitent en planches les sapins flottés que la rivière apporte de très-loin. Parmi les nombreuses baies qui garnissent la côte, celles de *Penobscot* & de *Casco* offrent les ports les plus sûrs & les plus étendus.

Le froment, le seigle, l'orge, l'avoine, le lin, le chanvre, ainsi que les légumes, réussissent également bien. Excepté les comtés d'Yorck & de Cumberland, où les fruits sont abondans, il paroît que les vergers ont peu de succès dans cette province. Les pins & les sapins de diverses espèces, le chêne, l'orme, le bouleau & l'érable à sucre sont les principaux arbres des forêts. Les rivières abondent en poissons, principalement en saumons & aloses, & en oiseaux d'eau du genre des canards. Les bêtes fauves du genre des daims sont en très-grand nombre dans les bois.

MASSACHUSSETS (*Etat de*). Il est borné au nord par le district de Vermont & le New-Hampshire ; à l'est, par la mer ; au midi, par la mer, Rhode-Island & Connecticut ; à l'ouest, par l'Etat de New-Yorck.

Le cap *Cod*, ainsi nommé à cause de la grande quantité de morues que produit la mer dans son voisinage, mérite attention ; c'est une langue de terre, étroite, de soixante-quinze milles de longueur, qui se replie du côté du continent. A la pointe de ce crochet on trouve *Province-Town*, dont le port offre aux vaisseaux un abri sûr, & que la pêche de la morue occupe uniquement. Chaque maison de cette ville singulière est soutenue sur des piles, de manière que les sables chassés par le vent qui souffle de la mer peuvent passer par-dessous. Sans cette précaution elles en seroient bientôt recouvertes. Le sol du pays adjacent n'offre que des monticules ou dunes composées d'un sable blanc, & qui changent de place au gré des vents. La végétation y est presque nulle, & les habitans de la ville dépendent absolument, pour leur subsistance, du marché de Boston.

En s'éloignant de la pointe du Cap on trouve des bois de sapins, sur lesquels l'accumulation des sables gagne journellement. Qu'on se représente des vagues de sables, dont les extrémités inférieures touchent à la mer, & dont les parties élevées recouvrent les arbres, & qui s'avancent lentement & constamment pour engloutir les bois qu'elles laissent dans un état de desséchement complet derrière elles, & l'on aura une idée de ces effets produits par l'inondation des sables.

Les îles sont nombreuses sur la côte, principalement dans la baie de Massachussets : plusieurs d'entr'elles, sans aucune ressource de culture, sont peuplées de pêcheurs. L'Etat de Massachussets, ainsi que tous les pays montueux & fort arrosés, présente une grande variété d'aspects. La qualité du sol n'est pas moins variable : elle offre toutes les nuances, depuis le plus stérile jusqu'au plus riche. Les productions du pays sont le blé, le seigle, le maïs, l'orge, l'avoine, le chanvre, le lin, les pommes de terre, les pois, les féves, les pommes, les pêches, les prunes. La proportion moyenne des produits de la bonne culture, dans les meilleurs cantons, sont de quarante mesures d'avoine, de trente d'orge, de vingt de blé, de trente de seigle, & de cent de patates par acre.

Les mines de fer sont communes dans cet Etat, & quelques-unes sont abondantes : on a découvert aussi des mines de cuivre & de plomb, qui pourront s'exploiter par la suite.

Rhode-Island & Providence. L'Etat de Rhode-Island est borné au nord & à l'est par l'Etat de Massachussets ; au sud, par l'Océan, & à l'ouest par l'Etat de Connecticut.

L'île de Rhode, qui donne le nom à l'Etat, est située, ainsi qu'un grand nombre d'autres îles, dans la grande baie de *Naraganset;* elle a treize milles de long sur une largeur moyenne de quatre milles ; elle se divise en trois arrondissemens ; savoir : celui de *Newport* & ceux de *Portsmouth* & de *Midletown*. La situation, le sol & le climat font de cette île une contrée délicieuse. On compte que cette île nourrit trente à quarante mille moutons.

Les trois autres îles remarquables de la baie de *Naraganset* sont celles de *Connecticut*, de *Prudence* & de *Block-Island*.

Les terres de cet Etat sont en général plus propres aux prairies & aux fruits, qu'à la culture des grains. Le commerce des bestiaux, des fromages & du beurre occupe surtout la partie qu'on nomme *Naraganset-Contry :* la partie du nord-ouest de cet Etat est généralement stérile & peu habitée.

Les principaux articles d'exportation de Rhode-Island sont les bois, les chevaux, le bétail, le bœuf salé, le porc, le poisson, la volaille, le beurre, les fromages, la graine de lin & les étoffes de coton.

Connecticut (*Etat de*). Il est borné au nord par Massachussets ; à l'est, par Rhode-Island ; au sud, par le détroit qui le sépare de Rhode-Island ; à l'ouest, par l'Etat de New-Yorck.

Quoiqu'exposé à différens degrés de chaleur & de froid, & par conséquent à des changemens assez brusques de température, l'Etat de *Connecticut* est très-salubre. Les vents de nord-ouest, qui règnent souvent en hiver, sont froids & glacés ; mais dans cette même saison l'air est pur, & le ciel serein. La plus grande partie de ce pays, coupé de rivières, de montagnes & de vallées, offre un sol fertile & très-substantiel. Dans quelques cantons la terre légère, peu profonde, est d'un très-petit rapport. Le pays produit peu de froment, mais beaucoup d'orge, d'avoine, de maïs, de lin, de chanvre, des légumes & toutes sortes de fruits ; mais les principaux objets de revenus sont les prairies. On a calculé qu'une étendue donnée des bons prés de Connecticut rend un profit double d'un espace de terrain semblable, cultivé en froment dans les meilleurs cantons de New-Yorck. Les bœufs, les porcs, les fromages & le beurre de *Connecticut* sont d'une très-bonne qualité.

On trouve dans cet Etat des mines de cuivre, de plomb & de zinc, mais qui ne sont pas exploitées : celles de fer, qui sont fort abondantes dans diverses contrées, sont travaillées avec activité.

Les principaux ports de cet Etat sont ceux de *New-London* & de *New-Haven*. La rade de *New-London*, depuis le fanal qui est à son entrée, jusqu'à la ville, a trois milles de longueur sur une largeur moyenne de trois quarts de mille : elle a partout cinq à six brasses d'eau & un fond de bonne tenue. Le port de *New-Haven* est fort inférieur : la rade a quatre milles de long, mais très-peu de profondeur.

Etats-Unis du centre.

III. Ces Etats comprennent :
New-Yorck.
New-Jersey.
Pensilvanie.
Delaware.
Ohio nord-ouest.

New-Yorck. Cet Etat est borné au sud-est par l'Océan ; à l'est, par le Connecticut, Massachussets & Vermont ; au nord, par le Canada ; au nord-ouest, par le Saint-Laurent & les lacs Erié & Ontario ; au sud-ouest & au sud, par la Pensilvanie & New-Jersey.

La rivière d'*Hudson* est une des plus grandes & des plus belles des Etats-Unis : elle prend naissance dans les montagnes qui séparent le lac Ontario du lac Champlain ; elle coule d'abord au sud-est, passe à six milles du lac Georges ; elle reçoit la *Socondaga*, puis la *Mohawk*, & se dirige ensuite presque uniformément vers le sud, jusqu'à la mer, où elle se jette dans la baie de New-Yorck. Sa longueur totale est de deux cent cinquante milles ; elle n'éprouve de chutes qu'entre le lac Georges & Albany. Dans ce trajet, qui est de cinquante-cinq milles, elle est navigable pour les bateaux, au moyen de deux portages d'un demi-mille chacun. Le lit de cette belle rivière est un canal uniformément large & profond, creusé suivant une direction régulière au milieu de rochers élevés à travers même des chaînes de montagnes, & dont le niveau, sensiblement égal, permet à la marée de remonter au dessus d'Albany, c'est-à-dire, à plus de cent soixante milles de la mer. Les *sloops* de quatre-vingts tonneaux naviguent jusque-là, & les vaisseaux de toute grandeur parcourent ce canal dans un espace de cent trente milles. Il est aisé de voir de quel avantage cette rivière peut devenir par la communication qui en peut résulter avec les lacs. On ouvre actuellement un canal qui pourra par la suite établir une navigation entre cette rivière & le lac Champlain par *Sonthbay*. On pêche abondamment, dans la rivière d'Hudson, une grande variété de bons poissons.

La *Savanak* prend sa source dans les montagnes entre le fleuve *Saint-Laurent* & le lac Champlain, où elle va se jeter en passant par Platsbourg. On y trouve le saumon, le brochet & la truite en abondance.

Black-River prend sa source dans le voisinage de *Canada-Creek*, qui se jette dans la *Mohawk*. Cette rivière, qui reçoit les bateaux depuis le fleuve *Saint-Laurent* jusqu'à sa seconde cascade, dans un espace de soixante milles, est surtout remarquable, en ce qu'elle est la seule navigable d'entre celles qui prennent leur source dans les Etats-Unis, & qui se jettent dans ce grand fleuve. Cette circonstance doit singuliérement favoriser les établissemens qui se font maintenant sur les bords de cette rivière.

La rivière d'*Onondago* sort du lac *Oneida*, & coule vers l'ouest, jusqu'à *Oswego*, sur le lac Ontario : à un portage près les bateaux naviguent d'un lac à l'autre, & remontent par *Vood-Creeck*, jusqu'auprès du fort Stanwix. De ce fort, au moyen d'un portage d'un mille, on peut communiquer à la *Mohawk*.

La rivière de *Mohawk* prend sa source à huit milles de *Black-River*. Après un cours de vingt milles vers le sud, elle change de direction au fort Stanwix, & coule l'espace de cent dix milles à l'est, jusqu'à la rivière d'Hudson. Les denrées qui descendent par la Mohawk à Shenectady se transportent ensuite par terre l'espace de seize milles, jusqu'à Albany. Excepté une chute à cinquante-six milles au dessus de Shenectady, & qui oblige à un portage d'un mille, la Mohawk est navigable depuis cette ville jusqu'à sa source. A la distance de trois milles de la rivière d'Hudson, elle éprouve une cataracte qui, par sa hauteur & la grande masse de ses eaux, présente un spectacle imposant. On doit rendre praticable par des écluses la navigation, depuis Shenectady jusqu'aux lacs *Ontario* & *Seneca*. Au moyen de cette opération, une étendue de mille milles de rivages, sans y comprendre les lacs, pourra être arrosée par des canaux navigables, & les établissemens qui se formeront dans ces contrées trouveront toutes les facilités pour le débit avantageux de leurs denrées. La *Delaware* sort du lac *Usta-Yantho*, coule au sud-ouest, puis au sud-est, en séparant l'Etat de New-Yorck de la Pensilvanie, & enfin ce dernier Etat de celui de New-Jersey, jusqu'à son embouchure dans la baie qui porte son nom.

La *Susquehanna*, navigable pour les bateaux dans tout son cours, sort du lac *Otsego*, & se dirige dans le sud-ouest ; elle coupe trois fois la ligne qui sépare la Pensilvanie de New-Yorck, &, immédiatement après avoir quitté cet Etat, elle reçoit la rivière de *Tyoga* : celle-ci, qui peut se remonter par les bateaux à cinquante milles, prend sa source dans les Alleganys, sous le 42e. degré.

La *Seneca* prend sa source dans le canton de ce nom ; elle coule vers l'ouest, reçoit les eaux des lacs *Seneca* & *Cayuga*, & enfin finit par se réunir à la rivière d'*Onondago*.

On trouve enfin dans le comté d'Orange, au nord des montagnes, une étendue de prairies unies d'environ cinquante mille acres, qui sont inondées annuellement pendant plusieurs mois. On croit qu'une foible dépense suffiroit pour rendre à la culture cette étendue considérable de bons terrains.

Cet Etat comprend trois îles considérables ; savoir : *Yorck-Island* ou *Mahatan*, *Staten-Island* & *Long-Island*. La première, située dans la rivière d'Hudson, près de son embouchure, est séparée du continent par un bras de cette rivière, qui prend le nom d'*East-River* ; elle a quinze milles de longueur sur une largeur qui est à peine d'un mille.

La seconde est située à neuf milles au sud de la ville de New-Yorck : elle a dix-huit milles de longueur sur une largeur moyenne de six à sept milles ; elle est assez montueuse, & renferme près de quatre mille habitans.

Long-Island est située parallelement à la côte de Connecticut ; elle a cent quarante milles de long sur dix de largeur moyenne. Toute la partie du sud de l'île est un pays plat, & le voisinage de la mer est garni de marais salans ; la partie du nord est inégale & montueuse : on cultive les grains & les fruits dans celle-ci, & l'on s'attache aussi aux prairies & aux paturages dans l'une & l'autre.

Il y a dans le centre de l'île une étendue de bois & de bruyères, qui sert de retraite à un nombre infini de daims & d'autres bêtes fauves.

Dans la partie de l'est de l'île on trouva, il y a environ cinquante ans, à un demi-mille de la mer, le squelète entier d'une baleine, enterré dans le sable.

La baie de *Southampton*, au sud de cette île, est remarquable par l'abondance prodigieuse de poissons de toute espèce qu'elle fournit aux pêcheurs. La pêche de la baleine rend annuellement onze à douze cents barils d'huile.

Le pays est en général coupé de montagnes, dont la direction est du nord-est au sud-ouest; cependant au-delà des Alleganys le pays devient plat & uni: le sol y est gras & fertile, & couvert, dans son état naturel, d'érables à sucre, de bouleaux, de hètres, de cerisiers, de locustes & de mûriers. Dans le voisinage du lac Erié on trouve le châtaigner & le chêne. Le terrain qui avoisine ce lac est assez élevé au dessus du niveau de ses eaux; en conséquence, tous les ruisseaux qui s'y jettent ont des chutes propres aux établissemens d'usines de toutes sortes.

On représente le pays qui avoisine les lacs *Cayuga* & *Senega* comme étant d'une grande fertilité & agréablement varié.

A l'est des Alleganys le pays est généralement coupé de hauteurs & de vallées: les hauteurs sont garnies de forêts, dans lesquelles on trouve tous les arbres utiles que fournit le continent. Les vallées qu'on a mises en culture donnent du lin, du chanvre, du blé & d'autres grains parmi d'excellentes prairies.

La partie occidentale & septentrionale, depuis les bords de la Mohawk jusqu'au Canada, est considérée comme la plus fertile de tout l'Etat; c'est aussi celle où les établissemens se multiplient davantage. La navigation du fleuve *Saint-Laurent* est très-avantageuse à ces contrées, & il en descend fréquemment à Quebec des radeaux chargés de diverses denrées. Cette navigation n'est gênée que par les rapides de *Saint-John* & de *Chamblée*, qui permettent même de remonter le courant en certaine saison.

Dans les parties peu ou point habitées du nord de l'Etat, les élans, les daims, les ours sont très-communs: on y rencontre aussi des castors & des martres. Les canards & les oiseaux d'eau y sont en très-grand nombre; & le poisson, principalement dans le comté de Clinton, est fort abondant. Dans la rivière de Savanak il n'est pas rare de voir un pêcheur prendre, avec le harpon & le cerceau, quatre à cinq cents saumons dans une journée: ce poisson salé fait une excellente provision pour l'hiver. New-Yorck, capitale de l'Etat, est située à l'extrémité sud-ouest de l'île de *Mahatan*, au confluent de la rivière d'Hudson & de l'*East-River*: elle s'étend le long des bords de celle-ci l'espace de mille six cents toises. La situation de cette ville est agréable & saine: la fraicheur occasionnée par les brises de mer & le voisinage des eaux tempère les chaleurs de l'été, & le froid de l'hiver y est moins rigoureux que dans l'intérieur des terres sous le même parallèle. La rapidité des courans, entre l'île *Mahatan*, *Long-Island* & *Staten-Island*, prévient les obstructions des glaces dans le canal; & ce n'est d'ordinaire que pendant quelques jours des hivers rigoureux, que l'abord de New-Yorck est fermé. Il n'y a devant la ville ni baie ni port; mais le canal d'*East-River*, qui reçoit des vaisseaux de toutes grandeurs, est un abri sûr & commode. New-Yorck a un désavantage naturel auquel on ne peut guère remédier; c'est la rareté de la bonne eau. La ville ne renferme qu'un petit nombre de puits; & ce qu'il y a de remarquable, c'est que la même pompe fournit la très-grande partie de l'eau qui s'y consomme. On a calculé qu'on en tiroit journellement cent dix &, dans certains jours d'été, jusqu'à deux cent seize muids, sans qu'il y ait jamais au fond du puits ni plus ni moins de trois pieds d'eau.

Nous finirons par rappeler ici quelques faits curieux d'histoire naturelle. On trouve, dans le voisinage de Saratoga, une eau minérale gazeuse: la source sort de terre par une ouverture de neuf pouces, & s'élève en jet d'eau à cinq ou six pieds de hauteur; elle est à la température commune des eaux de source; mais le gaz qu'elle contient a une force expansive, capable de rompre les vaisseaux de verre où on la renferme.

On voit dans le comté de Montgomery un torrent rapide, qui s'est frayé une route souterraine par-dessous une colline dont la base a trente-cinq toises de diamètre. La voûte de cette galerie naturelle paroît être d'une pierre fort blanche.

Dans l'arrondissement de *Wilsborough*, au comté de Clinton, sur les bords du lac Champlain, un morceau de rocher, recouvert d'un terrain boisé, paroît s'être détaché d'un promontoire qui en est distant de vingt pieds, & dont la tranche extérieure se rapporte parfaitement à celle de la petite île.

D'après les rapports des missionnaires occupés de la conversion des sauvages, il paroît que la totalité des six nations se réduit à six mille trois cent trente individus. Ces restes de races nombreuses & redoutables habitent encore dans l'ouest de l'Etat de New-Yorck. Les *Mohawks* sont, en grande partie, fixés sur *Grand-River*, dans le Haut-Canada. Les *Seneca* occupent deux villages sur l'Allegany. On trouve quelques *Delawares* sur Buffalo-Creek. Enfin, les *Stokbriges* & les *Mohegons* se sont établis sur le lac Oneida. Les *Cayuga*, les *Oneida*, les *Onondaga* habitent encore, en petit nombre, les environs des lacs de même nom. Ce qui se passe à ce sujet en Amérique prouve que les peuples civilisés ont, pour étendre leurs forces, leurs richesses, leur population, des ressources qui manquent aux sauvages. Il n'est donc pas étonnant que les uns éprouvent de grands accroissemens pendant que les autres diminuent, de manière à se détruire entiérement.

New-Jersey est borné à l'est par la rivière d'Hudson & la mer ; au sud, par l'Océan ; à l'ouest, par la rivière & la baie de Delaware ; au nord, par une ligne tirée depuis l'embouchure de la rivière de *Mahakamac*, jusqu'à la rivière d'Hudson.

Une ligne de montagnes, qui appartient à la grande chaîne des Alleganys, & une partie de l'éperon de cette grande chaîne nommée *Kittatiny*, occupent le nord de l'Etat de New-Jersey. Le centre de l'Etat est agréablement varié de coteaux & de vallées fertiles, & la partie du sud est uniformément basse, plate & sablonneuse. On estime qu'un quart de la superficie de New-Jersey est occupé par ces sables stériles : en y creusant des puits on y en trouve à environ cinquante pieds. Les bords de la baie de Delaware sont couverts, en grande partie, de marais salans, qui donnent de bons paturages d'été, mais où les moustiques sont fort incommodes aux hommes & aux animaux. Le poisson & les huitres sont d'un très-grand secours pour la subsistance des habitans de la côte. Les montagnes produisent le chêne, l'hicory & le châtaigner. L'érable à sucre est commun en Suffex, sur les bords de la Delaware. Quelques comtés sont extrêmement fertiles, & toutes les espèces de grains y sont cultivées avec succès : les prés & les paturages surtout y ont une grande valeur dans les parties qui sont à portée des marchés de Philadelphie & de New-Yorck pour le transport des bestiaux.

L'objet le plus important de l'industrie des habitans, ce sont les fers que sept différentes mines leur fournissent en prodigieuse abondance. Il sort annuellement des forges établies, particuliérement sur la chute de la Passaïk à Patterson, quarante-neuf mille six cents quintaux de fer en barres, en fil, en saumons ou en ustensiles de fer fondu. Plusieurs comtés, & en particulier celui de Bergen, renferment des mines de cuivre, qui sont assez abondantes même en cuivre natif.

Dans la partie du pays, qui est basse & sablonneuse, on a trouvé, en creusant des puits, des coquilles d'huitres d'une grandeur extraordinaire. Dans le comté de Monmouth, près de la mer, après une crue d'eau qui avoit rongé le rivage, on découvrit les os d'un très-grand animal qui, par la forme de ses dents, paroissoit avoir été carnivore : une de ses dents molaires avoit cinq pouces de hauteur, cinq de longueur, & deux & demi de largeur. Les os d'un animal semblable ont été découverts depuis dans le comté de Glocester, à trois ou quatre pieds de profondeur.

Pensilvanie. Les bornes de cet Etat sont, à l'est, la rivière de la Delaware, qui le sépare de New-Jersey ; au nord, l'Etat de New-Yorck ; au nord-ouest, le lac Erié ; à l'ouest, le territoire de l'ouest & une partie de la Virginie ; au sud, une autre partie de la Virginie, le Mariland & l'Etat de Delaware.

Une portion considérable de la Pensilvanie est un pays de montagnes. Quoique la direction générale de la chaîne des Alleganys soit la même que dans les Etats du sud, le prolongement qui s'étend dans cette province, n'a pas la même régularité : il en sort plusieurs, qui diffèrent en hauteur, en étendue, en direction, & qui traversent, sous diverses dénominations, les comtés de Bedfort, Huntington, Cumberland, Franklin, Dauphin, Bucks & Northampton. Quelques-unes de ces montagnes admettent la culture jusqu'à leur sommet, & les vallées qui les séparent sont, pour la plupart, couvertes d'un sol riche, propre à toutes les cultures. En se rapprochant de la mer & des parties méridionales de l'Etat, le pays devient moins montueux & assez généralement plat.

Les pétrifications marines se rencontrent très-fréquemment dans ces montagnes. Quelques-unes des gorges, qui offrent des sauts, des rapides ou simplement un cours resserré, sont garnies de blocs roulés, surtout du côté de l'aval ou de la mer, jusqu'à plusieurs milles de distance : une de ces gorges, d'un mille de large, nommée *the Windgap*, dans les montagnes de Kittatini, est considérée comme ayant servi au débouché d'une masse d'eau énorme, contenue au-delà de cette chaîne de montagnes, laquelle masse a gagné, par cette ouverture, le canal de la Delaware, placé dans la même chaîne, plusieurs milles à l'est & cent pieds plus bas. L'ouverture du *Windgap*, maintenant à sec, porte des marques du travail des eaux. Enfin, on ne peut douter que la plaine qui est au dessous des dernières chutes des eaux courantes ne soit un sol factice ; car en creusant des puits dans le voisinage de Philadelphie, on trouve souvent, à plus de vingt pieds de profondeur, des glands, des feuilles & des branches d'arbres bien conservés.

Le sol de la Pensilvanie est de trois qualités bien distinctes ; une partie peu considérable est assez stérile. Les bonnes terres forment la plus grande partie du pays, & les terres très-fertiles sont dans une proportion assez forte.

L'agriculture embrasse toutes les productions qui sont propres aux Etats du nord & du centre : la culture du froment surtout, du chanvre, du lin, de l'orge, &c. y prend chaque jour de grands accroissemens.

Les mines des métaux utiles se trouvent dans presque toutes les parties de l'Etat. Malgré la prodigieuse étendue des forêts, le charbon de terre commence à devenir un objet d'attention. A Viomeng, près de la source du Schuilkill & dans toute l'étendue du pays qui sépare les sources de la branche de l'ouest de la Susquehanna de Pittbourg, les mines de charbons fossiles sont en grande abondance. La fabrication du sucre d'érable doit recevoir des encouragemens considérables, car l'arbre qui le fournit se trouve dans plusieurs comtés de l'intérieur & de l'ouest par forêts entières.

On remarque, dans le voisinage de Reading, une source abondante, & l'on soupçonne, avec beaucoup de probabilité, qu'elle est produite par la perte d'une partie d'une rivière qui s'engouffre dans la terre à une distance de deux milles.

DELAWARE. L'Etat de Delaware est borné à l'est par la rivière & la baie du même nom, & par l'Océan; au sud, par une ligne tirée vers l'ouest, depuis l'île de *Fenwick* jusqu'à la ligne qui le sépare du *Mariland*; à l'ouest, par l'Etat du Mariland; au nord, par un arc de cercle, tracé depuis *Newcastle* avec un rayon de douze milles.

Excepté quelques collines assez élevées dans les parties septentrionales de l'Etat, & une arête de hauteurs, marquée par une chaîne de marais dont les eaux se déchargent vers l'est & vers l'ouest dans la Delaware & la Chésapeak, l'aspect du pays est uniforme, le terrain est plat, & les marais en couvrent une partie.

Le comté de Newcastle, qui occupe les parties septentrionales de l'Etat, offre en général un sol compacte & fertile; le comté de Kent, qui en occupe le centre, a des terres plus légères, & celles de Sussex sont presque entièrement sablonneuses. Le froment paroît être la principale culture du pays.

Après les autres cultures d'usage, les prairies naturelles & artificielles sont un objet important, & les bois qui croissent dans les marais du centre du pays sont un produit considérable. Un seul de ces marais, nommé *Cypress Swamp*, dont une partie est dans l'Etat de Mariland, couvre une superficie de cinquante mille acres dans la partie la plus élevée du pays, entre les baies de Chésapeak & de Delaware, & fournit une grande quantité de cyprès.

OHIO (*Territoire nord-ouest de l'*). Ce territoire est borné au nord par la ligne qui passe au centre des lacs, depuis le lac Erié jusqu'au lac des Bois; à l'est, par les lacs & la Pensilvanie; au sud, par l'Ohio, & à l'ouest par le Mississipi.

Les bords de l'*Hockhoking* sont garnis d'inépuisables carrières de pierres de taille, de mines de fer, de plomb, de charbon, de sources salées, & de lits d'argile blanche & bleue.

Le voisinage du *Scioto* est riche en mines de charbon, en sources salées, en carrières de pierres de taille & en bancs d'argile blanche & bleue.

Entre la *Kaskaskias* & la rivière des *Illinois* est une étendue de quatre-vingt-quatre milles d'un beau pays de plaines, dans lequel il y a plusieurs villages français. La rivière des *Illinois* est bordée d'immenses prairies, & ses environs fournissent des mines de charbon & des sources salées.

Aucune des rivières que nous avons décrites dans l'article de l'*hydrographie*, n'a de *chutes* ni de *rapides*; ce qui prouve qu'il n'y a point de massifs d'une dureté & d'une résistance inégales, que les eaux courantes ont pu creuser leurs lits également & uniformément dans toute l'étendue de ces terrains: aussi le pays, qui a été exposé à cette action générale des eaux pluviales, est plat presque partout, ou légérement ondulé, de distance à autre, par des coteaux qui admettent la possibilité de la culture jusqu'à leur sommet. On trouve fréquemment, dans le voisinage des rivières, de grandes plaines à perte de vue, qui ne portent pas un seul arbre, mais qui fournissent des pâturages fort abondans, & qui nourrissent de nombreux troupeaux de bêtes fauves. Les collines, d'un autre côté, sont couvertes d'arbres dont les espèces les plus abondantes sont l'érable à sucre, le sycomore, le mûrier blanc & noir, le noyer blanc & brun, le noyer de beurre, le châtaigner, le chêne blanc, le chêne noir, le chêne d'Espagne, le cerisier, le maronier d'Inde, le *honey-locust*, l'orme, le *cocumber-trée*, le *lynn-trée*, l'arbre de la gomme, le bois de fer, le frêne, le peuplier, le sassafras, le pommier sauvage, le *papaw*, le prunier sauvage, le chêne-châtaigner, l'yhcory, &c.

La force de la végétation est si grande dans ce sol riche & profond, qu'un noyer, mesuré par le général Parsons près du *Muskingum*, avoit vingt-deux pieds de circonférence à cinq pieds de terre, & un sycomore, quarante-deux pieds de circuit auprès du sol. Les énormes dimensions des arbres des forêts les rendent plus rares, & l'épaisseur de leur ombre empêche les broussailles de s'élever & d'embarrasser le terrain, en sorte que les défrichemens des forêts y sont plus faciles.

La vigne croît partout sans culture, & les colons font pour leur consommation un vin rouge, qui a de la force, & que les habitans du canton de Vincennes assurent, d'après leur expérience, susceptible d'acquérir par l'âge une qualité au moins égale à celle de plusieurs vins estimés de l'Europe.

Les sources d'eau douce, les petites rivières & les ruisseaux sont distribués uniformément dans tout ce territoire; ce qui complete les avantages de chaque contrée pour les colons qui pourront y former des établissemens: le gibier est extrêmement commun. Des troupeaux innombrables de taureaux sauvages & de daims couvrent les prairies naturelles de ces contrées. Les dindons, les faisans, les perdrix, abondent dans l'intérieur des terres; les oies, les canards, les sarcelles, les cygnes, sont fort nombreux sur les eaux courantes & stagnantes de ce riche territoire.

Etats-Unis du sud.

IV. Ces Etats comprennent;
Mariland.
Virginie.
Kentuky.
Caroline nord.
Ohio sud.
Caroline sud.
Géorgie.

Ces Etats, qui forment la division la plus étendue des Etats-Unis, sont bornés au nord par la Pensilvanie & l'Ohio; à l'ouest, par le Mississipi; au sud, par la Floride; à l'est, par l'Océan atlantique & l'Etat de Delaware.

Le pays qui avoisine la mer, jusqu'à la distance de cinquante, soixante & cent milles, est une plaine basse, que les eaux stagnantes recouvrent & rendent mal-saine dans plusieurs parties. La chaîne des Alleganys, qui se termine dans cette division, y suit, dans la partie qu'elle traverse, une direction plus constante, & les différentes lignes qui la composent y ont, dans un espace très-long, un cours presque réguliérement parallèle.

La température devient plus froide, sous la même latitude, à mesure qu'on s'élève, & s'adoucit plus encore lorsqu'on s'éloigne des montagnes du côté de l'ouest. Les extrêmes de froid & de chaud sont 98 degrés au dessus, & 6 au dessous de la glace de la division de Farenheit; ce qui correspond aux 29 degrés 20 minutes au dessus de zéro, & à 2 degrés 40 minutes au dessous dans le thermomètre de Réaumur.

Les principales productions de cette division sont le tabac, le riz, l'indigo, le froment, l'avoine, le coton, la poix, le goudron, la thérébenthine, & les bois de charpente & de menuiserie.

Sur dix-neuf cent mille habitans que le dernier dénombrement donne à cette division, six cent quarante-huit mille quatre cent trente-neuf étoient esclaves, c'est-à-dire que les treize quatorzièmes de la totalité des esclaves de l'Amérique anglaise s'y trouvoient réunis. Cette circonstance, plus encore que l'influence du climat, a marqué de quelques traits défavorables le caractère de ses habitans; mais les progrès des lumières & des principes d'humanité, l'action des lois républicaines & d'un gouvernement sage, ont déjà produit des effets sensibles & salutaires.

Mariland. Cet Etat est borné au nord par la Pensilvanie; à l'est, par l Etat de Delaware & l'Océan atlantique; au sud & à l'est, par la Virginie.

La baie de Chesapeak, qui divise le Mariland en deux parties inégales, est la plus grande des Etats-Unis, & procure des avantages de commerce infinis, soit au Mariland, soit aux Etats qui l'avoisinent, par la sûreté & l'étendue de sa navigation & le nombre des rivières qui s'y jettent.

Dans le voisinage de la mer, & principalement dans les comtés de l'est, le pays est plat & présente une surface basse & uniforme, sans inégalités marquées; seulement il est couvert, en quelques endroits, d'eaux stagnantes, qui en altèrent la salubrité. En s'éloignant de la mer le terrain s'élève, l'aspect & les productions varient, & le climat devient plus sain. Le blé & le tabac dans les plaines, le chanvre & le lin dans les parties les plus élevées, sont les principales productions du Mariland, & les objets de la culture les plus répandus.

Parmi les bois que le pays fournit, on distingue le noyer noir pour les ouvrages d'ébénisterie, & le chêne de diverses espèces, dont la venue est fort belle en général & le fil droit, de manière qu'il se refend aisément en palissades.

Les pommes & les pêches abondent dans le Mariland : on en fait du cidre & de l'eau-de-vie. Les arbres des forêts donnent divers fruits, glands ou noix. Les cochons, qu'on lâche dans les bois pour les nourrir & les engraisser, forment une grande ressource.

Les mines de fer de très-bonne qualité fournissent la matière des seules manufactures de cet Etat, outre celles des farines; savoir : les fonderies & les forges : on peut y ajouter les préparations du porc salé.

Virginie. Cet Etat est borné au nord par les provinces de Mariland, de Pensilvanie & l'Ohio; à l'ouest, par le Kentuky; au sud, par la Caroline nord; à l'est, par l'Océan.

Les vents du sud-ouest sont les plus fréquens dans la plaine, ceux de nord-ouest dans les montagnes, & ceux de nord-est sur la côte : ceux-ci sont pesans, froids, désagréables & chargés de vapeurs. Les vents de nord-ouest, au contraire, sont secs, agréables & rafraîchissans. Les extrêmes du froid & de la chaleur, dans un pays si étendu, & où la chaleur du sol est très-variable, doivent avoir une grande latitude. Jefferson les établit entre 29 degrés 20 minutes au dessus, & 2 degrés 40 minutes au dessous de la congélation, division de Réaumur.

Les changemens brusques de température, si préjudiciables aux fleurs des arbres dans le printems, sont moins fâcheux en Virginie qu'en Pensilvanie : outre cela les debordemens des rivières, au printems, y sont moins considérables que dans les Etats du nord, parce que la neige ne couvre guère la terre plus d'un jour ou deux; mais les fréquens dégels remplissent les terres d'eau, & rendent une partie de l'hiver & du printems fort humide & mal-saine.

Dans le voisinage de la mer, la masse des eaux stagnantes charge l'atmosphère d'une humidité qui tempère l'action du froid; ce qui fait d'ailleurs que les rivières gèlent rarement, & que les neiges y tombent en petite quantité ou peu souvent.

On y voit souvent les arbres en fleurs dès la fin de février; mais dans les deux mois qui succèdent l'on éprouve des pluies froides, des vents perçans, & des gelées qui altèrent les productions de la terre.

Les rivières, les canaux ou criques de la Virginie ne peuvent guère être soumis à une description détaillée, & la carte peut donner seule une idée de leurs cours; aussi renvoyons-nous pour cet objet à notre Atlas.

La *Roanoke*, dans toute la partie où elle coule sur les terres de la Virginie, n'est navigable que pour des bateaux, & même dans des espaces si courts, que les habitans n'en profitent point.

James-River & ses eaux fournissent à la navigation les ressources suivantes : l'*Elizabeth*, qui y communique, forme dans toute sa longueur un port qui peut recevoir des vaisseaux de ligne : son canal a de cent cinquante à deux cents brasses de largeur, & donne à haute mer dix-huit pieds d'eau, jusqu'à Norfolk. L'île de *Crancy* se trouve placée vers l'entrée de cette rivière.

La rivière de *Nansemond* se remonte, jusqu'à *Sleepyhole*, avec des bâtimens de deux cent cinquante tonneaux; jusqu'à Suffolk, avec ceux de cent tonneaux; & jusqu'à Milner, avec ceux de vingt-cinq.

Pagan-Creek admet des bâtimens de vingt tonneaux jusqu'à *Smithfield.*

L'embouchure de la *Chicahominy* est obstruée par une barre qui ne laisse que douze pieds d'eau à haute marée. Les vaisseaux qui la passent, & qui tirent dix pieds d'eau, remontent jusqu'à douze milles; les barques de six tonneaux peuvent naviguer vingt milles plus loin.

L'*Appatamox* est navigable jusqu'à Broadways par tous les vaisseaux auxquels la barre de Harrison, qui est dans *James-River*, a permis d'y pénétrer : elle a ensuite neuf à dix pieds d'eau jusqu'à la barre de *Fisher*, puis environ quatre pieds seulement jusqu'à Pétersbourg, où la navigation cesse.

La rivière de *James* elle-même offre un port aux vaisseaux de toutes grandeurs, dans la partie nommée *Hampton-Road;* mais il est peu sûr pendant l'hiver. Les bâtimens de toutes grandeurs peuvent remonter jusqu'à *Mulbery-Island* : les vaisseaux de quarante canons peuvent naviguer jusqu'à *James-Town*, & passer avec des allèges la barre de Harrison, qui n'a que quinze pieds d'eau. Les bâtimens de deux cent cinquante tonneaux remontent à Warwick; ceux de cent vingt-cinq à Rocket, à un mille de Richmont. La rivière n'a ensuite que sept pieds d'eau jusqu'à cette ville, qui est au dessous des chutes : elles interrompent la navigation dans un espace de six milles; les canots & les bateaux la reprennent ensuite jusqu'à dix milles des montagnes bleues : on peut même passer la ligne de ces montagnes avec le poids d'un tonneau; & on croit qu'il seroit possible d'ouvrir la navigation par *Jacson's-River* & *Carpenter's-Creek.* Un portage de vingt-cinq milles communiqueroit de ce point à la crique de *Green-Briard*, qui se réunit au grand *Kanhawa*, lequel coule dans l'Ohio. Il faut observer que, dans nos cartes, *James-River*, au dessus du confluent de la *Rivanna* & jusqu'aux montagnes bleues, se nomme *Fluvanna*, puis la rivière de *Jacson* jusqu'à sa source.

La *Rivanna*, qui est une branche de la rivière de *James*, est navigable pour les bateaux jusqu'aux montagnes, c'est-à-dire, jusqu'à vingt-deux milles; & cette navigation pourroit s'étendre, au moyen de quelques travaux, jusqu'à *Charlotteville. Yorck-River* forme, à *Yorck-Town*, le port le plus sûr de la Virginie pour les vaisseaux de toutes grandeurs. La rivière conserve quatre brasses de fond à haute marée, jusqu'à la *Poropotank*, qui s'y réunit à vingt-cinq milles plus haut. Au confluent de la *Pamonkey* & de la *Mattapony*, elle est réduite à trois brasses de profondeur, qu'on trouve dans la *Pamonkey* jusqu'à *Cumberland*, d'où elle diminue graduellement jusqu'à *Brokman's-Bridge*, à cinquante milles au dessus de *Hannaver's town*, où la rivière cesse d'être propre à la navigation. La *Mattapony* se remonte, de son côté, jusqu'à *Downer's-Bridge*, à soixante milles de son confluent.

La *Rapahanock* donne quatre brasses d'eau jusqu'à *Hob'shole*, & deux brasses jusqu'à *Frederick's-burgh*, à cent dix milles.

La *Patowmak* est sans contredit la rivière la plus considérable de la Virginie : elle a sept milles & demi de large à son embouchure dans la *Chésapeak*, trois milles à *Aquia*, un mille & demi à *Hallooingtpoint*, & un mille & un quart à *Alexandria.* La sonde donne, à l'embouchure de cette rivière, sept brasses d'eau; cinq à l'île de *Saint-Georges*, quatre & demi à *Lower-Matchodic*, trois brasses à *Swan's point* jusqu'à *Alexandria*, & enfin dix pieds d'eau jusqu'aux chutes inférieures, à treize mille plus haut. Le courant de la marée, qui est sensible jusqu'à trois milles de la chute, n'est jamais très-fort dans la *Patowmak*, si ce n'est après les pluies considérables : le reflux a pour-lors un courant considérable, mais le montant est presque nul : celui-ci ne dure guère que quatre ou cinq heures, à moins que les vents du sud ne soufflent assez violemment.

En remontant la *Patowmak* jusqu'à sa source, on trouve quatre chutes qui interrompent la navigation; savoir : les petites chutes, à trois milles au dessus de la marée, où la différence de niveau est de trente-six pieds; les grandes chutes, à six milles plus haut, où la pente est de soixante-six pieds dans un espace d'un mille & un quart; les chutes de *Seneca*, à six milles plus haut, qui forment des rapides irréguliers, & dont la différence de niveau est d'environ dix pieds; enfin les chutes de *Shenandoah*, à soixante milles plus haut, qui donnent une différence de niveau de trente pieds dans un espace de trois milles : de là au fort Cumberland on compte cent vingt milles.

Le cours entier de la *Patowmak* & la fertile vallée arrosée par la *Shenandoah*, qui y réunit ses eaux, sont habités, ainsi que les bords de plusieurs autres rivières qui s'y jettent, & cette population ne peut que se multiplier très-promptement par les travaux qui rendront très-praticables pour la navigation toutes les chutes dont nous venons de parler.

La *Shenandoah*, qui donne ſon nom à l'immenſe vallée qu'elle arroſe, ſe réunit à la *Patowmak*, derrière la ligne des montagnes bleues. Une dépenſe peu conſidérable ſuffira pour la rendre navigable dans un eſpace de cent cinquante milles. Au-delà de la ſeconde ligne des montagnes, la *Patowmak*, nommée *Sonthbranch*, eſt navigable dans un eſpace de cent milles au travers d'un pays extrêmement fertile. D'autres rivières moins conſidérables coulent du ſud dans la *Patowmak*, & peuvent devenir navigables pour les bateaux du côté du *Mariland*. La *Monocaſy*, l'*Antictam* & la *Conegocheague*, qui prennent leur ſource en Penſilvanie, offrent les mêmes facilités pour les communications.

Le grand *Kanhava* eſt une rivière très-importante par la fertilité du pays qu'elle parcourt, & parce que, dans la partie ſupérieure de ſon cours, elle ſe rapproche des eaux de *James-River*; mais les obſtacles que ſon cours préſente à la navigation ſemblent être difficiles à ſurmonter.

A ſon embouchure dans l'Ohio le grand *Kanhava* a cent quarante toiſes de largeur; il ſe remonte avec quelque difficulté juſqu'à quatre-vingt-dix milles : là ſe trouve une première cataracte, & à ſoixante milles plus haut une ſeconde. La rivière de *Green-Briard* s'y jette à cent quatre-vingt-dix milles de l'Ohio : de là juſqu'aux mines de plomb qui ſont ſur le cours du grand *Kanhava* on compte cent vingt milles, & au milieu de cet intervalle il reçoit, de l'eſt, *Little-River*. La ſource du grand *Kanhava* eſt dans la Caroline nord.

Le petit *Kanhava* ne fournit qu'une navigation de dix milles; mais ſa branche ſeptentrionale, nommée *Junius-Creek*, qui communique à la *Monongahela*, pourra donner dans la ſuite un paſſage plus prompt de celle-ci à l'Ohio.

Une plaine de cent cinquante à deux cents milles de largeur, à peine variée de quelques inégalités, & légérement inclinée vers l'Océan, compoſe la partie de la Virginie ſituée à l'eſt des montagnes : le ſol de cette plaine, ainſi que nous l'avons indiqué ailleurs, eſt compoſé de dépôts ſucceſſifs, produits par l'action des eaux de la mer.

Enſuite les lignes de la chaîne des Alleganys ſont ſéparées par un pays étendu & fertile : la hauteur de ces montagnes ne paſſe nulle part quatre mille pieds au-deſſus des plaines, qui, comme nous l'avons obſervé, ſont déjà fort élevées au deſſus du niveau de la mer. Les montagnes bleues ont une direction, une forme, une hauteur plus conſtantes encore que les autres lignes; c'eſt en quelque ſorte une énorme muraille qui ſépare la plaine de la région montueuſe. Les gorges qui donnent paſſage aux rivières à travers ces lignes ſont des phénomènes très-remarquables dans le genre des opérations de la nature, relatives à la manière dont la maſſe des eaux courantes a pu s'ouvrir des iſſues à travers les montagnes. La *Patowmak* préſente à ce ſujet un ſpectacle frappant, dont M. Jefferſon nous a préſenté un détail curieux : « Le ſpectateur, dit-il, eſt placé ſur un » terrain élevé : à ſa droite vient la *Shenandoah*, » qui a ſuivi la montagne l'eſpace de cent milles » pour chercher une iſſue; ſur ſa gauche s'approche la *Patowmak*, qui cherche de même un paſ» ſage. Au moment de leur réunion elles ſe préci» pitent contre la montagne, qui ſe ſépare devant » elles pour donner à leurs eaux un libre cours » vers l'Océan. Cette ſcène, au premier coup » d'œil, fait naître l'idée que la terre a été créée » par époques, que les montagnes ont été formées » d'abord, & que les rivières n'ont commencé » à couler que dans un tems poſtérieur; que, dans » cet endroit en particulier, les eaux, retenues » par la digue des montagnes bleues, formoient » un Océan derrière elles; que leur poids croiſſant » à meſure que leur niveau s'élevoit, elles ont » enfin forcé le paſſage & fendu la montagne du » ſommet à la baſe. Les maſſes de rochers, entaſ» ſées de part & d'autre, ſurtout du côté de la » *Shenandoah*; les marques évidentes d'un déchi» rement violent, opéré par les plus puiſſans agens » de la nature, fortifient cette idée. ... Auſſi loin » que la vue peut s'étendre au travers de la brèche » etroite de la montagne, on découvre une plaine » immenſe. Après avoir paſſé la *Patowmak* au deſ» ſus du confluent, on la côtoie l'eſpace de trois » milles le long des rochers menaçans qui s'élè» vent à une hauteur effrayante, & l'on atteint, » en ſuivant ſon cours, le beau paſſage que for» ment les environs de *Frederik's town*. » Dans un article qui ſuivra celui-ci, nous diſcuterons ce qui concerne l'ouverture de ces gorges, ainſi que dans l'Atlas, en décrivant la carte de la Virginie, qui s'y trouve inſérée avec des détails très-inſtructifs.

Les coquillages marins ſe trouvent en grande quantité en divers lieux & à diverſes profondeurs, non-ſeulement dans la plaine, mais dans les montagnes. Ainſi, par exemple, on voit dans le comté de *Botetourt*, qui eſt entouré de montagnes de toutes parts, une étendue de quarante mille acres entiérement couverte de coquilles d'huitres & de pétoncles. A cent milles de l'Océan on trouve, ſur les bords de *James-River*, des dents de requins & beaucoup d'arêtes de poiſſons de mer de toutes grandeurs dans un état de pétrification.

Le ſol de la plaine, quoique d'une qualité inférieure à celui des vallees, eſt en général propre à la culture du tabac, des grains, du lin & du chanvre : on y ajoute, dans quelques comtés, celle du coton. On fait auſſi du cidre en grande quantité à la ſuite d'une récolte abondante des pommes, ainſi que de l'eau-de-vie fort eſtimée : on la diſtille des pêches qui abondent auſſi le long des rivières de la *Cheſapeak*.

Dans les comtés de l'oueſt on élève une grande quantité de beſtiaux : ils paiſſent en liberté & en plein air pendant toute l'année. Les chevaux ſont encore un produit important de la Virginie : on y a soigné les races de course & de chasse avec beaucoup plus de succès que dans aucun autre Etat de l'Amérique septentrionale.

Les divers poissons des rivières, dont les principaux sont l'esturgeon, l'alose, la perche & la truite, sont en général d'une qualité inférieure à ceux des Etats du nord & de l'ouest.

Aucun Etat de l'Union ne renferme une plus grande variété de productions minérales, que la Virginie. Dans le comte de Montgomery, à vingt-cinq milles de la frontière sud & sur les bords du grand *Kanhava*, on exploite une mine de plomb tenant argent. Deux mines de cuivre ont été travaillées dans le voisinage de *James-River*. Les comtés du centre possèdent des mines de fer en abondance.

Dans le comté d'*Amelia*, près de *Vinterham*, il y a des mines de plomb noir, très-riches, qui ne sont pas regulièrement exploitées, mais où les habitans voisins vont fouiller pour leur propre usage.

Au dessus de Richmont, les bords de *James-River*, dans un espace considérable, sont garnis de mines de charbon d'excellente qualité, que l'on travaille en plusieurs endroits, & elles paroissent devoir être d'un grand produit. Dans les comtés de l'ouest le charbon de terre se trouve partout.

On voit près de la rivière de *James* des carrières de marbre blanc ou veiné. Les rochers calcaires sont en grande abondance à l'ouest de la première ligne des montagnes; mais on n'en connoît qu'un seul beau dans la plaine.

On voit des eaux minérales à *Augusta*, près de la source de *James-River*, dans les comtés de *Botetout*, de *Berkeley* & de *Louisa*, qui sont toutes plus ou moins fréquentées.

Près de la crique de Howard, à soixante-sept milles de l'embouchure du grand *Kanhava*, on observe un phénomène très-remarquable. Un courant de vapeurs sulfureuses, assez fort pour agiter le sable autour de l'orifice d'où il sort, s'échappe constamment, & s'enflamme lorsqu'on en approche un corps enflammé : il forme alors une colonne de feu de dix-huit pouces de diamètre & de quatre à cinq pieds de hauteur, qui s'éteint quelquefois au bout de quelques minutes, & d'autres fois au bout de quelques jours seulement. Une autre vapeur semblable présente les mêmes phénomènes sur les bords de *Sandy-River*.

On voit, en diverses parties de l'Etat, des sources intermittentes, des cavernes spacieuses & profondes : une de ces cavernes, connue sous le nom de *Gouffre de la panthère*, exhale continuellement un vent assez violent pour tenir couchées contre terre les herbes qui sont près de son entrée, jusqu'à la distance de dix toises. Dans les tems humides le courant d'air a un peu moins de force.

Mais nul phénomène naturel n'a un caractère de grandeur plus extraordinaire que le pont de rochers, duquel le comté de *Rokbridge* tire son nom. Ce pont est une arche de quatre-vingt-dix pieds de diamètre & de soixante de largeur, recouverte d'une épaisseur de pierres & de terre, sur laquelle il croît de grands arbres. Cette arche, projetée sur une vallée de deux cent trente-sept pieds de profondeur, réunit deux masses de montagnes qui servent de bords à la vallée. Le torrent qui coule au fond de cette vallée ne paroît qu'un filet d'eau au spectateur assez hardi pour avancer la tête au dehors du parapet de ce pont naturel. C'est depuis les bords du torrent, au fond de la vallée, qu'on peut contempler à l'aise & admirer sans effroi la structure de cette voûte légère, qui paroît comme suspendue dans les nuages. Je renvoie au reste, pour plus grands détails, à l'article PONTS NATURELS du Dictionnaire, & à la description du dessin de ce pont dans l'Atlas : on pourra, d'après toutes ces instructions, juger du travail de la nature dans la formation de ce pont, qu'on sera fort éloigné de rapporter à une grande convulsion de la terre; idée que des écrivains qui n'approfondissent rien ont hasardée. (*Voyez* les articles VIRGINIE, PONTS NATURELS, COUPURES *de montagnes.*)

KENTUKY. Cet Etat est borné au nord-ouest par l'Ohio; à l'ouest, par la rivière de Cumberland; au sud, par le gouvernement de *Tenessée*; à l'est, par *Sandy-River* & une ligne tirée vers le sud, depuis sa source jusqu'à la frontière de la Caroline nord.

L'*Ohio*, qui marque la frontière du Kentuky, reçoit les rivières qui ont arrosé cet Etat : ce sont celles de *Sandy*, de *Liking*, du *Kentuky*, de *Salt*, de *Green* & de *Cumberland*; chacune de ces rivières se ramifie en une multitude de diverses branches de grandeurs différentes, qui coupent le pays dans toutes les directions. Aucune des six rivières du Kentuky n'a de chutes ni de rapides; toutes sont navigables pour les bateaux jusque près de leur source la plus grande partie de l'année.

Sandy-River, *Liking* & *Kentuky* prennent leur source dans les montagnes de *Cumberland*. La première sépare cet Etat de la Virginie; la seconde coule au nord-ouest l'espace de cent milles, & a environ cinquante toises de large à son embouchure; la troisième change souvent de direction, & parcourt un espace de deux cents milles : elle a environ soixante-quinze toises de large à son embouchure dans l'Ohio.

Salt-River est formée de quatre branches dont les sources sont très-rapprochées, & qui parcourent de longs trajets avant de se réunir. La direction générale de son cours est vers l'ouest; elle entre dans l'Ohio, à vingt milles au dessous des rapides de Louisville, par une embouchure de quarante toises de large.

Green-River eſt à peu près de la même force que la rivière précédente, &, après un cours de cent cinquante milles vers l'oueſt, elle ſe jette dans l'Ohio, à cent vingt milles au deſſous des rapides. Enfin *Cumberland-River*, dont les branches ſupérieures communiquent à celles de *Kentuky-River*, coule d'abord vers le ſud, puis enſuite au ſud-oueſt, & ne ſe jette dans l'Ohio, à quatre cent treize milles au deſſous des rapides, qu'après avoir parcouru un trajet de cinq cent cinquante milles : elle a cent cinquante toiſes de large à ſon embouchure.

Il faut compter deux époques pour les hautes eaux ou les crues de l'Ohio : l'une eſt la fonte des glaces, qui commence en février; l'autre, les pluies de la fin de l'automne. La ſaiſon de ſes plus baſſes eaux eſt depuis le milieu de juin juſqu'en août. Les bâtimens au deſſus de quarante tonneaux ne peuvent point naviguer avec ſûreté ſur l'Ohio à cette dernière époque; mais dans les ſaiſons des hautes eaux, les bâtimens de toutes grandeurs deſcendent à raiſon de quatre-vingts milles par jour, c'eſt-à-dire que l'on emploie, de Pittbourg aux rapides, huit à neuf jours, & environ vingt jours depuis les rapides juſqu'à la Nouvelle-Orléans.

Les nombreux ruiſſeaux qui arroſent le *Kentuky* commençent à décroître dans le mois de juin, & ſont à ſec juſqu'à la fin d'octobre. Cette ſécherelle annuelle eſt un grand inconvénient de ce pays, parce que les moulins conſtruits ſur ces ruiſſeaux ſe trouvent arrêtés pendant quatre mois de l'année; & pour leur uſage, les habitans ſont forcés d'avoir recours à l'eau des puits, qui au reſte en fourniſſent de bonne & de très-abondante.

La totalité des terres végétales du Kentuky repoſe ſur des bancs de pierre à chaux : on trouve ces bancs au plus bas à la profondeur de ſix pieds. Une bande d'environ vingt milles de largeur, le long des bords de l'Ohio, offre un pays inégal & coupé de vallons, dans lequel on trouve, de diſtance en diſtance, des cantons très-fertiles. Une grande partie du reſte de l'Etat eſt agréablement variée par un terrain ſemé de vallons, qui ſont en général fort étroits. Le ſol, qui a peu de profondeur, eſt d'une qualité inférieure. Quoiqu'il ne ſoit guère plus profond ſur certaines pentes, la végétation y a une grande force, à en juger par la groſſeur des arbres. La couleur du ſol eſt noire, cendrée ou légérement rougeâtre; ce qui annonce un débris de végétaux : auſſi le pays eſt bien pourvu de bois. Parmi une grande variété d'arbres, qui ſont en général d'une belle venue, on diſtingue le chêne noir & le locuſte, qui ont très-communément cinq pieds de diamètre; le peuplier, qui en a cinq à ſix, & le hêtre qui en a quatre à cinq : ces deux derniers arbres ont ſouvent cent à cent trente pieds de hauteur. Nous ajouterons ici l'arbre du café, l'érable à ſucre, le honey-locuſt, le mûrier noir, le ceriſier ſauvage & le *magnolia* : ce dernier eſt remarquable par la beauté & le parfum de ſes fleurs.

Aucun pays de l'Amérique n'offre, dans ſon état ſauvage, des aſpects plus variés. Vers les ſources des rivières du *Kentuky* & de *Cumberland*, la hauteur & les eſcarpemens des montagnes rendent le pays de difficile accès. Les rivières de *Dick* & de *Kentuky* ſont encaiſſées en quelques endroits dans des vallées qui ont trois ou quatre cents pieds de profondeur, & entre des rochers à pic, dont la coupe offre en quelques endroits des marbres précieux.

Ailleurs des plaines immenſes, qui offrent des prairies naturelles, ſemblables à celles que nous avons fait remarquer à l'article de l'*Ohio* nord-oueſt, contraſtent avantageuſement avec les maſſes des forêts. Dans le voiſinage de quelques rivières, ſurtout en ſe rapprochant de l'Ohio, le pays, infecté par les eaux ſtagnantes, eſt à la fois ſtérile & mal-ſain. Dans la partie arroſée par l'*Elkorn* & les petites rivières de *Hickman* & de *Jaſmin*, la beauté du pays répond à ſa bonté; le ſol eſt une riche argile ou un terreau noir & profond, dont la ſurface eſt pleine d'inégalités qui contribuent à l'agrément & à la fertilité de la contrée, & la multitude des ruiſſeaux achève de rendre le payſage frais & d'une belle verdure. C'eſt dans cette partie qu'on a formé le plus grand nombre des établiſſemens.

Les terres de première qualité ſont trop riches pour le froment : on aſſure qu'elles produiſent juſqu'à cent bushels d'avoine par acre. Tous les grains, le lin, le chanvre & ſurtout le tabac ſont cultivés avec beaucoup de profits dans le Kentuky.

Les meilleurs fruits de toute eſpèce abondent dans le Kentuky : toutes les racines, les plantes légumineuſes y réuſſiſſent également.

Le gibier y eſt extrêmement commun, & les rivières fourniſſent une variété infinie de bons poiſſons, dont quelques-uns ont une groſſeur extraordinaire. On trouve dans les forêts les mêmes quadrupèdes que dans la Virginie & les Carolines. Comme les marais ſont rares, les reptiles & les inſectes, dont ces eaux ſtagnantes favoriſent la multiplication, le ſont également. Si l'on excepte quelques endroits que, comme nous l'avons déjà remarqué, le ſejour des eaux rend mal-ſains, le climat du Kentuky eſt auſſi ſalubre qu'agréable : on n'y éprouve point ces extrêmes de froid & de chaud ſi ordinaires dans les Etats de l'eſt. La neige n'y tient que peu de jours : l'on n'y compte guère que deux mois d'hiver; & il eſt ſi doux, qu'on ne renferme pas même le bétail dans les étables.

Le Kentuky abonde en ſources ſalées; celles de *Saltzbourg* fourniſſent le pays de ſel, & il s'en exporte outre cela chez les Illinois. Le charbon de terre ſe montre dans pluſieurs endroits. On trouve auſſi, dans le voiſinage de *Green-River*, des ſources de pétrole, qui en donnent abondamment pour l'uſage des lampes; ce qui remplace l'huile.

CAROLINE *nord*. Cet Etat eſt borné au nord par la Virginie ; à l'eſt, par l'Océan ; au midi, par la Caroline ſud & la Géorgie ; à l'oueſt, par une chaîne de montagnes, nommée la *grande Montagne de fer*, ſituée à quelques milles à l'occident des Alleganys.

Les parages du cap *Hatteras* étoient ſignalés, par les anciennes ſondes, comme les plus dangereux de toute la côte. Quoiqu'ils offrent encore quelques dangers, les ſondes diffèrent aujourd'hui de ce qu'elles étoient autrefois, & le fond eſt devenu plus conſidérable depuis ces changemens. Le premier écueil ſe trouve à quatorze milles ſud-oueſt du cap, & n'a qu'une étendue de cinq à ſix acres. Quoiqu'il ſoit recouvert de dix pieds d'eau à baſſe marée, cependant lorſqu'il y a un peu de houle la mer y briſe avec fureur, à cauſe de la force du courant qui le raſe du côté de l'eſt, & du fond prodigieux qu'on trouve auprès du banc de ſable. De là juſqu'au cap eſt une ſuite de bancs de ſable, que diviſent des paſſages praticables aux bâtimens qui ne tirent que neuf à dix pieds d'eau : l'un de ces paſſages, à un mille & demi de la côte, pourroit ſuffire aux plus gros vaiſſeaux. Une circonſtance remarquable de cette côte baſſe, c'eſt qu'on trouve partout de l'eau douce dans le ſable, en y creuſant un pied ou deux.

Le cap *Lookout*, au midi du cap *Hatteras*, avoit un excellent port autrefois ; mais il eſt comblé maintenant par les ſables.

Le cap *Fear* eſt marqué par un écueil dangereux à l'embouchure de la rivière de *Clarendon*.

On voit dans la Caroline nord deux marais remarquables par leur étendue, & qu'on nomme *Diſmal* : l'un, ſur la frontière de la Virginie, a une ſurface de cent quarante mille acres ; dans le centre de cet eſpace eſt un lac nommé *Drummond's pond*, dont les eaux, dans la ſaiſon pluvieuſe, ſe déchargent dans la *Paſquotant*, *Elizabeth-River* & la rivière de *Nanſemond*. Le ſecond marais, qui ſe trouve dans le comté de Corrituk, eſt auſſi d'une étendue conſidérable : à ſon centre eſt un lac de vingt-ſept milles de circonférence, ſur les bords duquel quelques particuliers deſtinèrent cent mille acres à la culture du riz ; & pour ſe rendre maîtres du niveau des eaux, ils ont creuſé un canal, au moyen duquel ils ont acquis une immenſe poſſeſſion où le riz ſe cultive avec grand ſuccès.

Tout l'eſpace qui s'étend depuis la mer juſqu'à ſoixante milles dans l'intérieur, eſt une plaine unie. Une grande partie de ce pays plat eſt couverte de forêts, & par conſéquent ſans culture : les bords ſeulement de quelques rivières ſont d'une fertilité extraordinaire. Les grains de toute eſpèce, le tabac, le chanvre & le coton s'y cultivent abondamment. La plante qui fait l'objet de cette dernière culture eſt de l'eſpèce annuelle & herbacée (*Xilon herbaceum*). C'eſt ſur les bords de la *Roanoke* que ſont établies les cultures les plus avantageuſes, ſurtout en blé & en pois.

Dans les parties intérieures le bétail ſe nourrit & hiverne ſi facilement, que ſon entretien eſt un objet capital pour les colons de ces contrées. Il eſt commun de voir un ſeul d'entr'eux vendre cinq cents veaux dans une même année : ces animaux naiſſent dans les bois, & s'élèvent ſans ſoins juſqu'au moment où on les tue pour les ſaler & les mettre en barrils. Les porcs s'élèvent de la même manière, & fourniſſent de grandes reſſources pour le commerce du dehors. Les moutons réuſſiſſent & multiplient facilement : ils donnent juſqu'à deux livres & demie de laine par an ; elle eſt courte & d'une qualité inférieure.

Dans le voiſinage de la mer les fièvres intermittentes ſont très-communes en été & en automne. Les parties élevées de l'intérieur du pays ſont, en revanche, d'une grande ſalubrité, & le climat y eſt très-agréable. L'été a des jours d'une grande chaleur ; mais la fraîcheur des nuits la compenſe, & la multiplicité des ruiſſeaux en modere les effets, même pendant le jour. L'automne eſt une des ſaiſons les plus agréables, & elle ſe prolonge en quelque ſorte juſqu'au printems. La récolte du blé ſe fait vers le commencement de juin, & celle du maïs dans les premiers jours de ſeptembre.

Le pin de la Caroline, qui donne la poix, la thérébenthine, le goudron & d'excellens bois en abondance, eſt un arbre d'un grand prix, puiſqu'il fournit ſeul la moitié des exportations de cet Etat, quant à la valeur. Il ſe nomme *pitchpine* (*pinus tæda*) : il s'élève à une grande hauteur, & il a une groſſeur plus conſidérable que le même arbre dans les Etats du nord. On ne trouve nulle part le chêne rouge & le chêne blanc de plus belle venue que dans la Caroline nord. On y voit auſſi une eſpèce de chêne particulier au pays, & qui ne croît que dans les terrains ſablonneux & humides : il eſt connu ſous le nom de *blak-jack-oak* (*quercus aquatica*). Les marais abondent en cyprès & en lauriers : ceux-ci fourniſſent aux beſtiaux une nourriture d'hiver. Les plus riches terrains ſe couvrent naturellement de grands joncs, dont les feuilles ont une ſaveur douce & ſucrée, & ſervent avantageuſement à la nourriture du bétail.

Un grand banc de rocher calcaire traverſe la Caroline ſeptentrionale du nord-eſt au ſud-oueſt, en ſuivant la chaîne des Alleganys : on ne trouve plus d'autres bancs de ces rochers à l'eſt de cette chaîne, du moins ſous forme apparente de couches. Mais au reſte il faut eſpérer que, par la ſuite, les naturaliſtes qui viſiteront ce pays intéreſſant, nous feront connoître des détails plus circonſtanciés ſur ſa conſtitution phyſique.

OHIO (*Territoire au ſud de l'*). Cet Etat eſt borné au nord par le Kentuky & la Virginie ; à l'eſt, par les montagnes nommées *Iron*, *Stone*, *Yellow* & *Bald*, qui le ſéparent de la Caroline nord ; au ſud, par la Caroline ſud & la Géorgie ; enfin, à l'oueſt, par le Miſſiſſipi.

La chaîne des montagnes de Cumberland, la plus haute & la plus régulière de toutes celles de l'ouest, court du nord-est au sud-ouest, depuis le grand *Kanhava* jusqu'à la *Tannessée*, & présente, dans une étendue de trente milles, un mur de rochers parfaitement aligné & d'environ deux cents pieds d'épaisseur.

Le climat & le sol des bords de la *Hivassée* y encouragent également les établissemens. En continuant à remonter la *Tenessée* on trouve, à soixante milles au dessus de la rivière de la *Hivassée*, celle de *Peleson* ou de *Clinch*, qui coule du nord, & qui a elle-même une branche considérable, nommée *Powel*, navigable à une distance de cent milles au dessus de son embouchure. Les bords de cette rivière sont de nature à y attirer par la suite un grand nombre de colons. On voit, par ce que nous avons dit, que la culture d'un pays commence par les rivières.

On trouve, sur les bords de la *Peleson*, des mines de fer abondantes & de bonne qualité. Les bords de la *Tenessée*, au dessus de sa jonction à la rivière de Holstein, sont occupés par un grand nombre de villages des naturels du pays. Leur principale ville, nommée *Chota*, est habitée par les Chiroquois, que toutes les causes de dépérissement qui affectent ces peuples sauvages ont convertis, d'une nation puissante, en une faible peuplade. Les établissemens des blancs se rapprochent jusqu'à dix milles des habitations de ces sauvages. La *Tenessée* & ses branches supérieures fournissent beaucoup de bons poissons.

Des montagnes élevées & de difficile accès couvrent plus de la moitié du pays; elles abondent en mines de charbon : on peut y récolter beaucoup de ginseng. Les parties arrosées par la *Tenessée* & la *Cumberland* sont en général couvertes de beaux bois, interrompus de tems en tems par des plaines unies, semblables à celles que nous avons décrites dans l'article de l'OHIO nord, quoique moins étendues.

Les arbres les plus communs dans les forêts sont le peuplier, l'hycori, le noyer noir, le maronier d'Inde, le maronier à fleurs rouges, le sicomore, le locuste & l'érable à sucre. On trouve en plusieurs endroits, sous les grands arbres, des roseaux extrêmement épais, & qui s'élèvent jusqu'à vingt pieds. Quelques cantons fournissent le *prunier sauvage*, le *mûrier blanc & noir*, la *coluvrine*, le *ginseng*, l'*angélique*, le *houblon*, l'*anis* & le *gingembre*. Les plaines découvertes donnent le *trèfle*, le *seigle sauvage*, le *buffalo grass* & le *peavine*.

Sur les collines voisines des branches supérieures des rivières, on voit des cèdres de la plus grande beauté : ils ont ordinairement quatre pieds de diamètre & quarante pieds de fût, c'est-à-dire, depuis le sol jusqu'aux premières branches.

Les cultivateurs des bords de la Cumberland distinguent leurs terres en trois qualités : la plus riche donne le maïs & le chanvre; la seconde ne peut produire du blé avant d'avoir été épuisée de ses sucs surabondans par des récoltes répétées d'avoine, de chanvre, de tabac & de coton; enfin, la troisième produit toutes les espèces de grains.

Le blé, l'orge, l'avoine, le seigle, le blé sarrasin, les pois, les féves, les pommes de terre, le chanvre & le lin, le tabac, l'indigo, le riz & le coton réussissent admirablement dans ce sol & sous ce climat : celui-ci, généralement tempéré, se refroidit en se rapprochant des montagnes, où les chaleurs de l'été n'y sont pas incommodes. La salubrité du pays est attestée par les cultivateurs qui l'habitent. « Nos médecins, disent-ils, sont » un beau climat, des parens sains & robustes, » une nourriture simple & abondante, & un exer» cice modéré. »

Les troupeaux de taureaux sauvages étoient très-communs il y a quelques années; ils ont été détruits en grande partie. Les daims sont aussi moins abondans qu'ils ne l'étoient. L'élan se trouve communément dans les parties montueuses : on chasse aussi le castor & la loutre dans les branches supérieures de la Cumberland & du Kentuky. Les ours & les loups sont encore très-communs. Les faisans, les perdrix, les cailles & les dindons sauvages abondent toute l'année dans le pays, & pendant l'hiver les rivières sont couvertes d'oiseaux d'eau. L'*eat-fish*, qu'on pêche dans les grandes rivières, pèse jusqu'à cent livres, & la perche vingt.

Le mammouth habitoit autrefois ces contrées : les os de ce grand animal y ont été trouvés, depuis deux pieds jusqu'à sept pieds de profondeur, en creusant les salines de *Cambell* sur la *Holstein*. Ces salines fournissent du sel à bas prix à plusieurs milliers d'habitans. Les sources salées s'y trouvent distribuées sur une étendue de trois cents acres d'un sol marécageux & très-riche, qu'il faut creuser jusqu'à trente ou quarante pieds. Une mine de charbon, découverte dans le voisinage, pourra faciliter l'exploitation du sel lorsque le bois diminuera.

Les principales tribus sauvages, qui se trouvent voisines de ce territoire, ou qui y sont enclavées, sont, outre les *Chiroquois*, les *Chactaws* & les *Chicassaws* : ceux-ci sont, de toutes les nations sauvages, celles qui ont été plus constamment attachées aux peuples de l'Union; mais les autres ont beaucoup souffert dans leurs querelles avec les *Chicassaws*, en sorte que toutes ces tribus sont peu nombreuses actuellement.

CAROLINE *sud*. Cet Etat est borné au nord par la Caroline nord & le gouvernement de *Tenessée* ou l'Ohio sud; au sud & au sud-ouest, par la rivière de *Savanah* & une de ses branches nommée *Tugulo*.

Le climat a beaucoup de rapports avec celui de

la Caroline nord ; mais les inconvéniens du séjour de la partie basse du pays y sont encore plus marqués. La culture du riz y étant plus générale, l'insalubrité qui en est la suite s'y fait aussi plus ressentir : outre cela, la température y est à la fois plus chaude & plus humide. Les résultats moyens entre dix années d'observations portent à quarante-deux pouces d'eau ce que les pluies en fournissent. Les brouillards y sont aussi fréquens que les rosées y sont fortes & abondantes. Dans les mois de juillet, août, septembre & octobre, on éprouve une intempérie toujours fatale à un grand nombre de ceux qui ne vont pas habiter dans les lieux élevés ou dans les cantons salubres pendant cette saison de l'année; car les districts de l'intérieur ont une température agréable & saine.

Toute la côte est garnie d'îles de diverses grandeurs, dont la plupart sont habitées & cultivées. L'indigo & le coton y réussissent particuliérement. C'est dans l'île de Port-Royal que se trouve le port de ce nom, qui est un excellent ancrage, & fort spacieux.

Une plaine unie, insensiblement inclinée, s'étend à quatre-vingts milles de l'Océan. Dans cet espace le sol est partout de même qualité & absolument dépourvu de pierres. Parvenu à cette distance, on s'est élevé à cent quatre-vingt-dix pieds au dessus du niveau de la mer : là, si l'on va à l'ouest nord-ouest de Charles-Town, on trouve, dans une largeur de soixante milles, un pays couvert de dunes sablonneuses, où la végétation est si faible, qu'elle nourrit à peine quelques habitans qui y vivent épars. A cent quarante milles de la mer on trouve le premier degré du grand amphithéâtre des montagnes de l'ouest; c'est une ligne de hauteurs, nommée par excellence *the Ridge* : elle forme la ligne de démarcation entre deux pays qui ne se ressemblent point. Le sol devient fertile, l'air salubre, la végétation active, la verdure fraîche; des coteaux, des vallées, des rivières, des ruisseaux, coupent & varient le paysage. La culture des grains, qu'on ne connoît pas dans la plaine, s'y trouve établie avec tous ses avantages.

A deux cent vingt milles de l'Océan, l'élévation successive des collines donne une hauteur de huit cents pieds seulement. C'est là que commence la région des montagnes; celles de *Tryon* & de *Hogback* sont élevées de trois mille huit cent quarante pieds au dessus de la plaine qui les environne : celles qui suivent, deviennent de plus en plus élevées, jusqu'à la limite de cet Etat du côté de l'ouest.

Le sol de la Caroline se divise en quatre espèces, qui ont des caractères fort distincts par leur nature & par leurs productions. Les parties sablonneuses & stériles, où il ne croît que des pins (*pine barrens*) ; des plaines unies, où il ne croît que de l'herbe, & qu'on appelle *savannahs;* le sol noir ou le sable gras du bord des rivières & des marais, qui se couvre naturellement de roseaux, de cyprès, de lauriers, & qui donne le riz, le coton & l'indigo par la culture; enfin, le sol du pays élevé, que caractérisent principalement dans son état naturel la production du chêne, de l'hycòry, celle du pin, du noyer & du locuste, & que la culture rend propre à tous les grains, au chanvre, au lin, au tabac, à l'indigo & au coton.

Les fruits les plus abondans sont les oranges, les citrons, les figues, les grenades, les poires, les pêches, les melons : le pays ne produit guère de pommes, qui réussissent mieux dans les Etats du nord; ce qui nous offre un phénomène correspondant à ce qui s'observe en Europe. Le contraste de la culture entre le pays élevé & la plaine n'est pas moins frappant que celui du climat & du sol.

Dans le plat pays & surtout dans le voisinage des rivières, les esclaves seuls cultivent la terre: dans le pays élevé les cultivateurs ne connoissent point les esclaves, & s'aident de leurs familles pour cultiver leurs domaines, comme dans les Etats du nord. Dans le plat pays l'usage de la charrue étoit à peine connu avant la guerre de l'indépendance, & n'est point encore très-commun aujourd'hui : dans le pays élevé la charrue est généralement employée, & la culture y est conduite avec autant d'intelligence que d'activité.

Les *Catabaws* sont la seule nation indigène qui se trouve enclavée dans la Caroline sud. Cette tribu, maintenant réduite à quatre cent cinquante individus, étoit autrefois redoutable aux sauvages des six nations avec lesquelles elle étoit continuellement en guerre.

GÉORGIE. Cet Etat est borné à l'est par l'Océan atlantique; au sud, par les Florides de l'est ou de l'ouest; à l'ouest, par le Mississipi; au nord & au nord-est, par la Caroline sud.

La rivière de Savanah sépare la Géorgie de la Caroline sud; son cours est du nord-ouest au sud-est : elle est principalement formée de deux branches, nommées *Tugulo* & *Keowée*, qui prennent leur source dans les montagnes, & se réunissent à quinze milles de la frontière du comté de Wilkes. La barre de *Tibée*, qui se trouve à son embouchure, a seize pieds d'eau à demi-marée.

Les gros bâtimens remontent jusqu'à Savanah, & ceux de moyenne grandeur jusqu'à Augusta. Au dessus de cette dernière ville il y a une chute, après laquelle les chaloupes remontent jusqu'au confluent des deux branches supérieures. De toutes les rivières qui se jettent dans la Savanah, *Broad-River*, qui s'y réunit à Pétersbourg, est la plus considérable : elle prend sa source dans le comté de Franklin ; elle traverse les plus riches établissemens du comté de Wilkes, & pourroit être très-facilement navigable.

L'*Ogeechée* est une petite rivière, à dix-huit milles

milles au sud de la Savanah, & qui suit un cours parallèle à celui de cette rivière.

L'*Alatamaha*, qui coule à environ soixante milles au sud de la Savanah, prend sa source dans la montagne de *Cherokée* : elle arrose de son cours rapide un espace de deux cent cinquante milles avant d'arriver à la plaine; elle y parvient sous le nom d'*Oak mulge*, parcourt lentement une distance de cent cinquante milles, se réunit à l'*Ocone*, qui vient de l'est, & suit encore, sous le nom d'*Alatamaha*, un cours de cent milles à travers les forêts, avant de se jeter dans l'Océan par plusieurs embouchures.

Les rivières de *Turtle*, *Great-Sitilla*, *Little-Sitilla*, *Crooked* & *Saint-Mary* se jettent encore dans la mer. Cette dernière, qui prend sa source dans un marais immense, traverse de beaux bois de sapins, & peut se remonter à quatre-vingt-dix milles avec des bâtimens d'un port considérable. Enfin, les rivières de *Mobile*, de *Pascagoula*, de *Pearl* & d'*Apalachicola* coulent vers le sud, & se jettent dans le golfe du Mexique. Cette dernière rivière, qui prend son origine à l'extrémité de la chaîne des Alleganys, & qui tire son nom d'une tribu de sauvages, a fait donner à ces montagnes le nom d'*Apalaches*, qu'elles portent ordinairement sur les cartes européennes.

Les rivières de la Géorgie sont peuplées de bons poissons de diverses espèces; mais le requin y est, dans quelques endroits, incommode aux pêcheurs.

Le marais d'*Ouaquaphenogaw*, qui donne naissance à trois rivières, couvre une étendue de trois cents milles de circonférence. Dans la saison pluvieuse il devient un lac qui renferme un grand nombre d'îles, dont le sol est fertile.

La côte de la Géorgie est garnie d'îles basses, couvertes de bois : des criques navigables les entourent ou les séparent du continent, dont les bords sont inondés par des marais salans, qui occupent une largeur moyenne de cinq à six milles. La partie orientale de cet Etat, dans une étendue de cent vingt milles sur quarante-cinq, est une plaine unie sans aucun monticule ni aucune pierre. Les coteaux commencent ensuite, & s'élèvent graduellement jusqu'aux montagnes. A soixante milles dans l'intérieur de la Géorgie, à compter de sa frontière nord, se termine la chaîne des Alleganys. Au midi de cette chaîne se présente une plaine vaste & riche, dans laquelle le sol & le climat favorisent les mêmes productions que dans les Indes orientales.

Les mêmes causes d'insalubrité que nous avons observées dans les Carolines se retrouvent dans les plaines de la Géorgie, & s'aggravent encore de la mauvaise qualité des eaux. Pendant les mois de l'intempérie, les riches planteurs ont coutume d'habiter le pays élevé, où l'air est pur & sain, où les eaux sont abondantes & de bonne qualité. Dans le sud de l'Etat, les alisés tempèrent les chaleurs de l'été. Du mois de juin au mois de septembre, le thermomètre de Farenheit se maintient du 76ᵉ. au 90ᵉ. degré, & en hiver il varie du 40ᵉ. au 60ᵉ. degré; ce qui correspond, pour l'été, à la division de 17 degrés à 26 du thermomètre de Réaumur, & de 4 degrés & demi à 12 degrés pour l'hiver au dessus de la glace. Les vents d'est sont les plus chauds en hiver, comme les plus frais en été. Les vents du sud y sont chauds, humides & mal-sains.

Aussi loin que s'étend la marée, c'est-à-dire, de quinze à vingt-cinq milles, les bords des rivières sont occupés par la culture du riz. Le sol des parties du pays, qui séparent chacune des rivières, est en général d'une qualité inférieure : il est couvert principalement de pins, de petits roseaux ou d'herbe, & fournit ainsi toute l'année à la pâture des troupeaux. On trouve çà & là des cantons qui produisent le chêne & l'hycory, & dont le sol convient à la culture des grains & de l'indigo. Ces parties sont un peu plus élevées que les terrains environnans.

Le sol est principalement composé d'argile & de sable, jusqu'à une certaine distance de la mer, & affecte une couleur grise, qui devient rougeâtre ou brune, & enfin noire à mesure qu'on se rapproche des montagnes. Le terrain rougeâtre produit naturellement le chêne & l'hycory, &, par la culture, le blé, l'avoine & le tabac : le sol noir, qui est le plus riche, produit naturellement le mûrier & le noyer noir, & donne, par le travail de la culture, le maïs, le tabac, l'indigo & le coton.

Cette dernière culture prend, dans la Géorgie, des accroissemens journaliers. Les habitans y cultivent également le coton herbacé, qui est une plante annuelle, & l'arbrisseau vivace, qui porte le nom de *cotonnier* dans les îles : la gousse du premier est plus grosse, la soie plus longue & plus blanche; la seconde plante a l'avantage de durer plusieurs années, & sa gousse produit une soie plus fine. La culture du tabac donne aussi de grands produits. Enfin on cultive une sorte de patates qui donnent une nourriture saine. Les fruits sont les mêmes que dans la Caroline sud. Il paroît que la culture de la vigne & des fruits des tropiques & celle du thé y prospéreront par la suite du tems.

Les sauvages nommés *Muscogées* ou *Creeks* habitent le centre de la Géorgie, & forment la nation la plus nombreuse de toutes celles qui sont comprises dans les limites des Etats-Unis. Il y a quelques années qu'on y comptoit dix-sept mille deux cent quatre-vingts individus, dont cinq mille huit cent soixante guerriers. Cette nation est composée de seize tribus, qui portent des noms différens, & qui, après des guerres sanglantes entre elles, se sont confédérées contre les *Chactaws* leurs rivaux. Les *Creeks* sont très-supérieurs aux autres tribus sauvages du continent, par la taille, le courage, l'industrie & la politique : ils sont fort jaloux de leurs droits, & ont une grande répugnance à vendre leurs terres. Les pays qu'ils réclament se bornent au nord par le 34e. degré de latitude, & à l'ouest par la *Mobile*. Ce sont des voisins très-incommodes aux cultivateurs des frontières.

Les *Chactaws* ou *Têtes plates* sont établis dans un pays montueux & fertile, entre Lalabama & le Mississipi. Cette nation possédoit, il y a quelques années, quarante-trois villes ou villages en trois divisions, contenant douze mille cent vingt-trois individus, dont quatre mille quarante-un guerriers.

Les *Chicassaws* habitent les sources de la *Mobile*, & errent sur les frontières nord-ouest de la Géorgie & dans le gouvernement de la Tenessée. Leur ville centrale est sous le 34e. degré 23 minutes de latitude nord, & le 14e. degré 30 minutes de longitude ouest de Philadelphie. On compte dans cette tribu mille sept cent vingt-cinq individus, & cinq cent soixante-quinze guerriers.

Il est bien à desirer qu'une paix solide mette un terme aux incursions des sauvages, & pour lors la Géorgie pourra le disputer avec les autres Etats du sud, en population & en richesses.

AMÉRIQUE SEPTENTRIONALE.

Hydrographie.

Aucune contrée du Monde n'a sur les Etats-Unis l'avantage des facilités du commerce par eau. La grande étendue de la côte, qui fait participer tous les Etats aux avantages de la mer, rapproche, par la navigation, les extrémités nord & sud : outre cela, l'intérieur est tellement arrosé par les lacs & les rivières de toutes les grandeurs & dans toutes les directions, que la nature semble avoir destiné à une communication intime toutes les parties de cette république importante.

Lacs.

Les lacs qui en occupent la partie septentrionale ressemblent plutôt à des mers d'eau douce, puisque ceux de la seconde & même de la troisième grandeur offrent plus de surface que les plus grands lacs de l'ancien continent; ceux qui sont le plus au nord ne sont encore que peu ou point connus : tels sont le *lac des Bois*, le *lac Winnepeek*, le *lac Bourbon*, le *lac Long* & un grand nombre d'autres plus petits, qu'on trouve à l'ouest du *lac Supérieur*. Ce dernier, situé entre le 46e. & le 50e. degré de latitude nord, est la *mer Caspienne de l'Amérique*. Les cartes françaises lui donnent cinq cents lieues de circuit. Environ quarante rivières, dont quelques-unes très-considérables, y portent le tribut de leurs eaux. Je citerai celles qui abreuvent le *lac Alemipigon*, dont le trop plein va joindre, par des sauts multipliés, le *lac Supérieur*. Il en est de même de la rivière *Kamanistigoyan* & de celle du *Fond du Lac*.

Il renferme un grand nombre d'îles, dont une en particulier, nommée *Ile royale*, formeroit à elle seule une grande province. Les tempêtes du *lac Supérieur* sont comparables à celles de l'Océan : il décharge ses eaux dans le *lac Huron* par le détroit de Sainte-Marie, qui offre un courant assez rapide pour que les canots ne puissent le remonter. On évalue la quantité d'eau qui sort par ce détroit à environ la dixième partie de celle que les rivières y versent; le surplus doit se dissiper par évaporation.

Le *lac Huron*, le second en grandeur, est situé entre le 43e. degré 30 minutes, & le 46e. degré 30 minutes de latitude nord : il a environ mille milles de circuit, & communique par le détroit de *Michilli-Mackinak*, de six milles de long, au *lac Michigan* : celui-ci est situé entre le 42e. degré 10 minutes, & le 46e. degré 30 minutes de latitude nord. Sa longueur est de deux cent quatre-vingts milles, & sa largeur moyenne soixante-cinq milles. La profondeur de son bassin le rend navigable pour les vaisseaux de toutes grandeurs : il est surtout remarquable par la grosseur & l'excellence des poissons qui y abondent, & en particulier des truites : on en a pêché qui pesoient quatre-vingt-dix livres. Ce lac reçoit à l'est dix-huit rivières, & à l'ouest, dans des baies fort longues, environ dix à douze autres d'un cours plus alongé.

L'autre extrémité du *lac Huron* communique au *lac Sainte-Claire*, placé à égale distance entre le premier & le *lac Erié*, auquel il communique par le *détroit* : il a quatre-vingt-dix milles de circuit.

Dans sa partie septentrionale, le *lac Huron* a beaucoup d'îles & une large baie, laquelle reçoit, d'un côté, les eaux de la rivière des Français, abreuvée par le trop plein du petit *lac des Sorciers*, dont les eaux sont fournies par plusieurs flaques d'eau; de l'autre côté la même baie reçoit les eaux du *lac Oentaronck* & de plusieurs autres, dispersés le long de ses bords. C'est là qu'on voit plusieurs égoûts d'eau, donnant naissance à pareil nombre de ruisseaux.

La latitude du *lac Erié* est entre le 41e. & le 43e. degré : sa longueur est de cent milles, & sa plus grande largeur de quarante. Sa navigation est dangereuse : ses eaux, jusqu'à une grande distance des bords, sont couvertes des feuilles du *lis des étangs* (*nymphea alba*), sur lesquelles des milliers de serpens prennent le soleil dans la belle saison.

Les eaux du *lac Erié* s'écoulent dans le *lac Ontario* par la rivière de *Niagara*, dont la direction s'étend vers le nord l'espace de trente milles, & est célèbre par la cataracte de cent cinquante pieds de chute, connue sous le nom de *saut de Niagara*. Les *rapides* qui se trouvent entre ce saut & l'entrée du *lac Ontario* sont estimés donner encore, sur une étendue de dix milles, une pente considérable. La masse prodigieuse des eaux rassemblées dans un espace de près de sept cents lieues, & la grande hauteur perpendiculaire, offrent aux naturalistes & aux physiciens un des spectacles les plus imposans de la nature. Le bruit de cette cataracte s'entend quelquefois à plus de quinze lieues.

Le *lac Ontario* est situé entre le 43e. & le 45e. degré de latitude nord : il a environ six cents milles de circonférence, & il abonde en poissons excellens de diverses espèces. Ce lac termine la grande chaîne des lacs, & décharge ses eaux dans le fleuve *Cataracoui*, qui offre un canal rempli de rapides & d'îles, jusqu'à Mont-Réal, où ce fleuve prend le nom de *Saint-Laurent*. C'est plus bas que se trouvent le *lac Saint-François* & celui des *deux Montagnes*, formés par l'embouchure d'un courant d'eau latéral, qui est un assemblage de lacs & de flaques d'eau de diverses formes & positions, & abreuvés par diverses rivières affluentes très-multipliées, & distribuées sur une longueur de cent soixante lieues.

Ensuite on voit au milieu du fleuve le *lac Saint-Pierre*, au dessus duquel vient se réunir une rivière considérable, formée par le trop plein des deux *lacs Georges* & *Champlain*, ainsi que d'autres affluentes.

Le *lac Champlain* a environ quatre-vingts milles de longueur sur quinze de largeur, au lieu que le *lac Georges* n'a guère que trente-six milles de long sur une largeur moyenne de trois milles. On compte, dans ces deux lacs, plus de deux cents îles de diverses grandeurs.

Si nous revenons maintenant au *lac Ontario*, nous trouverons qu'outre le produit de la cataracte il reçoit, sur ses trois bords du nord, du sud & de l'est, un grand nombre de rivières, dont sept ou huit sont plus considérables que les autres, & ont pour origine plusieurs lacs qui s'y déchargent. Si nous suivons maintenant le fleuve *Saint-Laurent*, nous y trouverons, jusqu'à Quebec, beaucoup de rivières affluentes & un canal d'une largeur moyenne, puis plus bas ce canal élargi en baie, dans laquelle le flux & le reflux se font sentir assez fortement.

Rivières des Etats-Unis.

La chaîne de montagnes, qui court presque parallèlement aux bords de l'Atlantique dans un espace de neuf cents milles, divise les eaux des Etats-Unis en orientales & en occidentales. Les rivières navigables, comprises sous la première dénomination, sont en très-grand nombre. La direction générale de leur cours, depuis les montagnes où elles ont leur source jusqu'à la mer, est du nord-est au sud-ouest : cette dernière direction se remarque surtout à l'embouchure de toutes ces rivières. L'examen des prodigieuses facilités de communication & de commerce qu'elles donnent trouvera sa place dans la description particulière de chaque Etat. Mais il faut observer en général qu'à la distance de cent trente à deux cents milles de la mer, on trouve dans presque toutes le même genre d'obstacles à la navigation; savoir : des *rapides* ou chutes plus ou moins considérables, qui obligent à des *portages* plus ou moins longs.

On doit considérer comme un avantage très-remarquable des Etats-Unis, quant à la navigation & au commerce des contrées de l'est, le nombre de grandes baies & de rades commodes qui échancrent la côte dans toute son étendue. La seule baie de Chesapeak reçoit les eaux de cinq grandes rivières qui arrosent la Pensilvanie, le Mariland & la Virginie; ce qui établit ainsi entre ces divers Etats une navigation qui offre tous les avantages de l'Océan, quant au port des vaisseaux, sans en avoir les dangers.

Le *Mississipi* est le fleuve le plus important de l'Amérique septentrionale, tant par le volume de ses eaux, la longueur de son cours, le nombre des rivières qui s'y jettent, que par sa direction du nord au sud, qui facilite la communication de tout l'intérieur de ce continent avec le golfe du Mexique.

Sa source est inconnue. Mais les conjectures formées d'après les rapports des sauvages la placent à plus de mille lieues de son embouchure. Son cours n'est bien connu que depuis le 45e. degré, où se trouve le saut de Saint-Antoine. De là jusqu'au 38e. degré, où il reçoit du côté de l'est la rivière des *Illinois*, son cours est égal & ses eaux limpides. Quelques lieues plus bas le Missouri, qui coule de l'ouest, vient y mêler ses eaux bourbeuses, & fait plus que doubler sa masse : cette dernière rivière a été remontée par des Français à plus de mille trois cents milles de son confluent, & sembloit annoncer encore, par sa largeur & la profondeur de ses eaux, la possibilité d'une navigation beaucoup plus étendue.

Vers le 37e. degré le Mississipi reçoit, de l'est, la belle rivière de l'Ohio, qui en accroît considérablement les eaux. Un grand nombre de rivières de la seconde & de la troisième grandeur augmentent la majesté de son cours, qui se prolonge vers le sud au travers d'épaisses forêts & de prairies immenses, jusqu'au golfe du Mexique, dans lequel ce fleuve se jette sous le 29e. degré de latitude nord.

Dans les inondations du printems le courant du Mississipi est d'environ cinq milles à l'heure, & ne peut être remonté qu'avec peine. En automne la vitesse du courant, qui n'est guère pour lors que de deux milles à l'heure, excepté dans les détroits entre les îles ou les bancs de sable, permet à des bâtimens de quarante tonneaux, pourvus de vingt rameurs, de remonter, depuis la Nouvelle-Orléans jusqu'à la rivière des Illinois, dans huit à dix semaines.

Toute la dernière partie du cours du Mississipi, depuis la rivière d'Iberville, traverse un pays plat, que le limon du fleuve, lors des inondations, recouvre périodiquement sur une largeur très-considérable. En approchant de la mer ses eaux se séparent en différens canaux, dont le nombre, le lit, la grandeur, varient d'une année à l'autre, suivant le dépôt & l'accumulation fortuite des arbres que le fleuve charie en abondance, & les dépôts de sables qui se forment fort promptement sur ces noyaux.

Ce beau fleuve peut, sous plus d'un rapport, être comparé à celui qui arrose l'Egypte : l'un & l'autre ont des embouchures nombreuses & variables. Les inondations du Nil produisent la fécondité de l'Egypte ; celles du Mississipi assureront une fertilité non moins grande aux plaines immenses qui le bordent, & qui n'attendent que la population & l'industrie qui doit venir à la suite. Le golfe du Mexique enfin peut être considéré comme la Méditerranée de l'Amérique. Mais dans les tems à venir le Mississipi aura sans doute, sous l'empire des Français, un grand avantage sur le fleuve d'Afrique. Le commerce, les richesses & la puissance du continent septentrional doivent un jour se concentrer sur son cours, & y trouver des moyens de prospérité dont on ne voit pas le terme.

L'*Ohio* est une très-belle rivière, surnom qu'on lui a donné même dans les cartes : elle est formée par l'Allegany & la *Monongahela*. Il coule du nord-est au sud-ouest, & parcourt, dans tous ses détours, une distance de mille cent quatre-vingt-huit milles avant de se jeter dans le Mississipi. Sa largeur varie, depuis cent cinquante jusqu'à six cents toises. Tout son cours se trouve compris entre le 41e. & le 37e. degré. Le climat, le sol, l'aspect de ses bords, la clarté, la profondeur de ses eaux, la douceur de son courant, se réunissent pour rendre sa navigation aussi agréable qu'elle est facile & sûre : elle n'est interrompue que par les rapides de *Louisville*, qui exigent un portage très-court ; elle offre un écoulement prompt & réglé des denrées surabondantes des établissemens qui s'accroissent journellement sur ses bords, ainsi que dans le voisinage des nombreuses rivières qui lui apportent le tribut de leurs eaux.

Le Mississipi & toutes les rivières qui y affluent au dessus de l'Ohio arrosent à peu près les cinq huitièmes des Etats-Unis, & de ces cinq huitièmes l'Ohio & ses eaux en arrosent les deux huitièmes.

Aux considérations générales sur les avantages qui doivent résulter, pour les Etats-Unis, de la navigation des eaux de l'ouest, on doit ajouter le tableau des communications que la nature a établies, ou dont elle a ménagé la facilité entre ces eaux & l'Océan atlantique : elles sont au nombre de quatre principales ; savoir : la rivière d'*Hudson*, la *Patowmack*, *James-River* & le *Saint-Laurent*. Toutes les denrées du pays compris entre le Mississipi, l'Ohio & les lacs peuvent arriver à ces débouchés par des portages très-courts, qui séparent les têtes des rivières des *Illinois*, *Wabash*, *Muschingum* & *Miamis*, des eaux des lacs *Michigan* & *Erié*. Le saut de *Niagara* exige un portage de huit milles. Depuis le lac Ontario jusqu'à Albany, sur la rivière d'*Hudson*, on trouve encore quatre portages : le premier, d'un quart de mille, sur l'*Onondago*, près d'Oswego ; le second, de deux milles, depuis *Woodcreek* à la rivière de *Mohawk* ; le troisième, aux petits rapides de la *Mohawk*, d'un quart de lieue, & le dernier, de seize milles, de *Shenectady* à Albany.

La route que nous venons d'indiquer est de huit cent vingt-cinq milles, depuis l'embouchure de la *Cahiahoga*, dans le lac *Erié*, jusqu'à New-Yorck, & les cinq portages qu'on y rencontre ajoutent à l'incommodité & à la longueur de cette navigation. Celle qui joint le lac *Erié* à la *Patowmack* est presque de moitié moins longue, & ne demande que deux portages : le premier, depuis la tête de la *Cahiahoga* à celle de *Big-Beaver*, qui se jette dans l'Ohio, portage qui peut être supprimé par un canal : le second, depuis les eaux supérieures de l'Ohio, la *Youhogany* à la *Patowmack*, sera de quinze à quarante milles, selon les travaux qu'on fera pour le raccourcir. On peut encore communiquer de l'Ohio à *James-River*, en remontant le grand *Kanhava*, *Green-Brier*, *Howard-Creek*. De là, par un portage considérable, mais qu'on peut raccourcir, à *Carpanter's-Creek* & *Jacson's-River*, d'où la navigation souffre encore deux interruptions par les rapides avant d'arriver à *Richmont*, qui est au dessus des chutes.

Enfin le débouché de tout le voisinage des lacs par le fleuve *Saint-Laurent*, est bien connu. Les avantages de cette navigation sont particuliers au Canada, & d'ailleurs compensés par l'inconvénient des glaces qui la ferment pendant trois ou quatre mois de l'année. La même circonstance contribue encore à donner de l'avantage aux deux routes du sud sur celle de la rivière d'*Hudson*, qui prend sa source aux environs du lac *Champlain*.

Rivières de la Nouvelle-Angleterre.

Les grandes rivières de la Nouvelle-Angleterre sont : la *Penobscot*, la *Kenobek*, l'*Amerifcoggin*, la *Saco*, la *Merimack*, la *Connecticut*, la *Honsatonich* & la rivière d'*Onion*. Parmi plusieurs de ces rivières, qui sont côtières, je distinguerai ici la *Connecticut*, dont le cours est le plus étendu, & qui traverse l'intérieur des terres, & qui a son embouchure dans la baie qui baigne la côte septentrionale de *Long-Island*.

Rivières de Vermont.

Les principales rivières de cet Etat sont celles de *Michiscoui*, la *Moille*, *Onion*, *Otter-Creek*, *West-River*, *Blac-River* & plusieurs autres peu considérables, qui se jettent dans la Connecticut.

Otter-Creek est navigable pour les canots dans une étendue de cinquante milles. Ses fréquentes inondations répandent le long de ses bords un limon gras, très-favorable pour les productions de la culture : outre cela, la plupart de ces rivières sont remarquables par l'abondance & la qualité du poisson qu'elles produisent, & en général elles arrosent des contrées très-fertiles.

Les lacs de *Menphremagog* & de *Willoughby* communiquent par une rivière. Le premier est le plus considérable, & le dernier est remarquable par l'excellence des poissons qu'on y pêche.

Rivières de New-Hampshire.

Cinq des plus grandes rivières de la Nouvelle-Angleterre ont leur source dans le New-Hampshire; savoir : le *Connecticut*, l'*Amerifcoggin*, la *Saco*, la *Merrimack* & la *Pifcataqua*.

La *Connecticut* prend sa source entre le district de Main & le Canada; coule d'abord vers le sud-ouest, puis au sud : elle reçoit, des montagnes du Hampshire, sept rivières plus ou moins considérables, dont quelques-unes arrosent des cantons très-fertiles, & principalement des prairies. Dans l'espace qui sépare les Etats de Vermont & de Hampshire, la *Connecticut* a deux grandes chutes, à l'une desquelles, *Bellow's Fall*, on a formé des écluses.

L'encaissement étroit de la rivière au dessus de cette chaîne est une masse de rochers, qui divise le lit de la rivière en deux canaux; ce qui a facilité la construction d'un pont de bois de trois cent soixante-cinq pieds de longueur. C'est dans ce lieu que les pêcheurs se suspendent pour prendre le saumon qui a remonté le courant malgré l'excessive rapidité de la chute.

La *Merrimack* a son origine dans les montagnes blanches, & se jette dans l'Océan à *Newbury*. Dans un cours de quatre-vingt-dix milles elle reçoit douze rivières latérales, & sa navigation se trouve embarrassée par trois chutes considérables. C'est sur ces chutes qu'on s'est surtout attaché à construire des ponts de bois.

A l'endroit où la *Contoo-Coock* se jette dans la *Merrimack*, on voit une petite île célèbre par l'action courageuse d'une femme qui tua huit sauvages qui l'avoient enlevée.

Le cours entier de la *Pifcataqua* se trouve renfermé dans le New-Hampshire, qu'elle sépare du district de Main. Sa source est dans les environs de Vakefield, d'où elle coule l'espace de quarante milles au sud-sud-est, jusqu'à la mer, en recevant plusieurs rivières, & changeant plusieurs fois de nom. Son embouchure s'unit près de la mer à un grand nombre de baies, où la marée pénètre abondamment.

Les principaux lacs du New-Hampshire sont ceux de *Vinipifcoggée*, de *Squam*, de *Sunnapée*, d'*Offapée*. Le premier est le plus considérable : il a environ cinquante milles de circuit; sa navigation est facile, & même la communication est très-active entre les villes qui l'entourent, au moyen des traîneaux, pendant les trois mois que la glace le recouvre.

Rivières du district de Main.

Sur deux cent quarante milles de côtes, le district de main offre un grand nombre de ports sûrs & commodes. Les rivières y sont aussi en grand nombre. La *Penobfcot*, la *Kenebeck*, l'*Amerifcoggin* & la *Saco* sont les plus considérables. La première prend sa source dans les montagnes qui bornent le Canada, & à vingt milles seulement du point de partage des eaux qui coulent dans le fleuve *Saint-Laurent*. Sa navigation est coupée par une chute qui est à cinquante milles de la mer. Son cours est navigable pour les bateaux dans un espace de treize milles. Enfin, depuis le point où la marée est sensible, jusqu'à la mer, c'est-à-dire, dans un espace de cinquante-cinq milles, les vaisseaux de trente tonneaux y naviguent sans obstacles.

La *Kenebeck*, plus considérable encore, prend sa source dans la même chaîne de montagnes, près de la rivière *Chaudière*, qui coule dans le *Saint-Laurent*. Les vaisseaux de cent cinquante tonneaux la remontent à quarante milles.

L'*Andros-Coggin*, qui prend sa source dans les montagnes blanches, n'est en quelque sorte qu'une branche dans laquelle elle se jette à vingt milles de la mer.

La *Saco* ne peut être remontée qu'à six milles de l'Océan : la chute qui barre la navigation à cette distance est garnie de moulins à scie, qui débitent en planches les sapins flottés que la rivière apporte de très-loin. Parmi les nombreuses baies qui garnissent la côte, celles de *Penobfcot* & de *Cafco* offrent les ancrages les plus sûrs & les plus étendus.

Rivières de Massachussets.

Les rivières que renferme cet Etat sont, 1°. la *Honfatonich*, qui prend sa source dans sa partie occidentale, & se dirige vers le sud en traversant *Connecticut* pour se jeter dans le détroit de *Long-Island*; 2°. la *Deerfield*, qui se jette dans la *Connecticut*, est remarquable par la beauté des prairies qui bordent son canal; 3°. la *Connecticut*, qui traverse l'Etat de Massachussets, éprouve deux chutes sur cet Etat, l'une près de *Deerfield*, l'autre entre Northampton & Springfield : on se propose d'établir des écluses sur ces chutes; 4°. la *Merrimack*, qui est navigable pour les plus gros vaisseaux l'espace de vingt milles depuis la mer. A cette distance se trouvent les premiers rapides qui arrêtent la navigation entre *Bradfort* & *Haverhill*. Une quantité prodigieuse de bois de construction, de planches, de pieux, de palissages assemblés en radeaux, franchit tous les sauts de la *Merrimack*, excepté ceux d'*Amuskaeg* & de *Pantuket*. Il se pêche dans cette rivière une quantité considérable de saumons, d'aloses & d'alevives, soit pour sécher, soit pour servir d'amorces à la pêche de la morue. La barre de son embouchure rend son entrée dangereuse. On y a établi deux fanaux mouvans, qui sont entretenus avec soin : les bâtimens sur lesquels ils sont, sont construits de manière qu'ils peuvent changer à volonté & à mesure que la disposition de la barre varie, en sorte que, dans tous les tems, les vaisseaux qui dirigent leur marche sur le prolongement de la ligne des fanaux, peuvent approcher en sûreté, & se trouvent avoir dépassé les fonds dangereux lorsqu'ils sont parvenus près du fanal extérieur.

Dix-sept autres rivières de diverses forces coulent dans cet Etat. *Mistik* & *Charles-River*, qui se jettent dans la mer à Boston, sont navigables, la première dans un espace de trois milles, & la seconde à sept milles de la mer pour les bateaux seulement. Celle de *Neponset* porte les vaisseaux de cent cinquante tonneaux. Enfin *North-River*, quoique fort étroite, a la profondeur qui convient pour porter des vaisseaux de trois cents tonneaux, depuis Penbrok, qui est à dix-huit milles de la mer. La plupart de ces rivières offrent de grandes ressources pour la pêche, les moulins & les usines de tous genres.

Rivières de Rhode-Island & de Providence.

L'île de *Rhode*, qui donne le nom à cet Etat, ainsi qu'un grand nombre d'autres îles, est située dans la baie de *Naragunset* : les rivières de *Providence* & de *Faunton* se jettent dans la même baie : la première est navigable, jusqu'à la ville de Providence, pour les vaisseaux de neuf cents tonneaux, & les bâtimens peu considérables remontent jusqu'à Faunton. Ces rivières & cette baie fournissent les meilleurs poissons de toute espèce.

Rivières de Connecticut.

Les trois principales rivières de cet Etat sont la *Connecticut*, la *Honsatonick* & la *Tamise*. Nous avons indiqué ci-dessus le cours de la première dans trois differens Etats. En entrant sur le territoire de Connecticut, que cette rivière traverse par le centre du nord au sud, elle éprouve la chute d'Enfield, qu'on prétend rendre navigable par le moyen des écluses. Parvenue à Hartford, à cinquante milles de la mer, elle est exposée aux effets de la marée ; plus loin sa navigation est gênée par des bas-fonds nombreux, dans les environs de Midleton, & surtout vers son embouchure par une barre considérable. En général ses eaux, depuis une distance de cent trente milles de la mer, s'étendent sur une très-grande largeur, excepté dans un seul endroit, à trois milles au dessous de Midleton, où elles sont resserrées entre deux montagnes ; & comme les inondations du mois de mai élèvent quelquefois les eaux, à Hartford, de vingt pieds au dessus de leur niveau ordinaire, elles inondent alors, à une très-grande distance & pendant quinze jours ou trois semaines, les prairies qui garnissent ses rivages. Treize villes occupent les bords de cette belle & grande rivière, qui sont habités presque jusqu'à sa source. La pêche y fournit principalement l'esturgeon, le saumon, l'alose, la carpe, la perche & le brochet.

La *Honsatonick*, qui, après avoir traversé l'Etat de Connecticut, se jette dans le détroit de Long-Island, entre Milford & Straiford, n'est navigable que jusqu'à Derby, c'est-à-dire, l'espace de douze milles, & son embouchure est obstruée par un banc de coquillages, qui n'en permet pas l'entrée aux gros vaisseaux : elle éprouve outre cela, entre Salisbury & Canaan, une chute qui, dans ce genre, offre un fort beau spectacle ; car les eaux de la rivière entière, dans une largeur de quatre cent cinquante pieds, se précipitent de la hauteur de dix toises sans se diviser dans leur chute, & présentent ainsi une nappe d'eau de vingt-sept mille pieds de superficie.

La *Tamise*, qui se décharge dans le détroit de New-London, ne se remonte par les vaisseaux que jusqu'à Northwich, c'est-à-dire, jusqu'à la distance de quatorze milles.

Au dessus de cette ville, cette rivière offre aussi un saut ou cataracte fort considérable.

Les rivières de *Shetuket*, de *Quinabogue*, du *Pankatuk*, de *Nord-Haven*, d'*Est*, de *West* & de *Byram*, & un grand nombre de ruisseaux plus ou moins considérables, fournissent de très bons poissons & des emplacemens multipliés pour différentes usines.

Rivières & lacs de New-Yorck.

La rivière d'*Hudson* est une des plus grandes & des plus belles des Etats-Unis : elle prend naissance dans les montagnes qui séparent le lac Ontario du lac Champlain. Elle coule d'abord au sud-est, passe à six milles du lac Georges : elle reçoit d'abord la *Secondaga*, puis la Mohawk, & se dirige ensuite presqu'uniformément vers le sud jusqu'à la mer, où elle se jette dans la baie de New-Yorck. La longueur totale de son cours est de deux cent cinquante milles : elle n'a de chutes qu'entre le lac Georges & Albany. Dans ce trajet, qui est de cinquante-cinq milles, elle est navigable pour les bateaux, au moyen de deux portages d'un demi-mille chacun. Le lit de cette belle rivière est un canal uniformément large & profond, creusé dans une direction régulière, au milieu de rochers élevés, à travers même des chaînes de montagnes, & dont le niveau sensiblement égal permet à la marée de remonter jusqu'au dessus d'Albany, c'est-à-dire, à plus de cent soixante milles de la mer.

Les *sloops* de quatre-vingts tonneaux naviguent jusque-là, & les vaisseaux de toute grandeur parcourent ce canal dans un espace de cent trente milles. Il est aisé de voir de quel avantage cette rivière peut devenir par la communication qu'on peut en établir avec les lacs. C'est dans ces vues qu'on ouvre actuellement un canal, au moyen duquel on aura une navigation suivie de cette rivière au lac Champlain par *South-Bay*. On pêche abondamment dans la rivière d'Hudson une grande variété de bons poissons.

La *Savanah* prend sa source dans les montagnes qui sont situées entre le fleuve Saint-Laurent & le lac Champlain, où elle va se jeter en passant par Platsbourg. On y pêche le saumon, le brochet & la truite en abondance.

Black-River prend sa source dans le voisinage de Canada-Creek, qui se jette dans la Mohawk. Cette rivière, qui reçoit les bateaux depuis le fleuve Saint-Laurent jusqu'à sa seconde cascade, dans un espace de soixante milles, est surtout remarquable, en ce qu'elle est la seule navigable entre celles qui prennent leur source dans les Etats-Unis, & qui se jettent dans ce grand fleuve. Cette circonstance doit singuliérement favoriser les établissemens qui se font sur les bords de cette rivière.

La rivière d'*Onondago* sort du lac *Oneida*, & coule vers l'ouest jusqu'à *Oswego*, sur le lac Ontario. A un portage près, les bateaux naviguent d'un lac à l'autre, & remontent par Vood-Creek, jusqu'auprès du fort Stanwix. De ce fort, au moyen d'un portage d'un mille, on peut communiquer à la Mohawk.

La rivière de *Mohawk* prend sa source à huit milles de *Black-River*. Après un cours de vingt milles vers le sud, elle change de direction au fort Stanwix, & coule l'espace de cent dix milles à l'est, jusqu'à la rivière d'Hudson. Les denrées qui descendent par la Mohawk à Shenectady se transportent ensuite par terre l'espace de seize milles, jusqu'à Albany. Excepté une chute à cinquante-six milles au dessus de Shenectady, & qui oblige à un portage d'un mille, la Mohawk est navigable depuis cette ville jusqu'à sa source. A la distance de trois milles de la rivière d'Hudson, elle éprouve une cataracte qui, par sa hauteur & la grande masse de ses eaux, présente un spectacle imposant. On doit rendre praticable par des écluses la navigation, depuis *Shenectady* jusqu'aux lacs *Ontario* & *Seneca*. Au moyen de cette opération une étendue de mille milles de rivages, sans y comprendre les lacs, pourra être arrosée par des canaux navigables.

La *Delaware* sort du lac *Usta-Yantho*, coule au sud-ouest, puis au sud-est, en séparant l'Etat de New-Yorck de la Pensilvanie, & enfin ce dernier Etat de celui de New-Jersey, jusqu'à son embouchure dans la baie qui porte son nom.

La *Susquehanna*, navigable pour les bateaux dans tout son cours, sort du lac *Otsego*, & se dirige dans le sud-ouest : elle coupe trois fois la ligne qui sépare la Pensilvanie de New-Yorck, &, immédiatement après avoir quitté cet Etat, elle reçoit la rivière de *Tyoga*.

Celle-ci, qui peut se remonter par les bateaux à cinquante milles, prend sa source dans les Alleganys, sous le 42e. degré.

La *Seneca* prend sa source dans le canton de ce nom : elle coule vers l'ouest, reçoit les eaux des lacs *Seneca* & *Cayuga*, & enfin finit par se réunir à la rivière d'*Onondago*.

La *Chenessée* a sa source près celle de la *Tyoga*, passe près du fort de *Chenessée*, & va se jeter dans le lac *Ontario*, après une suite de sauts ou cascades sur lesquels les habitans ont construit plusieurs usines.

L'*Allegany* sort des montagnes du même nom, assez près de la source de la *Tyoga*, se dirige vers l'ouest, & s'accroît d'une autre branche qui vient du sud, à l'endroit même où elle quitte l'Etat de New-Yorck pour entrer dans celui de Pensilvanie.

La baie d'Yorck, qui a neuf milles de longueur sur quatre de largeur, s'étend vers le sud en face de la ville de New-Yorck : elle renferme plusieurs îles, & communique avec l'Océan par un détroit de deux milles, entre *Long-Island* & *Staten-Island*.

South-Bay est un lac long & étroit, dont la direction est du nord au sud : il est situé à douze ou quinze milles du coude que fait la rivière d'Hudson avant de prendre son coude vers le sud, & qui sépare l'état de New-Yorck de Vermont. Ce lac reçoit du sud les eaux de Vood-Creek, rivière navigable dans l'étendue de plusieurs milles ; puis celles du lac Georges, dont le niveau est de cent pieds plus elevé, & qui lui parviennent à Tecondérago par un large ruisseau ; enfin il réunit ses eaux au lac Champlain.

Le lac Oneida ou Ouondago, situé à vingt milles à l'ouest du fort Stanvix, s'étend encore l'espace de trente milles de l'est à l'ouest. A un demi-mille de ce lac on trouve une source dont l'eau a un degré de salure plus fort que l'eau de la mer : elle est assez abondante pour fournir à la consommation de tout l'Etat.

Le petit lac salé, qui se décharge dans la rivière de Seneca, est remarquable également par la qualité de ses eaux très-chargées de sel.

Le lac *Otsego*, à la source de la *Susquehanna*, a neuf milles de long sur un mille de largeur : il est environné d'un pays fertile, & dont la culture est très-facile.

Le lac *Caniaderago*, à peu près de la même grandeur, est situé à six milles de ce dernier vers l'ouest. Un ruisseau qui réunit ce lac à la Susquehanna, est renommé par l'excellence des fromages qu'on fabrique sur ses bords.

Le lac *Charoque*, dont l'extrémité sud-est est sous le 42e. degré 10 minutes de latitude nord, se prolonge jusqu'à neuf milles du lac *Erié*, & décharge ses eaux par la *Conawongo* dans l'*Allegany*.

Rivières de New-Jersey.

Les rivières de New-Jersey sont peu considérables, mais en grand nombre; les trois principales sont : la *Hackinsack*, la *Passaïk* & la *Raritan*.

La première prend sa source dans le comté de Bergen, dirige son cours vers le sud, & se termine en se jetant dans la baie de Newart : elle a une grande largeur à son embouchure, & se remonte avec les bateaux jusqu'à environ quinze milles.

La rivière de *Passaïk* prend naissance dans un grand marais du comté de Morris : son cours est fort rempli d'oscillations; mais sa direction générale est de l'ouest-nord-ouest à l'est-sud-est : elle se réunit à l'*Hackensak*, près de la mer, & se remonte en bateau à près de dix milles. Cette rivière éprouve à Patterson, à travers une fente de rocher, une chute de soixante-dix pieds, qui présente un spectacle intéressant en ce genre.

La rivière *Raritan*, formée de deux branches sud & nord, qui prennent leur origine dans les comtés de Morris & d'Hunterdon, après leur réunion, passe à Brunswick & à Amboy, où elle se jette dans la mer. Cette embouchure contribue à former le port de cette dernière ville. La *Raritan* éprouve une chute aux collines de ce nom.

A Brunswick cette rivière a si peu de profondeur, qu'elle est guéable pour les voitures; mais un peu au dessous elle en prend une si considérable, que les corvettes y naviguent sans obstacles, & les chaloupes remontent au dessus du gué au moyen de la marée; & lorsque celle-ci est basse, il n'est pas rare de voir, dans la rivière, des chaloupes à sec, à une portée de fusil des plus gros vaisseaux à l'ancre.

Les autres rivières du pays sont : la *Cesarea*, qui prend sa source dans le comté de Salem, & peut se remonter jusqu'à Bridge-Town, à vingt milles, avec des bâtimens de cent tonneaux; la *Mulicus*, qui divise les comtés de Glocester & de Burlington, & que les vaisseaux de soixante tonneaux remontent jusqu'à vingt milles; la *Maurice*, qui a son origine dans le comté de Glocester, & qui est navigable pour les chaloupes dans un trajet de trente milles; l'*Allouay* & l'*Ancocus*, qui se jettent dans la *Delaware*; ce qui sert à transporter les denrées qui abondent dans le pays que ces rivières parcourent.

Enfin, dans la partie sud de *New-Jersey*, qui est basse & qui avoisine la mer, on compte encore huit petites rivières ou criques, qui, par le secours de la marée, peuvent se remonter avec les bateaux presque jusqu'à leur source.

Rivières de la Pensilvanie.

La Pensilvanie a six rivières considérables, qui, dans les diverses parties de leurs cours, arrosent toutes les contrées de cet Etat. Ce sont la *Delaware*, le *Schuilkill*, la *Susquehanna*, la *Youhiogany*, la *Monongahela* & l'*Allegany*.

La baie & la rivière de la *Delaware* sont navigables dans un espace de cent cinquante-cinq milles, jusqu'au saut de Trénton. La baie & la rivière, jusqu'à Philadelphie, sont navigables pour les vaisseaux de soixante-quatorze canons, & les sloops remontent jusqu'à Trenton; les bateaux du port de neuf tonneaux naviguent encore dans un espace de cent milles sur cette rivière; & les canots indiens remontent encore cinquante milles plus haut, au moyen de quelques portages. La marée, qui est sensible jusqu'à Trenton, est ordinairement de cinq à six pieds à Philadelphie : outre cela, la Delaware reçoit à Easton la rivière de *Lehigh*, qui est navigable l'espace de trente milles.

Depuis l'entrée de la baie de la Delaware, entre le cap *May* & le cap *Henlopen*, jusqu'à *Bombay-Hook*, où la rivière commence, on compte vingt milles : elle a, vis-à-vis Bombay-Hook, quatre à cinq milles de large. Depuis ce point jusqu'à l'île de Reedy, dans laquelle le port Pann est le rendez-vous général des vaisseaux chargés pour le dehors, on compte encore vingt milles. C'est à Philadelphie que les vaisseaux qui arrivent de l'extérieur attendent la fonte des glaces, qui s'opposent ordinairement à la navigation de la rivière pendant six semaines ou deux mois.

Le *Schuilkill* prend sa source au nord-ouest des montagnes de Kittatiny, qu'il traverse; il coule au sud-est l'espace de cent vingt milles, & se réunit à la Delaware cinq ou six milles au dessous de Philadelphie. Depuis Reading, qui est à trente milles au dessus de Philadelphie, il est navigable jusqu'à sa source.

Nous avons vu ci-dessus que la branche orientale de la *Susquehanna* sortoit du lac Otsego. Après son entrée dans l'Etat de Pensilvanie, elle reçoit de sa partie occidentale la Tyoga, dont nous avons indiqué le cours. A Vioming elle éprouve une chute. Parvenue à Sunbury, sous le 41e. degré de latitude, elle reçoit une branche de l'ouest, laquelle peut se remonter avec des bateaux jusqu'à quatre-vingt-dix milles, & dont quelques rameaux aussi navigables approchent fort près des branches navigables de l'Allegany. Au dessous de Midleton la *Susquehanna* a plusieurs rapides ou chutes, qui n'empêchent cependant pas les radeaux de descendre. A quinze milles au dessus de Harrisbourg elle reçoit du nord-ouest la *Juniata*, qui descend des Alleganys à travers un pays montueux, mais très-susceptible de culture. Cette rivière peut se remonter jusqu'à cent vingt milles. Enfin la *Swetara*, qui se remonte à quinze milles, se rend du nord-est dans la Susquehanna. De là le cours de la Susquehanna se dirige au sud-est, jusqu'à la baie de *Chesapeak*, dans laquelle elle entre au *Havre-de-Grace*.

Les

diverses branches de la *Youhiogany* sortent entre ouest des Alleganys : elle a déjà acquis e d'eau considérable lorsqu'elle éprouve chute d'*Ohiopile*. Son cours, dirigé d'abord au ouest, tourne ensuite au nord-ouest dans un espace de trente à quarante milles, qui est navigable pour les bateaux; après quoi cette rivière perd son nom en se réunissant à la *Monongahela*, qui vient du sud, & verse une masse d'eau à peu près double. A la distance de quinze milles de cette réunion, la *Monongahela* rencontre à Pittbourg l'Allegany, qui vient du nord-est, & l'*Ohio* succède à ces deux rivières réunies. En remontant la *Monongahela* avec les bateaux, au dessus de Youhiogany, dans un espace de quarante milles, jusqu'à *Cheat-River*, on lui trouve une largeur presque constante de cent cinquante toises. Dans les cinquante milles qui séparent l'embouchure de Westernfork, la Monongahela n'a plus qu'une largeur moyenne de cent toises, & sa navigation, quoiqu'obstruée de rapides & de bas-fonds, est praticable pour les bateaux lors des crues d'eau. Enfin, malgré ces rapides, elle admet encore des bateaux légers, excepté dans les séchéresses, jusqu'à la vallée de Tygart, éloignée de Westernfork de cinquante-cinq milles.

L'Allegany est navigable en toute saison pour les bateaux légers, jusqu'à Venango, où elle a environ cent toises de large, & où elle reçoit *Franch-Creek*, laquelle se remonte jusqu'au fort le Bœuf, à quinze milles du lac *Erié*. Une des branches navigables de l'Allegany se rapproche si près d'une des branches navigables de la Tyoga, & le pays qui les sépare est si praticable, que les *Seneca* font dans un jour le voyage de l'une à l'autre.

Hydrographie de l'Etat de Delaware & du territoire nord-ouest de l'Ohio.

La côte de l'Etat de Delaware est garnie de baies nombreuses, de criques ou petites rivières dont les bords sont plats, le cours obstrué de bas-fonds, & les environs inondés de marais. Sept rivières qui se jettent dans la baie de *Chesapeak*, prennent leur source dans l'ouest & dans les contrées méridionales de l'Etat; quelques-unes seulement sont navigables à vingt ou trente milles, dans l'intérieur des terres, pour des vaisseaux de cinquante à soixante tonneaux.

Nous ferons ensuite connoître les rivières qui arrosent le vaste territoire nord-ouest de l'Ohio. D'abord le *Muskinguin*, qui coule du nord, a cent vingt-cinq toises de largeur à son embouchure; il se remonte avec des bateaux jusqu'au lac où il prend naissance, & de ce lac un portage d'un mille conduit à la *Cahiahcga*, qui est navigable dans tout son cours jusqu'au lac Erié.

Le *Hockhoking*, qui coule parallélement au *Muskinguin*, se remonte jusqu'à soixante-dix milles avec de grands bateaux, & encore plus près de sa source avec des bateaux plus légers. Ses bords sont garnis d'inépuisables carrières de pierres de taille, de mines de fer, de plomb, de charbon, de sources salées & de bancs d'argile blanche & bleue.

Le *Scioto* est une rivière plus considérable; il se remonte, depuis l'*Ohio* jusqu'à deux cents milles, avec de grandes barques : il communique, au moyen d'un portage de quatre milles, au *Sandusky*, qui se jette dans le lac Erié, & est navigable dans tout son cours. C'est par ces deux rivières que peut se faire la communication la plus active entre l'Ohio & le Canada.

Le petit *Miamis*, qui se jette dans l'Ohio, n'admet aucune navigation, mais sert à l'arrosement d'un terrain fertile, tant par la quantité que par la circulation de ses eaux.

Le grand *Miamis*, qui se jette de même dans l'Ohio, a un cours rapide : il communique par plusieurs branches navigables, soit au *Scioto*, soit au *Sandusky*, soit à une autre rivière de Miamis, qui se jette dans le lac *Erié*.

La *Vabash* est une belle & grande rivière qui a cent trente-cinq toises à son embouchure dans l'Ohio : elle se remonte, pendant neuf mois de l'année, avec des bateaux qui tirent trois pieds d'eau, jusqu'à Ouïtanon, établissement français sur ses bords, à quatre cent douze milles de son embouchure. De cet endroit les bateaux légers remontent encore à cent quatre-vingt-dix-sept milles. Un portage de neuf milles conduit au village de *Miamis*, situé sur la rivière du même nom, qui se jette dans le lac *Erié*. La pierre de taille, la pierre à chaux, les sources salées & les bancs d'argile sont abondans sur les bords de la *Vabash*.

Les rivières d'*Avase* & de *Kaskaskias* se jettent dans le Missisipi. La premiere se remonte jusqu'à soixante milles, & la seconde jusqu'à cent trente-un milles. A soixante-six milles au dessus de l'embouchure de l'Ohio, dans le Missisipi, & à dix-huit milles au dessus de celle du Missouri, la rivière des *Illinois*, large de deux cents toises, se jette dans le Missisipi. Cette rivière, bordée d'immenses prairies, & dont les environs fournissent aussi des mines de charbon & des sources salées, présente une communication avec le lac *Michigan* par la *Chigago*, à laquelle, par un portage de quatre milles, elle offre une reunion fort avantageuse. Plusieurs embranchemens de la rivière des Ilinois sont navigables dans une étendue qui varie depuis quinze jusqu'à cent quatre-vingts milles.

Aucune des rivières que nous venons de décrire n'a de *chutes* ni de *rapides*.

Baies & rivières du Mariland.

La baie de Chesapeak, qui divise le Mariland en deux parties inégales, est la plus grande des Etats-Unis. Onze rivières remarquables, & beaucoup d'autres plus petites, après avoir traversé le Mariland, entrent dans cette baie : ce sont le *Pacomoke*, le *Nantikoke*, le *Chaptant*, le *Chester* & l'*Elk* du côté de l'est ; la *Susquehanna* du côté nord ; la *Patapsco*, la *Patuxent*, la *Severn* & la *Patowmak*. La dernière appartient à la Virginie dans la moitié de son cours ; mais, excepté la Susquehanna & la Patowmak, ces rivières sont la plupart côtières & peu considérables. La Patapsco, l'une des plus grandes avant d'entrer dans le bassin sur lequel est située la ville de Baltimore, n'a que quinze ou vingt toises de largeur. D'ailleurs, plusieurs petites rivières se jettent dans la Patowmak du côté du Mariland.

Rivières de la Caroline nord.

Toutes les rivières de l'Amérique septentrionale, qui débouchent dans l'Océan au dessous de la baie de Chesapeak, sont obstruées par des *barres*. Cet inconvénient se trouve cependant adouci, en ce que les vaisseaux qui peuvent passer les barres rencontrent ensuite assez d'eau pour naviguer en sûreté tant que le canal a une largeur suffisante pour qu'ils puissent virer de bord.

Les rivières de *Meherrin*, de *Nottaway* & *Blak*, qui prennent naissance dans la Virginie, forment par leur réunion la rivière de *Chowan*, qui se jette dans *Albemarle-Sound* ; elle a trois milles de largeur à son embouchure, mais son lit se resserre à une petite distance de la mer. La Roanoke est une rivière rapide, formée de deux branches, dont une a son origine dans la Virginie ; elle est navigable dans un espace de soixante à soixante-dix milles pour les chaloupes seulement.

Pamlico ou *Tar-River* coule du nord-ouest au sud-est ; elle se jette dans *Pamlico-Sound*. Les vaisseaux qui tirent jusqu'à neuf pieds d'eau la remontent jusqu'à Wasington, à quarante milles de son embouchure, & les petits bâtimens jusqu'à Tarbourough, à cinquante milles plus haut.

Neus-River, qui se jette aussi dans *Pamlico-Sound*, est navigable pour les vaisseaux jusqu'à douze milles au dessus de New-Bern, & pour les bateaux jusqu'à deux cents milles de son embouchure.

Trent-River est une branche de la *Neus-River*, qui la joint à New-Bern : les vaisseaux la remontent jusqu'à douze milles de cette ville, & les bateaux jusqu'à trente milles.

La rivière de *Cape-Fear*, de *Clarendon-River*, se jette dans la mer à *Cape-Fear* : on trouve, en la remontant, les villes de *Brunswick* & de *Vilmington*. Les gros vaisseaux remontent jusqu'à cette dernière ville, & les bateaux jusqu'à *Fayette-Ville*, à quatre-vingt-dix milles plus haut.

Les rivières de *Cushai*, de *Pasquotant*, de *Perquimins*, *Alligator* & de *Little-River*, qui se jettent dans l'*Albemarle-Sound*, sont très-peu considérables.

Pamlico-Sound est une sorte de mer intérieure, qui a près de cent milles de longueur sur quinze de largeur moyenne. Un banc de sable, d'un mille de large, où végètent quelques arbres rabougris, séparent ce grand amas d'eau de l'Océan, & le banc de sable donne, dans quelques endroits, passage aux bateaux ; mais les bâtimens chargés ne peuvent pénétrer dans *Pamlico-Sound* que par le détroit d'*Ocre-Cook* : la barre de ce détroit ne laisse que quatorze pieds d'eau à basse marée. A dix milles de l'entrée une autre barre, nommée le *Swash*, obstrue le canal, & ne permet pas aux bâtimens qui tirent dix pieds d'eau de passer sans allèges. Ces barres, comme toutes les autres, se déplacent de tems en tems, & rendent la navigation de *Pamlico-Sound* embarrassante.

Ce lac salé communique, du côté du nord, à un autre, nommé *Albemarle-Sound*, qui a soixante milles de longueur sur huit à douze de largeur ; & du côté du sud, à *Coré-Sound*, la marée est à peine sensible dans l'intérieur de ces grands bassins, surtout à l'embouchure des rivières, où l'eau n'est nullement saumâtre.

Rivières de l'Ohio sud.

La *Teneffée* ou la *Cherokée* est la branche de l'Ohio la plus considérable : elle prend sa source dans les montagnes de Virginie, sous le 37e. degré ; elle dirige son cours au sud ou au sud-ouest, jusqu'au 34e. degré, puis coule au nord-ouest, jusqu'à l'Ohio, dans lequel cette rivière se jette à soixante milles de sa jonction avec le Mississipi. En remontant la *Teneffée* depuis l'Ohio on trouve son cours égal, doux, dans un espace de deux cent cinquante milles. Les plus grosses chaloupes à rames naviguent dans cette étendue : les rapides, nommés *Muscle-Shoals*, embarrassent ensuite la navigation, surtout dans le tems des basses eaux, pendant l'espace de vingt milles : elle redevient ensuite facile & sûre au dessus de cet obstacle, dans une étendue aussi considérable que depuis les rapides jusqu'à l'Ohio ; elle est de nouveau interrompue par le passage de cette rivière à travers les montagnes de Cumberland. Une ouverture étroite dans cette ligne de montagnes donne passage à la rivière : ses eaux, tourmentées par un changement de direction brusquée, & entraînées par une pente rapide, tourbillonnent avec fureur, & engloutissent tous les corps que le courant a entraînés. Ce gouffre, nommé *the Whirl*, a une circonférence de quarante toises. Des canots, attirés dans le tourbillon, ont quelquefois échappé au danger par l'adresse des rameurs.

A soixante milles au dessus du *Whirl*, la *Hivassée* se jette, du côté du sud, dans la *Teneffée*. Cette branche se remonte à une certaine distance. En continuant à remonter la Teneffée on trouve, à soixante milles au dessus de la rivière de Hivassee, celle de *Paleson* ou de *Clinch*, qui coule du nord, remonte à deux cents milles, & qui a elle-même une branche considérable, nommée *Powel*, navigable à une distance de cent milles au dessus de son embouchure.

On compte environ quarante milles depuis l'embouchure de la *Paleson* jusqu'à celle de la rivière de Holstein. Cette dernière branche, qui perd son nom à la jonction des deux, est cependant la plus considérable : elle peut se remonter encore à deux cents milles, c'est-à-dire, à environ cent milles de sa source.

Le grand *Kanhava*, dont nous avons décrit le cours dans les articles des autres Etats, prend sa source aux mêmes montagnes que la rivière de *Holstein*.

La rivière de *Cumberland* est, après la *Tenessée*, la plus grande rivière du territoire de l'Ohio sud : elle prend sa source dans le Kentuky, au milieu des montagnes qui lui donnent son nom, & qui appartiennent à la ligne du *Laurier* (Laurel-Ridge) : elle suit une direction semblable à celle de la *Tenessée*, & décrit dans son cours un arc de cercle presque concentrique à celui que forme cette rivière; elle se remonte jusqu'à *Nashville*, c'est-à-dire, à peu près de toute la moitié de sa longueur totale; elle reçoit du sud les rivières de *Harper*, *Coney*, *Obey* & *Clearfork*, & du côté du nord celles de *Red* & de *Rock Castle*.

Ports & rivières de la Caroline sud.

Quatre grandes rivières & un nombre considérable de plus petites arrosent la Caroline sud. La *Savanah* suit la frontière en coulant du nord-ouest au sud-est. Les deux branches de l'*Edisto* prennent naissance dans des hauteurs qu'on nomme la *Ligne*, coulent au sud-est, se réunissent au dessous d'*Orangebourg* pour se séparer encore au dessous de *Jacsonsbourg*, & former sur le bord de la mer l'île d'*Edisto*.

La *Santée* est la plus considérable; elle se jette dans l'Océan par deux embouchures, & au midi de *Georges-Town*, à cent milles de l'Océan, elle change de nom. Les deux branches qui la forment, sont la *Congarée* & la *Watterée*; celle-ci, qui est la branche du nord, traverse le pays des *Catabaws*, nation sauvage dont elle porte le nom jusqu'à sa source. La branche sud ou la *Congarée* se compose des rivières de *Saluda* & de *Broad*, & celles-ci des rivières d'*Enorée*, *Tiger* & *Pacolet*. C'est sur les bords de cette dernière que se trouvent les eaux minérales de *Pacolet*.

La *Pedée* prend sa source dans la Caroline nord, où elle se nomme la *Yadhin* : elle reçoit la *Linche*, la *Littlepedée* & *Blak-River*; elle s'unit à la *Wakkamaw* & enfin à une petite crique sur laquelle est *Georges-Town*, pour former la baie de *Winyaw*, qui a douze milles de longueur. Toutes ces rivières, excepté celle d'*Edisto*, prennent leurs sources dans les Alleganys.

Les rivières de la seconde grandeur, outre la *Wakkamaw* & *Blak-River*, sont celles de *Cooper*, d'*Asepoo* & de *Combahée*. Les bords de ces rivières, submergés à marée haute, sont tous employés à la culture du riz.

Enfin le troisième ordre de rivières sont des criques ou bras de mer, qui communiquent entr'eux dans toutes sortes de directions sur cette côte basse. La marée n'est sensible nulle part à plus de vingt-cinq milles de la mer.

La côte de la Caroline sud a trois ports remarquables : celui de *Charles-Town* est vaste, commode & sûr. A douze milles de la ville on trouve une barre qui a trois passages; les deux plus profonds ont seize à dix-huit pieds d'eau. Celui de *Georges-Town* a l'inconvénient d'une barre qui ferme l'entrée de la baie de Winyaw, & ne laisse qu'onze pieds d'eau.

Je terminerai ce que j'avois à dire sur les rivières des Etats-Unis par quelques considérations que j'ai déjà mises en avant, & qui méritent d'être rapprochées ici.

Les chaînes de montagnes, qui courent presque parallélement aux côtes de l'Océan atlantique, dans un espace de neuf cents milles, divisent, comme nous l'avons dit, les eaux des Etats-Unis en rivières orientales & occidentales. Les rivières navigables, comprises dans la première classe, sont en très-grand nombre : la direction générale de leur cours, depuis les montagnes jusqu'à la mer, est du nord-est au sud-ouest : elle se remarque également à l'embouchure de toutes ces rivières, comme à leur origine le long des montagnes. Quoique ces eaux courantes ouvrent certaines communications dans la distance de cent trente à deux cents milles de la mer, cependant dans presque tous ces canaux on rencontre le même genre d'obstacles; savoir : des *rapides* ou chutes plus ou moins considérables, qui obligent à des portages plus ou moins longs.

On doit considérer aussi, comme un effet des eaux courantes, le grand nombre de baies & de rades qui échancrent la côte dans toute cette étendue. La seule baie de Chesapeak reçoit les eaux de cinq grandes rivières qui arrosent la Pensilvanie, le Mariland & la Virginie, établissent ainsi entre ces divers Etats une communication fort animée.

MONTAGNES.

Je joins ici à l'hydrographie qui précède, tout ce qui peut intéresser la géographie-physique dans les chaînes de montagnes qui traversent l'intérieur de l'Amérique septentrionale. Je ferai remarquer en même tems que cette hydrographie paroîtroit incomplète si l'on ne réunissoit pas aux articles détachés les rivières que renferment ceux de *Virginie*, de *Connecticut* & de quelques autres. En conséquence nous y renvoyons nos lecteurs, pour qu'ils puissent embrasser la correspondance générale de la distribution des eaux par les rivières des différens ordres, & juger par-là de toutes les pentes qui ont pu contribuer à leur direction. Ils pourront reconnoître tous ces beaux détails en consultant les cartes de Danville, & surtout celle d'Arrowsmith, copiée par Tardieu. Ils y trouveront d'ailleurs la marche & l'allure de la plus grande partie des chaînes de montagnes qui servent de point de partage des eaux, & dont j'ai cru devoir donner ici une description plus ou moins raisonnée, suivant que les savans des Etats-Unis & les voyageurs français nous les ont fait connoître.

Nouvelle-Angleterre.

La Nouvelle-Angleterre est, dans quelques endroits, couverte de montagnes qui sont comparativement petites, & courent presque du nord au sud sur des lignes parallèles. C'est entre ces chaînes que nous avons vu les grands fleuves couler majestueusement, & recevoir les ruisseaux & les rivières nombreuses que versent les pentes des montagnes qui bordent leurs plaines; c'est du haut de ces montagnes qu'on peut contempler les vallées où ces eaux sont rassemblées, & ont une marche régulière.

Il y a quatre principales chaînes de montagnes, qui traversent la Nouvelle-Angleterre; elles sont composées de chaînes parallèles avec plusieurs embranchemens qui se détachent de la chaîne principale, & offrent un grand nombre d'inégalités à la surface de cette province. Les principales chaînes se terminent quelquefois par une descente graduelle dans l'intérieur des terres, & d'autres fois elles sont bornées par de hautes falaises qu'offrent les bords de la mer.

Vermont.

Une chaîne de montagnes élevées traverse le Vermont du nord au sud. La grande quantité d'arbres toujours verts dont cette chaîne est couverte en plusieurs endroits, lui a fait donner le nom de *Green-Montain*, d'où l'on a formé *Vermont* ou *Verdmont*. L'extrémité sud, appelée *West-Rock*, à environ une lieue de *Newhaven*, dans le Connecticut, s'élève en hauteur, & se prolonge à travers le Connecticut, le Massachussets & le Vermont, jusqu'aux environs du lac de Menphremagog, & va se terminer au milieu d'une plaine élevée jusque dans la province de Québec. Enfin toutes ces sommités se réunissent près la vallée du fleuve de Saint-Laurent. Ces contrées sont couvertes de montagnes disposées parallélement entr'elles, & au cours de la riviere de Connecticut.

La chaîne de l'ouest, qui se continue presque sans interruption à travers l'Etat, est en général la plus élevée de celles dont nous avons fait mention. A l'est ces sommités décroissent, au contraire, & sont coupées par des rivières qui se jettent dans la Connecticut, & qui suivent une direction du nord-ouest au sud-est. Les montagnes les plus remarquables sont le *Mont-Antoine*, *Straton*, *Danby*, le pic *Kellington*, le *Mont-Kingston*, *Mansfield*.

Les collines & les montagnes sont couvertes de bois durs sur leurs pentes orientales, & de bois toujours verts le long de leurs faces occidentales.

New-Hampshire.

On n'apperçoit de la mer, dans cet Etat, aucune terre élevée plus près qu'à six ou dix lieues.

Les montagnes les plus considérables sont les *montagnes bleues*, qui traversent Rochester, Barington & Nottingham, & dont les sommets différens ont reçu des noms particuliers. La *Monadock*, située à cinq lieues au nord de la limite sud de cet Etat, & à sept lieues de la rivière de Connecticut, est, d'après un calcul exact, de trois mille deux cent cinquante-quatre pieds au dessus du niveau de la mer. Sa base a environ une lieue deux tiers de diamètre du nord au sud, & une lieue de l'est à l'ouest. Son sommet est un rocher nu, & ses flancs ont quelques apparences d'une explosion des feux souterrains. De semblables apparences sont plus sensibles dans la montagne de la rivière de l'ouest, qui joint le Connecticut dans la juridiction de Chesterfield. En 1750 la garnison du fort Drummer, éloignée d'une lieue & demie de la montagne, fut alarmée par de fréquentes explosions de flammes & de fumée qui sortoient de son sein, & depuis les mêmes phénomènes ont encore reparu.

Les montagnes *Ossopy* & *Moesehillock* sont les plus hautes après les *montagnes blanches*. Ceux qui vivent près de ces montagnes, qu'ils appellent leur almanach, peuvent porter un jugement exact sur le tems qu'il fera, en observant la différente disposition des nuages sur le sommet de la montagne, laquelle précède les orages ou les changemens de tems de plusieurs heures.

Mais les montagnes blanches sont les plus remarquables de cet Etat & peut-être dans les Etats-Unis. Les vaisseaux qui abordent les côtes de l'est les découvrent les premières lorsque le ciel est clair : on les voit au sud ou au sud-est à la distance de vingt-six lieues; elles paroissent plus hautes lorsqu'on les examine du nord-est. On croit que le sommet le plus élevé est inaccessible, à cause du froid extrême qui y règne.

Les montagnes blanches sont les parties les plus élevées d'une chaîne qui s'étend nord-est & sud-ouest à une distance très-considérable. L'aire de leur base a une figure irrégulière, dont tout le contour n'a pas moins de vingt lieues. On n'a pas pu reconnoître le nombre des sommets compris dans cette aire, parce que le pays est, aux environs, un désert très-peu accessible. Dans trois des plus élevés, il en est un qui a très-grande apparence le long du rivage occupé par les comtés orientaux du Massachussets : on le distingue par le nom de *Mont-Wasington.*

Pour arriver au pied de cette montagne le voyageur monte continuellement pendant quatre lieues, depuis la plaine de *Picwacket*, entre les rivières *Saco* & *Amerisscoggin*. A cette hauteur le terrain est aplati dans un mille carré. Quoiqu'élevé, le voyageur se trouve au milieu d'une profonde vallée, qui est à plus de trois milles pieds au dessus du niveau de la mer. A l'est est une montagne escarpée, de laquelle sortent plusieurs sources, entr'autres celle qui donne naissance à la rivière d'*Ellis*, branche de la rivière de *Saco*, qui coule au sud; & une seconde, qui est l'origine de *Preabody*, branche de l'*Amerisscoggin*, qui coule au nord. La surface de la montagne offre du granit mêlé de quartz & de schiste : on n'y trouve point de pierre à chaux, & dans quelques endroits l'aiguille aimantée décline beaucoup; ce qui paroît indiquer la présence de quelques mines de fer. Ce côté oriental de la montagne s'élève sous un angle de quarante-cinq degrés, & il faut six ou sept heures pour atteindre le sommet, en usant de grandes précautions; car les précipices sont si fréquens, qu'on est obligé à chaque instant de s'attacher aux arbres qui, à un certain degré de hauteur, ne sont plus que de foibles arbrisseaux rabougris, en conséquence du froid qui y règne. On a estimé la hauteur de la montagne au dessus de la vallée, de cinq mille cinq cents pieds, & à plus de dix mille pieds au dessus du niveau de la mer, que l'on apperçoit à plus de vingt lieues de distance.

Virginie.

Les montagnes *Apalaches* divisent la Virginie en parties haute & basse : elles sont la continuation de celles qui traversent la Géorgie & les deux Carolines; elles forment plusieurs chaînes, auxquelles on a donné les noms de *Montagnes bleues*, *Montagnes du nord, du sud, de l'orient*; de *Montagnes vertes*, de *Laurel-Montains*. Elles séparent les eaux de l'Atlantique de celles du Missisipi. Les pics d'*Otter* sont les montagnes les plus hautes de la chaîne des montagnes bleues, & quelques-uns même prétendent qu'ils surpassent en hauteur tous les autres sommets de l'Amérique septentrionale. M. Jefferson nous dit que le principal pic est élevé de quatre mille pieds au dessus de sa base. Nous réservons pour l'article particulier VIRGINIE les autres détails d'histoire naturelle qu'offre cet Etat, tels que le *pont naturel*, les *grottes*, les *coupures des montagnes* par les fleuves, &c.

Géorgie.

La partie orientale de cet Etat, entre les montagnes & l'Océan, & entre les rivières *Savanah* & *Sainte-Marie*, offre un terrain plat, sans un seul coteau & sans une pierre, ayant plus de cinquante-deux lieues du nord au sud, & quatorze à dix-sept de l'est à l'ouest. A cette distance la terre commence à s'élever, les hauteurs se succèdent & augmentent considérablement. Cette vaste chaîne, qui commence aux *Kattshill*, près de la rivière d'Hudson, dans l'Etat de la Nouvelle-Angleterre, connue sous le nom d'*Alleganys* & d'*Apalaches*, se termine dans cet Etat, à environ vingt lieues au sud de ses limites septentrionales.

Tenessée.

La montagne de *Cumberland*, dans toute son étendue, depuis le grand *Kanhava* jusqu'à la *Tenessée*, est composée de masses de rochers brisés & escarpés, telles qu'il ne s'en trouve guère dans aucun autre pays de l'ouest : elle est, dans plusieurs endroits & même pendant des lieues entières, inaccessible aux Indiens. Dans un endroit, particuliérement près du sommet, il y a une chaîne remarquable de rochers, d'environ dix lieues de longueur sur deux cents pieds d'épaisseur, qui présente un front perpendiculaire au sud-est, plus grand, plus majestueux qu'aucune forteresse artificielle du Monde connu, & qui offre en apparence autant de régularité. On pense assez communément que les eaux courantes les plus élevées de l'Etat ont été obligées de se faire un passage à travers cette masse énorme de rochers.

La *montagne enchantée*, située à environ trois quarts de lieue au sud de Brass-Town, est remarquable par plusieurs empreintes de pieds de chevaux & d'hommes, qui sont d'un assez grand volume. Il paroît que c'est un ouvrage de l'art, par lequel on aura voulu perpétuer la mémoire de quelqu'événement. De grands amas de pierres, voisins de cet endroit, & qu'on dit être les tombeaux de guerriers tués en combattant, confirment cette hypothèse, laquelle écarte toute idée d'un travail naturel. Au reste, la matière des rochers est tendre, & les parties exposées au soleil peuvent se couper au couteau, & paroissent être de la terre à pipe.

Montagnes des latitudes moyennes.

Nous voyons les *montagnes*, dans les latitudes moyennes de l'Amérique septentrionale, affecter sur une étendue de trois cents lieues un parallélisme très-marqué, qui semble indiquer l'action d'une cause commune. Il est à remarquer de plus que leur direction s'écarte sensiblement de la ligne méridienne en courant du nord-est au sud-ouest. On a cru qu'en Europe, sous les mêmes latitudes moyennes, certaines parties des Alpes, le Jura & les monts Krapack affectoient le même parallélisme & à peu près la même obliquite au méridien. Enfin on a prétendu que les mêmes dispositions se retrouveroient dans les masses montueuses de l'Asie, si l'on jetoit les yeux sur la belle carte de Russie, qui accompagne les *Voyages* de Pallas. Cette carte fait voir de plus que, dans les hautes latitudes voisines du cercle polaire, les grandes chaînes redevenoient, pour la plupart, parallèles au méridien. L'on sait d'ailleurs que la chaîne des Cordillières, la seule des chaînes equatoriales qui soit bien connue, est aussi parallèle au méridien.

Si des observations nombreuses venoient à l'appui de celles-ci, on pourroit, ce semble, en conclure une organisation générale & primitive de la terre, faite de manière que les masses élevées seroient restées perpendiculaires au mouvement de rotation, tant dans les régions voisines de l'équateur, que dans celles qui règnent aux environs des poles.

Mais dans les latitudes moyennes il paroît que les chaînes auront pris une direction oblique du nord-est au sud-ouest. Au reste, il ne paroît pas qu'on connoisse encore assez bien la constitution intérieure de chacune de ces masses montueuses pour les rapporter à une époque constante & déterminée; car il en faudroit une pour chaque masse de telle ou telle nature de matériaux & de telle ou telle organisation intérieure, & il s'en faut beaucoup que les observations à ce sujet aient été aussi précises que générales. Cependant, sans un plan exact d'observations, on ne peut en tirer que des conjectures, & la géographie-physique les proscrit très-sagement.

J'ai déjà dit que les chaînes de montagnes qui courent parallèlement aux côtes de l'Océan atlantique, dans un espace de neuf cents milles, divisoient les eaux des Etats-Unis en rivières orientales & occidentales. C'est une observation générale, que le terrain s'élève dans une progression plus ou moins régulière, à mesure qu'on s'éloigne de la mer. Cette observation est surtout très-sensible dans le continent de l'Amérique septentrionale. Mais je dois ajouter que cette progression dans l'élévation du terrain est suivie d'un revers qui a la même marche en sens contraire, suivant que les autres parties de l'Océan se trouvent plus ou moins éloignées du point de partage des eaux.

Il est aisé de voir, par tous les details que l'on peut lire dans les articles des Etats-Unis, que les sommets qui conservent la neige jusqu'au mois de mai & de juin, n'ont pas plus de quatre à cinq cents pieds de hauteur au dessus du niveau de la mer.

Si nous reprenons la suite des montagnes dont nous avons fait mention séparément, nous verrons que des montagnes elevées separent le district de Main du Canada, & les *montagnes vertes* s'étendent entre l'Etat de Vermont & le lac Champlain. C'est au nord de l'Etat de New-Yorck que commence la grande chaîne des *Alleganys* ou *Apalaches*, qui se prolonge jusque dans la Georgie, du nord-est au sud-ouest. Cette chaîne, qui a depuis soixante jusqu'à deux cents milles de largeur, se compose de plusieurs lignes redoublées & sensiblement parallèles entr'elles. La première ligne qu'on rencontre en s'éloignant de la mer, dans une partie de la Pensilvanie & de la Virginie, à une distance de cent trente à deux cents milles de l'Océan, se nomme *montagnes bleues*. Au-delà s'étend une large vallée que borne la ligne des *montagnes du nord*, après laquelle on trouve diverses lignes moins considérables, puis la grande ligne des *Alleganys* proprement dits, & enfin celle des *montagnes du Laurier*. Dans les Carolines les diverses montagnes rapprochées forment une chaîne plus étroite en conservant la même direction. De toutes les lignes de montagnes que je viens d'indiquer, celle des *Alleganys* est la seule que les rivières ne coupent point; c'est proprement l'arête du continent, le vrai point de partage des eaux courantes.

A leur distance de la mer, à la grandeur & au grand nombre des rivières qui en découlent, on doit juger que leur hauteur est considérable, & cependant elle ne paroît pas aussi considérable à l'observateur qui est placé au pied de ces montagnes; car les mesures les plus exactes ne portent qu'à quatre mille pieds au dessus de leur base la hauteur des sommets les plus élevés. Mais l'étonnement cesse lorsqu'on réfléchit que le terrain s'élève graduellement depuis la mer, & que le sol des vallées comprises entre les lignes des montagnes que nous avons distinguées, est déjà à un degré de hauteur assez considérable pour en faire varier très-sensiblement les climats sous les mêmes latitudes.

La partie des Etats du sud, comprise entre les montagnes bleues & la mer, est en général un pays de plaines unies, dont l'inclinaison vers l'Océan est à peine sensible à l'œil, & dont le sol, rempli de rocs saillans dans le voisinage des montagnes, devient plus chargé de substances terreuses à mesure qu'on s'approche de l'Océan atlantique, jusqu'à n'être plus qu'une masse de terre grasse ou légère, & sans mélange d'aucune pierre quelconque.

Il paroît que le printems est l'époque générale où les rivières de l'Amérique septentrionale parviennent à la plus grande hauteur dans leurs crues. Il en est de même en Europe pour toutes celles qui ne prennent pas leur source dans des montagnes assez élevées pour offrir des neiges ou des glaces permanentes; car ces derniers fleuves, tels que le Rhin ou le Rhône, ont au contraire leurs basses eaux au commencement du printems, s'accroissent à mesure que la chaleur de la saison augmente, jusqu'au mois d'août, où ces rivières atteignent ordinairement leur *maximum*. La rivière de *Connecticut*, comme je l'ai indiqué à cet article, éprouve ses crues au mois de mai, quoique ses eaux descendent du plateau le plus élevé des Etats-Unis; ce qui concourt à prouver que ces montagnes sont beaucoup moins hautes que les grandes chaînes d'Europe, puisque sous un climat plus froid, à même latitude, elles ne gardent pas des neiges permanentes. Le Mont-Wasington, que j'ai cité ci-devant comme une des montagnes les plus élevées de l'Amérique septentrionale, se voit à la distance de vingt-cinq lieues; mais le Mont-Blanc, dans les Alpes, se découvre des environs de Dijon, à la distance de cinquante lieues au moins; ce qui réduiroit à environ six cents toises la hauteur d'un des pics les plus élevés des Etats-Unis. Mais ce ne sont là que des approximations qui seront sans doute rectifiées par des observations exactes lorsque les physiciens instruits du Nouveau-Monde porteront le baromètre sur tous ces divers sommets les plus éminens.

Rien n'est plus précieux pour les naturalistes qui ont étudié l'histoire de la terre, que de rencontrer des faits analogues dans des lieux très-éloignés; mais il est bien important d'en rapprocher sévèrement les circonstances correspondantes, & d'ailleurs d'avoir apprécié avec sagacité les phénomènes qui se présentent de part & d'autre.

Quelques géologues ont cru que la description de Jefferson, sur le spectacle que présente la réunion des eaux de la Patowmack & de la Shenandoah, pouvoit être comparée avantageusement avec ce que le professeur Saussure a imaginé au sujet du bassin dont le lac de Genève occupe actuellement le fond. Il paroît, dit-il, que notre lac a été anciennement plus élevé qu'il ne l'est aujourd'hui. Diverses considérations, & surtout celle de l'issue par laquelle le Rhône sort du bassin de nos montagnes, concourent à prouver cette vérité.

Cette issue est une échancrure étroite & profonde, creusée par la nature entre la montagne de *Vouache* & l'extrémité du Jura : ce passage se nomme l'*Ecluse*, dénomination qui annonce fort bien une issue ouverte aux eaux entre de hautes montagnes. Cette issue est la seule par laquelle le Rhône puisse sortir du sein de nos montagnes; si elle étoit fermée, nos plus hautes collines seroient submergées, & toute notre vallée ne formeroit qu'un immense réservoir. Il paroît probable que ce passage étoit originairement fermé. La montagne du *Vouache* paroît être la continuation de la première ligne du Jura. La position de leurs couches est si précisément correspondante, qu'elle prouve leur ancienne union & continuité.

Mais tout consiste à décider l'époque à laquelle cette séparation & cette ouverture se sont opérées; car alors les conséquences qu'ont voulu en tirer les géologues pourroient être détruites, ainsi que la supposition des révolutions qu'ils ont prétendu nous engager à adopter.

Au reste, lorsque nous connoîtrons bien notre continent & les différens ordres de phénomènes qu'il nous présente, nous pourrons retrouver avec plaisir les faits analogues que les contrées du continent de l'Amérique septentrionale, sous les mêmes parallèles, pourroient nous offrir, & pour lors tous ces faits fourniroient des résultats d'un grand intérêt, & précieux pour l'histoire de la terre.

CONSIDÉRATIONS, 1°. *sur la constitution physique de l'Amérique septentrionale; 2°. sur les époques auxquelles on doit la rapporter; 3°. sur ses climats & leur température; 4°. sur les chutes & rapides des principales rivières.*

CONSTITUTION PHYSIQUE.

J'ai toujours regretté que les naturalistes qui ont parcouru l'Amérique, n'aient pas plus soigné les descriptions qu'ils auroient dû nous donner de la constitution physique des différentes parties qu'ils ont décrites. On auroit pu, sur ces détails, établir une comparaison entre l'Amérique & l'Europe; mais il auroit été nécessaire que les mêmes observateurs eussent travaillé sur le même plan. Nous voyons, par exemple, en Amérique, que la plus haute des montagnes connues est un pain de sucre granitique; d'un autre côté, nous savons que les Alpes, qui forment une des chaînes les plus élevées de l'Europe, offrent aussi, dans une grande partie de leurs sommets, des espèces de noyaux de granit. Dans l'Amérique méridionale, les Cordillières présentent la même structure & la même nature de pierre. Mais il y a plus, les chaînes centrales des Alpes ont toujours pour avant-corps des schistes, puis des roches feuilletées ou talcites, composées de quartz & de mica, & dans le précis de ce que l'on nous a dit du Mont-Wasington, nous avons vu, à l'article du *New-Hampshire*, que des pierres de même nature environnoient ce pic élevé. Ainsi la distribution de ces substances autour des noyaux granitiques n'est pas un phénomène particulier à nos Alpes : outre que je le ferai reparoître dans plusieurs contrées de l'Europe & de l'Asie, je finis par l'indiquer avec les mêmes caractères dans l'autre hémisphère. Après cela, qu'on nous dise que l'Amérique septentrionale, où se rencontrent ces objets de comparaison, même à grande échelle, est un continent d'une époque inférieure à celle qui a présidé aux opérations de la nature, dont nous observons partout les résultats.

On trouve dans les plaines du sud des preuves incontestables de l'ancien séjour de la mer, comme dans l'ancien continent; & ce qui confirme que ce séjour a été assujetti aux mêmes circonstances, c'est qu'on y trouve, à une profondeur uniforme & régulière, des couches de coquillages marins bien conservés. J'ajoute même que ces dépouilles d'animaux marins se trouvent, comme dans l'ancien continent, distribuées par familles, par amas; ce qui prouve que ces testacées ont vécu tranquillement dans la mer, dans le bassin qui a formé l'Amérique, comme dans celui qui a produit l'Europe, & la France en particulier. Cet amas de coquilles, dont les principales nous ont été apportées d'Amérique, est composé de même que celui des environs de Paris, que nous connoissons bien en detail. On a cru être autorisé, par l'état de conservation où se trouvent ces coquillages fossiles, à conclure que ces dépouilles des animaux marins avoient été déposées par l'Océan dans les plaines du sud de l'Amérique septentrionale, à une époque bien plus récente que dans notre continent, comme si les amas de coquilles que nous offre la France n'étoient pas dans le même état. On ajoute même, pour appuyer une assertion aussi hasardée, que les puits qui, à une certaine profondeur, donnent une eau douce & saine, se remplissent d'eau saumâtre si on la dépasse, comme si on ne trouvoit pas, dans plusieurs parties intérieures de l'ancien continent, des dépôts étendus de sel marin, résidans à une certaine profondeur. Enfin on cite, pour nous porter à croire la formation récente d'une grande partie de l'Amérique, les bords escarpés des rivières qui montrent, à une grande profondeur, des lits alternatifs de sable, de feuilles, de troncs d'arbres, qu'on considère comme les derniers dépôts de l'Océan. Outre que nous pourrions citer de semblables amas en France, nous ajouterons qu'il y a grande apparence que tous ces lits peuvent être rangés parmi les dépôts de rivières, qui n'ont rien de commun avec ceux de l'Océan, & que les observateurs instruits peuvent seuls saisir les caractères qui les différencient.

A Rhode-Island la mer est bordée de superbes rochers de granit; à New-Yorck, à Helt-Gâte & dans les environs on a le même spectacle.

On a rencontré les mêmes massifs depuis la pointe de l'Acadie jusqu'au cap Fear.

On retrouve même souvent le granit au niveau des sables, & formant la base qui les soutient sur le rivage noyé des Carolines, de la Géorgie & de la Floride, jusqu'au cap Carnaveral, & enfin la côte orientale de l'Amérique du nord n'est qu'une très-belle bande de granit, ou l'a pour base.

En remontant un peu au dessus du niveau de ces masses granitiques, dans l'île de New-Yorck, dans l'Etat de New-Jersey, aux bords du Skuilkill, on trouve de grands lits de schistes micacés, qui caractérisent les massifs de la moyenne terre. La plupart des marches inferieures des escaliers sont faites de ces schistes à Philadelphie, & tous les passages d'un trotoir à l'autre en sont pavés.

A la chute de la Delaware, entre Trenton & Morrisville, à trente-deux milles ou environ cinq myriamètres au dessus de Philadelphie, on voit à marée basse le banc de granit qui barre le fleuve, & des deux côtés les schistes adossés contre ce banc.

A quelque distance, en remontant, on trouve sur du charbon de terre de grandes masses de grès, matière dont on ne rencontre au bord de la mer que quelques morceaux de médiocre volume, qui paroissent y avoir été transportés par les eaux.

Plus haut sont des marbres gris & blancs, veinés, de médiocre qualité, dont on fait beaucoup d'usage à Philadelphie & à New-Yorck.

Le plat pays est d'un sable plus ou moins gras, qui, de place en place & dans les enfoncemens qu'il a subis, est couvert de marais tourbeux, assez improprement nommés *meadows* ou prairies.

Ainsi voilà les granits presqu'au niveau de la mer, & lui servant de barrière, surmontés par les schistes qui le sont eux-mêmes par les dépôts des grandes eaux, par des collines, par des terres évidemment plus modernes, mais toujours l'ouvrage de la mer.

Il n'y a rien là qui contredise ce que nous voyons dans plusieurs contrées de l'ancien Monde; car nous y trouvons les granits au fond de plusieurs vallées & au bord des bassins de l'Ocean, & plusieurs masses & blocs de granit se trouvent recouverts de bancs de schistes, & ceux-ci par des couches de pierre à chaux. Il n'est pas étonnant que la côte de l'Amérique méridionale, depuis l'*Orenoque* jusqu'à *Riogallego*, dans un espace de soixante degrés de latitude, soit plate & fangeuse, lorsqu'on a reconnu les causes qui ont concouru à la formation de ces dépôts de nouvelle date, qui sont ceux des fleuves & des rivières côtières.

Epoques de la constitution.

Plusieurs écrivains ont cru que le sol de l'Amérique avoit subi des inondations plus récentes que celui de l'Europe & même de l'Asie, & ils se fondent sur des considérations qui m'ont paru fort vagues : ils nous disent, par exemple, que le grand nombre de lacs & d'eaux marécageuses annoncent ces inondations modernes; ils ajoutent à cela le grand nombre de volcans dans les hautes montagnes du Mexique & du Pérou, une quantité infinie de productions marines dans les pays bas, &c.

D'abord, je réponds que les lacs & les marécages se trouvent egalement dans l'un & l'autre continent, ainsi que les volcans. D'ailleurs, si les volcans étoient une preuve de la nouveauté du sol de l'Amérique, il faudroit considerer de même l'Italie, la Sicile, l'Islande, le Kamtzchatka, les îles de la mer du Sud, comme des pays que la mer a quittés depuis peu; mais rien de tout cela n'est prouvé.

Les productions marines, les coquillages, les madrépores & autres dépouilles des animaux marins, en prouvant l'ancien séjour de la mer sur les continens, le datent à la même époque pour l'ancien continent & le nouveau; car si l'on trouve en Amérique des lits de coquillages à différens niveaux & dans des rochers fort durs & très-étendus, nous en trouvons de pareils, & dans le même état, en Europe & en Asie : bien plus, nous avons

avons découvert en Amérique les mêmes amas de coquillages par familles, qu'en France & en Europe: ce sont les mêmes espèces dans l'un & l'autre continent, qui constituent les amas des huitres, des visses, des bélemnites & cornes d'ammon. Ainsi, lorsqu'on suppose que les différentes parties de l'Amérique n'ont été abandonnées par la mer que depuis peu de tems, il s'ensuivroit que notre continent n'a été libre des eaux que dans les mêmes circonstances; car toutes les observations établissent cet accord & cette correspondance des mêmes événemens d'un continent à l'autre. Si les premiers peuples de l'Amérique ont tous habité les pays élevés de montagnes, ils ont eu cela de commun avec les peuples des anciens continens.

On voit donc qu'il n'y a nulle raison solide pour considérer l'Amérique comme un continent nouveau & d'une découverte postérieure, par la mer, à la découverte des anciens continens. Les mêmes monumens, des opérations semblables de la nature, se trouvent sur l'un & l'autre; les mêmes dépôts de la mer sur les parties basses & voisines des côtes, les mêmes dégradations faites par les eaux courantes, depuis la retraite de la mer; les mêmes formes de vallées ou quebrades, au pied des grandes montagnes, &c. forment un ensemble de preuves aussi nombreuses, aussi frappantes sur un continent que sur l'autre, & établissent les mêmes agens & la même durée de leur action, la même organisation des terrains par couches, les mêmes massifs originaires de granits & de schistes.

Je suis toujours étonné que, dans l'exposition des phénomènes que présente la constitution de la terre au Pérou, D. Ulloa insiste sur la distinction de ces contrées d'avec toutes les autres, soit de l'Europe, soit de l'Asie : il n'a pas vu que ces phénomènes peuvent être plus frappans au Pérou, tant par les rapprochemens des lieux où se trouvent les contrastes, que par les circonstances qui sont plus favorables à tel ou tel effet : telles sont la hauteur des montagnes, leurs longues chaînes, la légéreté de l'air, l'étendue & la continuité des pays froids, la quantité des eaux courantes, dont l'action est continuellement favorisée par la rapidité des pentes, le jeu & l'empire des vents qui règnent dans ces terrains voisins de la mer, &c.

Qu'on parcoure les pays semblables en Europe, en Asie, & l'on trouvera à peu près les mêmes phénomènes, qui sont toujours en raison des circonstances. Les larges & profondes vallées qu'on rencontre sur les flancs des grandes montagnes des Alpes, ne ressemblent-elles pas, quant aux formes des croupes ou bords qui les renferment, quant à leur température & à leur culture au pied des montagnes froides & incultes de la Suisse, des monts Krapach, aux quebrades du Pérou? Il est vrai que le nombre de ces quebrades, leur distribution sur une grande étendue de croupes, sont plus étonnans; mais cela dépend de la continuité uniforme des montagnes de la Cordillière.

Le but de la géographie-physique est de montrer les phénomènes semblables, & de les rapprocher plutôt entr'eux que d'insister sur les faits singuliers, comme étant seuls, isolés, merveilleux; ce qui ne peut jamais exister à un certain point dans la nature, qui n'opère rien que par des lois générales.

CLIMATS ET TEMPÉRATURE.

Rien n'est plus difficile à soumettre à une description exacte que le climat de la division des Etats-Unis de l'Amérique, qui occupent le centre : ce sont New-Yorck, New-Jersey, la Pensilvanie, la Delaware & le territoire au nord-ouest de l'Ohio, la partie qui avoisine la Nouvelle-Angleterre leur ressemblant sous ce rapport; mais en général les autres pays que nous avons indiqués offrent dans leur température les extrêmes les plus éloignés, les changemens les plus multipliés & les plus brusqués. Cela me paroît surtout vrai dans toute la partie située à l'est des Alleganys, & les irrégularités dans la température augmentent à mesure qu'on se rapproche de la mer. On a vu, dans ces contrées, le thermomètre de Farenheit varier de cinquante degrés dans vingt-six heures; des ouragans briser les vaisseaux, déraciner les arbres & découvrir les edifices, & des secheresses de deux mois entiers succéder à des pluies qui fournissoient six pouces & demi d'eau dans l'espace de quatre heures; & ce qu'il y a de plus remarquable encore, les trois ou quatre mois de l'été, qui font éprouver quelquefois des chaleurs comparables à celles de l'Afrique, s'écoulent rarement sans que le thermomètre y descende jusqu'au degré de la congélation. En Pensilvanie on ne passe jamais d'été à la campagne sans y voir les traces de la gelée dans tous les mois, excepté en juillet; ce qui prouve que l'intervalle entre le printems & l'automne est fort court.

Dans les mêmes lieux où la température brûlante de juillet rappelle le climat d'Italie, la navigation des plus grandes rivières se trouve toujours suspendue par les glaces de l'hiver.

Les suites de la variabilité du climat sur la salubrité de l'air sont telles qu'on peut le conjecturer, c'est-à-dire, que les maladies qui dépendent du dérangement de la transpiration, y sont plus communes qu'ailleurs; mais, soit que l'habitude de l'enfance affoiblisse l'influence du climat, soit que, dans les étrangers adultes, ces inconvéniens soient compensés par des avantages de salubrité, qui tiennent à d'autres causes naturelles, il est certain que la vie moyenne y est aussi longue que dans les pays les moins sujets à ces variations.

On a vu le thermomètre de Farenheit à la baie d'Hudson s'élever, le 12 juillet, à 85 degrés, & descendre, au mois de janvier, à 45 degrés au dessous de zéro. On a également observé que, le 6 juillet 1775, le vif argent s'éleva jusqu'à 99 degrés, & même qu'une fois, dans le même mois, il fut, pendant une heure ou deux, à 103 degrés. Quant au froid, le vif-argent commence à se congeler lorsqu'il est abaissé au dessous de 40 degrés: ceci est arrivé au fort du Prince-de-Galles, à 58 degrés 55 minutes de latitude. Cette situation correspond à la partie méridionale des Orcades; mais ces îles sont entourées de tous côtés par la mer, au lieu que la baie d'Hudson tient, du côté de l'ouest, à une étendue de continent qui a plus de trente-cinq degrés de largeur, laquelle est couverte de neige durant l'hiver entier, & qu'au nord elle a un climat encore plus rigoureux, puisque c'est une mer perpétuellement comblée par les glaces: de sorte que, soit que le vent vienne du côté de l'ouest ou du nord, on est sûr qu'à sa suite il amène les froids les plus rigoureux.

Depuis la province de New-Yorck jusqu'à la baie d'Hudson, le sol demeure couvert de neige la plus grande partie de l'hiver, & s'en couvre plus tôt ou plus tard, selon que les pays approchent plus ou moins de l'equateur. Les vents qui règnent le plus en Amérique viennent de l'ouest: ils soufflent plus des trois quarts de l'année; mais on observe que ce sont ceux du nord ou du nord-est qui amènent la neige, & que ce sont ceux du nord-ouest qui amènent le froid le plus violent.

Les provinces du milieu de l'Amérique septentrionale sont remarquables par l'inconstance de leur température ou les passages rapides du chaud au froid. Il tombe, par exemple, en Virginie, une grande quantite de neige; mais elle n'y couvre pas la terre au-delà d'un jour ou deux: de même il est arrivé qu'après un jour où il avoit fait doux & même chaud, la rivière Patowmack a été entièrement prise en une seule nuit, & assez fortement pour qu'on pût la passer à pied dans des endroits où elle avoit deux milles de large: il en est arrivé de même à la rivière James, dans ceux où elle étoit large de trois milles. Ces changemens si brusques sont dus à la cause dont on vient de parler, à l'arrivée soudaine des vents glacés du nord-ouest.

La Caroline méridionale & la Floride sont sujètes à de grandes chaleurs, à de furieux tourbillons de vent. Dans un des mois de l'eté, le thermomètre monte, en Géorgie, à 105 degrés, chaleur qui passe si fort celle du corps humain, même dans ce climat; car le thermomètre, appliqué sur le corps des hommes, ne s'élève pas au dessus de 97 degrés: on l'a vu, le 10 décembre, à 85 degrés, &, le lendemain, tomber à 33.

On ne peut mieux donner une idée des effets qui résultent des coups de vent & du tonnerre dans ces climats, qu'en décrivant ceux d'un ouragan qu'on a essuyé dans la Caroline. Les nuages, suivis du tonnerre ainsi que des coups de vent, ont lieu dans tous les tems de l'année, & particuliérement en été; mais on éprouve des ouragans de la plus grande force & de la plus grande violence dans le printems & dans l'automne: ils s'annoncent en général entre l'ouest & le nord, & s'avancent par degrés en grossissant de plus en plus toujours dans une direction contraire au vent, qui se fortifie à mesure que le tourbillon approche, & qu'il s'élève dans l'atmosphère où il produit une obscurité lugubre d'où sortent avec vivacité de longs & fréquens éclairs. Cependant les coups de vent augmentent, les tourbillons entraînent la poussière, les feuilles, les branches d'arbres, tous les corps légers qui se trouvent sur leur route, de sorte qu'on est dans les ténèbres jusqu'au moment où la nuée finit par crever en se résolvant en pluie. Pendant ces orages les moissons sont ravagées, & les arbres les plus forts, brisés & mis en pièces. A peine tous ces phénomènes ont cessé, que le soleil recommence à briller, & que le tems redevient calme & tranquille. Ces coups de vent arrivent généralement dans l'après-midi & vers le soir.

Mais ce qui est entiérement indépendant des ouragans accompagnés de tonnerre, c'est qu'il s'élève des trombes de diverses espèces dans différentes parties du pays: elles traversent les campagnes, tantôt en se dirigeant en ligne droite, tantôt en suivant une ligne oblique & irrégulière. Lorsqu'elles sont très-fortes & très-violentes, elles tracent leur marche en formant, à travers les bois, des avenues plus ou moins larges, à proportion de leur diamètre, & dans lesquelles tous les arbres & les bâtimens, s'il s'en rencontre, sont arrachés, renversés, brisés, jusqu'à ce qu'enfin ces colonnes tournoyantes, ou s'elèvent soudain, ou se dissipent dans les airs. Les petites trombes sont fréquentes lorsqu'il fait chaud; celles d'une force considérable le sont beaucoup moins, & éclatent moins souvent; mais on en peut suivre, dans les bois, des traces qui se prolongent pendant plusieurs milles.

Un très-violent tourbillon de cette dernière espèce, plus connu en général sous le nom de *typhon*, parut au bas de la rivière *Ashley*, & tomba avec tant de véhémence sur les vaisseaux qui se trouvoient dans la baie de *Rebellion*, qu'il menaça d'une destruction totale une nombreuse flotte qui s'y trouvoit. Un grand nombre d'habitans de Charles-Town virent ce terrible phénomène descendre la crique de *Wappoo*; il avoit la forme d'une grosse colonne de vapeurs & de fumée: son mouvement étoit très-irrégulier & tumultueux, ainsi que celui des nuages voisins, qui paroissoient suivre la même direction; car ils venoient du sud-ouest, & avec une extrême rapidité. La quantité de vapeurs qui composoit cette impétueuse colonne, & sa vitesse prodigieuse, lui donnèrent un effet bien étonnant; ce fut d'épuiser jusqu'au fond la rivière *Ashley*, & de laisser voir le fond de son lit à sec: ensuite elle fit un si grand bruit en descendant la rivière Ashley, qu'on le prit pour celui d'un tonnerre roulant. On jugea pour lors que son diamètre étoit d'environ six cents toises : sa hauteur parut être d'environ quarante-cinq degrés. Au reste, elle ne fit que croître en hauteur & en diamètre pendant qu'elle s'avançoit vers la rade de Rebellion. Comme elle passoit à peu près vers le confluent des rivières Cooper & Ashley, elle fut jointe par une autre colonne du même genre, mais non de la même grandeur, qui descendoit la rivière Cooper. Quoique cette dernière n'égalât pas l'autre en force & en rapidité, cependant les agitations tumultueuses de l'air parurent beaucoup augmentées lorsqu'elles se rencontrèrent, au point que les eaux, soulevées par les côtés de cette épouvantable colonne de dessus la rivière en forme de vapeurs, paroissoient jetées à la hauteur de trente-cinq à quarante degrés vers le milieu, pendant que les nuages qui en ce moment accouroient vers ce même point dans toutes les directions, parurent tout à coup réunis & englobés dans le tourbillon, & participèrent au mouvement de rotation avec une vitesse incroyable : ce fut dans cet état que la colonne fondit sur les vaisseaux de la rade; & quoique celle-ci fût à près de deux lieues de distance du confluent des deux rivières, le typhon mit à peine trois minutes à parcourir cet intervalle. Cinq vaisseaux furent sur le champ coulés à fond. Le vaisseau du roi, *le Dauphin*, qui se trouvoit placé à l'ancre, de manière à être rasé par le bord de la colonne, & tous ceux qui se trouvèrent dans la même position, perdirent leurs mâts; mais comme les cinq navires dont on a parlé étoient directement sur sa route, ils furent engloutis à l'instant.

Cet épouvantable phénomène fut apperçu à plus de trente milles au sud-ouest de Charles-Town, & il eclata vers deux heures & demie de l'après-midi, s'ouvrant dans sa course une route d'une grande largeur, arrachant les arbres, les maisons & généralement tout ce qui se rencontroit sur son passage. On vit une grande quantité de feuilles & de branches d'arbres, dont quelques-unes étoient très-fortes, qui jouoient dans le corps de la colonne, & qui participoient à son mouvement de tourbillon à mesure qu'elle suivoit sa marche. Lorsqu'elle eut passé la rade de *Rebellion*, elle s'avança sur l'Océan, qu'elle couvrit d'arbres, de branches, &c. l'espace de plusieurs milles, comme on l'apprit par des vaisseaux qui arrivoient du côté du nord.

Le ciel fut couvert toute la matinée : vers une heure de l'après-midi il commença à tonner; ce qui continua avec plus ou moins de violence jusqu'à trois heures. Vers quatre heures le vent étoit tout-à-fait tombé, le soleil reparut, & le ciel fut pur & serein. Il ne resta d'autre vestige de l'effrayante scène qu'on venoit de voir, que les vaisseaux dématés & dépouillés de leurs agrès dans la rade de Rebellion, &, dans la campagne, les arbres arrachés & les maisons abattues. Nous devons faire observer ici que la colonne ne laissa précipiter dans la mer les différens corps qu'elle avoit entraînés, que lorsque son mouvement de rotation se rallentit & diminua considérablement. Ce fut alors que toutes les vapeurs disparurent & se dissipèrent.

J'ajouterai ici plusieurs détails assez curieux sur quelques provinces des Etats-Unis, tant du nord que du sud.

La grande différence de latitude en produit une proportionnée dans les climats des différens Etats. La neige couvre le Vermont & la province de Main pendant cinq ou six mois de l'année, & l'hiver y en dure sept, tandis que l'hiver n'existe presque pas dans la Caroline du sud, & moins encore en Géorgie, & que, quand par hasard la neige y tombe, elle ne reste pas deux jours sur terre.

La variation subite dans la température est un caractère commun au climat des différens Etats. Il n'est pas rare de voir le thermomètre descendre ou s'élever, en vingt-quatre heures, de vingt-cinq degrés, selon la graduation de Farenheit, équivalant à 11 degrés & demi de Réaumur. On l'a vu plusieurs fois, en avril 1796, descendre, en douze heures, du 20e. degré de Réaumur au 5e. Le froid est d'ailleurs incomparablement plus fort & plus durable en Amérique qu'en Europe, dans les mêmes latitudes, & la chaleur plus brûlante, plus accablante & moins supportable.

Il est même à remarquer que, dans les différentes latitudes du même continent, la chaleur diffère plus par sa durée que par sa force.

Cette grande variabilité du climat affecte sensiblement la santé des habitans des Etats-Unis. On devient en Amérique plus tôt vieux qu'en Europe, & les vieillards d'un âge avancé y sont beaucoup plus rares, surtout dans les Etats plus méridionaux qu'à la Nouvelle-Angleterre.

L'influence du climat est encore plus sensible sur les femmes. Jeunes, elles sont généralement jolies, & le sont plus particuliérement à Philadelphie; mais dès vingt ans elles commencent souvent à perdre de leur fraîcheur : à vingt-cinq, beaucoup d'entr'elles seroient prises pour des Européennes de quarante. Si elles ont été plus tôt mères, leur changement est encore plus prématuré. Le nombre des enfans qui périssent en bas âge est encore dans une proportion beaucoup plus grande qu'en Europe.

On lit presque partout que les espèces indigènes, hommes & animaux, sont plus petits en Amérique que dans l'ancien continent. Effectivement, les ours, les loups, les renards, &c. ont paru en général moins grands que ceux de la même espèce dans l'ancien Monde.

Les animaux domestiques, importés d'Europe, ne perdent rien de leurs dimensions s'ils trouvent la même nourriture & les mêmes soins que dans leur pays natal. Les vaches, dans la Nouvelle-Angleterre & dans plusieurs contrées des Etats-Unis, sont aussi belles qu'en tout autre pays; mais elles font rares, parce que les bons foins le font aussi : toutefois le lait donné par ces vaches, en quantité à peu près égale à celle qu'elles donnent en Europe, produit un quart moins de beurre; & la viande de bœuf, aussi belle qu'en Europe, est, en Amérique, beaucoup moins substantielle & nourrissante. Cette vérité incontestable s'étend jusque sur les productions végétales; car il est reconnu que la meilleure farine d'Amérique, faite dans les meilleurs moulins, avec les meilleurs blés, n'égale ni en poids ni en substance les farines d'Europe, particuliérement celles connues dans le commerce sous le nom de *farines de Moissac.*

Quant aux Indiens, sans être d'une taille élevée, ils sont d'une stature ordinaire, & semblent forts & bien constitués. L'usage du rhum les affoiblit, les énerve & les fait vieillir assez vîte; mais ce n'est pas à la nature ni au climat que ces effets doivent être attribués. Les voyageurs qui ont vu beaucoup d'Indiens, & surtout des Indiens moins voisins des blancs, nous apprennent qu'ils ont trouvé des tribus d'hommes fort grands, & toujours, comme les autres peuplades, d'autant plus forts qu'ils étoient plus sobres.

Le règne végétal est en Amérique d'une abondance & d'une richesse admirables, & plus encore dans les Etats du sud, où les plantes multipliées ont une croissance vive, forte, & où celles qui n'ont pas ou qui n'ont que très-peu d'odeur dans les parties septentrionales, en exhalent une très-agréable. Au reste, tout ce que l'on a pu observer sur les diverses natures de terres, dans les climats variés, relativement aux productions végétales, prouve évidemment qu'il n'est aucune de ces productions, au sucre près, dont le territoire des Etats-Unis ne soit susceptible avec une culture appropriée. Peut être pour quelques-unes d'elles le climat n'est pas assez fait; mais le nombre de celles-là paroît être peu considérable.

La variété des oiseaux est grande, & la plupart ont le plumage le plus riche & le plus brillant. Il en est peu d'entiérement semblables à ceux de la même espèce en Europe, si même il en existe une seule absolument pareille. Il en est peu qui aient un chant varié ou même un joli chant; & la promenade des bois est, sous ce rapport, bien moins agréable qu'en Europe.

La différence frappante & presque totale des produits animaux & végétaux des deux hémisphères est loin d'être la même quant au règne minéral. Nous en avons cité des preuves qui nous paroissent suffisantes, & nous ne nous étendrons pas davantage à ce sujet : nous y reviendrons dans d'autres articles.

Avant de terminer ce qui nous paroît convenable d'exposer au sujet du climat & de ses effets variés, nous croyons devoir nous attacher à ce que nous offre dans ce genre d'observations la Caroline du sud.

Le climat dans la partie basse est chaud, humide, variable & mal-sain; car les habitans y sont chaque automne attaqués de fièvres bilieuses. Le climat dans la partie haute est moins chaud, plus sec, & par conséquent plus sain. Les variations soudaines dans la température sont considérables à Charles-Town. Par exemple, le 28 octobre 1793, le mercure est descendu de 16 degrés du thermomètre de Réaumur, & le 10 décembre 1751, de 20 degrés du même thermomètre.

L'hiver est à Charles-Town la saison la plus agréable. La plus forte gelée ne pénètre pas la terre à deux pouces, & le froid n'y dure pas trois jours de suite. Les pluies sont très-abondantes dans la Caroline. Souvent à trois mois de sécheresse succèdent trois semaines ou un mois de pluies continuelles. D'après les observations de la Société de medecine, il a tombé quatre-vingt-seize pouces de pluie en 1791, quatre-vingt-huit en 1792, cent quatorze en 1793, cent dix-huit en 1794, & soixante-onze en 1795.

DES RAPIDES, DES CHUTES, &c.

Quoique j'aie fait mention des rapides & des chutes dans les différentes descriptions des rivières qui précèdent, cependant je crois convenable de les reprendre ici, & de les considérer comme des formes du terrain qui tiennent à la nature du sol & aux passages des eaux courantes d'un massif tendre à un massif dur & solide.

Effectivement, lorsque l'on considère les inégalités de la surface de la terre, telles qu'elles se montrent actuellement à nos yeux & qu'elles s'offrent à notre examen, on découvre aisément qu'elles ont succédé à une suite de massifs plus ou moins solides, plus ou moins élevés : en second lieu, qu'elles sont dues la plupart à l'action des eaux pluviales qui ont circulé sur cette première base, & qui ont creusé des vallées plus ou moins propres à leur marche, suivant que les massifs se sont prêtés à une démolition plus ou moins régulière, plus ou moins suivie : de là les *rapides*, les *chutes*. Ainsi l'on voit qu'elles n'existent que par la rencontre que les eaux courantes ont faite des limites de certains massifs plus durs, & des passages de ces massifs élevés à d'autres d'un niveau inférieur & d'un tissu plus tendre.

Je ne puis rendre raison de ces phénomènes d'une manière plus simple & plus conforme à ce que l'observation m'a fait connoître dans l'examen de ces passages fréquens des massifs de l'ancienne terre à la moyenne, & même de la moyenne à la nouvelle. C'est ainsi que les limites de l'ancienne terre granitique du Limousin, de l'Auvergne, du Forez offrent de ces cascades dans le cours de tous les ruisseaux & des rivières qui passent à la moyenne terre & à la nouvelle du bas Limousin, du Périgord, &c. (*Voyez* ces articles.)

Je voudrois pouvoir embrasser, d'après ces vues, dans un espace déterminé, tous les massifs qui ont pu influer fur les *fauts* ou *rapides* des diverfes rivières de l'Amérique; mais je me bornerai ici à en indiquer quelques-unes d'une certaine étendue.

Nous avons vu que, fur la rivière du détroit, en partant de la rivière des Miamis ou de la Pointe au chêne, on trouve fix lieues de *rapides*, qui font fort difficiles à franchir dans le tems des hautes eaux, à caufe de la quantité des petites chutes qui s'y trouvent. Parmi ces obftacles on rencontre la *Roche Debout*, qui dans ces tems eft prefqu'inacceffible. On ne peut la franchir qu'en fe ferrant contre la rive du Sud, où les rochers fous l'eau font moins nombreux. La *Roche Debout* peut avoir environ vingt-trois toifes de circonférence; elle occupe à peu près le milieu de la rivière : on nous dira quelque jour de quelle nature elle eft.

A vingt lieues au deffus des rapides, on trouve la grande Glaife, rivière qui prend fa fource dans un marais très-large. Il eft fitué au fud de la rivière, & on le rencontre en remontant fon canal à quinze lieues au deffus de celle des Miamis.

La cafcade du comté de Fayette en Penfilvanie tombe d'un rocher de forme à moitié circulaire, dont l'arcade a, d'une extrémité à l'autre, plus de deux cent foixante pieds : cette arcade impofante a plus de vingt pieds de hauteur; elle eft compofée d'une efpèce de marbre avec des veines de formes affez fingulières.

Les couches de pierres qui en forment l'affemblage, paroiffent être plutôt le produit de l'art que celui de la nature à ceux qui ne les examinent pas attentivement. Une pierre plate, & de dix à douze pouces d'épaiffeur, eft placée à la partie fupérieure de la cafcade d'où la rivière fe précipite. Tout le front de ce rocher eft compofé, depuis le haut jufqu'en bas, ainfi que d'une extrémité à l'autre, d'une fuite régulière de pierres calcaires diftribuées par couches. La couche fupérieure fe projette un peu hors de fa bafe : celle qui fuit avance plus que la précédente, & toujours ainfi de fuite quant aux autres, jufqu'à ce qu'elles fe terminent par une pierre très-large, mince & unie comme il a été dit, & cette arcade fait une telle faillie, que fa partie fupérieure eft parallèle avec fa bafe, fur laquelle tout le rocher fe trouve fufpendu à une hauteur de cinquante à foixante pieds.

Cette ftructure & le grand efpace circulaire entre le front du rocher & la nappe d'eau qui fe précipite de fon fommet, offrent une perfpective très-extraordinaire : ce font des objets dont la nature & les eaux courantes ont fait tous les frais.

Je dois joindre ici les rapports des eaux courantes entr'elles, & les intervalles qui exigent des *portages* plus ou moins longs, pour achever de donner une idée bien intéreffante de la diftribution des eaux. Ainfi entre le Miffiffipi, l'Ohio & les lacs, il y a de petits intervalles qui féparent les têtes des rivières de *Wabash*, des *Illinois*, de *Mufchingum* & de *Miamis*, des lacs *Michigan* & *Erié*. Le faut de Niagara néceffite un portage de huit milles. Depuis le lac Ontario jufqu'à Albany, il y a quatre portages : le premier, d'un quart de mille fur l'*Onondago*, près d'Ofwego; le fecond, de deux milles, depuis Wood-Creek jufqu'à la rivière de Mohawx; le troifième, aux petites rapides de la Mohawx d'un quart de mille, et le dernier de feize milles de Shenectady à Albany.

V. FLORIDES ORIENTALE ET OCCIDENTALE.

La Floride eft bornée au nord par la Géorgie, à l'oueft par le Miffiffipi, au fud par le golfe du Mexique, & à l'eft par le détroit de Bahama.

Le Miffiffipi eft un des plus beaux & des plus grands fleuves du Monde. En y comprenant tous fes détours, il ne parcourt pas moins de quinze cents lieues; mais fes embouchures font en quelque forte obftruées de bancs de fable, qui s'oppofent à l'entrée des gros vaiffeaux. Selon la carte de Michel, il n'y a que douze pieds de profondeur fur la barre, & dix-fept fuivant le capitaine Pitman, particuliérement à la principale branche. Lorfqu'on a franchi la barre on trouve cent braffes d'eau. Le canal de ce fleuve eft partout profond & le courant lent, excepté dans certaines faifons, où il croît de manière à devenir très-rapide. Il eft d'ailleurs, fi l'on excepte l'entrée, partout fans bancs de fable, fans chutes ou rapides, & navigable prefque jufqu'à fa fource. (*Voyez* l'article MISSISSIPI.)

Nous ajouterons à ce fleuve fix autres rivières affez confidérables : d'abord la rivière des *Yazous*, dont le cours eft fort alongé & s'étend jufqu'au pays des Chicachas, où elle prend naiffance par quatre principaux embranchemens qui fortent du pied d'une chaîne de montagnes : en fecond lieu, la rivière des *Perles*, puis celle de *Pafca-Coula*, qui a trois embranchemens affez longs. Enfin la *Mobile*, qui raffemble les eaux d'une fuperficie de terrain très-étendu par fept embranchemens confidérables, & dont la plupart atteignent la même chaîne de montagnes. Nous ajouterons à toutes ces eaux courantes l'*Apalachicola*, qui fe prolonge également. Toutes ces rivières fe jettent fur la côte méridionale de la Floride, ainfi que beaucoup d'autres que nous fupprimons. Nous ne ferons mention maintenant que de la rivière de Saint-Jean, qui, après avoir parcouru la péninfule, fe jette dans la baie du Saint-Efprit, & de la rivière d'*Alatamaha* ou de *King-George*, qui, par quatre embouchures, fe jette dans la mer Atlantique.

Pour donner une idée du travail de l'eau fur la côte méridionale de la Floride, & même fur celles de la péninfule, j'indiquerai les baies principales & les caps que j'y trouve dans la carte de Danville. On y voit, 1°. comment les eaux courantes de l'intérieur ont détruit les terres aux environs de leurs embouchures, ce qui a formé les baies; en second lieu, comment elles y ont voituré & déposé des terres, ce qui a constitué quelques caps plus ou moins avancés.

J'y vois donc comme baies principales, celles de la *Mobile*, de *Pansacola*, de *Santa-Maria*, de *Saint-André*, de *Saint-Joseph*, d'*Apalache*, du *Saint-Esprit* & de *Carlos*.

Quant aux caps, j'indiquerai la *Pointe de la Mobile*, le cap d'*Escondido*, la *Pointe de la Floride*, celle de *Sainte-Lucie* & le cap de *Cagnaveral*.

On a beaucoup parlé de l'air & du climat de ces provinces; mais il paroît que l'air des Florides est pur & sain. On peut en juger d'après la taille, la vigueur & la longue vie des Indiens de cette colonie, qui à cet egard surpassent de beaucoup leurs voisins les Mexicains.

Si nous passons maintenant au sol, aux *productions* & à l'*aspect du pays*, nous trouverons que la Floride orientale près de la mer, & jusqu'à treize lieues de la côte, est plate & sablonneuse. Mais il s'en faut de beaucoup que les environs de Saint-Augustin, qui selon toutes les apparences sont les plus mauvais terrains du pays, soient infertiles. Ils produisent deux moissons de maïs par an. Les légumes y viennent très-beaux. Les orangers & les citronniers y croissent sans culture, & produisent de meilleurs fruits qu'en Espagne & en Portugal. L'intérieur du pays près des montagnes est extrêmement riche & fertile en productions; il produit presque sans culture les fruits, les végétaux & les gommes qu'on récolte dans la Géorgie. C'est même une contrée également favorable à toutes les plantes qu'on y a transportées d'Europe.

Ce pays produit outre cela du riz, de l'indigo, de la cochenille, des améthystes, des turquoises, du lapis, du cuivre, du vif-argent, du charbon de terre & du fer: on trouve aussi de l'ambre gris & des perles sur les côtes de la Floride.

Cette contrée abonde en bois de chênes, en noyers, en lentisques, d'où l'on tire un mastic blanc & rouge; en ifs, en pins, en cèdres, en palmiers & en cerisiers, dont les fruits sont délicats; en bois de Campêche & de sassafraz.

Les forêts sont pleines de bêtes féroces, telles que les ours, les chats sauvages: on y trouve aussi des castors, &c.

On y récolte beaucoup de coton, d'excellentes figues, de l'ambre, du sel: il y croît de l'acajou, & le sol donne de l'ambre & du sel.

La Floride orientale & la péninsule sont habitées par les Indiens qu'on nomme *Apalaches*, nation sauvage.

Pensacola, capitale de la Floride occidentale, est située dans la baie du même nom, sur un rivage sablonneux: il n'y peut aborder que de petits vaisseaux. Sa rade est une des meilleures de tout le golfe; car les vaisseaux y sont à l'abri de tout vent par les terres élevées qui l'entourent.

Saint-Augustin est la capitale de la Floride orientale. A l'entrée de son port, il y a des brisans du nord & du sud, qui offrent deux canaux dont les barres, à basses marées, n'ont pas plus de huit pieds d'eau.

VI. LOUISIANE.

Cette province confine au sud avec le golfe du Mexique, au nord avec la rivière des Illinois & le territoire de ces sauvages, à l'ouest avec le Nouveau-Mexique & la Nouvelle-Espagne.

Les différentes rivières qui l'arrosent rendent le pays extrêmement fertile, ainsi que les prairies qu'on y trouve: il y en a qui donnent quatre récoltes par an. On n'y distingue l'hiver que par l'abondance des pluies. Tous les arbres à fruits d'Europe y viennent abondamment. Le cèdre y distille une résine odoriférante, & le cotonnier y vient très-haut. Il y a aussi une grande quantité de gibier, d'oiseaux & de troupeaux répandus dans les prairies. Le climat en est très-agréable & très-doux. Le coton, le blé, l'anis & le riz sont des productions que le commerce exporte en grande quantité: il en est de même des peaux en vert & des cuirs tannés.

Au reste, nous renvoyons aux articles LOUISIANE & FLORIDES pour un plus grand développement de tous ces objets; cependant nous ajouterons ici quelques détails sur la *Louisiane*.

Lorsque la Louisiane appartenoit aux Français, elle s'etendoit sur les deux rives du Mississipi à l'est & à l'ouest, sans aucune limite déterminee, & depuis l'embouchure du fleuve jusqu'à la rivière des Illinois.

Ce pays est coupé par un grand nombre de belles rivières, parmi lesquelles on distingue celle de Saint-François, dont le cours, presque parallèle à celui du Mississipi, dans lequel elle se jette au fort Kappas, est navigable dans un espace d'environ cent lieues; le Natchitochès, qui se jette dans le Mississipi au dessus de la pointe Coupée; la rivière mexicaine ou Adayes, qui se jette dans le golfe du Mexique, & enfin la rivière Rouge, sur les bords de laquelle il existe des mines d'argent, aussi riches qu'il y en ait dans tout le Mexique. On suppose que c'est principalement par cette raison que l'Espagne a tant insisté pour avoir la navigation exclusive du Mississipi.

La Nouvelle-Orléans, capitale de la Louisiane, est située sur la rive orientale du Mississipi, à trente-cinq lieues de son embouchure, & sous le 30e. degré 2 minutes de latitude septentrionale. Avant 1788, la Nouvelle-Orléans contenoit onze cents maisons. Dans l'espace de cinq heures, les sept huitièmes de ces maisons furent consumés le 19 mars 1788. La ville a été rebâtie, & elle l'a dû être très-promptement, car les avantages de sa situation sont très-grands. L'air y est sain, & les terres des environs sont très-fertiles. Sept jours de navigation suffisent pour faire le trajet de la Nouvelle-Orléans à Mexico ou aux îles françaises, anglaises & espagnoles du golfe du Mexique. Enfin, cette ville a la perspective certaine de devenir l'entrepôt des productions de ces contrées riches & étendues qui bordent le Missisipi & l'Ohio : c'en est assez pour lui assurer dans l'avenir une grande importance comme centre d'un grand commerce.

La Louisiane est située sur les limites de la grande chaleur & du grand froid. Ses parties méridionales, rafraîchies par les vents de mer, ne sont jamais brûlantes comme les pays situés en Afrique à même latitude. Ses parties septentrionales sont beaucoup plus froides que les pays de l'Europe, situés sous les mêmes parallèles.

Pour juger des productions que l'on peut attendre de la Louisiane lorsqu'elle sera cultivée, il faut considérer qu'elle est sous les mêmes latitudes que l'Egypte, l'Arabie heureuse, la Perse, l'Indostan, la Chine & le Japon. Chacun de ces pays a été fameux par son extrême fertilité & pour ses richesses, quoique la Chine soit la seule de ces grandes contrées qui ait un gouvernement passable. On peut recueillir dans la Louisiane deux récoltes de maïs par an, & toutes les sortes de grains possibles en abondance. Les bois de construction y sont aussi beaux que dans aucun pays de l'Amérique. Le chêne, le frêne, le mûrier, le noyer, le cerisier, le cyprès & le cèdre y forment des forêts nombreuses. Dans tout le voisinage du Missisipi, on recueille d'excellens fruits & fort variés. Le sol y est extrêmement propre au chanvre, au lin & au tabac ; enfin, l'indigo s'y coupe trois à quatre fois par an. En un mot, toutes les productions recherchées des climats & des terres les plus riches appartiennent naturellement à cette grande contrée.

Le Missisipi & de grands lacs donnent abondamment les meilleurs poissons, parmi lesquels on distingue la perche, le brochet, l'esturgeon & l'anguille. On remarque sur la rive droite du Missisipi, à quatorze lieues au sud de l'embouchure de l'Ohio, un établissement nouveau fait par le colonel Morgan, Américain.

Une ville sous le nom de la *Nouvelle-Madrid* se construit sur un espace de quatre milles dans un sens, & de deux milles dans un autre. Elle se trouve coupée par un lac profond & par une eau courante qui se décharge dans le Missisipi. Les bords de ce lac, nommé *Sainte-Anne*, sont élevés & agréables ; le fond est garni de sable & ses eaux sont très-poissonneuses. Sur les deux bords de ce beau lac on a tracé des rues de cent pieds de large, & la route qui doit faire le tour du lac doit avoir la même largeur. Une autre rue est tracée sur les bords du Missisipi, à cent vingt pieds de largeur, & on laisse subsister les arbres qui la bordent. Dans le centre de la ville sont réservés douze acres pour une promenade publique : vingt acres divisés en quatre lots, sont destinés aux particuliers pour divers usages ; enfin, le gouvernement espagnol conserve un lot de douze acres.

La *Nouvelle-Madrid* paroît destinée, par sa situation & ses priviléges, à devenir le principal marché de toute la partie occidentale des Etats-Unis d'Amérique, à moins que l'Espagne n'ouvrît aux Américains la navigation du Missisipi sans restriction. Dans tous les cas, & lors même que cette navigation seroit ouverte, la Nouvelle-Madrid doit toujours être une place d'un grand commerce : elle sera naturellement le dépôt des principales productions fournies par les contrées voisines du Missisipi, de la rivière des Illinois, de l'Ohio & de toutes les rivières qui se jettent dans celle-ci. Si les négocians trouvent à former dans ce centre toutes leurs cargaisons de retour ou d'exportation, ils y trouveront le grand avantage d'éviter la longue navigation du Missisipi, & seront dispensés de le descendre jusqu'à la Nouvelle-Orléans.

Le pays voisin de la Nouvelle-Madrid est, suivant l'opinion générale, d'une fertilité qui tient du prodige. Il produit des arbres d'une beauté extraordinaire. Dans les parties basses il y a d'énormes cyprès. On y trouve parmi ces forêts, de grandes étendues de prairies formées par la nature, & où l'herbe est fort abondante. On doit juger facilement quelles ressources on rencontre dans cette contrée.

Ces mêmes terrains, pour peu qu'ils soient cultivés, donnent de fortes récoltes en blé, en orge, en maïs, en lin, en chanvre & en tabac. Le climat en est très-sain, & il est également propre à porter les meilleurs fruits à leur maturité. Les mines de fer, de plomb & de sel se trouvent dans le voisinage de la Nouvelle-Madrid. Les bords du Missisipi, dans les environs de cette ville, sont garnis de roches calcaires ; & enfin dans un espace de huit lieues de large, depuis la Nouvelle-Madrid jusqu'à la rivière de Saint-François, on rencontre des pays secs & fertiles.

On a cru jusqu'à présent que les citoyens des Etats-Unis, qui alloient former des établissemens au-delà du Missisipi, étoient perdus pour leur patrie. Mais il est aisé de se convaincre, d'après les détails précédens, que c'est une erreur. Les nouveaux établissemens qui se feront dans la Louisiane, seront composés en grande partie d'Américains : ils y porteront leurs mœurs, leurs habitudes, leur industrie, & surtout l'esprit de liberté qui les anime. L'exercice de leur religion leur sera conservé, & ils feront leurs lois & leurs réglemens de police intérieure & de commerce. Quoique sujets du Roi d'Espagne ou de la République française, ils seront toujours Américains, & ils jouiront en revanche des grands avantages du commerce qu'ils partageront avec les Etats-Unis. Enfin, la Nouvelle-Madrid peut former en particulier un point de réunion pour l'Espagne ou la France & la République américaine. Les relations réciproquement avantageuses qui se formeront entre les deux peuples, affoibliront les préjugés nationaux, acheveront d'établir la tolérance religieuse, & préviendront pour l'avenir les occasions de rupture.

L'expérience nous apprend que l'empire des Etats-Unis s'étend progressivement de l'est à l'ouest, & il est probable qu'il couvrira toute la partie qui reste à occuper dans l'Amérique septentrionale, & qui sera probablement habitée & cultivée à mesure qu'elle se découvrira. C'est là que les sciences & les arts des peuples civilisés s'établiront. C'est là que la liberté civile & religieuse fleurira, & l'on peut présumer que le genie, aidé des connoissances de tous les siècles, pourra donner au plus vaste empire un gouvernement aussi parfait que le comporte la nature des choses humaines. Ce n'est peut-être pas une vision chimérique que l'établissement de plusieurs millions d'Américains libres au-delà du Mississipi, & pour lors les riches & magnifiques contrées de l'Amérique ne seront pas habitées par les sujets d'un Monarque qui réside à quinze cents lieues de distance.

Les gens les plus instruits affirment que, dans toute la Louisiane & la Floride occidentale, il n'y a pas cent familles espagnoles. La masse des habitans de ces pays est composée de Français, peu liés avec les Espagnols. Le reste de la population est formé d'Americains émigrés, d'Ecossais, d'Irlandais, de Hollandais & d'Allemands. C'etoit ainsi du moins en 1791; & comme depuis ce moment-là l'émigration des Anglo-Américains vers ces contrées a été continuelle, ils surpasseront bientôt en nombre tous les autres colons.

La tyrannie du gouvernement espagnol à la Nouvelle-Orléans etoit bien propre à produire une révolution; car le gouvernement y faisoit les lois, & les appliquoit à sa volonté. Nous devons espérer, pour le bien de l'humanité, que le gouvernement français qui va lui succéder, changera de systeme. Ainsi, au lieu d'un monopole royal nous y verrons une liberté française entière. Ainsi le monopole de la viande & des farines va disparoitre: on modérera les droits sur le tabac, si decourageans pour le cultivateur; et dès-lors aucune révolution ne sera plus à craindre sous un gouvernement aussi favorable au peuple & à son industrie.

C'est Ferdinand di Soto qui en 1541 entra le premier dans le Mississipi, & M. de la Salle le premier Européen qui en 1682 reconnut la Louisiane. Il descendit le Mississipi, examina le pays voisin des bouches du fleuve, puis retourna au Canada d'où il étoit parti, & revint en France rendre compte de ses découvertes.

Louis XIV, flatté par les espérances des grands succès qu'annonçoit le rapport de M. de la Salle, créa une compagnie pour y former des établissemens, & donna à M. de la Salle le commandement d'une petite escadre; mais cette escadre manqua les bouches du Mississipi & alla prendre terre à cent lieues plus à l'ouest. On y essaya un établissement, mais le climat étoit mal-sain; les Français y périrent, & le chef de l'expédition fut assassiné par ses gens. Iberville, qui lui succéda, réussit à former quelques établissemens dans l'intérieur. Crozat, qui vint après lui, se fit donner la Louisiane en toute propriété par Louis XIV. A la mort de ce Prince le don fut retiré, & la Louisiane fut cultivée par les Français jusqu'en 1763, que le pays fut cédé à l'Espagne. Aujourd'hui 1802, la Louisiane est revenue à la France: nous reprendrons tous ces détails aux articles LOUISIANE & MISSISSIPI, & nous tâcherons de faire connoître l'histoire naturelle de cette vaste contrée, & l'hydrographie de son fleuve.

VII. NOUVEAU-MEXIQUE. — CALIFORNIE.

Ces pays sont bornés au nord par des terres inconnues, à l'est par la Louisiane, au sud par le Vieux-Mexique ou la Nouvelle-Espagne, & à l'ouest par la mer.

Comme ils sont en grande partie situés dans la zone tempérée, leur climat est très-agréable & susceptible d'un grand nombre de productions utiles & de luxe. Dans la Californie on éprouve néanmoins de grandes chaleurs en été, particuliérement vers la côte du grand Océan; mais dans l'intérieur des terres le climat est plus tempéré: on y éprouve même un peu de froid en hiver.

Dans la presqu'île on rencontre des plaines qui offrent à leur superficie des mines de sel fort dur, & aussi transparent que du cristal de roche. Cette richesse territoriale, se trouvant réunie avec l'abondance de poissons que la pêche peut donner, forme une ressource dont l'industrie des habitans pourroit profiter avec avantage.

La Californie est à l'ouest du Nouveau-Mexique, traverse le tropique, & s'avance dans la zone torride jusqu'au cap Saint-Lucas. Sa largeur varie depuis dix lieues jusqu'à quarante d'une mer à l'autre. Le climat en général est très-chaud & très-sec: il s'y trouve beaucoup de mulets, de chevaux, de bêtes à cornes, de chevreuils. Le pays abonde aussi en gibier, soit quadrupèdes, soit oiseaux. Le pays produit des olives, des figues, des raisins, du blé, du maïs & toutes sortes de légumes. On y pêche un grand nombre de poissons de mer, & surtout des sardines, même des baleines, & surtout abondamment des perles.

Nous passons maintenant à l'hydrographie du Nouveau-Mexique: nous y trouvons d'abord que les eaux courantes y sont assujetties à deux pentes principales: l'une, du nord au sud, offre un grand nombre de rivières. La première est la *Brava*, formée de trois embranchemens réunis sous des angles fort aigus. Le premier rassemble toutes les eaux de la Nouvelle-Biscaye avec la rivière de *las Palmas*. Le second, qui est le plus considérable

considérable & le plus long, se prolonge jusqu'au 45e. degré de latitude nord. Le troisième enfin, qui est la *rivière des noix*, s'étend jusqu'aux pays des Salines.

Après trois ou quatre rivières d'une moindre étendue vient celle des Cawes, qui prend sa source aux environs de Santa-Fé.

Ce système d'eaux courantes se termine après les rivières de la Sablonnière & de la Moline par celle de la Traulle, qui a trois embranchemens, dont deux, comme celui de Brava, ont leur naissance entre des chaînes de montagnes qui courent du nord au sud.

L'autre pente dont nous avons parlé renferme deux fort grandes rivières, qui ont leur embouchure commune à la pointe de la mer Vermeille. Ce bras de mer reçoit sur son bord oriental dix-sept rivières, parmi lesquelles la plus considérable, celle de Mayo, a sa naissance au milieu d'une contrée où deux ruisseaux se réunissent & se perdent dans un lac. (*Voyez* la carte de Danville. *Voyez* aussi CALIFORNIE & MEXIQUE.)

ANIMAUX.

L'Amérique produit au moins la moitié des quadrupèdes du Monde connu, & les Etats-Unis en renferment environ un quart des diverses espèces. C'est une observation générale, que tous ceux qui sont communs aux deux continens se trouvent dans les parties septentrionales de tous deux; & l'on a cru en conséquence qu'ils avoient passé de l'un à l'autre. En comparant les individus de même espèce, on en trouve de parfaitement semblables, & d'autres qui diffèrent par la taille, les formes & les couleurs. Dans quelques cas l'animal d'Europe est plus grand, dans d'autres l'individu d'Amérique a quelqu'avantage; & en général toutes les espèces, dont la dépouille est fort recherchée, ont dégénéré sensiblement, quant à la grosseur, depuis l'établissement des Européens en Amérique.

Il n'est aucune branche de l'histoire naturelle du Nouveau-Monde sur laquelle on ait en Europe des connoissances plus incomplètes que celles des quadrupèdes indigènes. L'incertitude des renseignemens, l'insuffisance des observations, ont souvent été suppléées par l'esprit systématique : on a classé les espèces, présumé les variétés, comparé les individus des deux continens de la manière qui convenoit le mieux à un système que l'observation détruit cependant chaque jour.

La liste suivante des quadrupèdes a été recueillie avec soin, & peut être considérée comme une base sur laquelle on peut compter, jusqu'à ce que les naturalistes dispersés dans les Etats-Unis aient complété leurs observations.

Quadrupèdes.

Mammouth.
Hippopotame.
Bison.
Margay, (espèce voisine de l'once).
Kincajou.
Weasel, (belette).
Hermine.
Martin, (martre).
Mink.
Loutre.
Fisher, (pekan).
Skunk, (*viverra putorius*).
Caribou, (renne).
Moose, (élan).
Red-Deer, (cerf).
Fallou-Deer, (daim).
Roe, (chevreuil).
Oppossum, (sarigue).
Vood-Chuck, (*ursi vel mustelæ species*).
Urchin, (urson).
Hare, (lièvre d'Amérique), whabus de Jefferson.
Rabet, (lapin d'Amérique).
Racoon, (raton), *ursus lotor* de Linnæus.
Fox-Squirrel, (renard-écureuil).
Grey-Squirrel, (écureuil gris).
Red-Squirrel, (écureuil rouge).
Striped-Squirrel, (*sciurus striatus*).
Ours.
Wolverine, (*ursus luscus*), carcajou, glouton.
Loup.
Renard.
Flying-Squirrel, (polatouche).
Chauve-souris.
Rat des champs.
Rat des bois.
Shrew-Mouse, (musaraigne).
Taupe rouge.
Taupe noire.
Rat d'eau.
Castor.
Catamount.
Cougar, (espèce voisine de la panthère).
Mountain-Cat, (*pardalis* de Linn.), ocelot de Buffon.
Linx.
Musquash, (*castor zibethicus* de Linnæus).
Morse, (vache marine).
Seal.
Maniti.
Sapajou.
Sagoin.

Le loup, le renard, la belette, l'hermine, la loutre, l'écureuil volant ou polatouche, la chauve-souris & le rat d'eau sont les mêmes espèces en Amérique, que les animaux d'Europe de même nom.

Le daim, le renard gris, le martin, la loutre, l'oppossum, le wood-chuck, le lièvre, divers écureuils & le castor ont été apprivoises; & en général on a observé que les quadrupèdes d'Amérique ne sont pas d'un naturel aussi sauvage que ceux de l'ancien continent.

Les animaux plus grands en Amérique que dans l'ancien Monde sont l'élan, le daim, l'ours, la belette, la loutre & le castor; ceux qui sont plus petits sont le lièvre, l'écureuil & le musaraigne.

Mammouth. On a donné le nom de *mammouth* à un animal inconnu, qui devoit être beaucoup plus grand qu'un éléphant, & dont on trouve les dépouilles dans les parties septentrionales des deux continens, depuis le 36e. degré & demi de latitude nord, & plus fréquemment à mesure qu'on s'approche du pôle; ces dépouilles osseuses se trouvent, dans le continent de l'Amérique septentrionale, déposées à différentes profondeurs en terre, quelquefois à la surface du sol, & le plus souvent dans des lieux marécageux, où l'on rencontre, en creusant un peu, des sources salées; ce qui a fait conjecturer à quelques naturalistes, que le mammouth étoit graminivore, & recherchoit le sel marin, comme tous les animaux de cette classe: cependant la forme de ses dents molaires a fait croire à d'autres qu'il étoit carnivore.

Le mammouth avoit des défenses, & plusieurs naturalistes ont pensé que cet animal n'étoit autre chose que l'éléphant dans toute sa grosseur primitive. La comparaison attentive des os de mammouth avec ceux de l'éléphant a fait conclure à d'habiles anatomistes, que ces deux animaux étoient de la même espèce; mais d'autres ont tiré de cet examen comparatif & non moins scrupuleux, une conclusion directement contraire. Jefferson soutient, dans ses notes sur la Virginie, la dernière opinion, & lui a donné un grand degré de probabilité: il observe que l'éléphant, que nous connoissons, habite entre les tropiques, tandis qu'on ne trouve les os du mammouth que depuis le 36e. degré 30 minutes, en se rapprochant du pôle. Si l'on veut expliquer l'habitation de l'éléphant dans les contrées septentrionales par le changement de l'obliquité de l'écliptique, il faut avoir recours à des calculs auxquels répugne une philosophie sage. Ainsi, par exemple, en admettant que la diminution de l'obliquité de l'écliptique soit aussi prompte que le supposent ceux qui la hâtent le plus, il se seroit écoulé deux cent cinquante mille ans depuis que le cercle polaire se seroit trouvé entre les tropiques; il faudroit aussi supposer que les dépouilles de ces animaux s'y seroient conservées à l'air libre pendant cet espace de tems: sinon il faut nécessairement supposer que ces éléphans auront pu soutenir le froid excessif des hivers, s'accommoder d'une nuit de six mois; &, quoique la chaleur soit absolument nécessaire à la vie & au développement des éléphans que nous connoissons, ceux-là auroient cependant acquis des dimensions cinq ou six fois plus considérables en vivant la moitié de l'année au milieu des neiges & des glaces.

Quelques écrivains soutiennent que la race du mammouth n'est pas éteinte, &, si l'on en croit la tradition des sauvages, on admettroit la prétention que cet animal, qu'ils nomment le *grand buffalo*, existe encore dans les contrées intérieures les plus septentrionales de l'Amérique, inconnues aux Européens.

Hippopotame. Cet animal ne se trouve pas vivant en Amérique; mais le D. Mitchill a publié ses observations sur des dents trouvées en terre à Long-Island en 1788, & conservées à Philadelphie, qu'il juge parfaitement conformes aux dents de l'hippopotame dans les collections de Londres & d'Oxford, ou décrites par le docteur Grew.

Bison. Cet animal, improprement appelé *buffalo* ou *buffle*, se trouve dans les Etats du centre de l'Amerique septentrionale: il se distingue du taureau par une substance graisseuse ou charnue, qui recouvre ses épaules & une partie de son dos, ainsi que par le poil de sa tête & de toutes ses parties antérieures, qui est long, semblable à de la laine, & qui peut se filer & servir à faire des chapeaux, parce qu'il prend un bon feutrage: il est d'ailleurs plus gros que le taureau. Il produit avec la vache; mais les veaux qui en proviennent, conservent un naturel sauvage.

Moose, élan ou *orignal.* Les forêts d'Amérique abondent en animaux ruminans, à pieds fourchus, du genre des cerfs ou daims. Le *grand élan noir* est devenu fort rare: on lui donne depuis huit jusqu'à douze pieds de hauteur. L'*élan gris* est ordinairement de la taille d'un cheval, & quelquefois plus grand. Le bois de l'un & de l'autre est palmé, & pèse trente à quarante livres: ils le déposent annuellement au mois de février. Cet animal n'a d'autre allure que le pas ou le trot; il se trouve surtout dans la Nouvelle-Angleterre.

Caribou. Cet animal, qui est, à ce qu'on croit, le même que le renne d'Europe, se trouve communément dans le district de Main.

Red-Deer. Cette espèce fournit trois ou quatre variétés, dont une, qui se trouve dans le voisinage de l'Ohio, est un très-grand animal appelé communément *Elk*, mot que les naturalistes français ont traduit par celui d'*élan.* Cet animal cependant paroît tenir le milieu entre l'élan & le cerf: il a, comme le premier, une taille beaucoup plus élevée que le cerf; les oreilles plus longues, plus larges & plus épaisses; le poil beaucoup plus long, le cou & la queue plus courts, un fanon & une tache blanche au tour de la queue; mais il est nettement distingué de l'*élan* par son bois, qui n'est point palmé, mais qui ressemble à celui du cerf: il ne se trouve pas dans les parties septentrionales, mais il est commun dans les Etats de l'ouest. Catesby le décrit sous le nom de *cervus americanus;* M. Jefferson, mieux instruit, le désigne sous celui d'*alces americanus, cornibus teretibus.* Il soupçonne, par tous les renseignemens qu'il s'est procurés, que les dénominations de *renne* & d'*élan*, sous lesquelles Buffon comprend le *caribou*, le moose noir & gris, l'orignal & l'elk, renferment au moins trois & probablement quatre espèces bien distinctes les unes des autres.

Follow-Deer, daim. Cet animal est en général plus grand dans l'Amérique septentrionale, qu'il ne l'est en Europe. D'ailleurs, sa couleur est différente, & quelques naturalistes en ont fait une espèce distincte, quoique les caractères généraux, & surtout le bois palmé, qui est un des caractères les plus apparens du daim, soient communs à ceux des deux continens.

On trouve, dans les forêts des Etats du sud, différens animaux qui paroissent des variétés du chevreuil.

Ours. On trouve deux espèces d'ours dans les Etats du nord : le premier est bas sur jambes, son corps est épais & pesant : il est ordinairement gras, ne paroît pas carnivore, & vit de grains, de racines & de fruits. Lorsque la neige commence à tomber il se retire dans sa caverne, & passe l'hiver à vivre de sa substance. L'autre *ours* se nomme *rangoing-bear*, & semble tenir le milieu entre le premier & le loup; ses jambes sont plus longues, & son corps plus maigre : il est carnivore & destructeur. En hiver il se rapproche des contrées du sud. Le premier répond à l'ours noir d'Europe; le second, à l'ours brun des Alpes.

Wolverine. Cet animal, appelé en Canada le *carcajou* ou *beaver-eater*, semble tenir le milieu entre l'ours & le *vood-chuck*; il répond parfaitement au blaireau d'Europe : il suit & observe les chasseurs lorsqu'ils tendent les piéges, & s'empare ensuite de leur proie, & particuliérement des castors. On le trouve dans les Etats du nord.

Loup. Cet animal, très-commun dans les Etats-Unis, varie beaucoup en taille & en couleur. Dans les Etats du nord il est ordinairement d'un fauve sale, avec une raie noire sur le dos : on en trouve, dans les Etats du sud, de parfaitement noirs & beaucoup moins grands que les premiers. Ces animaux produisent, avec la chienne, une espèce intermédiaire, nommée *mongrels*, & que les sauvages préfèrent aux chiens pour la chasse. On dit même qu'avant de connoître les chiens ils apprivoisoient & dressoient des loups.

Renard. Il y a une grande variété de renards dans les Etats-Unis : tels sont le *renard argenté*, le *rouge*, le *gris*, *le croff-fox*, le *brant-fox* & d'autres encore qui offrent des nuances entre ces variétés; ceux des Etats du nord sont les plus grands.

Catamount. Cet animal, le plus redouté de tous par les chasseurs, appartient à la famille des chats, & est assez rare : on n'en a encore aucune description raisonnée. Les dimensions d'un *catamount* tué, il y a quelques années, dans le Hampshire, étoient les suivantes, autant qu'on put s'en assurer par la peau : la longueur du corps, la tête comprise, étoit de six pieds; la longueur de la queue, de trois pieds; ses jambes avoient environ un pied, son dos & ses jambes étoient noirs, & le reste du corps d'un fauve sombre. Cet animal ne paroit pas fait pour courir; mais il saute avec une légéreté surprenante. Sa nourriture favorite est le sang, qu'il suce des veines jugulaires du bétail & des bêtes fauves qu'il surprend, & dont il abandonne ensuite la chair : il remporte dans son repaire les animaux les moins pesans dont il s'empare. Le feu, qui éloigne les autres bêtes féroces, semble l'attirer, & il ne paroît craindre ni l'homme ni aucun animal quelconque : on le trouve dans les Etats du nord & dans ceux du centre.

Cougar. Cet animal, nommé *tigre* dans les Etats du sud, est une espèce voisine de la panthère : il a le corps long d'environ cinq pieds; il est, outre cela, plus haut sur jambes que ne le sont les autres espèces de la famille des chats, auxquels il ressemble d'ailleurs par les inclinations & les mœurs. Sa couleur est d'un fauve sombre.

Mountain-cat. Cet animal a trois pieds & demi à quatre pieds de longueur; à quoi il faut ajouter la queue, qui a environ deux pieds : sa couleur est un fond brun, avec des taches & des raies noires. Le mâle a une raie brune sur le dos. C'est le plus beau des animaux d'Amérique, de la famille des chats : il est extrêmement féroce, mais il n'attaque guère l'homme : il se trouve dans les Etats du sud.

Lynx. On distingue trois variétés de cet animal dans les Etats-Unis, & ces variétés sont peut-être autant d'espèces différentes. La première est le *lupus cervarius* de Linnæus, (loup-cervier) : il a deux pieds & demi à trois pieds de longueur, avec une queue d'environ cinq pouces. Son poil est long, beau, épais, d'un gris clair, parsemé de quelques petites taches plus foncées & irrégulières. C'est le lynx de Sibérie & du nord de l'Europe : on en trouve quelques-uns dans le district de Main; mais il devient plus commun à mesure qu'on s'approche davantage du pôle nord.

La seconde variété ou espèce est le *catus cervarius* de Linnæus, (le chat-cervier), nommé *wild-cat* dans la Nouvelle-Angleterre : il a depuis deux jusqu'à deux pieds & demi de longueur, & sa queue trois pouces. Son poil est plus court que celui de l'espèce précédente; il est brun, mélangé de gris : il n'a point de houpe au bout de la queue ni dans ses oreilles, comme le loup-cervier.

La troisième variété du lynx est à peu près de la grosseur d'un chat ordinaire. Le mâle est d'un bai clair, avec des taches noires sur les jambes : sa queue a quatre pouces de longueur, & est couverte de huit anneaux blancs. La femelle est d'un gris rougeâtre : il se trouve dans les Etats du centre & du sud.

Margay. Cet animal ressemble beaucoup au chat sauvage d'Europe, soit par la forme générale de son corps, soit par la couleur : il est fauve, ondoyé de brun : il se trouve dans les Etats du sud.

Kinkajou. Cet animal est encore de la famille des chats : il est de la grosseur d'un chat ordinaire, & construit plutôt pour être léger que fort.

Sa queue, qui se termine en pointe, est aussi longue que son corps, & lui sert à se suspendre aux branches des arbres : il est de couleur jaune : il est confondu, dans Buffon, avec le carcajou ou glouton. Il y a entre lui & le renard une guerre continuelle. Il attaque les daims, & parvient à leur ouvrir la veine jugulaire pour sucer leur sang. On dit qu'il réussit à tuer de même le gros bétail. Il est commun en Canada : on le trouve aussi dans le nord du New-Hampshire.

Weasel, belette. Cet animal est en tout semblable à la belette de l'Europe ; mais il est sensiblement plus gros.

L'hermine. Cet animal ne diffère pas essentiellement de la belette, & en été sa couleur est la même, excepté le bout de sa queue, qui est noir, & le bord des oreilles & des pieds, qui est blanc. En hiver l'hermine devient blanche : il y a même une variété de cet animal, qui est blanche toute l'année. L'hermine se trouve en Canada & quelquefois dans le New-Hampshire.

Martin, marte. Cet animal a ordinairement seize pouces de longueur : il est de couleur fauve, mais les nuances de cette couleur varient selon les lieux & le climat. Quelques martes ont une tache blanche, d'autres une tache jaune sur la poitrine. La marte a la construction & les habitudes de la belette, & vit de chasse. On la trouve dans les Etats du nord.

Le *mink* a la taille & la forme de la marte à peu de chose près. Le poil de sa queue est plus court cependant, & il est ordinairement noir. Cet animal a quelquefois une tache blanche sous le cou. Il fait des trous en terre pour s'y retirer : il poursuit sa proie dans l'eau douce & salée. Le mink, qui vit près de l'eau salée, est plus gros, moins noir, & sa fourrure est moins belle que s'il vivoit près de l'eau douce. Ces animaux sont abondans dans tous les Etats.

Otter, loutre. Cet animal ressemble beaucoup au mink par la forme & les habitudes ; mais la couleur de son poil est moins sombre & sa taille beaucoup plus grosse. Il a environ trois pieds de long & quinze pouces de circonférence. La loutre se retire dans des trous sur le bord des eaux, & vit de poissons ou d'autres animaux amphibies. On la trouve dans toute l'Amérique septentrionale.

Le *fisher*, appelé en Canada *pekan*, a quelque ressemblance avec la marte, mais il est beaucoup plus gros. Sa queue est garnie de longs poils & n'a que la moitié de la longueur de son corps. Ses jambes de devant ont quatre pouces de long, & celles de derrière six pouces. Ses oreilles sont courtes & rondes. Il a le corps noir ; la tête, le cou & les épaules d'un gris foncé. Il vit de chasse & poursuit sa proie dans l'eau. On le trouve dans les Etats du nord.

Le *skunk* (*viverra putorius* de Linnæus) a environ un pied & demi de longueur. Sa queue est fort longue & garnie d'une belle fourrure. Le poil de son corps est long & noir. Sa tête, son cou & son dos sont garnis de taches blanches sans régularité. Il ne paroît pas voir bien clair quand le soleil luit, & ne sort de son trou que le soir. Il se nourrit principalement d'escarbots & d'autres insectes ; il est aussi très-friand des œufs & des poulets. Sa chair passe pour assez bonne à manger, & sa graisse est émolliente. Ce qui distingue surtout cet animal, c'est la sécrétion d'une liqueur fétide qu'il lance par l'anus à une distance assez considérable lorsqu'il est poursuivi : cette liqueur passe pour un anti-spasmodique. On trouve le *skunk* dans tous les Etats.

L'oppossum (sarigue) a environ un pied & demi de long. Il a le museau alongé, pointu & garni de poils rudes & longs. Ses oreilles sont minces & nues, ainsi que sa queue, qui est presqu'aussi longue que son corps, & par laquelle il peut se tenir suspendu. Ses jambes sont courtes & nues : il se sert de ses pieds de devant comme le singe. Il est couvert d'une fourrure cotonneuse, blanche à la racine & noire en dessus. Son poil est long, rare & grossier ; sa couleur est grisâtre, & a différentes teintes. La partie la plus singulière de cet animal est une poche ou faux ventre dans laquelle la femelle loge ses petits. Cette duplicature de la peau leur sert d'abri contre le froid lorsqu'ils viennent de naître ; & même lorsqu'ils ont acquis une certaine grosseur, ils s'exercent à courir çà & là, & rentrent dans cette retraite à la crainte de quelque danger. *L'oppossum* se nourrit de graines & de fruits. Il suce le sang de la volaille quand il peut l'atteindre, & mange les œufs. On se sert de sa graisse en place de beurre ou de sain-doux. Il se trouve dans tous les Etats.

Le *wood-chuck* a le corps d'environ seize pouces de long, & d'une circonférence à peu près égale. Sa queue, garnie de poils, est d'une moyenne longueur ; sa couleur est d'un brun mélangé de gris. Il se creuse un terrier dans le voisinage des champs cultivés, & se nourrit de graines légumineuses & de trefle. Il est fort gras, excepté au printems. Cet animal est bon à manger lorsqu'il est jeune. Dès le commencement d'octobre, cet animal se retire dans son trou, & y passe six mois dans un état d'engourdissement. Il diffère à plusieurs égards de la marmote des Alpes, avec laquelle on l'a confondu. Un autre animal assez semblable, mais qui forme probablement une autre espèce, se trouve dans les Etats du sud.

L'urchin (urson) a environ deux pieds de long, & la même dimension dans sa circonférence lorsqu'il est gras. On l'appelle communément *hérisson* ou *porc-épic* ; mais il diffère de ces deux animaux dans tous ses caractères, excepté dans les piquans dont il est couvert. Ces piquans sont à peu près de la grosseur de la paille de blé, de quatre à cinq pouces de longueur, & recouverts du poil de l'animal : leur pointe est fort dure, & garnie d'un nombre infini de petites barbes ou crochets retournés en dedans. Lorſque l'urchin eſt attaqué par un loup ou un chien, il cache ſa tête & dreſſe ſes piquans qui ſe plantent bientôt dans la gueule, les pattes & les autres parties du corps de ces animaux. Ces piquans pénètrent dans la chair avec une grande promptitude, par les mouvemens même qu'on fait pour s'en debarraſſer : ils ſe logent entiérement dans les muſcles, & cauſent quelquefois des accidens graves, & d'autres fois reſſortent en perçant la peau, après avoir traverſé de part en part des parties charnues. L'*urchin* d'ailleurs eſt un animal inoffenſif & paiſible. Il vit dans un trou qu'il ſe choiſit pour retraite, & ne mange que des fruits ou des écorces. Sa chair reſſemble à celle du cochon de lait. On le trouve dans les Etats du nord.

Le *whabus* (le lièvre ou lapin d'Amérique) offre deux eſpèces différentes; l'une, plus grande de moitié que l'autre, habite les Etats du nord, prend pendant l'hiver une fourrure blanche, & ne s'enterre point; l'autre, qui ſe trouve dans tous les Etats, ſe creuſe des terriers comme nos lapins. L'une & l'autre eſpèce paroiſſent des variétés du lièvre & du lapin d'Europe, & ſont en général d'une taille plus petite. Ils ont encore cette analogie avec ces deux eſpèces de notre continent, qu'ils ne communiquent point enſemble, & que l'une s'enterre pendant que l'autre ne s'enterre point.

Racoon (raton). Cet animal reſſemble au renard par ſa forme & ſa taille; cependant ſes jambes ſont plus courtes & plus renforcées : il eſt armé de griffes aiguës. Son corps eſt gris; ſa queue eſt garnie d'anneaux noirs & bruns. Il reſſemble à l'écureuil pour la manière de vivre. Il vit ſur les arbres, ſe nourrit de maïs & de glands, & ſe ſert de ſes pieds de devant de la même manière. Sa chair eſt bonne à manger, & ſon poil ſert à faire des chapeaux. Il ſe trouve daus tous les Etats.

Le *fox-ſquirrel* offre pluſieurs variétés. Il y en a de noirs, de gris & de rouges. Il eſt plus gros du double que l'écureuil gris. C'eſt un animal particulier à l'Amérique.

Le *grey-ſquirrel* n'eſt pas parfaitement ſemblable à l'écureuil gris d'Europe; mais on les conſidère comme le même animal. On trouve une eſpèce d'écureuil gris en Virginie, qui eſt de moitié plus gros.

Le *red-ſquirrel* eſt plus petit que le précédent, & on le regarde comme le même animal que l'écureuil commun d'Europe.

Le *ſtriped-ſquirrel* eſt encore plus petit que les eſpèces précédentes. Le fond de ſa couleur eſt rouge : il a ſur le dos une raie noire & étroite : puis ſur les côtés deux raies blanches, bordées de noir : outre cela ſon ventre eſt blanc. Les couleurs ſont plus vives & plus tranchées dans les mâles que dans les femelles. Cet animal ſe creuſe un trou en terre; malgré cela, il reſſemble aux autres écureuils, quant à la manière de vivre & de ſe nourrir. Il ſe trouve dans tous les Etats.

Le *flying-ſquirrel*, le plus petit de tous, eſt diſtingué par une membrane qui unit les pattes de devant à celles de derrière, & qui, par ſon extention, lui procure la facilité de ſauter à une beaucoup plus grande diſtance, & de retomber plus doucement : il ſe trouve dans tous les Etats.

Les diverſes eſpèces de *rats* paroiſſent ſemblables à celles connues en Europe.

Les taupes noires & rouges en diffèrent ſenſiblement.

Le *caſtor*, dont tout le monde connoît l'hiſtoire & l'induſtrie, ſe trouve dans tous les Etats & dans le Canada : les plus gros ont environ trois pieds de long, & pèſent de vingt-cinq à trente livres. Autrefois ces animaux avoient juſqu'à quatre pieds de longueur, & peſoient de cinquante à ſoixante livres. Le *caſtor* d'Amérique, quoique de même eſpèce que celui de l'Europe, lui eſt ſupérieur, ſoit pour la taille, ſoit pour la beauté du poil.

Le *muſquash* a environ quinze pouces de longueur, & un pied de circonférence : ſa queue a un pied de longueur; ſon poil eſt ras : il eſt brun ſur le dos, rougeâtre ſur les côtés; ſa tête & ſa queue reſſemblent beaucoup à celles du rat : il a une forte odeur de muſc; il imite foiblement l'induſtrie du caſtor, en ſe bâtiſſant, comme lui, une petite cabane au milieu des étangs. On le trouve dans les Etats du nord comme du centre, mais dans les lieux écartés des habitations.

Le *morſe* (vache marine), animal amphibie. Cet animal, dont nous parlerons dans un article ſéparé, vit le plus ſouvent dans la mer, & aborde quelquefois ſur les rivages pour manger des plantes marines. Cet animal, autrefois commun ſur les côtes du nord, les a preſqu'abandonnées.

Le *ſeal* reſſemble beaucoup à la vache marine, mais il eſt privé de défenſes & de dents inciſives.

Le *manati* forme la chaîne qui ſe trouve entre les animaux terreſtres & les poiſſons : il a deux mains; mais il eſt dépourvu de pieds, & ſon corps ſe termine par une queue de poiſſon : il a environ quinze pieds de long & ſix de large. Il ſe trouve quelquefois ſur les côtes des Etats du nord & du ſud.

Population de l'Amérique ſeptentrionale.

Quoique nous nous ſoyons déjà occupés de la population de l'Amérique, conſidérée d'une vue générale, nous croyons devoir y revenir comme à un objet très-intéreſſant, ainſi que nous l'avons promis, en rendant compte de toutes les peuplades de la côte nord-oueſt de l'Amérique ſeptentrionale, que Cook & les autres habiles navigateurs nous ont fait connoître, depuis la Californie juſqu'au détroit de Bering & à la Mer glaciale.

Dans la deſcription de cette côte je comprendrai, non-seulement l'indication des mœurs, des caractères des peuplades distribuées le long des bords de l'Océan, & toutes les preuves que nous y trouverons de leur introduction commune dans le continent, mais encore les diverses formes de terrain & les dentelures de la terre ferme, comme *promontoires*, *caps*, *havres*, leurs *entrées*, *ports*, &c. & parmi les formes du terrain j'indiquerai les montagnes de l'intérieur, les collines, les vallées & les eaux courantes, fournies par les pentes; enfin les *rivières* & leurs embouchures, & les effets des *marées* dans ces embouchures.

Au reste, je crois devoir renvoyer à notre Atlas, où l'on trouvera des développemens plus étendus sur plusieurs points géographiques, qui seront figurés en detail sur les cartes.

Je commence par la *Californie*, la partie la plus méridionale de cette côte nord-ouest. C'est, comme nous l'avons déjà dit, la plus grande des péninsules : elle s'étend du cap Blanc jusqu'au cap Saint-Lucas, latitude 32; elle est bornée par un grand golfe appelé la mer *Vermeille*, qui est abreuvée par les vastes & impétueuses rivières de Colerado & de Cocal. La côte occidentale est couverte de sables stériles, & de chaînes de montagnes, au milieu desquelles sont des volcans, tant dans la terre-ferme que dans les îles. Le côté oriental offre plusieurs plaines étendues, & des vallées arrosées par un grand nombre de ruisseaux. C'est à la faveur de tous ces avantages naturels, que cette contrée est peuplée d'arbres qui donnent des fruits de diverses espèces.

Les naturels, avant l'arrivée des Européens, alloient presque nus, sans aucun sentiment de leur nudité : la tête étoit la seule partie du corps à laquelle ils donnassent quelqu'attention; ils l'entouroient d'un réseau orné de plumes, de fruits ou de nacre de perles. Les femmes portoient un tablier natté, très-propre, qui leur tomboit sur les genoux : elles jetoient sur leurs épaules la peau de quelque quadrupède ou de quelque grand oiseau, & se coiffoient à peu près comme les hommes. Leurs armes étoient l'arc, les flèches, les javelines, les dards barbelés, qui leur servoient, ou pour la guerre, ou pour la chasse.

Dans l'art de la navigation, ils n'ont pas été au-delà de certains bacs formés d'un petit nombre de troncs d'arbres, liés parallélement ensemble, & avec lesquels ils osoient braver les flots de l'Océan qui baignoit leurs côtes. Ils n'avoient point de maisons. Pendant l'été ils se garantissoient des rayons du soleil sous l'ombrage de leurs arbres, & la nuit ils dormoient sous un toit de branchages, suspendu au dessus d'eux. Dans l'hiver ils habitoient dans des souterrains qu'ils se creusoient, à l'imitation des animaux. Tel étoit du moins leur état en 1697. Mais nous devons croire qu'il a éprouvé de grands changemens, surtout depuis que les Jesuites y ont formé des établissemens & des missions assez étendues, qui y ont eu quelques succès. Le sol & le climat, surtout ceux de Monterey, à 36 degrés de latitude, sont propres à tous les végétaux, & il s'y fait de très-bon vin dans les vignes plantées par les colons qui s'y sont établis.

Les naturels forment une belle race d'hommes grands & bien faits, avec de beaux cheveux noirs, flottans sur leurs épaules, & sont vêtus de peaux couleur de cuivre. Nous n'avons qu'un détail très-imparfait sur les animaux de cette péninsule : il est certain néanmoins qu'elle possède, soit en quadrupèdes, soit en oiseaux, tous ceux qu'on a trouvés dans le Nouveau-Mexique & la Nouvelle-Espagne.

Cette contrée fut découverte sous les auspices du grand Cortès & de dom Antonio de *Mendoça*, vice-roi, en 1539, par François d'Ulloa, & en 1540 par Fernando Alarchon, qui connurent bientôt la presqu'île & les autres régions voisines, lesquelles offrirent aux Espagnols différentes sources de richesses. Les navigateurs de ces tems modernes ont pénétré jusqu'à la latitude 42, & ont nommé en l'honneur du vice-roi, le point le plus reculé de leurs découvertes, *Cap de Mendoça*.

En 1578 le célèbre navigateur François Drake, anglais, toucha d'abord sur cette même côte à la latitude 43; mais la rigueur du froid, quoiqu'au 5 juin, le détermina à descendre à la latitude 38, où il jeta l'ancre dans une très-belle baie : il trouva que les habitans étoient une belle race, comme les Californiens, nus comme eux, & portant les mêmes coiffures; que leurs femmes étoient habillées comme celles de la presqu'île. Drake nomma le pays dont il prit possession *Nouvelle-Albion*, à cause de ses rochers blancs : il vit cette contrée comme *une vaste garenne* de ce qu'il nomma *une étrange espèce de lapins*, dont la tête étoit semblable à celle des nôtres, avec les pieds d'une taupe & la queue d'un rat. Ils ont sur chaque côté de la mâchoire inférieure un sac où ils font revenir leur nourriture. Le menu peuple se nourrissoit de ces animaux, & la casaque du chef de la contrée étoit faite de leurs peaux. Il faut rapporter cette espèce à la classe des rats qui ont des poches à chaque mâchoire.

Deux siècles après cette date, la côte a été de nouveau visitée par un autre Anglais qui, du côté des talens, peut être comparé à Drake. Le capitaine Cook, le 7 mars 1778, eut la vue de la Nouvelle-Albion à la latitude de 44 degrés 33 minutes, & à environ huit lieues de distance. Là, ainsi que dans toute la route, à partir de la Californie, la mer a de soixante-treize à quatre-vingt-dix brasses de fond; la terre est d'une hauteur modérée, & diversifiée par des collines & des vallées, & partout couverte de bois qui s'étendent jusqu'au bord de la mer. Au cap qu'il vit le plus au midi il donna le nom de *Cap Grégoire*, latitude 43 degrés 30 minutes, & celui de *Cap Perpétue* au suivant, latitude 44 degrés 55 minutes, & la première terre qu'il apperçut il la nomma le *Cap Foul-Weather* ou (du mauvais Tems). Toute la côte, sur une grande étendue, est à peu près uniforme, presque droite & sans havres, avec une grève blanche, qui forme le rivage. Tandis qu'il longeoit la côte il vit une terre vers la latitude de 43 deg. 10 minutes, presque dans la situation du *Cap Blanc de Saint-Sébastien*, découvert par Martin d'Aquilar en 1603, un peu au nord de l'*Oregon* ou la grande rivière de l'ouest, qui se décharge dans la Mer Pacifique.

Le capitaine Cook continua son voyage vers le nord; mais les raffales & les brouillards qu'il essuya dans le trajet de quelques degrés, depuis la latitude 50 jusqu'à celle de 55, l'empêchèrent de faire les observations qu'il desiroit. A la latitude 48 il chercha en vain le détroit de *Juan de Fuca*. C'est une fiction que le prétendu passage de l'amiral de *Fuentes* en 1640, qu'on place à la latitude de 50 degrés 1 minute, qui, suivant une carte, rend dans celui de *Fuca*, &, suivant une autre carte, dans une vaste mer méditerranée, appelée la *Mer de l'Ouest*. On a fait des recherches exactes sur ces passages dans l'expédition espagnole de 1775, & le résultat a été un démenti à ces étranges fictions. Mais du moins le fruit qu'on en a tiré, c'est de remplir un vide dans les cartes, en nous procurant la découverte de cette étendue de côtes que le capitaine Cook fut obligé d'abandonner. Au reste, nous la retrouverons dans notre Atlas, d'après Vancouver.

NOOTKA.

A la latitude 49 le capitaine Cook trouva un abri sûr dans un havre qu'il nomma le *Détroit du roi Georges*, & qui est plus connu sous le nom de *Nootka*, que les naturels lui ont donné. Les rivages sont pleins de rochers, & d'ailleurs, dans le détroit même paroît l'extrémité d'une des branches de la chaîne dont nous avons fait mention ci-dessus: elle se termine ici en hauteurs inégales, escarpées, avec collines distribuées en sillons montueux, & des sommets sous formes de cônes tronqués. En général, toutes ces masses sont revêtues de bois jusqu'aux sommets: s'il y a des exceptions, la nudité de ces parties de côtes met à découvert les matériaux qui les composent: ce sont des rochers &, dans certains endroits, des couches accidentelles de mousses & d'arbres pourris.

Ces arbres étoient le pin de Canada, le *pinus silvestris*, pin de Genève ou d'Ecosse, & deux ou trois autres espèces; le *cupressus thyoïdes* ou le cèdre blanc. Les pins de cette contrée sont d'une grande sorte; car quelques-uns ont cent & cent vingt pieds de haut, & paroissent fort bons pour les mâts & pour la construction des navires.

Les dimensions de quelques-uns des canots du détroit de *Nootka* démontrent bien leur énorme grosseur. Effectivement, ces canots, faits d'un seul arbre creusé, peuvent contenir vingt personnes, & ont sept pieds de largeur sur trois pieds de profondeur; c'est à peu près la même forme que les *monoxyla* des anciens Germains & Gaulois; mais ils sont beaucoup mieux faits & mieux travaillés. Les anciens Européens étoient contens dès que leurs canots pouvoient flotter. Les canots du détroit de *Nootka* se rétrécissent vers la tête, & forment une proue très-alongée, & à la poupe ils décroissent subitement en largeur, & se terminent par une tranche carrée.

Les marées de jour, deux ou trois jours après la pleine ou la nouvelle lune, montent de huit pieds neuf pouces, & celles de nuit s'élèvent de deux pieds plus haut.

Les habits de laine sont très-communs chez les habitans de ce détroit, & sont fort bien manufacturés par les femmes; ce qui prouve qu'il se trouve dans cette contrée des animaux de l'espèce des moutons. Mais d'ailleurs, les matières de la plupart des autres vêtemens paroissent tirées du renard & du lynx ou panthère; d'autres, dont le duvet est de la plus grande finesse, ont été pris probablement du *bœuf musqué*. Le seul animal qui soit particulier à cette contrée est la loutre de mer: elle s'étend d'ailleurs au midi le long de la côte, jusqu'à la latitude 49, & remonte au nord jusqu'à celle de 60. Les autres quadrupèdes observés par les navigateurs qui ont visité cette côte, lui sont communs avec ceux de la côte orientale de l'Amérique septentrionale.

On pourroit faire mention de ces petits perroquets & cricks à bec, pieds & gorge rouges, qui ont été vus par M. Maurelle vers le port de la Trinité, latitude 41 deg. 7 minutes, & de grandes volées de pigeons dans le même voisinage: c'étoit au mois de juin; peut-être étoient-ils dans le cours de leurs migrations, & lorsque les navigateurs ont atteint les côtes: c'étoit le 29 mars. Quant aux grands perroquets, il est possible que ces espèces ne s'étendent pas vers le nord & jusqu'à *Nootka*; car sur la côte orientale du continent ils ne remontent pas plus haut, même l'été, que la province de Virginie, latitude 39, & dans le milieu des terres à la latitude de 41 degrés 15 minutes, où ils fréquentent par légions les bords méridionaux des lacs *Erié* & *Michigan*.

On a vu aussi dans cette contrée, par légions, un autre oiseau délicat, une sorte de suce-miel ou *hummingbrid*. Parmi les aquatiques on y a observé le pétrel noir ou brise-os des Espagnols, qu'on rencontre depuis les îles Kuriles jusqu'à la terre de Feu, ainsi que le plongeur du nord; enfin une espèce de grands canards à bec rouge, & des cignes retournant au nord vers les lieux de leur ponte. Les cormorans communs s'y voient aussi fréquemment.

Les habitans de ce détroit ont une physionomie & une constitution différentes de ceux qui vivent dans les contrées plus méridionales: ils sont en général au dessous de la taille moyenne, gras & charnus, sans être musculeux; leur visage est rond, plein, avec des joues proéminentes : au dessus des joues la face se rétrécit & se comprime d'une tampe à l'autre. Les narines sont larges, & le nez plat, avec une pointe arrondie. Au travers de la cloison des narines, plusieurs des individus insèrent un anneau de fer, d'airain ou de cuivre. Ils ont les yeux petits, noirs, languissans; la bouche ronde, les levres grosses & larges; la chevelure épaisse, forte, noire, longue & droite; les poils des sourcils fort rares, le cou gros & court, les membres petits & mal faits, la peau d'un blanc pâle lorsqu'on peut la voir sans saleté & sans peinture. Les femmes ont à peu près la même forme & la même taille que les hommes, & il est impossible de reconnoître en elles cette physionomie délicate & tendre, & ces traits plus doux qui doivent distinguer le sexe. La plupart des vieillards ont de longues barbes & même des moustaches; mais les jeunes gens, en général, paroissent s'être arraché le poil, à la réserve d'une petite touffe qu'ils portent au bout du menton.

Leur habillement consiste en manteaux & surtouts fort bien manufacturés chez eux, & qui sont fabriqués, ou en laine, ou en joncs ou roseaux, ou même en matières qui ressemblent beaucoup au chanvre. Par-dessus leurs vêtemens les hommes jettent fréquemment une peau de quelque bête sauvage, qui leur sert de grand manteau : ils se couvrent la tête d'un bonnet fait de joncs en forme de cône tronqué, dont le sommet est orné d'un pommeau pointu ou rond, ou d'un faisceau de rubans de cuirs tannés. Tout leur corps est couvert de peintures ou de crasse, & c'est une des races, & les plus mal-propres, & les plus dégoûtantes de toute la côte occidentale. Sombres, phlegmatiques & excessivement paresseux, la moindre contradiction les irrite jusqu'à la fureur, comme un rien les appaise aussitôt. Les hommes sont absolument sans pudeur, pendant que les femmes sont extrêmement modestes, & même d'une timidité ingenue.

Cette nation possede une infinie variété de masques hideux, dont les hommes sont foux. On n'a pas pu décider d'abord si ces masques avoient un but religieux, ou s'ils ne servoient qu'à des mascarades; mais M. Bartram prouve que l'usage de ces masques s'étend jusqu'à la côte orientale du continent, & qu'ils sont destinés pour des parties de plaisir. Il fut vexé presque toute une nuit par les bouffonneries d'un de ces arlequins, qui s'insinua dans sa maison, & qui, après avoir joué mille niches & fait mille tours, disparut, de manière à faire croire que son intention étoit d'être pris pour un lutin ou un revenant. Les Ostiaques ont aussi la même coutume de masques.

Ce peuple a fait quelques progres dans les arts d'imitation : outre cette habileté qu'ils ont à sculpter supérieurement leurs masques, qu'ils taillent en forme de tête d'animaux & d'oiseaux de diverses espèces, ils sont capables de peindre avec une exactitude & une correction passables. Souvent ils représentent sur leurs bonnets tout l'appareil & le progrès d'une pêche de baleine. Nous avons vu, en Europe, de petits arcs faits d'os, sur lesquels étoit gravé très-distinctement chaque objet d'une chasse : on peut mettre de ce nombre le terrible *tomahawk*. La partie offensive est une pierre saillante, qui sort d'une bouche en bois sculpté, de figure humaine, avec des dents d'homme ou de tout autre animal, qui y sont enchâssées. De longs faisceaux de chevelure sont attachés à plusieurs parties de la tête, &, agités dans la main du sauvage, ils offrent un aspect effrayant. On distingue très-aisément dans les sculptures l'élan, le renne, le daim de Virginie & le chien, enfin des oiseaux qui paroissent être de l'espèce des oies, & dans la pêche de la baleine, les chevaux & les veaux marins. On voit par-là avec quelle facilité on pourroit éclairer & civiliser un peuple doué par la nature de si belles dispositions pour les arts.

DÉTROIT DU PRINCE GUILLAUME.

Depuis la latitude de 55 degrés 20 minutes vers le nord, le pays s'élève encore davantage, surtout en avançant dans les terres, où l'on voit une chaîne de très-hautes montagnes, la plupart couvertes de neige : elle est parallèle à la côte, & c'est une ramification de celles qui ont été décrites ci-dessus. Au dessus de la latitude 56, la côte se brise en baies & en havres. Ce fut dans ces parages que le capitaine *Tschirikow*, compagnon du grand navigateur *Bering*, & qu'une tempête avoit séparé de son commandant, eut le malheur de toucher une partie ouverte & rase de la côte vers la latitude 55, où il mouilla dans une situation dangereuse & au milieu des rochers.

Une vaste montagne, de figure conique, appelée *Edgecumbe* par le capitaine Cook, s'élève & domine au dessus de toutes les autres : elle est située sous la latitude de 57 degrés 3 minutes, longitude 225 degrés 7 minutes. Non loin de là est la *baie des Iles*, la même que le port de *Los Remedios*, voisin du *nec plus ultrà* de l'expédition espagnole de 1775. Ces navigateurs se contentèrent d'avoir poussé jusqu'au 58e. degré, & atteint la plus haute latitude où l'on soit jamais arrivé dans ces mers. Cette côte continuoit, comme les autres qui précèdent, d'être couverte de bois.

Un pic fort élevé, le mont de *Beautems*, & la petite crique appelee le *détroit de la Croix* (Cross Sound), viennent après. Le premier sommet est le plus haut d'une chaîne de montagnes couvertes de neige, qui sont à environ cinq lieues dans les terres, latitude de 58 degrés 52 minutes; la terre qui est entr'elles & la mer étoit si basse, que les arbres sembloient à l'œil sortir des eaux. Plusieurs oiseaux de mer, avec un cercle noir au tour de la tête,

tête, le bout de la queue & le dessus des ailes marqués de noir; le corps bleu en dessus, blanc en dessous, se montrèrent dans l'air, & sur l'eau nageoit un canard brun, ayant la tête noire ou d'un bleu foncé.

A la latitude de 59 degrés 18 minutes est une baie avec une île boisée : devant sa pointe méridionale, nommée *Bering* par le capitaine Cook, en mémoire de l'illustre Danois qui découvrit le premier cette partie de l'Amérique, & qui, comme on l'a presumé, mouilla quelque tems dans cette île, l'aspect de la contrée étoit effrayant; il offroit de hautes montagnes couvertes de neige au milieu de juillet, & la chaîne interrompue près de ce port par une plaine de quelques milles d'étendue.

Il n'eut pas le tems de faire des observations; il donna seulement à un cap qui s'avançoit dans la mer, le nom de *Cap Elie*, qu'on ne connoît plus; seulement il est resté à une montagne très-remarquable, qui étoit dans les terres au nord-ouest de la baie, à la latitude de 60 degrés 15 minutes.

Bering, durant le court séjour qu'il fit sur la côte, envoya sa chaloupe au rivage. Le grand naturaliste Steller saisit cette occasion pour descendre à terre. Il lui fut accordé six heures, pendant lesquelles il recueillit quelques plantes dont nous ne donnerons pas ici la liste, quelqu'intéressante qu'elle soit pour nos botanistes.

Dans le voisinage, à la latitude de 59 degrés 49 minutes, vers l'île de *Kaye*, le capitaine Cook observa divers oiseaux : on distingua parmi eux quelques *albatros*, les mouettes de neige & le cormoran commun; & dans les bois chétifs qui entourent l'île comme une ceinture, on vit une corneille, l'aigle à tête blanche, & l'aigle au ventre blanc.

Après avoir doublé un cap appelé *Hinchinbroke*, Cook jeta l'ancre dans un vaste détroit qu'il nomma *détroit du Prince Guillaume*, à la latitude de 61 degres 30 minutes, à l'abri d'une longue île appelée île de *Montague*, qui s'étend obliquement, & le traverse du nord-est au sud-ouest. Autour de ce havre la terre s'élevoit à une hauteur considérable, & étoit couverte d'une neige épaisse. La végétation paroissoit diminuer & se rallentir dans ces contrées. Les principaux arbres étoient le sapin & la sapinette du Canada, & quelques-uns étoient d'une médiocre grosseur.

Outre les quadrupèdes qu'on trouve à *Nootka*, il y a dans ces contrées plus septentrionales une variété d'ours d'une couleur blanche : on ne lui donnera pas ici le nom d'*ours polaire*, parce que celui-ci n'habite que les climats les plus rigoureux, ceux où il peut trouver des tout[illegible] enfoncés sous la neige, & des îles de glace. On y voit aussi une espèce d hermine bariolée de brun, avec la queue légérement t[illegible] de noir. Il y a aussi des blaireaux d'une couleur très-brillante, & enfin la marmote sans oreilles, qui y étoit très-commune.

Parmi les oiseaux étoient les *pies de mer noires à bec rouge*, observées auparavant dans la terre de *Van-Diemen* & dans la Nouvelle-Zélande : des canards particuliers & les suc -miels, qui probablement émigrent à cette haute latitude, voloient en troupes autour des navires.

L'espèce humaine offre ici quelques variétés & des différences avec celle décrite ci-devant. Les naturels sont en général au dessus de la taille commune; mais plusieurs restent au dessous : ils sont fortement charpentés, avec une large poitrine. Leurs têtes sont d'une largeur qui sort des proportions; leur face est plate & fort large; leur corps est épais & court; les yeux sont petits en comparaison de la vaste largeur du visage. Le nez se termine en pointe arrondie & relevée par le bout. Les cheveux longs, noirs, épais & forts; la barbe, ou fort claire, ou épilée. Plusieurs vieillards avoient la barbe large, épaisse, mais à poils droits. Leur physionomie est en général pleine de vivacité, & annonce un bon naturel & de la franchise, à peu près comme les *Cristinaux*, nation qui vit fort avant dans l'intérieur des terres de l'Amérique, entre le grand & le petit lac *Ouinepique*. Au contraire, les habitans de *Nootka*, dans leur stupide indolence, ressemblent aux *Assinibouels*, qui sont établis dans les parties occidentales; & il y a quelqu'apparence que ces deux peuplades proviennent d'une souche commune avec les tribus maritimes que nous avons occasion de citer & de décrire. Ces habitans ont la peau basanée, peut-être parce qu'ils sont tout nus; car plusieurs femmes & enfans l'ont blanche, mais d'un blanc pâle. Ici on distinguoit plusieurs des femmes à la délicatesse de leurs traits, en quoi elles différoient notablement des femmes de *Nootka*.

En ces contrées, sur un trajet de 10 degrés, on trouve un changement remarquable dans les vêtemens & dans les manières. Le surtout & le manteau sont ici remplacés par un justaucorps fait de la peau de différens animaux, ordinairement le poil tourné en dehors, ou de peaux d'oiseaux, auxquelles on ne laisse que le duvet. Quelques-uns ont un bonnet; d'autres, un capuchon; & en tems de pluie ils portent, par-dessus leur vêtement ordinaire, un surtout semblable à la capote ou blouse de nos charretiers, avec de larges manches & un bordé fort serré autour du cou : il est fait de boyaux qui sont aussi fins que la feuille d'un batteur d'or. Ils portent toujours à leurs mains des mitaines faites avec la peau des pattes d'ours. Les jambes sont couvertes d'un bas qui monte jusqu'à la moitié de la cuisse. Leur tête est en général nue; mais ceux qui la couvrent, portent le haut bonnet de forme conique, semblable à celui des habitans de Nootka. C'est ici la seule contrée où l'on ait observé le *calumet*, baton de trois pieds de long, avec de larges plumes ou des ailes d'oiseau, qui y sont attachées : ce bâton est toujours présenté comme un gage d'amitié & un signe de paix.

N'oublions pas leur étrange coutume de se fendre la lèvre inférieure ; ce qui leur donne la monstrueuse apparence de deux bouches. Dans cette fente ils placent un morceau d'os ou de coquille en forme d'ornement. Cette coutume s'étend jusqu'aux *Mosquites*, très-éloignés d'eux, même jusqu'aux *Brésiliens ;* mais elle paroît inconnue dans les autres contrées de l'Amérique.

Il me reste à citer les différentes coutumes qui peuvent nous conduire sur les traces & vers l'origine de cette peuplade. Ils peignent, par exemple, leur visage, & pointillent ou *tatouent* leur peau ; ils sont d'une propreté remarquable dans leur nourriture & dans la manière de la prendre, comme dans l'entretien de leurs vaisselles : également propres & décens sur leur personne, ils ne se salissent ni de graisse ni de couleur, & en cela ils paroissent faire une exception unique parmi toutes les autres peuplades de la côte nord-ouest.

Ils ont deux sortes de bateaux : les uns larges, ouverts & capables de contenir vingt hommes ; ils sont faits de peaux d'animaux marins, tendues sur des côtes de bois, comme les *vitilia navigia* des Bretons, ou semblables au *bateau de femme* des Groënlandais & des Esquimaux. Ces canots sont exactement construits comme ces derniers ; seulement ils ont plus de largeur : quelques-uns ont deux ouvertures circulaires pour admettre deux hommes qui servent à ramer. Outre cela, leurs armes pour la pêche ou pour la chasse des quadrupèdes sont parfaitement les mêmes que celles des Groënlandais.

Rivière de Cook.

Du détroit du *Prince Guillaume* la côte se dirige au nord-ouest, & se termine par deux promontoires appelés le *Cap Elisabeth* & le *Cap Bede*. Ces deux caps, avec le cap *Banks* sur le rivage opposé, forment l'entrée dans la vaste embouchure de la rivière de Cook, au milieu de laquelle sont des îles nues, distinguées par le nom de *barren* (stériles). En dedans, à l'ouest, est une haute montagne à deux sommets, appelée le *Cap Douglas*, dans le sein de laquelle un volcan enflammé vomissoit une fumée blanche à l'époque où cette contrée fut visitée : elle fait partie d'une chaîne de montagnes fort élevées. Dans le fond d'une baie opposée est une île formée par une haute montagne, à laquelle on a donné le nom de *Mont Saint-Augustin*. L'embouchure de la rivière de Cook est ici d'une grande largeur qu'elle doit en partie à une baie qui, à l'opposite du mont Saint-Augustin, s'enfonce profondément vers l'est.

L'embouchure de la rivière de Cook est d'une longueur & d'une étendue considérable. La rivière commence entre la *pointe de l'Ancre* & le rivage opposé, où elle a trente milles de large, avec une profondeur considérable & un jusant très-rapide. Fort loin, dans l'intérieur, le canal se rétrécit & n'a plus que quatre lieues, ouverture où se précipite une marée prodigieusement forte, & agitée comme les vagues qui se brisent contre les rochers. La marée montoit dans ce canal resserré à vingt-un pieds de hauteur. On l'a examinée jusqu'à soixante-dix lieues de l'entrée, latitude 61 degrés 30 minutes, & longitude 210 degrés, & l'on a trouvé ses bords plats, marécageux, avec quelques bois clair-semés, jusqu'à ce qu'ils parviennent au pied des hautes montagnes. Vers le nord la rivière se divise en deux grands bras ; celui qui est à l'est s'appelle *Turn-Again* ou la rivière *Retournés :* la première est large d'une lieue, & navigable par les plus grands vaisseaux jusqu'à l'endroit où on l'a remontée, l'eau continuant d'être toujours très-saumâtre. On a su depuis qu'elle borne son cours assez près de là, & qu'il ne s'y fait aucune navigation, quoiqu'on ait trouvé qu'ici, comme dans le détroit du *Prince Guillaume*, les Indiens possédoient des grains de verre & de grands couteaux de manufacture anglaise, que la compagnie de la baie d'Hudson y envoie annuellement en quantités considérables, pour servir à l'échange des pelleteries avec les naturels, qui partent de fort loin dans l'est pour gagner les établissemens anglais. La compagnie envoie aussi des vases de cuivre & d'airain : ce trafic se fait par les tribus intermédiaires.

Depuis la rivière *Retournés* jusqu'à la partie la plus voisine de la baie d'*Hudson*, il y a 55 degrés ou seize cents milles. Mais de la partie occidentale du lac *Arapatescow*, qui est intermédiaire, il n'y a que 26 degrés ou environ sept cent cinquante milles : il ne se décharge d'autre eau de ce vaste lac, que celles qui se rendent dans la baie d'Hudson.

Les habitans des bords de la rivière de Cook diffèrent très-peu de ceux du détroit du *Prince Guillaume*. Ils avoient des chiens, des loutres de mer, des martres & des lièvres blancs, avec une abondante provision de saumons & d'holibuts.

Alaschka.

Lorsqu'on quitte l'entrée de la rivière de Cook on apperçoit le cap *Saint-Hermogène*, découvert par Bering ; c'est une île haute & dépouillée, d'environ six lieues de circuit, & séparée de la côte par un canal large d'une lieue : il est situé à la latitude de 58 degrés 15 minutes, devant la vaste péninsule d'*Alaschka*, qui se présente entre l'embouchure de la rivière de Cook & la baie de *Bristol*, laquelle borne son isthme. Sa pointe est dirigée au sud-ouest, & continue le croissant formé par les îles Aleutianes, qui traversent la mer depuis *Kamtzchatka*.

Alaschka est le seul nom que les naturels aient

donné au continent de l'Amérique. La terre à l'ouest de la rivière de Cook s'élève en montagnes, dont les sommets, en cônes tronqués, sont très-serrés ensemble. La côte est fréquemment escarpée, & les rochers s'en détachent brusquement sous la forme de caps arrondis. Au devant s'étendent un groupe d'îles & des amas de petits rochers à fleur d'eau. En un mot, la contrée & le rivage offrent l'image de plusieurs debris dont les causes sont aisées à indiquer.

Parmi les îles, celles de *Shoumagin* sont les plus considérables : elles ont reçu leur nom de la sépulture qu'elles ont donnée à un homme de l'équipage de *Bering*, le premier qu'il eût perdu dans ces mers. La principale est la plus reculée vers l'ouest, & se nomme *Kadjak* : elle peut avoir cent verstes de longueur, & depuis vingt jusqu'à trente de largeur ; & d'après la relation de plusieurs voyageurs qui l'ont visitée, elle est fort peuplée. Les habitans parloient un langage différent de ceux d'*Oonalashka* : il a paru à ces voyageurs, qu'il étoit une dialecte du groënlandais. Ils nommoient leurs boucliers de bois *kuyaky*, apparemment parce qu'ils ressembloient à un *kaiak* ou *petit canot*, mot groënlandais qui designe cette espèce de bateau, & ils se donnoient le nom de *Kanagisti*, comme les autres insulaires se donnent celui de *Karalit*. Ils ont aussi le *bateau de femme*, comme les habitans du détroit du *Prince Guillaume*. Dans le fait, ils paroissent être le même peuple, mais plus raffiné. Ils étoient armés de piques, d'arcs, de flèches & de boucliers de bois. Leurs chemises étoient faites de peaux d'oiseaux & aussi de peaux de la marmote sans oreilles, de renards, d'ours marins & de quelques poissons. On y a vu des chiens, des ours, des loutres de l'espèce commune, & des hermines. Leurs logemens, faits de planches, avoient depuis quinze jusqu'à vingt brasses de longueur, & étoient couverts de chaume & de gazon séché au soleil. L'intérieur étoit divisé par compartimens distingués pour chaque famille, & chaque compartiment étoit tendu proprement par des nattes. Le jour y étoit introduit par des ouvertures pratiquées dans la toiture, & couvertes de châssis sur lesquels étoient étendues les membranes d'intestins séchés, & qui faisoient l'office de vitraux. Cette nation paroissoit avoir été plus loin que ses voisins dans cette méthode d'introduire le jour, sans être exposée à l'action de l'air froid du dehors. Ils travailloient leur tapis par une méthode très-curieuse : un des côtés étoit garni de poils de castor très-serrés. Les peaux de loutres de mer qu'ils offroient aux Russes pour la vente étoient en quelques endroits tondues ras avec des pierres tranchantes, en sorte qu'elles avoient acquis par-là un certain lustre qui leur donnoit l'éclat du velours.

L'île est composée de collines mêlées de plaines & de terres basses : elle abonde en bulbes, en racines & fruits sauvages, qui servent de nourriture aux habitans. Outre les arbustes il y a dans cette île des arbres assez gros pour être creusés en canots capables de contenir trente personnes. Cette espèce de bateau fait une différence entre eux & les Groënlandais.

En face de l'extrémité de la péninsule d'*Alaschka* est l'île d'*Holibut*, latitude 54 degrés : elle s'élève en montagne pyramidale à une grande hauteur à l'opposite du détroit resserré & peu profond, qui est entre l'île d'*Oonemaka* & *Alaschka*. On voit sur le continent la chaîne de montagnes s'élever à d'énormes hauteurs, couvertes de neige, & parmi ces sommets plusieurs cônes tronqués & très-arrondis : un d'eux vomissoit des tourbillons de fumée noire à une grande élévation, qu'ensuite le vent chassoit devant lui, & qui formoit une queue & une traînée d'une vaste étendue. Ce volcan est à la latitude de 54 degrés 48 minutes ; longitude occidentale, 195 degrés 45 minutes.

L'extrémité d'*Alaschka* finit par se trancher à pic, & l'on voit en face de cet escarpement l'île appelée *Oonemak* ou *Unmak*, d'une largeur à peu près correspondante, séparée d'elle par un canal étroit & peu profond, situé à la latitude de 54 degrés 30 minutes, & conduisant à la baie de *Bristol*. Ce canal n'est accessible qu'aux chaloupes ou aux très-petits navires. L'île a cent verstes de longueur, & sept à quinze de largeur : au milieu de son sein il y a un volcan enflammé. Dans les parties basses, environnantes, sont plusieurs fontaines chaudes & même jaillissantes. Les habitans des environs en font usage pour cuire leur poisson & leur viande : ils aiment aussi à se baigner dans celles dont la chaleur est tempérée.

A l'ouest sont les petites îles d'*Oonella* & d'*Acoatan*, & à une très-petite distance on voit *Oonalaska* ou *Aghoûm-Alaiska*, nom qui a évidemment rapport au continent. On donne à cette île vingt verstes de longueur, & de dix à dix-huit verstes de largeur. C'est la plus éloignée des colonies russes, qui ont aujourd'hui des établissemens dans la plupart des îles situees entre l'Asie & l'Amérique. Le voyage depuis *Ochotsk* ou *Kamtzchatka* dure trois ou quatre ans, & on ne l'entreprend que pour avoir des peaux de loutres de mer. Peut-être d'autres raisons pourront, dans quelque tems, les engager à établir des colonies dans le continent de l'Amérique ; & les bois de charpente pourroient être un de ces motifs ; car leurs Etats du nord de l'Asie & leurs îles n'en produisent point. A présent les naturels de ces îles n'ont que des canots couverts de peaux, & ils n'en doivent même les côtés ou flancs qu'au hasard du bois flotté. Ils ressemblent aux *Esquimaux* dans leurs habillemens & dans leurs armes, & leur langage est un dialecte de cette nation : ils sont plutôt petits que grands ; ils ont le cou court, le visage basané & plein, les yeux noirs & de longs cheveux noirs & pendans. La mode de porter des plumes ou des morceaux de bois à leur nez est en usage dans *Oonalaska*. Hommes & femmes se coupent les cheveux au dessus du front; les hommes les portent flottans par-derrière; les femmes les lient en touffe sur le sommet de la tête. Les premiers portent de longs & amples fracs de peaux d'oiseaux; & les dernières, des peaux de veaux marins. Sur ce vêtement les hommes en passent un autre fait des intestins des animaux cétacées, séchés, & passés à l'huile pour que l'eau glisse dessus; & pour défendre leur visage contre les intempéries de l'air, ils portent une pièce de bois mince, qui fait l'effet du devant du chapeau de nos femmes européennes. Les femmes se tatouent légérement la face, & portent un rang de grains pendans à leur nez : outre cela les deux sexes se percent la lèvre inférieure; mais il est fort rare d'en voir qui y attachent un bout d'os en guise d'ornement : cela n'arrive qu'aux femmes. Les ornemens du nez s'étendent fort loin dans l'intérieur du continent; car les Américains, qui sont en relation de commerce avec la compagnie de la baie d'Hudson, en font usage. Mais d'après les figures publiées par de Brie, il ne paroît pas que cet usage se soit répandu parmi les habitans de la Virginie & de la Floride.

Ils logent dans des *jourts* ou habitations sous terre, & plusieurs familles sont rassemblées dans une seule, où ils vivent pêle-mêle dans une horrible saleté : ils n'en font pas moins d'une civilité très-remarquable dans leur conduite. Ils enterrent leurs morts sur les sommets des collines, & elèvent dessus leur sépulture des *barrowson*, tertres de pierres dans la forme & suivant la coutume usitées dans tout le nord de l'Europe, depuis les tems les plus reculés.

Baie de Bristol.

Au nord du promontoire d'*Alaschka* l'eau décroît considérablement en profondeur, & les montagnes se reculent vers le fond bien avant dans les terres, laissant devant elles & la mer une large étendue de terres basses, où elle forme une grande baie appelée *Bristol*, avec une vaste rivière au bout, dont l'embouchure est d'un mille de large, & qui est située à la latitude de 58 degrés 27 minutes. Le cap *Newenham*, latitude 58 degrés 42 minutes, promontoire de roc, fait la pointe septentrionale de la baie, à vingt-huit lieues du cap *Oonemak*, qui est la pointe méridionale. La première pointe n'offre qu'une aridité universelle & sans aucune végétation dans son voisinage. Les valruses com mençoient, au 15 juillet, à s'y montrer en troupes nombreuses, preuve que la glace n'est pas essentiellement necessaire à leur existence.

Les habitans de cette côte étoient beaucoup plus mal vêtus que ceux qu'on a vus jusqu'ici; mais ils avoient de commun avec les autres, la double coutume de se défigurer le nez & les lèvres. Ils rasoient leur tête & coupoient leurs cheveux de très-près, ne laissant que quelques touffes, ou derrière, ou d'un seul côté, à la manière des Chinois.

Du cap *Newenham* le continent s'avance droit au nord, & à l'ouest est l'île de *Gore*, remarquable par un vaste rocher à la latitude 60 degrés 17 minutes, & longitude 187 degrés 30 minutes, appelé la *Pointe droite*, & tout près est un îlot très-haut & fort rocailleux, nommé les *Pinnacles* ou les *Créneaux*. Des légions de la tribu des Pingouins hantoient ces précipices. Cette île paroît être la limite septentrionale de la retraite des loutres de mer.

De *Shoal-Ness*, latitude 60 degrés, & longitude 196 degrés, il y a une lacune dans la géographie d'Amérique, jusqu'à la pointe *Shallow-Water* (basse terre), latitude 62 degrés 50 minutes; & non loin de la on trouvoit les signes de la décharge de quelque grande rivière venant du côté où l'on n'a pas encore fait de recherches. Au-delà de la pointe *Shallow-Water* est le cap *Stephens* &, devant lui, à une petite distance, l'île de *Stuart*. Ils forment les pointes méridionales du détroit de *Norton*, forme par un vaste enfoncement de la terre vers l'est. Près de la mer, la terre est partout basse & stérile, & bornée par des montagnes qui se montrent dans l'intérieur. Les arbres, qui étoient le bouleau, l'aulne, le saule, le *spruce*, annonçoient une foible végétation : aucun de la dernière espèce ne passoit six à huit pouces de diamètre; mais le bois flotté, qui étoit distribué en grande quantité le long du rivage, avoit de plus grandes dimensions : il avoit été apporté, par les rivières de l'intérieur du pays, de contrées plus favorables à son accroissement.

Vers le fond du détroit, le cap *Denbigh* s'étend considérablement à l'ouest au milieu des eaux, & forme une presqu'île. Ce fut autrefois une île; car l'isthme prouve évidemment que la mer en occupoit autrefois la place.

Le détroit, depuis le cap *Denbigh*, se resserre beaucoup & s'alonge en une crique fort profonde, qu'offre l'embouchure d'une grande rivière. Le continent, dans cette partie, présente de vastes plaines divisées par des collines d'une hauteur médiocre, & arrosées par plusieurs rivières qui y circulent. La végétation s'anime à mesure qu'on s'éloigne de la mer, & les arbres augmentent en grosseur. Un promontoire appelé *Tête-Chauve* borde l'entre-côte nord de cette crique, & plus loin à l'ouest le cap *Darby*, latitude 64 degrés 21 minutes, forme la pointe septentrionale de ce grand détroit.

Cette côte est bien peuplée : les hommes ont environ cinq pieds deux pouces, & ressembloient, par leur forme & par leurs traits, à tous les naturels vus par les navigateurs qui ont suivi la côte nord-ouest depuis *Nootka* : ils avoient pratiqué deux fentes à leur lèvre inférieure. La couleur de leur peau étoit celle du cuivre; leurs cheveux étoient noirs & courts. La barbe des hommes étoit petite,

& , comme nous l'avons déjà dit, leur langue étoit un dialecte de celle des Esquimaux. Leur habillement consistoit principalement en peaux de daim, avec de larges capotes qui ne descendoient guère plus bas que la moitié des cuisses, où elles étoient jointes par une grande botte très-large par la partie supérieure. Les Esquimaux, dans l'occasion, attachent leurs enfans dans le haut de cette botte; les femmes de cette contrée les placent plus commodément dans la partie supérieure de leur jacquette & sur une épaule.

On remarqua une grande conformité dans leur langage. Ils avoient, comme les Esquimaux, le *bateau de femme* & le *kaiack* : ils employoient le premier à se protéger contre le mauvais tems, en le renversant & se mettant à l'abri dessous. Mais leurs huttes étoient les plus mal construites qu'on eût encore vues : ce n'étoit uniquement qu'un toit en glacis, sans aucun mur de côté; il etoit composé de tronçons de bois avec un plancher de même fabrique : l'entrée étoit à une extrémité, ainsi qu'une ouverture pour donner passage à la fumée.

Du cap *Darby* la terre se dirige à l'ouest, & se termine à la *Pointe Rodney* : là elle est basse, & à une grande distance au-delà elle s'éleve considérablement, en prenant la direction nord du continent. Devant la *Pointe Rodney*, latitude 64 degrés 30 minutes, on trouve l'île du *Traîneau*, à cause d'un traîneau qu'on y trouva, ressemblant à ceux dont se servent les Russes dans le Kamtzchatka pour voiturer leurs denrées sur la neige. L'île étoit déserte, & l'on n'y trouva que quelques débris de *jourts*.

A la latitude 64 degrés 55 minutes, longitude 192 degrés, est l'île de *King*, nommée ainsi par honneur pour l'habile & digne continuateur du voyage. Le continent à l'opposite de l'île se prolonge vers l'est, & forme une baie dont l'eau est peu profonde; ensuite il s'avance brusquement dans la mer, & y forme l'extrémité la plus avancée vers l'ouest. Ce cap forme un des côtés du détroit de *Bering*, & se trouve opposé au *Cap Est*, sur le rivage asiatique, à la petite distance de trente-neuf milles : il est situé sous la latitude 65 degrés 46 minutes, & se nomme le *Cap du Prince de Galles*. C'est une terre basse, & un peu au-delà paroissent des hauteurs, parmi lesquelles est une montagne à sommet pointu.

C'est ici que commence la mer Glaciale; c'est à la latitude de 70 degrés 41 minutes que le capitaine Cook s'est trouvé barré par une glace impénétrable, qui arrêta sa marche & le força de renoncer à toute possibilité d'un passage par le nord-est.

Après cette description de la côte nord-ouest de l'Amérique, il ne me restera plus, pour donner une idée générale & complète de l'Amérique septentrionale, qu'à indiquer plusieurs articles de ce Dictionnaire, où je me propose de faire connoître les autres contrées qui en font partie. C'est dans ces vues que je renvoie aux articles BAFFIN (*baie de*), DAVIS (*détroit de*), GLACIALE (*mer*), GROENLAND (*ancien & nouveau*), HUDSON (*baie d'*), LABRADOR (*terre de*), TERRE-NEUVE.

PREMIÈRE ADDITION *à la description des côtes nord-ouest de l'Amérique septentrionale, d'après le troisième Voyage de* COOK *en* 1776, 1777, 1778 & 1779.

TCHINKITANÉ, *baie à 57 degrés de latitude nord, laquelle a été visitée & décrite par le capitaine* MARCHAND.

Lorsqu'on en approchoit on voyoit devant soi des montagnes élevées, & sur la neige qui les couvroit, les arbres verts dont elles étoient plantées jusqu'à leurs sommets, & qui se dessinoient d'une manière remarquable. La baie qui portoit ces montagnes, & les petites collines qui de distance à autre la dominoient, étoit revêtue d'une verdure uniforme; & lorsque les navigateurs eurent atteint la côte, ils trouvèrent que les établissemens des habitans voisins de la côte ne pouvoient être occupés que dans le tems où cette peuplade faisoit commerce de pelleteries.

Quoique les peuplades disséminées sur la côte nord-ouest de l'Amérique se présentent avec des apparences qui annoncent une grande affinité entr'elles; quoique nous aiyons déjà reçu du capitaine Cook des notions assez étendnes sur une race d'hommes jusqu'alors inconnue à l'Europe, je crois qu'il convient d'ajouter ici, d'après *Dixon* & le capitaine Marchand, des détails sur une caste particulière, qui ont pu échapper à un premier examen, & qui offrent, dans le moral comme dans le physique, des nuances remarquables & des passages intéressans d'une variété à l'autre de l'espèce humaine.

De hautes montagnes ferment de toutes parts, comme nous l'avons déjà dit, la BAIE DE TCHINKITANÉ, & il est vraisemblable que la neige qui en couvroit les sommets est une neige perpétuelle; car à l'époque où le capitaine Marchand y relâcha, les feux de la canicule & une pluie abondante, qui ne cessa de tomber pendant le séjour qu'il y fit, n'avoient pu la faire totalement disparoître; il en restoit encore beaucoup sur les montagnes les plus élevées, qui cependant offroient des forêts d'arbres jusqu'à leur cime. Une neige qui résiste à l'ardeur du soleil d'été & à la chute des pluies; une forêt dont l'œil ne peut atteindre la limite, & qui se prolonge dans la profondeur des terres; des sommets enveloppés de nuages dont ils suspendent la marche, tous ces phénomènes annoncent que, dans ces climats, le règne de l'hiver est long & rigoureux; mais l'homme, le seul être dans la nature qui résiste également aux feux de l'équateur comme aux glaces du pôle, brave ici les frimats & la neige comme les animaux sauvages & bien fourrés, dont il s'approprie les dépouilles.

Les environs de la baie de *Tchinkitané* ne présentent cependant pas cet aspect hideux de quelques contrées situées sous une latitude moins élevée. Les productions de la terre indiquent que la nature, moins abandonnée à elle-même, y répondroit aux soins des cultivateurs. Les sapins, les pins & les bouleaux composent cette vaste forêt, qui règne depuis le bord de la mer jusqu'aux sommets des collines & des montagnes. Mais ceux qui sont tombés de vétusté, & dont les troncs sont couverts de mousse; les plantes parasites qui obstruent les intervalles des arbres, tous les débris des productions terrestres, s'opposent à ce que l'on puisse pénétrer dans l'épaisseur des bois, où sans doute les naturels ont su se frayer les sentiers qui peuvent ouvrir leur marche dans les guerres qu'ils ont déclarées aux animaux qui s'y réfugient.

Les arbustes & les plantes ne se montrent pas en grand nombre. Le framboisier y est commun: son fruit, aqueux & d'un goût sauvage, est gros & bien nourri, suivant le journal du capitaine Dixon. Le noisetier est tres-multiplié, & le chirurgien *Roblot*, qui faisoit partie de l'équipage de Marchand, le nomme *coudrier*.

On trouve aussi le fraisier & plusieurs espèces de fougères: on sait qu'à la *Nouvelle-Zélande* & dans quelques autres contrées où la culture n'est pas établie, la racine tendre de cette dernière plante est employée comme aliment.

Dans le nombre des plantes que l'on vit en fleurs, on a distingué une espèce de lis des vallées (*lillium convallium*) ou un muguet dont la fleur est bleue, & qui est plus grand que notre muguet ordinaire, & une autre plante dont on n'a pas déterminé l'espèce.

Tous les endroits découverts produisent abondamment, suivant le rapport du chirurgien Roblot, une plante gramineuse, dont la tige & l'épi ressemblent à ceux du seigle d'Europe; mais le grain n'en étoit pas mûr, & on n'a pu déterminer à quelle espèce des graminées cette plante appartenoit. On peut être assuré qu'elle n'a pas été transportée d'Europe; car elle est si multipliée, qu'elle ne peut être qu'indigène: on croit même que le travail de l'homme & une culture suivie pourroient l'améliorer & en rendre le grain propre à en faire un aliment.

Le seul quadrupède qu'on ait vu vivant est le chien domestique: il est de la race du *chien de berger*; mais il a le poil plus long & plus doux. Les *Tchinkitaniens* vantent beaucoup l'attachement, l'intelligence & le courage de cet animal, excellent pour la chasse, & hardi à l'eau.

La loutre marine ou la saricovienne qu'on trouve dans cette baie, doit être classée parmi les amphibies: cet animal ne peut faire un long séjour sous les eaux; car il est obligé de revenir sur l'eau ou sur la terre pour respirer un nouvel air, sans lequel il seroit suffoqué.

La chair des femelles pleines ou prêtes à mettre bas est grasse & tendre: celle des petits est assez délicate & assez semblable à celle de l'agneau; mais celle des vieux est ordinairement très-dure. Steller, embarqué sur le vaisseau de Bering lorsque ce navigateur fit naufrage sur l'île qui porte son nom, nous apprend que cet animal fut la nourriture principale des Russes, & qu'elle ne leur fit aucun mal, quoique mangé seul & sans pain.

On peut conclure de cette épreuve, que la loutre marine doit offrir aux Tchinkitaniens une ressource de plus pour leur subsistance. De toutes les pelleteries que l'on peut tirer de la côte nord-ouest d'Amérique, les peaux de la loutre marine sont les plus précieuses & les plus estimées. Ainsi c'est avec raison que les Russes ont appris que la fourure de la loutre marine étoit plus douce & plus fine que celle d'aucun autre animal connu, & sans doute que la découverte de la partie de l'Amérique septentrionale, qui offre ces fourrures, mérite une attention particulière de la part de nos negocians.

Les autres animaux qui se trouvent à Tchinkitané & aux environs sont les ours, les castors, les renards & quelques-unes des espèces de rats qu'on ne peut pas ranger parmi les zibelines. Si à ces animaux on joint le vison, l'écureuil & la marmote, on aura tous les quadrupèdes de *Tchinkitané*.

On a eu peu de remarques à faire sur les oiseaux: les espèces n'en sont pas nombreuses. Ceux de mer, qui fréquentent la baie, sont le goiland, une espèce de mouette & un plongeon qui paroît être un oiseau de rivage. Au large se montroient des albatros. Les oiseaux de rivage & d'étang sont une espèce d'oie toute noire, un canard plus petit que notre canard commun, des hérons tout noirs, fort sauvages; enfin des alouettes de mer. Les oiseaux de terre sont encore moins nombreux; car on n'y a vu que deux vautours, quelques aigles, une douzaine de corbeaux, quelques verdiers & deux roitelets. On ne doit pas s'étonner que, dans des contrées où l'hiver est long & rigoureux, où le sol ne produit que très-peu de grains, les espèces granivores s'en éloignent comme leur refusant la subsistance. Ces oiseaux-là seuls peuvent y être appelés, qui, carnivores comme l'homme, sont assurés d'y vivre des débris des animaux qu'il chasse & détruit pour ses besoins.

La mer & les rivières offrent des ressources abondantes pour la subsistance des habitans & pour celle des équipages. Nous ne citerons ici que le saumon, la sole, une espèce de plie d'un excellent goût, la rascasse, la truite; enfin les moules, les lepas, &c.

Au reste, le poisson n'est pas l'unique nourriture des Tchinkitaniens; car ils consomment aussi des légumes, des baies de divers arbustes, quelques fruits sauvages & une partie de la chair des animaux qu'ils tuent pour en avoir les dépouilles, parmi lesquels nous avons indiqué la loutre marine.

Les productions marines, qui ont attiré l'attention & mérité l'examen du chirurgien *Roblot*, sont l'algue marine & plusieurs plantes que la mer jette sur les côtes en Europe, mais surtout une espèce de *fucus* qui croît sur les ressifs de la baie, & qui parvient à une longueur d'environ soixante-quatorze brasses ou trois cent soixante-dix pieds, sans y comprendre celle des feuilles qui en couronnent le sommet, & dont la plupart ont vingt à trente pieds de longueur; ce qui porte la longueur totale de la plante à quatre cents pieds. La substance de la plante est visqueuse & se résout en eau quand on la met sécher; sa tige, de couleur de corne, à demi-transparente, est élastique & fait ressort si on la comprime entre deux doigts: dans toute sa longueur elle n'a ni nœuds ni branches, & le tuyau qui en occupe le centre est entiérement libre & ne contient point d'eau.

On ne s'étonnera pas que le chirurgien *Roblot* ait assigné à cette plante environ quatre cents pieds de longueur, compris les feuilles du sommet, lorsqu'on saura qu'elle croît sur des ressifs ou rochers, sur lesquels la sonde trouve trente brasses ou cent cinquante pieds d'eau; qu'elle ne peut pas s'élever du fond par une ligne verticale, parce qu'elle est forcée de prendre l'inclinaison que lui donne la vitesse des courans ou le mouvement que les marées impriment à la masse des eaux qu'elle traverse.

J'ai indiqué les productions végétales que la terre & la mer présentent en différens genres; j'ai parlé des oiseaux, des poissons & même des quadrupèdes que l'on a vus vivans ou entiers, & de ceux que l'on n'a pu connoître que par leurs dépouilles: il me reste à faire connoître les hommes tels qu'on les a vus pour le physique, &, pour le moral, tels qu'on a pu les deviner; & c'est là le principal objet de cette notice.

Les naturels, qui occupent les environs de la baie de Tchinkitané, sont d'une taille au dessous de la moyenne: on n'en voit aucun qui ait cinq pieds quatre pouces; leur corps est ramassé, mais assez bien proportionné. Leur visage rond & aplati ne peut être considéré comme embelli par un nez camus, par des yeux petits, enfoncés & chassieux, & des pommettes proéminentes. Le rouge ou le brun clair paroît être leur teint naturel; mais un enduit de crasse naturelle, renforcé par un mélange de substances rouges & noires dont ils se peignent la face, ne laisse pas percer leur peau primitive. Leur chevelure, dure, épaisse, couverte d'ocre & de toutes les ordures que la négligence & le tems y ont accumulées, contribue à rendre leur aspect hideux. Ils ne portent la barbe qu'à un certain âge. Il est aujourd'hui bien prouvé, par le rapport unanime de tous les voyageurs qui ont visité les côtes de l'Amérique occidentale du nord, que tous les Américains ont de la barbe, contre le sentiment de quelques savans qui l'avoient refusée aux hommes du Nouveau-Monde, & prétendoient faire de ce manque de poils une variété dans l'espèce humaine. Il est probable que le visage de ceux de la baie de Tchinkitané seroit moins repoussant s'ils conservoient celui que la nature leur a donné; car les jeunes garçons ont une figure agréable & même intéressante; mais l'âge & plus encore la peine qu'ils prennent pour s'embellir, finissent par leur donner des traits durs & grossiers. Le *tatouage* est peu en usage parmi les Tchinkitaniens: quelques hommes seulement sont *tatoués* sur les mains & sur les jambes, au dessus du genou: presque toutes les femmes le sont sur les mêmes parties du corps.

Les femmes, plus blanches ou moins noires que les hommes, sont plus laides encore. Une tête grosse & lourde, une face ronde, un nez écrasé dans le milieu de sa longueur, des yeux petits & inanimés, les os des pommettes très-proéminens, les cheveux, ou plutôt les crins, épais, touffus & rudes, liés derrière la tête avec des lanières de cuir; les épaules fortes & larges, la gorge basse, assez soutenue, bien arrondie à celles qui n'ont pas seize ans, mais très-flasque & très-pendante à celles qui ont allaité, & sur le tout une malpropreté dégoûtante. Assurément si l'on place ce portrait à côté de celui d'une de ces femmes que la nature s'est plu à former sur les îles jetées au milieu du *grand Océan*, de celui d'une *Taïtienne* ou d'une *Mendoçaine*, on sera très-étonné que ces individus appartiennent à la même espèce.

Les femmes de Tchinkitané ont cru devoir ajouter à cette beauté naturelle par un ornement labial, aussi bizarre qu'incommode: elles pratiquent à environ six lignes de la lèvre inférieure, par le moyen d'une incision, une fente longitudinale, parallèle à la bouche: on y insère, dans le principe, une brochette de fer ou de bois, & l'on augmente graduellement le volume de ce corps étranger: on parvient enfin à y introduire une pièce de bois proprement travaillée, dont la forme & la grandeur sont à peu près celles du cuilleron d'une cuillère à soupe. L'effet de cette opération est de rabattre la lèvre inférieure sur le menton, de développer une grande bouche béante, & de mettre à découvert une rangée de dents jaunes & sales. Comme ce cuilleron s'ôte & se replace à volonté, lorsqu'il est supprimé la fente transversale de la lèvre présente comme une seconde bouche qui, chez quelques femmes, a plus de trois pouces de longueur.

Ce prétendu ornement n'est pas particulier à la côte *nord-ouest* de l'Amérique: on le trouva en usage parmi les Brasiliens quand on fit la découverte de leur pays: ils se perçoient la lèvre inférieure dès l'enfance, & alors ils se contentoient d'y porter un petit os blanc comme l'ivoire; mais dans l'âge viril ils y passoient une pierre de la longueur du doigt.

On doit être étonné qu'un ornement aussi bizarre se soit présenté à l'esprit de deux peuples différens, dont l'un n'a pu servir de modèle à l'autre, à en juger par les distances. Les peuplades du nord-ouest, comme on le voit, enchérissent beaucoup sur les Brasiliens. Cette coutume est générale entre le cinquantième & le soixantième parallèle, avec cette différence très-remarquable que, dans les parties les plus septentrionales, les hommes seuls portent l'ornement labial, & que, dans les parties méridionales, comme à la baie de Tchinkitané, il est réservé pour les femmes.

Comme la jeunesse inspire toujours de l'intérêt & de l'indulgence, les voyageurs français assurent que les jeunes filles ne sont pas aussi laides ni aussi dégoûtantes que les femmes.

Les individus des deux sexes, enfans, jeunes & vieux, sont couverts de vermine; & comme ils font la chasse à ces animaux devorans pour les dévorer eux-mêmes, il n'est pas étonnant qu'ils les laissent multiplier. Ce goût, au reste, leur est commun avec le peuple de la Chine.

On ne peut douter que la petite vérole ne se soit introduite sur les terres qui bordent la baie de *Tchinkitané;* car plusieurs individus des deux sexes en portoient des marques non équivoques. Le capitaine *Portlock* fut temoin, en 1787, des ravages qu'elle avoit faits quelques années auparavant, & de la dépopulation qui en avoit été la suite dans le havre auquel il a donné son nom, & qui est situé à peu de distance nord-ouest de Tchinkitané, vers 57 degres 50 minutes de latitude nord. D'après les informations qu'il put se procurer, il pense que les Espagnols, qui en 1775 étendirent leurs découvertes sur cette côte jusqu'au cinquante-huitième parallèle, y ont laissé cette trace ineffaçable de leur apparition & de leur visite.

L'habillement des hommes & des femmes de Tchinkitané consiste en une chemise ou dalmatique de peau tannée, cousue sur les côtés, dont les manches larges ne parviennent qu'un peu au dessous de l'épaule, & en un manteau de fourrures dont le poil est en dehors. Les femmes portent en outre, par-dessus la chemise, un tablier de peau pareille, qui ne monte que jusqu'a la ceinture, & un second manteau de loutre par-dessus le premier. Le rédacteur du *Voyage de Dixon* nous apprend qu'indépendamment du vêtement ordinaire, les hommes font aussi usage, pour se garantir du froid, d'un manteau fait avec des roseaux cousus fort étroitement ensemble, & que ce manteau est semblable à ceux des habitans de la *Nouvelle-Zélande*.

Les deux sexes font usage d'un petit chapeau d'écorce tressé & de la forme d'un cône tronqué au quart ou au tiers de sa hauteur. Nous ne parlerons pas ici de leurs habits de fêtes ou de céremonie, comme des rôles de farceur & de jongleur, quoiqu'il y ait beaucoup d'art dans leurs différentes pièces.

La population de la baie de Tchinkitané, comme celle de toute la côte *nord-ouest de l'Amérique*, n'est pas nombreuse. Dans les diverses relations qu'on a eues avec ces habitans, y compris les femmes & les enfans, on n'y a pas vu plus de deux cents individus; & Dixon, qui n'en a pas vu plus de cent soixante-quinze, pense qu'en doublant ce nombre on auroit celui de tous les habitans de la baie; & il ajoute que si l'on comprend dans cette énumération les vieillards, les infirmes, ceux qui sont employés à la chasse, à la pêche, & qu'on porte la totalité à quatre cent cinquante, on aura donné à ce calcul de probabilité la plus grande extension dont il paroisse susceptible.

On ne doit pas être étonné de trouver une foible population sur des terres dont les forêts, peut-être aussi anciennes que le sol qu'elles couvrent, occupent toute la surface que n'atteignent pas les flots de la mer. L'homme qui, pour assurer sa subsistance, ne compte que sur les hasards de la chasse & de la pêche, suffit difficilement à ses besoins. La culture peut seule appeler la population, & quelques arpens cultivés d'une de ces îles placées entre les tropiques donnent la vie à un plus grand nombre d'hommes, que des contrées entières où la terre épuise sa fécondité à reproduire sans cesse des forêts qui servent de retraite à quelques animaux.

La nourriture principale des naturels de Tchinkitané est le poisson frais ou fumé, les œufs de poisson séchés, dont ils font une espèce de gâteau, & la chair de quelques-uns des animaux qu'ils tuent : ils y ajoutent, dans les intervalles des repas, l'usage d'un légume farineux dont le goût est comparable à celui de la patate, & qu'on croit être la *saranne* (*lillium flore atro rubente*). C'est le *lis de Kamtzchatka*. Les habitans des pays où croît cette plante font une espèce de gruau avec sa racine bulbeuse. Les fruits sauvages des baies, qui se trouvent en abondance dans les bois, & la racine tendre de la fougère, leur fournissent encore un secours accidentel.

Ils mêlent toujours de l'huile de baleine avec leur bouillon; cette huile, que son odeur forte & âcre nous détermine à rejeter de notre cuisine, n'excite pas la moindre répugnance chez les Américains du nord & les autres peuples qui occupent les contrées voisines des pôles. L'huile de poisson est une liqueur dont l'habitant des climats glacés, établi sur les bords de la mer, & vivant de ses productions, fait un usage habituel & nécessaire : elle dévéloppe la chaleur concentrée dans l'estomac, & en la portant jusqu'aux extrémités, elle entretient dans toute l'habitude du corps le mouvement des fluides, & garantit les membres d'un engourdissement qui en détruiroit le jeu & l'action. On n'a pas connoissance que les Tchinkitaniens fassent usage d'aucune liqueur forte; ils ont adopté celui

celui de presque toutes les nations de l'Amérique & de l'Asie, qui est de mâcher habituellement quelqu'espèce d'herbe; & dès qu'ils eurent connu la feuille du tabac, ils lui donnèrent la préférence sur celle qu'ils employoient pour satisfaire le même besoin.

Les premiers navigateurs qui ont visité la côte nord-ouest de l'Amérique, en remontant depuis le 41e. degré de latitude jusqu'au 60e., ont trouvé que la connoissance & l'usage du fer y étoient parvenus depuis long-tems. Il est probable que ces sauvages les ont reçus de l'intérieur, en communiquant de proche en proche avec les tribus qui en reçoivent immédiatement des Européens, soit par les établissemens de la baie d'Hudson, soit par les présides espagnols. D'ailleurs, le commerce des Américains avec les Russes a dû leur faire connoître le fer & le cuivre.

Les Tchinkitaniens sont armés d'un poignard de métal. Leurs piques, qui dans le principe furent armées d'une pierre dure & taillée en pointe, ou de l'arête d'un poisson, le sont aujourd'hui d'une pointe de fer de fabrique européenne. Ils ont cependant conservé l'arc & la flèche de leurs pères.

Ils n'ont pas changé l'instrument dont ils s'arment pour la pêche de la baleine; cet instrument est un harpon d'os, barbelé, & emmanché d'une longue perche. Forts de cette arme qu'ils manient avec une adresse extrême, deux Tchinkitaniens attaquent ce cetacée, & s'en rendent maîtres.

Ce peuple d'ailleurs est industrieux, actif & laborieux. Différens ouvrages d'osier, tressés avec une sorte d'élégance; des manteaux de poils filés, tissus artistement, entre-mêlés de morceaux de peau de loutre, & très-propres à préserver du froid; l'apprêt & le tannage des peaux, divers ouvrages de sculpture & de peinture, tout annonce un long emploi des arts utiles & quelque connoissance des arts d'agrément.

Le goût des ornemens domine dans tous les ouvrages de leurs mains: leurs pirogues, leurs coffres & divers petits meubles à leur usage sont chargés de figures qu'on pourroit prendre pour des hiéroglyphes, des poissons & d'autres animaux. Des têtes d'hommes & divers dessins bizarres sont mêlés & confondus pour composer un ensemble d'ornement. Leur génie & leur industrie se montrent principalement dans la construction de leurs pirogues: toutes sont prises dans un seul tronc d'arbre, & ont une forme semblable; leurs extrémités, qui ne diffèrent point l'une de l'autre, sont très-aiguës & se terminent par un taille-mer de douze à quinze pouces de saillie, qui n'a pas plus d'un pouce d'épaisseur. Quoique les Tchinkitaniens possèdent des haches européennes depuis quelque tems, ils ne font point encore usage de cet instrument pour abattre l'arbre qu'ils destinent à la construction d'une pirogue; ils l'abattent en minant le pied à l'aide du feu, & c'est par le secours du même agent qu'ils parviennent à le creuser, à le façonner en dehors, de manière à lui donner la forme la plus propre à flotter sur l'eau, à fendre le fluide par l'une ou l'autre extrémité indifféremment.

Les établissemens temporaires que les Tchinkitaniens forment sur la côte donnent lieu de croire qu'ils ont peu de talens pour l'architecture civile; mais d'après ce qu'on a pu apprendre d'eux, ils ont, dans l'intérieur des terres, des habitations bien construites, spacieuses & commodes. Ainsi l'on doit conclure de leur rapport, que ces Américains ne sont pas une peuplade errante, & ne quittent leurs foyers que lorsque la saison de la pêche, de la chasse ou le commerce avec les étrangers les détermine, pour un tems, à se porter sur les bords de la mer.

Les Tchinkitaniens ont un goût décidé pour le chant, & il paroît chez eux une espèce d'institution sociale, à des époques fixes de la journée: le matin & le soir ils chantent en chœur, chaque assistant prenant part au concert.

Une inspection rapide peut suffire à un voyageur qui sait observer, pour connoître la constitution physique des peuples qu'il visite, & le mettre en état d'en décrire le costume, les armes, les arts, les alimens; en un mot, tout ce qui frappe les sens. Mais si une nation n'est pas rassemblée en grand nombre sur un même point, il n'est guère possible d'acquérir quelque connoissance de ses mœurs, de ses usages: on ne doit donc pas s'attendre que ce qui concerne les institutions religieuses & politiques, les qualités morales & le caractère des Tchinkitaniens, soit présenté ici en détail.

Il n'est pas possible de s'assurer si ces peuples reconnoissent un Être suprême, & s'ils lui rendent une espèce de culte. L'occasion ne s'est pas présentée d'observer les cerémonies funéraires que pratiquent les Tchinkitaniens lorsque la mort enlève le chef d'une famille ou quelqu'un de ses membres; mais on sait du moins qu'ils sont très-occupés & très-soigneux d'orner leur dernière demeure. Le capitaine Dixon, qui avoit découvert le *port Mulgrave*, situé à deux degrés & demi dans le nord de *Tchinkitané*, y rencontra dans ses excursions plusieurs sarcophages.

Les Français n'ont pas pu s'assurer si la totalité des naturels qu'ils ont vus rassemblés dans la baie, & qui appartenoient à la côte environnante, formoient une seule & même tribu, & s'ils reconnoissoient un chef suprême.

La conduite des Americains, dans les échanges, annonçoit à la fois du jugement & de la defiance. Differens des peuples qui habitent les îles du *grand Océan*, ils ne préfèrent jamais l'agreable à l'utile: on voyoit chaque pirogue s'approcher du vaisseau à son rang, sans confusion, sans dispute, & ceux qui les montoient, n'étoient ni pressés ni pressans, ni bruyans ni importuns.

La manière de vivre des Tchinkitaniens est très-réglée: ils quittoient le vaisseau d'assez bonne heure pour être rendus à terre avant midi : c'étoit l'heure fixée pour leur premier repas, & ils prennent le second avant la nuit.

Les hommes paroissent avoir pour les femmes les ménagemens que réclame leur foiblesse : on ne les voit point ici, comme chez la plupart des nations sauvages de l'Amérique, chargées des travaux les plus rudes. Les hommes se sont réservé toutes les occupations pénibles : la chasse, la pêche, l'apprêt & la cuisson des viandes & du poisson. Les travaux des femmes consistent à nétoyer les peaux de leur dernière graisse, à les coudre & à en composer des vêtemens.

La bonne harmonie qui règne dans les ménages se manifeste d'une manière touchante dans l'expression commune de leur tendresse pour les enfans. Le sort des enfans à la mamelle est déplorable : ils sont emballés dans une espèce de berceau d'osier, revêtu extérieurement de cuirs secs, & garni de fourrures dans la place où doit poser l'enfant. C'est là que le petit patient éprouve une sorte de torture continuelle & tous les maux que peuvent produire la gêne & la mal-propreté. Les effets de cet état de contrainte se manifestent dans tous les enfans à la mamelle : leur maigreur & leur foiblesse les font assez connoître. Mais aussitôt que, debarrassés des liens du funeste maillot, ils peuvent se traîner à terre, il se fait dans toutes les parties de leur corps un développement subit & rapide.

Mais si ces Américains croient devoir contraindre la nature dans le premier âge, ils lui conservent toute sa liberté dans l'éducation des adultes, & hâtent par un exercice journalier le progrès de leurs facultés physiques. Les enfans mâles partagent les fatigues du père : exercés à la chasse, à la pêche, ce sont eux qui vont harponner le poisson dans la rivière, couper le bois pour le chauffage & la cuisine.

La conduite des femmes en présence de leurs maris est très-réservée & très-modeste : la plus grande décence se montre dans leur vêtement. Les hommes ne se soumettent pas plus ici qu'ailleurs aux règles de la décence auxquelles ils ont assujetti les femmes. Souvent ils se montrent nus devant elles & devant les étrangers. Les femmes seules connoissent la bienséance & se conforment aux petites gênes qu'elle imposé dans la sociéte. On peut douter cependant si la retenue dont on leur fait honneur est chez elles l'effet d'une pudeur naturelle, ou si l'on ne doit pas plutôt l'attribuer à la crainte; car la jalousie des maris est poussée à l'excès. Si l'on compare l'habitant de cette contrée à celui des îles de *Mendoça*, dans l'idée différente que l'un & l'autre attachent à la pudeur, à la fidélité conjugale, on reconnoît que la jalousie dans les hommes peut quelquefois être en raison inverse de la beauté dans les femmes. Mais cette jalousie même peut contraindre le caractère, & ne le change pas. La dissimulation peut suppléer à la vertu. Les Tchinkitaniennes faisoient parade de la leur; mais lorsque le hasard en faisoit rencontrer par les Français, qui fussent seules, on les voyoit accourir avec empressement; une affabilité prevenante remplaçoit l'air sévère, & elles prouvoient d'une manière très-expressive, que la laideur n'est pas toujours la sauve-garde de la chasteté.

La physionomie des Tchinkitaniens porte une empreinte sombre qu'on pourroit prendre pour de la férocité s'il ne falloit l'attribuer aux couleurs rembrunies dont ils se barbouillent le visage, & qui les rendent hideux. Les Américains ne peuvent pas être regardés comme une nation sauvage : le jugement & l'astuce qu'ils montroient dans leurs opérations d'échange prouvoient qu'ils ont fait quelques progrès dans la civilisation. Leur conduite avec les Français a été honnête, mais point amicale; & les naturels des îles de *Mendoça*, avec leurs defauts, inspiroient un intérêt que n'obtenoient pas la gravité & la réserve des naturels de Tchinkitané. Mais cet intérêt n'a-t il pas été inspiré en grande partie par les Mendoçaines?

Si l'on compare ces deux peuplades entr'elles, on sera étonné de voir les habitans de *Mendoça*, nés & vivant sous un ciel brûlant, exempts de cette cruelle maladie qui tourmente si horriblement les hommes dans les climats chauds de l'EUROPE & surtout de l'ASIE. Ils sont prodigues à l'excès d'un bien dont les autres maintiennent avec fureur la propriété & la jouissance exclusive : les Américains, de même, au milieu d'un climat froid, portent la jalousie pour leurs femmes, jusqu'à la frenésie.

Suivant le journal du capitaine DIXON, les naturels de TCHINKITANE ressemblent beaucoup, par leurs traits & leurs formes extérieures, aux habitans du port MULGRAVE, situé à deux degrés & demi dans le nord de *Tchinkitané*, & les langages des deux peuplades paroissent ne pas différer entr'eux. Mais par les inclinations & les mœurs, les Tchinkitaniens se rapprochent davantage des naturels qui occupent l'entrée & les bords de la *rivière de Cox*, située plus au nord & beaucoup plus à l'ouest que le *port Mulgrave*.

Pour terminer le detail des notions que les Européens ont pu acquerir sur les Américains de la baie de TCHINKITANÉ, il me reste à parler d'un article fort important, c'est-à-dire, de leur langue. Le journal du capitaine CHANAL nous présente un vocabulaire très-circonscrit, à la vérité, mais qui suffit pour en donner une idée.

La langue des Tchinkitaniens diffère absolument de celle des naturels de NOOTKA, établis sur la même côte, à environ 7 degrés de latitude ou à cent quarante lieues au sud des premiers & de celle des îles de la REINE-CHARLOTTE, qui, n'étant éloignées du continent que d'environ vingt lieues dans leur plus grande distance, occupent deux degrés & demi de latitude entre le parallèle de NOOTKA & celui de TCHINKITANÉ:

cette différence a été reconnue d'une manière palpable, en comparant les mots qui servent à indiquer les nombres dans les trois contrées Nous renvoyons, pour attester ces résultats, au *Voyage du capitaine Marchand*, chapitre IV, sur la fin, page 284.

SECONDE ADDITION, *contenant la reconnoissance de* CLOAK-BAY, *du* DÉTROIT DE COX *& d'une partie de la côte occidentale des îles nommées par les Anglais les îles de* QUEEN-CHARLOTTE; *enfin de* BERKLEY-SOUND, *par le capitaine* MARCHAND.

Ces îles sont dépendantes de cette portion de la côte *nord-ouest d'Amérique*, située entre le cinquantième & le cinquante-sixième parallèle, d'où les vents contraires repoussèrent le capitaine Cook, & dont ils l'empêchèrent de prendre connoissance: elles occupent environ soixante-dix lieues en longueur, sur une ligne nord-ouest & sud-est; elles sont éloignées d'environ vingt lieues du continent de l'Amérique.

Depuis le voyage du capitaine *Dixon*, le capitaine *Duncan* & d'autres navigateurs anglais ont visité ce groupe composé de trois îles principales, & ils ont reconnu quelques-uns des canaux qui les séparent. Mais ni *Dixon* ni *Douglas* n'ont fait connoître le pays & les habitans. C'est une contrée nouvelle, ce sont des hommes inconnus à l'Europe, que le journal du capitaine *Marchand* nous a présentés. A partir de là nous dirons que les navigateurs anglais nous ont appris l'existence de CLOAK-BAY & du DÉTROIT DE COX, comme faisant partie des ILES DE LA REINE-CHARLOTTE, & qu'ils ont imposé ces noms à ces côtes, mais que nos marins ont fait connoître aux Anglais & à nous quelle est la nature, quelles sont les productions du pays, & quels hommes l'habitent, tous objets qui entrent dans notre plan de description raisonnée de la côte nord-ouest, surtout relativement à sa population & aux mœurs des naturels.

Les terres qui forment la baie & le détroit sont basses & couvertes de sapins : les arbres y sont moins serrés que sur la côte de *Tchinkitané*, & même, à une certaine distance du rivage, la forêt se montre sous l'apparence d'une plantation régulière : on y voit de belles clarières, & dans plusieurs endroits le pays présente une perspective variée & quelques sites agréables. La côte est en général bordée de blocs de rocher, qui paroissent avoir été détachés par quelque bouleversement ancien de la masse à laquelle ils étoient réunis. Ces blocs sont des amas de cailloutages liés entr'eux par un ciment très-dur : les cailloux qui les composent, sont de différentes natures de pierres; mais le silex y domine : on y distingue du roc vitrifié plusieurs grains, &c.

Le sol, sur les deux côtés du canal & de la baie, paroît n'être qu'un composé de débris de plantes & de pierres, & n'avoir pas beaucoup de profondeur. Quoique les rosées y soient très-abondantes pendant les nuits; il est plus sec que celui de *Tchinkitané*, & l'on peut présumer que le climat des îles est beaucoup moins pluvieux que celui de la côte du continent sous les mêmes parallèles: il s'annonce aussi comme plus tempéré. Le thermomètre de Réaumur, pendant le séjour que les Français y ont fait, n'est jamais descendu au dessous de douze degrés.

Les arbres qui croissent sur les revers des collines sont d'une assez belle venue; mais ceux des sommets & ceux du bord de la mer sont en général noueux & tortus. On peut admettre comme une probabilité bien fondée, que les îles ne sont pas exposées à de violens ouragans quand on y voit des arbres très-élevés, dont les racines, entiérement découvertes, sont à peine implantées dans les fentes des rochers, & d'autres qui, desséchés par le tems, restent morts sur pied sans être cassés & abattus par les vents.

L'eau douce y est très-légère & de bonne qualité; mais, comme à *Tchinkitané*, elle est imprégnée de parties extractives des arbres & des plantes qu'elle dissout dans sa course, & qui lui donnent une teinte roussâtre. On trouve un petit ruisseau où on peut faire de l'eau à la côte de l'île du nord, sur le détroit, dans l'anse qui est située au nord de la pointe nord-ouest de l'île & du canal.

On n'a pas eu le loisir d'étudier en détail les productions du pays; seulement on a pu juger qu'en général elles sont les mêmes que sur les côtes de *Tchinkitané*.

La mer est poissonneuse à *Cloak-Bay* & surtout dans le *canal de Cox*. L'anse où les Français se retiroient pour passer la nuit leur fournissoit d'excellentes moules en grande abondance, & très-aisément du poisson de roche.

Les rochers qui se trouvent au fond de l'eau y produisent, comme sur la plupart des côtes du nord-ouest de l'Amérique, des poireaux de mer & différentes espèces de ces grands *fucus* dont il a été parlé. Les baleines viennent souffler à l'ouverture de *Cloak-Bay*. Les veaux marins se jouent sur tout son contour, mais ils semblent se plaire de préférence sur les bords du *canal de Cox*.

Les oiseaux ont paru très-multipliés sur toutes ces côtes : on y a distingué, parmi ceux de mer, le goilan, le plongeon, le macareux des mers boréales, à bec & pattes rouges; l'oie, le canard sauvage, & un oiseau presque noir, à long cou & à pieds palmés : ce dernier, lourd & semblable au cormoran dont il paroît avoir les habitudes, se rassemble en troupes nombreuses sur le bord des rochers. Les oiseaux de terre qu'on a vus, sont l'aigle, le vautour, l'épervier, le corbeau, le héron gris de la plus grosse espèce, des moineaux & d'autres petits oiseaux auxquels les voyageurs n'ont pu appliquer de nom.

Le ſeul quadrupède qu'on ait apperçu eſt le chien domeſtique : il eſt, comme à *Tchinkitané* & dans beaucoup d'autres endroits de cette côte, de la race de notre chien de berger.

Il eſt difficile de ſe former une idée de la population de *Cloak-Bay* & des terres qui avoiſinent le canal de *Cox*. Les naturels, diſſéminés ſur cette partie de côtes, ſemblent ne former qu'une même tribu, compoſee de pluſieurs familles, dont chacune a ſon chef particulier. Le plus grand nombre d'individus que les Français aient vus raſſemblés à la fois dans l'anſe où le marché étoit établi, ne s'eſt jamais élevé à plus de deux cents, de tout âge & de tout ſexe. Mais en comprenant les côtes de la baie, la portion de la côte de la grande île qui, du côté du ſud, forme la baie & le détroit, & ſe prolonge à deux ou trois lieues dans l'eſt, la population entière peut être évaluée à quatre cents individus.

La ſtature des naturels qui habitent les environs de la baie & du canal ne diffère pas ſenſiblement de celle des Européens : ils ſont mieux proportionnés, mieux deſſinés que les *Tchinkitaniens*, & n'ont pas ce caractère ſombre & farouche, qui eſt le caractère du viſage de ceux-ci : leur phyſionomie eſt à peu près celle des peuples d'Europe; leur peau paroît brune; mais s'ils étoient decraſſés & qu'ils s'expoſaſſent moins au grand air & à l'intempérie des ſaiſons, leur couleur ne différeroit pas de la nôtre; car on en a remarqué pluſieurs ſur leſquels ces cauſes ſans doute avoient moins agi, dont le teint étoit moins bruni que celui des habitans de nos campagnes. Leurs cheveux, beaux & noirs, ne ſont pas, comme ceux des naturels de *Tchinkitané*, couverts d'ocre, de duvet d'oiſeaux & de toutes les ordures que la négligence y laiſſe s'amaſſer. Leurs yeux ſont grands & vifs, au contraire de ceux des Tchinkitaniens, qui ſont petits, éteints & chaſſieux. Ils diffèrent encore de ce dernier peuple, en ce qu'ils ne ſe barbouillent point le viſage de rouge & de noir : ils ne ſont pas abſolument exempts de vermine, car elle fourmilloit dans les vieux manteaux que l'on reçut d'eux. Nous les trouverons cependant bien ſales encore ſi nous les comparons aux habitans des îles de *Mendoça*.

Pluſieurs d'entr'eux avoient le viſage gravé de petite vérole; mais ils la doivent à leur communication avec les Européens, qui ſemble devoir être plus ancienne qu'on ne le penſe. Quant à l'autre maladie de même nom, elle eſt auſſi connue chez ces inſulaires. On n'a pas remarqué qu'ils euſſent le corps *tatoué*.

On ignore quel étoit, avant leur communication avec les Européens, l'habillement primitif, le coſtume propre de ces inſulaires : on voit ſeulement que ces Américains ont ſubſtitué au manteau de fourrures dont aujourd'hui ils ſont trafic, & dont ils ſe couvroient autrefois, les veſtes, les redingotes, les culottes : quelques-uns même portent un chapeau, des bas & des ſouliers : ils ne négligent cependant pas les ornemens dont ont coutume de ſe parer les peuplades de la côte NORD-OUEST *de l'Amérique*. Ceux qui n'ont pas encore adopté la coiffure d'Europe, ont le chapeau de joncs treſſés en forme de cône tronqué, évaſé, & un peu retrouſſé par la baſe.

Les femmes de *Cloak-Bay* ſont moins laides que celles de *Tchinkitane*; mais elles ſont encore loin d'être jolies : cependant elles ſont blanches. Leurs traits n'ont rien de dur; quelques-unes ſont mal-propres à l'excès. Leurs vêtemens ſont des peaux d'animaux mal tannées, qu'elles ne lavent jamais, & dont l'odeur ſe fait ſentir au loin : elles ajoutent à une laideur naturelle par l'uſage de cet ornement qui s'enchâſſe dans la lèvre inférieure, & dont on a donné la deſcription ci-deſſus : il a des proportions plus grandes encore que celui des Tchinkitaniennes. Les jeunes Américaines évitent de ſe parer de ce prétendu ornement, & elles ne ſeroient pas dépourvues de charmes ſi en général une mal-propreté dégoûtante ne les rendoit inacceſſibles. Lorſque leurs joues étoient décraſſées, & qu'on y découvroit l'incarnat qui étoit naturel, les Français commencèrent par les trouver paſſables, & finirent par les trouver jolies. Les hommes & les vieilles femmes qui offroient de jeunes filles comme objets de commerce, avoient grand ſoin de faire remarquer que leur lèvre inférieure n'étoit pas inciſée.

Les naturels de cette partie ſeptentrionale des îles de la REINE-CHARLOTTE ſont inconteſtablement doués d'une grande adreſſe & d'une grande intelligence. Nous en allons donner pour preuves la ſolidité, la diſtribution de leurs habitations, ainſi que la conſtruction de leurs pirogues & de leurs meubles.

Si nous revenons ſur ces îles de la REINE-CHARLOTTE & particuliérement ſur celle de deux tiers de mille de long ſur un tiers de large, & qui diviſe en deux bras le canal ou *détroit de Cox*, nous dirons que nos Français y apperçurent des paliſſades qu'ils furent curieux d'examiner de près. On jugea, d'après l'examen, que ce monument étoit le produit des arts de l'*Amérique occidentale du nord*. Les bois portoient l'empreinte du tems & de la vétuſté, & ce témoin, auquel on n'a rien à objecter, ne permit pas de ſuppoſer que cette conſtruction fût moderne ou l'ouvrage des Européens. On y remarqua pluſieurs caiſſes ſans couvercle, qui ſont l'office d'un tambour, dont les Américains tirent du ſon en frappant avec le poing contre les parois extérieures. Mais ce qui attira principalement l'attention des Français, ce furent deux tableaux, dont chacun, long de huit ou neuf pieds ſur cinq de hauteur, n'étoit compoſé que de deux planches aſſemblées. On voyoit repréſentées ſur un de ces tableaux, en couleurs aſſez vives, en rouge, en noir, en vert, les différentes parties du corps humain, peintes séparément. Le second tableau paroissoit une copie du premier. Les naturels firent entendre que les tableaux s'appeloient *caniak* dans leur langue. On peut y reconnoître ces peintures, ces grands tableaux du Mexique, dont les historiens espagnols nous ont transmis les descriptions & les dessins; en sorte que les peuplades qui habitent les îles qui dans ce moment fixent notre attention, pourroient bien n'avoir pas été dans tous les tems aussi étrangères aux Mexicains, qu'elles le sont devenues depuis la destruction de cet Empire.

D'après l'examen qui fut fait de l'espèce de redoute où sont déposés ces deux monumens d'un tems ancien, on n'a pas pensé que le but des insulaires ait été de se ménager une retraite en cas d'attaque : on jugea au contraire que c'étoit plutôt un lieu consacré à des cérémonies religieuses ou à des divertissemens publics, & peut-être à l'un & à l'autre usage.

Ensuite en visitant deux habitations situées sur la même partie de la côte, on reconnut que leur forme étoit celle d'un parallélogramme régulier, de quarante-cinq à cinquante pieds de face sur trente-cinq de profondeur. Six, huit ou dix arbres plantés en terre sur chaque face forment l'enceinte d'une habitation, & sont liés entr'eux par des madriers de dix pouces de largeur & de trois ou quatre pouces d'épaisseur, qui sont solidement assemblés sur les pieux à tenons & à mortaises. Les parois, hautes de six ou sept pieds, sont surmontées d'un comble dont le sommet est élevé de dix à douze pieds au dessus du sol; ces parois & la toiture sont revêtues de planches à petit joint, dont chacune a environ deux pieds de largeur. Au milieu du faîte est pratiquée une large ouverture carrée, qui donne à la fois entrée à la lumière & issue à la fumée. On voit aussi quelques petites fenêtres ouvertes sur les côtés. Ces maisons sont à deux étages : le second ou premier est sous terre, & son plafond est au niveau du sol : on y descend par trois ou quatre marches. On apprit aux Français que cet étage souterrain étoit l'habitation d'hiver.

La porte d'entrée de cet édifice mérite une description particulière : cette porte, dont le seuil est élevé d'un pied & demi au dessus du sol, est de figure elliptique; le grand diamètre, qui donne la hauteur de l'ouverture, n'a pas plus de trois pieds, & le petit diamètre ou la largeur n'en a que deux. Cette ouverture est pratiquée dans un tronc d'arbre qui s'élève perpendiculairement au milieu d'une des faces de la maison, & en occupe toute la hauteur : elle imite la forme d'une *bouche béante*; elle est surmontée d'un nez crochu d'environ deux pieds de long, proportionné, pour la grosseur, au visage monstrueux auquel il appartient. On pourroit donc croire que, dans la langue de l'*Ile du nord*, qui fait partie de celles de la REINE-CHARLOTTE, la porte de la maison doit s'appeler *bouche*; & si nous voulions remonter jusqu'aux anciens Romains, nous trouverions que le mot *ostium*, porte, a sa racine dans *os*, bouche; & l'on sait que les Latins disoient indifféremment *os* ou *ostium fluminis*, pour indiquer l'*entrée* d'un fleuve dans la mer. C'est aussi d'après cette étymologie que nous autres Français appelons indifféremment l'*entrée* ou l'*embouchure* d'un fleuve, les *bouches* du Rhône, les *bouches* du Nil, d'après les Latins, *septem ostia Nili*.

Au dessus de la porte, de la *bouche* ou de l'entrée de l'habitation se voit une figure d'homme, sculptée dans l'attitude de l'enfant dans la matrice, & remarquable par l'extrême petitesse des parties qui caractérisent son sexe. Enfin, au dessus de cette figure s'élève une figure gigantesque d'homme en pied, qui termine les sculptures de la décoration du portail : cette figure est coiffée d'un bonnet en pain de sucre, dont la hauteur est presqu'égale à celle de la figure même. Sur les parties qui ne sont pas occupées par les sujets capitaux, sont jetées çà & là des figures de grenouilles, de crapauds, de lézards & d'autres animaux, sculptées; des bras, des jambes, des cuisses & d'autres parties du corps humain.

En rapprochant ces sculptures des grands tableaux dont nous avons parlé, on seroit tenté de croire que ces diverses figures sont des emblémes qui tiennent à la religion de ce peuple. Ces ouvrages de sculpture, au reste, peut-on n'être pas étonné de les trouver si multipliés sur une île qui n'a peut-être pas plus de six lieues de tour, où la population n'est pas nombreuse, & chez un peuple chasseur? Et l'étonnement n'augmente-t-il pas lorsqu'on considère quels progres ce peuple a faits dans l'architecture? Quel génie il a fallu pour concevoir & exécuter solidement ces édifices, ces charpentes! La nature a placé l'homme des forêts au milieu des matériaux dont il construit sa maison; mais il a fallu qu'il créât & variât les outils, sans lesquels il ne pouvoit employer ces matériaux; & quels outils! Une pierre tranchante, emmanchée d'une branche d'arbre! l'os d'un quadrupède! l'arête d'un poisson! la peau rude d'un cétacee! instrumens peu propres à seconder ses efforts si le feu ne fût venu à son secours. Quand on examine l'ensemble des opérations nécessaires pour terminer un des édifices que nous venons de décrire, on est forcé de reconnoître que ces arts n'ont pas pris naissance dans la petite île où ils sont cultivés. Nous avons déjà observé qu'ils venoient de plus loin.

La distinction entre l'habitation d'hiver & celle d'été rappelle l'usage des *Kamtzchadales*, qui ont leurs *balangans* pour l'été, & leurs *yourtes* pour l'hiver. On remarque même que quelques-uns des *balangans* ont une porte en œil de bœuf (*voyez* le troisième *Voyage de Cook*, planche 77); mais observons que la patrie de ces Kamtzchadales, le *Kamtzchatka*, est une péninsule du *nord-est de l'Asie*;

& si nous retrouvons ainsi, dans les îles voisines de la côte *nord-ouest* de l'Amérique, & les maisons de l'Asie septentrionale, & les arts du Mexique, seroit-ce une conjecture trop hasardée de supposer que des habitans de cette côte *nord-ouest*, transplantés originairement d'*Asie* en Amérique, & parvenus ensuite jusqu'au MEXIQUE, où ils fondèrent un Empire, ont abandonné leur nouvelle patrie à l'arrivée des Européens, & ont reflué sur ces mêmes côtes qu'ils avoient occupées après leur transmigration d'*Asie?* Nous verrons par la suite les développemens naturels qui suivent de tous ces faits rapprochés & analysés.

A quelque distance de ces palais on apperçut plusieurs mausolées ou tombeaux, qui ont beaucoup de ressemblance avec les *morais* des îles du *grand Océan*. Ces monumens sont de deux espèces : les premiers & les plus simples ne sont composés que d'un ou deux piliers, sur le sommet desquels sont fixées des planches formant un plateau. Les corps déposés sur cette plate-forme sont recouverts de mousse & de grosses pierres. Les mausolées de la seconde espèce sont plus composés ; quatre poteaux plantés en terre, & élevés de deux pieds seulement au dessus du sol, portent un sarcophage travaillé avec art & hermétiquement fermé : ceux-ci renferment les corps des chefs de famille ou de tribu.

Les Américains qui occupent la partie que l'on a visitée de la petite *île du nord*, semblent avoir un goût décidé pour l'architecture, & ne bornent pas leurs travaux en ce genre de bâtir des habitations spacieuses, commodes & disposées pour garantir les hommes & les provisions du froid & de l'humidité ; ils construisent aussi des temples. C'est sur un terrain isolé & élevé que l'Américain les bâtit. De forts pieux, de six ou huit pieds de hauteur, forment une enceinte dans laquelle sont conservés les grands arbres qui s'y trouvent, & tous les arbustes en sont soigneusement arrachés : au milieu de cette enceinte, où quelquefois est pratiqué un souterrain, on voit un édifice carré & découvert ; il est construit en belles planches dont le travail est étonnant, & l'on ne peut voir sans admiration que ces planches aient vingt-cinq pieds de longueur sur quatre pieds de largeur, & deux pouces & demi d'épaisseur. Quel tems n'a-t-il pas fallu pour les préparer & les finir avec l'espece d'outils qui sont employés à ce travail !

Un des chefs ayant proposé de visiter son habitation, les Français profitèrent de cette occasion pour examiner en détail l'état intérieur d'une habitation particulière lorsqu'elle est occupée par le maître de la maison.

Le foyer est établi au milieu de l'édifice ; c'est là que se préparent les alimens. Cette même pièce dont nous avons décrit la charpente & la disposition générale, sert tout à la fois de cuisine, de chambre à coucher, de magasin & d'atelier, & encore de remise à la pirogue quand elle n'est pas employée à la mer. Tandis que, d'un côté, quelques femmes donnent leurs soins aux enfans & au ménage, d'autres ailleurs sèchent & fument le poisson pour la provision d'hiver ; d'autres sont occupées à tresser des nattes, à assembler & à coudre les fourrures pour en composer des manteaux. On n'y distingue point de places fixes pour dormir, &, suivant les apparences, tous les individus d'une famille couchent pêle-mêle sur le sol plancheyé de l'habitation. Mais s'ils sont peu recherchés pour eux-mêmes, ils le sont davantage pour leurs enfans : les plus jeunes sont placés dans des berceaux suspendus comme des hamacs. On vit un grand nombre de caisses entassées sur les côtés & dans les encoignures de l'habitation, & l'on sut que quelques-unes contenoient les provisions d'hiver, & que dans d'autres étoient renfermes les flèches, les arcs, &c.

Les habitations sont en géneral peintes & décorées de diverses manières ; mais ce qu'on remarqua particulièrement dans celle qu'on visitoit, ce fut un tableau assez semblable à celui que nous avons indiqué dans la description de la redoute élevée sur la petite île du detroit. Parmi un grand nombre de figures qui ne ressembloient à rien, on en distingua une qui représentoit un homme, & que ses proportions extraordinaires rendoient monstrueuse.

Nous avons fait connoître une partie du mobilier de l'habitation que nous décrivons : si nous continuons, nous dirons que les ustensiles de cuisine paroissent en être une portion considérable : on y voyoit confondus avec les vases de bois & les cuillères de corne ou de fanon de baleine, propres au pays, les marmites de fer, les casseroles, les poëles à frire, &c. que les Européens ont fournies aux Américains, & dont l'usage leur est devenu aussi familier qu'à nous : on y vit aussi des haches, des ciseaux de menuisier, des fers à rabot, des poignards & des lances de fabrique anglaise, mêlés avec des lances américaines ; des os crénelés ou barbelés pour armer la pointe des lances ; des hameçons de pierre ou d'os, des nattes de cordes, des chapeaux de joncs, instrumens qu'on peut appeler indigènes, parce que les Américains les avoient fabriqués eux-mêmes avant que les Européens, en introduisant dans ces îles les produits de notre industrie, leur eussent fait connoître de nouvelles commodités & de nouveaux besoins.

Je dois ajouter ici que la musique ne semble pas étrangère à cette peuplade : on ne parle pas ici seulement de cette musique de chant, de cette musique en chœurs, qui, dans quelques-unes des tribus de la *côte nord-ouest de l'Amérique*, paroît être une espèce de rite ; car le chirurgien *Roblot* rapporte qu'il a vu, dans les habitations, de ces flûtes à plusieurs tuyaux, imitant en petit une portion d'orgue, connues parmi les instrumens de musique des Anciens, sous le nom de *sifflet de Pan*.

n'a compté à quelques-unes de ces flûtes jusqu'à onze tuyaux.

Ces Américains annoncent un caractère social, des mœurs douces, & ils paroissent exempts de défiance. Cette sécurité de leur part est un témoignage en faveur des Européens qui les avoient visités précédemment, & elle prouve qu'ils n'ont été envers ces insulaires ni violens ni injustes. Les femmes le disputoient aux hommes pour leurs prévenances envers les Français.

Si l'on doit juger de la fécondité des femmes par le nombre des enfans que l'on trouvoit dans les habitations, il excédoit toujours celui des femmes & des hommes réunis.

Si nous reprenons l'ensemble des diverses productions du sol que le capitaine CHANAL a vues & examinées sur la partie occidentale de la grande île CHARLOTTE, nous trouverons que cette partie de côte est couverte de bois; que les montagnes de l'intérieur présentent le même aspect, étant également boisées, en même tems que leurs sommets sont dépouillés & stériles. Les pins & les sapins de forte végétation dominent dans cette immense forêt, & l'on y voit entre-mêlés le bouleau, une espèce de saule & quelques noisetiers d'une très-belle venue.

Dans les divers endroits où l'on a abordé, on a trouvé plusieurs des arbustes & des plantes qui croissent sur le terrain de la France, le framboisier, le groseiller sauvage ou cacis, le rosier, le céleri, le persil, le pourpier, le cresson, la patience, la grande centaurée, l'ortie, une espèce de mauve, une espèce de fougère dont la racine a le goût de celle de la réglisse, le muguet, une reine-marguerite. On fut étonné de voir partout des plantes de pois & de vesces, répandues par touffes, & l'on jugea qu'elles devoient être une production naturelle & spontanée du sol. On a mangé de ces pois, & l'on n'a pas apperçu de différence avec ceux qui se mangent en France. Ils viennent tout naturellement, comme ceux qu'on avoit vus à *Tchinkitané* sur toutes les parties élevées des plages, dans les endroits découverts.

Les oiseaux de mer & de terre se montrent en troupes nombreuses : ils sont les mêmes que ceux qu'on voit à *Cloak-Bay* & dans le canal de *Cox*. La chasse & la pêche assurent la subsistance des naturels. Le poisson abonde sur la côte en telle quantité, qu'une demi-heure suffisoit pour prendre, avec deux lignes seulement, tout celui dont l'équipage de la chaloupe avoit besoin pour sa consommation d'une journée, & la qualité en étoit excellente.

On n'a pas fait un séjour assez long pour avoir pu juger du climat de ces côtes : tout ce qu'on en peut dire, c'est que pendant ce séjour le tems a été communément très-beau. A terre on éprouvoit une chaleur sensible le matin, & telle qu'on l'éprouve sous la latitude de Paris dans les mois d'avril & de mai, & la nuit les rosées étoient très-abondantes.

Nous avons dit que les termes numériques employés aux îles de la REINE-CHARLOTTE n'avoient rien de commun avec ceux du langage de TCHINKITANÉ; nous devons ajouter que quelques-uns des termes recueillis à *Cloak-Bay* par le capitaine *Chanal*, sont communs aux autres parties de ces îles qu'il a visitées; ce qui prouve que ces tribus communiquent habituellement entr'elles. D'ailleurs, cette identité de langage prouve encore que les peuplades qui habitent ces îles ont une même origine.

BERKLEY-SOUND.

Le capitaine *Marchand*, en quittant l'archipel de la REINE-CHARLOTTE, que nous venons de faire connoître d'après ses observations, se décida à ne continuer sa traite sur la côte du continent qu'à BERKLEY-SOUND, situé dans le sud de *Nootka* par 49 degrés de latitude, & à l'étendre de ce point en redescendant jusqu'au cap *Mendocino*, situé entre 42 & 41 degrés.

Le 4 septembre, à quatre heures du soir, on eut la vue de la côte d'Amérique. La latitude du vaisseau, au même instant, étoit de 49 degrés 41 minutes. Cette position plaçoit le vaisseau dans le nord-ouest de *Berkley-Sound*, & à l'ouest nord-ouest 4 degrés ouest de *Nootka-Sound*, à neuf lieues de distance de ce dernier, & à environ quatre lieues de la terre la plus prochaine.

Le 5 au matin on eut en vue différens spectacles. Des baleines en grand nombre se jouoient au tour du vaisseau, & des troupes de canards, de plongeons, de macareux, de cormorans, de goilans, croisoient leur vol dans toutes les directions. L'éclaircie permit, à midi, d'obsérver la hauteur méridienne, qu'on trouva de 48 degrés 51 minutes. A cette époque on distinguoit dans le nord un enfoncement qu'on jugea devoir être NOOTKA-SOUND, &, d'après la position du vaisseau, la terre ne pouvoit être que l'extrémité septentrionale de BERKLEY-SOUND.

Le 6 à midi on étoit, suivant l'observation, à 48 degrés 59 minutes de latitude, c'est-à-dire, à une minute près sur le parallèle de *Berkley-Sound*, dont on n'étoit plus éloigné que de quatre ou cinq lieues dans l'ouest. De *Nootka* à *Berkley*, la côte paroît former une espèce de golfe terminé par de hautes montagnes : on distinguoit diverses ouvertures; elles sont formées par de hautes terres détachées, qui sembloient n'être que des îles, près desquelles il en paroissoit d'autres plus petites.

Le 7, à six heures du matin, on apperçut cinq pirogues venues de la partie de la côte qui restoit au nord-nord-est; chacune de ces embarcations portoit six hommes, tous d'un âge mûr. Après s'être arrêtés auprès du vaisseau pendant une demi-heure, ils dirigèrent leur route vers la haute mer, où sans doute ils alloient attendre les baleines, & ils se rangèrent sur une ligne de marche bien formée, en laissant un intervalle égal entre chaque pirogue.

Ces Américains sont beaucoup plus blancs que ceux qui habitent la baie de Tchinkitané : ils n'avoient pour tout vêtement que des couvertures, dont les unes étoient des tissus d'écorces d'arbres, & les autres, de laine, paroissoient, au dessin, devoir être de fabrique espagnole : ils portoient aussi des colliers de grains de verre & des pendans d'oreilles. Ils montrerent un hameçon européen ; quelques-uns firent entendre qu'ils le tenoient, ainsi que leurs couvertures de laine, d'un vaisseau semblable au *Solide* que montoit le capitaine *Marchand*. Quelques-uns avoient au tour de la tête un morceau d'étoffe bleue. Leurs chapeaux de joncs tressés, comme ceux des Tchinkitaniens, en différoient un peu pour la forme. Ils ont paru fortement taillés & robustes, mais fort laids & assez maigres. Leurs cheveux sont noirs & lisses.

Leurs pirogues sont construites avec beaucoup plus d'intelligence & plus d'art qu'aucune de celles qu'on eût vues sur la cote, quoiqu'en général tous les naturels de cette partie excellent dans ce genre de travail : elles sont aussi plus grandes ; elles peuvent avoir de trente a trente-cinq pieds de longueur, & leur largeur est de trois pieds. Elles sont creusées dans un seul tronc d'arbre, & la proue est exhaussée par des pièces de rapport artistement liées au corps de la pirogue. L'arrière est terminé en poupe arrondie & perpendiculaire : leurs façons de l'avant & de l'arrière sont taillees d une manière si avantageuse pour la marche, qu'un constructeur européen ne les désavoueroit pas. Les Américains les meuvent avec des pagaies qui paroissent destinées à servir en même tems de rame & d'arme offensive.

Les instrumens de pêche attirèrent particuliérement l'attention des marins français. Une forte lance de douze ou treize pieds de long, taillée en pointe à un des bouts, & renforcée de distance en distance par de larges rostures de cordes, qui offrent à la main des points d'appui & empêchent qu'elle ne glisse ; deux ou trois lances plus minces & sans renforts, mais de la même longueur ; deux ou trois pièces de cordages de deux pouces ou deux pouces & demi de circonférence ; un nombre égal d'outres, de trois pieds de long sur quinze pouces de diamètre, remplies d'air ; enfin, une caisse contenant des harpons, des lignes, des hameçons & d'autres ustensiles de pêche, composoient l'armement de chacune des pirogues.

Les naturels s'empressèrent, sur la demande des Français, de leur expliquer l'usage qu'ils faisoient de ces équipages. La forte lance est destinee à frapper le cétacée quand il se présente à la surface de l'eau, & rarement un Americain manque-t-il de le blesser du premier coup. A l'instant les lances les plus légères sont employées à lancer les harpons, à chacun desquels est attachée une des longues pièces de cordages. L'autre bout de la ligne est fixé à une des grosses outres remplies d'air. Ces espèces de ballons flottant sur l'eau ne cessent d indiquer la place où se trouve la baleine morte ou blessée, qui a emporté avec elle un harpon, & les pêcheurs, diriges par ce signal, se mettent à sa suite. Mais le plus difficile n'est pas d'ôter la vie au monstre : il reste à s'en emparer ; & l'on ne croiroit jamais, si l'on n'en avoit la certitude, qu'avec des nacelles aussi légères, aussi frêles que des pirogues creusées dans un tronc d'arbre, quelques hommes réussissent à traîner, l'espace de quatre à cinq lieues, une masse énorme, & parviennent à l'echouer sur une plage où ils puissent la dépecer. On ne pourroit croire qu'il fût donné à des hommes d'exécuter, avec le seul secours de leurs bras, ces grands travaux. Il semble que la nature, en affectant particuliérement la baleine aux mers froides qui baignent les terres boréales & australes, ait voulu dédommager & consoler ces contrées malheureuses, auxquelles elle a refusé la fertilité, en douant leurs habitans, à un degré superieur, du courage & de la dextérité nécessaires pour attaquer & vaincre l'animal qui doit fournir à une partie de leurs besoins, & que sa masse imposante & son agilité redoutable sembloient mettre à l'abri des entreprises d'un ennemi comparativement aussi foible que l'homme.

Comme, malgré les ADDITIONS précédentes dont le capitaine *Marchand* nous a fourni les matériaux, & que nous avons cru devoir faire à la description raisonnée de la côte nord-ouest que nous avons tirée du troisième *Voyage de Cook*, il nous reste encore de grandes parties de la même côte que la Pérouse, Van Couver & les derniers navigateurs anglais ont visitées, & dont ils nous ont fait connoitre les sols, les productions & les peuplades, nous avons cru convenable de renvoyer ces détails précieux à notre Atlas, à l'article *Amérique* ; c'est là où nous nous proposons de donner un ensemble général de la *côte nord-ouest*, & particuliérement la concordance de toutes les dénominations que les différens navigateurs ont assignées aux mêmes parties de la côte, qui figureront dans nos cartes tracées à grands points.

CONJECTURE *sur l'origine des peuplades disséminées le long de la côte du nord-ouest de l'Amérique, &* VUES GÉNÉRALES *sous le rapport de la civilisation de cette côte & des deux Amériques.*

La côte occidentale de l'Amérique septentrionale, dont la connoissance est due aux dernières années du siècle dernier, mérite d'être considérée sous quelques points de vue généraux, en attendant que des recherches plus multipliées & plus approfondies nous aient mis à portée de l'examiner sous des

des rapports particuliers. Le rapprochement des notions que nous avons acquises sur la partie de côtes renfermée entre le 52ᵉ. & le 57ᵉ. parallèle, & sur les îles qui en dépendent, nous a conduits à former des conjectures sur la manière dont a pu se peupler cette portion de la côte occidentale de l'Amérique, & sur l'origine des diverses peuplades qui se trouvent aujourd'hui disséminées sur sa vaste étendue.

Les peuples qui habitent la côte nord-ouest ne se sont pas montrés dans un état de simplicité primitive : ils n'étoient même plus dans la première enfance de la vie sociale; car nous y avons trouvé des maisons à deux étages, où la combinaison de la charpente & la force des bois suppléoient ingénieusement à d'autres matériaux. Dans de petites îles, chaque habitation présentoit un portail qui occupoit toute l'élévation de la façade, & qui étoit surmonté de statues de bois en pied, & de figures sculptées d'oiseaux, de poissons & d'autres animaux. Nous y avons vu des temples, des monumens en l'honneur des morts, &, ce qui est également remarquable, des tableaux peints sur bois, de neuf pieds de long & cinq de hauteur, sur lesquels toutes les parties du corps humain, tracées séparément, se trouvoient figurées en différentes couleurs, dont les traits, en partie effacés, nous ont rappelé l'ancienneté de l'ouvrage & ces peintures emblématiques, qui tenoient lieu d'histoire écrite aux peuples du Mexique. Tous les meubles à l'usage des naturels ont paru chargés d'ornemens divers & de ciselure en creux, en relief, qui ne sont pas dépourvus d'agrément & d'une sorte de perfection. On y a vu des habillemens recherchés, très-composés & très-variés, réservés pour les jeux, les fêtes, les cérémonies, les combats : enfin on y a trouvé des *sifflets de Pan* à onze tuyaux, & la harpe représentée dans quelques-unes de leurs sculptures.

Ainsi l'architecture, la sculpture, la peinture, la musique, se trouvent réunies & comme naturalisées parmi des hommes qui, sous d'autres rapports, se montrent encore dans l'état de sauvages.

Ce n'est pas en poursuivant les animaux des forêts que les Américains, qui aujourd'hui paroissent faire leur principale occupation de la chasse, ont pu acquérir l'idée d'une architecture composée. On peut donc conclure que le peuple livré à la chasse, chez lequel le goût de ces arts est dominant, n'a pas créé ces arts dans la solitude des bois; qu'il les a apportés d'ailleurs, & qu'il ne descend pas d'un peuple qui n'auroit été que chasseur.

Si l'on examine les habitans de la côte nord-ouest sous d'autres rapports, on reconnoîtra d'autres vestiges d'une civilisation ancienne : on trouvera, dans leurs langues parlées, une abondance de mots que les peuples sauvages n'ont pas : outre cela on a pu admirer, dans leurs constructions navales, une perfection qui, en petit, égale celle des nôtres, & dans le maniement de leurs bâtimens de mer une très-grande dextérité; dans tous les ouvrages de leurs mains, une recherche & un fini qui denotent une industrie anciennement perfectionnée : enfin l'idée qu'ils ont de la propriété nous porte à présumer l'existence d'une espèce de pacte social d'une très-ancienne date.

Si jamais nous parvenons à entendre les langues parlées sur les différens points de la côte, & peut-être dans ces concerts en parties qu'ils répètent en famille, découvrirons-nous quelque trace de leur origine; car la première histoire d'un peuple n'a été le plus souvent qu'un recueil de chansons.

S'il est vrai, comme tout semble le prouver, que l'Asie ait peuplé la côte occidentale de l'Amérique septentrionale; si l'on doit accorder quelque croyance aux traditions qu'avoient les Mexicains sur leur propre origine, & qui avoient été conservées avec soin, on pourroit croire que leurs ancêtres étoient venus d'un pays éloigné, situé au nord-ouest de leur Empire : ils indiquoient même les différens lieux où ces étrangers s'étoient arrêtés en avançant graduellement dans les provinces de l'intérieur; & c'est précisément la route qu'ils ont dû tenir, en supposant qu'ils vînssent du nord de l'Asie; car il est dit qu'en s'avançant au midi ils traversèrent d'abord le *Rio Colorado*, qui a son embouchure à l'extrémité du golfe de *la Californie*, & ensuite la *Gila*, qui est une branche du *Colorado*, & que ce dernier passage se fit dans un endroit où se voient les restes d'une grande construction qu'ils y avoient élevée.

En effet, la transmigration a dû commencer à s'opérer, comme nous l'avons dit, sur les parties du nord de l'Amérique occidentale, & bientôt, attirée insensiblement par l'accroissement successif de la chaleur, vers les lieux que le soleil éclairoit plus long-tems & fécondoit par son influence, une partie des Asiatiques a pu parvenir jusqu'aux fertiles plaines du Mexique, où la beauté du climat & la richesse du sol ont dû les déterminer à fixer leur demeure. Mais lorsque la terreur qui marchoit devant *Cortès*, chassa les Mexicains du centre de l'Empire vers les points de la circonférence opposés au cours des brigands dévastateurs, alors une partie des Américains dut se porter vers le nord-ouest plutôt que vers le sud-est, où les terres, très-resserrées entre les deux Océans, & occupées par des montagnes inaccessibles, offroient très-peu d'espace pour la fuite, & peu de ressources pour les besoins de la vie. Parvenus aux côtes que baigne la mer de l'ouest, ils se sont distribués sur cette lisière immense, où l'Océan, d'une part, & de l'autre les forêts, offroient un double moyen de subsistance, heureux de retrouver, dans les antiques forêts de leurs pères, un asile contre la tyrannie & l'esclavage.

Il ne feroit donc pas hors de vraisemblance que la côte du nord-ouest comptât trois espèces d'habitans : en première date, les Asiatiques du nord, qui sont restés dans les contrées voisines de la Mer glaciale; en second lieu, ceux qui ont pénétré plus avant jusqu'au Mexique; & en troisième date, les Mexicains dispersés & réfugiés sur la côte après la destruction de leur Empire. Mais si l'on peut en juger d'après les notions que nous avons acquises sur les parties de la côte du nord-ouest les plus voisines du Mexique, la dernière classe d'hommes paroît dominer sur les deux premières. Partout, comme on l'a vu, se montrent les traces d'une ancienne civilisation; tout indique que les hommes qu'on a rencontrés le long de la côte ont appartenu à un grand Etat, & semblent être les débris d'une grande société; & cette grande société ne peut être que celle formée par la réunion d'un nombre de hordes errantes d'abord, puis rassemblées sous un chef dans les plaines du Mexique.

C'est d'après ces considérations que M. de Fleurieu a attaqué la solution de ce problême, contre lequel il n'a trouvé que deux sortes de difficultés à résoudre : la première est la diversité des langues parlées sur la côte nord-ouest de l'Amérique, lesquelles, quoiqu'à de très-petites distances, diffèrent absolument les unes des autres. Par exemple, le langage de TCHINKITANÉ, comme nous l'avons fait voir, ne paroît avoir aucune affinité avec celui de NOOTKA, qui en est peu distant, ni même avec celui des îles de la REINE-CHARLOTTE, qui en sont encore moins éloignées; & l'on pourroit se croire fondé à conclure de cette différence, qui en général est un indice assez certain de la différence des origines, que les peuplades qui occupent ces trois points de la côte, quoique très-rapprochées aujourd'hui, ne doivent pas avoir eu une origine commune.

Cependant je considère d'abord que l'identité de langage peut bien prouver l'identité d'origine, mais que leur diversité n'est pas toujours une preuve que l'origine des peuples n'est pas commune. Si l'on parcourt le *golfe de Gascogne*, la côte occidentale de France, de *Brest à Bayonne*, on entendra parler trois langues qui n'ont entr'elles aucune similitude, le *bas-breton*, le *françois* & le *basque*. Voudroit-on en conclure que les habitans de cette côte n'ont pas une dernière origine commune?

On ne peut donc pas conclure de ce que les naturels de *Tchinkitané*, ceux des *îles de la Reine-Charlotte* & ceux de *Nootka* parlent des langues différentes, que les hommes établis aujourd'hui sur ces trois points ne proviennent pas du Mexique en dernière origine.

Car on peut croire que les réfugiés du *Mexique*, à leur retour dans leur ancienne patrie, ont entremêlé les nouveaux établissemens qu'ils formoient, avec d'anciens établissemens primitifs de la côte. Ils ont bien pu n'y rapporter aucun reste de la langue primitive, qui depuis long-tems avoit cessé d'être la leur. On sait que les peuples sauvages ont une langue très-grossière, très-circonscrite, & il est naturel de supposer que les premiers Américains du nord-ouest, qui venoient d'*Asie*, après avoir établi un grand Empire dans le Mexique, ont dû créer une langue & même plusieurs dialectes particuliers, dans lesquels les mots du premier langage qui ont pu s'y incorporer, ont dû se défigurer à tel point, qu'ils sont devenus méconnoissables pour les habitans primitifs de la côte, comme la langue primitive étoit devenue méconnoissable pour les réfugiés du *Mexique*, qui parloient les nouvelles langues.

M. de Fleurieu va plus loin : en s'appuyant du témoignage & de l'autorité du savant *Clavigero*, qui, dans son *Histoire du Mexique*, nous dit que, sur l'espace qu'occupoit l'Empire, on comptoit *trente-cinq idiômes absolument différens* les uns des autres, il soutient que, même en supposant que toutes les peuplades qui occupent actuellement la côte nord-ouest jusqu'au coude, & au retour du continent vers l'ouest, provinssent en dernier lieu du Mexique, il ne seroit pas étonnant que ces peuplades parlassent des langues différentes; car la transmigration a dû se faire principalement des provinces les plus éloignées du centre de l'Empire, de celles du couchant, du nord, même du midi. Or, il est vraisemblable qu'au Mexique les habitans des frontières ne parloient pas la langue de la capitale; & comme il y avoit dans l'Empire trente-cinq idiômes absolument différens, & qu'une très-petite distance suffit pour mettre une différence entière entre les langages de deux contrées d'un même pays, on ne peut douter que la diversité des langages, sur la côte nord-ouest de l'Amérique, ne soit plutôt une preuve en faveur de leur origine mexicaine & commune, qu'une objection contre cette conjecture.

C'est ainsi qu'on peut expliquer naturellement comment *Nootka* & *Tchinkitané*, quoique n'étant éloignés l'un de l'autre que d'environ cent quarante lieues, ont pu avoir des idiômes absolument différens, & comment aux îles de *la Reine-Charlotte*, quoique situées entre ces deux points, & n'étant séparées du continent que par un bras de mer qui n'a pas plus de vingt lieues de large, on a pu parler une troisième langue qui ne ressemble en rien, ni à celle de *Nootka*, ni à celle de *Tchinkitané*.

On pourroit croire que les Asiatiques transplantés, qui dans l'origine ont pu s'établir dans les îles, ont dû être moins portés à quitter la mer pour se répandre dans l'intérieur du continent, que ceux qui erroient sur d'autres points de la côte. C'est aussi dans une île, dans celle à laquelle appartient *Nootka*, que l'on trouve le langage qui paroît avoir le plus d'affinité avec la langue mexicaine. C'est par cette raison que *Nootka* a conservé la langue primitive des Asiatico-Américains, & que quelques mots en ont passé dans la langue principale du Mexique. Anderson, qui a dressé le vocabulaire de la langue de *Nootka*, dont le capitaine Cook a enrichi le journal de son troisième *Voyage*, nous dit qu'en rapprochant les mots de cette langue du petit nombre de termes mexicains qu'il a pu recueillir, il a reconnu entre les uns & les autres la conformité la plus frappante.

Il résulte de ce qui vient d'être dit, que si les diverses peuplades disséminées sur la côte *nord-ouest* de l'Amérique ne parlent pas la même langue, si leurs langages n'offrent même aucune similitude, on ne peut en conclure que la plupart ne sont pas venues du Mexique après la destruction de l'Empire, la différence des langages pouvant s'expliquer aisément dans cette hypothèse, puisqu'elle fortifieroit plutôt qu'elle n'affoibliroit la supposition de la transmigration du Mexique sur la côte.

On pourroit ajouter à ces moyens, qui expliquent la diversité des langues sur la côte nord-ouest, d'autres moyens qu'on tireroit de la communication que les naturels ont pu entretenir avec les nations qui occupent l'intérieur du continent; en sorte qu'on établiroit une ligne de démarcation qui a dû exister, quoiqu'en partie effacée par le tems, entre les hommes d'Europe, qui dans les siècles anciens ont peuplé l'Amérique par l'orient, & les hommes d'Asie, qui l'ont peuplée par l'occident.

Après avoir répondu à l'objection qu'on pouvoit tirer de la diversité des langues contre la transmigration des réfugiés du *Mexique* sur la côte occidentale de l'Amérique septentrionale, M. Fleurieu en présente une autre qui pourroit paroître mieux fondée, mais qui à l'examen disparoîtra fort aisément.

Comment, dira-t-on, les réfugiés du Mexique, habitués à jouir des avantages qui résultent de la formation des grandes sociétés, n'ont-ils pas cherché à former un nouvel Empire des débris du premier? On répond que les peuples des frontières de l'Empire du Mexique ayant été civilisés plus tard que ceux qui en formoient le noyau, les Mexicains qui peuplent aujourd'hui la côte, provenus de la lisière, ont dû revenir plus tôt à l'état sauvage. Dans cet état & dans un pays peu abondant en subsistances & en productions animales, les hommes ne cherchent point à se réunir en grands corps. Mais si l'homme sort difficilement de l'état de sauvage ou de dispersion, il est prompt à y revenir aussitôt que les liens de civilisation sont rompus. Trois siècles ont donc suffi pour que le Mexicain des frontières, repoussé par une irruption subite vers les forêts du *nord-ouest*, ait été rendu à l'état primitif & naturel, d'où une civilisation à peine ébauchée commençoit à le faire sortir.

L'état où s'est montrée la côte occidentale de l'*Amérique du nord* aux premiers voyageurs qui nous l'ont fait connoître, en ramenant nos pensées sur le Nouveau-Monde, nous conduit à jeter un coup d'œil rapide sur les deux Amériques, pour les considérer ensemble sous les rapports de la civilisation.

Quelques philosophes ont conclu de l'état physique de l'une & l'autre Amérique, que la formation de ce continent, à quelque cause qu'elle doive être rapportée, étoit beaucoup moins ancienne que celle du continent que nous habitons. La dénomination de *Nouveau-Monde* leur a paru, non-seulement indiquer le peu d'ancienneté de sa découverte, mais aussi s'appliquer à l'époque où plus anciennement elle a pu devenir l'habitation de l'homme. Comme j'ai combattu ci-dessus cette hypothèse, & que la connoissance de l'histoire naturelle la détruira sans doute par la suite, je ne m'attacherai pas à ce qui concerne cette partie du physique de l'une & l'autre Amérique. Les notions que nous avons acquises sur les peuples qui l'occupoient quand nous y abordâmes pour la première fois, ne me paroissent pas appuyer l'opinion qu'on s'est formée sur son peu d'ancienneté, comparativement avec celle que nous accordons à notre continent; car ce que nous savons sur l'origine de ces peuplades détruit tous ces raisonnemens hasardés.

Je me bornerai donc ici à ce qui a pour objet la civilisation de l'un & l'autre Monde, en suivant les vues générales que M. de Fleurieu a insérées dans le *Voyage du capitaine Marchand*, & qui termineront agréablement ce que nous avons dit sur la côte nord-ouest de l'Amérique septentrionale.

Si l'on ne veut pas récuser tous les témoignages de l'antiquité, on ne peut pas se refuser à croire que l'*Ancien-Monde*, quant à la civilisation, a eu son enfance & son adolescence, & qu'en l'observant dans sa marche progressive, on peut le considérer comme étant parveuu à l'âge mûr. Le *Nouveau-Monde*, comme l'ancien, devoit avoir ses périodes. L'Amérique, à l'époque de sa découverte, parut être dans l'enfance, si nous la considérons sous le rapport des peuplades qui l'habitoient. La plupart de ces peuplades étoient encore au point où nos ancêtres & ceux de toutes les nations aujourd'hui policées se trouvoient il y a environ quatre mille ans. Ce que les voyageurs & les historiens nous apprennent des habitans du Nouveau-Monde nous ramène à l'état de l'enfance où étoit l'homme de l'ancien. Dans les petites nations éparses on croit voir les premiers Egyptiens, hommes féroces & sauvages, ignorant les commodités de la vie & même l'usage du feu; dans les Pecherais de la *Terre de Feu*, les Grecs sauvages & vivant de feuilles d'arbres & d'herbes avant que *Pelasgus* eût enseigné à ces hommes à construire des cabanes, à se vêtir de la peau des animaux, à se nourrir de glands; dans la plupart des sauvages du Canada, les anciens Scythes enlevant la chevelure de leurs ennemis vaincus; dans plusieurs des nations du nord & du sud, l'habitant des Indes orientales, ignorant la culture, ne se nourrissant que de fruits, couvert de peaux de bêtes; *au Mexique* on peut reconnoître les Cimbres & les Scythes, enterrant avec le roi mort les officiers de la couronne tout vivans; *au Pérou*, comme *au Mexique*, & même chez les petites nations éparses, les druides, les jongleurs, les prêtres imposteurs & les hommes crédules; sur toutes les parties du continent & des îles qui en dépendent, on y voit les Bretons, les Pictes & les Thraces, hommes & femmes, se peignant le corps & le visage, se piquant la peau, & ces derniers condamnant leurs femmes à travailler à la terre, à porter de lourds fardeaux, & les chargeant des travaux les plus pénibles. Dans les forêts du *Canada*, dans le *Brésil* & aux environs, on retrouvera les Cantabres faisant subir la torture aux ennemis qu'ils ont faits prisonniers; enfin, partout l'Amérique offrira l'horrible spectacle des sacrifices humains.

Le tableau que le Nouveau-Monde présenta aux voyageurs de l'ancien, qui le découvrirent sous différens points, offrit donc tous les traits dont notre propre histoire nous fournissoit les anecdotes dans l'enfance de nos sociétés politiques. L'AMÉRIQUE devoit avoir aussi son enfance, parce que la nature y auroit eu ses différens âges & ses périodes marqués : déjà même des portions de cette vaste terre commençoient à sortir de la barbarie qui caractérise l'enfance des nations; déjà au PÉROU *Manco-Capac*, & au MEXIQUE les prédécesseurs de *Montezuma*, étoient parvenus à réunir un grand nombre de hordes errantes, à les fixer dans des villes, à leur donner un culte & à leur faire reconnoître & aimer l'empire des lois. Bientôt on eût vu les *Otomies* retirés dans les montagnes que le MEXIQUE avoit pour bornes, où le produit de la chasse & les racines sauvages soutenoient leur existence : on les eût vus, dis-je, successivement descendre de leurs montagnes inaccessibles à tous autres, & attirés par les douceurs de la vie dont jouissoient les hommes de la plaine, adopter les mœurs & les usages du grand peuple dans lequel ils seroient venus s'incorporer.

L'Empire du *Pérou*, fondé comme celui du *Mexique*, & constitué sur des principes peu différens, en suivant la pente naturelle & le cours des fleuves, eût poussé des branches de population vers l'Orient, & de proche en proche il eût atteint ces farouches Brasiliens : ainsi un troisième Empire se fût élevé entre les grands fleuves du *Maragnon* & de la *Plata*; & dans le même tems que l'Empire du *Pérou*, en se prolongeant par le nord-est jusqu'au golfe des Antilles, eût communiqué avec ces îles fertiles; celui du *Mexique* eût versé le superflu de sa population sur les pays situés au nord & à l'est de son territoire, &, en remontant le *Mississipi*, eût pu s'étendre jusqu'aux grands lacs & au fleuve du *Canada*. On peut présumer, par analogie, que les habitans des contrées boréales & australes auroient successivement reflue dans les zônes tempérées & vers les lisières de la zône torride; & que si ceux qui se trouvent disséminés sur la grande terre de l'*Amérique septentrionale* & aux extrémités de la *Terre magellanique* n'eussent pas abandonné les contrées où ils étoient nés, pour se porter sur les frontières du *Mexique* d'une part, & de l'autre sur celles du *Brésil* & du *Pérou*, ils eussent continué à végéter sur le sol qui les nourrit, comme les petites nations qui, dans l'ancien continent, occupent les parties de l'Asie & de l'Europe, situées dans le voisinage du cercle polaire arctique, les Tschukschis, les Samoyèdes, les Lapons.

Mais l'arrivée des Européens a arrêté la nature dans sa marche, & a condamné l'Amérique à vieillir dans une longue enfance. La raison & l'humanité se révoltent également quand on se rappelle que, par notre fait, un grand nombre de nations ont disparu de dessus la surface de la terre qu'elles devoient partager avec nous; & l'on s'étonne que les conquérans qui ont dévasté le Nouveau-Monde, n'ont pas introduit chez les peuples qui ont survécu à la destruction des autres, un régime vraiment social, qui auroit réparé une partie des maux qu'avoit causé leur conquête!

Mais l'Européen, en détruisant les hommes du Nouveau-Monde, n'a cru pouvoir remplir le vide immense qu'il avoit fait, qu'en introduisant des aventuriers que leur patrie avoit rejetés de son sein, & en combinant avec ces élémens impurs quelques milliers d'hommes noirs, achetés sur les sables d'*Afrique*, qui ont apporté sur un sol étranger l'horreur du travail qui leur est naturelle : telle est l'espèce de population qui a remplacé les pertes qu'avoit faites l'une & l'autre Amérique. Ce n'est pas avec de nouveaux principes de destruction que cette moitié de la terre pourra reparer ses pertes & se regénérer. Les maîtres du Nouveau-Monde sont trop forts contre le foible Américain, pour qu'il puisse par lui-même briser le joug qui l'opprime, & qui s'oppose constamment & invinciblement aux progrès de la civilisation.

Si jamais il s'opère une révolution en faveur de l'*Amérique*, ce ne peut être que par des Européens devenus Américains, comme nous l'avons vu par rapport aux *Etats-Unis* : eux seuls peuvent lui rendre les avantages que, par l'étendue de son territoire, par ses fleuves navigables & les plus grands du globe, par la varieté de ses productions indigènes, par ses métaux précieux, ses diamans, ses perles, funestes présens de la nature, elle devoit avoir dans la balance politique du globe, comme elle l'a dans la balance physique.

Mais en attendant que l'Amérique prenne le rang que la nature lui avoit marqué, la côte du NORD-OUEST, échappée jusqu'à present aux orages qui ont bouleversé l'interieur du continent, nous ouvre une voie de faire le bien pour compenser en partie tout le mal que nous avons fait. Ignorée pendant trois siècles à côté d'une terre qui

qui ses enfans détruits par le fer des étrangers venus de l'orient, ou réduits en esclavage & succombant dans les mines sous le poids du travail, cette côte privilégiée a dû son indépendance à son obscurité : sa situation à la limite occidentale de l'Amérique septentrionale, l'âpreté de son climat, l'heureuse privation des métaux dont l'Européen avide, le caractère de ses habitans, le genre de ses productions, qui ne sont que les produits de la chasse ou de la pêche, tout semble aujourd'hui lui assurer le maintien de sa liberté. Mais sans attenter à un bien dont elle doit être si jalouse, ne pourroit-on pas introduire, parmi les peuplades qui l'habitent, le goût & la pratique des arts utiles? leur enseigner l'usage des instrumens de la culture? naturaliser, sur un sol qui n'attend que les bras de l'homme pour rendre utile sa fécondité, les productions qui enrichissent d'autres parties de la terre, situées sous les mêmes latitudes? établir les vrais principes de l'ordre social? acquitter enfin envers l'humanité la dette des nations qui ont devancé les autres en civilisation, & ajouter ainsi de nouveaux peuples au genre humain?

AMÉRIQUE MÉRIDIONALE.

Cette partie du nouveau continent se distingue surtout par ses vastes plaines & par ses terrains élevés, connus sous le nom de *Cordillières* : ces montagnes forment des masses si considérables, qu'il semble que ce soit le fragment d'un monde ajouté à un autre. Dans ces deux parties, le sol, les saisons de l'année, la température, les végétaux, les animaux, tout annonce des différences très-frappantes. Ici c'est le plus beau printems; à peu de distance règne un hiver rigoureux. Le sol produit des plantes & des arbres qui n'ont aucun caractère de ressemblance avec les plantes & les arbres qu'on trouve à quinze ou vingt lieues plus loin. Enfin les fruits, les quadrupèdes, les oiseaux, offrent les mêmes contrastes. Saisissons maintenant les diverses causes d'effets si disparates.

Tous les terrains de la terre ne sont pas dans les mêmes rapports, tant à l'égard de leur position qu'à l'égard de la nature du sol : il est des contrées plus basses, d'autres élevées, & enfin quelques autres très-élevées, en comparaison de ces deux sortes de terrains. De toutes ces gradations différentes résulte la variété des températures, qui sont les causes de tous les effets dissemblables que nous venons d'indiquer.

C'est principalement dans la partie de l'Amérique méridionale & occidentale qui nous occupe, qu'on remarque, d'une manière plus frappante, le phénomène de l'inégalité des terrains, & en conséquence celui de la disparité dans les climats & dans les productions; de sorte qu'on a deux contrées à considérer dans une seule. Tout le pays qui règne le long de la mer du sud est bas & plat, formant une espèce de bordure qui s'étend depuis Choco, à 7 ou 8 degrés au nord de l'équateur, jusqu'au 26e. ou 28e. degré au sud de la ligne. La largeur de cette bordure est de huit à vingt lieues, se rétrecissant plus dans certains endroits que dans d'autres. Dans la ligne où finit cette bordure plate & basse commence à s'élever insensiblement la masse des Cordillières, dont les cimes sont si hautes, que sous l'équateur elles sont couvertes de neige, & se perdent dans les nues. Ces masses pyramidales paroissent établies sur une base qui est coupée par des vallées que les eaux qui s'échappent de ces hauteurs ont creusées, & au milieu desquelles elles coulent.

Cette contrée, supérieure aux autres terrains, s'étend, dans toute la longueur de cette partie de l'Amérique, sur trente à cinquante lieues de largeur : c'est là que les chaînes de montagnes, d'abord si prodigieusement élevées, ou plutôt leur base, s'abaissent pour former un autre pays bas, qui s'étend du pied de ces montagnes jusque vers les côtes orientales, dans le Bresil & la Guiane; c'est là que se trouvent aussi ce que l'on nomme les *montagnes des Andes*; car à partir des Cordillières on rencontre, en beaucoup d'endroits, des inégalités & surtout d'épaisses forêts. On voit, par ces détails, que cette partie de l'Amérique méridionale présente une bande de terrain sensiblement plus élevée que tout le reste, & même que toutes les autres contrées habitées du globe : cette grande élévation a été constatée par des mesures très-précises, qui ne permettent pas d'en douter.

On voit aussi, dans cette partie haute de l'*Amérique méridionale*, des chaînes de montagnes détachées des premières, & qui s'élèvent à des hauteurs considérables, comme celles qu'on rencontre dans plusieurs contrées de l'Europe; & s'il y a, dans la partie haute qui sert de base à ces montagnes, des royaumes & des provinces fort peuplés, on y voit aussi de vastes contrées très-froides & entièrement désertes. Ces pays sont si différens des contrées inférieures, qu'on n'y trouve aucun caractère de ressemblance; ce qui doit être nécessairement, puisque la différence des climats & de la température fait varier, non-seulement l'aspect du sol, mais encore surtout les productions. Pour donner une idée de tous ces ordres de terrains, il suffit de dire que la partie haute, habitée, est à quatre mille cinq cent trente-six vares au dessus des terrains qui bordent la mer du sud, pendant que les cimes des montagnes qui s'élèvent sur cette même base élevée ont plus de six mille six cents vares au dessus de ces mêmes terrains, je veux dire que les cimes des montagnes surpassent les plaines habitées, qui sont à leur pied, d'environ deux mille soixante-trois vares.

On peut donc établir trois ordres de gradations différens pour les terrains de l'Amérique méridionale : le premier est celui des terrains bas, voisins de la mer; le second, celui de la masse qui sert de base aux Cordillières; enfin le troisième, celui des cimes qui pyramident sur cette base élevée.

Le sable domine dans les terrains bas du bord de la mer, & même sur une largeur considérable: on y voit aussi quelques parties de terres marécageuses. Comme ces basses contrées ont des collines ou montagnes dispersées çà & là, il s'y trouve des carrières & des terrains de différente nature, de même que dans les autres pays qui ont une certaine étendue. La partie haute, prise en totalité, a pareillement d'assez grands terrains sablonneux, d'où l'on doit conclure que les grands pays couverts de sables ne sont pas toujours dus au voisinage de la mer. La terre haute s'élève & s'étend en se différenciant peu de la basse, se portant, depuis les parties qui correspondent aux côtes de Caraques, de Sainte-Marte, de Carthagène, au Choco & même jusqu'au détroit de Magellan. Mais on remarque aussi cette circonstance, que, comme la partie la plus large de l'Amérique se trouve sous l'équateur & les degrés de latitude adjacens, de même la partie la plus élevée a plus de largeur dans ces parages: toutes ces parties se rétrécissent à mesure qu'on avance vers le sud. Il est encore un autre phénomène remarquable, c'est que, depuis le 30e. degré de latitude sud, jusqu'au détroit de Magellan, les climats correspondent aux changemens de la zône tempérée pour la division de l'hiver & de l'été. La partie haute, depuis ce point, peut être regardée comme une chaîne de collines, qui s'abaissent & se rétrécissent à proportion qu'elles se portent plus vers le détroit de Magellan. Par cette disposition toute cette partie de l'Amérique méridionale se trouve dans un rapport exact avec les autres parties du Monde, autrement elle eût été inaccessible pendant les froids de l'hiver, qui y auroient été excessifs. En effet, si les terrains qui sont sous l'équateur éprouvent un très-grand froid, à cause des hautes montagnes dont les cimes sont constamment couvertes de neige, à plus forte raison les terrains situés sous la zône tempérée éprouveroient-ils un plus grand froid encore si deux causes s'y réunissoient pour le produire; savoir: l'élévation des masses au dessus du niveau de la mer, & l'obliquité des rayons solaires. Il s'ensuivroit que les neiges & les frimats y seroient continuels, & n'admettroient pas l'alternative de l'été. Si donc les chaînes de montagnes qu'on voit dans les provinces situées entre les tropiques sont praticables en tout tems, celles qui sont au-delà du 30e. degré de latitude sud ne doivent plus l'être en hiver, à cause des neiges qui couvrent ce sol.

Dans la partie élevée de l'Amérique, la base des montagnes est coupée par de vastes profondeurs ou vallées qu'on nomme *Quebradas*; c'est l'espace que laissent entr'elles les plaines hautes & les montagnes qui sont séparées les unes des autres. (*Voyez* les articles QUEBRADAS, ANGARAEZ, GUANCAVELICA.)

On peut voir, par tous les détails qui concernent les *quebradas*, & par ce que nous avons dit ci-devant, à quelle élévation est la partie haute & montagneuse de l'Amérique, relativement à la partie basse, & quelle est la profondeur des *quebradas* elles-mêmes; car elles ont, comme nous l'avons remarqué, mille sept cent soixante-neuf vares de profondeur perpendiculaire, & même davantage; & malgré cela elles ont assez de surface & de largeur pour fournir un local propre à des habitations nombreuses & fort peuplées, où les hommes trouvent toutes les denrées nécessaires à la vie. Parmi ces *quebradas* il en est de plus étendues & de moins profondes que les autres. (*Voyez* les articles PEROU, QUITO, PARAMOS, PUNA.)

CONSIDÉRATIONS sur les terrains plats, bas & élevés des deux Amériques.

Si nous quittons maintenant les Cordillières, dont nous venons de nous occuper, & que nous considérions les contrees qui, voisines de l'équateur, se prolongent dans la partie du nord, nous trouverons une différence très-remarquable avec quelques caractères de ressemblance assez frappans.

Les terres sont plates & basses dans les environs de Guayaquil, dont la baie est située à 2 degrés 11 minutes 21 secondes de latitude australe. Le fleuve qui se jette dans cette baie, & qui porte le même nom, est un des plus considérables des côtes de la mer du sud. Dans le tems des pluies, que l'on y appelle l'hiver, les terrains y sont inondés à plusieurs lieues de distance de ses bords: ces inondations commencent en décembre, lorsque le soleil est au tropique du capricorne; & c'est la situation du pays qui en est la cause, car les rivières n'ont pas de pente sensible: grossies par les eaux des pluies, elles sortent bientôt de leurs lits, &, pour peu qu'elles surmontent leurs rives ou leur niveau ordinaire, cela suffit pour que la terre soit couverte, comme je l'ai dit. On est donc obligé de faire route à cheval, & de prendre avec soi des guides expérimentés. Mais l'eau n'est jamais plus haute dans un endroit que dans l'autre. La terre est couverte d'un grand nombre d'arbres qui, par le moyen de l'humidité & de la chaleur, croissent rapidement, & sont bientôt garnis de tout leur feuillage. On ne remarque pas la même égalité dans la partie des autres terrains bas, qui sont plus loin vers le sud: ils y sont aussi un peu plus élevés; ce qui les empêche d'être pareillement inondés. En général, c'est un sol sablonneux; le plus ou le moins d'élévation du sol & la nature du sol sont des circonstances qui les différencient.

Les hautes Cordillières se prolongent presque jusque dans le voisinage de la mer du sud, le long des côtes qui s'étendent de Cumana à Porto-Bélo, & tournent autour de la baie de Honduras. Mais dans la contrée où elles finissent, jusqu'au bord même de la mer, le terrain est bas à une assez grande distance, & en partie exposé aux inondations, & en partie assez élevé pour en être totalement garanti. Néanmoins les terrains qui avoisinent les grandes rivières, telles que l'Orenoque, la Madelaine, le Sinu, le Choco, forment des plaines de plusieurs lieues d'étendue, dont les côtes commencent par des côtes très-basses, qui conservent à peu près le même niveau. Pour peu qu'on ait observé les grandes rivières, surtout vers leurs embouchures, on voit qu'elles ont contribué à donner plus d'étendue aux continens avec les limons & les autres matières qu'elles transportent pendant leur cours, & qu'elles déposent sur tout le long des bords de la mer, qui avoisinent leurs embouchures, de sorte que, par ces dépôts, les eaux de la mer se trouvent de plus en plus éloignées. C'est par ce travail continuel des eaux courantes que la partie la plus voisine de la mer est la plus basse, & qu'à la distance de quelques lieues les terres s'élèvent un peu au dessus de ce niveau. Au reste, il est aisé de reconnoître ces différentes sortes de terrains, tant par la nature des matériaux, que par leur disposition & leur arrangement. Il est constant, au reste, que les grands fleuves de cette partie du Monde traversent, avant d'arriver à la mer, de vastes contrees très-plates & très-régulières, dont les niveaux sont si bas qu'elles se trouvent bientôt submergées à la moindre crue de ces eaux courantes.

Il en est de même des contrées orientales de cette partie de l'Amérique, depuis l'Orenoque jusqu'à la rivière de *la Plata*. La partie haute de cette contrée est environnée d'une vaste circonférence de terrains bas, qui s'étendent fort loin; car ils correspondent exactement aux plaines de Buenos-Ayres, ainsi qu'à celles du Paraguay & du Tucuman, qui sont si vastes. Mais tous ces pays, étant fort éloignés de la mer, ne sont pas inondés, parce qu'ils ont un certain degré d'élévation.

L'île de Curaçao s'élève en forme de pain de sucre: celle de la Jamaïque est composée d'une chaîne de montagnes assez élevées; mais comme elle n'est pas loin de Cuba, les terrains qui avoisinent la mer au sud sont fort bas & fort plats; aussi sont-ils en grande partie couverts d'eau lorsqu'il survient quelque pluie d'orage. L'île Saint-Domingue est composée, en grande partie, de terrains élevés & même escarpés à l'ouest. On trouve les mêmes inégalités dans les autres îles du golfe du Mexique, quant à la forme & à la nature du terrain. (*Voyez* les articles de ces îles, ANTILLES, &c.)

La Floride & les terrains qui s'étendent au-delà vers le nord, en y comprenant la Nouvelle-Angleterre, jusqu'au fleuve *Saint-Laurent*, sont en général des pays plats. Ces terrains s'étendent sous cette forme à plusieurs lieues dans l'intérieur du continent, jusqu'aux montagnes des Apalaches, qui vont du sud au nord, & qui sont séparées d'environ vingt-cinq à trente lieues des côtes de la Virginie & de la Caroline. Les terrains qui répondent au golfe du Mexique, dans toute sa circonférence, sont bas & plats. Les pays elevés sont en général éloignés de la mer, & les pays bas se présentent tellement le long des côtes de la mer, qu'ils semblent en sortir: il y en a même beaucoup qui se trouvent submergés à de très-grandes distances lorsque la marée monte, & qui ne sont à découvert que quand la mer s'est retirée. C'est ce qui arrive ordinairement à la Havanne, du côté qu'on appelle *les Cayes*; mais cette disposition des terrains se remarque plus sensiblement dans la baie de Pensacola & à la Louisiane. Les terrains sont si bas à l'embouchure du *Mississipi*, qu'il y en a une grande partie sous l'eau, de sorte qu'on ne peut les distinguer que par les joncs qui s'élèvent au dessus; c'est ce qui en rend d'un difficile abord toutes les côtes voisines. En effet, la mer les couvre totalement, & il est impossible de les distinguer de loin. D'autres terrains se trouvent sous l'eau à marée montante, & au dessus lorsque la mer est retirée; ce qui se remarque jusqu'à quinze lieues dans l'intérieur des terres. Il y a même si peu de différence dans le niveau des terrains, depuis cette limite, en remontant le fleuve, que les habitans n'empêchent les crues d'eau d'inonder le pays totalement, que moyennant les digues de terre qu'ils élèvent à la hauteur la plus considérable où les eaux peuvent monter, suivant l'expérience qu'ils en ont.

La même chose arrive, à peu de différence près, dans les pays que ce fleuve parcourt au nord au-delà des cinq cent cinquante lieues connues de son cours. Néanmoins il est facile de voir que les pays s'élèvent à proportion qu'ils sont éloignés de la mer. D'ailleurs, la pente du fleuve, quelque foible qu'elle soit, prouve une certaine élévation dans les terrains: aussi ne sont-ils pas, à mesure qu'ils s'éloignent des côtes, si sujets à être submergés, quoique les eaux s'élèvent, à marée montante, presqu'à la hauteur des digues.

Il en est de même du vaste espace qui s'étend à l'ouest & au nord; ce sont de grands pays plats, coupés par des rivières qui, réunies à d'autres, vont enfin se jeter dans le *Mississipi*, & dont la surface est parsemée de quelques montagnes isolées, qui n'ont pas de suite. Ces plaines s'étendent de la même manière au sud, où elles vont rencontrer les montagnes de l'Amérique septentrionale, dont la chaîne se porte jusqu'à la mer de Californie & aux pays qui sont au nord de celle-ci. Ainsi on trouve, dans ces contrées, plusieurs centaines de lieues de plats pays, depuis les Apalaches jusqu'aux montagnes occidentales de cette partie de l'Amérique.

En conséquence, on peut considérer l'espace qui s'étend depuis le 25e. degré de latitude nord, comme divisé en deux parties; savoir: la première, la plus étendue, du sud au nord, & de l'est à l'ouest, comme renfermant de vastes terrains bas & plats, coupés par un grand nombre de rivières, & parsemés de montagnes isolées; la seconde, celle qui correspond à la mer occidentale de Californie, renfermant des terrains élevés, qui sont les royaumes de la Nouvelle-Espagne, de la Nouvelle-Galice & de la Nouvelle-Biscaie. Quoique ces contrées soient fort étendues, on ne peut cependant les comparer avec celles qui, depuis ces montagnes occidentales, se prolongent jusqu'à la chaîne des Apalaches, au-delà du *Missisipi*, & depuis la partie orientale des Apalaches jusque vers l'Océan, le long des côtes de la Nouvelle-Angleterre.

Il est vrai qu'on ne connoît pas cette partie de terrains élevés, qui s'étendent jusqu'à la mer de Californie; ainsi on ne peut dire à quel point elle s'élève au dessus du niveau de la mer, ni quelle est sa largeur de l'est à l'ouest. Il paroît, au reste, que ces hauts pays sont la continuation de l'Amérique méridionale, & qu'après en avoir occupé le milieu dans la direction du sud au nord, jusque près des côtes des Caraques, de Sainte-Marte, d'une partie du Dariel, ils se resserrent, se continuent dans le royaume de Terre-Ferme, à travers l'isthme de Panama, où ils se réduisent à une chaîne étroite de montagnes. En poussant plus loin, dans le royaume de Guatimala, on voit les terrains prendre une plus grande largeur à mesure qu'ils s'élèvent, & se continuer ainsi par les provinces du royaume de la Nouvelle-Espagne, pour se perdre enfin dans les pays du nord de cette partie de l'Amérique septentrionale, que l'on ne connoît pas non plus; car on n'y a fait encore aucune découverte.

En général, on peut dire que, dans cette partie de l'Amérique septentrionale, il y a beaucoup plus de terrains bas que de pays elevés; ce qui n'a pas lieu dans la partie de l'Amérique méridionale, malgré les vastes plaines qui s'étendent de Buenos-Ayres au Tucuman, & du côté des grandes vallées qui reçoivent l'Orenoque, le Maragnon & les rivières qui se jettent dans l'Amazone. Nous avons fait connoître les contrées élevées, qui dominent toutes ces plaines dans l'Amérique méridionale. (*Voyez* PEROU, MARAGNON, &c.)

On ne connoît ni l'origine du *Missisipi* ni le cours qu'il fait jusqu'au 43e. degré de latitude nord; mais autant qu'on peut le présumer des rapports des nations indiennes, il est probable qu'il vient de l'ouest, & qu'il prend sa source dans la chaîne de montagnes qui se portent vers la mer au-delà de la Californie. Quoique ces pays ne soient pas éloignés des provinces de la Nouvelle-Espagne, on ne les a encore ni reconnus ni décrits exactement.

Les pays où l'on a le moins poussé les découvertes, dans le Pérou, sont les pays plats qui s'étendent depuis le pied des Cordillières jusqu'à l'Océan. Entre ces pays & le Brésil il y a de vastes contrées dont les habitans sont des peuples si barbares & si grossiers, qu'ils n'ont aucune sorte de civilisation. On connoît, au contraire, les vastes plaines de l'Amérique septentrionale, qui s'étendent depuis les côtes de l'Océan, dans la Nouvelle-Angleterre, jusqu'aux montagnes des Apalaches, puis de là reprennent jusqu'au fleuve *Missisipi* pour aller joindre ensuite les Cordillières de la partie occidentale. Mais les autres contrées qui confinent à ces plaines & à la Nouvelle-Angleterre, jusqu'à la latitude du Canada, ne sont pas plus connues que les plaines du Pérou, qui sont entre l'Orénoque & le Maragnon; & les vastes contrées qui sont entre ce dernier fleuve & la Rivière Grande, en suivant jusqu'à Buenos-Ayres & même plus loin vers le sud.

Les pays montagneux des *Andes* de l'Amérique étoient habités par des nations civilisées à un certain degré, lorsqu'on y pénétra pour la première fois; c'est ce qui en rendit la conquête plus facile. Mais comme les plaines qui s'étendent depuis ces contrées là jusqu'au Bresil sont habitées par des nations barbares, c'est pour cela qu'on n'a pas trouvé des moyens faciles de les reconnoître & de s'y établir; en un mot, de former quelques liaisons de commerce avec elles. Il en est de même des pays montagneux qui sont au nord: les uns & les autres resteront dans cet état jusqu'à ce que les missions portugaises & espagnoles, par des progrès insensibles, ouvrent quelques voies de communication, de manière à connoître le caractère des habitans de ces contrées, les animaux, les plantes & les autres productions du sol & du climat, qui peuvent intéresser les Européens: ensuite les débouchés pourroient s'ouvrir de toutes parts, en perfectionnant la navigation de l'Amazone & des belles & grandes rivières qui se rendent dans l'égoût général des eaux de ce vaste pays.

Température de l'Amérique méridionale.

La température de cette bande de terrains bas, qui s'étend le long de l'Amérique méridionale vers la mer du sud, mérite d'être exposée ici avec toute l'exactitude qui convient aux phénomènes singuliers que l'on y observe.

On voit, au sud-est de Lima & à trente-quatre lieues & demie de cette capitale, une longue vallée qui se prolonge entre deux côtes, & que l'on connoît sous le nom de *las Capillas*. Quoiqu'on n'en ait pas fixé la latitude, on peut la déterminer par celle de Lima, & la fixer ainsi à 13 degrés, à peu de différence près. En 1758, le 23 octobre, le thermomètre exposé à l'air marquoit 11 degrés 18 minutes à deux heures après midi. Il faut observer ici deux choses: premièrement, que le soleil se trouvoit presqu'au zénith de cette contrée, passant au tropique du capricorne; secondement, que cet endroit est une vallée bornée par deux rangs de collines, où la chaleur est ordinairement

rement plus forte que dans des pays découverts. Néanmoins ces observations prouvent l'état modéré de la température de cette contrée.

En 1754, depuis le 8 octobre jusqu'au 23 du même mois, le thermomètre, placé à l'ombre au hameau de *Bellevue*, près des ruines de Callao & dans une salle spacieuse, marqua constamment 15 à 16 degrés à cinq heures du matin. La plus grande différence se trouva d'un degré; savoir, depuis onze heures jusqu'à deux heures après midi: cette différence légère ne vint que du tems, qui fut couvert de nuages. On éprouva presque tous les jours les *garuas* d'hiver; ces *garuas* sont des pluies fines ou plutôt des brumes qui se réunissent & se précipitent. Alors le soleil ne se montroit que dans des intervalles très-courts, & restoit découvert une ou deux heures au plus: ensuite il se déroboit sous les nuages qui couvroient uniformément toute l'étendue de l'atmosphère. Il est clair que ce fut pendant que le soleil se montroit, qu'on sentit une augmentation de chaleur, & qu'il y eut cette petite différence d'un degré au thermomètre.

Depuis le 23 octobre jusqu'au 5 novembre, le thermomètre monta d'un degré & même d'un degré & demi dans le moment le plus chaud de la journée; de sorte qu'à cinq heures du matin il se trouvoit à 16 degrés ou 16 degrés & demi, & à 18 ou 18 & demi à deux heures après midi: l'atmosphère étoit cependant chargée de nuages élevés & contigus, qui cachèrent le soleil pendant la plus grande partie de la journée; les nuages ne se dissipoient que depuis dix heures ou dix heures & demie, jusqu'à deux heures & demie après midi, & l'on sentoit alors un certain degré de chaleur.

Les mois d'octobre & de novembre sont le printems: on commence même à le sentir dès le mois de septembre: cette différence de saison vient de la circonstance où se trouve l'atmosphère, qui est couverte de nuages. Il est évident qu'il y a pour lors un voile devant le soleil, qui ne permet pas à ses rayons de pénétrer jusque sur la terre: cette obscurité persistant toute la journée lorsque le voile ne se déchire point, il en résulte le degré de chaleur qui a été spécifié, sans qu'aucune autre cause le porte plus haut pendant le jour ou la nuit. Voilà pourquoi il y a seulement cette petite différence du matin; car l'air est alors plus frais, relativement à toutes les autres parties du jour. Si la chaleur se trouvoit un peu plus grande à *las Capillas*, il est visible que c'est parce que cette vallée est fermée, & que le thermomètre y est plus exposé au soleil.

Nous verrons à l'article de la *Louisiane*, que le printems commence en mars à la Nouvelle-Orléans, comme dans l'hémisphère septentrional avril & mai sont les mois qui correspondent à ceux dont il a été question à *Bellevue* & à *las Capillas*. En 1758, depuis le 20 avril, la chaleur fut de 17 degrés & au-delà à la Nouvelle-Orléans, vers six heures du matin, & de 21 degrés à trois heures après midi. Le thermomètre y étoit dans la même exposition qu'à *Bellevue*. Or, la Nouvelle-Orléans se trouve à 30 degrés & demi, & *Bellevue* à 12 degrés de latitude sud. La chaleur étoit plus grande de 5 degrés à la Nouvelle-Orléans, variant de 4 degrés du matin à midi, avec cette différence que le soleil se trouvoit, en avril, à 18 degrés & demi du zénith de la Nouvelle-Orléans, & en octobre à 1 degré & demi seulement de celui de *Bellevue*.

Il faut donc nécessairement recourir à ces observations & à l'expérience pour se convaincre d'une disparité si remarquable: elle paroît en effet très-contraire à l'ordre régulier de la nature & aux règles qui s'y trouvent généralement établies. On peut faire ici cette comparaison: qu'un homme se trouve près d'un grand feu, mais ayant devant lui un corps interposé, sans doute il en sera moins affecté que celui qui en seroit plus éloigné sans être garanti de ses effets par un semblable corps. Il en est de même ici à l'égard des opérations de la nature: elle interpose, dans le tems convenable, un voile qui empêche les rayons du soleil de pénétrer jusqu'à la surface de la terre, ou d'y faire une trop forte impression en modérant ainsi la chaleur au premier instant qu'il passe par le zénith de cette contrée, faveur que la nature a refusée aux autres. C'est ainsi que la sage prévoyance de la nature arrête l'effet régulier des rayons du soleil, dont la projection plus ou moins directe est la première cause de la chaleur plus ou moins grande. Or, comme nous l'avons dit, ce phénomène a lieu dans toute cette bande de terrains bas, qui se prolongent depuis le 3e. degré de latitude sud, jusqu'au tropique du même hémisphère, & même dans toute leur largeur, à peu de différence près. Après tous ces détails, si nous passons au Pérou, nous verrons la différence qu'il y a entre la température des hauts & bas pays de cette contrée. On y remarque, dans ces différentes positions de terrains, des phénomènes aussi singuliers que ceux dont nous avons parlé. Ainsi l'on verra que les grands froids de la Nouvelle-Orléans sont analogues à ceux qu'on éprouve dans d'autres contrées à une plus haute latitude, & les mêmes que ceux du milieu de la zône torride, entre l'équateur & le tropique du capricorne, tandis qu'au contraire on éprouve, dans ces mêmes contrées, des chaleurs si grandes, qu'on est comme suffoqué. Tous les pores se dilatent, toutes les forces s'abattent, & cela dans de si courts intervalles, qu'on pourroit les traverser en un jour sans forcer aucunement la marche. On y a donc presqu'en même tems deux températures contraires: de là il résulte que les ressorts du corps, passant rapidement par les degrés intermédiaires, se dilatent & se resserrent nécessairement pour se mettre à l'équilibre qui leur convient.

Les températures de ces deux contrées opposées y sont dans les mêmes rapports. Les habitans n'y déterminent pas les saisons: voilà pourquoi on appelle l'été, dans la partie haute, le tems pendant lequel il ne pleut pas, sans s'inquiéter si c'est pendant qu'il gèle ou qu'il fait plus froid, & par la même inconséquence on y appelle hiver le tems pendant lequel il pleut, quoique le soleil y suive alors son cours dans cet hémisphère.

L'été commence en mai dans la partie haute, & c'est alors qu'on est près de l'entrée de l'hiver dans la partie basse : il dure jusqu'en novembre dans la première, & dans la seconde c'est alors que cessent les *garuas* ou brumes, & que se dissipent l'obscurité & ce rideau de nuages, qui cachoit le soleil & y faisoit l'hiver. Cette saison de l'été commence en décembre dans la partie haute, & c'est alors que le soleil, dégagé de l'obscurité, communique sa chaleur à la terre dans l'autre partie. Ainsi quand la partie haute a l'hiver, la basse a son été, & réciproquement sans qu'il y ait entr'elles d'autres distances intermédiaires que l'espace de tems qu'il faut pour monter aux *pinacles du globe*.

Il est à remarquer que, dans ces contrées où la chaleur est si foible qu'on peut même regarder la température comme étant à certains degrés de gelée, les récoltes y parviennent à la maturité convenable par l'effet même de ces gelées, qui suppléent en quelque sorte au peu de force des rayons solaires, & complètent ainsi la reproduction. Mais cet objet sera traité ailleurs : suivons ce que nous avons à dire sur *les températures*.

L'été est distingué de l'hiver dans ces contrées, en ce que c'est dans cette première saison que les récoltes arrivent au dernier degré de maturité, quoique ce soit alors qu'il gèle, & que le froid soit le plus constant. D'ailleurs, le ciel y est clair, & le soleil y est découvert; & il n'est pas ordinaire qu'il pleuve ou qu'il gèle. Les vents n'y sont pas pour lors d'une certaine violence, & ceux qui y règnent soufflent modérément de la partie de la côte occidentale, tenant un peu du sud. C'est tout le contraire en hiver : le ciel y est couvert de nuages, & les jours y sont sombres. Les gelées cessent d'avoir lieu, & le froid, sans y être d'une certaine force, devient plus pénible, en ce qu'il fait sentir aux corps organisés l'humidité des givres qui sont fort fréquens. Ces brouillards froids & chargés de givres tombent quelquefois en assez gros floccons ou en poussière très-fine, qui pénètrent par les issues les plus petites. Quelquefois il grêle, il pleut, il tonne; le vent souffle de différens côtés sans qu'on puisse s'attendre à l'un ou à l'autre de ces météores. Les vents sont fort variables, & viennent ordinairement de terre; ceux qui viennent de la mer cessent totalement. Les pluies sont abondantes : il n'est pas rare de voir pleuvoir & grêler en même tems, de sorte que les gouttes d'eau se trouvent mêlées avec la grêle.

C'est une règle générale, que toutes les fois que les gelées cessent deux jours en été, il pleut immédiatement, & aussitôt que la pluie cesse la gelée reprend : ceci ressemble un peu à nos gelées blanches, qui sont très-souvent suivies de pluies plus ou moins abondantes. Lorsque l'hiver tend vers sa fin, les pluies sont aussi interrompues pendant quelque tems, & aussitôt il gèle; de sorte que les pluies & les gelées se succèdent alternativement. Il est même rare qu'il se passe un jour sans gelée plus ou moins forte, ou sans pluie & neige, ou sans grêle. On voit donc ici plus manifestement qu'en toute autre partie du globe, l'agitation continuelle des causes météoriques occasionnées par les fréquens changemens qui ont lieu lorsque les pluies cessent, & que la température passe à l'extrémité opposée, qui est la gelée. Les vents de terre cessent pour lors, & font place à ceux de la côte, qui succèdent & dominent en pénétrant jusqu'aux terres hautes : on voit par-là que les vents sont assez régulièrement à l'ordre des saisons que nous venons d'indiquer.

Ces différens états de températures varient très-peu dans les différentes heures du jour, soit en hiver, soit en été. Ainsi la température ne varie que d'un quart ou d'un tiers de degré depuis six heures du matin jusqu'à deux heures après midi, ou depuis cette dernière heure jusqu'à onze heures du soir : rarement il se trouve un demi-degré de différence. Une suite d'observations faites pendant six ans environ, depuis novembre 1758, jusqu'au mois d'août 1764, a prouvé cette uniformité, sans qu'il y ait plus de différence dans une année que dans l'autre.

L'hiver commence en décembre, comme on l'a dit. La chaleur y est de 8 à 9 degrés & demi dans les chambres ou pièces habitables. Le thermomètre, exposé à l air, mais à l'ombre, marque 5 à 6 degrés. Par pièces habitables on doit entendre celles qui sont garnies de vitres ou de toiles, qui en interceptent la communication avec l'air extérieur. Cette température dure jusqu'en avril, & l'été commence avec les gelées, comme on l'a vu. Le point le plus ordinaire où se fixe alors le thermomètre exposé à l'air, est celui de la congélation : il baisse tout au plus de 3 degrés pendant la gelée; mais dans les appartemens il se maintient jusqu'à 8 ou 8 & demi, sans qu'il y ait du feu pour les échauffer. Ces degrés de froid ne sont pas considérables, à la vérité; mais comme ils sont presque continuels & qu'il y a peu d'intervalle de l'été à l'hiver, il en résulte que les gelées persévèrent dans tous les lieux où le soleil ne projette pas ses rayons. Aussi n'est-il pas surprenant que le thermomètre y soit quinze à vingt jours au terme de la congélation, & à l'instant que la liqueur monte on ne sent la gelée interrompue que pour avoir de la pluie, ainsi que nous l'avons dit.

En comparant cette température avec celle de la Louisiane, on y trouve une différence frappante, que nous croyons devoir indiquer ici rapilement. D'un côté, il n'y a de différence entre l'hiver & l'été que de 9 degrés, qui commencent à 3 degrés au dessous de la congélation, & qui se terminent à 6 degrés au dessus; de l'autre, il y a 26 degrés un quart, depuis 7 degrés & demi plus bas que le terme de la congélation, jusqu'à 33 degrés un quart au dessus : outre cela, à la Louisiane l'hiver est interrompu par des jours de chaleur, & la différence y est de 7 degrés & demi de gelée, à 21 degrés & demi de chaleur; au lieu que, dans la partie haute du Pérou, l'hiver est interrompu par des jours de froid & de gelée; & quoique l'été le soit également par des jours de neige & de pluie, la différence, prise à la rigueur, y est à peine de 4 à 5 degrés, & ne consiste que dans la nature du froid, dont l'un est sec, & l'autre humide.

Il est à remarquer que l'été arrive, dans la partie haute du Pérou, les mêmes mois qu'en Europe; car il commence en mai, & finit en octobre ou en novembre, contre ce qui devroit être si cette saison suivoit l'ordre déterminé par la plus grande proximité où le soleil s'avance du zénith; mais il ne suit pas cet ordre dans ces contrées : il faut seulement que le soleil soit découvert & dégagé de tout nuage, & qu'il échauffe la terre par l'activité des rayons qu'il y projette. Or, ceci n'arrive que dans les mois désignés, & non dans d'autres. Dire que le soleil échauffe ici la terre, ce seroit une espèce de contradiction avec ce que nous avons vu concernant les froids qu'on éprouve alors dans ce climat; mais cette contradiction n'est qu'apparente. En effet, le soleil y échauffe la terre en été, & c'est lorsqu'il échauffe que les gelées sont les plus fortes. Cet été & ces chaleurs n'ont pas lieu lorsque le soleil parcourt les six signes de l'hémisphère austral, comme nous l'avons dit, mais ceux de l'hémisphère septentrional, & lorsqu'il est le plus éloigné du zénith.

On y appelle ordinairement *soleil de punas* celui dont on reçoit l'impression pendant les mois d'été. Tous ceux qui ont séjourné dans ce pays savent que, quand le soleil y donne en plein, il y est si chaud qu'on ne peut en soutenir l'impression, & qu'il y cause les plus fortes douleurs de tête & autres fâcheux accidens : il y a tant de force, qu'il paroît y faire infiniment plus d'impression que dans les pays qui sont naturellement chauds. En général, on dit que *le soleil y brûle, & que l'ombre y gèle.* On a plusieurs fois éprouvé qu'en se tenant dans un espace fermé des quatre côtés, a une heure après midi, & à deux pieds hors de la ligne de l'ombre, il étoit impossible de soutenir la chaleur, tandis qu'avancé à deux pieds dans l'ombre, on sentoit un froid insupportable. La cause de ces phénomènes est, suivant toutes les apparences, l'extrême subtilité de l'air, qui ne peut conserver les particules ignées, réfléchies dans la partie éclairée par le soleil, au lieu que la partie où il ne donne pas est véritablement une ombre, relativement à la température, tandis que l'autre semble être une fournaise : de là vient que la terre perd, aussitôt que le soleil se cache, la chaleur qu'elle avoit contractée le jour, laquelle n'y est que comme accidentelle. A l'instant il y gèle, parce que l'atmosphère, par sa rareté, n'y retient pas fortement les particules ignées, comme dans les parties de la terre où l'air a plus de densité.

Il en est tout autrement en hiver : le ciel y est couvert de nuages plus ou moins épais; le soleil n'y paroît que peu d'heures; les vents soufflent avec force, & sont fort variables : on a des pluies presque journalières, & en général accompagnées de tonnerre. A l'entrée de cette saison qui tient ici lieu de l'automne, le froid, même sans gelée, est plus sensible, parce qu'il pénètre davantage, & que le soleil n'échauffe pas l'atmosphère. Mais entre toutes les choses qui y distinguent les deux saisons, c'est particuliérement la végétation, qui suit ses progrès, comme en Europe, depuis novembre jusqu'en avril; car c'est alors que les semences & les plantes se renouvellent : vient ensuite l'été, depuis mai jusqu'en octobre, intervalle pendant lequel tout est sec & aride : de là résulte cette singularité, que les saisons sont opposées à l'ordre régulier du cours du soleil, & déterminées par les effets & les circonstances accidentelles qui accompagnent ce cours, & à la suite desquelles la nature travaille à la reproduction générale des végétaux, comme nous le ferons voir par la suite.

Des différentes températures de la partie haute de l'Amérique méridionale; effets qu'elles produisent; causes de ce qu'on observe de contraire à l'ordre général des autres parties du globe.

Les *températures* ne sont pas égales dans la partie élevée de l'*Amérique méridionale* : elles ont paru variées, suivant le niveau & la disposition des terrains. Proportionnellement à ces niveaux & à ces hauteurs, les gelées y sont plus constantes en été, & les neiges, ainsi que les gelées, plus communes en hiver. Mais plus on descend, plus la température est chaude, & moins les froids sont constans. Ces vastes profondeurs, qu'on y appelle avec raison *quebradas*, & au fond desquelles coulent les eaux, sont les parties de la surface de la terre où l'on retrouve tous les phénomènes généraux de la zône torride. D'abord l'air y a plus de densité que dans les autres contrées superficielles plus elevées : la chaleur du soleil s'y accumule plus abondamment que dans les parties où l'air est plus léger & plus rare, & l'abri des vastes bordures que forment ces profondeurs contribue à multiplier la force des réverbérations. Il résulte de ces deux causes, que la chaleur y est très-considérable; ce que ces vallées font assez connoître dans toutes leurs productions.

La *quebrada* d'Iscuchaca, dont nous avons déjà

parlé, n'eſt pas des plus profondes; c'eſt pourquoi la chaleur n'y eſt pas auſſi grande que dans d'autres. Le thermomètre, placé dans les appartemens, y eſt, pendant les mois d'été, à 11 degrés : il monte juſqu'à 12 & demi au plus chaud du jour; ce qui fait une différence de 1 degré & demi. Dans l'hiver il monte juſqu'à 14 & 16 degrés, leſquels peuvent être conſidérés comme des points fixes pour tous les ans. Quoique cette température ne ſoit pas fort différente de celle de *Guancavelica*, elle produit des effets fort ſenſibles ſur les animaux & les végétaux; de ſorte que, quand on arrive à la moitié de la côte, on s'apperçoit des mouvemens de la dilatation de l'air fort ſenſiblement. Toutes les parties de l'organiſation ne ſe correſpondant pas avec une égale célérité : on éprouve quelque ſuffocation plus ou moins conſidérable, qui s'annonce par des bourdonnemens d'oreilles, une dureté de l'ouïe, une formication aux extrémités du corps, & autres affections analogues. Or, ces accidens viennent ſans doute de ce que le ſang ſe dilate avec promptitude, ſans que les vaiſſeaux aient le tems de ſe diſtendre auſſitôt dans les mêmes rapports. Les habits avec leſquels on vient de l'autre climat ſont bientôt trop peſans, incommodes, & l'on croit, à cet égard, être ſorti d'un hiver pour entrer ſubitement dans un printems. Ce changement a lieu dans un eſpace de huit lieues de diſtance de l'une de ces contrées à l'autre, & l'on peut faire ce chemin en moins d'heures & même en moins de tems. Il ne faut, comme on voit, que ce tems-là pour paſſer des gelées à la chaleur, ou de l'hiver & des froids rigoureux à un été dont les chaleurs réellement modérées n'en ſont pas moins ſenſibles pour ceux qui ſe trouvent habitués au froid climat de l'autre contrée placée dans une ſituation oppoſée.

Les productions de la terre ſont, comme je l'ai prouvé à l'article ABRI, le thermomètre & la règle de ſes températures. Dans les contrées froides, comme à Guancavelica, il ne croît que des *papas* ou des *pommes de terre*. L'orge y vient, mais ſeulement en herbe, ſans produire de grain. Aucune eſpèce d'arbre fruitier n'y réuſſit; mais l'orge produit ſon grain à *Iſcuchaca*. Le blé y vient auſſi, ſans même excepter le maïs, qui demande plus de chaleur que le blé : on y voit des ſaules, des cèdres & autres eſpèces d'arbres. Les croupes ou les flancs de ces collines ſont couverts d'arbriſſeaux qui ne ſe voient point dans les terrains élevés.

La chaleur augmente à proportion que les terrains s'abaiſſent; de ſorte qu'elle y devient ſi conſidérable, que la canne à ſucre y croît très-bien. Or, cette plante demande beaucoup de chaleur pour parvenir à ſa maturité. Les arbres des climats chauds y donnent toutes ſortes de fruits. Tels ſont les *platanos*, les *pignas*, les *paltas*, les *guabas* & toutes ſortes de racines & de légumes.

Les ſaiſons ſe trouvent diſtinguées dans ces profondeurs ou vallées, mais ſans qu'il y ait une grande différence entr'elles; malgré cela l'air y eſt, le matin, avant le lever du ſoleil, plus froid qu'il ne l'eſt ordinairement dans le rapport d'une température du printems; quelquefois même on y voit geler en été; ce qui ſuffit pour nuire aux plantes, quoique ces gelées ne ſoient pas fortes.

On y éprouve donc, comme on voit, les quatre températures de l'année dans le court eſpace de quelques lieues : ici, ce ſont les froids rigoureux de l'hiver; là, les délices du printems ſans y ſentir les incommodités de l'automne; d'un autre côté, ce ſont les chaleurs accablantes de l'été; enfin, l'on y voit toutes les productions de la zône torride. Mais les ſaiſons ſont ici dans un ordre renverſé : l'on y a l'été lorſque le ſoleil eſt le plus éloigné du zénith, comme nous l'avons déjà dit : dès qu'il s'en eſt le plus rapproché, l'hiver ſe fait ſentir. On doit conclure de là que la nature n'eſt pas aſſujettie à des règles ſans exception, & qu'elle s'eſt réſervé des moyens pour s'affranchir de ces règles ſans interrompre l'ordre néceſſaire de tout le ſyſtème.

Nous voyons donc qu'à une diſtance de dix lieues, eſpace le plus grand qui ſe trouve entre les hauts & bas pays de l'Amérique méridionale, les ſaiſons ſont entiérement oppoſées. Ce phénomène eſt ſingulier ſans doute, & l'on doit le conſidérer comme une des choſes les plus extraordinaires de ces contrées. La différence de hauteur & les profondeurs qui s'y trouvent renfermées, & qui ſont à l'abri des courans d'air, peuvent bien être la cauſe du plus ou moins de froid & d'une chaleur plus ſenſible; mais l'ordre renverſé des ſaiſons eſt un phénomène bien ſingulier. L'hiver dure, dans les terrains bas, depuis le mois de juin juſqu'en novembre; ce qui correſpond au tems où le ſoleil parcourt les ſignes de l'hémiſphère ſeptentrional. Mais que, dans le même tems, l'été règne dans les pays hauts ſans qu'il y ait une plus grande diſtance que la pente rapide des monts ſur leſquels on peut ſe rendre en ſept ou huit heures, c'eſt un phénomène auſſi incompréhenſible qu'il l'eſt de ſaiſir la raiſon pour laquelle la nature a diſtingué ces deux contrées, au point qu'on n'y voit rien de ſemblable. Les nuages continuels & les bruines amènent l'hiver dans la partie baſſe. Les nuages, les pluies, les neiges le font auſſi régner dans la partie haute. Mais c'eſt tout le contraire à l'égard de l'été. Ainſi il réſulte de ceci que, quand l'été eſt clair en bas, il eſt obſcur en haut, & de cette manière les ſaiſons ſe trouvent oppoſées les unes aux autres.

La foibleſſe des vents du ſud, & quelquefois leur ceſſation totale pendant pluſieurs jours, donne lieu à la formation du nuage qui couvre le ſoleil dans la partie baſſe. Comme il n'y a point de vent qui en agite l'air, les vapeurs humides qui s'élèvent de la terre s'arrêtent dans l'atmoſphère : ce nuage, qui n'eſt jamais auſſi élevé que la partie haute de la terre, ſe tient à une hauteur moyenne, déterminée. Les vents du sud, qui sont continuels dans ces mers (on les appelle ainsi quoiqu'ils soient *sud-ouest*), perdent leur force dans la région basse de l'atmosphère, & la conservent dans celle qui est plus élevée. Comme ils parcourent un espace supérieur aux nuages, ils se trouvent au niveau de la partie haute, & la traversent sans aucun obstacle : de cette manière ils empêchent, non-seulement qu'il ne s'y forme des nuages, mais même ils les dissipent, parce qu'ils y sont constans & qu'ils les poussent vers la partie opposée. Quand au contraire il règne dans les bas pays, les vents se portent avec force immédiatement à leur superficie, dissipent les nuages, de manière que le ciel est clair. Ces vents ne s'élèvent plus alors autant qu'il faudroit pour balayer la partie haute. Ceux de terre règnent pour lors de differens côtés, & permettent ainsi aux nuages de s'épaissir & de s'amasser : d'où il résulte des pluies. Mais comme l'air est fort raréfié dans cette contrée, il en résulte le froid qui y est ordinaire en tout tems ; & de là vient que ce qui devroit tomber en eau n'est quelquefois que de la grêle ou de la neige, souvent de la grêle mêlée avec l'eau.

Les vents du sud produisent, dans cette contrée, les effets qui résultent des vents du nord dans l'hémisphère septentrional : ils nettoient l'atmosphère, & sont froids, parce qu'ils viennent des parties méridionales, & que le soleil est alors à la plus grande distance du zénith. Toutes ces causes se réunissent donc pour produire du froid. Voilà aussi pourquoi on sent du froid à l'ombre, & de la chaleur quand on est au soleil. Les gelées y durcissent la terre en resserrant ses pores. La réflection des rayons solaires doit être alors plus forte que quand ils tombent sur une superficie dont les particules sont écartées. C'est visiblement à cette cause qu'il faut rapporter la plus grande activité du *soleil de punas :* il y est même plus insupportable que dans les terrains tempérés ou chauds, sur lesquels les corps sont dilatés & plus poreux que dans l'autre cas : outre cela, le froid resserrant pareillement les pores des corps, les rayons solaires n'excitent point de transpiration ; & l'effet de la chaleur du soleil est beaucoup plus sensible dans les parties extérieures, qu'elle brûle & qu'elle rôtit, que dans les zônes qui sont réellement chaudes.

Une autre propriété du *soleil de punas* est que, dans le tems même qu'il paroît brûler & qu'il est impossible d'en soutenir l'action si l'on reste tranquille, il ne fait pas suer, même lorsqu'on s'agite le corps. La cause naturelle de ces effets singuliers est le froid qui se maintient dans l'air, & qui resserre les pores au point de rendre la transpiration très-difficile. Ainsi l'on sent en même tems la chaleur que cause la réflection des rayons solaires, & le froid qui est naturel à la légéreté de cette atmosphère. Cette contrariété de température dans le même tems met les corps dans un état violent, & c'est alors qu'on éprouve les accidens dont nous avons parlé ci-dessus, & auxquels on sentiroit du soulagement si l'on pouvoit transpirer comme dans les pays chauds.

Il paroît donc qu'il ne faut pas chercher d'autres causes que les vents du sud & la manière dont ils règnent dans ces contrées, pour rendre raison de l'ordre renversé des saisons de ce pays-là, & des hivers froids qui se font sentir au milieu de la zône torride, entre l'équateur & le tropique du capricorne ; hivers qui ne devroient point s'y rencontrer si l'on ne considéroit que la proximité du soleil. Mais comme son influence est modérée par d'autres causes, la chaleur est très-foible dans les lieux où elle devroit être continuelle, relativement à celle qu'on éprouve dans d'autres contrées. Les differentes hauteurs des terrains & les *abris* des quebradas ou vastes vallées y font cause de la disparité des températures, quoique les saisons n'y paroissent pas dans un ordre renversé, comme dans la partie basse.

La température de la Louisiane est beaucoup plus chaude en été que celle des terrains bas du Pérou & des quebradas de la partie haute ; malgré cela ce n'est qu'avec difficulté que la canne à sucre y croît, tandis qu'elle réussit, comme nous l'avons dit, dans ces autres contrées : cela vient de ce qu'elle n'a pas, dans la Louisiane, le tems nécessaire pour arriver à une maturité parfaite pendant l'été, qui y est interrompu par les gelées & les froids alternatifs de l'hiver. Elle ne souffre pas ces alternatives dans ces autres contrées ; car il n'y a pas tant de différence entre l'été & l'hiver. Comme il ne faut que trois ans pour la faire arriver au terme de maturité, la température d'hiver, qui peut survenir, n'y est point préjudiciable. Il n'en est pas de même dans la Louisiane ; car il y survient, entre deux étés, des gelées qui, séchant cette plante, arrêtent les progrès de la végétation. Ainsi cette plante ne peut prendre d'accroissement qu'en été.

La nature suit toujours un certain ordre régulier dans ses opérations, en employant des moyens tout contraires, & semble rapprocher les uns des autres des climats fort éloignés. On éprouve alternativement à la Louisiane des jours si chauds en hiver, qu'on pourroit les regarder comme des parties de l'été des autres contrées ; mais on n'y voit pas en été ces jours alternatifs de gelée ; car le tems y est, comme je l'ai dit, dans une continuelle vicissitude de chaleur & de froid. Il arrive la même chose dans l'été de la partie haute du Pérou ; les jours de gelée, qui y sont ceux de l'été, sont interrompus par des jours d'hiver, selon le style du pays ; car dès qu'il cesse de geler, on y voit de la pluie, de la neige, de la grêle ; ce qui est le caractère de l'hiver dans ce pays, & la température y est dans une alternative pareille à celle de ces autres contrées. Ce qu'il y a de particulier ici n'est pas qu'une température cesse pour être suivie d'une autre plus modérée en elle-même. mais c'est parce que les températures passent subitement d'une extrémité à l'autre opposée.

L'été de la partie haute du Pérou achève la maturité des fruits; mais s'il vient trop tôt, il les perd totalement. Si, après avoir été préparés à leur maturité par les pluies & un froid modéré, ils sont atteints de la gelée, la première impression de ce froid les fait rider; la seconde & la troisième les dessèchent; car la gelée & le *sóleil de punas* produisent ici l'effet qui devoit résulter de la seule chaleur du soleil. Ainsi dès que la gelée survient avant qu'ils aient atteint leur maturité convenable, ils se deslèchent, & restent sans suc & sans substance. Les effets de la gelée sont ici plus prómpts que ceux des rayons du soleil; car en un ou deux jours la gelée opère sur les fruits ce que le soleil ne feroit pas par degrés en plusieurs.

Ce ne sont pas les gelées qui font mûrir les récoltes dans les *quebradas*. En effet, quoiqu'on en voie quelques-unes, comme nous l'avons dit, elles ne sont ni fortes ni durables. Lorsque les gelées se font sentir dans les hauts pays, & que le ciel est clair, le soleil, étant découvert & dégagé de tout nuage, fait parfaitement mûrir les fruits, & il est visible que cet effet ne se produit que par la chaleur. On voit donc là que, dans une partie, la maturité des fruits s'opère par les froids seuls, tandis que, dans l'autre, ceci s'opère par la chaleur; phénomène singulier, qui se fait appercevoir dans les deux contrées en même tems.

Les effets des gelées & de la subtilité de l'air sont si sensibles, que les corps & les métaux mêmes en sont également affectés. Cet air sec & subtil occasionne une telle sécheresse, que l'epiderme & surtout la peau qui recouvre les lèvres se gercent & se fendent : on y sent de la douleur, & bientôt le sang y paroît; les mains deviennent rudes & pleines de petites écailles. Ces aspérites sont particuliérement remarquables aux articulations des doigts & à leur partie supérieure; les petites écailles y sont plus épaisses qu'ailleurs, & elles prennent une couleur noirâtre, qui ne se dissipe aucunement par les lotions. On y appelle ces affections *chugno*, terme par lequel les naturels désignent une chose ridée & durcie par le froid. La force du froid s'y distingue aussi, comme nous venons de le dire, sur les metaux, en ce qu'il fait fendre les cloches, quoiqu'on les y fasse plus épaisses que d'ordinaire; mais cette précaution devient inutile. Ce phénomène, qui ne se voit pas aussi communément dans d'autres endroits où il fait plus froid, prouve que la subtilité de l'air ou sa grande *rareté* concourt à cet effet avec la gelée.

Le froid de ce climat, pendant l'été, y garantit les corps de la putréfaction, au point que les poissons qu'on pêche en mer à cinquante ou soixante lieues au-delà, y sont apportés, & mangés aussi frais que si on étoit sur le bord de la mer : non-seulement on les mange frais & sains quand ils arrivent, mais outre cela on peut les garder le tems qu'on veut, & ils se conservent toujours dans le même état où ils étoient lorsqu'on les a pêchés.

Cependant nous devons dire qu'on n'obtient ces avantages qu'avec des précautions. On ne les prend en mer que le soir : on les vide aussitôt qu'ils sont sur le rivage; en cet état on les arrange dans des paniers d'osier, & on les transporte pendant la nuit à travers le bas pays, afin d'arriver aux premières éminences de la *punas*. Dès qu'ils y sont, il n'y a plus de risque qu'ils s'altèrent; car la gélée les saisit dans cette autre température, & on les y garde, comme nous l'avons dit, le tems qu'on juge à propos. Ce poisson est alors endurci, & quand on veut en faire usage on le met une demi-heure dans l'eau; ce qui suffit pour le faire dégeler & revenir à l'état où il étoit au sortir de la mer. En le mettant dans l'eau froide à la température du lieu, les parties resserrées par la gelee se rétablissent dans leur ancien état; la chair en devient molle & flexible, & l'on peut sans difficulté en enlever les écailles. Mais l'eau tiède ou chaude ne produit pas les mêmes effets. Il en est de même à l'égard des viandes ou des fruits : les premières se gardent aussi long-tems que l'on veut, sans rien perdre de leurs qualités. Quant aux seconds, on les apporte des basses contrées qu'on appelle *chaudes*, & la gelée qui les saisit les conserve également. Les hautes contrées, où il ne vient pas de fruits, s'en procurent les meilleurs par ce moyen. Mais ces contrées sont privées de cet avantage en hiver, à cause des pluies abondantes qui y tombent très-fréquemment.

Quoiqu'il se passe peu de jours sans pluie pendant l'hiver de ces hauts pays, l'air y est sec en tout tems. Les murs des maisons sont couverts d'eau qui s'y introduit par la porosité des materiaux qui entrent dans leur construction, & le sol est très-humide pendant les pluies, sans qu'il en résulte aucun mal pour la santé. Les métaux n'en éprouvent non plus aucune altération. Il en est tout autrement dans les contrées basses : les pluies y sont très-fines, & forment à peine quelques gouttes sensibles. Cependant l'air y est très-humide. Le fer, l'acier, y sont promptement attaqués par la rouille, & tout y est, à proportion, imbibé de cette humidité génerale.

Les pays chauds sont en général pluvieux, & l'on y éprouve tous les effets de cette température. Cette différence qu'il y a entre cette contrée basse & le haut pays ne vient, comme je l'ai dit plusieurs fois, que de la différente densité de l'atmosphère, qui a toujours plus de disposition à réunir les particules aqueuses à proportion qu'elle a plus de densité, & qui les laisse échapper lorsqu'elle se trouve plus légère & plus rare. Ces effets sont produits, parce que l'atmosphère n'a pas assez de corps pour retenir les particules flottantes : elles se précipitent sous forme de pluie, rèdaissent ainsi l'air pur & sec. Outre cela, comme la chaleur du soleil se fait sentir dans ces contrées tout autrement que dans les pays bas, on y éprouve le froid d'une manière toute différente que dans les climats naturellement froids, à cause de l'obliquité des rayons solaires. Dès qu'on a quitté les contrées basses pour se rendre dans les contrées hautes, on éprouve une sensation plus pénible que celle du froid même. Aucun abri ne peut en garantir ni en modérer l'impression. Le feu n'y procure non plus aucun adoucissement. Le lit le mieux préparé & le plus mollet ne donne aucun soulagement. Cette pénible sensation, qui dure plusieurs jours, jusqu'à ce que le corps commence à s'acclimater, affecte beaucoup plus la nuit que le jour. Le sentiment du froid qu'on éprouve malgré tous les moyens de se réchauffer, pénètre tout l'intérieur du corps, de même que le froid qui se fait sentir dans l'accès d'une fièvre tierce.

La raison de ce sentiment pénible ne peut être que le passage subit d'une température douce & modérée, à un climat froid. Les pores n'ayant pas eu le tems de se resserrer dans une proportion convenable, les particules de cet air froid pénètrent avec force, & affectent les fibres délicates des muscles en y causant une sensation de laquelle résulte l'état pénible où se trouve toute l'habitude du corps. Voilà pourquoi aucune chaleur, même le mouvement, ne peut en garantir ni même y remédier. Cette incommodité dure vingt à trente jours, jusqu'à ce qu'elle diminue peu à peu, & que le corps soit fait au climat. Dès qu'on y est accoutumé, le froid n'y est plus si sensible que dans les contrées où il y a beaucoup de différence entre l'été & l'hiver : on y a peu pensé à garantir les habitations du froid. Quant aux habits, on y porte régulièrement ceux d'hiver, mais sans être doublés, comme sembleroit l'exiger la dureté de la saison. On n'y fait point de feu pour se chauffer, & l'on vit à cet égard comme si on étoit au printems, quoiqu'on ait des preuves évidentes du contraire dans les aspérités des mains, les gerçures des lèvres, & dans la sécheresse de la peau. On voit donc par-là combien la nature s'accommode facilement aux différentes températures lorsqu'elles sont continues.

D'après les détails que nous venons d'exposer ici, on comprend aisément que les températures doivent varier dans ces contrées à proportion de la grande élévation où se trouvent les terrains, ou de leurs approfondissemens, & que, dans cette partie du Monde, les terrains élevés diffèrent totalement du reste. En effet, les règles générales diffèrent tellement ici, que les saisons, les températures & leurs effets s'y trouvent dans un ordre renversé. Ici l'on a l'hiver quand ce devroit être le printems. Les vents dominans sont contraires à ceux des bas pays. Quoiqu'il y pleuve beaucoup, l'air est sec : il gèle, & c'est alors que mûrissent les récoltes; au moins elles y arrivent au dernier degré de perfection, quoiqu'il y ait peu de plantes qui y réussissent. Enfin le froid & la chaleur s'y font sentir d'une toute autre manière que dans les autres contrées : celle-ci brûle pendant que l'autre pénètre de froid tout l'intérieur du corps.

On remarque aussi, à un certain point, une difficulté de respirer dans les hautes contrées de la province de Quito; mais elle y est moins pénible qu'ailleurs : cela vient sans doute de ce que l'une de ces contrées est sous l'équateur, tandis que l'autre en est éloignée. On en a conclu que les *punas* ou cimes du Pérou sont moins froids, & que l'air y est moins âpre que dans les autres contrées. Mais il est bon d'observer que ce qui a été dit de *Guancavelica* peut être appliqué généralement à tous les terrains qui se prolongent vers le sud.

Pour mieux comprendre encore ces détails, nous observerons ici que ce qu'on appelle *punas* au Pérou se nomme *paramos* au royaume de Quito, & que tout ce pays froid & désert, où il n'y a aucune habitation, a le même nom, quoiqu'il y ait des *punas* ou cimes plus hautes les unes que les autres : de là vient qu'on appelle le soleil brûlant *soleil de punas*, & que les vents froids & incommodes ont aussi la même dénomination. (*Voyez* les articles PARAMOS & PUNAS, ainsi que celui AIR DES CIMES, &c.)

CLIMATS & MINES de l'Amérique méridionale.

Quoique nous ayons déjà fait connoître en grande partie les climats de l'Amérique méridionale, en traitant des températures de ses différentes contrées hautes & basses, nous croyons devoir revenir ici sur cet objet, en rapprochant certaines circonstances les plus remarquables. Nous diviserons en quatre classes les climats de l'Amérique méridionale, ou les différens pays considérés relativement à leur élévation au dessus du niveau de la mer, à leur température & à leurs productions.

La première classe comprend la chaîne des sommets de la Cordillière, qui sont toujours couverts de neige, & les vastes plaines ou *paramos*, situées au pied de ces sommets, où il gèle presque continuellement, & où il ne croît que des joncs & des arbrisseaux, même dans les lieux qui sont à l'abri des vents du nord.

La seconde classe embrasse cette bande de terrains inférieurs à ce premier niveau, où il ne gèle qu'accidentellement, & où l'on récolte les pommes de terre, le froment, la pomme, la pêche & tous nos fruits d'Europe. C'est là qu'on trouve *Quito*, *Santa-Fe di Bagota* & *Pampelune*.

La troisième classe comprend un climat beaucoup plus chaud que tempéré, lequel réunit l'avantage des productions du second climat avec celles des pays chauds. C'est là qu'on trouve les villes de *Popayan*, de *Merida*, &c.

Le quatrième climat eſt chaud ſans aucun retour de froid ; il règne dans tous les pays & ſurtout dans toutes les plaines qui ſont inférieures à celles du climat précédent, & dans tous les lieux bas qui ſe terminent au bord de la mer. Les productions qui y croiſſent ne ſe trouvent pas dans les climats tempérés.

Mines d'or du Pérou.

En ſuivant les différentes parties des plans inclinés qui ſe trouvent entre les ſommets eſcarpés de la Cordillière, les plaines qui bordent, ſoit les côtes de l'Océan atlantique, ſoit celles de la grande mer du ſud, on y trouve d'abord les volcans & les courans de laves qui ſont ſortis de leurs cratères encore fumans ou éteints depuis peu de tems : c'eſt ſurtout à la ſurface de ces courans que ſont ces *paramos* ou ſommets applatis de laves dilatées, qui, par leur poſition, ſont condamnées à un froid continuel qui s'oppoſe à toute production dans ces vaſtes plaines. Voilà le premier climat dont nous avons fait mention ci-devant.

Enſuite on rencontre à un niveau un peu inférieur des dépôts & des tranſports de matières volcaniques, formés par les eaux pluviales ou par la fonte des neiges, & alors tout ce qui eſt ainſi produit par les eaux torrentielles n'a aucune diſpoſition régulière par lits & par couches.

Un peu plus bas l'on trouve les limites des différens amas des débris de montagnes de tous les ordres, ſous forme de pierres arrondies par le roulement & le frottement continuel des eaux de la mer, qui ſe ſont élevées viſiblement juſque-là. Ainſi l'on reconnoît aiſément que toute l'étendue des deux derniers climats que nous avons diſtingués ci-deſſus a été ſoumiſe aux vagues de l'Océan, qui ont oſcillé dans des lignes ſuivies, & ont ſtratifié par lits & par couches les matières qu'elles avoient tourmentées pendant de longues années. C'eſt ainſi que les collines des deux derniers climats ont été formées.

On peut ajouter à ces produits du travail des eaux de l'Océan, & à leur organiſation ſoumarine, les deſtructions qui ſont la ſuite de l'approfondiſſement des vallées par les eaux courantes dans ces contrées, plus ou moins éloignées des bords de la mer ; car ces opérations ſecondaires ont dû ſuccéder à la retraite de l'Océan.

C'eſt dans ces deux derniers climats, dans ces deux ordres de terrains, que l'on rencontre l'or & le platine, & particulièrement dans le quatrième climat, où l'or eſt très-abondant, non-ſeulement au milieu des collines, mais encore à une certaine profondeur des plaines. C'eſt là que les orpailleurs en font la recherche & la cueillette.

Ainſi les mines qu'on travaille dans l'Amérique méridionale, au milieu des contrées voiſines de l'équateur, ſont toutes des *mines de tranſport*, qui naturellement ſont les débris des montagnes du climat de la première claſſe.

Il eſt vraiſemblable que c'eſt dans le ſein de ces montagnes que réſidoient primitivement les filons qui ont fourni les matières métalliques des mines de tranſport, comme c'eſt de la même matrice que les ſables & les pierres roulées enſuite ont été détachés.

Les volcans qu'on rencontre partout dans la Cordillière peuvent avoir fondu, dans une infinité d'endroits, l'or en paillettes & les métaux de ces mêmes montagnes. Quelques naturaliſtes préſument auſſi qu'il peut être réſulté de cette fuſion ces morceaux d'or plus ou moins volumineux, qui ſe trouvent renfermés dans les matières environnantes, comme dans autant de creuſets. C'eſt ainſi que ces morceaux d'or, ſous forme de ces *pepites*, telles qu'on les rencontre à chaque pas dans les mines des pays chauds, & ſurtout dans les endroits les plus bas des mines de tranſport, ſe trouvent toujours plus ou moins mêlés d'alliage.

Le platine, ce métal ſi ſingulier, qui a occupé les ſavans depuis un certain nombre d'années, & qui a tant de qualités communes avec l'or, ſe trouve auſſi dans les mêmes mines de tranſport, & demande les mêmes procédés pour être exploité.

C'eſt au *Choco* que ſe manifeſtent les différens lits de pierres roulées & de terres entaſſées, au milieu deſquels ſe trouvent les mines de tranſport. Ce pays doit être conſidéré comme le réſervoir où viennent aboutir toutes les eaux qui deſcendent au nord de la province de Paſtos, de Patia, &c. & par conſéquent renfermer les lieux les plus bas, qui ſont le plus abondamment pourvus des matières métalliques, détachées, comme nous l'avons dit, & entraînées par les eaux des lieux les plus elevés.

Effectivement, on trouve l'or aſſez communément au *Choco*, dans toutes les terres tranſportées que l'on fouille. Mais c'eſt uniquement à peu près au nord de cette province, dans deux diſtricts appelés *Citara* & *Novita*, qu'on ramaſſe l'or toujours plus ou moins mêlé avec le platine, & jamais ailleurs. Il peut y avoir du platine dans d'autres diſtricts, & même on peut préſumer qu'il y en a ; mais on n'en a pas découvert ni ramaſſé dans d'autres endroits de l'Amérique méridionale.

On peut diſtinguer les mines de tranſport, quant au travail de leur exploitation & quant à leur poſition, en trois claſſes : la première comprend les mines des collines & des montagnes ſecondaires ; la ſeconde, celles des vallées & des plaines, & la troiſième celles qui ſe trouvent dans le lit des ruiſſeaux & des rivières.

Les mines des collines & des montagnes ſecondaires ſe trouvent, ainſi que nous l'avons dit, au milieu des amas de pierres roulées & arrondies par le frottement des vagues, & diſpoſées par couches alternativement avec des terres glaiſes, rouges, jaunes, blanches, noires ; des ſables, &c. qui

qui forment la masse de ces montagnes secondaires; & c'est au milieu de substances pulvérulentes que se ramassent l'or & le platine, confondus de manière à faire croire que les matières métalliques ont été entraînées & déposées avec les pierres roulées, les sables & les argiles, sans ordre & sans régularité.

Pour reconnoître l'or & le platine au milieu de ces amas, on se sert d'un plat de bois en forme d'entonnoir, d'un pied de diamètre, & au milieu duquel est un enfoncement pour y rassembler les matières pesantes : on remplit le plat avec la terre dont on veut faire le lavage, & on la delaie dans l'eau en agitant circulairement le plat. Ce mouvement fait échapper, par les bords du vase, les argiles avec le sable, les pierres & toute autre matière moins pesante que l'or & le platine : ces substances métalliques tombent au fond du plat, & l'on juge, par la quantité qu'en donnent différens essais, si l'on peut travailler un amas avec profit.

On voit d'abord qu'on peut, avant tout, diriger un courant d'eau le long d'une mine qu'on se propose d'exploiter par le lavage, ou bien faire, en quelque lieu de la montagne, un réservoir qui, avec la pluie ou autrement, puisse fournir assez d'eau pour ce travail.

On fait ensuite une rigole par laquelle on détermine un courant d'eau sur les amas : cette eau entraîne les terres, les sables & les pierres les moins grosses, tandis que les nègres sont, dans le ruisseau, occupés à délayer la mine avec leurs pieds, pendant que d'autres ne cessent de faire tomber, avec des barres de fer, de nouvelles matières qui s'éboulent aisément. On a soin de mettre, à travers du courant d'eau, des planches, des branchages, des morceaux de bois pour retenir les parties les plus légères des échantillons de métal : outre cela, quand on est embarrassé des pierres qui s'accumulent dans la rigole, on a soin de les enlever & de les déposer dans quelque endroit écarté de la marche des eaux. Dix livres de sables ainsi lavés peuvent donner dix onces d'or & même davantage.

Un grand nombre d'ateliers ainsi montés détruisent, par des progrès assez rapides, certaines parties des collines du Choco, qui s'applanissent chaque jour. Les monceaux de pierres qui leur succèdent, bientôt dissous en grande partie par l'action de l'air & des pluies, se réduisent assez promptement en terres, où la végétation se déploie avec la plus grande énergie, après la plus simple culture.

Les mines des vallées & des plaines manquent assez généralement d'eau : ainsi on les travaille difficilement, quoiqu'elles soient plus riches que celles des montagnes; car on est obligé de transporter la terre qu'on a reconnue propre à donner quelques produits, près de quelque marre où on la lave à l'ordinaire. Mais on est assez souvent dédommagé des frais du transport.

Enfin les mines des ruisseaux & des rivières s'exploitent plus facilement que celles qui précèdent, parce que leur lavage s'exécute sans aucune difficulté. On attend ordinairement, pour les travailler, la saison des pluies & des grands débordemens qui en sont la suite : on tâche d'arrêter les paillettes d'or à leur passage avec des planches & autres obstacles propres à en arrêter la marche, ce qui s'execute pour lors avec avantage. Mais quand les ruisseaux & les rivières n'ont que très-peu d'eau, on lave les matières à l'ordinaire.

C'est dans les rivières que se fait la récolte de l'or en paillettes fines : sa légéreté favorise son transport à de grandes distances, pour peu que les eaux courantes aient de force & de vitesse.

Tels sont les procédés qu'on suit dans le *Choco* pour faire la cueillète de l'or & du platine, au milieu des amas de terres & de pierres qui forment la plus grande partie du sol de cette province : on sépare ensuite l'or, grain par grain, sur une planche bien unie ou sur du papier, & il faut, pour accélérer ce nouveau triage, avoir la vue bonne & l'habitude de faire ce travail.

S'il reste quelques paillettes d'or mêlées avec le platine, dont la séparation emporteroit trop de tems, on les amalgame avec le mercure à l'aide des mains, mais jamais dans un mortier, comme quelquels voyageurs l'ont cru. C'est ce même amalgame qui laisse quelquefois après lui des gouttes de vif-argent, qui a fait croire que ce dernier métal se trouvoit naturellement mêlé au platine; ce qui est une grande erreur.

Tout l'or du Choco se porte aux Hôtels des monnaies de *Santa-Fe* & de *Popayan :* on y fait un second triage du platine qui se trouve mêlé avec l'or; & lorsqu'on en avoit recueilli une certaine quantité, on le jetoit dans les rivières de *Bagota* & de *Cucnsa;* mais à présent on le conserve avec quelque soin.

Le platine se trouve toujours avec l'or dans la proportion de deux ou quatre onces par livre d'or. D'ailleurs, les grains de ces deux métaux, lorsqu'ils sont mêlés, sont à peu près de même grosseur; ce qui est fort remarquable.

Lorsque la proportion du platine avec l'or étoit plus considérable, on abandonnoit le lavage des mines, parce que l'on ne faisoit aucun cas de ce métal.

Le platine, ainsi que l'or qui l'accompagne, se trouve de toute grosseur, depuis celle d'une fine poussière, jusqu'à celle d'un gros pois. Les morceaux d'or d'une grosseur extraordinaire, comme les *pepites*, sont rares, & ceux du platine ne vont guère au-delà de la grosseur d'un œuf de pigeon.

Plus les morceaux du platine & de l'or ont de grosseur, plus ils semblent être près du lieu d'où ils tirent leur origine; plus ils sont atténués, au contraire, plus ils en paroissent éloignés : outre cela, on trouve rarement de gros grains de platine ou d'or dans les plaines & à quelque distance des montagnes ; car c'est dans les plaines que se rencontrent les parties les plus fines & les plus legères de ces deux métaux.

Comme l'or a ses mines propres, doit-on présumer que le platine a aussi les siennes, d'où les molecules metalliques de cette substance singulière ont été detachées, entraînées & déposees dans les matériaux de transport au milieu desquels ces molécules se trouvent? Mais où sont ces premières mines? C'est ce que l'on n'a pas encore reconnu, même au Pérou. Il seroit bien important de faire des recherches dans les montagnes qui bordent à peu près les districts de *Novita* & de *Citarà*, le plus près qu'il seroit possible des lieux d'où l'on tire les plus gros morceaux de platine : on verroit sous quelle forme ce métal y réside, à quelle sorte de corps il est adhérent, ou si le platine se forme avec l'or qui l'accompagne toujours. Il y a quelque apparence que ces mines primitives, si elles existent, se trouveroient dans les montagnes, où l'on ne voit ni fragmens de pierres roulées, ni couches de terres & de sables déposes par les eaux. Peut-être y découvriroit-on des circonstances propres à fournir des idées raisonnables sur les principes qui concourent à la formation du platine.

Il paroît assez étonnant qu'on ne trouve, dans les mines de transport du *Choco*, que l'or & le platine, & qu'on n'y rencontre aucun vestige des autres métaux, quoiqu'il soit certain que l'argent surtout se trouve abondamment dans les montagnes de la Cordillière, même sous la forme métallique qui lui est propre.

Ainsi, comme ce n'est que dans la zône occupée par les collines & les montagnes secondaires, formées des debris des Cordillières, qu'on trouve l'or & le platine, il ne faut pas chercher les mines de transport dans les larges plaines basses, voisines des bords de la mer, où les rivières ont un cours uniforme. L'Orénoque n'a point de ces mines, non plus que l'Amazone & le Rio de la Plata. La riviere de la Magdelaine n'en a plus le long de son cours au bas de la ville de Fronda. De même il n'en faut plus chercher le long des rivières qui arrosent les plaines basses de la province de Guyaquil, & même celles du Choco du côté de la mer du sud.

De tous ces faits recueillis par des observations faites sur les lieux, & communiquées à l'Académie des sciences en 1785, il paroît résulter, 1°. que la même cause qui a dépose l'or dans les mines de transport dont nous avons fait mention, y a concouru au depôt du platine ;

2°. Que c'est l'inaltérabilité égale de ces deux sortes de métaux, qui les a conservés au milieu des amas d'où on les retire par le lavage ;

3°. Que le platine, comme l'or, doit avoir ses mines propres ;

4°. Que les globules de mercure, qui se trouvent quelquefois dans les morceaux de platine, sont la suite de l'amalgame qu'on en fait pour le séparer de l'or ;

5°. Que la vertu magnétique du platine ne lui vient pas de la triture, mais de sa composition, & surtout du fer qui lui est uni d'une manière singulière ;

6°. Que plus les grains du platine sont gros, plus il doit être près de la mine qui formoit son premier gîte ; plus au contraire les morceaux en sont fins & attenués, plus le trajet qu'ils ont parcouru depuis ce gîte doit être considérable.

Nous ne nous sommes occupés des mines de transport de l'or & du platine que parce que ces dépôts nous ont semblé liés avec les climats de l'Amérique méridionale, & surtout avec son hydrographie, puisqu'ils sont assujettis à certaines parties des bassins de quelques rivieres qui renferment ces substances métalliques, aussi précieuses par leur valeur intrinsèque, que par leur disposition.

Amérique méridionale.

Hydrographie.

Réflexions & considérations générales sur la carte de l'Atlas, rédigée d'après Danville & la Cruz.

On s'est attaché dans cette carte, à montrer les différentes pentes des terrains & la distribution des eaux par les principales rivières qui suivent ces pentes : on peut y considérer des pentes immenses & des masses d'eau considérables, qui s'y rassemblent. On remarque d'ailleurs que les points de partage de toutes ces eaux ont fort peu d'étendue. Toutes les sources des rivières, ainsi que de leurs affluentes, se joignent à des intervales près d'une fort petite largeur. Les contrepentes sont adossées les unes aux autres.

Ainsi les rivières latérales, qui tombent dans le fleuve des Amazones, à droite, viennent aboutir à de semblables rivières qui tombent dans le Paraguay, ou aux sources mêmes du Paraguay. Il en est de même des premiers embranchemens de la rivière de Saint-François, qui sont aboutissans aux premières eaux du Parana. C'est ainsi que toutes les sources des rivières côtières sont distribuées le long d'une ou de plusieurs chaînes de montagnes, qui servent d'enceintes aux bassins de l'Iguay, de l'Uruguay, du Parana & du fleuve de Saint-François.

Le partage des eaux par les Andes offre quatre pentes générales, dont trois sont fort étendues, tant au nord qu'à l'est, & vers l'Océan atlantique. La quatrième, au contraire, est fort courte vers la mer du sud ou grand Océan. Il résulte de ces dernières considérations, que les trois premières pentes sont très-adoucies en raison de leur alongement, au lieu qu'elles sont fort escarpées & très-rapides du côté de la mer du sud. La rapidité des pentes croît, comme on sait, en même raison que l'étendue de la marche des eaux diminue.

Si nous suivons également la côte occidentale, nous trouverons que les rivières *côtières*, dont le cours est borné par la Cordillière, sont fort courtes; que d'ailleurs le revers oriental de cette Cordillière ne donne des eaux courantes, alongées, ou vers le bassin de l'Amazone, ou vers celui du Paraguay, que jusqu'au Tucuman. Plus bas ce sont des eaux fort vagues, & dont la plupart se perdent dans de petits lacs ou dans des lagunes d'une petite superficie, dont quelques-unes sont salées; & au dessous du Chili, le terrain du revers oriental de la *Cordillera de los Andes*, qui est bien suivie, paroît à sec entiérement.

D'après ce que nous avons dit, on peut prendre une idée générale de la quantité d'eau qui se rassemble & qui circule à la surface de l'Amérique méridionale, & qui se rend dans les mers, lesquelles baignent ses côtes, soit orientales, soit occidentales, &c.

J'ai dit qu'il y avoit quatre pentes générales : d'abord celles du bassin de la rivière du Paraguay & de ses affluentes; en second lieu, celles du grand bassin de la rivière des Amazones & des affluentes qui suivent les contre-pentes des premières; puis les troisièmes, que nous indique la direction de la rivière de la Magdelaine & de l'Orénoque; enfin la quatrième, qui s'étend depuis les Andes jusqu'à la plaine, laquelle sert de plage à la mer du sud. Je me propose donc de donner par la suite, en détail, tous les développemens de ces eaux courantes, en commençant par la quatrième pente, & remontant par la troisième, &c.

Je m'attacherai donc maintenant à la marche des eaux courantes, qui circulent dans les intervalles des Cordillières & des Andes, aux environs de Quito. J'y remarque, d'une manière particulière, que, soit par les sources des rivières qui versent à l'est vers l'Océan atlantique, soit par celles des rivières qui coulent à l'ouest & se rendent dans la mer du sud, les deux rangs de montagnes sont interrompus & découpés très-fréquemment. Je vois qu'en général les intervalles des chaînes sont parcourus par les parties supérieures de ces eaux courantes, dont les unes vont vers le nord, & les autres vers le sud, jusqu'à ce que ces eaux soient parvenues aux *coupures* que ces deux chaînes respectives ont éprouvées, & qui leur servent de débouchés définitifs pour se porter au dehors, soit en se précipitant le long de la côte occidentale du Pérou, soit en suivant les plans inclinés & fort alongés, qui les conduisent à l'Océan atlantique.

Je reviendrai par la suite aux brèches multipliées des chaînes de montagnes; ainsi je renvoie à l'article *Coupure*, où j'exposerai les progrès de la marche des eaux qui ont ainsi formé ces brèches. Je passe donc à la suite des rivières qui prennent naissance dans la partie haute du Perou, & qui, après avoir coulé dans les intervalles des Andes & dans la direction du sud au nord, ou du nord au sud, débouchent, comme nous l'avons dit, dans la plaine de la mer du sud.

I. *Système des eaux courantes au milieu des Andes, puis vers la mer du sud.*

Je trouve d'abord, en commençant par le nord, la rivière de *Noanamas*, qui a quatre embranchemens distribues au milieu des chaînes de la Cordillière, & dont le principal passe à *Novita*, où sont les mines de transport d'or & de platine : viennent ensuite celles de *Dagua* & de *Saint-Jean*, qui se portent du sud au nord, qui est la pente générale de toutes les eaux de la contrée, lesquelles finissent par se diriger vers l'ouest dans une plaine assez large. En suivant la côte vers le sud, je vois, 1°. la rivière de *Patia*, qui a, au milieu des Andes de *Patia* & de *Pasto*, cinq embranchemens, dont la direction génerale est du nord au sud, & ensuite de l'est à l'ouest; 2°. celle de *Mira*, qui réunit plusieurs ruisseaux distribués fort avant dans les Andes; 3°. celle de *Pueblo de Esmeraldas*, formée par la réunion de deux principaux canaux, qui ont chacun plusieurs affluentes à angles aigus, & qui embrassent les environs de *Quito*, auxquelles il faut ajouter les rivières de *Caraquas*, de *Daulé* ou de *Guayaquil* & de *Riobamba*, dans l'intervalle desquelles on voit un assemblage nombreux de ruisseaux qui rassemblent les eaux de deux chaînes de montagnes. Je termine enfin ce détail intéressant par l'indication des rivières de *Payana*, de *Tumbé*, de *Cata-Mayo*, de *Piura*, qui versent également les eaux de cette partie des Andes ouvertes par tous ces points.

Rivières côtières occidentales.

Après un désert très-aride, où l'on ne voit aucune eau courante, viennent deux sortes de rivières : les unes, que je considère comme coulant d'abord au milieu des Andes, dans la direction du sud au nord, ou du nord au sud. Je les placerai à la suite des premières qui précèdent, & que j'ai distinguées des simples *côtières*.

Je placerai donc parmi les premières, les rivières de *Zana*, de *Pasca-Mayo*, de *Chicama*, de *Chimo*, de *Santa*, qui coulent d'abord du nord au sud dans les intervalles des chaînes, & qui, se dirigeant à l'ouest, débouchent vers la plaine de la mer du sud.

Il en est de même des rivières de *Guaro*, de *Rio-Salado d'Atacama*, de l'*Aconcagua*, dans le voisinage de *Val Parayso*; du *Mayro* de San-Yago, des rivières de *Rupel* & de *Lora*.

Quant à ce qui concerne les rivières *côtières*, dont les plus alongées ont quelques affluentes, elles dominent depuis la baie de Panama jusqu'au-delà du Chili, à la hauteur de l'île de *Chiloé*. Toutes ont leur origine sur les flancs occidentaux de la grande chaîne des Cordillières.

II. *Système des eaux courantes, dirigées vers le nord.*

En descendant au nord vers les côtes de Panama & du golfe du Mexique, je trouve d'abord deux rivières principales : la première, celle de *Santa-Maria*, qui tombe dans la baie de Panama, & dont les embranchemens multipliés vont prendre naissance dans les différens enfoncemens des montagnes qui occupent le centre de la terre-ferme. La seconde, qui se jette dans le golfe de Darien, est le *Rio-Atrato*, qui traverse la plus grande partie du Choco, passe à *Zitara*, où est une des mines de transport d'or & de platine, dont nous avons parlé. Nous avons déjà indiqué la rivière de *Noanamas*, qui arrose une autre partie de la même province, où se trouvent également les mêmes sortes de mines : ainsi ces deux rivières peuvent être considérées comme ayant succédé aux eaux primitives, qui ont concouru aux dépôts intéressans des mines d'or & de platine du Choco.

En suivant la côte de Carthagène on arrive à l'embouchure du *Rio grande de la Madalena*, dont le bassin est fort long & fort étroit, & dont le tronc est chargé de nombreux ruisseaux affluens de droite & de gauche. Cette rivière prend sa principale source dans le lac de *Papas*, qui verse ses eaux, non-seulement dans le bassin de la Magdelaine, mais encore dans celui de *Rio Cauca*, qui lui est parallèle, & qui finit par s'y réunir. Ce dernier trop plein du lac Papas passe à Popayan, & continue à couler entre deux chaînes de montagnes de la région élevée du Pérou, lesquelles fournissent, dans la partie supérieure de *Rio Cauca*, un fort grand nombre d'affluentes. Les mêmes assemblages de montagnes donnent naissance aux premiers embranchemens de la rivière de *Patia*, qui tombe dans la mer du sud. On voit que ces trois rivières, *Patia*, *Rio Cauca*, la *Madalena*, annoncent un point de partage qui appartient, comme nous l'avons dit, à la partie haute & montueuse du Pérou, & qui participe à la distribution des eaux abondantes que les circonstances y rassemblent, & qu'on peut reconnoître par le nombre de ruisseaux que le géographe y a tracés.

Outre cela il est visible que les affluentes arrosent les deux bassins de *Cauca* & de la *Madalena* aussi loin que s'étendent les montagnes; qu'elles cessent avec les montagnes, qu'elles reprennent même dans l'enfoncement qu'offre la *Sierra de Santa-Martha*, pour former de nouveau la rivière de *Cesaré*, qui arrose le *Valle de Upari*, avant qu'elle se réunisse au tronc principal de la *Madalena*.

ORÉNOQUE.

A juger de la distribution des eaux que l'*Orénoque* rassemble, de l'étendue & de la forme de son bassin, par la carte de l'Amérique méridionale de Danville, on ne peut se dissimuler que cette rivière ne soit une des plus remarquables de cette Amerique, outre sa correspondance avec les eaux courantes, qui viennent d'autres bassins ou qui se rendent dans les bassins voisins.

Je vois d'abord que l'*Orénoque* a sa principale origine dans le lac *Parima* & dans plusieurs embranchemens que versent les flancs d'une chaîne de montagnes fort suivie, & qui sont au nombre de dix. Ils abreuvent d'abord un tronc principal, qui court de l'est à l'ouest. C'est de ce tronc, ainsi que du lac Parima, qu'on voit se détacher cinq embranchemens qui se rendent dans *Rio Negro*. Après un certain trajet, ce tronc principal reçoit une dérivation de la rivière *Caqueta*, laquelle se partage singulierement entre *Rio Negro* & lui, sous le nom d'*Iniricha*. Cette eau courante, adventice, jointe à d'autres embranchemens qui viennent de l'ouest à l'est, lui fait prendre une direction moyenne du sud-ouest au nord-est; c'est à ce nouveau tronc que se réunissent quatre affluentes, qui prennent naissance dans les montagnes de *Tunia*, de *Pampelona*, de *Merida* & de *Truxillo*, parmi lesquelles je crois devoir distinguer les rivières de *Guanari*, de *Meta*, d'*Apura* & de la *Portuguesa*, avec leurs embranchemens aussi nombreux qu'alongés. Je ne puis omettre les affluentes de la droite : elles prennent, au nombre de six, naissance sur le revers des mêmes chaînes de montagnes qui ont contribué à la formation de la partie supérieure de l'*Orénoque*.

Si je passe au revers des montagnes de *Pampelona*, de *Merida* & de *Truxillo*, je trouve qu'il fournit une grande partie des eaux de la *Laguna de Macaraybo*, qui se décharge dans le golfe de *Venezuela*.

Je ne parle pas ici des embouchures de l'Orénoque, qui sont en grand nombre, & que Danville a laissées en blanc, se contentant d'en indiquer l'étendue. Je réserve ces détails pour l'article ORENOQUE, & les autres, qui ont pour objet les rivières d'*Essequebé*, de *Surinam*, de *Maroni* & d'*Oyapok*, à leurs articles, & enfin à celui de *Guiane* pour ce qui peut intéresser la géographie-physique dans la constitution de la côte comprise depuis le fleuve des Amazones jusqu'à l'*Orénoque*.

HYDROGRAPHIE DU MARAGNON.

Le *Maragnon*, après être sorti du lac *Lauri-Cocha*, où il prend sa source vers 11 degrés de latitude australe, court au nord jusqu'à *Jaën Bracamoros*, dans l'étendue de 6 degrés : de là il prend son cours vers l'est, presque parallélement à la ligne équinoxiale, où il entre dans l'Océan sous l'équateur, même après avoir parcouru, depuis *Jaën* où il commence à être navigable, 30 degrés en longitude, ou sept cent cinquante lieues communes, évaluées à onze cents lieues.

Il reçoit, du côté du nord & du sud, un nombre prodigieux de rivières, dont plusieurs ont cinq ou six cents lieues de cours, & dont quelques-unes ne sont pas inférieures au Danube & au Nil.

La région de Maynas est la première que ce fleuve baigne de ses eaux au sortir du Haut-Pérou, dont elle est séparée par cette fameuse chaîne de montagnes toujours couvertes de neige, connue sous le nom de *Cordillière des Andes*. Avant d'y arriver, le Maragnon reçoit, à Tomependa, la rivière de *Chinchipé*, & celle de *Chachapayas* un peu plus bas: immédiatement au dessous du concours des trois rivières, leur lit commun se rétrécit.

On continue à descendre le *Maragnon*, depuis Jaën jusqu'à sa jonction avec la rivière de *San-Yago*, & dans ce trajet on rencontre trois détroits: celui de *Cumbinama* d'abord, qui n'a guère que vingt toises de largeur; ensuite celui d'*Escurrabragas*, où le fleuve, resserré, a formé une anse, dans laquelle ses eaux tourbillonnent; enfin celui de *Guaracayo*, où le fleuve, qui s'est ouvert une issue entre deux grands rochers, n'a pas trente toises de large: celui-ci n'est dangereux que dans les grandes crues. Au dessous de San-Yago on trouve *Borja*, qui est séparée de San-Yago par le fameux *Pongo de Manseriche*. *Pongo* signifie *porte*, & l'on donne ce nom, en cette langue, à tous les passages étroits; mais celui-ci le porte par excellence. C'est ici que le Maragnon, tournant à l'est depuis Jaën, après plus de deux cents lieues de cours au nord, & après s'être ouvert un passage au milieu des montagnes de la Cordillière, a rompu la dernière digue qu'elle lui opposoit, en se creusant un lit entre deux murailles parallèles de rochers, qu'il a coupés presqu'à plomb.

Le canal du *Pongo* commence une petite demi-lieue au dessous de San-Yago, & de deux cent cinquante toises au moins qu'il a au dessous de la rencontre des deux rivières, il parvient à n'avoir guère que vingt cinq toises dans la partie la plus étroite.

Il y a au milieu du *Pongo*, dans le plus étroit du passage, une roche élevée quand les eaux sont basses, & qui forme un obstacle dangereux lorsque les radeaux ne sont pas solidement construits.

Au dessous de *Borja* & à quatre à cinq cents lieues au-delà, en descendant le fleuve, les pierres sont fort rares. La surface de la terre n'offre que des débris de montagnes fort comminués.

La première rivière qu'on rencontre au nord est celle de *Morona*, qui descend du volcan de Sangai, & qui, après quatre embranchemens primitifs au milieu des Andes, se trouve chargée, dans la suite de son cours, de plusieurs affluentes que fournissent les prolongemens de cette chaîne.

Plus loin, & du même côté, on trouve les trois bouches de la rivière de *Pastaca*, qui a son origine dans la Cordillière, & particulièrement dans les intervalles des chaînes: outre cela, cette rivière est alimentée par un long embranchement latéral, & par huit ou neuf affluentes.

A droite & à cinq lieues au dessous du village de la Laguna est l'embouchure du *Guallaga*, qui a sa source, comme le Maragnon, dans les montagnes à l'est de Lima. La largeur du *Guallaga* peut être de deux cent cinquante toises. Cette rivière a, vers son origine, neuf embranchemens distribués dans une large enceinte de montagnes, & parmi huit à neuf affluentes. Je crois qu'on doit distinguer les rivières de *Moyobamba*, de *Paranapura* & d'*Apena*.

Du côté du nord on trouve un peu plus bas la rivière du *Tigre*, dont le cours a une médiocre étendue; & du côté du sud l'embouchure de l'*Ucayale*, une des plus grandes rivières qui grossissent le Maragnon, & avec lequel il a été quelquefois confondu sous le nom de *Xauca*, qu'il porte vers sa source: il y a lieu de douter laquelle des deux est le tronc principal, car à leur rencontre mutuelle l'*Ucayale* est plus large que le fleuve où il perd son nom. Les sources de l'Ucayale sont aussi les plus éloignées & les plus abondantes; la principale sort du lac *Cincha-Cocha*, près de *Tama*, plus au sud que le lac *Lauri-Cocha*, source du Maragnon. Il rassemble les eaux de plusieurs provinces du Haut-Pérou: tels sont les environs de *Guancavelica*, de *Guamanga* & de *Cusco*.

Sous le nom de *Xauca* il a déjà reçu l'*Apurimac*, qui a rassemblé les eaux de six embranchemens fort alongés, & qui rend l'Ucayale une rivière déjà considérable par la même latitude où le Maragnon n'est encore qu'un torrent; enfin, en rencontrant le Maragnon, il le repousse & le fait changer de direction.

D'un autre côté, le *Maragnon* a fait un plus long circuit, pendant lequel il a réuni les eaux de vingt affluentes, & se trouve d'ailleurs grossi par les rivières de *Chunchupé*, de *San-Yago*, de *Morona*, de *Pastaca*, de *Guallaga*, lorsqu'il se joint à l'Ucayale. De plus, il est constant que le *Maragnon* est partout (surtout lorsqu'il est hors des montagnes) d'une profondeur extraordinaire. Il est vrai que l'Ucayale n'a jamais été sondé, & qu'on ignore le nombre & la grandeur des rivières qu'il reçoit. Lorsqu'il sera mieux connu, on pourra en faire la comparaison avec plus d'assurance.

Au dessous de l'Ucayale la largeur du Maragnon croît sensiblement, & le nombre de ses îles augmente au milieu de son lit. Après le Nan-Jay, rivière affluente d'une petite étendue, on rencontre le Napo, qui peut avoir six cents toises de large au dessus des îles qui partagent ses bouches, & le Maragnon paroît avoir neuf cents toises au dessous de cette embouchure. Le *Napo* est un assemblage d'eaux affluentes, dont la tige s'étend jusqu'aux montagnes voisines du Quito, & qui reçoit à droite la rivière de *Curaray*, presqu'aussi prolongée que cette tige; & à gauche les rivières de *Coca* & d'*Aguariou*, d'un cours semblable, sans compter un grand nombre de ruisseaux intermédiaires, & qui s'abreuvent du produit de plusieurs vallées plus ou moins suivies & étendues.

Le Maragnon reçoit aussi, du côté du nord, dans cet intervalle, deux grandes & célèbres rivières. La première est celle d'Ica, qui descend des environs de *Pasto*, au nord-est de Quito, & au nord des Missions franciscaines de *Sucumbios*, où elle se nomme *Putu-Mayo*. Elle reçoit aussi un embranchement considérable sous le nom de *Caqueta*, également prolongé & enrichi de cinq affluentes à sa droite.

C'est à cette rivière de *Caqueta* que s'embranche la rivière d'Inirícha, qui se réunit à l'Orénoque, ainsi que le *Rio-Yupura* & *Rio-Negro*.

L'*Yupura* ou *Caqueta* a ses sources vers *Mocoa*, encore plus au nord que celles de *Putu-Mayo*. Quant à ses embouchures dans l'Amazone, on en voit jusqu'à huit formées par autant de bras qui se detachent successivement du lit principal, & si loin les uns des autres, qu'il y a soixante à quatre-vingts lieues de distance de la première bouche à la dernière. Tout le pays qu'ils arrosent est si bas, que dans le tems des crues de l'Amazone il est totalement inondé.

Si nous passons à la droite du fleuve des Amazones, dans tout ce trajet, nous trouverons le *Rio-Yahuar*, *Yutay*, *Yurva*, puis *Tefé*, *Cuyamé*, *Catoa* & *Coari*, dont les embouchures ne laissent pas d'avoir trois cent soixante-deux toises. Toutes courent à peu près parallélement du sud au nord, & descendent des montagnes de la Cordillière, à l'est de Lima & au nord de *Cusco*.

Plus bas sont, du même côté, les bouches de la rivière appelee *Rio-Puruz*. Cette rivière n'est pas inférieure aux plus grandes, qui grossissent le Maragnon de leurs eaux. Sept à huit lieues au dessous de l'entrée de *Puruz* dans l'Amazone, où le fleuve est sans îles & large de mille à douze cents toises, M. la Condamine ayant sondé son lit, ne trouva pas de fond à cent trois brasses: quelle immense quantité d'eau courante!

Au dessous de cet endroit on rencontre *Rio-Negro* ou la *Rivière noire*, autre mer d'eau douce que l'Amazone reçoit du côté du nord; elle vient de l'ouest, & elle court à l'est en inclinant un peu vers le sud. Telle est sa direction: plusieurs lieues au dessus de son embouchure dans l'Amazone, où *Rio-Negro* entre si parallélement, que sans la transparence de ses eaux, qui le fait nommer *Rivière noire*, on le prendroit pour un bras de l'Amazone, séparé par une île.

Quand on a remonté, pendant quinze jours ou trois semaines, la Rivière noire, on la trouve encore plus large qu'à son embouchure, à cause du grand nombre d'îles & de lacs qu'elle forme. Dans tout cet intervalle, le terrain des bords est élevé, & n'est par conséquent jamais inondé. Les bois y sont moins fourrés que sur les bords de l'Amazone.

De toutes les notions combinées qu'on a recueillies des navigateurs les plus intelligens, qui ont remonté & descendu l'Amazone & la Rivière noire, & que Danville a si bien mises à profit, il résulte qu'un petit village indien donne son nom de *Caqueta* à une rivière sur les bords de laquelle il est situé. Plus bas cette rivière se divise en deux bras, dont l'un coule au sud-est & se réunit à *Rio-Ica*; & l'autre, plus considérable, se dirige au nord-est: c'est le fameux *Orénoque*, qui a son embouchure vis-à-vis l'île de la Trinité. Ce bras se subdivise d'abord dans Rio-Yupura, & enfin dans Rio-Negro. Cette dernière rivière a plusieurs affluentes à droite & à gauche de son lit principal, dont quelques-unes se réunissent à d'autres sources de l'Orénoque, qui viennent du lac *Parima* & de ses environs. Tous ces détails ont été déjà décrits d'après Danville, & je dois y renvoyer.

Les eaux claires de la Rivière noire ont à peine perdu leur transparence en se mêlant avec les eaux blanchâtres & troubles de l'Amazone, lorsqu'on rencontre du côté du sud la première embouchure d'une autre rivière qui ne le cède guère à la précédente: on la nomme *Rio de la Madeira* ou *Rivière du bois*, peut-être à cause de la quantité d'arbres & de racines qu'elle charrie dans le tems de ses débordemens. C'est assez pour donner une idée de l'étendue de son cours, que de renvoyer aux divers ruisseaux qui forment le bassin de ses premières sources aux environs de *Santa-Cruz de la Sierra la Veja*, de *Chuquisaca* & de *Cochabamba*. Dans le milieu de son cours on rencontre un grand nombre de sauts ou rapides de différentes grandeurs.

L'Amazone, au dessous de la Rivière noire & de celle de Madeire, a communément une lieue de large, & quand elle forme des îles elle en a quelquefois deux & trois, & dans le tems des inondations elle n'a plus de limites. Outre cela, les ruisseaux qui s'y jettent sur la gauche, au nombre de cinq ou six, jusqu'au détroit du Pauxis, & ceux qui s'y réunissent sur la droite, au nombre de cinq, jusqu'à Tapajos, se terminent le plus souvent par un grand nombre de lacs assez étendus, & qui sont les restes de ses inondations. C'est parmi ces différentes étendues d'eau irrégulières que se trouvent, à gauche de l'Amazone, la rivière & les lacs de Jamundas. Un peu au dessous est, comme nous l'avons déjà dit, le fort portugais de *Pauxis*, où le lit du fleuve est resserré dans un détroit de neuf cent cinq toises de large: c'est à ce détroit que le flux & le reflux de la mer parviennent, ou que du moins ils sont sensibles par le gonflement des eaux du fleuve, qui s'y fait remarquer de douze en douze heures, & qui retarde chaque jour comme sur les côtes.

La plus grande hauteur du flux n'est guère que de dix pieds & demi dans les grandes marées. Quant à ce qui concerne le jeu du flux & du reflux dans la partie de l'embouchure de l'Amazone, comprise entre le Cap de nord & Pauxis, nous croyons qu'il convient d'en renvoyer le détail à l'article PAUXIS.

De Pauxis on parvient aisément à Topajos, à l'entrée de la rivière du même nom, qui s'y réunit à l'Amazone, & qu'on peut considérer comme une de celles du premier ordre. Elle descend des mines du Brésil, en traversant des pays inconnus, habités par des nations sauvages.

C'est dans ces environs qu'on commence à voir distinctement des montagnes du côté du nord, à quelques lieues dans les terres. Ce sont d'abord des collines antérieures d'une chaîne de montagnes qui s'étend de l'ouest à l'est, & dont les sommets sont les points de partage des eaux de la Guiane. Celles qui ont leur pente du côté du nord, forment les rivières de la côte de Cayenne & de Surinam; & celles qui coulent vers le sud, après un cours fort peu étendu, viennent se perdre dans l'Amazone.

De Paru on se rend, par un canal de navigation, dans la rivière de *Xingu*, dont l'embouchure n'a pas moins d'une lieue de largeur. *Xingu* est le nom d'un village indien qu'on rencontre à quelques lieues en remontant cette belle rivière. Elle descend, ainsi que celle de *Topayos*, des mines du Brésil. Elle a un saut à sept ou huit journées de son embouchure.

Dans la rencontre de Xingu avec l'Amazone, la largeur de celle-ci est si considérable, qu'elle suffiroit pour empêcher de voir un des bords de l'autre, quand les grandes îles qui se suivent de fort près, permettroient à la vue de s'étendre.

Depuis Curupa, où le flux & le reflux sont très-sensibles, les pirogues ne marchent plus qu'à la faveur des marées, quelques lieues au dessous de cette place. Un petit bras de l'Amazone, appelé *Tagipuru*, se détache du grand canal qui tourne au nord, &, prenant une route toute opposée vers le sud, il embrasse la grande île de *Joanes* ou de *Marajo*; de là il revient au nord par l'est, décrivant un demi-cercle, & bientôt il se perd dans une mer formée par le concours de plusieurs grandes rivières qu'il rencontre successivement. Les plus considérables sont, premièrement, *Rio de dos Bocas*, formée de la rencontre de la rivière de *Guanapu* & de *Paeajas*, large de plus de deux lieues à son embouchure; en second lieu, la rivière des *Tocantins*, plus large encore que la précédente, qui se remonte au moins aussi loin que celles de *Topayos* & de *Xingu*, & qui descend comme elles des mines du Brésil, dont elle apporte quelques fragmens parmi son sable; & enfin la rivière de *Muju*, qui a deux lieues au dedans des terres, est large de sept cent quarante-neuf toises.

C'est sur le bord oriental de Muju qu'est située la ville de Para, immédiatement au dessous de l'embouchure de la rivière de *Capim*, qui vient d'en recevoir une autre appelée *Guama*. Si l'on considère la largeur du canal formé par les rivières réunies de *Bocas*, des *Tocantins* & de *Muju*, & qui sépare la terre-ferme du Para d'avec l'île de *Joanes*, on jugera que cette masse d'eaux courantes ne seroit pas diminuée sensiblement, quand même sa communication avec l'Amazone seroit interceptée par l'obstruction du petit bras de *Tagipuru*. C'est un simple canal de communication où les marées entrent par les deux bouts, où elles se rencontrent vers le milieu, se refoulent mutuellement, montent & descendent alternativement. *Tagipuru* n'étant pas, comme on voit, un bras de l'Amazone, à plus forte raison la rivière de Para ne peut être considérée comme appartenant à ce grand fleuve.

Si l'on prend, d'une part, le Cap de nord dans le continent de la Guiane, & de l'autre la pointe de *Magnari* dans l'île de *Marajo*, pour la mesure de la bouche de l'Amazone, on voit que la ligne droite tirée d'un de ces points à l'autre, est d'un peu moins de 2 degrés & demi, près de cinquante lieues de vingt au degré. Si l'on vouloit y comprendre la bouche de la rivière de Para, elle auroit dix à douze lieues de plus; ce qui feroit soixante-deux lieues.

BASSIN DU RIO DE LA PLATA, ET SON HYDROGRAPHIE.

Si nous examinons maintenant en détail le bassin du Rio de la Plata, nous verrons qu'il occupe la plus grande partie de l'Amérique meridionale; ce qui nous prouve que la surface des terres y est assujettie à des pentes immenses, qui toutes, tant par les cours du Paraguay, du Parana & de l'Uraguay, que par ceux de *Rio-Pilco-Mayo*, de *Rio-Vermejo* & de *Rio-Salado*, ont une tendance marquée vers l'embouchure de *Rio de la Plata*.

D'après cette considération générale, nous allons suivre en détail chacun de ces différens systèmes d'eaux courantes si étendues, & nous commencerons par le Paraguay. Ce fleuve prend sa source entre le 5e. & le 6e. degré de latitude, & par conséquent dans une contrée fort voisine du Maragnon; ensuite cette tige reçoit à gauche deux affluentes qui ont leur origine dans le *Mato-Grosso*, chaîne de montagnes qui séparent ce bassin de celui où se rassemblent les premières eaux de la tête de Xingu. Plus bas, à droite, elle reçoit le trop plein de la lagune de *los Xareyes*, abreuvée par quatre grands ruisseaux, & réunie au lac *Vaiva*. A gauche, ce fleuve se trouve grossi considérablement par seize rivières affluentes, dont les plus élevées sortent encore du *Mato-Grosso*, & les suivantes viennent de ses prolongemens au sud. Quatre de ces rivières, contenues dans le *Maracayu*, ont plusieurs sauts ou chutes. A droite il acquiert très-peu, car il ne s'y jette que trois petites rivières & trois grandes, dont les embranchemens primitifs vont se former jusque dans les montagnes des Andes, mais dont les tiges sont fort appauvries en parcourant de vastes déserts au milieu desquels il se perd beaucoup de ruisseaux, & même la rivière assez considérable de *Rio-Dolce*. (*Voyez* l'article ABSORBANT, où toutes les eaux perdues dans cette contrée sont indiquées avec soin.) J'ajouterai ici une autre considération dont je m'occupe à l'article AFFLUENTE, & où je compare la gauche de cette partie du cours du fleuve, chargée de rivières nombreuses, avec la droite, qui n'a d'affluentes que *Rio-Pilco-Mayo* & *Rio-Vermejo*, que j'ai déjà notées ci-dessus ; ce qui nous fait connoître deux sortes de terrains de nature differente, dont l'une reçoit & rend une quantité d'eau fort abondante, & l'autre n'en donne que dans le voisinage des montagnes des Andes, & non dans les plaines du *Choco*. Si nous suivons maintenant le Paraguay à gauche, nous lui trouverons pour *affluente* la belle rivière de *Parana*, qui, dans la partie supérieure de son bassin, offre un développement de dix-sept embranchemens, lesquels ont leur naissance dans une suite de montagnes qui servent d'enceinte à ce bassin ; puis après un grand saut à Guayra, lequel se trouve répété dans quatre rivières latérales, voisines & correspondantes à celles de Marayu, le Parana présente la réunion de huit rivières latérales à gauche, & de douze latérales à droite. Au dessous de l'embouchure du Parana, dans le Paraguay, on trouve à droite six petits ruisseaux qui s'y jettent, puis le long *Rio-Salado*, qui a son origine dans les Andes, & qui, après avoir traversé une plaine déserte, se termine à des lagunes salées qui communiquent au fleuve par cinq canaux. Je dois faire observer qu'à côté de ces lagunes il y a le *Rio-Dolce*, dont le cours, après avoir pris son origine dans cinq embranchemens fournis par les montagnes de Choromonos, & parcouru la plaine de *San-Yago del Estero*, se perd dans les lagunes salées de *Porongos*.

Je n'ai rien trouvé ensuite de remarquable dans Rio de la Plata, jusqu'à la rivière de l'Uruguay, dont le bassin, fort étroit, offre une trentaine d'affluentes d'une petite étendue, excepté les rivières d'*Ibicuy* & de *Rio-Negro*. Je dois faire observer, outre cela, que, jusqu'à la rivière d'*Ibicuy*, les affluentes de la gauche tombent dans la tige sous des angles fort ouverts, au lieu qu'ils sont fort aigus dans la partie opposée de la droite. Ensuite, à mesure qu'on approche de l'embouchure de l'Uruguay, ce n'est plus la même distribution dans les affluentes qui sont peu considérables, en conséquence de la longue & large embouchure de Rio de la Plata & de ses bancs de sables.

Hydrographie de la CÔTE ORIENTALE DU BRÉSIL, *& du bassin du fleuve* SAINT-FRANÇOIS.

En remontant la côte orientale du Brésil, au dessus de la grande embouchure de Rio de la Plata, on trouve une côte plate, bordée de dunes, &, dans l'intérieur des terres, deux lacs : celui de *Merim*, qui est fort considérable & reçoit ses eaux de la lagune du port *San-Pedro*, laquelle est abreuvée par le Rio-Grande, qu'alimentent deux rivières dont les embranchemens sont renfermés dans deux enceintes de montagnes qui leur sont communes avec le bassin de l'Uruguay. C'est au port de San-Pedro que commence à courir une chaîne de montagnes qui s'écartent très-peu de la côte ; aussi les rivières qui dans ce trajet se rendent à la mer, ont-elles chacune un cours d'une très-petite étendue, jusqu'au cap de *Santo-Thome*. C'est là que les trois rivières de *Para-Iba*, de *Spiritu-Santo* & de *Rio-Dolce*, pénètrent dans l'intérieur des terres avec quelques embranchemens prolongés dans les chaînes de montagnes qui terminent leurs bassins. Ensuite la même distribution de rivières côtières recommence & se continue jusqu'à l'embouchure de la rivière de *Saint-François*. Cette grande rivière a, dans l'intérieur des terres, quatre embranchemens principaux, fort étendus, qui aboutissent à différens points de l'enceinte du bassin de *Parana* & au *Cerro de Frio*, qui suit la côte à une très-petite distance.

C'est dans le trajet de la côte qui précède l'embouchure de Rio de *Santo-Francisco*, que se trouvent la baie remarquable *de tous les Saints* & les *baxos* ou bancs des *Abrolhos*. (*Voyez* ABROLHOS.)

Vers la partie supérieure des bassins de *Paraguay*, de *Parana* & de *Santo-Francisco*, sont les sources de trois autres rivières qui coulent parallélement vers le Maragnon, & s'y réunissent ; savoir : la *Xingu*, la rivière des *Tocantins* & l'*Araguaya*, qui afflue dans cette dernière. La rivière des *Tocantins*, outre un grand nombre d'embranchemens à son origine, paroît chargée d'affluentes dans tout son cours. D'ailleurs, j'y trouve notées, sous le nom de *Cachocira*, sept *chutes* & une huitième à *Ita-Boca*, sous la dénomination de *Cachocira-Grande*. Ces chutes n'empêchent pas de remonter cette rivière en partant de Para. Je trouve de même deux *Cachociras* semblables dans la tige principale de la rivière de *Saint-François* : la première en occupe le milieu, & la seconde, assez près de son embouchure, se trouve indiquée par quatre sauts.

Hydrographie du MATO-GROSSO *& du plateau de* VILLA-RICA.

C'est au milieu du point de partage des eaux, dont les unes vont dans le Maragnon vers le nord, & les autres se rendent dans le bassin de Rio de la Plata, au midi, que se trouvent le *Mato-Grosso* & son prolongement. On doit le considérer comme un des points les plus élevés de ce continent. Si l'on suit, dans les mêmes vues, le plateau qui verse les eaux vers les différens points de l'horizon, autour de *Villa-Rica*, on reconnoît qu'il a trois pentes très-remarquables : l'une, déterminée par le principal embranchement du fleuve de *Saint-François* ;

François; la seconde, indiquée par le cours des deux rivières de *Doce* & de *Spiritu-Santo*; & la troisième enfin se porte vers *Rio-Grande*, un des embranchemens le plus prolongé du *Parana*. J'ajouterai que c'est dans ce massif élevé que se fait la fouille des diamans du Brésil.

Je ne quitterai pas cette contrée élevée, renfermée dans la zône torride & exposée aux pluies de l'équinoxe, sans remarquer que, comme les sources de toutes ces grandes rivières, dont nous avons présenté le détail, sont soumises à ces pluies, ces rivières elles-mêmes éprouvent des crues considérables, & qui se soutiennent pendant tout le tems que durent ces pluies. Ainsi, nous sommes instruits que Paraguay & Parana, qui font partie de Rio de la Plata, le fleuve *Saint-François*, la rivière des *Tocantins*, *Madeire*, *Puruz* & quelques autres qui se jettent dans le Maragnon, débordent comme le Nil, & submergent les campagnes voisines. Nous expliquerons toutes les circonstances de ces débordemens à l'article suivant des *Saisons*, propres aux différentes contrées de l'Amérique méridionale dans la zône torride.

Si nous jetons les yeux sur la côte occidentale de l'Amérique, on n'y trouve que la chaîne des Andes & de courtes rivières qui se rendent dans la mer du sud : comme quelquefois il y a double rang de montagnes, les embranchemens de ces rivières sont engagés dans leurs intervalles. D'ailleurs la partie de l'hydrographie qui concerne l'intérieur des terres appartient aux terrains *absorbans*, & a été décrite à cet article avec des détails intéressans. Il me paroît suffisant d'y renvoyer.

SAISONS *des lieux de l'Amérique méridionale, compris dans la zône torride, & surtout du Brésil.*

Si nous observons maintenant les saisons dans toutes les contrées de l'Amérique méridionale, renfermée tant au nord qu'au sud de la ligne équinoxiale, nous trouverons de grandes variations dans les parties du sud qui comprennent le Pérou & le Brésil, & qui sont fort voisines l'une de l'autre. Quoique nous ayons déjà considéré cet objet un peu en grand, nous croyons devoir le reprendre pour le présenter en detail.

Le Pérou doit être d'abord divisé en pays maritimes, qui sont ceux où règnent les Andes, & en pays de plaines, qui sont au-delà des montagnes & toutes sous le même climat. Il y a dans la partie montagneuse un hiver pluvieux, depuis le mois d'octobre jusqu'à la fin de mars, tems où l'on croiroit que l'éte devroit être établi, à cause de la proximité du soleil : au contraire, l'eté y dure depuis le mois d'avril jusqu'en octobre, & pendant ce tems on n'y voit point ces pluies qui règnent constamment en hiver. Ainsi les saisons célestes diffèrent, dans le Pérou, des saisons terrestres.

Dans la partie du Pérou, voisine de la mer, il n'y a presque pas d'hiver pendant toute l'année, & d'ailleurs il n'y tombe point de pluies. Mais on y compte l'hiver depuis le mois d'avril jusqu'en octobre; ce qui se rapporte avec cette saison céleste; car alors le soleil s'en est éloigné vers le tropique, & est en chemin pour y revenir. Quoiqu'il ne pleuve point dans cette partie du Pérou, l'atmosphere y est chargée de nuages qui interceptent les rayons du soleil. On diroit toujours qu'il va pleuvoir : cependant chaque jour il ne tombe, avant midi, qu'une forte rosée, surtout en juin, juillet & août. Ce tems couvert n'est pas mal-sain; mais les nuages se changent en rosées qui tombent assez abondamment pour humecter les vallées. Quant aux montagnes, l'air y est clair & pur, de manière que leurs sommets ne reçoivent aucune pluie. Ainsi la partie du Pérou, qui est située le long de la mer du sud, se trouve divisée en larges vallées & en bandes ou plages sablonneuses. Les vallées en sont très-fertiles, & les plages distribuées entre ces vallées sont fort stériles.

Il ne tombe point de pluie dans les îles adjacentes à la côte occidentale de la mer du sud, mais elles reçoivent des rosées abondantes.

Cependant à l'île Gorgon, qui est à 3 degrés de latitude sud, il pleut pendant huit mois, & ces pluies sont accompagnées de tonnèrres & de tempêtes très-violentes. Mais son été, qui est le tems de la sécheresse, succède aux pluies pendant les mois de mai, juin, juillet & août; ce qui est contraire aux saisons celestes.

Il y a quelques-unes des contrées de l'Amérique méridionale où il fait un froid considérable; car dans la province de Pastoa, au pays de Popay, dans la vallée d'Artisina, l'eté & l'hiver y sont si froids, que le blé ne peut y croître. Dans les campagnes voisines de Cusco, à peu près au milieu de la distance qu'il y a de l'équateur au tropique du capricorne, on est exposé à de fortes gelées, & les montagnes y sont quelquefois couvertes de neige.

Il résulte de tous ces faits, que le Pérou n'est pas un pays fort chaud; mais qu'on y jouit, pendant toute l'année, d'une température moderée, excepté dans les plages sablonneuses & dans les pays de montagnes. Les vallées sont en général d'une temperature agréable & fertiles, & produisent même des grains & des fruits. L'eau qui les abreuve est le produit des rosées qui tombent chaque jour. En été les pluies abondantes, occasionnées par les orages, y causent des torrens qui se précipitent des montagnes; car les pluies constantes & suivies y règnent tout l'hiver. On conduit l'eau de ces torrens dans les vallées pour les arroser, quoiqu'il y en ait plusieurs qui se trouvent suffisamment humectées & fertilisées par les rosées dont nous avons parlé.

La cause de cette différence de saisons dans les vallées & sur les montagnes, & qui fait qu'il ne pleut pas dans les plaines, ne se présente pas naturellement; car ces pays font si voisins les uns des autres, qu'on peut, en une matinée, aller des montagnes où il pleut, dans les plaines où l'atmosphère est claire & sèche. Ce double effet semble être produit, 1°. par les chaînes de montagnes des Andes; 2°. par le vent du sud-ouest, qui règne dans ces contrées assez constamment. Ce vent chasse les vapeurs contre les masses élevées des montagnes, où elles se condensent, & en même tems il les disperse, de manière qu'elles se dissipent sur toute l'étendue des plaines. On a fait voir ci-devant, à l'article des *Montagnes*, comment les vapeurs parviennent à ces lieux élevés.

Le Pérou a cela de commun avec l'Egypte & quelques autres contrées, que les vents du sud n'y sont pas humides & chauds, & qu'au contraire ils produisent des tems clairs. Il semble que cela arrive dans tous les lieux situés dans les latitudes sud.

La partie de l'Amérique méridionale, qu'on nomme le *Brésil*, laquelle s'étend depuis 2 degrés jusqu'à 24 de latitude sud, jouit d'une température si saine & si agréable, qu'elle ne le cède à aucune contrée de la Terre, comme Pison nous l'apprend dans son livre sur la médecine du Brésil, en traitant des saisons du pays. La partie antérieure, qui est habitée, jouit toujours d'un bon vent frais, qui vient de l'est, & qui nous semble être un vent général, & non pas un vent d'est périodique. Il rafraîchit les hommes & les animaux, & rend supportable la chaleur du soleil dans le tems où il occupe la partie du ciel qui est au dessus de leur tête. Si la mer monte avec ce vent, il s'élève dès le matin; mais elle descend & s'éloigne de la côte s'il ne s'élève que plus tard : il ne se ralentit pas le soir, comme on l'éprouve dans tous les pays de l'Inde exposés de même. Mais il devient plus fort lorsque le soleil se porte avec lui à l'ouest, & se soutient avec la même activité jusqu'à minuit. L'air condensé de la nuit ne peut empêcher la marche & le mouvement naturel de ce vent vers l'ouest.

A l'ouest du Brésil, dans la partie que la longue chaîne de montagnes sépare du Pérou, il y a un vent d'ouest qui, étant mal-sain, quoique lent à s'introduire la nuit au milieu des terres, incommode les habitans, parce qu'il arrive après avoir traversé une grande quantité de marais & de lagunes. Cependant il est arrêté par les montagnes, & refoulé par les vents frais du matin, de telle sorte qu'il parvient à peine sur les côtes de l'est.

Quoique ces saisons agréables, dont nous venons de parler, se soutiennent sans éprouver beaucoup d'altérations, il y a cependant de la différence à cet égard entre la nuit & le jour, qui, pour être égaux en longueur, éprouvent des variations remarquables par rapport au froid & au chaud; car quand le soleil approche du zénith, & qu'il a ouvert les pores de la terre & des corps organisés, il s'éloigne beaucoup sous l'horizon; ce qui occasionne une grande condensation dans l'air, & du froid qu'on y éprouve pendant la dernière partie de la nuit quand la rosée tombe le plus abondamment. Ce froid vif continue depuis trois heures du matin jusqu'au lever du soleil, & affecte tellement les corps, qu'il cause de grandes incommodités aux étrangers. En effet, s'ils n'ont pas soin de se précautionner contre ce froid, ils ont de la peine à vivre dans ce pays aussi bien que sur les autres côtes de l'Inde : on ne l'ignore pas au Brésil; aussi fait on continuellement du feu la nuit pour se garantir du froid & des insectes incommodes.

D'ailleurs, le soleil se levant & se couchant en ligne directe, il en résulte que le crepuscule est court, & les jours & les nuits sont si égaux, qu'il n'y a jamais entr'eux une heure de différence.

Le froid est plus piquant dans les nuits de l'été que dans les nuits de l'hiver; ce qui paroît assez étrange : on apperçoit clairement qu'il est plus modéré en hiver quand l'air est calme & pressé de toutes parts par les nuages, tandis qu'il les rassemble pour les précipiter en pluies.

La saison des pluies commence en mars & avril, & finit en août; car le soleil, retournant du cancer, change les vapeurs en vents, d'où naissent les tempêtes que le printems ne tarde pas à dissiper. Ceux qui habitent vers les tropiques n'éprouvent pas de changement dans leurs saisons quand le soleil s'en approche ou s'en éloigne deux fois par an.

Il n'y a que deux saisons dans l'année au Brésil, l'une chaude & sèche, l'autre chaude & humide, comme l'été d'Europe, qui est l'hiver de ce pays-là. On remarque la même chose dans toutes les Indes entre les tropiques; seulement le commencement & la fin de l'été, & par conséquent ceux de l'hiver, n'arrivent pas partout aux mêmes époques, à cause de certaines circonstances particulières à chaque lieu, & surtout à cause de leur différente distance de l'equateur.

Cependant on peut dire en général que l'année, dans tous ces pays, a six mois de tems humide, & six mois de tems sec; & quoique, sur les différentes côtes d'Afrique & d'Asie, qui ont la même latitude, il y ait par cette raison différens degrés de chaleur, il n'y en a point ou presque point au Brésil en octobre & en février, quoique le soleil soit précisément au zénith, & lance des rayons perpendiculaires.

Cette différence de chaleur donne lieu à des calmes fréquens, chauds & fort incommodes, qui coûtent la vie à un grand nombre d'habitans. Au Brésil, au contraire, elle procure une santé constante, à cause des vents frais qui y règnent.

D'où l'on peut se convaincre que ce n'est pas tant le mouvement du soleil qui fait les saisons, que les espèces de vents, les différens aspects du ciel & la situation des lieux.

Ainsi dans l'intérieur des terres, vers l'ouest, les nuits sont d'autant plus froides, que les lieux sont plus voisins de la mer. C'est là surtout que l'on a vu assez souvent des voyageurs avoir, le matin, les cheveux couverts de gelée blanche.

Il y a aussi, à l'ouest du Brésil, un été & un tems sec dans les mêmes mois que les tems couverts & pluvieux règnent à l'est.

A la vérité, on peut voir souvent le ciel couvert de nuages apportés de l'est à l'ouest; mais hors de la saison de l'hiver ils sont très-raréfiés.

L'aspect différent des planètes & le concours des autres causes dont nous avons parlé, donnent à l'atmosphère une température très variable. Il y a sur le soir des éclairs très-fréquens, quoique dans un tems fort sec & fort clair.

Les gouttes de pluies sont fort grosses, tombent avec violence, & sont précédées ou suivies d'une grande chaleur.

La rosée est plus grasse là qu'en Europe; aussi fertilise-t-elle mieux les terres: elle ronge outre cela tous les métaux, & surtout le fer.

Les prairies & les campagnes sont couvertes de verdure dans les mois pluvieux, mais moins qu'en été, quoique les habitans n'en ressentent pas les agrémens; & quoiqu'il n'y ait pas de récolte pour lors, du moins on n'y manque pas de pâture pour les bestiaux. Tous ces détails intéressans ont été observés & recueillis par Pison; mais pour en mieux juger, j'ajouterai aussi ce que d'autres observateurs ont vu & ont cru devoir publier.

Toutes les campagnes du Brésil sont parsemées de petites collines agréables. Il n'y a point de hautes montagnes le long des côtes; aussi c'est dans ces petites chaînes que les rivières côtières dont j'ai parlé, prennent leur origine. Ce n'est que d'intervalles à autres qu'on rencontre quelques sommets élevés. Dans l'espace de plusieurs milles on voit des vallées arrosées par ces petites rivières qui les fertilisent, surtout dans la saison des pluies & même pendant l'été. Les hautes montagnes sont desséchées pour lors par le soleil, au point que, non-seulement les plantes, mais encore les arbres, y meurent. Rarement, dans la saison des pluies, il pleut toute la nuit & tout le jour. Il est fort rare de voir un jour sans quelque relâche de beau tems: outre cela les mois pluvieux changent d'une année à l'autre. Marcgrave observe qu'en 1643 il plut pendant sept mois, depuis le 1er. de février jusqu'au 1er. de septembre; mais abondamment, surtout en mai & juillet. En 1640 il plut autant de tems, mais surtout en avril, mai & juillet; & en 1642 il n'y eut que six mois de pluies; savoir, depuis mars jusqu'en août. Nous devons dire que la même chose eut lieu dans les autres années; cependant il faut remarquer que ces observations différentes n'ont été faites que dans un seul endroit du Brésil; savoir, à Fernanbouc, qui est à 8 degrés de latitude; mais ailleurs ces mois pluvieux changent beaucoup, & les pluies ne commencent & ne finissent pas à beaucoup près aux mêmes heures.

Il résulte de là que l'été & l'hiver du Brésil s'accordent un peu avec les mêmes saisons célestes. La pluie commence quand le soleil est à sa plus grande distance; ensuite la plus forte chaleur & la grande sécheresse se montrent quand le soleil est à sa distance moyenne. Cependant dans quelques endroits il y a des circonstances qui ne cadrent pas avec la marche du soleil, comme nous l'avons déjà dit, à cause des vents & de la situation des lieux.

Nous nous bornerons à ces détails pour la partie de l'Amérique située dans les latitudes méridionales. Mais il n'en est pas de même pour les latitudes septentrionales; car dans la grande province de Nicaragua, dont le milieu est à 10 degrés de latitude nord, il pleut pendant six mois, depuis le 1er. de mai jusqu'au 1er. novembre, & dans les six autres mois il fait un tems sec la nuit aussi bien que le jour; ce qui est contraire au mouvement du soleil; car en mai, juin, &c. le soleil est au zénith ou fort proche, & alors il devroit y avoir de la chaleur ou du tems sec, au lieu de pluies: au contraire, il est plus éloigné en novembre & décembre, & ce devroit être le tems des pluies.

Les montagnes de Sainte-Marthe, qui sont situées au 11e. degré de latitude nord, sont la plupart du tems couvertes de neige.

Maintenant que nous avons examiné les phénomènes les plus remarquables que présentent les saisons de l'Amérique méridionale dans les parties situées sous la zône torride, nous en tirerons ces conséquences:

1°. Qu'il y a plusieurs endroits où l'hiver ne consiste que dans un tems pluvieux; 2°. que dans d'autres le froid est assez sensible; 3°. que le froid se fait sentir surtout à la fin de la nuit, le soleil étant alors fort enfoncé sous l'horizon; 4°. que la grande raison qui fait qu'on supporte la chaleur, & qu'on peut habiter ces lieux, est qu'il n'y a point de longs jours, & que tous sont à peu près de même longueur que les nuits; car s'ils étoient aussi longs que sous la zône tempérée ou glaciale, on ne pourroit pas y habiter aussi facilement; 5°. que les vents modèrent beaucoup la chaleur du soleil; 6°. les différens lieux y ont l'été & l'hiver en différens tems, quoique sous le même climat, & qu'ils soient fort voisins les uns des autres; 7°. les endroits qui ont la chaleur & le tems sec contre la marche du soleil sont situés à l'ouest, & ont une chaîne de montagnes à l'est, excepté le Pérou; 8°. les saisons en différens lieux ne suivent aucune règle certaine; 9°. la plupart des habitans de la zône torride, suivant le rapport des voyageurs, comptent deux saisons; savoir, la sèche & l'humide. Cependant il me semble qu'on doit en compter quatre, y compris un printems & un automne; car comme le printems chez nous tient un peu de l'été, & l'automne de l'hiver, de même aussi on peut partager les saisons sèches & humides sous la zône torride. 10°. Il y a dans certains endroits un automne continuel; en d'autres, il y en a deux dans l'année, & dans les autres on en a deux une partie de l'année seulement.

Effets de la retraite de la mer.

Il ne me reste plus qu'à suivre les traces d'un événement très-singulier, qui consiste dans l'écoulement des eaux de la mer lors de l'apparition de nos continens. Les diverses directions suivant lesquelles les eaux se sont retirées, ont dû encore vraisemblablement dépendre de plusieurs mouvemens, les uns généraux autour du globe, & les autres particuliers dans chacun des bassins des grands fleuves. Pour en découvrir les empreintes, rien ne nous les représente plus parfaitement que la direction des eaux courantes actuelles, & c'est aussi dans ces vues que je me suis attaché à donner, le plus exactement qu'il a été possible, l'hydrographie des *deux Amériques*; ainsi, depuis les grands sommets des Andes, des Mato-Grosso, jusqu'aux rivages de la mer, nous pouvons suivre ces différens écoulemens des eaux, les uns dans la direction de l'ouest à l'est, les autres de l'est à l'ouest; enfin ailleurs, du nord au midi, & du midi au nord. Il n'y a pas de doute que toutes les vallées qu'on rencontre à la surface de la terre ne soient les effets naturels, non-seulement de la première marche des eaux, mais encore de celle qui a dû suivre la découverte entière des deux continens. C'est ainsi que les pentes sont courtes & rapides vers de certains aspects de l'horizon, très-alongées & fort douces vers d'autres aspects. C'est aussi pour cela que nous avons réuni sous le même coup d'œil les différens sommets qui ont donné la direction aux grands fleuves, & que nous avons indiqué la disposition générale des terrains. Il est aisé de comprendre que si, dans certaines contrées, les rivières & les fleuves coulent d'occident en orient, les parties les plus élevées des contrées qu'ils traversent sont à l'occident de leur cours, & qu'ainsi ces sommets doivent avoir leur direction, non de l'occident vers l'orient, mais du nord au midi, comme ils l'ont effectivement. C'est pour faire connoître les principes de cette hydrographie physique, que nous tracerons sur le globe les sommets de tous les continens découverts, & que nous ferons figurer les pentes qui vont se terminer aux différentes mers.

Effectivement, si l'on considère l'hémisphère terrestre dans tout son ensemble, on voit qu'il est bordé du sommet de toute l'Amérique, qu'il n'a qu'un revers très-court jusqu'à la mer du sud, & qu'il est hérissé des plus hautes & des plus longues montagnes du Monde. Il n'y a pas, comme nous l'avons déjà dit, un fleuve & une rivière notable qui se rende de ce côté dans cette mer. L'on n'y voit que des eaux courantes courtes & rapides, qui nous démontrent l'escarpement général de tout l'hémisphère terrestre à l'occident. Il n'en est pas de même dans la partie orientale. Nous renvoyons à l'article HYDROGRAPHIE PHYSIQUE, où nous développerons toutes les circonstances de ces dispositions des sommets par rapport aux mers orientale, glaciale, des Indes, &c.

Dans l'Amérique méridionale, cette pente rapide côtoie la mer du sud, & les points de partage des eaux sont toujours plus près des mers de l'ouest que des mers de l'est; ainsi les revers des montagnes qui ont une marche très-constante comme elles, sont toujours beaucoup alongés vers l'est, & raccourcis à l'ouest. On voit que les mers des rives occidentales sont toujours plus profondes & bien moins peuplées d'îles que les orientales, & qu'enfin tout représente sur la surface de la terre l'empreinte d'un écoulement général d'occident en orient, lequel, comme fait le moindre ruisseau, a raccourci tous les revers sur lesquels il tomboit, & n'a fait aucun tort à ceux qui ne lui étoient pas opposés.

Si nous reprenons maintenant toute l'Amérique d'après ce même point de vue, nous verrons qu'il n'est point de partie du Monde où cette admirable régularité soit plus constante. L'on voit, en Amérique, le sommet des continens suivre & côtoyer presque toujours la grande mer du sud, & s'éloigner des rives orientales Cette chaîne, qui sort des contrées inconnues du nord, y laisse à l'orient les vastes revers arrosés par le Saint-Laurent, le Mississipi & le Rio-Salado, pour traverser le Nouveau-Mexique, & s'approcher de la mer Vermeille : outre cela, elle traverse ensuite la Nouvelle-Espagne, dont le continent est fort étroit; mais néanmoins elle en laisse à l'orient la plus grande partie, & il est à croire que les eaux du golfe du Mexique l'ont bien entamée & raccourcie.

Les sommets, après avoir passé Panama, règnent d'une façon surprenante, sous le nom d'*Andes* & de *Cordillières*, tout le long du Pérou, du Chili & des terres Magellaniques, en côtoyant sans cesse la mer Pacifique, & laissant à l'orient les grandes terres arrosées par l'Orénoque, l'Amazone & la Plata. (*Voyez* l'HYDROGRAPHIE PHYSIQUE, RETRAITE DES MERS, APPARITION DE LA TERRE-FERME.)

CONSIDERATIONS GÉOGRAPHIQUES.

Je crois qu'il convient de terminer ce que j'ai à dire sur l'Amérique, par les considérations géographiques de Buffon sur cette partie du Monde, & d'y joindre les réflexions que ces considérations doivent naturellement inspirer.

Buffon fait envisager l'Amérique ou le nouveau continent comme une bande de terre, dont la plus grande longueur doit être prise depuis l'embouchure du fleuve de la Plata, jusqu'à cette contrée qui s'étend le long des bords du lac des Assiniboïls. Suivant lui, la superficie de la terre-ferme que traverse cette ligne, peut avoir deux millions cent quarante mille deux cent treize lieues carrées, ce qui ne fait pas la moitié de l'ancien continent; car toutes les terres réunies ensemble, tant de l'ancien que du nouveau continent, font environ, si l'on s'en rapporte aux appréciations de Buffon, sept millions quatre-vingt mille neuf cent quatre-vingt-treize lieues carrées; ce qui n'est pas à beaucoup près le tiers de toute la surface du globe, qui en contient vingt-cinq millions.

Buffon observe que les deux continens font des avances opposées, & qui se correspondent & se regardent; savoir, les côtes d'Afrique, depuis les îles Canaries jusqu'aux côtes de Guinée, & celles de l'Amérique, depuis la Guiane jusqu'à l'embouchure de Rio-Janeiro. Nous verrons, en décrivant l'*Océan atlantique*, les conséquences qu'on peut naturellement tirer de ces formes correspondantes.

Enfin, Buffon ajoute à ces observations deux faits qui sont assez remarquables; d'abord il nous fait considérer l'ancien & le nouveau continent comme étant presqu'opposés l'un à l'autre : l'ancien étant plus étendu vers le nord de l'équateur qu'au sud, & au contraire le nouveau étant plus prolongé au sud qu'au nord de l'équateur. De même le centre de l'ancien continent est à 16 ou 18 degrés de latitude nord, pendant que le centre du nouveau est à 16 ou 18 degrés de latitude sud, en sorte que ces terres fermes & sèches semblent devoir se contre-balancer à un certain point.

Buffon ne se borne pas à ces considérations. Dans l'article VI des preuves de sa *Théorie de la terre*, relatives à la géographie, il hasarde une supposition qu'il est facile de démentir & de détruire par l'observation, surtout guidée sur les principes de Rouelle, relatifs aux caractères de l'ancienne & de la nouvelle terre. Buffon voudroit nous faire croire que les pays les plus anciens du globe doivent être les plus voisins des deux lignes qu'il a tracées au milieu des continens terrestres, & qui les divisent à peu près en deux parties égales; &, par une suite de cette prétention, il ne doute pas que les terres les plus nouvelles doivent être les plus éloignées de ces lignes, en même tems qu'elles sont les plus basses.

Ainsi en Amérique, suivant cette supposition, la terre Magellanique, la partie orientale du Brésil, du pays des Amazones, de la Guiane & du Canada, sont des pays nouveaux. Une des preuves qu'il nous en donne, c'est qu'en jetant les yeux sur les cartes de ces contrées, on y remarque que les eaux y sont répandues de tous côtés; qu'il y a un grand nombre de lacs & de très-grands fleuves. Au contraire, il regarde le Tucuman, le Pérou & le Mexique comme beaucoup plus anciens que ceux dont on vient de parler, parce qu'ils sont des pays voisins de la ligne qui partage le continent de l'Amérique.

Mais les inégalités de la surface de la terre dans cette vaste partie du Monde donnent d'autres détails pour décider que telles contrées doivent être rangées parmi les terres anciennes ou nouvelles.

Voilà quelle étoit la manière de raisonner de Buffon, lorsqu'il s'agissoit de se décider sur les points les plus importans de la Géographie-Physique. Opposons à cet échafaudage vague & sans principes la lumière que nous offrent les découvertes de Rouelle & de ses disciples sur la distinction de l'ancienne & de la nouvelle terre, & sur la méthode qu'il convient de suivre pour les reconnoître à des caractères invariables & très-apparens. Pour peu que nous réunissions les observations des naturalistes éclairés, nous verrons qu'un grand nombre de pays situés dans le voisinage de la ligne tracée par Buffon n'ont aucun des caractères qui déterminent leur distribution parmi les terres anciennes dans aucune partie du Monde. Ces mêmes observations prouvent en particulier que, soit dans le *Tucuman*, le *Pérou* ou le *Mexique*, il y a des contrées qui appartiennent à la nouvelle terre, quoiqu'elles soient assez élevées, fort montueuses, & voisines enfin de la ligne qui partage le continent de l'Amérique en deux parties égales, suivant le cadre imaginé par le Pline français. Au contraire, nous savons, par des rapports exacts, que la terre des Amazones, la Guiane & le Canada, que Buffon place parmi les terres nouvelles, renferment des contrées, dont les unes appartiennent à l'ancienne terre graniteuse ou schisteuse, & les autres à la nouvelle, adossées contre des noyaux de l'ancienne. Au reste, nous renvoyons aux articles CANADA & GUIANE, où nous ferons connoître en détail leur sol. Nous avons déjà indiqué de grands amas de granit résidans sur les bords de la mer aux environs de New-York, & qui prouvent que de grandes étendues de parties basses & marécageuses appartiennent incontestablement à l'ancienne terre recouverte par la nouvelle. C'est ainsi que, d'après les observations dont l'usage a été dirigé par les principes de Rouelle, les échafaudages & les méprises de Buffon disparoissent entièrement. Je conclus encore de cette discussion, que c'est en s'attachant à cette double base qu'on pourra éviter de pareilles méprises, & qu'on écartera toutes les suppositions aussi hasardées, répandues avec profusion dans les ouvrages qui traitent de l'histoire naturelle de la Terre, & qui en ont grossi le volume sans en avancer les progrès. (*Voyez* ci-après GEOGRAPHIE *des massifs*.)

AMERSFORT, ville des Provinces-Unies dans la seigneurie d'Utrecht; elle est située sur la rivière d'Em. Le terrain qu'on trouve entre Utrecht & *Amersfort* est fort plat, & le sol en partie sablonneux. Les eaux courantes qui l'arrosent sont fort claires : l'on rencontre dans ce trajet des paturâges, des cultures considérables en blé noir, & quelques-unes en seigle & en avoine. En approchant d'*Amersfort* on voit, à l'occident, une bruyère parsemée de quelques bois taillis & de collines en forme de dunes. Ce terrain, indiqué dans quelques cartes sous le nom d'*Amersfort-Berg*, a environ deux lieues en longueur de l'est à l'ouest, & presqu'autant en largeur du nord au sud.

Cette grande superficie de dunes attira mon attention par les fragmens de quartz blanc, dont un certain nombre roulés, mais dont la plus grande partie est en morceaux anguleux & sans aucune ébauche d'arrondissement. Il y a de même plusieurs morceaux de talcites & de schistes où le sable d. mine; ils sont parsemés de taches quartzeuses. Ce grand amas annonce sensiblement les débris de l'ancienne terre déposés avec les sables, au milieu desquels ils sont ensevelis.

Nous ne parlerons pas ici des cultures de tabac qui sont établies au nord-ouest de cette ville, ni de quelques manufactures de l'intérieur; nous nous occuperons d'autres amas assez semblables à celui dont nous venons de faire mention ci-dessus, & qu'on rencontre à quelque distance d'Amersfort lorsqu'on dirige ses pas au nord-est pour se rendre à *Loo* & à *Appeldorn*. Le trajet commence par offrir un sol bas, sablonneux, divisé en diverses cultures par des haies. Ce sont de grands sillons de tabac, des parties moins étendues de blé noir, de seigle, de pommes de terre & de pâturages. Les haies sont établies sur des terrains élevés en bosse, & composées d'aulnes, de chênes & de hêtres. Plus loin sont des landes plates, & quelques bordures de dunes qui paroissent avoir été détruites & dispersées par les vents. Ces sables sont mêlés de fragmens de quartz petits & roulés, & d'autres d'un assez gros volume & anguleux, de talcites fort dures, de même nature que ceux qu'on trouve dans la bruyère d'*Amersfort-Berg*: on y voit aussi des pierres de sables infiltrées, avec des bandes quartzeuses, des morceaux de laves compactes, des quartz blancs, des schistes lamelleux, enfin des serpentines fort dures. Je le répète: ce sont visiblement des débris de l'ancienne terre dispersés au milieu d'un grand amas de sables, & qui paroissent être les restes d'une dune plus élevée. Ils sont assez nombreux & de volume assez considérable pour qu'on les ait employés dans les pavés d'*Amersfort* & d'*Appeldorn*.

En allant vers *Loo*, on trouve que ces dunes s'élèvent, & qu'elles sont peuplées de bois assez beaux: elles s'étendent aussi depuis Hardervick jusqu'à Hattem. C'est la suite d'un dépôt immense & curieux, dont l'origine me paroît devoir être tirée de fort loin en remontant le Rhin jusqu'aux environs d'Andernak, où sont des productions volcaniques; car il se trouve, comme nous l'avons dit, parmi les pierres qui ont appartenu à l'ancienne terre, des fragmens de laves assez considérables, & même de basalte prismatique. Ceci est visiblement l'effet des transports du fleuve, qui ont été repoussés contre les terres & les côtes, & qui les ont prolongées par ces atterrissemens.

Quoi qu'il en soit, ces dunes, ces côtes en collines, plus ou moins élevées, qui se prolongent de l'ouest à l'est, & même du sud au nord, sont en grande partie couvertes de bois; il paroît même que ce dépôt, quoiqu'il doive être considéré comme une superfétation par rapport au sol naturel, est organisé de manière qu'il reçoit les eaux pluviales & les conserve assez exactement, car il en sort de petites *rivières côtières*, telles que celles d'Amersfort, d'Appeldorn & des environs d'Hattem. L'eau qui y circule au milieu des sables en est belle & claire, & a assez de force pour faire mouvoir les principales usines de deux ou trois papeteries intéressantes.

La direction de ces dunes annonce assez sensiblement les progrès de cet atterrissement, suivant l'ancien gissement des côtes, tant du côté du Zuyderzée, que le long de l'ancien canal du Rhin. Au milieu de ce terrain factice, il n'y a point de vallons abreuvés par des eaux courantes continues. Il n'y a, comme je l'ai dit, de rivières d'un cours réglé & suivi que sur les limites de ces grands amas qui n'offrent aucune couche régulière; il paroît même que ces bordures ne tiennent l'eau que parce que le fond est une terre noire, tourbeuse, qui est le produit de la destruction des plantes. Ailleurs on voit que les sables ont été déplacés par les eaux torrentielles, qui n'ont pas pénétré dans l'intérieur lors des pluies. Mais dès qu'il a cessé de pleuvoir un certain tems, ces espèces de ravines ne conservent pas une seule goutte d'eau. J'ai rencontré quelques habitations dispersées dans le trajet de huit lieues que j'ai parcourues depuis Amersfort jusqu'à Appeldorn.

Tel est l'état de ce que l'on appelle *le Welawe*. Il y a quelques veines d'*alliofle* à une certaine profondeur vers *Woosthuis*; mais, malgré cela, le sol n'a pas une grande ressemblance avec les landes de Bordeaux & de Bosleduc. La disposition différente des lieux a contribué à y rassembler des matériaux de différentes natures.

Nous ne parlerons pas du terrain qu'on rencontre entre Appeldorn & Zutphen, parce qu'il n'a rien de commun avec le *Welawe*.

A deux lieues de Zutphen, sur la route qui conduit à Arnhem, on commence à revoir la chaîne des dunes qu'on a laissée à Appeldorn; elle se dirige vers Doësbourg & à Derem: un peu avant Derem, les quartz, les granits usés & arrondis, & les fragmens de pierres, dont nous avons fait mention ci-devant, se montrent très-abondamment au milieu des sables: on voit que les dunes changent de direction, & courent de l'est à l'ouest, direction assujettie à peu près au canal du Rhin.

De grandes parties de ces dunes ont été détachées de son cours par le Rhin, & en sont assez éloignées; elles paroissent avoir été voiturées dans ses accès torrentiels. On voit d'ailleurs à l'horizon, vers le sud-est, une chaîne de collines assez suivies, & qui paroissent avoir servi de limites à la plaine fluviale du Rhin.

A *Derem*, le Rhin coule au pied des dunes ; mais il paroît qu'il s'en écarte insensiblement, & n'y revient guère qu'à Arnhem. Dans cet intervalle, ce n'est plus le même courant ni le même canal, car le Rhin s'est partagé en deux fleuves ; l'un coule au nord, & l'autre à l'ouest. Les dunes, au reste, sont visiblement son ouvrage avant comme depuis sa division. On remarque partout une certaine pente alongée qui commence au pied des dunes, & qui se prolonge jusqu'à un bord de réaction du fleuve. Cette pente alongée est l'effet des pluies qui ont entraîné les matériaux mobiles des dunes, & le bord de réaction celui des eaux du fleuve dans ses crues & les accès. (*Voyez* GUELDRE, FRISE.)

Si nous revenons à Derem & que nous en visitions les environs, ainsi que ceux de Doësbourg, nous trouverons que les pavés de ces deux petites villes, ainsi que ceux de Zutphen & d'Arnhem, sont composés en grande partie de granits, de quartz blancs, de quartz grisâtres, avec des veines blanches, de schistes infiltrés, de laves compactes & de tronçons de basaltes prismatiques, tous fragmens un peu usés & arrondis, & nous en retrouverons de semblables au milieu & sur les bords des dunes voisines de Doësbourg ; ce qui prouve incontestablement que ce sont des dépôts du même ordre que ceux de *Loo* & d'*Appeldorn*.

Comme ces dunes & dépôts se continuent jusqu'à Arnhem, il n'est pas étonnant que tous les pavés de cette dernière ville, & ceux des habitations isolées qu'on rencontre sur la route de Zutphen à Arnhem, soient composés de ces mêmes pierres qu'on a tirées des dunes voisines.

Je l'ai déjà dit & je le répète, parce que la constitution de ce dépôt dans toute son étendue m'y autorise : on ne peut considérer les fragmens des pierres qui se trouvent dans les dunes du Welawe que comme des débris qui ont fait partie de l'ancienne terre, & non comme appartenans au sol même des environs de Loo, d'Appeldorn & de Hattem. Ainsi le professeur Brugman s'est fort mépris s'il a jugé, sur de pareils monumens, que le sol ancien de la *Frise* & de la *Drenthe* faisoit partie de l'ancienne terre. Pour décider cette question, il étoit nécessaire de remonter le Rhin jusqu'au sol naturel, qui peut offrir des massifs parfaitement semblables aux débris & fragmens que nous trouvons dans les dunes ; ensuite, d'après cette reconnoissance une fois faite, suivre le canal du Rhin dans plusieurs parties, & s'assurer s'il n'y existeroit pas quelques dépôts semblables à ceux que nous avons observés dans le voisinage de son embouchure.

Au reste, nous devons dire ici que les dépôts qu'on a vus & observés dans la *Frise* & dans la *Drenthe* sont disposés bien différemment de ceux qui nous occupent. C'est ce que nous nous proposons de faire connoître par la suite aux articles FRISE & DRENTHE, ainsi que dans notre Atlas à celui d'AMERSFORT, où nous insérerons une nouvelle carte des environs d'*Amersfort*, de *Loo*, de *Hattem* & de *Derem*, avec des détails propres à faire connoître de plus en plus cette contrée singuliérement intéressante.

AMÉTHYSTE, pierre transparente, de couleur violette, que dans le commerce on met au rang des pierres précieuses. Quelques naturalistes la regardoient autrefois comme une gemme d'un genre particulier ; mais il est bien reconnu aujourd'hui que l'*améthyste* est un cristal de roche, coloré en violet plus ou moins foncé, & rarement d'une teinte bien égale. On ne connoît pas la nature du principe colorant de l'améthyste ; ce que l'on sait, c'est qu'il est fugace, & qu'il disparoît entiérement lorsqu'on expose cette pierre au feu.

Les auteurs qui ont traité des pierres précieuses ont donné plusieurs dénominations de *couleurs d'améthyste*, & ils disent que les plus belles sont de couleur violette, tirant sur la couleur de rose pourprée, de couleur colombine ou de fleur de pensée, & qu'elles ont un mélange de rouge, de violet, de gris de lin, &c. Il est bien difficile de trouver des termes pour exprimer les teintes d'une couleur ou les nuances de plusieurs couleurs. C'est pourquoi le savant Daubenton a cru qu'il convenoit de donner un objet de comparaison qui servît à exprimer la couleur de l'*améthyste* ; il l'a trouvée dans l'espace du spectre solaire, auquel Newton a donné le nom de *violet*. Cet espace représente la couleur de l'améthyste la plus commune, qui est simplement violette. Mais si l'on fait tomber l'extrémité inférieure d'un spectre sur l'extrémité supérieure d'un autre spectre, on mêlera du rouge avec du violet, & on verra pour lors la couleur de l'*améthyste pourprée*. Ce moyen de reconnoître les couleurs de l'améthyste est très-sûr.

On a dit qu'il y avoit des *améthystes orientales*, mais elles sont si rares, qu'il se trouve peu de personnes qui prétendent en avoir vu. Ainsi on assure sans fondement qu'elles sont de couleur violette pourprée. Les *améthystes occidentales* sont fort communes : on en distingue de deux sortes ; l'une, simplement violette ; l'autre, d'une couleur violette un peu pourprée : celle-ci nous vient par la voie de Carthagène, & est plus rare que la première, & on la désigne ordinairement par le nom d'*améthyste de Carthagène*.

La dureté de l'améthyste est à peu près la même que celle du cristal de roche : elle se forme aussi, comme ce cristal, en aiguilles exagones, terminées à chaque bout par une pointe à six faces. La plupart de ces aiguilles ne sont teintes de violet qu'en partie, le reste est blanc, & c'est du cristal de roche. On voit des cuvettes, des couvercles de tabatières & d'autres bijoux qui, quoique faits d'une seule pièce, sont en partie de cristal, & en partie d'améthyste. Les aiguilles de cette pierre sont le plus souvent réunies plusieurs ensemble dans la mine d'où on l'extrait. On en tire des morceaux assez gros : on les scie transversalement pour en obtenir des lames, sur lesquelles on voit des plans à six faces que forment les differentes portions d'aiguilles. Elles ont ordinairement si peu d'adhérence les unes avec les autres, que la lame qu'elles composent se sépare aisément en plusieurs pièces.

On trouve l'*améthyste*, comme le cristal de roche, dans les fentes perpendiculaires : il y en a des morceaux qui sont unis à l'agate ; d'autres sont recouverts d'une terre jaunâtre, telle qu'on en rencontre ordinairement dans les fentes des rochers. Aussi les morceaux n'ont pas tous la même netteté : il y en a qui, comme le cristal, sont obscurs ou revêtus d'une croûte jaunâtre.

Les améthystes se trouvent en Catalogne, en Bohême, en Saxe, en Hongrie, dans le comté de Glatz en Silésie, dans le Palatinat. On les voit sous forme de cristaux qui tapissent l'intérieur des grandes géodes des environs d'Oberstein & de beaucoup d'autres pays. Les *monts ourals* en Sibérie sont riches en améthystes. Ils ont fourni des groupes de cristaux, dont les quilles étoient de la grosseur du bras & très-bien colorés. Dans le voisinage de Mourzinsk, à vingt-cinq lieues au nord d'Ekaterinbourg, canton qui produit divers genres de cristaux, on trouve une grande quantité d'améthystes dans une roche à bancs verticaux & alternatifs de granit & de feld-spath décomposé. C'est dans cette substance, devenue argileuse, que sont des groupes isolés qui présentent des cristaux violets à deux pointes de la grosseur d'une noix.

Dans un tems où l'on faisoit grand cas de la couleur des pierres, on annonçoit sous le nom d'*améthyste basaltine* un cristal légérement coloré en violet, qui se trouvoit dans quelques mines de Saxe ; mais aujourd'hui on a reconnu que c'étoit un phosphate de chaux.

On trouve beaucoup d'améthystes dans les montagnes d'Auvergne, surtout aux environs d'Arlant, de Saint-Germain-Lambron, du Vernet, de Saint-Didier, de Paul-Haguet, Flageac, Saint-Georges d'Aurat, &c. : il y en a aussi en Espagne, dans une montagne à deux lieues de Vic, en Catalogne ; en Bohême, en Hongrie, en Saxe, en Silésie. Il peut s'en trouver dans la plupart des lieux où il y a du cristal de roche ; car, comme nous l'avons dit, l'*améthyste* n'est autre chose qu'un cristal coloré en violet & en pourpre.

AMIANTE, substance minérale, de nature pierreuse, mais disposée en filets très-fins, souples & soyeux, ordinairement d'une couleur blanche & brillante. Ces filets sont posés longitudinalement les uns contre les autres ; ils sont si fins, qu'on les a comparés à du lin peigné. Il y a plusieurs sortes d'*amiantes*, qui, quoique de même nature, varient par leurs différentes couleurs, par les différentes longueurs de leurs filets, & par leur adhérence plus ou moins forte. Il y a de l'*amiante* jaunâtre ou roussâtre : on en voit de couleur d'argent ou grisâtre, comme le talc de Venise. Il y en a de parfaitement blancs, & qui sont plus ou moins luisans. Quelquefois les filets d'amiante tiennent à des matières d'une autre nature : on en voit dans des morceaux de cristal de roche ; enfin, il y a de l'*amiante* qui paroît n'être pas encore dans un état de perfection : c'est pour ainsi dire une mine d'amiante.

L'amiante résiste à l'action du feu ordinaire ; mais si on l'expose à un feu plus violent, on vient à bout de le vitrifier. Il n'y auroit rien de merveilleux dans l'amiante si sa propriété se bornoit à résister au feu ordinaire ; mais elle est jointe à une autre beaucoup plus singulière ; c'est que les filets de l'amiante sont si flexibles & si souples, qu'il est possible de les filer en y mêlant un peu de lin, & qu'ensuite on en peut faire des tissus assez semblables à ceux qu'on fait avec les fils de chanvre, de lin ou de soie. Ces toiles d'amiante ne brûlent point lorsqu'on les jette au feu : voilà ce qui a toujours paru étonnant. En effet, il est assez singulier de voir une toile que l'on blanchisse par le moyen du feu : c'est cependant ce qu'on fait pour les toiles d'amiante lorsqu'elles sont sales & crasseuses ; & lorsqu'elles en sortent, elles sont alors très-nettes, parce que le feu ordinaire est assez actif pour consumer toutes les matières étrangères qui les salissent. Mais fût-il assez violent pour calciner les pierres, il n'auroit pas la force de vitrifier l'amiante ; cependant, chaque fois qu'on met au feu les toiles d'amiante, & qu'on les y tient pendant quelque tems, elles perdent un peu de leur poids.

On a donné à la matière dont il s'agit ici différens noms qui ont rapport aux propriétés que nous venons de faire connoître. On l'a nommée *amiante*, *asbeste*, *salamandre*, parce qu'elle résiste au feu ordinaire ; & parce qu'elle se file comme du lin & de la laine, on lui a donné les dénominations de *lin incombustible*, de *linum asbestinum* ; enfin, l'on a de même ajouté à ces noms ceux des pays où cette matière se trouvoit, *linum carpasinum*, *carbasum*, *cyprium*, *indum*. M. de Tournefort a fait mention de l'*amiante* de Christo, dans l'île de Négrepont. Il y a de l'amiante dans bien d'autres lieux ; par exemple, en Sibérie, à Eisfield dans la Thuringe, dans les mines de l'ancienne Bavière, à Namur dans les Pays-Bas, dans l'île d'Anglesex, annexe de la principauté de Galles ; à Alberdeen en Ecosse, dans la vallée de Campan aux Pyrénées, en Italie, près de Pouzzole ; abondamment dans l'île de Corse, à Smyrne, en Tartarie, en Egypte, &c.

L'amiante est très-bon à faire des mèches dans les lampes, & il devoit même paroître bien plus propre à cet usage que les filets d'argent dont on fait des mèches dans les réchauds à esprit-de-vin ; car

car il ne leur arrive aucun changement qui puiſſe altérer la lumière. Les anciens ſavoient faire des mèches d'*amiante*.

Quoique Pline ait été mal inſtruit ſur l'origine & la nature de l'amiante, qu'il prenoit pour une matière végétale, il ne peut pas nous jeter en erreur, relativement à l'uſage que l'on en faiſoit de ſon tems : ainſi nous devons l'en croire lorſqu'il dit avoir vu dans des feſtins des nappes de lin vif, c'eſt-à-dire, d'*amiante*, que l'on jetoit au feu pour les nétoyer lorſqu'elles étoient ſales, & que l'on brûloit dans ces toiles les corps des rois, pour empêcher que leurs cendres ne fuſſent mêlées avec celles du bûcher. Ces toiles devoient être fort chères, puiſque Pline ajoute que ce lin valoit autant que les plus belles perles. Il obſerve auſſi qu'il étoit roux, & qu'on ne le travailloit que très-difficilement, parce qu'il étoit fort court : cela prouve que l'amiante que l'on connoiſſoit du tems de Pline, & qui venoit des Indes, étoit d'une très-mauvaiſe qualité ; cependant on avoit bien le ſecret d'en faire des toiles. Cet art a été enſuite preſqu'entiérement ignoré pendant long-tems, & encore à préſent on ne le connoît qu'imparfaitement. M. Ciampini a fait un Traité ſur la manière de filer l'amiante. Suivant cet auteur, il faut commencer par le faire tremper dans l'eau chaude ; enſuite on le diviſe, on le frotte avec les mains, & on l'agite dans l'eau pour le bien nétoyer & pour en ſéparer la partie la plus groſſière & la moins flexible, enfin les filets les plus courts. Après cette première opération, on le fait tremper de nouveau dans l'eau chaude, juſqu'à ce qu'il ſoit bien imbibé & qu'il paroiſſe ramolli ; alors on le diviſe & on le preſſe entre les doigts pour en ſéparer toute matière étrangère. Après avoir répété ces lotions cinq ou ſix fois, on raſſemble tous les filets qui ſont épars, & on les fait ſécher. L'amiante étant ainſi préparé, on prend deux petites cardes, beaucoup plus fines que celles avec leſquelles on carde la laine des chapeaux, & on met de l'amiante entre deux : on le carde de manière à mêler les filets pour qu'on puiſſe les filer ; mais en général ils ſont trop courts pour qu'ils puiſſent obéir au tordage que la filature exige, & c'eſt pour remédier à cet inconvénient qu'on y ajoute une filaſſe d'une autre nature, ſoit lin, ſoit chanvre, qui ſert à donner une certaine liaiſon aux filets d'amiante, pour qu'ils puiſſent obéir au tortillage des inſtrumens qui ſervent à filer. On prend donc du coton, de la laine ou du lin, & à meſure qu'on fait ce fil, mêlé d'amiante & de coton, on doit avoir attention qu'il y entre toujours plus d'amiante que d'autre matière, afin que le fil puiſſe ſe ſoutenir lorſqu'il ſera réduit à l'amiante ſeul ; car dès qu'on a fait de la toile ou d'autre ouvrage avec le fil, on les jette au feu pour faire brûler le coton ou la laine.

D'autres auteurs diſent qu'on fait tremper l'*amiante* dans de l'huile pour le rendre plus flexible.

Quoi qu'il en ſoit, celui dont les filets ſont les plus longs, eſt le plus facile à mettre en œuvre ; & les ouvrages qu'on en fait ſont d'autant plus beaux, que l'amiante eſt plus blanc.

D'après ces qualités connues de l'amiante, on a penſé auſſi à en fabriquer du papier. Le docteur Brukmann, profeſſeur à Brunſwick, a imprimé une hiſtoire naturelle de l'*asbeſte* ; & ce qu'il y a de remarquable, il a fait tirer quatre exemplaires de ſon ouvrage ſur un papier fait d'asbeſte : ils ſont dans la bibliothèque de Wolfenbuttel. Voyez *Bibliothèque germanique, tome XIV, pag.* 190.

La manière de fabriquer ce papier eſt décrite dans les *Tranſactions philoſophiques*, nº. 166, par M. Loyd. D'après ſes procédés, il broya dans un mortier de pierre une certaine quantité d'*amiante*, juſqu'à ce qu'elle fût réduite en une forme cotoneuſe ; enſuite il mit le tout dans un tamis fin, & par ce moyen il purgea les filets d'amiante de toutes les parties terreſtres étrangères ; car la terre & les pierres qu'il n'avoit pas pu enlever auparavant, paſſèrent à travers le tamis, & il ne reſta que la ſubſtance de l'amiante. Il porta cette matière dans un moulin à papier, & la mit dans un vaſe où, mêlée à l'eau, elle pût former une feuille de papier avec les moules ordinaires. Comme il remarquoit que cette matière, plus peſante que la matière ordinaire du papier, ſe précipitoit au fond de l'eau très-promptement, il recommanda très-expreſſément à l'ouvrier de l'agiter continuellement avant que de plonger le moule ou la forme dans cette eſpèce de pâte : c'eſt ainſi qu'il parvint à en faire quelques feuilles de papier, ſur lequel on écrivoit comme ſur le papier de chiffon, & l'écriture diſparoiſſoit en le jetant dans le feu.

Il faut remarquer que ce papier avoit peu de conſiſtance & de ſolidité ; qu'il ſe caſſoit fort facilement, parce que les filets d'amiante, n'ayant par eux-mêmes aucune force ni aucun nerf, ſe rompoient ſous le moindre effort, & que d'ailleurs ils n'avoient acquis, par leur union, aucune liaiſon ni aucune adhérence ; car, quelque degré de fineſſe qu'on leur eût donné par la trituration, on n'étoit pas parvenu à en faire une étoffe ſolide. D'après ces conſidérations, on voit qu'on ne peut guère donner à ces papiers un certain degré de perfection ; qu'ils ſeront toujours imparfaits avec une matière auſſi ingrate, & que, quelque dépenſe qu'on faſſe, on n'obtiendra jamais que des réſultats de pure curioſité.

L'amiante ſe trouve dans les trapps, dans les cornéennes, dans les roches talqueuſes, & ſurtout au milieu des ſerpentines, des pierres ollaires & autres maſſifs qui contiennent de la magnéſie.

Le plus bel *amiante* nous vient de la Tarentaiſe, & ſe ramaſſe dans les montagnes que traverſe l'Iſère ; il eſt d'un blanc éclatant & en filets très-ſouples, leſquels ont juſqu'à cinq ou ſix pouces de longueur.

Les Monts Ourals, en Sibérie, donnent un amiante qui paroît dur & compacte comme une pierre ordinaire; mais quand il a été exposé à l'air pendant quelques mois, il se gonfle, & se divise en filets aussi fins que ceux du coton : on le file en cet état assez facilement, & presque sans addition.

L'amiante est de la même nature que l'*asbeste*, le *cuir*, le *papier*, le *liége*, la *chair* de montagne : ces substances ne paroissent guère différer autrement que par le tissu, qui, dans ces dernières matières, est plus grossier que dans l'amiante.

L'analyse de l'amiante & de l'asbeste, faite par les chimistes, a donné de silice, cinquante-neuf; de magnesie, vingt; de chaux, neuf & demi; d'alumine, cinq; de fer, deux & un quart, qui, avec un & demi de perte, forment cent parties.

On trouve le *liége de montagne* particuliérement dans les roches de serpentines, & l'on ne l'y rencontre jamais qu'en veines minces & en petite quantité : il est souvent mélangé avec du quartz, du talc, &c.

On le trouve en Carinthie, à *Bleiberg;* dans le Frioul, à *Idria;* en Saxe, à *Johann Georgenstadt;* en Suède, à *Salberg* & à *Danemora;* en Sibérie, en Hongrie & en Norwège.

L'*amiante* se rencontre ordinairement dans les montagnes primitives, & surtout dans celles de serpentine. L'amiante de Corse & de la Tarentaise est fort beau. Comme nous l'avons dit, l'*asbeste* a le même gisement que celui de l'*amiante* : on en trouve surtout à Zœblitz, en Saxe : il est mélangé avec le talc endurci.

Le *bois de montagne* a été trouvé au Schneeberg, près de Sterkingen, en Tirol; il y est accompagné de galène à grains fins, & de strahlstein asbestiforme.

AMIENS, grande & belle ville établie sur la Somme, & à peu près au milieu de son cours : elle est le chef-lieu du département de la Somme. Dans la partie occidentale du sol sur lequel cette ville a été construite, on a trouvé des amas de tourbes fort considérables, puis des couches de marne, ensuite du sable & des galets. Il y a grande apparence que ces dernières substances sont des matières adventices qui y ont été entraînées & déposées par les eaux latérales de la Somme.

Le sol des environs d'*Amiens* est un massif de craie, recouvert de terres végétales, grise & jaune, plus ou moins abondantes.

C'est au milieu de ce sol qu'ont été creusés des vallons dont les bords sont évasés, & dont les fonds sont comblés jusqu'à un certain point de terres, débris des couches superficielles qui règnent le long des bords.

Les rivières qui circulent dans ces vallons sont assez fortes, & ont de belles eaux; elles viennent toutes se rendre dans la Somme, au dessus & au dessous d'Amiens.

La craie, qui se trouve à une certaine profondeur dessous la couche de terre végétale, est fendillée par l'effet de la dessiccation : ce sont ces fentes multipliées qui contribuent à sa décomposition; aussi ne trouve-t-on des blocs d'une certaine dimension & consistance susceptibles d'être taillés, qu'à une grande profondeur. On y voit aussi des rangées de silex de formes bizarres, variées & suivies, sur des lignes horizontales.

Les habitations un peu considérables sont distribuées sur les bords des rivières, & dans les plaines où il y a des eaux courantes & des sources : ce sont ordinairement de gros villages, comme ceux des environs de Paris. La manufacture de la ville d'Amiens a contribué à cette population. Il y a très-peu d'habitations dispersées dans les intervalles des vallées, parce qu'elles y sont réduites à la ressource des puits, qui y sont en général très-profonds.

Le long de la rivière de *Dom*, on voit de grands amas de terres jaune & grise, & dessous le massif de craie dont j'ai parlé, avec des rangées de silex, dont il a été aussi question. Le fond de cette vallée, qui est fort large & fort plat, offre un lit de tourbe, qui produit peu en pâturages. La rivière est forte à *Boves*, où elle reçoit, par plusieurs canaux, celle de *Noyé*. Vers l'embouchure de la Dom dans la Somme, il y a plusieurs fosses à tourbes, qui sont garnies de roseaux de diverses espèces, particuliérement le long des bords de ces trous pleins d'eau. Il est visible que c'est par ces circonstances que s'opère la régénération annuelle & successive des roseaux; ainsi la simple inspection de ces fosses à tourbes suffit pour prouver que cette substance se reproduit partout où l'on voit des roseaux qui sont en pleine végétation : c'est là qu'on peut suivre les progrès de ce travail de la nature, ancien & moderne. Au reste, il est assez difficile d'expliquer quelle a été la marche de la nature dans le remplissage du fond de la vallée de la rivière de Dom, comme de celle de la Somme; ce qui a mis de niveau la surface de ce fond, comme ce qui l'a recouvert de terre végétale non tourbeuse. Il faudroit une suite d'observations pour donner la solution de tous ces problêmes.

Je serois cependant très-porté à croire que c'est aux avalaisons des terres superficielles par les eaux latérales, que sont dues la plupart de ces dispositions de substances adventices; car ces terres sont de nature à pouvoir être entraînées facilement; & d'ailleurs les remplissages ne nous ont offert que de ces sortes de matériaux.

D'après les principes que j'ai développés, tom. I, §. V, des *Considérations sur la Géographie-physique*, & qui ont pour objet l'*hydrographie* des rivières latérales, les vallons secs & abreuvés, enfin l'étendue des plateaux unis qu'on trouve entre ces vallons, je vais présenter ici, pour rendre cet article plus intéressant, l'énumération des rivières des environs d'*Amiens*, qui se rendent à la Somme de droite, depuis *Corbie* jusque vers *Abbeville*, & de gauche, depuis l'embouchure de la rivière de *Dom* jusqu'à celle d'*Avraines*, &c.

Rivière d'Encre.

En commençant par la droite, je trouve d'abord la rivière d'*Encre* ou de Miraumont, qui a deux systèmes de *vallons secs* au dessus de Miraumont, où est la source de la rivière d'*Encre*. Ces deux systèmes ont des ramifications fort étendues; car il y en a qui se distribuent jusqu'au-delà de Bapaume.

Si l'on suit maintenant le vallon abreuvé, on trouve, de chaque côté, de simples vallons secs. Seulement à la hauteur de Meaulte règne un système de vallons secs avec plusieurs ramifications, mais dont les principales pentes sont dirigées, comme celles de l'eau courante, du nord au sud. Cette source débouche assez près du point de partage des eaux, qui se trouve vers *Bapaume*, *Monchy*, *la Herlière* & *Saulty*.

Je ne parlerai pas ici des beaux dépôts d'*ostéocole* qu'on a trouvés dans les caves d'*Albert*, & dont j'ai donné la description à l'article de cette ville. Je ne doute pas qu'il ne se soit formé de semblables dépôts dans le fond de la vallée qui se trouve au dessous de Meaulte. Seulement je ferai observer que l'eau courante se trouve divisée vers *Bonnay* en deux embouchures, dont l'une, sous le nom d'*Encre*, passe à *Neuville*, & l'autre, sous celui de *la Boulangerie*, traverse la ville de *Corbie* avant de se jeter dans la *Somme*.

Je dois ajouter ici que depuis Miraumont, où est la source de cette rivière, le fond de sa vallée est marécageux, & qu'à en juger par le nom de *Moulin des Tourbes*, que l'on a donné au moulin qui est au dessus de cette partie de la vallée, il y a grande apparence qu'elle est aussi *tourbeuse*. Je passe ensuite à la rivière d'*Hallu*, qui nous présentera à peu près les mêmes formes de terrain & les mêmes phénomènes que la précédente.

Rivière d'Hallu.

Cette rivière, dont la tige abreuvée, qui ne s'étend que jusqu'à Vadencourt, où est sa source, & par conséquent beaucoup moins avant dans les terres que celle de Miraumont, est surmontée par deux systèmes de vallons secs, dont les extrémités sont dirigées de manière qu'elles partent du point de partage de semblables vallons secs fort étendus, qui sont à la tête de l'*Authie*. (*Voyez* AUTHIE.) En descendant le vallon d'*Hallu*, depuis la source jusqu'à Frechencourt, on le trouve marécageux; outre cela, bordé à la droite de trois vallons secs, fort simples & très-peu étendus : le fond de la vallée d'ailleurs, au dessous de Frechencourt, paroît un peu comblé jusqu'à la Somme, à en juger par les différentes îles alongées qui partagent le lit de la rivière en deux bras, comme dans le vallon de Miraumont. Le dernier vallon sec, qui aboutit à Frechencourt, offre une source qui se rend fort rapidement à la rivière.

J'ajouterai maintenant qu'entre l'embouchure des deux rivières dont je me suis occupé jusqu'à présent, il y a sur les bords de la Somme un escarpement qui donne naissance à quatre sources, dont les produits se réunissent immédiatement à la Somme.

Entre la chaussée & Brailly sont deux vallons qui se réunissent à la Somme, & n'y versent de l'eau que dans le tems des pluies. Ces vallons ont très-peu d'étendue : il est visible qu'ils sont très-peu approfondis, à peu près comme les autres vallons secs, qui les avoisinent dans l'intérieur des terres.

Rivière de Saint-Ouin.

La rivière de *Saint-Ouin* a deux embranchemens abreuvés : l'un, à droite, se prolonge jusqu'à Saint-Hilaire, & ses parties supérieures sont deux vallons secs, qui sont parcourus seulement par l'eau pluviale & torrentielle. Dans ce même système d'embranchement il se détache un vallon également sec, & qui, depuis Longvilliers jusqu'à Domart, ne reçoit que l'eau pluviale. C'est à Domart que l'embranchement abreuvé de Saint-Hilaire se trouve grossi par l'eau d'une source.

Si nous remontons de même le second embranchement de la gauche, nous trouverons qu'il est abreuvé de trois sources : deux de ces sources, aux environs de Canaples, sont placées chacune à l'embouchure d'un vallon sec, dont celui de la gauche offre plusieurs ramifications très-étendues.

La troisième source se trouve au dessous de Montrelet, dans une partie du vallon qui n'est surmontée que de trois ramifications de vallons secs, fort courtes.

Si nous revenons à la tige principale de la rivière, nous trouverons son lit encombré de plantes marécageuses, depuis Saint-Ouin jusqu'à Flexicourt. Je dois faire observer que, dans tous les vallons secs qui surmontent les deux embranchemens abreuvés, on y a figuré, par une suite de points, la trace du cours des eaux pluviales; ce qui annonce un certain approfondissement dans cet ordre de vallons. Je terminerai ce que je me propose de faire connoître sur les rivières qu'on rencontre à la droite de la Somme, par celle de Saint-Riquier.

Rivière de Saint-Riquier.

Cette rivière, qui se jette dans la Somme à Abbeville, & dont la tige abreuvée, après avoir parcouru jusqu'à Caux une vallée marécageuse, se divise en deux embranchemens, dont l'un s'étend un peu au dessus de Drucat, où est sa source, laquelle eſt ſurmontée par un vallon ſec très-alongé. L'autre embranchement ſe prolonge juſqu'à Saint-Riquier. C'eſt là qu'une ſeconde ſource ſe montre au débouché de deux ſyſtèmes de vallons ſecs fort peu approfondis.

Si nous paſſons à la gauche de la Somme, nous y verrons ſix rivières latérales, qui ſont celle de *Dom*, laquelle tombe dans la Somme un peu au deſſus d'Amiens; puis la rivière de *la Celle*, dont la confluence ſe trouve immédiatement au deſſous de la même ville; enſuite le ruiſſeau de *Picquigny*, puis la petite rivière de *Saint-Landon*, celle d'*Ayraines* & le ruiſſeau de *Bellifontaine*.

Nous allons reprendre maintenant chacune des vallées qui nous offrent ces eaux courantes.

La première eſt celle de la grande rivière de Dom, qui, outre ſa tige principale qu'on peut conſidérer comme prolongée juſqu'au-delà de Montdidier, a trois embranchemens auſſi abreuvés; d'abord celui de *Luce*, enſuite celui d'*Avre*, puis celui de *Noyé*.

Dans l'embranchement de *Luce* on trouve deux ſources aux environs de Cayeux, leſquelles ſont ſurmontées de quatre vallons ſecs, longs & étroits; enſuite la tige eſt accompagnée de cinq autres vallons ſecs, ſemblables, qui, de droite & de gauche, contribuent très-peu à l'aliment de l'eau courante, qui eſt toujours foible. D'un autre côté, l'embranchement d'*Avre*, dont le ruiſſeau s'étend à deux lieues au-delà de la ville de Roye, n'a aucun vallon ſec; car la ſource de ce ruiſſeau occupe à Auvricourt le fond de la vallée ſans aucun prolongement ultérieur, & même, en parcourant la tige abreuvée, on ne rencontre que de très-petits vallons ſecs.

Au-delà de Montdidier, la tige principale de la rivière de Dom ſe prolonge par deux ruiſſeaux, dont l'un va juſqu'à *Dompierre*, & l'autre juſqu'à *Saint-Martin-de-Pas*. L'une & l'autre ſource ſont ſurmontées par quelques parties de vallons ſecs fort étroits. Cette même tige, abreuvée juſqu'à l'embouchure d'Avre, offre, en deſcendant au deſſous de Montdidier, ſur la gauche, quatre longs vallons ſecs, à l'embouchure deſquels eſt une troiſième ſource à Fontaine. Sous Montdidier, plus bas que Pierrepont, trois larges vallons débouchent ſur la vallee principale; ce qui ſemble avoir contribué à augmenter la rivière d'Avre au deſſous de Moreuil.

Enfin toutes ces eaux courantes ſont réunies à une ſeule embouchure, après la jonction de la rivière de *Noyé* à Boves. Cet embranchement abreuvé eſt fort long, & ſe termine par deux ruiſſeaux, dont l'un, à droite, a ſa ſource à Wouvenois-lès-Merle, & celui de la gauche à Vindeuil, au deſſus de Breteuil. Les vallons ſecs, qui ſont au deſſus de chacune de ces ſources, ſont fort longs & fort larges. Sur la gauche du *Noyé*, avant la réunion de ces deux ramifications au débouché de deux vallons ſecs, & à côté de Paillart, eſt une troiſième ſource, puis au deſſous cinq autres ramifications de vallons ſecs, diſtribués ſur toute la longueur de la vallée du *Noyé*, qui eſt fort large, ſurtout aux environs d'Ailly, où l'on trouve une quatrième ſource qui débouche au milieu des dépôts de la vallée. Si l'on ſuit le tronc de la *Dom* après la réunion de tous ces embranchemens abreuvés, on le trouve preſqu'auſſi conſidérable que celui de la Somme, en y réuniſſant un embranchement qui s'en détache. D'ailleurs, le confluent y eſt fort large entre les croupes de la vallée.

Rivière de la Celle.

Un peu au deſſous d'Amiens on trouve la confluence de la rivière de *la Celle* dans la Somme par deux embouchures aſſez fortes; en ſorte que ſa tige réunit une maſſe d'eau conſidérable avec beaucoup d'îles, juſqu'à Conty, où commencent deux embranchemens abreuvés, dont l'un s'étend juſqu'au bois de Jourdain, à un quart de lieue au deſſus de Catheux; puis au-delà, tant à droite qu'à gauche, ſe diſtribue une multitude de vallons ſecs, la plupart fort étroits & alongés.

Si l'on revient à Conty on rencontre ſur la gauche trois embranchemens ou ſubdiviſions abreuvées: la première paſſe à Thois, & eſt déſignée ſous le nom *des Parquets*. La ſource ſe trouve ſurmontée par deux longs vallons ſecs, qui ſuivent la même pente que ceux des environs de Catheux, leſquels appartiennent au premier embranchement de la Celle, & qui ſont dirigés ſur la même pente. La ſeconde, qui eſt le *ruiſſeau des évoiſſons*, a deux embranchemens, dont le premier s'etend juſqu'à Elencourt: ſa ſource eſt ſurmontée d'un vallon ſec, long & étroit; le ſecond va juſqu'à Haudicourt, au point de réunion de pluſieurs vallons ſecs, étroits & alongés; le troiſième embranchement abreuvé ſe prolonge juſque près de Souplicourt, & eſt ſemblablement ſurmonté par les mêmes formes de vallons ſecs.

Le tronc principal, au deſſous de Conty, offre, à droite & à gauche de ſa vallée, trois ou quatre vallons ſecs, qui s'y abouchent à angles aigus. Outre cela cette vallée offre, dans ſon fond de cuve, deux ſources & pluſieurs îles. Je ne doute pas que les vallons ſecs, de même que les plateaux des intervalles, ne contribuent à favoriſer l'augmentation du tronc & des embranchemens de la Celle lorſqu'ils reçoivent les pluies; car je ſuis convaincu que l'imbibition de l'eau pluviale ſe fait rapidement dans ce ſol crayeux, & ſe trouve en peu de tems rendue au niveau où eſt placé le débouché des ſources qui coulent dans les embranchemens abreuvés.

Rivière de Saint-Landon.

Nous ſupprimons ici le ruiſſeau de Picquigny, qui n'a rien de remarquable qu'une eau intermittente, vu le peu de profondeur du vallon, & nous passons à la rivière de *Saint-Landon*, dont la tige abreuvée s'étend jusqu'à Moliens-le-Vidame. La partie de la vallée qui contient cette tige est surmontée par un grand nombre de longs & larges vallons secs, qui méritent quelque attention. Je ne quitterai pas ce système d'eau courante sans remarquer que la partie inférieure de son lit est bordée par une lisière marécageuse, qui se continue jusqu'aux deux branches de son embouchure dans la Somme, dont la large vallée est également dans un état de marais.

Rivière d'Ayraines.

Cette petite rivière termine son cours dans une partie de vallée marécageuse, jusque dans le voisinage d'Ayraines : c'est là qu'elle se divise en deux embranchemens, dont celui de la droite s'étend jusqu'au-delà de Tailly, après quoi la partie abreuvée est surmontée par deux systèmes de vallons secs. L'embranchement de la gauche, qui est fort foible, se prolonge assez près d'Allery, dans un vallon peu approfondi, lequel a deux ramifications de vallons secs encore moins approfondies.

Ruisseau de Bellifontaine.

Ce ruisseau a son origine à Bellifontaine, au point de réunion de deux ramifications de vallons secs peu profonds. Il est visible que c'est la bordure de la vallée de la Somme qui a favorisé le débouché des eaux de cette source ; aussi coulent-elles fort long-tems dans cette vallée, après cependant s'être réunies en partie à la Somme par une foible dérivation.

Maintenant que j'ai fait connoître dans le plus grand détail l'*hydrographie* des rivières latérales de la Somme, je vois la nécessité de distinguer celles qui ont plus ou moins d'embranchemens abreuvés, de celles qui n'ont qu'une seule tige, & qui rassemblent les eaux d'une superficie fort peu étendue & surtout très-étroite, comme dans la Basse-Somme. C'est ainsi, par exemple, que les rivières d'Albert, de Saint-Ouin, de Saint-Riquier, de Saint-Landon & d'Ayraines offrent une distribution de vallons qui diffèrent beaucoup de celle des deux autres, particuliérement quant à la profondeur. Dabord, de quelque manière que les vallons secs se trouvent distribués relativement aux autres abreuvés, il m'a toujours paru que les premiers offroient une superficie bien plus considérable que les seconds ; du moins j'en juge par le système hydrographique qui règne aux deux côtés de la Somme ; & ce que j'ai observé dans ces contrées, je ne doute pas qu'on ne le retrouve ailleurs. C'est surtout aux extrémités supérieures des ruisseaux ou des rivières que se trouvent les plus grands assemblages de vallons secs : il y en a moins le long de certains troncs abreuvés. Au reste, ce qui paroît incontestablement contribuer à la distinction des vallons secs & des vallons abreuvés, c'est d'abord la disposition & le niveau, ensuite, à même niveau, le degré d'approfondissement jusqu'au point où se trouvent les couches qui rassemblent les eaux pluviales, lesquelles pénètrent dans le sein de la terre, comme je l'ai fait voir ailleurs dans plusieurs articles de ce Dictionnaire. (*Voyez* VALLON, COUCHES DE LA TERRE). J'ajouterai ici une dernière réflexion, c'est que tous ces vallons, tant *secs* qu'*abreuvés*, sont évasés par leurs bords supérieurs, parce qu'ils ont été creusés dans des sols composés de matières fort mobiles & fort légères, telles que la craie.

Ceci me ramène à la Somme : je ne trouve dans cette tige principale qu'un seul ordre d'excavation & d'approfondissement, & que les produits des végétaux qui y forment des encombremens successifs & annuels. Tout ceci ne suppose que le travail de l'eau douce courante à la surface des continens.

On ne peut donc, sans hypothèses hasardées & gratuites, admettre une invasion de la mer postérieure à sa retraite générale, & des *digues* ou *barres* dans la Somme qui auroient arrêté la marche des eaux courantes ; car je ne vois d'autres obstacles à cette marche que l'encombrement des tourbes, & de cet obstacle il n'a pu résulter des *lacs* qui auroient subsisté pendant une longue époque, & dans lesquels les eaux auroient été soutenues à un certain degré de hauteur. D'après toutes ces considérations, il est visible que ce que quelques érudits ont imaginé sur la vallée de la Somme est contre tous les principes qui ont pour objet la formation des vallées & la marche connue des eaux courantes dans leurs lits ; que leurs hypothèses sont purement illusoires, & ne méritent aucune attention, quelqu'importance qu'ils aient voulu leur donner. Au reste, je crois devoir renvoyer à l'article SOMME ces discussions, par lesquelles, après avoir établi les principes, j'essaierai de détruire toutes ces suppositions. En attendant, j'opposerai à ces idées romanesques où préside l'ignorance des faits, tous ceux que j'ai réunis dans cet article pour établir la grande liberté des eaux courantes à la surface de cette partie de notre continent. (*Voyez* les planches d'*Amiens*, n°. 3, & d'*Arras*, n°. 4, de la carte de France.)

AMIRAUTÉ (*Baie de l'*). Cette baie, qui se trouve dans la côte de la *Nouvelle-Zélande*, est située entre le canal de la *Reine Charlotte* & une île qu'on apperçoit lorsque l'on est dans ce canal. Cette île gît à deux milles au nord-est du cap *Stéphens* (pointe nord-est de la baie de l'*Amirauté*) par 40 degrés 37 minutes de latitude sud, & 185 degrés 6 minutes de longitude ouest (1), & elle est

(1) Méridien de Greenwich.

d'une hauteur considérable. Entre cette île & le cap Farewel, qui sont éloignés l'un de l'autre de quatorze ou quinze lieues dans la direction de l'ouest quart nord-ouest, & de l'est quart sud-est, la côte forme une autre grande baie profonde, dont on peut à peine appercevoir le fond pendant qu'on cingle en droite ligne d'un cap à l'autre. Il est cependant probable que sa profondeur est moindre qu'elle ne paroît être; car, comme on trouve l'eau plus basse que dans aucun autre endroit situé à la même distance de toute autre partie de la côte, il y a lieu de supposer que la terre, au fond de laquelle elle se trouve placée, est basse, & que par conséquent on ne peut pas la distinguer aisément. C'est pour cela que le capitaine Cook lui a donné le nom de *baie des Aveugles*, & il pense que c'est la même qui a été nommee, par Tasman, *baie des Assassins*.

Toute la côte qui se trouve près de la baie de l'Amirauté présente le tableau le plus triste : celle du cap *ouest* est basse, & s'élève doucement & par degrés jusqu'au pied des montagnes; la plus grande partie en est couverte de bois. Depuis la *Pointe des cinq doigts* jusqu'au 44e. degré 20 minutes de latitude, il y a une chaîne étroite de collines qui s'élèvent directement de la mer, & qui sont couvertes de forêts. Derrière & tout près de ces collines on voit des montagnes qui forment une autre chaîne d'une élévation prodigieuse, & qui est composée de rochers entiérement stériles & dépouillés, excepté dans les endroits où ils sont couverts de neige, qu'on apperçoit sur la plupart en grandes masses. Il n'est pas possible d'imaginer une perspective plus sauvage, plus brute que celle de ce pays, lorsqu'on le contemple de la mer; car dans toute la portée de la vue, l'œil n'apperçoit rien que les sommets des rochers, qui sont si près les uns des autres, qu'au lieu de vallées il n'y a que des fissures entr'eux. Depuis le 44e. degré 20 minutes, jusqu'au 42e. degré 8 minutes de latitude, ces montagnes s'avancent bien avant dans l'interieur. La côte de la mer est composée de collines & de vallées boisées, de différens degrés de hauteur & d'étendue, & qui paroissent fertiles; la plupart des vallées forment des plaines d'une étendue considérable, & entiérement couvertes d'arbres; mais il est très-probable que le terrain, en plusieurs endroits, est marécageux & entre-mêlé de lacs ou d'étangs. Du 42e. degré 8 minutes, au 41e. degré 30 minutes de latitude, la terre ne se fait distinguer par rien de remarquable : elle s'élève en collines directement de la mer, & elle est couverte de bois; mais cette partie de la côte ayant été examinée par un tems brumeux, on apperçut à peine l'intérieur. Il faut en excepter seulement les sommets des montagnes, qui s'élevoient par-dessus les brouillards qui en cachoient le bas; ce qui confirme dans l'opinion qu'une chaîne de montagnes s'étend d'une extrémité à l'autre dans la *Nouvelle-Zélande*.

En débarquant sur une pointe de terre au côté ouest de la *baie de l'Amirauté*, on gravit une colline, & l'on voit le bras occidental de cette baie s'étendre sud-ouest quart ouest, à environ cinq lieues plus loin; cependant on ne peut pas en appercevoir l'extrémité. Il paroît qu'il y a plusieurs autres entrées, ou au moins de petites baies entre celle-ci & la pointe nord-ouest du canal de la *Reine Charlotte*; & comme elles sont toutes à couvert des vents de mer par les îles qui sont en dehors, il paroît certain qu'il y a dans chacune un mouillage & un abri. La surface de la terre, aux environs de cette baie, autant qu'on a pu l'appercevoir, est remplie de collines, & couverte presque partout d'arbres, de buissons & de fougère qui en rendent l'accès difficile & fatigant : on y trouve plusieurs plantes nouvelles : on rencontre aussi quelques huttes, qui semblent avoir été abandonnées depuis long-tems. Si l'on avoit eu occasion d'observer les rochers nus, peut-être auroit-on remarqué quelques substances minérales précieuses. Comme la latitude de cet endroit correspond avec celle de l'Amérique méridionale, il est probable qu'après des recherches suffisantes on y en découvriroit d'utiles.

La baie de l'*Amirauté* offre l'avantage bien utile aux navigateurs, de pouvoir s'y approvisionner d'eau & de bois.

AMIS (*Iles des*). Ces îles composent un archipel fort vaste dans l'Océan pacifique : les naturels n'en comptent pas moins de cent cinquante, dont quinze sont élevées & montueuses; trente-cinq d'une assez grande étendue, & le reste doit être compris au nombre des terres basses, si communes dans ces parages.

Il faut comprendre sous la dénomination générale d'*Iles des Amis*, non-seulement le groupe d'*Hapnée*, mais aussi toutes les terres découvertes au nord, à peu près au même méridien, & d'autres qu'aucun navigateur n'a apperçues jusqu'ici. Chacune d'elles dépend à quelques égards de *Tongataboo*, qui, sans avoir la plus grande étendue, est la capitale & le siége du gouvernement.

Il paroît sûr que les îles du *prince William*, découvertes & ainsi nommées par Tasman; les îles *Keppell* & *Boscawen*, reconnues par le capitaine Wallis en 1765, sont comprises dans cet archipel, non-seulement parce qu'elles sont connues aux Iles des Amis, mais parce qu'elles dépendent du même souverain.

Hamoa, *Vavaoo* & *Feejée* sont les îles les plus considérables de ces environs; elles sont plus grandes que *Tongataboo*. (*Voyez* ce qui est dit sur ces différens cantons.)

La richesse des productions, leurs variétés, la beauté des campagnes, rendent toutes les terres connues de cet archipel précieuses à l'observateur qui les parcourt. La nature, aidée d'un peu d'art, ne se montre dans aucun pays avec plus de splenfleur que sur ces îles fortunées. Partout on apperçoit une force de végétation qui étonne & enchante. De superbes plantations ou jardins, enfermés par des haies de bambou ou des haies vives de la belle fleur de corail; des sentiers charmans, où l'on voit des ignames & des bananes plantés des deux côtés, avec autant d'ordre & de régularité que dans nos jardins; des plaines couvertes de riches pâturages, des promenades délicieuses, entourées de plusieurs rangs de cocotiers; des bocages agréables, des chemins coupés avec intelligence, & à l'abri d'un soleil brûlant par les arbres fruitiers qui y étendent leur favorable ombrage : tel est le magnifique spectacle qui frappe les regards, & partout la scène est également riante. Un printems continu y entretient une verdure constante : chaque feuille qui tombe, est remplacée par une autre qui lui succède; & les heureux habitans de ces belles contrées trouvent, sous un ciel si avantageux, les agrémens de la vie, un bonheur tranquille, & toutes les ressources de l'abondance. On ne voit ni bourg, ni village; la plupart des maisons sont bâties dans les plantations, sans autre ordre que celui qui est prescrit par la convenance, & presque toutes sont entourées d'arbres ou de buissons en fleurs qui parfument l'air qu'on y respire.

La fertilité la plus abondante éclate de toutes parts; les lieux abandonnés aux soins de la nature, annoncent la richesse du sol, aussi bien que les districts cultivés par les insulaires. On apperçoit un nombre infini de cocotiers, des palmiers, dont deux espèces sont rares; des arbres de différentes classes, forts & vigoureux; des cannes à sucre excellentes, des gourdes, des bambous; des plantes diverses, les unes cultivées avec soin, les autres venant naturellement; des fruits extrêmement variés, comme des bananes, dont on compte quinze sortes; le fruit à pain, un autre qui est de la nature de la prune, &c.; des ignames noires & blanches, des racines, & beaucoup d'autres productions utiles, dont l'énumération seroit trop longue dans cet apperçu.

Les oiseaux sont nombreux, leurs couleurs éclatantes; mais on ne se permettra aucun détail sur cet objet.

Peu de quadrupèdes se rencontrent dans les îles de cet archipel : beaucoup de cochons, un petit nombre de rats, & des chiens qui vivent dans l'état de domesticité; tels sont les animaux dont on peut parler.

Des volailles d'une grande taille & excellentes, une mer abondante en poissons, ajoutent aux ressources infinies des habitans de ces lieux.

Le sol dans les parties basses est sablonneux, ou plutôt de corail trituré; ce qui ne l'empêche pas cependant de produire des arbrisseaux vigoureux, & d'être cultivé avec succès. Dans les cantons plus élevés, quoique le corail s'élance en beaucoup d'endroits, au dessus de la surface du terreau, le sol est en général d'une profondeur considérable, & semble s'être accru du détriment des végétaux. Il est probable qu'il se trouve au dessous une couche argileuse, qu'on rencontre même dans les terrains bas lorsqu'on le fouille; il paroît quelquefois rougeâtre, mais plus ordinairement brunâtre & compacte.

Ces îles étant peu éloignées du tropique, le climat y est plus variable que dans les endroits plus près de l'équateur. Lorsque les vents du sud & de l'est sont modérés, on a ordinairement un ciel pur; quand ils deviennent frais, l'atmosphère est chargée de nuages; mais elle n'est point brumeuse, & il pleut souvent. Les vents du nord-est, du nord-nord-est, & même du nord-nord-ouest, ne sont jamais de longue durée, & ne soufflent point avec force, quoiqu'ils se trouvent accompagnés d'une grosse pluie & d'une chaleur étouffante.

La mer de presque tous ces parages offre une navigation extrêmement difficile par les bas-fonds, les écueils, les bancs d'algue-marine & l'inégale profondeur de l'eau. Un moment la sonde rapporte soixante brasses, l'instant d'après elle n'en donne que six, & quelquefois il est impossible de trouver fond. Les côtes environnées de récifs souvent escarpés, le ressac qui y bat avec violence, les rochers de corail qui les précèdent & les environnent, rendent une grande partie de ces îles d'un abord dangereux. Cependant on y rencontre des havres sûrs & bien abrités : celui de *Tongataboo* est sans contredit le meilleur, tant à cause de son étendue que par la bonté de son fond. Mais si cet endroit offre le mouillage le plus sûr, *Annamooka*, île voisine, fournit une eau plus salubre pour les équipages qui y abordent. En général, elle est rare sur les terres de cet archipel: on en trouve, il est vrai, sur chacune, mais en des lieux trop incommodes pour les navigateurs. Du reste, ils s'y procurent des provisions diverses, & surtout des noix de cocos en abondance.

La marée est plus forte sur ces îles que sur aucune des terres situées en dedans des tropiques. La mer est haute à *Annamooka :* sur les six heures, à l'époque des pleines & des nouvelles lunes, elle y monte d'environ six pieds. La mer est haute dans le havre de *Tongataboo :* à six heures cinquante minutes, aux pleines & aux nouvelles lunes, elle y monte de quatre pieds neuf pouces à ces deux époques, & de trois pieds six pouces au tems des cadratures.

Dans les canaux formés par les îles qui se trouvent dans ce havre, le flot dure environ neuf heures ou une marée & demie, c'est-à-dire que la mer continue à monter dans ces canaux environ trois heures après qu'elle est étalée sur la côte, & le jussant y continue de même trois heures après que le flot a commencé à la côte. Ce n'est que dans ces canaux & dans quelques autres endroits près des côtes, que le mouvement des eaux ou la marée se fait sentir; de sorte qu'on ne peut assigner exactement la direction des marées, qui ne paroît pas décidée dans le sud d'*Annamooka*. Le flot porte à l'ouest-sud-ouest, & le jussant à l'est-nord-est; mais dans le havre de *Tongataboo*, ce flot vient du nord-ouest, enfile les canaux étroits qui sont de chaque côté de *Hoolaiva*, où sa rapidité est considérable, & se jette alors dans la *lagune*. Le jussant retourne par la même route avec une vitesse encore plus considérable. La marée du nord-ouest en rencontre une du nord-est, à l'entrée de la *lagune*; mais cette dernière marée n'a jamais beaucoup de force.

Les naturels des îles des Amis excèdent rarement la taille ordinaire : on en voit cependant quelques-uns qui ont plus de six pieds : ils sont forts & bien faits, surtout aux cuisses, aux jambes & aux bras. En général, leurs épaules ont beaucoup de largeur; & quoique leur stature musculeuse, qui paroît la suite d'un grand exercice, annonce plus la vigueur que la beauté, plusieurs offrent réellement une belle figure. On est surpris de la variété de leurs traits, & il n'est guere possible de les caractériser par une conformité générale. On peut dire qu'il est très-commun d'y voir des pointes de nez épâtés; mais, d'un autre côté, on voit cent visages pareils à ceux des Européens, & de véritables nez aquilins. Ils ont les yeux & les dents d'une bonne qualité, mais les dents ne sont ni si blanches ni si bien rangées que celles qu'on rencontre souvent parmi les peuplades de la mer du sud. Au reste, pour balancer ce défaut, il y a peu de ces lèvres épaisses, si communes dans les îles de l'Océan pacifique.

On reconnoît moins les femmes à leurs traits, qu'à la forme générale de leur corps, qui n'offre pas ordinairement l'embonpoint nerveux de celui des hommes. La physionomie de quelques-unes est si délicate, qu'elle indique leur sexe, & qu'elle a droit aux éloges qu'on donne à la beauté & à la douceur du visage; mais les physionomies de cette espèce sont assez rares. Au reste, c'est la partie la plus défectueuse, car le corps & les membres de la plupart des femmes sont bien proportionnés, & il y en a qui pourroient servir de modèles aux artistes. La petitesse & la délicatesse extraordinaires de leurs doigts, comparables aux plus jolis doigts des Européennes, sont ce qui les distingue davantage. Nulle part on ne rencontre des femmes si joyeuses : nombre d'entr'elles sont assez libres dans leurs manières; mais il en est beaucoup qui paroissent connoître les lois de la pudeur. Leur chevelure est en général noire, lisse, épaisse & forte : il y en a qui boucle naturellement.

La couleur générale de la peau est d'une nuance plus foncée que le cuivre brun; mais plusieurs des hommes & des femmes ont un teint vraiment olivâtre. Quelques-unes des personnes du sexe sont même assez blanches : leur blancheur vient probablement de ce qu'elles s'exposent moins au soleil, ainsi qu'une disposition à l'embonpoint dans un petit nombre des principaux du pays paroît être la suite d'une vie plus oisive. Les chefs offrent souvent aussi une peau plus douce & plus propre; celle du bas-peuple est ordinairement plus noire & plus grossière, surtout dans les parties qui ne sont pas couvertes, différence qu'il faut peut-être attribuer à des maladies cutanées. On voit sur quelques-unes des îles de ce vaste archipel, quelques exemples d'individus d'une blancheur parfaite. On en a trouvé de pareils chez tous les peuples noirs; mais il est à présumer que leur couleur est plutôt une maladie qu'un phénomène de la nature.

Il y a peu de défectuosités ou de difformités naturelles parmi eux : ils sont sujets à quelques maladies. Les dartres, qui semblent affecter la moitié des insulaires, & qui laissent après elles des taches blanchâtres & serpentines, sont la maladie la plus commune; mais elle est moins grave qu'une seconde très-fréquente, laquelle se manifeste sur toutes les parties du corps, en larges ulcères qui ont de grosses bordures blanches, & qui jettent une matière légère & claire. L'eau peu salubre, & surtout la boisson faite avec la racine de poivre ou de l'ava, contribue beaucoup à ces infirmités cruelles. Deux autres maladies sont encore répandues sur ces îles : la première est une enflure qui affecte les jambes & les bras, & les grossit extrêmement dans toute leur longueur, mais qui n'a rien de douloureux. La seconde est une tumeur de la même espèce qui vient aux testicules, & qui surpasse quelquefois la grosseur des deux poings : mais ces états fâcheux ne les empêchent point d'aller & de venir, & ils ne s'en inquiètent guère. On peut d'ailleurs regarder comme des hommes très-sains les habitans de ces contrées. On ne voit aucune personne détenue chez elle pour cause de maladie. Au contraire, leur force & leur activité sont à tous égards proportionnées à la vigueur de leurs muscles; & ils déploient tellement l'une & l'autre dans leurs occupations habituelles & dans leurs amusemens, qu'ils sont à coup sûr peu sujets aux maladies nombreuses qui résultent de l'indolence ou d'une manière de vivre contraire à la nature.

Leur contenance est gracieuse & leur démarche ferme : ces avantages leur paroissent si naturels & si nécessaires, qu'en voyant tomber un étranger sur les racines des arbres ou les inégalités du terrain, ils rient de sa mal-adresse plus que de toute autre chose.

Leur physionomie exprime à un point remarquable la douceur & l'extrême bonté de leur caractère. On n'y apperçoit pas le moindre trait de cette aigreur farouche qu'on remarque sur le visage des peuples qui vivent encore dans un état de barbarie. Leur maintien est si calme, ils ont tant d'empire sur leurs passions & tant de fermeté dans

dans leur conduite, qu'ils semblent assujétis dès l'enfance aux prohibitions les plus sévères; mais ils ont d'ailleurs de la franchise & de la gaîté: ils sont vifs & animés, quoiqu'ils prennent quelquefois sous les yeux de leurs chefs une sorte de gravité & un air sérieux qui leur donnent de la roideur, de la mauvaise grâce & de la réserve.

L'accueil amical qu'ont reçu tous les navigateurs, montre assez les dispositions pacifiques des naturels des *Iles des Amis*. Loin d'attaquer les étrangers ouvertement ou clandestinement, à l'exemple de la plupart des habitans de ces mers, on n'a pas à leur reprocher la plus légère marque d'inimitié; ils ont au contraire, à l'exemple des peuples civilisés, cherché à établir des communications par des échanges, c'est-à-dire, par le seul moyen qui réunit les différentes nations. Ils sont si habiles dans les échanges, qu'on juge d'abord qu'ils se sont formés en commerçant avec les îles voisines; mais il est certain qu'ils ne font point de trafic, ou qu'ils en font un peu considérable, excepté *Fecjée*, d'où ils tirent les plumes rouges, qu'ils apprécient beaucoup. Il n'y a peut-être pas, sur le globe, de peuplade qui mette plus d'honnêteté & moins de défiance dans le commerce. On ne court aucun risque à leur permettre d'examiner les marchandises, & de les manier en détail, & ils comptent également sur la bonne foi. Si l'acheteur ou le vendeur se repent du marché, on se rend réciproquement, d'un commun accord & d'une manière enjouée, ce qu'on a reçu. En un mot, ils semblent réunir la plupart des bonnes qualités qui font honneur à l'homme, telles que l'industrie, la candeur, la persévérance, l'affabilité, & peut-être des vertus moins communes qu'une connoissance plus parfaite mettroit à même d'observer.

Le penchant au vol, universel & très-vif dans les deux sexes & parmi les individus de tous les âges, est le seul défaut que les étrangers puissent leur reprocher; mais il faut remarquer toutefois que cette partie défectueuse de leur conduite semble ne regarder que les voyageurs qui abordent dans ces îles, & qu'ils ne se volent pas entr'eux plus souvent, peut-être pas aussi fréquemment qu'en d'autres pays, où les larcins de quelques personnes corrompues ne nuisent point à la réputation du corps du peuple en général. Il faut avoir beaucoup d'indulgence pour les tentations & les foiblesses de ces pauvres insulaires de la mer Pacifique, à qui nous inspirons les desirs les plus ardens en leur montrant des objets nouveaux dont l'utilité ou la beauté fascine leurs esprits. Les vols des naturels des *Iles des Amis* paroissent résulter d'une curiosité ou d'un desir très-pressant de posséder des choses qui sont absolument nouvelles pour eux, & qui appartiennent à des hommes très-différens de leur propre race. Si des hommes aussi supérieurs à nous en apparence, que nous le sommes à eux, arrivoient parmi nous avec des richesses aussi séduisantes que le sont les nôtres pour des peuplades étrangères aux arts, est-il sûr que nos principes de justice suffiroient pour contenir la plupart des individus? La cause de leur penchant au vol, que l'on vient d'indiquer, paroît d'autant plus vraie, qu'ils volent tout indifféremment dès la première vue, avant de songer le moins du monde à se servir de leur proie d'une manière utile. Au reste, la disposition de ces insulaires au vol, très-désagréable & très-incommode d'ailleurs, fournit un moyen de connoître la vivacité de leur intelligence, car ils commettent de petits larcins avec beaucoup de dextérité, & les vols les plus capitaux avec une suite & des combinaisons proportionnées à l'importance des objets.

Le chagrin & la douleur que cause à ces insulaires la mort de leurs amis ou de leurs compatriotes, est la meilleure preuve de la bonté de leur caractère & de la sensibilité de leur ame. Pour se servir d'une expression commune, leur deuil ne consiste point en paroles, mais en actions, & dans ces tristes circonstances ils se macèrent de la manière la plus cruelle.

Les femmes fabriquent les étoffes qui ont différens degrés de finesse, & des dessins divers. C'est de l'arbre du mûrier-papier dont elles tirent la substance nécessaire à leur fabrication. Elles font aussi des nattes qui surpassent en beauté toutes celles que l'on voit ailleurs: les autres ouvrages qui sortent de leurs mains, ont tant d'élégance & de goût, qu'un étranger ne peut s'empêcher d'admirer leur constance & leur adresse.

Le département des hommes est plus laborieux & plus étendu. Ils sont chargés de l'agriculture, de la construction des maisons & des pirogues, de la pêche, & d'autres choses relatives à la navigation. Comme ils se nourrissent surtout de racines & de fruits cultivés, ils s'occupent sans cesse du travail de la terre, & ils semblent avoir porté l'agriculture au degré de perfection que permet l'état où ils se trouvent; ils connoissent même les améliorations de la culture, & leurs plantations présentent des lignes régulières & complètes, de quelque côté qu'on jette les yeux.

Il faut observer que cette peuplade, qui montre beaucoup d'esprit & de goût en plusieurs choses, en montre peu dans la construction de ses maisons. Au reste, l'exécution en est moins défectueuse que la forme. Celles du bas peuple sont de pauvres cabanes très-petites, & elles garantissent à peine de la rigueur du tems. Celles des insulaires d'un rang distingué sont plus grandes & mieux abritées, mais elles devroient être meilleures. La seule raison plausible qu'on puisse donner de leur dédain pour les ornemens de l'architecture de leurs chaumières, c'est qu'ils aiment passionnément à se tenir en plein air. Ils ne mangent guère dans leurs maisons; ils y couchent, ils s'y retirent lorsque le tems est mauvais, & c'est tout l'usage qu'ils semblent en faire.

Leurs soins & leur dextérité pour ce qui a rapport à l'architecture navale, si l'on peut employer ce nom, excuse la négligence qu'on vient de leur reprocher. Rien ne démontre mieux leur industrie, que la construction de leurs deux espèces de pirogues, qui, pour la propreté & le fini du travail, surpassent tout ce que l'on peut dire. Les outils dont ils se servent sont de pierres, d'os, de coquillages; & lorsqu'on voit les ouvrages qui sortent de leurs mains, l'on est frappé d'admiration pour l'habileté & la patience de l'ouvrier qui les a faits.

L'Archipel, auquel le célèbre Cook a donné le nom d'*Iles des Amis*, semble habité par une race de peuples qui parlent le dialecte de la mer du Sud, & qui ont tous le même caractère. En général, ces terres sont bien peuplées. *Tongataboo* ou *Amsterdam* est presqu'un jardin continu. *Eooa* ou *Middelburg*, *Annamooka* ou *Rotterdam* & les îles adjacentes paroissent les plus fertiles, & l'on sera très modéré dans ses calculs si l'on ne compte que deux cent mille ames sur toutes ces îles. La salubrité du climat & des productions les préserve de ces maladies intérieures sans nombre, dont nous sommes les victimes, & ils n'ont aucun besoin qu'ils ne puissent satisfaire, parce qu'ils ont fait, dans les arts & dans la musique, plus de progrès que les autres nations de la mer du Sud : ils passent leur tems d'une manière agréable, & ils se recherchent les uns les autres. Ils sont actifs & industrieux; mais à l'égard des étrangers, ils ont plus de politesse que de cordialité. Le goût particulier qu'ils ont pour le commerce peut faire croire qu'ils ont substitué cette civilité trompeuse à la place de la véritable amitié : ils semblent agir d'après les principes mercenaires & intéressés qu'inspire le commerce. Cette partie de leur caractère est directement opposée à celui des O-Taitiens, qui se plaisent dans une vie indolente, mais dont les affections plus senties ne se bornent pas à de simples apparences. Cependant il y a, aux îles de la Société, un grand nombre d'individus voluptueux, tels que les chefs, dont le caractère moral paroît un peu dépravé; au lieu que les insulaires des *Iles des Amis* semblent ignorer les vices qui sont les fruits de l'opulence.

Voyez HAPACE (GROUPPE d' & des îles qui en dépendent), *Tongataboo* ou *Amsterdam*, *Eooa* ou *Middelburg*, *Amattafoa* ou *Toofoa*, *Annamooka*, *Feejée*, *Hamoa*, *Onewy*, *Davaoo*, *Oghoo*.

AMMITES, matière pierreuse, composée de grains arrondis & plus ou moins gros. Cette différence dans le volume a fait distinguer l'*ammite* en *petite* & en *grande*. La petite est composée de parties que l'on a comparées, pour la forme & pour la grosseur, à des œufs de poisson, à des grains de millet, à des semences de pavots, d'où sont venus les mots de *cencrites* & de *méconites*, que l'on trouve dans Pline. Les grains de la *grande ammite* sont quelquefois gros comme des pois ou comme des *orobes*, & ils leur ressemblent pour la forme : c'est pourquoi on a donné à ces *ammites* les noms de *pisolithos* & d'*orobias*. Il y en a même dont les grains sont aussi gros que des noix, & même beaucoup plus.

La couleur des *ammites* doit varier comme celle des couches au milieu desquelles on les observe : on en voit de grises, de jaunes & de parfaitement blanches. Les grains de celles-ci sont fort ressemblans à des anis lorsqu'on les a séparés les uns des autres. Ces sortes de pierres se trouvent assez communément dans les bans de pierres de taille, calcaires & coquillères. On a rapporté au genre de l'*ammite* le *bésoard minéral*. (*Voyez* CENCRITES, MECONITES, PISOLITHOS, OROBIAS, BESOARD MINERAL, &c.)

Nous le répétons : les *ammites* sont des concrétions globuleuses, qui se trouvent disposées au milieu des couches calcaires, par lits plus ou moins suivis. Il y en a où l'on remarque encore une sorte d'organisation à couches concentriques, & dans d'autres toute cette organisation a entiérement disparu. Enfin il y en a de volumes plus ou moins considérables, c'est-à-dire, depuis celui de la tête d'une épingle, jusqu'à celui d'un gros pois.

Jusqu'à present il me paroît qu'on n'a parlé des *ammites* que d'une manière vague, parce qu'on n'a pas cité les différens cantons où l'on a eu occasion de les observer, où l'on pouvoit les reconnoitre, & par conséquent où l'on en auroit pu faire un examen très-propre à jeter quelque jour sur leur origine.

Je crois devoir faire connoître ici toutes ces circonstances d'une manière fixe & précise, en sorte qu'on pourra, d'après mes observations, déterminer, non-seulement leur position géographiphe, mais encore, ce qui me paroît plus intéressant, la correspondance de ces différens gîtes.

Je commence par indiquer les observations des différentes formes d'*ammites* que j'ai eu des occasions fréquentes de faire dans la partie supérieure de la vallee de la Marne.

D'abord j'ai trouvé à Vesaigues, entre Foulain & Marnay, des lits de pierres de Cos, au milieu desquelles résidoient des *ammites* qui m'ont paru originairement des débris d'étoiles de différens volumes; j'ai même distingué, parmi ces grains arrondis, des pointes de ces mêmes étoiles dans une pâte qui n'avoit aucun grain : ceci m'a fait voir clairement que ces *ammites* étoient des corps organisés, comme toutes les pièces dont l'assemblage concourt à former la charpente des étoiles. J'ai des fragmens de ces pierres fort considérables, où l'on distingue plusieurs de ces débris d'étoiles, qui ont conservé les apophyses de leur assemblage primitif.

Au dessus de Jorquenoy, de Champigny & de Changey, les plateaux correspondans à celui de la ville de Langres sont formés de pierres blanches, composées de madrépores, de débris d'étoiles & d'autres coquillages de formes très-variées. Les autres parties des lits offrent seulement un assemblage de grains d'*ammites* très-uniformes.

En descendant à Chaumont je pus observer des carrières de très-belles pierres de taille, qui ne sont composées que d'une infinité de grains ronds, blancs & tendres, gros comme de petits pois, & collés fortement les uns contre les autres : ce sont de beaux amas d'*ammites*.

Au dessus de Boulogne il y a, non-seulement des débris d'étoiles à faces spathiques & luisantes, mais encore, à mesure qu'on s'élève vers Chaumont, ces débris se trouvent dispersés au milieu d'un amas très-abondant d'ammites, que j'ai considérés comme d'autres débris d'étoiles coriacées.

Après avoir acquis les premières connoissances sur les *ammites* dans les environs de Langres & de Chaumont-en-Bassigny, j'ai eu l'avantage d'en trouver la confirmation dans les contrées voisines de Bordeaux & de Libourne.

La visite que je fis, à peu près dans le même tems, de la carrière de *Roc-de-Tau* m'offrit, dans le troisième banc de ce vaste souterrain, parmi les nombreux osselets des étoiles pentagones & réticulées, qui composoient le tiers de ce qui étoit reconnoissable dans ces bancs, de petits grains d'une forme régulière, qui ressembloient assez bien aux petites pièces des coriacées lorsqu'elles ont perdu leurs ligamens.

Au dessous du banc qu'on exploite en pierres de taille par *cartelages*, j'ai retrouvé un second lit formé de débris de madrépores branchus, d'osselets d'étoiles réticulées, de petits oursins plats, de quelques peignes, le tout lié par une pâte où l'on ne démêle que très-peu distinctement les débris des coquillages blancs, qui paroissent l'avoir fournie par leur destruction plus ou moins complète. Dans certaines parties de ce même lit on remarque de petits grains semblables aux osselets de l'étoile coriacée, dont la plupart ont conservé leurs formes, qui sont en général fort semblables à celles des *ammites*.

Tous ces corps marins se retrouvent dans les bancs correspondans des carrières de Bourg & de Saint-Emilion, lesquels m'ont offert également les *ammites* en différens états, & surtout dans ceux qui m'ont paru les plus propres à nous faire connoître leur origine, comme ayant fait primitivement partie de la charpente osseuse des étoiles marines.

Maintenant que nous sommes instruits par ces observations sur les *ammites*, & qu'on peut encore multiplier dans plusieurs contrées de la France, je crois qu'il convient de citer, dans ce même article, les pierres de taille qu'on tire des carrières de Savonnière, proche Ancerville, planche de Toul, n°. 111 de la carte de France, & de celles de Chevillon, planche de Joinville, n°. 112. En attendant que nous puissions offrir en détail la description des différens petits corps marins qui s'y trouvent, soit en entier, soit en débris, nous renvoyons aux articles CHEVILLON & SAVONNIÈRE.

Nous finirons cet article en observant que c'est à tort que des naturalistes ont rangé parmi les *ammites*, des boules de spath calcaire de deux ou trois pieds de diamètre, & particuliérement celles que Saussure a observées dans la *montagne des Oiseaux*, en Provence. Il est visible que, comparées avec les autres ammites dont nous avons parlé, ces corps ne peuvent être rapportés au même ordre de corps marins, soit quant à leur formation primitive, & surtout, ce qui est plus important, quant à la même origine.

AMMON (JUPITER). L'*oasis* de *Jupiter Ammon* est situé au milieu des déserts sablonneux de la Lybie. C'est une île de terrain fertile & agréable. Mais avant de faire connoître ce qui constitue l'état physique de cet *oasis*, où se trouvoit autrefois établi le temple de *Jupiter Ammon* & le culte de cette divinité célèbre, je vais tracer un détail de la route qui y conduit, depuis le commencement du désert, qui peut être regardé comme la limite de l'Egypte, jusqu'à *Syoüah*. Dans les premiers jours les caravanes atteignent *Megarrah*, endroit chargé d'eau & situé au bord d'une vallée fertile. En continuant leur marche elles parviennent à une chaîne de montagnes qui bordent au nord le désert. Quelques-uns des voyageurs qui composoient la caravane dont Hornemann faisoit partie, gagnèrent le sommet de ces montagnes, & observèrent que le plateau de leur cime étoit couvert d'une masse saline, qui occupoit une étendue considérable. Les mottes de sel, dont la couleur étoit altérée par le mélange des sables, étoient serrées les unes contre les autres, & offroient l'aspect d'un champ de culture nouvellement remué par la charrue.

Au sommet de cette même chaîne & presqu'au milieu de ce champ de sel, ces mêmes voyageurs ont trouvé quelques-unes de ces sources d'eau douce dont parle Hérodote, & qu'il place, pour la singularité du fait, sur les montagnes de sel. Mais ce qui semble autoriser à douter que ces sources donnassent de l'eau douce, c'est qu'ils observèrent sur les bords des ruisseaux qui découloient de ces sources, une bordure de cristaux de sel fort remarquable.

J'ai déjà dit que le désert ou les plaines couvertes de sables mobiles, comprises depuis la vallée de Natrom jusqu'aux montagnes d'*Oum Essegheir*, devoient être considérées comme la limite occidentale de l'Egypte, & comme se présentant naturellement aux caravanes qui vont à l'oasis de *Jupiter Ammon*. J'ai ajouté que ces plaines stériles & sauvages étoient bornées au nord par des montagnes élevées : on y rencontre du bois pétrifié sous diverses formes & de grosseurs différentes : ce sont des troncs d'arbres entiers de douze pieds & plus de circonférence ; tantôt ce sont de simples fragmens d'écorces de formes variées; ailleurs plusieurs des grands troncs conservent encore leurs branches latérales, & dans un grand nombre l'organisation végétale avoit si peu subi d'altération, qu'on distinguoit dans les troncs les couches circulaires, annuelles, où l'on a cru reconnoître des chênes.

Cette chaîne de montagnes, qui suit le désert au nord, offre partout des croupes escarpées & nues, & des bancs horizontaux, calcaires, en sorte que les caravanes les ont continuellement en perspective à la distance de trois à sept milles, & dans la même direction. A leur pied s'étend un terrain plat, humide & marécageux, ayant en largeur depuis un mille jusqu'à six, abondant en sources. C'est là où les voyageurs se rendent tous les deux ou trois jours pour faire leur provision d'eau douce. Lorsque les sources sont presque taries dans cette vallée, l'eau en est saumâtre, & dans ces circonstances, en creusant des puits, on obtient de l'eau douce & fort potable, à la profondeur seulement de cinq à six pieds.

C'est après avoir parcouru un pareil trajet, que les caravanes rencontrent l'île & le territoire de Syoüah, qui est d'une étendue assez considérable. La principale contrée & la plus fertile est une vallée bien arrosée; de cinquante milles de tour, renfermée par des enceintes de rochers escarpés & stériles. Son sol est une glaise sablonneuse, un peu chargée d'eau & marécageuse en certains endroits. Les dattes sont sa principale production. Chaque habitant possède un ou plusieurs jardins qui forment toute sa richesse, & sa seule occupation est de les arroser : ces jardins sont baignés par plusieurs petits courans d'eau douce ou salée, qui découlent des rochers ou des montagnes voisines, ou qui proviennent de sources, lesquelles jaillissent même dans la plaine. L'eau de ces sources, distribuée en plusieurs lits, se répand dans la vallée, & ne s'étend pas au-delà du territoire, qui est, comme nous l'avons déjà remarqué, une *île* dégagée des sables, lesquels couvrent tous les environs. Ces îles fertiles ont échappé jusqu'à présent à la grande invasion des sables qui ont couvert des contrées habitées & cultivées ci-devant, parce que ces sables n'ont pas trouvé d'obstacles à leur marche continuelle, à laquelle a été exposée la presque totalité de l'Afrique, & surtout de l'Afrique septentrionale.

Il nous reste à dire sur cet *oasis* ce que les habitans de Syoüah apprirent sur leur pays au cit. Ripaut lorsqu'il étoit à Alexandrie. Ils lui racontèrent donc que l'on comptoit quatorze journées d'Alexandrie à Syoüah; que, pendant les dix premières journées, on rencontroit de tems en tems de la verdure & des puits qui fournissoient de l'eau assez abondamment pour satisfaire aux besoins des caravanes, & avec les circonstances que nous avons rapportées ci-dessus; que le onzième jour on arrivoit à un désert aride & sans eau, où l'on appercevoit seulement des lièvres, des gazelles, des buffles & des autruches. Ils ajoutèrent que le sol de ce désert étoit un fond de pierre, & qu'il offroit, à certaines distances, des monceaux de cailloux qui étoient formés pour indiquer la route qu'il falloit tenir. Au reste, dans tout ce trajet les voyageurs se reposent, en certains lieux fertiles & abreuvés de sources abondantes, des fatigues que leur occasionnent les parties de route où ils ne trouvent pas les mêmes commodités & agrémens.

Quant à ce qui concernoit la population de Syoüah, ils dirent qu'elle étoit divisée en deux tribus, fortes ensemble d'environ deux mille ames, & qu'elle habitoit réunie dans une vaste maison qui, par sa disposition intérieure, ressembloit à ces *khans* ou *karavanserays*, si communs dans une grande partie de l'Asie; qu'une muraille fort élevée lui servoit d'enceinte & de remparts contre les incursions & les coups de main des Arabes.

Le gouvernement de cette singulière peuplade est confié à douze cheykhs pris parmi les anciens des deux tribus. Chaque jour ils se réunissent pour fixer le prix des comestibles, & rendre publiquement la justice.

Les caravanes du Fezzan, qui après trente jours de marche traversent Syoüah, & celles qui s'y rendent d'Alexandrie, sont, à leur arrivée, visitées par un cheykh, pour reconnoître s'il ne s'y trouveroit pas un étranger suspect.

Les Syoüahiens vivent, avec les différentes tribus arabes, dans un accord fondé sur les besoins de ces derniers, qui viennent acheter chez eux les dattes que leur pays produit en abondance.

La ville est dans une étendue de six ou huit lieues, entourée de dattiers; & d'ailleurs le reste du sol y produit tous les fruits de l'Europe. La pomme, la poire, la pèche, les prunes & les raisins s'y cueillent en grande abondance & dans une maturité excellente. Le blé qu'on y sème en petite quantité, y réussit assez bien. Les Syoüahiens savent extraire de leurs olives, remarquables par leur grosseur, une huile excellente.

Une fontaine d'eau jaillissante fournit à leurs besoins & à l'arrosement des plantes, comme je l'ai déjà dit. Cet arrosement est réglé, & chaque jour il se fait une distribution nouvelle des eaux sous les yeux & par les ordres des cheykhs. D'ailleurs, quelques sources d'eaux chaudes offrent aux habitans des bains auxquels ils attachent des propriétés médicinales.

Le voyageur Hornemann a vu une source d'eau douce à un demi-mille des ruines du temple de *Jupiter Ammon*. Cette source prend naissance dans un bosquet de dattiers, & dans un site très-beau & très-agréable.

Cette position répond assez exactement à celle de la *Fontaine du Soleil* dont parlent les auteurs anciens, & sa distance du temple principal semble offrir les mêmes circonstances. Effectivement,

Diodore de Sicile nous apprend que, non loin de la citadelle, en dehors, on trouvoit « un autre » temple d'Ammon, qu'un groupe nombreux de » grands arbres couvroit de leur ombre, & que » dans le voisinage couloit une source à laquelle » un phénomène qui s'y passoit régulièrement, » fait donner le nom de *Fontaine du Soleil.* »

Quinte-Curce dit également « qu'il y avoit un » bois consacré à Ammon, au milieu duquel étoit » une fontaine qu'on appeloit *eau du Soleil.* »

Ainsi on ne peut douter que, hors de l'enceinte qui renfermoit le temple principal de Jupiter Ammon, il n'y eût un bosquet dédié à ce dieu, & qui renfermoit la *fontaine du Soleil.*

Cette fontaine est alternativement chaude & froide à différentes périodes du jour & de la nuit. « Elle fournit, suivant Diodore de Sicile, une eau » qui passe par différens degrés de température, » selon les différentes heures du jour; car elle est » tiède au lever du soleil, & elle se refroidit à » mesure que le soleil se lève au dessus de l'hori- » zon; elle se trouve à midi à son plus haut degré » de fraîcheur; elle s'échauffe ensuite insensible- » ment jusqu'au coucher du soleil, où, du même » degré de tiédeur qu'elle avoit à son lever, elle » parvient à se trouver fort chaude à minuit, pour » revenir ensuite par degrés à la tiédeur ordinaire » du matin. »

Il paroît que cette fontaine est celle qui a été vue par le voyageur anglais Browne. « Les natu- » rels, dit-il, observent qu'une des sources qui » jaillissent près des ruines est tantôt chaude & » tantôt froide. »

Nous finirons par observer, d'après ces détails, qu'on peut regarder comme un fait avéré cette variation périodique de la température de l'eau que donne la *fontaine du Soleil*, laquelle existe actuellement au même état que du tems de Diodore de Sicile, & que la cause, quelle qu'elle soit, de ces effets singuliers, s'est maintenue avec les mêmes circonstances, malgré le grand intervalle des tems.

Une seule cause physique peut produire les variations de température, semblables à celles que paroît éprouver l'eau de la *fontaine du Soleil :* ce sont les changemens qui surviennent dans la chaleur de l'atmosphère pendant la durée du jour & de la nuit. Effectivement, cette eau paroît tiède en sortant des entrailles de la terre au lever du soleil, parce que l'atmosphère a pour lors la même température; & comme l'atmosphère s'échauffe à mesure que le soleil s'élève sur l'horizon, l'eau de la fontaine, comparée avec l'air brûlant du jour, paroît plus fraîche qu'au lever du soleil. Mais sur la fin du jour & pendant la nuit, l'air étant insensiblement rafraîchi, l'eau de la source, pour peu qu'elle soit échauffée par l'action des rayons du soleil, doit paroître chaude. On voit que tout dépend ici particulièrement des changemens de température dans l'atmosphère, avec quelques foibles changemens dans celle de la source.

Pline, Diodore de Sicile, ainsi que les voyageurs modernes, ont dit qu'il y avoit plusieurs sources abondantes, dont l'eau circuloit dans les différentes parties de l'île de Jupiter Ammon, & qu'elle se perdoit après avoir parcouru cette île. Je dois remarquer ici que la circulation active & fort étendue de cette eau est absolument nécessaire pour empêcher le progrès des sables, qui ont une tendance naturelle pour envahir ce territoire fertile & agréable. Comme les sables ne peuvent cheminer ni être poussés & enlevés par les vents sans être très-secs, il est visible qu'ils sont fixés & arrêtés par l'eau courante qui en baigne la lisière, ou les humecte à mesure qu'ils se présentent. On voit par-là quelles sont les circonstances qui concourent à l'existence & à la conservation de l'*oasis* ou île de JUPITER AMMON.

La source du Soleil, qui donne continuellement de l'eau, outre le phénomène curieux dont j'ai fait mention, a encore cet avantage très-précieux, c'est de fertiliser environ dix-huit à vingt milles de terrain, c'est-à-dire, environ six lieues carrées. L'air est, outre cela, très-pur sur les bords de ces eaux courantes; car il règne un printems continuel au milieu de forêts de sycomores, de palmiers, de bananiers & surtout de dattiers, qui sont variés jusqu'à six espèces, & dont les fruits sont très-recherchés à cause de leur bonne qualité.

Les Ammoniens qui habitent ce pays, sont très-jaloux de conserver la possession de cette contrée abondante en fruits, en légumes, en gibier, en volaille & en troupeaux; cette île fortunée, en un mot, où toutes les productions de la fertile Egypte se trouvent abondamment; les Ammoniens, dis-je, sont dans une surveillance continuelle pour empêcher l'introduction des étrangers qui pourroient troubler le repos dont ils jouissent sous un gouvernement paternel, & au milieu des soins d'une culture facile.

Les voyageurs modernes ont observé que les ruines du temple de Jupiter Ammon renfermoient des pierres à chaux avec lesquelles il avoit été construit; que ces pierres contenoient des pétrifications de coquillages & autres dépouilles d'animaux marins, & que les carrières de cette pierre se trouvoient dans le voisinage.

Strabon nous dit également qu'autour du temple d'Ammon on voyoit des coquilles & des fossiles d'animaux marins. On ne peut douter que ce temple ne fût celui de l'oasis dont nous ont parlé les voyageurs modernes. Le même Strabon, en citant les dépouilles des animaux marins, dispersées dans l'oasis d'Ammon, nous apprend qu'Erathostène supposoit que la mer avoit anciennement couvert cette partie de l'intérieur de l'Afrique, observant que l'oracle n'auroit pu être aussi célèbre, & visité aussi souvent dans les tems les plus reculés, si sa position dans l'intérieur des terres en avoit rendu l'accès difficile. « Peut-être, disoit » Strabon, d'après le physicien Straton, le temple » d'Ammon, jadis situé sur le bord de la mer, ne » se trouve aujourd'hui dans l'intérieur des terres » que depuis l'écoulement des eaux de la mer : » il ajoute qu'on étoit d'autant plus fondé à le » conjecturer, que vraisemblablement ce devoit » être cette situation sur le bord de la mer, qui » dans l'origine avoit contribué à rendre l'oracle » d'Ammon si célèbre & si fréquenté. »

Pour terminer cet article, nous croyons devoir reprendre tous ces faits & ces conjectures, pour les discuter très-succinctement en les réduisant à leur juste valeur.

La formation des pierres coquillères, que les voyageurs modernes ont trouvées non-seulement dans les ruines du temple de Jupiter Ammon, mais encore dans les couches des montagnes qui sont dispersées en plusieurs lieux de l'Afrique septentrionale qu'ils ont parcourus, est d'une époque tellement antérieure à la construction de ce temple, & même à tous les systèmes de superstition qui ont rendu l'Egypte & ces contrées célèbres, qu'on ne peut lier cette premiere opération de la Nature à ces événemens moraux & modernes; par conséquent on n'a pu conclure des amas de coquilles & des pierres coquillères qu'on a trouvés dans l'oasis de Jupiter Ammon, que son temple avoit d'abord été construit sur le bord de la mer, ni que la retraite de la mer, qui a quitté le dépôt qu'elle avoit formé dans les contrées qu'occupe l'Afrique, comme tant d'autres dépôts semblables qu'on observe le long de toutes les côtes de la Méditerranée, soit postérieure à la construction de ce temple, parce qu'il se trouve dans l'intérieur des terres.

Il me semble que Strabon & Straton ont très-mal apprécié les époques de toutes les opérations de la Nature, dont les résultats se trouvent aux environs de l'oasis d'Ammon : cependant il étoit nécessaire de faire cette analyse préliminaire avec le plus grand soin, pour rendre raison, tant de l'état ancien des choses, que des accidens postérieurs, dont les doubles résultats s'observent dans les oasis.

On voit d'abord que les couches de pierres solides, coquillères, ont été formées dans l'Océan, puis abandonnées par sa retraite ; qu'ensuite les chaînes de montagnes ont été tracées par l'approfondissement des vallons, lesquels ont été comblés par l'invasion des sables. C'est alors que les *oasis* de tout genre & de toute étendue ont été distingués, parce que les sables n'ont pu s'introduire dans des territoires abreuvés par des sources multipliées & plus ou moins abondantes. Dans cet état, les premiers habitans s'y sont introduits & y ont fait des établissemens. On peut présumer que c'est à cette époque, bien éloignée sans doute de la formation des dépôts soumarins & de leur découverte par la retraite de la mer, que l'on peut rapporter la construction du temple de Jupiter Ammon, qui suppose l'existence de l'oasis au milieu des terres & des sables, par les circonstances que nous avons exposées, & nullement par celles qu'exigeroient les rivages de la mer.

J'ajoute ici une considération générale, c'est qu'il est très-probable que tous les *oasis* ou *îles* ont dû perdre chaque jour de grandes parties de leur superficie première par l'invasion & l'introduction des sables; ce qui paroît une suite nécessaire de la marche de cette substance mobile, & de l'action des vents très-suivie au milieu des plaines de l'Afrique septentrionale. On doit donc penser que les habitations se sont resserrées de plus en plus, & que la population a éprouvé des diminutions aussi considérables.

Je crois avoir indiqué, par des caractères très-simples & très-précis, l'ordre & la suite des opérations de la Nature dans ce que nous offre l'Afrique septentrionale, ainsi que les différens progrès des établissemens humains, de manière qu'on ne peut raisonnablement intervertir cet ordre & ces progrès sans manquer à l'histoire naturelle & civile de ces contrées. (*Voyez* OASIS, SABLES, SOURCES & PIERRES COQUILLÈRES.)

Appendice. A trois lieues avant d'arriver à Syoüah, on rencontre au pied d'une colline un lac de sept à huit milles de circonférence, qu'ont formé le concours de plusieurs sources & la réunion d'un grand nombre de mares grossies à la suite des pluies de l'automne.

Les montagnes que l'on suit depuis Syoüah jusqu'à la fertile vallée de Chiakhah s'élèvent brusquement au dessus de la plaine. La forme extérieure des croupes de ces montagnes, composées de bancs calcaires horizontaux, indique que ces chaînes, qui règnent sur une vaste étendue de terrain, ont été formées dans le bassin de la mer ; & ce qui le confirme, c'est que la plupart des bancs offrent dans leur constitution les débris de coquillages marins calcinés.

Outre cela, on a rencontré au nord-ouest de Syoüah une couche de sel qui s'étend à un mille, & qui se présente à la surface de la terre en petits matons. Dans la même contrée, on trouve un grand nombre de sources, dont les unes donnent de l'eau douce dans le voisinage d'une eau salée.

AMMONIAC (*Sel*). Nous devons distinguer le *sel ammoniac* des Anciens, de celui qui est connu actuellement parmi nous. Autant que nous pouvons en juger aujourd'hui, il paraît que ce sel étoit assez semblable à notre sel gemme. Les Anciens lui ont donné le nom de *sel ammoniac*, parce qu'on le trouvoit en Lybie, aux environs du temple de Jupiter Ammon. On ne sait pourquoi tant d'écrivains ont dit que ce sel venoit de l'urine des chameaux, laquelle étant desséchée par l'ardeur du soleil, laiss-

[illegible] sel sublimé sur les sables brûlans de l'Arabie, & sur les autres lieux arides de l'Afrique & de l'Asie, où il passe beaucoup de chameaux pendant les longs voyages des caravanes. Cette opinion est peut-être fondée sur ce que l'on a dit que l'urine des chameaux entroit dans la composition du sel ammoniac ; mais ce dernier sel n'a de commun que le nom avec le *sel ammoniac* des Anciens.

Nous connoissons aujourd'hui deux sortes de *sel ammoniac*, le *naturel* & le *factice*. Le *naturel* se tire des soufrières de Pouzzol : il y a des fentes dans quelques endroits de la Solfatare, d'où l'on voit sortir la fumée le jour, & des flammes la nuit. On entasse sur ces fentes des monceaux de pierre. Les évaporations salines, qui sont continuellement élevées par les feux souterrains, passent à travers ces monceaux, & laissent sur les pierres une suie blanche, qui forme après quelques jours une croûte de sel : on ramasse cette incrustation sous le nom de *sel ammoniac*. Cette suie ou ces fleurs ont réellement un goût de sel : elles se fondent dans l'eau.

Breislak nous apprend qu'on a trouvé, parmi les produits de l'éruption du Vésuve de 1794, du muriate d'ammoniac cristallisé, ou en rhombes, ou en dodécaèdres, à faces rhomboïdales. Il ajoute que quelquefois ce muriate d'ammoniac est coloré par le fer en beau jaune, brillant & transparent, comme celui de la topaze.

Il a reconnu aussi que les deux plus grandes & plus fortes *fumeroles* de la Solfatare étoient celles qui donnoient le *sel ammoniac*, & qu'il y étoit quelquefois configuré en croûtes tissues par filamens parallèles, semblables au muriate d'ammoniac du commerce, & d'autres fois en masses granulées & cristallisées en cubes.

M. d'Herbelot rapporte, dans sa *Bibliothèque orientale*, que dans le petit pays de Boton, en Asie, il y a une grotte où l'on voit de la fumée pendant le jour, & des flammes pendant la nuit, & qu'il se condense sur les parois de cette cavité un sel ammoniac que les habitans appellent *nuschader*. La vapeur qui forme ce sel est si pénétrante, que les ouvriers qui travaillent dans cette grotte, y périssent lorsqu'ils y séjournent trop long-tems.

Nous avons deux sortes de *sel ammoniac factice* : l'une vient des Indes ; elle est de couleur cendrée & en pains de forme conique, comme nos pains de sucre. Nous tirons l'autre d'Egypte & de Syrie par la voie de Marseille : elle est en forme de pains ronds & plats, d'une palme ou deux de diamètre, & de trois ou quatre doigts d'épaisseur. Ces pains sont d'une couleur cendrée au dehors, & blanchâtres, transparens & cannelés au dedans : leur goût est salé, âcre & piquant.

Il y a eu plusieurs opinions sur la formation & la composition du *sel ammoniac factice* ; mais nous nous bornerons à rapporter ici les procédés de la préparation de ce sel, tels que le Père Sicard nous les décrit dans les *Nouveaux Mémoires des missionnaires de la compagnie de Jésus dans le Levant*, tome II.

« On fait du sel ammoniac dans plusieurs lieux » d'Egypte, comme Damaier & Mehallée, mais » surtout à Damaier, qui est un village dans la » partie de l'Egypte, appelée *Delta*, aux environs » de la ville de Mansoura. On met une certaine » suie dans de grandes bouteilles de verre, d'un » pied & demi de diamètre, avec un peu de sel » marin, dissous dans de l'urine de chameau ou » d'autres bêtes de somme : on remplit les bou- » teilles jusqu'à la moitié ou aux trois quarts, & » on les range, au nombre de vingt ou trente, » sur un fourneau bâti exprès pour cet usage. On » entoure les bouteilles avec de la terre glaise, » de façon que leur col ne passe que d'un demi- » pied au dessus de la terre : alors on met le feu » au fourneau, & on l'augmente par degrés, & » lorsqu'il est poussé à un certain point on l'en- » tretient pendant trois jours & trois nuits ; pen- » dant ce tems il se sublime une matière qui s'at- » tache au col des bouteilles, & il reste au fond » une masse noire : la matiere sublimée est le *sel* » *ammoniac*. Il faut, pour la préparation de ce sel, » une suie qui ait été produite par les excrémens » des animaux & surtout des chameaux. » Cette suie est fort commune en Egypte ; car le bois y étant fort rare, on brûle les excrémens des animaux, mêlés avec la paille : on en fait de petites masses semblables à celles que les tanneurs font avec le tan, & qu'ils appellent *mottes à brûler*. En Egypte on donne le nom de *gelées* à celles qui sont faites avec la fiente des animaux.

On a établi en France de grandes manufactures où le sel ammoniac est fabriqué de toutes pieces par les procédés fondés sur les connoissances chimiques. C'est surtout dans les grandes villes, comme celle de Paris, que l'on peut ramasser les principaux matériaux qu'on emploie à cette fabrication. On fait brûler, dans des fournaux à longs tuyaux, ces matières animales ou qui ont servi aux animaux, lesquelles fournissent de l'alkali volatil : on y mêle du sel marin avec des matières vitrioliques, qui dégagent son acide ; & celui-ci, en se combinant aussitôt avec l'alkali volatil, forme le sel ammoniac, qui se dépose sur les parois des tuyaux. Une simple sublimation suffit ensuite pour l'avoir parfaitement pur.

Nous finirons par définir le *sel ammoniac* ou le *muriate d'ammoniac*, un sel neutre, formé par la combinaison de l'acide muriatique avec l'alkali volatil, jusqu'au point de saturation, & nous dirons que ces deux substances y entrent en quantité à peu près égales, & retiennent environ le douzième de leur poids d'eau de cristallisation.

AMMONIAC (*Gomme résine*), qui vient d'Orient, & qui coule par incision d'une plante du genre des *férules*. Ce suc concret est tantôt en gros morceaux formés de petits grumeaux remplis de taches blanches ou rouſſâtres, & tantôt eſt en larmes ou en petits grumeaux compactes & ſolides, ſemblables à de l'encens. On nous l'apporte d'Alexandrie en Egypte. Dioſcoride nous apprend que c'eſt, comme nous l'avons déjà dit, la liqueur qui découle d'un arbre du genre de la férule, & qui naît dans cette partie de la Lybie, voiſine du temple de Jupiter Ammon.

Olivier, d'après la conſidération des graines de cette férule qu'il a été à portée de voir en Perſe, penſe que c'eſt une eſpèce inconnue : elle ſe trouve auſſi à l'eſt de la mer Caſpienne, dans les montagnes voiſines de Samarkand & de Bokara; mais il paroît auſſi qu'elle croît en Afrique, ainſi que nous l'avons dit, & ſurtout dans le royaume de *Barca.*

AMMONITES, genre de coquilles de la claſſe des univalves, dont les caractères ſont d'être en ſpirale diſcoïde, à tours contigus & tours apparens, articulés par des ſutures ſinueuſes; elles ont auſſi des cloiſons tranſverſes, découpées dans leur contour & percées par un tube marginal.

Ces coquilles ont de très-grands rapports avec les *nautilites*, & ſe trouvent dans le même *amas*; mais elles en diffèrent en ce que les tours de leurs ſpires ſont tous viſibles, tandis que dans les nautilites ils ſont tous cachés dans le dernier. Au reſte, cette organiſation eſt fort apparente dans les noyaux de ces foſſiles.

Les ammonites ſont regardés par certains oryctographes comme des coquilles *pélaſgiennes*, c'eſt-à-dire, qui vivent dans le milieu des mers, pendant qu'on les trouve ſur les bords des mers anciennes.

Nous n'entrerons pas dans les détails des différens genres qu'on en a recueillis : nous ne nous attacherons par la ſuite qu'à faire connoître les différens *gîtes* où ces foſſiles ſe ſont trouvés en France.

On a eu tort d'indiquer, d'une manière vague & générale, la chaîne des montagnes ſecondaires, qui s'étend depuis Langres juſqu'à Autun, comme contenant une immenſe quantité de *cornes d'ammon*, ainſi que le maſſif des craies. J'indiquerai par la ſuite ces gîtes avec plus de préciſion : outre cela je ferai voir que c'eſt dans les ſchiſtes argileux & dans des argiles très-calcaires & ferrugineuſes qu'on en rencontre le plus abondamment : on en voit auſſi de pyriteuſes, qui ſont devenues mines de fer; & dans les noyaux de quelques autres, les articulations ſe ſéparent très-facilement.

Je crois devoir rapprocher dans cet article les longues ſuites d'obſervations que j'ai faites en France ſur les *ammonites*. L'indication des premières ſe trouve dans la *Notice ſur la doctrine de Rouelle*, premier volume, page 417, ſous la dénomination de ſon *ſecond amas*, qui comprenoit les belemnites, les gryphites, les *cornes d'ammon*, les huitres, les nautilites, &c. J'annonce dans cette notice, que j'avois communiqué à ce célèbre profeſſeur, comme ſon diſciple, tous les détails intéreſſans qu'il nous expoſoit dans ſes leçons; que j'avois ſuivi dès ce tems-là la marche & les limites de cet amas ſur une étendue de plus de quarante lieues; que, ſuivant mes obſervations, les *cornes d'ammon* s'y trouvoient placées à une profondeur moyenne dans certaines parties, & même ſur la ligne qui ſéparoit l'*ancienne terre du Morvan* de la *nouvelle* du Nivernois. J'ajoute enfin que c'eſt là que l'on trouvoit les *cornes d'ammon*, dépoſées contre le maſſif du granit qui ſervoit d'abord à l'ancienne mer, dans le baſſin de laquelle la nouvelle terre qui renfermoit ces foſſiles avoit été formée. Je concluois de ces remarques préciſes, que les naturaliſtes, qui avoient décidé que la diſparution totale des analogues des *cornes d'ammon* & des bélemnites dans l'Océan avoit pour cauſe l'habitude où étoient ces animaux d'occuper dans leurs gîtes des fonds des mers, & qui, d'après cette fauſſe prétention, avoient nommé ces coquilles *pélaſgiennes*, n'étoient fondés par aucun fait, & que la dépoſition de leurs dépouilles dans ce *ſecond amas* prouvoit inconteſtablement le contraire.

A l'article *amas de coquilles* j'ai repris ces détails, & j'ai remarqué au ſurplus que ce même amas ſe prolongeoit le long de la bordure orientale de la craie apparente de la ci-devant province de Champagne & juſqu'aux environs de Mézières, où cet aſſemblage de corps marins ſe retrouvoit aſſez abondant, & en nature, & en noyaux. Je puis nommer, outre cela, pluſieurs lieux où l'on voit des *cornes d'ammon* dans l'intervalle du Morvan à Mézières : tels ſont *Chaource*, *Fouchères*, *Villy-en-Trode*, *Eclance*, *Soulaines*, *Sommevoire*, *Monſtier-en-Der*, *Vaſſy* & les environs de l'ancienne abbaye de *Trois-Fontaines*.

Je dois dire, outre cela, qu'une grande partie des foſſiles de cet amas ſe trouve enſévelie au milieu d'un banc d'argile qui ſépare le maſſif de la craie du *tractus* des couches coquillères dont je viens de parler. Enfin, ce même amas s'étend au ſud de Soulaines, dans le baſſin de Bar-ſur-Aube, en ſorte qu'il occupe dans cette contrée près de cinq à ſix lieues de largeur.

Je ne puis quitter les *ammonites* ſans en indiquer de nouveaux gîtes aſſez ſuivis, & qui ſemblent affecter dans leur poſition les bords de l'ancienne mer. C'eſt ainſi que je les ai reconnus, 1°. le long de la liſière des ſchiſtes & des granits, département de la Vendée, dans le voiſinage de Fontenay; 2°. le long des bords occidentaux de l'ancienne terre des Voſges. C'eſt dans ces deux nouveaux gîtes ſurtout que je me ſuis aſſuré, comme ſur les *limites du Morvan*, combien étoit peu fondée la prétention ſingulière des naturaliſtes, qui diſtinguoient les foſſiles en *littoraux* & en *pélaſgiens*, & qui mettoient dans la ſeconde claſſe les bélemnites & les *cornes d'ammon*.

Je

Je suis le premier qui ai eu lieu d'observer que ces fossiles résidoient exactement sur les rivages de l'ancienne mer, puisque je les ai recueillis le long des *Vosges*, du *Bas-Poitou* & du *Morvan*. C'est dans l'étude des bords de l'ancienne & de la nouvelle terre que j'ai saisi ces circonstances très-décisives, & c'est à la suite de cette étude que j'ai annoncé dans la *Notice de la doctrine de Rouelle*, que, suivant un point capital de cette doctrine, les dépouilles des *cornes d'ammon* occupoient la ligne précise que suivoient les bords de l'ancienne mer du Nivernois. (*Voyez* AMAS DE COQUILLES & la *Notice de Rouelle*, *premier volume.*)

AMONT est la partie d'une rivière qui est opposée à la partie d'*aval*: on dit aussi le pays d'amont & le pays d'aval, pour indiquer d'un côté les pays qui occupent les bords de la partie d'une rivière supérieure à une ville principale, & de l'autre les pays qui règnent le long des bords de la partie inferieure à ce même poste. Ainsi, les marchandises qui viennent de Charenton naviguent *aval* vers Paris, & viennent du *pays d'amont*; de même les bateaux qui remontent de Rouen à Paris naviguent *amont*, & viennent du *pays d'aval*. En un mot, l'*amont* est opposé au cours d'une rivière, & l'*aval* le regarde & le suit.

Si l'on considère les angles saillans & rentrans, relativement à la marche des rivières qui oscillent dans leurs vallées, comme la Seine aux environs de Paris, ou la Charente entre Civrai & Angoulême, ainsi qu'ils sont figurés dans différentes planches de l'Atlas, on trouvera que ces angles y ont pris des formes très-remarquables. Ainsi la pointe des angles saillans, non-seulement regarde la partie d'*amont* pendant que les flancs se présentent en face de l'*aval*, & que ses revers s'offrent contre l'*amont*; de même dans un plan incliné, saillant, la face escarpée regarde la partie d'*aval*, & le revers a son aspect contre l'*amont*. C'est l'*aval* qui a escarpé le bord de la face, alongé par ses détours la pointe de l'angle, & formé les dépôts qui ont adouci le revers.

Dans une île située au milieu du lit d'une rivière, les dépôts se forment sur la partie d'*aval*, & c'est par-là qu'elle prend ses accroissemens, au lieu qu'elle se détruit par la tête qui est opposée au courant d'amont.

Les changemens qui sont arrivés & qui arrivent aux croupes d'une vallée sont dus à l'action d'*aval*, l'*amont* n'en ayant aucune.

Les promontoires, en conséquence, ont leur aspect vers l'*aval*, en sorte que le navigateur qui remonte vers l'*amont* rencontre continuellement les têtes des promontoires. (*Voyez* PROMONTOIRES, ANGOULÊME, AVAL, ANGLES SAILLANS & RENTRANS.)

AMOUR. Ce fleuve prend sa source dans les montagnes de Kentaiham, dont les habitans lui donnent le nom d'*Onon*. Il coule d'abord à peu près vers le nord-est: son cours continue dans la même direction jusqu'à la latitude de 52 degrés & demi, qui est le point le plus septentrional qu'il atteigne. Là les Tongouths l'appellent *Amour*, & les Chinois *Sagaalien-Oula*, c'est-à-dire, la rivière de la montagne noire. Il y a grande apparence que les Chinois lui ont donné ce nom par rapport aux forêts de chênes qui couvrent les montagnes voisines, car ils appellent cet arbre le *bois noir*.

Là le fleuve est navigable & porte des bateaux de moyenne grandeur; aussi a-t-il déjà reçu les eaux d'un grand nombre de torrens qui tombent des montagnes de l'est & du nord, ainsi que celles d'une rivière considérable qui vient du sud-ouest, & se nomme l'*Argoum*, rivière dont l'embouchure est à cent quatre-vingts milles de Nertchinsh. Les Russes ont bâti plusieurs forteresses depuis Nertchinsh jusqu'au dessous de l'embouchure de l'Argoum.

Depuis la latitude de 52 degrés & demi jusqu'à celle de 47 & demi, le fleuve Amour court presque directement au sud-est, & se trouve grossi par plusieurs rivières, dont les unes affluent de l'ouest, & les autres de l'est.

L'un de ces affluens, le Tchoukir, a son origine de l'autre côté des montagnes, d'où sortent l'Olekma & l'Aldan, qui l'un & l'autre se jettent dans la Lena. Le Tchoukir coule vers le sud, &, joignant le Silempid qui passe près de l'Oud, court vers l'ouest & se jette dans l'Amour. Je remarque ici que l'Oud porte ses eaux dans la mer d'Okhotsk.

Toutes ces rivières sont navigables pour des bateaux, assez près de leurs sources.

Le pays que traverse le fleuve Amour est très-chargé de montagnes, au milieu desquelles il y a des vallées & des plaines très-étendues & fertiles. Outre cela, ces rivières ont cela de remarquable, que tous leurs bords offrent une retraite assurée aux Yakouts & aux Tongouths, lorsque ces tribus, ayant des sujets de mécontentement, abandonnent les paturages des environs de l'Olekma, de la Lena, de la Vilouye & de l'Oud. Au-delà de l'Amour ils jouissent de la protection des Chinois. D'ailleurs, ils y ont bâti plusieurs places fortes. Comme ces Tartares sont fort nombreux, ils peuvent être considérés, relativement aux frontières de l'empire de la Chine, comme une garde avancée qu'il ne croira pas devoir dédaigner. C'est par ces motifs qu'en 1787 plus de six mille Yakouts quittèrent les districts d'Olekma, de la Lena, &c. pour se retirer sur le territoire de la Chine, emmenant leurs troupeaux & emportant tout ce qui leur appartenoit d'ailleurs.

Nous devons conclure de toutes ces observations, que par la suite les voyageurs qui visiteront ces contrées pourront découvrir, dans cette partie du globe, un peuple nouveau, qui sera formé d'un mélange d'Yakouts, de Tongouths, de Bouratis, de Mantchoux & de Chinois, lequel aura sans doute une langue particulière. Ces vastes contrées, où la terre est inculte & déserte, invitent les Tartares émigrés à s'y établir, & sont très-propres à leur fournir les moyens de vivre dans l'abondance ; elles peuvent même, si l'on y cultive du blé, être d'un grand secours pour la Chine. Il faut cependant observer que la partie de ce pays, qui est la plus basse, se trouve sujète aux inondations & à de fréquens tremblemens de terre.

Le fleuve *Amour* n'a d'autres rivières affluentes considérables, venant de l'est, que les deux dont j'ai fait mention ci-devant. La *Nonni-Oula*, très-grande rivière qui prend sa source par le 50e. degré de latitude, fait un vaste circuit avant que de se joindre à l'*Amour* dans l'endroit où ce fleuve se trouve le plus rapproché des contrées méridionales. Une autre grande rivière, l'*Onsouri*, se jette aussi dans l'Amour un peu au dessus de son embouchure.

L'Amour traverse le lac Hinka, & n'est alors éloigné de la mer du Japon que d'une journée de marche. Coulant ensuite vers le nord, il va se jeter dans la mer d'Okhotsk, vis-à-vis de l'île de Saghaalien.

Ce fleuve est très-poissonneux : ses bords sont, comme nous l'avons déjà dit, couverts de forêts de chênes, de châtaigniers, de bouleaux & de pins de différentes espèces. Là le sol est très-fécond, & le climat doux & sain. Les habitans de cette côte de la Corée & des îles voisines ne sont pas très-nombreux, mais ils se distinguent par leur hospitalité & par la bonté de leur naturel. Ils font le commerce avec ceux de l'intérieur, pour des choses de pure nécessité. Ce fleuve donne son nom à la mer, à l'île & au détroit voisins de son embouchure. Nous rappellerons, par la suite, ces détails intéressans dans d'autres articles.

AMPÉLITE. *Ampelites*, terre noire & bitumineuse. Pline l'a désignée comme telle en disant qu'elle est très-ressemblante au bitume, & qu'elle se liquéfie dans l'huile. Dioscoride assure que l'on trouve la terre *ampélite* aux environs de la ville de *Seleuche* en Sourie ; il la donne comme une terre d'un beau noir, qui se divise assez facilement, qui est également luisante dans toutes ses parties, & qui se dissout promptement dans l'huile après avoir été broyée. Matthiole conclut de toutes ces observations, que l'*ampélite* n'est pas fort différente du jais ou du charbon de terre ; ce que je ne puis croire, d'après les détails que j'exposerai par la suite. Le nom d'*ampélite* vient d'une propriété qu'a cette terre, qui est de faire mourir les vers qui se trouvent dans les vignes ; c'est pourquoi on la nomme *terre de vigne*. On s'en est servi pour teindre en noir les cheveux & les sourcils : on en a fait des dépilatoires. Quoi qu'il en soit de toutes ces propriétés, qui me paroissent assez aventurées, je vais donner ici la descriprion de la carrière de l'*ampélite*, dont le principal usage est de servir aux charpentiers pour tracer les lignes de toutes les mesures qu'exigent leurs constructions.

Il me paroît important surtout, avant de parler de cette carrière qui se trouve à *Ferrière-Bechet*, village voisin de *Séez* en Normandie, de faire connoître la constitution du sol des environs.

L'ancienne terre graniteuse paroît d'abord au Plessis ; ensuite le trajet de Séez à la Ferrière-Bechet offre des couches de pierres calcaires, qui semblent adossées à ce massif primitif. Cependant dans certaines parties on remarque des schistes, pierres à lames ou fausse ardoise, qui forment une lisière entre l'ancienne terre & la nouvelle : celle-ci se montre à Beauvais : c'est là que de nombreux amas de peignes & d'huitres sont enveloppés de marnes grises, comme au Mellerant. Ceci se prolonge jusqu'à la *Ferrière-Bechet*, où l'on retrouve d'abord du grès d'Alençon, puis la pierre noire ou *ampélite* dont font usage nos charpentiers. La carrière de cette pierre se voit au milieu du schiste : son allure est de l'est à l'ouest, en plongeant à l'ouest ; sa grande inclinaison est du sud au nord. Cette matière est distribuée par couches lamelleuses, au milieu desquelles on apperçoit des fentes de dessiccation, qui interrompent la suite des couches. C'est dans ces fentes qu'on découvre des cristaux de vitriol fort blancs. Dans certaines parties de la carrière les couches disparoissent, & la masse de l'*ampélite* prend la forme de rognons avec des plis assez multipliés, qui sont la suite du déplacement & de l'inclinaison de la masse.

Lorsqu'on revient de la Ferrière-Bechet à Séez par Saint-Hilaire, on retrouve la nouvelle terre, où l'on peut suivre de grandes & longues couches calcaires, horizontales, dessous lesquelles sont des prismes de grès à découvert dans certaines parties où les couches se trouvent détruites. (*Voyez* ARGENTON.)

On trouve dans les *monts Krapack* une espèce de bitume connu sous la dénomination d'*erdpech*, qui, tant qu'il réside dans le sein de la terre, est mou, souple comme une cire jaune ; mais lorsqu'il a été exposé à l'air, il prend une certaine dureté & tombe en écailles, comme la lacque. Cet *erdpech* est très-différent de celui qu'on trouve près de Zurich, d'Alençon & dans le Dauphiné : il paroît assez semblable à celui que Wolsterdorf a décrit, & que Wallerius nomme *terra bituminosa*, & approche cependant beaucoup du *lapis ampelites*.

On n'a pas jusqu'ici trouvé une grande utilité à se servir, comme combustible, de cette matière qu'on tire des monts Krapack. Il est vrai qu'on peut, au moment où on la tire du sein de la terre, en faire des chandelles qui ne donnent aucune fumée, quoiqu'elles procurent une grande clarté. Au reste, j'ajoute ceci aux détails précédens comme une variété de l'*ampélite*. Les minéralogistes en ont distingué un si grand nombre d'espèces, qu'on peut bien rapprocher celle-ci de celle d'Alençon, dont nous avons indiqué le gîte ainsi que les principaux caractères.

AMPHISCIENS. Comme cet article est le premier où il sera question des *ombres*, j'ai cru devoir exposer ici le système général de leur distribution sur le globe de la terre, dépendante de la marche annuelle du soleil. C'est sur ce plan qu'on divise les habitans de la terre, à raison des *ombres*, en trois classes. Les uns sont appelés *Amphisciens*, d'autres *Hétérosciens*, & enfin les troisièmes *Périsciens*. Nous allons expliquer très-succinctement cette division, nous proposant d'en déduire d'autres vues relatives à la géographie-physique.

Les *ombres* tirent leurs dénominations des points vers lesquels elles se projettent : telles sont les ombres *orientales* ou *occidentales*, suivant que le soleil est à l'ouest ou à l'est. Mais nous devons considérer principalement ici celles qui partent des corps droits quand le soleil est dans le méridien. Or, il est visible pour lors que ces *ombres* sont *septentrionales* ou *méridionales*.

Les *Hétérosciens* sont les peuples qui habitent les contrées de la terre où les corps droits projettent leur ombre, tantôt au nord & tantôt au sud, certains jours de l'année. Les *Périsciens* sont ceux dont les ombres tournent tout autour de l'horizon : ces derniers peuples habitent les zônes glaciales. Les *Amphisciens* sont ceux dont les ombres sont tournées vers le nord pendant quelques jours, & d'autres jours vers le sud. Mais pour ne pas oublier les lieux situés sous les tropiques, nous ajouterons les *Asciens*, qui, dans un certain jour de l'année, n'ont point d'ombre du tout à midi, & ceux-ci sont divisés, 1°. en *Amphisciens-Asciens*, qui n'ont point d'ombre à midi dans deux jours de l'année, & dont l'ombre les autres jours est tournée tantôt au nord, tantôt au sud; 2°. en *Hétérosciens-Asciens*, qui n'ont point d'ombre à midi un certain jour de l'année, & dont l'ombre, le reste du tems, est toujours tournée au nord ou au sud. Tous ces différens phénomènes dépendent des jours où le soleil se trouve au zénith de ces lieux.

Les peuples qui habitent sous les tropiques du cancer ou du capricorne sont *Asciens-Hétérosciens*; car, quand le soleil est au tropique du cancer ou du capricorne, les corps droits n'ont pas d'ombre. Mais à mesure que le soleil approche de l'équateur dans les deux parties de la zône torride que l'équateur sépare, l'ombre est projetée au nord ou au sud.

Les peuples qui habitent sous la zône torride sont *Asciens-Amphisciens*; car si l'on y prend un point quelconque sur le globe de la terre, il est évident que le soleil se trouvera deux fois par an à son zénith : ainsi les corps droits n'y donneront pas d'ombre alors; mais les autres jours l'ombre tombera au nord lorsque le soleil occupe la partie du sud, & au sud lorsque le soleil se trouve au nord.

Les peuples qui sont situés dans les zônes tempérées sont *Hétérosciens*; car le soleil se trouve pendant toute l'année plus au sud de ceux qui sont sous la zône tempérée du nord, & plus au nord de ceux qui sont sous la zône tempérée du sud. Ainsi l'ombre doit toujours être projetée au nord pour l'une, & au sud pour l'autre.

Les peuples qui vivent sous les zônes glaciales sont *Périsciens*; car le soleil ne se couchant pas pour eux pendant certains jours, & tournant autour de l'horizon, l'ombre projetée doit tourner aussi avec lui.

Après avoir exposé ce que différens Traités élémentaires de géographie ont publié sur les *ombres*, je crois devoir y joindre de nouvelles vues pour substituer aux ombres la considération de la lumière & de la chaleur, effets infiniment plus intéressans que les ombres. Il est aisé de voir que, dans beaucoup de circonstances dont nous avons parlé, les nuances de températures suivent les projétions des rayons du soleil, & que même il y a des cas où la cessation des ombres annonce la plus forte chaleur, produite nécessairement par les rayons dont l'action est perpendiculaire à la surface de la terre.

Ainsi la plupart des distinctions des peuples, relativement aux *ombres*, détermineront des modifications de la chaleur, dépendantes de leur marche : telles sont celles des *Amphisciens*, qui embrassent ce qu'on peut remarquer sur les effets de la chaleur dans toute l'étendue de la zône torride, comme dans celle des deux zônes tempérées. On peut réunir aussi à ces considérations ce qui se passe dans les zônes glaciales, où la lumière du soleil & les ombres qui en sont la suite produisent des effets si remarquables, qu'ils ont étonné, non-seulement les voyageurs, mais encore les cultivateurs de ces contrées. La résidence du soleil sur l'horizon, sa marche continuelle tout autour de ce cercle, laquelle promène l'action de ses rayons sans interruption, & une chaleur qui a des progrès très-marqués pendant son ascension, & se soutient encore assez vivement pendant sa descente, tous ces phénomènes nous engagent à nous occuper, dans l'examen des zônes affectées aux *Périsciens*, plutôt de la lumière & de la chaleur du soleil, que des *ombres*. Au reste, nous reviendrons par la suite à ces considérations importantes, dans les articles HETEROSCIENS & PERISCIENS, en dévéloppant toutes ces vues nouvelles plus en détail, & en les ramenant toujours au but physique, qui fait notre principal objet. (*Voyez* aussi ZÔNES.)

AMSTERDAM (*Ile d'*). Cette île est le rendez vous des vaches marines, dont les peaux font un article de commerce assez considérable à la Chine. Ces animaux s'y rendent en plus grand nombre l'été que l'hiver : dans cette dernière saison ces vaches se tiennent dans des lieux profonds & parmi les plantes marines; dans les mois d'été elles viennent à terre par milliers à la fois. On en tue quelquefois une centaine par jour, & c'est tout ce que cinq hommes peuvent écorcher & étendre pour sécher dans le cours d'une journée. On tire aussi de l'huile de ces animaux en les faisant cuire, & l'on s'en sert au lieu de beurre. La vache marine de l'île d'Amsterdam est la *phoca ursina* de Linnæus. La femelle pèse d'ordinaire de soixante-dix à cent vingt livres, & a depuis trois jusqu'à cinq pieds de longueur; mais le mâle est beaucoup plus gros & plus long. En général, ces animaux ne sont point sauvages. Quelquefois il leur arrive de se jeter à l'eau lorsqu'on en approche; mais le plus souvent ils restent en place sur le rocher où ils se reposent, & font entendre une espèce d'aboiement en prenant une attitude menaçante. Un simple coup de bâton sur le nez les tue. Sur trente de ces animaux qui viennent à terre, on estime qu'il y en a vingt-neuf qui sont des femelles. On ne croit pas que cette disproportion existe réellement dans la nature, & il paroît que les femelles ont quelque motif pour chercher le rivage, tandis que les mâles restent à la mer.

Dans l'hiver les lions marins (*phoca leonina*) viennent également sur le rivage, & font entendre des hurlemens affreux. Quelques-uns de ces animaux ont dix-huit pieds de longueur. Les cris lugubres des vaches marines se font entendre jusqu'à plus d'un mille du rivage. Ces deux espèces dont nous venons de parler sont moins abondantes dans ces parages, depuis que des commerçans avides s'y sont établis pour en faire la chasse. Les baleines mêmes abondent auprès de ces îles pendant la saison de l'hiver; en été elles s'éloignent davantage des côtes de ces îles, & vont chercher des eaux profondes.

Dans un massif de terre ou de promontoire qui sépare une baie profonde de la haute mer, on trouve presque partout des sources d'eau chaude. Le thermomètre de Farenheit, qui à l'air libre étoit à 62 degrés, monta d'abord à 196, plongé dans une de ces sources; dans une autre il monta jusqu'à 204; dans une troisième, le thermomètre, insinué au milieu d'une crevasse voisine près laquelle l'eau jaillissoit, s'éleva jusqu'au degré d'ébullition; & en comparant les observations qu'on a faites sur les diverses sources, il paroît que le 212e. degré de Farenheit est le terme moyen.

Le bassin de la baie abonde en perches, en tanches & en brêmes. Des pêcheurs à la ligne, en tirant les poissons hors de l'eau, les jettent, du même mouvement de la main & sans changer de place, dans une source d'eau chaude, où ils se trouvent cuits & prêts à manger au bout de quinze minutes.

Ces sources d'eau chaude étoient si multipliées, & sembloient tellement déterminées à percer le sol, qu'on étoit sûr de trouver une source d'eau chaude dans le massif du promontoire, en enlevant quelques pierres là où l'on appercevoit la vapeur qui se faisoit jour entr'elles.

Les mois d'hiver sont très-mauvais pour ceux qui séjournent dans cette île; l'été au contraire y est très-beau, car les vents d'est soufflent rarement dans cette saison : mais pendant l'hiver, la neige, la grêle, les vents violens du nord-ouest & du sud-ouest s'y succèdent sans intervalles. On voit alors de tems en tems des orages qui viennent fondre sur la baie, & qui soulèvent l'eau par grandes nappes jusqu'à la hauteur des côtes qui lui servent d'enceinte, & qui ont presque partout six à sept cents pieds de hauteur.

La mer offre partout du poisson excellent : on y pêche surtout une espèce de morue d'un très-bon goût, soit qu'on en fasse usage toute fraîche, soit qu'on la sale. Les écrevisses y sont si abondantes, qu'à basse marée on les prend à la main sur la barre qui est à l'entrée de la baie : on peut les prendre de dessus les bâtimens, en faisant descendre à la mer des paniers dans lesquels on met de la chair de requin. Au bout de quelques minutes les paniers se retirent à moitié pleins d'écrevisses. Cette abondance d'écrevisses est d'autant plus remarquable, que les chiens de mer & les requins sont plus nombreux dans ces parages. On sait quelle destruction de poissons & d'ecrevisses ces animaux voraces opèrent. Les requins ont jusqu'à onze pieds de longueur & presque cinq de circonférence. On trouve beaucoup de pingouins dans le voisinage des côtes : ils viennent prendre le soleil sur les rochers, en même tems que les vaches marines. Ils ont de grandes plumes jaunes, qui marquent des demi-cercles au dessus de leurs yeux, comme des sourcils. Cette espèce est distinguée par Linnæus, sous le nom de *chrysocoma*.

Quant aux peaux de vaches marines, dont on fait des collections dans cette île, elles sont destinées à être vendues à la Chine. Il paroît que cette nation industrieuse a un art particulier pour la préparation de ces peaux. Les Chinois enlèvent le poil long & grossier, & conservent la fourrure douce & fine qui se trouve dessous, en même tems qu'ils donnent au cuir la plus grande souplesse. Ce commerce paroît être lucratif, & le sera toujours tant que la destruction de ces animaux ne nuira pas à leur affluence sur les côtes de cette île & sur celle de Saint-Paul.

Si nous revenons aux sources chaudes de cette île, nous ajouterons aux détails qui les concernent, quelques particularités assez remarquables. On trouve, dans le voisinage de ces sources, des lits de mousse dont la végétation est très-vigoureuse; ailleurs on voit des veines d'une matière vitrifiée imparfaitement, &, dans quelques autres endroits des rochers, des zéolithes; enfin, plusieurs craters : le plus considérable, à l'est de l'île, est actuellement rempli d'eau, & il surpasse, par son diamètre, ceux du Vésuve & de l'Etna. Les éruptions des feux souterrains ne s'apperçoivent de jour que par la fumée; mais de nuit on remarque plusieurs tourbillons de flammes, dispersés sur les sommets des collines, assez semblables à ces flammes qui s'élèvent par intervalles des puits de charbon de terre enflammés.

Toutes les sources chaudes, à l'exception d'une seule, sont saumâtres : une d'elles, qui sort d'un de ces prétendus craters, est assez fortement ferrugineuse, & l'on voit d'épaisses incrustations d'ochre sur le côté du roc d'où elle sort, ainsi que dans le bassin où elle se rassemble.

Cette île gît par les 38 deg. 42 min. de latitude sud, & 76 deg. 54 min. de longitude orientale : sa surface est d'environ huit milles carrés, & elle offre presque partout un sol fertile. (*Voyez* le *Voyage du lord Macartney en Chine.*)

AMTCHITKA, l'une des *Aloutiannes* ou *Aléoutes.* Les détails qu'elle nous a offerts méritent d'être rappelés, comme les restes de l'ancienne union des deux continens de l'Asie & de l'Amerique; ainsi c'est dans ces vues que j'y renvoie. (*Voyez* l'article ALOUTIANNES OU ALÉOUTES.)

AMUR, fleuve qui a sa source au nord-est de Cachemire, dans les hautes montagnes qui séparent les Etats du Grand-Mogol de la Grande-Tartarie : il traverse la Grande-Bucharie en courant de l'est à l'ouest; puis dirigeant son cours sur la même ligne, il se partage en deux bras : le bras gauche coule vers l'ouest & se décharge dans la mer Caspienne, tandis que le bras droit, après avoir passé devant la ville d'Ourgens, va se perdre dans la même mer. Il y a plus d'un siècle que le bras droit de l'*Amur* quitta tout à coup son ancien lit, sans qu'on ait connu la cause de ce changement. Ses eaux ont pris leur direction vers le nord-ouest, & ont été se jeter dans la rivière de Kesell, pendant que l'ancien lit est resté à sec. Ce changement a causé la dépopulation du canton; car les habitans, manquant d'eau pour arroser leurs terres, ont cessé de cultiver un sol qui ne rapporta plus rien lorsque l'eau vint à lui manquer. Il faudroit des observations très-précises & plus détaillées que celles qu'on a sur les changemens arrivés dans la marche des eaux courantes de ce fleuve, pour que nous pussions rendre raison de ces changemens; encore faudroit-il que tous ces faits fussent recueillis & analysés par des observateurs instruits.

ANADYR, rivière considérable de l'Asie, dans la Sibérie orientale : elle a son cours du nord-ouest au sud-est, & son embouchure dans la mer d'Anadyr, où elle forme un golfe assez étendu vers le cap Saint-Thadée. Les Russes ont sur cette riviere un fort qu'ils nomment *Anadieskoi.*

Cette rivière & ses différens embranchemens réunissent les eaux courantes, qui circulent à l'extrémité de la Sibérie orientale, entre le pays des Tchukschi & celui des Koriaques, & se jette dans la mer d'Anadyr.

Entre les rivières *Katirka* & *Anadyr* il y a un cap appelé *Katirskoi* : il est rempli de rochers que la mer a mis à découvert : son extrémité s'étend jusqu'à l'endroit où est le banc de sable d'*Anadyr*, en face de la grande embouchure de cette rivière. La distance, depuis le port Saint-Pierre & Saint-Paul, jusqu'à l'embouchure d'Anadyr, est de 19 degrés 20 minutes.

Les côtes de la mer, depuis la pointe méridionale des Kouriles ou de *Kourilskaia-Lopatu*, jusqu'à l'extrémité du cap *Tchoukotskoi*, qui est au 67e. degré de latitude nord, sont toutes montueuses, bordées de rochers, surtout dans les parties de ces rivages où les caps sont très-avancés dans la mer, & se trouvent exposés à l'action des flots d'une mer orageuse. (*Voyez* AVATCHA & PANGINA pour achever de prendre une idée de ces contrées, & la carte générale de l'empire de Russie dans l'Atlas qu'on a joint à la traduction des *Voyages de Pallas.*)

ANALYSE du globe de la terre. J'ai cru que, pour faire connoître la *méthode analytique* que j'ai adoptée dans l'observation des phénomènes extérieurs & intérieurs du globe, je devois mettre en action mes principes, en raisonnant d'après eux, sur quelques points importans de l'histoire de la terre, où il seroit question de discuter les phénomènes dans un certain ordre. En voici un exemple par lequel on pourra juger de ma marche.

Un des premiers principes de ma méthode analytique de la composition intérieure & des formes extérieures du globe est de commencer par suivre tellement la dernière opération de la nature, qu'on puisse remonter à celle qui précède immédiatement, & détailler par des repos, ou réels, ou fictifs, toute l'étendue des phénomènes d'un même ordre. Par cet enchaînement toujours graduel on reconnoît non-seulement la marche de la nature, mais encore on est en état de décider entre deux procédés différens & parallèles, qui sembleroient d'abord avoir pu conduire aux mêmes résultats, quel est celui de la nature.

Ainsi, lorsque j'envisage les vallons & les montagnes, si j'ai bien suivi ma méthode, je dois être en état de décider si les *montagnes* ont été faites par l'accumulation des matériaux qui en composent toute la hauteur & la masse dans le seul emplacement qu'occupe sa base, en réservant les parties de leurs limites où les *vallons* voisins se trouvent, ou bien si ces *montagnes* ou *collines* ne sont que la suite de l'approfondissement du vallon, de telle sorte que l'agent qui la forme, a entamé & détruit le massif qui occupoit la place du vallon, & qui formoit, avec celui des montagnes ou des collines, un tout continu. Dès que j'ai traité de ce qui concerne les vallons, je dois, par une conséquence de la simplification de ma marche, n'avoir plus rien à dire sur la formation des montagnes. D'après mes principes, avoir creusé les vallons, c'est avoir vu sortir les montagnes des massifs entamés par l'agent qui les approfondissoit tout autour des masses qu'il réservoit. Les progrès des uns en profondeur servent à mesurer les progrès des autres en élévation. On voit par-là qu'il n'est pas nécessaire que j'envisage & que je décrive plus d'un objet, lorsqu'il est relatif à un autre dans toutes ses parties, & parallèle à cet autre. Mais ici je dois dire qu'il n'est pas indifférent de prendre le change dans l'examen de ces deux objets dont il est question, & de considérer, par exemple, la formation des montagnes avant celle des vallons, quoique la dernière mène à la première, parce qu'en manière de procédés la nature étant simple, suivre sa marche c'est avoir su envisager son objet sous l'aspect le plus simple, & par conséquent sous celui qui est le plus approprié à l'état de nos connoissances.

Si par la suite de ce choix je suis sûr d'avoir saisi la marche de la nature, & d'en avoir reconnu toutes les dépendances, j'entreprendrai pour lors avec plus de confiance la discussion de toutes les circonstances qui l'environnent, étant éclairé par les découvertes que j'en aurai faites.

J'ai dû envisager en premier lieu la formation des vallons, parce qu'il y a des vallons qui continuent à se former actuellement, & que les anciennes vallées se sont approfondies de la même manière. La règle est simple & claire. Dès que je me suis convaincu de cette postériorité d'effets, je n'ai pas besoin de rechercher si quelque montagne se forme en même tems. Lorsqu'on est familier avec les opérations de la nature, il nous suffit d'en avoir vu une pour être en état de nier que l'autre ait lieu. Ainsi la discussion de tout ce qui concerne les vallons prouve que c'est par leur examen qu'on doit attaquer la description des inégalités de la surface de la terre.

Cependant, quand même la seule supposition de l'approfondissement d'un vallon ne satisferoit pas à toutes les inégalités d'un terrain, & qu'il faudroit admettre d'autres opérations antérieures, je me trouve toujours à portée de suivre un nouvel objet, après avoir épuisé celui dont je m'étois occupé auparavant. Je rétablis donc d'abord tout ce que les observations prouvent avoir été enlevé par le creusement du premier vallon; je remonte ensuite à une autre époque, & je m'élève à un autre ordre de choses.

Je trouve, par exemple, que toutes les hautes plaines ou sommets plats des collines ou des chaînes de montagnes sont de niveau après leur réunion, & se raccordent avec tout le terrain des environs, & que le seul approfondissement des vallons supposé, toute la configuration primitive du canton est expliquée; que le plain-pied rétabli partout, il en résulte une éminence continue, qui domine sur tous les environs. Je reconnois donc aisément que les vallons que j'ai remplis, ont été creusés dans la masse dont j'ai refait un tout continu.

Pour aller plus loin il faut entrer dans de nouvelles considérations qui ne tiennent plus à la forme des vallons. Je dois visiter toutes les limites de ce tout, de cette éminence, de cette chaîne de collines ou de montagnes; suivre la distinction des terrains qui sont situés dans une position inférieure ou supérieure; examiner la nature ou la disposition des matériaux dont ces terrains sont composés, & comparer ainsi masses à masses, toute configuration extérieure n'étant plus de mon objet ou ne servant nullement à établir une distinction.

Ainsi je trouve des vallons dans le Périgord & dans l'Angoumois, dans le Berry & la Marche; j'en rencontre de même dans le Limousin. J'ai suivi dans toutes ces contrées la configuration des vallons, & j'ai vu se former par leur approfondissement les croupes de toutes les collines & de toutes les montagnes. Je rétablis ensuite tous ces déblais, & je vois renaître sous mes pas des plaines uniformes dans le Périgord, l'Angoumois, le Berry, la Marche; mais les plateaux de plain-pied, dans le Limousin, dominent de tous côtés sur les plaines des premières contrées. Alors il faut que j'étudie l'organisation intérieure de ces contrées disparates, à quoi me servent infiniment toutes les vallées que j'ai comblées par la pensée : il faut que j'examine la disposition & l'arrangement des matières, que je circonscrive leurs limites, que je saisisse surtout la différente nature des masses, où tout est de plain-pied, & de ces massifs immenses qui forment des sommets alongés, indépendans des vallons qui s'y trouvent creusés. Tel est l'ordre des observations que dirigent les principes de ma méthode analytique du globe de la terre. Les vérités s'entraînent les unes les autres, les objets se simplifient par leur décomposition en suivant ce plan de recherches. On voit que je n'étudie les massifs dont sont composées les collines & les montagnes, que lorsque les collines & les montagnes ont cessé de l'être, & ne m'ont plus offert que des massifs dont l'organisation seule m'occupe & sert à me faire connoître leur distinction & leur différent département; enfin, les circonstances de leurs origines.

Il est donc bien certain, d'après ce que j'ai dit jusqu'à présent, qu'on doit commencer l'étude des phénomènes du globe par les dernières dégradations des eaux courantes, soit fluviales, soit torrentielles. Quoique souvent ces effets fassent confusion, & qu'il soit difficile, sans une longue étude préliminaire, de les analyser & de les ranger par ordre, cependant on trouvera facilement les moyens lier les faits si l'on a suivi les grandes masses, qu'on en ait fait une étude raisonnée, & qu'on ait rapporté tous ces faits à des classes générales.

Ensuite, lorsqu'on aura discuté tout ce qui appartient au travail des eaux courantes qui circulent à la surface des continens, il faudra s'attacher à de grands faits analytiques, aux distinctions des massifs de l'ancienne & de la nouvelle terre, & à leurs limites : cela nous donnera des points d'appui pour y rapporter les observations qui peuvent avoir pour objet leur constitution intérieure. Je le répète : voilà l'ordre qu'on doit suivre pour saisir l'ensemble des phénomènes que doit embrasser la géographie-physique. D'abord il faut s'occuper de la distinction des grands massifs qu'on peut observer à la surface du globe dans l'ordre inverse de leur formation. Ainsi j'y vois figurer la nouvelle terre, le dernier produit des dépôts de l'Océan, le dernier continent mis à découvert par sa retraite, ensuite tous les faits dépendans de cette nouvelle terre; ajouter ensuite la moyenne terre, & couronner le tout par l'ancienne : ce sont là les cadres où tous les faits doivent être renfermés. Il ne reste plus après cela que des détails à recueillir & à ranger par ordre. On voit, par ces détails, qu'un grand nombre de raisons doivent déterminer à entamer le problême de la théorie de la terre par l'analyse. La première qui se présente d'abord, c'est que les résultats des premières opérations de la nature ayant été défigurés par les révolutions postérieures, il est visible que c'est le produit de la dernière révolution qui est le plus entier, & qui peut s'annoncer avec tous ses vrais caractères & même avec une partie des causes qui sont encore en action. On remonte aisément, après qu'on a discuté toute l'étendue d'une dégradation, aux phénomènes d'une dégradation antérieure, parce qu'on démêle ce que la première a perdu par la seconde : il en est de cela comme d'un déblai qui se constate par la connoissance & l'examen des matériaux qui forment un remblai. Ainsi plusieurs raisons font que la nouvelle terre offre des phénomènes simples. C'est, comme nous l'avons dit, le produit de l'Océan le plus récent : elle a une organisation plus uniforme; elle a moins souffert par les révolutions, & quelques-unes des révolutions qu'elle a éprouvées, sont en train de s'opérer : les principales causes, les agens les plus actifs sont encore en travail, & conduisent l'esprit vers leur marche la plus ancienne, qui ne diffère de la marche actuelle que du plus au moins. Ceux qui ont le bonheur de commencer leurs observations dans ces contrées de la nouvelle terre, & qui ont passé ensuite dans l'ancienne, ayant pu remarquer la gradation des phénomènes simples aux phénomènes composés, ont senti en même tems les avantages qu'on pouvoit retirer des principes de notre méthode analytique, qui ont pour objet la distinction des massifs dans l'ordre inverse de leur formation.

Comme le génie de l'observation ne s'arrête jamais dans ses recherches lorsque les faits prêtent aux inductions & aux vues nouvelles, après avoir écarté la nouvelle terre pour ne plus voir que l'ancienne, composée de schistes, de gneiss, &c. il se débarrasseroit de tout ce qui ne seroit pas assujetti à ces formes pour se borner aux seules masses du granit à grains uniformes, &, après une certaine suite d'observations, il pourroit soupçonner que ce seroit le dernier pas qu'il pourroit faire dans l'ordre des différens massifs. S'il se permet d'imaginer, je ne le suivrai qu'autant que j'aimerai les romans, ou qu'il y aura bien de la vraisemblance dans le tissu des probabilités qu'il y aura réunies pour imiter la marche de la nature. Au reste, quels que soient ses succès, je ne considérerai, dans l'examen de tous les matériaux qui constituent l'assemblage de l'ancienne terre du Limousin, de l'Auvergne, des Vosges, du Bas-Poitou, que les phénomènes qui se présentent avec des caractères correspondans dans ces diverses contrées, & j'abandonnerai, comme n'étant pas du ressort de la vraie science, tous les produits quelconques d'une imagination dominante.

D'après les principes de la méthode analytique que j'ai adoptés, & dont j'ai fait l'application ci-dessus, je crois qu'il est très-important de lier une cause à l'autre & une observation à une autre observation; enfin un phénomène à un autre, de telle sorte que la postériorité & l'antériorité se déduisent de toutes ces recherches. Sans ces attentions, tel fait n'est pas propre à entrer dans la chaîne analytique que je tâche d'ourdir. On me dira peut-être que dans ce choix on écarte les objections, & qu'on y adopte seulement les circonstances favorables à une opinion. Cependant qu'on examine les faits dont je fais usage, & qu'on les compare à ceux que je n'emploie pas, on verra que ceux-ci ont été mal vus, qu'ils sont incomplets ou qu'ils ne se raccordent pas d'ailleurs à un autre fait; ce qui, selon mes principes, les rend inutiles dans tout état de cause, c'est cette liaison, c'est ce raccordement qui rend ce *fait physique*. Ainsi l'analyse est une pierre de touche, qui sert infiniment à trier des faits, soit dans l'observation qui les recueille, soit dans l'emploi qu'on peut en faire.

Un fait qui ne mène à rien, qui tient à des questions très éloignées de nos connoissances, est un objet inaccessible : ce qu'on ajouteroit pour y atteindre sont des hypothèses que l'*analyse* a réprouvées, parce qu'elle ne connoît pas les sauts plus que la nature elle-même, dont la marche lui sert de règle. C'est sa marche qu'on suit, c'est sa marche qu'on doit retrouver partout dans les recherches dont on s'occupe.

Il est vrai qu'il y a des points d'histoire de la terre qui sont certains, parce qu'on les conclut en comparant l'ancien état avec l'état actuel. Si l'intervalle est vide de faits, ces points d'histoire de a terre ne seront des faits eux-mêmes, des faits analytiques que lorsque l'intervalle entre les faits analogues, connus, & ce point d'histoire de la terre seront remplis, & que la chaîne sera bien liée. Telles sont la retraite de la mer & la découverte de nos continens : on n'a aucune observation qui nous conduise aux causes de ce grand événement; mais elle se conclut en comparant l'ancienne étendue du bassin qu'elle a occupé avec ses anciens dépôts : on n'a aucun fait qui l'atteste comme un événement dont on ait pu assigner la cause & les circonstances. On ne sait si cette cause active a eu des reprises & des retours, si elle est subite ou lente : on trouvera bien des faits qui établissent ces reprises & ces retours, on assignera bien leurs époques; mais on ne peut les lier avec l'ordre des faits connus & suivis, avec l'ordre qui existe actuellement, & dans tous ces cas il faut abandonner l'*analyse*.

On peut pourtant porter l'analyse autour de ce point d'histoire de la terre, & l'éclairer en analysant les faits voisins, qui ont quelques rapports avec d'autres grands évenemens; alors ce point d'histoire deviendra propre à se lier & à former chaînon dans l'analyse qui a pour objet la marche de la nature dans les retraites de l'Océan. Je puis indiquer à ce sujet les VALLONS-GOLFES & surtout les événemens de cet ordre, qui ont eu lieu dans les dépendances du vallon-golfe du Rhône, qu'on peut observer dans les anciens diocèses d'*Usez* & d'*Alais*.

On doit comprendre, dans ma méthode analytique d'observations, la manière d'apprécier toutes les circonstances d'un fait, de telle sorte qu'on puisse remonter jusqu'à leur état primitif, distinguer en même tems celles qui sont susceptibles d'être altérées & défigurées par des causes postérieures, suivre les nuances des dégradations de ces causes jusqu'à la plus grande altération possible des circonstances; enfin, pouvoir retrouver les productions de la nature malgré ces altérations. Ceci devient très-essentiel si l'on veut faire de l'observation une source de découvertes, & du résultat des découvertes autant de principes liés, qui constituent une science, telle que l'histoire naturelle. Sans cela on verra au hasard, on tirera des conséquences vagues & hardies, qui ne pourront entrer dans le corps de la science.

Je puis citer à cette occasion les scories & les ponces qui accompagnent les courans de matières fondues, & la continuité de ces courans jusqu'à la bouche du volcan, comme des circonstances primitives dont j'ai fait usage pour décider l'état des laves de la *première époque* des volcans. Mais l'action de l'eau & de l'air pouvant faire disparoître ces circonstances, que les scories pour lors se décomposent & se réduisent en une substance noire, pulvérulente & un peu friable; que les eaux entraînent ces terres en laissant à découvert les massifs solides de laves & les basaltes, ces secondes circonstances m'ont paru propres à caractériser les courans de la *seconde époque*. On voit par-là que, pour reconnoître les produits des feux souterrains, il n'y a souvent d'autres ressources que de suivre les nuances des dégradations des matières fondues, susceptibles de se décomposer, & d'en étudier les progrès pour en établir les dates. Dans tous ces cas il est très-essentiel de reconnoître les différens états par lesquels passent les scories & les terres cuites, les différens états des laves plus ou moins compactes; voir si ces chaussées de laves ont fait suite d'un courant qui aura eté coupé par les eaux, ou si elles sont le produit d'une fonte ou d'une eruption locale, &c.

Je le répète : on voit que, dans l'étude des volcans, il faut s'attacher à remarquer le plus de circonstances qu'il est possible; noter la nature des terrains qui servent de lits aux courans, & tout ce qui se trouve dans ces massifs énormes de matières qui se sont déplacées. Voilà ce que la grande étendue des opérations du feu m'a montré en Auvergne : tels sont aussi les objets principaux que j'ai ete obligé de comprendre dans l'étude que j'en ai faite, pour ne rien laisser au hasard de ce que l'observation raisonnée pouvoit décider. Sans ces ressources je n'eusse vu que des difficultés si j'avois pu parvenir à deviner quelques résultats.

Lorsque j'aurai remis dans leur place, dans leur situation naturelle, les matériaux immenses, dégradés & voiturés par les eaux courantes des fleuves & des rivières dont il a été question ci-devant; que j'aurai comblé tous les vallons des contrées dont j'ai parlé, & qui ont été approfondis par cet agent, je serai pour lors parvenu à un certain état qui me donnera la forme ancienne de la nouvelle terre, telle qu'elle étoit après la retraite de la mer & avant le travail de l'eau pluviale. En revenant de cet état à celui-ci, voilà une époque de parcourue, voilà un ordre d'événemens que je puis circonscrire par des limites fixes, en notant toutefois les différentes opérations de la nature, renfermées dans ces limites. J'appelle cette époque la première dans l'ordre analytique, & je parcourrai de même les autres époques. (*Voyez* l'article ÉPOQUE.)

On conçoit maintenant de quelle utilité peut être le plan méthodique & analytique des révolutions du globe, & l'on voit comment tous les phénomènes se simplifient par cet ordre. L'un conduit à l'autre, & jette du jour sur celui qui suit. Il est évident pour lors que les observations ne se nuisent pas, comme quand on recueille tous les faits sans choix, sans aucun cadre; lorsqu'on les voit, ainsi que la nature nous les présente, comme le résultat d'un événement qui se trouve placé à côté du résultat d'un autre événement qui est défiguré en partie par le second, il est nécessaire que l'on s'attache aux événemens du même ordre, parce qu'on en saisit plus facilement la suite. Mais si l'on passe d'un ordre à un autre, on court les risques

risques de manquer la suite des opérations de la nature. La difficulté de tirer des conséquences de ses observations ne vient que de ce que l'on a pris en gros les faits de différens ordres & de diverses époques; de ce que l'on n'a pas pour ainsi dire trié ces faits; enfin, de ce que l'on n'en a pas assigné les caractères qui pouvoient déterminer à les ranger sous telle ou telle classe. Quand on a la clef des opérations de la nature, qu'on peut se flatter d'indiquer la filiation des événemens, l'ordre des compositions & des décompositions, & enfin l'ordre des recompositions, on peut multiplier les observations, & l'on est sûr d'arriver à des résultats : sans cela, plus on recueille de faits, plus on rencontre de contradictions dans les principaux points de la théorie de la terre, qu'on se propose d'éclaircir.

Je pourrois faire une application de tous ces principes aux *vallons-golfes*, que j'ai reconnus & décrits dans plusieurs contrées de la terre, & surtout aux vallées du Rhône, de la Loire & de l'Allier; mais je me contenterai maintenant d'y renvoyer.

Quelques naturalistes, peu sévères dans leur marche & dans leurs principes, ont prétendu qu'il falloit toujours recueillir des faits quand même on ne pourroit ni les discuter ni les apprécier; mais ils n'ont pas fait attention que plusieurs de ces faits ne peuvent être observés avec les circonstances intéressantes, qui forment leur liaison avec d'autres faits. Je pourrois citer de longs mémoires chargés de ces faits, lesquels n'ont point avancé la science, par les raisons que j'ai dites. Si l'on veut en tirer quelqu'avantage, il faut recommencer à les revoir dans toute leur étendue, & avec des vues qui les rendent propres à entrer dans un ensemble instructif. Combien de ces naturalistes pourroit-on citer, qui n'ont jamais senti quels avantages on devoit retirer des observations auxquelles présidoit l'analyse, faites par conséquent de suite & dans un petit cercle; & de quelle importance il étoit qu'un certain nombre de phénomènes fussent vus & décrits complétement pour être raccordés comme il convenoit, & pour en déduire une grande révolution! Sans ces conditions, si l'on rassemble des faits isolés, on sera forcé de les revoir, & d'écarter les fausses conséquences qu'on a pu en déduire. Autant on retarde les progrès de l'histoire naturelle par des efforts vagues & incertains, autant on les assure par une étude soutenue & bornée à un objet circonscrit dans des limites précises. C'est en suivant cette marche qu'on peut parvenir à des résultats intéressans, & bien propres à dédommager des travaux longs & pénibles qu'exige cette étude. Les gens d'esprit, qui veulent qu'on rassemble toujours des observations, ont peu observé eux-mêmes. D'ailleurs, ils ont la vue basse, & dans ce cas sont très-peu en état de sentir le prix d'une observation raisonnée. L'esprit dépendant nécessairement des organes qu'il peut employer, il n'est pas étonnant qu'ils n'apprécient pas au juste le mérite des recherches par lesquelles on saisit en grand les phénomènes comme la nature nous les présente.

Je le répète : un grand nombre de naturalistes n'ont jamais senti les défauts des observations, parce qu'ils n'ont jamais connu les avantages de l'analyse. Outre qu'ils ont peu observé de suite, ils n'ont pas été à portée de se convaincre de quelle importance il étoit, dans l'étude de différens points de l'histoire de la terre, de réunir les faits de plusieurs ordres, de les *analyser* complétement, & de les raccorder de manière à en tirer des conséquences assez lumineuses pour devenir des principes propres à guider dans de nouvelles recherches, sur des points qui ont une certaine dépendance avec les premiers.

Si l'on voit toujours sans mettre en ordre ses observations, on sera forcé de revoir pour arriver à des résultats précis, ou de recommencer une infinité de travaux imparfaits.

Combien peu d'observateurs ont fait des études suivies de grands objets, & en s'y concentrant, car je ne considérerai jamais comme de grands objets la multiplicité des observations qu'on rassemble en parcourant de longs trajets, & en envisageant rapidement un grand nombre de faits, dont chacun méritoit une étude longue & réfléchie! Cette marche qu'ont suivie plusieurs naturalistes voyageurs, ne peut guère offrir des applications de ma méthode analytique : ces défauts, & beaucoup d'autres, seront discutés au reste à l'article OBSERVATION, & j'y renvoie, ainsi qu'à celui de MÉTHODE.

ANAPAVOMENE, nom d'une fontaine de Dodone dans la Molossie, province d'Epire en Grèce, qui, suivant la dénomination grecque, étoit *intermittente*, c'est-à-dire, qu'elle *cessoit de couler* en certain tems. Pline nous apprend que cette fontaine suspendoit son cours vers le midi, & que c'étoit pour cela qu'elle avoit reçu le nom d'*Anapavomene*; que ses eaux croissoient depuis midi jusqu'à minuit, & qu'à cette heure elles commençoient à diminuer jusqu'à l'interruption parfaite de leur écoulement. Les phénomènes semblables que nous présentent d'autres sources, avec plusieurs variétés, nous autorisent à admettre ce que Pline nous raconte des diminutions & des augmentations périodiques de la fontaine de Dodone. Au surplus, Pline le jeune, en nous décrivant, dans le plus grand détail, les singularités de la fontaine de Côme, & ajoutant l'explication de la cause de ses effets, nous donne lieu de penser que les anciens étoient parfaitement instruits sur les fontaines intermittentes, périodiques (*Voyez* COME, *Voyez* FONTAINES PÉRIODIQUES-INTERMITTENTES.); mais nous ne pouvons admettre en même tems les effets merveilleux qu'on raconte de la fontaine de Dodone, qui, selon les anciens, éteignoit & allumoit les flambeaux qu'on en approchoit, à moins qu'on ne mette ces phénomènes dans la même classe que ceux du ruisseau de Tremolac dans le Périgord, aux environs de la Linde-sur-Dordogne, planche de Bergerac. (*Voyez l'article de* TREMOLAC, *où des effets assez semblables trouvent une explication très-facile & très-curieuse.*)

ANCAON (Serade), chaîne de montagne dans le Beira, province de Portugal, & qui tient à une autre qu'on appelle *Sera d'Estrella* : elles paroissent détachées d'une autre chaîne qui commence près de Lamego, & s'étend depuis Porto jusqu'à Coïmbre, sans qu'il se trouve dans cet espace plus de trois lieues ou environ de plaines entre ces montagnes. Il paroît, suivant la dispositions des eaux courantes dans toutes ces contrées, qu'il ne s'en est pas rencontré qui aient creusé & approfondi de larges vallées, & formé de vastes coupures entre les différentes parties de ces chaînes.

ANCIENNE TERRE. Quoique j'aie exposé la doctrine de Rouelle sur l'*ancienne terre* dans la notice que j'en ai publiée au premier volume, je crois devoir en rappeler ici les principaux traits, en y joignant les nouvelles circonstances que l'observation m'a fait connoître depuis ce tems.

L'*ancienne terre* est, selon moi, le premier massif dans l'ordre synthétique : il nous offre pour principaux caractères de grands blocs de granit sans aucune couche suivie & distincte. On remarque seulement dans les blocs quelques fentes qui présentent des faces fort larges & fort unies dans tous les sens. Ces fentes sont visiblement les effets de la dessiccation de la matière lors de sa cristallisation, & par laquelle le granit se trouve le plus souvent divisé en trapézoïdes plus ou moins réguliers, plus ou moins considérables.

Un autre caractère distinctif de cette *ancienne terre* consiste en ce que les trois principes qui composent les granits, c'est-à-dire, le quartz, le feld-spath & le mica, y sont mêlés en différentes proportions, & sous des formes très variées. Assez souvent ces principes s'y trouvent distribués uniformément. Ailleurs ils y sont réduits à deux seulement, & dans ce mélange le quartz domine. Enfin, ils s'y présentent dans des proportions infiniment variées, soit quant à la quantité, soit quant aux volumes de ces élémens. Cette *ancienne terre* étoit envisagée par Rouelle, comme la base primitive du globe, comme le monde cristallisé, ainsi que nous l'expliquerons par la suite, d'après les vues de cet habile chimiste.

Le plus souvent les massifs apparens de cette *ancienne terre*, & qui se montrent à découvert dans différentes contrées de la France & de l'Europe, occupent des niveaux plus élevés que ceux de la *nouvelle terre*, & la dominent; mais aussi assez souvent il paroît servir de base à ce dernier massif, après en avoir tracé les limites, en s'élevant insensiblement au dessus ; ce qui donne lieu de penser qu'il s'étend à une certaine profondeur au dessous, & qu'il soutient partout l'assemblage des couches horizontales qui composent la *nouvelle terre*, mais à une profondeur qu'on n'a encore reconnue que dans certains endroits, & particuliérement aux environs des *limites* de ces deux massifs, dont nous nous occuperons par la suite.

Rouelle a non-seulement su distinguer l'*ancienne terre* de la *nouvelle*, & nous développer tous les caractères les plus propres à les faire reconnoître dans l'étude & l'examen qu'on en pourroit faire d'après ses principes, mais encore il nous a montré surtout la nécessité d'en fixer les limites, ainsi que nous venons d'en exposer les diverses circonstances : outre cela, ce qui nous paroissoit du plus grand intérêt, il a cru pouvoir rendre raison de l'état & de la constitution physique de cette *ancienne terre* ; mais il ne communiquoit qu'à ses amis ce qu'il avoit pensé à ce sujet. Voici les principaux points de son système, qui paroît avoir beaucoup de vraisemblance. Il supposoit d'abord que, dans l'origine des choses, les substances qui composoient l'*ancienne terre*, nageoient dans un fluide ; que les parties similaires s'étoient rapprochées les unes des autres, & avoient formé au fond des eaux ces cristallisations immenses, qui, par des progrès insensibles, avoient composé des massifs, lesquels renferment ce que nous avons nommé depuis *montagnes du premier ordre*. Il considéroit donc tous ces grands assemblages graniteux comme les amas de ces cristaux qui se sont grouppés ensemble & réunis à la manière des sels, suivant differens systèmes d'arrangemens & de proportion des parties similaires. Il avoit vu dans la structure des roches de son *ancienne terre*, une sorte d'organisation où il lui sembloit qu'on ne pouvoit méconnoître la marche de la nature dans la formation des cristaux.

Suivant Rouelle, la formation du granit par cristallisation pouvoit se représenter par celle qui a lieu dans une dissolution de plusieurs sels qui cristallisent souvent ensemble, de manière que les cristaux de nature différente étoient liés les uns aux autres par adhésion, & non par combinaison. Ces exemples se présentent assez fréquemment en chimie, & c'est cet état d'aggrégation particulière que Rouelle trouvoit dans la formation du granit, soit qu'il y entrât deux, trois & même quatre élémens, car dans leur composition il avoit reconnu depuis long-tems la présence de l'argile & de la substance calcaire : une fois que la masse entière lui eut présenté, sous ce point de vue, cet assemblage étonnant de cristaux réguliers & irréguliers, tels qu'ils pouvoient se former dans un fluide aqueux peu abondant, il se plaisoit à nous faire voir, dans les circonstances de ce grand travail, pourquoi il n'y avoit pas de couches dans ce massif, mais seulement des lames qui se montroient dans différentes directions au milieu des blocs graniteux.

C'est ainsi qu'il concevoit la formation de ces masses primordiales, toutes antérieures aux amas de la *nouvelle terre* dont elles sont partout la base & l'appui. C'est ainsi qu'il concevoit pourquoi rien, dans leurs formes extérieures, ne rappeloit l'idée d'un dépôt fait par l'eau en grand volume, comme elle se trouve dans l'Océan, ni d'une matière brute, comme certains schistes, mais seulement d'un assemblage de cristaux formés au milieu d'un fluide suffisant pour fournir l'eau de la cristallisation avec très-peu d'eau surabondante. Tout ce qui l'avoit intéressé dans ces masses, étoit la structure intérieure, & la belle distribution de ces assemblages énormes de cristaux. Quant à la figure extérieure, il n'a jamais pensé que la cristallisation en grand y eût influé le moins du monde, ou bien eût mérité de sa part la moindre attention; & quelques-uns de ses disciples, qui ont vu, en Limousin & en Auvergne, les massifs de l'*ancienne terre* d'après ces principes, n'ont trouvé que des suppositions hasardées & même assez peu réfléchies dans l'hypothèse de certains naturalistes des Alpes, qui ont cru y voir des cristaux gros comme des montagnes, & dans ces pyramides en forme d'artichaux. Rouelle n'y pouvoit reconnoître, ainsi que ses disciples, que la suite de destructions opérées par les eaux, qui ont enlevé des parties considérables de certains assemblages naturels de cristaux, & ont agi ainsi suivant les circonstances particulières propres à déterminer leur action.

En s'attachant à la simple cristallisation intérieure des roches primitives, il étoit bien éloigné de supposer une étroite liaison dans les massifs de nature différente, comme une suite du travail de la même mer & des précipités du même fluide, qui, sans aucune interruption remarquable, auroit passé des massifs primitifs aux secondaires.

Le granit simple, celui qui renferme les trois principes, le quartz, le feld-spath & le mica, étoit pour Rouelle comme pour nous, le plus ancien ouvrage de la nature : c'étoit le produit de la *cristallisation uniforme*, du moins nous l'appelions ainsi à Limoges; mais il y comprenoit aussi les produits d'une autre cristallisation par raies, par veines & par bandes. On voit qu'il embrassoit dans son explication, non-seulement les granits, mais encore les gneiss & les talcites; & je dois dire qu'il devoit tous ces éclaircissemens à ceux de ses disciples qui habitoient le Limousin, M. Turgot & moi, où tous ces phénomènes s'offrent aux naturalistes dans des masses particulières bien propres à autoriser des conséquences générales sur ces cristallisations primitives.

A quelque principe que les eaux dussent la puissance dissolvante qu'elles avoient alors, il est visible que les matières les moins dissolubles formèrent les premières concrétions, & prirent les premières places dans l'ordre des précipités qui s'exécutèrent alors. Nous ne savons pas de quelles substances furent ces premiers cristaux, car il est à croire qu'ils sont bien enfoncés sous ceux qui leur ont succédé, & qui sont maintenant sous les yeux des observateurs les plus instruits.

En suivant ce même ordre de travail, je dois dire qu'il est très-probable que, dans certaines parties de la surface du globe, les matières dissoutes & précipitées furent plus abondantes que dans d'autres, & c'est précisément cette raison qui fit que les dernières masses cristallisées furent plus considérables sous l'équateur que vers les pôles.

Je passe maintenant à un autre ordre de choses, qui peut être distingué de l'*ancienne terre* que je viens de décrire, sous deux points de vue différens, & quant aux matériaux qu'il nous présente de toutes parts, & quant à l'arrangement & à l'organisation que la cristallisation nous offre également.

Après les différentes sortes de granit, l'argile en masse & la substance calcaire, non-seulement par amas sous forme de cristaux, mais encore comme matières brutes sur des bases graniteuses, c'est alors que des concrétions plus mélangées, des granits moins simples, des marbres moins purs, des schistes de diverses compositions se formèrent peut-être dans une première mer, & c'est là où Rouelle a vu les premières ébauches de dépôts. C'est cela enfin que ses deux disciples cités ci-dessus lui présentèrent comme un travail intermédiaire entre l'*ancienne* & la *nouvelle terre*, & qu'il adopta sans difficulté, parce que ces compositions remplissoient des vides qui se trouvoient dans les produits naturels entre ces deux extrêmes.

Ses disciples, dans ces assemblages de diverses substances, lui indiquèrent des marbres d'ancienne formation, c'est-à-dire, des matières calcaires, cristallisées assez régulièrement avec des lames de schistes singulièrement configurées & infiltrées par l'eau chargée de principes quartzeux : c'est ainsi qu'ils avoient vu ces mélanges à Carara, à Seravezza, dans le marbre de Paros, & particulièrement dans les cipolins. Ils lui citerent aussi une variété très-curieuse de ces marbres, dont ils avoient examiné une variété dans le Limousin.

Tous ces résultats du travail intermédiaire de la nature pourroient être exposés plus en détail; mais il suffit de dire ici qu'il est toujours très-facile de les distinguer de ceux que renferme la *nouvelle terre*, car les ébauches des dépôts de l'Océan, mal assurées, ayant éprouvé partout des dérangemens considérables, il n'est pas étonnant que l'école de Rouelle y ait remarqué toujours, d'après ses vues sur la distinction des deux massifs superficiels, des espèces de lits affaissés dans certaines parties de leurs allures, des débris confondus & agglutinés de nouveau; en un mot, des granits secondaires, des roches de compositions singulières, des poudings, des brèches, le tout dispersé dans certains bassins & au pied des hautes montagnes qui avoient fourni, par leurs destructions, une grande partie de ces matériaux.

Tels sont, je le répète, les produits du travail de la nature intermédiaire entre ceux de l'*ancienne* & de la *nouvelle terre*, que Rouelle avoit discutés avec soin, & dont il aimoit surtout à s'entretenir avec quelques-uns de ses disciples qui pouvoient lui rendre des comptes très-précis de leurs observations. C'est dans cet intervalle de tems qu'il trouvoit la solution d'un grand nombre de difficultés dont il n'avoit pas cru devoir s'occuper en établissant cette belle distinction des deux terres, *ancienne* & *nouvelle*, ou qui ne s'étoient pas présentées à son esprit; aussi saisissoit-il avec plaisir tout ce que ses disciples déjà cités lui offroient sur ces différens points, dont quelques-uns même ne sont encore ni entièrement éclaircis ni décidés.

Plus il trouvoit d'objets intéressans dans cet intervalle de tems, & dont quelques-uns ne lui étoient pas bien connus, ou qu'il n'avoit pas bien analysés, plus il sentoit le besoin & les avantages des deux systèmes de massifs qu'il avoit adoptés & annoncés à ses disciples, & qui l'avoient toujours frappé singuliérement, tant par la nature des matériaux qu'ils renfermoient, que par leur disposition intérieure, & surtout par la précision des limites qu'ils offroient aux naturalistes observateurs.

Avant de nous exposer ainsi son opinion sur la cristallisation des granits & des gneiss, Rouelle avouoit bien franchement qu'il n'avoit pas pu se persuader qu'un composé tel que le granit fût le produit de la fusion, comme Buffon vouloit nous le faire croire. Il pensoit donc que le feu, dont les chimistes faisoient usage, pouvoit décider la question qui n'en étoit plus une depuis que cette pierre composée, soumise par Rouelle à l'action du feu ordinaire, s'étoit reduite en une masse brute, en un *culot* qui offroit une matière homogène, comme la lave compacte; il lui paroissoit impossible que le premier état de fusion eût donné pour résidu une association de trois principes distincts, tels qu'ils sont cristallisés dans le granit, & tels qu'ils ne peuvent être que les produits d'une cristallisation quelconque.

Il ne me reste plus maintenant qu'à rappeler ici ce qui concerne les différens caractères de l'*ancienne terre*, que Rouelle nous exposoit avec cette chaleur qui n'a été bien appréciée que par ses disciples, & dont il considéroit la connoissance comme une de ses plus belles découvertes, parce qu'en se guidant sur ces caractères, les observateurs pouvoient être dirigés sûrement dans l'examen des grands *tractus* ou massifs que la terre leur offroit à sa surface. Il nous avoit tellement convaincus de ces avantages, & l'observation nous avoit tellement confirmé dans le cas qu'on devoit en faire, que quand même on seroit parvenu à nous persuader que l'*ancienne terre* étoit le résultat du travail de la mer, nous étions bien disposés à croire que les distinctions entre l'*ancienne* & la *nouvelle terre* devoient être toujours conservées; que les limites que nous avions été à portée d'en reconnoître au centre de la France, autour du Limousin, de l'Auvergne, des Cévenes & du Vélay, étoient de nature à être déterminées & tracées avec précision, & que cette base du plus beau travail qu'on pût faire à la surface du globe devoit être maintenue comme Rouelle nous l'avoit présentée. Il a si peu cru qu'en admettant cette cristallisation des substances qu'on rencontre dans la composition de l'*ancienne terre*, il détruisoit les caractères qu'il nous en avoit donnés, qu'il ne faisoit aucune difficulté, lorsqu'il traitoit des montagnes, de les rappeler de nouveau, comme servant merveilleusement à distinguer les montagnes primitives des montagnes secondaires; c'est ainsi qu'on saura toujours conserver les mêmes principes lorsqu'on les aura déduits de l'observation sévère des opérations de la nature.

Effectivement, depuis que Rouelle nous a fait connoître l'*ancienne terre*, aucune observation n'a démenti ni les caractères qu'il nous en a assignés, ni les conséquences qu'il en avoit tirées. On a reconnu partout, soit en France, soit dans d'autres contrées de l'Europe, toujours en partant de la constitution physique qu'il avoit donnée à l'*ancienne terre*, que les plus hautes montagnes du globe qui formoient les différentes chaînes connues, étoient composées de cette roche que nous avons nommée *granit*, dont la base est toujours un quartz mêlé de feld-spath, de mica & de petites lames de schorl, éparses sans ordre & par fragmens irréguliers & en différentes proportions, autant que des observations faites à la surface de la terre, & que les fouilles des mines & des puits ont pu nous donner une idée de la composition de ce massif. Cette vieille roche forme donc la base des continens en Asie comme en Europe, en Afrique comme dans l'Amérique septentrionale & méridionale. C'est aussi le granit qu'on rencontre au dessous des plus profondes couches des montagnes, & souvent dans les plaines les plus basses, où les bancs superficiels ont été enlevés ou entamés, soit par les inondations intérieures, soit par les flots de la mer. C'est le *granit* qui forme les plus grandes bosses, les plateaux & même les noyaux des plus grandes Alpes de l'Univers; de sorte qu'il constitue très-vraisemblablement le principal ingrédient de l'intérieur du globe. C'est par une suite de ces mêmes considérations qu'il a été reconnu, dans toutes les contrées où les naturalistes éclairés ont pénétré, que cette roche n'offroit jamais aucune forme de bancs ou de couches, qu'elle se trouvoit par blocs ou masses entassées les unes sur les autres, & ne contenoit pas le moindre vestige de pétrifications ou de corps organisés sous quelque forme que ce fût. Par conséquent ces sortes de massifs doivent être considérés, ainsi que nous l'avons déjà dit, comme étant antérieurs, dans l'ordre des tems, à toute la nature organisée. C'est à la suite de cet état que les plus hautes cimes formées par le granit, soit en plateaux, soit en grouppes de montagnes ou pics escarpés & isolés, ne sont jamais recouvertes par des couches argileuses ou calcaires, mais semblent avoir été constamment, suivant la constitution actuelle & la plus moderne du globe, au dessus des eaux de l'Océan. En conséquence on n'a dû rencontrer nulle part les massifs de granit disposés par couches, telles qu'elles se présentent partout où les eaux ont fait des dépôts. En vain croiroit-on y distinguer des bancs de plusieurs pieds : les fentes d'ailleurs qui ont divisé cette roche en masses parallépipèdes ou trapézoïdales, démontrent qu'elle n'est pas le résultat de dépôts successifs : il suffit de voir les gros blocs dispersés aux pieds des montagnes composées de la même roche, & les fentes distribuées en tous sens dans les massifs des montagnes elles-mêmes, pour en conclure qu'il n'y a jamais eu de couches dans les granits.

ANCIENNE TERRE.

A la suite des vues générales que je viens d'exposer sur l'*ancienne terre* d'après les principes de Rouelle, je vais joindre ici plusieurs considérations, tant sur cette *ancienne terre*, que sur ses rapports avec la moyenne & la nouvelle, & particuliérement sur les différentes dispositions des matériaux que j'ai rencontrés dans la ligne de leurs limites ou dans le voisinage de cette ligne, considérations que je dois à mes propres recherches, relativement à la constitution physique de ces trois massifs.

PREMIÈRE CONSIDÉRATION *sur l'étude de la constitution physique de l'ancienne terre.*

Il est à croire que l'*ancienne terre*, qui renferme les matières vitrescibles & les minéraux, ne doit paroître, à la surface du globe, que dans des contrées fort peu étendues ; car le reste a été couvert, d'abord par les schistes, par les couches horizontales ou inclinées de pierres calcaires à grain fin, puis à grain grossier, enfin par les grès. Effectivement, pour peu qu'on ait observé dans ces vues, on a pu reconnoître l'*ancienne terre* sous ces dépôts divers à une certaine distance des limites, des massifs qui se montrent à découvert. C'est surtout au fond de certaines vallées où les eaux courantes ont enlevé & détruit deux ou trois cents toises de ces dépôts, que cette *ancienne terre* se retrouve.

Au reste, lorsqu'on examine les montagnes de l'*ancienne terre*, qui sont situées à différens degrés de latitude, on n'y trouve aucune différence, soit quant à la nature des matériaux, soit quant à leur assemblage intérieur.

Ce n'est pas, au reste, sur ces circonstances qu'on peut établir la distribution des filons qui appartiennent aux différens métaux : j'en excepte ceux qu'on observe dans les mines secondaires.

Il est donc très-intéressant de faire figurer la topographie du globe relativement à l'*ancienne terre* & aux massifs qui l'accompagnent, soit comme bordures, soit comme enveloppes : nous connoissons trop bien les caractères de l'*ancienne terre* pour nous y méprendre, & pour ne pas retrouver les massifs qui sont les témoins de l'ancien état de ces contrées primitives. Ce seroit donc, comme je l'ai dit, un travail bien intéressant que celui qui nous offriroit une énumération exacte de ces systèmes d'éminences. On ne peut pas se procurer cette connoissance par de simples conjectures en s'attachant aux montagnes les plus hautes ; car il est prouvé, par l'observation que l'on a pu faire de quelques-unes des chaînes les plus élevées qui traversent la France, que toutes ces montagnes n'appartiennent pas à l'*ancienne terre.* L'observation seule de chacun de ces massifs peut déterminer la nature des substances qui le composent, ainsi que leurs limites.

La géographie-physique, éclairée par ces faits, pourra les constater, d'une manière immuable, sur des cartes aussi exactes que détaillées. Ces grandes & importantes circonscriptions ne seront bien connues que par le double travail de l'observation & de la géographie.

Les masses primitives du globe sont composées, depuis leurs sommets jusqu'à leur base & dans leur intérieur, de substances vitrescibles. Toutes tiennent à la roche qui forme le noyau du globe, lequel est de même nature : plusieurs autres masses élevées sont aussi de matieres vitrescibles, & se trouvent réunies aux granits, aux gneiss & aux talcites.

Celles de ces masses qui ne s'élevoient qu'à des hauteurs médiocres, ont été recouvertes par les sédimens des eaux, qui les ont environnées jusqu'à d'assez grandes hauteurs. C'est pour cette raison que nous n'avons d'autres témoins apparens de ce premier état de la terre, que les masses composées de matières graniteuses, dont il nous importe tant de circonscrire l'étendue & de déterminer la position. Dès que ces témoins auront été reconnus, ils pourront être considérés comme suffisans pour nous donner une idée de ce premier état : de la comparaison de ces parties découvertes avec celles qui ont été couvertes, on pourra conclure que les unes ont été surmontées par les eaux, & ont formé les bords de l'ancienne mer, car on n'y trouve, dans toutes les matières qui forment leur constitution physique, aucune production marine, pas même en débris. On ne peut donc pas douter que ces massifs ne soient d'une époque antérieure à ceux qui sont composés de sédimens soumarins, & qu'ils ne leur aient servi de base.

Par ce que nous connoissons de l'*ancienne terre*, & en attendant que nous en ayons acquis une connoissance plus précise par les moyens que nous offre la géographie-physique, il paroît que la terre, avant d'avoir été couverte par les eaux de la mer dans certaines parties seulement, étoit irréguliérement herissée d'aspérités, de profondeurs & d'inégalités enfin semblables a celles que nous pouvons suivre dessus & dessous les dépôts de la mer, qui, en les recouvrant, doivent les avoir laissées dans leurs formes premières.

Pour peu qu'on juge de ces aspérités par les différentes inégalites du globe & les plus grandes éminences apparentes, on voit qu'elles existoient surtout d'une manière plus marquée sous l'équateur & entre les tropiques; car c'est là qu'on trouve les plus hautes montagnes & les mers les plus entrecoupées d'îles & de presqu'îles, à la vue desquelles il est évident que, dès l'origine des choses, cette partie du globe présentoit les plus grandes inégalités.

On doit croire d'ailleurs que la terre présenta d'abord, outre les profondeurs où les eaux résident en grande partie, les premières aspérités qui forment aujourd'hui un grand nombre de noyaux de nos plus hautes montagnes: celles qui étoient moins élevées, ayant été recouvertes par les sédimens des eaux & par les débris des productions marines, ne sont pas aussi clairement connues que les premières. C'est ainsi que l'on trouve souvent des bancs calcaires au dessus des rochers de granits & des autres masses graniteuses, au lieu que l'on ne voit pas des masses de granits au dessus des bancs calcaires.

On peut donc assurer, même avant la conséquence générale que nous serons en droit de tirer des opérations dirigées d'après les principes de la géographie-physique, que la roche intérieure du globe est continue avec les éminences hautes ou basses qui se trouvent de la même nature que cette roche, c'est-à-dire, de matières graniteuses, car ces éminences font masse avec le solide du globe; elles n'en sont même, à proprement parler, que de très-petits prolongemens, dont les moins élevés, je le répète, ont été recouverts par les dépôts de la mer.

Ces différens détails semblent nous autoriser à penser que le travail que je propose auroit le plus grand succès, & nous donneroit une distinction lumineuse des différens massifs que nous avons indiqués ci-dessus. mais les contrées indiquées par Buffon dans sa seconde époque, sans ces moyens ne donneront pas certainement les résultats qu'il en espéroit. Buffon, qui n'a rien observé dans ce genre, a mis ce qu'il imaginoit à la place de ce que l'observation, dirigée sur des principes certains, devoit nous apprendre avec la plus grande précision.

La géographie-physique doit donc s'attacher d'abord aux limites avant que d'entrer dans l'examen de l'intérieur des massifs, dont il sera plus facile de faire une étude particulière; elle tracera donc la distinction des granits à cristaux uniformément distribués, & des granits rayés, & de ceux-ci d'avec les talcites.

Cette même étude embrasseroit aussi les veines & les gros filons de mines qui renferment les métaux, & qui se trouvent dans les fentes qui se sont faites dans ces massifs à la suite de la desiccation. Il en est résulté que ces filons ont une marche réglée, dont les cartes pourront présenter l'allure à mesure que les fouilles les feront connoître aux mineurs. Cette allure ne peut manquer de s'accorder avec les masses montueuses qui auront été circonscrites dans les cartes générales. C'est d'après cette énumération exacte qu'on pourra prendre des idées vraies sur la distribution des différentes sortes de métaux dans les différentes contrées de l'*ancienne terre*, & reconnoitre par ce dénombrement s'il y a quelque régularité dans cette distribution, en conséquence de laquelle certaines mines seroient assujetties à des latitudes plus ou moins éloignées de l'équateur: on verroit si la nature n'auroit pas assigné aux différens climats du globe, les differens métaux. Ici l'observation seroit bien détaillée, puisqu'elle seroit fondée sur les travaux des mines; & d'ailleurs, les cartes seroient bien exactes, puisqu'elles offriroient le résultat des opérations délicates & raisonnées des mineurs.

SECONDE CONSIDÉRATION. *L'ancienne terre n'est pas un produit du feu.*

Un naturaliste célèbre, qui a montré l'usage & l'abus de la méthode des généralisations en histoire naturelle, prétend que *l'ancienne terre* ne présente que des matières fondues ou cristallisées dans le feu; mais cette assertion est visiblement fausse. 1°. Les granits sont composés de trois principes qui ont cristallisé en même tems. Quelle circonstance prouvera que cette cristallisation s'est opérée dans le feu?

Je vois au contraire par expérience, que le granit n'a pas été soumis à une grande chaleur, puisque, si on l'expose à un feu peu considérable, il entre en fusion, & que ses trois principes se mêlent & restent confondus. Pourquoi cette même chaleur n'auroit-elle pas, après le refroidissement, confondu de même ces trois principes dans la première déflagration du globe, qui auroit formé le massif du granit, suivant ce célèbre naturaliste?

D'ailleurs, quels sont les premiers élémens qu'on assigne au granit, & qui, en passant par le feu, auroient produit les trois principes si distincts qui le constituent? Il faudroit, ce me semble, montrer ces élémens & en faire voir un résultat pareil au granit. Je trouve en général que cette vue est trop peu réfléchie & contraire aux expériences les plus simples, & même aux observations : nous voyons que le feu, en fondant les granits, a confondu les principes; qu'il peut fondre le feld-spath en épargnant le quartz, mais que le quartz est *infusible*.

Quel feu auroit pu fondre le quartz ? Ne seroit-il pas le résultat de quelque mélange dont les parties n'auroient pas eté aussi difficiles à fondre ? Il faudroit enfin décider si le quartz étoit dans le granit une production de pierre porasite, ou d'une formation primitive & parallèle aux autres principes. Quoi qu'il en soit, le quartz n'est pas une production du feu, non plus que le feld-spath ni le mica : une production du feu ne fera jamais ces associations *aussi constantes* des trois principes dont nous avons parlé.

Il faudroit qu'il n'y eût dans le globe qu'une substance homogène, telle que le principe quartzeux : il s'en faut bien que *l'ancienne terre* en soit composée. Il n'y a de sables quartzeux, que le résultat du lavage des eaux qui les ont séparés des autres principes moins pesans & plus aisés à transporter.

TROISIÈME CONSIDÉRATION *sur les limites de l'ancienne terre & de la nouvelle.*

Après qu'on sera parvenu à tracer les limites de *l'ancienne & de la nouvelle terre*, il ne faudra pas en conséquence attribuer à la seule *nouvelle terre* des phénomènes qui seront dans l'enceinte qu'on lui aura reconnue : par exemple, les eaux chaudes, les charbons de terre, les mines, &c. Il est important de se souvenir que *l'ancienne terre* sert de base à la *nouvelle*, & que le long des limites *la nouvelle terre* ayant peu de profondeur, les phénomènes propres à *l'ancienne terre* peuvent percer une croûte peu épaisse de la superficie de la *nouvelle*, & se montrer à la surface de cette *nouvelle terre*. On voit dans ces circonstances la nécessité de consulter, autant qu'il est possible, les fouilles, soit naturelles des vallons, soit artificielles des mines & des puits, qui peuvent éclairer sur ces circonstances. On sent bien qu'on n'a pas besoin de ces précautions dans *l'ancienne terre* : les phénomènes qui paroissent dans son enceinte bien fixée, ne peuvent en aucune sorte être soupçonnés appartenir à la *nouvelle*, puisqu'elles ne se trouvent pas sous *l'ancienne*, mais seulement dessus. Cette observation est très-intéressante, & l'on trouvera souvent des occasions de l'appliquer utilement ; elle épargnera bien pour lors des assertions hasardées, & des erreurs dont les conséquences seroient très-désavantageuses dans bien des cas. Par exemple, si l'on a reconnu la direction d'un filon de mine de charbon, on n'oseroit, d'après le faux principe que je combats, hasarder des fouilles au milieu des couches calcaires en s'alignant sur l'allure de ce filon. Cependant il y a des exemples de grands succès dans ce genre, & même les mines de charbon de terre des environs de Valenciennes sont recouvertes par une suite de couches horizontales de marnes & de pierres calcaires, &c. qu'on a percées pour aller chercher dessous les mines les plus abondantes que nous ayons.

On concluroit aussi faussement, en voyant Vichi & ses environs, que les eaux chaudes se trouvent indistinctement dans la *nouvelle* comme dans *l'ancienne terre*. On ne feroit pas attention que Vichi étant très-près de ces limites, il est probable que le sol intérieur, d'où sortent ces sources si chaudes, appartient à la partie schisteuse de *l'ancienne terre*, recouverte par les dépôts calcaires qui paroissent à la surface de la plaine de Vichi, & les observations confirmeront sans peine ce raisonnement.

QUATRIÈME CONSIDÉRATION *sur la disposition relative de l'ancienne & de la moyenne terre.*

Il seroit important de suivre bien exactement les limites de la moyenne terre comme celle de *l'ancienne*, pour apprécier, par cet examen, les destructions que ces massifs ont éprouvées sur ces limites : on y verroit aussi l'étendue immense des remplissages qui se sont faits depuis avec les matériaux de nature différente, & disposés par couches horizontales comme dans la *nouvelle terre*. Les résultats de ces recherches nous feroient connoître probablement quelques révolutions que nous ne soupçonnons guère, parce que l'on n'a pas pensé jusqu'à présent à ces destructions qui sont masquées par les dépôts postérieurs, vu qu'elles sont peu apparentes ; mais elles n'en sont pas moins précieuses si l'on veut avoir une histoire complète des opérations de la nature. La bordure orientale & septentrionale des Pyrénées me paroît devoir fournir de grandes facilités pour faire ces observations & en tirer tout l'avantage que j'ai indiqué ci-dessus. Les dépôts littoraux y sont aussi fort aisés à reconnoître, & leur distribution dans les vides des destructions très-visibles, ainsi que les bases anciennes, qui sont des granits sur lesquels ces dépôts sont assis, qu'ils ont laissés à decouvert par une nouvelle destruction. Je voudrois bien faire une carte d'après *ce plan* d'observations, & je crois qu'elle seroit facile à exécuter. On s'assureroit peut-être par toutes ces recherches, qu'autrefois, comme à présent, la mer a détruit le long de ses côtes, & que les matériaux de ces destructions, joints à ceux qu'ont voiturés, dans son bassin, les eaux torrentielles des parties découvertes, ont formé les couches littorales redétruites depuis encore.

Peut-être enfin trouveroit-on des preuves que ces destructions ne sont pas seulement l'effet de la mer dans les *golfes anciens*, mais l'ouvrage combiné des eaux torrentielles des bords des continens anciens avec celui des flots de l'ancienne mer; & cette double vue fourniroit, de ces phénomènes, un dénoûment qui auroit l'avantage, & d'y satisfaire très-bien, & de pouvoir être applicable aux circonstances présentes, qui lui donneroient une nouvelle force par ce rapprochement. (*Voyez l'article* ADOUR, *où toutes ces vérités ont reçu un grand développement, fondé sur les faits & les observations.*)

Cinquième considération sur les limites de l'ancienne & de la nouvelle terre.

Quand je parle de la limite de la *nouvelle* & de l'*ancienne terre*, je ne prétends pas que ce soient deux masses contiguës, & qui finissent également. Je regarde la *nouvelle* comme se terminant à une ligne que j'indique exactement, mais je considère de plus que cette *nouvelle terre* à un même point empêche de voir l'*ancienne* en la couvrant, & là où je cesse de voir l'*ancienne terre* j'assigne dans ce même endroit sa limite, quoique ce ne soit qu'une limite d'apparence; mais je sais bien que c'est la base sur laquelle la *nouvelle* se trouve établie, qu'elle se prolonge par-dessous bien au-delà du point où je ne l'apperçois plus : mais quant à ma manière de diviser le globe par grands massifs, je puis oublier cette différence pour ne m'occuper que de la partie superficielle qui s'offre à mes recherches & à mes observations.

Sixième considération sur les différens niveaux de l'ancienne & de la nouvelle terre.

Il y a plusieurs considérations à réunir pour faire connoître les phénomènes les plus remarquables qui s'offrent à nous dans le passage de l'*ancienne* à la *nouvelle terre*, quant à la différence des formes & des niveaux. L'*ancienne terre* présente dans son état primitif ou bien à la suite des altérations postérieures, des inégalités très-grandes à sa surface dans les parties où elle paroît à découvert, tant à son centre que sur ses bords. J'ajoute que de semblables inégalités se font remarquer le long des parties qui sont recouvertes par la *nouvelle terre*.

Dès que, par une suite d'observations bien raisonnées, il est constaté que l'*ancienne terre* s'offre à nous à toutes sortes de niveaux, la mer, qui a formé la *nouvelle terre* en se répandant sur cette base inégale, y a laissé des dépôts qui se trouvent aussi à des niveaux différens; les massifs de granits, qui composoient l'enceinte des bassins & des golfes de cette ancienne mer, ont pu être couverts à moitié ou entiérement, suivant l'abondance des coquillages ou la hauteur des eaux. Par conséquent, après la retraite de la mer, il y aura eu des parties de granits qui ont paru à côté des dépôts calcaires & en couches horizontales. D'ailleurs, certaines parties de ces couches établies sur ces granits, ayant été par la suite entamées par les eaux courantes, auront montré le granit à découvert, & leur servant de base, & souvent lié à celui qui étoit à découvert, & qui servoit de bords à la mer.

Par conséquent une rivière qui traverse les cantons où l'on découvre ces phénomènes, & passe successivement sur le granit à découvert, ensuite sur les couches horizontales peu épaisses, aura rencontré à une certaine profondeur les granits, puis enfin des couches horizontales très-profondes, où la base ne paroissoit à aucun niveau. En parcourant la portion du canal de plusieurs fleuves qui partent de l'*ancienne terre*, & qui se répandent dans la *nouvelle*, on trouvera dans son lit les alternatives de l'*ancienne* & de la *nouvelle terre*.

En partant de ces faits, je crois devoir distinguer l'*ancienne terre* bord de mer, d'avec l'*ancienne terre* fond du bassin de la mer ou petite île dans la mer : avec cette distinction tout s'éclaircit & se simplifie, & se réduit à l'ordre commun.

Je considère donc, comme massifs de l'*ancienne terre*, ceux autour desquels vient se terminer la *nouvelle*, où je trouve des rivières qui ont entraîné des dépôts littoraux, & enfin dans l'enceinte desquels se trouve l'*ancienne*, couverte à une profondeur plus ou moins considérable, ou offrant des récifs ou bas-fonds, ou des îles vagues & incertaines.

Lorsqu'on réfléchit sur la distinction de l'*ancienne* & *nouvelle terre*, & sur les raisons de cette distinction, on se persuade d'abord que la surface de la *nouvelle terre*, qui forme différens contours & diverses configurations avec l'*ancienne*, est, dans toute son étendue, au dessous du niveau de l'*ancienne terre* apparente; car quelle idée se doit-on former de ce massif? N'est-ce pas une portion de la surface de nos continens que les eaux de l'ancienne mer n'ont pu couvrir, parce que son niveau la mettoit au dessus des vagues qui venoient se briser contre ses bords? La *nouvelle terre*, au contraire, n'est-elle pas le résultat des dépôts formés sur le fond de l'ancien bassin de la mer, qu'elle a quitté depuis & laissé à découvert, dépôts où l'on retrouve les débris des animaux marins, mêlés avec les produits des lavages extérieurs entraînés dans la mer par les eaux courantes qui circuloient sur l'*ancienne terre*?

Cette considération sur l'une & l'autre terre m'a fait naître le desir de rechercher les limites de l'ancien bassin de la mer sur notre continent. Les observations de différens genres que j'ai eu occasion de faire dans les courses entreprises à ce dessein, n'ont pas peu contribué à me confirmer dans la pensée que l'*ancienne terre* apparente & découverte est toujours au dessus du niveau de la *nouvelle*. Ainsi lorsque je passois de l'*ancienne terre* dans la *nouvelle*, j'appercevois le contraste frappant d'une contrée couverte de masses montueuses, sillonnée

sillonnée de vallons étroits & profonds, & semés de vastes plaines qui offroient l'aspect de grands bassins, dont l'enceinte étoit formée par les collines de la *nouvelle*, qui dominoient sensiblement de toutes parts. J'y remarquois en même tems des rivières qui, ayant leurs origines dans l'*ancienne terre*, s'échappoient, par un cours très-rapide, à travers les collines qui la bordoient, pour aller circuler assez lentement, & d'une marche plus paisible, dans les vallons qu'elles se sont creusés au milieu des plaines de la *nouvelle terre*.

J'ai toujours remarqué une régularité constante dans tous les phénomènes, tant que j'ai porté mes observations sur une petite étendue de la surface du globe, & que je me suis attaché à suivre, par exemple, les limites d'une masse de l'*ancienne terre*, & à comparer cette superficie aux plaines de la *nouvelle*, qui l'entouroient sur une largeur de vingt à trente lieues. Les petites exceptions qui s'y rencontroient, me paroissoient trouver un dénoûment facile & naturel dans les circonstances locales, & ne m'ont présenté aucune de ces anomalies qui pouvoient déranger cette belle harmonie.

Mais on ne trouve plus cette correspondance de l'*ancienne terre* avec la *nouvelle*, relativement à la différence de leur niveau, si l'on parcourt une grande étendue de la surface de la terre. Si l'on embrasse la France, par exemple, l'Italie ou l'Espagne, on trouve de grandes exceptions à cette régularité.

Ainsi la Loire, après avoir pris sa source dans l'*ancienne terre* du Vélay, avoir traversé la *nouvelle* par le Bourbonnois, le Nivernois, l'Orléanois, la Touraine, &c. regagne l'*ancienne terre* dans l'Anjou & la Bretagne. Toutes les rivières qui se jettent dans la Loire, comme le Cher, la Vienne, &c. ont de même leurs sources dans l'*ancienne terre* du Limousin, traversent la *nouvelle*, & retrouvent l'*ancienne terre* avec la Loire. Je pourrois indiquer la même marche des eaux courantes à travers l'*ancienne* & la *nouvelle terre*, avant qu'elles se rendent en Anjou & en Bretagne. Le Rhin, la Moselle & la Meuse offrent, sur des cours fort étendus, cette même singularité.

En conséquence de ces anomalies dans la correspondance des niveaux de l'*ancienne* & de la *nouvelle terre*, indiquées par la marche successive des eaux courantes, il faut prendre, relativement à la disposition respective des deux massifs dont nous venons de parler, une idée différente de celle que nous avons développée au commencement de cet article, & la modifier suivant les circonstances que l'observation nous a fait connoître.

Ainsi l'on ne peut douter un moment que certaines parties de l'*ancienne terre* de l'Anjou & de la Bretagne que traverse la Loire, ne soient au dessous du niveau des contrées de la *nouvelle terre*, que ce fleuve a parcourues avant d'atteindre la Bretagne, & infiniment plus bas que l'*ancienne terre* du Limousin, de la Marche & du Vélay, où la Loire & les rivières qui s'y etrent à sa gauche, prennent leur origine : d'où l'on peut conclure que certaines contrées de l'*ancienne terre* ne sont pas absolument plus élevées que des parties de la *nouvelle*, & surtout de celles qui lui servent de base.

Cependant le bassin de la *nouvelle terre* qui se trouve entre l'Auvergne, la Marche, le Limousin d'un côté, l'Anjou & la Bretagne de l'autre, paroît avoir été couvert & formé par la même mer, dont la surface des eaux a dû être de niveau dans toute son étendue. Mais le fond ne s'étant pas trouvé de niveau, les dépôts sur une côte ont dû être plus élevés que sur une autre, & la marche des eaux courantes a dû nous annoncer cette disposition après la retraite de la mer. Nous voyons donc qu'en conséquence les dépôts de la mer sur les côtes du Forez, de la Limagne, de la Marche & du Limousin ont été plus élevés que sur celles de l'Anjou & de la Bretagne. Ainsi la Loire & l'Allier, prenant leurs sources dans les Cévennes, ont pu couler sur un plan incliné. Ce qui paroît singulier d'abord, c'est que l'*ancienne terre* se retrouve sur ces dernières côtes; mais on cesse d'en être surpris lorsque l'on considère que ce massif y est très-peu profond, & qu'il se trouve très-peu au dessous du niveau de la *nouvelle terre*, & beaucoup au dessus de l'*ancienne*, qui sert de base à la *nouvelle* dans les contrées voisines de l'Anjou & de la Bretagne. Les dépôts y sont peu considérables, parce que la mer étant peu profonde, les coquillages n'ont pu y vivre & s'y multiplier de manière à former de leurs débris des sédimens d'une certaine épaisseur; en sorte que la dégradation des pluies a suffi pour mettre à découvert l'*ancienne terre* de la Bretagne. On en trouve les marques incontestables au sud & au nord de Nantes, comme au dessus & au dessous de cette ville, en suivant le cours de la Loire.

Pour donner la solution de ces difficultés, je me résume, & je dis que l'eau de l'ancienne mer a recouvert le bassin intermédiaire, qui se trouve entre le Limousin, la Marche, l'Auvergne, le Forez & la Bretagne, où elle s'est étendue le long des parties élevées de ces quatre premières provinces, en circonscrivant ses dépôts le long de ces parties qui lui servoient de bords. Elle y aura fait des dépôts, qui auront diminué d'épaisseur à mesure qu'elle aura recouvert les côtes de la Bretagne que la Loire traverse, & qui auront formé un bas-fond. Les couches calcaires y auront été très-minces, interrompues & sans suite, quoique cette partie fût inondée, parce qu'elle se trouvoit au dessous du niveau de la mer. Seulement la plage étoit peu profonde, & les coquillages n'ont pu s'y multiplier à tel point, qu'ils y aient formé des bancs de dépôts aussi épais que dans les parties du bassin plus profondes. Par la suite de la révolution qui a mis à sec tout le bassin de l'ancienne mer, les eaux courantes ont entamé cette croûte peu épaisse, l'ont détruite dans une grande partie de son étendue, & ont laissé à découvert la base sur laquelle ces légers dépôts étoient établis.

Ce dénoûment paroîtra très-vraisemblable si l'on envisage la pointe isolée d'un dépôt calcaire qui se prolonge jusqu'au-delà de Rennes, & que l'on rencontre sur le chemin de Lamballe & de Dinant à cette ville. On trouvera une grande différence de niveau entre cette espèce de filon calcaire & les parties de l'*ancienne terre* que la Loire traverse, comme entre les parties de l'*ancienne terre* qui environnent ce filon, & celles que traverse ce fleuve, en même tems que le filon calcaire nous indique les bords où s'étendoient les dépôts de la mer. Il faut donc supposer, ou que ces dépôts ont été interrompus, ou qu'il s'est opéré des destructions faciles dans l'étendue de l'*ancienne terre* qui se trouve à l'extrémité du cours de la Loire; que cette *ancienne terre* aura été recouverte de vases & de terres qui auront été enlevées facilement par les eaux torrentielles, tant celles qui se sont portées d'abord des parties les plus élevées de la Bretagne, que des différentes parties du bassin de la Loire.

Sans ces circonstances la Loire auroit tourné les côtes de la Bretagne, comme semblent l'avoir fait la rivière d'Alençon & les autres qui s'y jettent. La Loire auroit éprouvé dans son cours un dérangement comme la Charente, qui, après avoir suivi la pente de l'*ancienne terre* du Limousin, depuis le pont de Sigoulant jusqu'à Civrai en Poitou, change rapidement son cours à l'approche de l'*ancienne terre* du Bas-Poitou qui tient à la Bretagne, & suit la pente que les terrains de cette nouvelle côte lui présentent. La marche de ses eaux est pour lors assujettie à la direction qu'ont prise les rivières qui sortent de l'*ancienne terre* du Bas-Poitou, &, lorsqu'elle est parvenue aux environs d'Angoulême, elle se trouve entraînée sur le plan incliné que lui offrent les bords de l'*ancienne terre* des environs de Marton & de Montbron. (*Voyez* CHARENTE.)

Maintenant, pour expliquer les phénomènes hydrographiques que nous présentent les différens passages de l'*ancienne terre* à la *nouvelle*, il faut suivre les différentes circonstances que nous avons exposées ci-dessus, relativement aux changemens des niveaux de ces deux massifs.

L'*ancienne terre* nous offre, ou dans son état primitif, ou à la suite de dégradations postérieures, des inégalités très-grandes à sa surface. Il suffit de parcourir ce massif pour découvrir ces inégalités dans les parties apparentes, & ses bords pour les remarquer dans les parties recouvertes. Or, dès qu'on suppose, comme on doit le faire, que l'*ancienne terre* a toutes sortes de niveaux, la mer, qui s'est répandue sur cette surface inégale, y a formé des dépôts qui ont pu avoir des surfaces inégales. Les massifs de granit, formant des bassins & des golfes sur les côtes de la mer, ont pu être couverts à moitié ou entiérement, suivant l'abondance des matériaux qui s'y sont trouvés ou formés ou entraînés, & par conséquent, après la retraite de la mer, des parties de granit ont paru à découvert à côté des dépôts calcaires, & par la suite des tems certaines parties de ces dépôts, établies sur des granits plus profonds, ayant été entamées par les eaux, auront laissé voir cette base qui s'est trouvée liée, & au massif de l'île, & à celui des bords de la mer.

Il résulte de là que le lit d'un fleuve qui aura traversé ces cantons, aura passé successivement sur le granit à découvert, ensuite sur les couches horizontales; qu'il sera revenu sur le granit, & en parcourant cette portion de son canal on verra ces passages successifs de l'*ancienne* à la *nouvelle terre*, & de celle-ci à l'*ancienne*. Ainsi, en prenant de l'*ancienne* & de la *nouvelle terre*, relativement à la superficie de la terre dans les continens, l'idée que les observations nous autorisent à en prendre, on n'aura aucune difficulté à adopter le dénoûment que j'ai proposé; on l'envisagera même comme la suite de circonstances qui peuvent se rencontrer assez fréquemment.

De là je crois devoir distinguer l'*ancienne terre* île & ensuite bord de mer, d'avec l'*ancienne terre* fond du bassin de la mer: avec ces distinctions tous les phénomènes s'expliquent aisément, tout se simplifie & se réduit à l'ordre commun.

L'*ancienne terre* proprement dite est celle aux bords de laquelle je vois finir la *nouvelle*, & des fleuves former des dépôts littoraux: plus loin, si je suis l'*ancienne terre*, c'est le fond du bassin de la mer plus ou moins bas, soit rempli de récifs ou d'îles vagues.

SEPTIÈME CONSIDÉRATION *sur les distinctions de l'ancienne & de la nouvelle terre.*

D'un examen très-détaillé & très-étendu des limites de l'*ancienne* & de la *nouvelle terre*, je tire deux exceptions générales & fort importantes, qui doivent guider dans la discussion des monumens de l'histoire physique du globe.

La première est qu'il ne faut pas décider que l'intérieur d'une masse montueuse, qui présente dans toutes ses coupures des couches horizontales, appartienne entiérement à la *nouvelle terre*, car on trouve souvent que le noyau peut appartenir à une époque antérieure.

J'ai vu plusieurs naturalistes qui, faute de connoître ces exceptions locales, tomboient dans cette méprise, en décidant qu'une mine appartenoit à la *nouvelle terre*, parce qu'on avoit creusé les galeries dans une montagne dont les environs & les parties apparentes annonçoient des matières calcaires & stratifiées par lits horizontaux. S'ils eussent fait attention à ces associations fréquentes des matériaux de deux époques, ils auroient aisément reconnu, & la nature des matières au milieu desquelles se trouvoient les filons, & leur organisation.

La seconde exception consiste en ce que souvent des couches horizontales qui ont peu de profondeur, recouvrent des massifs de l'*ancienne terre ;* en sorte que, si l'on jugeoit sans examen, on rapporteroit à la *nouvelle terre* des phénomènes qui ne conviennent qu'à l'*ancienne.* Ainsi, la plaine de Vichi ne présente partout que des couches horizontales & calcaires. Si l'on décidoit, d'après cela, que les eaux chaudes appartiennent à la *nouvelle* d'après cette apparence, on se tromperoit grossiérement, puisque l'*ancienne* est à très-peu de profondeur dessous cette croûte calcaire, & que c'est dans cette *ancienne terre* que sont formées & entretenues les sources des eaux chaudes.

De même on décideroit qu'on ne peut pas trouver des charbons de terre dessous des couches horizontales; mais cependant, en Flandre, on a fait des exploitations considérables de mines de charbon après avoir creusé dessous une trentaine de pieds d'argile & de marne stratifiées par couches horizontales. On en voit la preuve entre Condé & Campère, à Valenciennes & ailleurs.

On doit s'abstenir de décider l'état d'un sol pour l'intérieur ou la profondeur, surtout lorsqu'on est placé sur les limites de l'*ancienne* & de la *nouvelle terre*, car alors l'*ancienne* n'y est pas fort profonde, & peut s'élever par des inégalités dans certaines parties. Les phénomènes qui sont de nature à se rendre sensibles à travers la croûte superficielle, percent & s'annoncent au dehors.

On n'a rien à craindre de pareil pour l'*ancienne terre*, car la *nouvelle* n'est jamais dessous, & elle est dans l'intérieur tout ce qu'elle montre au dehors. La *moyenne* est dans le cas de la *nouvelle ;* elle se trouve, comme elle, au dessus de l'*ancienne*, & établie dessus assez souvent; mais jamais l'*ancienne* n'est établie sur la *moyenne* ou sur la *nouvelle.*

Huitième considération sur les bordures de l'ancienne & de la nouvelle terre.

Dans les recherches qu'on peut faire pour suivre la ligne de séparation de l'*ancienne* & de la *nouvelle terre*, il est souvent difficile de déterminer avec précision l'extrémité des couches de la *nouvelle*, établies sur l'*ancienne :* plusieurs raisons s'y opposent. Premiérement, cette séparation & ces limites ne sont pas toujours si exactes, si précises, & d'ailleurs les eaux courantes ont défiguré la surface du terrain, l'ont recouverte par des dépôts souvent fort épais, dessous lesquels on ne peut pas aisément parvenir à trouver la ligne de séparation & la suivre. Il est vrai que souvent de grands & larges vallons ont mis à découvert ce contraste intéressant d'un assemblage de substances disposées par lits établis sur une base qui forme une seule masse. Au reste, ces couches, comme je l'ai déjà remarqué, surtout dans leurs bordures, sont assez interrompues, soit que les eaux courantes, qui ont dû voiturer des matériaux d'une maniere indécise, aient par cela même troublé & défiguré ces dépôts, soit parce que les coquillages marins, dont les dépouilles ont fourni la matiere de ces depôts, n'ont pas été abondans dans ces parages. On trouve fort souvent, quand on parcourt ces cantons, des limites de petites portions de couches calcaires, ensuite des pierres de sable; après cela reviennent ces couches, & ce n'est qu'après qu'on a pénétré assez avant dans la *nouvelle terre*, comme après une ou deux lieues, que la continuité des couches calcaires se décide, qu'elles deviennent plus profondes au lieu de se montrer sur des hauteurs en masses fortuites, & de paroître établies, ou sur du granit, ou sur des débris de granit en forme de brasier, & même de couches horizontales. Après deux ou trois interruptions, l'épaisseur des couches est considérable, & l'on ne trouve plus même aucun vestige de la pierre de sable ou *brasier.* Par exemple, j'ai remarqué, en allant du Fay à Argenton, sur la route de Limoges à Paris, que les pierres calcaires se trouvoient sur les hauteurs avant le village de Salon, mais sans être en bancs continus. On les retrouve vers Salon, toujours sur le brasier; ensuite le brasier revient, & continue jusqu'à ce qu'on descende à Argenton. Pour lors les couches de matières calcaires sur les deux bords de la Creuse sont bien décidées, & à une grande profondeur. En remontant la Creuse au dessus d'Argenton, on verroit sur les coupures de la rivière tout le progrès de cette disposition, des matériaux entraînés d'un côté par les eaux courantes, avec des dépôts de coquilles où l'on pourroit démêler la correspondance relative de ces mélanges.

On a lieu d'être étonné effectivement de voir ainsi les couches calcaires, qui acquièrent très-rapidement une grande épaisseur à la descente d'Argenton jusqu'à la montée qui est au-delà de cette ville & jusqu'au plateau, où l'on ne trouve plus que des sables liés par le fer, lesquels se réunissent au sol factice & de transport de toute la forêt de Château-Roux. Il semble que ces suites de pierres calcaires, près des limites de la *nouvelle terre*, affectent certaines parties du bassin de l'ancienne mer, & certains golfes où les coquilles ont été plus abondantes.

On sent bien d'ailleurs que les matériaux transportés par les courans, qui se prolongeoient au-delà de l'embouchure des rivières de l'*ancienne terre*, & qui étoient combinés avec les courans eux-mêmes du flux & reflux, ont formé des dépôts de pierres de sable qui ont éloigné les coquillages, lesquels se sont réfugiés dans les environs, &, suivant les dispositions de ces différens amas de coquilles, il est nécessaire que nous trouvions les suites des couches calcaires.

Je citerai encore ici une semblable disposition des matériaux que m'ont offerts certaines parties des limites de la *nouvelle terre* dans le Bas-Limousin. Ainsi, avant d'arriver à Beaulieu, en partant d'Argentac, on trouve sur les hauteurs des couches de pierres calcaires qui couvrent la pierre de sable, laquelle s'enfonce insensiblement sous ces couches calcaires, & de telle sorte qu'on ne peut plus reconnoître l'épaisseur des bancs calcaires qui règnent & qui dominent à la surface de la terre.

Il en est de même aux environs de Jussat, d'Ayen & de Saint-Hilaire. On voit, en partant de ces différens villages, l'extrémité de la pierre de sable, dont la surface baisse insensiblement, & est couverte par des bancs calcaires qui gagnent une grande épaisseur : c'est là qu'on peut observer la limite de l'*ancienne* & de la *nouvelle terre*, qui offre d'un côté le granit en masse, & de l'autre un brasier composé de débris de granit entraînés dans la mer, & nullement de pierres calcaires, lesquelles ne se trouvent qu'à un certain éloignement du granit. On voit par-là que c'est moins la nature différente des substances, que leur état, leur organisation, leur disposition intérieure ou relative, qui annoncent deux ordres de choses contigus, & qui font les caractères de ce que j'ai toujours considéré comme les limites de l'*ancienne* & de la *nouvelle terre*.

NEUVIÈME CONSIDÉRATION *sur les limites de l'ancienne & de la nouvelle terre, d'une certaine étendue.*

Il y a une grande considération qui doit naturellement se présenter à ceux qui ont suivi les limites de l'*ancienne terre*, & qui ont déterminé l'étendue des parages de la *moyenne* & de la *nouvelle*, distribués comme de grands bassins dans l'intervalle des massifs de l'*ancienne*. Cette considération consiste à enlever, par la pensée, les dépôts des *moyennes* & *nouvelles terres*, & de reconnoître ensuite quel étoit l'état du fond qui leur sert maintenant de base, & qui ne peut être que de la nature du massif de l'*ancienne terre*. Il y a, ce me semble, plusieurs moyens de reconnoître l'existence de cette base, si l'on s'attache à certaines parties des limites. C'est là, 1°. que la *moyenne* ou la *nouvelle terre* est établie d'une manière fort apparente sur l'*ancienne*, dans toute l'étendue des limites qu'on peut suivre; c'est là que l'*ancienne terre* paroît s'enfoncer sensiblement sous ces assemblages de dépôts. 2°. Il est naturel de penser que la *nouvelle terre* ou la *moyenne*, qui est un dépôt de la mer, a été formée dans un bassin de même forme que ses bords. 3°. Il seroit facile de trouver une correspondance entre les parties apparentes de l'*ancienne terre*, qui sont séparées par les tractus calcaires. Effectivement, proche des limites, lorsque les torrens ont détruit les dépôts superficiels, on rencontre plusieurs têtes de granit qui font îles, & qui se montrent à découvert d'intervalle à autre, suivant que les approfondissemens des vallons sont parvenus jusqu'à la base primitive, & alors ils la font voir régnant constamment dessous des couches calcaires qui sont établies dessus.

Si l'on retrouve dans les environs des limites une correspondance entre deux parties de l'*ancienne terre*, on pourroit se flatter que c'est la continuation du même massif qui a été recouvert par la *nouvelle* dans les intervalles.

En s'attachant à la même considération, on pourroit conclure de même un bel ensemble dans les filons des charbons de terre, dans ceux des mines qui sont peut-être moins suivis, & enfin dans l'allure des granits à bandes : on remonteroit par cette marche jusqu'à l'état primitif de l'*ancienne terre* avant qu'elle eût reçu aucun dépôt qui fît partie de la *nouvelle*. Le résultat de ce grand travail fourniroit peut-être assez de lumière pour tenter d'assigner les circonstances qui ont pu concourir à l'organisation des ardoisières, des charbons de terre, des filons des mines & de certains gneiss ou talcites, phénomènes qui me semblent avoir entr'eux une correspondance d'effets parallèles, & s'annoncer avec des caractères du même ordre de choses : sans cela on pourra courir les risques de ne voir sur le globe que le désordre apparent qu'il présente, sans démêler toute l'étendue des révolutions qui l'ont défiguré. Remettez-le au point où il étoit avant les dépôts de la *moyenne* & de la *nouvelle terre*, il vous offrira peut-être encore une complication d'effets difficiles à analyser; mais il n'est pas douteux qu'on l'appercevra sous un point de vue beaucoup favorable à l'étude qu'on en peut faire. Un obstacle de moins fait démêler une correspondance qui échappoit, & la découverte d'une correspondance nouvelle est une source de lumière qui rapproche plusieurs objets intéressans; car souvent le dénoûment des difficultés qu'opposoient des objets isolés, se trouve dans leur rapprochement : de là je vois qu'un travail qui nous feroit connoître les différens massifs, leurs limites & leurs correspondances, jetteroit beaucoup de jour sur l'histoire du globe.

DIXIÈME CONSIDÉRATION *sur les niveaux apparens de l'ancienne, de la moyenne & de la nouvelle terre.*

J'ai considéré les vastes massifs de l'*ancienne terre* en Limousin & en Auvergne. J'ai reconnu que ces massifs dominoient au dessus du sol de leurs enceintes, qui n'offrent que des couches horizontales; mais en me rapprochant, par le Forez & le Vélay, de la vallée du Rhône & du Dauphiné, j'ai trouvé des couches inclinées, ensuite des granits qui se montroient à travers ces couches, ou bien qui leur servoient de base. J'ai vu même cette disposition relative dans la tête des vallées de la Loire en Vélay, de l'Allier en Auvergne & de la Dordogne en Limousin. D'où vient une telle distribution de massifs? Pourquoi les granits sont-ils à découvert dans une si grande étendue de la surface de la terre en France, sans qu'il paroisse qu'ils aient été recouverts d'une manière suivie par la *moyenne terre*, comme dans les Alpes.

Si c'est un dépôt de la mer que cette *moyenne terre*, ne semble-t-il pas nécessaire que la mer ait recouvert les granits du Limousin, de l'Auvergne & du Vélay, & y ait formé les dépôts de la *moyenne terre?* Je ne sais pas pourquoi cette différence dans les niveaux, car il n'y a aucune destruction possible qui ait dû faire disparoître totalement ces dépôts s'ils eussent existé sur une telle base. Les pluies, le seul agent qu'ait la nature pour opérer cette destruction, n'auroient pu la faire : il ne pleut pas plus dans les montagnes du Limousin que dans les Alpes. Les dépôts de la *moyenne terre* n'ont donc pas recouvert les granits du Limousin seulement : je les trouve à côté & dans des vallées assez profondes, où il est visible que la mer, qui a formé la *moyenne terre*, a fait une invasion. Par conséquent le niveau du bassin de cette mer a été inférieur au sommet graniteux du Limousin, de l'Auvergne & du Vélay. D'ailleurs, les bords de tous ces massifs de granits sont constamment élevés au dessus des couches horizontales de la *nouvelle terre*, de telle sorte que les extrémités de ces couches sont bien régulièrement déposées sur le granit. Il n'y a donc rien eu d'intermédiaire entre le granit & les couches horizontales dans toute l'étendue de cette enceinte, au lieu qu'aux environs du Jura & des Pyrénées, les couches horizontales ne sont point appuyées sur le granit dans toute l'étendue des limites de l'ancienne mer, où s'est formée la *nouvelle terre*. Ainsi, voilà deux dispositions relatives bien différentes, celle des couches horizontales appuyées immédiatement sur les granits, & celle des mêmes couches horizontales appuyées sur les couches inclinées : voilà donc deux ordres de choses que présentent deux contrées très-voisines. Pour résoudre cette question, il faut décrire les limites & les niveaux différens où se trouvent les massifs de la *moyenne terre*, & pour lors il faudra dire pourquoi la *moyenne terre*, qui occupe une partie des sommets des Pyrénées & des Alpes, n'a pas été formée sur des bases de granit inférieures en Limousin, en Auvergne, en Vélay, en Forez, &c. &c.

Je pourrai par la suite étendre cette comparaison des niveaux des trois massifs dont je me suis occupé ici, & surtout en discutant les phénomènes des *vallons-golfes*, où se rencontrent des matériaux de ces trois massifs. J'y renvoie. (*Voyez aussi l'article* MASSIFS.)

ONZIÈME CONSIDÉRATION *sur les limites de l'ancienne & de la nouvelle terre.*

Je ne crois pas qu'il y ait des passages insensibles de l'*ancienne terre* à la *moyenne*, ou même de la *moyenne* à la *nouvelle*, surtout si l'on fixe bien exactement les caractères de ces massifs, qui appartiennent incontestablement à des époques successives. Les observations m'ont appris depuis long-tems que les lignes de séparation, leurs limites, sont fort nettes & précises. S'il y a cependant, dans certains cas, quelques exceptions, c'est-à-dire, que si certains massifs sont peu suivis dans leurs bordures, on ne peut se dissimuler que la nature des matériaux change bien visiblement leur organisation, & que, s'il y a quelques mélanges, ils n'occupent que des espaces peu remarquables.

On voit en général que l'ordre de choses qui a présidé à la formation de chacun des deux massifs contigus, est aussi décidé sur les limites que dans les différentes parties de l'intérieur & du centre ; que, dans les limites de l'*ancienne terre*, il n'y a rien de commun avec l'ordre de choses qui a formé le massif voisin, contigu & postérieur de la *moyenne*, car on peut suivre en même tems dans celui-ci toutes les circonstances, tous les agens qui ont pu l'amener ; mais on n'y découvre rien qui auroit pu y conduire insensiblement, par un simple dérangement de l'ordre antérieur, dont les effets iroient, suivant des nuances aisées à suivre, se réunir aux effets de cet ordre postérieur. A considérer, dans un grand nombre de ces effets, la marche de la nature, qui marque ses pas par des progrès insensibles, on pourroit croire qu'elle l'auroit suivie dans la formation, la disposition & l'organisation des différens massifs superficiels & intérieurs du globe ; mais je n'ai rien trouvé qui autorisât ces assertions, que plusieurs naturalistes ont hasardées lorsque les observations leur manquoient. Cette prétention de la marche de la nature par des progrès insensibles est la source d'une infinité d'erreurs où ces naturalistes sont tombés. Puisque nous avons eu le dénoûment d'un grand nombre de phénomènes en séparant les massifs & leurs époques, il faut nous défier de cette dégradation d'effets, qui lieroit ces massifs par une correspondance ingénieuse, il est vrai, mais gratuite. En adoptant ce plan que l'observation détruit, on retomberoit dans la confusion & le désordre. Il est impossible de faire exécuter par le même agent, assujetti aux mêmes lois, les différentes opérations de la nature, dont les résultats subsistent encore dans chacun des massifs que j'ai distingués.

Bien loin de pouvoir admettre cette dégradation d'effets d'un massif à l'autre, par des passages insensibles sur leurs limites, je suis fondé à croire, au contraire, que c'est sur les limites que le contraste est le plus marqué & le plus propre à décider les caractères distinctifs des massifs : c'est là où je les ai étudiés avec le plus d'avantage & avec la plus grande facilité. Comment concilier ces résultats avec l'hypothèse de la généralisation du même agent? J'avoue que cette méthode de généralisation est très-utile pour développer toutes les circonstances d'un grand phénomène ; mais elle est dangereuse lorsqu'on tente de former un ensemble de certaines masses d'effets disparates avant qu'ils aient été discutés séparément. Les opérations de l'analyse qui décompose, ne doivent pas marcher, dans tous ces cas, parallélement avec celles d'une synthèse qui les réuniroit sans méthode.

Douzième considération *sur les limites de l'ancienne mer.*

Une des considérations qui jettera le plus de jour sur la distinction des fossiles & sur un grand nombre d'autres questions, est la recherche des limites de l'*ancienne mer*, déterminées par les couches horizontales suivies, dans lesquelles se trouvent les depouilles des animaux marins. On a déjà reconnu plusieurs contrées de la terre, fort étendues, où l'on ne rencontre plus de ces dépouilles, & dont les couches & les lits, ou bien n'existent pas, ou ne sont pas horizontaux. En suivant les limites de ces divers massifs, on déterminera deux choses également intéressantes : d'abord, l'étendue des anciens continens habités par les premiers hommes & les animaux, & l'étendue des continens formes sous la mer & abandonnés par la mer ; enfin, le niveau auquel l'eau de la mer contenue dans cet ancien bassin a pu s'élever.

Il est certain, par exemple, qu'on a trouvé au Pérou des massifs montueux où il n'y a pas vestiges d'animaux marins, ni coquillages, ni couches horizontales ; mais à mesure qu'on s'est eloigné de ces massifs élevés à une grande hauteur, qu'on a gagne des contrées situées à un niveau plus bas, on a rencontré de ces bancs horizontaux & des dépouilles d'animaux marins. A la terre del Fuego au Chili, à la Louisiane, à la Caroline, dans les Antilles, à la Martinique, à Saint-Domingue, on a trouve des couches horizontales & des lits de coquilles marines ; mais à côté se sont vues des contrées dont la constitution physique différoit infiniment, soit quant aux matériaux, soit quant à leur disposition & à leur arrangement intérieur.

Il en est de même dans l'ancien continent : les sommets les plus élevés des Alpes ne fournissent pas de coquillages. On pourroit citer de même les Pyrénées, les monts Krapach ; mais on ne peut considérer sous ce point de vue que leurs noyaux, car plusieurs adossemens qui les enveloppent, offrent des couches horizontales, remplies plus ou moins des dépouilles d'animaux marins : tel est le Mont-Perdu. Les pointes les plus élevées de ces chaînes de montagnes n'étoient donc, dans le tems que l'*ancienne mer* formoit ses dépôts, que des îles qui dominoient à un certain niveau au dessus des eaux qui en baignoient les flancs & les environnoient de toutes parts. Par des observations très-exactes, très-précises, on pourra quelque jour parvenir à déterminer la plus grande hauteur à laquelle les eaux de la mer se sont élevées sur les différentes parties des continens.

C'est en formant la circonscription des bords du bassin de l'*ancienne mer*, qu'on pourra reconnoître son étendue & plusieurs phénomènes très-intéressans qui subsistent sur ses bords, & que nous exposerons en détail dans l'article Depôts littoraux, auquel nous renvoyons.

Nous terminerons cet article par une réflexion générale, qui peut être de quelque intérêt. Si l'*ancienne mer* n'a pas couvert toutes les masses les plus élevées du globe, il s'ensuit que ce n'est pas le flux & reflux ou les courans de la mer qui ont creusé les vallons, puisque les eaux de la mer ne sont pas parvenues jusque-là ; cependant nous y trouvons des vallons comme dans les parties des continens, qui ont été formées incontestablement sous les eaux de la mer, & qui ont été exposées à l'action des courans. Ainsi l'on peut douter avec fondement, que ces courans aient influé sur l'approfondissement des vallons. (*Voyez* Vallon & Courans de la mer.)

Treizième considération *sur les bords de l'ancienne mer.*

On joindroit à ces premières cartes, où l'on ne figureroit aucune vallée, pour présenter au naturel l'état de la terre lors de la retraite de la mer, une seconde carte où l'on feroit figurer tout le travail de l'eau, qui s'est exécuté depuis la retraite de la mer.

Il faudroit aussi accompagner cette dernière carte de quelques coupes, avec l'assemblage des couches représentées dans leur position naturelle, & à l'aide de ces coupes on indiqueroit l'étendue des dégradations des eaux dans certaines parties voisines des vallées. On y compareroit les dépôts faits sous la mer avec les destructions faites à côté, &, si l'on pouvoit, on étendroit les détails de ces coupes jusqu'à la base graniteuse lorsqu'elle seroit à découvert. Par ces coupes on fixeroit les différens âges des opérations de la nature, relativement aux inégalités de la surface de la terre.

J'ai omis de dire qu'il y avoit beaucoup de caillous roulés dans cette ligne des limites de l'*ancienne* & de la *nouvelle terre*, cette position étant favorable à leur arrondissement, qui s'est opéré par l'action des flots de la mer, qui les ont balotés contre les côtes.

Outre cela, je dois faire observer qu'il se rencontre de grandes variétés dans ces limites : ici, les deux bords sont unis & plats, comme aux environs de Lodève & de Castres ; là, c'est une vallée d'une assez petite largeur, comme aux environs d'Usez & d'Alais, dans la vallée du Gardon. Ailleurs, ce sont les bords d'une vallée large & profonde ; en un mot, d'un grand *golfe*, comme les vallées du Pô & du Rhône. On trouve aussi ces bords de l'*ancienne mer* sur les revers des grandes montagnes, dont les croupes & les pentes alongées sont garnies de dépôts littoraux. Je trouve cette disposition des bords de l'*ancienne mer* en Suisse. (*Voyez* GOLFE TERRESTRE.)

J'ai déjà reconnu, par des observations assez suivies, les bords ou les limites de l'*ancienne mer* sur une longueur de plus de deux cents lieues. Je crois qu'il conviendroit de les tracer sur une carte de France, & de joindre à cette carte, 1°. une description des phénomènes qui se montrent le long de ces limites : ces phénomènes sont d'abord des matières graniteuses cristallisées par masses, & des matières calcaires ou autres, distribuées par couches horizontales : cette bordure marque la séparation de ces deux systèmes de substances; 2°. les niveaux différens de la masse graniteuse & de la masse calcaire; 3°. dans cette bordure on trouve aussi des débris de granit, entraînés par les anciens fleuves qui circuloient à la surface de l'*ancienne terre* & se déchargeoient dans la mer : c'est là que divers matériaux qui forment ce que j'appelle *dépôts littoraux*, sont par bancs mêlés avec les fragmens de coquilles marines; 4°. il y a vers ces limites, des debris de l'*ancienne terre*, entraînés sur le nouveau continent depuis la retraite de la mer. Je les appelle *dépôts torrentiels*.

Il conviendroit de marquer tous ces amas sur des cartes particulières.

QUATORZIÈME CONSIDÉRATION *sur l'ancien bassin de la mer.*

Les pays de lavages qui environnent les côtes de l'ancien bassin de la mer, n'offrent point de coquilles ni leurs débris, parce que les matériaux apportés de l'*ancienne* ou de la *moyenne terre* sur la *nouvelle*, la plupart vaseux, en ont éloigné les coquillages : il y a cependant des parties des bords de ce bassin où l'on rencontre ces coquilles sur les granits mêmes, sans aucun dépôt de *lavage* intermédiaire. Cette différence dans la nature des dépôts littoraux est produite par les embouchures des rivières torrentielles, lesquelles, obéissant à des pentes favorables, se sont déchargees dans certains golfes, & y ont entraîné des matériaux vaseux qui ont écarté les animaux à coquilles, au lieu qu'ils se sont plus, même sur les bords de la mer, dans les endroits où les côtes ne recevoient aucune matière étrangère : ajoutez qu'aux environs des embouchures de tous les fleuves qui charioient abondamment des vases, il n'y a pas de ces animaux à coquilles.

A la suite de ces considérations, j'observe que la distinction des coquilles littorales ou du fond de la mer ne me paroît fondée sur aucune observation, car j'ai trouvé des bélemnites, des cornes d'ammon le long des bords de la mer ancienne. Par conséquent on ne peut pas dire, pour expliquer pourquoi on ne trouve pas dans la mer actuelle les analogues des bélemnites & des cornes d'ammon, que ces animaux habitoient loin des côtes, & occupoient constamment le fond du bassin de la pleine mer. Je puis adresser mes lecteurs aux articles AMAS DE COQUILLES, pour indiquer les différentes parties des bords de l'ancienne mer où ces différens phénomènes se sont présentés à moi avec ces circonstances remarquables & très-décisives. (*Voyez* ANCIENNE TERRE DU MORVAN, PAYS DE LAVAGE.)

QUINZIÈME CONSIDÉRATION *sur les dépôts voisins des limites de l'ancienne & de la nouvelle terre, & dans le voisinage des bords de l'ancienne mer.*

J'ai tracé sur une grande partie des cartes de France les limites de l'*ancienne* & de l *nouvelle terre*, & même de la *moyenne*, & j'y ai fait figurer en même tems les massifs des matériaux qui ont été entraînés de l'*ancienne terre* dans le bassin de la mer, où se formoit la *moyenne* ou la *nouvelle*. En consequence j'indiquerai dans les articles ANGOUMOIS & BERRY, les parties des limites où l'on peut suivre ces massifs.

J'ai trouvé d'ailleurs dans les couches de la *nouvelle terre* en Angoumois, 1°. des amas de résines fossiles & des arbres résineux de diverses espèces, au milieu des marnes & à une petite distance des limites du Limousin & de l'Angoumois.

2°. Des dents d'éléphans au milieu des lits de pierres, dans le voisinage d'Angoulême.

3°. Dans les mêmes parages de la *nouvelle terre*, beaucoup de résidus de vegétaux, ou conservés, ou pourris.

4°. Des caillous roulés, qui ont été primitivement, ou des fragmens de quartz, ou de granit.

5°. Une grande quantité de pierres de sable, tant en Angoumois qu'en Périgord & dans le Bas-Limousin, adossées aux massifs de granit.

6°. Beaucoup de mines de fer distribuées sur les hauteurs, & roulées par les eaux torrentielles.

7°. Beaucoup de cailloux roulés en poudings, sous forme de dépôts torrentiels, & d'une époque visiblement posterieure à celle dans laquelle ont été formés & déposés les cailloux roulés dont j'ai parlé précédemment, & qui sont en lits suivis.

Tous ces monumens concourent également à prouver que l'*ancienne terre* du Limousin étoit peuplée de plantes & d'arbres dans le tems où la mer formoit, par ses dépôts, la *nouvelle terre* de l'Angoumois, tant avec les dépouilles des animaux qui vivoient dans son bassin, que de celles des animaux & des végétaux vivant le long de ses bords, sur les îles, qu'elle entouroit de la même manière que la mer actuelle reçoit par les eaux courantes les débris des continens. (*Voyez* NOUVELLE TERRE & ANGOUMOIS, où ces faits seront constatés par l'exposition de toutes les circonstances qui peuvent les constater. *Voyez* à l'article MORVAN ci-après la détermination des limites de l'*ancienne* & de la *nouvelle terre* par des observations suivies, dont les résultats sont figurés dans une carte particulière qui fait partie de notre Atlas.)

Avant de quitter l'*ancienne terre* que j'ai tâché de faire connoître, il ne me reste plus qu'à indiquer deux grands phénomènes très-remarquables, qui la distinguent singuliérement de la *moyenne* & de la *nouvelle*. Le premier a pour objet l'imbibition, la circulation intérieure & l'épanchement au dehors de l'eau pluviale. Toute cette marche de l'eau particulière à l'*ancienne terre* sera developpée, dans le plus grand détail, à l'article CIRCULATION DE L'EAU DES PLUIES. Le second phénomène concerne la distribution des eaux dans les vallons latéraux attachés aux rivières principales, & dont nous avons déjà parlé ci-devant en traitant des *affluences* dans l'*ancienne terre*. On trouvera de même cette dernière distribution des eaux courantes, figurée & décrite dans notre Atlas aux articles AFFLUENCES & CONFLUENCES; ce qui complétera nos nouvelles vues sur l'origine des SOURCES, & simplifiera un problême que les physiciens du siècle dernier ont chargé de considérations vagues & inutiles.

ANCIENNES PEUPLADES. Dans le tems que la mer occupoit les parties des continens qu'elle a formés, les hommes des premiers âges n'ont pu avoir d'asyle que sur les hauteurs & les plateaux élevés du globe, d'où leurs descendans se seront successivement dispersés vers les differens points des continens abandonnés ensuite par la mer. C'est ainsi que l'on a découvert, au pied des anciennes montagnes & sur leurs sommets, les premières peuplades, comme les Péruviens au pied des Cordillières, à la côte occidentale les Bresiliens, dans la partie opposée des Monts Apalaches tous ceux qui, par la suite des tems, se sont établis dans la Virginie, la Floride, les Antilles & les Lucayes: de même les habitans de la Guiane sont descendus du Parimé, &c.

Il faut cependant considérer que les grandes masses montueuses qui sont maintenant divisees en sommets fort petits, arides & escarpés de tous côtés, offroient, dans les premiers tems, de grandes surfaces convexes, qui, par leur situation comme par leur étendue, pouvoient, comme nous l'avons dit, servir de retraite aux hommes au milieu des inondations anciennes de l'Océan. On doit penser effectivement que c'est précisément à l'époque des premières peuplades, que les chaînes de montagnes n'avoient pas encore été séparées par des vallons qui ont été approfondis depuis, & qu'elles offroient des convexités très-étendues, capables de nourrir les premiers hommes. Ainsi il ne faut pas en juger d'après l'état actuel, qui est un état de destruction. Au reste, avant de fixer l'étendue des parties du globe qui n'ont pas été couvertes par la mer, & où les hommes ont pu se réfugier, il faut avoir recueilli plus d'observations qu'on n'en a rassemblé jusqu'à présent, les avoir rangées par ordre, & avoir determiné les limites des *tractus* de l'ancienne terre, qui ne portent pas, comme nous l'avons dit, les traces du séjour de l'Océan & de ses dépôts.

D'ailleurs, lorsqu'on envisage avec attention les différens ordres d'événemens qui sont postérieurs à la retraite de la mer, le long intervalle de tems qui a dû exister depuis que les couches horizontales ont été formées & mises à découvert, il n'est pas probable que les plus anciens habitans aient pu conserver la mémoire, ou être témoins de la révolution qui a mis à sec les parties de nos continens, lesquelles ont fait partie du bassin de la mer. On ne voit pas que les sauvages établis le long de la chaîne des Apalaches & des montagnes Bleues aient conservé la mémoire de cet evénement.

Comment fixer l'époque du séjour de la mer sur nos continens & de sa retraite? Il est si facile de confondre avec ces révolutions des événemens postérieurs, lesquels pourroient appartenir à l'époque torrentielle, & qui sont de nature à laisser de fortes impressions dans la mémoire des hommes. Le séjour de la mer ni sa retraite ne sont pas de cet ordre d'événemens brusqués qui étonnent par la rapidité avec laquelle ils parcourent certaines contrées du globe: ces derniers accidens ne sont dus qu'à des accès subits qui marquent leur marche de manière à effrayer ceux qui en apperçoivent, ou les effets, ou les traces. C'est peut-être à ces mêmes événemens qu'on doit rapporter ces squelettes énormes ensevelis dans des terres nouvelles, qu'on a découverts dans la Terre des Brûlés, ainsi qu'au Mexique, à Tescuco, dans les îles de Sainte-Hélène & de Puna. Il paroît que partout, comme en Sibérie, ce sont des squelettes de grands quadrupèdes. Quelles autres causes pourroit-on assigner à la destruction de ces animaux? A mesure qu'on aura mieux observé la disposition de ces animaux dont les dépouilles fossiles se présentent dans le nord de l'Asie comme dans celui de l'Amérique, qu'on aura reconnu les espèces auxquelles ces dépouilles ont appartenu, on sera plus en etat de décider un des points les plus importans de la physique du globe & de l'histoire des êtres, & l'on sera plus en état de rapporter ces événemens à des accidens dont les causes peuvent être indiquées parmi celles que nous connoissons. Mais si l'on présente ceci comme l'effet d'une catastrophe dont on n'indique aucune cause naturelle, on a bien l'air d'introduire des moyens extraordinaires, que le besoin d'expliquer sans le secours de l'observation fait imaginer. A mesure que l'observation, suivie & raisonnée, éclairera toutes les circonstances de ces faits étonnans, l'on verra les événemens bien analysés & bien connus appeler les causes. Dans cet article je commence par les peuplades des hommes & des animaux qui se retiroient sur les hauteurs, & je finis par indiquer les amas de leurs cadavres visiblement produits par la marche de la nature dans ses destructions.

ANCIENS (Auteurs). Je crois devoir m'occuper ici des conséquences qui résultent de l'étude de l'histoire naturelle de la terre, pour écarter les diverses assertions des Anciens, relatives aux états successifs de certaines parties du globe.

Jusqu'à présent plusieurs naturalistes ont été fort embarrassés pour réduire à leur juste valeur les opinions des Anciens sur les différens états des contrées de nos continens, & particuliérement sur les effets des eaux courantes dans l'intérieur des terres & le long des rivages de l'Océan. Je les vois fort attentifs, lorsqu'ils ont essayé de fixer nos idées sur des points importans, à recueillir les faits que les Anciens leur fournissent, dans l'intention sans doute de nous faire adopter ce qu'ils considèrent comme le résultat du rapprochement de leurs passages. Je vois d'ailleurs que les lecteurs semblent aussi les regarder comme des autorités précieuses, auxquelles les naturalistes de nos jours doivent se soumettre sans discussion comme sans examen.

Cependant il est évident que l'observation, guidée par les principes de la géographie-physique, doit nous déterminer incontestablement à n'avoir aucun égard aux assertions des Anciens, soit qu'elles aient pour objet les tems héroïques, soit qu'elles concernent l'histoire & les monumens de leur tems, car plusieurs de ces assertions sont contredites par l'observation de la nature, qui nous a offert souvent, d'une première vue, des preuves frappantes de l'ignorance des Anciens, & surtout de leur amour pour le merveilleux; car à mesure qu'on a suivi avec plus d'attention les résultats des opérations de la nature, on s'est convaincu que les anciens écrivains étoient bien éloignés de nous donner des explications de certains faits, puisque leurs historiens comme leurs poëtes les avoient défigurés par la teinte favorite du merveilleux.

Effectivement, l'histoire naturelle des Anciens étoit un tissu de faits la plupart extraordinaires, par les accessoires que la fable avoit ajoutés aux détails de leurs explications. J'en puis citer ici pour preuves le chapitre CIII de Pline, intitulé *Miracula aquarum, fontium*, &c. où il y a tant d'erreurs. Ils étoient donc bien éloignés de se borner aux agens que la nature leur offroit, & par conséquent d'aller recueillir sur les lieux les circonstances qui pouvoient les éclairer, & ceci doit nous paroître d'autant moins étonnant, que la même illusion s'est continuée jusque dans le moyen-âge, & même un peu de notre tems. Quoique l'observation se soit perfectionnée à un certain point, le merveilleux a toujours séduit les esprits faux. On voit par-là combien il est rare de réduire les faits à la simplicité de la nature, aux circonstances vraiment instructives, & qui peuvent servir à analyser tout ce qui s'est opéré & s'opère de nos jours.

C'est dans ces vues que j'ai essayé de faire connoître les différens ordres de faits que les Anciens nous ont transmis, dans l'intention pour lors de montrer, en discutant chacun de ces faits, les différens principes de leurs erreurs, & de les ramener à ce que les observations ont pu nous apprendre.

Je place à la tête de ces faits ce que les Anciens ont dit sur l'ouverture des détroits, & parmi ces détroits ce qu'ils ont hasardé sur ceux de *Gibraltar*, des *Dardanelles*, de *Constantinople*, &c.; enfin sur les golfes, les mers intérieures, dont ils ont attribué la formation à l'Océan. A ce sujet je puis renvoyer d'abord à ce que j'ai dit sur le Bosphore de Thrace dans la notice de Tournefort, & à l'article BOSPHORE de ce Dictionnaire.

Je suppose maintenant que l'on se propose de discuter ce que les Anciens ont écrit sur les déluges en général & sur les inondations particulières, il faut, après avoir reconnu l'état actuel des pays qu'ils ont fait les théâtres de ces événemens extraordinaires, examiner surtout si rien n'annonce, dans la forme extérieure du sol de ces contrées fameuses, les vestiges de ces révolutions; si toutes les formes du terrain ressemblent à celles que présentent les autres contrées voisines; enfin, si l'on y trouve partout en activité les agens ordinaires.

Dans tout ce qu'ils ont dit du déluge de *Deucalion* en Thessalie, j'y vois une infinité de circonstances fausses & hypothétiques, mal observées par les premiers écrivains, & mal racontées par les seconds. On a dit, par exemple, que le beau vallon de *Tempé* avoit été ouvert par les eaux du *Pénée*, qui avoient séparé le mont Pélion du mont Ossa, & que les eaux de ce fleuve, avant cette ouverture, avoient rompu la digue qui les retenoit & en formoit un lac.

Il est évident que si le vallon de *Tempé* a été ouvert par les eaux du *Pénée*, ce n'est pas dans le tems que le massif de *Tempé* formoit une digue qui retenoit les eaux du lac; car si ces eaux du Pénée ont été rassemblées dans un bassin, elles n'ont pu détruire leur digue, & encore moins se faire jour en creusant la vallée de Tempé; car il a été nécessaire que les eaux du Pénée aient charié, dans le bassin du lac, des vases assez abondantes pour que ce bassin fût comblé de manière que le fond du nouveau lit du Pénée, formé par ce remplissage, fût au niveau de la digue par-dessus laquelle se versoit le trop plein du lac; alors l'eau du fleuve auroit repris son activité, & la digue se seroit creusée par cette masse d'eau devenue courante: sans cette circonstance, je ne puis concevoir que l'eau du lac ait rompu sa digue, &c.

D'autres écrivains ont pensé qu'un tremblement de terre étoit survenu & avoit creusé le vallon de Tempé; ce qui avoit donné un cours libre aux eaux du Pénée. J'ai peine à croire aux tremblemens de terre lorsqu'on les cite pour opérer les formes régulières de la superficie du globe. Le vallon de Tempé a été creusé par les eaux courantes comme tous les autres vallons du monde, & dès-lors je ne puis plus admettre d'agens extraordinaires.

Effectivement, n'est-il pas plus raisonnable de penser que le Pénée a été sujet à de grandes inondations, & que ce sont ces inondations qui ont donné lieu à la tradition du prétendu déluge, car il est probable que ces déluges ont eu plutôt leurs origines dans l'intérieur des terres, que dans l'Océan. Il est d'ailleurs visible qu'en tout tems il y a eu de très-grands mouvemens dans les eaux courantes, qui étoient entraînées à la mer par les pentes naturelles des terrains, au lieu qu'on ne peut pas supposer de semblables forces qui portent les eaux de l'Océan contre les bords des continens pour y opérer de larges & profondes ouvertures. Tout ce que nous trouvons d'ailleurs en Thessalie, nous conduit à croire aux opérations ordinaires des eaux courantes que nous avons exposées ailleurs, & nous autorise à écarter les hypothèses des *auteurs anciens*, recueillies & accueillies par nos antiquaires, dont les recherches annoncent une grande érudition & nullement la marche qu'on doit suivre lorsqu'on prétend découvrir les grands faits incontestables de l'histoire de la Terre.

Je pourrois ajouter à toutes ces raisons celles que j'ai cru devoir exposer dans la discussion sur l'ouverture prétendue subite du Bosphore de Thrace & de celui des Dardanelles, par lesquels motifs j'ai cru pouvoir réduire ces événemens à l'action générale des eaux courantes dans l'approfondissement des vallées, malgré les assertions contraires des historiens qui ont attribué cette ouverture à une invasion subite des eaux de la Mer-Noire & de la mer de Marmara dans l'Archipel. En examinant tous ces événemens, je n'y ai vu que le rendez-vous des eaux de l'intérieur des terres qui se sont portées dans les différens bassins où elles étoient contenues naturellement, & qui s'y sont portées par des vallées qu'elles se sont creusées successivement. Il a bien pu se faire que ces eaux aient été plus abondantes à certaines époques que dans d'autres, & qu'on ait confondu les inondations qui sont des événemens subits, avec l'approfondissement des canaux étroits, qui n'a pu s'opérer qu'avec le tems.

Pour bien mettre à leur place les notes ou même les récits des anciens historiens qui concernent les opérations de la nature, il faudroit en faire un dépouillement exact, rapprocher les circonstances qui seroient indiquées dans ces récits, en les comparant soigneusement avec l'état actuel des choses. Tournefort étoit si peu éloigné d'adopter cette voie de découvrir la vérité, qu'il se plaint de ce que Pline n'avoit pas tenu compte de ce que plusieurs écrivains avoient recueilli sur les traditions des peuples voisins de la Grèce. D'un autre côté cependant, on doit approuver cette discrétion de la part d'un écrivain qui passe pour n'avoir pas mis un grand choix dans les passages qu'il a copiés des *auteurs anciens* que nous n'avons plus.

Je vais plus loin encore. Depuis que nous avons appris à reconnoître les plus anciennes opérations de la nature par l'étude des résultats que nous retrouvons sur les lieux, il me semble que les observateurs ont un bon moyen d'apprécier au juste les écrivains anciens, car il leur suffit d'en appeler à la nature elle-même. Il est visible qu'ils ne peuvent nous en imposer d'une manière définitive, pour peu que les vestiges des anciennes opérations existent encore. Effectivement, ces vestiges, quoiqu'altérés à un certain point depuis une longue suite de siècles, sont toujours des témoins dont on peut tirer des conséquences très-fortes contre le merveilleux qui a séduit tant d'écrivains de l'antiquité, & même plusieurs de nos jours. (*Voyez les articles* MERVEILLEUX, TRADITIONS, THESSALIE, BOSPHORE, DÉLUGES.)

Je le répète : il y auroit un travail à faire sur les récits des différens *auteurs anciens* qui font mention de quelque point de l'histoire naturelle de la Terre; ce seroit d'en extraire les faits avec une grande précision, de suivre l'emploi que les Modernes, guidés par la seule lumière d'une érudition vague, en ont hasardé; enfin, de détruire toutes les hypothèses & toutes les assertions fausses par la comparaison des détails que l'observation peut établir sur les objets qui peuvent correspondre aux premiers faits.

Il est aisé de voir que l'observation de la nature est la seule ressource que nous ayons pour rectifier les Anciens & leurs aveugles copistes. Les assertions les plus singulières n'ont été employées comme matériaux dans les systèmes modernes, que parce qu'on n'a pas eu le courage de les détruire : cependant des recherches faciles les auroient fait disparoître, & ces vieilles erreurs n'auroient pas résisté à la moindre attaque.

Voyez notre *Notice sur Sénèque*, premier volume, où se trouvent quelques essais de ce travail.

ANCONE. *Ancône* est une ville agréable, composée de vingt mille ames, située sur une côte riante & fertile, dont la pente est tournée du côté de la mer. C'est une ville très-gaie & très-commerçante, avec le plus beau port de la côte d'Italie sur cette mer.

Les papes n'ont rien négligé pour y attirer le commerce de la mer Adriatique : c'est un port franc & bien entretenu. On y a fait un nouveau môle ou *braccio*, qui assure le port du côté du môle qui a cent quatre-vingts toises de long : on y a joint un petit fort & un fanal à l'extrémité du môle. Le port a cinq cents toises du nord au sud ; mais, malgré tout cela, le commerce d'*Ancône* a peu d'activité.

Ancône est bâtie de briques & d'une pierre blanche tirée du Monte-Conero, qu'on appelle aussi Monte-d'Ancona, à trois lieues de la ville, du côté de Lorette ; mais comme cette pierre est tendre & s'éclate à l'air, on fait venir aussi une pierre de Dalmatie, plus dure, qui ressemble beaucoup au marbre, si ce n'est qu'elle n'en a pas le brillant.

Le commerce de cette ville consiste surtout en blé & en chanvre, qu'on exporte au loin pour cordages & voiles de navires ; en soufre des environs de Cesene, en poissons & en faïence : telles sont les productions surabondantes de la Romagne.

On en tire encore de la cire, du coton, des bois de teinture & des bois de construction. L'on y construit de petites barques ; l'on y fait du sucre, du savon, des bas de soie & de la cire.

Le commerce d'entrepôt est foible, & plus encore celui de consommation, le pays se suffisant presqu'à lui-même. L'on y pêche d'excellens poissons, tels que le rombo, le sanpietro, le calamaro : on estime beaucoup le ballero, espèce de dail ou pholade qui s'établit dans les pierres du rivage ; on lui trouve un goût excellent. Ce coquillage a une propriété phosphorique.

Le chemin qui conduit à cette ville est extrêmement agréable. On remarque sur toute cette côte une très-grande quantité de ruisseaux & de rivières qui descendent de la partie orientale de l'Apennin.

Les habitans d'*Ancône*, & surtout les femmes, passent pour être d'une plus jolie figure que dans le reste de l'Italie : on diroit que c'est une race différente, & cela continue aux environs.

Ancône (Marche d'), contrée d'Italie, comprise entre l'Apennin & la mer Adriatique. Pour faire connoître ce pays quant au sol & aux formes du terrain, qui ont fait surtout l'objet de mes recherches en Italie, je les présenterai ici telles que je les ai observées en partant de *Foligno*, qui se trouve à l'ouest de l'Apennin, & en parcourant le revers oriental de cette chaîne jusqu'à *Ancône* & *Siniguglia*.

De *Foligno* on continue à s'élever sur des pentes de terrains cultivées, dont le fond est composé de débris de pierres. On y voit des vignes, des oliviers & d'autres productions de bonne qualité. On rencontre ensuite la continuation des mêmes pentes nues & dégarnies de terres. Ce sont des pierres calcaires à grain fin, infiltrées, qui forment une grande partie du noyau de l'Apennin dans cette partie. Plus loin s'ouvre un vallon fort approfondi, où coule une rivière dont le lit offre de belles cascatelles à *Pello*. Ce qu'il y a de singulier & de remarquable, c'est que le village est situé sur un massif de stalactites. C'est dans un de ces massifs très-épais que se trouve la grotte de *Foligno*. Ce remplissage a recouvert & élevé le fond du vallon, à l'extrémité duquel sont les papeteries de Foligno, que j'ai visitées avec intérêt.

Au-delà du village, en s'élevant toujours sur les croupes de l'Apennin, on suit le vallon & la rivière Topino, dont l'eau est fort claire, quoiqu'elle forme ces dépôts de stalactites dont nous avons parlé, & l'on parvient ainsi à *Case-Nuove*, où l'on parcourt un vallon sec, comblé de dépôts torrentiels immenses ; ce qui me donna lieu de remarquer que les agens qui avoient creusé ces vallons, étoient dans des circonstances différentes de celles où se trouvent ceux qui les remplissent maintenant.

C'est surtout à cette hauteur que les débris de l'Apennin se précipitent de tous côtés le long des pentes rapides, & vont s'accumuler dans le fond des vallons, dont l'approfondissement paroît être d'une date fort ancienne. Il y a même des amas de débris qui forment des adossemens prolongés dans les anciennes ravines, & qui s'y établissent à demeure. Là on reconnoît aisément que la fonte des neiges, plus ou moins abondantes, ainsi que les pluies, contribuent à ces doubles opérations, c'est-à-dire, à des destructions d'un côté, & aux dépôts qui en sont la suite de l'autre. Je dois indiquer à cette occasion les environs de *Colle-Fiorito*, où l'on s'élève sur des croupes fort escarpées pendant trois ou quatre milles, après quoi l'on se trouve sur une espèce de plaine au milieu des cimes de l'Apennin, & renfermant le bassin d'un lac : sa digue est formée par l'accumulation d'une grande quantité de matériaux qui occupent les débouchés des eaux de cette contrée. Toute cette plate-forme a pour enceintes des croupes entamées au milieu des dépôts de neiges, qui, dans cette contrée, ont décomposé les pierres & formé à la suite de grands amas de terres, produits de ces décompositions : aussi la plaine est-elle couverte d'une multitude de débris de toute nature & de toutes formes.

Il m'a paru que le lac occupoit le lit d'un ancien glacier, & que les débouchés qui sont tous ouverts sur des vallons très-profonds, sont la suite du travail des neiges qui se fondoient à des époques reculées : outre cela, les ourlets de terres qui font l'office de digues, m'ont paru avoir été ainsi accumulés par les glaces de ces glaciers, qui cheminoient à mesure que celles des parties intérieures & élevées les poussoient vers ces débouchés.

On voit un peu plus loin un second lac, dont la formation est aussi visiblement la suite de circonstances à peu près semblables. Ses eaux vont baigner les parties basses de l'emplacement d'un village adossé contre une croupe de l'Apennin, peu élevée. Depuis ce point, & même avant le bassin du lac, la descente le long du revers oriental de l'Apennin recommence, & la plaine s'évase après le village. Nous essuyâmes dans cette traversée un froid assez vif, car les sommets voisins de la route étoient encore couverts de grandes bandes de neiges. On y voyoit aussi les cuvettes latérales des croupes que la fonte des neiges avoit creusées; car les bandes de neiges résidoient sur les bords supérieurs de ces cuvettes latérales. On peut se convaincre, d'après ces détails, que les glaciers dans un état secondaire, comme ceux dont je viens de rendre compte, méritent la plus grande attention, & peuvent offrir la solution de plusieurs problêmes géologiques dont on ne s'est pas occupé jusqu'à présent.

En suivant le vallon qui se présente ensuite, d'abord fort large, & qui se rétrécit considérablement à *Seravalle*, on en découvre les croupes qui offrent des couches horizontales & inclinées, appartenantes également à l'Apennin. Dans les parties supérieures de ces croupes, les couches offrent des pierres calcaires à grain fin & serré, & des marbres. Plus bas que *Seravalle*, on rencontre de ces mêmes couches, au milieu desquelles sont des feuillets fort minces de pierres contournées. Là on apperçoit un torrent assez fort, & qui paroît grossi par d'autres qui s'y joignent. C'est alors que les parties découvertes des croupes offrent la réunion de plusieurs débris de pierres sous formes de brêches, puis des éboulemens produits par les chutes des eaux latérales, enfin les produits d'avalaisons, qui paroissent assez abondans pour avoir rempli d'anciens vallons que les mêmes eaux plus vives sembloient avoir creusés pendant l'hiver, & qu'elles avoient comblé, à un certain point, à la suite des pluies & par le ralentissement de ces mêmes eaux courantes au commencement de l'été.

Au milieu de ces vallons de différens ordres, & surtout des cul-de-sacs dont chaque système verse les eaux dans leurs vallées principales, on arrive à *Ponte-de-la-Trave*; ensuite l'on s'engage dans des montagnes à peu près semblables, & quant à leur composition, & quant à la distribution des eaux, & ces chaînes s'étendent jusqu'à *Valcimara*, où le vallon que suit la route s'évase & s'étend de manière à montrer des croupes qui présentent plusieurs éboulemens de couches de pierres, dont les débris paroissent avoir été mêlés avec les produits de la destruction de pareils lits de terres entreposés entre les couches. Il résulte de là que le vallon du *Chiento* a été comblé en partie de tous ces matériaux, & que les plaines qui en occupent les bords, ainsi que les embouchures des ruisseaux latéraux, en ont été couvertes. Il est aisé de voir que ce petit fleuve, dans ses différens accès torrentiels, a contribué, avec les torrens qui s'y réunissent, à former les dépôts immenses qui ont donné naissance à des chaînes de collines en amphithéâtre, composées, les unes de fragmens de pierres mêlés de terre, les autres d'amas de marnes argileuses, assez abondans pour fournir au travail d'une belle tuilerie : telles sont les différentes formes de terrains qu'on rencontre depuis *Valcimara* jusqu'à *Tolentino*. Cette ville est dans une position agréable, & sur une partie de ces plaines torrentio-fluviales dont nous venons d'indiquer la formation. On rencontre aux environs des massifs de pierres sérenes, de pierres de sable, qui ont été épargnés par le fleuve au milieu de ses ravages, dont nous avons suivi les témoins & les résultats avec attention.

Pour aller de *Tolentino* à *Macerata*, on suit une longue plaine fluviale, formée de dépôts à peu près semblables, & offrant, à un certain éloignement, des rideaux très-bien dessinés sur ses bords. Ensuite on se trouve au milieu de collines composées de marnes argileuses & de pierres de la nature de celles des grandes montagnes, de pierres coquillières dans certains *tractus*. Ce sol conduit jusqu'à *Lorette*, & même jusqu'à *Ancône*. A la poste entre ces deux villes, cette pierre coquillière offre des couches horizontales suivies. Il n'est resté de l'Apennin, dans cette contrée, que la haute montagne de *Guasco*, qui fait promontoire sur le bord de la mer, & qui s'avance dans son bassin, de manière à former l'écueil de Saint-Clément. Cette montagne est toute en couches inclinées & en masses de marbres imparfaits, avec lesquelles on construisoit les môles qu'on ajoutoit au port d'Ancône dans le tems que nous l'avons visité. Il est visible que cette masse ancienne a procuré aux bords de la mer ces prolongemens qui ont déterminé les puissances voisines à s'y établir pour le commerce maritime, d'autant plus que cette masse ancienne y forme un abri contre les vents du sud.

Les collines voisines du port sont cultivées en oliviers & en grains. Au milieu de ces cultures on voit des haies de vignes en treilles, soutenues sur des cannes. Le sol de ce pays de collines paroît produit par les débris de la destruction des masses anciennes, joints aux dépôts de la mer. Il est aisé de voir que les eaux courantes des fleuves *Tosino*, *Tenna*, *Chiento*, *Potenza*, *Muzone*, & surtout *Fiumesino*, dont les sources se prolongent jusqu'au pied de l'Apennin, ont contribué, pour la plus grande partie, aux amas immenses des montagnes secondaires & à couches horizontales, adossés à celles où l'on remarque des couches inclinées. Il est visible que ces eaux torrentielles ont d'abord accumulé les matériaux conjointement avec la mer, & formé les masses dans lesquelles les collines ont été taillées, par une excavation postérieure due aux seuls torrens & non à la mer. Cet apperçu suffit pour expliquer ce que ce pays offre de remarquable aux observateurs. J'ajouterai maintenant ici que l'accumulation des matériaux, au milieu desquels les collines ont été formées, doit se rapporter naturellement à l'époque des torrens qui ravageoient les montagnes de l'Apennin, & qui les déposoient dans la mer; que le remplissage dans une partie a été la suite des enlèvemens faits dans une autre, & que l'époque torrentielle s'est distribuée successivement dans des endroits différens.

Je dois dire que les accès torrentiels & leurs ralentissemens s'étendent également sur les revers de l'Apennin, & qu'on en peut juger par les vallons creusés au tems de l'activité des eaux courantes, & par les remplissages abondans qui s'offrent ailleurs. Toutes ces suites d'opérations se distinguent d'une manière frappante, tant dans les vallons qui sillonnent les cimes de l'Apennin, que dans ceux qui occupent les intervalles des collines adossées à ces cimes.

Dans le peu de tems que j'ai donné aux observations précédentes, je me suis convaincu qu'on étudieroit avec de très-grands avantages ces différens centres de la distribution des eaux dans les montagnes de l'Apennin, qui bordent la *Marche d'Ancône*, le *duché d'Urbin* & la *Romagne*; car on pourroit y suivre tous les détails du travail des eaux, qui s'est étendu très loin, & qui a singuliérement varié ses opérations. D'ailleurs, ce qui seroit très-important dans cette étude, c'est qu'on pourroit, au milieu de ces belles contrées, rapprocher les principales circonstances qui ont concouru aux résultats que nous avons notés. Enfin, ce qui acheveroit de donner la solution de plusieurs difficultés & problêmes, ce seroit la facilité de placer les faits dans les époques qui leur conviennent, & d'assigner à ces époques les agens qui y ont figuré.

Je finis par observer que, suivant ces vues, il seroit à desirer qu'un naturaliste instruit fît la description raisonnée du *Colle-Fiorito*; je ne doute pas qu'il n'en tirât beaucoup de lumière. Il y auroit, je crois, peu de montagnes dont la formation ne pût être soumise à la même théorie. Je vois bien nettement que l'Apennin, dans cette partie, se montre au centre de sa péninsule, chargé de neiges, & distribuant à droite & à gauche des eaux qui excavent les vallées & les remplissent suivant les circonstances. Comme je me propose de continuer l'exposition des observations que j'ai faites dans le *duché d'Urbin* & dans la *Romagne*, & où les mêmes phénomènes se présenteront dans de semblables positions, je renvoie aux articles URBIN (duché d') & ROMAGNE. C'est là surtout où j'exposerai, en grand détail, les caractères de la moyenne & de la nouvelle terre qui s'y trouvent dans des rapprochemens très-instructifs, parce qu'on y passe assez rapidement de l'une à l'autre, & sans aucun intervalle. (*Voyez* MOYENNE TERRE, NOUVELLE TERRE, *& en général* TERRE.)

ANCRAGE ou ANCHRAGE. C'est un fond de mer propre à recevoir l'ancre d'un navire, sur lequel on trouve une quantité de brasses d'eau suffisantes, & où l'on peut mouiller en sûreté. Ce qui nous intéresse dans cette opération des marins, c'est la connoissance du fond où l'on peut trouver un bon *ancrage* : ce doit être, ou de fortes argiles, ou des sables fermes & solides, qui admettent l'ancre & l'arrêtent d'une manière fixe. On ne peut pas douter que souvent l'examen du sol qui constitue une côte, un bord de mer ou une plage, ne puisse conduire à la connoissance du fond de mer propre à l'*ancrage*, & c'est dans ces vues que nous en parlons ici. (*Voyez* CÔTE, PLAGE, &c.)

ANCRE ou ENCRE, petite rivière de Picardie, qui tombe dans la Somme à Corbie; elle est connue aussi sous le nom de *Miraumont*, village où elle prend sa source. J'en ai tracé l hydrographie à l'article AMIENS, & j'y renvoie. Cette petite rivière est intéressante en ce que, sur son cours & dans sa vallée, se trouve la ville d'ALBERT, & non *Ancre*, comme le dit la première *Encyclopédie*, dans les caves de laquelle l'on a découvert des carrières d'*ostéocole* très-curieuses, & que j'ai tâché de faire connoître à l'article ALBERT. J'y renvoie pour qu'on puisse rapprocher tout ce qui concerne l'histoire naturelle de cette rivière. (*Voyez* aussi OSTEOCOLE, où l'on pourra prendre une idée bien vraie de ces masses de dépôts, & dont les naturalistes auront l'avantage de rencontrer un des plus curieux monumens dans la vallée d'*Ancre*.)

ANDALOUSIE, grande province d'Espagne, qui est partagée en deux parties par le *Guadalquivir* : aussi, après avoir exposé les circonstances qui peuvent faire connoître la position, les productions & le commerce de cette province, je décrirai, dans le plus grand détail, le bassin de ce grand fleuve.

L'*Andalousie* est la contrée la plus agréable & la plus riche de toute l'Espagne. Elle confine vers le nord à l'Estramadoure & à la Nouvelle-Castille; vers l'ouest, aux provinces portugaises d'*Alentéjo* & d'*Algarve*; vers le sud, en partie à la mer occidentale & en partie au détroit de Gibraltar; vers l'est, aux royaumes de Murcie & de Grenade. La Guadiana la sépare, vers l'occident, de l'Algarve, & la chaîne de Sierra-Morena de l'Estramadoure.

Cette province est fertile en fruits excellens de toute espèce, en vins précieux, qui croissent particuliérement aux environs de Cadix; en blé, en huiles : on y recueille aussi de la soie, du sucre & du miel. Ses chevaux sont très-estimés, & l'on y élève beaucoup de bétail. On y exploite surtout des mines de vif-argent, de cuivre, d'antimoine & d'argent. On fait de très-beau sel sur les côtes, & d'ailleurs la pêche y est très-abondante. On y trouve beaucoup de bœufs sauvages, que les Espagnols emploient dans les combats de taureaux, qui sont leurs spectacles favoris. Sa dénomination vient de *Vandalitia*, que les Vandales, qui savoient bien choisir les lieux de leurs conquêtes & de leurs établissemens, lui ont donné. Sous les Sarrasins, cette belle & grande province suffisoit à former trois royaumes. Son commerce est considérable. Elle a cent lieues de longueur sur soixante de largeur. Plus anciennement, elle se nommoit *Bétique*, du fleuve *Bœtis*, aujourd'hui *Guadalquivir*, qui l'arrose. Il ne me reste plus qu'à donner ici une description raisonnée du bassin de ce fleuve.

La *Sierra-Morena* ou Montagne-Noire appartient à la chaîne qui, depuis le seizième degré de longitude en revenant vers le douzième, sépare les bassins de la *Guadiana* & du *Guadalquivir*. Le noyau de ce massif est composé de granit, de quartz, & d'autres principes du granit en différentes proportions. La portion de cette chaîne, qui porte le nom de *Sierra-Morena*, s'étend sur douze lieues environ de longueur de l'est à l'ouest.

C'est à quatre lieues de la Caroline, joli bourg de nouvelle formation, que l'on trouve le passage de la *Sierra-Morena*, connu sous le nom de *Puerte-del-Rey*.

Pour parcourir, avec un certain ordre, le bassin du *Guadalquivir*, il me paroît qu'il convient de commencer l'examen du sol vers la source de ce fleuve. C'est là que l'on trouve d'abord *Alcaraz*, proche sa source, endroit remarquable par une mine de calamine. La terre qui la renferme est fort dure, & d'un jaune d'ocre foncé. A quelque distance à l'ouest, à *Santa-Cruz-de-Mudela*, & toujours au pied de la *Sierra-Morena*, il y a une mine d'antimoine, dont le filon se montre à la surface de la terre.

En s'approchant de *Linarez*, on trouve une plaine très-vaste & fort élevée, puisque du centre de cette plaine on découvre plusieurs villes qui en sont assez éloignées : telles sont *Andugar*, capitale; *Baeza*, *Ubeda* & *Bagnos*.

Cette plaine est terminée à l'ouest & au nord par deux vallons très-profonds : ce sont deux torrens qui les ont approfondis à la suite de plusieurs ravins creusés & élargis par le laps du tems. Les collines opposées à la plaine sont toutes criblées par les puits des mines que les Maures y ont exploitées. Il paroît que les rois de Jaën cherchoient dans les entrailles de la terre des richesses qui pussent les dédommager de celles que leur refusoient ces collines par leur stérilité. Suivant toute apparence, ils fournissoient les pays circonvoisins de plomb, de cuivre & d'argent, car presque toutes ces collines renferment quelques-uns de ces métaux en abondance, & même plusieurs les renferment tous. En parcourant les deux vallons dont nous avons parlé, on voit pendant plus d'une lieue le haut des collines escarpées sur leurs bords, couvert de puits pratiqués de quatre pas en quatre pas, & distribués en ligne droite : on présume qu'il peut y en avoir au moins cinq mille. Il est fort vraisemblable que l'on doit la découverte de ces filons aux eaux qui les firent paroître en formant des ravins, car on ne voit pas le moindre indice des filons à la cime des collines; au lieu que les voyant à découvert sur les croupes des ravins, les Maures dirigèrent leurs travaux d'après les premières connoissances des quatre filons qui s'y montrèrent. On ne trouve, dans toute l'étendue que nous venons d'indiquer, aucune mine dans les tractus de pierres calcaires; mais dès qu'un granit gris, brun, &c. s'apperçoit, on y voit des filons de mine de plomb, qui ont quelquefois soixante pieds de large, lesquels se réduisent aussi à un pied; ils varient d'ailleurs dans toutes les proportions imaginables entre ces deux extrêmes. Il arrive souvent qu'ils sont à découvert dans les masses graniteuses, & qu'ils affectent de s'y plonger comme dans un sol qui leur sert de base. C'est une véritable galène dont les grains sont assez gros, & donnent ordinairement soixante à quatre-vingts livres de plomb par quintal. D'ailleurs, chaque quintal de cette même galène ne contient que trois quarts d'once d'argent par quintal. On met beaucoup d'importance à l'exploitation de cette mine, dont le plomb s'emploie à différens usages de la société.

1°. On en fait du petit plomb pour la chasse, que l'on vend dans toute l'Espagne au compte du roi.

2°. Une partie se vend aux potiers de terre pour vernisser leurs ouvrages.

Le surplus passe en France, & se vend à la foire de Beaucaire : ce sont ordinairement des potiers de terre qui l'y achètent.

En partant de *Badajos* pour aller à *Séville*, on traverse une plaine déserte, non calcaire, jusqu'à Sainte-Marthe, où l'on rencontre quelques collines d'ardoises fort dures, & des rochers de grès fin, lesquels s'étendent jusqu'à *Zafra*. Ici le pays change d'aspect, car on commence à y voir des couches & des terres calcaires : des pierres à chaux y recouvrent leurs formes, car elles ne sont plus fendues comme auparavant, mais elles se présentent par couches horizontales; elles offrent une pierre grise & bleuâtre, mêlée de veines spathiques, & il résulte de ce mélange des marbres de différentes couleurs. De *Zafra* on se rend à *Sainte-Marthe*, où les collines précédentes baissent peu à peu, & finissent par former une plaine de cinq lieues, jusqu'à *Zarza-del-Angel*. En passant par *Monasterio*, on arrive à *Fuente de Cantos*, où les pierres & les terres calcaires finissent, & sont remplacées par des quartz & des roches graniteuses. La *Sierra-Morena* commence à ce village; elle est formée de collines rondes, de pierres de sable. En avançant un peu dans les montagnes, on arrive à *Olalla*, qui est le premier village du royaume ancien de Séville : son sol est composé de collines & de plaines, où l'on rencontre des pierres & des amas confus de roches & de fragmens de gra-

arrondis ; on entre ensuite dans les montagnes de la *Sierra Morena*, puis on ne voit plus que des masses de granit, de l'ardoise fort dure, de la pierre de sable, des cailloux graniteux, &c. tous matériaux qui constituent la masse de la *Sierra-Morena*, à quoi on peut ajouter un terrain rempli de *basaltes* ou de laves compactes qu'on trouve parmi des granits & des porphyres : on n'y découvre ni pierres à chaux, ni rochers disposés par couches, ni plâtres, &c. Après avoir traversé la *Sierra-Morena*, on descend dans la grande plaine de *Séville*, qui offre sur ses limites des cailloux roulés, débris de granit & de grès.

En allant vers *Andujar* on trouve que les environs en sont très-fertiles en grains, en vins & en huiles : c'est de là aussi qu'on tire abondamment de cette argile blanche, dont on fait les petites cruches qui servent dans une grande partie de l'Espagne pour conserver l'eau fraîche en été. Dans d'autres parties de l'*Andalousie*, on trouve également de cette argile qui est rouge : on en fabrique des vases que l'on appelle *bucaros*, dont on fait également usage pour rafraîchir l'eau. Les cruches blanches, ainsi que les *bucaros* couleur de sang de boeuf, sont minces, poreuses, lisses & à demi cuites : en y mettant de l'eau, ces vases répandent une odeur semblable à celle de la terre sèche lorsqu'il pleut en été, & l'eau filtre à travers leurs corps & les conserve toujours humides. Les *bucaros* qu'on tire des Indes sont composés d'une terre plus fine & ont une odeur plus suave. Plusieurs voyageurs nous ont parlé long-tems des vases évaporatoires de l'Afrique, de l'Égypte, de la Syrie & de l'Inde avant que quelques personnes instruites nous aient fait connoître les *bucaros* & les cruches d'Espagne, qui sont de la même nature que ceux-là, & qui servent depuis un tems immémorial à rafraîchir l'eau. Ceci nous a valu l'introduction des procédés de fabrication de ces vases en France ; aussi j'ai cru devoir faire part de ces diverses particularités dans deux articles de ce Dictionnaire. (*Voyez* ALCARAZAS.)

De Linarès à Grenade on ne fait que monter. Les montagnes sont composées de substances d'une nature différente de celles qu'on rencontre dans celles de Jaën. Celles des environs de *Mongibar* sont en couches calcaires, couvertes de terres à blé : l'on y cultive aussi beaucoup d'oliviers. En se portant en avant on reconnoît que les pierres arrondies qu'on trouve dans le lit de la rivière, sont conglutinées ensemble, pendant qu'elles forment des roches suivies au haut des collines : on voit aussi que les coteaux des environs du village sont en bonne culture, & n'offrent aucune pierre dans leur intérieur. Depuis *Torre-Campo* on ne cesse de monter jusqu'à ce que l'on ait atteint les dernières cimes, qui sont couvertes de neiges : au-delà de ce village on rencontre *Alcandete*, gros bourg bâti en marbre noir, dont la couleur n'est pas l'effet d'un mélange de bitume. En sortant de ce bourg on traverse une montagne couverte de terres calcaires cultivées, & produisant beaucoup d'oliviers. Quoiqu'il y ait dans cette contrée un grand nombre de collines terreuses, ce sont les plus basses : il y en a d'autres plus élevées en roches calcaires, lesquels n'ont pas également éprouvé la décomposition. *Alcala-la-Réal* est à cinq lieues d'*Alcandete*, dans une situation si élevée, qu'il y a partage des eaux, d'un côté vers l'Océan, & de l'autre vers la Méditerranée, par le *Xenil* & par le *Guadalquivir*. Sur une des plus hautes montagnes du pays on trouve du gypse blanc & veiné, & dans l'intérieur d'un grand nombre de collines des pierres conglutinées, qui forment des roches suivies : il y a de ces mêmes pierres dans le *Xenil*, mais il ne les charie pas loin, car, tout rapide qu'il est en été, lors de la fonte des neiges, on ne voit plus une seule de ces pierres près de *Loxa*.

La très-belle situation de la ville de *Grenade* est au pied de la montagne d'Espagne, la plus élevée & la plus étendue ; elle est toujours couverte de neiges ; aussi l'appelle-t-on par cette raison, *Sierra-Nevada*. Les collines du second ordre varient entre elles. Les unes sont composées de roches pelées, d'autres le sont de roches schisteuses, à fentes perpendiculaires & obliques ; d'autres enfin sont couvertes de terres roussâtres, couvertes d'arbres, d'arbustes & de plantes. Un de ces coteaux, fort élevé, est composé d'un marbre veiné, depuis le sommet jusqu'à la base : il y en a beaucoup d'autres de différentes formes & de différentes matières. Ce qui mérite le plus d'attention, c'est que la plus grande partie de ces coteaux renferme des mines d'argent & de cuivre : on en voit qui ont été exploitées par les Maures, & les autres, moins apparentes, sont restées sans aucun travail.

Le sommet de la *Sierra-Nevada*, jusqu'à Grenade, est composé d'un bloc énorme de roche couleur de souris, sans aucune fente ; c'est de ce sommet qu'il sort un grand nombre de sources alimentées par les neiges fondues : elles donnent naissance au *Xenil*, qui traverse Grenade. Quoique cette montagne soit une masse énorme de rochers dans plusieurs endroits, les granits sont décomposés & couverts d'une terre qui est assez fertile.

A deux lieues de Grenade on trouve une carrière de serpentine, dont on peut tirer de très-belles colonnes. Elle est au bord & au niveau du *Xenil*. Cette serpentine verte, & pleine de bleu, est susceptible d'un très-beau poli. Plusieurs personnes instruites pensent que cette serpentine mérite d'être préférée au fameux vert antique dont on faisoit tant de cas à Rome. Indépendamment de cette carrière, il y a encore d'autres masses de serpentine dans cette partie, auxquelles on n'a pas encore touché, quoiqu'elles soient très-apparentes.

Grenade est renommée d'ailleurs par ses albâtres & ses marbres. Quelques-uns de ces albâtres sont très-blancs, aussi brillans & aussi transparens que les plus belles cornalines blanches orientales; mais ils sont très-mous, & l'acide le plus foible les dissout. Il y en a moitié blancs & moitié couleur de cire, & de différentes couleurs. La propriété que ces albâtres ont de se dissoudre dans les acides, fait douter que les vases dans lesquels les Romains conservoient leurs baumes, fussent de ces sortes d'albâtres; car comme quelques-uns de ces baumes renfermoient des acides, & qu'en conséquence ils auroient dû dissoudre ces vases, on présume que la plupart de ces vases étoient formés d'albâtres gypseux couleur de cire, assez durs, & tels qu'il s'en trouve en différens endroits de l'Espagne & de quelques autres contrées de l'Europe & de l'Asie.

Une plaine un peu inclinée, d'environ dix lieues de contour, arrosée par différentes eaux courantes, forme la fertile & délicieuse campagne de *Grenade*. Il y a au milieu de cette plaine un bois formé d'ormeaux, de peupliers blancs & de frênes, accompagné de quelques métairies & de terres bien cultivées. Cet espace, avec la maison royale qui s'y trouve, a le nom de *Soto di Roma*. On tire de ce bois, des ormes pour le service de l'artillerie.

En sortant de Grenade pour suivre le cours du *Xenil*, on est long-tems dans une belle plaine, à l'extrémité de laquelle on trouve une montagne de grès, suivie d'une vallée dont les croupes sont couvertes de terres calcaires, & d'une petite plaine où l'on cultive du blé, du lin, du chanvre & des légumes. *Loxa* vient ensuite : c'est une petite ville située sur une très-haute colline de pierres arrondies & conglutinées, qui forment une brêche. Elle est au milieu d'un bois d'oliviers, d'un très-grand rapport, quoique le terrain soit élevé, froid & sec.

En sortant de *Loxa* & en dirigeant sa marche vers l'occident, on traverse des collines calcaires, & chargées de terres semées de blé & d'orge: on voit que la terre de ces collines est produite par la décomposition des roches des anciennes montagnes. Il y a même quelques-unes de ces roches qui sont entières, & à côté l'on trouve des preuves évidentes de leur décomposition dans des fragmens presque dissous. On peut croire que les montagnes qui subsistent encore se réduiront en débris avec le tems, comme les autres.

Cette partie orientale du royaume de Grenade est couverte de montagnes élevées & de collines basses & terreuses en couches, qui sont les produits de la décomposition dont j'ai parlé. On y rencontre aussi des coteaux isolés, qui n'ont aucune communication avec les montagnes, & qui sont restés dans leur état primitif, parce que la matière a résisté à tous les principes de destruction.

En traversant un territoire inégal, calcaire & cultivé, on arrive à *Herrera*, où l'on voit des terres rousses & blanches, qui sont très-fertiles. On n'y rencontre point de pierres détachées ni aucune des trois espèces de gravier que l'on a lieu d'observer fort souvent dans les autres contrées de l'Espagne, c'est-à-dire, des cailloux roulés, calcaires & non calcaires, ou bien un mélange des uns & des autres. La terre blanche dont on a parlé est de la marne, ainsi que la terre rousse, toutes deux également productives.

A une lieue de *Herrera* on trouve *Estepa*, situé sur une colline arrondie, entourée d'oliviers & très-fertile en grains. Les olives d'*Estepa* sont petites, mais elles donnent une huile aussi claire & aussi délicate que celle de Valence.

Des terrains sablonneux, remplis de cailloux roulés, occupent à peu près tout l'espace qui s'étend depuis *Andujar* jusqu'à *Cordoue*. Près de cette ville il y a des montagnes de marbre : on croit même dans le pays, qu'il s'y trouve des carrières de porphyre & des mines de cuivre bleu & vert.

Cordoue est à une lieue de la *Sierra-Morena*. On y voit un très-grand nombre de moulins construits sur des batardeaux qui traversent le Guadalquivir, pour donner d'un côté plus de pente à l'eau, & qui de l'autre laissent un passage de vingt pieds pour la liberté de la navigation. Comme le Guadalquivir ne charie pas de pierres arrondies, il n'arrive jamais que ces batardeaux se comblent.

Constantina, ou comme les Espagnols disent, *Costantina*, est à une petite distance de Cordoue. Ce village a donné son nom à une mine qui s'exploite dans une montagne assez élevée, que l'on appelle *Fuente-de-la-Reyna*. Cette mine renferme dans sa partie supérieure, des pyrites, une bande de plomb, & de l'argent dans du spath. Plus bas elle renferme de l'argent minéralisé, & une mine de plomb distribuée par petits carrés & mêlée d'argent. Le filon s'étend du nord au sud, & traverse des ardoises.

On voit ensuite de tous côtés, dans les environs, des scories qui indiquent d'anciens ravages des feux souterrains, dont il seroit à desirer qu'on suivît les traces avec une certaine attention.

En remontant à deux lieues de *Cazala*, vers le couchant, on trouve une mine de cuivre. Le filon est placé dans du quartz pyriteux, & s'étend du nord au sud. A *Cazala* même est une mine d'argent vierge dans du spath, & de l'argent minéralisé dans des pyrites de cuivre, mêlées de quartz & d'un peu de fer.

Mais la mine la plus considérable & la plus anciennement connue de cette contrée, est celle qui se trouve à une demi-lieue du petit bourg de *Guadalcanal*, & qui en porte le nom. Les cimes des montagnes qui entourent Guadalcanal, sont toutes arrondies comme des ballons, & tiennent les unes aux autres en conservant entr'elles une grande égalité dans leur hauteur : elles diffèrent en cela des Pyrénées, qui se terminent en pointes. Ces montagnes font partie de la *Sierra-Morena*. Les pierres qu'elles renferment, sont très-dures, & ressemblent aux pierres de Turquie, espèces de grès fin, qui sert à aiguiser. Celles-ci ont cela de particulier :

1°. Que leur forme est semblable à celle de l'ardoise, puisque leurs fentes sont perpendiculaires & s'étendent de l'ouest à l'est.

2°. Que ni l'eau ni l'huile ne pouvant y mordre, elles n'ont pas été employées comme pierres à aiguiser.

Guadalcanal est situé dans un pays sec: deux petits ruisseaux qui manquent d'eau pendant l'été, coulant de l'est à l'ouest aux pieds de deux coteaux opposés & éloignés l'un de l'autre d'environ trois cents pas, semblent être les limites de la mine. Elle se trouve au milieu du quartz, du spath mou de couleur grise, d'une ardoise ferrugineuse, accompagnée de pierre de corne ou *hornstein*; elle offre un peu de plomb & beaucoup d'argent. Cette mine fut exploitée autrefois avec grand avantage. C'est d'après l'espérance de pareils succès, que quelques étrangers avoient entrepris d'en reprendre les travaux; mais nous savons que des dépenses excessives ont été inutiles.

En descendant au sud on entre dans la belle plaine où est *Séville*. On ne trouve point de pierres dans ses environs : de là vint que les Romains qui l'habitèrent sous le nom d'*Hispalis*, en firent les murailles d'une espèce de mortier qui s'est tellement durci, qu'il est aujourd'hui comme de la pierre : de là vient aussi que cette même ville n'est pavée que de cailloux roulés qu'on tire de grands amas fort éloignés de cette ville.

Le Guadalquivir, en continuant sa route par le sud-ouest & formant un grand nombre d'îles alongées, va se rendre à la mer par une embouchure fort large. A quelque distance, au sud-est, on trouve la ville de *Cadix*, située dans une presqu'île & sur les rochers contre lesquels la mer vient se briser. Ces rochers sont composés de différentes matières, telles que le quartz, le spath, accompagnés de cailloux roulés, au milieu desquels l'on voit des coquillages amalgamés avec le sable. M. Bowles attribue aux vagues de la mer l'union intime que l'on remarque entre les différentes sortes de décombres jetés habituellement en cet endroit, soit briques, sables, plâtres, coquilles, &c. &c.; en sorte qu'après un certain tems elles paroissent ne faire qu'un bloc de pierres. Il paroît cependant que la mer s'avance un peu de ce côté, puisqu'elle couvre d'anciennes ruines que l'on apperçoit dans les basses marées.

Le vent du sud, sous le nom de *solano*, produit sur cette côte des effets aussi dangereux que le *siroco* en Italie. S'il arrive qu'il se fasse sentir seulement pendant huit ou dix jours, il enflamme, comme on dit, le sang de manière que les femmes en sont très-incommodées. Les accidens qu'elles éprouvent pour lors ne cessent guère qu'après que des vents frais sont venus dissiper les mauvais effets du *solano*.

Je terminerai la description de ce que j'ai pu recueillir sur le bassin du Guadalquivir, par quelques remarques intéressantes sur les lieux de la gauche du lit de ce fleuve.

Le Guadalquivir, au sud de *Linarès*, reçoit à sa gauche les eaux de la *Bravata*, qui vient de l'est & qui a sa naissance dans une chaîne de montagnes dont il a été question ci-devant. Cette rivière est grossie des eaux qui s'y rendent de la *Sierra-Nevada*.

Jaën est situé plus à l'ouest sur la petite rivière de *Guadalbullon*. C'est par ce nom qu'elle est désignée sur la carte de Danville : il y a quelques mines dans le voisinage de la source; mais on ne doit pas omettre une observation sur les cailloux qui se trouvent dans cette contrée, & dont M. Bowles nous a fait part. Dans le royaume de *Jaën*, près de Linarès, il y a un coteau presque tout composé de pierres lisses, de la forme & de la grosseur d'un œuf. Leur poli & leur arrondissement ne peuvent être attribués aux pluies, parce que ces pierres n'y sont pas exposées actuellement, & qu'elles ne sont pas répandues à la surface de la terre, mais amoncelées dans le corps du coteau probablement lors de sa formation.

Au sud-ouest de *Jaën* on trouve des collines composées de marbre & d'autres pierres calcaires. Il y en a aussi de terreuses, mais elles sont moins élevées. Presque partout dans cette contrée le caillou est détaché, au lieu de former des poudings comme il le fait dans beaucoup d'autres endroits.

De l'autre côté, c'est-à-dire, dans la partie du bassin, à la droite de Guadalquivir, est la petite rivière de *Tinto*, qui mérite de trouver place ici,

1°. Parce qu'elle a donné son nom à un village où il y a une riche mine de cuivre, qui est un peu au sud de *Niebla*;

2°. Par la propriété qu'ont ses eaux, qui sont de couleur jaune, de répandre cette même couleur sur ses bords;

3°. Par la propriété non moins remarquable d'agglutiner les cailloux roulés après les avoir humectés pendant quelque tems;

4°. Parce qu'elle flétrit les plantes qui croissent sur ses bords;

5°. Enfin, parce que les animaux n'y peuvent vivre, & qu'aucun n'en veut boire les eaux, excepté les chèvres, dont la chair est cependant d'une excellente saveur.

M. Bowles remarque que le *Rio-Tinto* n'a ces propriétés que depuis *Niebla*. On ne peut pas douter qu'il ne les reçoive de quelque principe aisé à dissoudre, & qui se rencontre dans le lieu où est la mine.

ANDAMAN (Iles d'). Ces îles sont situées dans la baie de Bengale, depuis le dixième degré trente-deux minutes, jusqu'au treizième degré quarante minutes de latitude sud, & depuis le quatre-vingt-dixième degré six minutes, jusqu'au quatre-vingt-dixième degré cinquante-neuf minutes longitude est. Elles sont une continuation de l'archipel qui s'étend du cap Negrais à la côte d'Ava, jusqu'à la pointe d'Atchem, dans l'île de Sumatra; elles sont au nombre de douze ou quinze : les principales portent les noms de grande & de petite *Andaman*, de grande & petite Sentinelle, d'îles des Cocos, de Préparis, des Frères, d'île de Barren & de Narcondam, &c.

La grande *Andaman* est la plus considérable de ces îles; elle est séparée de la petite *Andaman*, qui est la seconde pour la grandeur, par le canal ou passage de Duncan. La première est d'une forme alongée, ayant à peu près cent quarante milles anglais de longueur, & vingt mille de largeur; elle est traversée sur cette dimension par un canal ou détroit qui communique à la baie du Bengale, & qui fut découvert par les Anglais il y a peu d'années. Le major Rennell n'en fait pas mention dans sa description historique & géographique de l'Indostan; il paroît qu'il n'en avoit pas connoissance.

La petite *Andaman* est presque de figure pentagonale, & est placée entre les autres îles *Andaman* & celles de Nicobar, qui forment un autre petit archipel (1)

Les îles dites grande & petite Sentinelle sont placées à l'entrée du passage de Duncan, du côté de l'Indostan. L'île des Frères est située dans ce même passage, mais plus près de la petite *Andaman* que de la grande.

Les îles Barren, Narcondam, Préparis & celle des Cocos sont plus petites & plus éloignées que celles dont nous venons de parler : les deux premières sont face à la basse côte de Siam, & les deux dernières à la côte du royaume d'Ava.

Les écrivains de l'antiquité n'ont parlé des îles *Andaman* qu'avec peu d'exactitude. Ptolémée les comprend dans le nombre des Nicobars & de quelques îles plus petites sous le nom général d'*Insulæ bonæ fortunæ*, & il dit qu'elles sont habitées par des anthropophages.

« Il y a long-tems qu'on sait, dit le major Symes (2), que les doux & paisibles habitans des îles Nicobar sont loin de mériter une pareille imputation; mais les malheureux sauvages qui errent en petit nombre sur les rivages des *Andamans*, & dont les traits, les mœurs, le caractère, sont fort différens des Nicobariens, peuvent avoir donné occasion de dire qu'ils mangeoient de la chair humaine.

» Les Andamaniens, suivant le major Symes, ont ordinairement cinq pieds de hauteur, les bras & les jambes excessivement maigres : leur ventre est très-pointu, les épaules hautes, la tête fort grosse, les cheveux laineux, le nez plat, les lèvres épaisses; enfin, ce qui est fort extraordinaire dans cette partie du monde, c'est qu'on trouve en eux une race de nègres dégénérés : leurs yeux sont rouges, leur peau couleur de suie; ils ont un air féroce & toujours affamé; ils vont entièrement nus.

» Leur nombre, dans le grand *Andaman*, n'est que de deux mille à deux mille cinq cents. Ils forment plusieurs petites peuplades, vivant le long des côtes & sur les îlots qui sont dans les baies; ils ne s'enfoncent jamais dans les forêts, où ils ne trouveroient pas une nourriture abondante.

» Leurs instrumens de guerre ou de chasse sont peu nombreux. Les baies où ils se tiennent, abondent en poissons qu'ils percent à coups de flèche & de lance avec la plus étonnante adresse. Ils se servent en outre d'un petit filet tissu d'écorce d'arbre, & quand le poisson est pris ils le mettent dans un panier sur leurs épaules.

» Sur les bords des forêts des *Andamans* & au milieu des mangliers qui croissent dans les endroits les plus enfoncés de ces îles, on trouve des cochons d'une très-petite espèce; mais ils sont très-rares, & vraisemblablement ils proviennent de ceux qui y ont été laissés par d'anciens navigateurs.

» Ces cochons, joints à une espèce de rat & l'*ichneumon*, sont les seuls mammifères qu'on trouve dans ces îles.

» Il y a peu d'oiseaux : les principaux sont l'épervier, le martin-pêcheur, le courly, quelques perroquets, la corneille indienne, la petite mouette, &c. &c. En reptiles, on y rencontre quelques serpens, une espèce d'ignane & quelques lézards.

» Le poisson est très-abondant pendant la mousson du nord : les meilleures espèces qu'on y trouve, sont le mulet gris, la morue, le carrelet & la sole. Il y a des huitres, mais en très-petite quantité. La plage est couverte de madrépores & de plusieurs coquillages d'une grande beauté, notamment des murex, des gorgones, des cauris, &c.

» On trouve dans les cavernes de ces îles & les fentes des rochers, la salangane (*hirundo esculenta* L.), espèce d'hirondelle dont les nids se vendent à un si haut prix à la Chine. Cet oiseau est très-noir, & ressemble au martinet : son nid est composé d'une substance mucilagineuse qu'il avale, dit-on, en rasant la mer, & qu'il retire ensuite de son estomac. Les Chinois recherchent ces nids, parce qu'ils leur attribuent des qualités restaurantes & aphrodisiaques.

» Les seules productions végétales dont les Andamaniens connoissent l'usage, sont les fruits sauvages qu'ils recueillent dans les bois; ils mangent principalement les fruits du manglier. Le cocotier, si commun dans les îles voisines, ne croît point aux *Andamans*. Les principaux arbres de ces îles sont : le figuier indien ou l'arbre sacré des Banyans, l'amandier & l'arbre à huile. On y rencontre également le *penaigre*, dont le bois sert à faire des courbes de vaisseau. Le bois de fer y croît à une grande hauteur : on y trouve l'arbre qui fournit *le bois rouge*, dont on fait des meubles

(1) *Voyez* Nicobar (îles de).

(2) *Relation de l'ambassade anglaise envoyée en 1795 dans le royaume d'Ava, ou l'empire des Birmans*, tom. I, pag. 238.

dans l'Inde, & qui n'est guère inférieur à l'acajou. Dans ces îles, les arbustes, les joncs & les lianes qui croissent sous les grands arbres & qui s'y unissent très étroitement, sont en si grande quantité, qu'on ne peut pénétrer dans les forêts qu'en s'y frayant des ouvertures à coups de hache.

» Situées dans la partie de l'Océan indien où la mousson du sud-ouest se fait sentir avec le plus de force, & qui est couronnée de hautes montagnes contre lesquelles se brisent les nuages, les îles *Andamans* sont, pendant huit mois de l'année, inondées par des torrens de pluies. Suivant des observations météorologiques suivies, il a tombé, dans un des ports de ces îles, occupé par les Anglais, quatre-vingt-dix-huit pouces d'eau; ce qui surpasse beaucoup la plus grande quantité de celle qui tombe dans d'autres contrées éloignées. »

Je ne dois pas omettre ici une considération importante, relative à la position des îles *Andamans*; elles font partie d'une chaîne d'îles qui semblent le prolongement du promontoire d'Achem, dans l'île de Sumatra. Ce sont probablement les vestiges d'une ancienne chaîne qui a été détruite à mesure que le golfe du Bengale s'est approfondi.

ANDANCE & ANDANCETTE. Ce sont les points du cours du Rhône, par où les habitans d'Annonay & des environs traversent ce fleuve. Les granits règnent jusqu'au Rhône, & les collines qui le bordent des deux côtés, sont également de ces granits; mais ces noyaux qui appartiennent à l'ancienne terre sont recouverts de dépôts, lesquels méritent la plus grande attention. C'est surtout à *Andance* qu'on peut reconnoître leurs limites & adossement contre le massif de granit dont est composée la croupe élevée de la vallée du Rhône. Ce sont des couches horizontales qui forment le remplissage étonnant de cette vallée. Elles ont un grain qui en annonce l'époque très-moderne. Je le répète: les terres, débris de ces dépôts, couvrent certaines parties des croupes de granits depuis *Andance* jusqu'à *Châteaubourg*. Cette association singulière paroît fort à découvert, car c'est à Châteaubourg que commencent les couches calcaires à grain fin, qui servent aussi de base, comme les granits, aux dépôts modernes de la même nature que ceux d'*Andance*. Si l'on compare ces massifs de couches horizontales à gros grain, quant au niveau, avec ceux à couches inclinées & à grain fin, on trouve que les premiers sont toujours placés au dessus des seconds, quoique les uns & les autres soient fort élevés. Ainsi les massifs de couches inclinées à grain fin, qui s'étendent jusqu'à Crussol & même plus loin, s'élèvent jusqu'à l'extrémité supérieure de la croupe; de même le massif plus moderne qui repose, comme je l'ai remarqué, sur les granits & sur les couches inclinées à grain fin, se trouve au niveau de la cime graniteuse de l'Hermitage. C'est ce massif qui forme le sol de ce fameux vignoble, que j'ai reconnu avec soin comme étant de la même nature que les dépôts d'*Andance*.

Il résulte de tous ces faits, qu'il y a dans ce trajet des couches horizontales placées dessus & à côté des couches inclinées; que les uns & les autres dépôts de la mer sont adossés aux granits, & les recouvrent assez souvent. Comme toutes ces observations, dont les premiers objets ont été remarqués à *Andance*, peuvent se suivre non-seulement dans cette contrée, mais encore dans la partie inférieure de la *vallée-golfe* du Rhône, je me propose d'en faire connoître la suite, en m'attachant à divers points remarquables de cette vallée. C'est ainsi que je présenterai successivement tous les élémens des deux ordres de dépôts, qui établissent d'une manière incontestable les deux retraites & retours successifs de la mer, dans les articles GARD, GARDON, USEZ, &c.

Je finis par observer que ce sont les eaux courantes des rivières d'*Egoulet* & de *Thorençon*, lesquelles affluent dans le Rhône vers ce point sur la droite du fleuve, qui ont mis à découvert les dépôts intéressans qu'on y trouve. Les mêmes effets ont été opérés par les rivières d'*Argentel* & de *Bancel* réunies, qui s'y rendent sur la gauche du même fleuve, à quoi je dois ajouter ceux de l'embouchure de la *Galaure* à Saint-Vallier. Ces eaux courantes ont facilité, comme on voit, l'étude de phénomènes qui caractérisent particuliérement la *vallée-golfe du Rhône*. (*Voyez les articles* RHÔNE & VALLÉE-GOLFE)

ANDELLE, rivière de France dans la ci-devant province de Normandie, maintenant du département de la Seine-Inférieure. Elle commence son cours par deux embranchemens, dont le premier a deux subdivisions: l'une côtoie Roncherolles, & l'autre Marquenchy. Au dessous de leur réunion, on rencontre l'affluence du second embranchement, qui se prolonge aussi en deux subdivisions jusqu'aux vallées voisines des eaux minérales de Forges. L'*Andelle* coule ensuite dans un seul vallon jusqu'à Launey. Ces premières eaux sont rassemblées au milieu des sables, & à peu près dans la ligne du partage général des eaux entre cette rivière & les affluences de la Béthune, enfin au centre du plateau de Forges.

Après avoir reçu deux ruisseaux dans les environs d'Argeuil & de Mesnil-Lieu-Brai, elle s'engage dans une vallée un peu approfondie. C'est à cette hauteur surtout que la vallée de l'*Andelle* se trouve séparée de celle de l'Epte par des bois & des bruyères d'une largeur & d'une longueur considérables, & en particulier par des collines arrondies, qu'on peut considérer comme l'ouvrage des ruisseaux dont j'ai fait mention. Je dois remarquer aussi qu'en général dans cette contrée la distribution des eaux est telle, qu'entre deux ruisseaux sont des collines alongées dans le sens de la pente des eaux.

Un peu plus bas, vers Montaigny, le lit de l'*Andelle* se trouve coupé par quelques îles alongées. Ce même système d'îles se continue par l'affluence de deux ruisseaux fort longs, dont le premier a son origine à *Chef-de-l'Eau*, & parcourt un vallon chargé de ramifications sèches fort nombreuses, & qui se réunissent à la tige principale sous des angles fort aigus; & le second a sa source près les *Authieux*, & court au fond d'un vallon qui a cinq ramifications sèches à droite, & une abreuvée d'une eau fort abondante, laquelle, près de sa source, fait tourner plusieurs moulins. Ces mêmes îles se présentent tantôt à droite & tantôt à gauche du lit principal de l'*Andelle*. Il en résulte que la vallée qui renferme ces eaux courantes est fort large, & que tout le fond de la plaine fluviale est de niveau. Cette disposition des choses règne jusqu'à Charleval : c'est là où toutes les eaux de la *Forêt-de-Lions* sont réunies dans deux ruisseaux assez alongés qui affluent dans l'*Andelle*, & à côté desquels sont deux vallons aussi affluens, mais secs.

En suivant tous les défrichemens qui se sont faits dans cette forêt, ainsi que les habitations qui s'y sont établies à la suite, on voit qu'ils ont été assujettis aux eaux courantes, parce qu'ils fournissoient aux premiers besoins des hommes & des animaux domestiques, &c.

Depuis le dernier ruisseau des *Authieux*, on ne rencontre plus, à droite surtout, que des *vallons secs* peu profonds jusqu'à Romilly, où l'*Andelle* est assez forte pour suffire aux mouvemens des usines importantes qu'on y a établies.

Toute la contrée est couverte de ces vallées sèches, depuis l'Epte jusqu'aux Ponts-de-l'Arche, excepté les deux vallons abreuvés qui traversent les Andelys après leur réunion.

A cette occasion je profiterai de l'embouchure de l'*Andelle* dans la Seine, pour faire remarquer qu'en cette partie de son cours, ainsi qu'au dessus & au dessous, tant à la coïncidence des vallons secs qu'à celle des *abreuvés*, il se trouve un grand nombre d'îles qui ont toutes sortes de formes, & surtout des formes alongées. D'après des observations assez suivies, il m'a paru que la formation de ces îles étoit due principalement aux avalaisons latérales des terres, qui ont encombré le lit de la rivière, de manière que le courant n'avoit pu s'en débarrasser. Au reste, je reviendrai à ces effets en décrivant les embouchures de quelques vallées latérales dans la Seine, ainsi qu'à l'article SEINE, où je ferai envisager les dimensions & les accroissemens de ces îles dépendans de certaines circonstances du cours de ce fleuve dans ces contrées.

ANDERNACH, petite ville située sur la rive gauche du Rhin, & qui est le centre du commerce du trass, des meules de moulin & de la pierre à four. Nous allons parcourir les différens gîtes où se trouvent naturellement toutes ces substances, auxquelles nous ajouterons ceux où l'on voit dans la vallée du Rhin les basaltes prismatiques.

En arrivant à *Andernach*, les premiers objets qui frappent la vue des naturalistes, sont des morceaux de basaltes en colonnes, employés sous formes de bancs ou de bornes à côté des portes des maisons, aux coins des rues, & particulièrement aux portes cochères. Quelques-uns de ces tronçons de colonnes ont jusqu'à deux pieds de diamètre. La plupart sont pentagones, & plus rarement exagones; & hors de la porte de cette ville, le long du Rhin, on en remarque quelques morceaux d'un diamètre assez considérable, & qui non-seulement sont en pierres perdues, mais encore paroissent avoir été roulés & un peu arrondis. Nous tâcherons de faire connoître, dans l'article RHIN, comment ces morceaux ont pu être portés & entraînés dans cet endroit par des eaux courantes.

C'est encore hors des portes de cette ville, toujours le long du Rhin & sur sa rive gauche, que l'on apperçoit une grande quantité de *trass* distribué par tas : on l'y transporte des endroits d'où on le tire, pour y être vendu & embarqué sur le fleuve.

Plus bas on voit un grand nombre de grandes & petites meules de moulin, formées de cette pierre noirâtre remplie de trous, qu'on observe aux environs de Coblentz. Les chambranles des portes & des fenêtres de toutes les maisons d'*Andernach* sont de cette même pierre, à laquelle on donne facilement toutes les formes qui conviennent à ses usages. On la taille surtout en carreaux qui servent à carreler les cours, les cuisines, les vestibules. Elle a été employée dans la construction des plus anciennes églises & de plusieurs bâtimens de cette ville; ce qui est une preuve que cette espèce de pierre est connue depuis fort longtems : on la connoît sous le nom de *pierre de Nieder-Mennich*.

Toutes ces substances, comme *pierres ponces*, *basaltes prismatiques*, *trass*, *pierre de Nieder-Mennich*, *pierres à four*, s'annoncent, dans les environs d'*Andernach*, comme autant de produits des feux souterrains à tous ceux qui ont fait une étude de cette contrée intéressante. Plus on l'observe, plus on reconnoît les différens vestiges des éruptions volcaniques. Mais, je le répète, il faut l'étudier d'après des principes qui conduisent à déterminer les centres d'éruption, & les distributions des différentes matières que le feu a dispersées tout autour de ces centres. Je vais donc décrire ce qui peut appartenir au *trass*, à la *pierre de Nieder-Mennich*, à la *pierre à four* & au *basalte*, quant à leurs gîtes seulement, & je le ferai avec d'autant plus de soin, que ces trois premières productions forment, dans ce pays, autant d'objets considérables de commerce, autant d'objets d'une utilité singulière dans la société.

Du trass.

On tire le trass du sein de la terre, le long de la rive gauche du Rhin, dans plusieurs endroits du voisinage d'*Andernach*, à *Pleitt*, à *Cretz*, à *Crufft* au sud-ouest de cette ville, à *Tœnigstein* au nord-ouest, & à *Brœhl* au nord, &c. tous gîtes de cette substance, qui sont fort rapprochés les uns des autres. Dans le voisinage de ces lieux, on trouve aussi la pierre de *Nieder-Mennich* près des villages de *Nieder-Mennich*, de *Kottenheim*, & de la petite ville de *Meyen*. Pour connoître la situation de ces substances, il suffit de visiter ces différens villages dans les environs d'*Andernach*. On pourroit aussi ajouter à cette recherche l'examen des montagnes qui sont dispersées dans cette étendue de route, & l'on en recueilleroit un ensemble très-instructif entre les massifs des plaines & ceux des montagnes.

Ce qu'on appelle *trass* ou *trasset* est plus communément connu dans le pays sous le nom de *turffstein* ou de *duckstein*; mais on donne plus particuliérement le nom de *trass* à cette substance lorsqu'elle a été réduite en poudre & broyée pour être mêlée à la chaux & former un mortier. Ce nom vient du hollandais *tiras*, qui signifie *ciment*, à cause de l'emploi fort étendu qu'on fait en Hollande de cette production. Le trass le plus estimé & le plus recherché par les Hollandais est celui de *Cretz*, de *Pleitt* & de *Crufft*. D'après l'examen fait sur les lieux, on reconnoît aisément qu'il se trouve au centre d'une plaine, à dix, douze & quatorze pieds de profondeur au dessous de la surface extérieure du terrain. La superficie de ce terrain qui renferme le *trass*, est très-fertile en blé.

Pour extraire le *trass* de sa mine ou gîte, on creuse la terre en forme d'entonnoir; on en extrait les déblais en les rangeant autour de l'ouverture de la fouille, & lorsqu'on est parvenu au massif du *trass*, on le fait sauter en éclats avec la poudre, & les fragmens que ce premier travail donne se réduisent en débris plus ou moins gros avec un ciseau & un gros maillet: on en fait ou des débris fort petits, ou des carreaux en guise de briques, selon les vues qu'on a sur leurs usages. On l'amoncèle sous ces formes autour de la fouille pour être vendu & transporté sur les bords du Rhin, ou dans tout autre endroit de sa destination. Aussi long-tems qu'on rencontre le massif du *trass*, on poursuit la fouille & l'extraction de cette substance; mais tout le travail cesse dès qu'elle est épuisée. On referme pour lors l'ouverture, & la terre est de nouveau mise en valeur. Entre *Pleitt* & *Crufft* on rencontre une grande quantité d'endroits où l'on a fait des fouilles: on les reconnoît à la surface des champs qui sont ensemencés, & qui ne sont pas entiérement de niveau avec les parties de la plaine qui n'ont pas été fouillées. On voit par-là que le *trass* forme une couche assez profonde dans l'intérieur d'une plaine fertile & cultivée: ainsi chaque particulier qui possède des fonds dans cette plaine, y trouve un double avantage, ou dans les récoltes des grains, ou dans le *trass*.

Cette dernière production, par sa consistance, est un assemblage singulier de terres & de pierres. Certaines parties sont poreuses & légères: en trempant le *trass* dans l'eau, il y produit un sifflement. Ses parties ont plus d'adhérence entr'elles, que celles d'une simple terre; mais il n'a ni la pesanteur, ni la dureté, ni le tissu d'une pierre. Plus il renferme de parties poreuses, plus on l'emploie avantageusement; car les fragmens de laves compactes qui s'y trouvent, ne contribuent pas à en faire un bon ciment. Sa couleur est d'un gris plus ou moins foncé: il tire quelquefois un peu sur le jaune ou sur le brun, surtout lorsqu'il sort de la terre. Ce qu'il y a de remarquable dans cette substance, & ce qui la fait ranger parmi les produits des volcans, c'est qu'il entre dans sa composition beaucoup de corps qui sont reconnus comme les effets des feux souterrains. Elle renferme surtout beaucoup de ponces blanches & quelquefois grises, d'une consistance médiocre, en petits morceaux plus ou moins gros, & qui se détachent aisément des autres corps au milieu desquels ces ponces sont assemblées. Ces ponces sont toujours la partie la plus considérable qui entre dans la composition du *trass*. Quelquefois il y a dans cette substance des cavites remplies d'une terre jaune, que les ouvriers appellent *fleurs jaunes*. Cette terre jaune est non-seulement friable parce qu'elle a le tissu poreux des pierres ponces, mais en séchant, après qu'elle a été tirée de la fouille, elle se pulvérise aisément.

On remarque encore, dans les mélanges des substances qui entrent dans la composition du *trass*, des débris de scories d'un brun-noirâtre, remplies de petits pores vides; des morceaux de vitrifications verdâtres, des vitrifications bleues en petits grains fort déliés, qu'on ne peut découvrir qu'à la loupe. On y voit aussi de petits éclats d'ardoise verdâtre & de pierre argileuse tendre, d'un rouge-brun, qui porte des points de mica blanc, des grains de quartz blanc opaque; enfin des débris d'autres pierres quartzeuses ou argileuses, vertes ou brunes. On y découvre aussi le plus souvent de petites lames de mica noir, du schorl en aiguilles minces, ou en petits cristaux noirs sphériques ou polygones, qui ont quelquefois jusqu'à deux lignes de diamètre. On démêle enfin, parmi ces débris, des grains noirs sans aucune forme, d'une substance ferrugineuse, qui sont attirables à l'aimant; puis des rognons d'une lave noirâtre pesante, pénétrés d'une multitude de cristaux de schorl encore plus noirs, & luisans comme des fragmens de charbon de terre. Telles sont les substances qu'on observe, tant dans les amas de *trass* des environs d'*Andernach*, que dans les dépôts qu'on en trouve à Dordrecht en Hollande. J'ajoute que, de leur mélange, on eſt en droit d'en conclure que les feux des volcans ont eu part à leur aſſemblage & à leur réunion.

La terre qui recouvre le *traſs*, & qui fait la baſe de celle qui eſt propre à la culture des grains, eſt une argile fine d'un gris clair. Etant deſſéchée & trempée dans l'eau, elle s'y ramollit avec ſifflement.

Le *traſs* eſt pulvériſé dans des moulins propres à cette préparation, & qu'on trouve à Dordrecht. J'en ai donné un deſſin & une deſcription dans le *Journal de Phyſique* de l'abbé Rozier, année 1779, première partie, page 199, avec une légère note ſur la compoſition du *traſs*, qui termine mon *Mémoire ſur la pozzolane*. Lorſqu'il eſt ainſi réduit en poudre, on le mêle avec de la chaux éteinte & un peu d'eau : il réſulte de ce mélange un mortier particulier, qui a la propriété de ſe durcir conſidérablement à l'air, & de rendre les conſtructions dans leſquelles on l'emploie impénétrables à l'eau. Cette propriété rend ce mortier d'un grand uſage dans les bâtimens qu'on eſt obligé de faire dans l'eau, & ſurtout dans les parties inférieures des édifices, des digues & des caves qui en Hollande baignent dans les eaux courantes des rivières ou des bords de la mer. Le *traſs* a donc la même propriété que la *pozzolane*. On le prépare à peu près de la même manière, & il ſert, comme on voit, aux mêmes uſages ; ce qui n'eſt pas étonnant, car d'après l'énumération des principales ſubſtances qui entrent dans ſa compoſition, on ne peut pas douter que ce ne ſoit une eſpèce de pozzolane. Ainſi nous finirons par dire que, dans un ſyſtème de minéralogie, il doit être placé parmi les productions volcaniques.

On peut faire pluſieurs queſtions ſur l'origine du *traſs* & ſur ſa poſition à dix ou douze pieds de profondeur au deſſous de la terre labourable. Il eſt vraiſemblable d'abord que les différentes parties dont le *traſs* eſt compoſé, ont été lancées & diſperſées dans les plaines qui environnoient les volcans & les différens centres d'éruption de cette contrée qui recèle cette précieuſe pozzolane. *Cretz*, *Pleitt* & *Crufft*, où l'on fouille le *traſs* que je viens de décrire, ſont ſitués dans le voiſinage de deux montagnes iſolées & dans leurs enceintes. Ces montagnes ſont ſtériles, nues, & annoncent, par l'état des matières qui en conſtituent le ſol, avoir été des centres d'éruption. L'une ſurtout, qui s'offre ſur la gauche du chemin de *Pleitt* à *Crufft*, eſt terminée par un ſommet dont les bords ſupérieurs ſont arrondis par deux éminences égales, qui ſemblent former une enveloppe autour du centre affaiſé & concave. Ce ſont viſiblement les reſtes d'une ancienne bouche de volcan en ruines.

A meſure qu'on s'éloigne de ces deux montagnes d'une forme aſſez ſemblable, & des trois villages où ſe font, comme nous l'avons dit, les fouilles du *traſs*, & qu'on quitte *Crufft* pour ſe rendre à *Nieder-Mennich*, on obſerve que le ſol de la campagne devient moins fertile, & l'on voit qu'on n'a tenté nulle part d'y fouiller le *traſs*. C'eſt ce qui donne lieu de préſumer qu'il ne s'y en trouve pas ; car, ſuppoſé qu'il y en eût, on n'auroit pas manqué d'employer ce mauvais terrain à la fouille de cette pozzolane précieuſe, plutôt que le ſol fertile des environs de *Pleitt* & de *Crufft*. Dans ce trajet on rencontre encore des veſtiges de productions volcaniques. On voit partout des débris noirâtres de laves & de ſcories, au milieu deſquels ſont pluſieurs points de criſtaux tranſparens. En examinant la terre ſablonneuſe qui forme le fond du terrain, on trouve qu'il offre une eſpèce d'ardoiſe griſe pulvériſée, & en petits fragmens mêlés avec des débris menus d'autres pierres de vitrifications tranſparentes, verdâtres & ſurtout jaunes : le tout réuni à une quantité conſidérable de grains noirs de mine de fer, attirables à l'aimant, & enfin à quelques criſtaux de ſchorl noir priſmatique & ſphérique.

On ne peut pas douter que cette variété de vitrifications de différentes couleurs, ces ſchorls, cette quantité de grains de fer parſemés au milieu de nombreux débris d'ardoiſe, ne ſoient les produits des feux ſouterrains ; mais il n'en réſulte pas que le même centre d'éruption qui a formé le *traſs* de *Pleitt* & de *Crufft*, ait pu jeter ici les mêmes ſubſtances dans les plaines environnantes ; par conſéquent il n'y a aucune raiſon de ſuppoſer que le *traſs* réſide au fond de cette plaine. Mais, en général, il auroit fallu ajouter à la détermination des différens centres d'éruption, les raiſons qui ont pu décider les dépôts des différens produits de ces centres, dans la ſuppoſition même que l'une des deux montagnes dont nous avons parlé eût été un volcan, & que, dans la force de ſes éruptions, il ait jeté plus loin les matières volcaniſées qui ſont diſperſées entre *Crufft* & *Nieder-Mennich*, ainſi que les fragmens de terres jaunes légères, & les ponces & ſcories qui ſe trouvent en ſi grand nombre dans la compoſition du *traſs*. Il ne ſeroit pas étonnant que le *traſs* réſidât dans le voiſinage des deux montagnes, & qu'on n'en trouvât plus à une certaine diſtance d'elles, quoiqu'on y apperçût encore d'autres traces d'effets cauſés par le même volcan ou même par d'autres.

Cette quantité de débris d'ardoiſe argileuſe qui n'eſt pas altérée à un certain point par le feu, & qui eſt de la même nature que celle dont ſont formées les autres montagnes du voiſinage, donne lieu de croire que les feux ſouterrains de cette contrée s'étoient autrefois allumés dans des montagnes dont le noyau étoit compoſé de cette même eſpèce de pierre, & qu'ils l'avoient rejetée, dans leurs éruptions, ſans l'altérer, comme on l'a remarqué dans quelques-uns des volcans éteints. Au reſte, ces indices de ſubſtances qui ont éprouvé, comme je viens de le dire, l'action des feux ſouterrains, ſe rencontrent dans une route qui rapproche d'autres montagnes volcanisées, & au milieu desquelles est située l'abbaye du *Lach* ou *Laach*.

Il ne me reste plus qu'à indiquer les gîtes de trois substances volcaniques, que j'ai promis de faire connoître dans des articles particuliers, aussi en détail que le *trass*. La première est la pierre meulière de *Nieder-Mennich*. Cette pierre a pour gîtes de légères élévations, qui sont dominées par de plus hautes montagnes, derrière lesquelles est l'abbaye du *Laach*. On la trouve employée dans les bâtimens de Coblentz, d'Andernach & du village de Nieder-Mennich. Les cavités, les trous, les pores dont cette pierre est percée dans toute sa masse, sa couleur noirâtre & d'un gris enfumé, en font une substance désagréable au coup d'œil dans la construction des maisons & des édifices publics : on ne l'emploie à cet usage que dans le pays & dans les endroits où l'on ne pourroit avoir, à meilleur compte, une autre pierre de sable plus propre à l'ornement & à l'embellissement des maisons, tant par le grain que par la couleur. Au reste, l'usage principal consiste à en faire des meules de moulin de toutes grandeurs. Par sa nature & par son tissu, cette pierre est fort propre à cet emploi, & c'est par-là que ses carrières sont célèbres. On en fait un commerce extérieur très-considérable, & on envoie de ces meules en Hollande, en Angleterre, dans le Brandebourg & autres pays du Nord. J'ajouterai ici que cette pierre est parfaitement semblable à celle qu'on tire des carrières de *Volvic* en Auvergne, & qui fait partie d'un courant de matières fondues, sorti visiblement d'un crater encore ouvert. On en tire en Auvergne les mêmes avantages qu'aux environs d'*Andernach*.

Nous ferons connoître celle-ci, dans le plus grand détail, à l'article NIEDER-MENNICH, auquel nous renvoyons.

La seconde substance dont j'indiquerai le gîte est la *pierre à four* qui se trouve près de *Bell*, à une lieue de distance de *Nieder-Mennich*, & proche l'abbaye du *Lach*. On la trouve sous la terre végétale : elle a la même consistance que le *trass*, excepté cependant qu'elle est moins poreuse. C'est un assemblage de petits débris de pierres, de quelques lames de mica blanc ou noir, & de quelques grains ferrugineux attirables à l'aimant. On n'y remarque point de pierres ponces dans sa composition, mais cette substance jaune, tendre & poreuse, à laquelle on donne le nom de *fleurs jaunes à Pleitt*, & qui ressemble à un ocre ferrugineux. Au reste, nous la décrirons plus en détail à l'article BELL, auquel nous renvoyons.

La quatrième substance est le *basalte prismatique* qu'on trouve à trois quarts d'heure d'*Andernach*, aux approches du village de *Fornich*, à *Sinzig*, à *Oberwinter* & à *Unckel*, sur la rive gauche du Rhin, entre *Andernach* & *Bonn*. Je reprendrai par la suite toutes ces indications à l'article FORNICH, auquel je renvoie, pour décrire ce que ces différens gîtes offrent de particulier sur cette production volcanique.

ANDERSON (Ile). Cette île est située sur la côte occidentale de l'Amérique septentrionale. Le capitaine Cook lui a donné ce nom en l'honneur de M. Anderson son chirurgien, qui mourut quelques minutes avant qu'on apperçut cette terre. Le troisième voyage de l'illustre navigateur anglais est rempli de détails curieux & intéressans fournis par M. Anderson. Les descriptions qu'il fait des différentes terres de la mer du Sud & des Insulaires, prouvent que cet homme estimable étoit aussi grand naturaliste qu'observateur éclairé.

ANDES. Cette grande chaîne de montagnes appelées les *Andes*, est la plus longue qu'il y ait au monde. Elle parcourt de suite un espace d'environ huit cents milles d'Allemagne, de quinze au degré, traverse toute l'Amérique méridionale depuis l'équateur jusqu'au détroit de Magellan, & sépare le Pérou des autres provinces limitrophes. Le sommet de ces montagnes est si élevé, que, quoique voisines de l'équateur, elles sont couvertes de neiges en été comme en hiver. D'autres ont leur sommet caché dans les nuées. Il y en a même qui s'élèvent au dessus de la moyenne région de l'air. On n'y a encore pu découvrir qu'un seul passage, encore est-il bien difficile ; car on a vu des Espagnols y mourir subitement eux & leurs chevaux en voulant passer de Nicaragua au Pérou, à cause du froid, qui, les saisissant tout à coup, les rendoit aussi immobiles que des statues : effet qui semble n'avoir d'autre cause que le défaut d'un air propre à la respiration. On a trouvé aussi, dans cette chaîne, des montagnes qui répandoient des exhalaisons sulfureuses & de la fumée. On peut mettre celles-ci au nombre des volcans. Telle est la montagne de Carrapa, dans la province de Popayan, qu'on apperçoit, par un tems serein, jetant des tourbillons de fumée comme le Vésuve.

Presque toutes les rivières de la chaîne des *Andes*, qu'on nomme aussi *Cordillière*, sont des torrens impétueux. Les voyageurs, après avoir, avec beaucoup de peine, marché & monté durant plusieurs jours, non sans danger, en suivant les lits de ces torrens, arrivent au pied d'une haute montagne nommée *Chimboraco*, qui est une de celles de la *Cordillière*. A cet endroit ils se trouvent déjà au dessus des nuages, dans une région où il ne pleut jamais. Ensuite, lorsque, parvenus en haut, ils veulent descendre sur le revers oriental, ils sont bien étonnés d'y trouver un pays doux, agréable & tempéré, bien différent de celui qu'ils quittent.

La *Cordillière* est proprement composée, dans sa plus grande partie, de deux chaînes de montagnes parallèles, entre lesquelles est une vallée qui pourroit elle-même passer pour une montagne, cette plaine ou ce sommet plat étant élevé de quatorze cent soixante & dix toises au dessus du niveau de la mer. C'est dans cette vallée que sont situées la ville de Quito & la plus grande partie de sa province. L'élévation du sol, jointe au voisinage des montagnes couvertes de neiges & à l'égalité des jours & des nuits pendant toute l'année, fait que le climat y est tempéré, & qu'on y jouit d'un printems perpétuel, quoique sous la ligne. Le thermomètre de Réaumur s'y maintient entre quatorze & quinze degrés. Quito est au pied d'une montagne nommée *Pichincha*, où l'on monte à cheval fort haut. Le pied de la plupart des montagnes de cette chaîne est une terre argileuse, qui produit de bons pâturages & des légumes, pendant que leur sommet n'est qu'un monceau de pierres arides ou couvert de neiges.

Le froid sur *Pichincha*, & sur les autres montagnes des *Andes*, est extrême : on y est continuellement dans les nuages. Le ciel y change trois ou quatre fois dans une demi-heure, & le thermomètre y varie quelquefois de dix-sept degrés en un jour. Le mercure, sur ces sommets, se soutient à seize pouces une ligne, & à vingt-huit pouces une ligne au niveau de la mer.

La hauteur du sommet pierreux de *Pichincha*, qui est de deux mille quatre cent trente-quatre toises au dessus du niveau de la mer, est à peu près celle du terme inférieur *constant* de la neige dans toutes les montagnes de la zône torride. Nous disons *constant*, car la neige se trouve quelquefois à neuf cents toises au dessous. Quelques montagnes sont plus basses que ce terme; d'autres sont plus hautes, & on ne peut les escalader, parce que la neige se convertit en glace. La neige se fond néanmoins plus haut dans les éruptions qu'éprouvent certains volcans. (*Voyez* VOLCANS.)

Cette ligne du terme inférieur constant de la neige est plus basse, comme cela doit être, plus loin de l'équateur. Par exemple, au pied de Ténériffe, elle n'est élevée que de deux mille cent toises. Bouguer observe qu'il devroit y avoir un terme constant supérieur s'il y avoit des montagnes assez hautes pour que les nuages ne passassent jamais qu'à une certaine distance au bas de leur sommet; mais nous ne connoissons pas de pareilles montagnes.

Dans tous les endroits élevés de la Cordillière, lorsqu'on passe de l'ombre au soleil, on ressent une plus grande différence qu'ici, pendant nos plus beaux jours, dans la température de l'air : c'est que, sur ces hautes montagnes désertes & couvertes de neiges, & où l'air est plus rare, la chaleur vient principalement de l'action directe & immédiate du soleil, au lieu que dans les parties inférieures de la terre elle tient à plusieurs autres causes, & même à des réflexions multipliées.

Bouguer & la Condamine sont montés sur Pichincha au dessus du terme constant de la neige, à deux mille quatre cent soixante & seize toises de hauteur. Le baromètre y étoit à quinze pouces neuf lignes, c'est-à-dire, plus de douze pouces plus bas qu'au bord de la mer.

La chaîne occidentale des *Andes* contient beaucoup de mines d'or, de même que le pied de l'occidentale. Les montagnes des environs de Quito paroissent contenir peu de filons métalliques, quoiqu'on y trouve quelquefois de l'or en paillettes. (*Voyez* QUITO; *voyez* notre article de l'AMERIQUE MÉRIDIONALE, où plusieurs de ces différens points de physique & d'histoire naturelle sont présentés de manière à intéresser les observateurs & les naturalistes.)

ANDES. La partie des Indes occidentales, connue sous le nom d'*Amérique méridionale*, se distingue sensiblement de toutes les autres par ses vastes plaines, par ses terrains élevés que l'on a nommés ici *Cordillières*, & ailleurs *Andes*. Ces monts sont si étendus, qu'il semble que ce soit un monde qui s'élève sur un autre à une grande hauteur. Ces monts sont outre cela si différens entr'eux, qu'on n'y découvre aucun trait semblable. En effet, la nature des matériaux, l'ordre & la disposition des parties, les saisons de l'année, les températures, les productions, les animaux, tout, en un mot, y présente, dans chacune des masses, les différences les plus remarquables. Ici, c'est le printems le plus agréable; à peu de distance, c'est un hiver rigoureux : le même terrain y produit des arbres, dont les uns sembleroient n'avoir dû croître qu'à une centaine de lieues des autres. Les fruits, les quadrupèdes, les oiseaux, offrent les mêmes contrastes. On peut se convaincre, par tous ces phénomènes particuliers, pourquoi j'ai dit qu'il y avoit un monde dans un autre.

Les côtes de l'Amérique méridionale, qui s'étendent vers le nord, sont en général d'une hauteur régulière. On y rencontre, jusque dans les contrées intérieures, des montagnes de moyenne hauteur; mais ailleurs, des montagnes si élevées, qu'on les découvre à un très-grand éloignement. Elles sont même si hautes, que, sous l'équateur, les cimes en sont couvertes de neiges; car ces cimes surpassent la région de l'atmosphère, où les vapeurs aqueuses se congèlent. Ainsi, dans ces mêmes contrées, on remarque tous les phénomènes possibles.

C'est particuliérement dans cette partie de l'Amérique méridionale & occidentale qu'on peut contempler les singuliers aspects qui résultent de l'inégalité des sols, & en conséquence les contrastes des climats & des productions; de sorte qu'on peut observer deux contrées dans une seule. Tout le pays qui s'étend vers la mer du sud est bas, & forme une espèce de lisière qui règne depuis Choco, à sept ou huit degrés au nord de l'équateur, jusqu'au seizième ou dix-huitième degré au sud de la même ligne. Sa largeur n'a guère que huit à dix lieues, & encore éprouve-t-elle des rétrécissemens dans certains parages, plus que dans d'autres. Au point où se terminent les plats pays, commencent les *Andes* & les Cordillières, montagnes dont les cimes sont si hautes, qu'elles semblent se perdre dans les nues. Elles forment comme une seconde contrée distribuée sur leurs croupes élevées, laquelle est coupée, dans son étendue, par des profondeurs & des vallées qui succèdent à des cimes multipliées. Cette contrée, supérieure aux autres, occupe toute cette partie de l'Amérique, que nous avons indiquée ci-devant, sur une largeur de trente à cinquante lieues. Cette chaîne de montagnes s'abaisse enfin pour former un autre pays de plaine, qui s'étend du pied de ces masses élevées, jusque vers les côtes orientales de cette partie de l'Amérique dans le Brésil : c'est là qu'elle a reçu la dénomination de *Montagnes des Andes*. Les voyageurs nous donnent deux raisons de cette dénomination particulière ; la première consiste en ce que ce pays, quoiqu'inférieur en hauteur, a aussi ses montagnes & ses inégalités dans différentes parties ; la seconde, en ce qu'il est couvert de forêts épaisses, que l'on y appelle *montagnés*, quoique la superficie du sol soit plane & uniforme. On voit par-là que cette partie de l'Amérique a une bande de terrain sensiblement plus élevée que tout le reste à l'orient & à l'occident, & même que toutes les autres contrées habitées du globe. Cette grande élévation, au reste, a été constatée par des expériences & par des mesures exactes qui en déterminent la hauteur prodigieuse.

On voit aussi, dans cette partie de l'Amérique, d'autres éminences qui s'élèvent à des hauteurs considérables, comme on le remarque dans les pays les plus connus de l'Europe ; mais il y a dans la *partie haute* habitée, qui sert de base aux premières, des royaumes très-étendus, & des provinces fort peuplées, parsemées de vastes contrées désertes. Or, ces pays diffèrent tellement des contrées inférieures, que rien ne s'y ressemble ; ce qui doit être dès qu'on a reconnu la différence des climats & des températures, qui font varier toutes les productions du sol.

Pour éviter toute méprise relative à la partie haute supérieure & à la *partie haute habitée*, j'observerai qu'il faut considérer, comme un grand fait constaté, que la *partie haute habitée* est à quatre mille cinq cent trente-six vares au dessus des terrains qui servent de bordure à la mer ; qu'outre cela, les cimes de montagnes qui s'élèvent sur cette même plaine élevée, ont plus de six mille six cents vares de hauteur : elles surpassent donc les autres de deux mille soixante-trois vares. On voit par-là qu'il y a trois points de niveau différens pour les massifs qu'on rencontre dans ces contrées. Le premier est celui des terrains bas voisins de la mer ; le second est celui de la masse ou du corps des Cordillières mêmes ; le troisième est celui des sommets qui dominent ces chaînes. Si ces éminences n'avoient rien de plus remarquable que les autres montagnes qu'on connoît dans les autres parties du globe, sans doute elles n'offriroient rien d'étonnant ; mais il n'en est pas ainsi.

La *partie haute* d'abord s'étend, en se différenciant peu de la *basse*, & se prolonge depuis les côtes des Caraques, de Sainte-Marie-du-Choco, jusque près du détroit de Magellan. Mais on remarque ici cette circonstance particulière, que comme la partie la plus large de cette bande de l'Amérique est sous l'équateur & les pays adjacens, on y rencontre en même tems les plus grandes hauteurs, & tout ce système de masses élevées se rétrécit à mesure qu'il se prolonge vers le sud. On observe d'ailleurs que, depuis le trentième degré en allant vers le sud, le climat éprouve des changemens qui correspondent à ceux de la zône tempérée, quant à la division de l'hiver & de l'été. Comme il étoit moins nécessaire à la nature, depuis ce degré, de suppléer par l'élévation à ce qui manquoit au climat, la partie haute y est plus abaissée qu'elle ne l'est sous l'équateur. C'est pourquoi nous ferons envisager cette partie de la chaîne comme une suite de collines, qui règne sur plusieurs centaines de lieues, & dans laquelle il y a rétrécissement & abaissement proportionnels à mesure qu'on s'avance vers le midi. Relativement à toutes ces formes, cette partie a un rapport régulier avec les autres, au lieu que, dans d'autres dispositions, elle eût été inhabitable pendant les froids de l'hiver.

En effet, si la terre qui est sous l'équateur est toujours froide à cause de la hauteur des montagnes dont une neige éternelle couvre les cimes, à plus forte raison la zône tempérée, où l'on a l'hiver & l'été, le seroit-elle s'il s'y réunissoit deux causes pour produire le froid ; savoir : l'élévation du sol & l'obliquité des rayons solaires. Mais les changemens qui ont eu lieu dans les dispositions des terrains font qu'il n'y a aucun de ces excès qui nuise à leur habitation. On voit donc que si les chaînes qui se trouvent dans les provinces situées entre les tropiques sont praticables en tout tems, celles qui sont au-delà du trentième degré ne le sont plus en hiver à cause des grandes neiges qui couvrent le sol.

Ces deux terres, la *haute* & la *basse*, ne peuvent être mises en comparaison avec aucune de celles qui se voient dans les autres parties du monde. En effet, quoique l'on rencontre dans toutes de vastes chaînes de montagnes, & qu'il y ait même des habitans sur leurs éminences & dans leurs vallées malgré les neiges qui y tombent dans la saison, on n'y voit cependant pas les grandes plaines qui sont sur les *Cordillières* & les *Andes* : plaines si étendues, qu'on ne croiroit jamais y être sur les plus hautes élévations du globe. Aussi les naturels de ces contrées pensent-ils que toute la terre habitable est au même niveau, sans faire attention à la profondeur immense à laquelle la mer se trouve au dessous d'eux. Mais, d'un autre côté, ceux qui n'ont pas vu ces cimes énormes, ne peuvent pas se figurer la difformité de cette partie du monde qui s'élève ainsi, & se prolonge, au dessus du plan régulier de la circonférence, à plusieurs centaines de lieues sur autant de largeur.

Nous avons déjà dit ailleurs que, dans cette partie élevée, la surface de la terre est entrecoupée par de vastes profondeurs qu'on y appelle *Quebradas* : ce sont des espèces de vallées que laissent entr'elles les chaînes de montagnes, & même les plaines, qui sont séparées les unes des autres. Ces intervalles ont quelquefois deux lieues & plus de largeur, & plus ils ont de profondeur, plus ils se rétrécissent. Le fond sert de lit aux eaux qui y coulent, & qui en occupent assez souvent le milieu. Ces eaux suivent d'ailleurs les détours des bords latéraux ; elles continuent leur cours entre les montagnes, & arrivent enfin dans la partie basse du terrain, d'où elles se rendent à la mer. On peut voir le détail de leur marche dans notre *Hydrographie de l'Amérique méridionale.* On y remarquera aisément que les masses d'eau que forment ces rivières réunies ont peu de profondeur dans cette partie basse, & ne semblent être répandues qu'à la surface du sol. On y verra également que, plus les *Cordillières* & les *Andes* sont élevées, plus les *Quebradas* ont de profondeur. Les ouvertures par lesquelles les eaux se déchargent dans la partie basse commencent à s'élargir, & continuent à le faire à mesure qu'elles gagnent les plaines basses ; c'est ce qu'on appelle les *vallées*, qu'on distingue des parties hautes habitées où sont les *Quebradas*, par la dénomination de *Sierra* ou chaînes dentelées par les coupures, &c. (*Voyez* MONTAGNES, CORDILLIÈRES, ANGARAEZ, QUEBRADAS.)

ANDORIA (Lac d'). *Lago Salso.* Ce lac est dans la Capitanate, province du royaume de Naples, entre les rivières *Candolaro* & *Coropello*, proche les côtes du golfe de Venise & la ville de Manfredonia. Il n'est pas étonnant que l'eau de ce lac soit salée, car son bassin est dans le voisinage de la mer.

ANDUJAR. C'est aux environs de cet endroit, situé dans le bassin du Guadalquivir, qu'on trouve abondamment cette argile blanche avec laquelle on fabrique, en Espagne, les petits vases qui servent, dans une grande partie de ce royaume, à conserver l'eau fraîche en été. Dans d'autres contrées de l'Andalousie se rencontrent des amas d'une argile rouge, dont on fait à peu près le même usage, & l'on en fabrique des vases que l'on appelle *bucaros.* Ces deux sortes de vases sont minces, poreux, lisses, & à demi cuits. Nous avons déjà vu qu'en y mettant de l'eau, ils répandoient une odeur assez semblable à celle de la terre sèche lorsqu'il pleut en été ; que l'eau filtroit à travers le corps de ces vases, & les conservoit toujours humides. Nous ajouterons ici que cette eau, passant en même tems à un certain état de vaporisation, se dépouilloit de la chaleur qu'elle contenoit, laquelle se combinoit avec l'air, & que de là il en résultoit un certain froid autour des vases, qui rafraîchissoit l'eau dans leur intérieur. (*Voyez l'article* ALCARAZAS.)

Les *bucaros* qu'on tire de l'Inde sont composés d'une terre plus fine, & répandent une odeur plus suave. Nous connoissions ces vases évaporatoires de l'Inde, de l'Afrique, de l'Egypte avant que quelques personnes instruites nous aient fait connoître, en dernier lieu, les *bucaros* & les *cruches* d'Espagne, & de la réunion de toutes ces connoissances il en est résulté l'introduction des mêmes moyens en France. L'industrie ayant tout fait dans cette partie, nous attendons maintenant que la mode en établisse l'usage.

ANDUSE. Je commence par remarquer ici qu'une certaine chaîne de montagnes, laquelle passe au dessus d'Alais à *Anduse* & à Saint-Hippolyte, mérite l'observation des naturalistes par ses interruptions & par ses brèches, qui ne se trouvent précisément qu'à la rencontre d'une rivière ou d'un ruisseau, & dont les eaux ont beaucoup de pente, parce qu'elles descendent de plateaux fort élevés : plus on examine ces interruptions, plus on les trouve dignes d'attention. Il est en effet assez singulier que, dans un pays tel que celui des Cévennes, où les montagnes offrent des pentes fort considérables, on n'en trouve point qui, par la réunion de leurs vallons, forment un bassin considérable & sans issue, ou qui n'aient qu'une issue pour recevoir les eaux d'une rivière, en sorte que les eaux ne puissent s'échapper autrement qu'en s'élevant jusqu'au bord du bassin, pour déborder par-dessus après y avoir formé un lac considérable. Au lieu de ces irrégularités, les plus grandes rivières ont partout un écoulement libre par une pente suivie, plus ou moins grande, selon que le terrain est plus ou moins au dessus du niveau de la mer. Lorsque le cours en est traversé par une chaîne de montagnes ou de rochers, la chaîne est à coup sûr interrompue dans cet endroit si la rivière n'a pu se détourner commodément sur les côtés. Cette disposition générale paroît être la suite des pentes primitives de la surface de la terre, & de la marche des eaux qui ont suivi régulièrement ces pentes : c'est en conséquence de ces circonstances, que les rochers ont été percés par l'effort des eaux des rivières, parce que ces eaux ont entamé ces rochers en commençant par la partie supérieure. On ne peut pas supposer ici que, pour faciliter cette coupure des rochers, la masse des montagnes ait été autrefois molle, parce que ces ruptures sont beaucoup postérieures à cet ancien état. Nos continens n'étoient pas mous lorsque les eaux courantes ont culbuté dans les Cévennes tant de rochers qui s'y trouvent isolés, & par suite la chaîne qui passe à *Anduse*, laquelle a été coupée par la rivière qui la traverse aujourd'hui. Les preuves en sont très-aisées à saisir, car la chaîne de rochers est coupée jusque dans ses fondemens, de la largeur précisément du lit de la rivière, & de celle que lui ont permis de prendre jusque-là deux coteaux qui bordent la rivière dans son courant, & qui se terminent à la chaîne. D'ailleurs, elle a laissé de part & d'autre deux rochers de marbre d'une hauteur à peu près égale, savoir, de vingt-cinq à trente toises, escarpés si également, qu'ils sont taillés presque partout à plomb, & forment ainsi un passage assez étroit à la rivière.

Il est visible ici que si ces rochers de marbre eussent été mous au tems de la coupure, ce passage auroit été bien plus large, & ne seroit point escarpé comme il l'est des deux côtés; & si certaines circonstances favorables s'étoient rencontrées, les deux côtés tiendroient encore l'un à l'autre par le sommet, & feroient une arche sur la rivière, comme on le voit dans une chaîne de rochers que traverse la rivière d'Ardèche en Vivarais, au lieu nommé le *Pont-de-l'Arc*.

Quelle solidité ne falloit-il donc pas qu'eussent les bancs de la terre, pour rester ainsi suspendus après avoir été rompus par le pied? On peut même dire que ces digues de rochers qui traversent encore nos chaînes & nos vallées en certains lieux, & du haut desquelles les eaux se précipitent avec bruit, sont de même les bases de rochers emportés comme ceux d'*Anduse*, avec cette différence qu'au dessous des premiers, la rivière d'Ardèche avoit sans doute une pente rapide, & emportoit le terrain inférieur, qui étoit moins solide : c'est ainsi qu'avec le tems, & après coup, se sont formées les cataractes & les chutes d'eau.

Au reste, on peut croire que c'est à ce même travail des eaux courantes que sont dus les cailloux & les sables de toute espèce que nous trouvons dans le lit de nos rivières. Il n'y a pas de doute que la source des cailloux & des galets arrondis de nos rivières ne soit due au travail des eaux de la mer, qui ont remonté dans ces bassins, dont elles ont fait autant de *golfes*. C'est ainsi qu'ont été formés des cailloutages parfaitement semblables à ces premiers, dont tout un canton des environs, nommé *Brésis*, est rempli, & qui composent une suite de coteaux fort élevés au dessus du niveau du Gardon ou de la rivière qui traverse le pays. Ces cailloux & les galets de *Brésis* sont de même nature que ceux du Gardon; ils sont usés & arrondis de la même manière. En faut-il davantage pour être fondé à croire que le terroir de *Brésis*, quelqu'élevé qu'il soit aujourd'hui, quelque place qu'il occupe, tire son origine de la vallée du Gardon ou d'une rivière qui traversoit ce même bassin? D'ailleurs, on trouve dans cette même contrée & à un niveau plus bas, un puits profond d'où l'on a tiré de ces mêmes galets; & quoique l'on ait de la peine à croire que la rivière se soit portée de ce côté, & à une si grande profondeur, cependant les différentes matières qu'on en tire, confirment dans l'opinion que ce terroir appartenoit à un *golfe*, où la mer a pénétré & a contribué à rouler tous ces galets. Tout le monde peut juger aussi par-là que les cuves des vallées de ce canton ont été autrefois bien plus profondes qu'elles ne sont, & que néanmoins le niveau des eaux atteignoit en même tems au sommet des coteaux, preuves authentiques de l'abondance des eaux courantes, soit qu'elles vinssent de l'intérieur des terres, ou qu'elles aient été fournies par la mer qui a remonté dans la vallée du Gardon. (*Voyez* ALAIS, GARDON.) Au reste, pour que ces eaux aient atteint ces points extrêmes, il suffit de distinguer les différentes époques où leur cours & leur travail ont pu avoir lieu.

ANE, animal connu par plusieurs bonnes qualités & quelques défauts : il y a des *ânes* de différentes couleurs. L'*âne* se plaît dans les pays chauds, tels que l'Arabie, l'Egypte & la Grèce. On a beaucoup vanté les *ânes d'Arcadie* : cet animal paroît originaire d'Arabie, & avoir passé d'Arabie en Egypte, d'Egypte en Grèce, de Grèce en Italie, d'Italie en France, ensuite en Angleterre, en Allemagne & en Suède. Ces animaux sont en effet d'autant moins forts & d'autant plus petits, que les climats des pays où ils ont été transportés sont plus froids. La race des *ânes* d'Arabie est la plus belle qu'il y ait, & la mieux entretenue.

Dans tous les pays méridionaux, on trouve assez communément des *ânes* sauvages (que l'on nomme *onagres*). Il y a beaucoup d'*ânes* sauvages dans les déserts de Libye & de Numidie, où ils vivent en société : ils vont par troupes pâturer & boire. On n'a pas trouvé d'*ânes* en Amérique, quoique le climat, surtout celui de l'Amérique méridionale, leur convienne autant qu'un autre. Les *ânes* que les Espagnols y ont transportés d'Europe, se sont beaucoup multipliés dans les forêts, où l'on voit actuellement des troupes d'*ânes* sauvages que l'on prend dans des piéges comme les chevaux.

On voit aussi des *onagres* ou *ânes* sauvages dans la Tartarie méridionale, la Perse, la Syrie, les îles de l'Archipel, dans toute la Mauritanie, & même dans toute l'Asie mineure. Les *onagres* ne diffèrent des *ânes* domestiques que par les effets de l'indépendance & de la liberté : les *onagres*, très-nombreux dans les déserts de la Tartarie, vont annuellement en troupeaux dans les déserts montagneux, à l'est & au nord du lac Aral, où ils passent l'éte, & s'attroupent en automne par centaines & même par milliers, pour retourner vers l'Inde, dans l'espérance d'y trouver un asyle contre l'hiver, & cette émigration a lieu dans les montagnes du Malabar & du royaume de Golconde ; mais la Perse paroît être le lieu de retraite le plus fréquenté par les troupeaux d'*onagres*. Au reste, dans les montagnes des environs de Casbin, on en trouve en tout tems de l'année: les Persans en font la chasse, ainsi que les Tartares nomades. Les Persans tâchent de prendre les jeunes *onagres*, parce que c'est de l'accouplement de ces *onagres* apprivoisés, que provient cette belle race d'*ânes* qui servent de monture en Perse & en Arabie.

Ces *onagres*, dans l'état sauvage & réunis en troupeaux, sont conduits par un étalon principal. Cependant il paroît que, dans le tems où ils font leur émigration vers le sud de la région qu'ils habitent, ils s'attroupent en plus grand nombre, & c'est précisément le tems où le rut est passé & les femelles pleines. Les chasseurs se cachent, pour les attendre au passage, dans les environs des marais d'eau saumâtre où ils vont s'abreuver. Ces animaux préfèrent l'eau salée à l'eau douce : ils pâturent avec plaisir les plantes chargées de parties salines, & les pays voisins de la Tartarie leur offrent ce double agrément par l'abondance des amas de sel, des marais salés, & des plantes qui affectent les terrains qui sont chargés de sel marin.

ANECDOTES DE LA NATURE ET DE L'HISTOIRE DE LA TERRE. Après avoir présenté, dans les notices du premier volume, le précis des travaux de plusieurs savans naturalistes sur la géographie-physique, il me paroît convenable de rendre ces analyses encore plus utiles, en rapprochant méthodiquement, sous le titre d'*anecdotes*, les principaux faits qui y sont exposés & discutés, ou que j'ai moi-même observés d'une manière particulière. Ici je n'ai point en vue de former un corps de recherches liées ensemble, sans vides, sans intervalles, & au milieu desquelles figurât un principe hypothétique, adapté au besoin de remplir ces intervalles, comme on les hasarde dans les théories de la terre.

Les différens écrivains qui se sont occupés des corps d'histoire suivis, ont recherché avec soin ceux qui avoient recueilli avant eux les *anecdotes* concernant certains événemens d'une grande importance, & où les détails les plus intéressans se trouvoient exposés de manière à faire connoître les principaux agens & leurs influences. Outre cela, les curieux en fait de recherches ont toujours considéré les *Mémoires anecdotiques* comme les plus piquans & les plus instructifs, où d'ailleurs les circonstances des faits étoient plus décidées que dans les histoires générales, parce que les auteurs de celles-ci ont souvent suppléé aux vides par des préjugés & des hypothèses dont il faut se défier le plus souvent.

C'est à peu près dans les mêmes vues que, sous le titre d'*anecdotes de la nature*, j'ai rassemblé un grand nombre de faits qui doivent faire partie de l'*histoire de la terre*, très-circonstanciés, aussi curieux qu'instructifs, & dont les détails intéressent d'autant plus, qu'on s'est borné, dans leur exposition, à des points précis & dégagés de toutes discussions qui auroient pour objet les recherches pénibles des agens & des causes.

On verra donc figurer dans cet article les monumens naturels des révolutions qui ont laissé leurs empreintes à la surface du globe. Ces monumens, dont s'occupe la géographie-physique, surtout quant à leur position, quoiqu'altérés à un certain point, ont conservé les traces des opérations de la nature, de manière à nous faire remonter vers les tems qui en ont été témoins, & vers les agens qui y ont laissé leurs empreintes.

Mais dans ces *anecdotes* on s'attache à ces monumens & à toutes les circonstances de leur formation, sans en hasarder les explications en appelant des causes inconnues, & qui n'entrent point dans le système actuel des agens naturels. Il nous suffit que ces monumens soient incontestablement les restes d'événemens passés, & qu'ils existent sur de très-grandes parties du globe, pour qu'ils soient rappelés dans ces *anecdotes*. Ici, ce que les Anciens ont écrit ne peut suppléer à ce que l'observation nous fait connoître. Cette suite d'*anecdotes* est donc la seule ressource de ceux qui recherchent sincérement la vérité & les progrès de l'histoire de la terre sur des bases assurées. Tout ce travail est, comme on voit, exécuté sur un plan totalement différent de celui qu'ont adopté les auteurs des théories de la terre, car on a le courage d'ignorer ce qui n'est pas fondé sur des monumens incontestables.

Je le répète : dans cette exposition des *anecdotes de la nature*, je donne les grands faits pour ce qu'ils sont, comme la nature nous les offre, & dans les limites où je les ai reconnus ; en un mot, dans leur ensemble, & de telle sorte que l'on n'y ajoute aucun développement ni rapprochement; ils sont recueillis dans leur pureté pour ainsi dire, parce qu'il ne s'y trouve aucun mélange de systêmes.

Je dois ajouter ici que l'exposition de tous ces faits & anecdotes ne peut faire impression que sur ceux qui ont une certaine habitude d'observer, & d'en recueillir de semblables ; en un mot, qui sentent le besoin de les vérifier.

N°. I. *ANECDOTES sur la superficie & la constitution intérieure du globe de la terre.*

Le bonheur qu'ont les nations d'habiter, depuis une longue suite de siècles, une terre heureuse & tranquille, les a rendus distraits sur les anciennes révolutions du globe. Au milieu de leur félicité, elles ont oublié les tems de tourmente, & s'il survient de nos jours quelques désastres, leurs récits ne servent qu'à alimenter les Journaux & la conversation des ignorans. Le peu que nous savons des événemens des tems reculés est assez généralement considéré, par le plus grand nombre, comme surnaturel, & tout ce que les observateurs instruits en ont découvert depuis deux à trois cents ans, à mesure qu'ils se sont attachés aux monumens de la nature, a été considéré comme fabuleux par le commun des hommes.

Plus on réfléchit sur l'oubli que les hommes ont fait des révolutions du globe, plus il paroît incompréhensible. Nous allons montrer qu'il ne peut être de l'histoire de la terre comme de l'histoire de ces empires dont il ne reste que les noms, & dont les tems ont dévoré & dévorent encore les ruines.

Si nous nous trouvions dans des circonstances aussi fâcheuses, on ne pourroit avoir une preuve plus forte de la vieillesse de la terre, de la multiplicité de ses révolutions, puisque ce ne pourroit être qu'un espace immense qui auroit fait disparoître les vestiges d'événemens aussi remarquables, & anéantir l'intérêt que les hommes de tous les siècles auroient dû toujours y prendre.

Essayons donc de rappeler ces souvenirs intéressans que les tems ont détruits. Quoique les traditions se soient usées, affoiblies & altérées, & qu'on en ait formé des systèmes bizarres & sottement célèbres, il n'en a pas été de même des monumens naturels qui subsistent non-seulement à la surface, mais encore dans l'intérieur du globe. A mesure qu'on les a plus observés, on s'est convaincu qu'ils ont survécu aux anciennes religions, aux empires, aux monarchies, qui, comme établissemens humains, ont passé & ne sont plus, tandis que tout ce qui porte l'empreinte des lois de la nature nous est resté, & subsistera jusqu'à la fin des tems.

Il ne faut que baisser les yeux vers la terre, & l'examiner avec une attention un peu suivie, pour reconnoître qu'une grande partie des contrées que nous en connoissons, ont été construites sous les eaux & par les eaux. Non-seulement on y découvre des bancs, des couches posées les unes sur les autres avec une grande régularité & sur une si vaste étendue, qu'il n'y a qu'un élément comme l'eau qui ait pu produire un arrangement si général, & présider à une construction aussi régulière. D'ailleurs, les matières qui forment ces bancs & ces couches ne sont presqu'entièrement que des productions des eaux, & des amas & des débris de toutes sortes de substances animales & végétales, qui n'ont pu naître, vivre, croître & multiplier que sous les eaux. J'ajoute même que s'il se trouve des substances étrangères, elles sont en état de matières transportées & déposées par les eaux.

Plus on a fait de recherches, plus on a reconnu que toutes les productions de la mer étoient rassemblées, à différentes hauteurs, dans les collines & dans certaines montagnes. On y a vu les coquilles surtout arrangées & accumulées par familles, ainsi qu'elles le sont dans le fond de la mer la plus calme. Certaines contrées ont offert des espèces que d'autres ne renferment pas : c'est là surtout qu'on a rencontré des montagnes entières, dont la masse principale n'étoit que coquilles, poudre ou semence de coquilles; en sorte qu'il a été nécessaire de conclure, de cette singulière & étonnante composition, que les coquilles étoient plus anciennes que les massifs des collines & des montagnes, & que ceux-ci n'auroient jamais existé s'il n'y avoit eu antérieurement des mers & des animaux marins pour fournir les matériaux dont ils sont composés. Enfin, on a reconnu que la nature ne nous étaloit, en aucun genre, une fécondité aussi admirable que celle de la mer.

Indépendamment de ces coquillages & des dépouilles des animaux marins qui se trouvent dans nos continens au milieu des couches terreuses, sabloneuses & même pierreuses, l'on y a rencontré des dépouilles semblables d'animaux & de plantes terrestres embaumées, & ensevelies si profondément au milieu des couches régulières de chaque contrée, que leur position, comme celle des animaux marins, a paru visiblement précéder le tems qui a présidé à leur composition, & par conséquent visiblement appartenir à une époque antérieure à la formation des montagnes, à l'approfondissement des vallées & des lits des fleuves; en un mot, à l'état où se trouve la surface de la terre; en sorte que certaines carrières ont semblé avoir été des charniers d'animaux connus & inconnus. D'autres nous ont offert des forêts ensevelies sous les lits & les couches de plusieurs contrées : outre cela, les mines de charbons de terre, ainsi que les ardoisières, se sont trouvées tellement remplies des empreintes des plantes les plus fragiles & les plus délicates, que ces matières entassées & comme embaumées dans le bitume, ont paru quelquefois en former la substance principale. Enfin, la Sibérie, l'Amérique septentrionale & autres régions du Nord nous ont conservé des ossemens d'animaux qui ne vivent aujourd'hui que dans les provinces du Midi de l'Asie & de l'Afrique; & l'intérieur de la France, de la Suisse & d'autres provinces de l'Europe ont montré des plantes parfaitement conservées, qui ne croissent naturellement qu'à la Chine & aux confins de l'Asie, phénomènes qui semblent rappeler la mémoire d'un ancien état qui n'est plus.

On voit donc que tous ces phénomènes embrassent la nature entière, & que les vestiges du travail des eaux se trouvent non-seulement partout où il y a des coquilles, mais encore où il y a des bancs étendus & réguliers. Il ne s'agit que d'observer avec soin, & de fouiller plus ou moins suivant les lieux dont la superficie ne peut être altérée, soit par les travaux des hommes, soit par des accidens qui appartiennent à des époques postérieures à la construction de nos terrains.

Avec toutes ces marques sensibles & convaincantes du séjour & des opérations de la mer sur nos continens, nous découvrons encore de toutes parts des débris & des décombres. Nous trouvons quelquefois les lits & les couches coquillières de la terre rompues & bouleversées ; nous voyons une infinité de masses énormes qui ont été culbutées ; enfin, nos continens nous présentent dans leurs montagnes, dans leurs vallées & sur les bords des mers, des terrains tranchés, coupés, escarpés, &c, à certaines profondeurs, des éboulemens & des affaissemens très-étendus. De grandes régions & des chaînes considérables de montagnes portent aussi les marques incontestables des rivages & des éruptions des feux souterrains, & ces produits du feu ne se rencontrent pas seulement dans les contrées où les volcans sont en action, mais encore dans les contrées paisibles où, de mémoire d'homme, aucun accident de cette nature n'a été connu ni même soupçonné avant ces derniers tems. Toute la terre paroît donc, depuis son apparition hors des eaux, avoir été dans un état de destruction dans toutes les parties de sa masse & de sa superficie, soit par les eaux, soit par le feu.

Ces observations ayant été multipliées de nos jours, il n'est pas possible de les considérer comme des erreurs ou des illusions de quelques écrivains livrés aux hypothèses. On en peut donc tirer cette conséquence générale, que notre séjour a perdu une ancienne forme & en a acquis une autre, à laquelle la première sert de base, & qui a une organisation toute différente de la première, mais bien régulière : ainsi les continens, après avoir séjourné sous les eaux pendant une longue suite de siècles, en ont été dégagés & mis à sec, comme ils le sont actuellement, ou tout à la fois, ou successivement. On ne peut nier que la situation des terrains, les uns à l'égard des autres, n'ait beaucoup changé dans la seconde forme : ainsi les mers & les continens ont eu d'autres limites, & ont été mutuellement déplacés.

Cet ancien état de la terre, & les conséquences si naturelles & si simples qu'on tire de tous les monumens qu'elle nous offre dans sa situation actuelle, deviennent d'autant plus certaines, qu'on suit avec plus de soin la marche des agens qui ont altéré l'un & l'autre état en formant toutes les inégalités de sa surface ; mais avant de prendre un parti si sage, & de se borner au travail successif des pluies & des eaux courantes, on a imaginé les hypothèses les plus singulières : on a voulu nous faire voir le monde entier, tantôt sous les eaux, tantôt hors des eaux, offrant une vicissitude si peu conforme aux idées communes & aux lois actuelles de la nature, que, pour expliquer ces changemens & leurs causes, on a cru ne pouvoir imaginer rien d'assez extraordinaire. Les uns ont brisé le globe de la terre comme un vase d'argile, & en ont fait nager les débris ; d'autres l'ont fait dissoudre par l'eau, & quelques-uns passer par le feu. On a rassemblé des eaux imaginaires dans tout le tourbillon terrestre, & même au-delà. On a inventé des courans des pôles à l'équateur, & de l'équateur aux pôles, de l'Europe aux Indes, & des Indes en Europe. Pour expliquer toutes les irrégularités de la surface de la terre, la formation de nos montagnes & de nos vallées, on a multiplié les tremblemens de terre & les affaissemens des cavernes souterraines ; on a eu recours aux tempêtes, aux courans, aux flux & reflux des mers qui couvroient anciennement une grande partie de nos habitations. L'imagination de l'homme n'a jamais trouvé, dans aucun sujet, une carrière plus vaste & plus propre à lui faire déployer toutes ses ressources ; mais l'imagination devoit-elle être consultée dans toutes ces circonstances, quoique cependant quelques-uns des moyens introduits dans les hypothèses dont je viens de parler, aient expliqué, d'une manière assez satisfaisante, certains faits ? Jamais ces systèmes n'ont réussi à rendre raison de tous les phénomènes, & on les a trouvés incomplets lorsqu'ils n'ont pas été reconnus faux, absurdes & ridicules. En général, on peut dire qu'on s'est trop pressé d'établir les causes sans que les effets fussent parfaitement connus. On verra par la suite qu'on n'a pas suivi, soit dans la recherche de ces effets, soit dans leur analyse, l'ordre chronologique qui auroit pu en rendre l'emploi plus assuré.

Le déluge universel a été un de ces moyens généraux d'explication ; c'est aussi l'unique époque que la plupart des peuples ont adoptée : il n'y a pas même long-tems que les savans en sont désabusés. Je vois que Scheuchzer & ses contemporains appeloient les coquilles fossiles *les médailles du déluge*. Mais depuis ce tems l'art de voir & de raisonner sur ce que l'on voit s'étant perfectionné, les meilleurs observateurs, les théologiens mêmes, ont reconnu que tous les monumens du séjour des mers ne pouvoient trouver leur explication dans certaines traditions. On sait que tout ce que nous voyons d'extraordinaire sur la terre, & en particulier la dispersion des corps marins sur nos continens, ne peut appartenir à cette antique inondation, mais aux dépôts formés pendant un ancien & long séjour des mers. Cette opinion, qui a été celle des Anciens & de quelques savans du moyen-âge, doit être mise au nombre des plus belles découvertes de notre siècle. Les physiciens, ainsi dégagés des préjugés où ils ont été depuis si long-tems à cet égard, ne peuvent que s'avancer à grands pas dans la carrière de l'histoire du monde. Ils ont vu qu'il étoit plus raisonnable de s'en rapporter aux résultats des observations, en tenant compte de la longue succession des tems & de la diversité des époques indiquées par les monumens qui se présentent à la surface du globe.

C'est aussi cette distinction des faits & des tems, si indispensable dans l'étude & dans l'examen des opérations de la nature, que j'aurai particuliérement en vue dans ce grand article, où je me propose de ramasser & de réunir, dans un ordre raisonné & méthodique, les *anecdotes de l'histoire de la terre*, dont une multitude d'observations nous instruisent déjà en détail.

La méthode qui m'a paru la plus naturelle & en même tems la plus simple pour suivre exactement les traces des anciennes opérations de la nature, & remonter aux premiers événemens, si tant est que nous puissions jamais les atteindre, a été de considérer séparément la superficie de la terre, pour en décrire les formes diverses & les inégalités, ensuite à faire connoître aussi séparément son intérieur.

A l'aide de ce genre d'analyse & de cette double étude, je crois être parvenu à découvrir que les phénomènes de la superficie sont d'une autre nature que ceux de l'intérieur, & que de l'examen des uns & des autres il résulte deux principes aussi simples que propres à guider nos pas : le premier, que les matériaux qui sont entrés dans la composition des massifs, qui non-seulement occupent l'intérieur de la terre, mais encore se distinguent à sa surface, sont d'une date antérieure à toutes les inégalités de la surface, & appartiennent à un ordre de choses & à des agens totalement différens ; le second, que les inégalités superficielles, empreintes dans les vallées & les vallons, dont les excavations plus ou moins profondes ont produit les formes des collines & des montagnes, sont les plus récentes ; en sorte que ce que nous voyons de dégradé, de déplacé à la surface des parties de nos continens connues, ne peut être envisagé comme les effets d'une révolution prompte & subite, mais comme la suite de l'action des eaux courantes, tantôt lente, tantôt rapide, & des destructions qu'elles ont opérées pendant un long espace de tems.

Il m'a paru d'ailleurs que les phénomènes de la constitution intérieure avoient été produits à différentes reprises, & nécessairement dans de grands intervalles proportionnés aux masses de la *moyenne* & de la *nouvelle terre*. Quant aux principaux agens & aux causes premières de tous ces grands événemens, c'est sur quoi je ne crois pas devoir également insister avec la même certitude ; car outre que l'on a vu à peine ce qui est arrivé, on ignore encore comment cela est arrivé. Cependant comme nous allons nous attacher, dans nos *anecdotes*, à des faits constans, ce sera, ce me semble, un moyen de connoître un jour ou de soupçonner quelques-unes des causes dont les effets sont les plus récens.

Les observations faites jusqu'à ce jour ayant été souvent peu sûres, toujours très-vagues & sans liaison entr'elles, les époques diverses de tous ces faits offriront aussi quelques difficultés que je ne prendrai pas à tâche de résoudre en dernier ressort. On ne peut tout au plus, dans ce plan de travail, qu'indiquer l'ordre des événemens & leurs âges ; mais ce seroit une hardiesse téméraire que de prétendre calculer leur durée.

Anecdotes. Premier supplément au n°. I, sur la composition de la moyenne & nouvelle terre.

La multitude infinie de coquillages répandus sur toute la terre nous a offert les monumens les plus naturels du séjour de la mer sur nos continens. Nous en avons trouvé ensuite quelques vestiges historiques dans les traditions des diverses nations de l'Asie ; mais ces opinions ayant été plutôt le fruit de la folle imagination des hommes, que d'un souvenir du passé, ne peuvent mériter d'être mises en parallèle avec les monumens respectables de la nature : il faut donc en revenir à ces monumens authentiques qui sont les témoins incontestables de l'ancien état de la terre, pour suivre l'examen des différentes productions marines, pour en reconnoître les formes, les espèces & les familles. Nous nous occuperons de ces objets dans différens articles du Dictionnaire ; mais ici nous devons élever nos regards sur la terre entière, & observer en grand s'il n'est pas resté sur nos continens, dans l'ensemble des massifs, des traces du séjour des mers & des effets de leur retraite de dessus les dépôts qu'elles ont abandonnés.

Les continens que nous habitons depuis environ soixante-quatre siècles dont l'Histoire fasse mention, sont en partie composés d'anciens massifs qui n'annoncent aucunement, ni par la nature ni par leur disposition des substances qu'on y remarque, le travail des mers : à côté se trouvent placés & distribués deux autres ordres de massifs construits, tant des matériaux provenans de la démolition des plus anciens, que d'une multitude innombrable de débris d'animaux marins, dont les parties les plus solides se sont accumulées pendant tout le tems nécessaire à leur production. Le tems, ce destructeur, sans aucun ménagement, des ouvrages des hommes, ne paroît pas exercer sur ceux de la nature un égal pouvoir. Parmi les monumens de l'ancien empire de la mer, il nous est resté une prodigieuse quantité de fréles coquillages qui, malgré une longue durée, ont conservé jusqu'à nos jours leurs formes & presque toute leur beauté : bien plus, nous distinguons encore en beaucoup d'endroits les contrées que leurs différentes familles affectoient dans le bassin de la mer : leur position, banc par banc & lits par lits, n'a point changé non plus depuis ce tems, & l'odeur que ces dépôts en avoient contractée, ne s'est pas même dissipée.

Comme dans ces tems reculés, les lits des mers où tous les matériaux se construisoient & s'amassoient, occupoient nécessairement des climats différens : on ne peut douter que de là ne soient provenues ces grandes variations qu'on remarque dans la nature & dans la composition des sols intérieurs de nos diverses contrées. Dans certains lieux ce ne ſont que des lits de pierres blanches ; ailleurs elles ſont griſes, plus loin elles ſont noires ; dans des provinces, ces pierres ont un grain fort gros, dans d'autres il eſt fort fin : ici les pierres ſont toutes ſingulièrement tendres, là elles ſont fort dures & tombent en éclats ſous le marteau. Si nous parcourions pluſieurs pays d'une étendue un peu conſidérable, nous trouverions là des marnes, des terres glaiſes ; à côté, des craies ; enfin des tractus fort étendus de mines de fer en grain, &c. On ſent bien que cette diſtinction de matériaux, indiqués comme ils ſe préſentent à la ſurface de la terre ſur des cartes topographiques, pourroit, en enrichiſſant la géographie phyſique, ſervir infiniment à mettre le plus grand ordre dans l'hiſtoire naturelle de la terre ; elle nous conduiroit vraiſemblablement à des connoiſſances préciſes ſur les anciens climats des contrées de notre globe, par les animaux dont les ſquelettes ſe trouvent enſevelis dans les couches de la terre & à de certaines profondeurs.

Pour peu que l'on ait l'habitude d'obſerver, il eſt fort aiſé de mettre beaucoup d'ordre dans l'examen des dépôts de la mer & de leurs différens états ; & au moyen des carrières ouvertes près des villes & des principales habitations, au moyen des grandes parties de bancs & de couches qui ſont à découvert le long des bords de nos grandes vallées & ſur une grande épaiſſeur, on pourra toujours recueillir un grand nombre de faits & d'obſervations fort intéreſſantes à ce ſujet.

Il eſt vrai qu'il y aura des précautions à prendre pour ne pas confondre les dépôts de la mer avec ceux des torrens & des eaux courantes, pour ne pas confondre dans les couches inclinées les ſections qui pourroient être priſes ſur pluſieurs bancs avec le plan pris ſur un ſeul banc ſuperficiel. Effectivement, il eſt aiſé de reconnoître en pluſieurs contrées, que les différentes qualités du ſol y varient, parce que la ſurface de la terre n'eſt point celle d'une ſeule & unique couche, mais de pluſieurs dont les extrémités ſe découvrent d'un côté, en plongeant de l'autre ſous une autre couche qui ſe découvre de même.

En parcourant les différens maſſifs qui peuvent offrir les réſultats des opérations ſucceſſives de la nature, propres à être figurés ſur des cartes, & avec leſquels on traceroit les fleuves & les rivières, tous ces plans reſſembleroient à des échantillons de *marbres brèches* formés de pierres de couleurs variées, qui, après avoir été polis, auroient été rayés accidentellement : on n'y verroit pas plus de rapport entre les veines naturelles du marbre & des raies accidentelles qui les auroient défigurées, qu'on en verroit entre les maſſifs des couches terreſtres & les ramifications de nos rivières ; car dans l'un & l'autre cas il y a deux différens ordres de faits qui n'ont aucune liaiſon entr'eux, ni pour les agens ni pour les époques.

La ſeule & vraie régularité qui doit répondre à la direction de nos rivières, ne ſe trouvera que dans les couches ſuperficielles & poſtiches des matériaux qui ont été amenés par les eaux courantes & dépoſés le long de leurs lits, ſuivant la gravité ſpécifique de chaque ſubſtance. Les vaſes les plus légères ont gagné les lieux bas & les plus éloignés des endroits d'où les eaux les ont détachées : les ſablons, les graviers, ont été dépoſés à des niveaux inférieurs ; mais les cailloux, les pierrailles & les rochers ſont reſtés dans les lieux les plus élevés & les plus voiſins du centre des inondations. Il eſt viſible que toutes ces matières déplacées ne doivent point être cenſées appartenir au vrai ſol des contrées où elles ſe trouvent préſentement, ni être conſidérées comme des monumens directs qui conſtatent le ſéjour & le travail des anciennes mers. Il eſt vrai que dans ces immenſes dépôts de ſables, de graviers & de cailloux roulés qui ſe voient au fond de nos vallées ſans aucune couche ſuivie, & dans les grandes plaines que renferment les vallées, on y trouve ordinairement un grand nombre de ſubſtances marines pétrifiées. Ce fait certain ne détruit pas néanmoins le réſultat des obſervations précédentes, car les dépôts de nos rivières & de nos fleuves ne ſont point les monumens directs du ſéjour des mers dans les lieux où on les remarque, parce qu'il n'eſt pas ici queſtion de la matière de ces dépôts, mais uniquement de leur poſition actuelle. Toutes les grèves, dont la ſurface de la terre eſt couverte en tant d'endroits, ſur des ſommets fort élevés comme dans des lieux bas, ſont ſans contredit originaires de la mer. Ce ſont les flots de la mer qui les ont briſés, roulés & arrondis comme ils ſont, & qui les ont enſuite abandonnés ſur nos continens lorſque l'Océan a été chercher un lit ailleurs ; mais les torrens qui ſont ſurvenus depuis ſa retraite, ont changé la poſition de tous ces matériaux iſolés, & les ont déplacés des lieux où il les avoit laiſſés. Quand ces torrens ont trouvé ces amas ſur leur route, non-ſeulement ils les ont démolis, mais encore ils en ont emporté les débris & les ont dépoſés le long de leurs cours. Il n'eſt pas étonnant que ces torrens aient charié tant de corps qui ont appartenu à la mer, puiſque les parties de nos continens où ces débris ſe rencontrent, ſont ſortis de ſon baſſin. Voilà pourquoi nous y trouvons tant de productions marines, même ſur les plaines élevées & ſur les ſommets où les torrens ne les ont que foiblement détruits & déplacés.

Anecdotes. Second ſupplément au n°. I, ſur différentes époques.

Toutes les révolutions que nous venons d'indiquer ont dû être ſurtout fort éloignées les unes des autres de pluſieurs milliers d'années, à en juger ſeulement par la diſtance du tems où nous ſommes, au tems de la dernière révolution. La profondeur

profondeur de l'abîme des tems où notre esprit est par-là obligé de se plonger, paroît si immense, si peu conforme à notre façon de penser, qu'il n'est pas étonnant que le plus grand nombre des hommes soit peu disposé à croire à ces révolutions, quoique vérifiées par plusieurs monumens.

Il est visible cependant que les terrains dont les bancs couvrent réguliérement certaines parties du globe, & constituent de grands tractus du solide de ce que nous connoissons de sa masse, ne peuvent être de la même époque que les vallées qui ont été creusées & sillonées. De même dans tous les corps qui en contiennent d'autres composés eux-mêmes de matières diverses, on ne peut s'empêcher de reconnoître des époques bien différentes; car comment concevoir qu'il n'y a eu qu'une même époque pour la destruction de ce qui manque à nos terrains, & pour la construction des massifs qui en sont les restes? Comment, après toutes ces considérations, s'opiniâtrer à ne trouver dans l'histoire de la terre que la révolution unique du déluge? C'est manquer à toutes les vérités que l'observation nous fait recueillir chaque jour.

Pour connoître, autant que nous pouvons, cette masse antique, dont les eaux courantes ont déchiré une partie en sillonant toute sa surface, c'est dans le sein de nos montagnes, sur les bords de nos vallées qui en sont les restes, qu'il faut faire des observations & des recherches. Il est vrai que les carrières & les mines déjà ouvertes pour les besoins des hommes, nous offrent aussi de grands moyens d'instruction dans ce même genre, & qui complètent abondamment ce que nous pourrons desirer à ce sujet.

Nous y appercevons des bancs & des lits remarquables par leur position générale & par la nature des matériaux qui les composent : ils sont réguliérement construits les uns sur les autres, dans une étendue si considérable, qu'ils règnent sous des provinces entières, malgré les grandes & larges vallées qui en séparent les diverses parties, & les montagnes qui les couvrent. Ces bancs varient entr'eux dans leur épaisseur : souvent elle est de plusieurs pieds; souvent aussi ce sont moins des bancs que des couches fort minces, ou des feuillets dont le nombre est infini, & l'épaisseur si peu considérable, qu'elle échappe aux yeux; mais pour chaque banc, l'épaisseur est presque toujours la même dans telle étendue qu'il puisse régner. Si le sommet de certaines montagnes est ainsi construit par bancs, leur base n'offre souvent que des masses sans aucune distinction de lits : c'est ce que j'ai nommé ailleurs l'ancienne terre. Quelquefois ces bancs, ces couches, ces lits sont brisés, culbutés & hors de leur position naturelle, qui est la position horizontale, & ceci a lieu particuliérement dans les montagnes élevées & escarpées, plutôt que dans les souterrains d'une certaine profondeur. Autant la position de ces bancs est uniforme & simple, autant leur construction intérieure & particulière est-elle bizarre & singulière. Tantôt c'est un amas confus de pierres, de pierrailles & de cailloux brisés, comme on en voit dans certains marbres; tantôt ce sont des sables & de menus graviers; tantôt des sablons & des cristaux très-fins, comme dans les grès; tantôt enfin des matières douces & tendres, comme les marnes & les craies. Souvent ce sont des lits de limons, de glaise, de sablons, qui ont conservé leur état primitif sans se pétrifier. Quelquefois on trouve dans le même banc, un amas informe de toutes ces matières; mais ce qui étonne le plus, c'est que, dans presque toutes ces différentes substances, soit molles ou solides, se trouvent compris les débris de tout ce que le règne animal ou végétal peut produire de plus abondant sur la terre ou dans les mers. Ce sont des parties d'animaux terrestres, souvent des animaux entiers, des poissons & des coquillages sans nombre, des troncs d'arbres & d'arbrisseaux, & des plantes de nos landes & de nos marais : rien surtout n'y domine avec plus de profusion que les productions marines : & nos continens, plus riches en cela que la mer, nous ont fait connoître les dépouilles d'un plus grand nombre d'êtres vivans de cet élément, que nous n'en avons connu jusqu'à présent dans l'Océan tout entier : phénomènes admirables, ignorés de l'antiquité, autant qu'ils ont été accueillis des Modernes instruits de leur importance!

Au reste, toutes les découvertes que l'on a faites dans les différentes parties du monde, ont prouvé que ces fossiles se trouvoient repandus dans un grand nombre de contrées : d'où il résulte que la mer a formé les matériaux de la plus grande partie de la terre habitable, où elle a séjourné pendant tout le tems nécessaire à cette construction des couches. Ce sont les résultats & les conséquences les plus justes auxquels la perfection de l'art de voir nous ait conduits après avoir long-tems combattu contre les préjugés de l'ignorance & de la superstition. Ces coquilles trouvées dans la masse des montagnes, sur leurs sommets, comme dans les souterrains les plus profonds, nous ont fait connoître d'une manière incontestable, que le séjour des eaux de la mer avoit été fixe & constant sur nos continens, comme il l'est présentement dans les bassins qu'elles occupent, & que c'est pendant ce séjour que les bancs de la terre, & tout ce qu'ils renferment, ont été construits successivement les uns après les autres, & comme on les voit. Rien ne représente dans la masse de la terre & dans la disposition de ses bancs, la confusion & le désordre d'une catastrophe passagère, momentanée & locale. Tout y est général & uniforme. Tout y est aussi régulier que les assises d'un bâtiment fait avec soin. Outre cela, les différentes espèces des corps marins sont cantonnées, les unes dans une contrée fort étendue, les autres dans une autre : ici c'est un assemblage de visses, de buccins, de chames, &c. Ailleurs, ce sont des huitres, des bélemnites, des nautiles. Dans certains contours, on ne voit que des oursins & des lenticulaires; dans d'autres, ce sont des amas immenses de madrépores, de coraux & autres constructions pareilles de polipiers. La plupart de tous ces corps marins se trouvent de la plus belle conservation, non-seulement les buccins, les visses & les univalves, mais même les bivalves, comme les tellines, &c. Dans presque toutes ces bivalves les valves sont deux à deux, placées les unes à côté des autres, les unes ouvertes, les autres fermées, de façon que les unes & les autres se joignent toujours à l'endroit de la charnière. De toutes ces remarques, les naturalistes qui les ont faites, ont conclu que les dépouilles des animaux marins n'ont pas passé par degrés de la mer dans les continens à la suite d'une catastrophe comme celle du déluge, mais que les amas qu'on en trouve sont le résultat de dépôts immédiats formés dans le bassin de la mer. De plus, l'examen des bancs de pierres calcaires, tels qu'ils sont à découvert dans certaines carrières, a prouvé que presque toutes ces pierres, surtout celles qui ont un certain grain, doivent leur substance & leur composition aux coquillages produits & détruits sous les eaux de la mer; que même les variétés qu'on peut remarquer dans le grain des pierres à bâtir, en passant d'une contrée à une autre, dépendent de ces différens amas de coquilles. (*Voyez* les articles BOULANGER & ROUELLE, où toutes ces vérités précieuses sont développées avec le soin qu'elles méritent. *Voyez* aussi l'article AMAS, du Dictionnaire.)

N°. II. ANECDOTES *sur différentes démarches des eaux courantes, des fleuves & des rivières de France & des autres contrées de l'Europe, de l'Asie & de l'Amérique, relativement aux sommets généraux du partage des eaux du premier & du second ordre.*

Après avoir parlé en détail & avec quelqu'ordre des montagnes & des sommets de nos continens, pour continuer à montrer les causes qui ont concouru à leur forme, il est nécessaire de suivre les démarches des eaux courantes, dont les effets sont répandus partout de manière à ne pouvoir être méconnus. Il est aisé d'en citer encore des exemples & des preuves aussi frappantes que celles qu'on a fait voir. Comme je donne ici les élémens d'une science nouvelle, il convient que je répète les mêmes faits, pour inculquer les mêmes conséquences.

Ces formes des vallées & des montagnes doivent être considérées comme offrant un grand nombre de circonstances lumineuses & instructives qu'on ne peut suivre ni analyser avec trop de soin. Ce sont là les premiers objets que l'histoire de la terre présente à ceux qui veulent s'attacher à ce qui concerne sa constitution générale. Comme ce sont, dans l'ordre analytique, les derniers résultats des opérations de la nature, je les envisage comme les premiers monumens dont il convient de s'occuper, & à la lumière desquels je m'élève à l'ancien état primitif du globe. Sans cette méthode & sans ces principes, on s'égarera dans cette étude. C'est le cas où l'on s'est trouvé jusqu'à présent lorsqu'on a raisonné sur les montagnes & sur la distribution des eaux courantes à la surface de nos continens, parce qu'on y a procédé sans méthode. Pour avoir une idée nette sur l'origine de leur situation présente, c'est sur leur ensemble général qu'il faut les examiner. Quelques-uns ont cru remarquer dans les chaînes de montagnes une direction constante d'orient en occident, & ils ont cru pouvoir en faire un des articles de la théorie de la terre, qu'ils ont ébauchée; mais rien n'est moins réel ni plus idéal que cette direction constante & générale. Il suffit de jeter les yeux sur l'Amérique, que son sommet traverse du nord au midi sur une bien plus grande longueur, que les sommets de l'Europe & de l'Asie joints ensemble n'en parcourent d'orient en occident & avec moins de régularité encore, puisqu'ils éprouvent une infinité de coudes & de sinuosités, & qu'ils ont de plus un bien plus grand nombre de ramifications du nord au midi; ce que les saillies des grands promontoires indiquent assez.

Le cours des fleuves les plus considérables d'occident en orient a donné lieu à cette idée, parce qu'on a supposé qu'ils étoient dirigés dans leurs marches par deux chaînes de montagnes; mais j'observe qu'on n'a pas envisagé les grandes masses montueuses sous l'aspect le plus raisonnable. Tout fleuve qui descend d'occident en orient fait connoître que la partie la plus élevée de son cours est à l'occident, & que le sommet principal a sa direction du nord au midi. Si la direction des montagnes étoit de l'occident vers l'orient, les fleuves se dirigeroient vers le midi ou vers le nord. Or, comme les observations ne nous ont rien appris par rapport à la direction des fleuves, il n'y a rien de déterminé par rapport aux sommets qui parcourent nos continens: il ne faut donc pas se flatter de trouver dans la direction de l'orient à l'occident des sommets qui seroient les premiers effets de la rotation du globe.

Je distingue en Europe, premiérement, un sommet général qui sert de point de partage à toutes les eaux des sources & des pluies, d'où les unes se jettent dans les mers du nord, & les autres dans celles du midi: c'est là le seul & le vrai sommet de cette partie du monde; c'est lui qui y donne naissance aux plus grands fleuves. On pourroit le nommer sommet du premier ordre. Il est facile de reconnoître ensuite d'autres sommets particuliers qui ne sont point continus entr'eux, & qui paroissent être des branches qui se détachent du sommet général. Ce sont les séparations qui se sont trouvées entre les anciennes eaux courantes qui marchoient à peu près parallelement entr'elles. Ces sommets servent aujourd'hui de point de partage aux eaux des sources & des pluies en décidant leur cours vers un fleuve ou vers un autre, comme le sommet général le décide pour l'une ou pour l'autre mer; je nommerois ceux-ci sommets du second ordre. De ces sommets particuliers il ne sort ordinairement que des rivières : ils ont aussi eux-mêmes d'autres branches qui se subdivisent en plusieurs autres ramifications. On pourroit suivre ces divisions des sommets des fleuves relativement aux sommets des rivières, & celles-ci par rapport aux sommets des ruisseaux & des moindres sources, & on les nommeroit sommets du premier, du second, du troisième & du quatrième ordre. Si nous jetons maintenant les yeux sur les vallées que forment tous ces sommets par leurs reliefs, nous en trouverons de différens ordres. Ainsi les sommets qui portent leurs eaux à la Seine, & qui descendent du sommet général dans la mer, seront considérés comme formant une vallée du premier ordre; tout le terrain qui porte ses eaux à la Marne, laquelle tombe dans la Seine, comme formant une vallée du même ordre; tous les terrains qui portent leurs eaux dans la Saulx, laquelle se jette dans la Marne, comme une vallée du second ordre; tous les terrains qui portent leurs eaux dans les ruisseaux de Trois-Fontaines, lesquels tombent dans la Saulx, comme une vallée du troisième ordre, & même tous les vallons qui tombent dans cette vallée en formeroient une du cinquième ordre, ainsi de suite tant que les eaux courantes offriroient des subdivisions de lits & de canaux. Il est impossible qu'aucun lieu de la terre puisse se soustraire à cette distribution de terrains en reliefs & de terrains en creux, au milieu desquels les eaux circulent.

La ligne du sommet général de tout le continent de l'Europe, considérée comme se raccordant avec celle du continent de l'Asie, commence aux montagnes de Sierra-Morena, dans l'Andalousie, & se termine aux sources du Volga & du Boristhène, où commence le sommet de l'Asie en formant deux branches, & dont l'une gagne la Sibérie, & l'autre l'Arménie, & qui, après s'être éloignées beaucoup l'une de l'autre, se rapprochent ensuite, & se rejoignent vers les frontières de la Chine. Ces longs sommets décrivent, à la surface des continens, beaucoup de sinuosités, qui se voient mieux sur les cartes d'Europe & d'Asie, & particuliérement sur les cartes des différentes contrées qu'ils traversent, que par tout le détail que j'en pourrois donner ici. Arrêtons-nous à réfléchir sur l'origine de toutes ces inégalités.

Je dois dire qu'il y a eu d'abord des massifs de l'ancienne & de la moyenne terre qui ont donné lieu à ces sommets plus élevés que les autres, & que leurs prolongemens ont de même dépendu de ces mêmes massifs mis à découvert. C'est là ce que l'observation, suivie d'une partie de ces sommets dans les différentes contrées de l'Europe & même d'Asie, nous ont appris.

A ces massifs il en a succédé d'autres moins élevés, qui leur ont été adossés de part & d'autre, & ce sont eux qui ont formé les sommets du second ordre, ou même des autres subdivisions que nous avons considérées & distinguées.

C'est en observant ainsi avec soin ces massifs de différens ordres & hauteurs, que nous avons reconnu qu'il y avoit de fréquentes interruptions entre les différentes parties du même ordre de massifs, & que par conséquent on ne pouvoit admettre les sommets du premier ordre comme n'ayant point d'interruption & formant la charpente du globe, qui n'auroit pour lors aucune solidité, aucune masse continue. Du midi de l'Espagne, le sommet général remonte vers les Pyrénées, où il tourne à l'est, puis se dirige au nord, & pénètre dans le milieu de la France : il se replie ensuite vers l'est, passe par les Vosges, redescend au sud-est, &, traversant les Alpes, il continue à décrire, dans l'Allemagne & la Pologne, de semblables contours, ainsi qu'on le fait voir dans la planche de l'Atlas; mais indépendamment de ces détours qui embrassent des contrées fort étendues, ces grandes courbes ne sont composées que d'une infinité d'autres plus petites; en sorte qu'il est rare que ce sommet général fasse plusieurs lieues sans changer de direction.

J'ai déjà indiqué la principale cause de ces sinuosités si multipliées à côté des grandes, & je l'ai déduite de la nature différente des massifs primitifs, qui ont été formés ainsi avant que les eaux courantes les sillonassent.

C'est de cette sorte qu'on a tout lieu de croire que ces espèces de golfes tracés par cette ligne du sommet général autour de la Franche-Comté, autour de la Suisse, de la Bohéme, doivent leur origine aux dépôts secondaires qui remplissoient ces bassins, & qui ont été creusés par les eaux courantes. C'est ainsi que la tête de chaque fleuve, de chaque rivière un peu considérable, se trouve, par ce moyen, logée depuis long-tems dans ces enfoncemens qui, pouvant avoir fait d'abord partie de ces bassins particuliers, ont été ouverts & affouillés, tant par les sources que par les eaux des pluies. Cest dans la même carte citée ci-dessus qu'on peut voir l'Ebre en Espagne; la Loire, la Saône, le Doubs, le Rhône en France; le Rhin, le Mein, l'Elbe & le Danube en Allemagne; la Vistule en Pologne, & le Pô en Italie.

Des effets d'une telle étendue auront peut-être de la peine à se concevoir; mais en considérant les mêmes opérations de la nature du petit au grand, on ne doutera plus des circonstances qui ont pu concourir à les produire. Si l'on examine la plupart des cul-de-sacs ou golfes d'où sortent présentement les sources, & d'où il en sortoit autrefois un égal nombre, on trouve que c'est du milieu de grandes excavations & de la base de rochers énormes brisés & culbutés en partie, que ces eaux vives & courantes viennent abreuver nos fleuves.

Dans les pays où les montagnes font moins élevées & les terrains moins folides, les fources fortent ordinairement du fond de côtes circulaires ou d'entonnoirs, qui forment le commencement des vallées.

La fource de la Marne fort ainfi d'un demi-cercle taillé à pic. On voit aifément fur les lieux, que ce font les eaux de cette fource, peut-être plus abondantes, qui ont creufé cet entonnoir, en détruifant & emportant ce qui les gênoit davantage dans leur fortie. En confidérant la coupe des lits de pierres qui fe montrent à découvert aux deux extrémités & dans le contour du cul-de-fac, on ne peut difconvenir que, malgré l'intervalle qui les fépare, ils n'aient été autrefois continus d'un bord à l'autre, & que le vide qui s'y trouve n'ait été rempli de matériaux tous femblables à ceux de ce fyftème de couches, & pofés de la même manière & dans le même ordre. Le travail de cette fource a produit une excavation qui peut avoir quelques centaines de toifes d'ouverture; mais il faut confidérer à la fois les trois principales fources de la *Marne*, c'eft-à-dire, la *Marne* proprement dite, la *Bonelle* & le *Petit-Lié*. (*Voyez* la planche de l'Atlas, où ce golfe intéreffant eft figuré.)

On voit d'abord que chacune en particulier eft logée dans un petit golfe, & qu'enfemble elles en forment un autre plus grand, d'une lieue de profondeur, fur trois de largeur; ce qui fait faire une finuofité au fommet général en cet endroit. L'infpection de ces trois vallées fait de même connoître qu'elles ont été creufées par ces fources, & que les maffifs qui les rempliffoient, ainfi que ceux qui les recouvroient, ont été détruits & emportés par les eaux des fources combinées avec celles des pluies. On apperçoit de tous côtés les démolitions bien fenfibles, qui ne peuvent être attribuées qu'à l'action infatigable des eaux. On ne peut fe diffimuler que ce long promontoire, à l'extrémité duquel la ville de Langres eft fituée, n'ait été autrefois contigu avec les terrains de Breuvonne, de Poigney, de Noidant-le-Torcheux, de Molandon, &c. C'eft ainfi qu'une feule opération de la nature, bien examinée, bien appréciée, nous donne, par une conféquence inconteftable, la folution de plufieurs autres femblables & très-étendues. On peut, par exemple, juger de même de l'origine des plus grands golfes, & des autres finuofités qui fe remarquent dans la ligne de direction des fommets de l'Europe & des autres parties du Monde. Chaque fource qui en fort s'eft creufé un entonnoir; puis les ruiffeaux voifins, qui débouchent de la même ligne, en ont creufé de plus fenfibles : de même la tête des rivières a formé, par la réunion des ruiffeaux, des golfes d'une plus grande profondeur, & enfin les fleuves en ont fait qui embraffent des baffins confidérables & proportionnels à la maffe des eaux qu'ils verfent.

C'eft ainfi que la nature eft partout la même, & qu'elle agit dans tous les tems : on voit qu'elle a opéré les effets à la recherche defquels nous fommes occupés depuis plufieurs années, & plus ou moins grands, fuivant que fes agens ont été plus ou moins puiffans.

Si nous defcendons de ces fommets pour fuivre les démolitions, les approfondiffemens qui ont eu lieu à une certaine diftance, nous trouverons que l'ouvrage des eaux mérite la plus grande attention. Ainfi l'efpace qui règne entre les fommets qui côtoient la Saône & ceux du Mont-Jura, l'efpace renfermé dans ceux qui enveloppent une grande partie de la Suiffe, doivent être regardés chacun comme offrant de ces grands baffins qui ont été ouverts & creufés, l'un par le Doubs & la Saône, l'autre par l'Aar, le Rhin & les autres rivières du revers feptentrional de la Suiffe. Par une fuite de ce travail, les terrains qui réuniffoient tous ces fommets, & ceux même qui les dominoient, ont été affouillés & emportés. Tous ces monts ifolés, tous ces pics inacceffibles, qui font en fi grand nombre le long de ces deux vaftes vallées, doivent être regardés comme les témoins de tous les terrains qui ont été démolis par les eaux courantes.

Ces maffes errantes, ces pierres perdues qu'on a rencontrées fur leurs plus hauts fommets, font vifiblement des fragmens & des reftes de terrains fupérieurs, & qui ont franchi des intervalles de plain-pied pour arriver aux lieux où ils fe trouvent dépofés; mais ce qui nous étonne, c'eft que ces intervalles de plain-pied ont difparu : outre cela, des fommets plats très-élevés font couverts de plufieurs amas de cailloux roulés.

Dans la partie du fommet général de la France, qui paffe auprès de Langres, on voit beaucoup de ces pains-de-fucre ifolés, de ces *îles terreftres*, fitués à droite & à gauche de la ligne, ou bien à peu de diftance, ou enfin fur la ligne même. Si on les examine tous en particulier, on reconnoîtra que ce ne font que les reftes de terrains contigus qui n'exiftent plus dans leur entier : il y en a furtout de fort remarquables autour des fources de la Meufe, vers Clermont, vers Montigny-le-Roi, qui eft fitué en partie fur un monticule efcarpé, encore adhérent au continent par une langue de terre de quelques toifes. On voit une de ces *îles terreftres* à Andilly, laquelle eft un point du fommet général; on en voit vers l'Amance, aux fources de la Vingeanne, auprès d'Heuilly-Coton, du Pallier, de Chaffigny, de Montfaujeon.

Comme en cette contrée le fommet général eft fort bas, ces pics n'ont pas une élévation qui excède quarante toifes; mais ils font plus élevés vers les fources de la Tille & de la Seine, car de là on continue de remonter le long de la même ligne, foit vers les Vofges & le Jura, foit vers les montagnes du Morvan & du Clermontois. Alors on les voit insensiblement s'élever autant au dessus du massif, que le massif est élevé au dessus du niveau de la mer, & peu à peu on voit ces buttes isolées devenir très-hautes, & former enfin des pics presqu'inaccessibles. Leur position à l'égard des sommets qu'ils suivent ou qu'ils côtoient, & toute pareille à celle des buttes du plateau de Langres, nous doit faire juger que leur origine ne peut être différente de celle de ces buttes. Quelque élevés, quelqu'isolés & quelqu'escarpés qu'ils se trouvent ailleurs, ils ne peuvent être considérés que comme les restes de terrains supérieurs, & formant autrefois des plates-formes contiguës, qui ont disparu, comme on voit, en partie.

Il n'est pas difficile non plus de faire voir comment ces *îles terrestres* se sont formées, augmentées & multipliées, par l'action des eaux courantes, dans les premiers tems, & avant que les vallées approfondies à un certain point eussent offert aux anciens torrens des lits fixes & déterminés. C'est là où des courans vagues ont laissé de légères ondes & des escarpemens peu sensibles, comme la *figure première* de la *planche II* le fait voir : c'est là que des vallons peu distincts ont été tracés. Ces vallons sont devenus ensuite vallées, ayant beaucoup plus de profondeur (*fig.* 2), ainsi de suite. Ces vallons, qui dans les commencemens étoient fort écartés les uns des autres, se sont réunis par la succession des démolitions, & dès-lors il a commencé à en résulter des dos-d'ânes, des plates-formes isolées (*fig.* 4), qui cependant pouvoient offrir des plaines fort étendues dans les premiers tems.

Dans d'autres tems ces plates-formes se sont tellement rétrécies par l'approfondissement des ravines, que chacune de ces éminences n'a plus formé que des pics isolés, sans aucune plateforme (*fig.* 5) ; en sorte que leur grand nombre aterrisse généralement la cime des sommets généraux, & les principales branches des sommets du second ordre. Il n'est question ici que des premières eaux courantes torrentielles : ce n'est qu'à des époques postérieures que les sources s'y sont jointes, lorsque les vallées ont été creusées au dessous du niveau des couches sur lesquelles les eaux qui pénétroient dans le sein de la terre se trouvent rassemblées. Aucun de ces pics ne renferme de ces sortes de couches qui tiennent les eaux des sources.

Au reste, les lieux élevés ne paroissent si dégradés que parce qu'ils sont depuis plus longtems exposés à la destruction ; & leurs débris ne se sont culbutés les uns sur les autres, qu'à mesure que les agens destructeurs les ont attaqués & démolis.

Les inégalités qui se trouvent dans la direction des sommets particuliers ou du second ordre & dans les environs de leurs pics & de leurs buttes isolées, sont, comme on le sent aisément, les effets des eaux courantes que pouvoient fournir les sources & les pluies des lieux supérieurs ; mais il est surtout une cause des désordres qu'on remarque sur la ligne de leur direction, & par laquelle cette direction a été souvent changée & altérée ; c'est le choc des eaux torrentielles qui descendoient du sommet général, & qui se sont portées sur les sommets particuliers, & les ont démolis plus ou moins, suivant la force de leur cours & de leur chute, avant d'arriver dans des bassins inférieurs.

Pour retrouver toutes les traces de la marche de ces eaux impétueuses, qui sont descendues du haut de nos sommets vers les mers, on ne sauroit trop bien se représenter les moindres effets des eaux courantes. Comme leur marche est toujours la même lorsque les circonstances se trouvent pareilles, il est aisé d'en reconnoître partout les effets, quelque petits qu'ils soient, surtout lorsqu'entre les grands & les petits résultats il y a une gradation facile à suivre.

Anecdotes sur les effets des eaux courantes.

Toute eau qui court en certaine masse, brise & escarpe ce qui lui est opposé. L'eau du moindre petit ruisseau ou de la ravine qui chemine & serpente sur des sables ou des terres mobiles, ou sur une plaine qui a une certaine pente, fait en proportion tout ce que des torrens considérables ont opéré sur les terrains qu'ils ont parcourus. Dans ses détours, le côté que le ruisseau abandonne s'alonge ; les terres, les vases, les sables les plus légers y viennent chercher un abri, & il en résulte un *plan incliné.* Dans le côté opposé contre lequel le courant se porte & se précipite, il se forme des cavités, des escarpemens, par la destruction & la démolition des bords, qui sont reculés en même raison que le plan incliné se prolonge. S'il rencontre, dans sa marche, des terrains légers, il s'y met au large & écarte ses rivages. Si au contraire il traverse des terres fortes ou des massifs pierreux, son lit devient plus étroit ; ce n'est plus qu'un filet d'eau qui se proportionne, quant à sa largeur, aux obstacles ou aux facilités qu'il rencontre. Les eaux courantes & torrentielles d'un plus grand volume ont fait la même chose suivant la nature des contrées qu'elles ont parcourues. Tantôt nous voyons nos vallées, qui sont leurs anciens lits, s'élargir, puis se rétrécir, & nous les trouvons souvent moins grandes & moins larges qu'à quarante ou cinquante lieues de leur origine, preuve constante que l'excavation & la fouille de ces vallées sont bien postérieures à la construction & à l'induration de la masse des continens au milieu desquels l'eau a fait ce travail. Nous voyons quelquefois ces vallées quitter brusquement leur direction, descendre vers le midi, puis se détourner insensiblement vers le nord, courir à l'est, &c. ; ce qui prouve encore que les eaux courantes ont trouvé des obstacles anciens & puissans, qui ne pouvoient devoir de même leur origine & leur position qu'à des événemens antérieurs à la formation des vallées.

Si, au lieu de nous borner à contempler le jeu des eaux d'un petit ruisseau, nous élevons notre vue vers des objets plus grands, plus majestueux; si nous considérons le cours d'une grande rivière, les coteaux qui bordent ses plaines & ses prairies, l'amont & l'aval de sa vallée, nons retrouverons partout le même travail, & surtout la même distribution des dépôts. Ici c'est une contrée qui descend par une pente insensible; la couleur des terres, les grains dont elles sont ensemencées, m'en indiquent la nature & la fertilité; elles ont été dépotées ainsi par les eaux à mesure que celles-ci ont passé de l'état torrentiel à l'état pluvial, & surtout dans les abris qu'elles ont trouvés à l'extrémité des plans inclinés.

Là j'apperçois le même spectacle que la ravine ou le ruisseau m'a offert en petit dans les endroits où ils démolissoient. Je trouve que la riviere coule au bas d'une côte escarpée qui s'élève à pic & borne même mon horizon : le terrain y est sec & aride, nu & dépouillé de terres, couvert de débris de pierres où le seul vigneron peut quelquefois trouver son avantage : on sent bien que vis-à-vis sont les plans inclinés dont il a été parlé ci-devant.

Si je porte ensuite mes vues au-delà des limites de cette vallée, en franchissant les coteaux qui la bordent, & que j'examine toute l'étendue du pays qui y verse ses eaux sur les côtes, je trouve que cette étendue est circonscrite par les lignes des sommets particuliers qui les séparent des vallées latérales. A quelque distance que ces sommets latéraux d'une vallée soient, non-seulement l'un de l'autre, mais encore de la vallée, il est facile de reconnoître qu'un des deux sommets a été plus exposé que l'autre au cours direct des eaux : quelquefois un de ces sommets a ce désavantage jusqu'à la mer; quelquefois les deux sommets le partagent l'un après l'autre, & alternativement, comme il arrive sur les bords sinueux du ruisseau que nous considérions tout à l'heure : ici ce n'est point un finage ou une contrée bornée qui rend sensible l'étendue du travail des eaux, soit torrentielles, soit fluviales; ce sont des provinces entières, où l'on trouve ces mêmes effets toujours uniformes & constans depuis les sommets les plus élevés jusqu'aux mers. Les contrées des provinces qui ont été exposées à recevoir les dépôts des terres fertiles, sont d'une excellente culture. Ailleurs, où les sables & les terres sèches & arides ont été portés, sont des contrées stériles & pauvres. On remarque, dans les premiers pays, que jusqu'à leurs sommets tout est couvert d'une grande épaisseur de bonne terre, tandis que dans les seconds l'on ne voit que des lits forts minces d'une terre pierreuse, graveleuse & sabloneuse. Nos plus belles contrées doivent leurs avantages à l'effet des eaux courantes, & nos pays stériles leurs désavantages aux mêmes agens.

Sur le cours de la Marne.

Les eaux courantes de la vallée de la Marne prirent d'abord leur direction vers le nord, en sortant du sommet général des environs de Langres; ensuite elles éprouvèrent un détour qui modifia leur cours vers l'ouest. Dans toutes leurs démarches, ces eaux ont déposé les bonnes terres suivant qu'elles se sont trouvées sur leur route, & les parties qui en ont été dépouillées sont celles qui ont été lavées par les torrens. Ces eaux ayant reçu, vingt à vingt-deux lieues plus bas, une autre direction par la rencontre d'autres courans qui se précipitoient des sommets occidentaux de la Meuse, ont parcouru les finages élevés d'Ambrières, de Haute-Fontaine, Hauville, & des Arzilliers, où sont les sommets la plupart mitoyens entre la vallée de la Marne & celle de l'Aube. Le revers de ce sommet, qui regarde la Marne, est circulaire, sec & peu fertile, parce que les eaux n'ont pas trouvé beaucoup de terres en démolissant les couches & les lits pierreux. Il n'en est pas de même du revers opposé qui regarde la belle vallée de l'Aube : c'est un pays bien plus fertile, rempli de vases, de marais & d'étangs. La plaine du Perthois, qui est une contrée très-fertile de la ci-devant province de Champagne, se trouve située dans la partie de la vallée de la Marne, qui fait le coude; elle est toute formée de sables & de vases que les eaux courantes déposoient sur le revers qu'elles étoient contraintes d'abandonner, & qui s'alongeoit jusqu'aux pieds des côtes où elles se portoient.

La résistance que les terrains, depuis Ambrières jusqu'aux Arzilliers, opposoient aux eaux courantes, les a déterminées à se porter contre les sommets de l'autre contrée opposée, mitoyenne à la vallée de l'Aisne, qu'elles ont rongée & côtoyée de très-près depuis Notre-Dame-de-l'Épine près de Châlons, jusqu'au rendez-vous commun de plusieurs courans vers l'emplacement qu'occupe Paris. L'impulsion ou la pente du terrain qui fixoit la marche du courant de la Marne si près du sommet mitoyen de l'Aisne, faisoit qu'il s'éloignoit aussi constamment des sommets mitoyens de l'Aube & de la Seine. Le revers septentrional est extrêmement court : l'on n'y voit que des côtes hautes & sèches, des contrées arides & sabloneuses, aussi peu propres aux grains, qu'elles sont, en certains lieux, favorables, par leur nature pierreuse & par leur exposition, à la production d'excellens vins; mais il n'en est pas de même du revers méridional, qui est extrêmement alongé, très-gras & fertile en grains, en fruits, en pâturages, & couvert sur les sommets de beaucoup de marais & d'étangs.

Sur les formes du bassin de la Seine, & des rivières circonvoisines.

Ne tenons plus nos regards renfermés entre les sommets d'une seule vallée, telle que la Marne; considérons du même coup d'œil un de ces bassins du premier ordre, qui en contienne plusieurs. Envisageons, par exemple, toute la superficie des terrains qui fournissent leurs eaux à la Seine. Etendons même notre vue sur toute la France, pour nous rendre compte de la distribution générale des eaux courantes qui circulent dans les principales vallées.

Sur toute la superficie du terrain qui verse ses eaux dans le bassin de la Seine, sont toutes vallées dont les eaux courantes ont une marche uniforme, parce qu'elles sont parallèles entr'elles & coulent sur les mêmes pentes. Toutes les vallées sont séparées par des sommets particuliers qui descendent tous du sommet général. On peut aussi envisager cette superficie comme découpée par des sillons, dont les parties les plus profondes sont tracées & indiquées par le cours particulier des rivières, & les plus élevées par les lignes des sommets latéraux.

Tous ces sillons étant courbés pour la plupart, il a dû arriver, lorsque les premières eaux torrentielles ont couru sur cette étendue de terrain, qu'il y avoit une côte qui étoit exposée au choc des eaux qui tomboient du sommet général pendant qu'une autre côte étoit abandonnée. En conséquence du cours constant de ces eaux, il a dû en résulter des faits correspondans, & les observations suivantes vont le confirmer parfaitement.

La planche de notre Atlas représente en particulier la Seine, la Marne, l'Aube, avec les principales rivières qui s'y jettent : ajoutez à cela plusieurs autres fleuves & rivières des pays limitrophes. Les lignes ponctuées marquent exactement les sommets & la suite des points de partage où les eaux se distribuent dans les bassins des rivières opposées. On y voit bien clairement que toutes ces rivières, après avoir reçu par le revers du sommet général un courant dirigé vers le nord, ont été déterminées vers le couchant par une pente propre au continent de la France. Il est arrivé de là que tous les revers des sommets qui regardent le midi, ont été dégradés & raccourcis par la chute des eaux courantes qui avoient une tendance au nord, & que les revers qui regardoient le nord ont été ralongés & enrichis par une situation plus favorable. Cette uniformité si exacte & si générale dans presque toutes les contrées de la France, est un phénomène qui ne peut manquer d'être admiré, & dont le détail paroîtra certainement singulier. Cette carte fait voir comme l'Oise s'est jetée sur les sommets de la Somme, en évitant ceux de l'Aisne; comme l'Aisne s'est jetée sur ceux de la Meuse & de l'Oise en s'éloignant de ceux de la Marne; comme la Marne s'est jetée sur ceux de l'Aisne en fuyant ceux de l'Aube & de la Seine; enfin, comme l'Aube & la Seine se sont jetés sur ceux de la Marne en descendant du sommet général.

La Haute-Seine, l'Yonne & les rivières qui s'y rendent, ne sont pas entiérement dans la même situation, parce que leurs vallées sont assez directes & perpendiculaires à la ligne du sommet général; en sorte que les eaux ne se sont pas portées vers un côté plutôt que vers l'autre; mais si cette distribution ne s'y distingue pas, la carte détaillée des montagnes & des sommets ou des points de partage de ce pays en feroit connoître bien d'autres. Il n'en est pas de même des autres contrées de la France, où les eaux courantes ont suivi une marche circulaire. Les eaux se sont toujours rapprochées du sommet extérieur au cercle qu'elles ont décrit. C'est ainsi que le Loing s'est jeté sur les sommets mitoyens de la Loire & de la Beauce, en évitant ceux de l'Yonne; que l'Eure & la Rille en Normandie, que l'Huigne & le Loir dans le Perche & le Vendômois, ont été soumis à la même loi, quoique leurs courbures soient tournées dans un sens opposé à celui des courans ci-dessus.

Si l'on considère tout le pays qui porte ses eaux à la Seine, pays qui est renfermé entre les sommets de la Somme, de la Meuse, de la Saône & de la Loire comme une seule vallée, on y verra que les pays les plus fertiles & les plus chargés de bonnes terres, contenus dans cette grande enceinte, se trouvent sur le revers méridional de cette grande vallée, parce que les eaux courantes ont non-seulement évité ce revers, mais étoient portées par la pente du terrain sur l'autre; en sorte que les vases légères s'échappoient toujours hors du courant & vers les lieux les plus calmes & les plus tranquilles, lieux qui forment aujourd'hui la Beauce & le pays Chartrain, la Normandie & quelques autres contrées des environs, toutes renommées par la bonté du terroir, & qui même, sur leurs sommets particuliers, sont couverts d'une grande épaisseur de terre végétale. (*Voyez* la carte du bassin de la Seine dans l'Atlas, avec la description qui y est jointe.)

Tout le terrain qui verse ses eaux à la Loire, fait également admirer cette uniformité. Ce fleuve semble aujourd'hui côtoyer avec une singulière affectation, les sommets qui le séparent des eaux de la Seine, parce que les eaux qui tombèrent du sommet de l'Auvergne & du Limousin se jetèrent sur le revers septentrional, détruisirent les terrains les plus avancés qui couvroient le Berri, la Sologne, le pays de Blois, la Touraine, &c. & les raccourcirent par ce moyen dans tout leur contour.

Par les déblais immenses de tous ces terrains, il s'est formé une excavation considérable, qui des pays circonvoisins paroît d'une grande profondeur; ce qui est extrêmement sensible lorsqu'on descend dans la Sologne par le nord ou par l'est, ou lorsque l'on va à Blois ou à Tours par Vendôme ou par le Mans. A la place de tous les terrains emportés, le fond a été rempli & recouvert de plusieurs lits de sables & de grèves qui forment des plaines fort étendues, surtout le long des lits actuels du Cher & de la Loire, dans lesquels ces fleuves n'ont aujourd'hui que des canaux inconstans & peu fixes. Ailleurs, surtout dans la vallée de la Loire, il s'est amassé de profonds lits de sables, de vases & de limons, qui, après avoir été de vastes marais, sont devenus par le travail des hommes qui les ont desséchés, des contrées fort stériles.

On peut remarquer ici en passant, que, dans toutes les contrées où le travail des hommes a tenté de donner des lois à la nature, ce ne peut guère être que pour un tems. Les sociétés & les intérêts des sociétés politiques changent, mais la nature est à peu près toujours la même. Son cours peut être gêné pour un tems, mais à la fin elle rentre dans ses droits. Il me sembleroit que ce seroit par une suite de cette connoissance tacite, que peut provenir une tradition de la Touraine, que Tours ne périra jamais que par les eaux.

En effet, on peut, sans être prophète, prédire presqu'à coup sûr, que toutes les villes situées dans des pays bas environnés de rivières, de canaux, d'écluses & de levées, où il faut un perpétuel travail pour se mettre à couvert des crues, des sables & des limons, ne pourront subsister toujours; que dans bien des circonstances la nature aura le dessus & rendra aux eaux un terrain que les habitations des hommes n'ont fait qu'usurper. Une pareille prédiction auroit paru merveilleuse au vulgaire dans l'antiquité; elle ne provient cependant que de quelques connoissances des lois de la nature.

L'on voit de même, dans cette planche, que tout le terrain qui porte ses eaux à la Moselle, a été exposé aux mêmes accidens; car les eaux courantes qui se précipitoient des Vosges, venoient toutes attaquer les sommets de cette vallée, mitoyens avec ceux de la Meuse.

Le Rhin, dégagé du bassin de la Suisse, s'est jeté aussi sur les Vosges, à côté desquelles il a creusé l'immense ravine où est aujourd'hui toute l'Alsace. L'opposition constante & invincible de ce massif a rompu la direction de son cours, & l'a rejeté vers le nord; & tandis que ces eaux attaquoient les sommets de la Forêt-Noire & les côtoyoient derrière Colmar & Schelestat, elles déposoient, conjointement avec les rivières latérales des deux rives, toutes les vases qui forment le sol fertile du Brisgaw. Ces mêmes eaux charièrent encore plus loin de semblables limons, qui, réunis à ceux qu'amenoient les eaux torrentielles du Neckre & du Mein, ont formé cet excellent sol du Palatinat, situé au confluent de ces trois rivières.

Les eaux courantes qui ont creusé la vallée de la Meuse, ne se sont pas trouvées dans la même position que toutes les autres, & elles ont pris une direction qui leur est particulière. Toutes les eaux latérales ont resserré celles-ci dans des limites fort étroites. Celles qui occupoient les parties voisines à l'occident, ont eu une marche au midi, au couchant; & celles qui circuloient dans les contrées orientales ont été dirigées du midi à l'orient; ce qui prouve que ces eaux courantes ont occupé une sorte de plateau alongé & mitoyen entre les contrées de l'Aisne & de la Moselle, voisines & limitrophes, & qu'elles n'ont point trouvé d'obstacles pareils à ceux qui ont fait fléchir tous les autres courans & leur ont fait perdre leur première direction naturelle. Aujourd'hui encore, tout ce plateau long & fort étroit qui porte ses eaux à la Meuse & qui lui sert de lit, doit être regardé comme un sommet commun & supérieur au sol voisin de la Lorraine & de la Champagne. Le lit même de la Meuse, quoiqu'enfoncé dans sa vallée, est au dessus du lit des rivières des deux provinces que je viens de citer. C'est ce qu'on apperçoit très-aisément aux environs de Vaucouleurs, lorsqu'on est placé sur le sommet qui sépare cette vallée de celle de la Moselle : il faut descendre bien plus du côté de Toul que du côté de Vaucouleurs, & de même, par rapport à la Marne, vers Joinville.

La même disposition se rencontre dans le revers méridional du sommet général de la France. Les eaux de la Saône, augmentées de celles du Doubs, du Rhône, de l'Isère, de la Drôme & de la Durance, ont toujours côtoyé & miné les rives occidentales de cette grande vallée, contre lesquelles toutes ces eaux, la plupart du tems torrentielles, tomboient dans tout leur cours.

C'est de cette sorte que les vallées particulières des différentes contrées de nos continens ont été non-seulement creusées, mais encore élargies ou même détournées de leurs premières directions, & qu'une multitude d'autres formes ont été produites, & j'aurai soin d'en indiquer les causes & les circonstances dans la description particulière du cours des différens fleuves & rivières de France, qu'on trouvera à leurs articles dans le Dictionnaire.

En attendant, je dois faire envisager ce qui a dû résulter lorsque les eaux courantes, venant de sommets différens & opposés, ont été déterminées par la pente des terrains, comme ce qui a dû avoir lieu sur les limites de l'Europe & de l'Asie, par les torrens du Don & du Volga. Si les sommets qui séparent encore ces deux fleuves, ne sont pas entiérement détruits, peut-être l'auroient-ils été si les torrens de ces deux fleuves eussent été plus forts & plus vigoureux, qu'ils eussent subsisté plus long-tems, ou que les matériaux qui composoient les sommets mitoyens, eussent eu moins de consistance. On peut juger, par l'inspection des

des cartes, que les ſommets qui reſtent, ſont extrêmement affoiblis par le double choc des eaux torrentielles des deux parts, & qu'ils ont facilité la communication des deux fleuves. Il n'en eſt pas de même des torrens de l'Amazone & de l'Orénoque : les ſommets qui les ont dû ſéparer par l'endroit où ils ſe joignent préſentement, n'exiſtent plus ; ils ont été entiérement ouverts. Cette jonction ſe fait, au reſte, par le Rio-Nigro, qui s'unit d'un côté à l'Orénoque, & ſe jette enſuite dans l'Amazone ; mais il faut attendre de plus grands éclairciſſemens ſur la formation de ces baſſins. Ainſi, c'eſt par cette rivière conſidérable qu'eſt formée la plus grande île de toute la terre : nous en avons préſenté les circonſtances à l'article de l'*Amérique méridionale*.

La chute & la rencontre des eaux courantes les unes dans les autres, avec des degrés différens de viteſſe & de force, auront produit beaucoup d'irrégularités. Les lits de tant de torrens inégaux en grandeur & en rapidité, ne pouvant rencontrer partout d'autres lits de niveau entr'eux ou favorablement diſpoſés par le cours de leurs eaux, les plus forts, qui ſe ſeront ouverts des paſſages à côté des plus foibles, auront formé des lits inférieurs & plus profonds à côté des lits ſimplement ébauchés, & de là, dans pluſieurs cas, ces chutes, ces cataractes, &c. auront eu lieu.

Reconnoiſſons ſeulement ici que le ſommet général de l'Europe, ainſi que l'examen des ſommets particuliers de la France, nous montre par ſes différentes directions les cauſes de ces mêmes changemens de cours ; il nous fait voir les traces des eaux torrentielles qui ont couru en maſſes plus ou moins conſidérables, & à pluſieurs repriſes ſur toutes ces grandes régions ; car un ſeul paſſage de ces eaux n'auroit certainement pas été capable de laiſſer des empreintes ſi fortes & d'une auſſi grande étendue. Les eaux courantes ont trouvé, dans tous les tems, des voies préparées par celles qui les avoient précédées : celles-ci par des torrens plus anciens, & ceux qui ont lieu de nos jours continuent le même travail. Nous voyons même dans beaucoup d'occaſions, que les eaux ne font que continuer ſous nos yeux ce qui a été l'ouvrage de pluſieurs ſiècles, qu'agrandir & multiplier toutes ces excavations, tous ces dépôts que nous avons eu lieu d'obſerver partout, & de reconnoître par des traits fort aiſés à apprécier.

Ce ſont des faits ſimples, répétés à la ſurface de la terre, & qui nous ont fait appercevoir par leur étendue & leur grandeur, un enſemble merveilleux dans des phénomènes que l'on avoit conſidérés juſqu'à préſent comme les plus bizarres, & ces faits nous ont appris, d'une manière inconteſtable, quelle a été la cauſe de toutes les inégalités de la ſuperficie de notre globe.

Cette origine des montagnes & des vallées a été inconnue juſqu'à nos jours, ou pour ainſi dire oubliée depuis des ſiècles ſi elle a été connue. Au reſte, elle a été diverſement expliquée par toutes les nations, ſuivant leur génie & leurs connoiſſances, mais aucune n'a jamais rencontré les vraies cauſes. Quelques phyſiciens de notre ſiècle ont commencé à les entrevoir ; mais en général, dans la plus haute antiquité comme dans cet âge moderne, les peuples ont réellement regardé la formation des montagnes, l'approfondiſſement des vallées comme un ſeul & même fait avec la formation du globe ; erreur qu'il ſuffit d'indiquer pour la réfuter.

Réſumons ce que nous avons dit ci-devant, & diſons que s'il y a ici un continent & là une mer ou un golfe, là une plaine & une vallée immenſe, & plus loin une énorme montagne ; qu'enſuite ſi l'on trouve des confluens de rivières à quelque diſtance d'un point de partage des eaux ; ſi nous voyons au fond d'une vallée de belles prairies, & tout auprès des terres propres au labour ; ſi, en parcourant les vallons, de grands dépôts de vaſe ſuccèdent à d'autres dépôts de ſable ; s'il y a au monde une Arabie Pétrée à côté d'une Arabie Déſerte, & ces deux conſtitutions de ſol au deſſus d'une Arabie Heureuſe ; ſi les ſommets de l'Euphrate, comme ceux du Rhin, ſont hériſſés de montagnes ; ſi au contraire ſon confluent avec le Tigre a toujours été un pays riche & fertile, & eſt encore, comme autrefois, le paradis de l'Aſie ; ſi enfin toutes les montagnes qui bordent ces larges vallées, préſentent des formes circulaires & tronquées, comme tous les autres rivages des vallées du Danube, &c. ce ne ſont point des ouvrages ſubits qui datent de la formation primitive de l'Univers. Je ne puis dire, comme Pluche & tant d'autres écrivains, qu'à ſon ordre les collines s'élèvent & que les vallées s'abaiſſent. C'eſt dans ces mêmes vues qu'Ovide fait conſtruire les montagnes, & creuſer les vallées par un ordre de Jupiter :

Juſſit & etendi campos, ſubſidere valles,
Fronde legi ſilvas, lapidoſos ſurgere montes.

Tous ceux qui, comme Ovide en cet endroit, n'ont expliqué les phénomènes de la nature qu'en ſe livrant aux ſaillies de leur imagination, n'ont pu donner que dans des écarts auſſi abſurdes. Il n'en eſt pas de même lorſque l'on ne conſulte que la nature ſur les ouvrages de la nature, & qu'on s'en tient à des faits bien précis. Ovide eſt bien plus digne de foi lorſqu'il nous préſente l'approfondiſſement des vallées à la ſurface des plaines, par l'action des eaux courantes :

Quodque fuit campus, vallem decurſus aquarum
Fecit.

C'eſt ainſi que les poètes mêmes doivent s'attacher, dans leurs deſcriptions, aux ſeuls monumens naturels que tout le monde peut reconnoître : ils ne ſont bien énergiques que quand ils ſont vrais.

J'ajoute ici des détails qui ſuccèdent naturellement à ce que nous avons dit sur les eaux courantes, & qui comprennent ce que nous savons sur les cours de l'Euphrate & du Tigre. Ces fleuves, qui se jettent dans le golfe Persique, peuvent être présentés ici comme une preuve du système qui admet pour seuls agens des inégalités de la surface du globe, les eaux courantes auxquelles nos fleuves ont succédé. Ces fleuves si célèbres, qui arrosent & vivifient une si grande étendue de l'Asie, ont existé de tout tems sur ces parties du continent, mais non pas dans l'état où ils sont aujourd'hui; cependant on ne peut douter que, dans les premiers tems qui ont suivi la retraite des eaux de la mer, ils n'aient ébauché leurs canaux, & ne les aient prolongés, en suivant les pentes naturelles, jusqu'à l'Océan. Les sources des ruisseaux & des rivières qui les alimentent, ont été bientôt contenues dans des bassins particuliers, circonscrits par les pentes qui subsistent encore d'une manière plus décidée depuis que ces lits ont été plus approfondis.

Le Tigre, comme quelques autres fleuves, offre dans sa marche cela de particulier, qu'il passe à travers la chaîne du mont Taurus. Ayant trouvé sous cette masse des issues souterraines, il n'a rien détruit de cette chaîne, & passe par-dessous pour reparoître ensuite dans la Mésopotamie.

Il n'en est pas de même de l'Euphrate, qui a rompu les obstacles qui le retenoient; en sorte qu'il ne reste plus de ces digues, que les débris que l'on peut reconnoître à trois journées au dessous d'Erzerum, où son lit & sa vallée sont tellement embarrassés par une multitude de rochers culbutés, que la navigation qui se fait dans la partie supérieure du fleuve, devient en cet endroit tout-à-fait impraticable. C'est par ce travail des eaux courantes que la Mésopotamie, qui est une contrée extrêmement unie & basse, est devenue très-peuplée, parce que les deux fleuves l'ont débarrassée de la surabondance de ses eaux en se déchargeant dans le golfe Persique. Ce golfe est une mer ouverte & une embouchure élargie, tant par les eaux des fleuves, que par les flots de la mer, qui y éprouvent un remous très-violent par la marée. Il n'est donc pas étonnant que le golfe Persique soit devenu une mer fort large, parce que ses eaux ont été successivement exposées à l'action de deux forces actives qui se succédoient chaque jour à plusieurs reprises. (*Voyez les articles* EUPHRATE, TIGRE, GOLFE PERSIQUE.)

N°. III. ANECDOTES *sur différens états des matériaux de nos couches, avec la suite des dates de leurs constructions.*

Toutes les révolutions que nous venons de découvrir ayant dû être éloignées les unes des autres de plusieurs milliers d'années, à en juger seulement par la distance du tems où nous sommes, au tems de la dernière révolution connue, la profondeur des tems où notre esprit est obligé de se plonger, paroît si immense, si peu assortie à notre façon de penser, qu'il n'est pas étonnant que le plus grand nombre des hommes soit peu disposé à croire à ces révolutions dont nous avons cité les témoins authentiques, & qu'ils soient naturellement portés à rechercher tous les moyens d'écarter ces observations & d'en éluder les conséquences.

Je dois dire que plusieurs de nos érudits m'ont paru décidés à ne trouver, dans l'histoire de la terre, que la révolution unique du déluge; mais il m'a été facile de reconnoître, 1°. que les terrains dont les bancs couvroient régulièrement la plus grande partie du globe, & qui y constituoient le solide continu de ce que nous connoissons de sa masse, étoient d'une époque bien antérieure à l'approfondissement des vallées, qui en ont creusé & sillonné la superficie; 2°. que dans tous les corps qui en contiennent d'autres, composés eux-mêmes de matières diverses, on devoit distinguer autant d'époques que de parties élémentaires; 3°. qu'il y a deux dates bien distinctes, l'une pour la destruction de ce qui manque à nos terrains, & l'autre pour la construction de ce qui en reste, & dont les parties les plus entières ne présentent aucun système d'unité & de simplicité: d'où je crois qu'on doit sentir la nécessité de renoncer à l'unité de révolution, & de la combattre.

Si, par un système différent de celui qui a été constamment adopté par la nature, les lits de la terre eussent été rapidement construits & accumulés les uns sur les autres, & que les montagnes & les vallées s'y fussent formées en même tems par les dépôts des nuages du déluge, chargés d'une substance laiteuse d'élémens pierreux, ainsi que l'imagine le Père de Lignac (*Lettre cinquième à un Américain*), ces montagnes & ces vallées auroient eu une disposition dans leurs formes extérieures & dans leur masse intérieure, entièrement différentes de celles que nous y observons; nous n'y verrions aucun de ces escarpemens extérieurs que présentent nos vallées, & dans leur masse intérieure aucune fracture, parce que tout n'auroit été produit que par l'écoulement d'une substance encore molle & liquide; en sorte qu'il n'en seroit résulté, tant au dedans qu'au dehors des masses, que l'empreinte de leur mollesse dans le tems de cette unique & subite révolution. D'ailleurs, comment ces nuages affaissés auroient-ils formé des bancs distincts? Comment une pluie de montagnes les auroit-elle répandus sur la terre, de façon qu'ils se correspondissent tous régulièrement? Il seroit honteux de revenir à l'unité de révolution par de tels moyens, car d'ailleurs l'observation les détruit chaque jour sous nos yeux.

Il est donc évident & démontré par toutes les dégradations superficielles que l'on rencontre à la surface du globe, que les continens, après la retraite de l'Océan, & dans l'âge des eaux courantes qui ont succédé à cette retraite, étoient capables de résistance, & aussi solides qu'ils le sont aujourd'hui, car si ces eaux eussent couru à travers de vases molles & de terrains fraîchement construits, elles les eussent entraînés avec elles, & les eussent portés dans les bassins des mers: tout auroit été applani; nous n'aurions point dans nos vallées, & surtout dans les parties de ces vallées que les eaux ont frappées de front, nous n'aurions point de rochers suspendus & des revers d'une coupe effrayante. On observeroit à tous les coudes, à tous les détours des vallées, ces étroites lisières de terrains, qui sont resserrées entre les bases des côtes escarpées & le cours actuel des rivières, surtout dans les trajets montagneux, gênés & remplis d'obstacles par les quartiers énormes de rochers que les eaux torrentielles ont autrefois détachés des parties supérieures des croupes, & qu'elles n'ont détachés que dans ces détroits. J'ai reconnu même que souvent ces démolitions immenses remplissoient en partie les cuves des vallées; qu'elles étoient entassées sous le lit même des rivières, où on les trouvoit quand on avoit occasion d'y faire des fouilles pour quelques travaux, & particuliérement pour la construction de quelques ponts, gués, digues, &c. On ne verroit pas çà & là, sur les hauteurs & au milieu des plaines, des masses & des blocs de rochers d'une nature étrangère à ceux du pays, & d'autres *pierres perdues* & égarées, fragmens de collines ruinées par les eaux; on ne verroit point enfin, au milieu des provinces & même sur les bords de la mer, s'élever des monts isolés & des pics innaccessibles, où l'on remarque l'extrémité de tous les bancs & de toutes les assises tranchées comme dans un rempart démoli.

Si le torrent du Rhin n'eût pas trouvé, à côté d'Huningue, une barrière invincible qui a déterminé son cours vers le nord, s'il n'eût pas rencontré un obstacle supérieur à ses efforts, nous le verrions aujourd'hui passer à travers la France, où sa direction le portoit; il n'auroit pas fait non plus tant de circuits en sortant de ses sources, & l'on ne rencontreroit pas, sur les montagnes des environs de Bâle & d'Huningue, les terrains tranchés & les côtes escarpées qu'il a formés, & qu'il n'a abandonnés qu'après y avoir laissé les traces les plus frappantes de la violence & de l'impétuosité de sa marche. On ne verroit pas, dans la Franche-Comté, le Doubs se replier sur lui-même, courir au nord en quittant ses sources, sautant de cataractes en cataractes, &, après avoir menacé de se jetter en Alsace, tourner tout à coup & changer subitement son cours pour traverser les provinces orientales de la France. C'est là qu'on peut voir écrits, sur tous les escarpemens, les vestiges de la résistance des terrains sous l'action des anciennes eaux.

Ce n'est pas lorsque les continens de l'Arménie & de la Mésopotamie n'étoient qu'une vase molle, que le Tigre courant, voisin de l'Euphrate, a ébauché son lit, & s'est creusé sous la chaîne du mont Taurus un canal souterrain: il en est de même sans doute de tant d'autres fleuves & rivières qui dérobent une partie de leurs cours dans des cavernes, & qui reparoissent & se cachent quelquefois à plusieurs reprises. Il est visible que tous ces accidens des cours de nos fleuves, & que nos fleuves mêmes ne peuvent être que bien postérieurs à la construction des contrées & des chaînes de montagnes qu'ils traversent.

On peut citer un grand nombre de monumens qui attestent la même vérité dans les quatre parties du monde, & la terre entière nous prouve de toutes parts, par la roideur des côtes, par la hauteur des escarpemens, par les découpures des détroits, par les désordres que l'on rencontre assez souvent dans la disposition des bancs, enfin par toutes les formes régulières & irrégulières, tant de la superficie que de l'intérieur, que dans les premiers tems des eaux courantes torrentielles, les terrains qui bordent nos vallées, & qui forment leurs côtes & leurs enceintes montueuses, étoient dès-lors des terrains solides, dont la construction étoit très-ancienne, & faite elle-même aux dépens d'autres masses encore plus anciennes, & produite sur des systêmes d'organisation différens & avec des matériaux d'une toute autre nature.

Je ne suis pas le seul qui ait analysé les observations d'après ces vues, & qui en ait tiré ces conséquences, car les écrits des naturalistes qui savent voir avec méthode, n'ont pas d'autres voies; c'est celle de la raison exempte de préjugés. Il est naturel de penser que les dérangemens arrivés aux montagnes composées de bancs & de lits sont d'une date bien postérieure aux agens & aux circonstances qui ont concouru à la construction de ces bancs; que ces dérangemens ne se sont opérés que lorsque les bancs & les rochers des montagnes avoient déjà une grande consistance.

D'ailleurs, puisqu'il s'agit de dates, nous ajouterons ici les coquillages pétrifiés, ainsi que tous les autres fossiles du genre animal & végétal, qui sont les monumens d'après lesquels on peut déterminer les époques de ces différentes révolutions; ils déposent surtout bien clairement, 1°. que la formation des montagnes ne remonte pas jusqu'à l'antiquité la plus reculée; 2°. que tous les bancs composés de coquilles ou de leurs débris ont été formés d'un limon & d'une pâte molle primitivement, puisque les coquillages s'y sont mêlés; 3°. que les bancs des collines & des montagnes se sont élevés à mesure que s'opéroit la génération des coquillages qu'ils renferment; 4°. enfin, que les mélanges & l'intime union des coquillages avec les rochers bouleversés prouvent que les uns & les autres ont été exposés aux mêmes accidens, soit par rapport à leur composition qui a eu lieu dans le même tems & de la même manière, soit par rapport aux bouleversemens qu'ils ont éprouvés assez uniformément dans toutes les contrées. Toutes ces conséquences sont extrêmement sensibles : on ne peut se dissimuler qu'elles ne soient déduites d'axiômes aussi simples qu'elles, & si simples, qu'il ne faut que des yeux pour en saisir les élémens & les bases : néanmoins, qui pourra jamais le croire un jour ! C'est ce que les hommes n'ont pas vu, c'est ce qu'ils ne voient point, & ce que le plus grand nombre ne veut pas voir.

Cependant si le plus aveuglé de ces mortels prévenus étoit sur les ruines de Persépolis, & qu'après avoir admiré ces respectables restes de l'antiquité, il se fût proposé de rédiger le plan chronologique des débris d'après leur situation, il ne pourroit se dissimuler qu'il y eût eu un tems où ces vastes palais n'étoient pas construits ; & où tous les matériaux qui s'y trouvent employés, étoient encore dans les carrières ; qu'ensuite il y a eu un tems où on les en a tirés pour construire ces beaux édifices ; puis contemplant les marbres & autres matériaux usés par les vestiges d'un ancien service, il diroit : Il y a eu un tems où ces bâtimens ont été fréquentés & habités ; & comme leur situation présente n'offre que des ruines & des débris, il ajouteroit qu'il y a eu un autre tems de guerre & de trouble qui a été la cause de leur destruction plus ou moins étendue ; enfin, s'il appercevoit, sur ces tristes restes, de grands amas de terres, il seroit convaincu qu'il y a bien long-tems que ces désastres sont arrivés.

Dans toute cette suite d'événemens, il est facile de saisir cinq époques que la situation des lieux & la nature de ces témoins divers présenteroient à cet observateur de l'antiquité, lesquels ne seroient pas moins vrais & moins certains par rapport à lui, quand même ces faits seroient ignorés de tous les historiens du monde ; mais que diroit-il encore si, parmi ces édifices les moins mutilés, il rencontroit une pierre qui lui apprendroit par sa forme & sa figure, qu'elle a été déplacée, & qu'elle n'occupe pas le lieu de sa première destination, & qu'avant la construction de ces palais elle devoit en occuper une ailleurs? Cette circonstance se rencontre partout où l'on construit de nouveaux édifices au milieu des ruines de villes & de palais anciens.

C'est ainsi que l'on voit à Langres, & surtout dans les remparts de cette ville, des pierres dont les unes ont fait partie de corniches & de frises d'entablemens antiques, qui se trouvent posées à contre-sens ; & d'autres offrent des débris de sculptures & d'inscriptions, &c. On juge bien que ces pierres dépareillées ont été autrefois employées ailleurs avant d'être comprises dans la construction plus récente des remparts de cette ville, & qu'il en seroit de même d'un pareil fragment trouvé dans les ruines de Persépolis : & notre observateur pourroit faire aussi, sur le bâtiment dont ce fragment de pierre auroit été une partie incontestable, les mêmes raisonnemens, & en déduire en même tems d'autres époques très-différentes entr'elles, & toutes antérieures à celles qu'on pourroit établir sur les ruines existantes. Ainsi, d'un seul monument tel que Persépolis ou Langres, notre observateur pourroit déduire une longue suite d'époques très-variées entr'elles par les tems & par les circonstances.

Pourquoi donc n'agit-on pas de même & ne pense-t-on pas de même par rapport à l'histoire de la terre & à l'organisation des différentes parties de sa surface, puisqu'il n'y a pas une seule contrée qui n'annonce plusieurs constructions ou démolitions de sols antérieures même à la plus ancienne disposition que nous lui connoissions ? Pourquoi enfin ne raisonne-t-on par sur les monumens de l'histoire de la terre, avec la même justesse que nous raisonnons sur les monumens de l'histoire des Perses? Les marbres, par exemple, que nous nommons *brèches*, ne sont composés que de fragmens de pierres brisées, qui ont leurs veines particulières & leur grain différent de la matière qui les lie : ces marbres sont rarement par bancs, mais par blocs & rognons entassés les uns sur les autres, & isolés. Est-il plus difficile de se retracer le plan des époques que ces amas de marbres nous font connoître, que celles indiquées par les ruines de Persépolis? Non sans doute. Ainsi nous pouvons dire : 1°. Il fut un tems où les eaux ont fait un dépôt dans un lieu quelconque ; 2°. il fut un tems pendant lequel ce dépôt s'est consolidé & pétrifié ; 3°. il fut un tems où un certain bouleversement a brisé ce dépôt, & l'a réduit en fragmens & en cailloux qui ont été balottés long-tems par les flots de la mer, & qui ont été arrêtés dans une vase étrangère ; 4°. il fut un tems où ce nouveau dépôt, mêlé de vase & de fragmens pierreux, s'est aussi consolidé & pétrifié en une seule masse & dans un seul banc ; 5°. il fut un tems où ces débris, consolidés ensemble, ont été de nouveau ébranlés, soulevés & brisés en quartiers de rochers que la force du bouleversement a dispersés dans des lieux, & a entassés irrégulièrement dans d'autres. Enfin, je conclurai que le premier de ces tems est extraordinairement ancien, puisque, depuis la dernière révolution, il s'est passé plusieurs milliers d'années.

Ce n'est pas seulement ce bloc de marbre, dont le langage muet & incorruptible nous instruit sur les anciennes opérations de la nature ; nos traditions mêmes y sont plus conformes qu'on ne pense. Considérons seulement la durée de notre Europe par l'histoire des révolutions successives arrivées dans la Méditerranée : 1°. l'Europe & la Méditerranée ont été primitivement sous les eaux avec tout l'hémisphère terrestre ; 2°. cet hémisphère ayant été découvert par la retraite des eaux de l'Océan, le lit de la Méditerranée fit partie d'un continent qui réunissoit l'Europe & l'Afrique; 3°. le lit de la Méditerranée a reçu les eaux des fleuves qui y affluent, &, par la réunion des vallées de ces fleuves, la Méditerranée est devenue un grand lac; 4°. les eaux de ce lac étant plus hautes que celles de l'Océan atlantique, elles ont commencé par l'approfondissement d'une vallée à travers l'isthme de Gibraltar, à s'ouvrir un débouché dans l'Océan; débouché auquel l'Océan atlantique a contribué depuis surtout que les eaux du lac de la Méditerranée ont diminué de hauteur dans leur bassin, & ont laissé reparoître quelques-uns des sommets qui avoient été submergés avant l'apparition générale. On peut ajouter à cela le débordement du Pont-Euxin, que j'ai distingué de la rupture du Bosphore. Sur ces objets je crois devoir renvoyer à la notice de Tournefort, premier volume, à l'article BOSPHORE & à celui de GIBRALTAR. On verra que tous les événemens qui y sont exposés, nous instruisent parfaitement de l'antiquité de l'Europe & de la jeunesse de nos histoires; car aucune de nos annales n'a osé fixer la date du plus récent & du dernier de tous ces faits. Enfin, à l'article MARBRE, nous rappellerons encore plus en détail les preuves de l'antique existence des marbres, que nous avons développées de manière à soumettre tous les bons esprits aux démonstrations précédentes si simples & si lumineuses.

N°. IV. *ANECDOTES sur les grands effets variés de l'eau.*

C'est un fait que tout ce que j'ai dit & tout ce que l'on voit rend indubitable; que l'ordre & la disposition de nos terrains sont l'ouvrage de l'eau: la terre lui doit tout, tant pour la disposition de ce que nous connoissons de sa masse, que pour celle de sa superficie. Tous les jours l'eau la dérange en détail, entraîne peu à peu quelques-uns de ses débris, les dépose en tous lieux, les reprend & les abandonne, les décompose & les recompose. Il est visible que c'est un élément toujours agissant à la surface du globe, qui lui est soumise lorsqu'il est en mouvement. Mais les parties de la terre, en obéissant à l'eau, obéissent en même tems à la loi de la pesanteur à laquelle l'eau elle-même est soumise, & tendent toujours à s'approcher du centre de la terre, vers lequel l'eau entraîne les corps qu'elle maîtrise. Chaque particule terrestre, à laquelle l'eau a communiqué son mouvement, prend une situation inférieure à celle qu'elle occupoit auparavant. S'il y a quelques exceptions, elles ne sont que locales & momentanées, au lieu que, suivant la loi générale, suivant celle qui agit par toute la terre, l'eau coulant toujours vers les parties inférieures, y accumule, y condense tout ce qu'elle déplace, & forme de ces différentes matières des constructions régulières tant qu'elles restent sous les eaux.

C'est en conséquence de cette marche de l'eau & de ses effets, qu'on doit conclure, en voyant des lits de vase & de limons, de sables & de sablons répandus & disposés uniformément dans certaines contrées, que ces matériaux ne peuvent provenir que de lieux supérieurs, d'où l'eau les a entraînés dans des tems plus ou moins anciens.

Or, si nous consultons les diverses époques de l'histoire de la terre, nous trouverons dans les contrées où sont des depôts de limons, & en conséquence très-fertiles, c'est-à-dire, aux confluences des rivières & des fleuves, les lieux bas qui se sont engraissés aux dépens des lieux plus élevés. Rien ne nous prouve mieux les effets des anciennes eaux courantes descendues des sommets élevés, que l'inspection de toutes ces contrées chargées de ces dépôts. On voit que le limon de nos prairies & de nos plaines fluviales n'est qu'une substance terreuse extrêmement fine, légère, spongieuse, vraisemblablement provenue de la comminution & dissolution d'une infinité de matières différentes, surtout des anciennes végétations, dont les parties les plus solides & les plus fixes ont été déposées dans différens gîtes par le cours des eaux auxquelles ces matières se sont trouvées exposées quand elles étoient dans une autre situation.

Dans les lieux où ces mêmes substances séjournent ensuite, comme elles se trouvent chargées de différens principes huileux, salins & sulfureux, il n'est pas étonnant qu'elles y acquièrent un état très-favorable à la production des différentes plantes. Lorsque dans nos étangs les eaux ont été longtems gardées & retenues, la fertilité de leurs vases est étonnante, & l'industrie des cultivateurs sait en tirer avantage en changeant les bassins de ces étangs en prairies & en terres labourables.

Une conséquence qui devroit résulter du mouvement des eaux à la surface du globe, & de leurs effets variés, seroit que les terrains s'offriroient bien plus simples dans les hauteurs, & plus composés dans les lieux bas; en sorte qu'à partir du niveau de la mer, les rivages devroient y être composés de plus de diverses matières que les montagnes voisines; celles-ci moins que les contrées inférieures; celles-ci devroient devenir encore plus simples à mesure qu'elles s'approcheroient de la masse des hautes montagnes. Enfin, suivant ces principes, ces hautes montagnes, ces sommets du monde, offriroient les terrains les plus simples, & nous montreroient la première constitution de la terre. Cette gradation du simple au composé, fort naturelle, doit se remarquer si les accidens qui ont dégradé la terre, n'ont pu le faire qu'avec une succession de déplacemens, telle que les terrains les plus élevés de tous ont fourni les décombres qui ont recouvert les terrains inférieurs; que ces produits des démolitions aient ensuite servi à d'autres constructions dans les lieux bas, & s'il en arrive encore aujourd'hui de la même manière, jusqu'à ce que ces matières, dispersées & mélangées à l'infini, & toujours entraînées vers le centre de la terre, parviennent, s'il est possible, à un lieu de repos. Mais cette recherche, qui conduit d'un plus composé que l'on connoît, vers un moins composé connu encore, devroit faire découvrir le premier terme de la progression, au moins dans les sommets les plus élevés, puisqu'il est évident que plus l'on s'éloignera de ce terme, plus l'on devroit s'éloigner de cette simplicité élémentaire. Mais cette matière simple ne se rencontre cependant nulle part, car les plus hautes montagnes ne nous présentent que des compositions & des alliages aussi combinés que ceux qui résident dans les lieux les plus bas. Il faut donc de là nécessairement conclure que, quand même on se trouveroit sur les cimes les plus élevées des Alpes, du Caucase, du Taurus, & sur les autres sommets du globe, rien ne prouveroit plus qu'il y ait eu des lieux supérieurs qui aient contribué à leur composition, car ce ne sont plus des vases & des limons ou d'autres matières semblables qui aient concouru à leur composition. On ne voit pas que les parties elémentaires qu'on y découvre, aient été apportées peu à peu par un courant d'eau descendu d'un lieu supérieur dans un lieu plus bas. Ce sont, au reste, des massifs de l'*ancienne terre*, dont les elémens sont composés. Lorsqu'on a bien étudié ces massifs, on est en état de reconnoître les accidens des eaux courantes qui ont pu arriver depuis dans les divers continens, lesquels, loin d'avoir éte de nature à en construire de semblables, n'ont pu que les dégrader & les détruire en partie.

Quelles révolutions toutes ces choses ne nous apprennent-elles pas être arrivées en différentes époques! Par elles l'exposition des massifs qu'on peut observer à la surface du globe, prouve qu'il y a eu des constructions successives de l'*ancienne*, de la *moyenne* & de la *nouvelle terre*, & même des dégradations dans les intervalles de ces opérations de la nature. Aussi l'on rencontre partout, sur les limites de ces différens massifs, des ruines dispersées de tous côtés, & qui attestent la marche des eaux courantes, telle que nous la pouvons suivre de nos jours.

Autres effets de ces mêmes eaux, très-remarquables. Tous les voyageurs ont trouvé, non-seulement dans les hautes régions, comme celles des Alpes, mais aussi dans les moyennes qui leur sont adossées, des masses de rochers errantes & isolées, qui n'avoient aucun rapport, soit par leur grain, soit par leur nature, à la qualité des rochers & des pierres qui construoient le sol des lieux où elles residoient. Une position aussi étrange n'est pas naturelle. Ce qui est encore plus extraordinaire, c'est que ces masses étoient de volumes très-considérables : comme elles n'ont pu être déplacées ainsi par les eaux, il est nécessaire qu'elles aient été précipitées en suivant des pentes très-rapides qui ne subsistent plus entre leurs gîtes anciens & primitifs, & les lieux où on peut les observer encore. La continuité des différentes parties de ces pentes a été détruite par les eaux, de manière que ce ne sont pas de simples ravines creusées par quelques filets d'eaux, mais de grands & larges vallons à travers lesquels coulent des rivières considérables. Nous n'entrerons pas dans de plus grands détails à ce sujet, & nous renvoyons à l'article PIERRES PERDUES, où nous ferons connoître les différentes contrées qui nous ont offert ces phénomènes si extraordinaires, & qui prouvent d'une manière incontestable le travail des eaux courantes dans des époques très-peu reculées, & la destruction des parties supérieures de nos continens, surtout le long des croupes de nos vallées.

Je passe maintenant à d'autres considérations sur les montagnes. Si je vois des lits rompus & inclinés, comme ce n'est pas leur disposition naturelle & primitive, je les redresse par la pensée : si je les vois interrompus & coupés, je les continue de même, & je reconnois que leur prolongement traverse les vides qu'occupent les villes & les villages que nous habitons. C'est par ces examens & les reconnoissances multipliées, que nous avons jugé, en parcourant des lits semblables & uniformément appareillés dans les deux croupes qui bordent les vallées de part & d'autre, & même des bras de mer, qu'il faut qu'il y ait eu un tems où ces couches ont formé une seule & même masse continue. Par toutes ces observations, nous avons été autorisés à croire qu'il y avoit eu une infinité de dégradations à la surface de la terre; que les lits de nos montagnes les plus élevées & isolées prouvoient que toutes les différentes chaînes qui sont distribuées çà & là sur nos continens, n'avoient formé qu'une seule & même masse avant que l'action des eaux courantes les ait séparées, en emportant tous les terrains dont les vides nous les font paroître si considérablement hautes, & en creusant les bassins de nos rivières de différens ordres, qui en augmentent l'élévation relative.

Si nous revenons maintenant aux confluences des eaux dont il a été question ci-devant, nous reconnoîtrons la généralité des circonstances qui ont rendu ces endroits si fertiles, comme nous l'avons dit.

Comme les effets semblables doivent avoir été produits par les mêmes causes, on ne peut douter que nos continens n'aient été construits lits par lits, bancs par bancs, au moyen des vases & des limons que les fleuves & les rivières des anciens continens portoient continuellement dans les bassins où ils terminoient leurs cours, & que ces lits ayant été construits de même par un travail périodique infiniment long, ainsi que par la génération successive des corps marins, ces continens, ces mers, ont dû subsister, ainsi que les nôtres, pendant plusieurs milliers d'années.

J'ajoute que toutes ces reliques terrestres, trouvées dans les lits formés au milieu des bassins des anciennes mers, nous apprennent aussi, comme nous l'avons déjà dit, que ces anciens continens étoient couverts des mêmes productions, de la végétation des mêmes arbres, des mêmes plantes, de la même verdure que les nôtres. Les productions animales, que nous y trouvons, nous apprennent aussi que sur ces continens vivoient des espèces d'animaux que nous connoissons, depuis le plus grand des quadrupèdes, jusqu'aux plus petits des insectes; que les mers nourrissoient & contenoient les mêmes poissons, les mêmes coquillages qu'elles contiennent & nourrissent encore aujourd'hui dans d'autres bassins; & qu'enfin la nature, toujours la même, végétoit & fleurissoit alors comme elle végète & fleurit aujourd'hui, mais en d'autres lieux & sous d'autres aspects.

Ces changemens de terres en mers & de mers en terres se présentent avec tant de vraisemblance; ces *anecdotes* sont si authentiques, ces témoins si irrécusables, que, quoiqu'on ne puisse pas expliquer d'une manière décisive comment des événemens si extraordinaires ont pu avoir lieu, il faut néanmoins reconnoître qu'ils sont arrivés. Ce n'est point ici la place de donner des conjectures. Il suffit, ce semble, que je ne m'écarte point des faits & des observations précises. Je fais plus; je reste dans le doute si cette mutation s'est faite peu à peu ou subitement, quoiqu'il me paroisse plus vraisemblable que les révolutions aient été subites. Les lits de nos continens ont été formés peu à peu sous les eaux; mais la cause qui les a fait sortir n'a pu être vraisemblablement qu'une cause violente & subite, parce qu'elle s'est montrée contre l'ordre ordinaire des choses. Au reste, quoiqu'on ne puisse nettement concevoir la cause de ces révolutions, (car il y en a eu deux à ma connoissance), & que l'on n'ait aucune instruction sur ces événemens, de la part des anciens écrivains, il suffit, pour un historien de la nature, que ces faits soient arrivés. Les monumens innombrables que la nature en a répandus à la surface de la terre, étant plus vrais, plus frappans que tout ce que les hommes auroient pu nous transmettre à ce sujet, & plus respectables que tout ce qu'ils peuvent & ce qu'ils pourront alléguer pour les réfuter & en affoiblir l'autorité.

Vidi ego quod fuerat quondàm solidissima tellus,
Esse fretum : vidi fractas ex æquore terras ;
Et procul à Pelago conchæ jacuêre marinæ.

OVID.

N°. V. ANECDOTES *tirées des changemens variés que nous offrent l'interieur & l'extérieur du globe, & surtout de ceux que nous présentent les mines & les marbres brèches.*

Tous les corps fossiles, soit marins, soit terrestres, que nous offrent les couches de la terre, ne sont pas les seuls monumens naturels des révolutions qu'elle a éprouvées. Dans la plupart des mines, il arrive souvent qu'après avoir suivi un filon riche & abondant, il disparoît subitement, & se perd contre un terrain qui n'y a plus aucun rapport. Quand les ouvriers ne s'arrêtent point à ces obstacles, qu'ils percent ces barrières, & qu'ils s'y plongent suivant la direction & l'inclinaison des veines perdues, alors ils les retrouvent, & reconnoissent par-là que ces masses étrangères, qui ont interrompu l'allure des mines, ne sont que des dépôts accidentels & postérieurs qui ont rempli un vide que des accidens encore plus anciens avoient formé dans le terrain naturel. Ces obstacles, causés par les irrégularités intérieures, se rencontrent surtout dans les mines de charbon, dont les couches vont se perdre contre des espèces de murailles qu'en certains pays les ouvriers appellent des *parois*. Ces murailles ont quelquefois plusieurs toises d'épaisseur, & l'on retrouve toujours au-delà la suite des couches perdues, où l'on reconnoît la même direction, la même inclinaison, le même ordre & la même nature de bancs, de lits & de feuillets qu'on avoit trouvés avant la rencontre de l'obstacle.

Que d'accidens successifs ces irrégularités souterraines n'indiquent-elles pas si l'on essaie de les analyser? On y voit d'abord la suite des opérations qui ont construit les couches de la mine, ensuite celles qui y ont formé de vastes fractures ou des espèces de vallons, puis celles qui ont comblé ces derniers vides; enfin les accidens qui ont donné lieu à des dérangemens plus récens, &c.

Une partie de semblables phénomènes se présente dans les terrains ordinaires, & surtout dans ceux dépendans de la moyenne terre. Il est aisé de les remarquer dans ces longs escarpemens qui bordent les lits de nos fleuves & de nos rivières. On y voit que le massif de ces contrées y avoit éprouvé des dérangemens avant l'approfondissement des vallées par de fortes brèches qui ont été ensuite comblées à la suite de nouveaux accidens, & remplies par des matériaux étrangers à la constitution primitive du pays.

La disposition naturelle de toutes les couches qui, placées les unes sur les autres, forment le solide de la plus grande partie de nos continens, devroit être un parfait parallélisme avec l'horizon. Ceci a lieu effectivement dans presque tous les bancs de la terre; cependant elle est rarement exacte & bien moins constante que le parallélisme que suivent entr'eux tous les bancs, sous tel degré d'inclinaison que leurs masses soient établies; en sorte qu'on observe en tous lieux une infinité d'exceptions à la loi générale & naturelle. Tantôt telle pente est conforme à l'inclinaison particulière de la contrée vers un fleuve ou vers une vallée; tantôt, comme la surface de la craie en Champagne, elle est plus précipitée : d'où il arrive que dans ces contrées, qui ne présentent que des plaines, les couches souterraines sont cependant fort inclinées, pendant qu'en d'autres pays, dont la surface est pleine d'inégalités très-extraordinaires, les bancs intérieurs sont néanmoins parallèles ou presque parallèles à l'horizon. Il arrive assez souvent, surtout dans les régions montueuses, que l'inclinaison des bancs est quelquefois en sens contraire de l'inclinaison de la surface ; & j'ai observé, même en certains endroits du Dauphiné, que les assises d'un escarpement très-roide & fort élevé, au lieu de pencher vers le lit de la rivière qui l'avoit formé, versoit du côté opposé à la vallée, & qu'alors, en envisageant le prolongement de ces assises tranchées, on voyoit leurs bancs se diriger par-dessus les sommets les plus élevés des montagnes voisines.

Les carrières d'ardoise & les mines de charbon de terre annoncent, plus que toutes les autres mines, les dérangemens qui sont survenus à plusieurs reprises dans les parties solides du globe. C'est là singuliérement où les couches n'ont jamais conservé leur disposition primitive : toujours fortement inclinées, elles ont pour loi générale ce qui n'est qu'une exception dans tous les autres massifs de la terre. Ainsi, ce qui mérite d'être considéré lorsqu'on examine les phénomènes intérieurs qui distinguent ces contrées de toutes les autres, c'est, 1°. que les inégalités superficielles y sont les mêmes que partout ailleurs, car on y voit des vallées, des escarpemens très-marqués & fort suivis, & même des angles correspondans, dont l'ensemble n'a aucun rapport avec la constitution & la construction intérieures ; ce qui prouve que les dispositions intérieures sont d'une époque totalement différente de celle des eaux courantes, auxquelles sont dues les inégalités de la superficie ; 2°. que dans le tems où la plupart des couches ont perdu leur position naturelle & primitive, elles devoient être fermes & solides, sans quoi les matières dont elles étoient composées, se feroient mêlées & confondues comme se mêlent les vases : on ne verroit plus le parallélisme parfait & la distinction nette & précise des feuillets d'ardoise, & les fractures considérables qu'on rencontre dans ces mines & carrières ; ce qui nous autorise à conclure qu'avant l'affaissement de ces contrées, les couches étoient restées long-tems dans une situation horizontale & dans un état fixe & tranquille, à la faveur desquels elles devoient avoir acquis une grande consistance bien solide lors de leur dérangement ; 3°. c'est qu'en analysant la matière de ces couches, on reconnoît qu'elles renferment une multitude de débris de productions marines, terrestres, fluviales, végétales & animales : d'où il suit que les ardoises & les charbons de terre doivent leur origine & leur construction à des accidens communs & généraux qui ont changé une disposition de la terre, &c.

Non-seulement tous les massifs qu'on peut parcourir à la surface du globe, pris en détail, annoncent ainsi une succession de changemens fort variés, mais encore par l'examen qu'on peut faire de même des pierres & autres substances qui sont renfermées dans les couches que l'ancien séjour de la mer a construites, on y reconnoît que l'ancienne terre qui a précédé la moyenne, n'étoit ni plus simple ni moins composée dans les substances dont elle étoit formée ; car si nous analysons, par exemple, les différentes variétés des *marbres*, nous y trouverons, parmi les matériaux qui les constituent, des cailloux brisés & une multitude de fragmens de pierres noyées dans un ciment qui n'en a fait qu'un tout. Or, il n'y a pas de doute que puisque la composition de ces marbres (qui forment la substance de plusieurs grandes contrées) est due à la destruction de terrains plus anciens, que toutes les pièces détachées dont ils nous offrent la réunion, n'aient été chacune auparavant les parties d'un tout, de même nature qu'elles, c'est-à-dire, des anciens terrains qui n'existent plus.

Si nous examinons même à présent chacun de ces fragmens de pierres séparément, le jugement que nous en porterons, sera le jugement du tout, dont il n'est resté que ces fragmens. Si nous voyons que ce sont des pierres veinées, qui ont aussi des bandes suivies & des teintes de couleurs variées, nous voyons qu'elles sont les résultats de dépôts successifs de certaines substances & de vases ; enfin, nous y voyons les mêmes principes que dans les pierres d'un ordre de constructions plus récentes. Tout y est placé avec la même apparence de succession, & la nature de chaque fragment de pierre brisée est aussi étrangère au tout, & aussi indépendante du tout, que ces fragmens eux-mêmes sont étrangers au banc de marbre où ils se trouvent compris avec beaucoup d'autres. Ces bancs n'ont donc pu être construits ailleurs que dans l'eau & par l'eau. Mais l'analyse de la partie étant aussi l'analyse de la masse totale qui ne subsiste plus, les terrains autrefois entiers dont ces fragmens ont fait partie, ont dû leur construction au travail des eaux. Ils n'ont donc pas toujours fait partie de nos continens découverts, & il y a eu un tems où, par rapport à d'autres continens, ils ont été ce que les lits des bassins de nos mers sont par rapport à nous. Je le répète : toutes ces pierres détachées déposent d'une manière invincible, qu'elles sont les parties d'un tout de même nature qu'elles, & nous apprennent qu'avant l'accident qui les en a arrachées, ce tout subsistoit en entier, & que ce tout lui-même ne devoit sa construction & sa composition qu'à la destruction & à la démolition de matières préexistantes à sa formation. Les anciens continens n'étoient donc point simples.

Je pourrois peut être prouver cette vérité importante par des monumens rassemblés plus en grand d'après l'examen des bancs de nos divers continens, & surtout comme je l'ai dit de ceux que je crois devoir ranger parmi ceux de la moyenne terre. C'est un fait incontestable, que les couches les plus profondes sont plus anciennement construites que les bancs supérieurs, & que par

par conséquent dans les bancs inférieurs ont été déposés les produits des démolitions des bancs occupant la superficie des anciens continens, & que dans nos bancs voisins de la superficie ont été distribuées les parties démolies des bancs inférieurs des anciens continens, dont la destruction a pu se continuer. On peut présumer que les matériaux du milieu de nos continens ont occupé les couches du milieu des anciens; car la construction des couches & des bancs s'étant opérée successivement, les matériaux des anciens continens qui ont pu se mêler avec les productions marines, n'ont pu s'y déposer que successivement, & cette déposition n'a pu avoir lieu dans un autre ordre pour les parties occupant le milieu, que pour les parties occupant les extrémités. Je dois dire que la variété des substances que l'on peut voir dans les différens bancs accumulés les uns sur les autres, lorsque l'on fait observer dans ces vues, doit faire connoître la grande variété qui régnoit dans les anciens continens entre toutes les parties inférieures, supérieures & moyennes; car ces continens n'étoient formés que d'un assemblage de bancs de toute nature, & chaque banc n'étoit lui-même que l'assemblage fortuit de molécules de différentes matières.

C'est encore une grande présomption, que ces continens étoient, dans leur construction, semblables aux nôtres, lorsqu'on y apperçoit les débris des productions animales & végétales, semblables à celles de nos continens. Ils avoient donc les mêmes dispositions intérieures & extérieures, même température, &c. Concluons donc enfin qu'ils n'étoient pas simples, & qu'ils avoient été l'ouvrage de l'eau, qui, en les construisant, en avoit démoli d'autres, & changé encore par-là les anciennes dispositions de la surface du globe.

Enfin, les fragmens de pierres détachées, dont les marbres sont formés, sont assez souvent des débris d'autres marbres encore composés, & dont toutes les pièces soutiendroient une autre analyse & annonceroient des époques plus anciennes. Le marbre, dit le Père Castel (*Traité de la Pesanteur, liv. I, sect. I*), est le fruit de mille générations successives.

Et rien ne va encore mieux le prouver que l'observation du rocher d'*Amenla*, dont j'ai publié les résultats à cet article & à celui d'*Alais*. La sixième chaîne de montagnes, voisine de cette ville, n'est pas composée de bancs posés les uns sur les autres, mais d'un amas de rochers & de pierres calcaires dont les assemblages sont très-considérables, & au dessous desquels règne un banc régulier de pierre morte, où il ne paroît aucun vestige de coquilles fossiles. Les quartiers de rochers qui couvrent cette base, ne sont composés que de fragmens de pierres de différens grains & de couleurs variées. Chaque fragment est usé & arrondi, & leur assemblage est noyé dans une terre rousseâtre, où se voit aussi une grande quantité de coquillages fossiles, étrangers à nos climats, non distribués par couches comme ailleurs, mais confondus & mêlés à des amas d'*Amenla*, usés & même arrondis comme eux. Dans cette chaîne, le terrain porte toutes les marques d'un bouleversement semblable au bouleversement que doivent opérer les bords de la mer, dont les flots ont confondu les pierres avec les coquillages qu'on trouve indifféremment dans toute l'épaisseur du rocher de la chaîne, & dans les endroits les plus profonds où ces matières ont été déposées après que les flots les ont roulées & polies.

D'après ces indices, il me semble qu'on peut conclure, 1°. que la pétrification des morceaux arrondis du rocher d'*Amenla* & des coquilles qui s'y trouvent mêlées, est de beaucoup antérieure à la pétrification du ciment qui les lie; 2°. que tous ces matériaux sont étrangers à l'emplacement qu'ils occupent; 3°. que les pierres d'*Amenla* se sont arrondies en roulant les unes sur les autres avant d'avoir été déposées & accumulées sous la forme de rocher. D'ailleurs, comme dans la cassure d'un bloc d'*Amenla* on distingue les veines blanches d'un suc pierreux, qui traversent un seul de ces fragmens, & qui se terminent nettement à ses bords & ne s'étendent pas au-delà dans le ciment qui les lie, & qui n'est réuni en aucun endroit (ce qui est commun à tous les marbres brèche), cela prouve que la pétrification de ces cailloux & du ciment qui les lie, n'a pas été opérée dans un même lieu ni dans un même tems; mais que les pierres d'*Amenla*, aujourd'hui arrondies & probablement anguleuses autrefois, sont des morceaux détachés d'une plus grande masse. D'ailleurs, les veines blanches spathiques dans les cailloux isolés montrent assez sensiblement qu'ils ont fait partie d'un autre rocher, & qu'ils n'ont pas toujours été isolés. Ceux qui sont accoutumés à voir les pierres & leurs différentes compositions, sentiront la force des preuves de tous ces faits.

Le marbre n'est pas la seule matière dont l'analyse conduise à une autre analyse. Dans les carrières de nos pierres ordinaires on trouve des fragmens & même des blocs isolés de différens grains & de constructions particulières, des morceaux de sables, des cailloux, des silex rompus, déplacés & refoudés, lesquels annoncent qu'ils ne sont plus dans la situation primitive où ils ont été formés. Ces morceaux égarés sont souvent remplis d'une matière étrangère à celle qui leur sert d'enveloppe; enfin, l'on ne peut trouver rien dans la nature, qui ne puisse souffrir une analyse plus ou moins suivie. Cependant nous dirons ici qu'au-delà de deux ou trois révolutions, nous ne pouvons plus distinguer la succession des opérations, & qu'alors toutes les matières se soustraient par la petitesse des élémens, par leur altération & par la multiplicité de leurs subdivisions, à une analyse nette & précise. L'Histoire naturelle, ainsi que l'Histoire civile, a dans ses monumens un grand nombre d'*hyérogliphes* dont nous n'avons plus le dénoûment, mais qui nous dénotent toujours une antiquité que les hommes peuvent soupçonner.

Si nous voulions faire ici quelques recherches sur la durée de ces continens qui ne sont plus, sur l'époque de leur existence, sur celle de leur destruction, ce seroit une entreprise fort hasardeuse. Il faudroit d'abord nécessairement reconnoître, & je ne vois pas qu'il y eût en cela d'alternative, quelles dispositions de ces anciens continens qui ont précédé ceux que nous habitons, doivent avoir eu pour date l'apparition des nôtres, qui est censée connue; mais il n'en est pas de même de leurs commencemens, que nous ne pouvons fixer. Quant à leur durée, nous avons tout lieu de soupçonner qu'ils ont subsisté pour le moins aussi long-tems que les nôtres; & s'il étoit possible de connoître à quelle profondeur les lits & les bancs de la terre s'étendent sous nos pieds, comme il est facile de mesurer leur élévation au dessus de nos têtes, notre certitude augmenteroit infiniment. Ces suites de lits ne nous donneroient pas, à la vérité, des époques précises, mais ils nous apprendroient & nous confirmeroient de plus en plus que nos continens, avant d'être habitables, ayant été dessous les mers pendant des âges très-longs, la durée des plus anciens qui les environnoient, avoit été encore plus considérable. Tels sont les principaux faits que nous avons pu déduire de la comparaison des temps; mais lorsqu'il est question de leurs révolutions & des vicissitudes qui les ont précédées, tout se plonge pour nous dans la nuit la plus obscure.

Ce doit être sans doute une grande satisfaction pour un historien, & même un adoucissement dans ses travaux littéraires, que d'être en état de ranger dans un ordre net & suivi les faits qu'il a mis beaucoup de tems à débrouiller & à concilier, & d'avoir pu trouver les tems propres à les placer, ainsi que les anecdotes qu'il a recueillies de tous côtés. Mais c'est une satisfaction dont l'historien de la nature ne peut se flatter de jouir, puisque des faits vrais & constans qu'il découvre chaque jour, se perdent pour lui dans de grands espaces de tems, & qu'il ne pourra vraisemblablement saisir des époques certaines pour les nouveaux résultats de ses observations & de ses recherches.

L'analyse d'un composé doit, ce semble, conduire à un résultat plus simple; c'est cependant à quoi nous n'avons pas pu parvenir par celle que nous avons adoptée. Nous n'avons découvert dans les produits naturels, que les résultats des opérations successives, mais semblables; & à l'égard des divers composés, le dernier terme où notre analyse a pu nous mener, ne diffère en rien du premier. C'est toujours une matière également composée & également susceptible de la décomposition. Nous n'y avons vu enfin, pour dernier terme, que ce qui paroît encore avoir été précédé d'une infinité d'autres. On trouve constamment des mélanges de cristaux, de sables, de sablons, de cailloux, de graviers, de pierres, de craies, de glaises, de débris d'animaux, de végétaux & de minéraux de toutes natures. On rencontre les mêmes dispositions dans toutes les parties d'un tout, quoique chacune d'elles se présente sous divers aspects : toujours des bancs & des lits; toujours des golfes, des mers & des parties de continens; toujours des effets d'une organisation successive, lente, & semblable à celles qui se forment sous nos yeux; toujours enfin les mêmes caractères, & par conséquent aussi la même nature. Tout ceci doit nous porter à croire que tant que nos analyses ne nous éloigneront pas plus des matières & des formes que nous connoissons, & ne nous les offriront pas plus simples dans leur nature & dans leur arrangement, telles qu'elles ont dû être certainement lorsque les principes de l'organisation primitive n'ont été que peu ou point mélangés; tout ceci, dis-je, doit nous porter à croire que nous sommes infiniment éloignés du premier terme & de la première époque de toutes choses.

Cependant, dira-t-on, si tout ce qui existe de plus entier sur la terre n'annonce que des ruines, s'il n'y reste plus rien qui ait quelque rapport à la forme & à l'organisation primitive, si nous n'y pouvons voir autre chose, sinon qu'il n'a pas été subitement construit dans l'état où il est avec des bancs de pierre, de craie, d'argile, de marbres & des groupes de montagnes formés à cet effet; si ces bancs de pierres eux-mêmes n'ont point été formés comme ils subsistent, par une opération subite avec des sels, des cristaux, des sables, des graviers calcaires, des coquillages & autres substances terrestres & animales, formés aussi subitement; si le moindre grain de sable n'est pas l'effet d'une composition instantanée, & si tous ces êtres, ensemble ou séparément, ne nous annoncent que des successions & des résultats d'opérations fort longues & antérieures à toutes les époques connues, quelle idée donc peut-on se former de la terre avant qu'il y eût des bancs de pierres, de sables, de marbres, d'argiles, de grès? avant qu'il y eût des vallées & des montagnes? Pouvoit-elle former un tout si toutes ces parties n'existoient pas? A cette importante question je réponds que, rien ne pouvant retracer le premier instant & le premier spectacle qu'a pu offrir une terre naissante, c'est une recherche qui surpasse l'état présent de notre intelligence & de notre expérience, & qu'il suffit, pour être convaincus de ce que nous ne pouvons nous représenter, d'avoir tous les témoignages possibles qu'elle n'a point existé comme elle est de tout tems, & qu'elle existe depuis tous ceux qui nous sont connus, & que toutes les idées que notre imagination seule peut nous fournir, ne peuvent être que trompeuses & incertaines. Au reste, nous sommes étonnés aujourd'hui d'apprendre que nos continens ont été formés & renouvelés sous les eaux des mers. Malgré le poids des monumens qui constatent cette grande vérité, il peut arriver qu'on sera bien plus frappé de notre surprise, car un tems viendra peut-être où l'on verra clairement que, sans le secours des eaux presqu'universelles, il n'auroit pas été possible d'accumuler des vases & des dépôts de toute espèce, de les disposer autour de la terre bancs sur bancs; de répandre partout des bitumes, des sels, & les principes d'une infinité d'êtres & de substances; de faire vivre, naître & multiplier ces coquillages, dont les débris immenses forment la substance de nos pierres calcaires, comme ces pierres forment la plus grande partie de nos continens; car, d'après ces considérations, l'eau ne devoit-elle pas paroître la matrice & l'origine de toutes choses? N'est-il pas visible que ce qu'ils ont appelé désordre, étoit l'ordre même, & la voie la plus féconde & en même tems la plus simple que pouvoit choisir la nature.

Cette matrice de toutes choses ne pouvant tenir son origine d'elle-même, on sera tenté sans doute d'en chercher l'époque & l'origine. Ce que nous avons découvert dans ces derniers tems sur ses principes constituans, ne nous apprend rien sur les applications que la nature en a faites dans les diverses révolutions du globe. C'est donc sans retour que nous sommes obligés d'abandonner l'analyse de différens effets opérés par la nature & écrits au dehors & au dedans de la terre, bien en deçà du premier terme, parce que nous sommes réduits à nous borner aux circonstances des faits & de laisser souvent les causes inconnues, & surtout celles de l'apparition de la terre moyenne & nouvelle hors des eaux.

Comme il est arrivé à l'intérieur & à l'extérieur du globe, dans les seules & petites parties que nous connoissons, un grand nombre de changemens, ne sommes-nous pas autorisés à soupçonner une infinité d'autres révolutions dans celles que nous ne connoissons pas? Ce ne seroit donc pas hasarder beaucoup, que de le considérer d'une vue générale, comme une masse qui a cela de commun avec les autres êtres actifs & passifs, qu'elle renferme au dedans d'elle-même des principes de vie & de mort; qui est périssable par elle-même au bout d'un certain tems marqué par sa durée; qui peut être dérangée & troublée par une infinité de hasards & le concours de plusieurs agens: on hasarderoit de même aussi peu en envisageant cette masse comme soumise aux mêmes conditions de la matière prise en général, qui ne périt pas, mais qui change sans cesse; comme un composé qui, éprouvant des actions & des mouvemens continuels par le travail de tous ses propres organes & de ses agens extérieurs, doit, ainsi que tout ce qui est organique, s'affoiblir, s'épuiser peu à peu, & se détruire dans certaines parties, c'est-à-dire, changer de forme, de position, & peut-être de nature.

Le ciel, qui s'ouvre aujourd'hui plus que jamais à nos yeux par les grands progrès de l'astronomie & de l'observation, confirme tous ces soupçons, & nous engage à embrasser dans une suite de vues tous les globes de l'Univers. Or, les planètes sont les moins considérables de ces grands corps, & parmi elles, si on les prise par leur grandeur & leur volume, notre terre n'occupe que les derniers rangs. Mais comme nous n'avons pas encore assez vu de faits de cette nature, & que les révolutions des globes ne nous sont pas encore assez connues, quoiqu'il en arrive beaucoup & souvent, pour suivre l'ordre des changemens auxquels la nature les assujettit, & pour affranchir ces grandes probabilités du nom de systèmes, je n'insisterai pas ici sur ces conséquences.

N°. VI. *Anecdotes sur les phénomènes des vallées & les formes de leurs bords.*

Je viens de faire connoître les principales inégalités qui se trouvent à la superficie de la terre, & même d'en indiquer les causes les plus remarquables; il convient ensuite, pour achever cette description du globe, de montrer, avec le même soin, ce qu'il nous présente dans son intérieur, & ce qui contribue à sa constitution physique dans les parties où nous avons pénétré jusqu'à présent.

Je remarque d'abord que les constructions reconnues par l'examen de la masse & du solide de la terre datent d'une époque bien plus ancienne que les dégradations que nous avons suivies à sa surface, & cette vérité doit être considérée comme un axiôme incontestable. Le travail, quel qu'il soit, qui nous représente aujourd'hui, sur un bloc de marbre, la figure & les traits d'Alexandre, ainsi que les accidens qui ont pu lui mutiler le bras ou d'autres parties saillantes, sont certainement plus modernes que les circonstances auxquelles le marbre doit la disposition & l'infiltration de ses parties intérieures: il en est de même de la terre & de sa figure. Les chaînes de montagnes, les ramifications de nos vallées, & toutes les inégalités de nos continens, qui sont les traits de notre globe, ont été formées dans une masse qui avoit une disposition intérieure, & dans chacune de ses parties, bien plus ancienne que tous les événemens & que tous les accidens connus & inconnus qui ont tronqué & mutilé certaines parties de sa surface, comme nous l'observons présentement. On doit bien sentir, après tout ce que nous avons dit, que, pour avoir une idée juste des montagnes, il faut les regarder comme des parties d'une ancienne masse laissée en relief, & les vallées comme des sillons creusés dans la même masse. C'est ainsi que le sculpteur, pour faire enfler une draperie, ne fait que fouiller dans son marbre les plis qui doivent la faire valoir.

Le torrent de la Marne, se précipitant du plateau de Langres, a creusé la vallée qui se trouve entre cette ville & Chaumont, & ainsi de suite jusqu'à Meaux, Paris & la mer, & à mesure que ces vallées se sont approfondies, il s'est formé, par cette suite de déblais, des collines & des montagnes dont nous avons examiné les formes & les reliefs. C'est ainsi que les eaux courantes du Nil ont creusé insensiblement cette célèbre vallée, qui offre les côtes escarpées dont nous avons parlé.

Les eaux qui ont creusé la grande vallée du Danube, & en même tems le détroit de Constantinople & celui des Dardanelles, ont produit ces énormes excavations aux dépens du sein de la terre qu'elles ont fouillée, & c'est ainsi qu'elles ont formé insensiblement les côtes & les montagnes de toutes ces contrées. Les terrains qui remplissoient les vides de ces vallées, & réunissoient autrefois ces bords & ces masses aujourd'hui séparés, étoient d'une nature & d'une constitution intérieure semblables à ces bords, & avoient été organisés en même tems.

La grande quantité d'eau qui sort de tous les pays de montagnes, & en particulier de celui-ci, étonne toujours, parce que les pluies y sont plus abondantes que partout ailleurs. Les observations & les réflexions que j'ai eu lieu de faire sur ces terrains, m'ont fait penser que toutes ces eaux venoient des pluies, & que cette ressource seule avoit suffi à la nature pour creuser les vallées à la profondeur où elles se trouvent actuellement.

Les têtes de toutes ces vallées sont terminées en demi-cercle, qui forment des entonnoirs plus ou moins profonds, isolés & escarpés, suivant l'abondance de l'eau des sources qui sortent du sein de la terre, ou celle des torrens que forment les pluies.

Lorsque la naissance de ces vallées est d'une pente douce, on reconnoît que c'est parce que le dessus du terrain a été usé & fouillé par des eaux extérieures, ou qu'il s'est opéré un affaissement causé par les affouillemens des eaux souterraines, qui ont fait écrouler & fléchir aux environs les terrains supérieurs lorsqu'ils n'ont point eu assez de solidité pour se soutenir, & que l'eau des sources n'a pas eu assez de force pour entraîner tout-à-fait les terres. Ainsi, dans ces endroits, il est aisé de voir que toutes les destructions proviennent, ou de ce que la terre a manqué par ses fondemens, ou de ce qu'une cause extérieure, telle que celle des pluies, les a occasionnées par le laps du tems.

La plupart de toutes les ouvertures des sources sont dues ainsi à l'action des pluies, qui ont creusé les vallées dans lesquelles elles versent leurs eaux jusqu'au niveau des couches qui les tiennent & les conservent. Ainsi l'étendue de ces ouvertures est proportionnée non-seulement à la quantité d'eau qui sort des sources, mais encore à celle que les pluies peuvent fournir sur le revers des vallées.

Il y a grande apparence que, dans le tems où toutes les vallées ont commencé à s'ébaucher, les pluies ont fourni abondamment, non-seulement aux torrens qui ont couru à la surface de la terre presqu'unie, mais encore aux sources abreuvées par cette même eau des pluies, qui pénétroit dans les premières couches de la terre. Voilà, autant que j'ai pu le voir, les agens qui ont imprimé à nos continens toutes leurs formes superficielles.

C'est sur le plateau de Langres que les pluies, non-seulement sont tombées abondamment, mais que leurs eaux se sont distribuées vers les points de l'horizon les plus opposés : c'est dans le cours de leur premier jeu qu'elles y ont creusé ces prodigieux entonnoirs qui forment la naissance de la plupart des vallées qui y aboutissent.

En vain voudroit-on nous faire croire que les eaux des pluies, si elles eussent creusé nos vallées, auroient dépouillé des terres végétales, tous les plateaux & tous les lieux voisins du point de partage des eaux. On n'a pas vu que chacune des couches qui a été coupée & mise à découvert par l'excavation des vallées, soit à leur origine, soit ailleurs, renfermoit non-seulement des bancs de pierres solides, mais aussi des lits de terres qui servoient à la distinction & à la séparation de ces bancs, &, suivant l'épaisseur de ces lits, il n'est pas étonnant qu'une infinité de lieux soient couverts de terres, non-seulement dans les bas, mais encore sur les pentes & sur les sommets. C'est à la suite de ce travail de l'eau des pluies, & de cette constitution physique des couches, que, dans certaines contrées des environs de Langres, on rencontre, dans l'épaisseur considérable du lit de la terre végétale, de grandes prairies & des plaines marécageuses, d'où les rivières prennent leurs sources, comme la Meuse, & ensuite l'Amance, qui se jette dans la Saône : ceci s'observe aussi sur les sommets qui séparent la Loire de la Seine. On y trouve les plaines de la Beauce & du pays Chartrain, qui nous offrent tous ces phénomènes ; c'est pourquoi j'ai cru devoir ici les en rapprocher.

On peut faire cette remarque en bien d'autres contrées élevées, sur les plateaux desquels se trouvent encore des étangs & des marais, ou des bancs de terres glaises & de marnes.

On voit, dans l'examen de tous ces points de partage des eaux, que les pluies sont le principe des sources, & que celles qui sont tombées & qui tombent encore de nos jours sur le plateau de Langres, peuvent suffire à l'entretien de ces eaux courantes que l'on en voit sortir de tous côtés ; que, bien plus, les pluies peuvent fournir à toutes les eaux torrentielles, qui, avec les filtrations intérieures, ont dû concourir à creuser, à l'origine des points de partage, plusieurs vallées de cent toises de profondeur, pareilles à celle qui environne la ville de Langres du côté de la Marne. Que seroit-ce si je rapprochois de ce travail de l'eau des pluies ces précipices effrayans qui environnent les plus hauts sommets des Alpes, des Cévennes & des Pyrénées?

On a remarqué que certaines croupes des vallées étoient chargées de bonnes terres, pendant que d'autres se trouvoient entiérement dépouillées, de manière à montrer les rochers entiérement nus.

Il paroît que les eaux courantes ont laissé, sur les pentes douces, beaucoup de terre végétale, pendant que les bords escarpés ont été dégradés par ces mêmes agens qui ont porté, sur le côté opposé, les terres, les vases & les débris qu'ils en avoient enlevés. Cette disposition des croupes de montagnes est un fait constant, & que l'on reconnoît à chaque pas en suivant les différentes vallées de nos rivières, & j'ose dire que cette circonstance en donne l'explication & le dénoûment.

Il ne faut point imaginer, pour expliquer ces phénomènes, une certaine disposition du nord ou du midi, du couchant ou du levant, qui occasionne la destruction de certaines côtes qui y seroient exposées, pendant que d'autres auroient été épargnées. Si cela étoit, & que ce fût, par exemple, le midi dont l'aspect offrît des côtes fertiles, & que les plaines fertiles fussent placées au-dessous des mêmes côtes, & présentassent une zône uniforme & épaisse de bonne terre; si, par la même raison, les côtes exposées au nord & les plaines inférieures offroient des pays secs & arides ou d'une moindre fertilité, alors ces phénomènes dépendroient de l'exposition des côtes; mais ces détails ne se remarquent nullement, car les côtes fertiles se présentent alternativement au nord & au midi, & il en est de même des côtes sèches & arides, & la seule oscillation des eaux courantes a produit ces effets.

Ainsi l'on voit que toutes ces alternatives de côtes de qualités différentes dépendent de la marche des eaux courantes dans les vallées, jointe à celle des eaux de pluies qui s'y réunissoient. Je dirai donc d'abord: la bonne ou mauvaise qualité de toutes les côtes m'a paru dépendre de leur situation respectivement au sommet général, qui est l'origine des vallées principales; en second lieu, qu'elle est due aux sommets particuliers des vallées secondaires. Je ne doute pas que, généralement par toute la terre, toutes les côtes sèches ou arides, dépouillées de terres végétales, n'aient pour aspect constant le sommet d'où les eaux courantes ont pris leur écoulement & le continuent. L'explication d'un phénomène si général ne peut donc être, comme je l'ai déjà remarqué, que relativement à la marche des eaux courantes, prise depuis les culs-de-sacs qui se trouvent à l'extrémité supérieure des vallées, jusqu'à l'extrémité de leurs cours; car j'ai trouvé dénué de terres tout terrain frappé latéralement & de front par l'eau des fleuves & des rivières, & qui se présente dans le sens seul opposé à leur direction.

Pour rendre toutes ces observations plus sensibles, & les reconnoître de manière à en faire la comparaison & à en déterminer les rapports, je suppose que trois naturalistes, frappés de cette uniformité du travail des eaux dans leur contrée, aient voulu examiner chacun une vallée principale, pour s'assurer de la cause & de la généralité de ces phénomènes. Je place l'un dans la vallée de la Seine, l'autre dans celle de la Meuse, & le troisième dans celle du Rhône. En remontant le long du cours de ces fleuves, ils observent d'abord qu'ils laissent toujours derrière eux les grandes & larges côtes, qui regardent constamment les sommets d'où ces fleuves descendent. Ils reconnoissent partout que cette disposition des côtes ne peut être que l'ouvrage des eaux, qui ont couru & oscillé dans ces vallées; & en continuant leur route jusqu'au lieu d'où sont parties ces eaux courantes, ils voient partout leur marche tracée continuellement par la forme régulière de ces côtes. La disposition & l'aspect des destructions & des dégradations indiquent toujours le côté d'où les eaux sont venues, par conséquent il n'est question, pour nos observateurs, que d'arriver aux premiers termes où ces dégradations se font remarquer.

L'observateur de la Seine aura pu remonter par la Marne, celui de la Meuse suivre toujours la même vallée, & enfin celui du Rhône remonter la Saône & la Vingeanne. Le premier aura vu que les eaux qui ont coupé les massifs que traversent la Seine & la Marne, n'ont pu venir que de l'orient. Le second, qui examine le cours de la Meuse, aura senti bientôt que l'origine qu'il cherchoit, ne pouvoit être que vers le midi; & enfin le troisième, qui remontoit le Rhône, la Saône & la Vingeanne, s'est toujours dirigé vers le nord. Des directions si opposées les font arriver sur le même plateau des environs de Langres, où ils ne pouvoient douter que ce ne fût le terme de leurs recherches, & en même tems l'origine des eaux courantes qu'ils cherchoient.

Je suppose que ces trois observateurs, arrivés à ce terme, se soient réunis & communiqué les résultats de leurs remarques, tels que nous les avons indiqués; qu'ils reconnoissent ensuite de concert que les sources de la Meuse sortent en partie des marécages du Bassigny, & en partie de vallées très-étroites, très-profondes & très-escarpées; qu'il en est de même de l'Amance & de la Vingeanne, qui se jettent dans la Saône; que la vallée de la Marne sous Langres a déjà cent toises environ de profondeur; que toutes ces grandes vallées n'ont point diminué de profondeur, mais que leurs côtes sont devenues au contraire plus rudes à proportion qu'on approchoit davantage des sommets.

Ces observateurs, voyant enfin que la plupart des rameaux de ces vallons n'aboutissent qu'à des culs-de-sacs profonds, qui ne sont surmontés d'aucune plaine considérable, restent tous les trois persuadés que les eaux qui ont dégradé ces trois vallées, n'ont pu avoir leur principale & première origine que dans ce plateau où sont les pendans des eaux.

D'ailleurs, ils y ont vu que lorsque les directions des eaux courantes ont varié, l'aspect & la déclinaison des côtes ont varié en même raison. Ainsi, celles dont la pente est au midi, comme la Tille, la Venelle, la Vingeanne, le Saulon, & plus bas la Saône & le Rhône, ont tous leurs bords escarpés, tournés vers les sommets de Langres, & présentent leur aspect vers le nord. Ceux dont la pente est vers le nord, comme le Rognon, la Suize, l'Anjou, & la Marne avec la Seine dans la partie supérieure de leurs cours, présentent de même à l'est leurs côtes dégradées, & regardent les mêmes sommets de Langres; enfin, tous les bords déchirés de la vallée de la Manche sont tournés vers le même plateau de Langres & regardent le midi. Je vais plus loin, & je dis que les différens ruisseaux qui se jettent dans ces vallées, & qui coulent vers le levant ou vers le couchant, ont toutes leurs côtes escarpées, situées à l'opposite des courans d'eau, & sous l'aspect du sommet particulier d'où les eaux descendent; que non-seulement tous les aspects varient comme les directions du cours des eaux, mais que dans chaque direction ils sont toujours les mêmes; en sorte que cette variété constante & régulière d'exposition se fait remarquer depuis les sommets généraux & secondaires qu'on peut parcourir, dans ces vues, en France & dans les pays étrangers.

Je conclus, de tous ces faits, que les eaux des pluies sont le principe actif, soit par les sources, soit par les torrens, qui a imprimé une figure & un rapport régulier à toutes les côtes qui bordent les vallées de nos fleuves & de nos rivières, & que cet agent continue encore, dans bien des circonstances, ce même travail, témoins les inondations qui couvrent nos vallées, &c.

A mesure qu'on aura examiné plus en détail toute cette économie de la distribution des eaux courantes à la surface de la terre, & qu'on aura suivi la régularité de leurs effets, on trouvera que dans les premiers tems il y a eu des pentes primitives qui ont déterminé la marche des eaux, & qu'en même tems des espèces de barrière l'ont circonscrite: on reconnoîtra que les eaux qui ont formé les vallées des fleuves & des rivières qui coulent au nord, ont trouvé leur point de partage au midi; que la nature y a fixé l'origine de leur mouvement; qu'il en est de même des eaux des rivières & des fleuves qui ont leur direction au midi: le principe de leur marche sera au nord, à un sommet au-delà duquel ces eaux n'ont pu se porter, & sur le revers méridional duquel leur marche a été primitivement déterminée.

Ces différentes barrières, qui ont décidé du cours des eaux, se trouvent indiquées sur toutes les cartes où est tracé le cours des fleuves & des rivières à la surface des continens, dont l'hydrographie est bien connue, & surtout sur les cartes de France, où ces beaux détails se trouvent figurés avec une grande exactitude. Pour connoître la route des anciens torrens, il ne faut consulter que la forme des terrains à découvert aujourd'hui. Ainsi, l'on ne peut admettre le système de ceux qui, à une certaine époque fort ancienne, ont cru pouvoir charier, par des courans imaginaires, du fond des Indes orientales, les coquillages, les animaux & les plantes étrangères que nous trouvons maintenant ensevelis dans les couches de la terre, en différentes contrées de l'Europe. Ainsi, les courans qui ont silloné les vallées du Bourbonnois, du Berry, de la Touraine, n'ont pu venir de l'Espagne: on voit de même que ceux qui ont creusé la vallée du Danube n'ont pu venir de l'Arménie ni de la Perse; mais comme c'est dans les sommets des Alpes qu'il faut chercher l'origine des sources du Danube, c'est aussi dans le Velay, dans l'Auvergne, la Marche, & dans le Limousin, qu'il faut chercher la vraie & la seule origine des eaux courantes du Bourbonnois, du Berry & de la Touraine. On voit que, dans ces premiers tems, les eaux descendoient des sommets élevés comme elles en descendent encore aujourd'hui, & que les eaux courantes qui en résultoient, produisoient partout, comme dans notre tems, des démolitions considérables: peut-être que dans ces tems anciens l'état de l'atmosphère comportoit des pluies plus abondantes, & des eaux courantes d'une plus grande force & d'une plus grande énergie; mais l'état ancien, qui a précédé l'état actuel, ne paroît pas exiger la supposition d'autres causes extraordinaires, seulement des agens, comme je l'ai dit, d'une certaine force. Il a pu régner de plus fréquentes inondations à la suite des vapeurs qui s'amonceloient dans l'atmosphère, & dès-lors nos vallées ont pu s'ébaucher & s'approfondir plus promptement, parce que les eaux concentrées dans des lits fixes & déterminés ont attaqué les coteaux avec plus d'avantage, & les ont escarpés par des progrès plus accélérés; mais l'on doit toujours supposer que ces eaux ont trouvé la superficie de la terre à peu près comme elle est aujourd'hui; que les points de partage du mouvement de ces eaux étoient les mêmes qu'ils sont maintenant; qu'ils avoient la même suite, la même liaison & direction qu'ils ont encore; que les bassins où les eaux se jetoient, quoique moins décidés & moins creusés qu'ils ne sont, avoient à peu près les mêmes limites; en un mot, qu'ils étoient dans la même position, à l'égard des points de partage, puisque la route que ces eaux courantes ont suivie pour se porter des lieux hauts dans les lieux inférieurs, est la même à peu près que suivent encore aujourd'hui nos fleuves & nos rivières.

Enfin, puisque toutes les démolitions & les destructions ont visiblement des rapports incontestables avec la distribution des eaux courantes & avec la disposition des sommets, telle qu'elle se présente à la surface de nos continens, il s'ensuit que ce n'est point dans le bassin de la mer que ces vallées ont été creusées, comme le pensent quelques physiciens; que quand les fonds des anciennes mers sont devenus nos continens secs, ce n'a pu être que par des accidens & des mouvemens dans la masse totale du globe; en sorte que les massifs des anciens dépôts sousmarins ont dû, après la retraite des eaux de l'Océan, présenter les pentes & les niveaux primitifs de leur formation, comme nous l'avons dit d'abord, car la position des couches horizontales nous prouve que ces dépôts ont conservé le niveau de leur formation.

Revenons maintenant aux formes régulières que les eaux courantes ont produites dans toutes nos vallées, & discutons-les encore plus en détail.

Si l'on suit une de ces vallées comme je l'ai fait moi-même, & que l'on examine le cours d'une des grandes rivières de France, depuis sa source jusqu'à son embouchure, on remarquera que, dans toutes les sinuosités & les replis que forment les deux chaînes de côtes qui la bornent, les revers les plus escarpés sont toujours exposés à son cours direct; qu'ils sont déchirés & dépouillés, non-seulement au pied où peut couler aujourd'hui la rivière, mais cent, deux cents & trois cents toises au dessus du niveau des eaux courantes actuelles, & du point où arrivent les plus grandes crues auxquelles elles peuvent être sujètes. On remarquera de même que les revers opposés ou plans inclines de cette même suite de côtes, & tous les terrains qui n'ont pas été exposés de front au courant des eaux, sont partout couverts de bonne terre ou de terre semblable à celle des dépôts de la rivière, parce que le fil de l'eau courante, en tombant de front sur une rive qu'il démolissoit, alloit déposer plus loin les débris qu'il entraînoit: c'est dans ces endroits où les eaux ont le moins d'agitation & de cours, que les vases & les matières légères, chariées par les courans, se portent continuellement, & qu'elles augmentent sans cesse les lits de terre dont ces plans inclinés sont recouverts. Jamais ces sortes de revers ne sont rudes & escarpés, mais toujours alongés en pente très-douce, & arrondie circulairement par leur base. Leur fertilité augmente à mesure qu'ils se trouvent plus éloignés du fil de l'eau, & diminue insensiblement lorsque la vallée change de direction: les terres d'ailleurs sont plus ou moins légères, plus ou moins sabloneuses, plus ou moins pierreuses ou graveleuses, suivant que les lieux qui ont reçu ces dépôts, ont été plus éloignés du courant. Cette disposition respective des lieux fertiles ou infertiles est la même dans les hauteurs comme dans les bas, parce que les eaux courantes, à quelques niveaux qu'elles se trouvassent dans les vallées, ont toujours agi contre les bords escarpés d'un côté, pendant qu'elles déposoient de l'autre sur les extrémités des plans inclinés.

Il est aisé de reconnoître que les eaux courantes, tant dans leur plus grande énergie que dans leur cours actuel, ont eu la même marche que nos moindres ruisseaux. En faisant reculer un bord escarpé au pied duquel le courant couloit avec force, il abandonnoit le plan incliné opposé, ensuite il se portoit contre le bord escarpé de l'autre bord, & pendant qu'il le démolissoit, il déposoit les débris sur le revers incliné de l'autre rive. C'est ainsi qu'en oscillant d'une rive à l'autre, le courant détruisoit alternativement le bord escarpé, & augmentoit le bord incliné. (*Voyez dans l'*Atlas *la figure des angles saillans & rentrans.*) Tel a été le travail uniforme de ces eaux courantes, & c'est par cette marche suivie & constante, qu'elles ont formé dans toutes les contrees de la terre, & surtout dans les pays de montagnes & de collines élevées, ces amphithéâtres de rochers coupés à pic sur plusieurs centaines de toises de hauteur, & tous vis-à-vis des plans inclinés, couverts de terre, qui souvent n'annoncent que la fertilité & l'abondance.

C'est surtout aux confluens des rivières que se sont formées les plaines les plus grasses, aux dépens des terrains supérieurs. Les vallées s'élargissant toujours au dessous de la jonction des rivières, les vases, pour lors entraînées avec moins de rapidité, y ont trouvé des eaux mortes & des remoux, à la faveur desquels elles se sont déposées; & suivant la disposition des lieux & la direction des eaux courantes, ces dépôts ont affecté toutes les différentes figures représentées dans la planche de l'*Atlas*, où sont dessinées les différentes combinaisons des confluences possibles qui se rencontrent dans la nature, suivant les contours des différens bords des vallées & les angles de leur incidence. Les moindres ruisseaux qui tombent dans nos grands fleuves, ont produit aussi des phénomènes de formes assez semblables; mais en général les dépôts de ce genre, que j'ai eu occasion d'observer, ont presque toujours été placés dans la plus petite vallée, parce que les forces des deux courans étant inégales, le plus puissant faisoit refluer les vases & les sables dans celui d'une moindre force. Il faut dire cependant que les pentes rapides du plus petit ruisseau ont souvent changé ces résultats; mais voyez l'article CONFLUENCE, où toutes ces circonstances seront exposées dans le plus grand détail.

Maintenant il suffit de reconnoître ainsi les bords escarpés des vallées & des canaux quelconques, pour s'assurer qu'il n'y a eu que des eaux courantes qui aient produit toutes les inégalités de la surface de la terre. C'eſt ainſi que les longues & vaſtes vallées du Danube & du Rhin, de l'Euphrate & du Tigre, du Nil & du Niger, de l'Amazone & de l'Orénoque ont été creuſées. Il eſt vrai peut-être que ces eaux ont été autrefois plus abondantes; mais on auroit tort de ſuppoſer qu'elles ont formé dans ces vallées des inondations qui les rempliſſoient bord à bord. Les différentes formes des bords prouvent au contraire que ces eaux ont varié dans leurs effets comme dans leur abondance.

C'eſt à la ſuite de toutes ces obſervations & des conſéquences qu'on peut en tirer, que je me ſuis cru autoriſé à conclure que ces profondes excavations qu'on nomme vallées, étoient l'ouvrage ſucceſſif des eaux courantes auxquelles nos rivieres & nos fleuves ont ſuccédé, ouvrage que nos rivières & nos fleuves continuent même à un certain point dans leur état préſent de force & de viteſſe. Je me ſuis convaincu également, je le répète, qu'il n'a pas été néceſſaire, pour opérer tous ces changemens à la ſurface de la terre, que les excavations aient été exécutées par les eaux courantes, rempliſſant bord à bord ces *vallées*.

Pour concevoir le jeu de ces eaux dans toutes les circonſtances, il faut diſtinguer deux ſortes d'états où elles ſe ſont trouvées & où elles ſe trouvent encore actuellement, l'état *fluvial* & l'état *torrentiel*. Dans les premiers tems, *l'eau courante torrentielle* ſe portoit contre les grands bords de nos vallées, & éprouvoit en conſéquence des tranſports de terre qu'elle faiſoit en raiſon de la diſtance des bords eſcarpés & des plans inclinés. En tous pays, les eſcarpemens ſe ſont trouvés diſtans les uns des autres en raiſon de la largeur de la vallée, & cette largeur eſt auſſi déterminée en raiſon de l'abondance des eaux courantes. Ainſi, dans les moyennes vallées, cette diſtance eſt ordinairement d'une demi-lieue, & dans les grandes, de deux ou trois.

Mais il en eſt bien autrement ſi l'on conſidère ſeulement le fil d'une rivière dans l'état fluvial. On voit qu'elle y éprouve beaucoup d'oſcillations & de contours. L'eau embarraſſée dans les dépôts du *fond de cuve* de ſa vallée, formés dans les paſſages de l'état torrentiel à l'état fluvial, y ſerpente tellement, qu'elle va ſouvent contre le ſens de la grande vallée. Ainſi, comme le lit & le fil d'une rivière varient ſans ceſſe, & qu'en oſcillant dans une plaine où elle eſt au large, elle change ſenſiblement de lieu, de figure & de direction, il en réſulte que les aſpects du fond de la vallée qu'elle dégrade, doivent changer continuellement.

Ainſi donc les changemens ſuivis qu'on peut remarquer, tant ſur les bords des vallées depuis le haut juſqu'en bas, & ſur les fonds de ces vallées, ont été faits & s'opèrent peu à peu par les eaux courantes, ſuivant qu'elles ſe ſont trouvées & qu'elles ſe trouvent dans les différens états *torrentiels* ou *fluvials* que nous avons diſtingués ci-devant.

Dans toutes les variations de leurs cours, ces eaux, en démoliſſant les différens bancs des rochers qui s'offrent à leurs efforts, ſoit ſur les bords, ſoit ſur les fonds, ſe ſont toujours attachées, quoique dans des intervalles de tems différens & très-longs, à détruire la même côte, & fertiliſer le même ſol.

Mais une preuve inconteſtable que ce ſont nos rivières & nos fleuves qui, dans ces deux états différens, ont creuſé avec le tems nos vallées, c'eſt que, dans certaines parties, & ſurtout dans les parties ſupérieures où les eaux courantes ſont torrentielles, le fond eſt à découvert pendant que dans d'autres parties les lits des fleuves ſe relèvent par les dépôts, parce que les eaux n'y ont pas aſſez de force, ſoit pour dégrader les bancs de pierres dont nos vallées ſont bordées, ni pour entraîner les anciens ſables de leur lit, ceux que les ravines y portent, ni les vaſes que les débordemens & les pluies jettent dans les plaines; c'eſt par toutes ces combinaiſons d'effets qu'il y a tant de rivières dont les vallées ſont comblées par des dépôts de vaſes & de ſables ſi profonds, qu'on ne peut conſtruire ſur ces amas factices ſans piloter. On voit donc par-là que, dans les pays de montagnes, les eaux courantes roulent, à cauſe de la pente, ſur des lits de rochers & de couches naturelles qu'elles dégradent plus ou moins, ſurtout lorſque les accès torrentiels ont lieu à la ſuite des pluies abondantes & ſoutenues pendant long-tems. C'eſt auſſi dans ces contrées, qu'elles démoliſſent les bords des vallées ſi leurs rives approchent du pied nu des côtes; mais partout ailleurs les lits des rivières dont la pente eſt très-adoucie, ne touchent preſque jamais le vrai ſol du pays qu'ils traverſent; car alors ſurtout, dans les tems ordinaires, où domine l'état fluvial, les rivières coulent ſur les dépôts profonds de ſables & de vaſes où elles entretiennent une marche vermiculaire, dont on n'a pas encore étudié toutes les circonſtances, quoiqu'elles ſoient très-curieuſes. (*Voyez l'article* VERMICULAIRE *dans le Dictionnaire, & dans l'Atlas les plans de ces mouvemens.*)

Outre ces dépôts des plaines, on en trouve de ſemblables que les rivières & les fleuves ne peuvent atteindre, même dans leurs plus grands débordemens. Ces dépôts atteſtent les différens progrès de l'approfondiſſement des vallées; ils prouvent auſſi que le même jeu des eaux torrentielles & fluviales a eu lieu à tous les niveaux où elles ſe ſont trouvées dans toutes les parties de leur travail d'excavation. Il eſt aiſé de prouver que, dans la plus grande partie de nos vallées, les lits de nos rivières ſont élevés au deſſus du fond de cuve de ces vallées, puiſqu'ils ne ſe trouvent placés & pris que dans des dépôts poſtiches dont on a la coupe dans les figures de l'*Atlas*, qui ont pour objet les *vallons*. C'eſt ce dont on a vu pluſieurs exemples dans les fouilles que les ingénieurs des ponts & chauſſées ont faites pour la fondation des nouveaux ponts. Je puis en citer outre cela une autre fouille très-remarquable, très-remarquable dont nous avons été témoins : celle faite pour le puits de l'Ecole-Militaire, dans la plaine de Grenelle, ayant été poussée à près de cent trente pieds au dessous du lit de la Seine, l'on n'y a trouvé que des dépôts de sables & de glaises, remplis en certaines parties de troncs de bois, de branches, de feuilles, d'écorces & autres débris. On n'y a trouvé le vrai sol de cette contrée qu'à la profondeur de cent trente pieds: on peut donc juger, d'après cela, de la force & des accès successifs des eaux qui ont d'abord creusé & démoli le sol jusqu'à cette profondeur, & qui par la suite ont comblé la vallée au point où elle est. C'est ce même travail qui a donné à la ville de Paris un sol factice, élevé de plusieurs pieds, lequel n'a cependant remplacé qu'une très-petite partie de l'ancien primitif & naturel qui existoit avant la plaine actuelle. On verra tous ces détails décrits & figurés aux articles GRENELLE, FOND DE CUVE *des vallées*; PARIS, *son sol*; MARNE, SEINE, *fleuves*, *rivières*, *hydrographie*.

N°. VII. *ANECDOTES relatives à la durée du tems.*

Le tems est un élément principal, que l'on doit considérer comme capable de produire continuellement & à la longue tous les changemens que nous remarquons sur la terre. Il est aisé de voir qu'effectivement la superficie du globe est sans cesse altérée par les vents, par les pluies, par les eaux courantes, par le retour des saisons que le tems amène & change à la suite d'une révolution continuelle. C'est le tems, c'est ce grand ouvrier, qui par sa durée, à qui rien ne résiste, a insensiblement défiguré tous nos continens, au moyen de tous les agens destructeurs qu'il met en œuvre chaque jour. Il n'est pas nécessaire, pour expliquer les inégalités de leur surface & les irrégularités de leur intérieur, de recourir à des faits inconnus, à des hypothèses monstrueuses & folles, inventées pour confondre tout ce que nous voyons. C'est le tems qui a présidé à la construction successive de tous les massifs qui composent le globe; c'est lui qui a contribué à l'approfondissement des vallées, par l'action des eaux courantes; & plus on suit les traces des opérations de la nature par un examen raisonné & réfléchi, plus on peut se convaincre qu'avec tous les agens que nous voyons se mouvoir sous nos yeux, on a pu consommer ces immenses travaux. Il suffit, pour s'en convaincre, de composer chacune de ces opérations, comme elles ont été dirigées & conduites par la suite des siècles.

Il suffiroit, ce me semble, d'exposer la multiplicité des événemens dont les traces sont écrites à la surface du globe, de détailler le nombre des révolutions qui ont influé sur la contruction des divers massifs, pour autoriser toutes les assertions qui ont été avancées sur la vieillesse de la terre, & sur l'abîme impénétrable des siècles passés.

Comment, avec toutes ces raisons, croire que la terre est toute récente, & qu'on peut fixer l'instant précis de sa naissance; car l'ouvrage du tems peut-il être aussi étendu, si sa durée ne l'est pas? C'est cependant ce qu'on hasarde en admettant le terme de six mille ans, & j'avoue que c'est par-là qu'éclate visiblement la force ou plutôt la foiblesse de nos préjugés. Nous ne concevons que trop la petitesse de l'espace qui comprend toute l'étendue de notre vie. Pourquoi ne jugeons-nous pas aussi sainement de l'espace qui a compris toutes les générations que nous connoissons? Au lieu de six mille quatre cents ans dont l'expression emphatique semble nous montrer un tems indéfini, disons que la terre a duré soixante-quatre siècles; mais ces soixante-quatre siècles ne nous donnent guère que quatre-vingts de ces vies humaines que nous jugeons si courtes, que vingt fois la vie d'un oranger, d'un olivier & d'un chêne ordinaire. Est-ce donc là cette longue succession d'années pendant laquelle ont été produites toutes les irrégularités de nos continens? Seroit-ce pendant la durée de ces quatre-vingts époques, que le tems, agissant sur la terre, & la minant ligne à ligne & pouce à pouce, auroit formé & formeroit encore les vallées & les montagnes, en faisant baisser nos plaines près de soixante toises dans chaque siècle? Mais comme ce progrès dans l'excavation de nos vallées n'a pu avoir lieu, il faut donc nécessairement agrandir en même raison la durée de ce travail, & par conséquent le tems de la naissance de ces inégalités de nos terrains. Voici encore d'autres raisons qui nous forcent à reculer très-loin les limites que nous devons prescrire à cet ordre de choses.

Nous savons, par exemple, que le niveau du sol n'a pu varier que très-peu dans les lieux habités; car toutes les villes bâties dans la première & même dans la moyenne antiquité, au milieu des plaines, devroient aujourd'hui se trouver sur un sommet de montagnes, & toutes les villes bâties autrefois sur les montagnes, devroient être inaccessibles si ce progrès d'excavation de nos vallées avoit eu lieu. Le lieu de la citadelle de Lyon devroit être un des pics les plus élevés de la terre; les lits des fleuves auroient dû éprouver des changemens notables dans leur niveau & leur direction, & la terre, tableau mouvant dans sa superficie, ne devroit plus répondre aux anciennes descriptions que l'on en a conservées, & qui sont si reconnoissables encore, qu'il est facile de voir que quarante à cinquante siècles y ont très-peu produit de changemens. Rome a conservé ses sept collines; le terrain de l'Egypte ne s'est ni baissé ni élevé bien sensiblement aux pieds des pyramides; le Tigre & l'Euphrate coulent dans les mêmes plaines qui ont reçu peu d'aterrissemens; les sommets de l'Arménie sont toujours dans les nues, &c.

Les montagnes, il est vrai, existoient dans les premiers de ces soixante-quatre siècles: on n'en peut disconvenir; mais il est probable qu'elles étoient déjà des monumens frappans de la vieillesse du monde ; & la preuve irrévocable de leur antiquité. Cependant ce seroit une grande erreur que de croire les montagnes aussi vieilles que le monde. Comment seroient-elles aussi anciennes que la terre, car les plus fragiles des coquilles fossiles, qui se trouvent renfermées dans leurs couches, sont elles-mêmes plus vieilles que toutes les masses énormes qui les renferment, & la terre ne seroit-elle égale en durée qu'à celle de ces frêles coquillages, ou pourroit-il y avoir entre la durée de l'une & celle de l'autre le moindre rapport? Quand tout, dans la nature, nous prêche l'immense & l'infini, quand on ne voit partout que ces infinis qui vont au-delà de toutes nos connoissances, pourquoi l'existence de la terre seroit-elle aussi bornée qu'on voudroit nous le faire croire? Quelque forts que soient les préjugés à ce sujet, il faudra bien qu'ils cèdent, & que ce tems, qu'ils craignent d'envisager, les dissipe tôt ou tard. Les opinions sur la durée de six mille ans disparoîtront à mesure qu'on reconnoîtra, par l'étude des ouvrages de la nature, la durée qui lui a été nécessaire pour opérer tout par les ressources qu'elle a, & les agens qui ont été à sa disposition. Ce n'est donc qu'en se pénétrant bien de ces ressources, en y assujettissant très-sévérement les agens que l'on connoîtra, qu'on pourra proportionner la durée de leur travail à l'étendue des résultats qui s'offrent de toutes parts. Ainsi, bien loin de fixer une durée de six mille ans aux physiciens & aux naturalistes, comme un terme au-delà duquel ils ne peuvent se hasarder dans l'explication des différentes suites de nos révolutions, c'est au contraire aux physiciens & aux naturalistes observateurs à apprécier comme il convient l'espace de tems nécessaire à tel ou tel ordre de choses, à la réunion de toutes les circonstances qu'a pu exiger la construction de la *moyenne* ou de la *nouvelle terre*, à l'intervalle de tems qui a pu se rencontrer entre la naissance successive de l'un & de l'autre massifs, enfin la durée de l'action des eaux courantes, requise pour creuser nos vallées dans tous les tems. Au moyen de ces appréciations déterminées, on aura des données qui serviront au calcul de l'espace immense de tems qu'il faudra substituer aux six mille ans ; & si l'on veut s'entendre dans l'arrangement des principaux événemens de l'histoire de la terre, quelle présomption cette découverte ne nous fournit-elle pas pour une pareille durée relative à l'histoire civile ! & combien n'en résulte-t-il pas de mépris pour les annales historiques-civiles, aussi raccourcies qu'elles semblent l'être par les six mille ans !

Je m'étendrai davantage, relativement à la durée du tems nécessaire à telle ou telle opération de la nature, lorsque je développerai la marche de la nature & ses progrès dans tous ces ordres d'opérations. Je ferai envisager alors d'un coup-d'œil tout ce qu'il sera nécessaire de connoître en détail pour terminer ces calculs.

N°. VIII. *Anecdotes sur la formation des mers intérieures.*

Les mers intérieures ou les golfes alongés ont pris la forme des bassins que les eaux qui y affluent ont dû creuser, en supposant toutes les rivières qui s'y rendent, coulant, comme elles font aujourd'hui, à la superficie des continens qui bordent ces mers. Elles ont pu être plus larges autrefois, mais ce n'est pas leur état primitif. Je suppose qu'il a commencé par être un assemblage de canaux de rivières qui aboutissoient à la même issue, & qu'ensuite leurs eaux, réunies par la destruction des bords qui restoient, en se balançant ont agrandi le bassin & ont fait un golfe de leur réunion. Par conséquent les mers intérieures n'ont primitivement communiqué avec l'Océan que par le détroit, résultat des anciennes embouchures réunies.

C'est ainsi que le bassin de la Baltique peut être considéré comme l'ouvrage des rivières qui s'y jettent le long des côtes des golfes de Bothnie & de Finlande. On ne peut donc se dissimuler, d'après ce systême, que l'état de cette mer intérieure a toujours été dépendant de la quantité d'eau que les fleuves charient chaque jour dans ce bassin ou dans l'emplacement qu'il occupe. Il en est de même de la mer intérieure, qu'on nomme *Méditerranée*, & de ses différentes parties ou golfes qui sont les réceptacles des eaux de chaque rivière & de chaque fleuve, & il est visible que la forme des réceptacles particuliers doit avoir influé sur la forme totale. Ces méditerranées sont donc l'ouvrage des fleuves qui ont creusé leurs lits depuis la découverte des continens ; ce qui suppose un assez long tems. Les changemens qui sont arrivés dans leur bassin ne peuvent avoir eu d'autres principes que ceux de la quantité d'eau que les continens ont fournie au réservoir commun. D'ailleurs, toutes les révolutions vraies ou fausses dont nous parlent les Anciens, ne pourroient avoir de fondement que dans l'augmentation de cette quantité d'eau qui a produit des inondations locales. On conçoit aisément que ces effets ne peuvent avoir lieu d'une manière sensible que dans les mers intérieures, & d'autant plus sensiblement que ces mers sont plus étroites, & que leur bassin a moins d'étendue. Or, la Méditerranée n'a éprouvé, selon les Anciens, de ces inondations que vers le détroit de Constantinople, sur les bords de la mer de Marmara, & dans les îles de l'Archipel, qui avoisinent ces mers & ces détroits.

Par une suite de cette marche des eaux de la Méditerranée, le torrent qui a ouvert le détroit de Gibraltar, a dû venir de l'orient ; il a dû être ouvert dans les premiers tems, puisqu'il servoit de débouché aux eaux courantes des fleuves du bassin de la Méditerranée.

Je ne sais sur quels motifs on se fonde, pour croire que le torrent qui auroit rompu la digue ou l'ancien isthme de Gibraltar, ne seroit pas venu de l'orient : c'est là cependant la direction de la masse des eaux de la Méditerranée. Il y a encore une autre supposition aussi peu raisonnable, lorsqu'on prétend que l'isthme de Gibraltar a pu exister quelque tems même après l'approfondissement du bassin de la Méditerranée. Lorsqu'on réunit ainsi des faits aussi contradictoires, il est clair qu'on n'est pas en état d'analyser la suite des opérations de la nature dans la formation des méditerranées. Comment ne voit-on pas que le détroit a dû être ouvert dès que les fleuves ont coulé dans le golfe, puisqu'il leur a servi de débouché général? Comment ces eaux courantes auroient-elles vidé les matériaux déblayés par les fleuves, si cette décharge générale ne s'étoit pas approfondie en même raison que les vallées se sont creusées avant leur réunion?

Je ne sais pas d'après quelle autorité on fait engloutir à l'Océan cinq cents lieues de superficie en Asie & en Amérique ; je ne connois aucune observation qui atteste la marche constante de la mer d'orient en occident, comme on a voulu nous le faire croire ; je vois même des faits contraires à cette marche. Comment fait-on ouvrir à ce même Océan des golfes dont l'embouchure ne se trouve pas dans le sens de cette marche? Car la Mer-Rouge, le golfe Persique, la mer Baltique & la Méditerranée ne me paroissent pas ouverts dans cette direction. Cependant on n'en assure pas avec moins de confiance, que l'Océan a renversé la barrière que la nature opposoit à Gibraltar, & qu'il a creusé, en conséquence de ce premier effort, le reste du golfe. Quelle suite de suppositions absurdes dans ces belles révolutions dont on prend le contre-pied !

Je vois qu'au lieu de ces grands efforts, la mer tourmente ses rivages, & les mine peu à peu, mais ne s'ouvre pas de brêches dans les massifs des continens. C'est à l'eau courante de l'intérieur des terres que sont dus primitivement les golfes, les enfoncemens des côtes dans les terres ; car c'est toujours dans les extrémités des vallées, dans les embouchures des fleuves, que se trouvent les golfes.

En vain voudroit-on nous persuader que c'est l'Océan qui fournit des eaux aux méditerranées, parce qu'elles sont salées ; mais on ignore sans doute que tous les lacs qui servent d'égoûts aux fleuves, & qui n'ont pas de débouchés ni l'épanchement d'un trop plein, sont salés.

L'eau de la Baltique est très-peu salée, parce que l'eau que lui fournissent les fleuves qui s'y jettent est très-abondante, & se renouvelle bien vîte.

Il paroît que l'Espagne devoit tenir à l'Afrique par le massif du détroit de Gibraltar.

De même l'Italie & l'Afrique tenoient ensemble, d'un côté par les sommets de Corse & de Sardaigne, & de l'autre par ceux de la Sicile, prolongés vers le royaume de Tunis ; car on sait que le détroit de Messine a été une de nos premières vallées.

L'Italie devoit encore tenir à la Grèce au dessus des monts Acrocérauniens & de l'île de Zanthe.

La mer *Adriatique*, ainsi que je l'ai déjà dit ailleurs, doit être la suite de plusieurs embouchures de rivières, & surtout la continuation de la vallée du Pô, qui sans doute se réunissoit à plusieurs autres vallées venues de l'Archipel.

La Grèce devoit aussi se réunir à cette partie de l'Afrique qui s'avance vers elle par les sommets de la Morée & de Candie.

Il faudroit commencer à marquer les grands & larges bassins qui se trouvoient entre l'Europe & l'Afrique, pour donner quelques idées de ce vaste travail.

De même l'Asie mineure & la Thrace étoient jointes à la Grèce, la Grèce & la Sicile à l'Italie, l'Espagne à l'Afrique ; & vraisemblablement tout ce qui est occupé par cette mer formoit sur nos continens des espaces particuliers, où les eaux courantes ont pu creuser de larges vallées. En vain supposeroit-on, comme l'ont fait quelques auteurs, & surtout Tournefort, que les premières eaux de la Méditerranée, fournies par les rivières & les fleuves, se réunissoient dans des lacs ou se perdoient dans des sables, comme elles le font au centre de l'Asie. Je crois que si ce premier état de la Méditerranée avoit été tel, il subsisteroit encore, comme celui des lacs de l'Asie.

C'est aussi autour de l'embouchure du Nil que la mer de Phénicie s'est emparée de plusieurs contrées fertiles de l'Egypte, & c'est à la suite de cette anticipation de la Méditerranée sur le continent, que l'île de Chypre en a été séparée. Ceci est encore un effet des eaux courantes du Nil.

Je le répète : d'après les principes que nous avons exposés à l'article Bosphore, il s'ensuit que la Méditerranée existoit comme grande & large vallée, dans le tems que celles de tous les fleuves, de toutes les rivières qui y versent leurs eaux, existoient aussi ; que la Méditerranée & ses golfes se sont agrandis à mesure que le lit des fleuves & des rivières qui se sont portés dans son bassin, s'est élargi vers leurs embouchures. Tout ceci est l'effet d'une certaine continuité de travail de l'eau, qui s'est exécuté en même tems, & de manière que ce bassin est, en dernière analyse, la réunion de toutes les embouchures des rivières & des fleuves. C'est ainsi que tous les bassins intérieurs des continens, autrefois réunis, d'Afrique & d'Europe, ont été submergés.

L'Asie étoit jointe à la Grèce, la Grèce & la Sicile à l'Italie, l'Espagne à l'Afrique, & tout ce qui est occupé aujourd'hui par cette mer, formoit sur nos continens des suites de vallées & d'embouchures de rivières, dont l'élargissement a fait cette large pièce d'eau dont toutes les parties se sont à la fin réunies, excepté toutes les presqu'îles & les îles qu'elle baigne.

On sent bien que la rupture du détroit de Gibraltar ne s'est pas faite comme tant de gens l'ont imaginé, mais que son ouverture est un prolongement de toutes ces vallées, dont chacune a versé les produits des ruisseaux qui se sont joints ensemble à mesure que les flots en ont battu les intervalles. Cette ouverture date donc du même tems que s'est fait celle de toutes les autres vallées particulières, qu'elles ont approfondies au point où se trouvent tous les détroits qui appartiennent à cette mer.

On auroit donc tort de croire que la Méditerranée ne fut d'abord qu'un grand lac ou plusieurs lacs séparés, & que les continens d'Europe & d'Afrique restèrent pour lors unis sur les confins de l'Espagne.

Les uns ont cru que ce massif, qui offroit un plain-pied, a été ouvert par l'affaissement des terrains; les autres ont pensé, au contraire, qu'il avoit été tranché & rompu par quelques efforts de l'Océan; enfin plusieurs autres écrivains ont imaginé que toutes ces causes s'étoient réunies. On n'a pas vu que cette grande opération de la nature pouvoit être rangée dans l'ordre de tous les terrains qui ont été creusés à la surface de nos continens. On nous a dit que les sommets des montagnes de l'Afrique & de l'Espagne, qui baissent & s'inclinent à mesure qu'on s'approche du détroit, indiquoient l'affaissement général de la masse qui le remplissoit, comme si ces effets ne pouvoient pas être la suite du premier approfondissement de la vallée; à quoi ont succédé ces grands courans d'eau de la mer intérieure, & ensuite de l'Océan, dont les traces se remarquent encore dans les escarpemens des côtes & dans les angles alternatifs du canal.

Quelques auteurs ont été fort portés à croire que ces destructions ont été produites par l'Océan; & de ce qu'on a reconnu qu'il couloit dans la Méditerranée, ils en ont conclu, sans aucune raison, qu'il devoit être plus élevé que la Méditerranée, & y entrer avec impétuosité lors de la rupture qu'ils ont supposée. Cependant, d'après le plan des opérations de la nature, qu'on ne peut révoquer en doute, il me semble que sa marche a été contraire dans l'ouverture du détroit de Gibraltar. Il est visible que, sous cette époque, c'est l'eau fournie par la Méditerranée qui couloit d'abord dans l'Océan; & même, s'il étoit nécessaire d'avoir recours aux récits de quelques Anciens, il semble qu'il seroit conforme à ce que nous avons conclu des observations de la nature. Pline, Ammien-Marcellin, Philon & quelques autres Anciens ont dit que les eaux de la Méditerranée avoient été autrefois plus hautes qu'elles n'étoient de leur tems; & lorsqu'ils parlent de ces îles qui sont sorties ensemble du sein de cette mer, telles que Délos, les Cyclades, Rhodes & autres de l'Archipel, ils nous disent qu'elles étoient autrefois cachées sous les eaux, & que la mer, en baissant & en se retirant, les avoit fait paroître. On auroit tort cependant de croire que le niveau des eaux de la Méditerranée n'étoit ainsi plus élevé que parce qu'elle étoit pour lors un lac fermé : on peut croire que, lorsque le trop plein du lac a commencé à déboucher dans l'Océan, ses eaux ont été plus hautes que celles de cette mer, & qu'elles s'y sont répandues à mesure que la vallée s'est creusée, & que le détroit s'est ouvert. Au reste, c'est un problême à résoudre par le premier observateur qui se donnera la peine de suivre les environs du détroit. L'aspect des escarpemens prouvera que tout le canal est d'abord l'ouvrage des eaux courantes qui débouchoient de la Méditerranée, combiné avec celui des eaux de l'Océan, qui y causoient un reflux très-fort. C'est à la suite de ces deux actions que le détroit s'est ouvert comme nous le trouvons actuellement.

Je crois que la Méditerranée n'a pu être primitivement un lac avant le tems où le détroit de Gibraltar a été ouvert, un lac sans débouché; car comment concevoir que cette masse d'eau stagnante se seroit creusé un bassin sans qu'il y eût un débouché pour l'enlévement des matériaux qui remplissoient la place du bassin? C'est ainsi que je conçois la formation des bassins de toutes les méditerranées.

Il en résulte qu'on ne sauroit suivre avec trop d'attention la formation des bassins des lacs qui ont des émissaires, car cette théorie est applicable aux méditerranées & à tous leurs golfes. (*Voyez* LACS.)

N°. IX. *ANECDOTES sur l'ouverture du Bosphore de Thrace.*

Tournefort regarde le Bosphore comme ayant été tranché & ouvert par un débordement subit du Pont-Euxin; mais n'est-il pas plus naturel de penser que le débouché de ces eaux avoit été préparé par l'approfondissement lent & successif du canal, qui s'étoit opéré comme celui de toutes les autres vallées de l'Europe?

Il est à croire que cette première vallée avoit son embouchure dans la Propontide, où il en a encore une infinité d'autres dans son contour, & que son origine étoit également tracée dans les massifs qui bordent le Pont-Euxin près des châteaux neufs d'Asie & d'Europe. Par ces premiers débouchés, les eaux de ce lac sont parvenues à creuser pendant des siècles le Bosphore, à l'élargir en se portant alternativement contre ses bords opposés.

Les pierres cyanées, si fameuses par les naufrages, & si redoutées par la marine ancienne, sont, ainsi que les îles de la Propontide, les restes des rochers que les eaux courantes n'ont pu détruire entiérement.

Toutes les côtes de cette partie du détroit sont

tournées d'équère, & quelquefois en manière d'arcade; elles sont horriblement escarpées, & couvertes de vieux matériaux.

Les Anciens redoutoient tellement la Mer-Noire, qu'ils n'osoient y entrer sans invoquer les dieux. Les Thraces vivoient dans les cavernes affreuses qui sont sur le détroit à gauche, en allant du château d'Europe vers la colonne de Pompée. La partie du golfe de Saraia, exposée directement au détroit, est escarpée jusqu'au coude qui est tourné vers les vieux châteaux d'Europe, & les Anciens avoient pris ces roches pour des Bacchantes, à cause du bruit que les vagues y font. En plusieurs endroits de la côte qui suit au dessous jusqu'à ces vieux châteaux, elle est toute taillée à pic, & les flots y font un bruit épouvantable.

Les escarpemens & les démolitions produits dans le Bosphore par les eaux courantes, sont devenus des emplacemens de villes; mais les terrains fertiles, aux environs de Constantinople, sont situés tous à l'opposite des escarpemens, dans les lieux où de petits courans d'eau ont amené des vases à leur confluent avec le détroit. Les jardins du serrail de Constantinople, à en juger par leur exposition relativement aux eaux courantes, ne doivent pas être aussi fertiles que les jardins du serrail de Scutari, par la même raison.

On a recherché par quel accident le Pont-Euxin, d'un lac tranquille & borné entre ses rives, & environné de toutes parts de contrées & de montagnes fort élevées, a pu s'accroître au point de déborder tout à coup dans les mers & sur le continent de la Grèce, d'où lui venoient ces eaux étrangères, &, ce qui est plus important encore, quelle étoit la disposition du terrain à travers lequel a pu s'ouvrir aux eaux un si grand débouché. Mais rien ne nous autorisant à regarder l'ouverture du Bosphore comme un accident subit & inattendu (car il n'y a aucun exemple de pareilles inondations ni de creusement semblable d'un pareil canal), mais comme toutes ces questions m'ont paru toujours inutiles, ne pourroit-on pas supposer que des orages considérables dans toutes les régions que parcourent les fleuves qui se déchargent dans le Pont-Euxin, & surtout dans les contrées dont le Danube recueille les eaux; qu'une saison extraordinairement & généralement pluvieuse pendant plusieurs mois, ait augmenté le volume des eaux qui y entrent, & que la proportion ordinaire entre la quantité d'eau que ces fleuves y portent régulièrement, & l'évaporation continue étant troublée & ne subsistant plus, ce grand lac aura élevé son niveau si considérablement, que, versant ses eaux dans les vallées de son contour, & arrivant à la hauteur de quelques-unes de leurs gorges ou de quelqu'issue dans certaines parties de ses bords, il a été nécessaire qu'il se répandît sur les contrées qui auroient eu le malheur d'y être exposées?

Mais peut-on concevoir que l'ancien lac du Pont-Euxin a dû changer d'état de cette manière? Quand on supposeroit qu'en conséquence de pluies abondantes qui auroient eu lieu en Europe & en Asie, toutes les rivières qui s'y jettent, auroient éprouvé de grandes inondations; que le bassin qui les recevoit & qui les contenoit auparavant, n'ayant plus suffi, se seroit à la fin comblé, & que c'est ainsi que, du coin de la Méditerranée, le Bosphore se seroit ouvert subitement. Cependant il faut remarquer que toutes les vallées qui servent à la circulation des eaux courantes, se sont creusées également partout, & en même tems par des progrès insensibles, & qu'elles donnoient issue à ces eaux; c'est aussi dans le même tems qu'elles ont formé leur égoût, qui est devenu le Pont-Euxin. Je vois que les escarpemens réguliers se sont faits en même tems que l'égoût s'est creusé & agrandi, que les embouchures des rivières se sont creusées en même raison. Pourquoi le débouché de l'égoût ne se seroit-il pas creusé en même tems? J'y trouve partout le même travail, la même forme des bords des vallées.

J'observe que les escarpemens qui sont placés dans le cours d'une vallée, alternativement & d'espace en espace, sont tous de la même date, & que leur forme dépend de la même opération, soit que les vallées aient dix lieues de longueur, soit qu'elles en aient cent, ou qu'elles en aient deux ou trois cents, même mille.

Les escarpemens les plus éloignés des points de partage des eaux n'ont été produits que par ces eaux descendues de ces sommets, si les escarpemens des contrées les plus élevées n'ont été produits de même que par les eaux dont la chute vers les lieux bas y a occasionné de semblables dégradations. Rien de plus aisé & de plus naturel à concevoir, que ces differens effets des eaux. Or, l'on sait que le Danube, le Borysthène, le Tanaïs, se déchargent dans le Pont-Euxin. L'on sait aussi que le Pont-Euxin se décharge dans la Méditerranée par le Bosphore & les Dardanelles. Nous pouvons donc regarder le Bosphore comme la continuation de la vallée de ces fleuves, dont le confluent est le Pont-Euxin lui-même. Or, si nous trouvons à présent, sur les bords de ces grandes vallées, les mêmes empreintes que nous présente le Bosphore, nous ne pouvons nous dissimuler qu'elles ne soient de la même date dans les deux sortes de vallées, & qu'elles ne soient dues aux progrès successifs du travail du même agent.

Que l'on jette les yeux sur les cartes du Danube, qui accompagnent l'ouvrage du comte de Marsigli, on y verra les mêmes escarpemens, les mêmes côtes retournées d'équère, placées dans le même rapport les unes à l'égard des autres, & dans la même situation où sont ces mêmes formes qu'offre le Bosphore, & qui attestent également l'action des eaux courantes dans toute l'étendue du canal. Or, toutes ces dégradations ensemble, qui couvrent une partie de l'Europe & de l'Asie, ne pouvant être que la suite des opérations de la nature par les eaux courantes, il s'ensuit que le Bosphore de Thrace & celui des Dardanelles doivent être rangés parmi ces opérations. Ce ne sont donc pas des accidens, mais des effets réguliers du même ordre, que l'approfondissement lent de nos vallées.

C'est donc sans aucune raison qu'on considéreroit un débordement du Pont-Euxin, qui n'a pu être que la suite de l'ouverture successive du Bosphore, comme ayant été capable d'opérer brusquement cette ouverture.

Il en est de même de ces déluges de Grèce, qui sont placés dans des contrées traversées par d'anciennes vallées, & auxquels on a cru pouvoir attribuer l'ouverture & l'approfondissement de ces vallées. Ainsi, je crois que la vallée du fleuve Penée en Thessalie, a été ouverte, ainsi que celle de Tempé, entre les monts Pélio & Ossa, bien avant le déluge de Deucalion, qui, considéré comme un simple débordement d'un fleuve, n'a jamais été capable d'ouvrir subitement cette vallée, & de séparer les sommets de Pélion & d'Ossa. La nature, pour opérer de pareils approfondissemens suivis & réguliers, y a mis partout une longue suite de siècles, & elle nous montre encore, dans certaines contrées, la continuation de ce même travail, de manière à nous en faire connoître la marche & les progrès. Pourquoi nous faire illusion à ce sujet?

Il n'est pas étonnant qu'à la suite d'une inondation qui avoit fait quelques ravages, on ait imaginé que l'eau débordée avoit ouvert des vallées qui étoient d'une date beaucoup plus ancienne, parce qu'on ne connoissoit pas les inégalités de la surface de la terre dans ce pays; mais, en tout cas, jamais déluge n'a pu faire une vallée, même celle de la Thessalie. Jamais déluge n'a ouvert le Bosphore de Thrace; mais les inondations ont pu régner sur ses bords comme à ses embouchures, & avoir laissé, dans l'esprit des peuples, l'idée d'un déluge.

Une fois qu'il seroit décidé que le Bosphore de Thrace a été ouvert comme une vallée ordinaire, je consens à ce que les inondations aient pu avoir lieu, puisque toutes les eaux dont le Pont-Euxin fut alors accru, pouvoient venir des sommets de l'Asie & de l'Europe. D'ailleurs, les pentes des montagnes de l'Arménie, qui pouvoient verser leurs eaux en Europe & en Asie, ont dû aussi y causer des inondations. Peut-être même la mer Caspienne se joignit-elle alors pour un tems avec le Pont-Euxin, &, se dégorgeant par le Volga & le Tanaïs, contribua-t-elle à augmenter la masse des eaux qui, suivant les anciens historiens, firent tant de ravages en Europe, en les poussant avec plus d'énergie & d'accélération sur la Grèce que sur l'Asie mineure, la première en ayant reçu de grands dommages. Il semble, suivant Tournefort, que la mer ait emporté peu à peu le plat-pays dont le fond étoit mobile, & que les noyaux des montagnes aient seuls résisté à ses vagues.

D'après ces mêmes conjectures fort vraisemblables, les îles de l'Archipel sont les restes de ces désastres, qui ne doivent pas se borner à un seul débordement, à un seul déluge, mais qui sont les effets de plusieurs. L'Asie mineure, au contraire, n'ayant point été exposée aux atteintes des eaux courantes, & n'ayant été couverte que par des eaux mortes, s'est trouvée avoir gagné, après la retraite de ces eaux, par les dépôts qui sont venus s'y fixer, & c'est à ces dépôts qu'on attribue la fertilité de la terre en Asie.

C'est donc avec vraisemblance que les inondations du Pont-Euxin par les Bosphores de Thrace & des Dardanelles, & les déluges d'Ogyges & de Deucalion, datoient du même tems, puisque les pluies en ont été la cause générale, & que leurs produits se sont rassemblés dans les mêmes contrées, qu'on doit considérer comme étant l'égoût général de ces eaux.

Je finirai par conclure, de tous ces détails, que la Méditerranée s'est véritablement formée de la réunion des eaux courantes fournies par toutes les pentes de son bassin terrestre, qui s'y sont portées, d'abord dans la mer d'Azof, puis dans le Pont-Euxin, ensuite dans les autres golfes, à la formation & à l'entretien desquels les rivières qui s'y déchargent, ont contribué & contribuent chaque jour.

J'en conclus ensuite que toute l'étendue de la Méditerranée, depuis la mer d'Azof jusqu'à l'Océan atlantique, a reçu, dans les premiers tems, une continuité d'eaux courantes comme une vallée entiérement ouverte, & à travers les détroits de Constantinople, des Dardanelles & même de Gibraltar, attendu que l'ouverture de ces détroits n'auroit pu se faire si les massifs qui les remplissoient primitivement n'eussent pas été creusés & approfondis de la même manière que les massifs qui remplissoient les vallées des grands fleuves qui y affluent. (*Voyez* TOURNEFORT, premier volume, & BOSPHORE, dans ce Dictionnaire.)

ANECDOTE de la nature, sur une tradition des prêtres égyptiens, conservée par Hérodote & d'autres anciens écrivains.

Je crois devoir rappeler ici cette tradition, en développer les diverses circonstances, & surtout en faire une application précise à certains phénomènes généraux du globe, présumant que d'une tradition, bizare d'abord en apparence, il pourra en résulter le dénoûment d'une des plus importantes observations de géographie-physique. Je l'ai déjà dit: je ne considère ces *anecdotes* que comme des faits isolés qui ne tiennent à aucun ordre de choses, & qui ne sont constatés que par des monumens naturels plus ou moins multipliés & plus ou moins remarquables à la surface de la terre; c'est aussi d'après ces vues que je les cite ici.

Les grandes révolutions qui sont arrivées à la

terre, & la multitude d'animaux & de plantes étrangères à nos climats, que nous y trouvons ensevelis en mille endroits différens, on fait soupçonner, depuis que l'on étudie le monde physique, que toutes les contrées de notre globe avoient subi de grands déplacemens, & avoient pu changer d'aspect par rapport au ciel, soit par les différentes inclinaisons de l'axe de la terre, soit parce que les contrées qui sont vers les pôles, n'y ont pas toujours été invariablement fixées.

Ce ne sont pas seulement ces corps déplacés qui nous rappellent ces changemens, ce sont aussi des traditions trouvées chez plusieurs peuples. Les anciens habitans de la Sibérie, dont le climat est extrêmement froid, soutiennent qu'il a été fort chaud, & qu'il avoit nourri des animaux dont en effet on rencontre chez eux une multitude d'ossemens & de cadavres.

L'inclinaison de notre axe, qui n'est pas absolument aussi constante qu'on le pensoit autrefois, a pu produire en ce pays & partout ailleurs, comme dans l'Amérique septentrionale, une vicissitude aussi étrange. M. de Louville croyoit qu'en conséquence de la variation qu'on venoit de découvrir, l'éclyptique, au bout d'un certain tems, se confondroit avec l'équateur; qu'alors toutes les contrées de la terre jouiroient ensemble, pendant un grand nombre d'années, d'un équinoxe perpétuel, & qu'ensuite l'éclyptique tourneroit au midi, au-delà de l'équateur. Il y a même dans son calcul, une singulière correspondance avec les plus anciennes époques des Babyloniens. Nous sommes aussi redevables, aux Egyptiens, de traditions fort singulières sur les changemens de cette nature. Hérodote, Pline, Diogène de Laërce & Plutarque nous rapportent que, selon les prêtres de l'Egypte, le soleil, dans l'espace de 11,340 années de 365 jours, s'étoit levé où il se couche, & s'étoit couché où il se lève, par deux fois différentes, sans que néanmoins il fût arrivé de changement dans le climat de l'Egypte, malgré cette variation apparente du cours du soleil. Vossius, dans son *Traité de l'idolatrie*, dit qu'il n'y a rien de plus absurde que cette tradition des prêtres égyptiens; mais M. de Voltaire, dans ses *Elémens de la philosophie de Newton*, n'en pense pas de même; mais comme il explique ce grand phénomène par la révolution insensible des pôles vers l'équateur, laquelle auroit fait tourner, suivant sa façon de penser, notre globe successivement à l'orient, au midi, à l'occident & au septentrion, il n'admet point que l'Egypte ait pu conserver le même climat, & que le nombre d'années désignées par les prêtres égyptiens ait pu suffire pour que ce phénomène ait paru deux fois; ce qui demande à la vérité deux périodes bien plus grandes, si cet événement n'est arrivé de la sorte qu'insensiblement.

Comme cette remarque est fort juste, & que cependant des circonstances aussi singulières ne sont pas de nature à se présenter facilement à l'imagination des hommes, pour qu'on puisse ne les regarder que comme des fables, je serois porté à croire qu'elles peuvent avoir rapport à quelque transposition de la terre. Effectivement, l'hémisphère maritime a pu prendre quelquefois la place de l'hémisphère terrestre, les contrées boréales prendre aussi la place des contrées australes, en changeant pôle pour pôle, sans qu'il soit arrivé aucun changement dans le ciel. Ainsi la rotation de la terre, qui, malgré les changemens de toutes les parties de la surface, dans ce qui concerne leur situation respective vis-à-vis les diverses régions du ciel, doit toujours être déterminée, pour elle comme pour toutes les autres planètes de l'occident, vers l'orient, aura fait voir aux Egyptiens, le soleil se levant du côté de la Lybie, où ils l'avoient vu se coucher auparavant, & se couchant du côté de l'Arabie, où il se levoit ci-devant. Pour eux, ce mouvement de notre planète, qui ne demande qu'une demi-révolution des pôles dans un méridien quelconque, c'est-à-dire, douze heures de tems, aura porté le pôle austral de la terre sous le pôle boréal du ciel, & le pôle boréal de la terre sous le pôle austral du ciel, & par conséquent les régions occidentales à l'orient, & les orientales à l'occident. Ce n'est que par cet échange, entre les contrées polaires, qu'on peut le mieux expliquer pourquoi il n'y eut point de changement dans le climat d'Egypte; car l'équateur resta toujours le même, à la différence, pour l'Egypte, qu'elle se trouva pour lors dans l'hémisphère septentrional, au lieu qu'elle étoit auparavant dans le méridional.

Dans tous les continens, j'ai reconnu que les points de partage des eaux étoient beaucoup plus près des mers de l'ouest que des mers de l'est; & qu'en conséquence les pentes des fleuves de ces continens m'avoient paru beaucoup alongées vers l'est, & toujours fort raccourcies à l'ouest. J'ai vu d'ailleurs que les mers occidentales étoient plus profondes & moins peuplées d'îles que les mers qui baignoient les côtes orientales. J'ai pensé que tous ces faits & ces circonstances représentoient, sur la surface de la terre, les traces d'un écoulement général des mers d'occident en orient, lequel a raccourci les pentes de nos terrains contre lesquels il s'est porté, pendant qu'il a laissé les autres pentes qui n'étoient pas exposées à son action, dans leur alongement primitif: j'ajoute ici que ces empreintes se sont retrouvées également dans les îles; qu'ainsi, par cet écoulement dirigé de l'occident à l'orient, toutes les îles de l'Asie ont été escarpées à leur couchant, de manière que leurs côtes étoient constamment hautes & hardies à l'ouest, courtes & basses à l'est, en même tems qu'elles se prolongeoient dans des mers peu profondes. Dans la plupart des îles orientales au continent de l'Amérique septentrionale, ce phénomène se distingue de la même manière. Dans le *Voyage à la baie d'Hudson* par Ellis, on voit que l'île de marbre est très-élevée à l'ouest, & fort basse à l'est, car on ne trouve en cette île que sommets brisés & rochers dispersés çà & là, comme s'ils eussent été entraînés par quelqu'écoulement violent. D'ailleurs, on peut remarquer que les rivières du continent sont dirigées sur cette île, & qu'elles ont aussi des rivages affreusement escarpés. D'après ces observations, & particulièrement sur celles des escarpemens occidentaux de nos continens, il me semble qu'on peut en conclure que les côtes en avoient été frappées de ce côté, & que les contrées basses des revers orientaux n'étoient fertiles & alongées que parce qu'elles n'avoient pas été exposées au choc des eaux de l'écoulement général, lesquelles ont dépouillé les côtes occidentales de leurs terres végétales.

Je remarque ici que l'inspection des différentes contrées de la terre, surtout quant à leurs formes, m'a conduit, par rapport au courant général des mers anciennes, à une conclusion différente de celle que nous indique maintenant la nature elle-même; car en considérant la tendance générale des mers d'orient en occident, qui est constante, Varénius & M. de Buffon en ont tiré des conséquences toutes opposées aux miennes & à l'état des choses, car ils ont pensé que le cours présent de nos mers, qui se portent contre les rivages orientaux de leurs bassins, les a détruits, & les détruit encore : au lieu que, selon moi, & l'observation générale des mers, ce sont les rivages occidentaux de ces mêmes bassins qui ont été détruits autrefois par l'action des eaux, vu que ces rivages étoient opposés à cette action.

Partout on a vu qu'un terrain détruit par les eaux présentoit toujours une face escarpée à l'agent de sa destruction, & qu'au contraire un terrain nouvellement construit offroit une pente alongée & opposée aux agens de sa construction. Attachés à ces principes, nous allons rendre raison de l'état ancien des choses, comme s'il étoit conforme aux présentes circonstances, en nous attachant à la tradition des prêtres égyptiens, qui nous paraît rappeler l'ordre ancien, malgré les changemens de position qui sont survenus depuis celui qui étoit établi avant celui de la tradition.

Si nous rapprochons maintenant les deux grands faits que nous venons d'exposer, nous verrons que l'un, c'est-à-dire, la tradition des prêtres égyptiens, peut servir d'explication à l'autre, c'est-à-dire, au raccourcissement des côtes occidentales & à leurs escarpemens généraux; nous verrons qu'il y a eu un tems où les revers occidentaux des sommets de notre hémisphère terrestre regardoient le soleil levant, comme cette tradition nous l'apprend. Ce pourroit être sans doute lorsque la terre étoit dans cette position, que l'ancien écoulement des eaux étant arrivé, aura été les frapper & les raccourcir comme on les a indiqués dans le premier fait, dans la première *anecdote;* & si nous les trouvons maintenant placés sous un aspect qui contredit les lois du mouvement présent de nos mers, ce sera parce que les accidens qui ont occasionné ce changement d'aspect dans les parties solides & continues, n'ont jamais pu changer l'ordre immuable de la rotation d'occident en orient, & la direction constante des fluides d'orient en occident. D'après ces considérations, on ne trouvera plus cette solution du problême, qui a pour objet le premier fait si étrange; car il est très-vraisemblable que, dans telle position qu'aient été les différentes contrées de la terre sous les régions du ciel, la rotation diurne a toujours été d'occident en orient, & le cours général des mers d'orient en occident; d'où il résulte que les continens, quoiqu'ayant changé d'aspect par les révolutions qui ont eu lieu, ont toujours dû conserver les formes générales qu'ils avoient reçues dans leurs situations antérieures. C'est ce que nous voyons, surtout dans l'Amérique méridionale, où ces formes sont des escarpemens à l'occident, & des pentes douces & alongées à l'orient.

Je le répète: en réunissant le fait de la tradition des prêtres égyptiens avec la disposition actuelle des escarpemens occidentaux vers l'ouest, lesquels n'ont pu prendre ces formes que dans une situation à l'est, on voit que la tradition offre le denoûment du second fait, parce qu'elle établit le changement des pôles & celui des aspects du ciel, nécessaire pour assurer l'explication de l'état actuel des choses. L'un & l'autre fait se servent réciproquement de preuves.

Anecdotes sur les dépôts des eaux courantes de nos vallées.

Après avoir fait connoître comment les formes générales & la configuration correspondante des deux croupes d'un vallon où coule une rivière, ou même un ruisseau intermittant, établissoient d'une manière incontestable que ce vallon avoit été creusé & approfondi par des progrès insensibles, je crois que, d'après le système des *anecdotes,* il est important de réunir ici plusieurs observations analogues, à la lumière desquelles il est aisé de démontrer quels sont les différens effets des eaux qui ont circulé en masses plus ou moins considérables à la surface de nos continens & à différentes époques.

1°. Les croupes d'un vallon, comprises depuis les plateaux qui les dominent, jusqu'à la plaine fluviale, sont recouvertes des mêmes matériaux, lavés & roulés, & qui paroissent être les débris de grandes dégradations qui ont eu lieu dans les points de partage des eaux. Or, comme on ne peut douter, d'après l'examen des matériaux résidans, soit sur les plans inclinés fort élevés, soit dans les plaines fluviales des vallées, qu'ils ne soient les résultats des transports faits par l'action successive de l'eau du torrent ou de la rivière qui coule actuellement dans ces plaines, il s'ensuit qu'on ne

peut

peut méconnoître le même agent, s'étendant successivement sur les différentes parties des plans inclinés des croupes, & sur les plateaux qui dominent la tête des vallons. Par la continuité & l'identité de ces dépôts, on suit de l'œil les traces du travail des eaux dans les différens progrès de l'approfondissement de la vallée.

Il suit des mêmes faits, que, dans l'ancien état de ces contrées, avant la formation du vallon, l'eau agissoit comme elle agit maintenant; qu'elle provenoit des mêmes lieux qui la versent maintenant, & qu'elle parcouroit le même trajet. Toutes ces démarches sont prouvées par l'uniformité des dépôts qu'on peut suivre & étudier le long des anciens canaux, comme dans les lits des canaux modernes & appartenans visiblement à cette époque. Je pourrois citer dans ces vues les dépôts de la Seine.

2°. Lorsqu'on parcourt les vallons principaux sur une certaine longueur pour vérifier les circonstances précédentes, on a lieu de reconnoître dans les matériaux des dépôts, des variétés qui sont dépendantes des vallons latéraux, lesquels viennent s'aboucher au vallon principal. Les dépôts changent pour lors en grande partie de nature, & sur les croupes, & dans la plaine fluviale. Si la rivière qui se réunit à la principale, a parcouru des contrées dont le sol est d'une nature différente du sol que la rivière principale traverse, les dépôts offrent à chaque pas des mélanges de différentes substances, dont les plus abondantes ont été voiturées par les rivières qui se sont trouvées dans les circonstances les plus favorables. L'activité du courant d'une rivière, la pente de son lit, l'abondance de ses eaux & de ses crues, la facilité qu'elle a eue d'entamer le terrain dans lequel son canal se trouve creusé : toutes ces circonstances sont indiquées par la proportion des matériaux qu'elle a déposés après la confluence & mêlés avec ceux de la rivière latérale.

3°. Par une suite de la considération précédente, les matériaux déposés sont dans un état de comminution dépendant du trajet qu'ils ont fait avant d'être placés dans le fond de cuve de la plaine fluviale. Ils sont à peine dégrossis lorsqu'ils ont été tirés du voisinage, & transportés par quelque torrent d'un cours peu étendu.

4°. Les matériaux qui sont tombés des bords escarpés par une suite des éboulemens successifs que l'eau y a opérés & qu'elle opère journellement, ne sont nullement usés ni arrondis; ils n'occupent que les parties inférieures du lit des rivières où les produits de ces éboulemens ont pu être transportés. Ils s'y trouvent mêlés avec les matériaux étrangers voiturés de loin, dégrossis, comminués, usés, polis, & arrondis plus ou moins.

5°. Lorsqu'on observe toute la longueur d'une vallée principale, & qu'on embrasse dans le même examen les rivières secondaires, on reconnoît que les matériaux accumulés dans les plaines fluviales, sont d'un volume d'autant plus considérable, qu'ils sont plus voisins de la naissance des vallons & des sources, plus dégrossis, plus comminués à mesure qu'on approche de l'embouchure générale dans la mer. Cette uniformité ne seroit point troublée s'il ne survenoit quelques irrégularités, comme je l'ai déjà dit, par la confluence d'une rivière torrentielle, dont le cours est peu étendu. En général, lorsqu'on est parvenu aux embouchures des grandes rivières, c'est là où les matériaux d'un certain volume disparoissent, où les vases en prennent la place, & augmentent en certaine proportion. Ces vases sont visiblement le produit de la comminution des matériaux de toutes sortes : il en est de même des graviers des pierres sabloneuses & calcaires. On trouve beaucoup moins de ces vases sur les plaines élevées, que de matériaux dégrossis, parce que dans ces contrées l'eau torrentielle qui s'étendoit en nappes & n'étoit pas contenue dans un canal, abandonnoit une partie des matériaux qu'elle voituroit par une marche vague avant l'ébauche des vallons.

6°. On trouve toujours le long du lit des rivières, les matériaux qui sont de la même nature que ceux des pays que traversent ces rivières : ce n'est que dans les parties inférieures des vallées qu'on observe un mélange des matériaux qui appartiennent aux parties supérieures, mais non réciproquement. Cependant si ces canaux & vallées eussent été approfondis sous les eaux de la mer, l'eau auroit pu, par le mouvement alternatif des courans, transporter les matériaux d'une extrémité d'un vallon à l'autre, sans aucun choix déterminé pour une extrémité plutôt que pour l'autre. Les courans étant susceptibles de ces mouvemens opposés, les matériaux transportés par cette double action auroient pu prendre des routes contraires à celles auxquelles nous les voyons assujettis sur nos continens.

7°. Il est visible que toutes les circonstances où se trouvent les dépôts dont je viens de parler, sont constamment dépendantes des pentes qu'offre toute l'étendue d'une vallée; & qui entraînent l'eau vers une seule embouchure; c'est en conséquence que l'approfondissement a été fait par la même eau courante qui y coule maintenant, & qui est assujettie aux mêmes lois qui ont donné la forme à tout le système des canaux dans lesquels nous la voyons distribuée & prendre son écoulement. Il n'y a *qu'un travail uniforme opéré à la superficie des continens secs, qui ait disposé toutes ces parties correspondantes.* C'est le besoin de l'écoulement de l'eau qui l'a déterminée à creuser les vallées avec cette marche régulière & assujettie, comme nous l'avons dit, aux pentes. On ne peut pas supposer que les vallées aient été ébauchées en aucune manière dans le bassin de la mer, car de grandes parties de ces vallées ne se sont pas trouvées en même tems dans ce bassin. Telles sont celles de l'ancienne terre. Outre cela, nous observons le travail de l'eau pluviale jusque sur les plaines qui dominent les vallées & qui n'ont pas résidé dans le bassin de la mer. Toutes les époques du travail de l'eau se retrouvent au contraire dans l'approfondissement des vallées, comme appartenantes à nos continens secs depuis la retraite de la mer, & sont écrites en caractères qu'on ne peut méconnoître lorsqu'on sait lire cette écriture.

8°. Lorsqu'on refléchit sur les différens états où se trouvent les matériaux entraînés par les eaux courantes qui ont creusé les vallons, & déposés par elles sur les croupes les plus élevés, on se convaincra aisément qu'ils ne peuvent appartenir à l'époque où se formoient dans le bassin de la mer les couches horizontales ou inclinées qui sont du ressort de la moyenne ou de la nouvelle terre; car il y a, par exemple, dans ces matériaux mobiles, des substances d'une formation postérieure à la retraite de la mer : tels sont les silex, qui sont incontestablement la suite d'une élaboration au milieu des continens secs. Il en est de même d'une infinité de pierres d'un grain plus ou moins fin, plus ou moins infiltré entre deux terres. Je le répète : l'état de ces différentes substances est la suite d'un travail de l'eau extrêmement lent, & qui n'a pu ni commencer ni se compléter sous les flots de la mer. Ils appartiennent à l'époque de sa retraite. Il n'y a donc plus moyen de supposer que les vallons aient été creusés dans le bassin de la mer. On sera d'autant plus frappé de ce raisonnement, qu'on aura observé avec plus d'attention les divers états des matériaux entraînés par les eaux, & qu'on les aura comparés avec ceux que renferment les couches ou les massifs dont ils ont fait partie, car on y trouve toutes les nuances d'une élaboration qui n'a été souvent qu'ébauchée. Nous savons d'ailleurs qu'elle se continue & s'achève tous les jours par la circulation intérieure de l'eau pluviale dans les couches de la terre, & que l'on ne peut y reconnoître le travail des eaux de la mer.

Une des premières observations qui prouvent d'ailleurs que les vallons ont été creusés par l'action successive & réitérée des eaux pluviales & courantes, & non par les courans de l'Océan, c'est qu'il se trouve des vallons dans les différentes parties du globe, où l'on ne rencontre aucun vestige du séjour de la mer; & ces vallons sont approfondis de la même manière que ceux qu'on observe dans les contrées de nos continens, qui ont fait partie de l'ancien bassin de la mer. Il est vrai que les vallées, creusees dans un système de lits horizontaux, ont une forme extérieure un peu différente de celles que nous offrent des vallons excavés dans les pays à masses & à couches verticales ou inclinées. Excepté cette variété, les détails sont les mêmes, & les inductions qu'on peut tirer des uns & des autres contre les prétentions de ceux qui y croient voir les traces du travail de la mer, peuvent s'appliquer aux vallées de la *nouvelle terre*, comme à celles de l'*ancienne* & de la *moyenne*.

9°. Il ne me reste plus à indiquer ici que deux circonstances qu'on peut observer dans l'approfondissement des vallées, lesquelles me fournissent *deux anecdotes* très-intéressantes, & qui, outre l'avantage d'annoncer un travail des eaux courantes, prolongé dans une longue suite de siècles, écartent en même tems une hypothèse suivant laquelle ces vallées auroient été approfondies par des moyens également violens & subits.

La première de ces circonstances doit être rangée dans l'âge des eaux courantes torrentielles, ou placée dans les contrées qui par leurs pentes favorisent la marche & l'action des torrens, & par conséquent nous faire connoître les progrès du travail des eaux dans l'approfondissement suivi & continu des vallées. Dans cette époque, la destruction des bords des vallées par ce travail de l'eau, s'est opérée de manière que les débris des croupes ont été entraînés vers les parties inférieures de ces vallées, & qu'il en est résulté les vides que nous y trouvons, lesquels se sont étendus jusqu'aux fonds de cuves à découvert. On peut prendre une idée de ce travail de l'eau courante en observant celui qui s'opère dans les ravins qui se creusent sous nos yeux; mais on auroit tort d'en conclure que tout s'y est exécuté de même par un travail accéléré; car dans les têtes de nos grandes vallées, & surtout dans les parties supérieures & moyennes du cours de nos rivières & de nos fleuves, je n'y vois, comme dans les ravins, que destruction par l'eau courante, & enlévement des matériaux détachés par les accès du même agent.

Je passe maintenant à la seconde circonstance que nous avons distinguée, & qui a succédé d'une manière très-remarquable à la première : c'est celle qui, à la suite du ralentissement des eaux courantes & de leur vitesse locale, a formé les dépôts de ces mêmes vallées. Deux sortes d'agens ont contribué au remplissage des fonds de cuves de toutes les vallées : d'abord les eaux courantes que fournissoient les parties supérieures des vallées, lesquelles ont éprouvé au débouché des montagnes un ralentissement insensible; ensuite les eaux pluviales devenues torrentielles, qui ont balayé les faces plus ou moins verticales des croupes latérales, & qui ont entraîné ces débris au milieu des premiers dépôts dont j'ai parlé.

Je ne veux pour preuve du concours de ces deux agens, que les mélanges qu'on a trouvés dans les dépôts qui ont comblé en grande partie nos plaines fluviales des environs de Paris, telles que la plaine de Grenelle. Nous devons citer à cette occasion les matériaux que nous a fait connoître la fouille du puits de l'Ecole royale militaire, & qui a mis en évidence un amas immense de quatre-vingts pieds de profondeur, lequel s'étend non-seulement dans une grande partie du sol de Paris, mais encore au dessus & au dessous de cette ville, & particuliérement dans toutes les plaines voisines du lit de la Seine, où cette rivière a éprouvé des oscillations si étendues, & se trouve renfermée entre des plans inclinés fort alongés, comme celui de Passy à Auteuil & Boulogne, & entre des bords escarpés d'une fort grande élévation, tels que ceux qui règnent de *Chaillot* à *Passy*, & de *Meudon* à *Saint-Cloud*, au *Mont-Valérien*, *&c.* Je renvoie ici à ces articles, où tous ces phéno mènes seront décrits avec grands détails.

ANECDOTES *sur la démolition des massifs par les eaux courantes, & sur l'approfondissement des vallées.*

Il est évident, par toutes les observations suivies que l'on a faites, & que nous avons exposées en détail, que l'ancienne action destructive des eaux courantes sur la surface de nos continens, qu'elles ont fouillée, sillonée & tranchée, doit être considérée comme le principe le plus général de nos vallées & des montagnes qui en dépendent; mais cela ne suffit pas pour rendre raison de toutes les inégalités de la surface du globe; il faut outre cela étudier chaque massif, & reconnoître non-seulement la nature des matériaux qui les composent, mais encore leur disposition intérieure & leur arrangement relatif les uns par rapport aux autres. Ces massifs différens doivent offrir dans les élévations de leurs sommets, des niveaux souvent indépendans de l'action des eaux courantes: souvent on y trouve des témoins de terrains supérieurs qui, étant presque tous détruits, ont laissé les inférieurs à découvert. Tels sont les divers phénomènes que le massif de la craie nous offre à sa surface & dans les escarpemens de ses bordures; enfin les correspondances qu'il a avec les massifs circonvoisins, & sur les limites desquelles on trouve les vestiges des démolitions opérées par les eaux courantes à la surface des contrées crayeuses. (*Voyez* CRAIE.)

L'étude de ces opérations de la nature nous montre la nécessité de rétablir les déblais souvent immenses qui ont eu lieu dans certaines contrées: c'est le seul moyen de faire connoître l'état primitif des massifs, & surtout de ceux qui ont changé aussi considérablement d'aspect & de superficie depuis qu'ils sont sortis du bassin des mers. Effectivement, ils se sont trouvés exposés à l'action des eaux pluviales qui les ont tourmentés, & y ont laissé les traces de leur marche & de leur action continuelle.

Lorsqu'on observe ces massifs dans les lieux où leurs débris ont séjourné, on voit qu'ils ont contracté plusieurs qualités qui les rendent très-fertiles. C'est ainsi que, dans la plupart de nos étangs où les eaux sont gardées & retenues, la fertilité des vases est surprenante; aussi l'industrie des propriétaires sait bien en profiter en cultivant le fond des bassins de ces étangs, ou bien en les établissant en prairies.

Si le globe terrestre avoit été formé de matériaux simples, en conséquence de l'action des eaux & de leurs mouvemens, il s'ensuivroit que les terrains seroient plus simples dans les hauteurs, & plus composés dans les lieux bas, & qu'à prendre du niveau des mers, les rivages devroient y être composés de matières plus variées que les montagnes qui se trouvent à une certaine hauteur moyenne, & celles-ci moins que les plus hautes montagnes; enfin, que ces hautes montagnes ces sommets de nos continens, seroient définitivement les terrains les plus simples. Cette gradation du simple au composé devroit nécessairement se remarquer si la terre a été primitivement d'une formation partout égale & uniforme; car alors les accidens qui l'auroient dégradée ensuite, n'ont pu le faire qu'avec une succession telle que les terrains les plus élevés de tous aient fourni les décombres qui ont recouvert les terrains inférieurs; que ceux démolis aient ensuite aussi servi à d'autres constructions plus basses. On sent aisément qu'il doit en arriver de même aujourd'hui & toujours jusqu'à ce que ces matières dispersées, mélangées à l'infini & entraînées vers les lieux bas, soient arrivées, s'il est possible, à un centre de repos. Mais cette progression d'un plus composé vers un autre composé devroit faire trouver le premier terme de la progression au moins dans les sommets les plus élevés, & il s'ensuivroit que plus l'on s'éloigneroit de ce terme, plus l'on devroit s'éloigner de cette simplicité; mais cette matière simple ne se rencontre cependant nulle part, & les plus hautes montagnes ne nous présentent que des compositions & des alliages presqu'aussi combinés que dans les lieux les plus bas. Il y a dans certaines montagnes particulières, des matériaux d'une certaine nature & d'une certaine combinaison, mais rien de simple; en sorte qu'il en résulte que la terre est un assemblage de divers massifs tous composés. Il ne reste plus après cela qu'à déterminer les différens agens & toutes les circonstances qui ont concouru à leur formation & à leur disposition relative.

Ce que nous avons dit de l'approfondissement des vallées prouve que les eaux fluviales & torrentielles ont eu des dates successives, & se sont combinées d'une manière fort variée. D'abord ces eaux n'ont suivi qu'un frayé ou des pentes qui leur avoient été tracées par de semblables eaux. Dès ces premiers tems, tous ces vallons & vallées avoient leur chute dans une vallée commune, & celle-ci avoit la sienne dans d'autres inférieures où elle se décharge aujourd'hui; en sorte que toutes les vallées ébauchées formoient dès-lors le même système & le même plan de ramifications qu'elles offrent sur nos cartes topographiques, & qu'elles ont conservés depuis ces tems reculés.

Les vallées pouvoient être à la vérité autrefois plus étroites & moins profondes, & avoir quelques revers plus adoucis; les côtes étoient aussi moins hautes & moins escarpées, & leurs talus se terminant plus régulièrement & plus uniformément aux pieds les uns des autres, ne renfermoient pas entr'eux de ces grandes plaines qui nous offrent la plupart du tems des prairies étendues. D'abord les vallées ayant été creusées surtout par les eaux torrentielles, montrèrent leur fond de cuve à découvert. Ce ne fut qu'à la suite d'une combinaison plus fréquente des eaux fluviales avec les torrentielles, que les dépôts se formèrent au fond des vallées, & que le sol des plaines & des prairies s'y exhaussa davantage. Depuis cette époque les vallons & les vallées ont eu la même direction & à peu près les mêmes pentes, & enfin ont présenté le même ensemble de canaux à la surface des continens, & les mêmes masses d'inégalités. Nous le répétons : tous ces effets sont dus à la seule action des eaux courantes.

Ici s'évanouissent toutes les hypothèses des lacs anciens distribués dans des bassins, & surtout des *déluges*, des *torrens* qu'on répand sur la terre à la suite des éruptions extraordinaires & miraculeuses des sources. Il convient donc de se borner aux seuls agens que nous voyons se mouvoir sous nos yeux, & à la marche à laquelle nous les voyons assujettis, suivant le cours ordinaire de la nature, dans les différens climats.

Je ne crois pas qu'il puisse rester aucun doute sur l'origine des escarpemens des vallées & sur les coupures de nos montagnes, qui nous font connoître au premier aspect qu'elles ont été tranchées par la marche des eaux courantes, & ce travail des eaux ne peut avoir quelque rapport avec les déluges, qu'autant qu'on les considéreroit comme la suite des inondations & des accès des eaux torrentielles; car ici il n'est question que des eaux semblables à celles de nos rivières & de nos fleuves, & qui étoient contenues entre les limites précises de leurs lits.

Ce que l'on voit dans la plupart des vallées semble demander, tantôt par la hauteur excessive des escarpemens, tantôt par leur forme en degrés d'amphithéâtre, qui se surmontent de loin en loin, tantôt par la nature même & la quantité de dépôts, lits par lits, dont les cuves de ces vallées sont comblées à un certain point & avec une grande variété, jusqu'à une profondeur étonnante, tout cela semble demander, dis-je, que les eaux courantes aient travaillé pendant long-tems, à diverses reprises, soit comme torrentielles, soit comme fluviales.

Dans toutes les contrées on ne voit pas que les eaux aient couvert les terrains supérieurs aux bords des vallées, surtout depuis qu'elles ont commencé à les creuser. L'on y reconnoît à la vérité que ces eaux ont monté bien au-delà des plus grandes crûes actuelles, comme à trente ou quarante toises. Il y a des cas où les escarpemens ne règnent pas plus haut, parce que le terrain s'élève ensuite en pente douce. Ainsi, les bords n'ont été frappés & detruits, dans ces lieux, qu'à leur pied. Il en résulte que les eaux courantes, qui ont commencé à creuser les vallées par leur partie supérieure, ont gagné insensiblement la partie inférieure des bords, à mesure qu'elles les ont approfondies, & sans remplir entiérement, & bord à bord, ces excavations. Nous en ferons connoître les raisons à l'article VALLÉE.

On sent bien à présent qu'à une certaine époque il y avoit beaucoup plus d'uniformité à la superficie du globe, & que la fertilité, qui est presque réduite à nos vallées & aux lieux bas, étoit plus généralement répandue avant que les terres végétales eussent été emportées, & abandonnées ensuite par les eaux dans le fond des vallées qu'elles ont approfondies.

La terre, pour être habitable & propre au séjour de l'homme, n'a jamais pu être sans sommets & sans pentes, autrement elle n'auroit présenté qu'un marécage immense; & pour peu qu'on ait étudié les différentes circonstances qui ont présidé à sa formation, on doit être convaincu que sa surface doit être partagée en *massifs* élevés & en *massifs* d'un niveau inferieur. C'est ce que nous montrerons sous différens points de vue en indiquant les inégalités assez constantes de certaines parties de nos continens, surtout en sortant du lit de nos vallées, & en parcourant ensuite l'arrangement & la distribution de nos grands sommets, qui partagent & divisent la superficie du globe.

Ici s'évanouissent toutes les hypothèses imaginées sur les formes de nos vallées dans le bassin de l'Océan.

Lorsque la superficie des continens, qui s'élève au dessus des mers, est de peu d'étendue, & ne présente que des contrées bornées ou des îles entiérement détachées, leur sommet, la ligne qui sert de point de partage aux eaux, en occupe le milieu à peu près, & c'est de ce sommet élevé que les eaux des pluies & des sources prennent leur cours pour se rendre à la mer.

Si ces superficies sont plus longues que larges, comme sont les îles de Java, de Sumatra, comme est la presqu'île d'Italie, comme est l'Europe, depuis le Portugal jusqu'en Russie, alors le sommet général forme une ligne dirigée à peu près suivant la longueur des îles & des portions de continens; alors les eaux courantes n'ont que deux directions principales, dont l'une est entiérement opposée à l'autre.

Lorsque les parties élevées au dessus des eaux sont d'une étendue très-considérable en longueur & en largeur, ce qui forme le sommet n'est plus une seule ligne; c'est une grande superficie qui, à proportion de son étendue, présente des revers opposés aux mers principales, suivant lesquels les eaux se trouvent amenées vers des pentes locales, où elles forment des lacs & des méditerranées : c'est le cas où se trouve l'Asie, qui n'envoie que les eaux de son contour dans les mers, mais qui rassemble toutes ses eaux intérieures dans différens lacs, dont celui de la mer Caspienne est le plus considérable.

Cette partie du monde n'est point divisée, comme l'Europe & l'Amérique, par un seul sommet en droite ligne, mais elle en renferme une circulaire, dont les montagnes de l'Arménie, les monts Caucase & Taurus, les chaînes de l'Imaüs, sont les principales parties. Cette ceinture de montagnes renferme une infinité d'autres bassins particuliers & de très-vastes pays, qui sont séparés les uns des autres par des sommets entrelacés. L'on y trouve aussi des déserts de sable d'une étendue immense, & des plaines couvertes d'excellens pâturages, sans eaux, quoique l'herbe ne cesse d'y croître; enfin, d'une hauteur considérable. En général, quelques-unes de ces contrées sont si élevées au dessus du niveau des mers, qu'il n'y a ni sources ni ruisseaux : ce ne sont que des régions vagues, qui n'offrent aucun point fixe pour y arrêter les nations; en sorte que, de tout tems, elles y ont été errantes & vagabondes. Si nous considérons les déserts de la Barbarie, les grandes contrées ou bassins de l'intérieur de l'Afrique, nous trouverons que le sommet de cette partie du monde, surtout dans toute la bande septentrionale, n'est qu'une enceinte de montagnes qui contiennent au milieu d'elles de très-grandes régions fermées, dont la nature, à la chaleur près de la zône torride, ressemble à celle des bassins de l'Asie. Ces montagnes versent, par leurs revers extérieurs, des eaux dans l'Océan indien & atlantique, & dans la Méditerranée; & par le revers intérieur elles les distribuent dans des lacs, dans des marais & dans des déserts sabloneux, où elles se perdent. Il y a aussi quelques-uns de ces bassins, mais en plus petit nombre & sous une plus petite forme, dans l'Amérique méridionale : l'Amérique septentrionale en renferme un plus grand nombre.

Lorsque les sommets des continens ne sont point assez étroits pour se réduire à une ligne, il s'est formé dans certaines parties de ces sommets, des plateaux dont les pentes ont été indécises, ou qui n'en ont point eu de décidées vers aucun point de l'horizon. Les eaux de ces plateaux ont alors produit une multiplicité de petits lacs & de vastes marais, qui ont servi d'origine aux fleuves & aux rivières, qui se sont tracé des lits, & ensuite des vallées : tels sont, en Europe, les marais de la Lithuanie & de la Moscovie, d'où le Boristhène, le Volga & plusieurs autres rivières prennent leurs sources; tels sont, en Amérique, les plateaux & les lacs du Canada, d'où descendent le Mississipi & le fleuve Saint-Laurent, & ceux du Paraguay, d'où le grand fleuve de la Plata tire son origine.

Voilà le véritable ensemble sous lequel on doit considérer les inégalités de la surface de nos continens, inégalités que les eaux courantes rendent sensibles par le tableau hydrographique de nos fleuves, de nos rivières, de nos lacs & de nos méditerranées, qui se trouveront dans l'Atlas de notre géographe Danville, auquel nous renvoyons.

Anecdotes sur les transports parmi les dépôts littoraux.

Les matériaux entraînés de l'*ancienne terre* appartiennent à différentes époques assez éloignées les unes des autres; ce qui prouve que cette *ancienne terre* a été exposée pendant long-tems à l'action des eaux pluviales & torrentielles, lesquelles continuent même aujourd'hui leurs dégradations.

J'en dirai de même des matériaux transportés de dessus la surface de la *moyenne terre* sur la *nouvelle*. Qu'on examine d'abord bien attentivement les matériaux de différente nature, transportés sur la *nouvelle terre* ou dans le bassin de l'*ancienne mer*, au milieu duquel la *nouvelle terre* s'est formée, on verra que ce sont des débris transportés de l'*ancienne terre*. Les cailloux roulés eux-mêmes, qui nous offrent des fragmens plus gros & plus reconnoissables, ne sont souvent que des granits à grains uniformes ou rayés, les serpentines, les laves, les marbres à grains fins, suivant que l'*ancienne* ou la *moyenne terre* a servi de bords à l'*ancienne mer*. On retrouve ces mêmes matériaux dans l'intérieur de l'*ancienne terre*, & sur les croupes qui dominent les bords de la *nouvelle terre*; en sorte que cette disposition de matériaux transportés & déposés, nous annonce la distinction de ce que la mer a couvert des terrains qui servoient de limites à son bassin.

Il est vrai que les dernières dégradations des eaux ont défiguré, dans certaines parties voisines des limites, toute cette disposition ancienne & primitive, & qu'il y a pour lors quelque difficulté de suivre ces limites, dont la trace précise a disparu presqu'entiérement dans ces endroits; mais en continuant ses recherches aux environs, on en retrouve la suite & le raccordement. Bien loin que cette destruction jette du louche sur les caractères des résultats dont nous venons d'exposer les détails, cet examen ajoute encore la connoissance d'un nouveau phénomène, dont l'étendue, une fois appréciée, équivaut à l'uniformité ancienne. On retrouve effectivement la suite des limites à des distances plus ou moins grandes, & la suite des différens dépôts, qui n'ont été détruits que sur une petite étendue.

En conséquence des dégradations survenues par l'effet des eaux torrentielles, il est arrivé fort souvent que des massifs de la *nouvelle terre* sont entiérement isolés, & qu'ils ne tiennent plus aux grands dépôts correspondans. Cet état peut être primitif, c'est-à-dire, l'effet d'un dépôt isolé, produit dans quelque anse favorable à la collection des matériaux qui composent ce dépôt. J'ai reconnu fort souvent que ces destructions ou ces interruptions des dépôts sousmarins se trouvoient réunies à la circonstance de l'embouchure d'une grande rivière qui y creusoit pour lors son canal, & qui a continué depuis à couler dans les environs. Ceci est encore une cause dont l'influence a pu se montrer dans quelques-unes des interruptions des dépôts, dont la continuité a disparu dans certains endroits. (*Voyez* DÉPÔTS LITTORAUX.)

ANECDOTES sur les ardoisières & les charbons de terre.

Quoique j'aie déjà compris dans les considérations générales, qui ont eu pour objet l'examen de nos continens, les carrières d'ardoises & les mines de charbons de terre, cependant, pour donner plus de développement à nos *anecdotes* & aux objets auxquels nous en avons fait les applications, nous reviendrons ici à ce qui concerne les *ardoisières*, comme pouvant être comprises dans différentes époques, & figurer parmi les *anecdotes* les plus intéressantes. C'est sous ce point de vue que nous allons en présenter les détails que nous fournit l'observation de leurs diverses exploitations : c'est ce que nous nous proposons de faire dans cet article. Nous y joindrons les mêmes vues sur les charbons de terre.

J'ai remarqué d'abord que les lits des mines d'ardoises & de charbons étant inclinées contre les lois de la disposition des dépôts quelconques, c'étoit un indice certain que, depuis l'ordre de choses qui avoit contribué à la formation primitive de ces couches, il étoit survenu des accidens qui les avoient déplacées. Or, ces derniers accidens n'ont pu arriver que long-tems après leur construction, & lorsqu'elles avoient déjà pris, par une longue assiette & par le travail de l'infiltration & de la pétrification, cette consistance & cette solidité dont les fractures & les arrachemens sont des preuves constantes.

Joignons à ces détails intéressans cette considération, que la plupart des mines de charbon & des massifs d'ardoises contiennent toutes, entre leurs lits & entre leurs feuillets, des dépouilles d'animaux marins, mêlées avec des plantes terrestres, & que tous ces dépôts sont aujourd'hui fort éloignés des mers qui ont produit les uns, & des continens qui ont nourri les autres. Tous les individus de ces fossiles ont dû être formés le long des rivages, ou dans des contrées maritimes, ou dans la mer elle-même; & ces dernières circonstances sont encore une nouvelle preuve d'une révolution postérieure de beaucoup à leur construction primitive, qui, en changeant la situation des mers & des continens, a produit des dérangemens dans les mines de charbon, en a incliné les lits, & a recouvert ce système de couches d'autres lits horizontaux qui les chargent ou qui les environnent.

Il paroît donc que les premières opérations de la nature, qui ont contribué à la construction des mines de charbon, ont occasionné dans le même tems la submersion totale des lieux où elles se sont construites : outre cela, que, long-tems après cette submersion, de nouveaux accidens ont fait reparoître ces terrains submergés; mouvemens qui ont produit l'inclinaison générale où ils sont aujourd'hui, & les fractures qui s'y rencontrent souvent remplies de matériaux plus modernes, qui ne partent que du dernier séjour des mers.

Les mines de charbon, & singuliérement les ardoisières de nos climats tempérés, nous ont conservé en grande quantité des végétaux terrestres totalement étrangers à nos contrées, & dont les analogues ne croissent aujourd'hui que dans des climats chauds & dans des régions très-éloignées des nôtres. Ces derniers monumens, incontestables quant aux lieux primitifs de leur production, nous apprennent que, depuis la formation des mines de charbon & des massifs de nos ardoisières, le globe a souffert une révolution qui a changé ses climats & les anciens aspects du soleil. Ce dernier phénomène a déjà été expliqué par des physiciens, qui y ont soupçonné un rapport avec des torrens des Indes en Europe; mais comme on ne peut voir sur la terre aucune trace de ces torrens, que nos principales vallées, qui sont les sillons creusés par les eaux courantes, n'ont aucune correspondance avec la route que ces physiciens font faire à ceux qu'ils ont imaginés, il en résulte donc que tous les torrens qui ont creusé ces vallées, n'ont pu contribuer à la construction des mines de charbon & des massifs de nos ardoisières, & de tout ce qu'elles contiennent, puisque souvent ces torrens les ont détruits en grande partie, & que les pays de mines de charbon ont été tranchés & coupés par les torrens, comme tous les autres terrains.

D'ailleurs, il est très-vraisemblable que, lors de la formation des mines de charbon dans nos contrées d'Europe, dans les Indes & à la Chine, dont le sol superficiel ne porte que sur des mines de charbon sans nombre, n'étoient pas dans une disposition plus avancée que notre constitution; car, lorsque les lits de l'Europe se construisoient sous les eaux, les fondemens du sol de l'Asie devoient être dans le même état.

Nous ne pouvons donc conclure de la situation présente des mines de charbon & de leur nature, que l'existence d'une succession de différentes révolutions qui ont parcouru en même tems toutes les contrées où l'on en trouve maintenant.

La multitude des mines de charbon répandues dans toutes les parties du monde nous instruit de l'universalité de ces révolutions, dont nous ne pouvons avoir les époques; mais le nombre des couches & des feuillets dont elles sont composées, peut nous donner au moins quelques idées sur leur durée, & nous faire connoître que ces dépôts ne sont pas des effets d'accidens passagers, & qu'il a fallu des marées sans nombre pour les compléter.

Tous ces monumens d'ailleurs nous instruisent & nous apprennent clairement que les animaux qui vivent sur la terre, & les végétaux qui y croissent, ont existé pendant ces révolutions, comme devant & après; car nous trouvons, au milieu des feuillets d'ardoises, des analogues d'une partie des êtres que nous connoissons présentement. Leurs espèces subsistoient donc alors, puisque ceux qui vivent aujourd'hui n'ont pu descendre que de ceux qui ont survécu à ces siècles. Tous les poissons fossiles que nous trouvons dans le sein de ces mines, ne sont point ensevelis dans la même couche; ils n'y ont donc été déposés que les uns après les autres, & successivement; & puisqu'ils se trouvent à différentes hauteurs, les uns nous apprennent qu'ils sont morts long-tems avant les autres; & ceux-ci, qu'ils ont survécu long-tems après les premiers.

Il en est de même de tous les arbres & de tous les végétaux que produisent encore nos continens, car nous trouvons leurs analogues dans ces magasins des débris & des anciennes productions de la nature; ils subsistoient donc auparavant, comme ils ont subsisté après que les dépôts ont été formés dans leur entier, puisque toutes leurs espèces se sont multipliées depuis, & se sont perpétuées jusqu'à nos jours. Il en est sans doute de même des animaux terrestres : il est vrai qu'il est bien plus rare d'en trouver les dépouilles dans ces mines de charbon & dans les ardoisières; mais enfin, on en a trouvé quelques vestiges.

La terre étoit donc, avant & pendant ces révolutions, ce qu'elle est aujourd'hui; car tout ce que nous venons de dire nous retrace les circonstances de cet état.

Je crois devoir répéter ici, mais dans un certain rapprochement, que les carrières d'ardoises & les mines de charbon de terre montrent, plus qu'aucun autre amas, les dérangemens survenus dans les parties solides du globe. C'est là que les couches n'ont pu conserver leur position naturelle: toujours fortement inclinées, elles ont pour loi générale ce qui n'est qu'une exception dans tous les autres lieux de la terre; & ce qui mérite d'être surtout considéré lorsqu'on examine les phénomènes intérieurs qui distinguent ces contrées de toutes les autres, c'est, 1°. que les irrégularités extérieures y sont cependant les mêmes que partout ailleurs; qu'on voit à la surface de la terre, des vallées, des vallons, des angles correspondans & des escarpemens, dont l'ensemble n'a aucun rapport à la constitution & à la construction intérieure des couches : preuve que cette organisation est antérieure au passage des eaux courantes. 2°. Lorsque la plupart des couches inclinées ont éprouvé un changement dans leur position naturelle, elles devoient être fermes & solides, autrement les matières se feroient mêlées & confondues: on ne verroit plus le parallélisme parfait des feuillets d'ardoise, & les fractures énormes qu'on rencontre dans ces carrières; ce qui donne lieu de penser qu'avant l'affaissement de ces contrées, elles étoient restées long-tems dans une position horizontale, & dans un état fixe & tranquille, à la faveur duquel elles avoient déjà acquis la consistance qu'elles devoient avoir lors de leur dérangement. 3°. En analysant la matière de ces couches, on reconnoît une multitude de productions marines, terrestres & fluviales, végétales & animales : d'où il suit que les ardoises & les charbons de terre doivent leur origine & leurs dépôts à des accidens communs entre l'*ancienne terre* & les mers qui en baignoient les côtes. Toutes ces circonstances peuvent se reconnoître aisément; car nous pouvons observer les massifs de l'*ancienne terre* qui subsistent encore à côté des amas de schistes où résident les ardoises, & à côté des golfes où l'on a découvert les mines de charbon de terre. Nous ferons connoître ces détails à l'article CHARBONS DE TERRE & ARDOISIÈRES.

ANECDOTES *sur les massifs de la moyenne & de la nouvelle terre.*

Je vais maintenant exposer les dispositions intérieures que nous indiquent les formes de construction de la terre où nous avons pu pénétrer: elles nous offrent deux ordres; le premier, de massifs très-remarquables, annonçant les lits & les bancs de la *moyenne terre*, & le second le massif plus superficiel & beaucoup étendu de la *nouvelle terre*. Pour suivre les caractères de ces massifs, nous devons profiter des avances que nous fait la nature lorsqu'elle nous présente, dans les croupes escarpées de nos vallées, la coupe de ces deux systèmes de dépôts sousmarins.

Nous appercevons dans la *moyenne terre*, comme je l'ai déjà dit, des couches remarquables par leur position & par la nature particulière des matériaux : elles sont régulièrement construites les unes sur les autres dans une étendue si considérable, qu'elles règnent sous des provinces entières, malgré les grandes vallées qui les séparent.

Ces bancs varient entr'eux dans leur épaisseur : souvent elle est de plusieurs pieds, &c.; souvent aussi ce sont moins des bancs que des lames très-minces, dont le nombre est très-multiplié; mais ce qui est remarquable, c'est que, dans chaque banc, l'épaisseur est presque toujours égale, sur quelqu'étendue qu'il puisse dominer. L'on voit le sommet des montagnes organisé de même par bancs, quelquefois désunis, brisés, culbutés & hors de leur position naturelle, & ces accidens se montrent plus ordinairement dans les collines & dans les montagnes, qu'à de certaines profondeurs. Ces bancs forment enfin des ondes sensibles, qui nous indiquent plusieurs compressions en divers sens: tel est le précis de ce qui concerne leur position. Voici maintenant ce que l'on peut connoître de leur nature.

Autant la position de ces bancs est uniforme dans tous les districts de la *moyenne terre*, autant leurs matériaux sont variés. Tantôt ce sont des amas confus de fragmens de pierres & de cailloux brisés, comme dans les brèches & les marbres, tantôt ce sont des sables & de menus graviers, comme des pierres à grain de seconde formation; ailleurs ce sont des pierres de taille d'un tissu serré; enfin des amas élémentaires plus ou moins comminués de coquillages marins, comme les pierres tendres & les craies.

Quelquefois, dans le même banc, on trouve les amas informes de tous ces décombres; mais ce qui doit nous étonner le plus, c'est que ces matières molles ou solides sont mêlées singulièrement avec les débris de tout ce que les règnes animal & végétal ont soumis aux agens qui les tourmentent, soit à la surface des continens, soit au sein des mers. On y rencontre donc des dépouilles d'animaux terrestres, souvent des animaux entiers, des poissons & des coquillages sans nombre, des arbres & des arbustes, même des plantes fort tendres de nos déserts & des marais. Rien surtout n'y domine avec plus de profusion, que les productions marines; en sorte que nos continens, en cela plus riches que la mer même, nous ont fait connoître un plus grand nombre d'êtres appartenans à cet élément, que nous n'en avons pu pêcher dans l'Océan tout entier. Ce seroit abuser de la patience des lecteurs, que de faire l'énumération des découvertes que l'on a faites en ce genre dans toutes les parties de nos continens.

Elles ont prouvé que ces phénomènes embrassoient de grands *tractus* de la surface du globe; que la mer en avoit formé ou arrangé les matériaux, & qu'elle y avoit séjourné pendant tout le tems nécessaire à cette grande opération, &c. Ce sont les résultats & les conséquences les plus justes vers lesquelles le progrès de nos connoissances & l'art de voir nous aient amené, après avoir long-tems combattu contre les préjugés de l'ignorance & de la superstition. Ces coquilles, trouvées dans la masse des montagnes comme dans les carrières les plus profondes, ont aussi prouvé que le séjour des eaux de l'Océan avoit été fixe & constant sur certaines parties de nos continens, comme il l'est présentement dans les bassins qu'il occupe; que c'est pendant ce séjour que les couches de la terre, & tout ce qu'elles renferment, ont été construites successivement les unes après les autres, & les unes sur les autres. Rien ne représente par conséquent, dans la masse des parties de la terre, affectées à la *moyenne* & à la *nouvelle terre*, la confusion & le désordre d'un accident passager, momentané & particulier: tout est général & uniforme; tout y est aussi régulier que les assises de nos bâtimens. D'ailleurs, les espèces marines sont cantonnées les unes dans un lieu, les autres dans un autre: ici c'est un banc de buccins & de visses; ailleurs ce ne sont que des huîtres. Dans une contrée, ce sont des amas de cornes d'ammon, de bélemnites, de gryphites, &c.; dans une autre, des forêts de madrépores, de coraux & autres ouvrages des insectes de la mer. La seconde chaîne de montagnes que décrit l'abbé de Sauvages dans son *Mémoire sur les environs d'Alais* (*voyez* ALAIS), n'est presque composée que de tellines, & sa principale remarque, c'est que, dans presque toutes, les valves sont deux à deux, les unes ouvertes, les autres fermées, de telle sorte que les unes & les autres se joignent toujours à l'endroit de la charnière: d'où il conclut que ces coquillages n'ont pas passé par degrés du bassin de la mer sur les continens, & qu'ils n'y ont pas été déposés peu à peu, mais qu'il y a eu un dépôt fait immédiatement par la mer. Enfin plusieurs observations constatent cette vérité, & viennent à l'appui de l'opinion de tous les physiciens, qui ont cru pouvoir avancer que presque toutes les pierres calcaires doivent leur substance aux coquilles, qui se sont formées & détruites sous les eaux de l'Océan.

De tous les corps étrangers que nous trouvons dans certaines parties de notre hémisphère, il y a encore une conclusion à tirer, ou plutôt une anecdote très-curieuse, & tout aussi importante que celles qui précèdent. Nous savons qu'indépendamment de tous les corps marins fossiles, l'on trouve, dans les couches de la terre, des dépouilles d'animaux & de plantes terrestres. Ce n'est pas seulement dans les bancs superficiels que ces dépouilles se rencontrent, c'est aussi dans des carrières assez profondes, & souvent au dessus de ces autres lits réguliers où les coquillages dont nous avons parlé, se trouvent avec tant d'abondance. Ce n'est point non plus dans les dépôts des eaux courantes, dans les amas d'alluvion, c'est dans la masse même des terrains que les eaux torrentielles ont creusés & approfondis. Ainsi ces substances étrangères ne peuvent être que d'une époque antérieure au passage des torrens à travers les terrains où on les découvre.

Il est aisé de voir que les eaux courantes ont entraîné dans la mer les matériaux qui ont concouru à la formation des différens lits où ces corps étrangers sont contenus; que ces eaux ont été tranquilles dans des parties, & courantes dans d'autres; tranquilles, parce que la construction des lits est régulière & uniforme; courantes, parce que ces corps étrangers le sont également aux lieux où ils se trouvent. En second lieu, il est nécessaire que ces gîtes aient été primitivement des lieux bas, & que les débris & toutes les dépouilles des animaux qui les enveloppent, soient descendus de lieux plus élevés; ou, ce qui est la même chose, on doit penser que, comme certaines parties de nos continens ont été un tems considérable des bassins de la mer qui renfermoient des poissons & des coquillages, & qui étoient le

rendez-vous

rendez-vous de toutes les vases & de tous les dépôts réguliers & parallèles que nous y voyons, il y a eu aussi, dans ce même tems, des continens anciens élevés au dessus des eaux, lesquels produisoient les plantes dont nous retrouvons les espèces, & sur lesquels vivoient les animaux terrestres dont nous pouvons rassembler les os & les squelettes; qu'enfin nous ne devons pas nous dissimuler que, si nous rencontrons des fragmens de pierres, des amas de sables, des lits de terres, des végétaux, des minéraux, des animaux terrestres, des corps marins faire partie du solide de toutes nos contrées & de nos continens secs & découverts, quoiqu'ils soient l'ouvrage des eaux, ces mélanges extraordinaires ne peuvent provenir que d'une suite de différens agens qui ont concouru au même résultat, suivant les circonstances auxquelles ils ont été soumis.

Nous ne trouverons pas le moindre embarras à découvrir les vieux continens, puisque nous pouvons en désigner les limites : il en est de même des parties de la *moyenne* & de la *nouvelle terre*, qui occupoient ces limites lorsque l'Océan les couvroit, & qui les occupent encore maintenant que ces terres sont à découvert. (*Voyez* MORVAN.)

Pour nous convaincre de ce qui s'est opéré à ces anciennes époques, il suffit d'observer ce qui s'opère présentement au fond de l'Océan par les transports des vases & des autres matières terrestres qu'y font continuellement les fleuves & les rivières sans nombre qui y ont leurs embouchures, & nous représenter ensuite ce qui doit résulter du mélange de toutes les matières animales & végétales qui s'unissent & s'associent avec les productions de la mer, qu'elles rencontrent dans son bassin actuel.

Depuis plus de soixante-quatre siècles que ces transports continuels s'opèrent *à la connoissance des hommes*, il y a des lieux, surtout à l'embouchure des grands fleuves qui sont sujets à des débordemens annuels & à des crues réglées, où les lits de vases doivent avoir acquis des épaisseurs considérables. Ces vases, portées plus ou moins loin par les eaux courantes, suivant leur volume & leur gravité, s'y déposent & s'y accumulent par lits plus ou moins considérables, & qui diminuent sensiblement à mesure que la force rallentie du courant ne peut plus se charger que de molécules légères & d'une grande subdivision, en sorte qu'il y a certaines plages dans nos mers, où les fleuves font chaque année des dépôts qui ont tout au plus un quart de ligne d'épaisseur; d'autres où ils ont une ligne, un pouce, un pied, &c. Où les accroissemens auront été d'une ligne chaque année, il est visible que les résultats de ces dépôts seront en totalité, au bout des soixante-quatre siècles, de quarante-cinq pieds; que là où ils auront été d'un pouce, ils se seront élevés en tout de quatre-vingt-dix toises, &c. Quelle hauteur n'y trouveroit-on pas si nous considérions ces dépôts dans les lieux où ils proviennent de causes réglées, comme de ces inondations périodiques ou autrement fréquentes, d'éboulemens suivis dans les falaises & le long des rivages escarpés, battus par les flots; ou enfin ce sont les produits de torrens qui auront détruit & entraîné dans la mer tout ce qui manque aujourd'hui dans les parties voisines de leurs embouchures. Joignons encore à ces dépôts les amas immenses des corps marins, comme coquillages, & ces matières dures, solides qui ont servi de noyaux aux cailloux roulés, & dont les mélanges ont dû suffire dans la plus grande partie des mers, pour construire de grands *tractus* de continens.

Instruits par ces considérations sur l'épaisseur des dépôts dans le fond des mers actuelles, nous n'aurons plus lieu d'être étonnés de voir dans nos continens, puisqu'ils ont été les lits des mers anciennes, des cimes fort élevées n'être formées que de bancs posés les uns sur les autres; d'y rencontrer des productions terrestres enveloppées de vases ou de débris de corps marins, de trouver le même système de construction dans les carrières les plus profondes; & comme nous connoissons les causes de ce qui s'opère dans nos mers actuelles, il en résultera une comparaison naturelle avec les effets semblables que nous retrouvons dans nos montagnes, dans nos collines. Je le répète : nous pouvons contempler cette belle uniformité dans toutes les opérations de la nature.

Toutes les révolutions dont nous venons de nous occuper ont été incontestablement éloignées les unes des autres de plusieurs milliers d'années. Si nous en jugeons d'ailleurs par la distance du tems où nous sommes, au tems de la dernière révolution, comme la profondeur de l'abîme des tems où notre esprit est obligé de se plonger, paroît si immense, si peu conforme à notre façon de penser, qu'il n'est pas étonnant que le plus grand nombre des hommes soit peu disposé à croire ces révolutions véritables, & qu'ils soient naturellement portés à rechercher tous les moyens de rejeter les observations qui les constatent, & d'en éluder les conséquences.

Cependant, pour peu qu'on réfléchisse sur l'analyse suivie des monumens naturels dont nous avons présenté ci-dessus un court apperçu, comment pourroit-on admettre que les terrains dont les couches couvrent si régulièrement la plus grande partie du globe & constituent le solide de ce que nous connoissons de sa masse, & que les vallées qui ont été creusées & sillonées à la superficie de cette masse, ne l'aient été qu'à la même époque? Comment pourroit-on admettre que, dans tous les corps qui en contiennent d'autres, composés eux-mêmes de matières diverses (*voyez* la Dissertation de Stenon, *de solido intrà solidum naturaliter contento*), il n'y eût eu qu'une seule & même époque de composition? Comment concevoir qu'il n'y eût qu'une seule & même date pour la destruction de ce qui manque à certaines parties du globe, & pour la construction de ce qui nous en reste, & dont les parties les plus entières n'ont elles-mêmes aucune apparence d'unité & de simplicité?

Si, par quelques accidens, les couches de la terre eussent été rapidement construites & établies les unes sur les autres, si les vallées & les montagnes s'y fussent formées dans le même tems, comme, par exemple, par les dépôts accumulés des nuages du déluge, qui auroient été chargés d'une substance laiteuse, d'élémens pierreux, comme l'a imaginé le Père de Lignac (*Lettre Ve. à un Américain*), elles devroient offrir dans la figure extérieure de leurs collines & dans leur masse intérieure, une disposition différente de celle que nous avons observée partout. Nous n'y verrions aucun escarpement extérieur, aucune fracture intérieure, parce que les coteaux ne se seroient formés que par l'écoulement d'une vase encore liquide; en sorte qu'on ne trouveroit ni au dedans ni au dehors de leurs masses, que l'empreinte de leur mollesse dans le tems de cette unique, subite & étrange révolution. Mais n'insistons pas sur les résultats d'une hypothèse absurde.

Au lieu de ces effets extraordinaires, il m'a toujours paru évident & manifeste, par l'examen de toutes les dégradations que j'avois rencontrées à la surface de la terre, que les continens, dès les premiers momens qu'ils ont éprouvé l'action des eaux courantes torrentielles, avoient été capables d'une résistance à peu près aussi ferme & aussi solide qu'aujourd'hui; car si les torrens eussent couru à travers de vases molles & de terrains fraîchement construits, ils les eussent tous entraînés avec eux, & ils eussent tout transporté au fond des abîmes de la terre & des mers. Nous n'aurions point dans nos vallées, dans les lieux que les eaux ont frappés de front, ces escarpemens, ces étroites lisières de terrains qui sont resserrés entre le pied des grandes côtes & le cours actuel des rivières. On ne verroit pas d'énormes rochers remplir la cuve des vallées, où ils se trouvent au milieu des debris des pierres d'amont démolies; on ne verroit pas çà & là, sur les hauteurs & au milieu des plaines basses ou élevées, des masses & des blocs de rochers de nature étrangère au pays, des *pierres perdues* & égarées, des fragmens de collines & de montagnes en ruines; on ne verroit point enfin, au milieu de nos provinces & sur les bords de la mer, courir des chaînes de collines & de montagnes, où l'on remarque les extrémités de tous les bancs & de toutes les assises tranchées comme dans un rempart démoli.

Si le torrent du Rhin n'eût pas trouvé au dessus d'Huningue une barrière invincible qui lui ait fait porter son cours vers le nord, s'il n'eût pas rencontré un obstacle supérieur à la grandeur de ses efforts, nous le verrions aujourd'hui à travers la France, où sa direction le portoit; il n'auroit point fait autant de circuit, en abandonnant les lieux où il a pris naissance; enfin, nous ne verrions pas sur les montagnes des environs de Bâle & d'Huningue, les terrains tranchés & les côtes escarpées qu'il a formées, & qu'il n'a abandonnées qu'après y avoir laissé les traces les plus frappantes de la violence & de l'impétuosité de son cours.

On ne verroit point dans le Jura de la Franche-Comté, le Doubs se replier sur lui-même, courir au nord en descendant de ses sources, &, franchissant ces sauts & ces cataractes, & après avoir menacé d'inonder l'Allemagne, tourner tout à coup & changer subitement son cours pour traverser les provinces méridionales de la France. C'est là qu'il fait beau voir sur tous les escarpemens les preuves de la solidité & de la résistance des terrains sous la violence des premières eaux.

Ce n'est pas encore lorsque les contrées de l'Arménie & de la Mésopotamie n'étoient qu'une vase molle, que le Tigre, voisin de l'Euphrate, a creusé son lit, & qu'il s'est formé sous la masse du mont Taurus un canal souterrain: il en est de même sans doute de tant d'autres fleuves qui dérobent une partie de leurs cours dans des cavernes, qui reparoissent ensuite, & se cachent quelquefois à plusieurs reprises. Tous ces accidens du cours de nos fleuves, & nos fleuves mêmes, ne peuvent être que bien postérieurs à la construction des contrées qu'ils arrosent, & des montagnes qu'ils traversent.

Il y a mille monumens de cette vérité dans les quatre parties du monde, & la terre entière nous le prouve incontestablement par la roideur des côtes, par la hauteur des escarpemens, par les caps, par les ouvertures des détroits terrestres, par les désordres que l'on rencontre quelquefois dans les dispositions des bancs, enfin par toutes les irrégularités superficielles & intérieures qu'offrent les terrains qui bordent nos vallées, & qui forment leurs croupes & les enceintes qui les circonscrivent. Il est visible que, depuis la retraite de la mer & la découverte des parties de nos continens appartenans à la *moyenne terre* & à la *nouvelle*, il est visible, dis-je, qu'ils étoient très-solides, & que c'est en conséquence de cette consistance qu'ils ont conservé ces formes variées que nous observons de toutes parts.

Toutes ces conséquences sont celles de la raison, éclairée par l'observation. Il est naturel de penser que les dérangemens arrivés aux montagnes par bancs, ont été postérieurs aux agens qui ont déposé ces bancs, & que ces dérangemens ont eu lieu dans un tems où les bancs, les rochers, les montagnes, avoient déjà de la consistance. Les coquilles pétrifiées, ainsi que tous les autres fossiles du genre animal & végétal, sont les témoins & les monumens par lesquels on peut découvrir les époques de ces différentes révolutions; ils déposent surtout bien clairement, 1°. que la formation des montagnes ne remonte pas à l'antiquité la plus reculée; 2°. que tous les rochers farcis de coquilles ont été formés de limon & d'une vase molle, puisque les coquillages en ont été enveloppés; 3°. que les montagnes & les rochers composés de bancs, ont été formés bien long-tems après la multiplication & la vie des animaux marins, dont ils renferment les dépouilles & les débris; 4°. enfin, que le mélange & l'intime union des coquillages avec les rochers prouvent que les uns & les autres ont été soumis aux mêmes opérations de la nature, & que le limon & les corps marins organisés ont éprouvé en même tems l'action de la pétrification; qu'ils ont été assujettis ensuite à toutes les révolutions qui les ont élevés au dessus des plaines, déplacés & bouleversés, comme nous l'observons dans toutes les parties de nos continens appartenans aux deux ordres de massifs dont nous nous occupons ici.

Toutes ces conséquences sont très-sensibles, car elles sont déduites de principes aussi simples qu'elles, & si simples, qu'il suffit de l'observation suivie pour en être convaincu. Néanmoins, qui pourroit croire que toutes ces vérités ont échappé au plus grand nombre des hommes, & qu'il a fallu les y ramener souvent pour leur faire sentir la nécessité de voir & de revoir les opérations de la nature dans la construction de leur habitation, & de la planète, en un mot, où ils devoient concentrer leur séjour?

ANECDOTES sur les débris des démolitions des diverses contrées de la terre, qu'on peut considérer comme des parties des continens successifs, & sur les produits de ces démolitions.

Non-seulement les diverses contrées de la surface du globe, prises en détail, annoncent une succession de révolutions; mais ce qui paroît mériter la plus grande attention par l'examen que l'on peut faire des débris, résultats de ces révolutions, c'est-à-dire, des pierres & autres matières renfermées dans les couches que l'ancien séjour de l'Océan a construites, on y reconnoît que l'*ancienne terre*, qui a précédé certaines parties de la *moyenne* & de la *nouvelle*, n'étoit ni plus simple ni moins composée dans les substances dont elle étoit formée. Si nous analysons un grand nombre de marbres, nous y trouvons, parmi les différentes matières qui sont entrées dans leur composition, une multitude de substances pierreuses, noyées dans un limon qui en a fait un tout plus ou moins singulier. Or, il n'y a pas de doute que comme la construction de ces marbres est visiblement due à la destruction de terrains plus anciens, que la réunion de toutes les pièces détachées & indépendantes les unes des autres dont ils sont formés, ces fragmens n'aient été chacun auparavant les parties d'un tout de même nature qu'eux.

Si nous examinons à présent chacun de ces fragmens séparément, le jugement que nous en porterons sera aussi le jugement du tout, dont les parties ont paru mériter notre attention & notre examen; car nous voyons que ce sont, dans certains marbres, des pierres veinées qui ont aussi leurs feuillets & leurs couches; qu'elles ne sont que le résultat de dépôts successifs de terres & de limon. Nous y voyons les mêmes élémens que ceux qui figurent dans certaines pierres, qui ne sont ni plus simples ni moins composées : tout y est placé avec la même apparence de succession, & chacun de ces fragmens de pierres brisées est aussi étranger au tout, & indépendant du tout, que le banc de marbre où ils se trouvent compris, est étranger aux autres bancs circonvoisins. Ces marbres n'ont donc pu être construits ailleurs que dans l'eau & par l'eau; mais l'analyse de la partie étant aussi l'analyse de la masse totale, qui n'est plus, les terrains autrefois entiers, dont elle a été arrachée, ont dû aussi leur construction au travail des eaux; ils n'avoient pas toujours été continens découverts, & il y avoit eu un tems où, par rapport à d'autres, ils avoient été ce que les lits des mers actuelles sont par rapport à nos continens.

Toutes ces pierres détachées déposent aussi d'une maniere invincible qu'elles sont les fragmens d'un tout de même nature qu'elles, & nous apprennent qu'avant l'accident qui les en a arrachées, ce tout subsistoit en entier, & que ce tout lui-même ne devoit sa construction & sa composition qu'à la démolition & à la destruction de matières préexistantes à sa formation. Les anciens continens n'étoient donc pas simples.

Je pourrois peut-être le prouver plus en grand par la variété & la disposition même des bancs de nos continens. C'est un fait général que l'on doit adopter, que les couches inférieures de nos continens sont plus anciennement construites que les couches supérieures, & par conséquent que dans les couches inférieures sont en partie descendus les produits des démolitions des couches superficielles des anciens continens, & que les couches superficielles s'y sont placées. Les parties démolies des couches inférieures des anciens & mêmes continens, & celles du milieu de nos continens actuels, occupoient aussi le milieu des anciens; car leur arrangement ayant été fait successivement, les matières des continens secs qui ont pu venir se mêler avec les productions des mers, n'ont pu y arriver que par des transports ainsi successifs, & ces transports n'ont pu se faire dans un autre ordre pour les parties moyennes, que pour les parties occupant les extrémités. Or, la variété que l'on observe dans tous les différens bancs accumulés les uns sur les autres, doit faire connoître la variété qui régnoit aussi dans les anciens continens entre toutes les parties inférieures, supérieures & moyennes. Ils n'étoient formés que d'un assemblage de bancs de toutes sortes, & chaque banc n'étoit lui-même que l'assemblage fortuit de débris de différentes matières. C'est encore un grand préjugé pour penser que ces continens étoient, dans leur construction, semblables aux nôtres, de voir que toutes les dépouilles que nous y trouvons, soit des animaux, soit des végétaux, sont semblables aux dépouilles que nous offrent les nôtres. Ils avoient donc même disposition intérieure & extérieure, même température, & des aspects de même nature. Concluons donc qu'ils n'étoient point simples, mais qu'ils avoient été aussi l'ouvrage de l'eau, qui, en les construisant, en avoit démoli d'autres, & changé encore dans ces contrées la disposition de la surface de la terre.

Nous ajouterons ici que les fragmens de pierres détachées, dont les marbres sont composés, sont quelquefois eux-mêmes des débris d'autres marbres encore composés, dont toutes les pièces soutiendroient une autre analyse, & annonceroient encore des époques plus anciennes. Le marbre, dit le Père Castel, est le fruit de mille générations successives (*Traité de la pesanteur universelle*, liv. II, §. 1), & rien ne le prouvera encore mieux que le rocher de cailloutage, connu à Alais sous le nom d'*Amenla*. (*Voyez cet article*.) On apprendra, par son résultat, les mêmes vérités que nous venons d'exposer ci dessus.

La sixième chaîne de montagnes des environs d'Alais n'est point composée de bancs posés régulièrement les uns sur les autres, mais d'un assemblage de rochers & de pierres à chaux, dont les amas sont immenses, & au dessous desquels règne un banc régulier de pierre morte, où il ne paroît aucun vestige de coquillage fossile. Ces quartiers de rocher qui le couvrent, ne sont composés que de cailloux de différens grains & de diverses couleurs. Chaque caillou est usé & arrondi, & le tout est noyé dans une terre rousseâtre, au milieu de laquelle se voient aussi une grande quantité de fossiles étrangers à nos climats, non par couches comme partout ailleurs, mais confondus & mêlés dans des amas d'*Amenla*, usés & arrondis comme eux.

Dans cette chaîne, le terrain porte toutes les marques d'un bouleversement & d'un désordre qui a confondu les pierres avec les coquillages, & qu'on trouve indifféremment dans toute l'épaisseur du rocher, & dans les endroits les plus profonds où il aboutit. D'après tous ces faits remarquables, nous nous croyons autorisés à conclure, à l'appui de tous les phénomènes que nous avons discutés précédemment, 1°. que la pétrification des morceaux arrondis du rocher d'*Amenla* & des coquilles qui s'y trouvent mêlées, est de beaucoup antérieure à la pétrification du ciment qui les lie ensemble; 2°. que tout le rocher est étranger à la place qu'il occupe, & le produit de transports faits par l'eau; 3°. que les pierres d'*Amenla* se sont arrondies en roulant les unes sur les autres, & ballottées par les flots de la mer avant d'avoir été accumulées sous la forme de rocher.

De plus, comme dans la cassure d'un bloc composé d'*Amenla*, on y trouve quelquefois des veines de spath blanches du suc pierreux, qui traversent quelques-uns de ces morceaux, qui se terminent à ses bords, & qui ne s'étendent pas au-delà dans le ciment qui les lie. Cette circonstance dans la pétrification des cailloux d'*Amenla* prouve qu'elle ne s'est pas opérée dans le même endroit que celle du ciment, ni dans le même tems, mais que les pierres d'*Amenla*, aujourd'hui arrondies & probablement anguleuses autrefois, sont des morceaux détachés d'une plus grande masse. Les veines blanches de chaque morceau détaché montrent qu'ils ont fait partie d'un autre rocher, & que ces morceaux d'ailleurs n'ont pas toujours été isolés. Ceux qui sont accoutumés à voir les pierres en naturalistes, & qui les ont observées le marteau à la main, sentiront mieux que personne la force de toutes ces preuves. Pour moi, je les crois si victorieuses, que je ne crois pas qu'il soit nécessaire d'être grand naturaliste pour se rendre à ces démonstrations. Il n'est besoin que des yeux & des plus simples lumières de la raison pour suivre une telle analyse, & en tirer toutes les conséquences qui en doivent résulter pour l'histoire de la terre.

Les marbres brèches ne sont pas les seules substances pierreuses dont l'analyse mène à une autre analyse. Dans les carrières de plusieurs de nos pierres, & même les plus communes, l'on trouve des blocs isolés de différens grains & de diverses constructions, des morceaux de grès sous formes très-variées, des rognons de cailloux ou pierres à fusil, dont la disposition annonce qu'ils ne sont pas dans le lieu où ils ont été originairement produits. Ces morceaux égarés sont eux-mêmes tellement remplis de matières si étrangères à celle qui les renferme, qu'on ne peut aussi douter qu'on n'y trouvât plusieurs vestiges de productions animales ou végétales qui nous offriroient les indices d'une situation différente & plus ancienne; enfin, l'on ne peut rien trouver dans les couches de la terre, qui ne puisse souffrir une analyse de cette espèce plus ou moins suivie, & il est sûr que si l'on pouvoit interroger les moindres pierres errantes dans tous les gîtes où elles se trouvent, il n'y en auroit pas qui ne nous donnât une suite d'époques encore plus considérables & peut-être incalculables, par rapport à la foiblesse de nos idées sur l'espace & sur le tems; car au-delà de deux ou trois révolutions, nous ne pouvons plus nettement distinguer la succession des faits un peu remarquables, tant ces matières se soustraient pour lors à nos analyses, par la petitesse de leurs parties, par leurs altérations & par la multiplicité de leurs subdivisions. La nature, ainsi que l'histoire, a dans ses monumens une multitude d'hiéroglyphes que nous ne comprendrons jamais, mais qui nous dénotent toujours une antiquité que nous ne pouvons que soupçonner.

On peut voir dans notre *Notice sur Stenon* (premier volume), ce qu'il a essayé de développer, de mettre à la portée de tous les bons esprits, relativement aux diverses productions des continens.

successifs dans sa Dissertation *de solido intrà solidum naturaliter contento*, & l'on verra que nous n'avons rien exagéré dans ce travail de la nature, & combien nos anecdotes méritent l'attention des géologistes. J'entends parler de ceux qui étudient la terre d'après nos principes de géographie-physique.

Anecdotes des faits civils & historiques, non comparables à celles concernant les faits de la géographie-physique.

Quelques écrivains ont voulu mêler les faits historiques aux grands faits de la nature. Les historiens de la nature, sans penser aux archives immenses qui sont dispersées sur toute la surface de la terre, ont eu la foiblesse de fouiller dans les chartres du huitième ou dixième siècle, comme si de petits intervalles, comptés depuis ces époques jusqu'à nos jours, pouvoient donner à la nature le tems de produire des nuances sensibles dans une opération quelconque. A-t-on cru qu'en mêlant les faits historiques aux faits naturels, on parviendroit à les rendre plus croyables en fixant leurs époques & en recueillant quelques traces des anciennes révolutions?

Lorsqu'on a recours à ce supplément, l'on n'a pas assez bien vu les faits de la nature, leurs circonstances & dépendances, car ces faits, bien discutés, sont d'une toute autre force & d'une toute autre évidence que les faits historiques. Quoiqu'altérés en partie par une suite de révolutions continuelles, on peut les retrouver, en grande partie, si l'on fait bien remonter à l'état ancien. En appréciant les destructions partielles avec sagacité, on trouvera que les altérations elles-mêmes du premier fait sont de nouveaux faits aussi essentiels que les premiers. Or, cette manière de procéder nous éloigne absolument de tous les tems historiques, & nous rejette dans les âges où les révolutions de la nature n'ont, en aucune façon, été conservées par les monumens des hommes. Les hommes sauvages, qui auroient pu être témoins de quelques-uns de ces faits, n'avoient aucun intérêt à les observer, & ne les auront pas remarqués. Qu'est-ce qui observe la dégradation des bords d'une rivière? N'est-ce pas un propriétaire intéressé par les pertes ou les avantages causés à la suite des oscillations des eaux courantes? Or, le sauvage qui est propriétaire de tout un pays, ne s'attache à aucune partie, & n'observe ni les nuances de ces ravages, ni leurs progrès.

D'ailleurs, les faits dont je parle sont les produits d'une infinité d'actions répétées, qui deviennent insensibles pour des yeux distraits ou peu instruits, comme étoient les premiers habitans du grand nombre de nos contrées de la *moyenne* & de la *nouvelle terre*, car celles de l'*ancienne terre* étoient si peu de choses & si isolées, qu'elles n'ont été habitées que petit à petit. Lorsque nous connoîtrons bien précisément l'étendue & les limites de l'*ancienne terre*, nous pourrons plus aisément juger de l'état & des démarches des habitans qui s'y sont établis dans les premiers tems.

Anecdotes sur l'apparition de la moyenne & de la nouvelle terre, hors du sein des eaux de l'Océan.

Et apparuit arida.

L'apparition de la *moyenne* & de la *nouvelle terre* hors du sein des eaux de la mer est un événement constaté par une grande quantité de monumens. Ce sont deux grands faits incontestables, puisque ces deux massifs étant les produits de vastes dépôts formés dans le sein de la mer, il est nécessaire que, pour être à découvert & faire partie de nos continens, la mer les ait abandonnés : ce sont deux effets importans dont nous ne connoissons pas les causes; ce sont donc des faits *anecdotiques*. L'époque de cette apparition n'est annoncée par aucune circonstance remarquable. Je puis cependant prouver, par plusieurs observations très-précises, que la *moyenne terre* a été découverte beaucoup plus tôt que la *nouvelle*, & qu'entre la retraite de la mer de dessus la *moyenne terre*, & celle qui a mis la *nouvelle terre* à decouvert, on doit admettre tout le tems nécessaire aux eaux courantes pour creuser une grande vallée dans un massif de pierre calcaire d'un grain fort fin, qui est du district de la *moyenne terre*; puis le tems qu'il a fallu à la mer pour combler cette vallée d'un dépôt que je considère comme appartenant à la *nouvelle terre*, & qui, abandonné par la mer, a été creusé par le retour des eaux courantes qui avoient approfondi la première.

Toutes ces *anecdotes* de la nature, telles que je les raconte, sont des phénomènes dont les monumens très-remarquables peuvent être reconnus aux environs d'Alais & d'Usez. C'est là, ainsi que partout ailleurs, qu'on peut les observer en parcourant la vallée du Gard, creusée d'abord, comme nous l'avons dit, dans la pierre de marbre qu'on voit entre Usez & Nîmes; ensuite la superfétation ou dépôt sousmarin d'une pierre calcaire tendre & d'un grain très-lâche, laquelle se distingue fort facilement de la pierre de marbre, tout le long de la ligne qui sert d'enceinte à la première vallée. Voilà de grands faits que je puis établir sur des preuves justificatives, aussi étendues qu'elles sont intéressantes.

J'ajouterai ici que ces monumens naturels font partie de la *vallée-golfe* du Rhône, où l'on peut suivre de grands *traitus* de la *moyenne* & de la *nouvelle terre*, & même de longues enceintes de l'*ancienne terre* graniteuse : c'est là que j'ai recueilli tous les caractères des *vallées-golfes*. Il me paroît très-intéressant, pour les progrès de l'histoire naturelle, de les annoncer aux naturalistes curieux de les vérifier. Il me suffira, je crois, d'en avoir indiqué les gîtes, persuadé que les correspondantes se rencontreront dans un grand nombre de lieux voisins de la vallée du Rhône : j'ajouterai seulement ici que ces phénomènes ne s'observent nulle part dans un rapprochement aussi frappant, & dans des limites aussi circonscrites qu'aux environs d'Usez & d'Alais, ainsi que dans la vallée du Gard.

La tradition de la Bible, par laquelle il est dit que la terre sortit du sein des eaux, *& apparuit arida*, pourroit-elle être appliquée à la dernière apparition de la *nouvelle terre* ? Je laisse cette considération aux géologistes, qui croiroient que cette application est de leur part. Je le répète : cette apparition de la terre hors du sein des eaux a eu deux époques incontestables ; l'une en mettant à découvert les larges bordures de la *moyenne terre*, la plupart adossées à l'*ancienne*; l'autre ayant ajouté à nos continens les différentes contrées de la *nouvelle terre*, établies sur l'*ancienne*, ou même sur la *moyenne* ou à côté.

Au moyen de la distinction des trois massifs, l'*ancienne terre*, la *moyenne terre* & la *nouvelle*, on peut rendre raison de tous les phénomènes qui se montrent à la surface de nos continens, phénomènes très-variés, très-suivis, & dont la plus grande partie figure dans nos *anecdotes*. C'est en conséquence de la disposition relative & successive de ces différens massifs, que nous trouvons partout de longues & larges pentes & vallées qui les traversent, & qui conduisent les eaux courantes, depuis les sommets les plus élevés, jusqu'aux bords des mers de différens ordres.

L'écoulement des eaux, lors de l'apparition de la terre, a dû sans doute laisser des empreintes remarquables à la surface des continens qui appartiennent à la *moyenne* & à la *nouvelle terre*. Les diverses directions sous lesquelles les eaux se sont retirées, ont été assujetties à plusieurs mouvemens, dont les uns étoient généraux autour du globe, & les autres particuliers dans chacun des bassins. Les mouvemens généraux ont régné sans doute dès les premiers momens de l'écoulement général, au lieu que les particuliers ne se sont déclarés que sur la fin de cette apparition, & lorsque les sommets des bassins déjà decouverts ont interrompu le mouvement général. On voit d'abord que l'écoulement des eaux des anciennes mers aura dû suivre la rotation même de la terre, qui a imprimé à toute la masse des eaux un mouvement commun & uniforme. Ainsi, pour en trouver les empreintes, rien ne nous les représente plus parfaitement que la direction générale du cours des grands fleuves de l'occident vers l'orient. La chûte de cet écoulement universel des eaux a produit sur les principaux sommets du monde les mêmes effets que produisent les fleuves sur les rivages où ils sont jetés ; il les a détruits & escarpés de telle sorte, que tous ces sommets sont courts & rapides vers l'occident, & en pente très-douce vers l'orient ; ce qu'il est facile de vérifier. Si nous réunissons maintenant sous le même coup d'œil les sommets du monde qui ont procuré la direction aux grands fleuves, & que nous examinions leur disposition générale, nous trouverons que les fleuves ne coulent d'occident en orient que parce que les parties les plus élevées des contrées qu'ils traversent, sont à l'occident de leurs cours, & qu'ainsi ces sommets doivent avoir leur allure, non de l'occident vers l'orient, comme on l'a cru, mais du nord au midi, comme ils le sont effectivement en Amérique. Il faut pour cela tracer sur le globe les sommets de tous les continens visibles, ensuite considérer les mers comme le fond des sillons dont la terre a été couverte, & les principales chaînes des continens, comme les sommets de ces sillons. Pour avoir le spectacle précis de toutes ces formes, on peut avoir recours à la *mappemonde de M. Boulanger, dédiée aux progrès de nos connoissances* ; c'est là où ces sommets sont exactement tracés. Si l'on regarde ensuite l'hémisphère terrestre dans tout son ensemble, on le trouvera bordé du grand sommet de toute l'Amérique, qui n'a qu'un revers très-court, lequel se termine à la mer Pacifique, & se trouve hérissé des plus hautes montagnes du monde. Il n'y a pas un fleuve ni une rivière notable qui se rende à l'ouest dans la mer du sud : l'on n'y voit que des torrens courts & rapides, qui nous montrent l'escarpement général de tout l'hemisphère terrestre à l'occident. Il n'en est pas de même dans la partie orientale de son cercle. Les sommets de l'Asie en sont très-éloignés : ce sont des fleuves de huit, douze & quinze cents lieues de cours, qui descendent dans la mer des Indes, dans la mer du sud & dans la mer Glaciale ; ce qui fait connoître combien les sommets sont de tous côtés éloignés des mers orientales. Cette pente rapide vers un côté, & cette contre-pente si douce & si longue de l'autre, nous indiquent visiblement de quel sens s'est faite l'ancienne retraite des mers vers l'hémisphère maritime, puisque tout le revers occidental a été escarpé, rendu sec & stérile, & qu'à l'orient sont au contraire de vastes contrées en pente douce, & les plus fertiles du monde.

Les autres continens, vus en détail, nous offriront également les mêmes formes générales & correspondantes. Ainsi, la ligne du sommet de l'Angleterre, nord & sud, est bien plus proche du bord occidental que de l'oriental : outre cela, la mer occidentale d'Irlande & de l'Angleterre est bien plus profonde que la mer d'Allemagne.

De même, la ligne du sommet de la Norwège est bien plus voisine de l'Océan que de la mer Baltique ; les montagnes du sommet général de l'Europe sont bien plus hautes vers l'occident, que celles qui sont à l'orient ; & si l'on suit ce sommet jusqu'en Sibérie, il est bien plus près de la mer

Baltique & de la Mer-Blanche, que de la Mer-Noire & de la mer Caspienne.

Les Alpes & l'Apennin règnent bien plus près de la Méditerranée que de la mer Adriatique. D'un côté, ce ne sont que des terrains fort courts; de l'autre, c'est le long canal du Pô.

La chaîne de montagnes qui sort du Tyrol, qui passe en Dalmatie, & qui prolonge ses extrémités jusqu'à la pointe de la Morée, est toujours à l'occident de la Turquie européenne, & côtoie sans cesse la mer Adriatique.

Si je considère les bassins de toutes les eaux qui se rendent dans le Pont-Euxin du côté de l'occident, je vois que les fleuves s'y portent par de très-longs cours, & qu'à l'orient ce sont des rivières très-raccourcies.

Le sommet qui est entre la mer Caspienne & le Pont-Euxin est bien plus loin de la première que de la dernière, dont il côtoie toujours le bord oriental. Cette régularité n'est pas moins remarquable en Asie; car si l'on suit le sommet qui se prolonge depuis les Dardanelles jusqu'au détroit de Babel-Mandel, on trouve toujours que les sommets du mont Taurus, du Liban, de toute l'Arabie, côtoient la Méditerranée & la Mer-Rouge, & que, vers l'orient, ce sont de vastes continens, où des fleuves de long cours vont se jeter dans le golfe Persique.

De même si, depuis le sommet général de l'Asie, jusqu'à la presqu'île de l'Inde, on parcourt les sommets de ces grandes contrées, on voit ces fameuses montagnes des Gattes s'approcher constamment des mers de l'ouest, & leurs revers alongés vers l'orient.

Si des frontières occidentales de la Chine on suit encore un autre sommet d'une partie de ce continent, jusqu'à la pointe de Malaye, on trouve la même uniformité : à l'occident, les terres sont étroites, les mers profondes & sans îles; & à l'aspect de l'orient, au contraire, les côtes sont alongées, & les mers remplies d'une infinité de grandes & de petites îles; mais il n'est pas de partie du monde où cette régularité soit plus constante & plus remarquable en même tems que dans l'Amérique. L'on voit dans le Nouveau-Monde le sommet de ce continent suivre & côtoyer la grande mer du sud, & ne point s'approcher des rives orientales. Cette chaîne qui sort des contrées inconnues du nord, y laisse à l'orient de vastes parties de ce continent, arrosées par le Saint-Laurent, le Missisipi, le Rio-Salado, pour traverser le Nouveau-Mexique & s'approcher de la mer Vermeille : cette chaîne se prolonge dans la Nouvelle-Espagne, dont les limites sont fort resserrées; mais cependant elle en laisse à l'orient la plus large partie, & les mers qui se trouvent contiguës sont remplies d'îles & de bas-fonds. A l'ouest & à l'occident est une mer immense & sans îles. Ce même sommet, après avoir passé Panama, règne d'une façon surprenante, sous le nom d'*Andes* & de *Cordillières*, tout le long de la côte du Pérou, du Chili & des terres magellaniques, en côtoyant sans cesse la mer Pacifique, & en laissant à l'orient les grandes contrées arrosées par l'Orénoque, l'Amazone & la Plata.

On voit donc généralement ici que, dans plusieurs parties des grands continens, les points de partage des eaux sont plus près des mers de l'ouest que des mers de l'est; que les revers de ces contrées sont toujours beaucoup alongés vers l'est, & toujours raccourcis à l'ouest; que les mers des rives occidentales sont toujours plus profondes & bien moins peuplées d'îles que les rivages orientaux, & qu'enfin tout représente, sur la surface de la terre, l'empreinte d'un écoulement général d'occident en orient, lequel, comme fait aujourd'hui le moindre ruisseau, a raccourci tous les revers sur lesquels il tomboit, & n'a fait aucun tort à ceux qui ne lui étoient pas opposés : ces empreintes se retrouvent même sur les îles voisines des continens.

Outre cette considération générale & cet examen des points de partage des eaux, relativement aux mers occidentales ou orientales qui baignent les divers continens, on peut s'attacher à une autre, d'après laquelle on visitera très-exactement chaque point de partage des eaux dans l'intérieur des terres, & qui naturellement ont dû servir de points de partance dans l'écoulement des eaux qui ont opéré l'*apparition de la nouvelle terre*. Or, ceci se rencontre très-facilement sur la mappemonde. L'*hydrographie*, décrite d'après notre principe, servira merveilleusement à compléter la *trace* de la marche des eaux dans tous les cas, & à nous déterminer les différentes causes de toutes les pentes qu'on peut contempler sur le globe, & que les eaux courantes ont suivies très-régulièrement dans les principales circonstances.

Toutes ces différentes opérations de la nature, tant générales que particulières, & qui ont produit l'écoulement des eaux lors de l'*apparition de la terre*, ont été considérées par quelques géologistes comme capables d'avoir seules pu former toutes nos vallées & les escarpemens réguliers que nous y remarquons, sans qu'il fût nécessaire d'avoir recours à l'action des eaux pluviales; cependant, depuis l'apparition de la terre hors des eaux, on ne peut douter qu'elle n'ait été continuellement exposée à cette action, & nous prouverons par la suite qu'elle a suffi pour opérer dans les diverses contrées toutes les inégalités qui s'y rencontrent. Nous rappellerons donc ici trois grands événemens, que l'on doit considérer dans l'ordre qui leur convient : 1°. l'ancienne construction sous les eaux de nos terrains appartenans à la *moyenne* & à la *nouvelle terre*; 2°. leur apparition à deux reprises différentes. Ce sont deux révolutions distinctes & séparées, & deux faits incontestables, quoique l'on ne puisse en indiquer les causes. Quant à la dernière opération qui a eu lieu, & qui se continue par les eaux courantes, nous pouvons croire qu'elles ont suivi les différentes pentes que la seconde opération avoit ébauchées, & le frayé pour ainsi dire qu'elle leur avoit très-anciennement tracé, qu'elles n'ont fait qu'augmenter, élargir & approfondir : d'où il est résulté toutes les grandes vallées de nos fleuves, qui ont réuni à un tronc principal les rivières latérales, lesquelles ont démoli les bancs superficiels, & en ont porté les débris qu'elles ont arrachés des lieux élevés, dans les plaines fluviales inférieures.

Pour en convaincre les personnes qui voudront bien y donner quelqu'attention, je réunirai sous le même point de vue les différens sommets du monde qui ont donné la direction aux grands fleuves. En examinant leur disposition générale, sans craindre les répétitions, on a dit que les fleuves ne couloient d'occident en orient que parce que les parties les plus élevées des contrées qu'ils traversoient, se trouvoient à l'occident de leur cours, & qu'ainsi ces sommets devoient avoir leur direction du nord au midi, comme plusieurs contrées nous les ont offerts; mais cette considération ne donne que des vues rétrécies & particulières, qui ne peuvent conduire à des principes généraux, si essentiels pour éclaircir cette partie. J'ai cru devoir la généraliser en traçant sur le globe les sommets de tous les continens connus, & en suivant de là les pentes qui peuvent conduire aux mers, lesquelles offrent l'extrémité des sillons dont les continens sont couverts. On verra ainsi, sur les différentes parties de nos continens, les principales chaînes de montagnes formant les sommets de ces mêmes sillons. (*Voyez* notre Atlas, dont la mappemonde renferme deux hémisphères, où ces sommets sont figurés très-exactement.)

L'Afrique, dans ce qui nous en est connu, n'offre pas un spectacle moins constant & moins régulier. La chaîne du mont Atlas envoie dans les mers voisines des Canaries, des torrens & des fleuves moins longs que ceux qu'elle envoie dans l'intérieur du continent, & qui vont se perdre au loin dans des lacs & dans de grands marais.

Les plus hautes montagnes qui se présentent aux navigateurs qui font le tour de cette partie du monde, sont à l'occident, vers le Cap Vert & dans toute la Guinée. Cette chaîne, après avoir tourné autour du Congo, va gagner les montagnes de la Lune, appelées l'*Epine du Monde*, & elle s'alonge jusqu'au Cap de Bonne-Espérance, & se perd sous les eaux du midi. Quoiqu'elle occupe assez régulièrement le milieu de la grande pointe d'Afrique, on reconnoîtra néanmoins, en considérant les mers orientales & occidentales, que cette chaîne n'est pas au milieu des sillons; outre cela, la mer occidentale est une mer profonde & sans îles. L'orientale, au contraire, a un assez grand nombre d'îles & de bas-fonds; en sorte que l'endroit le plus profond de la mer occidentale est bien plus près de cette chaîne, que le plus profond des mers orientales & des Indes.

Je termine ce détail en renvoyant à ce que j'ai dit ailleurs de l'Amérique septentrionale & méridionale.

ANECDOTES *dépendantes du climat des mers de la moyenne terre, & du climat des mers de la nouvelle.*

La multitude infinie de coquillages répandus dans les parties de nos continens qui appartiennent à la *moyenne* & à la *nouvelle terre*, nous a offert les monumens les plus naturels & les plus communs du sejour de nos continens sous les eaux de l'Océan. Nous en avons trouvé ensuite quelques vestiges en approfondissant les différens systèmes des anciens philosophes; mais ces opinions ayant été toutes plutôt le fruit d'une folle imagination des hommes que du souvenir du passé, n'ont point mérité d'être mises en parallèle avec les monumens respectables de la nature. Nous allons donc revenir encore à ces monumens authentiques qui sont restés de l'ancien état de la terre, non pour suivre présentement l'examen des différentes productions marines, pour en reconnoître les caractères, les formes, les espèces & les familles, mais pour élever nos regards sur les tractus de la *moyenne* & de la *nouvelle terre*, & observer en grand s'il n'est pas resté sur nos continens, dans l'ensemble de nos montagnes & dans la disposition générale de nos collines, des empreintes & des traces du séjour des mers dans les bassins qu'elles ont ensuite abandonnés.

Les continens que nous habitons depuis les soixante-quatre siècles environ que nous connoissons, ne sont donc construits que de matériaux provenus de la démolition d'autres plus anciens, & d'une multitude innombrable de corps marins, dont les parties les plus solides se sont accumulées pendant la durée de l'*ancienne terre*. Le tems, ce destructeur impitoyable des ouvrages des hommes, n'a pas sur ceux de la nature un égal pouvoir. Les monumens des plus anciennes monarchies ont été détruits; mais parmi les monumens de l'ancien empire de la mer, il nous est resté une prodigieuse quantité de frêles coquillages, qui, malgré les siècles, ont conservé jusqu'à nos jours leurs formes, & souvent toute leur beauté. Bien plus, nous distinguons encore, en beaucoup d'endroits, les espèces qui composoient leurs différentes familles : leur position bancs par bancs, couches par couches, n'a point généralement changé non plus, & l'odeur que ces dépôts ont contractée, ne s'est pas même tout-à-fait dissipée.

Nous ajouterons aussi que, dans ces mêmes bancs & couches, on trouve les dépouilles de plusieurs animaux & végétaux terrestres totalement étrangers à nos climats, comme les coquilles & les autres corps marins organisés.

Comme, dans ces tems reculés, les lits des mers,

mers, où tous ces matériaux & ces débris se construisoient & s'amassoient, occupoient des climats différens : de là sans doute sont provenues ces grandes variations qu'on remarque dans la nature & la composition du sol intérieur de nos diverses contrées. Dans certains lieux ce ne sont que des lits de pierres blanches; ailleurs elles sont rouges; dans d'autres elles sont noires. Dans une province elles sont singuliérement tendres, & dans d'autres plus dures. Ici on ne voit que des marbres; là, des cristaux & des sels; ailleurs, ce ne sont que des lits profonds de marne, de terre glaise ou de craie.

Je pourrois offrir en détail toutes les variétés de matériaux qui se sont amassés dans le bassin de la mer, & qu'elle a mis à découvert en différens tems, comme ils ont été construits en différens tems. Parmi ces variétés je pourrois aussi comprendre, non-seulement les différentes familles de nos amas de coquilles, mais encore les pierres de différens grains, lesquelles doivent ces grains à ces coquilles.

Ce seroit un travail fort utile & fort intéressant, qu'une géographie souterraine qui pourroit nous amener à la connoissance de ces anciens climats de la mer, d'où il est résulté la distribution de ces produits tirés de son bassin, & visibles à la surface de la terre. Ce projet ne me paroît devoir être conçu & exécuté que par ceux qui sentiront le besoin de distinguer les époques des retraites de la mer, relatives à la *moyenne terre* d'un côté, & à la *nouvelle terre* de l'autre.

La distinction de ces deux terres, qu'il est si facile de saisir, nous donnera la solution d'un probléme qui jusqu'à présent a fort embarrassé les naturalistes qui ont cherché à déterminer les différentes natures de fossiles qui se sont trouvés résider dans le bassin de la mer, & qui pour cela ont voulu changer l'axe de la terre & l'aspect du soleil, sans penser que tout dépend de la distinction des époques de l'apparition de certaines parties de nos continens; car, dans tout ce travail, il est nécessaire de distinguer l'ouvrage des mers. Or, comme nous ne connoissons pas les causes de ces apparitions, nous saurons encore moins la cause de ces différentes natures de fossiles, soit végétaux, soit animaux.

Ainsi la mer, qui a formé la *moyenne terre*, offre partout des pierres de sable, des pierres calcaires presque toutes en couches inclinées, & d'un grain fort fin. Quelques-uns cependant de ces materiaux subsistent encore en bancs peu éloignés du plan de l'horizon; mais quelques-uns ayant perdu une partie de leur à-plomb, cheminent vers certains points, & semblent portés à s'écarter de leur ancienne assiette. C'est là que l'on a trouvé des empreintes de plantes d'Amérique, & des dépouilles d'animaux appartenans à ces mêmes contrées lointaines; c'est là que se sont opérés des affaissemens considérables; c'est là que coulent des rivières qui se perdent, des rivières à cataractes, des dégorgeoirs plus ou moins abondans; c'est là que le niveau des sources occupe une hauteur intermédiaire entre les cimes de l'*ancienne terre* & les sommets des collines de la *nouvelle* Je pourrois citer à cette occasion les deux Jura, celui de Franche-Comté & celui du Dauphiné, les environs de Grenoble, d'Annecy, de Chambery, de Nîmes, d'Avignon, &c. où tous ces phénomènes s'observent & se montrent d'une manière très-remarquable.

Tous les dépôts adossés à ces massifs, & qui sont très-réguliérement distribués par lits horizontaux, ceux dont les pierres offrent un grain fort gros, où les amas de coquilles sont ordinairement composés de coquilles dont l'organisation est assez bien conservée, même dans leurs débris, tous ces phénoménes appartiennent à la *nouvelle terre*. Ce qui peut en convaincre, c'est que ces systèmes de dépôts sont constamment établis sur ceux de la *moyenne terre*, ou même immédiatement sur les massifs de l'*ancienne*, & à un niveau toujours inférieur; car l'une & l'autre disposition relative des deux terres a lieu & s'observe en plusieurs contrées & dans de grandes vallées de la France, que j'ai décrites sous la dénomination de *vallées-golfes*.

Au reste, les pierres formées de débris de coquilles, dont les élémens de décomposition sont fort gros, peuvent appartenir à la *moyenne terre*. On en trouve de semblables amas en Angoumois & en Saintonge, qui sont dispersés au milieu de la *nouvelle terre*. Ce qu'il y a de singulier, c'est que cette *moyenne terre* se trouve & s'observe en plusieurs contrées de la France & des pays étrangers, que j'ai vues & revues avec soin, & décrites sous la dénomination de *vallées golfes*. C'est une considération qui donne des rapprochemens très-instructifs, relativement aux dépôts de la mer, lesquels ont des caractères particuliers; caractères dépendans toujours de trois ordres de choses, du grain des pierres, de leurs dispositions primitives & relatives, enfin des dérangemens que le laps des tems y a visiblement apportés. Je mettrai sous les yeux de mes lecteurs tous ces systèmes de faits, qui ne sont pas connus. Quoi qu'il en soit, nous passons à la distinction du climat des mers de la *moyenne* & de la *nouvelle terre*.

Cette distinction m'a paru donner la solution primitive de la résidence des fossiles, soit coquillages, soit végétaux, soit enfin dépouilles d'animaux, dans certaines parties de nos continens, lesquels corps organisés appartiennent à différens climats.

C'est la distinction des deux terres ou massifs qui m'a fourni cette première vue. Je trouve les monumens de cette distinction dans les bassins des deux mers, au fond desquels il est aisé de prouver que ces terres ont été formées. Ainsi, l'on voit ici que cette distinction de la *moyenne terre* & de la *nouvelle*, que j'ai déduite depuis long-tems de certains caractères & circonstances, peut encore être déterminée par les fossiles qui se trouvent dans les différentes couches des départemens de la superficie de la terre, que j'ai désignées comme appartenantes à ces deux terres.

Ainsi, je crois qu'il conviendroit de rapprocher sous un même point de vue les caractères de ces deux terres, qui m'ont servi à les distinguer, & qui m'ont donné la solution de plusieurs problêmes, dont les donnees ont été jusqu'ici aussi mal exposées que les solutions; car effectivement, ce qui concerne les fossiles de ces deux terres n'a été expliqué que par des hypothèses vraiment bizarres, parce qu'on a confondu les deux terres en une seule. Il est cependant fort facile de se convaincre que ce qui appartient à l'une ne peut convenir à l'autre, & faire partie de sa composition.

ANET. Pour faire connoître la contrée dont l'emplacement de cet ancien château peut être considéré comme le centre, je vais commencer par décrire les parties de la route qui y conduit en partant de Versailles.

Le plateau de Versailles est fort élevé, & au niveau de la forêt de Meudon, dont le sol offre la pierre meulière. Il en est de même de Trapp, du terrain qui contient l'eau de ces étangs, & de toutes les hauteurs qui dominent Pontchartrain & Neaufle. Après une basse assez large, les mêmes sommets élevés & plats se retrouvent à l'ouest de la Queue, & surtout dans la forêt de Saint-Léger, où est un partage des eaux, assez remarquable.

Toutes les vallées de cette contrée sont évasées, & se terminent, à la partie supérieure de leurs croupes, par des plateaux qui sont tous au niveau des meulières. Les autres plateaux inférieurs offrent, ou la pierre calcaire d'un tissu fort fin, & qu'on nomme *cliquart* dans le pays, ou la terre jaune qui recouvre immédiatement le massif de la craie, où l'on voit plusieurs bandes suivies & horizontales de silex.

On ne peut prendre une idée complète du travail des eaux dans ce canton, d'après la carte de France; car, en général, on n'y a figuré proprement que les lits des eaux courantes, soit sous formes de rivières ou de simples ruisseaux; mais les pentes des croupes, & toutes celles qui pouvoient annoncer la profondeur des vallées, ne s'y trouvent point figurées. Ces formes cependant, lorsqu'on a su les étudier & les suivre, sont très-importantes pour présenter plusieurs *anecdotes* de l'histoire du globe, & surtout celles qui appartiennent aux dernières opérations de la nature.

Le canal de l'Eure, dans les environs d'Anet & de la papeterie de Sausay, est bordé par des croupes qu'ont figurés les eaux courantes de cette rivière, à mesure qu'elles ont approfondi la vallée. On y remarque aussi des dépôts latéraux qui se sont formés à la suite des inondations, lesquelles ont eu lieu dans les premiers tems, & qui s'étoient renouvelées à la fin de l'hiver de 1784. D'après ce système, j'ai trouvé partout les effets des eaux qui affluent dans les canaux des rivières principales à différentes époques. On peut, sur de pareils erremens, remonter des tems modernes aux tems anciens, & parcourir ainsi, par une analyse sûre, toutes les opérations des agens qui ont concouru à un résultat quelconque.

Parmi ces résultats, il est visible que c'est à la même marche des eaux vagues latérales qui ont agi le long des croupes, qu'on doit attribuer les remplissages des vallées, & surtout ceux du canal de l'Eure, dans ces contrées où les eaux ont rencontré des matières tendres & crayeuses; car il est aisé de reconnoître les anciens gîtes de ces matières, & les lieux d'où elles ont été tirées.

J'ajoute que, même dans les vallons secs, on peut observer, lors des inondations, les progrès des excavations & des destructions par les eaux courantes torrentielles; en un mot, leurs ravages anciens & modernes. J'insiste sur ces remarques, parce qu'elles nous éclairent sur les agens qui ont concouru à l'approfondissement de ces vallons, qui ne reçoivent des eaux que dans certaines circonstances assez rares, mais malgré cela assez sensibles pour nous faire voir le travail des eaux. Quoiqu'on ne puisse l'attribuer à une marche accidentelle, je l'ai reconnu de manière à pouvoir le joindre à la théorie générale de l'approfondissement des vallées.

Je terminerai ces notes en parlant des caves d'*Eysy*, creusées dans le massif de la craie. On y voit trois rangées horizontales de silex. Ces caves servent à la conservation & à l'amélioration des vins de cette contrée, qui ont quelque réputation, & qui la méritent. J'ajouterai comme une circonstance remarquable de cette production, que les vignes où l'on recueille ce vin sont établies sur un sol de craie, & fumées par la terre jaune qui le recouvre : culture parfaitement semblable à celle des bons crûs de la Champagne, aux environs d'Epernay & d'Ai. (*Voyez l'article* AI.)

ANGARAËZ. Entre les différens phénomènes que l'on peut observer dans cette province, phénomènes qui sont d'autant plus étonnans & variés, que les contrées sont plus spacieuses & plus étendues, on remarque une particularité intéressante pour un observateur curieux; elle consiste en ce que les ouvertures par où les eaux se déchargent dans la partie haute, ont plus de largeur que dans la partie basse : les pentes que suit l'eau sont aussi plus profondes que dans les bas.

Cette province, qui est du département de Guancavelica, renferme différens districts, parmi lesquels nous distinguerons celui de *Conaïca*. Il y a une bourgade appelée *Vignas*, distante de neuf lieues de *Conaïca*. A cinq lieues sur la route de celui-ci, on trouve un monticule nommé *Corosunta*. Au pied de ce mont on entre dans une ou-

ouverture ; par laquelle s'écoule un ruisseau connu sous le nom de *Chaplancas* : ce ruisseau a un débouché entre deux parois de roche, éloignées l'une de l'autre à la distance de six ou huit *varas*, sur une hauteur de quarante ; en sorte que cette ouverture n'est pas plus large en haut qu'en bas. Lorsque le fond de la vallée se resserre un peu, l'eau courante en recouvre toute la surface : c'est néanmoins le long du cours de cette eau qu'est dirigé le chemin qui conduit à *Conaïca*; mais toutes les fois que le ruisseau n'a plus que huit *varas* de large, on est obligé de passer d'un bord à l'autre; ce qui a lieu jusqu'à neuf fois pour aller chercher le chemin du côté du bord, où l'eau s'en trouve un peu éloignée. Ces passages s'exécutent surtout dans les parties où la vallée & le lit de l'eau éprouvent des espèces d'oscillations & de détours; car toutes les fois que le lit est dirigé en droite ligne, il n'a de largeur que ce qu'il en faut pour l'écoulement de l'eau courante.

Ce ravin, si l'on peut l'appeler ainsi, est creusé dans la roche même, & avec tant de régularité, que les bords rentrans correspondent aux bords saillans. On diroit que le travail de l'eau a été exécuté avec ses sinuosités & ses angles, pour lui donner passage entre les deux parois qui en forment l'enceinte : tout y est si égal, si uniforme, que si les deux parois étoient rapprochées, elles se réuniroient l'une à l'autre, de manière à ne plus laisser le moindre intervalle entr'elles.

Au reste, ce chemin ne présente aucun danger : c'est une roche solide, dont il ne peut se détacher aucune partie pendant le passage des voyageurs. D'ailleurs, l'eau n'y est pas assez rapide pour donner aucune crainte bien fondée; malgré cela, on est saisi d'effroi lorsqu'on se voit enfermé dans ce ravin étroit, dont les bords s'élèvent à cette hauteur en conservant partout la même disposition verticale, & la mutuelle correspondance des bords saillans & rentrans ; de sorte qu'ils semblent avoir une certaine tendance à se rejoindre à chaque instant pour rétablir l'ancien état primitif des choses.

Cette excavation est en petit un modèle des vastes *quebradas* ou vallées profondes dont nous aurons occasion de parler (*voyez* QUEBRADAS), & donne lieu de comprendre toutes les circonstances de leur origine ; elles ne pouvoient être que semblables à celles-ci : tout s'y est passé de même, soit plus tôt, soit plus tard. Les flancs en ont été plus ou moins verticaux, jusqu'au moment où ils ont formé des plans inclinés, lorsque l'eau, en faisant de grandes oscillations, se détournoit d'un côté pour allerminer la base du côté opposé. Ne pouvant plus rester dans leur premier état, les terrains ont éprouvé de grands éboulemens, & ont pris l'inclinaison qu'ils ont conservée depuis. La même chose arrivera nécessairement à ce passage de *Conaïca* lorsque, par le laps du tems, les effets des pluies, des gelées, des rayons solaires, auront fait tomber en ruine ces parois, quoique de roche vive ; car ces agens puissans font sentir leur énergie aux corps les plus durs. Ainsi, les bords du *Chaplancas* perdront insensiblement la régularité des distances de leurs côtés saillans & rentrans, après l'avoir conservée plus long-tems que d'autres excavations, parce que c'est une pierre dure, qui n'est mêlée d'aucune veine de terre tendre. Ce n'est au reste que par la seule action de l'eau, que ce lit a été excavé jusqu'à la profondeur qu'il a; mais le tems, qui décompose les roches les plus dures, élargira les parties inférieures par son action continuelle & insensible. Aussi voit-on ce ruisseau rouler de petits débris qui se détachent sous les eaux, comme on en apperçoit dans la plaine, où il les entraîne en sortant de la montagne, pour se décharger dans un terrain plus spacieux.

Que ce canal ait été excavé à cette profondeur par l'effet continuel de l'action des eaux, on n'en peut douter; car c'est ainsi que ces énormes *quebradas* de la partie méridionale de l'Amérique se sont formées, avec le tems, par le cours rapide des grandes eaux. En effet, on observe que la force avec laquelle s'écoulent toutes les eaux de cette partie du globe, suffit pour arracher des roches d'une masse extraordinaire ; c'est pourquoi l'on voit en certains parages, des marques évidentes de leurs profondes excavations, au milieu même des lits de ces eaux : ce sont des cubes d'une grandeur énorme, qui n'ont pu être détachés avec la même facilité que les parties contiguës.

La rivière d'*Iscuchaca*, qui coule près d'un hameau du même nom, présente dans son lit une de ces masses dont la forme est précisément celle d'un cube. Lorsque l'eau est basse, ce cube s'élève à sept ou huit *varas* au dessus du courant, chaque côté portant douze *vares* de face.

Mais ces masses, & autres de moindre volume qui se trouvent dans les eaux, ne peuvent être arrivées à cet état sans que l'eau courante les ait détachées peu à peu des couches & des sables qui les enveloppoient, & elles se maintiendront dans cette position jusqu'à ce que les eaux, creusant de plus en plus, rencontrent à leur base des lits de matières friables & tendres, qu'elles pénétreront en détruisant la base sur laquelle ces masses reposent. Une crûe d'eau considérable, qui ne laissera plus paroître qu'une vare de ces masses, pourra les déplacer; mais ces mouvemens, & les chocs qu'elles éprouveront de la part des masses moins grosses, suffiront pour en briser les parties saillantes. C'est à ces causes qu'on doit attribuer ces quantités prodigieuses de pierres répandues çà & là sur les bords des rivières, de même que ces roches énormes qu'on y voit isolées, & que jamais les hommes n'auroient pu tirer de leurs anciens gîtes.

Pour donner une idée de ces excavations, relativement au terrain ou au sol habitable de la partie haute de l'Amérique, il faut entrer dans les détails de quelques observations qu'on a pu faire dans les contrées voisines.

Guancavelica est une bourgade située dans une de ces profondeurs formées par différentes suites d'éminences : sa hauteur est de mille neuf cent quarante-neuf toises au dessus du niveau de la mer. La cime du mont où se trouve la mine de mercure, & qui est habitable partout, est à deux mille trois cent trente-sept toises, ou de cinq mille quatre cent quarante-huit vares au dessus du niveau de la mer. Ainsi la haute superficie du mont où est la mine de mercure, est de neuf cent douze vares au dessus du sol sur lequel est situé *Guancavelica*. Or, cette profondeur a été excavée par les divers courans d'eau qui descendent de cette montagne, & qui viennent se réunir avec celui de *Guancavelica*, qui sort de l'autre partie de montagne qu'on nomme le *Ycho*.

Le sol du village *Iscuchaca* est de huit cent cinquante-sept vares plus bas que celui de *Guancavelica*, profondeur qui est l'effet des excavations de la rivière *Iscuchaca*. Cette rivière reçoit la *Guancavelica*, mais dans un terrain encore plus bas que celui du village. Les eaux ont donc creusé à la profondeur de mille sept cent soixante neuf vares, depuis la cime du mont & la mine de mercure, jusqu'à *Iscuchaca*, outre les excavations qui se trouvent encore au dessous du village.

Le terrain où est situé ce village a plus d'élévation que les eaux de la rivière lorsque ses eaux sont hautes de dix à douze vares. Ainsi les eaux ont encore fait cette excavation, comme il est facile de le voir. On remarque en effet, dans la partie voisine de leur lit, des roches détachées, toutes semblables à celles qui sont au milieu des eaux ; ce qui prouve que les eaux ont couru au même niveau à une époque plus ancienne, & qu'elles ont creusé le sol à force d'en détacher les debris. Ces terrains, au reste, sont ouverts par un si grand nombre de courans, qu'il n'est aucune de ces contrées qui n'en soit approfondie. On remarque seulement que la superficie du sol qui avoisine les lits des rivières, est plus unie aux environs des confluens, où plusieurs de ces courans se réunissent : cela vient de ce que les eaux l'ont rongée également dans plusieurs, en continuant leur marche. D'ailleurs, ces surfaces planes sont rangées comme par étages, selon que les eaux se sont fixées à différentes hauteurs pendant qu'elles creusoient leurs lits. On observe que les bords élevés, dans ces lits, n'ont presque point de largeur dans les endroits qu'a pu suivre directement son cours ; c'est cependant, comme nous l'avons déjà dit, sur ces bords étroits & escarpés que se trouvent pratiqués les chemins par où l'on passe. Toutes les fois que le courant fait un détour, la surface des bords a plus de largeur, cependant moins que lorsque plusieurs se réunissent. On conçoit aisément que l'eau, forcée de se détourner, s'éloigne plus de la rive que lorsqu'elle coule en ligne droite, & ronge ainsi le côté rentrant, contre lequel elle fait son detour, & qui en est la limite.

On peut conclure de tous ces détails, à quelle élévation est la partie haute & montueuse de l'Amérique, relativement à la partie basse, & à quelle profondeur se trouvent les excavations, qui sont l'ouvrage des eaux, car elles offrent des escarpemens de mille sept cent soixante-neuf vares verticaux ; cependant elles ont assez de superficie pour présenter les situations qui peuvent convenir à une nombreuse population, qui en tire tous les produits nécessaires à sa subsistance. Parmi ces quebrades il en est de plus étendues & de plus profondes les unes que les autres. Je le répète : ces excavations sont d'autant plus profondes & plus vastes, que les terrains participent à une plus grande élévation. Quoiqu'on ait dit qu'en cela cette partie du monde se distinguoit de toutes les autres, nous croyons que ces mêmes formes de terrain existent dans d'autres parties du monde, à proportion des hauteurs & des largeurs des croupes de montagnes. (*Voyez* QUEBRADES, où tous ces détails particuliers & ces comparaisons seront présentés avec soin.)

ANGERS. Cette ville est établie dans une grande plaine que parcourt la Mayenne, en faisant de grandes oscillations : cette rivière est grossie du Loir, de la Sarthe & de l'Oudon. Je considérerai donc cet article *Angers* comme étant le centre d'un grand massif d'*ardoisières*, dont je ferai connoître très-succinctement les principaux phénomènes.

Les ardoisières d'Angers fournissent depuis longtems presque toute l'ardoise de Paris ; elles sont exploitées en grand avec soin & avec succès. Les carrières ne sont point disposées par lits & par bancs, comme les autres carrières : on n'y voit qu'une seule masse de deux cents pieds de hauteur, qui paroit continue, d'une seule forme & d'une seule couleur ; cependant, pour plus de facilité dans l'exploitation, on la divise par foncées de neuf pieds de hauteur. A chaque *foncée* on pratique des repos ; en sorte que, sur la profondeur d'une ardoisière, on croiroit voir une suite de cascades formées par des quartiers d'ardoise qu'on a delités, & cela jusqu'à la profondeur de deux cents pieds, quelquefois même de quatre cents.

Les bancs d'ardoise étant comme un assemblage de lames & de feuillets posés verticalement du haut en bas, on en détache aisément un assez grand quartier, en plaçant de distance en distance plusieurs coins, pourvu qu'on les chasse tous à la fois, & qu'une des extrémités du quartier que l'on attaque, n'éprouve pas avant l'autre la force du coin qui doit la séparer, sans quoi le quartier se romproit.

On peut dire en général que l'ardoise n'est pas une matière calcaire, ou qui fasse effervescence avec les acides. Des échantillons tirés de la Bretagne, de la Normandie, de la Flandre, du Lyonnie, du Languedoc, de l'Anjou; ont tous résisté à l'épreuve des acides, excepté deux espèces, qui font une légère effervescence, & pour peu de tems; ce qui prouve que cet effet accidentel est dû seulement à quelques parties étrangères spathiques & calcaires, répandues en petite quantité dans certaines carrières d'ardoises.

M. Pott a voulu prendre un milieu; il distingue deux sortes d'ardoises, dont l'une est calcaire, & l'autre vitrifiable: la première se réduit en chaux par l'action du feu, & la seconde donne un verre transparent. Il faut remarquer qu'il y a des pierres noires & feuilletées qui font de la chaux; mais on ne peut pas dire, en conséquence, qu'il y a des ardoises calcaires. Il est très-probable que les ardoises qui sont tirées de masses feuilletées opaques; & qui ont une figure particulière, comme celle d'un parallélogramme, sont vitrifiables.

Les ardoises sont assez communément noirâtres & bleuâtres; cependant plusieurs espèces de *schites* ou pierres feuilletées ont des couleurs différentes: il y a des *schites* verts, gris-de-lin, marbrés; & lorsqu'ils sont propres à se déliter aisément & à être taillés en tuiles minces, on peut les considérer comme des ardoises, surtout s'ils ont d'ailleurs la qualité vitrifiable des ardoises d'Angers.

Quelquefois on trouve dans les ardoises, des spaths, espèce de pierre dure, lisse, blanche, & de nature calcaire: on y trouve aussi des pyrites, des paillettes talqueuses, de petites étoiles blanches & salines, qui ont depuis une ligne jusqu'à six de diamètre; enfin, on y trouve des plantes & des poissons qui semblent avoir été surpris par l'abondance des terres ou des matières qui ont servi primitivement à la formation des massifs d'ardoises. A l'égard des poissons, on doit surtout distinguer les *crustacées*, c'est-à-dire, les animaux qui, comme l'écrevisse, ont une coque appelée en latin *crusta*, plus souple que celle des coquillages dont l'enveloppe se nomme *testa*. Les empreintes des crustacées sont beaucoup plus rares que celles des coquillages & des poissons.

Parmi les plantes, il faut distinguer les plantes marines, les *mousses* de mer, les *tremella*, les *fucus*, beaucoup plus rares dans les ardoises, que les fougères & autres plantes dont M. de Jussieu a parlé dans les *Mémoires de l'Académie* pour les années 1718 & 1721.

Il y a de ces empreintes qui ont plus d'un pied de long: on y apperçoit comme la place d'un pédicule; on découvre aussi l'irrégularité des contours que prend une plante lorsqu'elle est racornie, séchée, chiffonnée & comprimée entre deux corps durs; on y voit ces petits sillons que le corps de la plante a dû produire dans la pierre; on y reconnoît enfin la souplesse & le jeu d'un corps mou.

Il paroît qu'on pourroit sans absurdité attribuer quelques-unes de ces empreintes à des dissolutions ferrugineuses qui se seroient étendues entre les différens lits de l'ardoise; elles en ont la couleur, quelquefois même une espèce d'apparence. Cependant, après un examen sérieux & répété sur un grand nombre d'objets, on pourroit assurer que ce sont de véritables empreintes: telles sont celles des deux *tremella* de Dillenius, & celle d'un *fucus* avec les petits grains ou corps ronds qu'on croit être les organes de la fructification. Ces corps y sont désignés par de petites taches rondes, couleur de rouille, qui prouvent d'une manière incontestable que c'est véritablement l'empreinte d'un *fucus*; espèce de plante marine, dont les feuilles sont très-menues & très-découpées.

Plusieurs de ces empreintes de *fucus* ont particulièrement les apparences de *dendrites*, c'est-à-dire, de ces pierres herborisées qui présentent comme des ramifications de plantes, & que l'on sait aujourd'hui n'être que les effets de dissolutions métalliques. Les couleurs de ces empreintes, qui quelquefois sont affoiblies dans des parties des feuillets d'ardoises, & même presqu'éteintes, la finesse de leurs découpures, leurs couleurs roulées, enfin le manque de nervures qu'on trouve toujours dans les plantes, sembleroient les placer parmi les dendrites: on y trouve même des étoiles salines, des efflorescences pyriteuses, & des dépôts vitrioliques assez marqués; mais les botanistes sont très-portés à considérer ces vestiges comme appartenans à de véritables plantes, parce qu'il y a certaines ardoises dont les empreintes s'éloignent trop des caractères des dendrites.

Il en est surtout une qui se fait remarquer par un caractère très-singulier. On y voit les branches confondues, froissées, rapprochées comme par faisceaux. Cette confusion prouve, suivant le témoignage de Scheuchzer dans son ouvrage intitulé *Herbarium diluvianum*, auquel nous ne croyons plus, que ce sont véritablement des plantes qui ont été englouties par la substance pierreuse: celles-ci paroissent même avoir du rapport à quelques espèces de plantes du genre qui est nommé *conferva* dans l'*Histoire des mousses* de Dillenius.

Les empreintes d'animaux sont encore plus caractérisées, & semblent déceler mieux leur origine que celles des plantes: une écrevisse de mer est empreinte sur une ardoise, avec deux serres très-bien formées, avec les côtes, les anneaux & le casque; une autre crustacée présente sur le côté une patte ou nageoire sillonée, telle qu'on en voit sur plusieurs animaux de cette classe. Une autre ardoise d'Angers est chargée des empreintes de plusieurs petits animaux, semblables à des espèces de chevrettes. Une troisième présente un animal assez semblable au pou de mer, espèce de crabe plus petit & plus arrondi qu'une écrevisse.

Toutes ces ressemblances paroissent d'abord frappantes; cependant, en étudiant les détails, en comparant en un mot ces empreintes avec les descriptions & les figures d'animaux de ces espèces rapportées dans les livres d'Histoire naturelle, on est embarrassé de trouver, même à peu près, une espèce dont on puisse prononcer l'identité avec celles des empreintes, & dont la ressemblance soit assez décidée pour un naturaliste. Toutes ces empreintes sont tournées du même côté; elles montrent toutes le dos de l'animal. Cependant nous avons vu dans le cabinet de M. Davila, un coquillage pétrifié, où l'on remarquoit une patte pliée, & garnie de ses deux serres; le reste ressembloit beaucoup à quelques-unes des empreintes des ardoises; en sorte qu'on y a vu un grand rapport entre le *pou de mer* & les deux fossiles: toutes les autres sont dans le cas des *cornes d'ammon*, que l'on regarde comme le type d'animaux marins, mais dont l'espèce est inconnue, & peut-être détruite. Un plus grand nombre d'observations & de recherches éclaircira ces doutes. On ne connoît que depuis peu de tems l'espèce d'*oursin*, qui porte les pierres judaïques; l'espèce d'*asterias*, qui a produit les entroques. Au reste, nous renvoyons à l'article ARDOISIÈRES, pour développer plusieurs questions qui concernent ces massifs de pierres feuilletées, & leurs rapports avec les massifs de l'*ancienne*, de la *moyenne* & de la *nouvelle terre*.

ANGLES CORRESPONDANS DES VALLÉES. M. Bourguet remarque que les montagnes, ou plutôt les bords des vallées, avoient des configurations suivies & correspondantes entr'elles; en sorte que les *angles saillans* d'une montagne ou d'un bord de vallée se trouvoient toujours opposés aux *angles rentrans* de la montagne ou de l'autre bord qui étoit en face, & séparé par un vallon.

Personne, avant M. Bourguet, n'avoit observé ni annoncé la surprenante régularité de la structure extérieure de ces grandes masses; il crut avoir trouvé que toutes les montagnes étoient formées dans leurs contours à peu près comme les ouvrages de fortification, & que ces formes étoient si sensibles, qu'il lui sembla, en voyageant au milieu des vallons, qu'il marchoit dans un chemin couvert bien tracé.

« Si par exemple, dit-il, on parcourt un vallon dont la direction soit du nord au sud, on remarque que les bords qui sont à droite, forment des avances ou des angles saillans qui regardent l'orient, & que ceux qui sont à gauche regardent l'occident; de sorte néanmoins que les *angles saillans* de chaque côté répondent réciproquement aux *angles rentrans*, qui leur sont alternativement opposés; il ajoute même que les angles que les montagnes offrent dans les grandes vallées, sont moins aigus, parce que la pente est moins roide, & qu'ils sont plus éloignés les uns des autres; que, dans les fonds des vallées, ces angles alternatifs ne sont sensibles & bien réguliers que dans les canaux des rivières qui en occupent ordinairement le milieu. Leurs coudes naturels répondent aux avances les plus marquées & aux angles les plus saillans des montagnes ou collines, auxquels le fond de la vallée où coule la rivière, va se réunir; enfin, il finit par déclarer qu'il est étonnant qu'on n'ait pas apperçu avant lui une chose aussi remarquable. »

M. Bourguet, en annonçant cette observation, la considéra comme un fait important pour la théorie de la terre. Depuis M. de Buffon, non-seulement l'adopta dans ces vues, mais encore le généralisa, & s'efforça de nous en donner le dénouement & l'explication. « On voit, dit il, en jetant les yeux sur les ruisseaux, sur les rivières & toutes les eaux courantes, que les bords qui les contiennent, forment toujours des bords alternativement opposés; de sorte que, quand un fleuve fait un coude, l'un des bords du fleuve forme d'un côté une avance ou un *angle saillant* dans les terres, pendant que l'autre bord forme un *angle rentrant*, & qu'il en résulte cette correspondance des angles alternativement opposés. » M. de Buffon considère ces formes comme fondées sur la loi du mouvement des eaux, & sur l'égalité de l'action des fluides; il ajoute qu'il seroit facile de démontrer la cause de cet effet; mais qu'il suffit qu'il soit général & universellement reconnu, & que tout le monde puisse s'assurer par ses yeux, que toutes les fois qu'un bord d'une rivière fait une avance dans les terres à main droite, l'autre bord, au contraire, rentre dans les terres à main gauche.

Toutes ces configurations étant supposées aussi générales par M. de Buffon, voici comme il nous en fait envisager les causes.

Les courans de la mer, qu'on doit, suivant lui, regarder comme de grands fleuves ou des eaux courantes, assujetties aux mêmes lois que les fleuves de la terre, ont formé de même, dans l'étendue de leur cours, plusieurs sinuosités dont les avances ou les *angles* ont été *rentrans* d'un côté & *saillans* de l'autre; & comme les bords de ces courans sont les collines & les montagnes qui se trouvoient au dessous de la surface des eaux, ces courans auront donné à ces éminences ces mêmes formes qu'on remarque aux bords des fleuves. M. de Buffon pense qu'on ne doit pas s'étonner que nos collines & nos montagnes, autrefois couvertes des eaux de la mer, & formées par le sédiment de ces eaux, aient pris, par le mouvement des courans, cette figure régulière où tous les *angles* sont alternativement opposés. Ainsi nos collines & nos montagnes ont été, dans l'hypothèse de M. de Buffon, les bords des courans ou des fleuves de la mer; elles ont donc pris nécessairement une figure & des directions semblables à celles des bords des fleuves de la mer, & par conséquent toutes les fois que le bord à main gauche aura formé un *angle rentrant*, le bord à main droite aura formé un *angle saillant*, comme on l'observe dans toutes les collines opposées.

M. de Buffon suppose, comme on voit, que tous ces courans de la mer avoient une largeur déterminée qui ne varioit pas, & que cette largeur [illegible] de celle qui avoit l'intervalle résidant [illegible] les deux éminences qui lui servoient de lit; [illegible] d'ailleurs que les courans avoient coulé [illegible] la mer comme les fleuves sur la terre, pour produire des effets semblables; qu'ils y avoient [illegible] leur lit en donnant aux éminences entre lesquelles ils couloient, une figure régulière, & dont [illegible] *angles* sont *correspondans*; en un mot, que ces [illegible] ont creusé nos vallées, figuré nos montagnes, & donné à la surface de notre terre, lorsqu'elle étoit couverte des eaux de la mer, la forme qu'elle conserve aujourd'hui.

Si quelqu'un doutoit de cette *correspondance des angles* des montagnes, M. de Buffon en appelleroit à l'observation; il veut que tous les hommes, prévenus par les raisons que nous venons d'exposer d'après lui, examinent, en voyageant, la position des collines opposées, & il ne doute pas qu'ils ne soient convaincus par leurs yeux, que le vallon étoit le lit, & les collines les bords des courans de la mer, vu que les côtés opposés des collines se correspondent exactement, comme les deux bords d'un fleuve; enfin, il finit par considérer que ces collines ont à très-peu près la même élévation, & qu'il est fort rare de voir une grande inégalité de hauteur dans deux collines opposées, & séparées par une vallée.

Tel est le fond de la doctrine de M. de Buffon au sujet du phénomène dont M. Bourguet lui avoit annoncé la découverte.

Il est question maintenant de la discuter, en examinant, 1°. si le phénomène est aussi généralement répandu que le prétendent Bourguet & M. de Buffon; 2°. au cas qu'il ne se montre que dans certaines circonstances, quelles sont au juste ces circonstances; 3°. si les courans de la mer peuvent avoir donné ces formes correspondantes aux deux bords des vallées que M. de Buffon suppose avoir été figurées & approfondies par une grande masse d'eaux courantes dans le bassin de la mer; 4°. en quoi l'action d'une eau courante d'une rivière à la superficie de la terre, ainsi que ses effets, diffère de l'action & des effets d'une masse d'eau semblable à celle des courans de la mer; 5°. quelles sont les vraies formes des *angles correspondans* & des *angles saillans & rentrans*, & quels ont été les progrès de leurs configurations opposées.

Cette fameuse correspondance des angles de nos vallées ne peut avoir lieu que dans les cas où les eaux courantes des ruisseaux ou des rivières circulent entre des terres resserrées, entre des limites peu étendues, & dans un canal dont les bords sont terminés.

Ceux qui ont adopté ou contredit cette loi, n'en ont connu, ni l'étendue, ni les limites, ni les circonstances où elle a une constante application. On voit que ses effets se manifestent dans toutes les ravines ou torrens où l'eau courante se trouve contenue entre des bords assez peu éloignés pour recevoir & rendre les différentes impulsions d'un courant; car on conçoit aisément qu'il ne peut exister une correspondance sensible aux endroits où un fleuve a pris une largeur extraordinaire, parce que ces influences réciproques ne peuvent avoir lieu.

On n'observe ainsi les *angles saillans & rentrans* que dans les cas où les rivières oscillent, & elles n'oscillent pas dans tous les cas où elles coulent sur des pentes très-roides & très-rapides; mais dès qu'elles rencontrent les parties de leur lit qui ont peu de pente, la vitesse de leur marche diminue, & pour peu que ce lit soit encombré de matériaux qui fassent obstacle aux courans, il se détourne pour éviter ces obstacles, & il s'éloigne d'une des deux rives pour se jeter sur l'autre, & terminer son détour au pied de la falaise ou du bord escarpé.

Telles sont les conditions que la nature a mises dans la marche des eaux courantes, pour que la règle de Bourguet se rencontre dans le lit de nos rivières, & que les *angles correspondans* se montrent sur les bords de nos vallées.

Ainsi, au lieu de mettre partout ces formes, comme le font Bourguet & Buffon, il falloit discuter, comme nous venons de le faire, les véritables circonstances où elles doivent s'offrir dans nos vallées. On auroit vu d'abord que ces *angles correspondans* ne se montroient bien régulièrement que dans les cas où les rivières oscillent.

En second lieu, quand l'eau courante rencontre une grande quantité de débris qu'elle entraîne, il est nécessaire qu'elle éprouve un détour à mesure qu'elle quitte le bord où elle fait ses dépôts, & qu'elle se porte au pied du bord opposé, qu'elle mine & qu'elle détruit. Telles sont les circonstances qui ont pu seules concourir à la formation des *angles correspondans*.

En troisième lieu, il est impossible de concevoir nos vallées remplies bord à bord par une masse d'eau courante, comme le suppose Buffon dans le travail des vallées au fond de la mer; car ce que nous venons de dire relativement à l'oscillation des rivières, exige que le courant, pour éprouver ces déplacemens, soit terminé de chaque côté de son canal, & ne forme pas une masse illimitée, comme elle a dû être dans le bassin de la mer. Ainsi les *angles saillans & rentrans* prouvent, contre l'hypothèse de M. de Buffon, que nos vallées ne se sont pas approfondies au fond du bassin de la mer par les courans qu'il y a mis en œuvre, par des considérations bien hasardées.

Je dois dire ici que, dans beaucoup de cas, on observe souvent, & particuliérement au milieu des fonds de cuve de nos vallées, que la correspondance des bords est réduite à leur simple parallélisme de ces bords. Dans ce cas, je puis indiquer cette nouvelle loi, comme ayant son application dans les grandes vallées où l'eau est torrentielle, comme dans les courans plus paisibles, soit continuels, soit périodiques.

On a voulu nier abſolument l'exiſtence de ces *angles*, parce qu'on ne les avoit pas rencontrés en comparant la grande chaîne de montagnes qui ſépare le canton de Berne du Valais d'un côté, & les Alpes qui ſéparent le Valais de la Savoie de l'autre, leſquelles montagnes ſervent de limites au cours du Rhône; mais on n'a pas vu que, quand même ces *angles* alternatifs auroient exiſté, le travail poſtérieur des eaux qui débouchent aſſez abondamment par les rivières & les ruiſſeaux latéraux, auroient défiguré ces formes; on n'a pas vu non plus que ces *angles* alternatifs ne s'ébauchent pas, ou ſe détruiſent & diſparoiſſent dans les grandes vallées creuſees, fort larges, & approfondies par les eaux torrentielles.

On cite auſſi le fameux vallon qui eſt ſur le mont Saint-Gothard, comme contrediſant cette forme d'*angles correſpondans*, ainſi que les diſpoſitions de la plus grande partie des montagnes qui forment ſon groupe; mais il eſt facile de voir que les contours extérieurs de ces maſſes différentes ſont le réſultat de pluſieurs agens qui ſe contrarient quant à leurs effets. Comment, ſur un point auſſi élevé, où les eaux courantes n'ont point de marche déterminée, où les glaces & les neiges l'arrêtent ou la modifient pendant la plus grande partie de l'année, peut-on nier qu'un effet qui exige d'autres circonſtances n'a pas lieu?

On cite encore le vallon de *Scholenen*, qui a plus de huit lieues de longueur, & dans lequel la Reuſſ coule du ſommet du Saint-Gothard juſqu'au lac de Lucerne, & qui offre à peine quelques exemples d'*angles correſpondans;* mais on n'a pas vu qu'une eau torrentielle comme celle de la Reuſſ dans ce trajet, laquelle entraîne tous les matériaux qu'elle détache des bords de ſon canal, ne peut éprouver les détours qui concourent à la formation des *angles correſpondans*.

D'ailleurs, tous les nombreux vallons qu'on traverſe en parcourant le Grindelwald, le pays d'Haſli & autres circonvoiſins, n'annoncent pas ces mêmes formes par de ſemblables raiſons. Ceci prouve que ceux qui nous ont publié cette loi, ceux qui ont prétendu en faire uſage, ne connoiſſoient pas les circonſtances que je viens d'indiquer, & que la nature mettoit en uſage pour organiſer, ſous ces formes correſpondantes, les bords des vallées. Si l'on eût obſervé ce beau travail de la nature au lieu de le contredire, au lieu de l'admettre partout, on auroit découvert ces circonſtances comme je l'ai fait, & on en auroit preſcrit les limites de manière à jeter du jour ſur cette partie intéreſſante de l'approfondiſſement de nos vallées. Je ſens plus que jamais que, pour donner une théorie générale de cet approfondiſſement, il faut connoître & diſtinguer toutes les cauſes & toutes les circonſtances qui peuvent concourir à diriger & à modifier la marche des eaux courantes, principal agent de l'approfondiſſement des vallées de tous les ordres.

On voit par les détails dans leſquels nous ſommes entrés en donnant précédemment le précis de la doctrine de M. de Buffon, que ce grand naturaliſte, dans l'expoſition du travail des courans de la mer, diſtingue deux époques aſſez peu liées enſemble : la première, dans laquelle il veut nous perſuader que les eaux du flux & reflux ont formé les dépôts ſuivis de matériaux, dirigés de manière qu'il en eſt réſulté la compoſition de collines & de montagnes iſolées, entre leſquelles maſſes les courans ont réſervé des vides ſemblables à nos vallées; ce qu'il eſt aſſez difficile de concevoir. D'après ces premières ſuppoſitions, le même phyſicien imagine que, dans la ſeconde époque, ces vides, comme les eminences qui en formoient les bords, ont pris des diſpoſitions aſſez régulières pour qu'il ſe ſoit établi des courans qui auront continué d'organiſer la ſtructure de ces vides & leurs limites, comme les bords de nos vallées: d'où il eſt réſulté un canal dont les *angles* auront été alternativement oppoſés. C'eſt ainſi que, ſuivant M. de Buffon, nos vallées & les ſinuoſités correſpondantes de leurs bords ont été préparées au fond de la mer par la nature, qui les deſtinoit à la circulation de l'eau des pluies après la retraite de la mer; en un mot, après que le fond de la mer ſeroit devenu un continent ſec & entièrement découvert. M. de Buffon finit par conſidérer toutes ces hypothèſes comme formant un corps de preuves auſſi complet qu'on puiſſe en avoir en phyſique, & fourniſſant une théorie appuyée ſur ce qu'il veut bien nous donner pour des faits qu'il regarde comme indépendans de toute hypothèſe, ſi l'on a le courage d'y croire comme il a cru à la généralité de la loi de Bourguet, ſans l'avoir vérifiée & contrôlée, comme pluſieurs naturaliſtes l'ont fait.

Dans le tems des fortes inondations on peut s'aſſurer que les grandes rivières, en dépoſant les débris de pierres de toutes ſortes, & de ſables qu'elles charient ſur le fond de leur lit, s'en écartent pour ſe porter du côté du bord eſcarpé. C'eſt ainſi qu'elles élargiſſent leur lit, comme je l'ai déjà dit, en creuſant l'*angle rentrant :* ce ſont là les deux circonſtances qui peuvent nous faire connoître les cauſes des configurations des bords de nos vallées, dont nous pouvons ſuivre tous les progrès ſans croire au travail des courans de la mer, comme ayant ébauché toutes ces opérations.

On ſe feroit une grande illuſion ſi l'on plaçoit les *angles correſpondans* ſur les bords des divers baſſins de l'Océan. Nous croyons qu'on ne peut faire aucun fond ſur les conſidérations vagues de certains écrivains à ce ſujet; car comment prouver que la pointe avancée d'un côté à la Chine ou au Japon, ait pu agir aſſez puiſſamment ſur l'eau de la mer du ſud pour avoir produit un enfoncement correſpondant ſur les côtes du Chili?

Je l'ai déjà dit : ce ſeroit ſe faire illuſion que

d'imaginer

d'imaginer ces *angles correspondans* distribués régulièrement sur les bords d'une large vallée, comme celle du Rhin en Alsace. Ce n'est pas que les grandes vallées n'aient oscillé; mais ces oscillations ont disparu par plusieurs circonstances. Les eaux torrentielles n'ont point oscillé comme celles qui, ayant leur cours sur une pente assez peu considérable, & qui, déposant beaucoup de matériaux, éprouvent en conséquence des détours fréquens, qui occasionnent de grandes oscillations. Nous savons que les eaux courantes perdent de leur vitesse à mesure que la pente de leur lit s'adoucit & qu'il s'élargit; c'est alors qu'elles déposent les sables, les débris de pierres qu'elles avoient entraînés, dans leur grande force, des parties supérieures de leur canal. Je puis faire une application de ces circonstances à la Seine lorsqu'elle a atteint les environs de Paris.

Dans plusieurs cas les agens destructeurs des bords de nos vallées ont défiguré leurs formes primitives : ainsi je crois qu'il est intéressant, dans l'examen des effets de toutes les eaux courantes, de reconnoître ces diverses destructions lorsqu'elles ont eu lieu.

Il y a des oscillations fort étendues, & qui sont la suite de fort longs dépôts : dès-lors les *angles saillans* sont des *plans inclinés*, couverts d'une grande quantité de débris, lesquels ont contribué à rejeter les eaux courantes contre les bords escarpés opposés; ce qui est fort remarquable.

L'examen que j'ai fait depuis plusieurs années des *angles correspondans* de nos vallées, m'a fait connoître que ces formes pouvoient être désignées d'une manière plus simple & plus lumineuse, sous deux rapports très-faciles à saisir; je veux dire d'abord sous celui de *plans inclinés*, & ensuite sous celui de *bords escarpés*, les *plans inclinés* indiquant les produits des dépôts que l'eau courante fait à mesure qu'elle s'écarte de sa direction primitive pour se porter contre le pied du *bord escarpé*, & les *bords escarpés*, la suite du travail de la même eau, qui élargit son lit & déplace son canal en détruisant ce bord. Lorsqu'on parcourt les vallées pour en étudier les bords, ces formes se distinguent mieux & se saisissent plus facilement sous ces dénominations, que sous celles d'*angles saillans* & *rentrans* : aussi j'en fais usage très-fréquemment dans les articles de ce Dictionnaire, où il est question du travail des eaux courantes dans nos vallées.

Je reviens aux difficultés que j'ai opposées au travail des courans de la mer, tel qu'il a été imaginé par M. de Buffon, & j'ajoute que ce prétendu travail, opéré par une masse d'eau qui combloit bord à bord les vallées sousmarines que parcouroient les courans, ne peut en aucune sorte être comparé à celui que les eaux courantes de nos rivières & de nos fleuves exécutent sous nos yeux; car, 1°. comme nous l'avons dit, ces eaux courantes ont des bords déterminés, & c'est avec ces bords que s'opèrent de grandes parties du travail que nous envisageons ici; 2°. ces mêmes eaux courantes ont eu une marche successive depuis les bords supérieurs de nos vallées, jusqu'au fond de cuve ou aux plaines fluviales où ils l'ont terminée; 3°. enfin, on ne peut pas imaginer qu'il ait pu se former sous les eaux de la mer des débris qui aient occasionné des remplissages & des oscillations comme dans nos vallées, &c. (*Voyez les mots* VALLÉES, PLANS INCLINÉS, BORDS ESCARPÉS, OSCILLATIONS.)

ANGLE DE CONFLUENCE. J'appelle ainsi l'angle sous lequel deux rivières se joignent ou *affluent*. Dans l'examen que j'ai fait de la marche des eaux courantes à la surface de la terre dans les différens pays que j'ai observés, j'ai reconnu que cet angle varioit comme les pentes des terrains au milieu desquels les rivières ou les fleuves se réunissoient. Ainsi j'ai vu que, lorsque les pentes étoient considérables, les *angles de confluence* étoient aigus, & qu'au contraire ils étoient droits ou obtus lorsque les rivières affluoient au milieu des larges plaines d'un pays plat, & qui n'avoit de pente que ce qu'il falloit pour favoriser à un certain point l'écoulement des eaux courantes. On sent bien que, dans ces circonstances, les angles des rivières latérales sont assujettis aux mêmes lois, qui sont très-constantes. Je me propose au reste d'indiquer en détail des exemples de ces distributions des divers canaux des eaux courantes, à l'article CONFLUENCE, auquel je renvoie, ainsi qu'à celui d'AFFLUENCE, où il a déjà été question de quelques particularités de ce phénomène & de cette découverte.

ANGLETERRE, royaume renfermé dans la plus grande île de l'Europe. J'aurois beaucoup de détails à présenter sur cet État, relativement à ses établissemens politiques; mais j'ai dû me borner à sa constitution physique. Je m'occuperai donc d'abord de son climat, & de la température des saisons qui s'offrent successivement dans le cercle annuel; ensuite je parcourrai les différentes côtes de cette île, suivant qu'elles se présentent sur les rivages de la Manche, de la mer du Nord & de la mer d'Allemagne; puis, en rentrant dans l'intérieur des terres, j'indiquerai les rivières & les montagnes, comme offrant les principaux traits de la physionomie de cette île. Si le géographe ne les décrivoit pas avec soin, il ne pourroit donner son tableau comme celui d'un grand pays, qui intéresse la géographie-physique.

I. *Du climat de l'Angleterre.*

Le climat de la Grande-Bretagne est peut-être

plus variable que celui de plusieurs autres contrées voisines; variation que plusieurs physiciens attribuent à l'opposition continuelle des vapeurs de l'Océan atlantique avec les vents secs du continent oriental.

Les côtes occidentales en particulier sont sujètes à des pluies fréquentes, pendant que la partie orientale de l'Ecosse jouit d'une température plus sereine & plus sèche que celle de l'*Angleterre*. A la vérité, l'humidité du climat revêt les vallées & les prairies d'une riche verdure qu'on ne trouve pas partout ailleurs; mais elle nuit à la santé, cause des rhumes qui deviennent les principes des plus graves maladies, & particuliérement de la consomption, qui, chez les jeunes gens, a un grand nombre de victimes. Cette atmosphère humide & chargée de nuages contribue, avec un usage excessif de grosse viande, à produire cette mélancolie que les étrangers regardent comme un trait du caractère national. Comme les arbres attirent & fixent les vapeurs dont l'air est chargé, quelques physiciens soupçonnent que leur multiplication en Angleterre contribue à l'insalubrité de l'air, pendant que d'autres ont publié l'opinion contraire, & ont en conséquence conseillé d'entourer les habitations d'arbres nombreux.

A la suite de l'inconstance du climat, les saisons ont elles-mêmes un cours très-incertain. Plusieurs observateurs philosophes, & doués d'un jugement sain & impartial, ont annoncé que, depuis 1775, la température de l'Angleterre & de l'Irlande avoit considérablement changé, & qu'en géneral les hivers avoient été plus humides & plus doux, & les étés plus humides & plus froids qu'ils ne l'avoient été antérieurement. La division théorique des latitudes convient peu à ce pays, qui, à proprement parler, a huit mois d'hiver & quatre d'été. La sève y pousse en avril, mois à la verité ordinairement doux; mais assez souvent les vents d'est viennent en mai pour interrompre la chaleur renaissante, & detruire une partie des espérances de l'année. Les mois de juin, de juillet, d'août & de septembre sont ordinairement fort chauds; cependant le givre vient quelquefois se montrer au milieu des dernières nuits du mois d'août, & il n'est pas rare d'y ressentir le froid des vents d'est piquant pendant deux ou trois jours entiers. Dans tous ces accidens il est aise de voir pourquoi il n'y a pas de vignobles en Angleterre. Nous trouverons encore par la suite de semblables accidens, qui doivent être considérés comme des obstacles à la culture de la vigne.

Dans les dernières années on a eu des étés inondés de pluies presque continuelles, & par un contraste encore plus remarquable, l'été de 1800 se déclara par une sécheresse & une grande chaleur. A peine y tomba-t-il de l'eau depuis le 6 juin jusqu'au 20 août, jour où survint un orage mêlé de tonnerre.

La maladie que l'on appelle *rouille* en terme d'agriculture, semble plus commune en Angleterre que dans les autres pays; & quelle qu'en soit la cause, elle y est souvent très-funeste, & produit beaucoup de ravages dans les plantations de houblon & dans les arbres fruitiers.

On peut dire que les hivers commencent avec le mois d'octobre, tems où l'on éprouve le besoin du feu; cependant il est rare qu'il y ait de fortes gelées avant Noël. D'ailleurs, janvier est le mois de l'année le plus rigoureux; mais comme, en ce pays, le plus bel été se trouve souvent attristé par quelques instans d'hiver, de même les mois d'hiver les plus tristes y sont de tems à autre égayés par des rayons d'un soleil passager, dont la chaleur n'égale jamais cependant ce qu'en France on regarde comme l'été de la Saint-Martin. Le mois de mars est généralement le plus variable de l'année; il offre une succession bizarre de gelées, de pluies froides, de vents impétueux & d'ouragans, qui versent tantôt la grêle, la neige & la pluie orageuse.

Après la première connoissance géographique que l'on a pu prendre d'un pays, on s'attache à découvrir les différens traits de ses divers aspects; c'est ce qu'on peut appeler la *physionomie d'un pays* qui varie singuliérement d'une contrée à une autre, & surtout, comme nous l'avons dit ailleurs, suivant les différens massifs. Jusqu'à present il me paroît qu'on a beaucoup négligé d'observer, de decrire, & même de faire figurer cette partie. Les grands traits de tout pays sont ses montagnes, ses vallées & ses rivières. Pour un Etat maritime, particuliérement pour une île, ce sont ses côtes qui doivent le plus attirer l'attention des géographes. Nous allons donc suivre d'abord les côtes, en commençant par le détroit de Douvres & de Calais.

II. *Côtes d'Angleterre.*

La correspondance des couches dans une partie des rivages opposés de l'Angleterre & de la France ne laisse aucun doute sur l'ancienne union de cette île au continent. Les collines de craie de Blanc-Ness, entre Calais & Boulogne, & celles qui sont à l'occident de Douvres jusqu'aux dunes, sont visiblement les parties d'un ancien tout. Entre Boulogne & Follstone est un autre monument de l'ancienne jonction des deux côtes; c'est une étroite colline sousmarine, appelée le *Ripe-Raps*, d'un mille environ de largeur, & de dix milles de longueur, s'étendant à l'est vers les bancs de Goodwin. Cette colline est composée de cailloux roulés, qui sont distribués par couches avec plusieurs autres matières. La profondeur de l'eau sur cette colline n'est que de quatorze pieds dans les plus basses marées.

Ce détroit fameux n'a que sept lieues de largeur

dans sa partie la plus resserrée. Du môle de Douvres à celui de Calais, on compte vingt-quatre milles. Au milieu du canal, dans les plus hautes marées, la profondeur de la mer est d'environ vingt-cinq brasses : le fond est un sable grossier, ou offre des quartiers de rochers.

Ainsi que je l'ai démontré dans une carte de la Manche, qui accompagne ma *Dissertation sur l'ancienne jonction de l'Angleterre à la France*, laquelle a remporte le prix de l'Académie d'Amiens, en partant du détroit à l'est & à l'ouest, la profondeur de la Manche d'un côté, & de la mer d'Allemagne de l'autre, augmente par degrés jusqu'à cent brasses, après quoi la sonde devient inutile. On pourra voir tous ces détails intéressans à l'article CALAIS & à celui de la MANCHE.

Les grandes marées dans le détroit s'élèvent à vingt-quatre pieds de hauteur, & le basses à quinze. Le flot vient de la mer d'Allemagne, passe le détroit, au-delà duquel il rencontre & combat violemment le courant de la Manche entre *Fair-Leigh*, près de Hastings, & Boulogne; ce qui prouve que, si l'ouverture du détroit & l'enlévement de l'isthme se sont opérés par la mer, il doit avoir été plus fortement miné par la masse prépondérante de la mer du nord.

Ce qui vient à la suite de ces présomptions pour établir l'ancienne jonction, c'est la population de la Grande-Bretagne, soit d'hommes, soit d'animaux, par les migrations de la Gaule. Ce qui l'atteste par rapport à l'espèce humaine, ce sont les coutumes semblables qui se sont maintenues dans tous les tems connus; mais ces événemens sont bien antérieurs aux époques constatées par l'Histoire. Les quadrupèdes ont été introduits de même par l'isthme dans l'Angleterre, & sont tous sortis de la France; car il n'y a pas un quadrupède dans la Grande-Bretagne, & même en Ecosse, qui ne se trouve également en France. Parmi les animaux que l'Angleterre a perdus, on peut compter le bison ou bœuf sauvage, le loup, l'ours, le sanglier & le castor, qui étoient autrefois communs aux deux royaumes. Le bison a continué d'être en Angleterre dans l'état sauvage, au moins jusqu'en 1466, qu'ils furent employés à une fête : il y en a encore qui sont renfermés dans des loges de certains parcs. On a vu des ours en Ecosse jusqu'en 1057, & ils ont subsisté dans le pays de Galles jusqu'à la même époque. Les loups n'ont été entièrement extirpés qu'en 1680. Les sangliers étoient communs autrefois dans les environs de Londres, sous le règne de Henri II, & ils sont restés jusqu'en 1577 dans l'état sauvage : alors on ne les trouvoit plus que dans les bois du lord Latimer. De même les chevreuils existoient à peu près à la même époque dans la principauté de Galles & parmi les collines de *Cheviot*; aujourd'hui ils sont confinés dans les hautes terres de l'Ecosse. Enfin, les castors n'ont disparu qu'après 1188. Tous ces animaux, l'ours & le bison exceptés, se trouvent aujourd'hui en France. Le roi Théodebert périt en chassant un bison, l'an 548, & il est probable que l'espèce a subsisté encore dans ce vaste royaume long-tems après cet événement.

L'élan, le genêt, le lynx, le loir gras, le loir de jardin & les chauve-souris, ou n'ont jamais atteint la Grande-Bretagne, ou s'ils y ont pénétré, ils y ont péri fort vîte. Le bouc sauvage & le chamois, habitans des seules Alpes de la Suisse, n'ont pas vécu dans la Gaule, & par conséquent n'ont pu pénétrer en Angleterre. D'après un dépouillement facile à faire, on trouve que la France possède quarante-neuf espèces de quadrupèdes, & que l'Angleterre n'en a reçu d'elle que trente-neuf.

Les oiseaux, qui ont reçu de la nature le pouvoir & les moyens de se transporter si facilement d'un lieu dans un autre, & même de traverser les mers, ont cependant des limites, tant pour leurs habitations que pour leurs séjours. Le climat resserre les uns dans des bornes certaines : outre cela, des nourritures particulières engagent les autres à se fixer dans des pays peu éloignés. C'est ainsi que les oiseaux suivent les progrès de la culture, & se naturalisent dans de nouvelles régions. Le bec-croisé a suivi la culture des pommes en Angleterre. On ne connoissoit pas, dans les hautes terres de l'Ecosse, la perdrix, qui y a suivi la culture du blé, comme le moineau n'a paru en Sibérie que depuis que certaines contrées de ce vaste pays ont été cultivées par les Russes. On sait que les alouettes de riz, natives de Cuba, quittent annuellement leur île par milliers pour aller dans la Caroline, où l'on introduit la culture du riz.

La France, qui, dans son étendue, comprend plus de différens climats que l'Angleterre, est aussi plus riche qu'elle en espèces d'oiseaux. On ne compte guère que cent trente une espèces d'oiseaux de terre, & cent vingt-une d'oiseaux d'eau, & la France en possède cent cinquante-six de la première division, & cent treize de la seconde. Les provinces du nord de la France ont leurs espèces communes avec l'Angleterre, & l'on sait que les provinces méridionales sont visitées par les diverses espèces du nord de l'Afrique. Nous donnerons par la suite de nouveaux détails sur les animaux propres à l'Angleterre.

Pour faire connoître plus particuliérement les différens massifs qui constituent le sol de l'Angleterre, nous croyons devoir donner d'abord la description succinte, mais détaillée, des côtes de la Grande-Bretagne.

De longues suites de falaises escarpées & de montagnes crayeuses bordent la côte depuis Douvres vers l'est : c'est leur couleur blanche qui a valu à cette île le nom d'*Albion*. Il y avoit au pied de ces falaises, une baie où il paroît que César, cinquante-cinq ans avant l'ère chrétienne, entra & mit à l'ancre : cette baie est aujourd'hui occupée par des prairies. Plus loin, l'île de Thanet ne peut plus être distinguée de la terre ferme; elle étoit cependant, du tems des Romains, séparée par un canal profond, large depuis un mille & demi jusqu'à quatre.

Après qu'on a passé le haut promontoire de craie du North-Foreland, on voit s'ouvrir l'embouchure de la Tamise, enfermée dans son lit par des terres très-basses, & dont l'entrée est partagée par de nombreux bancs de sable.

Sur les côtes de Suffolk & de Norfolk s'élèvent, par intervalles, des éminences composées de différentes substances pierreuses; les collines paroissent autour de Leostoffe, Dunwich, &c. Les *crag-pits*, vers Woodbridge, sont de prodigieux puits de coquillages de mer, dont plusieurs sont entiers & tout-à-fait solides, mais malgré cela se décomposent facilement; ce qui fait un fonds inépuisable d'engrais pour les terres labourables des environs. Vers Yarmouth, & depuis ce lieu jusqu'à Vinter-Toness, la côte est basse, plate, & composée de tuiles soutenues par le sable.

De Hapsburgh à Cromer est une suite de falaises argileuses, qui s'élèvent depuis cinquante jusqu'à cent pieds de hauteur perpendiculaire, que l'Océan sappe continuellement, & détruit de manière à produire sur cette côte les plus grands changemens. Vers Sherringham & Cley, la côte est formée de petites collines qui s'abaissent doucement jusqu'au rivage, semé de rochers bas & de pierres isolées. A Holkham-Vells & Warehaen, les rivages sabloneux se terminent en monticules de sable, qui sont fixés par le jonc marin : cette plante arrête les inondations des sables, qui, sans ce préservatif, détruiroient de vastes étendues de terre, & combleroient surtout les marais salans qu'ils protégent. Au milieu de ces amas de sable s'élève le mont *Hunstanton* : son sommet est couvert de terre végétale ordinaire à un pied de profondeur. Sous cette terre est une couche de deux pieds de craie délitée, & réduite en morceaux fort menus; elle recouvre un massif de la même substance, qui a trente pieds d'épaisseur; il repose sur un banc de pierre rouge & dure, de quatre pieds de profondeur. Succedent ensuite sept pieds d'une pierre d'un jaune-sale & friable, placée sur une base de poudingues ferrugineux qui s'étendent jusque dans la mer, avec de gros fragmens épars sur le rivage. Cette montagne a environ quatre-vingts pieds de hauteur, & elle est placée à l'entrée des marais. Depuis cet endroit toute la côte, près Snettisham jusqu'à Lynn, est basse, plate, & d'un schiste ardoisé.

Depuis Holm, qui peut être considéré comme le promontoire septentrional de Norfolk, la mer s'avance profondément à l'ouest, & forme la grande baie nommée *les marais*, remplie de vastes bancs de sable, dont la surface est à sec dans la marée basse; mais les passes intermédiaires servent aux bâtimens nombreux qui vont à Lynn. Cette ville est située sur l'Onze, dont le canal se prolonge jusqu'au centre de l'île, & qui reçoit dans son cours un grand nombre de rivières secondaires.

Le rivage opposé est celui du comté de Lincoln. Les grandes marées s'élèvent de quatorze pieds au quai de Boston, situé sur la Wetham, à quelques milles de la tête de la baie. Les grandes marées y voiturent des vaisseaux de plus de cent tonneaux; ceux qui sont au dessus restent au *Scap*, qui est l'ouverture du bras de mer. Ici les rivières plates & peu rapides n'ont pas assez de force pour creuser leur lit à une certaine profondeur. Le Lincolnshire & partie des six autres comtés sont *les pays bas* de la Grande-Bretagne. Le premier est borné à l'occident par un cordon de terre élevée, qui, dans ce pays plat, domine d'une manière très-marquée : cet espace, prolongé depuis *Scap* jusqu'au promontoire nord opposé à Hull, présente à la mer un front en arc regulier & suivi, sans aucune brèche, & il est si bas, qu'on ne l'apperçoit de la mer qu'à une petite distance. Toute la côte a pour front des marais salans ou des collines de sable, & de plus elle est garantie par des digues artificielles contre la fureur de la mer. Le reste de la côte se comble par les sables.

Ensuite vient un *grand plateau* qui comprend la division de ce comte, nommé *Holland*, avec partie de ceux de Northampton, Norfolk, Cambridge & Huntingdon, & qui peut avoir soixante milles de longueur sur quarante de largeur : c'étoit originairement un pays couvert de bois. On y a trouvé, en creusant, des forêts entières de chênes, bien au dessous du sol marécageux, & sur un fond solide. Les chênes avoient quinze pieds de circonférence, & quarante-huit de longueur : la plupart étoient brûlés vers la racine, ancienne méthode de les abattre. Un grand nombre d'autres étoient couchés avec leurs racines, ayant été déracinés par la force de la mer, entrant avec violence & submergeant tout ce pays, qu'elle a couvert ensuite de limon déposé à chaque fois qu'elle l'inondoit. Sous Conington-Down, dans le Huntingdonshire, on a trouvé un squelette de baleine d'environ vingt pieds de longueur, qui sans doute étoit venue s'échouer dans l'ancienne baie.

Par la suite des tems cette terre basse a subi une autre révolution : le dépôt limoneux s'accrut tellement, qu'il forma des espaces desséchés considérables, & ne laissa sur d'autres qu'une légère superficie d'eau; ce qui encouragea les Romains à reconquérir entièrement sur la mer ces nouvelles terres. Ce peuple infatigable construisit le premier des digues de sable le long de la mer, & écarta l'Océan de ces terres précieuses que les Anglais continuent de cultiver avec avantage. Il est vrai cependant qu'après la retraite des Romains, comme on négligea d'entretenir leurs travaux, & que les digues furent abandonnées & détruites en certains endroits, tout devint un marécage qui ne put servir d'asyle qu'aux oiseaux d'eau, ou servir de retraite aux aventuriers. Ely & plusieurs terrains qui avoient l'avantage d'être élevés au dessus des eaux, étoient pour lors de véritables îles, & servirent de retraites aux religieux. Ely, Thorney, Spiney & autres lieux se changèrent en abbayes fameuses, & ce ne fut qu'à cette époque que l'industrie des habitans commença la réparation des ouvrages des Romains. De constantes visites conservèrent ce pays, repris sur les eaux, pendant quelque tems; mais par la suite le pays ayant été réduit de nouveau en un marais inculte, il ne fut mis définitivement en valeur que par les comtes de Bedford, qui préservèrent entièrement des inondations plus de trois cent mille acres.

Les vastes marécages de ces comtés étoient, comme nous l'avons observé dans les premiers tems, la retraite des oiseaux d'eau; mais par l'heureux changement dont nous venons de parler, on a substitué à leur place des troupeaux nombreux, parce qu'à de tristes roseaux ont succédé de belles & riches moissons, & des pâturages abondans.

La grue, qui jadis venoit par troupes, a déserté l'île entière. Le canard sauvage commun fait encore ses pontes par milliers dans les parties qui sont restées sous les eaux. La grande oie sauvage y fait aussi sa ponte, & y demeure toute l'année. Les combattans, les vanneaux, les barges rousses, les corlieux, les becasseaux aux jambes rouges, y passent l'été; mais en automne ils partent avec leurs petits, & se dispersent dans l'île. Le hibou à courtes oreilles fait ici ses migrations avec la becasse, & c'est un hôte bien accueilli par les fermiers, dont il purge les champs de souris. Les canuts fourmillent sur les côtes en hiver, tems où l'on peut les prendre dans des filets; mais en été on n'en voit plus.

Le Nord, plus reculé, est sans doute l'asyle d'un grand nombre d'oiseaux d'eau qui viennent garnir nos rivages lorsqu'ils sont chassés par le froid vers un climat plus tempéré; la plupart visitent les marais ou les côtes de la Grande-Bretagne régulièrement tous les ans. D'autres, à qui la nature a donné la force de braver les hivers ordinaires de la zône glaciale, ne viennent visiter ces contrées que dans les années où le froid devient trop rigoureux dans ces contrées.

Du *Nés de Clea* la terre s'enfonce à l'ouest, &, avec le rivage opposé du comté d'Yorck, borne la grande baie ou bras de mer du Humber, qui, s'introduisant par des sinuosités très-marquées dans l'intérieur des terres, reçoit la Trent & toutes les rivières considérables de cette grande province: quelques-unes prennent leur source dans les parties les plus éloignées. Il paroît que toutes les côtes du comté de Lincoln sont plates, & ont été conquises sur la mer. Barton & Barrow n'ont plus aujourd'hui la moindre apparence de ports; cependant Holinshead les qualifioit de *bons ports*. De semblables accidens sont arrivés à la partie supérieure du bas pays de Holderness, qui est en face de ces rivages. Hedon, à quelques milles au dessous de *Hull*, étoit, il y a plusieurs siècles, un port très-commerçant, maintenant éloigné de la mer d'un mille & demi; mais, en revanche, la mer s'est bien vengée sur les parties voisines du continent. La situation, & jusqu'aux noms de plusieurs places, autrefois des villes de marque sur l'Humber, n'ont plus la moindre existence. A leur place on voit des bancs de sable fort étendus, que la mer découvre en basse marée. Reste l'île *Sunk*, qui, vers l'an 1666, paroissoit au dessus de ces sables comme un écueil dominant: on la reprit à cette époque sur la mer, en faisant des levées de terre.

Le promontoire de Spurn termine ce côté de l'Humber, & présente aujourd'hui la forme d'une faucille. L'endroit où sont élevés des fanaux est une berge d'environ deux milles de longueur, sur quelques parties de laquelle se trouvent des montagnes de sables que les vents de mer y ont accumulés depuis soixante-dix ans. En partant de cet endroit, la côte, pendant quelques milles, est composée de très-hautes falaises d'argile brune, que la violence continuelle des flots de la mer d'Allemagne ronge de manière à détruire des acres de terre entiers, & jette sur le rivage des quantités d'ambre considérables. De beau froment croît sur cette masse d'argile, jusque sur les bords des falaises. Un pays de la même fécondité s'étend depuis Kilnsey jusqu'au village de Sprotsly, sur une superficie ondoyante de plusieurs lieues d'étendue.

Du voisinage de Kilnsey la terre rentre, par une douce courbure, dans l'intérieur de l'île, jusqu'au grand promontoire de Flamborough, & n'est encore qu'une continuation d'une haute falaise d'argile, jusqu'aux environs du village d'Hornsey. Près de ce lieu est une mare, fameuse par les anguilles & les brochets qu'on y pêche, & qui maintenant est séparée de la mer par un si petit espace, qu'il est probable que ce village sera bientôt détruit: il y a déjà long-tems qu'une rue en a été engloutie, & il ne reste qu'un triste souvenir de *Hide*, qui étoit une ville voisine.

Le pays s'abaisse considérablement, & près de la base du promontoire il rentre si profondément, qu'il ferme la baie de Bridlington. Le banc de sable de Smithie, le seul qui se trouve entre Flamborough & Spurn-Head, s'étend à travers l'entrée de la baie de Bridlington, & dans les vents violens du nord & du nord-est il augmente encore la sûreté de cet asyle pour les navires qui longent la côte.

Le promontoire est formé de pierre à chaux, d'une blancheur éclatante comme celle de la neige. Près du sommet elle est douce au toucher, tendre, & s'exfolie quand elle est exposée à la gelée; au pied du promontoire elle est dure, solide & lisse. Des bateaux sont employés tous les étés à en voiturer des quantités considérables à Sunderland, où l'on en fait d'excellente chaux. La hauteur du promontoire est très-considérable, & offre des cavernes d'une grandeur étonnante, qui s'ouvrent du côté du nord, & présentent une auguste & vaste entrée sous des arcades élevées, par laquelle on pénètre dans le corps de la montagne : c'est dans ces cavernes que des troupes d'oiseaux voyageurs viennent faire leur ponte tous les ans. Il n'y a pas une crevasse, pas une fente, pas une saillie dans ces rochers, qui ne soit habitée & qui ne loge une famille. On en voit une multitude innombrable qui nagent autour de la base des rochers. Les mouettes tachetées, les bourgmestres, les guillemots grands & petits, les pingouins, les nigauds & les cormorans sont les espèces les plus communes qui se rendent dans ce singulier asyle.

Au Cap de Flamborough, commencent les côtes de rochers très-durs, qui continuent, sans autre interruption que quelques baies sabloneuses & quelques basses terres, jusqu'à l'extrémité du royaume. Souvent il arrive que le fond de la mer est de la même nature que les rochers qui règnent le long de cette côte : aussi les écrevisses & les autres crustacées s'établissent-elles dans les réduits de ces rochers.

Ensuite on trouve un grand amas de sable fin, qui a depuis un mille jusqu'à cinq milles de largeur, & s'étend à l'est depuis ses bords jusqu'à ceux de *Dogger-Banc*. La mer présente un fond inégal, hérissé de rochers caverneux, avec de grandes profondeurs : ce fond est presque partout revêtu de coralines & autres plantes marines.

Cette disposition du rivage procure aux habitans de la côte une pêche très-avantageuse ; car d'un côté le rivage, & de l'autre les bords du Dogger-Banc, servent à diriger la marche de cette multitude de morues qui viennent de l'Océan septentrional déposer leur frai dans ces parages : elles trouvent une nourriture abondante dans les plantes qui croissent sur les rochers, dans les vers qui recherchent les sables, & un abri pour leur frai dans les creux & les réduits de ce fond rocailleux. C'est là qu'on les prend, ou bien entre les bancs Dogger & Well ; car elles évitent une mer agitée & profonde. De leur côté, les raies à peau dure, les holibutes, les carrelets & autres poissons plats s'ensevelissent dans le sable, & se mettent à couvert des vagues tumultueuses.

D'ailleurs, une multitude de merlus visitent cette côte à des tems marqués : ils arrivent vers décembre, & occupent une largeur de trois milles, à partir du rivage, & une longueur depuis le Cap Flamborough jusqu'au château de Tinmouth. Une armée d'une petite espèce de goulus circule autour de ce banc de merlus, pour en faire un grand butin ; car quand les pêcheurs jettent leurs lignes plus loin qu'à trois milles de la terre, ils ne prennent que ce poisson vorace.

Entre le Cap Flamborough & Scarbourough s'étendent, fort loin dans la mer, une suite de rochers & d'écueils qui occasionnent de fréquens naufrages. Les marées, dans les équinoxes, s'élèvent de vingt-quatre pieds en ces parages ; dans les autres tems de l'année seulement de vingt, & les basses marées depuis douze jusqu'à seize.

Plus loin se trouve Whitby, connu par son beau port. L'entrée est un canal étroit entre deux collines, qui s'élargit dans l'intérieur, & que la rivière d'est sert à nétoyer. De là jusqu'à l'embouchure de la Tees, qui sert de limite entre ce comté & celui de Durham, on voit une côte haute, escarpée, dentelée par plusieurs baies, semée de petits villages singuliérement bâtis parmi ces falaises.

La Tees, limite septentrionale de ce grand comté, ouvre dans la mer une large embouchure sur un fond fangeux : il est vrai que l'entrée qu'elle procure dans l'intérieur du pays ne s'étend pas fort avant. Presque toutes les rivières du nord descendent, par une pente rapide, de leurs sources situées au milieu des montagnes, &, n'ayant qu'un cours très-borné, n'offrent des secours que pour une navigation fort peu étendue. Dans le limon de cette embouchure on trouve particuliérement & abondamment la *myrine glutinosa* de Linné ; c'est un ver qui s'insinue dans la bouche du poisson pris à l'hameçon, & qui le dévore en entier s'il reste pendant une marée sous l'eau, & ne lui laisse que les arêtes & les écailles. C'est ce même ver qui charge l'eau de la mer d'une espèce de colle.

De *Seaton-Snook* jusqu'à Hartlepool on ne trouve qu'une suite de bancs de sable le long du rivage, & de la pointe du nez de Hartlepool jusqu'à Blackhalls, c'est une côte formée de bancs de pierres à chaux, entrecoupés par de fréquens bancs de sable ; mais Seham & Hartlepool offrent un front de rochers si escarpés, qu'on ne peut aborder la côte sans un danger imminent : aussi la mer vient-elle s'y briser contre les rochers ou les bancs de sables cachés sous l'eau. De Seham à Sunderland, ce sont des collines de sable & des berges sabloneuses, avec une mer peu profonde.

De Weremouth jusqu'aux environs de Cleadon, des rochers fort bas de pierre calcaire forment la côte, qui offre çà & là des montagnes de sable & des berges de pierres. En suivant la côte jusqu'à l'embouchure de la Tyne & d'Unstambrough dans le Northumberland, le rivage n'offre que des sables, & la terre des rochers par intervalles ; mais ensuite la côte s'élève, & offre des rochers qui, en en plusieurs endroits, s'avancent au loin dans la mer, & montrent, dans les basses marées, une infinité d'écueils au dessus des eaux.

Le château de Bamborough est situé sur une chaîne de falaises fort escarpées. Un charitable prélat, évêque de Durham, a acheté ce domaine, & en a consacré le produit au soulagement des malheureux matelots qui font naufrage sur cette côte. Les naufragés trouvés sur cette côte sont transportés sur le champ dans cet hospice, & y reçoivent tous les secours dont ils ont besoin. Si le navire est susceptible de secours, on le sauve à l'aide de machines toujours prêtes à agir au besoin. Nous ne connoissons point de pareil établissement sur nos côtes. Puisse ce trait être lu par une personne sensible aux accidens des marins, & qui ait le pouvoir & la volonté de l'imiter!

Les îles de Farn forment un groupe de rochers qui n'est pas éloigné du rivage. Le plus voisin de la côte est à cinq cent trente-quatre toises, & le plus éloigné à sept milles. Il suffit de considérer la marée furieuse qui se précipite dans les canaux qui séparent ces îles, dont la profondeur n'est que de cinq à douze brasses d'eau, pour n'avoir aucun doute sur la cause puissante & active qui a séparé du continent toutes ces masses de rochers. Depuis plusieurs siècles, les principaux habitans sont un petit nombre de vaches qu'on y transporte de la terre, & des canards à édredon. Outre cela, d'innombrables oiseaux de mer, d'une grande variété d'espèces, sont en possession des rochers les plus éloignés, où ils trouvent une demeure & une retraite plus sûres que dans les basses collines du rivage. Toute la côte, depuis le Cap Flamborough jusqu'à celui de Saint-Ebb, n'offre aucun asyle aux oiseaux de mer, qui cherchent les promontoires les plus élevés. Tels sont les becs-de-rasoir, les guillemots, les cormorans, les nigauds; outre cela, ils choisissent de préférence les lieux les moins fréquentés & les moins accessibles aux hommes. Les cinq espèces de pingouins & de guillemots paroissent ici dans le printems, & disparoissent en automne. Les autres oiseaux y ont une demeure fixe toute l'année, ou vont chercher seulement les rivages voisins.

De Bamborough jusqu'à l'embouchure de la Tweed, tout le rivage est sabloneux, qui se rétrécit à mesure qu'on approche de l'Ecosse. L'Ile-Sainte, avec sa cathédrale & son château ruinés, est éloignée du rivage. Il y a grande apparence que cette île a été séparée du Northumberland par l'action des flots. Dans les parties où les sables sont abondans le long des côtes, la marée les pénètre par un progrès insensible, & ne les couvre enfin qu'après qu'elle est parvenue à sa plus grande hauteur.

III. *Rivières & montagnes.*

Nous passons maintenant aux rivières & aux montagnes, qui sont d'autres principaux traits de la physionomie de cette île intéressante. Si le géographe ne les décrit pas avec exactitude, il ne peut donner son tableau pour vrai & ressemblant à la nature, & par conséquent comme un grand pays qui intéresse la géographie-physique.

Des rivières.

L'*Angleterre* est coupée par quatre grandes rivières, la Severn, la Tamise, l'Humber & la Mersey. La Severn naît dans la montagne de Plenlimmon, se dirige à l'est jusqu'à Shrewsbury, puis tourne vers le sud, passe à Glocester, d'où elle coule au sud-ouest, & se jette dans le golfe de Bristol, après un cours de cent cinquante milles. Elle est navigable jusqu'à Welchpool. Les principales rivières secondaires qui s'y jettent, sont les deux Avon, celui du nord & celui du sud, la Teme & la Wye.

La Tamise prend sa source dans les montagnes de Cotswold, dans le Glocestershire, & court dans une direction sud-est, qu'elle conserve jusqu'à son embouchure dans la mer d'Allemagne, où elle porte, avec ses eaux, celles du Cherwel, de la Teme, du Kenner, d'une autre Wye, de la Mole & de la Lée. On rencontre, dans l'embouchure de la Tamise, la Medway, comme la Wye dans l'embouchure de la Severn. La Tamise, dans un cours de cent quarante milles, est navigable jusqu'à Criclade.

L'Humber proprement dit n'est qu'un vaste confluent, où viennent se réunir plusieurs grandes rivières qui fertilisent les parties du centre de l'*Angleterre*. De ce nombre, la Trente est la plus considérable; elle a sa source à Newpool, en Staffordshire, &, courant au nord-est, se jette, après un cours direct d'environ cent milles anglais, dans l'Humber, d'où elle est navigable jusqu'à Burton. Les autres grandes rivières affluentes dans l'Humber, sont le Dun, qui est aussi navigable, & passe par Doncaster; l'Aire, navigable jusqu'à Leeds, & le Calder, navigable jusqu'à Halifax, toutes deux infiniment utiles pour le transport des produits des manufactures de laine; l'Ure ou Oure, belle rivière qui passe par Yorck, & forme un grand bras de l'Humber, &c.

On voit que l'Humber est comme la tige d'un chêne vénérable, qui étend au loin ses principales branches dans une direction horizontale; ce qui dénote un bassin dont les différens embranchemens ont très-peu de pente, & conservent chacun les masses d'eau qui les rendent navigables.

Quoique la Mersey ait une grande embouchure, son cours direct n'a que cinquante milles, & n'est plus navigable au dessus de Stockport. Elle a sa naissance dans le West-Riding de Yorchshire, & court au sud-ouest. Cependant elle coule vers le nord à son embouchure dans la mer d'Irlande, où elle porte les eaux de l'Irwell, navigable jusqu'auprès de Manchester, avec celles de la Weever, navigable jusqu'au voisinage de Northwich & des mines de sel gemme.

Nous ne ferons pas ici l'énumération des autres rivières navigables du royaume; il faudroit reprendre d'abord une grande partie de celles que renferment les trois bassins de la Severn, de la Tamise, de l'Humber, & des intervalles de ces bassins.

En général, quand on considère les rivières de

l'*Angleterre*, on reconnoît aisément que les avantages qu'on en retire, ont pour principe la petite longueur de leur cours, comparée à celle de nos rivières du continent, & le peu de pente qu'ont leurs lits ; c'est ce qui facilite les moyens qu'on a su prendre pour multiplier les canaux de la navigation intérieure.

Outre cela, nous devons dire que les rivières du sud & des contrées centrales de l'*Angleterre* offrent un contraste frappant avec celles du nord. Les premières promènent leurs eaux sur un lit vaseux, entre deux rives unies, au milieu de vastes & fertiles prairies; les autres, claires & mues par une marche impétueuse, roulent en torrens sur le gravier, entre des bords escarpés, & lors même qu'elles trouvent des plaines unies & verdoyantes, elles conservent toujours leurs bords élevés & leurs graviers.

Des montagnes.

Les *montagnes* sont un autre grand trait que la géographie-physique doit exposer en détail. Rarement on les voit seules & isolées. Tantôt elles s'alongent sur des lignes plus ou moins sinueuses, qu'on appelle *chaînes ;* tantôt elles se rassemblent en groupes plus ou moins nombreux & étendus. Quand elles affectent la première forme, elles répandent beaucoup de clarté dans les descriptions & dans les limites géographiques. Cependant il ne faut pas croire qu'une chaîne de montagnes forme une suite de hauteurs liées entr'elles très-exactement, comme on les trace dans certaines cartes. Outre cela, les sommets principaux se prolongent en embranchemens plus ou moins étendus, qui s'abaissent par degrés jusqu'au niveau des plaines. D'un autre côté, si l'on examine les groupes de montagnes avec soin, on leur trouvera des masses centrales, d'où s'échappent des branches plus ou moins remarquables.

Si le Bennevish, la plus haute des montagnes d'Ecosse, n'a guère plus du quart de l'élévation du Mont-Blanc, les hauteurs d'*Angleterre* & de la principauté de Galles sont bien plus modestes encore ; car la montagne de Snowdon n'a que trois mille cinq cent soixante-huit pieds anglais au dessus du niveau de la mer, tandis que le Bennevish en a quatre mille trois cent quatre-vingt-sept; mais on a déterminé la hauteur de la montagne de Wharn ou Wharnside, dans le Yorckshire, à quatre mille cinquante.

La carte du West-Riding, dans l'Atlas anglais de Cary, donne au Wharn une hauteur de dix-sept cent quatre-vingts verges, ou de cinq mille trois cent quarante pieds anglais, tandis que celle de l'Ingleborough, d'après la carte du Yorckshire par Jeffries, est de dix-sept cent soixante verges, ou de cinq mille deux cent quatre-vingts pieds, & celle de Pennygent de dix-sept cent quarante verges, ou de cinq mille deux cent vingt pieds.

M. Housman, dans sa *Description du Cumberland*, présente l'autorité la plus récente sur la hauteur de toutes les montagnes de l'*Angleterre*, que nous allons indiquer d'après lui dans la table suivante.

Hauteur des montagnes au dessus du niveau de la mer.

Snowdon, dans le pays de Galles, mesurée par Waddington.	3,456 pieds.
Whernside, idem.	4,050
Pendle-Hill, idem.	3,411
Pennygent, idem.	3,930
Ingleborough, idem	3,987
Helwellin, par Donald.	3,324
Skiddau, idem.	3,270
Crossfell, idem.	3,390
Sueddleback, idem	3,048
Bontomand, idem.	3,240
Bennevish, idem	4,250

Ben-y-Bourd, Laghin-y-Gair, Beuwewish, plus élevées, mesurées par Pennant; neige perpétuelle.

Skiddau s'élève, suivant les expériences de M. Walker, au dessus de la surface de la mer à Whitehave, de trois mille cinq cent trente pieds.

Crossfell, mesurée par Pennant, de trois mille huit cent trente-neuf pieds.

La description générale des montagnes anglaises est assez exacte, quoique d'autres observateurs aient donné des variétés. Ces montagnes commencent en Derbyshire, & s'étendent un peu dans le Cheshire. Les cimes des chaînes sont ordinairement humides & pleines de marécages, & se couvrent de bruyères, d'une herbe dure & de joncs. Presque toutes sont calcaires. Elles s'effacent presqu'entiérement auprès de Penrith. Le sommet du Crossfell s'elève à peine de mille verges au dessus du niveau de la mer, & offre un amas énorme & incohérent de pierres de taille blanchâtres, ou plus probablement de terre argileuse. Nous renvoyons nos lecteurs, pour suivre tous les détails précédens, sur les montagnes, & ceux qui suivront, aux meilleures cartes topographiques de l'*Angleterre.*

Les montagnes de Cheviot forment une chaîne régulière, qui du sud-ouest court joindre celles de Gallowrai au nord-ouest; mais, outre cela, une chaîne centrale traverse le royaume du nord au sud, commençant à la forêt de Geltsdale à quatorze milles sud-est de Carlisle. Elle passe à l'ouest de Durham & du Yorkshire, & renferme en cet endroit des mines de charbon & de plomb ; elle s'y trouve aussi comme morcelée par une foule de dénominations insignifiantes de Fells & de Laws. Kelton-Fell, Stanmore, Widehild-Feld, Weldboar-Fell, Bow-Fell, Home-Fell, Brunhill, s'élèvent sur la frontière occidentale de l'Yorkshire.

Le Cumberland & le Westmoreland ont aussi quelques montagnes détachées, telles que Skidday & quelques autres, qu'il est difficile de classer

ans

dans un ordre distinct; celles de Craven, dans le West-riding du Yorkshire, ainsi que le Wharn ou le Wharnside, suivant le nom usité dans la province. L'Ingleborough & le Pennigant appartiennent, de même que le Pendle, à l'est de Lancastre, à la chaîne centrale qui s'avance à travers le Derbyshire, toujours abondante en minéraux & en curiosités naturelles; mais elle semble se terminer ici en jetant quelques branches dans le Cheshire.

Cependant on peut appercevoir une chaîne centrale moins élevée dans sa ligne tortueuse auprès de Salisbury, laquelle a deux branches irrégulières & divergentes à l'est, l'une s'étendant vers Norfolk, & l'autre dans le Kent, tandis qu'une troisième file dans le Cornouaille au sud-ouest. A la première appartiennent les hauteurs de Gogmagog en Cambridgeshire, &c.; à la seconde, les montagnes de Hampshire, de Surry & de Kent. Les montagnes de Malvern en Worcestershire sortent de la chaîne centrale, dont celles de Cotswold en Glocestershire peuvent être considérées comme le prolongement. Les montagnes de Mendip, Sedgemoor, Blackdown en Somershire, les tores & les wilds de Dartmore dans le Devon, les hauteurs & les landes montagneuses de Cornouaille, prolongent cette chaîne jusqu'au Land's-End, province rocailleuse, qu'elle traverse pour aller disparoître dans les îles de Scilly.

Le pays de Galles offre de nombreuses suites de montagnes, surtout dans la partie du nord; mais la distribution n'en est pas déterminée, & il seroit nécessaire qu'un ingénieur-géographe-naturaliste les classât par chaînes & par groupes.

En commençant cet examen par le nord, la montagne de Snowdon, très-élevée, est la première qui attire l'attention. Son sommet est connu par la dénomination de *y widdfa*, c'est-à-dire, remarquable. Ce n'est pour ainsi dire qu'un point d'où l'on découvre le comté de Chester, les montagnes de l'Yorkshire, de grandes parties de l'Ecosse & de l'Irlande, & les îles de Man & d'Anglesey.

M. Pennant ne spécifie point la pierre dont le Snowdon est composé, & il est probable que c'est le granit. Seulement il observe qu'on trouve souvent, dans les fentes des rochers, des cristaux d'un gros volume, & un grand nombre de pyrites cubiques, communes dans les montagnes alpines. Du Snowdon, une file de montagnes s'étend le long de la mer, jusqu'au Plin-Limmon, qui borne au nord le pays de Galles, & d'où sortent la Severn & la Wye. Les plus remarquables de ces montagnes sont Urrou-Seth, Caer-Idris & Moyle-Vadiau. Les montagnes du nord de Galles, situées à l'est, ne s'élèvent pas à beaucoup près à la même hauteur, & s'abaissent d'ailleurs par degrés jusqu'aux montagnes du Shropshire, dont le Wrekin est la plus remarquable.

M. Aikin, dans son *Voyage au pays de Galles*, a répandu de grandes lumières à ce sujet; il nous apprend que les montagnes de Ferwin, dont la longueur a seize milles anglais, sur une largeur qui varie de cinq à dix, occupent la partie orientale du Merioneth, & se ramifient dans les comtés de Denbigh & de Montgomery; que le Cader-Idris, par sa hauteur d'environ trois mille pieds, est la seconde des montagnes galloises, & que de ce mont part une chaîne primitive, composée de porphyre & de granitelle, qui court nord-nord-est dans l'Arrangs & l'Arranigs; qu'enfin une autre grande chaîne, c'est celle du Snowdon, qui a la même direction nord-nord-est, & qui est composée de horneblende schisteuse, d'un schiste mêlé de mica, de granit, de porphyre & de grands blocs de serpentine. Dans son étendue de Penmaenmawr vers Traethmawr, on apperçoit des pics qui s'élèvent par intervalles sur sa croupe, en forme de cônes. On voit aussi son extrémité dans la pointe septentrionale de la baie de Cardigan, où elle forme le promontoire méridional de Caernarvonshire.

Ne peut-on pas considérer les montagnes de Westmoreland & du Cumberland comme des prolongemens de ces deux chaînes, l'une, celle de Snowdon, passant du promontoire à l'ouest de la baie de Lancastre, par Helvellyn, & se terminant par le Saddleback & le Skiddaw, & l'autre, courant du voisinage de la rivière de Kent par Shapfell, &c.?

Dans la partie méridionale de la principauté de Galles, une chaîne bien inférieure aux précédentes se dirige au sud, jusqu'à Cardiff: il s'en échappe une branche vers l'ouest, laquelle se compose des hauteurs de Cwn-Cothy, de Mynydd, de Carreg, de Brisley, de Cwn-Kerrun; vers l'est on voit les montagnes de l'Herefordshire, la Black-Montain, Cusophill, Hargest, Stockley-Hill, &c.

La craie ne se rencontre dans aucune des montagnes du nord ou de l'ouest, tandis qu'elle est un des principaux matériaux qui entrent dans la composition de celle du sud & de l'est. Un savant naturaliste observe qu'une ligne tirée de Dorchester, dans le comté de Dorset, au comté de Norfolk, traceroit la limite du massif de craie qui couvre le royaume; car on ne trouve cette substance qu'en très-petite quantité au nord & à l'ouest de cette ligne.

Les montagnes du nord sont composées en très-grande partie de pierre calcaire, de pierre de taille, de schiste ou d'ardoise, de mines de plomb & de charbon de terre dans du grès. D'énormes masses de pierres calcaires, entrecoupées de grosses veines de *toad-stone*, produites par l'eau, constituent les montagnes du Derbyshire, avec un grand nombre de fossiles & de minéraux. (*Voyez* DERBYSHIRE.) Le sommet du Skiddaw offre une ardoise blanche & friable, qui n'est proprement qu'un schiste argileux; mais quelques-unes des montagnes du Westmoreland renferment un schiste *siliceux*, & il est probable que le granit existe dans la montagne de Cheviot. L'Ingleborough pose sur une base immense de pierre calcaire, qui a trente milles de circuit : son flanc oriental est rempli de coquilles presque jusqu'au sommet, composé de menus débris. On y trouve aussi du marbre blanc & gris, une ardoise mince près d'Ingleton, du tripoli, un peu de mine de plomb : telle est cette chaîne vers son extrémité. Plus loin, dans le sud, les hauteurs de l'est sont composées de craie, & celles de l'ouest, telles que les montagnes de Mendip en Sommersetshire, sont entiérement calcaires.

Le granit commence à se montrer à Dartmoor en Devonshire, & on le trouve sans interruption jusqu'au fond du comté de Cornouaille, où il prend diverses couleurs; c'est le granit vert, le granit rouge ou granit oriental, le blanc, le jaune, le bleuâtre, ou granit nuancé. Près du Lisard & du Mullion sont des blocs de serpentine & de stéatite.

Le granit abonde dans les montagnes de la principauté de Galles, ainsi que les grandes masses de quartz & de serpentine. On a trouvé une grande ressemblance entre les substances de celles de Wicklow en Irlande : d'où on a conclu que ces deux contrées ont été jointes autrefois, tandis qu'à l'est de l'Angleterre, la pierre calcaire remplace la craie. La côte vers le pays de Galles offre le granit & les autres roches de l'ancienne terre. Le Wrekin, à dix milles environ à l'est de Shrewsbury, renferme pour principaux matériaux, un caillou rougeâtre, sorte de pétrosilex; un grès siliceux, le basalte, & une espèce de granit. La grande mine de charbon de Colebrook-Dale a pour base une argile endurcie, tandis que celle auprès de Bristol se trouve mêlée à une pierre de taille noire; & même la pierre de taille calcaire que l'on trouve au voisinage de Bath, est farcie de plusieurs veines de charbon. Les hauteurs de Malvern, au sud-ouest de Worcestershire, qui s'étendent environ dix milles nord & sud, offrent plusieurs roches granitiques, des pétrosilex & de l'ardoise.

On peut juger, d'après tous ces détails, quels sont les principaux matériaux qui entrent dans la composition des montagnes de l'Angleterre, suivant leurs différentes positions. Ce sujet mérite la plus grande attention de la part des naturalistes observateurs.

IV. *Des forêts.*

Il n'y a guère en Angleterre que quatre principales forêts, qui sont peuplées à un certain point de grands arbres : ce sont celles de Dean en Glocestershire, de Shervood en Nottinghamshire, de Windsor en Berkshire, & la Nouvelle-Forêt en Hampshire. Outre ces principales forêts, un grand nombre de districts en conservent la dénomination, en joignant à leurs noms celui de *Forest* ou de *Chasse :* tels sont Dartmoor-Forest en Devonshire, Enfield-Chasse en Middlesex, les forêts de Witham, d'Epping, & celle d'Henault en Essex; celles de Sacy, de Wittleborough, de Rockingham en Northamptonshire, Peak-Forest en Derbyshire, Malvern-Chasse, & Wire-Forest en Worcestershire, Cannock-Chasse & Neidwood-Forest en Staffordshire, &c.

J'observerai ici que, dans ce royaume, une forêt n'a pas quelquefois l'ombre d'un seul grand arbre; que, du moins assez souvent, ne présente-t-elle que quelques chênes rares & flétris : on y donne même ce nom aux landes & aux bruyères des montagnes.

V. *Flore de la Grande-Bretagne.*

Parmi les nombreuses espèces des végétaux indigènes de l'Angleterre, à peine en est-il une propre à alimenter l'homme ou à le vêtir. Les pluies fréquentes, les vents froids & impétueux, la petite portion de chaleur que le soleil accorde à ce pays, le privent de ces précieux végétaux qui, sous des climats tempérés & sous les Tropiques, s'offrent avec une précieuse abondance pour satisfaire les besoins des peuples qui les habitent. La verdure éternelle qui revêt les plaines & les collines de cette île, fertile en gras herbages & en plantes légumineuses, prouve combien elle est propre aux quadrupèdes ruminans, & l'on sait effectivement que ses anciennes forêts abondoient en cerfs & en daims, comme aujourd'hui ses campagnes abondent en bêtes à laine & en gros bétail. Cette apparente intention de la nature, qui refuse à l'homme la nourriture végétale qu'elle offre avec profusion aux troupeaux de toute espèce, en ne laissant aux premiers habitans de cette île d'autre ressource pour subsister, que la chair des animaux, leur inspira plus d'industrie & d'activité qu'il n'y en peut avoir dans un climat plus chaud, au même degré de civilisation. L'habitant des régions du Tropique obtient sans peine, comme il attend sans inquiétude, l'abondante & régulière provision qu'une Providence libérale lui envoie en noix de coco, en bananes, en fruits à pain, &c. L'ancien Breton, au contraire, n'a pu tirer de la terre la nourriture du jour que par le travail du jour; il fut réduit à poursuivre les bêtes fauves au fond des bois. Plusieurs naturalistes anglais pensent que cette éducation agreste a été le germe de cette précieuse industrie qui, sans cesse excitée par le luxe & le besoin, a su conquérir les richesses végétales du Globe.

Les Anglais n'ont pas négligé cependant la botanique; ils ont augmenté, par des recherches suivies & multipliées, la liste de leurs plantes indigènes. La Flore britannique n'étale ni les plus brillans ni les plus rares trésors de la végétation; mais elle renferme une aussi grande variété de genres & d'espèces, que tout autre pays d'une égale étendue. Nous ne donnerons pas ici une description particulière de chaque famille, ni une inutile & longue nomenclature de chaque genre,

par ce tableau ressemble à celui de toute autre contrée d'Europe, & nous ne ferons mention ici que des plantes qui, par leur rareté & leur utilité, seront dignes de figurer dans cet ouvrage.

Nous mettrons au premier rang la famille des gramens, relativement à son importance & à ses variétés. Presque toutes les parties dont on ne soigne pas la culture, se revêtent principalement de plantes graminées : elles se trouvent dans presque toutes les variétés de sol & d'exposition ; elles couvrent les terrains les plus ingrats comme les plus fertiles. L'Angleterre leur doit, & l'abondante verdure de ses gras pâturages, & les pelouses qui couvrent ses landes, & même les vêtemens moins riches des contrées montagneuses. Il n'en est aucune vénéneuse, soit pour l'homme, soit pour les animaux : au contraire, fraîches ou sèches, elles sont une nourriture agréable pour le bétail.

Outre les principaux gramens des prairies & des pâturages anglais, d'autres espèces habitent les marais & les lieux humides ; elles sont généralement plus fortes & plus nourrissantes, & si en qualité elles le cèdent aux précédentes, ce défaut est plus que compensé par la quantité d'herbages qu'elles produisent.

Les terres légères & sabloneuses, particulièrement les côtes de l'est & du sud, abondent en gramens qu'on rencontre à peine dans l'intérieur de l'île : leur herbage donne une pâture dure & pauvre, & ils se distinguent de leurs congénères par deux caractères palpables, la longueur & la force de leurs racines rampantes. Ces gramens servent aussi aux habitans de l'île de Skey & des autres îles occidentales d'Ecosse, à faire d'excellentes cordes : ils ne sont pas moins utiles par leur végétation ; ils lient le sable mobile de leurs nœuds serrés, & l'empêchent d'être le jouet des vents, qui en couvriroient les environs des dunes.

Les flancs & les sommets des montagnes anglaises sont couverts d'un petit nombre de gramens, parmi quelques autres généralement répandus ; cependant comme, dans ces sites élevés & froids, couverts de neiges quelques mois de l'année, enveloppés de nuages pendant une grande partie du reste, ces plantes pourroient difficilement donner leurs semences à maturité, nous les voyons faire une exception remarquable aux lois communes de la nature : la semence leur est inutile ; elles ont des tiges à fleurs à la vérité, qui même se couvrent de leur parure, mais aucune graine n'accompagne ces fleurs : ce sont des bulbes qui végètent promptement, qui ont des racines, & même une feuille avant de tomber à terre. Nous supprimerons les douze familles suivantes, & même les arbres & arbustes, pour passer aux animaux, attendu que tous ces individus s'offrent également dans les contrées septentrionales du continent.

VI. *Animaux.*

M. Pennant, dans sa *Zoologie britannique*, parle de vingt genres de *quadrupèdes*, depuis le cheval jusqu'au phoque & à la chauve-souris ; il compte, outre cela, quarante-huit genres d'*oiseaux*, quatre de *reptiles*, quarante de *poissons*, outre les *crustacées* & les *coquillages*. Le cheval naît en Angleterre du mélange de plusieurs races, tandis que, dans bien d'autres pays, on n'en trouve qu'une. Les chevaux de course anglais descendent d'étalons arabes, & cette généalogie s'étend jusqu'aux chevaux de chasse. La taille élevée & la force prodigieuse qu'on remarque dans les chevaux de trait, est un héritage des chevaux d'Allemagne, de Flandre & du Holstein. Il y a d'ailleurs un si grand mélange de races étrangères, que l'Angleterre peut fournir des chevaux pour toutes sortes d'usages. On vante surtout le feu & la beauté de ceux que produit l'Yorkshire, & l'on ne fait pas un moindre éloge de l'habileté avec laquelle les palefreniers de ce comté soignent & élèvent ce précieux animal ; & telle est la force d'un cheval de somme de l'Yorckshire, qu'il porte ordinairement la charge de quatre cent vingt livres anglaises.

On sait aujourd'hui que la race indigène & primitive des bœufs existe dans la forêt de Neidwood en Staffordshire, & à Chillingam-Castle dans le Northumberland. Ces animaux, avec les longues jambes du daim, & sauvages comme lui, ont tout le corps d'un blanc pur, excepté le museau, les oreilles & la queue, qui sont d'une couleur noire, ainsi qu'une bande étroite qui règne le long de leur dos.

Les races du gros bétail anglais sont presqu'aussi variées que celles des chevaux : les bœufs de Galles & de Cornouaille sont petits : le Linco'nshire en a d'une forte taille, produite par les bœufs du Holstein. Au sud c'est la belle race de Guernesey, ordinairement de couleur brune & de petite taille, dont les femelles sont précieuses par l'abondance & la bonté de leur lait.

On peut juger du nombre & de la valeur des troupeaux de bêtes à laine que possède le royaume, par le grand commerce que leurs toisons alimentent depuis tant d'années. On y voit plusieurs races de ces animaux, & c'est par leurs comtés ou leurs districts respectifs qu'on les désigne le plus communément : celles d'Herefordshire, de Devonshire, des dunes de Cotswold, sont renommées pour la finesse des toisons ; celles du Lincolnshire & du Warwickshire, pour la quantité. La race de Taesdale, dans le comté de Durham, est toujours digne de sa réputation : les individus donnent une belle laine ; mais la longueur de leurs jambes les fait moins rechercher de la part des bouchers. La chair du mouton de Galles est au contraire fort estimée ; mais sa toison est grossière, & néanmoins mise en œuvre dans plusieurs manufactures.

Quelques-unes des nombreuses races de chiens d'Angleterre étoient connues du tems des Romains. Sous le règne d'Elisabeth, le docteur Caius en comptoit seize espèces, désignées par des noms différens. Nous distinguerons le dogue d'Angleterre ou le boule-dogue, que M. Pennant fait descendre du mâtin, comme le plus hardi & le plus vigoureux de tous les chiens; ensuite le chien de Terre-Neuve, qui depuis peu a supplanté le mâtin, comme plus utile & plus généreux. Le luxe a attaché à ses équipages le chien dalmate pommelé.

Quant aux autres races, comme elles sont connues dans les autres contrées de l'Europe, nous ne les rappellerons point ici.

De tous les animaux qui vivent en Angleterre dans l'état de nature, le chat sauvage est le plus féroce & le plus destructeur; il n'habite que les forêts les plus épaisses & les plus montueuses. Si la race des loups est détruite depuis long-tems, celle des renards est en revanche très-multipliée. Nous nous contenterons de nommer ici le blaireau, le chafoin, la martre, le furet, la loutre, l'écureuil, le loir & plusieurs espèces de souris, sans oublier le rat. Le rat du pays ou rat gris-de-fer a presqu'entiérement disparu, depuis que l'espèce brune des rats d'Inde, improprement appelés *rats de Norwège*, s'est si fort multipliée. Les phoques se trouvent principalement sur les côtes de la principauté de Galles.

On ne voit plus le chevreuil dans les parcs des grands; ils sont peuplés de troupeaux nombreux de daims & de cerfs. Les cerfs, plus nuisibles que les daims, deviennent aussi moins communs.

Cette île produit plusieurs oiseaux de proie, dont les principaux sont l'aigle doré, qu'on trouve quelquefois sur le Snowdon, & l'aigle noir, qu'on a vu dans le Derbyshire. Le faucon voyageur fait sa couvée dans le pays de Galles, & d'autres provinces nourrissent plusieurs espèces du même oiseau. En supprimant la liste inutile qui nous feroit arriver jusqu'au rossignol, nous dirons que cet oiseau, un des plus remarquables par son chant, n'habite ni le pays de Galles ni aucune des provinces septentrionales de l'Angleterre, excepté les environs de Doncaster, où il est fort nombreux: du côté de l'ouest il ne va jamais jusqu'aux comtés de Devon & de Cornouaille. Ces limites, dans lesquelles cet oiseau se renferme, doivent surprendre, puisqu'il vit sous le climat de la Suède.

Les volailles d'Angleterre paroissent être originaires d'Asie, comme les paons le sont de l'Inde, les faisans de Colchis, les pintades ou poules de Guinée, d'Afrique.

Un des oiseaux aquatiques les plus singuliers, c'est le pluvier à longues jambes. Le canard sauvage est le plus utile : le plus grand nombre se prend dans les marais du Lincolnshire, & la capitale en consomme un grand nombre.

La baleine & le dauphin s'approchent rarement des côtes d'Angleterre; mais le marsouin & quelques autres du même genre n'y sont pas rares. Le goulu de mer vient se présenter à la chaleur du soleil sur les plages de la principauté de Galles. Outre cela, il se rend autour de l'île un grand nombre de poissons estimés : tels sont le turbot, la dorade, la sole, la merlue, la plie, l'éperlan, le mulet, &c. Ce n'est que sur les côtes de Cornouaille qu'on trouve la pélamide : on pêche une grande quantité de harengs & de maquereaux.

Les principaux poissons de rivière sont le saumon & la truite, qu'on prend dans le Nord, & qu'on transporte dans des bateaux. On assure que, chaque saison, une rivière, la Tweed, fournit à Londres au moins trente mille saumons. La lamproie, quoique poisson de mer, se pêche dans la Severn. Le *hour* aux flancs tachetés de rouge se trouve le plus communément dans les lacs du Westmoreland. Le saumoneau, le plus petit poisson du genre de la truite, qu'on a pris à tort pour un jeune saumon, & qu'on appelle *par* en Écosse, est moins gros que la truite. Les carpes ont été portées en Angleterre de la Pologne & de la Prusse. Bien des Anglais regardent la tanche & la perche comme des mets très-délicats.

L'écrevisse de mer se trouve sur presque toutes les côtes bordées de rochers, mais surtout aux environs de Scarborough. Le crabe est une petite espèce d'écrevisse de mer, qui habite les bords argileux des rivières. La rivière de Conway dans le pays de Galles, & celle d'Irt dans le Cumberland, renfermoient autrefois des moules à perles. Ce coquillage semble à présent restreint à l'Irlande & à l'Écosse. On sait que ces perles sont produites par la perforation de la coquille, que fait une espèce de ver. En conséquence il semble que l'on pourroit en obtenir artificiellement, en la perçant soi-même & replaçant la moule dans l'eau.

Les huîtres d'*Angleterre* conservent la réputation qu'elles avoient du tems des Romains; cependant elles ont un goût moins agréable que celles des pays plus septentrionaux. Les huîtres vertes de Colchester en Essex, & les blanches intenses de Milton, dans le comté de Kent, sont les plus recherchées.

VII. *Minéralogie.*

Quoique la minéralogie offre ordinairement peu de richesses dans les pays où fleurit l'agriculture, il s'en faut de beaucoup que l'*Angleterre* soit dans une grande privation à cet égard. Nous avons déjà parlé des mines d'étain du comté de Cornouaille. Non-seulement leur antiquité les rend en quelque sorte vénérables, mais outre cela on prétend qu'elles sont les plus riches du monde entier. On trouve de l'étain en Bohême, en Saxe, en Hongrie; & dans l'Orient, à Malacca, à Banca, à Siam, mais non dans une si grande abondance que dans les mines de Cornouaille. Cette même contrée renferme cette espèce d'argent que les naturalistes appellent *mine d'argent cornée*. Le comté de Cornouaille a aussi des mines de cuivre; le Yorckshire & le Staffordshire en renferment patuillement, mais les plus abondantes font celles de la montagne de Parrys, dans le nord-oueft d'Anglesey. Au lieu de pourfuivre les filons à travers les couches, la mine s'offre en blocs d'un volume prodigieux, & on l'exploite à la manière des carrières. La montagne eft prefqu'entiérement dépouillée d'arbriffeaux & même de gazon. On ne voit à la furface du terrain qu'une ardoife alumineufe, fous laquelle réfide la mine, dont le fulfure jaune forme la bafe, & qui donne un quart de cuivre & un quart de foufre; les deux autres quarts font des matières de rebut.

Les montagnes de Mendip en Somerfetshire donnent du plomb, de la calamine & de la manganèfe. On connoît affez les mines de plomb du Derbyshire, non-feulement par ce métal, mais encore par les belles veines de fpath-fluor qui l'accompagnent, & dont on fait différens vafes. En général, la chaîne centrale du nord abonde en mines de plomb. A Aldfton, dans la partie orientale du Cumberland, les mines de ce métal occupent onze cents hommes.

Il n'y a pas de métal plus généralement répandu fur le globe que le fer: l'*Angleterre* en poffède d'excellentes mines; les plus remarquables font celles de Colebrook-Dale en Shropshire, ou de Dean-Foreft en Glocceftershire, auxquelles on peut joindre celle du voifinage d'Ulverfton en Lancashire.

Les comtés de Derby, de Cornouaille & quelques autres contrées du royaume donnent des demi-métaux, tels que le zinc, fous la forme de calamine, & la blende. On a quelquefois trouvé le nickel & l'arfenic dans le comté de Cornouaille, & récemment cette fubftance connue fous le nom de *menakanite*. Mais le plus important de ces demi-métaux eft la plombagine ou plomb noir, qu'on exploite dans la montagne de Borrodale, auprès de Kefwick dans le Cumberland. On n'ouvre cette mine que par intervalles. On fait que c'eft avec cette matière qu'on fabrique les crayons anglais, recherchés à fi jufte titre.

On a découvert de l'or en divers endroits de l'île, nommément près de Silfoe en Bedfordshire, mais les produits n'ont jamais payé les frais d'exploitation & des autres travaux. Les vraies mines d'or de l'*Angleterre* font fes mines de charbon, répandues au nord & à l'oueft, & particuliérement aux environs de Newcaftle. Cette fubftance eft un mélange de carbone & de bitume. Ce dernier principe abonde furtout dans le charbon de Newcaftle, & eft la caufe qui en rend la combuftion plus durable que celle du charbon de Briftol, fi abondant à Kingfwood. On doit faire honneur au charbon de terre, de toute l'opulence de ce pays; c'eft en effet l'ame de fes manufactures, & par conféquent de fon commerce.

Les charbons de Whitehaven & de Vigan ont plus de pureté que les autres. Les charbons cannelés, ainfi que les charbons à œil de paon que donne le Lancashire, font fi beaux, qu'on les foupçonne d'avoir fourni les jais d'*Angleterre*, dont parlent les Anciens. Il y a dans les landes de Bovey en Devonshire, une fingulière efpèce de charbon, qui reffemble à du bois imprégné d'une matière bitumineufe. La tourbe eft fort commune dans le Hampshire & dans d'autres comtés du fud.

VIII. *Mines de fel gemme.*

Nous ne devons pas omettre ici la mention des mines de fel gemme du Cheshire. Il paroît qu'elles furent connues des Romains, puifque le géographe de Ravenne fait mention, à l'article de l'ANGLETERRE, d'un lieu nommé *Salinæ*. Les plus remarquables font celles de *Northwich*; Nomptwich & Middlewich ne font que des fources falées, ainfi que Droitwich en Worceftershire, & Wefton en Staffordshire.

C'eft vers le commencement du dix-huitième fiècle que furent découvertes les grandes mines au fud de Northwich. Les carrières dont la voûte de fel criftallifé eft foutenue par des colonnes de même matière, & qu'on parcourt dans une étendue de plufieurs acres, préfentent un fpectacle auffi magnifique qu'étonnant. Sous un lit d'argile blanchâtre, & à cent vingt pieds anglais de profondeur, eft la première couche de fel, épaiffe d'environ foixante verges, & fi folide que, pour la faire éclater, on emploie la poudre à canon. Dans cet état, ce fel reffemble au fucre candi brun. A cette première couche en fuccède une de pierre fort dure, qui en couvre une feconde de fel d'environ dix-huit pieds d'épaiffeur, brune en quelques endroits, mais en général pure comme le criftal de roche. Le puits de Witton, de forme circulaire, a trois cent vingt-quatre pieds anglais de diamètre. La voûte eft fupportée par vingt-cinq piliers, contenant chacun fept cent quatre-vingt-douze pieds cubes de fel gemme, & la totalité embraffe un efpace fouterrain qui a près de deux acres d'étendue. Les mines de Northwich rendent annuellement foixante-cinq mille tonneaux de fel, dont les deux tiers environ font exportés en Flandre & fur les côtes de la Baltique.

Il y a auffi des carrières de marbre & de belles pierres de taille ou grès calcaires, de couleurs & de contextures diverfes. Les plus renommées de celles-ci fe tirent de Portland, de Purbeck, &c. Le Desbyshire donne de l'albâtre, & la terre à foulon, fi précieufe, fi utile, fe trouve dans le Berkshire & autres comtés.

Par fa conftitution phyfique, l'*Angleterre* renferme des eaux minérales de différentes efpèces & de diverfes propriétés. Celles de Bath n'ont point perdu leur célébrité depuis les Romains; enfuite viennent les eaux thermales de Briftol, de Tumbridge, de Buxton & de Scarborough. Les eaux de Cheltenham en Glocceftershire, font eftimées bonnes contre le fcorbut.

IX. *Curiosités naturelles.*

Parmi les curiosités naturelles, celles du Derbyshire ont toujours passé comme les plus remarquables. Hobbes & d'autres écrivains ont depuis long-tems célébré les merveilles du *Peak*, montagne qui n'égale pas en hauteur celles du pays de Galles ni les plus septentrionales d'*Angleterre*, mais qui est percée de quelques ouvertures verticales, & excavee par la base d'une manière si surprenante, qu'on ne peut les contempler sans admiration & étonnement. Des eaux souterraines parcourent & entrecoupent souvent ces cavités profondes, dont la formation provient, aux yeux des minéralogistes, de ce que les roches qui les composent, sont calcaires. Nous observerons ici que la caverne de Castleton, aujourd'hui nommée le *Trou de Peak*, est d'une vaste étendue, & présente les plus singuliers aspects; que le *Trou de Poole*, près de Buxton, est renommé par sa voûte elevée & ses curieuses stalactites; qu'enfin le *Trou de Bamforth*, au voisinage d'Eyam, est une grotte très-étendue, où l'on peut étudier le travail des stalactites & stalagmites.

On trouve d'autres grottes souterraines dans la chaîne septentrionale des montagnes d'*Angleterre*. Dans le vallon de Kingsdale, à l'extrémité occidentale de l'Yorckshire, est la caverne d'*Yordas*, où l'on entend le bruit d'une cascade souterraine. Cette excavation a cent cinquante pieds de longueur; mais la plus remarquable est la caverne de Wethercot, non loin d'Ingleton. Des arbres & des arbrisseaux l'entourent. Un arceau de pierre calcaire la partage en deux. A-t-on traversé cet arceau? on voit à ses pieds se précipiter une cascade, dont la chute est de plus de soixante pieds de hauteur. La longueur du souterrain est de cent quatre-vingts pieds, & sa largeur de quatre-vingt-dix. On voit dans l'eau intérieure l'agent qui a creusé successivement cette caverne.

L'immense base de pierre calcaire sur laquelle est établie l'Ingleborough, est perforée dans toutes les directions. C'est la rivière du Wease ou Greta, qui, dans l'espace de deux milles au moins, traverse la caverne de Wethercot, & plus loin celle de Gatekirch. On ne confondra pas cette rivière avec la Greta, qui prend sa source près de Brough, dans le district de Stanmore, & se jette dans la Tees non loin de Bernardcastle, si l'on fait attention que deux autres rivières, l'Anse & la Swale, coulent séparément.

Parmi les curiosités de cette contrée, il ne faut pas oublier l'Hurtlepo, cavité profonde & circulaire, d'environ cent vingt pieds anglais de diamètre, environnée de toutes parts de rochers qui, s'élevant à la hauteur perpendiculaire de trente pieds, se projettent sur ses eaux, tandis que des arbres la voilent d une ombre épaisse.

Près de là au sud-est est le lac de Malhan-Tarn, peuplé d'une quantité prodigieuse de truites qui en recherchent l'eau pure & froide. C'est la source de l'Aire, qui a une course souterraine d'environ un mille. C'est aux environs qu'on peut observer la calanque de Malhan, espèce d'amphithéâtre d'une pierre de taille taillée perpendiculairement, & qui, vers le centre, a une élévation de cent vingt pieds. La rivière Ribble prend son origine dans ces lieux, pénètre dans un souterrain profond, & traverse sous les montagnes un espace de trois milles.

Au voisinage de Settle, parmi des rochers calcaires, est un des puits les plus curieux du royaume, car on prétend que ses eaux éprouvent une espèce de mouvement de flux & reflux. Ce district possède en outre un grand nombre de plantes rares & curieuses, & par tous ces traits dont la nature se plaît à caractériser différentes parties du globe, il mérite l'attention des naturalistes. M. Housman observe que dans le Cumberland les rocs sont appelés *linns*, & que de là vient qu'en Ecosse on donne ce nom aux cataractes Il nous apprend en conséquence que la cataracte de Sour-Milk-Force, vers le fond du lac de Buttemère, se précipite d'une élévation de neuf cents pieds anglais. Des mineurs ont découvert auprès de Crossfell une caverne curieuse, qu'on dit longue de deux milles, & remplie de spath brillant. L'Escarre de Gordale est une caverne creusée entre de hauts rochers, & qui, par une ouverture effroyable, mérite l'attention des voyageurs.

Les lacs du Cumberland forment un spectacle grand & intéressant. Nous nous bornerons à dire ici que les lacs les plus remarquables sont ceux de Coniston, de Windermère & de Dervent; mais ce qui m'afflige, c'est qu'au lieu de nous apprendre les circonstances qui ont concouru à la formation de leurs bassins & à la réunion de leurs eaux, on ne nous a parlé que des aspects de ces lacs, au milieu desquels le lac Ulswater présente le plus majestueux aux yeux des voyageurs.

Les régions montagneuses de la province de Galles doivent renfermer un grand nombre de curiosités naturelles, & la mine de Parrys, dans l'île d'Anglesey, est par elle-même un objet étonnant. Les cataractes de Cumberland sont rivalisées par la chute de la Tees, à l'ouest du comté de Durham, sur laquelle le voyageur s'étonne de voir un pont suspendu à des chaînes, mais dont peu de personnes tentent le périlleux passage, si ce n'est le mineur hasardeux.

On voit près de Darlington, dans le comté de Durham, trois étangs très-profonds, qu'on appelle *les Chaudières de l'enfer*, & sur lesquels les naturalistes ne nous ont appris rien de précis. Les écueils de Sunderland sont composés d'une pierre singulière, assez semblable aux productions coralines, & si solide, qu'on l'emploie généralement à bâtir. On trouve une pierre semblable dans l'Ingrie, avec laquelle est construit le palais de Peterhoff. La pierre ammoniacale de Broadmarston en Somerfetshire eft une autre production auffi fingulière.

Les reftes d'une forêt fubmergée, qu'on apperçoit fur la côte du Lincolnshire, doivent être mis au nombre des curiofités les plus remarquables. Nous ne pouvons omettre les écueils de Douvres & la caverne de Riegate, dans le comté de Surry, laquelle s'ouvre en pente dans une montagne de fable fin & brillant, & qu'on regarde avec raifon comme l'ouvrage des hommes. Il y avoit à Brofely un puits tellement imprégné de poix, que, par contact d'une chandelle allumée, l'eau s'enflammoit & faifoit bouillir une cafetière en neuf minutes. Mais l'ouverture d'autres mines de charbon dans le voifinage fit difparoître ce phénomène, qui s'eft répété en Lancashire avec les mêmes circonftances. Le Shropshire renferme un grand puits de bitume, d'où vient *Pitchford*, nom du lieu où on le trouve. On peut citer encore les rochers de Cheddar, en Somerfetshire, & les cavernes des montagnes de Mendip, & particuliérement celle qui renferme de grands amas de ftalactites, appelée le *Trou de Wookey*, longue de fix cents pieds, divifée en plufieurs appartemens, qui fe communiquent, par des paffages bas & étroits, dans diverfes grottes, & dont une, appelée *la Salle*, a quelque reffemblance avec une chapelle gothique. Sa voûte a quatre-vingts pieds anglais de hauteur, tandis que la partie la plus reculée, appelée *le Parloir*, n'a qu'une hauteur médiocre, mais un grand diamètre.

Sur le flanc nord-oueft des hauteurs de Mendip on voit une curiofité plus intéreffante encore; c'eft une grande caverne, dont l'ouverture eft au fond d'une ravine profonde, près du village de Burrington, où font des offemens humains qui s'incorporent par degrés avec la roche calcaire par la filtration continuelle de l'eau de la voûte & des parois qui dépofent fur les os un fédiment de la nature des ftalactites. Il y a des blocs qui contiennent des crânes parfaitement entiers. A l'extrémité la plus reculée, où la hauteur eft d'environ quinze pieds, on voit une groffe ftalactique conique, qui rencontre prefqu'une ftalagmique s'élevant du fol. Il n'y a pas plus de deux ans que cette grotte a été découverte, & comme la matière criftallifée s'y augmente avec une grande rapidité, on préfume que le vide en auroit été bientôt rempli. Cela prouve auffi que les offemens n'en font pas fort anciens. Une caverne curieufe, ou plutôt un puits qu'on fuppofe une ancienne minière, appelée le *Trou de Pembroke*, fe voit à cinq milles au nord de Briftol. On a donné les dimenfions de cet abîme horrible avec un récit touchant de la mort de M. Newnam, qui fe laiffa tomber dans le gouffre en voulant en mefurer la profondeur.

X. *Petites îles britanniques.*

L'île de Wight, appelée *Vectis* par les Romains, eft la première qui s'offre aux Anglais dans la Manche ou Canal britannique. Elle eft de forme ovale, & elle a environ vingt milles de longueur, fur une largeur de douze milles. Telle eft fa fertilité, que, fuivant des calculs récens, elle produit plus de blé en une année, que les habitans n'en peuvent confommer en huit. On y a élevé beaucoup de maifons de plaifance agréables. L'argile, vulgairement terre à pipe; un fable blanc très-fin, dont on obtient un verre extrêmement pur; une grande quantité d'alun natif, tiré d'*Alum-Bay* (Baie-d'Alun), fur le flanc feptentrional des Aiguilles : telles font les productions minérales les plus importantes de l'île. Ces rocs élevés & blanchiffans, nommés, comme nous l'avons dit, *les Aiguilles*, femblent avoir été détachés de l'extrémité occidentale par la violence des vagues. On en voyoit anciennement trois, mais en 1782 la plus élevée, qui s'élançoit à cent vingt pieds au deffus de la furface de l'eau, fut renverfée & difparut entiérement. Newport eft la capitale & le premier port de l'île. Les vaiffeaux n'y peuvent guère remonter : ils s'arrêtent à Cowes, qui doit être confidéré comme le principal port.

A fept milles environ de l'île de Wight & au fud-oueft, on rencontre l'île d'Alderney, vis-à-vis le Cap de la Hogue, que fuivent les îles plus importantes de Guernefey & de Jerfey, entre lefquelles on oublie facilement la petite île de Sark.

Guernefey, la plus grande, a douze milles de longueur, fur neuf de largeur, & trente-fix milles de circuit. Quoique le fol foit montueux & dénué de bois, on y jouit prefqu'en tout tems de l'afpect agréable d'une riante verdure. La feule ville qu'il y ait eft celle du port Saint-Pierre.

L'île de Jerfey, bien arrofée, très-fertile, produit de bon beurre & du miel excellent. Elle a douze milles de longueur, & fix dans fa plus grande largeur. Il paroît qu'on n'y connoît plus aujourd'hui la race des brebis à cinq ou fix cornes. Sa partie feptentrionale eft fort élevée, mais fon fol s'abaiffe vers le midi, & préfente des vallons agréables, couverts de vergers. On affure qu'elle a produit, en certaines années, jufqu'à vingt-quatre mille muids de cidre. On ne peut diftinguer dans cette île que les villes de Saint-Hélier & de Saint-Aubin, fituées toutes deux fur une baie qui s'ouvre au fud : on y trouve encore le château de Montorgueil. Jerfey a vingt mille habitans, dont trois mille en état de porter les armes.

La petite île d'Alderney a une ville & mille habitans.

Sark n'en a pas plus de trois cents.

En retournant au rivage britannique, on découvre le fingulier château d'Eddiftone, où vient expirer la furie des vagues occidentales. Plufieurs fois cet édifice a été renverfé, mais la conftruction actuelle, projetée & exécutée par M. Smeaton, compofée enfin d'énormes maffes de pierres enclavées dans le roc vif & liées avec des barres de fer, promet de résister, & aux accidens du feu, & surtout aux vagues de l'Océan, quoique le faîte de ce château se trouve quelquefois blanchi de leur écume.

A trente milles environ à l'ouest de Land's-End paroissent les îles de Scilly, qu'on a prises autrefois pour les Cassiterides des Anciens. On donne à ce groupe cent quarante-cinq îles revêtues de gazon & de mousse, indépendamment de rocs pelés. La plus grande est l'île Sainte-Marie, qui a cinq milles de circuit, un château, une garnison, & environ six cents habitans. Celle de Saint-Agnès, qui est assez fertile, n'a que trois cents habitans; en sorte que la population totale des îles de Scilly n'excède guère mille ames. Le gros bétail & les chevaux y sont petits, comme à Guernesey, mais les brebis & les lapins y viennent bien. On prépare au milieu de ces rochers une grande quantité de kelp.

En se portant vers le nord, la petite île de Lundy se montre dans le canal de Bristol; elle a trois milles anglais de longueur, sur environ un mille de largeur. Outre cela, elle renferme trois cents acres de terres fertiles, quelques ruisseaux & un château.

Quelques petites îles s'élèvent le long des côtes de Pembrokeshire & du Caernarvon, telles que Caldy, Seomar, Bardsey & bien d'autres, parmi lesquelles la petite île de Barry, au sud-ouest de Cardiff, est connue depuis peu par son sulfate de strontiane, qu'on trouve aussi au vieux passage & près des hauteurs de Mendip.

Nous ferons ici une remarque générale, relativement aux grands progrès de destruction que paroissent avoir éprouvés les îles situées dans la Manche & dans les environs de Bristol, & surtout les bords de l'ouverture de la Manche, par les flots de l'Océan. Cette considération nous prouve que le golfe de la Manche est l'ouvrage de l'Océan, si on le considère non-seulement quant à son ouverture, mais encore quant à son approfondissement, dont la pente croît à mesure que le golfe s'élargit. (*Voyez* notre article MANCHE, & la carte de l'Atlas qui la renferme, où toutes ces formes de terrain sont figurées d'après ces vues.)

A la suite de toutes ces îles, nous devons nous occuper d'Anglesey. C'est la *Mona* de Tacite, tandis que l'île de Man est la *Monœda* des Anciens. La plus grande longueur d'Anglesey est d'environ vingt-cinq milles anglais, sur une largeur de quinze. Ses principales villes sont Newburgh, Beaumaris, & à l'extrémité orientale, en face de l'Irlande, Holyhead. Le sol en est si fertile, que les Gallois l'ont nommée *la Mère de Galles*. Elle a de plus une riche mine de cuivre; celle de la montagne de Parrys, dans la partie nord-est de l'île, auprès d'Ambuch, dont nous avons parlé en traitant des minéraux anglais. On y trouve aussi de la serpentine verte & de l'asbeste. Beaumaris est une grande ville défendue par un château. Newburgh est une commune moins importante. Holyhead, d'abord simple bourgade de pêcheurs, est devenue une ville importante par les paquebots qui y arrivent journellement d'Irlande, la traversée n'étant que de douze heures.

Il n'y a plus que l'île de Man qui mérite une mention particulière; elle a environ trente milles dans sa plus grande longueur, sur quinze dans sa plus grande largeur. Au centre s'élève la montagne de Snafel. Ses principales productions minérales consistent en un marbre noir, en ardoises, en pierres à chaux, en plomb, en cuivre & en fer. Elle nourrit une grande quantité de gros bétail noir & de brebis. Sa population s'est beaucoup accrue depuis quelques années. Les villes principales sont Douglas & Castletown : il y a aussi des villages considérables.

Sur la côte de l'est, on voit encore quelques petites îles, telles que Lindisfarn & l'Ile-Coquette, située à l'embouchure de la rivière de ce nom, en Northumberland. L'île de Thanet est à présent réunie à la terre de Kent, mais Sheppey conserve toujours, & sa situation insulaire, & ses anciens agrémens.

ANGOKA (Iles d'), îles d'Afrique, dans le canal de Mosambique, à 16 degrés 20 min. de latitude sud. Elles sont stériles & inhabitées. C'est près de la plus septentrionale de ces îles que commencent à diminuer ces courans dangereux, qui prennent depuis la rivière du Saint-Es, & qui entraînent rapidement les vaisseaux au nord nord-ouest, contre les terres du continent. Les marins qui naviguent dans ce canal font grande attention à ces courans.

ANGOLA, royaume d'Afrique, dans le Congo, entre les rivières de Dande & de Coanza. Il est soumis aux Portugais. Le pays produit du millet, du poivre blanc, des féves, des cannes à sucre, des oranges, des limons, des dattes, & quantité de semblables fruits. Il s'y trouve une espèce de singe, connue sous le nom de *cojas-morou*, qui ressemble beaucoup à l'homme. Les peuples d'*Angola* sont fort paresseux. Ils ont autant de femmes qu'ils peuvent en entretenir. La plupart sont idolâtres, &, dans quelques villes, ils suivent la religion des Portugais. L'État est divisé en plusieurs provinces ou capitaineries. Sa côte fournit aux Européens les meilleurs Nègres. Les Portugais en tirent un si grand nombre d'habitans, qu'on est étonné qu'ils n'aient pas dépeuplé le pays. Ils donnent en échange pour les Nègres, des draps, des plumes, des étoffes, des toiles, des dentelles, des vins, des eaux-de-vie, des épiceries, des clincailleries, du sucre, des hameçons, des épingles, des aiguilles, &c. Les Portugais ont à Benguela une habitation si mal-saine, qu'ils y relèguent leurs criminels. (*Voyez* BENGUELA.)

ANGORA, ville d'Asie, dans la Natolie. Son industrie principale consiste dans une filature de laines,

laines, qui font employées à la fabrication de différentes étoffes, & furtout des camelots. On y emploie le poil d'une race particulière de chèvres, qui, comme celui des chats de ce même pays, ne se retrouve auſſi beau dans aucune partie du monde. Il ne paroît pas cependant qu'il y ait rien de particulier dans cette contrée, foit relativement au climat, à l'air, à la ſituation des terrains, & enfin au fol, qui eſt un fond de marne fine & rougeâtre.

ANGOULÊME. Cette ville eſt établie ſur un des plus beaux *caps terreſtres* qu'on puiſſe indiquer. Ce cap ſe montre à l'extrémité d'un plateau détaché des maſſifs voiſins & correſpondans, tant le long du vallon de l'Anguienne, que ſur la face occidentale, & enfin ſur la grande vallée de la Charente. Il eſt compoſé de pluſieurs bancs de pierres calcaires, où les débris des coquilles ſont plus ou moins bien liés enſemble, & appartiennent à un amas dont les analogues ſont inconnus.

C'eſt de ce point de vue vraiment intéreſſant que peuvent s'obſerver avec avantage les formes correſpondantes des bords d'une grande vallée creuſée par la Charente, qui oſcille dans ſon lit. On y voit d'abord un plan incliné qui s'étend ſur un grand eſpace, dont on diſtingue enſuite la face dégradée juſqu'à la pointe qui vient mourir dans la plaine. On remarque aiſément qu'étant oppoſée à l'action des eaux, c'eſt leur effort ſucceſſif qui l'a eſcarpée pendant le progrès de l'approfondiſſement de la vallée, & en jetant les yeux ſur la partie oppoſée du même plan incliné que je nomme *le flanc*, on voit que les pentes, d'abord alongées vers la pointe du plan incliné, ſe raccourciſſent à meſure qu'on s'approche de la partie concave du bord eſcarpé, & qu'on s'élève vers ce bord. Ce paſſage inſenſible du flanc au bord eſcarpé eſt ici très-remarquable.

Le *cap terreſtre d'Angoulême* fait partie du bord eſcarpé qui ſe trouve oppoſé au plan incliné dont nous venons de parcourir les détails; les autres parties concaves de ce bord eſcarpé ſe retrouvent en remontant la Charente, & au deſſus de l'embouchure de la Touvre. Il eſt viſible que l'embouchure de la Touvre, & quelques ruiſſeaux dont les eaux ſe rendent à l'Houmeau, ont détruit le reſte du bord eſcarpé.

Un ſecond plan incliné alternatif ſe voit dans le maſſif qui ſert à ſéparer le vallon de l'Anguienne du vallon des Eaux-Claires. Il ſe prolonge au-delà du chemin de Bordeaux, & préſente une pointe fort arrondie en face du bord eſcarpé concave dont nous avons parlé. Cette pointe du ſecond plan incliné offre de même une face à pente étroite & rapide, & un flanc à pente alongée & adoucie.

En remontant vers l'origine de ce plan incliné, on trouve, à la ſuite du *cap terreſtre d'Angoulême*, & ſur la même ligne, trois autres caps terreſtres; celui entre le vallon de l'Anguienne & le vallon des Eaux-Claires; celui entre ce dernier vallon & le vallon de la Charrau, & enfin celui entre la Charrau & la Couronne. Il paroît que le vallon de la Charente, ainſi que ſes eaux, s'eſt étendu juſqu'au pied de ces caps, dont la ſéparation & la déſunion ſont dues aux quatre rivières qui coulent dans les differentes vallées que ces caps viennent borner le long de la grande route de Bordeaux.

On voit, dans ce trajet, que toutes les coupures qui ſe ſont faites au milieu du maſſif dont le plateau d'*Angoulême* a fait partie, ſont l'ouvrage des eaux de l'Anguienne, des Eaux-Claires, de la Charrau, de la Bohême, & ſurtout de la Charente; & ſi nous remontons au deſſus d'*Angoulême*, nous verrons de larges & vaſtes coupures opérées de même par des ruiſſeaux & par la Touvre; en ſorte que toutes ces inégalités de la ſurface de la terre aux environs d'*Angoulême* montrent à côté d'elles les agens qui les ont produites, & qui y ont laiſſé les traces de leur marche & de leurs opérations ſucceſſives, comme nous l'avons fait voir en ſuivant les formes correſpondantes des plans inclinés & des bords eſcarpés de la vallée de la Charente.

Si l'on porte ſa vue auſſi loin qu'elle peut s'étendre du plateau d'*Angoulême*, on découvrira de tous côtés les deſtructions & les approfondiſſemens immenſes que les eaux pluviales & les eaux courantes ont produits. Ce plateau repréſente à peu près le niveau primitif de la nouvelle terre. En partant de ce niveau, on meſure des yeux l'étendue des excavations que les eaux de la Charente ont faites au deſſus & au deſſous d'*Angoulême*, & on conclud tous les changemens que la ſurface de la terre y a éprouvés par l'action des eaux.

En remontant la Charente au deſſus d'*Angoulême*, on trouve la continuation de ces mêmes deſtructions dans les vallées latérales de la paroiſſe de Champniers. On n'y retrouve plus, il eſt vrai, le même amas de coquillages, & par conſéquent les mêmes bancs & le même grain de pierres que dans le maſſif d'*Angoulême*; ce ſont toutes pierres à grain fin de *cos*, qu'on remarque ſur les hauteurs des environs de Champniers & de Manſle. Ces pierres ſont diſtribuées par couches, que des intervalles terreux ont diſtinguées régulièrement, & qui ſont outre cela coupées, ſur leur épaiſſeur, par des fentes de deſſiccation très-nettes & très-multipliées, & la plupart perpendiculaires à la ligne de ſéparation des couches.

Dans un petit trajet on voit ici bien diſtinctement deux amas de coquilles, non-ſeulement très-reconnoiſſables par les coquilles entières & leurs débris, mais encore par le grain des pierres qui ſuivent ces amas, & qui ſont le réſultat de la comminution plus ou moins parfaite de ces corps marins de différens genres.

On trouvera, ſur une carte à échelle double de la carte de France, & qui fera partie de notre

Atlas, tous les détails précédens sur le plateau de la ville d'*Angoulême*. Nous revenons ici au tableau instructif que la position d'*Angoulême* doit présenter au naturaliste, & à cette belle & intéressante perspective que lui offrira la vallée de la Charente; car il découvrira à ses pieds un bassin considérable arrosé par cette rivière, bassin circonscrit à gauche, comme nous l'avons dit, par les escarpemens du plateau sur lequel la ville d'*Angoulême* est située, & à droite par un plan incliné qui forme une croupe très-alongée, dont j'ai donné ci-dessus les principales formes raisonnées.

Le plateau d'*Angoulême* est isolé au nord, à l'ouest & au midi. Sur ce dernier aspect il est terminé par le vallon de la petite rivière d'Anguienne, mais il tient à l'est à la terre ferme & au sommet des collines prolongées dans ce sens. Quant à l'ouest, il fait partie des escarpemens de la vallée de la Charente, qui a continué ses oscillations contre ce dernier aspect. Ainsi toutes ces formes sont bien déterminées, & leurs causes bien déduites de l'action des eaux courantes aux yeux de ceux qui ont étudié leurs différens effets à la surface du globe.

L'élévation du plateau d'*Angoulême* ne doit étonner que ceux qui ne savent pas remonter aux premiers tems où les torrens de la Charente ont commencé l'approfondissement de la grande vallée, pendant que les eaux de la petite rivière d'Anguienne excavoient de leur côté. A cette époque la surface de la terre étoit de plain-pied aux environs du plateau, dont le sommet ne s'est détaché qu'à mesure que les deux vallées ont été creusées par le travail des eaux, qui doit s'être soutenu assez long-tems pour que leur fond de cuve se soit abaissé à peu près au point où il se trouve avec les dépôts dont il est formé.

Maintenant, pour suivre tout ce beau travail, il n'est question que de considérer une masse d'eau oscillante dans son lit, & se balançant entre les bords escarpés qu'elle démolissoit d'un côté, & le plan incliné qu'elle abandonnoit de l'autre. Effectivement, ces escarpemens sont naturellement les produits d'un courant qui venoit sapper la base des rochers contre lesquels il se portoit, à mesure que le plan incliné & ses dépôts le poussoient vers cet obstacle. Il est incontestable que les eaux courantes ont été obligées, par les dépôts qu'elles faisoient & qu'on peut reconnoître, de se replier continuellement contre les bords escarpés, qui se sont éloignés à mesure que les sables & les terres qu'elles charioient pour y former des aterrissemens considérables, se sont prolongés en pentes douces.

Dans le même tems les eaux de l'Anguienne suivoient de leur côté une marche particulière, & comme la force de ces eaux n'étoit pas aussi considérable, il n'est pas étonnant que les escarpemens ne soient pas aussi étendus, aussi profonds, aussi rapides dans cette vallée. D'ailleurs, les dépôts qui s'y sont faits sur son fond de cuve n'ont pas à beaucoup près la même épaisseur que ceux de la grande vallée de la Charente.

ANGOUMOIS. Cette grande contrée, intéressante par plusieurs objets de géographie-physique très importans, se trouve maintenant renfermée dans le département de la Charente. C'est aussi sous cette double dénomination que je vais essayer de la faire connoître. Je commencerai d'abord par la description de son sol.

Sol de l'Angoumois.

J'ai parcouru l'*Angoumois*, & je vais décrire succinctement ce que son sol m'a offert depuis les limites du Poitou jusqu'au Petit-Angoumois, & depuis Chabanois jusqu'à Sainte-Barbe. J'indiquerai d'abord, à une lieue des Maisons-Blanches, une carrière de marbre qu'on a fouillée près de la Bonardelière : cette carrière offre des bancs horizontaux qui varient dans leur épaisseur, & qui sont recouverts de dix à douze pieds de tufs en forme de moëlon.

La couleur de ce marbre est le plus souvent d'un jaune-clair, mais plus ordinairement d'un gris-cendré, relevé par des herborisations noires & délicates. J'en ai vu des échantillons où se trouvoient figurés des groupes d'herborisations symmétriques, & où l'on pouvoit imaginer des paysages dessinés sur des fonds d'un jaune-clair, gris-cendre, &c. Il seroit à desirer que ce marbre, exploité à une plus grande profondeur, fût susceptible de prendre un poli plus net & plus vif.

A mesure qu'on pénètre dans l'*Angoumois*, on y trouve les mêmes moëlons calcaires par couches horizontales, au milieu desquelles on remarque des *peignes* & des *cornes d'ammon* : outre cela, des silex en *pierres perdues*, posées sans ordre & sans arrangement à la surface de la terre; ce qui prouve que les bancs pierreux où ces silex résidoient, ont été détruits, & qu'il n'en est resté que leurs débris, qui étoient plus durs & plus solides. Quelques-uns de ces silex sont arrondis; ce qui prouveroit qu'ils ont éprouvé un certain frottement lors de la destruction de la partie superficielle du sol.

Le coteau de Château-Roi termine la plaine de Limalonge. C'est une colline dont le développement est fort alongé, & composée de terres argileuses colorées, dans lesquelles sont dispersés sans ordre les *silex* dont il a été parlé ci-devant. On observe à la surface de cette colline, des châtaigniers entés & sauvages, dont les premiers sont à hautes tiges, & les autres réunis en taillis; ils fournissent des cercles.

La plaine des Ageots est couverte d'arbres à fruits; les noyers & les châtaigniers y dominent : elle donne des marrons de différentes espèces; elle est encore abondante en mines de fer, en grains détachés & arrondis. Quelquefois ces grains sont réunis en petites masses ; ils se trouvent par veines & filons dans les terres, depuis cinq ou six pieds de profondeur, jusqu'à vingt. Cette mine donne un fer d'une qualité excellente. On n'apperçoit aucun mélange de pierres dans ces filons, qui sont d'ailleurs inclinés en tous sens.

Nous ne parlerons de la forêt de Ruffec, qui vient ensuite, que pour dire que le chêne y domine ; après quoi viennent le charme, le châtaignier sauvage, le tremble, le hêtre & le cerisier. A deux cent cinquante toises au-delà de la forêt, reparoissent les pierres & les terres calcaires, qui semblent disputer le terrain aux argiles & aux silex. Ces différentes substances se perdent & se montrent par intervalles, jusqu'au vallon qui fixe à la ville de Ruffec les limites des argiles & des silex.

Les carrières de la *Croix-Pinaut* donnent des pierres de taille & des moëlons de fort bonne qualité : on y trouve aussi des *cames* & des *cornes d'ammon*.

Avant d'arriver à la ville de Ruffec, on traverse le vallon de la Péruse. En considérant le fond du vallon, on le trouve tapissé de prairies, mais on n'y voit pas une goutte d'eau pendant la plus grande partie de l'année. Néanmoins on y apperçoit une trace du courant d'eau de la Peruse, qui n'y paroît qu'après les pluies les plus abondantes, & soutenues un certain tems. Cette rivière, abreuvée par des sources temporaires, n'a de cours suivi & réglé que dans les hivers pluvieux ; elle fertilise alors le fond du vallon qu'elle arrose. J'en parlerai plus au long en traitant des eaux courantes qui se perdent.

Le château de Ruffec est situé sur une terrasse renfermée dans le bassin du vallon du *Liain*, divisé en deux branches qui enveloppent cette plateforme. La beauté des écrevisses, & l'excellence des truites que ces branches produisent, ajoutent beaucoup aux agrémens du parc de Ruffec.

Le sol de l'*Angoumois* se montre, à la sortie de Ruffec, tel qu'il se présente assez généralement dans toute la province. Dans les escarpemens qu'on y voit, on trouve les coteaux composés de couches horizontales de moëlons calcaires de diverses épaisseurs, & séparées les unes des autres par l'interposition d'un intervalle terreux. Les bancs deviennent plus considérables à mesure qu'ils s'éloignent de la surface de la terre. On rencontre même dans ces fouilles, à environ douze pieds de profondeur, quelques blocs de pierres de taille, tandis que les moëlons qui sont plus près des tufs, sont de petits bancs, & un peu en désordre, parce qu'ils ont été pénétrés par les eaux pluviales.

Les cornes d'ammon surtout sont fort fréquentes aux environs de Ruffec ; mais à mesure qu'on approche d'Angoulême, elles deviennent rares & disparoissent peu à peu, ainsi que les autres espèces de coquillages de leur amas ; elles sont tellement dispersées dans les couches, qu'on a lieu d'examiner jusqu'aux abords d'Angoulême, qu'on n'en trouve pas des débris remarquables.

Le parc de la Tremblaye est situé en partie sur le sommet d'un coteau légérement incliné, avant la porte des Nègres : ce parc dépend du château de Verteuil. Les propriétaires, seigneurs de la Rochefoucauld, l'ont peuplé de mûriers, pour introduire dans cette petite ville l'éducation des vers à soie. Les paroisses qui l'avoisinent, recueillent beaucoup de lin, & font commerce de sa graine.

Depuis le parc de la Tremblaye jusqu'à Roulet, après Angoulême, la culture principale est celle de la vigne. On doit distinguer cependant les paroisses de Mansle, de Bayers & de Fouclairaut, dans lesquelles on cultive avec un certain succès beaucoup de safran. C'est aux marchés de Champniers, Vars, Mansle & Verteuil que se fait le plus grand débit du safran.

Autant le moëlon est commun & bien lité dans le canton de Mansle, autant la pierre de taille y est rare. On en trouve seulement dans la colline de Bayers d'une excellente qualité ; mais les escarpemens qu'on rencontre à la sortie de Mansle, montrent les couches horizontales calcaires, au milieu desquelles on trouve des fentes verticales qui ont servi à exploiter les bancs de moëlon en petites masses de différens volumes.

Le coteau de la Touche, entre les villages de Touriers & de Churet, développe tous les phénomènes des couches pierreuses de l'*Angoumois*. On est surpris d'y voir, dans un grand escarpement, des couches horizontales abandonner en certaines parties leur assiette pour la reprendre ensuite, en décrivant dans ces intervalles des courbes plus ou moins concaves, dont les formes paroissent dépendantes des bases anciennes, qui ont fléchi par le travail des eaux intérieures.

Un peu plus loin, le coteau de Fontenilles présente un amas de petites pierres d'un tissu serré, & de formes irrégulieres. Les pierres y sont placées sans ordre, & renferment des fragmens de coquillages, qui semblent annoncer le grand amas des environs d'Angoulême.

On arrive ensuite au village du Pontouvre, où l'on traverse la singulière rivière de *Touvre*, qui se jette dans la Charente, en faisant avec elle un angle de cinquante-huit degrés. J'en parlerai dans un article particulier.

On trouve dans les terres labourables, au-delà de Pontouvre, des cornes d'ammon & des géodes de différentes grosseurs, qui renferment des cristaux de spath blanc, groupés sur la base du contour de ces géodes.

C'est à quelque distance du Pontouvre que l'on atteint, sur un coteau élevé, l'étonnante situation de la ville d'Angoulême. Je renvoie l'exposition de tout ce que cette situation offre au naturaliste, à son article, où tout a été décrit, ainsi qu'à notre Atlas, où ces objets seront figurés en détail, &

de manière à rendre cet intéressant spectacle également agréable & instructif.

Je reviens au faubourg de Lhoumeau, établi sur les bords de la Charente, après lequel on suit l'escarpement du plateau d'Angoulême, & ensuite on traverse le vallon de la rivière latérale de l'Anguienne. C'est là qu'on voit les amas des débris de tous les coquillages inconnus, & qui sont particuliers à l'*Angoumois* & aux environs d'Angoulême : ces coquillages pétrifiés sont abondans à chaque côté du vallon du pont des Tables. Ce n'est que dans les parties supérieures des croupes, que sont les débris des coquillages de l'*Angoumois*, & ce n'est guère que dans les parties inférieures qu'on trouve des cornes d'ammon. Les coteaux arides que l'on apperçoit ensuite à gauche de la route, fournissent de la pierre de taille calcaire & coquillière, & outre cela des meules de moulin.

On voit ensuite, à l'entrée de la forêt de Chardin, quelques carrières de mauvaises pierres de taille. Les abords du village de Petignac offrent un changement total dans le sol. Les pierres, quoique calcaires, n'ont plus le même grain; ce que j'ai toujours attribué aux productions marines; car on y trouve une grande quantité d'oursins, de crêtes de coq, d'huîtres, de peignes, de poulettes ou anomies, de boucardes. Les coquilles y sont très-distinctes, les unes silifiées en totalité, les autres dans quelques parties seulement. Ces amas de coquilles sont les mêmes que ceux de Barbesieux. On peut y ajouter aussi ces *huîtres-Barbesieux*, qu'on trouve abondamment dans les tufs qui entourent cette petite ville. Je joins ici un Mémoire sur ces fossiles.

Mémoire sur plusieurs espèces de fossiles-inconnus.

Les fossiles dont j'ai fait une nombreuse collection en 1764, 1769 & 1771, dans les provinces de Saintonge, d'Angoumois & de Périgord, composent une famille entière de coquillages, dont les analogues marins ne sont pas plus connus que les fossiles eux-mêmes. Ces deux motifs m'ont engagé à faire une étude suivie de leur organisation, &, malgré la difficulté de les obtenir bien entiers & totalement dégagés de la substance pierreuse qui les enveloppe, je suis parvenu à saisir & à réunir des caractères distinctifs suffisans, soit pour les classer entr'eux, soit pour les rapporter à quelque classe de coquillages déjà connus.

Le résultat de ce travail m'a donné une suite de coquilles fossiles nouvelles, dont la première espèce se rapproche des huîtres par quelques-uns de ses caractères, pendant qu'elle s'en éloigne par les autres. Je vais donner la description de cette espèce, en m'attachant à des caractères simples & qui ne peuvent varier, puisqu'ils sont dépendans de l'organisation de ces coquilles.

Ces coquilles, que je nomme *ostracites-Barbesieux* (petite ville du département de la Charente), du nom de l'endroit où elles se trouvent le plus abondamment, sont bivalves; la valve principale & inférieure est creuse, en forme de coupe ou de conoïde renversé : à la base du cône, où est l'ouverture de la valve inférieure, est adaptée la valve supérieure, que je considère comme le couvercle de la coquille. On trouve quelquefois cette valve aplatie, mais ce n'est que la suite des accidens qu'elle a essuyés dans le bassin de la mer. En réunissant tout ce que j'ai pu recueillir relativement à sa forme naturelle, il paroît que cette valve a environ le tiers de la profondeur de la valve inférieure.

Ces deux valves (*figure* A) sont composées de lames, dont les extrémités se distinguent facilement à leur face intérieure, parce qu'elles sont assemblées en recouvrement les unes sur les autres : ces lames se prolongent aussi au dehors, comme dans les huîtres feuilletées, par des feuillets plus ou moins alongés, dont la face supérieure est cannelée sensiblement.

La disposition générale, les inflexions & le prolongement de ces feuillets à l'extérieur de la valve principale, paroissent dépendans de son point d'appui ou de l'assiette qu'elle prend en se groupant avec les autres. On ne voit aucun de ces feuillets dans l'étendue du point d'appui; ils ne se développent que sur les parties extérieures où ils ont pu le faire librement, & partout où la coquille n'a point d'adhérence avec d'autres corps marins.

En étudiant plus en détail l'arrangement des différentes lames qui entrent dans la composition de ces deux valves, on trouve d'abord que la partie des lames qui est en recouvrement, & qui garnit la face intérieure de la valve principale ou inférieure, est beaucoup plus large vers la pointe du cône, que vers le milieu de la profondeur, & plus large encore vers le milieu qu'à l'ouverture de la valve. Ainsi, les trois ou quatre premières lames ont environ chacune cinq à six lignes de largeur à la pointe de la cavité de la valve, puis celles qui suivent se recouvrent successivement avec un rebord moins large de la moitié à peu près; & si la valve a une certaine profondeur, ou qu'elle ait pris son dernier accroissement, les lames ne présentent plus qu'une très-petite largeur à mesure qu'on s'approche de l'ouverture, chaque addition nouvelle n'ayant guère pour lors que l'épaisseur des lames : on en distingue quatre à cinq dans la largeur d'une ligne.

En suivant les lames dans leur longueur, il est aisé de remarquer que l'organisation de l'intérieur de la coquille dépend absolument de la disposition totale des lames. Si les lames sont très-inclinées à l'axe de la valve, la partie qui en garnit l'intérieur doit y occuper une largeur plus considérable, & c'est ce qu'on observe constamment vers la pointe conique de la valve dont il est ici question; mais vers le milieu, les lames étant moins inclinées, & présentant leur extrémité moins obliquement, le recouvrement qui en résulte, est moins large; enfin, vers l'ouverture de la valve, comme ces lames sont presque perpendiculaires à l'axe, elles ne doivent présenter que leur simple épaisseur. J'ai remarqué ces différentes positions des lames sur le bord de l'ouverture de la valve dans les différens âges de la coquille. Si la valve est peu profonde, la lame qui garnit le rebord de l'ouverture est très-inclinée, & le recouvrement qu'elle forme dans l'intérieur est fort large, parce qu'il a fallu une très-petite inflexion pour produire ce recouvrement; mais si la coquille est profonde, les lames qui garnissent la bordure de l'ouverture sont très-plates: le recouvrement intérieur, qui n'est que l'extrémité de la lame, ainsi que les feuillets qui s'étendent au dehors, ne forment proprement qu'une seule & même ligne.

Si nous passons maintenant à la description de la valve (*figures* B & C) supérieure ou du couvercle, nous y trouverons à peu près le même système d'organisation.

Le couvercle est composé, comme le corps de la valve inférieure, de lames assemblées autour d'un point qui n'est pas le centre de sa figure totale. Les premières lames, qui sont la base de tout le travail du couvercle, occupent ce point: c'est le point où le couvercle a le plus de profondeur; & comme, sur la superficie intérieure du couvercle, il y a un égal nombre de lames distribuées autour de ce point, elles sont beaucoup plus larges dans certaine partie de leur contour, que dans l'autre.

Les lames successives du couvercle garnissent par leurs extrémités sa face intérieure, précisément de la même manière que pour la composition de la valve principale, que j'ai décrite. Ainsi, celles qui sont placées vers le point le plus profond, sont très-obliques à l'axe de la coquille; elles sont aussi fort larges; ensuite le recouvrement a moins de largeur à mesure que l'obliquité diminue, & que les lames s'éloignent de ce point. Enfin, vers les bords du couvercle, ce recouvrement se réduit presqu'à l'épaisseur des lames, qui sont alors perpendiculaires à l'axe de la coquille. Comme, à chaque degré d'accroissement de la coquille, les lames du bord du couvercle devoient s'ajuster sur les lames de l'ouverture de la valve inférieure, parce que, dans tous les cas, la coquille ne pourroit être fermée sans cela, on voit aisément que la nature a dû suivre le même système pour l'arrangement des lames de l'une & l'autre valve: on voit aussi que l'accroissement du couvercle a dû commencer par le point le plus profond, & que l'addition de la seconde lame s'est faite sur la première lame; qu'ensuite chaque nouvelle lame a recouvert, toujours par-dessous, une largeur plus ou moins grande, suivant son obliquité & son éloignement du point le plus profond. D'un autre côté, il est résulté de là que les feuillets des lames se sont développés d'autant plus sur la face extérieure du couvercle, que les lames dont ils étoient les appendices, étoient moins obliques à l'axe, & qu'elles approchoient plus d'être perpendiculaires à cet axe.

Il faut cependant observer ici que, comme le point le plus profond du couvercle qui sert de centre à l'assemblage des lames n'est pas le centre de la figure, chaque lame, dans tout le contour qu'elle embrasse, a dû éprouver une inclinaison & un développement différens, suivant qu'elle parcouroit la partie large ou la partie étroite. Ainsi, dans la partie la plus évasée, les lames se sont arrondies davantage, ont été moins inclinées, & ont formé un recouvrement plus large, au lieu que, dans la partie la plus étroite, les additions des lames ont été plus serrées, parce que les lames se sont placées les unes sur les autres presque sans déborder.

C'est au milieu de la partie la plus étroite que se trouve l'inflexion des lames, precisément du même côté que celle de la valve inférieure, inflexion que j'ai nommée *arête à charnière*. Par cette correspondance des deux arêtes de la valve inférieure & du couvercle, elles s'annoncent comme les vestiges de l'attache du couvercle avec la valve inférieure, lesquels vestiges se sont formés toujours sur la même, à mesure que la coquille a pris de l'accroissement. Ce caractère particulier, également remarquable sur les deux valves de la coquille que je décris, n'a été observé sur aucune espèce de coquille connue.

J'ai déjà remarqué ci-dessus que la valve inférieure portoit les marques d'un point d'appui qui avoit servi à la fixer dans une situation invariable. Je dois observer outre cela que cette situation naturelle est telle, que cette coquille se trouve couchée sur un de ses côtés, la pointe du cône en bas, & l'ouverture de la valve dans la partie supérieure du plan incliné: ce côté est toujours le même, & c est aussi celui le long duquel règne intérieurement l'arête. Au moyen de toutes ces circonstances, l'arête du couvercle étant placée du même côté que l'arête de la valve inférieure, & le talon du couvercle tenant à l'arête, il s'ensuit que le couvercle s'est trouvé toujours placé d'une manière favorable pour s'ouvrir & se fermer sans obstacle pendant tout le tems que la coquille a eu une assiette fixe & a été groupée avec d'autres. Par tous ces détails on peut voir quel est le plan que la nature a suivi dans l'organisation de cette coquille, quelle est la suite & quels sont les progrès de ce travail, d'après lesquels on peut en tirer les caractères qui peuvent servir à la distinguer des coquilles connues & décrites. Je me suis étendu dans la description que j'en ai donnée, non-seulement pour offrir ces caractères d'une manière claire & précise, mais encore pour jeter du jour sur les coquilles d'une forme encore plus singulière, que j'en rapprocherai dans la suite de ce Mémoire.

Après la forme & la construction de ces coquilles, ce qui m'a frappé davantage, ce sont les noyaux qui s'y trouvent renfermés. C'est un principe général, que les coquilles fossiles sont remplies d'une substance terreuse plus ou moins fine, parfaitement de la même nature que celle qui enveloppe les coquilles à l'extérieur. Lorsque cette substance a été propre à former une pâte molle, elle a pris en creux & en relief la forme que les parois de la coquille ont pu lui imprimer, & souvent elle a acquis une consistance égale à celle des pierres. Ce sont ces masses pierreuses, solides & moulées dans le creux des coquilles, qu'on nomme *noyaux de coquilles*, soit que les coquilles subsistent encore avec le noyau qu'elles renferment, soit qu'ayant été détruites, elles n'aient laissé que ce vestige de leur forme & de leur existence.

Les noyaux des coquilles dont il est question ont toutes ces conditions; ils ont reçu, comme les autres, la forme générale que les faces intérieures des deux valves leur ont donnée; ils sont pétrifiés & fort solides; enfin, ils sont formes de la même substance pierreuse qui sert de matrice aux coquilles. Ceci n'a donc rien d'extraordinaire; mais ce qu'il y a de remarquable, & dont l'examen & la description m'ont paru essentiels à la connoissance de la coquille, c'est que les noyaux présentent en differentes parties des impressions moulées en creux & en relief, des vides réguliers, des franges, des dentelures constamment semblables dans toutes les coquilles de même espèce, que j'ai ouvertes en très-grand nombre.

Si l'on examine bien avec attention la disposition de ces impressions, on voit aisément que les parois intérieures des deux valves, telles qu'elles subsistent actuellement dans les fossiles que j'ai décrits, ne peuvent y avoir contribué en aucune manière; car la plupart se trouvent même dans l'intérieur du noyau, & inaccessibles au contact des valves. Or, comme ces noyaux sont des masses brutes quant à l'arrangement intérieur des parties terreuses qui les composent, ils n'ont pu prendre ces formes d'eux mêmes.

Il est donc nécessaire que les vides ou les creux y aient été produits par des moules en relief, comme les dentelures, les franges & toutes les impressions en relief l'ont été par des moules en creux; en un mot, que certains corps qui sont détruits, aient produit tous ces effets. Il est probable que certaines parties intérieures de la coquille, fort délicates, & tenant aux charnières du couvercle, ou bien certains tissus cartilagineux des animaux qui vivoient dans ces coquilles, & d'une destruction plus lente que les muscles & les vaisseaux, ont contribué à ces formes singulières. En occupant ces parties pendant tout le tems que la pâte molle du noyau s'insinuoit dans la coquille, & jusqu'à ce qu'elle ait pris une certaine consistance un peu solide; ensuite ces parties s'étant détruites entiérement, & laissant des résidus insensibles par l'évaporation des principes les plus volatils, il a dû succéder à leur destruction le vide des places qu'elles occupoient, & l'impression qu'avoit contractée la matière brute du noyau par leur contact immédiat. C'est surtout vis-à-vis des arêtes de la coquille que se trouvent sur les noyaux plus de creux, plus d'impressions singulières; ce qui établit sans réplique que ces formes ne sont point la suite de quelques accidens, mais des effets réguliers, opérés de la même manière, & dans des circonstances toujours semblables.

Au moyen des figures de la *planche seconde*, je crois pouvoir me dispenser de décrire en détail les noyaux de ces coquilles : on en voit une sur une face, *figure première*. Dans la partie supérieure du noyau, opposée au couvercle, sont les ouvertures des vides qui pénètrent dans l'intérieur, & dont les formes sont représentées *figures troisieme & quatrième*, où sont figurées les faces du noyau ouvert, les franges, les dentelures, &c.

L'autre face du noyau, *figure seconde*, correspond aux deux arêtes de la valve inférieure : on y voit plusieurs lames qui, en s'amincissant, finissent en pointe. La *figure quatrième* montre le revers des lames, ainsi que celui des baguettes, qui occupe la partie supérieure du noyau, & qui correspond à la cavité du couvercle.

On peut se convaincre maintenant, à l'inspection de ces figures, que toutes ces formes du noyau n'ont pu être produites par les parois intérieures de la coquille, qui n'y ont laissé que la forme générale du vide occupé par l'animal, & les impressions des recouvremens de chaque lame des deux valves.

Il résulte de tout ce que nous avons observé dans les deux valves de la nouvelle coquille & dans son noyau, 1°. que la forme générale de ce fossile est d'être conique, avec un aplatissement assez sensible, qui a donné la figure elliptique à la base du cône; 2°. que les deux valves sont composées de lames placées en revêtement les unes des autres dans l'intérieur, & prolongées par des feuillets au dehors; 3°. que le recouvrement de ces lames, d'abord très large vers la pointe du cône de la valve inférieure, diminue jusqu'à l'ouverture de cette valve; 4°. que ces lames diminuent de même depuis le centre de la concavité du couvercle, jusqu'à ses bords; 5°. que ces lames éprouvoient toutes, dans les deux valves, un détour, un pli, dont la suite formoit une arête sensible & correspondante de l'une à l'autre valve; 6°. que cette arête paroît être le vestige de l'attache successive du talon du couvercle; 7°. que la valve inférieure de ces coquilles a une assiette & un point d'appui toujours à peu près le même, & toujours du côté de l'arête dont il a été fait mention; de telle sorte que le couvercle, qui a sa charnière à cette arête, se trouve par cette position placé d'une manière favorable à tous ses mouvemens; 8°. que ces coquilles renferment un noyau qui, outre une forme générale, semblable au vide des deux valves, présente des impressions en creux & en relief toujours semblables & uniformes, & qui ne peuvent être l'effet des parois intérieures de ces valves.

Par le détail de ces divers caractères, il est aisé de voir que ces coquilles ressemblent aux huîtres, 1°. par les feuillets des lames qui se prolongent au dehors, & dont les uns sont plats & les autres ondés; 2°. par l'assiette & le point d'appui, qui indique que ces coquilles se groupent comme les huîtres, & sont immobiles comme elles. Mais ces fossiles en diffèrent, 1°. par leur forme conique; 2°. par la distribution des lames dans l'intérieur des deux valves; 3°. par l'arête, qui règne aussi dans l'intérieur de ces valves; 4°. enfin, par le noyau. L'arête & le noyau surtout sont deux caractères qui ne conviennent à aucune classe de coquillages connus, soit fossiles, soit pêchés dans les différens parages de l'Océan & des méditerranées.

Ces différentes espèces de coquilles appartiennent à des amas ou familles, dont j'ai suivi la position & les limites dans les quatre départemens de la Charente, de la Charente inférieure, de la Dordogne & du Gard. Je renvoie à notre Atlas les dessins qui sont destinés à faire connoître cette première espèce de fossiles, qui m'a paru intéressante, relativement à l'histoire naturelle de l'*Angoumois*.

Les vignes de l'*Angoumois* diminuent peu à peu, & à la fin disparoissent à mesure qu'on approche de Barbesieux; elles ne dédommageroient pas les propriétaires des moissons abondantes qu'ils font dans les vastes plaines des environs.

Les terres diminuent de qualité à mesure qu'on s'éloigne de Barbesieux: elles sont encore cultivées aux abords de la poste de Rignac, mais la traverse du *Petit-Angoumois* ne présente à la vue que des coteaux couverts de landes & sans culture. Ce canton est singuliérement bouleversé: la nature du sol change souvent par les variations des terres & des pierres couvertes de bruyères. L'argile est la base de ce canton: il y en a de blanche, de grise, de bleue, de verte; elles se trouvent mêlées avec des dépôts de sables, de graviers & de cailloux quartzeux. Ces dernières substances sont tellement dispersées, qu'on a été obligé d'en faire une longue recherche pour la construction des routes.

Mais comme les argiles n'y sont pas distribuées par couches réglées, les fontaines d'un cours suivi y sont rares; ce qui met les habitans dans le cas de manquer d'eau assez souvent.

Les landes du *Petit-Angoumois* sont couvertes de bruyères, d'ajonc, de brandes, de fougères, de genêts & de quelques rejets de bois. On les défriche lorsque l'on peut en étendre la culture.

La principale récolte consistoit autrefois en seigle & en millet: on y a introduit ensuite un petit froment blanc venant de Dantzick, qui a eu quelque succès.

Les bois végètent assez bien dans quelques cantons des landes. Le pommier y a le plus grand succès. Les châtaigniers sauvages s'y plairoient bien aussi.

Les mulets, les ânes de la plus petite espèce qu'on élève dans ces pâturages, se vendent aux Béarnois, à l'âge de huit mois ou un an.

Quand on veut défricher un canton de landes, le propriétaire fait couper & enlever le bois, après quoi il donne le défrichement à perfectionner pendant l'hiver à des manœuvres qui, pour leur salaire, ont les racines & les souches qu'ils arrachent.

Les landes du *Petit-Angoumois* donnent souvent un produit réel sans qu'on prenne la peine de les défricher. On les fauche ou l'on permet de les faucher à un prix convenu. Ce qu'on en obtient par-là sert à faire de la litière ou des engrais, en les faisant pourrir dans les chemins.

On fabrique dans la paroisse du Tastre, pour quinze à seize mille livres de poterie.

La poste de la Grolle est à peu près au centre du *Petit-Angoumois*. On trouve un peu plus loin les villages des hautes & basses Bises. Les terrains qui les avoisinent, ne se trouvent bien améliorés que depuis que les cultivateurs les ont marnés en y transportant une terre legère, blanchâtre & calcaire. Ils la prennent au couchant du village, & à une demi-lieue de distance.

Le bourg de Chevanceau termine la lande par un sol fertile en toutes sortes de productions, parmi lesquelles on doit distinguer le petit millet.

Nous allons continuer maintenant de faire connoître le sol de l'*Angoumois*, en suivant une ligne tracée depuis Chabanois jusqu'à Cognac. La partie de l'*Angoumois*, que l'on commence à parcourir en quittant Chabanois, présente un sol qui est absolument le même que celui du Limosin. Le feld-spath, le mica, le quartz & les argiles forment, ensemble ou séparément, les différentes substances pierreuses que l'on y voit partout, & parmi lesquelles on doit distinguer le granit en masses ou en décomposition: la pierre de taille, le moëlon, le tuf ou le sable ne sont que du granit à grain uniforme ou du gneiss. On ne rencontre les premières traces ou les premiers fragmens du règne calcaire qu'après qu'on a traversé le pont de Sigoulent, distant de Chabanois d'environ deux lieues.

Dans ce trajet la culture offre le blé noir ou sarrasin, le seigle, l'avoine & la châtaigne. C'est celle des villages qui sont aux abords du pont de Sigoulent. La Charente, qui n'est éloignée de sa source, à cet endroit, que d'environ trois lieues, ressemble en été à une foible rivière, mais elle éprouve des crûes considérables en hiver.

Après la traversée du pont de Sigoulent, le granit dispute le terrain, pendant quelques centaines de toises, au règne calcaire de la nouvelle terre. Ce n'est qu'à une lieue & demie de distance de la Charente que les rochers & les moëllons montrent leur assiette ordinaire, & laissent voir des lits de differentes épaisseurs & parallèles à l'horizon.

Les carrières de pierres calcaires sont à une lieue de distance d'un four à chaux qu'on trouve près du village du Maine-Dubos. Ce petit établissement fournit aux besoins des villes de Saint-Junien, de Chabanois & de Rochechouart. Après la tuilerie du Maine-Dubos, on rencontre des silex au même état que ceux que nous avons indiqués dans le trajet du Poitou à Ruffec. Ils deviennent plus communs à mesure qu'on avance dans l'*Angoumois*.

Le sol de l'*Angoumois*, tel que nous l'avons fait connoître, reparoît avec tous ses avantages. Les bancs horizontaux de pierre calcaire, qui annoncent un terrain plus chaud & de meilleure qualité, montrent partout le sainfoin, la vigne & les grains de première culture.

La chaîne nombreuse de châtaigniers qu'on suit depuis *Fontafi* (*Fons ad fines*), se change à Chasseneuil, en marroniers qui donnent de beaux marrons. Il en est de même des noyers, auxquels les marronniers cèdent un terrain favorable après le village du Vivier. Cette contrée est bornée d'un côté par des prairies excellentes, qu'arrose la Bonnieure, & de l'autre par des terres labourables de bonne qualité.

Après le village du Vivier jusqu'au bourg de Taponat, on ne trouve plus qu'un sol ingrat: il produit plus de seigle que de froment. Les eaux en sont mauvaises & très-rares en été. C'est à côté de ce trajet que reparoît l'industrie de l'*Angoumois-Limosin*, qui consiste en éducation de bétail, en mairin & en cercles de châtaigniers. Les fonds de campagne de la partie de l'*Angoumois*, où les propriétaires cultivateurs suivent la méthode du Limosin, sont plus difficiles à régir que ceux de l'*Angoumois* vignoble. Ceux-ci intéressent principalement lors des moissons & des vendanges, qui se font dans les plus belles saisons de l'année, au lieu que, dans les premiers, le menu bétail, l'engrais des bœufs, l'exploitation des bois châtaigniers & la fabrication du mairin sont autant d'objets de produits annuels, qui occupent les soins du maître dans des tems peu agréables. La quantité immense d'engrais qu'exigent les fonds de terres pour donner de bonnes récoltes, exerce l'industrie des métayers : c'est en hiver qu'ils font pourrir, dans les chemins, les ajoncs, les bruyères, les fougères, &c.; qu'ils ouvrent de nouveaux fossés, qu'ils nétoient les anciens, qu'ils dirigent les eaux, pour les arrosemens des prés hauts, dans des rigoles ménagées avec art sur les pentes; enfin, qu'ils travaillent à de nouveaux défrichemens.

Lorsqu'on parvient à la Rochefoucauld, on trouve les maisons de cette ville dispersées dans la vallée de la Tardouère, qui, la plupart du tems, est à sec. Nous exposerons par la suite les circonstances principales de ce singulier phénomène, en traitant de l'hydrographie de la Tardouère & de la constitution du sol des environs de la Rochefoucauld. En sortant de cette ville, on rencontre la vallée latérale de la petite rivière de la *Ligone*, qui ne coule & ne se réunit à la Tardouère qu'après des pluies extraordinaires.

La route ne présente rien d'important jusqu'au pont de la Bécasse, qui est éloigné de la Rochefoucauld d'environ une demi-lieue, & qui a été construit sur le Bandiat, que ce qui concerne la constitution du sol, dont il sera parlé dans la description hydrographique des deux rivières de la Tardouère & du Bandiat, & dont nous ferons un article particulier.

Les objets remarquables que l'on rencontre après avoir quitté le pont de la Bécasse, sont les massifs de coraux & de madrépores, qui se montrent de tous côtés dans le sol de la route & de la forêt de la Braconne : ce n'est qu'à la sortie du bois que le sol de la province reparoît couvert de vignes & composé de couches horizontales. Après avoir traversé la rivière de Touvre, on ne tarde pas à voir le bourg de l'Ile & les coteaux élevés, au milieu desquels sont établies des carrières fort célèbres dans le pays. Cette chaîne de collines est liée avec le plateau d'Angoulême, que nous avons fait connoître à l'article ANGOULEME.

Nous revenons au faubourg Saint-Cibard. Le sol de ce canton est fort productif. C'est un sable mêlé de terreau, converti, par la culture, en terre franche de la première qualité. Cette couche, que l'on peut considérer comme un dépôt de rivière d'environ trois pieds de profondeur, a pour base un lit de gravier de quinze à dix-huit pieds, qui est perméable aux eaux de la Charente; car il suffit de creuser dans la plaine aussi bas que le fleuve, pour obtenir de l'eau dans les puits: d'où il résulte que cette terre, qu'on emploie à la culture des plantes, étant continuellement humectée par les eaux souterraines, n'est point brûlante : aussi les jardins, les prés, les terres, les chenevières, y sont d'un très-grand rapport.

En suivant la route depuis le faubourg jusqu'au bois de la Taille, on trouve un terrain productif dans la plaine comme dans le bois. Au-delà des bois de Bardine, on trouve des dépôts très-fertiles, que les eaux de la Charente laissent à chaque débordement, & qui leur donnent une consistance graduée que les sables n'acquièrent que par des fumiers secs & chauds.

Le sommet du coteau de Sainte-Barbe est à peu près à la même hauteur que l'entrée de la porte du Palet de la ville d'Angoulême. Le point de vue qu'il présente, est fort agréable (*voyez* ANGOULÊME). C'est un bassin immense, arrosé par un fleuve, circonscrit par des escarpemens de rochers qui s'offrent d'un côté, & qui se dégradent de l'autre par des plans inclinés très-adoucis. Il suffit de se rappeler les formes du vallon de la Charente

vis-à-vis

vis-à-vis le plateau d'Angoulême, pour juger que le plateau de Sainte-Barbe a présenté des effets semblables, mais en sens contraire. Le fleuve, forcé de former un détour vers la gauche, a déposé un atterrissement considérable, sur lequel on voit la production végétale la plus vigoureuse de la Grande-Garenne.

Le bourg de Fleac, que l'on apperçoit sur le prolongement du coteau de Sainte-Barbe, y trouve un grand avantage dans la fécondité des terres qui recouvrent ce coteau; elles sont composées d'un sable de la meilleure qualité, dont la base est rafraîchie par les eaux souterraines qui coulent sur le rocher, & qui sont fort abondantes en cet endroit.

Les masses d'argile que l'on apperçoit sur les petits coteaux qui sont vis-à-vis les villages de la Vergne & de Lugeat, procurent les avantages que produit cette substance terreuse lorsqu'elle a une médiocre épaisseur, & que sa base est un tuf pierreux ou du moelon. On voit dans les argiles, des ceps de vigne qui donnent des vins délicieux depuis long-tems. Les blés, les fruits, les légumes & toutes les plantes potagères y acquièrent d'excellentes qualités.

Couches horizontales, & leur distinction.

C'est surtout en *Angoumois*, dans le Périgord & en Saintonge que j'ai observé, avec plus de soin & plus avantageusement, ce qui contribue à la distinction des couches horizontales de la nouvelle terre. Les grands amas de coquilles, dont les débris ont formé des bancs très-épais dans les départemens qui ont succédé à ces provinces, ont favorisé cette étude. On trouve ces bancs sensiblement séparés par des lits fort minces d'argile ou de marnes argileuses mêlées de sables. Dans certaines contrées, au dessus de ces bancs épais, sont des assemblages de couches beaucoup moins épaisses, formées de débris calcaires réduits à un grand état de comminution. Ce sont, la plupart du tems, des pierres d'un grain fort fin. Ces dernières couches composent la croûte superficielle de la plus grande partie de l'*Angoumois*. Comme le grain en est fort fin, il est aisé de distinguer ce qui constitue chaque couche de l'intervalle terreux qui est interposé réguliérement entr'elles, & qui offre des lignes suivies argilo-sableuses. Je n'insisterai maintenant que sur cette séparation horizontale des couches. Je pourrois ici parler des fentes verticales de dessiccation qui s'offrent dans un autre sens, & qui, combinées avec les intervalles terreux, ont réduit assez souvent les couches voisines de la superficie en petits élémens trapézoïdaux, cubiques, parallélopipèdes de volumes infiniment variés. Ce sont ces élémens qui ont fait les bases de ce qu'on appelle *groies :* c'est en remuant ces groies, c'est par leur comminution qui en est la suite, & par leur entière décomposition, qu'une grande partie des terres végétales s'est formée, & c'est le mélange de ce qui reste en *groie*, sous forme pierreuse, qui rend très-meuble ce qui est réduit en terre fine & pulvérulente.

Il est vrai qu'en quelques cantons cette terre végétale est formée de débris de *groies*, & surtout dans ceux où l'on peut observer les couches de pierres calcaires à grain fin ou *cos :* il y a aussi des lits d'argiles rougeâtres & ocreuses, soit fournies par des couches superficielles & élevées de la plus ancienne terre, soit tirées des intervalles terreux interposés entre les couches horizontales pierreuses délitées, soit enfin tirées des lits marneux qui séparent les bancs les plus épais.

Telle est la constitution du sol de l'*Angoumois*, qui se montre sur les croupes des vallons plus ou moins approfondis, & que le travail des eaux qui ont creusé ces vallons a mis à découvert sous les yeux des naturalistes observateurs. C'est là que j'ai vu avec la plus grande satisfaction les dépôts sousmarins de différens ordres, tant de la moyenne que de la nouvelle terre, que l'Océan a formés à côté de l'ancienne terre du Limosin & du Poitou. On voit cette superficie du sol de l'*Angoumois* beaucoup plus chargée de ces argiles ocreuses, à mesure qu'on approche plus de Civra & de Lusignan, parce que la contre-pente de l'arête du cul-de-sac de la Charente, qui est assujettie à cette ligne, & qui est voisine des bords de l'ancienne terre du Poitou, en fournit beaucoup. Les amas d'argile, dispersés à la surface de cette contrée, paroissent être des dépôts formés vers la limite de l'ancienne terre, ou même un dépôt torrentiel entraîné le long de cette limite.

Dans la partie orientale de l'*Angoumois* on peut suivre également une jolie bordure de l'ancienne terre du Limosin, qu'il est facile de lier avec celle de l'ancienne terre du Bas-Poitou. Il paroît certain que la superficie du Limosin, aux environs de Charonnat, où la Charente prend sa source; que dans le plateau du Bas-Poitou, où les rivières de Vonne, de Boivre, d'Auzance & de Thoué prennent leurs sources, on peut à ce plateau en joindre un autre plus étendu, qui se présente en avant de ce second, & qui offre les sources de la *Boutonne*, de la *Béronne*, de la *Sèvre*, & d'un assez grand embranchement sur la droite, puis la *Dive & le Bouleur.*

En comparant la marche de toutes ces eaux courantes, on voit d'abord que la Charente suit une pente fort considérable, & qu'avant d'éprouver un détour très-sensible, elle s'approche de l'ancienne terre du Poitou, que nous annoncent les deux plateaux désignés ci dessus.

En second lieu, la Vienne, qui sort du Limosin avec assez de vitesse, gagne rapidement les dépôts sousmarins de la nouvelle terre, suit ces dépôts, & retrouve avant Nantes une partie de l'ancienne terre du Poitou, qui se réunit à celle de la Bretagne; car la pente de la Vienne est très-considérable de Chabanois à Saumur, & les dépôts sousmarins diffèrent aussi beaucoup, quant au niveau, dans ce trajet.

Voilà donc ce qui peut d'abord intéresser dans l'*Angoumois*, relativement aux terres végétales & au sol qui les produit, & surtout au sol des bordures des anciennes terres du Poitou & du Limosin. Tous ces détails, présentés avec précision & bien conçus, peuvent jeter du jour sur les différentes contrées de la France, sur l'histoire naturelle des départemens qui présenteront des phénomènes parfaitement semblables; en sorte que ces différens traits puissent servir de prototypes pour former l'ensemble de la géographie physique de la France.

Je dois encore indiquer ici des dépôts très-intéressans, qui m'ont semblé assujettis à la bordure de l'ancienne terre du Limosin & du Bas-Poitou; car ces dépôts sont des débris de l'ancienne terre, entraînés par les eaux courantes de ces îles, lesquels ont ensuite été distribués par lits & par bancs par les eaux stagnantes de l'Océan sur les bords de son bassin, & qui se trouvent mêlés avec les débris des coquilles & des autres animaux marins. Voilà des faits très-remarquables, dont l'ensemble & le rapprochement sont très-précieux & très-propres à faire connoître l'histoire naturelle de l'*Angoumois* en général, & en particulier celle de chaque département. Il n'est pas question de *statistique*, mais de résultats constans des opérations de la nature, qui ne dépendent aucunement des établissemens humains, ni de révolutions produites par les passions, & aussi mobiles qu'elles.

C'est encore en *Angoumois* que l'on peut montrer, avec plus d'avantage que partout ailleurs, les différens progrès des causes qui ont couvert la superficie du sol d'une certaine quantité de terres végétales, consacrées à la culture & à la production des végétaux de toute espèce. Cette considération de ces causes que nous offre ce département est très-frappante, & peut conduire à une théorie générale sur cette matière, c'est-à-dire, à des principes sûrs & certains, qu'on peut généraliser facilement, & qui sont propres à détruire les hypothèses absurdes qui ont été imaginées à ce sujet. On peut y saisir en même tems la distinction des *terres végétales natives* & des *terres végétales de transport*, c'est-à-dire, de celles qui ont été formées sur le sol par sa destruction & la décomposition des bancs de la superficie, & de celles qui ont été amenées d'ailleurs, car l'on peut observer le concours des agens qui les ont accumulées dans certaines parties des plaines & vallées, comme celui des agens qui ont dépouillé certains cantons de ces mêmes terres.

On voit aussi, en parcourant cet intéressant département, que la nature des terres végétales suit celles des couches superficielles de pierres qui les fournissent. Les débris des pierres calcaires, des argiles, des marnes; les mélanges de tous ces principes, figurent dans tous les cantons où se trouvent les couches calcaires, les lits d'argiles & de marnes. Outre cela, l'abondance des terres végétales, dans toutes ces circonstances, est en raison de la facilité avec laquelle s'opère la décomposition des pierres, soit calcaires, soit d'autre nature, ou la comminution des lits terreux, comme la rareté des terres végétales est en raison de la difficulté des délitemens & des comminutions; ajoutez à cela la facilité qu'a l'eau pluviale de les transporter ailleurs à mesure qu'elles peuvent se former. Voilà quels sont les principes que l'observation m'a fait connoître, & qui doivent avoir leur application partout ailleurs; & ce sont là les vues qu'il faut avoir pour envisager un peu en grand ces objets d'histoire naturelle. C'est là le vrai moyen de lier ensemble des détails qui, sans cette correspondance, ne sont rien, & qui jusqu'à présent n'ont eu aucune valeur, ou ont été exposés sans liaison, comme sans ces rapprochemens méthodiques qui donnent du corps aux observations.

Les vallées font encore une belle partie de l'histoire de la terre, que l'*Angoumois* a présentée à mes observations avec toutes les configurations des croupes, & dans les différens degrés d'approfondissement, qui sont dépendans de l'action des eaux courantes torrentielles : aussi j'en tracerai l'hydrographie dans ces vues.

C'est à la suite de ce travail des eaux, que l'on trouve un grand nombre d'*entonnoirs* qui absorbent celles de plusieurs ruisseaux & de quelques rivières; ce qui a établi dans ces lieux une circulation intérieure des eaux qui ne sont pas perdues entièrement, puisqu'elles sont restituées à la surface par des sources plus ou moins abondantes, qui ont leurs débouchés sur les limites des plateaux absorbans, soit aux environs de la Rochefoucauld, soit dans ceux de Ruffec; mais je donnerai par la suite à tous ces objets les développemens qu'ils méritent, & que les faits & les observations m'ont mis en état d'offrir avec des détails intéressans.

Les mines de fer sont aussi fort abondantes dans les parties élevées de l'*Angoumois*, voisines de la bordure de l'ancienne terre du Poitou : cette situation se retrouve aussi sur les parties élevées du même département qui côtoient l'ancienne terre du Limosin. Ces dépôts méritent d'être notés, ainsi que leur position relative aux lieux de la première origine de cette substance minérale, qui est dans un état limoneux.

Le grain des pierres calcaires, qui est surtout dépendant d'une manière très-remarquable des différens amas de coquillages, est un objet qu'on peut étudier en *Angoumois* : c'est là que le passage d'un amas à un autre peut se suivre, soit dans le sens de l'épaisseur des bancs & des lits, soit dans le sens de leur allure & de leur prolongement. En passant de Ruffec à Verteuil, de Verteuil à Angoulême, d'Angoulême à la Rochefoucauld, la

... varie ces objets avec tous les caractères qui peuvent servir de base à des distinctions vraiment instructives, & concourir également à l'établissement de tous les principes que j'ai exposés dans les considérations générales.

L'examen des vallées où coulent les rivières de différens ordres, m'a occupé plusieurs années de suite. J'y ai vu & décrit, par exemple, les formes des oscillations & leur étendue croissante dans la Charente, depuis Civrai jusqu'à Angoulême, & depuis Angoulême jusqu'à Cognac, &c. J'y ai reconnu que ces angles saillans & rentrans de Bourguet & de Buffon se réduisoient en dernière analyse à des plans inclinés, opposés aux bords escarpés, également suivis & réguliers. On y voit que les angles saillans sont des plans inclinés, dont la pente commence aux sommets des collines; & s'étend jusqu'aux fonds de cuve des vallées & aux dépôts qui les couvrent; que les angles rentrans se présentent sensiblement sous forme de bords escarpés, qui sont exactement en face des plans inclinés; que les faces des bords escarpés se réunissent à des plans inclinés. Au reste, toutes ces formes des croupes de la vallée de la Charente seront décrites dans notre Atlas, qui renferme les différentes planches où sont figurées, non-seulement les diverses parties de la vallée de la Charente, mais surtout les formes du terrain, qui environnent le plateau & les collines d'Angoulême, au pied desquelles est la limite de la plus grande oscillation des eaux de la Charente. Ces collines opposent un obstacle invincible, par lequel la marche de ce fleuve a été arrêtée vers le midi, & déterminée à l'ouest vers le bassin de la mer, où elle coule sans grandes oscillations marquées. Au contraire, ce même fleuve s'est trouvé obligé de changer sa direction du nord au midi par la rencontre des collines des environs de Civrai, où les oscillations ont commencé à s'établir, & à se prolonger par des progrès insensibles; phénomène très-remarquable, & qui paroît la suite de l'augmentation de la masse des eaux courantes, ainsi que celle des dépôts qui en ont favorisé les détours & l'étendue.

Productions & cultures de l'Angoumois.

La beauté du climat de l'*Angoumois* & la pureté de l'air sont des avantages qui en procurent beaucoup d'autres. Les fruits y sont délicieux, surtout les pêches & les poires. Les pêches sont répandues dans les vignes en pleine campagne, où elles croissent sur des arbres qui ne sont point entés, & sans autre secours que celui de la nature. Néanmoins leur grosseur & leur qualité surprennent les plus habiles jardiniers. La production des poiriers de *bon-chrétien* n'est pas moins étonnante; mais ils diffèrent des pêchers & des pavis, en ce qu'ils se plaisent principalement dans les jardins des villes, où ils veulent encore être soignés par des mains habiles. Les autres productions naturelles qui servent à la subsistance des habitans, doivent être rangées, quant à leur bonté, dans la même classe: tels sont les poissons d'eau douce & les vins blancs surtout, qui sont délicats & spiritueux.

La température des saisons se succède par degrés insensibles en *Angoumois*. Les fortes chaleurs & les grands froids y sont fort rares: leur durée n'est même chaque année que d'environ trois semaines. L'automne est ordinairement la plus belle saison. L'agréable température de ce département est quelquefois interrompue, comme dans les environs, par des ouragans assez violens. Les vents d'est & de sud-ouest y soufflent aussi, surtout pendant l'hiver, avec une impétuosité extraordinaire. Le printems est trop souvent la saison la plus meurtrière pour les productions de la campagne, & ses longues fraîcheurs préjudicient alors aux vignes, de manière à priver leurs cultivateurs de toute récolte.

Le sol de l'*Angoumois* est singulièrement varié. Les vignes, les terres labourables, les bois, les prés, n'occupent pas des cantons déterminés dans chaque commune: d'où il suit qu'on apperçoit toutes les productions entre-mêlées à l'infini dans les campagnes, & au gré des gros & des petits propriétaires. L'on n'y trouve point de montagnes d'une certaine élévation, mais seulement des suites de collines, séparées par des plaines & des vallons plus ou moins fertiles. Les vallons sont ordinairement arrosés par des ruisseaux ou des rivières, dont les plus considérables sont la Charente, la Drôme, la Touvre, la Tardoère, le Bandiat & la Bonnieure. Nous parlerons de chacune d'elles dans des articles particuliers. Nous regardons les vallons de ces rivières comme les principaux de tous ceux qui renferment les eaux courantes: les autres leur correspondent, comme latéraux & obliques à leur direction. Ces derniers prennent leur naissance dans des plaines élevées à une distance plus ou moins grande, & ils augmentent en largeur & en profondeur à mesure qu'ils approchent de leur confluence avec les premiers.

Les collines de l'*Angoumois* ont presque toutes la même hauteur, relativement au vrai niveau de la surface convexe de cette partie du globe; elles sont composées de couches à peu près horizontales, & parallèles aux plaines & à leur fond de cuve, au dessus duquel elles s'élèvent. On distingue facilement ces couches les unes des autres, soit par la variété des matières qui les composent, soit par un intervalle terreux qui les sépare & les distingue lorsque les substances qui les forment, sont de même nature; elles contiennent souvent des débris de coquillages & d'autres corps marins de diverses espèces, qui annoncent que cette province a été couverte autrefois par les eaux de la mer, & qu'elles y ont séjourné pendant long-tems. Le sol de l'*Angoumois* est assez généralement calcaire, & dépendant de la moyenne & de la nonvelle terre, dont les limites côtoient, du côté de l'est, une certaine bordure assez remarquable de l'ancienne terre du Limosin & du Bas-Poitou.

L'on trouve presque partout des tufs ou les décompositions des couches immédiatement inférieures à la terre végétale, des bancs de moëlons & d'autres bancs d'un grain plus solide. Ainsi, des coteaux entiers présentent aux observateurs, par leurs escarpemens le long des vallons, des masses immenses de pierres de taille propres à toutes sortes de constructions.

Cette composition souterraine n'est pas cependant conservée au même état primitif dans tous les cantons. On remarque des déplacemens singuliers, & fort étendus dans celui de la Rochefoucauld, & dans les environs de Ruffec & de Verteuil : l'on y voit des rochers & des moëlons calcaires qui sont inclinés en tous sens dans les coteaux & dans les plaines. Les vides ou cavités souterraines qui les séparent, engloutissent les eaux pluviales à une si grande profondeur, qu'on ne peut en faire usage pour former des fontaines ou des puits. Par un contraste remarquable, le sol devient froid & humide à mesure qu'on approche de l'ancienne terre du Limosin, car il n'est plus calcaire ; la nature des terres change comme les productions ; c'est un autre monde qui ne participe point de l'*Angoumois*.

Terres végétales.

Quoique nous ayions déjà traité des terres végétales relativement à leur origine, je crois devoir y revenir ici, en les considérant par rapport à la culture. Les différentes natures de terres végétales qui s'offrent à la surface des cultures de l'*Angoumois*, sont la *groie vive*, les *varennes*, les *terres fortes*, les *sables brûlans* & *non brûlans*, & les *chaumes*. On appelle *groie vive* une couche de terre superficielle, mêlée de petites pierres de différentes figures & grosseurs : il y a toujours sous cette couche, ou des bancs de tufs pierreux, ou des moëlons. Il est évident que les pierres qui sont dans les groies proviennent du fond, dont elles sont continuellement détachées & comminuées par la culture. On conçoit aussi qu'un pareil sol doit offrir des variétés infinies par la nature des pierrailles, par les tufs calcaires, par les terres argileuses qui le composent, & par les proportions de leur mélange. La couche végétale pierreuse qui caractérise la groie vive, est plus ou moins épaisse ; la seconde couche, sur laquelle cette terre repose, est ordinairement formée par un tuf ou par des bancs de moëlons plus ou moins serrés, ou enfin par un rocher plus ou moins vif. Si ce rocher offre un corps continu & sans aucune fente, alors cette groie, assise sur un fond impénétrable aux racines des plantes, est de la plus mauvaise qualité, à moins que la couche de terre végétale ne soit d'une telle épaisseur, qu'elle puisse se suffire à elle-même. Si au contraire le rocher est entrecoupé de fentes ou de veines de terre assez multipliées & assez ouvertes pour recevoir les racines de la vigne ou des autres végétaux qui pénètrent à une grande profondeur, alors la groie est considérée comme étant de bonne nature.

On appelle *varennes* les terres qui sont formées par des dépôts considérables ; elles ont beaucoup de profondeur, & tapissent ordinairement le fond des vallons, où les eaux courantes ont fait des dépôts. Ainsi, la qualité des dépôts détermine celle des varennes.

Les *terres fortes* sont les argiles ou marnes pures, & mêlées de toutes sortes de principes terreux.

Les *sables brûlans* sont les terres dans lesquelles le sable fin ou les graviers sont trop abondans pour la végétation. Les *sables non brûlans* sont ceux où ce mélange se trouve naturellement bien fait, ou dont la base est suffisamment humectée.

La dénomination de *terres franches* est appliquée à toutes celles qui ont été améliorées par les engrais ou par la culture, sans qu'on ait égard à leur état primitif & naturel ; elles varient entr'elles selon la constitution de leurs premiers élémens, & selon la dépense qu'elles exigent pour les entretenir dans l'état que la culture leur a fait acquerir.

Les *chaumes* sont les rochers, moëlons, groies ou tufs recouverts d'une couche de terre si mince, qu'elle est absolument insuffisante pour une culture quelconque. Les terres incultes, auxquelles il y auroit très-peu de chose à faire pour les faire sortir de leur état de pure nature & les affranchir, ne sont plus considérées comme des *chaumes*, mais seulement comme des terres neuves, dont il est possible de tirer des produits plus ou moins considérables par la culture. Ces terres neuves exigent plus ou moins de dépense pour leur faire acquérir les qualités de *terres franches*.

Les *groies*, les *varennes*, les *terres fortes* & les *sables non brûlans* forment les meilleurs fonds de l'*Angoumois* : il y en a qui sont couverts de vignes plantées depuis plus de cent ans, & qui sont encore en bon rapport, quoique, de mémoire d'homme, elles n'aient pas reçu le moindre engrais ; elles sont un peu dégarnies de ceps, il est vrai ; mais aussi l'on n'a jamais cherché à les renouveler & à les repeupler par des provins, par des chevelus, par des marcotes ou par une plantation quelconque. Il y a peu de provinces où le même cep puisse durer aussi long-tems, sans être soigné à un certain point.

De même il y a des terres labourables desquelles on retire de bonnes moissons pendant dix à douze ans consécutifs, sans qu'il soit nécessaire d'y apporter aucune espèce d'engrais ; quelques-unes même sont si bien constituées, qu'on ne se souvient pas de les avoir vues reposer. Parmi les terres de la meilleure qualité, une bonne groie vive est encore préférable à toutes les autres ; elle est d'une culture plus facile & plus propre à nourrir toutes sortes de plantes. Ses productions sont non-seulement meilleures, mais encore elles résistent mieux aux accidens des saisons, telles que les gelées & les pluies, qui pourrissent les végétaux dans les terres fortes, & détruisent quelquefois les récoltes entières dans les *varennes*. D'ailleurs, les engrais disposent mieux les plantes à la végétation dans les groies que dans tout autre sol : les plantes s'y soutiennent mieux, & y durent plus long-tems. Une bonne groie vive, je le répète, est une bonne terre affranchie, mêlée en bonne proportion de petites pierres, & qui auroit une épaisseur de dix à douze pouces sur un tuf pierreux qui se décompose aisément, ou sur des couches de moëlons d'un grain fort lâche. Il y a aussi des sables non brûlans, où le mélange est naturellement fait en si bonne proportion, qu'ils équivalent aux meilleures groies vives, & surtout si leur base est un peu humide.

L'*Angoumois* seroit très-riche en productions de culture si les bonnes qualités de terres dont je viens de parler, y étoient les plus abondantes; mais malheureusement leur quantité est si petite en comparaison des sommets & des plaines arides, des collines, des groies trop vives ou des mauvais tufs, des chaumes ou des rochers nus, que ce département ne doit pas être compté parmi les plus productifs de l'Empire français.

L'industrie a cherché à tirer parti de ces sommets arides en y plantant la vigne, qui s'accommode des coteaux & des terrains secs. Les premiers succès de ces plantations ont engagé les cultivateurs à les multiplier & à les étendre : de là il est résulté que l'*Angoumois* a été couvert de vignes, & que le vigneron s'est emparé d'une grande quantité de terres à froment. Les grains valoient peu; la vigne produisoit beaucoup. Malheureusement pour lui, la chance a tourné : de dépit il les a arrachées pendant quelque tems, jusqu'à ce que l'équilibre fût établi. Enfin, les paysans angoumoisins se sont adonnés à tous les genres de culture.

Les vignes disparoissent peu à peu en allant de l'*Angoumois* en Limosin, parce que le vin dégénère en même raison que les sols. La vigne, placée dans un sol froid & humide, donne un vin foible, qui se consomme par les petits propriétaires. La culture principale du canton consiste en seigle, froment, maïs, avoines, blé noir, raves & châtaignes. Les limites de l'*Angoumois* ressembloient beaucoup au Limosin : la terre argileuse y domine. Les pierres sont des espèces de *silex* qui occupent un certain espace déterminé, après lequel on ne rencontre plus que le granit en masse ou en train de décomposition, lequel forme, par son mélange avec les argiles, la terre végétale de l'ancienne terre du Limosin. C'est le pays vignoble & calcaire par sa nature, qui caractérise l'*Angoumois* proprement dit. Le commerce établi entre ces deux pays consiste principalement en bétail, grains & vins.

Il me semble que le projet de répandre la culture du maïs dans nos provinces septentrionales, même dans les provinces voisines de Paris, n'a pu être conçu que par un homme qui n'a pas vu combien sa maturité étoit tardive, ainsi que sa récolte, dans nos provinces méridionales. On ne le recueille fort souvent qu'en octobre, & presque toujours après les gelées : aussi doit-on être étonné que ce grain, étant peu mûr, donne une pâte si mollasse.

Cette plante a besoin de pluies abondantes pour éprouver un certain développement sans lequel le grain ne parvient pas à sa maturité, & fort souvent les pluies qui opèrent ce développement sont trop tardives, & malgré une chaleur favorable qui succède à ces pluies, ce grain n'atteint pas pour lors une maturité convenable avant les gelées.

En général, on trouve dans ces provinces, que ce grain fournit une nourriture lourde, indigeste : le seul avantage qu'on en retire est pour la volaille. La culture de ce grain demande beaucoup de bras pour être faite en grand : elle peut détourner, dans nos provinces, de travaux plus essentiels & plus profitables. Les provinces où je l'ai vu cultivé plus généralement, offrent un sol léger, aisé à ameublir. Dans les terres fortes & argileuses il ne profite pas autant, & ne développe pas une si abondante végétation, soit en feuilles, soit en grain. Il est vrai que ce sol tient mieux l'eau, & ne laisse pas autant souffrir la plante des sécheresses, mais il ne prend pas aussitôt la chaleur après les pluies. C'est par cette raison que presque toutes les cultures de maïs ne donnent pas, dans toute leur étendue, une végétation uniforme. Il y a beaucoup de vides, ou les plantes manquent totalement, ou bien sont clairsemées, ou enfin ont toutes sortes de grandeurs, parce que toutes ces plantes n'ont pas été nourries également, & qu'il leur faut une abondante nourriture. Que de pertes toutes ces circonstances n'occasionnent elles pas !

Plus ce grain produit, plus il exige du sol & du climat, & pour peu que l'eau lui manque il dépérit, parce qu'il n'a pas le développement nécessaire.

C'est aussi à ces causes qu'on doit attribuer l'inégale maturité des pieds de maïs. J'en ai vu sécher & annoncer la maturité parfaite, pendant qu'un grand nombre d'autres étoient encore fort verts, tant dans leurs tiges que dans leurs feuilles, quoique développés assez bien & d'une aussi grande taille que les autres, à plus forte raison les tiges foibles & rabougries, qui étoient encore plus vertes. C'est en cet état que j'ai vu les cultures du maïs surprises de la gelée au mois d'octobre de 1786. Or, que penser de ces récoltes d'un grain qui ne se trouve naturellement que dans les pays où il ne gèle pas ?

Secondes considérations sur le sol de l'Angoumois.

En sortant de Poitiers & aux environs de Vivonne, la pierre est d'un grain assez serré, en conséquence les séparations des couches sont très-nettes & très-multipliées.

A mesure qu'on avance vers le midi & qu'on monte, on trouve que la partie élevée de l'*Angoumois* a l'air d'offrir d'anciens dépôts. C'est le même système jusqu'à Couhé & au-delà. Avant d'arriver à Ruffec, on rencontre une bande de terrain qui semble dominer au dessus du sol ordinaire, composé de couches calcaires. C'est un sable rouge, qui renferme de la mine de fer, & qui recouvre les bancs calcaires du sol primitif. On retrouve une semblable bande superficielle à une certaine distance de Ruffec au midi & avant la Tremblaye, & il y a parmi les sables une grande quantité de quartz roulés.

Entonnoirs fort nombreux & absorbant les eaux pluviales.

Dans les environs de Ruffec & de Verteuil on trouve beaucoup d'entonnoirs où les eaux pluviales se perdent : il y en a surtout un grand nombre entre la forge de Ruffec & Ruffec, & sur le chemin de Verteuil à Champagne-Mouton. On en rencontre de longs & d'arrondis. Leur formation paroît être la suite d'un affaissement apparent, en conséquence de l'enlèvement intérieur des premières couches des marnes & des argiles qui soutenoient les bancs de pierres superficiels. Les eaux pluviales ont arrondi ou alongé les croupes en se rendant au centre des entonnoirs, vers lequel les pentes en déterminent la marche. Ces entonnoirs ne sont jamais remplis d'eau ; cependant ils sont cultivés jusqu'au fond.

Des vallons secs & de leurs croupes.

Il y a beaucoup de vallons secs dans ces cantons. L'on y observe leurs premières ébauches, à l'origine des vallées approfondies, avec les sinuosités de leurs croupes ; & des pentes variées & graduées en différens sens.

Les vallons secs sont moins creusés que les vallons auxquels ils aboutissent, & qui, la plupart du tems, sont abreuvés. Ces vallons secs offrent des amas de terres & de petites pierres à leur confluence avec les vallons abreuvés. Il est visible que les eaux pluviales, qui n'y coulent que par accès, ont déposé ces matériaux, sur la fin de chaque accès, à mesure qu'elles diminuoient de force & de volume.

Quand ces vallons sont parvenus, à la suite de l'approfondissement, au dessous du niveau de la couche qui tient l'eau, on y voit des sources. D'Ezecque à Verteuil on observe des excavations qui sont au dessous du niveau d'eau d'un vallon : elles ont toujours de l'eau ; mais d'autres vallons voisins ne laissent épancher abondamment ces eaux, ainsi qu'un puits qui est au fond d'un vallon, qu'autant qu'elles s'élèvent à une certaine hauteur. Après les pluies d'orage, ou dans le milieu de l'hiver, l'eau abondante fait déborder ces réservoirs, & former un ruisseau qui est à sec l'été, parce que le fond sur lequel il coule, est très-peu approfondi. Il est visible que, si ce vallon eût été plus approfondi, il auroit reçu une eau courante continuelle. Voilà une théorie bien simple sur les écoulemens des sources dans la nouvelle terre de l'*Angoumois*, & dans celles du département de l'Aube, surtout aux environs de Bar-sur-Aube.

Ces vallons secs ont des formes qui varient suivant la disposition du terrain au milieu duquel ils ont été creusés.

Si ce sont des vallons de croupes, ils ont le plus souvent la forme d'une portion de cône renversé & coupé par un plan qui passe par l'axe. Quelquefois le cône évidé s'alonge jusqu'à la plaine, souvent il reste tronqué ; & dans ces deux cas ces vallons diffèrent, quant à leur forme, des vallons ordinaires, car la partie approfondie, au lieu d'aller en s'évasant, va en se rétrécissant. L'origine du vallon est le bord d'un entonnoir, qui présente une portion quelconque de la circonférence de la base du cône. Je puis citer les vallons de croupes de la Roche-Guyon en Normandie, & de semblables vallons dans le voisinage de Sens, au milieu de la craie.

Dans l'ancienne terre, les vallons de croupes, quoique très-élevés, sont évasés de même, à leur partie supérieure, comme à la Roche-Guyon : en cela l'eau agit sur les granits comme sur la craie. Il paroît que ces formes sont générales lorsque la pente des croupes est de quarante-cinq degrés & plus, car alors l'eau circule lentement & par un mouvement ralenti.

Les couches calcaires sont fort nettes & bien suivies depuis la Tremblaye jusqu'à Mansle, parce que le grain est fin, & que le principe terreux est distribué très-régulièrement entre les lits. Les fentes verticales ont aussi des faces très-unies, suivant la finesse du grain. Il y a quelques fentes dans l'épaisseur des couches, mais ces fentes sont moins nettes & moins ouvertes que les verticales, & paroissent d'une autre époque si elles sont dues entièrement à l'effet de la dessiccation ; ce qui n'est pas aisé à déterminer.

Depuis Mansle jusqu'au plateau d'Angoulême, le principe terreux qui sert à la séparation des couches paroît bien à découvert, & présente des couches bien distinctes, surtout dans les parties où il est le plus abondant.

D'ailleurs, les terres végétales ont une épaisseur qui est en raison de cette distinction des couches, & paroissent en grande partie avoir été fournies plutôt par les intervalles terreux & voisins de la surface de la terre & mis à découvert, que par la décomposition des pierres, quoiqu'elle y ait contribué d'une manière fort sensible; car dans ce cas les terres végétales annoncent tous ces mélanges.

J'ai revu les caps terrestres d'Angoulême, d'Anguienne, des Eaux-Claires, de la Charrau, de la Bohéme, enfin du Roulet & de tout ce qui prouve les limites de l'oscillation de la Charente, & son détour en sens contraire.

Les massifs de ces caps offrent des couches fort épaisses, qui sont quelquefois distinctes, d'une manière fort apparente, par l'interposition des intervalles terreux; elles cessent de l'être ensuite par leur disparition, mais les carriers savent, par expérience, que les bancs se séparent aux moindres efforts, & sont suivis dans la direction des premières lignes. C'est d'après ce système qu'ils lèvent les blocs, & qu'ils les détachent des masses inférieures. Lorsque les pierres sont dures & infiltrées, elles ne se prêtent pas facilement à ce délitage, & les blocs détachés sur la bordure supérieure des croupes paroissent former également un seul tout dans la masse, qui peut bien avoir dix à douze pieds d'épaisseur. Il est vrai qu'il s'opère souvent de ces séparations au moyen des intervalles terreux qui reparoissent pour lors.

On trouve des fentes verticales plus fréquentes & plus nettes dans les couches de pierres dures & infiltrées, que dans les tendres qu'on taille par le moyen de la scie.

Toutes ces couches, tous ces bancs de pierres tendres, sont visiblement formés par les débris de coquilles de l'amas particulier à l'*Angoumois*. Il y a des parties où ces coquilles sont conservées au tiers de la masse totale des caps dont l'examen nous occupe maintenant.

Je le répète : la terre végétale de cette contrée paroît dépendre beaucoup, quant à sa nature & à son abondance, de la quantité que peuvent en fournir les intervalles terreux.

Pour peu que la substance terreuse se trouve en certaine proportion, avec les débris des coquilles propres à l'*Angoumois*, alors les pierres de taille sont si gélices ou si tendres, qu'on est obligé d'en abattre une partie en les taillant.

Dans les *cos* ou pierres à grain fin, il n'y a pas de ces mélanges terreux sur les deux faces des lits, qui pour lors sont très-nettes & très-unies.

Iles terrestres.

Je n'ai guère vu de ces îles en *Angoumois*, quoique les sommets des collines m'aient offert beaucoup d'arêtes alongées. Les îles terrestres dépendent de l'état des couches horizontales superficielles, susceptibles, ainsi que leurs bases, d'être détruites par les eaux courantes qui les enveloppent. Je crois devoir citer comme telle la bute de Chasseneuil, environnée par une partie de la rivière de Chasseneuil à l'est & au midi, & au nord & à l'ouest par l'affluente de Mary.

J'ai visité le plateau qui domine le cap voisin du village de chez Galland, dans un endroit où se faisoit la fouille d'une carrière de pierres de taille. J'y observai des rognons de pierres très-suivis, dont les limites étoient arrondies, & renfermoient des masses primitivement carrées. J'y vis des faces inclinées, qui paroissoient recouvertes par des intervalles terreux, comme tous les contours infiniment variés des rognons pierreux. Dessus & dessous ces bancs organisés ainsi il y a deux couches feuilletées; outre cela on distingue aisément, dans les rognons, les débris des coquillages ortocératites, dont quelques-uns même sont conservés presque dans leur entier.

La carrière de l'île est sur la partie élevée de la face d'une colline, dont le sommet est au niveau du plateau d'Angoulême. On trouve à la surface du sol quelques couches distinguées par des intervalles terreux, dont une partie se débite en moëlon. Les autres, qui suivent jusqu'à une profondeur de quinze à vingt pieds, sont d'une pierre fort saine & tendre, qui se lève par bancs peu distincts, mais qui se sépare au moindre effort. Outre cela, ces bancs sont interrompus, sur leur longueur & leur largeur, par des fentes verticales plus ou moins suivies & plus ou moins nettes. Les intervalles terreux qui séparent les bancs, sont peu sensibles au milieu de la carrière.

Collines de l'Angoumois.

Les collines de l'*Angoumois* ont presque toutes la même hauteur, parce que les vallées qui les ont détachées du sol, ont à peu près la même profondeur, surtout le long de la Charente, de la Drone, de la Touvre, de la Tardouère, du Bandiat, de la Bonnieure, à quoi je crois qu'on peut ajouter l'Anguienne, les Eaux-Claires, la Charrau, la Nouère & la Bohême. Ces collines sont composées de couches horizontales assez épaisses, & distinguées les unes des autres, soit par la variété des matières qui les forment, soit par un petit intervalle terreux qui les sépare lorsque les substances qui les composent, sont de même nature. Quelques-uns des cantons de cette province offrent des couches de pierres d'un grain fin & serré, où l'on ne rencontre que par hasard des débris de coquilles marines. D'autres, au contraire, n'offrent que des débris de coquillages plus ou moins comminués, & d'une famille de coquilles particulières à l'*Angoumois* & au Périgord.

Comme dans les uns & les autres cantons les substances pierreuses dominent à la surface du sol, il est généralement sec & brûlant. On y trouve presque partout des couches de moëlons & des masses immenses de pierres de taille propres à toutes sortes de constructions. Cette distribution des pierres par lits suivis & horizontaux n'est pas uniforme dans tous les cantons de l'*Angoumois*. Le sol des environs de Ruffec & du canton de la Rochefoucauld offre des bouleversemens singuliers. L'on y voit des portions de bancs de rochers calcaires qui ont éprouvé des déplacemens & des inclinaisons dans tous les sens. De grandes parties de ces bancs pierreux ont éprouvé des affaissemens considérables : c'est dans ces cavités superficielles que les eaux pluviales se rassemblent d'abord, & sont ensuite absorbées de manière qu'elles ne circulent pas, à la surface du terrain, en filets suivis & continus. Les autres parties offrent aussi des fentes & des trous qui boivent les eaux pluviales, ou même les eaux courantes des ruisseaux & des rivières ; mais nous reviendrons dans d'autres articles de ce Dictionnaire, & surtout dans ceux du BANDIAT & de la TARDOUÈRE, à l'exposition de ce phénomène & à son explication.

Dépôts sousmarins dans les parties de l'Angoumois, limitrophes de la bordure de l'ancienne terre du Limousin.

Nous savons qu'indépendamment de tous les corps marins, l'on trouvoit, dans le sein de la nouvelle terre, des vestiges d'animaux & de végétaux qui appartiennent à la terre ferme. Ce n'est pas seulement dans les bancs superficiels que ces débris se rencontrent, c'est aussi dans des carrières profondes, & souvent au dessous de ces autres lits réguliers, où les coquillages se trouvent avec tant d'abondance. Ce n'est point non plus dans les dépôts de terres adventices, c'est dans la masse des terrains qui ont été tranchés par les eaux courantes. Ainsi ces substances ne peuvent être que beaucoup plus anciennes, dans leur position, que le travail des eaux courantes au milieu des terrains dans lesquels on les découvre.

J'observerai d'ailleurs que les eaux qui ont voituré & déposé les matériaux des différens lits où ces substances sont contenues, ont dû être courantes & tranquilles ; *tranquilles*, parce que la construction générale des lits est regulière & parfaitement horizontale; *courantes*, puisqu'on y trouve des corps étrangers aux lieux où ils résident maintenant.

D'ailleurs, il est nécessaire que ces lieux aient été des endroits bas, & que tous les matériaux dont ces dépôts sont formés avec les substances étrangères que nous avons indiquées, soient descendus de lieux plus hauts & plus élevés; ou plutôt, on doit penser que si des parties de nos continens ont été, dans certains tems, des bassins de mers qui renfermoient des poissons & des coquillages, & qui étoient le rendez-vous de toutes les vases, de tous les dépôts réguliers & parallèles à l'horizon que nous observons, il y avoit aussi en même tems des parties de terres fermes élevées au dessus des eaux qui produisoient les plantes dont nous trouvons les espèces, & sur lesquelles vivoient les animaux terrestres dont nous trouvons les os & parties de squelettes; & qu'enfin, si nous voyons des fragmens de pierres roulées, des sables d'une nature particulière, des terres, des végétaux, des corps organisés terrestres & marins, faire partie du massif de nos contrées & de nos continens secs & découverts, quoiqu'ils soient l'ouvrage des eaux, tous ces mélanges extraordinaires ne peuvent provenir que d'une révolution qui, dans le même tems où elle a donné à la terre sa forme présente, en a changé une autre plus ancienne, que des monumens incontestables prouvent, d'une manière invincible, avoir existé dans des tems fort reculés.

On ne peut avoir aucun doute sur les formes que la nouvelle terre, qui sortoit du sein des mers par cette révolution, a pu prendre, puisque nous pouvons citer quelques contrées découvertes qui occupoient les parties basses, voisines des continens élevés.

La solution de ce grand & curieux problême se présente, d'une manière particulière, dans la distinction de l'ancienne terre du Limosin, & de la nouvelle terre de l'*Angoumois*, ainsi que dans les dépôts d'arbres & d'arbustes appartenans à l'ancienne terre, & fournis par elle, & qui se sont trouvés dans les limites de ces deux massifs. Il suffit de donner la description de ce qui concerne un de ces dépôts, pour ne laisser plus aucun doute à ce sujet.

Les anciens continens sont donc les pays graniteux qu'on trouve encore placés dans une position semblable à celle qui existoit dans l'intérieur de la nouvelle terre, laquelle se formoit au milieu des golfes voisins des bords de l'ancienne. Depuis la retraite de l'Océan, tout est resté comme il étoit auparavant; mais les eaux courantes y ont produit des déplacemens qui ne peuvent faire méconnoître l'ancien travail de ces eaux.

On a trouvé au village de Coulgean, & dans deux fouilles qui ont été poussées jusqu'à quarante pieds de profondeur, deux couches de bois fossiles résineux, &, dans l'intervalle, des lits de sables, de cailloux roulés, des argiles & des pierres calcaires. Les bois fossiles, pour la plus grande partie résineux, étoient chargés de pyrites. Il y avoit de même des graines & des fleurs sur ces bois. Quelques fragmens de ces bois fossiles, & mêlés aux bois conservés intacts, étoient dans un état de combustion à laquelle les pyrites ont pu contribuer. Les graines, les fleurs, les sommités de tiges & les boutons naissans se trouvoient mêlés aux matières carbonifiées.

Nous ne pouvons pas douter que ces fossiles n'aient fait partie des transports que les eaux de l'ancienne terre du Limosin, voisine de la paroisse de Coulgean, ont fait dans le bassin de la mer qui environnoit cette ancienne terre, & qu'on peut reconnoître en parcourant ces limites, & je ne doute pas qu'elles n'offrent de semblables subs-

tances

tances appartenantes de même au Limosin & à la même époque très-ancienne.

On a eu occasion de rencontrer, dans la même contrée, des blocs de granits roulés & arrondis par les flots de la mer, auxquels on ne peut s'empêcher d'attribuer le même travail sur la grande quantité de cailloux roulés qui se trouvent dans la vallée de la Tardouère, & qui ont pour base des quartz & des fragmens de granits & de gneiss, matériaux propres à l'ancienne terre du Limosin.

J'ajouterai maintenant ici des faits encore très-intéressans, relativement à la constitution de l'*Angoumois*, qui, comme je l'ai déjà dit, est, par rapport au Limosin, ce que le val d'Arno-di-Sotto m'avoit paru renfermer relativement à la crête de l'Apennin.

Le département de la Charente m'a offert, au milieu des collines, plusieurs os d'animaux terrestres, tels que des dents & des os de mâchoires d'éléphans à Verteuil, assez près de la limite de l'ancienne terre du Limosin. J'ai vu que ces dépouilles s'y trouvoient mêlées avec des cornes d'ammon, des cames, des visses, tous animaux marins.

Assez près d'Angoulême j'ai rencontré, au milieu de couches horizontales, une grande quantité de résine en grumeaux secs, d'un volume assez considérable.

Un peu plus près des limites de l'ancienne terre graniteuse du Limosin, on a trouvé également, à une certaine profondeur & parmi des couches suivies, des portions d'arbres conifères de plusieurs espèces, la plupart couchés, avec leurs fruits & leurs écorces. Ces arbres fossiles ont une grande analogie avec la résine, & tous ces monumens concourent également à prouver que le Limosin étoit peuplé de plantes & d'arbres dans le tems où la mer formoit, par ses dépôts, la nouvelle terre de l'*Angoumois*, tant des dépouilles des animaux qui vivoient dans son bassin, que de celles des animaux & des végétaux vivant le long de ses bords, sur les îles que la mer entouroit de la même manière qu'elle reçoit, par les eaux courantes, les dépouilles des continens actuels.

Plâtrières des environs de Cognac.

Cette ville & son territoire faisoient partie de l'ancienne province de l'*Angoumois* : elle est renommée par ses eaux-de-vie ; mais, assujetti scrupuleusement à mon plan, je ne m'occuperai, dans cet article, qu'à faire connoître les carrières de plâtre qui sont aux environs de Cognac.

Cet amas de plâtre est situé au nord-ouest de Cognac, dans la paroisse de Cherves. Le lieu où se font les fouilles est une plaine assez étendue. Il n'y a le plus souvent que deux carrières ouvertes, dont la profondeur est d'environ vingt à vingt-quatre pieds. Le sol au milieu duquel se font les fouilles, offre d'abord dix-huit pouces de terres remuées, & qui ont servi à la culture ; ensuite vient un lit de quinze à dix-huit pouces de pierres plates calcaires, d'un grain fort fin, & posées horizontalement les unes sur les autres. Sous ce lit on trouve cinq à six pouces de terres de couleurs variées, ensuite un banc de marne argileuse, d'un gris-foncé, de trois pieds d'épaisseur. C'est dessous cette couche qu'on voit un petit lit de plâtre à filet, qu'on appelle *lard* dans le pays. C'est le *gypse strié* des minéralogistes, & le *tchecao* des Chinois. Ce lit peut avoir tout au plus deux pouces d'épaisseur.

Une seconde couche de marne argileuse, & de trois pieds d'épaisseur, succède au gypse strié, en sorte que ce gypse est visiblement un dépôt formé par l'eau entre ces deux couches. Cette seconde couche est suivie d'une troisième aussi d'argile, d'un pied d'épaisseur seulement, mais d'une couleur grise plus foncée que celle des deux autres. Cette dernière couvre immédiatement le plâtre, qui est par blocs de toute grosseur, posés les uns à côté des autres, & séparés par des fils ou veines très-minces, qui s'entrecoupent en tous sens dans une masse de cinq pieds d'épaisseur. Ces petites veines sont formées & remplies d'une terre noire, qui a coulé entre les rognons de plâtre des couches supérieures. On observe aussi, entre la dernière couche de marne argileuse, un petit lit de gypse strié ou *lard*, de trois pouces environ d'épaisseur, mais il n'est pas suivi & ne se montre que par intervalles.

La masse principale de plâtre en fournit de trois qualités ; savoir : du gris, du blanc & du lard. Il est visible que le *lard*, qui se trouve non-seulement en lits séparés, mais encore en couches interrompues assez minces & sans ordre, est un dépôt formé par l'eau qui s'étoit chargée de la matière gypseuse, non-seulement en traversant les marnes argileuses où elle étoit dispersée, mais même en lavant les rognons de la masse principale.

Le plâtre gris, c'est-à dire, sali par un mélange d'argile, est le plus abondant dans la grande masse ; ensuite vient le blanc, qui est plus pur. Le blanc est en blocs à grain fin, comme l'albâtre d'Allemagne. Il y en a peu qui ait un certain grain lorsqu'on en casse les blocs.

Ces trois qualités peuvent se vendre séparément, mais on mêle ordinairement les deux premières. Les plâtres blancs & le lard se vendent plus cher que le gris : cependant cette dernière qualité est plus forte & moins sujète à se fondre. Le plâtre lard se vend tout seul : sa beauté, la facilité qu'on a de le réduire en petits morceaux, en rendent le débit facile.

On trouve, à une lieue de ce premier amas de plâtre & dans la même direction, un second amas au lieu dit *la Sansonerie*. Le banc de plâtre n'a que trois pieds d'épaisseur, & n'est recouvert que de six à sept pieds de marne argileuse. Cet amas, qui est exploité comme le premier, ne produit que du plâtre blanc & du *lard*. Il y a des blocs de plâtre blanc, qui ont reçu une teinte de couleur de chair.

HYDROGRAPHIE *ou potamologie de l'Angoumois.*

De la Vienne.

Je commence l'*hydrographie* de l'*Angoumois* & du département de la Charente par la description d'une partie du cours de la Vienne, qui nous donnera une idée de la constitution des vallées de l'ancienne terre du Limosin. J'y trouve d'abord, sur la droite, seize vallons latéraux, tous abreuvés par des ruisseaux d'eau vive, & qui tombent dans la Vienne à angles droits. Les trois premiers de ces vallons ont des embranchemens un peu étendus, mais ceux qui suivent, diminuent de longueur sans cesser de renfermer des ruisseaux plus ou moins alongés. Sur la gauche, la Vienne reçoit, jusqu'à Chabanois, sept vallons abreuvés d'un cours très-peu étendu. C'est à Chabanois que vient tomber la rivière de Rochechouart, qui a ses sources aux environs de Saint-Jean-de-Vaire & de Saint-Pierre-de-Vaire, dans six embranchemens de vallons assez alongés, & qui se prolonge sur dix mille toises de longueur, au milieu d'une vingtaine de vallons abreuvés, fort courts sur la droite, & qui reçoit sur la gauche les eaux de six vallons plus ou moins alongés & ramifiés à leur origine.

Toute cette belle distribution des eaux, tant relativement à la Vienne qu'à la rivière de Rochechouart, est réglée sur le système de l'ancienne terre graniteuse du Limosin, système qui est entiérement inconnu jusqu'à présent. Au dessous de Chabanois, toujours à gauche, on trouve jusqu'à Chirac deux vallons latéraux ramifiés & abreuvés, & quatre petits également abreuvés.

Depuis Chirac jusqu'à la Goulenie, sont, à droite, sept vallons fort courts & abreuvés, & à gauche, huit autres opposés & semblablement abreuvés.

Plus loin encore la Vienne continue à se fortifier, jusqu'à Saint-Germain, par l'affluence de huit vallons abreuvés à droite, dont six petits & courts, & deux fort grands, & qu'on peut considérer comme des rivières d'un cours assez étendu. La première, qui se jette dans la Vienne à Confolens, & que je ferai connoître sous le nom de *Lesterp*, a un grand embranchement qui, de même que le tronc principal, est chargé d'un grand nombre de vallons latéraux, tous abreuvés sur leur longueur. La seconde, qui tombe près Saint-Germain, a encore un cours plus alongé que la première. Je donnerai au lit principal le nom de *Saint-Quentin*, lit chargé, à droite & à gauche, de vallons renfermant un grand nombre d'étangs, & réunissant, aux différens points de son cours, neuf ramifications également chargées de vallons abreuvés & d'étangs. Si je passe à la gauche, j'y trouve huit vallons abreuvés, dont cinq petits & courts, & trois fort alongés, & chargés de vallons latéraux abreuvés fort nombreux.

En général, cette partie de la vallée de la Vienne, tellement abreuvée, est fort resserrée entre deux plateaux ou chaussées plus ou moins larges, & qui la suivent sans interruption. Cette partie du cours de la Vienne m'a paru verser uniformément partout une eau vive, qui grossit cette rivière à mesure que son cours se prolonge dans l'ancienne terre du Limosin & du Poitou.

De la Charente.

Je passe maintenant à l'hydrographie de la Charente, qui non-seulement donne son nom au département, mais qui d'ailleurs, par les différentes directions de son cours, nous présente une idée bien suivie de toutes les pentes variées des constitutions du sol de l'*Angoumois*. La Charente commence son cours dans la partie orientale du département, à la suite du bassin de la Vienne dont nous avons parlé. Elle a sa source non-seulement à Cheronnac, mais encore dans plusieurs petits vallons voisins, qui sont abreuvés comme tous les vallons de l'ancienne terre, laquelle a ses limites dans cette contrée.

Le cours de la Charente, dirigé du midi au nord, se continue au milieu d'un premier système de vallons latéraux, qui se prolonge jusqu'à Suris, après quoi cette rivière reçoit un autre système de vallons, composé de vallons semblables & aussi nombreux, qui ont leur naissance entre Lindois & Sauvagnac. Alimentée d'abord par ces deux bassins d'eaux courantes réunis, la vallée de la Charente se trouve resserrée entre deux chaussées qui se prolongent l'une à droite, parallélement au bassin de la Vienne, & l'autre à gauche, le long des sources d'un très-grand nombre de ruisseaux distribués de l'est à l'ouest, & qui concourent à la formation des rivières de Taponat, de la Bonnieure, de celles du Son & de la Sonnette, qui passent, l'une à Nieuil, & l'autre à Saint-Laurent-de-Séris.

Ici la Charente se trouve fortifiée par l'affluence de sept petits vallons dans le lit qu'elle s'est approfondi, & dont elle n'occupe qu'une partie. Depuis Suris jusqu'au-delà du pont de Sigoulent, aucun des autres vallons latéraux distribués exactement aux deux côtés du lit de la Charente, ne fournit de l'eau à cette rivière que dans le tems des pluies, parce qu'ils ne sont plus situés sur le sol de l'ancienne terre, & que les chaussées qui en ont donné précédemment, ne se trouvent plus de même sur cet ancien sol propre à contenir l'eau pluviale & à la rendre abondamment. Outre cela, ce même bassin est terminé, à droite & à gauche, par trois chaussées de hauteurs plates, qui sont le prolongement de l'arête de Cheronnac à Montbron. C'est dans cette contrée qu'on peut suivre & étudier les limites de l'ancienne & de la nouvelle terre, les débris de l'ancienne & le commencement de dépôts sousmarins de la nouvelle. Nous avons indiqué ces derniers matériaux en décrivant la constitution du sol du pays depuis le pont de Sigoulent jusqu'à Chasseneuil, Taponat & la Rochefoucauld.

En continuant à suivre le cours de la Charente, on rencontre jusqu'à Chatam, dans sa vallée à droite, huit vallons de moyenne longueur, tous abreuvés, & à gauche, neuf parfaitement semblables; après quoi on voit à droite l'affluence de la rivière de Tronson, qui a plusieurs embranchemens, & qui, dans une certaine étendue, offre un grand nombre de vallons affluens, également abreuvés dans leur totalité; ce qui me paroîtroit annoncer des contrées appartenantes à l'ancienne terre du Poitou. De là jusqu'à Charroux, les vallons qui s'abouchent à la Charente, & qui sont toujours fort courts, sont *secs*, excepté celui d'Atnois, qui est plus alongé & plus profond que les autres. C'est à côté de Charroux que se rend dans la Charente la rivière de Merdusson, qui a d'ailleurs deux grands embranchemens, dont l'origine est dans des étangs. De Charroux à Civray & au-delà, on ne trouve que des vallons *secs*, & deux seulement abreuvés d'une moyenne longueur. C'est à ce point que la rivière de Charente se porte du nord à l'ouest, & ensuite au midi, laissant au nord de larges plaines fort unies, & qui ne sont séparées que par deux rivières latérales, lesquelles ont chacune deux embranchemens fort étendus, dont la direction est du nord au sud, comme le canal de la Charente aux deux points de leurs affluences.

Dans le terrain qu'embrasse la Charente en se portant du nord au midi, cette rivière reçoit deux ruisseaux latéraux, dont le cours est fort étendu, le *Cibiou* d'un côté, & la Lisone de l'autre. Plus bas, aux environs de Ruffec & de Condat, vient aboutir la Péruse, fortifiée par la Morelle. Ces trois rivières annoncent des pentes décidées du nord au sud, & par conséquent les formes du terrain qui ont déterminé le changement du cours de la Charente.

C'est au point de l'affluence du Cibiou que commencent les oscillations de la Charente, qui d'abord sont fort petites, & qui ensuite augmentent en longueur & en profondeur au dessus de Verteuil. Ce n'est qu'à quelque distance au dessous de cette petite ville, que la Charente reçoit l'Argent & l'Or réunis, qu'on nomme l'*Argentor*, & aux environs de Mansle, le Son & la Sonnette, aussi réunis, & la Bonnieure, dont nous ferons par la suite des mentions particulières, ainsi que des petites rivières d'*Aigre*, d'*Anac* & de la *Nouère*, qui s'y rendent sur la droite.

La Charente se trouve grossie considérablement par les eaux de la Touvre, à une demi lieue au dessus d'Angoulême; après quoi elle passe au pied du plateau élevé sur lequel cette ville est située, ainsi que nous l'avons fait connoître à l'article Angoulême.

Au dessous d'Angoulême, la Charente, dans l'espace d'environ deux lieues, reçoit plusieurs ruisseaux assez forts; savoir : l'Anguienne, les Eaux-Claires, la Charrau, la Nouère & la Bohême : c'est sur ces ruisseaux que sont établis tous les moulins à papier de l'*Angoumois*. Elle passe ensuite par Jarnac, Cognac, Saintes, Rochefort, d'où elle se jette enfin dans l'Océan, après un cours d'environ cinquante lieues communes, de deux mille quatre cents toises, depuis Cheronnat jusqu'à la mer.

La marée de l'Océan est ordinairement sensible jusqu'au dessus de Saintes : on prétend même que le flux remonte de trois à quatre pouces au pont de Cognac dans les plus hautes mers.

La Charente roule généralement ses eaux sur des bancs de glaise qui forment le fond de son lit : d'où il résulte qu'elles sont sales dans ses crûes, pendant lesquelles les parties inférieures de ses eaux agissent plus fortement sur le fond. Ce mélange terreux se dépose sur les prairies, les îles & les oseraies qui bordent le cours de cette rivière, & les engraisse.

Les différentes digues qui barrent son lit & suspendent son cours, y occasionnent des chutes qui varient depuis un pied jusqu'à cinq pieds six pouces; elles sont tellement multipliées, qu'elles ont donné lieu de conclure que la pente de cette rivière est naturellement très-considérable, & que son cours seroit fort rapide si son courant étoit abandonné à lui-même.

Les travaux que l'on a faits pour rendre cette rivière navigable, nous ont donné des résultats fort instructifs à ce sujet : ainsi, d'abord on a trouvé, depuis le pont de Civrai jusqu'à la forge de Ruffec, sur une longueur de dix mille deux cents toises, quinze chutes qui ont donné cinquante-un pieds neuf pouces.

Depuis la forge de Ruffec jusqu'au pont de Verteuil, sur une longueur de huit mille neuf cents toises, neuf chutes qui ont donné vingt-trois pieds trois pouces six lignes.

Depuis le pont de Verteuil jusqu'à celui de Mansle, treize chutes qui, sur une longueur de onze mille trois cents toises, ont donné trente-cinq pieds deux pouces cinq lignes.

Depuis le pont de Mansle jusqu'à celui de Montignac, sur une longueur de dix-neuf mille toises, seize chutes qui ont donné trente pieds six pouces six lignes.

Depuis le pont de Montignac jusqu'à celui de Saint-Cibard, neuf chutes qui, sur une longueur de treize mille quatre cents toises, ont donné onze pieds un pouce onze lignes.

Depuis le pont de Saint-Cibard jusqu'à celui de

Châteauneuf, sur une longueur de treize mille toises, huit chutes qui ont seulement donné dix pieds trois pouces trois lignes.

Depuis le pont de Châteauneuf jusqu'au port de Jarnac, sur une longueur de huit mille huit cents toises, quatre chutes qui ont donné sept pieds cinq pouces six lignes.

Depuis le port de Jarnac jusqu'au pont de Cognac, il y a sept mille huit cents toises, mais aucune chute.

Il résulte de tout ce détail, que la longueur de la Charente, depuis Civrai jusqu'à Cognac, est de quatre-vingt-douze mille quatre cents toises, & que la hauteur totale des chutes ou retenues d'eau, en suivant le canal de navigation, est de cent soixante-neuf pieds huit pouces : à quoi, si l'on ajoute quatorze pieds onze pouces cinq lignes pour la hauteur des moulins de Vars, de Saint-Cibard, de Châteauneuf, de Jarnac & de Cognac, on aura cent quatre-vingt-quatre pieds sept pouces cinq lignes de hauteur totale, qui représentera la somme totale des chutes formées par les digues établies sur la Charente, depuis Civrai jusqu'à Cognac; & lorsqu'on fait attention que les eaux coulent avec une rapidité même assez considérable, malgré ces retenues, surtout dans la basse Charente, on n'aura pas de peine à croire que la pente du vallon, & par conséquent du fleuve qui y coule, est au moins de quatre lignes pour dix toises. Ainsi, une rivière aussi rapide ne peut être navigable que par le secours de l'art, c'est-à-dire, en soutenant ses eaux par des digues, & c'est à quoi l'établissement des moulins a déjà contribué.

Il suit aussi que les moulins étant moins multipliés entre le faubourg de Lhoumeau & Cognac, le courant doit y être plus fort, & qu'en conséquence elle ne doit pas y déborder aussitôt & aussi fréquemment que dans la haute Charente, c'est-à-dire, entre le faubourg de Lhoumeau & Civrai, où ces établissemens sont plus rapprochés : aussi, dans la basse Charente on est plus exposé à manquer d'eau dans les saisons sèches. Toute cette théorie est aussi conforme à l'expérience.

On remarque dans le cours de cette rivière, que les bancs de glaise sont presque partout suivis d'une couche de pierrailles mêlées de sables, qui annonce ordinairement le rocher à un pied & demi ou deux pieds plus bas. Il est à présumer que la Charente a roulé autrefois ses eaux sur le rocher même, & que, depuis cette époque, les dépôts de sables & de pierrailles, enfin de gravier & d'argile, se sont faits avec tous les autres qui forment le fond des prairies voisines de son lit, & qui sont encore plus considérables. Une portion de canal qu'on creusa sur la rive gauche de la rivière en 1776, dans une prairie vis-à-vis le parc de Jarnac, a mis à découvert ces anciens dépôts : on retrouva plusieurs troncs d'arbres couchés & ensevelis sous des lits de terre & de limon, à une profondeur de neuf à dix pieds. Nous renvoyons à l'article CHARENTE beaucoup d'autres détails qui peuvent concerner les formes du grand vallon.

L'examen des vallées de toutes les rivières de l'*Angoumois* est fort instructif. On voit d'abord dans la Charente la forme des bords de ses oscillations, leur étendue croissante depuis Civrai jusqu'à Angoulême, & un peu au-delà. On peut s'assurer que les angles saillans & rentrans ne sont que des plans inclinés, & des bords escarpés très-suivis & très-réguliers; en second lieu, que l'angle saillant est un plan incliné qui commence aux sommets des collines, & se prolonge jusqu'aux bords de l'eau courante & aux dépôts actuels, établis sur le fond de cuve de la vallée; en troisième lieu, que les bords escarpés sont opposés à ces plans inclinés. J'ajouterai d'ailleurs que les faces des bords escarpés suivent ces plans inclinés, & que ce n'est qu'à son retour à Angoulême, que la Charente rencontre les bords escarpés les plus élevés, parce que les collines, comme celles qui forment la partie intérieure du plateau d'Angoulême, ne se sont pas trouvées exposées à l'action des eaux courantes torrentielles qui ont ébauché, dans les premiers tems, la vallée de la Charente.

Il est aisé de voir que le plateau & les collines des environs d'Angoulême sont le point le plus élevé qui a terminé l'oscillation la plus étendue de cette côte, & formé un obstacle invincible, qui paroît avoir arrêté la marche de l'eau vers le midi & l'a déterminée vers l'ouest, où elle court à la mer par des lignes sans oscillation après Sainte-Barbe.

Je ne puis quitter la Charente sans remarquer encore qu'elle part de l'ancienne terre du Limosin, ne court du sud au nord-ouest que jusqu'à Civrai, parce qu'elle y a rencontré une contre-pente & un obstacle insurmontable, qui est une portion de la nouvelle terre, adossée à l'ancienne terre du Bas-Poitou; qu'ensuite, parvenue à Angoulême, ville située sur un massif adossé de même à l'ancienne terre du Limosin, la Charente a dû éprouver un détour vers l'ouest, qui lui offroit la continuité d'une grande pente jusqu'à l'Océan. (*Voyez l'article* CHARENTE, où tous ces détails seront rapprochés comme il convient à la théorie des eaux courantes, &c. & à la description & à l'analyse des cartes de cette rivière, dans notre Atlas.) J'y démontrerai qu'on ne pouvoit écrire sur la géographie-physique des eaux courantes, sans connoître l'histoire naturelle d'un pays; j'ajouterai même enfin, que la Charente a suivi en petit une marche figurée, semblable à celle de la Loire, &c.

De la Tardouère.

La Tardouère prend sa source à une lieue de Chalus en Limosin, passe à Cussac, à Mont-Bron, à la Rochefoucauld, au pont d'Agris, à la Rochette & à Coulgens. Sa confluence avec la Bongnoure est au dessous du bourg de Saint-Ciers, d'où elles se rendent ensemble dans la Charente, à une demi-lieue avant Mansle.

La Tardouère continue son cours jusqu'à Mont-Bron, limite de l'ancienne terre du Limosin. On trouve dans cette partie supérieure de son lit, des brochets du poids de huit à dix livres, de l'anguille, de la carpe, de la perche & des truites.

Depuis Mont-Bron, où elle rencontre les couches calcaires de la nouvelle terre, la Tardouère perd ses eaux dans des cavités & dans des sables qui sont le long de son canal; en sorte que, dans son état ordinaire, elle se trouve réduite à la moitié de ses eaux lorsqu'elle est parvenue à la Rochefoucauld, & elle ne parvient au pont d'Agris qu'après des pluies abondantes, & il faut des pluies abondantes & soutenues pour que cette rivière coule jusqu'à la Bonnieure.

Les gouffres dans lesquels se perd la Tardouère offrent quelquefois des ouvertures apparentes : d'autres fois ils sont recouverts par des amas de sables, à travers lesquels les eaux filtrent, & se distribuent de là dans des cavités souterraines, formées par le dérangement des rochers. Le sol, depuis Mont-Bron jusqu'au bourg de Saint-Ciers, & depuis la Rochefoucauld jusqu'à la sortie de la forêt de la Bracone (ce qui forme une étendue de quatre lieues de longueur sur deux de largeur), paroît avoir été singuliérement tourmenté. Les couches de rochers, soit pierres de taille, soit moëlons, qui étoient horizontales à une certaine époque, ont été dérangées de manière que souvent on les trouve entiérement déplacées dans quelques trajets, & ailleurs inclinées en différens sens. Souvent des masses entières de couches horizontales sont tellement transposées sur le côté, qu'elles offrent les faces de bancs verticaux, où leurs assemblages sont restés cependant parallèles.

Les grottes de Rancogne, situées sur le bord de la Tardouère, & à une lieue au dessus de la Rochefoucauld, sont des cavernes immenses, qui sont creusées dans le sein de cette montagne. On y trouve des filets d'eau qui semblent avoir autrefois, dans le tems de certains accès, contribué à l'excavation de ces cavités souterraines, que l'infiltration des eaux pluviales qui traversent les voûtes, ont garnies de stalactites attachées aux parois des rochers.

La coupe qui a été faite dans le coteau du village de la Chabanne, à la sortie de la vallée de la Tardouère à la Rochefoucauld, confirme les bouleversemens dont nous avons parlé. L'on y voit des rochers culbutés en tous sens, & qui laissent appercevoir entr'eux, & à la surface du terrain, des cavités plus ou moins considérables.

Si l'on se représente maintenant que les rochers qui sont à de grandes profondeurs au bas des cavités, & même des coteaux, sont situés à peu près de la même manière que ceux qu'on apperçoit à la superficie, non-seulement on ne sera pas étonné que les eaux pluviales s'écoulent & se perdent habituellement dans les entrailles de la terre, mais encore les eaux courantes des rivières, parce que le fond de leurs vallées n'a pas plus de consistance pour les retenir, surtout lorsque les gouffres ont leurs ouvertures à la hauteur des eaux ordinaires.

Si les masses énormes qui forment les voûtes des cavités souterraines & qui se trouvent à la suite des gouffres, sont séparées par des veines de terre que les eaux minent & entraînent peu à peu, il est aisé d'imaginer que les rochers peuvent glisser les uns sur les autres, perdre leur assiette & être culbutés dans les souterrains, & entraîner d'autant plus facilement dans leur chute & déplacement la couche supérieure qu'ils soutiennent, qu'elle est continuellement travaillée par les crûes des hivers pluvieux. C'est de là que se sont opérés les affaissemens considérables que l'on rencontre dans l'étendue du sol des environs de la Rochefoucauld. La fosse immense que l'on apperçoit sur le bord de la route, du côté du parc du château de la Rochefoucauld, en quittant le village de la Chabanne, est probablement l'effet d'une pareille suite de déplacemens; elle est plus profonde que le lit de la Tardouère. Néanmoins les eaux de cette rivière n'y communiquent que lors des crûes : les eaux se mettent alors à peu près de niveau des deux côtés.

Il seroit difficile d'empêcher la perte totale des eaux de la Tardouère; car comment remédier aux infiltrations de son canal, à celles qui se font dans la plaine ou par les gouffres qui sont couverts. On ne pourroit tout au plus combler ceux qui sont découverts. Ce travail d'ailleurs seroit parfaitement inutile, le sol ayant si peu de consistance, qu'il se forme tous les ans de nouveaux gouffres.

Le pont établi sur la Tardouère annonçoit les talens du constructeur : l'hiver suivant, l'inondation fut considérable; le terrain naturel s'affaissa derrière la culée de la rive gauche, & le remblai que l'on avoit apporté pour l'appuyer fut englouti. L'effort s'étendit jusque sous la maçonnerie : la plate-forme qui la soutenoit, plia dans le milieu d'environ cinq pouces, tandis que ses deux extrémités restèrent soutenues par un point d'appui trop éloigné de l'affaissement pour en être ébranlé. Les lits des différentes assises de cette culée sont concaves au lieu d'être horizontaux, suivant leur construction primitive.

La voûte de l'arche fut tellement tourmentée, qu'une grande partie des voussoirs cassèrent ou se divisèrent par éclats. Depuis cet accident, les fractures ont été réparées, le gouffre a été comblé, & le pont subsiste. Il est vraisemblable que les rochers qui ont été déplacés par-dessous, ont acquis une assiette fixe & solide; mais si les terres qui les recouvrent ou qui les séparent, sont minées insensiblement par les eaux souterraines, ils pourront encore éprouver quelque déplacement,

& entraîner un jour la chute totale du pont. Cet accident ayant donné lieu à un examen de cette position & de l'état des rochers des environs, & en même tems à un dessin de ces rochers, je me propose de donner une description raisonnée de la disposition des lieux, & d'y joindre le dessin dans notre Atlas. (*Voyez l'article de* LA ROCHE-FOUCAULD.)

Il est à présumer que la Tardouère étoit autrefois beaucoup plus considérable à la Rochefoucauld & dans le reste de son cours, qu'elle ne l'est aujourd'hui : ses dépôts & les matières pierreuses qu'elle a transportées du Limosin, & la tradition du pays, établissent cette supposition. On a trouvé à six pieds de profondeur, dans une fouille qui fut faite en 1774, pour l'établissement de l'arche sur la Lisone, des masses de granit voituré incontestablement du Limosin. L'exhaussement du fond de cuve de la vallée & la nature des dépôts prouvent leur antiquité, & le volume des eaux de la rivière. On a trouvé d'ailleurs à Coulgens une autre masse de granit du poids de neuf à dix livres, qui étoit presqu'arrondie par le frottement qu'elle a éprouvé ; mais on ne peut attribuer la disposition de ce granit, & sa forme arrondie, au travail des eaux de la Tardouère. On trouvera plus de lumière sur ce travail dans l'examen de l'excellent sable que cette rivière voiture & qu'elle dépose dans son lit, & l'on pourra déterminer son origine par la quantité de mica pulvérisé qui s'y trouve mêlé.

La tradition du pays nous apprend que la Tardouère avoit autrefois un cours moins interrompu près des bourgs de la Rochette & de Coulgens : les moulins qui y étoient établis confirment cet ancien état de choses.

La Tardouère ne parvient maintenant à ces lieux qu'après que ses gouffres sont remplis par des pluies abondantes & continues ; car elle ne peut y transmettre que l'excédent des eaux que ces gouffres n'absorbent pas. Ainsi, la diminution des eaux courantes de cette rivière n'a d'autre cause que l'agrandissement & la multiplication des gouffres absorbans, & l'on peut présumer que ces excavations ont eu des progrès assez rapides.

Du Bandiat.

On peut appliquer au Bandiat tout ce qu'on a dit de la Tardouère. Cette rivière prend sa source proche la chapelle Mont-Brandeix en Limosin, à peu de distance de Chalus, passe à Nontron, ville de l'ancien Perigord, entre ensuite dans l'*Angoumois* avant Marton, & se réunit à la Tardouère, un peu au dessus du pont d'Agris.

Le Bandiat, quoique plus considérable que cette dernière rivière, se perd au dessus & au dessous de Marton, dans une infinité d'entonnoirs : à Pransac il est même réduit à un petit volume d'eau, & celle qu'il conserve est encore absorbée dans les gouffres voisins du pont de la Bécasse, & elle se distribue en si grande quantité dans la roche entr'ouverte qui est au fond du vallon, qu'il est rare qu'elle coule jusqu'au pont d'Agris.

Les gouffres ou entonnoirs du Bandiat sont plus apparens & mieux ouverts que ceux de la Tardouère : on en trouve plusieurs en remontant le vallon au dessus du pont de la Bécasse. Le plus considérable est celui qu'on peut voir à une demi-lieue de distance du village de *Chez-Robi* : ce gouffre effrayant, dont le fond présente un amas de rochers écroulés, & entassés sans ordre les uns sur les autres, engloutiroit toute la rivière si elle n'étoit retenue par une forte digue ; mais cette construction n'étant formée qu'avec des pierres brutes, posées sans mortier, laisse encore échapper une grande quantité d'eau qui se perd dans les vides, entre les rochers qui forment l'ouverture du gouffre. Lorsque les eaux sont assez grosses pour déborder & franchir la digue, elles s'y précipitent avec un murmure semblable à celui des plus hautes cascades.

Quelques écrivains ont proposé comme un travail fort aisé à terminer, de soutenir le cours du Bandiat, & de le conduire jusqu'à la Charente par des moyens assez peu solides ; ils ont même imaginé de rendre le Bandiat & la Tardouère navigables, & n'ont à ce sujet que présenté les avantages qu'auroit l'exécution de ce projet.

D'un autre côté, on a objecté qu'on ne pourroit retenir les eaux de la Tardouère & du Bandiat sans diminuer beaucoup celles de la Touvre, qui, selon la commune opinion, doit son origine à ces deux rivières, & surtout au Bandiat.

L'on peut se convaincre de la communication souterraine des eaux qui se perdent avec la source de la Touvre, par une observation qu'on a souvent occasion de faire. Il n'est pas rare de voir les eaux de la Touvre se troubler dans la plus belle saison de l'année, sans qu'on se soit apperçu de la moindre pluie. Ce phénomène n'a d'autre cause que les orages particuliers qui salissent les eaux du Bandiat, & les transmettent en plus grande quantité dans les gouffres qui les absorbent.

Ceux qui prétendent que la belle source de la Touvre ne provient pas de ces deux rivières, allèguent qu'ils ne peuvent concilier son cours uniforme & constant avec la diminution des eaux du Bandiat & de la Tardouère pendant l'été ; ils observent aussi qu'elles sont sujètes à des crûes extraordinaires qui couvrent les prairies voisines, tandis que la Touvre ne franchit jamais les bords de son lit : d'où ils concluent qu'elle a une autre origine.

Il suffit de bien connoître la Tardouère & le Bandiat pour résoudre ces difficultés. Il est notoire d'abord que les gouffres se remplissent lors des inondations, & que plusieurs de ces gouffres ne peuvent aboutir qu'aux sources de la Touvre. Si la capacité des conduits souterrains qui les transmettent à la source ne peut pas contenir plus d'eau qu'elle n'en fournit, il est naturel que cette rivière ne franchisse pas ses bords. En effet, les variations de cette rivière ne sont tout au plus que d'un pied & demi, & il est à croire qu'elles n'ont d'autre cause qu'une plus grande rapidité dans le dégorgement de ces conduits, occasionnée par la pression des colonnes d'eau qui y répondent, & qui sont plus élevées lors des inondations. Cette vérité est établie par la hauteur du jet dans les sources de la Touvre, plus forte en hiver qu'en été. En conséquence, le volume de cette rivière doit diminuer en même raison que la hauteur des eaux accumulées dans les réservoirs, jusqu'à ce qu'elle acquière enfin un cours égal & constamment soutenu, malgré les grandes sécheresses de l'été ; ce qui arrive vers la fin du printems, & dure jusqu'à l'hiver suivant. Le Bandiat & la Tardouère sont, chacune en particulier, plus fortes que la Touvre lors des inondations, & elles cessent de couler en été lorsque le volume d'eau qu'elles contiennent, est assez diminué pour que les gouffres puissent l'absorber entiérement ; mais quoique leur cours soit interrompu à la surface de la terre, il n'est pas moins évident qu'on doit le regarder comme continué constamment dans les entrailles de la terre, & qu'elles ne les quittent que dans un niveau beaucoup plus bas que le niveau de leurs vallées : d'où il résulte définitivement que la Touvre n'est réellement que la continuation souterraine du Bandiat & de la Tardouère.

Il est donc très-probable que les bancs de pierres de sable ont servi à former des *stratum* imperméables à l'eau, & propres à tapisser les réservoirs des sources : telle est la source de la Touvre, & telle est, dans de vastes souterrains, la conservation de la masse d'eau que les pertes du Bandiat & de la Tardouère y mettent en réserve chaque jour.

Dans ces mêmes contrées il y a aussi beaucoup de grottes souterraines lorsque les voûtes ont été assez solides, malgré les vides & les excavations profondes, opérés par les eaux qui ont pénétré dans les couches superficielles, & qui y ont trouvé des débouchés : c'est ce que l'on peut observer à Rancogne & à Cubjac en Périgord. Dans ce dernier lieu, le haut Vezère se perd par des issues latérales qui communiquent à une longue grotte, dont l'excavation a fait tant de progrès, qu'elle traverse toutes les collines qui séparent cette rivière de la rivière de l'Ille : aussi, à l'extrémité de ce souterrain, remarque-t-on l'épanchement continuel d'une eau courante dans la rivière de l'Ille, & l'abondance de cette eau dépend de la hauteur où sont les eaux de la rivière de Vezère, & du nombre d'issues latérales qui l'absorbent.

Je renvoie à l'article LA ROCHEFOUCAULD l'éclaircissement de plusieurs questions relatives à la constitution du sol de toutes les contrées où les eaux se perdent d'abord dans les grandes vallées de la Tardouère & du Bandiat, ensuite dans les vallons latéraux du Bandiat, qui sont aux environs de Grassac & de Charas, où se trouvent un grand nombre de vallons secs.

J'ajoute les trois grandes ramifications de la Lisone, qui, après avoir fait tourner les moulins de Mallerant, cessent de couler à Marillac, & ne donnent de l'eau à la Tardouère qu'après les grandes pluies.

Enfin, la rivière de Taponnat, qui, après avoir reçu ses eaux de l'ancienne terre par deux grands ruisseaux, se perd aux Oulières, après avoir fait tourner le moulin de Beauregard.

J'ai vu à Taponnat & à la Rochefoucauld les couches de pierres calcaires avec des fentes multipliées, que j'attribue plutôt à l'interposition du principe terreux, qu'à l'effet de la dessiccation : ce sont, la plupart du tems, des masses de pierres formées par des corps marins d'un volume très-considérable, & peu faciles à se décomposer par les flots de la mer ; mais comme le principe terreux est très-abondant, & qu'il a pu envelopper, par exemple, les rognons de madrépores, les masses s'en trouvent séparées en tous sens par ces intervalles. Il y a peu de vestiges de lits & d'assises, quoiqu'il y en ait d'assez suivis lorsque les matières des dépôts s'y sont prêtées, & que les intervalles terreux ont fait de belles séparations.

Il n'est pas étonnant, après cela, que les dépôts des environs de la Rochefoucauld étant interrompus par des fentes verticales fort larges & profondes, l'eau pluviale ait pénétré fort bas, & que les rivières qui traversent un sol ainsi constitué, se perdent entiérement par des ouvertures que l'eau a encore agrandies.

Ceci tient d'ailleurs visiblement à la limite de l'ancienne terre, qui est très-peu distante de la Rochefoucauld & de Taponnat ; car cette ancienne terre se montre à découvert à Mont-Bron & au pont de Sigoulent. Je suis en conséquence très-porté à croire que ces excavations souterraines sont dues en grande partie au *brasier* qui sert de base aux pierres calcaires dont nous venons d'exposer la constitution mal litée, & qui se détruisent facilement par des filets d'eau introduits dans les fentes : de là ces trous, ces entonnoirs, ces affaissemens, ces vallons sans issues, qui sont la suite des affaissemens prolongés sur une certaine longueur.

En supposant des couches suivies de *brasier*, on voit aisément pourquoi ces eaux, qui disparoissent dans les souterrains, ne sont pas entiérement perdues, mais vont se montrer à une certaine distance, sous la forme de grosses sources, & dans des vallées à grands débouchés.

Toutes ces vérités seront rendues très-sensibles dans une carte de notre Atlas, à laquelle nous joindrons de nouvelles considérations décisives.

De la Touvre.

Après avoir exposé la théorie de tout ce qui contribue à l'origine de la Touvre, il convient dans ce moment de suivre le cours de cette singulière rivière. Les sources de la Touvre sont divisées en deux parties remarquables, *le Dormant* & *le Bouillant*. Le Dormant est le bassin le plus rapproché du pied du coteau; il a environ vingt toises de longueur, sur dix de largeur; il est si profond, que le repos de cet amas d'eau pénètre l'ame d'une certaine terreur. Le Bouillant en est séparé par une digue naturelle, composée de rochers terminés en dos d'âne, couvert d'eau à un pied de profondeur: cette digue paroît retenir l'eau du Dormant, de manière qu'elle peut le franchir pour se jeter dans le Bouillant. Ce second bassin a environ quinze toises en tous sens; il est terminé à l'aval par une masse de rochers coupés aplomb, & contournés en portion de cercle d'environ cinq toises de longueur. L'eau souterraine venant heurter ces rochers avec une vitesse considérable, forme des bouillonnemens singuliérement variés, que l'on apperçoit à la surface de ce bassin; ils augmentent en raison de l'abondance des eaux: d'où il suit que, lors des crûes des rivières qui alimentent la Touvre, le jet s'élève jusqu'à un pied de hauteur.

L'eau épanchée de ce large bassin coule sur une largeur à peu près uniforme jusqu'à la forge de Ruelle; elle se subdivise ensuite, jusqu'au village du Gond, en différens bras ou canaux qui forment des îles plus ou moins grandes, & se jette de là dans la Charente, en faisant avec elle un angle de cinquante-huit degrés. Le lit de la Touvre est fort plat; il est en outre traversé par une quantité considérable de digues, de moulins & de pêcheries, qui retiennent les eaux de manière que la hauteur des bords est ordinairement d'un pied ou dix-huit pouces tout au plus. Cette circonstance, jointe à la froideur & à la crudité des eaux, est cause que les prairies qui bordent la vallee de cette rivière, sont marécageuses: on ne les affranchit & on ne les soutient en cet état qu'à force de dépenses. Les îles & les endroits trop bas pour en former des prairies sûres, servent à y établir des oseraies, dont le produit équivaut à peu près à celui d'une pareille superficie de prés de bonne qualité.

La Touvre est couverte en été d'une quantité considérable de plantes, dont les principales sont le cresson, la berle, les joncs & les glaieuls; elles commencent à croître au printems. Les premières gelées les dessèchent; le courant pour lors les entraîne, & ne forme plus qu'une belle nappe d'eau. On peut bâtir sur les bords de la Touvre avec la plus grande solidité: on rencontre d'abord dans la fouille un gravier calcaire, mêlé de quelques cailloux roulés; ensuite un gros sable tapé, & enfin le rocher plat. A six pieds réduits de profondeur au dessous du lit de cette rivière, les eaux qu'elle roule, ne sont pas aussi pures qu'on pourroit le desirer; elles sont chargées de matières calcaires infiniment divisées, qui forment en peu de tems des incrustations considerables sur les différens corps qu'on y dépose.

La fraîcheur que la Touvre communique aux eaux de la Charente, est sensible à une grande distance au dessous de leur confluence: les unes sont fraîches dans le même canal pendant les mois de juillet, août, &c. tandis que celles qui répondent au courant de la Charente sont presque tièdes.

Les poissons naturels de la Touvre sont la truite, l'anguille, l'écrevisse & les loches. Quoique toutes ces espèces soient excellentes, elles sont néanmoins plus grosses, & passent pour être de meilleure qualité, en remontant depuis la forge de Ruelle jusqu'au gouffre, qu'en descendant au Pontouvre & à la Charente. L'on trouve quelquefois du brochet dans les sources de la Touvre: l'on ne trouve au contraire des écrevisses que vis-à-vis le bourg de Magnac, à cinq cents toises environ de distance des sources.

Les écrevisses de la Touvre sont si abondantes, qu'outre celles qu'on débite aux environs d'Angoulême, on en transporte encore à Bordeaux.

Les truites de la Touvre sont de différentes espèces: il y en a de rousses, de noires & de piquées de rouge: ces dernières sont les meilleures. Ces truites sont plus estimées après le mois de novembre: celles de la Charente, au contraire, sont recherchées en hiver. Ces variations proviennent incontestablement de la qualité & de la température des eaux de ces deux rivières, car elles sont fraîches dans l'une, pendant qu'elles sont presque tièdes dans l'autre.

L'anguille de la Touvre est très-bonne en tout tems, & d'une qualité supérieure à celle de la Charente.

Les loches de la Touvre sont excellentes, mais assez rares: on ne peut en pêcher que pendant le mois de février, tems auquel elles se promènent pour frayer. Outre le plaisir de la pêche, cette rivière procure encore celui de la chasse pendant plus de six mois de l'année; elle est pour lors couverte de jodelles, de râles & de poules d'eau, &, pendant l'hiver, de quantité d'oiseaux passagers, tels que les canes & canards sauvages.

Les poules d'eau ne font point leurs nids sur la Touvre; elles y descendent en hiver des étangs éloignés. On y trouve en tout tems des râles & des jodelles: ce dernier oiseau y fait deux à trois couvées, composées de quinze à dix-huit œufs. La prodigieuse quantité d'élèves qu'elles font, occasionne des chasses agréables, qui en détruisent beaucoup pendant les mois de septembre & d'octobre.

Lorsque la Touvre vient à être dégagée, par les premières gelées, des herbes qui la couvrent, les jodelles qui ont échappé aux chasseurs désertent pour se retirer ailleurs; il n'en reste qu'un petit nombre

nombre dans les endroits qui sont le moins exposés au courant de l'eau ; elles servent à repeupler la rivière, l'année suivante, avec quelques autres qui descendent au printems des étangs voisins. Lorsque les nids sont construits dans les jeunes plantes que la belle saison reproduit, une petite crûe d'eau peut les entraîner & les submerger : alors il y a moins de jodelles l'automne suivant ; mais lorsque ces nids réussissent, la rivière fourmille de ces oiseaux aquatiques, qui plongent & qui nagent comme les mères, qui les conduisent lorsqu'ils sont nés.

On voit toute l'année des plongeons sur la Touvre ; ils font sur les herbes naissantes quatre à cinq œufs, qu'ils couvent souvent dans l'eau.

On trouve dans la Touvre de petits insectes aquatiques, qui s'attachent sur tous les corps qu'ils rencontrent : on les nomme des *écrouelles*. On prétend qu'on a été éloigné d'établir sur la Touvre des papeteries, parce que l'eau de cette rivière, chargée de ces insectes, auroit infecté les papiers qu'on auroit travaillés avec elle. Cet inconvénient a écarté les fabricans de papier d'Angoulême de leurs papeteries, qui sont établies sur des rivières fort éloignées de la ville ; ce qui souvent interrompt leur surveillance.

Il n'y a que la paroisse de Magnac dans laquelle on élève beaucoup d'oies sur la Touvre : on les lâche le matin ; elles se dispersent pêle-mêle sur le gouffre, mais elles reviennent vers le soir, & se rendent à leurs retraites. On les dépouille trois fois l'année, & on ne leur laisse à chaque fois que les ailes, les nageoires & le duvet, qui forment la production suivante.

Nous revenons à ce qui concerne la source de la Touvre, & nous remarquons d'abord qu'elle est le résultat de la transposition de plusieurs rivières par des conduits souterrains. Ces conduits doivent être fort nombreux, à en juger par le grand nombre d'entonnoirs où s'engouffrent successivement les eaux de la Tardouère & du Bandiat, le long de leurs cours ; ils doivent aboutir à des réservoirs immenses, vu la grande quantité d'eau qu'ils versent dans la source de la Touvre, & le peu d'augmentation qu'elle éprouve à la suite de pluies abondantes & soutenues pendant long-tems. Outre cela, il faut que ces eaux aient de grands espaces pour se reposer, attendu qu'elles ne sont pas sujètes à se troubler ou à sortir chargées de vases & de limon au débouché de la source même, après les pluies.

Il paroît que l'arrondissement concave du bord escarpé de la Charente s'est prolongé fort avant dans les terres, & s'est étendu vers la partie de la contrée, au milieu de laquelle s'est creusé le vallon de la Touvre. On en voit les bords & les limites dans la suite des caps terrestres, qui dominent la vallée depuis Angoulême jusqu'au-delà de l'Ille, & même jusque *Chez-Grelet*.

Le vallon de la Touvre & son approfondissement ne doivent dater que d'un tems bien postérieur à l'approfondissement des vallées du Bandiat & de la Tardouère ; car il est nécessaire que la nature ait suivi cet ordre dans ces opérations. La source de la Touvre étant le produit des entonnoirs qui, au fond ou à côté des vallées du Bandiat & de la Tardouère, absorbent la plus grande partie des eaux de ces deux rivières, & même la totalité dans l'état ordinaire des choses, il a fallu que toutes ces circonstances aient concouru à rassembler la masse des eaux que fournit la Touvre, à mesure qu'elles se rendent dans les réservoirs souterrains dépendans de cette source : il est nécessaire d'ailleurs qu'elles se soient portées au dehors avec assez d'abondance pour agir contre l'extrémité des canaux souterrains à l'endroit du débouché commun, & qu'elles aient éboulé les voûtes de ces canaux, & creusé ainsi, par une suite de ces éboulemens, la partie supérieure de la vallée de la Touvre. Il paroît donc que cette partie est due au travail des eaux, lesquelles le prolongent & le continuent peut-être encore de nos jours.

Je connois beaucoup de sources qui sont dans le même cas que la Touvre ; car, comme ces sources & leurs debouchés sont assujettis à un certain niveau, à une certaine profondeur, les vallées au fond desquelles ces sources s'épanchent, n'ont pu être approfondies par les eaux courantes superficielles, qui n'auroient pu produire dans les premiers tems une excavation suffisante pour servir au débouché total des eaux de la source : il a donc fallu que ces eaux des sources y travaillassent comme sources.

Il y a beaucoup de ces sources abondantes qui sont restées couvertes, & dont les conduits souterrains n'ont pas été entamés de manière à former, par l'éboulement de leurs voûtes, des vallées assez étendues, & qui leur soient particulières ; mais ayant continué ainsi à couler pendant un long trajet, elles n'ont paru au dehors que dans des vallées profondes, creusées par des eaux courantes bien différentes des leurs, c'est-à-dire, par des rivières considérables, dans le lit desquelles ces sources débouchent. J'ai déjà cité ces circonstances, qui ont lieu dans la source alimentée par la perte des eaux du haut Vezère, & qui ont leur débouché dans la vallée de la rivière de l'Ille en Périgord.

Si le vallon de la Touvre, ou du moins une très-grande partie de ce vallon, a succédé à quelques-uns des conduits souterrains de cette source, dont les voûtes se sont éboulées ou s'éboulent peut-être encore chaque jour, on a eu tort d'annoncer comme un phénomène très-singulier l'éboulement de quelque portion de terrain qui fit paroître une nouvelle source en 1752, lors du tremblement de terre de Lisbonne. Les efforts continuels que fait la masse d'eau immense qui sort par l'ouverture de la source, & qui sort à gros bouillons, sont bien plus propres à ébouler les environs de cette source, qu'un tremblement de terre, dont on n'a ressenti qu'un foible retentissement en France.

De la Bonnieure.

Cette rivière commence son cours par la réunion des eaux du grand bassin situé entre les limites de l'ancienne terre du Limosin & la nouvelle terre qui lui est adossée en *Angoumois* : aussi les vallons tous abreuvés, au nombre de huit, & qui sont distribués sur la pente, sont fort alongés, avec plusieurs ramifications à leur origine ; ils finissent par se réunir ensemble sous des angles aigus.

La principale vallée, qui est à la droite de cet assemblage d'eaux courantes, se rend à Chasseneuil : son cours est de l'est à l'ouest, & après qu'elle y est parvenue, elle éprouve un détour dans la direction du nord au sud, & reçoit à l'est les eaux de trois des huit vallons dont il a été question ci-dessus, & qui occupent toute la longueur de la pente. La Bonnieure, fortifiée par cette réunion, reprend son premier cours de l'est à l'ouest, &, après un trajet de trois mille cinq cents toises, elle reçoit le ruisseau latéral de Saint-Mary, puis elle continue son cours, sans grands détours, jusqu'à Saint Ciers, au milieu d'une suite de vallons grands ou petits, & qui sont tous *secs*, excepté celui de *Grenouillert*, qui y verse un ruisseau d'un fort long cours.

Avant de se jeter dans la Charente, un peu au dessus de Mansle, la Bonnieure éprouve cinq à six oscillations alongées, à proportion de l'abondance des eaux de cette rivière.

Je distinguerai maintenant trois parties fort remarquables dans le cours de la Bonnieure : la première comprend, comme je l'ai déjà dit, cet assemblage de ruisseaux qui coulent parallélement entr'eux, sur une pente assez rapide, faisant partie de l'ancienne terre du Limosin, & se réunissant à celui de l'un d'eux, qui a son cours au pied de cette pente, & au milieu des couches horizontales de la nouvelle terre. C'est dans ce sol que se continue le lit de la Bonnieure, dont les bords ne sont couverts que d'une suite de vallons secs plus ou moins grands.

Enfin, la troisième partie se distingue par une suite d'oscillations qui m'ont paru en toutes circonstances annoncer que cette rivière, après avoir coulé sur une certaine pente, a formé, en conséquence du ralentissement de la marche de ses eaux, des dépôts assez étendus, lesquels ont contribué à ces oscillations.

Du Son & de la Sonnette réunis.

Le Son a son origine dans le bassin de Nieuil, avec trois embranchemens chargés de droite & de gauche de plusieurs petits vallons abreuvés. Après un cours de peu d'étendue, le Son reçoit un ruisseau latéral dans les environs de Saint-Cloaud, & continue son cours au milieu de petits vallons secs, jusqu'à la rencontre de la Sonnette, qui figure fort bien à côté du Son. Cette seconde rivière, dont le cours est fort long jusqu'à sa naissance, est formée de la réunion de deux embranchemens chargés de vallons abreuvés. Ce qu'il y a de singulier, c'est que *la Sonnette*, depuis sa naissance jusqu'à sa réunion avec *le Son*, parcourt un lit auquel aboutissent un grand nombre de vallons secs, qui sont tous fort alongés à droite.

Le Son & la Sonnette continuent leur cours au milieu de semblables vallons secs, soit courts, soit alongés, jusqu'à leur confluence avec la Charente.

Cependant il faut excepter une portion de vallon, voisine de Saint-Sulpice, qui est abreuvée d'un ruisseau qui, après avoir fait tourner deux moulins, vient se perdre au dessous du vieux Aulnac, dans la suite du même vallon sec, mais qui paroît être fort rétréci jusqu'aux Son & Sonnette réunis.

De l'Argentor.

Cette rivière, qui tombe dans la Charente au dessous de Verteuil, est formée à son origine de deux embranchemens qui ont chacun une dénomination particulière, laquelle fait partie du nom total. Ainsi le premier embranchement, qui passe à Saint-Coutant, & qui réunit cinq vallons abreuvés, se nomme *Argent*, & le second, qui passe à Champagne-Mouton, & qui n'a que des vallons secs, est connu sous la dénomination d'*Or* : il en résulte qu'après leur réunion, la rivière porte le nom d'*Argentor*, laquelle n'a que deux vallons, abreuvés par celui du vieux Ruffec & de la Boissière ; mais les autres vallons distribués dans le reste de son cours, qui est fort long, sont tous sans eau, comme tous ceux des environs de Verteuil, grands ou petits. Il m'a paru que cet état doit être attribué surtout au peu d'approfondissement que les eaux pluviales ont pu donner à ces vallons.

Des rivières d'Aigre, d'Anac & de la Nouère.

Les rivières de la Nouère & du Fondion ont un cours fort long, soit avant, soit depuis leur réunion : outre cela, leurs lits paroissent tracés en droite ligne au milieu de vallées assez étroites, & qui ne renferment que des vallons secs : ceux surtout de la Nouère sont fort alongés au nord. C'est dans cette direction que se trouve le vallon abreuvé latéral d'*Amer*.

Le vallon de la Nouère offre sur ses rives des prairies & des jardinages très-multipliés ; il est perpendiculaire au vallon de la Charente. Les groies vives qu'on parcourt depuis ce vallon jusqu'à Hyersac, produisent indistinctement des grains & des vins de fort bonne qualité.

J'ajouterai d'abord à ce détail les vallées fort

larges qui se rendent à la ville d'Aigre sur trois directions différentes, & qui renferment de grandes cultures de lin. Les eaux de ces ruisseaux viennent tomber à l'extrémité d'une longue oscillation de la Charente.

J'indiquerai en second lieu les différentes sinuosités & embranchemens de la rivière d'*Anac*, qui tombe dans la Charente à l'extrémité d'un semblable plan incliné de la même rivière.

ANIMAUX. Dans la foule d'objets que nous présente ce vaste Globe, dans le nombre des différentes productions naturelles dont sa surface est peuplée; les *animaux* tiennent le premier rang, soit relativement à la variété de ces êtres, soit relativement à la manière dont ils peuvent servir aux besoins de l'homme; car nous ne nous occuperons que de ces considerations dans cet article, & non point de ce qui concerne leur constitution physique, laquelle ne tient point à la géographie-physique. Ainsi, l'on sentira facilement la nécessité de les distribuer par ordre, moins relativement à leur organisation qu'à leurs habitudes de vivre, & aux choix qu'ils ont faits de certaines contrées de la terre: c'est donc le système de la population du Globe par les *animaux*, qu'il nous convient d'indiquer ici.

J'y vois d'abord la nombreuse famille des quadrupèdes qui habitent les contrées infiniment variées de nos continens, tant celles qui se trouvent dans l'intérieur des terres, que celles qui sont le long des bords de la mer; tant les contrées peuplées & cultivées, que les déserts; tant les quadrupèdes sauvages & féroces, que les quadrupèdes faciles à réduire à l'état domestique, soit pour concourir aux grands travaux de l'homme, soit pour servir à ses agrémens.

Viennent ensuite les *animaux* qui occupent les parties des rivages des continens & des bords de la mer: ce sont les quadrupèdes amphibies. Enfin, nous devons indiquer ceux qui vivent dans les entrailles de la terre, comme dans le fond des mers. Je trouve en même tems les poissons, qui parcourent en troupes nombreuses les divers parages des côtes, les harengs, les sardines, les huîtres, &c.

Les poissons qui de la mer remontent dans les fleuves & les rivières, & qui offrent une nourriture abondante aux habitans de ces rivages.

Il nous reste à parler des *oiseaux* qui ont une marche particulière à la surface du Globe. Nous n'en ferons saisir que les mouvemens principaux, nous réservant d'en faire mention à l'article OISEAUX, & encore plus aux articles particuliers de certaines classes d'oiseaux distingués par des habitudes qui leur sont propres, & dont la connoissance peut nous intéresser, à l'article MIGRATIONS.

Après ces considérations générales sur la population du Globe par les *animaux*, nous parlerons des changemens d'habitation de ces *animaux*, qui sont survenus à la suite des habitations & des cultures établies par les hommes.

Les Gaules & la Germanie, par exemple, nourrissoient des élans, des loups-cerviers, des ours & d'autres *animaux* qui recherchent les climats froids; mais depuis les défrichemens de certaines parties de la France, ces *animaux* se sont retirés dans les pays plus reculés vers les pôles, moins voisins des contrées habitées & cultivées.

Ainsi, lorsque nous trouvons les dépouilles de l'*aurochs* dans certaines contrées de la Flandre & de la Picardie, & que ces dépouilles sont ensevelies dans des parties des vallées encombrées depuis ces tems par des vases & des tourbes, nous trouvons là les preuves de deux évènemens qui sont également dignes de notre attention: la marche des *animaux* qui fuient des contrées échauffees par la culture, pour se porter dans d'autres qui ont conservé leur température froide; en second lieu, l'ensevelissement de leurs dépouilles par les transports & les dépôts de terres que les eaux courantes ont entraînées dans les vallées. C'est donc parce que l'on a abattu les forêts, desséché les marais & défriché les bruyères incultes, que certains animaux ont déserté la France, l'Allemagne & l'Angleterre. On peut voir surtout dans l'article ANGLETERRE, toutes les circonstances de ces changemens d'habitation par les *animaux*.

Il ne nous reste plus, pour compléter cette considération au sujet de la population des *animaux*, qu'à renvoyer à l'article ZOOGRAPHIE, où l'on trouvera leur distribution annoncée en détail, & enfin relativement à ce qui concerne leurs *dépouilles fossiles*.

ANIO, petite rivière connue aujourd'hui sous le nom de *Teverone*; elle a sa source au mont Trevi, vers les frontières de l'Abruze, d'où elle coule entre la Sabine & la campagne de Rome. Je ne crois pouvoir mieux faire connoître le pays que parcourt cette rivière, qu'en offrant ici le précis d'une course que j'ai faite aux environs de Tivoli, & l'exposé succinct de différens objets d'histoire naturelle que j'y ai observés, & au milieu desquels la rivière d'*Anio* ou *Teverone* figure d'une manière fort intéressante.

Le chemin de Rome à Tivoli offre des matières cuites & même fondues, semblables à celles qu'on observe sur la route de Rome à Frascati. On ne voit le sol changer qu'à un quart de lieue des Acque-Zolfe, où l'on voit des masses de travertin qui sont à la surface de la terre. Ces *eaux soufrées* répandent une odeur très-pénétrante de foie de soufre; elles sortent d'une espèce de lac qui est très-peu étendu, il est entouré de roseaux, & recouvert, dans une partie de sa surface, d'îles flottantes, lesquelles ne sont que les racines des roseaux, qui y ont fait des additions successives chaque année. Les anciennes racines se pourrissant, elles se réduisent en une substance terreuse qui est soutenue par les nouvelles racines, qui composent comme le tissu d'une charpente légère. Ces masses se détachent des bords du lac & vont flotter sur l'eau, qui est froide comme une autre eau de source; elle en diffère par sa teinte, qui est assez semblable à celle des eaux où l'on a fait dissoudre un peu de savon. Les chimistes nous diront le reste. Les îles sont le jouet des vents à la surface du bassin du lac; elles se heurtent dans cette marche singulière, & s'arrondissent par les frottemens réciproques de leurs bords; elles ont vingt à trente pieds environ de diamètre; elles plient sous le poids des curieux qui se hasardent sur cette foible composition: leur souplesse donne une idée de la manière dont elles ont été formées. Cette source & ce grand dépôt d'eau se trouvent placés dans une large plaine, couverte de différentes masses superficielles de travertin, d'un tissu plus ou moins serré. Le long des bords du canal par lequel le lac de l'Acqua-Zolfa verse son trop plein, on voit des dépôts considérables d'incrustations de formes très-bizarres, qui les revêtent. Les différens endroits par lesquels ces eaux débordent, offrent les mêmes singuliers dépôts: outre cela, dans les chutes on observe des incrustations plus abondantes que partout ailleurs. C'est vers l'extrémité de son cours, & un peu avant que de se jeter dans le lit du Teverone, que cette eau extravasée forme, dans les mois de l'année les plus chauds, les *confetti di Tivoli*.

Ces *confetti* ne se ramassent qu'à l'extrémité de la plaine, où l'on voit les massifs de travertin dont nous avons parlé, c'est-à-dire, dans l'endroit où les *eaux soufrées*, après une grande division, se jettent dans le Teverone. Alors l'eau n'étant plus chargée d'une grande quantité du principe terreux, le dépose isolément, & ne forme que de petites masses arrondies, qui imitent assez bien la figure des *dragées*: l'eau les voiture à mesure qu'elle les dépose. Dans ce cas l'évaporation abondante de la chaleur est une circonstance nécessaire à la formation de cette singulière stalactite.

Quelques physiciens observateurs ont cru que la qualité de l'eau du lac qui fait les incrustations, contribuoit à la composition des îles flottantes, & ils lui ont en conséquence supposé la propriété singulière de ronger les bords du lac, quoiqu'elle dépose partout le principe terreux dont elle s'est chargée en grande proportion en traversant les terrains à travers lesquels elle a couru.

Il est visible, comme je l'ai dit ci-devant, que les îles flottantes ne sont point les débris des bords du lac: comment de tels débris pourroient-ils faire des îles de quinze à vingt pieds de diamètre? D'ailleurs, on ne voit point de fragmens de pierres détachées sur les bords des Acque-Zolfe, mais seulement de la terre; & quand il y en auroit sur le fond du bassin, comme on ne peut guère en douter, l'eau qui dépose ne ronge pas, puisqu'elle se trouve dans un état de saturation du principe terreux, qu'elle tient en dissolution. On voit bien que ces physiciens ont parlé de ce qu'ils avoient vu trop rapidement.

Il m'a toujours paru absurde qu'une pierre usée par l'eau, qui est supposée la corroder, puisse nager sur la même eau; car l'action de l'eau sur les bords ne doit pas être plus forte que sa surface, où flottent les îles. Tout ceci est un tissu de contradictions d'un bout à l'autre.

Je reprends maintenant l'examen du sol des environs du lac des eaux soufrées, où suit le travertin jusqu'au canal du Teverone; ensuite on rencontre quelques amas de terres cuites, qui ne s'élèvent pas beaucoup sur le chemin de Tivoli, car après un certain trajet on observe des masses énormes de stalactites de toutes les formes. Des eaux courantes se voient dispersées çà & là sur les differentes pentes, & paroissent avoir contribué à la formation de tous ces dépôts: on y remarque des lames de stalagmites, ou plates ou contournées; des tuyaux, ou entiérement remplis & obstrués, ou vides; des bouillons, des boules à couches concentriques bien distinctes, & quant à leur couleur & quant à leur tissu plus ou moins serré: certains tuyaux de stalactites donnent encore passage à l'eau, qui continue son travail pendant l'hiver, & l'interrompt pendant l'été.

Certaines parties de ces dépôts n'offrent que des feuillets fort minces, qui n'ont pas de consistance, & qui sont même en état de décomposition parce qu'elles n'ont pas reçu un certain degré d'infiltration; mais d'autres au contraire, dont le travail est plus complet, & qui sont fort étendus, seroient susceptibles de prendre un grand poli. On voit que les faces des stalagmites, sur lesquelles l'eau a coulé long-tems, sont couvertes d'une petite couche lisse & compacte: c'est cette circonstance qui constitue la distinction apparente des couches additives dont j'ai parlé. Quelle que soit la réunion des nouveaux dépôts après la reprise du travail de l'eau, on ne peut point se lasser de suivre tous les divers resultats de ces dépôts etonnans que l'eau a laissés de toutes parts, à mesure qu'on approche de Tivoli. On voit clairement tous les procédés naturels de la formation de l'albâtre. La distinction des bouillons, malgré l'addition des lames qui en laissent découvrir la forme, quoiqu'elle réside au milieu de masses épaisses, ne paroît avoir pour principe que ce vernis naturel, déposé par l'eau sur toutes leurs faces successives.

L'extrémité d'une de ces masses de stalactites, dans le voisinage du pont qu'on traverse au dessous des écuries de Mecenas, est appuyée sur une base de terre cuite ou *tufau*, semblable au sol de la ville Adrienne, car elle en est proprement la continuation.

Au-delà de la grande cascade du Teverone, le *Monte-Croce* & d'autres collines prolongées vers le bord, la montagne des Capucins, & toutes celles qui forment une chaîne jusqu'à Palestrine, sont composées d'albarèse en couches inclinées : cette masse appartient à l'Apennin. Le grain de la pierre en est fort fin, comme celui du marbre : on y trouve parmi, quelques noyaux de pierres calcaires qui sont silifiées.

Au-delà du Teverone, qui coule dans un canal fort profond, les montagnes d'albarèse forment une arête prolongée, dont les couches interrompues laissent échapper des sources abondantes : ce sont ces eaux qui ont fait d'immenses dépôts sur l'extrémité de l'arête, où l'on trouve les mêmes phénomènes qu'au dessous de Tivoli.

La cascade de Tivoli est un effet de l'art, & non le résultat d'une opération de la nature. Je le répète : c'est l'effet d'une chaussée qui barre le cours du Teverone, & retient une grande partie de ses eaux pour servir aux besoins des moulins & des forges qui s'y trouvent établis. Cette eau s'échappe par deux canaux latéraux : la plus grande partie, après avoir parcouru une croupe de la vallée, sur la pente de laquelle sont établies plusieurs usines, forme, par une chute générale, les *cascatelles*. D'un autre côté, la plus grande masse tombe & se précipite sur le revers de la chaussée, qui a peu de pente. L'obstacle que cette chaussée a opposé au mouvement de l'eau, qui occupe le fond du lit du Teverone, a retenu au passage les pierres & les sables, & a élevé ce lit jusqu'au niveau du bord supérieur de la chaussée. D'un autre côté, l'eau de la grande cascade s'engoufre après sa chute, au milieu d'un amas de stalactites qui sont percées en différens sens, & dont quelques-unes traversent d'un bord du canal à l'autre, & qui, par des obstacles multipliés, tourmentent cette eau de manière à la couvrir entiérement d'écumes. L'aspect de tout ce fracas de rochers, surmontés des ruines du temple de Neptune & de celui de la Sibylle, inspire une certaine horreur.

Il paroît, outre cela, que les eaux de l'*Anio* se sont échappées aussi en partie du côté opposé à la forge, & qu'elles y ont formé des dépôts très-élevés, qu'on rencontre en allant à la montagne *della Croce*, & sur la croupe en face du temple de la Sibylle. Pour que l'eau du Teverone ait pu parvenir à ce niveau, il est nécessaire que la retenue ait été plus élevée, ou que le lit de la rivière ait été moins bas, car plusieurs dépôts de gravier & de stalactites semblent prouver cette ancienne disposition.

L'emplacement de la ville Adrienne est une masse de terres cuites, dans laquelle on a fait des fouilles pour l'extraction du *tufau*, employé à diverses constructions. Cette masse paroît se continuer jusqu'à la chaîne de Frascati, d'où elle a formé un courant de matières fondues, qui ont pris aussi la route de Palestrine. Ce tufau renferme très-peu de ces points blancs, qui sont si communs dans le peperino d'Albano & dans celui qu'on trouve aux environs du temple de Vesta. Cela semble prouver que ces débris de pierres calcaires ne sont dus ni aux dépôts du Tibre ni aux avalaisons des montagnes, dont les courans de matières fondues & cuites auroient enveloppé les débris. Il y a plus d'apparence qu'ils ont été fournis par le Monte-Cavo, d'où ils sont venus, comme je m'en suis assuré en passant au pied de cet ancien cratère.

J'ai visité toutes les montagnes qui sont au midi de Tivoli; elles sont composées d'une pierre calcaire blanche avec des veines silifiées. On découvre des sommets de ces masses, les croupes de l'Apennin, qui font face à la plaine où se trouve établie la ville Adrienne, ainsi que les courans de matières cuites & fondues, qui ont pour origine les hauteurs de la chaîne de Frascati, comme je l'ai déjà dit. Ces masses ont couru visiblement le long du pied des croupes de l'Apennin & de la colline de Tivoli, & s'y sont accumulées à une certaine hauteur, dont on trouve les correspondantes auprès du pont du Teverone, qu'on traverse avant d'arriver à Tivoli, comme je l'ai déjà remarqué.

Je ne sais sur quelles observations M. de la Condamine, qui a tant parlé sur les volcans dans son *Voyage d'Italie*, s'est hasardé à dire qu'une partie de la montagne de Tivoli étoit un volcan. J'ai déjà dit que cette montagne n'offroit que de l'albarèse bien intacte. Ceci est un véritable dépôt de l'eau, chargée des principes qu'elle a dissous en parcourant ces montagnes, tant au midi qu'au nord, & même à l'est de Tivoli, & qui a formé ces stalactites immenses qu'on y voit partout.

J'ai visité de même les montagnes septentrionales assez loin, &, dans ce trajet, le prolongement des croupes parallèles à celles de Tivoli, au-delà du Teverone, est entiérement composé de stalactites. Au-delà on rencontre un peu de tufau cuit, mais c'est peu de chose lorsqu'on le considère, tant par rapport à sa masse, que relativement à son origine.

Les montagnes d'albarèse se prolongent visiblement par l'ouest, & la circulation intérieure des eaux qui les pénètrent, & qui sortent du pied de cette enceinte, fournit aux sources des eaux soufrées, & contribue à une partie des dépôts du travertin. C'est un phénomène assez étonnant, que les eaux soufrées qu'on rencontre aux différens appendices de l'Apennin, sortent toutes de dessous les couches inclinées de l'albarèse.

Les montagnes de Tivoli sont la limite des masses calcaires à couches inclinées. On pourroit rechercher pourquoi la mer, qui a dû s'élever autour de ces masses, n'y a pas adossé des collines à couches horizontales, & assez semblables à celles qu'on peut observer dans le voisinage de Rome, & particuliérement au *Monte-Mario;* car la partie qui est au midi de Rome a été tourmentée par le feu des volcans, ainsi que par le torrent du Tibre. Ces faits nous offrent une réponse à l'objection précédente.

En revenant de Tivoli à Rome, j'ai revu avec soin toutes les carrières de travertin en dépôts horizontaux assez suivis. Les premières couches sont en differens états de destruction, & paroissent avoir été primitivement formées par les eaux sous forme de stalactites. Ces couches ne se prolongent point vers Tivoli, & après un certain intervalle elles se retrouvent dans des collines fort éloignées de cette ville.

C'est l'Acqua-Zolfa qui dépose ces grains sans liaison, où sont ces vides semblables aux ruches des abeilles; mais la pierre paroît plus fondue. Les ondulations, les tuyaux de ruches, &c. sont moins sensibles dans les couches inferieures, qui ne se trouvent pas à plus de quinze pieds de profondeur, du moins dans les fouilles où l'excavation ne s'étend pas plus avant.

Quelques observateurs ont pensé que tout le travertin qu'on rencontre sur le chemin de Tivoli à Rome, devoit son existence aux eaux soufrées. J'aurai occasion de montrer par la suite dans quelles circonstances doivent se trouver ces eaux pour opérer des dépôts d'une étendue aussi considérable, & d'une qualité de grain semblable à celui qu'offrent ces couches, surtout à une certaine profondeur, & avec la distinction régulière qu'on y remarque : c'est là surtout où le grain serré du travertin m'a paru visiblement l'effet d'une infiltration long-tems continuée.

Aux environs du canal du Teverone, précisément sur la route de Rome, on trouve des amas de gravier calcaire sous des terres cuites, qui ont été amoncelées & deposees bien postérieurement à ce dépôt de rivière. Ceci est une preuve que les eaux torrentielles ont beaucoup travaillé dans la plaine de Rome, & que les matières cuites & fondues y ont été dispersées à une époque plus récente, particuliérement dans les parties voisines des vallées du Tibre & du Teverone.

Il me reste à parler de la confluence de ces deux rivières. C'est à la Cascata que l'*Anio* se réunit avec bruit au Tibre, à une distance presqu'égale de Rome & Guibileo. Je ne puis quitter cette rivière sans revenir à la qualite pétrifiante de ses eaux, & annoncer définitivement les soupçons qu'elle m'a fait naître d'avoir contribué, pour sa part, à la formation du travertin. (*Voyez l'article* TRAVERTIN.)

J'ai eu occasion de suivre la culture des environs de Tivoli; ce qui m'a fait connoître en même tems celle de la plaine de Rome. La charrue de Tivoli est un simple soc qui ouvre la terre. Après son travail on casse les mottes; ce qui fait une double opération nécessaire pour ameublir le terrain. Celui qui tient le manche marche dessus le train pour enfoncer plus avant la pointe du soc. Des essaims de travailleurs se dispersent, en certaine saison, dans la plaine des environs de Rome, & y cultivent les jachères des années précédentes, lesquelles sont remplies d'herbes & infectées de chiendent. Après les travaux de la journée, ces cultivateurs se retirent sur les hauteurs à Tivoli ou à Frascati. Ils ne restent pas pendant la nuit à côté de leurs cultures, dans la crainte d'être pris du *mauvais air* qui y règne pour lors, du moins on le croit. C'est cette crainte qui empêche les propriétaires d'y établir des habitations fixes. Dans les endroits élevés au dessus de la plaine, où l'on n'a plus cette crainte du *mauvais air*, il y a plus de cultures suivies. On y plante aussi la vigne, qu'on élève sur des échafaudages de cannes. C'est pour servir à cet usage surtout qu'il y a de grandes cultures de cannes dans la plaine.

ANJOU, ou *département de Mayenne & Loire*. Ce département comprend à peu près toute l'ancienne province d'*Anjou*. C'est pour cela que je les réunirai l'un & l'autre dans cet article, où je me bornerai à la simple potamologie, surtout après avoir fait connoître à l'article ANGERS, qui précède la partie la plus intéressante du sol de cette grande contrée, qui consiste en des carrières d'ardoises fort abondantes & egalement curieuses par les dépôts d'empreintes de végétaux & d'animaux, que les feuillets d'ardoises nous ont offertes de toutes parts, & qui annoncent un bord de l'ancienne mer très-interessant.

Les principales rivières de l'*Anjou* sont la Mayenne, la Sarthe, le Loir & la Loire. Nous allons suivre leur hydrographie particulière, en faisant l'énumération de toutes les rivières latérales qui versent leurs eaux dans ces troncs principaux. Ce sera pour moi, dans le même tems, l'occasion d'annoncer les pentes des terrains qui ont offert à ces eaux courantes les moyens de se réunir & d'approfondir leurs belles vallées.

Je commence ces considérations par la Mayenne, qui a son origine aux environs de Mortain, passe à Ambrières, Mayenne, Laval, Château-Gontier, où elle commence à porter bateau, ensuite entre dans le département de Mayenne & Loire, &, après un cours de cinq cents toises, elle reçoit l'Oudon, rivière latérale & secondaire, qui parcourt une grande etendue de pays fort plat, & se trouve grossie, dans ce trajet, par la réunion des eaux des trois rivières qui ont leur cours au milieu de plaines fort étendues; ce sont l'Hommée, l'Argas, la Versée, qui n'offrent rien de particulier dans leurs lits, que la longueur de leurs embranchemens primitifs. Au dessous de la confluence de l'Oudon, la Mayenne continue sa marche uniforme jusqu'à Montreuil-Belfroy, où elle commence à éprouver quelques oscillations & des subdivisions de son canal par l'interposition de quelques îles, à l'approche de sa réunion avec la Sarthe, au village d'Ecouflant. C'est là que la Sarthe & le Loir réunis se rendent dans la Mayenne, deux lieues au dessus d'Angers. D'abord la Sarthe a sa source à Somme-Sarthe, à deux lieues de Mortagne, dans le département de l'Orne, arrose villes d'Alençon, de Beaumont, du Mans, de Sablé; elle est flottable depuis le Mans.

Quant au Loir, il prend sa source aux étangs de l'Abbaye-du-Loir, dans le département d'Eure & Loir, passe à Illiers, Bonneval, Châteaudun, Vendôme, Château-du-Loir, la Flèche & Duretal.

Je dois remarquer que ces deux rivières, particulièrement à la partie inférieure de leurs cours, offrent de fort grandes oscillations, & des subdivisions au milieu desquelles sont des îles fort longues & fort larges. On peut observer, surtout dans deux oscillations du Loir & dans sa confluence avec la Sarthe, des espèces d'*îles terrestres*, qui sont modifiées non-seulement par les rivières principales, mais aussi par des ruisseaux latéraux plus ou moins alongés. Enfin la Mayenne, au dessous d'Angers, a un lit très-uniforme jusqu'à la Loire, dans laquelle cette rivière tombe sous un angle aigu, lequel, suivant mes principes, annonce une pente combinée entre le nord & l'ouest.

Nous allons d'abord nous occuper de la vallée de ce grand fleuve, ainsi que des différentes affluentes qui s'y jettent aux deux côtés de son canal.

Depuis Saumur jusqu'à Saint-Florent-le-Vieil, le lit de cette rivière est rempli d'îles, parmi lesquelles je distinguerai l'île Blaison, puis les îles des Buissons & de Belle-Poule. Cette dernière, formée par la confluence de l'Authion, a un cours fort divisé & alongé dans la direction de la Loire. J'indiquerai ensuite l'île aux Grands-Champs, les Grandes-Iles, fermées au sud par le haut & le bas Louet, & dont la première est coupée par les Ponts-de-Cés. Plus bas est l'Ile-Basse, fort longue, & à la tête de laquelle se trouve l'affluence du Layon, qui se jette dans la Loire après trois oscillations, à la dernière desquelles contribue la confluence de deux ruisseaux, dont celui du *Jeu* a huit embranchemens, sur un tronc d'une grande étendue. En suivant la Loire, on rencontre l'île Menard & les îles marécageuses de Boules & de Belle-Croix. La bordure septentrionale de cette dernière île est formée par l'affluence de cinq ruisseaux.

Nous ferons maintenant l'énumération des rivières que la Loire reçoit sur la droite, après l'Authion & la Mayenne dont nous avons parlé. Au dessus des cinq ruisseaux comptés ci-devant, s'en présentent huit autres, & les rivières de Rome & d'Auxences réunies, qui, avant leur jonction à la Loire, suivent les bords marécageux de sa vallée.

Si nous passons à la gauche, nous trouverons le Thouet & la Dive réunis, qui se jettent dans la Loire au dessous de Saumur. Plus bas on voit Laubanci, formé par deux grands embranchemens réunis à Brissac, & qui se jette dans la Loire, en face de Savennières, après cinq oscillations assez fortes entre Sainte-Melaine & Mur. Enfin l'Evre, qui réunit trois grands embranchemens, tombe dans la Loire au dessous de Saint-Florent-le-Vieil, & forme la bordure méridionale des îles de Boulas & aux Bergères. C'est plus loin qu'un ruisseau, d'abord parallèle à la Loire, fortifié par l'affluence de quatre autres, forme la bordure méridionale de longs marécages qui côtoient la Loire, & qui s'étendent depuis l'île Boulas jusqu'à Champtoceaux.

Je reviens aux pentes du terrain, qui ne peuvent être ni connues ni déterminées que par le cours des rivières. Ainsi je vois qu'une partie des pentes du sol de l'*Anjou* & du département qui correspond à cette ancienne contrée, est du nord au sud, avec les pentes latérales de l'ouest à l'est, & de l'est à l'ouest. C'est là ce que m'apprennent d'abord la direction des cours de la Mayenne & de la Sarthe, & ensuite ceux de l'Oudon & du Loir.

Je retrouve ensuite, au-delà de la Loire, d'autres pentes bien déterminées du sud-ouest ou du sud au nord, au moyen de quoi la Loire me présente un berceau du nord au sud, & du sud au nord, avec la pente principale de l'est à l'ouest.

En conséquence je suis étonné que, dans une *Géographie de la France*, on ait donné à ce département *une direction* du nord-est au sud-ouest; qu'il n'a pas plus qu'une *inclinaison* simple de l'est à l'ouest, puisque ces pentes ne sont indiquées que d'après le cours des rivières que j'ai notées ci-devant. Je le répète : tous ces détails de direction & d'inclinaison ne peuvent être annoncés d'une manière aussi obscure; il faut, pour nous instruire à ce sujet, des lignes aussi marquées que les lits des rivières principales qu'on retrouvera dans la potamologie qui précède, & à laquelle il convient de se borner.

Le commerce de ce département consiste en vins, en lins, chanvres, grains, bestiaux, saumons, aloses, confitures sèches, pruneaux, eau-de-vie, vinaigre, huile de noix, miel, toiles, blanchisseries de toiles & de cire, bougies, merceries, étamines & droguets, chaux, ardoises, mines de fer & de charbon de terre, raffineries de sucre & de salpêtre, forges & verreries.

Les vins vont à Nantes par la Loire, & une partie se vend à l'étranger : il y en a aussi qui se brûlent en eaux-de-vie, qui passent à Paris par le canal de Briare. Les carrières d'ardoises, qui s'exploitent en grande partie pour Paris, sont principalement à Angers & aux environs. Les mines de fer & de charbon de terre sont dans les communes de Courton, de Saint-Georges, &c. Les verreries à Chenu; les raffineries de sucre à Angers & à Saumur; le salpêtre dans cette dernière ville, de même que les blanchisseries; les étamines se fabriquent principalement à Angers : elles sont de laines sur soie. On y fait aussi des raz, des camelots & d'autres serges; des droguets & des étamines à Lude, des croisés à Château-Gontier, des serges & des droguets à la Flèche. Les toiles occupent beaucoup de métiers, particuliérement à Château-Gontier, à Beaufort, & surtout à Cholet. Quelques-unes s'exportent par Saint-Malo; les autres par la Rochelle, par Bordeaux, ou se débitent dans le Poitou & dans les contrées voisines.

Ce département a environ vingt lieues de long, sur dix-neuf de large. Le sol y est agréablement varié de coteaux & de plaines. Ses pâturages nourrissent un grand nombre de bestiaux. On y trouve, en plusieurs endroits, des mines de fer, de plomb, de charbon de terre; des carrières de belles pierres & de marbre. Elle renferme beaucoup d'eaux minérales, & quantité de salpêtrières dispersées sur les bords de la Loire, au dessus & au dessous de Saumur. Il y a enfin de belles forêts peuplées en chênes & en hêtres.

ANNAMOOKA (Ile d'). Cette île, une des plus considérables du groupe des *Iles des Amis* dans le grand Océan, a été découverte par Tasman, qui lui donna le nom de *Rotterdam*. Elle est d'une forme triangulaire, & chacun de ses côtés a trois ou quatre milles de longueur. Un lac qui est dans le milieu, occupe une grande partie de sa surface, & coupe en quelque façon l'angle du sud-est. Elle est située par 20 deg. 15 min. de latitude sud, & 174 deg. 31 min. de longitude ouest (méridien de Greenwich).

Annamooka est un peu plus élevée que les autres petites îles qui l'environnent, mais on ne peut la compter parmi les terres d'une hauteur modérée. La côte, à l'endroit où mouillent les vaisseaux, est un rocher de corail escarpé & haché, de neuf ou dix pieds d'élévation, excepté toutefois deux grèves de sable, où l'on trouve un récif de la même espèce de rocher, qui les borde & les met à l'abri de la fureur des vagues. Le lac qu'on rencontre dans l'île a environ un mille & demi de largeur, & le sol qui l'environne s'exhausse peu à peu; mais on ne peut suivre la communication qu'il doit avoir avec la mer. Le terrain qu'on traverse pour y arriver, depuis la grève sabloneuse la plus grande, est aplati, bas & sabloneux: il est probable que la ligne de communication étoit autrefois de ce côté. Le sol, dans les cantons qui s'élèvent un peu, & particuliérement vers la mer, est une espèce d'argile rougeâtre, ou un terreau noir & friable.

Tous les rochers & toutes les pierres paroissent être de la nature du corail, excepté néanmoins un rocher de vingt ou trente pieds de hauteur, situé à droite d'une des grèves sabloneuses. Celui-ci est d'une pierre calcaire jaunâtre, & d'un tissu très-serré; & même dans cet endroit, qui est la partie la plus élevée de l'île, on voit que de gros morceaux du même rocher de corail forment la côte.

Excepté un petit nombre d'endroits, l'île est très-bien cultivée. Les environs de la mer & du lac sont couverts d'arbres & d'arbrisseaux, dont la végétation est très-forte. Près du lac on voit une multitude de *paletuviers*, & les rivages de la mer produisent une quantité considérable de l'arbre appelé *faitanoos*. Il y a plus de fruits à pain & de pimplemouses, & tous les végétaux y viennent mieux qu'à l'île d'*Amsterdam* ou *Tongataboo*. Voilà pourquoi les terrains ne sont point enfermés de haies aussi nombreuses, aussi régulières & aussi soigneusement faites. Les longues allées d'arbres fruitiers, & la délicieuse verdure qui est au dessous, pourroient se comparer aux plus charmantes retraites de l'île de *Middelbourg* ou *Eooa*. Les berceaux touffus qui couvrent les chemins, étalent de belles fleurs qui embaument l'air de parfums: de fertiles boccages ajoutent à la beauté de cette scène enchanteresse. Les sites multipliés que forment les petites élévations, & les différens groupes des maisons & des arbres, contribuent encore à l'ornement de cette terre. Les volailles & les cochons qui rodent autour de chaque case, la quantité prodigieuse de pimplemouses qu'on voit au dessous des arbres, & auxquels les naturels ne paroissent pas faire d'attention, tout enfin offre le spectacle d'une riche abondance, & l'observateur qui le contemple, éprouve en même tems un sentiment d'admiration & une impression de plaisir.

Les productions d'*Annamooka* & des îles voisines sont à peu près les mêmes qu'à *Tongataboo*. Les cochons & les volailles n'y sont pas moins rares pour ceux qui abordent sur ces terres fortunées: ils obtiennent des ignames & des pimplemouses en abondance; mais il n'est pas si facile d'y avoir d'autres fruits.

Au nord & au nord-est d'*Annamooka*, & sur la route qui mène directement à *Hapace*, la mer est parsemée d'un grand nombre de petites îles. Quoique les naturels naviguent au milieu des bas-fonds & des rochers, on ne peut avoir la certitude d'y trouver un passage libre & sûr pour des bâtimens considérables: elles sont répandues çà & là à des distances inégales, & en général elles sont presqu'aussi hautes qu'*Annamooka*; mais elles n'ont que deux ou trois milles de longueur, & quelquefois même un demi-mille seulement ou moins encore. Leurs côtes présentent, ainsi qu'*Annamooka*, des rochers escarpés ou des dunes rougeâtres. Quelques-unes ont des grèves de sable, qui se prolongent sur toute la longueur de la bande. La plupart se trouvent entiérement couvertes d'arbres, parmi lesquels on distingue un grand nombre de cocotiers, & chacune d'elles offre à l'œil un joli jardin placé au milieu de la mer. Lorsqu'il fait un beau tems, on ne peut exprimer le plaisir que cause ce charmant paysage: on croit voir ces terres habitées par les Fées que décrivent les romans. On en apperçoit une qui n'est composée que de sable, & une seconde sur laquelle il n'y avoit encore, en juin 1774, qu'un arbrisseau ou un arbre; ce qui,

qui, d'après le capitaine Cook, prouve leur formation nouvelle. (*Voyez* ce que dit cet auteur, à l'article PALMERSTON (île), sur la formation des îles.)

Les naturels d'*Annamooka*, ainsi que ceux des îles voisines, sont à peu près les mêmes qu'à *Tongataboo* pour la constitution physique & les qualités morales (*voyez* TONGATABOO); mais ils semblent plus sujets à la lèpre ou à d'autres maladies de la peau, que partout ailleurs : leur visage est beaucoup plus affecté que le reste du corps. On en voit plusieurs à qui la lèpre a rongé le visage & fait tomber le nez. Les habitans paroissent aussi plus pauvres, c'est-à-dire qu'ils ont moins d'étoffes, moins de nattes, moins d'ornemens, &c.; ce qui constitue la majeure partie des richesses des naturels de la Mer Pacifique.

Les maisons des insulaires d'*Annamooka* sont d'une forme singulière; elles ont à peine huit ou neuf pieds de haut. Les parois, proprement faites de roseaux, qui, loin d'être perpendiculaires, convergent beaucoup vers le fond, ne s'élèvent pas à plus de trois ou quatre pieds du terrain. Le toit forme un faîte au sommet, de sorte que le corps de la maison ressemble à un pentagone : elle est couverte de branchages, & le toit se projette au-delà des parois penchées de la maison.

Leurs pirogues ressemblent à celles qu'on voit parmi les Iles des Amis; elles sont bien faites, & suffisent à la navigation que font ces différentes peuplades.

Des massues, des piques, composent à peu près leurs moyens de défense. La quantité nombreuse qu'on y en trouve paroît démentir la bonté de leur naturel & de leur caractère; mais peut-être que, sans se battre entr'eux, ils ont souvent des disputes avec leurs voisins. Ce qui fait croire qu'ils n'en font pas un fréquent usage, c'est qu'ils passent un tems infini à les orner de sculptures.

Parmi les avantages dont jouit cette île superbe, & qu'on a détaillés plus haut, on ne doit pas négliger de dire qu'elle renferme dans son sein une eau d'assez bonne qualité; mais on ignore si les sources sont assez abondantes pour l'approvisionnement des vaisseaux. On peut aisément embarquer du bois dans la rade qui est sur la bande nord de l'île, précisément au sud de l'anse la plus méridionale, car il y en a deux de ce même côté de l'île. Cette rade est d'une étendue assez considérable. On trouve, à la distance d'un ou deux milles du rivage, vingt-cinq & trente brasses d'eau, fond de sable, sans mélange de roche. (*Second & troisième Voyage de Cook.*)

ANNATOM (Ile d'). Cette île est une de celles qui composent le groupe des Nouvelles-Hébrides. C'est la plus méridionale de toutes ces terres. Elle gît par 20 deg. 3 min. de latitude sud, & 170 deg. 4 min. de longitude. Elle est au sud 30 deg. est, à onze ou douze lieues du Port de la Résolution. Elle est haute & montueuse : c'est tout ce qu'on en peut dire, n'ayant point été examinée en détail. (*Voyez*, pour le climat, le sol, les productions & le caractère physique & moral des habitans, le mot HEBRIDES (Nouvelles).)

ANNECY. Suivant mon plan, je vais faire connoître les environs de cette petite ville, & les décrire comme je les ai observés.

Premier voyage.

En partant de Genève, on côtoie le pied du mont Salève, & l'on parcourt le fond de cette vallée, qui est couvert de sable, d'argile & de cailloux roulés.

Un peu au-delà du Chabre, on s'élève sur le mont Sion, dont le sommet est de deux cent douze toises au dessus du lac de Genève, ou de quatre cent quatre au dessus du niveau de la mer.

On trouve, sur le plateau qui couronne cette colline, un grand nombre de blocs graniteux étrangers à cette montagne, comme le sable & les cailloux roulés qui les accompagnent. Comme ils sont plus abondans du côté du sud-ouest, on croit qu'ils ont été voiturés sur cette direction.

Un peu au dessous de la cime, après qu'on a passé le village de Saint-Blaise, on découvre, au sud ouest, le Mont-aux-Vaches, & d'autres montagnes de la Savoie & du Bugey. Toutes ces montagnes sont de pierre calcaire compacte, & sont entre-mêlées de collines de grès.

A une demi-lieue du mont de Sion, on rencontre des grès tendres, adossés contre la montagne de Salève.

On traverse ensuite une ramification du mont Salève par une gorge que domine le château de *Croisille*, situé sur un roc isolé, escarpé, & composé de lits calcaires & horizontaux.

On voit, sur les flancs de ce roc, plusieurs vestiges indubitables de l'action des eaux, qui ont approfondi cette gorge : ce sont des sillons profonds & arrondis.

Au-delà du village de *Croisille*, on voit encore des grès tendres, inclinés comme les précédens. Vient ensuite la descente rapide de *La Caille*, au bas de laquelle le torrent des *Usses* s'est creusé un lit profond entre des rochers calcaires, dont les bancs sont horizontaux.

Lorsqu'on est parvenu au village de *La Caille*, on descend toujours sur des grès tendres, inclinés contre la pente de la montagne du côté du midi & du sud-est. On passe, sur le pont de *Bogny*, le torrent de le *Fier*, qui s'est creusé un lit profond entre des assises horizontales d'un grès tendre ou *brasier*.

De ce pont on se rend, presque toujours en plaine, à *Annecy*. Cette ville est agréablement située sur la rivière de *Fier*, au bord du lac d'*Annecy*. Ce lac a environ quatre lieues de longueur, sur une lieue dans sa plus grande largeur. Sa direction générale eſt du nord au ſud. Il eſt entouré de tous côtés de hautes montagnes, excepté dans le voiſinage d'*Annecy*. C'eſt là que ſe terminent celles qui ſont liées avec la chaîne des Alpes, & que commencent les collines qui s'en détachent. Toutes ces maſſes ſont calcaires.

A peu près au milieu de la longueur du lac eſt une péninſule, jointe au continent par une chauſſée; elle a le nom de *Château-Vieux*. Elle eſt aſſez grande pour renfermer un château, des jardins & de beaux vergers.

La hauteur du lac d'*Annecy* eſt de trente-cinq toiſes au deſſus de celui de Genève, ou de deux cent vingt-huit au deſſus de la mer. C'eſt à M. de Sauſſure que nous devons ces meſures préciſes. C'eſt auſſi lui qui a déterminé la température du lac, que ce phyſicien a trouvée de quatre à cinq degrés. Par cette expérience, il a reconnu qu'il eſt auſſi froid que le lac de Genève à cent ſoixante-trois pieds, où deſcendit le thermomètre qui ſervit à cette épreuve.

En ſortant d'*Annecy*, on ſe trouve dans une petite plaine horizontale, qui eſt la continuation de celle que l'on traverſe en ſe rendant du pont de Brogny dans cette petite ville. Pluſieurs perſonnes préſument que cette plaine a été abandonnée par le lac, & que celui-ci s'étendoit anciennement beaucoup plus loin qu'il ne fait aujourd'hui.

On traverſe enſuite des collines, dont la baſe eſt un grès tendre argileux, diſtribué par couches peu inclinées, & couvert de cailloux roulés de tout genre. Mais à une lieue & demie d'*Annecy*, en approchant du village d'Albie, & en deſcendant vers le ruiſſeau nommé le *Chéran*, qu'il faut traverſer pour aller à Albie, on voit, ſur la droite du chemin, des couches de grès, dont la ſituation eſt parfaitement verticale. On eſt d'autant plus étonné de trouver un grès dans cette ſituation, que ſes premières couches ſont entre-mêlées d'un gravier, dont les grains arrondis ont un pouce & plus de diamètre : en ſorte qu'il eſt certain que ces couches n'ont point été formées dans la ſituation qu'elles ont actuellement, mais qu'elles ont été depoſées dans une ſituation horizontale ou à peu pres telle, & redreſſées enſuite par une cauſe poſterieure à leur formation. Ces premières couches ont même ceci de remarquable, qu'elles ont eté recouvertes, ſur le haut de la colline, par un banc horizontal de ſable & de cailloux, dont le mélange forme un poudingue groſſier. Il eſt viſible que ce ſable & ces cailloux ont été dépoſés, par les eaux, après le redreſſement des couches du grès ſur leſquelles ils repoſent.

En continuant de marcher vers Albie, on côtoie ces mêmes couches toujours verticales, dont les plans ſont dans la même direction du nord au ſud. Lorſqu'on arrive au bord du *Chéran*, qui a creuſé ſon lit très-profondément dans ces mêmes grès, on voit, à travers les eaux tranquilles & tranſparentes de ce ruiſſeau, ces mêmes couches traverſer ſon lit & reparoître ſur la rive oppoſée, en conſervant la régularité la plus parfaite. D'ailleurs, ces couches ſont à découvert dans une hauteur verticale d'environ cent ſoixante & dix pieds.

Elles continuent toujours d'être verticales dans un eſpace d'environ cent toiſes en ligne droite, après quoi elles s'inclinent graduellement, à meſure qu'elles deſcendent du côté de l'oueſt. Auprès du pont ſur lequel on paſſe le *Chéran*, avant d'entrer à Albie, leur inclinaiſon eſt de cinquante-deux degrés. On voit là une choſe très-remarquable. Sur la gauche du chemin, tout près du pont, on a été obligé de couper la baſe de ces couches pour donner au chemin une largeur convenable; & comme il y avoit lieu de craindre que la partie ſupérieure de ces couches, tronquées par le bas, ne vînt à gliſſer & ne comblât le chemin, on a fiché, de place en place, dans le corps du rocher, des pieux de bois qui traverſent pluſieurs couches, les lient entr'elles, & les empêchent de gliſſer.

Après avoir paſſé le pont, on s'élève, par un chemin très-rapide, à travers le village d'Albie, & vers le haut de la montée on rencontre des couches du même grès, inclinées dans le même ſens que les précédentes, mais qui approchent beaucoup plus de la ſituation horizontale.

Second voyage de Genève à Annecy & à Albie.

Après qu'on a quitté Genève pour ſe rendre à *Annecy*, on ſuit d'abord une rampe ſillonée par differens ruiſſeaux très-fréquens, depuis Carrouge juſqu'à Chablé. On rencontre ſur cette rampe très-abondamment des pierres roulées, dont les noyaux ſont calcaires, ou des granits rayés & à criſtalliſation uniforme, ou même des fragmens de ſemblable nature non arrondis.

Vers Saint-Blaiſe on voit des poudingues & des brêches de deux ſortes, ainſi que des pierres de ſable, tendres, dont quelques-unes ſont infiltrées par des principes ferrugineux qui en ont conſolidé le tiſſu.

Il y a, dans beaucoup de collines, des pierres calcaires avec des fentes qui ſont remplies de veines ſpathiques. Outre cela, quelques-unes des pierres de ſables ou de grès offrent auſſi des fentes de deſſiccation, au milieu deſquelles ſont des *religatures* quartzeuſes qui ne ſe laiſſent point entamer avec l'acier trempé.

Plus loin une quantité immenſe de fragmens calcaires forment des poudingues, dont les élémens ſont liés enſemble par un ciment moitié calcaire & moitié débris de granits.

En deſcendant à *Cr·iſille*, on trouve de la pierre de ſable ou mollaſſe, comme à la Bonneville.

De deſſus la hauteur de Saint-Blaiſe, on découvre, d'un côté, le lac de Genève, & de l'autre, les arêtes distribuées sur le plan incliné du Pays de Vaud. Ce plan incliné est formé par la mollasse, & la ville de Lausanne est située dessus cette arête. Ce sont visiblement des parties de l'ancienne organisation de la vallée primitive du Rhône, lorsqu'elle s'approfondissoit pendant le cours libre de ce fleuve. C'est aux bords de ce canal qu'ont succédé les rivages du lac ou le lit même du bassin du lac.

On découvre, vers l'ouest, le *Credo*, le Mont-aux-Vaches & ses appendices ou dépendances. En continuation de la montagne qui domine à l'ouest de Châtillon, est une chaîne qui suit les bords du Rhône d'un côté, & parallelement une semblable chaîne de l'autre. Plus loin sont des masses de couches inclinées, & d'autres sommets fort escarpés.

Entre le Mont-aux-Vaches & ces montagnes & collines, il y a une vallée secondaire, au fond de laquelle coule la rivière du Fier, dont l'eau paroissoit chargée comme l'est celle de l'Arve, qui sort des glaciers.

Toutes ces masses montueuses dont j'ai parlé, toutes ces collines, sont taillées dans du grès ou de la pierre de sable, & les hauteurs dominantes du côté de Croisille, sont de pierres calcaires d'un grain assez fin, & paroissent être les appendices du mont Sion & du Salève, en couches un peu inclinées.

En sortant de Croisille, & suivant la direction de l'est au sud, on rencontre sur la hauteur une montagne du second ordre, dont le couronnement est en couches calcaires, & dont la base est, dans la plus grande partie, composée de pierres de sable. Cependant ces masses ne sont pas exactement séparées entr'elles, & il y a parmi les pierres de sable quelques veines de pierres calcaires dans le trajet de la Roche à *Annecy*. Ces différens sommets offrent des masses escarpées, coupées à pic, & d'une grande élévation.

On voit bien nettement, dans ce trajet & dans ces différens points de vue vers la Roche, que les couches sont inclinées de l'est au sud-ouest, avec des couronnemens horizontaux. Dans l'intervalle on remarque aussi d'autres inclinaisons de l'ouest à l'est & du sud au nord, & ces derniers systèmes de couches règnent aux environs du lac d'*Annecy*.

Ces détails, qui sont les résultats des observations de grandes masses, prouvent que l'on doit rapporter ces différentes distributions de couches, & quant aux masses, & quant aux formes, à un même agent, & particuliérement à la même époque.

Outre ces couronnemens & ces masses élevées de pierres calcaires groupées, on voit en avant un ordre inférieur de montagnes du second ordre, couronnées également par des suites de couches calcaires & à base de pierres de sable ou mollasse, qui fait effervescence avec les acides.

On y trouve aussi, sur les croupes des deux grands vallons, des cailloux roulés, dont les noyaux sont des pierres calcaires à grain fin, semblable à celui du marbre, ou bien des granits ou schistes micacés, & parmi ces cailloux arrondis sont de gros blocs, des fragmens brutes de ces granits de deux espèces. Ces dépôts, ces pierres perdues, se présentent dans des circonstances où il est fort difficile de fixer l'origine & le dénoûment de ces associations singulières.

On descend assez rapidement jusqu'au pont qui est avant le village de la Caille. Le ruisseau qui coule au fond de cette vallée ne fait point de dépôts, parce qu'il est souvent torrentiel. On voit avec intérêt les masses de brasier qui tapissent les bords de son canal. Au-delà on suit, à mi-côte, des montagnes du second ordre, & l'on rencontre quelques ruisseaux qui s'échappent de leurs croupes, & dont les sources sont visiblement au dessus d'un banc d'argile.

Le Fier, simple torrent, se présente sous le pont qu'on traverse avant d'arriver à la petite ville d'*Annecy*. La croupe que m'a offerte cette rivière en avant du pont, est entiérement couverte de terres, & au bas on remarque les limites d'une plaine, ouvrage de ce torrent, & couverte de cailloux roulés fort nombreux. Ensuite on descend en suivant les croupes escarpées correspondantes aux premières.

Aux deux côtés du pont on voit le grès ou brasier à couches horizontales, verticales & inclinées. On peut contempler de ce point de vue une large plaine fluviale, avec double & triple bord de réaction de l'eau courante; à quoi on peut joindre un plan incliné, & une arête qui aboutit au débouché de la rivière, laquelle serpente dans un lit qui semble avoir appartenu à un ancien lac.

D'après ce que nous avons dit, nous observerons qu'avant & après le pont il y a, sur le grès ou brasier, un dépôt fort uni en plaine torrentielle, composé de cailloux roulés calcaires. Cette plaine va se rendre à *Annecy*, qui en occupe une grande partie, laquelle domine très-peu le bassin du lac.

Ce lac, engagé dans des gorges de montagnes escarpées à l'est & au sud, a trois lieues de longueur. Il a deux émissaires ou canaux de décharge, par lesquels il forme une ceinture autour d'une partie de la ville, & coule dans la plaine fluviale du *Fier*. Le trop plein du lac est l'eau qui coule dans ces deux canaux par des ondes qui se succèdent fort lentement.

La riviere latérale du Fier me paroît avoir contribué à lui former une digue, & l'a constitue *lac*. On voit bien que la plaine torrentielle est le résultat de la résistance de l'eau de la rivière & de ses dépôts, & qui l'a emporté sur la masse des eaux qui creusoient des vallées entre les montagnes qui ceignent le bassin du lac.

On voit des pins sur les croupes des montagnes du second ordre, qui règnent depuis la Caille jusque vers *Annecy*. Il y en a de même avant la Croisille & dans les montagnes qui dominent Chablé. Cette espèce d'arbre prouve que, dans tout ce trajet, le terrain est plus élevé que la plaine de Genève.

La mollasse est en masse & en couches apparentes, variées, près le pont de Brogny : on y apperçoit aussi plusieurs fentes verticales de dessiccation.

Dans le trajet d'*Annecy* au village d'Albie, on rencontre un nombre étonnant de vallons & de collines qui en forment les croupes, & de fréquens amas de pierres calcaires roulées. Les couches de grès ou de mollasse ne sont bien à découvert qu'aux environs d'Albie : c'est là qu'elles offrent le spectacle d'une belle cascade qui tombe dans le Chéran, lequel coule au fond d'une vallée d'une profondeur immense.

C'est en conséquence de cette profondeur des vallées, que les moulins, dont les mouvemens sont favorisés par les chutes multipliées des eaux, sont établis les uns sur les autres.

La mollasse paroît avoir éprouvé différens effets de la dessiccation dans ses couches ; aussi voit-on plusieurs trapézoëdres dans les lits qui sont inclinés vers différens points de l'horizon.

La continuation de ce même voyage paroîtra à l'article du LAC DU BOURGET & à celui de CHAMBERY, &c.

ANNONAY, petite ville du département de l'Ardêche, & qui faisoit ci-devant partie de l'ancienne province du Vivarais.

Je me propose d'en faire connoître ici les environs, en rendant compte des différens objets d'histoire naturelle que j'y ai observés pendant les séjours successifs que j'ai faits dans la papeterie de Vidalon, dont j'ai dirigé les établissemens & les améliorations suivant la méthode hollandaise, & sous les ordres des Etats de Languedoc. Je crois devoir m'attacher à décrire en même tems, & la constitution du sol graniteux de cette contrée, & les formes variées des vallées approfondies par les rivières, dont les eaux claires & limpides font un des grands avantages de ces papeteries.

Pour arriver à *Annonay* de Saint-Etienne, j'ai traversé le mont Pilas, dans l'intention d'étudier cette montagne intéressante. Je rencontrai d'abord des schistes micacés & des *brasiers* ou pierres de sable qui en occupoient la bordure ; après quoi, lorsque je me fus élevé à la hauteur de Roche-Taillée, je trouvai le schiste micacé à lames verticales. On domine alors sur deux vallons, dont les bords escarpés font voir des arêtes parallèles, qui descendent depuis les sommets jusqu'au ruisseau qui occupe le fond du vallon. Ce qui étonne, relativement au choix de cette habitation, c'est que le château est sur une masse de schiste quartzeux du plus beau blanc.

On trouve toujours ce même schiste micacé à lames verticales jusqu'à une certaine distance de Roche-Taillée ; ensuite succède le granit rayé ou gneiss mêlé au granit à cristallisation uniforme & aux filons de quartz. Les gneiss à bandes ondées s'observent vers la Guerinière ; mais entre ce village & *Annonay* on ne voit plus que des schistes terreux. Telle est la variété des compositions pierreuses que le mont Pilas offre aux observateurs qui les suivent dans les coupures que les eaux y ont faites à différens intervalles. En descendant à *Annonay*, tout est granit à grains uniformément cristallisés, au milieu desquels l'on remarque des trapèzes produits de la dessiccation sous des formes très-régulières, & ordinairement d'un grand volume. Lorsqu'on est parvenu au pied de la montagne, on voit des blocs graniteux dispersés sur les croupes, lesquels se décomposent très-abondamment, & recouvrent tous ces environs de débris.

J'espère donner quelque jour les résultats d'une étude que j'ai suivie, pendant quelque tems, aux environs de Saint-Etienne, sur les progrès de la destruction des granits de diverses compositions, & des changemens qui surviennent chaque jour sur les croupes des vallées en conséquence de ces destructions.

Voici les différens accidens qui annoncent ces décompositions. D'abord, les fentes de dessiccation sont très-ternes avant d'être chargées de principes terreux ; mais le long des bords des deux rivières d'*Annonay*, il n'y a guère que les noyaux des masses trapézoïdales qui aient conservé une cristallisation bien vive & entière. C'est là que les quartz & les feld-spaths sont brillans & colorés en bleu par les micas.

En suivant les *plans inclinés* & les *bords escarpés* des vallées de ces rivières, on peut contempler à son aise tous ces phénomènes, & souvent, dans les intervalles des angles correspondans, il y a des escarpemens des deux côtés, vu la rapidité des eaux courantes. Il est facile de voir, dans ces trajets, que les éboulemens & les destructions s'opèrent par de gros trapézoëdres, où les faces aplaties des plans inclinés & leurs revers un peu alongés se distinguent bien aisément.

Ce massif de granit mis à découvert par les vallées des rivières d'*Annonay*, se prolonge jusqu'à la plaine du Rhône, & les collines qui bordent, sur la droite, cette belle & grande vallée, sont aussi de ce granit.

Aux environs d'*Annonay*, entre cette ville & le mont Pilas, il y a plusieurs groupes de montagnes d'une certaine élévation, dont les masses sont distribuées de manière que les parties détachées des centres sont correspondantes aux croupes qui figurent sur ces centres, & s'annoncent comme ayant fait partie de ces croupes ou appendices. La correspondance m'a paru telle, que, si l'on remplissoit tous les vides que les eaux ont faits, on rétabliroit aisément un tout, dont les parties se racperderoient comme dans l'ancien état. Ceci prouve que, tant dans les parties détachées que dans celles dont ces masses ont été détachées, il n'est pas survenu de grands changemens, & que les destructions opérées par les eaux ont été proportionnelles aux masses primitives, qui ont diminué en conservant partout leurs formes correspondantes.

Tels sont les groupes de montagnes graniteuses, que j'ai eu plusieurs fois occasion d'étudier entre *Annonay* & le bourg d'Argental, parmi lesquels je dois indiquer *Mont-Miandon*. Leurs compositions uniformes se prêtent visiblement aux destructions dont je viens de faire mention. J'ajouterai maintenant que les parties détachées occupent les chaînes les plus basses; elles annoncent, par leurs dispositions, qu'elles ont été travaillées par les eaux pluviales, ainsi que les arêtes qui se prolongent hors des masses centrales. Celles-ci sont toujours restées les plus élevées, & les centres de la distribution des eaux dans les coupures. Il est remarquable que ces groupes sont les parties de montagnes où les eaux ont eu une marche plus régulière dans leurs différens accès. J'en ai observé de parfaitement semblables dans le Pilas, & dans ses prolongemens vers divers aspects de l'horizon. Les neiges m'ont paru surtout accélérer, chaque année, ces destructions lors de leurs fontes, & par leurs accumulations dans les vallons.

Il y a trois vallées principales distribuées sur toute la superficie du plateau d'*Annonay*, celle du bourg d'Argental ou de la Diaume, celle de la Cance, & celle de Satillieu ou la Day, lesquelles reçoivent beaucoup de vallons latéraux inclinés vers les ouvertures ou débouchés de chacune d'elles, & pour lors ces vallons affluent sous des angles d'autant plus aigus, que leurs pentes sont plus rapides. Je le répète: les prolongemens des diverses têtes ou collines qui bordent les deux bords du vallon de la Cance, s'étendent vers leurs ouvertures, & les coupures latérales s'y font faites de manière que ces rivières principales peuvent recevoir des ruisseaux dont la marche est dirigée vers ces débouchés.

Les ruisseaux ou rivières latérales qui tombent dans les rivières principales de Cance & de Diaume par des vallons aussi approfondis, au point de leur affluence, que les vallées des rivières principales, pourvu que ces rivières aient des cours un peu étendus. En conséquence, ces vallons ont été débarrassés, à leurs embouchures, de tous les dépôts qui s'y seroient formés.

Il paroît qu'en général les bords escarpés de la rivière d'*Annonay* ont des pentes de soixante & quinze degrés. Quant à celles des plans inclinés, elles varient considérablement, & il est aisé de voir que les pentes anciennes & primitives sont plus alongées & moins rapides que les secondaires. Au reste, je dois dire que la rapidité de l'eau a escarpé beaucoup, & raccourci les oscillations en enlevant les dépôts.

Sur les bords des vallées de la Cance & de la Diaume, on rencontre plusieurs trapézoëdres ou cubes de granits encore empilés dans leur ancienne disposition, que j'ai annoncée ci-dessus comme une suite de la dessiccation. Plusieurs de ces blocs se désassemblent à mesure que leurs bases se détruisent; aussi tombent-ils chaque jour dans le fond des vallées, ou bien on les enlève lorsque le besoin de construire les fait débiter.

On voit par-là qu'on ne pourroit obtenir de ces granits dans les carrières, s'il n'y avoit pas de ces fentes de dessiccation multipliées, qui ont divisé les masses graniteuses en quartiers de volumes plus ou moins considérables, suivant le grain & les formes des cristaux de feld-spath ou de quartz qui servent à la composition des granits.

J'ai vu un fort grand nombre de ces quartiers roulés & à moitié dégrossis à l'ouverture des vallées latérales de la Cance. C'est aux environs de ces confluences que j'ai eu aussi occasion d'observer des ravines qui commencent à s'ébaucher, & d'autres un peu approfondies, mais qui ne donnent de l'eau que lors des pluies. Il seroit nécessaire qu'elles fussent plus profondes pour en donner par un cours continuel.

Comme la vallée qui conduit de Saint-Bonnet à *Annonay* est très-intéressante, j'ai cru devoir en joindre la description à celle de la Cance & de la Diaume. Cette vallée est longue, étroite & très-approfondie. D'ailleurs, les vallons latéraux qui s'y réunissent, m'ont paru dignes d'attention, parce qu'ils offrent de toutes parts des croupes d'une pente très-rapide, & qui ont plus de soixante degrés d'inclinaison. J'ai remarqué d'ailleurs qu'un très-grand nombre affluoient à angles droits, mais que d'autres, dont la pente étoit dirigée vers l'extrémité inférieure de la vallée principale, s'abouchoient à angles aigus.

Au moyen de cette distribution des vallons & des ruisseaux qui y coulent, leurs subdivisions sont beaucoup plus nombreuses du côté du grand sommet où la vallée principale a son origine, & en même tems plus alongées que du côté où cette vallée se termine.

Dans tout ce système de vallons latéraux, plusieurs sont très-approfondis, mais la plupart ravinoient beaucoup, & jusqu'à la moitié de la profondeur des premiers; enfin, il y a des ébauches de ravines avec des coupures sans eau. Les deux premiers ordres d'approfondissement donnent des ruisseaux, & ce qui a l'air de sources dans cette montagne graniteuse, sort toujours d'un cul-de-sac de vallons recouverts de terre. Ces amas de débris recueillent les eaux de plusieurs sources, outre celles qui sont à découvert, & qui versent à l'ordinaire les eaux d'imbibition. Ces masses de granit, abreuvées & creusées par les eaux, se décomposent beaucoup; aussi les croupes de tous ces vallons sont-ils couverts de terre, malgré la rapidité de leurs pentes. Il y a sur ces croupes des bouquets de bois de pins, des cultures & des prairies dans les fonds de cuve.

On doit juger par-là combien sont abondantes les eaux qui circulent dans tous ces vallons, distribués, comme nous l'avons dit, depuis le sol élevé de Saint-Bonnet jusqu'à la rivière de Cance, à laquelle cette vallée verse ces eaux. J'ai d'ailleurs été à portée de voir que la fonte des neiges avoit beaucoup contribué à l'organisation de tout ce système de vallons, que nous avons essayé de faire connoître.

Je reviens maintenant au plateau d'*Annonay*, où j'ai eu lieu d'examiner de nouveau plusieurs masses graniteuses. J'ai reconnu que leurs faces verticales étoient très-unies, très-nettes, & sans aucune interposition de matière hétérogène. Les granits à gros cristaux ont des faces fort larges; ceux à petits cristaux, au contraire, n'offrent que de très-petites faces & des fentes très-multipliées.

Il y a des granits à bandes ondées parmi les granits à grains uniformes, comme des granits à grain fin parmi des granits à gros grain. J'ai vu de même que les cailloux roulés des rivières qui ont leurs cours dans les granits, avoient pour noyaux des pierres dures qui ont pu résister aux chocs réitérés des eaux courantes. Il est aisé de reconnoître que les pierres tendres avoient disparu, ayant été réduites en sable & en autres élémens des granits.

En quittant le plateau graniteux d'*Annonay* & en jetant les yeux sur les montagnes du Dauphiné, on est étonné que ce plateau se trouve à un niveau plus bas que les couches horizontales, & les demi-combles inclinés à l'horizon, qui couronnent ces montagnes; qu'en un mot, ce plateau, dans la partie qu'il offre entre *Annonay* & Andance, n'ait pas reçu la superfétation de ces couches. Si l'on réfléchit en même tems que la surface de ce plateau auroit pu éprouver un grand abaissement par les mêmes causes qui ont attaqué les groupes de montagnes qui sont à son extrémité, & dont nous avons parlé en détail, on trouvera une sorte de solution à la difficulté que nous venons de présenter.

Les couches horizontales de la dernière époque se présentent, à ceux qui savent observer & qui descendent à Andance, dans la plaine du Rhône. On y voit ces dépôts appartenans à la *Vallée-Golfe* du Rhône, qui sont adossés contre les parties intérieures des croupes de granit, depuis Andance jusqu'à Châteaubourg, & même au-delà. Ils prouvent que la mer n'a pu les faire que depuis l'approfondissement de la belle vallée du Rhône. (*Voyez* VALLÉE-GOLFE, GRANIT & VALLÉE.)

ANSE ou ANCE. *Sinus maris.* C'est une partie de côte, dans laquelle la mer ou la terre éprouve un enfoncement à peu près sémi-circulaire : c'est là que la mer le plus souvent a pénétré, en formant une petite rade peu profonde. L'*anse* diffère d'une *petite baie*, en ce que son entrée ou embouchure a plus de largeur à proportion que celle de la *baie*; mais en général l'*anse* est plus petite que la *baie*.

On appelle *anse de sable* celle qui présente sur son contour une *plage de sable* ou une *grève*. (*Voyez ces mots.*) Les *anses* de cette sorte sont communément bornées par deux pointes de rochers, entre lesquels la plage se développe en s'enfonçant un peu dans les terres.

Une *cale*, que les Anglais désignent par les dénominations de *cove* ou *right*, qu'ils emploient également pour indiquer une *anse*, est un petit abri sur une côte, un enfoncement fort étroit, où de petits bâtimens peuvent se couler, se réfugier & se mettre en sûreté dans le mauvais tems.

On emploie dans nos colonies une qualification peu convenable; c'est celle de *trou* pour désigner une petite *anse* où les bâtimens peuvent ancrer. Ainsi, nous avons à Saint-Domingue le *petit trou*, le *sale trou*, *&c.* & à l'Ile-de-France le *trou fanfaron* : c'est dans cette dernière *anse* que les vaisseaux hivernent. Il seroit convenable de substituer la qualification d'*anse* à celle de *trou*.

J'ai cru devoir indiquer, dans la description des côtes du Canada, plusieurs *anses* qui se trouvent mêlées avec les *baies*, dont j'ai fait l'énumération à l'article de la NOUVELLE-ECOSSE : ce sont l'*anse de Sainte-Catherine*, l'*anse aux Lamproies*, l'*anse Noire*, l'*anse du Diamant*, les *anses de Chiboudou*, *de Sainte-Marguerite*, *de la Heve*, *du Mouton*, *de l'Ours*, *&c.* Nous reprendrons ces détails sur les *anses* & les *baies*, avec l'exposition des circonstances qui s'y trouvent réunies, à l'article de la NOUVELLE-ECOSSE. (*Voyez cet article.*)

Après ces idées préliminaires sur les *anses* (*sinus maris*), je crois qu'il conviendra d'en rapprocher ce qui concerne les *baies*, les *golfes*, les *mers* & les *bassins*, afin de les présenter sous le même point de vue, & d'y ajouter les embouchures des fleuves & tous les bras de mer, qui sont des espèces de culs-de-sacs fort étroits. Ainsi, tout ce qui sert à modifier à un certain point les formes littorales de nos continens, y figurera dans un périple instructif, qu'on ne sauroit suivre & étudier avec trop de soin.

Ainsi les *anses*, les *baies*, les *golfes*, sont les *enfoncemens* où l'Océan a pu s'introduire dans les terres sans en détacher des parties, & a pu festonner les bords de nos continens.

En général, le *golfe* est plus large à son entrée, qu'il ne l'est sur sa longueur; la *baie*, au contraire, est plus large dans son milieu, qu'elle ne l'est à son entrée. D'ailleurs, ces enfoncemens plus ou moins larges, plus ou moins profonds, conviennent aux définitions précédentes, & peuvent être désignés sans inconvénient, tantôt par les mots de *baies*, tantôt par ceux de *golfes*, & il paroît que, fort souvent, on a cru pouvoir assigner sans choix l'une ou l'autre dénomination aux diverses sinuosités des bords de nos continens. Cependant ne convenoit-il pas de se diriger sur ces principes, qu'un golfe est une grande baie, & qu'une baie est un petit golfe? Mais j'ajoute ici qu'un golfe, quelque grand qu'il soit, ne peut être qualifié de mer, & encore moins d'océan, parce qu'une mer, renfermée dans un bassin intérieur quelconque, ne peut être prise pour un golfe.

On distingue deux sortes de *baies :* les unes ouvertes, qui ne sont proprement que de petits golfes, telles que les *baies de Campêche, de Honduras*, que leur configuration a fait qualifier de *golfes*, ainsi que le golfe de Darien, de Guayaquil, de Panama.

Les *baies fermées* sont de petites mers intérieures, telles que les *baies de Cadix, de Boston*, & *Françaife*. On appelle aussi *baies* de veritables mers intérieures, telles que les *baies de Baffin* & *d'Hudson*.

Au reste, nous ne pouvons omettre dans l'étude du littoral de nos continens, les petits accidens qui l'interrompent à un certain point, tels que les *ports*, les *havres*, les *criques*, les *embouchures* des grands fleuves ou ces petits bras de mer que les navigateurs désignent quelquefois par le nom d'*entrées :* il en est de même des *culs-de-sacs*. Je le répète : toutes ces modifications des bords de l'Océan doivent nous intéresser d'autant plus, qu'elles peuvent nous donner les premières idées des différens progrès de l'agrandissement des formes plus considérables, & en même tems du développement des différentes causes qui y ont contribué.

Il me paroît que jusqu'à présent aucune de ces configurations des bords réciproques de nos continens & des mers n'a été décrite avec toutes les circonstances qui pouvoient nous conduire à la connoissance de ces causes. Plusieurs écrivains n'ont admis d'autres agens que l'action de l'Océan contre les terres, pendant qu'il est très-probable que les eaux courantes de l'intérieur des terres y ont eu comme elles, & y ont encore la principale influence. Au reste, quelles que soient la disposition & la direction des agens qui ont opéré ces dentelures, il est de la plus grande importance de décrire avec soin toutes les circonstances qui en ont déterminé les effets, suivant les principes de la géographie-physique, qui peut présider à la discussion des différentes causes, suivant les formes que nous présenteront les *anses*, les *baies* & les *golfes*. C'est pour suivre, dans ces vues, un objet aussi important, que je vais tracer un périple des côtes de nos deux continens, où les formes littorales & principales seront notées très-succinctement, tant relativement à l'action de l'Océan, que sous le rapport de celle des eaux courantes de l'intérieur des terres, me réservant de traiter par la suite des *baies* & des *golfes* les plus célèbres & les plus étendus, soit dans des articles particuliers, soit dans un article général.

Je ferai surtout remarquer que les formes des *anses*, des *baies* & des *golfes* different surtout suivant que les causes de l'intérieur ou du dehors y ont influé plus ou moins. Les formes qui nous intéresseront le plus, sont celles des *golfes* étroits & profonds, & dont les côtes, baignées par l'Océan, reçoivent en même tems les eaux des grands fleuves : aussi j'ai eu le plus grand soin d'en désigner les embouchures le plus exactement qu'il m'a été possible, comme une des circonstances que nous devions rappeler, parce qu'elles ont été négligées jusqu'à présent. D'un autre côté, plus les côtes de l'Océan sont détaillées & soignées, particuliérement sur la bordure orientale, où le travail de l'eau en grande masse est plus marqué, plus le dénombrement de ces formes doit être exact. Je l'ai trouvé surtout d'un beau détail dans la belle carte générale qui accompagne le *Voyage autour du Monde d'Etienne Marchand*, par M. de Fleurieu, particulierement le long des côtes de l'Océan oriental, & il seroit à desirer que ces détails fussent transportés dans nos mappemondes usuelles, qui sont si peu exactes.

Je reviendrai au reste, je le répète, sur les véritables causes qui ont concouru à denteler les côtes de nos continens, & j'insisterai particuliérement sur les effets des eaux intérieures, parce que souvent les géographes & les naturalistes ont négligé de les comprendre dans les agens que la nature a mis en œuvre depuis long-tems, & de comparer ces effets avec ceux des flots de la mer. J'ajouterai d'ailleurs définitivement à toute cette discussion, la nécessité de connoître la nature des bords de l'Océan & leur constitution physique, qui doit être telle qu'elle ait pu se prêter plus ou moins à leur destruction, & à l'approfondissement d'une côte contre laquelle les flots font des efforts continuels, étant favorisés par la tendance de toute la masse des eaux de l'est à l'ouest.

Périple des deux continens.

Parcourons le littoral des deux continens, pour attacher à chaque portion des côtes de la mer la qualification qui paroît convenir le mieux à leur configuration particulière, & pour y joindre d'ailleurs le nom que leur situation pourra nous indiquer.

En entrant dans l'Océan atlantique par le nord, nous trouverons d'abord, du côté de l'Amérique, la *baie de Baffin* & la *baie d'Hudson*, dont les deux bassins se réunissent par des detroits qui forment *une mer intérieure* d'une grande étendue, laquelle communique avec l'*Océan atlantique*. Nous reviendrons par la suite à cette *Méditerranée*, en essayant d'en faire connoître tous les détails relatifs à sa formation primitive.

Le fleuve Saint-Laurent, par le prolongement de sa large embouchure, forme ensuite un *golfe*, borné au nord par les côtes méridionales du Labrador, à l'est par l'île de Terre-Neuve, & au sud par les terres du nord-est de l'Acadie. Nous lui conserverons le nom du *golfe* du grand fleuve *du Canada*, qui vient y verser ses eaux, & qui a contribué dans le même tems à creuser son bassin.

En continuant de suivre la côte orientale de l'Amérique, on rencontre la *baie françaïse*, qui est abreuvée par la rivière Saint-Jean & plusieurs autres, & bornée au sud-est par l'Acadie. Cette *baie* se prolonge jusqu'à Boston, où l'on en trouve une semblable; ensuite vient la *baie de Rhode-Island*, bornée au nord par New-Yorck, & au sud par Long-Island. Enfin, nous terminerons ces indications par les *baies de Delaware* & *de Chesapeak*, & les deux sounds d'*Albe-Marle* & de *Pamtigough*.

On peut remarquer en général que cette côte est fort chargée de dentelures, & qu'elle en doit une grande partie aux eaux courantes de l'intérieur des terres, dont l'action m'a paru combinée avec celle des vagues de l'Océan, à laquelle certains géographes se sont bornés sans plus grand examen.

Je passe maintenant au grand bassin, au milieu duquel les Antilles ou îles du vent, ensuite les îles sous le vent, puis les grandes îles de *Cuba*, de la *Jamaïque*, de *Saint-Domingue*, de *Porto-Ricco* & les *Vierges* sont dispersées. Leur distribution sur différentes lignes paroît annoncer les progrès de l'approfondissement de ce bassin, qui comprend plusieurs *golfes*. Dans le nord-ouest est celui du *Mexique*, d'une grande étendue; dans le sud-est est la *baie* ou le *golfe de Honduras*, & dans le sud est de ce dernier on voit le *golfe de Tierra-Firme*.

Le *golfe du Mexique* a son débouché particulier vers l'Océan atlantique, le long des côtes méridionales de la presqu'île de la Floride. Ce qui le prouve d'une manière incontestable, ce sont les courans de la mer autour des îles de Bahama, & l'état de ces îles hachées & coupées par les débouquemens très-sensibles que suivent nos navigateurs.

Je considère d'ailleurs ce grand bassin comme borné d'un côté par un continent, & séparé, de l'autre, de la masse de l'Atlantique par plusieurs chaînes d'îles qui ouvrent entr'elles plusieurs issues, plusieurs communications de la mer intérieure avec la grande mer. Cette marche des eaux de l'ouest à l'est doit avoir été favorisée d'ailleurs par les eaux que de grands fleuves y versent : tels sont le Mississipi, le Rio-Salado, l'Orénoque, &c.

La partie inferieure de la côte orientale de l'Amérique, prolongée jusqu'au *Cap Horn*, ne présente que des *baies* très-étroites, quelques embouchures de fleuves, ouvertes & profondes; quelques ports, & l'ouverture du detroit de Magellan. Ainsi nous ne citerons ici que les embouchures de l'Orénoque, du fleuve des Amazones, de Rio de la Plata & de la *baie* de tous les Saints.

Après avoir franchi la pointe du Cap Horn & remonté le grand Océan, si l'on suit la côte occidentale de ce vaste continent, on trouve près de l'équateur deux enfoncemens dans les terres, le *golfe de Guayaquil* & la *baie de Panama*, & en poussant jusqu'au Tropique du Cancer on rencontre la *mer Vermeille* ou *de Californie*, entre la presqu'île de Californie & la lisière occidentale du Mexique; mais ce seroit bien improprement que l'on qualifieroit de *mer* un bras étroit, plus large à son entrée que sur une grande partie de son étendue, & qui se prolonge, comme nous l'avons dit, entre le continent & une étroite presqu'île, sur une longueur d'environ deux cent vingt lieues, & une largeur moyenne de trente. Ainsi la dénomination de *golfe de Californie* nous paroît lui convenir beaucoup mieux que celui de *mer*.

L'Amérique est séparée de l'Asie par le détroit de Bering. C'est par ce detroit que le grand Océan boréal communique avec l'Océan glacial arctique; ensuite les côtes du nord-ouest de l'Amérique septentrionale forment avec celles de l'ancien continent d'Asie un grand bassin circulaire, borné au sud par la chaîne des îles Aleutiannes, qui laissent entr'elles plusieurs passages plus ou moins ouverts avec la grande mer. (*Voyez* ALEUTIANNES.) Nous le nommerons *bassin du Nord* ou *bassin de Bering*, car c'est dans une île de ce bassin que ses cendres reposent.

Ce bassin renferme dans son enceinte, & au nord-ouest, le *golfe d'Anadir*, qui doit porter ce nom parce que le fleuve d'Anadir y décharge ses eaux par une large embouchure qui a contribué beaucoup à l'agrandissement de ce *golfe*.

Au sud du *bassin de Bering*, l'Océan s'est fait jour dans les terres du côté de l'Asie, à travers la longue bande des îles Kuriles, qu'il a séparées, & a formé la *mer intérieure d'Okotsk* ou *de Kamtzchatka*, laquelle renferme dans son enceinte trois *golfes*, dont deux au nord présentent chacun une corne : la corne qui est vers l'ouest est le *golfe d'Ingiga*; la seconde corne, à l'est, est appelée le *golfe de Pengina*, du nom du fleuve qui a son embouchure dans la partie la plus septentrionale de ce bassin. En troisième lieu, on voit un enfoncement qui s'étend au sud-ouest; c'est le *golfe de Lama*, ainsi nommé par les Tatares Tonguses. Cette mer intérieure reçoit quelques fleuves, nommément celui d'Amur ou Saghalien, & je ne doute pas qu'ils n'aient contribué à son approfondissement.

En descendant vers le sud, on trouve la *mer de Tartarie*, dont le bassin se prolonge vers le Nord par la *Manche* ou le *canal de la Perouse*.

Plus bas, toujours au sud, on voit la *mer de Corée*, qui offre au nord-ouest les *golfes de Pékin*, *de Leaton* & *de Hunchin*.

En suivant la même ligne, toujours vers le sud, on rencontre la *mer de Chine*, dans laquelle on peut parcourir les *golfes de Canton*, *de Tonkin*, *de Camboya* & *de Siam*, qui sont en grande partie l'ouvrage des eaux courantes de l'intérieur des terres.

Je remarquerai maintenant ici que la *mer de Corée* pénètre fort avant dans le continent par sa partie nord-ouest, nord-ouest, & y forme un *golfe profond*, qui s'étend d'abord au nord, & se porte en même tems dans l'ouest. C'est à son extrémité intérieure que se trouve l'embouchure du fleuve qui baigne la ville de Pékin, capitale de l'empire de la Chine : c'est le *golfe de Pékin* que nous avons indiqué précédemment.

Je laisse à part les groupes d'îles qui se trouvent à l'est, & je me porte vers l'ouest, où je rencontre le *grand golfe de l'Inde*, dans la partie septentrionale duquel je distingue deux *golfes* particuliers, séparés par la presqu'île de l'Indostan; savoir : à l'orient de la presqu'île, le *golfe du Bengale* ou *du Gange;* à l'occident, le *golfe d'Arabie* ou *du Sinde*, dans l'enceinte duquel sont deux petites mers intérieures, la *Mer-Rouge* & le *golfe persique*, ce dernier *golfe* étant en grande partie l'ouvrage de deux grands fleuves réunis; mais il est plus difficile de déterminer l'origine du premier. J'ajoute à ces qualifications deux petites *baies*, celles de *Surate* & de *Pegu*, lesquelles festonnent les côtes des deux premiers *golfes*, mais à des points voisins de l'embouchure de plusieurs fleuves.

Si nous passons maintenant à la côte orientale de l'Afrique, nous verrons qu'elle n'a pas été exposée à une certaine action de l'Océan, car elle n'est pas dentelée par des enfoncemens aussi marqués que les côtes de l'Asie, dont nous venons de nous occuper. Effectivement, excepté les îles des environs de Madagascar, qu'on pourroit considérer comme ayant été détachées de cette côte par l'effet des courans connus, on n'y voit guère que quelques petites *baies* & des embouchures de fleuves de moyenne étendue : telles sont les *baies de Zeyla*, *des Nègres*, *de Monbaza*, *de Quiloa*, *de Sofala*, *de Laurenzo-Marquez*, *de Natal*, *de Lagoa*, *de Formose*, *de la Table*, *&c.*

Je remarque d'ailleurs que les rivières qui arrosent cette côte ont leurs embouchures aux environs des *baies* que nous venons d'indiquer.

Quand on a contourné l'Afrique par le sud pour entrer dans l'Océan atlantique, & que l'on remonte vers l'équateur, le continent se creuse entre le Cap *Negro* & celui de *Las-Palmas*, & éprouve deux enfoncemens : le premier, situé entre le Cap *Negro* & celui de *Lopo-Gonsalvez*, peut être nommé *golfe de Congo;* le second, placé entre le Cap de *Lopo-Gonsalvez* & celui de *Las-Palmas*, a reçu le nom de *golfe de Guinée.*

En s'élevant vers le vingtième parallèle, on voit le *golfe d'Arguin*, & de cette hauteur jusqu'au trente-sixième parallèle nord, où finit l'Afrique & où commence l'Europe, on rencontre le détroit de Gibraltar & l'ouverture de la Méditerranée, sur l'origine de laquelle nous ne dirons rien ici.

En partant de cette ouverture & en remontant vers le nord, on trouve un grand enfoncement entre le Cap Finistère & l'île d'Oüessant, extrémité occidentale de la France. Nous le nommerons *golfe de France* (*sinus gallicus*). C'est ici que les côtes de France présentent un contour de cent trente lieues; qui offrent aux armées navales & aux vaisseaux du commerce les ports de Brest, de l'Orient, de Vannes, d'Olonne, de la Rochelle, de Rochefort, de Saint-Jean-de-Luz, &c. & les îles de Belle-Isle, d'Yeu, de Ré & d'Oléron.

La pointe qui termine ce golfe du côté du nord, lui est commune avec le canal qui sépare la France de l'Angleterre, & qu'on nomme *la Manche.*

On sort de ce canal par le détroit de Calais : de ce détroit on passe dans un grand *golfe*, qu'on doit nommer *golfe britannique.* A soixante lieues dans le nord-est du détroit de Calais, l'Océan a fait une petite irruption dans les terres noyées de la Hollande, & a formé dans l'intérieur une *baie fermée*, qu'on doit considérer comme la *baie d'Amsterdam.*

La côte orientale du *golfe britannique* donne entrée, vers son milieu, à l'Océan atlantique septentrional, qui paroît avoir pénétré dans les terres par le *Cattegat*, lequel communique aux *trois golfes* de la *Baltique*, & leur sert de débouché : ces *golfes* sont ceux de *Livonie*, de *Finlande* & de *Bothnie.*

Les régions qui terminent l'Europe au nord ne présentent d'autre enfoncement de l'Océan dans les terres, que le *golfe de Lapponie*, qui est connu sous le nom de *Mer-Blanche :* le surplus ne nous offre que le *golfe du Nord*, formé avec la terre de la *Nouvelle-Zemble* & celle des *Samoïèdes.* Au milieu de ces parties de mer on trouve trois petits *golfes :* l'un à l'embouchure de la *Peczora*, le second à l'embouchure de l'*Obi*, & le troisième à l'embouchure du *Jenisea.* Plus loin, vers l'est, on ne trouve de dentelures qu'aux autres embouchures des fleuves, parmi lesquelles je ne distinguerai que celles de la *Lena* & de la *Jana*, *&c.*

Réflexions sur ce périple.

Je n'ai compris dans ce périple, que les *anses*, les *baies*, les *golfes*, les *mers intérieures* ou *bassins*, qui sont distribués sur les côtes des deux continens, & qui offroient des enfoncemens baignés par l'Océan.

Je n'ai pas cru devoir embrasser dans cet examen les grands *golfes* ou *méditerranées*, parce que je renvoie à leur article particulier à discuter ce qui a pour objet l'origine & l'approfondissement de leurs bassins.

Je reviendrai d'ailleurs, dans de nouveaux périples, aux *détroits*, aux *caps*, aux *îles*, & surtout aux *archipels.* Au moyen des divers rapprochemens de toutes ces formes, je me propose de comprendre tous les détails géographiques, élémentaires & physiques qui peuvent nous intéresser à la surface du Globe, sous deux rapports également importans : d'abord, sous celui des eaux courantes de l'intérieur, ensuite sous celui de l'Océan, qui environne nos continens; car je crois, comme je l'ai dit & répété plusieurs fois dans cet article, que la géographie-physique doit également faire connoître ces deux sortes de causes, dont nous pouvons suivre facilement l'activité.

Je ferai remarquer qu'à commencer au soixante-troisième parallèle nord, & en descendant jusqu'au tropique du sud, c'est-à-dire, sur un développement de quatre-vingt-six degrés de latitude, la côte orientale de l'Asie, principalement sur l'espace renfermé entre les Tropiques, a été brisée & déchiquetée, dans la succession des siècles, par le travail lent & combiné, tant de l'Océan que des eaux courantes de l'intérieur des terres. Toute cette côte ne présente que des débris, que des enfoncemens plus ou moins profonds avec des terres isolées, une immense quantité d'îles de toutes grandeurs, dont les bords offrent des dentelures, des bassins plus ou moins vastes, des détroits plus ou moins larges, plus ou moins alongés; des bras de mer, des canaux plus ou moins tortueux & plus ou moins resserrés; des écueils sans nombre, ou jetés çà & là, ou rassemblés par groupes & par chaînes, & formant des suites de ressifs si redoutables aux navigateurs; enfin, les courans, qui ont des directions très-variées, en conséquence des irrégularités du fond de la mer, coupé par des montagnes sousmarines. Tous ces phénomènes prouvent l'action des eaux en divers sens. Je ferai connoître par la suite les grands résultats de ces destructions, lorsque je m'occuperai des *détroits*, des *îles* & de leurs formes; enfin, des coupures innombrables que les *archipels* m'offriront dans ce nouvel examen.

Si, après avoir visité les côtes orientales de notre continent, nous portons nos regards sur les côtes occidentales, celles de l'Afrique & celles de l'Europe, nous n'y trouverons rien de semblable. Ces bords de l'ancien continent, compris, comme nous l'avons vu, depuis le Cap de Bonne-Espérance jusqu'au *Cap Nord* de la Laponie, offrent une lisière continue, baignée immédiatement par les eaux de l'Océan atlantique, & dont la suite n'est interrompue que par les embouchures des fleuves : on y voit aussi les détroits de Gibraltar & du Sund, qui dérangent bien le systême de ceux qui, quoiqu'ils considèrent l'état paisible de cette côte, n'en attribuent pas moins à l'Océan l'ouverture de passages étroits, par lesquels il se seroit porté fort avant dans les terres, & se seroit développé sur les terrains bas de l'intérieur; cependant ne pouvoit-on pas supposer un autre principe à la distribution des eaux qui occupent les bassins de ces *méditerranées?* &, ce qui revient au même, au lieu de commencer l'introduction des eaux de l'Océan par les détroits de Gibraltar & du Sund, n'étoit-il pas plus convenable de faire creuser ces bassins par les mêmes agens qui les abreuvent maintenant?

D'après ces vues on auroit attribué la formation de la Méditerranée aux mêmes eaux courantes qui ont creusé les bassins de la mer d'Azof, de la Mer-Noire, de la mer Egée & du dernier bassin qui vient à la suite de ces premières mers, & dont les eaux baignent les côtes d'Italie, de France, d'Espagne & d'Afrique. Je pourrois raisonner de même sur la *Baltique;* mais je renvoie toutes ces considérations à son article. Ainsi, ce que je viens de proposer au sujet de ces deux grands golfes & sur leur origine, pourroit rétablir l'*Océan atlantique* dans l'état paisible des côtes occidentales de l'Europe, & dans l'impossibilité où il semble avoir toujours été d'ouvrir par son irruption les *bassins de ces deux méditerranées.*

On ne pourra pas sans doute m'opposer les *archipels des Canaries* & des *îles du Cap Vert*, trop éloignés des côtes de l'Europe & de l'Afrique, comme les résultats d'un grand travail de l'eau, & pour prouver que l'Océan atlantique a été le théâtre de révolutions & de destructions considérables.

Côtes du nouveau continent.

Traversons maintenant cet Océan atlantique, & reportons-nous à la côte orientale de l'Amérique. Nous reconnoîtrons que, depuis le soixante-dixième parallèle nord jusqu'au dessous du tropique du *Cancer*, la rupture des terres nous rappelle ce que nous avons observé sur la bande orientale de l'ancien continent. Dans le nord, les *baies de Baffin* & *d'Hudson*, & le *golfe du fleuve Saint-Laurent* avec les îles qui en dépendent, indiquent une cause assez violente, mais que je ne puis me dispenser de partager entre l'action des eaux courantes de l'intérieur des terres, & les flots de l'Atlantique. Je puis mettre sur la même ligne les *baies* que j'ai indiquées à la suite, & qui, la plupart, sont dépendantes en grande partie de l'embouchure des fleuves.

Entre le tropique & la ligne équinoxiale, des suites d'îles, distribuées sous différentes directions, peuvent servir maintenant à la reconnoissance des progrès de l'approfondissement de la *mer des Antilles* & de la forme des golfes qu'on y voit, lesquels annoncent un travail de l'Océan, correspondant à celui qui a creusé le bassin de la *mer de Chine.*

A la côte occidentale de l'Amérique, on peut dire que le littoral du continent, sur toute sa longueur, sert de limite immédiatement au *grand Océan :* seulement l'extrémité méridionale de ce continent a été tourmentée & partagée en un grand nombre d'îles peu distantes les unes des autres par l'action de la mer, qui en a détaché l'Archipel de la *Terre de Feu*, & a formé le long & tortueux *détroit de Magellan.*

Dans la partie septentrionale de l'ancien continent, où l'on voit les montagnes brûler sous la neige, les explosions des feux souterrains qui ont séparé l'Asie de l'Amérique, en ouvrant un passage à l'Océan par le bassin & le détroit de Bering, ont réservé la chaîne des Aleutiennes; mais les îles qui bordent une partie de ces côtes du nord-ouest de l'Amérique entre cinquante-deux & cinquante-huit degrés de latitude, ainsi que celles qui sont répandues sur une étendue de dix degrés, dans sa partie australe, au dessus de la bouche orientale du *détroit de Magellan*, tiennent à la grande terre, dont elles ne sont séparées que par des canaux étroits. Je ne suivrai pas plus loin la comparaison des deux bandes orientale & occidentale du nouveau continent.

Ainsi, dans le tableau général des deux continens, considérés l'un & l'autre relativement aux résultats du travail des eaux, les côtes orientales du nouveau, comme celles de l'ancien, présentent, sur de grandes parties de leur étendue, des debris épars, *fractas ex æquore terras*, suivant l'expression d'Ovide, lesquels attestent que, d'une part, les anciennes irruptions de l'Océan en ont approfondi les côtes, & que, de l'autre, l'action continue de ses eaux, chassées vers les côtes orientales de l'un & l'autre continent par un mouvement général & constant de l'est à l'ouest, attaque encore ces mêmes côtes, les dégrade, en disperse les parties les plus faciles à décomposer, & ne laisse subsister entières que les parties plus solides, qui peuvent opposer à ses efforts une plus longue résistance.

Sous un autre point de vue, les côtes occidentales, protégées par la masse du continent, dont elles forment les limites, se maintiennent sans grande destruction, & dans certains cas s'accroissent par les transports des terres que les eaux pluviales abondantes & torrentielles entraînent à la mer, dont elles exhaussent le fond, & qui, dans certaines parties des côtes, ont déjà pu former des aterrissemens fort apparens.

L'effet que doit produire des deux côtés l'action continuelle des eaux contre les côtes orientales, ne peut être qu'un effet très-lent, & l'observation de plusieurs siècles ne suffit pas pour nous le rendre sensible; mais si l'on considère avec attention les suites de formes différentes que nous présentent les côtes opposées des continens, on ne peut pas plus méconnoître les causes, qu'on ne peut douter des effets.

Ce qui donne encore plus de probabilité à ces considérations, c'est que la destruction des terres est beaucoup plus remarquable à la bande orientale de l'Asie, qu'à celle de l'Amérique, & cette différence doit exister; car le *grand Océan*, par le mouvement constant & général des eaux de l'est à l'ouest, faisant de continuels efforts contre les côtes de l'Asie, avec une mer qui a trois fois plus de largeur, & qui conséquemment, en supposant les profondeurs proportionnelles aux largeurs, a plus de masse que celle avec laquelle l'*Océan atlantique* agit contre les côtes de l'Amérique. D'ailleurs, nous avons vu que, des deux côtés, la plus grande action avoit lieu, & que le plus grand effet se faisoit sentir entre les deux tropiques, parce que, dans ces parages, l'un & l'autre bras de l'Océan agissoit avec la plus grande masse : aussi c'est en général sur la bande équinoxiale que les côtes orientales sont le plus tourmentées & déchiquetées, & que le plus grand effet se manifeste sur les portions de chaque Océan, où la largeur est plus grande, c'est-à-dire, pour l'*Océan atlantique*, entre les parallèles de cinq à vingt-cinq degrés nord, où s'est approfondie la *mer des Antilles*, & pour le *grand Océan*, dans l'intervalle entier des deux tropiques, parce que c'est à l'équateur même qu'il a plus d'étendue. C'est sur cette bande équinoxiale qu'on voit ces îles sans nombre & de toutes grandeurs, ou groupées en archipels, ou disposées en chaînes, ou bien éparses & solitaires, lesquelles forment, par leurs distributions ou leurs assemblages, de vastes bassins de figures diverses, qui se succèdent & se communiquent, & qui sont des *mers intérieures à plusieurs issues*. (*Voyez* les observations de M. de Fleurieu sur *la division hydrographique du Globe*, & sa carte générale à la suite du *Voyage autour du Monde par Etienne Marchand*.)

ANSON. Je trouve dans le *Voyage de l'amiral Anson* des détails très-intéressans sur la *température & les climats* des côtes de l'Amérique méridionale, que cet habile marin a parcourues. C'est pour rendre hommage à ce bon observateur, que je place ici sous son nom le précis de ce qu'il nous apprend sur une suite de faits physiques très-importans, qu'il a observés & rangés par ordre : c'est ainsi que les découvertes de tous genres doivent figurer dans nos recueils avec les noms des hommes célèbres qui les ont faites.

Température & climats des côtes de l'Amérique méridionale.

C'est une chose fort remarquable, que, sur les côtes orientales de l'Amérique méridionale, les poissons volans & les bonites s'étendent à une latitude plus considérable que sur les côtes occidentales du même continent, car on ne les trouve sur ces côtes que vers les huit degres de latitude méridionale. La cause de cette difference vient certainement des differens degrés de chaleur qui se font sentir dans les mêmes latitudes des deux côtes de ce continent.

A cette occasion il convient de discuter ce qui concerne le chaud & le froid des différens climats, & sur les variations qu'on éprouve à ces deux égards en différens endroits situés sous le même degré de latitude.

Les Anciens croyoient que, de cinq zônes qui comprennent tout le globe de la Terre, il n'y en avoit que deux d'habitables, dans la supposition qu'il faisoit trop chaud entre les tropiques, & qu'aux cercles polaires le froid commençoit à être insupportable. Il y a long-tems qu'on a détruit cette double erreur par l'observation; mais on n'a jusqu'ici que très-imparfaitement comparé ensemble le chaud & le froid des différens climats. Cependant on en sait assez pour pouvoir assurer que tous les lieux qui sont situés entre les deux tropiques ne sont pas ceux de notre Globe où la chaleur est la plus grande, & que d'ailleurs plusieurs lieux situés au-delà des cercles polaires n'éprouvent pas cet extrême degré de froid que leur situation sembleroit indiquer, c'est-à-dire, que la température d'un endroit dépend assez souvent beaucoup plus de certaines causes locales, que de sa distance au pôle ou de sa proximité de l'équateur.

Cette proposition a rapport à la température générale des lieux, en considérant la marche du soleil dans le cours d'une année, & dans ce sens l'on ne peut nier que la ville de Londres, par exemple, n'ait des saisons plus chaudes que le fond de la baie d'Hudson, qui se trouve à peu près au même degré de latitude, l'hiver étant si rigoureux dans ce dernier endroit, que les plantes de nos jardins qui résistent le mieux au froid, ont peine à y vivre. Si nous comparons de même la côte du Brésil avec la côte occidentale de l'Amérique méridionale, comme, par exemple, la baie de Tous-les-Saints avec Lima, la différence sera très-remarquable; car quoique la chaleur soit très-grande sur la côte du Brésil, celle qu'on éprouve dans la mer du sud, à la même latitude, est peut-être aussi tempérée qu'en aucune autre partie de la terre, puisqu'en rangeant cette dernière côte, la chaleur que les navigateurs y éprouvent, n'égale pas celle d'un jour d'été en Angleterre; & ceci a lieu, quoiqu'aucune pluie n'y rafraîchisse l'air.

Les causes de cette température modérée dans la mer du sud ou le grand Océan ne sont pas difficiles à assigner, & il sera facile de les indiquer par la suite. Maintenant il est question d'établir la vérité de cette assertion, que la seule latitude d'un lieu ne peut servir de règle pour juger des degrés de chaud ou de froid qui y règnent. On pourroit d'abord confirmer cette proposition, en observant qu'au haut des *Andes*, qui sont situées sous la ligne, la neige ne se fond en aucun tems de l'année; ce qui prouve que le froid y est plus considérable que dans plusieurs lieux placés au-delà du cercle polaire.

Nous avons considéré jusqu'ici la température de l'air durant tout le cours de l'année, ainsi que l'estime grossière que chacun fait du chaud & du froid, en s'en rapportant à ses propres sensations; mais si l'on examine la chose par le moyen des thermomètres, qui, relativement au degré absolu & relatif de chaud & de froid, sont considérés par les physiciens comme des témoins infaillibles, on verra, non sans étonnement, que la chaleur, dans des latitudes très-avancées, comme celle de Pétersbourg, par exemple, est en certains tems de l'année beaucoup plus grande qu'aucune de celles qu'on a observées jusqu'ici entre les tropiques, & que, même à Londres, il a fait un jour quelques heures de chaleur supérieure à celle qu'on éprouve en passant la ligne au milieu de l'Océan; car, durant l'été de 1746, le thermomètre de Fahrenheit monta un certain jour jusqu'au 78e. degré, pendant qu'un thermomètre de la même graduation, placé dans un vaisseau proche l'île Sainte-Catherine, vers la fin de décembre, le soleil étant vertical à trois degrés près, ne monta qu'au 76e. degré; & pour ce qui concerne la température de Pétersbourg, nous trouvons dans les *Mémoires de l'Académie impériale*, qu'en 1734, les 20 & 25 juillet, le thermomètre y monta jusqu'à 98 degrés à l'ombre, c'est-à-dire, à 22 degrés de plus qu'à l'île de Sainte-Catherine, qui est au 28e. degré de latitude sud. Si l'on demande maintenant comment il se peut que, dans plusieurs endroits entre les tropiques, la chaleur passe pour si violente, quoiqu'il paroisse, par les exemples allégués, qu'elle est égalée souvent ou même surpassée dans des latitudes peu éloignées du cercle polaire, je répondrai que l'appréciation de la température d'un endroit quelconque ne doit pas être fondée sur les degrés de chaleur qui y paroissent de tems en tems, mais qu'elle doit plutôt être déterminée sur la chaleur moyenne, relativement à une saison ou bien même à une année entière.

En considérant la température sous ce point de vue, il est aisé de sentir combien un grand degré de chaleur doit paroître incommode s'il subsiste toujours sans aucune variation remarquable. Ainsi donc, si l'on compare Sainte-Catherine avec Saint-Pétersbourg, & qu'on trouve qu'en été la chaleur soit à Sainte-Catherine de 76 degrés, & en hiver de 56, dans cet état des choses la chaleur moyenne pour toute l'année sera de 66. Or, ceux qui font usage du thermomètre ne disconviendront pas que ce degré de chaleur, continué long-tems, ne soit, dans les pays où on l'éprouve, très-incommode aux habitans.

D'un autre côté, comme à Saint-Pétersbourg le thermomètre indique rarement une chaleur plus grande que celle de Sainte-Catherine, & que, dans d'autres tems, le froid qui s'y fait sentir est beaucoup plus grand, il est incontestable que la chaleur moyenne pour une année ou même pour une saison, à Pétersbourg, est fort au dessous de 66 degrés; car on trouve que la variation du thermomètre à Pétersbourg a au moins cinq fois plus d'étendue entre les deux divisions les plus éloignées, que celle qu'on a supposée avoir lieu à Sainte-Catherine.

Mais outre cette manière d'estimer la chaleur d'un endroit, en prenant pour quelques mois la chaleur moyenne, il y a un autre moyen d'apprécier cette température, en faisant entrer dans cette évaluation les effets d'une cause dont aucun auteur que je sache n'a fait mention, & qui doit augmenter la chaleur sensible des climats les plus chauds, & diminuer celle des climats les plus froids. Il suffit d'observer d'abord que la mesure de la chaleur absolue, indiquée par le thermomètre, ne marque pas infailliblement la sensation de chaleur dont le corps humain est affecté; car, comme une succession perpétuelle d'air frais est nécessaire pour qu'on puisse respirer quand il fait chaud quelque tems, un air chargé de vapeurs ne manque pas d'exciter en nous la sensation de chaleur étouffante, bien plus incommode que celle que la seule chaleur d'un air agité & pur auroit excitée. Il suit de là que le thermomètre ne sauroit déterminer la chaleur que cette cause fait éprouver au corps humain : outre cela, que la chaleur, dans la plupart des endroits situés entre les tropiques, doit être beaucoup plus incommode que le même degré de chaleur absolue dans une latitude plus eloignée de l'equateur; car l'uniformité & la durée de ces chaleurs contribuent à charger l'air d'une quantité prodigieuse d'exhalaisons & de vapeurs, la plupart fort mal-saines. Or, comme dans ces climats les vents sont foibles & réglés, les exhalaisons changent seulement de place, sans pouvoir être dissipees; ce qui rend l'atmosphère moins propre à la respiration, & produit par cela même cette sensation qu'on appelle *chaleur étouffante*, au lieu que dans les latitudes éloignées de l'équateur, ou bien ces vapeurs s'élèvent en moindre quantité, ou bien elles sont dissipées par des vents violens & irréguliers, tellement que le même degré de chaleur absolue s'y trouve bien modéré.

J'ajouterai ici que le beau tems & la température dont on jouit sur la côte du Perou, même sous la ligne équinoxiale, font une exception remarquable, dont nous avons déjà parlé relativement à la temperature. Dans ce climat tout contribue à purifier l'air, & à rendre la lumière du jour agréable. En d'autres pays, sous des latitudes correspondantes, la chaleur du soleil, insupportable en été, fait qu'on ne sauroit, la plus grande partie du jour, ni travailler ni même prendre l'air; & d'ailleurs, les pluies fréquentes ne sont pas moins incommodes dans des saisons plus tempérées. Mais dans ces heureux climats on voit rarement le soleil à découvert, car il n'y a precisément que la quantité de nuages qu'il faut pour le cacher & tempérer l'ardeur de ses rayons perpendiculaires, sans charger l'atmosphère à un certain point ou diminuer en rien la beauté du jour : aussi peut-on travailler chez soi ou dehors toutes les heures de la journée, & cette fraîcheur de l'air, qui dans d'autres climats est quelquefois l'effet des pluies, s'y soutient toujours, quoiqu'il n'y pleuve point : ce même effet est produit par les brises qui viennent des régions froides, situées vers le sud. Il y a lieu de croire aussi que cette même température peut être principalement due au voisinage de ces prodigieuses montagnes appelées *les Andes*, qui, étant parallèles à la côte, dont elles sont peu éloignées, & s'elevant beaucoup plus haut qu'aucune autre montagne, ont sur leur pente une grande étendue de pays, où, suivant qu'ils sont plus ou moins éloignés des sommets des Andes, on y éprouve toutes sortes de climats dans toutes les saisons de l'année.

Les Andes, en interceptant en grande partie les vents d'est, qui règnent généralement dans le continent de l'Amérique meridionale, & en rafraîchissant cette partie de l'air qui passe par-dessus leurs sommets couverts de neige, ces montagnes, disons-nous, sont sans doute la cause que les côtes & les parages voisins peuvent être rangés dans la classe des climats les plus tempérés; car dès qu'on est à une certaine distance de la ligne où ces montagnes peuvent avoir une certaine influence, & qu'on ne trouve plus de ces chaînes qui peuvent servir d'abri du côte de l'est, telles que sont les hauteurs qui courent le long de l'isthme de Panama, qui ne sont que des taupinières en comparaison des Andes, il semble qu'on a passé de l'air tempéré du Pérou, dans le climat brûlant des Indes occidentales. On peut se convaincre par toute cette discussion, combien il est nécessaire de réunir de circonstances pour déterminer au juste la température des différens climats. (*Voyez* le *Voyage de l'amiral Anson, tome II, pag.* 173.)

ANTARCTIQUE (Pôle). (*Son étendue.*) Après avoir divisé la masse des eaux en *deux océans* principaux, qui ont pour limites les continens, il reste de chaque côté, au nord & au sud, une portion de sphere, une calotte, dont un *pôle* marque le sommet & le centre, & qui est limitée par un *cercle polaire*. Les glaces qui occupent, ou continuellement ou une grande partie de l'année, ces régions des pôles, semblent indiquer les dénominations qu'il convient de donner aux portions de l'*Océan*, qui couvrent ces extrémités du Globe. Ainsi on doit nommer *Océan glacial arctique* celle qui environne le pôle boréal. (*Voy.* ARCTIQUE.)

Ici je m'occuperai de l'*Océan glacial antarctique*, qui environne le *pôle austral* : c'est là qu'une vaste mer occupe la calotte australe, & si l'on se place au pôle, & que l'on promène ses regards circulairement sur l'espace compris depuis ce centre jusqu'au cinquantième parallèle, on ne découvre aucun vestige de terre connue; mais si on étend plus loin sa vue, & jusqu'au trentième cercle de latitude, on apperçoit seulement quelques fragmens solides de terres : l'extrémité étroite de l'*Amérique méridionale*, sous le nom de *Terres magellaniques*; la pointe extrême de l'Afrique, au Cap de Bonne-Espérance; la partie méridionale, resserrée & presqu'inhabitée de la *Nouvelle-Hollande*, & les deux îles de la *Nouvelle-Zélande*; &, à l'exception de ces portions de terrains auxquels on peut appliquer, suivant M. de Fleurieu, le *Rari nantes in gurgite vasto*, tout le reste est mer, tout eſt eau. La ſuperficie de cette immenſe ſolitude ne ſera guère interrompue que par des fragmens de terres, ſi l'on embraſſe tout l'eſpace compris entre le pôle & le tropique du Capricorne. On peut donc dire que l'hémiſphere auſtral eſt le vrai domaine de l'Océan; car en partant du cercle polaire antarctique, & de là s'élevant juſqu'au pôle, on ne voit plus qu'une calotte de glace, qui pourroit tout au plus, comme nous le verrons par la ſuite, enfermer quelque petite terre où la nature eſt morte; car on ſait que les courſes repetées du capitaine Cook autour de ce pôle ont demontré aux plus incredules, que ce pretendu *grand continent auſtral*, que long-tems on s'eſt obſtiné à regarder comme neceſſaire à l'équiponderation du Globe pour balancer les grandes terres de l'hémiſphère boréal, n'exiſtoit plus que dans des hypotheſes oubliées: & ſans doute la nature a d'autres moyens pour maintenir l'equilibre de notre planète pendant qu'elle recommence & achève ſa révolution annuelle autour du ſoleil.

Antarctique (Pôle). (*Ses glaces & ſa température.*) Le *pôle antarctique* a offert a pluſieurs navigateurs des amas conſidérables de glaces, & particuliérement au célèbre capitaine Cook dans ſes deux voyages; le premier en 1769 & 1770, & le ſecond en 1773, 1774 & 1775: il en réſulte que le froid eſt plus grand dans les régions auſtrales que dans les boréales; que la portion de ſphère, depuis le *pôle antarctique* juſqu'à 18 & 20 degrés, n'eſt qu'une region glacée, une calotte de glace ſolide & continue, à quelques interruptions près; car ce navigateur, ayant fait le tour preſqu'entier de cette zone auſtrale, a trouvé partout des glaces, & n'a pu pénétrer nulle part au-delà du 71e. degré. Les appendices de cette immenſe glacière du *pôle antarctique* s'étendent même juſqu'au 60e. degré en pluſieurs points de la circonference, & les énormes glaçons qui s'en détachent, voyagent juſqu'au 50e. & même juſqu'au 48e. degré de latitude en certains endroits. Effectivement, on a toujours remarqué que les glaces qui ſe portoient plus avant vers l'équateur, ſe trouvoient vis-à-vis les mers les plus étendues & les terres les plus éloignées du pôle; car on en a rencontré aux 48e., 49e., 50e & 51e. degrés de latitude, ſur une étendue de dix degrés en longitude à l'oueſt du méridien de Paris, & de 35 degrés de longitude à l'eſt. D'ailleurs, tout l'eſpace entre le 50e. & le 60e. degré de latitude s'eſt trouvé rempli de glaçons briſés, dont quelques fragmens formoient des îles d'une grandeur conſidérable. On a vu qu'à ces mêmes longitudes les glaces devenoient encore plus fréquentes, & preſque continues aux 60e. & 61e. degrés de latitude; enfin, que tout paſſage étoit fermé, par la continuité des glaçons, aux 66e. & 67e. degrés, où M. Cook a fait une ſeconde pointe, & s'eſt vu forcé de changer de route; en ſorte que la maſſe continue de ces glaces ſolides qui couvroit le pôle auſtral & toute la zone environnante, s'étendoit dans ces parages juſqu'au-delà du 66e. degré de latitude.

On a trouvé de même des îles & des plaines de glaces dès le 49e. degré de latitude, à 60 degrés de longitude a l'eſt du méridien de Paris, & en plus grand nombre à 80 & 90 degrés de longitude ſous la latitude de 58 degrés, & même en plus grand nombre ſous les 60e. & 61e. degrés de latitude dans tout l'eſpace compris depuis le 90e. juſqu'au 145e. degré de longitude eſt.

De l'autre côté, c'eſt-à-dire, à 30 degrés environ de longitude oueſt, M. Cook a fait la découverte de la terre de Sandwich à 59 degrés de latitude, & de l'île Géorgie ſous le 55e., & il a reconnu des glaces dans une étendue de dix ou douze degrés de longitude oueſt avant d'arriver à la terre de Sandwich, qu'on pourroit conſidérer comme le Spitzberg des régions auſtrales, c'eſt à-dire, comme la terre la plus avancée vers le pôle antarctique; il a trouvé de pareilles glaces en beaucoup plus grand nombre aux 60e. & 61e. degrés de latitude, depuis le 29e. degré de longitude oueſt, juſqu'au 51e., & le capitaine Furneaux en a trouvé ſous le 63e. degré, à 65 & 70 degrés de longitude oueſt.

On ne doit pas omettre de faire mention des glaces ſédentaires & immobiles que Davis a vues ſous les 65e. & 66e. degrés de latitude, vis-à-vis le Cap Horn, & celles au milieu deſquelles le capitaine Cook a fait une pointe juſqu'au 71e. degré de latitude: ces glaces s'étendent depuis le 110e. degré de longitude oueſt, juſqu'au 120e.; enſuite on voit les glaces flottantes depuis le 130e. degré de longitude oueſt, juſqu'au 170e. ſous les latitudes de 60 à 70 degrés; en ſorte que, dans toute l'étendue de la circonférence de cette grande zone polaire *antarctique*, il n'y a qu'environ 40 ou 45 degrés en longitude, dont l'eſpace n'ait pas été reconnu quant à l'état des glaces; ce qui ne fait pas la huitième partie de cette immenſe calotte de glaces. Tout le reſte de ce circuit a été vu & bien reconnu par le capitaine Cook, dont on ne pourra jamais aſſez louer l'intelligence & le courage, car le ſuccès d'une pareille entrepriſe ſuppoſe toutes ces qualités réunies.

Nous avons remarqué ci-devant que les glaces les plus avancées vers l'équateur, dans les régions auſtrales, ſe trouvoient ſur les mers les plus éloignées des terres, comme dans la mer des grandes Indes, vis-à-vis la mer Atlantique & le grand Océan, entre les deux pointes de l'Amérique & de l'Afrique, & qu'au contraire les glaces les moins avancées ſe rencontroient dans les parties correſpondantes aux terres, comme à la pointe de l'Amérique, à celle du Cap de Bonne-Eſpérance & à la Nouvelle-Hollande. Ainſi, la partie la moins froide de cette grande zone *antarctique* eſt vis-à-vis l'extrémité de l'Amérique & celle de l'Afrique, tandis que la partie la plus froide de cette même zone est vers la mer de l'Inde, où il n'y a point de terre, & vers la mer *Atlantique* & le *grand Océan*.

De toutes les reconnoissances faites par le capitaine Cook, on doit inferer que la portion du Globe, couverte par les glaces, depuis le *pôle antarctique* jusqu'à la circonférence de ces régions glacées, est en superficie au moins cinq ou six fois plus étendue que l'espace occupé par les glaces autour du pôle arctique; ce qui provient de deux causes assez évidentes. La première est le séjour du soleil, plus court dans l'hémisphère austral que dans le boréal; la seconde & plus puissante est la quantité de terre, infiniment plus grande dans cette portion de l'hémisphère boreal, que dans la portion égale & correspondante de l'hémisphère austral; car les continens de l'Europe, de l'Asie & de l'Amérique s'etendent jusqu'au 70e. degré & au-delà vers le pôle arctique, tandis que, dans les régions australes, il n'existe aucune terre depuis le 50e. ou même le 45e. degré, que celle de la pointe de l'Amérique, qui ne s'etend qu'au 56e. avec les îles de Falkland, la petite île Georgie ou de *Saint-Pierre*, & celle de Sandwich, qui est moitié terre & moitié glace; en sorte que cette grande zone australe étant entièrement aqueuse & maritime, & la boreale plus terrestre, il n'est pas étonnant que le froid y soit plus grand, & que les glaces occupent une plus grande etendue dans ces régions australes que dans les boréales.

J'ajoute ici que la Nouvelle-Zélande, la pointe de la Nouvelle-Hollande & celles des terres magellaniques, doivent être considérees comme les seules & dernières habitables dans cet hémisphère austral.

Toutes ces reconnoissances des mers australes ont été faites dans les mois de novembre, decembre, janvier & février, c'est-à-dire, dans la saison d'été de cet hémisphère austral. Quoique ces glaces ne soient pas toutes stationnaires, & qu'elles voyagent selon qu'elles sont entraînées par les courans ou poussées par les vents, il est neanmoins certain que, comme elles ont été vues dans cette saison d'été, elles s'y trouveroient de même & en bien plus grande quantite dans les autres saisons, & par conséquent on doit les regarder comme permanentes en grande partie. Au reste, il est indifferent qu'il y ait des terres ou non dans cette région, puisqu'elle est couverte de glaces depuis le 60e. degré de latitude jusqu'au pôle, & l'on peut concevoir aisément que les vapeurs aqueuses qui forment les brumes & les neiges, se convertissent en glaces, & qu'elles se gèlent & s'accumulent sur la surface de la mer comme sur celle de la terre. Rien ne peut s'opposer à la formation ni même à l'augmentation de ces glacières polaires : au contraire, tout s'oppose à ce qu'on puisse arriver à l'un ou l'autre pôle par des mers ouvertes.

ANTARCTIQUES (Peuples). Si nous passons des habitans des terres arctiques à ceux qui, dans l'autre hémisphère, sont les moins éloignés du cercle polaire antarctique, nous trouverons que, sous la latitude de 50 à 55 degrés, le froid est aussi grand, & les hommes encore plus misérables que les Groënlandois ou les Lappons, qui néanmoins sont de 20 degrés, c'est-à-dire, de six cents lieues plus près de leur pôle.

Les habitans de la Terre de Feu, suivant M. Cook, logent dans des cabanes faites grossiérement avec des pieux plantés en terre, inclinés les uns vers les autres par leurs sommets, & formant une espèce de cône semblable à nos ruches; elles sont recouvertes, du côté du vent, par quelques branchages & par des bottes de foin. Du côté qui est sous le vent, il y a une ouverture qui comprend environ la huitième partie du cercle, & qui sert de porte & de cheminée : un peu de foin repandu par terre sert tout à la fois de siéges & de lits. Tous leurs meubles consistent en un panier qui se porte à la main, en un sac qui pend sur le dos, & en une vessie qui sert à contenir de l'eau.

Ils sont d'une couleur approchante de la rouille de fer; ils ont de longs cheveux noirs. Les hommes sont gros & mal faits; leur stature est de cinq pieds huit à dix pouces. Les femmes sont plus petites, & ne passent guère cinq pieds. Toute leur parure consiste dans une peau de lama ou de veau marin, jetée sur leurs épaules au même état où elle a été tirée de dessus l'animal. Un morceau de la même peau, qui leur enveloppe les pieds & qui se ferme comme une bourse au dessus de la cheville, & un petit tablier tient lieu aux femmes de la feuille de figuier. Les hommes portent leur manteau ouvert; les femmes le lient autour de la ceinture avec une courroie; mais quoiqu'elles soient à peu près nues, elles ont un grand desir de paroître belles; elles peignent leur visage & les parties voisines des yeux communément en blanc, & le reste en lignes horizontales, rouges & noires; mais tous les visages sont peints différemment.

Les hommes & les femmes portent des bracelets de grains, tels qu'ils peuvent les faire avec de petites coquilles & des os : les femmes en ont un au poignet, & un autre au bas de la jambe : les hommes, au poignet seulement.

Il paroît qu'ils se nourrissent de coquillages : leurs côtes sont néanmoins abondantes en veaux marins; mais ils n'ont point d'instrument pour les prendre. Leurs armes consistent en un arc & des flèches, qui sont d'un bois bien poli, & dont la pointe est de caillou.

Ce peuple paroît être errant, car on a trouvé dans certaines parties de la Terre de Feu, des huttes abandonnées. D'ailleurs, les coquillages étant une fois épuisés dans un endroit de la côte, ils sont obligés d'aller s'établir ailleurs; de plus, ils n'ont ni bateaux ni canots, ni rien de semblable. En tout, ces hommes sont les plus misérables & les plus bornés qu'il y ait sur la terre : leur climat est si froid, que deux Européens de l'équipage de M. Cook y ont péri au milieu de l'été.

On voit par ces détails, qu'il fait fort froid dans la Terre de Feu : on sait d'ailleurs que l'on trouve des glaces en quelques endroits des mers australes, dès le 47e. degré. Nous avons déjà remarqué qu'en général l'hémisphère austral est plus froid que le boréal, parce que le soleil y fait un peu moins de séjour, & aussi parce que cet hémisphere austral renferme beaucoup plus d'eau que de terre. Quoi qu'il en soit, ces hommes de la Terre de Feu, où l'on prétend que le froid est si grand, & où ils vivent plus misérablement qu'en aucun lieu du monde, n'ont pas cependant perdu les dimensions du corps ; & comme ils n'ont d'autres voisins que les Patagons, lesquels sont les plus grands de tous les hommes connus, on doit présumer que le froid du continent austral n'a pas été bien apprécié, puisque ses impressions sur l'espèce humaine n'y sont pas bien marquées.

Nous avons vu que, par des observations faites dans la Nouvelle-Zemble, qui est de vingt degres plus voisine du pôle arctique que la Terre de Feu ne l'est de l'*antarctique*, ce n'est pas la rigueur du froid, mais l'humidite mal-saine des brouillards qui fait périr les hommes. Il en doit être de même, & à plus forte raison, dans les terres environnées des mers australes, où la brume règne dans toutes les saisons, & rend l'air encore plus mal-sain que le froid : cela paroît prouvé d'ailleurs par la différence des vêtemens. Les Lappons, les Groenlandois, les Samojedes & tous les hommes des contrées vraiment froides à l'excès, se couvrent tout le corps de fourrures, tandis que les habitans de la Terre de Feu & des environs du détroit de Magellan vont presque nus, & avec un simple manteau sur les épaules. Le froid n'y est donc pas aussi grand que dans les terres arctiques ; mais l'humidité de l'air doit y être plus grande, & c'est probablement cette humidité froide, cependant à un certain point, qui a fait périr, même en été, les deux Européens dont parle M. Cook. (*Voyez* AUSTRAL (Hémisphère).)

ANTÉDILUVIENNE (Époque).

ANTIDILUVIENS (Physiciens & naturalistes). A la suite de ces deux articles je m'occuperai du *déluge* & des *déluges* sous les rapports qu'ils indiquent, c'est-à-dire, d'abord de la constitution du Globe dans les âges qu'on a cru pouvoir fixer a ces catastrophes, ensuite sur les différentes opinions pour & contre le *déluge*. Dans toutes ces discussions j'exposerai les faits, sans adopter les différentes conséquences qu'on en a tirées.

La première considération qui m'occupera en faisant mention des traditions judaïques, c'est de modifier les instructions différentes que les législateurs & les prophètes des Israélites leur ont données, en leur répétant une infinité de fois que Dieu, l'auteur & le principe de toutes choses, avoit créé le Monde de rien. C'est d'après ces instructions que le Juif croyoit que le Liban, que la montagne de Sion, & que toutes les montagnes de l'Arabie Pétrée avoient été faites de rien dans l'état où il les voyoit ; qu'il en étoit de même des vallées, des rochers, des cavernes, des ruisseaux, des fleuves & des mers. En adoptant un grand nombre de ces traditions, il faut bien écarter les erreurs dont l'Israélite grossier s'étoit rempli l'esprit ; & ne savons-nous pas que c'est parce que le sens littéral des tems & des faits a toujours fixé son imagination, qu'il a été le plus ignorant, comme le plus malheureux & le plus criminel de tous les peuples du monde ? C'est d'après ces vues que nous allons discuter ce qui concerne le déluge.

Pour que tous les faits que l'analyse de nos continens nous a offerts eussent été les effets d'un seul déluge, il auroit fallu que ce déluge eût duré des siècles entiers pour avoir eu le tems de démolir des terrains solides, de les réduire en pierrailles, en sables, en vases, & d'en composer d'autres avec ces matériaux, de les pétrifier & de les rendre solides dans le sein de ses eaux pour les attaquer ensuite, les décomposer une seconde fois, & en construire de nouveaux lits pour les détruire encore une troisième fois, &c.

Tout bon esprit qui réfléchit sur la méthode lente & uniforme dont agit la nature, jugera que tant de démolitions & de constructions successives, quoique pouvant être de cette manière l'effet d'un même déluge continu, ont dû être également l'ouvrage d'un grand nombre de siècles ; ce qui surpasse de beaucoup l'idée que l'on a eue en tout tems du déluge de Noé, qui, n'ayant duré que quelques mois, n'a pu opérer seul toutes les merveilles que nous observons de tous côtés.

Avant qu'on eût multiplié à ce sujet les recherches & les observations, on ne croyoit pas avoir de témoins plus authentiques du déluge, que les coquilles fossiles & les poissons pétrifiés qui se trouvent au milieu de nos continens en si grande abondance ; mais à la fin cette preuve est devenue la plus mauvaise de toutes les preuves ; car toutes ces productions marines, pour avoir trop prouvé dans un certain tems, ne prouvent plus rien aujourd'hui en faveur du déluge, & s'obstiner avec entêtement & sans raison à en faire l'unique preuve de la vérité du récit de Moyse, c'est lui faire le plus grand tort possible.

Ces dépouilles des coquillages de la mer ne nous parlent que du long séjour qu'elles ont fait dans nos contrées sous les eaux qui les couvroient, comme les mers présentes séjournent dans le bassin de l'Océan. Cette vérité incontestable a produit de nos jours l'opinion de ceux qui regardent le déluge comme un miracle, dont il n'y a pas d'autres preuves dans la nature, que le récit de la Bible, & je serois assez porté à me ranger de cet avis, depuis que j'ai recueilli les faits de ce genre que nous offre la surface du globe. Il est vrai que le déluge, quoiqu'arrivé par une volonté spéciale & expresse de Dieu, a dû s'exécuter par le concours de plusieurs agens naturels, qui auroient laissé partout les traces des désordres qui l'ont produit. C'est ainsi que les environs de Sodome & de Gomorrhe portent les marques des feux qui les ont consumés autrefois. Mais je ne crois pas que les escarpemens de nos vallées & de nos montagnes soient de vrais monumens du déluge, puisqu'ils continuent à s'opérer sous nos yeux, au milieu des continens secs & sans inondations.

Le déluge, tel qu'on le raconte, n'a été qu'une grande inondation bornée au terme d'une saison, & causée par une violente éruption des sources hors du sein de la terre, par la chute de pluies abondantes & continuelles, & par le débordement de tous les fleuves de nos continens. Or, une inondation de cette nature a dû laver les contrées qui ont reçu toutes ces eaux, les balayer, même les déchirer, comme elles font à tous les lieux qui s'opposent à leurs marches. Cependant on ne peut pas dire que ces ravages aient eu lieu autrement que dans les commencemens de l'inondation : tout étant également couvert par les eaux, elles n'ont pu rien creuser. On ne peut pas non plus nous persuader que ces eaux aient entraîné beaucoup de matériaux dans les plaines basses & au fond des mers, dès que l'inondation s'est élevée à un certain point.

On ne peut en aucune façon prétendre non plus que les poissons soient parvenus sur les montagnes lorsque la mer a reflué sur nos continens, 1°. parce qu'on les trouve à une profondeur trop considérable sous nos terrains, dont le déluge n'avoit pas assez altéré la superficie pour en détruire tous les arbres & toutes les plantes.

2°. Parce qu'il est impossible de se méprendre sur les différens sens d'où venoient les eaux qui ont déchiré nos terrains. Toutes les traces de leur marche nous indiquent bien qu'elles sortoient des contrées les plus élevées, & qu'elles descendoient vers les mers; mais ces phénomènes appartiennent à nos continens secs & actuels, & rien ne nous apprend qu'ils soient dus au déluge. Il n'y a point de lieux qui prouvent ces vérités plus sensiblement que le confluent des rivières. Lorsque deux vallées se réunissent, comme, par exemple, celle de la Loire & celle du Cher, on voit toujours où se termine le confluent. C'est une montagne couverte de terres du haut en bas, & dont le pied s'alonge par une pente douce & insensible du côté d'aval. Or, si les eaux de la mer, au tems du déluge, eussent reflué dans les vallées de la Touraine pour inonder une partie de la France, il est visible que la croupe de montagne qui est auprès de *Mont-Louis*, étant directement opposée au reflux de la mer, & vis-à-vis de lui dans la même position qu'est une pile de pont qui reçoit à l'amont le choc & la chute des eaux & des glaces qui l'attaquent, auroit été extrêmement escarpée, car sa résistance & son opposition directe auroient obligé les eaux à se diviser en cet endroit pour refluer en deux canaux séparés, d'un côté dans la Loire, & de l'autre dans le Cher. En conséquence, les confluens de toutes les rivières du monde ne devroient ainsi présenter que des escarpemens, comme toutes les piles de nos ponts ne présentent à l'amont que des assises escarpées. C'est ce qui ne s'observe cependant en aucun lieu, tous les confluens étant au contraire fort alongés du côté d'aval, & toujours fertiles même sur les hauteurs.

On ne pourra donc plus supposer à l'avenir que les mers ont généralement reflué dans les terres, & que c'est en faisant usage de leurs propres forces, que les poissons & les coquillages ont pu remonter dans nos continens, malgré les obstacles qu'ils rencontroient; car dans une irruption des fleuves, telle que les eaux débordées devoient en bien des lieux couvrir des provinces entières, les êtres marins, qui étoient exposés à y être transportés, n'étoient plus animés. De plus, les amas s'en seroient faits avec une confusion qu'il seroit aisé de remarquer. On voit au contraire que chaque contrée renferme des coquillages particuliers; qu'ils sont rangés lits par lits avec une régularité & une uniformité surprenantes, & toujours remplis de la même matière qui domine dans les contrées où on les trouve. Dans les pays de craie, ils sont remplis de craie; dans ceux de sable on n'y trouve que du sable. Enfin, ces coquillages n'y ont point remonté eux-mêmes en faisant usage de leurs forces, parce que l'on rencontre partout des amas purs & simples de semences & d'embryons de coquilles, & des espèces qui ne se déplacent jamais, qui vivent & meurent où elles sont nées, c'est-à-dire, sur les rochers & dans les rochers mêmes, & dans les pierres où on les trouve présentement, telles que les dails & surtout les coraux, les madrépores & les autres polipiers de toute espèce.

Ferai-je le déshonneur à mon siècle de réfuter deux autres opinions sur les coquilles fossiles, qui ont été reçues en leur tems, & qui peuvent encore avoir quelques sectateurs : l'une, que ces coquilles sont des jeux de la nature; l'autre, qu'elles sont les restes de la table des délicats des siècles passés. Je ne réfuterai pas même le système absurde de Woodward, qui, d'après d'excellentes observations, n'en a tiré que des conséquences aussi déraisonnables dans leur genre, que le sont les deux opinions burlesques dans le leur. Je crois même que ces idées n'ont été reçues dans les derniers tems que parce que, pour ne point admettre l'ancien état de nos continens sous les mers, état que tous ces phénomènes prouvent d'une manière si éclatante, mais qui semblent détruire des établissemens religieux, on ne pouvoit prendre d'autre parti que de sortir des bornes de la raison & de la nature, soutenant des mystères pour un mystère, & des miracles qu'on ne comprend pas, pour des miracles plus incompréhensibles encore.

Toutes les inégalités que nous observons à la surface de notre globe ne peuvent nous faire reconnoître que l'effet des eaux courantes dans l'approfondissement de nos vallées, & tout ce que l'intérieur de la terre nous découvre à la suite du travail de ces eaux, nous annonce les dépôts des eaux de la mer, qui ont séjourné sur ces massifs pendant une longue suite de siècles.

Ainsi, loin que le déluge ait pu opérer lui seul, dans l'intérieur & à l'extérieur de nos continens, tant d'événemens différens, il en a au contraire produit bien moins qu'on ne lui en attribue; & ce doit être à jamais le sujet d'un étonnement profond, de voir que ce déluge universel, comme on le dit, cet événement si mémorable, ait été transmis chez les hommes si confusément, qu'ils ont été autorisés à en méconnoître les effets, les vestiges & les vraies preuves qui ont disparu, & qu'ensuite nous trouvions aujourd'hui des vestiges & des preuves du long séjour des mers, autres faits certains qui n'ont aucune tradition ni même aucune époque fixe.

La ressource qu'ont trouvée quelques-uns de ceux à qui l'observation a fait reconnoître que les coquilles marines ne pouvoient point avoir été apportées de la mer sur les terres par les mouvemens des eaux du déluge, mais que nous habitons réellement un ancien lit de mer, a été de prétendre que c'est au tems de ce grand événement que les anciens continens ayant été submergés, les bassins des anciennes mers ont apparu hors des eaux, & ont présenté les nouvelles contrées sur lesquelles toutes les nations se sont multipliées & ont habité depuis, & qu'ainsi l'on ne peut être étonné d'y trouver tant de dépouilles des animaux marins, tandis que l'on n'y rencontre aucun débris des travaux & des habitations des hommes; ce qui devroit, selon eux, arriver fréquemment si les hommes étoient établis sur les mêmes continens qu'ils occupoient avant le déluge. A bien prendre le sentiment de ces physiciens, il n'y a sur la terre habitée aucun vestige positif du déluge, puisqu'ils prétendent qu'il n'a pas eu lieu sur nos continens. Cette réponse, la meilleure qu'on ait donnée, paroît satisfaisante, & semble répondre à tous les phénomènes, néanmoins elle ne peut soutenir un examen réfléchi, & ses fondemens ne sont pas plus solides que ceux des autres opinions.

C'est déjà une brèche fort grande à cette opinion, d'être forcé de convenir que les régions du Tigre & de l'Euphrate n'ont point été comprises dans cette loi générale, & qu'elles ont été exceptées de la submersion totale des anciens continens. Le nom de ces fleuves & des contrées circonvoisines, leur fertilité incroyable, la sérénité du ciel, la tradition de tous les peuples & en particulier de la Bible, tout les a mis dans la nécessité de souscrire à cette vérité, & de dire : Voici encore *le berceau du genre humain.* (*Spectacle de la Nature*, tome VIII, pag. 93.)

Examinons comment cette exception a pu arriver, & ce qui a dû s'ensuivre si le cours du Tigre & de l'Euphrate, & si les pays qu'ils arrosent ont été conservés. On ne peut nier que cela ne soit arrivé, parce qu'il n'y a point eu alors d'affaissement dans les sommets d'où ils descendent, d'élévation dans le lit des mers où ils se déchargent, ni aucun changement dans les chaînes orientales & occidentales des montagnes qui en dirigent le cours, & qui y conduisent tous les ruisseaux & les rivières dont la réunion forme peu à peu ces grands fleuves. Toute cette étendue de terres & de mers, bornée par la mer Caspienne, la Mer-Noire, la mer Méditerranée, le Golfe Persique, &c., n'a dû recevoir aucune altération dans son niveau ni dans ses pentes. De plus, si tous les sommets de l'Arménie, de la Perse, de l'Asie mineure, de la Syrie & de l'Arabie ne se sont point affaissés, il faut reconnoître encore que ce qui est arrivé sur les revers qui regardent le bassin de l'Euphrate & du Tigre, est arrivé aussi sur les revers opposés de ces mêmes montagnes, par conséquent toutes les régions limitrophes de l'Arménie, de la Mésopotamie & de la Chaldée ont été de même nécessairement épargnées en faveur de leur grande proximité du *berceau du genre humain;* elles font partie de cet illustre échantillon des anciens continens, & ce doit être une contrée sans doute assez étendue pour y pouvoir examiner en grand & en détail en quoi il diffère des nouveaux continens. Mais c'est dommage, pour la validité de l'opinion récente, qu'à la première vue il n'y ait aucune différence. L'ancien & le nouveau sol sont arrangés, construits & formés de même. Les fleuves y sont dessinés, irrégulièrement sinueux, comme partout ailleurs. On y trouve, dans les lits des fleuves, les mêmes altérations, les mêmes dégradations : les parties stériles & les parties fertiles y sont disposées suivant l'ordre constant que la nature a généralement suivi dans tous les pays du monde; les montagnes y sont groupées, mutilées & tronquées de même, & leur intérieur est composé banc par banc, & suivant le témoignage de l'Écriture, comme suivant le récit des voyageurs modernes, il est aussi rempli de métaux, de minéraux & enfin de fossiles marins de toutes les espèces, aussi bien que toutes les autres contrées de la terre.

La Babylonie, cette ancienne Sennaar, étoit renommée du tems de Pline, pour les boucardites. La Perse qui l'avoisine, abonde, selon lui, en fossiles, & le même auteur parle des dents d'hippopotames que l'on y trouve. Les montagnes d'Arménie, le Caucase, les sommets où l'Euphrate & le Tigre prennent leurs sources, & qui s'étendent jusqu'aux rivages du Pont-Euxin & de la mer Caspienne, offrent des bivalves d'espèces différentes, des turquilles, & furtout l'aftroïte, confidérée comme un bijou faint & facré par les Anciens. La Phénicie n'eft pas moins riche en coquillages, ainfi que l'Arabie, les environs du mont Sinaï, le Liban, le mont Carmel, Suez, &c. Tous ces lieux font célèbres par les monumens naturels qu'ils ont confervés de leur ancien féjour fous les mers.

Si donc l'intérieur & l'extérieur des anciens continens étoient conftitués comme ceux du nouveau, les auteurs de la nouvelle opinion n'en font pas plus avancés, & ils ont fait un raifonnement faux ou au moins inutile pour ramener tous ces foffiles embarraffans à l'époque du déluge, puifqu'il eft de la dernière évidence qu'il y en avoit auparavant, dans les anciens continens & dans le *berceau du genre humain*, ou bien il faudroit reconnoître que le déluge eft plus ancien que l'époque que l'on nous en donne, car le monument ne peut exifter avant le fait: il feroit abfurde de le fuppofer.

Admettons cependant pour un inftant cet échange du lit des terres & des mers dans l'époque donnée du déluge: cette tranfmutation fe feroit-elle opérée par toute la furface du globe avec une fi grande exactitude, qu'il ne foit refté en aucun endroit des nouveaux continens, nul veftige des anciens? Tous les golfes, ports, havres, anfes & baies ont-ils donc été changés en pareil nombre de caps, de promontoires & de prefqu'îles? Nos mers intérieures, nos golfes, ont-ils été autrefois des îles? Et au contraire, nos îles grandes & petites étoient-elles des lacs & des mers intérieures, & des baffins avant cette grande époque, avant ce fingulier échange, puifqu'il n'y a fi petit coin de la terre qui n'ait fes foffiles & les autres empreintes du féjour de la mer? Je raifonne ici d'après les auteurs de cette opinion; car s'ils euffent connu la diftinction de l'*ancienne terre* que nous avons admife, ils n'auroient pas fans doute manqué de s'y attacher; mais ils n'auroient pas établi leur échange fur les mêmes bafes qu'ils ont fuppofées. Je continue au refte à fuivre leurs raifonnemens: ainfi dans le milieu de l'Océan ces petites portions de terre, qui fe trouvent prefque noyées encore & féparées de nos continens par de fi grands efpaces, les Antilles, la Trinité, l'Afcenfion, l'île de la Réunion, & toutes les îles de l'Orient, ont toutes leurs foffiles marins; elles étoient donc de petites mers, de petits lacs dont le lit s'eft relevé, tandis que l'immenfe Océan qui les inveftit aujourd'hui, étoit une grande terre que *la tourmente a enfoncée.* (*Spect. de la Nature*, tom. VIII, pag. 89.)

Tout ceci eft fort difficile à digérer. Ne feroit-il pas plus aifé & plus naturel de regarder ces îles comme des reftes d'anciens continens, & non comme de nouveaux terrains auxquels le déluge auroit pu donner une exiftence récente? Lorfque, par exemple, après l'élévation des continens d'Europe & d'Afrique, qui étoient des fonds de mer, les terres qui les uniffoient, ont été précipitées fous les eaux de la Méditerranée, ne pourroit-on pas fuppofer que les îles de Corfe & de Sardaigne, & les autres, difperfées au milieu de cette mer, étoient les fommets des malheureufes contrées perdues, & dont la grande hauteur auroit fait le falut? La nature & les obfervations auroient certainement favorifé cette fuppofition, mais il faudroit admettre des foffiles dans ces anciennes terres, & c'eft ce que la nouvelle opinion veut & doit éviter.

Elle fe croit peut-être encore forte de cette autre difficulté qu'elle oppofe. Si cet échange des mers & des terres n'a pas eu lieu au tems du déluge, & fi nous fommes encore fur les mêmes terrains que les hommes occupoient avant nous, nous devrions, difent-ils, trouver les débris de leurs habitations & de leurs villes, & mille traces de leurs établiffemens & de leurs ruines, ce que l'on n'a trouvé nulle part. Ceci paroît d'abord en effet digne de notre attention, mais ne prouve point l'échange des terres avec les mers fous cette époque, car l'homme n'étoit pas le feul être qui réfidât fur la terre avant le déluge: il y avoit des animaux, des arbres, des plantes, &c. Or, nous trouvons en abondance des dépouilles de tous les animaux & des amas confidérables de tous les végétaux. Si l'on n'y trouve point de villes, c'eft encore une preuve qu'il n'y en avoit point ou très-peu. Si l'on n'a trouvé aucun ouvrage des hommes, c'eft qu'en général ils avoient peu d'induftrie, qu'ils vivoient fans luxe & fans villes femblables aux nôtres, comme vivent encore de tems immémorial les peuples de l'Amérique & de la moitié de l'Afie.

Au moins, ajoutent-ils, devroit-on trouver des cadavres humains. Cette difficulté ne devroit pas être préfentée par des favans qui prétendent que le déluge a fait périr tous les hommes, puifqu'elle femble devoir prouver qu'il n'en eft pas péri un fi grand nombre qu'on le penfe, & que dans chaque pays ils fe font fauvés fur les éminences & les montagnes, ainfi que le font préfumer les circonftances de détail confervées dans chaque contrée, fur cet événement. Mais, fans vouloir détruire ici cette opinion, il femble qu'on peut répondre que les hommes ayant pu gagner les hauteurs, ou s'être embarqués en grand nombre fur des bateaux, des radeaux ou des trains de bois, les eaux du déluge, qu'on fuppofe des eaux courantes, auront pu les entraîner jufqu'au milieu de nos mers, où ils auront tous péri; au lieu que beaucoup d'animaux, dont l'inftinct eft moins éclairé & moins induftrieux que celui de l'homme, n'ayant pris aucune précaution, auront été acculés peu à peu dans les gorges & les culs-de-facs de nos vallées, où ils auront été noyés: c'eft là que l'on trouve quelquefois autant d'os que dans nos voieries, & de toutes tailles & de toute efpèce.

Au refte, ce n'eft pas une chofe bien décidée, que l'on ne trouve aucun offement d'hommes: il y en a au Pérou, il y en a dans les Pyrenées. Plufieurs obfervateurs croient en avoir vu encore ailleurs ; & comme ce n'eſt que par haſard que l'on a trouvé ceux des animaux, par les mêmes haſards on en peut rencontrer auſſi des anciens habitans de la terre.

Ne pourroit-on pas dire (car je crois devoir recueillir ici toutes les objections) que, quoique le déluge de Noé n'ait couvert totalement les terres que cent cinquante jours, les eaux ont été bien des ſiècles à s'écouler ? que les ſources en éruption ne ſe ſont ralenties que peu à peu, & que c'eſt pendant la durée de ce long écoulement des eaux, & par leur moyen, que nos vallées ont été ébauchées & ſillonnées dans les terrains vaſeux que le deluge total, & dans la force des cent cinquante jours, avoit d'abord délayés & chariés, & que la variété & les directions multipliées & changeantes des courans avoient enſuite troublées & bouleverſées à pluſieurs repriſes? Mais c'eſt une façon de raiſonner que j'ai déjà réfutée, & je répète qu'elle contredit également, & la nature, & l'Écriture même, ſur laquelle ſe fondent ceux qui pourroient propoſer de telles objections.

Elle contredit la nature en ce que les terrains les plus élevés, s'ils euſſent été de vaſes molles après le premier degré de l'abaiſſement des eaux, ſe ſeroient émouſſés & affaiſſés, au lieu que l'on obſerve au contraire que les lieux hauts ſont les plus hériſſés de rochers & de pointes aiguës, de ſommets, enfin d'eſcarpemens ; en ſorte qu'il n'y a que les lieux inférieurs & les autres inégalités qui ſoient adoucis ſans cimes aiguës & ſans arêtes. Or, les premiers terrains découverts auroient dû ſe mettre plus ou moins de niveau ; le flanc & le contour des montagnes ſe ſeroient adoucis, & l'on auroit vu plus généralement les bancs ſupérieurs s'incliner & ſe terminer toujours en diminuant d'épaiſſeur vers leurs baſes ; au lieu que, dans les montagnes les plus élevées, les ſommets ne ſont que des monceaux de ruines, & les bancs dans les côtes, quelqu'élevés qu'elles ſoient, ſe trouvent tranchés nets, pendant que les lits, parallèles entr'eux, ſe ſont ſoutenus & ſe ſoutiennent encore : il en réſulte néceſſairement que ces maſſes étoient d'une nature dure & ſolide avant comme après les grandes eaux qui les auroient dégradées ; elles contenoient donc dès-lors tous les corps marins & terreſtres qu'elles contiennent encore aujourd'hui ; enfin elles ne devoient point aux torrens leur conſtruction, ainſi qu'il en a pu être des lieux bas qui la doivent certainement, en bien des endroits, aux eaux des dernières inondations.

Cette objection contredit l'Écriture, qui, après le déluge, nous fait voir les hommes habitant d'abord les pays fort bas, & cherchant enſuite les *Iles des Nations* & les autres contrées que nous connoiſſons ; ce qui n'auroit pu être ainſi s'il n'y eût eu d'abord que les ſommets de l'Aſie mineure, & en particulier ceux de l'Arménie de découverts. Ces ſommets auroient dû être, pendant pluſieurs ſiècles, les ſeuls lieux habités, & dans le tems de ce long écoulement pendant lequel les vallées profondes de l'Arménie auroient encore contenu des torrens rapides ; en ſorte que les pays inférieurs, tels que la Méſopotamie & la Caldée, auroient été ſous les eaux, & les montagnes ſeules auroient été les berceaux des nations : elles n'auroient offert ainſi que des îles entrecoupées & diviſées de mille manières différentes par le nombre, la grandeur & la rapidité des torrens, qui auroient empêché les hommes de ſe communiquer comme ils firent peu après, & la Bible même, en nous apprenant l'augmentation & la diſperſion ſucceſſive des peuples, nous auroit donné en même tems les époques différentes de la retraite auſſi ſucceſſive des eaux & de l'augmentation apparente des continens.

Il eſt facile d'ailleurs de remarquer que les expreſſions de la Genèſe nous offrent d'abord la ſuperficie de la terre, variée de toutes les mêmes inégalités que nous remarquons aujourd'hui. Nous y voyons, dès le commencement, des terres & des mers, des montagnes très-hautes, & par conſéquent des vallées très-profondes ; des fleuves d'un cours ſinueux, ayant des directions diverſes & des confluens, par conſéquent une terre inégale ; des lieux extrêmement fertiles, & des lieux qui l'étoient moins ; des pays de pâturages & des pays de labours ; des vaſes, des limons, &c. Ainſi, quoiqu'il ne ſoit fait aucune mention directe des différens accidens qui ont précédé cette ſituation du globe de la terre & qui y ont concouru, toutes ces expreſſions doivent parfaitement les faire reconnoître.

Si dans la Genèſe il eſt queſtion de la différente direction des fleuves qui nous donnent une idée des inégalités de la terre d'alors, comme le nom de ces fleuves & leur poſition ſont très-connus, ainſi que le groupe des ſommets d'où ils deſcendoient & d'où ils deſcendent encore, ainſi que nous l'avons fait connoître, on ne peut douter que ces ſommets n'exiſtaſſent dès-lors ; qu'ils ne fuſſent, dans leurs maſſes, conſtitués comme ils le ſont aujourd'hui, & remplis de matières étrangères à ces fleuves ; car les accidens qui ont pu arriver depuis dans ce continent, loin d'avoir été capables d'en conſtruire de ſemblables, n'ont été uniquement propres qu'à les dégrader & à les détruire en partie. Quelles révolutions toutes ces choſes ne nous apprennent-elles pas être arrivées avant le tems que la Genèſe nous fait connoître par elles ! La nature nous dit que non-ſeulement il y a eu des continens ſupérieurs aux montagnes les plus hautes, & que généralement nos terrains, & les inférieurs ſurtout, ont été chargés & couverts de bancs qui n'exiſtent plus.

Toutes les montagnes offrent le même ſpectacle que le mont Ararat, & les environs de ces ruines ſont ordinairement recouverts de pierres briſées & d'une multitude d'éclats de roches dont les gîtes ſont aiſés à reconnoître.

Tous les voyageurs ont trouvé, non-seulement dans les hautes régions, comme de grandes parties des Alpes, mais aussi dans celles qui sont les plus basses, comme sont les plaines de nos rivières, & particuliérement celles des environs de Paris, des *masses errantes & isolées*, n'ayant aucun rapport, par leur grain & leur nature, aux qualités des pierres sur lesquelles ces masses résident. D'où viendroient-elles donc, sinon des débris des bancs supérieurs qui ne sont plus, & dont elles étoient sans doute les parties les plus dures & les plus solides? C'est une chose si probable, qu'il y a eu en France, en Allemagne, en Italie, en Grèce, en Anatolie & dans le reste de l'Asie mineure, des terrains contigus & continus avec les Cévennes, le Jura du Dauphiné & de Franche-Comté, les Alpes, l'Apennin, les monts Taurus, Imaüs, Caucase & autres, qu'ils couvroient presqu'en entier toutes les contrées inférieures de telle sorte, que généralement la coupe de tous ces terrains, dans les lieux découverts & escarpés, nous présente l'arrachement de leurs lits & les extrémités de leurs bancs. Si les pierres d'attente de nos bâtimens font connoître ce qu'on projette pour l'avenir, & si, dans des démolitions antiques, ce qui reste sur pied fait juger de l'état des constructions toutes entières; si, lorsqu'il n'y a qu'un débris de colonne & d'entablement, je suis autorisé à me représenter une colonne entière & une continuité d'entablement, je puis & je dois en juger de même au sujet des différens spectacles qu'ont dû présenter de tous tems les montagnes, monumens si anciens dans la mémoire des hommes. De même si je vois des lits rompus & inclinés, comme ce n'a jamais été leur position naturelle & primitive, je les redresse par la pensée; enfin si je les rencontre interrompus & tranchés, je les continue, & j'apperçois du même coup-d'œil leur prolongement par-dessus les villes & les tours que nous avons construites & que nous habitons. C'est par-là d'abord que nous avons jugé, en voyant à découvert des lits semblables & uniformément appareillés dans deux croupes correspondantes qui bordent nos vallées de part & d'autre, & même les manches & les bras de mer: j'en conclus qu'il y a eu un tems où ces terrains n'ont dû former qu'une seule & même masse continue, & c'est ainsi que nous avons commencé à soupçonner qu'il y avoit eu une infinité de dégradations à la surface de la terre; enfin c'est par-là que les lits de nos plus hautes montagnes escarpées & isolées, terminés de même en arrachement, nous ont prouvé que toutes les différentes chaînes qui courent çà & là sur nos continens, n'ont aussi anciennement formé qu'une seule & même masse continue, avant que des accidens les aient séparées & désunies en emportant tous les terrains dont l'enlévement nous les fait paroître si grandes & si élevées, & ont creusé les bassins de nos fleuves & occasionné les dépôts & les vases qui en ont comblé de grandes parties.

De toutes ces discussions il en résulte plusieurs conséquences que nous ferons valoir. 1°. Tous les terrains supérieurs, & les terrains de nos montagnes & les parties les plus élevées de leurs cimes qui n'existent plus, ont dû leur construction à l'Océan lors de leur position relative sous les eaux.

2°. Tous les terrains qui leur ont été supérieurs & contigus, même à l'égard de leur position actuelle, tous ces terrains n'existoient déjà plus dès le commencement des opérations de la nature dont nous parle la Genèse: il n'en restoit plus dès-lors que les débris & les chaînes de nos montagnes, & les autres sommités des contrées inférieures qui présentoient aux fleuves & aux rivières une pente suivie vers les mers, & qui occasionnoient les sinuosités & les oscillations de ces fleuves, & les amenoient à des confluences.

En tout tems ces confluences ont été fertiles par les mêmes raisons qui rendent fertiles celles de nos rivières & de nos fleuves. Si l'on pouvoit les faire passer toutes en revue, on reconnoîtroit la généralité & l'étendue de cette vérité; car on sait, par exemple, que ce sont aux différens confluens de l'Inde & du Gange en particulier, que sont les plus riches contrées; que les plus agréables contrées de la Chine se voient au confluent du Kian & du Whang-Ho, & sans aller plus loin, c'est le confluent de la Marne & de la Saux en Champagne, qui a fait la fertilité du Perthois; c'est le confluent ancien de la Seine & de la Marne qui a fait la fécondité de la France & de la Brie; c'est le confluent du Rhin & du Mein qui a fait l'abondance & la beauté du Palatinat; enfin il n'y a ni royaume, ni province, ni contrée, où les meilleurs terrains ne se trouvent aux débouchés des grands fleuves dans les mers, des rivières dans les fleuves, & des ruisseaux dans les rivières, les amas de vases, & d'autres matières qui s'y trouvent toujours sur une épaisseur & à une profondeur considérables, n'étant que les dépôts que les anciens torrens y ont formés lorsqu'ils surpassoient de beaucoup la hauteur & la force des eaux présentes.

C'est pourquoi je peux dire encore ici, avec la plus grande & la plus entière certitude, que les vases chariées par les torrens, dont l'Euphrate & le Tigre n'étoient que les restes, avoient formé à leur confluent les plaines spacieuses, fertiles & délicieuses que les hommes d'avant & d'après le dernier déluge connu avoient habitées; & le sol a si peu changé depuis soixante-quatre siècles, que ce sont encore aujourd'hui les plus vastes plaines & les plus beaux pays du monde. La *Mésopotamie*, par son nom seul, a rendu dans tous les tems raison de sa fertilité.

Nous avons des lieux mêmes en France qui peuvent nous faire juger de l'état où ces belles contrées de l'Asie avoient dû passer encore avant que l'Euphrate & le Tigre aient pu y avoir chacun un cours distingué & sépare l'un de l'autre, & laisser entr'eux tous les terrains qui en ont fait la renommée.

La Loire & le Cher, après avoir eu, depuis leurs sources jusqu'aux environs de Tours, des vallées separées, commencent à n'en avoir plus qu'une à deux lieues au dessus de cette ville, quoique ces deux rivières y conservent néanmoins leurs lits séparément jusqu'à dix lieues au dessous où elles se réunissent. Dans cette étendue de douze lieues, leurs eaux ont chacune un cours, l'une au pied de la côte méridionale, & l'autre au pied de la côte septentrionale. L'entre-deux de leurs cours est une vaste plaine que l'on peut appeler une vraie *Mésopotamie*, dont la fertilité provient aussi des dépôts étrangers que les eaux torrentielles y ont apportés ; mais ces rivières séparées n'ont dû n'en former qu'une autrefois, & remplir ensemble en entier ce vaste bassin. C'est après de grands accidens, dont on voit les empreintes sur les revers où les angles se correspondent, & après une longue suite d'années, que cette belle vallée, d'un seul & rapide torrent qu'elle renfermoit, est devenue un pays habitable, ayant été néanmoins encore, pendant bien des siècles sans doute, un marais & un bourbier immense, plein de vases & de terres glaises, que le tems & la main des hommes ont desséchés.

Il en est de même de la véritable *Mésopotamie*. Le Tigre & l'Euphrate, qui dans l'Arménie ont des vallées séparées, n'en ont plus qu'une dans cette fameuse contrée, & il a dû de même y avoir eu des tems, avant cette disposition, où les deux revers qui les renferment, n'étoient que les bords du bassin d'un seul & prodigieux torrent qui, après son écoulement, a laisse des dépôts qui n'ont dû d'abord produire que des marais, où les eaux, embarrassées & retenues, n'ont pu que peu à peu s'y former les deux superbes canaux qui en font l'ornement depuis tous les siècles que nous connoissons. Ce sont des conséquences faciles à tirer de toutes les expressions naives & naturelles du livre de la Genèse, & les illustres traditions, les plus anciennes & les plus respectables qu'il nous donne, ne nous font point naître d'idées sur la figure de la terre pour ces tems-là, autres & différentes de celles que la disposition présente nous offre encore aujourd'hui, & que nos observations démontrent quelle devoit avoir été dès-lors. On peut donc dire que tous les événemens dont cette figure étoit nécessairement la suite, avoient eu lieu, & que les continens anciens, & que tous les êtres dont la destruction avoit formé ce séjour de leurs débris, avoient aussi existé, & dès-lors n'étoient plus. (*Voyez les articles* DÉLUGE, CONFLUENT, TEMS (*Anecdotes sur le*), MÉSOPOTAMIE, TRADITIONS, COQUILLES, FOSSILES, &c.)

ANTEQUERA, ville d'Espagne, au royaume de Grenade, à douze lieues nord de Malaga, & à vingt-une ouest de Grenade. On trouve dans la montagne au pied de laquelle cette ville est située, une grande quantité de sel qui se cuit lui-même par l'ardeur du soleil. Il y a de même aux environs des carrières de plâtre, & à deux lieues de la ville est une fontaine dont les eaux guérissent de la gravelle.

ANTÉRIORITÉ (*Caractère d'*). J'en ai trouvé plusieurs dans l'étude des différentes parties de l'histoire du Globe, qui nous offrent des *époques*. On sait que ce qui constitue une époque est d'être distincte de toutes les autres avec lesquelles elle peut avoir une certaine correspondance : ainsi l'*antériorité* doit être considérée, dans ce qui précède une époque quelconque, & de même cette époque peut être désignée comme formant *antériorité* à la somme des faits qui suivent dans une autre époque. J'ai toujours envisagé, par exemple, l'*antériorité* de la formation des couches qui appartiennent à la moyenne terre, & qui servent de base aux couches de la nouvelle, celles-ci recouvrant toujours les premières.

Je considère ensuite comme des *caractères d'antériorité* incontestables, les vallées creusées dans les massifs de la moyenne terre, & comblées par des dépôts que l'invasion de la mer y a faits, dépôts qui nous offrent à découvert de grandes parties de la nouvelle terre, mises à découvert depuis la dernière retraite de l'Océan. (*Voyez* VALLONS, GOLFES, ÉPOQUES, COUCHES, UZÈS (*Environs d'*)).

ANTICAUCASE, montagne de Seleucie, dont parle Strabon : elle court au nord du Pont-Euxin, & à l'opposite du Caucase. (*Voyez l'article* CAUCASE, où tout ce qui peut faire connoître la marche de ces deux chaînes sera décrit en détail, & surtout relativement à la distribution des eaux que leurs croupes versent dans les vallées circonvoisines.)

ANTILIBAN. Cette chaîne de montagnes, ainsi nommée à cause de sa situation opposée à celle du Liban, commence son cours auprès des ruines de Sidon, & va se réunir à d'autres chaînes de l'Arabie vers la Trachonitide, sous le trente-quatrième degré. (*Voyez* LIBAN.)

ANTILLES, îles distribuées dans *une mer intérieure* que nous offre la côte de l'Amérique, depuis le onzième degré de latitude nord, jusqu'au dix-neuvième est-nord-est.

Cet article renfermera plusieurs divisions déterminées par des objets dépendans de ces îles & de cette *mer intérieure*, lesquels m'ont paru également intéressans & mériter d'être traités à part.

La première division offrira la *mer intérieure des*

Antilles, dont j'indique les phénomènes qui sont la suite de sa superficie, de sa profondeur & de ses limites.

La seconde division fait connoître les dispositions des îles distribuées dans les divers parages de cette mer, leurs formes particulières, & même celles dépendantes de la marche des eaux de l'Océan atlantique.

La troisième division présente ces îles sous les points de vue qui sont relatifs à la nature de leur sol, à leur température, & à quelques-unes de leurs productions.

Dans la quatrième, on s'occupe de deux courans qui ont des rapports fort importans avec la *mer intérieure des Antilles*. Le premier a pour origine le trop-plein de la mer des *Antilles*, & sa marche a été reconnue par les transports *des bois flottés* depuis l'Amérique jusqu'aux îles septentrionales de l'Europe; le second, qui a son origine dans les eaux courantes des fleuves de la Guiane, se termine dans la *mer intérieure des Antilles*, & m'a toujours paru avoir contribué, pour la plus grande partie, à l'approfondissement de cette mer intérieure, comme il coopère à son approvisionnement actuel.

I. Antilles (*Mer intérieure des*). Nous nommerons ainsi le grand bassin à l'entrée duquel les *Antilles* ou *Iles du Vent* forment une ligne fort remarquable, & à côté desquelles, & le long du bord méridional de cette mer intérieure, est une semblable chaîne connue par la dénomination d'*Iles sous le Vent*, & dans le nord, aussi *sous le vent*, se voient les grandes îles de *Cuba*, de la *Jamaïque*, de *Saint-Domingue* & de *Porto-Rico*, avec un groupe d'îles d'une très-petite étendue, qu'on nomme les *Vierges*.

La distribution des îles sur ces différentes lignes annonce les différens progrès de l'approfondissement de ce bassin, à quoi la constitution primitive des différentes parties de la terre ferme, dont il a pris la place, doit avoir contribué.

Cette *mer intérieure* renferme trois fortes de golfes d'une étendue considérable, celui du *Mexique* dans le nord-ouest, dans le sud-est le golfe de *Honduras*, & dans le sud-est de ce dernier celui de *Terre-Ferme*.

Comme j'ai étudié *la mer des Antilles*, que j'en ai connu tous les détails, tant en superficie qu'en profondeur, en examinant ses côtes ou bassins, tant ceux figurés par Danville que ceux déterminés par le dépouillement des sondes, je décrirai, d'après ces considérations, les divers golfes que je viens d'y distinguer.

Le golfe du Mexique est celui qui a le plus grand enfoncement en superficie & en profondeur: outre cela, son bassin, & surtout les bords de l'Yucatan, sont remplis de plusieurs pointes de montagnes sousmarines; ce qui prouve que cette terre a perdu depuis peu de tems, & perd encore actuellement sur ses deux rivages; & d'ailleurs, les terres de plusieurs îles, tant du côté de la *Baie de Campêche*, qu'aux environs de la *Baie de l'Ascension* & du golfe de *Higueras*, prouvent cet ancien & continuel travail des eaux.

Le bassin de ce même golfe est fermé à l'est par une espèce d'arête ou de barre sous l'eau, qui se prolonge de la côte de la Louisiane jusqu'à celle de l'Yucatan. Malgré cela, & quoique ce golfe occupe, comme je l'ai déjà dit, la partie la plus enfoncée de la *mer des Antilles*, il n'en a pas moins un débouché particulier & bien apparent vers l'Océan atlantique, le long des côtes de la Louisiane & de la Floride, lequel se termine au canal de Bahama, qui est également approfondi. Ce qui prouve cette marche des eaux du golfe, ce sont les courans qui se remarquent dans une ligne suivie, jusqu'à ce qu'ils soient parvenus aux îles de Bahama, & l'état de ces îles hachées & coupées par les débouquemens très-sensibles que suivent nos navigateurs.

Le bassin du golfe de Honduras est aussi fort profond: c'est le long de ses bords que j'indiquerai de nouveau les baies, les golfes & les îles qui bordent la terre de l'Yucatan; à quoi il faut ajouter trois îles distribuées le long de la côte de *Honduras*, lesquelles sont *Utila*, *Ruatan* & *Guanaja*. Outre cela, c'est au fond du golfe de Honduras que se trouve le golfe *Dulcé*, qui paroît abreuvé & devoir son approfondissement par les rivières de *Coban*, de *Saint-Christoval*, de *Rabinal* & d'*Acasu-Bastian*, & d'ailleurs toutes les autres inégalités de la côte méridionale de ce grand golfe sont dues en partie à l'action des eaux courantes de l'intérieur des terres.

Le débouché du golfe de Honduras, à en juger par la forme du fond que donnent les sondes, paroît avoir une direction suivie & marquée entre Cuba & la Jamaïque, & entre Cuba & Saint-Domingue; ce qui peut réunir les eaux de son trop plein au courant général du Mexique.

Le troisième golfe, celui de *Terre-Ferme*, mérite la plus grande attention. On remarque d'abord, dans la partie occidentale de ce golfe, trois suites d'îles, dont la première gît dans le voisinage de la côte, & les deux autres sont dispersées en pleine mer. Que le commerce en ait fait usage ou non, notre observation n'en établira pas moins le travail des eaux qui ont contribué à l'approfondissement de ce golfe, & dont ces îles sont les restes.

Au milieu des rivages méridionaux qui ont attiré notre attention, on distingue le *golfe de Darien*, visiblement abreuvé & approfondi par les eaux courantes de l'intérieur des terres: il peut être considéré comme la limite du troisième golfe qui nous a occupé.

Mais maintenant je dois considérer la côte comprise entre le golfe de *Darien* & celui de *Paria*, comme très-tourmentée, d'abord par l'action des eaux courantes, au milieu desquelles o peut distinguer l'embouchure de Rio Grande de la Madalena, & la rivière qui abreuve la lagune de Maracaibo.

Je ne ferai pas ici l'énumération de tous les golfes que nous offre cette côte, golfes qui sont semés de *caps* plus ou moins profonds. Toutes ces dentelures me semblent les résultats de l'action des eaux qui se sont introduites dans cette partie de la *mer intérieure des Antilles*, soit par les courans de l'Océan atlantique, soit par les rivières du continent.

En revenant au golfe de Terre-Ferme, nous devons dire que son principal débouché se présente entre la Jamaïque & Cuba d'un côté, & Saint-Domingue de l'autre. C'est par ces deux canaux que son trop plein se réunit au courant général de Bahama.

Je ne puis quitter cette mer intérieure sans considérer cette partie comme un appendice des trois golfes que nous avons décrits, & qui est terminé au sud par la côte dont nous avons suivi les inégalités, à l'est par la chaîne des *Antilles* ou *Iles sous le Vent*, enfin au nord par l'archipel des *Vierges* & les quatre grandes îles de *Porto-Rico*, de *Saint-Domingue*, de la *Jamaïque* & de *Cuba*.

A en juger par les formes que présente le fond du bassin de cet appendice, il est aisé de voir par où il se décharge de son trop plein, qu'il doit, & au courant de la Guiane, & au vent d'est qui y pousse continuellement les eaux de l'Océan atlantique, surtout par les grandes issues qui se trouvent entre la Grenade & la Trinité.

Je me résume, & je considère cette *mer intérieure des Antilles* comme bornée à l'ouest par une bande de continent fort étroite, & séparée à l'est de la masse des eaux de l'Océan atlantique par la longue chaîne des *Antilles* ou *Iles-du-Vent*; qui ouvrent entr'elles plusieurs issues & communications entre la mer intérieure & l'Océan. Outre cela, je dois rappeler le courant général, qui a son débouché par le canal de Bahama, & qui verse le trop plein de la mer intérieure. Cette double marche des eaux de l'est à l'ouest & de l'ouest à l'est, est favorisée par le vent d'est, par le courant de la Guiane, & en même tems par les eaux que de grands fleuves y versent, tels que le Mississipi, le Rio-Salado, le Rio de la Madalena, l'Orénoque, &c.

II. ANTILLES. *Leur distribution dans la mer intérieure.*

Après avoir donné la description la plus détaillée de la mer intérieure des *Antilles* en suivant la carte de Danville, il ne me reste plus qu'à faire l'énumération raisonnée de toutes les îles qui s'y trouvent distribuées. Par la connoissance que j'ai acquise de leurs bases, il me paroît que les *Antilles* ou *Iles-du-Vent* sont établies à l'entrée de la mer intérieure, sur une grande masse qui se trouve maintenant hachée par les eaux de l'Océan atlantique. Il n'en est pas de même des deux chaînes des *Iles sous le Vent*. Quant aux îles Lucayes, elles se présentent sous une ligne fort considérable, & très-remarquable par la suite des masses montueuses cachées sous les eaux, comme je le ferai voir dans une description particulière de cet archipel.

Pour offrir ici une connoissance méthodique des *Antilles*, distinguées sous le nom d'*Iles-du-Vent*, je crois qu'il convient de les distribuer par *archipels*, tels qu'ils doivent être considérés comme formant autant de groupes que la correspondance des montagnes semblables nous autorise à désigner d'après certaines îles principales & centrales, & qui d'ailleurs sont séparées par des issues fort ouvertes entre la grande mer Atlantique & la mer intérieure.

Archipels.

En conséquence je compte six archipels, dont le premier est celui de *la Grenade*, à laquelle je réunis *les Grenadilles*, l'*Ile aux Oiseaux* & *Saint-Vincent-de-Caribes*.

Le second est celui de *la Martinique*, accompagnée de *Sainte-Lucie* & de *la Barbade*.

Le troisième est celui de *la Guadeloupe*, à laquelle il convient de réunir *la Dominique*, la *Marie-Galante* & *la Desirade*, toutes terres situées dans la partie du vent d'est; & qui ne préservent pas cependant de son action *la Guadeloupe* ni *la Grande-Terre*.

Le quatrième est celui de *Saint-Christophe*, autour duquel centre j'indiquerai *Montserat*, *Redonda* & *Nièves* au sud, & au nord *Saint-Eustache* & *Saba*.

Le cinquième est celui de *Saint-Martin*, accompagné de *Saint-Barthelemy* au sud-ouest, & de l'*Aiguille* au nord, avec quelques écueils à l'ouest.

Le sixième, celui *des Vierges*, est composé de six îles principales, avec cinq à six petits rochers. J'en sépare avec raison l'île de *Sainte-Croix* comme occupant à une certaine distance le sud de ce groupe nombreux.

Issues entre ces groupes ou archipels.

Entre ces six groupes d'îles j'ai compté sept *issues* fort ouvertes & remarquables, au moyen desquelles l'Océan atlantique pénètre avec force & violence à travers cette chaîne d'îles, & produit, sur les faces orientales de chacune d'elles, différens effets que nous ferons connoître, surtout en décrivant d'une manière particulière *l'archipel de la Guadeloupe*.

La première *issue* bien ouverte, & même très-profonde, se trouve entre *Tabago* & *la Grenade*.

La seconde est entre *Saint-Vincent* & *Sainte-Lucie*.

La troisième, qui est très-considérable, se remarque entre *Sainte-Lucie* & *la Martinique*.

La quatrième sépare *la Martinique* de *la Dominique*.

En s'avançant vers le nord, on trouve la cinquième issue ouverte entre *la Guadeloupe* d'un côté, *Montserat* & *Antigoa* de l'autre.

La sixième est fort alongée entre *Saint-Christophe*, *Saint-Eustache* & *Saba*, rivages méridionaux; & entre *Saint-Barthelemy* & *Saint-Martin*, rivages septentrionaux. Je dois faire observer que l'ouverture de ces différentes issues est dirigée de l'est à l'ouest, qui est la marche constante de l'Océan atlantique lorsqu'il se porte contre ces îles. Il me reste à en indiquer une septième, qui se trouve entre l'*Anguille* & *les Vierges*, & qui est dans la direction du sud au nord. C'est un débouché pour la mer intérieure.

Je crois devoir distinguer six îles bien séparées des groupes dont je viens de donner l'ordre, la suite & la composition. Quatre de ces îles, détachées des archipels exposés au vent de l'Océan atlantique, sont *Tabago*, *la Barbade*, *Antigoa* & *la Barboude*. Deux autres, *Sombrero* & *Sainte-Croix*, ont une position différente : la première occupe le milieu de l'issue entre *l'Anguille* & *les Vierges*, & la seconde se trouve au sud, & à un intervalle assez considérable des *Vierges*.

Iles-sous-le-Vent.

Je passe maintenant aux *Iles sous le Vent*, que je partage en deux chaînes, celle des petites & celle des grandes. Les petites, distribuées le long des côtes méridionales des Caraques, sont : *la Trinité*, *Testigos*, *Cola*, *la Marguerite*, *Coche*, *Cubagna*, *les sept Ages*, *Blanca*, *Tortue salée*, *Orchilla*, *Roca*, *Buen-Ayre*, *Curaçao*, *Aruba*, *Herradura*.

Les grandes sont : *Porto-Rico*, *Saint-Domingue*, *la Jamaïque* & *Cuba*. Dans leur indication, je m'attacherai à trois objets qui m'ont paru les plus remarquables : 1°. à leurs formes particulières ; 2°. à leurs formes relatives ; 3°. à leur direction prise d'après leurs plus grandes dimensions, c'est-à-dire, d'après leur longueur.

Porto-Rico.

C'est la plus petite des quatre grandes îles : elle est comme les trois autres, quant à sa longueur, disposée de l'est à l'ouest. Elle tient un peu au groupe *des Vierges* par son extrémité orientale, & par son extrémité occidentale elle correspond à *Saint-Domingue* ; elle en est séparée par un canal dont les bords sont parallèles ; ce qui me paroît présenter les vestiges de l'ancienne jonction coupée par un courant. Je remarquerai ici que ce canal aboutit à l'extrémité sud-est des *Lucayes*.

Saint-Domingue.

Si nous passons maintenant à l'extrémité occidentale de *Saint-Domingue*, nous trouverons que ses deux bras correspondent aux deux autres îles ; car l'un semble rechercher une pointe égale à la sienne dans *Cuba*, & l'autre présenter une côte plate, modifiée parallélement avec celle de la *Jamaïque* par un courant maintenant bien sensible.

Cette belle correspondance entre ces trois îles m'a toujours frappé comme offrant les vestiges de leur ancienne union ; & d'ailleurs, les deux ouvertures qui les séparent maintenant, versent les eaux de la mer intérieure dans le long canal des *Lucayes* ; ce qui contribue à la marche des eaux courantes qui entretiennent la séparation des îles telle qu'elle subsiste.

Cuba.

Les caps San-Antonio & de Correntes, qui se présentent à l'extrémite occidentale de *Cuba*, annoncent une tendance marquée pour se reunir à Boca-del-Conil, & au cap Catoche de l'Yucatan, & en même tems la marche des eaux qui ont ouvert ce débouché au golfe du Mexique.

Je ferai remarquer ici que *Porto-Rico*, *Saint-Domingue*, *la Jamaïque* & *Cuba* ont toutes quatre la même direction de l'est à l'ouest, direction de la marche connue des eaux qui d'abord pénètrent dans les golfes, & de celles qui en débouchent par le canal de Bahama. Il est évident que toutes ces causes actives ont dû modifier les formes des quatre grandes îles qui viennent de nous occuper.

Archipel des Lucayes.

Après l'examen des différens systêmes d'îles, que nous avons cru devoir suivre dans la mer des Antilles, il nous reste à nous occuper de l'*archipel des Lucayes*, qui se trouve placé en dehors de cette mer, & qui mérite également notre étude & notre attention, tant par la forme des îles, que par leur distribution sur une certaine ligne. Elle m'a paru tracée, surtout par le mouvement combiné des eaux de l'Océan atlantique dans ces parages, avec celui des courans que fournissent les débouchés ouverts entre *Porto-Rico* & *Saint-Domingue*, & entre *Saint-Domingue* & *Cuba* ; à quoi il faut ajouter le courant du golfe du Mexique, qui, comme nous le ferons voir par la suite, coule avec énergie entre *Cuba* comme rivages du sud, & les côtes de la Louisiane & de la Floride, rivages septentrionaux, & qui, doublant le cap, a détaché de l'Amérique l'extrémité nord-ouest par le canal de Bahama. Tels sont les agens des *Lucayes*, que la nature a mis & met en œuvre pour déterminer la direction & la distribution des îles nombreuses qui composent cet *archipel*.

Quant à leurs formes très-variées, je ferai d'abord remarquer que celles qui sont placées à l'extrémité nord-ouest, sont surtout fort alongées & fort étroites : telles sont *Bahama*, *Lucayonèque*, *Andros*, *Cigateo* ou *Alebuster*, *Guanahani* & *Long-Island*. On doit considérer celle ci comme prolongée par l'*Exuma* & *Stocking* & une longue chaîne d'écueils, lesquels forment à l'ouest une espèce d'enceinte à *Exuma-Sound*. Je dois indiquer de même de semblables rocs ou écueils qui ceignent les rivages orientaux de *Guanahani*, de *Cigateo* & de *Lucayonèque* : ce sont les restes des destructions opérées par l'*Océan atlantique* & par le courant de Bahama, le long des rivages de cette île.

Vers la pointe de sud-est de l'archipel, après *Sumana*, *Aklin*, *Mogane* & *Inague*, qui n'offrent rien de particulier que d'être distribuées exactement sur la ligne, & d'avoir des formes carrées, je trouve *les Caïques*, *les Iles turques*, *le Mouchoir Quaré* & *les Cayes d'argent*, bordées d'une ceinture de rocs fort suivie.

En remontant le long canal qui sépare *les Lucayes* de *Saint-Domingue* & de *Cuba*, je vois *Hogsties*, *Mira-por-vos*, *Cayo de Lobos*, *Cayo de Guineos*, *Bajo-Nicolas*, *Cayo de Anguilla*, *Cayo de Sal* & *Roques*, *Cabeças-de-los-Martyres*, *Cathkeis*, *Berry*, *Isaac-Rock*, *Ile-Sainte-Rose* & les environs de *la Providence*, comme autant de centres de rocs qui forment des enceintes alongées autour d'eux.

Je me suis attaché à montrer ici en détail les débris de notre continent d'Amérique sous les formes les plus variées, & qui sont visiblement l'ouvrage de l'Océan atlantique, dans les environs de l'équateur, & depuis 10 jusqu'à 30 degrés de latitude nord.

III. ANTILLES. *Considérations générales sur ces îles & sur le golfe qui les renferme, avec une description particulière de la Guadeloupe.*

L'Amérique renferme, entre le 8e. & le 32e. degré de latitude septentrionale, l'archipel le plus nombreux, le plus étendu, le plus riche que l'Océan ait offert aux recherches des Européens. Les îles qui le forment, sont connues sous le nom d'*Antilles*. Les vents, qui soufflent presque toujours à la partie de l'est, ont fait appeler les îles qui sont plus à l'orient, *Iles-du-Vent*, & les autres *Iles-sous-le-Vent*. Elles composent une chaîne dont un bout semble se lier au continent près du golfe de Maracaibo, & l'autre fermer l'ouverture du golfe vers la Floride. Pour peu qu'on ait comparé les différens massifs qu'on trouve dans ces îles, soit entr'eux, soit avec les parties voisines du continent, on se persuade aisément que toutes ces îles ont été séparées de la terre ferme par l'introduction de la mer entr'elles, comme entre les parties les plus élevées de l'ancien sol. Pour peu qu'on ait étudié & reconnu les différens moyens que la nature a pu employer pour approfondir le golfe du Mexique, on n'aura pas le moindre doute sur l'ancien état des choses. (*Voyez* MEXIQUE (*golfe du*).) Mais on sera bien éloigné d'attribuer ces changemens & ces révolutions à des accidens tels que les éruptions des feux souterrains ou les tremblemens de terre, qui sont la ressource des écrivains hypothétiques.

Cet archipel, comme celui des Indes orientales, situé presqu'à la même hauteur, a été formé par les mêmes causes, par les différens mouvemens de la mer, combinés avec celui des eaux des fleuves qui se déchargent dans le golfe. On sait que les mouvemens de la mer sont bien plus violens à l'équateur, qu'à d'autres latitudes, & que les vents plus forts & plus constans en favorisent continuellement le travail.

La direction des *Antilles*, en commençant par Tabago, est à peu près nord & nord-nord-ouest. Cette direction se continue de l'une à l'autre île, en formant une ligne arrondie vers le nord-ouest, & paroît se terminer à Antigoa. C'est là que la ligne se courbe tout à coup, &, se prolongeant directement à l'ouest, au nord-ouest, rencontre successivement Porto-Rico, Saint-Domingue, Cuba, connues sous le nom d'*Iles sous-le-Vent*. Ces îles sont séparées par des canaux de différentes largeurs : quelques-uns ont six lieues, d'autres quinze ou vingt; mais dans tous ces détroits on trouve le fond à cent, cent vingt, cent cinquante brasses. Il y a même entre la Grenade & Saint-Vincent un petit archipel de trente lieues, où quelquefois le fond n'est pas de dix brasses.

La direction des montagnes qu'on rencontre dans les *Antilles*, est en général assez constamment assujettie à celle des îles entr'elles.

Les sources d'eau dans les *Iles-du-Vent* versent toutes à la côte occidentale : tout le côté oriental, qui a été de tout tems plus battu par la mer, n'a pas d'eaux courantes : nulle source n'y coule des sommets élevés. D'ailleurs, par la disposition du terrain, les eaux n'auroient arrosé qu'un espace très-court & en pente rapide.

Porto-Rico, Saint-Domingue, Cuba, ont quelques rivières dont l'embouchure est à la côte du nord, & dont les sources se trouvent distribuées le long des montagnes qui règnent de l'est à l'ouest : ces rivières arrosent un plat pays considérable. L'autre revers des montagnes, qui est exposé au midi, offre dans les trois îles plusieurs belles rivières, dont les embouchures se sont élargies par l'action des flots qui battent les côtes avec fureur, & c'est à la suite de ce travail de la mer que ces rivières peuvent recevoir les plus grands vaisseaux.

Aux observations que nous avons citées jusqu'à présent pour prouver que la mer avoit détaché les *Antilles* du continent, se joignent des remarques d'un autre genre, mais tout aussi décisives en faveur de cet événement. Tabago, la Marguerite, la Trinité, les autres îles les plus voisines de la terre ferme, produisent naturellement, comme elle, des arbres mous, du cacao sauvage. Ces végétaux ne se retrouvent plus, du moins en certaine quantité, dans les îles qui sont situées vers le nord : on n'y voit que des bois durs. Cuba, placée vers l'extrémité des *Antilles*, produit, comme la Floride, dont il paroît qu'elle a fait partie, des cèdres, des cyprès, l'un & l'autre très-propres à la construction des vaisseaux.

Sol des Antilles.

Le sol des *Antilles* est en général une couche d'argile ou de débris de pierres, plus ou moins épaisse. Cette couche recouvre un noyau de pierres : ces débris de pierres & cette argile ont différentes qualités plus propres les unes que les autres à la végétation. Dans les lieux où l'argile se trouve mêlée au terreau produit par les feuilles & les autres parties des plantes, la couche de terre végétale est beaucoup plus épaisse que celle qu'on rencontre à la surface des argiles d'un tissu serré & compacte. Le tuf ou les débris de pierres présentent aussi aux cultivateurs différens avantages, suivant ses différentes qualités, & surtout là-où il est moins dur & moins compacte. Au reste, nous nous étendrons par la suite sur les différentes terres des *Antilles*, & nous renvoyons à ces détails.

Les îles *Antilles*, étant exposées aux excessives chaleurs de la zône torride, seroient inhabitables si, deux fois le jour, l'air n'étoit rafraîchi par des vents d'est, qui règnent constamment dans ce climat. Excepté depuis la fin de juillet jusqu'au milieu du mois d'octobre, tems auquel l'air est sujet à de grandes variations qui produisent souvent d'horribles tempêtes, cette saison, qu'on appelle *hivernage*, se termine ordinairement par des pluies abondantes, qui occasionnent dans plusieurs cantons des fièvres & des maladies opiniâtres.

Les *Antilles* sont encore sujètes à des tremblemens de terre; ce qui paroît être la suite de feux souterrains mal éteints; car si l'on considère la nature du sol en plusieurs endroits de ces îles, où l'on voit des couches de terre en désordre, des laves, de nombreux amas de pierres-ponces, & plusieurs vestiges des anciens volcans, il n'est pas douteux que le feu ne puisse encore produire de ces secousses & de ces mouvemens plus ou moins violens, mais passagers. On peut encore citer, comme vestiges des feux souterrains, les pitons de ces îles.

Dans ces îles la partie qui regarde le levant est, comme nous l'avons déjà remarqué, rafraîchie par les vents alisés, qui courent depuis le nord jusqu'à l'est-sud-est : on la nomme *Cabesterre*. La partie opposée, qu'on nomme *Basse-Terre*, éprouve moins l'action des vents, & par conséquent se trouve exposée à une plus grande chaleur. D'un autre côté, la mer y étant plus tranquille, elle est plus propre pour le mouillage & le chargement des vaisseaux. Outre cela, les côtes y sont beaucoup plus basses que dans les *Cabesterres*, où elles sont ordinairement hautes & escarpées, & où la mer se trouve profonde & agitée en même proportion.

On trouve, dans plusieurs de ces îles, de grands pics ou hautes montagnes isolées, d'une forme ronde, terminées en pain de sucre, & dont le sommet est souvent couvert de nuages; elles sont pour la plupart inaccessibles. Ces masses énormes ne sont couvertes que d'une sorte de mousse fort frisée & fort épaisse : on les désigne sous le nom de *pitons*.

Les *pitons* les plus renommés sont ceux de la Martinique, qu'on appelle *Pitons du Carbet*; celui de la Montagne-Pelée dans la même île; celui de la Soufrière dans la Guadeloupe, & ceux de Sainte-Lucie. Ces derniers sont remarquables en ce qu'ils prennent naissance au bord de la mer, & qu'ils paroissent détachés des autres montagnes. D'après plusieurs observateurs, je suis porté à croire que tous ces *pitons* sont d'anciens *culots* de volcans, attendu qu'ils sont composés en grande partie de laves compactes, & que d'ailleurs ils ont la forme de ces culots. (*Voyez* CULOTS & PITONS.) On peut citer, parmi ces montagnes produites par les volcans, une grosse montagne située à l'extrémité septentrionale de l'île Saint-Vincent, sur les croupes de laquelle on voit des traces bien sensibles des torrens de matières fondues qui coulèrent dans la mer pendant la fameuse éruption que ce volcan éprouva dans l'année 1719.

Toutes les différentes terres dont le sol des *Antilles* est composé, sont tellement remplies de particules métalliques, qu'on pourroit les regarder en général comme des terres minérales; mais lorsqu'on les considère avec attention, on peut facilement les diviser en terres purement minérales, servant pour ainsi dire de matrices à la formation des minéraux, & en terres minérales accidentellement, c'est-à-dire que les minéraux tout formés s'y trouvent mêlés & confondus par des causes étrangères; ce que l'on peut attribuer aux éboulemens des terres, aux pluies abondantes & aux torrens grossis, qui, se précipitant du haut des montagnes, forment des remblais immenses dans le fond des vallées, où l'on trouve un mélange de terres pures, délayées avec des terres minérales. D'après ces deux sortes de caractères, nous pouvons former deux classes de terres. La première comprendra toutes les espèces de terres bitumineuses, vitrioliques, alumineuses, celles mêmes qui sont imprégnées de sel marin; les ocres jaunes & rouges d'une forte couleur, & généralement toutes les terres où surabondent les substances métalliques.

Dans la seconde classe sont les terres non métalliques, meubles, propres à la culture, comme les différentes sortes d'argiles, les glaises, les terres à potier, les marnes, les terres bolaires, les terres calcaires, crayeuses & autres. Les sables peuvent être compris dans cette seconde classe, étant plus ou moins mêlés des terres précédentes ou même de particules métalliques ferrugineuses.

A côté de ces différentes natures de terres on trouve un grand nombre de rochers par bancs, ou bien des pierres détachées, composées des mêmes substances que ces terres, mais plus atténuées & mieux liées, sans être plus difficiles à reconnoître au coup-d'œil.

Les terres des îles *Antilles*, propres à la culture, sont de différentes couleurs. On en voit de grises, mêlées de petites pierres-ponces. Comme il s'en trouve abondamment aux quartiers du fort Saint-Pierre, du Carbet, du Prêcheur & de la Basse-Pointe à la Martinique, les terres rouges du Morne, des Casseaux, à la Cabesterre de la même île, étant lavées par les pluies, présentent à l'œil une multitude de paillettes noires très-brillantes, qui ne sont autre chose que du fer tout formé & attirable à l'aimant. Les Mornes-Rouges & de Cambala, dans l'île de la Grenade, contiennent beaucoup de terres semblables, mais dont les paillettes sont moins apparentes. La même sorte de terre ne manque pas à la Guadeloupe ; elle durcit beaucoup en se séchant, & se divise pour lors en grosses masses parallélipipèdes ou à peu près cubiques lorsqu'elle a été étendue par couches d'environ un pied d'épaisseur.

Certaines terres brunes, mêlées de taches jaunes, contiennent beaucoup de fer. On en voit de cette nature dans l'île de la Grenade, au quartier des Sauteurs, près de Levera, au pied d'un gros rocher, dont les éclats brillent comme de l'acier poli. Cette mine de fer est aigre & entre difficilement en fusion ; elle a besoin d'une grande quantité de castine pour se réduire en fonte.

Les terres blanchâtres & sèches se réduisent facilement en poussière, & sont moins propres à la culture que les précédentes. Les meilleures de toutes sont les terres brunes moyennement grasses, & on en trouve beaucoup de cette sorte, tant à la Martinique qu'à la Guadeloupe, à Sainte-Lucie, à Saint-Vincent, à la Grenade, & dans presque toutes les îles un peu considérables.

Plusieurs cantons fournissent de la terre propre à blanchir le sucre. C'est une argile semblable à celle de Rouen, dont on fait des pipes ; elle est blanche, & ne fait point effervescence avec les acides.

Les terres à potier & celles dont on peut faire de la brique, sont assez communes dans plusieurs endroits des îles.

Aux environs de la rivière Simon, près de la grande rivière dans l'île de la Grenade, on trouve, sur le bord de la mer, un sable noir très-brillant & fort pesant. Celui de l'Ance-Noire, à la basse terre de la même île, est un peu moins éclatant, mais il renferme, ainsi que le précédent, beaucoup de fer attirable à l'aimant. On trouve de semblable fer en paillettes en Auvergne, & dans plusieurs cantons de l'Italie, qui ont été volcanisés. Ainsi peut-être ces paillettes de fer dans les *Antilles* tiendroient-elles à la même cause ; mais on en voit de pareils amas sur les côtes de Bretagne, où il n'y a aucune trace des produits du feu.

Dans plusieurs montagnes de la Martinique & ailleurs, on rencontre de petits amas de terre couleur de cendre-blanchâtre, fine, compacte, ayant quelque rapport à la marne, mais plus dure ; elle se broie & craque sous la dent sans être sablonneuse ni pâteuse, à peu près comme de la terre à pipe cuite. Les Nègres la mangent avec une sorte d'appétit qui dégénère en passion si violente, qu'ils ne peuvent se vaincre malgré les dangers auxquels l'usage de cette terre les expose ; ils perdent le goût des nourritures saines, deviennent bouffis & périssent en peu de tems. On a vu plusieurs hommes blancs possédés de la manie de cette terre nommée *taoüa ;* on a même vu de jeunes filles en qui le desir de conserver leurs grâces se trouvoit contrebalancé par l'appétit de ce funeste poison, dont un des moindres effets est de détruire l'embonpoint & de défigurer les traits du visage.

Le remède le plus efficace qu'on ait trouvé jusqu'à présent, est de faire prendre au malade deux ou trois cuillerées d'huile de ricin ou palma-christi, tirée à froid, & d'en faire continuer l'usage tous les matins jusqu'à ce que les évacuations aient emporté la cause du mal.

Nous devons faire mention ici des salines des îles *Antilles :* ce sont des étangs d'eau de mer, formés par la nature au milieu des sables, dans des lieux secs & arides, entourés de rochers & de petites collines : on les trouve presque toujours dans les parties méridionales de ces îles. Ces étangs sont exposés à être inondés par les pluies abondantes de l'*hivernage ;* mais on n'y fait pas le sel en cette saison : on attend la saison sèche, vers les mois de janvier & de février, pour travailler à la formation du sel. L'eau de la mer étant alors très-tranquille & très-basse, & celle des étangs n'étant pas renouvelée, il s'en fait une si prodigieuse évaporation par l'excessive chaleur du soleil, que le sel marin se précipite abondamment au fond & sur les bords des étangs en beaux cristaux cubiques très-gros, un peu transparens & d'une grande netteté. Il se rencontre des cantons où l'atmosphère environnante des étangs est si chargée de molécules salines, qu'un bâton planté dans le sable, à peu de distance du bord des étangs, se trouve en vingt-quatre heures totalement couvert de petits cristaux brillans fort adhérens ensemble ; c'est ce qui a fait imaginer de former des croix de bois & d'autres bases régulières pour les faire recouvrir en sel marin.

Les îles de Saint-Jean, de Porto-Rico, de Saint-Christophe, la grande terre de la Guadeloupe, la Martinique & la Grenade, ont de très-belles salines, dont quelques-unes pourroient fournir la cargaison de plusieurs vaisseaux. Le sel qu'elles produisent, est d'un usage journalier dans la cuisine, mais il n'est pas propre aux salaisons des viandes qu'on veut conserver long-tems.

Les îles *Antilles* sont extrêmement peuplées &

très-bien cultivées. Les habitans y jouissent du plus beau ciel : on n'y éprouve ni les froids ni les frimats de l'hiver ; on a même remarqué que, depuis les défrichemens des forêts qui occasionnoient les pluies longues & abondantes dont nous avons parlé, l'atmosphère se trouvoit moins remplie de vapeurs dans la saison de l'*hivernage*, & qu'en général les habitans des *Antilles*, qui étoient fort incommodés par une humidité mal-saine, jouissent, au milieu des terrains débarrassés d'arbres, d'un ciel plus pur & moins chargé de nuages.

Les montagnes, en tout tems, sont couvertes de verdure, & les vallées sont arrosées par des rivières & des ruisseaux d'une eau très-bonne à boire dans un grand nombre d'endroits. Les bestiaux y multiplient beaucoup. La terre y produit des arbres d'une énorme grosseur, dont le bois incorruptible s'emploie aux ouvrages de charpente, de menuiserie & de marqueterie ; d'autres sont propres à la teinture : un assez grand nombre d'espèces produisent d'excellens fruits. Les bananes, les patates, le manioc & plusieurs autres racines font la principale nourriture des habitans, qui cultivent & recueillent aussi beaucoup de riz & de maïs. Les plantes, tant potagères que médicinales naturelles aux îles, y croissent en abondance, & les exotiques s'y naturalisent avec une grande facilité & un grand avantage.

Autour des petites îles désertes & dans les anses & baies, la mer fournit des tortues & beaucoup de bons poissons, dont les espèces sont inconnues en Europe. C'est là aussi qu'on trouve ces rochers de coraux, ces crustacées, dont la pêche & l'étude peuvent servir à augmenter nos connoissances dans ces parties d'histoire naturelle.

Les vaisseaux qui font le commerce des *Antilles* en rapportent beaucoup de sucre, du café, du coton, de la casse, du caret ou écaille de tortue, du cacao, de l'indigo, du roucou, & quelque jour ils en rapporteront de la cochenille. (*Voyez les articles de ces îles différentes.*)

Description particulière de la Guadeloupe.

L'île de la *Guadeloupe* est formée de deux grandes parties de terres, qui ne sont séparées que par un canal fort étroit, ouvert dans des terrains bas, couverts de mangliers & de palétuviers. Ce canal, uniquement alimenté par l'eau de la mer, a par cette raison reçu le nom de *Rivière-Salée*. Dans la plus grande partie de son cours, cette rivière n'a pas plus de deux lieues, sur environ vingt toises de largeur.

Ces deux fragmens de la même île sont aisés à distinguer entr'eux, tant par la nature des terres, que par les formes du terrain & leurs aspects.

La partie qui est située le plus au sud-ouest, se nomme *la Guadeloupe*, & l'autre, dans le pays, est appelée *la Grande-Terre*. Celle-ci a deux embranchemens assez prolongés, l'un vers le nord, & l'autre vers l'est. Cette dernière extrémité orientale de la *Grande-Terre* se termine en une langue de terre, qui diminue de largeur à mesure qu'elle se prolonge vers l'est jusqu'à une pointe de rochers que l'on nomme *Pointe-des-Châteaux*, & qui ont des formes pyramidales assez remarquables. Vis-à-vis de cette pointe, & aussi dans l'est, est la petite île *de la Desirade*, séparée de la *Grande-Terre* par un canal d'environ deux lieues & demie.

L'île de *Marie-Galante*, autre dépendance de la *Guadeloupe*, est située entre *la Pointe-des-Châteaux* & *la Dominique*. Elle est séparée de l'une & de l'autre par deux canaux de plusieurs lieues de traversée.

Au sud de *la Pointe-des-Châteaux*, à environ deux lieues, entre la *Grande-Terre* & *Marie-Galante*, est un îlet bas & inhabité, appelé *Petite-Terre*, où croissent naturellement les mancenilliers, quelques arbrisseaux, & où se trouvent quelques arides pâturages. L'aspect de cette *Petite-Terre* & la nature de son sol annoncent de grandes conformités avec les terrains qui avoisinent la *Pointe-des-Châteaux* à l'extrémité de la *Grande-Terre*.

Marie-Galante a environ quatre lieues de longueur du nord au sud, sur une largeur beaucoup moindre de l'est à l'ouest.

Vis-à-vis la pointe la plus méridionale de la *Guadeloupe*, dans l'est & un peu au sud, est situé le groupe d'îles appelées *les Saintes*, composé de deux principales îles, l'une nommée *la Terre-de-Haut*, & l'autre *la Terre-de-Bas*, & d'une troisième d'une moindre grandeur, avec plusieurs autres petits îlets & rochers.

Les trois principales îles présentent entr'elles un excellent mouillage pour les vaisseaux de toutes grandeurs.

Ce groupe *des Saintes* n'est séparé de la *Guadeloupe* que par un canal d'environ deux lieues de largeur.

La *Guadeloupe*, la *Grande-Terre* & cet assemblage d'îles & d'îlets ; en un mot, ce petit archipel dont nous venons de faire l'indication, & qui forme la dépendance de la *Guadeloupe*, est situé entre les 16e. & 17e. degrés de latitude, & entre 63 deg. 45 min. & 64 deg. 45 min. de longitude occidentale du méridien de Paris.

De la Guadeloupe proprement dite.

L'île de *la Guadeloupe* proprement dite est de forme ovale, dont le grand diamètre est disposé nord & sud. Sa plus grande largeur est vers le nord, & sa partie la plus étroite est vers le sud.

La forme ovale est échancrée, dans la partie du nord-est, par l'enfoncement d'une baie assez grande, parsemée d'îlets & de bas-fonds, mais laissant d'ailleurs de belles étendues propres au mouillage des plus gros vaisseaux. C'est entre cette extrémité de la *Guadeloupe* & le commencement de l'île de Grande-Terre que sont situés la ville & le port de la *Pointe-à-Pitre*.

La partie du nord de l'île de la *Guadeloupe* proprement dite, exposée à l'aspect d'Antigoa, est bordée, jusqu'à la distance d'environ une lieue, par plusieurs îlets chargés de bois & inhabités, dont le plus oriental, voisin aussi de la *Grande-Terre* & de la *Rivière-Salée*, se nomme l'*Ilet-à-Fajou*, & le plus occidental, *Tête-à-l'Anglais*.

La *Guadeloupe* proprement dite est une terre montueuse, qui, dans son milieu, est entiérement traversée par une chaîne de montagnes, dont les sommets sont élevés jusqu'à huit cents toises au dessus du niveau de la mer. Cette île offre les mêmes formes, le même aspect que présentent toutes les autres îles *Antilles*. On sait que ces îles offrent une chaîne de montagnes dirigée à peu près du nord au sud, & dont les chaînons sont séparés les uns des autres par des canaux de mer de six à sept lieues de traversée. Toutes ces montagnes sont escarpées dans la partie de l'ouest ou *sous le vent*, pendant qu'elles se réunissent aux côtes de la mer du côté de l'est ou *du vent* par des pentes fort douces, par des plans inclinés, qui se prolongent le plus souvent dans des plaines.

Les côtes de l'ouest ou *sous le vent* de ces rangées d'îles sont très-saines, & abordables de très-près par les plus grands bâtimens.

Le côté du vent ou de l'est est au contraire celui où se trouvent des bas-fonds, des écueils & des récifs. Il est prouvé par ces détails, que c'est à l'action du vent que ces côtes doivent ces vestiges d'une ancienne destruction.

Le côté *du vent* de chacune de ces îles est ordinairement nommé la *Cabesterre*, & le côté *sous le vent*, la *Basse-Terre*. Cette dernière dénomination est en même tems affectée, dans plusieurs de ces îles, à la ville ou au bourg situé sous le vent. Ainsi la *Guadeloupe* a sa ville de la *Basse-Terre*, comme Saint-Christophe a la sienne, & plusieurs autres îles.

Du volcan ou Soufrière de la Guadeloupe, ainsi que de ses effets dans les environs de ses cratères.

La plupart des *îles Antilles* ont des volcans ou *soufrières*, dont les cratères sont situés sur quelques-unes de leurs montagnes ou *pitons*. Quelques-uns de ces volcans sont éteints, pendant que d'autres jettent encore des flammes ou de la fumée.

Le plus apparent, le plus actif, le seul même qu'on puisse appeler *volcan*, est celui qui a son cratère au sommet des montagnes de la *Guadeloupe*. Il se trouve dans sa partie méridionale, à environ deux lieues de la côte, tant du côté du sud que du côté de l'est & de l'ouest.

Le volcan appelé, comme nous l'avons dit, suivant l'usage du pays, *Soufrière*, ne jette actuellement que de la fumée par trois bouches ou cratères bien distincts, lesquels ont changé de place & varié en nombre à la suite de plusieurs révolutions qui se sont succédées à des distances de tems très-variables.

Il est rare que l'air soit assez serein, assez pur & dégagé de nuages pour qu'on puisse contempler sans obstacles le sommet de cette montagne, & ceux des autres montagnes environnantes de la même chaîne. Ce n'est guère que dans la saison de l'hivernage ou saison des pluies qu'on peut jouir, par petits intervalles, d'un aspect net de cette *Soufrière* & de ses environs.

La cause de ces difficultés me paroît facile à concevoir, ainsi que celle de la cessation des obstacles.

On sait que les vents alisés, qui parcourent l'Océan atlantique au voisinage de la zône torride & des tropiques, soufflent constamment de la partie de l'est, variant vers le nord-est & le sud-est, suivant les différentes dispositions du soleil dans sa marche annuelle.

Les nuages & les vapeurs qui les forment, & qui s'élèvent continuellement de la mer par l'action du soleil sur une aussi vaste étendue d'eau, voyagent en cédant à l'impulsion des vents d'est, & rien n'interrompt leur marche jusqu'à ce qu'ils rencontrent la chaîne élévée des montagnes distribuées dans les *Antilles*. C'est là que ces nuages s'arrêtent & s'accumulent plus ou moins, suivant que les montagnes sont plus élevées, & surtout lorsqu'elles sont couvertes de bois vers leurs sommets.

Comme cette chaîne de montagnes est formée de chaînons de différentes hauteurs, séparés par des canaux ou intervalles de bras de mer, une partie de ces nuages s'échappe par les ouvertures de ces canaux, une autre gagne le dessus des sommets les moins élevés; enfin une troisième, lorsque les vents soufflent du sud, se distribue successivement dans les autres îles voisines de la vraie chaîne & plus sous le vent.

La *Guadeloupe* étant plus sous le vent & présentant une chaîne plus élevée, il est facile de concevoir pourquoi elle arrête une plus grande quantité de ces nuages. D'une part, la disposition transversale de ses montagnes, les bois dont elles sont presque partout couvertes vers leurs sommets; de l'autre, leur hauteur dans l'atmosphère, ne permettent pas à ces nuages de s'échapper librement.

Ils y sont encore retenus par une forte d'affinité avec les vapeurs ou fumées qui s'élèvent continuellement, & en assez grande abondance, des trois bouches du volcan, avec lesquelles ces nuages se confondent sans difficulté: en conséquence ils restent fixes sur ces sommets, & en s'appuyant sur les pins des mornes environnans, ils s'y maintiennent partout à peu près à la même hauteur, & semblent annoncer par-là quelque nouvelle opération de la nature.

C'est en effet ce rassemblement presque continuel de nuages autour des sommets de cette chaîne de montagnes, commençant à la soufrière, qui alimente les sources des ruisseaux nombreux, lesquels arrosent & fertilisent dans tous les sens l'île de la *Guadeloupe*.

Les mousses des rochers, les feuilles des arbres, s'imbibent de cette eau, qui découle lentement sous forme de brouillards, ou se précipite en pluies décidées : de là il résulte que l'île de la *Guadeloupe* est une des mieux arrosées & des plus fertiles des *Antilles*.

Cette fertilité est aussi due en partie aux produits volcaniques de la soufrière ; car on sait par expérience, que les environs du mont Etna & du Vésuve sont très-fertilisés par les matières que ces volcans ont rejetées, lesquelles deviennent, après plusieurs années, des terres infiniment productives, outre la chaleur & l'humidité, autres principes de végétation que ces montagnes rassemblent en grande abondance. Or, ce n'est que dans le tems de l'hivernage que des vents plus violens & plus irréguliers ont la force suffisante pour interrompre quelquefois ce séjour presque continuel des nuages autour de ces sommets, & pour les dissiper pendant quelques heures, à la suite de grands vents & de pluies abondantes & suivies qui déchargent l'atmosphère.

La soufrière est, comme on l'a déjà dit, à peu près à la distance d'un myriamètre des côtes de la mer, qui l'avoisinent, tant au sud qu'à l'est & à l'ouest.

Le sol de cette partie méridionale de l'île, dont le volcan est le centre, porte sensiblement partout les marques des effets de cette immense fournaise.

Dans tous les endroits, le long des côtes, où l'on déblaie les pentes des montagnes pour tracer des routes, on rencontre à une certaine profondeur des lits de cailloux roulés, dont les noyaux sont des matières fondues : outre cela, des amas considérables de terres cendrées volcaniques, de la nature des pozzolanes, très-propres à la composition des mortiers qui servent aux constructions au milieu des eaux.

D'ailleurs, les différens ruisseaux de toutes les eaux courantes, dont la marche est précipitée, ont mis à découvert des roches qui faisoient la base primitive des montagnes, & des débris de toute espèce de matières pierreuses, travaillées par les feux souterrains.

Dans la partie occidentale de l'île, surtout dans un canton appelé *Bouillante*, par abréviation de *Fontaine bouillante*, on voit en plusieurs endroits des eaux chaudes à différens degrés. C'est à un quart de lieue du petit bourg appelé *Bouillante*, à peu près à l'ouest du sommet de la soufrière, & à un myriamètre & demi de la distance du foyer de ce volcan, qu'on trouve, le long de la grève, ce qu'on appelle *la Fontaine bouillante*.

Entiérement sur le bord de la mer, & à un pied au dessus du niveau ordinaire de ses eaux, on apperçoit une fumée assez forte sur un très-petit espace, même presque sur un seul point. Il faut observer que cette côte étant sous le vent de l'île, la mer y est tranquille, & ne recouvre pas la grève par l'impulsion de ses vagues ; elle est là comme dans les rades intérieures, excepté dans les raz de marées & dans les tems d'ouragans, qui sont fort rares. Ainsi cette fumée, & la chaleur qui l'occasionne, ne sont point sujètes à des variations subites par les invasions alternatives des lames qui ont lieu dans les parties des côtes battues des vents.

La grève est composée dans cet endroit, depuis le bord de la mer jusqu'au bourg de *Bouillante*, de cailloux roulés, de débris de laves & de madrépores.

Au voisinage du lieu d'où la fumée sort, les cailloux roulés ont de très-petites dimensions.

La partie de la montagne escarpée, & qui a son aspect du côté du sud, offre une masse de lave d'une couleur rougeâtre, dans laquelle on distingue des débris & des filons de spath calcaire, produit d'une certaine infiltration qu'ont éprouvée les matières fondues.

Aussitôt qu'on fait un trou dans les cailloux ou dans les gros sables dont la grève est composée, & à l'endroit d'où sort la fumée, on voit ce trou se remplir d'eau, qui bout à gros bouillons. On peut y faire cuire des œufs dans l'espace d'une minute. Cette eau n'a pas d'autre saveur que celle de l'eau de mer médiocrement salée. La fumée qui s'exhale de cette eau bouillante ne fait sentir aucune odeur sulfureuse ou autre.

De même, lorsqu'on creuse des trous dans le sable gris ou gravier qui compose cette plage, & à une certaine distance du foyer de la fumée, on y trouve l'eau très-chaude, mais à un degré inférieur à celui qu'a l'eau du principal foyer.

On observe partout, le long de cette côte, des parties de courans de laves qui ont coulé du sommet des montagnes volcaniques, & qui ont suivi leurs pentes rapides jusqu'au bord de la mer, se dirigeant à peu près de l'est à l'ouest ou à l'ouest-nord-ouest.

Ces laves, qui datent d'une très-ancienne époque, sont recouvertes d'un sol propre à la culture, & très-productif en général.

Quant à ce qui concerne ces effets des feux souterrains, & qui datent de tems très-éloignés, on ne peut y trouver la moindre liaison avec la chaleur constante des eaux bouillantes sur le bord de la mer ; mais il est évident que ces effets étonnans sont dus au voisinage du volcan actuel, & à l'action des matières qui brûlent dans le foyer intérieur.

De la partie de la Guadeloupe, nommée Grande-Terre.

Ce qui vient d'être exposé montre que la moitié

méridionale de la *Guadeloupe* proprement dite, au moins, est & a été affectée des différentes explosions & actions du volcan ou de la soufrière, qui y brûle de tems immémorial. Il n'en est pas de même de la partie nommée *Grande-Terre*, dont le sol annonce des principes très-différens du fragment d'île appelé *Guadeloupe*.

La *Grande-Terre* offre en général un pays plat, & même on y trouve des terres basses & noyées, couvertes de paletuviers; cependant on y remarque, dans quelques endroits, des *mornes* dont la hauteur ne paroît pas excéder cent toises.

Les couches qui composent les massifs de ces *mornes*, lesquels ont la plupart les formes de monticules isolés, & d'une étendue peu considérable, sont calcaires, renfermant une grande quantité de coquilles marines & de madrépores. Ceci prouve que cette partie de la *Grande-Terre* a séjourné dans le bassin de la mer, & qu'elle a été ensuite abandonnée par l'Océan, comme beaucoup d'autres terres.

Des observateurs modernes, après avoir donné une description exacte de la *Grande-Terre*, tout en reconnoissant qu'elle est sortie du fond de la mer, prétendent ensuite, on ne sait d'après quels motifs, que cette île ne doit son existence actuelle au dessus des flots, qu'aux explosions des volcans & à l'action des tremblemens de terre.

Mais pour peu qu'on observe cette île & la constitution générale de son sol, comme celle de ses *mornes*, on voit qu'elle n'a souffert aucun déplacement, & que la mer, qui l'environne, l'a mise à découvert par une simple retraite, à la suite de laquelle la *Grande-Terre* n'a éprouvé aucun bouleversement, tel que des tremblemens de terre violens les produisent. Aucun fait positif d'ailleurs ne prouve qu'aucune terre, soit partie de continent, soit île, dans la même situation que la *Grande-Terre*, ait été soulevée au dessus des flots de la mer, qui les couvroient, & y formoient des dépôts comme on en voit dans la *Grande-Terre*.

IV. Antilles (Courant des), ou *du golfe du Mexique*. Les habitans des côtes de Norvège, des rivages des Orcades & de l'île de Feroé ont reconnu depuis long-tems que la mer y apportoit plusieurs fruits exotiques, tels que des noix & autres végétaux, & même des arbres qui croissent à la Jamaique & dans d'autres îles voisines. Il faut donc, pour expliquer ces transports, recourir à une cause bien éloignée des lieux où ces productions étrangères viennent aborder. Leur véhicule est le *courant* qui part de la *mer des Antilles* ou *golfe du Mexique*, & qui a une marche constante depuis ce golfe jusqu'aux mers du nord de l'Europe.

Les vents alises forcent la masse de l'Océan atlantique, venant de l'est, à passer à travers les *Antilles*, & à pénétrer dans les golfes intérieurs de cette mer; ensuite cette masse se trouve contrainte de refouler en arrière, le long du rivage septentrional du golfe compris depuis l'embouchure du Mississipi jusqu'au cap de la Floride, & après avoir doublé ce cap, de se porter au nord par le débouquement du canal de Bahama. Dans l'étroite mer qu'occupe le courant entre le rivage de la Louisiane & la pointe de la Floride d'un côté, & Cuba de l'autre, il acquiert une activité considérable, en conséquence de laquelle il se dirige au nord jusqu'au *Cap Canaveral*, court à la distance de cinq à sept lieues des côtes, & s'étend même sur une largeur de quinze à dix-huit lieues. Les sondes sont régulières depuis la terre jusqu'au bord du courant, où la profondeur est généralement de soixante-dix brasses; ensuite on ne trouve plus de fond. Devant le *Cap Canaveral*, les sondes sont fort inégales & incertaines : l'eau manque si brusquement, que de quarante brasses elle saute immédiatement à quinze, & de quinze à quatre ou moins encore, en sorte que, sans la plus grande circonspection, un vaisseau pourroit en quelques minutes se trouver à sec. Il faut remarquer que, quoique le courant passe généralement pour commencer au lieu où les sondes finissent, cependant son influence se fait sentir à plusieurs lieues dans les sondes, & souvent les vaisseaux trouvent un courant considérable tendant au nord, tout le long de la côte, jusqu'à ce qu'ils gagnent huit ou dix brasses d'eau, même dans les endroits où les sondes s'étendent jusqu'à vingt lieues du rivage; mais leur courant est généralement augmenté ou diminué par les vents dominans, dont cependant la force ne peut affecter que très-légérement le grand & *insondable* Océan.

Du *Cap Canaveral* au *Cap Hatteras*, les sondes commencent à s'élargir dans l'étendue de leur cours, depuis le rivage jusqu'au bord intérieur du courant, la distance étant généralement d'environ vingt lieues, & les sondes étant très-régulièrement de soixante-dix brasses près du bord du courant, où ensuite on ne peut plus trouver de fond. Parallélement à l'embouchure de la rivière *Savanah*, le courant coule presque nord; après quoi, comme s'il sortoit d'une baie de la côte, il s'étend nord-est jusqu'au *Cap Hatteras*, & de là il continue nord-est, jusqu'à ce qu'il ait perdu sa force. Comme le *Cap Hatteras* s'avance considérablement dans la mer, le bord du courant n'est qu'à la distance de cinq à sept lieues de ce cap; & la force & la rapidité du principal courant ont une si puissante influence à cette distance sur les vaisseaux naviguant au sud, que, dans des vents impétueux & mauvais, ou dans des calmes, ils ont été fréquemment entraînés au nord; ce qui a souvent occasionné de grands mécomptes & de grands revers aux bâtimens marchands & aux vaisseaux de ligne, comme on en a fait plusieurs fois l'expérience dans la guerre d'Amérique.

En 1754, un vaisseau, excellent voilier, allant de Philadelphie à Charles-Town, se vit tous les jours, pendant treize jours, gagner jusqu'à la hauteur r du *Cap Hatteras*, quelquefois porté par la e; & dans une distance moyenne entre le cap e bord intérieur du courant, & cependant il it régulièrement entraîné sur ses traces, & ne pouvoit regagner sa route perdue qu'à la brise du matin, jusqu'à ce qu'enfin, le quinzième jour, un vent frais & vif lui aida à combattre le courant, & à gagner le sud du cap; ce qui montre l'impossibilité où est un vaisseau & un corps qui se trouve engagé dans le courant, d'aller en sens contraire ou de suspendre sa marche.

A l'autre bord du courant est un violent reflux ou courant contraire vers l'Océan, & en-deçà, près la côte de l'Amérique, une forte marée combat contre lui.

Lorsqu'il part du *Cap Hatteras*, il prend un cours nord-est, ce qui est fort remarquable; mais en route il rencontre un grand courant qui vient du nord, & probablement de la baie d'Hudson, le long de la côte de Labrador, jusqu'à ce qu'il soit divisé par l'île de *Terre-Neuve*. Une branche suit le long de la côte, à travers le détroit de Belle-Isle, & passant avec rapidité au-delà du Cap Breton, croise obliquement le courant du golfe, & lui donne une direction plus orientale.

Quant à l'autre branche du courant, qui vient du nord, on croit qu'elle joint le courant du golfe par la côte orientale de *Terre-Neuve*. L'impulsion de ces courans réunis doit se faire sentir assez loin de leurs origines, & pourtant il se pourroit que leur effet ne fût pas aussi grand ni resserré dans une direction aussi circonscrite, & en aussi droite ligne qu'avant leur rencontre & leur réunion.

Les vents dominans sur toute cette partie de l'Océan atlantique sont ceux de l'ouest & du nord-ouest, & conséquemment la masse entière de l'Océan atlantique, d'après l'impression de ces courans, paroît avoir une tendance vers l'est ou vers le nord-est par est. Ainsi les productions de la Jamaïque & des autres îles bordant le golfe du Mexique peuvent être transportées d'abord hors du golfe par le courant, dont nous avons tracé la marche, enveloppées dans le *Sargano* ou largue du golfe autour du Cap de la Floride, & entraînées par ce même courant le long du rivage de l'Amérique septentrionale, ou être convoyées par l'Océan dans le cours du torrent, & ensuite par l'activité du courant & les vents dominans, qui soufflent généralement les deux tiers de l'annee, voiturées jusqu'aux rivages de l'Europe, où on les trouve.

Le mât du vaisseau de guerre *le Tilbury*, brûlé à la Jamaïque, fut ainsi voituré jusqu'à la côte occidentale du Schetland, & parmi l'étonnante quantité de bois flotté ou de bois de charpente jeté annuellement sur les côtes de l'Islande, on en trouve quelques espèces qui croissent dans la Virginie & la Caroline. Toutes les rivières de ces contrées y contribuent pour leur part, & envoient dans la mer des arbres sans nombre. L'Alatamala, la Santée, le Roanok, & toutes les rivières qui coulent dans la baie de Chesapeak, voiturent dans leurs inondations des arbres sans nombre : outre cela, l'Islande doit à l'Europe une grande partie de son bois flotté; car le pin commun, le sapin, le tilleul & les saules figurent parmi les arbres dont M. Troil fait l'énumération, & tous probablement y sont voiturés des côtes de la Norvège. Au reste, nous renvoyons ces notes à l'article Bois flotté, où nous exposerons dans le plus grand détail les différens endroits de l'Amérique qui envoient les espèces d'arbres que leurs rivières abattent & entraînent dans l'Océan, où les courans leur offrent ensuite des moyens de transport suivis sans aucune interruption.

Courant de la Guiane aux Antilles.

A la suite de ce que je viens d'exposer sur le courant du golfe du Mexique & sur les transports des *bois flottés* par ce courant, depuis ce golfe & beaucoup d'autres parages de l'Amérique, jusque sur les côtes de plusieurs îles septentrionales d'Europe, je dois faire mention d'autres courans qui méritent une égale attention, tant par leur marche, que parce qu'ils m'ont toujours paru avoir influé, concurremment avec le vent d'est, à l'approfondissement de la *mer des Antilles*. Ces courans, qui occupent toute l'étendue de la côte, depuis l'embouchure de la rivière des Amazones, jusqu'au golfe des *Antilles*, sont si violens, qu'on ne peut les surmonter à l'aide même d'un vent favorable; car ils coulent par une marche aussi déterminée que s'ils descendoient d'un lieu plus élevé, pour arriver à un endroit plus bas. On ne peut aller des *Antilles* à la Guiane, tant les courans contraires sont rapides, & constamment dirigés de la Guiane aux *Antilles*. Il faut deux mois pour le retour, tandis qu'une navigation de cinq ou six jours suffit pour aller de Cayenne aux Iles-du-Vent; mais pour retourner on est obligé de prendre le large à une très-grande distance des côtes de l'Amérique méridionale.

Comme nous devons considérer ici les causes de ces courans, nous ferons l'énumération des rivières dont le mouvement nous paroît devoir causer cette marche des eaux de l'Océan, de Cayenne au golfe du Mexique.

Ainsi les rivières qui concourent à ces effets sont :

1°. Le grand fleuve des *Amazones*, dont l'impétuosité est très-grande, l'embouchure large de soixante-dix lieues, & la direction plus au nord qu'au sud.

2°. La rivière *Ouassa*, rapide & dirigée de même, & dont l'embouchure a près d'une lieue d'étendue.

3°. L'*Oyapok*, encore plus rapide que l'*Ouassa*, & dont le cours est beaucoup plus long, avec une embouchure à peu près égale.

4°. L'*Aprouak*, de même étendue de cours & d'embouchure que l'*Ouassa*.

5°. La rivière *Kaw*, qui est plus petite, tant de cours que d'embouchure, mais très-rapide, quoiqu'elle n'ait son origine que dans une savanne noyée, à vingt-cinq ou trente lieues de la mer.

6°. L'*Oyak*, rivière très-considérable, qui se sépare en deux branches vers son embouchure, pour former l'île de Cayenne. Cette rivière en reçoit une autre à vingt ou vingt-cinq lieues de distance, qu'on appelle l'*Oraput*, laquelle est très-impétueuse, & a sa source dans une montagne de rochers, d'où elle descend par des chutes multipliées & très-rapides.

7°. L'un des bras de l'*Oyak* se réunit près de son embouchure avec la rivière de *Cayenne*, & ces deux rivières réunies ont plus d'une lieue de largeur : l'autre bras de l'*Oyak* n'a guère qu'une demi-lieue.

8°. La rivière de *Kourou*, très-rapide, & qui a plus d'une demi-lieue de largeur vers son embouchure, sans compter *le Macousia*, qui ne vient pas de loin, mais qui ne laisse pas d'y verser beaucoup d'eau.

9°. Le *Sinamari*, dont le canal est assez étroit, mais qui a une grande impétuosité, & dont la source est fort éloignée dans les terres.

10°. Le fleuve *Maroni*, dans lequel on a remonté très-haut, quoiqu'il soit de la plus grande rapidité. Son embouchure a plus d'une lieue de largeur, & c'est, après l'*Amazone*, le fleuve de ces contrées qui fournit la plus grande quantité d'eau : elle ne présente qu'un seul canal, très-net & fort ouvert, au lieu que les embouchures de l'*Amazone* & de l'*Orénoque* sont semées & embarrassées d'une grande quantité d'îles.

11°. Les rivières de *Surinam*, de *Berbiche*, d'*Essequebe*, ainsi que quelques autres, jusqu'à l'Orénoque, & enfin l'Orénoque lui-même, qui, comme on sait, est un très-grand fleuve. Il paroît que c'est de leurs vases accumulées, & des terres que ces rivières ont entraînées des montagnes de l'intérieur de cette grande contrée, que sont formées toutes les îles & les parties basses, voisines des embouchures de tous ces fleuves.

Il est incontestable que c'est par le concours des courans de ce grand nombre de fleuves, que s'est formé le courant général de la mer, depuis le fleuve des Amazones jusqu'aux *Antilles* : il s'étend peut-être à plus de soixante lieues de distance de la côte orientale de la Guiane. Enfin, je ne doute pas même que ces courans, avec ceux de beaucoup d'autres fleuves qui se déchargent dans le golfe du Mexique, n'aient contribué à creuser ce golfe, & ne concourent présentement avec une très-grande force à donner le branle aux eaux du premier courant, que nous avons fait connoître d'abord lorsqu'elles débouchent par le canal de *Bahama*, & le long des premières côtes de l'Amérique septentrionale.

Antilles (*Résumé sur les*). Iles de l'Amérique, distribuées sur une même ligne, entre la Floride & les bouches de l'Orénoque. Christophe Colomb les découvrit en 1492 & 1495. Elles se divisent en *grandes* & *petites Antilles* : les grandes sont *Saint-Domingue*, *Cuba*, *la Jamaïque* & *Porto-Rico*. Les principales des petites *Antilles* sont *la Trinité*, *la Grenade*, *Saint-Vincent*, *la Barbade*, *Sainte-Lucie*, *la Martinique*, *la Dominique*, *Marie-Galante*, *la Guadeloupe*, *la Desirade*, *Antigoa*, *Saint-Christophe*, *la Barbade*, *Saint-Barthelemi*, *l'Anguille*, *Sainte-Croix*, *Saint-Eustache*. (*Voyez*, dans leur rang alphabétique, les principales de ces îles, dont les unes sont dénommées *Iles-du-Vent*, & les autres *Iles-sous-le-Vent*.) Le cordon des premières îles ferme l'entrée de la mer des *Antilles*, dont le golfe du Mexique fait partie : elles ont reçu le nom d'*Antilles* parce qu'on les rencontre avant d'aborder au continent de l'Amérique, ou parce que Christophe Colomb en fit la découverte avant celle de la terre-ferme du Nouveau-Monde. La chaleur y est très-forte : c'est une suite de leur position sous la zone torride. L'air y est mal-sain, & elles sont sujètes à de furieux ouragans. On n'y compte que trois saisons, le printems, l'été & l'automne. Les arbres y sont toujours verts. La vigne y réussit, mais on n'y recueille point de froment : il n'y vient qu'en herbes.

Les *Antilles* sont peuplées par six nations différentes : les Caraïbes, qui sont les naturels du pays ; les Français, les Anglais, les Hollandais, les Danois & les Espagnols. En général, ces îles, par l'humidité qui y règne en certaines saisons, par l'intempérie du climat, est le tombeau de la moitié des Européens que le commerce y conduit. Les *petites Antilles* sont encore désignées sous le nom de *Caraïbes* ou *Caribes*. Avec la racine du manioc on y fait une sorte de pain qu'on nomme *cassave*. Je crois qu'on peut considérer toutes ces îles comme les sommets des hautes montagnes qui faisoient partie du continent, dont elles ont été séparées par la submersion de tout le plat pays.

Les variations dans la température de l'air viennent moins des saisons que des vents : partout où il ne souffle pas, on souffre beaucoup de la chaleur ; mais tous ne rafraîchissent pas. Celui d'est, qui tempère le plus la chaleur, y est le plus constant ; il doit son existence à la chaleur du soleil, qui par sa marche raréfie l'air, & le fait refluer vers l'occident.

Les pluies contribuent aussi à tempérer l'ardeur du climat dans ces îles ; elles sont très-abondantes, surtout depuis la mi-juillet jusqu'à la moitié d'octobre. Par une suite de l'humidité qu'elles occasionnent, les viandes s'y conservent peu ; les fruits s'y pourrissent communément ; le pain s'y moisit, & les vins sont sujets à s'aigrir promptement. (*Voyez* Mexique (*Golfe du*), Jamaïque, Cuba, Domingue (Saint-), Porto-Rico, Bahama, &c.)

ANTIPAROS est un écueil de seize milles de tour, plat, bien cultivé. Quoique cette île soit peu importante d'ailleurs, elle offre aux voyageurs & aux curieux une grotte que la nature a décorée des plus belles stalactites, correspondantes à des stalagmites de formes très-variées. Une caverne rustique se présente d'abord à l'entrée de la grotte; elle n'a que trente pas de largeur : ce vestibule est partagé en deux parties par des piliers naturels. On pénètre jusqu'au fond de la caverne par une pente assez rapide, d'environ trente pas de longueur, & qui conduit à l'ouverture de la grotte. Je ne parlerai pas des différentes marches & démarches qu'il faut suivre pour parvenir à cette belle grotte. On compte qu'elle a environ cent cinquante brasses de profondeur depuis la caverne jusqu'à l'autel, où M. de Nointel, ambassadeur de France, qui visita ce souterrain, fit célébrer la messe. De cette position, la voûte de la grotte paroît avoir quarante brasses d'élévation, sur cinquante de largeur : outre cela, la voûte a une forme bien arrondie, & parsemée de grosses masses de cristallisations, les unes hérissées de pointes semblables à la figure qu'on donne à la foudre de Jupiter; dans d'autres parties elle offre des bosses, d'où pendent des grappes, des festons, & enfin des stalactites à formes arrondies, & d'une longueur surprenante. A droite & à gauche, ce sont des rideaux & des nappes qui se déploient en tous sens, & qui forment sur les côtés des espèces de tours cannelées, vides la plupart, & présentant des cabinets pratiqués autour de la grotte. On distingue parmi ces cabinets un gros pavillon, formé par un assemblage de stalagmites qui représentent si bien les pieds, les branches des têtes des choux-fleurs, qu'il semble que la nature ait voulu copier ces sortes de végétations. Toutes ces pétrifications ont le grain d'un marbre blanc demi-transparent, qui se casse en trapézoïdes, comme les spaths & la pierre judaïque. La plupart de ces pièces sont couvertes d'une écorce blanche, & résonnent comme le bronze lorsqu'on frappe dessus.

Un peu au-delà de l'entrée de la grotte s'élèvent trois ou quatre piliers de stalagmites; ils ont la même solidité que le marbre, & sont implantés sur le sol comme des troncs d'arbres. Le plus élevé de ces troncs a six pieds huit pouces, sur un pied de diamètre; il est presque cylindrique & d'égale grosseur partout, si ce n'est en quelques endroits, où il est comme ondoyant, arrondi par la pointe, & placé au milieu des autres. Le premier a un diamètre double de celui des autres. Il y a sur le même rocher quelques autres piliers naissans, qui sont comme des bouts de corne creux : un de ces piliers, qui paroît avoir été cassé sur sa longueur lors de la visite de M. de Nointel, représente véritablement le tronc d'un arbre coupé en travers. Le milieu, qui est comme le corps ligneux de l'arbre, est d'un marbre brun, large d'environ trois pouces, enveloppé de plusieurs couches de différentes couleurs, ou plutôt d'autant de vieux aubiers, distingués par six cercles concentriques, épais d'environ deux ou trois lignes, & dont les fibres vont du centre à la circonférence. Il est incontestable que ce sont autant de produits de stalagmites, & que, s'il ne tomboit pas d'eau de la voûte dans cet endroit lors de la visite de M. de Tournefort, c'est que ce point en étoit desséché. Quoi qu'en ait dit ce savant botaniste, il est possible que des gouttes d'eau, tombant de vingt-cinq à trente brasses de haut, aient pu former des pièces cylindriques terminées en pointes, dont la régularité n'est pas interrompue : une goutte d'eau a pu ne pas se dissiper par sa chute, & arriver à chacune de ces colonnes pour en former la suite. On doit juger de ce travail par celui de certaines gouttes d'eau que laissoient couler des nappes dentelées, & enfin nous pouvons citer une infinité d'autres grottes pareilles à celle d'Antiparos, où ce travail se continue de manière à nous persuader que celui de cette grotte avoit cessé ou étoit interrompu.

La pyramide qui servit d'autel à M. de Nointel est haute de vingt-quatre pieds, & relevée de plusieurs chapiteaux cannelés dans leur longueur. Les ornemens dont elle est chargée sont tous en choux-fleurs, c'est-à-dire, terminés par de gros bouquets, mieux finis que si un seul sculpteur y eût travaillé. M. de Tournefort prétend que ces pyramides ne sont pas le produit de gouttes d'eau, comme le pensent tous ceux qui ont visité les grottes, où un semblable travail se continue encore sous leurs yeux, & sous forme de choux-fleurs; travail qui s'opère par la chute des gouttes d'eau, &c.

J'ajouterai aussi, d'après M. de Tournefort, une circonstance qu'il a remarquée, & qui me paroît fort favorable à l'opinion que nous avons opposée à la sienne; c'est que la partie de la voûte qui répond à la pyramide, offre des festons ou stalactites d'une longueur extraordinaire, & qu'on ne peut contester avoir été formés par la chute de gouttes d'eau. Or, les mêmes gouttes d'eau n'ont-elles pas pu concourir à la formation des pyramides en choux-fleurs? Ce qui m'a le plus frappé dans ce que nous dit Tournefort pour combattre le sentiment commun des physiciens-naturalistes sur la formation des congélations qui se trouvent dans les grottes, & établir son opinion, c'est qu'il prétend qu'*il y a beaucoup plus d'apparence que les congélations qui pendent à la voûte, qui se forment du haut en bas, & qui sont connues sous le nom de* stalactites, *ont été produites par le même principe de la végétation.* Il me semble cependant que, dans ce cas, M. de Tournefort ne peut rien objecter contre le transport & le travail des gouttes d'eau chargées des principes de la cristallisation, car ces gouttes d'eau se rencontrent à l'origine des stalactites, & peuvent se distribuer sur leur longueur.

Pour faire le tour des pyramides on passe sous un massif ou cabinet de congélations. Les draperies des parois sont des tapis d'une grande beauté, plus blancs que l'albâtre : on en cassa quelques-uns, dont l'intérieur avoit l'apparence de l'écorce de citron confite.

J'ajoute ici comme une particularité intéressante la découverte d'une fontaine qui se trouve dans le voisinage de la route par laquelle on sort de la grotte. Ces eaux courantes intérieures se remarquent assez réguliérement dans presque tous ces souterrains, parce qu'elles ont la plupart du tems contribué à deux opérations successives de la nature dans les grottes : la première est celle de leur excavation, & la seconde celle d'une partie de leur remplissage par les congélations de toutes sortes, & la formation de l'albâtre en particulier.

Dans la description de la grotte d'*Antiparos*, d'après M. de Tournefort, j'ai cru devoir combattre son opinion sur la végétation des pierres, quoiqu'elle soit entiérement passée de mode, & je l'ai fait avec d'autant plus de confiance, que ce savant présente dans sa description tous les détails qui peuvent autoriser le sentiment contraire au sien ; sentiment qui est d'ailleurs généralement adopté.

J'ajouterai, pour terminer ce qui concerne ce travail de la nature, ce que M. de Tournefort nous apprend touchant la grotte d'*Antiparos*, qui sert comme de vestibule à la grande grotte : elle est toute revêtue de marbre cristallisé & cannelé. Il remarque d'ailleurs que la croupe de la montagne où sont ces grottes, est comme pavée de cristallisations transparentes, semblables au spath ordinaire, & qui se cassent toujours en trapèzes ou en cubes. M. de Tournefort présume que ces cristallisations sont les indices des grottes souterraines : il en a vu de pareilles en Candie, sur le mont Ida, & à Marseille sur la Baume de M. Puget, à Saint-Michel d'eau douce. (*Voyage au Levant, par M. de Tournefort.*)

ANTIPODES. C'est le terme relatif par lequel on entend, en géographie, les positions des peuples ou des objets qui occupent sur le globe des contrées diamétralement opposées les unes aux autres. Ainsi ceux qui sont sur des parallèles à l'équateur également éloignés de ce cercle, les uns du côté du midi, les autres du côté du nord, qui sont sous le même méridien, & qui sont à la distance les uns des autres de cent quatre-vingts degrés ou de la moitié de ce cercle, sont *antipodes*, c'est-à-dire qu'ils ont les pieds diamétralement opposés.

Les *Antipodes* souffrent à peu près le même degré de chaud & de froid ; ils ont les jours & les nuits également longs, mais en des tems opposés. Il est midi pour les uns quand il est minuit pour les autres, & lorsque ceux-ci ont le jour le plus long, les autres ont le jour le plus court : outre cela, ils ont l'hiver pendant que les autres ont l'été, & l'été pendant que les autres ont l'hiver.

Nous disons que les *Antipodes* éprouvent à peu près le même degré de chaud & de froid ; mais cependant ceci souffre quelques exceptions & quelques variétés assez considérables ; car, 1°. il y a bien des circonstances particulières qui peuvent modifier l'action de la chaleur solaire, & qui font souvent que des peuples situés sous le même climat ne jouissent pourtant pas de la même température : ces circonstances sont en général la position des montagnes, le voisinage ou l'éloignement de la mer, les vents, &c. ; 2°. le soleil n'est pas toute l'année à la même distance de la terre ; il en est, par exemple, sensiblement plus éloigné au mois de juin qu'au mois de janvier : d'où il s'ensuit que, toutes choses d'ailleurs égales, notre été en France doit être moins chaud que celui de nos *Antipodes*, & réciproquement notre hiver moins froid que le leur. Aussi trouve-t-on de la glace dans les mers de l'hémisphère méridional, à une distance beaucoup moindre de l'équateur, que dans l'hémisphère septentrional.

L'horizon d'un lieu étant éloigné du zénith de ce lieu de quatre-vingt-dix degrés, il s'ensuit que les *Antipodes* ont le même horizon plat, mais non le même horizon ou calotte apparente dans le ciel.

Il s'ensuit encore que, quand le soleil se lève pour les uns, il se couche pour les autres.

La plupart des Anciens, comme le peuple d'aujourd'hui, ont traité cette opinion des *Antipodes* avec un souverain mépris, n'ayant jamais pu parvenir à concevoir comment les hommes & les arbres subsistoient suspendus en l'air les pieds en haut ; en un mot, tels qu'ils paroissent devoir être dans l'hémisphère opposé.

Ils n'ont pas fait reflexion que ces termes *en haut*, *en bas*, sont purement relatifs, & signifient seulement plus loin ou plus près du centre de la terre, centre commun où tendent tous les corps pesans, & qu'ainsi nos *Antipodes* n'ont pas plus que nous la tête *en bas* & les pieds *en haut*, puisqu'ils ont comme nous les pieds plus près du centre de la terre, & la tête plus loin, mais ayant une tendance égale & également forte vers ce centre. Avoir la tête en bas & les pieds en haut, c'est avoir le corps placé de manière que la direction de la pesanteur se fasse des pieds vers la tête. Or, c'est ce qui n'a pas lieu dans les *Antipodes* ni dans tout autre lieu de la surface de la terre, car tous les habitans de la terre, soit aux *Antipodes*, soit ailleurs, sont poussés comme nous vers le centre de la terre, suivant une direction qui va de la tête aux pieds.

Ce qu'il y a de plus propre aux *Antipodes*, & en quoi seulement il nous reste à les considérer ici, c'est d'être dans des lieux diamétralement opposés entr'eux sur le globe terrestre ; de manière qu'ayant mené une perpendiculaire ou une verticale à un lieu quelconque, & par conséquent par le zénith de ce lieu, l'endroit opposé à la surface du globe, que cette verticale prolongée ira couper, en soit l'antipode. Tout ce qui s'ensuit dans la supposition de la sphéricité de la terre a été développé ci-devant, relativement au physique des lieux, qui nous intéresse principalement; mais quand la terre ne seroit pas exactement sphérique, il y auroit peu de changemens dans les apparences célestes suivantes, comparées ensemble par rapport aux *Antipodes*.

1°. Le soleil & les étoiles se lèvent pour l'un quand ils se couchent pour l'autre pendant toute l'année, parce qu'ils ont le même horizon en plan, mais non la même calotte hémisphérique.

2°. Le jour de l'un est la nuit de l'autre.

3°. Les jours opposés dans l'année sont égaux, ainsi que les nuits; de sorte que, quand un lieu a les jours les plus longs, l'autre a les plus courts.

4°. Ils ont les saisons contraires en même tems, & les mêmes dans des tems différens : ainsi, l'un a le printems pendant que l'autre a l'automne; l'un a l'été pendant que l'autre a l'hiver, & réciproquement.

5°. Ils ont les pôles différens également élevés; ils sont à une égale distance de l'équateur, mais dans des points opposés; ils sont placés dans le même méridien, mais ils correspondent à deux demi-cercles différens.

6°. Leurs heures sont contraires, quoiqu'elles soient au même rang : ainsi, il est midi pour l'un quand il est minuit pour l'autre, & trois heures après midi pour l'un quand il est trois heures après minuit pour l'autre : leurs heures diffèrent continuellement de douze.

7°. Les étoiles qui sont toujours sur l'horizon de l'un, sont toujours sous l'horizon de l'autre : celles qui restent long-tems sur l'horizon de l'un, ne restent que peu de tems sous l'horizon de l'autre.

8°. Le soleil & les étoiles semblent se lever à droite pour l'un, & à gauche pour l'autre lorsqu'ils regardent l'équateur; & si l'un a le soleil devant ou derrière lui pendant la moitié de l'année, l'autre l'a tout aussi long-tems.

ANTISCIENS, du grec ἀντὶ, contre, & σκιὰ, ombre. On appelle ainsi les peuples qui habitent de différens côtés de l'équateur, & où les ombres ont à midi des directions contraires.

Ainsi les peuples du Nord sont *antisciens* à ceux du Midi : les premiers ont à midi leurs ombres dirigées vers le pôle arctique, & les seconds les ont dirigées vers le pôle antarctique.

Il ne faut pas confondre les *Antisciens* avec les *Antéciens*, car les *Antéciens* sont placés sous le même méridien & à la même distance de l'équateur, les uns vers le nord, les autres vers le midi : de là il suit que les *Antéciens* ont la même latitude & la même longitude, mais les uns dans l'hémisphère septentrional, & les autres dans l'hémisphère méridional.

Outre cela ils sont placés sous la même demi-circonférence du méridien, mais sous des parallèles de différens côtés de l'équateur. Les habitans du Péloponnèse sont à peu près *antéciens* aux habitans du Cap de Bonne-Espérance. Les *Antéciens* ont la même longueur de jour & de nuit, mais en des saisons différentes. Lorsque les uns ont midi du plus long jour d'été, les autres ont midi du plus court jour d'hiver : d'où il suit que la nuit des uns est toujours égale au jour des autres. Quand les uns ont l'été, les autres ont l'hiver, mais ils ont midi en même tems.

Comme on court risque de confondre les *Antisciens* avec les *Antéciens*, c'est pour cette raison que je les ai rapprochés dans ce même article.

ANTRIM (Comté d'). De toutes les singularités qu'offre la côte septentrionale du comté d'*Antrim*, la plus remarquable est cet assemblage prodigieux de basaltes prismatiques, que l'on connoît sous le nom de *Chaussée des Géans*. C'est un môle ou quai qui, de la base d'un promontoire escarpé, s'avance de près de cent pieds dans la mer. Elle est formée par un assemblage de prismes basaltiques, qui sont placés l'un auprès de l'autre perpendiculairement à l'horizon. Ces prismes ont depuis quatre jusqu'à neuf faces : ces faces sont inégales entr'elles : seulement les faces qui se touchent dans deux prismes contigus, sont égales entr'elles. Le plus grand nombre de prismes réguliers est de six côtés. Dans une grande partie de cette chaussée on voit que les prismes sont composés sur leur hauteur de plusieurs morceaux ou articulations qui se joignent très-exactement entr'elles. La surface convexe de chaque articulation s'emboîte très-exactement dans la surface concave de l'autre articulation, soit supérieure, soit inférieure. Souvent les angles de l'une recouvrent une partie des angles de l'autre : d'où il résulte une si forte adhérence, qu'on ne peut les séparer sans briser quelques-uns de ces angles saillans. Quoique les angles soient de différentes grandeurs, cependant la somme des angles qui viennent aboutir au même point dans les prismes contigus, est toujours égale à quatre angles droits; car il n'y a pas de vides entre les prismes & la surface des différens massifs de la chaussée, qui offre des pavés réguliers de pierres polygones, unies étroitement. Cette surface est unie & d'une couleur noirâtre, semblable à celle des laves compactes.

Les objets les plus importans que présente la côte du comté d'*Antrim* sont, outre la chaussée des Géans, les deux promontoires de *Bengore* & de *Fairhead*, situés à huit milles l'un de l'autre, & formant, du côté de la mer, des escarpemens très-élevés, qui présentent les plus beaux assemblages de différentes formes de basaltes prismatiques.

Le premier, qui est à l'ouest de *Bally-Castle*, & à la distance d'environ six milles, comprend plusieurs caps & plusieurs baies, dont l'ensemble forme ce que les marins appellent *la tête de Ben-*

gore. Le plus singulier de ces caps est celui que l'on nomme *Pleaskin*. Son sommet est couvert d'un gazon touffu, sous lequel se trouve immédiatement la roche naturelle, dont la surface, en général fort unie, est fendue & brisée en quelques endroits. A dix ou douze pieds au dessous du sommet on apperçoit des rangées de colonnes prismatiques d'abord ébauchées, mais qui finissent par des suites plus distinctes de piliers de basaltes perpendiculaires à l'horizon, & présentant une superbe colonnade, dont l'élévation est de plus de soixante pieds. Cette colonnade est soutenue sur une base de roche noire, épaisse d'environ soixante pieds, qui n'a aucune forme régulière, & dans laquelle on remarque, comme dans les laves poreuses, une grande quantité de soufflures & de trous. Malgré l'irrégularité des formes de cette masse, on remarque dans quelques parties une certaine tendance à prendre des formes prismatiques.

Sous ce grand lit de laves informes est une seconde rangée de prismes qui ont trente à quarante pieds de longueur, mais dont les contours sont plus nettement terminés que ceux de la colonnade supérieure : plusieurs même sont aussi parfaitement réguliers que ceux de la chaussée des Géans, qui en sont très-peu éloignés. Cette seconde rangée de prismes a pour base une couche de pierres ocreuses d'un beau rouge : ces deux galeries naturelles, & la masse de roche informe qui les sépare, forment une hauteur verticale de cent soixante-dix pieds. De la base de la galerie inférieure, la roche qui forme le promontoire, & qui est couverte dans quelques parties, se prolonge & descend successivement d'environ deux cents pieds vers la mer. Cette masse, qui dans sa totalité a plus de quatre cents pieds de hauteur, présente le plus bel aspect de toute cette côte, par la singularité & la régularité de sa structure.

Quoique les promontoires de *Bengore* & de *Fairhead* offrent deux rangées de prismes basaltiques, avec des intervalles moins réguliérement organisés, rien ne prouve qu'il y en ait d'autres à une plus grande profondeur : on ne peut en rien conclure de plusieurs blocs basaltiques qui se trouvent fort avant dans la mer. La chaussée des Géans, qui est située au pied d'un de ces promontoires, est un prolongement de ces rangs de prismes beaucoup moins profonds, qui a été mis à découvert par la mer.

Les colonnes de *Bengore* sont presque toujours dans une position perpendiculaire, & cette position doit paroître d'autant plus naturelle, qu'elles font partie de couches horizontales bien suivies, & que partout où l'on en trouve d'inclinées, & qui s'écartent de la ligne verticale, elles présentent des marques très-visibles d'un dérangement accidentel, & qui prouvent que, depuis leur formation, ces colonnes ont éprouvé un déplacement plus ou moins étendu. Dans le cas où il n'y auroit pas eu un déplacement d'inclinaison simple, on peut voir que les formes des basaltes qui ne sont point perpendiculaires à l'horizon, étoient très-irrégulières, & sans aucun contour bien prononcé. Cette irrégularité est encore plus sensible dans les prismes courbes, & dont les angles saillans n'ont aucune forme bien nette.

L'on observe d'ailleurs que les prismes basaltiques de ce promontoire sont d'autant plus réguliers, à mesure qu'ils se trouvent à une plus grande profondeur. Ainsi le second rang de prismes du cap *Pleaskin* est beaucoup plus régulier que le premier ; mais tous les deux n'approchent pas de la perfection des prismes de la chaussée des Géans, tant relativement aux formes des prismes, que relativement à la solidité & à l'uniformité du grain des basaltes.

On peut évaluer l'étendue de la côte qui offre des basaltes, à quinze milles de longueur sur deux de largeur : on en trouve également sur la côte septentrionale de *Loughneagh*, & dans les montagnes du comté de *Derry* ; ce qui donne une étendue de quarante milles de longueur sur vingt de largeur, ou bien huit cents milles carrés.

A la partie orientale de la baie de *Ballycastle*, & à huit milles du cap de *Bengore*, on voit le promontoire de *Fairhead*, dont nous avons parlé, lequel s'élève également de quatre cents pieds au dessus de la mer. Les prismes ébauchés que présente cette masse vaste & d'un grain serré, sont d'un volume considérable : quelques-uns ont jusqu'à cent cinquante pieds de longueur. Le grain de la pierre est fort gros, & ressemble plus à celui de schorl noir, qu'au grain fin du basalte de la chaussée des Géans. A la base de ces colonnes gigantesques est un amas prodigieux de gros débris de laves, qui sont visiblement les produits des ravages du tems. Quelques-uns des blocs ont résisté au choc des agens qui tendoient à y former des éboulemens considérables, & présentent des groupes de prismes de plusieurs formes & dispositions assez semblables aux ruines artificielles qui embellissent nos jardins. Une sauvage aridité caractérise ce promontoire, au pied duquel la mer vient se briser avec furie : un ton gris uniforme revêt toute cette scène. En un mot, c'est le plus parfait contraste du beau cap de *Bengore*, où le ton brun des prismes, relevé par les teintes rouges de l'ocre & vertes du gazon, anime & embellit tout cet escarpement, où figurent les produits des feux souterrains.

La côte d'*Antrim* offre encore plusieurs amas de basaltes prismatiques, moins remarquables que les deux promontoires de *Bengore* & de *Fairhead*, mais qui n'en méritent pas moins d'attention. Ces basaltes peuvent surtout intéresser ceux qui, comme moi, s'attachent à rapprocher cette contrée volcanique de toutes celles que j'ai jugées appartenir à la plus ancienne époque. Les montagnes de *Dunmull*, entre *Colaraine* & la rivière de *Bush*, sont farcies de laves basaltiques : il y en a surtout à

Mamore, & elles s'y trouvent par rangées doubles bien distinctes; il y en a aussi à *Dunluce-Hill*, près du château de *Dunluce*, à côté de la rivière de *Busch*, près de *Bushmill*, sur le sommet de la montagne de *Croaghmore*, dans plusieurs endroits du haut pays de *Ballintoy*, sur la croupe septentrionale de la montagne de *Knocksoghey*; enfin dans l'île de *Raghery*.

Après les descriptions des divers promontoires qui bordent les côtes du comté d'*Antrim*, & où figurent les plus beaux monumens des prismes de basaltes; après les indications des masses de ces mêmes produits des volcans qui se trouvent dispersés à une certaine distance des côtes, je crois qu'il convient de considérer les collines & les montagnes qu'on observe dans le voisinage des promontoires & des masses isolées de basaltes, & qu'on trouve indiquées sur la carte qui accompagne l'ouvrage de M. Hamilton, comme autant de centres d'éruption des feux souterrains dans cette contrée, & comme des vestiges des cratères entièrement détruits. Comme M. Hamilton n'a pas su les reconnoître, il annonce qu'il n'y a pas eu de cratères ni de courans, avec une confiance que nous ont montrée tous ceux qui n'ont pas été à portée d'examiner les pays qui appartiennent aux deux premières époques, que j'ai distinguées dans les volcans. C'est en conséquence de ce défaut de connoissance de ce qui se passe nécessairement dans toutes les opérations des volcans, qu'il s'est privé des ressources qu'il en auroit tirées pour expliquer les différentes distributions des produits du feu, & surtout des laves & des rangées de basaltes prismatiques qu'on peut observer dans les promontoires de *Bengore* & de *Fairhead*, & dans celui de la *Chaussée des Géans*, qui, quoi qu'en dise M. Hamilton, a eu pour centre d'éruption la masse qui est à la tête de cette chaussée.

Outre cela, je vois semblablement à la tête des deux promontoires plusieurs hauteurs, comme au dessus des massifs de basaltes qui sont marqués dans la carte, des collines, des montagnes, qui probablement sont les vestiges des anciens cratères que les observateurs instruits, & qui sont éclairés par tous les principes que j'ai exposés dans la description des caractères de mes époques, ne pourront méconnoître, & dont ils sauront tirer parti pour terminer l'étude de cette contrée intéressante parmi les contrées volcaniques. C'est par cette marche qu'on parviendra à rapprocher cette contrée de toutes celles où j'ai rencontré en Auvergne & en Vélay, les produits des feux souterrains dépendans des plus anciennes époques.

Il y auroit encore à mettre en ligne de compte, pour donner la solution de toutes les difficultés que présente cette côte, l'examen & l'appréciation de toutes les parties des courans anciens, détruites par les vagues, qui sont ici fort violentes. Cette appréciation contribueroit encore à rétablir de grandes parties de l'ensemble qui manque, & peut-être encore des parties essentielles à ce qui doit instruire sur l'ancien état des masses.

La côte septentrionale d'*Antrim* paroît avoir été originairement un banc de rochers calcaires, dont la surface étoit plus élevée que le niveau actuel de la mer: c'est à travers de ce banc que les matières volcaniques se sont fait jour, & que des épanchemens considérables de ces masses fondues ont coulé pendant qu'elles étoient en fusion. Le banc calcaire a visiblement éprouvé de grands dérangemens par ces éruptions des feux souterrains, de telle sorte qu'en plusieurs endroits de la côte il se trouve au dessous du niveau de la mer, & que de grandes parties se montrent à une certaine profondeur dessous les eaux. Ailleurs, ce banc a disparu entiérement dessous les masses de laves qui le recouvrent pendant certains trajets, après lesquels il reprend sa première disposition & son premier niveau apparent. C'est de cette manière qu'on peut le suivre, au milieu de ses altérations, dans une étendue de plus de quarante milles, depuis *Lough-Foyle* jusqu'à *Loug-Lane*.

Au premier coup d'œil on découvre que la masse des laves, & surtout celle des basaltes prismatiques, a fait disparoître le banc calcaire dans toutes les parties où elle s'en est approchée, & y a occasionné des dérangemens considérables. On peut citer pour exemple les roches calcaires qu'on voit à l'est de *Portrush*, car on y remarque qu'après qu'elles s'y sont montrées dans un espace très-court, elles s'enfoncent tout à coup au dessous du rivage, aux environs de *Dunluce-Castle* (*voyez la carte de notre Atlas*), & peu après, proche les collines basaltiques du même endroit, on les perd entiérement de vue, tous les rochers de la côte étant formés par les basaltes. Près la rivière de *Busch*, le banc calcaire reparoît: il côtoie la mer pendant quelque tems, mais se perd ensuite totalement sous le promontoire basaltique de *Bengore*, comme nous le ferons voir par la suite, & sur une étendue de plus de trois milles on n'en découvre pas le moindre indice.

A l'est de *Bengore*, au-delà de *Dunseverick-Castle*, le banc calcaire s'élève considérablement: il forme ici la belle barrière de la baie de *White-Park*, & toute la côte de *Ballintoy*. Près de *Knoksogy* les collines basaltiques le cachent pour un moment à la vue; mais il reparoît ensuite de nouveau tout le long de la côte, jusqu'à la baie de *Bally-Castle*.

Le promontoire de *Fairhead*, majestueusement couvert par des rangées de colonnes prismatiques d'un grand module, paroît avoir totalement détruit le banc calcaire, car on n'y en trouve pas le moindre vestige: ce n'est qu'à l'est de ce beau promontoire qu'il reprend son ancienne disposition, surtout vers la côte de *Glenarm*, dont l'aspect est d'une grande beauté.

Pour achever de faire connoître cette côte par un apperçu général, nous jetterons un coup d'œil sur l'île de *Raghery*, que l'on découvre en entier du sommet de *Fairhead*. Les rochers calcaires de cette île, qui sont recouverts par des matières volcaniques d'une couleur très-foncée, ont un aspect fort remarquable. A l'ouest on observe de grandes masses de ces bancs qui répondent parfaitement à ceux de la côte d'*Antrim*, autant par leur organisation, que par leur niveau; ils sont également couverts par des lits de basaltes. A l'est, ces mêmes rochers se perdent dans la mer, mais ils sont remplacés par des matières volcaniques, dont l'arrangement est fort curieux, & figuré sur notre carte : ils forment la partie orientale de l'île. La grande conformité que l'on observe entre les bancs calcaires de l'île & ses basaltes, avec les bancs calcaires & les basaltes de la côte d'*Antrim*, fait naturellement naître l'idée que ces deux côtes ont fait partie d'un ancien tout. C'est probablement à un même ordre de choses qu'il faut attribuer leur formation primitive, & aux mêmes accidens des feux souterrains & de la mer qu'on doit leurs dérangemens. C'est enfin surtout à l'action longue & continuée de l'Ocean, que leur séparation totale est due.

Si l'on observe une ressemblance frappante sur les croupes de ces côtes correspondantes, il faut avouer qu'elle n'est pas moins grande lorsqu'on examine attentivement les différentes productions naturelles qui se trouvent dans l'intérieur des terres du continent & de l'île. La côte orientale de *Bally-Castle*, par exemple, présente des masses très-distinctes de pierres de sable ou de grès, de charbon de terre & de mines de fer. Les mêmes substances se retrouvent exactement dans l'île de *Raghery*, & les enveloppes qui les accompagnent, prouvent que ce sont les mêmes filons qui les accompagnent.

Il me semble qu'on peut conclure de tous ces apperçus, que toute la côte d'*Antrim* a subi successivement des changemens très-sensibles, & que les promontoires qui maintenant bravent l'impétuosité des vagues, & dont nous donnerons par la suite une description raisonnée, ont conservé, malgré cela, les monumens les plus curieux & les plus propres à nous attester l'histoire de toutes les révolutions que cette côte intéressante a éprouvées. Nous nous étendrons au reste sur la constitution génerale de l'île de *Raghery* à son article; c'est pourquoi nous y renvoyons. L'île de *Raghery* est un de ces monumens qui nous présentent un assemblage des dépôts de la mer & des produits des feux souterrains, lequel s'y trouve conservé dans un beau rapprochement, au milieu de la destruction journalière de l'Océan : c'est cette destruction qui a dégagé ces masses curieuses des matières scorifiées & cuites qui les recouvroient. Nous y remarquons enfin des croupes qui offrent les extrémites des courans de laves & des couronnemens de prismes, dont les formes sont plus ou moins décidées. Je vois ces détails dans les estampes de madame Drury. Je n'ai pu les emprunter des naturalistes anglais, qui ne se sont attachés qu'à décrire les prismes de la chaussée des Géans, & leurs articulations singulières : ils n'ont donné aucune attention aux circonstances qui les environnoient, telles que sont les matières qui leur servent de bases, *la forme des montagnes au pied desquelles ces prismes se trouvent, & dont le sommet est un cône tronqué*; la nature des blocs de laves en désordre qui recouvrent les croupes & les bords de la plage; enfin, la distribution générale des matières scorifiées ou non, le long des côtes de la mer. Ces observations rapprochées pouvoient seules conduire à des résultats intéressans, & elles n'ont pas été faites : ce n'étoit cependant que d'après la discussion de tous ces objets qu'on pouvoit se flatter de parvenir à connoître la véritable origine de ces masses curieuses, ainsi que leur conformité avec celles de prismes semblables, si multipliées en Auvergne.

Ce plan de recherches, s'il étoit exécuté, feroit découvrir toute l'étendue qu'occupent les produits du feu autour de la chaussée des Géans, ainsi que les différentes variétés des prismes. On en a déjà observé plusieurs massifs en quelques endroits situés, soit dans l'intérieur des terres, soit le long des côtes de la mer : on a trouvé, par exemple, des prismes de basalte à quatorze milles anglais de la chaussée des Géans & au sud de *Bally-Castle*. Ce sont des assemblages de colonnes polygones, formées par des articulations qui ne sont pas concaves & convexes comme celles de la chaussée des Géans, mais qui, semblables à des tronçons prismatiques, s'ajoutent les uns sur les autres dans la longueur des prismes, & se joignent par des surfaces planes ou perpendiculaires, ou inclinées à leurs axes.

Quant aux masses prismatiques qui sont distribuées le long des côtes de la mer, on en a remarqué plusieurs. On en voit à *Magilligan*, dans la péninsule de *Donsevery*; à *Ballingtoy*, à *Fairhead*, & même jusque dans la baie de *Carrikfargus*. Tout ce trajet présente une étendue d'environ vingt lieues marines de côtes, couvertes probablement de matières fondues, parmi lesquelles se trouvent des basaltes prismatiques. Il y a grande apparence que le fond de la mer, dans le détroit qui sépare les côtes de l'Irlande & de l'Ecosse, en face de la chaussée des Géans, est tapissé par une croûte de matières fondues; car plusieurs rescifs que la mer y découvre en basses eaux, sont des assemblages de prismes : on trouve même sur les côtes d'Ecosse opposées, des falaises toutes composées de rideaux de prismes, qui sont des produits du feu, correspondans à ceux de l'Irlande, & en dernier lieu M. Bancks a observé que la petite île de *Stafa*, voisine de l'île de *Mula*, une des îles de l'Ouest, située à trente lieues au nord de la chaussée des Géans, n'étoit qu'un massif de prismes qui, dans certaines parties, avoient des courbures singulières. Ainsi ce canton incendié, le plus célèbre par ses prismes, sera de même très-recommandable

par

par son étendue, &c. (*Voyez* dans notre *Atlas*, *la carte* que nous avons empruntée du *Voyage de M. Hamilton à la côte du comté d'Antrim*, où sont indiqués plusieurs massifs de basalte, & les notes que nous avons jointes à cette *carte*.)

Notes relatives à la carte des côtes septentrionales du comté d'Antrim, par M. W. Hamilton.

« L'échelle de cette carte est d'un pouce anglais par mille; mais l'auteur ne dit nulle part s'il parle de milles d'Angleterre, de 69 ½, ou de ceux d'Irlande, de 60 au degré, & en général les distances qu'il énonce, s'accordent peu avec celles que donnent les cartes ordinaires.

Les *lignes ponctuées*, le long des côtes, marquent la pierre calcaire (*limestone*); une *flèche* indique la direction des marées, & les chiffres romains l'heure de la pleine mer.

De petits cercles (ooo ooo) désignent les prismes de basalte.»

Observations générales.

Les côtes, presque partout fort escarpées ou coupées à pic, sont formées d'un banc de *pierre calcaire*, composé de couches à peu près horizontales, & surmonté de basaltes.

Ce banc calcaire règne depuis le golfe de *Larne* (*Lough-Larne*), dans le midi du comté d'*Antrim*, jusqu'à celui de *Foyle* (*Lough-Foyle*), dans le comté de *Londonderry*. M. Hamilton ajoute à ces délimitations, *une étendue de quarante milles*, mais suivant les cartes, presque le double en milles anglais.

Il donne le nom de *pierre de craie* (*chalky-stone*) à cette pierre calcaire qui renferme quelques bélemnites & autres corps marins, avec beaucoup de pierres à fusil, telles qu'on les trouve ordinairement dans la craie. Il paroît en effet que c'est une craie durcie, à en juger par les échantillons que j'en ai vus.

La *pierre à fusil* se trouve quelquefois engagée dans la partie des prismes de basalte qui reposent sur le banc calcaire; elle est alors opaque & altérée dans sa couleur, dit M. Hamilton. Je l'ai trouvée telle, en effet, dans les échantillons que j'ai eu pareillement occasion de voir : sa couleur étoit d'un blanc-terne, & un morceau creux renfermoit dans sa cavité une poudre blanche, rude au toucher, happant à la langue, presque point calcaire, & paroissant de la même nature que la croûte qui adhère ordinairement à la surface des *silex*.

M. Hamilton observe que le banc calcaire ne conserve pas partout la même hauteur; qu'il s'abaisse réguliérement dans le voisinage des prismes de basalte, & que, sous les prismes mêmes, il disparoît entiérement : c'est ce qu'on peut voir dans sa carte.

D'autres observations plus particulières, éparses dans son ouvrage, seront rangées ici selon les lieux dénommés dans cette carte, en suivant la côte de l'est à l'ouest.

Fair-Head.

Ce cap (le *Robogdium promontorium* de Ptolémée, selon M. Hamilton) est à l'extrémité occidentale d'une longue côte toute calcaire : sa hauteur est de plus de quatre cents pieds au dessus de la mer, qui le bat constamment avec furie. C'est une masse de gros prismes, dont quelques-uns ont plus de cinq pieds de diamètre, d'un basalte grossier, avec peu d'articulations : une partie de cette masse repose sur la pierre de sable; elle forme partout un précipice, dont le fond est un amas immense de débris, & il n'y a presqu'aucune trace de végétation.

Collieries.

Mines de charbon, ouvertes sur l'escarpement de la côte, peu exploitées à cause de la violence de la mer, quoique d'anciennes galeries annoncent qu'elles l'ont été en des tems antérieurs aux documens historiques.

Cette côte orientale de la baie de *Bally-Castle* est composée de schiste bitumineux, de mines de fer & de grès. Le *charbon* se trouve entre deux couches de cette dernière pierre : il plonge vers le sud; mais du côté du nord, on croit qu'il s'étend jusqu'à l'île de *Raghery*.

Raghery.

Cette île est nommée *Rathlin* sur les cartes. M. Hamilton, qui n'en fait pas la remarque, trouve une telle ressemblance entre ses côtes & celles de la baie de *Bally-Castle*, qu'il regarde comme incontestable qu'elle en ait été détachée. Le fond de sa baie est une argile de bonne tenue. La *petite vue* gravée sur la carte est celle du cap de *Doon* (*Doon-Point*), dans la partie orientale de l'île. Près de là, la côte vis-à-vis des mines de charbon est d'une pierre calcaire particulière, dure & bleuâtre, qui, dans l'intérieur du pays, devient blanche & tendre, & plus loin est une sorte de grès calcaire : dans ces divers états elle donne une lumière phosphorique sur les charbons ardens, sans exhaler cependant aucune odeur.

La partie occidentale de l'île est plus montueuse que celle de l'est, mais il ne paroît pas que l'auteur l'ait visitée avec soin.

Marées.

M. Hamilton remarque surtout l'irrégularité & la violence des marées dans ces mers : le flux, venant de l'ouest, amène une masse d'eau très-considérable, que la pointe de l'île partage en deux parties. Celle qui coule entre l'île & l'Irlande, y forme un courant terrible, qui produit une contre-marée de l'est à l'ouest, tout le long des côtes d'*Antrim*, de *Londonderry* & de *Donegal*. On voit ainsi, sur une largeur de quelques milles, deux courans parallèles & contigus, dont les directions sont totalement opposées. Les vents, qui soufflent ici presque constamment de l'ouest, augmentent encore la force du courant principal, & il arrive fréquemment que la marée monte pendant neuf heures entières.

Bengore.

Ce grand promontoire, à huit milles à l'ouest de celui de *Fair-Head*, est un assemblage de divers caps moins considérables, tous pareillement coupés à pic, & formés de prismes de basalte, presque partout dans une situation verticale.

Pleaskin.

Le plus remarquable de ces caps présente, sur une hauteur de près de quatre cents pieds,

1°. Sous la terre végétale, *basalte informe* & compacte, épais de dix à douze pieds;

2°. *Grands prismes* réguliers, placés verticalement, hauts de plus de soixante pieds;

3°. Seconde masse de *basalte informe*, avec de petites cavités & quelques prismes irréguliers, sur une épaisseur de près de soixante pieds;

4°. Seconde colonnade de *prismes*, plus beaux, mieux terminés, moins gros, & d'un grain plus fin que ceux de la premiere : leur hauteur est de quarante à cinquante pieds; ils reposent sur une pierre ocreuse, rouge, sous laquelle le terrain, couvert de rocs & de verdure, forme, jusqu'à la mer, une pente d'environ deux cents pieds de hauteur.

On voit sous les eaux des prismes en place, qui ne peuvent appartenir qu'à une colonnade différente des deux autres : le basalte en est plus fin, les arêtes plus vives, les articulations plus nettes, & toujours convexes & concaves, tandis qu'ailleurs elles sont souvent plates.

Giant's causeway.

La *chaussée des Géans* proprement dite appartient, par sa situation & par sa nature, à cette colonnade inférieure : c'est un môle qui, du pied d'un cap coupé verticalement, s'avançant à quelques centaines de pieds dans la mer, est comme un pavé régulier & serré, formé par des prismes, dont les plus gros n'ont guère plus d'un pied de diamètre; ils sont à quatre, cinq, six, sept ou huit côtés : ceux à six sont en plus grand nombre que tous les autres pris ensemble; ceux à huit sont fort rares, & il ne s'en trouve aucun à neuf côtés, quoi qu'on ait dit M. Mollineux.

Les anciens habitans, frappés de la régularité de ce môle, & sachant qu'on voyoit quelque chose de semblable sur les côtes de l'Ecosse, le prirent pour un reste d'une *chaussée* qui communiquoit autrefois d'une île à l'autre, & de là le nom qu'ils lui donnèrent de *Chaussée des Géans*.

Dunluce-Castle.

C'est surtout sous ce château que le *silex* se trouve engagé dans la substance de la partie des prismes, qui touche à la pierre calcaire.

Les autres lieux de ce canton où se trouvent des prismes de basalte, sont la montagne de *Dunmull* & ses alentours, où l'on en voit deux rangées l'une sur l'autre; celle de *Dunluce*; le lit de la *Bush*, auprès du pont de *Bushmills*; le sommet de *Croagmore*, élevé d'environ six cents pieds au dessus de la mer; la plaine haute, voisine de *Ballintoy*, où les prismes sont généralement courbés, & divers endroits de l'île de *Raghery*, où on les voit sous différentes inclinaisons.

Le *basalte informe* se fait remarquer dans une étendue de terrain plus considérable : on le trouve jusque sur le bord septentrional du lac *Neagh* (*Lough-Neagh*), & dans les montagnes du comté de *Londonderry*; il forme en plusieurs endroits des prismes imparfaits, & s'étend ainsi sur un espace de quarante milles en longueur, & de vingt milles en largeur.

Dans les parties où le *basalte informe* est contigu aux prismes, il est toujours cellulaire, renfermant dans ses cavités, ou de la zéolite, ou de l'argile, ou de la stéatite. Les gros prismes sont aussi cellulaires, & il en est de même encore de la partie convexe ou supérieure des articulations, même dans celles des prismes les plus compactes, tels que ceux du *Pavé des Géans* : la couleur de ceux-ci est noire; ailleurs, on en voit de bleuâtres, de rougeâtres & de gris.

M. Hamilton ne pense pas qu'il y ait dans tout ce canton, aucune bouche d'éruption ni aucune montagne de forme volcanique; mais j'en ai dit la raison dans mes *Epoques*.

Les minéraux qu'il cite comme accompagnant le basalte, sont l'ocre, diverses mines de fer, la stéatite verdâtre, la zéolite, un mélange friable d'argile durcie, de fer & de zéolite, semblable au *pépérino* d'Islande, & sous le nom de *pierre-ponce*, une pierre d'un noir-foncé, agissant sur l'aiguille aimantée, qui se trouve quelquefois sur le rivage de *Raghery*.

Il observe que, quelque compacte que soit le basalte, il s'altère & se ramollit sur les surfaces exposées à l'air ou à l'eau de la mer.

Voilà maintenant à quoi me paroissent se réduire les observations de M. Hamilton sur l'état de cette contrée volcanisée. Ce que j'ai dit d'ailleurs d'après lui, confirme bien ce que j'avois annoncé d'après mes observations faites en Auvergne.

Nature du basalte; principales variétés de cette pierre, avec la note des substances qui l'accompagnent.

Le caractère extérieur des basaltes du comté d'*Antrim*, & surtout de la *chaussée des Géans*, suffit pour les faire distinguer de toutes les autres substances minérales connues; mais comme cette substance se présente souvent sous des formes irrégulières & confuses, il est nécessaire d'en indiquer d'autres caractères, qui la fassent reconnoître lorsqu'elle se trouve en masses solides & informes.

Le basalte de la *chaussée des Géans* est une pierre noire, très-pesante, d'un grain serré, ne faisant point effervescence avec les acides.

La pesanteur spécifique de ce basalte, relativement à l'eau, est comme 290 est à 100.

La contexture de ce basalte, quoique très-compacte, n'est pas tout-à-fait homogène, & sa surface, lorsqu'elle est parfaitement polie, présente toujours quelques légères porosités.

Ses parties constituantes sont le fer en état métallique, combiné principalement avec la terre siliceuse & l'argile. La présence du fer dans le basalte se manifeste par l'action qu'a cette substance sur le barreau aimanté; ce qui prouve que le fer s'y trouve en état métallique.

La contexture & la pesanteur du basalte excèdent de beaucoup celles d'un grand nombre de pierres: de là vient sa proprieté d'user les métaux plus que toute autre: c'est par conséquent la meilleure pierre de touche. Sa couleur noire le rend aussi plus utile, car les traces du métal s'y distinguent plus facilement que sur les autres pierres.

Par l'état métallique du fer contenu dans le basalte, on en a conclu avec raison que les colonnes prismatiques de la *chaussée des Géans* étoient autant de barreaux aimantés, dont la partie inferieure représentoit le nord, & la supérieure le sud. Cette vertu magnétique, qui prend le fer lorsqu'on le tient dans une position verticale, s'observe effectivement dans toutes les colonnes de la *chaussée des Géans*, même dans les morceaux qu'on en détache.

M. Hamilton a eu lieu de vérifier cette propriété près des promontoires qui se trouvent dans le voisinage de la *chaussée des Géans*, de même que dans la baie de *Bengorehad*, où l'aiguille aimantée a éprouvé de grandes variations.

La vertu magnétique de ces promontoires est assurément un phénomène très-curieux.

Nous allons donner maintenant la description des différentes variétés du basalte.

1°. *Relativement à leur forme & à leur grandeur.* Les colonnes de la *chaussée des Géans* ont rarement plus d'un pied de diamètre, & trente pieds de longueur; leurs angles sont tranchans, & les articulations bien sensibles, de même que les concavités & les convexités. On trouve sur les promontoires, & en plusieurs endroits de la côte, des colonnes d'un plus grand volume, mais fort imparfaites & irrégulières, avec des articulations très-plates. Les colonnes de *Fair-Head*, par exemple, sont d'une grandeur colossale: il y en a qui ont plus de cinq pieds de diamètre, sur cent pieds de longueur, sans aucune articulation remarquable. Il y a des endroits où le basalte n'offre aucune forme régulière; il y est en blocs ou masses informes.

2°. *Relativement à sa situation.* Les colonnes de la chaussée se trouvent exactement sur le bord de la mer: depuis ce niveau on les observe par degrés, jusqu'à la plus grande hauteur qu'on rencontre le long de la côte, près de l'ancien château de *Dunmull* & sur la pointe de *Croaghmore;* ce qui donne une élévation de six cents toises au dessus du niveau de la mer.

3°. *Relativement à leur position.* Les colonnes de la *chaussée des Géans*, aussi bien que celles qui sont dispersées sur la côte, sont pour la plupart perpendiculaires à l'horizon. Sur plusieurs promontoires, surtout près de la rade d'*Usher*, dans l'île de *Raghery*, les colonnes sont dans une position oblique; à *Doon-Point*, dans la même île, elles sont souvent courbées très régulièrement.

La disposition des basaltes de *Doon-Point* est singulière, car on y voit à la fois des colonnes perpendiculaires à l'horizon; d'autres systèmes sont horizontaux; enfin, il y a plusieurs paquets de prismes courbes. Ce petit promontoire offre dans sa base des prismes verticaux, sur lesquels repose immédiatement un second rang de colonnes courbées. L'inclinaison très-variée de ces colonnes donne lieu de croire qu'elles ont glissé dessus les autres avant d'être parfaitement endurcies: d'autres se trouvent enfin couchées horizontalement, surtout celles qui sont proche des bords de la mer, & dont les extrémités s'y prolongent assez avant.

4°. *Relativement à la couleur & au grain.* Le basalte de la *chaussée des Géans* est pour l'ordinaire de couleur noire: il y a cependant quelques masses qui sont bleues, rougeâtres ou grises. Quant au grain, on en trouve qui l'ont très-serré & fort fin; d'autres sont graveleux comme des granits de seconde formation: ces masses renferment beaucoup de schorl cristallisé, & presque toujours avec la nuance de noir.

5°. *Relativement à la contexture.* Quoique le basalte de la *chaussée des Géans* puisse être considéré comme une pierre en général compacte & homogène, on observe cependant que les premières articulations de chaque colonne sont ordinairement remplies de porosités: il en est de même à l'égard des grands prismes des deux promontoires. Elles présentent un grand nombre de cellules, qui pour l'ordinaire renferment une argile très-fine, & quelquefois d'autres corps étrangers: ces cellules contiennent aussi de la zéolite cristallisée, de l'argile brune, de la stéatite très-pure, & quelquefois de petits fragmens de silex, fournis par la craie de cette contrée.

Les substances minérales qui se trouvent pour l'ordinaire avec le basalte, sont :

1°. De l'ocre rouge en couches très-considérables;

2°. De la mine de fer en veines assez riches;

3°. De la stéatite verte savonneuse, rarement blanche;

4°. De la zéolite d'un blanc-sale : ce fossile se trouve pour l'ordinaire niché dans les cellules du basalte, souvent cristallisé en rayons divergens.

5°. Du pépérino, espèce de pierre friable, composée d'argile durcie & de fer, souvent pétrie de petits fragmens de zéolite : cette pierre a quelquefois une couleur roussâtre, comme le pépérino d'Islande.

6°. Des laves-ponces de couleur noire, contenant du fer dans un état métallique : on les trouve quelquefois sur le bord de la mer, dans l'île de *Raghery*.

Les matières suivantes ne paroissent pas avoir quelque rapport avec le basalte & les produits du feu.

1°. *Pierre calcaire sous forme de craie.* Il paroît que toute la côte a été formée originairement par cette substance, à une hauteur de plusieurs centaines de pieds au dessus du niveau actuel de l'eau de la mer.

2°. *Silex ou pierre à fusil.* Cette pierre se trouve en très-grande quantité dans la craie. Ce n'est que dans les endroits où le basalte touche immédiatement à la craie, que l'on y observe des fragmens de silex dans le basalte.

3°. *Grès.* Une masse considérable de cette pierre forme la pointe occidentale de la baie de *Bally-Castle*, & les basaltes de *Fair-Head* reposent sur du *grès.*

4°. *Charbon de terre.* C'est près de *Bally-Castle* que l'on en observe, qui est disposé par couches entre le *grès*, & l'on présume que le même filon s'étend sous la mer, jusqu'à l'île de *Raghery*.

5°. *Vitriol martial.* On le trouve d'ordinaire entre les lits de charbons de terre.

6°. *Roche calcaire phosphorique.* C'est sur la côte de *Raghery*, près l'endroit où l'on suppose la continuation de la veine de charbon de terre de *Bally-Castle*, où ces rochers se trouvent.

La première considération sur les phénomènes que nous trouvons dans les environs de la *chaussée des Géans*, & qui semblent favoriser l'origine volcanique des basaltes, c'est que d'abord des fragmens de pierre calcaire, de schorl, de même que de l'argile cuite & durcie, se trouvent dans les basaltes comme dans les laves. En second lieu, à l'égard de leur contexture, on voit des basaltes comme des laves d'un grain serré & spongieux.

2°. Le fer qui est dans le basalte y est dans l'état métallique : il en est de même du fer contenu dans les laves, l'une & l'autre substance agissant sur le barreau aimanté.

3°. Le basalte & les laves sont également fusibles *per se.*

4°. Le basalte, comme les laves, est une substance étrangère qui s'est également étendue, lorsqu'elle étoit fluide, sur la pierre calcaire, comme on peut le prouver par les silex qui se sont introduits dans leur surface.

En un mot, le basalte & la lave ont tant de rapport entr'eux, qu'il ne doit rester aucun doute à ceux qui savent observer sur la côte septentrionale du comté d'*Antrim*, qu'ils ne soient produits par la même cause. D'ailleurs, les substances minérales qu'on peut observer dans le voisinage des basaltes, présentent encore des caractères qui paroissent constater l'action du feu sur ces basaltes.

Ainsi, 1°. l'ocre rouge, dont on trouve des couches assez étendues entre les basaltes de la côte d'*Antrim*, paroît avoir été réduit en cet état de chaux métallique par l'action du feu.

2°. Les cristaux de schorl sont très-abondans dans ces basaltes comme dans les laves d'Italie, ainsi que le remarque Ferber dans ses *Lettres sur la minéralogie de l'Italie.*

3°. Le pépérino est incontestablement une production volcanique, comme son apparence brûlée & sa contexture spongieuse, qui caractérisent plusieurs matières volcaniques, le prouvent. D'ailleurs, il ressemble à celui qui vient d'Islande & de l'île Bourbon.

4°. Les pierres-ponces. Il est généralement reconnu que les pierres-ponces doivent leur existence au feu des volcans. On les trouve assez souvent sur la côte de *Raghery*, parmi les cailloux roulés de la plage; ce qui prouve très-fortement la préexistence des feux souterrains dans l'intérieur de cette côte. On ne peut pas dire que ces ponces ont été apportées de quelque pays volcanisé voisin, comme de l'Islande; car, examinées de très-près, on a trouvé qu'elles ne surnageoient pas à l'eau; ce qui vient probablement de la quantité de fer qu'elles contiennent.

D'après ce que je viens d'exposer, toujours en suivant les résultats des principales observations de M. Hamilton, il paroît prouvé que les argumens des naturalistes sur l'origine du basalte, relativement aux lieux où il se trouve, répondent parfaitement à ceux que son analyse en fournit aux chimistes : tous deux tendent à prouver qu'il doit son origine aux volcans.

Je ne parcourrai pas les objections que l'on a faites contre l'origine volcanique du basalte, objections que M. Hamilton expose en détail, & auxquelles il répond avec quelqu'avantage; mais je crois devoir me borner ici à deux de ces objections, & à les discuter de manière à imposer silence aux prétendus naturalistes qui les ont fait valoir : la première consiste à dire que, dans plusieurs pays où le basalte est très-commun, on ne rencontre aucune montagne qui caractérise un volcan, c'est-à-dire, aucune montagne qui ait conservé une forme conique, & qui offre à sa surface un cratère profond, comme on en trouve dans l'Etna & au Vésuve.

Je réponds à cela, que toutes ces formes qui caractérisent les volcans, sont de nature à se détruire & à disparoître après un certain nombre d'années; car étant le résultat de l'accumulation de scories qui se décomposent aisément, il suffit que le basalte date d'époques très-éloignées, pour qu'il puisse se conserver au milieu de ces destructions, & c'est visiblement ce qui a eu lieu sur la côte du comté d'*Antrim*. Ce qui le prouve incontestablement, ce sont les différentes nuances de destructions des cratères que nous offrent l'Auvergne & le Vivarais dans différentes contrées où les éruptions des volcans qui ont produit des courans de laves basaltiques, appartiennent à différentes époques très-éloignées, à la suite desquelles les cratères ont fait place à des masses de laves ou *culots*. (*Voyez cet article.*)

La seconde objection concerne la cristallisation prétendue du basalte. Ces observateurs peu réfléchis n'ont pas vu que la forme prismatique des basaltes, & même des basaltes articulés, comme on en trouve de si beaux échantillons dans le comté d'*Antrim*, & particuliérement dans la *chaussée des Géans*, n'étoit pas un résultat de la vitrification. Il suffit d'en examiner les masses différentes qui tiennent à divers courans, comme sont ceux des laves débarrassées des scories & des matières étrangères, pour être convaincu que ces divers systèmes de basaltes ont été primitivement une masse de matières fondues, qui, par l'effet de la retraite que le refroidissement a opérée, a produit toutes ces formes. Ainsi ces dernières objections disparoissent en conséquence de ces considérations, qu'on ne peut guère révoquer en doute lorsqu'on a examiné attentivement toutes les circonstances où les basaltes prismatiques se rencontrent.

Il me resteroit à vider les querelles que MM. Hamilton, Pictet & Richard m'ont faites pour avoir comparé les basaltes articulés de la *tour d'Auvergne*, qui faisoient partie de courans de laves, avec ceux de la *chaussée des Géans*, & en général les basaltes d'Auvergne, avec les basaltes des promontoires de la côte du comté d'*Antrim*; mais je réserve à produire les pièces de ce procès à l'article CHAUSSÉE DES GÉANS. (*Voyez cet article.*)

ANVERS, ville des Pays-Bas, dans le Brabant français. Cette ville est située sur l'Escaut : il y a un port commode, & fort agrandi depuis peu : les plus grands vaisseaux peuvent y remonter, & cette ville pourra en retirer une grande utilité, depuis que les Hollandais en partagent amicalement les avantages. Pour former un article qui convienne à *Anvers*, je vais décrire l'histoire naturelle du sol de cette contrée, & j'y joindrai les détails de sa culture.

En allant de Bruxelles à *Anvers*, on suit la vallée de la Senne, dont les bords sont élevés jusqu'à Vilvorden; ensuite on ne trouve plus qu'une plaine fort unie, avec quelques canaux aux environs de la Dyle, qui passe à Malines, ainsi que sur les bords de l'Escaut. Ce fleuve, dans la partie où on le rencontre, est digué du côté de la mer.

Dans tout ce trajet on trouve une belle culture au milieu des sables mêlés de terres substantielles, où l'on ne voit d'ailleurs aucun fragment de pierres. Outre les grains cultivés, sont des avoines, des colzas, des pavots, des féves, des trèfles, des lins, des pommes de terre, des bouquettes ou blé sarrasin.

Il paroît que tout ce terrain est formé par les dépôts des rivières qui y affluent de tous côtés, & qui coulent lentement faute de pente. D'ailleurs, ces dépôts ont été favorisés par les remoux de la mer, qui peut y remonter jusqu'à une certaine distance de ses bords.

Le sol entre Malines & *Anvers* est plus sabloneux & plus coupé de fossés qu'avant Malines; il est plus planté, sur les bords des fossés, de saules & d'aulnes. Les terrains où se cultive le lin, outre qu'ils sont meubles naturellement, se travaillent avec un grand soin, & le lin croît pour lors fort fin dans cette sorte de sol. Ce canton est une preuve que les manufactures dispersées ne nuisent point à la culture.

On peut distinguer ici les dépôts secondaires, dus aux dépôts des eaux courantes des rivières & des fleuves, des dépôts sousmarins : les premiers n'ont aucune couche suivie, telles qu'elles se trouvent dans les seconds. Dans les premiers, tout est formé de matériaux disparates, mélangés, rapportés de loin, & étonnés de se trouver ensemble; détruits, usés & dénaturés en partie. On y voit les pierres avec les dépouilles des végétaux, tels que des troncs d'arbres, des roseaux, des amas de feuilles, &c.; les pierres dures comme le silex, avec les pierres tendres calcaires, les sables avec les argiles.

L'eau ne circule guère à la surface de ces terrains; elle en pénètre la masse, sans être ensuite assujettie à aucune marche régulière dans l'intérieur : seulement elle y éprouve une stagnation générale. Tels sont les environs d'*Anvers*, & les dépôts des rivières qui se réunissent en ce point : aussi les puits sont peu profonds dans tout le trajet compris depuis Bruxelles jusqu'à *Anvers*, comme depuis *Anvers* jusqu'au Mordeck. L'eau pluviale y réside près de la surface de la terre, mais au plus à dix pieds de profondeur: aussi tire-t-on l'eau des puits au moyen de bascules, infiniment plus commodes que les poulies & les cordes.

J'ai vu près d'*Anvers* une fouille qui ne m'a présenté que des sables mêlés de terres en proportion plus ou moins grande, ainsi que de quelques coquilles marines. Les eaux s'y trouvèrent à très-peu de profondeur, comme nous l'avons déjà remarqué précédemment.

J'ai vu sur le port d'*Anvers*, à plus de six à sept pieds de hauteur, des lignes bien marquées, & à différens niveaux, lesquelles désignent les débordemens de l'Escaut, avec les années. C'est la ligne appartenante à 1715 qui est la plus élevee. Alors la cathédrale & une très grande partie de la ville furent couvertes d'eau. On voit par-là qu'à certaines époques l'eau reprend possession des pays qu'elle a formes dans des tems où les rivières & les fleuves éprouvoient de fréquentes crûes, avec des intervalles aussi multipliés.

En sortant d'*Anvers* pour aller à Bois-le-Duc, on traverse un pays plat qui est assez bien cultivé dans les environs d'*Anvers* : on y voit des seigles, des trèfles, des lins, des bouquettes ou blés noirs, &c. Ce trajet présente un sol plus maigre que ne l'est l'intervalle de Malines à *Anvers* ; cependant on y rencontre, comme avant *Anvers*, des maisons assez bien ornées, & entourées de haies formées avec des charmilles croisees ou paralléles.

A environ deux lieues d'*Anvers* on ne trouve plus qu'un sol où le sable est surabondant : c'est une vaste plaine, au milieu de laquelle il y a quelques rangées de dunes dispersées, & à moitié détruites. Il n'y a point de culture : seulement quelques bestiaux, comme vaches & chevaux, y trouvent une pâture peu substantielle. Dessous le sol, & à une certaine profondeur, il y a une mine de fer sabloneuse ou *alliofte*, comme celle qu'offrent les landes de Bordeaux. A une demi-lieue plus loin on tire l'argile, à environ quinze à seize pieds de profondeur : cette argile grise, ainsi que l'allioste, tient l'eau. C'est par cette raison que, dans cette contrée, l'eau des puits ne se trouve pas, comme nous l'avons dit, à une plus grande profondeur.

A mesure qu'on s'éloigne d'*Anvers*, l'inculture augmente, & l'on ne rencontre plus d'habitations à environ cinq lieues de distance, où est la limite du Brabant françois avec le Brabant batave. Ce n'est qu'après sept lieues que l'on voit des habitations fixes & de la culture, parce que le sable paroît mêlé de plus en plus de terres substantielles; & d'ailleurs, le sol étant même devenu très-argileux, il produit des prairies qui en occupent la plus grande partie, & quelques grains, comme seigles & fromens; enfin, du lin, des féves & de la garance. C'est pour favoriser toute cette culture, que ce terrain est coupé de canaux, & entouré de digues dans la plus grande partie de son étendue.

Tous ces différens travaux de culture & ces productions se montrent d'une grande beauté aux environs de la rivière de Bréda, & à une certaine distance de l'embouchure de cette rivière : c'est là que la vallée est diguée des deux côtés, avec des moulins qui épuisent l'eau concentrée dans ces enceintes. On y trouve des seigles, des lins, des herbages de toute espèce jusqu'à Poste-Horn, où recommence une nouvelle digue, & où l'on voit avec satisfaction des garancières, des linières, des herbages, des seigles, des fromens, dans les enceintes de terrains digues. J'observerai que tous ces terrains, très-bas, très-substantiels, & en général sabulo-argileux, s'annoncent comme des dépôts des rivières de Bréda, des Meuses & de l'Issel.

Je finis par remarquer que de nombreuses plantations de chênes & de pins se trouvoient établies sur un grand nombre des élévations de terres qui servent de digues autour des enclos, dont quelques-uns sont plantés eux-mêmes en bois, pendant que d'autres sont cultivés en seigles, en lins, &c. Seulement j'ai observé que les plants de bois profitoient mieux sur les faces & sur les bords élevés des digues, que dans les enceintes diguées.

Dans l'exposition de l'histoire naturelle du sol des environs d'*Anvers* & de ses diverses cultures, j'ai cru devoir comprendre tous les procédes qui ont été adoptés & suivis à l'embouchure de la rivière de Breda, quoiqu'éloignée d'*Anvers*, pour faire connoître sur quel plan de culture les différentes parties de cette côte maritime ont été traitées & améliorées, persuadé que ces procédés peuvent servir de modèles à nos agriculteurs lorsqu'ils auront de pareilles embouchures à mettre en valeur sur nos côtes, comme il s'en trouve beaucoup, ainsi que je l'indiquerai à l'article CÔTIÈRES (Rivières). (*Voy.* ESCAUT, BRÉDA, BOIS-LE-DUC, DORDRECHT.)

AOUSTE, ville ancienne d'Italie, capitale du *Val d'Aouste*, au pied des Alpes; elle est au bord de la *Doria-Balhea*. On trouve dans sa vaste enceinte, des prés, des champs, des jardins bien entretenus : c'est le centre d'une contrée couverte de montagnes, & qui aboutit au petit & au grand Saint-Bernard. Des chemins dirigés par-dessus l'une & l'autre montagne conduisent par la première en Savoie, & par la seconde dans le Valais. Ce pays a douze lieues de longueur, & est fertile en fruits & en pâturages. Nous y reviendrons lorsque nous traiterons du petit & du grand Saint-Bernard, & que nous le considérerons comme le débouché naturel de l'un & l'autre vers l'Italie. C'est l'ancienne *Augusta Salassiorum*. Les monumens qui y restent, prouvent que les Romains, surtout du tems de César-Auguste, avoient regardé ce poste comme très-important.

APALACHES. C'est une chose digne de remarque, que les montagnes de l'Amérique septentrionale ne sont pas isolées & dispersées çà & là sur la surface de ce continent : on ne les trouve, outre cela, qu'à environ cent cinquante milles de la mer, formant plusieurs chaînes placées les unes derrière les autres, courant presque parallélement à la côte, en s'approchant un peu du côté de la mer, à mesure qu'elles se prolongent vers le nord-est. Au sud-ouest, le pays compris entre la mer &

le Mississipi devenant plus étroit, les différentes chaînes de montagnes se réunissent en une seule, qui va, s'abaissant par degrés, jusqu'à ce qu'elle se perde dans la plaine lorsqu'elle s'approche du golfe du Mexique, après avoir donné naissance à quelques-unes des rivières qui se jettent dans ce golfe : telle est en particulier celle qu'on appelle *Apalachicola*; elle a vraisemblablement emprunté ce nom des *Apalachites*, nation indienne qui habitoit anciennement cette contrée. C'est vraisemblablement encore à la même origine qu'est due la dénomination des montagnes dans lesquelles se trouve la source de cette rivière, & qui ne sont effectivement que l'extrémité des grandes chaînes qui traversent l'Amérique septentrionale.

Les géographes européens appliquent cependant la dénomination d'*Apalaches* aux diverses chaînes de montagnes qui s'étendent au nord, quelques-uns donnant le nom d'*Apalaches* aux *montagnes bleues*, d'autres aux *montagnes du nord*, d'autres aux *Aleganis*, d'autres enfin à la chaîne appelée *Laurel-Rigde*, & en général à celles dont la réunion vient former ce qu'on devroit appeler les *Apalaches*. Mais le fait est qu'aucune de ces chaînes n'a été connue sous ce nom par les habitans du pays, soit indigènes, soit européens transplantés, que d'après les cartes européennes. Ainsi c'est avec toutes ces incertitudes que j'indiquerai ici les *Apalaches*, en attendant que les géographes accrédités des *États-Unis* fixent nos idees à ce sujet.

La hauteur de ces montagnes n'a pas été déterminée avec exactitude. Les *Aleghanys*, étant le point de partage des eaux de l'Atlantique & de celles que rassemble le Mississipi, sont certainement les montagnes les plus élevées de ce continent.

Mais leur hauteur, prise relativement à leur base, n'est pas si considérable que celle de beaucoup d'autres, parce que la contrée où elles sont situées va s'élevant par degrés, qui forment autant de chaînes de montagnes, placées les unes à coté des autres.

Les *montagnes bleues* & celles du *Pic d'Otter*, à les mesurer depuis leurs bases, sont estimees comme les plus hautes de l'Amérique septentrionale. Quelques observations, auxquelles on peut accorder une certaine confiance, donnent au pic le plus élevé quatre mille pieds de hauteur perpendiculaire; ce qui n'est pas la cinquieme partie de la hauteur des montagnes de l'Amérique méridionale, ni le tiers de celle qu'il faudroit à la latitude de la Virginie pour conserver les neiges pendant toute l'année. La chaîne des montagnes qui commence immédiatement au-delà des *montagnes bleues*, & qu'on appelle *montagnes du nord*, est d'une grande étendue; ce qui lui a fait donner par les naturels le nom de *montagnes sans fin*. (*Voyez* MONTAGNES.)

APENNIN. Chaîne de montagnes qui partage la péninsule de l'Italie dans toute sa longueur, depuis les Alpes jusqu'à l'extrémité méridionale du royaume de Naples. L'*Apennin* se détache d'abord des Alpes dans le voisinage du *Monte Appio* en Ligurie, & lorsqu'il est parvenu dans le Modenois, il fléchit sa direction du nord au sud, en se portant vers les côtes de l'Adriatique, d'où il s'éloigne ensuite pour se rapprocher de la campagne de Rome, & se prolonger à peu près au milieu de la péninsule, jusqu'à la hauteur de Benévent & à travers le royaume de Naples. C'est là qu'il se divise en deux branches, dont l'une va jusqu'au mont Saint-Ange dans la Pouille, & l'autre, traversant la Basilicate, se distribue sur deux lignes très-remarquables près de Venosa : l'une va se terminer au détroit qui sépare la Sicile de l'Italie, pendant que l'autre s'étend sur les rivages de la mer Ionienne.

On a eu tort de considérer comme montagnes particulieres qui se trouvent dans cette longue chaîne, le *mont Cassin*, le *Vésuve* ou *Monte Somma*, & *Radicosani* sur les confins de la Toscane, car ces différentes masses montueuses sont entièrement séparées de la chaîne; & comme elles n'en font nullement partie, elles doivent être considérées à part.

Je reviens maintenant aux différentes dispositions de l'*Apennin*, relativement aux contrées de l'Italie, contenues entre ses cimes & les bords des deux mers qui en baignent les enceintes nord & sud dans certaines parties, est & ouest dans d'autres. Guidé par les détails que m'a offerts la carte d'Italie de Danville, j'ai reconnu les différentes sinuosités de ses cimes, distribuées entre les états de terre-ferme qui les accompagnent. J'ai commencé par y voir le *Piémont* au nord, & la bande étroite de la *rivière du Ponent de Gênes* au midi. L'*Apennin* conserve la même proximité des côtes de la Méditerranée le long de la *rivière du Levant* toujours au sud, & les états de *Parme* au nord : ainsi sa direction est de l'ouest à l'est. C'est à la suite de ces États que sont situés le *Modénois*, le *Bolonois* & la *Romagne*, qui sont plus resserrés entre l'*Apennin* & la mer Adriatique; car la Toscane, en s'étendant beaucoup vers l'est, nous paroît écarter d'autant la chaîne de l'*Apennin*, quoique d'ailleurs fort large à cette hauteur. Il en est de même du *duché d'Urbin*, de la *Marche d'Ancône* & de *Fermo*, qui n'ont pas plus de largeur que la *Romagne*, vu que les deux provinces de Toscane, le *Pérugin* & l'*Ombrie*, jettent plusieurs branches de montagnes au pied occidental de l'*Apennin*, lequel donne naissance à des fleuves d'un cours fort étendu, tels que *l'Arno*, *le Velino* & *le Tibre*.

En suivant l'*Apennin* vers le sud, on trouve que les *Abruzzes* & le *comté de Molise* s'élargissent le long de l'Adriatique, & semblent pousser les cimes assez nombreuses de l'*Apennin* contre *la Sabine*, *la campagne de Rome* & *la terre de Labour*. Plus loin la Capitanate, toujours sur les bords de l'Adriatique, cette chaîne conserve une semblable largeur, en forçant la conscription des deux *principautés ultérieure & citérieure*, lesquelles se trouvent resserrées à peu près dans les mêmes limites que *la terre de Labour*. C'est dans cette ligne que l'*Apennin* se divise en deux branches bien marquées : l'une se prolonge entre *la terre de Bari* & *la terre de Lecce*, & parcourt le milieu de l'éperon de la botte dans toute son étendue ; l'autre semble osciller entre les deux *Calabres*. La première partie suivant le bord de la mer de Sicile entre les golfes de *Policastro* & de *Sainte-Euphémie*, & l'autre partie, également assujettie aux bords méridionaux de la même mer, règne depuis le golfe de *Squilace* jusqu'à *Spartivento*, où elle termine sa marche, sans avoir rien de commun avec le détroit de Messine.

L'*Apennin* est composé de plusieurs massifs de différente nature. Le centre ou noyau est un granit micacé : à côté sont des pierres calcaires en couches inclinées ; plus bas encore sont des couches calcaires à gros débris de coquilles marines, & des pierres de sable, le tout renfermé dans des collines distribuées le long de ses bords.

Dans l'examen de toutes ces matières, il est aisé de distinguer les montagnes des collines. Il y a trois ordres de matières dans la chaîne : 1°. le noyau de granit micacé ; 2°. les couches inclinées, composées de pierres de sable ou de pierres calcaires à grain fin ; 3°. les couches horizontales de pierres coquillières, d'argiles, de mélanges de sables marins & de coquilles, ou entières ou en débris ; 4°. j'ajouterois volontiers les remplissages des anciens lacs qui se trouvent à tous les niveaux, & dont les bassins sont fort étendus.

Les collines sont en général, ou voisines des bords de la mer, ou établies au milieu des massifs du troisième ordre. On y découvre des couches nombreuses de pierres coquillières, avec des lits d'argiles, des bancs de coquilles bien conservées, de pierres de sable, de cailloux roulés en différens états, & surtout liés en poudingues par des cimens sabloneux, ferrugineux ou calcaires : il y en a de grands amas au milieu de sables qui n'ont aucune liaison.

Les remplissages des lacs, au contraire, ne renferment que des animaux terrestres, des débris de granit, des cailloux roulés de toutes sortes de nature, des vases, des sables lavés, des coquilles fluviatiles & terrestres, mais aucune coquille marine.

Une observation générale qu'on peut faire sur toute l'étendue de l'*Apennin*, c'est que cette chaîne est accompagnée, sur les deux côtés, de collines plus ou moins hautes, plus ou moins nombreuses, toutes composées de débris de la chaîne intérieure, de mélanges d'argiles, de coquilles, ou en débris ou entières, & de cailloux roulés lorsqu'elles se trouvent situées sur les bords de l'ancienne mer.

Je puis citer ici les collines qu'on rencontre depuis Turin jusqu'à Tortone, celles qu'on voit dans les environs d'Alexandrie jusqu'à Boulogne, & dont on peut suivre la composition en entrant dans l'*Apennin*, & ensuite lorsqu'on retrouve les correspondantes entre l'*Apennin* & Florence. Celles du Siennois, qui bordent l'*Apennin*, sont aussi composées de semblables matériaux : il faut excepter cependant les différentes ramifications du noyau de l'*Apennin*, qui se prolongent jusque sur les côtes des deux mers, & forment certains bassins où sont rassemblées ces collines. On peut y ajouter les produits des volcans, qui se trouvent en général éloignés de la chaîne : ils ont changé la forme & la nature des terrains qui l'accompagnent à une certaine distance.

Au reste, ces mêmes bordures s'observent le long de toutes les chaînes de montagnes semblables à celle des *Apennins* : telles sont les Alpes, les Pyrenées, les monts Krapach, &c.

On doit cependant distinguer ces chaînes de montagnes en plusieurs classes : les unes, dont les noyaux sont composés de granits & de schistes graniteux ; les autres, qui n'offrent que des substances calcaires ou des pierres de sable micacées, distribuées par couches suivies, horizontales ou inclinées. En traversant les *Apennins* & les Jura, soit de Franche-Comté, soit du Dauphiné, les parties les plus élevées de ces deux chaînes sont, ou des massifs calcaires, ou des schistes argileux par couches distinctes. Dans les Alpes, dans les Pyrenées, dans les monts Krapach, la masse du centre, celle qui se montre vers le sommet, est toute composée de granits, de schistes graniteux, surmontés de couches calcaires.

Une autre différence remarquable entre l'*Apennin* & les chaînes dont je viens de parler, est celle de leur élévation. Les plus hautes sommités des Alpes sont trois fois plus élevées que les plus hautes des *Apennins*. On ne peut pas attribuer cette différence de niveau à ce qu'il n'y a pas dans la chaîne de l'*Apennin* une base graniteuse, comme elle se trouve dans les Alpes & dans les Pyrenées ; car il y a des parties de l'*Apennin* qui renferment des granits & des schistes graniteux, & d'ailleurs certaines îles de la Méditerranée, ainsi que des masses montueuses de l'Europe, dont les sommets sont encore plus bas que ceux de l'*Apennin*, renferment des granits & des schistes graniteux.

Que de détails relatifs à l'histoire de la Terre nous offrent les deux bordures de terrains qui accompagnent l'*Apennin* le long des rivages des deux mers ! détails qui annoncent des opérations de la mer très-remarquables, & qui appartiennent incontestablement à des époques postérieures à l'état ancien & primitif de l'*Apennin*, surtout après la retraite de la mer, dans le bassin de laquelle se sont organisés les dépôts qui accompagnent le noyau de l'*Apennin*.

J'ai fait connoître une grande partie de ces sortes de

de dépôts qu'on peut observer en Toscane, dans la *Notice de Targioni*, où j'ai exposé les différens caractères qui servent à distinguer les collines, ainsi que les époques successives auxquelles ces dépôts peuvent appartenir. (*Voyez* TARGIONI parmi les notices, & l'article de la MARCHE D'ANCÔNE.) J'ai montré de même les époques des différens dépôts de la mer Adriatique, à la suite des dispositions primitives des couches composant le noyau de l'*Apennin*. C'est là surtout que je me suis attaché à faire voir les dispositions différentes des inégalités de la surface de la terre, dépendantes du travail des eaux courantes dans des tems postérieurs à la retraite de la mer, qui a mis à découvert ces terrains qu'elle avoit organisés. (*Voyez* ANCÔNE.)

Je dois outre cela faire mention d'une pierre particulière, & qui me paroît une production propre à l'*Apennin*; c'est le *travertin*, sorte de dépôt formé à différentes époques par les eaux qui sortent des flancs de l'*Apennin* : ce sont surtout des eaux qui ont un certain degré de chaleur. Cette pierre est très-remarquable comme stalactite à tissu serré, & d'un blanc-mat; elle a servi très-utilement à des constructions considérables à Rome : c'est là & dans les carrières d'où l'on a tiré cette pierre, aux environs de cette ville, qu'on peut en reconnoître l'organisation singulière. Je renvoie ici à l'article TRAVERTIN, où tout ce qui concerne sa formation & ses carrières sera exposé plus en détail.

Je reprends maintenant, & je résume les différens traits par lesquels j'ai cru devoir faire connoître l'*Apennin*. Cette chaîne, que l'on peut considérer comme un rameau des Alpes, se détache de celles-ci, comme nous l'avons déjà dit, entre Gênes & Turin, ensuite se prolonge à l'est, jusqu'au Boulonnois : c'est là où elle fléchit sa direction du nord au sud pour descendre jusqu'à l'extrémité méridionale de la péninsule, où nous l'avons déjà suivi. En changeant sa marche, cette chaîne se range plus près de la côte orientale que de l'occidentale.

Elle est, comme les différentes masses des Alpes, bordée de collines composées de sables & d'autres substances que nous ferons connoître, ou par couches suivies ou en debris, mais moins abondantes & d'un moins grand volume que celles des Alpes.

Les montagnes de l'*Apennin* sont presque toutes calcaires, ollaires, schisteuses; cependant le granit perce quelquefois à travers ces substances de formation secondaire.

On peut regarder comme une dépendance de l'*Apennin* les collines du Montferrat, qui commencent dans la plaine de Turin, passent à l'ouest de Parme & de Plaisance, & vont se réunir à l'*Apennin* dans le Modénois. La nature de ces matériaux est en général la même que ces diverses substances qui accompagnent la chaîne de l'*Apennin*, & l'on y trouve même, comme dans les Alpes, des mines & des marbres.

Dans toutes ces montagnes & ces collines on rencontre en grande abondance un genre de pierre que le nature a distribuée partout dans l'*Apennin*, & plus que partout ailleurs en Italie : c'est la *serpentine* ou *pierre ollaire*, connue en Italie, & surtout en Toscane, sous les noms de *gabbro*, *gabretto*, *&c.* Cette pierre se trouve, ou pure ou mélangée avec la pierre calcaire. Les variétés que j'y ai remarquées sont en grand nombre, & pour la couleur, & pour la dureté : il y en a qui est dure comme le jade, & d'autre qui est molle comme certaines argiles.

Les beaux marbres se trouvent aussi fréquemment dans l'*Apennin*. ceux de Carrare, de Seravezza & de Sienne méritent la célébrité dont ils jouissent. Enfin, l'on trouve dans la Toscane & dans les collines du Montferrat, des jaspes, des agates, des calcédoines peu inférieures aux orientales.

L'*Apennin* même ne montre aucun vestige de volcans dans le voisinage des Alpes, car les pierres noirâtres du passage de la Bochetta, sur la route de Tortone à Gênes, & que l'on a indiquées comme volcaniques, sont des pierres ollaires qui n'ont jamais été touchées par le feu. Il en est de même de ces prétendus vestiges de volcans que l'on nous a annoncés comme existans dans l'*Apennin*, sur le *mont Traverso*, entre Boulogne & Florence, & qui sont des pierres noires d'une toute autre nature. Les véritables vestiges des anciens volcans ne se rencontrent qu'à *Radicofani*, *Acqua-Pendente* & *Bolsena* : le lac même, dont cette dernière ville porte le nom, est entièrement entouré de laves & de basaltes prismatiques.

La température de l'Italie, sur les sommets de l'*Apennin*, diffère beaucoup de celle des plaines qui accompagnent partout cette chaîne de montagnes : c'est ce qui change presqu'entiérement les cultures dans l'*Apennin*, dont la neige couvre la plus grande partie des cimes, dont quelques-unes offrent des glaciers qui s'étendent un peu sur ses croupes, pendant que, dans d'autres endroits, on trouve les vestiges remarquables de leur disparution totale.

Toutes les plaines & les collines qui accompagnent l'*Apennin* ont été recouvertes par les eaux de la mer dans des tems antérieurs à tous les monumens historiques, mais pourtant postérieurs à la formation des montagnes & à l'approfondissement de la vallée du Pô. C'est ce qu'atteste l'immense quantité de coquillages marins parfaitement conservés, & qui sont même encore colorés : on les trouve épars dans les plaines de la Lombardie & de la Toscane, jusque sur les collines du Montferrat, & sur les basses montagnes de l'*Apennin*.

Outre cela, on voit en plusieurs endroits du Piémont, de la Lombardie, de la Toscane, des champs absolument blanchis par les coquilles dont ils ſont couverts ; d'autres, dont elles empêchent la culture par leur nombre & par leur volume : elles y ſont preſque toujours diſpoſées par familles, comme on les trouve au fond de la mer. La plupart paroiſſent avoir été abandonnées par une retraite tranquille de ſes eaux, car on voit très-fréquemment les bivalves & les huîtres dans leur ſituation naturelle, & les deux valves encore appliquées l'une contre l'autre, quoiqu'elles ne ſoient point adhérentes. Quelques-uns de ces coquillages ont leurs analogues vivans dans les mers qui baignent actuellement les côtes de l'Italie : d'autres n'ont leurs analogues connus que dans les mers des Indes.

Le pays des pierres calcaires ordinaires commence dès le Piémont : on les trouve aux environs de Turin. Il paroît par l'oriĉtographie de M. Allioni, que l'on voit des corps marins foſſiles dans toutes les parties du Piémont : ainſi ce pays eſt calcaire, & il ſe continue dans le Montferrat, puiſque Bourguet a trouvé à Montafia des corps marins foſſiles : il y en a à Franca-Villa & Novi, & j'ai obſervé les mêmes amas calcaires à Piſe, à Livourne, à Velletri, à Terracine, à Gaëte, & juſqu'à Salerne, dans le royaume de Naples.

L'autre côté de l'Italie, ſitué ſur la mer Adriatique, eſt également calcaire. La pierre des environs de Lorette & d'Ancône eſt calcaire : ainſi l'on doit dire que, dans l'intérieur de l'Italie, de même que ſur les côtes, les pierres les plus communes ſont calcaires, & qu'on les rencontre en grandes maſſes dans le voiſinage de l'*Apennin*, de part & d'autre, & ſouvent en couches inclinées.

Pour faire connoître plus en détail les différentes parties de la longue chaîne de l'*Apennin*, je vais donner une notice de pluſieurs traverſées que j'y ai faites, depuis les plaines du départ, juſqu'aux plaines des revers correſpondans.

Divers voyages à travers la chaîne de l'Apennin.

La première traverſée eſt celle de la Bochetta.

Depuis Pavie juſqu'à Tortone on s'élève conſidérablement au milieu d'un terrain très-bien cultivé à l'araire & en petits ſillons : outre cela, les nouvelles plantations qu'on y rencontre, ſont de mûriers cultivés à la piémontaiſe, à petites tiges, dans des fonds excellens, & particuliérement ſur les bords des foſſés, où la terre eſt profonde.

La plaine de Tortone à Novi n'offre aucune de ces plantations ; mais elles recommencent à Novi : l'on y voit des arêtes alongées qui s'étendent dans les vallées approfondies, au milieu des collines qu'on traverſe après Novi, où il y a des maroniers ſurtout, & quelques cultures. Le ſol eſt compoſé de cailloux roulés, dont les noyaux ſont de cos, qui ſe fend & ſe délite aiſément. On trouve auſſi parmi ces cailloux roulés de ſemblables matériaux entraînés des montagnes voiſines, tels que des granits, des ſchiſtes, des pierres micacées, enſevelis dans des terres aſſez profondes.

Avant de deſcendre à Gavi, on rencontre des couches calcaires, inclinées d'environ ſoixante degrés à l'horizon. La fortereſſe eſt ſur un ſyſtème de ces couches. Sur les plateaux des collines on voit des couches de cailloux roulés dans des ſubſtances pulvérulentes, & les cailloux roulés deſſinent les lits de toutes les ſubſtances au milieu deſquelles ils réſident, & qu'offrent les eſcarpemens des vallées ; ce qui prouve que les mêmes agens qui ont incliné ces couches, ont auſſi contribué à raſſembler les matériaux des dépôts produits de la deſtruction des montagnes plus élevées : l'inclinaiſon eſt dirigée des montagnes vers la plaine.

Sur l'extrémité de ces maſſes inclniées on trouve, en remontant le vallon, des dépôts de matières noirâtres en grandes maſſes, & enfin des débris de granits, de pierres calcaires, &c. dans une ſubſtance ſabloneuſe : ceci annonce un aſſez grand déſordre, & les veſtiges d'un ancien bord de mer. Enfin, on voit vers Voltaggio des amas de pierres ſchiſteuſes en couches verticales, avec des fentes perpendiculaires aſſez multipliées. On remarque auſſi dans ces ſchiſtes des feuillets ondulés, avec des veines quartzeuſes & des pierres calcaires.

Ceci nous conduit juſqu'à la ſommité de la Bochetta, où dominent les ſerpentines en grandes maſſes noirâtres : il y a quelques endroits où les feuillets ſchiſteux ſe font plus remarquer ; mais la ſerpentine revient toujours, & conduit juſqu'à Gênes avec des intervalles ſchiſteux & calcaires.

Depuis la ſommité de la Bochetta juſqu'à Gênes, on rencontre pluſieurs climats ſur la pente de la rivière du Ponent : en conſéquence on pourroit y faire pluſieurs obſervations ſur les météores. On éprouve auſſi à Gênes, qui eſt le centre de ce beau pays, les douceurs des différentes ſaiſons. Le printems règne de très-bonne heure ſur les bords de la mer ; mais les ſommités voiſines de la Bochetta le répètent plus tard. D'ailleurs, en général la belle ſaiſon y eſt plus hâtive que dans la Lombardie : les arbres y étoient couverts de feuilles, & j'en avois peu vu en Lombardie. Enfin, les oliviers & les figuiers ſont cultivés en pleine terre aux environs de Gênes, en face de la mer.

La différence des climats qui règnent depuis la ſommité de la Bochetta juſqu'au niveau de la mer, eſpace qui n'a que cinq ou ſix lieues d'étendue, repréſente plus de cent lieues à parcourir dans certaines provinces. Chaque point de niveau, chaque rampe, offre une nuance de chaleur qui s'étend depuis les montagnes juſqu'aux plaines de pluſieurs de nos départemens.

L'anſe où eſt la ville de Gênes eſt dans un maſſif de pierres bleues calcaires, qui ſont inclinées de l'oueſt à l'eſt, & dont l'allure eſt du nord au midi : il y avoit des couches très-diſtinctes dans les excavations que l'on faiſoit du côté du fort de la Lanterne. Les faces de ces couches étoient remplies de religatures de spath, & fendues en tous sens. L'épaisseur de ces couches varioit beaucoup: les plus épaisses étoient composées de trapézoïdes; d'autres couches n'offroient aucune fente. A côté on pouvoit voir des pierres feuilletées, qui n'avoient pas grande consistance : entre les lames des feuillets, plusieurs lignes de spaths calcaires se faisoient remarquer.

Les extrémités des couches inclinées étoient aussi distinctes que les couches horizontales; elles se suivoient avec des caractères uniformes dans toute leur allure : partout on voyoit les mêmes feuillets, les mêmes pierres dures, les mêmes divisions en trapézoïdes, les mêmes religatures spathiques. On ne pouvoit pas prendre cela pour une masse générale, qui, par la dessiccation, auroit pris cette espèce d'organisation : on observoit qu'une matière différoit de l'autre dans le passage d'une couche à l'autre, & que les changemens des masses étoient assujettis aux changemens des couches.

Je suis entré dans ces détails pour faire connoître les substances qui se trouvent au pied de l'*Apennin*, ainsi que leur disposition, & que j'ai reconnues dans un état semblable à Velleia, à Tivoli, à Velletri, à Palestrine, &c. (*Voyez* VELLEIA, TIVOLI.)

Retour de Gênes à Turin, à travers l'Apennin.

C'est de Lavagna qu'on tire l'ardoise noire dont tous les toits de Gênes & des villages circonvoisins sont couverts, & dont on a revêtu l'intérieur des citernes où l'on conserve l'huile. Cette méthode des citernes à huile paroît préférable à celles qui sont en usage dans d'autres endroits. On nomme cette ardoise *lavagna*, du nom de l'endroit d'où elle vient.

Outre cela on trouve dans le territoire de Gênes, aux environs de *Polzevera*, une espèce de pierre qui en porte le nom : c'est un *gabbro* rouge & vert, traversé par des veines de spath calcaire. Il y a encore d'autres montagnes du territoire de Gênes & de l'Italie où l'on trouve des amas de cette sorte de pierre.

D'ailleurs, les montagnes voisines de la ville de Gênes sont composées, du côté de la terre-ferme, d'une espèce de *macigno*, & du côté du rivage, derrière Gênes & à Pontremoli, j'ai observé des couches de pierres calcaires grises & noirâtres, au milieu desquelles on voit des coquilles nouvelles, que j'ai nommées *barbesieux*.

Le terrain de Gênes à Turin varie beaucoup, comme nous allons le faire connoître plus particulièrement que dans la première traversée.

1°. Les montagnes qui composent ce que l'on nomme *la Bochetta*, sont formées de masses d'ardoise noire, veinée & ondulée; de serpentine ou *gabbro* vert; de *polzevera* ou *gabbro* avec des veines calcaires; de schiste argileux avec du mica fin, brillant. Ces espèces de pierres se succèdent, sans qu'on puisse distinguer l'ordre dans lequel leurs couches sont placées les unes sur les autres. Il paroît qu'un massif entier de la même montagne n'est composé que d'ardoise; un autre de schiste argileux micacé; un troisième de pierre calcaire. La disposition de ces trois espèces de pierres semble fortifier l'opinion de ceux qui pensent qu'il entre de la terre argileuse dans la composition de la serpentine ou *gabbro*, & qu'il se distingue du schiste, auquel il touche par l'union de plusieurs substances constituantes. La base de ce schiste est toujours argileuse, soit qu'il s'y trouve du schiste micacé ou de l'ardoise. Le mélange de veines calcaires avec le *gabbro* a produit la *polzevera*, qu'on voit dans le voisinage de la pierre calcaire, qui le suit immédiatement. Une partie du *gabbro* vert est mêlée avec du mica calcaire, mais la plus grande partie est grasse : il y a cependant du *gabbro* entièrement sec ou point gras, intimement uni avec de la terre très-dure. Ces montagnes sont fort élevées, & d'une vue très-agréable; elles se terminent du côté de Novi, où le pays devient plus plat.

2°. Avant d'arriver à Ottacio, & au-delà de cet endroit jusqu'à Alexandrie, le pays est couvert de collines blanchâtres qui bordent diverses rivières, auxquelles elles doivent leur forme de collines; elles sont composées de couches inclinées de marne endurcie, mêlée de mica, qui renferment quantité de morceaux de *gabbro* roulés. Ces collines s'étendent plusieurs milles au-delà d'Alexandrie, où elles n'ont aucune élévation. Une grande partie contient des pierres calcaires roulées, & tout ce qui peut désigner un ancien bord de mer : ces cailloux roulés sont en si grand nombre, que plusieurs couches ressemblent à des brêches, dont les taches sont arrondies.

3°. Plus avant dans le Montferrat, à quelques milles d'Asti, on trouve une couche d'une terre glaise noire ou d'argile commune, sur laquelle est posée la même marne micacée dont nous avons parlé; elle contient en cet endroit toutes sortes de fragmens de coquilles, surtout de l'espèce qu'on nomme *solenite*. Ce même terrain plat, avec de petites collines de marne, se soutient jusqu'à Turin, & presque jusqu'à Suze. Tout le pays, ainsi que les collines qui forment une ceinture le long de l'*Apennin*, sont à peu près de la même nature.

On y trouve surtout de petits fragmens de *gabbro* roulés, différentes pétrifications & corps marins; mais il y a aussi en Piémont des montagnes d'une autre nature, des calcaires, des quartzeuses : on distingue dans ces dernières des raies micacées. C'est de cette espèce de pierre que sont formées plusieurs montagnes voisines de Turin : on les nomme *Sarris*. On s'en sert pour les fondations des batimens, &c.

En partant de la dernière poste qui conduit à Alexandrie, on apperçoit quelques hauteurs ou collines des deux côtés de la route, & dans le lointain, à un niveau supérieur, différens degrés de masses montueuses : au midi & à l'ouest, ce sont les *Apennins*. De Flisbano à Alexandrie on suit une plaine élevée au dessus de la plaine fluviale du Pô, qui s'évase de resserrée & d'encaissée qu'elle étoit.

Depuis Tortone, les collines sont de purs amas de sables & d'argiles, avec des veines de graviers calcaires, & la route ne traverse qu'une suite de ces collines, qui s'étendent vers le midi, où se voient aussi des montagnes composées de pierres blanchâtres, qui s'élèvent en amphithéâtre. Le point de vue est terminé par d'autres montagnes plus élevées encore, & qui sont visiblement le centre de la chaîne de l'*Apennin :* ce sont les eaux qui circulent dans les vallons multipliés, ouverts entre les différens ordres de montagnes qui alimentent la Tidone, la Trébie & les autres torrens assez nombreux du canton : la plupart au reste sont à sec, & ne reçoivent que quelques filets d'eau : la Tidone surtout & la Trébie n'ont que des lits vagues fort larges, remplis de sables & de pierres roulées, la plupart calcaires. Ces rivières tourmentent leurs bords de manière que le pont de la Trébie a été abandonné après avoir été obstrué par des amas de sables & de cailloux roulés : ce ne sont que des torrens, qui ne reçoivent les eaux de l'*Apennin* que par accès. J'expliquerai surtout à l'article VELLEIA les circonstances de ces accès, & de tous les différens états où se trouvent les rivières de ce pays.

Troisième traversée de l'Apennin, depuis Boulogne jusqu'à Florence.

Après avoir examiné les collines dont j'ai donné ailleurs la composition, j'ai suivi la plaine fluviale de *la Savena*, qui est torrentielle comme beaucoup d'autres qui sortent de l'*Apennin ;* elle n'a guère qu'une petite quantité d'eau courante fluviale, qu'on soutient par des digues, pour servir à l'usage des moulins. Je le répète : les masses des collines sont composées d'argile, d'amas de sable, avec des couches peu suivies de marnes & de coquilles. Le terrain se trouve sillonné d'un grand vallon, dont les croupes sont chargées de matières éboulées : il y a dans ces coupures quelques suites de couches horizontales calcaires, dont les unes se montrent sur les parties les plus élevées des croupes, & les autres dans les parties les plus profondes ; quelques autres sont inclinées. On observe dans cet endroit plusieurs ordres de plaines, les unes hautes, & d'autres basses ; mais en général le fond de cuve de la vallée est comblé au même niveau, & chargé de cailloux roulés calcaires.

Après *Pianura*, tout le massif sur lequel on s'élève est en couches de sable & d'argile. Parmi les lits de sable on voit beaucoup de cailloux roulés qui ne sont pas en lits suivis, mais interrompus & disposés irrégulièrement : en conséquence, deux lits parallèles se rencontrent & se confondent. Il paroît cependant qu'en général il y a de la pierre *serene* en couches horizontales, dans le milieu desquelles on trouve des espèces de rognons aplatis, d'une pierre de sable infiltrée. En descendant à *Lavergnano*, on voit sous la masse de sable disposee comme nous venons de le dire, une masse d'argile marneuse, au milieu de laquelle sont placés des madrépores branchus, disposes comme ils le sont dans le bassin de la mer, & établis sur des amas de cailloux roulés, de pierres calcaires & autres : on voit là une preuve que les cailloux roulés ont été ainsi déposés, comme ils le sont sur les grèves des bords de la mer, même ceux qui sont dispersés dans les masses de pierres de sable. Ces dépôts semblent devoir être attribués à notre mer. Dans notre continent il n'y a nulle trace de bords de la mer, circonscrits comme ici par des amas de cailloux roulés : la seule difficulté est que les coquilles ne lui appartiennent pas, mais à la mer des Indes.

A la *Guarda* on voit plusieurs systèmes de couches de pierres de sable qui sont inclinées à l'horizon, & qui semblent assujetties à la croupe d'une montagne qu'on nomme *il monte di Formica :* au-delà de la *Guarda* on trouve de grandes masses de pierres calcaires d'un grain serré, distribuées par couches.

On descend ensuite au milieu d'une masse de pierres de sable, parmi laquelle les rognons de la pierre *serene* sont irrégulièrement placés : on les voit en couches, & en couches horizontales, vers *Loyano*. Cette pierre *serene* est une pierre de sable à gros grain. De *Loyano* on monte, & l'on rencontre des masses de pierres de sable infiltrées en couches inclinées vers la *Madona del Bosco :* ces couches recouvrent des croupes, & forment un glacis très-large & très-étendu. Les intervalles de ces couches de sable sont remplis, ou de terres à feuillets fort minces, ou de pierres d'un grain plus fin ; ensuite, à ces grandes couches de sable succèdent des masses d'albarèse ; enfin, toutes ces couches s'annoncent sur les sommités, comme étant presque horizontales. A mesure qu'on approche de *Filligara*, cette pierre a la dureté du grès, & on la nomme *pietra di Macigno :* on en fait des fenêtres, des portes & des meules de moulin. C'est ici que commence l'*Apennin*, c'est-à-dire, au monastère qui porte le nom de *Scarica l'Asino*.

La dureté des pierres y rend le pays moins fertile, par le peu de terre végétale qui résulte de leur destruction : c'est là que sont les frontières de la Toscane. On voit en face de *Felligara*, de l'albarèse dont les masses ne paroissent pas suivre une distribution régulière ; elles se mêlent, & rentrent les unes dans les autres. Depuis *Pianura* & *Loyano*, pays froid & peu fertile, on rencontre beaucoup de châtaigniers

Pourquoi la pierre *serene*, qui est ici en couches inclinées, & qui forme, suivant l'opinion de Targioni, les montagnes primitives, seroit-elle en couches horizontales à la Golfoline, & y formeroit les collines? Au reste, il paroît que la pierre de sable est un débris de granit, & qu'elle est par couches bien distinctes, & cela au sommet des hautes montagnes, dont elle compose la masse avec les albarèses.

Les pierres de sable tendres ne paroissent plus après *Loyano* : les vallons, outre cela, y sont tous à sec, quoique très-profonds, & les collines ne sont guère multipliées que dans la première partie de la route qui avoisine la plaine du Bolonois; c'est là aussi où elles sont plus irrégulières : cela est dû à l'argile, qui s'y trouve plus abondamment. Dans la pierre de sable il y a moins de ces inégalités, quoiqu'elles soient assez considérables.

Avant *Scarica l'Asino* il y a beaucoup de couches de pierres noires, très-inclinées, avec les pierres *serenes*.

On ne peut pas dire que les cailloux roulés & les limons qui composent assez généralement certaines montagnes à couches horizontales, viennent de montagnes plus élevées, puisqu'il n'y en a pas. Ces masses se lient sans interruption avec celles à couches inclinées; ce qui semble détruire la distinction de Targioni, car certaines couches bien suivies & non interrompues sont inclinées dans des parties, & horizontales dans d'autres. On doit visiblement les rapporter au même agent, qui a travaillé différemment dans ces parties. Je soupçonnerois volontiers que les couches de sable inclinées sont l'effet des vagues, qui s'élançoient contre une base inclinée pour y déposer définitivement les terres & les pierres entraînées par les rivières à leurs embouchures, & cela dans une mer à flux & reflux, & à courans. Les couches horizontales pourroient être le résultat du travail d'une mer qui éprouve moins d'accidens.

Je couchai à *Pietra-Mala*, & le lendemain j'allai voir, au point du jour, les feux qui sont à un mille de là : ces feux tiennent à une terre noire, mêlée avec des débris de pierre d'albarèse. La flamme a une odeur semblable à celle que répand le bitume ou le pétrole; la terre noire ressemble assez à celle de Velleia, ainsi que la pierre. Les pierres s'échauffent fortement par la flamme fort vive qui les lèche & qui en sort; elle augmente lorsqu'on remue la terre. En général, elle ne paroît voltiger qu'à la surface du terrain. On dit que des voyageurs, en partant de Modène & se rendant à *Pietra Mala*, ont rencontré dans des collines des feux semblables : c'est toujours la même flamme & la même sorte de terre. On a trouvé des statues de bronze & des médailles près de ces feux; ce qui donneroit lieu de croire que les Anciens les adoroient, &c.

Au reste, je parlerai plus en détail de ces feux à l'article VELLEIA, & j'y renvoie.

Quoique la pierre d'albarèse, qui forme la masse principale des montagnes des environs de *Pietra-Mala*, se trouve disposée par couches horizontales, tout paroît dans un certain désordre près de ces feux. Ces couches offrent un melange d'une terre noirâtre marneuse, & dans laquelle sont les bitumes qui servent d'aliment aux feux. Ce qui donne de la flamme est fort voisin d'un amas d'eau qui, outre son séjour à la surface du terrain, coule entre deux terres, & qui entraîne les principes bitumineux dont elle se charge. Ce sont les observations que j'ai faites à Velleia, qui m'ont fait faire attention à toutes ces circonstances. J'ai cru en même tems qu'elles pouvoient servir à expliquer la durée de ces inflammations, ainsi que leurs reprises. Effectivement, ces feux s'éteignent; mais on les rallume aisément en approchant une chandelle allumée des vapeurs inflammables qui flottent à la surface du terrain.

Mes habits, après un mille de distance des feux, avoient encore conservé l'odeur sensible que la flamme répand, & qui s'étoit attachée à la laine, &c.

De *Pietra-Mala* à la poste suivante, on trouve beaucoup de pierres calcaires & de pierres de sable ou *serenes* plus ou moins infiltrées. D'ailleurs, la pierre calcaire domine. On suit les mêmes masses après *Fierensola*. En descendant considérablement jusqu'à la poste, lorsqu'on est environ à moitié chemin, on trouve une large plaine où est *Monsignano* à l'est, & à l'ouest une petite plaine fluviale d'une rivière qu'on traverse après la seconde poste : ceci annonce les revers de l'*Apennin* à l'ouest. Ces pentes de montagnes, qui s'abaissent insensiblement après celles dont je viens de parler, ne paroissent pas assujetties à des nuances dans la nature des matériaux, ni à des changemens de forme dans la disposition des couches. La plaine fluviale de la *Sieve* est, comme toutes les autres, comblée de matériaux très-peu usés, & roulés sur un petit espace : c'est là qu'on suit un vallon qui conduit à la troisième poste de *Fonte-Nuovo*. On franchit quelques arêtes, & on reprend un autre vallon. Sur les croupes de tous les vallons que je viens d'indiquer, on ne voit que de l'albarèse en couches horizontales ou inclinées. Il paroît cependant que, sur ces revers de l'*Apennin*, il y a moins de désordres & d'irrégularités que dans les masses montueuses & précédentes du centre; mais malgré cela ce sont toujours les mêmes matériaux & les mêmes grains de pierre. Ainsi, point d'époques différentes. Ce que j'ai considéré avec soin, c'est que les eaux pluviales ont défiguré les croupes composées de matériaux mobiles; de telle sorte que ces croupes n'ont rien de commun avec les formes qui devoient résulter des oscillations des eaux courantes dans la plaine fluviale actuelle : on ne reconnoît bien que les arêtes alternatives & correspondantes.

La culture, qui a commencé à reparoître à moitié chemin de la première poste, a offert quelques vignes; mais elles s'augmentent dans la plaine fluviale, laquelle présente des pentes favorables à l'action de la chaleur : les ceps sont soutenus sur des piques ou grands échalas, rangés à une grande distance les uns des autres Ce système de treillage ne porte point d'ombrage aux grains, qui remplissent les intervalles. Les châtaigniers reparoissent sur les sommités, mais il n'y en a point dans les plaines. En descendant à Florence, on trouve des oliviers. Au reste, dans le retour j'aurai soin de reproduire des détails qui m'ont échappé dans le premier examen. Avant de le présenter ici, je vais parcourir les environs de Florence & de Sienne, qui peuvent offrir quelques dépendances intéressantes de l'*Apennin*.

Tous les volcans situés à quelque distance des *Apennins*, depuis Naples jusqu'à Florence, ont fait dire à M. de la Condamine (*Mémoires de l'Académie des sciences, année* 1757), qu'il regardoit l'*Apennin* comme une chaîne de volcans, semblable à celle de la Cordelière du Pérou & du Chili. Je ne crois pas qu'on doive prendre cette assertion à la lettre, car le centre de l'*Apennin*, comme nous l'avons dit & comme nous le prouverons par la suite, est constamment calcaire : il n'y a guère de matières volcaniques que dans les collines détachées de cette chaîne, & non dans l'*Apennin* lui-même.

Les collines calcaires, marneuses & sablonneuses, qui renferment des coquilles de mer, & par conséquent déposées par la mer, collines qu'on voit à Rome & aux environs, n'étant qu'à une petite distance, & séparées seulement par un vallon couvert de cendre volcanique de la chaîne des *Apennins* calcaires, il est permis de croire que les montagnes calcaires se prolongent entre Rome & Tivoli, sous les produits volcaniques, & qu'elles reparoissent à Rome.

Il suit de cette observation, que les volcans de l'État ecclésiastique se sont fait jour à travers les montagnes calcaires, ou peut-être encore mieux que ces produits volcaniques anciens ont été recouverts par les dépôts de l'Océan, qui a enseveli les produits du feu sous des dépôts fort épais, tels qu'on en voit à Radicofani.

A l'exception d'un petit nombre de collines calcaires, les environs de Rome sont volcaniques & couverts de cendres d'un brun-jaunâtre, généralement pulvérulentes & peu liées ensemble.

Le trajet de Rome à Sienne est intéressant pour un naturaliste observateur. Les collines volcaniques reparoissent après le *Ponte-Molle*. Depuis Viterbe jusqu'à *Monte-Fiascone*, le pépérino alterne avec les collines de cendres jaunes : de *Monte-Fiascone* à *Acqua-Pendente* on trouve de la lave grise, dure & compacte, avec des grains de schorl transparens, noirs & verts. En sortant d'*Acqua-Pendente* pour aller à *Radicofani*, on descend une montagne composée de laves, & l'on arrive dans le vallon de *la Paglia*, où se trouvent des collines déposées par les eaux, & formées de couches de marnes grises & bleues, & remplies d'une quantité de fragmens de pierres à chaux grises, roulées & non déposées par couches. La haute montagne de *Radicofani* a pour base un rocher volcanique, environné de tous côtés de la marne dont on vient de parler. On peut observer dans le centre de cette montagne, non-seulement des laves sans figure déterminée, mais encore des basaltes prismatiques d'une forme assez régulière. Plusieurs naturalistes ont cherché le cratère ou centre d'éruption du feu qui a fondu toutes ces matières ensevelies sous les couches de marnes; mais j'ai expliqué les circonstances qui les ont fait disparoître dans le bassin de la mer, à mesure que l'Océan couvroit par ses dépôts tous les produits du feu. (*Voyez* ÉPOQUES DES VOLCANS.)

Depuis Acqua-Pendente jusqu'à Sienne, le terrain est formé de collines marneuses qui recouvrent, du moins près de Radicofani, des matières volcaniques, sur lesquelles, comme je l'ai déjà dit, cette marne a été déposée, surtout par la mer, comme le prouve le grand nombre de coquilles que ces collines renferment : témoins celles des environs de *San-Quirico* & de Sienne. Outre cela, Sienne est bâtie sur une colline de marne, qui renferme des morceaux de pierres calcaires roulés.

Depuis *Staggia* jusqu'à *Poggibonsi* & *Tavernelle*, on voit la pierre calcaire au dessous des collines de sable, & au dessus il y a quelquefois du *travertino*, que les eaux qui découlent des *Apennins* pardessus ces collines y ont déposé à des époques assez reculées. On y trouve aussi des suites de collines marneuses entièrement découvertes, formées de marne molle ou endurcie, d'un grand nombre de pierres calcaires roulées, grises ou jaunâtres; enfin, de plusieurs espèces de coquilles marines. Quelques-uns de ces morceaux sont percés par les *pholades*, d'autres enfin traversés par des veines de pierres à fusil. Tous ces phénomènes m'ont toujours paru annoncer dans cette contrée les bords de la mer, qui venoit y former des dépôts considérables le long de la chaîne de l'*Apennin*, fort peu éloignée, & dont les flots ont arrondi & roulé beaucoup de ces fragmens calcaires que les eaux courantes des rivières différentes en détachoient.

Derrière le *Tavernelle* jusqu'à quelques milles de Florence, le terrain continue à offrir des collines de sable & de marne, qui renferment constamment des coquilles & des pierres calcaires roulées, & en quelques endroits des montagnes peu élevées de pierres calcaires à grain fin.

A quelques milles de Florence on découvre tout à coup, des deux côtés de la rivière de *Grève*, du schiste argileux qui s'enfonce du côté de Florence, passe sous le fond de la vallée de l'Arno, & de là s'étend sans doute sous les *Apennins*. Ce schiste argileux est entiérement pur dans la plus grande profondeur où l'on peut le reconnoître; mais plus il est rapproché de la superficie du terrain, plus il est mêlé de mica; de sorte que les couches supérieures ne sont plus du schiste, mais du *macigno* ou une pierre micacée compacte, dont il se trouve une carrière à *Monte-Buoni*, sur le grand chemin.

Plus près de Florence, par conséquent au dessus du schiste argileux qui s'est jeté dans la profondeur, on trouve, jusqu'à cette ville, des montagnes calcaires grises.

Pour continuer à suivre les montagnes & le sol des environs de Florence, je me suis attaché aux diverses natures de pierres qu'on emploie dans cette grande ville, soit pour la construction, soit pour le pavé & les ornemens de l'intérieur des maisons, & j'en ai visité les carrières.

La première donne la *pierre de macigno*, qui est une espèce de schiste à base argileuse, & mêlé de beaucoup de mica & d'un peu de substance calcaire. Il y a du *macigno* de deux couleurs : l'un, nommé *pietra bigia*, est d'un jaune-grisâtre; l'autre, *pietra serena*. On emploie la *pietra bigia* pour l'extérieur des maisons, & la *pietra serena* dans l'intérieur.

La seconde sorte de pierre est la *pietra forte*, pierre calcaire marneuse, bleuâtre ou d'un gris-jaunâtre, à grain fin & serré, & qui sert de pavé; elle est communément disposée par couches horizontales, situées les unes sur les autres. Ces couches sont séparées par des lits d'argile durcie, qu'on nomme *bardelloni* : il y a encore entre ces couches de petites veines de spath calcaire, dont la *pietra forte* m'a paru pénétrée ou infiltrée; ce qui contribue à sa dureté. Quelques morceaux de *pietra forte* sont remplis de mica fin; ce qui prouve le rapport de ces pierres avec le *macigno*.

Toutes les montagnes voisines de Florence sont argileuses immédiatement au dessous de la terre végétale, & dans une plus grande profondeur il y a du schiste argileux pur, qui s'enfonce sous les montagnes calcaires, lesquelles appartiennent à la chaîne intérieure de l'*Apennin*.

La troisième sorte de pierre est la *pietra arenaria*, qu'on tire de Boboli : il y a de la *pietra forte* au dessus & au dessous de cette pierre de sable; de manière que cette colline ne diffère des collines voisines de Florence, que par cette couche de sable.

La quatrième sorte de pierre, dont la carrière se trouve à une certaine distance de Florence, est le *gabbro* ou la *serpentine*. Il est vraisemblable que ce *gabbro d'Impruneta* est posé sur une base calcaire. On observe dans les fentes perpendiculaires & inclinées du *gabbro d'Impruneta* :

1°. De la terre ollaire blanche;

2°. La même terre de couleur verte;

3°. De la pierre ollaire ou serpentine compacte blanche;

4°. De la pierre ollaire verte & blanche;

5°. De la pierre ollaire filamenteuse, à grosses stries.

On trouve aussi dans les montagnes de *gabbro d'Impruneta* des couches horizontales de *granitone*, composé de spath dur blanc, de mica cubique verdâtre, argenté, & de terre de serpentine verte.

D'après tous ces détails, on peut être en état de comprendre la description qu'on trouve ici de l'*Apennin* dans les deux traversées que j'ai suivies successivement de cette chaîne, soit de Boulogne à Florence, soit de Florence à Boulogne. Je pourrois encore y joindre une pareille description de la même chaîne de Rome à Ancône, & qu'on peut consulter à l'article ANCÔNE.

Quatrième traversée de l'Apennin. Retour de Florence à Boulogne.

De Florence à Boulogne on monte jusqu'à *Monte-Traverso* & *Pietra-Mala*, qui sont à peu près à moitié chemin : de là on suit une certaine étendue en plate-forme, & puis on descend jusqu'à Boulogne.

Il y a près de Florence, comme nous l'avons vu, des collines, & ensuite des montagnes de schiste argileux micacé, ainsi que de *macigno*, mêlé de marnes; mais à une plus grande élévation, la pierre calcaire grise des *Apennins* est placée au dessus par couches considérables, & de tems en tems séparée par de petites couches de marnes argileuses. Toutes ces couches argileuses, micacées & marneuses, qui sont au pied des *Apennins* du côté de Florence, ainsi que les couches calcaires qui forment la masse principale de cette chaîne, sont inclinées du sud-est au nord-ouest, c'est-à-dire qu'elles sont élevées du côté de Florence, & qu'elles s'enfoncent vers Boulogne.

On ne peut pas douter que, dans les premiers tems, elles n'aient été horizontales, & que quelqu'accident n'ait contribué à leur déplacement; mais je ne puis croire qu'un effet aussi étendu soit dû aux éruptions du *Monte-Traverso* qui se trouve dans ces contrées, & qui les auroit élevées vers le midi en les laissant affaisser du côté du nord, après que les matières inflammables, sur lesquelles ces couches étoient posées, eurent été consumées par le feu, & qu'elles aient alimenté les feux de ce volcan : j'ai même beaucoup de doute sur son existence, & encore plus sur les effets qu'on lui attribue dans cette partie de l'*Apennin*.

J'ai toujours trouvé dans la pierre calcaire compacte grise de l'*Apennin* & des Alpes de différentes contrées, des pétrifications dont je regrette de n'avoir pas déterminé les familles : il est vrai que ces débris des corps marins n'y sont pas en grande abondance, & que souvent il faut les chercher avec soin pour en faire la découverte. J'ajoute même que plusieurs couches calcaires des Alpes sont entiérement dépourvues de pétrifications, pendant que d'autres en offrent une grande abondance.

A deux milles de Florence, près du village de *Bobara*, s'élève une montagne composée de couches d'un schiste argileux tendre, & du même schiste mêlé de mica ou de *macigno*, qui se succèdent les uns aux autres : ces couches, ainsi que toutes celles qu'on rencontre dans cette traversée, sont inclinées d'environ vingt-cinq degrés du sud-est au nord-ouest. Le revers de la montagne est plat, & même on fabrique des tuiles avec ce schiste argileux & tendre, qu'on trouve sur les lieux : il s'étend en s'élevant un peu à deux milles plus loin, jusqu'à *Creïka*.

C'est là qu'on voit dans le schiste de petites veines de gros spath calcaire, dont les couches minces ont pris, suivant les différentes matières qui se sont unies à elles, une teinte noire ou rouge : les rouges sont divisées en cubes obliques assez réguliers.

Ce schiste argileux renferme encore des morceaux detachés de pierres calcaires jaunes, avec des dendrites. Assez près de là on voit des couches de ce schiste argileux, d'un grain lâche & tendre, presque sans aucun mélange de mica, & enfin des bancs fort épais de pierre calcaire grise se succéder alternativement. Ces montagnes, en s'élevant considérablement, forment les *Alpes apennines*, composées de pierre à chaux grise, compacte & dure, dans laquelle il y a, d'intervalle à autre, de petits lits d'argile qu'on ne voit point dans les montagnes les plus élevées.

A huit milles plus loin on trouve dans les couches calcaires, des fentes remplies par du spath calcaire cristallisé, & dentelé sur les deux faces par des lames qui se réunissent au milieu des fentes : ce même spath se rencontre dans les couches d'argile.

La chaussée passe de niveau sur une de ces couches d'argile pendant quatre milles, jusqu'à *Cajanello*, où elle commence à monter insensiblement sur une longue croupe de montagnes : on y voit des morceaux détachés de schiste marneux & argileux, avec un peu de mica; preuve que la chaussée ne traverse pas les hautes montagnes de l'*Apennin*, qui ne sont formées que de pierres calcaires; car elle passe à côté d'elles en suivant la croupe, où le terrain argileux & schisteux se montre encore.

De *Cajanello* au *Monte-Caravallo* on compte quatorze milles, & dans ce trajet on ne rencontre que des éclats de pierre. A *Caravallo* on monte une colline nue, courte & fort roide, composée de couches de pierres calcaires à gros grain, mêlée d'argile ou de marne, parsemée de mica & de morceaux irréguliers de *macigno*. Ces couches ont une inclinaison opposée à celle des autres couches, mais cette disposition ne se soutient pas : c'est là qu'on voit les marques d'un bouleversement que ceux qui croient au volcanisme du *Monte-Traverso* lui attribuent, quoiqu'il soit à deux milles de distance; chose étrange dans les effets des volcans douteux.

En considérant cette montagne relativement à sa longueur, on voit qu'elle est placée en travers sur la chaîne de l'*Apennin* : c'est une masse dont les pentes sont très roides, & qui est ouverte irrégulièrement du sommet à sa base, & entièrement formée d'une pierre d'un vert-noirâtre, avec des taches grises. Parmi les pierres détachées, & dispersées dans les environs, & où l'on croit reconnoître les effets d'un ancien bouleversement, & même de l'éruption du prétendu volcan, on voit beaucoup de petits & de gros morceaux de pierres calcaires.

On monte encore pendant quatre milles au-delà du *Monte-Traverso* pour arriver à *Pietra-Mala*, le plus haut point de la route : c'est là que l'on trouve une petite plaine environnée de quelques montagnes qu'on peut prendre pour les croupes d'un vallon. Sur le penchant d'une de ces montagnes ou collines s'élèvent jour & nuit des flammes qui ont fait donner à ce lieu le nom de *Pietra-Mala*. A main droite de la vallée est une masse formée des mêmes matières que le *Monte-Traverso* : à main gauche sont les *Apennins* calcaires. L'endroit d'où les flammes de *Pietra-Mala* sortent, est couvert de terre & de pierres argileuses & marneuses, comme s'il avoit éprouvé un certain bouleversement : tout autour il y croît de l'herbe, & on y cultive des grains. L'endroit même où les flammes s'élèvent, n'a que deux toises environ de diamètre : le feu s'annonce entre & autour de petites pierres qui sont détachées à la superficie du terrain. Ces flammes sont très-subtiles, claires, d'un jaune-blanc comme celle de l'huile qui brûle; elles ont une foible odeur de pétrole, déposent sur les pierres une suie fine, & s'élèvent de trois ou quatre pieds au dessus de la terre.

Au dessous de ces pierres détachées, il y a des morceaux de *gabbro* ou serpentine. En remontant un peu vers la montagne, & en suivant la même pente, on trouve un autre foyer de pétrole brûlant, plus grand & plus étendu que le précédent; mais les flammes en sont si foibles, qu'à peine elles m'ont paru sensibles le jour. Plus haut, à l'extrémité du vallon, il y a un petit marais nommé *Aqua-Buja*, dont les eaux, quoique froides, paroissent bouillonner continuellement : il surnage à leur superficie des parties de pétrole qui s'allument à l'approche d'un flambeau, & qui continuent à brûler jusqu'à ce qu'un vent fort ou la pluie les éteigne. Tous ces phénomènes sont rassemblés dans la circonférence d'un mille & demi.

Le grand massif dont je viens de parler est composé de couches calcaires rougeâtres, au dessus desquelles il y a plusieurs couches épaisses d'une pierre calcaire grise, à gros grain. Les couches rougeâtres, qui sont voisines du chemin comme les grises, sont inclinées de vingt-cinq degrés, ainsi que nous l'avons vu jusqu'à présent; mais à une

une certaine distance de la route, à gauche, les couches sont irrégulières, & différemment situées.

La couche calcaire grise, à gros grains, continue alternativement avec du schiste marneux pendant l'espace de six milles, jusqu'à *Dojano*, où l'on commence à voir des bancs de cailloux roulés quartzeux, empâtés dans des pierres de sable, au milieu de pierres à chaux, de morceaux de schiste argileux roulés, & de grosses pierres difformes de même nature. Au dessus de ces couches on en trouve d'abord de schiste marneux, ensuite d'une pierre de sable fine, d'un gris-blanc un peu calcaire, puis de pierres de sable compactes, d'un gris-foncé.

A cinq milles plus loin, près de *Livergnano*, on voit au dessus de la pierre de sable d'un gris-blanc, des couches de terres marneuses remplies de morceaux de pierres à chaux roulées, de différentes grosseur & couleur, & farcies de coquilles & de coraux. Entre & au dessus de cette terre marneuse sont des couches de pierres calcaires à gros grain, qui deviennent peu à peu horizontales.

On observe, en parcourant ce trajet, que plus on descend du centre de l'*Apennin* pour arriver à la plaine, plus les couches & les pierres varient. Il n'est pas douteux qu'elles ne datent pas du même tems, & qu'elles n'ont pas la même origine que les masses plus régulières & plus élevées du centre de l'*Apennin*.

La pierre de sable d'un gris-blanc reparoît à *Pianura*, qui est à cinq milles de *Livergnano*; ensuite viennent des collines plus basses, qui se prolongent jusqu'au pays plat. La plaine commence à la porte de Boulogne, à huit milles de *Pianura*, & s'étend sans interruption jusque dans la large vallée du Pô, dans la Lombardie. On a planté, le long de la route, de grandes masses de *sélénite* tirées de *San-Rosilo*; elles prouvent aux voyageurs qui savent les reconnoître, qu'il s'est fait autrefois dans ce lieu une dissolution considérable de pierres & de terres calcaires par l'acide sulfureux, & que cette dissolution & cette infiltration ont produit ces beaux & étonnans résultats.

Je ne puis quitter l'*Apennin* sans parler des *salses de Modène* : c'est un marais remarquable, situé dans les montagnes des environs de *Sassuolo*. Ce marais, autant qu'on a pu en juger jusqu'à présent, paroît être la couverture d'un volcan particulier, qui doit de tems à autre rejeter de l'eau, de la terre, des pyrites & des fragmens de pierres. On peut y enfoncer une perche à la profondeur d'une toise, & lorsqu'on l'en retire, l'eau s'élance avec force hors de l'ouverture qu'on a faite. Plus haut, lorsqu'on suit une nouvelle chaussée pour arriver à un cabaret nommé *il Piano-dell Oglio*, les habitans creusent beaucoup de puits, au fond desquels ils rassemblent le pétrole, qui surnage en abondance à la surface de l'eau, laquelle afflue très-rapidement dans toutes ces excavations. Les sources sont si communes dans le Modénois, qu'on rencontre l'eau partout où l'on creuse.

Je rendrai compte, à l'article PARME, de tous les procédés qui sont en usage pour extraire le pétrole des profondeurs qui se trouvent au pied de l'*Apennin*, & qu'on met de même à découvert par une quantité de puits approfondis dans les mêmes vues.

APPAREIL DES PIERRES A BATIR. Je me suis proposé de rappeler ici le principe d'après lequel il me paroît que nos constructeurs se conduisent dans l'*appareil des pierres à bâtir*, qu'on extrait de nos carrières à couches horizontales. Il est évident qu'ils les taillent de manière à en faire dans les bâtimens le même emploi que la nature en a fait dans les couches de la terre depuis leur formation, c'est-à-dire, suivant les systèmes de dépôts qui les ont organisées dans le bassin de la mer. Je ne doute pas, en conséquence, que par cet emploi toutes ces pierres ne se trouvent placées dans une situation où elles sont plus en état de résister à toutes les forces surincumbantes. Ceci se comprend aisément, & je me borne maintenant aux seules considérations que je viens d'exposer à ce sujet.

Par conséquent je dois montrer ici les motifs de ma surprise lorsque j'ai eu occasion d'observer, dans les deux premiers étages du Louvre, des colonnes où l'on a fait usage de pierres d'une seule pièce, prises sur la longueur des couches, & par conséquent contre les principes dont je viens de faire sentir les avantages; cependant ces colonnes, quoiqu'employées dans des circonstances où elles supportent des poids assez considérables, ne paroissent pas avoir souffert, & annoncer une décomposition sensible & une tendance à tomber en éclats, comme on le remarque dans les bornes, où l'on emploie des pierres debout, & qui se décomposent en peu de tems, quoiqu'elles ne supportent aucune charge sur leur extrémité supérieure.

J'ai remarqué les mêmes inconvéniens dans une suite d'assises fort longues, où l'on a fait usage de pierres debout, le long du quai du Jardin des Tuileries, & dont les lames, qui sont à découvert, se détachent & se décomposent très-sensiblement, & paroissent devoir continuer une destruction marquée dans cette partie du mur qui sert à soutenir la terrasse régnante le long du quai.

Je renvoie à cette assise ceux qui douteroient de la solidité du principe que j'ai exposé au commencement de cet article. On peut se convaincre à son inspection, que sa face n'annonceroit pas une destruction aussi marquée si les pierres qu'on y a employées avoient été mises sur le plat, & eussent offert les extrémités des lames & des dépôts horizontaux de la carrière, comme se trouvent appareillées & placées celles qui sont dessous & dessus, & qui sont bien intactes & bien conservées sur leurs faces apparentes.

J'ajouterai maintenant ici une dernière considération : c'est celle qui concerne les *pierres non liées*, telles que les *granits*, dont on fait usage dans certaines contrées de l'ancienne terre, comme à Limoges, &c. Je sais par les constructeurs de ce pays, qu'ils ne s'assujettissent pas, dans l'appareil de ces granits, à une position correspondante à celle qu'ils peuvent avoir dans la carrière d'où on les extrait, & où l'on ne suit aucune couche, aucun lit, parce que ces massifs n'en montrent aucun.

Je reviens enfin aux colonnes du Louvre, & je demande si l'on ne pourroit pas être instruit de quelles carrières & de quelles couches ou bancs ont été extraites les belles pierres, encore bien saines, qui ont servi d'échantillons pour les colonnes dont on a fait l'usage dont j'ai parlé; quels sont les constructeurs qui, ayant fait ces recherches, ont hasardé cet emploi extraordinaire; enfin, quels seroient les Mémoires du tems où l'on auroit conservé ces anecdotes, d'autant plus remarquables dans ces anciennes constructions, que, dans les nouvelles, les colonnes sont formées de plusieurs tronçons établis les uns sur les autres, & appareillés suivant les principes ordinaires.

Dans certaines provinces, & surtout aux environs de Vermanton, département de l'Yonne, il y a des couches de pierres de cos à grain fin, lesquelles, bien distinctes dans le sens horizontal, se trouvent aussi coupées par des fentes verticales très-multipliées. Or, ces échantillons se trouvent appareillés naturellement, & de manière qu'en les extrayant des couches, qui se montrent à la surface de la terre, on peut les placer, sans travail préliminaire, dans les murs qui offrent un assemblage de ces échantillons, & qui peuvent figurer singuliérement à côté des couches naturelles qui sont à découvert sur les bords des vallées. (*Voyez* BANCS, COUCHES HORIZONTALES, où j'exposerai plus en détail toutes les circonstances favorables au principe d'appareil, que je viens de discuter très-succinctement.)

APPELDORN, petite ville de Gueldre, entre Loo & Zutphen. Il y a sur la rivière qui y passe, des papeteries dont les usines sont mues par les eaux courantes, & non par le vent, comme dans presque tout le reste de la Hollande.

J'ai trouvé, le long de la rivière d'*Appeldorn*, de l'alliotte en grosses pierres, & en différentes places.

J'y ai vu d'ailleurs, comme à Utrecht, des prismes de basalte assez peu réguliers, qui servoient de bornes & de bordures à des rigoles de pavés, & le long des maisons.

A deux lieues de Zutphen on commence à revoir la continuation des dunes, qui passent près d'*Appeldorn :* cette chaîne se dirige vers Doësbourg & Derem. Un peu avant Derem, les quartz & les autres fragmens de pierres qu'on rencontre en grand nombre dans les dunes, se montrent au milieu des sables : c'est là aussi que les dunes changent de direction, & courent de l'est à l'ouest, en suivant à peu près le canal du Rhin.

J'ai remarqué qu'à Derem & dans les villages qui se trouvent avant & après cette position, on voyoit dans les pavés des granits, des morceaux de quartz blancs, de quartz grisâtres, avec des taches & des bandes blanches, des schistes infiltrés, quelques laves, & même des tronçons de basaltes prismatiques. Tous ces fragmens, la plupart un peu usés par le frottement, se ramassent dans les dunes voisines de Doësbourg; ce qui prouve que ce sont des dépôts du même ordre que ceux de Loo & d'*Appeldorn*. D'ailleurs, on rencontre dans ce trajet de nombreux débris de granits & de schistes graniteux : c'est surtout au pied des dunes que sont dispersés les fragmens les plus considérables.

Comme ces dunes se continuent jusqu'à Arnhem, il n'est pas étonnant que tous les pavés de cette ville, & ceux des maisons isolées qu'on rencontre sur la route de Zutphen à Arnhem, soient composés de ces mêmes pierres qu'on a tirées des dunes voisines.

On ne peut considérer les gros fragmens des pierres dont nous avons parlé, comme appartenans au sol même des environs des villes dont nous avons fait mention. Ainsi le professeur Brugman a commis une grande erreur s'il a pensé sur de pareils monumens, que le sol ancien de la Frise & de la Drenthe avoit fait partie de l'ancienne terre.

Pour décider cette question, il étoit nécessaire de remonter le Rhin jusqu'au sol naturel qui peut offrir ces gros débris; ensuite, d'après cette reconnoissance & cette comparaison constatée le long du canal du Rhin & des bords de sa vallée, examiner attentivement les dunes des environs d'*Appeldorn*, & la disposition des matériaux qui se trouvent dispersés au milieu des sables. Peut-on douter, lorsqu'on a vu les environs d'Andernach, que les laves des environs d'*Appeldorn* ne soient dues à des transports qui ont eu lieu depuis cette contrée, jusqu'au bord de la mer, car il est incontestable qu'il n'y a que le centre de ces matières volcaniques qui ait pu fournir surtout ces basaltes prismatiques qu'on voit à Derem, à *Appeldorn*, &c.

APPENZEL, canton situé dans le voisinage du Rhin, & dont nous allons faire connoître le sol, à la suite du territoire des *Grisons* & de *Coire*.

En partant d'*Alstetten* on monte une montagne qui n'est composée que de galets & de pierres roulées de toutes grosseurs : il s'y trouve des granits, des schistes, des pierres ollaires de différentes sortes. Sur le revers de cette montagne commence le canton d'*Appenzel*, qui offre la même composition de galets : la superficie en est seulement plus couverte d'une terre argileuse, sur laquelle il y a des pâturages & de petits bois de sapin : il est d'ailleurs rempli de chalets & d'habitations, au milieu desquelles il n'y a point de terrain inculte. Les possessions sont bien closes, les chemins & les sentiers bornés, & le plus étroits possible. Tout le pays est fort inégal, car on n'y apperçoit que des vallons & des collines qui vont se perdre en pente au lac de Constance.

On voit *Trogen* devant soi; mais il faut faire un grand détour pour y arriver, parce qu'un vallon profond & très-rapide oblige à faire ce circuit. L'autre montagne sur laquelle on passe pour arriver à *Trogen*, est aussi composée de galets, parmi lesquels il y a une très-grande quantité de graviers calcaires en couches.

Trogen, chef-lieu du canton d'*Appenzel*, est bien bâti. La culture & la composition du pays sont les mêmes jusqu'à Vogelinseck, dernier endroit de ce canton, c'est-à-dire, mêmes tas de galets dans de la pierre de sable.

Ce petit pays montueux est situé presqu'à l'extrémité septentrionale & orientale de la Suisse. Entouré par le Rhintal & les terres de l'abbé de Gall, sa longueur est à peu près de dix lieues communes d'orient en occident, & sa largeur de six à sept lieues du midi au nord.

Par ce que nous en avons indiqué jusqu'ici, c'est une masse de collines & de montagnes qui s'élèvent en amphithéâtre, depuis l'extrémité septentrionale jusqu'à l'extrémité opposée. Sur les confins du Rhintal on cultive la vigne: la partie qui succède, produit diverses espèces de grains & de légumes, & donne des fourrages abondans de bonne qualité. A côté sont des pâturages d'été & des montagnes de rocs élevés: ces dernières, détachées de la grande chaîne des Alpes, forment un triple rang, dont les cimes les plus hautes conservent toujours la neige, & offrent des glaciers perpétuels.

On trouve en divers endroits, & jusque sur des montagnes élevées, des pétrifications, & ailleurs des cristaux minéraux & fossiles, &c.; des grottes singulières, plusieurs sources minérales, trois petits lacs, dont le plus grand, qui est l'*Alpsée*, a une lieue d'étendue dans un bassin creusé au milieu d'un rocher, & à une profondeur extraordinaire; il est poissonneux, & fournit l'eau de la source de la Sitter, torrent principal de la contrée.

Le climat est généralement froid, & la température y est, comme dans tous les lieux fort élevés, sujète à des variations assez brusques: la fin de l'année y est ordinairement agréable. On jouit alors sur ces hauteurs d'un tems fort serein, pendant que les plaines de la Turgovie & de la Souabe sont couvertes d'épais brouillards. Dans le mois de janvier ces vapeurs s'élevant, les montagnes en sont enveloppées à leur tour: les vapeurs s'y accumulent, & retardent le retour du printems. L'été est la belle saison pour ce pays: on n'y souffre point des excès de la chaleur. Alors la fraîcheur des petits vallons, la richesse des pâturages, l'excellente qualité du lait, du miel, des légumes & des fuits, des sources salubres, y attirent les citoyens de quelques villes de Suisse, par l'espérance de participer à la santé robuste des habitans, en respirant le même air, & en imitant pour quelque tems leur vie paisible & frugale.

Lors de l'établissement du canton en 1597, on y comptoit 2782 hommes en état de porter les armes dans le district des Catholiques, & 6322 dans celui des Réformés. Aujourd'hui on estime la population du premier canton de 13,100 ames, & celle du second de 38,000; ce qui fait en tout environ 51,100, nombre surprenant dans un petit pays de soixante lieues carrées, dont une grande partie est occupée par des glaciers perpétuels, des rochers inaccessibles, des ravins ou des fonds de vallées; une autre partie par des pâturages d'été, excellens à la vérité, mais qui ne fournissent point à la nourriture des hommes dans une proportion approchante du produit des terres cultivées. L'industrie des habitans supplée à ces désavantages du sol. Une propriété assurée, l'affranchissement de toutes charges onéreuses ou arbitraires, peut-être le sentiment flatteur du droit de participer à la législation, développe chez ce peuple frugal & laborieux tous les ressorts d'un génie actif, qui n'est point enchaîné par des réglemens embarrassans. Leurs voisins d'ailleurs entretiennent cette industrie, & leur fournissent en échange les denrées de consommation qui leur manquent: une exportation & une importation toujours ouvertes amènent chez eux l'abondance au prix courant des marchés voisins.

Les deux branches de commerce du canton sont: 1°. le bétail, les cuirs, les beurres, les fromages, &c. & cette économie seule occupe à peu près onze mille personnes; 2°. la filature en lin & coton, & la fabrication des toiles.

Les hommes sont robustes & bien faits; ils s'exercent dès leur jeunesse à la lutte & à la course. On trouve peu de particuliers fort riches ou fort pauvres, & l'aisance est assez générale, surtout parmi les Réformés.

Ce canton n'a aucune ville fermée: on y voit seulement deux ou trois bourgs, & un petit nombre de villages réunis. Les autres paroisses sont formées par des habitations éparses dans les possessions particulières: ces maisons détachées sont ordinairement vastes, carrées, élevées, solides & propres. La vie des habitans est simple, frugale, car leur nourriture consiste principalement en pain gruau, légumes, fruits & laitages.

APURIMA (Pont d'), pont fameux qu'on a construit au Pérou, auprès d'Andaguelass. Il se trouve dans une montagne une coupure d'environ cent vingt toises de large, & d'une grande profondeur, qu'une rivière a formée pour s'ouvrir un débouché; & comme cette rivière roule ses eaux avec tant d'impétuosité, qu'elle entraîne de fort grosses pierres, on ne peut la traverser à gué qu'à vingt-cinq ou trente lieues de la coupure. La largeur & la profondeur de cette brêche, & la nécessité de s'ouvrir un passage dans cet endroit, ont fait imaginer un pont de cordes faites d'écorces d'arbres, lesquelles servent à lier des traverses de bois de six pieds de longueur, sur lesquelles on passe même avec les mulets chargés, mais non sans crainte d'être précipité dans la rivière; car, vers le milieu de ce pont, les passans éprouvent un balancement capable de les étourdir. Au reste, nous insistons sur ces détails, dans l'intention de faire connoître les coupures énormes & multipliées que les rivières, & toutes les eaux courantes en général, se sont ouvertes dans ces contrées du Pérou, à travers les différentes chaînes de montagnes. Nous renvoyons au reste aux articles CORDELIÈRES & PÉROU, pour prendre une idée générale du travail des eaux courantes dans le genre de ces *coupures* : on peut voir aussi l'article VIRGINIE & la carte de cette province, qui nous offre un grand nombre de ces coupures par les rivières.

C'est surtout dans la partie montueuse du Pérou, que les eaux courantes des rivières qui y prennent leur source, ont fait ces ouvertures fréquentes, & sur lesquelles, ni les géographes ni les naturalistes n'ont suivi aucune observation propre à nous éclairer relativement à la première démarche des eaux lorsqu'elles ont entamé ces chaînes, & qu'elles ont détruit ces masses énormes qui occupoient les larges brêches où elles ont continué de creuser leurs vallées, soit avant, soit après les chaînes qu'elles ont ainsi coupées. (*Voyez* EUPHRATE & TIGRE, & la carte de cette partie de l'Asie, où les eaux courantes ont opéré plusieurs de ces coupures.)

AQUEDUCS NATURELS ET SOUTERRAINS. Ce sont des galeries creusées dans les massifs des collines qui forment les bords escarpés de certaines vallées, & qui servent d'égoûts & de débouchés aux eaux qui circulent & résident dans l'intérieur des terres. La première connoissance de ces galeries & de leurs effets nous a été fournie par les Anciens, qui ont creusé de cette manière les bords des vallées voisines des murs d'Agrigente, pour se procurer des sources d'eau que l'excavation des *aqueducs* dont il est question, faisoit naître dans certains systêmes de couches horizontales, composées de pierres tendres & spongieuses, avec des intervalles marneux. C'est par ces moyens, employés dans toutes ces circonstances, que les ingénieurs d'Agrigente étoient parvenus à grossir le fleuve d'Agragas, qui traversoit cette ville célèbre & florissante.

De tous ces *aqueducs*, le plus merveilleux est celui qui est placé à trente ou quarante pieds au dessous du sommet de la montagne où fut jadis la forteresse de *Coqale* : la roche qui s'y trouve, est tellement susceptible de se prêter à l'imbibition de l'eau pluviale, qu'au moyen de ces galeries elle fournit, même en été, l'eau nécessaire pour approvisionner, non-seulement la partie de la ville de *Girgenti* qui est voisine, mais encore le faubourg appelé *Kabbaro*.

Du côté du nord, la partie escarpée de cette même montagne donne en bien des endroits de l'eau, qu'elle contient en grande quantité, & qu'elle rend abondamment à travers les terres qui, du pied de la roche, offrent des pentes jusqu'au fond du vallon, où elles se réunissent : ceci est l'état purement naturel, qu'on avoit amélioré au moyen des galeries dont nous avons parlé ci-devant.

Au dessus du lieu où fut l'étang qui servoit de vivier aux habitans de la ville d'Agrigente, on trouve en différens endroits des galeries souterraines, creusées dans le massif de la colline, & tellement étroites, qu'il n'y peut pénétrer à la fois qu'un seul homme. Ces galeries, s'étendant assez profondément dans les couches de la montagne, ont toutes sortes de directions : il y en a plusieurs dans les rives du canal du fleuve de l'Agragas, en remontant ce fleuve au dessous d'*Agrigentino in Comicus*, & dans d'autres parties de cette ville, notamment, comme nous l'avons déjà remarqué, au dessous de l'ancien poste de la forteresse de Cocale, où l'on trouve des escarpemens dans l'intérieur desquels les *aqueducs souterrains* ont été approfondis.

Ces galeries sont dues primitivement aux fentes perpendiculaires des montagnes, dans l'intérieur desquelles on les a creusées. Il est visible que ces excavations ont été faites pour que les eaux s'y rassemblassent, & ne fussent pas égarées ou perdues dans le sein des roches, où l'eau pouvoit s'évaporer par des suintemens dispersés en petits filets insensibles.

On conçoit aisément que ces eaux, rassemblées dans les fonds de ces galeries, se rendoient vers leurs embouchures en formant des fontaines plus ou moins abondantes, mais toujours permanentes, même dans les saisons les plus sèches.

Quelques-unes de ces sources factices sont tellement abondantes, qu'elles paroissent des espèces de prodiges : telle est celle qui subsiste encore sur le bord du chemin qui mène de la mer à la ville de *Girgenti*, à mi-côte & un peu au dessus de l'Agragas, près d'*Agrigentino in Comicus*. On y voit un abreuvoir toujours rempli d'eau très-bonne, & qui sert aux gens de la campagne, aux voyageurs, à tous ceux qui vont du port à la ville, & de la ville au port.

Ainsi les Anciens, en étudiant la nature avec soin, ont trouvé qu'en creusant suivant ce systême raisonné dans les rochers à grain tendre & spongieux, ils pouvoient se procurer des sources factices, & même des ruisseaux qui leur fournissoient de l'eau dans les lieux où ils en avoient besoin. Cet art des Anciens est trop ignoré, & nous ne pouvons trop insister, d'après l'artiste Houel, qui nous a fait connoître ces détails, sur les avantages qu'on pourroit, dans plusieurs contrées de la France, & même de l'Europe, retirer des galeries souterraines qu'on creuseroit, sur le plan des habitans d'*Agrigente*, dans les massifs des collines à roche tendre & spongieuse, pour en obtenir des fontaines précieuses.

Je ne suis pas étonné que les Anciens aient profité, comme je viens de le dire, des circonstances qui ont été exposées ci-devant pour se procurer des eaux vives dans les lieux qui en manquoient; car j'ai rencontré en France, & particuliérement en Angoumois, plusieurs vallées dont les habitans avoient tiré de même grand parti des épanchemens d'eau qui s'offroient le long des croupes voisines des hameaux. Des galeries souterraines servoient à rassembler & à conduire chez eux les eaux qui résidoient dans les parties supérieures des croupes, & qui couloient en petits ruisseaux à la surface des fonds de cuve des vallées : outre cela, lorsque ces sources avoient cessé de donner, vers la fin de mai, ils étoient parvenus à se procurer les produits des épanchemens des eaux résidantes sur les lits inférieurs des argiles, en creusant des puits à certains niveaux dans les fonds de cuve, de manière qu'ils versoient les eaux par-dessus leurs bords, suivant les différentes saisons du printems, de l'été & de l'automne. Tout ceci me paroît avoir étendu, comme on voit, la théorie des galeries souterraines par celle des puits.

Je pourrois joindre à cet exemple remarquable des travaux des Anciens, qui subsistent encore, les détails des procédés qui sont en usage dans tous les environs de Limoges; ils consistent à faire des excavations, soit à voie ouverte, soit souterraines, au milieu des massifs de granits rayés ou gneiss : c'est ainsi que les habitans se procurent, par les épanchemens des eaux qui ont pénétré dans ces massifs, des fontaines très-abondantes; car ces eaux se rassemblent au fond des galeries profondes qui ont un débouché vers les diverses habitations, soit des fermiers, soit des propriétaires.

Je dois faire remarquer ici que ces massifs de granits rayés diffèrent beaucoup de ceux que nous offrent les pays à couches de pierres calcaires, tendres & spongieuses quant à la nature des substances qui entrent dans leur composition; mais ils se rapprochent par deux caractères qu'on ne peut suivre avec trop de soin : le premier est cette disposition qu'ont l'un & l'autre de ces massifs de se pénétrer des eaux pluviales à une certaine profondeur; le second est de fournir à des épanchemens d'eau considérables à la suite des galeries ou coupures souterraines, en conséquence de leur organisation particulière, ou par lits, ou par lames.

Je puis renvoyer à notre Atlas pour tous les détails qui se trouveront figurés dans la carte topographique d'un vallon, où toutes ces dispositions dans la circulation des eaux se sont offertes à moi dans la ci-devant province d'Angoumois, proche Verteuil. (*Voyez* AGRIGENTE, PUITS, FONTAINES ARTIFICIELLES des environs de Limoges, &c.)

Je puis citer aussi les ouvertures de certaines grottes qui versent au dehors des ruisseaux plus ou moins abondans. Il est facile de reconnoître, en visitant ces grottes, que les ruisseaux qui en sortent, sont les résultats des épanchemens d'eau multipliés qui se font continuellement par les parois des galeries souterraines que l'eau elle-même s'y est creusées; car ces excavations naturelles ont été ébauchées par les fentes perpendiculaires, & agrandies insensiblement à la suite de ces épanchemens qui ont donné lieu à des sources, & qui continuent à les alimenter. Ainsi l'on doit considérer les grottes comme ayant eu pour origine les fentes perpendiculaires, lesquelles ont donné lieu aux eaux d'agir & d'étendre les galeries : ce sont ces mêmes indications que les hommes industrieux doivent suivre pour imiter le travail de la nature, & creuser, à l'imitation des anciens habitans d'Agrigente, des *aqueducs* souterrains.

Je vais plus loin encore, & je dis que ces sortes d'excavations latérales pourroient pénétrer fort avant dans les massifs des bords escarpés de certaines vallées, au pied desquels il sourcille une grande quantité de filets d'eau qui gâtent les prairies. Pour remédier à ce grand mal, il n'y a pas de doute que ces *aqueducs*, creusés ainsi d'intervalle à autre, ne desséchassent une grande partie des prairies gâtées par les eaux froides des petites sources, & ne formassent des ruisseaux qui les arroseroient utilement; car il est à croire que les eaux souterraines qui aboutissent au pied des bords escarpés de ces vallées, se rendroient latéralement aux parois des *aqueducs*, & formeroient des courans d'eau assez considérables pour parvenir au milieu des vallées, & se réunir aux ruisseaux ou rivières qui y coulent. L'indication de ces effets rentre, comme on voit, dans la théorie générale de la circulation souterraine de l'eau pluviale au milieu des parties de la surface de la terre, qui participent à l'*imbibition*. (*Voyez cet article.*) La connoissance de cette imbibition nous fournit les moyens de modifier la circulation de l'eau, qui en est la suite; de manière qu'elle cesse de nuire, étant livrée à elle-même. C'est ainsi que l'étude de la nature nous mettra en possession de tous les moyens qui peuvent diriger les effets des eaux souterraines, en substituant sans grands efforts des avantages aux inconvéniens; avantages d'autant plus estimables, qu'ils seront toujours les résultats de l'influence de l'eau, dont la circulation est dirigée avec art.

Je terminerai cette discussion en considérant que les eaux des sources ne se montrent au dehors que par les coupures qui se trouvent dans toute l'étendue des croupes de nos vallées, & qu'elles s'y montrent, soit au pied, soit dans les parties supérieures ou moyennes de leurs pentes, suivant que les coupures se trouvent à découvert dans les points où résident les lits de marne ou d'argile qui servent à rassembler les eaux pluviales : c'est ainsi que ces eaux fournissent aux sources ce qui forme leur aliment. On voit par tous les détails raisonnés de cet article, que les hommes, en suivant la marche de la nature dans la distribution des eaux souterraines de certaines contrées, en ont tiré les plus grands avantages, & cependant qu'il leur reste à en obtenir beaucoup d'autres dans quelques pays où ils pourroient perfectionner leurs cultures en suivant les principes indiqués dans cet article.

AQUINO. Je présenterai dans cet article le résultat des observations que j'ai faites sur la route de Rome à Naples par le *Mont-Cassin*, depuis Ciprano jusqu'à San-Germano.

La route depuis Ciprano, ville pauvre & peuplée de fainéans, jusqu'à l'*Isoletta*, lieu de la douane de Naples, offre des amas de grève calcaire, mêlée de terre argilo-calcaire.

Dans ce trajet il y a quelques cultures, & des plantations d'ormes & de chênes : l'argile m'a paru partout dominer dans la terre végétale.

Au-delà de l'Isoletta on continue à traverser ces amas immenses de graviers fort gros, parsemés de couches d'argile irrégulières & peu suivies, qui forment entre l'Iris & la Melfa une plaine assez élevée, dans laquelle sont creusés des canaux qui donnent passage à plusieurs ruisseaux : ce sont les produits de sources très-multipliées. Je me suis assuré par l'examen de ces sources, que les collines d'où ces eaux s'épanchoient, étoient composées de couches d'argile assez suivies, & distribuées au milieu des amas de pierres roulées fort épais.

On passe la Melfa à gué & avec des précautions, parce que cette rivière a un lit fort large, & un cours vague dans cette grande plaine fluviale : les canaux dont elle est entre-coupée reçoivent les eaux de cette rivière. Les îles qui séparent ces canaux sont visiblement le produit des dépôts que forme cette rivière torrentielle, par les ralentissemens qui suivent ses accès. On reconnoît d'autant plus facilement ce travail de la Melfa, que ses bords offrent plus de dépôts suivis de pierres roulées qui en occupent les plages.

Lorsqu'on a gagné la plaine élevée qui domine la vallée de la Melfa, l'on voit le Cairo, montagne fort haute qui domine le Mont-Cassin, & à côté le Mont-Cassin lui-même. Au couchant on apperçoit toujours la chaîne parallèle à l'Apennin, qu'on a suivie avant Ciprano, & qui termine, outre cela, la plaine au midi par un détour prolongé.

De la Melfa jusqu'à l'endroit où se trouvent les restes de l'ancien *Aquino*, on voit du tuf calcaire qui a le grain du travertin. Ces antiquités se réduisent à deux portes, à des débris de colonnes, à des inscriptions, enfin à des restes de voie romaine, pavée de pierres prismatiques de basaltes. Avant une des portes il y a des portions de murs, lesquelles ont été construites en *opus reticulatum* : les pierres de ces bâtisses sont toutes calcaires. Près d'une ancienne église d'*Aquino* moderne, on voit des amas de tuf déposé à côté d'un moulin par l'eau d'une source abondante, qui sort de dessous les couches du travertin.

Le travertin continue jusqu'à Cassino, & se trouve récouvert singuliérement par un lit de bonne terre calcaire mêlée d'argile : cette terre est fort meuble, & on la cultive avec quelque soin à l'araire & à bras. Deux bœufs conduisent cet araire, qui a un soc sans oreille & un seul manche. On sème dans ce sol, des lupins, du lin & du froment. Ces champs cultivés sont bordés de plantations d'ormes & de chênes, & l'on ensemence dessous ces arbres. La culture est assez étendue dans cette plaine, mais il y a beaucoup plus de jachères que ne paroît comporter la nature du sol.

Les vignes sont élevées sur les ormes, mais le vin en est mauvais & mal fait. Les seuls animaux domestiques sont des brebis, des cochons & des chèvres : les cochons sont noirs. Cette plaine, depuis l'Isoletta, est ce que l'on nommoit autrefois *terre de labour* : aussi je l'observai avec le soin que son ancienne réputation méritoit. Nous avons été visiter ensuite le Mont-Cassin. On monte par une rampe assez bien prise, mais trop rapide pour les voitures : aussi tout se conduit au couvent à dos de mulets. Dès qu'on est parvenu au sommet, on peut voir au nord le mont Cairo, qui, quoique très-élevé, est composé de couches calcaires assez irrégulières, ainsi que les autres montagnes inférieures & le Mont-Cassin lui-même, qui est escarpé de tous côtés. Le Cairo est couvert de neiges tout l'hiver, & les fontes de ces neiges en ont raviné toute la cime, qui est entiérement pelée. Du côté de l'est on voit, au-delà de la plaine de San-Germano, plusieurs sommets alongés, & parallèles à la chaîne de l'Apennin & du Mont-Cassin. Sur les croupes on peut observer un grand nombre de vallons latéraux, qui les ont sillonées dans toute leur hauteur.

A l'ouest toujours de la hauteur du Mont-Cassin, on suit dans la plaine le cours du Garigliano avec ceux de l'Iris & de la rivière de San-Germano, qui ont plusieurs oscillations. Cette plaine ou plutôt ces rivières réunies n'ont de débouché que par une ouverture fort étroite, qui est à l'extrémité d'un plan incliné, alongé sur la croupe d'un embranchement que la chaîne de l'ouest jette à l'est, & qui ferme cette plaine au midi, comme je l'ai déjà remarqué ci-dessus. Ce plan incliné a derrière lui un anti-parallèle fort alongé : c'est entre ces deux pointes des plans inclinés que serpente le Garigliano. Cette disposition correspondante des deux plans inclinés opposés est la suite de l'organisation des chaînes montueuses, produite par les oscillations des rivières qui courent actuellement dans cette vaste plaine.

Le Mont-Cassin est à l'extrémité d'une chaîne

qui occupe le milieu de deux plaines. Les pierres des couches inclinées, qui forment différens systèmes dans cette montagne, offrent plusieurs vestiges de coquilles fort rares, & entr'autres des noyaux de l'*ostracite de Barbesieux*, dont j'ai publié la description & les figures dans les *Mémoires de l'Institut pour la première classe*, vol. 6.

L'église du Mont-Cassin est l'édifice le plus considérable & le plus régulier qu'il y ait dans cette maison. La proportion qui règne entre le chœur, la nef & la croisée, produit un très-bel effet : les ornemens & les marbres y sont sagement distribués, excepté dans la voûte : les compartimens en sont peints par Luc Jordans : on y voit la dédicace de l'église par le même, tableau qui fait le plus grand effet, ainsi que les quatre tableaux du chœur, par Solimène.

Les marbres de Sicile, le vert, le jaune, le blanc & le noir antiques revêtent les pilastres & les archivoltes des bas-côtés, qui sont soutenus par des colonnes de granit.

Deux anges du dessin de Michel-Ange soutiennent les consoles du maître-autel, lequel est enrichi d'agates, d'améthystes & de lapis, ainsi que la chapelle de Sainte-Scholastique.

A la sacristie on trouve un pavé de serpentine & de porphyre en *opere musivo*.

Le péristile de la cour qui précède l'église, est orné de six colonnes de granit oriental.

Au réfectoire on trouve une porte décorée dans le goût florentin, & au fond une grande machine composée par le Bassan : le sujet est la multiplication des cinq pains, & leur distribution par les Bénédictins.

Les trois cours, qui se présentent de front, sont au dessous de l'escalier qui est en avant de celle qu'on voit entourée de colonnes & de statues, & qui annonce l'église : le dorique de celle du milieu est plus régulier que celui des deux autres.

On montre, en descendant du Mont-Cassin, des impressions de la figure de saint Benoît, qui se reposoit, dit-on, dans ce lieu. Ceux qui ont inventé ce miracle n'avoient pas étudié les effets des eaux pluviales qui s'échappent le long des croupes de la montagne, car il est aisé d'en reconnoitre les effets. Ce qui surprend toute personne attentive, c'est le grand nombre & le choix des colonnes de granit & de porphyre qui décorent l'église & les cours qui l'annoncent dans ce couvent. Au bas de la montagne on voit sortir une source abondante, qui abreuve une partie des rues de San-Germano, & dont on fait usage dans les tanneries de cette ville, qui sont assez bien traitées : on y prépare les cuirs au redoul.

Je terminerai ces détails par l'exposition du jeu & des mouvemens d'un brouillard qui régna dans la plaine, depuis l'Isolette, toute la matinée : ce brouillard resta sédentaire au fond de la plaine, que le soleil éclairoit d'une manière singulière, suivant l'aspect des nuages & le fond sur lequel la lumière se réfléchissoit. Une suite d'arbres étoit dans une vapeur à moitié colorée, qui produisoit un effet très-pittoresque. A mesure que la chaleur se distribua dans la plaine, le brouillard s'éleva sur les cimes élevées des montagnes qui en formoient la ceinture. Lorsque le soleil fut plus élevé, & qu'il se fut établi un certain courant qui déplaça de proche en proche les masses froides de l'atmosphère, tous les nuages élevés disparurent, & toutes les croupes des montagnes se nétoyèrent.

ARABES. Pendant que les Persans, les Turcs & les Maures se sont policés jusqu'à un certain point, les *Arabes* sont demeurés pour la plupart dans un état d'indépendance qui suppose le mépris des lois; ils vivent, comme les Tartares, sans règle, sans police & presque sans société. Le vol est autorisé par les chefs. Ces peuples sont fort endurcis au travail; ils accoutument aussi leurs chevaux à la plus grande fatigue; ils ne leur donnent à boire & à manger qu'une seule fois en vingt-quatre heures : aussi ces chevaux sont-ils très-maigres, mais en même tems très-prompts à la course, & pour ainsi dire infatigables. Les *Arabes* vivent pour la plupart misérablement : ils n'ont ni pain ni vin, & ils ne prennent pas la peine de cultiver la terre. Au lieu de pain ils se nourrissent de quelques graines sauvages, qu'ils détrempent & qu'ils pétrissent avec le lait de leur bétail : ils ont des troupeaux de chameaux, de brebis & de chèvres, qu'ils mènent paître çà & là dans les lieux où ils trouvent des pâturages; ils y demeurent avec leurs femmes & leurs enfans, sous des tentes, jusqu'à ce que l'herbe soit mangée : après quoi ils décampent pour aller chercher ailleurs de quoi faire paître leurs troupeaux. Avec une manière de vivre aussi dure, & une nourriture aussi simple, les *Arabes* ne laissent pas d'être très-robustes & très-forts; ils sont même d'une assez grande taille, & bien faits; mais ils ont le visage & le corps brûlés de l'ardeur du soleil, car la plupart vont tout nus ou ne portent qu'une mauvaise chemise.

Ceux des côtes de l'Arabie Heureuse & de l'île de Socotora sont plus petits que les autres : ils ont le teint couleur de cendre ou fort basané, & ils ressemblent, pour la taille & les traits, aux Abyssins. Les *Arabes* sont dans l'usage de se faire appliquer une couleur bleue-foncée aux bras, aux lèvres & aux parties du corps les plus apparentes; ils appliquent cette couleur par petits points, & la font pénétrer dans la chair avec une aiguille faite exprès, de sorte que la marque en est ineffaçable : cette coutume singulière se trouve même chez les Nègres qui ont eu commerce avec les Mahométans.

Chez les *Arabes* qui demeurent dans les déserts, sur les frontières de Tremecen & de Tunis, les filles se font des chiffres de couleur bleue sur tout le corps avec la pointe d'une lancette & du vitriol, & les Africaines en font autant à leur exemple; mais celles qui demeurent dans les villes, conservent la même blancheur de visage avec laquelle elles sont nées. Quelques-unes seulement se peignent une petite fleur ou quelqu'autre chose aux joues, au front & au menton avec de la fumée de noix de galle & du safran; ce qui rend la marque fort noire. Les femmes arabes du désert ont des anneaux d'or ou d'argent suspendus aux narines; elles sont fort brunes, parce qu'elles sont perpétuellement exposées au soleil, mais elles naissent assez blanches.

Les princesses & les dames arabes qui demeurent sous les tentes, sont belles & bien faites; elles sont fort blanches, parce qu'elles sont toujours à couvert du soleil. Les femmes du commun sont extrêmement brûlées, outre la couleur brune & basanée qu'elles ont naturellement; elles sont outre cela fort laides dans toute leur figure, malgré les couleurs qu'elles appliquent sur leur visage & sur leurs bras; elles noircissent le bord de leurs paupières d'une poudre noire, composée de tutie, & elles tirent une ligne de cette couleur au dehors du coin de l'œil pour le faire paroître plus fendu; car en général la principale beauté des femmes de l'Orient est d'avoir de grands yeux noirs bien ouverts, & relevés à fleur de tête.

Au reste, tous les *Arabes* sont fort jaloux de leurs femmes; & quoiqu'ils les achètent ou qu'ils les enlèvent, ils les traitent avec douceur, & même avec quelque respect.

Ces peuples ont tous la même religion sans avoir les mêmes mœurs: les uns habitent dans des villes ou villages, les autres sous des tentes en familles séparées. Ceux qui habitent les villes travaillent rarement en été, depuis les onze heures du matin jusqu'à trois heures du soir, à cause de la grande chaleur. Pour l'ordinaire ils emploient ce tems à dormir dans des souterrains où le vent vient d'en haut par une espèce de tube pour y faire circuler l'air. Les *Arabes* tolèrent toutes les religions, & en laissent le libre exercice aux Juifs, aux Chrétiens, aux Banians. Ils sont plus affables pour les étrangers, plus hospitaliers, plus généreux que les Turcs.

La coiffure des femmes *arabes*, quoique simple, est élégante: elles sont toutes à demi ou au quart voilées. Le vêtement du corps est encore plus piquant; ce n'est qu'une chemise sur un léger caleçon, le tout brodé ou garni d'agrémens de différentes couleurs. Elles se peignent les ongles en rouge, les pieds & les mains en jaune-brun, les sourcils & les bords des paupières en noir. Celles qui habitent la campagne dans les plaines ont le teint & la peau du corps d'un jaune-foncé; mais dans les montagnes on trouve de jolis visages même parmi les paysannes. L'usage de l'inoculation, si nécessaire pour conserver la beauté, est ancien & pratiqué avec succès parmi ces peuples. Les pauvres *Arabes-Bedouins*, qui manquent de tout, inoculent leurs enfans avec une épine, faute de meilleurs instrumens.

En général, les *Arabes* sont fort sobres, & même ils ne mangent pas de tout à beaucoup près, soit superstition, soit faute d'appétit. Ce n'est pas néanmoins délicatesse de goût, car la plupart mangent des sauterelles. Depuis Babel-Mandel jusqu'à Bara, on enfile les sauterelles pour les porter au marché. Ils broient leur blé avec deux pierres, dont la supérieure se tourne avec la main comme dans notre moulin à moutarde. Les filles se marient de fort bonne heure, à neuf, dix & onze ans dans les plaines, mais dans les montagnes leurs parens les obligent d'attendre quinze ans.

Les habitans des villes *arabes*, surtout de celles situées sur les côtes de la mer ou sur la frontière, ont, à cause de leur commerce, tellement été mêlés avec les étrangers, qu'ils ont perdu beaucoup de leurs mœurs & coutumes anciennes; mais les *Bedouins*, les vrais *Arabes* qui ont toujours fait plus de cas de leur liberté que de l'aisance & des richesses, vivent en tribus séparées sous des tentes, & gardent encore la même forme de gouvernement, les mêmes mœurs & les mêmes usages qu'avoient leurs ancêtres dans les tems les plus reculés. Ils appellent en général tous leurs nobles *schechs*. Quand ces schechs sont trop foibles pour se défendre contre leurs voisins, ils s'unissent avec d'autres, & choisissent un d'entr'eux pour leur grand chef. Plusieurs des grands élisent encore, de l'aveu des petits schechs, un plus puissant, & alors la famille de ce dernier donne son nom à toute la tribu.

On peut dire en général des *Arabes*, qu'ils naissent tous soldats, & qu'ils sont tous pâtres. Les chefs des grandes tribus ont beaucoup de chameaux, qu'ils emploient à la guerre, au commerce. Les petites tribus élèvent des troupeaux de moutons. Les schechs vivent sous des tentes, & laissent le souci de l'agriculture & des autres travaux pénibles à leurs sujets, qui vivent dans de misérables huttes. Ces *Bedouins*, accoutumés à vivre en plein air, ont l'odorat très-fin. Les villes leur plaisent si peu, qu'ils ne comprennent pas comment des gens qui se piquent d'aimer la propreté, peuvent vivre au milieu d'un air si impur.

Parmi ces peuples l'autorité reste dans la famille du grand ou petit schech, qui règne sans qu'ils soient assujettis à en choisir l'aîné. Ils élisent le plus capable des fils ou des parens pour succéder au gouvernement. Ils paient très-peu ou rien à leurs supérieurs. Chacun des petits schechs porte la parole pour sa famille; il en est le chef & le conducteur. Le grand schech est obligé par-là de les regarder plus comme ses alliés, que comme ses sujets; car si son gouvernement leur déplaît, & qu'ils ne puissent pas le déposer, ils conduisent leurs bestiaux dans la possession d'une autre tribu, qui d'ordinaire est charmée d'en fortifier son parti. Chaque petit schech est

intéressé

intéressé à bien diriger sa famille s'il ne veut pas être déposé ou abandonné. Jamais ces *Bedouins* n'ont pu être subjugués par les étrangers, mais les *Arabes* des environs de Bagdad, Mosul, Orsa, Damas & Haleb sont en apparence soumis au sultan.

Toutes les contrées de l'Arabie, quoique fort éloignées les unes des autres, sont également sujètes à de grandes chaleurs, & jouissent constamment du ciel le plus serein, & tous les monumens historiques attestent que l'Arabie fut peuplée dès la plus haute antiquité.

Les *Arabes*, avec une petite taille, un corps maigre, une voix grêle, ont un tempérament robuste, le poil brun, le visage basané, les yeux noirs & vifs, une physionomie ingénieuse, mais rarement agréable. Ils attachent de la dignité à leur barbe, parlent peu & sans gestes, sans s'interrompre, sans se choquer dans leurs expressions. Ils sont flegmatiques, mais redoutables dans la colère; ils ont de l'intelligence & même de l'aptitude pour les sciences, qu'ils cultivent peu présentement : ceux de nos jours n'ont aucun monument de génie. Le nombre des *Arabes* établis dans le désert peut monter à deux millions. Leurs habits, leurs tentes, leurs cordages, leurs tapis, tout se fait avec la laine de leurs brebis, le poil de leurs chameaux & de leurs chèvres.

Les *Arabes* sont fort endurcis au travail; mais comme ils sont presque tous pasteurs, ils n'ont point de travail suivi; cependant ils peuvent soutenir de longues courses sans paroître fatigués, & souffrent alors la chaleur, la faim, la soif, mieux que tous les autres hommes des mêmes contrées.

Quelques *Arabes*, au lieu de pain, se nourrissent de plusieurs graines sauvages, qu'ils détrempent & pétrissent avec le lait de leur bétail. Presque tous se nourrissent d'une espèce de farine cuite à l'eau, de lait, & surtout de celui de leurs chameaux : ce n'est que dans les jours de fête que les *Arabes* mangent de la viande, & cette bonne chère n'est que du chameau ou de la brebis.

A l'égard de leurs vêtemens, tous les *Arabes* riches sont bien vêtus; mais les pauvres sont presque nus. Les marques ou empreintes que les *Arabes* se font sur la peau, font l'effet de la poudre à tirer & de la mine de plomb, qui agissent dans des trous faits à la peau par le moyen d'une aiguille. Ces différentes impressions désignent ordinairement les différentes tribus : il n'y a que quelques tribus de l'Arabie déserte & de la Nubie qui se peignent les lèvres.

ARABES. Leurs excursions.

Après avoir donné une idée de cette nation & de ses mœurs dans son pays natal & primitif, je crois devoir parler de ses *excursions* en Asie, en Afrique & en Europe, comme de ces événemens naturels qui appartiennent à la géographie-physique, & dont j'exposerai l'ensemble à l'article EXCURSIONS.

Ce peuple essaya de profiter, pour s'agrandir, de l'horrible confusion où étoient tombés l'empire d'Orient & tous les Etats de l'Europe : il étoit renfermé, comme les Goths, par des mers & des déserts. L'Océan indien, la Mer-Rouge, le golfe Persique, formoient ses confins à l'est, au midi & à l'ouest; de vastes plaines, couvertes d'un sable brûlant, & des montagnes arides, le séparoient au nord des autres nations de l'Asie : il sembloit, par cette position, destiné à ne jamais perdre son indépendance, & à ne jamais attenter à celle des autres. Comme il n'avoit pas de voisins, il ne devoit pas craindre d'être opprimé ni conquis par aucune nation entreprenante.

Il fallut, pour qu'il franchît ses limites, que le fanatisme d'une religion nouvelle exaltât son imagination naturellement ardente, & surmontât le penchant à l'indolence qu'inspirent en géneral la chaleur, la beauté du climat & les aromates de l'Arabie heureuse.

Alors les *Arabes* s'élancèrent comme des oiseaux de proie au-delà des mers qui les environnoient, & ils fondirent sur les Etats qu'ils trouvèrent assez mal gouvernés pour ne leur offrir qu'une foible résistance.

Ils se répandirent dans la Syrie, dans la Perse, dans le Mogol, dans l'Egypte, dans les contrées envahies par les Vandales, & recrutées par les enfans de ces barbares du Nord, par les habitans de la Mauritanie, qu'ils subjuguèrent en passant; ils envahirent l'Espagne, traversèrent les Pyrenées, & remontèrent en France jusque vers les bords de la Loire, où Charles Martel mit un terme à leur débordement.

Les *Arabes* firent quelques établissemens en Italie, mais ne purent en faire la conquête. Partis des environs du 20e. degré de latitude nord, ils s'étendirent jusqu'au 46e. Les Visigoths, partis des environs du 60e., étoient descendus jusqu'au 36e. Les Vandales passèrent au delà du 34e.

Ce fut dans la Perse & dans l'Espagne que les *Arabes* déployèrent avec le plus d'avantage leur amour pour les arts, leur goût pour les sciences, leurs talens pour l'architecture, & ce genre de mœurs qui les caractérise. Ce mélange d'héroïsme & de barbarie, de galanterie espagnole & de jalousie orientale, de fanatisme pour Dieu & pour les femmes, ce tour d'esprit romanesque qui leur faisoit chercher des aventures singulières & se passionner pour des contes. On trouve dans leurs écrits & dans leurs monumens l'audace d'un génie inventif, & la bizarrerie d'un goût original que la culture n'a point perfectionné.

De tous les peuples vagabonds dont nous parlerons à l'article EXCURSIONS, les *Arabes* sont les seuls qui aient construit des monumens dans les Etats subjugués, & qui aient embelli surtout les villes des peuples conquis. C'est un rapport qu'ils ont eu avec les anciens Romains; mais nous devons dire qu'ils les surpassèrent dans les parties des sciences qu'ils ont su propager parmi ces peuples. Nous devons aux Arabes les chiffres 1, 2, 3, 4, 5, 6, 7, 8, 9, & les principes du calcul arithmétique; l'algèbre, les almanachs, plusieurs observations astronomiques, & beaucoup de découvertes chimiques.

ARABIE, région de l'Asie, qui occupe une très-grande presqu'île; elle a une étendue de presque quatre cents lieues d'orient en occident, & cinq cents du midi au septentrion. Les géographes en ont alongé ou resserré les limites selon les tems où ils écrivoient : quelquefois ils ont compris sous ce nom les contrées voisines qui pouvoient être asservies à quelques tribus arabes, & quelquefois ils en ont détaché des cantons qui se trouvoient soumis à des puissances étrangères.

Les Arabes, quoique peuples très-anciens, ont été long-tems dans une espèce d'oubli des nations. Les descriptions qui nous ont été données par les écrivains qui n'avoient jamais pénétré dans ce pays singulier, sont, ou fausses, ou du moins très-suspectes.

Cette presqu'île est bornée à l'orient par le golfe Persique & la baie d'Ormus; au couchant, par la Mer-Rouge, l'isthme de Suez, la Palestine & une partie de la Syrie; au midi, par le détroit de Babel-Mandel & l'Océan indien; au nord, par l'Irak proprement dit & le Diarbeck. On lui donne le nom de *Péninsule*, parce qu'elle est concentrée entre l'Euphrate & la Méditerranée. Les révolutions des tems n'ont point changé son nom primitif. Dès les premiers siècles elle fut connue sous le nom d'*Arab*. Ptolomee est le premier qui ait distingué cette région en *Arabie heureuse*, en *Arabie pétrée* & en *Arabie déserte*. Les géographes arabes, mieux instruits de la situation de leur pays, le partagent en cinq provinces, qui s'étendent depuis *Ailah* ou *Calsum* sur la Mer-Rouge, jusqu'à la mer des Indes. Cette division est d'autant plus naturelle, qu'elle est fondée sur les différens genres de vie de ses habitans, dont les uns, errans dans leurs déserts, ne s'arrêtent que dans les endroits où ils trouvent des eaux pour leurs besoins, & des pâturages pour leurs troupeaux; ils n'ont d'autres logemens que leurs tentes, & toute leur richesse consiste dans leur bétail & leurs armes. D'autres se réunissent dans les villes, qui ne sont que d'ignobles bourgades, formées d'un assemblage de tentes ou de maisons de cannes & de roseaux. Ces simulacres de villes sont fort distans les uns des autres, parce que la terre, rebelle à la culture, ne pourroit fournir assez de productions pour la subsistance d'une multitude rassemblée.

La province de *Tehama* s'étend sur tout le nord de cette péninsule : jusqu'à *Eleaf* on n'y trouve ni villes ni hameaux, & c'est ce qui lui a fait donner le nom de *grand désert*; mais comme le sol est le plus bas de toute l'*Arabie*, on y rencontre une quantite de sources, richesse precieuse pour un pays aride & desséché. En sortant de cette province on entre dans le *Najed*, pays élevé, qui n'offre que des rochers & des deserts, d'où la disette des eaux éloigne les hommes & les animaux, excepté dans certains cantons favorises, où l'ombre des montagnes garantit des ardeurs du soleil. En s'avançant à l'ouest sud-ouest on trouve l'*Hegias*, autre pays disgracié par la nature; où la terre desséchée ne fournit ni eaux, ni fruits, ni moissons; mais la crédulité superstitieuse y fait germer l'abondance, & cette province, condamnée par la nature à la stérilité, est devenue la plus riche & la plus fortunée de l'*Arabie*; elle fut connue dès les premiers tems sous le nom de la *Madianite* ou de l'*Arabie pétrée*. C'est aux villes de la *Mecque* & de *Médine* qu'elle doit son opulence & sa célébrité : l'une s'honore d'avoir donné naissance à Mahomet, & l'autre se glorifie de lui avoir servi d'asyle : c'est encore là qu'on voit les montagnes d'*Horeb* & de *Sinaï*. C'est par ces titres qu'une province qui n'offre que des sables & des rochers, établit sa prééminence.

L'*Orude*, qui est la quatrième partie de cette division, s'étend depuis le *Najed* jusqu'à la terre d'*Oman*. Les habitans, agrestes & sauvages, sont plongés dans la barbarie des premiers tems; ils jouissent en communauté de toutes les productions de la nature, qui n'est pas à un certain point libérale pour eux. L'ignorance où ils sont des commodités de la vie, leur fait regarder leur pays comme la contrée la plus délicieuse de la terre. Quoiqu'on pêche les perles sur leur côtes, quoique leur sol soit parsemé de poudre d'or, ils sont sans attachement pour ces richesses d'opinion, qu'ils abandonnent à la recherche des étrangers, plus à plaindre qu'eux.

La province d'*Yemen*, plus connue sous le nom d'*Arabie heureuse*, est la plus féconde & la plus étendue. Ce pays, si vanté par la verdure de ses arbres, par la pureté de l'air qu'on y respire, par l'excellence de ses fruits, par l'abondance variée de ses productions, n'offre plus aujourd'hui le spectacle de son antique opulence. On a peine à comprendre comment on a pu donner le nom d'*Heureuse* à une contrée où la plus grande partie du sol reste sans culture, & qui, desséchée par des chaleurs brûlantes, ne trouve d'habitans que dans des lieux où les montagnes prêtent le secours de leur ombre. On pourroit donc présumer que les choses de luxe qu'elle produit, & dont les peuples policés se sont fait un besoin, ont donné lieu de croire que, partout où l'on trouvoit des superfluités, on jouissoit d'un nécessaire abondant; de même que le vulgaire s'imagine que les lieux les plus fortunés sont ceux qui produisent l'or, les perles & les diamans. Cette province, beaucoup moins féconde que l'Egypte & la Syrie, ne paroît avoir usurpé le nom d'*Heureuse* que par comparaison avec les contrées stériles qui l'environnent.

On voit par ces détails, que l'*Arabie* a trop d'étendue pour que les productions de chaque province aient quelqu'analogie : on n'y trouve plus cet or, ces pierres précieuses, ces épiceries, dont la source est épuisée. Ces richesses paroissent définitivement avoir été autant de productions des Indes & des côtes d'Afrique, où les Egyptiens alloient les chercher pour les répandre chez les nations d'Occident ; & comme il étoit de leur intérêt de cacher la source où ils puisoient, ils ont préféré de faire croire qu'ils commerçoient en *Arabie*, où l'on ne pouvoit pénétrer sans exposer sa vie dans les sables & la poussière des déserts. Il est vrai cependant que les Européens qui ont traversé les mers, en ont rapporté le café, qui est devenu un besoin pour les peuples policés, & qui est un bien réel pour le pays qui le produit de la première qualité.

La principale richesse de l'*Arabie* consiste dans les troupeaux, & surtout dans les espèces qui n'exigent que des herbes succulentes. La vache y donne peu de lait, & la chair du bœuf, qui comme elle se plaît dans de gras pâturages, y est insipide & sans suc. Le veau gras étoit un mets rare & recherché, qu'on réservoit pour les festins de l'hospitalité. Le mouton & le chameau décoroient les tables les plus delicates.

Il falloit que l'*Arabie*, malgré un sol peu productif, fût surchargée de troupeaux, puisqu'elle en faisoit un grand objet de commerce avec ses voisins. Chacun sait que, dans tous les climats brûlans, il se fait une plus grande consommation de fruits que de viandes.

Le bétail n'étoit pas l'unique richesse de l'*Arabie*, car on a beaucoup vanté l'excellence de ses dattes, la suavité de ses parfums, le goût délicieux de ses fruits. la beauté de son ébène, &c. Toute l'antiquité dépose que les Tyriens y puisoient ces monceaux d'or, qu'ils étaloient comme signe de leur puissance : c'étoit, dit-on, dans ces provinces que se trouvoit ce précieux métal dont les habitans décoroient leurs meubles. En ouvrant les entrailles de la terre, ils en tiroient des morceaux d'or de la grosseur d'une noix.

Cette péninsule est infestée de toutes les bêtes féroces, qui préfèrent aux terres humides les sables brûlans & les montagnes arides : elles établissent leur demeure dans les cavernes des montagnes, dans les fentes des rochers ou dans des tanières qu'elles se creusent elles-mêmes ; mais si les lions, les tigres, les hyènes, les panthères & les léopards exercent avec impunité leurs ravages dans les déserts, on trouve dans les mêmes montagnes d'autres animaux qui, quoiqu'aussi féroces, produisent de grands avantages pour le commerce : tels sont les chats musqués, les civettes, la belette odorante, la genette & plusieurs autres que l'éducation dépouilla de leurs inclinations féroces, & que l'habitude accoutuma à la vie domestique. Ces animaux portent auprès des parties de la génération un sac dans lequel se filtre une humeur odorante, dont on fait des pommades & des parfums fort recherchés : les Anciens, qui en connoissoient la vertu stimulante, en composoient des filtres. Les peuples de l'Orient usent encore de cet artifice pour suppléer à la sage économie de la nature, trop avare au gré de leurs desirs immodérés. Les Hollandais excellent, dit-on, dans la composition de ces pommades, & on les croit plus actives & plus vivifiantes que celles de l'*Arabie* & des Indes, qu'on altère par le mélange des drogues odorantes.

Quoique le sol de l'*Arabie* ne soit en général que chargé de sables, il est cependant certains cantons privilégiés, où des sources abondantes arrosent des terrains imprégnés de sels qui n'ont besoin que d'être amollis par l'humidité pour produire de riches moissons. Tout l'art du cultivateur se borne à bien préparer la terre pour recevoir les sels, qui ont besoin du secours de l'eau pour donner au sol un aliment convenable à la semence qui lui a été confiée. Les déserts couverts de sables n'ont pas la même ressource : les eaux, concentrées dans les entrailles de la terre, ne peuvent s'élever à sa surface, & lui communiquer ces vapeurs vivifiantes qui, en séjournant à la superficie du sol, s'insinuent pour en favoriser la fécondité. Ainsi, tandis que certains cantons sont rafraîchis par des pluies abondantes, d'autres languissent dans l'aridité : ces inégalités d'effets n'ont d'autre cause que la disposition des eaux.

Telles sont les premières considérations que nous avons tirées des auteurs anciens sur la constitution physique de l'*Arabie*. Nous allons reprendre maintenant les mêmes objets, éclairés par les recherches des voyageurs modernes, sans craindre les doubles emplois, parce que nous nous attacherons à des développemens nouveaux, qui établiront définitivement ce que nous devons penser sur ce pays singulier.

ARABIE. Cette presqu'île est bornée à l'ouest par le golfe d'*Arabie* ou la Mer-Rouge ; au midi & au levant par l'Océan indien, & au nord-est par le golfe Persique. Une ligne droite, tirée du golfe Persique, pourra marquer les limites de l'*Arabie* au nord ; mais aujourd'hui on peut y comprendre le désert de Syrie & la Palestine, comme faisant partie de ce pays, lequel s'étend vers le nord jusqu'à l'Euphrate & la Syrie, & au nord-ouest vers l'Egypte & l'isthme de Suez.

L'*Arabie* en conséquence renferme plusieurs grandes contrées, telles que l'*Yemen*, l'*Hadramant*, l'*Oman*, le *Lachsa*, le *Nedsjed*, l'*Hedsjas*, &c. Dans l'étendue de ces provinces il y a des lieux élevés & fertiles ; mais la plupart des plaines, comme elles manquent d'eau, sont stériles. Dans la saison des pluies il se forme dans les montagnes plusieurs torrens (*vadi*) qui, après avoir arrosé & fertilisé une partie des plaines, vont se perdre dans les sables, ou se déchargent dans la mer lorsque les montagnes où ils prennent leurs sources n'en sont pas éloignées, ou que les torrens sont considérables. Quant à ce qui peut concerner les vallées où l'eau des pluies se rassemble, & d'où elle s'évapore faute d'écoulement, il y en a beaucoup moins qu'on ne l'a supposé.

La chaîne de montagnes qui traverse toute l'*Arabie* du sud au nord, s'abaisse si sensiblement vers le golfe de ce nom, depuis le mont *Sinaï* jusqu'à *Tor*, & depuis *Sana*, vers l'ouest, jusqu'à *Tehama*, où l'eau qui se rassemble entre les rochers & dans les vallées, & qui n'a pas d'abord un certain écoulement, se fait bientôt un chemin, tant à la surface de la terre, que sous les sables.

On peut y observer souvent des ruisseaux qui coulent dans des vallées profondes, & si ces ruisseaux rencontrent l'eau de quelques sources qui seules se perdent dans les sables, aussitôt après cette réunion, tout prend un cours apparent & suivi jusqu'à la mer : outre cela d'ailleurs, après de fortes pluies, l'eau se précipite des montagnes qui dominent les vallées dont je viens de parler, & pour lors tous les canaux souterrains ne pouvant suffire à l'écoulement des nouvelles eaux ajoutées aux anciennes, c'est alors que, tant que les effets des inondations durent, il s'établit une eau courante bien suivie, & sans aucune interruption, depuis les sources jusqu'aux sables du *Tehama*.

On voit des lacs de sel près de *Basra* & d'*Haleb* : ce sont autant de chaînes de montagnes qui entourent les bassins des lacs, & qui empêchent l'écoulement des eaux. On soutient l'eau jusqu'à une certaine hauteur, & c'est pour lors à la seule évaporation qu'on doit le sel qui se forme sur les bords des lacs. La vallée de sel près de *Basra* n'étant pas éloignée de l'Euphrate, pourroit être labourée si l'on en faisoit écouler les eaux dans ce fleuve, & que le terroir valût la peine de la culture; mais à présent cette terre, en restant inculte, rend un très-bon sel, excellent pour la cuisine, & même en si grande quantité, que les vaisseaux du Bengale se chargent en retour pour lest.

Climat.

Le climat diffère en *Arabie* suivant la différente situation des lieux qui composent cette presqu'île. Dans les montagnes de l'*Yemen* on a une saison réglée de pluies, laquelle dure depuis la mi-juin jusqu'à la fin de septembre : ainsi elles arrivent lorsque les chaleurs sont les plus fortes, que les pluies font le plus de bien à la terre, & qu'elles sont le plus agréables aux habitans. Pendant les deux premiers mois elles tombent le plus abondamment, & diminuent peu à peu. Dans cette saison des pluies, le ciel est quelquefois couvert de nuages vingt-quatre heures de suite : le reste de l'année se passe sans que, pendant des mois entiers, on voie le moindre nuage, & l'on a souvent, dans le *Tehama*, des jours entiers où le ciel est serein pendant qu'il pleut presque journellement dans les montagnes voisines.

On parle encore d'une pluie de printems dans l'*Yemen*, laquelle tombe dans le mois de *Nisan*, mais qui ne dure pas : plus elle est forte, plus la moisson est riche.

La saison des pluies règne à *Maskat* & dans les montagnes orientales de l'*Arabie*, à peu près depuis le 20 novembre jusqu'au 20 fevrier. Dans l'*Oman* la même saison dure depuis le 20 février jusqu'au 20 avril : les tems les plus chauds se déclarent depuis le 20 avril jusqu'au 20 septembre.

La chaleur diffère beaucoup dans les diverses contrées de l'*Arabie*, & quelquefois au même degré de latitude ; car pendant qu'elle est insupportable dans le *Tehama*, où il pleut rarement, elle est très-modérée dans les montagnes voisines, non-seulement parce que les nuages qui traversent le golfe Arabique & le *Tehama*, vont se résoudre en pluies sur les montagnes froides & élevées, mais aussi parce que le terrain est plus élevé, & par conséquent jouit d'un air moins épais.

Un thermomètre de Fahrenheit n'a pas monté au dessus de 85 degrés à *Sana*, dans l'*Yemen*, depuis le 18 jusqu'au 24 juillet; mais dans le *Tehama* il s'est toujours maintenu au 98e. degré, depuis le 6 jusqu'au 21 août. On éprouve d'ailleurs dans cette contrée un calme presque continuel, qui rend la chaleur plus sensible. A *Sana* il gèle durant les nuits d'hiver, pendant qu'au mois de janvier le thermomètre s'éleve, à l'*Obeia*, jusqu'au 86e. degré, qui indique la plus grande chaleur dans les pays les plus septentrionaux de l'Europe. Les habitans de l'*Yemen* vivent donc comme s'ils appartenoient à des climats différens : aussi trouve-t-on dans cette province, & dans un espace très-peu étendu, différentes sortes de fruits & espèces d'animaux que l'on ne rassembleroit ailleurs qu'en les tirant de pays fort éloignés.

Le vent produit aussi des effets divers dans les villes d'*Arabie*, selon la nature & la situation des contrées voisines : le vent du couchant, qui vient de la mer, est humide à *Haleb*, comme celui d'est, qui parcourt le désert, est sec. Les vents de sud-est ou vents de la mer amènent ordinairement un air nébuleux dans l'île de *Karek* & à *Basra* ; ils y sont même si chargés de vapeurs, que les meubles en sont mouillés en plein air, & elles se sèchent promptement quand le vent tourne au nord-ouest. D'ailleurs, les vents humides de sud-est amènent ordinairement un calme parfait dans l'île de *Karek* & à *Basra* pendant les plus grandes chaleurs : aussi y est-on accablé par des sueurs excessives. Le vent sec du nord-ouest n'y est pas suivi de ces incommodités, parce qu'il procure un certain mouvement dans l'air ; il semble cependant être plus chaud pendant les mois d'été, car il échauffe tous les corps solides, comme bois ou fer, quoiqu'ils soient à l'ombre, comme s'ils étoient exposés au soleil; l'eau même se chauffe dans les vases de verre & de métal. Au contraire, l'eau mise en plein air dans des *gorgelets*, qui sont des cruches d'une argile non cuite, se rafraîchit bien plus par le nord-ouest que par le sud-est, & en général l'eau, exposée à l'air dans des cruches de grès non vernissées, devient plus fraîche & plus agréable à boire : les Européens mêmes, dans certaines contrées de l'Orient, ne boivent que des eaux rafraîchies dans des *gorgelets* ou *bardaks*.

Comme, pendant le solstice d'été, le soleil est presque vertical au dessus de l'*Arabie*, on y éprouve en général une si grande chaleur en juillet & en août, que personne ne se met en route depuis onze heures du matin jusqu'à trois heures après midi. Ordinairement les Arabes emploient ce tems à dormir dans un souterrain, où le vent vient d'en haut par un tube pour faire circuler l'air. Ceci se pratique aussi à *Karek*, à *Bagdad*, &c. Les Arabes nomment ce tems des grandes chaleurs, *sam* ou *sasmum*, comme nous nommons les nôtres *canicule*.

C'est dans le désert, entre *Basra*, *Bagdad*, *Haleb* & la *Mecque*, qu'on parle le plus du vent mortel, qu'on nomme aussi *sam* ou *samum* : il n'est pas non plus inconnu dans quelques endroits de la Perse, des Indes & même de l'Espagne, où il n'est à craindre que dans les plus grandes chaleurs de l'été; il vient toujours du côté du grand désert : il soufle à la *Mecque* de l'est; à *Bagdad* de l'ouest; à *Basra* du nord-ouest, & à *Surate* du nord. Le plus chaud des vents qui soufflent à *Kahira*, traverse le désert de Libye, & vient par conséquent du sud-ouest.

Les Arabes reconnoissent le *samum* mortel à l'odeur de soufre. Comme ce vent n'a pas de force près de terre, les Arabes se couchent ventre à terre quand ils sentent l'approche de ce vent, même de loin.

On sait que les hommes & les animaux étouffent par ce vent mortel, de la même manière que par le vent chaud & brûlant ordinaire. Il arrive quelquefois que pendant une chaleur excessive vient un soufle d'air encore plus brûlant; alors les hommes & les animaux, déjà fort accablés & affoiblis, ne peuvent résister à cette augmentation de chaleur, & perdent tout-à-fait la respiration. Quand quelqu'un est étouffé par ce vent, le sang lui sort quelquefois par le nez & par les oreilles. On a observé que ceux qui étoient moins accablés & fatigués, y étoient moins exposés que les autres.

La rosée est quelquefois fort abondante dans les pays chauds & sur les terres arides; elle est si forte sur la côte de Perse & dans l'île de Karek pendant les nuits de juillet, que les couvertures des lits en sont mouillées le matin. *Basra* étant assez loin de la mer, on y a moins de rosée avec le même vent. Comme en été il fait excessivement chaud sur la côte orientale du golfe de Perse, & qu'on n'y trouve pas que la rosée y soit malfaisante, on y dort communément en plein air. L'air est si pur à *Merdin*, qu'on y couche presque toujours à l'air sur les terrasses des maisons, depuis la mi-mai jusqu'en octobre. Il y a cependant des endroits où cette manière de coucher est très-pernicieuse : on ne la suit point à *Basra* même dans les plus fortes chaleurs, quoiqu'il n'y tombe pas tant de rosée que dans l'île de *Karek*.

Mines & pierres.

On croyoit autrefois que, dans ce qu'on nomme l'*Arabie heureuse*, il y avoit une grande disette de fer; cependant il y a encore aujourd'hui des mines de fer qui sont exploitées dans le district de *Saade*; & comme on croit qu'il y a des pierres d'aimant dans le département de *Kusma*, on a lieu de soupçonner qu'il y a là, comme ailleurs dans l'*Yemen*, abondance de fer; car les mines de *Saade* ne suffisent pas pour en fournir à tout l'*Yemen*. D'ailleurs, ce fer est moins bon que celui qui y vient de Danemarck par l'Egypte ou par les Indes orientales.

Il y a un si grand nombre de mines de plomb dans l'*Oman*, & elles sont si riches, qu'on en exporte beaucoup de *Mascat*.

L'*Arabie* n'est pas non plus totalement dépourvue de pierres précieuses. On trouve des onyx dans la province de l'*Yemen* : on en voit beaucoup dans le trajet de *Taas* au mont *Sumara*, de même que la pierre akik, qu'on tire principalement de la moutagne *Hirran*, près la ville d'Amar. On trouve souvent des pierres fort ressemblantes à l'akik ou à la cornaline parmi celles de *Cambaye*, qu'on nomme pierres de *Mokka*.

Il n'y a pas d'émeraudes en *Arabie*, mais on voit le mont dit *des Emeraudes* sur la côte d'Egypte, quand on fait par mer la route de Suèz à *Dsjidda*.

Je finirai par indiquer ici les différens gites où l'on a observé les basaltes prismatiques; ce qui, selon moi, annonce autant de contrées volcaniques, au sujet desquelles nous n'avons cependant que ces preuves, les autres produits du feu n'ayant pas été décrits par Niebuhr.

Niebuhr nous indique en *Arabie*, trop succinctement peut-être, des basaltes volcaniques bien caractérisés par leurs formes prismatiques. Il en a observé sur les limites du Tehama en plusieurs endroits, entre Best-al-fakih, Hadsjar & Hadie; ce qui me paroît faire connoître de certaines suites de courans.

D'abord il remarqua, page 263, dans un cimetière, des pierres pentagones d'environ huit pouces de diamètre, & de quatre à cinq pieds de longueur. Ces pierres étoient si régulières, qu'il crut que c'étoit le travail des hommes qui leur avoit donné ces formes; mais il fut bientôt détrompé en visitant dans les environs une colline entiérement formée de ces prismes, placés verticalement sur plusieurs rangées bien distinctes les unes des autres.

Il retrouva de même ces basaltes prismatiques près de *Hadie*, dans une grande partie des montagnes où l'on cultive le café. On en voit des rangées très-remarquables, qui garnissent la face des rochers d'où il tombe des cascades. On en détache plusieurs pour en faire des escaliers & même des terrasses qui servent à soutenir les terrains cultivés.

En revenant de Sana à Mokka au pays d'Andsjir, M. Niebuhr trouva, page 347, tome II, que les montagnes étoient composées de pierres pentagones, exactement semblables à celles qu'il avoit vues à Kahhama & près de Hadie. Il nous dit même qu'on en voyoit beaucoup qui s'étoient détachées des croupes de ces montagnes, au pied desquelles il les avoit suivies.

M. Niebuhr ajoute qu'à son retour de Copenhague, il avoit vu dans les manuscrits de M. Konig, savant Danois, qu'il avoit pareillement observé en Islande des montagnes composées de prismes de trois aunes à trois aunes & demie de hauteur, & d'une demi-aune de diamètre; qu'il avoit remarqué de même que ces prismes étoient dans une situation verticale, & très-serrés les uns contre les autres, & qu'ils formoient plusieurs rangées les unes au dessus des autres. Il auroit été à desirer que M. Niebuhr eût été prévenu sur ces basaltes prismatiques avant son voyage en *Arabie*. Cependant il me paroît que les notes qu'il nous a laissées, sont si précises, que l'on ne peut nullement douter de l'existence de ces produits du feu en *Arabie*, & dans plusieurs contrées de ce pays.

Végétaux.

Anciennement l'*Arabie* étoit très-célèbre par son encens; mais tout l'encens que l'Europe tiroit de l'*Arabie heureuse* n'étoit pas du crû de cette province. *Arrien* & d'autres anciens auteurs nous apprennent qu'on faisoit passer de l'*Habbesch* & de l'Inde beaucoup de parfums en *Arabie*, & de là plus loin. Actuellement on ne cultive que sur la côte sud-est d'*Arabie* l'espèce seule d'encens, nommé *liban* ou *oliban* par les Arabes. Cette espèce est de mauvaise qualité, & en même tems ils tirent beaucoup d'autres sortes d'encens de l'*Habbesch*, de *Sumatra*, de *Siam*, de *Java*, *&c.* & parmi celles-là une sorte qu'ils nomment *java*, & les Anglais *benzoin*, est fort semblable à l'*oliban*. On en exporte une très-grande quantité en Turquie par les golfes d'*Arabie* & de Perse, & la moindre que les négocians vendent, est de meilleure qualité que l'*oliban* d'*Arabie*. On peut conclure de là que l'on a exporté anciennement beaucoup d'encens sous le nom d'*Arabie*, quoiqu'il fût de contrées plus éloignées, & vraisemblablement on appeloit en Europe *encens d'Arabie* celui qui venoit de l'*Habbesch* & des Indes, par la même raison que nous nommons *café du Levant* celui qui vient de l'*Yemen*, & que dans le Levant on appelle *café d'Europe* celui qui vient d'Amérique. Il paroît que les Arabes eux-mêmes ne font pas grand cas de leur encens, puisque les gens distingués de l'*Yemen* se servent le plus souvent de l'encens des Indes, & emploient en grande quantité le mastic de l'île de Scio.

L'*arbre du café* est ce que l'*Arabie* produit de plus remarquable en végétaux. On le cultive particuliérement à l'ouest des grandes montagnes qui traversent l'*Yemen* : on trouve beaucoup de café dans les provinces *Huschid u Bekel Kataba*, & *Jafa*, mais il paroît que le climat des départemens *Uddin*, *Kusma* & *Dsjebi* lui est plus favorable, car on en tire le meilleur & en abondance. Les Arabes ont défendu, sous des peines très-sévères, d'exporter cet arbre, & les Hollandais, les Français & les Anglais ont cependant trouvé le moyen d'en introduire dans leurs colonies; mais le café de l'*Yemen* conserve toujours la préférence, vraisemblablement parce que les Européens ne cultivent pas le leur sous le même degré de température & sur des montagnes où la chaleur de l'atmosphère soit aussi réglée que dans l'*Yemen*. Les Arabes prétendent qu'ils ont tiré de l'*Habbesch* l'arbre du café, & quelques voyageurs, qui ont visité ce pays, ont assuré que non-seulement ils y avoient beaucoup vu de ces arbres, mais que, dans plusieurs contrées de l'*Habbesch*, le café égaloit en qualité celui de l'*Yemen*.

L'arbre du *baume de la Mecque* croît en plusieurs contrées de l'*Yemen*; mais comme les habitans ne connoissent peut-être pas les avantages de cet arbre, les marchands de *Mokka* même envoient des pots dans les environs de Médine, où on recueille en abondance ce baume, & d'où on l'envoie sans qu'il soit falsifié : celui qu'on achète à *Dsjidda* l'est souvent.

On trouve encore à présent de la manne en divers endroits de l'Orient : il y en a même aux environs du *Mont-Sinaï*, fameux par la manne des Israélites. Elle s'attache à *Merdin*, comme une farine, sur les feuilles de certains arbres du genre des chênes, & l'on s'accorde assez généralement à dire qu'entre *Merdin* & *Diarbekir*, on la receuilloit sur les arbres qui produisent la noix de galle. La récolte de la manne se fait à *Merdin* au mois d'août & surtout en juillet, & l'on dit qu'elle est plus abondante après un certain brouillard fort épais ou pendant un tems humide, que dans des jours sereins. On ne soigne pas ces arbres aux environs de *Merdin*; mais lorsque la manne se montre en dehors, en ramasse qui veut dans les bois. On la recueille de trois manières differentes, suivant lesquelles la manne differe de qualité. Quelques-uns vont au bois avant le soleil levé, la ramasser sur un linge, en secouant les feuilles; elle est alors toute blanche, & c'est la première qualité. Quand on ne la ramasse pas le matin, & qu'il survient de la chaleur, la manne se fond aux rayons du soleil. Elle n'est pas perdue pour cela, car elle augmente & s'épaissit de jour en jour sur les feuilles. Pour obtenir celle-là, on emporte à la maison autant de feuilles que l'on peut, on les jette dans l'eau, & l'on rassemble la manne qui surnage. On en recueille aussi en Perse, & surtout en abondance dans le Kurdistan.

On sait que la manne, nommée *tarands jubin*, se recueille en grande quantité dans les environs d'*Ispahan*, sur un petit buisson épineux. Peut-être est-ce celle qui servit de nourriture aux Juifs pendant leur voyage. Dans le *Kuraistan*, à *Mosul*, à *Merdin*, à *Ispahan*, on ne se sert que de manne au lieu de sucre pour les pâtisseries & autres mets : on en peut manger beaucoup sans qu'elle purge, surtout quand elle est fraîche.

Outre les arbres dont on vient de parler, il y en a encore beaucoup d'autres en *Arabie*. On y trouve des noix de cocos, des pommes de grenade, des abricots, des pêches, des amandes, des poires, &c.

L'on trouve au reste dans l'*Yemen* & dans d'autres contrées fertiles de l'*Arabie*, de beau froment, du maïs, du petit millet, de l'orge, des féves, des lentilles, de la navette, des cannes à sucre, du tabac, du coton, de la garance, de l'indigo, du séné, &c.

On cultive assez bien la campagne dans l'*Yemen* : le travail en est très-pénible, parce qu'il faut arroser exactement & avec grand soin; ce qui oblige d'ailleurs à se procurer de l'eau par toutes sortes de moyens, même par des puits très-profonds.

Animaux domestiques & autres.

Il y a en *Arabie*, des chevaux, des ânes, des mulets, des chameaux, des dromadaires, des vaches, des brebis, des chèvres & autres animaux domestiques en abondance, & de belles races, ainsi que des lions, des gazelles, des renards & des singes.

On sait que les Arabes font grand cas de leurs chevaux : on pourroit dire qu'ils les divisent en deux espèces. Ils nomment l'une *kadischi*, c'est-à-dire, chevaux de race inconnue, lesquels ne sont pas plus estimés en *Arabie*, que les chevaux ordinaires ne le sont en Europe. Ils servent à porter les fardeaux & à tous les gros ouvrages. La seconde espèce s'appelle *kochlani*, c'est-à-dire, chevaux dont on connoît la généalogie depuis deux mille ans. On les vante comme fort propres à soutenir les plus grandes fatigues, & à passer des journées entières sans nourriture. On leur attribue de grandes qualités dans les batailles. Ils ne sont ni grands ni beaux, mais très-vîtes à la course; aussi les *Arabes* ne les estiment que pour leur race & leurs qualités, mais nullement pour la figure. D'ailleurs, ils ne s'en servent que pour les monter, & jamais pour aucun autre travail. Les *kochlani* sont principalement élevés par les *Bedouins*, entre *Basra*, *Merdin* & la Syrie : du moins les grands seigneurs ne veulent point monter d'autres chevaux. Toute cette race se divise en plusieurs familles. On ne parle pas de ces *kochlani* sur la côte occidentale de l'*Arabie*, mais on croit qu'il y en a surtout dans l'*Hedsjat*. Quelques-unes de ces familles sont preférées aux autres, & quoique l'on soit bien assuré que les *kochlani* sont quelquefois inférieurs à quelques *kadischi*, on estime beaucoup plus les premiers, surtout les jumens, dans l'espérance qu'on a toujours d'en obtenir de belle race.

Les Arabes, malgré leurs prétentions, manquent en général de tables généalogiques de quelques centaines d'années, pour prouver la descendance de leurs *kochlani*. Cependant ils sont assez sûrs de leurs races, parce qu'ils font toujours couvrir leurs jumens en présence de témoins arabes. Il n'y a pas d'exemple qu'ils aient jamais signé une fausse déclaration touchant la naissance d'un poulain, parce qu'ils sont persuadés que la réputation d'une famille seroit détruite s'ils étoient convaincus d'avoir déposé contre la vérité.

Quand un Chrétien a une jument de la race *kochlani*, il est obligé de faire appeler un Arabe pour témoin lorsqu'il veut la faire couvrir par un étalon *kochlani*. Cet Arabe reste vingt jours près de la jument, pour être sûr qu'un étalon du commun ne la déshonore pas. Pendant ce tems elle ne doit pas voir, même de loin, ni cheval entier ni âne. Quand elle met bas, le même Arabe doit y être présent de nouveau, & le certificat de la naissance légitime du poulain est expédié juridiquement dans les premiers jours. On ne fait jamais couvrir une jument *kochlani* par un étalon *kadischi*. Cependant les Arabes ne se font aucun scrupule d'accoupler quelques-uns de ces étalons nobles avec une jument de race commune; mais le poulain de cette jument est toujours réputé *kadischi*.

Les Turcs ne font cas de ces chevaux fameux que lorsqu'ils peuvent les avoir pour rien. Les Anglais, au contraire, achètent quelquefois à *Mokka* de ces chevaux pour huit cents à mille écus la pièce, & ils les vendent quelquefois le quadruple en Angleterre.

Il y a en *Arabie* deux sortes d'ânes. Les petits & paresseux sont aussi peu estimés en Orient qu'en Europe; mais l'autre espèce, des grands & courageux, qui sont plus commodes, pour voyager, que les chevaux, est fort chère. On trouve aussi en *Arabie* diverses espèces de chameaux : ceux du pays de l'*Iman* ne sont que d'une taille médiocre & d'un brun-clair. Outre cela on y voit des chameaux de *Nerdsjeran*, grands & lourds, & d'un brun-foncé. Les dromadaires qu'on trouve en Égypte & en *Arabie*, n'ont tous qu'une bosse sur le dos, & ne peuvent être distingués des chameaux par ceux qui ne sont pas accoutumés à voir de ces animaux, que parce qu'ils paroiſſent plus légers & plus propres à la courſe. Quant aux dromadaires à deux boſſes, ils ſont ſi grands & ſi lourds, qu'on pourroit les ranger ſous une eſpèce particulière de chameaux, plutôt que de dromadaires. Les bœufs & les vaches d'*Arabie* ont à l'épaule, au deſſus des jambes de devant, une élévation ou morceau de graiſſe qui, comme aux chameaux, eſt plus grande à proportion que ces animaux ſont plus gras.

On trouve des buffles en Orient dans toutes les contrées marécageuſes & voiſines des fleuves, & ſouvent plus multipliés que des bœufs ordinaires. Les femelles de ces buffles donnent plus de lait que les autres vaches. Il y a des buffles en Égypte, dans l'île de Bombay, près de *Surat*, ſur les bords de l'*Euphrate*, du *Tigre*, de l'*Oronte*, mais il n'y en a point en *Arabie*, parce que ce pays a trop peu d'eau pour cet animal.

Il y a des ſinges, & quelquefois par centaines à la fois, dans les bois de l'*Yemen*; ce qui engage les propriétaires à faire veiller ſur leur café & ſur les autres fruits. Il y a auſſi des caméléons & pluſieurs ſortes de léſards.

Dans les contrées fertiles en grains de l'*Arabie*, on rencontre beaucoup de volaille d'un auſſi bas prix qu'en Europe. Les poules pintades y ſont à la vérité ſauvages, mais ſi nombreuſes dans les montagnes près du *Tehama*, que les enfans les tuent à coups de pierre. Les bois ſont auſſi pleins de tourterelles. Il y a de même des autruches dans les déſerts de l'*Arabie*.

On trouve une grande quantité de poiſſons dans le golfe arabique : l'on pêche auſſi des moules à perles à *Loheia*. Elles ne ſont nulle part plus abondantes dans cette mer, que près de *Dahhlak*, île voiſine de la côte d'Afrique. Il y a auſſi des tortues & d'autres animaux marins de ce golfe.

Les ſauterelles ſont très-abondantes en Orient. On en voit en décembre & en janvier des nuées, qui, par un vent de ſud-oueſt, ſortent du déſert de Libye. Elles traverſent aſſez ſouvent, près de *Dsjidda*, le golfe arabique, qui eſt fort large à cette hauteur, & un grand nombre ſe noie dans ce paſſage. Lorſque les dattes commencent à mûrir, pluſieurs eſſaims de ces animaux arrivent à *Mokka* de l'oueſt & du ſud au-delà du golfe arabique, & aſſez ſouvent ils s'en retournent le jour ſuivant. On a remarqué également, dans la même ville, la marche de ſemblables eſſaims du ſud au nord, & le lendemain leur retour du nord au ſud. Quoique le golfe ne ſoit pas fort large près de Mokka, on trouve que, dans ce retour, le rivage étoit couvert de ſauterelles mortes.

On a vu une grande étendue de pays, près de *Tel & Hoüa*, ſur le chemin de *Moſul* à *Niſſehin*, couverte de jeunes ſauterelles, qui n'étoient pas plus groſſes que des mouches. Leurs ailes ſe voyoient à peine, & elles paroiſſoient n'avoir que la moitié ſupérieure des longues jambes qui leur ſervent à ſauter. Suivant toute apparence, ces jambes étoient bien entières, mais ployées & couvertes d'une peau. Elles atteignent leur groſſeur naturelle très-promptement.

La ſauterelle de paſſage eſt la même que les Arabes mangent, & la même qu'on a vue en Allemagne. Il y a auſſi la ſauterelle rouge, qui eſt très-maigre en arrivant, & qui, après s'être engraiſſée au grand dommage des habitans, fait un morceau friand pour les Arabes. La ſauterelle légère eſt auſſi très-maigre quand elle arrive à *Lachſa*. Après qu'elle s'eſt refaite & qu'elle a pris le nom de *ſauterelle graſſe*, elle eſt également recherchée par les Arabes. A *Baſra* on nomme *mukn* celle que les habitans aiment le plus, & l'on croit d'ailleurs que la femelle, qui eſt fort graſſe & pleine d'œufs, eſt un mets fortifiant pour les hommes.

Les Européens ne comprennent pas comment les Arabes peuvent manger avec plaiſir des ſauterelles. D'un autre côté, les Arabes ne veulent pas croire que les Chretiens mangent, comme des mets delicats, les huîtres, les crabes, les chevrettes, les écreviſſes, &c.

On accommode les ſauterelles de diverſes façons. Les Arabes commencent à les faire griller ſur des charbons ardens, & lorſqu'ils les croient ſuffiſamment grillées, ils les prennent par leurs longues jambes & par la tête, & ne font qu'une bouchée du reſte. Quand on en a une grande quantité, on les fait griller ou ſécher dans un four, ou bien on les fait bouillir & on les mange avec du ſel. Les Arabes du royaume de Maroc, après les avoir fait bouillir légérement, les font ſécher ſur les toits de leurs maiſons, & on en expoſe en vente de grandes corbeilles remplies. Dans toutes les villes d'*Arabie*, depuis *Babel-Mandel* juſqu'à *Baſra*, on enfile les ſauterelles pour les porter au marché. On ne dit nulle part que les ſauterelles ſoient une nourriture mal-ſaine, & qu'elles engendrent la vermine. Les Juifs de l'*Yemen* mangent des ſauterelles; ce qui les engage à croire que les oiſeaux dont Dieu favoriſa les Iſraélites dans le déſert, n'étoient autre choſe que des ſauterelles. Les Juifs italiens d'Haleb croient au contraire que Dieu avoit nourri leurs ancêtres de perdrix. Les Turcs ne paroiſſent pas avoir pris goût aux ſauterelles; c'eſt pourquoi, dans les villes frontières d'*Arabie*, on ne les mange pas, & elles ne ſervent de nourriture qu'aux Arabes.

Quand les ſauterelles ſont tombées quelque part, elles ſe multiplient dans la terre, & y reſtent pour l'ordinaire trois à quatre ans. Pendant ce ſéjour elles endommagent beaucoup les dattiers, dont les habitans tirent leur principale ſubſiſtance. Il y a des lieux où elles ne ſéjournent pas plus de ſept à huit jours, parce qu'elles y rencontrent des terrains humides qui ne leur conviennent pas. D'ailleurs, on fait des efforts pour les chaſſer, & les forcer d'abandonner ces lieux avec des draps attachés au bout de grands bâtons.

Pour

Pour compléter la description de cette contrée intéressante, je renvoie aux articles où je traiterai des différentes provinces de l'*Arabie*, qui sont: 1°. l'*Yemen*; 2°. l'*Hadhramut*; 3°. l'*Oman*; 4°. les *États indépendans aux environs du golfe Persique*; 5°. le pays de *Lachsa*; 6°. la province de *Nedsjed*; 7°. la province d'*Hedsjas*; 8°. les tribus de Bedouins ou d'Arabes errans; 9°. le *désert du mont Sinaï*.

Notes sur la constitution physique de l'Arabie.

Dans toute la péninsule de l'*Arabie*, on ne connoît que deux saisons, la sèche & la pluvieuse. Celle-ci commence, pour la province d'Yemen, vers le milieu de juin, & finit en septembre. A Mascat elle dure depuis le 21 novembre jusqu'au 20 février, & dans l'Oman, depuis le 20 février jusqu'au 20 avril.

La chaleur n'est pas moins sujète aux variations que le froid. A Sara le thermomètre n'a jamais été au-delà de quatre-vingt-cinq degrés de Fahrenheit du 18 au 20 juillet, tandis que dans le Tehama, qui est à un niveau plus bas que l'Yemen, on l'a vu au quatre-vingt-dix-huitième du 6 au 21 août.

Les Arabes donnent le nom de *samum* à leur canicule, ainsi qu'à un vent mortel qui soufle pendant les grandes chaleurs dans le désert, entre Bassora, Bagdad, Alep & la Mecque. Pour se garantir de ce vent, les voyageurs & les habitans se couchent par terre, pour ne pas respirer un air brûlant que ces vents promènent partout.

Les peuples de l'île de Chared & de Mardin n'ont rien à redouter du *samum*. (*Voyez cet article.*)

Je dois renvoyer aussi à l'article ABSORBANT, où j'indique, d'après la carte de Danville, toutes les eaux qui se perdent dans le Tehama, & particuliérement le long des bords de la Mer-Rouge. Cette bande de sables indiqué des plages que la mer a quittées. La partie montueuse qui domine & qui est coupée par des vallées, verse des eaux courantes, qui ne sont remarquables que dans cette partie, mais qui disparoissent au milieu des sables du Tehama.

Niebuhr a suivi & figuré un grand nombre de ces torrens, qu'il appelle *vadi*; ils sont sujets à diminuer beaucoup pendant les grandes sécheresses, & à éprouver des crues considérables pendant les pluies; mais dans le Tehama ils n'ont plus de cours sensible pour la plupart, & ce n'est qu'en très-petit nombre qu'ils gagnent la Mer-Rouge, même après les grandes crues.

Ce ne sont pas seulement les sables du Tehama qui *absorbent* les eaux des ruisseaux : il me paroît qu'une grande partie de ces eaux éprouve une forte *imbibition* dans les rochers qui bordent les vallées de la partie montueuse, & que le reste est dispersé dans les sables, car une petite partie arrive au golfe. On doit compter encore pour quelque chose la partie qu'on emploie aux arrosemens.

On doit juger, d'après l'exposé de toutes ces circonstances, à quelle disposition des choses on doit rapporter l'état des parties de l'*Arabie*, qui n'offrent ni eau ni rivières; ce sont, ou des rochers disposés de manière à *imbiber* l'eau pluviale, ou des sables au milieu desquels les eaux courantes mêmes disparoissent.

Une troisième cause se réunit à celles-ci. Il est visible que l'état de sécheresse du pays éloigne les nuages, & diminue ce qu'ils peuvent fournir par leurs chutes en pluie. Avoir exposé ces circonstances, c'est avoir fait connoître la constitution physique du sol de l'*Arabie pétrée*.

Je vais en rappeler ici la description telle qu'un de nos derniers voyageurs nous l'a donnée dans le *Mercure*.

« C'est une contrée où il ne pleut jamais, où un sol brûlant se présente de toutes parts à la surface de la terre; où il n'y a presque point de terre végétale; où le peu de plantes qui s'y trouvent, languissent. Il n'y a pas de climats plus brûlans que les déserts de l'Égypte: l'air qui soufle, est un feu dévorant. Comme il n'y pleut jamais, il n'y a pas une goutte d'eau ni un arbuste dans un espace de trente lieues, & le sable est composé de petits cailloux anguleux, qui doivent être les produits de la décomposition des rochers. Par un contraste bizarre de ce climat, les nuits sont presqu'aussi froides que les jours y sont chauds, & quand on a échappé aux exhalaisons suffocantes du jour, il est presqu'impossible de résister, sans de forts vêtemens & sans précautions, au froid de la nuit. » (*Mercure*, 19 février 1780.)

Cette presqu'île est séparée du nord au sud par une chaîne de montagnes moins stériles & plus tempérées que le reste du pays. Sur la plupart il pleut deux ou trois mois au plus chaque année, mais à des époques différentes, suivant leur exposition. Les eaux qui en tombent, après avoir formé quelques torrens, se perdent dans les sables des vallées ou des bords de la mer. On peut voir, à l'article ABSORBANT, ce que nous avons dit de la marche définitive de ces eaux.

On divise communément ce pays en trois parties : l'*Arabie pétrée*, l'*Arabie déserte* & l'*Arabie heureuse*, dénominations relatives au sol de ces différentes contrées.

L'*Arabie pétrée* est la plus occidentale & la moins étendue des trois; elle est généralement inculte, & presque partout couverte de rochers. On ne voit dans l'*Arabie déserte* que de vastes plaines arides, couvertes de sables que le vent accumule ou disperse, & des montagnes escarpées, que la verdure ne couvre point faute de terre végétale. Les sources d'eau y sont si rares, qu'on se les dispute les armes à la main.

L'*Arabie heureuse* doit moins ce titre imposant à sa fertilité, qu'au voisinage des deux contrées qui l'environnent, à côté desquelles elle forme un contraste qui lui donne le premier rang.

La position de ces trois contrées, les unes par rapport aux autres, n'est pas un effet du hasard ni d'aucune loi qui puisse nous être inconnue. L'*Arabie heureuse* n'a pu être où est l'*Arabie pétrée*, & l'*Arabie déserte* où est l'*Arabie heureuse*. L'*Arabie déserte*, au milieu des deux autres, occupe naturellement sa place, & la seule place qu'elle pouvoit avoir; car un effet du mouvement des anciennes eaux courantes a été de placer ces contrées de sables toujours au dessous des premiers sommets, & au dessus des plages & des plaines fertiles voisines des mers. C'est d'après ces mêmes principes que, près des sommets de Langres jusqu'à Saint-Dizier, on ne voit, dans les dépôts des rivières, que des roches, des pierres & graviers; qu'à Saint-Dizier & dans le Perthois, les sables & les graviers de craie abondent jusque vers Château-Thierry; ensuite viennent les sablons, qui règnent jusqu'à une certaine distance de Paris.

Par l'éruption des sources dans les sommets de l'*Arabie* vers le Liban, les terrains ont été culbutés & renversés, les rochers & les bancs intérieurs tranchés & mis à découvert: c'est là que se trouve l'*Arabie pétrée* ou *pierreuse*. Par l'écoulement de ses eaux, les sables intérieurs de l'*Arabie pétrée*, s'étant mêlés avec les décombres & les débris de pierres comminuées de la même contrée, ont été entraînés plus bas, où ils ont formé des plaines de sables considérables. Ce sont celles de l'*Arabie déserte* & aride; & comme les limons plus légers ne se sont pas arrêtés où les sables plus pesans se sont déposés les premiers, ils ont été poussés plus loin & fixés vers les régions inférieures, pour faire un jour la fertilité & par conséquent la *félicité* de cette partie de l'*Arabie* que les Anciens ont appelée *heureuse*.

Ce n'est pas encore par un effet du hasard que l'*Arabie heureuse* occupe le côté oriental & méridional de la Mer Rouge; c'est parce que le torrent de la vallée qui remplit aujourd'hui cette mer, se portoit sur la rive occidentale, mangeoit & faisoit reculer les côtes d'Afrique, & alongeoit la côte opposée, en sorte que les *accrues* & les dépôts de bonnes terres ne se pouvoient faire que du côté oriental. Des effets si naturels & si distincts du cours des eaux à la superficie de ces trois contrées nous apprennent aussi que la Mer-Rouge n'a pas toujours été un cul-de-sac d'une mer calme & tranquille, & d'un golfe où l'eau séjourne de niveau, mais une grande & vaste vallée, lit d'une eau courante considérable dans le tems des inondations, & qui, s'étant agrandie par l'invasion de la mer des Indes, est devenue insensiblement le domaine de cette mer, qui s'en est emparé par les fortes marées qui s'y introduisent.

ARACAN, royaume maritime des Indes, voisin de l'embouchure du Gange. Il est borné au midi par le golfe du Bengale, à l'orient & au nord par le royaume d'Ava, & à l'occident par le Bengale. La ville d'*Aracan*, capitale de ce royaume, est située sur la rivière du même nom. Cette circonstance me conduit à parler de ses debordemens périodiques, dont on fait profiter dans cette contrée pour l'établissement de rizières très-étendues. Il n'y a proprement que deux saisons, l'hiver, qui dure depuis le mois d'avril jusqu'au mois d'octobre; c'est le tems des inondations; les autres six mois sont occupés par l'été, qui donne un tems serein.

Le pays est très-fertile & fort peuplé. Il croît des noix de cocos, des bananes, des oranges & plusieurs autres espèces de fruits excellens.

Il y a beaucoup d'éléphans & un grand nombre de buffles, que l'on emploie aux mêmes usages que les chevaux. *Aracan* est une ville considérable: on y voit un très-grand nombre de pagodes. Je prendrai maintenant occasion de la rivière d'*Aracan*, qui sert dans ses crues aux cultures du riz, pour faire mention du fleuve Songkoi, de la province de Tonquin, & de celui de Siam, dont on a soin de tirer annuellement les mêmes avantages, à la suite des pluies régulières de ces mêmes contrées. (*Voyez* RIZIÈRES.)

ARAGON, royaume & province considérable d'Espagne, bornée au nord par les Pyrenées, qui le séparent de la France; à l'occident par la Navarre & les deux Castilles, au midi par le royaume de Valence, & à l'orient par la Catalogne. Saragosse en est la capitale, & l'Ebre la rivière principale. Ce royaume prend son nom de l'*Aragon*, petite rivière qui se jette dans l'Ebre.

Quoique cette contrée soit arrosée par un grand nombre de rivières, c'est cependant un pays stérile, & plusieurs districts mêmes ne sont point habités. Dans la plus grande partie le terrain en est sabloneux, pierreux, plein de montagnes & d'inégalités nombreuses. Les mines de fer sont une de ses plus précieuses ressources.

Pour faire connoître cette grande contrée, nous allons présenter à la suite de ces déterminations générales, le précis de son histoire naturelle, telle que *Bowles* nous en a donné une description raisonnée.

A partir du cap *Finisterre*, où les terres sont en général fort basses, pendant que d'un autre côté elles vont en s'élevant de l'ouest à l'est au cap Ortegal, sous le quarante-troisième degré de latitude jusqu'aux sources de l'Ebre, le sol est à sa plus grande hauteur, & de quelque côté qu'on s'en éloigne, il faut descendre.

Les cimes de la plus grande partie de ces montagnes sont composées de roches sabloneuses. L'air y est extrêmement froid, parce qu'elles sont presque toujours couvertes de neiges. Comme cette qualité de sol est fort propre à la culture du chêne, on en a fait en conféquence de nombreufes plantations.

A quelque diftance des fources de l'Ebre il y a une montagne qu'on nomme *Arendillo*, laquelle eft auffi fort élevée, mais fon fommet eft décompofé de manière qu'il offre une vafte plaine couverte de prairies très-fertiles. Sa compofition d'ailleurs eft très-fingulière : au bas elle eft formée de gypfe, au fommet de grès, & dans le milieu de pierre calcaire empreinte de cornes d'ammon de grandeurs différentes, & d'une quantité prodigieufe de l'efpèce de coquilles appelées *peignes*, qui fe trouvent dans l'intérieur même des rochers. Sur le chemin de *Reinofa*, lieu peu éloigné des fources de l'Ebre, on rencontre beaucoup de marbre noir avec des veines blanches. Il y a auffi vers ce même endroit quelques montagnes d'ardoifes, qui offrent des fentes obliques très-multipliées.

Vis-à-vis d'*Arendillo*, & à deux lieues au fud, il y a un coteau dans lequel on trouve de la mine d'émeri mêlé à une maffe de grès. M. Bowles diftingue cinq efpèces d'émeri en Efpagne.

La première eft celle de *Reinofa*, qui eft en grains très-gros.

La feconde au contraire eft compofée de grains très-fins; elle fe trouve dans les montagnes de Guadarama, au nord-oueft de Madrid.

La troifième eft l'émeri de la mine que les Maures ont travaillée près de l'Eftramadure, au nord-oueft d'Almaden.

La quatrième eft marbrée de quartz ; elle fe trouve dans le territoire de *Molina d'Aragon*, vers les fources du Tage, auffi dans l'Eftramadure.

La cinquième eft en pierres détachées, noirâtres & pefantes, & fe trouve en plufieurs endroits d'Efpagne.

L'Ebre prend fa fource dans un petit vallon au pied d'une tour appelée *Fontibre*. A quelques pas cette eau fait tourner un moulin, & l'on y trouve une quantité prodigieufe de truites excellentes & d'écreviffes. Ce fleuve, groffi par les eaux qu'il reçoit de droite & de gauche, va fe rendre dans une affez large embouchure. Nous en donnerons l'hydrographie à l'article Ebre.

A une petite diftance de la fource de l'Ebre il y a un petit lac fangeux, dont les eaux contiennent fix à fept livres de fel par quintal. En hiver ce lac eft couvert de canards & d'autres oifeaux aquatiques. Le terrain des environs abonde en perdrix, en lièvres & en cailles : on y voit auffi des ours fur les fommets des montagnes.

A quelque diftance de cette même fource on trouve une gorge fort refferrée, entre deux montagnes, au fond de laquelle eft le village de *Pancorvo*, dont elle porte le nom. Deux coteaux très-élevés, & qui paroiffent fe toucher à leurs fommets, forment cette gorge ; elle peut avoir cinquante pas de large, fur un quart de lieue de longueur : c'eft peut-être l'endroit le plus horrible de l'Efpagne. Ce paffage traverfe des montagnes à couches de pierres calcaires, derrière lefquelles on trouve des collines de gypfe & des champs cultivés.

En s'éloignant d'*Efpinofa* jufqu'à *Mondragon* & jufqu'à la rivière de *Bidaffoa*, le pays eft couvert de montagnes de différentes hauteurs, féparées entr'elles par des vallons étroits & par quelques plaines, que l'on peut confidérer comme de grands & larges vallons. Le fol y porte en général fur des carrières compofées dans certains lieux de roches détachés ; dans d'autres, de bancs ou de couches, les unes cachées, les autres à découvert dans des parties de marbre de différentes couleurs : on eftime furtout celui qui eft prefque noir, avec des taches & des veines blanches : en d'autres endroits, le terrain porte fur des couches calcaires, fur des grès & fur des mines de fer. On voit auffi dans cette même étendue, des montagnes de celles qu'on doit nommer *compofées* ; elles font formées à différentes époques, & de maffifs de formes infiniment variées.

M. Bowles nous apprend que prefque toutes les montagnes de la partie orientale de ce pays font compofées d'argile : c'eft en conféquence de cette conftitution que les pierres fe décompofent, & qu'il en réfulte une terre forte & compacte, qu'on ne rend fertile qu'au moyen de la chaux ; & comme la décompofition de ces montagnes s'opère continuellement, il eft néceffaire qu'on ajoute chaque année de nouveaux engrais à la terre forte pour la rendre propre à la végétation.

Cette partie de l'Efpagne renferme beaucoup de fer : on en a découvert en différens endroits, même dans le voifinage de Bilbao. De ces mines, les unes font en couches, les autres en *rognons*, & quelques-unes en filons : on y trouve des hématites de toutes formes & de toutes groffeurs ; mais la mine la plus abondante, & celle dont le fer eft de meilleure qualité, eft la mine de *Somorroftro*. Le minéral forme une couche interrompue, qui varie depuis trois pieds jufqu'à dix d'épaiffeur : cette couche eft couverte d'une autre de rochers calcaires blanchâtres, épaiffe depuis deux pieds jufqu'à fix.

M. Bowles préfume que la mine de Somorroftro provient de la diffolution & du tranfport du fer par l'eau, qui l'y dépofe, & il en conclud que c'eft pour cette raifon que cette mine eft un compofé de lames ou de petits feuillets plus minces que le papier, appliqués les uns fur les autres : ainfi cette mine s'augmente ou fe forme journellement. Il n'y a pas de mine plus facile à fondre, ni qui donne un fer auffi malléable : un quintal de ce minéral a paru à M. Bowles contenir trente à trente-cinq livres de bon fer.

Vers le fud-eft de Bilbao, les montagnes qui courent à l'eft commencent à prendre le nom de *Pyrenées* ; elles font compofées de roches ardoifées, fabloneufes & calcaires. On y trouve entr'autres lieux remarquables :

1°. Le village de *Salinas*, ainsi nommé d'une source d'eau salée, d'où l'on retire du sel par l'ébullition.

Le coteau où est situé *Salinas* est très-haut ; c'est le point le plus élevé de la province de *Guipuscoa :* on y trouve, malgré cela, des coquillages pétrifiés dans une espèce de marbre bleu, veiné de spath & pyriteux.

2°. Le bourg de Mondragon est vers l'est de Salinas : dans l'intervalle on trouve des géodes & des pierres d'aigles.

A une lieue de Mondragon est une mine de fer très-célèbre : cette mine réside dans une argile rouge ; elle donne un acier naturel. Cependant, sans l'apprêt de la cémentation que l'on emploie ordinairement pour faire l'acier, on ne pourroit en faire de bonnes limes ni de bons rasoirs. Cette mine donne quarante livres de métal par cent de minéral, mais il est un peu dur à fondre.

Dans toutes ces montagnes il y a très-peu de sources, quoiqu'il y pleuve fréquemment. Il paroît que cet effet général provient de la force des terres résidantes à la surface du sol, & qui s'oppose à la filtration de l'eau pluviale dans les premières couches. Les rivières n'y sont en conséquence entretenues que par la fonte des neiges. D'ailleurs, ces montagnes sont bien boisées. Indépendamment des châtaigniers, des plantations nombreuses de chênes & des autres arbres dont elles sont couvertes, il s'y trouve aussi beaucoup de noyers, de noisetiers, une grande variété de fruits, & des pommiers à cidre fort nombreux.

On peut croire que les pommes à cidre de Normandie & des autres provinces voisines y ont été introduites par des provins tirés de ces contrées de l'Espagne, où les pommiers de cette espèce sont indigènes. Cette introduction s'est faite vraisemblablement lorsque les rois de Navarre possédoient des terres en Normandie; ce qui établissoit une grande correspondance entre ses habitans & les Navarrois. On aura connu la boisson espagnole, & l'on aura desiré d'avoir le fruit qui la procuroit.

Les montagnes qui s'étendent de l'ouest à l'est sous le 43e. degré de latitude forment, avec celles qui se prolongent au sud sous les 16e. à 17e. degrés, un grand bassin, dont les eaux se rendent dans l'Ebre. On distingue surtout l'*Ega*, l'*Arga*, & l'*Aragon*, qui donne son nom à cette vaste contrée. L'*Arga* passe à Pampelune. Tout près de cette ville, surtout du côté du nord, on ne trouve plus de pierres roulées; mais en s'éloignant, on trouve des grès arrondis ; ils résident dans le fond d'un vallon formé avec le tems par un petit ruisseau qui coule au milieu de deux coteaux composés de terre & de pierres calcaires, & couverts de vignes & de grains. Ces coteaux s'étendent jusqu'à Pampelune : là se trouve aussi une montagne de roche calcaire bleuâtre, garnie de très-beaux hêtres dans sa partie supérieure : cette montagne est une des plus élevées du canton.

On voit, suivant M. Bowles, dans la plaine au nord de Pampelune, les effets de la décomposition insensible de la substance calcaire ; car dans une ouverture presque perpendiculaire de plus de cent pieds de hauteur, formée par la petite rivière qui y passe, on apperçoit une terre que l'on prendroit au premier coup d'œil, & même au tact, pour de l'argile, & qui n'en est cependant pas ; c'est visiblement une terre calcaire, mêlée de très-peu d'argile, qui résulte des plantes pourries. Cette terre bleuâtre se trouve aussi dans le voisinage de Pampelune, mais elle y est plus dure : il y a même un coteau où elle l'est au point, qu'on peut la considérer comme une *pierre*.

En s'approchant de l'Ebre, on trouve successivement des pierres roulées dans une belle plaine de deux lieues & demie, des terres cultivées, des montagnes de roches calcaires pelées, & enfin une belle plaine de cinq lieues, où sont, 1°. des oliviers; 2°. des vignes; 3°. des champs couverts de blé & d'orge; 4°. des terres presqu'incultes.

Sur le haut d'une chaîne de montagnes qui court de l'ouest à l'est environ deux lieues, est un petit village nommé *Valtiera*. Sur la côte où est ce village, il se trouve une mine de sel *gemme*, que l'on découvre même hors de terre : cette mine peut avoir quatre cents pas de longueur. Plusieurs de ses galeries latérales sont soutenues en plus de quatre-vingts endroits par des piliers de sel ou de gypse, que les mineurs y laissent de distance en distance, avec assez d'intelligence pour que l'intérieur ressemble à une église gothique. Le sel suit la direction de la colline en s'inclinant un peu vers le nord, comme les veines de gypse ; il est renfermé dans un espace d'environ cinq pieds d'élévation, sans qu'il paroisse la moindre variation dans tout ce que l'on découvre. On voit un rameau vers la droite, où le filon salin suit exactement l'inclinaison du coteau, dont la pente est considérable dans cette partie. Cette couche de sel, de cinq pieds d'épaisseur, descend dans le vallon pour gagner la colline qui est en face. Le reste de la mine est composé de différentes couches alternatives de gypse, de sel blanc, de terre saline, de sel pierre, &c. la plupart de ces substances n'ayant que quelques pouces d'épaisseur.

La montagne la plus intéressante que l'on trouve ensuite à la gauche de l'Ebre, est le *Monserat*. Cette montagne, sur laquelle est une abbaye célèbre, a environ huit lieues de tour; elle est composée de plusieurs masses pyramidales, séparées entr'elles vers leur sommet, & rangées à peu près comme un jeu de quilles. Le ciment qui unissoit les différentes pierres de cette montagne ayant été détruit par le tems, & la terre produite par cette destruction ayant été emportée par les eaux, il s'est formé des ravines qui partagent le *Monserat* en une infinité d'angles saillans ; elle est outre cela entourée de collines, dont plusieurs vont se joindre aux Pyrenées.

Le *Monserat* est composé de pierres calcaires arrondies, conglutinées avec de la terre calcaire jaune & un peu de sable. Cette pierre ressemble parfaitement à la brêche d'Alep, marbre fort recherché, excepté que les taches n'en sont pas aussi fines, & que les pierres sont plus grosses que celles du Levant : on y trouve aussi beaucoup de grès, ainsi que des quartz blancs arrondis & veinés de blanc & de rouge, avec des pierres de touche enchâssées dans de la brêche.

En général, le corps de cette montagne est formé de masses énormes de rochers disposés par couches de toutes sortes d'épaisseur, depuis un demi-pied jusqu'à cent pieds, & les pyramides qui s'élèvent du centre de la montagne sont composées de pierres de volumes très-différens, puisqu'il s'en trouve de grosses comme la tête, & d'autres seulement comme un grain de chenevis. Le bas de la montagne, qui s'est déjà décomposé, s'est converti en bonne terre, abondante en blé & en vin. Dans les endroits qui ne sont pas cultivés, il croît plusieurs espèces d'arbres, dont les principaux sont le pin, l'arboulier, le chêne, le genevrier, &c.

A mesure qu'on s'élève sur cette montagne, on s'apperçoit que les pierres deviennent plus dures, & les plantes plus rares. Enfin, lorsqu'on est arrive au sommet, on ne trouve que des roches pelées, séparées en colonnes, formant des pyramides depuis cent jusqu'à cent cinquante pieds d'élévation. On est étonné, en parcourant ces roches menaçantes, de rencontrer des vallons délicieux, où l'on trouve la verdure & l'ombrage au centre de la stérilité; de voir des cascades naturelles se précipiter de la cime de ces pointes hérissées, lesquelles ne troublent le silence qui règne dans cet asyle, que pour le rendre plus intéressant.

Cardona, à peu près au nord de Monsérat, est remarquable par le rocher de sel, au pied duquel elle est située. Ce rocher est un bloc de sel massif, qui s'élève de terre d'environ quatre à cinq cents pieds, sans crevasses, sans fentes & sans couches : ce qu'il y a de singulier, c'est qu'on ne trouve pas de gypse dans ses environs. Ce bloc peut avoir une lieue de circuit; & quant à son élévation, elle est la même que celle des montagnes circonvoisines. En général, le sel en est blanc : il s'y en trouve cependant de roux. Ce qu'il y a de singulier, c'est que cette couleur rousse a si peu de consistance, qu'en faisant moudre le sel elle disparoît, & que le sel reste blanc.

Ce sel se travaille dans les environs, à Cardona & ailleurs, comme si c'étoit du cristal, & les ouvrages que l'on en fait, sont aussi transparens; il est si dur, que ces pièces n'éprouvent aucune perte en les trempant dans l'eau, pourvu qu'on ne les y laisse pas long-tems, & qu'on les essuie après qu'on les en a retirées : c'est même le moyen de donner plus de transparence à ces ouvrages.

On voit par ce que nous avons dit de la montagne de Cardona, qu'elle est une carrière de sel inépuisable. Ce minéral s'y présente sous un grand nombre de couleurs; de sorte que, lorsqu'elle est éclairée des rayons du soleil, on croit voir des masses de diamans, de rubis & d'émeraudes : on fait de ce sel, des vases, des urnes & quantité d'ouvrages précieux. Les couleurs principales que l'on y voit, sont l'orangé, le violet, le vert & le bleu. Une des particularités de cette montagne, c'est qu'elle est en partie couverte d'herbes & de plantes, & que sa cime est ombragée par une forêt de pins.

Quoique la pluie ne diminue pas la masse saline de cette montagne, la rivière qui baigne ses bords est salée, & le devient encore davantage quand il pleut : les poissons y meurent; mais cet accident ne s'étend pas au-delà de trois lieues.

Un peu à l'est est la ville de Vique, près de laquelle on trouve des améthystes, des topazes & des cristaux colorés, que l'on travaille à Barcelonne.

Dans le bassin qui renferme les eaux que reçoit l'Ebre à sa droite, on ne remarquera que les deux endroits suivans.

1°. *Alcaniz* est recommandable en histoire naturelle par une mine d'alun qui n'est mélangé d'aucun corps étranger : il suffit, pour l'obtenir pur, d'en écarter le limon. Une simple lessive, que l'on fait passer au filtre, remplit cet objet. Cette lessive, transvasée & mise à cristalliser, donne un très-bel alun.

M. Bowles se plaint de ce que les Espagnols sont assez peu éclairés sur leurs intérêts, pour vendre à des Français l'alun tout brut, qui, après avoir été purifié, se vend fort cher aux teinturiers espagnols.

2°. *Daroca* est situé le long d'un grand ravin, entre deux collines. Comme sa situation l'exposoit nécessairement à être incommodé par les eaux, on a percé une colline sur une longueur fort considérable pour faciliter l'écoulement des eaux supérieures, sans qu'elles entrassent dans la ville.

Les montagnes qui sont dans la partie de l'est, sont composées d'ardoises & de pierres calcaires.

De la chaîne de montagnes qui s'étend depuis Mont-Caio jusqu'au cap de Gate.

Cette chaîne, qui commence à l'endroit le plus élevé de l'Espagne, ne laisse pas à l'orient un très-grand bassin entr'elle & la Méditerranée; mais à l'ouest elle a plusieurs branches qui forment les bassins d'autant de grands fleuves.

La montagne appelée *Mont-Caio* est une espèce de grand plateau, tels que ceux des Alpes ou des Cévennes : le *Duero* & plusieurs autres rivières y prennent naissance. Cette montagne est de roches calcaires, qui, suivant M. Bowles, se décomposent continuellement, & se réduisent en terre : aussi le sol, devenu par cette décomposition très-productif, est-il couvert de toutes sortes de plantes.

Molina d'Aragon est vers le sud-est. Cette capitale est située sur une montagne où le froid règne pendant neuf mois de l'année. Les rochers, tout autour de Molina, sont de marbre blanc & de marbre couleur de chair, partie en blocs & partie en couches : plusieurs coteaux ont à leurs sommets, de cette même espèce de marbre. Au dessous sont des pierres à plâtre, rouges, cendrees & blanches, & à leurs pieds il y-a des pierres rondes par couches, & liées ensemble avec du ciment quartzeux ou sabloneux. En beaucoup d'endroits les bancs de marbre reposent sur des couches de pierres à plâtre, & sous celles-ci on trouve des bancs de grès, mêlés de quartz. M. Bowles croit que la terre cultivée dans ces cantons est un gypse dégénéré en pierre calcaire : on trouve aussi dans les couches, des cristaux calcaires spathiques, à six faces.

Dans les environs sont deux mines de fer : l'une gît dans la partie calcaire de la montagne. Le fer que l'on en tire, est si mou que l'on peut le forger à froid. On descend dans cette mine par une rampe bien dirigée : l'autre mine, qui est à une lieue de la première, est abondante, mais le fer en est aigre & cassant ; elle se trouve dans un rocher de jaspe mêlé de quartz.

On voit aussi aux environs de Molina, & dans quelques autres endroits d'Espagne, un grès salin qui se trouve tantôt par blocs ou rognons, & tantôt par couches. On rencontre entre les montagnes dont il est question ici, des maisons qui sont bâties de ce grès salin, & que les chevaux & les mulets lèchent avec un certain plaisir.

La rivière qui passe à Molina a creusé un ravin de plus de cent trente pieds de profondeur verticale, entre deux rochers. On apperçoit, en considérant avec soin les bords de ce ravin, que la pierre, en se décomposant suivant le systême de M. Bowles, a contribué elle-même à l'approfondissement de cette coupure.

En partant de Molina, à deux lieues nord-ouest, on trouve un coteau appelé la *Platille*, où il y a une mine de cuivre qui renferme de belle malachite & des cristaux différemment colorés par cette chaux de cuivre.

Derrière un moulin peu éloigné de Molina, il y a un petit coteau composé de rochers calcaires remplis de pétrifications. On y trouve différentes sortes de térébratules ou anomies, des cœurs de bœufs, des huîtres de différentes espèces & des bélemnites.

A quelque distance on voit des *dendrites*, dans des couches de pierres calcaires d'un grain serré, inclinées à l'horizon, & séparées entr'elles par des fentes verticales.

Enfin, à un quart de lieue de Molina, il y a une fontaine dont les eaux exhalent une forte odeur *de foie de soufre*. On dit qu'elle est de la même nature que celles de Coterêts en France. A trois lieues de Molina, il y a une fontaine d'eau salée.

La chaîne de montagnes, qui se prolonge du nord au sud au dessous de Molina, se désigne plus particuliérement par le nom de *Sierra de Cuença*. A quatre lieues de distance est la lagune de *Unna*, où il y a un îlot flottant qui change continuellement de place. Il est couvert d'herbes & d'arbrisseaux. A côté est le puits d'*Ayrou*, qui est d'une extrême profondeur. Il y a aussi des eaux thermales. Enfin, dans cette portion de montagnes on trouve différentes sortes de pétrifications, & surtout une très-grande quantité de cornes d'ammon, qui ne peuvent y avoir été déposées que par l'ancienne mer. On y voit aussi des preuves du séjour de l'Océan dans certaines parties de l'Espagne, séjour qui a eu, ainsi qu'en France, différens intervalles & diverses reprises.

Il me reste à parler de quelques endroits particuliers, d'abord d'*Albarazin*, ensuite de *Concud*.

Albarazin est placé sur un des terrains les plus élevés de l'Espagne. La ville est entre deux grandes roches calcaires, fendues de toutes parts & en tous sens, de manière que les plus gros morceaux ont tout au plus deux pieds dans leurs plus grandes dimensions. En conséquence il s'en détache successivement quelques parties, qui tombent & se réduisent en terre végétale. Auprès de ces deux roches il y en a une autre dont la base & le sommet sont assis en couches horizontales & bien solides. Au sommet de la montagne on trouve de belle pierre à plâtre, jaspée de roux, de jaune & de blanc.

En sortant d'Albarazin du côté de l'est, on trouve des montagnes de grès disposés par couches, & qui ont des fentes semblables à celles des rochers précédens. On y rencontre aussi une masse d'ardoise pyriteuse ; enfin plus loin, des mines de fer de différentes qualités.

Toutes ces montagnes sont couvertes de romarin, de labdanum, de genevriers, de cèdres fort grands, &c.

Concud est à cinq lieues environ vers l'est d'Albarazin. Ce village est placé sur une colline composée d'un rocher calcaire, devenu aujourd'hui une pierre fort dure, mais conservant toutes les apparences de son premier état. A peu de distance au nord est une autre colline, dont le sommet offre un rocher calcaire gris, plus dur en certains endroits que dans d'autres, & disposé par couches de deux à trois pieds d'épaisseur. Il est rempli de coquilles fluviatiles, telles que des limaçons, des buccins, qui ont conservé leur état primitif & calcaire.

Mais ce qui doit étonner beaucoup, c'est que, dans le centre même de ces rochers, on trouve des os de bœuf, des dents de cheval & d'âne, & différens os d'autres animaux domestiques. Il y a même des os de cuisses d'hommes & de femmes mêlés avec ceux dont on vient de parler. La plupart de ces os sont remplis d'une substance cristalline & spathique. Au reste, tous ces objets sont mêlés confusément, puisqu'en un seul endroit sont réunies jusqu'à six ou huit jambes, & sans aucune apparence de squelettes entiers, quoique l'on croie dans le pays qu'il en a été découvert. Plusieurs de ces os & de ces coquilles se trouvent empâtés dans des pierres fort dures & même susceptibles de poli.

Dans cette grande quantité d'os bien conservés & blancs, on n'a pu remarquer le moindre indice de rapport des uns avec les autres dans cet immense charnier : il est probable que ces os se sont séparés de leurs squelettes par les mêmes accidens qui les ont ensevelis dans la substance calcaire, & qu'ils ont flotté dans la vase à laquelle les pierres ont succédé. Il y a de ces os qui se trouvent à la surface de la masse montueuse, dans une terre fort dure, pendant que d'autres sont très-avant dans le centre. En rendant compte de l'état de ces os d'après Bowles, nous desirons fort qu'un anatomiste & physiologiste, comme Cuvier, décide les espèces d'animaux auxquels ces os ont appartenu.

Trevel est vers le sud-est, dans un beau vallon cultivé & arrosé par le *Guadalaviar*, dont les eaux coulent lentement à travers la plaine qu'il a formée lui-même. Ses eaux ont fait de grands ravages, & en font tous les jours de ce côté. On trouve au pied de ces coteaux les fragmens des grandes pierres dont ils étoient couronnés. Les eaux, en minant les terres qui les soutenoient, y ont causé ces destructions & ces déplacemens.

La côte d'Espagne court du nord-ouest au sud-ouest, depuis le cap de Creus jusqu'à l'embouchure de l'Ebre. Avant d'arriver à cette embouchure, on se trouve resserré entre les montagnes & la mer. Ce passage se nomme le *Col-de-Balaguer*.

On voit là que l'Ebre a formé de grands atterrissemens dans son embouchure, que la force du courant du fleuve a distribué heureusement de droite & de gauche ; ce qui a conservé la liberté du lit jusque fort avant dans la mer.

Des montagnes calcaires s'avancent du nord-ouest, & bordent d'assez près le rivage de la mer.

L'espace s'élargit & présente le beau bassin où coulent le *Guadalaviar* & le *Xucar*. (*Voyez* les articles de ces fleuves & ceux des royaumes de *Valence* & de la *Catalogne*, où l'on achevera de faire connoître cette contrée, l'une des plus intéressantes de l'Espagne.)

ARAL, grand lac d'Asie, dans la Tartarie indépendante, à l'orient de la mer Caspienne. Il a environ trente milles d'Allemagne du sud au nord, & quinze de l'est à l'ouest. Il reçoit deux grands fleuves, l'ancien Jaxartes & l'ancien Oxus. Ses eaux sont salées comme celles de la mer Caspienne, & les poissons qu'on y trouve, sont des mêmes espèces que ceux de cette mer. Les peuples qui habitent ses bords pratiquent près du rivage de larges canaux peu profonds, dans lesquels ils font couler les eaux du lac pour en tirer le sel par le moyen de l'évaporation que le soleil y produit en peu de tems. On n'a pas encore déterminé par où ce lac verse son trop plein dans la mer Caspienne ; mais on assure qu'il en sort des rivières qui ont leur embouchure dans cette mer.

ARALLNOU. C'est un grand lac d'eau salée, dans la contrée d'Arall, qui fait partie du pays de Kovaresme, province montueuse, sabloneuse & généralement stérile, mais ayant en plusieurs endroits des pâturages excellens pour les troupeaux.

Ce lac, qui sépare le pays d'Arall des provinces orientales de Kovaresme, est un des plus grands lacs de l'Asie septentrionale. Il a plus de trente milles ou quarante lieues en longueur du nord au sud, & environ la moitié en largeur de l'est à l'ouest. Ses eaux sont extrêmement salées. Il reçoit toutes les eaux de la rivière de Sir, celles de Kefell & d'autres rivières moins importantes. Cependant il ne s'élève point au dessus de ses rives ordinaires, & l'on ne connoît point de canal apparent par où ses eaux puissent s'écouler.

Les Karakalpacks, qui occupent le bord septentrional du lac *Arall*, conduisent en été ses eaux, par le moyen de certaines rigoles, dans les plaines sabloneuses d'alentour ; & l'eau venant à s'évaporer peu à peu par la chaleur du soleil, laisse à la fin toute la surface de ces plaines couvertes d'une croûte d'un beau sel cristallisé, où chacun va prendre sa provision de l'année pour les besoins de son ménage.

ARARAT (Mont), montagne d'Asie, dans l'Arménie. Cette montagne est remarquable par ce que nous en apprend M. de Tournefort dans son *Voyage au Levant*. Il trouva dans les plaines au bas de l'*Ararat* les plantes ordinaires de l'Arménie. En s'élevant au pied de la montagne, il reconnut une partie de celles qui sont propres à l'Italie. Après avoir monté à une certaine hauteur, il vit celles des environs de Paris. Plus haut, celles de la Suède, & enfin auprès des neiges qui couvroient le sommet de l'*Ararat*, se présentèrent à lui les plantes des Alpes, de la Suisse & de la Laponie. Après ces détails propres à intéresser les botanistes, nous allons présenter ceux qui peuvent nous décider sur la constitution physique de la masse montueuse de l'*Ararat*.

De *Corvirap* on découvre distinctement les deux sommets du mont *Ararat*. Le petit, qui est le plus pointu, n'étoit pas couvert de neiges le 9 août, mais le 14 il en étoit chargé. Lorsqu'on est parvenu au pied de ces deux sommets, on y trouve des sables mouvans, qui rendent très-pénible la marche des voyageurs qui tenteroient d'escalader les précipices. Cette montagne offre outre cela un des plus tristes & des plus désagréables aspects qu'on puisse voir. On n'y trouve ni arbres ni arbrisseaux. Tout ce terrain mouvant dont nous avons parlé, annonce visiblement la destruction continuelle de cette masse.

Du haut du grand abîme, qui est proprement une ravine considérable, il se détache à tout moment des rochers, dont la chute produit un bruit effroyable, & tous ces débris sont des pierres noirâtres, dont la plupart sont très-dures.

On n'y rencontre d'animaux vivans qu'au milieu & au bas de la montagne. Ceux qui occupent la première région, sont des bergers & des troupeaux galeux; ceux qu'on apperçoit dans la seconde, sont des tigres & des corbeaux. Tout le reste, c'est-à-dire les cimes supérieures les plus élevées, est, comme nous l'avons déjà remarqué, couvert de neiges, & ces neiges sont enveloppées, la moitié de l'année, sous des nuages fort épais.

Ce qu'il y a de plus incommode pour ceux qui font la visite de cette montagne, c'est que les neiges fondues ne dégorgent dans l'abîme que par une infinité de sources où l'on ne peut parvenir aisément, & qui sont aussi sales que l'eau des torrens dans les plus grands orages. Toutes ces eaux forment le ruisseau qui passe à *Acourlou*, & qui ne s'éclaircit jamais. M. de Tournefort pense que, lorsqu'on a soif, on trouve cette eau chargée de boue fort agréable à boire, parce qu'elle est perpétuellement à la glace.

La tradition répandue dans le pays, qui porte que l'Arche s'arrêta sur cette montagne, fait que tous les Arméniens baisent la terre dès qu'ils apperçoivent l'*Ararat*.

Pour éviter les sables mouvans dont nous avons parlé, & dans lesquels on enfonce jusqu'à mi-jambe, M. de Tournefort dirigea sa marche droit aux grands rochers entassés les uns sur les autres, & il passa même au dessous comme à travers de cavernes où l'on peut se mettre à l'abri des injures du tems, excepté du froid.

Lorsqu'on abandonne ces cavernes, on retombe dans un chemin fatigant, semé de petits éclats de pierres que la gelée détache des rochers, & dont les vives-arêtes coupent comme celles des pierres à fusil.

Lorsqu'on s'élève jusqu'à la région des neiges, on trouve qu'elle a plus de quatre pieds d'épaisseur, & qu'elle est presque toute entiérement cristallisée.

Tous les rochers qui sont à découvert & à pic, offrent des parties saillantes noirâtres; en un mot, comme des masses de pierres salies par la fumée, & des matières fondues par les feux souterrains.

J'ai pris, pour rédiger cet article, tout ce qui m'a paru le plus intéressant dans la longue description que Tournefort a faite du mont *Ararat*. Malgré cette attention on n'y trouvera que des détails un peu vagues, & nullement propres à nous donner une idée simple & incontestable de sa constitution physique. On ne peut donc tout au plus conclure de ces faits, 1°. que cette montagne est fort élevée puisqu'il y neige même en été, & que le grand sommet conserve toute l'année la neige qui le couvre; 2°. que la pierre en est noirâtre; ce qui semble annoncer les produits des feux souterrains, conjointement avec le désordre que présente l'abîme dans toute sa hauteur, & particuliérement les sables mouvans qui coupent comme les éclats de pierres à fusil. Au reste, si ces conséquences que j'ai tirées de cette narration ne donnent rien de précis, c'est moins la faute de l'observateur, que celle de son siècle, où l'on n'avoit rien perfectionné, ni dans la connoissance des pierres, ni dans la méthode d'observer, & surtout les volcans.

Ce n'est pas au reste la seule description de volcans que j'ai trouvée aussi insignifiante, aussi peu précise en général, soit relativement à la nature des matériaux touchés par le feu, soit relativement à leur état & à leur disposition suivant les tems plus ou moins reculés des éruptions, &c.

ARBE, île du golfe de Quarnaro, dans la Dalmatie, laquelle peut avoir environ trente milles de circuit. Sa population n'excède pas trois mille âmes, distribuées dans des paroisses qu'un petit nombre de curés pourroient desservir; mais, par un abus très-commun, cette petite population se trouve surchargée de trois couvens de religieux, de trois couvens de religieuses, & d'une soixantaine de prêtres mal pourvus; enfin ce clergé est gouverné par un évêque qui l'est mieux.

Le climat d'*Arbe* n'est pas constamment favorable aux habitans. L'hiver y est une saison fort rude & tourmentée par les vents de nord, qui y sont d'une violence extrême. Lorsqu'ils souflent dans d'autres saisons, ils les changent en hiver, & font même disparoître l'été. C'est particuliérement au printems qu'ils causent le plus de dommage. Ces vents, concentrés dans le canal étroit entre l'île & les *Alpes morlaques*, soulèvent les flots avec une telle violence, que l'eau de la mer se rabat sur l'île sous forme de brouillards salés, qui brûlent les germes des plantes & surtout des grains; ce qui cause pour lors une disette de toutes ces productions. Les animaux partagent aussi cette désolation générale; car la viande se ressent de la mauvaise nourriture qu'ils trouvent, étant abandonnés dans des pâturages rouillés par le sel. Hors ces accidens heureusement rares, l'air d'*Arbe* est fort sain.

A l'orient de l'île on trouve une haute montagne d'une composition semblable à celle des *montagnes morlaques*, qui sont vis-à-vis, & auxquelles le massif de l'île paroît avoir été autrefois uni.

A partir du pied de cette montagne, l'île s'étend vers l'occident, & paroît partagée dans cette partie, en collines propres à des productions de toute espèce, & en belles & fertiles vallées.

Au nord s'avance dans la mer le cap Loparo, couronné de collines qui servent d'enceinte à une plaine bien cultivée.

A peu de distance de ce cap sont deux petites îles, Saint-Grégoire & Goli.

La côte d'*Arbe*, qui regarde les *monts morlaques*, est toute escarpée & inaccessible aux bâtimens. Le long & étroit îlot de Dolin, en s'étendant parallélement à un rivage de l'île appelé *Barbado*, forme une côte moins dangereuse.

La nature du sol d'*Arbe* n'est pas la même partout. Il y a une différence extrême entre la côte de la montagne le long du canal de *Barbado*, vis-à-vis de *Dolin*, & celle qui regarde, ou l'intérieur de l'île, ou les *Alpes morlaques*.

Le sommet de la montagne n'est pas non plus de la même nature. Là il est couvert de bois ou de cultures dans un terrain fertile; ici il n'offre que des rochers nus.

Les fonds au pied de la montagne sont de marbre le long du rivage de Jablenaz. Dans le district de *Barbado*, le terrain est du gros gravier fort propre à la vigne. Les petits fragmens de pierres qui le forment, sont anguleux; ce qui prouve qu'ils n'ont pas été roulés par les eaux de la mer, mais par des eaux courantes, qui les ont déposées dans ces lieux. Le vin de Barbado, qui vient dans ce fond graveleux, est de la meilleure qualité. Les amas de ce gravier se durcissent & se pétrifient par la filtration des eaux pluviales, qui en pénètrent toute la masse. Aux environs des ruines de *Colentum*, le terrain porte des oliviers, des mûriers, des arbres fruitiers & un peu de froment.

Toute la partie la plus basse de l'île, composée de collines & de vallées, a un fonds très-différent de celui de la montagne. Les pierres de la montagne, comme celles de toutes les hauteurs, sont de marbre, & celles qui composent les collines sont de pierre de sable, qui renferme des ostracites & des lenticulaires. Les couches qui sont exposées à l'air se décomposent facilement. Cependant les vallées n'ont, dans leur sol excellent, que la proportion de sable qui lui convient. Les sources, bien distribuées dans toute l'île, y entretiennent une humidité modérée & convenable.

On observe, sur le sommet des montagnes qui sont en plaine, des masses de marbre brêche, semblable à celui que les hauteurs des îles voisines offrent; mais ce qu'il y a de particulier dans cette île, c'est qu'on y rencontre de grands espaces de sable fin mêlé avec une terre ferrugineuse, déposé par lits assez semblables à ceux qui ont été formés par les débordemens des grandes rivières. Ce sable est purement quartzeux.

Dans un endroit appelé *Crassich*, on rencontre, sur le sommet de la montagne, dans un semblable sable fin, des filons de mines de fer caverneuses, assez riches. Du côté de la montagne qui regarde *Loparo*, les eaux pluviales portent sur le rivage cette espèce de sable fin quartzeux, connu des marbriers & des verriers sous le nom de *saldame*. Pline paroît avoir eu cet endroit en vue quand il dit que, pour couper le marbre, on avoit découvert une bonne espèce de sable dans un bas-fond de la mer Adriatique, & qui restoit à sec quand les eaux se retiroient. (*Pline, liv.* 36, *c.* 6.)

La plage située au pied de la montagne appelée *Verch od mela*, c'est-à-dire, *Colline de sable*, est toute composée de *seldame*, comme le sont aussi plusieurs autres endroits de l'île où les flots battent avec force le pied des collines sabloneuses.

Ce sable, qui avoit occupé d'abord le sommet des montagnes où il avoit été déposé, par la mer ou par les rivières, sur des couches de marbre & de brêches plus anciennes, se trouve, comme on voit, descendu en partie sur le rivage, ayant été entraîné par les eaux des pluies, & peut-être par la suite se trouvera-t-il mêlé aux coquillages d'une mer nouvelle, & quelque jour agglutiné avec eux. Que de situations & d'emplois successifs une seule substance inaltérable, comme ce sable, n'éprouve-t-elle pas dans l'ordre des événemens naturels! La difficulté est d'en embrasser l'ensemble, pour rendre raison des résultats. C'est ainsi qu'il faudroit réunir un grand nombre d'observations, pour rendre raison de la présence de ce sable sur les sommets des montagnes auxquelles il paroît fort étranger.

La pierre de sable de la colline sur laquelle la ville d'*Arbe* est bâtie, a ce même sable pour base: ainsi on pourroit en conclure qu'il a été non-seulement entraîné du sommet des montagnes, mais encore déposé dans le bassin de l'ancienne mer, où il a été organisé par couches, comme il se trouve dans cette colline & dans d'autres. C'est aussi par la même raison qu'il renferme souvent une grande quantité de lenticulaires, productions de cette même mer.

Sur les collines de *Loparo*, on rencontre des nummales dans un sable à peine agglutiné. Il se trouve aussi dans ces collines sabloneuses que la mer détruit peu à peu, des échinites étrangers, des ostracites & des nummales, toutes productions de la même mer ancienne.

La brêche de la montagne d'*Arbe* reçoit un beau poli; elle a des taches blanches d'un marbre dont le grain est fort fin. Le ciment qui les unit, offre un fond rouge fort vif.

Le marbre n'est pas cependant la production la plus intéressante de l'île d'*Arbe* & des îlots de *San-Gregorio* & de *Goli*, voisins du cap de *Loparo*. On y trouve en très-grande abondance le marbre statuaire blanc, parfaitement semblable à celui dont se servoient les Romains. La parfaite ressemblance entre le marbre des statues romaines & celui de la montagne d'*Arbe* vers *Loparo*; le nom ancien de *Loparo*, qui étoit *Neoparos*; la probabilité que les vaisseaux romains qui alloient charger dans les bas-fonds du voisinage le sable dont parle Pline, transportoient aussi ce marbre; la grande quantité des morceaux de marbre qui se rencontrent au pied de la colline de sable, & qui sont les restes de l'exploitation de la carrière : tout porte à croire que les sculpteurs romains tiroient la matière de leurs ouvrages de cette île.

Le marbre statuaire d'*Arbe* contient des orthocératites & des nummales de la grande espèce. On les découvre plus facilement dans les morceaux qui ont été exposés à l'air.

Ce marbre offre, dans ses cassures, les mêmes élémens de cristallisation qu'on trouve dans les marbres salins.

Il est inutile de dire qu'autour de cette île la mer est souvent lumineuse, parce qu'elle l'est à peu près partout, mais dans des circonstances qu'on verra développées à l'article MER LUMINEUSE.

ARBRES FOSSILES. Dans plusieurs contrées de la terre éloignées les unes des autres, on rencontre des amas d'*arbres* couchés à des profondeurs qui s'étendent depuis vingt jusqu'à soixante pieds. Ces *arbres* ont été abattus & entassés par une suite des changemens arrivés à la surface de la terre depuis la retraite de la mer. Les observations qui ont été faites dans les tourbières de la Hollande & dans les marais de la Frise prouvent que la direction de ces *arbres* est, pour le tronc, au nord-est, & pour la tête, vers le point opposé de l'horizon. C'est, selon plusieurs érudits, à l'inondation de la Chersonèse cimbrique, arrivée l'an 340 avant notre ère vulgaire, ainsi que l'a déterminé Picard, que cette inondation à laquelle on doit ces dépôts, a, selon eux, enseveli les forêts de la Frise, & formé tous les marais qu'on trouve depuis Schelling jusqu'à Bentheim.

D'un autre côté, d'autres savans anglais prétendent que les *arbres fossiles* qu'on tire de la terre dans la province de Lancastre, sont les restes des forêts abattues par les sauvages bretons, pour se mettre à couvert des invasions des Romains sous la conduite de Jules-César. Je ne suis pas éloigné d'adopter l'explication qu'on donne d'un phénomène mal observé jusqu'à présent. Effectivement, il est possible que des amas d'*arbres* soient dus à la cause qu'on assigne à ceux de la province de Lancastre. Cependant je desirerois fort qu'avant de risquer cette décision, on eût fait un examen sérieux de la position de ces *arbres*, des matériaux étrangers à ces *arbres*, qui les enveloppent & qui les recouvrent. Sans ces détails bien circonstanciés, on ne peut rien conclure de quelques faits isolés & incomplets.

Quant aux amas d'*arbres* qu'on trouve dans les tourbières de Hollande, il est visible que ce ne sont pas les restes de forêts abattues par l'inondation de la Chersonèse cimbrique, car tous ces *arbres* ont été ensevelis par les mêmes causes, dont le concours a formé la plus grande partie du sol factice de la Hollande & de la Frise. Or, il est évident qu'il est le produit des fleuves qui se déchargent dans ces provinces. Il n'y a pas de doute que les *arbres* dont il est ici question, n'aient été voiturés & déposés par l'eau des fleuves, qui ont entraîné d'ailleurs tant d'autres matériaux en Hollande ; en sorte que si l'on ajoute à ces *arbres*, ainsi qu'aux vases & aux débris des couches de pierres déposés par ces fleuves, les productions naturelles des roseaux qui ont végété dans les lieux inondés, enfin les sables refoulés par les vagues de la mer & par les vents, on aura l'assemblage de tous les matériaux qui ont contribué à la formation du sol actuel de la Hollande.

Il faut donc supposer d'abord que les fleuves qui ont leurs embouchures en Hollande, ont détruit, dans leurs premiers accès torrentiels, l'ancien sol au milieu des parties où les eaux courantes ont pu exercer leurs démolitions, & surtout au milieu des couches horizontales qui le formoient. On ne peut se dissimuler que, par la suite des tems & par le changement des circonstances, ces mêmes fleuves dont le cours s'est trouvé ralenti, n'aient déposé dans le vide occasionné par ces destructions, tous les matériaux qu'ils avoient détachés des différentes parties des bords de leurs canaux, & que, par le progrès de tous ces dépôts, le sol factice de la Hollande, de la Frise, de Groningue, &c. n'ait été formé, & nullement par l'inondation fortuite de la mer, dont on ne peut assigner ni la cause ni des effets semblables qui soient bien connus.

Je crois qu'il convient, avant de décider ainsi sur la cause de ces dépôts & sur celle de ces phénomènes, de faire l'examen des circonstances de la disposition des *arbres fossiles*, & de se bien convaincre, par une discussion suivie, à quel ordre de choses on doit rapporter ces événemens. Si ces *arbres*, par exemple, sont distribués par couches mêlées avec des bancs de pierres calcaires ou de pierres de sables, alors on voit qu'ils ont été entraînés dans la mer par les fleuves, & que c'est dans son bassin que les matériaux qui les couvroient, auroient été ainsi mêlés & arrangés.

Mais si les matériaux qui les enveloppent, ne composent que des amas sans suite & sans ordre, & sans aucune disposition horizontale ; qu'occupant d'ailleurs les environs de l'embouchure de plusieurs fleuves, ils ne sont que le résultat des transports successifs occasionnés par les débordemens de ces fleuves, qui dans leur accès détruisent & entraînent, & qui finissent par déposer dans les parties de leurs canaux où l'eau dilatée est ralentie, tant par la largeur de l'embouchure, que par le refoulement des eaux de la mer.

Nous sommes en quelque sorte témoins d'une pareille révolution qui s'opère encore vers l'embouchure du fleuve des Amazones. On y trouve des amas immenses d'*arbres* qui ont été entraînés par le fleuve, & entassés par les courans rapides qu'il éprouve dans les accès de débordemens.

D'ailleurs, ces mêmes *arbres* se déposent encore chaque jour, & sont recouverts par les terres qui sont les produits des sédimens journaliers que les eaux de l'Amazone, dispersées dans les différens canaux de son embouchure, y forment, étant ralenties par le reflux qui remonte jusqu'aux limites d'un terrain bas & uni, qu'on doit considérer comme l'ouvrage du fleuve & de l'Océan.

On peut voir par ces détails, quelle est la suite des operations de la nature, à laquelle un naturaliste doit s'attacher lorsqu'il examine ce qui s'opère quelque part dans l'ordre des anciens phénomènes. On sent aisément que, sans cette attention, il ne peut remonter du présent au passé, de manière à en tirer la plus grande instruction, & c'est en comparant l'un & l'autre état qu'il en recueille des principes aussi solides que lumineux.

Je conclus de toute cette discussion, 1°. qu'il faut bien observer les circonstances dans lesquelles se présentent les amas d'*arbres fossiles* avant que d'assigner la cause & l'époque de leur entassement dans une contrée quelconque, & avant que d'en tirer aucune conséquence relative aux révolutions qu'elle peut avoir essuyées; 2°. que les *arbres fossiles*, accumulés & ensevelis dans les terres vers l'embouchure des grands fleuves, sont les produits de leurs transports, & nullement celui de l'inondation de la mer, dont les effets sont aussi inconnus que la cause en est incertaine; 3°. que les circonstances locales donnent presque toujours, par leur réunion, le dénoûment des phénomènes de cette espèce, & de presque tous ceux qui appartiennent à l'histoire physique du globe. Ainsi l'on voit qu'en vain abandonneroit-on à la conjecture des éclaircissemens que l'observation seule peut nous procurer. 4°. Que les amas d'*arbres fossiles*, enveloppés ou stratifiés au milieu des couches horizontales ou inclinees, doivent être rapportés aux mêmes époques que ces couches, & aux mêmes causes. 5°. Que ces mêmes amas, enveloppés dans des vases sans suite & sans ordre, doivent appartenir aux dépôts des fleuves, qui sont postérieurs à la retraite de la mer & au quatrième ordre des opérations de la nature, dépendantes des eaux courantes torrentielles & fluviales.

Je ne puis m'empêcher de faire remarquer, en terminant cette discussion, que des vues trop générales, bien loin de servir à l'éclaircissement de plusieurs points relatifs à la théorie de la Terre, ne peuvent qu'égarer ceux qui s'y livrent, au lieu de recourir à la seule voie d'instruction ouverte à ceux qui peuvent en tirer quelqu'avantage; je veux dire l'observation raisonnée & suivie. Observez un fait, discutez-le, comparez-le avec d'autres analogues, & décidez ensuite si vous avez recueilli de quoi asseoir un jugement, sinon attendez la lumière de l'analogie, qui ne manquera pas de vous éclairer dès que vous pourrez comparer un ou deux faits du même ordre. Sans ces ressources, il est raisonnable de douter jusqu'à ce que de nouvelles recherches vous instruisent suffisamment. (*Voyez* TOURBES & TOURBIÈRES, KANCARDINE, &c.)

Arbres fossiles trouvés en Dauphiné, département de l'Isère.

On a découvert plusieurs *arbres fossiles* sur une des plus hautes montagnes des Alpes en Dauphiné, & près d'un glacier, à plus de sept cent soixante mètres de hauteur verticale au dessus des forêts les plus voisines qui existent actuellement. Ce sont des troncs de mélèse, de bouleau, d'aune & de tremble parfaitement conservés, avec leurs racines. Il y a grande apparence que ces espèces d'arbres ont végété sur les lieux mêmes où ils sont ensevelis, & que la température y est devenue assez froide pour que ces mêmes arbres ne pussent exister par la suite qu'à un niveau inférieur.

On a cherché la cause de ces changemens de température dans la dégradation des sommets de ces montagnes, dans l'amincissement de leurs sommets par les eaux pluviales, & dans la destruction imprudente des bois qui les couvroient, par la main des habitans, & il faut avouer que toutes ces causes, maintenant en activité sous nos yeux, sont des moyens plus simples & plus efficaces que tous les agens que nous voyons figurer dans les hypothèses les plus brillantes & les plus compliquées.

C'est au *Montdelens*, canton d'Oisans, département de l'Isère, & une des plus hautes montagnes des Alpes de ce département, que cette découverte s'est faite, & qu'on a reconnu ces circonstances. Cette montagne se trouve située à environ six myriamètres de Grenoble : c'est une masse schisteuse & granitique, couverte d'un glacier uni comme une table; il a deux myriamètres de longueur, sur deux kilomètres de largeur. L'épaisseur considérable des glaces fait que les bords s'en prolongent à un niveau plus bas que la ligne des neiges perpétuelles. C'est autour de ce dépôt immense de glaces que se trouvent des prairies, des endroits coupés par les torrens, des rochers crevassés au point que les gorges ou vallées étroites de la Grave & de Saint-Christophe qui l'entourent, sont à deux mille deux cents mètres de profondeur au dessous du glacier.

Le village ou hameau de *Montdelens*, placé au bas & sur une des croupes en pente de cette montagne, est élevé de mille trois cents mètres au dessus du niveau de la mer.

Le glacier du *Montdelens*, situé à une élévation de trois mille neuf cents mètres, s'étend à plus de trois lieues du nord au sud jusqu'au Lautaret, à la Berarde & à Valouise, confins du Briançonnois, département des Hautes-Alpes. C'est au bas de ce glacier, parmi des pelouses, que se trouvent quelques marais dans des enfoncemens assez considébrales, lesquels renferment ces *arbres fossiles* ensevelis au milieu des tourbes. Il importe maintenant d'expliquer comment ces *arbres* peuvent se trouver actuellement ensevelis dans la tourbe à près de huit cents mètres des forêts actuelles, & ce qui en est une suite, comment ces contrées ont pu se refroidir au point d'éloigner les bois, qui ne végètent qu'à cette distance de huit cents mètres de cet ancien dépôt d'*arbres*.

Les tronçons & les racines des mélèses, des bouleaux, des trembles & des aunes, qui sont la plupart couchés à un ou deux mètres de la superficie actuelle des marais, sont restés dans leur ancien lieu natal, où le thermomètre est au terme de la glace toutes les nuits de l'été, & où la neige tient de neuf à dix mois de l'année.

Rien ne paroît autoriser le soupçon que ces *arbres* aient pu être transportés. Il s'agit d'examiner comment ces bois ont pu végéter autrefois presqu'au niveau des glaciers actuels, car ces dépôts sont à deux mille trois cents mètres d'élévation au dessus du niveau de la mer. Ceci exige donc une discussion particulière.

Les bois fossiles du *Montdelens* ont primitivement existé sous forme de forêts : on ne peut en douter. Les formes des souches, des racines, & leur situation, font présumer que ces bois ont été renversés & ensevelis près du sol où ils prirent autrefois leur accroissement. On trouve de pareils *arbres fossiles* sur des montagnes du Devoluy & du Gapençois, département des Hautes-Alpes, dans des endroits où il ne s'en trouve plus aux environs, mais à mille neuf cents ou deux mille mètres d'élévation au plus. Ainsi, voilà des observations qui généralisent le phénomène du *Montdelens*.

Citons maintenant un fait qui explique la possibilité que les *arbres* du *Montdelens* ont pu végéter autrefois à deux mille cinq cents mètres d'élévation. Les bois actuels du mont Genèvre, près Briançon, végètent aujourd'hui à deux mille, & même à deux mille trois cents mètres : de même à la Berarde, à deux myriamètres de Montdelens, vers les sources de la Romanche, dans une gorge entourée de glaciers, se trouve un bouquet de bois de pin (*Pinus silvestris* Linn.), à une élévation de deux mille sept cents mètres, c'est-à-dire, à deux cent vingt mètres plus haut que les *arbres fossiles* du Montdelens, dont il s'agit. Ces deux faits, avec toutes leurs circonstances, semblent non-seulement nous expliquer la possibilité de l'existence des bois du Montdelens à ce niveau, mais encore les causes du refroidissement de ces montagnes, dénuées de ces circonstances; refroidissement qui a forcé les bois à descendre à un niveau inférieur de neuf cents mètres à la couche de l'atmosphère où ils végétoient autrefois.

Deux moyens puissans ont dû refroidir les montagnes de Lens. Nous les voyons sans cesse en activité sous nos yeux. Le premier consiste dans la diminution de leurs masses, ou, ce qui est la même chose, l'abaissement de leurs cimes, l'approfondissement & l'évasement des vallées & des gorges qui les entourent; le second est la destruction des forêts, qui, en arrêtant les vents du nord, empêchent les refroidissemens qui en sont la suite.

Ainsi la dégradation des montagnes de Lens, l'amincissement de leurs cimes, qui a diminué la surface & l'étendue des plateaux situés près de leurs sommités, a pu en changer la température. Il est donc visible que c'est à ces opérations de la nature qu'on doit imputer le refroidissement de cette contrée. La seconde cause à laquelle les hommes ont coopéré, c'est la dévastation des forêts, laquelle tend, non-seulement à favoriser celle des vents froids, mais encore celle des eaux courantes torrentielles, qui ravagent les superficies dépouillées des racines des végétaux de toute espèce.

Les bois & les forêts placés dans le voisinage des montagnes de Lens brisoient les courans d'air. Les hommes, les troupeaux, sont venus, fléaux destructeurs des forêts, surtout dans les positions où la végétation n'a lieu que pendant trois mois de l'annee; ils ont écarté les forêts, les glaciers voisins se sont agrandis, leurs embranchemens ont gagné les premières vallées que les torrens produits par la fonte des glaces ont creusés à mesure. Ainsi les masses de glaces ont augmenté à proportion que les forêts ont diminué, &, de toutes ces causes réunies, les changemens dans la température, la descente des bois & de la ligne la plus élevée de leur végétation, se sont opérés & s'opèrent encore chaque jour.

Arbres fossiles trouvés en Angleterre, dans le Sommersetshire.

Pendant l'extrême sécheresse qu'on a essuyée dans l'été de 1666, quelques endroits, dans les pâturages marécageux qui sont près d'Ycovil, en allant vers Bridgewater, furent beaucoup plus tôt flétris & brûlés que le reste de ces pâturages. Comme ces endroits sembloient avoir à peu près la longueur & la forme d'un *arbre*, cet indice détermina les propriétaires à creuser, & le produit de ces fouilles fut très-avantageux, car ils en obtinrent plusieurs centaines de chênes assez bien conservés, & noirs comme l'ébène.

Arbres fossiles trouvés en Angleterre, près d'Yorck, dans l'année 1697.

A Youle, environ douze milles au dessous d'Yorck, près du confluent du Dun avec l'Humber, il y a des gens qu'on nomme *essayeurs*, qui, avec une longue verge de fer, cherchent des *arbres* souterrains dans les fondrières voisines de ces lieux; ils reconnoissent par ce moyen, jusqu'à un certain point, la longueur & la largeur de ces *arbres*, & gagnent leur vie à ce métier. Il est de ces *arbres fossiles* si gros, qu'on s'en sert dans la charpente des maisons, & l'on prétend que ce bois est plus durable que le chêne même qu'on tire des forêts; d'autres servent à faire des lattes : il en est qu'on débite en longs copeaux, qu'on met en paquets & qu'on envoie aux marchés à plusieurs milles, pour allumer le tabac. Ces *arbres* paroissent la plupart avoir été rompus près de leurs racines, sans doute par la violence des tempêtes ou des eaux courantes. Ces essayeurs affirment qu'à dix ou douze pieds de profondeur, ils trouvent des troncs d'arbres brisés, quelques-uns à deux, trois ou quatre pieds de la surface du terrain, & qu'ils sont exactement du même bois que ceux qu'on rencontre à la plus grande profondeur. La texture de ce bois est la même que celle du sapin : il se fend aisément; il exhale, en brûlant, la même odeur résineuse, & il produit le même charbon. Les branches naissent en général circulairement, comme le prouvent les nœuds qui se séparent facilement du reste, ainsi que dans le bois de sapin. La longueur & la forme de ces *arbres* font aussi présumer qu'ils sont de cette espèce, car il en est qui ont près de cent pieds de longueur, & n'ont guère plus d'un pied de diamètre, même dans le bas, près de la racine. On ajoute d'ailleurs que leurs sommets gissent dans la même direction, qui est celle des eaux courantes : on y trouve aussi des chênes, mais en moindre quantité. Les parties vitrioliques de la terre dans laquelle ceux-ci ont été ensevelis, leur ont donné une teinte noire qui pénètre dans toute leur substance, & qui, lorsque ce bois est travaillé & bien poli, le rend presqu'aussi beau que l'ébène; il n'exhale pas la même odeur que le bois des sapins fossiles, qui par conséquent n'empruntent pas la leur des parties bitumineuses de la terre.

Il y a environ soixante ou soixante-dix ans, qu'une compagnie hollandaise entreprit le desséchement d'un grand marais dans cet endroit. En creusant un canal dans la terre-ferme, entre le marais & la rivière, ils enlevèrent d'abord une couche de terrain riche & solide, ensuite une couche de sable; sous celle-là une couche de terrain à fondrières, dans lequel ils trouvèrent de ces *arbres fossiles*, & sous celui-là la terre-ferme. Des personnes dignes de foi, témoins oculaires de ces fouilles, ont assuré que ce terrain ferme présentoit en quelques endroits des traces de sillons de charrue. On voit encore dans ce canal, quand les eaux sont basses, quelques racines de ces *arbres*, & cependant il ne croît naturellement dans cet endroit ni pins ni sapins : il n'y en a jamais eu de mémoire d'homme, & la tradition n'en a conservé aucun souvenir.

Arbres flottés. Ce sont des bois voiturés, soit de l'Amérique jusque sur les côtes des terres & des îles du nord de l'Europe, soit des côtes méridionales de la mer du sud, jusque sur les rivages de Kamtzchatka & des îles du détroit de Bering. Pour rendre raison du transport des *arbres & bois flottés*, des fruits exotiques & des végétaux étrangers que la mer fait, & qu'elle dépose sur les rivages des Orcades, de l'Islande, des îles Feroë, de la Norvège, transports qui ont lieu depuis le golfe du Mexique, & même l'embouchure du fleuve des Amazones, &c. il faut réunir toutes les causes qui concourent à ces effets étonnans.

La première & grande cause est le courant qui part du golfe du Mexique. Nous avons déjà dit que les vents alisés forcent la masse des eaux de l'Océan, venant du sud-est, à se porter le long des Antilles & à franchir le golfe, & que cette masse étant parvenue aux côtes septentrionales de ce golfe, elle se trouve refoulée le long des rivages, depuis les bouches du Mississipi jusqu'au cap de la Floride; que dans le canal étroit où le courant se trouve, entre Cuba & la Floride, jusqu'au cap Cannaveral, il se dirige presque nord, à la distance de cinq ou six lieues du rivage, &c.

Je ne le suivrai pas ici dans toute sa marche. Pour la faire connoître, je renverrai à l'article Courant des Antilles, où elle se trouve expliquée dans toute son étendue, ainsi que sa modification opérée par un courant opposé, qui a son origine dans la baie d'Hudson, & son débouché aux environs du fleuve Saint-Laurent & de Terre-Neuve.

C'est par ce véhicule que le fleuve des Amazones, l'Orénoque, le Mississipi, plusieurs rivières de la Virginie & de la Caroline, qui versent dans l'Océan des *arbres*, les fournissent à des convois qui arrivent jusqu'à certaines îles septentrionales de l'Europe, sur les rivages desquelles ces *arbres* viennent s'échouer, & dont les habitans ont reconnu que ces espèces d'*arbres* appartenoient à ces contrées d'Amérique.

C'est ainsi d'abord que, parmi l'étonnante quantité d'*arbres flottés* & de bois de charpente annuellement jetés sur les côtes de l'Islande, on a retrouvé des espèces d'*arbres* qui croissent dans la Caroline & la Virginie, & sur les bords du Mississipi.

L'Islande doit aussi à l'Europe une certaine portion de son *bois flotté*, car le pin commun, le sapin, le tilleul & les saules se trouvent parmi les espèces d'*arbres* dont M. Troil fait l'énumération, & tous probablement y sont apportés des côtes de la Norvège. C'est particuliérement sur les côtes du nord & du nord-est que se trouvent tous ces bois, que les Islandais pêchent avec d'autant plus de soin, que le fond de l'île leur en fournit moins.

A l'est du Spitzberg est une autre île, presqu'à l'opposite de l'entrée du détroit de Vaygatz, dont la grève est formée d'une ancienne concrétion de sables, d'os de baleine, de troncs d'arbres & de *bois flottés*. On y trouve des pins de soixante-dix pieds de longueur, dont quelques-uns ont été déracinés, d'autres coupés par la hache, & qui sont couchés & confondus ensemble à seize ou dix-huit pieds au dessus du niveau de la mer, mêlés de cannes, de roseaux & de bois façonnés pour l'usage, tous amoncelés à cette hauteur par les vagues d'une mer en courroux.

Rien n'est plus commun que ces amas de *bois flottés* dans plusieurs parties de ces hautes latitudes, dans les mers du Groënland, dans le détroit de Davis, dans celui d'Hudson, & sur les côtes de la Nouvelle-Zemble. Je ne vois que deux sortes de côtes d'où puisse venir cette énorme quantité de bois qui paroît sur les rivages de la Nouvelle-Zemble & des autres îles voisines : les premières sont les embouchures de l'Oby & des autres grands fleuves qui versent leurs eaux dans la mer Glaciale. Dans le printems, au bris des glaces, une multitude de glaçons se répandent sur les terres, abattent des forêts entières, & entraînent dans la mer des arbres presqu'entiers, qui se retrouvent en cet état sur les côtes que nous venons d'indiquer : il y en a beaucoup qui sont marqués par des entailles qui les divisent de douze en douze pieds, ainsi que les douves des tonneaux & autres bois façonnés, & à ces formes constantes on a reconnu que ces bois étoient chariés par les rivières de Norvège, qui détruisent la clôture des chantiers, les dépôts des moulins à scie, & tous les ateliers où le bois se travaille. Ces bois étant une fois entraînés par les torrens dans l'Océan, sont portés par les marées & les tempêtes, jusque dans les contrées du Nord les plus reculées.

Que l'on ne s'étonne pas de la longueur du trajet que ces bois sont obligés de faire : nous en avons cité de plus longs encore dans une direction contraire, c'est-à-dire, de l'ouest à l'est. C'est ainsi qu'une grande quantité de semences & de fruits de la Jamaïque ou des autres contrées chaudes de l'Amérique sont tous les ans amenés de ce continent sur les côtes occidentales de l'Ecosse, & même sur celles de la Norvège & de l'Islande.

On a trouvé dans l'Océan glacial, au fond de la mer du Sud, dans le detroit de Bering, deux îles, celle de Bering & celle de Mednoi, autour desquelles sont de grands amas de *bois flottés*, mais à un niveau bien supérieur à celui de la mer : on y a vu même des bois de camphrier, qui n'ont pu être fournis que par l'île du Japon. Ce qui indique les rivages d'où ces convois de bois sont partis, & confirme d'ailleurs la longueur de ces transports, c'est l'état où l'on a trouvé deux arbres flottans qui avoient trois pieds de tour & leurs racines ; mais qui étoient dépouillés de leurs branches & de leurs écorces par les glaçons qu'ils avoient rencontrés, particuliérement à l'extrémité de leur route.

Jean Davis fut le premier qui examina la côte occidentale du Groënland. Il y trouva des *arbres flottés* à la latitude de soixante-cinq degrés, & un *arbre* entier, de soixante pieds de longueur, avec ses racines. Les espèces de ces bois étoient des sapins, des spruces & des genièvres, qui étoient descendus, de lieux fort éloignés, sur les bords des rivières de la baie d'Hudson. Des voyageurs modernes assurent même qu'aujourd'hui, dans certaines années, une grande quantité de bois de charpente est apportée dans ces golfes, avec les glaçons, à l'embouchure des rivières, & que c'est de là que ces *arbres* sont dispersés dans l'Océan atlantique à la merci des courans, dont la marche se dirige vers le Groënland & l'Islande.

Notes sur les convois d'arbres par les rivières & par la mer.

Plus les pays seront habités, moins il y aura de ces convois d'abord par les rivières, & moins par conséquent de transports par les mers. Les torrens qui traversent dans leurs crues les contrées où les forêts occupent de grandes étendues de terrain, arrachent les *arbres* qui se trouvent distribués sur leurs rives, & les portent dans les fleuves qui les voiturent jusqu'à leurs embouchures dans la mer. C'est ainsi que les premiers convois d'*arbres* se forment lors des crues des grands fleuves & des rivières principales.

On a remarqué d'ailleurs que plusieurs de ces *arbres* tombent de vieillesse dans ces rivières, qui les reçoivent sans qu'aucun débordement contribue à les arracher & à les transporter dans leurs lits.

Lorsque ces trains considérables de troncs d'*arbres* sont parvenus dans la mer, ils y deviennent le jouet des vents & des flots. Souvent ils sont entraînés par des courans, comme nous l'avons fait voir, mais souvent ils sont envasés le long des côtes voisines des embouchures, & y forment des aterrissemens considérables. Ces *arbres* enfouis dans les dépôts des fleuves composent quelquefois plus de la moitié de ces aterrissemens.

C'est particuliérement le long des bords du fleuve Mississipi, ainsi que vers son embouchure, que l'on a remarqué de nombreux amas d'*arbres* ; mais rien n'égale les dépôts immenses formés entre l'embouchure du fleuve des Amazones & Cayenne. Ce sont des forêts d'*arbres* ensevelies dans la vase, l'un & l'autre ayant été voiturés par l'eau du fleuve au dessous de son embouchure, entraînée par la direction du courant dont nous avons fait connoître la force & l'énergie à l'article Antilles.

Ces convois & les dépôts qui ont eu lieu à la suite des transports, sont fort anciens. C'est à des époques très-reculées que l'eau des fleuves, plus active dans les parties supérieures de leurs vallées, entraînoit les terres & les *arbres*, qui, par une suite d'accès, se sont trouvés souvent à une très-grande profondeur au dessous des vases accumulées à plusieurs reprises.

On ne doit pas être étonné de voir ces convois

d'*arbres* dans les parties septentrionales du grand Océan équinoxial, car le capitaine Cook (*troisième Voyage*) a remarqué autour des îles de cette mer, où il y avoit des bois & des rivières, de ces amas d'*arbres flottans*; & d'ailleurs on en a observé de semblables le long des côtes orientales de l'Asie, où la violence du vent d'est occasionne des courans assez suivis & fort actifs. (*Voyez* COURANS DE LA MER & CONVOIS D'ARBRES.)

Arbres transportés & déposés par la mer.

On trouve sur la côte en Islande, & particuliérement dans la partie septentrionale vers le nord-est & le nord-ouest, beaucoup de bois apportés & abandonnés par la mer. Le pin de Norvège en forme la plus grande partie. Il y a outre cela des sapins, des tilleuls, des saules, du liége & d'autres espèces de bois durs, propres à l'ébénisterie. (*Voyez* Troil, pag. 28.) Tous ces bois, entraînés d'abord par les rivières du Missisipi, de Saint-Laurent & d'autres rivières de la Virginie & de la Caroline septentrionale, sont ensuite voiturés par les courans, & viennent échouer sur les côtes des pays du Nord.

On trouve quelquefois sur celles de la Norvège, de Feroë & d'Islande, des fruits aux *arbres* qui sont venus du golfe du Mexique, en traversant l'Océan atlantique dans la direction du nord-est. Nous en avons décrit la marche à l'article COURANT DES ANTILLES.

M. Bossu, dans son *Voyage de l'Amérique septentrionale*, vol. 1, pag. 19, parle des *arbres flottés* qui descendent par la rivière du Missisipi.

La côte de Groënland n'en est pas moins couverte que celles de l'Islande. (*Voyez* l'*Histoire de Groënland*, par Crantz, tome I, pag. 37.)

Ces *arbres* sont aussi abondans dans la partie septentrionale de la Sibérie. (Vol. II, pag. 415, par Gmelin.) On en voit aussi sur la côte de Kamtzchatka. (Voyez *Voyages des Russes*, vol. III, pag. 67, par Muller.)

Arbres transportés par les rivières, & déposés à leurs embouchures ou versés dans la mer.

Ces *arbres* forment des convois considérables, qui sont resserrés par des masses de glaçons & dirigés vers différentes côtes. Ce n'est qu'au bout de plusieurs mois, & même après des années entières, que la mer les pousse sur les côtes de ces régions glaciales, dont les habitans en tirent un très-grand profit. Ces convois fortuits suppléent aux bois que la dureté du climat leur a refusés.

L'Islande reçoit ces bois par un vent fort d'ouest & de nord, qui soufflent alternativement avec un vent de sud; ce qui confirme l'opinion qu'ils viennent de l'Amérique septentrionale.

Catesby, dans son *Histoire naturelle de la Caroline & de la Virginie*, nous apprend que plusieurs espèces d'*arbres* descendent ces rivières. Nous en ferons mention dans ces articles.

Les grandes rivières de Sibérie, telles que la Lena, le Kolima, le Jenisey, entraînent, surtout au printems & dans leurs débordemens, une grande quantité d'*arbres* de l'intérieur des terres. Nous avons déjà fait mention ci-devant des dépôts qui s'en formoient sur les bords de la mer Glaciale. Nous expliquerons, aux articles de ces rivières, les diverses circonstances qui favorisent ces convois d'*arbres* fort nombreux.

Flottaison des arbres dans le détroit de Magellan.

On trouve le long des côtes du détroit de Magellan, & particuliérement aux environs du port Famine & de l'embouchure de la Sedger qui se décharge dans le détroit, une quantité considérable d'*arbres* qui flottent le long des côtes. Les bords des rivières y sont garnis d'*arbres*, dont les troncs ont jusqu'à huit pieds de diamètre, & d'une grande élévation, qui donne prise aux vents qui les renversent dans les rivières; ce qui embarrasse leur canal de manière à en gêner la navigation; mais la plupart sont entraînés par le courant dans le détroit. (Capitaine Byron, pag. 49 & 50.)

Ces arbres, après avoir long-tems flotté le long des côtes du détroit, sont portés dehors, & l'on en trouve même qui flottent le long des côtes des îles de Falkland. (*Voyez même Voyage.*) Beaucoup d'embouchures de ruisseaux & de rivières sont embarrassées par les troncs d'*arbres* nombreux qui s'y trouvent submergés & arrêtés.

ARC (Ile de l') *ou* BOW-ISLAND. *L'île de l'Arc* ou *Bow-Island*, dans la mer du Sud, est située par 18 deg. 23 min. latitude sud, & par 141 deg. 12 min. de longitude ouest (1).

Cette terre est basse & assez étendue; elle a dix ou douze lieues de circonférence : sa figure est extraordinaire; elle ressemble exactement à un arc. Le contour de l'arc & la corde sont formés par la terre, & l'eau remplit l'espace compris entre les deux. La corde est une grève plate, où l'on ne reconnoît aucun signe de végétation : on n'y voit rien que des tas de plantes marines, déposées en différentes couches, suivant que les marées plus ou moins hautes les y ont portées & déposées. L'île paroît avoir trois ou quatre lieues de long, & deux cents verges au plus de largeur; mais elle est sûrement beaucoup plus large, parce qu'une plaine horizontale se voit toujours en perspective; ce qui en raccourcit l'étendue. Deux grandes touffes de cocotiers composent les pointes ou extrémités de l'arc, & la plus grande partie de ce

(1) Méridien de Greenwich.

même arc est couverte d'arbres de hauteur, de figures & de couleurs différentes. En d'autres endroits pourtant, il semble que le terrain soit dépouillé, & aussi bas que la corde. Quelques personnes de l'équipage de Cook crurent remarquer, à travers cette corde, des ouvertures qui communiquoient avec l'étang ou lac qui est au milieu. A une lieue de terre, & à peu près vers le milieu des deux extrémités de l'arc, on ne trouve point de fond à cent trente brasses; ce qui ne permet pas aux vaisseaux de pouvoir y mouiller.

Par la fumée que l'on voit en différens endroits, on a reconnu que l'île étoit habitée; mais on ne peut rien dire sur les insulaires qui y demeurent: aucun ne s'est montré aux navigateurs qui ont fait les observations dont nous donnons ici les résultats.

Arc (Pont d'), pont naturel d'une seule arche, qui se trouve sur l'Ardêche, en Vivarais. J'ai déjà fait mention de la constitution des environs de ce pont à l'article Absorbant, comme une des circonstances qui pouvoient nous servir à expliquer la formation de ce pont au milieu des couches de pierres solides qui composent la croupe de la vallée de l'Ardêche. Nous y renvoyons, ainsi qu'à l'article Pont naturel, où toutes ces circonstances seront développées en détail, & d'après les principes que nous aurons d'ailleurs établis, relativement à l'approfondissement des vallées.

ARCHENA (Eaux d'). Je prendrai occasion de ces sources d'eaux chaudes qui se trouvent dans les environs de Carthagène, pour faire connoître la constitution physique de cette contrée, telle que l'a décrite M. Bowles.

Près des bords de la mer, le terrain porte l'empreinte d'un ravage causé depuis long-tems par les feux souterrains; car en s'avançant vers Carthagène, on voit les vestiges d'un ancien volcan, dont le cratère existe encore. A quelques lieues de là on trouve cinq autres cavernes semblables, & très-profondes; & à la même distance de Carthagène, vers l'est, non-seulement on rencontre une caverne de même nature, mais on y voit encore des indices très-apparens d'une mine d'alun, & outre cela quatre sources, que l'on nomme *les eaux d'Archena*: elles ont été célébrées par les observations du médecin D. Francisco Cordan de Vilhena, & par les vers du professeur D. Ignatio Clyala. Une inscription latine, bien conservée, prouve qu'elles ont été connues & estimées dès Romains.

Il paroît que toute cette partie du territoire de Murcie a été très-anciennement volcanisée: on trouve aussi des traces du feu au cap de Gate.

La campagne à l'ouest de Carthagène est aussi fort riche & très-intéressante; elle offre à la vue une grande plaine, où l'on recueille non-seulement beaucoup de blé, mais encore de la soude & de la barille, dont les cendres, vendues à Alicante, ont dans le commerce le nom de *soude d'Alicante*.

Pour retirer l'alcali de ces plantes, on les coupe, puis on les fait sécher au soleil, ensuite on les entasse: aussitôt après on les brûle sur des grils de fer, & on les calcine dans des trous faits en terre, & bouchés de façon qu'il n'y entre que l'air suffisant pour l'entretien du feu. Les cendres se vitrifient à moitié, de manière à former avec la terre qui s'y mêle, des espèces de pierres: en cet état on les appelle *soude*. Les cendres qui nous viennent des arbres brûlés en Pologne, & dans les Vosges en Lorraine, &c. se nomment *potasse*.

Ces espèces de plantes marines, que les Arabes ont nommées *kali*, & de la cendre desquelles on obtient le sel que l'on nomme aussi *alcali* d'après eux, sont fort communes sur les bords de la mer, & fournissent ce sel en très-grande abondance: c'est même ce qui a fait donner à ce sel le nom de ces plantes, car on retire le sel alcali de la cendre de tous les végétaux, avec cette différence cependant, que le sel qui vient du varesc & des autres plantes marines, renferme la base du sel marin: par cette raison on le nomme *alcali minéral*. La cendre des autres végétaux, dont on fait la potasse, n'en contient pas, & donne l'*alcali végétal*.

En s'éloignant de Carthagène vers le sud-ouest, on trouve une très-grande quantité de terre fine rouge, & sans sable. On s'en sert pour polir les glaces au lieu de tripoli.

On se sert aussi de cette terre fine pour saumurer le fameux tabac de Séville, en la mêlant, après l'avoir humectée, avec la poudre de la plante, autant pour fixer sa volatilité, que pour lui donner la couleur & cette douceur qu'a ce tabac, tant au tact qu'à l'odorat. Cette opération, jointe à la supériorité du tabac de la Havanne, empêche que l'on ne puisse contrefaire le tabac d'Espagne, parce que, suivant M. Bowles, il n'y a pas de terre aussi divisible dans toute l'Europe; mais il est probable que cette espèce de terre peut se trouver dans beaucoup d'autres endroits qu'à Almazarron.

ARCHANGEL, ville de la Russie européenne, capitale du gouvernement de ce nom, à l'embouchure de la Dwina: son commerce comprend celui d'une partie de la Moscovie. Nous allons faire connoître plusieurs particularités physiques de ses environs, & surtout ce qui concerne la Mer-Blanche.

Nous commencerons par indiquer le détroit borné par le *Finmark* moscovite, composé de basses collines, & par la province plate de *Mesen* à l'est. Ce détroit nous conduit dans la Mer-Blanche, qui n'est proprement qu'un golfe, car ses eaux sont basses, son bassin étant rempli de limon voituré par les grandes rivières qui s'y déchargent, & qui ne laissent presqu'aucune salure à ses eaux.

La

La *Dwina* ou *double rivière* est la plus considérable de ces rivières; elle tire son nom de ce qu'elle est formée par la *Suchona* & la *Yug*, à une très-grande distance de son embouchure; elle est navigable dans de très-grandes parties de son cours, & sert au transport des denrées de plusieurs contrées intérieures de l'Empire à *Archangel*, ville située sur ses bords, à environ six milles de la mer. Les vaisseaux de toutes les nations se rendoient dans ce port; mais Pierre-le-Grand, occupé d'agrandir Pétersbourg, défendit tout commerce à *Archangel*, excepté avec les provinces voisines. Cependant ses exportations en goudron étoient encore considérables, car en 1730 elles montèrent à quarante mille lasts, de onze barils chacun.

Durant l'hiver, *Archangel* envoie à Pétersbourg de grandes parties de nawaga, petite espèce de morue à trois nageoires; elle est toute gelée, comme Kola y fait passer des harengs dans le même état.

La Mer-Blanche est tous les hivers remplie de glace qui vient de la mer Glaciale, & qui amène avec elle le *harp-seal*, espèce de phoque: la léporine, autre espèce, la fréquente durant l'été. Quiconque jettera les yeux sur les cartes des provinces situées entre cette mer & les golfes de Bothnie & de Finlande, remarquera beaucoup plus d'espace occupé par les lacs que par les terres, & concevra toute la vraisemblance de l'opinion, que la Scandinavie a été jadis une île; car aussitôt que ces détroits furent fermés, la Mer-Blanche perdit de sa profondeur, & si elle reste ouverte aujourd'hui aux navigateurs, elle ne le doit qu'à la force des grandes rivières qu'elle reçoit.

Au côté oriental de l'entrée du détroit est l'île de *Kandinos*. Entre cette île & la terre-ferme il n'y a qu'un canal très-resserré, &, après qu'on a doublé le *cap de Kandinos*, la mer forme deux grandes baies.

Une partie considérable du rivage de l'est se trouve composée de collines sabloneuses fort basses.

Dans la baie la plus reculée, à la latitude de 68 degrés, se décharge par plusieurs bouches la vaste rivière de *Peczora*. La ville dont elle a pris le nom étoit le centre d'un grand commerce avant Pierre I. Des milliers de Samoïèdes & autres sauvages s'y rendoient avec des plumes de gélinotes, des zibelines & les fourrures les plus précieuses, des peaux d'élans & d'autres bêtes-fauves, de l'huile de *valzuses*, de la *beluga* ou baleine blanche: il s'y faisoit aussi une grande pêche de *beluga*. Plus de cinquante bateaux, armés de trois hommes chacun, étoient employés à les harponner. Un banc de sable, à l'entrée de la rivière, la rend dangereuse: la marée n'y monte que de quatre pieds.

Les côtes à l'est d'*Archangel*, jusqu'à la rivière d'Oby, sont habitées, comme nous l'avons dit ailleurs, par les Samoïèdes, race aussi naine que la lappone, mais plus difforme & infiniment plus brute. Leur nourriture sont les cadavres de chevaux ou d'autres animaux; ils se servent de rennes pour tirer leurs traîneaux, mais ils ne sont pas assez avisés pour le substituer à la vache, & user de son lait: ce sont les vrais Hottentots du Nord.

La *Dwina* est praticable jusqu'à une grande distance, même jusqu'à Wologda; ce qui fait par eau mille verstes, ou environ six cent soixante milles. Les îles de *Podesemshoe* forment le *Delta* de cette grande rivière. On peut approcher de la cité d'*Archangel* par deux canaux, l'un à l'est, l'autre à l'ouest, chacun de plus de trente milles de longueur: leur profondeur est depuis trois jusqu'à huit brasses. La cité est placée sur les bords du canal oriental: les îles sont séparées les unes des autres par un détroit fort étroit, parallèle aux grands canaux, & qui les partage par le milieu.

ARCHIPEL (*Agmen insularum*), portion de l'Océan ou des Méditerranées, parsemée d'un grand nombre d'îles. Le plus célèbre *archipel*, celui à qui ce nom est donné plus particuliérement, est situé entre la Grèce, la Macédoine & l'Asie: il renferme les îles de la mer Egée, qui sont en fort grand nombre; ensuite viennent l'*archipel Saint-Lazare*, proche les côtes de Malabar; l'*archipel d'Amboine*, qui est à la partie septentrionale des Moluques & de l'Océan indien; l'*archipel des Moluques*, dans la partie la plus septentrionale de ces îles; l'*archipel des Papous*, dans cette partie de la mer des Indes, à l'orient, vers le pays des Papous & la Nouvelle-Guinée; l'*archipel du Maure*, vers le nord & l'est de Gilolo; l'*archipel des Célèbes*, autour de ces îles & de celles qui sont à l'entrée du détroit de Macassar; l'*archipel des Maldives*, à l'ouest de la côte de Malabar; l'*archipel du Mexique*, & celui des *Caraïbes*, qui comprend un grand nombre d'îles fort importantes, connues sous le nom des *Antilles*; l'*archipel de la Nouvelle-Yorck*, dans cette partie de la mer du Nord, comprise entre les côtes de la Nouvelle-Yorck & l'île Longue; l'*archipel de Chiloé & d'Ancud*, dans cette partie de la mer du Sud qui baigne les côtes du Chili, &c.

Il paroît que tous ces *archipels* sont fort voisins des côtes des continens, & que par conséquent il semble que tous ces groupes d'îles que ces *archipels* renferment, ont été détachés des continens, soit par les courans de la mer, soit par les fleuves qui y ont leurs embouchures: ces groupes d'îles se trouvent au milieu du *grand Océan équinoxial*. On peut appuyer ces assertions sur la correspondance des parties des continens & des îles voisines, & sur celles des côtes de chacune des îles qui se regardent, & qui ne sont séparées que par des détroits peu considérables: il ne faut à la nature, pour opérer ces changemens, que les forces connues & le tems, qui ne lui coûtent rien. Je vois toujours avec répugnance, qu'on ait recours à des agens extraordinaires & toujours hypothétiques pour expliquer la séparation de ces îles, soit du continent, soit entr'elles. J'aurai soin de montrer, aux articles de ces *archipels*, les circonstances locales qui ont pu concourir à leur formation, & dont les traces & les vestiges subsistent encore de nos jours.

Nous ajouterons deux nouvelles listes d'*archipels* à ceux dont nous venons de faire l'énumération : la première présentera les *archipels* dont la découverte est plus ou moins ancienne, avec les noms de ceux à qui nous en devons la connoissance ; la seconde renfermera les *archipels* qui contiennent les vestiges des volcans enflammés ou éteints. Enfin, je terminerai cette dernière liste par l'indication des simples *îles volcaniques* qui viennent naturellement se joindre aux *archipels volcaniques*, car dans ces îles on rencontre les résultats très-remarquables des anciennes éruptions des volcans.

D'après ces détails on conçoit aisément que, dans le tems que Varenius a publié son ouvrage, il étoit autorisé à ne considérer les *archipels* que comme voisins des continens, & dépendans des terres riveraines de ces continens. Aujourd'hui les découvertes ayant étendu la connoissance des îles qui occupent le milieu des grandes mers, & surtout de l'Océan, que M. de Fleurieu a nommé *le grand Océan équinoxial*, nous devons dire que leur existence doit être rapportée à d'autres circonstances que celles invoquées relativement aux *archipels* voisins des continens, d'après l'opinion de Varenius. Nous dirons donc que l'existence de ces *archipels* peut être rapportée à l'action des feux souterrains & à la solidité des matières fondues, & propres à résister à l'action des vagues & des flots, qui ont attaqué & détruit beaucoup d'autres terres dans leur état primitif & naturel.

ARCHIPEL (*Le grand archipel d'Asie*).

Nous remarquerons que, dans l'est & le sud-est des terres les plus méridionales de l'Asie, s'étend & se prolonge fort au loin un *archipel* immense, composé de l'*île Formose*, des *Philippines*, de *Bornéo*, de *Sumatra*, de *Java* & autres îles de *la Sonde*, des *Célèbes*, des *Moluques* & de *Gilolo*, de *la Nouvelle-Guinée*, de *la Nouvelle-Bretagne*, de *la Louisiade*, des îles de *Salomon*, des îles *Santa-Cruz*, de celles *del Espiritu-Santo*, de *la Nouvelle-Calédonie*, &c. La réunion de ces îles sans nombre, qui peuvent former plusieurs *archipels* particuliers, seront comprises sous le nom de *grand archipel d'Asie*, & nous aurons soin, à l'article ASIE, d'en faire connoître les différentes parties, relativement à leurs formes, détroits, golfes intermédiaires & baies, & par conséquent à toutes les circonstances les plus remarquables de leur formation.

ARCHIPELS *du grand Océan équinoxial, ci-devant mer du Sud ou Pacifique.*

Maintenant si nous jetons les yeux sur le *grand Océan équinoxial*, nous serons étonnés de la multitude d'îles qui s'y trouvent répandues, les unes élevées, les autres presque de niveau avec la mer, & signalées seulement par les grands arbres dont elles sont couvertes. Pour faciliter la recherche de ces îles nombreuses, j'ai cru devoir les classer & les distribuer en *archipels*, d'après M. de Fleurieu : leur étendue sera réglée suivant les dispositions des îles entr'elles, & selon la distance d'un groupe à un autre. (*Voyez* la carte du *grand Océan équinoxial*, où se trouvent figurées ces distributions d'îles, &, comme dit Varenius, *insularum agmina.*)

PREMIER ARCHIPEL.

Archipel dangereux, de Bougainville.

Cet *archipel*, en venant de l'est, commence à l'île de *la Pentecôte*, de Wallis, aux *quatre Facardins*, de Bougainville, & se termine, du côté de l'est, à l'île de *la Chaîne*, de Cook. Le nom d'*archipel dangereux*, imposé par Bougainville, doit être conservé, car les arbres élevés qui annoncent ces îles, sont tout à la fois des arbres de subsistance pour les habitans, & des arbres de salut pour les navigateurs. Sans ces espèces de *balises*, on n'appercevroit ces îles basses que lorsqu'on ne pourroit plus se garantir du danger de leur rencontre. Sur dix-sept îles dont cet *archipel* se compose, Bougainville en ayant découvert neuf, nous devons lui attacher son nom.

SECOND ARCHIPEL.

Archipel de la mer mauvaise, de Lemaire & Schouten.

Ce second *archipel*, situé dans le nord-ouest du précédent, commence aux *Iles sans fond*, de Lemaire & Schouten, & *Disapointement*, de Biron ; il se termine aux *Iles du Prince de Galles*, du même navigateur, & au *Labyrinthe*, de Roggeween. Les navigateurs hollandais, qui découvrirent une partie de ces terres, dont les plus orientales sont à fleur d'eau, nommèrent avec raison cette partie du *grand Océan équinoxial*, *mer mauvaise*. Ainsi nous croyons devoir comprendre cet *archipel* sous la même dénomination d'*archipel de la mer mauvaise*, de Lemaire & Schouten.

TROISIÈME ARCHIPEL.

Archipel des Iles de la Société.

Ce troisième *archipel*, situé dans le sud-ouest de la *mer mauvaise*, s'annonce à l'est par *la Dezana*, de Quiros, & se termine à l'ouest par son île *del Pelegrino* ; il comprend treize îles, dont *Otaïti* est la principale. Les Anglais ont donné le nom d'*Iles* de la Société à quelques-unes de celles qui composent cet *archipel*, & qui forment un groupe particulier & remarquable dans le nord-ouest d'*Otaïti*. Comme les îles des deux groupes communiquent habituellement entr'elles, & que toutes sont habitées par une même espèce d'hommes & également sociables, M. de Fleurieu a cru qu'il convenoit de les réunir géographiquement sous la dénomination d'*archipel des îles de la Société*, que nous croyons devoir adopter.

QUATRIÈME ARCHIPEL.

Archipel de Roggeween.

Dans le nord-ouest de l'*archipel* précédent, & à une distance d'environ quatre-vingts lieues marines, sont situées les îles hautes de *Bauman*, découvertes par l'amiral hollandais, Roggeween. A quinze lieues environ dans le nord-ouest de *Bauman*, se trouvent deux autres îles hautes, & à vingt lieues au-delà, toujours dans le nord-ouest, se montrent les terres élevées de *Tienhoven* & *Groningue*. En réunissant toutes ces îles, qui ont les mêmes formes & la même direction, M. Fleurieu en a formé l'*archipel de Roggeween*.

CINQUIÈME ARCHIPEL.

Archipel des navigateurs, de Bougainville.

En se portant à deux cent soixante lieues dans l'ouest-sud-ouest du précédent *archipel*, on rencontre les îles hautes *des Navigateurs*, de Bougainville, ainsi nommées lorsqu'il en découvrit les quatre îles plus orientales. Lapeyrouse en a découvert trois nouvelles dans l'ouest des premières, dont deux sont d'une étendue considérable. Au moyen de cette réunion des sept îles, il y a lieu de former l'*archipel des Navigateurs de Bougainville.*

SIXIÈME ARCHIPEL.

Archipel des Îles des Amis.

Dans le sud des *Navigateurs* se trouvent les *Iles des Amis*, découvertes par Abel Tasman, sous les noms d'*Amsterdam*, aujourd'hui *Tonga-Tabou*; ensuite *Middelbourg*, maintenant *Eoüa*; enfin, *Anamocka*, qui n'a pas changé son nom, & quelques petites îles dépendantes des grandes.

Deux autres *archipels* isolés, & placés toujours à de grandes distances des continens, se présentent dans le *grand Océan équinoxial* : le premier, situé dans le nord-est de la *mer mauvaise*, par dix degrés de latitude sud, est connu sous le nom des *Marquesas de Mendoça.*

SEPTIÈME ARCHIPEL.

Archipel de Mendana.

Mendana avoit découvert quatre de ces îles en 1595 : Cook les retrouva en 1774, & en découvrit une de plus en 1791. Le capitaine Marchand découvrit un nouveau groupe, composé de cinq îles, à seize lieues de distance dans le nord-ouest des premières. Ces dix îles forment ensemble un *archipel*, qui doit porter le nom de *Mendana*; il est composé de deux groupes : d'abord, celui du sud, qui doit être connu sous la dénomination de *Marquesas de Mendoça*; ensuite celui du nord-ouest, qui a reçu le nom de *groupe de la Révolution* par le capitaine Marchand.

HUITIÈME ARCHIPEL.

Archipel des Sandwich.

Cet *archipel* est situé au dessous du tropique du Cancer, & ses îles les plus septentrionales sont placées sous le tropique même, à la limite du *grand Océan équinoxial*. Le capitaine Cook en reconnut les îles occidentales en 1778, & les îles orientales en 1779. Les Espagnols en avoient fait la première découverte anciennement, sous le nom de *la Mesa*, *los Monies* : outre cela, la petite île de *Necker*, de Lapeyrouse, appartient au groupe des îles occidentales. Ainsi cet *archipel* comprendra deux groupes, dont les terres ont été vues par Cook. C'est à *Owhyhée* que ce grand navigateur a terminé sa glorieuse carrière, & son nom doit rendre recommandable cet *archipel*. (*Voyez l'article particulier* SANDWICH.)

NEUVIÈME ARCHIPEL.

Archipel del Espiritu-Santo, de Quiros.

Cet *archipel* comprendra les îles de *Santa-Cruz*, de Mendana, vers le onzième parallèle sud; plus au sud, l'*archipel del Espiritu-Santo*, de Quiros, entre 15 & 20 degrés de latitude australe, & dans le nord-ouest de l'*archipel del Espiritu-Santo*; entre 5 & 11 degrés de latitude sud, l'*archipel* des îles de *Salomon*, de Mendana.

DIXIÈME ARCHIPEL.

Archipel des Larrons & de Saint-Lazare de Magalhaens.

Les *archipels* jetés dans le *grand Océan équinoxial* se terminent du côté de l'est, entre le cinquième & le vingtième parallèle nord, par l'*archipel des Larrons*, &, plus à l'est encore, par celui de *Saint-Lazare*, que nous devons tous deux à l'immortel Magalhaens, qui les découvrit en 1521. Nous avons conservé ces noms au milieu des changemens que la flatterie des découvreurs modernes y a faits.

ARCHIPELS VOLCANIQUES.

Premier archipel.

Le premier *archipel volcanique* qui se présente

dans la mer du Sud, est celui de *Kamtzchatka* & des îles *Kuriles :* on y trouve un grand nombre de volcans, dont les uns sont éteints, & les autres brûlent encore. Ceux qui sont de formation moderne ont de fréquentes éruptions : tel est celui qui, le 8 janvier 1780, éclata dans l'île de *Rachkoke*. L'éruption fut accompagnée d'un tremblement de terre fort désastreux.

Les Kuriles semblent tenir par le nord-ouest au Kamtzchatka, & par le sud-est au Japon. L'inspection de toutes ces contrées sur la grande carte du dernier voyage de Cook fait présumer que la destruction d'une grande partie des terrains qui formoient la réunion de ces îles, a été produite par l'action des feux souterrains.

Le volcan d'Avatcha est le plus remarquable de ceux du Kamtzchatka. Sa base s'étend presque jusqu'à la baie de ce nom : il eut une de ses plus violentes éruptions dans l'été de 1737 : sa durée ne fut que de vingt-quatre heures, mais ses effets furent terribles. Le tremblement qui l'accompagna, fit écrouler un grand nombre d'yourtes kamtzchadales. Pendant ce tems la mer, agitée avec un bruit effroyable, quitta ses bornes ordinaires, s'éleva tout à coup sur le continent à la hauteur de dix-huit pieds, & ensuite se retira à une très-grande distance.

Il y eut bientôt une seconde secousse : alors la mer déborda avec autant de violence que la première fois; puis, dans sa retraite, elle recula si loin, qu'on ne pouvoit plus l'appercevoir.

Il faut remarquer que le feu volcanique fit les plus grands ravages à la pointe méridionale des Kuriles; en second lieu, que la retraite de l'Océan fit appercevoir dans un détroit des chaînes de montagnes : d'où l'on peut conclure que les volcans des Kuriles ont une communication avec ceux de Kamtzchatka.

Des vingt-deux îles considérables des Kuriles, *Matmai*, la plus méridionale, est si proche du Japon, qu'elle est regardée comme faisant partie des terres de cet Empire. Le détroit intermédiaire n'a pas trente lieues de largeur.

Second archipel.

Tout indique au Japon les traces du feu volcanique : cette terre est tres-sujète aux tremblemens de terre. D'un autre côté, les volcans sont très-nombreux dans cet *archipel :* on y voit deux îles, dont les montagnes jettent du feu par intervalles. Il en est de même du pic d'Aso & de celui de Fesi, dont la hauteur est fort considérable. Le volcan d'Unsen, dont le sommet offre des masses brûlées, lance souvent des tourbillons de fumée & d'exhalaisons sulfureuses. Non loin des montagnes ardentes sont quelquefois des volcans éteints, tels que celui de Figo, présentant encore à sa cime une immense ouverture, monument d'un ancien incendie. Il se trouve aussi dans cette contrée une île où l'on a observé une soufrière qui contient du soufre propre à être recueilli. Cette île a été reconnue dans la navigation de Cook, & on y a remarqué un cratère de volcan qui a conservé sa forme de coupe; preuve de la fraîche date des éruptions de ces volcans.

Troisième archipel.

Les *Marianes* forment une longue chaîne d'îles, d'environ cent cinquante lieues, entre le Japon & la Nouvelle-Guinée : Gemelli Carreri y a trouvé quatre volcans allumés. Il semble qu'on peut conclure de ces faits, qu'il y en a beaucoup d'autres dans les îles qui sont plus au sud.

Quatrième archipel

Les *Philippines*, si l'on remplissoit les détroits qui les séparent, formeroient un massif de cent quatre-vingt-dix lieues de l'ouest à l'est, & trois cents du nord au sud. C'est un amas d'îles qui semblent jetées sans aucun ordre apparent au milieu de la mer, & dont les hauteurs principales se perdent dans les nuages.

Les eaux chaudes y sont fort communes, & les volcans nombreux. Un des plus actifs de cet *archipel* se trouve dans l'île *Manille;* il fume continuellement, & jette des flammes par intervalles. Les plaines voisines sont couvertes de scories comminuees, sous la forme de sables & de pierres, débris de laves.

Le 20 juillet 1767 il éprouva une éruption remarquable, & il en sortit des courans de laves.

Le volcan de Taral a eu de même diverses éruptions mémorables, &, peu d'années après, la montagne même a disparu, & une lagune en a pris la place.

Nous devons de même citer parmi les phénomènes les plus terribles, une éruption qu'éprouva le volcan de l'île de *Mindanao* en 1640.

Cinquième archipel.

Si de la plus septentrionale des *Philippines* on prolonge à l'est une ligne dans la mer du Sud ou Ocean équinoxial, on tombe dans l'*archipel Sandwich*, qui offre un amas d'îles incendiées. L'île d'*Owhyhée*, par sa forme, & surtout par le sommet tronqué qui s'élève vers son centre, est l'ouvrage du feu; il se nomme *Roa*. Son pic a deux mille six cent soixante-dix toises d'élévation : il y a d'ailleurs des traces d'incendies volcaniques depuis *le Roa* jusqu'aux bords de la mer. La petite province de *Kaoo* présente un sol entrecoupé par des bandes noires qui semblent marquer le cours d'une lave sortie du cratère de la montagne de *Roa*, & qui est prolongé jusqu'à la mer. La pointe saillante, formant un promontoire, est composée de roches brisées & pleines de fentes; elles sont amoncelées les unes sur les autres, pour se terminer en colonnes prismatiques. (*Voyez* COOK.)

Sixième archipel.

En descendant au midi, vers le tropique du Capricorne, on y trouve les îles de *la Société*, qui sont volcaniques, si l'on en juge par *Otaïti*, dont il paroît que les rochers ont été brûlés, ainsi que ceux des autres îles. D'ailleurs, cet *archipel* est presque partout environné de récifs brisés, informes.

Il paroît assez vraisemblable qu'*Otaïti*, ainsi que les îles qui l'entourent, sont les débris d'un continent que le feu volcanique a bouleversé, parce que le sol, tout brûlé qu'il est dans les montagnes, est encore vierge dans les plaines.

On peut croire que le groupe des *Marquises*, qui avoisine ce premier amas d'îles du côté du nord-est, est aussi un *archipel volcanique*. Une de ces îles, *la Dominique*, & la plus considérable, offre vers son centre des pics excavés au sommet par des cratères, & le reste de sa surface bouleversé.

Septième archipel.

L'*archipel* des îles des *Amis* se dirige à l'ouest de ceux d'*Otaïti* & des *Marquises*, & se trouve le centre de la bande des terres volcanisées, qui occupe dans le *grand Océan équinoxial* un trajet de quinze cents lieues. Le groupe des îles des *Amis* renferme un amas prodigieux d'îles, qui embrasse près de trois degrés en latitude, & deux en longitude. Cook en a désigné cinquante-un dans sa carte géographique, & les naturels du pays lui ont assuré qu'il y en avoit plus de cent cinquante.

La plupart de ces îles sont volcaniques, & Cook a reconnu le cratère d'*Anamooka* : il a vu sortir de la fumée & des flammes du pic de *Toofoa*; il a aussi observé que la pointe septentrionale de celle d'Amsterdam, nommée par les insulaires *Tongataboo*, est excavée; il a reconnu de même que le sol de l'île d'*Amataffoa* étoit couvert d'un sable noir, & en s'approchant de la montagne du centre il a vu sortir de sa cime des tourbillons de fumée.

Huitième archipel.

Il y a dans les *Nouvelles-Hébrides* cinq îles qui vomissent des feux. L'île de *Tanna* surtout est remarquable par un volcan d'une grande activité. Autour de la montagne ardente, il y a dans la plaine, des espèces de solfatares qui exhaloient des vapeurs sulfureuses, abondantes, lors de l'éruption du volcan. La *Nouvelle-Calédonie* est une bande de terre assez étroite : les colonnes de basaltes prismatiques qu'on voit au promontoire de la *Reine-Charlotte*, prouvent que les feux souterrains ont ravagé cette île.

Je dois dire aussi que Cook a trouvé des pierres-ponces & des basaltes sur la côte de la *Nouvelle-Zélande*.

Neuvième archipel.

Nous revenons maintenant aux îles de *la Sonde* & aux *Moluques*, pour suivre les traces des feux souterrains. L'île de *Sorca* étoit autrefois une des plus peuplées de cet *archipel* : une montagne ardente s'élevoit à son centre, & n'occasionnoit pas de grands désastres par ses éruptions; mais en 1693 le cratère du volcan vomit du bitume & des substances inflammables en si grande quantité, qu'il s'en forma un lac ardent qui s'étendit peu à peu, jusqu'à ce que l'île entière ait disparu.

L'an 1646, au rapport d'Argensola, le volcan de l'île de *Machian* s'ouvrit par une grande fente, & il en sortit tant de matières enflammées, que plusieurs négreries furent consumées.

Les navigateurs de la compagnie hollandaise nous représentent l'île d'*Amboine* comme dévastée sans cesse par les feux souterrains. En 1672 plusieurs montagnes ardentes éprouvèrent des éruptions, à la suite desquelles plusieurs villages furent abîmés. Les contrées où s'exercèrent ces ravages du feu, offrent encore des cratères qui ont jusqu'à cent cinquante pieds de profondeur.

C'est à *Ternate* qu'on trouve le volcan le plus fameux des *Moluques*. Au centre de l'île, suivant le rapport d'Argensola, il y a une montagne qui a deux lieues de hauteur : le cratère, dont l'ouverture est au sommet, a deux mille cinq cents pieds de profondeur. Ce volcan jette dans ses éruptions beaucoup de soufre mêlé avec de la terre cuite & des pierres rouges. Si l'on doutoit de la hauteur du volcan, on pourroit se rabattre, en considérant que, du bord de la mer au haut de l'ouverture du cratère, on monte l'espace de deux lieues.

L'île de *Java*, qui a deux cents lieues de l'est à l'ouest, sur une largeur de vingt à quarante, n'offre pas d'autre montagne ardente que celle de *Paranucan* : il n'y a pas eu d'éruption connue avant 1586 : il est vrai qu'elle fut terrible.

Sumatra est coupée dans toute sa longueur par une chaîne de montagnes, à laquelle est adossé le volcan de *Balatam*, peu redoutable dans ses explosions.

Dixième archipel.

Si, au sortir des *Maldives*, on prolonge sa navigation vers l'Afrique, & qu'on double le cap de Bonne-Espérance, on ne rencontre dans cette vaste étendue de mers aucun *archipel* avant le cap Vert. Les dix îles moyennes & les quatre écueils qui forment l'*archipel* du cap Vert, sont volcaniques. D'abord on y trouve l'île *de Feu*, qui nous est représentée comme une seule masse montueuse, prolongée depuis les bords de la mer jusqu'au cratère. Le pic de cette île ardente vomit sans cesse des tourbillons de flammes & de fumée, qu'on apperçoit, même pendant le jour, à trente lieues en mer : il s'échappe aussi des flancs entr'ouverts par ses explosions, des courans de laves, pendant lesquelles des jets de cendres & de pierres-ponces sont lancés en l'air, & retombent sur les flancs de la montagne. On rapporte qu'originairement l'île *de Feu* n'avoit pas de pic ; qu'il s'est formé par degrés, depuis que les flammes se sont fait jour par une cheminée : c'est ainsi que chaque année ajoute quelques toises d'élévation à son cratère.

Onzième archipel.

Les *Canaries*, au nombre de quatorze, dont huit îles moyennes, en y comprenant *Madère* & six espèces d'écueils qui les accompagnent, sont distribuées dans l'Océan atlantique, le long de la côte occidentale de l'Afrique. La plus proche n'en est guère éloignée que de quarante lieues. On distingue trois pics, foyers remarquables de volcans connus, l'un dans l'île *de Fer*, où l'on a placé le premier méridien. Ce volcan s'ouvrit en 1667, pendant qu'un autre effet des feux souterrains renversa *Port-Royal* à la *Jamaïque*. Une autre cheminée volcanique s'ouvrit en 1652, après un tremblement de terre qui retentit dans plusieurs îles de cet *archipel*. Enfin, tout le monde connoît le pic de *Ténériffe*, qui domine sur l'île de ce nom. Le cratère principal forme une ellipse, dont le petit diamètre a six cent soixante pieds, & le grand huit cent quarante : il en sort presque toujours de la fumée ou des flammes. Comme il y a une espèce de plate-forme sur les flancs de la pyramide avant qu'on arrive au pic, cette zône reçoit la plus grande partie des laves que le volcan amoncèle dans ses éruptions.

Quoique le pic de *Teyde* s'annonce toujours comme une montagne ardente, il n'y a pas eu de vraie éruption depuis 1304 : c'est à cette époque que le beau port de *Garrachica*, comblé par les laves brûlantes, cessa d'exister. Il paroît que toutes les matières ont passé par le feu, & ont été battues par les flots de la mer le long des côtes.

Madère, que nous avons réunie aux *Canaries*, quoique très-éloignée de ces îles, a eu des montagnes ardentes, mais qui ne brûlent plus depuis long-tems : toutes les pierres, jusque dans leurs plus petits fragmens, ont été brûlées, & l'espèce de sable qui couvre le sol, n'est lui-même qu'une cendre volcanique.

Douzième archipel.

Les *Açores* sont un autre *archipel* volcanique, où les opérations des feux souterrains ont fait, de notre tems même, de grands ravages. Cook a observé, au sommet d'une des collines de *Fayal*, une profonde vallée circulaire, qu'il regarde comme un cratère de volcan.

L'île de *Saint-Michel* est celle qui a éprouvé le plus de désastres par les effets du feu. En 1591 il y eut une éruption au cratère de sa montagne ardente : la ville de Villa-Franca en fut renversée. Une autre éruption qui eut lieu en 1628, occasionna une explosion qui produisit un écueil volcanique d'une lieue & demie de long, qui s'éleva sur l'Océan de plus de soixante toises.

Treizième archipel.

Si de la position des *Açores* nous suivons au sud-ouest une ligne qui nous conduit au golfe du Mexique, nous trouvons le nombreux *archipel des Antilles*. Le sol de ces îles est très-volcanique. On peut en juger par les affreux tremblemens de terre qui désolent *la Martinique*, *la Jamaïque*, *Saint-Domingue* & *la Guadeloupe*, ainsi que par leurs soufrières, la plupart du tems en feu.

Quatorzième archipel.

Nous y comprendrons d'abord le comté d'Antrim de l'Irlande, où sont la *chaussée des Géans*, l'île de *Raghery*, & plusieurs écueils entre le nord de l'Irlande & l'Ecosse ; l'île de *Stafa*, où est la grotte volcanique de *Fingal* ; ensuite l'Islande, des îles entre l'Islande & l'Ecosse. C'est un *archipel* où les ravages des feux souterrains sont remarquables & célèbres : les détails sont aisés à recueillir. (*Voyez* ISLANDE, ANTRIM (Comté d').)

Quinzième archipel.

Passons maintenant aux *archipels volcaniques* de la Méditerranée.

L'île de *Lemnos* ou *Stalimène* a brûlé. Le reste est fort incertain, & attend les observations des naturalistes instruits.

Je passe à l'*Argentière* & à l'île de *Santorin* : l'île de *Crète* porte des marques des anciens volcans. (*Voyez* ARGENTIÈRE & SANTORIN.)

Seizième archipel.

Cet *archipel* comprend la Sicile, les îles Eoliennes ou Lipari, auxquelles il faut ajouter les montagnes brûlantes de l'ancien territoire de Rome, les champs Phlegréens, les environs du Vésuve, Nisida & Ischia, qui sont volcaniques.

La Corse n'est pas volcanique, quoi qu'on en ait dit, non plus que la Sardaigne.

Volcans isolés dans les îles solitaires.

La première de ces îles est l'île de *la Désolation*.

La seconde est l'île de Norfolk, où Cook a trouvé des laves poreuses.

La troisième est l'île de Paques.

La quatrième est l'île de l'Ascension.

L'île de Bourbon est la cinquième volcanique.

L'île de Sainte-Hélène, située au milieu de l'Océan atlantique, à quatre cents lieues de l'Afrique, & à six cents des côtes de l'Amérique.

L'île de Mayen est sur la route de l'Islande en Sibérie, en touchant à la Nouvelle-Zemble.

L'Islande est située sous le cercle polaire.

Cook a dit qu'on trouvoit des vestiges de volcans dans toutes les parties du Globe.

C'est sans aucune preuve que l'ingénieur Barral a placé des restes de volcans sur le sommet de la chaîne centrale de la Corse.

On n'avoit point trouvé non plus des basaltes-laves dans les parties de la Corse, éloignées des montagnes.

Le granit de la montagne primordiale n'est point coupé partout par des courans : ces prétendus courans de laves, dont l'épaisseur, dit-on, varioit depuis deux pieds jusqu'à douze, ne sont que des filons d'une roche noire ou *gabbro*, interposés entre les massifs de granits rayés. Il n'y a point de superposition dans cette pretendue lave : les filons ont differentes allures, bien différentes de la marche des laves.

Iles volcaniques solitaires.

L'île de Kerguelen, qui est aussi connue sous le nom d'*Ile de la Désolation*, parce qu'elle offre un grand désordre, est stérile sur toute sa surface : son sol noirci annonce des volcans qui l'ont couverte de laves.

Entre la Nouvelle-Hollande & les Nouvelles-Hébrides est l'île de Norfolk, où Cook a trouvé des traces plus marquées de volcans. Outre les masses de rochers à demi-rompues qui se projettent dans la mer, Cook y a observé de petits morceaux de laves poreuses, qui indiquent des vestiges de feux volcaniques.

L'île de Pâques. Le rivage de cette île, composé de rochers brisés, dont l'aspect caverneux & la couleur noire & ferrugineuse annoncèrent à Cook des vestiges d'un feu souterrain. Au reste, toute la contrée basse est jonchée de cendres, hérissée de pierres-ponces, & pleine de minéraux volcanisés.

L'île de l'Ascension, qui a dix milles de long sur cinq à six de large, surpasse par son aspect affreux l'île de Pâques. Ce n'est qu'un amas de roches rompues, amoncelées & altérées par le feu.

Nous trouvons dans l'Océan indien l'île de Bourbon : on y voit un volcan qui a embrâsé toute cette partie orientale de l'île, qu'on ne désigne que sous le nom de *Pays brûlé*. La montagne ardente de l'île de Bourbon brûle encore ; elle eut une éruption terrible le 14 mai 1766. Le lendemain on trouva, à six lieues de sa base, la terre couverte d'un verre capillaire flexible. Quelques-uns de ces filamens vitreux avoient deux ou trois pieds de long ; ils étoient mêlés de distance à autre de globules de même nature.

Quant à l'Ile-de-France, son volcanisme est également remarquable.

L'île de Sainte-Hélène, située au milieu de l'Océan atlantique, à quatre cents lieues de la côte d'Afrique & à six cents de celle du Nouveau-Monde, offre les traces de feu volcanique les plus marquées & les plus étendues.

On voit, suivant Cook, sur toute sa surface l'empreinte d'un feu qui a brûlé aux époques les plus reculées. Cette île est prodigieusement haute & escarpée : les rochers qui la composent, ne forment point un seul massif ; c'est un assemblage de blocs séparés, & presque sans liaison.

L'île de Mayen est une bande de terre qui peut avoir dix lieues de longueur, sur trois dans sa plus grande largeur. Le capitaine Laab vit en 1732, à trois lieues de cette île, des flammes d'un volume prodigieux, qui s'élevoient de la montagne du nord. Cet incendie singulier étoit accompagné de détonations terribles. Le 21 mai, le vaisseau reçut dans ses voiles & sur son pont, des cendres composées en grande partie de petits fragmens de ponces. Quinze jours après, un vaisseau de Hambourg descendit à l'île de Mayen ; il reconnut que cette cendre couvroit de la hauteur d'un pied tout le sol de la base de la montagne ardente dans une zône de deux lieues.

L'Islande est l'une des îles volcaniques solitaires les plus remarquables ; elle est située sous le cercle polaire, entre l'Ecosse & le Groënland ; elle a deux cents lieues de longueur, sur cent de largeur moyenne.

Si l'on en croit l'historien Mallet, cette île ne doit être considérée que comme une immense montagne parsemée de cavités profondes, cachant dans son sein des amas de bitumes, de matières vitrifiées & de minéraux. Sa surface ne présente que des pics blanchis par des neiges éternelles, & plus bas l'image de la confusion & du bouleversement.

L'abondance de ses eaux thermales & leur singularité suffiroient pour manifester les feux souterrains que cette île recèle dans ses entrailles.

L'Hécla, la plus haute des montagnes de l'Islande, a éprouvé dix éruptions en six cents ans.

Il y a encore d'autres bouches à feu, dont les éruptions ont produit de grands ravages.

Je dois ajouter le Yeyser, source minérale d'eau chaude, qui lance une colonne d'eau jusqu'à la hauteur de quatre cents pieds.

(*Voyez*, pour plus grands éclaircissemens sur les *archipels* & les îles volcaniques, les articles KAMTZCHATKA, ALEUTIANES, KURILES, JAPON, AVATCHA, MARIANES, PHILIPPINES, MANILLE, MINDANAO, TARAL, SANDWICH,

ROA, OTAÏTI, MARQUISES, DOMINIQUE, ANAMOOKA, TOOFOA, TONGATABOO, HÉBRIDES, TANNA, NOUVELLE-ZÉLANDE, MOLUQUES, MACHIAN, AMBOINE, TERNATE, JAVA, MALDIVES, ILES DU CAP VERT, CANARIES, MADÈRE, TEYDE, AÇORES, TÉNÉRIFFE, ANTILLES, MARTINIQUE, JAMAÏQUE, SAINT-DOMINGUE, LA GUADELOUPE, L'IRLANDE, L'ISLANDE, STALIMÈNE, L'ARGENTIÈRE, SANTORIN, ISCHIA, LES ÎLES LIPARI, ÉOLIENNES, SAINTE-HELÈNE, ASCENSION, L'ILE-BOURBON *ou* DE LA RÉUNION, AMSTERDAM.)

Archipel volcanique des Antilles.

Nous avons considéré les *Antilles* sous différens points de vue. Nous allons maintenant les faire connoître comme *archipel volcanique*.

Les Iles-du-Vent étant exposées aux excessives chaleurs de la zône torride, seroient inhabitables si, deux fois le jour, l'air n'étoit rafraîchi par des vents d'est qui règnent assez constamment dans ce climat, excepté depuis la fin de juillet jusqu'au 15 du mois d'octobre, tems auquel l'air est sujet à de grandes variations, qui produisent souvent d'horribles tempêtes, nommées *ouragans*. Cette saison, connue sous le nom d'*hivernage*, se termine ordinairement par des pluies abondantes, auxquelles succèdent des maladies opiniâtres. Outre ces incommodités, les *Antilles* sont sujètes à de fréquens tremblemens de terre, & cela n'est point surprenant si l'on considère la forme du terrain, composé de très-hautes montagnes entrecoupées de vallons, de ravines & de falaises escarpées, où l'on apperçoit les couches de terres, de pierres & de sables, le plus souvent confondues & sans ordre, renfermant, à des profondeurs inégales, plusieurs sortes de minéraux, parmi lesquels on trouve une grande abondance de fer.

La quantité de soufre, naturellement sublimé au sommet des plus hautes montagnes & dans quelques vallées, les laves, les eaux thermales, les nombreux amas de pierres-ponces, les pitons sous formes coniques, prouvent évidemment l'existence des volcans qui ont ravagé très-anciennement ces îles.

Malgré ces dangers, ces îles sont extrêmement peuplées & bien cultivées. Les habitans y jouissent, entr'autres avantages, du plus beau ciel du monde; ils n'y éprouvent ni hivers ni frimats. Les montagnes y sont en tout tems couvertes de verdure, & les vallons arrosés de sources & de rivières, dont l'eau est claire, limpide & très-salubre en plusieurs endroits. Les bestiaux y multiplient à merveille. La terre y produit des arbres d'une énorme grosseur, dont le bois incorruptible s'emploie très utilement aux ouvrages de charpente, de menuiserie, de marqueterie; d'autres sont propres à la teinture; enfin, quelques-uns portent d'excellens fruits. Les bananes, les patates, le manioc & plusieurs autres racines sont la principale nourriture des habitans, qui recueillent aussi beaucoup de riz & de maïs. Les plantes, tant potagères que médicinales, naturelles au pays, y sont fort abondantes, & les exotiques s'y naturalisent parfaitement bien.

Autour de plusieurs de ces îles, & dans les culs-de-sacs ou baies, la mer fournit des tortues & beaucoup de bons poissons, dont les espèces sont inconnues en Europe.

Ce que l'on a dit des Iles-du-Vent convient également aux Iles de dessous le Vent: celles-ci sont plus grandes, & situées à l'occident des premières; elles sont au nombre de quatre principales, distribuées dans le même golfe du Mexique, qui sont Cuba, la Jamaïque, Saint-Domingue & Porto-Ricco.

Dans ces îles, la partie de terre qui regarde le levant est toujours rafraîchie par les vents alisés, qui courent depuis le nord jusqu'à l'est-sud-est, & qu'on nomme *Cabesterre*. (*Voyez ce mot.*) La basse terre est la partie opposée: les vents s'y font moins sentir, & cette partie est plus chaude parce qu'elle est moins rafraîchie: outre cela, la mer y étant plus tranquille, elle est plus propre pour le mouillage & le chargement des vaisseaux. D'ailleurs, les côtes y sont plus basses que dans les *Cabesterres*, où elles sont ordinairement hautes & escarpées, parce que les flots, qui sont presque toujours agités, les attaquent violemment.

Ce qu'il y a de plus remarquable dans l'intérieur de ces îles, ce sont de grands pics ou hautes montagnes isolées, terminées en pain de sucre, & dont le sommet se perd dans les nues: on les nomme *pitons;* elles sont pour la plupart inaccessibles. Ces masses énormes, entourées de précipices, ne produisent point d'arbres, & sont couvertes seulement d'une sorte de mousse fort épaisse, & comme frisée.

Les pitons les plus renommés dans les îles sont ceux de la Martinique, qu'on appelle *pitons du Carbet;* celui de la montagne pelée dans la même île; celui de la soufrière à la Guadeloupe, & ceux de Sainte-Lucie. Ces derniers sont remarquables, en ce qu'ils prennent naissance au bord de la mer, & qu'ils paroissent détachés des autres montagnes; mais il s'en faut de beaucoup qu'ils soient aussi élevés que les précédens. Au reste, il paroît qu'en général ces *pitons* sont des *culots* immenses d'anciens volcans. (*Voyez* CULOTS.)

Nous ne devons pas omettre ici les salines des îles *Antilles:* ce sont des étangs d'eau de mer ou grands réservoirs formés par la nature au milieu des sables, dans des réduits entourés de rochers & de petites montagnes, dont la position se trouve ordinairement dans les parties méridionales de presque toutes ces îles. Ces étangs sont souvent inondés par les pluies abondantes, mais ce n'est que dans la saison sèche, c'est-à-dire, vers les mois de janvier & de février, que le sel se forme dans ces

étangs;

étangs : l'eau de la mer étant alors très-basse, & celle des étangs n'étant plus renouvelée, il s'en fait une si prodigieuse évaporation par l'excessive chaleur du soleil, que les particules salines n'ayant plus la quantité d'eau nécessaire pour les tenir en dissolution, sont précipitées, au fond & sur les bords des étangs, en beaux cristaux cubiques très-gros, un peu transparens, & d'une grande blancheur. Il se trouve des cantons où l'atmosphère qui environne les étangs est si chargée de molécules salines, qu'un bâton planté dans le sable à peu de distance, se trouve couvert en vingt-quatre heures de petits cristaux brillans, fort adhérens : c'est ainsi qu'on forme avec le sel marin des couronnes & d'autres petits ouvrages curieux.

Les îles de Saint-Jean de Porto-Ricco, de Saint-Christophe, de la Grande terre de la Guadeloupe, de la Martinique & de la Grenade ont de très-belles salines, dont quelques-unes pourroient fournir la cargaison de plusieurs vaisseaux. Le sel qu'elles produisent, est d'un usage journalier; mais il n'est pas propre aux salaisons des viandes qu'on veut conserver long-tems.

Les penchans des montagnes qui se regardent, formant des vallons profonds de peu d'étendue, & qu'on nomme *costières*, ne sont point propres à l'établissement des sucreries : on les destine, lorsque leurs pentes ne sont pas trop rapides, aux plantations de café, de cacao, de manioc, & pour l'ordinaire on y sème des légumes.

Les détroits par lesquels les vaisseaux sont obligés de passer, entre les *Antilles* & les îles qui sont au nord de Saint-Domingue, se nomment *débouquemens :* ce sont des passages où les courans portent de l'intérieur du golfe dans l'Océan atlantique. Les principaux sont ceux de Krooked, de Mogane, des Caïques, des îles Turques, de Bahama.

On a remarqué dans ces îles, ce que l'on a éprouvé partout ailleurs : c'est que les pluies ont beaucoup diminué dans les *Antilles*, depuis qu'on a coupé & défriché un grand nombre de forêts; en sorte qu'il ne règne plus dans les terres la même humidité qui y régnoit autrefois, & qui étoit si funeste aux premiers habitans qui s'y sont établis.

ARCTIQUE (Océan glacial). Cette portion du globe terrestre est renfermée dans le cercle polaire boréal. Les terres de l'Europe, celles de l'Asie, depuis la Nouvelle-Zemble jusqu'à *Szalaginskoi-Noss*; celles de l'Amérique au dessus de la *baie de Baffi*, auxquelles on doit joindre le *Spitzberg* ou l'*ancien Groënland*, & la partie septentrionale & indéterminée du *nouveau*, forment ensemble une enceinte de côtes, dont les plus éloignées du centre ou du pôle ne descendent pas au dessous du soixante-dixième parallèle, & dont quelques-unes même s'élèvent jusqu'au quatre-vingt-unième. Ainsi l'*Océan glacial arctique* se trouve resserré dans des limites fort étroites; il ne communique avec l'*Océan atlantique* que par le canal que laissent entr'elles les côtes de la Lapponie & celles du *Nouveau-Groënland*, & qui est embarrassé par les îles du *Spitzberg* & de l'*Islande;* & avec le *grand Océan*, que par le seul *détroit de Bering*, qui sépare l'Asie orientale de l'Amérique occidentale & septentrionale. On peut donc juger par ces détails que nous ont offerts les voyages les plus modernes qui ont été tentés & suivis dans ces parages, que l'*Océan glacial arctique* occupe autour du pôle une étendue fort peu considérable & remarquable : aussi nous y bornons-nous comme sur des faits bien constatés.

ARCTIQUES (Plateaux). La *Kolyma* est la plus orientale de toutes les rivières qui se jettent dans la mer Glaciale : au-delà est un trajet sans bois, qui termine le petit pays où peuvent habiter les castors, les écureuils, & tous les animaux à qui les arbres sont nécessaires pour vivre. Il n'existe de forêts au nord qu'à la latitude de 68 à 70 degrés. A peine les buissons & les broussailles peuvent-ils y croître, c'est-à-dire, qu'on y trouve la même température qu'on rencontre à d'autres latitudes moins éloignées de l'équateur, & même sous la ligne; mais à des hauteurs considérables au dessus du niveau de la mer, on n'y voit que peu de broussailles ou des bois rabougris. Ces *plateaux arctiques* sont en conséquence la triste retraite des oiseaux de mer, & offrent une bruyère nue, des landes & des marais sans aucune verdure : on y trouve aussi quelques montagnes & quelques rochers, mais secs & arides, au-delà du fleuve *Anadyr*, qui, à la latitude de 65 degrés, tombe dans la mer de Kamtzchatka. Le reste du pays compris entre cette rivière & la mer Glaciale peut être considéré comme une suite des *plateaux arctiques :* toute la superficie de la terre ne présente aucune production qui puisse y attirer & y faire vivre des animaux, & surtout un seul arbre.

ARCTIQUES (Peuples). Je comprends sous ce nom les Lappons, les Samoièdes, les Tschutski, les Koriaques, les Esquimaux.

Au cercle polaire *arctique* commence le Finmark, terre étroite qui règne le long des rivages vers l'est, & tourne vers la Mer-Blanche ; c'est une province plate, bornée par une chaîne de montagnes couvertes de neiges. Les habitans quittent leurs cabanes l'hiver, & y reviennent l'été. Au milieu de cette saison, les Lappons des montagnes y viennent pêcher & s'y établir : quelques-uns d'eux, vivant au bord de la mer, ont pour cette raison été appelés *Soe-Lappons*. A ce pays commence une autre race d'hommes : leur stature est de quatre à quatre pieds & demi ; leurs cheveux sont courts, noirs & rudes; ils ont les yeux étroits, l'iris noir, la tête grosse, les os des joues saillans, une large bouche, les lèvres épaisses, la peau basanée & les jambes comme les fuseaux ; ils grimpent aux rochers comme les chèvres, & aux arbres comme les écureuils ; ils ont les bras si forts, qu'ils peuvent tirer avec un arc qu'un fort Norvégien pourroit à peine bander ; mais pareffeux jusqu'à l'engourdissement lorsqu'ils ne sont pas aiguillonnés par la nécessité, ils sont pusillanimes, & sensibles jusqu'à l'état d'hypocondriaques. Avec quelques variations & quelques exceptions très-rares, tels sont les habitans de toutes les côtes *arctiques* de l'Europe, de l'Asie, de l'Amérique ; ils forment, quant à l'esprit & au corps, une race distincte, qui ne paroît pas être provenue des nations voisines, qui sont plus fortes & plus vigoureuses.

Les côtes à l'est d'Archangel, jusqu'à la rivière d'Oby, & même jusqu'à *Lanabara*, sont habitées par les Samoïèdes, race aussi naine que les Lappons, mais plus difforme & plus brute ; ils se nourrissent de cadavres de chevaux & d'autres animaux ; ils se servent de rennes pour tirer leurs traîneaux, mais ils ne se sont pas encore avisés d'en tirer du lait : ce sont les vrais Esquimaux du Nord ; ils occupent la partie la plus inculte de l'intérieur des terres.

Après eux se trouve à l'est une race de moyenne taille, &, ce qui est bien extraordinaire, au lieu de trouver la dégénération, il existe dans les Tschutski une superbe race d'hommes, sous un climat également rigoureux, sur un sol aussi stérile en productions nécessaires à la vie, qu'aucune autre partie de ces régions *arctiques*. Les mœurs de toute cette race sont sauvages : leur manière de vivre & dégoûtante au-delà de ce qu'on peut imaginer. (*Voyez l'article des* TSCHUTSKI.)

La presqu'île & le pays à l'ouest de Kamtzchatka sont habités par les Koriaques, qui se divisent en *errans* & en *fixes*. Les premiers mènent une vie vagabonde dans la contrée bornée par la mer de Penschinska au sud-est, la rivière Konyma à l'ouest, & l'Anadyr au nord ; ils errent avec leurs rennes, cherchant les cantons où croît la mousse, qui sert de nourriture à ces animaux, leur unique ressource ; ils sont sales, cruels, guerriers, & la terreur des Koriaques sédentaires, autant qu'ils redoutent les Tschutski ; ils ne fréquentent point la mer, & ne mangent point de poisson. Leurs habitations sont des logemens à demi-enfoncés dans la terre : jamais ils n'ont des logemens d'été, élevés sur des poteaux, comme ceux des Kamtzchadales : ils sont maigres, de très-petite taille, ont de petites têtes, des cheveux noirs. Leur visage est ovale, le nez court, les yeux petits & la bouche grande.

Les Koriaques sédentaires sont petits aussi, mais plus grands que les premiers, & fortement charpentés ; ils habitent le nord de la presqu'île de Kamtzchatka. L'Anadyr est aussi leur limite au nord, l'Océan à l'est, & les Kamtzchadales au midi : ils ont très-peu de rennes, qu'ils attèlent à leurs traîneaux. Aucune des deux tribus de Koriaques n'est assez civilisée pour tirer de leurs rennes les services de la laiterie. Les sédentaires vivent entièrement de poisson ; ils sont extrêmement timides, & vivent avec leurs confrères errans dans la plus grande dépendance. On croit que ce sont originairement des Tartares qui se sont répandus à l'est de l'Asie, & qu'ils ont dégénéré, soit pour la taille & la force du corps & de l'âme, par la rigueur du climat & la mauvaise nourriture.

Au détroit du Prince-Guillaume, l'espèce humaine est en général au dessus de la taille commune, mais plusieurs sont au dessous ; ils sont carrés & fortement charpentés, avec une large poitrine. Leur tête est d'une largeur qui sort des proportions ; la face est plate & large, le cou épais & court ; les yeux sont petits, en comparaison de la largeur du visage ; les cheveux longs, épais, noirs & crépus. Leur physionomie est fort ressemblante à celle des *Cristinaux*, nation qui vit fort avant dans l'intérieur des terres, entre le grand & le petit lac *Ouinepique*. Au contraire, comme nous le verrons par la suite, les habitans de Nootka, dans leur stupide ignorance, ressemblent aux Assiniboiles qui sont établis dans la partie occidentale correspondante, & ces deux nations pourroient provenir d'une souche commune avec les tribus maritimes de la côte occidentale de l'Amérique.

Dans ces parties, à la distance de dix degrés, on remarque que les vêtemens & les manières de vivre ont éprouvé de grands changemens. Le surtout & le manteau sont ici remplacés par un justaucorps fait de la peau de differens animaux, ordinairement le poil tourné en dehors, ou de peaux d'oiseaux, auxquelles on ne laisse que le duvet. Quelques-uns ont un bonnet, d'autres un capuchon. En tems de pluie ces peuples portent un vêtement semblable à la capote ou blouse de nos charretiers, avec de larges manches & un collet fort serré ; il est fait de boyaux, probablement de la baleine : ils portent toujours aux mains des mitaines de la peau des pattes d'ours. Les jambes sont couvertes d'un bas qui monte jusqu'à la moitié de la cuisse. C'est ici le seul canton où l'on ait observé le calumet, bâton de trois pieds de long, avec de larges plumes : ce bâton est présenté en signe de paix.

Nous n'oublierons pas leur coutume étrange de se fendre la lèvre inférieure, & de placer dans cette fente un morceau d'os ou de coquille, en forme d'ornement : cette coutume s'étend jusqu'aux *Mosquites*, très-éloignés d'eux, & même jusqu'aux *Brésiliens*. Ces habitans peignent leur visage, & pointillent ou *tatouent* leur peau ; ils ne se salissent ni de graisse ni de boue, & en cela ils font une exception unique parmi les autres Sauvages. Ils ont deux sortes de bateaux : les uns larges, ouverts, & capables de contenir vingt hommes ; ils sont faits de peaux d'animaux marins, tendues sur des côtes de bois, comme les *vitilia navigia* des anciens Bretons, ou semblables au *bateau de femme* des Groënlandais & des Esquimaux. Les canots sont exactement de la même construction que ceux des Esquimaux. Leurs armes pour la pêche & pour la chasse des quadrupèdes sont les mêmes que celles des Groënlandais; elles sont aussi en même nombre.

Les habitans des bords de la rivière de Cook diffèrent très-peu de ceux dont nous venons de parler. Ceux de la péninsule d'*Alaschka* & des îles voisines ont beaucoup de ressemblance avec les Groënlandais, dont ils parlent le langage; ils ont aussi le *bateau de femme* comme les habitans du détroit du Prince-Guillaume, & dans le fait ils paroissent être le même peuple, mais plus raffiné; ils sont armés de piques, d'arcs & de flèches. Leurs logemens sont divisés en compartimens pour chaque famille : l'entrée du jour est par le haut, & cette ouverture est couverte de châssis, sur lesquels sont étendues les membranes d intestins séchées; ils travaillent leurs tapis avec beaucoup d'adresse : un des côtés est garni de poils de castor très-bien serré dans le tissu.

Les naturels d'Oonalaska & des îles voisines ressemblent aux Esquimaux dans leurs habillemens & dans leurs armes; leur langage même est un dialecte de cette race. Ils sont en général plus petits que grands; ils ont le cou court; des yeux & des cheveux noirs. A Oonalaska ils portent des plumes ou de petits morceaux de bois pendus à leur nez. Les femmes se tatouent légérement la peau du visage, & portent un rang de grains pendans à leur nez. Les deux sexes se percent la lèvre inférieure, mais il est fort rare qu'ils y attachent un bout d'os : on n'a vu ces ornemens qu'aux femmes. Les ornemens du nez s'étendent fort loin dans l'intérieur du continent.

Ils logent dans des habitations sous terre. Plusieurs familles se rassemblent dans une seule, où ils vivent tous pêle-mêle dans une horrible saleté.

La côte de la baie & de la rivière de Bristol est bien peuplée. Les hommes ont environ cinq pieds deux pouces, & ressemblent, par leurs principaux traits, à tous les naturels vus depuis le détroit de Nootka; ils ont deux trous à la lèvre inférieure. La couleur de leur peau est cuivrée; leurs cheveux sont noirs & courts, leur barbe petite, & leur langage un dialecte de celui des Esquimaux. Leur habillement consiste principalement en peaux de daim, avec de larges capotes qui ne descendent pas plus bas que la moitié de la cuisse, où elles sont presque jointes par une grande botte très-large dans la partie supérieure : ils ont, comme les Esquimaux, le *bateau de femme*; ils l'emploient contre le mauvais tems pour se mettre à l'abri dessous. Leurs huttes sont très-mal construites. Ces pauvres gens sont susceptibles d'éprouver, pour les infortunes les uns des autres, une grande sensibilité.

Les habitans des côtes occidentales de l'Amérique ne sont pas les descendans d'une seule race. Différens peuples, à différentes époques, y sont arrivés; mais comme elles n'ont pu recevoir leurs habitans, au moins leur masse principale, d'aucun autre endroit que de l'Asie orientale, il est facile de retrouver les races primitives en comparant les coutumes & les vêtemens communs aux habitans des deux mondes. Quoique quelques-unes aient été éteintes depuis long tems dans l'ancien continent, d'autres se conservent encore en pleine vigueur dans les deux mondes. Nous ne parcourrons pas ici tous ces traits de ressemblance. Nous nous bornerons à ceux qui conviennent *aux peuples arctiques*, qui nous occupent dans cet article.

Nous avons vu que, vers le détroit du Prince-Guillaume, commence une race qui, par la forme de ses vêtemens, par les canots dont elle se sert, & par ses instrumens de chasse, est très-distinguée des tribus établies à leur midi. Là commence le peuple des Esquimaux ou la race connue sous ce nom dans les hautes latitudes, du côté oriental de l'Amérique. On a vu qu'on pouvoit les diviser en deux variétés. Près du détroit dont nous venons de parler sont ceux de la plus haute taille; elle décroît à mesure qu'on s'avance vers le nord, jusqu'à devenir celle des tribus naines qui occupent une partie des côtes de la mer Glaciale, comme nous l'avons dit à cet article, & les parties maritimes de la baie d'Hudson, du Groënland & de la terre de Labrador, comme nous le verrons par la suite.

Une carte japonaise marque quelques îles qu'elle paroît placer dans le detroit de Bering, auxquelles elle donne le nom de *royaume des nains*. Cette particularité nous autorise à supposer que les Japonais avoient rencontré les Esquimaux, & qu'ils avoient hiverné dans le nouveau continent. La raison de la petitesse de leur taille se tire du climat très-rigoureux qu'ils habitent, & de la disette d'une bonne nourriture.

Les Groënlandais se parent du nom d'*hommes par excellence*, comme s'ils étoient les modèles de la race humaine, tandis qu'il en est peu qui atteignent à la taille de cinq pieds; mais ils sont d'ailleurs très-bien faits. Leur chevelure est longue & noire, leur visage plat, leurs yeux petits : ils sont une branche des Esquimaux, race petite & abâtardie, qui borde toutes les côtes *arctiques*; ils tirent leur origine des Samoïèdes asiatiques, qui, en passant dans le Nouveau-Monde, ont formé une ceinture le long de la côte occidentale & septentrionale de l'Amérique, depuis le détroit du Prince-Guillaume, jusqu'à la partie méridionale de la terre de Labrador, à l'orient; ils ont circulé par degrés dans leurs petits canots, jusqu'à ce qu'ils soient parvenus au terme de leur dégénération en Esquimaux & en Groënlandais. Un peuple semblable a été vu en différens endroits, depuis le détroit du Prince-Guillaume, jusqu'au nord du détroit de Bering : M. Hearne les a retrouvés à la latitude de soixante-douze degrés nord. Suivant le rapport des Groënlandais de la baie de Disco, il y a de femblables habitans dans la baie de Baffin, à foixante-dix-huit degrés de latitude nord.

Cette race paroît faite pour le climat qu'elle habite, & elle ne pourroit pas plus fupporter un tranfport fous un ciel tempéré, qu'un animal de la zône torride ne pourroit vivre dans notre atmofphère variable : la privation de leur nourriture habituelle cauferoit bientôt leur deftruction.

Nous avons vu qu'on avoit trouvé la reffemblance des mœurs, des vêtemens & des armes, & même en partie du langage dans cette race difperfée depuis le détroit du Prince-Guillaume jufqu'à l'extrémité du Labrador; ce qui forme un efpace de près de mille cinq cents lieues. Cette race ne fait que border les côtes, car les Indiens qui font dans l'intérieur des terres les perfécutent fans miféricorde : leur haine eft active & cruelle, & va toujours pouffant cette race pour ainfi dire dans la mer. Ces Indiens s'imaginent que ces malheureufes créatures font autant de magiciens, & que ce font eux qui font la caufe de tout ce qui leur arrive de défaftreux. Le nombre des Groënlandais eft exceffivement diminué. En 1730 il y avoit trente mille âmes dans le Groënland; aujourd'hui il n'y en a guère que dix mille, & c'eft principalement aux ravages de la petite-vérole qu'on attribue cette extrême dépopulation.

A la terre de Labrador on trouve dans les montagnes les Indiens & les Efquimaux le long des côtes, ainfi que nous l'avons dit ci-deffus. On a dans tous les détails précédens tout qui peut concerner les tribus *arctiques* difperfées le long des côtes habitées les plus voifines du nord. Comme cette race d'hommes porte d'une manière très-marquée l'influence des divers climats froids, il m'a paru très-intéreffant de parcourir ces climats, en indiquant ce qui concerne leurs habitans, & particuliérement les peuples *arctiques*.

Les Efquimaux, nom fous lequel on comprend tous les Sauvages qui fe trouvent depuis la terre de Labrador jufqu'au nord de l'Amérique, & dont les terres fe joignent probablement à celles du Groënland, ne diffèrent en rien des Groënlandais, & peut-être trouvera-t-on une communication par terre entre ces deux peuples.

Il y a quelqu'apparence que les Américains occupoient le Groënland vers 700 de notre ère, parce que les Iflandais & les Norvégiens y trouvèrent dès le huitième fiècle des habitans. Ce qu'il y a de certain, c'eft que le Groënland a été peuplé comme toutes les autres contrées de la terre, & que la race de ceux qui l'habitent, eft femblable à celle des Efquimaux, des Lappons, des Samoïèdes & des Koriaques, parce que tous ces peuples ont reçu les mêmes impreffions du climat.

La fingularité remarquable par rapport au Groënland eft que cette partie de la terre ayant été connue il y a bien du tems, & même habitée par des colonies de Norvégiens du côté oriental, qui eft le plus voifin de l'Europe, cette même côte eft aujourd'hui perdue pour nous, inabordable par les glaces; & quand le Groënland a été une feconde fois découvert, dans des tems plus modernes, cette feconde découverte s'eft faite par la côte d'occident, qui fait face à l'Amérique, & qui eft la feule que nos vaiffeaux fréquentent aujourd'hui.

ARCUEIL, joli village de l'Ile-de-France, à une lieue de Paris, au fud, où l'empereur Julien a fait conftruire un bel aqueduc, qu'on a réparé fous le règne de Louis XIII, au moyen duquel la bonne eau de la fource de *Rungis* eft conduite à Paris, & s'y diftribue en différens quartiers de cette capitale. On a remarqué que cette eau faifoit, dans fes différens tuyaux de conduite, des dépôts confidérables, qui en obftruoient differentes parties.

L'incruftation que les eaux d'*Arcueil* forment dans ces canaux qui fervent à leur conduite à Paris, ne font pas de la nature du plâtre, mais fpathiques & calcaires.

ARCY (Grotte d'). Cette grotte eft fituée proche le village d'*Arcy*, dans l'Auxerrois, à une lieue de la petite ville de Vermenton; elle eft excavée dans le maffif d'une colline qui forme un angle faillant & un plan incliné dans la vallée de la Cure : c'eft auffi fur le bord de cette rivière qu'on en trouve l'entrée. Un peu au deffus de l'entrée on voit une grande caverne, au fond de laquelle une dérivation de la rivière de Cure s'infinue & fe perd, &, après avoir traverfé la largeur de l'angle faillant, on voit cette eau reparoître, & faire tourner un moulin fur le bord de cet angle.

Si maintenant nous defcendons le long du bord de la Cure, & que, par l'entrée dont j'ai parlé, nous pénétrions dans la grotte, nous trouverons d'abord un large veftibule, dont la voûte plate peut avoir trente pas de largeur fur vingt pieds de hauteur : le fol de cette falle, qui va en defcendant, eft tout parfemé de gros quartiers de pierres d'une groffeur prodigieufe, qui ont été détachés de la voûte.

De cette falle on paffe dans une autre beaucoup plus fpacieufe, dont la voûte eft feulement élevée de huit à dix pieds; elle peut avoir environ quatre-vingts pieds de longueur, mais elle eft encombrée de gros quartiers de pierres, entaffés confufément en quelques endroits, & épars dans d'autres, & tous ces débris font vifiblement des morceaux détachés de la voûte. A main droite on rencontre un amas d'eaux qui peut avoir environ cent vingt pieds de diamètre, & dont les eaux font claires & bonnes à boire.

A main gauche de la falle précédente on entre dans une troifième, large de quinze pas & longue de deux cent cinquante : la voûte eft un peu plus arrondie que celles dont nous avons parlé, & peut avoir dix-huit pieds d'élévation. Ce qu'il y a de plus extraordinaire, c'est qu'il y a trois voûtes l'une sur l'autre, la plus haute étant supportée par les deux plus basses. A peu près au milieu de cette salle on voit un grand nombre de colonnes renversées, qui ont leur origine dans la voûte la plus basse : cette salle se termine en se rétrécissant, & sur les extrémités, de part & d'autre, on voit encore un grand nombre de colonnes de stalactites fort blanches. Le dessus de la voûte est tout garni de mamelons de différentes grosseurs, & qui tous distillent par le bout quelques gouttes d'eau qui contribuent visiblement à leur agrandissement. A main droite on voit une petite grotte de deux pieds en carré, & qui est dans un enfoncement de trois à quatre pieds; elle est remplie d'un si grand nombre de petites pyramides, qu'on ne peut en faire l'énumération.

A l'extrémité de cette même salle, & toujours à droite, on trouve une petite voûte à la hauteur de deux pieds & demi, & longue de douze pieds, qui est appuyée par un rocher; elle est garnie de tuyaux, de mamelons & de stalactites d'une forme si variée, qu'il est impossible de les décrire : on y apperçoit même des coquilles ou réservoirs d'eau de différentes formes & grandeurs, l'eau conservée dans ces réservoirs en ayant organisé les bords par ses dépôts. Cette route conduit à une autre un peu plus élevée, & qui annonce le même travail de la nature. A gauche sont des piliers en stalactites de toutes sortes de formes & de grosseurs. Un peu plus avant, du même côté, on rencontre une petite grotte fort enfoncée & très-étroite, mais étonnante par la quantité de colonnes de stalactites & de stalagmites, dont quelques-unes sont petites & à peine ébauchées. C'est dans cet endroit que ceux qui visitent ces lieux ont accoutumé de rompre quelques-unes de ces petites figures pour satisfaire leur curiosité, & meubler leurs cabinets & leurs collections; mais il semble que la nature prenne soin de réparer les dommages qu'on y fait.

A droite on trouve une entrée qui conduit dans une grande salle, séparée de la précédente par quelques colonnes qui ne s'élèvent pas jusqu'à la voûte : l'entrée est fort basse, parce que de la voûte naissent quantité de colonnes dont la base y est attachée, & dont le sommet ne parvient pas jusqu'au sol. On trouve outre cela un grand nombre de stalagmites dispersées sur le pavé de cette salle, ornée en outre singuliérement, sur ses différentes faces, par le travail des eaux.

Un grand rocher termine cette salle, & laisse à droite & à gauche deux entrées, qui toutes deux conduisent dans une autre salle fort spacieuse. Voici ce que le conducteur vous fait voir : à gauche, une figure grande comme nature, & qu'il désigne sous le nom de la *Vierge*, tenant entre ses bras l'enfant Jésus; puis, à côté, une petite forteresse, composée de quatre tours, avec une tour plus avancée pour défendre la porte. Quantité de petites figures, qui paroissent dedans & autour, semblent être des soldats qui défendent la place. Cette salle est garnie d'un grand nombre de colonnes, dont les unes vont jusqu'à la voûte, & d'autres n'ont encore atteint que la moitié de cet intervalle.

On trouve deux entrées au sortir de cette salle; elles conduisent, par une pente assez rapide, dans une autre assez longue & spacieuse, où le nombre des colonnes est moindre que dans la précédente, mais où la nature a travaillé beaucoup plus en grand. A main gauche on voit un assemblage de stalactites sous la forme d'un grand dôme, qui n'est soutenu que d'un seul côté. La voûte de cette salle est toute nue, & ne présente que les couches naturelles de pierres; elle a vingt pieds de hauteur, trente pas de largeur, & plus de trois cents de longueur. Au milieu de cette voûte on voit un nombre infini de chauves-souris, dont quelques-unes se détachent pour venir voltiger autour des flambeaux. Sous l'endroit où elles sont suspendues est une petite élévation, formée par la fiente de ces animaux : si l'on y frappe du pied, on entend le sol retentir, comme font tous les terrains formés par l'addition successive de matières tapées & affaissées les unes sur les autres. Cette salle, sur ses extrémités, offre deux colonnes jointes ensemble, de deux pieds de diamètre, & plus loin trois stalagmites, du milieu desquelles une colonne aplatie en forme de pilastre, s'élève jusqu'à la voûte.

Des deux côtés il y a deux petits chemins qui conduisent derrière ces rochers. On parvient, au milieu de colonnes de différentes formes, & par des passages fort étroits, dans une autre salle, dont la voûte toute unie peut avoir quinze pieds d'élévation; elle a quarante pieds de large, & près de quatre cents pas de longueur. A son extrémité on voit plusieurs masses de stalagmites, mais surtout une haute de huit pieds, & dont la base a cinq pieds de diamètre.

On passe de cette salle dans une autre, où le travail de la nature se présente fort en grand, & surtout par une colonne de vingt pieds d'élévation & d'un pied & demi de diamètre : cette salle, fort spacieuse, est ornée des deux côtés d'une infinie variété de stalactites; & si d'un côté on trouve le chemin incommode par les gros quartiers de pierres qu'on y rencontre, & qui se sont détachés de la voûte, la fin en est fort facile. On trouve sur le sol les compartimens des cuvettes que l'eau, en y séjournant & en s'évaporant, a dessinées, en formant des bordures très-variées en guillochis : fort souvent des cuvettes les plus élevées ont versé leur trop plein dans d'autres.

Nous avons suivi dans cette description les détails des choses merveilleuses que les curieux ordinaires vont y voir, & auxquelles ils fixent leur attention; cependant nous devons dire maintenant que toutes ces formes, toutes ces colonnes, tous ces pilastres, tous ces dômes, tous ces mamelons, toutes ces cuvettes, ne sont que des dépôts formés par l'eau, à mesure qu'elle distille des différentes parties des voûtes de ces principales salles, & que la plupart de ces dépôts ont la dureté & la compacité de l'albâtre, qu'ils conservent étant tirés de ces souterrains, & par conséquent reçoivent le poli de l'albâtre, comme M. Daubenton nous l'a fait voir dans les *Mémoires de l'Académie des sciences*, *année* 1754.

On remarque que, dans toutes ces figures, lorsque leur travail n'est pas entiérement achevé, il y a au centre un petit tuyau de la grosseur d'une plume, par où il dégoutte continuellement de l'eau, qui dépose aussi continuellement, & parvient à former une obstruction complète dans ce centre : c'est alors que la même eau se répand sur les bords des premières figures, & en augmente la masse & le volume, soit en alongeant les colonnes, soit en élargissant leur diamètre : ce sont là les nuances du travail des colonnes, qui prennent leur origine dans quelques points des voûtes ou des parties supérieures des côtés des salles; en un mot, de toutes les stalactites, dont le progrès est de haut en bas. Les masses, qui commencent à se former sur le sol des salles, prenant leur accroissement de bas en haut, & que nous avons nommées *stalagmites*, sont formées par les gouttes d'eau qui tombent sur un point du sol des salles, toujours le même, & qui y déposent des molécules cristallines, disposées régulièrement du centre à la circonférence d'abord, puis ensuite surchargées d'autres molécules infiltrantes, qui donnent à cet assemblage de cristaux la compacité de l'albâtre, & la qualité propre à recevoir un poli assez vif & luisant.

Au moyen de ces principes simples lorsqu'on visite ces lieux, qu'on contemple ces merveilles, on s'assure fort aisément que ce nombre infini de colonnes, soit droites, soit renversées, soit rondes, soit plates; en un mot, de quelque forme qu'elles soient, sont le produit des dépôts que les eaux qui filtrent à travers les rochers ne cessent d'entraîner & d'abandonner ensuite, suivant que les circonstances en favorisent l'évaporation. Si l'eau coule facilement, & qu'elle tombe à terre, le résultat de ces chutes suivies, mais ménagées cependant, prendra la forme de colonnes droites : si au contraire l'écoulement est plus lent, & que l'évaporation de l'eau surabondante puisse se faire à la voûte, alors il se forme des couches successives de toutes ces molécules pierreuses, & les colonnes ont la base attachée aux voûtes, & sont dans une situation renversée.

Comme la nature travaille continuellement sur ce plan dans les grottes d'*Arcy*, il est à présumer que, dans beaucoup d'endroits des salles, le nombre des dépôts augmentera au point qu'il ne restera plus de vide, & que le tout ne formera plus qu'une masse solide, mais dans laquelle se retrouveront les contours des colonnes partielles, que nous trouvons isolées actuellement.

Après nous être occupés de la partie qui attire ordinairement l'attention des curieux & même des naturalistes, dans la visite & l'examen des grottes, c'est-à-dire, de la considération du travail de la nature, qui tend à décorer & à remplir ces vides souterrains, il convient de jeter les yeux sur les causes & les progrès de leur formation, & en particulier sur les circonstances de l'excavation de la *grotte d'Arcy*, qui fait l'objet de cet article.

En suivant la disposition générale des vides qu'on observe dans cette grotte, il paroît qu'ils sont assujettis d'abord au lit de la dérivation souterraine de la Cure, qui a pénétré dans le massif de l'angle saillant d'*Arcy*, & qui l'a traversé : outre cela les vides latéraux, qui ont pour centre ce même lit, semblent s'abaisser en se portant contre cette même ligne; en sorte que les eaux souterraines qui, outre celles de la Cure, ont circulé & circulent encore dans les galeries de la grotte, ont eu une direction primitive vers ce lit. D'après cette combinaison de ces deux actions, il en est resulté une excavation dans le premier sens d'abord, & ensuite dans le second, puis dans les deux sens en même tems. D'ailleurs, en observant attentivement les debouchés par lesquels le lit de la Cure communique aux souterrains latéraux de la grotte, j'ai reconnu que la Cure, dans ses débordemens, entraînoit une grande quantité de *gravier calcaire*, qui s'est porté même jusque dans les réduits voisins de la voûte des souterrains, c'est-à-dire, à plus de huit à dix pieds du lit ordinaire de la dérivation de la Cure; ce qui prouve jusqu'où l'eau de la Cure a réagi, & jusqu'où elle a pu porter ses excavations d'abord. Les couches entamées par ce premier agent, qui en a détrempé les parties terreuses, ont facilité à l'eau intérieure les enlévemens des terres & l'éboulement des bancs soutenus par elles, & il en est résulté une excavation dont les progrès ont été en raison de l'abondance de ces eaux souterraines : c'est ainsi que je retrouve dans la forme & dans la distribution de ces premiers vides, les causes de leur agrandissement, & par conséquent de toute l'économie du travail de la nature dans l'excavation des grottes d'*Arcy*, telles que nous pouvons les observer de nos jours.

Exposition générale & raisonnée de la marche de l'eau dans les grottes souterraines, & de toutes les circonstances qui concourent à la formation des stalactites, & de l'albâtre en particulier.

Maintenant que nous avons présenté toutes les circonstances du travail de l'eau dans les grottes d'*Arcy*, il nous convient d'en apprécier les résultats, & de les ranger par ordre dans la liste de nos fossiles : c'est ce que nous allons faire, en nous attachant aux expériences de M. Daubenton. Nous avons déjà indiqué plusieurs *stalagmites* de quelques-unes des salles que nous avons décrites comme renfermant de l'*albâtre* : c'est aussi ce que M. Daubenton a trouvé, en comparant plusieurs des morceaux qu'il avoit tirés des grottes & qu'il avoit fait polir, avec un grand nombre de morceaux d'albâtres antiques venus de Rome, & déposés au cabinet d'histoire naturelle du Jardin des Plantes. Nous allons donc joindre tous ces détails à notre description de la *grotte d'Arcy*, pour ne pas nous borner au simple merveilleux qu'elle nous a offert, & tirer de ce beau travail de la nature toute l'instruction que nous présentera l'examen que nous en avons fait.

L'eau pénètre jusqu'au centre de la masse des rochers, en détache des molécules, les entraîne dans son cours, & les dépose dans les cavités qu'elle rencontre : ces cavités sont plus ou moins grandes, & parmi ces cavités il y a des grottes souterraines très-vastes, & la plupart renferment les singularités que la nature produit par la filtration des eaux. Ces cavernes sont revêtues de matières composées des détrimens des rochers, qui en forment les différentes enceintes : le plafond d'une grotte, son sol & ses parois, sont couverts d'*incrustations* qui prennent, comme nous l'avons fait voir, diverses formes plus ou moins régulières ou bizarres. L'aspect singulier qu'elles présentent, attire ceux qui aiment le merveilleux, comme ceux qui s'occupent de l'étude des opérations de la nature : c'est pourquoi toutes les grottes souterraines de la France, qui sont d'une certaine étendue, ont de la célébrité, & paroîtront à leur rang dans le Dictionnaire. On connoît même, par les descriptions des voyageurs & des naturalistes, quelques grottes des pays étrangers, qui y figureront de même.

J'ai parlé de quelques-uns des moyens que je soupçonnois avoir été employés par la nature pour opérer les excavations des différentes salles des *grottes d'Arcy* ; mais M. Daubenton nous apprend que les pierres dont l'église cathédrale d'Auxerre est bâtie, en ont été tirées ; ce qui a pu augmenter ces vides conjointement avec le travail de l'eau de la Cure, dont j'ai fait connoître la marche dans ces souterrains : ainsi nous n'aurons aucune difficulté dans l'appréciation de ces moyens. Nous passons ensuite à ceux que la nature emploie maintenant pour donner des formes si extraordinaires à la matière dont ces grottes sont revêtues. En cassant quelques morceaux de stalactites & de stalagmites, il me fut aisé de voir leur construction intérieure, & de reconnoître que cette matière étoit de l'*albâtre*, comme nous l'avons déjà dit d'après M. Daubenton.

Effectivement, nous voyons tous les jours différentes pièces de la même matière sous la forme de tables, d'urnes, de grands vases, qui font l'ornement des palais : personne ne doute que ce ne soit de l'albâtre. Plus de cinquante morceaux de ces albâtres, soumis à l'eau-forte, ont fait effervescence comme les fragmens de stalactites des *grottes d'Arcy*, qui outre cela prennent le même poli ; enfin, les uns & les autres se sont toujours réduits en chaux.

Tout rocher de pierre calcaire, d'un certain grain un peu gros, peut produire de l'albâtre par la filtration des eaux, qui forme des stalactites dans les grottes souterraines ; mais les stalactites n'ont pas toujours toutes les qualités de l'albâtre. Il y a dans les stalactites deux sortes de conformations : les unes ont des parties élémentaires pures, transparentes, figurées régulièrement comme les cristaux, & isolées par l'une de leurs extrémités ; c'est le spath : les autres sont composées d'élémens plus ou moins nets, à demi-transparens par la disposition des lames cristallines, confondues & unies les unes aux autres ; c'est l'albâtre. Ainsi les stalactites qui viennent d'un rocher qui n'a que peu de matières terreuses, ne contiennent que du spath : il y en a dont les parties de spath, quoique pures, sont confondues & unies de façon qu'elles ne forment qu'une seule masse ; mais on y reconnoît aisément le spath à sa transparence & aux reflets des lames dont il est composé. Au contraire, les stalactites qui sortent d'un rocher mêlé de terre ou de substances métalliques, ne contiennent presque que du spath imparfait, coloré, & chargé de matière impure & opaque : ces mélanges constituent l'albâtre, qui a différens degrés de beauté dans les couleurs, & de finesse dans le poli. Ceci a lieu relativement au climat où ce travail s'exécute, à la nature des pierres d'où sort le spath, & des matières qui entrent dans sa composition : de là vient la différence de l'*albâtre oriental* & *occidental*.

J'ajouterai encore ici une distinction dans le travail des stalactites & des stalagmites : c'est que le premier n'a pas autant de compacité que le second, car les chutes réitérées des gouttes, dans les stalagmites, produisent des infiltrations qui forment une liaison plus forte dans les lames spathiques ; ce qui doit donner un plus beau poli dans les blocs de stalagmites, que dans les fragmens de stalactites.

M. Daubenton ayant fait polir quelques morceaux de stalactites des grottes d'Osselle en Franche-Comté, sur les bords du Doubs, y a reconnu les mêmes caractères d'albâtre que dans les stalactites des *grottes d'Arcy* ; mais ayant fait travailler une petite portion du beau groupe de stalactite que M. de Tournefort a rapporté de la grotte d'Antiparos, il a vu dans cette pièce des parties d'albâtre beaucoup mieux colorées, plus compactes & plus fines que dans l'albâtre d'Osselle & dans celui d'*Arcy*, qui ne sont pas susceptibles d'un aussi beau poli que les albâtres orientaux. On conçoit aisément les causes de toutes les différences qui se trouvent entre les albâtres, en réfléchissant sur la marche de l'eau dans la formation des stalactites, sur leur composition, & particuliérement sur leurs accroissemens.

Pour donner une idée juste de cette opération de la nature, après avoir decrit, ainsi que nous l'avons fait, une grotte, comme elles se ressemblent toutes par la nature & la forme essentielle de matière qu'elles contiennent, je prendrai cette description pour base de toutes mes considérations. Une grotte, dans le sens dont il est question, est une cavité souterraine formée naturellement, ou pratiquée par art au dessous d'un rocher de pierre calcaire, & située de façon que l'eau des pluies puisse y pénétrer à travers le rocher qui fait l'office d'une voûte. Quoique l'eau soit le principal agent dans la formation des stalactites, elle ne produit cet effet que lorsqu'elle arrive dans les grottes en petite quantité à la fois, qu'elle y tombe goutte à goutte, & que ses chutes se soutiennent long-tems : toutes ces circonstances sont nécessaires pour la formation & l'accroissement sensible des stalactites. Ordinairement la plus grande partie de l'eau des pluies s'ecoule par les pentes naturelles du terrain qui couvre la grotte : une autre partie s'imbibe dans la terre qui se trouve distribuée sur ce rocher & dans ses fentes verticales, ou coule au loin sur le premier banc de pierre qu'elle rencontre. Il n'y a donc qu'une petite quantité qui penètre dans la masse du rocher pour arriver dans la grotte : cette eau est filtrée dans la pierre, où au moins elle lave toutes les faces de chaque bloc & les graviers qui sont dans les fentes verticales ou dans les intervalles terreux qui séparent les différens lits. Par ces sortes de lotions, l'eau dissout des molécules pierreuses qui sont la matière du spath ; elle s'en charge, & les entraîne avec elle dans les petites issues par lesquelles les gouttes parviennent jusqu'à la grotte : ces issues s'ouvrent aussi en différens endroits des parois supérieures & latérales.

Considérons d'abord celles dont l'origine est dans le plafond. L'eau étant parvenue à l'extrémité de son petit canal, est retenue sur les bords de l'orifice, s'y amasse, & forme une goutte qui reste suspendue, jusqu'à ce que son volume étant augmenté à un certain point, elle tombe par son propre poids. Dans le tems où la goutte est suspendue, les molécules de matière pierreuse dont elle est chargée, & qui sont le plus près des bords du petit canal d'où elle sort, s'y attachent sous la forme d'un petit cercle de substance de stalactite ; mais les molecules qui en sont plus éloignées, sont emportees dans la chute de la goutte, & tombent avec elle sur le sol de la grotte, s'y fixent, & y forment une petite éminence après que l'eau qui sert de véhicule est écoulée ou évaporée lentement. Cette éminence du sol, de même que le petit cercle qui est resté sur les bords de l'orifice du plafond, seroit à peine sensible s'il n'étoit que le produit d'une seule goutte d'eau ; mais comme les gouttes se succèdent les unes aux autres, la masse des dépôts solides s'augmente peu à peu de part & d'autre, & parvient, dans la suite du tems, au point de former sur le sol un cône qui y tient par sa base, & au plafond un tuyau qui est une continuation du canal par lequel l'eau débouche dans sa marche : ce tuyau grossit à l'extérieur, parce qu'il reçoit l'eau d'autres canaux du plafond, qui arrose les dehors du tuyau, & y dépose des couches de matière solide. Le cône s'élève par le haut, le tuyau s'alonge par le bas, & à la fin ils se rencontrent dans leur accroissement mutuel, & forment, en se joignant, une sorte de colonne qui s'étend depuis le plafond de la grotte jusqu'au sol.

On peut juger par la marche de l'eau, qui opère l'accroissement du cône & du tuyau dont on vient de parler, qu'ils sont tous les deux composés de couches additionnelles, & que le cône surtout a la plus grande solidité ; mais toutes les stalactites qui sont suspendues au plafond des grottes n'ont pas un tuyau dans leur intérieur. Pour former ce tuyau, il faut d'abord que l'orifice du canal qui est dans le rocher, & d'où sort la goutte d'eau, soit à peu près horizontal, afin que la goutte reste suspendue à tous les points de ses bords, & qu'elle y forme un cercle entier de matière de stalactite. Au contraire, si l'orifice du canal est incliné de telle sorte que la goutte ne tienne qu'à la partie inférieure des bords de l'orifice, les molécules de la matière solide dont elle est chargée, ne peuvent s'attacher qu'à cet endroit. Dans ce cas la stalactite est solide, de même que celles qui sont formées par l'eau qui suinte des parois inclinées ou latérales de la grotte. L'eau, en coulant le long de ces parois, & en descendant jusque sur le sol, laisse dans sa marche, & depose dans les parties inférieures plusieurs couches de matière solide les unes sur les autres : il arrive aussi par différens accidens, que le tuyau des stalactites du plafond s'obstrue & se remplit en entier.

Il est aisé de sentir par ce que nous venons de dire, que des corps ainsi formes par l'eau sont sujets à de grandes variétés de figures. D'ailleurs, les inégalités des parois d'un enfoncement de rocher contribuent beaucoup à donner aux stalactites des contours irréguliers & extraordinaires : c'est pourquoi l'aspect d'une grotte revêtue de stalactites surprend tous ceux qui y entrent pour la première fois. De quelque côté qu'ils jettent les yeux, ils apperçoivent des groupes de cristaux figures de tant de façons différentes, & distribués d'une manière si variée, qu'ils imaginent volontiers y trouver des ressemblances avec des objets connus, des siéges, des tables, des culs-de-lampe, des bornes, des tuyaux d'orgues, des colonnes, des draperies, des broderies, des figures d'hommes, de quadrupèdes, d'oiseaux, de poissons, de fleurs, de fruits, de plantes, &c. : aussi

aussi donne-t-on des dénominations particulières aux principales salles des grottes les plus fameuses, & qui renferment quelques-uns de ces objets; mais lorsqu'on considère toutes ces différentes apparences sans se livrer aux idées du merveilleux, on n'y voit que la représentation de plusieurs chutes d'eau : ce sont, la plupart du tems, des cascades qui semblent avoir été fixées & consolidées dans l'instant où elles formoient des nappes & des bouillons, des mamelons, &c.

La différence des formes des stalactites, la plus remarquable aux yeux d'un naturaliste qui sait voir, est à leur surface : les unes sont hérissées de tubercules, de pointes ou d'éminences taillées à facettes, tandis que les autres sont presque lisses, & à peu près unies dans leurs différens contours. La cause de cette variété de configuration vient de la qualité & de la combinaison des matières dont les stalactites sont formées, & de la quantité d'eau qui a été le véhicule des matériaux qui sont entrés dans leur formation. Lorsqu'il se trouve plus de molécules spathiques que de substance pierreuse, c'est-à-dire, plus de matière pure que de matière grossière, & que l'eau ne coule qu'en petite quantité, les particules de spath se cristallisent en se réunissant en stalactites, & forment des espèces de cristaux sur la surface exterieure de chaque groupe; mais s'il y a plus de matière pierreuse que de spath, les molécules spathiques sont retenues entre les particules pierreuses; elles ne peuvent se rapprocher ni s'arranger réguliérement. De même, si l'eau les apporte en trop grande quantité & les amoncèle trop brusquement, elles restent en désordre, parce qu'il n'y a pas assez de tems ni assez d'espace pour faire un arrangement régulier, & même du spath bien formé est quelquefois recouvert par une matière terreuse & pierreuse. Ainsi différentes stalactites s'unissent & se confondent : c'est ce qui arrive le plus souvent, & ce qui doit arriver nécessairement, par la suite des tems, à tous les dépôts de l'eau qui se forment sous de grands rochers.

J'ai remarqué dans le dernier examen que j'ai fait de la *grotte d'Arcy*, qu'il s'y formoit en même tems des stalactites en différens sallons de cette grotte, soit dans le milieu, soit contre les parois : ces stalactites s'accroissent continuellement, ou au moins tant que dure l'ecoulement des eaux de la pluie. Il doit donc suinter de l'eau presqu'en tout tems dans les grottes qui sont situées à une grande profondeur. Quand même le cours de l'eau feroit interrompu, il est certain qu'il se renouvelleroit plusieurs fois pendant l'année. Par conséquent il doit arriver que les stalactites s'étendent au point de se toucher les unes les autres, & de remplir en entier tous les vides des grottes si la masse de pierres peut fournir assez d'eau & de matière pour que cet effet soit prolongé pendant des siècles entiers. Alors on conçoit aisément qu'il doit se trouver une carrière d'albâtre à la place des vides de la grotte. Le tems nécessaire pour opérer ce changement n'est peut-être pas aussi long qu'on pourroit le croire. Quelques années d'observations sur l'accroissement des stalactites pourroient nous mettre en état de le calculer, quoiqu'il y ait dans tous les cas beaucoup de circonstances à suivre & à apprécier. Au reste, on a déjà pris les devants sur cette considération, puisqu'il y a des carrières d'albâtre.

Nous savons d'ailleurs par expérience, que les stalactites qui se forment sous les voûtes & contre les murs bâtis avec du mortier de chaux & de sable, & qui sont composées de pierres calcaires, s'accroissent bien plus promptement que les stalactites de spath, qui viennent de la pierre : la formation des stalactites de chaux se fait aussi par la filtration de l'eau.

Je ne ferai pas mention ici des stalactites de caillou ou de toute autre pierre vitrifiable; elles participent à la nature de ces pierres, & sont par conséquent formées d'une matière absolument différente de celle de l'albâtre.

Lorsqu'une grotte est remplie d'albâtre au point qu'il ne peut plus y entrer de matière spathique, l'eau change son cours, & va déposer cette matiere aux environs, entre des graviers & des blocs de pierre & de marbre, &c. car on voit des pierres qui ne sont composées que de graviers assez imparfaitement unis par le moyen de la matière du spath : on en trouve des couches dans les fentes des rochers, & on en distingue des veines dans les différens marbres, tels que les lumachelles, la brocatelle antique, celles de Tortose, de Sienne & d'Espagne, le vert de mer, les marbres de Lisbonne, de Saint-Ildephonse, & la plupart des marbres de Flandre. On trouve des échantillons de marbre qui sont en partie albâtre : ce qui est albâtre est coloré d'une teinte rougeâtre, comme celle des plus beaux albâtres orientaux, & les cristaux de spath n'ont que le degré de transparence de l'albâtre. On trouve au contraire dans les marbres de Bourgogne, des cantons de Montbar, de Buffon, de Sainte-Reine, de Flavigny, d'Ogny, du Val-de-Suson, &c. des parties de spath pur & fort transparent, qui sont placées jusque dans le milieu des blocs, & qui occupent souvent un assez grand espace. Non-seulement la matière de l'albâtre se trouve jointe à celle du marbre, mais le marbre peut aussi, comme la pierre, produire de l'albâtre, & il y a tout lieu de croire que les albâtres orientaux, qui sont plus durs & mieux colorés que l'albâtre commun, viennent du marbre, parce que les particules métalliques qui colorent le marbre, entrent dans la composition des stalactites : de là viennent les belles couleurs des albâtres, auxquels les Italiens ont donné les noms d'*alabastro a rosa*, *alabastro friorito*, *alabastro agatato*, *alabastro a pecorella*. (*Voyez l'article* ALBATRE, où ces variétés sont indiquées avec leurs caractères.)

Cet exposé des circonstances qui concourent à la formation de l'albâtre nous fait connoître dans le plus grand détail, pourquoi ses carrières ne sont pas disposées par bancs & par lits horizontaux, ni interrompues par des fentes verticales comme celles de la pierre & du marbre; il nous donne, outre cela, les moyens d'expliquer les différens phénomènes que l'on remarque dans l'albâtre; il nous fait voir que sa demi-transparence vient du spath dont il est composé; que ses diverses couleurs sont produites par les différentes matières métalliques qui se mêlent au spath; que les veines de l'albâtre en cercles, en ondes, en différens contours, sont formées visiblement par les différentes couches de stalactites. Si l'on trouve même quelquefois des vides entre deux couches, il est visible que l'eau y passoit en trop grande abondance pour que les molécules des matières dont elle étoit chargée, pussent être déposées dans les stalactites; car l'eau, qui est le principal agent de la formation de l'albâtre, lorsqu'elle filtre en petite quantité, ne peut déposer aucune substance cristalline & spathique sitôt qu'elle commence à couler en grand volume & avec une certaine vitesse.

ARCY-SUR-AUBE, petite ville située sur la rivière d'Aube, navigable dans cette partie du département de l'Aube; ce qui favorise un commerce de grains pour la fourniture de Paris : outre cela, il y a une manufacture de bas de coton assez bien montée, & dispersée un peu dans la campagne. En revenant à mon objet principal, je dois m'occuper de la constitution physique des environs de cette ville, telle que je l'ai observée avec soin. J'y ai d'abord trouvé, à un niveau assez élevé au dessus des eaux courantes de la rivière, de fort grands dépôts de graviers calcaires & plats, ainsi que des terres jaunes marneuses, le tout sur un fond de craie : outre cela, le long du canal actuel de l'Aube, qui est encaissée par ces dépôts, j'ai suivi des amas de terres argileuses, qui, par les effets de la dessiccation, sont la plupart du tems prismatisées d'une manière assez régulière. Ces amas argileux sont établis assez généralement sur les graviers dont j'ai fait mention ci-devant : c'est de là que j'ai vu plusieurs petites sources ou filets d'eau assez abondans, qui s'épanchent dans la rivière. J'ai remarqué d'ailleurs des sources qui sortent des anciens bords que l'Aube, en creusant sa vallée, a laissés à découvert, & dont les eaux se rendent de même à cette rivière, à travers les dépôts formés, comme nous l'avons dit, de terres & de graviers.

Je dois dire ici que ces graviers calcaires & plats ont été amenés par la rivière des parties supérieures de sa vallée, qui se trouvent au dessus du massif de la craie : ce sont originairement de petits fragmens de pierres d'un grain serré, & qui, dans leur transport, ont été usés & polis; ils n'appartiennent donc pas, comme on voit, au massif de la craie, au milieu duquel l'Aube a une grande partie de son cours.

Avant d'arriver à la ville d'*Arcy* de la partie de l'ouest, on trouve depuis Mailly beaucoup de terres rouges & de marnes jaunes qui couvrent la surface du sol crayeux, comme entre Châlons & Reims, vers les grandes Loges. Je pense que ce sont les restes de l ancienne couverture de la craie, qu'on peut voir encore subsistans en entier dans certaines hauteurs isolées, comme à Somme-Puis, à Somme-Sous, &c. & dont les débris sont dispersés aux environs des buttes les plus élevées de ce massif. Au reste, je ferai connoître les circonstances de cette curieuse & ancienne disposition des choses aux articles CRAIE, CHAMPAGNE, &c.

ARDÊCHE (Département de l'). Je dois indiquer plusieurs phénomènes remarquables dans ce département, après avoir fait connoître la distribution des trois ordres de massifs que j'ai rencontrés à sa surface. D'abord on peut y observer des massifs de granit dans trois contrées que j'ai vues toutes trois : ce sont les environs d'Annonay, ceux du Mezen, & les montagnes du Coiron; ensuite des dépôts calcaires à couches horizontales & inclinées; en troisième lieu, deux centres différens d'éruptions volcaniques, que j'ai cru devoir distinguer sous deux époques particulières très-remarquables. D'abord tous les volcans de la première & plus récente époque résident, tant le long de la partie inférieure de l'*Ardêche*, que dans les montagnes du Coiron : c'est là où les cratères ouverts ont versé des courans de laves & de basaltes dans les vallées plus ou moins approfondies, tous caractères que j'ai assignés aux volcans de cette époque. Je puis citer ici particuliérement le volcan de la *Coupe*, qui présente un beau cratère, & , au pied de cette montagne, des courans de basaltes prismatiques qui occupent la cuve d'une vallée profonde. Ensuite viennent les volcans très-importans du Mezen & de ses environs, où non-seulement les cratères ont disparu & ont fait place à des *culots* d'un volume considérable, mais encore on y trouve des courans distribués sur les plateaux élevés des diverses croupes de vallées très-étendues. C'est à ce centre très-élevé des éruptions volcaniques que se montrent les caractères que j'ai cru devoir fixer à la seconde époque des volcans. Effectivement; je puis noter ici le courant sorti du culot des Etables, & qui, après avoir parcouru la partie supérieure de la croupe septentrionale de la Gaseille, s'étend beaucoup au-delà du Monastier. Ainsi, outre les massifs de granit & des couches calcaires qui occupent chacun séparément d'assez grandes contrées du département, on peut y observer avec intérêt des produits du feu, qui recouvrent de leur côté d'assez grands territoires, & y montrent, comme je l'ai dit, des dispositions différentes. On remarque d'ailleurs qu'ici c'est à travers les schistes & les grès que les feux souterrains ont fait leurs éruptions, & ont jeté des courans de laves de plusieurs sortes, & surtout des basaltes prismatiques, pendant que ces mêmes feux se sont fait jour à travers les dépôts calcaires superficiels, dessous lesquels le feu trouve des matières combustibles & d'ardens foyers sans doute.

En parcourant les plaines du Vivarais, & suivant les différens amas de cailloux roulés qui s'y trouvoient accumulés dans plusieurs culs-de-sacs, je n'ai pu me dissimuler qu'ils m'offroient un des grands effets de l invasion de la mer dans la *vallée-golfe* du Rhône.

J'y vis d'abord les déblais des différens massifs graniteux, schisteux, calcaires, à couches horizontales ou inclinées, à grain fin & à gros grain, enfin volcaniques, soit produits des feux souterrains au milieu des schistes, soit ceux des eruptions à travers les couches calcaires de differens ordres.

D'après toutes ces observations, il me sera facile de distribuer ces cailloux roulés en trois classes, d'après les massifs calcaires, schisteux & volcaniques.

Ces trois sortes de cailloux sont d'abord dues à l'action des eaux courantes, à la surface de ces trois massifs qui, parcourant les terrains calcaires, schisteux, volcanisés, ont entraîné les fragmens de pierres qu'ils en ont détaches jusque dans le bassin de la mer, & surtout dans celui qu'elle occupoit lors de sa dernière invasion dans la *vallée-golfe* du Rhône.

On se tromperoit beaucoup si l'on pensoit que ces fragmens ont été arrondis & polis par le simple transport des eaux courantes : il m'a toujours paru nécessaire d'y faire intervenir les flots de la mer, & leur balottage contre les bords de son bassin & entr'eux. Ainsi leur poliment général annonce l'opération particulière des flots de la mer, qui se montre à ceux qui savent observer aux deux côtés de la grande vallée du Rhône, & surtout dans le département de l'*Ardêche*, comme sur les bords de l'Isère, &c.

Après ce travail de la mer & après sa retraite, on retrouve ces cailloux distribués par les eaux courantes des rivières & des ruisseaux dans toute l'étendue de leurs vallées & vallons; mais, je le répète, ce ne sont pas ces eaux courantes qui les ont polis & arrondis.

Quoique certaines parties de la région volcanisée soient supérieures aux régions schisteuses & calcaires, & qu'elles aient fourni des fragmens de basalte aux vallées de ces deux dernières régions, ce ne sont point leurs ruisseaux & leurs rivières qui les ont arrondis, mais les flots de la mer qui les ont repoussés dans les culs-de-sacs des vallées & vallons, & les y ont accumulés; mais ce ne fut qu'après la retraite de la mer, que ces cailloux descendus dans l'état brut des différentes régions, & polis par ses flots, ont été distribués dans les différentes vallées du Vivarais, depuis les culs-de-sacs où ils ont été d'abord déposés, jusqu'au Rhône. Je n'insisterai pas davantage sur les raisons que je pourrois ajouter ici pour détruire l'opinion assez généralement adoptée, & contraire à celle que je crois devoir exposer ici succinctement, vu les grands avantages que la situation du département de l'*Ardêche* m'ont paru présenter pour faire connoître la vérité sur cet article important de la géographie-physique. En général, je dois dire que les eaux courantes des rivières & des ruisseaux du département de l'*Ardêche* n'ont jamais pu polir & arrondir les pierres les plus dures qui se trouvent distribuées dans les vallées, & que leurs formes actuelles sont l'ouvrage des flots de la mer contre ses rivages.

Pour faire connoître un des massifs graniteux du département de l'*Ardêche*, je vais dônner ici un précis de ce que j'ai observé aux environs d'Annonay, dans les différens séjours que j'y ai faits. (*Voyez* ANNONAY.)

Pour me rendre à Annonay de Saint-Etienne, j'ai traversé le Mont Pilat. J'y rencontrai d'abord des schistes micacés, & des grès ou pierres de sable, toutes substances correspondantes à celles qu'on peut observer dans les montagnes du Mezen & du Coiron.

Etant parvenu à une certaine hauteur dans le Pilat, je trouvai le schiste à lames verticales : ce même schiste micacé se prolonge sur une assez grande distance, après quoi succède le granit rayé ou le gneiss mêlé au granit à cristallisation uniforme, & coupé par des quartz. Les schistes à bandes ondées s'observent vers la Guerinière; mais entre ce village & Annonay, on ne voit plus que des schistes terreux : telle est la variété des compositions pierreuses que le Mont Pilat offre aux observateurs qui les suivent dans les coupures que les eaux y ont faites à diverses époques aisées à saisir.

En descendant à Annonay, tout est granit à grains uniformément cristallisés : on y voit surtout des *trapèzes*, produits de la dessiccation, sous des formes assez régulieres, & ordinairement d'un grand volume. Lorsqu'on est parvenu au pied de la montagne, on trouve des blocs graniteux dispersés sur les croupes; & comme ils se décomposent très-abondamment, ils ont recouvert tous les environs de débris, de mica, de quartz & de feld-spaths fort ternis.

Plusieurs accidens annoncent ces décompositions. D abord les fentes de dessiccation par lesquelles les eaux attaquent les granits avant d'être chargées de principes terreux, commencent par se ternir beaucoup : aussi, le long des bords des deux rivières d'Annonay, il n'y a guère que les noyaux des masses trapézoïdales qui aient conservé une cristallisation vive & entière : c'est là que les quartz & les feld-spaths sont brillans, & que les micas présentent des teintes bleues.

En suivant les *plans inclinés* & les *bords escarpés* des vallées de ces rivières, on peut contempler à son aise tous ces phénomènes; & comme souvent, dans les intervalles des angles correspondans, il y a des escarpemens des deux côtés, on y voit des destructions considérables, produites par la rapidité des eaux courantes. Il est aisé de remarquer dans toutes ces vallées, que les éboulemens & les décompositions s'opèrent par de très-gros trapézoèdres, où les faces aplaties des plans inclinés, & leurs revers un peu alongés, se distinguent au premier coup d'œil.

Ce massif de granit, mis à découvert par les vallées des rivières qui l'arrosent, se prolonge jusqu'à la plaine du Rhône, & les collines qui bordent sur la droite cette belle & large vallée, sont de ce granit.

Il y a trois vallées principales, distribuées à la superficie du plateau d'Annonay; celle du bourg d'Argental ou de la Diaume, celle de la Cance, & celle de Santillieu ou la Day, lesquelles reçoivent beaucoup de vallons latéraux, inclinés vers les ouvertures ou débouchés de chacune d'elles, & pour lors ces vallons affluent sous des angles d'autant plus aigus, que leurs pentes sont plus rapides.

Les ruisseaux ou rivières latérales tombent dans les rivières principales de Cance & de Diaume par des vallons aussi approfondis, au point de leur affluence, que les vallées des rivières principales, pourvu que ces rivières aient un cours un peu étendu. En conséquence, ces vallons ont été débarrassés à leurs embouchures de tous les dépôts qui s'y seroient formés.

En quittant le plateau graniteux d'Annonay, on trouve à Andance des couches horizontales de la dernière époque, qui sont adossées contre les parties intérieures des croupes de granit, depuis Andance jusqu'à Châteaubourg, & même au-delà : ces dépôts appartiennent à la *vallée-golfe* du Rhône; ils prouvent par leur disposition, que la mer n'a pu les former que depuis l'approfondissement de la grande vallée du Rhône, où elle a fait une invasion assez remarquable.

Hydrographie du département de l'Ardèche.

Il me reste à faire connoître l'hydrographie de ce département, & les diverses pentes des terrains dans les principales contrées dont j'ai fait mention jusqu'à présent. Je commence par faire remarquer d'abord que, dans cet ancien Vivarais, les sommets des montagnes qui règnent & dominent entre les revers à l'est & à l'ouest, donnent des eaux à l'Océan & à la Méditerranée; & pour descendre de ces hauteurs, les eaux qui coulent vers l'orient n'emploient, pour arriver au Rhône, principal canal qui les reçoit, les conduit & les verse à la Méditerranée, qu'un très-petit trajet de huit à dix lieues, & que de l'autre côté, vers l'occident, les eaux parcourent un fort long espace de terrain pour arriver à la Loire & à l'Allier, conducteurs principaux de ces eaux courantes.

Je suis maintenant l'*Ardèche*, qui a donné son nom au département. Je m'attache à la pente qu'elle m'indique, qui est dirigée du nord au sud, & ensuite vers l'est, pour se réunir à l'égoût général, qui est le Rhône : c'est aussi la marche de la Borne, qui, après un trajet considérable, se réunit à l'*Ardèche*. Je décrirai plus bas les diverses rivières que l'*Ardèche* embrasse dans son bassin, & qui, après un trajet plus ou moins long, se jettent aussi dans le Rhône : ces eaux courantes arrosent les contrées méridionales du département.

Si je remonte jusqu'au-delà des sources de l'*Ardèche*, je me trouve sur le plateau du Mezen, nouveau centre élevé d'une distribution d'eaux courantes, aussi importante que singuliérement variée. Je trouve d'abord la pente étendue qui sert de lit à la Loire, dont la source se trouve sur les limites du département, & verse ses premières eaux dans une direction de l'est à l'ouest; lesquelles, après un long détour vers le nord, embrassent toutes les rivières qui sortent du plateau du Mezen vers l'ouest & le nord-ouest. J'ajouterai maintenant que l'état des matières volcanisées du plateau, lequel les dispose à recevoir & à conserver les eaux pluviales, est une des circonstances qui contribuent le plus à grossir les premières eaux de la Loire. Le reste de l'horizon du plateau élevé du Mezen vers l'est & le nord, est arrosé par des rivières dont le cours, dirigé vers la vallée du Rhône, s'y termine. J'ajouterai qu'à une certaine distance du Mezen, & sur les limites du département, se trouve aussi la source de l'Allier, dont le cours paroît en général assujetti à des pentes assez semblables à celles du lit de la Loire.

Si je prolonge mon examen jusqu'aux environs d'Annonay, j'y retrouve les rivières d'Argental, de Diaume & de Cance, qui coulent du nord au sud, & ensuite gagnent la vallée du Rhône.

Il en est de même des rivières qui tombent à Tournon & à la Voûte, & de la rivière de Day, qui coule dans l'intervalle de la contrée d'Annonay.

ARDÊCHE, rivière dont le cours embrasse, dans sa direction du nord au sud-est, la plus grande partie méridionale de l'ancien Vivarais; elle prend sa source aux environs de Mirabel. C'est là qu'un grand nombre de ruisseaux qui se précipitent de cascade en cascade des montagnes voisines, forment les branches les plus éloignées de cette rivière. Toutes ces ramifications se réunissent ensuite dans les fonds de cuve des vallées, comme à Burzet, où la rivière de ce gros village, alimentée par sept ruisseaux, parcourt les vallées les plus escarpées avant de se réunir à l'*Ardèche*, ainsi que les rivières de Montpezat, de Jaujac, &c. qui n'en font plus qu'une vers le pont de la Baume.

C'est dans cet état que l'*Ardèche* continue son cours au milieu d'un sol granitique, s'avançant vers la masse calcaire, qui, sous Aubenas, présente une face remarquable de couches verticales calcaires. L'*Ardèche* se trouve ensuite à Vogué, resserrée entre la suite des murailles verticales des mêmes roches calcaires : plus bas, la vallée de Saint-Alban donne à l'*Ardèche* les eaux de Chassezac. Munie de ce nouveau secours, l'*Ardèche* pénètre à travers des roches vives & calcaires de Samson.

La comparaison du lit de l'*Ardèche*, tel qu'on l'observe de nos jours, avec celui qu'elle avoit en 1629, démontre que les rivières détruisent à la longue les formes des terrains qu'elles baignent, & que cette destruction est sensible lorsque la pente de leur lit est considérable, tandis qu'il faut une suite de plusieurs siècles pour opérer tous ces changemens lorsque le lit des fleuves est très-peu incliné.

Au dessous de la tour de *Salavas*, où ces destructions se remarquent, l'*Ardèche* s'avance vers le pont d'Arc, monument du travail de la nature. Pour avoir une idée de ce *pont naturel*, il faut se représenter deux hautes montagnes coupées à pic, qui bordent le lit de l'*Ardèche* à droite & à gauche : ces montagnes font l'office de *forte culée* à cet ouvrage majestueux, qui s'élève près de deux cents pieds au dessus des eaux, & qui est formé d'une seule roche. L'ouverture du pont d'Arc offre une voûte de quatre-vingt-dix pieds, depuis la clef jusqu'au niveau moyen des eaux de la rivière : sa largeur, prise d'une pile à l'autre vers leur base, est de cent soixante-trois pieds. Il est aisé de comprendre que toutes ces dimensions doivent former un ouvrage imposant ; & quoique cette voûte soutienne une énorme montagne, ses proportions supportent tout ce fardeau, qu'elle a conservé jusqu'à nos jours pour l'étonnement des naturalistes.

Le pont d'Arc & cette montagne qui lui sert à gauche de *forte culée*, offrent le système d'un angle saillant fort aigu, qui s'avance dans l'angle rentrant, creusé jadis par l'*Ardèche* dans un rocher de marbre compacte.

Dans les fortes crûes d'eaux, l'*Ardèche* regagne encore de nos jours cet ancien lit ; mais à force de miner l'angle saillant qui se présentoit en face au courant de ses eaux, cette rivière se fit une petite ouverture, qui s'agrandit ensuite à mesure que la base du terrain, peu solide dans cette contrée, fut mise à découvert. J'ai cru devoir indiquer ce premier moyen qu'a rencontré la nature pour se faire jour à travers cette masse. (*Voyez l'article* ABSORBANT.) D'ailleurs, on observe à côté de la masse du pont quelques cavités où les eaux souterraines ont pénétré, & ont fait des dépôts de stalactites, &c. Ces circonstances peuvent nous donner une idée nette & précise de la marche de la nature dans la formation des PONTS NATURELS.

La roche du pont d'Arc est une sorte de marbre grisâtre fort dur : il y a plusieurs fentes dans la masse, où l'on distingue d'ailleurs trois ou quatre traces de couches horizontales.

Les eaux de l'*Ardèche*, après avoir passé le pont d'Arc, se dirigent vers le Rhône ; elles se répandent dans la plaine de Saint-Just, formant des marais, des aterrissemens considérables & de nouveaux lits, qui renversent souvent les digues & les obstacles qu'on lui oppose sur ce sol, formé de cailloux roulés mobiles.

L'*Ardèche* reçoit dans son lit divers ruisseaux, remarquables par leur passage du sol granitique au sol calcaire, & par les vues qu'offrent ces passages différens.

1°. *La Lende*, qui descend de Chazaux, parcourt des terrains granitiques jusqu'à *la Cairié*, où cette petite rivière pénètre entre la masse graniteuse à droite, & la masse calcaire à gauche. Le ruisseau de *la Lende* mine de préférence la première masse, parce qu'elle est dans un état singulier de décomposition.

Arrivé à Roustany, le ruisseau de *la Lende* entre pour toujours dans le terroir calcaire, prolongé jusqu'à la mer.

2°. *La Ligne*, ruisseau qui sort des montagnes de *Prunet*, traverse jusqu'à l'Argentière des sols granitiques. Arrivée sous le Mont Bederet, elle rencontre les couches calcaires horizontales. La Ligne divise ensuite des schistes à couches horizontales, qui font effervescence avec les acides, & reçoit le ruisseau de Rombreu, qui sort du sol granitique, & celui des Fées, qui a creusé un lit bordé par deux chaînes de montagnes, dont la partie supérieure est granitique, & la partie inférieure est calcaire.

3°. *L'Ibie*, torrent dangereux, parce que la pente de son lit est rapide, & parce que son cours est en ligne droite, prend sa source vers Saint-Jean avec le ruisseau de l'*Advegne* & une branche de la rivière d'Ecoutay ; il ne pénètre dans aucun terrain calcaire ; il offre dans son lit quelques cailloux basaltiques.

4°. La rivière d'*Ecoutay* est remarquable en ce que du côté droit elle ne reçoit aucun ruisseau, tandis que sur la gauche elle en reçoit un grand nombre qui descendent des hauteurs volcaniques du Coiron. En suivant son cours, on reconnoît que son bassin est horizontal, schisteux & successivement calcaire, tandis que ce bassin se prolonge sur les croupes du Coiron, dont la pente rapide, outre qu'elle ne se pénètre que foiblement des eaux pluviales, verse tout abondamment dans la rivière, qui sert d'égoût naturel. La rivière d'Ecoutay se jette dans le Rhône à Viviers, roulant des cailloux de basalte arrondis, & d'autres laves moins compactes.

5°. Les rivières de *Lavezon* & de *Peyre* se jettent également dans le Rhône, celle-ci entre le Pouzin & Baix, & celle-là vers Meysse : l'une & l'autre ont tranché sur une grande profondeur les roches calcaires, & parcourent ce massif sur un long espace.

6°. L'*Ouvèze* reçoit vers Privas & à Coux divers ruisseaux remarquables : l'un vient de Freffinet en Coiron, &, prenant son origine sous une masse basaltique, il entre dans le sol calcaire; l'autre vient de Veyras avec plusieurs autres. Au pont de Coux est le confluent des ruisseaux qui descendent des montagnes granitiques, & l'on peut y observer que chaque ruisseau voiture des cailloux de même nature que le sol qu'il arrose.

Il me reste à rappeler ici l'Erieux, le Doux & la Cance, qui parcourent le trajet de terrain depuis le Mezen jusqu'à la ville d'Annonay : ces rivières suivent la pente qui les conduit au Rhône. J'en ai déjà parlé en décrivant les environs d'Annonay.

ARDENNE, grande forêt sur la Meuse, qui s'étend beaucoup de l'occident en orient, & dont les limites septentrionales se prolongent jusqu'à Charlemont, & les méridionales jusqu'à Rocroi. Le département des *Ardennes* tire son nom de cette belle & grande forêt, connue des Romains sous le nom d'*Arduenna* ou *Ardenna*. César dit qu'elle commençoit sur les bords du Rhin, & qu'elle alloit se terminer dans le Remois; il ajoute même qu'elle embrassoit le pays de Treves & même celui des Nerviens, & qu'elle comprenoit non-seulement le pays entre le Rhin & la Meuse, mais encore celui entre la Meuse & l'Escaut, jusqu'à la mer. Strabon ne lui donne pour limites que l'Océan & l'Artois. Effectivement, il reste de cette ancienne forêt de grandes parties, qui occupent le pays compris entre Douzy-les-Prés, Sédan & Donchery, & une forêt qui conserve le nom de *bois des Ardennes*. Sur le chemin de Sainte-Menehould à Verdun, on trouve une partie de ce même bois, qu'on nomme *la forêt d'Ardenne*.

ARDENNES (Département des). Pour faire connoître la constitution physique du sol de ce département, je crois devoir donner ici le précis des observations que j'ai faites dans cette contrée, à mon retour d'un voyage en Hollande, à Aix-la-Chapelle, à Verviers, à Stavelot & à Liége, en 1777, pour m'instruire dans certaines parties des manufactures de ce pays, qui depuis ce tems est devenu le nôtre. Je commence cette description succincte par les environs de Rochefort, & je la termine à la limite de l'ancienne & de la nouvelle terre, que j'ai rencontrée & suivie aux environs de Sédan & de Charleville. Depuis Rochefort jusqu'à Givet, le territoire décrit fait partie du département de Sambre & Meuse, auquel je reviendrai par la suite. J'ai vu dans ce trajet deux bordures intéressantes de massifs contigus, des couches calcaires horizontales & inclinées, & des massifs schisteux, ces derniers étant enveloppés, comme on voit, par les dépôts sousmarins de différentes époques, les couches calcaires qui se trouvent du côté de Liége, étant d'une date plus ancienne que celles qui résident au sud, près de Sédan & de Charleville. C'est aussi à Charleville & à Fumey qu'on trouve la bordure d'une ardoisière considérable, & qui doit être distinguée parmi les schistes de diverses formes que nous avons décrits. Nous avons indiqué les principaux phénomènes que l'économie rurale y a remarqués, & dont elle a tiré certains avantages qu'on ne sauroit trop étendre. Il est à desirer que la réunion à la France de cette contrée, & que l'administration qui en surveille l'industrie, produise ces bons effets. En attendant on trouvera dans ce précis de mes observations la connoissance du sol. Les cultivateurs pourront suivre le travail ordinaire, ou le soumettre à de nouvelles expériences.

Après Rochefort, les madrépores à lames & étoilés de diverses espèces se trouvent en pierres perdues à la surface de la terre; les schistes s'y mêlent, & enfin à Tellin ils règnent & dominent, acquièrent ensuite une certaine consistance, & continuent jusqu'à trois quarts de lieue à suivre la même allure, après quoi on rencontre de gros schistes durs & quartzeux au milieu de terres jaunes & profondes; enfin, le schiste continue à Mezen. Après cette ville & Tellin, les vallées sont plus adoucies; mais on ne voit dans la vallée de Tellin & de Rochefort, qu'une forme de croupes singuliérement disposées. Il y a moins d'eau dans ce trajet que dans l'ancienne terre du Limosin : aussi les prairies n'y sont pas arrosées; l'eau même se perd dans les passages des pierres calcaires aux schistes. Il y a aussi une rivière considérable qui se perd dessous une tête de montagne; c'est *le Lesse*, lequel, après avoir reparu, se jette dans la rivière de Rochefort.

J'ai remarqué qu'il y avoit moins de terres végétales dans les contrées de pierres calcaires, que dans les contrées schisteuses. On brûle les terres après quelques années de jachères; elles sont lourdes aux labours, car on attèle à la charrue jusqu'à six bœufs, qui tirent par des colliers attachés au poitrail. On cultive des seigles, des fromens, de l'épautre, des pommes de terre & quelques trèfles : il y a d'ailleurs des pâturages naturels, mais aussi quelques cantons entiérement incultes.

Les vallons les plus profonds sont aux environs de Rochefort & de Tellin, entre Ochimont & Heure : il n'y a que des ébauches de vallons, parce qu'on y suit l'arête de la distribution des eaux vers Liége d'un côté, & vers Givet & Dinant de l'autre; ils s'approfondissent encore un peu vers Mezen, & versent toujours du côté de Givet. Il y a quelques bouquets de hêtres, au milieu desquels se trouvent des *uva ursi*.

Cette ancienne terre a pu fournir des matériaux pour les dépôts de la Meuse & du Rhin aux environs d'Amersfort & d'Appeldorn, & pour les pierres & pour les grains, qui sont les mêmes. Il paroît que ce sol est froid, & se trouve de bonne heure couvert de neige. Ces transports de graines par les eaux torrentielles primitives, je ne sais si les botanistes les ont considérés comme un moyen que la nature pouvoit employer pour étendre la production de certains végétaux sur les terres nouvelles, qui n'ont pu se peupler autrement. La race des vaches & des bœufs est assez belle dans cette contrée; celle des moutons y est fort petite, mais la laine en est fine, & même d'une certaine qualité estimable, qui se décèle par la douceur & la finesse.

Le schiste se prolonge avec des filons de quartz blanc-mat, entre Mezen & Bouillon : il y a d'abord quelques vallons peu profonds, & des ruisseaux dont l'eau se trouve employée à des arrosemens.

La faucille ordinaire commence avant Tellin, & continue au service des moissonneurs; mais avant cette ville, la faux à la main est d'un usage général depuis la Hollande, excepté que le plateau du coude devient levier lui-même aux environs de Liége.

Petits vallons plats à Paliseuil. Bouillon est dans le fond d'un canal étroit, sur le bord d'un plan incliné & sur la croupe d'un autre supérieur : ce plan incliné de Bouillon est une arête escarpée des deux côtés; le bord escarpé, qui ferme ce bassin par une face circulaire rentrante, est très-roide & très-élevé, c'est-à-dire, aussi élevé que l'origine du plan incliné. Le plan incliné correspondant d'Amont a une double arête, ayant été coupé sur son axe à peu près par un vallon latéral, qui atteint, à l'extrémité de cette arête, la profondeur du vallon de la Semoy. Ces formes m'ont paru assez singulières, & surtout celle du vallon étroit & profond de Bouillon. Toutes les croupes offrent des schistes courbés & pliés dans tous les sens, mais inclinés au sud, qui est la direction de sa limite, comme nous le dirons par la suite. Les deux plans inclinés sont tronqués à leurs pointes par une face assez nette : outre cela, le bord escarpé opposé est tronqué d'une manière encore plus marquée, & se présente à un niveau plus élevé. La rivière, en remontant, passe le long d'une face du plan incliné, & à la pointe d'un autre très-adouci par son revers & fort arrondi à sa surface : il y a beaucoup de vallées latérales sur les bords de la gauche. Toutes ces formes définitivement annoncent la marche de plusieurs eaux courantes, la facilité de la destruction des schistes, & enfin la multiplicité des sources dans les schistes. Ces sortes de schistes n'ont de fentes de dessiccation sensible que sur la longueur de leurs lames & de leurs feuillets, qui sont comme celles d'un bois irrégulier : il n'y a dans l'autre sens que les fentes très-peu sensibles qui distinguent les filets les uns des autres.

Entre Bouillon & Sédan on franchit une arête très-élevée, qui est entiérement formée de schiste, après quoi on descend par une pente fort longue jusqu'au village de Givonne. Vers le tiers de cette pente on commence à trouver des dépôts sousmarins calcaires, & distribués par couches horizontales peu suivies d'abord, car on remarque dans les intervalles & les interruptions, quelques schistes ensevelis au milieu de terres rougeâtres. On voit surtout ces schistes dans le fond du vallon de Givonne; après quoi, lorsqu'on remonte la croupe de ce vallon jusqu'à la vallée de la Meuse, où est Sédan, on ne voit que des couches de pierres calcaires horizontales, au milieu desquelles sont des patelles, des peignes, des cornes-d'ammon, &c. Outre ce changement dans les matériaux que présente la surface de la terre, & que je considère comme les limites de l'ancienne & de la nouvelle terre, il y a encore d'autres caractères assez remarquables de ces limites : ce sont les formes des croupes alongées & plates des vallees, qui annoncent une organisation différente. Ce spectacle se découvre de la hauteur au dessus de Givonne; ainsi que la disposition actuelle de tout ce terrain. C'est la même marche de la nature jusqu'à Mézières, où se retrouvent la suite de pareilles limites & les mêmes indices apparens de la *craie*.

Hydrographie du département des Ardennes.

Je trouve d'abord dans ce département une rivière principale, dont la direction est de l'est à l'ouest, & qui, après avoir baigné les murs de Sédan, de Mézières & de Charleville, dirige son cours du sud au nord, passe à Givet, qu'elle sépare en deux villes fortes, qui sont Givet-Notre-Dame & Givet-Saint-Hilaire. Dans ce trajet, toutes les eaux courantes ont pour centre principal la rivière de Meuse, & sont visiblement attachées à son large & vaste bassin. On pourra s'en faire un plan par les détails dans lesquels nous allons entrer.

La Meuse, au milieu de nombreuses oscillations, reçoit à droite & aux environs de Sédan, de Donchery & des bois du Roi, plusieurs ruisseaux d'un cours fort étendu, & qui sont très-utilement employés au service des forges & des usines ordinaires; ensuite le Semoi, rivière fort considérable après qu'elle a traversé avec un grand nombre d'oscillations la principauté de Bouillon. En s'avançant plus au nord, la Meuse reçoit à Givet-Notre-Dame la rivière de Houille, dont le lit principal est parallèle à la Meuse, avec un embranchement très-étendu dans une partie de l'ancien duché de Bouillon : ces rivières rassemblent les eaux de forêts considérables. Enfin, le Lesse, rivière secondaire qui disparoît dessous une montagne, & continue ensuite son cours. Je ne tiens pas compte d'une infinité de petits ruisseaux qui sortent des bois que traverse la Meuse, depuis Mézières jusqu'à l'ancien duché de Luxembourg.

Sur la droite, la Meuse a pour rivières latérales qui occupent son vaste bassin, d'abord au midi l'Ennemène & le Bar, dont le cours est fort alongé sur la nouvelle terre, & dont les vallées sont aussi fort larges, & arrosées de droite & de gauche par plusieurs ruisseaux, dont le fond de cuve est fort plat, & qui avoisinent les ramifications premières des sources de l'Aisne.

Un peu plus loin, la Meuse reçoit de nouvelles eaux de la Vence & de la Sormonne : la première tombe dans la Meuse au peu au dessus de Mézières, après avoir parcouru un trajet fort marécageux ; la seconde a trois embranchemens, l'Audry, le Thin & le Rupt des vaches. Le lit de toutes ces eaux courantes secondaires est très-marécageux, ainsi que le tronc principal, qui tombe dans la Meuse à côté de Mézières & à l'île de Saint-Julien.

Plus au nord, la Meuse reçoit à Revin la rivière de Faure, qui est alimentée par plusieurs embranchemens, & à Vireux le Viroin, formé de deux embranchemens d'une certaine étendue, d'abord de *la blanche* & puis de *la noire*, qui, après avoir fait tourner les usines de la forge Saint-Roch, disparoît sous une montagne à côté de Petigny, pour reparoître toute entière à Nîmes : outre cela, un ruisseau détaché de *la noire*, avant sa disparution, tourne la montagne, passe à Petigny, & rejoint *la noire* à Nîmes. Plus loin est la rivière de Sart-en-Fagne, qui joint la Meuse à Hermeton.

Si je passe maintenant à la vallée de l'Aisne, je trouve que, dans ce département, cette rivière reçoit à droite huit ruisseaux à vallées plates, & que sur la gauche elle n'en a aucun. C'est dans la plus grande partie du cours de ces ruisseaux que j'ai rencontré & tracé la limite de la craie apparente, car il y en a qui s'enfoncent sous d'autres dépôts, ou calcaires, ou de pierres meulières. (*Voyez* CRAIE.)

ARDOISE, sorte de pierre argileuse, de couleur bleue ou grise, qui se divise en lames minces & plates fort unies, & qu'on emploie pour couvrir les maisons. Ces pierres se trouvent dans la terre, à des profondeurs qui varient beaucoup, suivant que les vallons en ont mis les massifs à découvert. A mesure qu'on creuse davantage, on trouve cette pierre plus dure & plus sèche ; elle est disposée par bancs qui ont une certaine inclinaison, en sorte que si l'on en considère les masses d'un certain volume, on leur trouve une forme trapézoïdale, & des faces qui sont autant de trapèzes. M. Turgot croyoit qu'on devoit distinguer les contrées où se trouvent ces massifs, tels que nous les offrent les environs d'Angers, de Mézières & du Bas-Limosin, par la dénomination de *Monde trapézoïdal*. Les phénomènes qu'on peut y observer méritent bien cette distinction. C'est en conséquence qu'il m'a paru qu'il convenoit d'adopter ici ces vues, dignes de ce savant naturaliste, car je ne le considère ici que sous ce titre. (*Voyez* TRAPÉZOÏDAL (Monde).)

Nos plus belles carrières d'*ardoises* sont aux environs d'Angers. La plus estimée vient de Trelaze & des Ayraux, paroisses distantes d'une lieue d'Angers. Il est vrai qu'on trouve de l'*ardoise* de différentes qualités en d'autres lieux de l'Anjou : il y en a dans les paroisses de l'Hôtellerie, de Flée, de la Jaille, de Margue près d'Aon, & dans les environs de Château-Gonthier : on en trouve aussi près de Mézières, où elle est beaucoup plus tendre qu'en Anjou ; mais à quelques lieues de Charleville elle est aussi bonne & aussi belle que celle d'Anjou, quoiqu'elle ne soit pas d'une couleur aussi foncée. On en voit près de la petite ville de Fumai, département des Ardennes ; sur la Meuse, au dessus de Givet. Il y en a de grands massifs au dessus de Vichi. On en tire de la côte de Gênes qui a la plus grande consistance, sous la dénomination de *lavagna*. (*Voyez* APENNIN.) On en tire aux environs de Herscham, ville du comté de Sussex, de la bleue & de la grise pour faire des tables & des carreaux : on donne la préférence aux *ardoises* les plus dures. On se sert aussi en Italie de la *lavagna* pour des degrés d'escaliers.

Après cette indication des carrières d'*ardoises*, nous allons passer à l'examen des travaux de ses carrières, qui pourront nous faire connoître plus particuliérement la constitution des massifs de cette sorte de pierre dans les entrailles de la terre, & de leur position relative avec d'autres sortes de massifs.

Il ne faut pas trop compter sur le jugement que les ouvriers ne manquent jamais d'en porter à la première inspection de la *cosse*. On entend par *cosse* la première surface que présente le rocher immédiatement au dessous de la terre ; cependant la *cosse* peut promettre une bonne *ardoise*, & le fond de la carrière n'offrir que des feuilletis & des chats, deux défauts qui rendent l'*ardoise* de mauvaise qualité.

Dans tous les cas on commence par enlever les terres végétales de l'endroit où l'on veut ouvrir la carrière. La profondeur de ces terres varie beaucoup : quelquefois le sommet du massif est à la surface de la terre ; d'autres fois il en est à quelque distance. Aussitôt qu'on a découvert la *cosse*, on fait sur le plan de cette *cosse*, & dans son milieu, une ouverture d'environ neuf pieds de profondeur : c'est à l'étendue du massif à déterminer ses autres dimensions. Cette ouverture s'appelle *première foncée*. La *foncée* n'a pas partout exactement la même profondeur : on lui donne un peu de pente de l'un à l'autre bout du banc qu'elle forme. Cette pente, sur toute la longueur du banc, peut aller à un pied ; en sorte qu'à l'extrémité du banc, la *foncée* peut avoir dix pieds de profondeur.

On

On pratique cette pente pour déterminer les eaux de l'intérieur qui se rencontrent dans la fouille, à la suivre & à descendre avec la pente.

Le moins de largeur qu'on puisse donner à la foncée, est celle qui est nécessaire pour qu'un ouvrier qui travaille à l'exploitation des *ardoises*, puisse travailler sans être gêné.

Lorsque la première *foncée* est faite à un banc d'*ardoise* tout formé, sur lequel le travail peut s'établir, alors, ou l'*ardoise* est tendre & parsemée de veines, ce qu'on appelle *être en feuilletis;* ce qui arrive lorsqu'elle n'est pas assez faite, & qu'elle n'a pas assez de consistance pour se diviser exactement par lames, & pour que ces lames aient la dureté requise; ou bien elle est excessivement dure & cassante, défaut opposé au précédent, mais qui ne permet pas de tirer de l'*ardoise* un meilleur parti. On donne à l'*ardoise* de cette dernière qualité le nom de *chaz*.

Dans le cas où elle se trouve de qualité convenable, les ouvriers sont, comme ils le disent, en *bonne chambrée*.

Dans les deux premiers cas on ne retire aucun fruit de son travail, avec cette différence cependant que l'*ardoise* devenant plus dure & plus consistante à mesure que la fouille prend plus de profondeur, il arrive quelquefois qu'on rencontre de bonne *ardoise* après les feuilletis, au lieu qu'on n'a pas les mêmes espérances que la carrière qui commence par donner seulement des *chaz*, cesse d'être plus dure, & par conséquent acquière une bonne qualité.

D'une première *foncée* on passe, suivant que les espérances conduisent à ce travail, à la fouille d'une seconde; du travail d'une seconde à la fouille d'une troisième, & ainsi de suite, découvrant toujours un banc à chaque *foncée*.

Ces bancs formés par les *foncées* ressemblent, par leur forme & leur disposition, à de grands & larges degrés d'un escalier, par lesquels on descendroit du haut de la carrière jusqu'au fond si ces degrés étoient moins épais. On continue le travail des *foncées* & la découverte des bancs, jusqu'à ce qu'on soit parvenu à une bonne qualité d'*ardoise*. Alors on sépare les bancs par des coins de fer, quelquefois d'une seule pièce & sans fracture; mais lorsqu'il se rencontre des veines, qui sont ordinairement des quartz, alors la pièce se rompt à ces endroits. Nous n'entrerons pas dans le détail du travail des ouvriers pour séparer les bancs & les lames dont sont composés les bancs: il suffit de dire que cette disposition se rencontre ordinairement jusqu'au fond de la carrière d'*ardoise*.

Lorsqu'on est parvenu à une certaine quantité de *foncées*, l'eau abonde de tous côtés, & elle descend de la masse par des veines qui lui fournissent autant d'issues. On s'en debarrasse de plusieurs manières, que nous ne pouvons indiquer ici.

De toutes les qualités de l'*ardoise*, la plus estimée est la *carrée*, qui est faite du cœur de la pierre, & qui a la figure *rectangulaire*.

La seconde est celle du *gros noir*, qui n'a ni tache ni rousseur, non plus que l'*ardoise* carrée: la différence qu'il y a entre ces deux sortes d'*ardoises*, c'est que le *gros noir* n'a pas été tiré d'un morceau de pierre qui pût fournir les dimensions requises dans l'*ardoise carrée*.

La troisième est le *poil noir*, qui a la même qualité & la même figure que le *gros noir*, mais qui est plus mince & plus légère.

La quatrième est le *poil taché*, qui a les mêmes dimensions que le *gros noir*, mais qui n'a pas la même netteté: on y remarque des endroits roux.

La cinquième est le *poil roux:* cette *ardoise* est en effet toute rousse; ce sont les premiers fondis qui la donnent. Il n'en est pas de même du *poil taché;* il se trouve partout, & il n'y a guère de *foncées* où il ne s'en rencontre quelques parties remarquables.

La sixième est la *carte*, qui a la même figure & la même qualité que la *carrée*, mais qui est plus petite d'aire & plus mince de feuillets.

La septième est l'*héridelle*, *ardoise* étroite & longue, dont les côtés seulement ont été taillés, mais dont on a laissé les deux autres extrémités brutes.

Il y a des *ardoises* de plusieurs qualités. On peut compter la *fine*, qui est assez propre à couvrir les dômes, parce qu'elle a une convexité qui lui vient, non du travail des ouvriers, mais des rochers mêmes, dont les lames sont convexes.

Tous ces détails sont moins rappeles ici pour donner une idée du travail & du commerce des *ardoises*, que pour faire connoître les différentes qualites de cette pierre, qui est aussi curieuse pour un naturaliste, qu'utile pour un architecte.

Il me reste maintenant à indiquer la position des massifs d'*ardoises*, relativement à ceux de l'ancienne & de la moyenne terre: ces considérations entrent plus proprement dans notre objet.

Dans ces vues je reprends tous ces objets, avec les autres détails qui leur conviennent. Une ardoisière est formée par des bancs plus ou moins épais, d'une pierre qui se lève aisément par feuillets, & qui sont inclinés à l'horizon. Ces bancs ont en général une hauteur verticale considérable: ceux qui sont voisins de la surface de la terre sont ordinairement les moins épais, & celui qui est à la surface n'est souvent composé que de petits quartiers de pierre qui ont tous la forme rhomboïdale, & qui se détachent aisément les uns des autres. Ceci est le résultat de la décomposition du banc total & entier, qui a cette même forme, & qui doit l'avoir par l'assemblage & la réunion de toutes ces parties élémentaires.

Après ce banc il n'est pas rare d'en voir qui ont plusieurs pieds d'épaisseur, & cette épaisseur augmente, suivant que les bancs sont plus profonds; de forte que ceux qui font fort bas, ont vingt & même trente pieds dans cette dimenfion. Ce font communément ceux qui fe délitent avec plus de facilité; ils font auffi d'une pierre dont le grain eft plus fin, & par conféquent plus homogène.

Ces bancs font rarement féparés les uns des autres par des lits de matières étrangères; mais s'il arrive qu'on y en trouve un, il eft conftamment incliné, fuivant le fyftème général des bancs, & ordinairement fous un angle de quarante-cinq degrés. Plufieurs endroits des carrières d'*ardoife* dont il s'agit, mefurés exactement, ont annoncé fix pouces de retraite, fur fept pieds & demi de hauteur verticale. Sur les coupes intérieures de ces rochers, les lits de matières intermédiaires forment en quelque forte des V confonnes alternativement étroites & renverfées. Cette matière eft ordinairement une forte de beau fpath blanc, appelé *chaz* par les ouvriers, & qui eft mêlé quelquefois de parties d'*ardoife*, & de petits points d'une pyrite jaunâtre & de couleur changeante.

Outre ce fpath, qui fe trouve quelquefois difperfé dans le corps de l'*ardoife* même, on rencontre encore fouvent, ainfi difperfées, des pyrites cubiques blanches ou jaunes, & de différentes groffeurs : il y en a depuis une ligne ou deux en toute dimenfion, jufqu'à quatre, cinq ou fix. Quelquefois la matière qui forme ces pyrites n'a pas pris de forme régulière; elle s'eft étendue fur les faces des feuillets, & y a formé des plaques irrégulières.

Au lieu de ces pyrites, ce font fouvent de petites étoiles blanchâtres, & plus ou moins régulières. Dans les unes, les rayons font en plus grand nombre d'un côté que d'un autre; dans d'autres, ces rayons fe répandent également en tout fens autour d'un centre commun, d'où ils partent en divergeant : ces rayons font de petites lames plates, arrondies ou coupées carrément par leurs extrémités. Les accidens les plus curieux qui fe rencontrent dans les ardoifières, font fans contredit les empreintes des plantes, des poiffons & des animaux marins; mais comme cet objet eft le principal que l'on fe propofe d'examiner dans cet article, on a cru devoir faire précéder cette expofition de la defcription de la manière dont on exploite ces carrières, afin qu'on connoiffe mieux les maffifs des fchiftes & leur formation.

Quand on veut faire l'ouverture d'une ardoifière, on commence par déblayer tout ce qui peut encombrer la fuperficie du maffif qu'on fe propofe d'exploiter. On la nétoie exactement : on trace enfuite fur cette fuperficie quatre lignes, deux dans la direction des lits d'*ardoife*, c'eft-à-dire, de l'eft à l'oueft, & les deux autres du nord au fud. Les deux premières forment la longueur de la carrière; elles ont ordinairement cent cinquante pieds. Les fecondes marquent la largeur : on leur donne deux cents pieds. C'eft fur ces dernières qu'on bâtit les machines qui doivent fervir à l'exploitation de la carrière. A cet effet on coupe la pierre dans la longueur de ces lignes, & l'on dirige cette coupure fuivant une perpendiculaire : on l'ouvre par le milieu de la carrière, de l'eft à l'oueft; on enlève à mefure les quartiers d'*ardoife* qu'on détache, & les eaux qui fe raffemblent au fond de la tranchée; on l'élargit peu à peu, en dilatant de part & d'autre les bancs d'*ardoife*, jufqu'à ce que toute la fuperficie de l'ardoifière foit bien nétoyée. On donne à cette tranchée neuf pieds de profondeur, & on l'appelle *la première foncée*.

On partage ainfi la carrière par *foncées* égales & femblables : les deux côtés de ces *foncées* s'appellent *bancs*. Il eft prefqu'impoffible de pouffer une carrière au-delà de vingt-cinq *foncées*, c'eft-à-dire, de deux cent vingt-cinq pieds : on en eft empêché par la crainte de la chute des pierres, qui pourroit avoir lieu fouvent dans les dernières.

Ordinairement la pierre des dernières *foncées* eft la plus parfaite : il n'y a pas cependant de règle fûre à ce fujet. Quelquefois la pierre que l'on tire après la première decouverte, fe trouve de bonne qualité pendant deux ou trois *foncées*; elle fe dément enfuite pendant quatre ou cinq : d'autres fois, la carrière ne donne de bonne pierre qu'à la quinzième ou la feizième. C'eft alors huit ou dix ans après le commencement du travail, & après les plus grandes dépenfes, qu'on a un plein fuccès. D'autres fois, la carrière continue à ne rien valoir; ce qui caufe des pertes confidérables aux entrepreneurs.

Il eft, comme on voit, très-fâcheux de ne pouvoir trouver dans les premières *foncées* aucune marque décifive fur la qualité des *foncées* plus profondes : ce n'eft que par la fuite du travail qu'on peut s'en affurer.

Un point fort intéreffant dans l'ouverture des *foncées* eft de détacher les lames des bancs d'une manière bien uniforme, de façon qu'elles aient une égale épaiffeur dans toute leur étendue. Pour les avoir telles, ou du moins le plus exactement qu'il eft poffible, les ouvriers qui font employés à cette partie de travail fe rangent quinze, dix-huit ou même plus fur une même ligne; ils enfoncent dans la pierre dont ils veulent enlever une partie, chacun un coin de fer à une certaine diftance l'un de l'autre, & ils frappent avec une groffe maffe de même métal fur ces coins, de manière que les coups ne portent à l'oreille qu'un feul & même fon, & c'eft en cela que confifte le grand talent de ces ouvriers.

La façon dont les bancs d'*ardoife* font compofés, facilite ce travail : ce font des affemblages de grands feuillets appliqués les uns fur les autres, & pofés de champ. Ainfi les ouvriers les écartant perpendiculairement au moyen de leurs coins, cette pofition doit faire que les quartiers que l'on veut détacher ne réfiftent pas beaucoup aux efforts des ouvriers. Lors donc qu'ils sont séparés de la masse, on les débite sur le plancher de la *foncée* où l'on travaille, & on les monte au haut de la carrière au moyen des machines qui y sont établies.

Ces machines sont des espèces de treuils qui font descendre & remonter, par des cables, des caisses carrées, qu'on emplit d'*ardoises* ou de l'eau qui sourcille perpétuellement à travers les fentes des massifs : cette eau est le grand inconvénient de ces sortes d'exploitations. Les travaux se trouvent quelquefois noyés quoique l'on puise tous les jours, & alors il faut tout abandonner pour un tems.

Les *ardoises* se délitent en feuilles, & se taillent au haut de la carrière. Ces deux opérations se font d'une manière très-simple & très-prompte, & par conséquent nous n'entrerons dans aucun détail à ce sujet.

On distingue communément onze sortes d'*ardoises :* on les a dénommées, ou d'après la figure que les ouvriers leur donnent en les taillant, ou d'après leur couleur naturelle, ou bien d'après leur grain ou tissu.

Toutes ces *ardoises* ont un grain ou un tissu d'une finesse qui varie quant aux taches & à la couleur surtout. Celles qu'on appelle *poil noir*, *poil gros noir* & *poil taché*, ne portent ces dénominations que parce qu'elles ont des teintes pareilles ou de certaines taches d'un blanc-sale, qui s'enlèvent aisément par le frottement. Les taches qui ont fait donner le nom de *poil roux* à celle qui est ainsi désignée, sont d'une autre nature ; elles sont d'un jaune-bronzé, & produites par quelque teinture martiale, differente de celles qu'on appelle la *carte*, la *dandelle*, le *taillet* & la *cosine :* il n'y a que cette dernière qui présente quelque singularité, laquelle consiste en ce que cette sorte d'*ardoise* est courbe ; ce qui peut provenir de l'introduction de quelque corps étranger parmi les feuillets.

Toutes ces *ardoises*, tant les plus fines que les plus grossières, font voir à la loupe de très-petites paillettes blanches, & brillantes comme les paillettes talqueuses. Plus l'*ardoise* a de finesse, & moins elle a de ces paillettes. Le *poil roux* est celle qui semble en avoir le plus : aussi est-ce celle qui a le moins de qualité, qui est la moins propre à se déliter, la plus chargée de matières étrangères, & la plus pesante. Au contraire, la *carrée fine* est la plus mince & la plus légère ; ce qui la rend la plus propre aux couvertures des maisons, qui sont par-là moins chargées. Il est vrai que cette finesse du tissu & ce peu d'epaisseur font qu'elle est plus sujète à s'imbiber en tems de pluie, & à se rétrécir par l'action de la chaleur ; ce qui peut être un assez grand inconvénient pour leur usage dans les couvertures. Au reste, ces *ardoises* ne diffèrent qu'accidentellement les unes des autres, & ce sont des variétés simples de la même substance pierreuse. Outre les propriétés dont on a parlé, elles conviennent encore (celles d'Angers), en ce qu'elles ne se dissolvent pas dans les acides minéraux. D'autres *ardoises*, comme quelques-unes de Mézières, d'autres de Béziers, font quelque effervescence avec les acides ; ce qui annonce dans la composition de l'*ardoise* une certaine quantité de matière calcaire.

Toutes les *ardoises* de Fumai ne font point d'effervescence avec les acides : il en est de même de celles des environs de Pouillaven en Basse-Bretagne. On doit en dire autant de celles de Château-Lin, de Barneton ; de celle de la Ferrière proche Alençon, & de Mézières.

Il paroît par les différens morceaux d'*ardoise* qu'on a reçus de Béziers, qu'il peut se faire qu'une même carrière donne des morceaux sur lesquels les acides agissent, pendant que d'autres éludent leur action.

Ce seroit ici le lieu de rechercher quelle peut être la cause de ces différentes compositions d'*ardoises*, dont les unes font effervescence avec les acides minéraux, pendant que d'autres y résistent. Il y a grande apparence que la substance argileuse qui fait le fond de l'*ardoise*, se trouve mêlée à une certaine quantité de substance calcaire : aussi dans ce dernier cas les *chaz*, cette substance qui, par l'effet d'une infiltration générale que reçoit la masse de l'ardoisière, remplit les vides de cette masse, sont, ou calcaires, ou quartzeux, suivant que les *ardoises* font effervescence avec les acides ou ne la font pas.

Ainsi l'*ardoise* est une pierre feuilletée, opaque, vitrifiable en tout ou en partie, & dont les masses, tant grandes que petites, affectent la figure rhomboidale.

Cette dernière propriété est trop singulière pour ne pas entrer dans quelques détails à ce sujet. C'est ordinairement dans les petits fragmens qui composent le banc le plus près de la surface, & qu'on appelle *cosse*, que cette figure rhomboïdale se remarque le mieux. Ces morceaux forment des rhombes, des parallélipipèdes, dont la base est, ou un carré long, ou un carré parfait, des rhomboides, & très-peu de figures irrégulières, mais approchantes de celles-là. On ne distingue pas également bien ces différentes figures dans les quartiers des grands bancs ; cependant, par l'examen des parties qui entrent dans leur composition, il est incontestable que ces bancs doivent avoir des figures rhomboïdales semblables.

Effectivement, lorsqu'on observe exactement une carrière d'*ardoise* qui est naturellement à découvert, & qu'on jette les yeux sur les bancs de *cosse* de la surface, on trouve que ces bancs sont composés de petites pierres, posées obliquement les unes sur les autres, qui se détachent très-facilement, & qui toutes affectent la figure de parallélipipèdes obliquangles. Leurs faces sont unies, & ordinairement bien planes ; ce qui fait que l'assemblage qui en résulte, a peu de consistance : de là résulte la facilité de leur désunion, de la décomposition des tous, & de la séparation des feuilles.

Les lits qui suivent les bancs de *cosse* sont les plus considérables en épaisseur : aussi les parties élémentaires qu'on peut en détacher, ne sont pas en petites masses comme celles du banc précédent ; elles ont quelquefois quinze pieds de hauteur, & même vingt, au lieu que les pierres du lit de *cosse* n'ont quelquefois que deux ou trois pouces de longueur, sur quatre à cinq d'épaisseur, & les plus grandes n'ont guère qu'un pied sous toutes leurs dimensions.

Après cette forme rhomboïdale que nous offrent les *ardoises*, nous devons nous occuper de certains accidens qui leur sont extérieurs, & qui méritent qu'on en parle avec quelques détails. Les plus singuliers sont les empreintes des plantes, des poissons & des animaux marins crustacés, &c.

Les *ardoises* d'Angers méritent d'autant plus notre attention, que les plantes auxquelles ces empreintes sont dues, étoient des *fucus* de mer, & que celles des poissons représentent différens crustacées ou des animaux marins de la classe des écrevisses, dont les empreintes sont plus rares que celles des poissons ordinaires & des coquillages.

Les *fucus* sont de différens genres : il y a des *tremella*, des *fucus* proprement dits, & de ceux qu'on connoît plus communément sous le nom de *mousses de mer.* Quelques *tremella* ont un pied & quelques pouces de haut, sur près d'un pied dans leur plus grande largeur ; ils se divisent en plusieurs branches vers la moitié de leur hauteur, ou plutôt elles sont découpées en franges, dont les bords sont eux-mêmes frangés très-délicatement. Au reste, ces mêmes empreintes se trouvent sur plusieurs autres *ardoises*, avec quelques variétés & quelques différences qui n'en défigurent point la ressemblance. Toutes ces empreintes, au reste, quelles qu'elles soient, sont dessinées par une teinte de rouille de fer.

C'est encore la couleur d'une autre sorte d'empreinte, qu'on doit aussi regarder comme une espèce de *tremella :* cette empreinte a un pied de longueur sur neuf pouces de hauteur ; elle représente plusieurs lignes courbes circonscrites les unes aux autres, & qui ont comme un centre commun, qui paroît être l'empreinte du pédicule ou de l'attache de la plante. L'irrégularité des contours des lignes ne vient que des plis que prend cette plante lorsqu'elle n'est pas étendue dans l'eau ; elle se chifone en quelque sorte alors ; ce qui doit, lorsqu'elle se trouve comprimée entre deux corps capables de recevoir des empreintes, former des traces contournées irrégulièrement, quoiqu'avec une certaine uniformité.

Malgré la ressemblance qu'il y a entre ces empreintes & certaines *tremella*, on pourroit peut-être ne les considérer que comme des accidens dus à des dissolutions ferrugineuses, qui se seroient introduites entre les lames de l'*ardoise ;* mais ce qui prouve que ces accidens sont des empreintes dans toute la force du terme, c'est que les contours qu'elles présentent, ont quelque peu de profondeur, & que les surfaces des *ardoises* en sont sillonées, comme on peut penser que l'interposition d'un corps organisé auroit pu produire cet effet, au lieu que les dépôts ferrugineux qui maculent les pierres, ne font que s'y étendre sans les creuser en aucune manière. Il est vrai que ces sillons sont très-superficiels, & cela ne pouvoit être autrement, les plantes qui les ont occasionnés étant fort minces, au point même que, lorsqu'elles sont sèches, la feuille de papier la plus mince ne l'est pas plus que ces plantes. Quant aux couleurs des empreintes, il y a grande apparence que la couleur des plantes a dû être plus foncée que celle du fond, parce que les plantes ont dû conserver plus de principes colorans.

Ce qui achève de prouver l'existence des empreintes des *tremella*, c'est qu'elles se trouvent sur des *ardoises* qui portent aussi des empreintes, non-seulement d'espèces de *fucus*, différentes des précédentes, mais encore de crabes, de chevrettes & d'autres crustacées.

Une autre *ardoise* ne peut pas offrir une empreinte moins frappante que les précédentes : non-seulement elle fait voir la figure, les ramifications, les découpures de certains *fucus*, mais elle montre encore l'empreinte de certains petits corps ronds, qu'on a regardés comme renfermant les parties de la fleur, & qui sont répandus le long des tiges & des branches de ces *fucus*.

Sur un fond jaune sont répandues çà & là, presque dans toute l'étendue de la pierre, des empreintes de pieds entiers ou de branches séparées d'un petit *fucus*, découpé assez finement. La masse la plus considérable, & qui paroît être un pied entier, peut avoir six pouces de haut sur trois de large. Les branches dispersées sur le reste de la pierre ont environ un ou deux pouces de hauteur, sur un peu plus ou un peu moins de largeur. Les corps globuleux dont on a parlé, sont désignés par de petites taches d'un jaune rouille de fer, rondes, & répandues le long des tiges, des ramifications & des découpures de la plante.

Ce sont ces petites taches qui prouvent d'une façon incontestable que ces empreintes sont celles d'un *fucus :* on ne peut, lorsqu'on connoît ces plantes, se refuser à cette idée. Il y a plusieurs de ces empreintes où l'on trouve ainsi disposés les corps qui ont formé ces taches : la manière dont les extrémités des découpures se terminent, en est encore une preuve. Dans les plantes terrestres, ces extrémités sont ordinairement moins larges que le bas, au lieu que c'est le contraire dans les *fucus :* c'est cette différence qui se remarque surtout dans l'empreinte dont il est présentement question. Ainsi, d'après tous ces caractères de ressemblance, on ne peut pas douter que ce ne soit l'empreinte d'une espèce de *fucus*.

Une de celles sur laquelle il n'y a pas de doute, est celle d'un crabe, ou plutôt d'une écreviſſe de mer : l'impreſſion des grandes pattes ou des ſerres que ces animaux ont par-devant, en eſt une preuve ſans réplique : le contour arrondi de l'empreinte, les côtes tranſverſales dont elle eſt relevée, appuient encore cette idée, & il ne faut que jeter un coup d'œil ſur la figure entière, pour la rapporter aux véritables animaux qui y ont laiſſé leur impreſſion totale.

Cette empreinte eſt conſidérable par ſa grandeur, le corps ayant ſept pouces de longueur, ſur ſept & demi environ de largeur ; elle eſt coupée tranſverſalement au moins de huit ou neuf anneaux arrondis, dont la courbure regarde la partie antérieure. Antérieurement & latéralement on remarque l'empreinte de deux grandes pattes ou ſerres, qui ſont tournées l'une vers l'autre, dans l'attitude où l'animal les met lorſqu'il veut pincer une choſe ; elles ſont diviſées en deux portions ou deux pinces, rapprochées de la façon qu'elles le ſont lorſque l'animal ſerre quelque corps.

Une ſingularité qui ſe remarque dans une autre empreinte, eſt celle d'une eſpèce de patte ou nageoire courbe, gravée de huit ou neuf ſillons fins : c'eſt celle d'une patte ou d'une nageoire, car on connoît beaucoup de cruſtacées dont la queue ſe termine par des eſpèces de nageoires ainſi formées.

Enſuite viennent les empreintes de chevrettes ; elles ſont en très-grand nombre ſur pluſieurs morceaux des *ardoiſes* d'Angers, au lieu que les autres crabes qui précèdent, n'en ont qu'un ou deux. Effectivement, ces ſortes de cruſtacées ſont très-communs dans toutes les mers : il y en a par millions. Il n'eſt donc pas étonnant de trouver les *ardoiſes* chargées d'empreintes multipliées de chevrettes qui ſe croiſent & qui empiètent les unes ſur les autres, comme on le voit ſur pluſieurs de ces pierres. Un morceau qui n'a pas plus d'un pied en longueur & en largeur, eſt empreint de plus de quarante de ces chevrettes, plus étendues & plus parfaites les unes que les autres.

Une réflexion qu'on ne doit pas paſſer ſous ſilence, regarde la grande quantité de ces foſſiles, & l'abondance qu'on en voit ſur les *ardoiſes* d'Angers.

Une ſingularité qui au reſte ne regarde pas plus ces *ardoiſes* que celles des autres pays, tombe ſur le grand nombre des empreintes de poiſſons ou de cruſtacées, & de certaines plantes dans les *ardoiſes*, & la rareté de celles des coquilles & des autres foſſiles de cette même nature dans ces mêmes pierres, tandis qu'elles ſont ſi communes dans les pierres à chaux ordinaires. Ces obſervations ne peuvent s'expliquer que par les faits mêmes : ils ne pourront trouver leur ſolution que lorſqu'on aura une connoiſſance générale de la diſtribution des foſſiles dans telle ou telle partie de la terre, & qui peuvent correſpondre aux lieux que les animaux occupent dans le baſſin de la mer. On ſait que certains cantons abondent en eſpèces ou familles particulières de foſſiles.

ARDOISIÈRE. Les naturaliſtes réuniſſent ſous le nom d'*ardoiſe* trois ſubſtances pierreuſes, qui, quant à leur forme & à leur uſage, peuvent ſe rapprocher, mais qui diffèrent ſurtout quant aux acceſſoires qui accompagnent leurs maſſifs.

Les premiers maſſifs d'*ardoiſes*, dont nous traiterons ici, ſont ceux que nous conſidérerons comme appartenans à la plus ancienne formation ; les ſeconds ſont ceux qui offrent les *ardoiſes* proprement dites ; enfin, les *ardoiſes bitumineuſes*.

Les premiers maſſifs ne contiennent pas le moindre veſtige des corps marins organiſés, au lieu que les ſeconds offrent fréquemment des empreintes de poiſſons, de cruſtacées & de plantes exotiques. Les *ardoiſes bitumineuſes*, qui ſervent de *toit* aux couches de charbon de terre, offrent des empreintes de végétaux en grande abondance.

Premiers maſſifs d'ardoiſes.

Nous conſidérerons ces ſortes d'*ardoiſes* comme des ſchiſtes argileux qui ſe trouvent dans une ſituation très-inclinée, & même aſſez ſouvent verticale. Leurs bancs ont rarement une épaiſſeur conſidérable. Le banc que l'on rencontre dans la carrière de Charleville a juſqu'à ſoixante pieds d'épaiſſeur : les feuillets de ces *ardoiſes* ſont toujours parallèles au plan général du banc qui les renferme.

Ces premiers maſſifs n'offrent dans leurs environs aucun veſtige de corps organiſés comme les maſſifs du ſecond ordre, vu que ces maſſifs du premier ordre datent du même tems que les anciennes roches ſchiſteuſes.

On a trouvé dans les Alpes & dans les Pyrenées un très-grand nombre de bancs d'*ardoiſe* du premier ordre, qui ſont exploités comme carrières d'*ardoiſes* dans les principales vallées des Pyrenées : ces *ardoiſes* ne ſont ni de la même nature ni de la même couleur, & pluſieurs ſont enveloppées d'une grande quantité de matière calcaire, & d'autres de ſubſtances quartzeuſes.

Il y a d'ailleurs, dans d'autres contrées de la France, des carrières d'*ardoiſes* du premier ordre, particuliérement aux environs de Cherbourg & de Saint-Lo, en la ci-devant province de Normandie ; mais les plus conſidérables & les plus connues ſont celles voiſines de Charleville, ſur la Meuſe.

Ces dernières ne ſont point exploitées *à ciel ouvert* comme les *ardoiſières* du ſecond ordre, mais par galeries ſouterraines, comme des bancs de ſchiſtes quartzeux très-durs & fort épais, qui ſervent de *toit* à ces bancs, & qu'ils plongent très-rapidement sous le sol de la superficie : ceci obligeroit à de très-grands travaux, la plupart impraticables, pour découvrir la carriere qu'on exploite.

La plus considérable de cette contrée est celle de Rimogne, à quatre lieues à l'ouest de Charleville ; elle est dans une colline dont le centre est du premier ordre, mais dont les couches superficielles sont horizontales & chargées de coquilles : c'est la limite de l'ancienne & de la nouvelle terre, que j'ai trouvée d'ailleurs dans les environs de Sédan. (*Voyez le* DÉPARTEMENT DES ARDENNES.)

Le banc que l'on exploite à Rimogne est incliné à l'horizon de quarante degrés. Son épaisseur est de soixante pieds : on l'a suivie par une galerie qui a quatre cents pieds dans la profondeur, sans compter un grand nombre de galeries latérales, que l'on a prolongées à près de deux cents pieds de chaque côté.

Dans l'épaisseur de soixante pieds de ce banc, il n'y a que quarante pieds qui donnent des *ardoises* de bonne qualité : les vingt pieds de la partie inférieure sont d'une *ardoise* quartzeuse & intraitable.

La roche qui sert de *toit* au banc d'*ardoise* est un schiste quartzeux, grenu, appelé *grès* par les ouvriers. Les autres bancs supérieurs sont des schistes argileux, mais friables, & d'une couleur de fer.

Ce banc d'*ardoise* de Rimogne est le plus considérable qu'il y ait dans cette contrée. L'*ardoise* qu'il fournit, est celle qui approche le plus des *ardoises* d'Angers, tant par sa qualité que par sa couleur bleue-foncée.

Celle des autres carrières des environs de Charleville est sujète à être chargée de pyrites, & coupée en tout sens par des veines quartzeuses. Pour exploiter ces *ardoises*, on détache du banc de gros blocs qui pèsent environ deux cents livres ; ils ont la forme d'un plateau : chaque ouvrier les porte sur son dos jusqu'au jour. Arrivés dans l'atelier, ces blocs sont *refendus* en tables épaisses. Cette opération s'exécute très-facilement. L'ouvrier *refendeur* tient le bloc entre ses jambes, place au hasard le tranchant de son ciseau, & le divise d'un coup de maillet ; il en fait autant sur les résultats du premier travail. Cette opération doit être faite incontinent après que les blocs sont sortis de la carrière, car si la pierre avoit eu le tems de se dessécher, il ne seroit plus possible de la *refendre*.

L'ingénieur Vialet, qui a donné un Mémoire sur l'exploitation de cette carrière, & d'où nous avons emprunté la plupart des détails précédens, annonce qu'il avoit trouvé un moyen de procurer à ces *ardoises* une plus grande durée que celle qu'elles ont naturellement, en les faisant cuire dans un four à briques, jusqu'à ce qu'elles aient pris une couleur rougeâtre ; elles acquièrent par l'action du feu beaucoup de dureté, comme cela arrive à toutes les matières argileuses.

De ce que la carrière de Rimogne ne présente aucun vestige de corps marins, tandis que les terrains environnans en sont remplis, on est autorisé à en conclure que ces massifs, si voisins les uns des autres, ont été formés à des époques, & surtout dans des circonstances totalement différentes, sur lesquelles nous exposerons nos vues & notre opinion.

Massifs d'ardoises du second ordre.

Les couches de ces massifs sont en général peu inclinées à l'horizon, mais présentent des épaisseurs considérables, & les feuillets dont elles sont composées, bien loin de leur être parallèles, sont posés de champ dans une situation presque verticale. En examinant leurs carrières, on voit que ce sont des dépôts argileux, auxquels ont concouru plusieurs émanations souterraines, comme nous le dirons par la suite. Ces massifs d'*ardoises* du second ordre se rencontrent bien moins fréquemment que ceux du premier ; mais l'étendue & l'épaisseur de ces couches dédommagent de leur rareté.

On trouve en France plusieurs de ces grandes couches, particuliérement près de la Ferrière en Normandie, & dans les environs d'Angers : ces carrières-ci sont les plus importantes ; elles fournissent l'*ardoise* la plus belle & de la meilleure qualité.

Ces couches s'étendent dans un espace de deux lieues, depuis Avrillé jusqu'à Trelazé, en passant sous la ville d'Angers, où la Mayenne, qui vient du nord, les coupe à angle droit.

Les huit carrières qui sont actuellement en exploitation dans cette contrée, sont sur la ligne de l'ouest à l'est, de même que toutes les anciennes fouilles. C'est dans cette direction que, par la disposition extérieure du sol, les bancs d'*ardoise* se présentent les plus près de la superficie.

Immédiatement au dessous de la terre végétale, on trouve la *cosse* : c'est une *ardoise* qui, jusqu'à quatre à cinq pieds de profondeur, n'est qu'un *feuilletis* qui se débite en petits fragmens de quelques pouces d'étendue, & qui ont la forme d'un rhomboide ou d'une portion de rhomboïde.

Un peu plus bas on rencontre la *pierre à bâtir*, *ardoise* assez solide, mais qui se débite assez difficilement en feuillets : c'est celle qu'on emploie dans le pays à la construction des maisons.

A quatorze ou quinze pieds de la superficie, on trouve le *franc-quartier* : c'est la bonne *ardoise*, qu'on exploite jusqu'à la profondeur perpendiculaire de trois cents pieds, & l'on ignore l'épaisseur des bancs qu'on pourroit absolument exploiter au dessous.

Nous verrons que cette exploitation se fait à

ciel ouvert, par tranchées ou *foncées* de neuf pieds de profondeur chacune.

Tout fait présumer qu'on pourroit s'enfoncer plus avant qu'on ne le fait, & cette amélioration dans le travail seroit d'autant plus avantageuse, que plus on s'enfonce, & plus l'*ardoise* a de qualité : il paroît qu'on n'est arrêté que par l'imperfection du mode d'exploitation. Au reste, peut-être que la comparaison des principes qui ont guidé les entrepreneurs des *ardoisières* de Charleville, pourroit éclairer à ce sujet les propriétaires des carrières d'Angers. Toutes les carrières de charbon de terre sont exploitées par puits & par galeries, jusqu'à d'immenses profondeurs ; mais les travaux conduits avec intelligence font disparoître les difficultés. Il seroit donc bien important de s'assurer, par des essais, si l'exploitation par galeries ne pourroit pas être adoptée pour les *ardoisières* d'Angers, & si, par ces entreprises, on ne pourroit pas parvenir à faire cesser la perte d'une grande partie de nos richesses minérales.

Quant à la structure intérieure de ces grands massifs d'*ardoise*, nous dirons qu'elle est divisée par plusieurs filons ou *délits* de spath calcaire ou de quartz, qui ont jusqu'à deux pieds d'épaisseur ; ils sont parallèles entr'eux, & se prolongent régulièrement de l'ouest à l'est dans une situation qui approche de la verticale, car ils se relèvent de soixante-dix degrés du côté du sud.

Ces filons sont rencontrés d'espace en espace par d'autres filons semblables, dont la direction est la même, & dont l'inclinaison est également de soixante-dix degrés, mais dans un sens opposé ; de façon que, par leur rencontre avec les premiers, ils forment, ou des rhombes, ou des demi-rhombes, qu'on a comparés à des V, dont les uns sont droits & les autres renversés.

Tous les *feuillets d'ardoise* ont une direction & une inclinaison semblables à celles des premiers filons, c'est-à-dire qu'ils se relèvent de soixante-dix degrés à l'aspect du sud, & se plongent au nord. Quoique coupés par des filons qui ont une inclinaison contraire, la leur ne change point : il résulte de toutes ces dispositions, que ce massif d'*ardoise* est partagé en immenses rhomboïdes, composés de lames toutes parallèles entr'elles, & aux deux faces opposées des rhomboïdes.

L'*ardoise* d'Angers s'extrait par blocs d'une certaine proportion : c'est entre ses feuillets que se rencontrent fréquemment des vestiges d'animaux marins, & surtout des empreintes pyriteuses des *poux de mer*, de petites chevrettes & d'une espèce d'écrevisse dont le corps a jusqu'à un pied de large, sur quatorze à quinze pouces de longueur. Guettard a compté quarante chevrettes sur une *ardoise* d'Angers, d'un pied en carré. Les analogues vivans de ces différens animaux ne sont pas connus.

Ce qui étonne dans ces empreintes, surtout à l'égard des grandes écrevisses, c'est que leur corps n'a presqu'aucune épaisseur : ce sont plutôt de simples gravures, que des corps en relief. La saillie que font ces grandes écrevisses sur un mince feuillet d'*ardoise* est à peine d'un quart de ligne ; & ce qui ajoute encore à cette espèce de merveilleux, c'est la situation presque verticale où se trouvent ces empreintes dans la carrière. Ces *ardoises* présentent aussi fort souvent de belles *dendrites pyriteuses* qui ont plus d'un pied d'étendue, & que des botanistes ont prises pour des *tremella*.

La pyrite paroît avoir été disséminée en petits grains à la surface des *ardoises* : on y observe aussi beaucoup de petites étoiles séléniteuses.

Quand les blocs ont été tirés de la carrière, si on les laisse exposés au grand air, ils perdent *leur eau de carrière* : on ne peut plus les fendre.

Les *ardoises* du second ordre qu'on trouve dans d'autres contrées, offrent à peu près les mêmes dispositions & les mêmes phénomènes que celles des environs d'Angers.

Elles sont pour le moins aussi rares dans les pays étrangers qu'en France : on n'en connoît qu'une ou deux carrières en Angleterre, dans le comté de Carnarvan. La Suisse n'en offre que dans la vallée de Sernft, canton de Glaris.

L'Italie ne fournit qu'une seule carrière d'*ardoise* pareille, à *Lavagna*, près de la ville de Gênes.

L'Allemagne renferme plusieurs carrières d'*ardoises* du second ordre, qui renferment des empreintes de reptiles, de poissons & d'autres animaux marins ; mais ces empreintes ont des reliefs assez considérables, & tout prouve l'existence de l'animal empreint. Les plus célèbres de ces *ardoisières* sont celles d'Eisleben en Saxe, d'Ilmenau, de Mansfeld en Thuringe, & de Pappenheim en Franconie.

De la formation des massifs d'ardoises & des mines de charbon de terre.

Comme je me propose de m'occuper, dans cet article, de la construction des massifs d'*ardoises* & des mines de charbon de terre, j'en traiterai quelquefois séparément, & d'autres fois sous le même point de vue. Je commence d'abord par les charbons de terre avant de revenir aux *ardoisières*, qui est ici mon objet principal.

Les charbons fossiles ne paroissent composés que de bitume, & ne présentent qu'une substance solide, disposée par feuillets & par lames étroitement unis les uns aux autres, & mélangés avec une multitude surprenante de matières terrestres & végétales, qui nous indiquent que les matériaux de ces dépôts sont descendus des continens, & ont été arrangés de manière que leurs lits sont toujours parallèles les uns aux autres, & que leur disposition est alternative avec des bancs d'autres matières, qui sont la plupart du tems des grèves, des marnes, des fragmens de pierres dures, des coquillages & d'autres productions de la mer; indices certains que les mines de charbon de terre ont été construites lits par lits, & par des mouvemens réglés & alternatifs entre l'action des continens sur les mers, & l'action des mers sur les continens. Quoique les lits des mines de charbon soient ordinairement inclinés, cette disposition, qui n'est qu'accidentelle, ne doit point nous empêcher de les considérer comme ayant été primitivement construits parallèles entr'eux & horizontaux, car c'est une loi constante & invariable, à laquelle les dépôts faits par les fluides ont été constamment assujettis.

Les ardoises semblent être formées d'un limon argileux, délié, charié & déposé par des eaux chargées de bitume. La finesse de leurs feuillets, & le parfait parallélisme qu'ils affectent tous entr'eux, quoique les lits en aient été brisés & versés comme ceux des mines de charbon, font juger que les eaux qui ont déposé ces limons ont été parfaitement réglées, périodiques, & fort tranquilles dans leur cours.

Les *ardoises* ont encore cela de commun avec les mines de charbon, qu'elles contiennent une singulière quantité de productions terrestres & végétales; ce qui nous montre bien clairement que les uns comme les autres massifs ne sont que des dépôts d'anciens torrens bitumineux, qui ont coulé sur la terre lors de quelques éruptions générales des feux souterrains.

Cependant les *ardoisières* ne contiennent que des plantes délicates, que des feuilles légères, toujours couchées à plat, & assez souvent mêlées avec des poissons fluviatiles & marins, parce qu'après la décharge de ces fleuves chargés de bitumes, les mers sans doute, & toutes les eaux qui s'y sont mêlées, ont conservé long-tems la même teinte, & sont restées chargées des parties les plus fines de ces bitumes, des parties les plus légères du limon, & des productions terrestres qui avoient été entraînées, & que les marées avoient ramenées & répandues sur les rivages. Nous ne voyons donc dans les massifs d'*ardoises* de substances terrestres, fluviales & marines, que parce que les accidens qui les ont produites, ont été des accidens universels, communs aux mers comme aux continens. L'Océan seroit sans doute aujourd'hui une mer chargée de bitume si, à la faveur des siècles, il n'eût pas déposé, dans son bassin & sur nos continens, tout ce qui forme aujourd'hui nos mines de charbon & nos *ardoisières*.

Pour donner toute l'évidence convenable à notre opinion sur l'origine que nous croyons devoir donner aux dispositions des mines de charbon & aux massifs d'*ardoises*, il suffira de faire connoître que la nature produit encore, en de certains lieux, des phénomènes semblables, & d'examiner quelles en seroient les suites si ces phénomènes en étoient plus multipliés. La mer, en plusieurs endroits de ses rivages, & notamment aux environs de la ville de Caën en Normandie, construit, par son flux & reflux, & par la suite des tems, une pierre semblable à l'*ardoise*, & formée, comme celle de la mer, de lames aussi minces & aussi déliées, qui s'appliquent journellement les unes sur les autres. Chaque montant apporte & répand sur le rivage un limon impalpable, qui ajoute une nouvelle feuille aux anciennes: d'où résulte, par la succession des tems, une pierre tendre & feuilletée, qui renferme dans ses feuillets des corps légers, soit marins, soit terrestres, que le flot a déposée, & qui est tellement semblable à l'*ardoise*, à sa couleur & à sa position horizontale près, qu'il paroît hors de doute que l'*ardoise* ancienne a été construite de même par le jeu tranquille & périodique du flux & du reflux des mers. Si les mers de Normandie étoient teintes de bitume, il paroît certain qu'elles nous donneroient une véritable *ardoise* bien feuilletée.

L'éruption des bitumes n'est point non plus un fait sans aucun exemple dans l'état présent de la nature: les volcans en fureur les répandent sur la terre, & en forment dans leurs accès des fleuves embrâsés, qui, comme nos rivières, se précipitent dans les mers. Dans une multitude de contrées paisibles mêmes, nous avons encore des sources chargées de bitume plus ou moins abondant, qui s'épanchent continuellement ou seulement periodiquement.

Nous pouvons donc aussi nous représenter ce qui arriveroit à la surface du globe si les volcans anciens s'enflammoient dans toutes les contrées voisines des grands continens, s'il s'en formoit de nouveaux, & si toutes les forces intérieures de la terre entroient dans une action & une crise violentes. Alors tous les bitumes seroient portés à l'extérieur: nous ne verrions que des torrens enflammés & des fleuves de bitumes, qui, d'accord avec les eaux, dévasteroient tous nos continens, & charieroient vers les mers des vases bitumineuses chargées des dépouilles de tous les végétaux terrestres & de toutes les productions fluviatiles. Alors les mers lutteroient, par leur flux & reflux, avec les matières descendues de nos continens; les dépôts des mers, à l'embouchure des fleuves & des rivières, seroient alternatifs, suivant le jeu des marées, & lorsque la violence des éruptions & des débordemens seroit ralentie ou entièrement appaisée, le flux & reflux continueroit de ramener les substances les plus légères, les boues & les limons les plus atténués; & comme les mers en auroient été totalement chargées & troublées, elles déposeroient, pendant une longue succession de tems, à chaque montant, une feuille de limon noir & bitumineux, avec une multitude de végétaux qui se placeroient sur leur plat, & des poissons de rivières & des mers déjà morts ou qui viendroient y mourir. Enfin, on ne peut douter qu'il n'en résultât tous les phénomènes

phénomènes que nous remarquons dans nos mines de charbon, & particuliérement dans les *ardoisières*, & ces phénomènes offriroient à la postérité surprise les mêmes problêmes d'histoire naturelle & de physique que ces antiques dépôts nous offrent aujourd'hui, & ils seroient comme eux les monumens naturels que les observateurs auroient à consulter pour faire l'histoire des différens massifs d'*ardoise* & de charbon de terre, formés dans certaines contrées du globe.

Ce seroit en vain que je tenterois ici de chercher la date de ces événemens, dont nous pouvons étudier les résultats; ils ont dû être si destructeurs, & doivent être si anciens, qu'il n'est pas étonnant que l'histoire en ait fait si peu de mention, & qu'il y ait à ce sujet si peu de traditions connues & détaillées; cependant nous pouvons soupçonner que ces révolutions, auxquelles le feu a eu tant de part, sont fort anciennes, & il est aisé d'en donner des preuves incontestables par l'étendue des parties de la surface du globe, que les volcans éteints y occupent.

J'ai déjà remarqué que les lits des mines d'*ardoises* & de charbon de terre étant toutes inclinées contre les loix de la disposition des fluides, sous lesquels ces lits se sont formés, c'étoit un indice certain que, depuis les accidens qui ont présidé à ce beau travail, il en étoit survenu d'autres qui avoient produit ces dérangemens & ces inclinaisons dans les couches. Or, ces derniers accidens n'ont pu avoir lieu que long-tems après leur construction, & lorsque ces massifs avoient déjà pris, par le travail fort long de la pétrification, une consistance & une solidité dont les fractures & les arrachemens que nous y remarquons, sont des preuves constantes. Joignons à cette preuve une autre considération : c'est que la plupart des mines de charbon & des massifs d'*ardoises*, qui contiennent toutes entre leurs lits & entre leurs feuilles des substances marines mêlées avec des substances terrestres, sont aujourd'hui fort éloignées des mers, quoiqu'elles n'aient pu être construites que sur des rivages & dans des contrées maritimes ou dans la mer même : autre témoignage d'une révolution postérieure à leur construction primitive, qui, en changeant la situation respective des mers & des continens, a brisé ces mines de charbon & d'*ardoises*, en a incliné les lits, & a recouvert la terre de nouveaux lits horizontaux, qui les chargent ou qui les environnent : par où il paroît que les premiers accidens qui ont donné lieu à la construction des uns & des autres massifs, ont occasionné par la suite la submersion totale des lieux où ils étoient construits, & que, long-tems après cette submersion, de nouveaux accidens ont fait reparoître ces terrains anciennement affaissés; mouvemens qui ont produit l'inclinaison générale que ces massifs présentent aujourd'hui, & les fractures qui s'y rencontrent souvent remplies de matériaux plus modernes, qui ne datent que du dernier séjour des mers.

Enfin, les mines de charbon, & singuliérement les *ardoisières* de nos climats tempérés, nous ont conservé en grande abondance des végétaux terrestres totalement étrangers à nos contrées, & dont les analogues ne croissent aujourd'hui que dans des climats chauds & dans des régions très-éloignées des nôtres; monumens bien authentiques encore, qui nous apprennent que, depuis la construction des massifs de charbon & d'*ardoises*, le globe de la terre a souffert une révolution totale, qui a changé ses climats & ses anciens aspects à l'égard du soleil. Le dernier phénomène a déjà été expliqué par des observateurs naturalistes, qui ont eu recours à des torrens des Indes en Europe, & de l'Europe aux Indes; mais, comme je l'ai remarqué dans la *Notice de Pallas*, on ne peut pas voir sur la terre les traces de ces torrens imaginaires, non plus que les vallées, qui seroient les sillons creusés par ces prétendus torrens; car les vallées qu'on peut trouver dans ce trajet, & creusées par les eaux courantes, n'ont aucun rapport au chemin que ces physiciens font faire à leurs torrens; & loin que ces torrens, auteurs de toutes ces vallées, aient pu contribuer à la construction des mines de charbon & des massifs d'*ardoise*, & de tout ce qu'elles contiennent, il est aisé de reconnoître que ces torrens les ont détruites en partie, puisque les pays de mines de charbon & de massifs d'*ardoises*, coupés par les vallées comme tous les autres terrains, & plus souvent encore affaissés par leur rencontre, nous annoncent le travail ordinaire des eaux courantes.

D'ailleurs, il est très-vraisemblable que, lors de la construction des mines de charbon & d'*ardoises* dans nos contrées d'Europe, les Indes & la Chine, dont le sol superficiel ne porte que sur des mines de charbon sans nombre, ainsi que sur les *ardoisières*, n'étoient pas encore ce qu'elles sont aujourd'hui. Les vestiges du feu sont trop généraux pour qu'il n'ait pas régné à la fois dans le même hémisphère, & que les monumens qui s'en trouvent partout ne soient pas de même date. La Chine devoit brûler (s'il y avoit alors une Chine) lorsque l'Europe (s'il y avoit alors une Europe) étoit enflammée; car il est probable que, lorsque les lits de l'Europe se construisoient sous les eaux, ceux qui servent de fondemens à l'Asie devoient être dans le même cas.

Nous ne pouvons donc conclure de la situation présente des mines de charbon & d'*ardoises*, ainsi que de tous les phénomènes qu'elles renferment, que dans la succession des differentes révolutions, celle qui a été produite par le feu est la plus ancienne, & celle dont la date est par conséquent la plus difficile à fixer.

La multitude des mines de charbon & d'*ardoises* répandues dans toutes les parties du monde, atteste l'universalité de cette révolution, dont nous ne pouvons déterminer l'époque ; mais le nombre des couches & des feuillets dont elles sont composées, peut nous donner une idée sur sa durée. Ainsi l'on doit penser par la considération du nombre de ces couches & de ces feuillets, que ces accidens n'ont point été des accidens passagers & d'une saison comme les autres inondations, mais que la terre a dû être pendant des siècles comme le domaine du feu, ou au moins pendant bien des années, & qu'il a fallu nécessairement des marées sans nombre pour déposer ces innombrables feuillets.

De cette conséquence presque certaine, & de cette situation du globe, nous ne devons point supposer que la terre ait été alors un soleil, une comète ou une planète inhabitée & inhabitable, comme quelques physiciens l'ont imaginé. Mille monumens nous instruisent du contraire, & nous apprennent clairement que les animaux & les végétaux qui existent actuellement sur la terre, dans les fleuves & dans la mer, ont existé pendant ces révolutions comme avant & après, car nous trouvons dans nos *ardoisières* des analogues d'une partie des êtres que nous connoissons présentement. Leurs espèces subsistoient donc avant ces incendies, & une partie a subsisté pendant leur durée, puisque ceux qui vivent aujourd'hui n'ont pu descendre que de ceux qui ont survécu à ces siècles d'incendies. D'ailleurs, tous les poissons fossiles que nous trouvons dans le sein de ces mines ne sont point ensevelis dans le même banc : ils n'y ont donc été entraînés & déposés que les uns après les autres, & successivement ; & puisqu'ils sont dispersés & déposés à différentes hauteurs, les uns nous disent qu'ils sont morts long-tems avant les autres, & ceux-ci, qu'ils ont survécu quelque tems aux premiers, & ne sont morts que les derniers. Il en est de même de tous les arbres & végétaux que produisent encore nos continens. Nous trouvons tous leurs analogues dans ces magasins des débris & des anciennes productions de la nature : ils subsistoient donc auparavant, & ont subsisté en partie pendant ces embrâsemens, puisque leur espèce s'est multipliée depuis, & perpétuée jusqu'à nous.

Il en est sans doute de même des animaux terrestres : il est vrai qu'il est bien plus rare d'en trouver des reliques dans les mines de charbon & dans les *ardoisières ;* mais enfin on en a trouvé quelques vestiges. Leur rareté doit seulement nous faire présumer que, dans ces tems de révolution, l'espèce humaine etoit fort peu nombreuse, & qu'une partie s'est réfugiée, autant qu'elle a pu, dans les régions les plus tempérées & les moins incendiées. Au moins, puisque nous existons, c'est tout ce que nous pouvons entrevoir sur le sort de nos ancêtres & sur celui de tous les êtres dont la terre étoit alors couverte, & qui habitoient à sa surface.

Avant cette révolution, la terre n'étoit donc point un astre brûlant ni une comète inhabitable ; elle étoit ce qu'elle est encore aujourd'hui, à l'exception cependant de ce que les accidens de cette révolution y ont ajouté, c'est-à-dire, d'abord les massifs des charbons de terre & des *ardoisières*, ensuite les couches horizontales qui environnent ou recouvrent ces dépôts à lits & à bancs inclinés, comme nous l'avons remarqué ci-devant, avec toutes les circonstances qui ont présidé à ces dernières opérations de la nature, auxquelles nous devons borner toutes nos discussions sur les objets qui nous ont occupés dans cet article.

ARDES, ville de l'ancien duché de Mercœur, en Auvergne.

Le 9 mars, à neuf heures du matin, il s'écroula une montagne prodigieusement élevée dans le voisinage de cette ville. Les matériaux précipités par cette chute au fond de la vallée de la Couse, y ont formé une digue qui a suspendu près de vingt-quatre heures le cours de la rivière, quoique très-considérable.

La hauteur du rocher écroulé étoit d'environ quatre cents toises, & la chaussée formée par cet eboulement avoit cent cinquante toises de longueur sur quatre-vingts de largeur. L'eau de la rivière, soutenue par cette chaussée, a reflué à plus de quatre cents toises dans la partie supérieure de la vallée ; en sorte que la masse d'eau avoit près de cent pieds, autant qu'on en a pu juger par la hauteur des arbres qui se sont trouvés plongés dans cette eau. Après quelques jours, l'eau de la Couse s'ouvrit une issue d'environ vingt pieds de largeur au milieu de la chaussée, par où elle a pris son écoulement, & la quantité d'eau qui sortoit par cette ouverture n'étoit pas plus considérable que celle que la source de la rivière fournissoit le plus souvent.

Dans les environs de la ville d'*Ardes*, plusieurs volcans ont versé des courans de laves considérables, qui, mal établis sur les pentes des montagnes, ont donné lieu aux éboulemens. Les eaux qui pénètrent dessous ces laves entraînent ces produits volcaniques, & occasionnent divers accidens aux environs de Mercœur & du bassin d'*Ardes :* il est aisé d'en sentir les raisons.

ARDRA, royaume sur les côtes occidentales d'Afrique ; il s'étend surtout dans les terres. On ne trouve point sur ses côtes de ports ni de havres commodes, mais de bonnes rades, vu que les tempêtes sur la côte sont rares : il n'y a point d'autre incommodité pour le débarquement, que la violente & continuelle agitation de la mer près du rivage ; aussi c'est cette agitation qui fait que, dans toute l'étendue de cette côte, qui correspond aux royaumes d'Angola, de Congo & de Benin, l'embouchure de toutes les rivières est si large & si chargée de sables & de vases, qu'on y voie des îles nombreuses. J'ai déjà dit dans plusieurs articles, que les côtes occidentales de l'Océan atlantique étoient plus battues par les vents d'ouest que les côtes opposées, & que les embouchures des rivières s'y élargissoient en baies. (*Voyez l'article* CORSE *& celui d'*ÉCOSSE.)

Le pays est plat, uni, & en général très-fertile : on y recueille une quantité prodigieuse de maïs, de mil et, d'ignames, de patates, de limons, d'oranges, de noix de cocos, de vin de palmier ; il produit aussi beaucoup de sel, qui se forme dans des étangs voisins de la mer : une partie en est exportée dans le royaume de Benin.

L'air de cette contrée est très-mal-sain pour les Européens, qui résistent rarement à sa maligne influence ; mais les naturels du pays jouissent d'une santé robuste.

Le climat paroît cependant peu favorable à la population, car il est rare que les femmes aient beaucoup d'enfans.

ARENDILLO, sorte de montagne fort élevée, à quelque distance des sources de l'Ebre. Les couches de son sommet se décomposent de manière qu'il offre maintenant une vaste plaine, couverte de prairies très-fertiles. La composition de cette montagne est très-singulière : au bas elle est formée de gypse ; au sommet, de pierre de sable, & au milieu de pierre calcaire, empreinte de cornes-d'ammon de différentes grandeurs, & de l'espèce de coquilles appelées *peignes*, qui se trouvent dans l'intérieur de la roche. Sur le chemin de Reinosa, lieu peu éloigné des sources de l'Ebre, on rencontre beaucoup de marbre noir avec des veines blanches : il y a d'ailleurs vers ce même endroit des montagnes d'ardoises, dans lesquelles on remarque beaucoup de fentes obliques : d'où il résulte des masses trapézoïdales fort nombreuses. Vis-à-vis *Arendillo*, & à deux lieues au sud, un coteau élevé est couvert de l'espèce de plante qu'on nomme *myrtille*. C'est dans cet endroit qu'on trouve une mine d'émeri, qui est mêlé dans de la pierre de sable.

ARENDSÉE (Lac d'). Ce lac de la Vieille-Marche est de figure ovale ; il a deux mille cent vingt arpens de superficie, mesure du pays ; il est entouré d'un terrain élevé d'environ trente pieds : on ne connoît aucun endroit par lequel l'eau y entre ou en sorte. Son bassin s'augmente tous les jours. On ne voit le fond du lac que jusqu'à trente pieds de la rive, &, depuis cette distance, sa profondeur augmente tout à coup, & va jusqu'à cent cinquante pieds du Rhin. Dans les endroits où le lac est profond, ses eaux paroissent noires : dans les tempêtes elles s'élèvent prodigieusement, & forment des vagues effrayantes. Le poids spécifique des eaux de ce lac varie considérablement, suivant qu'on les puise à une profondeur différente. A quarante pieds de profondeur, par exemple, l'eau pèse de treize à quatorze grains de plus que celle de la surface ; à soixante-dix pieds, trente grains de plus ; à quatre-vingt-dix pieds, quarante grains de plus, & enfin, à cent vingt-cinq pieds, cinquante-deux grains de plus.

A quarante pieds de profondeur, l'eau devient trouble & chargée de principes onctueux, & l'on pense que si elle augmente en pesanteur spécifique dans le fond, c'est à cause de plusieurs principes huileux ou terreux, dont elle se trouve chargée. Ce qui confirme cette opinion, c'est que le lac contient toutes sortes de matières qui s'y sont pétrifiées ou plutôt incrustées, & qu'il jette dans les tempêtes sur ses bords.

En 1685 il s'est formé un grand trou à côté du lac : beaucoup d'arbres ont entiérement disparu dans ce trou, & l'on soupçonne que c'est le bois de ces arbres qui se sera pétrifié dans le lac.

A l'ouest du lac on voit, sur son bord, des pierres qui pèsent de douze à treize quintaux. Voici l'origine de ces dépôts. Lorsqu'en février le lac se gèle, la glace qui se forme sur le fond du lac soulève ces pierres & les transporte sur la rive. Il paroît par ce fait, que la glace se forme sur le fond, & en second lieu qu'elle a assez de force pour soulever & transporter des poids considérables. Je pourrai citer par la suite beaucoup de lacs qui présentent les mêmes phénomènes singuliers que l'*Arendsée*. (*Voyez* à ce sujet GLACE DES RIVIÈRES.)

On prétend que ce lac éprouve des agitations très-violentes à la veille des tempêtes, & l'on attribue ces effets à des cavernes souterraines qui sont au fond de son bassin. Je n'ai qu'une observation à faire au sujet de cette prétention & de cette conjecture. Nous savons, d'après des observations multipliées, que tout amas d'eau un peu considérable est susceptible de recevoir, à la veille des tempêtes, une agitation qui devient de plus en plus violente par l'effet du vent qui précède ces tempêtes, & qui augmente insensiblement de force à mesure que l'accès approche. J'ai donné des détails très-circonstanciés à ce sujet dans l'article d'un grand lac du Canada, dont les eaux s'agitent pendant près de trois jours progressivement avant d'arriver au dernier période. Ces faits comparés font disparoître le merveilleux, & ramènent tout à la marche simple & uniforme de la nature.

L'*Arendsée* jette sur ses bords des coquilles fossiles qu'il tire de son fond : ce sont des nautilites, des échinites & des alcions ; ce qui prouve que son bassin est au milieu des couches horizontales ou inclinées.

ARÈNE, amas de débris de pierres calcaires ou vitrescibles, plus ou moins dégrossis par les eaux. *Gravier*, *arène* & *sable*, tel est l'ordre de ces débris, considérés relativement à leur volume.

Les effets de l'humidité & de la sécheresse, ceux

de la gelée, des eaux courantes, réduisent peu à peu les pierres en débris plus ou moins fins : les plus grossiers forment les graviers ; ensuite viennent l'*arène*, puis le sable. On a divisé outre cela ces débris en *fossiles*, en *fluviatiles* & en *marins*, & je pense que ces distinctions sont utiles, parce qu'elles peuvent servir à faire connoître plusieurs opérations de la nature, qu'il ne faut pas confondre. Ainsi l'*arène fossile* est d'une époque bien antérieure à celle de l'*arène fluviatile* & *marin* ; car l'*arène fossile* est de l'époque des massifs au milieu desquels on rencontre ces amas distribués par lits, au lieu que les *arènes fluviatile* & *marin* appartiennent à cet ordre d'événemens qui ont été produits par les eaux courantes des rivières ou des fleuves, ou par les vagues & les flots des bords de la mer.

Au reste, ces différentes sortes de débris se trouvent souvent mêlées ensemble, & pour qu'elles soient bien séparées, il est nécessaire que le lavage des eaux ait opéré cette division, ce qu'elles ont pu faire dans les divers endroits où on les trouve, car, comme je l'ai dit, ce sont visiblement des dépôts formés par les eaux en mouvement ; ainsi l'*arène fossile* a été brassé par les eaux de la mer au milieu de son bassin ; l'*arène fluviatile* déposé par les eaux courantes des fleuves le long de leurs vallées, comme l'*arène marin* a été distribué par les vagues & les flots de la mer à différens niveaux des côtes, suivant le volume & le poids de ces débris. (*Voyez* GRAVIER, SABLE.)

AREQUIPA, ville de l'Amérique méridionale, dans le Pérou, sur une rivière & dans un terrain fertile. L'air y est tempéré, fort pur ; ce qui forme un séjour agréable ; mais elle est dans le voisinage d'un volcan fort redoutable par ses éruptions.

ARÊTES. Ce sont des parties détachées de la surface de la terre, qui le plus souvent suivent certaines directions ou pentes remarquables sur le fond de l'horizon.

Lorsque l'on considère ces *arêtes* prolongées à la surface des massifs de l'ancienne terre, on voit qu'elles ont une allure bien plus décidée, & des pentes plus rapides que dans la nouvelle. J'ajoute que souvent les *arêtes* de la moyenne terre se réunissent aux premières.

Souvent les *arêtes* de tous les massifs précédens se trouvent coupées par les rivières latérales perpendiculairement à la ligne du prolongement de ces *arêtes*. Nous ferons connoître ces accidens.

On peut suivre sur les cartes topographiques de la France, des observations qui peuvent donner une idée des formes, des directions & des allures des différens ordres d'*arêtes* à la surface de nos continens. Ce sont les principales circonstances qui président à tout ce qui concerne les *arêtes*, qu'il m'importe de faire connoître ici avec toutes les variétés qui peuvent nous donner une idée véritable de leurs causes comme de leurs effets, tous objets qui sont entiérement du ressort de la géographie-physique.

Considérations générales sur les arêtes.

Ce sont des chaînes de sommets prolongés dans les différentes parties des continens, & qui n'ont aucune largeur déterminée. D'après ces premières vues, lorsqu'on envisage les *arêtes* de l'ancienne terre, on reconnoît facilement qu'elles ont des pentes beaucoup plus marquées que dans la nouvelle, & que d'ailleurs ces pentes y éprouvent plus d'interruption ; elles sont plus *arêtes* dans l'ancienne terre, parce que les dégradations opérées par les eaux ont presque toujours entamé les masses sur les deux côtés des ados. Dans la nouvelle terre les *arêtes* sont très-longues, ont une pente douce, suivent une seule direction, & n'éprouvent presque point d'interruption : ces *arêtes* ne se détachent à l'horizon que comme les extrémités d'une plaine ou les grandes suites des bords de nos grandes vallées principales. Ces bords sont les restes du massif primitif entamé par les torrens & les eaux courantes, & qui ont été abandonnés par ces eaux à mesure qu'elles se sont fait un lit.

Les eaux ont eu une marche plus irrégulière lorsqu'elles ont circulé dans l'ancienne terre, car les courans formés de la réunion des eaux pluviales, plus abondans dans ces contrées, ayant leur origine sur plusieurs pentes, y ont eu d'abord une marche indécise ; mais ensuite ils ont été plus réglés dès qu'ils ont eu atteint les vastes parages de la nouvelle terre. Cette différence dans l'organisation superficielle est très-remarquable & très-facile à saisir, & s'offre constamment aux observateurs attentifs dans le passage de l'une à l'autre terre.

Les eaux courantes, qui étoient torrentielles lorsqu'elles suivoient les plans inclinés, dont les *arêtes* de l'ancienne terre offroient la coupe, avoient une vitesse bien plus grande que lorsqu'elles ont eu atteint les superficies plus uniformes des plaines de la nouvelle terre : d'où il suit qu'il y a eu ralentissement & extension dans ces eaux lorsqu'elles ont occupé ce passage. Par conséquent, dépôts considérables sur les limites de l'ancienne & de la nouvelle terre, tant des matériaux venus d'amont, que des autres substances que l'eau rencontroit sur les lieux, & ces dépôts se trouvent sur une étendue de quinze à vingt lieues lorsque les eaux ont eu une vitesse très-modérée ; mais ils s'étendent beaucoup plus loin lorsque cette vitesse a été plus considérable, ainsi que les masses d'eaux elles-mêmes.

Il faut bien distinguer les matériaux entraînés & déposés par les eaux lors de la formation des *arêtes* des matériaux déposés sur les limites de l'ancienne, de la moyenne & de la nouvelle terre lorſque la mer réſidoit dans ces lieux, car alors c'eſt à cette époque qu'on doit rapporter les pierres & les *cailloux roulés*, polis & arrondis par les flots de cette ancienne mer ; ce qui n'a pu avoir lieu lors de l'époque des eaux courantes torrentielles, qui ont entraîné des ſubſtances un peu uſées, mais nullement arrondies, ou bien même des *cailloux roulés* tout formés. (*Voyez* CAILLOUX ROULÉS, BORDS DE L'ANCIENNE MER.)

Si nous revenons maintenant aux *arêtes* & à leur formation, nous verrons que leurs pentes ont été d'abord l'effet de l'eau en maſſe ; qu'enſuite les premières pentes ayant été une circonſtance favorable, qui a contribué à l'accélération de la viteſſe des eaux, toutes les *arêtes* doivent être conſidérées comme des effets des inégalités ſuivies de la ſurface de la terre, dont il a été queſtion.

Il eſt viſible que ces pentes ont été taillées dans le maſſif total de l'ancienne terre, élevé au deſſus de la nouvelle, même dans les hauteurs de certaines parties du centre de l'ancienne terre, comme ſur les bords du même maſſif, &c. On peut faire de ſemblables remarques dans le paſſage de la moyenne terre à la nouvelle : ces pentes graduées ſont même des moyens de reconnoître chacun de ces trois maſſifs, & ſurtout leurs limites. (*Voyez* LIMITES DES MASSIFS.)

Manière d'obſerver les arêtes.

J'ai déjà dit ce qui conſtituoit les différens *proſpects* des *arêtes*, & j'ai enviſagé pour lors en général ces apparences naturelles d'après ces conſidérations ; mais à préſent je crois devoir m'attacher à des poſitions particulières, tant pour contempler ces formes de terrain à la ſurface de la terre, que pour les indiquer aux autres. Ainſi lorſque je me trouvois placé dans une partie intérieure d'une belle & large vallée, telle que celle de la Seine, & ſur le ſommet d'un plan incliné un peu élevé au deſſus du lit de cette rivière, & que de ce point je jetois les yeux ſur les cimes apparentes des croupes de la vallée qui bordoit mon horizon, je pouvois reconnoître les *arêtes* de la vallée de la Seine. Ainſi lorſque, ſur le plateau du bois de Boulogne, je contemplois les cimes qui ſe préſentoient depuis Châtillon juſqu'au-delà du mont Valérien, j'avois devant mes yeux une *arête intéreſſante*, formant un demi-cercle ſuivi.

Comme obſervateur de cette perſpective vraiment inſtructive, je remarquois d'abord que cette *arête* ſe montroit ſur la même ligne tant qu'elle faiſoit partie d'une plaine haute qui régnoit le long des bois de Verrières & de Meudon, & qu'il n'y avoit d'interruption que lorſqu'on étoit parvenu au vallon latéral de Fleury, & qu'après cette *coulée*, l'*arête* reprenoit juſqu'à la vallée de Sèvre, où je trouvois une coupure avec plan incliné & bord eſcarpé ; qu'enfin tout ſe relevoit juſqu'au vallon de Garches. C'eſt alors que le ſommet dominant de la plaine qui couvroit Saint-Cloud, offroit une hauteur qui, après une vallée de débordement, remontoit au niveau du mont Valérien.

D'après ces détails on ſent que ces *arêtes* ne peuvent intéreſſer les obſervateurs de la perſpective qu'autant qu'ils ont parcouru la même ligne, tant pour connoître la nature du ſol, que les circonſtances qui ont concouru à en modifier les apparences par l'approfondiſſement des vallées & des vallons latéraux de différens ordres.

On ſent bien que ces ſommets de croupes ſe prolongeront, & que leurs aſpects varieront à meſure que l'on changera de centre d'obſervation dans les parties baſſes de la vallée de la Seine, comme dans les parties hautes.

En concentrant les centres d'obſervation dans les vallées un peu larges & profondes, les *arêtes* ſeront circonſcrites dans un éloignement qui permettra d'en ſaiſir tous les détails qui peuvent intéreſſer la géographie-phyſique, & dès-lors on aura des occaſions fréquentes de contempler les *arêtes*, & de faire des applications très-multipliées de ce que nous en avons dit, & de reconnoître par-là les différentes formes de terrain régulières & irrégulières que la terre nous préſente à chaque pas, & particuliérement en ſuivant le cours des grandes rivières.

Si je ſors des vallées & ſi je gagne certains plateaux qui ſoient voiſins des ſommets & de leurs croupes, je rencontrerai alors pour *arêtes* les points de partage des eaux, qui ſont aſſez ſuivis & détachés, d'une manière très-remarquable, entre deux grandes vallées voiſines & parallèles. Ainſi, après avoir vu les cimes des croupes de la vallée de la Seine ou de la Marne, je rencontrerai à l'horizon les *arêtes* élevées entre la Marne & l'Aube, entre la Seine & l'Aube, & enfin entre la Seine & la Loire, &c.

Je vais plus loin encore, & je trouve que la ſurface de nos continens, ſurtout dans les *tractus* de la moyenne & de la nouvelle terre, doit offrir une certaine ſuite d'*arêtes* aſſujetties aux vallées qui parcourent ces grands *tractus*, & c'eſt ſurtout dans les vallées de la nouvelle terre qu'il y a plus d'uniformité dans les croupes des vallées, & par conſéquent dans les *arêtes* qui en offrent les bordures élevées dont les eſcarpemens ſont couronnés.

Lorſque j'indique les *arêtes* comme aſſujetties aux bordures des croupes des vallées, je veux qu'on ſache diſtinguer les bords eſcarpés des plans inclinés. On a même vu que c'étoit ſur certains points de ces plans inclinés que je plaçois les obſervateurs des *arêtes* qui appartiennent aux vallées.

Je dois dire cependant que, relativement à l'obſervation des *arêtes*, on y rencontre de grandes irrégularités, & même des ſuites ſingulières dans la moyenne terre comme dans l'ancienne. C'eſt dans ces deux maſſifs que j'ai reconnu d'abord ces *arêtes*. Ainſi l'ancienne terre du Limoſin offre dans ce genre de fort grands ſpectacles qu'on peut considérer sous différens ordres dépendans des niveaux, & qui paroissent surtout gradués depuis les plus hautes montagnes jusqu'aux masses inférieures entamées par les vallées du second ordre qui rassemblent les eaux des cimes supérieures.

Quant aux massifs de la moyenne terre où s'offrent de toutes parts des *tractus* de couches inclinées, il n'y a pas de doute que les *arêtes* n'y aient éprouvé un grand nombre d'irrégularités, & surtout d'interruptions fréquentes qui se rencontrent dans les parties où les couches, ailleurs horizontales, ont éprouvé de grands déplacemens, qui leur ont donné des inclinaisons plus ou moins considérables, & même des situations verticales fort suivies. Il faut avoir parcouru ces massifs pour être convaincu que les *arêtes* ne peuvent être considérées comme assujetties aux vallées actuelles approfondies dans les massifs des couches inclinées, mais dans celles d'un ordre supérieur où il y a moins de désordre dans les lits & dans les bancs appartenans à la superficie de la moyenne terre. J'ai trouvé ces différens ordres d'*arêtes* en Dauphiné, dans les départemens de l'*Isère*, de l'*Ardèche*, &c.

Arêtes considérées relativement à leurs niveaux respectifs.

Je crois qu'il faut suivre la disposition générale des *arêtes* par rapport à leurs niveaux respectifs. C'est dans ces vues que je me propose de développer ceci relativement à l'action des eaux courantes sur une surface quelconque.

D'après l'examen que j'ai fait de plusieurs systèmes de ces *arêtes* aux environs de Paris, par exemple, je ne doute pas que leur niveau, vu à l'horizon, ne soit reconnu facilement dépendant des eaux courantes, non-seulement de la Seine, mais même des rivières affluentes. Celles-ci nous donneront certainement des *arêtes* dont la pente s'abaissera d'une manière plus suivie que celle des rivières principales qui reçoivent les rivières latérales.

Arêtes primitives & secondaires.

Il y a souvent des *arêtes premières* sans *arêtes secondaires*, mais souvent ces *arêtes secondaires* se montrent lorsque les chaînes des grandes montagnes présentent, le long d'une *arête solitaire*, des vallons latéraux adossés sur des pentes longues & rapides : on voit des *arêtes* entre ces vallons, qui se trouvent dominées par les *arêtes primitives* qui ceignent les vallees du premier ordre.

Les *arêtes secondaires* sont parallèles entr'elles, en même tems qu'elles sont perpendiculaires ou inclinées à l'*arête primitive*.

Il faudra donc distinguer plusieurs ordres d'*arêtes*.

Les *arêtes secondaires* appartiennent à des masses détachées de celle sur laquelle règne l'*arête principale*, de même les *arêtes secondaires* sont aussi primitives pour d'autres du troisième ordre.

Les *arêtes secondaires* ne sont réellement que des vestiges de plans inclinés primitifs, qui ont été sillonés à mesure que les croupes s'alongeoient. Ces formes de terrain se retrouvent assez multipliées dans l'ancienne terre, parce que les massifs graniteux s'y prêtent, au lieu que dans la nouvelle terre il y en a très-peu.

C'est pour cette raison qu'il convient d'étudier les différens massifs que le globe nous offre à sa surface, & surtout les destructions qui ont eu lieu dans l'ancienne terre, & qui sont de grands remblais sur la nouvelle, & par conséquent des *arêtes* du second ordre.

Les vallons de débordemens coupent les *arêtes* & les défigurent, & ces coupures dépendent surtout de l'approfondissement des vallées. (*Voyez l'article* VALLON.)

Les *arêtes secondaires* se trouvent souvent à des distances considérables des primitives, & pour lors les vallons latéraux sont très-alongés dans le sens de l'*arête primitive*; & comme ils sont plus voisins de l'*arête secondaire*, leurs croupes sont beaucoup plus courtes. Au reste, nous allons donner un plus grand développement à ces considérations.

Arêtes parallèles inférieures.

Je dois parler ici des *arêtes parallèles inférieures & secondaires*, qui se détachent sensiblement d'une partie des croupes couronnées par les *arêtes dominantes & supérieures*. Je puis en indiquer de cette forme & position depuis le petit Mont-Rouge jusqu'à Sèvre, depuis Sèvre jusqu'à Saint-Cloud, & depuis Saint-Cloud jusqu'à Courbevoie. C'est à Courbevoie que l'*arête* se réduit à la simple bordure de la plaine fluviale de la Seine, que je retrouve de même depuis Gournay, Vitry, Choisi-le-Roi, Orly, Villeneuve-Saint-Georges, Juvisi, Savigny, Viry, Ris.

Il paroît que, dans ces deux premières suites d'*arêtes*, les eaux des croupes ont silloné latéralement la partie la plus élevée du plan incliné. Ce qui appuie cette présomption, c'est la marche de quelques petits ruisseaux qui suivent encore cette direction, & qui ont leurs débouchés à travers les *arêtes inférieures parallèles* à Vanves & Issy, aux Moulineaux, à Sèvres, à Saint-Cloud, &c. Outre cela on voit plusieurs sources qui s'épanchent dans ce même intervalle, témoin les eaux qui abreuvent le jardin anglais de Bellevue, qui sont très-abondantes, ainsi que les réservoirs creusés sur les sommités qui dominent *Meudon*, & dont je rendrai compte à son article.

Je me résume, & je finis par indiquer des formes intéressantes de terrain dépendantes des croupes de nos vallées voisines de Paris, savoir : 1°. les *arêtes* dominantes supérieures ; 2°. les *arêtes* parallèles intermédiaires & inférieures, qui servent en même tems de limites élevées & de bordures à la plaine fluviale; 3°. les simples bordures & limites plus ou moins élevées, qui forment des terrasses au dessus de la plaine fluviale de la Seine. Pour comprendre tous ces détails, je dénonce les différentes parties de la Seine, que je dois faire figurer sur une carte à échelle double de la carte de France.

Je me suis attaché à ces *arêtes*, parce que je les ai considérées comme un moyen de simplifier l'analyse des inégalités de la surface de la terre. Leurs traces sur les cartes étant un moyen de les rendre bien sensibles dans les topographies & de les réduire à des suites méthodiques, j'aurai le plus grand soin de les assujettir à des formes régulières.

Quelques circonstances sur la formation des arêtes.

Plusieurs *arêtes* ont été formées par des doubles suites de bancs inclinés, dont une extrémité soulevée est restée saillante, pendant que l'autre a conservé sa situation abaissée.

Pour peu qu'on ait suivi les différens accidens qui ont eu lieu dans les pays à couches inclinées, il est aisé de se rendre raison de la formation de ces sortes d'*arêtes* si étendues, si communes à la superficie des montagnes de la moyenne terre, & dont je donnerai le détail par la suite au mot COUCHES INCLINÉES.

Il suffit d'abord de supposer deux vallées ou deux gorges assez voisines l'une de l'autre, pour que les couches supérieures des deux côtés opposés se soient affaissées vers les deux gorges, car alors les deux autres extrémités soulevées doivent former une *arête*.

Il peut se faire aussi qu'une des deux gorges étant plus large & plus profonde que l'autre, l'assemblage des bancs qui regardent celle-ci ait été incliné entièrement, pendant que la suite des rochers appartenante à l'autre gorge auroit été seulement déplacée, ou même seroit restée dans sa situation première; enfin, les extrémités des rochers soulevées ont pu se rompre, & dès-lors les *arêtes* auront été formées de ces extrémités soulevées d'un côté, & de l'autre des débris de la rupture, qui les accompagnent assez constamment.

Dans tous ces cas il résulte que ces *arêtes* sont distribuées sur des sommets élevés, où les petites gorges qui ont contribué à leur formation ont dû être creusées d'abord comme nous l'avons supposé. Nous verrons même que les suites de ces *arêtes* règnent depuis le commencement du Jura au nord, jusque dans la Provence, & qu'elles ont changé de direction comme ces gorges, qui ont pu occasionner le soulèvement des bancs, ont dû le faire, soit que ces gorges soient restées encore creusées, soit qu'elles aient été comblées par une suite de destructions postérieures.

D'après tous ces principes, je vois encore les *arêtes* suivre les massifs de la moyenne terre depuis le Rhône jusqu'aux Pyrénées, & le long des Pyrénées jusqu'à l'Océan, toujours dans ces mêmes circonstances.

Arêtes de l'ancienne terre.

Jusqu'ici nous ne nous sommes occupés que des *arêtes* de la moyenne terre calcaire; mais pour présenter tous les détails qui les concernent, il convient de parler des *arêtes* de l'ancienne, qui, quant à leur formation & à leur disposition, tiennent à des circonstances totalement différentes.

Ce sont des masses solides, dont les formes arrondies annoncent la destruction des angles solides, des trapézoïdes graniteux, & la décomposition des parties environnantes, & en cela ces *arêtes* diffèrent beaucoup des *arêtes* de la moyenne terre calcaire. Ce sont des masses de granits solides dépouillées par les eaux des pluies qui coulent sur les croupes des vallées, & qui les ont dépouillées suivant les pentes & les directions des gorges & des vallées. En général, je me suis assuré que ces *arêtes* & leur distribution étoient assujetties à celles des vallées dont elles forment la séparation, & dont elles couronnent les intervalles d'une manière bien sensible.

Lorsqu'on considère les *arêtes* prolongées à l'horizon autour des bassins de l'ancienne terre, on reconnoît, comme nous l'avons déjà dit, qu'elles ont en général des pentes beaucoup plus rapides que dans la nouvelle terre, & qu'elles présentent un plus grand nombre d'interruptions & de coupures. Elles sont pour ainsi dire plus *arêtes*, parce que les dégradations des eaux s'y sont plus multipliées & qu'elles y ont plusieurs centres, en sorte que les *arêtes* se détachent des masses sur un grand nombre de faces à la fois.

Dans la nouvelle terre les *arêtes* se tracent à l'horizon, & se prolongent sur une grande étendue & par des pentes fort nettes & souvent insensibles. Ce sont visiblement les extrémités des sommets aplatis de plusieurs massifs de collines qui ont été entamés par les eaux courantes venues de l'ancienne terre, & qui les ont abandonnés à mesure qu'elles se sont creusé un lit & des vallées.

Comme les eaux courantes avoient une marche plus irrégulière dans l'ancienne terre, & qu'elles se dirigeoient vers plusieurs points de l'horizon, il n'est pas étonnant que les *arêtes*, qui sont proprement les témoins de cette marche, aient des formes & des dispositions très-variées. Ces eaux étant plus réglées dans leurs cours dès qu'elles ont atteint la nouvelle terre, il en résulte que les *arêtes*, témoins de leur ancienne route, le sont aussi semblablement de leurs directions. Cette différence dans l'organisation extérieure des deux ordres de massifs est très-remarquable, très-facile à saisir, & se reconnoît surtout constamment dans le passage de l'une à l'autre terre; ainsi elle ne peut pas échapper à un observateur qui en sent le prix.

Les eaux courantes, qui étoient torrentielles lorsqu'elles suivoient les plans inclinés dont les *arêtes* de l'ancienne terre offrent la coupe, avoient une vitesse plus grande que lorsqu'elles se sont trouvées distribuées à la superficie des plaines de la nouvelle terre : de là il résulte que la marche de ces eaux a éprouvé dans ce passage un ralentissement & une grande extension, & que par conséquent les dépôts des matières entraînées par ces eaux sont bien plus considérables à la surface des plaines élevées & des sommets aplatis de collines dans la nouvelle terre, que sur les cimes inclinées des croupes de l'ancienne.

C'est pour cela qu'il y a peu de cailloux roulés dans le Limosin où j'écris ces observations, au lieu qu'on en trouve de grands amas en Périgord, tant à la superficie des plaines hautes, que dans les plaines fluviales de l'Isle & de la Dordogne. (*Voyez* PERIGORD, DORDOGNE, L'ILLE, LIMITES DE L'ANCIENNE TERRE.)

C'est surtout en Limosin, comme je le disois tout à l'heure, que j'ai vu combien les *arêtes* étoient dépendantes des rivières. Chaque rivière est séparée d'une autre par une *arête* qui est assujettie à la direction de leur cours respectif. Chaque *arete* est élevée à proportion de la force de la rivière, & à proportion de la longueur de la pente qu'il y a entre la rivière principale & l'*arête*. Il y a beaucoup d'*arêtes* qui sont déterminées par les rivieres secondaires ou même latérales, mais elles n'ont pas des étendues remarquables.

C'est dans ces mêmes cantons qu'on ne rencontre aucune inégalité ni aucun approfondissement qui ne renferment dans leur étendue l'agent qui a produit les *arêtes*.

Il y a de petites *arêtes*, mais de plus élevées, entre les premières divisions des eaux à l'origine des vallées primaires : il s'en trouve à un niveau inférieur, qui sont réunies aux rivières secondaires. Ainsi l'on ne peut se dissimuler qu'il n'y ait dans l'ancienne terre plusieurs ordres d'*arêtes*, comme plusieurs ordres de vallées couronnées par elles. (*Voyez* la belle *planche* de *Tulle*, où tous ces détails se trouvent, & sont figurés & rendus avec autant de netteté que d'exactitude. Il ne reste, avec ces secours & l'indication que j'en donne ici, qu'à visiter ces contrées la carte à la main.)

Arêtes des bassins de plusieurs rivières.

Tous les bassins des différens ordres sont circonscrits par des *arêtes* plus ou moins elevées, & qui se dégradent depuis l'endroit le plus profond & le plus reculé du bassin, depuis le lieu des sources jusqu'à la réunion de ce bassin avec un autre, & jusqu'à son débouché.

Ces *arêtes* qui séparent les bassins les uns des autres, n'ont pas partout la même hauteur. Les points les plus élevés sont ordinairement des plateaux qui sont limitrophes à trois ou quatre bassins. Elles sont d'autant plus basses, qu'elles s'éloignent davantage de ces points communs à plusieurs bassins, & qu'elles s'approchent des embouchures communes à deux bassins.

Par une suite de cet abaissement graduel des *arêtes* à mesure qu'elles s'éloignent de leur origine commune, le fond des vallons s'abaisse aussi progressivement, & les rivières qui y coulent, ont beaucoup plus de pente dans le voisinage de leurs sources & de ces *arêtes* elevées, que dans la moitié ou vers la fin de leur cours. (*Voyez* RIVIÈRES.)

Des prolongemens & de la continuité des arêtes.

Il est aisé de se convaincre que les *arêtes* ne sont pas continuées sans interruptions si l'on considère qu'il y a beaucoup d'îles, soit de l'ancienne terre, soit de la moyenne, soit enfin de la nouvelle, qui dominent sur les environs, & que ces îles sont d'une matière toujours la même dans le massif dominant, & différente de celle des masses environnantes & plus basses.

Ces *arêtes* d'ailleurs ne peuvent être admises, d'une considération générale, comme tenant au même niveau que la prétendue charpente du Globe, imaginée par Buache ; enfin ces *arêtes* ne peuvent être considérées comme un phénomène appartenant à la géographie-physique, qu'autant qu'elles sont formées par une masse toujours la même. S'il y a changement de masse & différence dans la nature de ses matériaux, on ne peut supposer que ces *arêtes* soient la suite d'une disposition primitive ; car deux massifs de nature & d'organisation différentes ne peuvent être dus aux mêmes dépôts, à la même constitution primitive.

Si deux massifs différens, mais contigus, forment ensemble une même *arête*, cela n'oblige pas à croire à la continuité de la même masse, car elle n'est que le produit de l'organisation extérieure des eaux courantes ; mais on auroit tort de considérer ces masses comme pouvant appartenir, par exemple, à la charpente du Globe, ou encore à l'ancienne terre seulement, ou à la moyenne.

Au reste, dans l'hypothèse de Buache on trouve de grandes confusions de massifs, parce qu'il ne connoissoit pas les passages d'une matière à une autre, des granits ou des schistes aux couches calcaires horizontales ou inclinées.

En second lieu, il n'a pas considéré la différence des niveaux, qui pouvoient faire soupçonner la distinction des masses. Ainsi il n'en a tenu aucun compte, parce que ce travail exigeoit une observation exacte & raisonnée qu'il n'a pas su suivre.

Les points de partage des eaux se continuent souvent

souvent de l'ancienne terre plus élevée, à la nouvelle inférieure. Ainsi les *arêtes* qui servent à ce partage, & que M. Buache a tracées sur plusieurs parties du *Globe*, dont il a publié les cartes, ne peuvent être considérées comme étant une suite des mêmes massifs, & encore moins comme une *charpente du Globe*; car les *arêtes* formées par les granits ou les schistes ne sont ni du même tems ni des mêmes matières que les *arêtes* des couches inclinées ou horizontales. Leurs formes d'ailleurs & leurs niveaux diffèrent infiniment; toutes circonstances qui ne permettent pas de les confondre ni de les rapporter à la même constitution physique.

Mais on voit bien que le plan de géographie présenté à l'Académie des sciences par M. Buache, est l'ouvrage d'un géographe sédentaire, peu instruit de l'histoire naturelle des contrées qu'il a fait figurer sur ses cartes, & qui s'est trouvé réduit à la seule inspection des anciens plans. On ne doit donc point être étonné qu'elles soient si peu conformes à la disposition des différens objets que nous présente la surface de la terre.

Lorsqu'on suit en France cette superficie la carte topographique à la main, on reconnoît que la géographie-physique de la France ne peut être dirigée sur des vues aussi louches & aussi peu lumineuses, & ceux qui les ont adoptées & qui les adoptent encore prouvent combien ils sont peu avancés dans cette partie, qui doit s'éclairer par des observations suivies, comparées avec soin, & non par des apperçus hypothétiques.

Arêtes de la moyenne terre.

I. Ces *arêtes* ont les mêmes formes, les mêmes contours que les vallées qui les accompagnent de part & d'autre; elles présentent les mêmes phénomènes quant à leur distribution, soit qu'on les suive en Provence, ou en Conserans, dans le pays de Foix, comme dans les Pyrenées. Ce sont les appendices & les prolongemens des hautes montagnes, dans les unes & les autres contrées. Elles sont composées de substances de même nature. On y voit une semblable dégradation des massifs de même ordre, organisée de même par l'action générale des eaux courantes.

La belle topographie de la France servira de guide à ceux qui voudront faire une étude de ces *arêtes*.

Mais, je le répète, elle ne peut être d'un grand secours qu'aux observateurs qui savent réunir, dans leur contemplation, toutes ces vues, toutes ces considérations préliminaires dont les *arêtes* sont proprement l'ensemble.

Effectivement, les sommets plus ou moins larges qui se prolongent entre deux vallées, & qui servent à partager la distribution des eaux dans ces vallées, sont nos *arêtes*. On peut les envisager aussi comme les restes des anciens plateaux sur lesquels les premières eaux torrentielles ont couru & circulé avant d'approfondir les vallées, en enlevant les parties des massifs qui en occupoient le vide. Ainsi ce sont des témoins qui figurent encore majestueusement au milieu des déblais immenses qui ont été opérés par les eaux courantes.

C'est surtout dans les hautes montagnes de l'ancienne & de la moyenne terre, que s'observent les *arêtes* les plus marquées, les plus saillantes, parce que, dans ces mêmes contrées, les vallons sont plus approfondis, & que les sommets prolongés des *arêtes* qui les dominent dans toute leur étendue, sont élevés en raison de l'abaissement des fonds de cuve de chaque vallée.

Les *arêtes* sont de plusieurs espèces, ont plusieurs formes, occupent plusieurs niveaux, suivant la nature des massifs auxquels elles appartiennent & l'organisation des masses, & enfin suivant les altérations que ces massifs anciens ont pu éprouver dans la disposition primitive de leurs parties intérieures.

II. Les *arêtes* qui courent au milieu des couches inclinées & des rochers calcaires brisés & culbutés, ne paroissent pas devoir être considérées comme la suite d'une disposition régulière. On n'y reconnoît pas les vestiges d'une forme primitive dépendante de la *cristallisation* des masses calcaires, comme l'a cru voir M. de Saussure.

Pour peu qu'on ait observé ces *arêtes*, on voit qu'elles sont assujetties aux bords élevés des vallées qu'elles séparent, & vers lesquelles ces massifs ont une inclinaison très-marquée.

Dans les *planches de la carte de France*, nos. 151 & 152, on trouve de ces *arêtes* dirigées nord & sud, d'autres de l'est à l'ouest, enfin plusieurs autres qui participent de toutes ces directions. Mais l'inspection seule de ces cartes ne suffit pas pour tirer de toutes ces formes des conclusions générales; il faut avoir observé ces *arêtes* de manière à décider, 1°. celles qui appartiennent à la moyenne terre calcaire, & aux massifs qui en dépendent; 2°. quelles sont les parties correspondantes du bord d'une vallée à l'autre, & qui, tant par la nature des matériaux que par leur arrangement, peuvent avoir formé autrefois une masse suivie & continue.

Arêtes de la moyenne terre, dépendantes des couches inclinées.

III. On doit observer avec soin quelles sont les bases sur lesquelles les couches inclinées ont été primitivement établies; car il importe de reconnoître les parties de ces bases, découvertes dans les contrées qui appartiennent à la moyenne terre calcaire.

Si les vallées latérales ont interrompu la continuité des portions d'*arêtes* ou même des lits de substances semblables, il s'ensuivra que, dans les grandes montagnes comme dans les pays de collignes, la première étude qu'il faut faire, est celle des vallées & de leur approfondissement, &, ce qui en est une suite, de la marche des eaux courantes, auxquelles on doit ces grandes inégalités de la surface de la terre.

Ces deux considérations étant bien développées, pourront servir à guider les observateurs qui voudront connoître ce qui concerne l'état actuel & ses causes, & indiquer tous les progrès de cet ordre de destructions, qui ont eu lieu en même tems que la formation des vallées s'est opérée.

Ces deux objets de discussion méritent d'être considérés dans leur ensemble, parce qu'ils s'éclairciront réciproquement l'un par l'autre, d'un côté les *vallées*, & de l'autre les *arêtes*.

Je crois qu'en suivant cette marche, l'étude des pays de la moyenne terre devient très-facile, quoiqu'elle ait pour objet des formes compliquées; car on parvient par ce moyen à rétablir les parties détruites, de manière qu'on peut s'élever jusqu'à l'état primitif des choses, qui a dû être fort simple.

Arêtes, formes plus naturelles que les cristallisations prétendues des montagnes.

IV. Les bizarreries d'effets qui sont survenues dans les destructions, ont tellement compliqué l'état actuel des choses, qu'en vain voudroit on le considérer & l'expliquer sous ce point de vue comme un état primitif; car comment trouver un agent qui pût produire un état où l'on doit reconnoître l'influence successive de plusieurs agens? C'est cependant ce qui a trompé M. de Saussure, & ces cristallisations de montagnes si peu raisonnées prouvent que, dans la discussion des faits compliqués, il n'est pas familiarisé avec cette analyse, qui décompose les objets pour les examiner dans l'ordre qui leur convient.

Je voudrois donc, 1°. qu'on allât, les cartes de France à la main, visiter les Alpes du Dauphiné & de la Provence; qu'on y suivît & qu'on fît figurer sur les cartes les différentes dispositions générales des masses calcaires à couches inclinées & de leurs *arêtes*; 2°. les interruptions de ces masses sur la longueur des *arêtes*; 3°. les interruptions latérales de ces masses le long des bords des vallées; 4°. les bassins dont l'enceinte est due aux vestiges de ces masses, & dont le milieu n'offre que leurs anciennes bases. On pourroit indiquer, par des traits particuliers, les massifs des couches inclinées, & par d'autres traits les parties qui ont servi de base à ces couches avant leur déplacement.

D'après ce travail, à la simple inspection des cartes, on seroit en état d'apprécier toute l'étendue des destructions, & en même tems de raccorder les masses déplacées, semblables & autrefois continues, & l'on n'auroit aucun besoin, pour se rendre compte des différens phénomènes, & surtout des *arêtes*, de supposer des cristallisations dans les masses montueuses, qui ne doivent ces formes qu'à des agens, lesquels n'ont opéré que sur les faces extérieures de ces masses. J'ajoute ici que les *arêtes* dont j'ai suivi les formes & les allures dans la moyenne terre surtout, peuvent suffire à nous donner la solution de la plupart de ces phénomènes.

Direction des arêtes dans la moyenne terre.

J'ai suivi les *arêtes* de la moyenne terre, & je les ai trouvées dans les planches de Vesoul, de Besançon, de Nozeroy, de Bourg en Bresse, du Belley, dirigées toutes du nord au sud; elles se continuent dans la planche de Grenoble & de Valence sur cette même direction, mais ensuite elles prennent une direction moyenne de l'est au sud-est, & enfin elles courent presque toutes de l'ouest à l'est. Il sera fort aisé de juger de l'allure de ces *arêtes* si l'on s'attache aux détails de leur figure dans toutes les parties de la moyenne terre calcaire : ces formes, qui affectent de si grandes masses, & sur une aussi grande étendue, sont les empreintes de plusieurs grands événemens qui méritent d'être suivis avec soin pour en reconnoître l'époque & les circonstances.

Autant la connoissance de l'étendue & des limites de la moyenne terre peut servir à juger de celle que doivent avoir les *arêtes*, autant l'inspection des *arêtes* sur les cartes de France peut nous faire juger de l'étendue de la moyenne terre : l'une de ces circonstances nous conduisant nécessairement à l'autre, il est évident qu'un observateur attentif les réunira toutes deux ensemble.

Quelques *arêtes* commencent dans la planche du Puy en Vélay, à l'angle sud-est & un peu obliquement; se continuent dans la même direction en traversant la planche de Nîmes, & se montrant sur celle de Nant. Vers le haut de la bordure orientale de cette dernière planche, les *arêtes* sont dirigées au nord-ouest, & ensuite au nord; mais vers le bas elles reprennent la direction générale, & sont bien marquées. On en voit encore des appendices prolongés dans la planche de Montpellier, à l'angle nord-ouest, & en plus grand nombre sur la bordure septentrionale de la planche de Lodève. Lorsqu'elles se continuent, elles sont moins sensibles dans cette planche; mais il y en a qui reparoissent vers le bas de la bordure occidentale, & qui se montrent dans la planche de Castres, de Narbone & de Carcassone, toujours se dirigeant vers les Pyrenées. Dans le haut de la planche de Castres il y a de ces *arêtes*, mais dirigées de l'est à l'ouest : il y en a dans le bas de Carcassone, qui sont dirigées de l'est à l'ouest, & qui peuvent reprendre la direction générale. Dans le bas de la planche de Narbone elles sont de l'est à l'ouest, ainsi que dans le haut de celle de Perpignan. Celle de Pamiers les offre d'abord du sud-est au nord-ouest, & elles se terminent ainsi; mais plus bas elles se redressent vers les Pyrenées, & vont au sud-ouest d'une manière assez marquée pour tracer leur direction. Dans la partie supérieure de la planche de Mont-Louis, les *arêtes* sont bien plus marquées que dans celle de Carcassone, mais assez constamment de l'est à l'ouest, & ce n'est que vers le milieu & dans la partie inférieure & méridionale qu'elles sont tournées au sud & vers le centre de la chaîne des Pyrenées.

Dans le n°. 40, qui vient ensuite, les *arêtes* sont très-marquées; elles suivent la direction du nord au sud, quelques-unes de l'est à l'ouest, jusqu'au sommet, qui est de l'est à l'ouest.

Dans la planche de Tarbes, les *arêtes* varient depuis la direction du nord au sud, jusqu'à celle de l'est à l'ouest : ceci se continue dans la planche de Baguères jusqu'au sommet des Pyrenées, où elle est constamment de l'est à l'ouest. Il en est de même des eaux; cependant souvent des rivières principales coupent & partagent les *arêtes* perpendiculairement à leur direction.

Dans la planche de Pau, les *arêtes* sont assez communément du nord au sud; mais il y en a aussi de l'est à l'ouest.

De même dans la planche de Baygorry, les *arêtes* sont du nord au sud : il y en a peu de l'est à l'ouest.

Je vois avec peine que toute la masse des Alpes n'ait pas été comprise dans la carte de France, ni figurée par les ingénieurs qui ont levé le Jura, les Alpes du Dauphiné & de la Provence, qui ne font qu'une trop petite partie des Alpes de la Savoie & du Piémont : les grands phénomènes s'y montreroient dans leur entier, au lieu qu'ils ne se montrent qu'en partie dans les planches de la carte de France que je viens d'indiquer, & par conséquent on n'ose rien en conclure. Un plan topographique général des Alpes seroit d'un tout autre intérêt pour les bons naturalistes, que les descriptions de voyages, où tous les objets passent en revue sans ordre, sans suite, & sont toujours présentés d'une manière incomplète.

Une carte des grandes montagnes alpines avanceroit plus la science, qu'un travail particulier ne pourra le faire en deux cents ans d'ici, sans compter qu'il résulteroit de la connoissance topographique des Alpes, des principes d'observation qui pourroient être ensuite appliqués aux autres montagnes du même ordre dans les parties correspondantes du monde, & en donneroient une idée claire & distincte : cette application, en facilitant la connoissance de ces masses, serviroit également à généraliser ces principes.

Direction des arêtes.

Je me suis occupé à suivre l'ensemble des *arêtes* & des sommets directeurs des vallées, depuis la Franche-Comté jusqu'en Provence, en parcourant les Jura & les Basses-Alpes. Il m'a paru que leur allure étoit assujettie à une direction qui varioit depuis l'est jusqu'au sud : la planche de Vesoul nous les offre de l'est à l'ouest; celles de Dole & de Briançon les présentent dirigées du nord-est au sud-ouest; Lons-le-Saunier & Nozeroy à peu près dans la même direction, mais elles se redressent au sud dans Bourg en Bresse; quelques-unes courent exactement au sud, mais d'autres tournent au sud-est vers la bordure. La planche de Grenoble nous les offre dans la direction du nord au sud, ainsi que celle de Valence. Il faut remarquer que Fort-Barraux & Briançon nous donnent des *arêtes* sous différens aspects, & surtout vers l'est & le sommet des Alpes. A Vaison, les *arêtes* de la bordure se prolongent vers le midi, mais ferment la direction générale par une allure de l'ouest à l'est; allure qui se continue dans les planches d'Avignon, d'Embrun & de Digne.

Toutes les *arêtes* qui viennent ensuite dans les planches d'Aix, de Lorgues, de Vence, d'Antibes & de Toulon, courent vers les mêmes points de l'horizon : c'est la même disposition dans le centre des Alpes & le long de la bordure de la Méditerranée. Les détails de cet ensemble sont véritablement bien intéressans, parce qu'ils nous conduisent à un grand fait : il faut y joindre les planches de Viviers, celles des environs de Montpellier, de Lodève surtout, & celles des Pyrenées.

Nous en donnerons par la suite les détails.

Pour appuyer encore les conséquences que nous serons autorisés à tirer de ces faits, nous y joindrons par la suite l'*hydrographie* des mêmes contrées, distribuées par planches : ce sera proprement la contre-partie des *arêtes*, les eaux courantes devant naturellement être considérées comme un des principaux agens de leur formation.

Coupure des arêtes.

Je trouve dans la planche de Vesoul la longue chaîne de la montagne d'Aumont, coupée par le Doubs en plusieurs endroits. D'abord j'y rencontre une large coupure depuis Danjoux jusqu'à Pont-de-Roide, puis à Clerval, ensuite au village d'Hyères, plus bas encore à Cour-les-Baumes, en partie par le Doubs & en partie par le Cusancin, rivière latérale; enfin, la cinquième coupure est à Montfaucon. C'est surtout au cours tourmenté du Doubs qu'on doit rapporter ces interruptions dans les *arêtes*.

La côte de Viellez & de Chazelles est coupée par la petite rivière de Corcelle, & celle du Taillant par la rivière de Rongnon. On pourroit ajouter plusieurs autres coupures faites par de petits ruisseaux d'eaux courantes; mais on croit devoir se borner à ces exemples, comme suffisans pour faire connoître toutes ces formes de terrains, & surtout les causes de ces formes dans ces contrées, qui en général offrent les cours les plus variés des ruisseaux & des rivières, car les oscillations de l'Oignon font aussi multipliées que celles du Doubs.

Dans la planche de Mont-Louis, n°. 20, plusieurs rivières coupent à angle droit des chaînes de montagnes en *arêtes* alongées; ce qui revient aux phénomènes de la Virginie. Ainsi la rivière d'Aude coupe, entre Saint-Martin & Belbianes, deux chaînes bien suivies aux deux côtés de son lit. La rivière de Boulsane coupe une *arête* fort étroite au detroit de Saint-Paul, & la rivière de Vadouble coupe de même, entre Pasiols & Vingram, une chaîne fort longue; enfin, la rivière de Mont-Louis, au dessus d'Olette, divise en deux masses des *arêtes* très-élevées.

On pourroit ajouter à cela, 1°. des ruisseaux qui ont coupé visiblement des *arêtes* d'une moindre étendue, & dont les détroits sont moins profonds.

2°. Des détroits ouverts entre deux parties d'*arêtes* continuées dans la même direction, & qui n'ont aucun ruisseau. Voilà les trois circonstances que nous offre cette planche.

L'examen de ces deux circonstances doit conduire à l'établissement des causes que la nature a mises en jeu lorsqu'elle a travaillé plus en grand, comme dans le cas des trois grandes rivières ci-dessus, & dans la Virginie.

Comment les *arêtes* se sont-elles formées primitivement? Comment ont-elles été coupées en se formant? Voilà ce qu'il faut décider.

On voit seulement que la nature a réuni plus de circonstances dans les derniers cas, que dans les premiers; mais dans tous les cas il a toujours été nécessaire que l'eau courante ait pu franchir la hauteur des *arêtes* ou des massifs dans lesquels les *arêtes* ont été réservées comme elles sont. On ne peut croire qu'à un niveau inférieur au sommet des *arêtes*, les eaux se soient amassées contre leur flanc, & qu'elles aient ainsi ouvert les gorges & les détroits qui les coupent. Comment conçoit-on que des eaux tranquilles & sédentaires aient detruit des murs aussi élevés & aussi solides, si tout a été découpé en commençant à la superficie plate? Et maintenant que la superficie est pleine d'inégalités, ces excavations continuent comme elles ont commencé, l'eau rongeant & démolissant les masses qu'elle atteint, & autour desquelles elle peut circuler.

D'ailleurs, il est aisé de voir qu'avant la liberté de la circulation des eaux courantes, il n'y a pas eu d'*arêtes* détachées, & que ces effets sont la suite de l'approfondissement des vallées latérales qui ont fait ressortir ces *arêtes*, & ont rendu ces masses saillantes à la surface de la terre.

En supposant que l'*arête* d'Anduse n'ait pas été interrompue autrefois par la brêche qu'occupe aujourd'hui la rivière, on ne peut pas croire qu'elle ait pu forcer une telle barrière autrement que nous l'avons expliqué ci-dessus.

En vain supposeroit-on que cette barrière a été emportée lorsque la matière du rocher étoit encore molle, & que les sucs pétrifians dont elle a été pénétrée depuis, n'en avoient pas fait une masse solide; que c'étoit dans cet intervalle de tems que l'eau de la rivière arrêtée a pu la détremper, & la rendre par-là plus propre à être éboulée & renversée.

Il suffit de considérer la chaîne des rochers coupée jusque dans ses fondemens à Anduse, & précisément de la largeur du lit de la rivière, pour être convaincu qu'elle a été emportée petit à petit dans l'état de consistance où sont les matières, car sans cela les faces de la coupure ne seroient pas escarpées comme elles le sont, à pic également des deux côtés: c'est partout le même rocher, le même grain, la même couleur, la même disposition des blocs & des bancs, le même arrangement, la même épaisseur. Or, comment cette organisation auroit-elle subsisté si l'ouverture étoit faite dans une masse peu solide, molle, où l'eau, par ses efforts, auroit causé un désordre plus ou moins étendu en conséquence de cet état de mollesse, & auroit tout confondu? Je vais plus loin, & je soutiens que si les rochers avoient été dans cet état de mollesse supposé au *Pont de l'Arc*, il ne subsisteroit pas comme on le voit sur la rivière d'Ardêche, où les bancs se sont soutenus, & forment une voûte presqu'aussi solide que celle d'un pont.

Dans les environs de ces brêches on rencontre une partie des débris immenses qui remplissoient exactement ces vides: ce sont des blocs de rochers solides, dispersés dans les plaines & entraînés par les eaux.

La rivière d'Anduse a une grande pente jusqu'à la chaîne qu'elle a coupée ainsi par degrés, comme toutes les autres parties de sa vallée, en commençant par le sommet. On voit qu'elle a pu l'atteindre dans les premiers tems, & que des pentes favorables ont conduit à ce niveau élevé les premières eaux courantes de la rivière: outre cela, cette rivière se trouve bordée jusqu'à la même chaîne, à droite & à gauche, par une suite de collines élevées, & adossées de part & d'autre: la chaîne n'est pas également soutenue par-derrière. Enfin, le courant se porte directement contre le flanc de la chaîne, & c'est contre cet obstacle qu'a dû se diriger sa plus grande action.

Cette action n'auroit pu avoir lieu dans le cas où l'on admettroit que la chaîne auroit bouché le cours des eaux, & l'auroit suspendu; car l'effort des eaux qu'on est obligé d'admettre pour ouvrir la brêche, est une suite de leur masse & de leur vitesse, qui n'ont d'effet que dans des eaux courantes, libres, & dont la marche n'est pas suspendue, car le poids seul de l'eau n'a pas été suffisant pour culbuter la chaîne, encore moins la détremper vers le sommet. Tout ce que l'on peut admettre, c'est que les eaux, dans la suite de ce travail, ont pu se frayer des routes souterraines, des passages étroits qui ont pu s'élargir, & qui ont occaſionné l'écroulement de certaines parties, mais toujours dans la ſuppoſition du cours de la rivière non interrompu.

Dans le fond de la brêche on remarque la baſe du rocher enlevé, comme elle ſubſiſtoit avant l'ouverture qui en a été faite. Je la regarde non-ſeulement comme un témoignage de la continuité de la chaîne en cet endroit, mais encore comme un témoin qui marque que le lit de la rivière eſt aujourd'hui le dernier banc épargné, comme chacun des bancs ſupérieurs l'a été ſucceſſivement pendant l'excavation de la brêche. On voit ce lit à découvert, parce que la pente continue des eaux a produit & produit encore, dans les eaux courantes de la rivière, une aſſez grande viteſſe pour empêcher les ſables de s'arrêter ſur ce lit & le couvrir.

Ce que je viens de dire peut s'appliquer à toutes les interruptions des chaînes de montagnes qui donnent paſſage à une rivière : on pourroit même dire que les digues qui ſubſiſtent encore en partie, qui traverſent les lits des rivières, & qui forment même des ſaults & des cataractes d'où les eaux ſe précipitent avec bruit, ſont la baſe d'un rocher emporté de même que le rocher d'Anduſe, avec cette différence qu'au niveau des digues le rocher s'eſt trouvé durci à un tel point, qu'il a ceſſé peu à peu de donner priſe à l'eau, laquelle n'a pu continuer ſon travail en même raiſon, tant dans les brêches qu'au deſſus & au deſſous, où le terrain étoit moins dur & plus aiſé à détruire par l'action des eaux courantes. (*Voyez l'article* ANDUSE, où je développe la théorie des coupures des montagnes par les rivières.)

L'examen de ces coupures & des réſultats qui peuvent conſtater les circonſtances dont le concours a formé ces ouvertures, mérite de nous occuper avec toute l'attention qu'exigent ces formes ſingulières.

Je vais donc parcourir toutes celles que peuvent m'offrir le Jura, les Pyrenées, la Provence, & même les environs de Paris. C'eſt un champ aſſez vaſte pour établir un principe général lorſque toutes les circonſtances de ces opérations de la nature auront été reconnues & analyſées.

Il paroît d'abord que quelques-unes de ces coupures ont été faites ſans qu'il ſe trouve au milieu d'elles, ou même aux environs, des eaux courantes à la ſuperficie du terrain & au fond de ces coupures ; mais, malgré cet état des choſes, on ne peut ſe diſſimuler que les eaux courantes n'y aient laiſſé les empreintes de leur action, comme bords eſcarpés & plans inclinés.

Dans la planche de Beſançon & de Nozeroy, il y a des points de partage où l'on voit des eaux vagues & ſans ſuite, des eaux qui ſe perdent, des eaux raſſemblées dans des lacs & ſans débouché apparent ; mais il eſt vraiſemblable que ces eaux ſe réuniſſent à celles des vallons ſecs & fermés, & qu'elles vont groſſir le réſervoir des belles ſources qui ſe trouvent aux pieds des pentes de ces points de partage. Elles ſont l'origine de rivières conſidérables, qui ont enſuite un cours réglé. Après avoir ſuivi ces points de partage & fait l'examen de la différente diſtribution de ces eaux & de la forme des vallons à ces différens points, je ſuis convaincu que tous ces points de partage comparés offroient partout les variétés les plus curieuſes relativement aux effets des eaux courantes, & ſurtout aux vallées, c'eſt-à-dire, à leurs lits de circulation apparente, & à leurs routes intérieures & cachées.

Je trouve d'abord, dans la planche de Beſançon, l'*arête* de l'*Armont*, qui, de la Chaiſe, ſe prolonge juſqu'à Châteleu, & après une interruption fort conſidérable en face de la *Brévine*, ſe continue juſqu'au bas de Cerneux, preſque vis-à-vis la Chaux-du-Milieu. Ces deux coupures n'ont pas d'eau ; mais ceci n'eſt pas étonnant dans une contrée qui les abſorbe en pluſieurs endroits.

A côté de cette première *arête* s'en trouvent trois autres parallèles, qui offrent de ſemblables coupures, que j'attribue aux mêmes circonſtances indiquées ci-deſſus.

Si l'on ſe porte vers l'angle nord-eſt de la même planche, on rencontre le mont *Pouilleret*, *arête* coupée au Cul-des-Roches par un ruiſſeau qui ſe perd préciſément à cette ouverture.

A côté viennent trois *arêtes* de la *Grand-Combe*, qui ſont terminées par le Doubs, lequel ſe joue au milieu de ces *arêtes* comme dans la planche de Veſoul.

Dans la planche de Nozeroy ſont les *arêtes* de *Noir-Mont*, au nombre de trois. Outre cela, au milieu de la planche, on peut en ſuivre une autre parallèle au cours de l'*Orbe*, & plus à l'eſt la combe du Jura. (*Voyez* COMBE, dénomination qui me paroît très-propre à déſigner les *arêtes* qui courent dans les contrées abſorbantes des *Jura*, tant de la Franche-Comté que du Dauphiné.)

Manière particulière dont s'eſt opérée la coupure des arêtes.

Il y a une autre manière dont les fleuves ont pu ouvrir les brêches qui ont coupé les chaînes de montagnes, comme nous le voyons en Virginie. C'eſt par une excavation ſouterraine, à la ſuite de laquelle s'eſt opéré un éboulement des parties ſupérieures au canal ſouterrain. Cette manière doit être beaucoup plus rare que la première, qui eſt la plus commune ; celle, en un mot, dont les preuves & les veſtiges ſe manifeſtent partout.

Dans ce ſecond cas il doit s'être opéré un grand déſordre aux environs de la brêche, ſuivant les progrès, l'étendue & les ſuites de l'éboulement.

On eſt tenté de croire que les brêches des montagnes de Virginie ont été ainſi ouvertes ſi l'on ſuit la deſcription qu'a donnée de quelques-unes M. Jefferſon, dans ſes notes ſur la Virginie. Il nous annonce un grand désordre & une grande révolution à la vue des éboulis immenses qui se trouvent encore sur une des faces des brèches, & particuliérement à celle du Patoumack. Or, la première manière n'auroit pas entraîné ces désordres apparens. (*Voyez* ANDUSE, EUPHRATE & VIRGINIE.)

Diverses considérations sur l'allure des arêtes au milieu des continens.

Je distingue les *arêtes* comme les vallons, en primitifs & secondaires. Ces *arêtes* diffèrent encore suivant les massifs dans lesquels on les trouve. Il paroît d'ailleurs que ce sont, quant à leur situation, les restes de l'ancienne surface du Globe avant qu'elle fût sillonée des vallons qu'elles séparent, de quelqu'ordre qu'ils soient; elles servent enfin à distribuer les eaux dans chacun de ces vallons.

Les *arêtes* primitives divisent les grandes vallées; les *arêtes* secondaires les vallées latérales. Les *arêtes* primitives sont quelquefois horizontales; quelquefois elles ont une pente qui les porte jusqu'aux plaines inférieures qui sont au centre des bassins. Il en est de même des *arêtes* secondaires.

J'ai déjà dit, & je dois le répéter, que les *arêtes* de l'ancienne terre diffèrent beaucoup des *arêtes* de la nouvelle par rapport à leur direction & à leur pente.

Les *arêtes* sont les parties les plus élevées du Globe: c'est de là que les eaux pluviales sont distribuées dans les vallons par des filets qui s'y rendent suivant les pentes adoucies par ces mêmes eaux.

On conçoit de là que la ligne qui forme le contour d'un bassin, d'une grande rivière ou d'une mer méditerranée, est tracée par toutes les *arêtes* dont je viens de parler. Il n'est question, pour les reconnoître, que de suivre les séparations de tous les bassins, qui sont indiquées, par la marche des eaux, vers différens points de l'horizon.

Lorsque les *arêtes* sont fort larges, elles ont conservé la forme de l'ancienne surface, qui, dans plusieurs cantons, est presque horizontale, & présente autant de *plateaux;* mais il n'y en a guère dans les montagnes de l'ancienne & de la moyenne terre; on n'en trouve que dans la nouvelle terre.

Ces plateaux servent non-seulement à la distribution des eaux pluviales vers les différens points de l'horizon vers lesquels elles se sont frayées des routes, mais encore pour celle de l'eau fluviale. C'est cette dernière qui coule plus constamment dans les vallées qui se trouvent placées autour du plateau, & à côté des *arêtes* qui se réunissent au plateau.

Au reste, si l'on jette les yeux sur les plus petites ramifications des vallées, on verra que toutes forment des bassins, & par conséquent des *arêtes* & des plateaux ou des lits d'eaux courantes continuelles, ou bien des ravins secs d'eaux intermittentes, & qui ne coulent que pendant les pluies.

Toutes les subdivisions des grandes vallées doivent se faire par la distinction des vallons d'un ordre inférieur; mais il faut bien expliquer auparavant ce qui constitue cet ordre inférieur. Ainsi, par exemple, le Loin est d'un ordre inférieur à l'Yonne, mais l'Yonne n'est pas d'un ordre inférieur à la Seine. J'en juge par la distribution de ses eaux, par la hauteur des sommets d'où elle sort, par l'étendue des pentes dont elle recueille les eaux: voilà des caractères qui élèvent l'Yonne & son bassin au même degré où se trouvent la Seine & son bassin. Il en est de même de la Marne, de l'Aube & de l'Oise.

Je n'admettrai pour le second ordre que les bassins dont les culs-de-sac sont placés sur des hauteurs inférieures, & qui par conséquent reçoivent les eaux de pentes moins considérables.

C'est ainsi que tous les bassins se distribueront par des caractères aisés à saisir, & que l'observation peut ramener à une distribution générale.

Les *arêtes* qui séparent la Marne de l'Aube & l'Aube de la Seine, sont aussi marquées que celles qui séparent l'Oise de la Somme; par conséquent la distinction des bassins est fondée sur un caractère faux si on la détermine d'après l'embouchure des rivières: ainsi l'*arête* qui sépare l'Oise de la Somme n'est pas plus marquée que celle qui sépare l'Oise de la Marne, & même, à tout prendre, l'Oise est d'un ordre bien supérieur à celui de la Somme, quoique faisant partie du bassin de la Seine, si l'on en juge par le concours de ses eaux.

Les *arêtes* sont bien marquées & bien suivies dans les îles qu'elles traversent ordinairement par le centre & sur leur longueur; ce sont même les endroits de la terre où leur forme est plus aisée à suivre & à reconnoître, ainsi que leur usage; & même, lorsqu'on a bien étudié une île, vu exactement les formes de la surface extérieure du sol de cette île, la distribution des vallées & des eaux, on voit aisément la nécessité de diviser les continens par grandes îles, semblables à celles que la mer enveloppe. Cette méthode de division peut contribuer à simplifier leur étude, & à mettre un certain ordre dans les résultats.

Il ne faut rien redouter, dans le genre des suppositions, pour tracer, depuis le Cap de Bonne-Espérance jusqu'au Cap Salaginskoi, une *arête* continue, qui sépare une suite de vallons ou bassins d'un côté, & une semblable suite de l'autre. Il est certain que cette *arête* est interrompue dans plusieurs endroits, & qu'elle ne règne que dans certains massifs, autour desquels les bassins versent l'eau sur tous les aspects de l'horizon, comme dans une île.

Si ensuite on fait partir de cette chaîne ou *arête principale* des chaînes latérales qui se distribuent à droite & à gauche, se portent au Cap-Verd, à Tanger, à Ormus, au Cap Comorin, au Cap Nord, au Cap Finisterre, il est aisé de voir quelle charpente hypothétique on a formée; mais on ne découvre pas également sur quoi elle peut être fondée.

De même l'*arête principale* de l'Amérique méridionale & septentrionale suivra une ligne droite depuis le détroit de Magellan jusqu'à l'isthme de Panama, & ensuite se continuera dans le Mexique & ailleurs; mais il y a beaucoup de rameaux importans dans le Brésil, dans la Guiane, dans le nord de l'Amérique, & surtout beaucoup d'interruptions dans ces rameaux.

L'*arête principale* de l'Angleterre ne peut pas commencer à Douvres, & ne peut être dirigée aux Orcades par aucune raison.

Les presqu'îles & les différentes parties des continens gagneront certainement à être envisagées comme des îles, & il y aura beaucoup plus de vérité si l'on réunit à la considération des principales formes de leurs *arêtes*, la connoissance des massifs; si l'on trouve les *arêtes* dans l'ancienne terre, & interrompue par les dépôts de la nouvelle qui enveloppe ces noyaux. Voilà comme la considération des inégalités du Globe, qui auroit été oiseuse seule, deviendra instructive avec le secours d'observations méthodiques & bien détaillées. (*Voyez mon article* APENNIN.)

Ainsi je considérerai plusieurs parties dans l'Afrique, & plusieurs *arêtes* séparées: il en sera de même des *arêtes* de l'Amérique, qui passeront par Quito, Popayan, & iront finir à Panama. L'Espagne, l'Italie, la Scandinavie, m'offriront les mêmes formes & le même système de composition que la Morée, l'Arabie, l'Anatolie.

Les *arêtes* doivent suivre, comme on voit, la condition des chaînes de montagnes, quant à leur prolongement ou à leur interruption.

Les *arêtes* qui séparent les différens bassins, sont les sommets d'autant de massifs séparés du massif primitif par les vallons: on peut les envisager comme des chaînes & comme des ramifications de ces chaînes; mais il faut, avant de prononcer qu'il y a suite & continuité, il faut, dis-je, avoir reconnu ces massifs, leur nature, leur organisation & leurs prolongemens.

Deux rivières principales qui se réunissent, forment un courant & un vallon qui, à proprement parler, ne devroient pas conserver le nom d'aucune des deux rivières. C'est donc à tort qu'on subordonneroit le bassin d'une des deux rivières au bassin de l'autre; ainsi le courant formé par la Marne & par la Seine, la vallée qu'on trouve après leur confluent, n'est pas plus à la Seine qu'à la Marne, ou plutôt ne doit porter le nom ni de l'une ni de l'autre: ce courant & cette vallée en diffèrent par plusieurs caractères physiques. C'est aussi d'après cette considération que j'ai distingué les rivieres parallèles des rivières secondaires, & surtout les *arêtes* qui couronnent leurs bords, leurs croupes, &c.

Il est bon de considérer le lit des rivières par rapport à leurs vallées, comme l'*arête* par rapport aux massifs. Les rivières occupent le milieu des vallées, comme l'*arête* le milieu des massifs; mais les bassins sont composés de la vallée & de la moitié des deux massifs terminés par les *arêtes*. Le massif est la partie de la surface de la terre conservée dans son état primitif, à l'exception de la partie des deux pentes enlevées par l'eau depuis l'*arête* des deux côtés. On voit par-là que, tout bien analysé, la surface de la terre se réduit en bassins, ou bien en vallées & en massifs ramifiés & abouchés les uns aux autres. C'est d'après cette considération simple qu'on doit étudier les inégalités du Globe, & le travail que les eaux ont fait à sa surface.

Lorsqu'on embrasse cet ensemble, on voit que tout a été fait par les eaux courantes & pour les eaux, & l'on se borne à considérer les témoins de ce travail.

Dans les massifs, il y a des parties abaissées considérablement entre deux vallées ou entre deux mers opposées; c'est ce que l'on nomme un *isthme*; tels sont les points de Naurouse, de Long-Pendu, &c. (*Voyez la Notice sur les travaux de Buache* quant à ses *arêtes*, 1er. vol.)

ARÉTHUSE (Fontaine d'). Cette fontaine est une source très-considérable, qui sort d'un rocher à l'occident de la ville de Syracuse, & à peu de distance de la cathédrale.

L'orifice d'où l'on voit saillir l'eau n'est pas celui par lequel cette eau s'échappoit autrefois.

La fable s'est exercée sur cette belle source; mais voici la vérité physique que l'observation nous apprend: elle nous dit que, non loin du rocher d'où découlent les eaux de cette fontaine, on trouve, au fond de la mer, une source d'eau douce. On soupçonne que ces deux sources, qu'on appelle effectivement *Aréthuse* & *Alphée*, ont une origine commune; qu'il y en a peut-être plusieurs autres, mais que les plus fortes peuvent se rendre sensibles, & paroître par des jets marqués à la surface des eaux de la mer lorsqu'elle est tranquille.

Une tradition populaire, & même historique, dit qu'on a vu sortir de ces deux sources des feuilles d'arbres, & d'autres corps légers que ces eaux amenoient sans doute de très-loin; ce qui supposeroit que ces eaux coulent à découvert avant de s'ensevelir sous la terre pour ressortir entre les fentes de ce rocher.

Les eaux de l'*Aréthuse* ne sont pas bonnes à boire; elles ont une saveur désagréable. On l'attribue au dérangement causé dans le sein de la terre, ou à la roche, par quelques-uns de ces tremblemens de terre dont l'histoire de l'Etna fait mention; & en effet, ces eaux viennent, sinon de l'Etna, au moins des masses de montagnes énormes qui sont dans les environs de Syracuse. Du tems des Romains ces eaux étoient bonnes à boire, & cette fontaine étoit poissonneuse.

ARETHUSA LACUS. Ce lac mérite d'être noté, parce qu'il se trouve sur un des embranchemens des sources du Tigre, immédiatement au dessus de l'ouverture souterraine par laquelle ce fleuve s'est fait jour à travers le mont Taurus, qui forme une enceinte remarquable dans cette contrée. (*Voyez la carte du cours de l'Euphrate & du Tigre, par Danville*, 1779.)

AREZZO est une ville de huit mille ames, située à dix-huit lieues sud-est de Florence, dans une belle plaine & sur une petite éminence, qui en rend la vue fort agréable. Des campagnes fertiles en productions diverses étalent de toutes parts leurs richesses bienfaisantes, & la proximité de trois fleuves, *la Chiana*, *l'Arno* & *le Cerfone*, ajoute aux avantages de sa situation naturelle.

Les environs d'*Arezzo* présentent des objets dignes de la curiosité du voyageur qui les parcourt. On remarque entr'autres les moffètes de *Laterina*, qui se trouvent à trois lieues de cette ville, vers l'occident, ou du côté de Florence; elles sont dans un endroit appelé *Bagnaccio*. Vis-à-vis de *Laterina*, de l'autre côté de l'*Arno*, on respire des vapeurs sulfureuses si pénétrantes, que les animaux y sont souvent suffoqués en passant près de là : c'est au point que les paysans s'en servent pour faire la chasse, en forçant les bêtes fauves à s'y rendre. Il s'y trouve aussi des eaux minérales très-limpides, mais qui ont un petit goût d'acidité, & qui déposent sur les pierres une teinte ferrugineuse.

A huit lieues au nord d'*Arezzo*, & à quinze à l'orient de Florence, on trouve le fameux hermitage de *Camaldoli*, & près de là des montagnes de douze à treize cents toises, d'où l'on a la vue des deux mers.

M. de la Condamine a entendu en effet des personnes du côté de Lorette, qui lui ont assuré, comme témoins oculaires, qu'il y a plusieurs pointes de l'Apennin, sur la frontière de l'Etat ecclésiastique, de la Toscane & du duché de Modène, d'où l'on apperçoit les deux mers qui bornent l'Italie au levant & au couchant; entr'autres, dit-il, d'un sommet voisin de *Borgo-San-Sepolcro*; du couvent des Camaldules, entre *Vallombroso* & *Bagno*, sur la frontière de l'Etat ecclésiastique & de la Toscane; enfin, du mont *Cimone*, près de *Sestola*. M. de la Condamine observe qu'en plaçant sur l'un de ces sommets un signal qui se verroit tout à la fois des montagnes de Gênes & de celles de l'Istrie, on pourroit mesurer un arc de la terre de cinq degrés en longitude; ce qui seroit une chose très-intéressante pour mieux connoître sa figure.

ARGA, rivière d'Espagne, qui passe à Pampelune, & se jette dans l'Ebre. Il me paroît intéressant, à l'occasion de cette petite rivière, de faire connoître les différentes particularités du grand bassin dont elle fait partie, & surtout les environs de Pampelune.

Cette ville, vue du côté de la rivière, paroît située sur une petite éminence, au milieu d'une plaine bordée de montagnes qui tiennent aux Pyrenées. Tout près de la ville, du côté du nord, on ne trouve plus de pierres arrondies & roulées; mais en s'éloignant à une certaine distance, on rencontre des grès arrondis; ils sont dans un vallon formé avec le tems par un petit ruisseau.

On voit distinctement, suivant M. Bowles, dans la plaine au nord de Pampelune, les effets de la décomposition successive de la pierre calcaire; car dans une ouverture presque verticale, & de plus de cent pieds de hauteur, formée par la petite rivière qui en débouche, on apperçoit une terre que l'on prendroit au premier coup d'œil, & surtout au tact, pour de l'argile, & qui n'en est cependant pas : c'est plutôt une terre calcaire, mêlée d'une très-petite quantité d'argile. Cette terre bleuâtre se trouve aussi près de Pampelune, mais elle y est plus dure : il y a même un coteau où elle l'est au point, qu'on peut la considérer comme étant dans l'état pierreux.

En s'approchant de l'Ebre, on trouve successivement des pierres roulées dans une belle plaine de deux lieues & demie d'étendue, des terres cultivées, des montagnes de rochers calcaires pelés; ensuite une belle plaine de cinq lieues, où sont, 1°. des oliviers, 2°. des vignes, 3°. des champs remplis de blé & d'orge, 4°. & même des terres presqu'incultes.

Sur le haut d'une chaîne de montagnes qui court de l'ouest à l'est environ deux lieues, est un petit village appelé *Valtiera*, & sur la côte où est situé ce village, il se trouve une mine de sel gemme, qui se montre même hors de terre. (*Voyez l'article* VALTIERA, où j'expose tout ce qui peut concerner cette mine curieuse.)

ARGELÈS, ville du département des Hautes-Pyrenées. Il y a près d'*Argelès* des couches d'ardoise grise, argileuse, & au sud des couches verticales de pierres calcaires.

ARGELOUSE, village du département des Landes. Il y a dans cette commune une fabrique de poterie & de vaisselle de terre; ce qui annonce dans le voisinage un amas de terre argileuse.

ARGENCE, bourg du département du Calvados, sur la Muancé Les habitans cultivent un vignoble assez considérable, qui produit du vin blanc, dont le prix est ordinairement le même que celui du cidre. Nous faisons ici mention de cette culture, parce que ce territoire est fort éloigné

éloigné de la limite ordinaire & générale des vignes.

ARGENTAN, ville du département de l'Orne, qui m'a paru être le centre d'une ancienne contrée de la Normandie, où se trouvent dispersés les massifs de l'ancienne terre graniteuse, peu apparente, & recouverte par des dépôts propres à la nouvelle terre, outre cela offrant des massifs de grès ou rocs vifs, qui ont pris presque partout la forme rhomboïdale, & surtout à la *Brêche-au-Diable*, qui se trouve dans le voisinage de Falaise. Je puis ajouter le beau rocher composé d'une semblable matière ; & qui présente les mêmes formes au milieu de la place publique de cette ville.

En décrivant tous ces objets comme je les ai observés, je me suis surtout proposé de faire connoître la constitution physique du département de l'Orne, dans la vue d'oppoler un travail rédigé sur les principes de la *Géographie-Physique*, aux Mémoires qu'on multiplie chaque jour sous le nom de *Statistique*, qui jusqu'à present ne me paroît avoir aucun principe solide & raisonné.

Je pourrois commencer par ce qui concerne les environs de Laigle, la description des différentes contrées qui doivent accompagner celle d'*Argentan*, laquelle occupe à peu près le centre du département de l'Orne ; mais comme j'en ai fait un article particulier, j'y renvoie parce qu'il remplit entièrement mes vues. Je continuerai donc à faire connoître ce que m'a présenté la route de Laigle au Melleraut. On y trouve de nombreux silex, du sable ferrugineux, & des débris de silex mêlés à une terre limoneuse fort abondante. A une certaine profondeur réside le silex au milieu d'un sable argileux, rougeâtre, & plus bas encore est un lit de marne farci de peignes & d'autres corps marins un peu silifiés & enveloppés d'une croûte marneuse : on y trouve aussi des huîtres aplaties par la base, & des madrépores branchus & à réseaux. Nous avons pu faire l'examen de ces couches & de ces fossiles avant de descendre au Melleraut. On fait usage de la marne dans toutes les cultures de ce trajet : j'ai remarqué d'ailleurs qu'on laboure en petits sillons élevés sur l'ados. Les champs sont fort peuplés de pommiers à cidre, surtout aux environs des habitations.

A Melleraut, nous avons observé des couches assez épaisses d'ammites, qui règnent à la surface de la terre ; elles ont environ quinze pieds d'épaisseur. Nous avons remarqué parmi ces couches, des lits de pierres lamelleuses, qui ne renferment aucun vestige d'ammites ; ce qui prouve que ce n'est pas la seule infiltration de l'eau pluviale qui organise les ammites ; car on voit, dans ces couches, des débris de visses, de madrépores branchus & à réseaux étoilés, des débris d'étoiles de toutes formes, de toutes grosseurs ; enfin des entroques. On distingue, dans les débris d'étoiles, les apophyses des attaches & les formes des osselets, qui sont très-reconnoissables ; quelques-uns offrent même, dans leurs cassures, des lames spathiques brillantes : c'est le caractère des étoiles marines. Dans d'autres, l'infiltration a tout détruit, & l'on n'y voit qu'une cristallisation mate ; quelques-uns sont recouverts d'une certaine croûte pierreuse. Des masses de madrépores étoilés sont aussi recouvertes de lames semblables à celles des stalactites, mais les osselets d'étoiles sont si bien conservés, si reconnoissables, qu'il n'y a pas moyen de s'y méprendre. Tous ces fossiles sont liés par une cristallisation qui est détruite ou déformée dans les premières couches, & qui subsiste encore dans les couches plus profondes. L'existence de cet amas de fossiles par familles d'étoiles & de madrépores confirme ma théorie sur les amas dont j'ai vu les correspondans dans ceux du Havre & des environs de Caen.

Je distingue ces ammites, ces pisolythes, des pierres à couches concentriques formées dans les eaux chaudes.

Le chemin de Laigle au Melleraut m'a paru mal pris. Il est tracé à cheval sur les croupes des vallons ; il auroit fallu le diriger sur le bas des croupes où se trouvent des matériaux aussi abondans que dans le milieu des vallons, & où le terrain offre moins d'inégalités ; l'on auroit pour lors arrondi les alignemens le long des croupes.

A une certaine profondeur au dessous des lits d'ammites dont nous avons présenté les détails, on trouve des couches bien distinctes des pierres à grain fin. La septième & huitième couche est persemée de silex bizarres, où les madrépores à tuyaux sont dessinés par des silifications bien nettes & bien précises. La surface du terrain est composée de pierres délitées, à six, huit ou neuf pieds, pendant que celle des bancs où se trouvent les silex, est franche & d'un grain bien fondu. Vers le Melleraut on trouve des herbages & beaucoup de bœufs à l'engrais, & des sources fréquentes le long des croupes du vallon au milieu duquel est situé le Melleraut. C'est dans cette contrée que sont distribuées les diverses vallées qui donnent naissance à la rivière de *Don*.

De Melleraut à Séez on trouve des terres argilo-calcaires très-profondes, & des bancs de pierres calcaires qui leur servent de bases assez solides, & qui se montrent sur les croupes des vallées. Vers *Montrond* on découvre des masses & buttes de grès ou *rocs vifs* qui s'annoncent sous des formes trapézoïdales fort remarquables, & avec des faces fort unies. Il paroît que ces masses sont infiltrées. C'est là que les herbages continuent, ainsi que les petits sillons élevés sur l'ados, & que l'on commence à cultiver avec les bœufs.

De Montrond à Séez on trouve une large plaine, à l'est de laquelle règne une rangée de collines où l'Orne a sa source. Il y a aussi, au nord, plusieurs buttes arrondies, dont le fond est de rocher ou de *roc vif* : leur arrondissement paroît tenir au point de partage des eaux entre les rivières de *Don* & d'*Orne*.

Le fond des pierres, aux environs de Séez, est un cos à grain fin, fort uni ou chargé d'ammites.

Sur le chemin de Séez à Alençon, autour du premier village, on trouve des pierres argilo-sabloneuses, distribuées par lames & par trapèzes, & au dessus des pierres calcaires assises sur ces masses, lesquelles m'ont paru faire partie de l'ancienne terre schisteuse & graniteuse. C'est à ce point où j'ai cru reconnoître les limites de l'ancienne & de la nouvelle terre. Effectivement, sur les croupes des collines qui bordent le chemin de Séez à Alençon, on voit des débris de granits, tant terreux que pierreux; des fragmens de quartz, de feld-spath, de micas, dont quelques-uns roulés au milieu de terres abondantes : elles ont une teinte différente de toutes les terres marneuses qui ont précédé; enfin, je le répète, c'est l'aspect naturel de l'ancienne terre à côté de la nouvelle.

En suivant les collines qui bordent le chemin de Séez à Alençon, on croit reconnoître l'enceinte d'un bassin où l'ancienne mer a laissé les impressions de ses vagues & de ses flots, empreintes qui ont été un peu défigurées par les eaux pluviales depuis la retraite de l'Océan. Il paroît même que l'emplacement de la ville d'Alençon & ses environs ont fait partie de cet ancien bassin; aussi la culture y ressemble-t-elle à celle du Limosin, qui est un tractus de l'ancienne terre, beaucoup plus apparent que celui d'Alençon; mais c'est une raison de plus d'en recueillir tous les vestiges que laissent paroître les couvertures de la nouvelle terre.

Je dois comprendre surtout, parmi ces vestiges de l'ancienne terre, les ravines, qui sont toutes assez profondes, & dont les fonds de cuves offrent de fréquentes cascades ou chutes d'eau qui annoncent les extrémités de l'ancienne terre & les passages de l'ancienne à la nouvelle.

D'après les mêmes considérations, j'ajouterai que les eaux des sources & des ruisseaux fréquens dans le trajet de Séez à Alençon débouchent & coulent sur le sol caché & primitif de l'ancienne terre, & se répandent dans les parages de la nouvelle.

Il est aisé de voir que les dépôts torrentiels ont été formés assez loin de l'ancienne terre, & qu'ils ont couvert les pentes qui pouvoient exister autour de ce centre; ce qui me semble prouver qu'il faut joindre à l'examen des environs d'Alençon celui des dépôts de mines de fer, & surtout des cailloux roulés dans les différentes parties voisines des limites.

C'est aux environs de Melleraut & de la forêt de Saint-Évroult, que l'on remarque un centre d'où les eaux se distribuent vers tous les points de l'horizon, tant par des ruisseaux nombreux que par de grandes rivières Les silex ne se montrent plus après Melleraut, & les grès ou les rocs vifs sous formes trapézoïdales leur succèdent, surtout dans les environs de Séez.

En visitant les environs d'Alençon, tant du côté de l'ouest que du midi, nous avons trouvé l'argaletre ou le faux granit à une demi-lieue au-delà du Pont percé; mais à côté de ce pont le granit s'y montre avec tous ses principes ordinaires, qui sont des cristaux de quartz colorés en noir, du pétunsé ou feld-spath en lames à formes trapézoïdales; enfin, du spath quartzeux dans les fentes de dessiccation.

Il est évident que le grès de Saint-Germain est un spath quartzeux ou roc vif.

Vers Saint-Denis, l'argaletre ou le talcite schisteux domine : on y remarque beaucoup de fentes de dessiccation, comme dans les granits des environs de Limoges.

La butte de Chaumont offre à son sommet du grès semblable à celui de Saint-Germain. Cette butte, quoique sur le bord du bassin de l'ancienne terre, est la plus élevée de la contrée, & les autres voisines le sont presqu'autant, & annoncent la même composition avec les matériaux de l'ancienne terre, mêlés aux substances pierreuses de la nouvelle.

A l'ouest, sur le chemin de la Bretagne, on trouve des sables, débris de pierres calcaires, au milieu desquels sont des entroques, des peignes, des gryphites fossiles recouverts de bancs calcaires, avec des fragmens de granit dispersés à la surface en pierres perdues; plus loin, pierres dartrey ou granits avec base de kaolin, qui a peu de consistance; fentes de dessiccation très-multipliées en tout sens. On y voit du granit à petits grains, où le kaolin paroît avoir été infiltré, & où les points quartzeux sont irréguliers. C'est le passage du granit au grès d'Alençon, qu'on voit à Saint-Germain.

Dans les parties du sud, on rencontre des amas de kaolin, qui sont bien visiblement les produits de la destruction du granit, car les deux autres principes y sont mêlés. Ce kaolin est argileux, puisqu'il se durcit au feu.

On ne peut douter que ces granits, qui se montrent à la surface du sol, ne s'égrainent aisément, & que ce ne soit de ce granit dont le kaolin si abondant n'ait fait partie. Il est vraisemblable que c'est l'abondance du kaolin qui a contribué à sa décomposition.

Nous avons retrouvé au-delà des amas du sud, des masses de faux grès, composé de kaolin infiltré, & d'un fond quartzeux. On y distingue des veines de quartz colorés & coupés en trapézoïdes par la dessiccation. Il y en a de pareils à Montrond, que nous avons considérés comme les indices de l'ancienne terre.

A l'est d'Alençon, les buttes élevées de la forêt de *Perseigne* renferment de l'argaletre ou terre argileuse ardoisée, & même en certains endroits de l'ardoise.

Ce qui m'a paru assez singulier, relativement aux pentes du sol dans les limites de l'ancienne terre, c'est que la Sarthe, qui prend sa source dans la nouvelle terre, a traversé l'ancienne au milieu de la partie où elle a le plus d'apparence. Mais en général on doit dire que cette ancienne terre a été couverte par les eaux de l'Océan, qui a déposé à sa surface beaucoup de matériaux calcaires & de coquillages, &c.

En parcourant les contrées au sud d'Alençon, nous avons trouvé beaucoup de sable quartzeux sur les bords de la Sarthe.

Nous sommes revenus par les minières de la forge de Saint-Denis, & nous avons trouvé que les masses de cette mine étoient distribuées par veines horizontales dans une terre de transport, & même il y avoit au milieu de cette terre beaucoup de cailloux roulés, qui nous parurent prouver que la mer avoit eu part à ces transports. Ce n'est pas malgré cela un dépôt mêlé aux couches de pierres calcaires, ni aux couches de débris de granit; mais il se trouve constamment placé dessus ces couches; car on a reconnu qu'il n'y a plus de mine à espérer dès que dans les fouilles on est parvenu à ces couches. On trouve de cette mine tout autour d'Alençon; elle se présente communément sous forme de géodes & de rognons.

Outre cela, nous avons vu beaucoup de cailloux roulés au milieu & dessus cette mine, qui dans presque toutes les parties où elle est distribuée, est recouverte d'une terre argileuse non litée.

Il y a d'ailleurs beaucoup d'amas de pierres & de sables calcaires, mêlés aux granits à découvert dans toutes les buttes qui paroissent avoir servi d'enceinte au bassin où se trouve placée la ville d'Alençon. C'est là surtout où l'on peut contempler les limites de l'ancienne & de la nouvelle terre; limites qui sont telles, que les debris & fragmens des schittes & des granits occupent toujours la partie inférieure, pendant que les vestiges de la nouvelle terre sont constamment distribués à la superficie du sol.

Nous ne parlerons pas ici de plusieurs objets d'industrie, qui nous ont beaucoup occupés à Alençon, c'est-à-dire, de la poterie, du point de dentelle & des toileries, qui ne font point partie de notre objet actuel. Il nous reste donc maintenant à faire connoître la nature du sol que nous avons reconnu depuis Alençon jusqu'à Falaise, en passant par *Séez*, la *Ferrière-Bechet* & *Argentan*. Dans le trajet d'Alençon à Séez, on voit le même système de distribution des matériaux de l'ancienne & de la nouvelle terre, que nous avons indiqué en décrivant les environs d'Alençon. A mesure qu'on approche de Séez, on trouve la pierre argileuse infiltrée. Je le répète: les pierres calcaires se montrent partout dispersées sur les éminences qui bordent à l'ouest le chemin d'Alençon à Séez. C'est de cette ville que nous avons été à la *Ferrière-Bechet*, pour visiter la carrière d'où l'on tire la pierre noire dont se servent les charpentiers pour tracer leurs projets de coupes. On peut voir les résultats des observations que nous avons faites dans cette course, à l'article AMPELITE, & nous y renvoyons.

On rencontre aux environs de la Ferrière, plusieurs masses de rocs vifs; mais à mesure qu'on se rapproche de Séez, on retrouve la nouvelle terre à Saint-Hilaire-le-Grand, où sont de grandes couches horizontales de pierres calcaires: vers Melleraut on voit quelques masses de grès d'Alençon, qui se montrent au dehors sous des formes prismatiques très-remarquables: toutes ces masses se prolongent à l'ouest de Saint-Hilaire. Mais si l'on remonte à la Grande-Mortrée, on voit des bancs de pierres chargées d'ammites & de nompareilles.

En nous acheminant vers *Argentan*, nous avons trouvé à Montmerrey une mine de fer grise en rocher, qui ne donne que du fer cassant, & qui, aux environs de Ranes & de Boussey, est en grain, & donne un fer doux. En s'avançant vers Vieux-Pont, on trouve à découvert le granit avec taches micacées noirâtres.

Aux environs d'*Argentan*, les bancs de pierres de taille, chargées d'ammites, se prolongent avec les différentes coquilles de l'amas de ce département, qui sont les cornes-d'ammon, les petites huîtres, les madrépores à réseaux & branchus. La terre végétale s'annonce de toutes parts, comme les produits du delitement des pierres tendres, à couches horizontales, & toutes les buttes qui sont dispersées dans ces plaines, sont formées & recouvertes des débris de l'ancienne terre: ce sont des grès de la même espèce que ceux de Montrond.

Aux environs d'*Argentan* on trouve des pierres calcaires chargées d'ammites, & remplies de cornes-d'ammon, de petites huîtres, de madrépores à réseaux & branchus. Tous ces bancs sont recouverts de terres végétales, produit du délitement des pierres à couches horizontales calcaires.

Pierre tendre jusqu'à la Maison-Rouge, sur le chemin d'*Argentan* à Falaise. A la Maison-Rouge paroissent les grès ou masses de rocs vifs, avec base de jaspe; ils conduisent jusqu'à Saint-Clair: de là jusqu'à Guibray, couches de pierres calcaires. C'est à Falaise que commencent à se montrer les masses de grès en rocher dans certaines hauteurs, pendant que les parties inférieures de la plaine offrent des couches calcaires; en sorte qu'il est aisé, surtout dans ce canton, de s'assurer que tous les rochers de grès ou de roc vif sont autant d'îles appartenantes à l'ancienne terre, & environnées des couches de la nouvelle.

On trouve de grands amas de marne au dessous de Falaise, & en s'élevant sur la route de Caen beaucoup de cailloux roulés, qui recouvrent les amas de marnes; quelques-uns de ces cailloux roulés forment des poudingues liés assez solidement par une infiltration ferrugineuse.

A Aubigny on rencontre, à la superficie de la terre, une couche de pierres d'un grain fin, qui a dix pieds d'épaisseur. Ensuite viennent trois couches de moëlon, puis cinq couches de belle pierre de taille un peu infiltrée, avec bousin dessus & dessous. J'ai été étonné que l'infiltration n'ait pu s'opérer qu'au centre de ces couches.

A Saint-Quentin-la-Roche on trouve un rocher semblable à celui qu'on voit à la place publique de Falaise & à la *Brêche-au-Diable*. Je le répète ici : ces sortes de rochers ne forment proprement que des îles : il est vraisemblable qu'ils se prolongent aux *monts d'Erames*, & par la vallée d'*Anglois-Cheville*, *Vignats*, *Brieux*, *Nécy*. Cela présente une pointe très-singulière si l'on y joint les bruyères de la Maison-Rouge & la forêt de Cordey. Quoi qu'il en soit, ces rochers sont environnés de tous côtés de couches calcaires, qui paroissent recouvrir une partie de leurs bases. Ils ne sont même bien à découvert que dans des vallons où les eaux ont creusé les couches calcaires environnantes, & entamé leurs bases très-étendues. Pour faire connoître d'une manière particulière la constitution intérieure de ces rochers, nous donnerons dans notre Atlas les dessins & la description raisonnée du *rocher* de la place publique de *Falaise*, & de la *Brêche-au-Diable* près de Bons. (*Voyez ces articles.*)

Je reprendrai quelque jour les notes que j'ai supprimées, & qui ont pour objet les différentes industries des diverses contrées, & leurs cultures. Pour lors je présenterai une description raisonnée de ce département.

Je joindrai aux détails qui précèdent sur la géographie-physique de ce département de l'*Orne*, la description du *plateau* très-remarquable, qui se trouve aux environs d'Alençon, de Mortagne, d'*Argentan* & de Séez. C'est là qu'on peut observer l'origine des bassins de toutes les rivières principales de la Basse-Normandie, du Maine, du Perche & de l'Anjou, & qui, comme on le voit sur les cartes topographiques de la France, versent leurs eaux vers tous les points de l'horizon.

J'y trouve d'abord à l'est l'origine de l'*Eure* & de l'*Aire*, & un peu en remontant au nord, l'*Iton*; au nord-est, la *Rille*, & ensuite la *Touque* & l'*Orne*, & plus à l'ouest la *Vilaine* & la *Mayenne*, & enfin la *Sarthe* & l'*Huine*.

J'indique ici les bassins originaires de ces rivières, que je considère comme leurs véritables *sources*. Suivant ce nouveau plan & cette nouvelle considération sur la distribution des eaux courantes, il est aisé de voir quelle est l'étendue des *sources* de ces rivières : ainsi l'on ne bornera pas ces origines à de simples filets d'eau, qui ne contribuent que pour peu de chose à la marche de ces premières eaux. D'ailleurs, suivant ces nouvelles vues que j'ai cru devoir adopter dans la description des *plateaux*, je présente une esquisse naturelle de leur hydrographie physique, en cela bien différente de celle qu'on en a donnée & reçue jusqu'à présent, & qui se réduisoit à celle d'une *arête* & d'un sommet plat & élevé à un certain point au dessus des terrains environnans sous tous les aspects de l'horizon. Ce que je propose est un système de distribution des eaux courantes, offrant la réunion de tous les embranchemens de ruisseaux qui se portent vers le tronc principal. Dans la considération de ces bassins originaires, je ne comprends pas tous les embranchemens qui se joignent au tronc, à moins qu'ils ne s'étendent eux-mêmes jusqu'au sommet du plateau, & pour lors je crois devoir distinguer ces embranchemens comme rivières particulières, en plaçant leurs vallées dans l'ordre qu'ils occupent aux environs du sommet général. Il arrive assez souvent que c'est par ces embranchemens que la rivière inférieure appartient au *plateau*, & qu'elle s'y réunit au moyen de pentes qui assurent son prolongement jusqu'au sommet.

Quoique le plateau dont il est ici question ne soit pas remarquable par son élévation au dessus du niveau de la mer, cependant il fait incontestablement partie de l'ancienne terre de Rouelle, non-seulement par une chaîne de collines graniteuses qu'on peut suivre de Séez à Alençon, & où l'ancienne terre est à découvert, mais encore par des massifs de grès ou de *rocs vifs*, qui sont, ou saillans, ou recouverts par des dépôts, très-peu épais, de couches horizontales qui appartiennent à la nouvelle terre, & dont une partie est de la mine de fer dilatée en géodes ou en grain.

On rencontre aussi, aux environs de ce *plateau*, les phénomènes de la disparution & de la réapparution des eaux courantes, comme j'ai eu occasion de les observer dans d'autres positions semblables, c'est-à-dire, à une certaine distance des limites de l'ancienne terre du Limosin, & de la nouvelle terre de l'Angoumois : telles sont les deux rivières du *Bandiat* & de la *Tardouère*, ainsi que plusieurs autres rivières des Cévennes, &c. qu'on peut voir dans les planches d'Angoulême, de Limoges, de Nant, &c.

Je finirai par renvoyer aux planches d'Alençon, d'Argentan, &c. où l'on voit des rivières qui se perdent, & qu'on rencontre à mesure qu'on suit les embranchemens des bassins originaires de plusieurs autres rivières qui sortent du plateau & qui l'entourent. (*Voyez* notre Atlas, où se trouve une carte particulière de ce plateau, dans laquelle sont figurés tous les détails intéressans que je viens d'indiquer ci-dessus.)

ARGENTEUIL, gros bourg sur la Seine, entre Saint-Denis & Saint-Germain. Nous allons faire connoître la constitution physique du sol des environs, ainsi que les différentes formes du terrain, dépendantes de la circulation des eaux pluviales ou des sources qui l'abreuvent.

Avant d'arriver à Anières, on rencontre des dépôts fort considérables de la Seine : la pente adoucie entre Montmartre & Anières en offre aussi de différentes natures. Enfin, le canal même de la rivière nous montra des matériaux de la plus grande variété, voiturés la plupart d'amont. Après avoir traversé la rivière, on voit la face du plan incliné qui s'abaisse de Courbevoie à Anières, tranchée net & arrondie au dessus de la plaine fluviale. Le terrain gagne cette plaine par une pente bien sensible, tant dans le sens de l'arête du plan incliné, que dans celui de son revers. Les cailloux roulés & les débris de silex ne se rencontrent guère que dans le voisinage d'Anières ; car à mesure qu'on approche d'*Argenteuil*, la vase argileuse y forme une bordure fort large le long du canal de la rivière.

Au-delà d'*Argenteuil*, sur toute la partie des plans inclinés qui dominent le territoire de ce bourg, on trouve des dépôts de la rivière, avec des terres remuées & transportées des croupes supérieures.

En montant sur le plateau du moulin à vent de Sannois, on voit les couches qui renferment les rangées de bancs de pierre à plâtre, parmi lesquels sont les *hauts piliers* de la première masse, tels que je les ai décrits & fait figurer dans les coupes qui accompagnent mon *Mémoire sur Montmartre* (vol. V de l'Institut). On y voit partout les blocs prismatiques, qui se délitent par couches & même par lames, & au dessus les lits de marnes ; & comme, dans l'intervalle d'*Argenteuil* à Epinay, les bancs qui recouvrent la première masse sont détruits, les prismes des différentes couches de cette masse s'y trouvent à découvert, & peuvent être observés avec intérêt, parce qu'ils se présentent par blocs isolés.

Dans ce même système des couches de pierre à plâtre qui renferment des lits de marnes, on y remarque des épanchemens d'eau au dessus des marnes qui correspondent aux eaux supérieures de Montmartre, & plus haut se trouvent, comme à Montmartre, les lits de sables dans lesquels sont ensevelis les fragmens de grès & de meulières ; & dans ces lits de meulières est un dernier niveau d'eau qui manque à Montmartre, parce que cette butte est trop peu élevée pour l'offrir comme on le trouve ailleurs.

Ces deux niveaux d'eau s'observent aussi sur les croupes septentrionales de la vallée de Montmorency. Il n'y a que le premier niveau d'eau dans le massif de la première butte qu'on rencontre après *Argenteuil*, comme il se voit au dessus de Belleville.

J'ai remarqué qu'un des plus grands détours du canal de la Seine se trouvoit correspondre à l'embouchure de cinq rivières secondaires, dont quatre se réunissent à la Seine au dessous de Saint-Denis, & la cinquième, qui vient de la vallée de Montmorency, s'y jette un peu plus bas. Mais deux autres circonstances dont je dois ici tenir compte, relativement aux oscillations des rivières, sont la destruction d'une grande partie du bord de la rivière ; qui se trouve réduit à une épaisseur de cinq à six pieds de couches naturelles qui fournissent quelques sources, dont les eaux se précipitent dans la Seine : c'est, comme on voit, un troisième niveau d'eau. Ces destructions sont en raison de la force des rivières latérales secondaires, & des déblais qu'elles ont pu faire suivant la direction de leurs confluences avec la rivière principale. Elles ont beaucoup de déblais, parce qu'elles ont coulé primitivement sur des pentes différentes, & même opposées.

La troisième circonstance est celle de la *grande île de Saint-Denis*, qui probablement est le produit des dépôts formés par les rivières affluentes, à la suite de leurs derniers accès torrentiels, & dans le même tems où elles ont comblé les parties inférieures de leurs vallées, remblais qu'on peut suivre aisément aux environs de Saint-Denis & d'Epinay.

Il faut voir toute la croupe septentrionale de la vallée de Montmorency, & la comparer à celle de la colline du moulin de Sannois, pour reconnoître quels sont l'ordre & la suite des couches dont elles sont l'une & l'autre composées depuis les bancs les plus élevés jusqu'au fond de la plaine, & tenir compte des couches de plâtre qui s'y montrent à découvert.

Je dois remarquer ici à cette occasion, que les amas de sables qui se trouvent au sommet de la butte de Montmartre, sont des restes des couches primitives, qui, à des époques éloignées, faisoient partie de cette colline, bien loin d'être des sables d'alluvion, comme on l'a prétendu. Il suffit, pour s'en convaincre, de jeter les yeux sur les collines correspondantes de *Belleville* & de *Sannois*, qui sont plus élevées : on y trouvera des couches de sables de même nature, avec le banc de meulières au dessus, bien suivi, & sans aucune altération ou commencement de destruction, comme on le voit à Montmartre, car on n'y rencontre que des fragmens de grès & des débris de meulières en *pierres perdues*. Ce sont visiblement les restes de la couche détruite des meulières que l'on trouve bien entière à Sannois, & qui, sous ce point de vue, mérite toute l'attention des naturalistes de la capitale. Ces blocs de meulières de Montmartre y sont restés, n'ayant pu être entraînés par les eaux torrentielles & pluviales de la plaine des environs de Paris, qui ont détruit les autres parties des croupes de la vallée de la Seine.

C'est au dessous de ces sables que peut s'observer le système de couches alternatives de marnes & de sables, système qui a contribué à la distinction & à la séparation de toutes les matieres par couches & par bancs.

Il est assez difficile de rendre raison du sol de la plaine de Saint-Denis. On y trouve effectivement partout des terres remuées, qui ne tiennent aucunement à l'organisation des buttes & des collines voisines. Ces terres remuées paroissent les produits des transports des eaux pluviales d'abord, ensuite des eaux courantes des rivières qui y ont circulé. On pourroit reconnoître tout ce travail des eaux en remontant le long du bord escarpé de la Seine, & en suivant ses débris & ceux que les rivières latérales y ont entraînés & déposés dans leurs anciennes vallées, qui ont occupé une grande partie de cette vaste plaine.

ARGENTIÈRE, île de l'Archipel, qui, anciennement connue sous le mon de *Cimolis* (*voyez ce mot*), a reçu le nom qu'elle porte aujourd'hui sur nos cartes, d'une mine d'argent qu'on prétend y avoir été exploitee pendant long-tems avec succès; mais, quoique rien ne prouve ni cette exploitation ni ces avantages, cette île a conservé ce nom.

L'histoire civile de cette île & son histoire naturelle se confondent avec celles de Milo, dont elle a suivi le sort, & dont elle est d'ailleurs fort voisine. (*Voyez* MILO *& les cartes de ces deux îles.*)

L'*Argentière*, qui nous occupe actuellement, n'a guère que dix-huit milles de circuit. Aride, chargée de quelques montagnes sous formes de collines volcaniques, on n'y remarque ni plaines elevées, ni vallons profonds, ni terres arrosées dans toute son étendue; en un mot, rien qui en puisse rendre le séjour agréable aux habitans. On y voit quelques vignes épaisses, fort peu d'oliviers & de mûriers, de grands trajets de terres incultes, très-peu qui soient propres à la culture de l'orge, du froment & du coton; mais la trace des feux souterrains qui ont agi dans son massif & à sa surface, tantôt avec lenteur, tantôt avec violence au dehors, méritent sans doute de fixer l'attention des naturalistes. Nous avons dit qu'il n'y avoit point de terres arrosées dans cette île, parce que les produits des feux souterrains qui se trouvent dispersés à sa surface, ne sont pas de nature à contenir les eaux pluviales, & à contribuer à leur circulation, soit intérieure, soit superficielle.

La ville d'*Argentière*, ou plutôt le village, est située sur une roche de porphyre rouge, très-peu altéré par l'action du feu. Ainsi la pâte ou le fond de cette substance pierreuse est encore très-dure & susceptible d'un assez beau poli; mais le feld-spath qu'on y voit disséminé en petits points blancs, est en partie décomposé. On trouve aux environs d'autres porphyres d'un vert-clair & foncé, moins durs que le précédent. A l'ouest & au sud de la ville, on voit partout de ces massifs de porphyres blancs & rougeâtres plus ou moins décomposés. Enfin, dans leur dernier degré de décomposition, ces porphyres sont friables: leur pâte est douce au toucher & peu pesante; elle se délaie facilement dans l'eau, & paroît avoir, sur le linge & sur les étoffes, les propriétés de la meilleure terre à foulon. C'est celle que les Anciens ont connue & désignée sous le nom de *terre cimolée* ou *terre de Cimolis*. M. Vauquelin en ayant fait l'analyse, a trouvé sur cent parties, 79 de silice, 5 d'alumine, 4 de chaux, 2 de muriate de soude, & 10 d'eau.

Les marins qui abordent à cette île font, à l'imitation des habitans, usage de cette terre en guise de savon, & en obtiennent les mêmes avantages. Ils préfèrent cependant celle qu'on tire du fond de la mer & dans la rade même, comme plus pure & se délayant plus promptement dans l'eau; enfin comme plus propre à nétoyer le linge, que celle de la terre ferme. Celle-ci, au reste, ne laisse aucun doute sur son origine, car on peut la suivre, dans toutes les altérations qu'elle a éprouvées, depuis l'etat de porphyre rouge presqu'intact, jusqu'au dernier état de décomposition dont on vient de parler.

En général, aucun rocher ne paroît avoir été bouleversé par l'action du feu: ceux qui sont coupés jusqu'à une certaine profondeur & mis à découvert, se montrent toujours en grande masse sans offrir ni couches ni bancs, tandis que dans les autres parties de l'île, au nord-ouest, par exemple, on voit partout des couches régulières, des fragmens de rochers de diverses natures, plus ou moins altérés, & mêlés de cendres volcaniques, de laves solides ou poreuses; enfin, des lits de pierres-ponces, dont la plupart sont sous forme pulvérulente.

De tous ces détails il semble qu'on peut conclure qu'une partie de l'île d'*Argentière* a été jadis travaillée & altérée par l'action lente & insensible des feux souterrains, ou par les vapeurs qui se sont élevées de leurs foyers, pendant que l'autre partie a été recouverte par les matières que certains centres d'éruption ont vomies & versées au dehors par couches régulières & suivies, ainsi que nous le ferons voir aux articles de MILO & de SANTORIN. (*Voyez ces articles & celui de* POLINO.)

ARGENTINE, bourg du département du Mont-Blanc. Il y a une forge qui rend annuellement trois cent vingt-cinq milliers de fer. Les environs renferment plusieurs filons de mines de plomb & argent, qui donnent de quarante à cinquante livres de plomb par quintal, & près de quatre onces d'argent par quintal de plomb.

ARGENTOLE, marais desséché, à une lieue de la ville de Troyes, au nord-est, département de l'Aube. Ce marais étoit originairement un étang abreuvé par la réunion de deux ruisseaux, dont l'un a son origine à *Bouranton*, & l'autre, après avoir abreuvé une file de quatre étangs au dessus de *Tennelière*, se réunit au premier. Le marais d'*Argentole* s'est trouvé envaſé par la végétation de plusieurs plantes aquatiques, qui ont fini par y former des amas tourbeux, & ce ſont ces amas que le deſſéchement, conduit avec intelligence, a mis à découvert. Quelque tems après que la tourbe eut été expoſée à l'action du ſoleil, elle prit feu, comme cela eſt arrivé de ma connoiſſance à pluſieurs autres marais. Ainſi ayant viſité ce marais deſſéché pendant un voyage que je fis à Troyes, il me fut facile de reconnoître les effets de cet incendie, & de me confirmer dans l'opinion que j'avois déjà priſe ſur ces incendies ſpontanés, dont j'avois vu les déſaſtres au marais de *Saint-Simon*, ſur les bords de la *Gironde*, près la ville de *Blaye*; enfin en Bretagne, dans les environs de *Paimbœuf*. (*Voyez* SAINT-SIMON (marais de) & PAIMBŒUF.)

ARGENTON-LE-CHATEAU, ville du département des Deux-Sèvres. La terre, malgré les déſaſtres ſurvenus dans ce beau pays, ſemble produire comme par enchantement. Les moiſſons y ſont rares; mais les environs fourniſſent beaucoup de bois. On y recueille des vins, tant rouges que blancs, fort eſtimés dans les environs ſurtout, où ils ont leur principal débit. Il s'y fait un commerce aſſez conſidérable de chanvre & de verrerie.

ARGENTON-LÈS-EGLISES, ville du département des Deux-Sèvres. On y recueille quelques vins rouges & beaucoup de blancs, généralement eſtimés. On y fait auſſi un commerce conſidérable de beſtiaux & de farines, lequel eſt favoriſé par les productions du ſol.

ARGENTON. Je prendrai cette ville de l'ancien Berry, & maintenant du département de l'Indre, comme centre de deux ordres de dépôts, dont les premiers appartiennent aux eaux torrentielles de l'ancienne terre du Limoſin, qui ont couru ſur les limites de la nouvelle terre du Berry, & dont les ſeconds conſtituent la vraie limite de cette nouvelle terre.

Je commence par la deſcription des contrées qui appartiennent à l'ancienne terre du Limoſin. En partant du Fayt, j'y ai rencontré des granits & ſurtout de leurs débris quartzeux, mêlés à ceux de leurs autres principes: c'eſt ce mélange qui a formé la terre végétale: on y voit auſſi des jaſpes dont la décompoſition a fourni quelques élémens à ce mélange. Enfin, de grands amas de cailloux roulés, diſperſés ſur les croupes du ruiſſeau torrentiel d'*Abloux*, annoncent que la mer s'eſt étendue juſque-là; & ce qui achève de le prouver, ce ſont les bancs horizontaux de pierres calcaires qui ſe trouvent dans le voiſinage; car, après un petit trajet dans lequel le ſol ſe montre encore comme appartenant à l'ancienne terre graniteuſe, on trouve ces bancs au village de *Celon*, au fond du vallon de *Soſne*. C'eſt à ce point intéreſſant que les lits de la nouvelle terre recouvrent viſiblement les granits & les jaſpes ainſi que leurs débris. Ces lits offrent de grands & petits peignes à côtes, de petites huîtres, des nautilites, des poulettes liſſes & à groſſes côtes, des cornes-d'ammon & des bélemnites fort nombreuſes. Il m'a paru que de grandes parties de ces lits laiſſoient voir des pierres trouées par la deſtruction de ces bélemnites. Comme il entre d'ailleurs dans la compoſition de ces lits beaucoup de petites huîtres, le grain de la pierre en eſt fort gros: on y voit, outre cela, des veines de ſpath fort blanc, qui occupent les vides accidentels de ces lits, produits par la deſtruction des foſſiles. En montant la côte au-delà du village de *Celon*, on trouve des bancs calcaires en décompoſition, avec des veines de ſilex & des amas de cailloux liés par des infiltrations calcaires & ferrugineuſes: ſur la cime de la côte, on découvre une large bande de pierres de ſable, dont certaines parties renferment de nombreux débris de quartz.

En approchant d'*Argenton*, on trouve des pierres calcaires à grain fin, ou *cos* en grandes maſſes, leſquels renferment les coquilles foſſiles de l'amas dont nous avons fait ci-devant l'énumération, c'eſt-à-dire, des poulettes, des gryphites, des bélemnites, &c. On y remarquoit des taches blanches ſpathiques: c'étoient les effets des vides de ces coquillages détruits, remplis par la matière lapidifique; au deſſous de ces bancs de cos ſont des couches horizontales farcies de ſilex.

En même tems qu'on obſervoit le changement des principes qui conſtituoient la terre végétale, on étoit frappé agréablement par celui des grains cultivés; ainſi, aux ſeigles & aux blés noirs, ſuccédoient des fromens, de beaux trèfles, &c.

Il étoit aiſé de voir, outre cela, que les terres végétales, débris des maſſes de l'ancienne terre, avoient anticipé ſur les débris des couches calcaires, parce que les rivières torrentielles qui deſcendent de l'ancienne terre du Limoſin, & dont le cours eſt parallèle à celui de la Creuſe, avoient entraîné & dépoſé ces premières terres végétales.

Les poudingues, formés de cailloux roulés & de ſilex, étoient preſque tous infiltrés par des dépôts ferrugineux.

C'eſt à la ville d'*Argenton* qu'on rencontre la belle & profonde vallée de la Creuſe, avec bords eſcarpés & plans inclinés alternatifs.

Si l'on ſuit la croupe du bord eſcarpé de la Creuſe, par lequel on deſcend à la ville baſſe, on voit, en commençant par la baſe, un lit d'argile bleue & ſèche; au deſſus, une couche de pierres calcaires, farcies de peignes, de boucardites, de moules, de groſſes viſſes, de bélemnites, de cunolithes, de madrépores branchus & à réſeaux.

Ce banc, qui répète l'hiſtoire de l'amas de coquilles propres à cette limite, eſt couvert d'un autre banc où ſont diſperſés des ſilex à formes bizarres, dont quelques-uns ne ſont pas complétement agatiſés: c'eſt autour de ces derniers centres d'infiltration que l'eau semble avoir accumulé des matières spathiques dans les vides. On y voit beaucoup de géodes & de cristallisations singulières sur les faces de plusieurs creux multipliés; les *salières* s'y trouvent dispersées au milieu de couches fort épaisses, parce que les coquillages, par leur destruction, y ont occasionné de ces vides où le travail de l'eau continue à pénétrer ces fragmens de pierres calcaires, isolés entre chaque silex.

Lorsqu'on est parvenu sur la droite de la Creuse, on y remarque la suite du même travail de l'eau dans des vides nombreux qui s'offrent au milieu de couches remplies de grands amas de silex.

Si l'on suit la route qui conduit à Châtellerault, on trouve des ammites dans les bancs de pierres, d'un grain propre à prendre l'appareil convenable pour la construction des bâtimens.

J'allai faire la visite de la papeterie du Cluseau, & j'observai la vallée de la Creuse, au dessous d'*Argenton*; j'y trouvai les bords escarpés & les plans inclinés, alternatifs & correspondans des deux côtés. Il n'y avoit cependant aucune égalité dans le niveau des deux bords, car on n'y voyoit point de couches correspondantes; ce qui m'a paru l'effet du transport des matériaux de l'ancienne terre, qui étoient plus abondans sur la gauche de la rivière, que sur la droite.

C'est à la suite de l'excavation de la vallée de la Creuse, qui a mis à découvert non-seulement toutes les couches de la nouvelle terre du Berry, mais encore les matériaux venus de l'ancienne du Limosin, & transportés par les eaux torrentielles dont le cours est parallèle à celui de la Creuse, que j'ai pu reconnoître les quartz & les schistes roulés & déposés au fond du canal de la rivière, & sur les rideaux élevés, dont une partie a été rongée par l'eau, pendant que l'autre a été recouverte de sables & de cailloux roulés, avec quelques débris de pierres calcaires.

On observe beaucoup de veines spathiques au milieu des couches inférieures des bords escarpés & à la suite du travail des eaux, favorisé par la destruction d'une partie des couches superieures que les éboulemens successifs opèrent chaque jour.

D'*Argenton*, en dirigeant ma course vers Bellarbre, j'ai parcouru les varennes & les bois, dont le sol est visiblement le produit des transports très-étendus depuis les limites de l'ancienne terre du Limosin, jusqu'à celles de la nouvelle terre du Berry. Ce sont d'abord, à la superficie de la terre, des sables mêlés de débris de quartz & de jaspes, dont de grandes parties sont roulées & arrondies; dessous est une pierre de sable quartzeux & spathique, comme on l'observe dans les landes de Bordeaux, du Mans, des environs de Breda & de Bois-le-Duc, & qui est connu sous le nom de *roussette* blanche & rouge. Ici la *roussette* se trouve mêlée, dans certains endroits, à de la mine de fer. Enfin, au dessous de ces differens matériaux sont des lits de pierres calcaires d'un grain assez fondu, comme nous en avons vu sur la route du *Fayt* à *Argenton.*

On rencontre, outre cela, plusieurs amas d'argile dessous les sables. Ce dépôt d'argile, ainsi que celui de la mine de fer, paroît appartenir surtout à la ligne des limites de l'ancienne terre qui se prolonge aux environs de Bellarbre; grison ou pierre de sable à Saint-Benoit-du-Sault, ainsi qu'à Lussac-lès-Eglises. C'est à côté de ces deux petites villes, ainsi qu'à Lussac-le-Château, à Montmorillon, à Moulisme, à Moutiers, que l'on trouve les extrémités de la pierre à chaux : on ne la découvre bien précisément que dans la suite des vallées de l'*Anglin*, de la *Benoise*, du *Sableron* & des autres ruisseaux latéraux qui tombent dans la Garthempe, &c.; elles s'annoncent par le *grison* ou pierre de sable, qui se taille aisément, & qu'on emploie dans les constructions.

Par ces détails je me suis proposé de faire connoître d'une manière particulière la constitution physique des doubles limites de l'ancienne & de la nouvelle terre, dans des contrées où plusieurs courses relatives à l'industrie m'ont mis à portée de les observer sous plusieurs rapports, & autour de plusieurs centres. Ces détails pourront donner une idée simple & juste de toutes les circonstances que pourroit offrir l'enceinte du Limosin sous ses différens aspects, soit du sud, soit de l'ouest, &c. (*Voyez* PERIGORD, POITOU, BERRY, MARCHE.)

ARGILE. C'est une terre pesante, plus ou moins compacte. Quand elle est pénétrée par l'eau, elle a de la ductilité; elle se durcit à un feu modéré, & y éprouve une retraite plus ou moins considérable. Nous ne suivrons pas les autres propriétés de l'*argile*, qui ne sont point de notre objet. Nous nous bornerons ici à des propriétés qui contribuent aux phénomènes appartenans à la *Géographie-Physique.*

L'*argile* est une des matières terreuses les plus abondantes & les plus utiles que l'on trouve dans le sein de la terre; elle s'y rencontre à diverses profondeurs, quelquefois en grands bancs, dans des plaines basses & inondées : on en trouve aussi qui sert de base aux rochers de pierres calcaires. Ces couches d'*argile* retiennent l'eau qui pénètre dans les entrailles de la terre. L'eau qui réside sur ces couches se trouve en nappes au fond des puits qu'on a creusés dans les premières couches, ou bien s'échappe par les sources, qui trouvent un débouché latéral sur les croupes des vallées.

Dans les couches d'*argile* qui ont une certaine épaisseur, on trouve que cette substance terreuse, non-seulement a pris une certaine consistance, mais encore qu'elle est divisée en trapézoïdes par plusieurs fentes de dessiccation. Je puis indiquer des masses montueuses qui se trouvent aux environs de Brienne-le-Château, département de l'Aube, où où ces phénomènes sont très-remarquables, & peuvent autoriser le principe général que j'en ai déduit ici. Nous allons faire connoître encore plus en détail ces principaux usages dans le sein de la terre.

Usages principaux de l'argile dans le sein de la terre.

Sans nous occuper ici des idées très-hasardées qu'on trouve dans certains naturalistes sur l'origine & la nature de l'*argile*, nous croyons que nous n'en ferons pas moins bien connoître ses usages & sa distribution dans les couches de la terre, ainsi que les avantages qui en résultent. Elle forme souvent à elle seule des lits & des couches d'une certaine épaisseur & à différens degrés de profondeur dans les terres. Comme elle a la propriété de retenir l'eau des pluies, & de ne point leur donner passage, c'est à ces differens niveaux des lits d'*argile* que sont assujetties les *sources* & les *fontaines* qui sortent du sein de la terre. Dans la nouvelle terre, les eaux pluviales filtrent à travers les fentes & les diverses issues que leur fournissent les bancs voisins de la surface de la terre, descendent & pénètrent jusqu'à ce qu'elles soient arrêtées par des couches d'*argile*; alors elles s'y amassent & ne peuvent s'écouler que par les coupures latérales que font, dans l'assemblage des couches, les vallées ou les puits.

Un autre usage de l'*argile* & de la glaise est de servir à la séparation des couches terrestres, qui ne sont bien distinctes que par l'interposition de petits lits d'*argile* ou de glaise; & comme cette sorte de terre, pour peu qu'elle soit abreuvée par l'eau qui filtre à travers les couches, ne prend pas de consistance, il est arrivé que les bancs de pierres se sont durcis, & ont reçu même un grand degré de dureté, quoique les lits d'*argile* qui sont interposés, n'aient éprouvé aucun changement. C'est donc à l'interposition de cette matière hétérogène, qu'est due particuliérement la belle organisation de la terre par couches bien suivies & bien distinctes sur une grande étendue de pays. Assez souvent ce dernier usage de l'*argile* n'a pas été observé ni indiqué comme il méritoit de l'être : on en verra les détails à l'article COUCHES DE LA TERRE.

Énumération de différens amas d'argiles qui se trouvent en France, avec l'indication de leurs différentes qualités.

L'*argile* d'un gris-brun, d'un très-grand liant, se trouve aux environs de Gournay en Normandie : on s'en sert avec succès pour faire les pots de la verrerie de Sèvres.

Autres *argiles* de différentes nuances de gris, tirées du territoire de Montereau-Faut-Yonne & des environs. Toutes ces *argiles* blanchissent au feu, & ne fondent pas dans un état de pureté.

La plus pure de toutes est celle qu'on tire d'une grande fouille qui se trouve sur le chemin & a la montagne de Moret. Cette *argile*, lorsqu'elle est sèche, est d'un brun très-foncé, mais elle devient d'un beau blanc au feu. C'est pour cette qualité qu'elle sert de base aux poteries de terres blanches, façon d'Angleterre, qu'on fabrique à la manufacture du Pont-aux-Choux, & surtout à Montereau.

On trouve, aux environs de Dunkerque, plusieurs *argiles* d'un gros blanchâtre, qu'on nomme *terres à pipes*, parce qu'elles sont employées effectivement à la fabrication des pipes. Elles résistent, seules & pures, à l'action du feu, & alors elles deviennent d'un très-beau blanc.

De même, aux environs de Maubeuge, se trouve une *argile* d'un gris-blanc, & réfractaire au grand feu, au milieu duquel sa couleur ne change point. Elle se cuit très-dure & très-serrée. C'est celle avec laquelle on fabrique les poteries de grès fin de Flandre, & auxquelles on donne une couverte faite par la fumigation du sel, & qu'on peint ordinairement aussi en bleu de safre.

Argiles grises qu'on tire de fouilles considérables proche Savignies (département de l'Oise), à quatre lieues de Beauvais. C'est la terre avec laquelle on fait, à Savignies, toutes les poteries de grès, & surtout les fontaines dont on se sert à Paris. Cette *argile* blanchit peu au grand feu.

Argile grise de Villentraude (département de l'Aube), & qui sert aux creusets de quelques verreries.

Autre *argile* grise de Bellière en Normandie, employée ci-devant aux briques & pots de la belle glacerie de Saint-Gobin.

Argile blanchâtre, tirée de Susy en Picardie, dans le voisinage de Saint-Gobin.

Belle *argile* blanche qu'on tire des environs de Chateaudun, & qui entre dans la composition d'une porcelaine qu'on fabrique dans le pays.

Argile d'une grande blancheur, des environs de Port-Louis en Bretagne, où elle se trouve sous la forme de grands bancs. Cette terre est mêlée de gros & menus sables quartzeux, & d'une grande quantité de beau mica blanc; elle est assez liante quand elle est séparée de ces matières étrangères par un lavage exact. Cette terre est très-réfractaire; elle demande une chaleur très-forte pour se cuire au point de faire feu au briquet.

Considérations sur les empreintes, les couleurs & la forme trapézoïdale de certaines ardoises ou argiles infiltrées.

Il est curieux d'examiner les ardoises ou *argiles* de Saint-Chaumont, qui portent des empreintes de fougères. Il en est aussi quelques-unes qui renferment des empreintes de corps marins. Ces ardoises paroissent être composées de la même matière que les ardoises ordinaires, c'est-à-dire, suivant mon opinion, d'une *argile* infiltrée de quartz & d'une assez grande quantité de bitume & de mica; ce qui prouve que la même matière qui, déposée seule & sans mélange apparent, a formé l'ardoise, a pu se trouver aussi mêlée aux autres principes du granit. Je considère, par cette raison, la partie rouge des granits de Cordelas en Limosin, & la partie bleue ou verdâtre de quelques autres, comme n'étant proprement qu'une *argile* infiltrée, mêlée avec les autres principes du granit. Il est assez remarquable que la variété des couleurs dont l'ardoise est susceptible, se retrouve en effet dans les granits.

J'ai vu, en Suisse, des ardoises d'un très-beau rouge, & d'autres verdâtres. Les différens principes du granit se trouvent, tantôt séparés les uns des autres, tantôt mêlés les uns aux autres en toutes sortes de proportions; & l'état des ardoises imparfaites prouve invinciblement que le fond de l'ardoise n'est que de l'*argile;* mais en même tems sa dureté, son inaltérabilité, prouve qu'elle est infiltrée par une matière d'une nature toute différente. Rien ne m'a paru plus aisé que de connoître cette matière: c'est celle qui remplit les interstices des gerçures qu'on rencontre quelquefois dans les masses d'ardoises. Les ouvriers des carrières d'Angers l'appellent *chaz*. Elle est blanche & de la nature du quartz. Cela suffit pour autoriser mon opinion.

En descendant dans la vallée de Saint-Seine, je remarquai avec surprise que les bancs de pierre dure qui sont au dessous de la lave, & qui se montrent dans le chemin sur la pente de la montagne, n'étoient pas parallèles à l'horizon, & y étoient inclinés sous toutes sortes d'angles. En descendant encore plus bas, & environ à mi côte, je fus très-surpris de rencontrer de l'ardoise aussi bleue & aussi bien feuilletée, au premier coup d'œil, que celle d'Angers, mais à la différence de celle-ci, feuilletée par des lames parallèles à l'horizon. Les morceaux que j'en détachai, étoient de pure *argile*, comme on en trouve en Anjou, dans les cantons qui environnent les ardoisières. Cette *argile* étoit peu onctueuse, & il n'y en avoit que dans ce petit coin.

En examinant cette ardoise en place, j'ai été frappé d'une circonstance sur laquelle je dois insister ici. L'*argile* feuilletée, & l'ardoise, qui ne paroît être, comme je l'ai dit ci-dessus, que cette *argile* consolidée par l'infiltration d'une espèce de quartz ou de spath, étoient coupées & séparées des couches supérieures, de manière que la section étoit oblique à la direction des feuilles paralleles à l'horizon, & cette section étoit aussi très-nette, comme celle d'un gâteau feuilleté, coupé très-proprement. Je me rappelai que l'ardoise d'Angers étoit aussi coupée par des sections obliques à la direction de ces feuilles; ce qui donne à une masse quelconque d'ardoise, dont la figure naturelle n'a point été altérée, une *forme rhomboïdale*.

Maintenant, supposons qu'une masse quelconque d'ardoise ou d'*argile* feuilletée ait été formée comme celle de Saint-Seine, en sorte que ses feuilles soient parallèles à l'horizon, & que la masse entière ait été, comme je l'ai vue à Saint-Seine, coupée par plusieurs sections en différens sens, toutes obliques à la direction des feuilles, & cela par la cause, quelle qu'elle soit, qui a ainsi coupé tous les bancs de pierre de la Haute-Bourgogne; qu'ensuite, par quelqu'événement, quelque grande révolution, la masse entière ait été renversée toute ensemble, en sorte que les feuilles qui étoient paralleles à l'horizon se trouvent faire, avec ce plan, un angle plus grand que de soixante-dix degrés, n'est-il pas évident que l'on aura une masse entiérement semblable à celle des ardoisières d'Angers? Je ne m'étendrai pas sur les conséquences qui résultent naturellement de ces suppositions si simples, & déduites de faits aussi précis. Mais je ne puis m'empêcher de faire remarquer que cette explication nous dispense de recourir, pour rendre raison de la *forme rhomboïdale* des masses d'ardoises, à une cristallisation à grande masse inexplicable en elle-même, & incompatible d'ailleurs avec la mollesse primitive de l'ardoise dans son premier état d'*argile*, où elle paroît avoir reçu sa forme. Le problême seroit réduit à cet autre beaucoup plus simple, découvrir la cause ou les circonstances qui ont pu contribuer à couper, par des sections obliques & en différens sens, des bancs horizontaux. Il paroîtroit aussi que la moyenne terre ne différeroit de la nouvelle, quant à l'inclinaison des couches, qu'en ce que celle-ci n'auroit pas essuyé d'aussi grands déplacemens. (*Voyez l'article* MOYENNE TERRE, où j'exposerai plus en détail toutes ces circonstances intéressantes.)

ARGILE. (*Tractus.*) Pour faire connoître ces cantons qui n'offrent à leur surface que des massifs où l'*argile* domine, nous décrirons ici celui qu'on trouve en Toscane, aux environs de Sienne, & qui se prolonge dans la direction de l'ouest à l'est sur une longueur de plus de vingt milles. Sa largeur varie suivant la nature & la qualité des terrains qui lui servent de limites. Ce canton, dans toute l'étendue qu'il occupe, se montre partout facile à reconnoître, car sa superficie annonce le plus grand désordre par la facilité qu'ont les lits de terres de s'ébouler, faute d'être soutenus comme ils le sont ordinairement par des bancs solides de pierres. Ajoutez à cela l'action des eaux pluviales qui pénètrent par les fentes de dessiccation qu'éprouvent les couches terreuses lors des grandes chaleurs, parce que ces fentes minent & séparent de grandes portions de ces couches, & produisent ainsi des éboulemens très-multipliés & très-étendus. En observant attentivement les coupures fréquentes & profondes qui sont formées par toutes ces causes de destruction, on découvre aisément que ces massifs *argileux* ont eu anciennement la forme de collines, & qu'elles sont composées par divers lits de terre, entassés & déposés les uns sur les autres dans un ordre qui étonne, par la situation variée des substances, qui tantôt est parallèle à l'horizon, & tantôt plus ou moins inclinée jusqu'à la position verticale.

Les substances terreuses qui composent ces différens systemes de lits, sont d'une nature assez variée : les unes offrent des espèces particulières d'*argile*; d'autres sont des glaises plus douces & plus ductiles ; ici ce sont des tufs, là des terres ochreuses ; plus loin des sables. On apperçoit ailleurs des blocs de pierres plus ou moins gros, & enfin dans quelques-unes de ces espèces de couches on trouve une prodigieuse quantité de coquilles marines, dont une partie est très-bien conservée, pendant que l'autre n'est qu'en débris. Il est évident par tous ces détails, que ce massif a été formé lits par lits dans des tems fort reculés, & au milieu du bassin de la mer.

Ce n'est pas seulement dans l'intérieur de ces couches que résident les dépouilles d'animaux marins : on peut les observer & les suivre en détail, étant dispersées abondamment à la superficie du *tractus argileux*; & c'est par le moyen de ces recherches, qu'on a rassemblé plus de deux cents espèces de coquillages, soit du genre des univalves, soit du genre des bivalves. On y trouve aussi des tuyaux marins, des glands & des oursins, en très-grand nombre ; mais on n'y a rencontré aucune espèce de madrépores.

Une observation remarquable qu'on peut faire dans ce *tractus* curieux, c'est que ces diverses espèces de coquillages ne sont pas confusément dispersées entr'elles, mais qu'elles s'y présentent arrangées par ordre & par familles, de manière qu'une espèce se trouve concentrée dans un endroit particulier, & séparée de toute autre : d'où il résulte que dans certaines parties on ne voit que des pectinites, ailleurs des ostracites, plus loin des pourpres ; enfin, dans d'autres parties isolées des rochers ou murex, des turbinites & des tubulaires. Cette belle distribution se raccorde merveilleusement avec celles que les disciples de Rouelle ont déjà remarquées dans plusieurs provinces éloignées de la Toscane. On y trouve aussi plusieurs coquillages qui ont subi les effets infiniment variés de la pétrification ; car les uns sont enveloppés par une croûte pierreuse, les autres renferment au contraire dans leur cavité un noyau dur & pétrifié qui offre l'empreinte de l'intérieur de la coquille lorsqu'elle se trouve détruite par quelque cause que ce soit. Quelques-uns de ces noyaux ont acquis la dureté, la demi-transparence & le tissu du *silex*; d'autres ne sont que l'assemblage de plusieurs molécules cristallines, spathiques, qui ont pris la forme de l'intérieur des coquilles.

Une autre observation aussi remarquable est que les diverses sortes de substances terreuses renferment des espèces de coquillages différens. Ainsi dans l'*argile* pure & sans mélange on rencontre de très-petites coquilles bien conservées, quoique d'une foible consistance, comme des dentales, des tuyaux, de petites nérites, de petites cames, & d'autres coquillages, soit bivalves, soit univalves, qui étonnent par la délicatesse de leurs parties & la beauté de leurs formes.

Dans les couches composées de substances terreuses, connues sous le nom de *tufs*, on ne trouve que des huîtres, des pinnes-marines, des rouleaux, des pourpres, & même dans les collines voisines du *tractus argileux*, & qui offrent un assemblage de pierres de sables ; les huitres d'une extrême grandeur, des pourpres d'un volume considérable, & l'oursin, *indicæ cucurbitæ similis*, y sont fort abondans.

Une circonstance qu'il convient de ne pas omettre au sujet de ces fossiles & des substances terreuses qui les renferment, c'est que les coquilles sont très-bien conservées dans les lits d'*argile* pure. On voit avec étonnement des turbinites & des pectinites très-délicates, dont les parties saillantes sont les plus déliées, conserver ces beaux détails, & même l'éclat de leurs couleurs primitives, après avoir été ensevelies tant de siècles au milieu de ces couches *argileuses*.

Au contraire, dans les parties de ces *tractus* où se trouvent les terres ochreuses & ferrugineuses, les coquilles sont dans un état de destruction singulière, & l'on n'y voit plus guère que des noyaux de coquilles, dépouillés de l'enveloppe qui les recouvroit d'abord, & d'ailleurs ils ont une teinte noire superficielle. On est tenté de croire que ces coquilles se trouvent ainsi noircies par l'effet d'un sel vitriolique renfermé dans ces massifs, car en faisant dissoudre de ce sel dans l'eau, il se précipite à chaque fois de la dissolution une terre jaunâtre, ochreuse ; & si l'on y jette un fragment de coquille, quelque blanche qu'elle soit, elle y prend une teinte d'un noir foncé qu'il n'est pas possible d'éclaircir ni de faire disparoître par des lotions réitérées.

Quoiqu'il n'y ait aucun banc de pierre dans le *tractus argileux* de Sienne, cependant on rencontre à chaque pas dans le lit des torrens & des ruisseaux différentes sortes de pierres, dont le volume varie beaucoup. Ces morceaux sont percés de trous ovales, dont la cavité est très-lisse & très-polie. Il paroît par la disposition & la forme de ces cavités, qu'elles ont servi de retraite & de logement aux dails. Ces mêmes cavités se remarquent aussi dans des pierres qui forment des lits suivis au milieu d'un massif de montagnes voisines du *tractus argileux*. Outre ces dails on y voit aussi plusieurs autres espèces de coquillages fossiles. Les trous de dails qu'on voit dans les pierres isolées du *tractus argileux* varient beaucoup quant à leur grandeur & à leur capacité. On en trouve de fort petits, quelques autres de moyenne grandeur, & d'autres fort grands; ce qui annonce tous les divers degrés d'accroissement que prennent les dails dans la pierre, & nous indique un séjour de la mer, prolongé dans les diverses contrées qui ont fourni ces sortes de pierres. Ce ne sont donc pas des effets du déluge universel, qui n'ont pu être que passagers s'ils ont existé dans ces contrées. On voit aussi dans ce même canton des amas considérables de lithofites, de porites, de fungites, de débris d'étoiles marines, connus sous le nom d'entroques & d'astéries, d'alcions, de dents de chien de mer, de vertèbres & autres os d'animaux, qui sont probablement des poissons de mer.

Au milieu de ces fossiles on trouve dans des fentes le plus souvent verticales, des cristaux de gypse, qui prennent différentes formes, suivant que les circonstances favorisent l'assemblage des molécules cristallines élémentaires, & ces cristaux sont assez abondans : il en est de même des morceaux de charbon fossile qu'on rencontre particuliérement dans les lits de tufs. Il faut bien les distinguer des bois fossiles bitumineux qu'on y voit aussi, qui sont intéressans, non-seulement parce qu'ils rendent, lorsqu'on les brûle, une odeur de bitume bien marquée, mais encore parce que certains morceaux sont recouverts d'enduits de bitume fort epais, qui se fondent & coulent comme l'huile pendant leur combustion.

On ne trouve que très-rarement des sources dans les *tractus argileux* : celles qui s'y montrent, ne sourdissent jamais que des endroits où règnent les couches d'un tuf dur & compacte; & dans ce cas les eaux de ces sources sont dures, pesantes, saumâtres. Ce défaut d'eaux salubres & abondantes est un des grands inconvéniens de ces cantons *argileux*, qui reçoivent l'eau pluviale sans l'admettre, sans se prêter à sa circulation intérieure, & par conséquent à sa dépuration : celle même qui sort des couches de tuf, conserve encore toutes les mauvaises qualités que les *argiles* lui ont communiquées en circulant à leur surface, avant de pénétrer dans les tufs.

Après cette description du *tractus argileux* des environs de Sienne, pour faire connoître ce que la Toscane renferme dans ce genre de phénomènes, je vais rappeler ici les principaux faits concernant les collines d'*argile* que j'ai rassemblés dans la notice de Targioni, & l'on pourra reconnoître par ces détails, quelle est l'étendue de ces massifs, partie intéressante de la *Géographie-Physique* de la Toscane.

Dans chacune des contrées où les collines d'*argile* se présentent, l'aspect du pays change. Ces *argiles* diffèrent du tufo, tant par la couleur, le grain & la forme primitive des couches, que par l'état de destruction que ces massifs ont éprouvé par les eaux, comme nous l'avons vu ci-dessus. Les différens principes de l'*argile* sont très-peu liés ensemble; mais malgré cela, comme les molécules qui la constituent, sont unies très-intimement entr'elles par une certaine force d'adhérence, cette constitution physique empêche que les racines des plantes ne s'y fassent jour : il en est donc résulté que les sommets des collines, qui sont recouverts de couches *argileuses*, n'offrent qu'un très-petit nombre de plantes spontanées, & encore ces plantes sont-elles très-foibles. Aussi les semences n'y produisent-elles des grains que dans les parties des collines qu'on a cultivées & ameublies avec soin.

L'abaissement de tous les sommets des collines *argileuses*, & les dégradations qui s'y trouvent produites, dans un tems donné, par l'effet des eaux, sont bien plus sensibles dans les collines d'*argile*, que dans celles de tufo. Targioni en cite des preuves frappantes dans les environs de Toiano.

Les coupures des couches d'*argile* produites par les eaux pluviales ne sont point verticales, c'est-à-dire, à pic comme celles de tufo, à la réserve de certaines parties où les fleuves, rongeant les pieds des escarpemens, font précipiter dans leurs lits de grosses masses d'*argile*. C'est ainsi qu'on peut suivre les progrès des destructions des croupes de la vallée de l'*Assiena*, dans les collines de *Certaldo*. Il est vrai que les escarpemens qui restent à la suite de ces chutes, présentent plusieurs faces obliques & des bords inclinés.

Chaque année d'ailleurs la superficie des collines d'*argile* se dégrade considérablement. Il suffit de jeter les yeux sur ces collines, pour être assuré que leur niveau est beaucoup inférieur à celui des collines de tufo. A *Toiano*, à *Morrona*, à *San-Giusto-di-Volterra*, il y a de grands *tractus* de collines d'*argile*, où l'on peut voir toutes les coupures & les dégradations des eaux dont nous venons de faire mention, ainsi que cet abaissement de niveau.

L'*argile*, divisée & séparée de ses grands massifs, prend l'eau, & outre cela la retient beaucoup plus que le tufo. C'est pour cette raison que, dans les pays de collines *argileuses*, les chemins se sèchent plus difficilement, & sont impraticables pendant tout le tems des pluies.

Dans les couches d'*argile* il y a plus de corps marins testacées, que dans le tufo; aussi rencontre-t-on de grands *tractus argileux* qui sont entiérement stériles, parce que les eaux pluviales, ayant entraîné les terres avec elles, n'y ont laissé que des corps marins.

Nous avons vu aussi que les eaux des sources & des puits étoient de mauvaise qualité dans tous les cantons *argileux*, & que cet inconvénient nuisoit infiniment à leur habitation.

L'*argile*, au reste, qui domine dans ces collines, est bonne pour les poteries & les tuileries. D'ailleurs, son melange avec les débris des coquilles le rend propre à modeler des figures dans les ateliers des sculpteurs. Outre cela, il y a des parties où l'*argile* est savoneuse, & propre à dégraisser & à fouler les étoffes de laine.

On a remarqué que les amas d'*argile* près de *Chianni* étoient adossés à des croupes de montagnes primitives, & sans aucune matière intermédiaire. C'est là où l'on commence à voir les filons de ces montagnes, qui offrent des matériaux d'une nature différente, ainsi qu'un aspect & une disposition dans les substances qui diffèrent également; & ce qui a mis cet ordre de choses à découvert, c'est le travail d'un torrent qui a entraîné de grandes parties d'*argile*, & montré que toutes les couches des collines avoient été déposées postérieurement à l'existence des bords d'un bassin qui les a reçues, & qui en a été en grande partie rempli & couvert.

On voit la même chose au val d'*Arno-di-Sopra*, qui est un canton semblable à celui des collines du val d'*Esa*. Il est visible que, dans tous les cas, les matériaux qui sont entrés dans la composition des collines, ont été amenés de loin & déposés surtout aux environs de la partie inférieure des croupes des montagnes de l'ancienne terre.

Il est donc prouvé que ces montagnes ont formé, à une certaine époque & par leurs faces latérales ou leurs croupes, différentes vallées ou bassins plus ou moins étendus, où l'eau, chargée des principes du tufo ou de l'*argile*, a pu déposer une quantité considérable de sables & de terre, & les déposer en couches horizontales, comme fait l'eau trouble. Sur un lit affermi déjà un peu, il s'en est établi un autre successivement par le concours des mêmes circonstances, & ensuite plusieurs autres, chacun desquels a été plus étendu à mesure qu'il couvroit une plus grande superficie de montagnes & une plus grande circonférence. La nature a continué ces sortes de dépôts jusqu'à un certain tems déterminé, & jusqu'à ce qu'ils aient acquis une épaisseur égale à celle que nous pouvons observer; qu'ensuite, à mesure que les causes ont varié & qu'il s'est établi un plan différent de travail, la nature a cessé de former les collines; en sorte qu'à la suite des révolutions qui ont eu lieu dans ces mêmes contrées, elle détruit maintenant son propre ouvrage. Ainsi donc tous les systèmes de collines qui ont été indiquées, de quelque nature de matériaux qu'elles aient été composées, ont éprouvé & éprouvent chaque jour des destructions considérables & suivies; & s'il se forme de pareils dépôts, ce ne peut être que sur le fond du bassin de la mer actuelle.

On trouve de semblables dépôts faits par les eaux dans beaucoup d'autres contrées de la Toscane, mais surtout au milieu des montagnes de *Pariascio*, où tous les massifs de l'ancienne terre résident dessous les couches horizontales de *tufo* & d'*argile* : ce sont des filons d'albarèse & de pierre serène d'un grain fin. Ces filons paroissent composés de débris de coquilles marines, telles que les huîtres, les peignes, les solens, les lenticulaires & les numismales. Les couches qui en sont inclinées du midi au nord ont différentes épaisseurs, & varient quant à la dureté & à l'inclinaison. Ces mêmes phénomènes se retrouvent dans plusieurs autres contrées de la Toscane, où la base & les limites des collines sont également formées par les massifs des montagnes de la moyenne terre, composées de substances de différentes natures.

Le petit *trattus* de collines qui est au midi de *Morrona*, est situé au pied d'une vaste chaîne de montagnes, qui commence à *Cesciana* & s'étend jusqu'à *Costellina*. Il est composé, pour la plus grande partie, d'*argile*, & offre le commencement de la vallée de *Cascina*, fleuve qui a sa source un mille environ au dessus de *Morrona*, près de *Chianni*. Cet amas d'*argile* est posé sur les flancs des montagnes qui forment cette chaîne, de manière que là où se termine le dernier lit d'*argile*, qui paroît à l'œil décrire une ligne droite horizontale, on commence à voir les filons des montagnes, & depuis cette ligne on observe un sol d'une nature & d'une forme toute différente.

Comme nous l'avons déjà remarqué ci-dessus, quelques torrens, en se précipitant des montagnes, ayant entamé les massifs d'*argile*, font voir outre cela que cette *argile* est un terrain adventice formé de couches horizontales, déposé sur les flancs des montagnes, & sous lequel une grande partie de la base des montagnes est ensevelie. La même disposition s'observe dans les collines du val d'*Arno-di-Sopra*, comme nous l'avons fait connoître ci dessus. (*Voyez les articles* ARNO (fleuve) & COLLINES D'ARGILE.)

Réflexions sur la composition & sur la structure des couches d'argile.

A la suite des détails qui concernent les collines d'*argile*, on ne peut se dispenser d'y joindre ceux qui peuvent donner une idée précise de la composition & de la structure des couches d'*argile* en Toscane.

En allant de *Monte-Foscoli* à *Palaia*, on rencontre une grande plaine recouverte d'un système suivi de couches d'*argile*. C'est là que j'ai examiné leur composition & leur structure. On voit que les grands lits d'*argile* sont partout divisés en plusieurs rognons (*zolloni*) ou masses, qui approchent beaucoup de la figure parallélipipède obliquangle, & dont les faces sont revêtues d'une croûte mince, de couleur jaunâtre. Ces rognons sont intérieurement de la couleur ordinaire de l'*argile*, & ce n'est que sur les faces supérieures ou latérales qu'on y voit une teinte de couleur jaunâtre, & encore est-elle distribuée sur les contours de ces faces; car, comme les rognons sont très-serrés les uns à côté des autres, les contours de leurs faces se touchent, & sont en contact les uns contre les autres. Ainsi la superficie d'un lit d'*argile* offre un plan divisé en forme de réseau, & très-artistement desfiné. Ce sont les bords des fentes qui divisent les rognons contigus, & sur les coupures verticales des lits on distingue encore plus nettement les compartimens produits par les lignes d'attouchement des rognons les uns contre les autres, précisément comme nous l'avons dit à l'égard des rognons de tufo. (*Voyez* TUFO.) Dans les fentes fort étroites & serrées qui divisent les rognons d'*argile*, on trouve très-souvent des lames de gypse, de pierre spéculaire & de sélénite. Dans le voisinage de *Monte-Foscoli*, on en voit des lames fort minces, composées elles-mêmes de cristaux sous forme lenticulaire, qui se réduisent en poussière blanche comme celles des marbres blancs broyés.

Il paroît clairement que les couches d'*argile* doivent leur structure & leur formation aux mêmes causes qui ont concouru à celles des couches de tufo. Au reste, il est vraisemblable que l'*argile*, dans ces différens états, a reçu un certain degré de pétrification, cependant un peu plus foible que celui qui a infiltré les couches de tufo. La croûte de teinte jaunâtre a été déposée, par quelque principe ferrugineux, postérieurement à la formation des rognons; elle n'a été appliquée sur les faces de ces *rognons* que lorsqu'ils ont eu pris leurs dimensions; car cette couleur est beaucoup plus chargée vers les bords des faces, & elle s'éclaircit à mesure qu'elle s'étend vers le centre. Ceci est très-remarquable, surtout dans les couches qu'on peut observer sur les croupes des vallées qui avoisinent le moulin de *Piccioli*. Au reste, les couches d'*argile* présentent partout les mêmes caractères, à *Toiano*, à *Morrona*, à *Laiatico*, à *Spedaletto*, à *Moie*, à *Val-d'Esa*, à *Certaldo*, à *Castel Fiorentino*.

Du point de vue de *Toiano*, Targioni a fait une observation intéressante; c'est qu'en tirant une ligne par le méridien de cet endroit, elle coupe les collines du *Val-d'Esa* & du *Val-d'Era* en deux parties, de manière que la portion qui est à l'ouest, est presque toute entière formée de tufo; aussi cette contrée est-elle très-fertile en grains & en fruits, au lieu que la partie qui est à l'orient de la même ligne, est toute composée d'*argile*, & présente l'aspect d'une grande plaine de cendres presqu'entiérement dénuée d'habitations & de cultures.

La constitution de l'argile, en tant qu'elle contribue à la fertilité.

L'*argile* est une terre commune & universellement répandue sur le *Globe*, tant à sa superficie par masses irrégulières, que dans l'intérieur en couches suivies. On peut conclure son utilité de son universalité. Ses avantages sont de procurer la circulation des eaux sur le Globe terrestre, & de nourrir par-là tout le genre végétal. Ses usages particuliers sont de servir aux besoins domestiques & des ménages.

On croit que le mot *argile* vient d'ἀργὸς, blanc; mais on n'est pas également d'accord sur l'origine de cette terre. Quelques-uns pensent qu'elle est factice, & qu'elle tire son origine de l'*humus*, qui est le débris des végétaux. Cependant l'*argile* ne renferme aucun principe qui puisse être rapporté aux végétaux ou aux animaux; & d'ailleurs, il y a une grande différence entre l'*humus* & l'*argile*. Enfin, lorsqu'on considère la quantité qu'on en trouve, & même à des profondeurs considérables, on ne peut guère soutenir cette hypothèse.

Ludwig prétend que l'*argile* est le résultat des substances calcaires réduites en poussière par le mouvement des eaux salées, & qui ont été unies par l'intermède d'une substance glutineuse. Cependant il n'a point vu que les *argiles* se formassent de nouveau sur les bords de la mer, ni qu'elles continssent des principes calcaires.

M. de Buffon tire l'origine de l'*argile* du sable, & Boyle avoit eu cette idée avant lui. Ils pensent l'un & l'autre que le sable se décompose par l'action de l'air, & que de là se forme l'*argile*. Mais on demanderoit pourquoi les déserts d'Afrique, couverts de sables, ne nous offrent pas les résultats de ce changement? Les couches alternatives ne peuvent s'expliquer dans cette hypothèse.

Enfin, quelques-uns pensent que l'*argile* est un sédiment marin. Pour nous, nous serions portés à croire que l'*argile* est une terre primitive, & qu'elle n'est pas l'effet d'un travail particulier, 1°. parce qu'elle est abondante; 2°. parce qu'elle a des propriétés particulières; 3°. par ses usages, qui sont tels que le Globe ne pourroit subsister comme il est sans son influence générale.

L'*argile* est une terre grasse au toucher, douce, épaisse, ductile, prenant l'eau. La principale propriété qui la fait contribuer à la fertilité, est de contenir l'eau & de se réduire en une pâte ductile, qui obéit à la main. L'eau ne la quitte que par l'évaporation; elle ne la traverse pas; aussi conserve-t-elle l'eau dans les couches profondes, & il n'y a de sources que là où se trouve l'*argile*.

De là on conclud que les végétaux qui vivent de l'air & de l'eau, tirent leur principal aliment de l'*argile*, qui la retient & s'en pénètre: de là les végétaux peuvent croître au milieu des sécheresses; ainsi les terres fortes produisent dans les étés secs.

L'union intime qu'a l'*argile* avec l'eau, forme cette ductilité & cette ténacité qui ne sont point l'effet d'aucune matière gélatineuse, qu'on n'a pu démontrer par aucune expérience, car le gluten ne peut être qu'une substance inflammable qui se détruit par le feu; ce qui changeroit la nature de l'*argile*.

Il n'y a aussi aucune substance saline: toutes ses propriétés sont à elle; mais l'*argile* n'en est pas moins propre à la culture, & moins propre à attirer l'eau, qui ne se mêle pas avec des matières grasses.

Une des propriétés de l'*argile* est de se sécher à l'air & au feu, & de s'y durcir; cela vient de l'altération mutuelle des parties entr'elles & avec l'eau. Quelques *argiles* se durcissent fortement au feu & s'y fondent, mais elles ne sont pas pures pour lors.

L'endurcissement de l'*argile* forme une croûte qui conserve l'eau dans la couche inférieure, & qui en empêche l'évaporation & met à couvert les végétaux.

Ainsi l'*argile* ne contribue pas, par sa substance, à la fertilité, parce qu'elle n'est pas soluble dans l'eau.

Mais elle y contribue en fixant l'eau & les vapeurs, en les conservant, en retenant les principes des fumiers, & en préservant les racines des végétaux du froid, qui ne pénètre pas aisément dans les glèbes composés de parties fortement adhérentes.

Mais elle a des désavantages : sa dureté fait que les racines ne peuvent s'y étendre aisément, qu'elles n'en tirent pas leur nourriture comme dans les terres meubles.

Sa culture est difficile : il ne faut pas la retourner trop humide, parce qu'elle se lève en grosses mottes; il ne faut pas la cultiver trop sèche, parce qu'elle est intraitable.

Au reste, ces avantages & ces désavantages sont dépendans de ses différens états de pureté. A mesure qu'elle se trouve mêlée avec d'autres terres, ses avantages ou ses désavantages augmentent ou diminuent. Il faut donc remédier aux inconvéniens, sans détruire les avantages, par les sables, par les fumiers, par les autres terres, qui l'ouvrent sans la rendre trop perméable à l'eau.

ARGILES. Dans plusieurs endroits du Dauphiné, où les *argiles* sont exposées à l'air, elles se couvrent d'une efflorescence saline, blanche & vitriolique, & si on les lave on obtient de ces espèces de lessives, très-communément un vitriol martial en beaux cristaux. Cependant, si l'on en croit des expériences dont M. Boulduc a consigné les résultats dans les *Mémoires de l'Académie royale des Sciences* pour l'année 1727, il paroît que ces *argiles* renferment quelquefois du sel de Glauber. M. de Ressons présenta un sel semblable, qu'il assura venir des environs de Grenoble. Voici ce qui donna lieu à cette découverte : des mineurs s'étant avisés de travailler de nouveau dans des galeries qu'on avoit creusées pour chercher des mines, y rencontrèrent, au lieu de minerai, un sel qu'ils prirent pour du salpêtre. M. Boulduc prouve que c'est du vrai sel de Glauber, c'est-à-dire, un sel composé d'acide vitriolique uni à la base du sel marin; il en a la forme : ses cristaux ont la même conformation, &, suivant M Boulduc, ce sel naturel pourroit être employé en médecine, aussi utilement que celui qui se compose artificiellement. (*Voyez* SEL DE GLAUBER FOSSILE.)

Considérations sur les différentes couches & amas d'argile, telles qu'elles sont employées dans différentes fabriques.

L'*argile* la plus abondante & la plus commune est celle qu'on désigne ordinairement sous le nom de *glaise*. Elle se rencontre dans beaucoup de pays, où elle forme des couches fort épaisses & d'une étendue très-considérable. Elles reposent sur d'autres couches secondaires, & qui sont recouvertes quelquefois par des bancs de pierres calcaires coquillières. Effectivement, le plus souvent les couches qui leur sont superposées, sont des lits de sables.

Outre l'*argile* commune, vulgairement appelée *glaise*, comme nous l'avons dit, il y a une multitude d'amas plus ou moins considérables d'*argiles*, qui diffèrent entr'elles, soit par les proportions des terres dont elles sont composées, soit par le mode de leur aggrégation, soit par d'autres modifications locales, qui changent leurs propriétés usuelles.

Quelques-unes de ces *argiles* sont de transport; d'autres sont dans leur lieu natal, & proviennent de la décomposition successive de certaines pierres. Nous allons parcourir maintenant tous ces différens amas.

Nous mettrons à la tête les produits de la destruction des granits de plusieurs contrées de la France, où le feldspath se réduit en *argile* sous le nom de *kaolin*. Il en est de même de certaines substances qui entrent dans la composition des granits verdâtres, &c. du Limosin, de l'Auvergne, du Gévaudan, des Cévennes, des Vosges, & qui, outre des débris sabloneux, nous ont donné de grandes quantités d'*argiles* mêlées à ces sables.

Argile, terre à potier.

Ce que l'on nomme *terre à potier* n'est guère que l'*argile* commune, à laquelle on mêle une certaine quantité de sable pour lui donner un liant qui conserve les pièces de poterie, soit pendant leur dessiccation, soit pendant leur cuisson. Ces mélanges sabloneux contribuent aussi à donner plus de solidité aux tuiles, aux briques & aux carreaux. Les glaises qui renferment une juste proportion de chaux, de sable, forment ce que l'on nomme *poterie de grès*. On trouve en Normandie & en Picardie des *argiles* qui par leur cuisson donnent ces espèces de poteries. La France est riche en ces sortes d'*argiles*. Les plus connues sont celles de Maubeuge dans le Hainaut; elles sont d'un gris-blanc, & donnent la poterie connue sous le nom de *grès fin de Flandre*.

L'*argile de Savignies*, à quatre lieues de Beauvais,

donne aussi une poterie de grès. Ce sont les fontaines dont on se sert à Paris.

Celle de Gournay, à six lieues de Rouen, est d'un gris-brun; elle devient rousse en cuisant, & acquiert une grande dureté au feu.

Les environs de *Montereau* sont remplis de bancs d'*argiles* excellentes & très-réfractaires.

Les environs mêmes de Paris abondent en couches d'*argiles* couleur d'ardoise, dont on fait de gros ouvrages de poterie. Nous allons joindre ici l'énumération de ces différens amas, avec le précis des qualités que leur ont trouvées les chimistes qui en ont fait différens essais au feu de leurs fourneaux.

Argile de Constantinople.

Argile brune-jaunâtre de Constantinople, avec laquelle on fabrique des têtes de pipe rouge : la cuisson lui communique cette belle couleur.

Terres bolaires argileuses.

On donne le nom de *terres bolaires* à des *argiles* très-fines, colorées par des oxides de fer.

On les appelle aussi *terres sigillées*, parce qu'on y imprimoit une empreinte de certains cachets.

Terres de Bouccaro ou d'Alkarassas.

Cette *argile* se trouve en Portugal, près d'*Extremos*, dans l'*Alentejo*. Elle acquiert au feu une belle couleur rouge, & l'on en fait des vases propres à rafraîchir les liqueurs. On fabrique aussi en Espagne, dans l'Andalousie, des vaisseaux qui ont la même propriété, mais avec une *argile* qui par sa cuisson acquiert une couleur grise. On en trouve des amas abondans à *Andujar*. (*Voyez l'article* ANDALOUSIE.)

Terre de Patna.

C'est une terre bolaire qu'on trouve près de la ville de *Patna*, sur le bord oriental du Gange. Elle est d'une couleur jaunâtre : on en fait des vases très-légers & très-élégans.

Terre à pipe.

C'est une *argile* blanche, dont on fait des pipes en Hollande, ou cette poterie blanche connue sous le nom de *terre anglaise*. Cette terre se tire des environs de Rouen, de Namur, de Cologne.

Terres à foulon.

La plus célèbre est celle de Hampschire en Angleterre. Il y en a plusieurs autres en France, mais qui ne sont connues qu'aux environs des fabriques où l'on en fait usage.

Comme les variétés des *argiles* dépendent de divers mélanges de terres, de sables & d'oxides de fer, on ne peut détailler ici tous leurs différens amas.

Je terminerai ces diverses considérations sur l'*argile*, par l'examen comparé de la disposition des *tractus argileux*, que j'ai eu de fréquentes occasions d'observer, surtout dans le département de l'Aube & dans les contrées limitrophes des départemens de la Marne, de la Haute-Marne & de l'Yonne : j'y ai joint la description de deux autres massifs, celui de la bordure orientale de la craie qui se montre en Champagne, & celui de la pierre à chaux coquillière, au milieu desquels ces *tractus argileux* figurent d'une manière fort intéressante.

J'ai suivi avec grand soin la bordure orientale de la craie, qui, étant à découvert, est très-aisée à distinguer des autres substances pierreuses & terreuses; j'ai cru que, par ce double examen, je pourrois prendre une idée juste de la disposition des massifs qui se montrent à la superficie de la terre dans ces contrées, & particuliérement dans les pays affectés à la nouvelle terre.

Une des circonstances les plus remarquables que j'aie eu lieu d'observer le long de cette bordure de la craie, c'est qu'elle dominoit sur toutes les parties qui formoient sa limite extérieure, & qu'elle se terminoit par une coupure très-escarpée & fort nette, au pied de laquelle s'appuyoient les différens amas de la bande *argileuse*, qui avoit environ une lieue & demie & deux lieues de largeur.

J'ai vu en même tems qu'au-delà de cette bande se trouvoit, dans une direction parallèle à la craie & à l'*argile*, un massif de pierres coquillières, dans lequel les huîtres dominoient, tant par leur nombre, que par leurs formes infiniment variées.

Je le répète : c'est dans l'intervalle de deux massifs de craie & de pierres coquillières que s'observent les amas d'*argile* que j'ai suivis depuis la vallée de la Seine, aux environs de Fouchères, au dessus de la ville de Troyes, jusqu'à la vallée de la Marne; au-delà de Saint-Dizier & du Perthois; & les seules interruptions que j'ai remarquées dans ces amas, m'ont paru les effets plus ou moins étendus, tant des rivières principales que secondaires & latérales, dont les eaux, la plupart du tems torrentielles, ont entamé à plusieurs reprises ces amas de terres mobiles, très-faciles à détruire.

Outre cela, c'est par l'action que les eaux de la Marne, de la Blaise, de la Voire, de l'Aube, de la Barse, de la Seine ont exercée sur la tête de la bordure de la craie, qu'elles ont escarpé ce massif d'une manière aussi remarquable, mais encore, comme nous l'avons vu, qu'elles ont enlevé une grande partie des sables & des *argiles* qui occupoient l'intervalle entre les deux bandes de craie & de pierres coquillières.

C'est dans le cours de ces observations, que j'ai rencontré de grands amas d'*argiles* sur les limites du Perthois, à Vassy, à Sommevoire, à Soulaines,

Soulaines, à Ville-au-Bois, à Eclance, à Tranne, à Amance, à Vendœuvre, à Briel, à Villy en Trode, à Brienne-le Château, à Rosnay, à Fouchères, à Breviande, quelques lieues au dessus de Troyes.

Après qu'on a traversé la vallée de l'Aube, on retrouve la bande *argileuse* aux environs de Ville-Hardouin, de Brantigny, de Rosson, &c.; & comme cet examen conduit aux vallées de la Barse & de la Seine, où l'on rencontre de nombreux amas de glaise & d'*argile*, je les ai déjà indiqués à Saint-Thibaut, à Saint-Jean-de-Bonneval, à Saint-Phal, & ils se continuent par Ervi & Saint-Florentin.

J'ai dit que cette bande *argileuse* se trouvoit entre la craie & la pierre dure coquillière, qui renferme des huîtres, des nautilites, des cornes-d'ammon, des visses, &c.

Cette distinction des trois massifs, dont je viens de tracer une esquisse & de marquer les gissemens, s'annonce par des caractères très-frappans, & qu'on peut suivre avec la moindre attention.

D'abord le massif de craie est fort facile à reconnoître partout où il se montre, car ses limites sont fort élevées & tranchées net, & escarpées à côté des masses limitrophes.

Ces masses font surtout partie de la *bande argileuse* qui accompagne la craie dans toute son allure. On trouve au milieu de cette *bande argileuse* des os d'animaux marins, des huîtres dispersées, de même espèce que celles qui sont engagées dans les roches de pierres à chaux avec les autres coquilles de l'*amas*. Effectivement, cet amas, outre les huîtres de différentes espèces, renferme des bélemnites, des cornes-d'ammon, des nautilites d'un gros volume, des gryphites, des visses plates & à double spirale. Ce sont surtout les debris des grosses huîtres avec les petites, qui ont servi à la formation de la roche calcaire dans toute l'étendue qu'occupe ce massif, lequel sert de limite à la *bande argileuse* qui m'occupe ici particuliérement. J'ai reconnu & suivi ce massif & son amas depuis le Morvan jusqu'aux environs de Rethel. Il passe à Chaource, à Fouchères, à Vandœuvre, à Mataux, à Eclance, à Fuligny, à Soulaines, à Sommevoire, à Vassy, à Saint-Dizier, &c. C'est aussi contre ce massif que se trouve la bordure orientale de la *bande argileuse*, qui a plus de deux cent cinquante pieds de profondeur dans les endroits où elle a conservé son épaisseur primitive. Je le repete : cette *bande argileuse* se suit toute rassemblée dans certaines vallées fort nombreuses, où l'on a fait des étangs.

Cette *bande argileuse* a une largeur fort considérable, qui varie depuis deux jusqu'à trois lieues; elle occupe constamment l'intervalle qui se trouve depuis la craie jusqu'à la roche de pierre-à chaux coquilliere.

Cette bordure offre des bois & des forêts d'une fort grande étendue : il y a dans cette bordure, des poteries, des tuileries, des briqueteries, parce que l'*argile* qui en fait le fond est d'une très-bonne qualité, & même en général cuit blanc; ce qui annonce un certain degré de pureté.

Les étangs forment des suites de bassins non interrompus dans toute l'étendue qu'occupe la *bande argileuse* : ces étangs se trouvent sur les planches de Troyes, de Châlons-sur-Marne & de Reims. Je donnerai le détail de ces amas d'eau sedentaires dans la notice de chacune de ces planches. Les indications de tous ces objets sont bien importantes lorsqu'on connoît toutes les circonstances qui concourent non-seulement aux différentes formes du terrain, mais surtout à sa constitution physique; car ces deux considérations doivent être présentées dans l'examen général des massifs de la craie, de la *bande argileuse*, & enfin de l'amas des huîtres, des bélemnites, des nautilites, des gryphites, &c. Ceci ne peut offrir qu'un ensemble intéressant, où l'on pourra prendre une idée des massifs qu'on rencontre à la surface de la terre, de la régularité & de la correspondance de leurs limites. On y trouvera la solution de deux ou trois problêmes qui n'ont pas encore été discutés comme ils meritent, & par consequent résolus, parce qu'aucun naturaliste ne nous a présenté sur ces tractus les vues que leur examen comparé devoit faire naître naturellement, que la *bande argileuse* m'a donné lieu de discuter ici, & que je me propose de développer encore par la suite en traitant de la bordure orientale de la craie. (*Voyez* CRAIE DE CHAMPAGNE.)

ARGONNE, contrée & forêt fort importante. Le pays d'*Argonne* s'étendoit, partie dans la Champagne, & partie dans le Barrois, entre la Meuse, la Marne & l'Oise. Il avoit environ vingt deux lieues de longueur, sur une largeur fort inegale; il occupoit depuis Beaumont, frontière de la ci-devant principauté de Sédan, jusqu'aux limites méridionales du Clermontois, qui en faisoit partie. Ce pays est rempli de bois, & c'est ce qu'on appelle la *forêt d'Argonne*. Il y a dans cette forêt des vides où sont bâtis des villages & des villes, & où les habitans de ces cantons cultivent avec le plus grand soin le terrain des environs. Les bêtes fauves, dont les bois de ces contrées sont remplis, causent ordinairement aux campagnes des dommages considérables; aussi les habitans du pays d'*Argonne* n'ont pas de meilleure ressource que le commerce qu'ils font du bétail qu'ils nourrissent & du bois qu'ils coupent, qu'ils travaillent, & qu'ils envoient dans les contrées voisines.

ARGONNE (forêt d'); elle a environ 15577 mètres de longueur, sur 7402 mètres de largeur.

ARGOW, pays de Suisse, sur l'*Aar*, d'où il tire son nom. Il forme la partie la plus septentrionale du canton de Berne. En général, l'*Argow* est un pays très-fertile, arrosé par des rivières poissoneuses qui descendent du canton de Lucerne. Il est abondant en excellens pâturages, comme en grains & en vins. Le *Bas-Argow*, moins favorisé des dons de la nature, répare par l'industrie de ses habitans la fertilité moins grande de son sol. Le *Haut-Argow* s'étend jusqu'à Thoun, & le *bas* jusqu'au confluent de l'*Aar* avec le Rhin.

ARGUEIL, du département de la Seine-Inférieure. Il y a un atelier d'évaporation pour le salpêtre.

ARGUEL, du département du Doubs, village aux environs de Besançon.

On trouve aux environs, des carrières de marbre noir, moucheté de blanc; il est fort peu commun, & l'on n'en fait usage que pour la décoration de l'intérieur des églises.

ARGUN, rivière d'Asie, dans la Tartarie orientale; elle se jette dans l'*Amur* ou l'*Amour*. On y pêche des perles à moules & des rubis : on trouve dans les environs, des mines de plomb & d'argent.

ARGUT-DESSUS, du département de la *Haute-Garonne*. Il y a une mine de plomb & d'argent en filons dans le territoire de cette commune : les travaux sont établis à la montagne d'Etelet, & à quelque distance plus bas on a exploité une mine de plomb nidulente. Il y a aussi une ardoisière près & à l'ouest de ce village.

ARHON, grande montagne d'Afrique en Barbarie, au royaume de Fez, près d'Esagen. C'est une branche du mont Atlas : sa direction est d'orient en occident; elle est peuplée en partie par les Maures chassés d'Espagne, & par des familles d'Arabes. Le sol y produit abondamment de l'orge, qui est la seule graine du pays : on y recueille des olives & des raisins qu'on fait sécher. Les habitans y entretiennent une grande quantité d'abeilles, qui y réussissent admirablement bien au moyen des habitations dispersées qui forment autant de maisons de campagne, autour desquelles ces abeilles trouvent une pâture abondante. L'empereur de Maroc en tire un tribut considérable, & peut y lever dix mille hommes.

ARIÈGE, rivière principale du département de l'Arriège; elle a ses sources au sud, dans les hautes montagnes des Pyrenées; elles se réunissent à Ax : son cours se continue par les Cabanes, les villes de Tarascon, de Foix, de Varilhes, de Pamiers, de Saverdun, &c. & se termine dans la Garonne. Le climat, qui est fort froid dans la partie méridionale & montueuse, est fort chaud dans la vaste plaine de Pamiers. (*Voyez ci-après* ARRIÈGE (département de l').)

En suivant le cours de l'*Ariège* sur la carte de l'Académie des sciences, on peut remarquer que cette rivière a trois sources principales, qui ont leurs débouchés par autant de vallées, dont l'origine est dans les Hautes-Pyrenées, & qui séparent le comté de Foix du Dounezan & de la vallée d'Andore.

Formée par la réunion des eaux de ces trois vallées à Ax, l'*Ariège* passe à Tarascon, à Foix, & devient aurifère vers Crampagnac, à environ trois mille sept cents toises au nord de la ville de Foix. Après avoir parcouru environ dix lieues de deux mille cinq cents toises, on y trouve des paillettes d'or en très-petite quantité; mais à mesure qu'on s'étend vers le nord, elles deviennent plus abondantes, & le point de Varilhes, qui n'est qu'à mille quatre cents toises au nord-nord-est de Crampagnac, sert ordinairement de terme aux orpailleurs de Pamiers, qui est à trois mille cinq cents toises au nord de Varilhes. Leurs bornes autour du centre de Pamiers sont beaucoup plus étendues du côté du nord que du côté du sud, car on voit que vers le sud ils ne parcourent au plus que quatre mille neuf cents toises lorsqu'ils remontent jusqu'à Crampagnac, tandis que de Pamiers ils vont, en descendant l'*Ariège*, jusqu'à Saverdun; ce qui fait, à vol d'oiseau, environ sept mille toises. L'*Ariège* est donc principalement aurifère sur une longueur d'environ douze mille toises.

Si nous remontons vers les Hautes-Pyrenées, nous trouverons que l'*Ariège*, une des rivières de l'Europe qui charie le plus d'or, a son cours du sud au nord, & qu'elle lave les pentes des montagnes qui regardent le couchant comme le levant: c'est justement ce cours que Pères de Vargas regardoit comme le moins favorable à ces effets. On est bien revenu, depuis cet auteur, de ces idées de préférence, relativement à certaines directions & situations dans les mines : ces opinions ne peuvent être applicables tout au plus qu'à quelques contrées particulières. (*Voy.* PÈRES DE VARGAS, tome I, pag. 106.)

Dans l'étendue de pays contenue entre Crampagnac & Saverdun, dans cette grande & large plaine, toutes les ravines & les ruisseaux qui reçoivent leurs eaux & qui se jettent dans l'*Ariège*, sont également aurifères : tels sont ceux de Rieux, de Peyreblanque, de Baron, de la Caramille, de la Goute, &c. Dans le *Mémoire de M. Pailhes*, pag. 299, on voit que cet habile observateur compte plus de trente de ces ruisseaux.

Les pailloles les plus considérables se trouvent entre Varilhes & Pamiers. Réaumur & Guettard donnent deux lignes de longueur aux plus grandes paillettes de l'*Ariège*; cependant M. Pailhes assure qu'on en a trouvé qui pesoient une demi-once, mais que ces morceaux étoient très-rares.

Les endroits les plus abondans en paillettes sont les rivages de l'*Ariège*, qui traverse la plaine de Benague, près du Château-Gaillon, le long de la maison de Longpré; les bords des ruisseaux de

Benague, de Ferriès, de Rieux, de la Grosse-Milly, de Trebout, &c.

Les pailloles s'y trouvent toujours isolées & détachées : il est extrêmement rare d'en rencontrer qui soient adhérentes à de petits galets de quartz. Tous les orpailleurs que j'ai questionnés à ce sujet, m'ont assuré avoir cassé un fort grand nombre de ces galets de quartz & de diverses autres natures de pierres, particuliérement les mines de fer micacées, sans y avoir trouvé des vestiges d'or : ceci vient à l'appui de l'assertion de M. J. Cellot, que rapporte M. Guettard. On ne peut pas cependant décider définitivement que ces mines de fer & tous les autres galets ne contiennent pas d'or. L'abbé de Gua a trouvé des pailloles dans les galets des rivières aurifères des Cévennes, & nous voyons dans les *Lettres* de M. de Born, que M. Roezuin avoit apperçu à la loupe, ainsi qu'à l'œil nu, des particules d'or dans les cailloux des lavages d'or du Bannat, & que les orpailleurs de la Transilvanie ramassent de ces galets sur leurs tables à laver. (*Voyez la dixième & la quatorzième Lettre.*)

Le pays dont j'ai indiqué les limites ne peut pas être en général considéré comme une seule plaine; il participe de plusieurs hauteurs montueuses, & les cantons principaux qui donnent des récoltes d'or, sont à environ trois lieues de l'ouverture des vallées que forme l'*Ariège*; mais, comme l'a observé M. Pailhes, les grosses paillettes ne se rencontrent qu'à côté des terrains montueux, & elles diminuent de grandeur à mesure qu'on s'en éloigne.

Les rivages de l'*Ariège*, ceux des ruisseaux dont il reçoit les eaux, toutes les hauteurs de ce district, ne sont formes que par des amas de cailloux roulés de toutes grosseurs & de toutes natures de pierres, plus ou moins solidement réunis par un ciment calcaire peu dur, & presque friable. Ces amas se trouvent immédiatement sous une couche d'un très-bon terreau, que les orpailleurs nomment *terre forte*, & qui produit d'excellentes moissons.

J'ai suivi le cours de plusieurs ravines & ruisseaux aurifères bien au-delà de leur naissance, & j'y ai constamment trouvé la même nature de terrain qui, le long des bords de l'*Ariège*, s'étend jusqu'à Saint-Jean-de-Verges, village situé à neuf cents toises au sud de Crampagnac, où j'ai dit qu'étoit la limite de la récolte de l'or du côté du sud.

A Saint-Jean-de-Verges, l'extrémité d'une montagne calcaire s'approche de l'*Ariège* & borde la chaussée.

La plupart des terrains contenus entre l'*Ariège* & les divers ruisseaux que j'ai cités, contiennent l'or en paillettes; mais cet or disparoît là où les montagnes calcaires joignent l'*Ariège*, & où cessent les montagnes formées de galets.

Tous les détails qui précèdent, & tous les faits qui ont été exposés relativement aux eaux courantes de l'*Ariège* & des ruisseaux qui l'accompagnent, en un mot la constitution physique des terrains de leurs rivages, concourent à établir le sentiment de M. Pailhes sur l'origine de l'or que l'on ramasse aux environs de Pamiers.

Il semble donc résulter de ces observations, que l'or ne provient pas de filons & de montagnes à filons supérieurs. Jusqu'à présent on est porté à présumer que l'or charié maintenant par les ruisseaux, n'a son gîte que dans les cantons caillouteux qu'ils lavent, puisqu'ils y prennent leurs sources : il doit en être de même de l'or de l'*Ariège*, car les terrains qui approchent de ses rivages fournissent de l'or tant qu'ils sont caillouteux; mais la cueillette cesse sur ses bords là où les galets disparoissent de la berge. L'expérience a d'ailleurs appris aux orpailleurs, que les sables amenés journellement, & déposés loin des rivages, ne contenoient point des pailloles. J'en ai vu laver sans succès en plusieurs endroits écartés des bords, & je me suis assuré par ces observations, que les orpailleurs disoient vrai.

Dans tous les pays où on lave de l'or, on a reconnu que ce travail étoit plus utile après les crûes d'eau & les débordemens, & c'est cette observation générale qui a fait penser à quelques naturalistes, que l'or charié par les rivières provenoit de montagnes contenant des filons d'or, & supérieures aux endroits où se fait la cueillette; mais cette abondance lors des grandes eaux provient de ce qu'elles détachent les terrains des rivages dans les crûes, & de ce qu'elles entraînent avec elles les parties terreuses & même les cailloux légers, tandis qu'elles déposent très-près du lieu dont elles ont arraché le terrain, & dans les premières petites anses qui sont à l'abri de la force du courant, les paillettes d'or & les mines de transport en galets, contenues dans ces terrains. On voit par-là quelles matières précieuses se trouvent communément à quelques pas seulement du gîte dont elles ont été détachées, & quelquefois immédiatement au dessous, lorsque les paillettes sont assez considérables pour se précipiter tout de suite.

D'ailleurs, on sait que les orpailleurs avides n'attendent pas toujours que l'action des eaux courantes ait détaché des graviers & des terres de la berge; ils les sappent souvent; ce qui occasionne de grandes difficultés avec les propriétaires des terrains. Ces orpailleurs n'ont pas dans cette circonstance les mêmes avantages à laver qu'ils ont après les crûes, parce que, dans ce dernier cas, la violence des eaux entraînant toutes les terres dans lesquelles les pailloles sont disséminées, a fait une grande partie du travail qu'ils sont obligés de faire eux-mêmes lorsqu'ils attaquent des terrains qu'ils ont éboulés dans le tems des eaux basses.

Les orpailleurs cherchent ordinairement les

pailloles dans les petites anses, & ils sont certains d'en trouver dans les endroits où les graviers contiennent des galets de mine de fer rouge & noire.

Cette observation s'accorde avec ce qu'on observe dans les mines de lavage d'étain en Saxe & en Angleterre, où ces terrains sont toujours plus riches dans les vallees qui éprouvent des coudes. M. Charpentier en a fort bien expliqué la raison physique, car il est evident que les courans d'eau etant moins rapides dans ces détours, les parties les plus pesantes s'y deposent, parce qu'elles se meuvent difficilement.

J'ai trouvé en remontant l'*Arriège*, au dessus de Foix & de Tarascon, des rochers de cette mine de fer noir sur ses rives, principalement du côté de Gudanne, & de Lassur, village situé au sud des cabanes de Gudanne, & ces échantillons n'offrent pas plus de pailloles à l'œil nu ou armé, que les galets.

Il paroît que, dans tous les pays où l'on fait la cueillette de l'or, la nature des terrains est un amas de galets, & qu'on n'a trouvé jusqu'à présent d'autres sources de cet or, que ces terrains mêmes : c'est ce qui a fait croire à Becher, que l'or charié par les rivières étoit produit dans leurs lits. M. de Gensanne a cru avoir entiérement découvert le secret de la nature en avançant que les pailloles se formoient dans les terrains arrosés par les rivières, quoiqu'il eût bien observé qu'on ne trouvoit de l'or que dans les parties de ces terrains, où l'on voit en même tems des galets de mine de fer noir attirable.

Lorsqu'on dit que les paillettes d'or ne proviennent pas immédiatement des montagnes supérieures, on ne prétend pas soutenir qu'autrefois, dans des tems très-reculés, les amas de cailloux qui précèdent ici les montagnes calcaires, schisteuses & granitiques des Pyrenees, n'étoient pas provenus des débris de ces montagnes, que les flots seuls de la mer peuvent avoir accumulés anciennement. Je considère même cette opinion comme la plus vraisemblable. D'ailleurs, comme j'ai dit que j'avois trouvé au dessus de Gudanne des rochers, des masses de rochers considérables de mine de fer de la même espèce que celle des galets que j'ai décrits, ne seroit-il pas possible qu'on trouvât aussi dans leur gîte les galets qui contiennent de l'or?

Je me borne à ces détails dans cet article de l'ARRIÈGE, me proposant d'entrer dans des discussions plus décisives à l'article ORPAILLEUR, auquel je crois devoir renvoyer ceux qui desireroient des renseignemens plus étendus.

ARIGNAC, du département de l'*Arriège*. On a trouvé dans le territoire de ce village, entre les bancs d'une montagne calcaire, une veine de mica, dont il y en a de cristallisé en feuilles exagones de six pouces de diamètre.

ARIZE, rivière du département de l'Arriège. C'est une des rivières aurifères de l'arrondissement de Foix, car on peut faire la cueillette le long de ses bords. (*Voyez* ARIÈGE & DÉPARTEMENT DE L'ARRIÈGE.)

ARLES, ville considérable dans le département des Bouches-du-Rhône, sur la rive gauche de ce fleuve, à huit lieues de la mer, & au voisinage de plusieurs marais & étangs, dont sa situation un peu élevee ne lui permet pas de craindre les inondations, mais dont le souffle de certains vents lui rend fort souvent les vapeurs assez incommodes.

Il est à présumer que, du tems des Romains, l'air étoit fort sain dans la ville d'*Arles* & dans ses environs. Comment peut-on croire qu'ils en eussent fait la capitale de la Gaule romaine, si les exhalaisons des marais eussent altéré, comme ils le font maintenant, la pureté de l'air de cette ville? A cette époque le vaste terrain où nous voyons les eaux, tant du Rhône que des rivières laterales de l'intérieur des terres, sejourner & croupir, étoit au dessus de ces eaux, & cultivé sans éprouver aucune inondation, parce que toutes les rivières avoient pour lors la plus grande facilité de se rendre à la mer par un canal direct, ou bien de gagner le lit du Rhône, qui, etant beaucoup moins élevé que dans le moment actuel, en procuroit l'écoulement. Les sables que ce fleuve a déposés depuis sur ses bords, ont élevé considérablement le terrain, & s'opposent à ce que les eaux pluviales ou les ruisseaux de l'interieur puissent trouver un debouché dans le Rhône; elles sont donc forcées de séjourner partout où elles se trouvent renfermées & sans issue. En faisant disparoître les inconvéniens qui résultent des exhalaisons de toutes les eaux stagnantes pour la ville d'*Arles*, il y auroit peu de sejours plus agreables.

Ce qui nous confirme dans la supposition de cette suite d'événemens, c'est la connoissance particulière & bien positive que nous avons des changemens qui ont eu lieu dans les embouchures du Rhône depuis 1350, & qu'on trouvera tous tracés & figurés dans la carte que nous avons donnée de ces embouchures. D'ailleurs, on reconnoît, pour peu qu'on parcoure les terrains des environs d'*Arles*, les traces de toutes les causes qui, en différens tems, ont concouru à rendre le sol malsain : c'est ce que je vais tâcher d'établir en présentant en détail les etangs & les eaux stagnantes qui sont figurés dans la carte dont nous avons parlé ci-devant, sous la dénomination de *marais d'Arles* : j'y ajouterai même toutes les eaux mortes des côtes de la Méditerranée, & qui sont la suite des atterrissemens accumulés par le courant de cette mer le long des rivages voisins des embouchures du Rhône.

Je commence d'abord par indiquer les marais & les étangs qui se trouvent aux environs de la ville d'*Arles*. Ce sont, sur la droite du Rhône, les marais de *Bellegarde*, de *Castagnotte*, qui sont liés par un ruisseau dérivé du Rhône, & qui dans son cours a éprouvé ces deux obstructions. Plus bas sont les marais du *Colier* & du *Pont-de-Rosty*, qui sont des égoûts d'eaux mal saines, & dont le dernier verse son trop plein dans les etangs de *Valcares*.

Sur la gauche du fleuve sont trois étangs contenant des eaux sédentaires, qui ont cependant des débouchés; savoir : celui des *Baux*, ensuite celui de la *Peluque*, & plus bas l'étang de *Meyrane*, aux environs duquel sont plusieurs flaques d'eau sans aucune forme ni distribution régulière. Ces étangs semblent liés par un double canal qui va se terminer dans les deux étangs fort alongés de *Ligagnau* & de *Galejou*, qui aboutissent à la mer.

Si nous retournons à la droite du Rhône, nous retrouverons au dessous du marais de *Castagnotte*, trois autres marais fort étendus, liés ensemble : ce sont ceux d'*Estramanare*, de *la Souteyrane* & de l'*Armitane*; ils sont environnés de plusieurs flaques d'eau, distribuées aux deux côtés du *Petit-Rhône*. Au reste, nous renvoyons à notre carte des embouchures du Rhône, & aux articles RHÔNE, VALCARES, BERRE (Étangs de), CAMARGUE, CRAU, AIGUEMORTE. On peut consulter d'ailleurs les planches de *Montpellier* & d'*Aix*, où ces eaux sedentaires ont été figurées avec soin.

ARLES, ville du département des Pyrenées-Orientales, située au pied du Canigou, sur le bord & à la gauche du Tech. Près de cette ville est une mine de plomb appelée *le Minier de saint Antoine de Padoue*. Une partie de ce minéral est employée par les potiers. Il y a aussi, dans cette ville, des eaux minérales & des bains. Ces eaux sont sulfureuses, & elles font monter le thermomètre de Reaumur jusqu'au cinquante-septième degré. Près de ces bains il y a des schistes durs & des granits, & les eaux minérales sortent du pied d'une montagne composée de ces deux espèces de pierres. A une demi-lieue sud-ouest on trouve des masses de marbre gris. On rencontre ensuite jusqu'à la confluence du Tech & du ruisseau qui descend de Montferer, des schistes grossiers, mêlés avec des masses de granit. A la forge d'*Arles* on emploie de la mine de fer spathique & de l'hématite noire mamelonée, & c'est du mélange de ces deux espèces que se forme le fer qu'on obtient des travaux de cette forge.

ARMAGNAC. (*Voyez* GASCOGNE.)

ARMANCHES, village situé entre Bayeux & Courseules. L'on y voit, dans les falaises des bords de la mer, des incrustations faites par les eaux qui tombent des montagnes voisines, & qui arrosent & recouvrent les mousses, les chiendents, & autres plantes semblables qui y sont attachées. Ces dépôts sont très-remarquables, & produisent des masses assez considérables.

ARMANÇON, rivière du département de la Côte-d'Or. Elle a sa source près d'Essey & aux environs d'Arnay-sur-Arroux; aussi l'avons-nous comprise dans le nombre des rivières qui ont leur naissance dans ce beau & intéressant plateau. Elle passe dans le département de l'Yonne, à Tonnère & à Saint Florentin, où elle reçoit les eaux de l'Armance, & termine son cours dans l'Yonne.

ARMÉNIE, ancienne province située entre la Mer-Noire au nord-ouest, la Géorgie au nord, la mer Caspienne à l'est; l'Aderbighan, le Kurdistan, l'Algezira au sud; enfin, le Roüm à l'ouest. Nous ne la considérerons que comme un plateau fort étendu, qui est proprement le centre de la distribution des eaux de cette contrée vers tous les aspects de l'horizon; aussi les rivières qui se jettent dans la Mer-Noire, qui arrosent la Géorgie, le Shirvan, l'Aderbighan, & le vaste bassin de l'Euphrate & du Tigre, y ont-elles leurs sources. C'est un des plus beaux & des plus fertiles pays de l'Asie. La première zone de la Mésopotamie, & la plus septentrionale, s'étend au-delà des sources de l'Euphrate & du Tigre; elle faisoit partie autrefois de la Grande-Armenie sous la dénomination de *Sophana*. La seule ville un peu considérable que l'on y voie aujourd'hui, c'est Diarbekir.

Cette partie de la Mésopotamie est élevée, montagneuse, & même fort fertile; elle abonde en sources. L'hiver y est froid : il y neige & il y pleut souvent depuis septembre jusqu'en avril. Outre cela, le sommet des plus hautes montagnes y est couvert de neiges toute l'année. Je crois qu'on doit comprendre parmi ces sommets le *mont Ararat*, que nous avons essayé de faire connoître dans un article particulier. L'été y est sec, assez doux sur les hauteurs, mais assez chaud dans les plaines & dans les vallées.

Cette contrée produit d'excellens pâturages, des grains & des fruits en grande quantité : on y cultive aussi la vigne & le mûrier. On en exporte beaucoup de noix de galle, de la gomme adragant, du poil de chèvre, de la laine, du miel, de la cire & un peu de coton : l'on peut juger, par ces denrées, des productions de ce pays. Ainsi l'on voit, sur la plupart des montagnes, des forêts de chênes, de pins, de sapins, d'érables, de frênes, de châtaigniers, de térébinthes. On y fait de l'huile à manger avec les graines de sesame, & l'huile à brûler avec celles de ricin. Il y a des mines de cuivre presqu'aussi riches que celles des environs d'Erseium & de Trébisonde. On y trouve aussi beaucoup de volcans éteints. Les villes, les bourgs & les villages sont peuplés de Turcs, d'Arméniens & de Curdes, qui se livrent à l'agriculture & au commerce, qui exploitent les mines, & travaillent à divers ustensiles de cuivre; mais les Curdes sont plus ordinairement pasteurs. Leurs villages sont déserts une bonne partie de l'année, parce qu'ils descendent l'hiver avec leurs femmes, leurs enfans & leurs troupeaux, dans les lieux les plus tempérés de la Mésopotamie & du Curdistan, où ils sont assurés de trouver des pâturages abondans. Ils vont l'été sur les montagnes de l'Arménie, de l'Aderbighan & de la Perse, où la fonte des neiges & la fraîcheur du climat, dans cette saison, entretiennent la verdure. Des voyageurs qui ont parcouru toutes les parties du Curdistan & de la *Haute-Arménie* ont évalué à près d'un million tous les individus des Curdes qui sont renfermés dans les pachaliks de Diarbekir, de Van, d'Erserum, de Kars, &c.

ARMOR & VAG (Port d'), département du *Finisterre.* Ces ports sont très-petits, & ont au sud la pointe de Saint-Sébastien, & une lieue de grève au nord, avec les pointes de Tentresse, de Castel, de Carson, de Kerninette & de Keric. Il seroit bien important que ces côtes du Finisterre fussent figurées & bien connues, & en attendant on peut renvoyer aux côtes de l'Océan, représentées dans la carte de l'Académie & dans nos cartes marines, où tous ces détails sont représentés, & aux articles de tous les ports qui se trouvent distribués sur ces côtes. (*Voyez* COTIÈRES (rivières); *voyez aussi* FINISTERRE.)

ARMORIQUE. Ce nom, tel que nous l'avons vu conservé dans quelques-uns de nos écrivains, dans les commentaires de César, & enfin dans Pline, indique une contrée dans les Gaules, & paroît venir du mot *armor*, qui signifie en bas-breton *la mer.* C'est pour cela que les auteurs anciens appeloient *armoricæ civitates* toutes celles de la Basse-Bretagne & de la Basse-Normandie, qui étoient distribuées le long des côtes de l'Océan & de la Manche, depuis l'embouchure de la Loire jusqu'à celle de la Seine. César, livre VII, nous apprend « qu'il fut ordonné à toutes les cites qui » sont sur l'Océan & qui se nomment *armoriques* & » *maritimes*, au nombre desquelles sont celles de » Quimper ou Cornouailles, de Treguier, & les » autres de la Basse-Bretagne, celles de Rennes, » Avranches, Coutances, Caen, de fournir chacune six cents hommes. »

ARNAVE, village du département de l'*Arriège*, près de Tarascon, sur la Casanove. On trouve sur la rive droite du ruisseau d'Arnave, à un quart de lieue au dessus du village, sur les deux pentes du ravin formé par ce ruisseau, une terre verte vitriolique, qui renferme beaucoup de pyrites cristallisées: ces pyrites se trouvent abondamment des deux côtés de ce ravin, & quelques-unes sous la forme de petits grenats.

ARNAY-SUR-ARROUX, petite ville de France, en Auxois, département de la Côte-d'Or, sur la rivière d'Arroux. Cinq rivières prennent leurs sources dans le plateau qu'occupe cette ville: l'*Ouche*, la *Brenne*, l'*Armançon*, le *Serein* & l'*Arroux*.

On trouve aussi au point de partage des eaux les limites de trois sols ou massifs d'une nature & d'une organisation différentes, & qui appartiennent à trois époques bien distinctes. On voit d'abord l'ancienne terre graniteuse & schisteuse qui compose tout le massif du *Morvan*, lequel confronte avec la moyenne terre de *Sombernon*, & est un massif de pierre calcaire à grain fin, adossé à ce premier, & établi contre lui de manière à prouver qu'il est d'une date postérieure: on y remarque des couches plus ou moins épaisses & inclinées. Enfin, sur les limites de l'un & l'autre massifs, on en observe un troisième situé à un niveau fort inférieur; il est composé d'un limon calcaire, qui sert à empâter des corps marins en différens états. C'est sur les bords du premier massif & du second qu'on trouve un amas de coquilles marines fort nombreuses, au milieu desquelles dominent les bélemnites, les cornes d'ammon, les gryphites, les doubles visses & les huîtres.

Ce canton, sous ce point de vue, est très-intéressant pour les naturalistes, & surtout pour ceux qui s'occupent de la partie de l'histoire de la terre, qui tient à la minéralogie, à la distinction des *massifs*, & surtout aux limites des dépôts de la mer.

Je dois indiquer ici en particulier le massif de la nouvelle terre comme étant bien inférieur aux deux autres, & comme servant à dessiner par sa conscription les côtes de l'ancien golfe qu'occupoit la mer qui a formé cette nouvelle terre aux environs d'*Arnay*.

Il ne me reste plus qu'à parler de la distribution des eaux, tant à la surface que dans les différentes parties du contour de ce *plateau*, & en même tems des formes arrondies des *îles terrestres* qu'embrassent les sources des rivières.

La première rivière est l'*Ouche*, dont la principale source est à l'étang de *Lusigny*; elle se trouve aussi alimentée par quatre ruisseaux qui ont leur origine plus près du centre du plateau; savoir: le ruisseau de *Cussy-le-Châtel* avec ses cinq embranchemens, tous à gauche de la tige principale, qui n'en reçoit point à droite; le second ruisseau prend sa source à *Echannay*, & ensuite reçoit les eaux des embranchemens de *Creancey*, de *Meilly*, de *Chassilly*, de *Pain-Blanc*. Ce second ruisseau, comme le premier, coule du nord au sud, en sens contraire de la direction de la tige principale de l'*Ouche*; mais ses embranchemens coulent dans la direction du centre à la circonférence du plateau, c'est-à-dire, de l'ouest à l'est, & tombent presque à angles droits sur la tige principale du ruisseau d'*Echannay*. J'ajoute ici les deux ruisseaux de *Bassbirey* & de la *Bussière*, dont le cours est compris dans le terrain qu'embrasse le ruisseau d'*Echannay*.

Telle est l'étendue des pentes du plateau, que l'on doit considérer comme fournissant les premières eaux à l'Ouche.

La seconde rivière est la *Brenne*, qui prend sa source à *Sombernon*, & qui n'a guère d'abord d'autre eau que celle de la source; cependant un peu plus bas cette première pente renferme le *Loze* & le *Lozerain*, rivières parallèles qui se réunissent à la *Brenne*. A côté, vers l'est, est la source de la Seine. On a eu tort de dire que cette source se trouvoit à Saint-Seine, car ce village doit être considéré comme le point remarquable où l'*Ignon* prend naissance, & court ensuite sur une pente bien différente de celle que suivent la *Brenne* & la *Seine*.

En se portant plus à l'ouest on rencontre la source de l'*Armançon*, dont les premières eaux débouchent entre Essey & Pouilly, & occupent très-peu de terrain dans la superficie du plateau. On n'y voit que deux ruisseaux affluans, celui de *Chailly* & puis celui de *Bellenod*.

Enfin, plus loin, dans la même direction, se trouve la source du *Serein*, laquelle aboutit à un des embranchemens primitifs de la source de l'*Arroux*, proche Arconcey. Cette source du *Serein* reçoit d'abord cinq petits embranchemens primitifs presqu'aussi élevés que son débouché; puis, après avoir été alimentée par l'*Argentalet* & le *Serein*, se jette dans l'*Armançon*, un peu au dessous du point d'affluence de la *Brenne*.

La cinquième rivière est l'*Arroux*, dont les premières eaux sont fournies par deux assemblages principaux de ruisseaux réunis sous des angles aigus. Le premier, qui a son origine à *Bize* où est la source, a trois branches qui commencent, l'une à Culestre, la seconde à Sasage, & la troisième à Mineure; il est semé de neuf étangs & passe à *Arnay*. Le second assemblage se prolonge beaucoup plus haut sur le plateau : c'est là qu'on voit les extrémités de trois embranchemens s'étendre fort près des sources de l'*Armançon* & du *Serein*. Il y a beaucoup d'eaux courantes dans cette partie du plateau, & un grand nombre d'étangs. L'*Arroux* occupe la contre-partie de l'*Ouche*. Cette dernière rivière recueille les eaux de l'est du plateau, & l'*Arroux* celles de l'ouest & du sud. (*Voyez la carte topographique de France*, n°s. 83 & 84; outre cela, les articles AUTUN, SOMBERNON & SEINE.)

Si nous examinons maintenant les îles terrestres arrondies, nous en trouverons plusieurs de remarquables : d'abord celle de *Sainte-Sabine*, de *Crugey*, de *Creançay*, de *Foissy*, & le tertre de *Moron*.

Plus à l'ouest on voit l'île terrestre de *Châtellenot*, proche la source du *Serein*.

Outre celles du plateau, j'en trouve beaucoup d'autres aux environs d'Autun. D'ailleurs, ces *iles* sont entourées de plusieurs petits ruisseaux qui sont quelquefois au nombre de trois; mais le plus souvent deux ont suffi pour détacher ces îles des parties environnantes de la surface de la terre : trois courans d'eau complètent leur arrondissement; deux ruisseaux suffisent, parce que chacun d'eux embrasse la moitié de leurs contours. J'ai remarqué que les eaux de ces ruisseaux étoient assez abondantes, & d'autant plus qu'ils recueilloient les eaux d'une plus grande partie de la surface du *plateau* ou de ses pentes; en un mot, une plus grande étendue des cul-de-sacs ou des vallons originaires que les eaux des sources ont creusés en détruisant partie de leur aqueduc naturel souterrain.

Dans une source il y a, comme on voit, deux choses à considérer; d'abord, l'étendue de la superficie du terrain où est reçue l'eau pluviale, qui par l'imbibition sert à alimenter la source & fournit à son écoulement intérieur. En second lieu, les petits golfes & dentelures entamés par les eaux de la source à leur débouché, & dont la profondeur & l'enfoncement sont en raison de l'activité & de l'abondance de ces eaux. Ce sont donc ces deux considérations qu'il faut faire entrer dans l'examen des *sources* de tout ce plateau, & ce sont ces formes du terrain que j'ai retrouvées souvent sur les planches de la carte de France, qui renferment les différens points du partage des eaux courantes. (*Voyez* SOURCES, ILES TERRESTRES & PLATEAUX.)

ARNE, village dans le voisinage de Falaise, & à l'occident de cette ville. On y trouve un petit lac très-poissonneux, dont les eaux, tantôt se maintiennent à une hauteur considérable, & tantôt se dessèchent entiérement. On ne sait d'où ce lac tire ses eaux, car on ne voit dans les environs aucune rivière ni aucune source qui puisse, par des conduits souterrains, fournir à ce lac les eaux qui l'alimentent le plus souvent. Il faut renvoyer ces éclaircissemens aux savans naturalistes de cette partie de la Normandie.

ARNEGUY, village des *Basses-Pyrenées*, dans le voisinage de Saint-Jean-Pied-de-Port, sur l'Aire : il y a des fours à chaux. A *Ondarolles*, dépendances d'*Arneguy*, on trouve dans la montagne une mine dont les parois sont de schiste, avec une gangue de quartz, & le minerai une mine d'argent, blanche, tendre, cristallisée & massive; de la mine de cuivre jaune; de la blinde jaune, massive & cristallisée. On a aussi trouvé à *Orisson*, près le village d'*Arneguy*, sur la montagne voisine d'Ondarolles, une mine de cuivre, composée d'un puissant filon, qui présente au jour deux pieds de pyrite, & d'un autre filon qui donne du minéral gris & jaune. A la montagne d'Astobiscar est une autre mine de cuivre & d'argent, composée de deux filons. On voit dans les travaux faits sur cette mine, dans la pente méridionale de la vallée, & dans la croupe méridionale d'une gorge qui aboutit aux limites d'Espagne, à la montagne de la Garencée, à une heure de chemin d'Orisson, une mine de fer en filons, avec pyrites & blende. A la montagne de Beharabia, à trois lieues d'Oiisson, sont plusieurs veines de mines de cuivre, & près du château Pignon, une autre mine de cuivre, dont le filon, d'une puissance extrême au jour, s'est réduit à six pouces en s'exploitant.

ARNHEIM, ville de la Gueldre hollandaise, sur les bords d'un des bras du Rhin. Le terrain le long du Rhin est de bonne qualité & substantiel, chargé d'argile dans une proportion qui le rend propre à la fabrication des briques; aussi en fait-on usage dans les manufactures des environs. On trouve, dans le trajet de Zutphen à *Arnheim*, des pâturages ceints de digues, ainsi que des cultures de seigle, de pommes de terre, de sarrasin ou blé noir, de froment, de féves & de trèfles. Le terrain s'élève un peu à deux lieues de Zutphen, & là on commence à voir la continuation de la chaîne de dunes qu'on a laissée à *Loo* & au village d'*Appeldorn*. Elle se dirige vers Doësbourg & Derem. Un peu avant Derem, les quartz & les autres pierres, dont nous avons rendu compte à l'article APPELDORN, se montrent dans le sable du sol, & plus abondamment à une certaine profondeur. L'on y trouve aussi les cultures de tabac, qui y sont assez bien établies. Les dunes changent ensuite de direction de l'est à l'ouest, & courent en suivant à peu près le canal du Rhin, jusqu'à *Arnheim*. Il n'y a que les parties basses & les premières croupes de la vallée du Rhin, qui soient cultivées comme nous l'avons dit : outre cela, on y remarque quelques plantations de chênes & de hêtres par petits bouquets isolés, & en allées le long de la route.

L'importance dont me paroissoit être la dune fit que je m'attachai à suivre l'emploi des matériaux singuliers qu'on en avoit tirés; ainsi, je remarquai qu'à Derem & au milieu des villages avant & après, on trouvoit dans les pavés les granits, les quartz blancs-grisâtres, avec des taches & des bandes blanches; des schistes bleus infiltrés; quelques laves fort compactes, & même des tronçons de basaltes prismatiques. On nous assura que tous ces gros morceaux, la plupart un peu usés par le frottement, se trouvoient dans l'intérieur des dunes incultes, dont nous n'avons vu que les bords; ce qui d'ailleurs paroît probable, parce que nous en avons vu de semblables à *Appeldorn* & à *Loo*, où l'on remarque aussi de petits débris de ces matériaux de l'ancienne terre, que je présume avoir été voiturés par le Rhin depuis les environs d'Andernach, où sont de semblables produits des feux souterrains.

Dans tout ce trajet ces mêmes dunes ou dépôts se continuent jusqu'à la ville d'*Arnheim*; ainsi l'on ne doit pas être étonné que tous les pavés, tant de cette ville, que ceux des maisons isolées qu'on trouve sur la route de Zutphen à *Arnheim*, soient formés de ces mêmes pierres qui sont au pied des dunes, & constamment ensevelis dans les sables du Rhin.

On ne peut pas considérer ces gros débris de l'ancienne terre comme appartenans au sol de la Gueldre. M. Brugman s'est donc trompé en jugeant sur de pareils monumens, que le sol ancien de la *Frise* & de la *Drenthe* a fait partie de l'ancienne terre. Pour décider ce singulier problème, il auroit fallu remonter le Rhin jusqu'aux environs d'Andernach : on auroit vu que le sol naturel de cette contrée offroit les mêmes matériaux : d'où l'on auroit conclu que le torrent du Rhin avoit pu les entraîner le long de sa vallée, & les déposer sous forme de dunes, lorsqu'il a été repoussé sur ces rivages par les flots de la mer, qu'il a rencontrés dans ces parages. Il est donc prouvé par les dépôts de granits roulés, & surtout par les fragmens de basaltes prismatiques, que tout s'est opéré ainsi que nous l'avons dit. D'ailleurs, on en sera encore plus convaincu pour peu qu'on ait observé la marche des eaux du Rhin aux environs de Zutphen & d'*Arnheim*. Voici les détails que nous avons pu recueillir sur la distribution de ces eaux.

Le Vahal est digué plus fortement à sa droite, que le Rhin qui passe à *Arnheim*. Outre cela, le Vahal paroît aussi fort à lui seul, que les deux bras du Rhin, dont l'un passe à Zutphen, & l'autre à *Arnheim*; il a outre cela bien plus de vitesse. Le canal d'*Arnheim* en a un peu plus que celui de Zutphen. Le bord élevé du Rhin s'abaisse & finit à trois lieues au dessous d'*Arnheim*; il se termine aussi tout de suite au dessous de Nimègue.

Ceci semble prouver que la pente est plus favorable vers Utrecht & Wercum, que vers Hatten & Campen, & vers Gorcum & Rotterdam, que vers Utrecht, Naerdam & Leyde, puisque le canal d'*Arnheim* descend plus abondamment par le Leck que par le vieux Rhin. Il y a eu du côté d'Utrecht un principe d'obstruction plus considérable que vers Rotterdam, & encore plus puissant vers Zutphen que vers *Arnheim*. Il est donc visible que ce sont les dépôts qui se sont formés dans ces différentes parties des embouchures du Rhin, qui ont produit les obstructions, les déplacemens & les divisions des fleuves.

Si nous remontons au dessus de Nimègue, nous trouverons le canal du Rhin tout entier, & dans l'intervalle de ce canal & de l'embranchement de Zutphen on voit un cap qui constitue le bord droit du Rhin; c'est ce bord que l'on apperçoit dans le lointain de Derem. Il est aisé de voir que l'embranchement de Zutphen éprouve un détour, & se replie pour gagner Doësbourg, & courir entre deux côtes assez remarquables.

Après Nimègue on trouve des sables mêlés de quartz & de débris de schistes, jusqu'à une demi-lieue, sur une hauteur qui sert de bords au Vahal, après

après quoi on retombe dans une plaine basse, qui est au même niveau que celle du Rhin. On marche ainsi jusqu'à la citadelle de Grave, au milieu des sables inondés d'abord & coupés de canaux & de petites digues, & assez bien cultivés en seigles, en pommes de terre, en blé noir, en fromens, en féves, en trèfles, en lins : le seigle, les pommes de terre & le blé noir dominent : il y a aussi de fort bons pâturages. J'ajoute qu'après ces cultures on ne trouve plus que des quartz blancs mêlés aux sables.

La Meuse a senti à peu près les mêmes obstacles que le Rhin; ils l'ont forcée de courber son cours dans les mêmes directions que le Rhin, puisqu'elle s'est écartée du bord elevé au dessous de Nimègue, car à en juger par la disposition du sol, ces deux fleuves s'y sont autrefois réunis; ils ont été séparés par des dépôts fort plats, & ne se sont réunis qu'à Voorn. Les côtes qui séparent le Vahal de la Meuse se continuent depuis Nimègue jusqu'à Clèves, & même au-delà. Mais je crois devoir terminer des observations qui n'entrent point dans mon objet principal, qui sont les *dunes de Welaw*. (*Voyez les articles* AMERFORT, APPELDORN, & dans notre Atlas la carte où sont figurés tous ces objets d'histoire naturelle.)

ARNO, fleuve d'Italie, qui traverse la Toscane depuis l'Apennin jusqu'à la mer. Ce fleuve, sujet à des débordemens qui ont souvent donné l'alarme à Florence, s'alimente principalement du trop plein des marais de la Chiane & des eaux de la Siève, avant que d'arriver à Florence. S'il couloit en ligne droite, son cours n'auroit pas plus de dix-huit milles de longueur du levant au couchant; mais il fait tant de circuits, qu'il alonge son cours d'à peu près neuf milles. Il y a plusieurs causes de ces oscillations de l'*Arno*; les deux principales sont : 1°. le peu de déclivité des plaines qu'il traverse, & où il ne peut acquérir assez de vitesse pour descendre en ligne droite; l'autre, que ses eaux, même dans les crûes mediocres, sont, à la fin de son cours, presqu'au niveau de celles de la mer, & trouvent quelque résistance à l'entrée dans son bassin. Le petit effort que fait l'*Arno* pour entrer dans la mer est souvent balancé, & quelquefois surmonté, par la résistance de ses eaux, qui, outre leur gravité spécifique, plus grande que celles de l'*Arno*, sont souvent poussées par les vents avec tant d'impétuosité, qu'elles heurtent & retiennent celles du fleuve. Les marins nomment cette espèce de tempête *traversia*, & la *traversia* de l'embouchure moderne de l'*Arno*, c'est le *libeccio gagliardo*. Il faut encore compter la résistance que peut faire aux eaux de l'*Arno* le courant continu de la mer, qui va du midi au nord, & qu'on nomme vulgairement *mouvement rasant*, de même que celle que peut opposer le flux & reflux quoiqu'il soit petit. Mais l'obstacle que la mer oppose à la décharge des eaux de l'*Arno* est bien plus grand quand elle soulève, dans les tempêtes, le sable de son fond, & que ses flots le portent dans l'embouchure de ce fleuve, & y forment comme une barre dont l'effort du courant de l'*Arno* ne peut opérer la destruction que lorsque la mer est tranquille. On peut y ajouter encore, ce que de fortes raisons physiques nous persuadent, que le niveau de la mer est présentement un peu plus élevé qu'il ne l'étoit anciennement, comme le prétend *Zeudrini*; ce qui augmente la difficulté que trouve l'*Arno* à entrer dans la mer, difficulté que rencontrent conséquemment aussi, pour se décharger dans ce fleuve, les torrens & les rivières qui s'y réunissent. Cette cause, quoique foible à la vérité, favorise les fréquentes inondations des plus fertiles plaines de la Toscane. D'ailleurs, nous y joindrons d'autres considérations importantes.

Les rivages de la mer, qui servent de limites entre la terre ferme & l'eau, sont de différentes natures, & se présentent sous différentes formes. Les uns s'avancent en pente douce sous les eaux de la mer; d'autres sont taillés à pic, comme le *Monte-Nero*, le *Monte-Cristo*, & la partie de *Gorgona*, qu'on nomme *les Précipices*. L'*Arno* dépose, lorsque la mer est basse & tranquille, une grande quantité de sable, qui s'étend sur le fond de son bassin & y forme un dépôt. La mer, agitée par la *traversia*, tourmente ce dépôt, & poussant, avec une grande facilité, le sable dont il est composé sur le rivage, y forme des *tomboli* ou *dunes* (*voyez ces mots*), & fait des atterrissemens à l'embouchure de l'*Arno*; ce qui n'arriveroit pas si le rivage de la mer étoit taillé à pic, & si le sable de l'*Arno* se déposoit dans un bassin profond.

Corneille Meyer, hollandais, que Côme III fit venir en 1604 pour reconnoître l'état de l'*Arno*, attribue l'exhaussement du lit de l'*Arno* au peu de pente qu'ont ses eaux; ce qui les oblige à déposer sur le fond du lit où elles sont contenues, les sables & les terres qu'elles charient. Il rapporte, dans son livre intitulé *Arte di restituire a Roma la tralasciata navigatione del suo Tevere*, qu'en enfonçant dans le lit de l'*Arno* une pique pour prendre la hauteur de l'eau, il rencontra un sable engagé un peu dans la superficie du fond, & qu'en enfonçant davantage cette pique il sentit qu'elle passoit dans un terrain plus mou & moins resistant que le premier, & que, continuant d'enfoncer cette pique, elle entra dans un autre terrain peu différent du second. Cette diversité de matières terreuses, de qualités différentes, posees les unes au dessus des autres, indique assez que les eaux de ce fleuve ont déposé, en différens tems, ces terres & ces sables dans le lit où elles coulent. Un exhaussement semblable du fond de ce fleuve a été trouvé très-considérable vers la mer, où les bancs de sables se sont considérablement élevés.

Si l'on considère attentivement l'activité des causes dont nous avons fait mention, ainsi que la divisibilité & la légéreté du terrain qui compose la plaine de Pise, on comprendra facilement que, dans les tems anciens, lorsque l'art n'employoit pas les moyens convenables pour contenir ce fleuve, il devoit se répandre dans la plus grande partie de cette plaine, & dévaster une grande quantité de pays. Il est retenu maintenant par de bonnes digues, qui, commençant, du côté du nord, à *Caprona*, vont jusqu'à la mer, &, du côté du midi, elles commencent à *Pontedera* & s'étendent également jusqu'à la mer. Elles laissent de côté & d'autre un espace vide & libre, pour que les eaux puissent s'étendre. C'est ainsi qu'on a prévenu les inondations qui ne sont pas excessives, & les ravages des plaines fertiles, qui sont voisines du cours de l'*Arno*.

L'*Arno* faisoit autrefois un long circuit entre *Monticchio* & *San-Giovani-alla-Vena*, & occupoit une grande partie de la plaine de *Bientina* & de *Vico-Pisano*; mais son cours fut raccourci, & sur le terrain bonifié on établit une grande partie de la ferme de *Vico-Pisano*.

Les causes qui engagèrent Côme III à faire ces travaux pour se rendre maître du cours de l'*Arno*, furent, comme l'atteste Meyer, les prières des Pisans, auxquels l'embouchure de ce fleuve étoit fort incommode pour la navigation, & peut-être encore parce que quelquefois les *troubles* (1) ou dépôts terreux s'étendoient jusqu'à Livourne, dont elles remplissoient le port, & parce que les courans de la mer & le *scirocco* (*voyez ce mot*), qui est le vent le plus furieux qui soufle sur la mer de Toscane, obstruoient trop souvent la bouche de l'*Arno*; ce qui n'arrive plus maintenant que cette bouche est tournée vers le *mistral* ou nord-ouest.

L'*Arno* ne porte dans la plaine de Pise que très-peu de gravier, & encore est-il fort petit, mais il y porte beaucoup de sables & de limon : d'où l'on peut conclure combien il a peu de déclivité. Dans la partie inférieure de ce fleuve on ne navigue qu'avec le secours des rames, parce que le courant ne pousse pas autant les barques que de Florence à Capraia. La surface du lit de l'*Arno*, dans toute la plaine de Pise, outre qu'elle a peu de pente, est presque de niveau avec celle de la plaine même; aussi l'eau de l'*Arno*, dans les inondations médiocres, est-elle de beaucoup supérieure à la superficie du terrain; mais son cours étant en droite ligne & circonscrit par des digues élevées des deux côtés, ce fleuve ne peut inonder la plaine que dans les crûes les plus considérables.

Cette grande élévation du lit de l'*Arno* empêche que les eaux de la plaine puissent y trouver un écoulement facile & convenable. En effet, depuis l'Era jusqu'à la mer, du côté du midi, aucun ruisseau ni aucun canal contenant une eau coulante n'y entre; de même, du côté du nord, depuis *Caprona* jusqu'à la mer, l'*Arno* ne reçoit que la *Zembra*, le canal de *Ripafratta* & celui de *Fagianaia*.

Comme ce fleuve a fréquemment inondé la Toscane, on a conservé le souvenir des inondations les plus désastreuses : elles ont eu lieu dans les années 1269, 1282, 1284, 1288, 1296 & 1333; l'on n'a commencé à régler son cours & à le fixer dans un canal bien digué qu'en l'année 1347.

Jacob Nardi, célèbre médecin & historien florentin, s'explique ainsi sur les causes des fréquentes inondations de l'*Arno* :

« Les nombreux abattis d'arbres qu'on a faits sur les croupes des montagnes qui sont opposées aux vents du nord, & la culture de ces montagnes, ont non-seulement changé la température de l'air de Florence, qui est devenu plus mauvais, mais encore ont rendu l'*Arno* plus considérable & plus dangereux dans ses crûes, parce que les pluies qui tombent sur ces montagnes où la terre est remuée, en emportent une très-grande quantité, de manière que ce fleuve grossit plus rapidement qu'auparavant, & que ses eaux ont plus de force pour détruire les lieux où elles passent. D'ailleurs, l'*Arno* est devenu moins navigable qu'autrefois, parce que les terres que l'eau entraîne, en se déposant, exhaussent son lit. »

Ce même auteur cite Léonard Vettori, qui étoit âgé de quatre-vingt-douze ans, & qui se rappeloit que l'*Arno* avoit été plus navigable autrefois. Ce respectable vieillard en attribuoit aussi la cause à la culture des collines & des montagnes, qui étoient couvertes de bois auparavant. Il se rappeloit que les barques arrivoient jusqu'à la pêcherie *del Prato*, & qu'elles avoient porté jusque-là les colonnes qui sont au Saint-Esprit du port de *Cigna*.

Au reste, ces inondations déposent sur les terres qu'elles couvrent, un limon qui les fertilise beaucoup, car les terres des environs de *Lastra*, après l'inondation de 1740, rapportèrent jusqu'à trente pour un.

Je crois pouvoir avancer que l'*Arno* a eu dans des tems reculés, un cours très-différent de celui qu'il a maintenant. Je n'aurois certainement pas osé le dire si *Muratori* ne m'y eût pour ainsi dire encouragé lorsqu'il dit : *Habes portum pisanum propè Liburni castellum; scilicet, olim Arnus illic suas exonerabat aquas, ejusque fluminis fauces portum pisanum efformabant. Ex quo Genuenses locum attrivere, & populus pisanus Arnum coegit breviore via ad mare descendere, portus ille cessavit.* Le même Muratori, sur la carte de l'Italie ancienne, qu'il a publiée dans le *Recueil des écrivains d'Italie*, t. I. part. 2, a représenté une grosse branche de l'*Arno*, qui, partant d'un peu au-dessus de Cascina, entre dans la mer auprès de Livourne par la bouche de Calambrone. Il a été imité en cela par N. Sanson & par Cluvier.

(1) On appelle *troubles*, en Italie, les eaux des fleuves, chargées de parties terreuses, & leurs dépôts.

Si l'on considère maintenant l'*Arno* dans l'état naturel, c'est-à-dire, libre de tous les travaux qui le restreignent dans des bornes, on verra ce fleuve sortant du *Val d'Arno* inférieur & s'acheminant par sa tendance naturelle vers la mer ; on verra que l'obstacle des montagnes qu'il rencontra sur sa route, existant, il n'a pu trouver ou se former d'autre passage qu'entre la colline de Montecchio, & les racines de celles qui sont entre *Ponsacco* & *Perignano* : dans cette gorge, il devoit entrer plus vers la droite, c'est-à-dire, vers *Montecchio*, que vers *Ponsacco*, parce que, sur le Pontedera, il trouva la colline *della Rota*, qui détermina son cours vers *Montecchio*.

Arrivé à *Montecchio* il trouva un autre puissant obstacle formé par la pente de cette colline, qui détermina sa marche dans une direction opposée, c'est-à-dire, du nord-est au sud-ouest.

Quand on supposeroit qu'il ait franchi la pointe de *Montecchio*, il en auroit trouvé une autre de plus grande résistance dans la base de la montagne de la *Verrucola*, qui, depuis le *Vico Pisano* jusqu'à *Asciano*, se nomme *Piemonte*, tandis qu'entre *Fornacette* & *Larciano* il ne se trouve aucun obstacle, mais au contraire une plaine immense très-facile à creuser. C'est pourquoi il paroît vraisemblable que l'*Arno* devoit d'abord entrer dans la plaine de Pise, détourner & creuser son lit plus vers *Larciano* que vers *San-Giovani-alla-Vena*, à cause de la plus grande déclivité & de la moindre résistance du terrain. Mais en supposant encore qu'il ait pris son cours le long du pied de Castellare, remis en liberté, il devoit, par les lois de l'hydrostatique, courir à la mer par la route la plus déclive & la plus courte, & ne pas faire le grand circuit qu'il fait maintenant du midi au couchant. Quoi qu'il en soit de ces conjectures sur l'ancien cours de l'*Arno*, il est certain qu'au tems de Strabon, qui florissoit sous le règne d'Auguste, & qui écrivit dans l'année 771 de la fondation de Rome, l'*Arno* passoit par Pise, & que cette ville étoit bâtie dans l'angle formé par le concours de l'*Arno* & du *Serchio*. Quoiqu'il ne soit point douteux que l'*Arno* n'ait été anciennement plus navigable qu'il ne l'est aujourd'hui, il n'a jamais été propre à recevoir les grands vaisseaux.

Le port de Pise, au moyen duquel cette république fut capable de grandes entreprises & d'un commerce étendu dans la Méditerranée, étoit distant de cette ville d'environ douze milles, & situé près de Livourne, que le Poggio (1) appelle la garde & la sûreté de Pise.

Ce port étoit un golfe naturel avec peu de profondeur, comme toute la plage qui l'avoisine. Il avoit à son embouchure des deux côtés des rochers d'une pierre spongieuse, semblable à celle qui, de Livourne, s'étend jusqu'au pied de *Montenero*. Les parties de ces rochers sur lesquels on a bâti les tours du port, font de petits môles naturels qui ont différentes directions, & qui par conséquent rompent diversement les marées, & empêchent par certains côtés les atterrissemens qu'ils facilitent par d'autres.

Les eaux des torrens *Cigna* & *Ugione*, qui portent de grands *troubles*, se rendoient dans ce golfe. Souvent les *troubles* de l'*Arno* y arrivoient aussi : il y avoit dans le fond de ce golfe une grande quantité d'algues-marines. La nature du lieu, l'autorité des anciens écrivains, & plus encore une fouille faite sur le bord de cet ancien port, ne permettent pas de douter de sa position dans cet endroit. Outre les *troubles* de l'*Arno*, qui s'étendoient jusque-là, les eaux de la partie méridionale de la plaine de Pise entroient dans la mer plus près du port qu'elles ne le font à présent, & par plusieurs bouches qu'on nommoit les bouches *di Stagno* ; enfin, l'entrée de ce port n'etoit défendue par aucun môle qui rompît les vagues, mais il étoit exposé aux plus fortes marées, & principalement aux vents de sud & de sud-ouest. Ces vents, ainsi que le mouvement *rasant* & celui de flux & reflux, par la suite des siècles, ont rempli ce golfe en déposant sur son fond le sable & le limon qu'ils enlevoient des fonds circonvoisins, principalement de l'embouchure de l'*Arno* & du *Stagno* ; & en retardant la décharge des torrens *Cigna* & *Ugione*, il les ont fait déposer une grande partie des terres qu'ils tenoient suspendues. On pourroit citer des circonstances semblables qui ont contribué à combler des golfes & à prolonger le continent ; par exemple, les ports de *Luni*, d'*Auguste*, d'*Ostie*, de *Ravenne*, d'*Adria*, & celui de *Spina*, ville de la Lombardie, qui, au tems de Strabon, étoit à quatre-vingt-dix stades de la mer. Les algues-marines ont pu contribuer beaucoup à l'atterrissement du port de Pise, en retenant les sables apportés par les tempêtes & par les dépôts des torrens, & en les empêchant de rentrer dans la mer quand elle étoit calme, & que les vents de terre soufloient. Cet exhaussement du fond du port de Pise, quelque peu considérable qu'on l'admette chaque année, a pu facilement, dans le cours de plusieurs siècles, transformer ce port en une vallée ; & ce travail de la nature feroit terminé si le grand duc Côme I n'eût, en ordonnant de creuser le canal de la navigation, coupé la communication de la mer, & empêché que les grandes marées ne pussent y pénétrer. On se propose aujourd'hui de combler les marais qui sont restés dans le lieu qu'occupoit le port, en y faisant séjourner les eaux de l'*Ugione* & du *Cigna*, de manière à consommer leurs dépôts ; ce qui détruira jusqu'aux vestiges de ce port, & pourra rendre promptement à l'agriculture un vaste terrain, & à Livourne un air plus pur.

Nous ajouterons à ce que nous venons de dire, que le port moderne de Livourne se combleroit

(1) Hist. Florent. c. 24.

de même si l'on n'avoit soin d'en nétoyer le fond du limon qui s'y accumule.

On doit juger, d'après l'attention & le soin continuel qu'on apporte à ce travail, quelle doit être l'activité des causes qui concourent à le combler & à le remplir.

Pour terminer ce que nous nous proposons de dire sur l'*Arno*, nous croyons devoir joindre ici à ces détails, 1°. ce qui concerne le *Val d'Arno di Sopra*; 2°. la plaine de ce fleuve aux environs de Florence; 3°. le *Val d'Arno di Soto* ou la plaine de ce fleuve, aux environs de Pise. Ces détails formeront un ensemble vraiment instructif sur l'état ancien & moderne de l'*Arno*, & pourront servir de modèle aux naturalistes qui seront à portée d'étudier, sous les mêmes points de vue, quelques grandes rivières ou quelque fleuve considérable.

ARNO (Val d'). Le *Val d'Arno di Sopra* est une plaine agréable, un vallon arrosé par l'*Arno*, qui n'a qu'une issue vers *Rignano*, où le fleuve semble s'être ouvert un chemin au travers de la montagne. Toute cette partie de l'Italie offre des indices de mines de fer, aussi bien que de vitriol, de soufre & de charbons fossiles. On y trouve aussi des bois qui ont été changés en charbons. Enfin les ossemens d'animaux exotiques, d'hypopotames & surtout d'éléphans, que l'on rencontre fréquemment le long des bords de l'*Arno*. La plupart des laboureurs assurent qu'en certains endroits ils ne labourent jamais un champ sans que la charrue n'amène quelques fragmens osseux. On y trouve des défenses d'éléphans de tout âge; ce qui semble indiquer qu'ils ont été anciennement sauvages dans ce pays-là, puisque ces animaux ne multiplient point dans l'esclavage. Ces ossemens d'éléphans se trouvent là, comme en Amérique & en Sibérie, mêlés avec des cailloux roulés, des sables & des argiles qui ont été chariés & accumulés par les eaux.

Plusieurs auteurs avoient attribué ces ossemens aux éléphans qu'Annibal conduisit en Italie. M. Targioni fait voir que cela ne peut pas être, & il montre par grand nombre d'autres exemples tirés de toutes les parties de l'Europe, qu'il faut supposer que la race de ces animaux ait existé autrefois dans ce pays. Ce n'est pas le premier indice que l'observation nous a fourni des changemens prodigieux arrivés sur notre globe. Pendant que les régions septentrionales ont conservé quelque chose de leur ancienne chaleur, les éléphans ont pu s'y multiplier; mais dans la suite ils ont été forcés à se retirer en Asie & en Afrique, mais il en est resté des indices dans le sein de la terre.

I. *Vallée supérieure de l'Arno, ou Val d'Arno di Sopra.*

Cette agréable & fertile province de la Toscane, que les Florentins nomment *Val d'Arno di Sopra*, paroît, lorsqu'on la regarde du sommet de quelque montagne voisine, comme un grand bassin de figure presqu'ovale, dont les bords sont, d'un côté, les montagnes de *Valembrosa*, de *Prato-Magno*, & d'autres qui tournent dans le *Casentino*; de l'autre, les montagnes de l'*Incontro*, des *Corti*, de *San-Donato in collina*, du *Monte-Masso*, du *Monte-Scalari*, de *Lucolena*, de *Coltibuono* & d'autres qui confinent avec le *Chianti*. Le fond de ce bassin est une grande plaine couverte de sable, par le milieu de laquelle court l'*Arno*, & de laquelle s'élèvent d'innombrables collines, qui sont la plupart coupées à pic, très-différentes par leur figure, leur structure & les substances dont elles sont composées, des montagnes que nous avons dit former les bords extérieurs de ce bassin; car ces montagnes, comme la plus grande partie des autres, sont composées de grandes masses de *filons* de pierre à chaux, ou de pierre *serene* de différentes épaisseurs, & diversement inclinées à l'horizon, avec des lits de pierres plus tendres, sous forme d'intervalles terreux. Mais les collines qui, du niveau de la plaine la plus basse, s'élèvent toutes à une même hauteur, sont placées & adossées contre les pentes courbes & tortueuses des montagnes; elles montrent à découvert les substances dont elles sont composées, les argiles, les sables, les graviers & différens corps organisés, distribués en une multitude de couches distinctes & constamment parallèles à l'horizon. Toutes les cimes les plus élevées de ces collines, en partie détachées les unes des autres, en partie continues sur une grande étendue, surtout dans les endroits où elles ne sont pas rongées par les torrens, sont parfaitement unies, & figurent sur une même ligne horizontale; de sorte que plusieurs de ces hautes cimes sont très-bien nommées *plaines* par les habitans: c'est ainsi qu'on dit la *plaine de Reggello*, *de Cascia*, *de Sco*, *de Travigne* & plusieurs autres semblables. Si du sommet élevé de l'une de ces collines on porte ses regards de tous côtés dans le *Val d'Arno di Sopra*, on verra avec plaisir que cette belle partie, la plus élevée de la vallée, forme une plaine immense & très-égale, qui suit sur le même niveau le contour des montagnes qui l'environnent en amphithéâtre. La plus grande largeur de la plaine inférieure & moderne de l'*Arno*, que, pour plus grande précision, l'on peut appeler *plaine basse*, est à peine de deux milles; mais la plaine supérieure, qui s'étend par le sommet des collines, peut avoir environ seize milles d'étendue. Dans cette plaine élevée, & non dans la plaine basse, étoient situés les anciens châteaux du *Val d'Arno*, comme *Viesca*, *Levane*, *Bucine*, *Montevarchi*, *Figline*, *Incisa*, &c. qui ont tous été reconstruits postérieurement dans la partie basse de la plaine moderne, excepté *Viesca* & *Bucine*. Il est utile d'observer que la *via Cassia*, une des plus fameuses voies militaires des Romains, qui conduisoit de Rome dans les Gaules, par la Toscane supérieure, traversoit une partie du *Val d'Arno di Sopra*, non par la plaine la plus basse & moderne du *Val d'Arno*, mais toujours par les sommets des collines, & particuliérement par les parties où elles confinent avec les pentes des montagnes.

Quand on dit que la plaine la plus élevée du *Val d'Arno* est partout horizontale, on ne doit pas prendre cette expression dans toute la rigueur mathématique, puisqu'il s'y trouve dans quelques endroits des éminences remarquables, qui ont pu être la suite des premières eaux torrentielles.

On remarque aisément, en voyageant dans le *Val d'Arno*, que les couches horizontales d'argile, de sable, &c. qui forment les collines, sont totalement différentes des filons composant les montagnes circonvoisines, & que ces couches ont été produites très-postérieurement à la formation des montagnes, & par une cause totalement différente. En allant vers *Figline* on commence à trouver les premières limites des dépôts de sable & d'argile, & dans une partie de la grande route, nommée la *felce nuova*, à l'endroit où elle se joint à la *felce vecchia*, on trouve, en allant du côté d'*Arezzo*, un torrent rapide qui, se précipitant des montagnes de *Perticaia*, a rongé la face d'une montagne composée de onze filons épais & tortueux d'*alberèse* blanchâtre. Sur le plus élevé de ces filons on voit clairement le dépôt des couches horizontales d'argile & de sable, qui forment par leur élévation une colline considérable. C'est en faisant allusion à cette disposition des choses, que Stenon disoit : *Et hic obiter notandum, colles qui è stratis terreis componuntur ut plurimum pro fundamento habere stratorum saxeorum majora fragmenta, quæ multis in locis tuentur, imposita sibi terrea strata, ne à vicinorum fluminum & torrentium eluvie resolvantur.* (n°. 331. *De solido intrà solidum.*) On trouve beaucoup de ces filons coupés par des torrens sur la route de *Figline* à *Monte-Scalari*, lesquels sont recouverts aussi de couches de sable & d'argile, qui y sont déposées à une grande hauteur. Le canal moderne de l'*Arno*, depuis *Incisa* jusqu'au moulin *delle Panche*, est creusé sur la pente d'une masse composée d'alberèse. Le long de ces rives, qui sont presque verticales, on découvre des filons d'alberese, lesquels, quoiqu'inclinés, se correspondent visiblement de l'un à l'autre côté, & font voir qu'ils ont été entamés par une grande force. Sur ces filons s'élève une grande & haute masse, composée de couches horizontales d'argile & de sable, qui diffère manifestement des croupes des montagnes sur lesquelles ces couches sont déposées.

On trouve de même à *Monsoglio* une démonstration très-décisive, que l'argile & le sable ont été postérieurement déposés en couches horizontales sur les croupes à contours saillans & rentrans des montagnes qui existoient primitivement; car en allant sur la voie *arctina*, environ un quart de mille avant d'arriver à la ville d'*Aretino*, l'argile & le sable sur lesquels on avoit marche depuis l'auberge de *Troghi* jusque-là, disparoissent, & l'on decouvre un terrain d'une forme & d'une nature totalement différentes, c'est-à-dire, composé de filons inclinés de *pierre forte*. En descendant de *Monsoglio*, & dirigeant sa route vers *Arezzo*, on perd de vue la pierre forte, & l'on commence à retrouver le sable & l'argile, sur lesquels on continue de marcher jusqu'au lac de Pérouse. Ce phénomène fait voir que le sommet de *Monsoglio* est plus élevé que celui des collines qui forment la plaine haute du *Val d'Arno*, & que cette masse, comme un grand écueil ou montagne marine, s'élève au dessus d'une mer de sable & d'argile.

Le bassin que nous venons de décrire, formé par les montagnes qui entourent le *Val d'Arno*, n'a qu'une gorge ou un débouché à *Rignano*, par où l'*Arno* s'est ouvert & creusé un lit dans une masse d'alberèse. Ce bassin ou plaine ancienne de l'*Arno* est rongé d'une manière étonnante par les fleuves, les torrens & les ruisseaux, dont les rives, creusées presque perpendiculairement, présentent aux naturalistes curieux le moyen de faire des observations intéressantes, parce que dans les coupures de leurs bords on distingue facilement les nombreuses & différentes couches qui les composent, ainsi que leur nature.

Sur la colline de *Viesca* on peut compter, dans la hauteur de vingt-huit à trente brasses, vingt-une couches. Depuis la première, qui se montre à la surface de la terre, jusqu'au lit du petit torrent de *Viesca*, & de là jusqu'au lit de l'*Arno*, il y en a sans doute un grand nombre qu'on ne peut plus distinguer, parce que le terrain est rompu par les travaux de la culture.

La vallée supérieure de l'*Arno* n'est pas la seule vallée qui ait la forme que nous venons de décrire. L'étroite vallée du *Casentino*, la vaste vallée de *Chiana*, ou la partie la plus basse du territoire d'*Arezzo*, des Cortones & du Perugin, présentent des formes parfaitement semblables.

On peut remarquer que les collines à couches horizontales & à pic de la vallée supérieure de l'*Arno* sont très-semblables à celles qu'on observe dans les autres parties du Globe, & particuliérement dans la vallée de Florence, à Signa, à Comeana, à Sainte-Momme, & dans la vallée inférieure ou *Val d'Arno di Sotto*, à la colline de Capraia, de Montefalcone, de Montecavallo, & dans toute la vallée du Serchio, de Lucques, dans toutes les vallées de *Pesa*, d'*Elsa*, d'*Evola*, d'*Era*, de *Fine*, de *Cecina* & de *Mersa*, avec cette seule différence que, dans les couches des collines entre Capraia & la mer, on trouve des vestiges manifestes de la présence de cet élément, c'est-à-dire, une quantité infinie de coquilles de testacées

& de plantes marines pétrifiées, tandis que dans le *Val d'Arno di Sopra*, quelques recherches qu'on puisse faire, on ne peut trouver aucun corps marin.

Mais on trouve par tout le *Val d'Arno di Sopra* dans le lit de la Chiana, où elle entre dans l'*Arno*, ainsi que dans le lit du fleuve Castro près de Mouzione, une grande quantité de morceaux d'arbres, comme des racines, des troncs, des rameaux & des écorces, ensevelis dans les couches de sable & d'argile. Quelques-uns de ces troncs sont extrêmement grands, & tels qu'on ne voit point d'arbres qui les égalent dans les bois antiques de la Maremme. Il n'est pas facile de dire de quelle espèce sont ces bois. Il semble, en examinant les veines, que ce sont des pins, des sapins, des chênes, & peut-être des hêtres : ils ont conservé entiérement leur forme; ils sont très-pesans, relativement à leur volume, & se fendent en longs éclats, au moins à la superficie; ils brûlent comme le bois, tardant un peu à s'enflammer, mais ils donnent une chaleur plus forte, & rendent une odeur désagréable & qui porte à la tête. Il y en a qui, au lieu d'avoir acquis plus de pesanteur, sont devenus plus légers que ne le comporte leur masse. Exposés à l'air, ils se délitent facilement, & brûlent comme du bois sec; ils n'en répandent pas moins une odeur fétide. Il y en a d'autres qui ont reçu une infiltration, & qui sont aussi durs que des pierres.

La plus grande partie des bois fossiles qui se trouvent dans le *Val d'Arno di Sopra*, & dans la vallée de la Chiana, sont imprégnés de soufre, & sont devenus ainsi des charbons fossiles d'une couleur noire, obscure, & plus ou moins pesans. Quelques-uns de ces bois sont entiérement charbons; d'autres le sont seulement en partie, surtout dans l'intérieur; dans tout le reste ils ont conservé la forme de bois, & ont pris seulement une couleur noire. Lorsqu'on les rompt dès qu'ils sont tirés de terre, ils paroissent secs, noirs comme de l'encre & brillans comme du verre. Dans les charbons fossiles qui sont encore ligneux, la partie charboneuse est restée intacte, mais la partie ligneuse s'est gerçée, & s'est couverte d'une efflorescence de soufre jaune très-fétide, distribué en filamens semblables à l'efflorescence de l'alonitron.

A Villamagna, dans la paroisse de Saint-Pancrace, on trouve le plus grand amas de bois & de charbons fossiles qui soit dans le *Val d'Arno*. Outre un grand nombre de troncs d'arbres fort longs, que les eaux des torrens découvrent dans un grand espace, & qui donnent l'idée, par leur quantité, d'un bois renversé & enseveli dans la terre, il y en a certainement beaucoup plus qui sont recouverts de terre, car on entend sous les pieds des chevaux qui marchent dans cet espace, un bruit semblable à celui qu'ils font lorsqu'ils marchent sur un pont de bois. On trouve aussi, dans le *Val d'Arno di Sopra*, des os de plusieurs espèces d'animaux, & particuliérement beaucoup de cornes ou bois de cerfs.

On trouve enfin, dans toute cette vallée supérieure de l'*Arno*, un grand nombre d'os d'éléphans de différentes grandeurs. Ils sont en grande quantité dans le val de *Reseo*, de *Faella*, dans la plaine de *Sco*, au voisinage de *Mongione*, sur la rivière de Castro. On a trouvé à *Macina rotta* près de *Terra nuova*, un humérus droit de la longueur de trois brasses de Florence, du poids de cent dix livres; un fémur droit de près de trois brasses de long, dans le lit du fleuve Paglia, près d'Orviète.

Quelques-uns de ces os d'éléphans n'ont souffert aucune altération, surtout les dents molaires, les côtes, les fémurs, &c. D'autres sont en quelque sorte calcinés, principalement les défenses. Il y a un grand nombre de ces os qui sont remplis de spaths cristallisés. On ne peut point douter que ces os n'aient appartenu à des eléphans, d'après la comparaison exacte qu'on en a faite avec le squelette d'un de ces animaux conservé dans la galerie de Florence.

Ces os ne sont certainement pas ceux des éléphans qu'Annibal emmena d'Afrique en Italie, comme le soutiennent Cesalpin, Stenon & d'autres auteurs, puisqu'on trouve de ces os ensevelis dans des couches de tuf à de si grandes profondeurs, qu'il est impossible que depuis le tems d'Annibal jusqu'au tems où le *Val d'Arno* cessa d'être sous les eaux, il se soit formé par-dessus ces os autant de couches de tuf & d'argile. En outre, on trouve des os des mêmes parties du corps, qui diffèrent beaucoup les uns des autres par la grandeur; ce qui indique qu'il y avoit des éléphans de toutes grandeurs; & cette observation, jointe au témoignage de Polibe, qui assure qu'Annibal n'avoit qu'un seul éléphant sur lequel il étoit monté quand il traversa le marais, prouve assez que ces os ne sont pas ceux des éléphans d'Annibal, lesquels devroient plutôt se trouver dans le Mont-Cenis, dans la plaine de la Trébie, & dans les Alpes de Toscane, que dans le *Val d'Arno*, où ils ne vinrent jamais. Mais comment tant d'éléphans peuvent-ils être venus mourir dans le *Val d'Arno*? Il est très-difficile de le savoir : il est certain seulement qu'il est arrivé de grands changemens sur la surface du globe que nous habitons, & que les éléphans, animaux qui ne vivent point aujourd'hui hors de la zone torride, ont habité anciennement dans les parties du globe qu'on nomme présentement *zones froides & tempérées*, puisqu'on trouve partout des squelettes de ces animaux. (*Voyez* Os fossiles.)

II. *Val d'Arno vers Florence.*

L'on ne peut douter que la plaine de Florence n'ait été anciennement plus inondee qu'elle n'est à présent, & qu'elle n'ait même été tout-à-fait marécageuse. Cette partie la plus marécageuse paroît avoir été celle qui est comprise entre le cours du *Bizentio* & celui de l'*Ombrone*, le long de l'*Arno*; ce qui se reconnoît à l'inspection, puisque le terrain de cette plaine est presque tout de nouvelle formation; ce qu'on nomme dans le pays *forestiero*, c'est-à-dire, que c'est le fond des marais comblés par le dépôt des fleuves. Ce dépôt est de nature argileuse & limoneuse, & non pas de marne & de *galestro*, mêlé de pierres, comme on l'observe dans les parties plus voisines du pied des montagnes. On nomme vulgairement la plus grande partie de ce terrain, le *Smannoro*; il est sans arbres & sans habitations, destiné seulement pour semer des grains. On n'y cultive ni vignes ni arbres fruitiers, comme dans le reste de la plaine : il produit beaucoup de grains quand l'hiver est sec; mais quand il est pluvieux, ce terrain reste souvent inondé pendant cette saison, parce que les eaux ne peuvent s'écouler dans les rivières, dont le lit est alors beaucoup trop élevé. Ces fréquentes inondations y déposent chaque année un peu de terre; & si l'on prenoit plus de soin, ou que le *Smannoro* fût divisé totalement en petites possessions, on pourroit le combler par les dépôts des eaux qui descendent des collines de *Colonnata*, *Quercetto*, *Settimello*, *&c.*

Les eaux de la plaine de Florence s'écoulent dans l'*Arno* par la fosse royale, & un peu dans le *Bizentio*, mais seulement quand les eaux de ces deux fleuves sont basses; car quand elles sont hautes & plus élevées que la plaine, les eaux de celle-ci sont forcées de regorger dans le fossé royal & dans d'autres fossés, & quelquefois d'inonder la plaine.

III. *Val d'Arno di Sotto, ou plaine des environs de Pise.*

On entend par plaine ou *Val d'Arno* de Pise, toute cette vallée spacieuse au milieu de laquelle l'*Arno* coule, depuis l'embouchure de l'*Era* dans ce fleuve, jusqu'à la mer.

Cette plaine est terminée au couchant, presqu'en ligne droite, par la mer de Toscane, qu'on nommoit anciennement *Sinus Pisanus*, depuis le promontoire de *Luni*, jusqu'à celui de *Populonia*; & quoique, sur le rivage de la mer, elle s'étende beaucoup plus, c'est-à-dire, depuis l'Etat de Gênes jusqu'au bas du *Monte Nero*, nous ne la considérerons seulement que depuis les confins de l'Etat de Toscane avec celui de la République, jusqu'à la *Bocca-Vecchia* du *Calambrone*.

Au midi on peut la supposer coupée par une ligne droite de deux milles & un quart, tirée de la bouche du *Calambrone* à la pointe de la base de la colline *di Sovese*. Depuis cette pointe jusqu'au fleuve *Cascina*, qui entre dans l'*Era* (*voyez ce mot*), elle est terminée par les grandes & tortueuses racines des collines *di Lari*. Du côté du levant, le cours du fleuve *Cascina* lui sert de limite jusqu'à l'endroit où il se jette dans l'*Era*, ensuite l'*Era* lui-même, jusqu'à son embouchure dans l'*Arno*. De l'autre côté de l'*Arno*, les pieds de la colline de *Montecchio* jusqu'au château de *Bientina*, & enfin de *Calcinaia*, jusqu'à la colline *di Nocco*, une ligne imaginaire qui rase le lac ou marais de *Bientina* (*voyez ce mot*), nommé anciennement *lac de Sestus*. Du côté du nord, cette plaine est bornée par les bases de la longue chaîne des montagnes de Pise.

Le terrain de cette vaste plaine n'est en grande partie que du limon; mais dans les lieux plus voisins de la mer, c'est du sable. On n'y trouve point de pierres : on est obligé d'aller chercher celles dont on a besoin pour bâtir à Pise, dans les montagnes qui sont au nord. Ce terrain est léger, délié & peu résistant. Il n'est pas facile de connoître les couches dont il est formé, parce que, dans les fouilles qu'on y fait, l'eau vient subitement à une très-petite profondeur. Le sol de Pise ne soutient pas les fondemens des edifices; il s'abaisse, parce qu'il y a beaucoup d'eaux de sources qui, par leur mouvement continuel, ébranlent ce terrain, & parce qu'on ne trouve point à quelque profondeur, comme dans la plaine de Florence, de filons de pierres ni de terre dure; mais il faut asseoir les fondemens sur des pilotis & des massifs de ciment.

Ce qui prouve invinciblement la mobilité de ce terrain, c'est qu'on ne peut employer, pour le dessecher, la méthode que les Hollandais pratiquent si utilement, de creuser des fosses profonds & de relever le terrain avec la terre des excavations, parce que ce terrain élevé au dessus du niveau de l'eau, au lieu de se dessécher & de rester élevé, comme en Hollande, s'aplanit bientôt ici par les eaux pluviales & par celles qui courent très-peu au dessous de la surface de cette plaine, & remplit en peu de tems les fossés d'où on l'avoit tiré; ce qui exige de grandes & continuelles dépenses pour les nouvelles excavations qu'il faut faire souvent.

Il n'y a point de province dans la Toscane, où l'on puisse creuser des puits avec moins de dépenses que dans la plaine de Pise; car cette ville, éloignée des montagnes, & située dans le lieu le plus élevé qu'on ait sans doute pu trouver au milieu de cette plaine, a beaucoup de puits où l'eau se trouve à quatre brasses de profondeur; elle ne manque jamais, & même, dans les saisons pluvieuses, elle monte encore plus haut. On a sagement défendu, par un réglement de 1652, de creuser pour des tuileries ou briqueteries autour de Pise à la distance d'un mille, & depuis Pise jusqu'à la mer, sans doute parce que ces excavations formoient autant de lacs, où les eaux pluviales se rassembloient, & où il s'ouvroit de nouvelles sources. Cette défense avoit déjà été faite dans les tems les plus florissans de la République, en 1284.

Les eaux des puits de Pise sont généralement mauvaises à boire : elles sont pesantes, imprégnées de parties terreuses & séléniteuses; elles ne dissolvent pas le savon, excepté lorsqu'on les a fait bouillir.

Quelques puits qu'on avoit creusés aux environs de Pise conservèrent pendant dix ou douze ans leurs eaux douces; mais au bout de ce tems elles devinrent saumâtres, & desséchèrent les plantes qu'on en arrosa.

Il n'est pas douteux que cette plaine, ainsi que la plupart des plaines de la Toscane, ne se soit comblée, & qu'elle ne soit plus élevée maintenant qu'elle ne l'étoit anciennement, puisqu'on observe qu'il faut descendre dans plusieurs des maisons de Pise, & que Santini, célèbre architecte, découvrit, en faisant creuser les fondemens d'un édifice, un ancien pavé de rue, à la profondeur de cinq brasses; ce qu'on a découvert aussi dans plusieurs endroits de Florence. Mais quand on n'auroit pas trouvé des exhaussemens certains de la plaine de Pise, il faudroit la supposer, parce que les montagnes s'abaissent toujours, & que les plaines s'élèvent partout où il coule des fleuves, principalement en Toscane, où les rivières élèvent perpétuellement leur lit par les matériaux abondans qu'elles entraînent des montagnes, & surtout depuis qu'on en a augmenté la culture de nos jours.

Le *Val d'Arno* de Pise est traversé par l'*Arno* & par le *Serchio*. (*Voyez ces mots.*)

Les eaux qui s'écoulent en grande quantité des montagnes & des collines voisines de Pise, & celles des nombreuses sources qui se trouvent dans cette plaine, sont reçues dans un grand nombre de fossés entretenus avec beaucoup de soin & de dépenses. Les principaux de la partie septentrionale sont : celui de *Vicinaia*, qu'on nomme aussi *Fiume morto*; celui de *Riprafratta*, si utile à Pise pour la navigation & pour faire aller les moulins.

Dans cette partie du *Val d'Arno* de Pise il n'y a pas d'autres lacs que celui de *Bientina*, dont nous avons parlé (*voyez ce mot*), & celui de *Macciuccoli* : il y a peu de marais en comparaison de l'autre partie de la plaine. Les vastes marais d'*Agnano*, d'*Asciano* & de *Caldaccoli* sont presqu'entiérement desséchés; le petit nombre de ceux qui restent, sont entretenus par des sources.

Dans la partie méridionale on distingue le fossé *Calambrone* & le fossé royal, qui en reçoivent un grand nombre d'autres, dont ils portent les eaux à la mer.

Les marais de cette partie sont plus grands & plus nombreux que dans l'autre : le plus grand de tous est celui de *Stagno* (*voyez ce mot*). Le terrain de cette plaine est très-fertile en grains de toute espèce, excepté dans les années pluvieuses; mais il n'est propre ni à la vigne ni aux fruits, à cause de sa grande humidité.

Les plantes propres aux pays situés entre les tropiques & les trente-cinq degrés de latitude y germent très-bien, comme l'assure Angelo Tilli : on y voit des palmiers & des dattiers qui portent des fleurs, & des *opuntia*.

Les plantes alpines n'y prennent pas aisément racine, au rapport du même docteur Tilli. Le bois des arbres qui peuvent y croître est moins dur que celui des mêmes arbres qui croissent dans la plaine de Florence; ils y vieillissent plutôt, après s'être épuisés en rameaux & en feuilles.

Les monts pisans forment une barrière qui met Pise à l'abri des vents du nord : il est vrai cependant que la cime de ces monts s'abaisse un peu entre *Riprafratta* & *Castiglione*, & livre passage à un grand courant de tramontane; mais ce vent n'incommode Pise que dans quelques jours d'hiver & pour peu de tems, parce que ce courant ne trouve point aux environs de la ville, de collines qui le répercutent comme à Florence.

Les vents du sud sont violens à Pise; mais les plus forts, & ceux qui durent le plus long-tems, sont le *scirocco* & le *garbin* (*voyez ces mots*), lesquels ne trouvant aucun obstacle, dominent & règnent dans cette plaine.

ARPETTE (Montagne de l'), département de l'Isère, à six lieues & demie de Grenoble : elle est composée de rochers calcaires, & fait suite au nord-est du rocher de Sangle-du-Bœuf; elle sépare l'arrondissement de Grenoble de celui de Saint-Jean-de-Maurienne, département du Mont-Blanc.

ARRAS, ville, chef-lieu du département du Pas-de-Calais, sur la Scarpe. Il y a dans les endroits les plus élevés de cette ville, des carrières de craie avec des bandes de silex, dont une partie des fouilles sert de caves. On peut suivre ces souterrains depuis la ville d'*Arras* jusqu'au village de Saint-Eloi, qui est distant de deux lieues. On croit communément, & avec quelque fondement, que les mines de charbon ouvertes dans le territoire de Fresnes-lès-Condé & dans les faubourgs de Valenciennes, se prolongent par une ligne qui passe près les portes d'*Arras*, au dessus du village de Sainte-Catherine, & s'étendent vers le rivage de la mer de Calais.

ARRAS, village du département des Hautes-Pyrenées, à une demi-lieue d'Argeles. Dans le territoire de ce village, à la montagne de la côte, au lieu appelé *l'Ecrampette*, il y a une mine de plomb, sur laquelle on a pratiqué une excavation de trois à quatre toises. A la montagne de Cursillon, il y a un atelier considérable : il s'y trouve, immédiatement au dessous de la terre végétale, un banc de rocher schisteux, découvert dans une longueur

longueur d'environ dix toises, rempli de belle galène massive, à gros & à petits grains, mêlée de pyrites d'un jaune-roux, & de quelques veines de quartz. Une autre mine de plomb & de zinc se trouve à la crête de la montagne d'Espujos, & enfin une troisième près du ruisseau de Tona : on en voit encore une à la montagne de Ringadis. Ce territoire renferme d'ailleurs deux mines de cuivre, l'une nommée *l'Artonas*, & située à la montagne de Cassin, & l'autre dans la terre des Nonaux.

ARREAU (Hautes-Pyrenées), ville voisine de Bagnères. Il y a dans cette ville six moulins à scie, qui exploitent des sapins, des pins & des hêtres. On trouve, en entrant dans *Arreau*, beaucoup de bancs de schistes; vers le midi, des bancs calcaires & des marbres verts & gris, & à une distance assez peu considérable les montagnes présentent des masses graniteuses.

ARRÉES, montagnes qui s'étendent près de Saint-Paul-de-Léon, de Quimper, de Saint-Brieux & de Vannes, département du Finisterre. Ces montagnes, quoique les plus considérables de la Bretagne, ne sont pas fort élevées au dessus du niveau de la mer, & sont la plupart graniteuses.

ARRENS, village (département des Hautes-Pyrenées) à deux lieues sud-ouest d'Argelès. Au sud d'*Arrens* il y a des bancs de schiste qui se prolongent à l'ouest jusqu'aux environs du lac des Alliars, à côté duquel est un col qui ouvre une communication entre les vallées d'Azun & d'Asson. A une petite distance au sud d'*Arrens*, il y a des bancs de pierres calcaires grises: on rencontre ensuite des bancs calcaires & schisteux, qui forment une partie des montagnes moyennes de cette contrée. Il y a des masses de granit à six cents toises du lac de Suyen. Si l'on revient à la chapelle de Pouylaunt, on trouve dans le voisinage une mine de cuivre, de plomb & de zinc, appelée *la mine des égoûts d'Arrens*. Du côté opposé, sur la rive droite du torrent de l'Aslonas, est un rocher schisteux, qui donne de la mine de cuivre jaune, de la galène, de la blende brune & des veines de quartz, disposés assez régulièrement : il y a encore une mine de plomb au pêne d'Aube, & une autre au pic d'Annien Grand, dans le quartier de Mahoras.

ARRETTE, village du département des Basses-Pyrenées, sur un ruisseau, à trois lieues d'Oléron. Près de ce village, où finissent les collines qu'on peut regarder comme les premiers échelons des plus hautes Pyrenées, & où commencent les montagnes intermédiaires, il y a des couches de pierres calcaires : c'est communément de la marne. On y remarqué aussi des bancs de marbre gris-foncé, qui prend très-bien le poli; il est employé pour des chambranles. Sur un petit plateau d'une croupe inférieure, nommé *le Tosset de la mine*, au quartier de Toss, limites d'*Arrette* & d'Isseaux, on trouve une mine de plomb dont le filon a huit à dix pouces d'épaisseur : il y a aussi une autre mine du même métal, aussi en filons, à la montagne d'Alios : le filon a de même environ huit pouces d'épaisseur. Aux environs du village d'*Arrette*, il y a une belle forêt de haute futaie de bois propre à la construction des vaisseaux : on y trouve aussi une marbrerie, où se travaillent les marbres dont nous avons parlé.

ARRIÈGE (Département de l'). Ce département a pris son nom de la plus considérable des rivières qui l'arrosent, & en même tems de la plus importante par la cueillette de l'or qui se fait le long de ses rives. (*Voyez l'article* ARIÈGE, où ce travail curieux & lucratif est exposé avec les détails qu'il mérite, soit relativement aux profits qu'on en retire, soit relativement à l'histoire naturelle des gîtes de l'or; *voyez aussi* ORPAILLEUR, où l'on a cru devoir exposer avec soin ces mêmes considérations.)

Ce département renferme l'ancien comté de Foix & le Couserans. Le climat, qui est fort froid dans les montagnes aux environs d'Ax & de Tarascon, comporte une assez grande chaleur dans les plaines aux environs de Pamiers, de Mirepoix & de Saint-Girons.

Ce département abonde en mines de fer, de plomb, de cuivre & d'argent. Ax a des eaux minérales très-renommées, comme souveraines pour la guérison des maladies qui proviennent d'humeurs froides. Près du village d'Arrout ou Arrien, situé à trois lieues de Saint-Girons, il y a une ardoisière dont les bancs sont verticaux.

L'Ariège & les terrains qui l'avoisinent ne sont pas les seuls du département dont on retire de l'or : on en fait la cueillette dans quelques autres endroits; mais ce travail m'y a paru encore plus négligé qu'aux environs de Pamiers, comme je le ferai voir bien en détail à l'article ORPAILLEUR. Voici les principaux lieux où se fait la cueillette de l'or dans ce département, au milieu des amas de cailloux roulés, distribués le long de certaines parties des bords de ces ruisseaux & rivières.

Le ruisseau de *Pailhés*, près le bourg de ce nom, situé sur la route de Pamiers au Mas-d'Azil, à environ six mille six cents toises à l'ouest de Pamiers : ce ruisseau se jette dans la Lèze après la réunion de quelques autres ruisseaux, qui élargissent la vallée où se fait le travail.

Le ruisseau de *la Beuze*, près la bastide de Seron, sur la route de Foix à Saint-Girons, auquel j'ajouterai celui de *l'Arise* : tous deux sont aurifères.

Le ruisseau de *Taliet*, qui est au revers de la côte de Beuze, dans lequel j'ai trouvé des fragmens de jayet, qui confirment l'espérance qu'on a conçue de trouver du charbon de terre dans le voisinage des terrains aurifères.

Le ruisseau de *Pitrou*, dans la métairie de Mazères ou Mazelles, à environ mille trois cents toises à l'est de la bastide.

Le ruisseau de *l'Arise*, dont la naissance est à l'ouest de Durban même, & qui a des vallées assez larges & étendues.

Le ruisseau d'*Ordas*, près d'Urban, à mille sept cents toises au nord de Castelnau-d'Urban, bourg situé sur la même route, à environ quatre mille toises à l'ouest de la bastide : toutes les vallées des environs sont fort larges.

Les ruisseaux de *Saint-Martin-de-Caralp*, qui vont se jeter dans la rivière d'Argental, & où l'on observe des vallées semblables, toutes en culs-de sacs.

J'ai fait laver le sable de tous ces ruisseaux, & ils ont tous fourni de l'or ; ils occupent toutes les collines ou petites montagnes avancées des Pyrenées, qu'on distingue dans ce pays sous le nom de *montagnes de terre* ; & d'ailleurs, ces ruisseaux, qui sont assez nombreux, traversent tous des ravins terreux & caillouteux. Les quartz roulés & la mine de fer noirâtre s'y trouvent généralement ; mais ces essais sur la cueillette de l'or dans ce coin de terre, que sont-ils en comparaison de ce qu'on pourroit y faire en suivant tous les indices les plus apparens ?

La plupart des observations que j'ai rappelées à l'article de la rivière d'ARIÈGE, peuvent s'appliquer au Salat, rivière du Couserans.

La cueillette s'y fait, mais fort rarement du côté de Souex & de Saint-Sernin, à environ cinq mille cinq cents toises au sud-est de Saint-Girons ; au ruisseau de Nert, depuis Riverenert, qui se jette dans le Salat au dessus de Saint-Girons, & qui a une très-grande étendue de cours. C'est à lui que les orpailleurs attribuent en grande partie l'or du Salat ; mais le travail le plus ordinaire se fait au dessous de Saint-Girons, depuis Bonrepaux jusqu'à Roquefort, près de l'embouchure du Salat dans la Garonne : ce sont principalement les femmes qui s'en occupent dans cette partie.

Il ne me reste plus qu'à faire connoître les formes singulières de terrain qui se trouvent dans les contrées voisines des parties du cours de la rivière d'Arise, qui donnent de l'or : ce sont d'abord des vallons fermés, secs & abreuvés. Les vallons fermés & secs sont au nombre de six, deux dans les environs de Rimont, Lescure & Saint-Jean-Dulcet. Les vallons fermés abreuvés, & renfermant chacun un ruisseau, sont au nombre de trois, & situés entre Aillères & Durban.

Ce cours de la rivière d'Arise offre plusieurs singularités remarquables : la première est la perte des produits de cinq ruisseaux de sa source, renfermés dans l'enceinte d'un vallon fermé, assez étendu en superficie : cette perte ou disparution se fait près d'Alzein, par-dessous la montagne de Sainte-Croix, sur le revers de laquelle l'Arise se montre & continue son cours vers la Bastide, ensuite à l'ouest jusqu'au-delà de Durban, où son canal tourne au nord & va se rendre à la grotte, où cette rivière se perd pour la seconde fois, & après avoir arrosé le Mas-d'Azil & Sabarat, se dirige au nord-ouest & passe aux Bordes, à Campagne, à Daumazau, à la Bastide, à Montesquiou, à Rieux, & se jette ensuite dans la Garonne après avoir reçu le Camedou. Cette rivière, dans un cours fort alongé, ne reçoit que de foibles ruisseaux, & ne paroît pas acquérir une certaine force, comme le Lèze & le Salat.

Il me reste à remarquer qu'un des ruisseaux latéraux de la rivière secondaire de Lastrique se perd avant de parvenir à cette rivière : ce sont les amas de sables & de cailloux qui absorbent son cours.

ARRIEN, village du département de l'Arriège. Au dessus de ce village il y a une ardoisière, dont les couches sont verticales & bien distinctes.

ARRIENNES, *ou* AIRIENNES, *ou* ÉRENNES, montagnes en Normandie, à une lieue de Falaise, du côté de l'occident ; elles sont connues par les oiseaux de proie, qui s'y retirent. Les matières qui les composent, sont de roc vif, comme la *Roche-au-Diable*. C'est dans leur voisinage, mais dans la plaine, qu'est situé le village d'*Arne*, où l'on prétend que la mer envoie ses eaux de tems en tems par des conduits souterrains & inconnus, & qu'alors il s'y forme un petit lac très-poissoneux. Ce lac, tantôt se maintient à une hauteur considérable, tantôt se dessèche absolument ; ce qu'il y a de certain, c'est que la plaine n'est baignée d'aucune rivière ni d'aucun ruisseau, & qu'elle est située à plus de huit lieues de la mer. Au reste, sans avoir recours à la mer, cet amas d'eau se trouve dans le même cas que beaucoup d'autres, qui paroissent au dehors par l'effet d'un *dégorgement* souterrain qui amène de l'eau & des poissons dans un bassin situé à la superficie de la terre, & qui laisse le bassin à sec lorsque le dégorgement cesse d'avoir lieu. Peut-être qu'il seroit possible de découvrir les circonstances qui concourent ici à l'éruption des eaux & à leur retraite, si l'on ne s'étoit pas attaché à la prétendue communication avec la mer, qui est aussi hasardée qu'absurde (*Voyez* DÉGORGEOIR, SABLÉ (Fontaine de) & ABÎME.), tant il est vrai que, pour écarter les choses absurdes ou merveilleuses, il faut savoir réunir toutes les circonstances qui peuvent concourir à un phénomène extraordinaire, qui se trouve placé pour lors au rang des effets simples & communs, si l'on a rapproché ces circonstances comme il convenoit.

ARROSEMENS, opérations de culture, par lesquelles on dirige l'eau sur les prairies, & même sur les autres terrains ensemencés, pour en hâter la végétation & en multiplier les produits. Dans l'exposition des moyens qui ont pour objet les succès des *arrosemens*, nous nous attacherons surtout à ce qui, dans la distribution naturelle des eaux, peut faciliter des opérations aussi importantes.

Ainsi, je ne les considérerai ici que relativement à la circulation des eaux à la surface de la terre, en notant les circonstances les plus favorables. C'est surtout dans l'ancienne terre que les *arrosemens* sont les plus faciles & les plus avantageux. En conséquence de cette circulation de l'eau à tous les niveaux possibles, on peut rassembler & diriger les eaux de manière qu'elles arrosent toutes les croupes des vallons, depuis les plus grandes hauteurs jusque dans les vallées les plus basses, en ménageant l'écoulement des eaux & en contournant les pentes : c'est ainsi que l'eau multiplie ses bons effets en même raison que l'on alonge sa marche & qu'on multiplie les rigoles qu'elle abreuve. D'ailleurs, en alongeant sa marche on en diminue le volume, qui feroit plus de mal que de bien, relativement aux plantes qu'on abreuve, & qui ne profitent effectivement que lorsque les rigoles entretiennent, par un filet d'eau, une légère humidité le long de leurs bords; car l'herbe est verdoyante partout où l'eau s'étend en se subdivisant beaucoup. C'est par les *pattes d'oie* qu'on produit ces bons effets, & c'est dans les extrémités des doigts de ces pattes que se trouve la distribution la plus favorable ; c'est surtout dans les différentes parties des culs-de-sacs des petits vallons, que l'eau m'a paru conduite par les métayers avec le plus d'intelligence, & j'avoue que cette intelligence ne préside pas toujours à la distribution des eaux, quant à la quantité ou au volume qui circule dans chaque rigole, car il y en a beaucoup qui sont noyées & déchaussées par cette négligence.

Pour faire connoître un système complet d'*arrosement*, nous dirons qu'on rassemble d'abord les eaux dans un étang, & qu'on les verse par accès ; & dès-lors, comme on n'a pas beaucoup d'eau, on la ménage le plus qu'il est possible, en la distribuant par le plus grand nombre de rigoles que les pentes peuvent faciliter ; mais la quantité d'eau feroit dans ce cas, moins de mal que dans le cas où l'eau a un écoulement continuel. L'intermittence donne à la terre & aux plantes le tems qu'il faut pour boire & absorber l'eau, & les dispose d'ailleurs à le faire assez promptement pour n'avoir pas des effets nuisibles à la végétation. (*Voyez* IRRIGATION, où j'exposerai plus en détail ces différens systèmes. Ici je crois devoir me borner à une seule méthode, applicable à ces contrées.)

Méthode d'arrosement propre aux prairies situées dans les petites vallées des environs de Paris & du département de l'Aube.

On sait avec quel art & quel succès les habitans des pays de montagnes arrosent leurs prairies ; mais on n'a peut-être pas remarqué avec la même attention, que cet usage avoit gagné de proche en proche dans les provinces voisines, & y avoit été introduit avec les modifications qu'exigeoient la distribution naturelle des eaux & la forme des terrains.

C'est particuliérement dans les petites vallées du Périgord, de l'Angoumois & du Berry, voisines du Limosin, que j'ai eu l'occasion d'étudier ces pratiques d'*arrosemens*. J'en ai suivi les détails avec d'autant plus de soin, que j'ai cru qu'on pouvoit en faire une utile application dans les vallées semblables des environs de Paris, où les eaux des ruisseaux pouvoient se prêter aussi facilement aux besoins des prairies qui en occupent le fond.

Un nouveau voyage fait dans les provinces du Périgord & de l'Angoumois, l'année dernière, me rappela ces pratiques, & en même tems un essai d'*arrosement*, tenté avec le plus grand succès dans le département de l'Aube, il y a quelques années, à leur imitation. J'ai cru que les détails de cette expérience pouvoient intéresser les propriétaires des prairies qui se trouvent dans les mêmes circonstances. L'espoir d'une récolte de fourages plus abondante & plus assurée m'a paru un motif assez puissant pour engager les propriétaires à ne pas épargner les dépenses que l'introduction de cette méthode pourroit exiger. Si je me suis attaché à décrire les opérations suivies dans le cours de cette expérience, c'est qu'elles sont plus appropriées à nos besoins, que les pratiques adoptées dans les provinces qui nous ont servi de modèle.

Dans l'expérience dont il est ici question, on eut pour but l'*arrosement* des prairies de trois villages qui étoient situés dans une vallée d'une forme à peu près semblable à celle des vallées du Périgord & de l'Angoumois, & au milieu de laquelle couloit un ruisseau assez considérable. Les bords du canal de ce ruisseau étoient un peu plus élevés que le fond de la vallée des deux côtés, lequel étoit fort plat & fort uni jusqu'au pied des coteaux qui terminoient la plaine étroite : la vallée d'ailleurs avoit très-peu de pente, comme toutes celles des pays de collines.

On commença par pratiquer avec des planches plusieurs digues qui traversoient le lit du ruisseau à une distance de cent cinquante, & même de deux cents toises les unes des autres, de manière que l'eau du ruisseau fut soutenue à pleins bords, & que le trop plein de la première digue eût son écoulement par-dessus cette digue, & pût remplir la partie du canal qui étoit au dessous, au moyen d'une seconde qui la soutenoit, & ainsi de suite pour le reste du lit du ruisseau correspondant aux prairies qu'on vouloit arroser.

Lorsque l'eau du ruisseau eut été soutenue ainsi pendant quelques jours sur une grande étendue de son canal, les plantes commencèrent à prendre un ton de verdure qui fut d'abord sensible le long des bords du ruisseau, & gagna de proche en proche jusqu'à une certaine distance; l'eau du ruisseau étant élevée, s'extravasoit à travers le sol de la prairie, humectoit les racines des plantes, & les progrès de la végétation annonçoient ceux de sa marche souterraine.

A peu près dans le même tems, l'eau des petites sources, assez communes au pied des coteaux qui bordoient la vallée, n'ayant plus de débouché ni d'épanchement entre deux terres, en conséquence du refoulement occasionné par l'eau du ruisseau, se leva jusqu'à la surface de la prairie, & produisit sur les parties voisines du coteau, un effet à peu près semblable à celui de l'eau du ruisseau elle-même.

Au moyen de la suite d'écluses distribuées sur une certaine étendue de la vallée, on parvint à imbiber une grande partie de la masse du sol d'une assez longue prairie, à y produire un commencement de végétation, & à disposer le fond de la vallée pour les grands *arrosemens* qui devoient suivre.

On ne commença les premières opérations des digues que lorsqu'on fut assuré à peu près qu'on ne seroit pas surpris par les gelées, qui pouvoient faire un grand tort à la prairie ainsi humectée.

On choisit aussi un tems un peu chaud pour procéder aux grands *arrosemens*, qui s'exécuterent avec la plus grande facilité, au moyen des préparatifs dont j'ai parlé. On ferma la première ecluse ou barrage de manière à contenir le trop plein, & à déterminer son épanchement le long des bords du canal du ruisseau qui étoit au dessus : on en ménagea la distribution par de petites saignées qu'on ouvroit successivement; & comme le trop plein étoit fort abondant, & que le fond de la vallee avoit peu de pente, la partie de la prairie correspondante à l'eau du ruisseau, soutenue par le premier barrage, fut arrosée intimement en peu de jours. On ouvrit la première digue pour verser le trop plein dans le second barrage, & y exécuter un semblable *arrosement* en bouchant la seconde digue, & successivement, de digue en digue, toute la prairie fut arrosée de la même manière. Je dois faire observer ici que, dans tous les barrages, l'eau resta toujours soutenue jusqu'au bord du canal du ruisseau.

On eut l'attention de ne pas suivre les grands *arrosemens* lorsque les eaux du ruisseau se trouvèrent troubles & chargées de terre à la suite de quelques pluies d'orage : on attendit qu'elles fussent éclaircies, car on savoit que l'eau des *arrosemens*, déposant le limon dont elle seroit chargée sur les tiges des plantes naissantes, y occasionneroit une espèce de rouille qui en arrêteroit le développement & la végétation ultérieure.

J'ai été témoin, pendant quelques années, de toutes ces opérations, ainsi que de l'augmentation du produit des prairies, qui en fut la suite; mais après que l'expérience eut constaté les bons effets des *arrosemens* ainsi ménagés, les propriétaires des prairies furent troublés dans leurs travaux par les meûniers & les propriétaires des moulins, qui, n'ayant plus d'intérêt à ce que les améliorations dont ils avoient vu les progrès se continuassent, détruisirent les digues pendant la nuit, & cette persécution soutenue a mis les propriétaires de ces prairies dans l'impuissance de continuer des pratiques dont l'expérience avoit prouvé les avantages.

En conséquence, l'eau de ce ruisseau, qui avoit augmenté considérablement les produits des prairies qui bordoient son canal, n'a plus servi, comme auparavant, qu'à faire tourner de mauvaises usines trois ou quatre heures le jour, & autant de tems la nuit.

Malgré ces entraves que rencontrent à chaque pas ceux qui s'occupent des améliorations générales de la culture, & qui veulent transporter les procédés d'une province dans une autre, j'ai cru devoir faire connoître ces méthodes, appropriées à nos besoins. J'ose espérer qu'on les adoptera généralement lorsqu'on aura calculé ce qu'on perd, faute d'un concert entre toutes les espèces de propriétaires. Dans les pays où les *arrosemens* sont considérés, ainsi qu'ils devroient l'être partout, comme les principes d'une grande production, il y a des lois ou des usages qui en tiennent lieu, & qui assurent à chacun les moyens de mettre à profit les ressources que la nature nous offre : il sembleroit que, moins elle nous donne, plus on devroit ménager ses présens. C'est donc à ces propriétaires à solliciter ces lois, & ils peuvent trouver des interprètes dans les sociétés d'agriculture, qui me semblent composées de plusieurs savans que le Gouvernement écoute assez souvent lorsqu'il s'agit de favoriser des entreprises importantes, comme celle dont je trace ici les projets.

ARROUX, rivière du département de la Côte-d'Or. Sa source est alimentée par trois embranchemens, dont l'un près de Saffey, le second voisin de Liernais, & le troisième à côté de Culestre, se trouvent renfermés dans le plateau d'*Arnay-sur-Arroux*. Cette rivière prend sa direction au sud, puis à l'ouest, passe près d'Autun, à Toulon, à Geugnon, en traversant le département de Saône & Loire, & se jette dans la Loire près le nouveau canal.

ARS, bourg du département de la Charente-Inférieure, situé dans l'île de Ré. On voit dans le territoire d'*Ars* divers cailloux transparens, blancs, jaunes, bruns & couleur de rose, dont l'éclat & le poli ne le cèdent point à ceux de Royan & de Médoc. On trouve aussi aux environs, des marais salans & des salines.

ARSONVAL, village du département de l'Aube, & sur les bords de cette rivière. Il y a des carrières d'une pierre de sable assez singulière, & dont les couches sont distinguées & séparées par des intervalles terreux bien marqués.

ARTICHAUTS. C'est ainsi que quelques naturalistes ont indiqué certaines masses de granits en feuilletis, dont les lames sont placées sur la tranche, & qui, se trouvant ainsi debout & exposées aux injures du tems, ont pris la forme d'obélisques feuilletés ou d'*artichauts*. Ces assemblages, qu'on a pris pour des paquets de couches, n'en ont aucunement les caractères : c'est aussi sans aucun fondement que, sur une apparence extérieure, on a considéré cette forme d'*artichauts* ou d'obélisques feuilletés comme une organisation primitive de la nature. Pour peu qu'on ait été à portée de voir & d'étudier les granits feuilletés, on est bien éloigné de ranger ces massifs parmi les assemblages de couches, & par conséquent d'envisager les arrangemens singuliers intérieurs qu'on peut y remarquer, comme des phénomènes qui tiennent à ceux des *couches inclinées*. En second lieu, j'ai trouvé la même répugnance à croire que la forme pyramidale qu'ont prise de petits pics, & l'apparence trompeuse de feuilles d'*artichauts*, qui semblent se détacher sur leur face, soient dues aux formes primitives de la nature; car il est certain que la situation verticale des lames, l'exposition isolée de certaines parties des massifs à l'action des pluies, de la gelée & des neiges, ont donné à ces parties détachées des autres, la forme de pyramides garnies de feuilles d'*artichauts*. Ces résultats ne sont pas propres à dévoiler le secret de la nature dans la formation des granits rayés & à lames. Ce ne sont pas ces détails minutieux qui peuvent nous donner une idée de la marche de la nature : c'est en saisissant les grands traits qu'elle nous met sous les yeux, qu'on pourra, sinon trouver le dénoûment de l'état actuel des granits rayés, du moins saisir les caractères qui distinguent ces massifs de tous les autres, c'est-à-dire, des granits à cristallisation uniforme & des couches inclinées.

ARTICULATIONS. Il y a plusieurs sortes d'*articulations* : les unes sont d'une seule pièce & d'une seule masse compacte; les autres semblent être un assemblage de lames plus ou moins séparées ou faciles à séparer; mais les unes & les autres sont également des pièces de colonnes prismatiques, qu'on distingue aisément les unes des autres.

Il y en a quelques-unes qui ont une grande étendue en superficie, & qui malgré cela sont fort nettes : il n'y a nulle difficulté de les séparer les unes des autres; elles ont cinq ou six pieds de diamètre d'une face à l'autre : outre cela, l'épaisseur de chacune des *articulations* se subdivise par lames qui se détachent plus ou moins nettement les unes des autres.

Ce dernier effet est une suite du redressement de ces lames, en conséquence de l'aplatissement des boules lors de la formation des colonnes prismatiques, bien entendu qu'il étoit question, dans ce cas, des boules à couches concentriques; car dans toute autre composition des boules, il n'y a que des *articulations* de la première classe, c'est-à-dire, d'une seule pièce : il y en a outre cela de concaves d'un côté & de convexes de l'autre, ou de concaves & de convexes des deux côtés; enfin, de plates des deux côtés. Il est visible, lorsqu'on examine tout ce travail singulier, que ces concavités sont dues à des noyaux convexes, qui ont conservé leurs formes primitives très-compactes & très-serrées. Pour avoir une idée de ces *articulations* concaves & convexes, il faut consulter la première planche des estampes de Drury, gravées par Vivares, où ces *articulations* se trouvent figurées, tant dans les colonnes, que dispersées au pied de ces colonnes & en avant. Ce que j'ai remarqué ensuite dans la seconde, c'est qu'elle n'offre guère que des *articulations* plates; ce qui annonce des amas de boules d'une constitution particulière, & de telle nature, que les unes ont pu obéir à un aplatissement complet sous toutes les faces qui ont éprouvé la compression, pendant que les autres ont résisté par leurs centres ou noyaux, & n'ont obéi à la compression que par les parties extérieures, qui ont pris des formes très-singulières autour de ces noyaux. Au reste, nous renverrons pour plus grands éclaircissemens à notre Atlas, où toutes ces formes ont été prises en Vélay & en Auvergne. (*Voyez l'article* BASALTE PRISMATIQUE.)

ARTIGUES, village du département de la Haute-Garonne, dans le voisinage de Bagnères-de-Luchon. Sur le territoire de ce village, aux confins de la vallée d'Aran, il y a plusieurs veines de mines de cuivre. Ces filons ont été découverts d'abord dans la vallée d'Aran en Espagne, sur le territoire de Bausens, village de cette vallée à l'endroit nommé *Alta-Banavera*, montagne de la Place. Les Espagnols y ont creusé un puits dont il paroît que les véritables filons sont distans de cent cinquante toises.

ARTOIS. Dans cette province on creuse des puits jusqu'à une grande profondeur, parce que l'eau ne s'y montre qu'à ce niveau, c'est-à-dire, à cent quarante, & même à cent soixante-dix pieds. Malgré cela il se trouve des sources aux environs des lieux où l'on a creusé ces puits, & leur niveau est à cent & même cent dix pieds au dessus de celui de l'eau des puits. On voit donc que l'eau des pluies est recueillie à la surface de la terre, en *Artois*, dans des réservoirs qui sont situés à des niveaux différens. Ce qu'il y a de singulier, c'eſt que dans les années ſèches, lorſque les ſources tariſſent, elles éprouvent leur intermittence au même tems que les puits voiſins, & que l'eau revient en même tems dans les puits & dans les ſources. Cette économie de la nature dans la diſtribution des eaux pluviales aux différentes couches de la terre qui ſont propres à les raſſembler & à les contenir, mérite d'être ſuivie dans plusieurs autres provinces, & l'*Artois* eſt celle qui nous offre à ce ſujet les phénomènes les plus étonnans. Il paroît que, dans les cantons de l'*Artois* dont nous venons de parler, l'eau pluviale a la même facilité d'atteindre les réſervoirs des puits, que ceux des ſources; cependant je dois dire que, dans ces mêmes cantons, il y a des ſources qui ne tariſſent pas, quoiqu'elles ſoient voiſines de celles qui tariſſent; mais alors, ſuivant la règle générale, celles qui ne tariſſent pas ſont à un niveau plus profond, & il eſt probable qu'il en eſt de même des puits qui ſont plus profonds.

Pour expliquer tous ces phénomènes & beaucoup d'autres ſemblables qui ſe trouvent en *Artois*, il faut ſuppoſer des diſtributions ſingulières, tant dans les couches qui abſorbent les eaux & s'en laiſſent pénétrer, que dans celles qui les raſſemblent. (*Voyez* encore les articles AIRE & BOYAVAL, où l'on voit des détails auſſi curieux qu'étonnans ſur la diſtribution des eaux intérieures dans les parties voiſines de la ſurface de la terre, ainſi que ſur leur circulation.)

ARUDY, ville du département des Baſſes-Pyrenées. Il y a tout près une ancienne carrière de marbre, nommée la *Carrière d'Eſpalunga*. Elle eſt ſituée ſur le gave d'Oſſeau.

ARVE, rivière du département du Léman. Elle a ſa ſource dans une vallée de glace près du col Ferer. La direction de ſon cours eſt vers le ſud; elle paſſe à Notre-Dame-Coutamière, à la Bonneville, puis vers l'eſt à Cluſes, à Magland, à Saint-Martin, & ſe perd au pied du Mont-Blanc. Son cours eſt aſſez irrégulier. Reſſerrée entre d'énormes rochers, on la voit ſe preſſer, ſe précipiter pour arriver dans le ſein de la vallée qu'elle arroſe, embellit & ravage tour-à-tour; puis on traverſe des vignobles qui contraſtent avec les aſpects des monts revêtus de noirs ſapins, auxquels ſuccèdent des vergers ſitués ſur des pentes rapides. C'eſt là qu'on voit un ſentier qui conduit à l'*Arve & au Pont des Chèvres*, ainſi nommé parce qu'il n'eſt compoſé que de deux planches, & que ſouvent il n'y a que des chèvres qui oſent s'y haſarder, car le paſſage eſt vraiment effrayant lorſque la rivière eſt enflée par la fonte des neiges.

ARVE, autre rivière du même département, canton de Chamouni, qui ſe jette dans le Rhône à un quart de lieue au deſſous de Genève. Elle préſente des phénomènes dont nous allons donner ici les principaux détails, tous propres à intéreſſer les phyſiciens-naturaliſtes.

L'*Arve* a ſa ſource ſur le col de Balme, à l'extrémité nord-eſt de la vallée de Chamouni, mais ce n'eſt qu'un ſimple filet d'eau. Ses vraies ſources ſont les torrens qui ſortent des glaciers du Tour, d'Argentière, des Bois, des Beſſons, & en général des divers glaciers qui couvrent la face ſeptentrionale de la chaîne du Mont-Blanc : ainſi les eaux qui ſervent à alimenter l'*Arve*, même dans les tems ſecs, ſont des eaux de neiges & de glaces fondues.

L'*Arve* coule d'abord au nord-oueſt, deſcend au ſud, reçoit enſuite la Verouze, tourne à l'oueſt, paſſe à Cluſes, reçoit, à deux lieues de là & au pied du môle, la Giffre, qui a ſa ſource dans le glacier du Buet, puis arroſe la Bonneville, au deſſous de laquelle cette rivière ſe trouve groſſie par la Borne; & après avoir ſerpenté dans une plaine au ſud-oueſt de Genève, elle ſe jette dans le Rhône, au deſſous du lac *Léman*.

Après avoir expoſé ſuccinctement la marche des eaux de l'*Arve*, il me reſte à faire connoître d'abord les phénomènes qu'elle offre dans ſon cours, relativement au volume de ſes eaux & à leur température, phénomènes qui méritent l'attention des phyſiciens-naturaliſtes.

Lorſqu'au retour de la viſite des glaciers de Chamouni, je parcourois les environs de Genève, je me plaiſois à voir ſerpenter l'*Arve* dans la plaine de Plein-Palais; & comme elle me préſentoit des eaux que lui fourniſſoit, comme je l'ai dit, la fonte des neiges & des glaces, j'y remarquai, dans ſon volume & ſa température, toutes les circonſtances qui devoient ſe montrer naturellement en conſéquence des différens états de ſes ſources. J'avois vu la température des eaux de l'*Arve* à un degré ou un degré & demi au deſſus du terme de la glace, au débouché du glacier des Bois; & en ſuivant ſon cours, à meſure que je m'éloignois de Chamouni, j'avois reconnu qu'elle ſe réchauffoit par degrés ſuivis & ſenſibles, juſqu'à ce qu'elle eût atteint à peu près la température de l'air. Il réſulta de ces effets de l'air, que l'eau de l'*Arve*, parvenue près de Genève, ſe refroidiſſoit dans la nuit, & ſe réchauffoit à meſure que le ſoleil s'élevoit ſur l'horizon. Ainſi, au mois d'août, à la pointe du jour, dans un tems ſec, les eaux de l'*Arve* étoient à la température de onze à douze degrés; mais elles ſe refroidiſſoient enſuite juſqu'à neuf & dix heures du matin, & elles ſe fixoient à neuf & dix degrés, enſuite elles ſe réchauffoient juſqu'à dix heures du ſoir, tems où leur température n'éprouvoit plus de changement, après quoi cette eau courante ſe refroidiſſoit de nouveau.

Cette marche naturelle de la chaleur dans les eaux de l'*Arve* ſembloit attendre ſon explication d'un autre phénomène parallèle à ce premier, & qui me parut dépendre de l'abondance & de la hauteur des eaux de l'*Arve*, plus grandes le matin que le soir, de telle sorte que ses espèces de crûes suivoient, en raison inverse, les progrès de leur température. Les eaux se refroidissoient donc à mesure que leur hauteur augmentoit, & elles se réchauffoient à proportion de leur diminution de volume : ainsi le *maximum* de leur crûe & de leur élévation, comme il est aisé de le penser, correspondoit au *minimum* de leur température, comme le *maximum* de leur chaleur suivoit constamment le *minimum* de leur hauteur.

Quand on sait, comme je l'ai déjà remarqué ci-dessus, que la plus grande partie des eaux de l'*Arve* est le produit de la fonte des neiges & des glaces, laquelle est plus abondante pendant le jour que pendant la nuit; que ces eaux parcourent dix-huit à vingt lieues avant d'arriver à Genève, on comprend aisément que la plus grande hauteur des eaux de l'*Arve* aux environs de Genève doit s'observer seulement le lendemain matin du jour où la fonte s'est opérée, parce que l'eau, sortant des glaciers, emploie tout ce tems pour son transport. Ainsi lorsque la plus grande fraîcheur coïncide avec sa plus grande hauteur, c'est parce qu'elle est produite par une fonte plus abondante de neiges & de glaces, qui augmente la vitesse des eaux de la rivière & diminue l'influence des causes réchauffantes, qui éprouvent aussi une diminution par l'augmentation de la quantité de ces eaux.

Enfin, ces eaux cheminant pendant la nuit & conservant leur fraîcheur, tandis que leur *minimum* s'écoule pendant le jour, il doit en résulter alors de plus grandes variations à la suite de toutes ces circonstances, qu'un observateur attentif saisit fort aisément, & qui n'ont pu m'échapper.

A tous ces éclaircissemens sur la marche & la température des eaux de l'*Arve*, qui sont aussi incontestablement celles de tous les ruisseaux & rivières qui sortent des glaciers, mais qui ne sont pas aussi favorablement exposés à la vue des observateurs physiciens, il me reste à joindre l'exposition raisonnée d'un autre phénomene très-important quant à ses effets, relativement au lac de Genève, & dont je m'attachai à comparer les différens résultats, & à rapprocher les circonstances que l'état des lieux me rappeloit avec avantage, & je le fis avec l'intérêt que m'avoit inspiré depuis long-tems une note de Casaubon sur un passage de Strabon, qui concerne le lac Léman, & surtout l'état du Rhône, dans lequel se jette l'*Arve* après sa sortie du lac. Voici le passage de Strabon : *Rhodanus magno defluit impetu, qui etiam ubi magnum lacum exit alveum suum ad multa stadia conspicuum exhibet.* J'ajoute ici la note de Casaubon : on verra qu'après avoir parlé du prétendu courant du Rhône dans sa traversée du lac, imaginé par les Anciens, il ajoute : *De Rhodano Lemani lacus accolæ hoc negant esse verum : ego certè, cùm diligenter id observaverim, vidi rem non esse tam miram.* Je pense de même que Casaubon au sujet de la fable rapportée par Ammien Marcellin, & je passe au phénomène intéressant que j'ai annoncé ci-dessus. « J'ai vu, dit-il, » avec la plus grande admiration ce que m'a présenté le cours de l'*Arve*. Cette rivière se réunit » au Rhône à deux cents pas environ après qu'il » est sorti du lac, & son courant est si violent & » si rapide, qu'il parcourt un grand trajet dans le » lit du Rhône avant de mêler ses eaux avec celles » du fleuve; « ce qu'on peut remarquer d'autant plus aisément, que ses eaux sales se distinguent des eaux claires & limpides du Rhône. Les eaux courantes de ces deux fleuves sont, comme on voit, renfermées dans le même canal sans se mêler pendant un assez long trajet.

Mais voici une autre circonstance bien plus remarquable encore, qui est la suite de la réunion de l'*Arve* au Rhône. Il arrive assez souvent que l'*Arve*, dans le tems de certaines fontes des glaces & des neiges fort abondantes, éprouve des crûes si considérables, qu'il suspend le cours du Rhône, qui pour lors est obligé de remonter dans le lac. En 1572, l'on observa, non sans un grand étonnement, que les moulins de Genève, construits sur le Rhône, entre le lac & l'embouchure de l'*Arve*, furent forcés par le cours de l'*Arve* & du Rhône réunis, & qui remontèrent dans le lac, de se mouvoir en sens contraire pendant plusieurs heures. On a remarqué même que l'*Arve*, dans ses crûes, arrachoit les légumes dans les jardins de Plein-Palais, & les entraînoit dans le lac jusqu'à Cologny, où l'on voyoit flotter les choux & les autres têtes de légumes, dispersés le long des bords inférieurs du lac, voisins de la ville de Genève. Casaubon, note sur Strabon :

Equidem hoc magis miratus sum quod in Arvâ ipsâ observavi. Is est fluvius qui Rhodanum ingreditur CC. circiter passus emensum postquàm è lacu Genevensi exiit. Tanta autem ejus fluvii vehementia tantaque rapiditas, ut Rhodani alveum ingressus, multos fluat passus antequàm ei misceatur. Quin non rarò contigit ut nivibus liquefactis auctus ille fluviolus Rhodani cursum impediat qui tùm cogitur ad lacum regredi. Il maximâ cum omnium admiratione contigit famoso anno 1572, adeò ut molendina Genevensium Rhodano inter lacum & Arvæ confluentem imposita horarum aliquot spatio moverentur ac molerent.

J'appuie ces détails par ceux que j'ai trouvés dans de Thou. *Thuanus, lib.* 49, *ad finem.*

Apud nos Rhodanus in tantùm excrevit, ut Guilloteriam Lugduni suburbium, cum pontis impositi parte penè subruerit. Nec longè à Genevâ ubi Rhodanus lacum Lemanum præterlabitur ad angustias quas Clusuras vocant, aquarum vi ex vicino monte revulsâ in fluvium subjectum mole, ita obstructus est alveus ut accidente Arvæ perenni fluxu regurgitans aqua retrò ferretur & stupentibus cunctis moletrinarum rotæ pistrinarios lapides adverso flumine torquerent.

Il est clair que ces effets ont été d'autant plus considérables, que la cause qui les produisoit, étoit plus subite & plus concentrée ; que ces deux courans refluoient plus brusquement vers le lac & la ville ; que les eaux du Rhône remontoient plus rapidement le long de la rive droite supérieure & septentrionale, & celles de l'*Arve* le long de la rive gauche & méridionale, les unes & les autres demeurant distinctes par les couleurs qui leur étoient propres.

Ces différens accidens ont été observés outre cela le 3 décembre 1570, le 21 novembre 1651, le 10 février 1711, le 15 septembre 1733, & le 21 décembre 1740, où l'on a vu avec surprise les eaux du Rhône & de l'*Arve* entraîner vers le lac tous les bateaux & les autres corps flottans, & faire tourner les roues des moulins en sens contraire. Nous pourrions faire envisager à la suite de ces débordemens de l'*Arve*, d'autres effets dont nous remettons l'exposition aux articles LAC & LEMAN. Nous y ferons connoître les moyens que la nature emploie dans la formation des bassins des lacs, & leur application au lac Léman & aux crûes de l'*Arve*.

ASAPS, village du département des Basses-Pyrenées, arrondissement d'Oléron. On trouve près d'*Asaps* des bancs de pierres calcaires grises, qui ont le grain du marbre. Ce village est dominé d'ailleurs par une montagne calcaire que l'on nomme *Binet*, & qui, par l'élévation de son sommet jusqu'à la région des nuages, est considérée comme présageant les changemens de tems, suivant qu'il est plus ou moins couvert de nuées ou de brouillards. Nous connoissons beaucoup de ces montagnes, & nous aurons le plus grand soin d'en faire mention.

ASCENSION (Ile de l'). Latitude australe, de sept degrés cinquante-sept minutes ; & longitude, de seize degrés dix-sept minutes à l'occident de Paris. Cette île n'a guère plus de trois lieues de longueur du nord au sud, ni plus de deux de l'est à l'ouest : elle n'offre presque partout que des productions volcaniques d'une époque assez moderne. On trouve à la superficie du sol une terre rougeâtre, semblable à de la brique pilée : dans quelques endroits une terre jaunâtre, & dans les autres, & surtout dans les fonds, une terre noire, fine & meuble.

L'île est composée de plusieurs montagnes de moyenne élévation, comme de cent à cent cinquante toises, parmi lesquelles on en distingue une plus grosse & plus élevée au sud-est de l'île, qui peut bien avoir quatre cents toises de hauteur ; elle se termine par un sommet double & alongé, comme ceux de plusieurs montagnes volcaniques. Les autres ont la forme conique & sont couvertes de terres ou petites scories rougeâtres. Au milieu de ces matieres volcaniques, pulvérulentes & très-comminuées, on trouve une quantité considérable de laves trouées, & de scories légères, dont un grand nombre ressemble au laitier. Quelques-unes même sont recouvertes d'un vernis ou émail d'un blanc-terne tirant sur le vert. Les laves de certaines portions de courans, distribuées sur la pente des montagnes, paroissent posées assez irréguliérement les unes sur les autres ; & comme elles ont peu de solidité & de consistance, ainsi que toutes les matières qui recouvrent les courans, elles manquent sous les pieds des voyageurs qui veulent tenter de s'élever sur les montagnes. En général, l'aspect qu'offre cette île de toutes parts, est le spectacle d'une masse ravagée par les feux souterrains, dont les produits ne sont pas altérés encore à un certain point, & paroissent appartenir à l'époque la plus récente. (*Voyez* ÉPOQUE.)

C'est par la même raison qu'on n'y trouve aucune source, aucune rivière, parce que tout le sol est tout criblé par les éruptions des volcans, & que d'ailleurs les matières volcaniques dispersées à la surface du sol, ne peuvent contenir l'eau des pluies. On y voit cependant quelques lits de torrens & des ravins formés par les pluies lorsqu'elles sont très-abondantes, mais ces eaux courantes n'ont pas de suite, & sont absorbées assez promptement dans leur course. Cependant on trouve au pied de la montagne *Verte* quelques amas d'eau dans des fonds ; mais il est à croire, ou que ces fonds n'ont pas été remués ni altérés par le feu, ou que les scories réduites en terres fines par la comminution qu'elles ont coutume d'éprouver, ont formé un stratum propre à contenir l'eau comme tous les sols volcanisés qui appartiennent à la première & plus ancienne époque.

La surface de cette île n'offre de ces terres qu'en un petit nombre d'endroits ; aussi est-elle absolument nue & inculte, par la raison que l'eau & la terre végétale y manquent. C'est par la même raison qu'on n'y voit ni arbres ni arbustes.

De même les animaux y sont peu nombreux. On n'y rencontre guère que des oiseaux de mer qui y fréquentent les côtes : il y a aussi peu d'insectes ; mais elle est le rendez-vous des tortues de mer, & les navigateurs n'y abordent guère que pour se pourvoir, pendant une courte relâche, de cette nourriture saine & bonne, surtout pour les équipages fatigués par de longs trajets sur mer.

Les bords de cette île sont formés par des rochers noirs, qui paroissent être des laves solides & compactes des premiers tems que le feu commençoit à ravager la masse intacte de cette île : il s'y trouve aussi des plages de sables, qui ne sont qu'un débris de coquillages sous forme de petits grains arrondis de différentes couleurs. Ce sont des portions de coquilles décomposées, & qui ont conservé leurs couleurs naturelles : les principales sont le jaune, le cramoisi & le blanc. Ces grains sont plus ou moins fins dans les différens endroits de la côte, & ces différens volumes paroissent dépendans des espèces de coquilles qui les ont fournis par leur décomposition.

On

On trouve des anses où ces grains ressemblent à des anis de Verdun, & d'autres où ils ne sont pas plus gros que les plus fines nompareilles de cette ville : cet arrondissement, cette grande comminution des grains, est l'ouvrage des vagues, plus actives dans ces lieux resserrés.

Ce qu'il y a de plus curieux, & ce qui mérite l'attention des naturalistes, c'est qu'en beaucoup d'endroits ces grains de coquillages, gros ou menus, se trouvent liés par un gluten fort dur, qui en a formé sur la plage des bancs solides de cinq à six pouces d'épaisseur. C'est ainsi que les côtes de cette île se prolongent insensiblement par le travail de la pétrification dont les coquilles fournissent les matériaux. Nous avons déjà vu de semblables appendices sur les côtes de l'Ile-de-France & de l'Ile-de-Bourbon, formées par des bancs de coraux & de madrépores. (*Voyez ces articles.*)

ASCIENS, considération géographique sur la position de certains peuples qui, en certain tems de l'année, n'ont pas d'*ombre* : tels sont les habitans de la *Zone torride*, lorsque le soleil est vertical. Cette disposition indique de grands degrés de chaleur, dont nous ferons connoître les effets en décrivant la plus grande partie des États d'Afrique & d'Asie, voisins de l'équateur.

ASIE, l'une des quatre grandes parties du monde, & la seconde dans l'ordre de leur distribution méthodique, quoique la première habitée ; elle est séparée de l'Europe par la mer Méditerranée, l'Archipel, la Mer-Noire, les Palus-Méotides, le Don & la Dwina ; de l'Afrique, par le golfe Arabique & l'isthme de Suez. Elle est des autres côtés entourée de l'Océan. Les parties principales de ce continent sont : *l'Arabie*, *la Turquie asiatique*, *la Perse*, *l'Inde*, *la Tartarie*, *la Moscovie asiatique*, *la Chine*, *le Japon*, le royaume d'*Ava*, celui de *Siam*, l'île de *Ceilan*, les îles de *la Sonde*, *Sumatra*, *Java*, *Bornéo*, l'île de *Célèbes*, *les Moluques*, *les Philippines*, *les Maldives*. Elle peut avoir d'occident en orient mille sept cent cinquante lieues, & du midi au septentrion mille cinq cent cinquante ; mais ce sont moins ces étendues brutes que leurs détails physiques, & surtout les formes correspondantes des terres avec l'Océan, qui nous intéresseront ici.

Les peuples de ce vaste continent, ceux surtout qui en occupent l'intérieur ou qui habitent les côtes de l'Océan septentrional, nous sont peu connus, excepté les Moscovites, qui en occupent quelques parties, & dont les caravanes en traversent tous les ans quelques trajets pour se rendre à la Chine. Au reste, on trouvera aux différens articles de tous les lieux que nous venons d indiquer ci-dessus, les détails qui peuvent être de la compétence de la géographie-physique, & qu'on pourra rapprocher au moyen des renvois que nous joindrons exactement à ces divers renseignemens, que nous soignerons avec la plus grande attention.

Tableau géographique abrégé de l'Asie.

L'*Asie*, beaucoup plus grande que l'Europe, s'étend, à compter de ses parties les plus occidentales, depuis le 43e. degré de longitude, jusqu'au 200e., & depuis l'extrémité méridionale de la presqu'île de Malaie, touchant presqu'à la ligne, jusqu'au cap Swiatoi, sous le 76e. degré de latitude septentrionale.

Cette étendue peut avoir mille neuf cents lieues du sud au nord, & plus de trois mille des côtes de l'Anadolie à celles de la Russie d'Asie, sur la grande mer du sud.

L'*Asie* se trouve au sud sous l'équateur dans le premier climat d'heure, & s'étend vers le nord jusqu'au troisième climat de mois ; ce qui donne pour le plus long jour, au sud *douze heures*, & au nord *trois mois*.

L'*Asie* a pour bornes, au nord, *la mer Glaciale*; à l'est, *la grande mer du Sud*; au sud, *la mer des Indes*; à l'ouest, *l'Europe*, *la Mer-Noire*, *l'Archipel*, *la Méditerranée*, *l'isthme de Suez* & *la Mer-Rouge*.

Les principales chaînes de montagnes d'*Asie* sont les montagnes d'Arménie, au milieu desquelles est l'*Ararat*; elles se continuent jusqu'au nord de la Perse par le sud de la mer Caspienne; les montagnes du *Thibet* au nord de l'Inde ; les *Gattes* dans la direction du nord au sud, au milieu de la presqu'île en-deçà du Gange.

On peut comprendre sous la dénomination de presqu'îles, 1°. la partie occidentale de l'*Asie*, appelée anciennement *Asie mineure*, & actuellement, au moins en partie, *Anadolie*, ainsi que l'Arabie au sud-ouest. Les autres presqu'îles sont les deux presqu'îles de l'Inde, l'une en-deçà, & l'autre au-delà du Gange. La presqu'île au-delà du Gange a au sud une autre presqu'île ; c'est celle de *Malaie* ou *Malaca*, & au sud-est celle de *Cambodia*; ensuite la presqu'île de *Corée* au nord-est de la Chine, & enfin celle de *Kamtzchatka* au nord-est de l'*Asie*.

Les principaux *caps* sont le cap *Rasalgatte* au sud-est de l'Arabie ; le cap *Comorin* au sud de la presqu'île occidentale de l'Inde ; le cap *Romania* au sud de la presqu'île orientale ; le cap *Swiatoi-Noss* au nord de l'*Asie*, sous le 154e. degré de longitude.

Les principales îles sont à l'occident, dans la Méditerranée, *Cypre*, *Rhodes*, *&c.*

A l'orient, dans la grande mer du Sud, la terre d'*Yeso*, les îles du Japon, dont les principales sont *Niphon*, *Sikoko* & *Kiusiu*. L'île *Formose* au sud-est de la Chine, & l'île de *Haïnan* au sud..... Les îles *Marianes*, assez loin vers l'est..... Au sud de l'île *Formose*, les îles *Philippines*, dont les principales sont *Luçon*, ayant pour capitale *Manille* au sud-ouest, & au sud-est *Mindanao*..... Les îles *Moluques*, dont les principales sont *Célèbes* à l'est, *Gilolo*, *Ternate*, *Ceram*, & au sud *Timor*, &c.

Au sud, dans la mer des Indes, les îles de *la Sonde*; savoir : *Bornéo*, *Sumatra*, *Java*; l'île de *Ceilan*, au sud de la presqu'île en-deçà du Gange, & les *Maldives*, dont la principale est *Malé*.

Les principaux *golfes* des mers qui environnent l'*Asie* sont : *la Mer-Rouge*, qui n'est qu'un grand golfe; le golfe *Persique*, entre l'Arabie & la Perse; le golfe du *Sinde* & le golfe de *Camboia*, tous deux au nord-est de la presqu'île en-deçà du Gange; le golfe de *Bengale*, entre les deux presqu'îles de l'Inde; le golfe de *Siam*, à l'est de la presqu'île de *Malaie*; le golfe de *Tonquin*, entre ce pays & l'île de *Haïnan*; le golfe de *Pekeli*, connu sous le nom de *Mer-Jaune*, entre la Chine & la presqu'île de *Corée*; le golfe ou mer de *Corée* entre cette presqu'île & le Japon, & le golfe ou mer de *Kamtzchatka* entre les côtes de l'*Asie* & la presqu'île de ce nom.

Il y a quatre détroits principaux : 1°. celui de *Babel-Mandel*, à l'entrée de la Mer-Rouge; 2°. celui d'*Ormus*, à l'entrée du golfe Persique; 3°. le détroit de *Malaie* entre la presqu'île de ce nom & l'île de *Sumatra*, & enfin le détroit de *la Sonde* entre l'île de Sumatra & celle de Java. (*Voyez les articles* ANSE & ARCHIPEL, où tout ce qui concerne les golfes & les détroits des côtes orientales & méridionales de l'*Asie* se trouve exposé en détail, & relativement aux causes physiques.)

Les principaux lacs sont : *la mer Caspienne*, qu'on doit regarder comme un grand lac; elle est à l'occident de l'*Asie*, vers la Mer-Noire; la mer d'*Aral*, à l'est de la mer Caspienne; le lac *Baikal*, vers le nord-est de la Sibérie.

Les principaux fleuves de l'*Asie* sont, en commençant par les provinces occidentales, *l'Euphrate* & *le Tigre* : l'Euphrate a sa source en Arménie, vers le mont Ararat; il prend son cours à l'ouest, puis au sud, se joint au Tigre, & se rend au dessous de cette réunion dans le golfe Persique, après un cours de cinq cents lieues.

Le Sinde ou *l'Indus* commence son cours au nord-ouest du petit Thibet, & se jette dans le golfe de son nom.

Le Gange, qui commence dans le Thibet, coule à l'ouest, puis au sud, & se rend dans le golfe de Bengale après un cours d'environ cinq cents lieues.

La rivière de *Camboia*, qui coule du nord-ouest vers le sud-est, & traverse la presqu'île au-delà du Gange; elle a un cours de cinq cents lieues.

Le Kian ou *fleuve bleu*; il traverse la Chine de l'ouest à l'est, & se jette dans la mer à peu de distance de Nankin, après un trajet de cinq cents lieues.

Le Hoanho ou *fleuve jaune*, qui a sa source au nord-ouest de la Chine, entre dans cet Empire, en sort au nord, & se jette à l'est dans la mer, au nord de l'embouchure du précédent; il peut bien avoir cinq cent cinquante lieues de cours.

L'Amur ou *fleuve noir*, qui coule de l'ouest à l'est dans la Tartarie chinoise, & a cinq cent soixante-quinze lieues de cours en y comprenant *le Kerlon*, dont il ne paroît être que la continuation.

Le Lena, qui commence au nord-ouest du lac *Baikal*, & remonte au nord jusqu'à son embouchure, sous le 135e. degré de longitude; il a environ sept cents lieues.

Le Jenisea, formé vers sa source de plusieurs rivières dans le nord-est du pays des Calmouks; il a environ sept cents lieues jusqu'à son embouchure, sous le 100e. degré de longitude.

L'Oby, qui sort du lac *Altun-Nor* ou *lac d'Or*, remonte aussi vers le nord, reçoit l'*Irtisz*, qui passe à Tobolsk & se jette dans le golfe d'*Oby*, qui a six cents lieues de longueur.

I. *Considérations générales sur le continent de l'Asie.*

Ce continent, dans la direction d'un pôle à l'autre, s'étend depuis le 77e. degré de latitude septentrionale, jusqu'au 10e. de latitude méridionale. La partie de ce grand continent, comprise dans la zone tempérée, entre le 35e. & le 50e. degré de latitude, paroît beaucoup plus élevée que tout le reste; elle est soutenue, tant au nord qu'au midi, par deux grandes chaînes de montagnes qui courent presque depuis l'extrémité occidentale de l'Asie mineure & des bords de la Mer-Noire, jusqu'à la mer qui baigne les côtes de la Chine & de la Tartarie à l'orient : ces deux chaînes sont liées entr'elles par d'autres chaînes intermédiaires, qui sont dirigées du sud au nord; elles se prolongent autant vers la mer du Nord que vers celles des Indes, par des ramifications fort élevées, qui servent de limites aux bassins des grands fleuves par lesquels ces vastes régions sont arrosées.

On pourra quelque jour connoître la masse de ces montagnes, & s'assurer si l'on peut les considérer comme appartenantes à la charpente principale de ce continent ou bien à l'ossature du globe. Au reste, on ne voit à la superficie des grandes parties de ce pays immense, que des amas d'un sable mobile, qui est le jouet des vents : on n'y trouve point non plus des bancs de pierres calcaires ni de coquilles fossiles, dont les pierres calcaires sont les débris. Les mines métalliques y sont voisines de la surface de la terre. Des observations du baromètre se joignent à tous ces phénomènes pour démontrer la grande élévation de ce centre de l'*Asie*.

C'est de l'espèce de ceinture qui environne cette vaste & ingrate région, que partent les sources abondantes & multipliées des différens fleuves qui coulent vers divers points de l'horizon : ces fleuves, qui charient sans cesse à toutes les extrémités de l'*Asie* les débris d'un sol stérile, forment autant de dépôts qui préservent les terres voisines de leurs embouchures, de l'invasion des mers : on y voit même un grand nombre de golfes comblés par une suite de ces dépôts, qui ont reculé les bornes de l'ancien bassin de l'Océan.

Ce continent a d'ailleurs cette disposition particulière dans une partie de sa surface, qu'il offre un vaste égoût & un grand réceptacle aux eaux de plusieurs grands fleuves, d'où il est résulté un lac immense, une mer intérieure : c'est la mer Caspienne. Plusieurs écrivains ont soupçonné que cette mer communiquoit avec l'Ocean & la Mer-Noire par des voies souterraines ; mais ils ne nous en ont donné aucune preuve. On a détruit ces prétentions en opposant l'évaporation qui suffit pour vider l'eau que les fleuves voiturent dans ce bassin, & la facilité avec laquelle les conduits souterrains auroient été obstrués par les vases & les sables que l'eau y auroit entraînés & déposés : c'est aussi pour cette raison que la mer Caspienne est salée, comme tous les lacs qui reçoivent les eaux des fleuves sans en verser au dehors. Il paroît certain d'ailleurs, par les observations du baromètre, faites à Astracan, que sa surface est au dessous du niveau des deux mers voisines : par conséquent elle n'est pas plus dans le cas de leur fournir de l'eau par des conduits souterrains, que de communiquer avec elle par des débordemens superficiels. (*Voyez* CASPIENNE, où tous ces faits sont présentés en detail, & discutés comme il convient.)

Si nous continuons l'examen de l'intérieur de l'*Asie*, nous trouverons d'abord l'Indostan, pays renfermé entre l'Indus & le Gange, deux fleuves célèbres, qui vont se jeter dans les mers des Indes à quatre cents lieues l'un de l'autre. Ce long espace est traversé par une chaîne de hautes montagnes, qui, le coupant par le milieu, va se terminer au cap Comorin, en séparant la côte de Malabar de celle de Coromandel.

Par une disposition fort remarquable, cette chaîne est une barrière que la nature semble avoir élevée entre les saisons opposées : le seul intervalle des croupes de ces montagnes y distingue l'été de l'hiver, c'est-à-dire, la saison des beaux jours & du tems serein, de celle des pluies ; car on sait qu'il n'y a pas d'hiver entre les tropiques : mais par ce mot on entend aux Indes le tems de l'année où les nuages que le soleil pompe sur la mer sont poussés vivement par les vents contre les montagnes, s'y brisent & s'y résolvent en pluies accompagnées de fréquens orages. C'est de là que se forment des torrens qui se précipitent dans les plaines, grossissent les rivières, & causent des débordemens très-étendus ; cependant cette saison pluvieuse est celle des productions de la terre : c'est alors que les fleurs se développent avec le plus d'énergie, & que la plupart des fruits hâtent leur maturité. L'été, dans cette région brûlante, conserve mieux tous ses avantages que l'hiver : le soleil, sans aucun nuage qui interrompe l'action de ses rayons, produit une chaleur vive & pénétrante ; cependant les vents de mer qui s'élèvent pendant le jour, & les vents de terre qui souflent pendant la nuit, y tempèrent l'ardeur par une alternative de courans périodiques ; mais les calmes qui succèdent par intervalle étouffent ces bons effets, & laissent souvent les hommes & les animaux en proie à une chaleur dévorante.

L'influence des deux saisons est encore plus marquée sur les deux mers de l'Inde, où on les distingue sous le nom de *moussons sèche* & *pluvieuse*. Tandis que le soleil, revenant sur ses pas, amène au printems la saison des tempêtes & des naufrages sur la mer qui baigne la côte de Malabar, celle de Coromandel voit les plus légers vaisseaux voguer sans aucun risque sur une mer tranquille ; mais l'automne à son tour, changeant la face des élémens, fait passer le calme sur la côte occidentale, & les orages dans la mer des Indes.

L'insulaire de Ceilan, les yeux tournés vers la région de l'équateur, voit alternativement, aux deux saisons de l'équinoxe, ce contraste des deux saisons opposées sur les deux mers qui baignent les côtes de cette île.

Lorsque l'on considère la position de l'Indostan sur le globe, tenant au plateau le plus éloigné des invasions de la mer, on conviendra que c'est le séjour le plus assuré pour ses habitans, & que ce doit être le pays le plus anciennement peuplé.

En général, ne peut-on pas dire que le climat le plus favorable à l'espèce humaine est le plus anciennement peuplé ? Un climat doux, un air pur, un sol fertile, & qui produit presque sans grands frais de culture, ont dû rassembler les premiers hommes. Si le genre humain a pu se multiplier & s'étendre dans des régions où il a dû lutter contre les élémens, si des sables brûlans & arides, si des glaces qui se renouvellent continuellement n'ont pas éloigné les habitans, si les hommes ont peuplé les forêts & les déserts, où il falloit également se défendre contre les bêtes féroces, contre les insectes, contre le soleil brûlant, contre les pluies abondantes, avec quelle facilité n'a-t-on pas dû se réunir dans ces contrées délicieuses, où l'homme pouvoit jouir des meilleures productions de la nature ! Telles étoient les rives du Gange & les belles contrées de l'Indostan : les fruits les plus délicieux y parfument l'air, & fournissent une nourriture saine & rafraîchissante, tandis que des espèces vivantes qui couvrent le globe, ne peuvent subsister ailleurs qu'à force de se détruire : dans l'Inde, elles partagent avec leur maître l'abondance & la sûreté. Aujourd'hui même, que la terre devroit y être épuisée par les productions de tant de siècles, & par leur consommation dans des pays éloignés, l'Indostan, si l'on en excepte un petit nombre de contrées ingrates & sabloneuses, est encore le pays le plus fertile du monde. Tous les hommes qui cultivent la terre méritent ici la reconnoissance de leurs concitoyens comme partout ailleurs : ils sont laborieux; ils entendent parfaitement la méthode de distribuer les eaux, & de donner à la terre brûlante qu'ils habitent, toute la fertilité dont elle est susceptible; ils sont dans l'Inde ce qu'ils seront partout, les plus honnêtes & les plus vertueux des hommes lorsqu'ils ne sont pas opprimés par le gouvernement.

II. *Considérations sur les bassins intérieurs de l'Asie.*

Nous connoissons à un certain point les vastes plaines de sable dont quelques bassins intérieurs de l'*Asie* sont couverts, & même nous trouvons figurées sur les cartes, comme en Afrique, les eaux courantes qui s'y perdent, & débouchent ensuite par des vallées latérales qui sont au-delà des bords de ces bassins. Je puis indiquer à ce sujet le plateau de la Tartarie, que nous avons fait figurer dans notre Atlas. Il y a grande apparence que les eaux de l'ancienne mer ont disparu de ces contrées par l'ouverture latérale de ces grandes vallées qui y ont leur origine, qui sont très-nombreuses, & qui renferment les fleuves de l'*Asie* les plus considérables.

L'*Asie* d'ailleurs a plusieurs de ces grands bassins qui sont couverts de terres, & qui offrent des plaines immenses où se trouvent d'excellens pâturages. Comme ces vastes contrées ne présentent aucun vestige de destruction, aucun escarpement formé par les eaux courantes, &, ce qui en est une suite, n'ont point de débouché vers aucune mer, il y a grande apparence que les eaux n'en ont disparu qu'insensiblement & par une longue succession de tems. Au reste, nous n'avons aucunes observations sur les circonstances primitives qui ont concouru à la formation de ces plaines & au desséchement qui a pu succéder à leur inondation; enfin, à l'état où elles se trouvent aujourd'hui, c'est-à-dire, à d'immenses contrées, fertiles, unies, sans aucun de ces traits qui caractérisent les autres contrées de la terre, où l'écoulement des eaux a dû s'opérer sur des pentes alongées qui aboutissent à quelque mer : il y en a même où se trouvent quelques foibles traces d'écoulemens souterrains, dont j'ai indiqué la plus grande partie à l'article ABSORBANT, & j'y renvoie dans la vue de faire connoître une des circonstances qui ont concouru particuliérement à l'écoulement des eaux en *Asie*.

Ainsi l'on peut bien croire que, dans certaines parties de ce continent, parsemées de bassins, les eaux s'en seront écoulées par des communications souterraines, au moyen desquelles les eaux des bassins les plus élevés se sont réunies à celles des bassins inférieurs, & se sont écoulées ensuite à travers le sein de la terre. On doit bien penser que les bassins qui pouvoient exister au fond de la mer, comme le sol y étoit perméable aux eaux qui restoient après l'écoulement des parties supérieures de l'Océan, s'étoient déjà évacués. C'est sans doute à quelques-unes de ces anciennes opérations de la nature que nous devons les lacs qui existent encore en *Asie*, & ceux qu'on sait y avoir existé, quoiqu'ils n'y soient plus.

Je passe maintenant aux bassins qui se trouvent distribués sur les limites de ce continent, & qui se sont desséchés par un écoulement superficiel, attendu que les obstacles à cet écoulement, étant peu considérables, pouvoient être détruits par les eaux qui se précipitoient dans l'Océan.

Toutes ces diverses opérations de la nature, qui ont accompagné & suivi la retraite de la mer sur le continent de l'*Asie*, ne peuvent guère être considérées comme ayant contribué beaucoup à l'approfondissement des vallées que nous observons à la surface de la terre, surtout lorsque toutes les circonstances de la formation des vallées nous prouvent incontestablemunt que ce travail est dû à la seule action des eaux pluviales & courantes.

Car comment imaginer que, dans des terrains récemment sortis des eaux, il se soit offert des rochers tranchés net, & tous les bords escarpés de nos vallées par la retraite des eaux? On doit distinguer ici deux ordres de massifs, sur lesquels les eaux ont pu agir dans cette circonstance; les massifs graniteux & schisteux, qui ont dû servir de base aux derniers dépôts sousmarins : ces deux sortes de massifs ont pu résister à l'action des eaux de la mer qui abandonnoit le continent de l'*Asie*, & qui ont pu s'escarper ou même qui l'étoient de manière que les eaux ont suivi dans plusieurs golfes les anciens lits des fleuves, & un certain frayé qui existoit lors de l'invasion de la mer, & qu'elles n'ont fait qu'augmenter, élargir & approfondir nos anciennes vallées; qu'elles les ont aussi alongées, en réunissant à un seul cours les vallées de differens bassins par l'enlévement des matériaux les plus mobiles. Mais, je le répète, en vain voudroit-on se borner à ce seul écoulement. On ne peut se dissimuler qu'il convient d'avoir recours à la marche plus ou moins abondante, plus ou moins constante des eaux pluviales qui ont succédé aux eaux de l'Océan, & qui ont, ou élargi d'anciennes vallées, ou creusé de nouveaux lits à des fleuves.

Il me reste à faire connoître ici deux nouvelles vues sur le continent de l'*Asie*, lesquelles m'ont toujours frappé, & m'ont paru d'une dépendance très-intéressante, tant de sa constitution intérieure, que de la forme extérieure de ses côtes & de leur position.

III. *Considération.*

Nous ne connoissons guère ceux des habitans qui occupent les centres de nos grands continens, tels que l'Afrique & l'*Asie*: aussi toutes ces nations sont-elles sauvages & barbares. Il eût été à desirer pour toutes ces contrées, que quelque bras de mer eût pu autrefois y pénétrer, & que cet immense bassin, par exemple, qui renferme toutes les contrées centrales de l'*Asie*, eût été rompu tout-à-fait, & qu'il s'y fût formé une Méditerranée semblable à celle qui s'est formée en occident: alors les nations de l'Arménie auroient commercé avec la Chine; celles de l'Indostan, avec la Sibérie, sur les promontoires, les îles & les grandes saillies qui auroient arrêté toutes les grandes nations vagabondes qui habitent ce continent, & de ce commerce mutuel il seroit résulté pour toutes les avantages qu'elles n'ont point, & que nous n'avons acquis que par ce moyen en Europe. Le coup d'œil de la terre n'en auroit pas été moins admirable. Alors le globe entier n'auroit montré qu'une ville commerçante, & l'on n'auroit point vu de ces contrées du monde, qui ne sont point de ce monde-ci cependant, où tout ce qui se passe, demeure inconnu & inutile, semblables en cela à ces enceintes de monastères qui se trouvent dans toutes nos villes considérables, dont le terrain est consacré à rétrécir le reste de la terre, & à diminuer le nombre de ses concitoyens. Je dis concitoyens, & non habitans, parce qu'il ne suffit pas, pour le bonheur du monde, qu'il y ait des habitans, mais qu'il faut encore que ces habitans soient entr'eux tous réciproquement liés, utiles & même nécessaires: c'est ce qu'exprime le mot de concitoyen, titre honorable pour ceux qui ont le bonheur de le porter, & qui ne convient point, comme l'on voit ici, ni aux Tartares de l'*Asie*, ni aux peuples ignorés de l'Afrique, ni aux sauvages de l'Amérique, ni aux moines de l'Europe.

Au reste, la rupture des bassins qui n'ont point été submergés par les mers a rendu un assez grand service à tous les continens: c'est d'avoir mis les nations en possession d'un grand nombre de terrains fertiles, qui n'avoient été auparavant que très-marécageux. Les plus riches contrées de la Chine, le Cachemir, la Mésopotamie, l'Égypte, les meilleures contrées de l'Allemagne & de la France, de l'Espagne & de l'Italie, ne pouvoient être alors les domaines des peuples que nous y connoissons depuis tant de siècles, & c'est visiblement là une des raisons qui retenoient auparavant chaque nation dans son territoire. Par un contraste singulier, alors que ces nations n'étoient séparées que par des barrières étroites & multipliées, elles ne commerçoient point entr'elles; & dès que la nature a formé les mers, & n'a plus laissé que quelques barrières d'une largeur extrême, elles ont presque toutes osé les franchir.

ASIE SEPTENTRIONALE (*Géographie-Physique*). A l'est de la Peczora commence au nord le continent de l'*Asie*, qui dans cette partie a les limites les plus marquées & les plus énergiquement déterminées. C'est ici que paroît la fameuse chaîne Urallienne, qui commence visiblement près de la ville de *Kungur*, dans le gouvernement de Casan, latitude 57 degrés 20 minutes. On peut la suivre bien loin dans le sud, où elle se montre par intervalles; mais avant il convient d'en déterminer une des branches principales, qui se prolonge au nord, se termine en face du détroit de Waygats, & qui se relève de nouveau dans l'île de la Nouvelle-Zemble. Les Russes appellent encore cette chaîne *Semennoi Poias* ou *Ceinture du Monde*, parce qu'on avoit cru qu'elle embrassoit le globe entier. C'étoit, chez les Anciens, les monts Riphées, portion du globe, maudite par la nature, & plongée dans de profondes ténèbres, dont la seule partie méridionale leur étoit connue, & encore si imparfaitement, qu'on en a écrit des fables sans nombre.

Sur les rivages de l'*Asie*, au-delà de ces monts Riphées, & sous le pôle qu'habitent les premiers Hyperboréens, le soleil ne luit pas pour eux chaque jour; ils le voient paroître pour la première fois à l'équinoxe du printems, & se coucher pour la dernière à l'équinoxe d'automne. Ainsi leur jour dure six mois, & leur nuit six autres mois, sans aucune interruption que la foible lumière de la lune. Leur sol est une terre féconde. Observateurs exacts de la justice, ils vivent, & plus long-tems, & plus heureux qu'aucun des autres mortels. Je supprime tous les faits exagérés qu'on nous en raconte.

Ce n'est qu'avec la même défiance que je recueille ce que les Modernes nous en disent. *Isbrand-Ides*, qui traversa ces montagnes dans son ambassade en Chine, assure qu'elles ont cinq mille toises de hauteur: d'autres soutiennent qu'elles sont couvertes d'une neige éternelle. Ce dernier fait peut être vrai quant aux parties qui sont situées le plus au nord; mais dans les parties qui servent de passages aux voyageurs, ces masses sont entièrement dégagées de neige pendant trois ou quatre mois de l'année.

Les hauteurs d'une partie de cette chaîne ont été déterminées par l'abbé de Chappe, qui assure que la montagne *Kiria*, près de *Solikamskaia*, latitude 60 degrés, n'excède pas quatre cent soixante-onze toises au dessus du niveau de la mer, ou deux cent quatre-vingt-six toises au dessus du sol qui lui sert de base; mais, suivant Gmelin, la montagne *Pauda* est beaucoup plus haute, & s'élève à sept cent cinquante-deux toises au dessus du même niveau.

De Pétersbourg à cette chaîne est une vaste plaine, mêlée de collines ou plateaux semblables à des îles au milieu de l'Océan. Le côté oriental descend graduellement, & pénètre dans les bois & les marais de la Sibérie, sur un plan incliné immense, qui se porte vers la mer Glaciale & s'y termine. Cette disposition générale du terrain est attestée par le cours de toutes les grandes rivières qui prennent leur source dans les montagnes, quelques-unes à la distance prodigieuse de 46 degrés, & après un cours de plus de 27 degrés vont tomber dans la mer Glaciale, à la latitude de 73 degrés 30 minutes. La seule rivière *Yaik*, qui prend son origine près de la partie méridionale du côté oriental, prend sa direction au midi, & va se jeter dans la mer Caspienne. La *Dwina*, la *Peczora*, & un petit nombre d'autres rivières de la Russie européenne, démontrent l'inclinaison de cette partie : toutes se rendent dans la mer du Nord; mais leur cours, en comparaison de celui des autres rivières qui sont dans l'*Asie*, n'est pas long. Une autre inclinaison dirige le *Dniéper* & le *Don* dans la Mer-Noire, & le large *Volga* dans la mer Caspienne.

La chaîne Altaïque, limite méridionale de l'*Asie*, commence à la vaste montagne du *Bogdo*, passe au dessus de la source de l'*Irtisch* & de l'*Oby*; ensuite elle prend un cours inégal, montueux, escarpé, semé de précipices, couvert de neiges, & riche en mineraux entre l'Irtisch & l'Oby : de là elle s'avance près du lac de *Teleskoi*, qui est proprement la source de l'Oby, puis elle se courbe pour embrasser les grandes rivières qui forment le *Jenisei*, & sont comme enfermées dans ces hautes montagnes; enfin, sous le nom de *Sainnes*, elle continue sans interruption jusqu'au lac *Baikal*. Une branche s'insinue entre les sources des rivières *Onou*, *Ingoda* & *Ichikoi*, comprend des montagnes fort hautes, qui s'étendent au nord-est, & séparent ces sources de la riviere d'*Amur*, qui se décharge à l'est dans l'empire de la Chine, après avoir couru depuis la rivière *Lena* & le lac *Baikal*.

Une autre branche de la chaîne Altaïque se prolonge le long de l'*Olecma*, traverse la *Lena* au dessous de *Iakoutsh*, & se continue le long des deux rivières *Tongouska* jusqu'au *Jenisei*, où elle se perd dans des plaines garnies de forêts & remplies de marécages.

La principale chaîne hérissée de rocs anguleux & de pics s'approche des rivages de la mer d'*Ockhozt* & s'y maintient à une certaine hauteur, & passant près des sources des rivières *Outh*, *Aldan* & *Maia*, se distribue entre les rivières de la partie orientale, qui tombent dans la mer Glaciale : à quoi il faut ajouter la branche qui, tournant au sud, traverse tout le *Kamtzchatka* & se brise au cap de *Lopatka*, dans les nombreuses îles *Kuriles*. Je ne parle pas ici de cette chaîne marine qu'on a cru reconnoître dans les îles situées depuis le Kamtzchatka jusqu'à l'Amérique, mais qui supposent beaucoup d'intervalles & d'interruptions dans toute l'étendue qu'occupe le détroit.

La plupart de ces îles, comme le Kamtzchatka lui-même, se distinguent par des volcans, dont la plupart sont en feu pendant que d'autres éteints laissent voir les traces de leurs anciennes inflammations.

Une dernière chaîne forme principalement le cap *Tschutsky* avec ses promontoires & ses rivages escarpés, & hérissés de rochers.

A l'extrémité nord de la grande chaîne Uralienne est le détroit de *Waygatz*, qui la sépare de la Nouvelle-Zemble : le passage est étroit, embarrassé d'îles, & souvent obstrué par les glaces. Là, le flux & le reflux sont irréguliers & incertains par les vents. On a observé que la marée ne montoit qu'à quatre pieds, & que la profondeur du détroit étoit de dix à quatorze brasses. Les marins qui ont tenté de pénétrer dans ce détroit ont été arrêtés par les amas de glaces flottantes, & forcés de retourner sur leurs pas.

La Nouvelle-Zemble est composée de cinq îles; mais les canaux qui les séparent, sont toujours remplis de glaces : outre cela, ces îles sont désertes; mais elles sont souvent fréquentées par les habitans de *Mesen*, qui y vont à la chasse des veaux marins, des walruses ou vaches marines, des renards arctiques, des ours blancs, les seuls animaux de cette terre, si l'on excepte quelques rennes qui s'y trouvent aussi. On a aussi tenté un passage aux Indes orientales par le nord de la Nouvelle-Zemble; mais on n'a pas mieux réussi de ce côté, que par le détroit de Waygatz. En 1596, Barentz doubla l'extrémité orientale, mais il y fit naufrage avec son équipage; il y passa l'hiver le plus déplorable, sans cesse assiégé par les ours polaires. Une partie de l'équipage périt du scorbut ou de l'excès du froid : ceux qui résistèrent, formèrent un petit navire des débris de leur vaisseau, & arrivèrent heureusement chez eux l'année suivante; mais leur célèbre pilote succomba de fatigue.

Les côtes méridionales de ces îles sont en quelque sorte inconnues : entr'elles & le continent de l'*Asie* est la mer de *Kara*, qui forme une profonde baie dans le sud. L'on a reconnu que la marée y entroit de deux pieds neuf pouces. Des pêcheurs s'y rendent annuellement de Peczora par le détroit de Waygatz, pour un commerce de pelleteries avec les Samoièdes du gouvernement de Tobolsk. Sous le règne de l'impératrice Anne, on fit des tentatives pour doubler le grand cap *Jalmal*, entre le golfe de *Kara* & celui de l'*Oby* : une seule réussit en 1738, après les plus grandes difficultés; en sorte qu'il paroît par-là que si, pour faire la découverte de la Sibérie, il avoit fallu la tenter par mer, ce vaste pays seroit peut-être encore inconnu maintenant.

L'embouchure de l'*Oby* forme une baie profonde, qui s'ouvre dans la mer Glaciale à la latitude de 73 degrés 30 minutes. C'est la première & la plus grande des rivières de la Sibérie; elle sort d'un grand lac à 52 degrés de latitude, coule paisiblement à travers huit cents lieues de pays elle est presque navigable depuis sa source; elle se grossit de la grande rivière de l'*Irtisch*, au 61e. degré de latitude, laquelle a reçu pour lors, de chaque côté de ses bords, des rivières considérables dans son long cours, parmi lesquelles je place au premier rang la rivière de *Tobolsk* : c'est à leur confluent que la ville de Tobolsk, capitale de la Sibérie, se trouve située.

Les bords de l'*Irtisch* & de l'*Oby*, & d'autres fleuves de la Sibérie, sont en plusieurs endroits couverts d'immenses forêts, qui croissent & prospèrent sur un sol humide. Plusieurs arbres de ces forêts se trouvent chaque année déracinés par la force irrésistible des gros quartiers de glace qu'amènent les torrens formés par la fonte des neiges : ces arbres sont voiturés par les eaux des fleuves dans la mer Glaciale & dans les autres mers, & servent à composer les convois de bois flottés dont il est fait mention à leur article. (*Voy*. BOIS FLOTTÉS.)

Le canal de l'*Oby*, depuis sa source jusqu'à la *Ket*, est creusé au milieu de lits de pierres, mais depuis cette rivière jusqu'à son embouchure, l'Oby coule sur une terre grasse. Après que ce fleuve a été couvert de glaces sédentaires pendant quelque tems, l'eau en devient sale & fétide; ce qui provient des vastes marécages qu'elle traverse, de la lenteur de son cours, & de la terre salée dont sont imprégnées quelques rivières qui s'y jettent. Le poisson fuit donc les eaux de l'Oby, & va s'assembler, en vastes bancs, aux embouchures des rivières qui viennent à la mer après avoir parcouru des contrées formées par des lits pierreux : c'est là qu'on le prend en abondance. La fétidité de l'eau de l'Oby continue jusqu'au printems; alors la fonte des neiges purifie le fleuve. La Taz, autre rivière qui se décharge dans la mer Glaciale à l'est du golfe de l'Oby, est sujète au même accident, parce que son canal se trouve dans des contrées semblables à celles que traverse l'Oby.

Nous passons maintenant au *Jenisei*. Gmelin, comme naturaliste, voudroit y placer la ligne de démarcation entre l'Europe & l'*Asie*, parce que, à partir de ses bords orientaux, tout change & prend une autre face. Une certaine vigueur nouvelle & extraordinaire se montre dans tous les végétaux & les animaux qu'on apperçoit dans ces contrées. Des animaux nouveaux, tels que l'argali ou moufflon, mouton sauvage, & plusieurs autres aussi rares, commencent aussi à s'y montrer. Outre cela, plusieurs plantes européennes disparoissent, & d'autres, propres à l'*Asie*, se manifestent & marquent par degrés le changement.

Le Jenisei est presqu'égal à l'Oby : il est formé des deux rivières Ulu-Kem & Bei-Kem, à 51 deg. 30 min. de latitude nord, & à 111 deg. de longitude. Il coule droit au nord, & se décharge dans la mer Glaciale par une embouchure semée d'une multitude d'îles. Le fond de son lit est en grande partie un sol pierreux & sabloneux. Son cours est fort rapide. Les poissons qu'on y pêche, sont très-délicats. Ses bords, surtout ceux qu'il baigne à l'orient, sont composés de montagnes & de rochers; mais depuis le fort de *Saiaenes* jusqu'à la rivière *Dubiches*, ils sont composés d'une terre noire, fertile & bien cultivée. Le Jenisei est entretenu par un certain nombre de rivières latérales; les deux *Tungusca*, haute & basse, sont les principales & les plus connues. La première sort, près d'Irkutz, du grand lac Baikal, sous le nom d'*Angara*, entre deux vastes rochers qui semblent avoir été coupés de main d'hommes, & elle tombe sur d'énormes roches dans un lit d'un mille de largeur, & dont la longueur est égale.

Le choc des eaux sur les roches au milieu de ce débouché que s'est frayé le trop plein du lac, est accompagné du plus grand fracas. La profondeur du lac est considérable; ses eaux sont très-claires & limpides, sans embarras d'îles, hors l'*Olchon* & la *Saetchia*. Il est navigable dans toutes ses parties, & dans les tempêtes il a des vagues comme la mer. Sa longueur est de cent vingt-cinq lieues communes, & sa largeur de quatre à sept.

Les veaux marins de l'espèce commune y abondent, & il y en a de si gras, qu'ils en deviennent informes. Ces animaux doivent avoir pris leur origine dans ce grand lac, attendu son grand éloignement de la mer, & que leur communication a dû être interceptée par des cataractes intermédiaires. Cependant les poissons ont de grands moyens de pénétrer dans les lacs par les fleuves & les rivières.

L'*Angara* coule presque nord pendant un long espace, ensuite il prend le nom de *Tongusca*, tourne à l'ouest, & va se réunir au Jenisei à la latitude de 58 degrés. Le Tongusca inférieur prend son origine bien avant dans le sud-est, approche de très-près de la *Lena*, & tombe dans le Jenisei.

A la latitude de 65 deg. 40 min. au dessus de sa jonction, est la ville de *Mangazea*, célèbre par sa grande foire de fourrures de toute espèce qui y sont apportées par les habitans des contrées voisines, qui emploient une grande partie de leur long hiver à la chasse. Plusieurs Russes y ont pris des établissemens dans les vues de faire le même commerce, & de tirer un grand profit des dépouilles des animaux de ce pays.

Le voisinage est, durant l'été, le rendez-vous d'une multitude d'oiseaux aquatiques. Vers le mois de juillet le pays est couvert des plus belles fleurs de la Sibérie, dont plusieurs embellissent les jardins de nos climats les plus méridionaux.

Dans les tems anciens, *Mangazea*, ou, comme on l'appeloit alors, *Mongazey*, étoit située près de l'embouchure du *Taz*, mais elle a été transférée par les habitans sous un climat plus doux, justement au côté méridional du cercle polaire arctique. Avant cette époque, c'étoit une place d'un grand trafic, & qui étoit visitée par un grand nombre de marchands d'Archangel, malgré les difficultés qu'il y avoit de parvenir au centre de ce commerce, parce que ce pays étoit presqu'inaccessible à cause des boues & des glaces.

De l'embouchure du Jenisei, l'immense promontoire de *Taimura* s'étend très-loin au nord de toute cette région dans la mer Glaciale, assez près de la latitude de 78 degrés. A l'est de ce cap, la *Chatunga*, l'*Anabara* & l'*Olenek*, rivières peu connues, se jettent dans la mer, & ont chacune à leur embouchure une large baie. On a fait des observations sur la hauteur de la marée, qui a lieu dans la *Chatunga* à la pleine & nouvelle lune, & l'on a trouvé qu'elle ne s'élevoit que de deux pieds, & dans les autres tems beaucoup moins. On peut en conclure que si la marée ne s'élève pas plus haut dans ce lieu resserré & dans le golfe de *Kara*, son élévation doit être bien foible sur les rivages libres & étendus de la mer Glaciale. La mer le long des côtes est en général bien peu profonde; ce qui a fait la sûreté des petits navires qui ont navigué sur cette mer. Ce peu de profondeur les a préservés de ces glaces montagneuses, qui, touchant le fond, s'y fixent avant d'arriver jusqu'à la côte.

Au-delà de l'*Olenek*, la *Lena*, qui prend sa source près du lac de *Baikal*, apres un doux & libre cours sur un fond de sable & de gravier, se décharge dans la mer Glaciale par cinq grandes bouches, dont la plus orientale & la plus occidentale laissent entr'elles un grand intervalle. Celle du milieu ou la plus avancée vers le nord est à la latitude de 73 deg. 20 min. Pour donner une idée de la largeur de cette rivière, il faut remarquer qu'à *Jakutsk*, à la latitude de 61 deg. & à 12 deg. de son embouchure, elle a près de trois lieues d'étendue. Au-delà de cette rivière, la terre se rétrécit, & est bornée au sud par le golfe d'*Ochotz*.

Les rivières *Jana*, *Indigirska* & *Kolima*, comparées à la *Lena*, n'ont qu'un cours fort peu étendu. La *Kolima* est la plus orientale des grandes rivières qui tombent dans la mer Glaciale. Au-delà est un trajet sans bois, qui termine le séjour des castors, des écureuils, & de beaucoup d'autres animaux à qui les arbres sont nécessaires pour leur manière d'exister. Il paroît qu'il ne peut exister au nord de forêts plus loin qu'à la latitude de 68 degrés, car à peine les buissons & les broussailles peuvent-ils croître & subsister à 70 degrés. Tout ce qui est compris en-deçà de la latitude 68, forme les *plateaux arctiques*, retraite d'été des oiseaux de mer, tristes espaces d'une bruyère nue, de landes & de marais mêlés de montagnes composées de rochers. Au-delà du fleuve *Anadyr*, qui, à la latitude de 65 degrés, tombe dans la mer de Kamtzchatka, le reste du pays entr'elle & la mer Glaciale n'offre pas un seul arbre.

Pour achever de donner une connoissance plus détaillee de cette partie de l'*Asie*, il convient de passer en revue la vaste étendue des rivages qui bordent la mer Glaciale. La côte de *Jouratzkaine*, qui est entre les embouchures de l'Oby & du Jenisei, est haute, quoique sans montagnes: elle est presqu'entiérement composée de graviers & de sables. En plusieurs endroits la mer offre des bas-fonds.

Ce n'est pas seulement dans les bas-fonds, mais sur les terres des bords les plus élevées, que l'on rencontre de grands tronçons de bois, & souvent des arbres entiers, tous de la même espèce; des arbres résineux, tels que le sapin, le melèse, le pin, tous verts & frais. Dans d'autres endroits, également au dessus du niveau de la mer & de la portée des vagues, on rencontre également de grands amas de bois flottés vieux, secs & pourris.

Ce n'est pas là l'unique fait que certains observateurs nous ont donné comme une preuve de la diminution de l'eau dans la mer Glaciale, ainsi que dans les autres mers; ils ont encore cité une sorte de glaise ou de limon appelé par les Russes *il*, qu'on trouve dans ces mêmes endroits, & qui est exactement semblable à l'argile que déposent les eaux: elle y forme partout la couche supérieure du terrain sur une épaisseur de huit à dix pouces.

En avançant toujours à l'est, le terrain devient montagneux, couvert de pierres, & renferme plusieurs filons de charbon de terre. Sur le sommet de la chaîne montueuse qui règne dans cette contrée à l'est de *Simovie-Ketchinoïe*, est un lit surprenant de petites moules d'une espèce qui n'a pas été observée dans la mer voisine & inférieure. Quelques naturalistes ont pensé que ces dépouilles des animaux marins avoient été laissées là par les oiseaux de mer, qui y avoient transporté les moules pour les manger à loisir, & qu'il n'est pas étonnant qu'on n'ait pas découvert les coquillages analogues dans la mer Glaciale. Au reste, ceci s'expliqueroit plus facilement, comme tant d'autres faits; en attribuant ce dépôt & les autres à l'ancienne mer.

Plus loin on trouve plusieurs bas-fonds; mais dans la plus grande partie du rivage la côte est hérissée de rochers pointus. Il en est de même de la côte qui environne le cap de Tschutski, qui est l'extrémité la plus orientale de l'*Asie*; elle est dans quelques parties remplie de rochers; en d'autres, elle offre des glacis couverts de terres & verdoyans; mais dans l'intérieur des terres la côte s'élève en un double rang de hautes montagnes.

A commencer dès la fin d'août il n'y a point de jours où la mer Glaciale ne puisse geler; mais en général elle ne tarde pas à se couvrir de glaces permanentes & sédentaires au-delà du premier octobre. (*Voyez*, pour ce qui concerne ces glaces, l'article de la MER GLACIALE. C'est aussi dans cet article qu'on trouvera l'histoire succincte des tentatives que l'on a faites, en différens tems, pour arriver, à travers la mer Glaciale, au détroit de Béring.)

Le vent qui passe sur la glace de cette mer polaire rend la Sibérie la plus froide des contrées habitées. Ses effets pourroient même s'étendre beaucoup plus loin. A *Chamnanning*, dans le Thibet, latitude 30 deg. 44 min., on a trouvé pendant l'hiver l'hiver le thermomètre à 29 degrés au dessous du point de la congélation dans les chambres, & au milieu d'avril les eaux stagnantes étoient toutes glacées, & il tomboit en même tems une neige pressée & continuelle. On est exposé aux glaces à Patna même, à 25 deg. 35 min. de latitude, & quelques Cipayes qui avoient dormi sur la terre ont été trouvés engourdis & transis par le froid.

Près du fort d'*Argun*, à la latitude de 52 degrés, la terre est continuellement gelée, & dégèle rarement en été plus bas qu'à trois pieds & demi. A Jakutsh, latitude de 62 degrés, la terre ne dégèle pas même en été à la profondeur de trois pieds. Un habitant de ce pays, qui, par le travail de deux étés, avoit creusé un puits à quatre-vingt-onze pieds de profondeur, perdit ses peines, & trouva ses plus profondes fouilles glacées. Les oiseaux tombent à terre tués par le froid, & l'on y voit jusqu'aux bêtes sauvages périr quelquefois par le froid. L'air même y est gelé, & présente la plus triste apparence.

L'aurore boréale est aussi commune ici qu'en Europe, & présente ordinairement toutes les nuances & les variations d'un pareil spectacle : il y en a surtout d'une forme singulière, qui paroît régulièrement entre le nord-est & l'est comme un arc-en-ciel lumineux, avec nombre de colonnes rayonnantes. Sous la courbure de l'arc est un fond sombre, à travers lequel cependant les étoiles brillent avec un certain éclat.

Il en est d'une autre forme. Elle commence par certains rayons isolés, dont les uns partent du nord, & les autres du nord-est. Ils augmentent peu à peu, jusqu'à ce qu'enfin ils remplissent tout le ciel, & jettent une splendeur de riches couleurs d'or, d'émeraudes & de rubis; mais les phénomènes qui accompagnent ces apparences frappent d'horreur tous les spectateurs par les craquemens, les éclairs, les sifflemens qui imitent le bruit d'un vaste feu d'artifice. Cette description porte tellement les apparences d'une cause électrique, qu'il ne peut guère rester de doute sur la véritable origine de ces aurores. Les habitans, les animaux, sont frappés de terreur à la vue de ces phénomènes; les chiens des chasseurs, saisis d'épouvante, se jettent ventre à terre, & y restent sans mouvement jusqu'à ce que la cause de leur effroi cesse.

On est assez peu instruit sur les différentes espèces de poissons qu'on pêche dans la mer Glaciale & dans les rivières de la Sibérie. On ne connoît bien que les espèces *anadromes*, celles qui, dans certaines saisons, vont des rivières à la mer, ou qui remontent de la mer dans les rivières dont nous avons parlé. L'Oby & beaucoup d'autres rivières sont visitées par la baleine, *beluga*, l'esturgeon commun, le sterlet ou *acipenser ruthenus*. Quelques naturalistes soutiennent que ces rivières n'ont ni carpes, ni brêmes, ni barbeaux, ni anguilles, ni silures, ni perches, ni brochets, ni la truite commune, pendant que toutes ces espèces se trouvent dans l'*Amur* & dans les autres rivières qui se déchargent dans l'Océan oriental, & surtout notre écrevisse commune.

En revanche les rivières de Sibérie possèdent beaucoup de variétés de l'espèce de saumon, même plusieurs qui nous sont inconnues en Europe, & qui se plaisent dans les eaux glaciales de ces régions. Le saumon commun y est le plus rare. Ces différentes variétés sont: 1°. le saumon *nelma*, qui est une grande espèce, laquelle croît jusqu'à la longueur de trois pieds. La tête est considérablement alongée; la mâchoire inférieure est la plus longue. Sa couleur est d'un blanc d'argent. Les écailles en sont ovales, & la queue bifourchue. 2°. Le saumon *taïman* : il grossit jusqu'à peser de dix à quinze livres, & acquiert en même tems la longueur de trois pieds & demi. La couleur du dos est noirâtre; le ventre est couleur d'argent blanc, avec des taches brunes sur le derrière : la nageoire de l'anus est d'un rouge-foncé, la queue bifourchue & la chair blanche. 3°. Le saumon *lavaret*. 4°. Le saumon *albula*. 5°. Le saumon *schokur*. Cette espèce a environ deux pieds de long, & est assez semblable au lavaret. C'est un saumon à petites dents. 6°. Le saumon *pidschian*, long d'environ deux empans, plus large que le lavaret, avec une bosse sur le dos. 7°. Le saumon *wimba* & le saumon *nasus* sont très-communs dans l'Oby; le *nasus* est de l'espèce des saumons à petites dents. Les autres saumons évitent cette rivière tranquille, & cherchent le *Jenisei* & les autres fleuves d'un cours rapide & à fond pierreux. Tels sont, 8°. le saumon *lenok*, le saumon *automnal* ou *omul*, l'*oxyrhyncus*, qui tous les ans s'ouvrent un passage de la mer, à la latitude de 73 deg. jusqu'à 51 deg., dans le lac *Baïkal*, distance de plus de vingt-un degrés ou de treize cents milles à peu près. L'*omul* traverse le lac, & remonte en août jusque dans la rivière *Selinga*, où il est pris en grande quantité par les habitans des bords de cette rivière, & conservé pour leur provision annuelle. Après avoir déposé son frai sur les lits pierreux de la rivière, il retourne à la mer. 9°. Le saumon *arctique* & le saumon *thymallus* ou l'ombre peuvent s'ajouter encore aux poissons des rivières de Sibérie. 10°. Le saumon *cylindraceus* ou *walok* des Russes est un poisson fort menu & presque cylindrique, avec une très-petite bouche, de grandes écailles argentées, & des nageoires inférieures rouges. On ne le trouve que dans la *Lena*, la *Kolyma* & l'*Indigirska*.

Je dois ajouter ici que Gmelin & l'abbé Chappe assurent, contre l'assertion des naturalistes qui précèdent, & d'après lesquels on a parlé de la distribution des poissons dans les rivières de la Sibérie, qu'on y trouve, & surtout dans l'Oby, la carpe, la perche, le brochet, le ruff, la brême, la tanche, le crucian, le rouget, l'able & le goujon.

Le saumon *kundsha* abonde dans les golfes de la

mer Glaciale, mais ne remonte pas les rivières. De même le flétan, *pleuronectes glacialis*, est commun sur les rivages sablonneux.

Pour passer en revue les habitans des côtes arctiques, il faut revenir à ce que j'ai dit des habitans du *Finmark*, des *Lapons*. (*Voyez leurs articles.*)

Plus loin je trouve les Samoïèdes & les Tschutski. Les Samoïèdes bordent les côtes depuis l'extrémité orientale de la Mer-Blanche jusqu'à l'Oby, & même jusqu'à l'*Anabara*, qui tombe dans la mer Glaciale à la latitude de 73 degrés 30 minutes. Ils occupent la partie la plus sauvage de l'intérieur des terres, en s'avançant jusqu'à la latitude 65.

Après eux se trouve à l'est une race de moyenne taille, &, ce qui est bien extraordinaire, au lieu de trouver dans ces contrées une dégénération, il existe dans les Tschutski une superbe race d'hommes, sous un climat également rigoureux, sur un sol aussi stérile en productions nécessaires à la vie, qu'aucune autre partie de ces régions. Les mœurs de ces peuples sont sauvages : leur manière de vivre est sale & dégoûtante au-delà de ce qu'on peut imaginer, & cependant c'est dans l'emplacement de ces nations, que Mela a placé ses aimables & élégans *Hyperboréens*.

Cette prodigieuse étendue des États asiatiques, qui offre des objets naturels si étonnans & si variés, est restée long-tems inconnue, & sa découverte est d'une date assez moderne ; mais ce territoire si mal peuplé est occupé par des hommes encore si barbares, qu'il ne peut guère ajouter à l'Empire une force réelle. Ses habitans languissent dans un engourdissement presque continuel, indolens & paresseux : état où les tient la nécessité de rester confinés dans leurs étuves pendant le long hiver de cette contrée. Dans cette saison la terre est couverte d'une neige épaisse, & le froid y est d'une rigueur affreuse.

Le printems ne se reconnoît qu'aux torrens fougueux des neiges fondues qui se précipitent des montagnes & couvrent d'eau les plaines : les brouillards, la pluie, la neige, sont les variations de cette saison, & ces phénomènes continuent jusqu'au mois de juin. Leur court été est fort chaud, & favorable à la végétation. On voit le blé grandi à la hauteur d'un pied vers le 20 juin, & le gazon & les plantes spontanées couvrir la terre avec une étonnante profusion. Il est très-peu de plantes potagères qui puissent être cultivées avec succès aux environs de Tobolsk : les fruits de tout genre y sont inconnus, excepté la groseille, qui ne redoute point d'intempérie.

Les animaux de la Sibérie, dont les pelleteries furent dans l'origine l'objet de sa conquête, sont aujourd'hui si diminués de nombre, que les Russes sont obligés d'avoir recours à l'Angleterre pour tirer de l'Amérique septentrionale un supplément à la masse des fourrures qu'ils tirent de leur pays, tant pour leur usage, que pour le commerce qu'ils en font avec la Chine.

Les métaux paroissent l'objet principal de leur trafic & de leur industrie. Le fer & le cuivre y sont abondans, & d'une excellente qualité. L'or & l'argent se trouvent aussi en plusieurs contrées, & en assez grande quantité pour former un des plus importans articles des revenus de la Russie. Les mines de cuivre de Kolivan, d'où sont extraits ces métaux précieux, emploient environ quarante mille personnes, la plupart colons établis sur les lieux. Les mines d'argent de Nertschinsh, au-delà du lac Baikal, en occupent environ quinze mille, & le revenu total de ces métaux n'est pas au dessous de 1,630,037,112 livres.

Après le Nouveau-Monde il n'est point de pays qui ait plus agrandi la sphère & les richesses de l'histoire naturelle, que la Sibérie. Comme on l'a déjà remarqué ailleurs, la nature y prend une face toute nouvelle par rapport au règne animal : il en est de même dans le règne végétal, du moins elle a peu d'arbres qui soient communs à l'Europe & à l'*Asie*. Si l'on cite les plus nobles espèces, on voit que le chêne, si commun dans la Russie & dans le territoire de Casan, ne se trouve dans cette vaste région que près des bords de l'*Argun* & de l'*Amur*, dans les États de la Chine. Le peuplier blanc (*populus alba*) & le tremble (*populus tremula*) y sont extrêmement communs ; le peuplier noir (*populus nigra*), le saule commun (*salix caprea*), le saule odorant (*salix pentandra*), le saule blanc (*salix alba*), y abondent aussi. Le noisetier (*corylus avellana*) suit le chêne & ses diverses contrées. Le bouleau commun (*betula alba*) est très-nombreux, &, comme dans toutes les régions du Nord, y est d'un usage universel. Quant au bouleau nain (*betula nana*), il est relégué dans le voisinage du lac *Baikal*. L'aune (*betula alnus*) y est très-fréquent ; le pin sauvage (*pinus pinea*), le pin à graines combustibles ou *pinus cembra*, & le larix ou mélèze (*pinus larix*), tous arbres de la première utilité, soit pour la médecine, soit pour les usages de la vie, couvrent de grandes étendues de terrain dans ce pays. Le sapin de Norwège ou sapin mâle (*pinus abies*), & le sapin d'argent (*pinus picea*), forment de grandes forêts dans ces cantons. Le premier ne passe pas la latitude nord de 60 degrés, & le dernier disparoît après la latitude de 58 ; cependant le premier fleurit en Europe, & forme, bien au-delà du cercle polaire, des forêts d'une grande étendue : preuve que la rigueur du froid est plus grande dans le nord de l'*Asie*. Voilà à peu près la totalité des arbres européens qui croissent dans la Sibérie.

Les arbres & les arbustes particuliers à la Sibérie & à la Tartarie sont : l'érable de Tartarie (*acer tartaricum*), l'orme nain (*ulmus pumila*), le prunier de Sibérie (*prunus sibirica*), le poirier perlé (*pyrus baccata*), le *robinia caragana*, arbrisseau, & le nain.

On peut observer que le *taccamahacca* ou le peuplier baumier (*populus balsamifera*), commun dans l'Amérique septentrionale, croît aussi en grande abondance dans la partie supérieure du cours de la *Lena*, de *Langara* & du *Jenisei*, & entre l'*Onon* & l'*Aga* : une infusion de ses bourgeons s'emploie par les naturels comme un excellent remède contre la maladie vénérienne, qui a pénétré dans cette vaste contrée.

L'Europe doit à la Sibérie cette excellente espèce d'avoine qui en porte le nom (*avena siberica*), & nos jardins sont embellis & animés de plusieurs fleurs apportées de ce climat rigoureux & lointain. Je vais en présenter ici un choix qui prouvera combien la totalité doit en être intéressante pour un botaniste instruit, & accoutumé à comparer les productions de ce genre, qu'on rencontre dans diverses contrées du globe.

1°. La véronique de Sibérie (*veronica sibirica*); 2°. l'iris de Sibérie (*iris sibirica*); 3°. le panicaut ou chardon à cent têtes (*eringium planum*); 4°. le lis à bulbes sur la tige (*lilium bulbiferum*, *pomponium*); 5°. le lis orangé, martagon (*delphinium grandiflorum*); 6°. l'*erythronium* (*dens canis*), espèce de dent de chien; 7°. l'*hemerocallis* jaune, dont la fleur ne dure qu'un jour; 8°. la saxifrage à feuilles épaisses (*crassifolia*); 9°. la croix de Jérusalem (*lychnis chalcedonica*); 10°. la salicaire rayée (*lystrum virgatum*); 11°. l'amandier nain (*amygdalus nana*); 12°. la pivoine à petites feuilles (*peonia tenuifolia*); 13°. la clématite à feuilles entières (*clematis integrifolia*); 14°. l'œil d'oiseau (*adonis vernalis*); 15°. le pois chiche de montagne, à queue de renard (*astragalus alopecuroides*); 16°. le mille-pertuis à tige carrée (*hypericum ascyrun*); 17°. le chardon échinope (*echinope citro*); 18°. l'ellébore noir (*veratrum nigrum*).

Pour achever de faire connoître l'*Asie septentrionale*, il est nécessaire de décrire les contrées des *Tschutski* & du *Kamtzchatka* d'après le même plan qu'on a suivi dans la notice qu'on a donnée des contrées précédentes : aussi nous renvoyons à ces deux articles, où l'on trouvera tous les détails qui concernent les différens objets dont s'occupe la *Géographie-Physique*, & sous les divers rapprochemens qui intéressent le plus. On peut aussi consulter les articles particuliers des montagnes & des rivières dont on a fait mention, & qui offriront toutes les vues les plus propres à donner une idée de la constitution intérieure de ces montagnes, & de la marche des eaux courantes dans cette vaste étendue de pays : il en est de même des articles MER GLACIALE, SAMOIÈDES, NOUVELLE-ZEMBLE, KAMTZCHATKA.

ASIE MÉRIDIONALE. (*Géographie-Physique.*) Les pays de l'*Asie* qui sont situés sous la zone torride sont d'abord l'Arabie sur la Mer-Rouge, depuis la Mecque jusqu'au port d'Aden, à douze degrés de latitude nord : il y règne de grandes chaleurs en mars & en avril, & encore plus quand le soleil y passe par le zenith & qu'il en reste voisin, en mai, juin, juillet & août. On croit que l'extrême chaleur qu'on y ressent, vient de ce qu'il ne sort aucune vapeur du sein de la terre, qui est pierreuse & qui manque d'eau. Quant aux vapeurs qui s'élèvent de la Mer-Rouge, le vent général, quoique foible en ces contrées, les emporte vers l'ouest : la surface de la terre, qui est couverte de sables en plusieurs endroits, conserve toute la nuit la chaleur que ces sables ont reçue, & la communique à l'air. (*Voyez l'article* ARABIE, où tout ce qui concerne la géographie-physique de cette contrée singulière se trouve exposé en détail.)

A Camboye & dans les parties de l'Inde qui sont sous le tropique du Cancer, sur la côte de Malabar, du côté de l'ouest, la saison humide dure depuis le 10 juin jusqu'au 10 octobre, plus ou moins long-tems & plus ou moins constamment.

Sur la côte orientale de l'Inde, appelée *Coromandel*, la chaleur est violente depuis le 4 mai jusqu'au 4 juin : le vent soufle du nord, & l'on ne peut pas se tourner de ce côté-là sans sentir un air brûlant.

Dans les pays situés sur la côte de la mer, à l'embouchure des golfes qui sont opposés aux côtes de Coromandel, & qui sont aussi au nord de la zone torride, comme Siam, Pégu & la presqu'île de Malaye, les mois pluvieux qui font déborder les rivières sont septembre, octobre & novembre; mais dans le pays de Malaye il pleut deux ou trois fois par semaine, excepté dans les mois de janvier, février & mars, où pour lors la sécheresse est continuelle. Il faut rejeter la cause de cette marche des saisons sur les montagnes, les vents réglés & le voisinage de la mer. Au reste, le débordement des rivières & les vents y tempèrent la chaleur, & y produisent une récolte abondante de toutes sortes de fruits. Nous allons exposer par la suite tous ces phénomènes d'une manière suivie & raisonnée.

Les montagnes de la Mecque & de l'Yemen se joignent à celles de l'Arabie pétrée, & puis à celles de la Palestine & de la Syrie, parmi lesquelles on distingue le Mont Liban.

Les montagnes qui s'étendent le long de la mer, en-deçà d'Antioche de Syrie, continuent cette chaîne jusqu'au Taurus, qui a trois principales branches : l'une, se portant à l'occident, court jusqu'à l'Archipel; la seconde, avançant vers le nord par l'Arménie, va prendre le nom de *Caucase* entre la Mer-Noire & la mer Caspienne; la troisième court vers l'orient, passe l'Euphrate, coupe la Mésopotamie en plusieurs parties, va se joindre aux montagnes du Kurdistan, & remplit toute la Perse de ses ramifications.

La chaîne qui se distribue dans la Perse n'y est pas concentrée; elle entre dans la Corassane, &, sous le nom d'*Imaüs*, sépare la Tartarie de l'Indostan. Une de ses parties la plus considérable, qui se prolonge au milieu du promontoire de l'Inde, sous le nom de *Montagne des Gates*, sépare la côte de Malabar de celle de Coromandel, & se termine au cap Comorin : une autre chaîne de l'Imaüs forme trois nouvelles branches, dont l'une va jusqu'à l'extrémité de l'île de Malaye; l'autre se porte jusqu'au royaume de Camboye, & la troisième, après avoir partagé la Cochinchine dans toute sa longueur, va finir au royaume de Ciampa, sur le bord de la mer.

Le Junnan & d'autres provinces de la Chine sont situés au milieu des branches de cette chaîne. Le Tangut, la Tartarie chinoise, toute la Tartarie russe, y compris la grande presqu'île de Kamtzchatka, la Sibérie & toute la côte de la Mer-Blanche, sont hérissés de plusieurs chaînes d'un autre ordre de montagnes, qui sont fort élevées & bien suivies, en partant surtout du plateau de la Tartarie, & se rejoignant à l'Imaüs. (*Voyez* ARMENIE, MESOPOTAMIE, EUPHRATE, *&c.*)

Les plus grands fleuves de l'*Asie* sont *le Hoanho* de la Chine, qui a huit cent cinquante lieues de cours en prenant sa source à Raja-Ribrou, & qui tombe dans la mer de la Chine, au midi du golfe de Changi; *le Jenisei* de la Tartarie, qui a huit cents lieues environ d'étendue, depuis le lac *Selinga* jusqu'à la mer Glaciale; le fleuve *Oby*, qui a environ six cents lieues depuis le lac *Kila* jusqu'à la mer Glaciale, au-delà du détroit de Waygats; le fleuve *Amour* dans la Tartarie orientale, qui a environ cinq cent soixante-quinze lieues, en comptant depuis la source du fleuve *Kerlon*, qui s'y jette, jusqu'à la mer de Kamtzchatka, où il a son embouchure; le fleuve *Menançon*, qui a son embouchure à Pulo-Condor, & qu'on peut mesurer depuis la source du *Longmu*, qui s'y jette; le fleuve *Kian*, dont le cours est d'environ cinq cent cinquante lieues, en le mesurant depuis la source de la rivière *Kinxa*, qui le reçoit jusqu'à son embouchure dans la mer de la Chine; *le Gange*, qui a aussi environ cinq cent cinquante lieues de cours; *l'Euphrate*, qui en a cinq cents en le prenant depuis la source de la rivière *Irma*, qu'il reçoit; *l'Indus*, qui a environ quatre cents lieues de cours, & qui tombe dans la mer d'Arabie, à la partie occidentale de Guzarat; le fleuve *Sirderoias*, qui a un cours de quatre cents lieues ou environ, & qui se jette dans le lac *Aral*.

ASPE, vallée du département des Basses-Pyrenées, dans le voisinage d'Oleron. Elle commence à la source du Gave, comme beaucoup d'autres vallées, & à la montagne d'*Aspe*, qui lui donne son nom. Elle est située à la frontière, comme tous les pendans des eaux. Je dois indiquer ici comme une découverte remarquable, celle qui s'est faite depuis peu près de la montagne d'*Aspe*, d'une carrière d'albâtre, dont le gisement souterrain est très-étendu. Les échantillons que l'on a vu à Paris sont d'une grande beauté.

ASPECTS DES CÔTES. Il seroit fort utile qu'on *relevât* les côtes des différentes îles voisines des continens, & celles des continens eux-mêmes, & que, dans cette opération, on les figurât de manière à en faire saisir les caractères qui désignent l'ancienne terre, comme la moyenne & la nouvelle, même les cantons volcanisés, les cratères ou les culots dépouillés, les courans de laves, les couches horizontales ou inclinées, les côtes telles qu'elles sont à l'embouchure des rivières avec leurs depôts; enfin, les dunes, les lacs des bords de la mer digués par ces dunes, &c.

Un pareil travail, suivi avec soin & à très-peu de distance des bords de la mer, pourroit contribuer aux progrès de l'histoire naturelle de ces côtes, surtout si on les décrivoit toutes, & qu'on les figurât en même tems sous ces différens points de vue, quand même on n'y comprendroit qu'une certaine lisière à partir des bords de la mer; car une simple reconnoissance suffiroit, ce me semble, si l'on ne pouvoit pas examiner plus en détail le sol & la nature des fossiles dans l'intérieur des terres.

Les formes des montagnes & des collines seroient des objets très-intéressans : une fois bien determinées, elles nous feroient connoître la distribution des pentes qui s'abaissent insensiblement depuis les sommets les plus élevés jusqu'aux plages. Ces observations, faites d'après un plan bien raisonné, donneroient des résultats très-intéressans, surtout lorsqu'elles viendroient se réunir à des centres communs.

Les terres basses que peuvent offrir les bords de la mer ne doivent pas être négligées telles qu'elles se trouvent aux embouchures des rivières; mais il est rare qu'on n'y voie pas des dunes, ou éboulées, ou encore sous forme d'amas de sables réguliers & refoulés par les flots de la mer.

Il est à croire que l'étendue de certaines côtes escarpées nous mettroit sous les yeux toutes les natures de sols & de massifs sous toutes les formes possibles.

On pourroit ainsi mettre à profit les courses des navigateurs, en n'exigeant d'eux que des détails si simples, qu'ils ne pourroient manquer d'être très-exacts, & par conséquent d'une grande utilité. Les observations deviendroient à mesure plus savantes & susceptibles d'applications importantes.

Jusqu'à présent les marins ont relevé & figuré les côtes de la mer, & ils l'ont fait dans les vues de diriger la marche des navigateurs, pour atteindre les ports & occuper les bons mouillages; mais on s'est borné à ces seuls objets, qui, quoiqu'importans, pourroient encore admettre d'autres vues, même toutes celles que nous avons exposées ci-dessus, & qui sont également propres à perfectionner la connoissance des pays maritimes.

Il conviendroit, surtout à mesure qu'on auroit recueilli les connoissances les plus précises sur les côtes, d'en rédiger des *coupes* & des cartes figurées, où seroient indiqués les matériaux & leurs formes. Une mappemonde sur ce plan donneroit une idée générale & très-étendue des différens massifs, de leurs gisemens, de leur allure, & ce travail, qui paroît immense, seroit terminé plus tôt qu'on ne pense. Mais il seroit nécessaire de charger un naturaliste actif de suivre cette besogne, & d'en assurer l'exécution. On pourroit attacher cette place au dépôt de la marine à Paris. C'est là que les échantillons des terres & des pierres seroient déposés, avec la note des côtes d'où ils auroient été tirés par les marins. Tout ceci étant bien classé, bien étiqueté, avec les figures des côtes bien nettes, seroit mis à part, pour servir quand des observations correspondantes viendroient se placer à côté & compléter les premières. C'est par ces moyens qu'on parviendroit à établir de grands ensembles, & à circonscrire les massifs particuliers. Assez souvent les cartes n'offriroient guère qu'un trajet de huit à dix lieues de longueur, suivant que les massifs de l'ancienne ou de la nouvelle terre sembleroient l'exiger. Lorsque le travail des marins seroit plus considérable que ne comportent ces apperçus des côtes, il seroit publié à part, outre celui des côtes, qui figureroit toujours seul sur les cartes.

Jusqu'à présent les vues des côtes ont été réduites à la simple considération des formes prises sous tels angles ou à telles distances : il s'en faut bien qu'elles aient été discutées ou réduites à des principes raisonnés, comme on auroit pu le faire si l'on eût joint, à la considération de l'aspect des côtes, la connoissance de la nature des masses & des circonstances qui ont concouru aux formes qu'il présente.

Par conséquent, en réunissant au premier objet les recherches qui peuvent contribuer aux progrès de l'histoire du Globe, & que j'ai souvent desiré d'y voir réunies, on auroit, ce me semble, perfectionné la méthode des navigateurs ; car il est difficile que deux considérations & deux points de vues raisonnés, comme je le propose, se réunissent sans que les deux méthodes ne se perfectionnent réciproquement, & n'acquièrent des développemens également intéressans de part & d'autre.

ASPHALTE. On donne ce nom à un bitume de Judée, parce qu'on le tire du lac Asphaltide, & par analogie on nomme aussi *asphalte* tout bitume solide.

N°. I. *Asphalte, bitume de Judée.*

Effectivement, le bitume de Judée est solide, friable, d'une couleur tirant sur le noir, & d'une odeur forte ; il s'enflamme aisément ; il s'élève du fond des eaux du lac ou *Mer Morte.* D'abord il est mou & visqueux ; mais avec le tems il s'épaissit, & acquiert plus de dureté que la poix sèche. Les Arabes ramassent ce bitume lorsqu'il est encore liquide, pour goudronner leurs vaisseaux.

Ils lui ont donné le nom de *karabé de Sodome :* le mot *karabé* signifie la même chose que *bitume* dans leur langue. On a aussi donné au bitume du lac Asphaltide le nom de *gomme de funérailles* & *mumie*, parce que, chez les Égyptiens, le peuple employoit ce bitume & le pissasphalte pour embaumer les corps morts. Dioscoride dit que le vrai bitume de Judée doit être d'une couleur de pourpre brillante, & qu'il faut rejeter celui qui est noir & mêlé de matières étrangères. Cependant tout ce que nous en avons aujourd'hui est noir ; mais si on le casse en petits morceaux, & qu'on les regarde à l'opposé du jour, on apperçoit une petite teinte d'un jaune couleur de safran : c'est peut être-là ce que Dioscoride a voulu dire. Souvent on nous donne du pissasphalte durci au feu dans des chaudières de cuivre ou de fer, pour le vrai *bitume de Judée.* On pourroit aussi confondre ce bitume avec la poix noire de Stockholm, parce qu'elle est d'un noir fort luisant ; mais elle n'est pas si dure que le bitume de Judée, & elle a, ainsi que le pissasphalte, une odeur puante qui la fait aisément reconnoître.

N°. II. *Asphalte de Neufchâtel.*

Après avoir fait connoître le bitume de Judée, il me reste à parler des *asphaltes* de nos contrées : c'est ce qu'on trouvera décrit ci-après, dans le Mémoire suivant, où l'on exposera successivement ce qui concerne les mines d'*asphaltes* de Neufchâtel & de la Basse-Alsace.

La première mine d'*asphalte* qui ait été exploitée en Europe est celle de Neuchatel en Suisse ; le bitume en est grenu & grisâtre ; il se trouve renfermé entre des bancs de pierres calcaires. Ce qu'il faut bien remarquer, c'est que cette matière a été stratifiée dans le bassin de la mer en même tems que s'est déposée la matière des bancs de pierre. C'est à M. de la Sablonniere, ancien trésorier des Ligues suisses, que l'on a eu l'obligation de la découverte de cette mine. Les bitumes qu'on en tire, sont de même nature que ceux qu'on extrait des mines de la Sablonnière en Basse-Alsace, avec cette différence que ceux de la mine de Neuchatel ont filtré au milieu de rochers propres à faire de la chaux, & que ceux d'Alsace coulent dans un banc de sable fort profond en terre, où il se trouve entre deux lits d'argile. Le lit supérieur de cette mine est recouvert d'un chapeau de pierre noire qui a deux pieds d'épaisseur, & qui se sépare par feuillets semblables à ceux de l'ardoise. La première glaise qui touche à ce banc de pierres est aussi par feuillets ; mais elle durcit promptement à l'air, & ressemble assez à la serpentine. La mine de Neuchatel en Suisse n'a point été approfondie : on s'est contenté de casser le rocher apparent & hors de terre. Ce rocher se fond au feu, & en y joignant une dixieme partie de poix on forme un ciment ou mastic qui dure éternellement dans l'eau, & qui y est impénétrable; mais il ne faut pas qu'il soit exposé à sec à l'ardeur du soleil, parce qu'il mollit au feu, & durcit au froid. Ces deux mouvemens alternatifs le détachent à la fin de la pierre, & la soudure du joint ne tient plus à l'eau : c'est de ce ciment que le principal bassin du Jardin du Roi a été réparé en 1743. (Depuis ce tems il ne s'est point dégradé.) C'est pareillement de ce mastic ou ciment que l'on a réparé les bassins de Versailles, de Latone, de l'Arc-de-Triomphe & les autres, même le beau vase de marbre blanc qui est dans le parterre du nord à Versailles, sur lequel est en relief le sacrifice d'Iphigénie.

En séparant les bitumes de la pierre à chaux, ils se trouvent pareils à ceux que l'on exploite actuellement en Alsace; mais la séparation en est beaucoup plus difficile, parce que les petites parties de la pierre à chaux sont si fines, qu'on ne peut tirer l'huile pure que par l'alambic, au lieu que les bitumes d'Alsace, qui ont filtré dans un banc de sable, quittent facilement le sable, dont les parties sont lourdes : ce sable, détaché par l'eau bouillante, se précipite au fond de la chaudière, où il reste blanc, & l'huile qu'il contenoit, surnage & se sépare sans peine de l'eau. Pour dire tout ce que l'on sait de la mine de Neuchatel, c'est de celle-là que M. de la Sablonniere a fait le pissasphalte avec lequel il a caréné, en 1740, *le Mars & la Renommée*, vaisseaux de la compagnie des Indes, qui sont partis de l'Orient, le premier pour Pondichery, & le second pour Bengale. Il est vrai que ces deux vaisseaux ont perdu une partie de leur carêne dans le voyage; mais ils sont revenus à l'Orient moins piqués de vers que les autres vaisseaux, qui avoient eu la carêne ordinaire. Il n'est pas nécessaire d'en dire davantage sur la mine de Neuchatel.

N°. III. *Asphalte de Basse-Alsace.*

Revenons à la mine d'Alsace : le bitume y réside entre deux lits d'argile. Ce qui donna lieu à la découverte de cette mine d'*asphalte* est une fontaine dont l'eau, quoique claire & limpide, sentoit un peu le goudron, parce qu'elle étoit chargée de parties bitumineuses : il s'élevoit à la surface de cette eau un bitume noir, & une huile rouge qui surnageoit en plus grande abondance pendant l'été qu'en hiver. On pouvoit en recueillir dix à douze livres par jour : c'est ce qui avoit fait donner à cette fontaine le nom de *Backelbroun* ou *fontaine de poix*. La mine qu'on fouille, s'étend à six lieues à la ronde. Les veines d'*asphalte* qu'on rencontre dans cette circonférence ont quelquefois six pieds d'épaisseur en certains endroits, dont les unes sont à trente, & les autres à soixante pieds de profondeur.

Après ces considérations générales sur la mine de bitume d'Alsace, nous allons suivre M. de la Sablonniere dans l'exposition de ses travaux.

« Parmi plusieurs auteurs anciens qui ont écrit sur les qualités & les propriétés des eaux de la fontaine de Backelbroun, on doit distinguer le fameux docteur Jacques-Théodore de Saverne, médecin de la ville de Worms, lequel en fait un éloge infini : son livre est en allemand, imprimé à Francfort en 1588; il traite des bains & des eaux minérales, & dit des choses admirables de la fontaine nommée *Backelbroun*. Il est vrai que les eaux de cette fontaine ont de grandes propriétés, & que tous les jours elles opèrent des guérisons surprenantes : les gens du pays en boivent avec confiance quand ils sont malades. Si cette fontaine s'étoit trouvée à portée de la ville de Londres quand les eaux de goudron y ont eu une si grande vogue, ses eaux seules auroient fait un revenu considérable. Il est constant que c'est une eau de goudron naturel, qui ne porte avec elle que des parties balsamiques : elle sent peu le goudron; elle est claire comme l'eau de roche, & n'a presque pas de sédiment; cependant elle réchauffe l'estomac, tient le ventre libre, & donne de l'appétit en en buvant trois ou quatre verres le matin à jeun : il y a des gens qui n'en boivent jamais d'autre, & se portent à merveille. Les bains de cette eau sont très-bons pour la gale & les maladies de la peau.

» C'est cette fontaine qui a indiqué la mine d'*asphalte* dont nous venons de parler; elle charie dans ses canaux souterrains un bitume noir & une huile rouge, qu'elle pousse de tems en tems à la superficie des eaux de son bassin : on les voit monter à tous momens, & former des bouillons : ces huiles & ces bitumes s'étendent sur l'eau, & on en peut ramasser tous les jours dix à douze livres, mais plus en été qu'en hiver. Quand il y en a peu, & que le soleil donne sur la fontaine, ces huiles ont toutes les couleurs de l'arc-en-ciel; ce qui fait croire que si elles se répandoient sur des tufs durs & propres à se pétrifier, elles les veineroient comme des marbres. Le bassin de cette fontaine a douze pieds de diamètre dans un sens, sur quinze dans un autre : c'est une espèce de puisard, qui est revêtu entiérement de bois de chapente; il a quarante-cinq pieds de profondeur. La tradition du pays dit qu'il a été creusé dans l'espérance d'y trouver une mine de cuivre & d'argent : on en trouve effectivement des indices par les marcassites qui sont au fond de la fontaine. M. de la Sablonniere l'a fait vider : l'ouvrage en bois étoit si ancien & si pourri, qu'une partie a croulé avant que la fontaine ait été remplie de nouveau; elle coule cependant à l'ordinaire, & jette son bitume comme auparavant.

» A cent soixante toises de cette fontaine, au nord, M. de la Sablonniere a fait creuser un puisard de quarante-cinq pieds de profondeur, qu'il a fait revêtir en bois de chêne : il s'y est rencontré plusieurs veines d'*asphalte* ou bitume, mais peu riches. Celle qui s'est trouvée à quarante-cinq pieds est fort grasse ; elle est en plature, mais cependant ondée dans sa partie supérieure, c'est-à-dire, qu'elle a quelquefois six pieds d'épaisseur, & quelquefois elle se réduit à moins d'un pied, puis elle augmente de nouveau : sa base est toujours sur une ligne droite horizontale de l'est à l'ouest, & qui plonge du midi au nord. A sa partie supérieure est une espèce de roc plat, d'un pied d'épaisseur, par feuillets comme l'ardoise ; il tient par-dessus à une terre glaise qui ressemble assez à la serpentine.

» A sa partie inférieure se trouve un sable rougeâtre, qui ne contient qu'une huile moins noire que celle de la mine, plus pure & plus fluide, mais qui a cependant toutes les mêmes qualités : ce sable rouge sert à faire l'huile de pétrole, de même que le rocher qui se trouve hors de terre, & qui a la même couleur.

» Pour donner une idée de cette mine, il est nécessaire de dire qu'elle est d'une étendue immense, puisqu'elle se découvre à près de six lieues à la ronde. Depuis l'année 1740, que M. de la Sablonniere y a fait travailler, on n'en a pas vidé la huitième partie d'un arpent à un seul lit, qui est actuellement de soixante pieds environ plus bas que la superficie de la terre, & l'on n'a pas touché aux trois lits ou bancs qui sont supérieurs à celui où l'on a travaillé : ce lit est de soixante pieds plus élevé que celui que l'on a découvert au fond de la fontaine dite *Backelbroun*, & il s'en trouve deux lits entre l'un & l'autre ; mais il y a grande apparence qu'à plus de cent pieds au dessous de ce dernier lit, on rencontreroit plusieurs bancs infiniment plus riches & plus gras : on en juge par ce qu'on a découvert avec la sonde, & par l'huile que cette fontaine charie au fond de sa source : on y trouve aussi quelques morceaux de charbon de terre, qui font soupçonner qu'on en découvriroit de grandes veines à mesure que l'on s'enfonceroit.

» On observe dans ces mines, que le bitume se renouvelle, & continue de couler dans les anciennes galeries, que l'on a vidées de mine & remplies de sable & d'autres décombres : ce bitume pousse en montant, & non en descendant ; il pénètre plus facilement dans le sable que dans la glaise, & coule avec l'eau partout où elle peut passer ; ce qui fait que, plus la mine est riche, & plus on est incommodé par les sources. Pour remédier à cet inconvénient, qui est coûteux, on a pris le parti de suivre une route opposée dans le travail : les galeries ayant été conduites d'abord du midi au nord, on a fait des parallèles du nord au midi. On a eu par ce moyen beaucoup moins de frais : la mine plongeant au nord, en suivant la ligne du midi, les eaux ont coulé naturellement dans les puisards.

» Pour tirer de cette mine une sorte d'oing noir, dont on se sert pour graisser tous les rouages, il n'y a d'autre manœuvre que de faire bouillir le sable de la mine pendant une heure dans l'eau : cette graisse monte, & le sable reste blanc au fond de la chaudière. On met cette graisse sans eau dans une grande chaudière de cuivre, pour s'y affiner & évaporer l'eau qui peut y être restée de la première opération.

» On tire du rocher & de sa terre rouge, une huile noire, liquide & coulante, qui est de l'huile de pétrole : cette opération se fait par le moyen d'un feu de dix à douze heures. La mine ou le rocher se met dans un grand fourneau de fer bien luté, & coule *per descensum* : on peut faire de ces huiles en grande quantité.

» L'huile rouge & l'huile blanche sont tirées *per ascensum*, & sont très-utiles en médecine, & surtout en chirurgie, pour guérir les ulcères & toutes les maladies de la peau. » (*Voyez* BITUME & PISSASPHALTE.)

N°. IV. *Asphalte de l'ancien diocèse d'Alais.*

Cette matière bitumineuse est fort abondante dans une contrée de l'ancien diocèse d'Alais : on y voit régner auprès de Servas, sur une colline d'une grande étendue, un banc de pierre dans l'état de marbre, qui pose sur un lit de terre & qui en est couvert. Ce marbre est naturellement blanc ; mais sa couleur est si fort altérée par l'*asphalte* qui le pénètre, qu'il est, vers sa surface supérieure, d'un brun-clair, ensuite très-foncé, à mesure que le bitume approche du bas du rocher. Le terrain de dessous n'est pas pénétré de bitume, à l'exception des endroits où la tranche du banc est exposée au soleil : il en découle en été du bitume qui a la couleur & la consistance de la poix noire végétale : il en surnage sur les eaux d'une fontaine voisine ; ce qui leur communique un goût désagréable. On leur attribue des qualités médicinales, qui ne sont point de mon objet.

Dans le fond de quelques ravins, & au dessous du banc pénétré d'*asphalte*, on voit des lits alternatifs de sable & de charbon de pierre, tous parallèles à l'horizon. Les matières sabloneuses ne sont guère liées ensemble : on y voit parmi un grand nombre de petits turbinites entiers & peu altérés. Les couches de charbon ne sont mêlées d'aucune matière étrangère : leur surface est seulement couverte d'une légère couche de coquillages tout écrasés & aplatis, & qui malgré cela ont conservé leur vernis naturel.

Il ne faut pas confondre ce charbon fossile, qu'on prendroit pour du bitume de Judée, avec le charbon de terre. Le charbon fossile flambe beaucoup plus que l'autre, & donne une odeur fétide & approchante de celle de la poix brûlée, & toute pareille à celle de l'*asphalte* du banc de marbre qui est au dessus, & qui s'enflamme aussi facilement.

On doit regarder comme une suite du terrain bitumineux de ce canton, la qualité des fontaines minérales d'Iouzet & de Saint-Hippolyte, qui y coulent. Le bitume s'y manifeste au goût & à l'odorat, surtout dans les vases noires qu'elles déposent.

On voit par ces détails, 1°. que les matières bitumineuses ont été déposées au milieu de plusieurs substances, & en état d'*asphalte*, dans le bassin de la mer, puisque ces substances se trouvent par bancs horizontaux;

2°. Que les charbons fossiles sont des matières analogues à celle de l'*asphalte*, & les accompagnent;

3°. Que les eaux minérales chargées d'*asphalte* prouvent que, dans ce canton, il y en a plusieurs dépôts semblables à celui qui se trouve renfermé dans le banc de marbre. (*Mémoires de l'Académie des sciences, année* 1746.)

N°. V. *Asphalte des environs de la Sock, en Russie.*

La première source d'*asphalte* qu'on remarque le long de la Sock, est située dans la contrée montagneuse où le ruisseau de Baitugan prend son origine, & à peu de wersts de distance du village de Baituganbasch, sur le flanc d'une montagne qui paroît être la plus haute de cette contrée, & qui est placée précisément entre les deux sources du ruisseau. On a donné un peu plus de jour à cette source d'*asphalte*, & l'on a creusé, dans la pente de la montagne, une fosse en forme de chaudière, qui a trois pieds environ de diamètre, & autant de profondeur. L'eau augmente dans cette fosse sans mouvement apparent, & s'écoule insensiblement dans le ruisseau qui passe auprès. Quoique cette source ne bouillonne point en sortant de terre, elle ne gèle jamais, même dans les hivers les plus rigoureux; & s'il arrive que la neige vienne à la couvrir, on prétend que les vapeurs bitumineuses que cette eau exhale, & qui frappent d'assez loin l'odorat, se pratiquent, en très-peu de tems, une ouverture au travers de cette neige. L'eau de cette source n'a point cependant un degré de chaleur extraordinaire; car, dans le tems que M. Pallas visita cette contrée (le 13 octobre 1768), le thermomètre qui étoit descendu en plein air, par une matinée fort froide, à 160 degrés, n'étoit remonté dans l'eau que jusqu'à 138.

L'eau se couvre, dans le petit bassin dont nous avons parlé, d'un *asphalte* noir très-tenace & très-gluant, qui a la couleur & la consistance d'un goudron épais, & qui, toutes les fois qu'on l'enlève, se forme de nouveau en peu de jours. Quoiqu'il n'y eut que quinze jours environ que tout l'*asphalte* eût été enlevé du bassin lorsque M. Pallas s'y rendit, il put néanmoins en faire prendre environ six livres, sans compter tout ce qui, vu sa ténacité, s'étoit attaché à différens corps étrangers. Il y en avoit au-delà d'un doigt d'épaisseur attenant à la montagne; mais cette épaisseur alloit toujours en diminuant jusque vers l'écoulement du bassin; ce qui prouveroit que l'eau en entraîne toujours une partie en s'écoulant. Toute la cavité de la source est tapissée de cet *asphalte*, & le lit de terre dans lequel sa cavité se trouve, & qui s'étend vraisemblablement bien avant dans la montagne, en est entiérement pénétré. Après qu'on a tout-à-fait enlevé l'*asphalte* de dessus la surface de l'eau, on la voit se couvrir encore d'une huile de pétrole singuliérement fine, très-forte & très-pénétrante, qui, quoiqu'en petite quantité, s'enflammeroit très-facilement sur la surface de l'eau qu'on tireroit du bassin avec cette huile.

Il résulte de cette description, que cet *asphalte* devroit, à parler strictement, être appelé *goudron de montagne* (*bitumen maltha* Linn.), ou *poix minérale*, dont il a toute la ténacité; mais la seule différence entre ces deux fossiles inflammables pourroit bien ne venir que de leurs différens degrés de consistance, & selon que l'huile de pétrole, qui en compose la base, se trouve plus ou moins chargée de parties terrestres ou d'autres matières minérales nécessaires à sa condensation, ainsi que Vallerius l'avance, avec assez de probabilité, dans sa *Minéralogie*. L'huile de pétrole, qui surnageoit après que le goudron de montagne eut été séparé de l'eau, paroît être aussi la base de ce goudron, ainsi qu'elle l'est de l'*asphalte*. Cette couche de terre pénétrée de cette poix minérale nous fournit des données très-concluantes sur l'origine des schistes combustibles, ainsi que de celle de la houille ou charbon de terre; & cette eau, chargée des parties oléagineuses de la mine, est analogue à cette eau mêlée de pétrole dont parle Vallerius dans son *Hydrologie*.

L'eau même qui, comme plusieurs expériences l'ont fait voir, s'est chargée de quelques parties inflammables, donne, à la solution de tournesol, une teinte de rouge, & conserve le goût & l'odeur de l'*asphalte* au plus haut degré. Les Tschuwasches & les Tartares des environs, non-seulement se gargarisent avec cette eau, & en boivent lorsqu'ils ont des aphtes & autres abcès de ce genre dans la bouche ou dans la gorge, mais ils font même provision d'*asphalte* liquide, & l'emploient, en nombre de cas, comme remède domestique. Ils en appliquent surtout sur des blessures toutes fraîches, qu'il guérit très-promptement. Ils en font encore un onguent avec du beurre, qui doit être d'une singulière efficacité dans toutes sortes d'ulcères. Ce qu'il y a de plus particulier, c'est l'usage qu'ils en font intérieurement. On en fait cuire une médiocre cuillerée dans du lait, qui prend alors la consistance d'une crême épaisse. On prend ce remède tout chaud dans les coliques opiniâtres ou autres douleurs internes, ou quand

on

on croit s'être dérangé quelque chose dans le corps par un effort violent, comme aussi dans les maladies secrètes. Le malade tombe, après l'avoir pris, dans une espèce d'étourdissement, & éprouve, comme on peut se l'imaginer, une violente chaleur. Son urine, dont il se fait une abondante évacuation, en contracte une odeur très-forte. On dit encore que les paysans s'en servent en guise de vieux oing. Il est possible que cela arrive quand ils en ont en superflu; mais ils sont rarement dans ce cas. Au surplus, l'*asphalte* de ce pays est si pénétrant malgré sa ténacité, que celui que M. Pallas conservoit en un lieu froid, dans des boîtes de bois très-épaisses, pénétra au travers de ces boîtes & des planches d'un pouce d'épaisseur sur lesquelles il les avoit posées. Ainsi l'on pourroit peut-être en composer un enduit très-utile pour empêcher le bois de se pourrir, & préserver les planches des vaisseaux des vers de mer, qui leur sont si nuisibles.

N°. VI. *Asphalte qui se trouve dans la province de Daruab, au pied d'une montagne escarpée de la grande chaîne du Caucase.*

Kempfer parle d'un bitume qui sort en très-petite quantité d'un rocher fort dur, & se ramasse à la surface des pierres. Ce bitume, par sa couleur, sa ténacité, sa ductilité, ressemble à la poix des cordonniers. Quand il tient encore à la pierre, il a une certaine solidite; mais échauffé dans la main, il prend toutes les formes qu'on veut lui donner. Il a peu d'odeur, & dans toute sa substance il est assez semblable à la mumie d'Egypte.

Nous renvoyons à l'article BITUME l'énumération raisonnée de tous les différens pays de la France où l'on a trouvé de la *poix minérale fossile* en divers états & gîtes.

ASPHALTIDE (Lac), lac de Judée, ainsi nommé à cause de l'asphalte ou bitume qui vient nager à la surface de ses eaux après s'être détaché du fond ou des bords de son bassin. Ce lac porte aussi le nom de *Mer-Morte*, parce qu'on a cru que les poissons ne pouvoient y vivre, & qu'on n'appercevoit sur ses bords aucun oiseau aquatique.

Ce lac reçoit les torrens d'Arnon, de Debbon & de Zored. Le Jourdain le traverse dans sa plus grande longueur, qui est de cent mille pas: il en a vingt à vingt cinq mille de largeur. Comme ce lac est de la classe de ceux qui sont dans le lit des fleuves, je serois porté à croire, d'après les observations de quelques naturalistes, que la digue de ce lac a été formée par quelques courans de laves; car ces naturalistes m'ont assuré avoir ramassé des laves compactes à l'endroit même où le Jourdain débouche du lac. J'ajouterai ici que le bassin de cette mer occupe l'ancienne vallée du Jourdain, élargie par les embouchures des torrens dont j'ai parlé ci-dessus. La forme de ce bassin, qui a quatre fois plus de longueur que de largeur, annonce que ce bassin a été l'ancienne vallée du Jourdain élargie. Ce lac doit être mis, ainsi que nous l'avons dit, dans la classe de ceux qui occupent les vallées des fleuves, & dont le bassin est l'ouvrage de leurs eaux, qui ont creusé cette portion de vallée en même tems que les autres, qui se trouvent au dessus & au dessous, ont été approfondies par les torrens.

Quant au bitume qui se trouve nager dans les eaux du lac, il est visible qu'il se détache de ses bords & du fond, tant par le mouvement de ses eaux, que par l'action de la chaleur qui, lui donnant une certaine mollesse, le fait transsuder à travers les ouvertures par où il coule, comme on reconnoît que cette transsudation a lieu par les fentes des rochers qui ne sont pas couverts d'eau.

Ce lac est aussi appelé dans la Bible, *Mer de sel, Mare salis, Mare salsissimum.*

Depuis long-tems on avoit reconnu que l'eau de ce lac étoit très-chargée de sel; aussi cette eau, quoique très-limpide & inodore, est d'une saveur âcre, piquante & amère, qu'elle doit à la quantité de sel marin qu'elle tient en dissolution. Elle est si considérable, que cette eau, gardée en bouteille, y dépose souvent des cristaux réguliers de sel marin, qui s'attachent au fond. Effectivement, par une analyse faite avec soin de cette eau, on a trouvé qu'un quintal contenoit quarante-cinq livres de sel marin, dont six & demie de sel marin ordinaire, seize & demie de sel marin à base terreuse, & vingt-deux de sel marin à base de terre magnésienne. C'est uniquement à ces sels que cette eau, comme celle de la mer, doit son amertume. C'est donc sans aucun fondement que quelques auteurs ont attribué au bitume qui nage sur l'eau du lac *Asphaltide*, qui sort de ses bords ou du fond, le goût amer & désagreable qu'elle a.

La pesanteur spécifique de cette eau est, avec celle de l'eau distillée, dans le rapport de 5 à 4. Cette pesanteur extraordinaire fait que le bitume de Judée, qui se précipite au fond de l'eau ordinaire, nage à la surface de l'eau du lac *Asphaltide*.

La détermination de la pesanteur spécifique de l'eau du lac *Asphaltide* peut servir à apprécier la prétention des écrivains qui ont soutenu que rien ne tomboit au fond de son bassin. Nous ne pouvons douter en conséquence des résultats de l'expérience que fit l'empereur Vespasien, en ordonnant qu'on y jetât des hommes qui ne savoient pas nager, lesquels furent constamment repoussés à la surface de l'eau.

ASQUES, village du département des Hautes-Pyrénées, arrondissement de Bagnères. Il y a aux environs une mine de plomb située au quartier du Goûté-de-la-Soule, à douze toises environ au dessus du chemin qui conduit au quartier de Pailhas.

Assises des carrières. C'est, en architecture, un rang de pierres de même hauteur, placé, soit de niveau, soit rampant. Ceci me paroît une imitation de la nature, où nous trouvons des couches naturelles de pierres qui ont fourni les premiers modèles de ces constructions, tant par rapport à la disposition des matériaux, que par rapport à leur forme & à leur nature.

Il y a telle couche de pierres calcaires, tel banc qui a reçu de la nature le plus bel appareil & la disposition la plus régulière par l'effet de la dessiccation, en conséquence de la finesse du grain de cette substance. La séparation des lits horizontaux s'y trouvant très-nette, & dirigée sur une même ligne, il en résulte une *assise* naturelle, qu'on peut regarder comme le modèle de nos constructions.

Il n'est donc pas étonnant que, dans l'appareil des pierres, on ait suivi deux dispositions très-essentielles : la première, le gisement des pierres dans le sens des dépôts successifs, formés par les eaux de la mer; la seconde, les coupures latérales, qui, dans ces mêmes couches, sont les effets de la dessiccation, & ont divisé verticalement des bancs primitivement continus. C'est surtout dans les cantons & dans les couches de pierres de Cos à grain fin, que l'on voit tous ces phénomènes, & qu'on en saisit les circonstances avec plus d'avantage. Je pourrois indiquer de grandes suites de ces couches aux environs de Chaumont en Bassigny, à Vermanton en Bourgogne, à Châteauroux, à Châtelleraut, & dans les intervalles de ces différentes villes; proche Verteuil & Mansle en Angoumois, & dans tous les environs : c'est là surtout qu'on peut voir & étudier tous les détails dont nous avons parlé, & en tirer les conséquences que nous avons exposées dans cet article.

Assises de Judica. Les rochers qui composent cette montagne sont formés de très-bonnes pierres, distribuées par *assises* qui semblent avoir été appareillées & posées de main d'hommes : elles offrent l'apparence d'un mur qui présente l'assemblage d'*assises* exactement de niveau & bien parallèles entr'elles, sur une grande hauteur; elles ont des joints bien perpendiculaires à l'horizon & aux lignes d'*assises*.

ASSON, village du département des Basses-Pyrenées, arrondissement de Pau. Il y a à *Asson* une forge de fer. Les mines qu'on y emploie, sont situées à la montagne de Loubie, sur la rive gauche de Louzon. Sous l'église d'*Asson* il y a des masses de pierres calcaires grises, qu'on doit considérer comme un marbre grossier. Entre ce village & le pont de la Tape, on voit des couches de schistes presque verticales, qui se détachent par lames, & des masses d'ophites. Il y a une grosse forge de fer à Saint-Paul, dépendance d'*Asson*. Elle est située sur la rivière de Louzon, à six cents toises du village. La mine qu'on y emploie, est située à la montagne de Loubie. A une petite distance sud de la forge, il y a du schiste mol, &, à côté, des bancs de marbre gris.

ASSOUSTE, village du département des Basses-Pyrenées, arrondissement d'Oleron. A Aigues-Caudes, près d'*Assouste*, on trouve des eaux chaudes minérales, & aux environs, des ardoises argileuses.

ASTABAT, ville d'Asie, dans l'Arménie, sur les frontières de l'Araxe. Son territoire produit d'excellent vin, & la campagne d'alentour est arrosée d'un grand nombre de ruisseaux qui en rendent le sol extrêmement fertile : aussi chaque habitation de la ville a sa fontaine & son petit jardin. C'est le seul pays où croît la racine de ronas, qui a la même grosseur que celle du réglisse, & qui sert à donner une belle couleur rouge à toutes les toiles qui viennent de l'Indostan. Les caravanes d'Ormus, qui font le commerce de *ronas*, vont sans cesse d'Ormus à *Astabat*, & dans toutes les saisons.

ASTAMAR, grand lac en Arménie & dans les environs des sources de l'Euphrate; il est sur la pente des terrains qui servent surtout à verser les premières eaux dans les bassins de l'Euphrate & du Tigre.

ASTE, village du département des Basses-Pyrenées, arrondissement d'Oléron. C'est de ce territoire que se tirent les beaux mâts de navire dont on fait usage à Bayonne. Au nord de ce village, du côté de Bielle, il y a des bancs de marbre gris, & des couches de pierres calcaires. On a ouvert entre *Aste* & Bielle une carrière d'ardoise qu'on emploie rarement, à cause de sa mauvaise qualité. A une petite distance au sud de ce village, les montagnes sont composées d'un marbre gris & dur : il y a d'ailleurs près d'*Aste* une mine de fer spathique & en petites lames. La même mine se trouve encore du côté de Loubie, à la montagne d'*Aste*, sur la côte orientale du ruisseau de Sourde.

ASTRACAN (Gouvernement d'), dans la Tartarie moscovite; il renferme une partie de la côte orientale & septentrionale de la mer Caspienne. La chaleur y est si forte en été, que, suivant les observations faites par M. Leich à *Astracan*, elle y a surpassé quelquefois le 100e., & même le 103e. degré du thermomètre de Fahrenheit : il y pleut très-rarement en été, & quand la pluie a lieu, elle ne dure pas plus d'un quart d'heure. Il règne, depuis le commencement de mai jusqu'à la fin d'août, un vent qui tempère la chaleur, laquelle sans cela seroit, comme nous l'avons dit, insupportable. Ce pays seroit totalement stérile sans les débordemens du Wolga. D'ailleurs, les terrains bas, voisins des bords de ce fleuve, du Don & du Jaik, sont d'une grande fertilité, & donnent d'excellens pâturages. Le froment n'y réussit pas, & les habitans en font venir par eau, de Casan, ce qui leur est nécessaire pour leur consommation. Quant aux fruits de différentes espèces, ils y viennent en grande quantité, & sont d'une grande beauté : on y cultive surtout des melons de très-bon goût, des citrouilles & des concombres, qui ont une demi-aune de longueur. Le mûrier y vient bien, & l'on pourroit obtenir, avec plus d'attention, de bonnes récoltes de soie.

Le premier vignoble des environs d'*Astracan* fut planté en 1613 : on se servit de plants venus de Perse. Depuis ce tems la culture de la vigne s'est fort étendue, & le raisin vient d'une grosseur extraordinaire; il est d'un goût exquis, & il donne un vin excellent. On cultive aussi le coton à *Astracan*. Enfin, il croit dans les vastes bruyères des environs, des fleurs, des plantes médicinales & potagères.

En remontant le Wolga on trouve une quantité prodigieuse de racines de réglisse, dont les tiges sont souvent plus grosses que le bras, & croissent à la hauteur d'une aune : on l'arrache en grande quantité pour en extraire ce qu'on appelle le *jus de réglisse*, que l'on prepare dans les apothicairies d'*Astracan*.

Les bruyères ou déserts voisins d'*Astracan* contiennent plusieurs lacs ou mares d'eau salee, où le sel repose au fond de l'eau en forme de cristaux, ou bien surnage comme des glaçons. Tout le terrain qui environne *Astracan* est tellement imprégne de sel, qu'on n'y trouve d'eau douce nulle part, à quelque profondeur qu'on creuse. Aujourd'hui la cour de Russie empêche qu'on enleve ce sel; elle s'en réserve à elle seule le debit. Le plus connu des lacs sales est celui d'*Elton*. On dépose le sel dans des magasins situés sur le Wolga, & de là il est dispersé par le commerce dans les diverses contrées des environs.

Les Kalmouks & les Tartares Nogais se répandent pendant l'été sur les bruyeres, qui sont remplies d'oiseaux, de gibier & de betail : les Tartares y entretiennent de grands troupeaux. On y trouve aussi une espece de chevres sauvages, qui portent de petites cornes recourbées; une sorte de rat qui donne presque la même odeur que la civette, & qui se tient sur les rives du Wolga; des aigles, des perdrix, des faisans, des gelinotes, &c. Le poisson de toute espèce y est abondant & à bon prix. Les villes principales de ce gouvernement sont *Astracan*, *Krosnajar*, *Jenatajowska*, *Tschernoijar*, *Zarisin*, *Saratow*, *&c.*

Les îles formées par le Wolga aux environs de cette ville sont extrêmement fertiles : les melons d'eau, les pommes, les poires, les cerises & les abricots y croissent en abondance, & tous ces fruits y sont d'une qualité excellente.

La chaleur & la secheresse du climat produisent une multitude de cousins & de moucherons qui infestent tout le pays; mais on en est fort souvent débarrassé au moyen d'un vent qui s'élève de la mer Caspienne, & se répand sur toutes les terres des environs : ces insectes sortent des marais voisins, qu'une grande quantité de roseaux couvre & rend inaccessibles.

Le froid est fort grand pendant l'hiver dans ces contrées, & quoiqu'il ne dure pas plus de deux mois, on voit pour lors le Wolga couvert de glaçons qui se prennent facilement, & de manière à porter des traîneaux.

On ramasse, à un mille au dessous d'*Astracan*, une grande quantité de sel marin : on creuse pour cela de grandes fosses qui se remplissent d'eau, & après que la chaleur du soleil l'a fait évaporer, le sel se trouve au fond en cristaux d'une grande pureté. On les casse : on les embarque ensuite sur la rivière, dans des vaisseaux de cinq à six cents tonneaux.

ASTURIE, province d'Espagne, qui se divise en deux contrées séparées, designées sous les noms d'*Asturie d'Osviedo* & d'*Asturie de Santillane*.

Le pays est inegal, & couvert au midi par de hautes montagnes qu'on peut considérer comme les branches des Pyrenées, & sont separées par ces barrières naturelles des royaumes de Leon & de Vieille-Castille : toutes ces montagnes sont couvertes de vastes forêts. Les parties du territoire qui sont défrichées produisent assez de blé, beaucoup de fruits & d'excellent vin. L'air y est bon. On y trouve plusieurs mines d'or, de chrysocolle, d'azur & de vermillon; mais les productions les plus remarquables sont les chevaux, dont la bonté & la vitesse, si estimées par les Romains, soutiennent toujours la même réputation. Les villes principales sont *Osviedo*, *Santillane* & *San-Andero*.

ATACAMA, ville & port de mer dans l'Amérique méridionale, au Perou, proche le tropique du Capricorne.

ATACAMA, montagnes d'Amérique, qui séparent le Pérou du Chili; elles sont situées entre la ville & le desert d'*Atacama*.

ATACAMA, grand désert à l'extrémité méridionale du Pérou & au nord du Chili, entre la grande mer du Sud & les Andes à l'orient. Le pays est si aride, que les mules y périssent faute d'eau & d'herbe : il n'y a, l'espace de quatre-vingts lieues, qu'une sorte de rivière d'un cours intermittent, & qui s'arrête toutes les nuits. On attribue la cause de ce phénomène à l'action du soleil, qui le jour fond les neiges, dont les eaux se gèlent de nouveau pendant la nuit. Les Indiens ont donné à cette rivière une dénomination qui la caractérise. C'est au milieu de ce désert qu'on rencontre ces terribles montagnes qui séparent, comme nous l'avons indiqué ci-dessus, le Pérou du Chili, & qui sont couvertes de neiges dans toutes les saisons. Au-delà des montagnes, le pays est fort tempéré. On a trouvé une route plus commode pour franchir ces montagnes; c'est de suivre la côte, qui n'offre pas à beaucoup près les mêmes déserts que l'intérieur du pays : on y trouve même quelques ports.

ATHOS, grande & fameuse montagne d'Europe, sur les côtes maritimes de la Macédoine, vers l'ancienne Thrace ou Romanie moderne, dans une presqu'île dont elle occupe toute la longueur, & des deux côtés de laquelle se forment *il golfo di Contessa*, *sinus simonicus*, & *il golfo di Monte-Santo*, *sinus singiticus*. On donne communément à cette presqu'île quarante lieues de circuit, & autant à la base de l'*Athos*. Ce mont est compté dans le nombre des plus considérables inégalités convexes qui soient sur la surface du globe : c'est une chaîne de plusieurs sommets, & pour ainsi dire de plusieurs étages, parmi lesquels il en est un qui, par sa hauteur & ses habitations, attire surtout l'attention des curieux : c'est celui que l'on appelle proprement *l'Athos* & *Monte-Santo*. Sa hauteur n'a point encore été mesurée comme celle du pic de Ténériffe, du Chimboraço, du Saint-Gothard & du Canigou; mais on la conclut par l'étendue de l'ombre qu'elle fait : cette étendue fut déjà observée par les Anciens. Pline & Plutarque rapportent qu'au solstice d'été, vers l'heure du coucher du soleil, la place du marché de Myrrina, dans l'île de Lesbos, aujourd'hui Stalimène, recevoit l'ombre de l'*Athos*. Des observations faites depuis ont confirmé le fait, & l'on sait que, de cette île à cette montagne, il y a dix-sept à dix-huit lieues de distance.

Les environs de l'*Athos* contenoient autrefois les cinq villes de Cléonée, de Thysres, d'Akrothom, d'Olophixus, de Dion, & nombre de maisons de campagne fort jolies, où se retiroient les anciens philosophes de la Grèce, à cause de la salubrité de l'air, de l'aspect riant & majestueux de ses coteaux, & des mers qui les environnoient. A ce peuple de philosophes ont succédé vingt-deux couvens de moines grecs, & une multitude d'hermitages & de grottes sanctifiées, mais puantes & mal-saines : ces couvens sont entourés de murs & de fossés pour la plupart capables de résister aux coups de main des corsaires, dont ils sont souvent menacés. On y compte environ six mille religieux sous la protection du bostangi-bachi, & sous les yeux d'un aga qui relève du bacha. Les présens qu'ils font à celui-ci montent à près de 50,000 liv. par an, & la contribution qu'ils paient à la Porte ottomane est de la même somme : ce sont les aumônes qu'ils reçoivent de l'église grecque en général, & des hospodars de Valachie & de Moldavie en particulier, qui, conjointement avec le produit des pâturages de la montagne, les mettent en état de fournir à leur contribution. Ces moines vivent d'ailleurs dans une très grande pauvreté, & sous des règles très-austères. Quelques-uns d'entr'eux se vouent à l'étude & à la contemplation; mais le plus grand nombre travaille de ses mains ou mendie. Il y a pour eux un marché public qui se tient tous les samedis, sous la présence de l'aga, dans un endroit de la montagne, nommé *Kareis* : c'est là qu'ils font échange entr'eux de pain, de fruits, de légumes, de couteaux, d'ustensiles & de petites images. Toute viande leur est sévérement interdite, aussi bien que toute communication avec les femmes. On prétend que tous parviennent à un âge fort avancé; ce qui n'est pas difficile à croire, d'après la description du pays qu'ils habitent, & de la vie sobre qu'ils mènent. C'est aujourd'hui une des plus grandes curiosités de la Grèce moderne, que le voyage du mont *Athos*.

ATLANTIQUE (Mer). Nous allons nous occuper ici de la division d'une partie des grandes mers qui séparent nos continens, & qui doit comprendre l'*Océan atlantique*.

La partie de l'*Océan atlantique*, comprise entre le cercle polaire arctique & le tropique du Cancer ou du tropique du nord, sera indiquee dans cet article sous le nom d'*Océan atlantique septentrional*. Nous tâcherons d'en faire connoître les divers caractères physiques.

Celle qui est renfermée entre les deux tropiques, & qui se trouve partagée par l'équateur ou la ligne équinoxiale, sera désignée sous la dénomination d'*Océan atlantique équinoxial*, & celle qui s'étend du tropique du Capricorne ou tropique du sud, jusqu'au cercle polaire antarctique, sera décrite sous le nom d'*Océan atlantique méridional*. Ces deux dernières parties d'un Océan si intéressant, & que nous parcourons avec des avantages infinis, méritent la plus grande attention.

Après avoir subdivisé l'*Océan atlantique* en trois bandes ou zônes qui correspondent aux deux zônes tempérées & à la torride, il reste de côté, au nord & au sud, une portion de sphère, dont un pôle est le sommet, & que nous avons limitée par un *cercle polaire* : les glaces qu'ils occupent, ou perpétuellement, ou une partie de l'année seulement, semblent indiquer la dénomination qu'il convient de donner aux extrémités de l'*Atlantique*, qui couvrent ces calottes.

Ainsi nous avons déjà décrit, dans deux articles séparés, ces portions de sphère sous la désignation de l'*Océan glacial arctique*, celle qui environne le pôle boréal, & d'*Océan glacial antarctique*, celle qui environne le pôle austral. Nous avons fait voir que l'Océan glacial arctique se trouvoit resserré dans des limites assez étroites; qu'il communiquoit seulement par le canal que laissent entr'elles les côtes de Lapponie & du Nouveau-Groënland, & qui est embarrassé par les îles du Spitzberg & de l'Islande. Il n'en est pas de même dans l'hémisphère du sud : une vaste mer occupe la *calotte australe*. Toute cette partie de l'*Océan atlantique*, qui paroît être le vrai domaine de l'Océan, a été décrite dans l'article OCÉAN GLACIAL ANTARCTIQUE.

Quoique j'aie eu occasion de parler de la mer *Atlantique* dans plusieurs des articles de ce Dictionnaire, j'ai cru devoir rapprocher ici tous les phénomènes qui appartiennent à cette mer, afin de les présenter sous un point de vue instructif par cette liaison & ce raccordement. Je commence ici par les parties septentrionales.

A la vue des îles & des golfes qui se multiplient ou s'agrandissent autour du Groënland, les navigateurs qui ont fréquenté ces cantons ont soupçonné que la mer refouloit pour ainsi dire des pôles vers l'équateur. Ce qui les autorisoit dans cette conjecture, c'est que le flux, qui monte jusqu'à dix-huit pieds au cap des États, ne s'élève que de huit pieds à la baie de Disko, c'est-à-dire, à dix degrés plus haut de latitude nord.

Cette observation des navigateurs, jointe à celle dont nous avons fait mention à l'article COURANS DOUBLES, semble confirmer ce mouvement des mers, depuis les régions australes jusqu'aux septentrionales, où elles sont contraintes, par l'obstacle des terres, de refouler ou refluer vers les plages du midi.

Dans la baie d'Hudson, les vaisseaux ont à se garantir des montagnes de glace, auxquelles les navigateurs ont donné quinze à dix-huit cents pieds d'épaisseur, & qui, étant formées par un hiver permanent de cinq à six ans dans de petits golfes éternellement remplis de neige, en ont été détachées par des vents de nord-ouest ou par quelque cause extraordinaire.

Le vent de nord-ouest, qui règne presque continuellement durant l'hiver, & très-souvent en été dans cette baie, y excite des tempêtes effroyables; elles y sont d'autant plus à craindre, que les bas-fonds y sont très-communs. Dans les contrées qui bordent cette baie, le soleil ne se lève, ne se couche jamais sans un grand cône de lumière; & lorsque ce phénomène a disparu, l'aurore boreale en prend la place. Le ciel y est rarement serein: dans le printems & dans l'automne, l'air est habituellement rempli de brouillards épais, & durant l'hiver, d'une infinité de petites fleches glaciales, sensibles à l'œil. Quoique les chaleurs de l'été soient assez vives durant deux mois ou six semaines, le tonnerre & les éclairs sont rares.

La mer, le long des côtes de Norwège, qui sont bordées par des rochers, a ordinairement depuis cent jusqu'à quatre cents brasses de profondeur, & les eaux en sont moins salées que dans les climats plus chauds. La quantité de poissons huileux dont cette mer est remplie, en rend les eaux si grasses, qu'elles en sont presqu'inflammables. Le flux n'y est point considérable, car la plus haute marée n'y est que de huit pieds.

On a fait dans ces derniers tems quelques observations bien intéressantes sur la température des terres & des eaux dans les contrées les plus voisines du pôle boréal.

Le froid commence dans le Groënland à la nouvelle année, & devient si violent dans les mois de février & de mars, que les pierres tombent en éclats, & que la mer fume comme un four, surtout dans les baies; cependant le froid n'est pas aussi sensible au milieu de ce brouillard épais, que sous un ciel sans nuages, car dès qu'on passe des terres à cette atmosphère de fumée qui couvre la surface & le bord des eaux, on sent un air plus doux, & le froid moins vif, quoique les habits & les cheveux y soient bientôt hérissés de givre & de glaçons; mais aussi cette fumée cause plus tôt des engelures qu'un froid sec, & dès qu'elle passe de la mer dans une atmosphère plus froide, elle se change en une espèce de verglas que le vent disperse dans l'horizon, & qui cause un froid si piquant, qu'on ne peut sortir au grand air sans risquer d'avoir les pieds & les mains entiérement gelés. C'est dans cette saison que l'hiver fait un chemin de glace sur la mer, entre les îles voisines, & dans les baies & les détroits.

La plus belle saison du Groënland est l'automne; mais sa durée est courte, & souvent interrompue par des nuits de gelée très-froides. C'est à peu près dans ces tems-là que, sous une atmosphère noircie de vapeurs, on voit les brouillards, qui se gèlent quelquefois jusqu'au verglas, former sur la mer comme un tissu glacé de toile d'araignées, & dans les terres charger l'air d'atomes luisans ou y faire flotter des glaçons pointus, semblables à de fortes aiguilles.

On a remarqué plus d'une fois que le tems & la saison prenoient dans le Groënland une température opposée à celle qui règne dans toute l'Europe; en sorte que si l'hiver est très-rigoureux dans les climats tempérés, il est doux au Groënland, & très-vif en cette partie du nord quand il est le plus modéré dans nos contrées. A la fin de 1739, l'hiver fut si doux à la baie de Disko, que les oies passèrent au mois de janvier, de la zône tempérée dans la glaciale, pour y chercher un air plus chaud, & qu'en 1740 on ne vit de glace à Disko qu'au mois de mars, tandis qu'en Europe on eut de la glace depuis le mois d'octobre jusqu'en mai : de même l'hiver de 1763, qui fut extrêmement froid dans toute l'Europe, se fit si peu sentir au Groënland, qu'on y a vu quelquefois des étés moins doux.

Les voyageurs nous assurent que, dans ces mers voisines du Groënland, il y a des montagnes de glaces flottantes très-hautes, & d'autres glaces flottantes, mais plates comme des radeaux, & qui ont plus de deux cents toises de longueur, sur soixante ou quatre-vingts de largeur ; mais ces dernières glaces, qui forment des plaines immenses sur la mer, n'ont communément que dix à douze pieds d'épaisseur. Il paroît qu'elles se forment immédiatement sur la surface de la mer dans la saison la plus froide, au lieu que les autres glaces flottantes & très-élevées viennent de la terre, c'est-à-dire, des gortes & des côtes, d'où elles ont été détachées & précipitées dans la mer. Il y a d'autres élémens de ces grandes glaces qui ont été detachés des bords des fleuves, & voiturés dans la mer par ces fleuves : ces dernières glaces entraînent beaucoup de bois, qui sont ensuite jetés par la mer sur les côtes orientales du Groënland. Une partie de ces bois paroît venir de la terre de Labrador, & non pas de la Norwège, parce que les vents du nord-est, qui sont très-violens dans ces contrées, repousseroient ces bois comme les courans, qui portent du sud au détroit de Davis & à la baie d'Hudson, arrêteroient tout ce qui peut venir de l'Amérique aux côtes de Groënland.

La mer commence à charier des glaces au Spitzberg dans les mois d'avril & de mai ; elles viennent au détroit de Davis en très-grande quantité : une partie vient de la Nouvelle-Zemble. Les glaçons se rangent aussi le long de la côte orientale du Groënland, étant portés de l'est à l'ouest, suivant le mouvement général de la mer.

En 1609 sir Thomas Smith aborda sur la côte orientale du Spitzberg, & les gens de son équipage, qu'il mit à terre, lui apprirent que les lacs & les mares n'étoient pas tous gelés : c'étoit le 26 mai : l'eau en étoit douce. Il remarque qu'on arriveroit aussitôt au pôle par cette route que par un autre chemin, vu que le soleil produit une grande chaleur dans ce climat, & que les glaces n'y sont pas d'une grosseur aussi énorme que celles qu'il avoit vues vers le 73e. degré.

M. Phipps vit le 5 juillet des glaces en grande quantité vers le 79e. deg. 34 min. de latitude : le tems étoit brumeux. Le 6 juillet il continua sa route jusqu'au 79e. deg. 59 min., entre la terre du Spitzberg & les glaces. Le 7 il continua de naviguer entre des glaces flottantes, en cherchant une ouverture au nord, par laquelle il auroit pu entrer dans une mer libre ; mais la glace ne formoit qu'une seule masse au nord nord-ouest, & au 80e. deg. 36 min. la mer étoit entiérement glacée ; en sorte que toutes les tentatives de M. Phipps pour s'approcher du pôle ont été infructueuses.

Le 12 septembre, pendant une violente raffale, le docteur Irving, qui accompagnoit M. Phipps, mesura la température de la mer dans cet état d'agitation, & il trouva qu'elle étoit beaucoup plus chaude que l'atmosphère. Cette observation est d'autant plus intéressante, qu'elle est conforme à un passage des questions naturelles de Plutarque, où il dit que la mer devient chaude lorsqu'elle est agitée.

Ces raffales sont aussi ordinaires au printems qu'en automne dans ces parages. M. Phipps croit qu'en partant d'Angleterre à la fin de mai, il a saisi la saison la plus favorable pour son expédition, vu qu'après le solstice d'été il avoit la plus grande probabilité de trouver la mer ouverte & dégagée suffisamment de glaces au nord, parce qu'alors la chaleur des rayons du soleil a produit tout son effet, & qu'il reste d'ailleurs une assez grande portion d'été pour visiter les mers qui sont au nord & à l'ouest du Spitzberg, pour peu que la navigation au pôle fût praticable.

Le peu de succès qu'a eu ce célèbre navigateur semble nous autoriser à croire que l'on ne parviendra pas à se faire jour au pôle, quelque saison qu'on choisisse, & qu'on n'arrivera pas au-delà du 82e. ou 83e. deg. Ceux qui croient que le passage par le nord est possible, ne le croient praticable que par la baie d'Hudson. Ce fut Cabot qui le premier eut l'idée d'un passage par le nord-ouest à la mer du Sud ; mais ses succès se terminèrent à la découverte de l'île de Terre-Neuve. On vit entrer dans la carrière, après lui, un grand nombre de navigateurs anglais ; mais la plus heureuse ne donna pas la moindre conjecture sur le but qu'on se proposoit. On croyoit enfin que c'étoit courir après des chimères, lorsque la découverte de la baie d'Hudson ranima les espérances prêtes à s'éteindre. A cette époque les expeditions recommencèrent ; mais il convient de discuter ce qu'on doit espérer de leur continuation.

Il est certain d'abord que les marées viennent de l'Océan, & qu'elles entrent plus ou moins avant dans les autres mers, à proportion que ces divers canaux communiquent avec le grand bassin par des ouvertures plus ou moins considérables : d'où il résulte que ce mouvement périodique ne se fait pas sentir dans la Baltique & dans les autres golfes qui leur ressemblent.

La seconde vérité de fait est que les marées arrivent plus tard & plus foibles dans les lieux éloignés de l'Océan, que dans les endroits qui le sont moins. Le troisième principe est que les vents violens qui souflent avec la marée, la font remonter au-delà de ses bornes ordinaires, & qu'ils la retardent en la diminuant lorsqu'ils souflent en sens contraire.

D'après ces principes il est constant que si la baie d'Hudson étoit un golfe enclavé dans les terres, & seulement ouvert à la *mer Atlantique*, la marée devroit y être peu marquée & affoiblie, vu l'éloignement de sa source : outre cela, lorsqu'elle auroit à lutter contre les vents, elle devroit perdre de sa force. Or, par des observations faites avec la plus grande intelligence & la plus grande précision, on sait que la marée s'élève à une grande hauteur dans toute l'étendue de la baie, & surtout au fond, que dans le détroit même ou dans le voisinage ; enfin, que cette hauteur augmente encore lorsque les vents opposés au détroit se font sentir. Il en résulte donc que la baie d'Hudson n'a d'autres communications avec l'Océan, que celle qu'on connoît.

Ceux qui ont cherché à expliquer des faits si frappans, en supposant une communication de la baie d'Hudson avec la baie de Baffin, avec le détroit de Davis, se sont manifestement égarés. Il suffit, pour abandonner cette fausse prétention, de considérer que la marée est beaucoup plus basse dans le détroit de Davis, dans la baie de Baffin, que dans la baie d'Hudson.

Si les marées qui se font sentir dans le golfe dont il s'agit ne peuvent venir, ni de l'*Océan atlantique*, ni d'aucune autre partie de la mer septentrionale, où elles sont plus foibles, on ne pourra s'empêcher de penser qu'elles doivent avoir leur source dans la mer du Sud. Ce système doit tirer un grand appui d'une vérité incontestable ; c'est que les plus hautes marées qui se fassent remarquer sur ces côtes sont toujours causées par les vents du nord-ouest, qui soufflent directement contre ce détroit.

Après avoir constaté, autant que la nature le permet, l'existence d'un passage si desiré, il reste à déterminer dans quelle partie de la baie il doit se trouver. Tout invite à croire que c'est le Welcombe, à la côte occidentale, car on y voit le fond de la mer à la profondeur de onze brasses. C'est un indice que l'eau y vient de quelque grande mer, parce qu'une semblable transparence est incompatible avec des décharges de rivières & des eaux courantes, produites par la fonte des neiges & les pluies. Des courans dont on ne peut expliquer l'origine qu'en les faisant partir de quelque mer occidentale, tiennent ce lieu débarrassé de glaces, tandis que le reste du golfe en est entiérement couvert ; enfin les baleines, qui dans l'arrière-saison cherchent constamment à se retirer dans des climats plus chauds, s'y trouvent en fort grand nombre à la fin de l'été ; ce qui paroît indiquer un chemin pour se rendre à l'ouest & dans la mer du Sud.

Il est raisonnable de conjecturer que le passage est court. Toutes les rivières qui se perdent à la côte occidentale de la baie d'Hudson sont foibles & petites ; ce qui paroît prouver qu'elles ne viennent pas de loin, & que par conséquent les terres qui séparent les deux mers ont peu d'étendue. Cet argument est fortifié par la force & la régularité des marées. Partout où le flux & le reflux observent des tems à peu près égaux, avec la seule différence qui est occasionnée par le retard de la lune dans son retour au méridien, on doit être assuré de la proximité de la grande mer, d'où viennent ces marées.

Si le passage est court, & qu'il ne soit pas avancé dans le nord, comme l'indiquent les observations de M. Huerne, on doit présumer qu'il n'est pas difficile : la rapidité des courans qu'on observe dans ces parages, & qui ne permettent pas aux glaces de s'y arrêter, ne peut que donner du poids à cette conjecture ; mais nous ajouterons que, malgré toutes ces raisons, & la vraisemblance qui résulte de la découverte faite par M. Huerne de l'Océan septentrional, on ne peut croire au passage de la baie d'Hudson dans la mer du Sud avant qu'il ait été tenté, & que quand même on seroit parvenu à s'approcher du détroit de Bering, ce détroit est tellement obstrué de glaces, qu'on ne pourroit pas déboucher par ces mers étroites & glacées dans la mer du Sud. C'est ce qui nous paroît résulter définitivement des observations faites par le capitaine Cook dans ces latitudes élevées ; mais retournons à l'*Océan atlantique*, dont il nous reste à décrire les autres particularités.

L'étendue des terres dans l'hémisphère boréal, en la suivant depuis le pôle jusqu'à l'équateur, est si grande en comparaison des terres prises de même dans l'hémisphère austral, que l'*Atlantique* en a reçu des agrandissemens proportionnels ; mais d'ailleurs, il y a si peu de distance entre l'Europe & l'Amérique vers les régions de notre pôle, qu'il y a lieu de croire que ces deux continens étoient contigus dans les tems qui ont précédé la retraite des eaux ; en sorte que si l'Europe est aujourd'hui séparée du Groënland, c'est probablement parce qu'il s'est fait un affaissement considérable entre les terres du Groënland, les côtes de Norwège & de la pointe d'Ecosse, dont les Orcades, l'île de Schtland, celles de Feroé, de l'Islande & de Hola, toutes terres volcaniques, ne nous montrent plus que certaines parties les plus élevées des terrains submergés ; & si le continent de l'Asie n'est plus contigu à celui de l'Amérique vers le nord, c'est sans doute en conséquence de causes semblables. Ces premiers affaissemens que les volcans de l'Islande nous indiquent incontestablement, sont de même date ou postérieurs aux affaissemens des contrées voisines de l'équateur, & surtout à la retraite des mers de dessus nos continens.

On doit présumer aussi, que non-seulement le Groënland a été joint à la Norwège & à l'Ecosse, mais aussi que le Canada a été joint à l'Irlande par les bancs de Terre-Neuve, & à l'Espagne par les *Açores* & les autres îles & hauts-fonds de cette zône. Ils semblent nous présenter les sommets des terrains les plus solides & les plus élevés, dont les autres parties ont été affaissées sous les eaux. La submersion en peut être encore plus moderne que celle des contrées voisines de l'Islande, puisque la tradition paroît s'en être conservée ; car on doit considérer comme telle l'histoire de l'*île Atlantide*, que nous ont transmise Platon & Diodore, & dont les principaux détails ne peuvent s'appliquer qu'à une très-grande terre, qui s'étendoit fort au loin à l'occident de l'Espagne, & dont il paroît que les Canaries, autres terres volcaniques, ont pu faire partie.

Pour terminer ce qui peut concerner les divers agrandissemens de la *mer Atlantique*, nous rappellerons ici les recherches de M. Buache sur cette mer, & il paroît que c'étoit dans ces mêmes vues que nous venons d'exposer, qu'il s'étoit occupé à reconnoître les diverses chaînes marines qui tenoient à plusieurs îles dispersées dans cette mer, & qui formoient, par une suite de hauts-fonds, une liaison entre l'Afrique, l'Europe & l'Amérique, & c'est pour cette raison qu'il avoit cru être fondé à admettre trois bassins maritimes dans l'*Atlantique*, & dont les suites de hauts-fonds qu'il avoit reconnues étoient les limites. Je citerai surtout l'échantillon le plus mémorable attaché à l'île de *Norohna*, dont les appendices se prolongent depuis l'Amérique jusqu'en Afrique.

ATLAS, chaîne de hautes montagnes de l'Afrique, qui séparent la Barbarie du Biledulgerid, & qui s'étendent de l'est à l'ouest. Une branche va jusqu'à l'Océan, & l'autre, opposée, s'étend jusqu'en Egypte. Plusieurs sommets de cette longue chaîne, & surtout celui du mont Hentête, au royaume de Maroc, sont si élevés, qu'ils restent couverts de neige la plus grande partie de l'année; ce qui les rend inhabitables. Il n'y croît aucune plante ni aucun arbre à cause du grand froid qu'on y éprouve au voisinage des amas de neiges. Dans le reste de cette chaîne, on ne divise l'année qu'en deux saisons : l'une, qui comprend l'hiver, dure depuis octobre jusqu'en avril; l'autre saison, qui est l'été, règne depuis avril jusqu'en octobre. Il faut observer que, pendant tout le tems de l'été même, il n'y a pas un seul jour où les sommets les plus élevés ne soient couverts de neiges.

Cette chaîne de montagnes commence, par des hauteurs plus ou moins sensibles, à l'extrémité occidentale de l'Egypte, & s'étend de l'est à l'ouest jusqu'à l'Océan atlantique. Elle sépare la Barbarie du désert aride du Saara. Cette barrière arrête les nuages que les vents du nord poussent vers l'intérieur de l'Afrique; elle tempère d'ailleurs l'ardeur brûlante de ceux qui soufflent de ce centre, en sorte qu'elle est l'origine d'une multitude de ruisseaux & de rivières qui vivifient la face septentrionale, & causent sa prodigieuse fertilité. Les vallées qui sillonnent les croupes du mont *Atlas* s'élargissent dans certaines parties de leurs cours, pour former de très-vastes plaines, où la nature étale les trésors d'une grande fécondité. Les hordes errantes des Arabes y restent dispersées jusqu'à ce que leurs troupeaux en aient dévoré & épuisé les productions, pour aller chercher ensuite d'autres habitations aussi mobiles. On sait que cette nation abuse plutôt de la fécondité naturelle de la terre, qu'elle n'en use.

Ces Nomades cultivent, à la vérité, quelques portions de terre aux environs de leurs tentes; mais on ne peut se dissimuler l'imperfection d'une culture faite à la hâte, sans préparation comme sans principes. Il seroit à desirer que l'activité plus éclairée des Européens se fût dirigée vers ces contrées, qui sont si près de nous, & ils en auroient fait un meilleur usage que les Arabes. La végétation y présente toute l'énergie dont peut être susceptible une terre riche en principes de vie, qu'anime la chaleur de l'Afrique, devenue d'ailleurs assez modérée pour n'être point un obstacle invincible au travail des hommes; elle nous offriroit, avec moins d'embarras & de dépenses, les productions que nous allons chercher en Amérique; elle se prêteroit à nos goûts superflus devenus des besoins. On a trop négligé l'Afrique; elle auroit ouvert un vaste champ aux spéculations de notre active cupidité, en nous donnant, peut-être moins de guerre à soutenir & plus de profits à recueillir.

Il n'en auroit peut-être pas coûté beaucoup aux Arabes errans, par goût plus que par nécessité, à nous avoir cédé la place, s'ils n'avoient pas été séduits par les avantages qu'ils auroient vu résulter pour nous d'une culture mieux entendue & d'un travail plus soutenu, & s'ils n'avoient pas été tentés de s'y associer en quittant un genre de vie qui n'est pas sans peine, & qui est trop borné dans ses jouissances.

ATMOSPHÈRE. *Ses modifications relatives à la salubrité des habitans.*

La *Géographie-Physique* doit s'occuper à rechercher les différens effets que peuvent produire sur les habitans, tant des vallées que des montagnes, les différens états de l'air; en conséquence je crois devoir présenter dans cet article les différentes vues qu'on peut faire entrer dans ce plan de recherches.

On s'est beaucoup étudié, en médecine, à nous décider sur l'influence de l'*atmosphère*, relativement aux différens animaux, & particuliérement aux hommes. Des hommes célèbres ont suivi scrupuleusement les températures qui se succédoient pendant une suite d'années, & ont exposé avec soin les effets qu'ils croyoient en être les résultats.

Cependant puisque, de l'aveu de ces illustres observateurs, la même constitution aérienne, observée à différentes époques, n'a pas produit les mêmes effets, il paroît que l'influence de l'*atmosphère* n'y a pas la seule part.

Cependant toutes les considérations étant rapprochées, on ne peut disconvenir que chaque lieu d'habitation n'ait une température & une constitution locale qui lui soient propres; mais on sait en même tems qu'elles peuvent en être modifiées. On seroit porté à croire que l'air ne conserve une qualité quelconque qu'autant qu'il croupit dans un certain espace. A mesure qu'il en est chassé, il perd

perd ce caractère local, pour se laisser modifier par celui du territoire voisin qu'il inonde.

Outre cela, il y a une constitution générale qui varie suivant les saisons; car les saisons causent de ces changemens dont nous venons de parler, soit par les effets des vents, soit par ceux de la température, puisqu'à la suite de ces changemens règnent des constitutions particulières, qui sont produites par ces causes locales.

On observe ces différences bien marquées dans les symptômes des maladies. Ainsi l'on rencontre la fièvre bilieuse, par exemple, avec un caractère malin dans un endroit, tandis que cette fièvre sera très-bénigne à une petite distance de là.

La constitution locale dépend en partie des émanations des végétaux qui croissent sur les lieux, de la nature du sol, de son exposition & de son élévation.

Après que l'on eut coupé une grande quantité de gérofliers dans l'île de Ternate, l'air en devint mal-sain.

L'air des montagnes de la Suisse est fort sain: on le doit à sa légéreté. Mais la transpiration des végétaux ne doit-elle pas contribuer à cette bonne qualité?

On sait que l'air du Pérou attaque le plomb & le calcine; c'est l'air de la mer. Dans les lieux où il y a beaucoup de mines de cuivre, les habitans ont généralement les dents affectées. De même si les mines d'arsenic du Cap de Bonne-Espérance sont long-tems ouvertes, elles corrompent l'air de manière à faire périr les animaux dans les environs. Combien ne compte-t-on pas de grottes en Europe, d'où les exhalaisons souterraines réunies s'échappent, & font périr ce qui en approche les ouvertures? Les montagnes calcaires exhalent une grande quantité d'air méphitique, suivant Black & Priestley. L'air se charge, comme on voit, de ces differens principes dans les contrées où règnent les massifs de craie, de marne & d'argile.

J'ai dit d'ailleurs que le site contribuoit à tous ces effets. Je me bornerai dans ce moment à un seul exemple, qui m'a frappé plusieurs fois.

Chippis est un village du Valais, dans le dizain de Sirre; il est situé au debouché de la vallée d'Anhevie, & dominé par les montagnes qui servent de bordures à cette grande vallée, & qui peuvent avoir environ six cents toises d'élévation. Ces montagnes, très-fertiles, sont occupées, pendant l'été, par un grand nombre de bestiaux. Il semble que les exhalaisons de ces animaux devroient se dissiper par un air continuellement agité, & suivre l'impulsion des vents. Cependant tous ceux qui passent à *Chippis* pendant l'été, rencontrent cette même odeur qu'on sent dans tous les châlets de la montagne, & qui vient aboutir au village par sa pesanteur spécifique, & peser sur les habitans de ce village, qui sont petits, laids, & comme écrasés d'un pareil poids. Si l'on jette un coup d'œil sur tous les villages placés aux embouchures des vallons du Valais & sur leurs habitans, on observera les mêmes effets de l'air. Le crétinisme le plus complet y règne, & les habitans en sont petits, laids & paresseux. Cependant on remarque que le mal s'étend assez rapidement, & l'on est étonné que, depuis peu de tems, le crétinisme de Martigny se propage aujourd'hui à Monthai, quoiqu'il en soit éloigné de quatre lieues.

Les habitans de la Suisse, situés au pied du Jura, offrent des variétés bien frappantes. En sortant de Neuchatel pour rentrer dans le canton de Berne, à peine a-t-on passé le pont de la Thielle, qu'on trouve un autre peuple, un autre langage, un autre habillement. Il seroit difficile d'en désigner les causes.

En suivant la même chaîne de montagnes pour entrer dans le canton de Soleure, on observe un changement marqué dans deux portions du même village. Dans la partie qui appartient au canton de Soleure, tout y paroît dans un état brillant; le sang y est beau: on y trouve d'autres figures. En sortant de ce canton pour aller à Arau, on rencontre encore un nouveau changement. Les belles Allemandes sont plus réfléchies, & l'on ne peut douter que les causes physiques n'y influent beaucoup.

Quelques habiles médecins ont observé que les remèdes qui leur ont réussi dans cette capitale, n'ont plus produit le même effet dans les mêmes maladies à Bienne, qui n'en est qu'à cinq lieues de distance.

Dans chacune des localités que je viens d'indiquer, les maladies présentent aux observateurs des différences marquees dans les symptômes & dans les moyens curatifs.

Quand les médecins auront-ils déterminé pourquoi les écrouelles sont endemiques sur la côte du lac de Genève, & à Genève même? Pourquoi le scorbut a-t-il ses localités? Pourquoi il y a peu d'écrouelles à Neuchatel? Pourquoi on observe peu de fièvres tierces à O[illegible] & à Berne, & beaucoup plus à Saint-Aubin [illegible] à Neuchatel? Pourquoi les maladies de poitrine [illegible]trent plus facilement en suppuration dans un endroit que dans un autre? Pourquoi à Saint-Aubin on n'observe point d'épidémies, mais seulement des maladies de saison? Pourquoi le jalap réussit-il mieux à Yverdun que partout ailleurs? Quand les médecins sauront déterminer les causes de l'endémicité des maladies, ils en développeront par-là le caractère, & la manière d'y obvier sera bien claire & bien sûre.

Il paroît qu'une correspondance exacte & suivie pourroit éclaircir tous les doutes, du moins en grande partie; mais chaque médecin a sa façon de voir & de sentir, d'après laquelle il juge & prononce; car quelles grandes varietés d'opinion ne rencontre-t-on pas sur la même question? Il faudroit donc que le même œil vît tout par lui-même, &, pour prendre des renseignemens plus positifs, il faudroit un séjour plus ou moins long; car les renseignemens qu'on espéreroit tirer d'ailleurs seroient fort lents à venir, ou bien incomplets.

Considérons maintenant les localités sous un autre point de vue.

La terre qui donnoit naissance, sur les montagnes de la Suisse, à des plantes aromatiques, transportée sur les bords du lac de Genève, fait croître d'autres simples, qui sont bien différens des premiers. Une circonstance encore peu déterminée par les naturalistes paroît influencer beaucoup sur la nature des végétaux. Le *millefolium* des montagnes a une essence bien différente du *millefolium* des plats pays & des plaines. Les animaux des montagnes sont plus gais que ceux des plaines. Qu'on mette en parallèle un bœuf qui paît sur les bords du lac Léman, avec celui qui descend du Sibenthal & du Gessenai! Quelle différence! Le beurre fait sur les Alpes est bien meilleur que celui qu'on fait à Genève ou ailleurs, avec une crême qu'on a transportée soigneusement des montagnes. Il y a un principe caché, qui subjugue tout dans les localités. Peut-on attribuer ces phénomènes, ces variétés, à l'influence de l'*atmosphère?* Il y a des pays où toutes les fonctions se font à merveille, & d'autres où les crudités paroissent partout. On alléguera peut-être, pour cause de ces crudités, les eaux; on inculpera les terres par lesquelles elles filtrent; mais il s'en faut de beaucoup qu'on ait une parfaite connoissance de ce qui contribue à la bonne ou à la mauvaise qualité des eaux. Mais à quoi la fureur de tout expliquer ne s'accroche-t-elle pas?

La hauteur des montagnes, le peu de tems pendant lequel le soleil darde ses rayons sur les vallons & sur les habitans de la Suisse, pourroient être indiques pour cause de quelques-uns de ces résultats; mais une observation attentive, suivie & comparée, a prouvé le contraire. Les habitans de Sierre, qui ont le soleil cinq heures par jour plus long-tems que ceux de Martigny, n'en sont pas moins stupides. Faudroit il attribuer à la légéreté de l'air ou à sa subtilité, l'esprit pénétrant des montagnards? Cet air, qui pénètre partout, vivifie tout, & paroît être l'agent de ce qui s'opère; mais il n'est pas seul & toujours le même.

Grouner prétend qu'on doit la non apparition de la peste en Suisse, depuis l'an 1629, à l'augmentation des glaciers. Cependant on a reconnu que l'air des montagnes, lorsque les grandes fontes de neiges ont lieu, engendre toujours des maladies de mauvais caractère. Langhous croit, avec beaucoup d'autres physiciens, que l'eau de glace est la plus légère. Ne seroit-ce point à la légéreté de l'air, qui se mêle avec ces eaux, qu'on doit attribuer leur bonté? Cette qualité de l'air influe sur les fruits, qui pourrissent facilement où l'air est pesant, & qui abondent en acide où la légéreté est plus générale & plus déterminée.

On seroit tenté de croire que la nature des rayons du soleil n'est pas partout la même; qu'elle varie, ainsi que ses effets. On diroit, à en juger d'après quelques observations, que le soleil a pour chaque pays une influence particulière; car l'intensité & l'effet de sa chaleur dépendent surtout, & de la masse d'air que ses rayons traversent, & de la nature du sol qui les reçoit.

Il y auroit encore des considérations très-importantes à suivre sur la liaison qu'il y a eu anciennement dans la propagation des nations les unes par rapport aux autres, sur la première base d'un peuple, d'une race, & enfin sur les effets de telle ou telle habitation. Les recherches sont curieuses sur tous ces points, mais les observations, pour être recueillies sûrement, demandent du courage, de la sagacité & une grande intelligence.

ATOLLONS. Les Maldives forment une longue chaîne d'îles à l'ouest du Cap Comorin, qui est la terre ferme la plus voisine. Elles sont partagées en treize provinces ou groupes d'îles, qu'on nomme *Atollons*. Cette division est l'ouvrage de la nature. Chaque *Atollon* est entouré d'un banc de pierre, qui est assez solide pour résister à l'impétuosité des flots. Les naturels du pays font monter à douze mille le nombre de ces îles. De tous les canaux qui les séparent, il n'y en a que quatre qui puissent recevoir des navires; les autres sont si peu profonds, qu'on y trouve rarement plus de trois pieds d'eau. On pense, avec raison, que toutes ces différentes îles n'en formoient autrefois qu'une, que l'effort des vagues & des courans aura entamée & divisée en plusieurs portions. Ce sont des amas de sables qui entourent ces groupes d'îles.

ATOOI (Ile d'). Cette île est une des plus étendues de celles qui composent le groupe des îles Sandwich. Si l'on juge de l'île d'*Atooi* par l'aspect qu'elle présente, elle a au moins dix lieues de longueur de l'est à l'ouest, & l'on peut de là évaluer sa circonférence par approximation. Au reste, elle semble être beaucoup moins large à la pointe occidentale qu'à la pointe orientale, où l'on voit une double rangée de collines. Le sol est rompu & escarpé au nord-est & au nord-ouest; il est plus uni au sud: la pente des collines est douce depuis le bord de la mer, & elles sont couvertes de bois jusqu'assez avant dans l'intérieur du pays. Ses productions sont les mêmes que celles des autres îles de ce groupe; mais les naturels soignent leurs plantations avec beaucoup plus d'adresse que les habitans des terres voisines. Dans les cantons bas, près de la baie, des fossés profonds & réguliers coupent ces plantations; les haies sont d'une propreté qui tient de l'élégance, & les chemins qui les traversent, ont une perfection qui feroit honneur à un ingénieur européen.

La rade ou le mouillage se trouve au côté sud-ouest, à environ six milles de l'extrémité ouest, devant un village appelé *Wymoa*. Dans tous les endroits où l'on prend des sondes, le fond de la mer est d'un joli sable gris, & il n'y a point de rocher, si l'on en excepte un espace peu éloigné du village, & dans la partie de l'est, où l'on rencontre un bas-fond, sur lequel il y a des rochers & des brisans; mais ces rochers & ces brisans sont près de la côte. La rade seroit complétement à l'abri du vent alisé si la hauteur de la terre par-dessus laquelle il soufle, ne changeoit pas sa direction pour lui donner celle de la côte. Ainsi le vent alisé soufle du nord-est sur l'une des bandes de l'île, & de l'est-sud-est ou du sud-est sur l'autre, en frappant la côte d'une manière oblique. La rade située au côté sous le vent est donc un peu exposée au vent alise; mais, malgré ce défaut, elle n'offre pas une mauvaise station, & elle est bien supérieure à celles que la nécessité oblige journellement les vaisseaux de prendre dans des pays tels que Téneriffe, Madère, les Açores, &c. où les vents sont plus variables & plus orageux. Le débarquement est d'ailleurs moins difficile, & il est toujours praticable lorsque le tems n'est pas très-mauvais. L'eau qu'on peut se procurer dans le voisinage est excellente, & il est facile de l'embarquer; mais pour faire du bois à une distance commode, il faudroit déterminer les naturels à céder le petit nombre d'*etoous* qui croissent autour de leurs villages, ou une espèce appelée *dooe-dooe*, qu'on rencontre plus avant dans le pays.

L'aspect général de cette terre ne ressemble point du tout aux îles qui ont été reconnues jusqu'alors en dedans du tropique, au côté méridional de l'équateur, excepté toutefois les collines situées près du centre, qui sont élevées, mais qui s'abaissent peu à peu jusqu'à la mer ou jusqu'aux terrains bas, quoiqu'on n'y voie pas, comme à Otaïti & à Tongataboo, cette bordure charmante ou ces plaines fertiles, couvertes d'arbres, qui offrent un coup d'œil enchanteur, un asyle contre la chaleur brûlante du soleil, & des fruits dont on peut se nourrir sans se donner la peine de les cultiver. Comme elle a plus de districts d'une pente douce, elle leur est supérieure à quelques égards, puisqu'elle se trouve par-là plus susceptible des améliorations de la culture.

La hauteur du sol dans l'intérieur de l'île, & la multitude de nuages qui la couvrent au centre, & souvent dans les autres parties, semblent prouver d'une manière incontestable, qu'elle renferme une quantité suffisante d'eau douce. On peut croire qu'il y a, surtout dans les vallées profondes, à l'entrée desquelles les villages sont bâtis pour l'ordinaire, des ruisseaux que l'on n'apperçoit pas. Depuis la partie boisée jusqu'à la mer, elle est revêtue d'une herbe d'une excellente qualité: cette herbe a environ deux pieds de hauteur; elle croît quelquefois en touffes, & quoiqu'elle ne soit pas très-épaisse, il paroît qu'on pourroit y faire des récoltes abondantes d'un très-beau foin; mais il ne vient pas naturellement un arbrisseau sur cet espace étendu.

Le sol de la vallée étroite que l'on traverse pour aller à une pièce d'eau considérable, est d'un noir-brun, un peu friable; mais en avançant sur les terrains élevés, on le trouve d'un brun-rougeâtre, plus compacte & argileux, quoiqu'il soit toujours aisé de le rompre, à cause de la sécheresse. Il est vraisemblablement le même dans tous les districts cultivés, car le terreau qui adhère à la plupart des patates qui viennent des différens cantons de l'île, est de la même nature. Au reste, on juge mieux de sa qualité par ses productions, que par son apparence. En effet, la vallée ou le terrain humide produit du *taro*, dont la grosseur excède celui que l'on voit ailleurs, & le terrain plus élevé fournit des patates douces, qui pèsent souvent dix, quelquefois douze ou quatorze livres, & rarement moins de deux ou trois.

Le rocher qui forme les flancs de la vallée, & qui paroît être le même qu'on voit en différentes parties de la côte, est une pierre lourde, d'un noir-grisâtre, disposé comme le sont les rayons de miel, parsemé de petites particules luisantes, & de quelques taches couleur de rouille: ces taches le font paroître rougeâtre quand on le regarde de loin; il a une immense profondeur, mais il paroît offrir des couches, entre lesquelles il n'y a point de corps intermédiaires; car de gros morceaux se détachent toujours à une profondeur déterminée, & ils ne semblent pas adhérens à ceux de dessous. Les autres pierres sont probablement beaucoup plus variées qu'aux îles méridionales. En effet, outre le *lapis lydius*, qui paroît commun sur toutes les terres de la mer du Sud, on rencontre une pierre à aiguiser, couleur de crême, tachetée, ainsi que le marbre, de veines plus noires ou plus blanches; une seconde qui ressemble à la *brêche*, l'ardoise à écrire, & une quatrième plus grossière: il en est encore quelques autres, mais on croit devoir se dispenser d'en donner la liste.

D'après la position de l'île, il est aisé de se former une idée de la temperature du climat. On peut dire qu'il est très-variable, & cela même à l'époque où, selon l'opinion reçue, le tems est le plus fixe, puisque le soleil est à sa plus grande hauteur. La chaleur y est très-modérée, & on doit éprouver ici peu des incommodités auxquelles la chaleur & l'humidité rendent sujètes la plupart des terres du tropique: les habitations des naturels sont très-près les unes des autres, & ils salent du poisson & du porc qui se gardent très-bien; ce qui n'arrive pas ordinairement lorsqu'on fait cette salaison dans les climats chauds. On n'y trouve pas de fortes rosées, peut-être parce que la partie basse de l'île est dénuée d'arbres.

L'île d'*Atooi* produit du fruit à pain, plusieurs espèces de bananes & différens végétaux. On y trouve des cocotiers, des ignames, des arbres divers, entr'autres celui qu'on appelle *dooe-dooe*, si utile à Otaïti, parce qu'il donne des noix huileuses qu'on embroche à une espèce de baguette, & qui tiennent lieu de chandelles. Les insulaires des îles Sandwich en font le même usage. On y apperçoit de plus des plantes utiles, d'autres qui sont odoriferantes, & quelques-unes qu'on n'avoit point encore rencontrées dans les différentes terres de l'Océan pacifique. Les plantations sont bien entretenues : celles où l'on cultive le mûrier-etoffe sont soignées avec une propreté extrême.

Les oiseaux égalent en beauté tous ceux que l'on connoît dans les terres de la mer du Sud : leurs espèces ne sont pas très-variées ; mais on n'entrera dans aucun détail sur cette agréable production de la nature.

Les poissons que la mer procure sont peu diversifiés, & ne meritent aucune description particulière.

Les cochons, les chiens, les volailles, sont les seuls animaux domestiques, & sont de la même espèce que sur les îles de la mer Pacifique.

La taille des naturels du pays est moyenne, & leur stature robuste ; en général, ils ne sont pas remarquables par la beauté de leurs formes ou par le caractère de leur physionomie. Leurs traits annoncent de la franchise & de la bonté, plutôt que de la vivacité & de l'intelligence : leur visage, surtout celui des femmes, est souvent rond ; mais il est aussi fréquemment alongé, & on ne peut pas dire qu'une coupe particulière dans la face distingue la peuplade. Leur teint est presque d'un brun de noix ; & cette couleur ayant des nuances diverses, il est difficile d'employer une comparaison plus exacte : celui de quelques individus est plus foncé. Les femmes présentent des formes plus délicates que les hommes. Au reste, en admettant un petit nombre d'exceptions, elles ont peu de ces avantages de figures qui les distinguent dans les autres pays. Les deux sexes se ressemblent plus ici, en effet, par la taille, le teint & la mine, que sur la plupart des terres où l'on aborde dans ces parages. Les insulaires d'*Atooi* néanmoins sont bien éloignés de la laideur, & l'on rencontre peu de difformités naturelles parmi eux. Leur peau n'est ni douce ni luisante, peut-être parce qu'ils ne la frottent pas d'huile de cocos, comme les habitans des îles méridionales : la chevelure de la plupart est lisse, mais quelquefois bouclée. On voit peu d'individus qui aient de la corpulence, & l'on trouve plus souvent de l'embonpoint parmi les femmes que parmi les hommes : c'est surtout chez quelques-uns de ces derniers qu'on remarque quelques difformités corporelles, & les individus qui offrent une sorte de beauté sont de la classe des jeunes gens.

Ils paroissent doués d'un caractère franc & joyeux, & si l'on veut établir des comparaisons, on dira qu'ils n'ont ni la légéreté inconstante des Otaïtiens, ni la gravité tranquille des habitans de Tongataboo. On juge qu'ils vivent entr'eux d'une manière très-sociable, & excepté la disposition au vol, qui semble naturelle à la plupart des insulaires de l'Océan pacifique, ils prodiguèrent à l'illustre Cook les marques de la plus grande amitié. Leur étonnement à l'aspect du vaisseau du célèbre navigateur, leur admiration sur tout ce qui frappoit leurs regards, leur surprise à la vue des diverses marchandises, éclatoient également dans leurs physionomies & leurs gestes, & prouvoient qu'ils n'avoient reçu la visite d'aucun Européen ; ce qui donne une bonne opinion de leur intelligence, & ce qui ne doit pas trop nous enorgueillir. Lorsqu'ils virent les différens articles des manufactures d'Europe, ils temoignèrent leur surprise avec un mélange de joie & d'interêt, où l'on appércevoit les reflexions humiliantes qu'ils faisoient sur l'imperfection de leurs ouvrages. Dans toutes les occasions ils parurent penetrés du sentiment de leur infériorité. Cette manière de se rendre justice est d'autant plus estimable, que chacun connoît l'orgueil déplacé du Japonois civilisé ou du sauvage Groënlandois.

On observe avec plaisir les soins & la tendresse des mères pour leurs enfans, & avec quel empressement les hommes les aident dans ces attentions aimables : ils sont donc à cet égard bien supérieurs aux peuplades grossières, qui regardent les femmes & les enfans comme des choses plus nécessaires que desirables ou dignes de soins.

L'art de nager leur est très-familier ; ils fendent l'onde avec une vigueur, une legereté & une habileté extraordinaires : la cause la plus légère les détermine à abandonner leurs pirogues ; ils plongent par-dessous, & ils se rendent sur d'autres embarcations très-éloignées. On voit souvent des femmes qui portent des enfans à la mamelle, se jeter au milieu des flots lorsque le ressac est si fort qu'elles ne peuvent atteindre le rivage sur leurs pirogues, & traverser un espace de mer effrayant, sans faire de mal à leurs nourrissons.

Tous les ouvrages mécaniques de cette peuplade annoncent une grâce & une adresse peu communes. Leur principale manufacture est celle d'étoffes ; ils tirent leurs étoffes du *morus papyrifera*. Le tissu de l'étoffe, quoique plus épais, est inférieur à celui des étoffes des îles de la Société ou des îles des Amis ; mais les insulaires d'*Atooi* développent une supériorité de goût dans l'application des couleurs & des peintures, & ils en varient les dessins avec une richesse d'imagination surprenante. En voyant un certain nombre de pièces de ces étoffes, on supposeroit qu'ils ont pris leurs modèles dans une boutique remplie des plus jolies toiles de la Chine & de l'Europe ; ils ont d'ailleurs des dessins qui leur sont particuliers. Outre les étoffes bigarrées, ils en ont de toutes blanches, & d'autres d'une seule couleur : celles-ci sont d'un brun-foncé ou d'un bleu-clair.

Ils fabriquent une multitude de nattes charmantes. Leurs instrumens, leurs vases, leurs armes, présentent une perfection de travail qui étonne : un ouvrier d'Europe, avec toutes ses connoissances dans l'art du dessin, & la multitude & la commodité de ses instrumens, ne pourroit sûrement rien faire de plus élégant ou de mieux poli. (*Voyez* SANDWICH (Iles).)

ATRABOLOS. Cette ville de la Syrie a pris la place de l'ancienne *Tripoli*. La campagne qui l'environne, présente des jardins remplis de toutes sortes de fruits; elle est arrosée de divers ruisseaux qui descendent du Liban. Lorsque le tems est calme, on apperçoit sur le bord de la mer, & dans la mer même, plusieurs sources d'eau douce excellente. Diverses circonstances bien examinées autorisent à croire que ces sources ont leur origine ou leur réservoir commun dans une grotte qui est à une lieue à l'est, car cette grotte est remarquable par des amas d'eau, qui, après avoir concouru à son excavation, se perdent dans la grotte même. Effectivement, les grottes qui absorbent les eaux courantes des ruisseaux ou des rivières accompagnent toujours à quelque distance les sources ou les fontaines abondantes, comme je l'ai remarqué dans d'autres articles.

ATTERRISSEMENS. Ce sont des dépôts de terre ou de sable qui se font par degrés le long des rivages de la mer ou sur les bords du lit des fleuves, & particuliérement à leur embouchure. Il y a deux sortes d'*atterrissemens* : les uns dont les matériaux sont apportés & déposés par les eaux courantes des fleuves ; les autres refoulés par les flots & les vagues de la mer contre les terres. La masse des *atterrissemens* s'élève & devient d'autant plus considérable, qu'on approche davantage de l'embouchure des fleuves, parce que la mer, retardant la vitesse de l'eau, favorise ces dépôts.

Les dépôts que la mer fait sur ses bords sont formés des matières que les fleuves voiturent dans son bassin, & que les courans portent le long de ces bords. Ces dépôts s'accumulent tellement, qu'ils deviennent de fortes digues, insurmontables aux flots de la mer. De tout tems le Rhône a porté dans la mer de quoi former des *atterrissemens* très-étendus sur les côtes de Languedoc : le Danube tend journellement à combler le Pont-Euxin dans tous les environs de son embouchure. Chez les Anciens, le Delta, ainsi nommé à cause de sa figure triangulaire, a toujours été regardé comme un *atterrissement* du Nil, favorisé par la mer. De grandes parties de la Hollande paroissent être l'ouvrage de la Meuse & du Rhin. Il en est de même de la grande île située à l'entrée du fleuve Amour, dans la mer orientale de la Tartarie chinoise. La campagne de Ferrare paroît due aux *atterrissemens* du Pô & des rivières du Modénois & du Bolonois : Venise & les îles qui l'entourent, paroissent tenir leur sol des *atterrissemens* du Pô & de l'Adige. (*Voyez* BUFFON & TERRE.)

Je pourrois en dire autant de plusieurs contrées de l'Amérique, qui sont formées par les fleuves. On verra par la suite, que la base du Mississipi, comme d'une grande partie des côtes de la Guiane, sont dues aux dépôts de l'Amazone & des fleuves des environs de Cayenne ; qu'enfin plusieurs Deltas de l'Indostan se prolongent tous les jours aux embouchures du Sinde, du Gange & du Burampotter.

Considérations générales sur les atterrissemens des côtes de la Méditerranée dans le golfe de Lyon.

De toutes les côtes de la Méditerranée, celle qui a le plus souvent changé de face est cette partie littorale du golfe de Lyon qui s'étend du nord au sud, depuis l'embouchure du Rhône jusqu'à la naissance des Pyrenées. C'est là que, sur une étendue de côtes très-considérable, & sur des plages assez houleuses, on ne trouve aujourd'hui qu'un seul abri propre à recevoir des navires un peu forts.

Sur cette même côte, au quatrième siècle, Narbone, au rapport de Sulpice-Sévère, étoit un port commode, & Sidoine Apollinaire la félicite d'être une habitation saine & agreable. Aujourd'hui Narbone est loin d'être un port de mer, & malheureusement encore plus éloignée d'être une habitation salubre.

Sur cette même côte, les chroniques du treizième siècle nous représentent la mer comme baignant les murs d'Aigues-Mortes, & cette place pourvue d'un beau port, où saint Louis s'embarqua pour la Terre-Sainte. Aujourd'hui la mer est à deux lieues d'Aigues-Mortes.

La cause de cette grande variation dans l'état & l'aspect de cette côte est dans la quantité de sables & de vases que le Rhône entraîne & dépose à son embouchure, & que la vague courte & dure de la Méditerranée tient dans un mouvement continuel.

Aucun fleuve ne produit ces effets d'une manière plus remarquable que le Rhône, qui, coulant sur une pente très-rapide, & dans une direction fort droite, depuis Lyon jusqu'à son embouchure, porte sans obstacle jusqu'à la Méditerranée tout ce qu'il charie dans son lit. Une fois arrivés à la mer, ces sables, ces graviers, ces débris des montagnes, à mesure que le courant perd de sa force, produisent, le long de la côte, des bancs, des *atterrissemens*, des plages qui changent & dénaturent tous les fonds & tous les mouillages.

La côte de Provence, située à gauche de l'embouchure du Rhône, n'éprouve pas à beaucoup près ces inconvéniens à pareil degré : la cause de cette différence eſt la conſtance avec laquelle les vents & les courans ſe dirigent de l'eſt à l'oueſt dans tout le golfe de Lyon.

Guilleminet, dans ſes *Mémoires ſur l'origine du courant littoral de la Méditerranée*, & d'autres encore, ont recueilli beaucoup d'obſervations ſur ces circonſtances, d'où ils ont déduit toutes les cauſes qui concourent à produire les effets qu'on éprouve chaque jour ſur les côtes du Languedoc.

Auſſi eſt-ce une choſe reconnue, que les ports de toute cette mer, ſitués à l'eſt des fleuves, tels que Toulon & Marſeille à l'eſt du Rhône, ſe réparent & s'entretiennent avec beaucoup moins de machines, de peines & de dépenſes, que les ports ſitués à l'oueſt de l'embouchure de ce même fleuve, tels que le port de Cette, à l'oueſt de l'embouchure du Rhône. Ces inconvéniens ſe firent ſentir à Cette après la conſtruction de ce port, qui n'eſt pas d'une date fort ancienne.

Quand Narbone & Aigues-Mortes eurent ceſſé d'être des îles, on ſentit vivement le beſoin d'un réfuge dans cette partie d'un golfe qui ſeroit extrêmement redoutable par les vents de ſud-eſt, ſi les vaiſſeaux qui paſſent le détroit de Gibraltar pour aller en Italie, en Provence ou au Levant, ne trouvoient pas de ports depuis Roſes en Catalogne, juſqu'à Marſeille.

On voit par les détails précédens, qu'entre les côtes de la Méditerranée on doit diſtinguer celles du Bas-Languedoc, qui ſont les plus expoſées aux *atterriſſemens* : c'eſt pour cela que les ports y ſont fort rares, car ils s'y trouvent la plupart du tems comblés par les courans, qui rejettent le long des côtes les ſables & les cailloux de diverſes natures, voiturés & dépoſés par toutes les rivières côtieres, & principalement par le Rhône.

L'immenſité de cailloux roulés qui ſe trouvent diſperſés dans cette grande lisière, occupée par les embouchures de ces rivières, a de tout tems occupé l'attention des obſervateurs qui ont eté conduits par la reconnoiſſance des premiers phenomènes qui ſe montrent le long de la côte, à remonter juſqu'à Nîmes, Avignon, Orange. On pourroit dire ſans exagérer les effets des eaux du Rhône, que lui ſeul pouvoit opérer les *atterriſſemens* qu'on rencontre dans les environs de ſes bords à une fort grande diſtance. La première difficulté ſeulement qui ſe préſente, c'eſt l'explication du mélange des dépôts du Rhône avec ceux de la Durance, qu'il ne reçoit qu'à une lieue au deſſous d'Avignon; mais on ne peut ſe diſſimuler, pour peu qu'on y réfléchiſſe, qu'un grand agent, tel que la mer, n'ait contribué, non-ſeulement à melanger ces divers cailloux & à les dépoſer à plus de ſix lieues au deſſus de la jonction de ces deux rivières, mais encore à les dégroſſir & à les arrondir dans l'état où ils ſe trouvent actuellement.

Une autre difficulté qui ſe préſente à côté de celle-ci, me paroît devoir recevoir la même ſolution. C'eſt aux mêmes circonſtances qu'on peut attribuer les dépôts de cailloux ſur les plateaux & ſur les plages, qui ſont beaucoup au deſſus du niveau de la mer actuelle. Il eſt bien prouvé que, quoiqu'elle laiſſe chaque jour des terrains à ſec, ſon niveau reſte, depuis un tems immémorial, conſtamment le même. Marſeille a depuis plus de deux mille ans un port dans lequel la mer eſt au même niveau ; mais on doit convenir auſſi que, dans la vallée même du Rhône, la mer a fait des dépôts à différentes hauteurs, nommément dans les parties de cette vallée que je nomme *vallée-golfe*, & dont j'ai ſuivi les preuves inconteſtables aux divers points de la vallée ; preuves qui ſe trouvent indiquées dans quelques articles de ce Dictionnaire, & ſurtout dans les parties de la vallée du Rhône, qui ſont aux environs de Serrières & d'Andance, à la hauteur d'Annonay.

Je ne me bornerai pas dans cet article, où je m'occupe principalement des *atterriſſemens*, à conſidérer d'une manière générale les ſimples tranſports, & les dépôts des divers matériaux qui les forment. J'aurai ſoin ſurtout de faire mention de la nature de ces matériaux, & dans cet examen je ferai connoître en même tems les époques auxquelles il convient de rapporter ces tranſports ; époques que j'ai cru devoir déterminer, non-ſeulement d'après la nature de ces matériaux, mais encore ſur leur diſpoſition & leur arrangement, qui indiquent les eaux courantes qui ont opéré ces tranſports, formé ces dépôts, ou ſeules, ou conjointement avec les flots de la mer, qui les ont tourmentés ou repouſſés dans des eſpèces de dunes.

J'ai cité de même certaines invaſions de la mer dans la *vallée-golfe* du Rhône, comme pouvant ſervir à rendre raiſon de quelques diſtributions des matériaux qui ne peuvent appartenir qu'à de très-anciens *atterriſſemens*, & que l'état actuel des choſes ne pourroit pas expliquer.

La dernière époque, l'époque actuelle, ſe trouve bien marquée par les *atterriſſemens* qui bordent les étangs du Bas-Languedoc, & qui couvrent une partie de la Provence, le Comtat-Venaiſſin, les environs d'Orange, les collines de Villeneuve-lès-Avignon, Remoulin, les environs de Nîmes, de Lunel, de Montpellier. Tous ces *atterriſſemens*, que nous pouvons appeler *anciens*, & que je daterois volontiers du tems de l'invaſion de la mer dans la *vallée golfe*, ſont au deſſus du niveau de la mer actuelle, & n'ont été dépoſés que par les eaux courantes actuelles, ſans avoir été façonnés autrement que par l'ancienne mer : ces *atterriſſemens* outre cela diffèrent des nouveaux, en ce qu'ils ſont diſperſés irrégulièrement. On voit dans les contrées qu'ils occupent, des collines d'un volume conſidérable, remplies de cailloux roulés, parmi leſquels ſe trouvent des huîtres à bec, qui ſont étrangères à la Méditerranée actuelle.

Les cailloux, quoique les mêmes que ceux de

la nouvelle plage, y sont beaucoup plus gros; ils y ont subi la plupart des décompositions plus ou moins avancées. D'ailleurs, on n'y voit point certaines natures de pierres que les courans de la Méditerranée rejettent sur ses bords; & qu'on observe assez souvent dans les massifs des *plages*.

Nous croyons donc devoir désigner sous le nom de *nouveaux atterrissemens* cette lisière de terrain qui règne entre les étangs du Bas-Languedoc & la mer, depuis Cette jusqu'à Aigues-Mortes, & la vaste étendue sur laquelle se prolongent les environs de cette dernière ville, ceux de Franquevaux & de la Camargue, où l'on a recueilli tous les cailloux des anciens *atterrissemens*, & de plus, des porphyres, des serpentines, &c.

Il paroît démontré par une suite d'observations, que ces *atterrissemens* ont commencé par être sous-marins, & que, dès qu'ils eurent atteint une certaine lisière, ils contribuèrent à former la plage que nous pouvons parcourir aujourd'hui. Pour ce qui concerne des parties de cette plage, il est facile d'expliquer comment elles ont pu acquérir une certaine élévation au dessus du niveau ordinaire de la mer : ces mouvemens peuvent se remarquer tous les jours.

On voit effectivement la mer, dans ses mouvemens ordinaires, déposer sur ses bords, d'abord des sables; ensuite, dans une agitation plus forte, ce sont des mélanges de sables, de graviers, de coquilles qui sont rejetés plus loin. Dans les tempêtes elle lance outre cela des cailloux qu'elle balotte long-tems, & qu'elle amoncèle à un niveau plus élevé & à des distances plus considérables; de telle sorte que les entassemens de cailloux roulés qu'on retrouve dans les dunes peuvent être considérés comme déterminant la ligne à laquelle atteignent les vagues de la mer dans les plus gros tems.

Ces mouvemens progressifs doivent former, comme on voit, sur le rivage de la Méditerranée, une pente dont la surface est sans cesse recouverte de nouveaux matériaux; de sorte que la mer, sans quitter son niveau ordinaire, s'éloigne ainsi de ses dépôts. Si sur cette plage se trouvent de petits amas de matériaux mobiles plus élevés, ce ne sont que des sables, au milieu desquels on ne rencontre aucune pierre.

Je ne puis séparer ici des détails qui ont pour objet les *atterrissemens* de la côte du Bas-Languedoc, les faits que nous a présentés la ville d'Aigues-Mortes, éloignée de plus d'une lieue de la mer, entourée de sables, de petits cailloux & de coquilles, exactement les mêmes que celles de la plage. On voit à côté de cette ville une lisière d'un tiers de lieue, où l'on a trouvé les mêmes cailloux, les mêmes coquilles, qui n'ont pas éprouvé une décomposition bien sensible, dans les fouilles qu'on a faites pour le canal de la province : c'est aussi vis-à-vis de ces lieux, proche la *Tour d'Anglus*, que commence une longue chaîne de collines formées de cailloux, qui borne à l'est le fertile bassin des environs de Nîmes, jusqu'à Remoulin. C'est à quelques pas de distance qu'on trouve des différences considérables entre la régularité des *atterrissemens* & leurs produits, du moins quant aux coquilles, à certains cailloux, à leur volume & à leur état de conservation.

Nous avons trouvé assez singulier que la mer rejette aujourd'hui des pierres, telles que des porphyres & des serpentines, &c. qu'on ne connoît pas dans les *atterrissemens* de première date. Il est à présumer que quelques rivières ont changé de cours, ou mieux encore, qu'en creusant leur lit elles auront rencontré des massifs de pierres de nouvelle nature. Quant à la différence de grosseur dans les cailloux, il est aisé de sentir qu'elle dépend de la longueur du transport qu'ils ont essuyé, soit par les eaux courantes, soit par les vagues de la Méditerranée.

Je me suis surtout attaché à reconnoître les altérations que diverses natures des pierres des *atterrissemens* ont éprouvées par un long séjour dans ces dépôts. En général, j'ai vu, 1°. que ces décompositions avoient lieu surtout dans les lieux humides; 2°. que les quartz purs & les pierres calcaires pures n'annonçoient nulle part d'altérations; 3°. que toutes les pierres décomposées contiennent du fer ou de l'argile; 4°. qu'en s'approchant de leur entière décomposition, ces pierres perdent de leur couleur, de leur dureté & de leur pesanteur spécifique, &c. Dans ces mêmes contrées, la nature opère sur de grandes masses les mêmes décompositions que présentent les cailloux roulés *isolés* : ceux-ci sont, il est vrai, plus exposés à l'action de l'air & des météores; mais quant aux résultats, ce sont les mêmes circonstances à peu près, & surtout des agens semblables.

Atterrissemens du Rhône & des côtes du Bas-Languedoc.

Les *atterrissemens* du Vidourle & du Vistre sont encore augmentés par les dépôts du Rhône, à cause de leur proximité, au lieu que ceux des autres rivières plus éloignées en ont moins participé, à proportion de la distance de leur embouchure à celle du Rhône. Les matières que ce fleuve charie de tous les tems sont si considérables, qu'il n'est pas étonnant qu'il en ait tant fourni sur toute la longueur de la côte du golfe de Lyon : il lui en fournira cependant de moins en moins, à mesure que son lit avancera dans la mer, & il pourra se faire, mais à des époques éloignées, qu'il n'en portera plus sur elle, tandis que le même courant d'est, qui commence d'en porter au-delà du cap de Creux, sur la côte d'Espagne, continuera. Nous croyons qu'alors les premières côtes du golfe de Lyon n'en recevront plus.

Il faut parler des *atterrissemens* que ce fleuve a faits entre lui & Aigues-Mortes, & qui se sont élevés au dessus du niveau de la mer. On en reconnoît, comme nous l'avons dit, le bord primitif par la salure qui paroît sur lui, comme elle a fait reconnoître celui du *lacus rubrensis* des environs de Narbone, & ceux des rivières d'Aude, d'Orb, de Lebron, d'Eraut, du Vidourle & du Vistre. C'est par le même moyen qu'on découvre encore que la mer avançoit dans les terres, dans un tems dont rien ne nous apprend l'époque, & même jusqu'aux environs de la ville de Beaucaire, & qu'elle formoit ainsi une anse considérable dans le *sinus major*, que les Anciens reconnoissoient au milieu du golfe de Lyon.

Le Rhône se débouchoit donc à la mer dans ces tems reculés, aux environs de Beaucaire, au lieu qu'à présent l'embouchure de son plus grand bras en est éloignée de dix lieues. Il n'y avoit donc pas de lit de ce fleuve sur cette longueur : d'où l'on peut conclure qu'il forma son lit, & qu'il le prolongea successivement au moyen de ses dépôts, comme il continue de le faire. La grande partie de cette anse, qui est à la gauche du fleuve, à compter depuis Beaucaire, en allant vers Saint-Remi en Provence, embrasse la plaine de *la Crau*, qui se termine vers l'étang, qu'on n'appelle aussi *la mer de Martigues* que parce que cette rivière se jette dans l'étang de *Ealaves*, & de là dans la mer par le *Grau*, qui porte le même nom; elle n'a formé encore que des *atterrissemens* qui sont entre deux eaux dans cet étang & dans les autres jusqu'à Cette. Le Grau étoit autrefois la source & la cause de l'extension du commerce de Montpellier. L'étang de Maguelonne, que les Sarrasins fréquentoient beaucoup, & le Grau de Frontignan, y concouroient aussi; mais ils sont tous trois comblés par les sables que le courant de l'est y charie, & par une partie de ceux du Lez, qui passent à son grau.

Les dépôts de cette rivière dans tous ces étangs, où les eaux sont stagnantes parce qu'elles n'ont presque plus de débouché, occasionnent, comme on voit, la corruption de ces eaux : l'air en est infecté, &, porté par les exhalaisons qui s'élèvent de leur surface, il produit des maladies fâcheuses parmi les habitans de plusieurs bourgs & villages voisins. Il y auroit cependant des moyens de tirer parti des vastes *atterrissemens* que produit chaque jour la rivière de Lez; *atterrissemens* qui seroient d'une grande fertilité si l'on s'occupoit à enlever la salure des parties de ces *atterrissemens*, qui les rend infertiles. Tous les autres *atterrissemens* de la côte ne sont pas susceptibles de ces avantages; mais ceux qui peuvent plus aisement participer à ces améliorations, sont ceux que forme le Rhône & ceux qui sont le long du canal de Narbone, depuis Gruissan jusqu'à la Nouvelle. Les moins favorisés sont ceux dont on ne pourra pas tirer un bon parti pour le labourage, qu'en faisant enlever la salure de la manière que je l'ai expliqué ailleurs.

Ce n'est que depuis un certain tems que la rivière de Vidourle ne se débouche pas dans l'étang de Maugdio : avant ce changement cet etang s'atterrissoit considérablement par les dépôts qu'elle y portoit; elle diminuoit aussi la stagnation de ses eaux en se mêlant avec elles, & se débouchant dans la mer par son grau. Il résulte de ce changement, qu'il s'élève de l'étang de Manguio des exhalaisons plus infectes à présent, qu'elles ne l'étoient auparavant.

La rivière de Vistre se jette dans les mêmes étangs que celle du Vidourle : toutes deux réunissent des dépôts qui sont très-fertiles, en laissant, comme les autres rivières du golfe, des terrains sur lesquels la salure se montre & fait reconnoître l'ancien bord de la mer, tant vers la ville de Marsillargues, que le Vidourle traverse, que vers le village de Caylar, où passe le Vistre.

Nous avons déjà parlé d'Aigues-Mortes, mais nous croyons devoir revenir à cet endroit, éloigné de plus d'une lieue de la mer, & entouré de sables, de petits cailloux & de coquilles, exactement les mêmes que ceux de la plage. (*Voyez* PLAGE.) On voit à côté de cette ville une espèce de chaussée alignée d'un tiers de lieue, qu'on a prise pour un ancien chemin fait de main d'homme, & qu'on a nommé *la Pataquière*. Les petits cailloux ou *galets* sont appelés *patards*, par allusion à une petite monnoie.

Quant à la difference de grosseur dans les cailloux, elle pourroit être attribuée au prolongement du lit du Rhône & des autres rivieres qui se jettent dans la Méditerranée. (*Voyez Mémoire sur les variolites, Journal de Physique, tome XXVIII, pag.* 360.)

En partant de l'embouchure des fleuves, les amas de sables ont ordinairement deux mouvemens, celui qui les écarte de cette embouchure en les portant sur la droite ou la gauche, parallélement à la côte, & celui qui les tire du bassin de la mer pour les étendre sur la plage.

En conséquence de ces deux mouvemens, les *atterrissemens* qui se forment le long des côtes de la mer sont d'abord sous forme de bancs parallèles à la côte, & ces bancs ont d'autant plus d'étendue, sont d'autant plus voisins de la côte, que l'un ou l'autre mouvement a plus ou moins d'avantage en conséquence de la constitution primitive de la côte : ces bancs, d'abord cachés sous l'eau par des additions successives & rétrécies, s'elèvent de manière à former une *plage* totalement découverte, qui se trouve réunie à la côte ou bien séparée d'elle par des amas d'eau connus sous le nom de *lagunes* ou d'*étangs*.

Pour peu qu'on ait parcouru les côtes sujètes à ces *atterrissemens*, on a vu partout que ce sont des additions & des prolongemens faits au terrain naturel & primitif des anciennes côtes, & formés par les amas de terres & de sables que les flots de la mer y ont accumulés, & qu'ils y accumulent encore.

encore. Une preuve que ces matériaux sont apportés par les eaux des fleuves & des rivières qui sont à la proximité, c'est qu'il n'y a point de pareils *atterrissemens* lorsqu'il n'y a pas de ces embouchures.

C'est ainsi que se présentent effectivement les *atterrissemens* formés le long des côtes du Languedoc, depuis l'embouchure du Rhône jusqu'aux Pyrenées.

Toutes les terres depuis Beaucaire jusqu'à la mer, dans l'espace de huit à dix lieues, sont des crémens ou *atterrissemens* formés par les dépôts des matériaux que le Rhône a entraînés dans ses crûes & ses débordemens.

Ces crémens diffèrent entr'eux par des caractères assez marqués, les uns étant doux & fertiles, & les autres étant salés & stériles.

Les *atterrissemens* doux se reconnoissent aisément au dessus de Beaucaire, & même depuis Beaucaire jusqu'à la mer, dans les endroits qu'on appelle *îles du Rhône*.

Quant aux *atterrissemens* salés, on les distingue de même à leur stérilité & à l'amertume du sol. Il convient maintenant d'exposer, dans un détail suffisant, les circonstances qui ont concouru aux différens états où se trouvent ces deux sortes d'*atterrissemens*.

Le sol des *atterrissemens* qui environnent la ville de Beaucaire n'est élevé que de six pieds au dessus du niveau de la mer, suivant la détermination qui en a été faite par des opérations géodésiques, très-sûres & très-exactes; & d'ailleurs, on s'est assuré que l'épaisseur de ces crémens avoit plus de quinze pieds d'épaisseur; ce qu'on a reconnu avec précision par la fouille des puits qu'on a creusés dans leur massif : d'où il suit que le fond de l'*atterrissement* est au moins de neuf pieds plus bas que la mer, & par conséquent que la mer a pu s'étendre autrefois jusque-là, dans le tems où ces *atterrissemens* n'étoient pas formés.

Cette conséquence est encore confirmée avec la dernière évidence par l'état de salure où se trouvent les *atterrissemens*, qui n'ont pu acquérir cette qualité que parce qu'ils ont été formés dans l'eau même de la mer, où les substances limoneuses ont pu s'imprégner des principes salins & autres qu'y a laissés l'eau de la mer qui les baignoit.

Ainsi, à une certaine époque, l'espace compris depuis Beaucaire jusqu'à la mer étoit un petit golfe, dans lequel le Rhône se déchargeoit; & comme cette rivière a toujours déposé dans ses crûes & ses débordemens beaucoup de limon, ce golfe occupé par la mer a été comblé d'autant plus facilement par les limons du Rhône, que le refoulement des eaux de la mer en favorisoit davantage la précipitation & la distribution uniforme. Mais comme ces dépôts n'ont pu se faire que peu à peu & successivement, il n'est pas étonnant que ces terres, en se précipitant fort lentement & par sédimens fort minces, se soient chargées des principes salins & bitumineux que renferment les eaux de la mer.

Qu'on se représente le Rhône débordé, & voiturant dans ce golfe une quantité d'eau immense. Il est évident que le courant actif n'occupoit que le milieu de cet espace, & que les eaux du débordement s'étendoient à droite & à gauche, se mêloient avec l'eau de la mer, & déposoient tous les principes terreux dont elles étoient chargées, c'est-à-dire, les sables & les limons, avec cette circonstance que les graviers, & ensuite les sables, se déposoient dès les premiers momens du ralentissement du mouvement de l'eau; ils étoient précipités dans les parties les plus voisines du courant de la rivière. Les parties terreuses ayant besoin d'un plus long tems & d'un plus grand repos pour se déposer, l'eau qui s'en trouvoit chargée pouvoit se porter à une certaine distance de Beaucaire à l'est & à l'ouest avant de gagner le fond du golfe, & de cette manière les endroits les plus éloignés du cours du Rhône ne recevoient qu'un très-petit dépôt d'un limon fin & délié, & c'est à toutes ces circonstances que sont dus les marais, dont le sol est si bas, pendant que les bords du Rhône sont beaucoup plus élevés.

On a une preuve de cette marche qu'ont suivie les eaux du Rhône dans la distribution des matières dont elles étoient chargées, & qu'elles ont voiturées dans le golfe, en examinant la nature & la disposition de ces deux sortes de terrains; car, outre que celui des bords du Rhône est, comme nous l'avons dit, le plus élevé, on y trouve aussi des graviers plus gros, & une grande quantité de sable : au contraire le terrain des marais est beaucoup moins élevé, & composé de matériaux plus fins, & la plupart terreux.

Si nous suivons maintenant les côtes du Languedoc, nous y trouverons des dépôts formés d'après le même système, soit par les mêmes matériaux que le Rhône a voiturés & voiture encore dans la mer, soit par de semblables convois que font les rivières qui s'y jettent également dans les différentes parties de la côte.

Pour exposer ces phénomènes avec ordre, il faut diviser ces côtes en deux parties, l'une occidentale, depuis le cap de Creux jusqu'à Agde, & l'autre orientale, depuis Agde jusqu'au Rhône.

Dans la première il n'est pas arrivé de grands changemens. Si l'on considère cette côte d'une vue générale, le promontoire aphrodisien, connu maintenant sous le nom de *Cap de Creux*, s'avance encore dans la mer, de même que du tems de Strabon; l'étang & la fontaine de Salses sont à la même distance de la mer que du tems de Pomponius Mela; Colioure, en latin *Caucoliberis*, est sur le bord de la mer, de même qu'au septième siècle, où l'on a commencé à parler de cette ville; le port de Vendres, *Portus Veneris*, est encore un port de mer comme il l'étoit du tems de Pomponius Mela; enfin, la ville de Narbone est encore à douze milles de la mer, distance que Pline nous a indiquée dès le premier siècle de l'ère chrétienne. Cependant je dois dire que, dans l'intérieur des terres, il s'est fait, même depuis les Romains, plusieurs *atterrissemens* considérables & particuliers dans le golfe que formoit l'embouchure de la rivière de Narbone. Je montrerai dans des articles particuliers ces détails, qui rentrent parfaitement dans la théorie que j'ai exposée au commencement de cet article.

Il n'en est pas de même de l'autre partie de ces côtes, où tout indique qu'il s'est fait de grands *atterrissemens*, & que la mer s'est beaucoup retirée. Comme cette question est importante, & qu'elle n'est pas sans difficulté, il est nécessaire d'examiner en détail les différentes preuves que l'autorité des anciens géographes ou l'inspection des lieux peut fournir.

1°. Strabon (1), dans la description qu'il fait du golfe de Lyon, qu'il appelle *Sinus gallicus*, remarque d'abord que ce golfe s'étend depuis un promontoire considérable qui est au couchant, & à cent stades ou quatre lieues de Marseille, appelé aujourd'hui *le cap Couronne*, jusqu'au promontoire *Aphrodisien* dans les Pyrenées, connu aujourd'hui sous le nom de *cap de Creux ;* ensuite il ajoute que ce golfe est partagé en deux autres golfes plus petits par la montagne de Cette (*Mons Sigius*) & par l'île de Brescou (*Insula Blasco*), qui est auprès de cette montagne; que le plus grand de ces deux golfes est celui où le Rhône se jette, & que l'autre, qui est du côté des Pyrenées, est le plus petit.

Cela seul devroit décider la question, car c'est aujourd'hui tout le contraire : le golfe du côté des Pyrenées, qui s'étend depuis Brescou jusqu'au cap de Creux, & qui étoit autrefois le plus petit, est aujourd'hui le plus grand & le plus enfoncé; & le golfe compris entre Brescou & le cap Couronne, qui étoit autrefois le plus grand, est le plus petit & le moins enfoncé, supposé même qu'il mérite encore le nom de golfe ; car il est certain que cette étendue de côte est aujourd'hui presqu'en ligne droite.

Pline, en décrivant la côte de la province narbonoise, qui est aujourd'hui comprise dans le Languedoc (2), remarque qu'il y avoit peu de villes, à cause des étangs qui s'y trouvoient. A présent ces étangs n'empêchent pas qu'il n'y ait dans ce pays-là plusieurs villes & plusieurs bourgs considérables : il falloit donc que ces étangs fussent autrefois plus étendus qu'ils ne sont aujourd'hui.

C'est ce qu'on peut inférer, ce semble, de la route que les Romains tenoient de Nîmes à Béziers : cette route étoit une grande demi-lieue plus haut que le chemin qu'on suit aujourd'hui, & cependant, au lieu d'aller aboutir à Pézenas, comme le chemin moderne, elle alloit à *Cessero* ou *Saint-Tiberi*, qui est une grande demi-lieue plus bas que Pézenas. Par-là, pour aller de Nîmes à Cessero, au lieu de marcher sur une ligne droite, on faisoit un contour ou un arc de cercle, qui alongeoit le chemin d'une grosse lieue. Il y a apparence qu'on ne s'étoit déterminé à suivre cette route que parce que les étangs occupoient alors la plus grande partie du chemin qu'on tient aujourd'hui, ou que du moins la plupart des endroits par où ce chemin passe aujourd'hui étoient alors si marécageux, qu'ils n'étoient point praticables.

Les anciens auteurs ont parlé avec éloge des bains de Dax & de Bagnières, sous le nom d'*Aquæ Augustæ sive Tarbellicæ*, & d'*Aquæ Onesiæ*, quoique ces bains fussent à l'extrémité des Pyrenées, & fort éloignés de la province romaine. Quelle apparence qu'ils eussent négligé ceux de Balaruc, aussi efficaces qu'aucun des autres, & plus avantageusement situés pour eux s'ils les avoient connus ! & auroient-ils manqué de les connoître si ces bains avoient été de leur tems tels qu'ils sont aujourd'hui? Il falloit donc que ces bains fussent alors couverts de l'étang de Taur, au bord duquel ils sont placés ; & si cela est, il faut en conclure que cet étang étoit alors plus grand & plus étendu qu'il n'est présentement. Mais l'inspection des lieux fournit des preuves qui sont démonstratives. Il est visible que les étangs qui s'étendent le long de la côte du Bas-Languedoc, depuis Aigues-Mortes jusqu'à Agde, ont fait partie autrefois de la mer même, dont ils n'ont été séparés que par un long banc de sable qui s'est formé entre-deux, connu sous le nom de *la Plage :* leur situation, leur niveau avec la mer, la salure de leurs eaux, ne permettent pas de douter de ce fait. On doit porter le même jugement des étangs d'Escamandre & d'Escoute, des grands marais qui sont auprès, le long de la Robine & du Vistre; des étangs qui sont autour d'Aigues-Mortes, qu'on nomme *les étangs de Saint-Laurent, de Respousset, de la Ville, du Roi, &c.*

L'état des lieux montre encore que la mer s'étendoit autrefois au-delà de l'espace que ces étangs occupent aujourd'hui ; qu'elle alloit du côté de Frontignan jusqu'au pied des montagnes, qui forment une chaîne continue depuis ce lieu jusqu'à Mirevaux, & qu'on appelle *le Pied fegnié* ou *la montagne de Saint-Félix ;* qu'elle avançoit de là jusqu'au pont Juvenal, près de Montpellier ; qu'elle couvroit ensuite toute la plaine de Mauguio, Candillargues, Lausargues, Massillargues, le Caila, Franquevaux, jusqu'à Saint-Gilles, & que les deux lits mêmes du Rhône se trouvoient alors moins longs qu'ils ne sont, de près de trois lieues. Si l'on prend la peine de décrire sur une carte de Languedoc une ligne courbe, qui ren-

(1) *Geograph.* lib. 4.
(2) *Historia naturalis*, lib. 3, cap. 4.

ferme le pays qu'on vient de marquer, on aura par ce moyen la véritable étendue de cet ancien golfe dont Strabon fait mention, & qu'on ne sauroit plus reconnoître dans l'état où le trouve aujourd'hui cette côte. A ces preuves que la connoissance des lieux fournit, on peut ajouter des faits historiques qui les fortifient. Notre-Dame-des-Ports (*Sancta Maria de Portu*) étoit un port sur l'étang de Mauguio en 898, quand Arnuste, archevêque de Narbone, y tint le concile de sa province : aujourd'hui elle en est éloignée de plus d'une demi-lieue.

Psalmodi étoit une île en 815, comme il paroît par une chartre de Louis-le-Débonnaire, que les Bénédictins ont rapportée dans l'*Histoire du Languedoc*, & cette île, selon ces Pères (1), étoit bornée par la Méditerranée du côté du midi, quand ce monastère fut fondé ; mais aujourd'hui Psalmodi tient à la terre ferme, & est à deux lieues de la mer. Il paroît par une autre chartre (2), rapportée par le Père Mabillon, que la ville d'Aymargues, en latin *Armasanicæ*, étoit au bord de la mer, *in littorariâ*, au commencement du neuvième siècle, & elle en est maintenant à trois lieues. Sous l'empire de Charlemagne il n'y avoit qu'une tour (3) à l'endroit où est aujourd'hui Aigues-Mortes : il s'y forma dans la suite un village avec un port ; ce qui détermina saint Louis à le fermer de murailles. C'est là où ce prince s'embarqua en 1248 & en 1269, & c'étoit alors le meilleur port qu'il y eût sur la Méditerranée : aujourd'hui Aigues-Mortes est éloigné de la mer de près d'une lieue. Ainsi, à juger par les *atterrissemens* qui se sont faits sur ces côtes depuis neuf cents ans, de ceux qui ont dû s'y faire de même dans des tems plus reculés, on ne sauroit douter qu'ils n'aient dû s'accroître de toute l'etendue que nous avons marquée.

Il semble que l'accroissement successif de ces côtes soit marqué à l'œil par l'ordre des tours bâties le long du Rhône. Strabon nous apprend que les Marseillois, devenus maîtres de l'embouchure de cette rivière par la concession de Marius, y construisirent des tours pour servir de signaux, & pour en faciliter l'entrée & la sortie. Si le Rhône avoit toujours eu la même embouchure, on n'auroit eu besoin d'y construire qu'une seule tour, ou du moins n'auroit-il fallu y en construire que deux, une de chaque côté de cette embouchure. Cependant on en compte aujourd'hui quatre ou cinq de chaque côté, rangées de distance en distance le long du fleuve : du côté gauche, la tour de Mauleget, la tour de Saint-Arcier, la tour de Parade, la tour de Belvare ; & du côté droit, la tour de Mondoni, la tour de Vassale, la tour du Grau, la tour du Timpan, bâtie en 1614, & la tour de Saint-Genieis, bâtie en 1656. C'est donc une preuve que le lit du Rhône s'est prolongé par des *atterrissemens* successifs ; que les anciennes tours se sont trouvées par-là trop éloignées de l'embouchure pour pouvoir servir à l'usage pour lequel on les avoit bâties, & qu'on a été obligé d'en construire de nouvelles de tems en tems, & de distance en distance.

On peut, sur toutes les preuves qu'on vient de rapporter, regarder le fait des *atterrissemens* arrivés sur la côte du Languedoc, depuis la montagne de Cette jusqu'au Rhône, comme un fait certain. Par ce que nous avons déjà dit des *atterrissemens* du Rhône, la cause qui a pu produire ceux-ci n'est pas difficile à trouver : c'est le Rhône même, qui entre dans la Méditerranée au milieu de ces *atterrissemens*, qui les a produits. Ce fleuve porte dans la mer les eaux de près du tiers du royaume ; il doit donc y porter aussi, comme nous l'avons dit, beaucoup de limon, de sables & de terre que ses eaux enlèvent, en détruisant, par la rapidité de leur cours, les lieux par où elles passent, surtout quand elles débordent. Ce limon & ces sables, rejetés par les vagues de la mer & par les vents du midi, s'attachent peu à peu sur les côtes, & y produisent ces accroissemens qui les ont déjà si fort étendues, & qui continuent de les étendre de jour en jour : c'est de tout tems que le Rhône a produit de pareils *atterrissemens* à son embouchure. Nous l'avons d'ailleurs que les sables qui s'étoient accumulés à l'entrée des Bouches-du-Rhône, & qui en rendoient l'abord difficile aux vaisseaux, déterminèrent Marius à faire creuser un canal, dans lequel il détourna une bonne partie de l'eau du fleuve pour servir à transporter des vivres au camp où il s'étoit retranché, sur le bord oriental de ce fleuve. Ce canal est comblé depuis long-tems.

Ce n'est pas des *atterrissemens* que le Rhône forme en Languedoc qu'on doit être surpris, mais de ce qu'il ne s'en forme que dans le Languedoc, & que la Provence, qui se trouve à la même distance, en est entiérement exempte.

Le port de Marseille est aujourd'hui tel qu'il étoit il y a plus de mille ans, quand les Phocéens s'y établirent. On reconnoît encore l'étang de Martigues dans la description que Strabon en a faite sous le nom de *Stagnum Astromela ;* enfin, le village de Fos, bâti à l'embouchure de la fosse Mariane, c'est-à-dire, du canal que Marius avoit fait creuser, est encore sur le bord de la mer, ou n'en est éloigné que d'un quart de lieue, quoique fort près du Rhône.

Une différence si marquée entre deux provinces également contiguës au Rhône ne peut venir que du courant qui règne sur les côtes de Provence & de Languedoc, & qui va du levant au couchant. A quelque cause que l'on attribue ce courant, il est réel, & se fait sentir quand on navigue sur ces côtes de Marseille à Cette, ou de Cette à Mar-

(1) *Histoire du Languedoc.*
(2) *Annal.* tom. II, ad ann. 813.
(3) La tour de Matafère. *Histoire du Languedoc*, tom. I.

feille ; il accélère dans le premier cas la courfe des vaiffeaux, autant qu'il la retarde dans le fecond. Mais ce qui eft plus concluant encore, ce courant, en entraînant les débris des vaiffeaux qui font naufrage vers les embouchures du Rhône, les jette toujours du côté du Languedoc, & jamais du côté de la Provence. C'eft ce même courant qui détourne des côtes de Provence le limon & le fable que le Rhône entraîne, & qui les rejette fur celles du Languedoc, vers lefquelles il fe porte. C'eft par ce concours de circonftances que fe font formés les *atterriffemens* que nous avons indiqués, depuis l'embouchure du Rhône jufqu'à Agde & au-delà : c'eft là ce qui fait que la Provence conferve fes ports, tandis que ceux du Languedoc font détruits. On a remarqué depuis longtems (1) que la côte de Languedoc n'a point de ports ou en a peu, *rari portus*, & la remarque eft vraie; mais l'auteur qui l'a faite a tort d'ajouter que cela vient de ce que cette côte eft expofée aux vents du midi : cela pourroit empêcher au plus que les ports n'y fuffent fûrs contre ces vents; mais cela n'empêcheroit pas que ces ports n'exiftaffent. La véritable caufe qui l'empêche, eft donc les *atterriffemens* continuels qui s'y font : c'eft là ce qui a comblé le port Sarrafin, par où fe faifoit le commerce maritime de Montpellier; c'eft là ce qui a comblé dans la fuite le port d'Aigues-Mortes, où faint Louis s'étoit embarqué; c'eft là ce qui a comblé, depuis la fin du dernier fiècle, le port d'Agde, qu'on avoit fait fous Louis XIII, vis-à-vis de Brefcou, à la faveur de deux jetées; c'eft là ce qui a comblé le vieux port de Cette, conftruit au pied de cette montagne, & connu fous le nom de *vieux Môle*; c'eft là enfin ce qui comblera le nouveau port de Cette fi l'on fe relâche du foin de le nétoyer & de le creufer continuellement. (*Voyez l'article* LANGUEDOC (Côtes de), où nous donnerons de ces effets & de beaucoup d'autres, des détails plus circonftanciés encore. *Voyez auffi* RHÔNE, PLAGES, GRAU, MARAIS, ÉTANGS des bords de la mer.)

Atterriffemens & Deltas formés par différentes rivières de l'Indoftan.

Les rivières *Kiftna & Godavery*, quoique fort éloignées l'une de l'autre à leurs fources, s'approchent à la diftance de quatre-vingts milles dans la partie la plus baffe de leur cours, & renferment un vafte terrain, compofé d'un riche limon végétal, comme celui qu'on trouve ordinairement à l'embouchure des grandes rivières. Nous pouvons remarquer ici, mais plus en petit, la même économie que nous obfervons dans l'action du Nil & du Gange pour la formation des *Deltas* de l'Égypte & du Bengale. Ceux qui ont été fur les lieux, & qui raifonnent d'après l'analogie, font fondés à fuppofer que tout, ou au moins la plus grande partie de l'efpace renfermé entre *Samulcotta* & *Pettapolly* (environ cent cinquante milles en longueur le long des côtes de la mer, & de quarante à cinquante milles en largueur) eft réellement un don des deux rivières Godavery & Kiftna. On peut obferver la même chofe aux embouchures des rivières *Cattack* & *Tanjore*; mais les deux premières rivières ont raffemblé une plus grande quantité de limon pour former de nouvelles terres, en parcourant une beaucoup plus grande étendue de pays, c'eft-à-dire, depuis le 15e. degré de latitude jufqu'au 21e. Dans cette terre nouvellement formée, & environ à égale diftance des rivières Godavery & Kiftna, le fol forme un efpace creux, qui, dans fa partie la plus baffe, eft un lac dans toutes les faifons : on l'appelle *Lac Colaire*. Son origine doit être reportée à la même caufe que celle qui a produit les lacs & les marais des Deltas de l'Égypte & du Bengale, c'eft-à-dire, au dépôt du limon des deux rivières ou des deux branches de la même. Lorfqu'elle déborde, ce dépôt fe fait plus près des rivages; car plus l'inondation s'éloigne de ces rivages, plus elle dépofe de terre dans fa route, & moins il en refte pour les parties plus éloignées, qui conféquemment ne peuvent être élevées au niveau des bords de la rivière. Ainfi le fol prend la forme d'un plan incliné de chaque rive aux parties intérieures du pays où il doit fe trouver un efpace creux, puifque les deux rivières ou les deux bras de la même rivière agiffent à la fois & en fens contraire; mais lorfque les rivières auront élevé leurs bords & les terres adjacentes à la plus grande hauteur poffible, qui eft celle à laquelle le flot périodique s'élève, les inondations fuivantes des parties les plus baffes de la rivière empliront ces efpaces creux, & rempliront de limon la partie du lac qui eft vers la fource de la rivière; & comme de nouvelles terres continuent à ufurper fur la mer, le lac doit defcendre en proportion, car le cours naturel des chofes eft que les nouvelles terres, qui font le plus éloignées de la mer, foient élevées auffi haut que l'action des eaux peut le permettre : la portion du limon qui ne peut y être dépofée, eft emportée plus bas pour élever d'autres terrains. C'eft ainfi que la déclivité regulière du canal eft confervée.

Toutes les terres fujètes à l'inondation doivent continuer de s'élever, parce que l'eau de l'inondation dépofe au moins quelque partie des particules terreftres qu'elle tient en fufpenfion; mais il doit y avoir un certain point d'élévation, au-delà duquel il ne peut plus s'élever ni bords ni Deltas, car chaque point fucceffif dans le cours de la rivière doit être plus bas que le précédent.

Quant au Nil, fes bords peuvent être élevés dans tout le Saïd, ainfi que dans l'Égypte inférieure, les cataractes étant beaucoup plus élevées

(1) Pomponius Mela, *de fitu orbis.*

que la partie la plus basse des bords du fleuve. L'Égypte diffère aussi de l'Inde dans une autre particularité : dans la première contrée il ne tombe pas de pluies qui détachent les plus légères parties du sol & les entraînent dans la rivière avant l'inondation, au lieu que dans le Bengale, les pluies considérables qui tombent avant cette époque doivent diminuer la hauteur du sol, élevé par l'inondation précédente ; de sorte que le sol a dû croître en Égypte beaucoup plus rapidement que dans tous les autres pays inondés.

Il me paroît que ceux qui ont parlé de l'accroissement du Delta du Nil ont omis une circonstance de quelque poids, puisqu'elle regarde la longueur du tems pour former une certaine quantité de terre ou pour élever l'ancien sol à un certain degré. On remarque toujours sur le sommet aride des montagnes, que les pluies ont entraîné, pendant le cours des siècles, les terres qui les couvroient, ou, d'une autre manière, qu'il y a eu un mouvement progressif des terres, du sommet dans les vallées. En admettant ceci, vu que cette terre n'est pas inépuisable, on voit que, plus les rivières continuent de couler, moins elles doivent entraîner de terre avec elles : c'est pourquoi l'accroissement des Deltas & des autres alluvions des rivières principales doit avoir été plus rapide dès le commencement du monde, qu'à présent.

Le Delta de l'Indus ou Sindus a environ cent cinquante milles en longueur le long de la mer, & environ cent quinze milles en profondeur, depuis l'endroit où se séparent les branches supérieures de la rivière, jusqu'au point le plus saillant de la côte. Arrien, après Néarque, compte pour la première distance mille huit cent stades (1), & Pline deux cent vingt milles romains.

La partie basse de ce Delta est entre-coupée de rivières & de ruisseaux dans presque toutes les directions, comme le Delta du Gange ; mais il diffère de celui-ci en ce qu'il n'y a point d'arbres. Les endroits secs sont couverts de buissons, & la plus grande partie du terrain sont des lacs & des marais malfaisans. On a placé un minaret à la bouche de la rivière Ritchel pour marquer la route, qu'on ne pourroit distinguer sans ce secours, à cause de l'égalité & de l'uniformité apparente de la côte.

C'est une circonstance remarquable, que le flux & le reflux ne sont pas sensibles dans cette rivière Ritchel à une plus grande distance de la mer, que soixante ou soixante-cinq milles.

Il est certain que l'Indus est beaucoup moins grand que le Gange. La vélocité de son cours est estimée quatre milles par heure dans la saison sèche ; ce que je crois évalué trop fort, à moins que la déclivité ne soit plus grande que je ne le pense (1). La province de Sindy ressemble à l'Égypte par plusieurs particularités du sol, du climat & de l'aspect de sa surface. La partie inférieure de cette province est composée d'une terre végétale fort riche, & s'étend en un vaste Delta, tandis que sa partie supérieure est resserrée d'un côté par une chaîne de montagnes, & de l'autre par un désert de sable. L'Indus, égal pour le moins au Nil, serpente dans cette vallée unie, & l'inonde annuellement.

Pendant une grande partie de la durée des moussons sud-ouest, ou au moins dans les mois de juillet, d'août & partie de septembre, qui sont la saison des pluies dans presque toutes les autres parties de l'Inde, l'atmosphère y est généralement couverte ; mais il n'y pleut point, excepté dans les parties voisines de la mer. Le capitaine Hamilton dit que, quand il alla à Tatta, il n'y étoit pas tombé de pluie depuis trois ans. Cette circonstance, & le voisinage des déserts de sable qui bornent cette contrée à l'est & au nord-ouest, y rendent les chaleurs si fortes & les vents de ces quartiers si pernicieux, qu'on a imaginé, pour s'en garantir, de donner de l'air aux maisons par la partie supérieure. Quand le vent chaud domine, on ferme exactement les fenêtres : la partie la plus chaude du courant d'air est exclue, & la partie la plus fraîche, parce qu'elle est plus élevée, descend dans la maison par le tuyau de la cheminée. On exclut aussi par ce moyen ces nuages de poussière, dont l'entrée seule suffiroit pour rendre les maisons inhabitables. Peu de contrées sont plus malsaines pour les Européens, particuliérement la partie inférieure du Delta.

Nous croyons devoir renvoyer à l'article GANGE tout ce que nous croyons devoir faire connoître sur les atterrissemens & le Delta de ce fleuve, & à l'article OSCILLATIONS DES RIVIÈRES tout ce qui nous occupera sur la marche des eaux du Gange & du Buranpotter.

Atterrissemens de la Guiane par les fleuves de la côte voisine.

Sur les côtes de la Guiane les fleuves sont si voisins les uns des autres, & en même tems si gonflés & si rapides dans la saison des pluies, qu'ils entraînent & déposent une quantité immense de limons sur toutes les terres basses, & même forment, à une certaine distance des côtes de la mer, des sédimens vaseux fort étendus. Ainsi les gros navires ne peuvent approcher de la rivière de Cayenne sans toucher sur ce fond, & les vaisseaux de guerre sont obligés de rester à deux ou trois

(1) Il paroît par Strabon, qu'Aristobule ne comptoit que mille stades pour la base du Delta de l'Indus.

(1) Ce qui semble prouver le peu d'éloignement où se fait sentir le flux ; car il se remarque d'autant plus loin dans une rivière, que son cours a moins de pente, & que les détours en sont plus grands : ces deux circonstances diminuent la vitesse, & conséquemment la force de l'eau.

lieues en mer : ces vases en pente douce occupent ainsi une large bande le long des rivages, depuis Cayenne jusqu'au fleuve des Amazones. L'on ne trouve dans cette étendue que de la vase, & point de sable ni de pierres; mais à sept ou huit lieues au dessus de Cayenne, au nord-ouest, jusqu'au fleuve Marony, on trouve quelques anses dont le fond est de sable, avec quelques rochers qui forment des brisans. La vase outre cela en recouvre une partie, ainsi que les couches de sable, & cette vase a d'autant plus d'épaisseur, qu'elle s'éloigne davantage des bords de la mer, & les petits rochers n'empêchent pas que le terrain n'offre une pente très-douce sur plusieurs lieues d'étendue, en s'avançant dans le continent.

La partie de la Guiane qui est au nord-ouest de Cayenne, est en général plus élevée que les parties de la côte, qui se prolongent au sud-est; car dans tout ce trajet on trouve de grandes savannes noyées & couvertes des eaux de la mer, au lieu que la plupart sont desséchées & au dessus des eaux dans la partie du nord-ouest.

Outre ces terrains, noyés actuellement par la mer, il y en a d'autres dans l'intérieur des terres, qui étoient noyées autrefois, mais qui se sont élevées au dessus des eaux. On trouve aussi en quelques endroits des savannes d'eau douce, qui ne produisent point de paletuviers, mais seulement des palmiers lataniers.

On ne trouve pas une seule pierre sur toutes ces côtes basses. La marée ne laisse pas d'y monter de sept à huit pieds, quoique les courans lui soient opposés, & on s'en apperçoit alors jusqu'à quarante & même cinquante lieues dans les fleuves; mais en hiver, c'est-à-dire, dans la saison des pluies, lorsque les fleuves sont gonflés, la marée y est à peine sensible à une ou deux lieues, tant le courant de ces fleuves est rapide, & agit avec grande impétuosité contre la mer.

Il semble que la vase gagne tous les jours du terrain sur les sables, & qu'avec le tems cette côte nord-ouest de la Guiane en sera recouverte comme la côte sud-est.

Au-delà des savannes, dont quelques-unes sont sèches & les autres noyées, s'étend un cordon de collines qui sont toutes couvertes d'une grande épaisseur de terre & de vieilles forêts. Communément ces collines ont trois cent cinquante à quatre cents pieds d'élévation; mais en s'enfonçant davantage dans les terres, jusqu'à dix ou douze lieues, on en trouve de plus élevées encore, & peut-être de sept à huit cents pieds. La plupart de ces montagnes sont remplies de dépôts ferrugineux qu'on a pris pour des laves, & qui ne sont que des hématites décomposées par petits blocs. (*Voyez l'article* GUIANE, où ces dépôts & ces *atterrissemens* fort modernes seront décrits en détail. *Voyez aussi* ANTILLES, où ils sont indiqués.)

Atterrissemens de la Basse-Louisiane.

Nous ne devons pas omettre de faire mention ici des *atterrissemens* de la Basse-Louisiane, formés par les dépôts très-étendus du Mississipi, & que les gens instruits qui les ont observés, ont comparés à ceux du Nil, surtout parce que ce fleuve est sujet à des débordemens assez réguliers; mais pour donner à ces phénomènes tous les développemens qu'ils méritent, & dont ils sont susceptibles, nous renvoyons ce que nous nous proposons d'en faire connoître, à l'article MISSISSIPI.

Atterrissemens considérés comme des changemens de mers en terres.

On a dit assez vaguement qu'il y avoit le long des côtes de France, par exemple, de très-nombreux changemens de mers en terres, & que nommément plusieurs parties des côtes de l'Aunis, de la Bretagne, de la Basse-Normandie, de la Picardie & de la Flandre, avoient été abandonnées assez récemment par la mer, comme une suite de sa retraite & de son abaissement.

Quoiqu'on n'ait pas marqué précisément les lieux qui ont été laissés par l'Océan, je ne condamnerois point cette assertion si l'on eût assigné les caractères auxquels on pouvoit reconnoître ces terrains de nouvelle formation, & les circonstances qui pouvoient déterminer les causes & les agens que la nature a mis en œuvre. Comment croire à ces assertions, si l'on n'a pas des principes propres à guider les observateurs dans la démarcation de ces terrains modernes?

Il est évident que c'est faute de ces principes, applicables à toutes les observations que les voyageurs ont pu faire dans les différentes parties du globe, qu'on n'a rien d'assuré sur la retraite de la mer & l'abaissement de son niveau le long des côtes de nos continens. Que sera-ce si l'on est conduit par de faux principes, & qu'on n'ait pas soin d'écarter toutes les causes d'illusion & d'erreur?

Je suppose, par exemple, qu'on apporte en preuve des changemens de mers en terres ou de la retraite réelle de la mer, la perte qu'elle a faite sur les côtes de Dunkerque depuis un ou deux siècles, & qu'on ait trouvé que la plage, soit à Dunkerque, soit à Mardick, ait été prolongée de trois à quatre cents toises au-delà des points où se terminoit pour lors la laisse de la basse mer.

Ceux qui savent apprécier les effets ce qu'ils valent, n'y verront réellement qu'un prolongement dans les dépôts de sables qui s'accumulent depuis long-tems sur cette côte, & qui m'ont toujours paru suffisans pour écarter la mer comme des jetées; mais je n'ai pu y voir les effets d'une vraie retraite ou d'un abaissement successif.

En parcourant les côtes de Flandre, de Picardie, de Normandie, de Bretagne & d'Aunis dans cet esprit & dans ces vues, je n'ai remarqué dans les prolongemens des côtes que des effets semblables, & non de véritables découvertes, opérées par la diminution des eaux de la mer.

Tous ces *atterrissemens* sont produits par les dépôts des fleuves & des rivières, ou par des terres que les flots, qui détruisent les côtes, poussent dans le fond de certains golfes. Ainsi la mer comble ici par des matériaux qu'elle détache plus loin. Il n'y a donc point de fait précis qui nous prouve que l'Océan ait baissé de plusieurs pieds sur quelques parties des côtes de France depuis plusieurs siècles.

Pour que ces *atterrissemens*, ces dépôts, prouvassent en faveur de ceux qui supposent la retraite successive de la mer, ne faudroit-il pas que ces prolongemens de nos côtes fussent organisés de même que ces anciens terrains, qu'ils portassent l'empreinte du même travail? car, sans ces caractères, ces dépôts doivent être rapportés à d'autres causes, à un ordre d'opérations de la nature totalement différent; ce qui par conséquent ne pourroit rien décider quant aux anciens événemens qui peuvent intéresser l'histoire du globe, ni se raccorder avec ce qui précède l'état actuel.

Au reste, nous allons exposer en détail les caractères qui peuvent guider nos observations à ce sujet, & déterminer les differens ordres d'*atterrissemens* qui s'offrent à nos regards vers l'embouchure des fleuves & des rivières côtières, ou dans toute autre partie des bords de la mer.

Atterrissemens ou crémens des rivières & des fleuves.

On entend par *atterrissemens*, une terre formée par le dépôt du limon d'une rivière le long de ses bords, & particuliérement à son embouchure dans une autre rivière, & surtout dans la mer. Ces *atterrissemens* se distinguent nettement de toute autre terre de formation ancienne & primitive, & qui n'est pas crément par deux caractères sensibles. Le premier est d'être formés par une suite de lits plus ou moins épais, peu réguliers & peu suivis, & fort souvent ondés, où les terres vaseuses sont séparées par des veines de sables, où les gros graviers & les gros sables sont de même séparés par des sables fort menus; enfin, ces lits présentent les plus grandes variétés, soit par la nature des matériaux, soit par leur couleur, soit par l'épaisseur des dépôts.

Le second caractère est de n'offrir, sur d'assez grandes superficies, aucun lit de pierres solides & uniformes.

Il est aisé de s'appercevoir, en observant ces *atterrissemens* & les différens caractères qui les distinguent de toute autre partie de la terre, qu'ils sont une suite de ce qui se passe lors de leur formation. Les rivières, dans leurs inondations, entraînent ordinairement des fragmens de pierres, des graviers, des sables, & enfin des terres limoneuses. Les pierres, comme plus pesantes, ne sortent guère du fond des rivières, sur lequel on les voit cheminer & s'user. Le sable s'élève plus haut, & suit les courans d'eau qui débordent. Les terres sont tellement délayées dans l'eau, qu'elles ne font qu'un seul corps avec elle tant qu'elle est en mouvement; elles ne s'en séparent donc pas comme le sable, qui se précipite dès le premier instant du repos, mais elles demandent un certain tems pour se déposer.

Cela posé, il est évident qu'une rivière débordée, dont le lit a cependant une certaine profondeur, ne porte dans une plaine qu'elle inonde, que du sable & des terres dont les dépôts successifs forment aux deux côtés du canal, par lits distincts & multipliés, ce que nous appelons *crémens*, *accrus*, *atterrissemens*; & comme, dans le progrès des crûes qu'éprouve une rivière, les pluies générales ou particulières qui tombent dans les différens bassins des rivières latérales peuvent amener successivement des terres différentes ou des mélanges de terres différens, on voit qu'il doit se trouver une grande variété dans les matériaux qui composent les lits successifs des *atterrissemens*.

On peut, d'après ces détails bien reconnus & bien examinés, déterminer l'étendue des *atterrissemens*, leurs épaisseurs & leur nature; en un mot, distinguer le crément d'un fleuve ou d'une rivière, des couches primitives formées anciennement dans le bassin de la mer, & qui ont été coupées par les eaux courantes du fleuve lorsqu'il se creusoit sa vallée. C'est ordinairement dans ces coupures que se trouvent les dépôts qui constituent les *atterrissemens*.

Ces crémens sont communs à un grand nombre de rivières grandes & petites, & particuliérement à celles dont les bassins offrent plusieurs bancs d'argile & de marne, que les eaux pluviales délaient facilement, & qu'elles entraînent ensuite dans les canaux des rivières. Lorsque ces eaux ne rencontrent que des sables, alors les *atterrissemens* ne sont que sabloneux : il se fait un mélange de ces sables avec les terres, & les *atterrissemens* sont formés de ces mélanges, qui sont ordinairement d'une grande fertilité.

Dans l'examen de ces *atterrissemens* il est aisé de voir que les dépôts successifs & multipliés qui ont eu lieu en différens tems sont distingués par des veines légères, par des raies plus ou moins suivies & plus ou moins régulières de matières hétérogènes. Ainsi les dépôts sabloneux se trouvent distingués & séparés par des bandes minces, de terres vaseuses : réciproquement les dépôts vaseux sont limités & terminés par des veines de sables légers & fins. Ces distributions de matériaux hétérogènes sont la suite des différens états où se trouvent les eaux du fleuve dans le tems de leurs crûes & de leurs débordemens, & des dépôts qu'ils occasionnent. Sans l'interposition de ces matières hétérogènes, il est visible qu'il ne peut y avoir aucune distinction de lits ou de couches. On n'a pas encore déterminé par des observations bien exactes la nature & le progrès de tous les *atterrissemens* qui se forment à l'embouchure des rivières & le long des côtes de la mer, ni toutes les circonstances qui concourent à leur formation. Pour jeter du jour sur cette matière importante, nous allons d'abord parcourir quelques-unes de ces circonstances, & nous exposerons ensuite les phénomènes principaux que nous ont présentés certaines embouchures de rivières, certaines côtes, jusqu'à ce que nous les décrivions elles-mêmes à leurs articles particuliers.

Nous remarquerons d'abord que ces *atterrissemens* des embouchures des fleuves ne s'opèrent & ne se prolongent qu'autant que la pente du lit du fleuve y diminue, & que cette embouchure présente jusqu'à la mer un plan incliné fort doux. Il est donc nécessaire que les bords du fleuve soient bas, & qu'ils présentent à l'eau qui déborde, un débouché facile & une large plaine, où elle puisse s'étendre & jouir d'un certain repos qui favorise les sédimens.

C'est dans ces mêmes circonstances que les fleuves charient dans la mer une immense quantité de cailloux roulés, de graviers, de sables & de terres vaseuses : il est vrai qu'une certaine portion de ces matériaux s'arrête plus abondamment à leurs embouchures, pendant qu'il en pénètre peu dans la mer, où d'autres matériaux sont entraînés & rejetés sur les côtes en bien plus grande quantité.

Outre cela ces dépôts, produits par les courans de la mer & par ses flots sur les côtes, sont plus abondans près des embouchures des fleuves qu'à une certaine distance, où il en parvient beaucoup moins. Ainsi, lorsqu'il y a plusieurs embouchures de fleuves ou rivières, dans ces circonstances les dépôts forment une suite de *plages* qui se continuent sans grande interruption le long des côtes, & qui masquent les anciennes.

D'un autre côté, il est nécessaire que les côtes de la mer soient basses, & qu'elles présentent à l'action des vagues & à la marche des sables, des pentes douces & continues depuis le bord des couches primitives jusqu'à l'endroit qui reçoit les dépôts & où s'établit la plage, car il est impossible que ces dépôts s'accumulent le long des falaises & des autres bords de la mer fort élevés.

Atterrissemens des deux bordures de terres qui accompagnent l'Apennin dans toute sa longueur, & jusqu'aux deux mers.

Il est aisé de voir, en suivant le cours des eaux qui se distribuent sur les deux pentes de la chaîne de l'Apennin, que les *atterrissemens* ne sont bien sensibles que vers les embouchures des rivières un peu considérables, & dont le cours est assez étendu. On distingue d'abord ceux qui se trouvent vers l'embouchure du Pô, & qui s'étendent d'un côté jusqu'à Ancône, & de l'autre jusqu'aux lagunes de Venise.

La côte occidentale de l'Italie ne présente point d'*atterrissement* de cette étendue : outre que les montagnes sont plus voisines de la mer, les rivières qui en descendent, ont à leur embouchure trop de rapidité pour y laisser des dépôts un peu étendus. La mer, extrêmement profonde sur ces rivages, la plupart escarpés, demande bien des siècles avant d'être comblée au dessus des eaux : il y a cependant sur cette côte deux à trois embouchures, où le terrain paroît être le résultat de plusieurs *atterrissemens* prolongés ; celle de la Megra, où tout un golfe assez profond est comblé ; celle de l'Arno, où la vallée de ce fleuve est de nouvelle formation presque jusqu'à Pise ; enfin, l'embouchure du Tibre, qui offre des *atterrissemens* bien marqués aux environs d'Ostie & des marais Pontins, sans parler du Garigliano.

Ailleurs, ce sont des accroissemens du terrain & du fond de la mer formés par d'autres causes, mais aussi dignes de remarque aux yeux d'un naturaliste. Ces accroissemens du terrain ne viennent pas de l'intérieur des terres, comme ceux dont je viens de faire mention, mais des productions de la mer. Les coraux & les coquillages s'attachent aux rochers du fond de la mer, les augmentent & les étendent d'une manière sensible, & plus prompte qu'on ne pourroit le croire. On peut s'en assurer surtout au port de Livourne, où les gros quartiers de rochers que l'on détache du bord de la mer auprès du lazaret, pour en former les jetées qui défendent le môle de l'effort des vagues, paroissent avoir été assez récemment formés de cette manière.

Atterrissemens en Sicile.

Il seroit facile de citer plusieurs exemples encore plus frappans que ceux qui précèdent. Il y a près de Palerme une vallée bornée au nord par le mont Pellegrino, connu des Anciens sous le nom d'*Ereta* ; au midi sont des montagnes liées avec celles qui s'étendent à Mont-Réal : cette vallée est percée du levant au couchant, & aboutit à la mer par ses deux extrémités : sa longueur totale est de quatre à cinq lieues. Les massifs de montagnes qui le bordent, sont d'un roc gris calcaire, à grain fin & serré, semblable à celui des Apennins, renfermant peu de corps marins pétrifiés & conservés ; mais le fond de la vallée est un *stratum* formé d'une pierre de toute autre nature, & qui présente tous les indices d'une formation postérieure à celle des montagnes dont je viens de parler. C'est un amas de visses, de buccins, de coraux, précisément les mêmes dont on trouve les analogues dans la mer voisine. Tous ces différens corps sont assez bien conservés dans certaines parties, & en général ils ne sont nulle part complétement

complétement pétrifiés : il reste entr'eux des interstices qui pourront se remplir à la longue par les dépôts des infiltrations, à en juger par ceux des eaux infiltrantes, qui en ont déjà soudé & rempli une partie; en sorte que la pierre qui résulte de ce travail imparfait de la pétrification est tendre & poreuse. Ce *stratum* a donc été formé par l'adhérence successive des coraux & des coquillages qui ont comblé en partie l'intervalle des montagnes qui bordoient la vallée lorsque la mer occupoit ce détroit; & au moyen du dépôt formé pendant son séjour, le mont *Erèta*, par sa retraite, s'est trouvé lié à la Sicile, & a cessé d'être une île.

Un grand nombre de massifs calcaires qu'on rencontre dans les îles & dans les parties des continens qui sont voisines de la mer actuelle, paroissent s'être formés à peu près de la même manière, & probablement à la même époque : outre cela, on peut s'assurer qu'il se forme ainsi continuellement de nouveaux rochers calcaires sur le bord de certaines parties de la mer.

Je crois devoir joindre à ces faits ce que M. Linnæus rapporte, qu'il a vu le long de la Baltique des bancs très-épais & très-étendus, entiérement composés de coraux. (*Oratio de necessitate peregrinationis intra patriam.*)

Tous les voyageurs attestent que le fond de la Mer-Rouge est couvert de coraux & d'autres coquillages; & combien de fois les marins ne rapportent-ils pas dans leurs journaux, qu'ils ont sondé sur des fonds de coraux & de coquillages!

On auroit tort de conclure de tous ces faits réunis, que, par la formation de ces bancs de madrépores, de coraux, de coquillages, il se consomme une quantité assez considérable d'eau de la mer pour influer sensiblement sur la diminution qu'elle a éprouvée depuis les tems les plus reculés; car quoique la matière des coraux & des coquillages soit une substance calcaire qui renferme plus que la moitié de son poids d'eau & d'air, qui ne peuvent plus se dégager que par sa décomposition, il ne s'ensuit pas que les massifs aient pu employer toute la quantité d'eau nécessaire pour remplir le bassin de la mer jusqu'au niveau où cette eau s'est élevée sur les continens, & où elle a laissé des dépôts. Ainsi cette cause, quelqu'active qu'on la suppose, quelle qu'ait été l'étendue des *atterrissemens* formés de cette manière, ne peut être considérée comme ayant contribué à la diminution de l'eau de la mer en aucune sorte, comme l'ont cru quelques naturalistes hypothétiques. L'on doit donc avoir recours à d'autres moyens dans la nature, si l'on tente de donner une explication raisonnable de cette diminution ou du moins de la retraite de la mer; mais nous renvoyons pour plus grands éclaircissemens sur ces dépôts immenses qu'on rencontre autour de certaines îles de la bande équinoxiale du grand Océan, aux articles de ces îles, où toutes les circonstances de leurs dispositions & de leurs accroissemens seront développées d'après les observations de Cook & de Forster.

ATTIGNY, ville du département des Ardennes, arrondissement de Vouziers, & située sur la rivière d'Aisne. Elle est au centre d'une large plaine, au milieu de laquelle l'Aisne, qui a coulé dans la direction du sud au nord, éprouve un détour de l'est à l'ouest. C'est dans cette plaine, qui s'étend depuis Rilly-aux-Oies jusqu'à Réthel, que cette rivière oscille au milieu des dépôts qu'elle y a formés, & où règnent de grandes prairies arrosées, tant par la rivière d'Aisne, que par plusieurs ruisseaux latéraux, qui concourent à faire de cette vallée un séjour délicieux. Quelques-uns de nos rois y ont habité, & plusieurs propriétaires y résident avec une grande prédilection sur les environs.

AUBE. Ce département a pris son nom de sa principale rivière : ses autres rivières, outre l'*Aube* & la Seine, sont la Voire, la Barse, la Blaise & la Vanne; & ses forêts, celles d'Aumont, d'Orient près Pinay, de Soulaines, de Dienville, de Chaource & de Clervaux. Quelques-uns de ses cantons sont d'ailleurs remplis de bouquets de bois & d'étangs. Nous renvoyons à l'article ARGILE pour faire connoître les lits de cette matière, qui accompagnent la lisière orientale de la *craie*, laquelle s'y prolonge dans une grande étendue : c'est aussi dans une bordure à peu près parallèle que l'on peut suivre l'*amas* des cornes-d'ammon, des bélemnites, des nautilites & des huîtres, qui commence au Morvan, & se continue par Tonnerre, Chaource, Fouchères, Vandœuvre, Eclance, Soulaines & Vassy. Je ne puis d'ailleurs présenter un certain ensemble sur l'état physique de ce département, qu'en réunissant les descriptions raisonnées des environs de Troyes, de Bar-sur-Aube, de Soulaines, de Vandœuvre, de Brienne-le-Château, de Pinay, d'Arcy-sur-Aube & de Nogent-sur-Seine. Ce sont tous ces détails qu'il faudra rapprocher pour établir la géographie-physique de ce département. En attendant le développement de ces objets d'histoire naturelle, nous allons en donner une ébauche dans la description du cours de la rivière d'*Aube*, qui le traverse principalement du midi au nord-ouest.

AUBE, rivière qui prend sa source dans le département de la Haute-Marne, à deux lieues d'Auberive; elle a sa première direction au nord, passe à Auberive, arrose la Ferté, Clervaux, Bar-sur-Aube, Dienville, tourne à l'ouest, passe à Arcy-sur-Aube, à Plancy, à Anglure, & va se rendre à la Seine après un cours de quarante lieues. On voit par ces détails, que l'*Aube* est une rivière secondaire du bassin général de la Seine; cependant elle a son origine dans la partie occidentale du plateau de Langres, & a un niveau aussi élevé que la source de la Seine. Elle rassemble au dessus d'Auberive l'eau de six ruisseaux fournis par six petits vallons, distribués en patte d'oie. Le produit de cette première ramification de vallons se trouve ensuite grossi par sept autres ruisseaux, distribués de même sous des angles fort aigus; ce qui annonce que ces eaux coulent sur un terrain très en pente. L'*Aube* continue à se porter au nord-ouest jusqu'à Veuxaulle, & reçoit dans cet intervalle le ruisseau de l'Aubette : au-delà de Veuxaulle, l'*Aube* a son cours droit au nord jusqu'à Clervaux, où elle reçoit l'Aujon. Je considère cette dernière rivière comme une seconde branche de l'*Aube*. Effectivement, l'Aujon prend sa source sur le même plateau que l'*Aube*, reçoit à son origine les eaux de ruisseaux semblables, & qui sont assemblés sous les mêmes angles aigus; puis viennent les eaux de deux ruisseaux intermédiaires qui paroissent modifier son cours, lequel étoit d'abord parallèle à celui de l'*Aube*, & qui finit par être déterminé vers cette rivière, dans laquelle l'Aujon se jette. Il paroît que l'Aujon lui-même, par sa jonction avec l'*Aube*, fait fléchir son cours vers le nord-ouest, l'engage à couler parallèlement à la Seine, depuis Bar-sur-Aube jusqu'à Lesmont : c'est là qu'elle reçoit les eaux des deux rivières réunies, celle de Sommevoire & celle de Soulaines, & qu'elle commence à diriger son cours vers l'ouest pour aller gagner la vallée de la Seine. C'est à Lesmont que l'*Aube* commence à entrer dans le massif de la craie; mais c'est entre Jesseins & Jouvanze que commencent les grands amas de grèves plates calcaires, qui non-seulement se rencontrent sur les coteaux voisins du lit actuel de la rivière, mais encore sont dispersés dans une large plaine en face de Dienville, de Brienne-la-Ville, de Brienne-le-Château, de Perthes & de Saint-Christophe : ces dépôts s'étendent aussi sur la partie de la vallée de l'*Aube*, qui est creusée dans la craie, & même jusqu'au confluent de la Seine.

C'est en suivant le cours de l'*Aube* que j'ai retrouvé la même distribution de matériaux que j'avois observée le long du cours de la Seine & de sa vallée. D'abord une pierre à grain fin ou de cos; puis des pierres de taille à gros grain, offrant des débris de coquilles; puis l'amas des huîtres, des bélemnites, des cornes-d'ammon, des nautilites, des gryphites, au milieu d'une pâte grossière de pierre à chaux; puis l'amas des argiles & des terres à pots; enfin, la bordure de la craie. Ces détails ont déjà paru dans quelques articles, & surtout dans celui ARGILE.

J'ai remarqué de même que des sources abondantes & d'un grand produit se montroient sur la même ligne, c'est-à-dire, à l'extrémité de l'amas des huîtres; ce qui donne naissance à des rivières d'un certain ordre, & à une même hauteur correspondante dans les deux vallées de la Seine & de l'*Aube* : telles sont les fontaines de *Laignes* & de *Vandœuvre* pour la Seine; de *Trannes*, de *Soulaines* & de *Sommevoire* pour l'*Aube*. Je renvoie tous ceux qui voudront suivre ces détails, aux planches de la carte de France, où ils sont tracés avec autant de soin que d'intelligence. (*Voyez les planches de* LANGRES, *de* TONNERRE *& de* TROYES.)

AUBENAS, ville du département de l'Ardèche, & située sur cette rivière. On voit près de cette ville une grotte méphitique, semblable à celle du Chien près de Pouzzole : outre cela, il y a dans la même contrée deux puits, au fond desquels les animaux qu'on y descend, perdent la vie. Ce méphitisme paroît, comme à Pouzzole, avoir son origine dessous d'anciens courans de laves. Ce qui confirme cette disposition des choses, c'est une cave connue sous le nom d'*Estoufy*, dont les exhalaisons méphitiques sortent de dessous un courant de lave qui vient se terminer au château de Montjoly, proche Clermont-Ferrand en Auvergne.

AUBENAS, village du département des Basses-Alpes, canton de Forcalquier. On trouve près de ce lieu un filon de mine de soufre très-pur.

AUBETIN, rivière du département de Seine-&-Marne, dont le cours est à une lieue & demie à l'ouest de Coulommiers; elle a sa source près du village de Fontaine, & se jette dans le Grand-Morin au dessous du village de Pommeuse. On voit d'abord à cette confluence, que la quantité d'eau courante qui en différens tems a creusé le vallon de l'*Aubetin*, en a mis le fond de niveau avec celui de la vallée principale du Grand-Morin; en second lieu, que les dépôts formés ensuite dans la plaine voisine de cette confluence par l'*Aubetin*, ont été aussi considérables que ceux du Morin. En conséquence, l'une & l'autre rivière paroissent osciller au milieu des dépôts qu'elles ont formés, & finir par se réunir sous un angle droit.

C'est originairement par un plan incliné que l'*Aubetin* a gagné insensiblement le fond de la plaine du Grand-Morin. Effectivement, en examinant les environs du village de Pommeuse, on reconnoît sur la coupe du bord opposé, la marche successive de l'*Aubetin*.

D'un autre côté, il est visible que le Grand-Morin a creusé sa vallée par de semblables progrès; ils sont marqués par tous les points de dégradation du plan incliné qui domine le village de Pommeuse; en sorte que les deux rivières, pendant l'approfondissement de leurs vallées respectives, se sont trouvées toujours aux différens niveaux correspondans de ces plans inclinés, à la base desquels leurs lits actuels se trouvent maintenant. C'est ainsi que le Grand-Morin a gagné le pied du coteau qui est au dessus de Pommeuse;

pendant que l'*Aubetin* circuloit dans la prairie qui est au dessous de ce village, & qui est fort évasée, en conséquence du double travail de l'*Aubetin* & du Grand-Morin. Je me suis plu à suivre toutes ces formes du terrain, parce qu'elles m'ont paru décider une question très-importante sur les confluences des rivières principales & latérales.

Tous les villages en face de Pommeuse sont abreuvés de belles sources, & il en est de même entre Pommeuse & Mourou : outre cela, toutes les maisons habitées le long des croupes du vallon de l'*Aubetin*, tant celles qui sont exposées au midi, que celles qui sont placées au pied de la croupe opposée, sont tournées au midi & au nord, & le principal aspect, c'est-à-dire celui de l'entrée & des fenêtres, regarde le midi.

Les prairies qui bordent cette rivière des deux côtés sont sujètes à être inondées après de fortes pluies. Des sources nombreuses sortent du pied des croupes par des épanchemens très-abondans, surtout au dessus de Saint-Obierge, & même aux environs de Maupertuis : aussi les eaux de l'*Aubetin* sont-elles vives & belles, parce qu'elles sont presque toutes le produit de ces sources. Son cours est peu rapide, & en conséquence la rivière contribue à la formation de beaucoup d'étangs, au moyen de digues élevées qui traversent le fond de son canal. Cette même disposition a donné la plus grande facilité d'établir, le long de son cours, beaucoup de moulins qui ne sont pas sujets à chommer, pour peu qu'on ait un peu élevé leur chaussée.

La rivière oscille dans la plus grande partie de son cours : aussi les croupes de sa vallée offrent-elles les formes correspondantes des bords escarpés & des plans inclinés. Ainsi, aux environs du moulin de Maupertuis, on y remarque d'abord un plan incliné & un bord escarpé. Il en est de même au dessus de la plaine des Boulets : un plan incliné s'en détache, & s'avance en face d'un bord escarpé opposé. Enfin, deux autres plans inclinés partent, le premier de la ferme de la Tour, & le second de Butrel, en face de leur bord escarpé correspondant.

Il y a beaucoup d'îles dans le canal de l'*Aubetin*, surtout vers les pointes des plans inclinés, que l'eau courante a coupées sur une grande largeur.

Le massif des bords de la vallée se montre entiérement à découvert, & paroît composé de meulières fort dures & à moitié infiltrées : il y a aussi des grès fort arrondis, & c'est pour cela que la plaine, à la surface de laquelle ils se montrent en très-grand nombre & en gros volumes, est connue sous le nom de *Plaine des Boulets*. Au dessous cependant de ces grès arrondis, il y en a qui sont plats & par bancs.

En général, les sols les plus élevés des environs de la vallée de l'*Aubetin* sont couverts de meulières ensevelies dans des terres qui tiennent l'eau à un certain point, mais qui s'en laissent cependant pénétrer : témoins les sources fréquentes qui se montrent à certaines profondeurs, comme nous l'avons remarqué ci-dessus.

Je terminerai ce qui concerne l'*Aubetin* par deux réflexions que je suis tenté de généraliser, & d'appliquer à d'autres contrées qu'à celles de la Brie, aux environs de Coulommiers.

Je remarque d'abord que toutes les rivières dans la dénomination desquelles entre le mot d'*Aube*, renferment des eaux très-claires & très-limpides : tel est l'*Aubetin*, auquel j'ajouterai l'*Aubette*, rivière du département de Seine-&-Marne, canton de Magny, & qui se jette dans l'Epte; enfin, l'*Aube*, qui donne son nom à un département.

La seconde réflexion a pour objet de faire connoître que, dans plusieurs contrées de la France, on peut voir, comme en Brie, près de Coulommiers, des sources & des fontaines à côté de tous les villages & habitations un peu considérables, les besoins de l'eau ayant surtout déterminé primitivement le choix des premiers habitans de ces contrées.

AUBRAC, montagnes faisant partie du département de l'Aveyron. Cette contrée, la plus septentrionale de ce département, est visiblement formée par les prolongemens des montagnes du Cantal & des Cevennes.

En entrant dans ce pays par le nord, la première ville qu'on y rencontre, est le Mur-de-Barrez, où l'on trouve un climat très-vif & du laitage en abondance.

En allant de cette ville vers le sud-est, on voit la vallée de la Trueyre : c'est à cette rivière que commence une longue chaîne de montagnes qui s'étend jusqu'au Lot, sur une longueur de onze à douze lieues. Pendant le tems des neiges, les chemins n'y sont marqués que par de longues pierres, dressées de distance en distance, & qui servent de balises. Les hameaux y sont rares, & si mal bâtis, que, par le vent du nord, la neige pénètre à travers les murailles, & couvre ce que renferme l'intérieur des habitations.

Dans ce pays la verdure ne commence à se montrer qu'aux premiers jours de mai; mais bientôt les montagnes offrent la végétation la plus brillante, & se peuplent de nombreux troupeaux rassemblés de toutes les parties du département, où l'on éprouve la pénurie des fourages.

Les pâturages sont divisés par *montagnes*. Pour en faire connoître les différentes étendues, on dit que c'est une montagne de trente, de quarante vaches.

Le fromage de ce pays passe dans les départemens méridionaux sous le nom de *fromage de la Guiole*; il est d'une très-bonne qualité.

Cette partie de l'Aveyron ne produit que du seigle, de l'avoine & du sarrasin : les moissons ne commencent jamais qu'après le mois d'août, & se prolongent souvent jusqu'en octobre. En été ces montagnes présentent le plus magnifique spectacle : elevées en amphithéâtre les unes sur les autres, elles sont couvertes d'une forte pelouse. Des milliers de filets d'eau y entretiennent toujours, & à tous les niveaux, la fraîcheur & la verdure. Le printems y règne dans son plus grand éclat, car alors toutes les fleurs s'y développent & y brillent.

L'air de ces hautes montagnes ne convient qu'aux hommes qui y sont accoutumés. L'hiver commence plus tôt, & finit plus tard que dans nos villes; cependant, dans les vallées & les gorges que forment toutes ces montagnes, il y a un grand nombre de villages, & même plusieurs bourgs, dont les plus considérables sont la Calm & la Guiole : le commerce de ces bourgs consiste en bestiaux & en fromage.

De la Calm à la Guiole on traverse une contrée sillonée par des vallons profonds. La petite ville de la Guiole est bâtie sur le penchant d'une montagne où se montrent plusieurs massifs de laves basaltiques, & au pied de laquelle coule la rivière de Selve : il s'y fait un commerce considérable de fromage, qui dans cette contrée est plus gras & meilleur que dans les environs. D'ailleurs, le territoire de la Guiole étant assez productif en seigle, les habitans en échangent le superflu contre les vins du Lot.

Les montagnes qui entourent le département de l'Aveyron sont presque toutes volcanisées; mais c'est surtout depuis la Guiole jusqu'à Naves, village situé à deux lieues au sud de l'ancienne abbaye d'*Aubrac*, qu'elles offrent des traces de ces antiques incendies. On y admire beaucoup de basaltes prismatiques, offrant des colonnes groupées en jeux d'orgues, & des pilastres à facettes de différentes formes. Il seroit à desirer que ces montagnes fussent visitées & décrites comme le Mont-d'Or & le Cantal, par des naturalistes qui sussent distinguer les différens états où se trouvent les produits des feux souterrains, & qu'ils les rangeassent dans un ordre méthodique, qui est la seule forme qui puisse les rendre intéressans.

Dans toutes les montagnes que nous venons de décrire, les arbres fruitiers y sont presqu'inconnus. Pendant l'hiver, comme les troupeaux ne peuvent sortir, les hommes sont occupés, dans l'intérieur des maisons, à soigner les bestiaux, à battre & à vanner le blé.

La chaîne des montagnes d'*Aubrac* se termine au point où le Lot entre dans le département. Non loin de là, cette rivière va diviser en deux parties la ville de Saint-Geniez. Du haut des montagnes qu'on quitte, se précipitent plusieurs ruisseaux qui mettent en mouvement un grand nombre de moulins, lesquels servent à fouler les étoffes qui se fabriquent à Saint-Geniez.

AUDE. Ce département a pris son nom de sa principale rivière, qui est l'*Aude*. Nous ne dirons rien sur le physique de cette contrée intéressante. Nous renvoyons ces détails à l'article CARCASSONE, où nous ferons connoître surtout ce qui concerne la distribution & la forme du terrain à travers lequel on a ouvert le *canal du Midi*. Nous nous bornerons ici à donner la description raisonnée du cours de la rivière d'*Aude* & des étangs de *Bages*, de *Sijean*, de *Fleury*, de *Gruissan*, de *Marsilette* & de *Palme*, & nous finirons par faire mention des grandes bordures de mer qui ceignent ce département au midi, & parmi lesquelles nous distinguerons *Pissevaques* & *Vieille-Nouvelle*.

AUDE, rivière qui prend sa source dans le département des Pyrenées orientales, arrondissement de Pradcs, à deux lieues & demie nord-ouest de Mont-Louis, coule au nord, passe à Fronaguerre, entre dans le département de l'Aude, arrose Quillan, Allet, Limoux, Carcassone, remonte un peu au dessus au nord, &, tournant à l'est, côtoie le canal du Midi, puis le quittant au dessus de Narbone, se sépare en deux branches, dont l'une va se rendre dans l'étang de Fleury, & de là dans la mer, à quatre lieues est de Narbone; & l'autre descend au sud, & se rend dans l'étang de Gruissan, lequel se décharge dans la Méditerranée.

Après le tracé succinct du cours de l'*Aude*, nous allons donner une idée fort étendue des changemens qui ont eu lieu dans le sol qu'elle a parcouru depuis des siècles, & surtout des atterrissemens auxquels cette rivière a contribué, depuis Narbone jusqu'à la mer.

On reconnoît encore cet ancien bord de la mer en suivant la branche de l'*Aude* qui subsiste aux environs du village de Cuscac; il se prolonge vers la commanderie de Font-Calvi, aux environs du village de Montels & de la ville de Capestang, d'où il se replie vers le pied du haut coteau, sur lequel est situé le village de Poilhés; il remonte de là vers les terres du bourg de Nisse, rase la commanderie de Peries, & après avoir parcouru le Pas-de-Loup, les environs des villages de l'Espignon & Vendres, il se terminoit à la mer à quelque distance de l'embouchure de la branche de la rivière d'*Aude* qui subsiste.

Voilà quel étoit le contour des anciens bords du *Lacus Rubrensis* ou de l'anse dont il occupoit la place. Sa figure ressemble assez à celle d'une ellipse, dont l'extrémité de l'axe étoit vers le port de la Nouvelle, & l'autre à l'endroit que nous venons d'indiquer sur la plage, au-delà de l'embouchure de la rivière d'*Aude*. La longueur de cet axe est d'environ six lieues, & sa plus grande ordonnée de trois lieues environ.

Ce lac renfermoit plusieurs îles, dont l'une se trouve dans l'étang de Sijean; une autre, qui le séparoit de la mer, s'appelle Sainte-Lucie, & une troisième, plus grande que les autres ensemble, étoit la montagne de la Clape, qu'on appeloit *Insula lacûs*. Elle est devenue, ainsi que celle de Sainte-Lucie, une presqu'île, au moyen des dépôts des deux branches de la rivière d'*Aude*. Le reste du *Lacus Rubrensis* est réduit en étangs & en marais. On peut y comprendre aussi les parties du bassin de la mer, sur lesquelles ces dépôts se prolongent, en même tems qu'ils s'étendent aussi sur les étangs & les marais.

Il me reste une observation à faire sur l'étendue des atterrissemens que la rivière d'*Aude* a formés, soit lorsque ces deux branches subsistoient, soit depuis qu'il n'y en a qu'une, & que le canal de Narbone a été substitué à la place de l'autre : ils embrassent l'espace qui est entre ce canal & la mer, depuis les environs du village de Gruissan jusqu'au grau ou port de la Nouvelle, &, vers le milieu de leur longueur, le grau de la Vieille-Nouvelle. Cette étendue s'agrandit par les dépôts que continuent de faire les deux branches de l'*Aude*. On pourroit, en arrosant une grande partie de ce vaste terrain, enlever sa salure & le rendre de plus en plus fertile, soit par des arrosemens partiels, soit par des inondations plus étendues ; mais ceci n'est pas de notre objet. Il paroît que la nature, en formant ce terrain, a laissé encore à notre disposition les agens qui peuvent l'améliorer & le rendre fertile en productions de diverses espèces : ce sont les arrosemens, &c.

La rivière d'*Aude* avoit anciennement deux bras, & se débouchoit par tous les deux dans une grande anse que formoit la mer en s'avançant dans les terres. Ses eaux étoient fort bourbeuses, & le sont encore souvent ; c'est pour cette raison qu'elles déposèrent dans cette anse les matières qu'elles charioient si abondamment. C'est ainsi que, par la suite des tems, cette anse a été comblée dans la plus grande partie de son étendue : son nom étoit autrefois *Lacus Rubrensis*, & postérieurement *Lacus Narbonites*.

La branche de la rivière d'*Aude*, qui passoit à Narbone, formoit au pied de ses murs un port très-fréquenté, qui ne subsiste plus depuis plusieurs siècles : on y a substitué un canal qui passe dans cette ville, & qui traverse visiblement les atterrissemens qu'elle avoit faits. L'autre branche qui subsiste, continue des atterrissemens conjointement avec le canal, & l'on peut dire qu'ils sont très-abondans. Pour reconnoître l'étendue de ces atterrissemens, il suffit d'indiquer le contour des bords qu'avoit primitivement le *Lacus Rubrensis*, lequel formoit dans les terres cette grande anse dont j'ai parlé ; & l'on verra facilement, en comparant les bords actuels de la mer avec les anciens bords du lac, combien la mer s'est reculée de ses premières limites, & quelle est l'étendue des atterrissemens formés par la rivière d'*Aude*.

Il y a un moyen fort simple pour reconnoître ces limites, c'est la salure dont les dépôts anciens & modernes sont encore imprégnés : il y en a aussi un autre pour des naturalistes, c'est la forme des dépôts, qui diffèrent quant à l'organisation des couches anciennes & primitives de la terre ; mais en se bornant au seul indice de la salure, on voit que les bords des étangs de Sijean, de Peyriac, qui faisoient autrefois partie du *Lacus Rubrensis*, n'ont que très-peu changé, si l'on excepte quelques petites anses qui s'enfonçoient dans les terres sur le bord de l'étang de Sijean, & que la rivière de Berre a comblés par ses dépôts. On reconnoît toutes ces anciennes formes par la salure : cette rivière a épargné l'emplacement des salins qu'on a établis auprès du bourg de Sijean. On a formé aussi sur le bord de l'étang de Peyriac de semblables salins, situés à côté du village de ce nom. C'est par ces deux établissemens qu'on a remplacé les salins de Mandirac, parce que les atterrissemens augmentés chaque jour par les eaux du canal de Narbone ont fait abandonner ces salins. En suivant de même les contours du bassin de l'étang de Bages, qui commencent aux environs du château de Montfort, on voit que cet ancien bord de l'anse passoit vers les métairies de Saint-Laurent, de Lunes, de la Caforte, voisines des salins de Mandirac : c'est ce que désignent les terres salées.

En recherchant ces traces de la salure pour déterminer les atterrissemens de l'*Aude* qui ont anticipé sur le bassin de la mer, on arrive à l'endroit où étoit autrefois l'embouchure de cette rivière, laquelle passoit, comme nous l'avons dit, à Narbone. Si l'on dirige toujours son examen par la salure des terres, il est aisé de reconnoître qu'un terrain appelé *la Rouquette*, & qui a la forme d'un grand enfoncement lorsqu'on le compare à ses environs, a fait partie de l'ancien port de Narbone : on y a trouvé les ruines d'anciens bâtimens. Mais, je le répète, ce qui me paroît prouver mieux ces anciens événemens aux yeux d'un naturaliste, ce sont les matériaux des dépôts, & leur arrangement un peu tumultueux.

Si l'on continue à rechercher le bord primitif du *Lacus Rubrensis*, on le trouve au pied du plateau sur lequel est située la métairie de Creical. La salure des atterrissemens qui sont adossés contre ce plateau, & encore mieux l'état des matériaux, fait connoître aux observateurs instruits, que la mer y flottoit. On trouve la même disposition dans les terrains voisins des métairies de Malert, de Baliste, de Rezinbaud & de Riveirot, qui côtoient ce même plateau ; puis il se replie près de cette dernière, en formant une bordure le long des jardins de Narbone : c'est de là qu'après avoir traversé le canal, il va se joindre au plateau sur lequel passe le chemin de Narbone à Saint-Pons. Cette bordure se prolonge ensuite le long d'un coteau qui se lie aux Corbières. Cette autre partie du bord primitif de l'anse remontoit vers l'endroit où la rivière d'*Aude* se divisoit en deux branches, près de l'origine du canal de Narbone, que cet ancien bord traversoit. C'est depuis ces environs jusqu'à Narbone qu'est située la plaine de Livière, que le canal de cette ville traverse dans toute sa longueur. La salure, qui affecte encore certaines parties fort étendues de cette superficie, prouve très-sensiblement que, dans des tems très-reculés, elle a fait partie du bassin de la mer, quoiqu'elle soit actuellement élevée au dessus de son niveau de sept à huit toises.

AUDIERNE (Baie d'), département du Finistere. La côte est bordée d'une levée de cailloux & d'une autre de sable, qui ont ensemble trois lieues de longueur : outre cela, la baie a pour limites au nord la pointe de Lesvilly, & au sud-sud-est celle de Penmarch.

AUDINCOURT, bourg du département du Haut-Rhin, arrondissement de Porentruy. Ce bourg a des forges très-considérables qui l'environnent : il y a d'ailleurs une manufacture de fer-blanc & de tôle laminée.

AUGIREIN, village du département de l'Arriège, arrondissement de Saint-Girons : il y a une mine de plomb & d'argent, appelée *la mine de la Fouquette*. D'après les essais qui en ont été faits, le minerai a fourni vingt-huit livres de plomb & quatre onces d'argent au quintal.

AUGUSTIN (Mont Saint-). Ce mont a été ainsi nommé par le capitaine Cook. C'est la montagne la plus elevée d'une chaîne d'une grande hauteur, qui se trouve au nord des Iles stériles, sur la côte ouest de l'Amérique septentrionale. Cette chaîne de monts escarpés ne decouragea point l'illustre navigateur, car il supposa qu'ils n'étoient pas joints à la terre du cap Elisabeth. En effet, dans la direction du nord-nord-est, l'horizon seul bornoit sa vue. Il crut aussi qu'il y avoit un passage au nord-ouest, entre le cap Douglass & le *mont Saint-Augustin*. En un mot, il imagina que la terre qu'il avoit à bas-bord étoit composée d'un groupe d'îles séparées par autant de canaux, chacun desquels il pourroit traverser selon la direction du vent.

D'après ce flatteur espoir il suivit le vent, qui souffloit bon frais du nord-nord-est, & marcha au nord-ouest. Alors il reconnut clairement que les terres qu'il avoit prises pour des îles étoient des sommets de montagnes réunies dans tous les points par des terrains plus bas, que l'épaisseur de l'horizon avoit empêché de voir lorsqu'il étoit à une plus grande distance ; il apperçut de la neige depuis le sommet des hauteurs jusqu'au rivage, & tout annonçoit d'ailleurs qu'elles faisoient partie du continent d'Amérique : il fut alors convaincu que cette entrée ne lui offriroit point ce passage si desiré, & dont la recherche lui coûtoit déjà tant de soins & de fatigue.

Le *mont Saint-Augustin* est d'une hauteur considérable; il est de forme conique.

AULMONT, village du département de l'Oise, arrondissement de Senlis. Il y a dans son territoire une très-grosse butte, d'où l'on ne tire qu'avec permission du sable blanc, semblable à celui du grès écrasé : il se débite par les marchands des villes & des bourgs environnans : on en envoie même à Paris pour écurer la vaisselle d'argent.

AULUS, village du département de l'Arriège, arrondissement de Saint-Girons. Ce lieu est remarquable par ses mines. A la montagne des Argentières, située dans le territoire d'*Aulus*, il y a des mines de plomb & d'argent : on en trouve une autre au couchant de la butte de la même montagne; elle est connue sous le nom de *la mine de la Corre*. Elle est infiniment plus riche que la première ; elle fournit différentes sortes de galènes massives, de la mine de plomb spathique massive, grise, blanche & rougeâtre, & du massicot natif. Du côté de la même montagne, qui domine la vallée d'Agne-Corre, est une mine de fer en filon.

La montagne de Pouach de Guafs, qui domine la rivière de Garbet, renferme des vestiges de grands travaux des Anciens, appelés *Castelminiers* : c'est une mine d'argent ; une mine de cuivre au lieu appelé *l'Enfer* ; pres & côtoyant la rivière d'Arce, un filon qui fournit de la mine de cuivre jaune, du vert de montagne, de la mine hépatique & de l'ocre ; une mine de cuivre au Pouach de Guafs, dont le filon traverse la rivière ; une mine de fer sur la rive gauche de la rivière de Garbet, au lieu dit *la Scala de la Rouillas* ; une mine de plomb & de zinc au lieu appelé *le Trou des yeux* ; une autre mine de cuivre au lieu appelé *la Fontaine d'Aubac* ; une autre mine de plomb & de zinc à la Sangle du bois des Charbonniers, même montagne, dans les bois d'Aubac, à la laisse du Rocher-Noir. A la même montagne, une autre mine de cuivre & de pyrite martiale & arsenicale, nommée *mine de Playats de Lasmer* ; encore plus haut, & entre des rochers argileux, est un filon de pyrite blanche arsenicale ; une autre mine de cuivre & de zinc, située aux Jalumes, en face de la Frecherière, au dessus de la rivière de Pervis ; une autre mine de cuivre, à cent pieds environ de profondeur, au dessus de la rivière d'Arce, dans la montagne des Escanarades, partie de *Commartis*, avec une autre mine de cuivre en filon.

La forge d'*Aulus* est située sur la rivière de Garbet, à quelques centaines de toises au sud-est du village. A la montagne de Basets, à l'endroit même où le ruisseau de Fouillet forme une cascade assez large, il y a de grands rochers de beau spath calcaire feuilleté, rhomboidal, mêlé d'une grande quantité de pyrite martiale d'un grain très-fin & serré.

AUMALE, ville du département de la Seine-Inférieure, arrondissement de Neufchâtel. *Aumale* est auprès d'une forêt qui a cinq lieues de circuit. On cultive près de cette ville de la garance, plante très-propre à la teinture. *Aumale* a des eaux minérales qui ont été découvertes en 1755 : ces eaux avoient quatorze sources qui sourdissoient en divers endroits ; mais trois seulement, appelées *les trois sources des Mollières*, ont été réunies, & même avec beaucoup d'embellissement. Un très-beau bassin de cinquante-sept pieds environ de longueur, sur quatorze de largeur, n'est que la moindre partie de la décoration de ces sources. Les trois fontaines sont situées dans une prairie au nord de la ville : la première est *la Bourbonne ;* la seconde, *la Savary*, & la troisième, *la Malou*. La plus abondante des trois est *la Bourbonne*. C'est l'assemblage de trois autres sources, dont l'une vient du midi, l'autre du sud-ouest, & la troisième coule verticalement à travers le tuf. Les deux dernières ne fournissent pas assez pour être séparées ; elles ont été réunies dans un seul bassin avec la source du sud. Ce bassin se décharge du sud au nord, & reçoit l'eau par trois trous qui sont ouverts à son fond. *La Savary* & *la Malou* coulent de l'ouest à l'est, & se déchargent dans un ruisseau qui leur est commun avec *la Bourbonne :* ces eaux sont ferrugineuses & très-renommées. On les vante pour toutes les maladies chroniques, auxquelles conviennent les eaux de forges, & surtout pour la gravelle, les obstructions, les pâles couleurs & la jaunisse.

AUNIS. C'est une des contrées les plus intéressantes que nous ayions sur les bords de l'Océan Atlantique. Vers le couchant, cet Océan lui sert de limites. Elle est bornée au nord par le golfe de l'Aiguillon & par la Sèvre Niortoise, qui la sépare du Bas-Poitou. Les marais de la Grève, le ruisseau le Mignon & la Saintonge l'environnent du côté du levant, & la Charente enfin la termine au midi.

Les terres de l'*Aunis*, placées au sud & au nord, sont en partie couvertes d'eau, & en grande partie desséchées ; elles contiennent de vastes marais & de larges canaux de rivières, sur les bords desquelles est un grand nombre d'îles. Les eaux couvroient anciennement un plus grand espace, &, pour pénétrer dans l'intérieur de la terre ferme, il ne restoit que de trois à quatre mille toises.

La côte occidentale de cette contrée, baignée par la mer & les différentes anses qui se trouvent creusées sur la côte, peuvent servir d'asyle aux navires & aux petits bâtimens : outre cela, les îles de Ré & d'Oléron couvrent les rades. On y entre par trois ouvertures, connues des marins sous le nom de *Pertuis Breton*, d'*Antioche* & de *Maumusson*. Il paroît que la mer remplissoit autrefois les sinuosités des rivages, & que ses eaux, combinées avec celles des rivières plus abondantes, ont contribué à la formation des marais & des îles surtout qui se sont élevées au dessus des premières eaux.

La superficie du terrain de l'*Aunis* a ses inégalités, dont il est facile d'apprécier les variétés & les causes : il s'élève du côté de Saint-Médard de Verines, de la Garde-aux-Valets, & s'abaisse vers le nord & le sud : c'est là qu'il est approfondi & coupé par des vallons marécageux, dont les principaux sont ceux de *Nuaille*, *Longève*, *Mouillepié*. C'est dans ce centre élevé qu'on trouve communément, à un pied de profondeur, la *Banche*, qui est un fond de roche tendre, & qui s'étend même jusqu'aux environs de la Rochelle, où il ne faut pas autant creuser pour la mettre à découvert : aussi le sol y est-il sec & pierreux. Cette contrée sèche & aride est couverte de vignobles, dont les produits sont estimés ; mais je ne m'occuperai pas ici des productions de ce sol, dont la nature intérieure m'intéresse bien davantage. Selon d'Argenville on y trouve un grand nombre de fossiles, parmi lesquels il faut bien distinguer les coquillages qui peuplent les parages voisins des côtes : tels sont les lepas, les cœurs, les cames, les peignes, les buccins, les couteliers, les pholades, les huîtres & les moules. Ces derniers genres de testacées, dont la pêche est d'un grand rapport, méritent la plus grande attention, car les huîtres de l'*Aunis*, aussi renommées que les moules, croissent dans des bouchaux ou parcs distribués le long des côtes. Celles qui forment dans la mer des espèces de bancs, où elles sont adhérentes les unes aux autres, ne sont pas estimées. On ramasse sur la côte de Lozières un petit buccin, dans l'intérieur duquel est un suc rempli d'une liqueur d'un rouge-foncé, laquelle a quelque rapport avec la pourpre des Anciens : il paroît qu'on n'en a pas tiré grand parti jusqu'à présent. Les habitans de Lozières se sont bornés à en marquer leur linge.

Les glands de mer sont ici de trois espèces. Ces glands s'attachent principalement aux moules de Banche & aux huîtres : ceux de la dernière espèce sont d'une grosseur surprenante, & il ne s'en trouve pas de pareils dans beaucoup d'autres parages.

Les dentales ne se trouvent qu'aux environs du platin d'Angoulin : ce sont de légers & de petits tuyaux un peu courbés, de quinze lignes environ de longueur, sur environ trois lignes d'épaisseur, toujours mutilés dans la partie de la pointe, qui est la plus foible.

Les côtes de l'*Aunis* ont éprouvé d'assez grands changemens, que nous allons essayer de faire connoître. Nous en distinguons quatre principaux, tous opérés par les eaux. La mer a formé les îles voisines ; ensuite elle s'est jetée sur les terres voisines des bords de la Sèvre, & entre cette rivière

& celle de Lay en Bas-Poitou : c'est ainsi qu'elle s'est approprié également les environs de l'embouchure de la Charente, de Brouage & de la Seudre.

On sait qu'au milieu des grandes mers, les roches à fleur d'eau & les petites îles sont aussi rares qu'elles sont communes près des continens. La lisière maritime de Bretagne en est hérissée, quoique le massif des côtes soit composé d'une matière dure. L'on en voit un grand nombre sur les côtes du Bas-Poitou & de l'*Aunis*. On ne peut méconnoître la cause de ce phénomène dans les efforts réitérés de la mer contre les côtes, favorisés d'un autre côté par l'action des eaux courantes qui se réunissent dans ces parages. Les eaux s'insinuent dans les pores des terres & des pierres, les détrempent, en affoiblissent le tissu, le détruisent, & se fraient ainsi une route dans les côtes, qui sont d'ailleurs entr'ouvertes par les eaux des fleuves & des rivières, & c'est par le concours de toutes ces causes, que la mer se fraie une route dans le continent, forme & élargit les canaux, les anses, les sinuosités & les enfoncemens des rivages.

S'il se présente une côte ferme & solide, qui résiste au choc des eaux, elles la sapent, &, ne pouvant la ruiner brusquement, elles en séparent la face des terres adjacentes. Enfin, elles l'embrassent en totalité & en grande masse, & cette portion, détachée de son tout, prend alors la forme & le nom d'*île* : ainsi les îles de Ré, d'Aix & d'Oléron ont été incontestablement formées par cette mécanique simple, constatée d'ailleurs par l'observation, dont l'histoire même nous a conservé les témoignages.

Ce qui achève de le prouver, c'est que le terrain de ces îles est de même nature que la terre ferme : ce sont les mêmes couches, le même grain de pierre, les mêmes coquillages fossiles; en un mot, le même fond de *Banche*, couvert d'une terre végétale également propre à la production du vin. Un pareil rapport annonce clairement des parties séparées d'avec un tout primitivement commun. Quand on jette les yeux sur les projections des îles de Ré & d'Oléron, on voit que tant l'intérieur des terres que le gisement de leurs côtes se prolongent suivant la même direction.

Outre cela, dans les espaces intermédiaires qui séparent ces deux îles entr'elles & la terre ferme, on trouve des écueils épars, des chaînes de rochers prolongés les uns vers les autres, antiques bases des massifs qui occupoient une partie de ces intervalles, & que l'Océan a fait disparoître. On peut citer d'abord *Champ-Chardon*, *Chauveau*, *Laverdin*, le *banc des Baleines*, attaché à l'île de Ré; le *rocher d'Antioche*, le *rocher des Repos* & les *Antiochois*, qui partent de l'île d'Oléron, courent tous nord-ouest environ trois quarts de lieue en mer : ces monumens d'un massif qui a cédé aux ravages de la mer sont aujourd'hui des écueils dangereux.

Ces grandes parties de la côte qui tenoient au continent ont été enfoncées en trois endroits qui correspondent aux embouchures de trois fleuves : c'est ainsi que les trois parties sont les prolongemens de ces embouchures; c'est ainsi que les eaux de la Sèvre & des rivières affluentes dans leur débouché auront divisé les terres qui leur étoient opposées, & par un effort continuel auront élargi l'ouverture première pour se donner un libre cours. Il en est de même de la Charente, dont l'embouchure tournée vers le milieu du pertuis d'Antioche annonce son ancien prolongement à travers ce pertuis. La Seudre, qui se décharge entre le pertuis Maumusson & le Coureau, a d'abord formé ces deux ouvertures, que l'Océan a par la suite élargies; car quel que soit l'état actuel de ces trois rivières, il n'est pas possible de concevoir que leur cours ait eu lieu, à moins que la liberté de leur mouvement n'ait été établie par une communication bien ouverte avec l'Océan. Tous les changemens qui sont arrivés par la suite ne peuvent faire méconnoître ce premier travail de l'eau courante. (*Voyez les articles de la* SÈVRE, *de la* CHARENTE *& de la* SEUDRE; *voyez aussi* ÎLES DE RÉ *&* D'OLÉRON.)

On a dit que l'*Aunis* étoit une des terres les plus nouvelles de la France, & que le sol de cette province étoit un marais il y a deux ou trois siècles; enfin, que sa surface avoit une tendance pour gagner le niveau de la mer. Cependant, lorsqu'on a bien observé cette contrée, on voit que, depuis Mauze jusqu'à la Rochelle, le sol conserve à peu près la même hauteur, & ne présente dans toute son étendue qu'un long plateau silloné de distance en distance par de petits vallons avec des tertres détachés, assez élevés; & ce qu'il y a de remarquable, c'est que ces collines, qui paroissent dominer sur les environs, sont cependant dans le voisinage de la mer.

Une preuve encore plus convaincante que cette terre n'a pas une tendance marquée à s'abaisser sous la mer, se tire de la pente naturelle que suivent les eaux de sources & de pluies qui circulent à la surface de cette petite province. Les ruisseaux d'Aigrefeuille, de Saint-Christophe, de Fond-Patour ne descendent pas vers la Rochelle, qui n'en est qu'à une distance de trois lieues au couchant, mais coulent d'abord à l'orient, puis se détournent vers le nord, &, après avoir traversé cinq ou six lieues de terres basses, se rendent dans la Sèvre Niortoise. D'un autre côté, la rivière de Surgères semble vouloir se diriger à l'ouest; mais rencontrant les terres élevées de l'*Aunis*, elle change la direction de son cours, tourne au midi, & va se perdre dans le marais de Muron. Plus près de la Rochelle, les eaux de Groleau, de Cande, de la Sauzaie ont toutes leurs pentes au nord, & aucun de ces ruisseaux ne se dirige à la mer.

Ce n'est donc pas vers le couchant que le terrain de

de l'*Aunis* s'abaisse & s'aplatit : au contraire, les pentes paroissent plutôt déterminées vers le nord & le midi, où se trouvent d'ailleurs de vastes marais qui étoient autrefois entiérement submergés ; de sorte que l'*Aunis* ressembloit pour lors à un plateau d'une médiocre largeur, qui s'avançoit de dix à douze lieues vers la mer sans s'abaisser. Plusieurs de ces marais, quoique desséchés, sont encore plus bas que le niveau de la mer, & ce n'est qu'avec de fortes digues qu'on les preserve actuellement des invasions de ce terrible élément.

Pourquoi donc ne verroit-on dans le pays d'*Aunis* qu'un canton que la mer a surmonté & ronge plus ou moins en diminuant l'épaisseur de son sol à proportion du séjour qu'elle y a fait, & des ravages qu'elle y a occasionnés? Là, comme partout ailleurs, les destructions qu'on y remarque, sont dues aux eaux pluviales comme aux eaux courantes.

Que l'*Aunis* ait été couvert par les eaux de la mer, la structure & la composition des bancs de pierres calcaires qui constituent son sol l'annoncent assez aux naturalistes; mais rien ne prouve d'ailleurs que la mer ait, depuis sa retraite, envahi de nouveau cette contrée, & l'ait *rongée*. L'Océan peut bien saper peu à peu & détruire une côte qui se trouve exposée au choc réitéré de ses flots; il peut bien aussi deplacer un banc de sable, &, lorsqu'il coule entre deux rivages resserrés, élargir successivement & creuser un golfe, un canal; mais on n'a aucune observation qui prouve qu'il ait envahi ainsi les parties des continens qui se trouvent élevées au-dessus de son niveau, & qu'il les ait *rongées* en agissant pendant quelque tems sur le fond qu'il auroit envahi.

L'observation journalière nous apprend au contraire que le fond du bassin de l'Ocean se comble & s'élève peu à peu le long des côtes, parce que les terres, les sables, les pierres que les rivières & les fleuves charient dans son sein, & que les flots détachent des rivages, forment des dépôts continuels. Ainsi nous sommes assurés que le fond de la mer, dans le golfe de Gascogne, s'élève sensiblement, surtout à la proximite des côtes, & que les bas-fonds s'y multiplient chaque jour. La mer a couvert autrefois le pays d'*Aunis*, mais elle l'a couvert en même tems que les provinces voisines, qui font partie de la nouvelle terre : c'est alors qu'elle a formé, avec les débris des nombreux coquillages qui vivoient en familles dans son bassin, ces bancs de pierres calcaires qui constituent le sol de l'*Aunis*, comme celui des provinces voisines.

La mer, en minant les côtes, peut bien les détruire; mais ce travail n'a rien de commun avec l'invasion que quelques naturalistes ont supposée. D'ailleurs, ces démolitions ne sont rien en comparaison des laisses considérables qu'elle a faites depuis quelques siècles au midi & au nord de la province; mais alors il n'y a pas de doute que la mer ne soit aidée beaucoup dans ce travail par les fleuves qui charient des vases que la mer rabat dans son reflux sur les parties latérales des embouchures de ces fleuves.

Si l'on examine maintenant les dépôts faits anciennement par la mer, on y trouve des coquilles de même espèce que celles qu'on remarque en Poitou & en Angoumois, & dont un grand nombre ne se trouve plus dans nos mers : telles sont les cornes-d'ammon, les bélemnites, les gryphites, &c. J'ajouterai même une suite de coquillages fort rares, qui ne se trouvent qu'en Angoumois & en Périgord, & dont j'ai rencontré quelques suites dans le pays d'*Aunis*.

D'après ces observations correspondantes, on ne peut pas considérer le terrain de l'*Aunis* comme le dernier produit de la mer actuelle & le dernier prolongement du continent, puisqu'il est parfaitement semblable au sol des provinces de l'intérieur, & que d'ailleurs les espèces de coquillages n'appartiennent pas à l'Océan qui borde les côtes de l'*Aunis*, mais à une ancienne mer qui a couvert l'*Aunis* avec les provinces voisines.

On trouve dans plusieurs endroits de la côte de l'*Aunis*, comprise depuis la Rochelle jusqu'à Rochefort, des amas de sables assez considérables. Ces sables sont le produit du lavage des terres que charient les deux Sevres & la Charente, & que la mer, qui fait ce triage, accumule le long des côtes basses : ces sont ces mêmes sables qui contribuent à la formation des dunes du platin d'Angoulin : il y en a d'ailleurs sur d'autres côtes.

Iles continentales.

En parcourant la Saintonge & l'*Aunis*, j'ai trouvé d'abord désignées sous le nom d'*iles*, des terres élevées au milieu des inondations de la mer, des rivières & des marais. En m'éloignant ensuite de ces différens parages, j'ai rencontré d'autres terres semblablement elevées au dessus des environs, mais qui, n'etant plus entourées d'eau, avoient cependant conservé cette dénomination d'*iles*. Ce passage de l'état premier au second m'a fourni l'idée d'employer la dénomination d'*ile* pour désigner toutes les terres elevées & isolées au milieu de nos continens.

Effectivement, si je suis les événemens auxquels ces terres & ces iles doivent leurs formes detachées, je ne puis douter qu'elles ne les doivent aux eaux : dans le premier cas, à la mer & aux embouchures des rivières, & dans le second, qui m'occupe ici principalement, aux eaux courantes, aux époques surtout où s'ébauchoient les premiers tracés des vallées. C'est ainsi que la nature nous montre, dans les diverses circonstances où l'on peut les observer, les résultats de ses opérations successives. C'est d'après ces considérations que j'appellerai les uns *iles marines*, *fluviales*, *marécageuses*, & surtout *torrentielles*, & en général *conti-*

nentales, suivant leurs dispositions relatives. Cette dénomination, ancienne en géographie, mais nouvelle quant à son application, pourra, ce me semble, présenter à l'esprit des observateurs les masses de *buttes*, de *monticules* isolées, non-seulement quant à leurs formes, mais encore quant aux agens auxquels nous devons leur existence.

Pour faire connoître l'importance de ces applications, je vais donner ici la liste de ces *îles continentales* & *torrentielles*, que j'ai suivies en *Aunis* & en Saintonge, telles qu'elles sont figurées sur deux planches de la carte de France, que nous devons à l'Académie des Sciences. Ainsi, dans la planche de la Rochelle, j'ai trouvé beaucoup de monticules & de collines entourées en partie de terres sèches ou bien voisines de marais desséchés, & qui s'y présentent avec la dénomination d'*îles :* telles sont, 1°. *l'île d'Elle ;* 2°. *l'île de Mont-Nommé ;* 3°. *l'île de Budoron ;* 4°. *l'île de Chalogne ;* 5°. *l'îlot Français ;* 6°. *l'île de Villedieu ;* 7°. *l'île de Parsois ;* 8°. *l'île Dable ;* 9°. *l'îlot de Muron.* Je pourrois ajouter beaucoup d'autres terres isolées & élevées ; mais je les supprime, parce qu'elles ne figurent pas dans la carte avec la dénomination d'*îles*.

Je passe maintenant aux îles de la planche de Saintes, & j'y trouve, 1°. *l'île de Rosne ;* 2°. *l'île de Bordeaux ;* 3°. *l'île d'Aire ;* 4°. *l'île de Bresé.*

Outre cela, si l'on parcourt les deux provinces d'*Aunis* & de Saintonge, on notera un assez grand nombre de collines & de coteaux qui ont conservé la singulière dénomination d'*île*, & qu'on retrouve avec cette désignation dans la belle carte qui est à la tête du premier volume de l'*Histoire de la Rochelle*, par M. Arcere. Telles sont, 1°. *l'île de Sainte-Croix ;* 2°. *l'île de la Burée ;* 3°. *l'île de Vadrenc ;* 4°. *l'île dé Per ;* 5°. *l'île d'Yves ;* 6°. *l'île d'Agère ;* 7°. *l'île de Saumoran ;* 8°. *l'île de Liron ;* 9°. *l'île de Flaix ;* 10°. *l'île la Lance ;* 11°. *l'île de Fouras.* J'ajoute que, dans le pays, la terre d'Arvert, qui est fort considérable, y a conservé la dénomination d'*île*.

Je le répète : c'est d'après ces exemples assez nombreux que m'ont offerts ces contrées maritimes, que j'ai cru devoir appliquer le mot d'*îles* aux buttes & monticules de l'intérieur des terres & des continens en général. Cette filiation du mot d'*île* est assez intéressante, comme on voit, & m'a paru plus convenir aux terres élevées isolées, que le mot *butte ;* du moins il fait mieux remonter à l'origine des choses. (*Voyez les articles* CHARENTE & SAINTONGE.)

AURE *ou* RIVIÈRE DE VERNEUIL, rivière de Normandie, peu éloignée, vers sa source, de la rivière d'Iton, & qui se perd, ainsi que cette dernière, par plusieurs betoirs ouverts le long de son cours ; elle prend sa source dans les étangs de la Trape, & elle commence à se perdre dès Chesnebrun. On voit dans les prairies qui sont sur la droite de cette rivière, & au dessus du moulin de ce village, sept à huit grands betoirs qui absorbent une quantité considérable d'eau ; de telle sorte même que toute l'eau de la rivière en seroit absorbée si l'on n'avoit pas fait quelques travaux pour contenir cette rivière dans son lit. Ces betoirs, au moyen de ces précautions, ne contribuent à la diminution de ses eaux que dans les tems de débordemens, lorsqu'elle se répand dans les prés, car cette eau s'y engouffre & disparoît : on peut croire même que pour lors ces betoirs sont avantageux à cette rivière, car l'eau qui y entre, va sans doute se réunir à celle de cette même rivière lorsqu'elle reparoît plus bas. Quoi qu'il en soit, ces betoirs sont de fort grands trous irréguliers, creusés en forme de ravins.

On cure quelquefois cette rivière ; & comme on est obligé d'en détourner les eaux, elles se répandent pour lors dans les prés, où elles rencontrent un grand nombre de betoirs qui les absorbent. Quand elles sont contenues dans leur lit, la perte s'en fait dans une ferme qui est dans la vallée & de la paroisse de Pulci : il y a encore cinq ou six grands betoirs coniques, qui ont environ six à sept pieds d'ouverture par le haut, & dont la profondeur est au moins aussi grande ; ils achèvent de boire toute l'eau de la rivière, qui ne va pas plus loin en été que la Lenbergerie.

En hiver, & après les grandes averses, elle coule jusqu'à l'*étang de France*, qui est à la porte de Verneuil. Lorsque son lit est à sec, on le suit aisément jusqu'à cet étang, qui n'a lui-même d'eau qu'en hiver. L'herbe y pousse l'été ; de façon qu'on y met paître des bestiaux, & qu'on fauche cette herbe. En hiver, l'eau dont il est couvert n'est que celle que les betoirs revomissent : il y a grande apparence qu'elle est fournie par celui qui est peu éloigné de la Lenbergerie, & par ceux qui sont aux environs de Chavigny. On appelle ceux-ci les *Fontaines de Chavigny*, & on pense communément dans le pays, que c'est par ces fontaines que l'eau de la rivière reparoît. On pourroit croire aussi que, comme ces betoirs ne donnent pas continuellement de l'eau, on ne peut pas leur attribuer la réapparition d'un courant d'eau suivi comme celui de la rivière.

Il paroît plus vraisemblable que l'étang des Forges, qui est de l'autre côté de la vallée où est l'étang de France, & sur la route de Verneuil à l'Aigle, fournit ces eaux. Cet étang a toujours de l'eau : elle coule continuellement ; elle se décharge par un endroit du rempart peu éloigné de la porte de Verneuil, nommée *la Porte de l'Aigle*. L'eau passe par-dessous la chaussée du fossé de la ville ; elle trouve un betoir dans le fossé ; elle coule par-dessous le mur de la ville, & va former une pièce d'eau qui sert d'abreuvoir aux chevaux, & de cet abreuvoir elle coule dans son lit.

Cette route souterraine des eaux de l'*Aure*, qu'on vient d'indiquer ici, est d'autant plus vraiſemblable, qu'elles n'ont pas beaucoup de terrain à traverſer pour aller former l'étang des Forges ; elles n'ont que le corps de la montagne, qui ſépare l'étang des Forges de l'étang de France : il peut très-bien ſe faire que cette montagne préſente pluſieurs iſſues très-faciles à pénétrer Cette ſuppoſition eſt encore plus naturelle que celle des gens qui prétendent que ces eaux vont former les fontaines de Rueil, près la Gaudelière.

Un autre bras de cette rivière, qui vient du voiſinage de Normandel, ſe boit de la même façon que celui dont on vient de parler, & qui paſſe à Randonay. Celui de Normandel eſt abſorbé dans le pré de la ferme, qui occupe le fond de la vallée de Normandel ; il prend ſon origine dans un endroit voiſin du fourneau de la Motte.

Il étoit facile d'empêcher, du moins en grande partie, la perte de cette rivière : il ne s'agiſſoit que de creuſer ſon lit & d'en enlever la vaſe qui le rempliſſ it, & obligeoit par conſéquent l'eau à ſe répandre ſur ſes bords dès qu'elle augmentoit un peu. C'eſt le parti qu'on a pris. Le grand nombre de moulins & de forges qui ſont ſur cette rivière, & qui manquoient ſouvent d'eau, y a déterminé les propriétaires riverains. On a conduit le travail juſqu'à l'étang de France : on a donné au lit de la rivière douze pieds de largeur, ſur trois de profondeur : on a bouché les betoirs qui ſont ſur les bords de la rivière, & l'on a ménagé les débouchés de ceux qui revomiſſent l'eau en hiver, de façon à la leur faire verſer dans la rivière. Vis-à-vis celui de la Lenbergerie on a pratiqué un empalement au bord de la rivière, lequel doit empêcher l'eau de ſe répandre ſur le pré en été lorſqu'il arrive des averſes ; & en hiver, l'eau fournie par le betoir s'écoule dans la rivière par un canal muré. Par ces différens moyens on préſume que le cours de la rivière pourra facilement ſe prolonger juſqu'à l'étang de France, même en été.

On pourroit penſer que ſi l'effet qu'on attend du travail fait à cette rivière a lieu, l'étang des Forges ſe tariroit s'il étoit vrai qu'il dût ſes eaux à celles qui ſe perdent par les betoirs ; mais on peut préſumer d'ailleurs que, recevant auſſi de l'eau par d'autres ſources, il ſera bien en état de ſubſiſter, indépendamment des eaux ſouterraines fournies par l'*Aure*. Ainſi on a dû s'occuper à retenir les eaux de cette rivière dans ſon lit, quand même il n'en réſulteroit que l'avantage de fournir de l'eau aux moulins qui ſont ſur cette rivière depuis Randonay. Il falloit donc remédier à l'état de la rivière, dans lequel les moulins ſouffroient un dommage évident, le lit étant dans pluſieurs endroits de niveau avec les prés, & l'eau s'y répandant très-facilement : il y avoit dans quelques endroits juſqu'à trois ou quatre pieds de vaſe, qu'il a fallu enlever. Cette vaſe a été peut-être plus d'un ſiècle à s'y amaſſer, car les vieillards ne l'ont jamais vu curer.

Ce n'étoit peut-être qu'à la ſuite de ce dépôt de vaſe que l'eau de la rivière s'eſt perdue, & quand l'étang de France a été comblé, que les betoirs ſe ſont ouverts, & que l'eau a été obligée de refluer & de ſe répandre ſur les prés. Par ſon ſéjour à ce niveau, elle a pénétré les terres faciles à délayer, & les a entraînées en ſe faiſant jour là où elle reparoît. C'eſt une opinion commune dans le pays, que la rivière alloit autrefois beaucoup plus loin que là où elle finit actuellement ; que de nouveaux gouffres ſe ſont ouverts, & l'ont abſorbée plus promptement. Il n'y a pas d'autre raiſon que l'approfondiſſement des vallées au niveau des couches de pierres & de terres, où elles ſont ſuſceptibles de faciliter l'ouverture des betoirs aux eaux courantes ; en ſorte qu'enſuite, pour peu que ces eaux aient eu la facilité de ſe déborder, elles ont continué à agrandir les ouvertures, & à multiplier par-là les moyens que l'eau avoit de ſe perdre. Il y a quelques-uns de ces betoirs ou dégorgeoirs qui rendent une eau bleuâtre : d'où l'on peut conclure que cette eau eſt chargée des glaiſes qu'elle peut délayer.

Une preuve que les terres ſe délaient ainſi dans les ſouterrains, c'eſt la formation ſubite & l'agrandiſſement des betoirs. On a remarqué, par exemple, qu'il s'en étoit ouvert un dans un champ voiſin de la Lenbergerie, & ſur la côte, à la gauche de la rivière. La terre s'eſt affaiſſée tout à coup, & a donné naiſſance à un de ces betoirs, qui a une grande ouverture : ce qu'il y a de ſingulier, c'eſt qu'on y a vu un ruiſſeau ſouterrain couler au fond du betoir très-rapidement. Cette obſervation peut être une preuve aſſez forte de la route ſouterraine que peut ſuivre l'eau de la rivière à travers la montagne, pour ſe rendre dans l'étang des Forges. Ce ruiſſeau ſouterrain doit avoir néceſſairement un débouché ſans obſtacle à la ſurface de la terre, & à un niveau plus bas, de manière que ſa ſortie ſe faſſe de plain-pied ou ſous forme de ſource abondante ou de dégorgeoir ; car la conſtitution du ſol de tout ce pays doit nous engager à conſidérer les ſources plus ou moins abondantes comme de ces débouchés divers des eaux abſorbées à différentes hauteurs dans la vallée de cette rivière.

AURIFÈRES (Rivières). Les poètes & les auteurs anciens nous vantent beaucoup la propriété qu'ils attribuent à certaines rivières de rouler des paillettes d'or, & l'on ne peut guère douter que la plupart ne méritent cette diſtinction. Ce qui doit nous porter à le croire, c'eſt que pluſieurs rivières de France & de l'Allemagne ſont reconnues pour avoir cet avantage.

Le Rhin tient le premier rang parmi les fleuves qui roulent des paillettes d'or avec leur ſable : c'eſt un de ceux dans le lit duquel on en ramaſſe davantage. On en trouve ſurtout depuis Straſbourg juſqu'à Philipsbourg en certaine quantité, mais elles font rares entre Neuf-Brifac & Strasbourg. Comme le Rhin eft plus rapide dans ce dernier trajet, il voiture plus loin fon or; mais il en dépofe affez abondamment entre le Fort-Louis & Guermesheim. Les ouvriers qui s'occupent à ramaffer ces paillettes d'or gagnent communément trente à quarante fous par jour : c'eft dommage qu'ils ne foient pas plus nombreux, & qu'ils ne puiffent travailler qu'une petite partie de l'année.

Le Rhône roule auffi des paillettes d'or, & les dépofe dans le Gex : il y a par conféquent grande apparence que ces paillettes d'or lui font fournies par les eaux de l'Arve, qui fe jette dans le Rhône au deffous du lac de Genève, car on ne les ramaffe que depuis l'embouchure de cette rivière jufqu'à cinq lieues au deffous, à moins que ces paillettes ne foient tirées des dépôts très-anciens qui font le long des bords du Rhône, & qu'il éboule en les minant par-deffous. Les orpailleurs s'attachent principalement à laver de groffes pierres : c'eft du fable qui les environne, qu'ils tirent les paillettes d'or.

Au refte, ce n'eft pas feulement à cet endroit que le Rhône offre des paillettes d'or : on en ramaffe beaucoup plus bas, furtout aux environs de Valence en Dauphiné, & même les orpailleurs fe livrent à cette récolte avec un certain avantage dans ces contrées.

Le Doubs, rivière de Franche-Comté, roule auffi des paillettes d'or, mais peu abondantes, & il n'y a guère que les curieux qui les ramaffent.

Une rivière qui, quoique petite, ne le cède ni au Rhin ni au Rhône quant à la quantité de paillettes d'or qu'elle charie, c'eft le Cèze, qui prend fa fource près de Villefort, dans les Cevennes : le long de fon cours, fur une étendue de plufieurs lieues, on trouve à peu près également partout des paillettes d'or, mais plus grandes que celles du Rhin & du Rhône. La récolte journalière des orpailleurs varie cependant beaucoup : quelquefois ils gagnent jufqu'à une piftole, & d'autres fois beaucoup moins.

Il en eft de même de la rivière du Gardon, qui, comme celle de Cèze, vient des Cévennes; elle entraîne auffi des paillettes d'or à peu près de même grandeur, & en auffi grand nombre.

L'Ariège (*Aurigera*) ne doit pas être omife dans cette lifte remarquable, puifqu'elle a pris fon nom de cette propriété; elle fournit beaucoup de paillettes d'or, furtout dans le pays de Foix; mais elle eft encore plus riche aux environs de Pamiers, où elle paie le mieux le tems qu'y mettent les orpailleurs : on en trouve auffi fur fes bords, dans l'évêché de Mirepoix.

On fait tous les ans dans la Garonne, quelques lieues au deffus de Touloufe, une petite récolte de paillettes d'or; mais il y a lieu de croire que cettte rivière tire ces paillettes de l'Ariège, car ce n'eft guère qu'au deffous du confluent de cette dernière rivière qu'on les cherche, & qu'on les ramaffe dans la Garonne avec avantage.

Il y a grande apparence que l'Ariège reçoit d'ailleurs une grande partie des paillettes d'or qu'on trouve dans fon fable, car plufieurs ruiffeaux qui s'y jettent en fourniffent, & furtout deux, celui du Ferriat & celui de Benagues. Au refte, on fait qu'une grande partie des paillettes d'or qu'on ramaffe dans les fables de l'Ariège, proche Pamiers, fe tire des dépôts formés le long des bords de cette rivière, & qui, en s'éboulant chaque jour, entraînent beaucoup de paillettes d'or dépofées primitivement au milieu des fables. Ainfi la richeffe actuelle de cette rivière peut dépendre du travail très-ancien de fes eaux, plutôt que de leur activité & de leur marche actuelle.

Le Salat, petite rivière qui, comme l'Ariège, prend fa fource dans les Pyrénées, & qui traverfe le Couferans, roule & dépofe affez de paillettes d'or pour occuper avec profit les habitans de certains villages des environs de Saint-Girons.

D'après ces détails, on peut compter en France dix rivières ou ruiffeaux qui roulent des paillettes d'or, & dont la richeffe eft conftatée par des récoltes affez fuivies : il y en a d'autres dont nous ne rifquerons pas de faire mention.

Je pourrois joindre à ces rivières plufieurs autres, ou ruiffeaux ou rivières de la Suiffe, où l'on trouve également des paillettes d'or : telle eft l'Are en particulier; mais ces paillettes font en fi petite quantité, que la perte du tems employé dans le lavage excède les profits.

On voit par ce nombre de rivières *aurifères*, que les mines d'or fe trouvent dans un affez grand nombre d'endroits en France & dans la Suiffe; mais il feroit plus utile que ces mines fuffent moins nombreufes, mais plus abondantes & plus aifées à retrouver.

On a fait effectivement de grands efforts, en remontant les rivières & les ruiffeaux *aurifères*, pour parvenir aux mines qui ont pu leur fournir les paillettes; mais jufqu'à préfent les recherches ont été infructueufes. Une circonftance qui éloigne beaucoup l'efpoir de parvenir aux mines d'or, c'eft que les paillettes ne fe trouvent guère que dans les fables très-anciennement dépofés par les rivières, & le long de la partie de leur lit, où l'eau jouiffoit d'une certaine tranquillité qui a favorifé ces dépôts; en forte que le tranfport de ces paillettes ne fe fait plus actuellement fur une certaine longueur de leur canal, mais feulement on les rencontre dans le lit des rivières à mefure que les anciens dépôts s'éboulent, & font lavés enfuite par les eaux courantes.

Toutes les paillettes d'or qu'on trouve dans ces diverfes rivières que je viens d'indiquer, ont des figures affez irrégulières; elles ont pourtant cela de conftant, que ce font de petites lames aplaties, & d'une épaiffeur qui leur laiffe une certaine folidité. Il femble d'ailleurs qu'elles ont été arrangées par couches & par feuillets dans la mine ; il y en a beaucoup dont les contours sont arrondis, soit que les frottemens, qui sont la suite de leur transport, les aient usés, soit qu'elles aient eu primitivement dans la mine de semblables formes.

Parmi les paillettes d'or chariées par les rivières du Cèze & du Gardon, on en rencontre assez communément qui ont une ligne & demie & deux lignes de diamètre ; mais le plus grand nombre n'a qu'une ligne, & même une demi-ligne. L'Ariège en donne de deux lignes ; mais les paillettes du Rhin sont beaucoup plus petites, & celles du Rhône plus petites encore que celles du Rhin. Au reste, les plus petites de ces paillettes ont toujours une forme semblable à celle des plus grandes. (*Voyez* ARIÈGE, CÈZE, GARDON, ORPAILLEURS, PAMIERS, PAILLETTES D'OR, PEPITES.)

Après avoir fait l'énumération des rivières *aurifères* de France, parce que nous les connoissons mieux que celles des pays étrangers, nous ne croyons pas cependant devoir omettre de faire une mention succinte de ces dernières. Nous savons en général qu'il y en a plusieurs au Japon & dans les îles voisines : il y a un ruisseau nommé *Arroë*, qui sort du pied des montagnes de la Lune au Monomotapa, où il y a des mines d'or, qui charie des grains d'or, & ce ruisseau termine son cours dans la rivière Magnice. Quelques-unes des eaux courantes ont la même proprieté en Guinée, où les Nègres s'occupent avec avantage à récolter des grains d'or & à les séparer des sables. Les produits de ces récoltes s'échangent avec les Européens qui abordent sur ces côtes pour ce commerce. Quand les particules en sont petites, on les appelle *poudre d'or* : c'est l'or le plus pur, parce qu'il contient très-peu de matières étrangères. On trouve des *grains d'or* dans tous les ruisseaux des environs du Mexique, surtout après les pluies subites & abondantes. Ainsi ces récoltes ne se font guère avantageusement que dans les saisons pluvieuses.

Nous avons déjà parlé des contrées du Pérou, qui offrent les mêmes richesses dispersées à la surface de la terre. On nous dit que de pareilles contrées *aurifères* se trouvent à Sumatra, à Cuba, ainsi qu'à Saint-Domingue & dans d'autres îles voisines, & même dans la Guiane. Les ruisseaux des Caribbes fournissent des morceaux d'or assez remarquables par leur poids après les fortes pluies. Les habitans tendent des filets dans les rivières, &, quand les pluies sont passées, ils en tirent les sables, dont ils peuvent aisément séparer l'or.

Les voyageurs & les naturalistes ne parlent guère des rivières qui charient des molécules d'argent. On ne doit pas douter cependant qu'il n'y en ait ; mais comme l'argent se trouve rarement dans un certain état de pureté comme l'or, & qu'il paieroit peu les peines de ceux qui s'attacheroient à sa récolte, il paroît que c'est pour cela qu'on en a négligé les produits. On a fait plus d'attention aux rivières qui voiturent des grains de cuivre & d'étain dans certaines contrées, & qui donnent d'assez bonnes récoltes. Nous les rappellerons plus en détail à l'article ORPAILLEUR.

AURILLAC, ville du département du Cantal. Ses rues sont larges & saines : des eaux courantes, venues du dehors, les rafraîchissent & les balaient. Dans l'enceinte de la ville on voit des massifs de laves & d'anciennes coulées, qui sont recouvertes par les dépôts de la mer, correspondans à ceux de la Limagne. Ce sont des volcans sousmarins.

AUROCHS (*Aurus*), sorte de bœuf qui habitoit autrefois les forêts du Nord, & que je citerai ici parce que l'on a trouvé les débris de ses squelettes en quelques endroits de la Picardie, où ils étoient ensevelis au milieu des atterrissemens de la vallée de la Somme. J'indiquerai les villages de Picquigny, de Beaucours, de Formanoir & d'Haugest, où ces sortes de fossiles se sont trouvés. L'*aurochs* est maintenant relégué dans la Moscovie, & l'on sait que c'est vers le milieu de ce siecle qu'il a quitté la Prusse & les confins de la Lithuanie. On ne doute pas que l'*aurus* ne soit le bœuf sauvage des zônes froides, & par conséquent celui dont les ossemens se trouvent enfouis dans nos vallées : du tems de Jules-Cesar, il étoit déjà rare dans la forêt Hercynienne.

AURORE BORÉALE. Ces phénomènes se montrent sous des aspects très-variés, suivant les différentes parties du nord d'où on les observe.

Dans les îles de Schetland, vers le solstice, on voit chaque nuit l'*aurore boréale* ou, comme l'appellent les naturels, la *danse joyeuse*, qui répand un grand éclat sur tout l'hémisphère septentrional. Ces *aurores* accompagnent constamment les soirées claires dans toutes ces îles du Nord, & sont d'un grand secours pendant la noire obscurité des nuits d'hiver ; elles commencent ordinairement à paroître sur l'horizon à l'heure du crépuscule, d'une couleur brune-foncée, tirant sur le jaune. Quelquefois elles restent dans cet état pendant plusieurs heures sans aucun mouvement sensible, après quoi elles se divisent par bandes de lumière plus vive, s'étendent en colonnes, & prennent lentement & successivement mille formes différentes, & varient leurs couleurs depuis toutes les teintes de jaune, jusqu'au rouge le plus foncé. Souvent elles couvrent l'hémisphère entier, & prennent l'apparence la plus brillante : leurs mouvemens sont alors extraordinairement vifs, & elles étonnent par les rapides changemens de formes ; elles se montrent tout à coup dans des places où l'on n'en voyoit pas la moindre trace auparavant, & glissent légérement, en suivant la bordure de l'horizon & de l'Océan, & le moment d'après elles s'éteignent & s'évanouissent subitement, en laissant après elles une étendue sombre & uniforme. Bientôt ce sombre espace s'éclaire & s'illumine de nouveau pour s'éteindre encore, & ne laisser que le même fond obscur & ténébreux. Dans certaines nuits elles s'élèvent en vastes colonnes, qui d'un côté présentent le jaune le plus chargé, tandis que l'autre, par des ombres graduées, se confond avec le firmament. En géneral, elles ont d'une extrémité à l'autre un mouvement de tremblement qui dure jusqu'à ce qu'elles s'évanouissent. Souvent elles se teignent de sang, & prennent l'aspect le plus terrible : c'est alors que les sages des campagnes deviennent des prophètes, & sèment parmi le peuple les terreurs de la guerre, de la peste & de la famine.

Les Anciens les nommoient *trabes*, *bolides*, suivant leurs formes de *poutres enflammées* ou de *flambeaux allumés*. Il paroît que, dans les tems anciens, ces phénomènes étoient rares, & peut-être parce que les peuples observateurs etoient plus eloignés du nord, qui en paroît être le foyer. Depuis Plutarque jusqu'au siècle dernier, ils ont passé pour des présages d'evénemens désastreux. L'imagination craintive se figuroit y voir des combats en l'air, des guerriers menaçans, rangés en escadrons reguliers de bataille, & combattant sur les nuages.

En 1715 & 1716 elles parurent avec un grand éclat, même à la latitude de la France. Les physiciens y firent attention ; mais depuis, le phenomène a perdu sa nouveauté & son caractère imposant, & ne frappe plus que les peuples du Nord.

L'*aurore boréale* est aussi commune en Siberie qu'en Europe, & présente ordinairement les mêmes changemens de formes & de couleurs : il y en a cependant d'une espèce particulière, qui paroît réguliérement entre le nord-est & l'est, comme un arc-en-ciel lumineux, avec nombre de rayons de lumière. Sous la courbure de l'arc est une teinte sombre & ténebreuse, sur le fond de laquelle cependant les etoiles brillent avec un certain éclat.

Il en est une autre espèce : elle commence par certains rayons isolés, dont les uns partent du nord, & les autres du nord-est ; ils augmentent peu à peu, jusqu'à ce qu'enfin ils remplissent tout le ciel, & jettent une lumière très-vive & tres-variée en couleurs. Les phenomènes qui l'accompagnent, frappent d'horreur les spectateurs, par le craquement, les éclats, le sifflement, dont un vaste feu d'artifice n'est qu'une foible imitation. Tous les animaux en sont tellement épouvantés, que les chiens des chasseurs les plus aguerris au bruit des armes se jettent ventre à terre, & y restent sans mouvement jusqu'à ce que la cause de leur effroi cesse.

Dans le Groenland, le long hiver est un peu égayé par l'*aurore boréale*, qui forme là le spectacle que nous avons decrit ci-devant, à l'article des ILES SCHETLAND : outre cela, on a remarqué ici qu'elle jetoit des rayons d'un grand éclat, & extraordinairement agités dans la saison du printems & vers le tems de la nouvelle lune, où ces phénomènes sont les plus apparens.

Dans la baie d'Hudson on jouit à peu près du même spectacle. La nuit est éclairée par l'*aurore boréale*, qui répand mille & mille couleurs différentes & variées sur toute la voûte du firmament, & que la splendeur même de la pleine lune n'efface pas : alors les étoiles sont d'un rouge enflammé.

AURORE (Ile). Cette île est une de celles qui composent le groupe des Nouvelles-Hébrides. Sur la bande nord-ouest, la côte forme une petite baie ; mais la sonde ne rapporte pas moins de quatre-vingts brasses d'eau, fond d'un beau sable brun, & à un demi-mille de la grève. Il est à croire cependant que plus près de la terre il y a moins de profondeur, & un ancrage sûr. Cette terre s'étend l'espace de onze lieues ; elle n'a pas plus de deux lieues ou deux lieues & demie de largeur, elle est assez haute : la surface en est montueuse, & depuis les bords de la mer jusqu'au sommet des montagnes, l'île entière paroît couverte de bois, & toutes les vallées y sont coupées & abreuvées de ruisseaux. Son aspect est des plus agréable : on y voit une belle grève, & la végétation la plus abondante qu'on puisse concevoir. Des liserons & des lianes s'entrelacent aux arbres les plus élevés, & forment des guirlandes & des festons qui embellissent la scène. (*Voyez*, pour les productions & le caractère physique & moral des insulaires, le mot HÉBRIDES (Nouvelles).)

AUSON, village du département du Gard, arrondissement d'Alais. Près de ce village est une fontaine qui répand une forte odeur de foie de soufre ; l'eau cependant en est claire & fraîche, & sort d'un grand & large bassin : il s'élève tous les matins, à la surface de cette eau, une espèce d'ecume blanchâtre, qui s'épaissit & se durcit comme du soufre ordinaire. On s'en sert à *Auson*, qui n'en est pas éloigné, aux mêmes usages que du véritable soufre, & surtout pour guérir les maladies cutanées des troupeaux. Depuis un certain nombre d'années, les habitans de ce lieu ont commencé à boire de ces eaux en été ; elles ont à peu près les mêmes propriétés que celles d'Euzet ou Youset dans le ci-devant diocèse d'Uzès, c'est-à-dire, qu'elles sont bonnes pour les maux de poitrine, l'asthme & la phthisie, surtout lorsque ces maladies n'ont pas fait encore certains progrès ; elles purgent aussi par les urines, & fondent quelquefois de gros graviers & de petites pierres.

AUSTRALES (Terres). Depuis quelques années on a fait de nouvelles tentatives pour aborder aux *terres australes*, & l'on en a découvert quelques points après être parti, soit du Cap de

Bonne-Espérance, soit de l'Ile-de-France; mais ces nouveaux voyageurs ont également trouvé des brumes, de la neige & des glaces dès le 46e. & le 47e. degré; ils s'accordent tous sur ce fait, que l'on rencontre constamment des glaces à des latitudes beaucoup moins élevées que dans l'hémisphère boréal; ils ont aussi tous trouvé des hommes à ces mêmes latitudes, où ils ont rencontré des glaces, & cela dans la saison même de l'été de ces climats. Il est donc très-probable qu'au-delà du 50e. degré on chercheroit en vain des terres tempérées dans cet hémisphère austral, où la masse des glaces s'est étendue beaucoup plus loin que dans l'hémisphère boréal. La brume est un effet produit par la présence & le voisinage des glaces: c'est un brouillard épais, une espèce de neige très-fine qui flotte dans l'air, & qui le rend froid & obscur; elle accompagne souvent les grandes glaces flottantes, & elle est perpétuelle sur les plages encombrées de glaces.

Les Anglais ont fait tout nouvellement le tour de la Nouvelle-Hollande & de la Nouvelle-Zélande: ces terres sont d'une étendue plus grande que l'Europe entière. Celles de la Zélande sont divisées en plusieurs îles; mais la Nouvelle-Hollande doit plutôt être considérée comme une partie du continent de l'Asie, que comme une île du continent austral, car elle n'est séparée que par un petit détroit de la terre des Papous ou Nouvelle-Guinée, & tout l'archipel qui s'étend depuis les Philippines vers le sud, jusqu'à la terre d'Arnhem dans la Nouvelle-Hollande, & jusqu'à Sumatra & Java vers l'occident & le midi, paroît autant appartenir à la Nouvelle-Hollande qu'au continent de l'Asie méridionale.

M. Cook a non-seulement donné la carte des côtes de la Nouvelle-Zélande & de la Nouvelle-Hollande, mais il a encore reconnu une grande étendue de mer dans la partie australe voisine de l'Amérique; il a parcouru un grand espace sous le 60e. degré sans avoir rencontré des terres. Sa route démontre que s'il existe des terres dans ces parages immenses, qui ont plus de deux mille lieues d'étendue, elles sont fort éloignées du continent de l'Amérique.

Il résulte aussi de ce que nous a appris le capitaine Cook, que la surface de l'hemisphère austral présente beaucoup moins de terres que celle de l'hémisphère boréal. Cette différence paroît avoir contribué à ce que ce premier hémisphère soit plus froid que le dernier; aussi trouve-t-on des glaces dès le 47e. & le 50e. degré dans les mers australes, au lieu qu'on n'en rencontre qu'à 20 degrés plus loin dans l'hemisphère boréal. On voit d'ailleurs que presque tout est mer sous le cercle polaire antarctique: entre le cercle polaire arctique & le tropique du Cancer il y a beaucoup plus de terre que de mer, au lieu qu'entre le cercle polaire antarctique & le tropique du Capricorne il y a peut-être douze fois plus de mer que de terre. Ainsi cet hémisphére austral a eu de tout tems une disposition fort grande à devenir plus froid que le nôtre, en se bornant à supposer que le principe du refroidissement local qu'éprouvent certaines contrées de la terre, vient des masses de glaces qui peuvent s'y former & y prendre de l'accroissement. Il n'y a donc pas d'apparence qu'au-delà du 50e. degré l'on y trouve jamais des terres tempérées, où les habitans puissent y vivre heureux. Il est certain au reste, que les glaces ont envahi une plus grande calotte sous le pôle austral, & que cette circonférence s'étende beaucoup plus loin que celle des glaces du pôle arctique.

Il nous reste à faire connoître ces vastes contrées, soit relativement à leurs productions, soit aux mœurs & à la manière de vivre de ses habitans.

Par la relation de Quiros on voit que les Indiens d'une île située à treize degrés de latitude sud ont à peu près les mêmes mœurs que les Otaïtiens; qu'ils sont blancs, beaux & bien faits; que les femmes sont fort blanches, & vêtues de la ceinture en bas d'une fine natte de palmier, & d'un petit manteau de même tissu sur les épaules.

Sur la côte orientale de la Nouvelle-Hollande, que Quiros appelle *Terre du Saint-Esprit*, il dit avoir vu des habitans de trois couleurs, les uns entièrement noirs, les autres fort blancs, à cheveux & à barbes rouges, & les autres mulatres; ce qui l'étonna fort, & lui parut un indice de la grande étendue de cette contrée. Les soupçons de Quiros ont été confirmés depuis par les nouvelles découvertes du grand navigateur Cook. L'on sait maintenant que cette contrée est aussi grande que l'Europe entière. Sur la même côte, Quiros vit une autre nation de plus haute taille & d'une couleur plus grisâtre, avec laquelle il ne fut pas possible de conférer.

Abel Tasman trouva dans les terres voisines d'une baie de la Nouvelle-Zélande, à 40 degrés 50 min. de latitude sud, & à 191 degrés 41 min. de longitude, des habitans qui avoient une voix rude & une grosse taille: ils étoient d'une couleur entre le brun & le jaune; ils avoient les cheveux noirs, à peu près aussi longs & aussi épais que ceux des Japonnois. Le milieu du corps étoit couvert de nattes pour les uns, de toiles de coton pour les autres; mais le reste étoit entiérement nu.

La taille des habitans de la Nouvelle-Zélande, suivant les observations plus récentes de M. Cook, est en général égale à celle des plus grands Européens: ils ont les membres charnus, forts & bien proportionnés, mais ils ne sont pas aussi gras que les oisifs insulaires de la mer du Sud; ils sont alertes, vigoureux & adroits des mains. Leur teint est en général brun: il y en a peu qui l'aient plus foncé que celui d'un Espagnol qui a été exposé au soleil, & celui du plus grand nombre l'est beaucoup moins. Ceci n'est pas étonnant, puisque les Espagnols sont à très-peu près antipodes des Zélandois.

Les femmes n'ont pas beaucoup de délicatesse dans les traits; néanmoins leur voix est d'une grande douceur : c'est par-là qu'on les distingue des hommes, leurs habillemens étant les mêmes. Comme les femmes des autres pays, elles ont plus de gaité, d'enjoûment & de vivacité que les hommes. Les Zélandois ont les cheveux & la barbe noirs; leurs dents sont blanches & régulièrement placées; ils jouissent d'une santé robuste, & il y en a de fort âgés. Leur principale nourriture est de poisson, qu'ils ne peuvent se procurer que sur les côtes, lesquelles ne leur en fournissent en abondance que pendant un certain tems : ils n'ont ni cochons, ni chèvres, ni volailles, & ils ne savent pas prendre les oiseaux en assez grand nombre pour se nourrir. Excepté les chiens, qu'ils mangent, ils n'ont pas d'autre nourriture que la racine de fougère, les ignames & les patates : ils sont aussi decens & modestes que les insulaires de la mer du Sud sont voluptueux & indecens; mais ils ne sont pas aussi propres, parce que, ne vivant pas dans un climat aussi chaud, ils ne se baignent pas.

Leur habillement est au premier coup d'œil tout-à-fait bizarre; il est composé de feuilles d'une espèce de glaieul, qui, etant coupées en trois bandes, sont entrelacées les unes dans les autres, & forment une sorte d'étoffe qui tient le milieu entre le reseau & le drap. Les bouts des feuilles s'élèvent en saillie comme de la peluche ou comme les nattes de nos escaliers. Deux pièces de cette etoffe font un habillement complet : l'une est attachée sur les épaules avec un cordon, & pend jusqu'aux genoux; au bout de ce cordon est une aiguille d'os, qui joint ensemble les deux parties de ce vêtement; l'autre piece est enveloppée autour de la ceinture, & pend presqu'à terre. Les hommes ne portent que dans certaines occasions cet habit de dessous; ils ont une ceinture, à laquelle pend une petite corde destinée à un usage très-singulier. Les insulaires de la mer du Sud se fendent le prépuce pour l'empêcher de couvrir le gland. Les Zelandois ramènent au contraire le prépuce sur le gland, &, afin de l'empêcher de se retirer, ils en nouent l'extrémité avec le cordon attaché à leur ceinture, & le gland est la seule partie de leur corps qu'ils montrent avec le plus de répugnance & de honte. Cet usage maintient cette partie sensible & fraiche plus long-tems.

Au nord de la Nouvelle Zélande il y a des plantations d'ignames, de pommes de terre & de cocos. On n'a pas remarqué de pareilles plantations au sud; ce qui fait croire que les habitans de cette partie du sud ne doivent vivre que de racines de fougère & de poissons, comme nous l'avons observé ci-devant. Il paroit qu'ils n'ont pas d'autre boisson que de l'eau, & qu'ils jouissent sans interruption d'une bonne santé. On n'en a pas vu un seul qui fût affecté de quelque maladie, & parmi ceux qui étoient entiérement nus, on n'a pas apperçu qu'aucun eût la plus légère éruption sur la peau, ni aucune trace de pustules ou de boutons : ils ont d'ailleurs un grand nombre de vieillards parmi eux, dont aucun n'est décrépit.

Ils paroissent faire moins de cas des femmes que les insulaires de la mer du Sud; cependant ils mangent avec elles, & les Otaïtiens mangent toujours seuls. Mais les ressemblances qu'on trouve entre ce pays & les îles de la mer du Sud, relativement aux autres usages, sont une forte preuve que tous ces insulaires ont la même origine. La conformité du langage paroît établir ce fait d'une manière incontestable, car les Otaïtiens se font parfaitement entendre des Zélandois. Il paroît effectivement que ces peuples ne viennent pas de l'Amérique, située à l'est de ces contrées, & l'on est autorisé à le conclure par les rapports du langage de ces îles & de celles de la mer du Sud avec les langues des Indiens méridionaux; car la langue des habitans de l'Archipel indien a quelque conformité avec celles de tous ces insulaires. Cependant il faut en excepter la Nouvelle-Hollande, dont la langue est absolument différente, quoiqu'elle soit la plus voisine à l'ouest de la Nouvelle-Zélande.

Aucun des habitans de la Nouvelle-Hollande ne porte le moindre vêtement : ils parloient un langage si rude & si désagréable, qu'un habitant d'Otaiti n'y entendoit pas un seul mot. Ces hommes de la Nouvelle Hollande paroissent hardis; ils sont tous armés de lances, & semblent fort occupés de la pêche : leurs lances sont de la longueur de six à quinze pieds, avec quatre branches, dont chacune est très pointue, & armee d'un os de poisson. En général, ils paroissent d'un naturel fort sauvage, puisqu'on ne peut jamais les engager à se laisser approcher, excepté dans les environs de la rivière d'Endeavour, où l'on est parvenu à les voir de près pour la première fois. Ceux-ci étoient armés de javelines & de lances, & avoient les membres d'une petitesse remarquable; ils étoient cependant d'une taille ordinaire pour la hauteur : leur peau étoit couleur de suie ou de chocolat foncé : leurs cheveux étoient noirs sans être laineux, mais coupes courts : les uns les avoient lisses, & les autres boucles. Les traits de leur visage n'étoient pas desagréables; ils avoient les yeux très-vifs, les dents blanches & bien rangées, la voix douce & harmonieuse, & répétoient quelques mots qu'on leur faisoit prononcer avec facilite. Tous ont un trou fait à travers le cartilage qui sépare les deux narines, dans lequel ils mettent un os d'oiseau qui a près de la grosseur d'un doigt, & de cinq ou six pouces de longueur; ils ont aussi des trous à leurs oreilles, quoiqu'ils ne portent point de pendans : peut-être y en mettent-ils que l'on n'a pas vus. Dans la suite on s'est apperçu que leur peau n'étoit pas aussi brune qu'elle l'avoit paru d'abord : ce que l'on avoit pris pour

pour leur teint naturel n'étoit que l'effet de la poussière ou de la fumée, au milieu de laquelle ils sont peut-être obligés de dormir, malgré la chaleur du climat, pour se préserver des mousquites, insectes très-incommodes : ils sont entièrement nus, & paroissent être d'une activité & d'une agilité extrêmes.

Au reste, la Nouvelle-Hollande est beaucoup plus grande qu'aucune autre contrée du monde connu, qui ne porte pas le nom de continent. La longueur de la côte que M. Cook a reconnue, réduite en ligne droite, ne comprend pas moins de vingt sept degrés; de sorte que la surface que cette côte renferme, doit être beaucoup plus grande que celle de toute l'Europe.

Les habitans de cette vaste terre ne paroissent pas nombreux : les hommes & les femmes y sont entièrement nus. On n'a apperçu sur leur corps aucune trace de maladie, aucune plaie, mais seulement de grandes cicatrices en lignes irrégulières, qui sembloient être les suites des blessures qu'ils se font eux-mêmes avec un instrument obtus. On n'a rien vu dans tout le pays, qui ressemblât à un village. Leurs maisons, si toutefois on peut leur donner ce nom, sont faites avec moins d'industrie que celles de tous les autres peuples de la mer du Sud, excepté celles des habitans de la terre de Feu. Ces habitations n'ont que la hauteur qu'il faut pour qu'un homme puisse se tenir debout; mais elles ne sont pas assez larges pour qu'il puisse s'y étendre de sa longueur dans aucun sens : elles sont construites en forme de four, avec des baguettes flexibles, à peu près aussi grosses que le pouce. Ils enfoncent les deux extrémités de ces baguettes dans la terre, & ils les recouvrent ensuite avec des feuilles de palmier & de grands morceaux d'écorce. La porte n'est qu'une ouverture opposée à l'endroit où l'on fait le feu. Ils se couchent sous ces réduits en se repliant le corps en rond, de manière que les talons de l'un touchent la tête de l'autre. Dans cette position forcée, une des huttes contient trois ou quatre personnes. En avançant au nord, le climat devient plus chaud, & les cabanes se construisent plus minces. Une horde errante construit les cabanes dans les endroits où elle trouve sa subsistance pour un tems, & elle les abandonne lorsqu'elle ne peut plus y vivre. Dans les endroits où ils ne sont résidans que pour une nuit ou deux, ils couchent sous les buissons ou dans l'herbe, qui a communément près de deux pieds de hauteur.

Ils se nourrissent principalement de poisson; ils tuent quelquefois de grosses gerboises, & même des oiseaux, & font griller leur chair sur des charbons ou la font cuire dans un trou, sur des pierres chaudes, comme les insulaires de la mer du Sud.

AUTEUIL, village du département de la Seine, arrondissement de Saint-Denis. Il est situé au pied du plan incliné de la Meute, & de Passy à Sèvres. On y trouve un dépôt considérable de l'ancienne rivière, composé de débris de silex, de grès & de meulières peu usés & peu dégrossis, mêlés de graviers plats & calcaires, plus usés & polis : ceux-ci ont été entraînés des parties supérieures des deux vallées de la Seine & de la Marne, au lieu que les débris de silex & de meulières ne sont venus que des bordures élevées des croupes qui dominent cette plaine. Ces dépôts torrentio-fluviaux s'étendent jusqu'au canal de la Seine, sur une épaisseur d'environ douze pieds, à partir du niveau du sol sur lequel *Auteuil* & les jardins qui se trouvent dans l'intervalle du *Point-du-Jour* sont établis.

Si l'on parcourt la superficie du plan incliné dont j'ai parlé, on rencontre trois rangs de dégradations marquées, qui sont autant de vestiges des séjours qu'a faits dans ces lieux la rivière, à mesure qu'elle abandonnnoit ce plan incliné torrentio-fluvial. Ainsi, relativement à la position d'*Auteuil*, il m'a paru qu'il y avoit deux objets très-importans à discuter. Le premier consiste dans la forme du terrain, tant du village que du territoire, limité d'un côté par celui de Boulogne, & de l'autre par les vignes, les prairies & le canal de la Seine.

Je rappellerai donc ici les dégradations du sol, qui règnent depuis Passy & la Meute, jusqu'à la rivière & le pont de Sèvres; dégradations marquées d'abord par la pente du bois de Boulogne & du quartier des vignes d'*Auteuil*, ensuite par trois ressauts qui annoncent les déplacemens successifs de l'ancien lit de la Seine, & qui sont parallèles entr'eux & au canal actuel de la rivière.

Le second objet est la composition du sol de tout le prolongement du plan incliné, ainsi que la nature des terres & des pierres, tous matériaux adventices dans cette contrée, & déposés par la rivière dans sa marche, depuis la partie supérieure du plan incliné jusqu'au canal actuel, & dans la succession de ses différens lits, qu'elle a occupés pendant toute la durée de ce détour & de cette oscillation fort étendue.

Par plusieurs fouilles qu'on a faites dans la plaine comprise entre *Auteuil* & la Seine, soit à l'est, soit au midi, il est constaté que le fond de cette plaine est un massif de craie couvert des dépôts de la rivière, dont nous avons parlé, & que cette rivière n'a pu les former qu'en oscillant sur toute cette superficie, à mesure qu'elle creusoit sa vallée; que ces matériaux déposés sont les causes naturelles de son détour; car on reconnoît aisément que l'ancien canal s'est porté sur tous les points de la pente, qu'on peut suivre depuis la Meute jusqu'à la rivière actuelle, par des lignes parallèles à peu près au cours actuel, dont les traces sont, comme nous l'avons dit, marquées par des chutes encore visibles dans l'étendue de la plaine. Ainsi donc, sur cette base de craie se trouve dans la plaine une épaisseur d'environ douze pieds de dépôts. En remontant au dessus d'*Auteuil*, il y a beaucoup moins d'épaisseur dans les dépôts; mais toujours est-il certain que le massif de craie se montre seulement dans les parties de la plaine les plus basses, car plus haut sont des amas d'argiles mêlés de debris de couches calcaires, toujours couverts de dépôts de la même rivière.

Ces depôts sont donc composés de sables de differente nature, de débris de silex, de meulieres & de grès de volumes très-variés, un peu uses. Ces materiaux dominent sur les graviers plats, calcaires & polis : les uns annoncent par leurs formes brutes pour la plupart, qu'ils ont été voiturés depuis des gîtes peu éloignés, pendant que les autres font connoître par leur poliment, qu'ils viennent de loin. Je puis d'ailleurs l'assurer, d'après la reconnoissance que j'en ai faite aux environs de Nogent-sur-Seine pour la vallée de cette rivière, & aux environs de Châlons-sur-Marne pour la vallée de cette rivière correspondante. J'ajoute même que, parmi ces graviers calcaires, il se trouve des boules de craie un peu compacte, arrondies, & qui paroissent avoir fait le même trajet que ces graviers.

Il me reste une grande considération à developper ici, à la suite des objets que m'ont présentés les environs d'*Auteuil* : c'est surtout dans la plaine qu'on rencontre depuis ce village jusqu'à Boulogne, & l'extrémité méridionale du bois de Boulogne, des débris de pierres & des sables qui attestent la destruction des anciennes couches de meulières & de sables par l'eau torrentielle de la Seine. Ces débris ont différens volumes, depuis de gros fragmens de meulières & de grès jusqu'aux plus petits, qui sont dispersés dans une terre argileuse & sabloneuse. Outre les pierres meulières & les grès, que je considère avec fondement comme ayant été fournis par la destruction de leurs couches, on trouve des silex à diverses formes bizarres, & qui sont brises de plusieurs manières; ils ont été tirés des amas de craie, au milieu desquels ces silex sont distribués par rangées horizontales. Ce n'est que dans certaines parties de ces dépôts, & aux environs du canal actuel de la rivière, près du Point-du-Jour, que j'ai rencontré des graviers plats calcaires : on n'en voit point aux environs du village de Boulogne, ni dans la partie méridionale du bois de Boulogne.

Il résulte de tous ces détails, qu'on ne peut rendre raison de tous ces dépôts & de leurs différentes natures, qu'en étendant, comme je l'ai fait, ses recherches beaucoup au-delà du département de la Seine, au dessus & au dessous de Paris. En même tems on doit dire que les gîtes des meulières, des grès & des silex s'observent sans aucune difficulté sur l'étendue des croupes de la vallée, comprises depuis la forêt de Meudon jusqu'aux Moulinaux. Ainsi l'on ne peut douter que les débris de ces mêmes couches n'aient été fournis à nos dépôts à mesure que la Seine, en creusant sa vallée, détruisoit d'abord la couche des meulières, qui est la plus élevée, ensuite celle des grès, puis les divers bancs de la craie, où sont les silex, &c.

Il faut considérer que, dans les différens degrés d'approfondissement que ces diverses parties de la vallée, contenues depuis *Auteuil* jusqu'à Boulogne, ont éprouvées par les accès des eaux torrentielles, les dépôts ont dû se trouver en proportion de la dureté des matières que ces couches ont fournies. Or, il est visible que, dans les couches qui subsistent, ces matériaux solides, & qui ont pu résister à l'action des eaux, sont très-nombreux : donc les résultats de ces destructions ont dû fournir beaucoup de ces débris. Ainsi, comme les lits & les bancs, entiérement détruits par le torrent de la Seine, sont aisés à reconnoître dans ceux qui subsistent à côté, c'est à ceux-là que je renvoie, comme c'est à ceux-là que je me suis attaché.

Pour terminer ce que je me proposois de faire connoître sur l'histoire naturelle des environs d'*Auteuil*, je crois devoir résumer ce que j'ai eu occasion d'observer plusieurs fois à la surface du plan incliné de la Meute, & de Passy à *Auteuil*, & autoriser les conséquences que j'en ai tirées sur l'origine & les différens états des matériaux qui forment les dépôts dont ce plan incliné se trouve recouvert dans toute son étendue. Je dois rappeler outre cela les anciens bancs qui ont été détruits par les eaux courantes torrentielles de la Seine, & dont les nombreux & immenses debris ont été déposés par ces mêmes eaux courantes dans leurs détours. J'ajoute qu'il est facile de retrouver les premiers gîtes de ces débris, parce que les couches correspondantes à celles qui ont été détruites se montrent dans le bord escarpé de Meudon.

Ainsi l'on doit distinguer dans ce travail des eaux de la Seine, deux époques également remarquables : la première, pendant laquelle l'intervalle qui se voit entre Passy, *Auteuil* & Sèvres, a été creusé, de manière qu'une grande partie des matériaux qui remplissoient ce vide immense ont été enlevés; la seconde, pendant laquelle ceux de ces matériaux les plus durs & les plus solides ont été déposés, & ont formé & recouvert le grand plan incliné qui s'étend depuis la Meute & Passy jusqu'au Point-du-Jour & Sèvres, & le remplissage de la plaine qu'on trouve entre *Auteuil*, Boulogne & Billancourt.

Parmi ces matériaux déplacés & déposés, on reconnoît aisément ceux qui ont été fournis par le banc fort épais des meulières, & la couche de sable qui renferme les grès. Comme ces différentes substances occupent les premiers lits de la constitution du sol de cette contrée, qui, comme je l'ai déjà dit, se retrouve dans le bord escarpé de Meudon, & qu'elles sont les plus dures & les plus solides, il n'est pas étonnant que leurs débris forment les dépôts les plus apparens du plan incliné, & qui environnent *Auteuil.*

Ensuite, dans les parties inférieures du plan incliné, & dans le remplissage du fond de cuve de la plaine torrentio-fluviale, sont des mélanges des mêmes pierres meulières, des grès, des cailloux roulés venus d'amont, des silex fournis par les couches de craie détruites, & enfin des graviers plats calcaires venus d'amont, & même des parties de la vallée de la Seine & de la Marne, supérieures à la bande de craie que traversent ces vallées; ce qui forme un trajet de plus de trente lieues. Tous ces matériaux sont ensevelis dans les sables de la seconde couche détruite.

Comme aucun naturaliste n'a observé tous ces objets dans cet ensemble, & sur un plan aussi méthodique & propre à nous éclairer sur les grands événemens qui ont occasionné d'un côté ces destructions & en même tems ces remplissages, il n'est pas étonnant que tout ce que je viens de décrire soit totalement inconnu, relativement à ces deux ordres de choses. D'ailleurs, je me propose de le mettre dans un grand jour, en y joignant la carte topographique de ces contrées, & surtout les formes des croupes de la vallée de la Seine, tant de celles que l'on peut parcourir depuis Passy & la Meute jusqu'à *Auteuil*, que de celles qui s'offrent depuis Sèvres jusqu'à Bellevue & Meudon.

C'est en embrassant toute l'étendue de cette vallée, que je reprends la suite des matériaux déplacés & déposés par les eaux courantes de la Seine, qui se balançoit & oscilloit depuis Passy jusqu'à Sèvres. C'est en examinant tous ces matériaux, que j'ai cru devoir surtout distinguer les gros blocs errans de meulières & de grès qui se trouvent dispersés parmi les petits débris de meulières, de silex & de grès, & les amas de sables quartzeux & spathiques qu'on découvre également dans les différens étages des plans inclinés, comme à la surface de la plaine fluviale.

Je le répète ici : pour asseoir un jugement définitif sur la masse & l'étendue des destructions qui ont eu lieu depuis l'Etoile jusqu'à Sèvres & Saint-Cloud, sur l'origine des matières déplacées & déposées, il faut avoir recours aux divers systèmes de lits qu'on rencontre maintenant dans le bord escarpé de la vallée, compris depuis la forêt de Meudon jusqu'à la rivière actuelle, & qui subsistent dans leur état primitif. Leur coupe attestera la diversité des bancs & des matériaux que l'eau torrentielle de la Seine a détruits & déplacés depuis l'Etoile jusqu'à la Meute, & depuis la Meute jusqu'à l'extrémité méridionale du bois de Boulogne & *Auteuil;* de même depuis Passy jusqu'à Sèvres. On y verra la distribution des matériaux que la Seine a détachés de leurs gîtes, qu'elle a déposés sur ces différentes croupes & à la surface des plaines : c'est ainsi que la nature a conservé pour ceux qui savent voir, de nombreux témoins qui nous dispensent presque partout d'imaginer de grands efforts, de violentes révolutions, parce que les agens qu'elle a mis en œuvre subsistent encore à côté des grands effets qui nous étonnent, & qui sont surtout les résultats d'opérations continuées pendant une longue suite d'années. C'est cet élément, le *tems*, qui ne coûte rien à la nature, qui lui a rendu tout possible.

Pour offrir un ensemble qui annonce la plus grande possibilité de tout ce travail de l'eau courante de la Seine, il conviendroit de suivre la vallée, tant dans la partie d'amont que dans celle d'aval, & l'on y trouveroit la même marche de l'eau & les mêmes témoins de ses opérations. Effectivement, en remontant la Seine, & m'attachant au plan incliné & à l'angle saillant qui s'offre à moi depuis Châtillon jusqu'à la plaine fluviale du faubourg Saint-Germain, j'y vois les mêmes dépôts à la suite de semblables destructions de bancs correspondans; j'y rencontre l'ancienne disposition primitive sur le bord escarpé opposé de Belleville, & des collines orientales qui l'accompagnent. J'indiquerai de même succinctement ce que j'ai vu en suivant la vallée de la Seine dans la partie inférieure au plan incliné d'*Auteuil :* c'est là où se trouve un beau plan incliné en sens contraire, & qui s'étend depuis le mont Valérien jusqu'au village d'Asnières. Ce plan incliné offre des circonstances un peu différentes, & même plus instructives que celui d'*Auteuil*, car d'abord la partie supérieure a son origine dans les bancs les plus élevés de la contrée, & sa pente parcourt les couches inférieures les plus basses, & qui descendent jusqu'à la plaine fluviale d'Asnières; mais aussi le bord escarpé opposé n'offre que ces dernières couches. Ainsi quelques témoins de l'ancien état des choses se présentent toujours à qui sait les voir, quoique dans une position différente. (*Voyez les articles* BOULOGNE (Bois de), BLOCS ERRANS, MEUDON, SÈVRES, PIERRES PERDUES, *&c.*)

Je reprends, avant de finir, ce qui concerne les *blocs errans* d'un gros volume, & qui sont dispersés dans les rues du village d'*Auteuil*, dans le bois de Boulogne, & particulièrement vers ses bordures méridionales; à Billancourt, & aux environs du pont de Sèvres. Ces blocs, comme je l'ai déjà dit, sont de gros fragmens de meulières & de grès, dont les anciens gîtes n'ont pu exister que dans des bancs fort élevés, qui ont été détruits lors de l'approfondissement de la vallée de la Seine, & qui correspondoient, ainsi que je l'ai déjà dit, à des bancs de meulières & de sables, dont on trouve le prolongement à la hauteur de la forêt de Meudon; ce qu'on peut reconnoître aisément. Ces *blocs errans* doivent donc se trouver partout où ces couches ont été détruites par l'excavation de la vallée. C'est aussi par cette raison que l'on a retrouvé de ces blocs dans les rues de Paris, aux environs de l'Estrapade, & sur les pentes qui conduisent de ce plateau à la plaine fluviale de la Seine, qui sert de bordure au quartier Saint-Jacques, de Saint-Victor & du faubourg Saint-Germain. Je dis donc définitivement que ces *blocs errans* ne se trouveront que dans les parties de la vallée de la Seine, où l'on peut supposer avec fondement la destruction des bancs des meulières & des grès. Voilà la circonstance générale que je dois rappeler ici, comme servant à rendre raison de la position de ces *blocs*, & comme nous offrant la solution de ce probléme assez curieux, dont les élémens ont été exposés avec soin dans cet article, &, sans éviter les redites, que j'ai considérés comme nécessaires pour mettre ma théorie dans tout son jour, & la faire connoître sous tous les sens, en attendant que je puisse y joindre les coupes des couches detruites, & la carte topographique de la vallée & de ses bords.

AUTHIE. C'est ainsi que l'on désigne le sommet d'une longue colline, dont l'enceinte se trouve déterminée entre les villages d'Andresis, de Carrières & de Chanteloup. Ce sommet correspond, pour la hauteur & les matières qui le recouvrent, à la butte de Sanois, à celles de Montmartre & de Belleville. Les collines d'*Authie* & de Sanois dominent la confluence intéressante de l'Oise & de la Seine. Comme je me propose de reprendre l'ensemble de ces collines, ainsi que toutes les autres qui sont dispersées dans les environs de Paris, je me bornerai maintenant à ce qui concerne la correspondance de l'*Authie* avec les autres collines, ainsi qu'au niveau & à la nature des dépôts sabloneux qui sont dispersés à la superficie de ce sommet.

AUTOCHTONES. On ne peut considérer comme tels tous les peuples que l'histoire nous montre établis dans de grandes plaines, telles que les larges vallées de l'Euphrate, de l'Indus, du Gange, de l'Hoango, du Pô, &c. quoiqu'on y voie ces peuples établis dès les premiers tems connus de l'histoire; car ces contrées n'ont pas été dès-lors dans l'état où elles se trouvent, attendu le progrès insensible de leur excavation par l'eau des grands fleuves qui coulent au milieu de leurs plaines. On auroit tort de croire que, dans ces premiers tems, les environs de ces fleuves fussent des bourbiers fangeux & des marais inhabitables, car cet état ne peut être que celui qui suit les envasemens & les dépôts qui s'opposent au cours libre des eaux, lequel n'a pu avoir lieu que dans les derniers tems, & non dans ceux où ces plaines s'ébauchoient, & où l'eau des fleuves jouissoit d'une grande force & d'une grande activité.

On auroit tort de croire aussi que c'est le travail des hommes qui a fait des séjours agréables de la Basse-Egypte, de la Béotie, de la Thessalie, de l'Arcadie, de l'Asie mineure, de la Mésopotamie, des rives de l'Indus & du Gange. On nous dit, par exemple, qu'Hercule dessécha la Thessalie en redressant le cours du Pénée. Bien loin que le premier état de la plaine d'un fleuve ait été l'inondation & l'état marécageux le long des bords du canal du fleuve, cet état n'est venu que dans les derniers tems, lorsque les diminutions fréquentes des eaux courantes, ayant favorisé les amas des sables & des terres, ont élevé le lit du fleuve & causé les débordemens & les inondations.

Les lits des fleuves n'ont donc point été creusés par les hommes, non plus que les vallées, au sein desquelles ces fleuves coulent.

AUTOMNE, saison qui se trouve placée entre l'été & l'hiver sous les différentes latitudes. Nous n'en pourrons parler que conjointement avec les autres saisons correspondantes. Ainsi nous devons renvoyer ce que nous nous proposons d'en dire à l'article SAISONS en général, où nous exposerons toute notre doctrine sur la détermination précise des *saisons célestes* ou *terrestres*.

AUTRICHE, province d'Allemagne, bornée au nord par la Bohême & la Moravie, à l'orient par la Hongrie, au midi par la Stirie, & à l'occident par l'archevêché de Saltzbourg. La Basse-Autriche remonte jusqu'à l'embouchure de l'Ens dans le Danube, & la Haute est au-delà. La principale rivière qui arrose ce beau pays est le Danube, qui, aux environs de Vienne, capitale de la Haute-Autriche, a un cours majestueux. Le pays au dessous de l'Ens est parsemé de montagnes & de plaines. Les plus hautes montagnes se lient à celles de la Stirie; mais les plaines, qui en sont un peu éloignées, y jouissent d'une bonne température : aussi la culture y est fort animée, & donne des moissons qu'on commence dès la fin de juin. Le pays est surtout fertile en vin & en safran, dont la qualité est supérieure à celui que produisent les provinces de la Turquie voisines de l'Autriche. Le vin de ces contrées a beaucoup de force, & celui qui vient dans celles qui sont au midi du Danube se conserve jusqu'à vingt-cinq & trente ans : on y récolte outre cela toutes sortes de fruits, & des truffes assez abondamment. Les forêts, qui sont très-étendues, sont fort peuplées de gibier, & leurs bordures fournissent beaucoup de faisans & de bécasses.

En 1754 on y a découvert une mine d'argent très-riche : il y en a une fort abondante d'alun, & une de charbon de terre, qu'on exploite avec avantage. Il y a beaucoup d'eaux thermales, dont nous ferons par la suite une mention particulière.

Nous avons déjà dit que les contrées qui sont au dessus de l'Ens étoient semées de montagnes, principalement dans le voisinage de la Stirie & de la Bohême. Nous ajouterons que, dans ces districts, la culture y est assez généralement nulle, mais que le reste est en bonne culture, & arrosé surtout par des sources abondantes. L'air y est un peu humide & frais pendant presque toutes les faisons de l'année, température qui paroît produite, non-seulement par la nature du sol, mais encore par le voisinage des montagnes, tant de l'Autriche que de la Haute-Stirie & du pays de Saltzbourg. On cultive dans ces contrées tempérées, comme nous venons de le dire, beaucoup de pommiers & de poiriers qui fournissent un bon cidre : c'est, avec la bière, la boisson des habitans : le blé qu'ils récoltent ne suffisant point à leur subsistance, ils sont obligés d'en tirer de la Hongrie.

Le pays offre de nombreux amas de sel marin fossile, dont la cristallisation n'est pas bien pure, parce qu'elle se trouve le plus souvent chargée de particules terrestres & argileuses; mais dans certaines contrées, par la dissolution & la coction, on obtient du sel blanc qui est de la plus grande pureté. On tire aussi ce sel de certaines fontaines salées, dont les eaux, dans leur circulation intérieure, traversent les amas de sels fossiles.

Les rivières, les lacs & les étangs, qui sont en grand nombre, donnent toutes sortes de poissons.

L'archiduché d'Autriche, qui fait partie du cercle du même nom, comprenoit d'ailleurs la Stirie, la Carinthie, la Carniole, le Tyrol, & partie de l'Istrie & quelques districts de la Souabe : une grande partie de ces provinces en ont été retranchées, & ajoutées à la Bavière & au royaume d'Italie; mais ces arrangemens ne sont point de notre objet.

Autriche (Bains & pierres d'). Baden est une petite ville d'*Autriche*, à quatre milles de Vienne; elle est située dans une plaine voisine d'une chaîne de montagnes, qui est une branche du mont *Cetius*. Cette ville est extrêmement fréquentée à cause de ses bains, qui sont si nombreux, qu'on en compte deux dans la ville, cinq hors des murs, & deux au-delà d'un petit ruisseau qu'on appelle *Swechet*.

Les eaux de ces bains ont différentes propriétés utiles à la santé des individus qui en font usage; elles sont imprégnées de substances minérales, dont les effets se font appercevoir sur les objets qu'on y dépose. La monnoie du pays, qui est un alliage de cuivre & d'argent, prend en une minute une couleur jaune-obscure, de blanche qu'elle étoit, & devient noire bientôt après. Cette eau donne une belle couleur verte aux plantes qu'elle lave, & laisse souvent sur leurs feuilles une écume couleur de pourpre, mêlée de blanc à sa source : elle ressemble en quelque manière à la rivière de soufre de Tivoli, près de Rome; mais elle n'est pas si forte, & ne sent pas si mauvais; elle n'incruste pas les bords de ses canaux comme elle.

Cette source est encore remarquable en ce qu'elle sort de dessous une montagne de rocher, à quelque distance de son entrée. Pour y arriver on parcourt environ quarante pas d'un passage voûté, taillé dans le roc, qui forme une étuve naturelle, comme celle de Tritola & de Bayes, échauffée par les eaux qui y coulent. La plus grande partie de cette caverne est incrustée d'une substance blanche, que les habitans prennent pour du salpêtre; elle est plus dure & plus pierreuse à l'entrée de la caverne. En faisant ouvrir quelques-uns des canaux qui conduisent ces eaux, on tire de leur partie supérieure un peu de soufre en poudre, semblable à la fleur de ce minéral, ayant vraisemblablement été sublimé de l'eau au lieu de se déposer, puisqu'il a été trouvé à la partie supérieure du tuyau.

Les autres bains ont à peu près les mêmes propriétés. Celui qu'on appelle *Notre-Dame* contient plus de soufre que les autres : les eaux en sont plus bleues, & déposent des fleurs jaunes, au lieu que les autres en déposent de blanches.

On trouve sur le côté du mont Calenberg, vers le nord, des pierres qui ont des empreintes d'arbrisseaux & de feuilles très-belles : cet endroit est à deux milles de Vienne.

Les carrières de l'Empereur, d'où l'on tire la pierre qui s'emploie pour les plus beaux bâtimens de Vienne, n'est pas loin de Manners-Dorff : il n'y a point de fente dans toute cette carrière, où l'eau ne laisse quelque dépôt pétrifiant; ce qui fait une espèce d'infiltration qui rejoint les pierres, & qui s'en distingue fort facilement par son tissu spathique.

Autriche (Marnière singulière d'). Entre Lintz & Saltzbourg en *Autriche*, le pays est garni de collines qui sont alternativement d'argile & de sable : partout on y rencontre des marnières. Près du village de Willinald on en trouve une très-considérable, dans laquelle il y a des morceaux de marne beaucoup plus durs que le reste de cette matière : ces morceaux représentent des figures humaines, des chevaux, &c.; beaucoup ressemblent à de gros boulets de canon. Il est à présumer que les eaux ont pénétré cette marne, en ont arraché des morceaux qui par le tems sont devenus beaucoup plus compactes que les autres. Les morceaux sphériques semblent composés de couches concentriques, & ce qui est singulier, c'est que toutes ces configurations informes, dont nous avons parlé, se rapportent exactement, en petit, à celles des pyrites qu'on trouve dans les montagnes à craie : la forme extérieure & la manière dont elles sont placées dans la marnière, sont toujours les mêmes. On emploie aussi ces morceaux également durs pour amander les terres; mais ils résident fort long-tems à la surface des terrains avant de se réduire en poudre & de se mêler avec le sol pour l'ameublir.

L'*Autriche* supérieure est presque partout chargée de hautes montagnes; elles ont des croupes très-escarpées & fort sauvages. Aucune d'elles n'est située dans la même direction : les unes vont de l'est à l'ouest, telles que les montagnes calcaires près de Gmunden; d'autres, du midi au nord, & ce sont les montagnes de granit qui se prolongent de Krems, en passant par Lintz jusqu'à Passaw, & qui s'étendent même dans la Bavière. Les montagnes de pierre de sable & de brêche ne tiennent point de direction régulière. On peut dire la même chose des montagnes secondaires d'ardoise, de charbon de terre & de marne.

Les montagnes calcaires sont toutes pelées; celles de granit sont couvertes de bois. La pierre calcaire y est compacte, & se laisse polir comme le marbre; de sorte qu'on l'emploie pour les plus beaux bâtimens. Le Trauenstein, la plus haute montagne du pays, est en grande partie composée de marbre qui contient beaucoup de pétrifications. En général, toutes les montagnes calcaires de ce pays en sont amplement fournies.

Les montagnes qui vont depuis Krems jusqu'aux confins de la Bohême contiennent un granit gris, ordinairement d'un grain assez fin. Du côté de Lambach il y a des masses de porphyre grossier. On appelle cette pierre *pierre à paille* (*strohsteine*), parce que le feldspath qui s'y trouve, ayant été décomposé, ressemble à des brins de paille incrustés dans la pierre.

Les lacs de l'*Autriche* supérieure sont ceux de Traun, d'Eben, de Wolfgang, de Rammer & de Hallstadt; ils portent tous bateau, & servent aux transports des denrées du pays. Je traiterai de la formation de leurs bassins à l'article général des LACS.

AUTRUCHE. Cet animal bipède se trouve dans l'Asie; mais sa vraie patrie est l'Afrique. Les *autruches* habitent par préférence les lieux les plus solitaires & les plus arides, & où il ne pleut jamais; elles se réunissent dans ces déserts en troupes nombreuses. La race de l'*autruche* n'est pas moins pure qu'elle est ancienne; elle a su se conserver pendant une longue suite de siècles, toujours dans la même terre, sans altération; en sorte qu'elle est dans les oiseaux, comme l'éléphant dans les quadrupèdes, une espèce entiérement isolée, & distinguée de toutes les autres par des caractères aussi frappans qu'invariables.

Les *autruches*, quoiqu'habitantes des déserts de l'Afrique & de l'Ethiopie, ne sont point d'un naturel si sauvage qu'on ne puisse les apprivoiser aisément, surtout lorsqu'elles sont jeunes. On en prend tous les ans un grand nombre, qu'on apporte au Cap de Bonne-Espérance : alors elles sont de la grosseur d'une oie : on les y élève en les nourrissant de feuilles de laitue hachées & de mie de pain. Les habitans de Daru & de Libye en nourrissent des troupeaux, dont ils tirent sans doute ces plumes de la première qualité, qui ne se prennent que sur les *autruches* vivantes; elles s'apprivoisent même sans qu'on y mette de soin.

On voit des espèces de bipèdes au Pérou & à Surinam, qu'on a nommées improprement *autruches d'Occident*; elles sont plus petites que les *autruches* d'Afrique : c'est le thouyou. On tire les plumes d'*autruche* de Barbarie, d'Egypte, de Sayde & d'Alep, par la voie de Marseille.

AUVERGNE, grande & belle province de France, qui occupe une partie des montagnes du centre de cet Empire. L'*Auvergne* peut se diviser naturellement en haute & basse : cette dernière se nomme communément *Limagne*; elle forme une longue & large plaine, au milieu de laquelle coule l'Allier. La montagne qui borde la Limagne à l'ouest est la *Haute-Auvergne*. Cette dernière n'est, à proprement parler, qu'un cordon de montagnes qui se lie avec celles du Gevaudan au midi : ce cordon correspond à une semblable chaîne qu'offre le Forez à l'orient de la Limagne.

La Haute & la *Basse-Auvergne* diffèrent entr'elles, non-seulement par la forme & la disposition de leur sol, mais encore par la nature de ce sol & par la température qu'on y éprouve. Ces deux pays, quoique contigus l'un à l'autre, offrent des climats très-différens : la *Basse-Auvergne* est une plaine fort chaude, qui produit de bons fruits, du vin dont la qualité est assez bonne, de beaux chanvres & de bons fromens; la *Haute-Auvergne* est dans un climat plus froid, qui ne produit que du seigle, de l'avoine & des pâturages fort abondans pour les bestiaux, qu'on y entretient & qu'on y élève seulement pendant quatre mois de l'été. On donne à cette province environ quarante lieues du nord au sud, & trente de l'est à l'ouest.

HAUTE-AUVERGNE.

La *Haute-Auvergne* comprend un peu plus de la moitié de la province : sa plus grande longueur du nord au sud s'étend depuis le Puy-de-Verrières jusqu'à la ville de Chaudes-Aigues ou jusqu'à celle de Maurs, & l'on compte dans sa plus grande largeur quinze à dix-huit lieues de l'est à l'ouest, depuis la Margeride jusqu'à Monvert ou Bort.

L'élévation du sol de la *Haute-Auvergne*, sa nature graniteuse, en font un climat froid dans une province qu'on compte parmi les provinces méridionales de la France. J'ajouterois même que la nature volcanique d'un grand nombre des sommets de la *Haute-Auvergne*, où les produits du feu reposent sur les granits, a contribué de même à les rendre plus froids.

Pour se former une idée de la *Haute-Auvergne*, il faut s'imaginer un massif de granit fort élevé, qui s'étend du nord au sud, qui offre une plaine dont la pente est fort douce à l'ouest, & qui se précipite fort rapidement à l'est, dans une large plaine fort basse; que l'on imagine une rangée de cônes tronqués sur cette plaine élevée, qui se distribue à droite & à gauche du Puy-de-Dôme. Plus loin, au sud-ouest, un groupe de montagnes encore plus élevées que les précédentes d'environ deux ou trois cents toises : ce groupe forme les monts Dor. Ensuite, après la continuation du même massif & de la même plaine haute, on trouve deux autres groupes qui forment les montagnes de Salers & du Cantal. Que l'on suppose ensuite que de ces massifs on descende à l'ouest & au sud par une pente douce, prolongée vers les frontières du Limosin, du Rouergue & du Querci, & qu'au contraire la pente soit très rapide à l'est, & presqu'à pic dans la *Basse-Auvergne*, on aura pour lors la forme générale des diverses parties de la *Haute-Auvergne*.

Cette large chaîne est bordée des deux côtés par des vallées parallèles à son axe : celle qui règne à l'est est, comme nous l'avons dit, la Limagne, qui est la vallée de l'Allier. Le passage de la plaine haute à la plaine basse est brusque & rapide, surtout vis-à-vis le Puy-de-Dôme, au lieu que de l'autre côté, à l'ouest, il est plus doux, car la pente qui conduit dans la plaine de la Sioule est insensible. L'élévation de la plaine haute sur le fond de la Limagne est de deux cent cinquante toises, sans compter les cônes tronqués volcaniques, élevés sur cette base à la hauteur de cent cinquante, & même de deux cent cinquante toises.

Dans le groupe des monts Dor, les montagnes sont liées par leur base, & se détachent par des sommets plus ou moins élevés. On trouve dans ce groupe l'origine de plusieurs vallées considérables, dont les eaux coulent vers tous les points de l'horizon, & qui aboutissent définitivement dans la Sioule, dans la Dordogne & dans l'Allier.

Les vallées qui vont dans celle de la Sioule sont celles du Sioulet & de Rochefort, qui sont toutes dirigées du sud au nord.

La vallée du Mont-Dor, qui est celle de la Dordogne, est dirigée d'abord du sud au nord, puis de l'est à l'ouest, & enfin du nord au sud, puis à l'ouest. C'est alors que cette rivière reçoit toutes les vallées, qui descendent des monts Dor directement vers l'ouest : les principales sont celles de la *Tour d'Auvergne* & de Pont-Vieux.

En continuant à suivre le contour des monts Dor, on trouve au sud les vallées de la Valcine & de la Valcinière ; mais elles courent peu dans le massif des grandes montagnes, car elles tournent assez promptement à l'est pour se réunir à celles qui occupent cette région.

C'est sur ce revers que l'on trouve les vallées de Besse, de Champey, de Lavaur, lesquelles se prolongent jusqu'à l'Allier ; elles ont d'abord une chute fort rapide ; ensuite leur pente s'adoucit à mesure que leurs bords s'abaissent, & que du massif des granits elles gagnent celui des couches horizontales calcaires.

C'est en suivant ces vallées de l'est qu'on passe rapidement d'un climat froid dans une plaine fort chaude, & c'est dans ce trajet qu'un naturaliste trouve des massifs de différens ordres, appartenans à des époques marquées & successives, & dont l'étude mérite son attention.

Si l'on revient maintenant à la base des monts Dor, aux environs de Besse, & qu'on la suive au sud & à l'ouest, on trouve toujours une plaine haute, totalement à découvert au nord & à l'ouest. Il y a quelques vallées étroites qui versent leurs eaux dans la Dordogne : telle est celle de Saint-Thomas. Les vallees à l'est sont plus riches & plus peuplées. Les principales sont celles d'Issoire, de Saint-Germain-Lambron, de Blesle, de Bassignat, de Cherlu ; elles sont profondes & étroites, toutes taillées dans les granits & dans les schistes. Vers leur partie inferieure elles participent de la Limagne, de sa température, de son sol calcaire : aussi leurs productions sont-elles à peu près les mêmes.

Nous avons déjà dit qu'au-delà de cette plaine haute, au sud, sont les montagnes du Cantal & de Salers, établies toujours sur la même base. Les vallées qui descendent des montagnes de Salers sont toutes dirigées vers l'ouest : ce sont d'abord celles d'Hauserre & de Falgoux ; ensuite viennent celles de Fontanges, de Saint-Paul, de Saint-Camant & de Tournemire, qui versent leurs eaux dans la Dordogne. Les deux premières de ces vallées sont fort étroites & froides : les autres sont plus agréables ; leur pente est plus douce ; la température y est moins froide : c'est à leur extrémité inférieure que sont situées les petites villes de Mauriac, de Pleaux & de Saint-Martin-de-Valmeroux.

En tournant ces montagnes au midi, l'on trouve les belles vallées de Marmanhac & de Jordane, qui gagnent, par une pente adoucie, les larges plaines arrosées par les rivières qui debouchent rapidement de ces vallées : ces plaines sont couvertes de belles prairies. L'on ne trouve rien ni au sud ni à l'est, parce que les montagnes de Salers sont bornées de ce côté par le groupe des montagnes du Cantal.

Mais en s'avançant vers le nord, on y trouve les vallées de Diene, de Cheylade & d'Apchon, qui descendent du revers du Puy-Mary ; elles sont larges dès leur origine : celle de Diene tourne vers le nord-est pour porter ses eaux dans la *Basse-Auvergne* ; les deux autres au contraire versent leurs eaux dans la Dordogne, près Saint-Thomas.

Le groupe des montagnes du Cantal est assis à l'extrémité de la plaine haute dont nous avons parlé, & au sud-est des montagnes de Salers, car ces deux groupes se bornent réciproquement ; ils ne sont séparés que par une vallée qui est dirigée du nord-est au sud. La vallée de Cère descend rapidement entre des collines élevées qui la resserrent d'abord ; mais à mesure qu'on s'éloigne du pied des montagnes, la vallée s'élargit, & les collines s'abaissent en formant les plaines d'Yollet & d'Arpajon. Il n'en est pas de même de celles de Reulhet & de Brisons, qui offrent d'abord des prairies verdoyantes, mais qui ne présentent ensuite que des rochers graniteux & schisteux; elles finissent par verser leurs eaux dans la rivière du Lot, qui, dans son cours, trace les limites du Rouergue & de l'*Auvergne*.

On trouve à l'est-sud-est du Cantal une grande plaine haute, qui se prolonge dans le Rouergue & le Gevaudan. La partie qui appartient à l'*Auvergne* porte le nom de *Planèze*. On voit aisément, lorsqu'on la parcourt, qu'elle n'est qu'une suite de la plaine haute dont nous avons parlé; mais ce qui la distingue particuliérement, c'est qu'elle est recouverte par les courans de laves que les montagnes du Cantal, qui la bordent à l'ouest, y ont versés.

La vallée du Lioran est la seule qui descende à l'est du Cantal. Cette vallée prend son origine précisément à l'extrémité de la vallée de Cère, & elles ne sont séparées que par une petite colline placée entre les deux groupes du Salers & du Cantal. On voit couler dans ces deux vallées des rivières considérables, la Cère & l'Alagnon: la première se jette dans la Dordogne; la seconde, après avoir parcouru le Lioran à l'est, se réunit à la Blesle, & gagne la Limagne pour se joindre à l'Allier.

La *Haute-Auvergne* ne finit point au Cantal ni aux vallées qui en recueillent les eaux: il y a encore au-delà une étendue de pays d'environ quinze lieues de circuit, dont la position est entre le midi & le couchant. Ce pays est coupé de vallons, dont les eaux vont se perdre en partie dans le Lot, & en partie dans la Dordogne.

Nous nous sommes attachés à donner, dans cette description succinte de la *Haute-Auvergne*, une idée des principaux massifs qui s'y trouvent, & des vallées qui les coupent en différens sens, suivant les pentes. On a dans cette courte description un apperçu de l'hydrographie de cette partie de l'*Auvergne*, & on peut juger par-là de la quantité d'eau que recueillent & que versent toutes ces montagnes. Si l'on comparoit leur étendue superficielle à une égale étendue de plaine, il seroit facile d'estimer la différente quantité des eaux courantes que fournissent les pays de montagnes & les pays de plaines, à en juger par les canaux de distribution où ces eaux circulent avant d'aller joindre les rivières principales.

Les pays de montagnes sont les réservoirs des vapeurs & des exhalaisons qui flottent dans l'atmosphère, par la raison que les sommets elevés les fixent sous les formes de nuages, & les font résoudre en pluie: d'où résultent ces grands amas d'eau, qui sont les sources des principales rivières auxquelles les montagnes d'*Auvergne* donnent naissance: aussi rencontre-t-on à chaque pas de ces sources, de ces épanchemens d'eau, qui ne sont visiblement que les produits des pluies; & ces sources sont d'autant plus abondantes, d'autant plus fréquentes, que ces sommets sont plus couverts de productions volcaniques qu'on trouve distribuées par couches, & au milieu desquelles l'eau est retenue, & circule plus aisément que dans les massifs de granit.

En parcourant un circuit d'environ trente à quarante lieues, on rencontre environ une vingtaine de rivières, parmi lesquelles j'en distingue huit très-considérables: à l'ouest, la Dordogne, la rivière de Saint-Thomas, celle de Vendes; au midi, la Jordane, la Cère & la Thruyère; à l'est, l'Allagnon, & enfin, au nord, la Sioule.

Ce qui rend ces rivières considérables, c'est le grand nombre de ruisseaux, de torrens & même de sources dont elles recueillent les eaux, dont le cours est fort accéléré par les pentes des montagnes du premier & du second ordre, & surtout vers les principales sources. On doit bien penser que le premier usage qu'on fait de ces eaux élevées & abondantes, est de les employer à l'arrosement des différentes sortes de pâturages & de prairies qui se trouvent sur les montagnes.

La plupart des sources & des épanchemens d'eau sont peu profonds, & il est aisé de reconnoître, par l'examen du systême de distribution & de circulation des eaux, qu'elles sont le produit des pluies. D'ailleurs, la plupart des sources abondantes ont leurs réservoirs multipliés à la surface & dans les fentes des granits, ou bien sortent de dessous les courans de laves, qui les recouvrent souvent pendant une ou deux lieues; enfin, ces épanchemens d'eau primitifs sont plus ou moins abondans, suivant que les pluies tombent plus ou moins abondamment sur ces montagnes.

Les fontaines des hautes montagnes donnent des eaux très-claires & très-limpides, parce qu'elles traversent les sables, débris des granits, ou bien les courans de laves, où se trouvent des amas de scories réduits en poudre.

Vents, météores aqueux.

L'atmosphère de la *Haute-Auvergne* est en général froid & sec ou bien froid & humide, suivant les saisons ou les états de l'air. A un ciel beau, serein, & toujours un peu froid, succède un ciel nébuleux, couvert de brouillards, & toujours froid. On éprouve assez subitement ces variations de l'atmosphère, qui sont concentrées sur certaines parties des sommets, & qui ne s'étendent pas même souvent sur les demi-hauteurs.

Quoique l'air soit humide sur les hauts sommets des monts Dor, du Cantal & de Salers, sur la haute plaine de la Planèze, sur le large plateau qui sépare le Cantal des monts Dor, sur le plateau du Puy-de-Dôme, cette humidité de l'atmosphère ne contribue pas à relâcher les corps, comme elle le fait dans la Limagne, ainsi que dans les plaines basses qui y communiquent.

Les vents qui règnent dans la *Haute-Auvergne* sont

sont pour la plupart très-forts & très-violens, particuliérement sur les sommets & dans certains passages étroits ou gorges, qui forment la communication d'une grande plaine ou plateau à une plaine à mi-côte. Ces vents souflent ordinairement dans une grande étendue à la fois; mais j'ai remarqué souvent qu'en m'élevant sur les différens ordres de montagnes, je rencontrois sur les sommets élevés des vents totalement différens de ceux qui régnoient dans les régions basses. On trouve dans ces trajets, des vents opposés : l'un inférieur, venant de l'est, & froid ; l'autre supérieur, venant du sud-ouest, & fort tempéré.

Souvent les vents d'ouest ou de traverse amènent des nuages qui couvrent les montagnes, & qui s'abaissent jusque sur les plaines hautes, qui résident pour lors dans les brouillards, & jouissent du bénéfice des pluies pendant que la Limagne reste sans pluie, & continue à jouir du beau tems ou bien à être désolée par la sécheresse.

On ne distingue guère que trois saisons dans la *Haute-Auvergne*; l'hiver, qui dure six à sept mois; l'été & l'automne : l'hiver commence ordinairement vers la fin de septembre. Les vents d'ouest, qui règnent le plus fréquemment pendant le cours de l'année, commencent pour lors à soufler, vers la fin de septembre, avec plus de violence & de durée ; ils amènent une grande quantité de nuages qui grossissent & s'abaissent de plus en plus, & finissent par couronner les montagnes des premières neiges ; ils oscillent ensuite vers le sud & vers le nord ; ils laissent quelques beaux jours en octobre, & ramènent les pluies ou les neiges en novembre.

Les vents de nord & de nord-est succèdent dans les mois de décembre, & pour lors l'atmosphère est sec & froid : lorsque ces vents traversent les lieux couverts de neiges & de glaces, ils entretiennent un froid fort vif dans la *Haute-Auvergne*. Tant que ces vents subsistent, il gèle ; mais si les vents passent à l'ouest ou au sud, on a, vers la fin de janvier, des pluies douces & abondantes, avec des brouillards : les neiges ne fondent cependant guère que dans les régions les plus basses.

Vers la mi-février les vents tournent au sud & au sud-est, & ne reviennent au sud-ouest & à l'ouest qu'à la fin de février & au commencement de mars : le nord & l'est reparoissent par intervalles. Comme à peu près ce même systême, dans la succession des vents, a lieu en mars & en avril, ces mois sont froids par intervalles.

Dans le mois de mai les vents montent à l'est-nord-est, ensuite se portent à l'est, puis à l'est-sud-est : c'est particuliérement l'étendue de cette région qu'ils occupent ; aussi la température qu'on ressent dans la *Haute-Auvergne* y est mêlée successivement, & assez rapidement, de chaud & de froid : ce sont ces chaleurs qui commencent à délivrer les montagnes des neiges ou du moins à les dégeler un peu, & à leur rendre une première verdure.

Ce n'est guère que vers la mi-juin que les chaleurs un peu constantes commencent à régner, & que les sommets des montagnes, qui avoient conservé la neige depuis le commencement de l'hiver, achèvent de s'en débarrasser ; mais les nuits sont encore froides jusqu'à la fin de mai & à la mi-juin. Les rosées du matin sont très-abondantes dans les vallées adossées aux groupes des montagnes au commencement de juin. Depuis cette époque, toutes les traces de l'hiver disparoissent : le vent s'établit à l'est pour ne plus soufler que de cette bande pendant la plus grande partie de l'été, & les pluies ne se montrent que par quelques intervalles de courte durée, & par le vent d'ouest ou bien à la suite des orages.

C'est surtout sur les montagnes qu'on peut suivre plus en détail les progrès de l'accumulation des nuages qui viennent former un orage : on les voit arriver de loin, & se réunir sur un sommet qui devient le centre de la nuée, avec un bruit qui retentit dans les vallées voisines, & qui effraieroit ceux qui n'y seroient pas accoutumés. Les vachers qui sont chargés de la garde des troupeaux sont fort attentifs aux premiers signes de ces orages, & ils tâchent d'en prévenir les effets en rassemblant leurs troupeaux dans les parcs.

Dès que le mois de septembre est arrivé, après les chaleurs vives de la canicule, & surtout après de grands orages, on jouit dans les montagnes d'un ciel doux & tempéré. Les vents d'est & de sud-est reviennent encore ; mais les rosées commencent à se montrer, sont de plus en plus abondantes, & même après quelque tems plus froides, à mesure que les nuits sont plus longues ; enfin, les gelées blanches amènent les pluies dans les montagnes comme partout ailleurs, & ces pluies refroidissent considérablement l'atmosphère. Après ces pluies, l'eau qui tombe dans les montagnes est de la neige, qui, lorsqu'elle gèle la nuit, reste quelques jours, & oblige souvent les bestiaux à descendre & à quitter les pâturages élevés ; mais si elle fond, le mois d'octobre est encore supportable sur les hauts sommets ou les sommets du second ordre.

Outre les vents généraux, dont je viens de parler & d'indiquer la marche & les effets les plus ordinaires, il y en a d'autres qui souflent dans certains tems de l'année, & surtout pendant les mois de mai & de juin : ce sont des brises, qui règnent entre le nord-est & le sud-est depuis le lever du soleil jusqu'à midi, & qui reprennent après son coucher jusqu'à dix heures du soir. Ces mêmes brises reparoissent vers la fin d'août & dans le mois de septembre, & ont un cours réglé à peu près de même que celles du printems.

Dans certaines gorges de montagnes & dans certaines vallées on éprouve des courans d'air, dont la marche & la direction se modifient suivant les vents généraux qui s'y portent.

Si nous passons maintenant dans la Limagne, nous la trouverons chaude ou tempérée pendant que l'air des sommets est vif & froid, & que celui des hautes plaines de la Planèze, du plateau du Puy-de-Dôme & de la Marche également est vif & froid, mais à un degré bien modéré. L'air des vallées des montagnes du Salers, ouvertes à l'ouest, est en général fort humide. Le canton situé au midi du Cantal, depuis Aurillac jusqu'à Maurs, jouit assez constamment d'une température douce; aussi le sol de ce canton favorise-t-il cet état de l'atmosphère, car ce sont des pierres à chaux qui recouvrent des laves & des basaltes aux environs d'Aurillac & dans les parties inférieures des vallées de la Jordane, de la Cère, de Marmanhac & de Reulhac: c'est là où l'on observe des volcans sousmarins, correspondans à ceux de la Limagne; mais je ne m'occuperai point ici de ce qui concerne la volcanisation de l'*Auvergne*.

Je termine ici l'esquisse que j'ai ébauchée des formes du terrain, de la nature du sol, de l'hydrographie, des climats enfin qui règnent dans les différentes contrées de la Haute & de la *Basse-Auvergne*. Je ne m'y bornerai pas dans cet ouvrage, car plusieurs articles feront reparoître en particulier les résultats des observations que j'y ai faites sur les volcans & les produits des feux souterrains. J'y joindrai tout ce qui concerne la distribution des matériaux primitifs du sol, & surtout des terrains qui se trouvent dans le golfe de l'Allier, & qui en déterminent l'enceinte. Je puis indiquer les articles ÉPOQUES DES VOLCANS, BASALTE, COURANS, ALLIER (Golfe terrestre de l'). En attendant, je joins ici quelques considérations sur *les volcans*, sur *les contrées bitumineuses* & sur *les éboulemens de Pardines*.

I. *Considérations sur les volcans.*

J'ai distingué trois sortes de volcans en *Auvergne* : 1°. les volcans anciens; 2°. les volcans modernes; 3°. les volcans sousmarins. Les premiers m'ont offert trois caractères très-remarquables : d'abord ils ne montrent plus de cratères ouverts, mais seulement des *culots* à l'origine des courans; outre cela, ces courans sont placés sur les plaines hautes, & ne présentent dans toute leur étendue que des laves compactes, dégagées de scories. Dans les seconds volcans, au contraire, j'ai pu contempler des cratères ouverts, profonds, couverts de laves poreuses & scorifiées, lesquelles continuent à recouvrir les courans, qui, dans la plus grande partie de leur marche, & surtout vers leurs extrémités, occupent des vallées plus ou moins approfondies : ces deux sortes de volcans m'ont paru distribués, & dominer dans certaines contrées particulières. Ainsi, les premiers sont aux environs des monts Dor, & les seconds sur le plateau du Puy-de-Dôme. Les volcans du troisième ordre sont ceux qui ont brûlé dans les plaines basses de la Limagne, que l'Océan a depuis envahies, & dont il a recouvert les centres d'éruption, ainsi que les courans, par des dépôts plus ou moins épais; enfin qui, depuis la retraite de la mer, ont été dépouillés en partie de ces dépôts sousmarins par les eaux courantes de l'Allier & des ruisseaux latéraux qui s'y jettent. On voit tous ces caractères très-remarquables dans les volcans de la Limagne & des environs d'Aurillac. Ces trois ordres de volcans offrent, comme on voit, une suite d'opérations de la nature, qu'attestent les différens états des produits des feux souterrains. C'est là où je crois devoir renvoyer les observateurs qui sont curieux d'analyser tous ces faits & leurs époques, & c'est dans une description plus étendue, & sur des cartes où ces volcans sont figurés, volume VI des *Mémoires de l'Institut*, qu'ils trouveront les résultats raisonnés de mes recherches, faites pendant plusieurs années de suite en *Auvergne*, & dans les premiers tems où l'on s'est occupé des volcans.

II. *Tractus bitumineux.*

C'est surtout aux environs de Clermont & de Pont-du-Château que se trouvent les bitumes distribués, même au milieu des couches horizontales calcaires.

Les monticules les plus connus pour fournir de ces bitumes sont ceux de *Crouelle* & du *Puy-de-la-Poix* : celui-ci les donnoit coulans en été. Cette butte, dans les premiers états où je l'ai observée, m'a offert un massif d'une pierre calcaire plus ou moins tendre, bleuâtre, parsemée de taches noires, que formoit un mélange de bitume avec les matières calcaires. Dans certaines parties des couches de la butte, d'où s'épanchoit la poix au moyen de certains filets d'eau, j'ai remarqué des cristaux de sel marin engagés dans les mêmes cavités où résidoient les tampons de bitumes. Ce n'est que pendant les chaleurs de l'été que le bitume s'épanche au dehors, après quoi il se desséche à mesure qu'il sort des couches qui le renfermoient. Par toutes les circonstances que m'a offertes le *Puy-de-la-Poix*, j'en ai conclu que le bitume étoit un dépôt fait par la mer, en même tems que les couches horizontales se formoient dans son bassin : témoin surtout le sel marin qui accompagnoit les tampons isolés au milieu des couches horizontales. Comme depuis les premiers séjours que j'ai faits en *Auvergne*, on a détruit la plus grande partie du *Puy-de-la-Poix*, j'ai cru devoir conserver tous les détails qu'il m'a offerts pour lors; mais je dois ajouter qu'il n'est pas la seule masse calcaire qui m'ait présenté les phénomènes des tampons de bitumes résidans dans des cavités isolées au millieu des couches, & renfermant outre cela des cristaux de sel marin. J'ai vu du bitume avec toutes ces circonstances près de Cornon, dans une fouille très-étendue, d'où l'on tiroit des pierres calcaires pour la construction d'un bâtiment voisin : outre cela, l'intervalle des bancs horizontaux de cette carrière étoit imprégné d'une ligne suivie de bitume, qui occupoit plus de trois à quatre toises d'étendue.

Le *Puy-de-Crouelle*, qui n'est pas éloigné du *Puy-de-la-Poix*, est une masse beaucoup plus considérable, & qui a environ quarante pieds d'élévation : le bitume y est sec & solide. On en apperçoit de nombreux tampons durcis dans les fentes de dessiccation primitive des couches. La base du *Puy-de-Crouelle* est composée de couches d'une pierre blanchâtre marneuse ; elles renferment dans plusieurs fentes des rognons d'agates avec des taches ardoisées : toutes les variétés des états du bitume s'y observent, ainsi que les nuances des couleurs qu'il produit au milieu des couches de pierres calcaires. Quelques parties de ces pierres sont solubles aux acides pendant que d'autres y résistent, parce qu'elles paroissent infiltrées par un suc siliceux plus ou moins abondant. Ce sont les pierres les plus blanches qui se dissolvent le plus promptement avec les acides.

Il y a, comme nous l'avons dit, des pierres grisâtres, recouvertes de bitume solide, près de Cornon & du Puy-d'Anol. Toutes ces pierres, ainsi que celles qu'on tire assez abondamment des environs du Pont-du-Château, sont composées de substances calcaires, de terres & de pierres argileuses, de bitume plus ou moins abondant, mais surtout sont mêlées de rognons d'agates de formes très-variées, dépendantes des vides qu'a rencontrés la matière de l'infiltration de ces couches : c'est particuliérement dans les environs de Pont-du Château que l'on peut observer ce travail de la nature & en recueillir les plus beaux résultats.

Depuis Cornon jusqu'à Clermont, on peut suivre une rangée de collines qui sont dans la direction du *Puy-de-Crouelle* : ce sont les monticules de *Danse*, de *Pelon*, de *Gandaille*, *&c.* & dont la base calcaire est farcie de bitume, qu'on observe particuliérement sur la colline de Pelon, en morceaux très-apparens. On remarque de même une quantité considérable de bitume dans les couches au milieu desquelles les caves de l'ancienne abbaye de Saint-Alyre sont creusées : cette pierre est brune ou d'un brun-jaunâtre. Le bitume, qui recouvre de grandes masses de ces couches, est sec, noir & brillant.

Si l'on parcourt les environs de Riom, on trouvera au pied de la colline de Marchand, une source qui donne de la poix, dont on se sert pour graisser les roues des chars.

Enfin, les pierres du rocher sur lequel est construite l'écluse du Pont-du-Château, sont argileuses, parsemées de taches noires, qui sont visiblement bitumineuses. Exposées au feu, elles y perdent le bitume qui les coloroit. Les carrières de Queriaux, qui sont dans ce voisinage, fournissent aussi des pierres chargées de bitumes.

III. *Déplacement & éboulement du sol de Pardines.*

Le village de Pardines, situé dans le district d'Issoire, & à une lieue de cette ville, sur la route de Clermont, étoit établi sur le sommet d'une colline ; il étoit composé de deux systèmes d'habitations, dont l'un nommé *le Fort*, dans lequel est l'église paroissiale ; l'autre, qu'on appelle proprement *Pardines*, formoit un assemblage de quarante-six maisons. Le sol sur lequel ces habitations résidoient, offroit des masses de laves considérables, recouvertes d'une bonne terre légère, mêlée d'un peu d'argile blanche : cette terre étoit très-bien cultivée & fertile. On remarquoit depuis quelque tems que le sol se gerçoit par la chaleur du soleil, & qu'il s'y formoit des crevasses d'une profondeur considérable.

Le 23 juin 1733, vers les neuf heures du soir, les habitans du village de Pardines virent les murs de leurs maisons s'ébranler sensiblement, & après les avoir abandonnées très-rapidement, ils virent la colline dont j'ai parlé, qui s'affaissoit, & la plus grande partie de la terre dont elle étoit recouverte, qui s'écouloit vers la vallée de la Crouze. Dans quelques endroits la terre s'ouvrant formoit de nouvelles crevasses, & celles qu'on y avoit observées précédemment s'agrandissoient : quelquefois la terre, qui s'ébouloit en grandes masses, s'arrêtoit, & ces massifs brisés tomboient les uns par-dessus les autres. Enfin, les rochers que cet eboulement avoit mis à découvert & fait éclater, se précipitèrent dans la vallée, qui en fut toute remplie, ainsi que de la terre, qui avoit formé une espèce de torrent de poussière ; de sorte que la route d'Issoire à Clermont en devint impraticable. Tout cela s'exécuta par des mouvemens assez doux, quelquefois même imperceptibles. On avoit observé des trépidations sensibles pendant trois ou quatre jours, à différens tems : il y eut même une de ces maisons ébranlées qui ne tomba que le 10 juillet suivant. Pendant tout ce tems on n'entendit d'autre bruit que celui des rochers, qui se précipitoient dans la vallée avec plusieurs débris de laves.

Ces déplacemens & les éboulemens qui en furent la suite entraînèrent vingt-six maisons, tant grandes que petites. Quelques-unes s'arrêtèrent dans leur marche avec les terres : celles qui étoient ébranlées dans leurs fondemens tombèrent en débris. J'ai vu quelques amas de ces ruines dispersés sur différentes parties des torrens de terres, qui glissèrent dans la vallée de la Crouze. On compta que les terres qui s'éboulèrent, ainsi que celles qui furent englouties sous les ruines des autres, se montoient à quatre cent soixante-six œuvrées de vignobles, quarante septerées de terres labourables, & cinquante-six œuvrées de prairies, qui tous ensemble font plus de cent cinquante arpens, mesure de Paris. Plusieurs vergers ont essuyé les ravages de ces éboulemens. Le nombre des arbres de toute espèce qui ont été détruits se monte à quatre mille.

Si l'on veut rechercher la cause de ce triste événement, il semble qu'on la trouvera dans la situation de ce terrain & dans la nature du sol. La surface de cette colline, d'environ quatre ou cinq pieds d'épaisseur, étoit une terre fort légère, qui se desséchoit aisément par la chaleur du soleil. Sous cette couche il y en avoit une autre d'argile, qui parut après cet événement à découvert en plusieurs endroits, tellement pénétrée d'eau, qu'on la voyoit sortir sous la forme de gouttes.

Les grandes pluies qui tombèrent au commencement du printems détrempèrent cette couche d'argile qui rassembloit les eaux de la colline, lesquelles couroient entre deux couches. La chaleur de l'été suivant desſécha la surface de la couche supérieure & lui donna la forme d'une croûte solide, laquelle reposant sur un lit d'argile en pente inclinée, se détacha en grandes masses, & glissa vers le fond de la vallée de la Crouze, où sa pente l'entraînoit naturellement : il y eut quelques parties de ce terrain qui s'affaissèrent presqu'insensiblement, peut-être parce que ce qui se trouvoit au dessous avoit été creusé depuis longtems par les eaux qui passoient entre cette surface & la couche d'argile : il y en eut d'autres des environs, en plus grand nombre, qui glissèrent toutes ensemble vers la vallée, & l'on voyoit encore plusieurs parties de vignobles où les échalas étoient restés sur pied ; ce qui se conçoit aisément, d'après ce que nous avons dit de la marche du sol de la superficie.

Il est bon d'observer que cet accident n'est pas sans exemple dans l'*Auvergne* : il est vrai qu'on n'en a point vu de si considérable jusqu'à présent ; cependant il est souvent arrivé que des espaces d'un demi-arpent se sont séparés, & ont glissé du sommet des collines sur les terrains qui en couvroient le pied. (*Voyez l'article* ARDRES, où de semblables déplacemens sont indiqués avec les circonstances & les causes qui ont contribué à ces accidens.)

En me bornant ici à ces trois objets, je me propose de rappeler fort en détail, dans la description des départemens du Puy-de-Dôme & du Cantal, *les amas de bois fossiles ; les carrières de gypses ; les amas de stras & de terrasse ; les spaths vitreux ; les améthystes ; les éboulemens de la Tour-Blanche, de Massiac, du Moulin-du-Buisson & de Sainte-Anastase ; les kaolins de Sauxilanges.* C'est alors que je présenterai l'ensemble & le rapprochement de ces différens objets, qui appartiennent, comme ceux qui précèdent, à la géographie-physique de l'*Auvergne*, considérée dans toute son ancienne étendue.

AUXELLE. (*Voyez* GROTTE.)

AUXELLE-HAUT, village du département du Haut-Rhin, canton de Gyromaghy. Près de ce village il y avoit une mine de plomb qui servoit à séparer l'argent du cuivre dans les produits des mines de Giromagny : il y a aussi, dans deux endroits voisins, deux mines d'argent qui s'exploitent. Le terroir d'*Auxelle-Haut* renferme en outre neuf mines ; savoir : cinq de plomb, qui sont Saint-Jean, Saint-Urbin, Saint-Martin, l'Homme-Sauvage & Scher-Chemise, & quatre autres mines tout argent.

AUXERROIS. Cette petite contrée, qui fait actuellement partie du département de l'Yonne, peut avoir six lieues du levant au couchant, & autant du septentrion au midi. L'air y est sain & assez tempéré. Le sol y produit des vins qui ont quelque réputation. C'est un pays découvert, sec & aride, rempli de collines, & peu abondant en blé : aussi les habitans tirent-ils de l'Avallonnois la plus grande partie des blés qui leur sont nécessaires. Quant aux pâturages, il n'y a guère que la prairie de *Bauche* qui en fournisse. Cette prairie est située au couchant d'été d'Auxerre ; elle a environ trois lieues de longueur, sur cinq à six cents toises de largeur. C'est là qu'on mène paître le bétail : il s'y engraisse, & fournit d'ailleurs assez de lait & de beurre pour la consommation des habitans du pays. Outre les vins, les bois sont encore un objet de commerce pour ce pays : ces bois descendent par les rivières de Cure & d'Yonne, & de là on les fait passer à Paris par la Seine.

AUXONNOIS, petit pays, faisant partie du département de la Côte-d'Or, & dont *Auxone* est proprement le centre : il s'étend sur la rive gauche de la Saône ; de sorte qu'il forme une bande alongée du septentrion au midi, n'ayant que deux petites lieues dans sa plus grande largeur, prise du levant au couchant. Fort bas & très-marécageux, il est coupé par plusieurs petits ruisseaux. Les pâturages y sont bons & abondans : il y a aussi quelques bois de futaie & de taillis d'une moyenne étendue. On trouve dans les environs d'*Auxone* une sorte de pierre couleur d'ardoise : il y en a aussi de rouge, de jaune & de couleur pourpre. Tous ces schistes sont chargés d'herborisations, & les carrières d'où on les tire, donnent aussi des espèces de turquoises, des astroites & des coraux fossiles. On trouve encore, à une lieue d'*Auxone*, d'assez beau marbre, & quelques fragmens de bois pétrifié & métallisé.

AUZENCE, ville du département de la Creuse. On y voit les vestiges d'une mine d'antimoine qu'on a exploitée autrefois.

AUZON, ville du département de la Haute-Loire. On y trouve une mine de charbon de terre.

AVA, royaume d'Asie, borné à l'ouest par le royaume d'Aracan & la mer, au sud par le Pégu, à l'est par une chaîne de montagnes, & au nord par l'extrémité de l'empire des Birmans. Ce royaume fait partie de États du roi de Pégu. On y trouve du musc, des aloés, des puits à pétrole, dont on fait un vernis fort estimé en Chine, & des roseaux d'une grosseur considérable. Les rubis qu'on en tire, sont fort estimés. A leur teint près, qui est olivâtre, les habitans d'*Ava* sont beaux & bien faits.

Les Anglais nous ont fait connoître plusieurs rivières remarquables de ces contrées, & surtout l'*Irraouaddy*, dont les embouchures sont divisées en plusieurs bras, comme celles du Gange. Nous parlerons de l'hydrographie de toute cette contrée, aussi remarquable que celle du Bengale, à l'article BIRMAN, & nous tâcherons d'y joindre quelques détails physiques les plus remarquables.

AVAILLES, ville du département de la Vienne, arrondissement de Civray, sur la rive droite de la Vienne. A quelque distance de cette ville, il y a des eaux minérales très-limpides, quoique chargées sensiblement de sel; elles sont fort estimées quant aux bons effets que les buveurs en éprouvent.

AVAL (Ile d'), du département des Côtes-du-Nord; elle est enveloppée des sables de la mer. Elle a du nord au sud deux cents toises de long, sur cent de largeur de l'est à l'ouest. On peut présumer que cette dénomination peut appartenir à certains effets de l'eau, assujettie à une certaine marche.

AVAL, terme de rivière, opposé à celui d'*amont*. L'*aval* & l'*amont* sont relatifs au cours de la rivière & à la position d'un lieu sur ses bords. L'*aval* de la rivière suit la pente de ses eaux; l'*amont* remonte contre leur cours. Le pays d'*aval* est celui où l'on arrive en suivant le cours de la rivière; le pays d'*amont* est celui où l'on arrive en le remontant. Ainsi des marchands qui viennent de Charenton à Paris naviguent *aval*, & viennent du pays d'*amont* : pareillement des bateaux qui viennent de Rouen à Paris, & remontent la rivière, naviguent *amont*, & viennent du pays d'*aval*. Il y a des formes du terrain dans les vallées qui n'appartiennent qu'à l'aspect d'*aval*, & d'autres qui ne se remarquent que dans l'aspect d'*amont*. Ainsi les *caps terrestres* regardent la partie d'*aval*, & l'on ne peut les voir & les observer qu'en remontant les rivières & naviguant vers *amont* : de même les *becs* qui sont au pied des *caps terrestres* des confluens s'étendent tous dans la direction d'*aval*. Enfin, les faces des plans inclinés ont une disposition vers l'*amont*, & les revers des flancs de ces mêmes plans inclinés se prolongent dans le sens d'*aval*.

L'indication de ces phénomènes suffit pour en faire connoître d'autres aussi intéressans, qui sont également affectés à l'*amont* ou à l'*aval* d'une rivière. (*Voyez les articles cités*, CAPS TERRESTRES, BECS, PLANS INCLINÉS, BORDS ESCARPÉS & ARÊTES.)

AVALANCHES *ou* LAVANGES dans certains cantons des Alpes. Ces phénomènes sont produits par les neiges amoncelées, qui, dans leur chute naturelle, ou bien transportées par les vents du haut des montagnes escarpées, causent des ravages considérables. Effectivement, quand la quantité de neiges a augmenté au point qu'elle est comme suspendue sur ces sommets élevés & saillans, elle coule, tombe & se précipite dans les fonds, en ravageant tout ce qui se rencontre sur sa route.

Différentes causes produisent ces chutes de neiges. Le grand froid, qui saisit les molécules de neige, la réduit en poussière : cet état prive donc la neige de l'adhérence qu'ont ses parties entre elles, & avec les corps qu'elle couvre. C'est dans cet état que nous la voyons transportée & dispersée par les vents comme de la poussière. Les parties en sont si dures & si anguleuses, qu'elles excitent sur la peau des picotemens qui deviennent à la fin douloureux par la continuité de leur action, pour peu qu'elles soient chassées par le vent, qui devient d'autant plus violent sur les hautes montagnes, que les gorges & les vallons lui présentent un passage plus étroit, & lui donnent une direction plus constante. La prodigieuse quantité de neige transportée ainsi forme des tourbillons qui obscurcissent l'air, étouffent les hommes & les animaux qui en sont enveloppés ou bien même ensevelis. Il n'y a pas d'autres moyens de prévenir ces sortes d'*avalanches*, que de se jeter promptement derrière quelque rocher ou tout autre abri pour laisser passer cet ouragan, ou se jeter la face contre terre, en se ménageant avec les mains de l'espace pour respirer librement. On se dégage ensuite aisément de cette neige, qui est légère & n'a point d'adhérence. On peut comparer ces *avalanches* au transport subit des sables dans les plaines de l'Afrique. Lorsqu'il y a beaucoup de ces tourbillons, cette neige comble les fonds & les vallées.

Outre cela, la neige en cet état pénètre dans les habitations de manière à combler souvent, ou les greniers ou même des chambres entières, pour peu qu'elle trouve des issues par lesquelles elle puisse s'introduire, en suivant les petits courans d'air, qui l'entraînent en y pénétrant. (*Voyez* POUDRIÈRE.)

L'humidité, la fonte des neiges au printems occasionne la seconde espèce d'*avalanches*, qui est la plus commune, & qui produit les effets les plus terribles & les plus violens. La neige, comme on sait, fond plutôt en dessous qu'en dessus. Ayant perdu son adhérence avec ses points de contact & d'appui, si elle est sur un plan incliné & d'une pente rapide, elle glisse, entraîne avec elle celle qui est dessous, de proche en proche : la vitesse s'accélère par la pente, l'énergie augmente par le poids, qui s'accroît; l'humidité de la neige fait qu'elle se tasse & s'arrondit en pelottes. Le tout forme une masse énorme, qui peut avoir assez de force & de solidité pour renverser tous les obstacles qu'elle rencontre dans son chemin. Les arbres les plus forts sont rompus, brisés & transportés; les plus grosses masses de rochers entraînées; des maisons solidement bâties, détruites; des terrains entiers déplacés, & tout est ravagé partout où passent ces tourbillons prodigieux.

Ajoutons à l'effet des neiges la pression de l'air qu'occasionne un pareil déplacement : son courant s'étend aux environs, & concourt aux mêmes effets.

Le vent, le bruit, tout ce qui peut occasionner de l'agitation dans l'air, peuvent causer & déterminer les *avalanches*; c'est pourquoi on défend de parler, on tamponne les sonnettes des mulets dans ces pas dangereux, ou bien on cherche à prévenir les *avalanches* par la décharge d'armes à feu avant de s'y exposer. Ces chutes sont accompagnées d'un bruit & d'un fracas horrible, qui augmentent & se propagent par mille échos répétés qui circulent de vallon en vallon, & on croiroit qu'il se passe de violens orages à plusieurs lieues : outre cela, ces chutes causent dans les environs, des commotions pareilles à celles des tremblemens de terre.

Il n'y a d'autre sûreté à prendre contre ces sortes d'*avalanches*, que de fuir promptement, & éviter par-là de se trouver dans leur atmosphère. On les voit commencer, & on est sûr du chemin qu'elles tiendront, au lieu que celles qui sont produites par les neiges gelées sont plus subites, viennent de tous côtés, n'ont aucune direction constante, vont & viennent selon le caprice des vents. Nous rapprochons ici tout ce qui a rapport à ces terribles phénomènes, parce qu'il est important que les voyageurs en soient instruits lorsqu'ils se trouveront exposés aux dangers des *avalanches*.

Autres avalanches.

La neige fond en dessous; ce qui forme la seconde espèce d'*avalanches*, la plus commune : les masses de neiges ayant perdu leurs adhérences avec les bases qui les portent, glissent sur les plans inclinés, &c. (*Tableau topographique de la Suisse, tom. XIV, pag.* 33.)

AVALON, ville du département de l'Yonne, sur le Cousin. C'est un point remarquable de la limite de l'*ancienne terre du Morvan*; aussi est-elle établie sur un plateau médiocrement élevé, formé de granit rouge, susceptible de poli : outre cela, dans tous les environs d'*Avalon* on voit un système de vallons creusés par les eaux courantes, qui, partant de l'ancienne terre, se portoient sur la nouvelle. Ce sont ces différentes marches des eaux qui ont dégarni certaines parties de l'ancienne terre des dépôts de la nouvelle, lesquels la couvroient dans ces limites, pendant qu'à une certaine distance de là, cette ancienne terre est restée couverte de dépôts de la nouvelle fort étendus. C'est la réunion de ces deux sortes de sols aux environs d'*Avalon*, qui fait que cette ville est entourée d'un côté de pâturages & d'étangs, parce que l'ancienne tient l'eau à tous les niveaux, & de l'autre côté de terres labourables, fertiles en fromens & en vins de bonne qualité. J'ajoute que, non loin de cette limite, se trouvent de vastes forêts, qui servent à une grande partie de la provision de Paris. On fait flotter ces bois sur la Cure jusqu'à l'Yonne, qui les rend ensuite à la Seine en *trains*. (*Voyez* MORVAN, TRAINS DE BOIS.)

AWATSKA (Baie d'). La baie d'*Awatska* au Kamtzchatka mérite une description particulière, à cause de l'importance dont elle est pour les navigateurs qui arrivent dans ce parage; c'est pourquoi on croit devoir renvoyer ces détails à l'article KAMTZCHATKA.

Nous dirons seulement que l'entrée de cette baie gît par 52 degrés 51 minutes de latitude nord, & 158 degrés 48 minutes de longitude orientale (méridien de Greenwich), & qu'elle se trouve au milieu d'une autre baie extérieure, formée au nord par le *Cheepoonskoi-Noss*, & au sud par le cap *Gavareea*. La première de ces pointes se montre au nord-est, & à trente-deux lieues de la seconde. Depuis le cap *Gavareea* jusqu'à l'entrée de la baie d'*Awatska*, la côte prend une direction à peu près nord, & son étendue est de onze lieues; elle offre une chaîne de rochers élevés & escarpés, qui ont souvent devant eux d'autres fragmens de rochers solitaires. De loin on croit y appercevoir, en bien des endroits, des baies ou des entrées; mais lorsqu'on en approche, on reconnoît que les pointes avancées sont réunies par des terrains bas.

Le *Cheepoonskoi-Noss* gît à l'est-nord-est-un-quart-de-rhumb-est, & à vingt-cinq lieues de l'entrée de la baie. La côte est basse & plate de ce côté, & on voit sur les derrières, des collines d'une hauteur considérable. Les cartes russes se trompent de vingt-un milles sur la latitude du cap *Gavareea*. Son véritable parallèle est de 52 deg. 21 min. (méridien de Greenwich).

La différence très-sensible qu'on remarque entre les terrains des deux côtés de la baie d'*Awatska*, & leurs positions diverses, sont les meilleurs guides qu'on puisse suivre pour y entrer en venant du sud. Lorsqu'on arrive du côté du nord, le

Cheepoonskoi-Noss est très-sensible, car c'est un cap élevé qui a beaucoup de saillie, qui offre une quantité considérable de terrains unis, plus bas que la pointe, & par lesquels il est réuni au continent. Vu du nord ou du sud, il présente le même aspect, & il empêchera les navigateurs de supposer que la baie d'*Awatska* se trouve dans la crique formée par la côte, au nord de ce *Noss*; car la ressemblance frappante qu'on observe entre cette crique ou baie, & une autre située au sud de la baie d'*Awatska*, peut donner lieu à une pareille méprise.

AVELAN, village du département des Hautes-Pyrenées, arrondissement de Bagnères : il y a des bancs de marbre gris près de ce village.

AVELAN, village du département du Gard, arrondissement d'Alais. On trouve dans le territoire de ce village des mines de fer & de cuivre, & des rognons de mine de plomb, que l'on nomme *extra-filons*, couverts de terres fort humides. Dans une ouverture ancienne on voit deux filons qui se réunissent dans le roc jusqu'à quatre toises de profondeur. Cette mine a donné par quintal dix onces d'argent.

AVENHEM, village du département du Bas-Rhin. Il y a dans ce village des bains fournis par une fontaine, dont les eaux ont une odeur désagréable. La source de cette fontaine est dans le village même : son bassin a environ six pieds de profondeur, & autant de largeur, & fournit un égal volume d'eau pendant toute l'année. Les hommes, ainsi que les animaux, y trouvent toujours un remède assuré.

AVENTURE (Baie de l'). Cette baie, située dans la terre Van-Diemen, gît par 43 deg. 21 min. 20 sec. de latitude nord, & par 147 deg. 29 min. 0 sec. de longitude orientale (méridien de Greenwich). On y mouille par douze brasses, fond de sable & de vase. L'eau & le bois s'offrent en abondance aux navigateurs qui abordent dans ce canton; mais l'herbe dont ils ont besoin pour leur bétail est d'une qualité très-grossière.

On trouve au fond de la baie de l'*Aventure* une jolie grève de sable; elle paroît formée uniquement des particules détachées par les flots, d'un très-beau grès blanc qui borde la côte presque partout, & dont la pointe *cannelée*, située à peu de distance, semble composée. Cette grève a environ deux milles de longueur : on y pêche à la ligne d'une manière commode. On rencontre par-derrière une plaine qui a un lac d'eau salée ou plutôt d'eau saumâtre, dans lequel on prend à la ligne de petites truites, & un nombre assez considérable de brêmes blanches. Les rives longitudinales de ce lac sont parallèles à la grève. Les autres cantons qui avoisinent la baie sont montueux; ils offrent, ainsi que la plaine, une seule forêt de très-grands arbres, que les arbrisseaux, les fougères & les débris d'arbres rendent presqu'impénétrable. Il faut en excepter néanmoins les flancs de quelques-unes des collines, où les arbres sont clair-semés, & où l'on n'a à lutter que contr'une herbe grossière.

Au nord de la baie on voit un terrain bas, qui se prolonge au-delà de la portée de la vue : on y apperçoit quelques touffes de bois répandues çà & là. Le sol de la plaine est sabloneux, où il offre un terrain jaunâtre, & quelquefois une argile de couleur rouge. Le sol de la partie inférieure des collines est de la même espèce; mais plus haut, & surtout dans les endroits où il y a peu d'arbres, il paroît d'un gris-foncé, & l'on peut croire qu'il est très-stérile.

Le vent de nord-est est le seul auquel cette baie soit exposée; mais comme il soufle des îles Maria, il ne peut amener une très-grosse mer, & en tout la rade doit être regardée comme sûre. Le fond est net & de bonne tenue : la mer y a de douze à cinq & quatre brasses de profondeur.

La meilleure eau que les navigateurs peuvent embarquer plus commodément se puise à l'un des ruisseaux, qui tombe dans un étang situé derrière la grève du fond de la baie; elle se mêle dans l'étang avec l'eau de la mer, & il faut la puiser au dessus; ce qui n'est point difficile. On charge très-aisément du bois à brûler.

AVENTURE (Ile de l'). Cette île est une des îles basses, qui forment un groupe assez considérable dans la mer du Sud. Celle dont il est ici question est située par 17 deg. 4 min. de latitude sud, & 144 deg. 30 min. de longitude ouest (méridien de Greenwich). M. de Bougainville nomme avec raison *Archipel dangereux* ce groupe d'îles basses & submergées. La tranquillité de la mer apprend assez qu'on en est entouré, & qu'il ne faut négliger aucune précaution, surtout la nuit, dans la marche des vaisseaux.

Ces îles basses, dont la mer du Sud est remplie entre les tropiques, sont de niveau avec les flots dans les parties inférieures, & élevées à peine d'une verge ou deux dans les autres : leur forme est souvent circulaire. Elles renferment à leur centre un bassin d'eau de la mer : la profondeur de l'eau tout autour des côtes n'a pas été reconnue. Les rochers s'élèvent perpendiculairement du fond. Elles produisent peu de chose : les cocotiers sont vraisemblablement ce qu'il y a de meilleur. Malgré cette stérilité, malgré leur peu d'étendue, la plupart sont habitées. Il n'est pas aisé de dire comment ces petits cantons ont pu se peupler, & il n'est pas moins difficile de déterminer d'où les îles les plus élevées de la mer du Sud ont tiré leurs habitans. Les navigateurs qui ont débarqué sur ces îles ont trouvé les insulaires réservés, & craignant les étrangers; caractère qui provient peut-être de ce qu'il leur est difficile de conserver leur existence, à cause de la rareté des provisions; ils sentent d'ailleurs que leur petit nombre les expose à l'oppression. On ne connoît pas encore la langue de ces peuples ni leurs coutumes, par où l'on peut seulement conjecturer l'origine des nations qui ne conservent point de monumens.

Il n'est point inutile de donner ici quelques idées sur la formation des îles basses; elles sont liées par des récifs de corail, & semblent avoir été produites par des animaux ressemblans aux polypes, qui forment les lithophytes. Ces animalcules élèvent peu à peu leur habitation de dessus une base imperceptible, qui s'étend de plus en plus. A mesure que la structure s'élève davantage, ils emploient pour matériaux une espèce de chaux, mêlée de substances animales. Les naturalistes qui ont examiné sur les lieux ces productions admirables, ont vu de ces larges structures à tous les degrés de leur construction. Près de l'île de la Tortue il y a, à peu de milles de distance, & au dessous de cette terre, un large récif circulaire d'une étendue considérable, sur lequel la mer brise partout. Aucune de ces parties n'est au dessus de l'eau: dans les autres, les parties élevées sont liées par des récifs, dont quelques-uns sont secs à la marée basse, & d'autres toujours sous l'eau. Les parties élevées sont d'un sol léger, noirâtre, formé de végétaux pourris & de fiente d'oiseaux de mer, & communément couvert de cocotiers & d'autres arbrisseaux, & d'un petit nombre de plantes antiscorbutiques; les parties basses n'ont que quelques arbrisseaux & les plantes dont on vient de parler: plusieurs, qui se trouvent encore plus bas, sont lavées par la mer & la marée haute. Toutes ces îles sont réunies, & elles renferment au milieu une lagune pleine d'excellens poissons. Quelquefois il y a une ouverture qui admet un bateau ou une pirogue dans le récif; mais on n'a jamais apperçu un goulet assez grand pour admettre un vaisseau.

Le récif, premier fondement des îles basses, est formé par les animaux qui habitent les lithophytes; ils construisent leurs habitations à peu de distance de la surface de la mer. Des coquillages, des algues, du sable, de petits morceaux de corail & d'autres choses s'amoncèlent peu à peu au sommet de ces rochers de corail, qui enfin se montrent au dessus de l'eau. Ce dépôt s'accumule jusqu'à ce qu'un oiseau ou les vagues y portent des graines de plantes, qui croissent sur la côte de la mer: leur végétation commence alors. Ces végétaux, en se pourrissant annuellement, reproduisent des semences & créent peu à peu un terreau, qui s'augmente à chaque saison par le mélange du sable. Une autre vague y porte une noix de coco, qui conserve long-tems sa puissance végétative dans les flots, & qui croît d'autant plus vîte sur cette espèce de sol, que toutes les terres lui sont également bonnes: c'est par ce moyen que les îles basses ont pu se couvrir de cocotiers.

Les animalcules qui bâtissent ces récifs ont besoin de mettre leurs habitations à l'abri de l'impétuosité des vents & de la fureur des vagues; mais comme, en dedans des tropiques, le vent soufle communément du même rumb, l'instinct ne les porte qu'à travailler de cette manière le banc, en dedans duquel est une lagune. Ils construisent des bancs très-étroits de rochers de corail, pour assurer dans leur milieu une place calme & abritée.

« Cette théorie, dit le savant M. Forster, est la plus probable de celles qu'on peut donner sur l'origine des *îles basses du tropique* dans la mer du Sud. » Il restera toujours à savoir ce qui formoit autrefois la première base du récif sur lequel s'est établi le travail des animaux & celui des végétaux.

AVERNE, chez les Anciens, se disoit de certains lacs, grottes & autres endroits dont l'air étoit contagieux, & les vapeurs malfaisantes & infectées. On les appeloit aussi *méphites*.

On dit que les *avernes* sont fréquens en Hongrie; ce que l'on attribue au grand nombre de ses mines. (*Voyez* MINE & MINÉRAL.) La grotte du Chien en Italie est célèbre. (*Voyez* GROTTE, EXHALAISON, *&c.*)

Le plus fameux *averne* étoit un lac proche de Baies, dans la Campanie. Les Italiens modernes l'ont appelé *Pago di Tripergola*.

Les Anciens disent que les vapeurs qu'il exhale, sont si pernicieuses, que les oiseaux ne peuvent le passer en volant, & qu'ils y tombent morts. Cette circonstance, jointe à la grande profondeur du lac, fit imaginer aux Anciens que c'étoit une entrée de l'enfer; c'est pourquoi Virgile y fait descendre Énée par cet endroit.

« Proche de Baies, dit Strabon, est le golfe de Lucrin, où est le lac de l'*Averne*: c'étoit là que les Anciens croyoient qu'Ulysse avoit, suivant Homère, conversé avec les morts, & consulté les mânes de Tirésias. Là étoit l'oracle consacré aux ombres, qu'Ulysse alla voir & consulter sur son retour. L'*Averne* est un lac obscur & profond, dont l'entrée est fort étroite du côté de la baie; il est entouré de rochers pendans en précipice, & n'est accessible qu'aux navires sans voile: ces rochers étoient autrefois couverts d'un bois impénétrable, dont la profonde obscurité imprimoit une horreur superstitieuse, & l'on croyoit que c'étoit le séjour des Cimmériens, nation qui vivoit en de perpétuelles ténèbres. »

Avant que de faire voile vers cet endroit horrible, on sacrifioit aux dieux infernaux pour se les rendre propices. Au dedans étoit une fontaine d'eau pure, qui se dechargeoit dans la mer: on n'en buvoit jamais, parce que l'on s'étoit persuadé que c'étoit un écoulement du Styx. En quelqu'endroit proche de cette fontaine étoit l'oracle. Les

eaux

eaux chaudes, qui font communes dans ce pays, faifoient penfer aux habitans qu'elles fortoient du Phlégéton.

AVERNE (Lac). Le lac *Averne*, qui eft près de Monte-Nuovo, environ mille quatre cents toifes au nord de Baies, eft une efpèce de baffin qui a près de cinq cents toifes de diamètre, & environné de collines qui lui dérobent prefque l'afpect du foleil. On voit rarement des oifeaux d'eau fur ce lac, tandis que les autres lacs des environs en font couverts en hiver. Près de là commence une caverne extrêmement fombre, dont les avenues font étroites & efcarpées; mais cette grotte paroît avoir été, dans le principe, l'iffue d'un chemin fouterrain, taillé pour aller de Cumes au lac *Averne*, & dont on voit l'entrée du côté de la ville de Cumes. On eft obligé, en entrant dans cette caverne, & pendant les quinze premiers pas, de fe tenir courbé; enfuite on y marche debout & fans crainte, la grotte devenant très-haute; elle eft moins large que la partie de cette grotte qu'on voit à Cumes : ce qu'elle a de commun avec elle, c'eft qu'elle eft creufée dans la pouzzolane. Il n'eft pas poffible d'y pénétrer plus de cent cinquante pas, à caufe des terres écroulées qui la bouchent. Dans une des chambres de ce fouterrain fingulier on trouve, à la hauteur d'un pied & demi, une eau tiède; dans une feconde chambre il y a un regard d'eau tiède. Lorfqu'on y jette une pierre, on l'entend rouler fort long-tems.

Les étuves de Tritola font environ fix cents toifes au midi du lac *Averne*. Pour montrer aux voyageurs la fingularité de ces étuves, les payfans vont jufqu'au fond d'une grotte longue & étroite chercher une eau prefque bouillante : la chaleur de ces fouterrains eft fi grande, qu'au bout de dix pas on eft pour ainfi dire fuffoqué, & il faut de l'habitude & de la force pour aller plus loin. Les payfans y vont avec facilité, mais ils font prefque nus, & ils en reviennent au bout de deux minutes tout couverts de fueur, le vifage auffi enflammé que s'ils avoient été dans un four. Lorfqu'on baiffe la tête fort près de terre, on a moins de peine à refpirer, parce que la vapeur chaude occupe toujours le plus haut de l'étuve, & que l'air froid arrive par la partie inférieure. D'ailleurs, il n'y a aucun danger à redouter dans ces étuves. On fait qu'on peut s'accoutumer à foutenir dans un four une chaleur égale à celle de l'eau bouillante, fans aucun accident.

Il y a dans ces étuves fix efpèces de rues, qui ont fix pieds de haut & trois pieds & demi de large : il faut y aller avec précaution, à caufe des gouffres où l'on pourroit tomber. Il y a une de ces rues qui a deux cent vingt-quatre pieds de long, & qui defcend auffi bas que le niveau de la mer; elle eft fort gliffante. Au commencement de l'été on envoie de tous les environs les malades qui ont befoin de fuer. Le nom de *Tritola*, que porte cette étuve, vient du mot *Frittola*, parce qu'on y frotte les malades pour exciter encore mieux la fueur : la fièvre tierce fe guérit dans ces étuves. Le fable même du rivage, & celui que l'on ramaffe au fond de l'eau, fert dans la médecine. Quoique l'eau foit froide & entretienne la fraîcheur du fable qu'elle touche, il fuffit de pénétrer dans ce fable à deux travers de doigt pour trouver un terrain brûlant, où il eft impoffible de tenir la main. Au deffous de cette étuve il y a une grande falle voûtée, d'où il fort plufieurs fources.

Cette côte & tous les environs du golfe de Pouzol font remplis de fontaines minérales, dont les Anciens ont parlé. On tire de cette côte une pierre à bâtir, qui eft un tuf formé par des matières de volcans ou une pouzzolane qui a pris de la confiftance, dans laquelle on apperçoit encore les veftiges de matières brûlées.

Un peu au midi de Tritola ou des bains de Néron, on trouve encore trois grands reftes d'anciens temples ou de bains, en forme de rotondes, qui fe voient près du rivage, à fix cents toifes au nord de Baies; ils font en partie enterrés & inondés par les eaux des marécages.

AVERNO (Lago d'). Quelques naturaliftes nous affurent que le lac d'*Averne* a fuccédé au cratère d'un ancien volcan, & ils nous donnent pour preuve de leur prétention, l'état des montagnes qui environnent fon baffin, & qui font toutes volcaniques, ainfi que les fources chaudes de la grotte de la Sibylle, qui eft fituée fur les bords les plus ténébreux de ce lac.

Virgile & d'autres anciens écrivains nous apprennent que les oifeaux qui voloient au deffus périffoient; ce qui n'arrive plus aujourd'hui. En conféquence ces mêmes naturaliftes, qui croient que le lac d'*Averne* occupe la place d'un ancien cratère, prétendent que le tems où les oifeaux périffoient, étant plus rapproché de celui de l'éruption, les exhalaifons du lac étoient plus meurtrières qu'elles ne le font aujourd'hui : on préfume même qu'elles le font encore un peu, car tous les lacs voifins de celui d'*Averne* font toujours garnis d'oifeaux aquatiques en hiver, tandis qu'on n'en voit prefque point fur le lac d'*Averne*. Ce lac avoit autrefois communication avec la mer; mais à la fuite de l'éruption de 1518, qui forma le Monte-Nuovo, cette communication fut détruite.

Nous terminerons ces détails fur le lac d'*Averne* en faifant obferver que les circonftances citées ci-deffus, d'après quelques obfervateurs, pour prouver que le baffin du lac d'*Averne* étoit un cratère, font très-équivoques & nullement certaines, encore moins qu'il foit l'*abyme d'un ancien volcan écroulé*, que l'eau a rempli, comme le dit Ferber, *onzième Lettre*. Je dirai à l'article des LACS VOLCANIQUES, qu'aucun de ces amas d'eau ne réfide dans les cratères, & je puis même citer ici, pour preuve de mon opinion, l'état d'*Astroni*, qui est visiblement un cratère, & qui ne renferme que trois petites flasques d'eau. (*Voyez* LACS VOLCANIQUES.)

AVERSA. La ville d'*Aversa*, dans le royaume de Naples, n'est pas loin de l'ancienne *Atella*, si célèbre du tems des Romains. *Aversa* est petite, mais jolie & bien bâtie; elle est située dans une plaine délicieuse, & au commencement d'une grande avenue qui conduit à Naples. La beauté du climat, la fertilité du terrain, la richesse de ses productions, rendent ce lieu un séjour enchanteur.

AVEYRON, département qui tire son nom d'une rivière principale, qui, coulant de l'est à l'ouest, le sépare en deux parties; il répond à l'ancienne province du Rouergue, comprise dans la Haute-Guienne. Ses principales rivières sont: le Lot, l'Aveyron, la Viaur, la Truyère & le Tarn. L'Aveyron & la Viaur y prennent leur source; les trois autres viennent du département de la Lozère, &, excepté la Truyère, coulent de l'est à l'ouest; ce qui fait connoître la pente générale du sol, & le passage de l'*ancienne terre* à la *nouvelle*. Le ciel de ce pays est beau & pur, mais la température de l'air y varie à chaque instant. On peut, en très-peu de tems, parcourir quatre à cinq climats.

Dans un pays aussi élevé que l'*Aveyron*, les vents sont impétueux: aussi arrive-t-il quelquefois qu'ils enlèvent les toits des maisons, & qu'ils déracinent de gros chênes. Le vent du midi est si violent, qu'il fait prendre ordinairement aux branches des arbres une direction vers le nord. C'est par ce vent qu'il pleut dans la partie méridionale, au lieu qu'il ne pleut que par celui de l'ouest dans tout le reste du département.

J'ai déjà dit à l'article AUBRAC, que les montagnes du Cantal, des Cévennes & de la Caune l'entouroient de trois côtés. En conséquence il n'est ouvert qu'à l'ouest, où le terrain baisse & offre des plaines assez étendues.

Il y a plusieurs mines dans ce département; mais les seules qui soient en exploitation sont celles de charbon de terre & d'alun. Le charbon de terre se trouve sur plus de dix points dans ce département; mais il n'y a que les mines d'Aubin dont l'exploitation soit encore d'une certaine importance: celles-ci remplacent sur les lieux le bois de chauffage. Une partie des forges du département en est approvisionnée, & on en exporte tous les ans, par le Lot & la Garonne, environ cent douze mille quintaux, poids de marc, pour la provision de Bordeaux. Quant à l'alun, il en existe deux mines: l'une à Fontaynes, près Aubin; l'autre à Lavencas, près Saint-Georges: cette dernière donne environ quinze cents quintaux d'alun, poids de marc, & l'autre n'en donne que trois cents, encore n'est-il pas rafiné. L'alun de Lavancas, un des plus purs qui soient dans le commerce, est supérieur à celui de Fontaynes; mais celui-ci, susceptible d'être perfectionné, pourra dans la suite entrer en concurrence. Les débouchés de ces aluminières sont principalement dans les départemens de l'Héraut, du Cantal, & dans l'intérieur de celui de l'*Aveyron*.

Si nous revenons aux environs d'Aubin, nous y trouverons une chaîne de montagnes qui court du sud-ouest au nord-ouest, & se termine au Lot. De cette tige sort une infinité de branches, dans les intervalles desquelles sont de petits vallons, arrosés tantôt par des ruisseaux, tantôt par des torrens: le terrain y est argileux & schisteux. C'est à côté que sont situées les mines de charbon d'Aubin, dont nous avons parlé. Ces masses énormes de houille paroissent ne faire qu'un seul bloc, recouvert d'une terre formée par la décomposition successive des végétaux. Les montagnes qui renferment le charbon ont une forme arrondie. Depuis leur base jusqu'à leur sommet, on trouve cinq ou six couches de houille, dont l'épaisseur varie à l'infini. Quant à leur inclinaison, on a observé que l'angle de quarante-cinq degrés est celui qui la détermine le plus souvent. Les filons se prolongent jusqu'à la surface du terrain sous la forme d'un schiste charboneux: de là cette grande facilité de fouilles qui a nui à l'extraction. Chaque particulier exploite sans art sa mine, & l'abandonne dès qu'elle cesse d'être riche ou qu'elle est inondée par les eaux. On ne dirige les galeries qu'horizontalement, & jamais au dessous des eaux. Cette méthode si défectueuse est née de l'abondance du minéral, & doit nécessairement en provoquer la pénurie dès que l'extraction en deviendra plus difficile; ce qui doit naturellement faire recourir aux règles. Alors ces mines, qu'on aura cru épuisées, donneront, par de nouveaux moyens, des produits plus abondans & de meilleure qualité.

La houille de ces montagnes offre les trois espèces connues: la *chaude*, la *sèche* & la *grasse*. Les deux premières y sont rares, mais la dernière y est très-abondante.

Au milieu de ces montagnes on trouve les eaux minérales de Cransac; elles sortent de terre en plusieurs endroits. Mais il n'y a que deux sources dont la médecine fasse usage, la *haute* & la *basse*; la *haute* est située sur le penchant d'une colline anciennement embrâsée, & qui conserve encore assez de chaleur pour échauffer des étuves qu'on y a creusées. La *basse*, qui occupe le vallon, donne des eaux plus douces & d'un usage plus général. Les principes communs à ces deux sources sont le gaz acide carbonique, la terre magnésienne & la terre calcaire en petite quantité, les sulfates de chaux, d'alumine & de magnésie. Ce dernier principe, qui est plus abondant que les deux autres, paroît communiquer à ces eaux leur vertu purgative. Le sulfate de fer, particulier à la source *haute*, y est en moindre proportion que celui d'alumine.

Ces eaux sont célèbres, & méritent leur réputation. De tous les départemens voisins on y accourt en foule, & les buveurs y éprouvent pour la plupart leurs bons effets.

Au nord-ouest de Cransac est située la *montagne brûlante de Fontaynes*, qu'on peut regarder comme le Vésuve en petit volume : sa hauteur est d'environ quatre cents pieds. A mi-côte on voit une grande crevasse de forme elliptique, dont le grand axe se dirige du pied au sommet de la montagne, & renferme l'ouverture de dix-huit cratères réunis sur trois points. Pendant le jour, le feu n'y est pas apparent : ces trous paroissent seulement remplis de pierres blanches calcinées ou de terres rouges brûlées ; mais pendant la nuit, le spectacle est assez effrayant pour ceux qui ne sont pas familiarisés avec ce phénomène. En approchant de l'endroit où le feu est apparent, on sent la terre résonner sous ses pas ; & lorsque, bravant la fumée & la forte chaleur qu'on ressent à la plante des pieds, on regarde dans ces soupiraux, on apperçoit des gouffres de braise très-incandescente. Les bâtons qu'on y enfonce, sont au bout de quelques minutes enflammés, & promptement brûlés.

Autrefois on exploitoit au pied de cette montagne des mines de charbon, dont les galeries étoient creusées verticalement au dessous de la masse qui est livrée à l'incendie, lequel ne gagne que dans la hauteur. Le sommet de la montagne est cependant cultivé, & le hameau, qui est à cent pas du foyer, est habité par de bons paysans, élevés & familiarisés avec ce danger ; cependant l'incendie fait chaque jour de nouveaux progrès. Le terrain situé au dessous des jardins du hameau est plein de profondes gerçures, où la chaleur est si vive, qu'on ne peut y enfoncer la main. Les caves & les rez-de-chaussées sont souvent remplis de fumée.

Ce n'est pas le seul endroit où il y ait des embrasemens : on en trouve plusieurs autres dans les environs, & tous ont été, comme partout ailleurs, causés par des accidens ; car quelquefois les débris de la houille laissés dans les excavations des mines prennent feu, & alors l'incendie se communique aux piliers de charbon, qu'on y laisse pour soutenir la voûte, & ne cesse qu'au bout d'un grand nombre d'années. Des propriétaires qui étoient peu expérimentés ont cru souvent éteindre le feu en y faisant dériver des ruisseaux, qui en augmentent l'activité au point d'exciter des éruptions de pierres & de matières altérées par le feu de différentes manières. Tous ces phénomènes, que l'on peut suivre en détail, je les ai vus & suivis dans ces contrées.

Auprès de la montagne de Fontaynes on a établi une alunerie sur le principe de celle de Liége, dont j'ai décrit les procédés avec grand soin à l'article ALUN. Ce nouvel établissement promet d'autant plus de succès, qu'on y extrait les principes sans grandes dépenses, car ils se trouvent à la surface du terrain. Les mineurs se bornent dans leurs travaux à emporter les terres alumineuses, à les lessiver & à en faire évaporer les eaux.

Cette mine, qui contient encore de la couperose, est située au dessus de quelques charbonières abandonnées depuis quelque tems, & dont les voûtes offrent de belles stalactites d'alun. L'eau qui dégoutte de ces cristallisations va former dans le fond des anciennes galeries, des amas d'eaux chargées d'alun & de couperose.

Outre le charbon de terre, l'alun & la couperose, on trouve encore dans ces montagnes de l'ocre très-fine, des pyrites, du cristal de roche & du marbre. Il n'est donc pas étonnant qu'avec les premières de ces substances mises à découvert, il s'y soit établi tant d'incendies.

Saint-Jean-du Bruel est la ville la plus avancée du département du côté du levant. Les montagnes qui l'entourent ne sont, comme nous l'avons déjà dit, que les prolongemens des Cévennes ; elles renferment de vastes carrières de schistes, ayant pour noyau & pour centre de grands massifs de granit. On en tire de belle & bonne ardoise, de bon plâtre, ainsi qu'une terre grasse, fine & onctueuse, dont on se sert pour dégraisser les étoffes ; & d'ailleurs, on y voit des indices de mines de plomb & de charbon de terre.

Si de ces régions, qui donnent des produits si variés, on dirige ses pas vers l'ouest, il se présente un vaste désert de plus de trente lieues carrées, appelé *le Larzac*. C'est un immense plateau calcaire, s'unissant au sud-ouest avec les montagnes de la Caune, & au sud-est avec celles des Cévennes, dominant d'un côté le bassin du Tarn, & de l'autre celui de l'Héraut. Ainsi cette contrée est limitée au nord par la vallée du Tarn ; au couchant, par les deux petites rivières du Cernon & de la Sorgue ; à l'orient, par la Dourbie, & au sud elle s'avance à plus de sept lieues dans le département de l'Héraut ; mais il ne sera question ici que de la partie située dans le département de l'*Aveyron*, qui nous occupe. Sa superficie est presqu'entiérement plane ; elle est traversée par la grande route de Millau à Montpellier. Au lieu de colonnes miliaires, on rencontre à droite & à gauche de gros quartiers de rochers calcaires, qui offrent de loin des massifs semblables à des villages. Ces grands blocs, qui ont tous une forme carrée, ne sont couverts ni de mousses ni de lichen ; leur sommet est noir & dur, & leur base friable & blanchâtre. On ne peut se dissimuler que ce ne soient les ruines & les débris de couches supérieures au plan général actuel, & au même niveau que ces pierres isolées par les déplacemens des terres & des lits de pierres environnans.

Au milieu de ces rochers s'élève, à l'ouest de la petite ville de Nant, l'ancien bourg de la Cavalerie. Le voyageur, après avoir pris plusieurs fois les rochers dont nous avons parlé pour des bourgs, est tenté de prendre ce bourg pour un rocher. Ces hautes plaines du Larzac, où l'on parcourt plusieurs lieues de route sans rencontrer une maison, un arbre ni un filet d'eau, nourrissent cependant une grande quantité de bêtes à laine, dont le produit suffit à l'existence des habitans. On attribue avec raison le perfectionnement de ces troupeaux à la température sèche du climat, aux pâturages, où croissent des plantes aromatiques, telles que la sauge, le thim & la lavande. En conséquence, les moutons & les agneaux du Larzac sont recherchés pour la délicatesse de leur chair, & les laines en ont toujours été regardées comme supérieures à toutes les autres du département. Elles sont fines & soyeuses comme celles des Pyrenées orientales; mais, comme ces dernières, elles sont tellement chargées de suint, que le lavage leur fait perdre soixante livres par quintal. On en envoie les meilleurs triages à Elbeuf & dans d'autres villes manufacturières du Nord.

Le Larzac, comme on a pu le voir par ce que nous avons dit de la qualité de son sol, de ses végétaux & même de son climat, offre plusieurs rapports avec les hautes provinces d'Espagne, & l'on peut croire aisément que les troupeaux de race espagnole prospéreroient plus facilement dans cette contrée que dans les autres districts du département.

Roquefort, si célèbre par ses excellens fromages, est à trois lieues sud-est du bourg de la Cavalerie. La colline où l'on a bâti ce village se nomme *le Combalou*. Sa base est d'argile bleuâtre, & des couches calcaires forment son sommet. Le côté du sud paroît coupé à pic, & la face, qui a son aspect au nord, est moins escarpée : c'est aux deux tiers de son élévation qu'est établi le village de Roquefort. Un peu au dessus, dans le prolongement d'une des rues du village, est une ouverture tournée au nord : c'est là qu'est l'entrée des caves où se déposent les fromages pour le tems de leur préparation. Plusieurs ont été taillées entiérement dans le roc; d'autres n'y sont encaissées qu'à moitié, & leur partie antérieure est bâtie en maçonnerie. La température de ces caves est à peu près la même pendant toute l'année, & le thermomètre de Réaumur s'y élève, comme dans les souterrains, à dix degrés. Les fromages qu'on y transporte & qu'on y dépose, y acquièrent ce marbre & ce piquant agréable qui les distinguent. Quant à la délicatesse de la pâte, ils la doivent à la substance du lait & aux procédés de la manipulation des fromages.

On n'emploie, pour faire le fromage de Roquefort, que du lait de brebis, auquel on ajoute, en beaucoup d'endroits, un peu de lait de chèvre : la plus petite quantité de lait de vache suffiroit pour altérer sa qualité. Nous supprimerons ici tous ces procédés de manipulation, que nous exposerons de suite & méthodiquement à l'article LARZAC, ainsi que ceux de leur préparation.

Les caves de Roquefort ne sont pas les seules où l'on prépare des fromages de la même qualité : il en sort des caves de Cornus, de Landric, de Saint-Paul & de plusieurs autres lieux, lequel se vend sous le nom de *Roquefort*, & qui n'en diffère pas beaucoup quant au goût.

En sortant du Larzac, je passe maintenant au *Levezou*, autre massif élevé. Le tronc principal de ces montagnes se dirige du nord-est au sud-ouest, entre la source de l'Aveyron & le Tarn ; il jette un grand nombre de branches. La principale, celle de Lavaisse, s'étend jusqu'à six lieues le long de la rive gauche de l'Aveyron : de ce côté elle est presqu'inhabitée, & coupée à pic. Sur la face opposée, le terrain s'abaisse en pentes douces, & c'est à l'extrémité de ces pentes que se trouvent les habitations & les villages.

Toutes ces montagnes sont formées de gneiss, de schiste, &, vers les extrémités, de roches calcaires : c'est là qu'on parcourt de longs espaces avant de pouvoir découvrir quelques habitations entourées de petites cultures, de seigles & d'avoines. Les pâturages, qui s'y trouvent mêlés, n'offrent que des fougères & des arbres épineux. On ne voit des arbres que dans les vallons.

On peut reconnoître dans cette contrée, si on la compare à celle des montagnes d'Aubrac, combien la nature végétale influe sur la nature animale. Les pâturages d'Aubrac, couverts d'excellens fourrages, nourrissent des vaches d'une belle race, & dont les produits sont équivalens à cette beauté. Dans les montagnes de Levezon, au contraire, des troupeaux maigres & languissans pâturent au milieu des fougères & des genêts. Les vaches & les brebis n'y donnent que peu de lait, encore est-il de mauvaise qualité. En général, la chair des animaux est peu nutritive. Les gens du pays prétendent que la terre est peu propre à la culture du blé, & que même l'avoine y dégénère en peu de tems.

Le Levezou est une des parties du département les moins peuplées, car il n'y a guère d'empressement de la part des habitans des contrées voisines de venir sous un climat âpre partager la culture de terres stériles. L'isolement physique de ce pays y a retardé les progrès de la civilisation. Le climat des montagnes est très-froid. La neige y tombe en abondance, & ne fond que difficilement. Quelquefois les vents en divisent les flocons comme la poussière la plus fine, & c'est ce qu'on nomme *la poudrière*. Malheur aux voyageurs surpris par ces neiges! Il leur est presqu'impossible de ne pas s'égarer. D'ailleurs, cette neige saisit les plus petites ouvertures des maisons pour s'y introduire & s'y accumuler singuliérement.

Saint-Bauzely est situé au pied de ces montagnes, sur les revers méridionaux : c'est là que finissent les terres schisteuses & que commencent les terres calcaires, qui se prolongent jusqu'à la Méditerranée ; c'est là que tout change. C'est la limite des pays septentrionaux & des pays méridionaux. Le Languedoc paroît s'avancer jusqu'à ce point remarquable dans cette limite de la *nouvelle terre*. Le climat, le sol & les habitans semblent lui appartenir entièrement, & avec tous les caractères que nous lui avons assignés dans les articles où il en a été question.

AVIGNON. Le vent soufle fort souvent à *Avignon*, & quoiqu'il contribue à la salubrité de l'air, il ne laisse pas d'y être fort incommode : de là vient le proverbe : *Avenio ventosa, sine vento venenosa, cum vento fastidiosa*. Cependant c'est le sort d'un grand nombre d'autres villes de Provence & de la plaine du Rhône. On doit attribuer ces vents fréquens & frais au voisinage des montagnes, & surtout du Mont-Ventoux, dont le sommet est couvert de neige la plus grande partie de l'année. L'air, à cette élévation, y éprouve constamment une température qui le détermine à se précipiter dans la plaine du Rhône, & à y former des courans aussi vifs que rapides. (*Voyez* MONT-VENTOUX.)

Lorsqu'il ne fait pas de vent pour rafraîchir & renouveler l'air de la plaine du Rhône, on se trouve fort incommodé de la chaleur en été ou de brouillards épais en hiver, & dans ces deux états l'air qu'on y respire y est fort mal-sain. Au contraire, il se purifie par les vents, qui le débarrassent des vapeurs dont il seroit chargé sans lui. (*Voyez* VAUCLUSE (Département de), où l'on fera connoître en détail la nature, les formes du sol des environs d'*Avignon* & ses productions, suivant notre plan ordinaire.)

AVOLA. Cette ville de la province de Noto en Sicile est remarquable parce qu'elle a dans son voisinage une belle & grande cavée, au fond de laquelle coule le fleuve Cassibili, qui l'a creusée. Sa largeur peut être d'environ cent toises ; elle se trouve au milieu d'un massif de pierres calcaires, qui règnent depuis *Avola* jusqu'à Syracuse.

Le fleuve Cassibili sortant de la cavée traverse un beau rivage, coule à découvert dans les saisons pluvieuses ; mais en été, comme il est presqu'à sec, il se perd en quelque sorte dans les sables & les graviers avant de se rendre à la mer. Pres de l'embouchure de ce fleuve sont trois sources d'eau douce par elle-même, mais qui n'est salée que parce qu'elle est mêlée à l'eau de la mer sortant du fond des flots, & jaillissant à leur surface. La plus voisine, à vingt-cinq toises de l'embouchure du fleuve, forme un bouillon convexe de plus de six toises de diamètre au dessus de la surface de la mer lorsqu'elle est tranquille. Si l'on passe en bateau sur cette convexité, le mouvement de l'eau vous en écarte sans cesse. Elle est, comme je l'ai dit, un peu salée par le mélange de l'eau de la mer, mais on la puise douce au fond. Il faut qu'elle parcoure environ vingt-quatre pieds en hauteur à travers les eaux de la mer pour s'élever & paroître à la surface. Qu'on juge de la force du jet & de la grandeur du réservoir d'où elle s'échappe.

Tout le rivage est plein de sources de toute grosseur, qui débouchent depuis Pachino jusqu'à Syracuse, soit sous l'eau, soit hors de l'eau. On peut prendre dans l'examen de ces sources une idée de la véritable origine de celles d'Aréthuse, d'Alphée & de Cyane. Les cavernes qui sont dans les chaînes de montagnes, lesquelles s'étendent entre *Avola*, Syracuse, Agosta, Mellilli, Sortino, Bouchema, Palazzolo & Noto, contiennent sans doute les vastes réservoirs qui entretiennent ces sources, ainsi que les fleuves qui coulent dans les cavées.

Le port de la Marza & celui de Sainte-Marie in Focallo offrent aussi plusieurs sources d'eau douce, qui jaillissent du fond de la mer : ces eaux, qui coulent entre deux terres, sont rassemblées ainsi sur des lits de laves ou de matières volcaniques ; & comme la superfétation des couches calcaires qui repose dessus peut être aisement traversée par les eaux des pluies, ce canal naturel trouve un débouché.

AVRANCHE, ville du département de la Manche, sur une montagne près la Séez, à une demi-lieue de la mer, dont le flux lui amène de petits bâtimens. C'est auprès d'*Avranche* qu'est le mont Saint-Michel, rocher situé au milieu des sables que la mer couvre lors du flux, & où l'on ne peut arriver que lorsqu'elle est basse. Encore ce passage est-il dangereux pour les personnes qui osent s'abandonner sans guide sur ces sables mouvans. On court le même danger lorsqu'en sortant du mont Saint-Michel, on veut les traverser pour se rendre sur la côte de la Bretagne.

AVRANCHIN, pays de la ci-devant Basse-Normandie. Les principales rivières qui l'arrosent, sont : la Canche, le Coesnon, la Séez, la Guintre, l'Ardée, la Broise & la Tar. Les trois premières portent des bateaux plats de vingt tonneaux aussi avant que le flot les pousse, c'est-à-dire, une lieue environ dans les terres. Le reste de leur cours est embarrassé de moulins & de chaussées. Le climat de l'*Avranchin* est doux & tempéré, mais un peu humide. Le sol y est fertile en blé, en lin, en chanvre & en fruits : il y a peu de bois & de pâturages. Le cidre qu'on y fait, est fort recherché. Le sel blanc est un des principaux objets de commerce de ce pays : c'est aussi pour faire connoître cet objet, que nous allons décrire les procédés de sa fabrication dans le plus grand détail.

Méthode par laquelle on obtient le sel marin qu'on tire des sables de la mer.

Le grand usage que font presque tous les peuples du sel commun ou marin, la différente situation des lieux où l'on est à portée de le recueillir, le plus ou le moins d'industrie dans les hommes qui s'occupent de ce travail, ont donné occasion à différentes manières d'extraire le sel des eaux de la mer, & de le rendre propre à nos besoins.

Les salines de l'*Avranchin* n'appartiennent point à la classe de celles où la cristallisation a lieu. L'évaporation de l'eau salée ne s'y fait pas comme dans beaucoup d'autres salines. L'eau n'y est salée, à proprement parler, que d'une manière accidentelle, & parce qu'en filtrant à travers des monceaux de sable chargés de sel, elle le dissout & l'entraîne dans des réservoirs : ce sel peut être considéré comme un sel de *lavage*.

La côte de Normandie, qui s'étend le long de l'*Avranchin* & une partie de la Bretagne, forme par sa courbure une anse ou baie considérable, dans laquelle les rochers de Saint-Michel & de Tomblaine se trouvent placés : la plage y est fort plate, & le sable baigné par l'eau de la mer très-fin. C'est dans cette anse favorable que se forme le dépôt continuel qui entretient les salines dont il s'agit. Lorsque la mer est calme, elle entre dans cette baie par un mouvement très lent, & n'y apporte presqu'aucun corps étranger. Quelques débris de granits jaunes & rouges y bordent souvent les rochers auxquels ils ont appartenu. Ce que la mer dépose de plus considérable sur la plage, d'ailleurs très-nette, est une terre glaise bleuâtre & bien lavée. Il résulte de ce dépôt des amas de limon, connus sous le nom de *lisses*, & dangereux pour les voyageurs qui les traversent peu de tems après qu'ils ont été formés : ces lisses en effet ont alors si peu de consistance, qu'on court risque d'y être presqu'enseveli, soit à pied, soit à cheval, si l'on n'use pas de quelque précaution. Outre celle de prendre un guide, il est essentiel de franchir ces lisses en courant ou au galop, afin que la glaise ait moins le tems de se délayer, & il est prudent, par la même raison, qu'un voyageur s'écarte un peu de la route qu'un autre a tenue.

L'eau de la mer, en entrant dans cette baie, s'y étend avec tranquillité, & y forme une espèce d'étang, où le dépôt du sel se fait avec facilité. On ramasse pendant toute l'année le sable qui en est chargé, à l'exception de deux ou trois mois d'hiver, & l'on profite avec raison d'un tems sec pour ce travail : les pluies laveroient le sable, & le dépouilleroient du sel qu'il s'agit de recueillir.

Lorsque le tems est favorable, deux hommes, à l'aide d'une espèce de rateau qui ressemble beaucoup à celui qu'on emploie dans les grands jardins pour ratisser les allées, & qui est conduit de la même façon, deux hommes, dis-je, raclent la superficie du sable, & en forment peu à peu de petits monceaux : on les transporte ensuite dans les endroits où ils doivent être réservés sous la forme de *meule*, que les ouvriers nomment *moies*. Ces monceaux de sables sont élevés de manière que la petite charette de transport peut monter jusqu'à leur sommet, au moyen d'un chemin pratiqué en ligne spirale autour de ces moies, & pris sur le sable même dont elles sont composées. On couvre ces *moies* avec des bourées légères, & l'on a soin d'enduire ce même bois d'une terre argileuse, afin que les moies soient à l'abri des pluies.

Le sable mis ainsi en réserve n'est découvert qu'à mesure qu'on le lave, & voici comment on parvient à le dépouiller du sel dont il est chargé. On construit d'abord le lavoir, que les ouvriers nomment la *fosse* ; elle consiste dans un massif de terre commune, qui a neuf pieds de hauteur, ou environ, & qui est à peu près carré ; il sert de base à une caisse que les saulniers appellent aussi la *fosse*. Cette caisse est composée de quatre planches qui ont neuf pieds de hauteur sur quatorze pouces de largeur, & dont l'assemblage est fait à tenons & à mortoises. Le fond de cette caisse est formé de petites solives équarries avec soin, & qui laissent entr'elles un peu de jour : leurs extrémités portent sur des pierres qui les élèvent de quelques pouces au dessus du massif. On nomme assez improprement *rouets* ces pièces de bois ainsi équarries ; on les couvre de paille ou de *gleux*, suivant l'expression des saulniers, & la paille elle-même est couverte de planches, qu'ils appellent *guimpes*. Ces planches ne sont pas exactement rapprochées les unes des autres ; elles laissent un passage libre à l'eau qui doit laver le sable, & qui, filtrant à travers la paille, s'écoulera entre les rouets & le massif enduit de glaise, sur lequel ils sont appuyés.

La fosse étant ainsi disposée, on y met cinquante ou soixante boisseaux de sable, & l'on verse dessus trente ou trente-cinq seaux d'eau, qui est communément saumâtre : les ouvriers se la procurent par voie de filtration, en faisant des trous en terre auprès des cabanes qu'ils habitent. Au défaut de cette eau, déjà chargée de parties salines, on emploie celle qui est douce ; il faut deux heures pour que l'eau, de quelque nature qu'elle soit, passe à travers le sable que contient la fosse. xi.

On a soin de pratiquer une ouverture à l'un des côtés de la fosse, & au dessous des rouets. Deux gouttières, adaptées à cette ouverture, servent à conduire l'eau à mesure qu'elle se rassemble sur le lit de la fosse : l'une de ces gouttières, qui a un pied ou environ de longueur, aboutit à un tonneau placé au dessous de la fosse, & dans lequel s'écoule l'eau, qui n'enfile pas la seconde gouttière : celle-ci, qui est la principale, a quelquefois quarante ou cinquante pieds de longueur ; elle aboutit à la maison où l'on extrait le sel, & y conduit l'eau dans des cuves.

Lorsqu'elle y est rassemblée, on examine si elle est assez chargée de sel. Les ouvriers jugent de la quantité qu'elle en contient, au moyen d'un petit vaisseau qui leur sert d'*éprouvette*, qu'ils remplissent de cette eau. La forme de cet instrument est un carré-long d'un pied ou à peu près, large de deux pouces, & qui n'en a qu'un de profondeur. Deux fils, foiblement tendus dans toute la longueur de l'éprouvette, y tiennent suspendues deux petites boules de cire, dont le poids est augmenté à un certain point par un morceau de plomb qu'elles renferment. Lorsque ces boules surnagent l'eau, on juge qu'elle est bonne, c'est-à-dire, qu'elle a dissous suffisamment de sel : si elle est trop légère, on ôte de la fosse le sable lavé qu'elle contient, & on y en remet d'autre assez chargé de sel pour que l'eau qui le traverse en prenne la quantité qui convient.

Le moment de l'évaporation étant venu, on établit trois vaisseaux de plomb sur un fourneau composé de terre glaise, & divisé en trois fourneaux particuliers : ces vaisseaux, qu'on nomme *plombs*, ne sont, à proprement parler, que des plaques de plomb, dont les bords sont relevés; ils ont vingt-six pouces de longueur sur vingt-deux de largeur, & environ deux pouces de profondeur.

Après avoir rempli les trois plombs d'eau salée, on la fait évaporer, en donnant d'abord un feu assez vif, & en le ralentissant ensuite dès que l'eau a été écumée. Cette operation particulière dure deux heures, & on peut la répéter neuf fois par jour. Le produit total d'une journée est de cent livres de sel ou de deux *raches :* c'est le nom d'une mesure qui contient cinquante livres de sel. L'évaporation de l'eau étant à peu près complète, on remue le sel dans le plomb, afin qu'il s'y dessèche mieux, & on le verse dans un panier conique, où le peu d'eau qu'il peut encore contenir s'égoutte pendant qu'il se fait un autre bouillon. Il faut retirer promptement le sel des plombs lorsqu'il est à peu près sec, & ne pas différer à les remplir de nouvelle eau salée. Sans cette activité de la part des ouvriers, les plombs seroient exposés à se fondre, & cet accident arrive assez souvent, quoiqu'on soit bien attentif à le prévenir.

Le sel produit par l'évaporation qui vient d'être décrite se vend communément 3 liv. 10 sous; il est d'un prix inférieur ou monte plus haut, suivant la récolte [illegible] sable plus ou moins abondante qu'il a été po[illegible]e de faire dans la baie. Elle dépend toujours du tems sec ou pluvieux qui règne dans les mois où elle a lieu.

Dans les environs de la baie on se sert utilement du sable chargé de sel pour fertiliser les terres, & même assez souvent on l'y vient chercher d'assez loin. C'est un objet de commerce pour la vente qu'on en fait aux laboureurs de ces contrées.

AVRILLÉ, village du département de la Vendée; il est à une lieue de la mer, sur les confins de la plaine du Bocage, dont cette commune tire les productions. On peut d'ailleurs le considérer comme un entrepôt très-intéressant pour l'approvisionnement de la ville des Sables, & offrant aux habitans du pays de très-grandes ressources.

AX, ville du département de l'Arriège, & sur cette rivière, au sud-est de Tarascon. Cette ville a des eaux thermales très-renommées pour différentes maladies, telles que les humeurs froides, &c. dont la cure est si difficile. Les principales sont celles de Teix, celles du Faubourg & celles du Coulombre : leur chaleur varie entre le 18e. & le 61e. degré du thermomètre de Réaumur. On ne peut s'en servir pour les bains; leur extrême chaleur s'y oppose. On les emploie seulement pour toutes les opérations domestiques, où l'eau bouillante est nécessaire. On s'en sert avec avantage pour blanchir le linge & pétrir la pâte de la boulangerie. La fontaine que l'on nomme *du Rossignol* est constamment dans un tel degré d'ébullition, que les bouchers y jettent les porcs qu'ils tuent, & qu'après un très-court séjour dans cette eau, ils s'y dépouillent de leurs soies avec une facilité que l'on n'obtient pas de l'eau bouillante ordinaire.

Dans le territoire de cette ville il y a une mine de plomb, des bancs de schiste sur la rive gauche de l'Arriège, qui traversent la rivière au nord de la ville. On trouve outre cela, parmi ces bancs, des couches d'ardoise & de schiste qui ne se divisent point par lames : ces bancs ne s'étendent point en largeur au-delà d'*Ax*. Les montagnes situées au sud de la ville sont communément composées de masses de granit & de schistes.

AYEN, petite ville du département de la Corrèze, arrondissement de Brives. On y trouve des mines de cuivre de transport : aussi c'est à peu de distance d'*Ayen*, & au nord, que l'on rencontre les limites de l'ancienne terre du Limousin, car les environs de Pompadour offrent des massifs de granit d'une belle qualité.

AZAMOR (Golfe d'). Il est ouvert dans la Barbarie, sur la côte de l'Océan, à l'embouchure de la rivière Dommiraby, qui l'a formé en partie. C'est le centre d'une pêche de poissons fort abondante : il est aisé de voir que la rivière agrandit chaque jour cette anse.

AZEM, royaume dans une des plus fertiles contrées de l'Asie. Il y a dans cette contrée des mines d'or, d'argent, de plomb & de fer. La soie s'y récolte en abondance, mais elle est d'une qualité commune. On recueille dans ce pays quantité de gomme-laque de deux espèces, l'une rouge, qui se trouve sur les arbres, & sert à la teinture des toiles & des étoffes, & que l'on emploie aussi à faire un vernis qu'on transporte à la Chine & au Japon, où il passe pour la meilleure laque de l'Asie. Il y a dans ce royaume, qui est enclavé dans la partie septentrionale du royaume d'Ava, comme nous l'avons déjà dit, des mines d'or fort abondantes : aussi le commerce intérieur s'y fait-il avec des lingots qu'on tire de ces mines.

AZOF (Mer d'). Cette étendue d'eau, qui se trouve à l'embouchure du Don ou Tanaïs, occupe un très-grand bassin au milieu des terres plates qui sont aux deux côtés du fleuve, mais qui, malgré cela, ont une pente décidée vers ce bassin.

A l'extrémité de cette mer, les eaux du fleuve ont rencontré des montagnes ou terres élevées qui s'opposent à leur débouché dans la Mer-Noire. Ainsi l'étendue de la mer d'*Azof* est déterminée par la superficie nécessaire à l'évaporation des eaux du Don, si l'on en excepte cependant la partie qui a un débouché par le détroit de Zabache.

Je considère que le fleuve Kuban, qui reçoit ses eaux de la partie septentrionale du Caucase, suit une pente assez décidée vers la mer d'*Azof*, & y décharge une grande partie des eaux de ce revers.

Quant au bassin de la Mer-Noire, il semble avoir été concentré au nord & à l'est par les montagnes de la Crimée & par une grande partie de la chaîne du Caucase & des montagnes d'Arménie; de manière que, dans ces parties, rien ne paroît se prêter à une réunion entre la mer Caspienne & la Mer-Noire.

Avant de prendre un parti définitif à ce sujet, il conviendroit de reconnoître le sol des anciens terrains que les eaux des deux lacs ont pu couvrir autrefois; car, sans cet examen, aucune supposition ne mérite la moindre croyance.

Ainsi, en suivant avec attention les parties inférieures du cours du Tanaïs & du Wolga, où l'on rencontre les dépôts plats les plus étendus entre ces deux fleuves, il semble que s'il y a eu une réunion, c'est dans l'étendue de ces terrains. En supposant que les eaux des fleuves qui se déchargent dans la Mer-Noire & dans la mer Caspienne aient été plus abondantes qu'elles ne le sont, on peut croire que ces deux lacs ont été réunis dans ces larges & plates contrées.

Ce qui favorise ces présomptions, ce sont les différentes formes de terrain qui ont paru prouver à Pallas que le bassin de la mer Caspienne étoit beaucoup plus étendu qu'il ne l'est maintenant, & qu'il s'étendoit surtout en remontant, non-seulement le Don, mais encore le Wolga & les Steppes, qui sont entre le Wolga & le Jaïk. Je ne m'étendrai pas davantage sur ces preuves, parce que je les discuterai dans la suite au mot CASPIENNE.

Fin du tome II à la suite des Notices,

&

du premier de la nomenclature du Dictionnaire.